U0553054

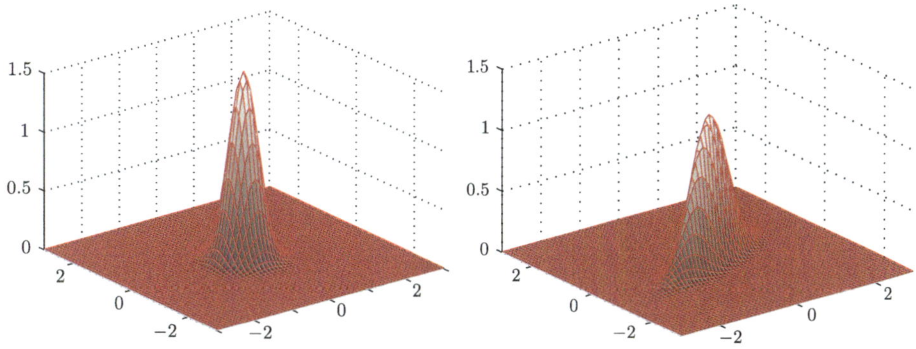

a)　　b)

图　2.5

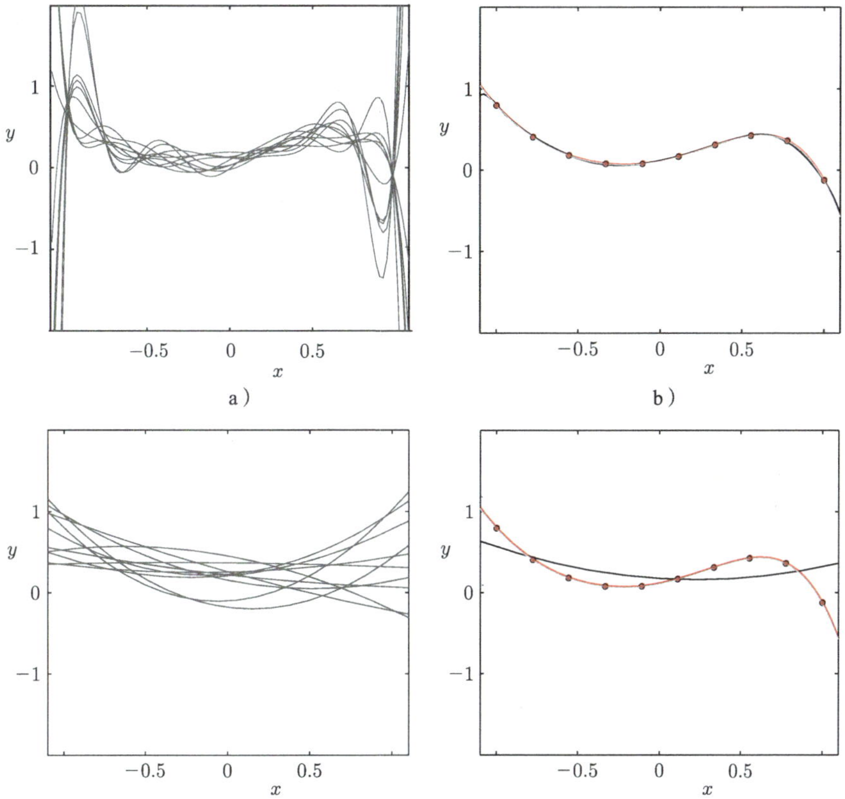

a)　　b)

c)　　d)

图　3.8

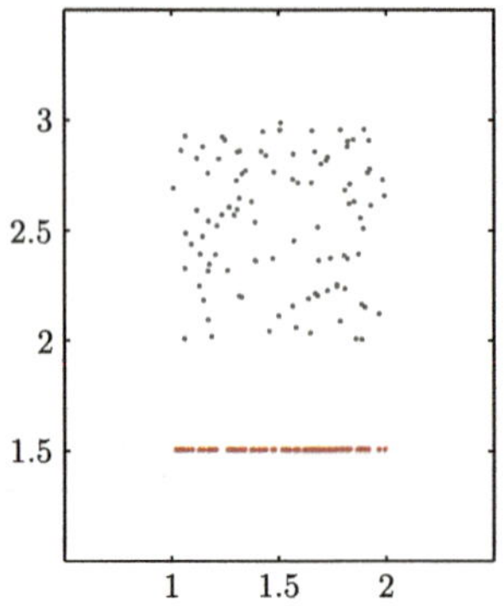

图 3.11

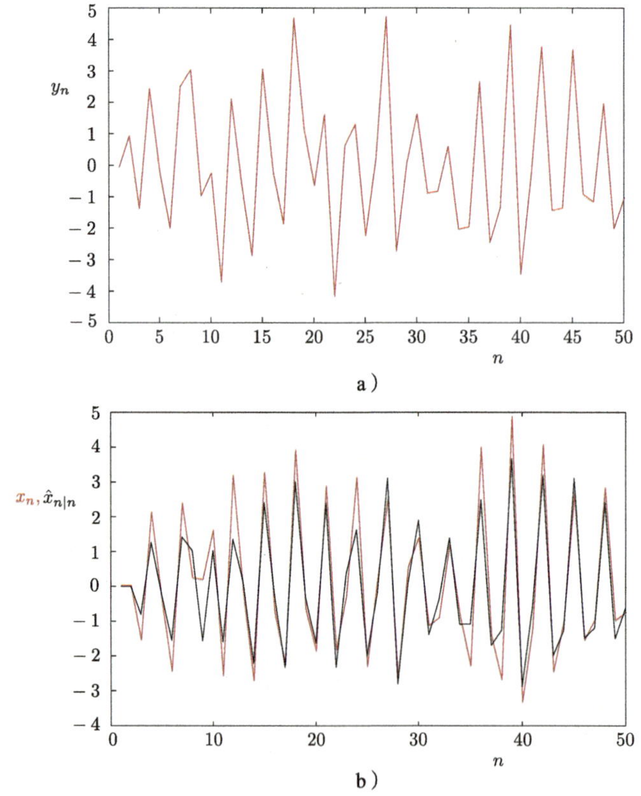

图 4.21

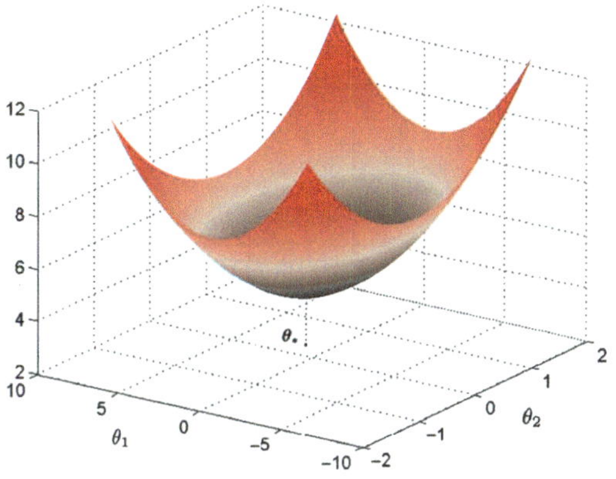

图 5.1

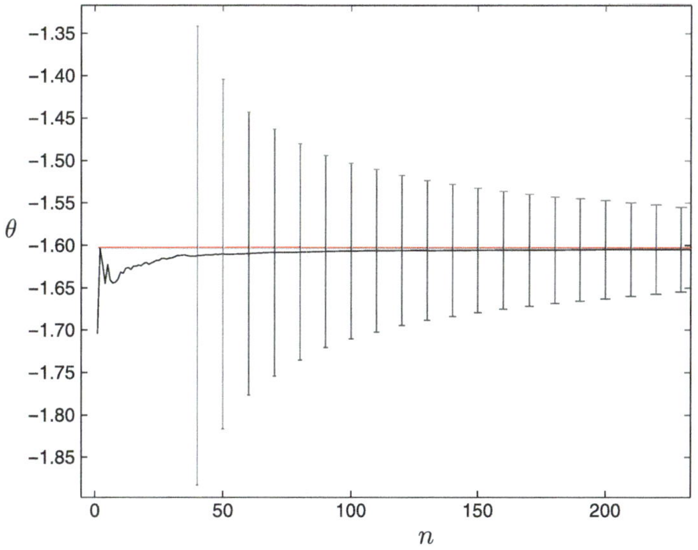

图 5.12

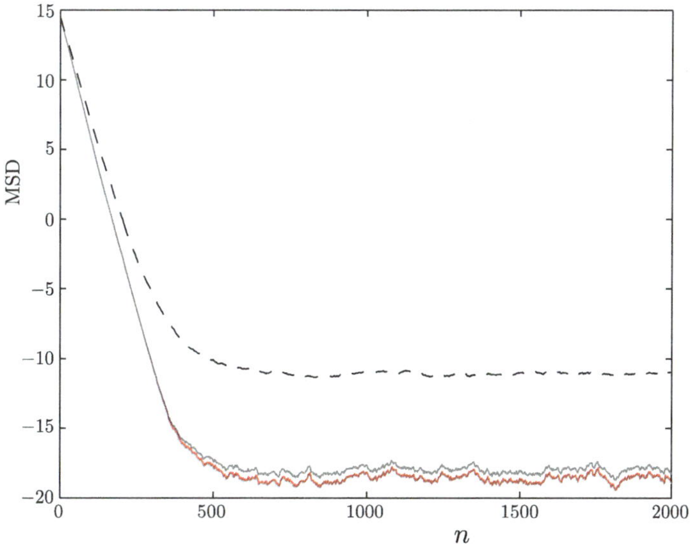

图 5.26

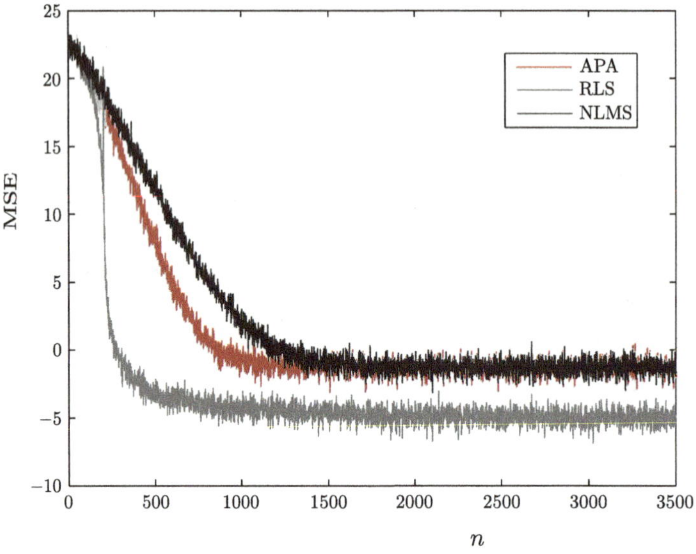

图 6.8

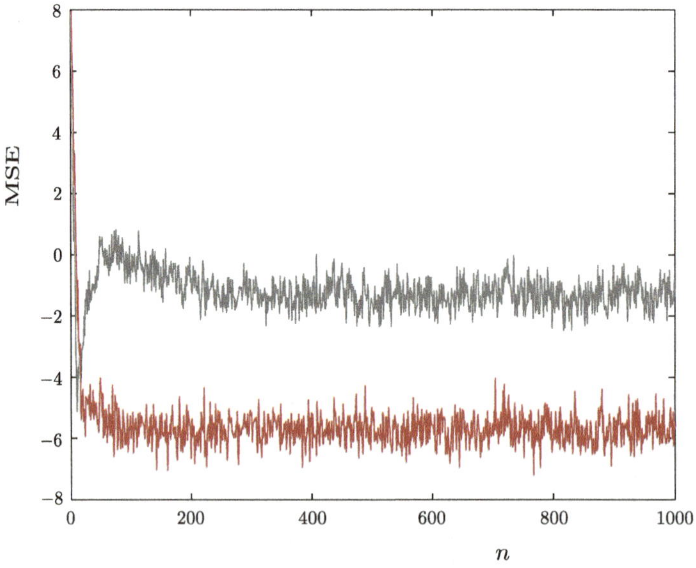

图 6.9

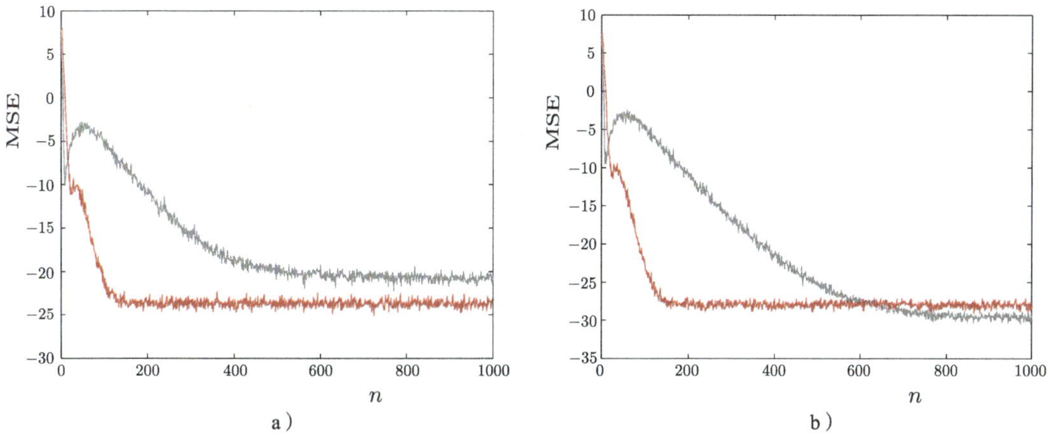

图 6.10

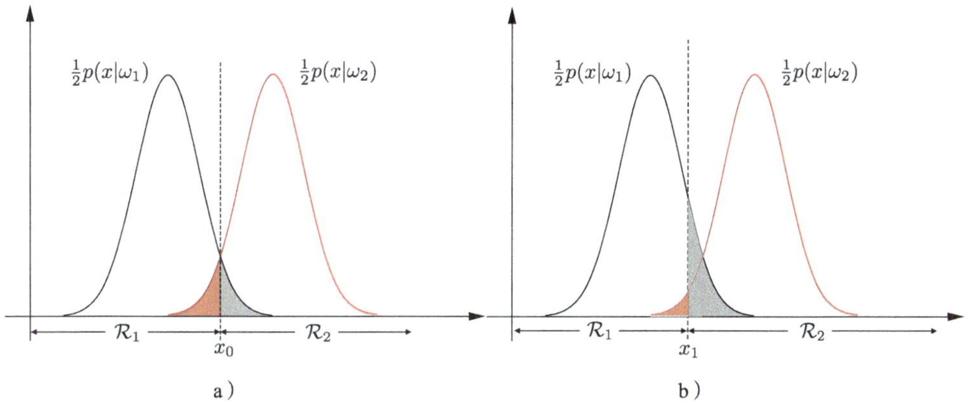

图 7.1

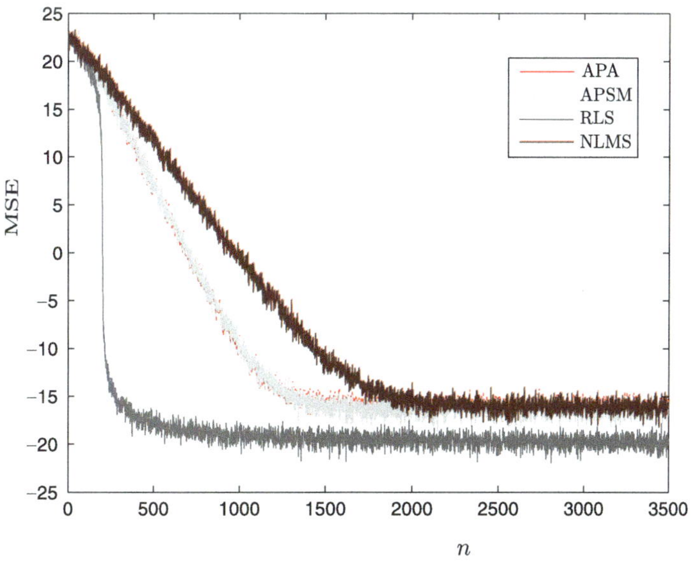

图 8.25

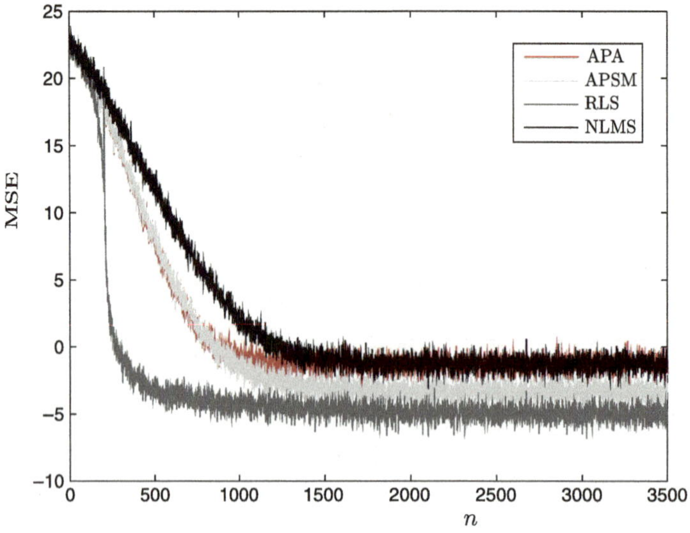

图 8.26

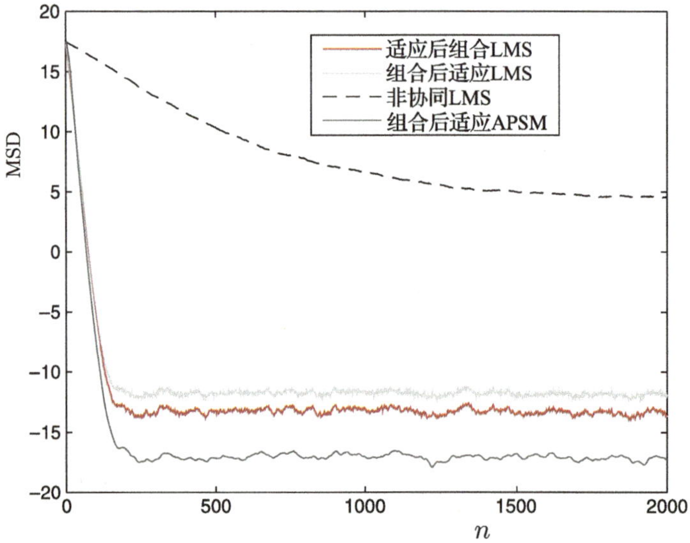

图 8.27

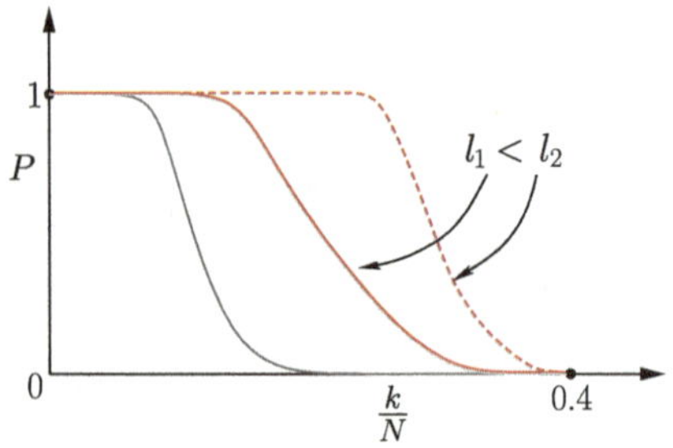

图 10.3

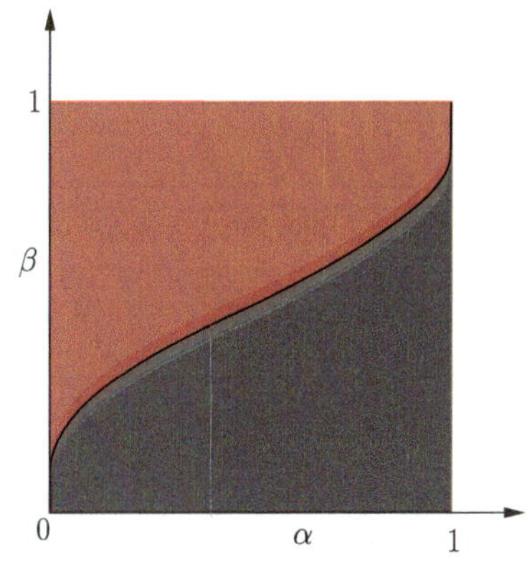
1
β
0
α
1

图 10.4

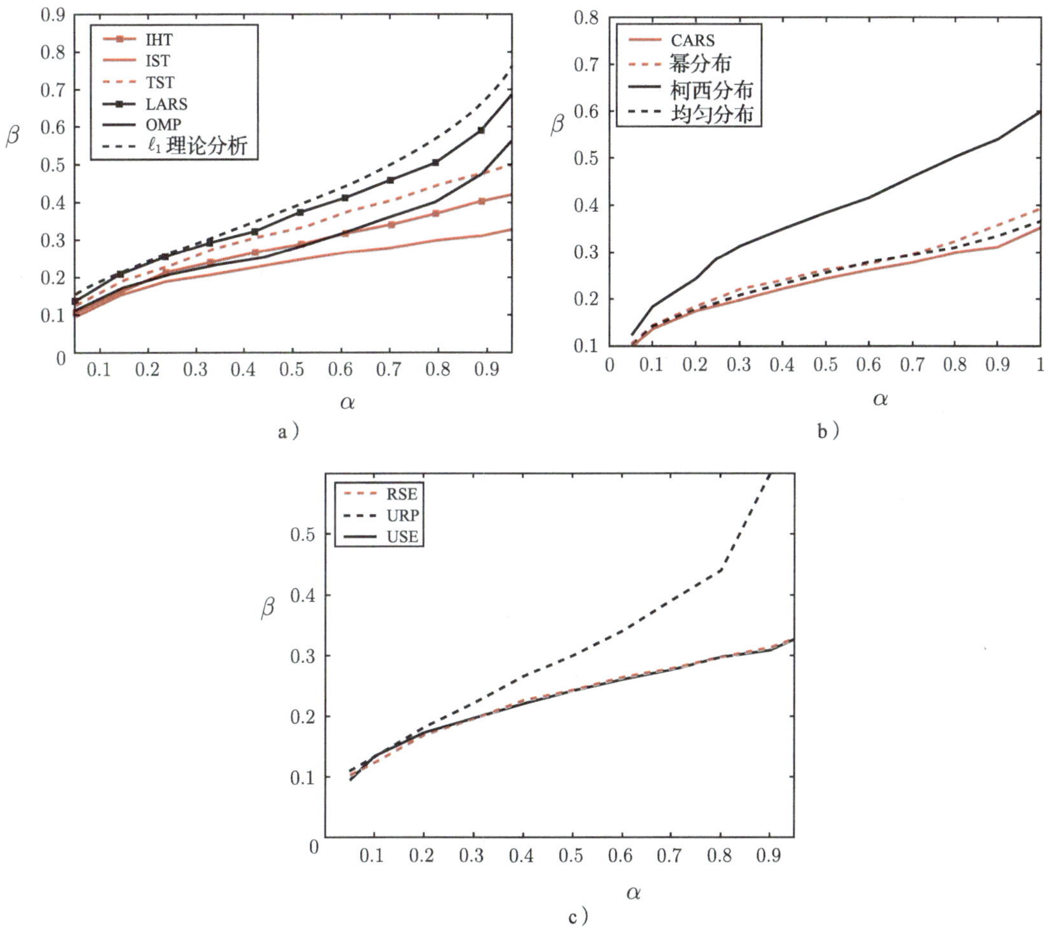
IHT
IST
TST
LARS
OMP
ℓ1 理论分析
β
α
a)
CARS
幂分布
柯西分布
均匀分布
β
α
b)
RSE
URP
USE
β
α
c)

图 10.5

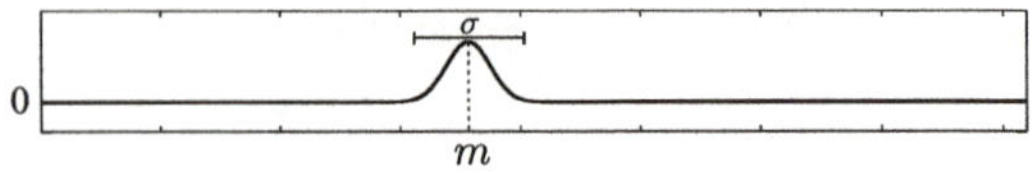

a）

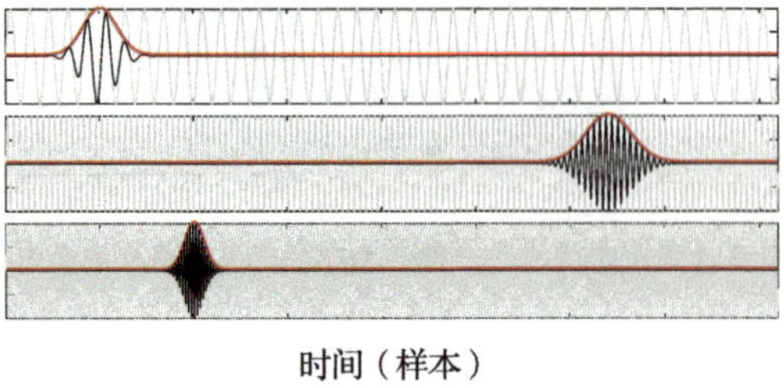

b）

图　10.13

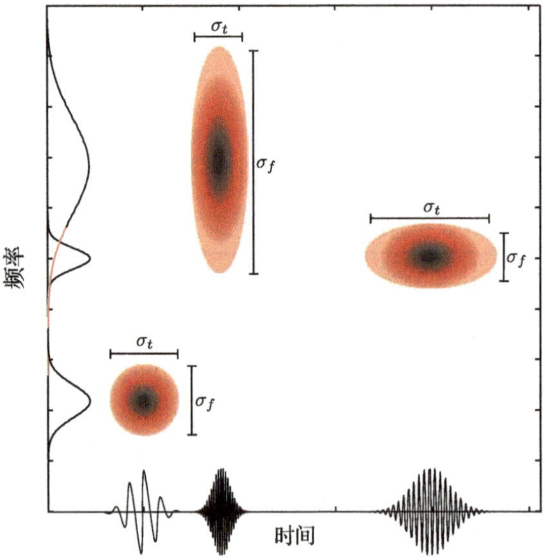

图　10.15

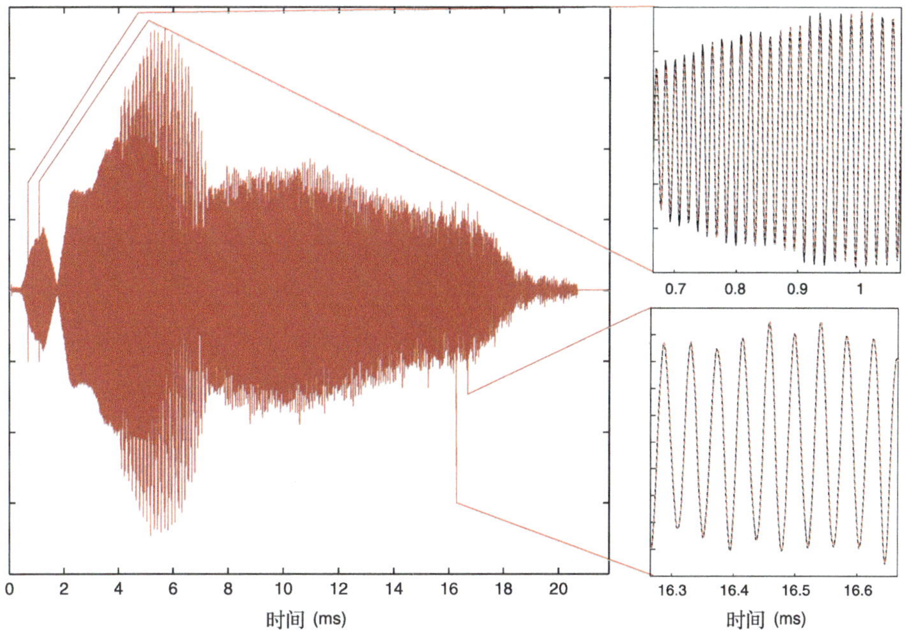

图 10.16

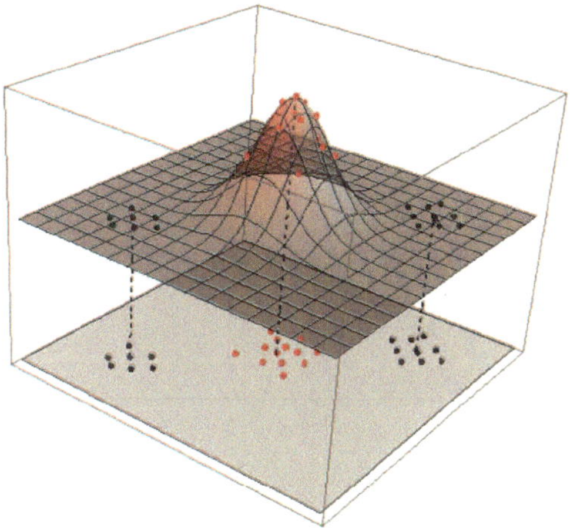

图 11.5

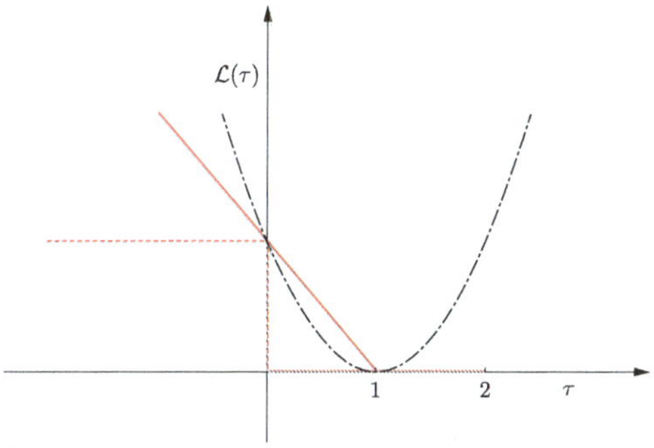

图 11.13

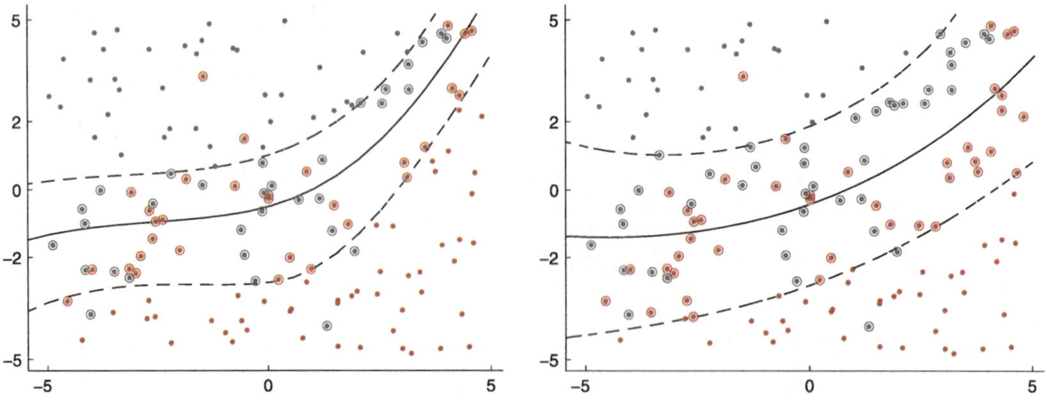

a) b)

图 11.18

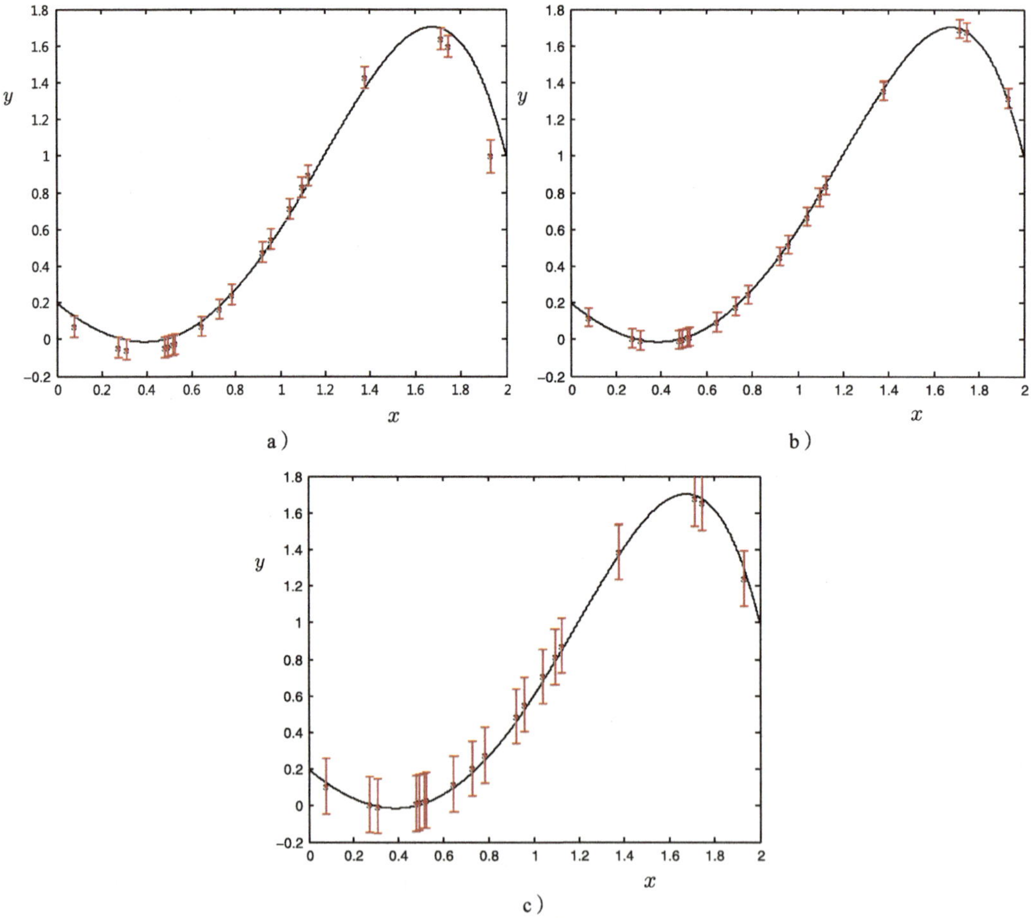

a) b) c)

图 12.1

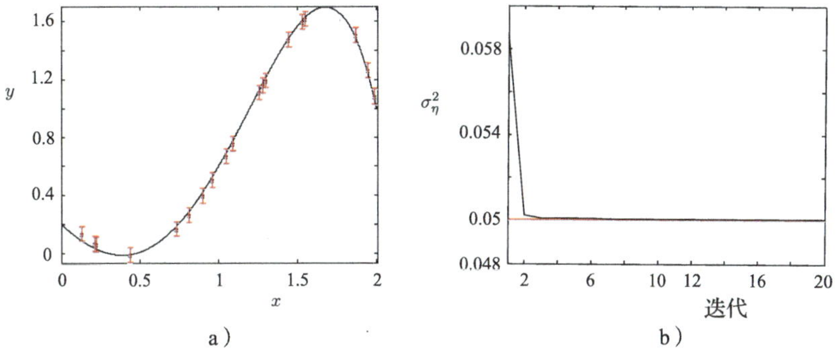
y
x
1.6
1.2
0.8
0.4
0
0.5
1
1.5
2
σ_η^2
0.058
0.054
0.05
0.048
6
10
12
16
20
迭代
a）
b）

图 12.5

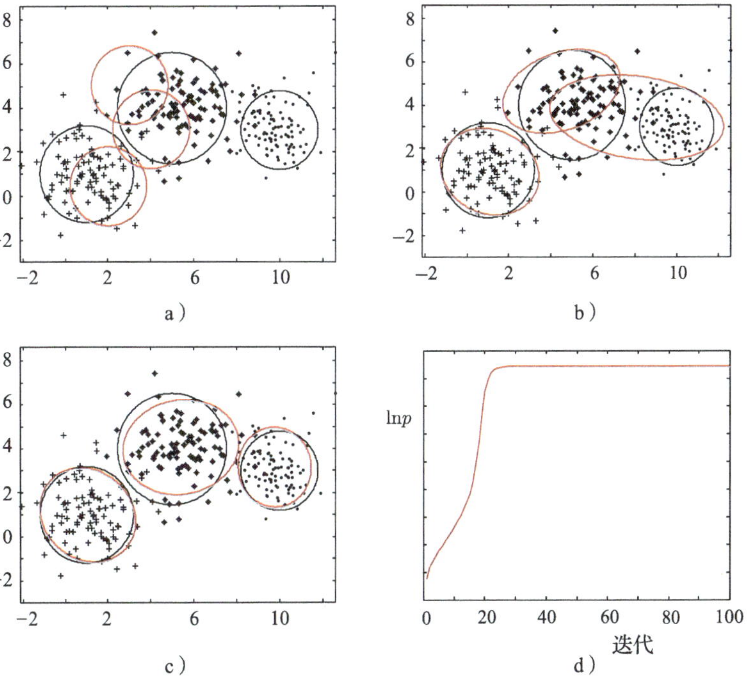
8
6
4
2
0
−2
10
a）
b）
c）
d）
lnp
20
40
60
80
100
迭代

图 12.6

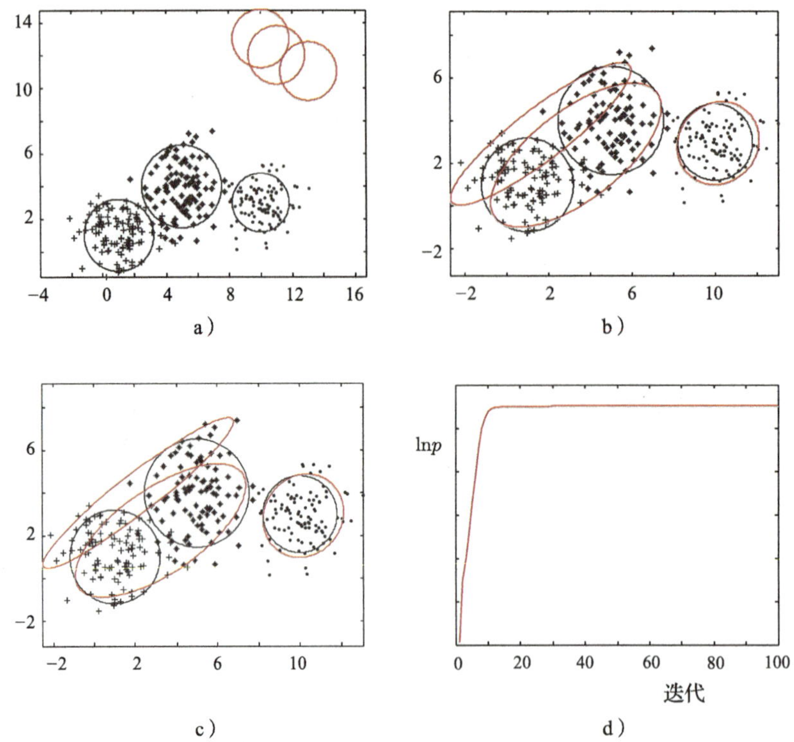

14
10
6
2
−4
0
4
8
12
16
a）
6
2
−2
−2
2
6
10
b）
6
2
−2
−2
2
6
10
c）
lnp
0
20
40
60
80
100
迭代
d）

图 12.7

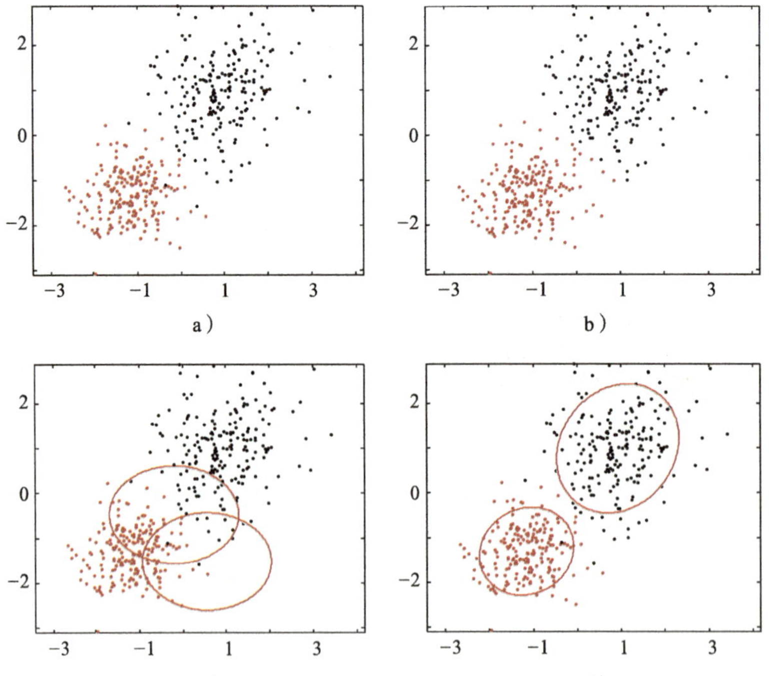

2
0
−2
−3
−1
1
3
a）
b）
c）
d）

图 12.8

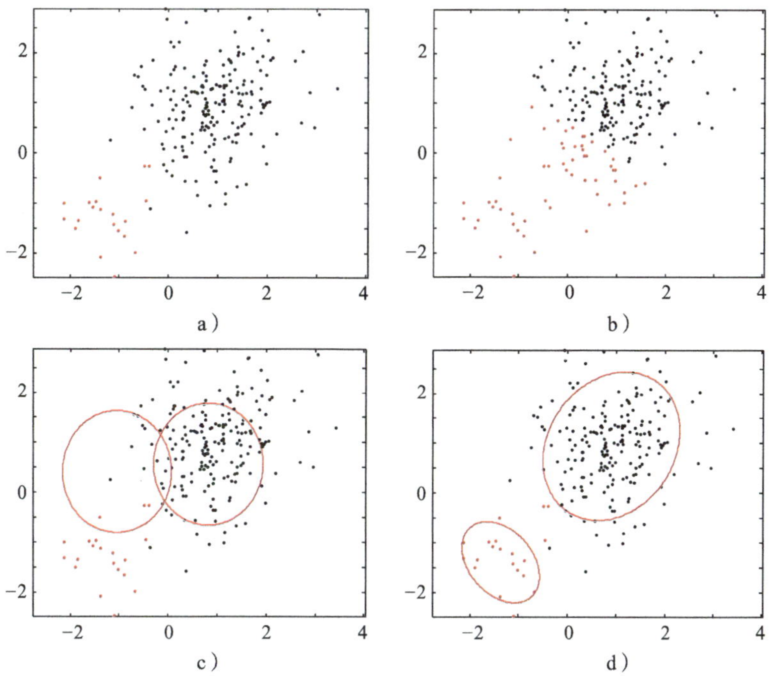

图　12.9

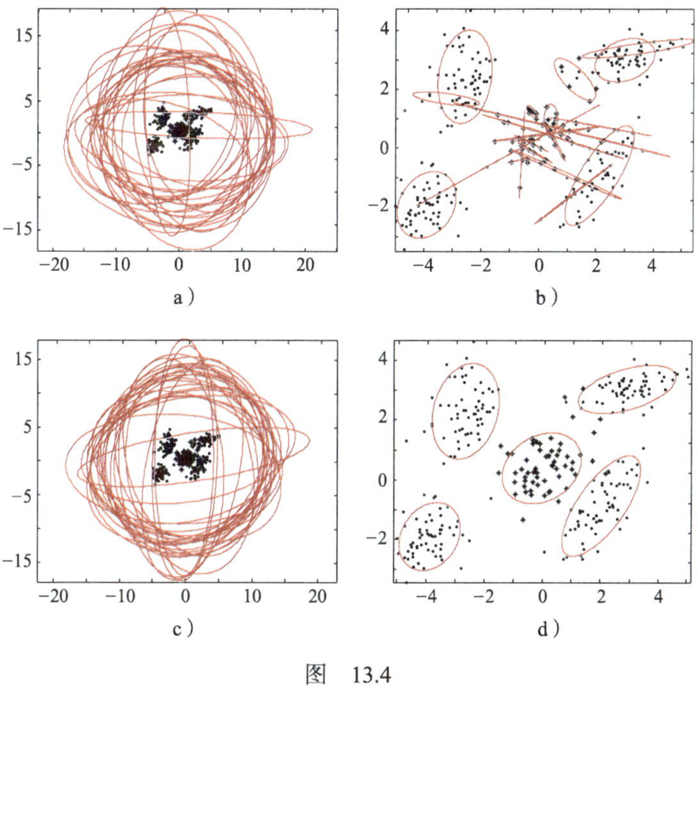

图　13.4

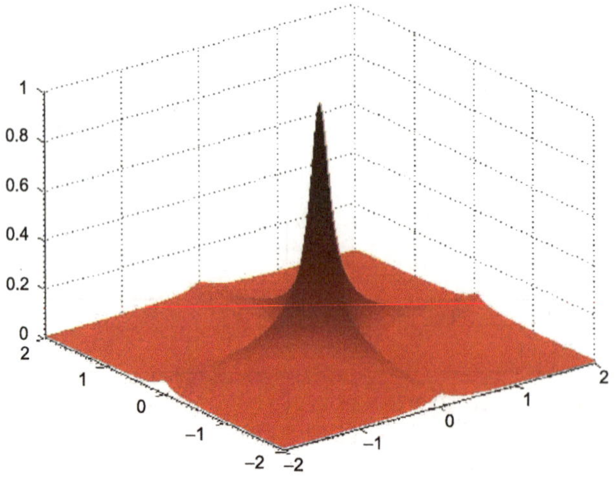
1
0.8
0.6
0.4
0.2
0
2
1
0
−1
−2
−2
−1
0
1
2

a）

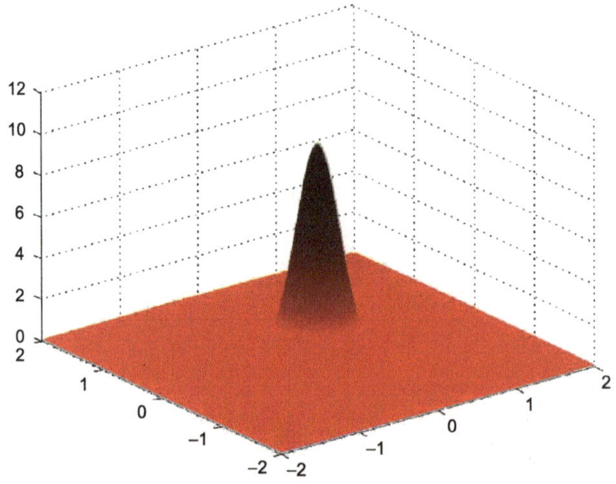
12
10
8
6
4
2
0
2
1
0
−1
−2
−2
−1
0
1
2

b）

图 13.6

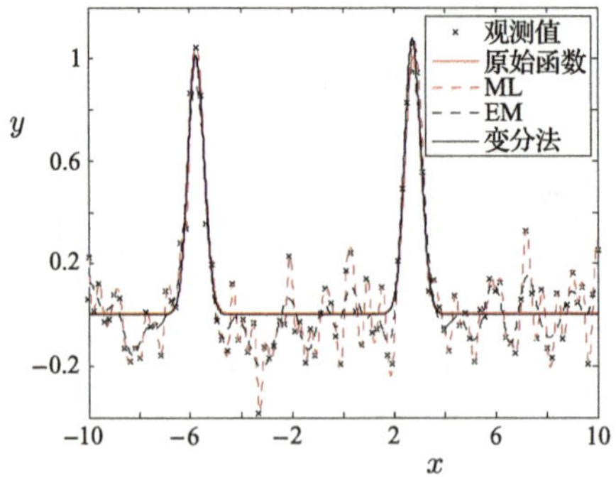
观测值
原始函数
ML
EM
变分法
y
1
0.6
0.2
−0.2
−10
−6
−2
2
6
10
x

图 13.7

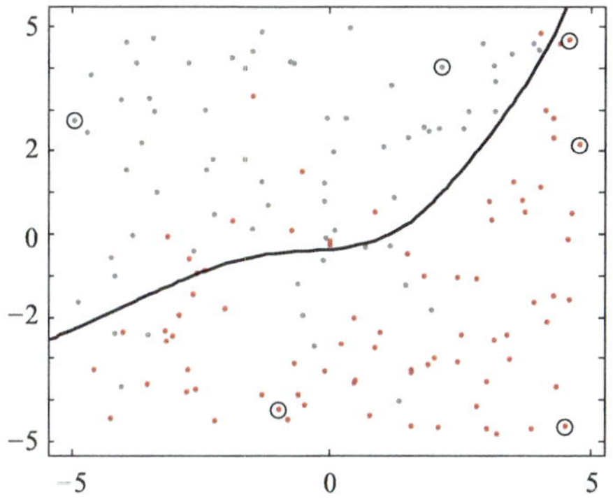

图　13.9

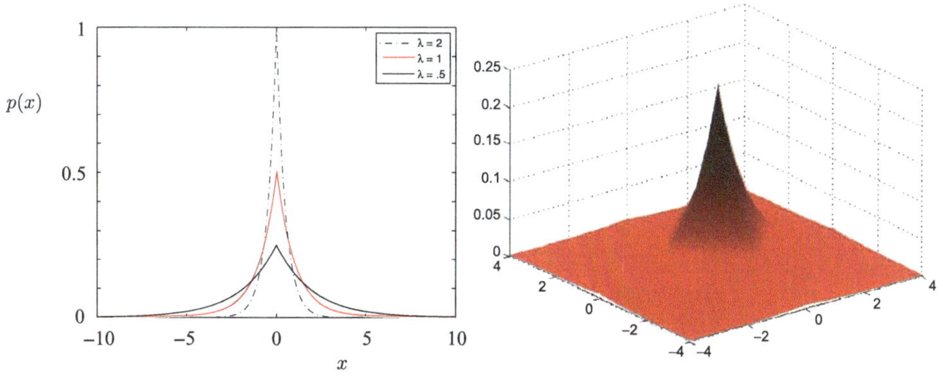

a）不同 λ 值的一维拉普拉斯　　b）二维拉普拉斯PDF图

图　13.13

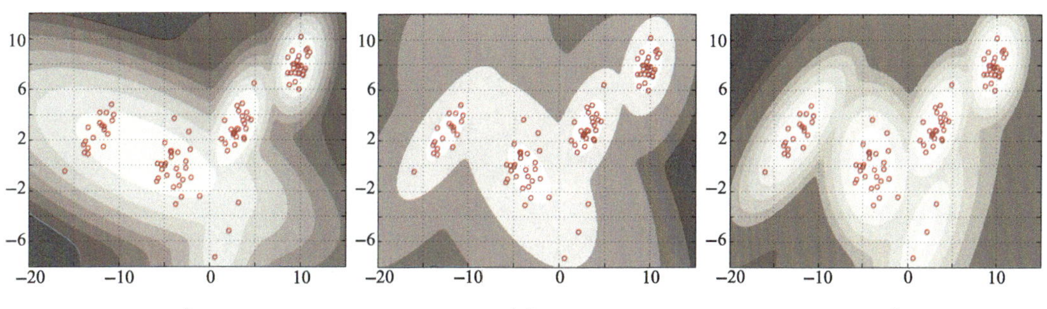

a）　　b）　　c）

图　13.17

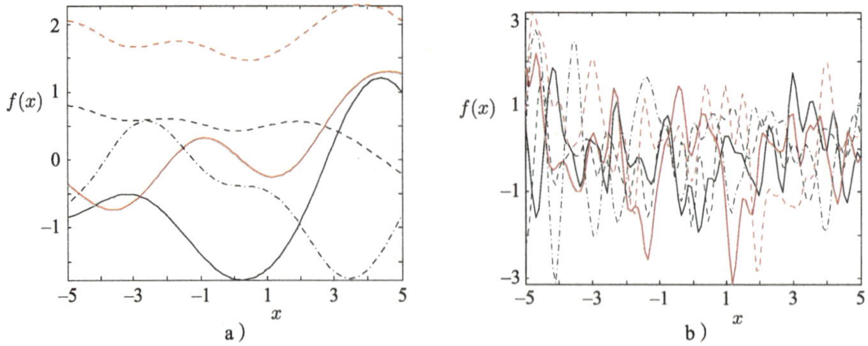

图 13.21

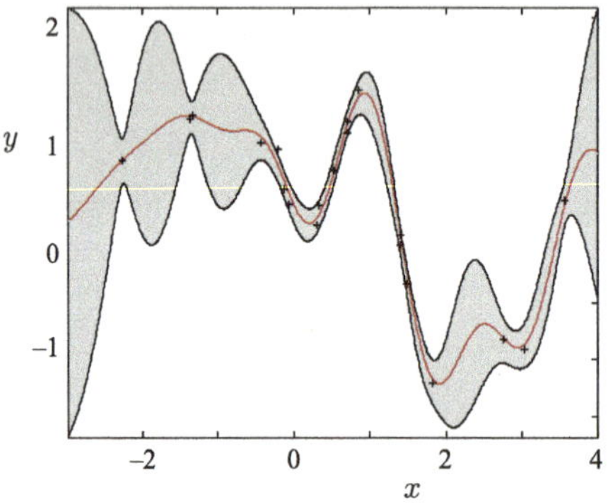

图 13.22

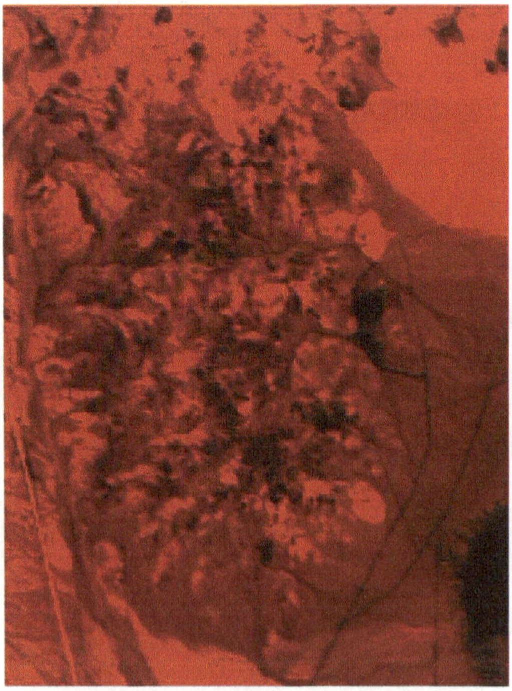

图 13.24

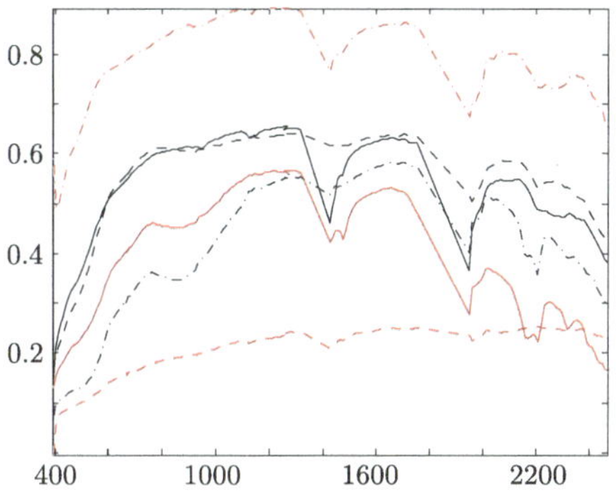

图　13.25

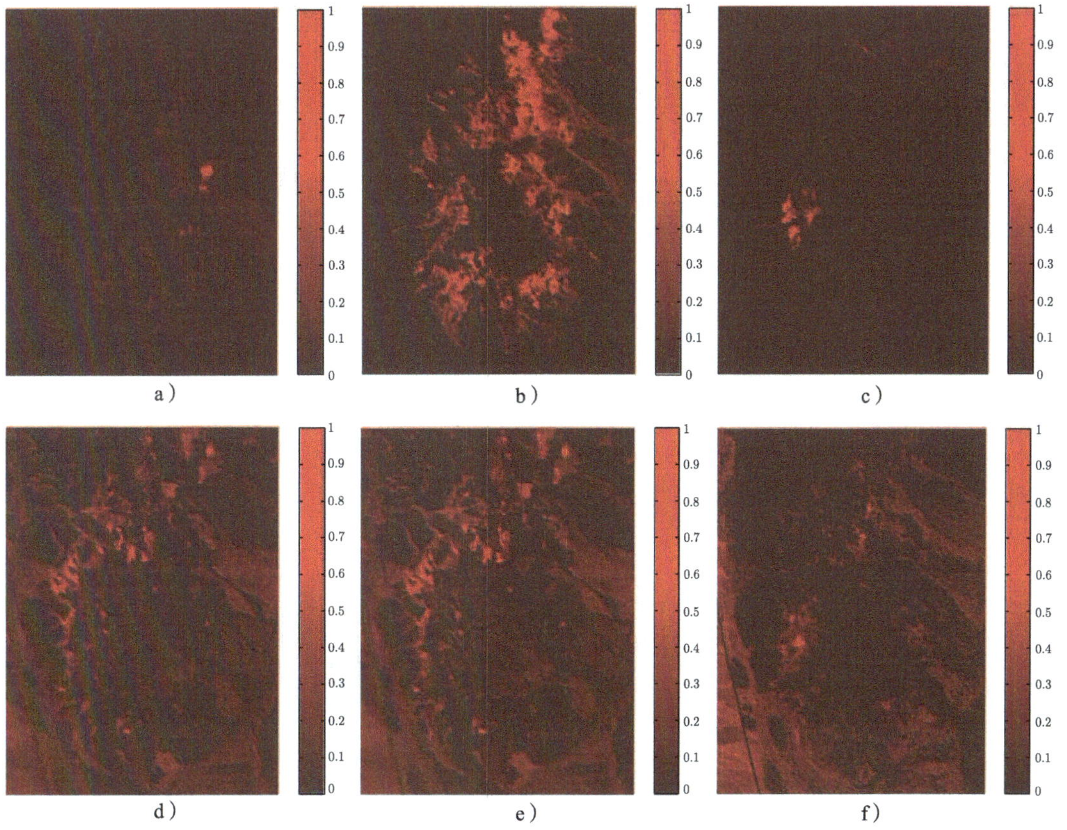

图　13.26

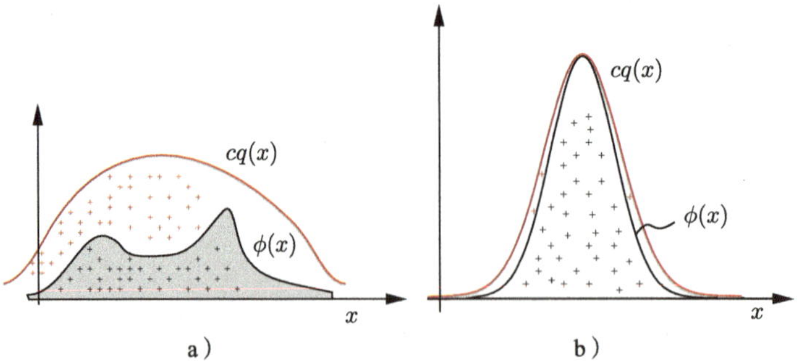

图 14.6

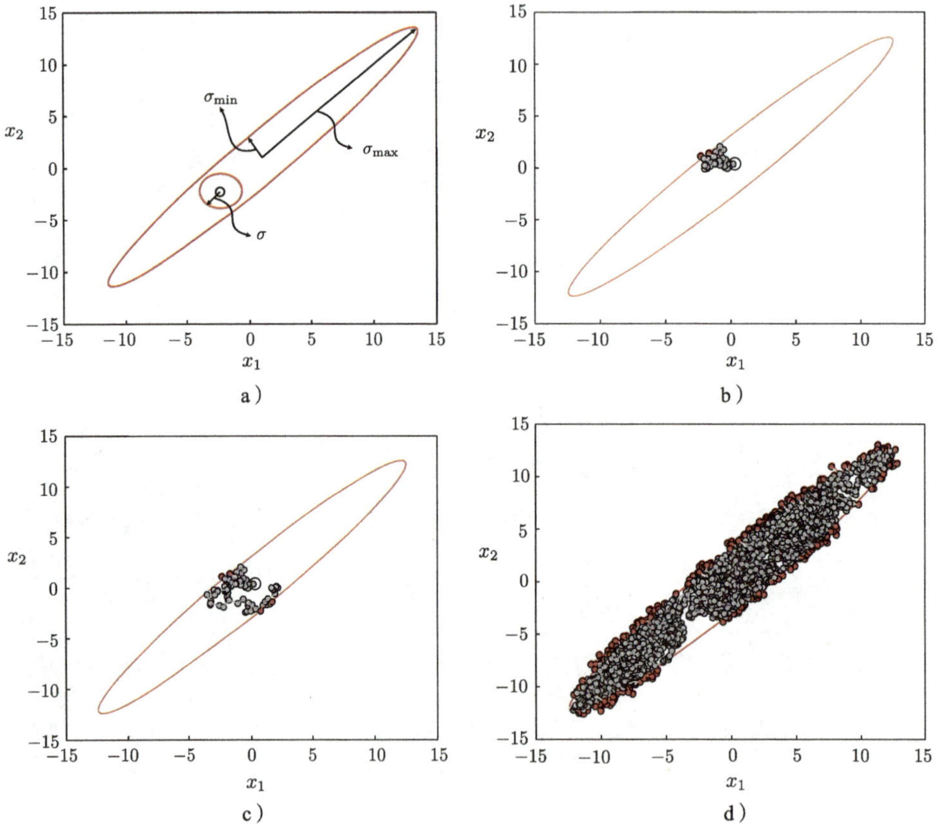

图 14.10

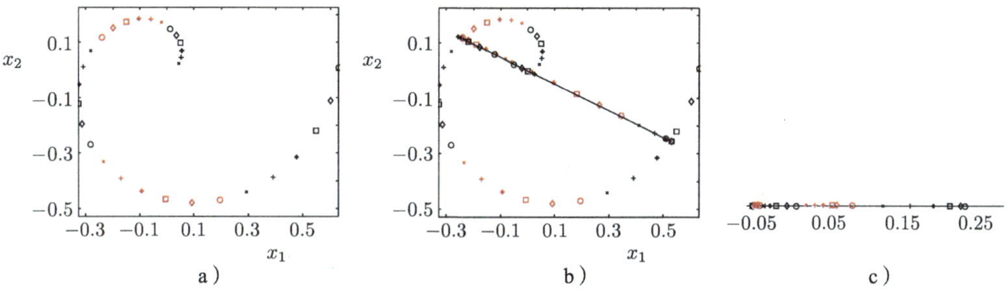

图 19.18

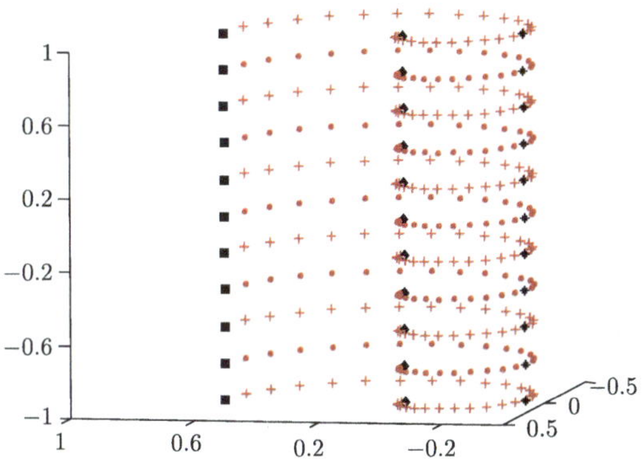

图 19.19

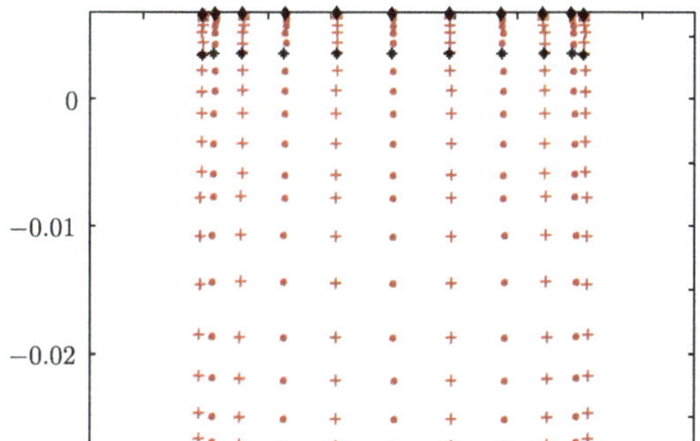

图 19.20

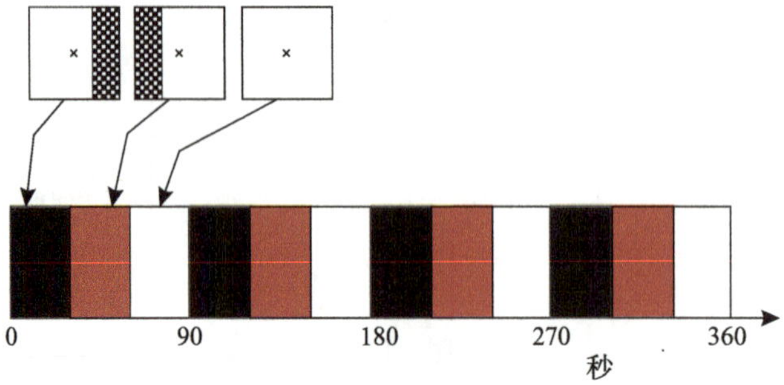

图　19.22

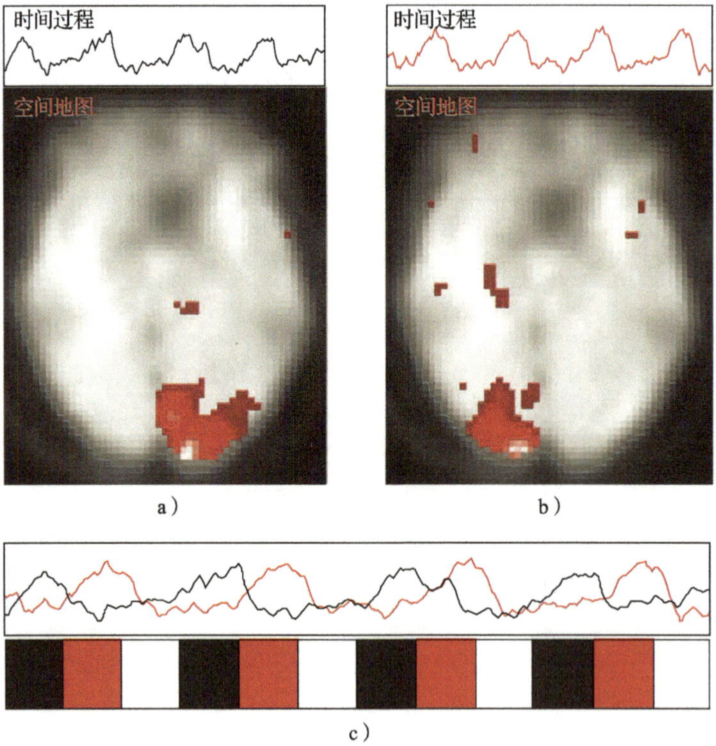

图　19.23

智能科学与技术丛书

机器学习

贝叶斯和优化方法

（原书第2版）

[希] 西格尔斯·西奥多里蒂斯 著
(Sergios Theodoridis)

王刚 李忠伟 任明明 李鹏 译

MACHINE LEARNING

A Bayesian and Optimization Perspective, Second Edition

机械工业出版社
China Machine Press

图书在版编目（CIP）数据

机器学习：贝叶斯和优化方法：原书第 2 版 /（希）西格尔斯・西奥多里蒂斯（Sergios Theodoridis）著；王刚等译 . -- 北京：机械工业出版社，2021.10（2024.11 重印）
（智能科学与技术丛书）
书名原文：Machine Learning: A Bayesian and Optimization Perspective，Second Edition
ISBN 978-7-111-69257-7

I. ①机… II. ①西… ②王… III. ①机器学习 IV. ① TP181

中国版本图书馆 CIP 数据核字（2021）第 202060 号

北京市版权局著作权合同登记 图字：01-2020-5641 号。

Machine Learning: A Bayesian and Optimization Perspective, Second Edition
Sergios Theodoridis
ISBN: 9780128188033
Copyright © 2020 Elsevier Ltd. All rights reserved.
Authorized Chinese translation published by China Machine Press.
《机器学习：贝叶斯和优化方法》(原书第 2 版)(王刚 李忠伟 任明明 李鹏 译)
ISBN: 9787111692577
Copyright © Elsevier Ltd. and China Machine Press. All rights reserved.

No part of this publication may be reproduced or transmitted in any form or by any means, electronic or mechanical, including photocopying, recording, or any information storage and retrieval system, without permission in writing from Elsevier (Singapore) Pte Ltd. Details on how to seek permission, further information about the Elsevier's permissions policies and arrangements with organizations such as the Copyright Clearance Center and the Copyright Licensing Agency, can be found at our website: www.elsevier.com/permissions.

This book and the individual contributions contained in it are protected under copyright by Elsevier Ltd. and China Machine Press (other than as may be noted herein).

This edition of Machine Learning: A Bayesian and Optimization Perspective, Second Edition is published by China Machine Press under arrangement with ELSEVIER LTD.

This edition is authorized for sale in Chinese mainland (excluding Hong Kong SAR, Macao SAR and Taiwan). Unauthorized export of this edition is a violation of the Copyright Act. Violation of this Law is subject to Civil and Criminal Penalties.

本版由 ELSEVIER LTD. 授权机械工业出版社在中国大陆地区（不包括香港、澳门特别行政区及台湾地区）出版发行。

本版仅限在中国大陆地区（不包括香港、澳门特别行政区及台湾地区）出版及标价销售。未经许可之出口，视为违反著作权法，将受民事及刑事法律之制裁。

本书封底贴有 Elsevier 防伪标签，无标签者不得销售。

注意

本书涉及领域的知识和实践标准在不断变化。新的研究和经验拓展我们的理解，因此须对研究方法、专业实践或医疗方法作出调整。从业者和研究人员必须始终依靠自身经验和知识来评估和使用本书中提到的所有信息、方法、化合物或本书中描述的实验。在使用这些信息或方法时，他们应注意自身和他人的安全，包括注意他们负有专业责任的当事人的安全。在法律允许的最大范围内，爱思唯尔、译文的原文作者、原文编辑及原文内容提供者均不对因产品责任、疏忽或其他人身或财产伤害及 / 或损失承担责任，亦不对由于使用或操作文中提到的方法、产品、说明或思想而导致的人身或财产伤害及 / 或损失承担责任。

出版发行：机械工业出版社（北京市西城区百万庄大街 22 号 邮政编码：100037）

责任编辑：曲 熠	责任校对：殷 虹
印 刷：涿州市般润文化传播有限公司	版 次：2024 年 11 月第 1 版第 4 次印刷
开 本：185mm×260mm 1/16	印 张：52.75 插 页：10
书 号：ISBN 978-7-111-69257-7	定 价：279.00 元

客服电话：（010）88361066 68326294

版权所有・侵权必究
封底无防伪标均为盗版

译者序

本书是一部有关机器学习的大部头著作，内容涵盖机器学习的几乎所有方面。目前，机器学习尤其是深度学习正处于蓬勃发展的阶段，通过学习本书，读者可建立起关于机器学习各个方面的知识体系。

本书主要内容包括参数估计、正则化、均方误差线性估计、随机梯度下降、最小二乘、经典贝叶斯分类、凸分析、稀疏学习、再生核希尔伯特空间学习、贝叶斯学习、蒙特卡罗方法、概率图模型、神经网络和深度学习、降维、潜变量建模等。从书名可以看出，书中很多内容是从贝叶斯和优化的角度来介绍的，读者需要有一定的概率统计和优化方面的知识储备。对于所需的必要知识，本书要么以一定的篇幅来介绍(如第 2 章介绍了概率论和随机过程的基础)，要么指出了具体的参考文献。本书的参考文献数量非常巨大，比如仅第 18 章就有 263 篇！

本书的每一章或相邻两章都相对独立，作者在各章开头会介绍本章的知识背景和主要内容，以及与其他各章的关系，便于读者快速建立起整体的知识结构，从而更好地理解各部分内容。本书各章不仅介绍了相应的基本概念和经典方法，还引入了一些更高级的方法，对新的前沿进展通常也会进行一些讨论。此外，作者有时会从不同的角度、不同的假设出发，最后得出同样的机器学习算法。我们相信读者在阅读本书时会有殊途同归、豁然开朗的感觉。

为了使内容更加深入，本书不可避免地引入了较多的数学思想，但作者仍然致力于使数学推导极尽简洁，将一些内容的证明或布置为习题，或以参考文献的形式给出，这也使本书的重点更加突出。

本书的翻译工作由王刚、李忠伟、任明明、李鹏共同完成。感谢机械工业出版社的编辑，没有你们的协助和辛苦工作，本书中文版也不可能完成。翻译本书的工作量比较大，我们在翻译过程中也投入了大量的精力，力求让中文版忠实于原著，准确地传达原书的精彩内容。不过受译者能力所限，错误之处在所难免，敬请读者批评指正。

译者
2021 年 9 月于南开园

前 言

机器学习(machine learning)这个名字正受到越来越多的关注，它涵盖数十年来在不同科学领域中研究和开发的很多方法，这些方法有着不同的名字，如统计学习、统计信号处理、模式识别、自适应信号处理、图像处理与分析、系统辨识与控制、数据挖掘与信息检索、计算机视觉以及计算学习。“机器学习”这个名字指出了所有这些学科的共同之处，即从数据中学习(learn from data)然后做出预测(make prediction)。人们尝试通过构造一个模型(model)来从数据中学习其深层结构和规律，而这个模型即可用于预测。

为此，人们已经提出了从代价函数优化(其目标是优化观测到的数据结果与模型预测结果间的偏差)到概率模型(试图对观测到的数据的统计特征进行建模)等许多不同的方法。

本书的目标是通过介绍多年来研究者所遵循的主要路线和方法来营造一体式的学习体验，引导读者逐步探究机器学习领域。我并不倾向于某种特定的方法，因为我相信无论是从应用角度还是从教学角度看，所有方法对希望探索机器学习奥秘的初学者而言都是有价值的。如书名所示，本书重点关注机器学习的处理和分析，而非机器学习理论本身及相关的性能界限。换句话说，我们重点关注更靠近应用层的方法和算法。

本书是我超过30年的相关研究经验和相关课程教学经验的结晶。本书的写作方法是令每一章(或相邻两章)尽可能独立成篇。这样，教师就可以根据需要选择、组合某些章节以构成其课程的重点，普通读者也可以在首次阅读时根据需要有选择地精读某些章节。在第1章中，我将给出针对不同课程使用本书的一些指导。

本书每章都从基本概念和基本方法开始，逐渐深入一些新进展。某些主题需要分为两章，例如稀疏感知学习、贝叶斯学习、概率图模型以及蒙特卡罗方法。本书能满足高年级本科生、研究生的学习需求，也适合不满足于黑盒解决方案的科学家与工程师阅读。此外，本书也能作为特定主题短期课程的教材或参考书，例如稀疏建模、贝叶斯学习、概率图模型、神经网络和深度学习等主题。

第2版重要更新

本书的第1版出版于2015年，涵盖2013~2014年机器学习领域的进展。这几年恰逢深度学习领域研究真正蓬勃发展的开端，深度学习重塑了我们的相关知识，并彻底改变了机器学习领域。大体来说，第2版的重点是重写第18章。现在这一章对该领域做了全面回顾，包括从早期的感知机和感知机规则直到新的研究进展，诸如卷积神经网络(CNN)、循环神经网络(RNN)、对抗样本、生成对抗网络(GAN)和胶囊网络等。

此外，第2版涵盖更广泛和详细的非参数贝叶斯方法，如中国餐馆过程(CRP)和印度自助餐过程(IBP)。我相信贝叶斯方法在未来的几年里会越来越重要。当然，谁也不能保证这一定会发生。然而，我认为不确定性将是未来模型的重要部分，而贝叶斯技术至少在原则上是一个合理的入手点。关于其他章节，除修正拼写错误之外，也根据学生、同事和评阅人的建议，改写了一些内容以使本书更易于阅读。在此深深地感谢他们。

本书大部分章节包含 MATLAB 练习，相关代码可从本书配套网站自由获取。此外，在第 2 版中，所有的计算机练习还以 Python 编写，并附有相应的代码，这些代码也可以通过本书网站自由获取。最后，第 18 章中的一些与深度学习相关的、更接近实际应用的计算机练习则用 Tensorflow 给出。

习题答案和讲义幻灯片可从本书网站获得，供教师使用。[⊖]

在第 2 版中，所有附录都被移到配套网站上且可以自由下载，这是为了节省篇幅。另外，对于第 1 版中介绍方法的部分章节，如果其不再是必要的基础知识以及当前的主流研究课题，虽然它们在 2015 年是新兴且“时髦”的，但在第 2 版中也被移除了，这些内容可从配套网站下载。

教师网站网址：

http://textbooks.elsevier.com/web/Manuals.aspx?isbn=9780128188033

配套网站网址：

https://www.elsevier.com/books-and-journals/book-companion/9780128188033

⊖ 关于本书教辅资源，只有使用本书作为教材的教师才可以申请，需要的教师请访问爱思唯尔的教材网站 https://textbooks.elsevier.com/进行申请。——编辑注

致　谢

尽管写书是一项重要工作，但在写书的同时，其他一些事情也必须并行完成。因此，写书只能在天不亮、下班之后甚至延伸到周末和节假日进行。这是一项需要尽心尽力、坚持不懈的重大工作。如果没有许多人的支持，这是不可能完成的。他们帮助我完成仿真、绘图并审阅全书，讨论从校对到篇章结构和版式的各种问题。

首先，我要对我的导师、朋友和同事 Nicholas Kalouptsidis 表示感谢，我们之间开展了长期且富有成效的合作。

与 Kostas Slavakis 在最近几年的合作是我获取灵感和新知的主要源泉，对我写作本书起到了决定性的作用。

感谢我们小组的成员，特别是 Yannis Kopsinis、Pantelis Bouboulis、Simos Chouvardas、Kostas Themelis、George Papageorgiou、Charis Georgiou、Christos Chatzichristos 和 Emanuel Morante。他们一直在我身边，特别是在完成草稿的艰难的最后阶段。我的同事 Aggelos Pikrakis、Kostas Koutroumbas、Dimitris Kosmopoulos、George Giannakopoulos 和 Spyros Evaggelatos 花了很多时间参与讨论，帮助进行仿真并阅读章节。

如果没有 2011 年和 2012 年春季学期的两次休假，我怀疑自己是否能写完本书。特别感谢雅典大学信息和电信系的所有同事。

在 2011 年休假期间，我很荣幸地获得了马德里卡洛斯三世大学的卓越教席，并与 Anibal Figuieras-Vidal 团队共度时光。感谢 Anibal 的邀请，与他进行的讨论总是那么富有成效，我们还一起喝掉了几瓶上好的西班牙红酒。特别感谢 Jerónimo Arenas-García 和 Antonio Artés-Rodríguez，他们向我介绍了西班牙传统文化的各个方面。

在 2012 年休假期间，我还荣幸地成为丹麦技术大学的 Otto Mønsted 客座教授，与 Lars Kai Hansen 的团队一起工作。我很感谢他邀请我，这样才有了那些愉快和富有洞察力的讨论，感谢他审阅本书各章时的建设性评论，也感谢他组织了参观丹麦博物馆的周末活动。另外，特别感谢 Morten Mørup 和 Jan Larsen 参与了富有成效的讨论。

香港中文大学深圳大数据研究院优良的研究环境赋予我热情，也给了我完成本书第 2 版的时间。非常感谢 Tom Luo 给我这个机会，他还向我介绍了中国菜的秘密。

很多同事很热心地阅读了本书的部分内容，并提出了宝贵的意见。衷心感谢 Tulay Adali、Kostas Berberidis、Jim Bezdek、Soterios Chatzis、Gustavo Camps-Valls、Rama Chellappa、Taylan Cemgil 及他的学生、Petar Djuric、Paulo Diniz、Yannis Emiris、Mario Figuieredo、Georgios Giannakis、Mark Girolami、Dimitris Gunopoulos、Alexandros Katsioris、Evaggelos Karkaletsis、Dimitris Katselis、Athanasios Liavas、Eleftherios Kofidis、Elias Koutsoupias、Alexandros Makris、Dimitirs Manatakis、Elias Manolakos、Petros Maragos、Francisco Palmieri、Jean-Christophe Pesquet、Bhaskar Rao、George Retsinas、Ali Sayed、Nicolas Sidiropoulos、Paris Smaragdis、Isao Yamada、Feng Yin 和 Zhilin Zhang。

最后，感谢美国学术出版社编辑 Tim Pitts 对我的所有帮助。

Sergios Theodoridis 是雅典大学和香港中文大学(深圳)机器学习和信号处理领域的教授。他获得了许多著名奖项，包括 2014 年 *IEEE Signal Processing Magazine* 最佳论文奖、2009 年 IEEE 计算智能学会 *IEEE Transactions on Neural Networks* 杰出论文奖、2017 年欧洲信号处理协会(EURASIP)Athanasios Papoulis 奖、2014 年 IEEE 信号处理协会教育奖和 2014 年 EURASIP 最有价值服务奖。他曾担任 EURASIP 主席和 IEEE 信号处理协会副主席，是 EURASIP 会士和 IEEE 终身会士。他也是《模式识别》(*Pattern Recognition*，第 4 版，学术出版社，2009)和《模式识别导论：MATLAB 方法》(*Introduction to Pattern Recognition: A MATLAB Approach*，学术出版社，2010)两本书的合著者。

符号说明

我努力在整本书中保持使用一致的数学符号。尽管每一个符号在使用前都做了定义，但为了方便读者，这里将主要符号进行汇总，说明如下：

- 向量用加粗的斜体字母表示，例如 $\boldsymbol{x}$。
- 矩阵用大写斜体字母表示，例如 A。
- 矩阵的行列式用 $\det\{A\}$ 表示，有时用 $|A|$ 表示。
- 对角元素为 $a_1,a_2,\cdots,a_l$ 的对角矩阵，表示为 $A=\text{diag}\{a_1,a_2,\cdots,a_l\}$。
- 单位矩阵用 I 表示。
- 矩阵的迹用 $\text{trace}\{A\}$ 表示。
- 随机变量用正体字母表示，例如 x，它们对应的值使用斜体字母表示，例如 x。
- 类似地，随机向量使用加粗的正体表示，例如 $\mathbf{x}$，它们对应的值表示为 $\boldsymbol{x}$。对于随机矩阵也是如此，如随机矩阵 X 和它的值 X。
- 离散随机变量的概率值用大写字母 P 表示，连续随机变量的概率密度函数(PDF)用小写字母 p 表示。
- 向量假设为列向量。换句话说

$$\boldsymbol{x}=\begin{bmatrix}x_1\\x_2\\\vdots\\x_l\end{bmatrix}\quad\text{或}\quad\boldsymbol{x}=\begin{bmatrix}x(1)\\x(2)\\\vdots\\x(l)\end{bmatrix}$$

  即向量的第 i 个元素既可以用下标形式 x_i 表示，也可以用 $x(i)$ 表示。
- 矩阵可以写成

$$X=\begin{bmatrix}x_{11}&x_{12}&\cdots&x_{1l}\\\vdots&\vdots&&\vdots\\x_{l1}&x_{l2}&\cdots&x_{ll}\end{bmatrix}\quad\text{或}\quad X=\begin{bmatrix}X(1,1)&X(1,2)&\cdots&X(1,l)\\\vdots&\vdots&&\vdots\\X(l,1)&X(l,2)&\cdots&X(l,l)\end{bmatrix}$$

- 向量的转置表示为 $\boldsymbol{x}^{\mathrm{T}}$，厄米特转置表示为 $\boldsymbol{x}^{\mathrm{H}}$。
- 复数的复共轭表示为 x^*，同时 $\sqrt{-1}:=\mathrm{j}$。这里符号“:=”表示“定义为”。
- 实数集、复数集、整数集以及自然数集分别记为 $\mathbb{R}$、$\mathbb{C}$、$\mathbb{Z}$、$\mathbb{N}$。
- 数(向量)的序列记为 $x_n(\boldsymbol{x}_n)$ 或者 $x(n)(\boldsymbol{x}(n))$。
- 函数用小写字母表示，例如 f。如果考虑它们的参数，可以表示为 $f(x)$；如果没有使用具体的参数，单参数函数可以表示为 $f(\cdot)$，双参数函数可以表示为 $f(\cdot,\cdot)$，以此类推。

第19章 降维与潜变量模型 …… 755

索引 ……………………………… 812

在线章节[⊖]

⊖ 请访问原书配套网站下载，详见前言中的说明。——编辑注

第1章

Machine Learning: A Bayesian and Optimization Perspective, Second Edition

引　言

1.1 历史背景

在过去大约250年的时间中，人类经历了三次由技术和科学推动的巨大变革。第一次工业革命是基于水和蒸汽的使用，其起源可以追溯到18世纪末，当时第一批有组织的工厂出现在英国。第二次工业革命是由电力的使用和大规模生产推动的，它的“诞生”可以追溯到19世纪末20世纪初。第三次工业革命是由电子、信息技术的使用和自动化在生产中的采用而推动的，它开始于第二次世界大战结束时。

尽管人类(包括历史学家在内)很难给自己所处的时代贴上标签，但越来越多的人声称第四次工业革命已经开始，并正在迅速改变我们目前所知和所学的一切。第四次工业革命是建立在第三次工业革命基础上的，它是由许多技术(如计算机和通信(互联网))的融合所推动的，其特点是物理、数字化和生物领域的融合。 1

人工智能(AI)和机器学习这两个术语越来越多地被使用和传播，体现了这种新类型的自动化技术在生产(工业)、商贸流通(商业)、服务业和经济交易(如银行业)中的应用。此外，这些技术影响并形成了我们通过社交网络进行社交和互动的方式，以及我们的娱乐方式，包括游戏、音乐、电影等文化产品。

与之前的工业革命相比，第四次工业革命有一个明显的质的区别，那就是之前的工业革命是人类的体力劳动逐渐被“机器”所取代，而在目前所经历的工业革命中，脑力劳动也被“机器”所取代。现在，我们有了可以在计算机上运行的自动应答软件，在银行中为我们服务的人越来越少，许多服务行业的工作已经被计算机和相关软件平台所取代。无人驾驶汽车和送货无人机已经出现在我们身边，与此同时，新的工作、需求和机会也不断出现或被创造出来。劳动力市场瞬息万变，未来需要新的能力和技能(参见[22, 23])。

在这一历史性事件的中心，作为关键赋能技术之一的是一门处理数据的学科，其目标是提取隐藏在数据中的信息和相关知识，以便做出预测并最终做出决策。也就是说，这门学科的目标是从数据中学习。这类似于人类为了做出决定而做的事情。通过感官、个人经验和代代相传的知识来学习，是人类智慧的核心。此外，任何科学领域的中心都是模型(通常称为理论)的发展，以解释现有的实验证据。换句话说，数据是学习的主要来源。

1.2 人工智能与机器学习

本书的主题是机器学习，尽管人工智能这个术语越来越多地被使用，尤其是在媒体上，但一些专家也用它来指代执行传统上需要人类智能的任务的任何类型的算法和方法。要意识到术语的定义永远不可能是准确的，围绕其含义总是有一些“模糊”，但我仍然会试图澄清我所说的机器学习是什么意思，以及这个术语在哪些方面意味着与AI不同的东西。毫无疑问，对此可能会有不同的看法。

虽然机器学习这个术语是近几年才流行起来的，但作为一个科学领域，它有着古老的历史，其根源可以追溯到统计学、计算机科学、信息论、信号处理和自动控制。过去的一些相关学科的例子包括统计学习、模式识别、自适应信号处理、系统识别、图像分析和语音识别。所有这些学科的共同之处在于，它们处理数据，开发适应数据的模型，然后进行预测，从而做出决策。我们今天使用的大多数基本理论和算法工具在 21 世纪初就已经开发出来并为人所知。但有一个“小”却重要的区别：现有的数据以及 2000 年以前的计算机能力，不足以使用一些已经开发出来的更精细和更复杂的模型。2000 年以后，特别是
2 2010 年前后，情况开始发生变化。大数据集逐渐被构建出来，计算能力变得可以支撑更复杂的模型。于是，越来越多的应用程序采用了这种算法技术，“从数据中学习”成为一种新的趋势，机器学习作为这种技术的支撑而流行。

此外，最大的不同在于使用和“重新发现”了今天所谓的*深度神经网络*。这些模型提供了令人印象深刻的预测准确性，这是以前的模型从未达到的。反过来，这些成功为在广泛的应用中采用这些模型铺平了道路，也推动了大量的研究，催生了新的版本和模型。如今，另一个正在迎头赶上的术语是“数据科学”，指的是如何开发能高效处理大规模数据的健壮的机器学习技术和计算技术。

然而，在机器学习的支撑下运行的所有方法的主要原理仍然是相同的，并且已经存在了几十年。其主要思想是利用可用的数据估计一组描述模型的参数，然后基于*低层信息和信号*进行预测。人们可能很容易产生质疑，这种方法没有多少*智能*。但不用怀疑，深度神经网络比其前身包含更多的“智能”，它有潜力*优化*低层输入信息的*表示*，以作为计算机的输入。

术语“表示”是指将隐藏在输入数据中的相关信息进行量化/编码，以便随后由计算机进行处理的方式。用更专业的术语表达，这种信息的每一部分都被称为一个特征(参见 1.5.1 节)。第 18 章给出了神经网络的定义并进行了详细介绍，正如其中所讨论的，这些模型与其他数据学习方法的不同之处在于它们的*多层结构*。这允许在不同的抽象级别上“构建”输入信息的*层次化*表示，每一层都建立在前一层的基础上，层次越高，得到的表示就越抽象。这种结构令神经网络相比于其他模型有显著的性能优势，因为其他模型只局限于单一表示层。而且，这种单层表示是由用户手工打造和设计的，而深度网络则是通过使用优化准则从输入数据“学习”表示层。

然而，尽管已经取得了前面描述的这些成功，我仍然认为我们离理想的智能机器还有很远的距离。例如，一旦在一个为特定任务开发的数据集上进行了训练(估计参数)，此模型就很难*泛化*到其他任务。正如我们将在第 18 章中看到的，虽然在这个方向上已经取得了进展，但我们离达到人类智慧的目标还有很长的路要走。如果一个孩子看到一只猫，那么他很容易就能认出另一只猫，即使另外这只有不同的颜色或者转了个身。而目前的机器学习系统需要成千上万张关于猫的图像，以便训练它们能在一幅图像中“识别”出一只猫。如果一个人学会了骑自行车，那么他很容易就能把这些知识迁移到学习骑摩托车甚至开汽车上。人类可以很容易地将知识从一项任务迁移到另一项任务，而不会忘记前一项任务。相比之下，目前的机器学习系统缺乏这样的泛化能力，一旦训练它们学习一个新的任务，它们往往会忘记之前的任务。这是一个开放的研究领域，目前也有一些研究进展。

此外，对于利用深度网络的机器学习系统，如果新的数据与它们曾用来训练的数据相似，它们甚至可以在新数据上达到超人的预测精度。这是一项重大成就，不应被低估，因为这种技术可以有效地用于专门的工作，例如，识别人脸、识别照片中的各种物体以及对
3 图像进行标注并生成与图像内容相关的文本。这类系统可以识别语音，将文本从一种语言翻译成另一种语言，检测出酒吧里正在播放的音乐，以及这首曲子属于爵士乐还是摇滚乐。但与此同时，它们也会被精心构造的示例(被称为对抗示例)所愚弄，而人类是不会因为这种愚弄而做出错误预测的(见第 18 章)。

关于 AI，“人工智能”一词是由约翰·麦卡锡在 1956 年首次提出的，当时他组织了

第一次专门会议(参见[20]中简短的历史介绍)。当时的概念是，是否能用软硬件制造出具有类人智能的智能机器，到现在这仍然还是一个目标。与机器学习领域相反，人工智能的概念不是侧重于低层次的信息处理，而是侧重于人类推理和思考的高级认知能力。毫无疑问，我们离最初的目标还有很远的距离。预测确实是智慧的一部分，然而，智力远不止于此。预测与我们所说的归纳推理有关。真正将人类与动物的智力区分开来的是人类的思维能力，它能够形成概念并创造猜想，从而解释数据以及解释我们生活的世界。解释包含我们智力中的一个高层次方面，构成了科学理论和文明创造的基础，它们是与任务相关的关于“为什么”和“如何”的断言(参见[5, 6, 11])。

为讨论人工智能，至少应了解它是阿兰·图灵等先驱构思的[16]，人工智能系统应该有推理和赋予意义的内在能力，例如，在语言处理中，能够推断因果关系、建模不确定性的有效表示以及追求长期目标[8]。为了实现这些具有挑战性的目标，我们可能需要理解并实现来自心理理论的概念，同时还需要构建实现自我意识的机器。前一个心理学术语指的是理解他人有自己的信念和意图来证明他们的决定。后者指的是我们所说的意识。最后一点，回忆一下，人类的智力是与感觉和情绪密切相关的。事实上，后者似乎在人类的创造性精神力量中扮演着重要的角色(例如，[3, 4, 17])。因此，从这个更理论化的角度来看，人工智能仍只是一种未来展望。

我们不应认为前面的讨论试图涉及有关人类智能和人工智能本质的哲学理论。这些主题本身就包含了一个发展时间超过60年的领域，这远远超出了本书的范围。我的目的只是让这个领域的新人了解当前正在讨论的一些观点和问题。

在更实际的前沿领域，人工智能一词早期是指围绕知识系统构建的技术，这些系统寻求用形式语言对知识进行硬编码，如[13]。计算机“推理”是通过一组逻辑推理规则实现的。尽管早期取得了成功，但这种方法似乎已经达到了极限，参见[7]。机器学习则是另一种途径，通过从数据中学习，真正推动了该领域的发展。如今，人工智能这个术语被用来涵盖与机器智能学科相关的所有方法和算法，其中包括机器学习和基于知识的技术。

1.3 算法能学习数据中隐藏的东西

我们已经强调过，数据是机器学习系统的核心，数据是一切的开始。数据中隐藏着信
息，它们是以潜在的规律、相关性或结构的形式存在的，机器学习系统试图“学习”这些 4
信息。因此，不管软件算法的设计有多智能，它所能学习的最多也就是训练所用数据中蕴含的信息。

收集数据并构建用于训练“智能”系统的数据集是非常关键的。建立能够满足人类需求的数据集以及开发能够对涉及人类及其生活的问题做出决策的系统，需要我们特别关注，尤其是其中涉及的责任。这不是一个简单的问题，仅仅有良好的意愿是不够的。我们都是我们所生活的社会的产物，这意味着我们的信念在很大程度上是由关于性别、种族、民族、宗教、文化、阶级和政治观点的社会成见所形成的。最重要的是，这些信念大多发生并存在于潜意识层面。因此，抽样“典型”案例来形成数据集可能具有很强的主观性，并会引入偏差。用这些数据训练的系统可能会影响人们的生活，而且可能需要一段时间才能发现这一点。而且，我们的世界正在迅速变化，这些变化应该不断地反映在代表我们做出决定的系统中。把我们的生活交托给计算机这种事情应该谨慎为之，最重要的是应将其限定在一个道德框架内，这个框架比现有的法律规则要广得多、普遍得多。

当然，这给开发数据集和“智能”系统的个人、政府和公司带来了负担，但这不能依赖于他们的善意来处置。一方面，我们需要一个专门的法律框架来指导这些平台和系统的设计、实施和使用，以保护我们的道德标准和社会价值观。当然，这不仅与收集的数据有

关，还与要构建的整个系统有关。任何取代人类的系统都应该是透明的、公平的和准确的。并不是说人类的行为一定符合这三个词，但是，人类也可以推理和讨论，我们还有感觉和情绪，我们不只是进行预测。

另一方面，现在可能是我们可以开发和建立更多“客观”系统的时候，也就是说，要超越人类的主观性。然而，这种“客观性”应该建立在科学、规则、标准和原则的基础上，而这些还尚不具备。正如迈克尔·乔丹[8]所说，这种系统的发展将需要来自社会科学和人文科学的观点。目前，这种系统的构建还是依赖于临时的专门方法而不是有坚实理论支撑的方法。最有影响力的科学哲学家之一卡尔·波普尔[12]强调，所有的知识创造都是充满理论的。观察永远离不开基础的理论或解释。即使我们相信这个过程始于观察，观察的行为也还是需要一个观点(参见[1，6])。

如果我可以冒昧地说一点像科幻小说一样的东西(但的确是现在流行的)：当人工智能在其原始概念的背景下实现时，数据采样和用于训练的数据集的创建可以通过专门的算法来处理。也许这种算法将建立于在此期间发展起来的科学原理的基础之上。毕竟，现在可能是一个新的科学/工程领域崛起前的黎明，它以理论性的方式整合了若干以数据为中心的学科。为此，可能必须实现卡尔·波普尔的另一个观点，即证伪，不过这个词现在有点被滥用了。对于智能系统的构建，其重点应该放在批评和实验上，以找到证据来反驳那些
5 用于发展智能系统的原理。系统只有通过了证伪检验才能投入使用。

1.4　机器学习典型应用

对于机器学习这种从数据中“学习”的技术，已经很难找到一门不使用它的学科了。然而，有一些领域可能由于其经济和社会影响，可以被认为是典型的应用。这类应用的例子概述如下。

1.4.1　语音识别

语言是人类交流的主要手段，也是人类区别于动物的主要特征。语音识别一直是一个主要的研究课题，其起源可以追溯到20世纪60年代初。语音识别的目标是开发能识别语音并在计算机中进行表示的方法和算法。这是一个涉及信号处理、机器学习、语言学和计算机科学的跨学科领域。

经过多年的发展，语音识别任务和相关系统已经从最简单的孤立单词识别(说话者必须在两个词之间等待)，发展到更高级的连续语音识别。在后者中，用户几乎可以自然地说话，计算机可同时确定内容。说话人识别是另一个问题，目标是系统可以识别说话的人。这种系统可应用于安全目的。

语音识别的应用范围很广。使用语音识别的一些典型案例包括电话网络中的自动呼叫处理、基于查询的信息系统、数据输入、语音听写、机器人技术，以及为有特殊需要的人群(如盲人)提供的辅助技术。

1.4.2　计算机视觉

这是一门受人类视觉系统启发的学科。计算机视觉方向解决的典型的任务包括图像边缘自动提取、将物体表示为较小结构的组合、目标检测与识别、光流、运动估计、从阴影和纹理等各种线索推断形状以及基于多幅图像的三维场景重建。图像变形，即通过无缝过渡将一幅图像变换为另一幅图像，以及图像拼接，即由很多图像生成一幅全景图像，也是计算机视觉研究的主题。近年来，计算机视觉与图形学两个领域之间的相互作用越来越多。

1.4.3 多模态数据

语音识别和计算机视觉都是处理来自单一模式的信息。然而，人类是通过视觉、听
觉、触觉等多种感官，以一种多模态的方式感知自然世界的。人类大脑为了理解和感知周 6
围的世界而利用的多种模式中有着互补的信息。

受此启发，通过跨媒体整合进行多媒体或多模态理解，催生了一个相关的领域，其目标是提高在处理多模态问题中出现的各种科学任务的性能表现。模态混合的一个例子是将图像/视频、语音/音频和文本结合在一起。在[9]中给出了一个还涉及有关人类感觉、感知和认知的心理过程的相关总结。

1.4.4 自然语言处理

这是一门研究使用计算机处理语言的学科。自然语言处理(NLP)任务的一个例子是垃圾邮件检测。目前，NLP 领域是一个研究热点，典型的研究方向是自动翻译算法和软件的开发、情感分析、文本摘要和作者识别。语音识别与 NLP 有很紧密的联系，严格来说，可以认为是 NLP 的一个特殊的子主题。本书中有两个与 NLP 相关的实例研究，一个是关于作者身份识别的(见第 11 章)，另一个是关于神经机器翻译(NMT)的(见第 18 章)。

1.4.5 机器人

机器人在制造业中被用来执行任务，例如，用在汽车生产流水线上，或者宇航局用来在太空中移动物体。最近，所谓的社交机器人被制造出来，用于在社交环境中与人们互动，例如用于帮助住院的儿童[10]。

机器人已被用于对人类来说是困难或危险的场合，例如炸弹引爆，以及在困难和危险的环境中工作，例如在高温、深海和高辐射地区。机器人也被开发用于教学。

机器人技术是一个跨学科的领域，除了机器学习之外，还包括机械工程、电子工程、计算机科学、计算机视觉和语音识别等学科。

1.4.6 自动驾驶

自动或无人驾驶汽车是一种不需要或只需很少人工干预就能四处移动的交通工具。我们大多数人都在机场使用过自动驾驶列车。但是，这种自动驾驶列车是在控制良好的环境中运行的。自动驾驶汽车的设计目标则是在城市街道和高速公路上行驶。该领域也具有跨学科性质，涉及雷达、激光雷达、计算机视觉、自动控制、传感器网络和机器学习等领域。预计自动驾驶汽车的使用将减少事故的数量，因为从统计上看，大多数交通事故是源于人为失误，是由饮酒、高速、压力、疲劳等原因造成的。

我们可以实现不同级别的自动驾驶。第 0 级是大多数汽车目前所处的类别，司机完全掌控驾驶，自动内置系统可能会发出警告。级别越高，汽车的自治就越多。例如，在第 4 级，首先，司机将被告知情况是否安全，然后司机可以决定将车辆切换到自动驾驶模式。在最高级别，即第 5 级，自动驾驶完全不需要人工干预[21]。

除了上述著名的机器学习应用的例子，机器学习也已被广泛应用于其他领域，如医疗
保健、生物信息学、商业、金融、教育、法律和制造业。 7

1.4.7 未来的挑战

尽管机器学习领域已经取得了令人印象深刻的发展，但在可预见的未来还有许多挑战(我们在介绍人工智能时提到了一些长期挑战)。在伯克利报告[18]中，总结了以下挑战：

- 设计通过与动态环境交互来不断学习的系统，同时做出及时、鲁棒和安全的决策。

- 设计能够实现个性化应用和服务的系统，同时又不损害用户的隐私和安全。
- 设计能够在不损害机密性的前提下在不同组织的数据集上进行训练的系统，并在此过程中跨越潜在竞争组织的边界来提供AI能力。
- 开发领域专用的体系结构和软件系统，以满足未来应用程序的性能需求，包括定制芯片、边缘云系统以有效地在边缘节点处理数据，以及抽象和采样数据的技术。

除了上述技术层面的挑战外，还存在重要的社会挑战。新技术正越来越多地影响着我们的日常生活。原则上，它们比以往任何时候都更有潜力操纵和塑造独立于社会之外的信仰、观点、兴趣、娱乐、习俗和文化。而且，它们还提供了访问个人数据的可能性，这些数据可能会因为各种原因被利用，比如经济、政治或其他恶意目的。正如欧洲议会议员M. Schaake所说："当算法影响人权、公共价值观或公共决策时，我们需要监督和透明度。"然而，这些观点不应该引起技术恐慌。相反，人类文明的进步是由于科学技术的飞跃。我们所需要的只是社会敏感性、对可能的危险的认识以及相关的法律"庇护"。

简单来说，如亨利·伯格森所说，历史是不确定的。历史是一种创造性的进化。

1.5　机器学习的主要方向

如前所述，机器学习是这样一个科学领域，其目标是开发从数据中"学习"的方法和算法；也就是说，提取数据中"驻留"的信息，随后计算机可用这些信息执行任务。为实现此目的，起点是一个可用的数据集。在特定任务的场景中，根据需要获得的信息类型，已经发展出不同类型的机器学习方法。

1.5.1　监督学习

监督学习是指所有可用数据都被标注的机器学习类型。换句话说，数据是通过成对的观测值来表示的，如$(y_n, \boldsymbol{x}_n)$，$n=1,2\cdots,N$，其中每个$\boldsymbol{x}_n$是一个向量，或者更一般地，是一组变量。$\boldsymbol{x}_n$中的变量称为输入变量，也被称为自变量或特征，而相应的向量被称为特征向量。变量y_n称为输出变量、因变量、目标变量或标签变量。在某些情况下，y_n也可能是一个向量。学习的目标是获得/估计一个函数映射，给定输入变量的值，预测相应输出变量的值。监督学习的两个"支柱"是分类和回归任务。

8

1. 分类

分类的目标是将一个模式指定为几个可能类别中的某个，类别数可认为已知。例如，在乳腺X光检查中，输入一幅图像，其中某个区域标示了肿瘤的存在。计算机辅助诊断系统的目标是预测该肿瘤是良性还是恶性。光学字符识别(OCR)系统也围绕分类系统建立，这里需要识别对应字母表中的每个字母的图像并将其指派到二十六个类之一(对拉丁字母表情况)。相关的案例研究请参阅18.3节。另一个例子是对给定文本预测其作者。对于一段作者未知的文本，分类系统的目标就是在一些已知作者(类)中推断其作者，11.15节讨论了该应用。数字通信系统中的接收器也可以被视为分类系统。当接收到的传输数据被噪声和传输信道上施加的其他变换所污染时(第4章)，接收器必须对原始传输符号的值做出判断。例如，在一个二进制传输序列中，每个原始符号要么属于类别+1，要么属于类别-1。此任务被称为信道均衡。

设计任何机器学习任务的第一步是决定如何在计算机中表示每个模式。这是在预处理阶段实现的。为此，必须以某种有效且信息丰富的方式来"编码"原始数据(如前面的例子中的图像像素或单词串)中的相关信息。这通常是通过将原始数据变换到一个新空间中来完成的，在这个新的空间里，每个模式由一个向量$\boldsymbol{x} \in \mathbb{R}^l$表示。这就形成了特征向量，其$l$个分量为对应特征值。以这种方式，每个模式即为$l$维空间(称为特征空间或输入空间)中的一个点。我们称原始数据的这种变换为特征生成或特征抽取阶段。通常，我们从一个比较大的特征数 K 出发，经过一个被称为特征选择阶段的优化过程，最终选出 l 个最具信息的特征。如我们将在18.12节所见，在卷积神经网络场景下，上述两个阶段被合并在一起，以一种组合的方式获得并优化特征，并与前面描述的函数映射的估计一起进行。

在确定了表示数据的输入空间之后，我们还必须训练一个分类器。首先选取类别已知的一组数据，这些数据构成训练集，通常表示为数据对 $(y_n, \boldsymbol{x}_n)$ 的集合，其中 $n=1,2,\cdots,N$，y_n 为(输出)变量，表示数据 $\boldsymbol{x}_n$ 所属的类别，也被称为对应的类标签，对 M 个类的分类任务，其取值属于一个离散的数据集 $\{1,2,\cdots,M\}$。例如，对于一个两类分类任务，可取 $y_n\in\{-1,+1\}$ 或 $y_n\in\{0,+1\}$。简单起见，这里将专注于两类分类情形。根据训练数据，我们设计一个函数 f，用来对给定的输入向量 $\boldsymbol{x}$ 预测输出标签。一般地，我们可能需要设计一组这样的函数。

一旦设计好了函数 f，系统就准备好进行预测了。给定一个类别未知的模式，我们从原始数据得到对应的特征向量 $\boldsymbol{x}$。根据 $f(\boldsymbol{x})$ 的值，该模式将被分类为两类之一。例如，如 9
果标签取值±1，则得到预测标签为 $\hat{y}=\text{sgn}\{f(\boldsymbol{x})\}$。这个操作定义了分类器。如果 f 是线性的(非线性的)，那么我们称对应分类任务是线性的(非线性的)，或者，用一个稍微滥用的术语，称分类器是线性的(非线性的)。

图1.1是一个分类任务的示例。首先给定一组点，每个点表示二维空间中的一个模式(使用两个特征 x_1 和 x_2)。在这个两类分类任务中，星号代表一类，十字代表另一类。这些点即为训练点，用来训练出一个分类器。对于这个非常简单的例子，通过一个线性函数即可实现：

$$f(\boldsymbol{x})=\theta_1x_1+\theta_2x_2+\theta_0 \tag{1.1}$$

满足 $f(\boldsymbol{x})=0$ 的所有点即为图中所示的直线。参数 θ_1、θ_2、θ_0 是通过一个基于训练集的估计方法得到的。这个估计分类器的阶段，也被称为训练或学习阶段。

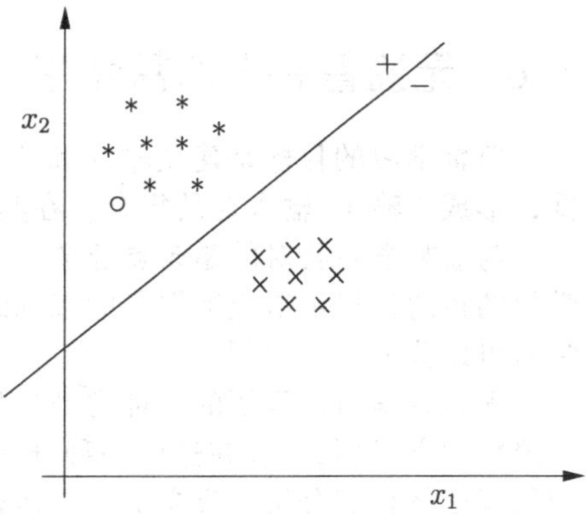

图1.1 分类器(在此简单例子中是线性分类器)被设计为将训练数据分成两类。对于线性函数 $f(\boldsymbol{x})=0$(直线)，其上方的点属于一类，下方的点属于另一类。类别未知的点(圆圈)被分类为“星号”点所属类别，这是因为该点位于分类器的上方

一旦已经“学习”出一个分类器，我们就准备好进行预测了，即预测模式 $\boldsymbol{x}$ 的类别标签。例如，给定一个圆圈表示的数据点，其类别对于我们来说是未知的。根据已经设计的分类系统，它属于与星号相同的类别，即都属于(比如)类别+1。事实上，图中所示直线一侧的每个点都使得 $f(\boldsymbol{x})>0$，而另一侧的每个点都使得 $f(\boldsymbol{x})<0$。于是圆圈表示的数据点的预测标签 $\hat{y}$ 满足 $\hat{y}=\text{sgn}\{f(\boldsymbol{x})\}>0$，因此它被分类为类别+1，即星号点所属的类别。

我们对分类任务的讨论是基于数值特征。在分类任务中，类别特征是存在的，也是非常重要的。 10

2. 回归

在特征生成/选择阶段，回归在很大程度上和前述的分类是一样的。然而，这里输出变量 y 不是离散的，而是取值于实数轴的某个区间或复平面的某个区域。推广到向量值的输出也是可能的。这里我们聚焦于实数变量。从根本上来说，回归操作是一个函数(曲线/平面)拟合问题。

给定一组训练样本$(y_n,\boldsymbol{x}_n)$，$y_n\in\mathbb{R}$，$\boldsymbol{x}_n\in\mathbb{R}^l$，$n=1,2,\cdots,N$，回归任务的目标是估计一个函数$f$，使得该函数的图形拟合这些数据点。一旦找到了这样一个函数，就可以预测训练集之外的新样本的输出值，如图 1.2 所示。本例中训练数据都是灰色点，只要完成了函数拟合任务，则对新的给定点x(圆圈)，我们就可以预测其输出值为$\hat{y}=f(\boldsymbol{x})$。在图 1.2 这个简单例子中，函数$f$是线性的，因此其图形是一条直线。

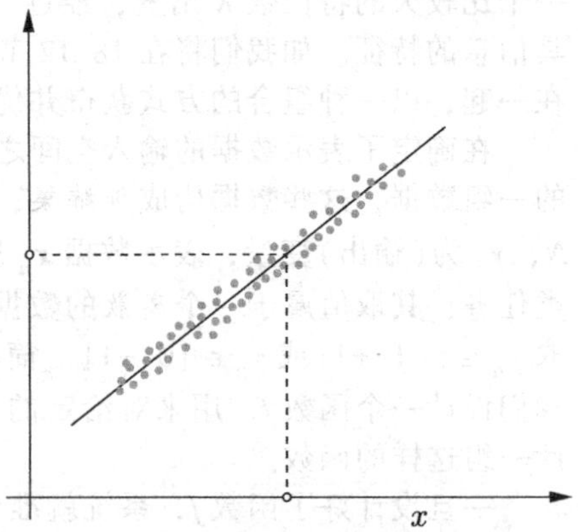

图 1.2　在回归任务中，一旦设计好了一个函数(本例中是线性函数)f，其图形拟合已有训练数据集，那么对给定的新的点(圆圈)$\boldsymbol{x}$，可由$y=f(\boldsymbol{x})$来对相应的输出(圆圈)值进行预测

回归操作是一种可涵盖许多问题的通用操作。例如，在金融应用中，基于目前的市场状况和所有其他相关信息，可以预测明天的股票市场价格。每个信息都是相应特征的测量值，信号和图像修复也属于回归任务的范畴，信号和图像去噪也可以被看作一种特殊类型的回归操作，对一幅模糊图像进行去模糊也可作为回归任务来处理(参见第 4 章)。

1.6　无监督和半监督学习

监督学习的目标是建立输入和输出变量间的函数关系。为此，我们使用带标签的数
11 据，形成了输出-输入对的集合，在其上学习未知的映射。

与监督学习相对的是*无监督学习*，它只提供输入变量，没有输出或标签信息。无监督学习的目的是揭示给定数据集的基础结构，这是数据学习方法中的一个重要部分。无监督学习可以分为几个方面。

无监督学习最重要的一种类型是*聚类*。任何聚类任务的目标都是揭示数据集中的点分组聚集的方式(假设存在这样一种分组结构)。例如，给定一组报纸文章，可以根据内容的相似程度将它们分组。事实上，任何聚类算法的核心都是相似度的概念，因为属于同一组(集群)的模式被认为比属于不同集群的模式更相似。

最经典的聚类方案之一，即所谓的 k-means 聚类，将在 12.6.1 节介绍和讨论。然而，聚类并不是本书的主要主题，感兴趣的读者可以查看更专门的参考资料(例如[14, 15])。

另一类无监督学习方法是*降维*。其目的也是揭示数据的特殊结构，但并不是分组结构。例如，尽管数据可以在高维空间中表示，但它们可能位于一个低维子空间或围绕一个流形。出于压缩表示或简化计算的原因，这类方法在机器学习中非常重要。降维方法将在第 19 章详细讨论。

*概率分布估计*也可以被看作无监督学习的一个特例。概率建模在第 12、13、15 和 16 章中深入讨论。

最近，无监督学习也被用于数据生成。所谓的生成对抗网络(GAN)包含一种处理这个古老话题的新方式，它采用博弈论方法，第 18 章将介绍相关内容。

*半监督学习*介于有监督学习和无监督学习之间。在半监督学习中有带标签的数据，但其数量不足以很好地估计输出-输入依赖关系。存在大量未标记的模式可以帮助完成此任务，因为它们可以揭示输入数据的其他结构，并且可被有效利用。[14]等文献对半监督学习进行了介绍。

最后，另一种越来越重要的学习方式是所谓的*强化学习*(RL)。这也是一个古老的领域，起源于自动控制。这类学习的核心是一组规则，目标是学习一系列的动作，这些动作

将引导代理来实现目标或最大化目标函数。例如，如果代理是一个机器人，目标可能是从 A 点移动到 B 点。直观上，RL 是通过不断摸索来尝试学习行为。与监督学习相比，最佳行为不是从标签学习的，而是从所谓的奖励学习的。这个标量值通知系统它所做的任何事情的结果是正确的还是错误的。采取行动以最大化奖励是 RL 的目标。

强化学习超出了本书的范围，有兴趣的读者可以参考[19]等文献。

1.7 本书结构和路线图

在上面的讨论中，我们看到了看似不同的应用可在统一的框架下处理，例如作者身份识别和信道均衡，以及金融预测和图像去模糊。许多针对机器学习开发的技术与用于统计 12
信号处理或自适应信号处理的技术并没有什么不同。例如，滤波属于回归的一般框架(第 4 章)，“自适应滤波”与机器学习中的“在线学习”完全相同。事实上，后面也将详细解释，这本书可以满足不止一门高年级本科生或研究生课程的需求。

多年来，在不同的应用背景下，已经发展出大量的技术。这些技术大部分属于两种思想学派中的一种，其中一种学派将定义未知函数的未知参数(例如式(1.1)中的 θ_1、θ_2、θ_0)视为随机变量。贝叶斯学习就建立在这个基本原理之上。贝叶斯方法学习一个分布，描述所涉及参数/变量的随机性。另一种学派认为，参数是非随机变量。它们对应于一个固定但未知的值。我们将把这些参数称为确定性参数。与随机变量相反，如果一个非随机变量的值已知，那么它的值就可以被准确地“预测”，这一事实说明了这个术语的合理性。围绕确定性变量构建的学习方法关注优化技术，以获得相应值的估计。在某些情况下，术语“频率论者”用于描述后一种类型的技术(参见第 12 章)。

两种学派都有其优点和缺点，我相信有不止一条路可以通向“真理”。每个学派都能比另一个学派更有效地解决某些问题。也许几年后，情况会更清楚一些，可以得出更明确的结论。或者，就像生活一样，“真相”就在中间某个地方。

任何情况下，每一个进入这个领域的新人都必须学习基础和经典知识。这就是为什么在这本书中，所有主要的方向和方法都将以同样平衡的方式尽可能地进行讨论。当然，作者也是人，不能避免更多地强调在自己的研究中最熟悉的技术。这也是有益的，因为写书就是一种与读者分享作者专业知识和观点的方式。这就是为什么我相信一本新书并不会取代以前的书，而是补充以前出版的书中的观点。

第 2 章介绍概率论和统计学，同时也介绍随机过程。熟悉这些概念的读者可以跳过这一章。另一方面，读者可以关注本章的不同部分。对统计信号处理/自适应处理感兴趣的读者可以更多地关注随机过程部分。希望遵循概率机器学习观点的读者会发现本章介绍各种分布的部分更重要。在任何情况下，对于还不熟悉的读者来说，多元正态(高斯)分布都是必须掌握的。

第 3 章概述参数估计。这一章对全书进行概览，并定义了贯穿全书的主要概念。本章相对独立，可作为关于机器学习的简介。尽管我觉得所有内容都应该阅读和讲授，但根据课程的重心，并考虑到时间限制，读者可以更多地关注自己感兴趣的部分。本章中讨论了最小二乘法和岭回归，并介绍了最大似然法和贝叶斯法的基本概念。在任何情况下，有关反问题定义、偏差-方差权衡以及泛化和正则化概念的部分都是必须掌握的。

第 4 章主要研究均方误差(MSE)线性估计。对于学习统计信号处理(SP)课程的人来说，本章的所有内容都很重要。其他读者可以跳过与复值处理相关的部分，还可以跳过和 13
计算复杂性问题有关的部分，因为只有当输入数据是随机过程时，这部分内容才会用到。跳过这些内容不会影响阅读本章后面的线性模型的 MSE 估计、高斯-马尔可夫定理和卡尔曼滤波的部分。

第 5 章介绍随机梯度下降算法。本章前面涉及随机逼近方法的内容，每个读者都应该掌握。本章其余部分涉及最小均方(LMS)算法及其变种，更适合对统计信号处理课程感兴趣的读者，因为这些算法适用于跟踪时变环境。对于那些对分类和机器学习任务感兴趣的读者来说，如果任务数据的统计特性是不随时间变化的，本章的这部分内容可能并不紧要。

第 6 章主要讨论最小二乘(LS)方法，机器学习和信号处理领域的所有读者都会对这部分内容感兴趣。本章后面部分介绍的总体 LS 法可在第一次阅读时跳过。本章重点介绍了岭回归及其几何解释。岭回归对新手来说很重要，因为这有利于熟悉正则化的概念，这在任何机器学习任务中都是非常重要的，并且与所设计的预测器的泛化性能直接相关。

我决定压缩讨论快速 LS 算法的部分，当输入是一个随机过程/信号，并且在相关的协方差矩阵上施加一个特殊的结构时，这种方法才是适用的。我认为这些内容并没有比 10 年或 20 年前更有趣。而且，快速算法背后的高度结构化协方差矩阵的主要思想在第 4 章中也有介绍，读者可参看莱文森算法及其格、格梯变体部分。

第 7 章是任何机器学习课程的必修内容，讨论了贝叶斯决策理论背景下的分类、最近邻分类器、对率回归、费舍尔判别分析和决策树等重要的经典概念。统计信号处理课程也可以包含本章前面有关经典贝叶斯分类的内容——经典贝叶斯决策理论。

前面提到的这 6 章构成了本书或多或少和经典主题有关的部分。本书的其余章节涉及更加先进的技术，并可适用于任何有关机器学习或统计/自适应信号处理的课程，具体取决于课程重心、时间限制和受众背景。

第 8 章论述凸性，这是近年来越来越受到关注的一个主题。本章介绍凸集和凸函数的基本定义以及投影的概念，这是一些最近开发的算法中用到的重要工具。此外，还讨论了经典的凸集投影(POCS)算法和在线学习的集理论方法，可将其看作基于梯度下降的方法的替代。本章还讨论了非光滑凸损失函数的优化任务，介绍近端映射方法族、交替方向乘子法(ADMM)和前向-后向分裂法等。注重优化的课程可使用本章的内容。采用非光滑损失函数或非光滑正则化项代替平方误差及其岭回归变体，是研究和实际应用的一个趋势。

第 9 章和第 10 章讨论稀疏建模，前一章介绍主要的概念和思想，后一章讨论批学习和在线学习场景的算法，还讨论了有关时频分析的一个实例研究。根据课程时间，可以在
14 相关课程中讲授稀疏建模和压缩感知背后的主要概念。这两章也可以作为研究生水平的有关稀疏性的专业课程内容。

第 11 章讨论再生核希尔伯特空间的学习和非线性技术。本章的第一部分是任何强调分类的课程的必修内容，详细讨论了支持向量回归和支持向量机。此外，一门强调非线性建模的统计信号处理课程也可以包括本章的相关内容。本章最后讨论了作者身份识别的一个实例研究。

第 12 章和第 13 章讨论贝叶斯学习，因此都可以成为强调贝叶斯方法的机器学习和统计信号处理课程的主干内容。前一章介绍基本原理和最大期望(EM)算法，这一著名算法可通过两个经典的应用来展示，即线性回归和高斯混合模型的概率密度函数估计。后一章讨论近似推理技术，根据课程时间限制和受众背景，可以使用其中的部分内容。这一章还介绍稀疏贝叶斯学习及相关向量机(RVM)框架。本章的最后讨论非参贝叶斯技术，如中国餐馆过程(CRP)、印度自助餐过程(IBP)以及高斯过程。最后，给出了一个有关高光谱图像分离的实例研究。这两章内容都可以用在有关贝叶斯学习的专业课程里。

第 14 章和第 17 章讨论蒙特卡罗抽样方法，后一章讨论粒子滤波。这两章以及前面两个涉及贝叶斯学习的章节，可以合并在一门强调机器学习/统计信号处理的统计方法课程中。

第 15 章和第 16 章讨论概率图模型。前一章介绍主要概念和定义，以及链和树的消息

传递算法，是任何强调概率图模型的课程的必修内容。后一章讨论联合树(junction tree)上的消息传递算法、近似推理技术以及动态图模型和隐马尔可夫模型(HMM)。若将HMM看作联合树的一个特例，则鲍姆-韦尔奇和维特比方法可作为消息传递算法的特殊情形导出。

第18章讨论神经网络和深度学习。在第2版中，我基本上重写了这一章，以适应在第1版出版后这一主题的进展。本章在任何强调分类的课程中都是必修内容。本章从早期的感知机算法和感知机规则开始，然后继续讨论深度学习的新进展主要内容包括：前馈多层结构，以及一些用于网络训练的随机梯度型算法变体；不同类型的非线性函数和代价函数，以及它们与梯度传播中消失/爆炸现象的相互作用；正则化和dropout方法；卷积神经网络(CNN)和递归神经网络(RNN)的研究进展；注意力机制的概念和对抗示例；深度信念网络、生成对抗网络和变分自编码器；胶囊网络、迁移学习和多任务学习。本章最后以一个与神经机器翻译(NMT)相关的实例研究作为结语。

第19章讨论降维技术和潜变量建模。本章介绍主成分分析(PCA)、典型相关分析(CCA)和独立成分分析(ICA)方法，讨论潜变量建模的概率方法，提出概率主成分分析(PPCA)。然后，将重心转向字典学习和鲁棒PCA，讨论核PCA等非线性降维技术，以及经典的流形学习方法——局部线性嵌入(LLE)和等距映射(ISOMAP)。最后，以功能性磁共振成像(fMRI)数据分析为背景，介绍一个基于ICA的实例研究。 15

本书每一章都从基础开始，接着介绍相关主题的研究进展。本书整体风格如此，只不过前6章涵盖了更多的经典内容。

综上所述，我们针对不同的课程提供以下建议，具体取决于教师希望将重点放在哪些主题：

- 强调分类的机器学习：
  - 主要章节：第3、7、11和18章。
  - 辅助章节：第12和13章，(或许)第6章的第一部分。
- 统计信号处理：
  - 主要章节：第3、4、6和12章。
  - 辅助章节：第5(第一部分)章和第13~17章。
- 强调贝叶斯技术的机器学习：
  - 主要章节：第3章和第12~14章。
  - 辅助章节：第7、15和16章，(或许)第6章的第一部分。
- 自适应信号处理：
  - 主要章节：第3~6章。
  - 辅助章节：第8、9、10、11、14和17章。

因为这本书的写作方式是使每章尽可能独立，所以我相信上述不同章节组合的建议是可行的。

在大部分章节的结尾都有编程练习，主要是基于文中给出的各种例子。练习是以MATLAB编程方式给出的，相应代码可在本书的网站上找到。此外，也提供相应的Python语言代码，可在本书的网站上找到。第18章中的一些练习是基于TensorFlow的。

习题答案以及书中的所有图都可以在本书的网站上找到。

参考文献

[1] R. Bajcsy, Active perception, Proceedings of the IEEE 76 (8) (1988) 966–1005.
[2] H. Bergson, Creative Evolution, McMillan, London, 1922.
[3] A. Damasio, Descartes' Error: Emotion, Reason, and the Human Brain, Penguin, 2005 (paperback reprint).
[4] S. Dehaene, H. Lau, S. Kouider, What is consciousness, and could machines have it?, Science 358 (6362) (2017) 486–492.

[5] D. Deutsch, The Fabric of Reality, Penguin, 1998.
[6] D. Deutsch, The Beginning of Infinity: Explanations That Transform the World, Allen Lane, 2011.
[7] H. Dreyfus, What Computers Still Can't Do, M.I.T. Press, 1992.
[8] M. Jordan, Artificial intelligence: the revolution hasn't happened yet, https://medium.com/@mijordan3/artificial-
16 intelligence-the-revolution-hasnt-happened-yet-5e1d5812e1e7, 2018.
[9] P. Maragos, P. Gros, A. Katsamanis, G. Papandreou, Cross-modal integration for performance improving in multimedia: a review, in: P. Maragos, A. Potamianos, P. Gros (Eds.), Multimodal Processing and Interaction: Audio, Video, Text, Springer, 2008.
[10] MIT News, Study: social robots can benefit hospitalized children, http://news.mit.edu/2019/social-robots-benefit-sick-children-0626.
[11] J. Pearl, D. Mackenzie, The Book of Why: The New Science of Cause and Effect, Basic Books, 2018.
[12] K. Popper, The Logic of Scientific Discovery, Routledge Classics, 2002.
[13] S. Russell, P. Norvig, Artificial Intelligence, third ed., Prentice Hall, 2010.
[14] S. Theodoridis, K. Koutroumbas, Pattern Recognition, fourth ed., Academic Press, Amsterdam, 2009.
[15] S. Theodoridis, A. Pikrakis, K. Koutroumbas, D. Cavouras, Introduction to Pattern Recognition: A MATLAB Approach, Academic Press, Amsterdam, 2010.
[16] A. Turing, Computing machinery intelligence, MIND 49 (1950) 433–460.
[17] N. Schwarz, I. Skurnik, Feeling and thinking: implications for problem solving, in: J.E. Davidson, R. Sternberg (Eds.), The Psychology of Problem Solving, Cambridge University Press, 2003, pp. 263–292.
[18] I. Stoica, et al., A Berkeley View of Systems Challenges for AI, Technical Report No. UCB/EECS-2017-159, 2017.
[19] R.C. Sutton, A.G. Barto, Reinforcement Learning: An Introduction, MIT Press, 2018.
[20] The history of artificial intelligence, University of Washington, https://courses.cs.washington.edu/courses/csep590/06au/projects/history-ai.pdf.
[21] USA Department of Transportation Report, https://www.nhtsa.gov/sites/nhtsa.dot.gov/files/documents/13069a_ads2.0-0906179a_tag.pdf.
17 [22] The Changing Nature of Work, World Bank Report, 2019, http://documents.worldbank.org/curated/en/
~ 816281518818814423/pdf/2019-WDR-Report.pdf.
18 [23] World Economic Forum, The future of jobs, http://www3.weforum.org/docs/WEF_Future_of_Jobs_2018.pdf, 2018.

概率和随机过程

2.1 引言

本章的目的是介绍概率论和随机过程的基本定义和性质。假设读者在阅读本书之前已经学习了概率论和统计学的基础课程，因此，我们的目标是帮助读者更新记忆，建立一种共同的语言和一系列共同理解的符号。

除概率论和随机变量外，本章还将简要回顾随机过程，并阐述一些基本定理。这里介绍的一些关键的概率分布，将在以后的一些章节中使用。在本章的最后，总结了信息论和随机收敛的基本定义和相关性质。

熟悉这些概念的读者可以跳过这一章。

2.2 概率和随机变量

随机变量 x 是一个变化的量，它的变化是由于偶然/随机性引起的。可以将随机变量看作一个函数，它由实验结果赋值。例如，在抛硬币试验中相应的随机变量为 x，如果实验结果为“正面”，则可假设 $x_1=0$，如果结果为“反面”，则假设 $x_2=1$。

我们将用小写字母表示随机变量，如 x，一旦完成了实验，它取的值就用斜体表示，比如 x。

如果一个随机变量的值是离散的，就用一组*概率*来描述它，如果它的值位于实轴(不可数无限集)的一个区间内，就用*概率密度函数*(PDF)表示。更形式化的处理和讨论请参见[4, 6]。

2.2.1 概率

虽然“概率”和“可能性”这两个词在我们的日常词汇中很常见，但数学上对概率的定义并不简单，多年来人们提出了很多不同的定义。当然，无论采用何种形式的定义，最终所导出的性质和规律都是保持不变的。最常用的两个定义如下。 19~20

1. 相对频率定义

事件 A 的概率 $P(A)$ 是极限

$$P(A)=\lim_{n\longrightarrow\infty}\frac{n_A}{n} \tag{2.1}$$

其中 n 为试验总次数，n_A 为事件 A 发生的次数。这个定义的问题在于，在实际的任何物理实验中，n_A 和 n 都可以很大，但它们总是有限的。因此，该极限只能作为一种*假设*，而非实验可得到的。在实践中，对很大的 n 我们经常使用

$$P(A)\approx\frac{n_A}{n} \tag{2.2}$$

无论如何，该定义须谨慎使用，特别是当事件发生的概率非常小时。

2. 公理化定义

这个概率的定义可以追溯到1933年安德雷·柯尔莫戈洛夫的工作，他在测度论的背景下发现了概率论、实变函数和集合论之间的紧密联系，如[5]所述。

一个事件的概率$P(A)$是给该事件指定的一个非负数，或者说

$$P(A) \geqslant 0 \tag{2.3}$$

对于一定会发生的事件C，它的概率等于1，即

$$P(C) = 1 \tag{2.4}$$

如果A和B两个事件相互排斥(即不能同时发生)，则A或B发生(记作$A \cup B$)的概率由

$$P(A \cup B) = P(A) + P(B) \tag{2.5}$$

给出。事实证明，这三个定义的性质可被各自看作*公理*，并且足以发展出理论的其余部分。例如，如[6]所述，可以证明不可能事件的概率为零。

定义概率的方法并非只有前面的两种。Cox[2]给出了另一种解释，这与本书中许多地方在贝叶斯学习的背景下使用概率概念的方式是一致的。其中，概率被视为对事件*不确定性*的度量。举个例子，米诺斯文明是否因发生在圣托里尼岛附近的地震而毁灭，这是不确定的。这个事件的概率显然不能通过反复试验来检验。然而，综合历史和科学证据，我们
21 可以量化对该推测的不确定性的表达。而且一旦新的考古发现揭示了更多的历史证据，我们还可以修改这个不确定性的程度。Cox用数值来表示可信的程度，他发展了一套公理来编码这种可信度的常识属性，并得出了一套与当前规则等价的规则，我们稍后将回顾这些知识，也可另见[4]。

概率论的起源可以追溯到17世纪中叶皮埃尔·费马(1601—1665)、布莱斯·帕斯卡(1623—1662)和克里斯蒂安·惠更斯(1629—1695)的著作中。可以从中找到概率和随机变量均值的概念。然而发展这一理论的最初动机看起来与“服务社会”的目的毫无关系，却是为了满足赌博和概率类游戏的需要！

2.2.2 离散随机变量

离散随机变量x可以取有限集或*可数无限集*$\mathcal{X}$中的任意值。事件“$\mathrm{x}=x \in \mathcal{X}$”的概率表示为

$$P(\mathrm{x}=x) \quad \text{或简单地表示为} P(x) \tag{2.6}$$

函数P称为*概率质量函数*(PMF)。作为一个事件的概率，它必须满足第一个公理，故$P(x) \geqslant 0$。假设在$\mathcal{X}$中没有两个值可以同时发生，且在任何实验后总有一个值会发生，则结合第二和第三公理可得到

$$\sum_{x \in \mathcal{X}} P(x) = 1 \tag{2.7}$$

集合$\mathcal{X}$也称为*样本空间*或*状态空间*。

1. 联合概率和条件概率

两个事件A和B的*联合概率*为两个事件同时发生的概率，记为$P(A,B)$。现在考虑分别在两个样本空间$\mathcal{X}=\{x_1,\cdots,x_{n_x}\}$和$\mathcal{Y}=\{y_1,\cdots,y_{n_y}\}$中的随机变量x和y。我们采用相对频率的定义，假设进行n次实验，$\mathcal{X}$中的每个值发生了$n_1^x,\cdots,n_{n_x}^x$次，$\mathcal{Y}$中的每个值发生了$n_1^y,\cdots,n_{n_y}^y$次。则

$$P(x_i) \approx \frac{n_i^x}{n},\ i=1,2,\cdots,n_x,\ \text{且}\ P(y_j) \approx \frac{n_j^y}{n},\ j=1,2,\cdots,n_y$$

我们用 n_{ij} 表示 x_i 和 y_j 同时出现的次数。则 $P(x_i, y_j) \approx n_{ij}/n$。简单的推理表明，值 x_i 发生的总数 n_i^x 等于

$$n_i^x = \sum_{j=1}^{n_y} n_{ij} \tag{2.8}$$

将上面的等式两边同时除以 n，就可以得到下面的求和法则。 22

$$\boxed{P(x) = \sum_{y \in \mathcal{Y}} P(x, y): \text{ 求和法则}} \tag{2.9}$$

在给定另一个事件 B 的情况下，事件 A 的条件概率记作 $P(A \mid B)$，定义为

$$\boxed{P(A|B) := \frac{P(A, B)}{P(B)}: \text{ 条件概率}} \tag{2.10}$$

其中要求 $P(B) \neq 0$。可以证明这确实是一个概率，因为它符合[6]的所有三个公理。采用相对频率定义可以更好地把握其物理意义。设 n_{AB} 为两个事件同时发生的次数，n_B 为 n 次实验结果中事件 B 发生的次数，则有

$$P(A|B) = \frac{n_{AB}}{n} \frac{n}{n_B} = \frac{n_{AB}}{n_B} \tag{2.11}$$

换句话说，在给定另一个事件 B 的情况下，事件 A 的条件概率是 A 事件相对于 B 事件发生次数(而非实验总次数)的相对频率。

从不同的角度看，采用和随机变量相似的表示法，根据式(2.9)，条件概率的定义也称为概率的乘积法则

$$\boxed{P(x, y) = P(x|y)P(y): \text{ 乘积法则}} \tag{2.12}$$

区别于联合概率和条件概率，概率 $P(x)$ 和 $P(y)$ 称为边际概率。乘积法则可以直接推广到 l 个随机变量，即

$$P(x_1, x_2, \cdots, x_l) = P(x_l|x_{l-1}, \cdots, x_1)P(x_{l-1}, \cdots, x_1)$$

递归地应用它可得

$$P(x_1, x_2, \cdots, x_l) = P(x_l|x_{l-1}, \cdots, x_1)P(x_{l-1}|x_{l-2}, \cdots, x_1) \cdots P(x_1)$$

统计独立：两个随机变量称为统计独立的，当且仅当它们的联合概率可写成各自边际概率的乘积。

$$P(x, y) = P(x)P(y) \tag{2.13}$$

2. 贝叶斯定理

贝叶斯定理是乘积法则和联合概率对称性 $P(x, y) = P(y, x)$ 的直接结果。它可以表示为

$$\boxed{P(y|x) = \frac{P(x|y)P(y)}{P(x)}: \text{ 贝叶斯定理}} \tag{2.14}$$ 23

其中边际概率 $P(x)$ 可以写成

$$P(x) = \sum_{y \in \mathcal{Y}} P(x, y) = \sum_{y \in \mathcal{Y}} P(x|y)P(y)$$

它可以被看作式(2.14)中右边分子的归一化常数，它保证了关于所有可能的 $y \in \mathcal{Y}$ 值对 $P(y \mid x)$ 的求和为 1。

贝叶斯定理在机器学习中起着核心作用，它是发展出贝叶斯技术的基础，贝叶斯技术被用来估计未知参数值。

2.2.3 连续随机变量

到目前为止，我们关注的都是离散随机变量，本节将概率的概念推广到可以在实轴 $\mathbb{R}$ 上取值的随机变量上。

我们从计算一个位于区间 $x_1<\mathrm{x}\leqslant x_2$ 的随机变量 x 的概率开始。注意到 $\mathrm{x}\leqslant x_1$ 和 $x_1<\mathrm{x}\leqslant x_2$ 这两个事件是互斥的，因此，可以写成

$$P(\mathrm{x}\leqslant x_1)+P(x_1<\mathrm{x}\leqslant x_2)=P(\mathrm{x}\leqslant x_2) \tag{2.15}$$

我们定义 x 的累积分布函数(CDF)为

$$\boxed{F_{\mathrm{x}}(x):=P(\mathrm{x}\leqslant x):\quad \text{累积分布函数}} \tag{2.16}$$

则式(2.15)可写成

$$P(x_1<\mathrm{x}\leqslant x_2)=F_{\mathrm{x}}(x_2)-F_{\mathrm{x}}(x_1) \tag{2.17}$$

注意 F_{x} 是一个单调递增的函数。此外，如果 F_{x} 连续，则称随机变量 x 是连续型。假设它也是可微的，则可定义 x 的概率密度函数(PDF)

$$\boxed{p_{\mathrm{x}}(x):=\frac{\mathrm{d}F_{\mathrm{x}}(x)}{\mathrm{d}x}:\quad \text{概率密度函数}} \tag{2.18}$$

这就得到

$$P(x_1<\mathrm{x}\leqslant x_2)=\int_{x_1}^{x_2}p_{\mathrm{x}}(x)\mathrm{d}x \tag{2.19}$$

同时

$$F_{\mathrm{x}}(x)=\int_{-\infty}^{x}p_{\mathrm{x}}(z)\mathrm{d}z \tag{2.20}$$

利用我们熟悉的微积分计算，PDF 可以解释为

24

$$\Delta P(x<\mathrm{x}\leqslant x+\Delta x)\approx p_{\mathrm{x}}(x)\Delta x \tag{2.21}$$

这说明它被命名为“密度”函数，是因为它是 x 位于一个小区间 Δx 中的概率(ΔP)除以这个区间的长度。注意，当 $\Delta x\to 0$ 时，这个概率趋于 0。因此，连续随机变量取任意单个值的概率为零。此外，由于 $P(-\infty<\mathrm{x}<+\infty)=1$，有

$$\int_{-\infty}^{+\infty}p_{\mathrm{x}}(x)\mathrm{d}x=1 \tag{2.22}$$

除非有避免混淆的必要，否则为了简化符号，均可省略下标 x 写成 $p(x)$。此外请注意，我们采用小写的 p 表示 PDF，大写的 P 表示概率。

所有先前阐明的关于概率的规则均适用于 PDF，具体如下

$$p(x|y)=\frac{p(x,y)}{p(y)},\quad p(x)=\int_{-\infty}^{+\infty}p(x,y)\mathrm{d}y \tag{2.23}$$

2.2.4 均值和方差

与任意随机变量相关的两个最常见和有用的量是其均值和方差。均值(有时称为期望值)表示为

$$\boxed{\mathbb{E}[\mathrm{x}] := \int_{-\infty}^{+\infty} x p(x)\,\mathrm{d}x:\quad 均值} \tag{2.24}$$

对离散随机变量，将积分替换为求和 $\left(\mathbb{E}[\mathrm{x}] = \sum_{x \in \mathcal{X}} xP(x)\right)$。

方差记为 σ_{x}^2，定义为

$$\boxed{\sigma_{\mathrm{x}}^2 := \int_{-\infty}^{+\infty} (x - \mathbb{E}[\mathrm{x}])^2 p(x)\,\mathrm{d}x:\quad 方差} \tag{2.25}$$

对离散变量，用求和来代替积分。方差是随机变量的值围绕其均值分散程度的一种度量。

均值的定义可推广到任意函数 $f(x)$，即

$$\mathbb{E}[f(\mathrm{x})] := \int_{-\infty}^{+\infty} f(x)p(x)\mathrm{d}x \tag{2.26}$$

容易证明，关于两个随机变量 y 和 x 的均值可以写成乘积

$$\mathbb{E}_{\mathrm{x,y}}[f(\mathrm{x},\mathrm{y})] = \mathbb{E}_{\mathrm{x}}\left[\mathbb{E}_{\mathrm{y|x}}[f(\mathrm{x},\mathrm{y})]\right] \tag{2.27}$$

其中 $\mathbb{E}_{\mathrm{y|x}}$ 表示关于 $p(y|x)$ 的均值。这是均值定义和概率乘积法则的直接结果。 25

给定两个随机变量 x 和 y，它们的协方差定义为

$$\mathrm{cov}(\mathrm{x},\mathrm{y}) := \mathbb{E}\left[\big(\mathrm{x} - \mathbb{E}[\mathrm{x}]\big)\big(\mathrm{y} - \mathbb{E}[\mathrm{y}]\big)\right] \tag{2.28}$$

它们的相关定义为

$$r_{\mathrm{xy}} := \mathbb{E}[\mathrm{xy}] = \mathrm{cov}(\mathrm{x},\mathrm{y}) + \mathbb{E}[\mathrm{x}]\,\mathbb{E}[\mathrm{y}] \tag{2.29}$$

随机向量 $\mathbf{x} = [\mathrm{x}_1, \cdots, \mathrm{x}_l]^{\mathrm{T}}$ 是随机变量的集合，$p(\mathbf{x})$ 是联合 PDF（对离散变量而言是概率质量）

$$p(\mathbf{x}) = p(\mathrm{x}_1, \cdots, \mathrm{x}_l) \tag{2.30}$$

随机向量 $\mathbf{x}$ 的协方差矩阵定义为

$$\boxed{\mathrm{Cov}(\mathbf{x}) := \mathbb{E}\left[\big(\mathbf{x} - \mathbb{E}[\mathbf{x}]\big)\big(\mathbf{x} - \mathbb{E}[\mathbf{x}]\big)^{\mathrm{T}}\right]:\quad 协方差矩阵} \tag{2.31}$$

或

$$\mathrm{Cov}(\mathbf{x}) = \begin{bmatrix} \mathrm{cov}(\mathrm{x}_1,\mathrm{x}_1) & \cdots & \mathrm{cov}(\mathrm{x}_1,\mathrm{x}_l) \\ \vdots & & \vdots \\ \mathrm{cov}(\mathrm{x}_l,\mathrm{x}_1) & \cdots & \mathrm{cov}(\mathrm{x}_l,\mathrm{x}_l) \end{bmatrix} \tag{2.32}$$

另一个将用来表示协方差矩阵的符号是 $\Sigma_{\mathbf{x}}$。类似地，随机向量 $\mathbf{x}$ 的相关矩阵定义为

$$\boxed{R_{\mathbf{x}} := \mathbb{E}\left[\mathbf{x}\mathbf{x}^{\mathrm{T}}\right]:\quad 相关矩阵} \tag{2.33}$$

或

$$\begin{aligned} R_{\mathbf{x}} &= \begin{bmatrix} \mathbb{E}[\mathrm{x}_1,\mathrm{x}_1] & \cdots & \mathbb{E}[\mathrm{x}_1,\mathrm{x}_l] \\ \vdots & & \vdots \\ \mathbb{E}[\mathrm{x}_l,\mathrm{x}_1] & \cdots & \mathbb{E}[\mathrm{x}_l,\mathrm{x}_l] \end{bmatrix} \\ &= \mathrm{Cov}(\mathbf{x}) + \mathbb{E}[\mathbf{x}]\,\mathbb{E}[\mathbf{x}^{\mathrm{T}}] \end{aligned} \tag{2.34}$$

通常，我们省略下标来简化符号表示，除非当涉及不同随机变量时有必要避免混淆，

否则我们都使用如 r、Σ 和 R 等符号[⊖]。协方差矩阵和相关矩阵都具有非常丰富的结构，
26 在本书的各个部分，只要它们出现在运算中，我们都会利用它们来节省计算。目前可以观察到它们都是对称和半正定的。对称性 $\Sigma=\Sigma^{\mathrm{T}}$ 很容易从定义中得出。一个 $l\times l$ 的对称矩阵 A 如果满足下面的条件，则被称为*半正定的*：

$$\boldsymbol{y}^{\mathrm{T}} A \boldsymbol{y} \geqslant 0, \quad \forall \boldsymbol{y} \in \mathbb{R}^{l} \tag{2.35}$$

如果不等式是严格大于的，则该矩阵称为*正定的*。对于协方差矩阵，我们有

$$\boldsymbol{y}^{\mathrm{T}} \mathbb{E}\left[(\mathbf{x}-\mathbb{E}[\mathbf{x}])(\mathbf{x}-\mathbb{E}[\mathbf{x}])^{\mathrm{T}}\right] \boldsymbol{y}=\mathbb{E}\left[\left(\boldsymbol{y}^{\mathrm{T}}(\mathbf{x}-\mathbb{E}[\mathbf{x}])\right)^{2}\right] \geqslant 0$$

由此，半正定性得证。

复随机变量

复随机变量 $\mathrm{z} \in \mathbb{C}$ 是一个和的形式

$$\mathrm{z}=\mathrm{x}+\mathrm{j} \mathrm{y} \tag{2.36}$$

其中 x 和 y 为实随机变量，$\mathrm{j}:=\sqrt{-1}$。注意，对于复随机变量，因为不等式 $\mathrm{x}+\mathrm{jy} \leqslant x+\mathrm{j}y$ 没有意义，所以无法定义 PDF。当我们使用 $p(z)$ 时，指的是实部和虚部的联合 PDF，表示为

$$p(z):=p(x, y) \tag{2.37}$$

对于复随机变量，均值和协方差的概念定义为

$$\mathbb{E}[\mathrm{z}]:=\mathbb{E}[\mathrm{x}]+\mathrm{j}\, \mathbb{E}[\mathrm{y}] \tag{2.38}$$

和

$$\operatorname{cov}(\mathrm{z}_{1}, \mathrm{z}_{2}):=\mathbb{E}\left[(\mathrm{z}_{1}-\mathbb{E}[\mathrm{z}_{1}])(\mathrm{z}_{2}-\mathbb{E}[\mathrm{z}_{2}])^{*}\right] \tag{2.39}$$

其中“ * ”表示复共轭。后一个定义引出了复变量的方差的定义

$$\sigma_{z}^{2}=\mathbb{E}\left[|\mathrm{z}-\mathbb{E}[\mathrm{z}]|^{2}\right]=\mathbb{E}\left[|\mathrm{z}|^{2}\right]-|\mathbb{E}[\mathrm{z}]|^{2} \tag{2.40}$$

类似地，对于复随机向量 $\mathbf{z}=\mathbf{x}+\mathrm{j}\mathbf{y} \in \mathbb{C}^{l}$，我们有

$$p(\boldsymbol{z}):=p(x_{1}, \cdots, x_{l}, y_{1}, \cdots, y_{l}) \tag{2.41}$$

其中 x_i，y_i，$i=1,2,\cdots,l$，分别为所涉及的实向量的分量。协方差和相关矩阵可类似地定义为

$$\operatorname{Cov}(\mathbf{z}):=\mathbb{E}\left[(\mathbf{z}-\mathbb{E}[\mathbf{z}])(\mathbf{z}-\mathbb{E}[\mathbf{z}])^{\mathrm{H}}\right] \tag{2.42}$$

其中“H”表示厄米特算子(转置共轭)。

本章余下部分将主要处理实随机变量。必要的时候，我们会阐明与复变量情况下的
27 差异。

2.2.5 随机变量变换

设 $\mathbf{x}$ 和 $\mathbf{y}$ 是两个随机向量，它们通过如下的向量变换相互关联

$$\mathbf{y}=\boldsymbol{f}(\mathbf{x}) \tag{2.43}$$

其中 $\boldsymbol{f}$: $\mathbb{R}^{l} \longmapsto \mathbb{R}^{l}$ 是可逆变换。也就是说，给定 $\boldsymbol{y}$，$\boldsymbol{x}=\boldsymbol{f}^{-1}(\boldsymbol{y})$ 可以唯一确定。已知 $\mathbf{x}$ 的联合

⊖ 注意，当涉及多个向量变量时，下标中出现加粗字体可能很麻烦，因此在后续章节中，为了避免出现这个问题，我们可能稍微放松上述符号表示方法。例如，用 R_x 代替 $R_{\mathbf{x}}$。出于一致性，这同样适用于相关系数、方差和协方差矩阵所对应的其他变量。

PDF 是 $p_{\mathbf{x}}(\boldsymbol{x})$，我们希望得到 $\mathbf{y}$ 的联合 PDF $p_{\mathbf{y}}(\boldsymbol{y})$。

该变换的雅可比矩阵定义为

$$J(\mathbf{y};\mathbf{x}) := \frac{\partial(y_1, y_2, \cdots, y_l)}{\partial(x_1, x_2, \cdots, x_l)} := \begin{bmatrix} \frac{\partial y_1}{\partial x_1} & \cdots & \frac{\partial y_1}{\partial x_l} \\ \vdots & & \vdots \\ \frac{\partial y_l}{\partial x_1} & \cdots & \frac{\partial y_l}{\partial x_l} \end{bmatrix} \tag{2.44}$$

从而有(例如[6])

$$\boxed{p_{\mathbf{y}}(\boldsymbol{y}) = \frac{p_{\mathbf{x}}(\boldsymbol{x})}{|\det(J(\mathbf{y};\mathbf{x}))|}\Bigg|_{\boldsymbol{x}=f^{-1}(\boldsymbol{y})}} \tag{2.45}$$

其中，$|\det(\cdot)|$ 表示矩阵行列式的绝对值。对于实随机变量，如 $\mathrm{y}=f(\mathrm{x})$ 中的，式(2.45)简化为

$$p_{\mathrm{y}}(y) = \frac{p_{\mathrm{x}}(x)}{\left|\frac{\mathrm{d}y}{\mathrm{d}x}\right|}\Bigg|_{x=f^{-1}(y)} \tag{2.46}$$

后者可以通过图 2.1 来理解。以下两个事件具有同等的可能性：

$$P(x < \mathrm{x} \leqslant x + \Delta x) = P(y + \Delta y < \mathrm{y} \leqslant y), \quad \Delta x > 0,\ \Delta y < 0$$

因此，根据 PDF 的定义，就有

$$p_{\mathrm{y}}(y)|\Delta y| = p_{\mathrm{x}}(x)|\Delta x| \tag{2.47}$$

从而得到式(2.46)。

例 2.1 考虑通过线性变换关联的两个随机向量

$$\mathbf{y} = A\mathbf{x} \tag{2.48}$$

其中 A 是可逆的。我们要用 $p_{\mathbf{x}}(\boldsymbol{x})$ 来计算 $\mathbf{y}$ 的联合 PDF。

该变换的雅可比矩阵很容易计算：

$$J(\mathbf{y};\mathbf{x}) = \begin{bmatrix} a_{11} & \cdots & a_{1l} \\ a_{21} & \cdots & a_{2l} \\ \vdots & & \vdots \\ a_{l1} & \cdots & a_{ll} \end{bmatrix} = A$$

28

所以

$$p_{\mathbf{y}}(\boldsymbol{y}) = \frac{p_{\mathbf{x}}(A^{-1}\boldsymbol{y})}{|\det(A)|} \tag{2.49}$$

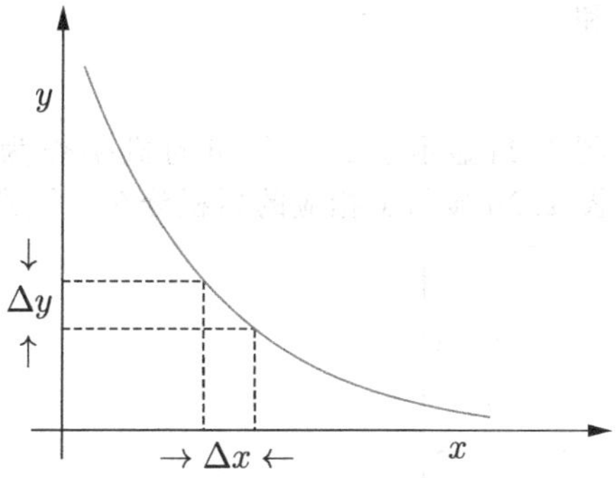

图 2.1 根据 PDF 的定义，$p_{\mathrm{y}}(y)|\Delta y| = p_{\mathrm{x}}(x)|\Delta x|$

2.3 分布示例

在本节中，我们将提供一些重要的概率分布示例。它们在建模变量随机性方面颇为流行，应用很广泛，在本书后面也会用到。

2.3.1 离散变量

1. 伯努利分布

如果一个随机变量是二值的，即 $\mathcal{X}=\{0,1\}$，那么就说它的分布对应于伯努利分布

$$P(\mathrm{x}=1)=p,\ P(\mathrm{x}=0)=1-p$$

用一种更简洁的记法，写成 $\mathrm{x}\sim\mathrm{Bern}(x\mid p)$，其中

$$\boxed{P(x)=\mathrm{Bern}(x|p):=p^{x}(1-p)^{1-x}} \tag{2.50}$$

它的均值等于

$$\mathbb{E}[\mathrm{x}]=1p+0(1-p)=p \tag{2.51}$$

它的方差等于

29 $$\sigma_{\mathrm{x}}^{2}=(1-p)^{2}p+p^{2}(1-p)=p(1-p) \tag{2.52}$$

2. 二项分布

称随机变量 x 服从参数为 n、p 的二项分布，记为 $\mathrm{x}\sim\mathrm{Bin}(x\mid n,p)$，如果满足 $\mathcal{X}=\{0,1,\cdots,n\}$ 且

$$\boxed{P(\mathrm{x}=k):=\mathrm{Bin}(k|n,p)=\binom{n}{k}p^{k}(1-p)^{n-k},\quad k=0,1,\cdots,n} \tag{2.53}$$

其中

$$\binom{n}{k}:=\frac{n!}{(n-k)!k!} \tag{2.54}$$

例如，这个分布对连续 n 次试验中出现正面的次数进行了建模，其中 $P(\text{正面})=p$。二项分布是伯努利分布的推广，在式(2.53)中令 $n=1$ 即为伯努利分布。二项分布的均值和方差为(习题 2.1)

$$\mathbb{E}[\mathrm{x}]=np \tag{2.55}$$

和

$$\sigma_{\mathrm{x}}^{2}=np(1-p) \tag{2.56}$$

图 2.2a 显示了二项分布的概率作为 k 的函数 $P(k)$ 在 $p=0.4$ 和 $n=9$ 时的取值情况。图 2.2b 显示了相应的累积分布。注意后者具有阶梯形式，这是离散变量的一贯情况。

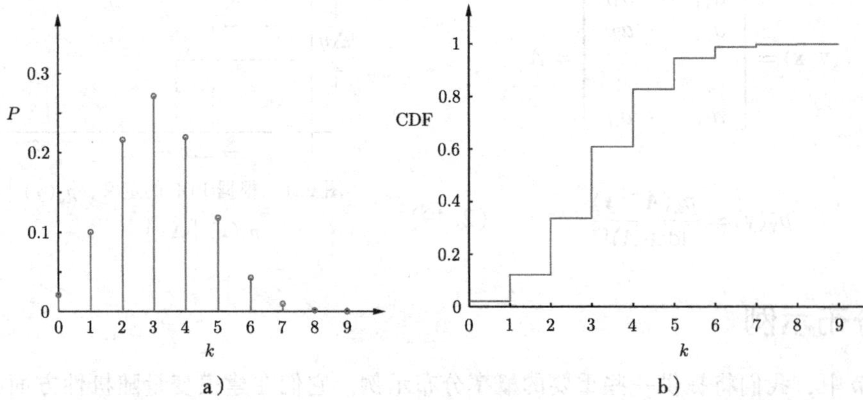

图 2.2 a) $p=0.4$ 和 $n=9$ 时的二项分布的概率质量函数(PMF)。b) 各自的累积概率分布(CDF)。由
30 于随机变量是离散的，所以 CDF 具有阶梯形状

3. 多项分布

多项分布是二项分布的推广，即如果每个实验的结果不是二值的，而是可以从 K 个可能的值中取一个。例如，不是扔硬币，而是扔一个 K 面的骰子。可能的 K 种结果分别具有

$P_1, P_2, \cdots, P_K$ 的发生概率，表示成

$$\boldsymbol{P} = [P_1, P_2, \cdots, P_K]^{\mathrm{T}}$$

n 次实验后，假设出现面 $\mathrm{x}=1, \mathrm{x}=2, \cdots, \mathrm{x}=K$ 的次数分别为 $x_1, x_2, \cdots, x_K$。称(离散)随机向量

$$\mathbf{x} = [\mathrm{x}_1, \mathrm{x}_2, \cdots, \mathrm{x}_K]^{\mathrm{T}} \tag{2.57}$$

遵循一个多项分布，记为 $\mathbf{x} \sim \mathrm{Mult}(\boldsymbol{x} \mid n, \boldsymbol{P})$，如果满足

$$\boxed{P(\boldsymbol{x}) = \mathrm{Mult}(\boldsymbol{x}|n, \boldsymbol{P}) := \binom{n}{x_1, x_2, \cdots, x_K} \prod_{k=1}^{K} P_k^{x_k}} \tag{2.58}$$

其中

$$\binom{n}{x_1, x_2, \cdots, x_K} := \frac{n!}{x_1! x_2! \cdots x_K!}$$

注意变量 $\mathrm{x}_1, \mathrm{x}_1, \cdots, \mathrm{x}_K$ 满足约束条件

$$\sum_{k=1}^{K} \mathrm{x}_k = n$$

且有

$$\sum_{k=1}^{K} P_K = 1$$

均值、方差和协方差分别为

$$\mathbb{E}[\mathbf{x}] = n\boldsymbol{P},\ \sigma_{\mathrm{x}_k}^2 = nP_k(1-P_k),\ k=1,2,\cdots,K,\ \mathrm{cov}(\mathrm{x}_i, \mathrm{x}_j) = -nP_iP_j,\ i \neq j \tag{2.59}$$

多项分布的特殊情况，即只进行 $n=1$ 次实验，被称为类别分布。这种分布可被视为伯努利分布的推广。 31

2.3.2　连续变量

1. 均匀分布

若

$$\boxed{p(x) = \begin{cases} \dfrac{1}{b-a}, & 若 a \leqslant x \leqslant b \\ 0, & 其他 \end{cases}} \tag{2.60}$$

则称随机变量 x 服从区间 $[a, b]$ 内的均匀分布，表示为 $\mathrm{x} \sim \mathcal{U}(a, b)$，这里 $a > -\infty$，$b < +\infty$。图 2.3 是均匀分布密度函数的图形。其均值为

$$\mathbb{E}[\mathrm{x}] = \frac{a+b}{2} \tag{2.61}$$

方差为(习题 2.2)

$$\sigma_{\mathrm{x}}^2 = \frac{1}{12}(b-a)^2 \tag{2.62}$$

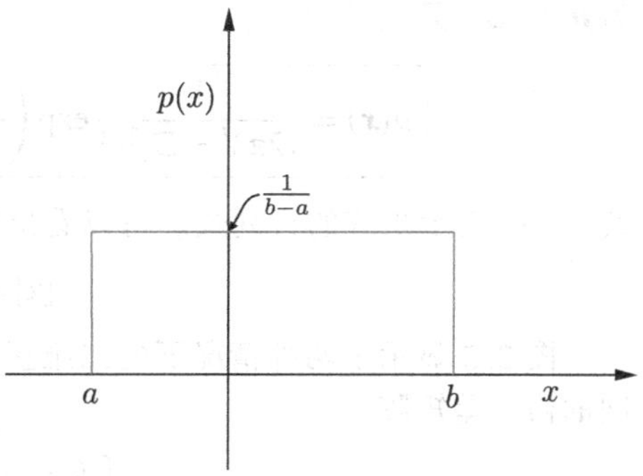

图 2.3　均匀分布 $\mathcal{U}(a,b)$ 的 PDF

2. 高斯分布

高斯分布(也称为正态分布)是所有科学领域中应用最广泛的分布之一。若

$$p(x) = \frac{1}{\sqrt{2\pi}\sigma} \exp\left(-\frac{(x-\mu)^2}{2\sigma^2}\right) \tag{2.63}$$

我们就说随机变量 x 服从参数为 μ 和 σ^2 的高斯分布（正态分布），记为 $\mathrm{x} \sim \mathcal{N}(\mu, \sigma^2)$ 或 $\mathcal{N}(x \mid \mu, \sigma^2)$。

可以证明相应的均值和方差分别为

32 $$\mathbb{E}[\mathrm{x}] = \mu \quad 和 \quad \sigma_{\mathrm{x}}^2 = \sigma^2 \tag{2.64}$$

事实上，根据均值的定义，我们有

$$\begin{aligned}\mathbb{E}[\mathrm{x}] &= \frac{1}{\sqrt{2\pi}\sigma} \int_{-\infty}^{+\infty} x \exp\left(-\frac{(x-\mu)^2}{2\sigma^2}\right) \mathrm{d}x \\ &= \frac{1}{\sqrt{2\pi}\sigma} \int_{-\infty}^{+\infty} (y+\mu) \exp\left(-\frac{y^2}{2\sigma^2}\right) \mathrm{d}y\end{aligned} \tag{2.65}$$

由于指数函数的对称性，可知包含 y 的积分为 0，仅剩含 μ 的一项。再考虑到 PDF 积分为 1，即可得到结果。

为计算方差，根据高斯 PDF 的定义有

$$\int_{-\infty}^{+\infty} \exp\left(-\frac{(x-\mu)^2}{2\sigma^2}\right) \mathrm{d}x = \sqrt{2\pi}\sigma \tag{2.66}$$

两边对 σ 求导，得到

$$\int_{-\infty}^{+\infty} \frac{(x-\mu)^2}{\sigma^3} \exp\left(-\frac{(x-\mu)^2}{2\sigma^2}\right) \mathrm{d}x = \sqrt{2\pi} \tag{2.67}$$

或

$$\sigma_{\mathrm{x}}^2 := \frac{1}{\sqrt{2\pi}\sigma} \int_{-\infty}^{+\infty} (x-\mu)^2 \exp\left(-\frac{(x-\mu)^2}{2\sigma^2}\right) \mathrm{d}x = \sigma^2 \tag{2.68}$$

33 这就完成了证明。

图 2.4 展示了 $\mathcal{N}(x \mid 1, 0.1)$ 和 $\mathcal{N}(x \mid 1, 0.01)$ 两种情形。这两条曲线都关于均值 $\mu = 1$ 对称。观察到方差越小，PDF 在均值附近就越陡。

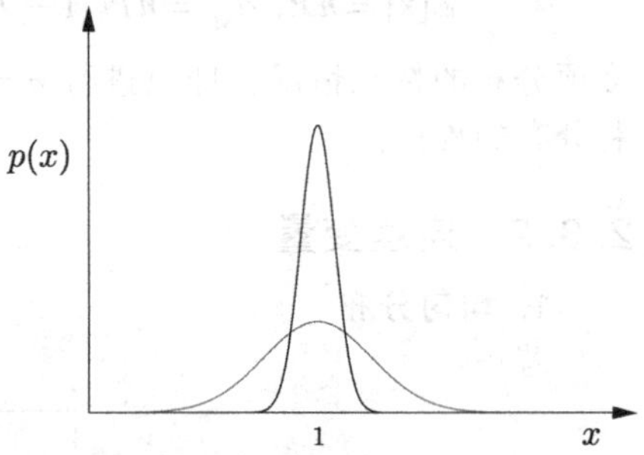

图 2.4　$\mu=1$，$\sigma^2=0.1$（灰色）以及 $\mu=1$，$\sigma^2=0.01$（黑色）的两个高斯 PDF 的曲线图

将高斯分布推广到向量变量 $\mathbf{x} \in \mathbb{R}^l$，得到所谓的多元高斯或正态分布，即 $\mathbf{x} \sim \mathcal{N}(\boldsymbol{x} \mid \boldsymbol{\mu}, \Sigma)$，参数为 $\boldsymbol{\mu}$ 和 Σ，其定义为

$$\boxed{p(\boldsymbol{x}) = \frac{1}{(2\pi)^{l/2}|\Sigma|^{1/2}} \exp\left(-\frac{1}{2}(\boldsymbol{x}-\boldsymbol{\mu})^{\mathrm{T}} \Sigma^{-1} (\boldsymbol{x}-\boldsymbol{\mu})\right):\ \text{高斯PDF}} \tag{2.69}$$

其中 $|\cdot|$ 表示矩阵的行列式。可以看出（习题 2.3），相应的均值和协方差矩阵如下：

$$\mathbb{E}[\mathbf{x}] = \boldsymbol{\mu} \quad 和 \quad \Sigma_{\mathbf{x}} = \Sigma \tag{2.70}$$

图 2.5 显示了两种情况下的二维正态分布的 PDF。它们有相同的均值 $\boldsymbol{\mu} = \mathbf{0}$，但具有不同的协方差矩阵

$$\Sigma_1 = \begin{bmatrix} 0.1 & 0.0 \\ 0.0 & 0.1 \end{bmatrix}, \quad \Sigma_2 = \begin{bmatrix} 0.1 & 0.01 \\ 0.01 & 0.2 \end{bmatrix} \tag{2.71}$$

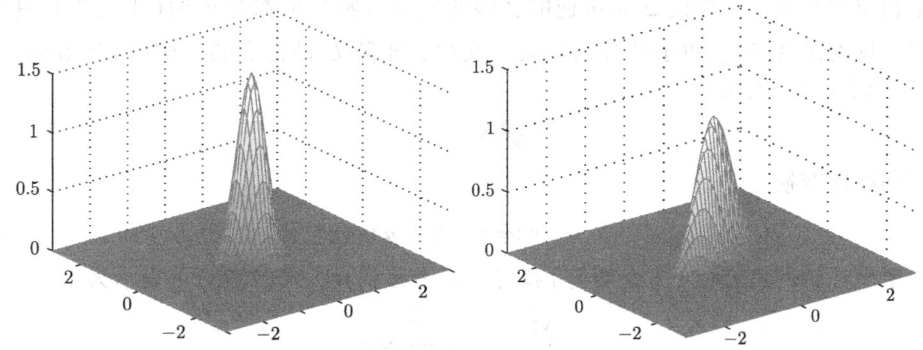

a）协方差矩阵是对角矩阵，且对角线上的元素相等 b）协方差矩阵是非对角矩阵

图 2.5 $\boldsymbol{\mu}=\mathbf{0}$ 时不同协方差矩阵的二维高斯 PDF 图

图 2.6 为等概率密度值对应的等值线。图 2.6a 中的等值线为圆形，对应于图 2.5a 中具有协方差矩阵 Σ_1 的对称 PDF。图 2.6b 对应于图 2.5b 中协方差为 Σ_2 的 PDF。注意，一般情况下等值线是椭圆/超椭圆。它们以均值向量为中心，对称轴的方向及确切形状由相应协方差矩阵的特征结构控制。实际上，具有相同概率密度值的所有点 $\boldsymbol{x}\in\mathbb{R}^l$ 均满足

$$(\boldsymbol{x}-\boldsymbol{\mu})^{\mathrm{T}}\Sigma^{-1}(\boldsymbol{x}-\boldsymbol{\mu})=常数=c \tag{2.72}$$ 34

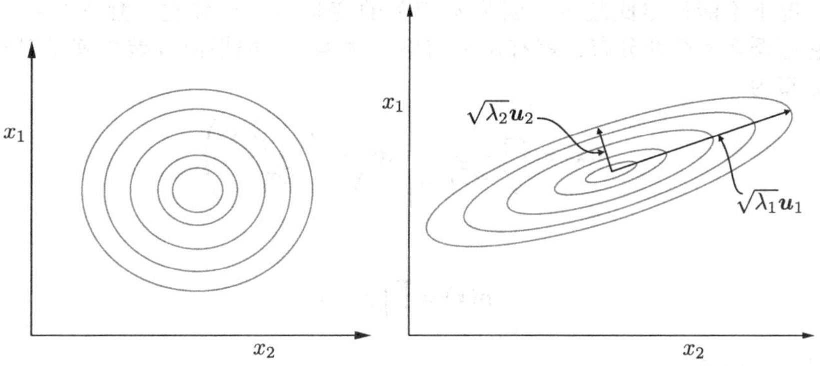

a） b）

图 2.6 图 2.5 中两种高斯分布的等值线。图 a 中高斯分布的等值线为圆形，图 b 对应的等值线为椭圆。椭圆的长轴和短轴由各自协方差矩阵的特征向量/特征值确定。它们分别与 $\sqrt{\lambda_1}c$ 和 $\sqrt{\lambda_2}c$ 成正比。图中显示了 $c=1$ 的情况。对于对角线上元素相等的对角矩阵，所有特征值相等，椭圆则变成圆

我们知道协方差矩阵除了正定之外还是对称的，即 $\Sigma=\Sigma^{\mathrm{T}}$，因此它的特征值是实数，可以选择相应的特征向量形成一组标准正交基(附录 A.2)，从而使其对角化

$$\Sigma=U\Lambda U^{\mathrm{T}} \tag{2.73}$$

这里

$$U:=[\boldsymbol{u}_1,\cdots,\boldsymbol{u}_l] \tag{2.74}$$

其中 $\boldsymbol{u}_i$，$i=1,2,\cdots,l$ 是标准正交的特征向量，且

$$\Lambda:=\mathrm{diag}\{\lambda_1,\cdots,\lambda_l\} \tag{2.75}$$

包含了相应的特征值。假设 Σ 是可逆的，因此所有的特征值都是正的(正定矩阵具有正的特征值，见附录 A.2)。由于特征向量的正交性，矩阵 U 是正交的，$UU^{\mathrm{T}}=U^{\mathrm{T}}U=I$。因此，式(2.72)现在可以写成

$$\boldsymbol{y}^{\mathrm{T}}\Lambda^{-1}\boldsymbol{y}=c \tag{2.76}$$

这里用到线性变换

35

$$\boldsymbol{y}:=U^{\mathrm{T}}(\boldsymbol{x}-\boldsymbol{\mu}) \tag{2.77}$$

这对应于坐标轴的旋转(通过 U 矩阵)和将原点平移到 $\boldsymbol{\mu}$。式(2.76)可表示为

$$\frac{y_1^2}{\lambda_1}+\cdots+\frac{y_l^2}{\lambda_l}=c \tag{2.78}$$

容易观察到，这个方程描述了 $\mathbb{R}^l$ 中的(超)椭球。由式(2.77)可以看出，它是以 $\boldsymbol{\mu}$ 为中心、对称轴平行于 $\boldsymbol{\mu}_1,\cdots,\boldsymbol{\mu}_l$ 的椭球(替代标准基向量 $\boldsymbol{x}$，$[1,0,\cdots,0]^{\mathrm{T}}$ 等)，各轴的长度由相应的特征值控制，如图 2.6b 所示。在特殊的对角元相等的对角协方差矩阵情况下，所有特征值都等于公共的对角元值，椭球成为(超)球(圆)，如图 2.6a 所示。

高斯分布的 PDF 有很多很好的性质，我们将在本书中陆续学习。目前请注意，如果协方差矩阵是对角的，

$$\Sigma=\mathrm{diag}\{\sigma_1^2,\cdots,\sigma_l^2\}$$

即协方差矩阵的所有元素 $\mathrm{cov}(\mathrm{x}_i,\mathrm{x}_j)=0$，$i,j=1,2,\cdots,l$，则组成 $\mathbf{x}$ 的随机变量是统计独立的。一般情况下不能得出此结论。因为不相关的变量不一定独立，独立是一个更强的条件。但若它遵循多元高斯分布，就有这个结论。事实上，如果协方差矩阵是对角的，那么多元高斯分布为

$$p(\boldsymbol{x})=\prod_{i=1}^{l}\frac{1}{\sqrt{2\pi}\sigma_i}\exp\left(-\frac{(x_i-\mu_i)^2}{2\sigma_i^2}\right) \tag{2.79}$$

换句话说，

$$p(\boldsymbol{x})=\prod_{i=1}^{l}p(x_i) \tag{2.80}$$

这就是统计独立的条件。

3. 中心极限定理

这是概率论和统计学中最基本的定理之一，它在某种程度上解释了高斯分布广泛使用的原因。考虑 N 个相互独立的随机变量，每个随机变量的均值为 μ_i，方差为 σ_i^2，$i=1,2,\cdots,N$。定义一个新的随机变量为它们的和

$$\mathrm{x}=\sum_{i=1}^{N}\mathrm{x}_i \tag{2.81}$$

则新变量的均值和方差为

36

$$\mu=\sum_{i=1}^{N}\mu_i \text{ 和 } \sigma^2=\sum_{i=1}^{N}\sigma_i^2 \tag{2.82}$$

可以证明(如[4, 6]所述)当 $N\to\infty$ 时，归一化变量的分布为

$$\mathrm{z}=\frac{\mathrm{x}-\mu}{\sigma} \tag{2.83}$$

趋于标准正态分布，对相应的 PDF，有

$$p(z) \xrightarrow[N \to \infty]{} \mathcal{N}(z|0,1) \tag{2.84}$$

在实践中，即使把相对较少的 N 个随机变量加起来，也可以得到高斯分布的一个很好的近似。例如，如果单个的 PDF 足够平滑，且每个随机变量是独立同分布的(i. i. d)，那么 N 取 5～10 就足够了。术语 i. i. d 在本书中会经常用到，这个术语意味着一个随机变量的连续样本是从这样一个分布中独立抽样的——这个分布与描述相应变量的分布相同。

4. 指数分布

若一个随机变量的 PDF 为

$$\boxed{p(x) = \begin{cases} \lambda \exp(-\lambda x), & \text{若} x \geqslant 0 \\ 0, & \text{其他} \end{cases}} \tag{2.85}$$

则称该随机变量服从参数为 λ 的指数分布，其中 $\lambda>0$。指数分布可被用于建模打入电话的时间间隔或公共汽车到站的时间间隔。均值和方差可以通过简单的积分计算出来：

$$\mathbb{E}[\mathrm{x}] = \frac{1}{\lambda}, \quad \sigma_{\mathrm{x}}^2 = \frac{1}{\lambda^2} \tag{2.86}$$

5. 贝塔分布

若一个随机变量的 PDF 为

$$\boxed{p(x) = \begin{cases} \dfrac{1}{B(a,b)} x^{a-1}(1-x)^{b-1}, & \text{若} 0 \leqslant x \leqslant 1 \\ 0, & \text{其他} \end{cases}} \tag{2.87}$$

则称该随机变量 $\mathrm{x} \in [0,1]$ 服从正参数为 a，b 的 β 分布，记为 $\mathrm{x} \sim \mathrm{Beta}(x \mid a,b)$，其中 $B(a,b)$ 是贝塔函数，定义为

$$B(a,b) := \int_0^1 x^{a-1}(1-x)^{b-1}\,\mathrm{d}x \tag{2.88}$$

贝塔分布的均值和方差(习题 2.4)为

$$\mathbb{E}[\mathrm{x}] = \frac{a}{a+b}, \quad \sigma_{\mathrm{x}}^2 = \frac{ab}{(a+b)^2(a+b+1)} \tag{2.89}$$ 37

而且可以证明(习题 2.5)

$$B(a,b) = \frac{\Gamma(a)\Gamma(b)}{\Gamma(a+b)} \tag{2.90}$$

其中 $\Gamma(\cdot)$ 是伽马函数，定义为

$$\Gamma(a) = \int_0^{\infty} x^{a-1} \mathrm{e}^{-x}\,\mathrm{d}x \tag{2.91}$$

贝塔分布非常灵活，它可以通过改变参数 a、b 得到各种形状。例如，如果 $a=b=1$，则得到均匀分布；如果 $a=b$，则 PDF 关于 1/2 对称；如果 $a>1$，$b>1$，则在 $x=0$ 和 $x=1$ 处，$p(x)\to 0$；如果 $a<1$，$b<1$，则它是凸的，且有唯一的最小值；如果 $a<1$，则当 $x\to 0$ 时，它趋向于∞；如果 $b<1$，则当 $x\to 1$ 时，它趋向于∞。图 2.7 展示了不同参数值下的贝塔分布曲线图。

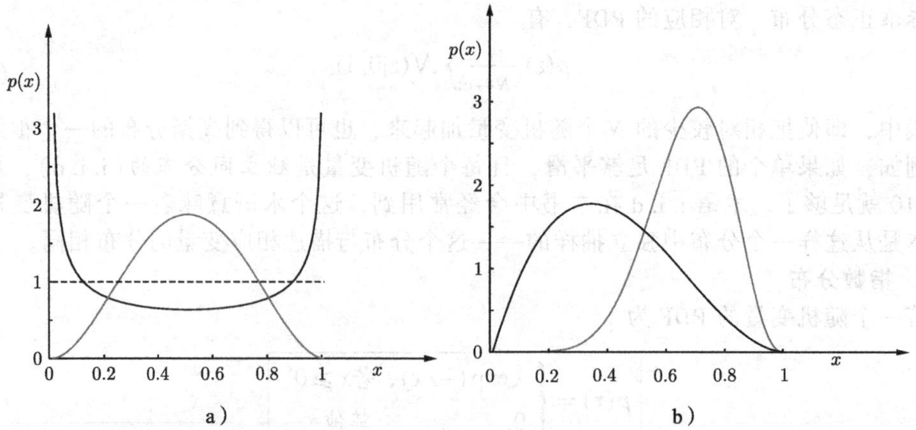

图 2.7 不同参数值下贝塔分布的 PDF 图。a) 虚线对应于 $a=1$，$b=1$；黑线对应于 $a=0.5$，$b=0.5$；灰线对应于 $a=3$，$b=3$。b) 黑线对应于 $a=2$，$b=3$；灰线对应于 $a=8$，$b=4$。如果参数值 $a=b$，则图形是关于 1/2 对称的。对于 $a<1$，$b<1$，图形是凸的。对于 $a>1$，$b>1$，它在 $x=0$ 和 $x=1$ 处为 0。对于 $a=1=b$，它变成均匀分布。如果 $a<1$，则当 $x\to 0$ 时 $p(x)\to\infty$，如果 $b<1$，则当 $x\to 1$ 时 $p(x)\to\infty$

6. 伽马分布

若一个随机变量的 PDF 为

$$p(x)=\begin{cases}\dfrac{b^a}{\Gamma(a)}x^{a-1}\mathrm{e}^{-bx}, & 若\, x>0\\ 0, & 其他\end{cases} \tag{2.92}$$

38

则称该随机变量服从正参数为 a 和 b 的伽马分布，记为 $\mathrm{x}\sim\mathrm{Gamma}(x\mid a,b)$，其均值和方差为

$$\mathbb{E}[\mathrm{x}]=\frac{a}{b},\quad \sigma_{\mathrm{x}}^2=\frac{a}{b^2} \tag{2.93}$$

通过改变参数，伽马分布也呈现出不同的形状。对于 $a<1$，它是严格递减的，且当 $x\to 0$ 时 $p(x)\to\infty$，当 $x\to\infty$ 时 $p(x)\to 0$。图 2.8 显示了不同参数值下的图。

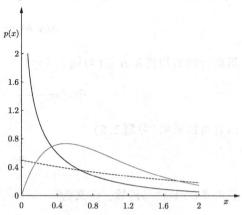

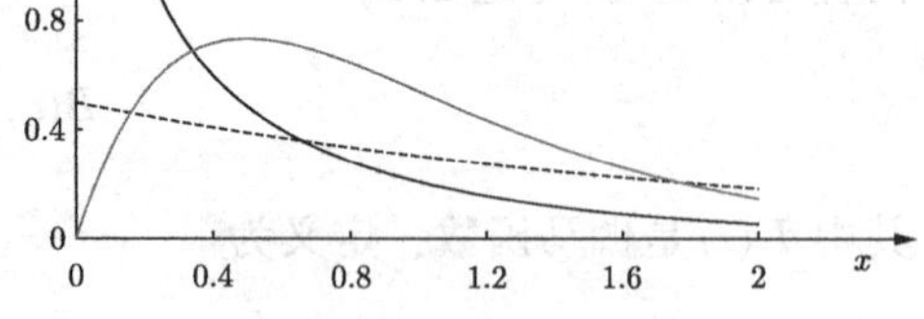

图 2.8 伽马分布的 PDF 随参数值的不同呈现不同的形状：$a=0.5$，$b=1$(黑线)；$a=2$，$b=0.5$(灰线)；$a=1$，$b=2$(虚线)

附注 2.1

- 将伽马分布的参数 a 设为整数(通常 $a=2$)，就是厄兰分布。这个分布常用来模拟排队系统的等待时间。
- 令 $b=1/2$，$a=v/2$，就得到卡方分布，它也是一种特殊的伽马分布。若对 v 个标准正态变量求平方和则得到此卡方分布。

7. 狄利克雷分布

狄利克雷分布可被视为贝塔分布的多元推广。令 $\mathbf{x}=[\mathrm{x}_1,\cdots \mathrm{x}_K]^{\mathrm{T}}$ 是一个随机向量，其分量为

$$0\leqslant \mathrm{x}_k\leqslant 1,\quad k=1,2,\cdots,K,\quad 且\quad \sum_{k=1}^{K}\mathrm{x}_k=1 \tag{2.94}$$

换句话说，随机变量位于$(K-1)$维单纯形(simplex)上，如图 2.9 所示。若

$$p(\boldsymbol{x}) = \mathrm{Dir}(\boldsymbol{x}|\boldsymbol{a}) := \frac{\Gamma(\bar{a})}{\Gamma(a_1)\cdots\Gamma(a_K)}\prod_{k=1}^{K} x_k^{a_k-1} \tag{2.95}$$

39~40

就说随机向量 $\mathbf{x}$ 服从(正)参数为 $\boldsymbol{a}=[a_1,\cdots,a_K]^{\mathrm{T}}$ 的狄利克雷分布。记为 $\mathbf{x}\sim\mathrm{Dir}(\boldsymbol{x}\mid\boldsymbol{a})$。其中

$$\bar{a} = \sum_{k=1}^{K} a_k \tag{2.96}$$

所涉及的随机变量的均值、方差和协方差为(习题 2.7)

$$\begin{aligned}\mathbb{E}[\mathbf{x}] &= \frac{1}{\bar{a}}\boldsymbol{a}, \quad \sigma_{\mathrm{x}_k}^2 = \frac{a_k(\bar{a}-a_k)}{\bar{a}^2(\bar{a}+1)},\\ \mathrm{cov}(\mathrm{x}_i,\mathrm{x}_j) &= -\frac{a_i a_j}{\bar{a}^2(\bar{a}+1)},\ i\neq j\end{aligned} \tag{2.97}$$

图 2.10 显示了二维单纯形上不同参数值下的狄利克雷分布。

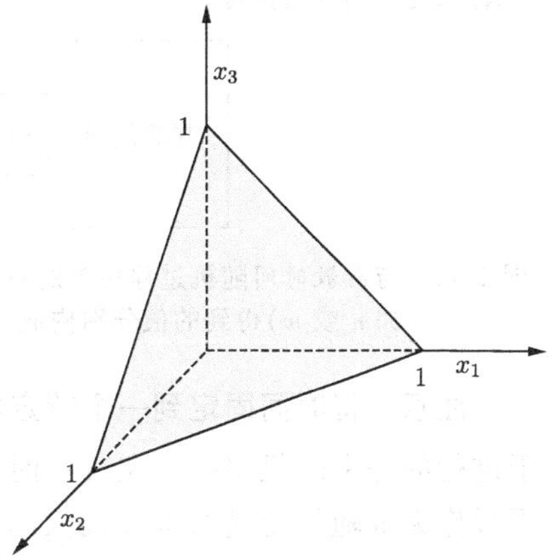

图 2.9 $\mathbb{R}^3$ 中的二维单纯形

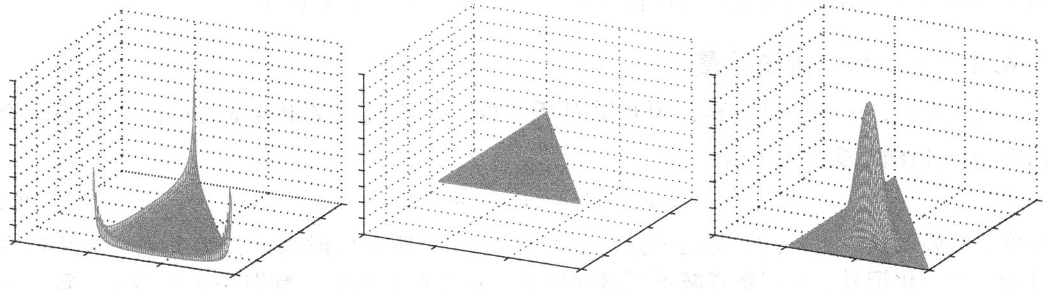

图 2.10 二维单纯形上的狄利克雷分布，参数分别为(0.1,0.1,0.1)、(1,1,1)和(10,10,10)

2.4 随机过程

我们引入随机变量的概念来描述一个随机实验的结果，该实验结果是单一值，如掷硬币试验中出现的正面或反面，或在西洋双陆棋游戏中掷骰子时出现的一个介于 1 和 6 之间的值。

本节引入随机过程的概念来描述随机实验，其中每个实验的结果是一个函数或一个序列。换句话说，每个实验的结果都是无穷多个值。本书中，只讨论与序列相关的随机过程，这样随机实验的结果是一个序列 u_n(或有时表示为 $u(n)$，$n\in\mathbb{Z}$，其中 $\mathbb{Z}$ 是整数集)。通常把 n 解释为时间索引，u_n 称为时间序列，或者用信号处理术语来说，称为离散时间信号。相对的，如果输出是一个函数 $u(t)$，则称为连续时间信号。本章的其余部分在无损一般性的情况下，将采用对自由变量 n 的时间解释。

在讨论随机变量时，我们用符号 x 来表示随机变量，一旦实验完成，随机变量就假定为样本空间中一个值 x。类似地，我们用 u_n 表示单个实验产生的特定序列，用 u_n 表示相应的离散时间随机过程，也就是将特定序列赋值为实验结果的规则。一个随机过程可以被

认为是序列的族或集合。单个序列称为样本序列或简单地称为实现。

在符号约定上，通常我们会为随机过程和随机变量保留不同的符号。我们用符号 u 而非 x，这只是出于教学上的原因，为了确保读者容易识别所关注的是随机变量还是随机过程。在信号处理术语中，随机过程也称为随机信号。图 2.11 说明了涉及随机过程的实验的结果是一个值序列。

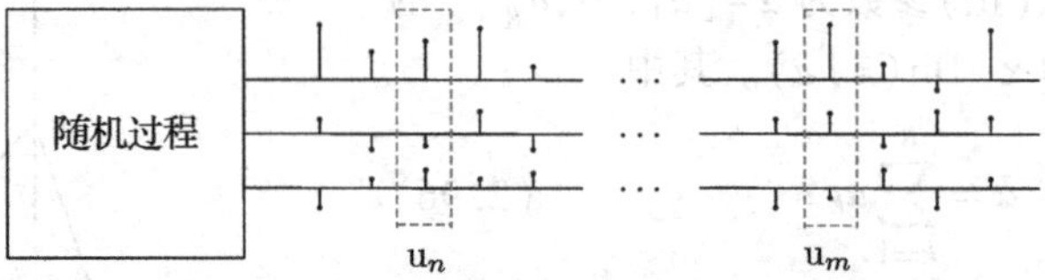

图 2.11　与离散时间随机过程相关的每个实验的结果都是一个值序列。对每一个实现，在任何时刻(例如 n 或 m)得到的值分别构成了相应随机变量 u_n 或 u_m 的结果

注意，将时间固定到一个特定的值 $n=n_0$，会使 u_{n_0} 成为一个随机变量。实际上，对于进行的每个随机实验，在某一时刻 n_0 会产生单一值。从这一角度来看，可以将随机过程看作无限随机变量的集合 $\{\mathrm{u}_n, n\in\mathbb{Z}\}$。那么，有必要区别于随机变量(向量)来研究随机过程吗？答案是肯定的，其原因是我们将允许不同时刻的随机变量之间存在一定的时间依赖关系，研究其对随机过程时间演化的相应影响。随机过程将在第 5 章和第 13 章中讨论，
41 第 5 章将利用基本时间依赖关系简化计算，第 13 章将讨论高斯过程。

2.4.1　一阶和二阶统计量

要完全描述一个随机过程，须知道对所有可能的随机变量组合 $\mathrm{u}_n, \mathrm{u}_m, \cdots, \mathrm{u}_r$ 的联合 PDF(离散值随机变量为 PMF)：

$$p(u_n, u_m, \cdots, u_r; n, m, \cdots, r) \tag{2.98}$$

注意，为强调这一点，这里明确地指出了联合 PDF 对所对应时刻的依赖关系。但从现在开始，为简化记号，我们将省略不写这些信息。通常在实践中，特别是在本书中，重点只是基于 $p(u_n)$ 和 $p(u_n, u_m)$ 计算一阶和二阶统计量。为此，要特别关注以下这些量。

在时刻 n 处的均值：

$$\mu_n := \mathbb{E}[\mathrm{u}_n] = \int_{-\infty}^{+\infty} u_n p(u_n) \mathrm{d}u_n \tag{2.99}$$

时刻 n，m 处的自协方差：

$$\mathrm{cov}(n,m) := \mathbb{E}\left[\left(\mathrm{u}_n - \mathbb{E}[\mathrm{u}_n]\right)\left(\mathrm{u}_m - \mathbb{E}[\mathrm{u}_m]\right)\right] \tag{2.100}$$

时刻 n，m 处的自相关：

$$r(n,m) := \mathbb{E}[\mathrm{u}_n \mathrm{u}_m] \tag{2.101}$$

注意，出于符号表示简洁的目的，我们从相应符号中去掉了下标，例如，用 $r(n,m)$ 代替了更正式的符号 $r_{\mathrm{u}}(n,m)$。我们将这些均值称为总体均值，强调它们传递了构成随机过程的序列总体的统计信息。

复随机过程中相应的定义分别为

$$\mathrm{cov}(n,m) = \mathbb{E}\left[\left(\mathrm{u}_n - \mathbb{E}[\mathrm{u}_n]\right)\left(\mathrm{u}_m - \mathbb{E}[\mathrm{u}_m]\right)^*\right] \tag{2.102}$$

和

42

$$r(n,m) = \mathbb{E}\left[\mathrm{u}_n \mathrm{u}_m^*\right] \tag{2.103}$$

2.4.2 平稳性和遍历性

定义 2.1(严格意义平稳性) 如果一个随机过程 u_n 的统计性质不随原点的移动而改变，即对 $\forall k \in \mathbb{Z}$，在任意可能的时刻组合 $n,m,\cdots,r \in \mathbb{Z}$，有

$$p(u_n, u_m, \cdots, u_r) = p(u_{n-k}, u_{m-k}, \cdots, u_{r-k}) \tag{2.104}$$

则称其为严格意义平稳(SSS)过程。

换言之，随机过程 u_n 和 u_{n-k} 是由所有阶均相同的联合 PDF 来描述的。一个较弱的平稳性版本是 m 阶平稳性，其中包含直到 m 个变量的联合 PDF 对于原点的选择是不变的。例如，对于二阶($m=2$)的平稳过程，对 $\forall n,r,k \in \mathbb{Z}$，有 $p(u_n)=p(u_{n-k})$ 和 $p(u_n,u_r)=p(u_{n-k},u_{r-k})$。

定义 2.2(广义平稳性) 如果一个随机过程(u_n)的均值在所有时刻都是恒定的，且自相关/自协方差序列依赖于其时间指标的差，或

$$\mu_n = \mu \quad 且 \quad r(n, n-k) = r(k) \tag{2.105}$$

则称其为广义平稳(WSS)过程。

注意，WSS 是二阶平稳的一个较弱的版本。二阶平稳是指所有可能的二阶统计量都与时间原点无关。而 WSS 只要求自相关(自协方差)和均值与时间原点无关。我们关注这两个量(统计量)的原因是它们在线性系统的研究和均方估计中非常重要，第 4 章将讨论这一问题。

显然，SSS 过程也是 WSS 的，但一般来说，反之不然。对于 WSS 过程，自相关成为一个以单个时间指标为自由参数的序列，因此它的值测量了两个时刻变量之间的关系，且只取决于这些时刻之间的差异有多大，而非它们的具体值。

从基础统计学课程中可知，随机变量 x 的均值可以用样本均值来近似。进行 N 次连续的独立实验，令 x_n，$n=1,2,\cdots,N$ 为得到的值，称为观测值。样本均值定义为

$$\hat{\mu}_N := \frac{1}{N}\sum_{n=1}^{N} x_n \tag{2.106}$$

对于足够大的 N，我们期望样本均值接近真实均值 $\mathbb{E}[\mathrm{x}]$。严格来说，由于 $\hat{\mu}_N$ 和一个无偏且一致的估计量有关，所以能确保这一点。我们将在第 3 章讨论这些问题，现在只做简单说明。每当重复 N 个随机实验时，就会产生不同的样本，进而可以计算出不同的估计值 $\hat{\mu}_N$。这样估计值就定义了一个新的随机变量 $\hat{\mu}_n$，即估计量。很容易证明它是无偏的：

$$\mathbb{E}[\hat{\mu}_N] = \mathbb{E}[\mathrm{x}] \tag{2.107}$$

且是一致的，因为它的方差在 $N \to +\infty$ 时趋于 0(习题 2.8)。这两个性质高概率地保证了对于大的 N，$\hat{\mu}_N$ 将接近真实均值。 43

要将样本均值近似真实均值的想法应用于随机过程，必须有 N 种实现。并利用这些代表序列总体的不同的实现来计算“跨随机过程”在不同时刻的样本均值。同样，样本均值方法也可以用来估计自协方差/自相关序列。但这是一个代价高昂的运算，因为现在每个实验都会产生无穷多个值(一个值序列)。此外，在实际应用中通常只有一种实现可用。

为此，现在定义一种特殊的随机过程，它的样本均值运算可被显著地简化。

定义 2.3(遍历性) 如果完备统计量可以由任意一种实现来确定，则称随机过程为遍历的。

换句话说，如果一个过程是遍历的，那么每个实现都带有相同的统计信息，它可以描述整个随机过程。因为从单个序列只能得到一组 PDF，所以可以得出结论：每个遍历过程

必然是平稳的。一个非平稳过程有无限组 PDF，依赖于原点的选择。例如，唯一的平均值可由单个实现产生，即该序列值的(时间)平均。因此，一个遍历的随机过程的均值必须在所有时刻都是常数，或者与时间原点无关。对于所有高阶统计量也是如此。

一种特殊的遍历性是*二阶遍历性*，这意味着从单个实现中只能获得最高二阶的统计信息。二阶遍历过程必然是 WSS 的。对于二阶遍历过程，有

$$\mathbb{E}[\mathrm{u}_n]=\mu=\lim_{N\to\infty}\hat{\mu}_N \tag{2.108}$$

其中

$$\hat{\mu}_N:=\frac{1}{2N+1}\sum_{n=-N}^{N}u_n$$

同时

44

$$\operatorname{cov}(k)=\lim_{N\to\infty}\frac{1}{2N+1}\sum_{n=-N}^{N}(u_n-\mu)(u_{n-k}-\mu) \tag{2.109}$$

两个极限都是均方意义下的，也就是说，

$$\lim_{N\to\infty}\mathbb{E}\left[|\hat{\mu}_N-\mu|^2\right]=0$$

自协方差也是如此。需要注意的是，遍历性通常只在计算均值和协方差时才需要，而非所有可能的二阶统计量。在这种情况下，我们讨论的是*均值遍历*和*协方差遍历*过程。

综上所述，当涉及遍历过程时，“跨随机过程”的总体均值即为“沿随机过程”的时间均值，参见图 2.12。

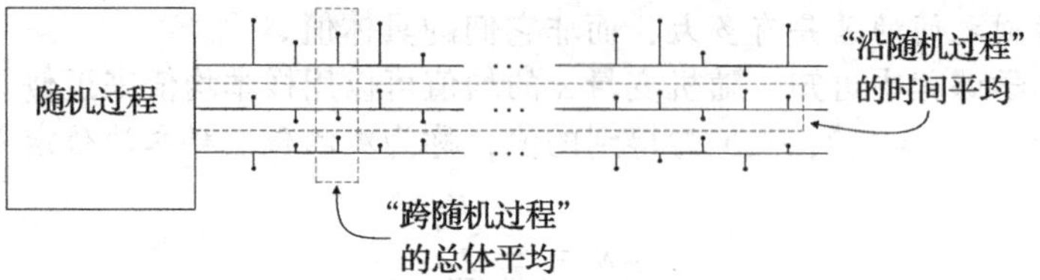

图 2.12　对于遍历过程，所有时刻的共同均值(“跨随机过程”的总体平均)可通过“沿随机过程”的时间平均来计算

在实践中，当一个实现只有有限数量的样本可用时，则均值和协方差可用各自的样本均值来近似。

在什么样的条件下随机过程是均值遍历的或协方差遍历的？这样的条件的确存在，有兴趣的读者可以在更专门的书籍[6]中找到相关内容。已经证明，均值遍历性的条件依赖于二阶统计量，而协方差遍历性的条件依赖于四阶统计量。

在统计、机器学习和信号处理中，在预处理阶段从数据中减去均值是很常见的。在这种情况下，我们说数据是*中心化的*。生成的新过程具有零均值，且协方差序列与自相关序列一致。从现在开始，我们假设均值已知(或通过样本均值计算出来)，然后从数据中减去它。这种处理方法在不失一般性的前提下可简化分析。

例 2.2　本例的目标是构造一个为 WSS 但非遍历的过程。设有一个 WSS 过程 u_n：

$$\mathbb{E}[\mathrm{u}_n]=\mu$$

且

$$\mathbb{E}[\mathrm{u}_n\mathrm{u}_{n-k}]=r_{\mathrm{u}}(k)$$

定义过程

$$\mathrm{v}_n := \mathrm{a}\mathrm{u}_n \tag{2.110}$$

其中 a 是取值为{0,1}的随机变量，概率 $P(0)=P(1)=0.5$。且 a 和 u_n 是统计独立的。则有

$$\mathbb{E}[\mathrm{v}_n] = \mathbb{E}[\mathrm{a}\mathrm{u}_n] = \mathbb{E}[\mathrm{a}]\mathbb{E}[\mathrm{u}_n] = 0.5\mu \tag{2.111}$$

和

$$\mathbb{E}[\mathrm{v}_n\mathrm{v}_{n-k}] = \mathbb{E}[\mathrm{a}^2]\mathbb{E}[\mathrm{u}_n\mathrm{u}_{n-k}] = 0.5r_{\mathrm{u}}(k) \tag{2.112}$$

因此，v_n 是 WSS 过程，但不是遍历的。事实上，某些实现(当 $a=0$ 时)等于零，即均值和自相关由它们的时间均值产生，但这与总体均值不同。 45

2.4.3　功率谱密度

傅里叶变换是一种不可缺少的工具，它可以在频域以紧凑的方式表示函数/序列关于其自由变量(如时间)的变化。随机过程与时间有着内在联系。现在的问题是随机过程是否可以用傅里叶变换来描述。答案是肯定的，实现这一目标的工具是至少为 WSS 的随机过程的自相关序列。在提供必要的定义之前，有必要总结一下自相关序列的一些常见性质。

1. 自相关序列的性质

设 u_n 为一个 WSS 过程。它的自相关序列具有以下性质，这些性质是对更一般的复值情形给出的：

- 性质Ⅰ

$$r(k) = r^*(-k), \quad \forall k \in \mathbb{Z} \tag{2.113}$$

这一性质是关于原点选择的不变性的直接结果，实际上

$$r(k) = \mathbb{E}[\mathrm{u}_n\mathrm{u}_{n-k}^*] = \mathbb{E}[\mathrm{u}_{n+k}\mathrm{u}_n^*] = r^*(-k)$$

- 性质Ⅱ

$$r(0) = \mathbb{E}\left[|\mathrm{u}_n|^2\right] \tag{2.114}$$

就是说，$k=0$ 时的自相关值等于各个随机变量模长平方的均值(模长的均方)。将变量模长的平方解释为其能量，$r(0)$ 可以解释为相应的(平均)功率。

- 性质Ⅲ

$$r(0) \geqslant |r(k)|, \quad \forall k \neq 0 \tag{2.115}$$

证明见习题 2.9。换句话说，两个不同时刻的变量的相关不能(数量上)大于 $r(0)$。我们将在第 4 章看到，这个性质本质上是内积的柯西–施瓦茨不等式(参见本书网站上的第 8 章附录)。

- 性质Ⅳ。随机过程的自相关序列是正定的。也就是说，

$$\boxed{\sum_{n=1}^{N}\sum_{m=1}^{N} a_n a_m^* r(n,m) \geqslant 0, \quad \forall a_n \in \mathbb{C},\ n=1,2,\cdots,N,\ \forall N \in \mathbb{Z}} \tag{2.116}$$

证明：该证明易通过自相关的定义得到，有

$$0 \leqslant \mathbb{E}\left[\left|\sum_{n=1}^{N} a_n \mathrm{u}_n\right|^2\right] = \sum_{n=1}^{N}\sum_{m=1}^{N} a_n a_m^* \,\mathbb{E}\left[\mathrm{u}_n\mathrm{u}_m^*\right] \tag{2.117}$$

46

这就完成了证明。注意，严格地说它应该是半正定的，不过“正定”这个说法在文献中广泛存在。这一特性在第 13 章介绍高斯过程时会很有用。 □

- 性质Ⅴ。设 u_n 和 v_n 是两个 WSS 过程。定义新过程

$$\mathrm{z}_n = \mathrm{u}_n + \mathrm{v}_n$$

则

$$r_{\mathrm{z}}(k) = r_{\mathrm{u}}(k) + r_{\mathrm{v}}(k) + r_{\mathrm{uv}}(k) + r_{\mathrm{vu}}(k) \tag{2.118}$$

其中，两个联合 WSS 随机过程的互相关定义为

$$\boxed{r_{\mathrm{uv}}(k) := \mathbb{E}[\mathrm{u}_n \mathrm{v}_{n-k}^*],\ k \in \mathbb{Z}:\ \text{互相关}} \tag{2.119}$$

证明是该定义的直接结果。注意，如果两个过程不相关，即 $r_{\mathrm{uv}}(k) = r_{\mathrm{vu}}(k) = 0$，则

$$r_{\mathrm{z}}(k) = r_{\mathrm{u}}(k) + r_{\mathrm{v}}(k)$$

显然，若过程 u_n 和 v_n 是独立的，且均值为 0，该式也成立，因为 $\mathbb{E}[\mathrm{u}_n \mathrm{v}_{n-k}^*] = \mathbb{E}[\mathrm{u}_n]\mathbb{E}[\mathrm{v}_{n-k}^*] = 0$。应强调，不相关是一个较弱的条件，它并不一定意味着独立；对于均值为零的情况，独立则意味着不相关。

- 性质Ⅵ

$$r_{\mathrm{uv}}(k) = r_{\mathrm{vu}}^*(-k) \tag{2.120}$$

证明与性质Ⅰ类似。

- 性质Ⅶ

$$r_{\mathrm{u}}(0) r_{\mathrm{v}}(0) \geqslant |r_{\mathrm{uv}}(k)|^2, \quad \forall k \in \mathbb{Z} \tag{2.121}$$

证明也在习题 2.9 中给出。

2. 功率谱密度

定义 2.4　对于一个 WSS 随机过程 u_n，它的功率谱密度(PSD)(简称功率谱)定义为其自相关序列的傅里叶变换：

$$\boxed{S(\omega) := \sum_{k=-\infty}^{\infty} r(k) \exp(-\mathrm{j}\omega k):\ \text{功率谱密度}} \tag{2.122}$$

利用傅里叶变换的性质，可以通过如下傅里叶逆变换的方法恢复自相关序列：

47

$$\boxed{r(k) = \frac{1}{2\pi} \int_{-\pi}^{+\pi} S(\omega) \exp(\mathrm{j}\omega k) \mathrm{d}\omega} \tag{2.123}$$

根据自相关序列的性质，从实用的角度 PSD 有一些有趣和有用的特性。

PSD 的性质

- WSS 随机过程的 PSD 是 ω 的一个实的非负函数：

$$\begin{aligned} S(\omega) &= \sum_{k=-\infty}^{+\infty} r(k) \exp(-\mathrm{j}\omega k) \\ &= r(0) + \sum_{k=-\infty}^{-1} r(k) \exp(-\mathrm{j}\omega k) + \sum_{k=1}^{\infty} r(k) \exp(-\mathrm{j}\omega k) \\ &= r(0) + \sum_{k=1}^{+\infty} r^*(k) \exp(\mathrm{j}\omega k) + \sum_{k=1}^{\infty} r(k) \exp(-\mathrm{j}\omega k) \\ &= r(0) + 2\sum_{k=1}^{+\infty} \mathrm{Real}\{r(k) \exp(-\mathrm{j}\omega k)\} \end{aligned} \tag{2.124}$$

这证明了 PSD 是实数⊖。该证明利用了自相关序列的性质 I。非负部分的证明推迟到本节的最后。

- $S(\omega)$图形下面的面积与随机过程的功率成正比，表示为

$$\mathbb{E}\left[|u_n|^2\right]=r(0)=\frac{1}{2\pi}\int_{-\pi}^{+\pi} S(\omega)\mathrm{d}\omega \tag{2.125}$$

设 $k=0$，由式(2.123)可得。很快就会看到该性质的物理意义。

3. 通过线性系统的传输

信号处理和系统理论中最重要的任务之一是对输入的时间序列(信号)进行线性滤波，来生成另一个输出序列。滤波操作框图如图 2.13 所示。从线性系统理论和信号处理基础知识出发，对于一类线性时不变的线性系统，可以通过输入序列与滤波器的脉冲响应的卷积建立输入和输出之间的关系：

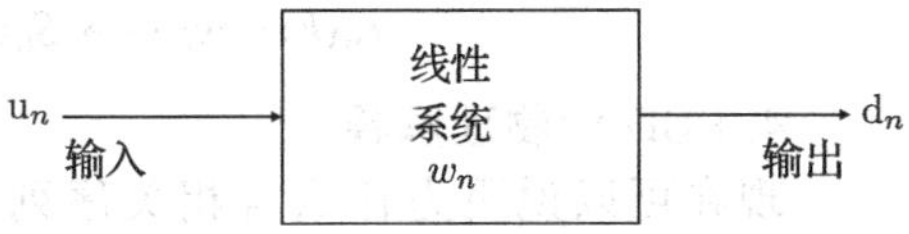

图 2.13　线性系统(滤波器)由输入序列(信号)u_n 激发，并提供输出序列(信号)d_n

$$\boxed{d_n=w_n*u_n:=\sum_{i=-\infty}^{+\infty} w_i^* u_{n-i}:\ \text{卷积和}} \tag{2.126}$$

其中$\cdots,w_0,w_1,w_2,\cdots$为描述滤波器的脉冲响应的参数[8]。在脉冲响应持续时间有限的情 48
况下，如 $w_0,w_1,\cdots,w_{l-1}$，其余值为 0，则卷积可以写成

$$d_n=\sum_{i=0}^{l-1} w_i^* u_{n-i}=\boldsymbol{w}^{\mathrm{H}}\mathbf{u}_n \tag{2.127}$$

其中

$$\boldsymbol{w}:=[w_0,w_1,\cdots,w_{l-1}]^{\mathrm{T}} \tag{2.128}$$

和

$$\mathbf{u}_n:=[u_n,u_{n-1},\cdots,u_{n-l+1}]^{\mathrm{T}}\in\mathbb{R}^l \tag{2.129}$$

后者称为在时刻 n 时阶为 l 的输入向量。值得注意的是，这是一个随机向量。然而，它的元素是随机过程(在连续时刻)的一部分。这赋予了其自相关矩阵特定的性质和丰富的结构，将在第 4 章中研究。事实上，这就是我们用不同的符号来表示随机过程和一般随机向量的原因。这样读者在处理随机过程时，就很容易记住涉及的随机向量的元素具有这个额外的结构。由式(2.126)可知，若时间索引 n 为负值时系统的脉冲响应为零，则保证了因果关系。也就是说，输出只依赖于当前和之前时刻的输入值，而不依赖于未来的输入值。实际上这也是因果关系的必要条件。也就是说，如果系统是因果的，那么它在负时刻的脉冲响应为零[8]。

定理 2.1　当一个线性时不变系统由 WSS 随机过程 u_n 激发时，它的输出 d_n 的 PSD 为

$$\boxed{S_{\mathrm{d}}(\omega)=|W(\omega)|^2 S_{\mathrm{u}}(\omega)} \tag{2.130}$$

其中

⊖　回忆一下，$z=a+\mathrm{j}b$ 是一个复数，其实部 $\mathrm{Real}\{z\}=a=\frac{1}{2}(z+z^*)$。

$$W(\omega) := \sum_{n=-\infty}^{+\infty} w_n \exp(-\mathrm{j}\omega n) \tag{2.131}$$

证明：首先，有(习题 2.10)

49 $$\boxed{r_{\mathrm{d}}(k) = r_{\mathrm{u}}(k) * w_k * w_{-k}^*} \tag{2.132}$$

然后，对两边进行傅里叶变换，得到式(2.130)。为此，使用了傅里叶变换的众所周知的性质

$$r_{\mathrm{u}}(k) * w_k \longmapsto S_{\mathrm{u}}(\omega) W(\omega), \quad 和 \quad w_{-k}^* \longmapsto W^*(\omega)$$ □

4. PSD 的物理解释

现在可以说明为什么自相关序列的傅里叶变换称为“功率谱密度”了。我们将讨论限制在实随机过程，尽管类似的论证适用于更一般的复情况。图 2.14 显示了一个非常特殊的线性系统的脉冲响应的傅里叶变换的幅值。该傅里叶变换对于 $|\omega-\omega_0| \leqslant \Delta\omega/2$ 范围内的任何频率都有一致的响应，其他处均为 0。这种系统称为带通滤波器。假设 $\Delta\omega$ 很小，然后使用式(2.130)，并假设在 $|\omega-\omega_0| \leqslant \Delta\omega/2$ 区间内 $S_{\mathrm{u}}(\omega) \approx S_{\mathrm{u}}(\omega_0)$，我们有

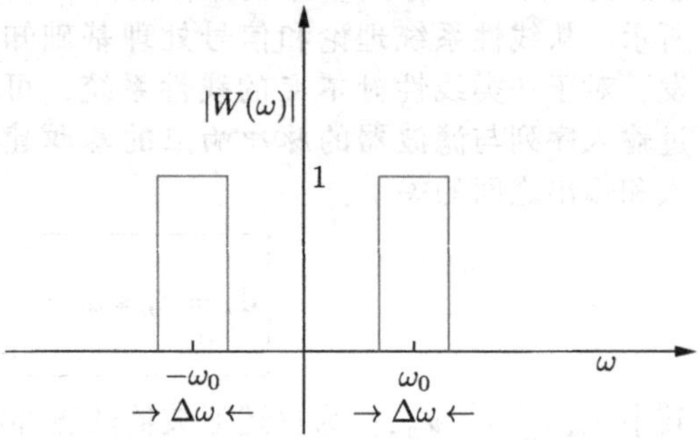

图 2.14 一个理想的带通滤波器，输出只包含 $|\omega-\omega_0| \leqslant \Delta\omega/2$ 范围内的频率

$$S_{\mathrm{d}}(\omega) = \begin{cases} S_{\mathrm{u}}(\omega_0), & 若 |\omega-\omega_0| \leqslant \frac{\Delta\omega}{2} \\ 0, & 其他 \end{cases} \tag{2.133}$$

所以

$$\Delta P := \mathbb{E}\left[|\mathrm{d}_n|^2\right] = r_{\mathrm{d}}(0) = \frac{1}{2\pi}\int_{-\infty}^{+\infty} S_{\mathrm{d}}(\omega)\mathrm{d}\omega \approx S_{\mathrm{u}}(\omega_0)\frac{\Delta\omega}{\pi} \tag{2.134}$$

由于 PSD 的对称性($S_{\mathrm{u}}(\omega) = S_{\mathrm{u}}(-\omega)$)。故

$$\frac{1}{\pi} S_{\mathrm{u}}(\omega_0) = \frac{\Delta P}{\Delta\omega} \tag{2.135}$$

50 换句话说，值 $S_{\mathrm{u}}(\omega_0)$ 可以解释为频率(谱)域中的功率密度(单位频率间隔的功率)。

此外，这也证明了前面所说的，对于任意的 $\omega \in [-\pi, +\pi]$，PSD 是一个非负实函数(PSD 作为一个序列的傅里叶变换，它以 2π 为周期，如[8]所述)。

附注 2.2

- 对于任何 WSS 随机过程，只有一个自相关序列描述它，反之不真。单个自相关序列可以对应多个 WSS 过程。回忆一下，自相关是随机变量乘积的均值，但很多随机变量都有相同的均值。
- 我们已经证明了自相关序列 $r(k)$ 的傅里叶变换 $S(\omega)$ 是非负的。而且，如果序列 $r(k)$ 有一个非负的傅里叶变换，那么它是正定的，我们总是可以构建一个以 $r(k)$ 为其自相关序列的 WSS 过程(如[6]中第 410、421 页所述)。因此，一个序列成为自相关序列的充分必要条件是其傅里叶变换非负。

例 2.3 白噪声序列　如果一个随机过程 η_n 的均值及其自相关序列满足

$$\boxed{\mathbb{E}[\eta_n]=0 \quad \text{和} \quad r(k)=\begin{cases}\sigma_\eta^2, & \text{若} k=0,\\ 0, & \text{若} k\neq 0.\end{cases} \quad : \quad \text{白噪声}} \tag{2.136}$$

则称其为*白噪声*。其中 σ_η^2 为其方差。换句话说，不同时刻的所有变量都是不相关的。此外，如果它们是独立的，就称为*严格的白噪声*。容易看出它的 PSD 是

$$S_\eta(\omega)=\sigma_\eta^2 \tag{2.137}$$

也就是说，它是常数，这就是它被称为白噪声的原因，类似于白光的光谱在所有波长上均匀分布。

2.4.4 自回归模型

我们刚看了一个随机过程的例子，即白噪声。现在，我们将注意力转向通过适当的建模来生成 WSS 随机过程。这样，我们将引入对应于不同时刻的变量之间的受控相关性。为简化讨论，这里关注实值数据的情况。

*自回归过程*是最流行和最广泛使用的模型之一。可通过下述*差分方程*定义 l 阶自回归过程，记为 AR(l)

$$\boxed{\mathrm{u}_n+a_1\mathrm{u}_{n-1}+\cdots+a_l\mathrm{u}_{n-l}=\eta_n: \quad \text{自回归过程}} \tag{2.138}$$

其中 η_n 是一个方差为 σ_η^2 的白噪声过程。

与任何差分方程一样，从初始条件出发，将输入序列样本代入模型中，递归地生成样本。这里的输入样本对应于一个白噪声序列，初始条件设为 0，$u_{-1}=\cdots=u_{-l}=0$。 51

不用数学推导就能发现这个过程不是平稳的。的确，因为应用了初始条件，$n=0$ 时刻与其他时间有明显的不同。然而，如果相应特征方程

$$z^l+a_1z^{l-1}+\cdots+a_l=0$$

的所有根的模长均小于 1(相应的无输入的齐次方程的解趋于零)[7]，则初始条件的作用渐近趋近于零。然后可以证明，AR(l)渐近地成为 WSS。这是在实践中常采用的假设，本节其余部分将采用这种假设。注意，该过程的均值为零(请试证)。

现在的目标是计算相应的自相关序列 $r(k)$，$k\in\mathbb{Z}$。将式(2.138)两边同时乘以 u_{n-k}，$k>0$，然后取期望，得到

$$\sum_{i=0}^{l}a_i\,\mathbb{E}[\mathrm{u}_{n-i}\mathrm{u}_{n-k}]=\mathbb{E}[\eta_n\mathrm{u}_{n-k}], \quad k>0$$

其中 $a_0:=1$，或

$$\sum_{i=0}^{l}a_ir(k-i)=0 \tag{2.139}$$

此处我们利用了 $\mathbb{E}[\eta_n\mathrm{u}_{n-k}]$，$k>0$ 为零的事实。实际上，u_{n-k} 递归地依赖于 η_{n-k}，η_{n-k-1}，…，这些都与 η_n 不相关，因为这是一个白噪声过程。注意，式(2.139)是一个差分方程，只要有初始条件就可以求解。为此，将式(2.138)乘以 u_n，然后取期望值，得到结果

$$\sum_{i=0}^{l}a_ir(i)=\sigma_\eta^2 \tag{2.140}$$

因为 u_n 递归地依赖于 $\eta_n,\eta_{n-1},\cdots$，对应依赖项 η_n 贡献了 σ_η^2 项，对应其余的依赖项贡献均为 0。结合式(2.140)和式(2.139)得到下列线性方程组

$$\begin{bmatrix} r(0) & r(1) & \cdots & r(l) \\ r(1) & r(0) & \cdots & r(l-1) \\ \vdots & \vdots & & \vdots \\ r(l) & r(l-1) & \cdots & r(0) \end{bmatrix} \begin{bmatrix} 1 \\ a_1 \\ \vdots \\ a_l \end{bmatrix} = \begin{bmatrix} \sigma_\eta^2 \\ 0 \\ \vdots \\ 0 \end{bmatrix} \tag{2.141}$$

这被称为尤尔–沃克方程，其解 $r(0),\cdots,r(l)$ 再作为初始条件求解式(2.139)中的差分方
52 程，可得到 $r(k)$，$\forall k\in\mathbb{Z}$。

观察这个线性系统中矩阵的特殊结构，这种类型的矩阵被称为特普利茨矩阵，这一特性将被用来高效求解该系统。当涉及 WSS 过程的自相关矩阵时就会产生这样的结果，详见第 4 章。

除了自回归模型外，也有其他类型的随机模型被提出并使用。阶为(l,m)的自回归移动平均(ARMA)模型由以下差分方程定义

$$\mathrm{u}_n + a_1\mathrm{u}_{n-1} + \cdots + a_l\mathrm{u}_{n-l} = b_1\eta_n + \cdots + b_m\eta_{n-m} \tag{2.142}$$

阶为 m 的移动平均模型记为 MA(m)，其定义为

$$\mathrm{u}_n = b_1\eta_n + \cdots + b_m\eta_{n-m} \tag{2.143}$$

注意，AR(1)和 MA(m)模型可被视为 ARMA(l,m)的特殊情况。有关该主题更理论化的讨论请参见[1]。

例 2.4 考虑 AR(1)过程

$$\mathrm{u}_n + a\mathrm{u}_{n-1} = \eta_n$$

按照前面介绍的一般方法，得到

$$r(k) + ar(k-1) = 0, \quad k=1,2,\cdots$$

$$r(0) + ar(1) = \sigma_\eta^2$$

把 $k=1$ 的第一个方程和第二个方程结合起来，易得

$$r(0) = \frac{\sigma_\eta^2}{1-a^2}$$

把这个值代入差分方程，递归地得到

$$r(k) = (-a)^{|k|}\frac{\sigma_\eta^2}{1-a^2}, \quad k=0,\pm1,\pm2,\cdots \tag{2.144}$$

这里用了性质 $r(k)=r(-k)$。观察如果 $|a|>1$，则 $r(0)<0$ 没有意义。同样，$|a|<1$ 保证特征多项式的根($z_*=-a$)小于 1。进一步，$|a|<1$ 保证了当 $k\to\infty$ 时 $r(k)\to0$。这符合常识，因为相距很远的变量必然是不相关的。

图 2.15 显示了对应于 $a=-0.9$ 和 $a=-0.4$ 两个 AR(1)过程(收敛为平稳后)以及各自的自相关序列的时间演化。观察到 a 值越大(指的是绝对值)，随机过程的实现就越平滑，时间变化越慢。这是自然的，因为接近的样本高度相关，就平均而言，它们往往具有相似的值。对于 a 值小的情况恰好相反。为了进行对比，图 2.16a 画出了 $a=0$ 的情况，它对应白噪声。图 2.16b 为图 2.15 两种情况对应的 PSD。自相关越快趋近于零，PSD 越分散，反之亦然。

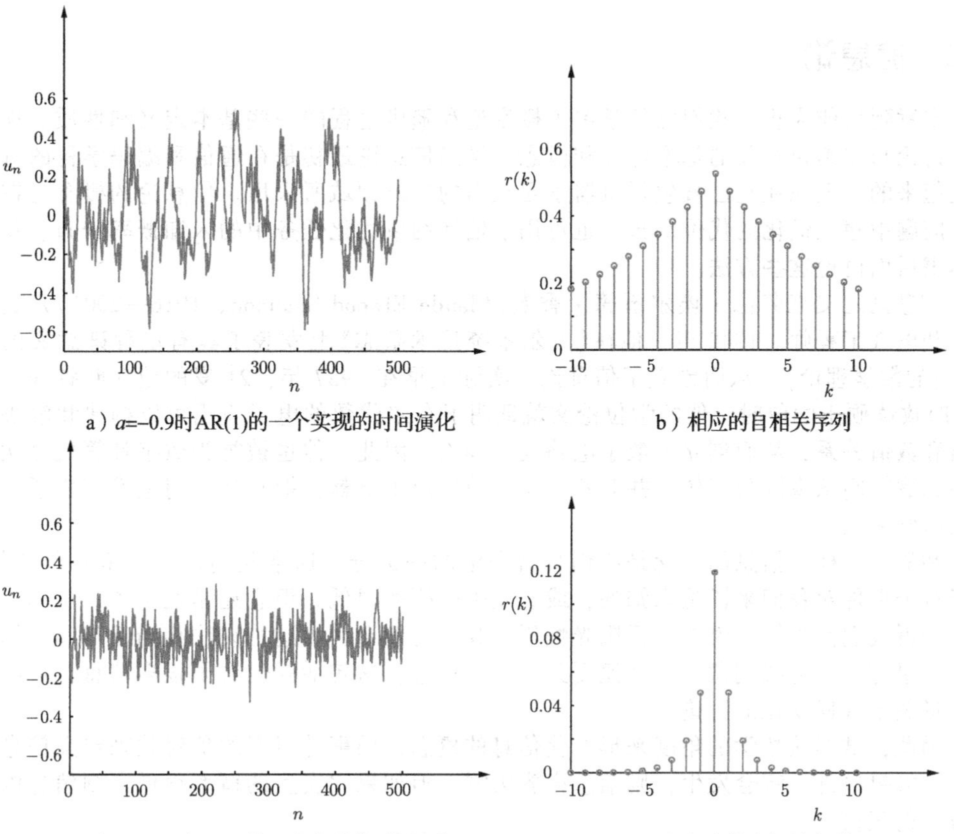

a）a=–0.9时AR(1)的一个实现的时间演化　　b）相应的自相关序列

c）a=–0.4时AR(1)的一个实现的时间演化　　d）相应的自相关序列

图　2. 15

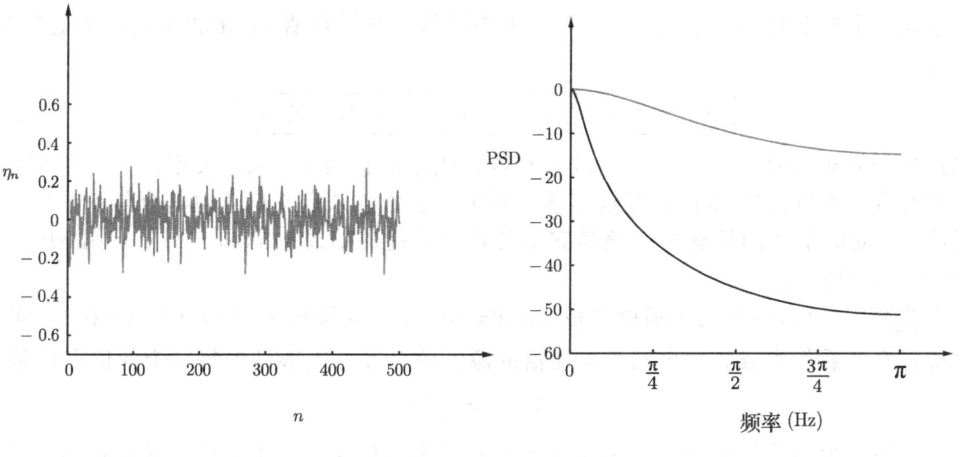

a）　　b）

图 2. 16　a) 来自白噪声过程的一个实现的时间演化。b) 图 2. 15 中两个 AR(1)序列的 PSD，以分贝(dB)为单位。灰色对应 $a=-0.4$，黑色对应 $a=-0.9$。a 越小(绝对值)，越接近白噪声，其 PSD 趋向于增加高频参与的功率。由于 PSD 是自相关序列的傅里叶变换，可以观察到，序列在时间上越宽，其傅里叶变换就越窄，反之亦然

2.5 信息论

本章到目前为止，我们已经学习了概率论和随机过程的一些基本定义和性质。现在将集中讨论与信息论有关的基本定义和概念。虽然信息论最初是在通信和编码学科的背景下
53~54 发展起来的，但现在它已被包括机器学习在内的广泛领域所采用。信息论的概念可在参数估计问题中建立优化的代价函数，也可用于估计约束优化任务中的未知概率分布。我们将在本书后面讨论这些方法。

信息论之父克劳德·埃尔伍德·香农(Claude Elwood Shannon，1916—2001)是美国数学家和电气工程师。1948 年，他在《贝尔系统技术杂志》上发表了具有里程碑意义的论文《通信的数学理论》，从而创立了信息论。实际上早在 1937 年，21 岁的他在麻省理工学院(MIT)攻读硕士学位时，他的学位论文就证明了布尔代数的电子应用可以构建和解决任何逻辑和数值关系，从而创立了数字电路设计理论。因此，他也被誉为数字计算机之父。香农在二战期间从事国防工作，并对密码学领域做出了贡献，把它从一门艺术变成了一个严谨的科学领域。

和概率一样，信息的概念是我们日常词汇的一部分。通常我们说一个事件包含信息，是指这个事件对我们来说是未知的，或它发生的概率很低，但它还是发生了。例如，如果有人告诉我们撒哈拉沙漠的夏天阳光灿烂，我们可能会认为这种说法相当乏味和无用。相反，如果有人告诉我们撒哈拉沙漠夏天下雪的消息，这句话就包含了很多信息，可能会引发一场关于气候变化的讨论。

因此，试图从数学的角度来形式化信息的概念，用事件概率的负对数来定义信息是合理的。如果事件一定会发生，则信息内容为零，但如果它发生的概率很低，则信息内容具
55 有较大的正值。

2.5.1 离散随机变量

1. 信息

给定一个离散随机变量 x，它在集合 $\mathcal{X}$ 中取值，与任意值 $x \in \mathcal{X}$ 相关的信息记为 $I(x)$，定义为

$$\boxed{I(x) = -\log P(x):\quad 与\,\mathrm{x}=x\in\mathcal{X}\,相关的信息} \tag{2.145}$$

可以选择任何对数的底。如果选择自然对数，则信息以奈特(nat)来度量。如果使用以 2 为底的对数，则以比特(bit)来度量信息。利用对数函数来定义信息也符合常识推理，即两个统计上独立的事件的信息量应该是它们各自所传递的信息的总和 $I(x,y) = -\log P(x,y) = -\log P(x) - \log P(y)$。

例 2.5 给出一个二元随机变量 $\mathrm{x} \in \mathcal{X} = \{0,1\}$，且假设 $P(1) = P(0) = 0.5$。可以把这个随机变量看作生成和发出两个可能值的源。两个等可能事件中每一个的信息量是

$$I(0) = I(1) = -\log_2 0.5 = 1\,比特$$

现在考虑另一个随机事件源，它生成包含 k 个二进制变量的码字。这个源的输出可以被看作一个具有二值元素的随机向量 $\mathbf{x} = [\mathrm{x}_1, \cdots, \mathrm{x}_k]^{\mathrm{T}}$。对应的概率空间 $\mathcal{X}$ 由 $K = 2^k$ 个元素组成。如果所有可能的值具有相同的概率 $1/K$，则每个可能事件的信息量等于

$$I(\boldsymbol{x}_i) = -\log_2 \frac{1}{K} = k\,比特$$

可观察到，在可能事件的数量较大的情况下，每个单独事件的信息量(假设等概率事件)也

会变大。这也符合常识推理，因为如果源可以发出大量(等可能的)事件，相比于只能发出几个可能事件的源，其中任一个事件的发生都会承载更多的信息。

2. 互信息和条件信息

除了边际概率，我们也已介绍了条件概率的概念。这就引出了互信息的定义。

给定两个离散的随机变量 $\mathrm{x} \in \mathcal{X}$ 和 $\mathrm{y} \in \mathcal{Y}$。关于事件 $\mathrm{x}=x$ 发生事件 $\mathrm{y}=y$ 所提供的信息量用互信息度量，记为 $I(x;y)$，定义为

$$\boxed{I(x;y) := \log \frac{P(x|y)}{P(x)}:\quad \text{互信息}} \tag{2.146}$$

注意，如果两个变量是统计独立的，那么它们的互信息为零。这是最合理的，因为观察 y 与 x 无关。反之，如果通过观察 y 可以确定 x 会发生，当 $P(x\mid y)=1$ 时，那么互信息就变成 $I(x,y)=I(x)$，这也是符合一般推理的。利用熟悉的乘积规则，可以看到 56

$$I(x;y)=I(y;x)$$

给定 y 时 x 的条件信息定义为

$$\boxed{I(x|y) = -\log P(x|y):\quad \text{条件信息}} \tag{2.147}$$

显而易见有

$$I(x;y)=I(x)-I(x|y) \tag{2.148}$$

例 2.6　在通信信道中，源传输二进制符号 x，概率为 $P(0)=P(1)=1/2$。由于信道是有噪声的，所以接收到的符号 y 可能由于噪声而改变了极性，其概率如下：

$$P(\mathrm{y}=0|\mathrm{x}=0)=1-p$$
$$P(\mathrm{y}=1|\mathrm{x}=0)=p$$
$$P(\mathrm{y}=1|\mathrm{x}=1)=1-q$$
$$P(\mathrm{y}=0|\mathrm{x}=1)=q$$

这个例子以最简单的形式说明了通信信道的影响。传输的比特被噪声影响，接收者接收到的是噪声(可能是错误的)信息。接收方的任务是在接收到一组符号序列时断定最初发送的是哪一个。

这个示例的目标是确定当观察到 $\mathrm{y}=0$ 时，分别关于事件 $\mathrm{x}=0$ 和 $\mathrm{x}=1$ 的互信息。为此，先要计算边际概率

$$P(\mathrm{y}=0)=P(\mathrm{y}=0|\mathrm{x}=0)P(\mathrm{x}=0)+P(\mathrm{y}=0|\mathrm{x}=1)P(\mathrm{x}=1)=\frac{1}{2}(1-p+q)$$

类似地

$$P(\mathrm{y}=1)=\frac{1}{2}(1-q+p)$$

所以，互信息为

$$\begin{aligned} I(0;0) &= \log_2 \frac{P(\mathrm{x}=0|\mathrm{y}=0)}{P(\mathrm{x}=0)} = \log_2 \frac{P(\mathrm{y}=0|\mathrm{x}=0)}{P(\mathrm{y}=0)} \\ &= \log_2 \frac{2(1-p)}{1-p+q} \end{aligned}$$

且有

$$I(1;0)=\log_2 \frac{2q}{1-p+q}$$ 57

现在考虑 $p=q=0$，此时 $I(0;0)=1$ 比特，它等于 $I(\mathrm{x}=0)$，因为输出明确指定了输入。另一方面，如果 $p=q=1/2$，则 $I(0;0)=0$ 比特，因为噪声可以以相同的概率随机地改变极

性。如果 $p=q=1/4$，那么 $I(0;0)=\log_2(3/2)=0.587$ 比特，且 $I(1;0)=-1$ 比特。注意，互信息也可以取负值。

3. 熵和平均互信息

给定一个离散随机变量 $\mathrm{x}\in\mathcal{X}$，其熵定义为所有可能结果的平均信息量

$$\boxed{H(\mathrm{x}) := -\sum_{x\in\mathcal{X}} P(x)\log P(x):\quad \mathrm{x}\text{的熵}} \tag{2.149}$$

通过考虑极限 $\lim_{x\to 0} x\log x=0$，如果 $P(x)=0$，则 $P(x)\log P(x)=0$。

以类似的方式定义两个随机变量 x 和 y 之间的平均互信息为

$$\begin{aligned} I(\mathrm{x};\mathrm{y}) &:= \sum_{x\in\mathcal{X}}\sum_{y\in\mathcal{Y}} P(x,y)I(x;y) \\ &= \sum_{x\in\mathcal{X}}\sum_{y\in\mathcal{Y}} P(x,y)\log\frac{P(x|y)}{P(x)} \\ &= \sum_{x\in\mathcal{X}}\sum_{y\in\mathcal{Y}} P(x,y)\log\frac{P(x|y)P(y)}{P(x)P(y)} \end{aligned}$$

或

$$\boxed{I(\mathrm{x};\mathrm{y}) = \sum_{x\in\mathcal{X}}\sum_{y\in\mathcal{Y}} P(x,y)\log\frac{P(x,y)}{P(x)P(y)}:\quad \text{平均互信息}} \tag{2.150}$$

可以证明

$$I(\mathrm{x};\mathrm{y}) \geqslant 0$$

如果 x 和 y 是统计独立的，平均互信息就是 0（习题 2.12）。

对照地，给定 y 时，x 的条件熵定义为

$$\boxed{H(\mathrm{x}|\mathrm{y}) := -\sum_{x\in\mathcal{X}}\sum_{y\in\mathcal{Y}} P(x,y)\log P(x|y):\quad \text{条件熵}} \tag{2.151}$$

通过概率乘法法则，易得

$$I(\mathrm{x};\mathrm{y}) = H(\mathrm{x}) - H(\mathrm{x}|\mathrm{y}) \tag{2.152}$$

引理 2.1　对于随机变量 $\mathrm{x}\in\mathcal{X}$，如果所有 $x\in\mathcal{X}$ 的取值都是等可能的，则熵取到最大值。

58 证明：见习题 2.14。□

换句话说，熵可以被看作源随机发出符号的随机性的度量。最大值与将要发出的信号的最大不确定性相关，因为如果所有符号都是等可能的，就会出现最大值。熵的最小值为 0，对应的情况就是所有事件的概率均为 0，只有一个事件例外，它发生的概率等于 1。

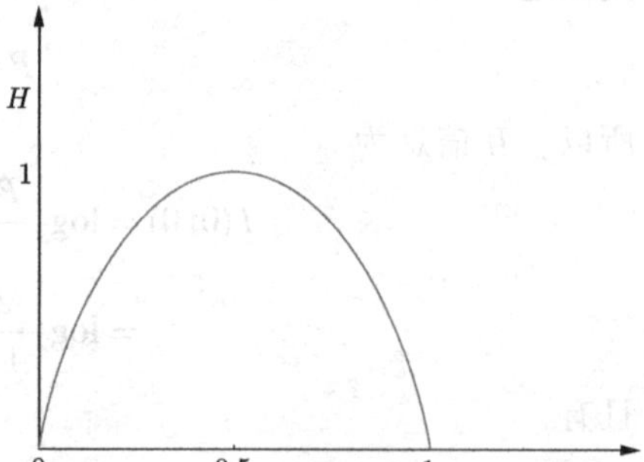

图 2.17　如果两个事件发生的概率相等，即 $p=1/2$，则二值随机变量的熵取最大值

例 2.7　考虑一个二进制源，它分别以概率 p 和 $1-p$ 传输值 1 或 0。则相应随机变量的熵是

$$H(\mathrm{x}) = -p\log_2 p - (1-p)\log_2(1-p)$$

图 2.17 给出了不同 $p\in[0,1]$ 的曲线图。注意最大

值出现在 $p=1/2$。

2.5.2 连续随机变量

前面给出的所有定义都可以推广到连续随机变量的情况，但必须谨慎。回想一下，在实轴上取值的随机变量的任何单值出现的概率是零。因此，相应的信息量是无穷大。

为了定义一个连续变量 x 的熵，先要对它进行离散化，形成相应的离散变量 x_Δ，即

$$x_\Delta := n\Delta, \text{若}(n-1)\Delta < x \leqslant n\Delta \tag{2.153}$$

其中 $\Delta>0$。则

$$P(x_\Delta = n\Delta) = P(n\Delta - \Delta < x \leqslant n\Delta) = \int_{(n-1)\Delta}^{n\Delta} p(x)\,dx = \Delta\bar{p}(n\Delta) \tag{2.154}$$ 59

其中 $\bar{p}(n\Delta)$ 是 $p(x)$，$x\in(n\Delta-\Delta,n\Delta]$ 的最大值和最小值之间的一个数(根据积分中值定理知这个数是存在的)。然后可以写出

$$H(x_\Delta) = -\sum_{n=-\infty}^{+\infty} \Delta\bar{p}(n\Delta)\log\left(\Delta\bar{p}(n\Delta)\right) \tag{2.155}$$

因为

$$\sum_{n=-\infty}^{+\infty} \Delta\bar{p}(n\Delta) = \int_{-\infty}^{+\infty} p(x)\,dx = 1$$

得到

$$H(x_\Delta) = -\log\Delta - \sum_{n=-\infty}^{+\infty} \Delta\bar{p}(n\Delta)\log\left(\bar{p}(n\Delta)\right) \tag{2.156}$$

注意当 $\Delta\to 0$ 时 $x_\Delta\to x$。但若对式(2.156)取极限，则 $-\log\Delta$ 趋于无穷。这是与离散变量相比的关键区别。

连续随机变量 x 的熵定义为极限

$$H(x) := \lim_{\Delta\to 0}\left(H(x_\Delta) + \log\Delta\right)$$

或

$$\boxed{H(x) = -\int_{-\infty}^{+\infty} p(x)\log p(x)\,dx:\quad \text{熵}} \tag{2.157}$$

这是连续变量的熵也称为微分熵的原因。

注意，熵仍然是描述 x 的分布的随机性(不确定性)的度量。下述例子印证了这一点。

例 2.8 给定一个随机变量 $x\in[a,b]$。在所有可能描述这个变量的 PDF 中，找出使得熵最大的那个。

该任务转化为以下约束优化任务：

$$\text{关于}p\text{求最大:}\quad H = -\int_a^b p(x)\ln p(x)\mathrm{d}x$$

$$\text{满足:}\quad \int_a^b p(x)\mathrm{d}x = 1$$

约束确保了得到的函数确为 PDF。使用变分法求解该优化问题(习题 2.15)，结果为

$$p(x)=\begin{cases}\frac{1}{b-a}, & \text{若} x\in[a,b]\\ 0, & \text{其他}\end{cases}$$

60 换句话说，结果是均匀分布，这的确是最随机的分布，因为它对$[a,b]$的任一子区间都平等对待。

我们将在12.8.1节讨论这种估计PDF的方法。这种简洁的估算PDF的方法称为最大熵法，来自杰恩斯[3，4]。在更一般的形式中，会涉及更多的约束以满足特定问题的需要。

1. 平均互信息和条件熵

给定两个连续随机变量，平均互信息定义为

$$\boxed{I(\mathrm{x};\mathrm{y}):=\int_{-\infty}^{+\infty}\int_{-\infty}^{+\infty}p(x,y)\log\frac{p(x,y)}{p(x)p(y)}\mathrm{d}x\,\mathrm{d}y} \tag{2.158}$$

给定y时x的条件熵定义为

$$\boxed{H(\mathrm{x}|\mathrm{y}):=-\int_{-\infty}^{+\infty}\int_{-\infty}^{+\infty}p(x,y)\log p(x|y)\,\mathrm{d}x\,\mathrm{d}y} \tag{2.159}$$

基于标准方法和乘法法则，易证

$$I(\mathrm{x};\mathrm{y})=H(\mathrm{x})-H(\mathrm{x}|\mathrm{y})=H(\mathrm{y})-H(\mathrm{y}|\mathrm{x}) \tag{2.160}$$

2. 相对熵或库尔贝克–莱布勒散度

*相对熵或库尔贝克–莱布勒散度*是信息论中在测量两个PDF之间的相似性时发展起来的一个量。它被广泛应用于涉及PDF的机器学习优化任务中，请见第12章。给定两个PDF p 和 q，它们的库尔贝克–莱布勒散度记为$\mathrm{KL}(p\|q)$，定义为

$$\boxed{\mathrm{KL}(p||q):=\int_{-\infty}^{+\infty}p(x)\log\frac{p(x)}{q(x)}\mathrm{d}x:\quad \text{库尔贝克–莱布勒散度}} \tag{2.161}$$

注意

$$I(\mathrm{x};\mathrm{y})=\mathrm{KL}\big(p(x,y)||p(x)p(y)\big)$$

库尔贝克–莱布勒散度是非对称的，即$\mathrm{KL}(p\|q)\neq\mathrm{KL}(q\|p)$，它是一个非负量（证明类似于互信息非负性的证明，见习题12.7）。而且，当且仅当$p=q$时，它为零。

注意，这里所说的关于熵和互信息的所有内容都很容易推广到随机向量的情况。

2.6 随机收敛

61 我们将以一些关于随机变量序列收敛的定义来结束概率论和相关概念的回顾之旅。

考虑一个随机变量序列

$$\mathrm{x}_0,\mathrm{x}_1,\cdots\ \mathrm{x}_n\cdots$$

可以把这个序列看作一个离散时间随机过程。由于随机性，这个过程的实现如下所示：

$$x_0,x_1,\cdots,x_n\cdots$$

它可能收敛，也可能不收敛。因此，必须小心处理随机变量收敛的概念，目前已经发展出了一些不同的解释。

回忆一下微积分基础，数列x_n收敛于一个值x，如果对$\forall\,\epsilon>0$，存在一个数$n(\epsilon)$，满足

$$|x_n - x| < \epsilon, \quad \forall n \geqslant n(\epsilon) \tag{2.162}$$

2.6.1 处处收敛

如果随机过程的每个实现 x_n 都根据式(2.162)给出的定义收敛到一个值 x，就说随机序列*处处收敛*。注意，每个实现都收敛于一个不同的值，可将该值本身看作随机变量 x 的结果。写成

$$\mathrm{x}_n \xrightarrow[n\to\infty]{} \mathrm{x} \tag{2.163}$$

常将随机过程的一个实现(结果)记作 $\mathrm{x}_n(\zeta)$，这里 ζ 代表一个特定的实验。

2.6.2 几乎处处收敛

与前一个收敛相比，一个较弱的收敛版本是*几乎处处收敛*。取满足如下条件的所有试验 ζ 结果的集合

$$\lim \mathrm{x}_n(\zeta) = \mathrm{x}(\zeta), \quad n \longrightarrow \infty$$

如果

$$P(\mathrm{x}_n \longrightarrow \mathrm{x}) = 1, \quad n \longrightarrow \infty \tag{2.164}$$

就说序列 x_n 几乎处处收敛。注意，$\{\mathrm{x}_n \to \mathrm{x}\}$ 表示包含所有满足 $\lim \mathrm{x}_n(\zeta) = \mathrm{x}(\zeta)$ 的试验结果的事件。与处处收敛的不同之处在于，现在允许有限或可数无限的实现(即至多零概率的一个集合)不收敛。通常，这种类型的收敛也被称为*几乎必然收敛*或*以概率 1 收敛*。

2.6.3 均方意义下的收敛

如果

$$\mathbb{E}\left[|\mathrm{x}_n - \mathrm{x}|^2\right] \longrightarrow 0, \quad n \longrightarrow \infty \tag{2.165}$$

62

就说随机序列 x_n 在*均方*(MS)*意义下*收敛于随机变量 x。

2.6.4 依概率收敛

给定一个随机序列 x_n、一个随机变量 x 和一个非负数 ϵ，则 $\{|\mathrm{x}_n - \mathrm{x}| > \epsilon\}$ 是一个事件。定义新的数列 $P(\{|\mathrm{x}_n - \mathrm{x}| > \epsilon\})$，如果构造的数列趋近于 0，

$$P\big(\{|\mathrm{x}_n - \mathrm{x}| > \epsilon\}\big) \longrightarrow 0, \quad n \longrightarrow \infty, \quad \forall \epsilon > 0 \tag{2.166}$$

则称 x_n *依概率收敛*于 x。

2.6.5 依分布收敛

给定随机序列 x_n 和随机变量 x，设 $F_n(x)$ 和 $F(x)$ 为各自的 CDF。若对 $F(x)$ 的每个连续点 x，有

$$F_n(x) \longrightarrow F(x), \quad n \longrightarrow \infty \tag{2.167}$$

就称 x_n *依分布收敛*于 x。

可以证明，如果一个随机序列几乎处处收敛或者在均方意义下收敛，那么它必然依概率收敛；如果它依概率收敛，那么必然依分布收敛。反之未必成立。换句话说，其中最弱的收敛是依分布收敛。

习题

2.1　推导二项分布的均值和方差。

2.2　推导均匀分布的均值和方差。

2.3　推导多元高斯分布的均值和协方差矩阵。

2.4　证明参数为 a 和 b 的贝塔分布的均值和方差为

$$\mathbb{E}[\mathrm{x}]=\frac{a}{a+b}$$

和

$$\sigma_{\mathrm{x}}^2=\frac{ab}{(a+b)^2(a+b+1)}$$

提示：利用性质 $\Gamma(a+1)=a\Gamma(a)$。

2.5　证明参数为 a 和 b 的贝塔分布的归一化常数为

$$\frac{\Gamma(a+b)}{\Gamma(a)\Gamma(b)}$$

2.6　证明以

63 $$\mathrm{Gamma}(x|a,b)=\frac{b^a}{\Gamma(a)}x^{a-1}\mathrm{e}^{-bx},\quad a,b,x>0$$

为 PDF 的伽马分布的均值和方差为

$$\mathbb{E}[\mathrm{x}]=\frac{a}{b}$$

$$\sigma_{\mathrm{x}}^2=\frac{a}{b^2}$$

2.7　含 K 个变量 x_k，$k=1,2,\cdots,K$，与参数 a_k，$k=1,2,\cdots,K$ 的狄利克雷 PDF，证明该分布的均值和方差为

$$\mathbb{E}[\mathrm{x}_k]=\frac{a_k}{\overline{a}},\quad k=1,2,\cdots,K$$

$$\sigma_{\mathrm{x}_k}^2=\frac{a_k(\overline{a}-a_k)}{\overline{a}^2(1+\overline{a})},\quad k=1,2,\cdots,K$$

$$\mathrm{cov}[\mathrm{x}_i\mathrm{x}_j]=-\frac{a_ia_j}{\overline{a}^2(1+\overline{a})},\quad i\neq j$$

其中 $\overline{a}=\sum_{k=1}^{K}a_k$。

2.8　使用 N 个 i. i. d 抽取样本，证明样本均值是一个无偏估计量，其方差当 $N\to\infty$ 时渐近趋近于零。

2.9　证明对于 WSS 过程有

$$r(0)\geqslant|r(k)|,\quad\forall k\in\mathbb{Z}$$

对于联合 WSS 过程有

$$r_{\mathrm{u}}(0)r_{\mathrm{v}}(0)\geqslant|r_{\mathrm{uv}}(k)|^2,\quad\forall k\in\mathbb{Z}$$

2.10　证明：具有脉冲响应 w_n，$n\in\mathbb{Z}$ 的线性系统输出的自相关，与输入的 WSS 过程的自相关有如下关系

$$r_{\mathrm{d}}(k)=r_{\mathrm{u}}(k)*w_k*w_{-k}^*$$

2.11　证明

$$\ln x\leqslant x-1$$

2.12　证明

$$I(\mathrm{x};\mathrm{y})\geqslant 0$$

提示：利用习题 2.11 中的不等式。

2.13　证明如果 a_i，b_i，$i=1,2,\cdots,M$ 是正数，满足

$$\sum_{i=1}^{M} a_i = 1 \quad 和 \quad \sum_{i=1}^{M} b_i \leqslant 1$$ 64

则

$$-\sum_{i=1}^{M} a_i \ln a_i \leqslant -\sum_{i=1}^{M} a_i \ln b_i$$

2.14　证明在所有可能的结果都是等可能的情况下，随机变量的熵最大。

2.15　证明在所有描述区间 $[a,b]$ 内的随机变量的 PDF 中，均匀分布的熵最大。

参考文献

[1] P.J. Brockwell, R.A. Davis, Time Series: Theory and Methods, second ed., Springer, New York, 1991.

[2] R.T. Cox, Probability, frequency and reasonable expectation, Am. J. Phys. 14 (1) (1946) 1–13.

[3] E.T. Jaynes, Information theory and statistical mechanics, Phys. Rev. 106 (4) (1957) 620–630.

[4] E.T. Jaynes, Probability Theory: The Logic of Science, Cambridge University Press, Cambridge, 2003.

[5] A.N. Kolmogorov, Foundations of the Theory of Probability, second ed., Chelsea Publishing Company, New York, 1956.

[6] A. Papoulis, S.U. Pillai, Probability, Random Variables and Stochastic Processes, fourth ed., McGraw Hill, New York, 2002. 65 ～ 66

[7] M.B. Priestly, Spectral Analysis and Time Series, Academic Press, New York, 1981.

[8] J. Proakis, D. Manolakis, Digital Signal Processing, second ed., MacMillan, New York, 1992.

第 3 章

Machine Learning: A Bayesian and Optimization Perspective, Second Edition

参数化建模学习：概念和方向

3.1 引言

参数化建模是贯穿本书的一个主题。许多章节集中在这一重要问题的不同方面。本章
67 提供了当参数模型被用于描述可用数据时与学习任务相关的一些基本定义和概念。

正如在第1章中已经指出的，机器学习的一大类问题最终等价于函数估计/逼近任务。在学习/训练阶段，通过挖掘可用训练数据集中的信息，从而“习得”某个函数。此函数将所谓的输入变量与输出变量相关联。一旦建立了该函数关系，基于从各个输入变量获得的测量值，就可以利用它来预测输出值，然后这些预测可以被用于决策阶段。

在参数化建模中，前述输入到输出的函数依赖是通过一组未知参数来定义的，这些参数的个数是固定且先验已知的。参数的值是未知的，必须根据现有的输入-输出观测值进行估计。与参数化方法相对，也存在所谓的*非参数化*方法。在这种方法中，仍然可能涉及参数以建立输入-输出关系，但它们的数量*不是*固定的，而是取决于数据集的大小，随着观测值的数目而增长。本书也将讨论非参数化方法(如第11章和第13章)，但本章的重点是参数化方法。

存在两条技术路线来处理涉及参数的未知值所引发的不确定性。根据第一条路线，参数被视为*确定性*非随机变量。学习的任务是估计它们的未知值。对于每一个参数，都会得到单一估计值。另一种方法具有更强的统计味道。将未知参数视为*随机变量*，学习的任务是*推断*出相关的概率分布。一旦学习/推断了分布，就可以使用它们进行预测。这两种方法都将在本章中介绍，稍后将在本书的各个章节中进行更详细的讨论。

本章给出了两个主要的机器学习任务，即回归和分类，并揭示了处理这些问题的主要方向。本章还介绍和讨论了与参数估计任务相关的各种问题，如估计效率、偏差-方差困境、过拟合和维数灾难等。这一章也可以看作本书其余部分的路线图。然而，我们并不是仅仅以一种相当“枯燥”的方式呈现主要思想和方向，而是选择采用简单的模型和技术来处理复杂的任务，以便读者更好地理解本章主题。本章力图将注意力放在科学思想，而非代数运算和数学细节方面，这是因为在后面章节的描述中，我们将不可避免地在更大程度上使用这些思想。

本章介绍并讨论了最小二乘(LS)、极大似然(ML)、正则化以及贝叶斯推断等技术，并致力于帮助读者掌握本书想展示的大图景。因此，本章还可以作为机器学习领域参数化建模任务的一个概观介绍。

3.2 参数估计：确定性观点

估算未知参数向量 $\boldsymbol{\theta}$ 的值已经成为许多应用领域关注的焦点。例如，在大学的最初几年，任何学生必须学习的内容之一就是所谓的曲线拟合问题。即给定一组数据点，找到能
68 “拟合”这些数据的曲线或曲面。通常的方法是*采用*函数形式，如线性函数或二次函数，并尝试估计相关的未知参数，以使相应函数的图形“穿过”给定数据，并尽可能接近它们

在空间中的位置。图 3.1a 和图 3.1b 是两个这样的例子。数据位于 $\mathbb{R}^2$ 空间，即给定一组点(y_n, x_n)，$n=1,2,\cdots,N$。图 3.1a 所对应的曲线采用的函数形式为

$$y=f_{\boldsymbol{\theta}}(x)=\theta_0+\theta_1 x \tag{3.1}$$

相应地，图 3.1b 采用的函数形式为

$$y=f_{\boldsymbol{\theta}}(x)=\theta_0+\theta_1 x+\theta_2 x^2 \tag{3.2}$$

未知参数向量分别为 $\boldsymbol{\theta}=[\theta_0,\theta_1]^{\mathrm{T}}$ 和 $\boldsymbol{\theta}=[\theta_0,\theta_1,\theta_2]^{\mathrm{T}}$。在这两种情况下，对应灰色曲线的参数值都比对应黑色曲线的参数值更为适合。这两种情况下的曲线拟合任务包括两个步骤：1)采用一种我们认为更适合手头数据的特定参数函数形式；2)估计未知参数的值，以获得“好”的拟合。

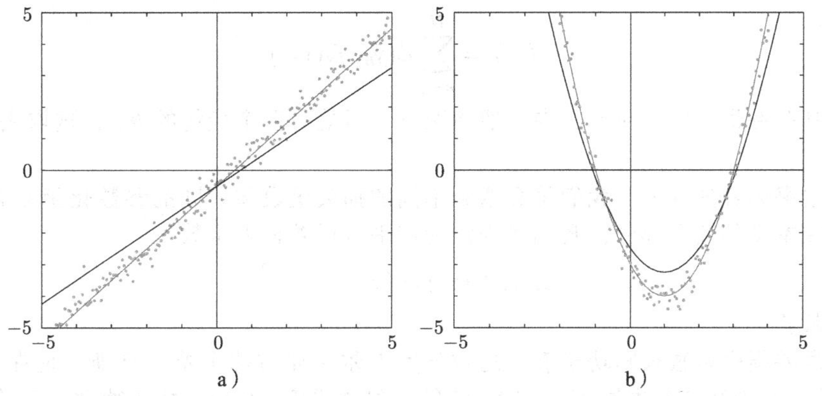

图 3.1 拟合一个线性函数(a) 和拟合一个二次函数(b) 。灰线表示更优的拟合

更一般、更形式化地，参数估计任务可以定义如下。给定一组数据点$(y_n, \boldsymbol{x}_n)$，$y_n \in \mathbb{R}$，$\boldsymbol{x}_n \in \mathbb{R}^l$，$n=1,2,\cdots,N$ 和一个参数化[⊖]的函数集

$$\mathcal{F}:=\left\{f_{\boldsymbol{\theta}}(\cdot):\ \boldsymbol{\theta}\in\mathcal{A}\subseteq\mathbb{R}^K\right\} \tag{3.3}$$

在 $\mathcal{F}$ 中找到这样一个函数，不妨记为$f(\cdot):=f_{\boldsymbol{\theta}_*}(\cdot)$，对给定的 $\boldsymbol{x}\in\mathbb{R}^l$，$f(\boldsymbol{x})$是对应 $y\in\mathbb{R}$ 值的最佳逼近。集合 $\mathcal{A}$ 是一个约束集，如果我们希望约束 K 个未知参数位于 $\mathbb{R}^K$ 中一个特定区域内。在机器学习中，将参数限制在参数空间 $\mathbb{R}^K$ 的一个子集内几乎是无处不在的。我们将在本章稍后(3.8 节)介绍约束优化。首先把 y 当作一个实变量来讨论，即 $y\in\mathbb{R}$，当我们继续前进并更好地理解了各种“秘密”时，我们将允许它位于更高维度的欧几里得空间。$\boldsymbol{\theta}_*$ 的值是由估计过程产生的。图 3.1a 和图 3.1b 中定义灰色曲线的 $\boldsymbol{\theta}_*$ 的取值分别为 69

$$\boldsymbol{\theta}_*=[-0.5,1]^{\mathrm{T}},\quad \boldsymbol{\theta}_*=[-3,-2,1]^{\mathrm{T}} \tag{3.4}$$

选择 $\mathcal{F}$ 并不是一件容易的事。对于图 3.1 中的数据，我们是比较“幸运”的。首先，数据位于二维空间，我们可以进行可视化。其次，数据沿着某个曲线散布，且曲线的形状我们很熟悉。因此。简单的观察就可以为这两种情形中的每一种提出合适的函数族。很明显，现实生活远没有这么简单。在大多数实际应用中，数据位于高维空间中，并且曲面(对于维数大于 3 的空间是超曲面)的形状可能非常复杂。因此，决定函数形式(如线性、二次等)的 $\mathcal{F}$ 的选择并不容易。在实践中，必须使用尽可能多的先验信息，这些信息与生

⊖ 回想一下符号部分，我们使用符号 $f(\cdot)$ 来表示单个参数的函数，用 $f(\boldsymbol{x})$ 表示函数 $f(\cdot)$ 在 $\boldsymbol{x}$ 处的值。

成数据的物理机制有关，而且通常使用不同的函数族，最后根据某个选择标准保留性能最好的函数族。

在采纳了某个参数化的函数族 $\mathcal{F}$ 后，还必须对未知参数进行估计。为此，必须有一个拟合好坏的度量标准。比较经典的方法是采用损失函数，它量化了 y 的实测值与由相应的测量值 $\boldsymbol{x}$ 得到的预测值 $f_{\boldsymbol{\theta}}(\boldsymbol{x})$ 之间的偏差/误差。更形式化地，我们采用一个非负的(损失)函数

$$\mathcal{L}(\cdot,\cdot):\mathbb{R}\times\mathbb{R}\longmapsto[0,\infty)$$

进而计算出 $\boldsymbol{\theta}_*$，使得在所有数据点上的总损失，或者说代价最小，即

$$f(\cdot):=f_{\boldsymbol{\theta}_*}(\cdot):\ \boldsymbol{\theta}_*=\arg\min_{\boldsymbol{\theta}\in\mathcal{A}}J(\boldsymbol{\theta}) \tag{3.5}$$

其中

$$J(\boldsymbol{\theta}):=\sum_{n=1}^{N}\mathcal{L}\big(y_n,f_{\boldsymbol{\theta}}(\boldsymbol{x}_n)\big) \tag{3.6}$$

这里假设其存在最小值。注意，在一般情况下，可能有多个最优的 $\boldsymbol{\theta}_*$，这取决于 $J(\boldsymbol{\theta})$ 的形状。

随着本书内容的深入，我们将会遇到不同的损失函数和不同的参数化函数族。为了简单起见，在本章的其余部分，我们将固定使用平方误差损失函数

$$\mathcal{L}\big(y,f_{\boldsymbol{\theta}}(\boldsymbol{x})\big)=\big(y-f_{\boldsymbol{\theta}}(\boldsymbol{x})\big)^2$$

70 及线性函数族。

平方误差损失函数被归功于著名的数学家卡尔·弗雷德里希·高斯，他在 1795 年 18 岁时提出了 LS 方法的基本原理。在 1805 年，阿德里安–玛丽·勒让德独立工作并首次发表了这种方法。高斯在 1809 年发表了该工作。该方法在预测小行星谷神星位置时得到了验证。从那时起，平方误差损失函数反复出现在所有的科学领域，即使没有被直接使用，它也是最常见的性能对比标准，常被拿来和更现代的替代方案进行比较。这种成功得益于该损失函数所具有的一些优良特性，我们将在本书中继续探讨。

组合选择线性与平方损失函数简化了代数推导，因此非常适合教学，可方便地向新手介绍参数估计领域的一些关键点。此外，理解线性是非常重要的。非线性的任务在大多数情况下最终会转化为线性问题。以式(3.2)中的非线性模型为例，考虑变换

$$\mathbb{R}\ni x\longmapsto\boldsymbol{\phi}(x):=\begin{bmatrix}x\\x^2\end{bmatrix}\in\mathbb{R}^2 \tag{3.7}$$

这时，式(3.2)变为

$$y=\theta_0+\theta_1\phi_1(x)+\theta_2\phi_2(x) \tag{3.8}$$

也就是说，对 $\boldsymbol{x}$ 的二维图像 $\boldsymbol{\phi}(x)$ 的分量 $\phi_k(x)$，$k=1,2$ 来说，现在的模型就是线性的。事实上，这个简单的技巧是许多非线性方法的核心，这些方法将在本书后面讨论。毫无疑问，这个过程可以推广到任何数目(比如 K)的函数 $\phi_k(\boldsymbol{x})$，$k=1,2,\cdots,K$。而且不止单项式，其他类型的非线性函数也可以使用，如指数函数、样条函数、小波函数等。尽管输入–输出所依赖的模型本质上是非线性的，我们仍然认为这类模型是线性的，因为它保持了对所涉及的未知参数 θ_k，$k=1,2,\cdots,K$ 的线性。为了使我们的讨论更简单，在这一章的其余部分我们将固定使用线性函数，但这里所说的一切也都适用于非线性问题。所需要的只是将 $\boldsymbol{x}$ 替换为 $\boldsymbol{\phi}(\boldsymbol{x}):=[\phi_1(\boldsymbol{x}),\cdots,\phi_K(\boldsymbol{x})]^{\mathrm{T}}\in\mathbb{R}^K$。

后续我们将提供两个例子来展示参数化建模的使用。这些例子是通用的，可以代表很广泛的一类问题。

3.3　线性回归

在统计学中，人们创造了“回归”一词来定义对随机变量之间的关系进行建模的任务。随机因变量 y 可看作被一组随机变量 $x_1, x_2, \cdots, x_l$ “激活”时一个系统的响应，这组随机变量是某个随机向量 $\mathbf{x}$ 的各个分量。该关系是通过一个附加扰动或噪声项 η 来建模的。图 3.2 给出了关联相应随机变量的框图。噪声变量 η 是一个未观测的随机变量。给定一组测量值/观测值 $(y_n, \boldsymbol{x}_n)$ $n=1,2,\cdots,N$，回归任务的目标是估计参数向量 $\boldsymbol{\theta}$。这组给定测量值/观测值也被称为**训练数据集**。因变量通常称为**输出变量**，向量 $\mathbf{x}$ 称为**输入向量**或**回归量**。如果我们将系统建模为线性组合，即依赖关系为 71

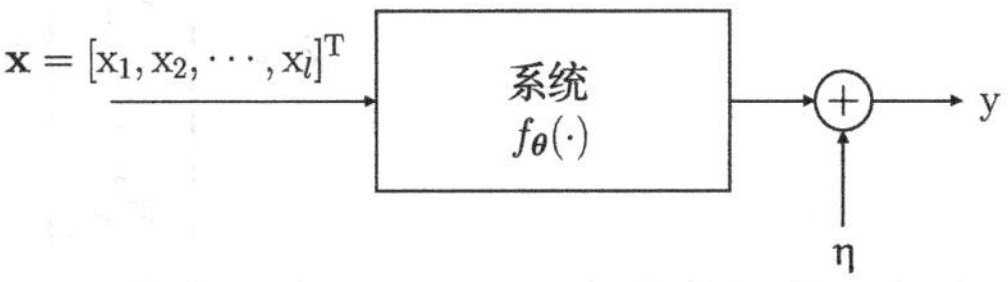

图 3.2　回归模型中输入-输出之间关系的框图

$$y = \theta_0 + \theta_1 x_1 + \cdots + \theta_l x_l + \eta = \theta_0 + \boldsymbol{\theta}^T \mathbf{x} + \eta \tag{3.9}$$

参数 θ_0 称为**偏置**或**截距**。通常，这一项被参数向量 $\boldsymbol{\theta}$ 吸收，即通过给向量 $\mathbf{x}$ 的维数加 1 并令其最后一个元素为常数 1 实现。事实上，我们有

$$\theta_0 + \boldsymbol{\theta}^T \mathbf{x} + \eta = [\boldsymbol{\theta}^T, \theta_0] \begin{bmatrix} \mathbf{x} \\ 1 \end{bmatrix} + \eta$$

从现在开始，回归模型可写作

$$y = \boldsymbol{\theta}^T \mathbf{x} + \eta \tag{3.10}$$

除非另有说明，这种写法表示偏置项已被 $\boldsymbol{\theta}$ 和 $\mathbf{x}$ 吸收，且向量 $\mathbf{x}$ 已经增加了额外分量 1。因为噪声变量是未观测的，我们需要一个模型，对给定的随机变量 $\mathbf{x}$ 的一个观测值它能够预测 y 的输出值。

在线性回归中，给定 $\boldsymbol{\theta}$ 的一个估计 $\hat{\boldsymbol{\theta}}$，我们采用以下预测模型

$$\hat{y} = \hat{\theta}_0 + \hat{\theta}_1 x_1 + \cdots + \hat{\theta}_l x_l := \hat{\boldsymbol{\theta}}^T \boldsymbol{x} \tag{3.11}$$

利用平方误差损失函数，将估计值 $\hat{\boldsymbol{\theta}}$ 取为 $\boldsymbol{\theta}$，它使得在所有观测量上 $\hat{y}_n$ 和 y_n 之间的差的平方和最小。即关于 $\boldsymbol{\theta}$，极小化代价函数

$$J(\boldsymbol{\theta}) = \sum_{n=1}^{N} (y_n - \boldsymbol{\theta}^T \boldsymbol{x}_n)^2 \tag{3.12}$$

我们从不考虑约束开始讨论。因此，我们令 $\mathcal{A} = \mathbb{R}^K$，然后要寻找位于 $\mathbb{R}^K$ 中任意位置的解。关于 $\boldsymbol{\theta}$ 求导数(梯度)(参见附录 A)并令其等于零向量 $\mathbf{0}$，可得(习题 3.1)

$$\left(\sum_{n=1}^{N} \boldsymbol{x}_n \boldsymbol{x}_n^T\right) \hat{\boldsymbol{\theta}} = \sum_{n=1}^{N} y_n \boldsymbol{x}_n \tag{3.13}$$

72

注意，左侧求和是 N 个向量外积即 $\boldsymbol{x}_n \boldsymbol{x}_n^T$ 之和，结果是一个 $(l+1)\times(l+1)$ 的矩阵。由线性代数知识可知，我们至少需要 $N=l+1$ 才能保证矩阵可逆，当然前提是向量线性无关(参见[35])。

对于那些仍不很熟悉使用向量的人，请注意式(3.13)只是标量情况的推广。例如，在“标量”世界中，输入-输出对将由标量 (y_n, x_n) 组成，而未知参数也会是一个标量 θ。代价函数为 $\sum_{n=1}^{N}(y_n - \theta x_n)^2$。对其求导，令导数等于 0，得到

$$\left(\sum_{n=1}^{N} x_n^2\right)\hat{\theta} = \sum_{n=1}^{N} y_n x_n,\ \text{或}\ \hat{\theta} = \frac{\sum_{n=1}^{N} y_n x_n}{\sum_n^N x_n^2}$$

一种更常用的得到式(3.13)的方法是通过所谓的输入矩阵 X 来表示先前得到的关系，X 为 $N\times(l+1)$ 的矩阵，它的各行是(扩展的)回归向量 $\boldsymbol{x}_n^{\mathrm{T}}$，$n=1,2,\cdots,N$，$X$ 表示为

$$X := \begin{bmatrix} \boldsymbol{x}_1^{\mathrm{T}} \\ \boldsymbol{x}_2^{\mathrm{T}} \\ \vdots \\ \boldsymbol{x}_N^{\mathrm{T}} \end{bmatrix} = \begin{bmatrix} x_{11} & \cdots & x_{1l} & 1 \\ x_{21} & \cdots & x_{2l} & 1 \\ \vdots & & \vdots & \\ x_{N1} & \cdots & x_{Nl} & 1 \end{bmatrix} \tag{3.14}$$

这样，很容易看出式(3.13)可以写成

$$(X^{\mathrm{T}}X)\hat{\boldsymbol{\theta}} = X^{\mathrm{T}}\boldsymbol{y} \tag{3.15}$$

其中

$$\boldsymbol{y} := [y_1, y_2, \cdots, y_N]^{\mathrm{T}} \tag{3.16}$$

实际上

$$X^{\mathrm{T}}X = [\boldsymbol{x}_1, \cdots, \boldsymbol{x}_N]\begin{bmatrix} \boldsymbol{x}_1^{\mathrm{T}} \\ \vdots \\ \boldsymbol{x}_N^{\mathrm{T}} \end{bmatrix} = \sum_{n=1}^{N} \boldsymbol{x}_n \boldsymbol{x}_n^{\mathrm{T}}$$

且类似有

$$X^{\mathrm{T}}\boldsymbol{y} = [\boldsymbol{x}_1, \cdots, \boldsymbol{x}_N]\begin{bmatrix} y_1 \\ \vdots \\ y_N \end{bmatrix} = \sum_{n=1}^{N} y_n \boldsymbol{x}_n$$

因此，最终 LS 估计为

73

$$\boxed{\hat{\boldsymbol{\theta}} = (X^{\mathrm{T}}X)^{-1}X^{\mathrm{T}}\boldsymbol{y}:\quad \text{LS估计}} \tag{3.17}$$

当然，此时假设 $(X^{\mathrm{T}}X)^{-1}$ 存在。

换句话说，得到的参数向量的估计是由一个线性方程组给出的。当应用于线性模型时，这是平方误差损失函数的一个主要优点。此外，只要 $(l+1)\times(l+1)$ 矩阵 $X^{\mathrm{T}}X$ 是可逆的，那么解就是唯一的。唯一性是因为平方误差代价函数的和的图形是抛物形。图 3.3 展示了二维时的情形。很容易看出该图形有唯一的最小值，这是因为平方误差代价函数的和是严格凸函数。与损失函数的凸性有关的问题将在第 8 章中详细讨论。

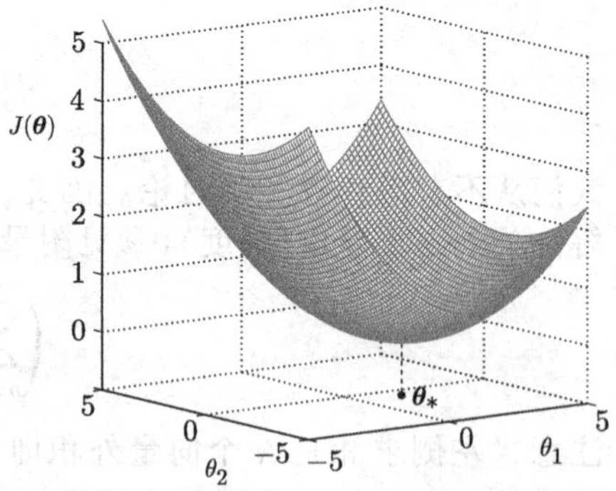

图 3.3　平方误差损失在点 $\boldsymbol{\theta}_*$ 处有唯一最小值

例 3.1　考虑以下模型描述的系统：

$$\mathrm{y} = \theta_0 + \theta_1 \mathrm{x}_1 + \theta_2 \mathrm{x}_2 + \eta := [0.25, -0.25, 0.25]\begin{bmatrix} \mathrm{x}_1 \\ \mathrm{x}_2 \\ 1 \end{bmatrix} + \eta \tag{3.18}$$

其中 η 是零均值、方差 $\sigma^2=1$ 的高斯随机变量。可以观察到，由于噪声，生成的数据围绕如下二维空间中的平面(参见图 3.4c)散布

$$f(\boldsymbol{x})=\theta_0+\theta_1x_1+\theta_2x_2 \tag{3.19}$$

假设随机变量 x_1 和 x_2 相互独立，且在区间[0,10]上均匀分布。而且，两个变量都与噪声变量 η 无关。我们为这三个随机变量(即 x_1、x_2、η)的每一个都生成 $N=50$ 个独立同分布的点[⊖]。对于每一个三元组，我们利用式(3.18)生成对应的 y 值。这样，就生成了点 $(y_n,\boldsymbol{x}_n)$，$n=1,2,\cdots,50$，其中每个观测值 $\boldsymbol{x}_n$ 都位于 $\mathbb{R}^2$ 中。将它们作为训练点，求出如 74
下线性模型的参数的 LS 估计

$$\hat{y}=\hat{\theta}_0+\hat{\theta}_1x_1+\hat{\theta}_2x_2 \tag{3.20}$$

然后用 $\sigma^2=10$ 重复该实验。注意，式(3.20)定义的平面通常与原来的式(3.19)不同。

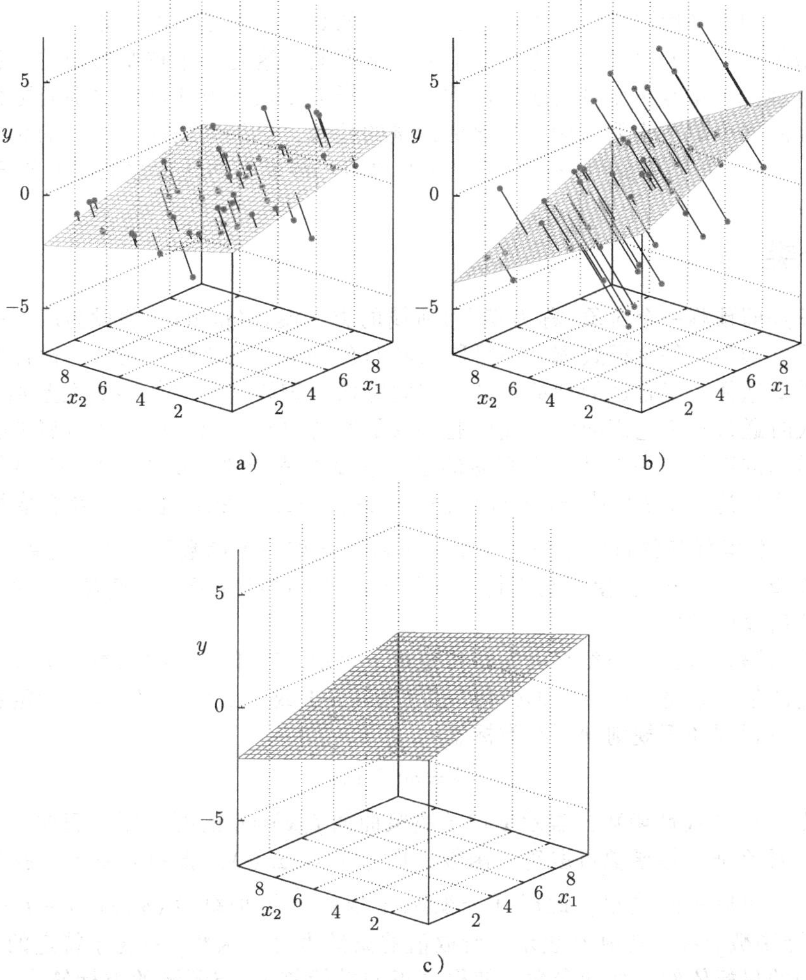

图 3.4 用 LS 方法分别对低方差噪声(a)和高方差噪声(b)拟合一个平面。在图 c 中显示了真实系数对应的真实平面，用于比较。注意，当回归模型中的噪声方差较小时，对数据集的拟合要好得多

⊖ 独立同分布样本(还可参见 2.3.2 节，遵循式(2.84))。

通过求解 3×3 的线性方程组，对这两种情况分别得到了 LS 最优估计的值

$$(a)\ \hat{\theta}_0=0.028,\ \hat{\theta}_1=0.226,\ \hat{\theta}_2=-0.224$$

$$(b)\ \hat{\theta}_0=0.914,\ \hat{\theta}_1=0.325,\ \hat{\theta}_2=-0.477$$

图 3.4a 和图 3.4b 显示了恢复的平面。可以观察到，图 3.4a 的情况对应于一个方差较小的噪声变量，所得到的平面与图 3.4b 相比，更接近于数据点。

附注 3.1

- 点集$(\hat{y}_n, x_{n1}, \cdots, x_{nl})$，$n=1,2,\cdots,N$，位于 $\mathbb{R}^{l+1}$ 空间的一个超平面上。等同地，正如前面解释的那样，如果将 θ_0 吸收进 $\boldsymbol{\theta}$ 中，则此时它们位于过原点的一个超平面上，即扩展空间 $\mathbb{R}^{l+2}$ 的一个线性子空间。
- 请注意，即使真实系统的结构不服从式(3.9)中的线性模型，仍然可以使用式(3.11)中的预测模型。例如，y 和 **x** 之间的真实依赖关系可能是非线性的。但是，在这种情况下，根据式(3.11)中的模型，对 y 的预测可能不会太好。这完全取决于我们所采用的模型与生成数据的系统的真实结构之间的偏差。
- 模型的预测性能也取决于噪声变量的统计性质。这是一个重要的问题。我们将在后面看到，根据噪声变量的统计性质，一些损失函数和方法可能比别的更合适。
- 前面的两个附注表明，为了量化估计量的性能，必须采用一些相关的判别标准。在 3.9 节中，我们将介绍一些理论方面的内容，涉及与估计量性能相关的某些方面。

3.4　分类

分类任务即预测一个对象(称为模式)所属的类。模式(pattern)假设为属于一个且只有一个的先验已知类。每个模式都由一组称为特征(feature)的值唯一表示。设计分类系统的初始阶段需要选择一组合适的特征变量。它们应该“编码”尽可能多的类鉴别信息，以便在给定模式时通过测量它们的值，我们能够以足够高的概率预测该模式所属的类。对每个问题选择适当的特征集并不是一件容易的事，它是模式识别(参见[12, 37])领域的一个重要内容。假设选择了 l 个特征(随机)变量 $\mathrm{x}_1, \mathrm{x}_2, \cdots, \mathrm{x}_l$，我们把它们堆叠成所谓的特征

75 向量 $\mathbf{x}\in\mathbb{R}^l$。分类任务的目标是设计一个分类器，比如一个函数[⊖] $f(\boldsymbol{x})$，或者等价的 $\mathbb{R}^l$ 中的一个决策曲面 $f(\boldsymbol{x})=0$，使得给定特征向量 $\boldsymbol{x}$ 的值(它对应于一个模式)，我们将能够预测这个模式所属的类别。

用数学术语表示，每个类都由类标签变量 y 表示。对于简单的二类分类任务，根据所属类别，它的值可以是两个值中的任何一个(如 1,−1 或 1,0 等)。然后，给定特定模式对应的 $\boldsymbol{x}$ 值，可根据如下规则预测其类标签

$$\hat{y}=\phi(f(\boldsymbol{x}))$$

其中 $\phi(\cdot)$ 是一个非线性函数，表示 $\boldsymbol{x}$ 位于决策曲面 $f(\boldsymbol{x})=0$ 的哪一侧。例如，如果类标签取值为±1，那么非线性函数可取符号函数，即 $\phi(\cdot)=\mathrm{sgn}(\cdot)$。很容易看出，我们在上一节中所讲的内容可以用到这里，此时任务变成了根据一组训练点$(y_n, \boldsymbol{x}_n)\in D\times\mathbb{R}^l$，$n=1,2,\cdots,N$ 估计函数 $f(\cdot)$，其中 D 表示 y 所取值的离散集合。函数 $f(\cdot)$ 属于特定的参数化函数类 $\mathcal{F}$，我们的目标依然是估计参数，使得真正的类标签 y_n 与预测的类标签 $\hat{y}_n$ 之间的偏差根据预先选择的判别标准是最小的。那么，分类和回归任务有什么不同吗？

这个问题的答案是，它们有些相似，但并不相同。请注意，在分类任务中，因变量是

⊖ 更一般的情形，可为一组函数。

离散的，这与回归相反，回归任务中它们位于一个区间内。这表明，在一般情况下，必须采用不同的技术来优化参数。例如，分类任务中最显然的判别标准是错误概率。不过，在许多情况下，可以使用相同类型的损失函数来处理这两类任务，这在本节中将要介绍。即使这样，尽管它们的数学形式相似，这两项任务的目标仍然是不同的。

在回归任务中，函数 $f(\cdot)$ 必须“解释”数据生成机制。$(y, \boldsymbol{x})$ 空间 $\mathbb{R}^{l+1}$ 中对应的曲面应尽可能接近空间中的数据点。而在分类中，我们的目标是将对应的曲面 $f(\boldsymbol{x})=0$ 放在 $\mathbb{R}^{l}$ 中，从而尽可能多地将属于不同类别的数据进行分离。分类器的目标是将特征向量所在的空间划分为区域，并将每个区域与一个类关联起来。图 3.5 说明了分类任务的两种情况。第一个是两个线性可分的类，一条直线可以把两个类分开。第二个是两个非线性可分的类，若使用线性分类器则会失败。

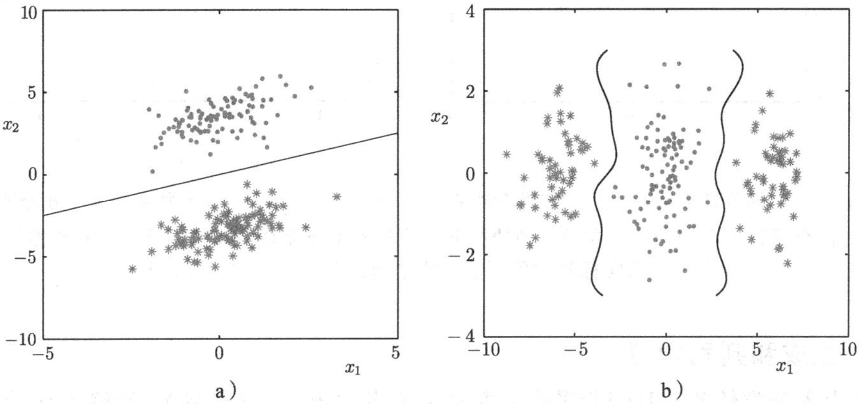

图 3.5　两类分类任务的例子：a) 一个线性可分的分类任务，b) 一个非线性可分的分类任务。分类器的目标是将空间划分为区域，并将每个区域与一个类关联起来

现在让我们把迄今为止所讲的内容更加具体化。给定一组训练模式 $\boldsymbol{x}_n \in \mathbb{R}^l$，$n=1, 2, \cdots, N$，每个都属于两类中的某一类，这两类记作 ω_1 和 ω_2。目标是设计一个超平面

$$
\begin{aligned}
f(\boldsymbol{x}) &= \theta_0 + \theta_1 x_1 + \cdots + \theta_l x_l \\
&= \boldsymbol{\theta}^{\mathrm{T}} \boldsymbol{x} = 0
\end{aligned}
$$

同之前解释的一样，这里已经将偏置 θ_0 吸收进了 $\boldsymbol{\theta}$ 中，并扩展了 $\boldsymbol{x}$ 的维度。我们的目标是把这个超平面放在这两个类之间。显然，位于这个超平面上的任何点的函数值都是 0，即 $f(\boldsymbol{x})=0$，位于超平面任意一侧的点的函数值都是正值（$f(\boldsymbol{x})>0$）或负值（$f(\boldsymbol{x})<0$），这取决于它们位于超平面的哪一侧。因此，我们的分类器应该使一个类中的点对应的函数值为正，另一个类中的点对应的函数值为负。我们可以这样做，将 ω_1 类中的点的标签置为 $y_n=1$，$\forall n: \boldsymbol{x}_n \in \omega_1$，将 ω_2 类中的点的标签置为 $y_n=-1$，$\forall n: \boldsymbol{x}_n \in \omega_2$，然后利用平方误差计算 $\boldsymbol{\theta}$，即最小化如下的代价函数 76~77

$$
J(\boldsymbol{\theta}) = \sum_{n=1}^{N} \left(y_n - \boldsymbol{\theta}^{\mathrm{T}} \boldsymbol{x}_n \right)^2
$$

其解与式(3.13)完全相同。图 3.6 显示了两种数据情况下的 LS 分类器。注意，在图 3.6b 的情况下，得到的分类器不能正确地对所有数据点进行分类。我们所希望的将来自一个类的所有数据点放在一边而其他数据点放在另一边并不能满足。LS 分类器所能做的就是使得所放置的超平面满足所有标签的真实值 y_n 和预测输出值 $\boldsymbol{\theta}^{\mathrm{T}} \boldsymbol{x}_n$ 之间的差的平方和是最小的。在实践中经常会遇到重叠类的情形，在这种情况下，有时必须寻找平方误差判别标准

和方法的替代品，以便更好地服务于分类任务的需要和目标。例如，一个合理的最优判别准则是最小化错误概率。也就是说，真实标签 y_n 和分类器预测的 $\hat{y}_n$ 不相同的点所占的百分比。第 7 章介绍了适合分类任务的方法和损失函数。第 11 章讨论了支持向量机，第 18 章介绍了神经网络和深度学习方法，它们是目前最强大的针对分类问题的技术。

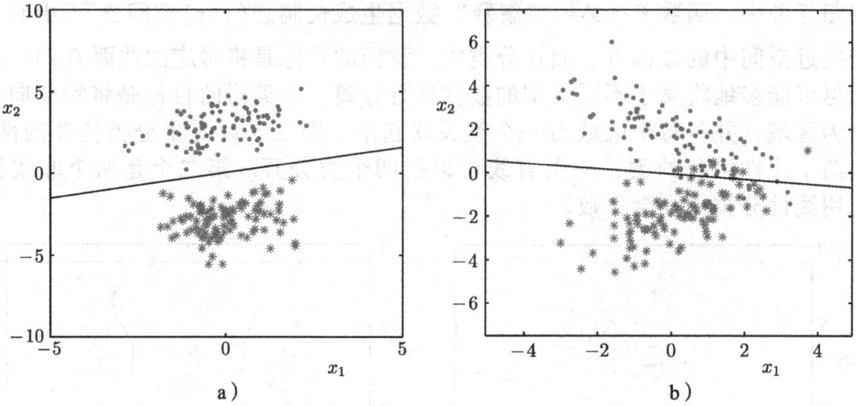

图 3.6　基于平方误差损失函数设计的线性分类器，$\theta_0+\theta_1 x_1+\theta_2 x_2=0$。图 a 为两个线性可分的类，图 b 为两个线性不可分的类。在后一种情况下，分类器不能完全分离这两个类。它所能做的就是将分隔(决策)线置于使真实标签和预测输出值之间的偏差最小(LS 意义下)的位置

3.4.1　生成和判别学习

78 为了引入分类任务，我们所采取的方法是考虑输出变量(标签)y 和输入变量(特征)**x** 之间的函数依赖关系。其中涉及的参数通过代价函数来优化。这种建模方法也称为判别学习。我们并没有关注把这两组变量联系在一起的统计性质。在更一般的情况下，术语判别学习也用于表示那些直接对类的后验概率进行建模的方法，即给定特征向量 $\boldsymbol{x}$，属于某类(由其类标签 y 表示)的后验概率为 $P(y \mid \boldsymbol{x})$。所有这些方法的共同特点是它们都不需要对输入数据的分布进行显式建模。从统计学的观点出发，判别学习解释如下。

利用概率的乘积法则，输入数据与其各自标签之间的联合分布可以表示为

$$p(y,\boldsymbol{x})=P(y|\boldsymbol{x})p(\boldsymbol{x})$$

在判别学习中，只考虑乘积中两项的第一项。采用一个函数形式并恰当参数化，可记为 $P(y \mid \boldsymbol{x};\boldsymbol{\theta})$，进而通过优化一个代价函数来估计参数。这里我们忽略了输入数据的分布。这种方法的优点是可以使用更简单的模型，特别是当输入数据是由形式很复杂的联合概率密度函数(PDF)来描述时。缺点是忽略了输入数据的分布，而分布能携带重要的信息，可用来提高整体性能。

相反，另一种称为生成学习的方法考虑了输入数据的分布。同样，运用概率的乘积法则，我们有

79
$$p(y,\boldsymbol{x})=p(\boldsymbol{x}|y)P(y)$$

其中 $P(y)$ 是关于各个类的概率，$p(\boldsymbol{x} \mid y)$ 是给定类标签时输入的条件分布。对于这种方法，我们最终对每个类学习到一个分布。在参数化建模中，有一组参数与每个条件分布相关联。一旦学习到了输入-输出联合分布，预测未知模式 $\boldsymbol{x}$ 的类标签可基于后验概率进行，即

$$P(y|\boldsymbol{x})=\frac{p(y,\boldsymbol{x})}{p(\boldsymbol{x})}=\frac{p(y,\boldsymbol{x})}{\sum_y p(y,\boldsymbol{x})}$$

我们将在第 7 章中更详细地讨论这些问题。

3.5　有偏估计与无偏估计

在监督学习中，给定一组训练点 $(y_n, \boldsymbol{x}_n)$，$n=1,2,\cdots,N$，返回未知参数向量的估计值，记作 $\hat{\boldsymbol{\theta}}$。然而，训练点本身是随机变量。如果我们有另一组 N 个相同随机变量的观测值(不同的训练集)，很显然估计的结果也是不同的。换句话说，通过改变我们的训练数据，将得到不同的估计结果。因此，我们可以假设一个固定但未知的参数的估计值是一个随机变量。这反过来又提出了一个关于估计量好坏的问题。毫无疑问，每次得到的估计值相对于所采用的损失函数和所使用的特定训练集都是最优的。然而，假设有一个真实值，怎么保证得出的估计值“接近”真实值呢？在这一节中，我们将尝试解决这一问题，并阐明一些相关的理论方面。请注意，我们已经使用了术语*估计量*(estimator)来代替术语*估计值*(estimate)。在展示更多细节之前，我们详细说明一下它们的不同之处。

每个估计值，如 $\hat{\boldsymbol{\theta}}$，都有一个特定的值，它是一个函数作用于一组观测值的结果，我们选择的估计值依赖于这些观测值(见式(3.17))。一般情况下，我们可以推广式(3.17)并把它写为

$$\hat{\boldsymbol{\theta}} = g(\boldsymbol{y}, X)$$

然而，一旦允许观测集随机变化，并且估计值本身成为随机变量，我们就可以用相应的随机变量来表示前面的方程

$$\hat{\boldsymbol{\uptheta}} = g(\mathbf{y}, \mathrm{X})$$

我们称这个函数依赖关系为未知向量 $\boldsymbol{\theta}$ 的*估计量*。

为了简化分析并专注于方法背后的原理，我们将假设参数空间是实数空间 $\mathbb{R}$。我们还将假设为数据建模所采用的模型(即函数集 $\mathcal{F}$)是正确的，并且相应的真实参数的值(对于我们是未知的)等于 θ_o [⊖]。设 $\hat{\uptheta}$ 为相关估计量的随机变量。采用平方误差损失函数来量化偏差，则*均方误差*(MSE)是衡量估计量性能的合理标准，定义如下： 80

$$\mathrm{MSE} = \mathbb{E}\left[(\hat{\uptheta} - \theta_o)^2\right] \tag{3.21}$$

其中，$\mathbb{E}$ 是对大小为 N 的所有可能的训练数据集求平均。如果 MSE 很小，那么在平均意义下，我们预计估计值接近真实值。请注意，虽然 θ_o 未知，但研究 MSE 对各项依赖的方式仍会帮助我们学习如何在实践中前进，并揭示可以遵循的可能路径，以获得良好的估计量。

事实上，这个简单且“自然”的标准隐藏了一些有趣的事情。将 $\hat{\uptheta}$ 的均值 $\mathbb{E}[\hat{\uptheta}]$ 插入式(3.21)，可得

$$\begin{aligned}\mathrm{MSE} &= \mathbb{E}\left[\left\{\left(\hat{\uptheta} - \mathbb{E}[\hat{\uptheta}]\right) + \left(\mathbb{E}[\hat{\uptheta}] - \theta_o\right)\right\}^2\right] \\ &= \underbrace{\mathbb{E}\left[\left(\hat{\uptheta} - \mathbb{E}[\hat{\uptheta}]\right)^2\right]}_{\text{方差}} + \underbrace{\left(\mathbb{E}[\hat{\uptheta}] - \theta_o\right)^2}_{\text{偏差}^2}\end{aligned} \tag{3.22}$$

其中，对于第二个等号，我们利用了公式中两项的乘积的均值为零，这是很容易证明的。式(3.22)表明，MSE 由两项组成，第一项是关于均值的方差，第二项和偏差有关，偏差

⊖ 不要和截距混淆，这里的下标是字母 o，不是数字 0。

即估计量的均值与真实值的偏离。

3.5.1 选择有偏还是无偏估计

我们可能想当然地认为选择一个*无偏*的估计量是一个合理的选择，即 $\mathbb{E}[\hat{\theta}]=\theta_o$，这样可使得式(3.22)中的第二项为零。从下面的观点来看，采用一个无偏的估计量也很有吸引力。假设我们有 L 个不同的训练集，每个训练集由 N 个点组成。我们用 $\mathcal{D}_i$ 表示每个数据集，$i=1,2,\cdots,L$。针对每一个数据集将得到估计值为 $\hat{\theta}_i$，$i=1,2,\cdots,L$。然后，我们通过取平均形成新的估计量

$$\hat{\theta}^{(L)}:=\frac{1}{L}\sum_{i=1}^{L}\hat{\theta}_i$$

这也是一个无偏估计量，因为

$$\mathbb{E}[\hat{\theta}^{(L)}]=\frac{1}{L}\sum_{i=1}^{L}\mathbb{E}[\hat{\theta}_i]=\theta_o$$

此外，若假设所涉及的估计量是互不相关的，即

81 $$\mathbb{E}\left[(\hat{\theta}_i-\theta_o)(\hat{\theta}_j-\theta_o)\right]=0$$

且具有相同的方差 σ^2，则新的估计量的方差会小得多(习题3.2)，即

$$\sigma^2_{\hat{\theta}^{(L)}}=\mathbb{E}\left[\left(\hat{\theta}^{(L)}-\theta_o\right)^2\right]=\frac{\sigma^2}{L}$$

因此，通过对大量这样的无偏估计量求平均值，我们期望得到一个接近真实值的估计值。然而，在实践中，数据是一种商品且并不总是丰富的。事实上，情况通常恰恰相反，人们必须非常小心地利用它们。在这种情况下，我们无法获得大量的估计量并进行平均，此时无偏的估计量不一定是最好的选择。回到式(3.22)，没有理由认为通过使第二项等于零，MSE(毕竟这才是我们感兴趣的量)就会变得最小。事实上，让我们从稍微不同的观点来看待式(3.22)。我们不去计算给定估计量的 MSE，而是在式(3.22)中用 θ 替换 $\hat{\theta}$，并直接计算 MSE 关于 θ 最小化的估计量。在这种情况下，若专注于无偏估计量，即 $\mathbb{E}[\theta]=\theta_o$，则为最小化 MSE 引入了一个约束条件。众所周知，一个无约束的最小化问题总是会导致损失函数值小于或等于有约束的对应情形，即

$$\min_{\theta}\text{MSE}(\theta)\leqslant\min_{\theta:\,\mathbb{E}[\theta]=\theta_o}\text{MSE}(\theta)\tag{3.23}$$

式(3.23)中明确写出了 MSE 对于估计量 θ 的依赖。

我们用 $\hat{\theta}_{\text{MVU}}$ 来表示 $\min_{\theta:\,\mathbb{E}[\theta]=\theta_o}\text{MSE}(\theta)$ 的一个解。从式(3.22)很容易验证 $\hat{\theta}_{\text{MVU}}$ 是具有最小方差的无偏估计量。这种估计量被称为*最小方差无偏*(MVU)估计量，我们这里假设这种估计量存在，需要提醒的是 MVU 并不总是存在的(见[20]，习题3.3)。而且如果它存在，则它就是唯一的(习题3.4)。根据式(3.23)，我们的下一个目标是寻找一个*有偏*的估计量，希望得到一个较小的 MSE。记这个估计量为 $\hat{\theta}_b$。为了叙述方便，也为了限制对 $\hat{\theta}_b$ 的搜索，我们只考虑 $\hat{\theta}_b$ 是 $\hat{\theta}_{\text{MVU}}$ 的标量倍数的情形，即

$$\hat{\theta}_b=(1+\alpha)\hat{\theta}_{\text{MVU}}\tag{3.24}$$

其中 $\alpha\in\mathbb{R}$ 是一个自由参数。注意 $\mathbb{E}[\hat{\theta}_b]=(1+\alpha)\theta_o$。将式(3.24)代入式(3.22)，经过简单的代数运算可得

$$\mathrm{MSE}(\hat{\theta}_b)=(1+\alpha)^2\mathrm{MSE}(\hat{\theta}_{\mathrm{MVU}})+\alpha^2\theta_o^2 \tag{3.25}$$

为使 $\mathrm{MSE}(\hat{\theta}_b)<\mathrm{MSE}(\hat{\theta}_{\mathrm{MVU}})$，$\alpha$ 必须位于如下范围(习题 3.5)

$$-\frac{2\mathrm{MSE}(\hat{\theta}_{\mathrm{MVU}})}{\mathrm{MSE}(\hat{\theta}_{\mathrm{MVU}})+\theta_o^2}<\alpha<0 \tag{3.26}$$

很容易验证这个范围意味着 $|1+\alpha|<1$。因此，$|\hat{\theta}_b|=|(1+\alpha)\hat{\theta}_{\mathrm{MVU}}|<|\hat{\theta}_{\mathrm{MVU}}|$。我们可 82
以更进一步，尝试计算对应于最小 MSE 的最优 α 值。通过将式(3.25)中 $\mathrm{MSE}(\hat{\theta}_b)$对 α 求导，可知最优值满足(习题 3.6)

$$\alpha_*=-\frac{\mathrm{MSE}(\hat{\theta}_{\mathrm{MVU}})}{\mathrm{MSE}(\hat{\theta}_{\mathrm{MVU}})+\theta_o^2}=-\frac{1}{1+\frac{\theta_o^2}{\mathrm{MSE}(\hat{\theta}_{\mathrm{MVU}})}} \tag{3.27}$$

因此，我们找到了一种在集合$\{\hat{\theta}_b=(1+\alpha)\hat{\theta}_{\mathrm{MVU}}:\ \alpha\in\mathbb{R}\}$中求得最优估计量的方法，可得到其中最小的 MSE。这确实没错，但就像生活中许多美好的事情一样，一般情况下这是不可实现的。α 的最优值是用未知量 θ_o 来给出的！但是，式(3.27)在许多其他方面也是有用的。首先，存在 MSE 与 θ_o^2 成比例的情况，此时就可以利用这个公式。还有，在某些情况下它可以用于计算一些有用的界[19]。此外，就本书内容而言它也非常重要。如果我们想获得比 MVU 更好的结果，则根据式(3.26)后的文字说明，可知一种可能的方法是缩小 MVU 估计量的范数。缩小范数是在估计量中引入偏差的一种方法。我们将在 3.8 节和后面的第 6 章及第 9 章中讨论如何来实现这一点。

注意，到目前为止我们所讲的内容很容易推广到参数向量的情形。一个无偏的参数向量估计值满足

$$\mathbb{E}[\hat{\boldsymbol{\theta}}]=\boldsymbol{\theta}_o$$

关于真实值 $\boldsymbol{\theta}_o$ 的 MSE 定义为：

$$\mathrm{MSE}=\mathbb{E}\left[(\hat{\boldsymbol{\theta}}-\boldsymbol{\theta}_o)^{\mathrm{T}}(\hat{\boldsymbol{\theta}}-\boldsymbol{\theta}_o)\right]=\sum_{i=1}^{l}\mathbb{E}\left[(\hat{\theta}_i-\theta_{oi})^2\right]$$

仔细看这个定义会发现，参数向量的 MSE 是各个分量 $\hat{\theta}_i$ 关于各自真实值 θ_{oi} 的 MSE 的和，$i=1,2,\cdots,l$。

3.6 克拉美-罗下界

在前面几节中，我们了解了如何改进 MVU 估计量的性能，前提是它存在并且已知。然而，怎么才能知道所得到的一个无偏估计量同时也具有最小方差呢？本节的目标是引入一个能提供这方面信息的判别准则。

克拉美-罗下界[9, 31]是一个优雅的定理，也是统计学中使用的最著名技术之一。它提供了无偏估计量的方差的一个下界。它的重要性有以下几个方面：1) 提供了一个判断无偏估计量是否具有最小方差的方法，当然在这种情况下最小方差与式(3.22)中的 MSE 是一致的；2) 不然，它可以说明一个无偏估计量的性能偏离最优的程度；3) 它为设计者提供了一个工具，可用于了解采用无偏估计量可能得到的最佳性能。因为我们这里的主要目的是关注方法的内在和物理解释，所以我们将处理未知参数为实数的简单情况。该定理涉及向量的一般形式在附录 B 中给出。 83

我们正在寻找一个无偏估计量的方差的界，它的随机性是由于训练数据的随机性造成的。训练集改变，结果也会改变。因此，这个界很自然会涉及数据的联合 PDF，这里假设联

合概率分布由未知参数 θ 表示。令 $\mathcal{X}=\{\boldsymbol{x}_1,\boldsymbol{x}_2,\cdots,\boldsymbol{x}_N\}$ 表示 N 个观测值的集合，观测值都取自一个依赖未知参数的随机向量[⊖] $\mathbf{x}$。同时，我们将观测值的联合概率分布记为 $p(\mathcal{X};\theta)$。

定理 3.1 假设联合 PDF 满足如下的正则性条件：

$$\mathbb{E}\left[\frac{\partial \ln p(\mathcal{X};\theta)}{\partial\theta}\right]=0,\quad \forall\theta \tag{3.28}$$

这里的正则性条件是一个较弱的条件，在实际中很多情形下都是满足的(习题 3.7)。则任意无偏估计量 $\hat{\theta}$ 的方差满足如下不等式：

$$\boxed{\sigma_{\hat{\theta}}^2 \geqslant \frac{1}{I(\theta)}:\quad \text{克拉美-罗下界}} \tag{3.29}$$

其中

$$I(\theta):=-\mathbb{E}\left[\frac{\partial^2 \ln p(\mathcal{X};\theta)}{\partial\theta^2}\right] \tag{3.30}$$

进一步，一个无偏估计量取得此下界的充分必要条件是存在函数 $g(\cdot)$，使得对所有可能的 θ 值，下式都成立：

$$\frac{\partial \ln p(\mathcal{X};\theta)}{\partial\theta}=I(\theta)(g(\mathcal{X})-\theta) \tag{3.31}$$

此时，MVU 估计为

$$\hat{\theta}=g(\mathcal{X}):=g(\boldsymbol{x}_1,\boldsymbol{x}_2,\cdots,\boldsymbol{x}_N) \tag{3.32}$$

且有相应估计量的方差等于 $1/I(\theta)$。

当一个 MVU 估计量达到克拉美-罗界时，我们称它是有效的。前面所有的期望都是关于 $p(\mathcal{X};\theta)$ 的。感兴趣的读者可以在更专业的统计学书籍中找到更多这方面的内容[20，27，36]。

例 3.2 考虑式(3.10)中线性回归模型的简化版本，即回归量为实值且偏置项为零，即

84

$$y_n=\theta x+\eta_n \tag{3.33}$$

这里我们明确指出了对 n 的依赖关系，其中 n 遍历所有观测值。为了进一步简化讨论，我们假设这里的 N 个观测值只是噪声变量的不同实现，输入 x 的值为常数，不失一般性可进一步假设为 1。这样一来，我们的任务简化为从参数的带噪声的测量值中估计该参数。因此，对于这种情况，观测值是标量 y_n，$n=1,2,\cdots,N$，可将其看成是一个向量 $\boldsymbol{y}\in\mathbb{R}^N$ 的分量。我们进一步假设 η_n 是一个高斯白噪声的样本(参见 2.4 节)，它的均值为零，方差等于 σ_η^2，即连续的样本是独立同分布地抽取的，因此，它们相互无关($\mathbb{E}[\eta_i\eta_j]=0$，$i\neq j$)。则观测值的联合 PDF 为

$$p(\boldsymbol{y};\theta)=\prod_{n=1}^{N}\frac{1}{\sqrt{2\pi\sigma_\eta^2}}\exp\left(-\frac{(y_n-\theta)^2}{2\sigma_\eta^2}\right) \tag{3.34}$$

或

$$\ln p(\boldsymbol{y};\theta)=-\frac{N}{2}\ln(2\pi\sigma_\eta^2)-\frac{1}{2\sigma_\eta^2}\sum_{n=1}^{N}(y_n-\theta)^2 \tag{3.35}$$

⊖ 注意，这里的 $\mathbf{x}$ 可视为一般意义上的随机量，不必局限于回归和分类任务。

我们将推导出相应的克拉美-罗界。对上式关于 θ 求导，可得

$$\frac{\partial \ln p(\boldsymbol{y};\theta)}{\partial \theta}=\frac{1}{\sigma_\eta^2}\sum_{n=1}^{N}(y_n-\theta)=\frac{N}{\sigma_\eta^2}(\bar{y}-\theta) \tag{3.36}$$

其中

$$\bar{y}:=\frac{1}{N}\sum_{n=1}^{N}y_n$$

即为观测值的样本均值。定理中需要的二阶导数为

$$\frac{\partial^2 \ln p(\boldsymbol{y};\theta)}{\partial \theta^2}=-\frac{N}{\sigma_\eta^2}$$

由此可知

$$I(\theta)=\frac{N}{\sigma_\eta^2} \tag{3.37}$$

式(3.36)即为式(3.31)的形式，这里取 $g(\boldsymbol{y})=\bar{y}$，因此，对于式(3.33)中我们的数据模型，可以得到一个有效的估计量，并且任何无偏估计量的方差的下界为

$$\sigma_{\hat{\theta}}^2\geqslant\frac{\sigma_\eta^2}{N} \tag{3.38}$$

85

我们很容易证明，在式(3.33)所采用的模型下，对应的估计量 $\bar{y}$ 确实是无偏的，即

$$\mathbb{E}[\bar{\mathrm{y}}]=\frac{1}{N}\sum_{n=1}^{N}\mathbb{E}[\mathrm{y}_n]=\frac{1}{N}\sum_{n=1}^{N}\mathbb{E}[\theta+\eta_n]=\theta$$

此外，这个式子再结合式(3.36)也建立了正则性条件，这是克拉美-罗定理所要求的。

式(3.38)的界是一个非常自然的结果。克拉美-罗下界依赖于噪声源的方差，方差越大，则每个观测值相对于真实参数值的不确定度越高，估计量的最小方差就越大。另外，随着观测值数量的增加，更多的“信息”将暴露出来，不确定性会降低，估计量的方差也会减小。

我们已经得到了下界，现在把注意力转向由式(3.33)确定的回归模型的 LS 估计量上。令 $x_n=1$，由式(3.13)进行简单推导可知 LS 估计值就是观测值的样本均值 $\bar{y}$。进一步，对应的估计量的方差为

$$\begin{aligned}
\sigma_{\bar{y}}^2 &= \mathbb{E}\left[(\bar{\mathrm{y}}-\theta)^2\right]=\mathbb{E}\left[\frac{1}{N^2}\left(\sum_{n=1}^{N}(\mathrm{y}_n-\theta)\right)^2\right]\\
&= \frac{1}{N^2}\mathbb{E}\left[\left(\sum_{n=1}^{N}\eta_n\right)^2\right]=\frac{1}{N^2}\mathbb{E}\left[\sum_{i=1}^{N}\eta_i\sum_{j=1}^{N}\eta_j\right]\\
&= \frac{1}{N^2}\sum_{i=1}^{N}\sum_{j=1}^{N}\mathbb{E}[\eta_i\eta_j]=\frac{\sigma_\eta^2}{N}
\end{aligned}$$

这与我们之前利用克拉美-罗定理所得到的结论是一致的。换句话说，对于这个特殊的任务，假设噪声是高斯白噪声，则 LS 估计量 $\bar{\mathrm{y}}$ 是一个 MVU 估计量，它达到了克拉美-罗界。但是，如果输入不固定，而是随着实验的不同而改变，此时训练数据变为 (y_n, x_n)，则对于较大的 N 值，LS 估计量仅渐近地达到克拉美-罗界(习题 3.8)。此外，必须指出，如果

假设“噪声是高斯白噪声”不满足，那么 LS 估计量也不再是有效的。

可以证明，在实轴的情况下得到的这个结果同样适用于由式(3.10)给出的广义回归模型(习题 3.9)。我们将在第 6 章中更详细地讨论 LS 估计量的性质。

附注 3.2

- 克拉美–罗界并不是文献资料中给出的唯一的界。例如，巴塔查里亚界利用了 PDF
86 的高阶导数。可以证明，有效估计量不存在时，关于 MVU 估计量的方差，巴塔查里亚界要比克拉美–罗界更好[27]。还有一些其他的界[21]，但是，克拉美–罗界是最容易确定的。

3.7　充分统计量

如果不存在有效估计量，也不意味着不能确定 MVU 估计量。这时 MVU 估计量也可能存在，但不会是有效的，即它不满足克拉美–罗界。在这种情况下，需要了解*充分统计量*的概念和罗–布莱克威尔定理[⊖]。注意，这种技术超出了本书的关注范围，这里提及它们是为了更全面地介绍这个主题。考虑到本书的需要，在我们的场景中，在第 12 章中处理指数族分布时，我们将参考和使用充分统计量的概念。在首次阅读时可跳过本节。

罗纳德·艾尔默·费舍尔爵士(1890—1962)提出了充分统计量的概念。费舍尔是英国统计学家和生物学家，他的很多重要工作奠定了现代统计学的许多基础。除了统计学之外，他在遗传学方面也做出了重要贡献。

简而言之，给定一个随机向量 $\mathbf{x}$，它依赖于未知参数 θ，该未知参数的充分统计量是各观测值的一个函数

$$T(\mathcal{X}) := T(\boldsymbol{x}_1, \boldsymbol{x}_2, \cdots, \boldsymbol{x}_N)$$

并且要求它包含了关于 θ 的所有信息。从数学角度看，如果条件联合 PDF

$$p(\mathcal{X}|T(\mathcal{X});\theta)$$

不依赖于参数 θ，则称统计量 $T(\mathcal{X})$ 对参数 θ 是充分的。在这种情况下，很明显 $T(\mathcal{X})$ 必须提供蕴含在集合 $\mathcal{X}$ 中关于 θ 的所有信息。一旦 $T(\mathcal{X})$ 已知，就不再需要 $\mathcal{X}$ 了，因为不能从中提取出进一步的信息，这也是称为“充分统计量”的原因。充分统计量的概念也可推广到参数向量 $\boldsymbol{\theta}$ 的情形。在这种情况下，充分统计量可以是一组函数，称为*联合充分统计量*。通常，有多少个参数就有多少个函数。这里稍微滥用一下记号，我们仍然用 $T(\mathcal{X})$ 来表示这组函数的集合(向量)。

下面是一个非常重要的定理，它有助于在实践中寻找一个充分统计量[27]。

定理 3.2(因子分解定理)　*统计量 $T(\mathcal{X})$ 是充分的，当且仅当相应的联合 PDF 可以分解为*

$$p(\mathcal{X};\boldsymbol{\theta}) = h(\mathcal{X})g(T(\mathcal{X}),\boldsymbol{\theta})$$

也就是说，联合 PDF 分解为两部分：一部分只依赖于统计量和参数，另一部分独立于参
87 *数。这个定理也被称为费舍尔–内曼因子分解定理。*

一旦找到了一个充分统计量，且该统计量满足一定条件时，利用罗–布莱克威尔定理就可以确定 MVU 估计量(MVUE)，这可通过以 $T(\mathcal{X})$ 为条件求期望得到。该定理的一个副产品是，如果一个无偏估计量可仅用充分统计量表示，那么它必然是唯一的 MVU 估计量[23]。感兴趣的读者可以从文献[20，21，27]中获得更多这方面的信息。

例 3.3　令 x 是概率分布为高斯分布 $\mathcal{N}(\mu,\sigma^2)$ 的随机变量，并令独立同分布的观测

⊖ 需要指出的是，统计学中充分统计量的使用大大超出了搜寻 MVU 估计量的范畴。

值集合 $\mathcal{X}=\{x_1,x_2,\cdots,x_N\}$。设均值 μ 为未知参数。证明

$$S_\mu=\frac{1}{N}\sum_{n=1}^{N}x_n$$

是参数 μ 的充分统计量。

联合 PDF 为

$$p(\mathcal{X};\mu)=\frac{1}{(2\pi\sigma^2)^{\frac{N}{2}}}\exp\left(-\frac{1}{2\sigma^2}\sum_{n=1}^{N}(x_n-\mu)^2\right)$$

将如下明显的等式

$$\sum_{n=1}^{N}(x_n-\mu)^2=\sum_{n=1}^{N}(x_n-S_\mu)^2+N(S_\mu-\mu)^2$$

代入联合 PDF，可得

$$p(\mathcal{X};\mu)=\frac{1}{(2\pi\sigma^2)^{\frac{N}{2}}}\exp\left(-\frac{1}{2\sigma^2}\sum_{n=1}^{N}(x_n-S_\mu)^2\right)\exp\left(-\frac{N}{2\sigma^2}(S_\mu-\mu)^2\right)$$

根据因子分解定理，即可证明前面的结论。

同样，我们可以证明(习题 3.10)，如果未知参数是方差 σ^2，则 $\bar{S}_{\sigma^2}:=\frac{1}{N}\sum_{n=1}^{N}(x_n-\mu)^2$ 是一个充分统计量。如果 μ 和 σ^2 都是未知的，则 (S_μ,S_{σ^2}) 是一个充分统计量，其中

$$S_{\sigma^2}=\frac{1}{N}\sum_{n=1}^{N}(x_n-S_\mu)^2$$

换句话说，在这种情况下，所有可能从可用的 N 个观测数据中提取的关于未知参数集的信息，只要考虑观测数据的和以及它们的平方和就可以完全得到。 88

3.8　正则化

我们已经知道，在回归模型的线性假设下，且噪声源是高斯白噪声时，LS 估计量是一个 MVU 估计量。而且，可以通过缩小 MVU 估计量的范数来提高性能。还有不同方法可以实现这个目标，这些方法将在本书后面讨论。在本节中，我们将重点讨论一种方法。而且，我们将看到，在机器学习的场景中，试图让解的范数较小能满足很重要的需求。

正则化是一种数学工具，它将先验信息施加于解的结构上，解是优化任务得到的。正则化最初是由俄罗斯的著名数学家安德烈·尼古拉耶维奇·吉洪诺夫提出的，用于求解积分方程。有时，它也被称为吉洪诺夫-菲利普斯正则化，以纪念大卫·菲利普斯，他也独立发展了这种方法[29，39]。

在学习任务的场景下，为了缩小参数向量估计值的范数，式(3.12)中最小化平方误差和的任务可以改写为

$$\text{最小化}\quad J(\boldsymbol{\theta})=\sum_{n=1}^{N}\left(y_n-\boldsymbol{\theta}^{\mathrm{T}}\boldsymbol{x}_n\right)^2 \tag{3.39}$$

$$\text{满足}\quad \|\boldsymbol{\theta}\|^2\leqslant\rho \tag{3.40}$$

其中，$\|\cdot\|$ 表示向量的欧几里得范数。也就是说，我们不允许 LS 准则完全“自由”地达

到一个解，而是限制了它的搜索空间。显然，使用不同的 ρ 值，我们可以得到不同程度的收缩。前面我们已经讨论过，ρ 的最优值是无法通过分析得到的，必须通过实验来选择性能良好的估计量。对于平方误差损失函数和前面使用的约束条件，优化任务可等价地写成[6, 8]

$$\text{最小化}\quad L(\boldsymbol{\theta}, \lambda)=\sum_{n=1}^{N}\left(y_n-\boldsymbol{\theta}^{\mathrm{T}} \boldsymbol{x}_n\right)^2+\lambda\|\boldsymbol{\theta}\|^2:\ \text{岭回归} \tag{3.41}$$

可以证明，选择特定的 $\lambda \geqslant 0$ 和 ρ，可使这两个任务是等价的。注意，这个新的代价函数 $L(\boldsymbol{\theta}, \boldsymbol{\lambda})$ 包含两项，第一项度量了模型的失配，第二项量化了参数向量范数的大小。很容易看出，对式(3.41)中 L 关于 $\boldsymbol{\theta}$ 求梯度并令其为零，就得到了式(3.13)中线性回归任务的正则化 LS 解

$$\left(\sum_{n=1}^{N} \boldsymbol{x}_n \boldsymbol{x}_n^{\mathrm{T}}+\lambda I\right) \hat{\boldsymbol{\theta}}=\sum_{n=1}^{N} y_n \boldsymbol{x}_n \tag{3.42}$$

这里 I 是相应维数的单位矩阵。λ 的存在导致新的解偏离了从非正则化 LS 公式中得到的解。这个任务也被称为*岭回归*。岭回归试图减少估计向量的范数，同时试图保持误差平方

89 和较小。为了实现这一组合目标，我们修改了向量的分量 θ_i，使输入空间中具有较少信息的方向对失配度量项的贡献最小化。换句话说，那些具有较少信息的方向对应的分量将被推向更小的值，以保持范数较小，同时对失配度量项的影响最小。我们将在第 6 章中更详细地讨论这个问题。岭回归最早是在[18]中引入的。

需要强调的是，在实际应用中，偏置参数 θ_0 不包含在正则化项中；若对偏置也进行“惩罚”则会让求解过程依赖于 y 的原点的选择。事实上，如果将偏置项包含在范数中，则很容易验证：在代价函数中对每一个输出值 y_n 加上一个常数，导致的结果并不是预测值偏移同样的常数。因此，岭回归通常表述为

$$\text{最小化}\quad L(\boldsymbol{\theta}, \lambda)=\sum_{n=1}^{N}\left(y_n-\theta_0-\sum_{i=1}^{l} \theta_i x_{ni}\right)^2+\lambda \sum_{i=1}^{l}|\theta_i|^2 \tag{3.43}$$

可以证明(习题 3.11)：关于 θ_i，$i=0,1,2,\cdots,l$ 极小化式(3.43)等价于在使用中心化的数据且忽略截距的情况下最小化式(3.41)。即求解如下任务

$$\text{最小化}\quad L(\boldsymbol{\theta}, \lambda)=\sum_{n=1}^{N}\left((y_n-\bar{y})-\sum_{i=1}^{l} \theta_i(x_{ni}-\bar{x}_i)\right)^2+\lambda \sum_{i=1}^{l}|\theta_i|^2 \tag{3.44}$$

并且式(3.43)中 θ_0 的估计值可用求得的估计值 $\hat{\theta}_i$ 表示如下

$$\hat{\theta}_0=\bar{y}-\sum_{i=1}^{l} \hat{\theta}_i \bar{x}_i$$

其中

$$\bar{y}=\frac{1}{N} \sum_{n=1}^{N} y_n \quad \text{和} \quad \bar{x}_i=\frac{1}{N} \sum_{n=1}^{N} x_{ni},\ i=1,2,\cdots,l$$

换句话说，$\hat{\theta}_0$ 补偿了输出和输入变量的样本均值之间的差异。请注意，如果用其他范数如 ℓ_1 或一般的 ℓ_p，$p>1$ 范数(见第 9 章)代替式(3.42)中正则化项使用的欧几里得范数，则类似的论证也成立。

从另一个角度来看，减少范数可以看作试图“简化”估计量的结构，因为现在具有重要“发言权”的回归量分量更少。如果考虑 3.2 节所述的非线性模型，这一观点会变得更加清晰。在这种情况下，式(3.41)中参数向量范数的存在迫使模型丢弃非线性展开式 $\sum_{k=1}^{K}\theta_k\phi_k(\boldsymbol{x})$ 中不重要的项，有效地降低了 K 的值。

虽然在当前的背景下，复杂性问题是以一种相当隐蔽的形式出现，但我们也可以让其成为游戏的主角，可在正则化项中选择使用不同的函数和范数，如我们接下来将看到的，有很多理由支持这样的选择。 90

3.8.1　逆问题：病态和过拟合

机器学习中的大多数任务都属于所谓的*逆问题*。逆问题包含了所有这样的问题：需要根据一组可用的输出/输入观测值(训练数据)来推断/预测/估计模型值。用较少的数学术语来说，即在逆问题中必须从已知的结果中找出未知的原因，换句话说，要逆转因果关系。逆问题通常是*不适定的*，而非*适定的*。适定问题有如下几个特征：解的存在性、解的唯一性和解的稳定性。最后一条在机器学习问题中经常不满足。这意味着得到的解可能对训练集的变化非常敏感。*病态*是描述这种敏感性的另一个术语。出现这种行为的原因是用于描述数据的模型太复杂，即未知自由参数的数量相对于数据点的数量来说太大。这个问题在机器学习中表现出来时被称为*过拟合*。这意味着在训练过程中，未知模型的估计值对特定训练数据集的特性了解得太多，使得模型在处理另一组不同于训练集的数据集时表现很差。事实上，在 3.5 节中讨论的 MSE 准则试图以这种方式准确量化任务的这种数据依赖，即考虑改变训练集时得到的估计值与真实值的平均偏差。

当训练样本的数量相对于未知参数的数量较少时，可用的信息不足以“呈现”一个与数据吻合得足够好的模型，而且由于噪声和可能的离群值的存在，也会产生误导。正则化是一种优雅而有效的处理模型复杂性的工具，可让模型不那么复杂，更光滑一些。有不同的方法可以达到这个目的。一种方法是通过约束未知向量的范数，如岭回归。相比于线性模型，当处理更复杂的模型时，可以对所涉及的非线性函数的光滑性进行约束，比如在正则化项中包含模型函数的导数。此外，若采用的模型和训练点的数量使得无法得到解时，正则化也会有所帮助。例如，在式(3.13)的 LS 线性回归任务中，如果训练点的个数 N 小于回归量 $\boldsymbol{x}_n$ 的维数，则 $(l+1)\times(l+1)$ 矩阵 $\bar{\Sigma}=\sum_n \boldsymbol{x}_n\boldsymbol{x}_n^{\mathrm{T}}$ 是不可逆的。事实上，求和中的每一项都是一个向量与自身的外积，因此它是一个秩为 1 的矩阵。因此，由线性代数可知，我们需要至少 $l+1$ 个这样的线性无关的矩阵来保证它们的和是满秩的，从而可逆。然而，在岭回归中，可以不考虑这个问题，这是因为在式(3.42)中 λI 的存在保证了左边的矩阵一定是可逆的。此外，当 $\bar{\Sigma}$ 可逆但病态时 λI 的存在也有好处。通常在这种情况下，得到的 LS 解的范数非常大，也就没有意义了。由于正则化的原因，原来的病态问题变为一个近似的良态问题，而且它的解逼近目标解。

正则化可以帮助对一个原本无解的问题求得一个解，甚至是唯一解的另一个例子是模型的阶数大到与数据量相当，尽管我们知道它是稀疏的。也就是说，只有非常小的一部分模型参数是非零的。对于这样的任务，标准的 LS 线性回归方法不能求出解。然而，利用参数向量的 ℓ_1 范数对平方误差和损失函数进行正则化，可以得到一个唯一解。向量的 ℓ_1 范数为各分量的绝对值之和，这个问题将在第 9 章和第 10 章中讨论。 91

正则化与贝叶斯学习中使用先验分布的任务密切相关，我们将在 3.11 节中讨论这方面的内容。最后，请注意，正则化并不是解决过拟合问题的万灵药。事实上，在式(3.3)中选择正确的函数集 $\mathcal{F}$ 是至关重要的一步。估计量的复杂性问题及其对“平均”性能的影响(这是在所有可能的数据集上度量的)将在 3.9 节中讨论。

例 3.4　本例的目的是展示通过岭回归得到的估计量与无约束的 LS 解相比可以得到更好的 MSE 性能。让我们再次考虑例 3.2 中的标量模型，假设数据是根据

$$y_n = \theta_o + \eta_n, \quad n = 1, 2, \cdots, N$$

生成的。其中为简单起见，假设回归量 $x_n = 1$，且 η_n，$n = 1, 2, \cdots, N$ 是独立同分布的零均值、方差为 σ_η^2 的高斯噪声样本。

我们已经在例 3.2 中看到 LS 参数估计任务的解是样本均值 $\hat{\theta}_{\text{MVU}} = \frac{1}{N}\sum_{n=1}^{N} y_n$。我们还证明了对应该解的 MSE 为 σ_η^2/N，并且在高斯噪声假设下，它达到了克拉美–罗界。现在的问题是，一个有偏的估计量 $\hat{\theta}_b$(对应于相关的岭回归任务的解)是否能够得到低于 $\text{MSE}(\hat{\theta}_{\text{MVU}})$ 的 MSE。

由式(3.42)，并根据当前的线性回归场景，可以很容易验证得到

$$\hat{\theta}_b(\lambda) = \frac{1}{N+\lambda}\sum_{n=1}^{N} y_n = \frac{N}{N+\lambda}\hat{\theta}_{\text{MVU}}$$

这里我们明确地写出了估计值 $\hat{\theta}_b$ 对正则化参数 λ 的依赖关系。注意，对于相应的估计量，我们有 $\mathbb{E}[\hat{\theta}_b(\lambda)] = \frac{N}{N+\lambda}\theta_o$。

前述关系很容易让我们想起关于式(3.24)的讨论。事实上，遵循与 3.5.1 节类似的一系列步骤，可以验证(见习题 3.12) $\text{MSE}(\hat{\theta}_b)$ 的最小值是

$$\text{MSE}(\hat{\theta}_b(\lambda_*)) = \frac{\frac{\sigma_\eta^2}{N}}{1 + \frac{\sigma_\eta^2}{N\theta_o^2}} < \frac{\sigma_\eta^2}{N} = \text{MSE}(\hat{\theta}_{\text{MVU}}) \tag{3.45}$$

且在 $\lambda_* = \sigma_\eta^2/\theta_o^2$ 时取到最小值。所以，在当前的情况下，岭回归估计值是能够改善 MSE 性能的。事实上，总是存在 λ>0，使得求解式(3.41)的一般任务的岭回归估计值相比于 MVU 估计值能达到更低的 MSE[5，8.4 节]。

下面通过一些模拟来验证前述的理论结果。为此，选择模型的真实值为 $\theta_o = 10^{-2}$，噪声服从零均值、方差 $\sigma_\eta^2 = 0.1$ 的高斯分布。独立同分布生成的样本数量为 $N = 100$，
92 请注意，和我们要估计的单个参数相比，这个数是很大的。前述值的选取满足 $\theta_o^2 < \sigma_\eta^2/N$。可以证明，对于任意的值 λ>0，我们求得的值 $\text{MSE}(\hat{\theta}_b(\lambda))$ 要比 $\text{MSE}(\hat{\theta}_{\text{MVU}})$ 小(见习题 3.12)。表 3.1 中的值也验证了这一点。为了计算表中的 MSE 值，式(3.21)中定义的期望运算近似为求样本均值。为此，重复实验 L 次，并计算 MSE 为

$$\text{MSE} \approx \frac{1}{L}\sum_{i=1}^{L}(\hat{\theta}_i - \theta_o)^2$$

为了得到准确的结果，我们进行了 $L = 10^6$ 次试验。

表 3.1　不同正则化参数值的岭回归得到的 MSE 值

λ	$\text{MSE}(\hat{\theta}_b(\lambda))$
0.1	$9.990\,82\times10^{-4}$
1.0	$9.797\,90\times10^{-4}$
100.0	$2.748\,11\times10^{-4}$
$\lambda_* = 10^3$	$9.096\,71\times10^{-5}$

注：无约束 LS 估计值达到的 MSE 值为 $\text{MSE}(\hat{\theta}_{\text{MVU}}) = 1.001\,08\times10^{-3}$。

无约束 LS 任务对应的 MSE 值等于 $\mathrm{MSE}(\hat{\theta}_{\mathrm{MVU}})=1.00108\times10^{-3}$。注意，尽管有相对大量的训练数据，使用正则化仍然可以获得很大的改进。

然而，性能改进的百分比很大程度上取决于定义模型的那些特定值，这可由式(3.45)看出。例如，如果取 $\theta_o=0.1$，则实验求得的值为 $\mathrm{MSE}(\hat{\theta}_{\mathrm{MVU}})=1.00061\times10^{-3}$ 和 $\mathrm{MSE}(\hat{\theta}_b(\lambda_*))=9.99578\times10^{-4}$，而由式(3.45)计算出的理论值分别为 1×10^{-3} 和 9.99001×10^{-4}，此时使用岭回归得到的改进是微不足道的。

3.9 偏差－方差困境

本节在 3.5 节的基础上更进一步。在 3.5 节中，我们使用 MSE 准则来量化关于未知参数的性能。它能帮助我们理解一些趋势，以及更好地理解“有偏”和“无偏”估计的概念。本节中，尽管判别准则一样，但我们将在更一般的情况下使用。为此，我们把关注点从未知参数转移到因变量上，我们的目标是：给定回归向量的测量值 $\mathbf{x}=\boldsymbol{x}$，求 y 值的估计量。考虑更一般的回归形式

$$\mathrm{y}=g(\mathbf{x})+\eta \tag{3.46}$$

93

为了简单和不失一般性，这里依然假设因变量取实轴上的值，即 $\mathrm{y}\in\mathbb{R}$。我们要解决的第一个问题是：是否存在一个能保证最小 MSE 性能的估计量？

3.9.1 均方误差估计

我们的目标是估计一个未知(一般是非线性)函数 $g(\boldsymbol{x})$。这个问题可以转换到更一般的估计任务场景中。

考虑联合分布随机变量 y、$\mathbf{x}$。给定一组观测值 $\mathbf{x}=\boldsymbol{x}\in\mathbb{R}^l$，任务是求得一个函数 $\hat{y}:=\hat{g}(\boldsymbol{x})\in\mathbb{R}$，使之满足

$$\hat{g}(\boldsymbol{x})=\arg\min_{f:\mathbb{R}^l\to\mathbb{R}}\mathbb{E}\left[(\mathrm{y}-f(\boldsymbol{x}))^2\right] \tag{3.47}$$

其中期望是在给定 $\boldsymbol{x}$ 值的条件下关于 y 的条件概率 $p(y\mid\boldsymbol{x})$ 求的。

我们将证明最优估计即为 y 的均值，即

$$\boxed{\hat{g}(\boldsymbol{x})=\mathbb{E}[\mathrm{y}|\boldsymbol{x}]:=\int_{-\infty}^{+\infty}yp(y|\boldsymbol{x})\,\mathrm{d}y:\quad \text{最优MSE估计}} \tag{3.48}$$

证明：我们有

$$\begin{aligned}\mathbb{E}\left[(\mathrm{y}-f(\boldsymbol{x}))^2\right]&=\mathbb{E}\left[(\mathrm{y}-\mathbb{E}[\mathrm{y}|\boldsymbol{x}]+\mathbb{E}[\mathrm{y}|\boldsymbol{x}]-f(\boldsymbol{x}))^2\right]\\&=\mathbb{E}\left[(\mathrm{y}-\mathbb{E}[\mathrm{y}|\boldsymbol{x}])^2\right]+\mathbb{E}\left[(\mathbb{E}[\mathrm{y}|\boldsymbol{x}]-f(\boldsymbol{x}))^2\right]+\\&\quad 2\mathbb{E}\left[(\mathrm{y}-\mathbb{E}[\mathrm{y}|\boldsymbol{x}])(\mathbb{E}[\mathrm{y}|\boldsymbol{x}]-f(\boldsymbol{x}))\right]\end{aligned}$$

为简化记号，这里省略了期望对 $\boldsymbol{x}$ 的依赖。很容易看出，右边最后的(乘积)项为零，因此，我们得到：

$$\mathbb{E}\left[(\mathrm{y}-f(\boldsymbol{x}))^2\right]=\mathbb{E}\left[(\mathrm{y}-\mathbb{E}[\mathrm{y}|\boldsymbol{x}])^2\right]+(\mathbb{E}[\mathrm{y}|\boldsymbol{x}]-f(\boldsymbol{x}))^2 \tag{3.49}$$

其中我们利用了：对于固定的 $\boldsymbol{x}$，$\mathbb{E}[\mathrm{y}\mid\boldsymbol{x}]$ 和 $f(\boldsymbol{x})$ 不是随机变量。由式(3.49)，最终得到我们的结论

$$\mathbb{E}\left[(\mathrm{y}-f(\boldsymbol{x}))^2\right] \geqslant \mathbb{E}\left[(\mathrm{y}-\mathbb{E}[\mathrm{y}|\boldsymbol{x}])^2\right] \tag{3.50}$$

□

这是一个非常优雅的结果。在 MSE 意义上，未知函数在点 $\boldsymbol{x}$ 处的值的最优估计为 $\hat{g}(\boldsymbol{x})=\mathbb{E}[\mathrm{y}\mid\boldsymbol{x}]$。有时，后者也称为以 $\mathbf{x}=\boldsymbol{x}$ 为条件 y 的回归(或 y 关于 $\boldsymbol{x}$ 的回归)。这通常是一个非线性函数。可以证明，如果$(\mathrm{y},\mathbf{x})$取值在 $\mathbb{R}\times\mathbb{R}^l$ 且为联合高斯分布，则最优 MSE
94 估计量 $\mathbb{E}[\mathrm{y}\mid\boldsymbol{x}]$是 $\boldsymbol{x}$ 的线性(仿射)函数。

前面的结果可以推广到 $\mathbf{y}$ 是在 $\mathbb{R}^k$ 中取值的随机向量的情况。给定 $\mathbf{x}=\boldsymbol{x}$，则最优 MSE 估计等于

$$\hat{\boldsymbol{g}}(\boldsymbol{x})=\mathbb{E}[\mathbf{y}|\boldsymbol{x}]$$

其中 $\hat{\boldsymbol{g}}(\boldsymbol{x})\in\mathbb{R}^k$(习题 3.15)。而且，如果$(\mathbf{y},\mathbf{x})$是联合高斯随机向量，则 MSE 最优估计也是 $\boldsymbol{x}$ 的仿射函数(习题 3.16)。

本小节的结论可以通过自然推理得到充分的证明。为简单起见，假设式(3.46)中的噪声源是零均值的。则，给定 $\mathbf{x}=\boldsymbol{x}$，我们有 $\mathbb{E}[\mathrm{y}\mid\boldsymbol{x}]=g(\boldsymbol{x})$且相应的 MSE 等于

$$\mathrm{MSE}=\mathbb{E}\left[(\mathrm{y}-\mathbb{E}[\mathrm{y}|\boldsymbol{x}])^2\right]=\sigma_\eta^2 \tag{3.51}$$

因为最优估计的 MSE 等于噪声方差，不可能再降低了，所以 $\boldsymbol{x}$ 的其他函数不可能比这个更好。噪声方差代表了系统固有的不确定性。由式(3.49)可知，任何其他函数 $f(\boldsymbol{x})$对应的 MSE 都比它大$(\mathbb{E}[\mathrm{y}\mid\boldsymbol{x}]-f(\boldsymbol{x})^2)$，该值对应于和最优估计的偏差。

3.9.2 偏差–方差权衡

我们刚刚看到，在 MSE 意义上，回归任务中因变量的最优估计由条件期望 $\mathbb{E}[\mathrm{y}\mid\boldsymbol{x}]$给出。在实践中，任何估计量的计算都是基于一个特定的训练数据集的，记为 $\mathcal{D}$。这里我们明确写出对训练集的显式依赖，将估计值表示为 $\boldsymbol{x}$ 的函数且以 $\mathcal{D}$ 为参数，即 $f(\boldsymbol{x};\mathcal{D})$。一个合理的量化估计量性能的指标是与最优估计的均方偏差，即 $\mathbb{E}_{\mathcal{D}}[(f(\boldsymbol{x};\mathcal{D})-\mathbb{E}[\mathrm{y}\mid\boldsymbol{x}])^2]$，其中均值是对所有可能的训练集来求的，因为每一个训练集都会导致不同的估计值。和式(3.22)类似，可得

$$\boxed{\begin{aligned}\mathbb{E}_{\mathcal{D}}\left[(f(\boldsymbol{x};\mathcal{D})-\mathbb{E}[\mathrm{y}|\boldsymbol{x}])^2\right]=&\underbrace{\mathbb{E}_{\mathcal{D}}\left[(f(\boldsymbol{x};\mathcal{D})-\mathbb{E}_{\mathcal{D}}[f(\boldsymbol{x};\mathcal{D})])^2\right]}_{\text{方差}}+\\&\underbrace{\left(\mathbb{E}_{\mathcal{D}}[f(\boldsymbol{x};\mathcal{D})]-\mathbb{E}[\mathrm{y}|\boldsymbol{x}]\right)^2}_{\text{偏差}^2}\end{aligned}} \tag{3.52}$$

与 MSE 参数估计任务从一个训练集切换到另一个训练集时的情况一样，与最优估计量的均方偏差包括两项：第一项来自估计量围绕其均值的方差，第二项来自估计量的均值与最优估计值的平方差，即偏差。事实证明，我们不能同时使这*两项*都变小。对于固定数量 N 的训练点集 $\mathcal{D}$，试图最小化方差项则会导致偏差项增加，反之亦然。这是因为，为了减少偏差项，必须增加所采用的估计量 $f(\cdot;\mathcal{D})$的复杂度(更多自由参数)，当我们改变训
95 练集时，这会导致更高的方差。这是我们已经讨论过的过拟合问题的表现。同时减少这两项的唯一方法是增加训练数据点的数量 N，且谨慎地增加模型的复杂度，以达到上述目的。如果增加了训练点个数，同时又过度地增加了模型的复杂度，总体的 MSE 还可能增加。这被称为*偏差–方差困境*或*偏差–方差权衡*。这是一个在任何估计任务中都存在的问

题，通常我们称之为*奥卡姆剃刀原则*。

奥卡姆是一位逻辑学家和中世纪的唯名主义哲学家，他提出了下面的朴素原则：“如无必要，勿增实体。”著名的物理学家保罗·狄拉克从美学的角度表达了同样的观点，构成了数学理论的基础：“拥有数学之美的理论比符合数据的丑陋理论更有可能是正确的。”在我们的模型选择场景中，可以理解为必须选择能够“解释”数据的最简单的模型。虽然这不是一个经过科学证明的结果，但它是许多已开发的模型选择技术背后的基本思想，参见[1，32，33，40]和[37，第 5 章]，这些技术权衡了复杂性和准确性。

现在，对给定的 $\boldsymbol{x}$，让我们尝试通过考虑所有可能的集合 $\mathcal{D}$ 来求得 MSE。为此，注意，如果在符号中显式地引入 $\mathcal{D}$，则式(3.52)的左边就是式(3.49)中第二项关于 $\mathcal{D}$ 的均值。很容易看出，重新考虑式(3.49)，关于 y 和 $\mathcal{D}$ 同时求期望，在给定 $\mathbf{x}=\boldsymbol{x}$ 时，得到的 MSE 变为(请尝试证明，方法类似式(3.52)的论证)

$$\begin{aligned}\mathrm{MSE}(\boldsymbol{x}) &= \mathbb{E}_{\mathrm{y}|\boldsymbol{x}}\mathbb{E}_{\mathcal{D}}\left[\left(\mathrm{y}-f(\boldsymbol{x};\mathcal{D})\right)^2\right] \\ &= \sigma_\eta^2+\mathbb{E}_{\mathcal{D}}\left[\left(f(\boldsymbol{x};\mathcal{D})-\mathbb{E}_{\mathcal{D}}\left[f(\boldsymbol{x};\mathcal{D})\right]\right)^2\right]+ \\ &\quad \left(\mathbb{E}_{\mathcal{D}}\left[f(\boldsymbol{x};\mathcal{D})\right]-\mathbb{E}[\mathrm{y}|\boldsymbol{x}]\right)^2\end{aligned} \tag{3.53}$$

其中利用了式(3.51)和第 2 章的乘积法则。接下来，可以对 $\boldsymbol{x}$ 求均值。换句话说，这是对所有可能输入(对所有可能训练集的均值)的预测 MSE。得到的 MSE 也称为*测试误差*或*泛化误差*，它是所采用模型的性能的度量。注意，式(3.53)中的泛化误差涉及(理论上)对所有可能的大小为 N 的训练数据集进行平均。相反，若在用于训练的数据集(单个数据集)上计算，则称为*训练误差*，这会导致对误差过度乐观的估计。我们将在 3.13 节中再来讨论这个重要问题。

例 3.5　让我们考虑一个简单但具有教学意义的例子，来演示偏差和方差之间的权衡。给定一组训练点，这些点是根据如下的回归模型生成的

$$\mathrm{y}=g(\mathrm{x})+\eta \tag{3.54}$$

在图 3.7 中显示了 $g(x)$ 的图形。函数 $g(x)$ 是一个五阶多项式。训练集生成如下。对每个训练集，在 x 轴上[-1,1]范围内 N 个等距点 x_n，$n=1,\cdots,N$ 采样。于是，每个训练集 $\mathcal{D}_i$ 创建为

$$\mathcal{D}_i=\left\{(g(x_n)+\eta_{n,i},x_n):n=1,2,\cdots,N\right\},\quad i=1,2,\cdots$$ 96

其中 $\eta_{n,i}$ 为从白噪声过程独立同分布抽取的不同噪声样本。换句话说，所有的训练点都有相同的 x 坐标但不同的 y 坐标，这是由于噪声值的不同造成的。图 3.7 中 (x,y) 平面中的灰色点对应 $N=10$ 的情况下某个训练集的一个实现。为了比较，在 $g(x)$ 的图形上用红色点显示了无噪声点的集合 $(g(x_n),x_n)$，$n=1,2,\cdots,10$。

首先，我们将非常天真地选择一个固定的线性模型来拟合数据

$$\hat{y}=f_1(x)=\theta_0+\theta_1 x$$

其中 θ_1 和 θ_0 是任意选择的，与训练数据无关。这条直线的图形显示在图 3.7 中。由于不涉及训练，且模型参数是固定的，所以改变训练集时也不会变化，我们有 $\mathbb{E}_{\mathcal{D}}[f_1(x)]=f_1(x)$，且方差项为零。另外，偏差的平方 $(f_1(x)-\mathbb{E}[\mathrm{y}\mid x])^2$ 预期会较大，这是因为模型的选择是任意的，没有考虑训练数据。

接下来，我们走向另一个“极端”。选择一类复杂的函数，比如一个高次(10 次)多项式 f_2。估计结果对相应训练集 $\mathcal{D}$ 的依赖显式表示为 $f_2(\cdot;\mathcal{D})$。注意，对每个训练集，得到的最优模型对应的图形预期经过所有训练点。即

$$f_2(x_n;\mathcal{D}_i)=g(x_n)+\eta_{n,i},\ n=1,2,\cdots,N$$

97 图 3.7 显示了这条曲线。请注意，通常情况下，如果多项式(模型)的阶数很大，并且需要估计的参数的数量大于训练点的数量，总是会出现图中这种情况。对于图中所示的例子，对一个 10 阶多项式(包括偏差)，我们给出了 10 个训练点和 11 个需要估计的参数。通过求解由 10 个方程($N=10$)和 11 个未知数组成的一个线性方程组，我们可以得到训练点的一个完美拟合。这就是为什么当模型的阶数很大时，在训练数据集上可能达到零误差(在实际中，或是非常小的值)。我们将在 3.13 节中回到这个问题。

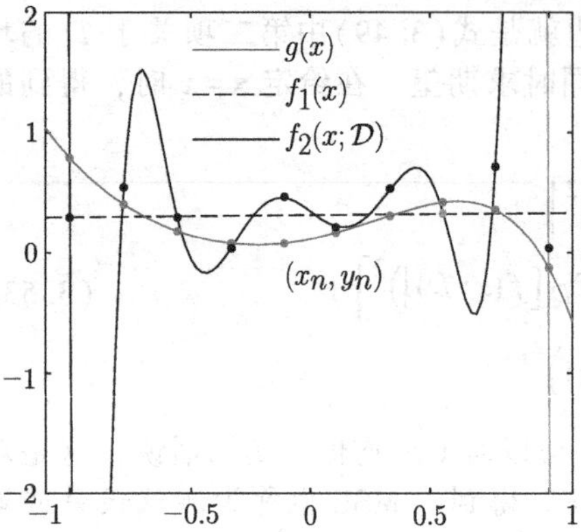

图 3.7 观测数据以黑色点表示，这些是向灰色的点添加噪声后的结果，灰色点位于和未知函数 $g(\cdot)$ 关联的灰色曲线上。用固定多项式 $f_1(x)$ 拟合数据，则会导致偏差很大。可以观察到大多数数据点位于该直线外。另外，“估计量”的方差将会是 0。相反，拟合一个高次多项式 $f_2(x;\mathcal{D})$，则会导致偏差很小，因为对应的曲线经过了所有的数据点。然而，对应的方差会很大

对于这样的高次多项式拟合的实验设置，下面的推理是正确的。在每一点 x_n，$n=1,2,\cdots,N$ 处的偏差项为零，这是因为

$$\mathbb{E}_{\mathcal{D}}[f_2(x_n;\mathcal{D})]=\mathbb{E}_{\mathcal{D}}[g(x_n)+\eta]=g(x_n)=\mathbb{E}_{\mathcal{D}}[\mathrm{y}|x_n]$$

而在点 x_n，$n=1,2,\cdots,N$ 处的方差项可能较大，这是因为

$$\mathbb{E}_{\mathcal{D}}\left[(f_2(x_n;\mathcal{D})-g(x_n))^2\right]=\mathbb{E}_{\mathcal{D}}\left[(g(x_n)+\eta-g(x_n))^2\right]=\sigma_\eta^2$$

假设函数 f_2 和 g 连续且足够光滑，并且点 x_n 采样足够稠密，覆盖了实轴上我们感兴趣的区间，则我们预期在所有点 $x\neq x_n$ 上有类似的行为。

例 3.6 这是在前一个例子的基础上构建的一个更实际的例子。数据生成如前例，是通过式(3.54)中使用 g 的五阶多项式的回归模型生成的。训练点数为 $N=10$，生成了 1000 个训练集 $\mathcal{D}_i$，$i=1,2,\cdots,1000$。我们运行两组实验。

第一组试图在带噪声的数据中拟合一个高次(10 次，与前一个例子相同)多项式，第二组试图拟合一个二次多项式。对每一组设置，我们重复实验 1000 次，每次使用不同的数据集 $\mathcal{D}_i$。图 3.8a 和图 3.8c 分别显示了高次和低次多项式的 10 条结果曲线(为了清晰起见，选择 1000 条曲线中的 10 条进行绘制)。很容易注意到高次多项式情形下的方差要大得多。图 3.8b 和图 3.8d 分别给出了 1000 次实验的平均值对应的曲线，同时也绘制了我们的“未知”函数(原来的 g)。高次多项式得到了具有非常低偏差的极好拟合。对于二次多项式，情况则正好相反。

因此，总的来说，对于固定数目的训练点，预测模型越复杂(参数越多)，当我们从一个训练集转换到另一个训练集时，方差就越大。而模型越复杂，偏差就越小。也就是说，通过对不同数据集的训练，平均模型更接近最优 MSE 模型。读者可以在文献[16]中找到更多关于偏差–方差困境问题的信息。

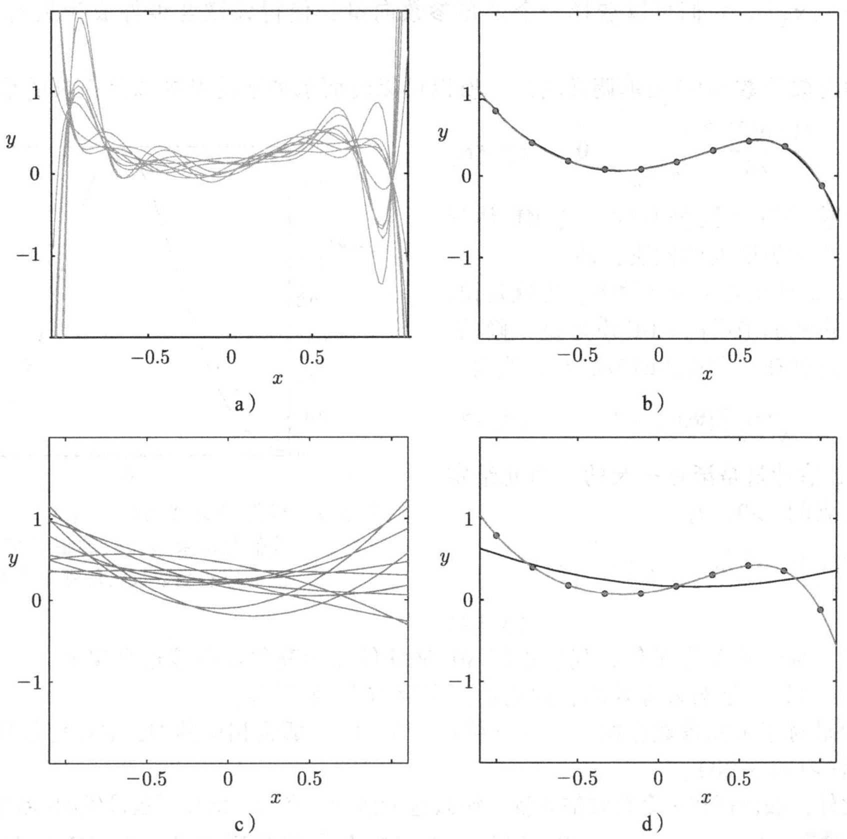

图 3.8　图 a 为拟合一个 10 次多项式得到的 10 条曲线。图 b 为对应的 1000 次不同实验的平均。红色曲线表示未知多项式。如文中所述，图中点表示产生训练数据的点。图 c 和 d 为拟合二次多项式对应的结果。观察偏差-方差权衡，将其看作拟合模型复杂度的函数

3.10 最大似然法

到目前为止，我们已经将估计问题作为关于一组训练点的优化任务来处理，而没有关注生成这些点的统计信息。我们使用统计知识只是为了检查在什么条件下估计量是有效的。然而，优化步骤并不涉及任何统计信息。在本章的其余部分，我们将越来越多地涉及统计。在本节中，将介绍最大似然(ML)法。可以毫不夸张地说，ML 法和 LS 法是参数估计的两大支柱方法，也是新方法的灵感来源。ML 方法由罗纳德·艾尔默·费舍尔爵士提出。

同样，我们将首先在一般情形下形式化地描述该方法，而不拘泥于回归或分类任务。给定 N 个观测值的集合 $\mathcal{X}=\{\boldsymbol{x}_1,\boldsymbol{x}_2,\cdots,\boldsymbol{x}_N\}$，观测值由某个概率分布采样得到。假设这 N 个观测值的联合 PDF 是已知的参数化函数类型，记作 $p(\mathcal{X};\boldsymbol{\theta})$，其中参数向量 $\boldsymbol{\theta}\in\mathbb{R}^K$ 未知，我们的任务是估计其值。这个联合 PDF 被称为关于给定观测集 $\boldsymbol{\theta}$ 的似然函数。根据 ML 方法，估计值为 98～99

$$\boxed{\hat{\boldsymbol{\theta}}_{\mathrm{ML}} := \arg\max_{\boldsymbol{\theta}\in\mathcal{A}\subset\mathbb{R}^K} p(\mathcal{X};\boldsymbol{\theta}):\quad \text{最大似然法}} \tag{3.55}$$

为简单起见，我们将假设约束集 $\mathcal{A}$ 与 $\mathbb{R}^K$ 吻合，即 $\mathcal{A}=\mathbb{R}^K$，并且参数化的族 $\{p(\mathcal{X};\boldsymbol{\theta}):\boldsymbol{\theta}\in\mathbb{R}^K\}$ 对于参数 $\boldsymbol{\theta}$ 有唯一的最小值。如图 3.9 所示。也就是说，给定观测集 $\mathcal{X}=$

$\{\boldsymbol{x}_1, \boldsymbol{x}_2, \cdots, \boldsymbol{x}_N\}$，我们可以选择一个未知参数向量，使得该联合事件成为最有可能发生的事件。

因为对数函数 $\ln(\cdot)$ 是单调递增的，所以可以转而求如下的对数似然函数的最大值

$$\left.\frac{\partial \ln p(\mathcal{X};\boldsymbol{\theta})}{\partial \boldsymbol{\theta}}\right|_{\boldsymbol{\theta}=\hat{\boldsymbol{\theta}}_{\mathrm{ML}}} = \mathbf{0} \tag{3.56}$$

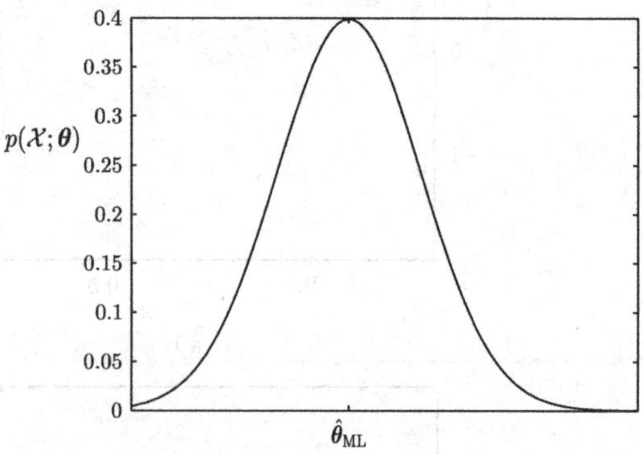

图 3.9 根据最大似然法，给定一组观测值，我们假设未知参数的估计值就是使相应的似然函数最大的那个参数值

假设观测值是独立同分布的，则 ML 估计量有一些非常吸引人的性质，即

- ML 估计量是渐近无偏的。也就是说，假设我们采用的 PDF 模型是正确的，并且存在一个真实的参数 $\boldsymbol{\theta}_o$，则有

$$\lim_{N\to\infty} \mathbb{E}[\hat{\boldsymbol{\theta}}_{\mathrm{ML}}] = \boldsymbol{\theta}_o \tag{3.57}$$

- ML 估计量是渐近一致的。因此给定任意的 $\epsilon>0$，有

$$\lim_{N\to\infty} \operatorname{Prob}\left\{\left|\hat{\boldsymbol{\theta}}_{\mathrm{ML}} - \boldsymbol{\theta}_o\right| > \epsilon\right\} = 0 \tag{3.58}$$

也就是说，对于较大的 N 值，我们预期 ML 估计值以很高的概率接近真实值。

- ML 估计量是渐近有效的，即它达到了克拉美–罗下界。
- 如果对于未知参数存在一个充分统计量 $T(\mathcal{X})$，那么相应的 ML 估计可仅用 $T(\mathcal{X})$ 表
100 示(习题 3.20)。
- 此外，假设存在一个有效估计量，那么这个估计量在 ML 意义下是最优的(习题 3.21)。

例 3.7 令 $\boldsymbol{x}_1, \boldsymbol{x}_2, \cdots, \boldsymbol{x}_N$ 均为服从一个正态分布的观测向量，该正态分布的协方差矩阵已知，均值未知(参见第 2 章)，即

$$p(\boldsymbol{x}_n;\boldsymbol{\mu}) = \frac{1}{(2\pi)^{l/2}|\Sigma|^{1/2}} \exp\left(-\frac{1}{2}(\boldsymbol{x}_n-\boldsymbol{\mu})^{\mathrm{T}}\Sigma^{-1}(\boldsymbol{x}_n-\boldsymbol{\mu})\right)$$

假设观测值是相互独立的，求未知均值向量的 ML 估计。

对于这 N 个统计独立的观测值，联合对数似然函数为

$$L(\boldsymbol{\mu}) = \ln\prod_{n=1}^{N} p(\boldsymbol{x}_n;\boldsymbol{\mu}) = -\frac{N}{2}\ln\left((2\pi)^l|\Sigma|\right) - \frac{1}{2}\sum_{n=1}^{N}(\boldsymbol{x}_n-\boldsymbol{\mu})^{\mathrm{T}}\Sigma^{-1}(\boldsymbol{x}_n-\boldsymbol{\mu})$$

对 $\boldsymbol{\mu}$ 求梯度，得到㊀

$$\frac{\partial L(\boldsymbol{\mu})}{\partial \boldsymbol{\mu}} := \begin{bmatrix} \dfrac{\partial L}{\partial \mu_1} \\ \dfrac{\partial L}{\partial \mu_2} \\ \vdots \\ \dfrac{\partial L}{\partial \mu_l} \end{bmatrix} = \sum_{n=1}^{N}\Sigma^{-1}(\boldsymbol{x}_n-\boldsymbol{\mu})$$

㊀ 如果 A 是对称矩阵，由矩阵代数知 $\frac{\partial(\boldsymbol{x}^{\mathrm{T}}\boldsymbol{b})}{\partial \boldsymbol{x}} = \boldsymbol{b}$ 和 $\frac{\partial(\boldsymbol{x}^{\mathrm{T}}A\boldsymbol{x})}{\partial \boldsymbol{x}} = 2A\boldsymbol{x}$(附录 A)。

令其等于 $\mathbf{0}$，可得

$$\hat{\boldsymbol{\mu}}_{\mathrm{ML}}=\frac{1}{N}\sum_{n=1}^{N}\boldsymbol{x}_n$$

换句话说，对于高斯分布的数据，均值的 ML 估计就是样本均值。此外，注意到 ML 估计可用其充分统计量表示(见 3.7 节)。

3.10.1 线性回归：非白高斯噪声实例

考虑线性回归模型

$$\mathrm{y}=\boldsymbol{\theta}^{\mathrm{T}}\mathbf{x}+\eta$$

给定 N 个训练数据点 $(y_n,\boldsymbol{x}_n)$，$n=1,2,\cdots,N$，假设对应的(未观测的)噪声样本 η_n，$n=1,\cdots,N$，服从均值为零、协方差矩阵为 Σ_η 的联合高斯分布。即对应的所有噪声样本的随机向量叠加在一起，$\boldsymbol{\eta}=[\eta_1,\cdots,\eta_N]^{\mathrm{T}}$，遵循多元高斯分布。 101

$$p(\boldsymbol{\eta})=\frac{1}{(2\pi)^{1/N}|\Sigma_\eta|^{1/2}}\exp\left(-\frac{1}{2}\boldsymbol{\eta}^{\mathrm{T}}\Sigma_\eta^{-1}\boldsymbol{\eta}\right)$$

我们的目标是求参数 $\boldsymbol{\theta}$ 的 ML 估计。

用 $\boldsymbol{y}-X\boldsymbol{\theta}$ 替换 $\boldsymbol{\eta}$ 并取对数，则关于训练集的 $\boldsymbol{\theta}$ 的联合对数似然函数为

$$L(\boldsymbol{\theta})=-\frac{N}{2}\ln(2\pi)-\frac{1}{2}\ln|\Sigma_\eta|-\frac{1}{2}(\boldsymbol{y}-X\boldsymbol{\theta})^{\mathrm{T}}\Sigma_\eta^{-1}(\boldsymbol{y}-X\boldsymbol{\theta}) \tag{3.59}$$

其中 $\boldsymbol{y}:=[y_1,y_2,\cdots,y_N]^{\mathrm{T}}$，且 $X:=[\boldsymbol{x}_1,\boldsymbol{x}_2,\cdots,\boldsymbol{x}_N]^{\mathrm{T}}$ 表示输入矩阵。对 $\boldsymbol{\theta}$ 求梯度，得到

$$\frac{\partial L(\boldsymbol{\theta})}{\partial\boldsymbol{\theta}}=X^{\mathrm{T}}\Sigma_\eta^{-1}(\boldsymbol{y}-X\boldsymbol{\theta}) \tag{3.60}$$

并令其等于零向量，可得

$$\hat{\boldsymbol{\theta}}_{\mathrm{ML}}=\left(X^{\mathrm{T}}\Sigma_\eta^{-1}X\right)^{-1}X^{\mathrm{T}}\Sigma_\eta^{-1}\boldsymbol{y} \tag{3.61}$$

附注 3.3

- 将式(3.61)与式(3.17)中的 LS 解进行比较，可知它们是不同的，除非连续噪声样本的协方差矩阵 Σ_η 是对角的且形如 $\sigma_\eta^2 I$，即噪声是高斯白噪声。在这种情况下，LS 解与 ML 解一致。然而，如果噪声序列非白，则这两种估计是不同的。此外，可以证明(习题 3.9)，对于有色高斯噪声情形，即使 N 有限，ML 估计也是一个有效的估计，即它达到了克拉美–罗界。

3.11 贝叶斯推断

到目前为止在我们的讨论中，我们都假设与所采用模型的函数形式相关的参数是一个确定的常数，其值是未知的。在本节中，我们将遵循一个不同的思想，未知参数将被视为一个随机变量。因此，当我们的目标是估计它的值时，可看成是估计与所观察到的数据相对应的一个特定实现的值。第 12 章详细讨论了贝叶斯推断的基本原理。正如贝叶斯这个名字所暗示的，这个方法的核心和著名的贝叶斯定理有关。给定两个联合分布的随机向量 $\mathbf{x}$、$\boldsymbol{\theta}$，贝叶斯定理可表述为

102

$$p(\boldsymbol{x},\boldsymbol{\theta})=p(\boldsymbol{x}|\boldsymbol{\theta})p(\boldsymbol{\theta})=p(\boldsymbol{\theta}|\boldsymbol{x})p(\boldsymbol{x}) \tag{3.62}$$

大卫·贝叶斯(1702—1761)是一个英国数学家和长老会牧师，他第一个发展了这一理论基础。然而，却是法国著名数学家皮埃尔·西蒙·拉普拉斯(1749—1827)进一步发展和推广了该理论。

假设 $\mathbf{x}$、$\boldsymbol{\theta}$ 是两个统计相依的随机向量。令 $\mathcal{X}=\{\mathrm{x}_n\in\mathbb{R}^l,n=1,2,\cdots,N\}$ 为连续 N 次实验得到的观测值集合。则由贝叶斯定理可知

$$p(\boldsymbol{\theta}|\mathcal{X})=\frac{p(\mathcal{X}|\boldsymbol{\theta})p(\boldsymbol{\theta})}{p(\mathcal{X})}=\frac{p(\mathcal{X}|\boldsymbol{\theta})p(\boldsymbol{\theta})}{\int p(\mathcal{X}|\boldsymbol{\theta})p(\boldsymbol{\theta})\mathrm{d}\boldsymbol{\theta}} \tag{3.63}$$

显然，如果观测结果是独立同分布的，则我们有

$$p(\mathcal{X}|\boldsymbol{\theta})=\prod_{n=1}^{N}p(\boldsymbol{x}_n|\boldsymbol{\theta})$$

在前面的公式中，$p(\boldsymbol{\theta})$ 是关于 $\boldsymbol{\theta}$ 的统计分布的一个先验概率或先验 PDF，$p(\boldsymbol{\theta}\mid\mathcal{X})$ 是在得到 N 个观测值后形成的一个条件概率，或后验概率，或后验 PDF。先验概率密度 $p(\boldsymbol{\theta})$ 可看成一个约束条件，它封装了我们对 $\boldsymbol{\theta}$ 的*先验知识*。毫无疑问，因为在给定观测值后，意味着更多的信息暴露出来，从而能修改我们对 $\boldsymbol{\theta}$ 的不确定度。如果采用合理的底层模型假设，我们可以预期后验 PDF 能更准确地描述 $\boldsymbol{\theta}$ 的统计性质。我们将基于训练数据来逼近随机量 PDF 的过程，称为*推断*，以区别于为参数/变量返回单个值的估计过程。因此，根据推断方法，我们试图得出有关所关注变量随机性本质的结论。这些信息反过来又可以用来做出预测和决策。

我们将从两个方面利用式(3.63)。第一个是我们所熟悉的，即获得参数向量 $\boldsymbol{\theta}$ 的估计值，它“控制”了描述观测值 $\boldsymbol{x}_1,\boldsymbol{x}_2,\cdots,\boldsymbol{x}_N$ 产生机制的模型。因为 $\mathbf{x}$ 和 $\boldsymbol{\theta}$ 是两个统计相依的随机向量，由 3.9 节可知，给定 $\mathcal{X}$ 时 $\boldsymbol{\theta}$ 的最优 MSE 估计值为

$$\hat{\boldsymbol{\theta}}=\mathbb{E}[\boldsymbol{\theta}|\mathcal{X}]=\int\boldsymbol{\theta}p(\boldsymbol{\theta}|\mathcal{X})\mathrm{d}\boldsymbol{\theta} \tag{3.64}$$

在统计推断的背景下，我们可以从另一个方向利用贝叶斯定理，即在给定观测值 $\mathcal{X}$ 时得到对 $\mathbf{x}$ 的 PDF 的估计。这可以通过*边际化*一个分布来实现，即

$$p(\boldsymbol{x}|\mathcal{X})=\int p(\boldsymbol{x}|\boldsymbol{\theta})p(\boldsymbol{\theta}|\mathcal{X})\mathrm{d}\boldsymbol{\theta} \tag{3.65}$$

其中利用了在给定 $\boldsymbol{\theta}=\boldsymbol{\theta}$ 时 $\mathbf{x}$ 关于 $\mathcal{X}$ 的条件独立性，即 $p(\boldsymbol{x}\mid\mathcal{X},\boldsymbol{\theta})=p(\boldsymbol{x}\mid\boldsymbol{\theta})$。实际上，如果给定了 $\boldsymbol{\theta}$ 值，则条件概率 $p(\boldsymbol{x}\mid\boldsymbol{\theta})$ 就是完全定义的了，不再依赖于 $\mathcal{X}$。而如果 $\boldsymbol{\theta}$ 未知，
103 则 $\mathbf{x}$ 对 $\mathcal{X}$ 的依赖是通过 $\boldsymbol{\theta}$ 实现的。式(3.65)通过利用观测数据提供的信息以及关于参数 $\boldsymbol{\theta}$ 所采用的函数依赖的信息，得出了未知 PDF 的估计。注意，这与我们在 ML 方法中所做的不同，在 ML 方法中我们利用观测数据求得参数向量的估计值，而在这里我们假设参数是随机变量，然后通过 $p(\boldsymbol{\theta})$ 提供关于参数 $\boldsymbol{\theta}$ 的先验知识，并对联合概率密度函数 $p(\boldsymbol{x},\boldsymbol{\theta}\mid\mathcal{X})$ 进行积分。

一旦得到了 $p(\boldsymbol{x}\mid\mathcal{X})$，它就可以用于预测。假设我们得到了观测值 $\boldsymbol{x}_1,\boldsymbol{x}_2,\cdots,\boldsymbol{x}_N$，则我们对下一个值 $\boldsymbol{x}_{N+1}$ 的估计可以通过 $p(\boldsymbol{x}_{N+1}\mid\mathcal{X})$ 确定。很明显，$p(\boldsymbol{x}\mid\mathcal{X})$ 的形式通常随着新观测值的获得而变化，这是因为每当得到一个观测值，则关于变量随机性的部分不确定性将被移除。

例 3.8　考虑式(3.33)的简化线性回归任务，并假设 $x=1$。正如我们已经说过的，这个问题是估计埋藏在噪声中的一个常数值。这里采用的方法将遵循贝叶斯哲学。假设噪

声样本独立同分布地采样自均值为零、方差为 σ_η^2 的高斯分布。另外，我们通过先验分布

$$p(\theta)=\mathcal{N}(\theta_0,\sigma_0^2) \tag{3.66}$$

加入我们关于未知参数 θ 的先验知识。也就是说，我们假设 θ 的值在 θ_0 附近，且 σ_0^2 量化了我们对先验知识的不确定度。根据式(3.63)和式(3.64)并调整为当前采用的符号，我们的目标首先是在给定一组测量值 $\boldsymbol{y}=[y_1,\cdots,y_N]^{\mathrm{T}}$ 时求出一个后验 PDF，然后得到 $\mathbb{E}[\theta\mid\boldsymbol{y}]$。我们有

$$\begin{aligned}p(\theta|\boldsymbol{y})&=\frac{p(\boldsymbol{y}|\theta)p(\theta)}{p(\boldsymbol{y})}=\frac{1}{p(\boldsymbol{y})}\left(\prod_{n=1}^{N}p(y_n|\theta)\right)p(\theta)\\&=\frac{1}{p(\boldsymbol{y})}\left(\prod_{n=1}^{N}\frac{1}{\sqrt{2\pi}\sigma_\eta}\exp\left(-\frac{(y_n-\theta)^2}{2\sigma_\eta^2}\right)\right)\times\\&\quad\frac{1}{\sqrt{2\pi}\sigma_0}\exp\left(-\frac{(\theta-\theta_0)^2}{2\sigma_0^2}\right)\end{aligned} \tag{3.67}$$

对式(3.67)进行一些代数运算(习题 3.25)，可得：

$$p(\theta|\boldsymbol{y})=\frac{1}{\sqrt{2\pi}\sigma_N}\exp\left(-\frac{(\theta-\bar{\theta}_N)^2}{2\sigma_N^2}\right) \tag{3.68}$$

其中

$$\bar{\theta}_N=\frac{N\sigma_0^2\bar{y}_N+\sigma_\eta^2\theta_0}{N\sigma_0^2+\sigma_\eta^2} \tag{3.69}$$ 104

其中 $\bar{y}_N=\frac{1}{N}\sum_{n=1}^{N}y_n$ 是观测值的样本均值，以及

$$\sigma_N^2=\frac{\sigma_\eta^2\sigma_0^2}{N\sigma_0^2+\sigma_\eta^2} \tag{3.70}$$

换句话说，如果先验分布和似然函数都是高斯分布，那么后验分布也是高斯分布。而且，后验分布的均值和方差分别由式(3.69)和式(3.70)给出。

观察到随着观测值数量的增加，$\bar{\theta}_N$ 趋向于观测值的样本均值。回想一下，后者是 ML 方法得出的估计值。还要注意，方差随着观测值数量的增加而减小，这符合常识，因为更多的观测值意味着更少的不确定性。图 3.10 展示了前面的结果。其中数据样本 y_n 是由均值为 $\theta=1$、方差为 $\sigma_\eta^2=0.1$ 的高斯伪随机数生成器生成的，所以常数的真实值等于 1。我们使用的先验分布是均值为 $\theta_0=2$、方差为 $\sigma_0^2=6$ 的高斯分布。可观察到，随着 N 的增加，后验 PDF 越来越窄，且其均值趋于真实值 1。

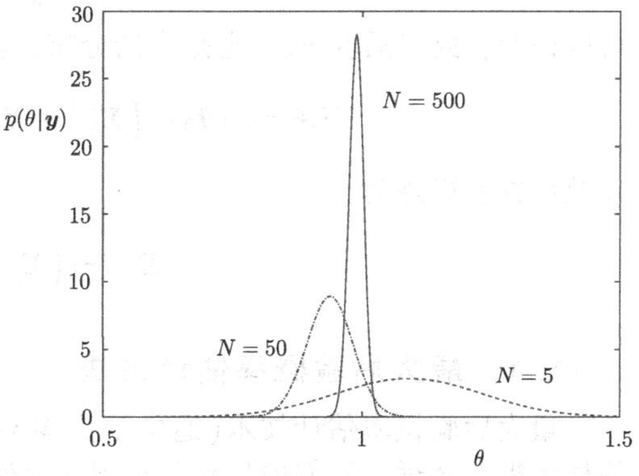

图 3.10　注意到在贝叶斯推断方法中，随着观测值数量的增加，未知参数真值的不确定性降低，后验 PDF 的均值趋于真值且方差趋于零

需要指出的是，在这个例子中，ML 估

计和 LS 估计是相同的，即

$$\hat{\theta}=\frac{1}{N}\sum_{n=1}^{N}y_n=\bar{y}_N$$

如果我们把 σ_0^2 设得非常大(通常当我们对 θ_0 的初始估计值没有任何信心时可给 σ_0^2 赋一个
105 非常大的值)，则上式也适用于式(3.69)的均值。实际上，这相当于不使用任何先验信息。

现在让我们研究一下，如果我们对 θ_0 的先验知识以约束的形式“嵌入”LS 准则中，会发生什么。这可以通过修改式(3.40)中的约束来实现，即

$$(\theta-\theta_0)^2\leqslant\rho \tag{3.71}$$

则可以导出如下的拉格朗日函数最小化问题

$$\text{最小化}\quad L(\theta,\lambda)=\sum_{n=1}^{N}(y_n-\theta)^2+\lambda\left((\theta-\theta_0)^2-\rho\right) \tag{3.72}$$

关于 θ 求导数，并令其等于零，可得

$$\hat{\theta}=\frac{N\bar{y}_N+\lambda\theta_0}{N+\lambda}$$

当 $\lambda=\sigma_\eta^2/\sigma_0^2$ 时，上式与式(3.69)相同。这不禁让我们感叹世界如此之小！这种情况之所以发生，是因为我们对似然函数和先验分布都使用了高斯分布。对于其他形式的 PDF，则不一定是这样的。然而，这个例子表明先验分布和约束条件之间存在密切的关系，它们都试图施加先验信息。每个方法有其独特的方式且有各自的利弊。在第 12 章和第 13 章中，我们对贝叶斯推断任务进行了扩展讨论，我们将看到，作为一种防止过拟合的方法，正则化的本质也是贝叶斯方法的核心。

我们可能会问，与确定性的参数估计方法相比，贝叶斯推断是否提供了更多的信息？毕竟，当我们的目标是获得未知参数的一个特定值时，通过对高斯后验分布求均值可得到与正则化 LS 方法相同的解。然而，即使对这个简单的情形，贝叶斯推断也很容易提供一些额外的信息，比如围绕均值的方差的估计，这对于我们评估估计值的可信度很有价值。当然，只有所采用的 PDF 能很好地描述现有过程的统计性质时，上述结论才成立[24]。

最后，可以证明(习题 3.26)，前面的结果可推广到更一般的线性回归模型，即噪声为 3.10 节中的非白高斯噪声，此时回归模型为

$$\boldsymbol{y}=X\boldsymbol{\theta}+\boldsymbol{\eta}$$

可以证明，此时后验 PDF 也是高斯分布，其均值等于

$$\mathbb{E}[\boldsymbol{\theta}|\boldsymbol{y}]=\boldsymbol{\theta}_0+\left(\Sigma_0^{-1}+X^{\mathrm{T}}\Sigma_\eta^{-1}X\right)^{-1}X^{\mathrm{T}}\Sigma_\eta^{-1}(\boldsymbol{y}-X\boldsymbol{\theta}_0) \tag{3.73}$$

以及协方差矩阵为

106

$$\Sigma_{\theta|y}=\left(\Sigma_0^{-1}+X^{\mathrm{T}}\Sigma_\eta^{-1}X\right)^{-1} \tag{3.74}$$

3.11.1 最大后验概率估计方法

最大后验概率估计技术(通常记为 MAP)基于贝叶斯定理，但是它没有像贝叶斯哲学那样走得那么远。我们的目标是得到一个使式(3.63)最大化的估计值，即

$$\boxed{\hat{\boldsymbol{\theta}}_{\mathrm{MAP}}=\arg\max_{\boldsymbol{\theta}}p(\boldsymbol{\theta}|\mathcal{X}):\quad \text{MAP估计}} \tag{3.75}$$

由于 $p(\mathcal{X})$ 独立于 $\boldsymbol{\theta}$，可导出

$$\begin{aligned}\hat{\boldsymbol{\theta}}_{\text{MAP}} &= \arg\max_{\boldsymbol{\theta}} p(\mathcal{X}|\boldsymbol{\theta})p(\boldsymbol{\theta}) \\ &= \arg\max_{\boldsymbol{\theta}} \{\ln p(\mathcal{X}|\boldsymbol{\theta}) + \ln p(\boldsymbol{\theta})\}\end{aligned} \tag{3.76}$$

考虑例 3.8，通过简单的推导可得 MAP 估计为

$$\hat{\theta}_{\text{MAP}} = \frac{N\bar{y}_N + \dfrac{\sigma_\eta^2}{\sigma_0^2}\theta_0}{N + \dfrac{\sigma_\eta^2}{\sigma_0^2}} = \bar{\theta}_N \tag{3.77}$$

注意到对于这种情况，当 $\lambda = \sigma_\eta^2/\sigma_0^2$ 时，MAP 估计值和正则化 LS 解相同。再一次，我们验证了采用未知参数的先验 PDF 相当于进行了正则化，它将可用的先验信息嵌入问题中。

附注 3.4

- 注意对于例 3.8，随着 N 的增加，三个估计量即 ML、MAP 和贝叶斯（取均值）估计量渐近地达到相同的估计值。这个结果适用于更一般的情况，对于其他 PDF 以及参数向量的情形都是正确的。随着观测值数量的增加，我们的不确定度降低，$p(\mathcal{X}\mid\boldsymbol{\theta})$ 和 $p(\boldsymbol{\theta}\mid\mathcal{X})$ 都在 $\boldsymbol{\theta}$ 的一个值附近急剧地达到峰值。这会迫使所有的方法得出相似的估计值。然而，对于有限的 N 值，所得到的估计值是不同的。近年来，正如我们将在第 12 章和第 13 章所看到的，贝叶斯方法已经变得非常流行，对于一些实际问题来说似乎是这三种方法的首选。
- 贝叶斯方法中先验 PDF 的选择并不是一个无害的任务。在例 3.8 中，我们将似然函数和先验 PDF 都取为高斯分布，在这种情况下后验 PDF 也是高斯分布。这样选择的好处是我们可以得到闭形式的解。不过情况并不总是这样，后验 PDF 的计算可能需要用到抽样方法或其他逼近技术。我们将在第 12 章和第 14 章继续讨论。不过，高斯分布并不是唯一一个具备能导出闭形式解优良性质的分布族。在概率论中，如果后验分布与先验分布具有相同的形式，我们称 $p(\boldsymbol{\theta})$ 是似然函数 $p(\mathcal{X}\mid\boldsymbol{\theta})$ 的*共轭先验*，这时所涉及的积分可以以闭形式进行（参见文献[15, 30]和本书第 12 章内容）。由此可知，高斯分布 PDF 是它自身的共轭。 107
- 为了教学的目的，在这里总结一下高斯分布 PDF 所具有的一些良好性质，这是很有用的。到目前为止，我们已经在本书不同的章节和习题中见到了这些性质：1) 它是自身的共轭；2) 如果两个随机变量（向量）是联合高斯的，那么它们的边际 PDF 也是高斯的，一个变量关于另一个变量的后验 PDF 也是高斯的；3) 联合高斯变量的线性组合是高斯的；4) 作为副产品，统计独立的高斯随机变量之和也是高斯的；5) 中心极限定理指出，大量独立随机变量的和随着求和个数的增加趋向于高斯分布。

3.12　维数灾难

在本章的许多地方，我们都提到需要大量的训练数据点。在 3.9.2 节中讨论偏差–方差权衡时，我们知道，为了得到一个较低的总体 MSE，模型的复杂性（参数数量）相对于训练点的数量应该足够小。在 3.8 节讨论过拟合时，我们指出如果训练点的数量相对于参数的数量较小，就会发生过拟合。

现在就产生一个问题，即若要所设计的预测器达到希望的性能，那么训练数据集至少应该多大？这个问题的答案很大程度上取决于输入空间的维数。结果表明，输入空间的维数越大，需要的数据点就越多。这与所谓的*维数灾难*有关，这个术语是在文献[4]中首次提出的。 108

假设给定相同数量的 N 个点，随机扔在两个不同空间中的单位立方体(超立方体)中，其中一个空间维数很低，另外一个是非常高维的空间。那么，后一种情况下点之间的平均距离将比低维空间情形下大得多。事实上，平均距离依赖于类似指数项($N^{-1/l}$)的项，其中 l 是空间的维数[14，37]。例如，在二维空间中 10^{10} 个点之间的平均距离是 10^{-5}，而在 40 维空间中则是 1.83。图 3.11 展示了两个情形，每个情形包含 100 个点。红色点位于长度为 1 的(一维)线段上且根据均匀分布产生。灰色点覆盖单位面积的一个(二维)正方形区域，且根据二维均匀分布产生。可以观察到，与线段相比，正方形区域中的点更为稀疏。越高维空间中的点分布越稀疏，这是个一般的趋势，此时需要更多的数据点来填充空间。在参数空间中拟合模型，我们必须有足够多的数据，足够好地覆盖空间中的所有区域，以便能够很好地学习输入–输出之间的函数依赖关系(习题 3.13 题)。

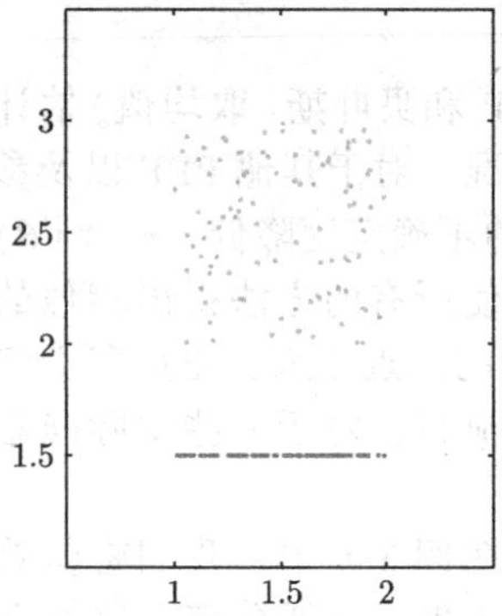

图 3.11　展示维数灾难的一个简单实验。从均匀分布中随机产生 100 个点，分别填充单位长度的一维线段($[1,2]\times\{1.5\}$)(红色)，以及单位面积的二维矩形区域$[1,2]\times[2,3]$(灰色)。可以看出，虽然两种情况下的点的数量是相同的，但是相比于线段的情形，矩形区域内点的分布更稀疏

有各种各样的方法来处理维数灾难，以及试图以最好的方式利用可用的数据集。一个流行的方向是通过将输入/特征向量投影到低维子空间或流形上来获得次优解。通常情况下，这样的方法会导致更小的性能损失，因为原始的训练数据虽然生成在很高维的空间中，但由于客观存在的依赖关系限制了自由参数的数量，实际上它们可能“生活”在一个低维度的子空间或流形中。比如数据是三维向量，但是它们可能位于一条直线周围，这条直线是一维的线性流形(仿射集，若通过原点则为子空间)，或者位于嵌入在三维空间中的一个圆(一维非线性流形)的周围。在这种情况下，自由参数的真实数目等于1，这是因为一个自由参数就足以描述点在圆上或直线上的位置。自由参数的真实数目也称为问题的固有维数。现在的挑战变为学习待投影的子空间/流形，这些问题将在第 19 章中详细讨论。

最后，必须指出的是，输入空间的维数并不总是决定性的问题。在模式识别中，关键因素是所谓的分类器的 VC-维。在许多分类器中，如(广义)线性分类器或神经网络(将在第 18 章中讨论)，VC-维与输入空间的维数直接相关。但是，也可以设计一些分类器，如支持向量机(第 11 章)，它的性能与输入空间没有直接关系，并且可以在非常高维(甚至无限维)的空间中有效地设计[37，40]。

3.13　验证

从前面的章节中，我们已经知道，针对一组训练点的“好”的估计，对于其他数据集不一定是好的。这在任何机器学习任务中都是一个重要的方面，方法的性能可能会因训练集的随机选择而有所不同。在任何机器学习任务中一个主要阶段是量化/预测所设计的(预测)模型预期在实践中的性能。根据训练数据集“衡量”性能将得出“乐观”的性能指标值，这一点并不令人意外，因为估计值是在同一个集合上优化得出的。这一倾向在 20 世纪 30 年代早期就已为人所知[22]。例如，如果模型足够复杂，有大量的自由参数，训练

109

误差甚至可能变为零，因为这时可以实现对数据的完美拟合。更有意义、更公平的是寻找一个估计量的泛化性能，即在不同数据集上计算出来的平均性能，这些数据集没有参与模型训练(参见 3.9.2 节最后一段)。与此平均性能相关的误差称为测试误差或泛化误差[⊖]。

图 3.12 展示了我们预期将在实践中得到的典型性能。我们在图中绘制了随着模型复杂度的变化在(单个)训练数据集上得到的误差与(平均)测试误差。相对于可用训练集，如果试图拟合一个很复杂的模型，则在训练集上得到的误差将过于乐观。相反，由测试误差表示的真实误差将取较大的值。在性能指标为 MSE 的情况下，这主要是由方差项造成的(3.9.2 节)。另一方面，如果模型过于简单，也会导致测试误差过大。对于 MSE 的情况，这一次的贡献主要是由偏差项造成的。所以我们的想法是取对应于该曲线最小值的模型复杂度。事实上，这就是各种模型选择技术试图预测的点。

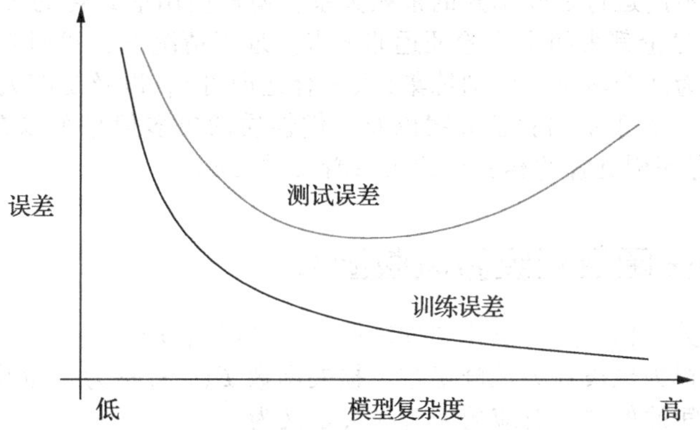

图 3.12　随着模型复杂度的增加，训练误差趋于零；对于具有大量自由参数的足够复杂的模型，训练数据的完美拟合是可能的。然而，到达某个特定点之前，测试误差最初会减少，因为更复杂的模型在某种程度上能更好地“学习”数据。在复杂度达到那个点之后，测试误差会增加

对于一些简单的情况，在一定的涉及底层模型的假设下，我们可以得出解析的公式来量化数据集改变时的平均性能。然而，在实践中情况通常不是这样，我们必须有一种方法来测试所得分类器/预测器的性能。这个过程被称为是验证，我们有许多可供选择的方法。 110

假设有足够的数据供设计人员使用，可以将数据分成两部分，一部分用于训练，另一部分用于性能测试。例如，在分类器的情况下，针对测试数据集计算错误概率；或者对于回归任务计算 MSE；也可以使用其他的拟合度量。如果选择这种方法，相对于模型的复杂度而言，我们必须确保训练集的大小和测试集的大小都足够大。大的测试数据集能提供一个统计上可靠的测试误差结果。特别是在比较不同方法时，为了保证得到可靠的结论，它们性能的差异越小，就必须增大测试集的大小([37]，第 10 章)。

3.13.1　交叉验证

在实践中，通常可用数据的大小是不够的，人们不能为了测试而“丢失”训练集中的一部分数据。这种情况下交叉验证是一种非常常用的技术。交叉验证已经被重新发现了很多次，但是，据我们所知，第一个发表可以追溯到文献[25]。根据这种方法，数据集被分割成 K 个大小大致相同的部分。我们重复训练 K 次，每次选择一个数据部分(每次都不同)用于测试，其余的 $K-1$ 个部分用于训练。这在测试时有一个优势，即测试的那部分数据并没有涉及训练，因此可以认为是独立的，并且同时，我们最终使用了所有的数据进行训练和测试。完成后，我们可以通过平均或另一种更高级的方法合并得到的 K 个估计值，

⊖ 请注意，一些作者使用术语泛化误差来表示测试和训练误差之间的区别。这种差异的另一个术语是泛化差距。

以及合并来自测试集的误差以获得对估计量在实际应用中测试误差的更好的估计。这种方法被称为 K 折交叉验证。一个极端的例子是 $K=N$，这样每次只剩下一个样本进行测试。这种方法有时被称为留一(LOO)交叉验证。我们为 K 折交叉验证付出的代价是训练 K 次的复杂度。在实践中，K 值很大程度上取决于具体应用，但典型值在 5~10 之间。

测试误差的交叉验证估计量是非常接近无偏的，产生轻微偏差的原因是交叉验证中的训练集比实际数据集略小。这种偏差的影响是保守的，因为所估计的拟合将略微偏向较差拟合的方向。在实践中，这种偏差很少引起关注，尤其是在 LOO 情形，此时每次仅漏掉一个样本。然而，交叉验证估计量的方差可能较大，在比较不同方法时必须考虑到这一点。文献[13]建议使用自助(bootstrap)技术，以减少交叉验证方法得到的误差预测的方差。

此外，除了复杂性和高方差，交叉验证方案还受到其他指责。比如不幸的是，训练集之间的重叠引入了不同运行之间未知的依赖关系，使得使用形式化的统计测试变得非常困难[11]。所有这些讨论都表明交叉验证远非无害。理想情况下，我们应该拥有足够大的数据集，并将其划分为几个不重叠的训练集(大小合适即可)，以及足够大的几个单独的测试集(或单个测试集)。关于不同验证方案以及它们性质的更多信息可以在文献[3，12，17，
111 37]中找到，一个有深刻见解的相关讨论可参看文献[26]。

3.14 期望损失函数和经验风险函数

前面介绍过的关于估计量的泛化和训练性能，可以通过期望损失的概念给出形式化的描述。有时，期望损失也被称为风险函数。损失函数 $\mathcal{L}(\cdot,\cdot)$ 是为了量化预测值 $\hat{y}=f(\boldsymbol{x})$ 和相应的真实值 y 之间的偏差，对应的期望损失定义为

$$J(f) := \mathbb{E}\left[\mathcal{L}(\mathrm{y}, f(\mathbf{x}))\right] \tag{3.78}$$

或更显式地

$$\boxed{J(f) = \int\cdots\int \mathcal{L}\big(y, f(\boldsymbol{x})\big)p(y,\boldsymbol{x})\mathrm{d}y\mathrm{d}\boldsymbol{x}：\ \text{期望损失函数}} \tag{3.79}$$

若相应变量是离散的，则积分被求和代替。为求出关于所有可能的输入-输出对的最优估计量，事实上，这就是我们想要对 $f(\cdot)$ 进行优化的理想的代价函数。然而，即便我们知道联合分布的函数形式，这样的优化也通常是一个非常困难的任务。因此，在实践中我们不得不满足于两个近似。第一，要搜索的函数被限制在一个特定的族 $\mathcal{F}$ 中(在本章中，我们主要关注参数化描述的函数族)。第二，由于联合分布是未知的，以及积分可能无法进行解析处理，因此期望损失用所谓的经验损失逼近，定义为

$$\boxed{J_N(f) = \frac{1}{N}\sum_{n=1}^{N}\mathcal{L}\big(y_n, f(\boldsymbol{x}_n)\big)：\ \text{经验风险函数}} \tag{3.80}$$

例如，前面讨论过的 MSE 函数是与平方误差损失函数相关的期望损失函数，而平方误差代价的和是对应的经验风险函数。当 N 足够大，并假设函数族有足够的限制㊀时，我们预期通过优化 J_N 得到的结果接近于通过优化 J 得到的结果(参见[40])。

从验证的角度来看，给定任意的预测函数 $f(\cdot)$，我们所称的测试误差对应于式(3.79)中的 J 值，而训练误差对应于式(3.80)中的 J_N 值。

㊀ 也就是说，函数族不是很大。为简单起见，以二次函数为例，它比线性函数族要大，因为后者是前者的特例(子集)。

现在我们可以进一步讨论，这将揭示更多关于机器学习中准确性–复杂性权衡的秘密。设 f_* 为使期望损失最优的函数，即

$$f_* := \arg\min_{f} J(f) \tag{3.81}$$ 112

令 $f_{\mathcal{F}}$ 为限制在函数族 $\mathcal{F}$ 中使期望损失最优的函数，即

$$f_{\mathcal{F}} := \arg\min_{f\in\mathcal{F}} J(f) \tag{3.82}$$

同时定义

$$f_N := \arg\min_{f\in\mathcal{F}} J_N(f) \tag{3.83}$$

则可以很容易写出

$$\boxed{\begin{aligned}\mathbb{E}\left[J(f_N)-J(f_*)\right] = & \underbrace{\mathbb{E}\left[J(f_{\mathcal{F}})-J(f_*)\right]}_{\text{逼近误差}}+\\ & \underbrace{\mathbb{E}\left[J(f_N)-J(f_{\mathcal{F}})\right]}_{\text{估计误差}}\end{aligned}} \tag{3.84}$$

如果采用的不是整体最优函数，而是限制在某个函数族中的最优函数，则*逼近误差*衡量了相应的泛化误差的偏差。*估计误差*衡量的是由于优化经验风险而非期望损失产生的偏差。如果选择的函数族非常大，那么我们预计逼近误差将很小。因为有很高的概率 f_* 会接近函数族中的一个成员。但此时估计误差会很大，因为对于固定数量 N 的数据点，拟合一个复杂的函数有可能导致过拟合。例如，如果函数族是一个非常高次的多项式类，那么就需要估计非常多的参数，并出现过拟合。如果函数类很小，则情况相反。在参数化建模中，函数族的复杂性与自由参数的数量有关。然而，事情并没有这么简单。事实上，复杂性实际上是由相应函数集的所谓*容量*来度量的。3.12 节中提到的 VC-维与所考虑的分类器族的容量直接相关。更多关于这些问题的理论探讨可以参看文献[10，40，41]。

3.14.1　可学习性

在一般情况中，一个至关重要的问题是，仅基于一个有限的观测集$(y_n, \boldsymbol{x}_n)$，$n=1, 2,\cdots,N$，随着 $N\to\infty$，式(3.79)中的期望损失能否被最小化到一个*任意精度*。这不是一个算法问题，即不是完成这个任务有多高效的问题。这是一个所谓的*可学习性*问题，是指在统计上是否可能使用式(3.80)中的经验风险函数来代替期望代价函数。

对于监督分类和回归问题，已经证明，一个任务是可学习的*当且仅当*经验代价 $J_N(f)$ *对于所有* $f\in\mathcal{F}$ *一致收敛*于期望损失函数(参见[2，7])。然而，对于其他学习任务来说，情况不一定如此。事实上，可以证明存在着无法通过经验风险函数学习到的任务。相反，它们可以通过其他机制学习(参见[34])。对于这种情况，*算法稳定性*的概念代替了一致收敛的概念。 113

3.15　非参数建模和非参数估计

本章关注点在参数估计任务以及从输入–输出依赖的参数函数建模的思想中产生的技术。然而，正如本章开始所说的，除了参数建模之外，贯穿统计估计领域的另一种哲学是*非参数建模*。这条路线有两个方面。

在最经典的版本中，估计任务不涉及任何参数。这类方法的典型例子有未知分布的直方图近似、密切相关的帕仁窗方法[28]和 k 近邻密度估计(参见[37，38])。后一种方法

与最广为人知和最常用的分类方法之一 k 近邻分类规则(将在第 7 章中讨论)有关。为了完整起见，这些方法背后的基本原理在与本章相关的附加材料部分中提供，并可从本书的网站下载。

非参数建模的另一条路线是当参数出现时，虽然它们的数量是不固定的，是先验选择的，但它会随着训练示例的数量而增长。我们将在第 11 章再生核希尔伯特空间(RKHS)的背景中讨论这种模型。在那里，不再参数化函数族，即我们对寻找预测模型的搜索过程进行限制，将候选解限制在一个特定的函数空间内。贝叶斯学习背景下的非参数模型也将在第 13 章中讨论。

习题

3.1　对式(3.13)中给出的线性回归情况，证明其最小二乘最优解。

3.2　令 $\hat{\boldsymbol{\theta}}_i$，$i=1,2,\cdots,m$ 是参数向量 $\boldsymbol{\theta}$ 的无偏估计量，即有 $\mathbb{E}[\hat{\boldsymbol{\theta}}_i]=\boldsymbol{\theta}$，$i=1,2,\cdots,m$。此外，假设各个估计量彼此不相关，并且都有相同的(总)方差 $\sigma^2=\mathbb{E}[(\boldsymbol{\theta}_i-\boldsymbol{\theta})^{\mathrm{T}}(\boldsymbol{\theta}_i-\boldsymbol{\theta})]$。对估计量求平均得到的新的估计量

$$\hat{\boldsymbol{\theta}}=\frac{1}{m}\sum_{i=1}^{m}\hat{\boldsymbol{\theta}}_i$$

证明它的总方差为 $\boldsymbol{\sigma}_c^2:=\mathbb{E}[(\hat{\boldsymbol{\theta}}-\boldsymbol{\theta})^{\mathrm{T}}(\hat{\boldsymbol{\theta}}-\boldsymbol{\theta})]=\frac{1}{m}\sigma^2$。

3.3　设随机变量 x 服从区间 $\left[0,\frac{1}{\theta}\right]$，$\theta>0$ 上的均匀分布。假设函数[⊖] g 定义了一个 θ 的估计量 $\hat{\theta}:=g(x)$。若这个估计量是无偏的，则下式必成立：

$$\int_0^{\frac{1}{\theta}}g(x)\,\mathrm{d}x=1$$

114 但是，证明这样的函数 g 是不存在的。

3.4　函数族 $\{p(\mathcal{D};\boldsymbol{\theta})：\boldsymbol{\theta}\in\mathcal{A}\}$ 被称为是完备的，如果对任意向量函数 $\boldsymbol{h}(\mathcal{D})$，若由 $\mathbb{E}_{\theta}[\boldsymbol{h}(\mathcal{D})]=\mathbf{0}$，$\forall\boldsymbol{\theta}$ 可推出 $\boldsymbol{h}=\mathbf{0}$。

证明若 $\{p(\mathcal{D};\boldsymbol{\theta})：\boldsymbol{\theta}\in\mathcal{A}\}$ 是完备的，且存在一个 MVU 估计量，则该估计量是唯一的。

3.5　设 $\hat{\theta}_u$ 是一个无偏估计量，即 $\mathbb{E}[\hat{\theta}_u]=\theta_o$，定义一个有偏的估计量 $\hat{\theta}_b=(1+\alpha)\hat{\theta}_u$。证明满足 $\hat{\theta}_b$ 的 MSE 小于 $\hat{\theta}_u$ 的 MSE 的 α 的取值范围是

$$-2<-\frac{2\mathrm{MSE}(\hat{\theta}_u)}{\mathrm{MSE}(\hat{\theta}_u)+\theta_o^2}<\alpha<0$$

3.6　证明对于习题 3.5，α 的最优值为

$$\alpha_*=-\frac{1}{1+\frac{\theta_o^2}{\mathrm{var}(\hat{\theta}_u)}}$$

当然，其中无偏估计量的方差等于相应的 MSE。

3.7　证明当积分和微分的顺序可以互换时，克拉美-罗界的正则条件是成立的。

3.8　当训练数据来源于如下的线性模型时，推导 LS 估计量的克拉美-罗界

$$y_n=\theta x_n+\eta_n,\quad n=1,2,\cdots$$

其中，x_n 和 η_n 分别是方差为 σ_x^2 的零均值随机变量和方差为 σ_η^2 的零均值高斯随机变量的独立同分布样本。假设 x 和 η 是独立的，证明 LS 估计量仅渐近地达到克拉美-罗界。

3.9　考虑回归模型

⊖ 为了避免混淆，令 g 在 $\mathbb{R}$ 的区间上是勒贝格可积的。

$$y_n=\boldsymbol{\theta}^{\mathrm{T}}\boldsymbol{x}_n+\eta_n,\quad n=1,2,\cdots,N$$

其中噪声样本 $\boldsymbol{\eta}=[\eta_1,\cdots,\eta_N]^{\mathrm{T}}$ 来自一个零均值高斯随机向量，其协方差矩阵为 Σ_η。如果 $X=[\boldsymbol{x}_1,\cdots,\boldsymbol{x}_N]^{\mathrm{T}}$ 表示输入矩阵，$\boldsymbol{y}=[y_1,\cdots,y_N]^{\mathrm{T}}$，证明

$$\hat{\boldsymbol{\theta}}=\left(X^{\mathrm{T}}\Sigma_\eta^{-1}X\right)^{-1}X^{\mathrm{T}}\Sigma_\eta^{-1}\boldsymbol{y}$$

是一个有效估计。

这里需要注意，前面的估计与 ML 估计是一致的。此外，当 $\Sigma_\eta=\sigma^2I$ 时，ML 估计等于 LS 估计。

3.10　假设 $\mathcal{X}=\{x_1,x_2,\cdots,x_N\}$ 是一个均值为 μ、方差为 σ^2 的随机变量的独立同分布样本，定义如下的量 115

$$S_\mu:=\frac{1}{N}\sum_{n=1}^{N}x_n,\quad S_{\sigma^2}:=\frac{1}{N}\sum_{n=1}^{N}(x_n-S_\mu)^2$$

$$\bar{S}_{\sigma^2}:=\frac{1}{N}\sum_{n=1}^{N}(x_n-\mu)^2$$

证明：如果 μ 是已知的，那么 $\bar{S}_{\sigma^2}$ 是 σ^2 的一个充分统计量。此外，在 (μ,σ^2) 都未知的情况下，则 (S_μ,S_{σ^2}) 是它们的一个充分统计量。

3.11　证明：求解任务

$$\text{最小化}\quad L(\boldsymbol{\theta},\lambda)=\sum_{n=1}^{N}\left(y_n-\theta_0-\sum_{i=1}^{l}\theta_i x_{ni}\right)^2+\lambda\sum_{i=1}^{l}|\theta_i|^2$$

等价于

$$\text{最小化}\quad L(\boldsymbol{\theta},\lambda)=\sum_{n=1}^{N}\left((y_n-\bar{y})-\sum_{i=1}^{l}\theta_i(x_{ni}-\bar{x}_i)\right)^2+\lambda\sum_{i=1}^{l}|\theta_i|^2$$

并且 θ_0 的估计为

$$\hat{\theta}_0=\bar{y}-\sum_{i=1}^{l}\hat{\theta}_i\bar{x}_i$$

3.12　本习题和例 3.4 有关。例 3.4 考虑了一个实值未知参数 θ_o 的线性回归任务。证明若满足

$$\begin{cases}\lambda\in(0,\infty), & \theta_o^2\leqslant\frac{\sigma_\eta^2}{N}\\ \lambda\in\left(0,\dfrac{2\sigma_\eta^2}{\theta_o^2-\frac{\sigma_\eta^2}{N}}\right), & \theta_o^2>\dfrac{\sigma_\eta^2}{N}\end{cases}$$

则有 $\mathrm{MSE}(\hat{\theta}_b(\lambda))<\mathrm{MSE}(\hat{\theta}_{\mathrm{MVU}})$，即岭回归估计的 MSE 比 MVU 估计的 MSE 更低。而且，岭回归估计的最小 MSE 在 $\lambda_*=\sigma_\eta^2/\theta_o^2$ 处取到。

3.13　再次考虑与习题 3.9 相同的回归模型，但这次令 $\Sigma_{\boldsymbol{\eta}}=I_N$。计算预测的 MSE，即 $\mathbb{E}[(\mathrm{y}-\hat{\mathrm{y}})^2]$，其中 y 是真实响应，$\hat{\mathrm{y}}$ 为预测值，均为在给定测试点 $\boldsymbol{x}$ 并利用如下的 LS 估计量得到的

$$\hat{\boldsymbol{\theta}}=\left(X^{\mathrm{T}}X\right)^{-1}X^{\mathrm{T}}\mathbf{y}$$

LS 估计量是通过一组 N 个观测值得到的，观测值收集在(固定的)输入矩阵 X 和 $\mathbf{y}$ 中，这些记号在本章前面介绍过。这里的期望 $\mathbb{E}[\cdot]$ 是对 y、训练数据 $\mathcal{D}$ 和测试点 $\mathbf{x}$ 求的，观察 MSE 对空间维数的依赖关系。 116

提示：首先考虑给定一个测试点 $\boldsymbol{x}$ 时的 MSE，然后对所有测试点求平均。

3.14　假设生成数据的模型是

$$y_n = A\sin\left(\frac{2\pi}{N}kn+\phi\right)+\eta_n$$

其中 $A>0$，且 $k\in\{1,2,\cdots,N-1\}$。假设 η_n 是方差 σ_η^2 的高斯噪声的独立同分布样本。证明基于 N 个观测点 y_n，$n=0,1,\cdots N-1$，不存在相位 ϕ 的无偏估计量能达到克拉美–罗界。

3.15　证明：若 $(\mathbf{y},\mathbf{x})$ 是两个联合分布的随机向量，取值在 $\mathbb{R}^k\times\mathbb{R}^l$ 中，则给定 $\mathbf{x}=\boldsymbol{x}$ 时 $\mathbf{y}$ 的 MSE 最优估计量是 $\mathbf{y}$ 关于 $\boldsymbol{x}$ 的回归，即 $\mathbb{E}[\mathbf{y}\mid\boldsymbol{x}]$。

3.16　假设 $\mathbf{x}$、$\mathbf{y}$ 是联合高斯随机向量，协方差矩阵为

$$\Sigma:=\mathbb{E}\left[\begin{bmatrix}\mathbf{x}-\boldsymbol{\mu}_x\\ \mathbf{y}-\boldsymbol{\mu}_y\end{bmatrix}\left[(\mathbf{x}-\boldsymbol{\mu}_x)^{\mathrm{T}},(\mathbf{y}-\boldsymbol{\mu}_y)^{\mathrm{T}}\right]\right]=\begin{bmatrix}\Sigma_x & \Sigma_{xy}\\ \Sigma_{yx} & \Sigma_y\end{bmatrix}$$

假设矩阵 Σ_x 和 $\bar{\Sigma}:=\Sigma_y-\Sigma_{yx}\Sigma_x^{-1}\Sigma_{xy}$ 是非奇异的，证明最优 MSE 估计量 $\mathbb{E}[\mathbf{y}\mid\boldsymbol{x}]$ 的形式如下

$$\mathbb{E}[\mathbf{y}|\boldsymbol{x}]=\mathbb{E}[\mathbf{y}]+\Sigma_{yx}\Sigma_x^{-1}(\boldsymbol{x}-\boldsymbol{\mu}_x)$$

注意，$\mathbb{E}[\mathbf{y}\mid\boldsymbol{x}]$ 是 $\boldsymbol{x}$ 的仿射函数。换句话说，一般情况下 $\mathbf{y}$ 的 MSE 最优估计是一个非线性函数，但对于 $\mathbf{x}$ 和 $\mathbf{y}$ 为联合高斯分布的情形，$\mathbf{y}$ 的 MSE 最优估计变成了 $\boldsymbol{x}$ 的仿射函数。

在 x、y 是标量随机变量的特殊情况下，则有

$$\mathbb{E}[\mathrm{y}|x]=\mu_y+\frac{\alpha\sigma_y}{\sigma_x}(x-\mu_x)$$

其中 α 表示相关系数，即

$$\alpha:=\frac{\mathbb{E}\left[(\mathrm{x}-\mu_x)(\mathrm{y}-\mu_y)\right]}{\sigma_x\sigma_y}$$

且有 $|\alpha|\leqslant 1$。还要注意，前面关于 Σ_x 和 $\bar{\Sigma}$ 非奇异的假设，在这个特例中，变为 $\sigma_x\neq 0\neq\sigma_y$。

提示：利用附录 A 中的矩阵求逆引理，用 Σ_x 在矩阵 Σ 中的舒尔(Schur)补 $\bar{\Sigma}$ 表示，并利用事实 $\det(\Sigma)=\det(\Sigma_y)\det(\bar{\Sigma})$。

3.17　假设给定 l 个联合高斯随机变量 $\{\mathrm{x}_1,\mathrm{x}_2,\cdots,\mathrm{x}_l\}$ 以及非奇异矩阵 $A\in\mathbb{R}^{l\times l}$。若 $\mathbf{x}:=[\mathrm{x}_1,\mathrm{x}_2,\cdots,\mathrm{x}_l]^{\mathrm{T}}$，证明向量 $\mathbf{y}=A\mathbf{x}$ 的分量也是联合高斯随机变量。

117　这个结果的一个直接推论是联合高斯变量的任何线性组合也是高斯的。

3.18　设 $\mathbf{x}$ 是协方差矩阵为 Σ_x 的联合高斯随机向量。考虑一般的线性回归模型

$$\mathbf{y}=\Theta\mathbf{x}+\boldsymbol{\eta}$$

其中 $\Theta\in\mathbb{R}^{k\times l}$ 为参数矩阵，$\boldsymbol{\eta}$ 是均值为零、协方差矩阵为 Σ_η 的噪声向量，且独立于 $\mathbf{x}$。证明 $\mathbf{y}$ 和 $\mathbf{x}$ 是联合高斯的，且协方差矩阵为

$$\Sigma=\begin{bmatrix}\Theta\Sigma_x\Theta^{\mathrm{T}}+\Sigma_\eta & \Theta\Sigma_x\\ \Sigma_x\Theta^{\mathrm{T}} & \Sigma_x\end{bmatrix}$$

3.19　证明高斯独立变量的线性组合也是高斯的。

3.20　证明如果一个参数估计问题存在一个充分统计量 $T(\mathcal{X})$，那么 $T(\mathcal{X})$ 就足以表示相应的 ML 估计。

3.21　证明如果有效估计量存在，那么它在 ML 意义上也是最优的。

3.22　一个实验的观测值为 x_n，$n=1,2,\cdots,N$，假设它们是独立的，且源自一个高斯分布 $\mathcal{N}(\mu,\sigma^2)$，均值和方差都是未知的。证明均值和方差的 ML 估计值分别为

$$\hat{\mu}_{\mathrm{ML}}=\frac{1}{N}\sum_{n=1}^{N}x_n,\quad \hat{\sigma}^2_{\mathrm{ML}}=\frac{1}{N}\sum_{n=1}^{N}(x_n-\hat{\mu}_{\mathrm{ML}})^2$$

3.23　观测值 x_n，$n=1,2,\cdots,N$ 来自如下的均匀分布

$$p(x;\theta)=\begin{cases}\dfrac{1}{\theta}, & 0\leqslant x\leqslant\theta\\ 0, & 其他\end{cases}$$

求 θ 的 ML 估计。

3.24　基于一组观测值 x_n，$n=1,2,\cdots,N$，求如下指数分布的参数 $\lambda(>0)$ 的 ML 估计

$$p(x)=\begin{cases}\lambda\exp(-\lambda x), & x\geqslant 0\\ 0, & x<0\end{cases}$$

3.25　假设 $\mu\sim\mathcal{N}(\mu_0,\sigma_0^2)$，随机过程 $\{x_n\}_{n=-\infty}^{\infty}$ 由独立同分布的随机变量组成，满足 $p(x_n\mid\mu)=\mathcal{N}(\mu,\sigma^2)$。考虑随机过程 $\{x_n\}_{n=-\infty}^{\infty}$ 的 N 个成员，令 $\mathcal{X}:=\{x_1,x_2,\cdots,x_N\}$，证明任意 $x=x_{n_0}$ 在给定条件 $\mathcal{X}$ 时的后验 $p(x\mid\mathcal{X})$ 是均值为 μ_n、方差为 σ_N^2 的高斯分布，其中

$$\mu_N:=\frac{N\sigma_0^2\bar{x}+\sigma^2\mu_0}{N\sigma_0^2+\sigma_\eta^2},\quad \sigma_N^2:=\frac{\sigma^2\sigma_0^2}{N\sigma_0^2+\sigma_\eta^2}$$ 118

3.26　证明：对于线性回归模型

$$\boldsymbol{y}=X\boldsymbol{\theta}+\boldsymbol{\eta}$$

如果先验分布概率为 $p(\boldsymbol{\theta})=N(\boldsymbol{\theta}_0,\Sigma_0)$，且噪声样本服从多元高斯分布 $p(\boldsymbol{\eta})=N(\boldsymbol{0},\Sigma_\eta)$，则后验概率 $p(\boldsymbol{\theta}\mid\boldsymbol{y})$ 也是高斯的。计算后验分布的均值向量和协方差矩阵。

3.27　假设 x_n，$n=1,2,\cdots,N$ 是来自高斯分布 $\mathcal{N}(\mu,\sigma^2)$ 的独立同分布观测值，如果先验服从指数分布

$$p(\mu)=\lambda\exp(-\lambda\mu),\quad \lambda>0,\mu\geqslant 0$$

求 μ 的 MAP 估计。

MATLAB 练习

3.28　编写一个 MATLAB 程序重现例 3.1 的结果和图。改变噪声方差的值。

3.29　编写一个 MATLAB 程序重现例 3.6 的结果。改变回归模型中的训练点数、涉及的多项式的次数和噪声方差。

参考文献

[1] H. Akaike, A new look at the statistical model identification, IEEE Trans. Autom. Control 19 (6) (1970) 716–723.
[2] N. Alon, S. Ben-David, N. Cesa-Bianci, D. Haussler, Scale-sensitive dimensions, uniform convergence and learnability, J. Assoc. Comput. Mach. 44 (4) (1997) 615–631.
[3] S. Arlot, A. Celisse, A survey of cross-validation procedures for model selection, Stat. Surv. 4 (2010) 40–79.
[4] R.E. Bellman, Dynamic Programming, Princeton University Press, Princeton, 1957.
[5] A. Ben-Israel, T.N.E. Greville, Generalized Inverses: Theory and Applications, second ed., Springer-Verlag, New York, 2003.
[6] D. Bertsekas, A. Nedic, O. Ozdaglar, Convex Analysis and Optimization, Athena Scientific, Belmont, MA, 2003.
[7] A. Blumer, A. Ehrenfeucht, D. Haussler, W. Warmuth, Learnability and the Vapnik-Chernovenkis dimension, J. Assoc. Comput. Mach. 36 (4) (1989) 929–965.
[8] S. Boyd, L. Vandenberghe, Convex Optimization, Cambridge University Press, Cambridge, 2004.
[9] H. Cramer, Mathematical Methods of Statistics, Princeton University Press, Princeton, 1946.
[10] L. Devroy, L. Györfi, G. Lugosi, A Probabilistic Theory of Pattern Recognition, Springer, New York, 1991.
[11] T.G. Dietterich, Approximate statistical tests for comparing supervised classification learning algorithms, Neural Comput. 10 (1998) 1895–1923.
[12] R. Duda, P. Hart, D. Stork, Pattern Classification, second ed., Wiley, New York, 2000.
[13] A. Efron, R. Tibshirani, Improvements on cross-validation: the 632+ bootstrap method, J. Am. Stat. Assoc. 92 (438) (1997) 548–560.
[14] J.H. Friedman, Regularized discriminant analysis, J. Am. Stat. Assoc. 84 (1989) 165–175.
[15] A. Gelman, J.B. Carlin, H.S. Stern, D.B. Rubin, Bayesian Data Analysis, second ed., CRC Press, Boca Raton, FL, 2003.
[16] S. Geman, E. Bienenstock, R. Doursat, Neural networks and the bias-variance dilemma, Neural Comput. 4 (1992) 1–58.
[17] T. Hastie, R. Tibshirani, J. Friedman, The Elements of Statistical Learning, second ed., Springer, New York, 2009.
[18] A.E. Hoerl, R.W. Kennard, Ridge regression: biased estimation for nonorthogonal problems, Technometrics 12 (1) (1970) 55–67.
[19] S. Kay, Y. Eldar, Rethinking biased estimation, IEEE Signal Process. Mag. 25 (6) (2008) 133–136. 119

[20] S. Kay, Statistical Signal Processing, Prentice Hall, Upper Saddle River, NJ, 1993.
[21] M. Kendall, A. Stuart, The Advanced Theory of Statistics, vol. 2, MacMillan, New York, 1979.
[22] S.C. Larson, The shrinkage of the coefficient of multiple correlation, J. Educ. Psychol. 22 (1931) 45–55.
[23] E.L. Lehmann, H. Scheffe, Completeness, similar regions, and unbiased estimation: Part II, Sankhyā 15 (3) (1955) 219–236.
[24] D. McKay, Probable networks and plausible predictions—a review of practical Bayesian methods for supervised neural networks, Netw. Comput. Neural Syst. 6 (1995) 469–505.
[25] F. Mosteller, J.W. Tukey, Data analysis, including statistics, in: Handbook of Social Psychology, Addison-Wesley, Reading, MA, 1954.
[26] R.M. Neal, Assessing relevance determination methods using DELVE, in: C.M. Bishop (Ed.), Neural Networks and Machine Learning, Springer-Verlag, New York, 1998, pp. 97–129.
[27] A. Papoulis, S.U. Pillai, Probability, Random Variables, and Stochastic Processes, fourth ed., McGraw Hill, New York, NY, 2002.
[28] E. Parzen, On the estimation of a probability density function and mode, Ann. Math. Stat. 33 (1962) 1065–1076.
[29] D.L. Phillips, A technique for the numerical solution of certain integral equations of the first kind, J. Assoc. Comput. Mach. 9 (1962) 84–97.
[30] H. Raiffa, R. Schlaifer, Applied Statistical Decision Theory, Division of Research, Graduate School of Business Administration, Harvard University, Boston, 1961.
[31] R.C. Rao, Information and the accuracy attainable in the estimation of statistical parameters, Bull. Calcutta Math. Soc. 37 (1945) 81–89.
[32] J. Rissanen, A universal prior for integers and estimation by minimum description length, Ann. Stat. 11 (2) (1983) 416–431.
[33] G. Schwartz, Estimating the dimension of the model, Ann. Stat. 6 (1978) 461–464.
[34] S. Shalev-Shwartz, O. Shamir, N. Srebro, K. Shridharan, Learnability, stability and uniform convergence, J. Mach. Learn. Res. (JMLR) 11 (2010) 2635–2670.
[35] G. Strang, Introduction to Linear Algebra, fifth ed., Wellesley-Cambridge Press and SIAM, 2016.
[36] J. Shao, Mathematical Statistics, Springer, New York, 1998.
[37] S. Theodoridis, K. Koutroumbas, Pattern Recognition, fourth ed., Academic Press, New York, 2009.
[38] S. Theodoridis, A. Pikrakis, K. Koutroumbas, D. Cavouras, An Introduction to Pattern Recognition: A MATLAB Approach, Academic Press, New York, 2010.
[39] A.N. Tychonoff, V.Y. Arsenin, Solution of Ill-Posed Problems, Winston & Sons, Washington, 1977.
[40] V.N. Vapnik, The Nature of Statistical Learning Theory, Springer-Verlag, New York, 1995.
120 [41] V.N. Vapnik, Statistical Learning Theory, John Wiley & Sons, New York, 1998.

均方误差线性估计

4.1 引言

均方误差(MSE)线性估计是统计学习中参数估计的一个基本问题。学习这部分内容有其历史原因，可以追溯到柯尔莫戈洛夫、维纳和卡尔曼的开创性工作，他们奠定了最优估计领域的基础，除此之外，在研究更新的技术之前，了解 MSE 估计也是必需的。在开始新的“冒险”之前，必须掌握基础、学好经典。本章讨论的许多概念在下一章中也会用到。

通过对建立在误差平方基础上的损失函数进行优化具有许多优点，例如可以通过求解线性方程组得到单个最优值，这在实践中是一个非常有吸引力的特性。此外，由于得到的方程相对简单，使得该领域的新手可以更好地理解与最优参数估计相关的各种概念。本章利用正交性定理，给出了 MSE 解的优雅几何解释。本章重点讨论了求解最优解时的计算复杂度问题。这些技术背后的本质也启发了许多用于在线学习的高效计算方法，这些将在本书后面讨论。

这一章围绕实值变量展开，本书的大部分内容都是如此。但复值信号在许多领域很有用，通信就是一个典型的例子，从实数域到复数域的推广并不总是平凡的。虽然在大多数情况下，不同之处在于要用矩阵的共轭转置代替转置，但这并不是全部。当与实值数据的差异并不平凡以及会涉及一些微妙的问题时，我们会在单独的小节里讨论复值数据的情形。

4.2 均方误差线性估计：正规方程

第 3 章介绍了一般的估计任务。已知两个相关联的随机向量 $\mathbf{y}$ 和 $\mathbf{x}$，估计任务的目标是求得一个函数 g，使得给定一个 $\mathbf{x}$ 的值 $\boldsymbol{x}$，能够在某种最优意义上预测(估计)$\mathbf{y}$ 的对应值 $\boldsymbol{y}$，即 $\hat{\boldsymbol{y}}=g(\boldsymbol{x})$。第 3 章也介绍了 MSE 估计，并证明了在给定 $\mathbf{x}=\boldsymbol{x}$ 的条件下，$\mathbf{y}$ 的最优 MSE 估计为

$$\hat{\boldsymbol{y}}=\mathbb{E}[\mathbf{y}|\boldsymbol{x}]$$

一般来说，这是一个非线性函数。现在我们把注意力转向 g 被约束为线性函数的情况。简单起见以及为了更加关注其中的思想，这里将只讨论因变量(输出变量)是标量的情形。更一般的情况将在后面讨论。

设随机向量$(\mathrm{y},\mathbf{x})\in\mathbb{R}\times\mathbb{R}^l$ 的均值为 0。若均值不为零，则可减去均值。我们的目标是在线性估计器模型基础上得到 $\boldsymbol{\theta}\in\mathbb{R}^l$ 的估计值

$$\hat{\mathrm{y}}=\boldsymbol{\theta}^{\mathrm{T}}\mathbf{x} \tag{4.1}$$

使得

$$J(\boldsymbol{\theta})=\mathbb{E}\left[(\mathrm{y}-\hat{\mathrm{y}})^2\right] \tag{4.2}$$

最小，即

122
$$\boldsymbol{\theta}_* := \arg\min_{\boldsymbol{\theta}} J(\boldsymbol{\theta}) \tag{4.3}$$

换句话说，最优估计量取为使误差随机变量

$$\mathrm{e} = \mathrm{y} - \hat{\mathrm{y}} \tag{4.4}$$

的方差最小的那个。最小化代价函数 $J(\boldsymbol{\theta})$ 等价于令其对 $\boldsymbol{\theta}$ 的梯度为 0(参见附录 A)

$$\begin{aligned}\nabla J(\boldsymbol{\theta}) &= \nabla \mathbb{E}\left[\left(\mathrm{y} - \boldsymbol{\theta}^{\mathrm{T}}\mathbf{x}\right)\left(\mathrm{y} - \mathbf{x}^{\mathrm{T}}\boldsymbol{\theta}\right)\right] \\ &= \nabla\left\{\mathbb{E}[\mathrm{y}^2] - 2\boldsymbol{\theta}^{\mathrm{T}}\mathbb{E}[\mathbf{x}\mathrm{y}] + \boldsymbol{\theta}^{\mathrm{T}}\mathbb{E}[\mathbf{x}\mathbf{x}^{\mathrm{T}}]\boldsymbol{\theta}\right\} \\ &= -2\boldsymbol{p} + 2\Sigma_x\boldsymbol{\theta} = \mathbf{0}\end{aligned}$$

或

$$\boxed{\Sigma_x\boldsymbol{\theta}_* = \boldsymbol{p}:\ \text{正规方程}} \tag{4.5}$$

其中输入–输出互相关向量 $\boldsymbol{p}$ 是由下式给出[⊖]

$$\boldsymbol{p} = \left[\mathbb{E}[\mathrm{x}_1\mathrm{y}], \cdots, \mathbb{E}[\mathrm{x}_l\mathrm{y}]\right]^{\mathrm{T}} = \mathbb{E}[\mathbf{x}\mathrm{y}] \tag{4.6}$$

相应的协方差矩阵为

$$\Sigma_x = \mathbb{E}\left[\mathbf{x}\mathbf{x}^{\mathrm{T}}\right]$$

因此，若协方差矩阵是正定矩阵，则它是可逆的(附录 A)，通过求解线性方程组即可求出最优线性估计量的权重。而且，在这种情况下，解是唯一的。反之，如果 Σ_x 奇异，则不可逆，就有无穷多个解(习题 4.1)。

4.2.1　代价函数曲面

对式(4.2)中定义的代价函数 $J(\boldsymbol{\theta})$ 进行展开，我们得到

$$J(\boldsymbol{\theta}) = \sigma_y^2 - 2\boldsymbol{\theta}^{\mathrm{T}}\boldsymbol{p} + \boldsymbol{\theta}^{\mathrm{T}}\Sigma_x\boldsymbol{\theta} \tag{4.7}$$

加减项 $\boldsymbol{\theta}_*^{\mathrm{T}}\Sigma_x\boldsymbol{\theta}_*$，并考虑到式(4.5)中的 $\boldsymbol{\theta}_*$ 的定义，容易看出

$$\boxed{J(\boldsymbol{\theta}) = J(\boldsymbol{\theta}_*) + (\boldsymbol{\theta} - \boldsymbol{\theta}_*)^{\mathrm{T}}\Sigma_x(\boldsymbol{\theta} - \boldsymbol{\theta}_*)} \tag{4.8}$$

其中

$$J(\boldsymbol{\theta}_*) = \sigma_y^2 - \boldsymbol{p}^{\mathrm{T}}\Sigma_x^{-1}\boldsymbol{p} = \sigma_y^2 - \boldsymbol{\theta}_*^{\mathrm{T}}\Sigma_x\boldsymbol{\theta}_* = \sigma_y^2 - \boldsymbol{p}^{\mathrm{T}}\boldsymbol{\theta}_* \tag{4.9}$$

123 是最优解处达到的最小值。由式(4.8)和式(4.9)，可以得出以下结论。

附注 4.1

- 最优值 $\boldsymbol{\theta}_*$ 处的代价总是小于输出变量的方差 $\mathbb{E}[\mathrm{y}^2]$。这是由 Σ_x 或 Σ_x^{-1} 的正定性保证的，这使得式(4.9)右边的第二项总是正的，除非 $\boldsymbol{p}=\mathbf{0}$。不过仅当 $\mathbf{x}$ 和 y 不相关时，互相关向量为零。在这种情况下，至少就 MSE 判别标准而言，不能通过观察 $\mathbf{x}$ 的样本来对 y 做任何预测，说明它涉及至多二阶统计量的信息。此时，误差的方差

⊖ 互相关向量通常记作 $\boldsymbol{r}_{xy}$。这里用 $\boldsymbol{p}$ 来简化符号。

与 $J(\boldsymbol{\theta}_*)$一致，都等于方差 σ_y^2，后者衡量的是 y 在其均值(0)附近的“内在”不确定性。相反，如果输入-输出变量是相关的，那么通过观察 $\mathbf{x}$ 可以消除部分 y 的不确定性。

- 对于除最优 $\boldsymbol{\theta}_*$ 外的任何 $\boldsymbol{\theta}$ 值，由于 Σ_x 的正定性，由式(4.8)可知误差的方差会增加。图 4.1 为式(4.8)中 $J(\boldsymbol{\theta})$ 定义的代价函数(MSE)曲面。等值线如图 4.2 所示。一般来说它是椭圆，其对称轴由 Σ_x 的特征结构决定。对于 $\Sigma_x=\sigma^2 I$，它所有的特征值都等于 σ^2，故等值线为圆(习题 4.3)。

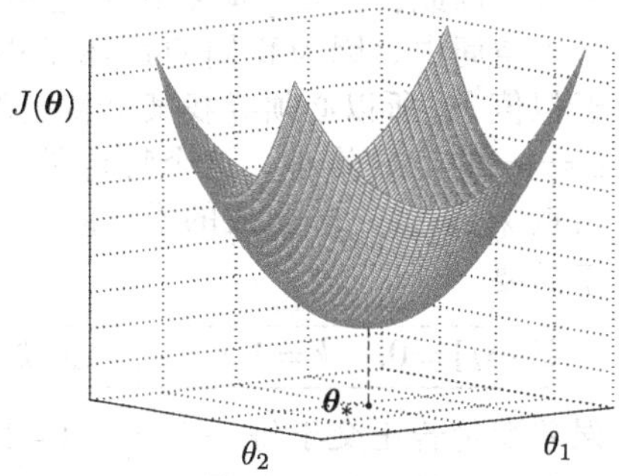

图 4.1　MSE 代价函数的图形是一个(超)抛物面

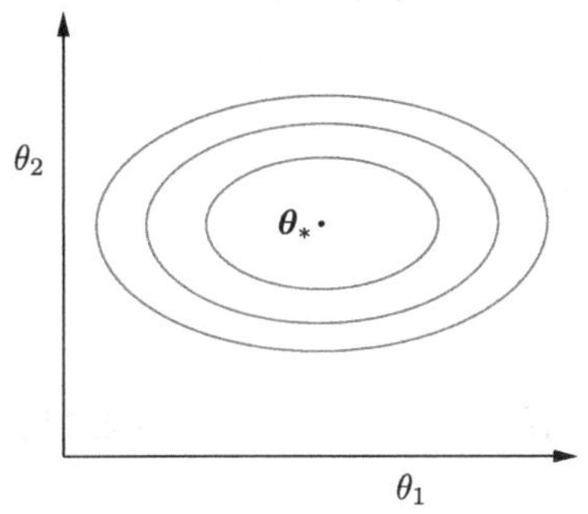

图 4.2　图 4.1 中代价函数曲面的等值线。它们是椭圆，每个椭圆的长轴由输入随机变量的协方差矩阵 Σ 的最大特征值 λ_{max} 确定，短轴由最小特征值 λ_{min} 确定。比值 $\lambda_{max}/\lambda_{min}$ 越大，椭圆被拉得越长。如果协方差矩阵具有 $\sigma^2 I$ 的特殊形式，则椭圆变为圆。此时变量之间互不相关、方差相同。通过改变 Σ，可以得到不同形状和不同定向的椭圆

4.3　几何观点：正交性条件

对目前为止我们所讲述的内容，可从随机变量的几何解释出发得到它的一个直观理解。读者可以很容易地看出，随机变量的集合是实数(复数)域上的线性空间。实际上，如果 x 和 y 是任意两个随机变量，那么对每一个 $\alpha\in\mathbb{R}$，x+y 以及 αx 都是随机变量[㊀]。现在可以赋予这个线性空间一个内积运算，这也意味着定义了范数并使它成为一个*内积空间*。 124
读者很容易验证均值运算具有内积所需的所有性质。实际上，对于任意一个随机变量的子集，有

- $\mathbb{E}[\mathrm{xy}]=\mathbb{E}[\mathrm{yx}]$
- $\mathbb{E}[(\alpha_1\mathrm{x}_1+\alpha_2\mathrm{x}_2)\mathrm{y}]=\alpha_1\mathbb{E}[\mathrm{x}_1\mathrm{y}]+\alpha_2\mathbb{E}[\mathrm{x}_2\mathrm{y}]$
- $\mathbb{E}[\mathrm{x}^2]\geqslant 0$，当且仅当 x=0 时取等号

由该内积诱导的范数

$$\|\mathrm{x}\|:=\sqrt{\mathbb{E}[\mathrm{x}^2]}$$

即为各自的标准差(假设 $\mathbb{E}[\mathrm{x}]=0$)。从现在开始，给定两个不相关的随机变量 x 和 y，或者说 $\mathbb{E}[\mathrm{xy}]=0$，因为其内积是 0，故可称它们为*正交*。现在，我们可以自由地将正交定理应用到感兴趣的任务中了，我们是从熟悉的有限维(欧氏)线性(向量)空间中了解这一定理的。

现把式(4.1)改写为

$$\hat{\mathrm{y}}=\theta_1\mathrm{x}_1+\cdots+\theta_l\mathrm{x}_l$$

㊀ 这些运算也满足一个集合成为线性空间所需的所有性质，包括结合律、交换律等(参见[47]和第 8 章附录)。

这样，随机变量 $\hat{y}$ 现在可以解释为向量空间中的一个点，它是这个空间中 l 个元素的线性组合。因此，变量 $\hat{y}$ 必然在由这些点张成的子空间中。相反，真正的变量 y，一般不在这个子空间中。因为我们的目标是得到一个 y 的很好的近似值 $\hat{y}$，所以必须寻找某个特定的线性组合使得误差 $e=y-\hat{y}$ 的范数最小。这个特定的线性组合对应于 y 在由点 $x_1, x_2, \cdots, x_l$ 张成的子空间上的正交投影。这等价
125 于需要

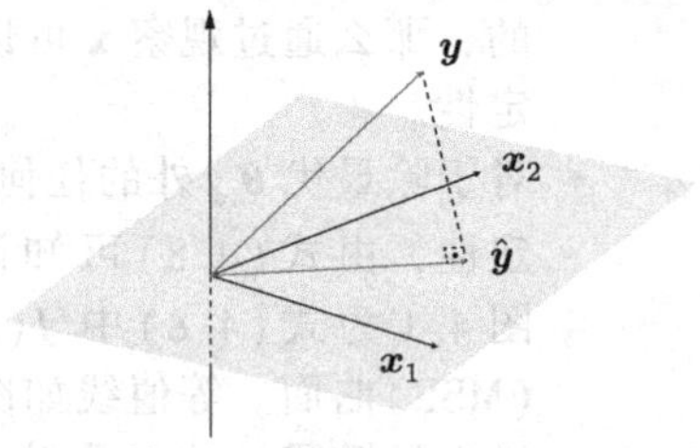

图 4.3　将 y 投影到 x_1、x_2 张成的子空间(阴影平面)上，保证了 y 和 $\hat{y}$ 之间的偏差对应于最小的 MSE

$$\boxed{\mathbb{E}[ex_k]=0, \quad k=1,\cdots,l: \quad 正交性条件} \tag{4.10}$$

误差变量若正交于每一点 x_k，$k=1,2,\cdots,l$，则它正交于相应的子空间。如图 4.3 所示。这样的选择保证产生的误差将有最小范数。根据范数的定义，它对应于最小 MSE，即 $\mathbb{E}[e^2]$。

式(4.10)中的方程组现在可以写成

$$\mathbb{E}\left[\left(y-\sum_{i=1}^{l}\theta_i x_i\right)x_k\right]=0, \quad k=1,2,\cdots,l$$

或

$$\sum_{i=1}^{l}\mathbb{E}[x_i x_k]\theta_i=\mathbb{E}[x_k y], \quad k=1,2,\cdots,l \tag{4.11}$$

从而得到式(4.5)中的线性方程组。

这就是为什么这组简洁的方程称为*正规方程*[㊀]，它的另一个名字是*维纳-霍普夫方程*。严格地说，维纳-霍普夫方程最初是对因果估计任务的背景下的连续时间过程推导出来的[49, 50]，有关讨论见[16, 44]。

诺伯特·维纳是一位数学家和哲学家。17 岁时他获得了哈佛大学数理逻辑博士学位。在第二次世界大战期间，他独立于柯尔莫戈洛夫，在一个机密工作中建立了线性估计理论的基础。后来维纳参与了包括自动化、人工智能和认知科学在内的开创性工作。作为一名和平主义者，他在冷战期间受到怀疑。

线性估计理论的另一个支柱是安德烈·尼古拉耶维奇·柯尔莫戈洛夫(1903—1987)
126 [24]的开创性工作，他独立于维纳发展了他的理论，柯尔莫戈洛夫的贡献涉及数学的广泛主题，包括概率、计算复杂性和拓扑。他建立了概率论的现代公理化基础(见第 2 章)。

附注 4.2

- 在前面的理论中，我们假设 $\mathbf{x}$ 和 y 是联合分布(相关的)变量。若假设它们还是线性相关的，且依据如下线性回归模型

$$y=\boldsymbol{\theta}_o^{\mathrm{T}}\mathbf{x}+\eta, \quad \boldsymbol{\theta}_o\in\mathbb{R}^k \tag{4.12}$$

　其中 η 是一个与 $\mathbf{x}$ 独立的零均值噪声变量，如果真实系统中 $\boldsymbol{\theta}_o$ 的维数 k 等于模型所采用的参数数量 l，即 $k=l$，则有(习题 4.4)

$$\boldsymbol{\theta}_*=\boldsymbol{\theta}_o$$

　且最优 MSE 等于噪声的方差 σ_η^2。

- 欠建模。如果 $k>l$，则模型的阶数小于真实系统的阶数，真实系统中 y 与 $\mathbf{x}$ 的关系

㊀　正规对应英文 normal，还有法向的意思。正规方程是常见译法。——译者注

由式(4.12)确定。这被称为欠建模。很容易证明，如果组成 $\mathbf{x}$ 的变量是不相关的，则有(习题 4.5)

$$\boldsymbol{\theta}_* = \boldsymbol{\theta}_o^1$$

其中

$$\boldsymbol{\theta}_o := \begin{bmatrix} \boldsymbol{\theta}_o^1 \\ \boldsymbol{\theta}_o^2 \end{bmatrix}, \quad \boldsymbol{\theta}_o^1 \in \mathbb{R}^l, \quad \boldsymbol{\theta}_o^2 \in \mathbb{R}^{k-l}$$

换句话说，MSE 最优估计量确定了 $\boldsymbol{\theta}_o$ 的前 l 个分量。

4.4 扩展到复值变量

之前所提到的一切都可以扩展到复值信号。但这里涉及一些微妙的问题，这也是我们选择单独处理这一情况的原因。复值变量在许多应用中都很常见，例如通信，参见[41]。

给定两个实值变量(x,y)，可以把它们看作二维空间中的一个向量$[x,y]^{\mathrm{T}}$，或者可以把它们描述成一个复变量，$z=x+\mathrm{j}y$，其中 $\mathrm{j}^2:=-1$。采用后一种方法提供了复数域 $\mathbb{C}$ 中的可用运算，即乘法和除法。这些运算极大地方便了代数操作。回忆一下这些操作不是在向量空间中定义的㊀。 127

假设有一个复值(输出)随机变量

$$\mathrm{y} := \mathrm{y}_r + \mathrm{j}\,\mathrm{y}_i \tag{4.13}$$

和复值(输入)随机向量

$$\mathbf{x} = \mathbf{x}_r + \mathrm{j}\,\mathbf{x}_i \tag{4.14}$$

y_r、y_i、$\mathbf{x}_r$、$\mathbf{x}_i$ 都是实值随机变量/向量。我们的目标是计算由复值参数向量 $\boldsymbol{\theta}=\boldsymbol{\theta}_r+\mathrm{j}\boldsymbol{\theta}_i \in \mathbb{C}^l$ 定义的线性估计量，从而最小化相应的 MSE

$$\mathbb{E}\left[|\mathrm{e}|^2\right] := \mathbb{E}\left[\mathrm{e}\mathrm{e}^*\right] = \mathbb{E}\left[|\mathrm{y} - \boldsymbol{\theta}^{\mathrm{H}}\mathbf{x}|^2\right] \tag{4.15}$$

由式(4.15)容易看出，在复值变量情况下，两个复值随机变量之间的内积运算应定义为 $\mathbb{E}[\mathrm{x}\mathrm{y}^*]$，以保证内积导出的范数 $\|\mathrm{x}\| = \sqrt{\mathbb{E}[\mathrm{x}\mathrm{x}^*]}$ 是一个有效量。如前所述，应用正交性条件，重新推导如式(4.11)的正规方程

$$\Sigma_x \boldsymbol{\theta}_* = \boldsymbol{p} \tag{4.16}$$

其中协方差矩阵和互相关向量分别为

$$\Sigma_x = \mathbb{E}\left[\mathbf{x}\mathbf{x}^{\mathrm{H}}\right] \tag{4.17}$$

$$\boldsymbol{p} = \mathbb{E}\left[\mathbf{x}\mathrm{y}^*\right] \tag{4.18}$$

注意式(4.16)~式(4.18)也可以通过最小化式(4.15)得到(习题 4.6)。式(4.9)的对应式为

$$J(\boldsymbol{\theta}_*) = \sigma_y^2 - \boldsymbol{p}^{\mathrm{H}}\Sigma_x^{-1}\boldsymbol{p} = \sigma_y^2 - \boldsymbol{p}^{\mathrm{H}}\boldsymbol{\theta}_* \tag{4.19}$$

㊀ 乘法和除法也可对四变量组(x,ϕ,z,y)进行定义，此时称为四元数。相关的代数是由汉密尔顿在 1843 年提出的。实数、复数和四元数都是克利福德代数[39]的特例。

根据式(4.13)和式(4.14)中的定义，式(4.15)中的代价函数可以写成：

$$\begin{aligned} J(\boldsymbol{\theta}) &= \mathbb{E}[|\mathrm{e}|^2] = \mathbb{E}[|\mathrm{y}-\hat{\mathrm{y}}|^2] \\ &= \mathbb{E}[|\mathrm{y}_r-\hat{\mathrm{y}}_r|^2]+\mathbb{E}[|\mathrm{y}_i-\hat{\mathrm{y}}_i|^2] \end{aligned} \tag{4.20}$$

其中

$$\boxed{\hat{\mathrm{y}} := \hat{\mathrm{y}}_r + \mathrm{j}\,\hat{\mathrm{y}}_i = \boldsymbol{\theta}^{\mathrm{H}}\mathbf{x}:\ \text{复线性估计}} \tag{4.21}$$

或

$$\begin{aligned} \hat{\mathrm{y}} &= (\boldsymbol{\theta}_r^{\mathrm{T}} - \mathrm{j}\boldsymbol{\theta}_i^{\mathrm{T}})(\mathbf{x}_r + \mathrm{j}\,\mathbf{x}_i) \\ &= (\boldsymbol{\theta}_r^{\mathrm{T}}\mathbf{x}_r + \boldsymbol{\theta}_i^{\mathrm{T}}\mathbf{x}_i) + \mathrm{j}\,(\boldsymbol{\theta}_r^{\mathrm{T}}\mathbf{x}_i - \boldsymbol{\theta}_i^{\mathrm{T}}\mathbf{x}_r) \end{aligned} \tag{4.22}$$

式(4.22)揭示了复表示背后的真正含义，即它的多信道性。在多信道估计中，有不止一个
128 的输入变量集，即 $\mathbf{x}_r$ 和 $\mathbf{x}_i$，要联合产生不止一个的输出变量，即 $\hat{\mathrm{y}}_r$ 和 $\hat{\mathrm{y}}_i$。式(4.22)可写为

$$\begin{bmatrix} \hat{\mathrm{y}}_r \\ \hat{\mathrm{y}}_i \end{bmatrix} = \Theta \begin{bmatrix} \mathbf{x}_r \\ \mathbf{x}_i \end{bmatrix} \tag{4.23}$$

其中

$$\Theta := \begin{bmatrix} \boldsymbol{\theta}_r^{\mathrm{T}} & \boldsymbol{\theta}_i^{\mathrm{T}} \\ -\boldsymbol{\theta}_i^{\mathrm{T}} & \boldsymbol{\theta}_r^{\mathrm{T}} \end{bmatrix} \tag{4.24}$$

多信道估计可以推广到两个以上的输出和输入变量集。在这一章的最后，将讨论更一般的多信道估计任务。

由式(4.23)我们注意到，从直接推广实值信号的线性估计任务开始，引入 $\hat{\mathrm{y}}=\boldsymbol{\theta}^{\mathrm{H}}\mathbf{x}$，得到了一个结构非常特殊的矩阵 Θ。

4.4.1　宽线性复值估计

让我们从向量空间中线性运算的定义开始，来定义线性双信道估计任务。任务是从输入向量变量 $\mathbf{x}=[\mathbf{x}_r^{\mathrm{T}},\mathbf{x}_i^{\mathrm{T}}]^{\mathrm{T}}\in\mathbb{R}^{2l}$ 出发，经过线性运算

$$\hat{\mathbf{y}} = \begin{bmatrix} \hat{\mathrm{y}}_r \\ \hat{\mathrm{y}}_i \end{bmatrix} = \Theta \begin{bmatrix} \mathbf{x}_r \\ \mathbf{x}_i \end{bmatrix} \tag{4.25}$$

生成一个向量输出 $\hat{\mathbf{y}}=[\hat{\mathrm{y}}_r,\hat{\mathrm{y}}_i]^{\mathrm{T}}\in\mathbb{R}^2$。其中

$$\Theta := \begin{bmatrix} \boldsymbol{\theta}_{11}^{\mathrm{T}} & \boldsymbol{\theta}_{12}^{\mathrm{T}} \\ \boldsymbol{\theta}_{21}^{\mathrm{T}} & \boldsymbol{\theta}_{22}^{\mathrm{T}} \end{bmatrix} \tag{4.26}$$

计算矩阵 Θ，使总误差方差最小

$$\Theta_* := \arg\min_{\Theta}\left\{\mathbb{E}\left[(\mathrm{y}_r-\hat{\mathrm{y}}_r)^2\right]+\mathbb{E}\left[(\mathrm{y}_i-\hat{\mathrm{y}}_i)^2\right]\right\} \tag{4.27}$$

注意到式(4.27)可以等价地写成

$$\Theta_* := \arg\min_{\Theta}\left\{\mathbb{E}\left[\mathbf{e}^{\mathrm{T}}\mathbf{e}\right]\right\} = \arg\min_{\Theta}\left\{\mathrm{trace}\left\{\mathbb{E}\left[\mathbf{e}\mathbf{e}^{\mathrm{T}}\right]\right\}\right\}$$

其中

$$\mathbf{e} := \mathbf{y} - \hat{\mathbf{y}}$$

129 最小化式(4.27)等价于分别最小化两项，即单独处理每个信道(习题4.7)。因此，可以通

过求解两组正规方程来求解这个问题，即

$$\Sigma_\varepsilon \begin{bmatrix} \boldsymbol{\theta}_{11} \\ \boldsymbol{\theta}_{12} \end{bmatrix} = \boldsymbol{p}_r, \quad \Sigma_\varepsilon \begin{bmatrix} \boldsymbol{\theta}_{21} \\ \boldsymbol{\theta}_{22} \end{bmatrix} = \boldsymbol{p}_i \tag{4.28}$$

其中

$$\begin{aligned} \Sigma_\varepsilon &:= \mathbb{E}\left[\begin{bmatrix} \mathbf{x}_r \\ \mathbf{x}_i \end{bmatrix}\left[\mathbf{x}_r^{\mathrm{T}},\ \mathbf{x}_i^{\mathrm{T}}\right]\right] \\ &= \begin{bmatrix} \mathbb{E}[\mathbf{x}_r\mathbf{x}_r^{\mathrm{T}}] & \mathbb{E}[\mathbf{x}_r\mathbf{x}_i^{\mathrm{T}}] \\ \mathbb{E}[\mathbf{x}_i\mathbf{x}_r^{\mathrm{T}}] & \mathbb{E}[\mathbf{x}_i\mathbf{x}_i^{\mathrm{T}}] \end{bmatrix} := \begin{bmatrix} \Sigma_r & \Sigma_{ri} \\ \Sigma_{ir} & \Sigma_i \end{bmatrix} \end{aligned} \tag{4.29}$$

以及

$$\boldsymbol{p}_r := \mathbb{E}\begin{bmatrix} \mathbf{x}_r \mathrm{y}_r \\ \mathbf{x}_i \mathrm{y}_r \end{bmatrix}, \quad \boldsymbol{p}_i := \mathbb{E}\begin{bmatrix} \mathbf{x}_r \mathrm{y}_i \\ \mathbf{x}_i \mathrm{y}_i \end{bmatrix} \tag{4.30}$$

现在引出了一个明显的问题，是否可以通过使用复值算法来处理这个更一般的双信道线性估计任务。答案是肯定的。定义

$$\boldsymbol{\theta} := \boldsymbol{\theta}_r + \mathrm{j}\boldsymbol{\theta}_i, \quad \boldsymbol{v} := \boldsymbol{v}_r + \mathrm{j}\,\boldsymbol{v}_i \tag{4.31}$$

和

$$\mathbf{x} = \mathbf{x}_r + \mathrm{j}\,\mathbf{x}_i$$

然后定义

$$\boldsymbol{\theta}_r := \frac{1}{2}(\boldsymbol{\theta}_{11} + \boldsymbol{\theta}_{22}), \quad \boldsymbol{\theta}_i := \frac{1}{2}(\boldsymbol{\theta}_{12} - \boldsymbol{\theta}_{21}) \tag{4.32}$$

以及

$$\boldsymbol{v}_r := \frac{1}{2}(\boldsymbol{\theta}_{11} - \boldsymbol{\theta}_{22}), \quad \boldsymbol{v}_i := -\frac{1}{2}(\boldsymbol{\theta}_{12} + \boldsymbol{\theta}_{21}) \tag{4.33}$$

根据前面的定义，经过简单的代数推导(习题 4.8)，可证明式(4.25)中的方程组等价于

$$\boxed{\hat{\mathrm{y}} := \hat{\mathrm{y}}_r + \mathrm{j}\,\hat{\mathrm{y}}_i = \boldsymbol{\theta}^{\mathrm{H}}\mathbf{x} + \boldsymbol{v}^{\mathrm{H}}\mathbf{x}^*: \quad \text{宽线性复值估计}} \tag{4.34}$$

为区别于式(4.21)，这被称为宽线性复值估计。注意在式(4.34)中，同时使用 $\mathbf{x}$ 和它的复共轭 $\mathbf{x}^*$ 以覆盖所有可能的解，当通过向量空间描述时，则用式(4.25)。

循环条件

我们现在把注意力转到研究在何种条件下，式(4.34)的宽线性公式即为式(4.21)，即最优宽线性估计具有 $\boldsymbol{v}=\mathbf{0}$ 的条件。 130

令

$$\boldsymbol{\varphi} := \begin{bmatrix} \boldsymbol{\theta} \\ \boldsymbol{v} \end{bmatrix} \quad 和 \quad \tilde{\mathbf{x}} := \begin{bmatrix} \mathbf{x} \\ \mathbf{x}^* \end{bmatrix} \tag{4.35}$$

则宽线性估计可写为

$$\hat{\mathrm{y}} = \boldsymbol{\varphi}^{\mathrm{H}}\tilde{\mathbf{x}}$$

在其复值公式中应用正交性条件

$$\mathbb{E}\left[\tilde{\mathbf{x}}\mathrm{e}^*\right] = \mathbb{E}\left[\tilde{\mathbf{x}}\left(\mathrm{y} - \hat{\mathrm{y}}\right)^*\right] = \mathbf{0}$$

得到最优 $\boldsymbol{\varphi}_*$ 的正规方程

$$\mathbb{E}\left[\tilde{\mathbf{x}}\tilde{\mathbf{x}}^{\mathrm{H}}\right]\boldsymbol{\varphi}_* = \mathbb{E}\left[\tilde{\mathbf{x}}\tilde{\mathbf{x}}^{\mathrm{H}}\right]\begin{bmatrix}\boldsymbol{\theta}_*\\ \boldsymbol{v}_*\end{bmatrix} = \begin{bmatrix}\mathbb{E}[\mathbf{x}\mathrm{y}^*]\\ \mathbb{E}[\mathbf{x}^*\mathrm{y}^*]\end{bmatrix}$$

或

$$\begin{bmatrix}\Sigma_x & P_x\\ P_x^* & \Sigma_x^*\end{bmatrix}\begin{bmatrix}\boldsymbol{\theta}_*\\ \boldsymbol{v}_*\end{bmatrix} = \begin{bmatrix}\boldsymbol{p}\\ \boldsymbol{q}^*\end{bmatrix} \tag{4.36}$$

其中 Σ_x 和 $\boldsymbol{p}$ 分别定义在式(4.17)和式(4.18)中，以及

$$P_x := \mathbb{E}[\mathbf{x}\mathbf{x}^{\mathrm{T}}], \quad \boldsymbol{q} := \mathbb{E}[\mathbf{x}\mathrm{y}] \tag{4.37}$$

矩阵 P_x 被称为 $\mathbf{x}$ 的*伪协方差/自相关矩阵*。注意式(4.36)等价于式(4.28)。为求得宽线性估计，需要解一组复值方程，其数量是线性(复值)估计情形的两倍。

现在假设

$$\boxed{P_x = O \text{ 和 } \boldsymbol{q} = \boldsymbol{0}: \quad \text{循环条件}} \tag{4.38}$$

在这种情况下，我们称输入-输出变量是*联合循环的*，并称 $\mathbf{x}$ 中的输入变量服从(二阶)*循环条件*。很容易看出，在这样的循环条件假设下，由式(4.36)可得 $\boldsymbol{v}_* = \boldsymbol{0}$，且最优的 $\boldsymbol{\theta}_*$ 由正规方程(4.16)~(4.18)给出，该方程控制着限制更多的线性情形。因此，采用线性公式只能在一定条件下得到最优性，在实践中并不总是正确的。在 fMRI 成像中可以看到一个典型的不满足循环条件的例子(参见[1]及其参考文献)。可以看出，由宽线性估计量得到的 MSE 总是小于等于由线性估计得到的 MSE(习题 4.9)。

循环性和宽线性估计的概念在很多基础文献中都有论述[35, 36]。一个更强的循环条件是基于复随机变量的 PDF：如果 x 和 $\mathrm{x}e^{j\phi}$ 遵循相同的 PDF 分布，则随机变量 x 是循环的(或严格循环的)；也就是说，PDF 是*旋转不变的*[35]。图 4.4a 画出了由某个循环的随机变量生成的点的散点图，图 4.4b 对应于非循环的情形。严格循环可推出二阶循环，但
131 反过来不一定。对于复随机变量的更多信息，有兴趣的读者可以参考[3, 37]。文献[28]中指出，如果用高斯熵准则代替 MSE，在不增加一倍维数的情况下，可以得到误差的全二阶统计量。

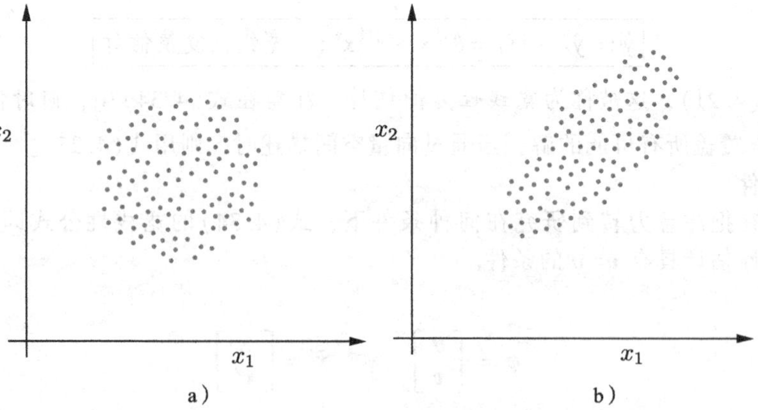

图 4.4　二维空间中对应于循环变量(a)和非循环变量(b)的散点图

最后，注意到将式(4.38)中的二阶循环条件代入式(4.29)中，可得(习题 4.10)

$$\Sigma_r = \Sigma_i, \quad \Sigma_{ri} = -\Sigma_{ir}, \quad \mathbb{E}[\mathbf{x}_r \mathrm{y}_r] = \mathbb{E}[\mathbf{x}_i \mathrm{y}_i], \quad \mathbb{E}[\mathbf{x}_i \mathrm{y}_r] = -\mathbb{E}[\mathbf{x}_r \mathrm{y}_i] \tag{4.39}$$

这意味着 $\boldsymbol{\theta}_{11} = \boldsymbol{\theta}_{22}$，$\boldsymbol{\theta}_{12} = -\boldsymbol{\theta}_{21}$。此时，式(4.33)验证了 $\boldsymbol{v} = \boldsymbol{0}$，MSE 最优解具有式(4.23)和式(4.24)的特殊结构。

4.4.2 复值变量优化：沃廷格微积分

目前为止，无论是线性的还是宽线性的估计，为了得到参数估计，都使用了正交性条件。对于复线性估计情况，通过直接最小化代价函数(4.20)，习题 4.6 中推导出了正规方程。解决过这类问题的人都经历了一个比实值线性估计更麻烦的过程。这是因为必须使用涉及的所有复变量的实部和虚部，且仅用等价的实值量来表示代价函数，然后必须计算优化所需的梯度。回想一下，任意复函数 f: $\mathbb{C}\to\mathbb{R}$ 对于它的复变元是不可微的，因为违反了柯西–黎曼条件(习题 4.11)。前面所述的将所涉及的变量分解为实部和虚部的方法对于代数运算来说是很麻烦的。沃廷格微积分提供了一个基于简单规则和原理的等价方法，它与标准复微分的规则有很大的相似之处。 132

设 f: $\mathbb{C}\longmapsto\mathbb{C}$ 是一个定义在 $\mathbb{C}$ 上的复函数。显然，这样的函数可以认为是定义在 $\mathbb{R}^2$ 或 $\mathbb{C}$ 上的(即 $f(z)=f(x+jy)=f(x,y)$)。而且它可以认为是复值的 $f(x,y)=f_r(x,y)+jf_i(x,y)$ 或向量值的 $f(x,y)=(f_r(x,y),f_i(x,y))$。如果 f_r 和 f_i 都是可微的，则称 f 在实值意义下是可微的。沃廷格微积分考虑了 f 的复结构，用一个等价的方法来描述实导数，大大简化了计算，且该公式与复导数有惊人的相似之处。

定义 4.1　复函数 f 在一点 $z_0\in\mathbb{C}$ 处的沃廷格导数或 W-导数定义为

$$\boxed{\frac{\partial f}{\partial z}(z_0)=\frac{1}{2}\left(\frac{\partial f_r}{\partial x}(z_0)+\frac{\partial f_i}{\partial y}(z_0)\right)+\frac{j}{2}\left(\frac{\partial f_i}{\partial x}(z_0)-\frac{\partial f_r}{\partial y}(z_0)\right):\quad \text{W-导数}}$$

定义 f 在 z_0 的共轭沃廷格导数或 CW-导数为

$$\boxed{\frac{\partial f}{\partial z^*}(z_0)=\frac{1}{2}\left(\frac{\partial f_r}{\partial x}(z_0)-\frac{\partial f_i}{\partial y}(z_0)\right)+\frac{j}{2}\left(\frac{\partial f_i}{\partial x}(z_0)+\frac{\partial f_r}{\partial y}(z_0)\right):\quad \text{CW-导数}}$$

关于沃廷格导数的一些性质和相关证明见附录 A.3。对我们来说，一个重要的性质是：如果 f 是实值的(即 $\mathbb{C}\longmapsto\mathbb{R}$)，$z_0$ 是 f 的一个(局部)最优点，则有

$$\boxed{\frac{\partial f}{\partial z}(z_0)=\frac{\partial f}{\partial z^*}(z_0)=0:\quad \text{最优性条件}} \tag{4.40}$$

为了应用沃廷格导数，我们采用以下简单的技巧：

- 用 z 和 z^* 表示函数 f；
- 应用通常的微分规则，将 z^* 视为常数，计算 W-导数；
- 应用通常的微分规则，将 z 视为常数，计算 CW-导数。

应该强调的是，所有上述表述应被视为有用的计算技巧，而非严格的数学规则。类似的定义和性质可应用于复向量 z，而且相应的 W-梯度和 CW-梯度

$$\nabla_z f(z_0),\quad \nabla_{z^*} f(z_0)$$

为将偏导数替换为偏梯度 ∇_x、∇_y 所得。

虽然沃廷格微积分从 1927 年就已经为人所知[51]，但它的应用却是最近才出现的[7]，它的复兴因宽线性滤波而起[27]。感兴趣的读者可以从[2, 25, 30]中获得更多相关知识。最近才将沃廷格导数推广到一般的(无限维)希尔伯特空间[6]，以及次梯度概念[46]。

在线性估计中的应用。这种情况下的代价函数为

$$J(\boldsymbol{\theta},\boldsymbol{\theta}^*)=\mathbb{E}\left[|\mathrm{y}-\boldsymbol{\theta}^{\mathrm{H}}\mathbf{x}|^2\right]=\mathbb{E}\left[\left(\mathrm{y}-\boldsymbol{\theta}^{\mathrm{H}}\mathbf{x}\right)\left(\mathrm{y}^*-\boldsymbol{\theta}^{\mathrm{T}}\mathbf{x}^*\right)\right]$$ 133

因此，把 $\boldsymbol{\theta}$ 视为一个常数，最优解出现在

$$\nabla_{\boldsymbol{\theta}^*} J = \mathbb{E}\left[\mathbf{x}\mathrm{e}^*\right] = \mathbf{0}$$

这是导出正规方程(4.16)~(4.18)的正交性条件。

在宽线性估计中的应用。这里的代价函数为(见式(4.35)中的记号)

$$J(\boldsymbol{\varphi}, \boldsymbol{\varphi}^*) = \mathbb{E}\left[\left(\mathrm{y} - \boldsymbol{\varphi}^{\mathrm{H}}\tilde{\mathbf{x}}\right)\left(\mathrm{y}^* - \boldsymbol{\varphi}^{\mathrm{T}}\tilde{\boldsymbol{x}}^*\right)\right]$$

把 $\boldsymbol{\varphi}$ 当作常数，有

$$\nabla_{\boldsymbol{\varphi}^*} J = \mathbb{E}\left[\tilde{\mathbf{x}}\mathrm{e}^*\right] = \mathbb{E}\begin{bmatrix}\mathbf{x}\mathrm{e}^* \\ \mathbf{x}^*\mathrm{e}^*\end{bmatrix} = \mathbf{0}$$

从而得到式(4.36)中的方程组。

沃廷格微积分在后面的章节中是非常有用的，欧几里得空间或再生核希尔伯特空间的在线/自适应估计中推导梯度运算时就需要用到沃廷格微积分。

4.5　线性滤波

线性统计滤波是一般估计任务的一个例子，这时需要考虑时间演化的概念并要在每个时刻获得估计值。有三种主要类型的问题：

- 滤波，在时刻 n 的估计是基于所有先前接收(测量)的输入信息，直到并包括当前时刻 n。
- 平滑，首先收集时间区间$[0,N]$内的数据，使用区间$[0,N]$中的所有可用信息，得到每个时刻 $n\leqslant N$ 的估计。
- 预测，基于直到包括时刻 n 的信息，得到 $n+\tau$，$\tau>0$ 的估计。

为使以上定义更符合本章目前所讲的内容，举一个时变的例子，时刻 n 的输出变量是 y_n，其值取决于相应的输入向量 $\mathbf{x}_n$ 中包含的观测值。在滤波中，后者只能包括时刻 $n,n-1,\cdots,0$。索引集中的这种限制与因果关系直接相关。相反，在平滑中，除了过去时刻外，还包含未来时刻，即$\cdots,n+2,n+1,n,n-1,\cdots$。

当需要考虑时间信息时，本书的大部分工作都将花在滤波上。原因是这是最常遇到的任务，而且，用于平滑和预测的技术本质上与滤波相似，通常只做少量修改。

在信号处理中，滤波一词通常用在更具体的情景中，它指的是一个滤波器对一个输入随机过程/信号(u_n)进行操作，将其转换成另一个输入随机过程/信号(d_n)，见2.4.3节。
134 注意，我们已经切换到第2章中介绍的用来表示随机过程的符号。我们倾向于对随机过程和随机变量保持不同的表示，因为在随机过程的情况下，滤波任务将获得特殊的结构和属性，你很快就会看到这一点。此外，尽管这两种情况下所涉及的方程的数学形式最终可能是相同的，但读者最好记住，它们生成数据的根本机制是不同的。

统计线性滤波的任务是计算滤波器的系数(脉冲响应)，使得当滤波器被输入随机过程 u_n 激发时，滤波器的输出过程 $\hat{\mathrm{d}}_n$ 应尽可能接近想要的响应过程 d_n。换句话说，目标是在某种意义上最小化相应的误差过程(参见图4.5)。假设未知滤波器是有限脉冲响应(FIR)的(相关定义见2.4.3节)，记为 $w_0,w_1,\cdots,w_{l-1}$，滤波器的输出 $\hat{\mathrm{d}}_n$ 为

$$\boxed{\hat{\mathrm{d}}_n = \sum_{i=0}^{l-1} w_i \mathrm{u}_{n-i} = \boldsymbol{w}^{\mathrm{T}}\mathbf{u}_n：\quad \text{卷积和}} \tag{4.41}$$

其中

$$\boldsymbol{w} = [w_0, w_1, \cdots, w_{l-1}]^{\mathrm{T}} \quad \text{和} \quad \mathbf{u}_n = [\mathrm{u}_n, \mathrm{u}_{n-1}, \cdots, \mathrm{u}_{n-l+1}]^{\mathrm{T}} \tag{4.42}$$

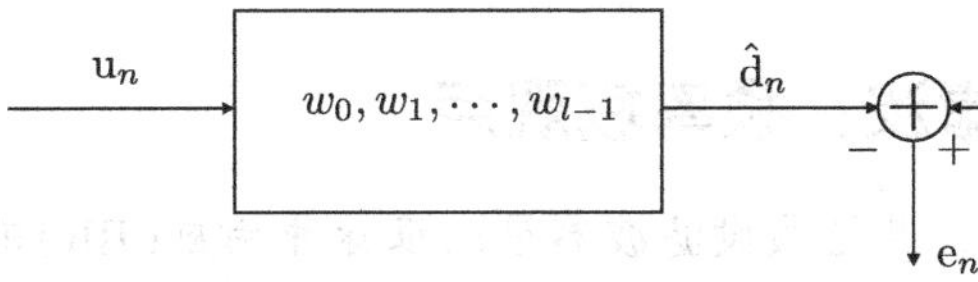

图 4.5　在统计滤波中，我们估计脉冲响应系数，以尽量减少输出和期望响应过程之间的误差。在 MSE 线性滤波中，代价函数为 $\mathbb{E}[e_n^2]$

图 4.6 说明了线性滤波器的卷积运算，当输入被输入随机过程的一个实现 u_n 激发时，在输出中提供信号/序列 $\hat{d}_n$。

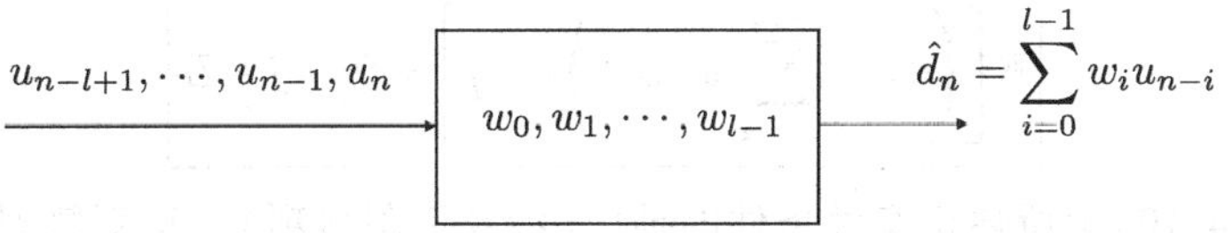

图 4.6　线性滤波由输入过程的一个实现来激发。输出信号是输入序列与滤波器脉冲响应的卷积

式(4.41)也可视为线性估计函数。给定时刻 n 的联合分布变量(d_n, $\mathbf{u}_n$)，给定 $\mathbf{u}_n$ 的值，则式(4.41)能给出估计量 $\hat{d}_n$。为了得到系数 $\boldsymbol{w}$，可采用 MSE 准则。此外，假设 135

- 过程 u_n，d_n 是广义平稳的实随机过程。
- 它们的均值为 0，即 $\mathbb{E}[u_n]=\mathbb{E}[d_n]=0$，$\forall n$。如果不是这样，可以在预处理阶段从 u_n 和 d_n 过程中减去各自的平均值。由于该假设，$\mathbf{u}_n$ 的自相关矩阵和协方差矩阵是一致的，从而

$$R_u = \Sigma_u$$

式(4.5)中的正规方程现在形式为

$$\Sigma_u \boldsymbol{w} = \boldsymbol{p}$$

其中

$$\boldsymbol{p} = \left[\mathbb{E}[u_n d_n], \cdots, \mathbb{E}[u_{n-l+1} d_n]\right]^T$$

输入过程阶为 l 的协方差/自相关矩阵为

$$\Sigma_u := \mathbb{E}\left[\mathbf{u}_n \mathbf{u}_n^T\right] = \begin{bmatrix} r(0) & r(1) & \dots & r(l-1) \\ r(1) & r(0) & \dots & r(l-2) \\ \vdots & \vdots & & \vdots \\ r(l-1) & r(l-2) & \dots & r(0) \end{bmatrix} \tag{4.43}$$

其中 $r(k)$ 为输入过程的自相关序列。因为假设所涉及的过程是广义平稳的，所以有

$$r(n, n-k) := \mathbb{E}[u_n u_{n-k}] = r(k)$$

另外，回想一下，对于实广义平稳过程，自相关序列是对称的，即 $r(k)=r(-k)$(2.4.3 节)。注意，在该情况下，当输入向量源自一个随机过程时，协方差矩阵有一个特殊的结构，稍后将利用它推导出求解正规方程的高效方法。

对于复线性滤波的情况，唯一的区别是

- 输出为 $\hat{d}_n = \boldsymbol{w}^H \mathbf{u}_n$
- $\boldsymbol{p} = \mathbb{E}[\mathbf{u}_n d_n^*]$
- $\Sigma_u = \mathbb{E}[\mathbf{u}_n \mathbf{u}_n^H]$
- $r(-k) = r^*(k)$

4.6 均方误差线性滤波：频率域观点

现在来看更一般的情况，此处假设滤波器是*无限脉冲响应*(IIR)的。则式(4.41)变成

136
$$\hat{\mathrm{d}}_n=\sum_{i=-\infty}^{+\infty} w_i \mathrm{u}_{n-i} \tag{4.44}$$

此外，我们允许滤波器是*非因果*的[⊖]。利用和3.9.1节中证明$\mathbb{E}[y \mid \boldsymbol{x}]$的MSE最优性相似的论证方法，可以证明最优滤波系数必须满足以下条件(习题4.12)：

$$\boxed{\mathbb{E}\left[\left(\mathrm{d}_n-\sum_{i=-\infty}^{+\infty} w_i \mathrm{u}_{n-i}\right) \mathrm{u}_{n-j}\right]=0, \quad j \in \mathbb{Z}} \tag{4.45}$$

注意，这是式(4.10)中所述正交性条件的推广(涉及无限多项)。重新整理式(4.45)得到

$$\sum_{i=-\infty}^{+\infty} w_i \,\mathbb{E}[\mathrm{u}_{n-i} \mathrm{u}_{n-j}]=\mathbb{E}[\mathrm{d}_n \mathrm{u}_{n-j}],\ j \in \mathbb{Z} \tag{4.46}$$

最终

$$\sum_{i=-\infty}^{+\infty} w_i r(j-i)=r_{du}(j),\ j \in \mathbb{Z} \tag{4.47}$$

其中$r_{du}(j)$表示d_n和u_n间的互相关序列。式(4.47)可以认为是式(4.5)在随机过程情形的推广。现在的问题是如何求解包含无限多个参数的式(4.47)。方法是进入频率域(频域)。式(4.47)可以看作未知序列与输入过程的自相关序列的卷积，它给出了互相关序列。但是，我们知道两个序列的卷积对应于各自傅里叶变换的乘积(参见[42]和2.4.2节)。因此，可以写成

$$\boxed{W(\omega) S_u(\omega)=S_{du}(\omega)} \tag{4.48}$$

其中$W(\omega)$是未知参数序列的傅里叶变换，$S_u(\omega)$为在2.4.3节中定义的输入过程的*功率谱密度*。类似的，互相关序列的傅里叶变换$S_{du}(\omega)$称为*互谱密度*。如果后两个量$S_{du}(\omega)$和$S_u(\omega)$是已知的，那么一旦计算出来$W(\omega)$，就可以通过傅里叶逆变换得到未知参数。

4.6.1 反卷积：图像去模糊

现在考虑一个重要的应用来展示MSE线性估计的威力。图像去模糊是典型的*反卷积*
137 任务。图像由于通过非理想系统传输而退化，反卷积任务即为最优地(此例中是MSE意义下)恢复原始未退化图像。图4.7a是原始图像，图4.7b是带有一些附加噪声的模糊版本(例如，由一个不稳定的相机拍摄)。

很有意思的是，反卷积是人类大脑一直都在进行的过程。人类的(不仅限于)视觉系统是经过数百万年不断进化形成的最复杂、最发达的生物系统之一。任何落在视网膜上的原始图像都是*严重模糊*的。因此，我们视觉系统的一个主要的初期处理活动就是去模糊(见[29]及其中的参考文献)。

在进一步讨论之前，先采用以下假设：

⊖ 如果输出$\hat{\mathrm{d}}_n$只依赖于输入值u_m，$m \leqslant n$，则称系统为*因果*的。因果关系的一个充要条件是，在负时刻脉冲响应为零，即$w_n=0$，$n<0$。读者可以尝试证明之。

a)　　　　b)

图 4.7　原始图像(a)和带噪声的模糊版本(b)

- 图像是一个广义平稳二维随机过程。二维随机过程也称随机场(参见第15章)。
- 图像是无限范围的，这对于大型图像来说是合理的。该假设赋予我们使用式(4.48)的“许可”。在理论分析中，图像是二维过程这一事实并没有改变任何东西，唯一的区别是傅里叶变换涉及在两个维度中的两个频率变量 ω_1 和 ω_2。

我们用二维数组表示灰度图像。为了与目前使用的符号保持一致，设 $d(n,m)$，$n,m\in\mathbb{Z}$ 为原始的未退化图像(对我们来说这是期望的响应)，$u(n,m)$，$n,m\in\mathbb{Z}$ 是退化的图像，由下式得到

$$u(n,m)=\sum_{i=-\infty}^{+\infty}\sum_{j=-\infty}^{+\infty}h(i,j)d(n-i,m-j)+\eta(n,m) \tag{4.49}$$

其中 $\eta(n,m)$ 为噪声场的实现，假设噪声场为零均值，且与输入(未退化的)图像无关。序列 $h(i,j)$ 是系统(如摄像头)的*点扩展序列*(脉冲响应)，假设它是已知的，在某种程度上， 138
它可以被测量[㊀]。

我们现在的任务是估计一个二维滤波器，$w(n,m)$，将它应用到退化图像上，能最优重构(在MSE意义下)原始的未退化图像。此例中式(4.48)可写成

$$W(\omega_1,\omega_2)S_u(\omega_1,\omega_2)=S_{du}(\omega_1,\omega_2)$$

根据与第2章推导式(2.130)相似的方法，可以得出(习题4.13)

$$S_{du}(\omega_1,\omega_2)=H^*(\omega_1,\omega_2)S_d(\omega_1,\omega_2) \tag{4.50}$$

以及

$$S_u(\omega_1,\omega_2)=|H(\omega_1,\omega_2)|^2S_d(\omega_1,\omega_2)+S_\eta(\omega_1,\omega_2) \tag{4.51}$$

其中“*”表示复共轭，S_η 为噪声场的功率谱密度。因此最终得到

$$\boxed{W(\omega_1,\omega_2)=\frac{1}{H(\omega_1,\omega_2)}\frac{|H(\omega_1,\omega_2)|^2}{|H(\omega_1,\omega_2)|^2+\frac{S_\eta(\omega_1,\omega_2)}{S_d(\omega_1,\omega_2)}}} \tag{4.52}$$

一旦计算出了 $W(\omega_1,\omega_2)$，就可以通过(二维)傅里叶逆变换得到未知的参数。图像去模糊 139
的结果为

㊀ 注意，情况并不总是如此。

$$\hat{d}(n,m)=\sum_{i=-\infty}^{+\infty}\sum_{j=-\infty}^{+\infty}w(i,j)u(n-i,m-j) \tag{4.53}$$

在实际应用中，我们对反卷积滤波器的权值不是很感兴趣，所以在频域上实现式(4.53)

$$\hat{D}(\omega_1,\omega_2)=W(\omega_1,\omega_2)U(\omega_1,\omega_2)$$

然后求得傅里叶逆变换。因此，所有的处理都在频域内高效执行。计算图像数组的傅里叶变换(通过快速傅里叶变换 FFT 实现)的软件包在互联网上是非常多的。

另一个重要的问题是，实践中我们不知道 $S_d(\omega_1,\omega_2)$。为了得到合理的结果，通常采用的近似方法是假设 $S_\eta(\omega_1,\omega_2)/S_d(\omega_1,\omega_2)$ 为常数 C，尝试取不同的值。图 4.8 显示了 $C=2.3\times10^{-6}$ 时的去模糊图像。最终结果的质量在很大程度上取决于该值的选择(MATLAB 习题 4.25)。目前也有一些其他更先进的技术。例如，可以用 $S_\eta(\omega_1,\omega_2)$ 和 $S_u(\omega_1,\omega_2)$ 的信息来更好地估计 $S_d(\omega_1,\omega_2)$。有兴趣的读者可以从参考文献[14, 34]中获得更多关于图像反卷积/恢复任务的知识。

a)　　　　b)

图 4.8　原始图像(a)和 $C=2.3\times10^{-6}$ 的去模糊图像(b)。注意，尽管方法简单，但重构效果很好。当放大图像时，差异会变得更加明显

4.7　一些典型应用

最优线性估计/滤波在统计学习中有广泛的应用，如回归建模、通信、控制、生物医学信号处理、地震信号处理、图像处理等。接下来，我们将介绍一些典型的应用，以便读者理解前面所述的理论是如何用于解决实际问题的。在所有情况下，我们都假定所涉及的随机过程是广义平稳的。

4.7.1　干扰抵消

在干扰抵消中，可以得到两种信号的混合信号 $d_n=y_n+s_n$。理想情况下，我们想要
140 移除其中一个，比如说 y_n。将它们视为各自随机过程/信号 d_n、y_n 和 s_n 的实现。为实现这个目标，唯一可用的信息是另一个信号，如 u_n，它在统计上与不想要的信号 y_n 相关。例如，y_n 可能是 u_n 的滤波版本。如图 4.9 所示，其中显示了所涉及的随机过程的相应实现。

过程 y_n 是未知系统 H 的输出，H 的输入由 u_n 激发。任务是通过估计 H 的脉冲响应(假设它是线性时不变的并且已知阶)来建模 H。则当模型被相同的 u_n 输入激活时，它的输出将是 y_n 的近似值。用 d_n 表示想要的响应过程。$w_0,\cdots,w_{l-1}$ 的最优估计(假设未知系统 H 的阶为 l)由如下正规方程给出

$$\boldsymbol{\Sigma}_u \boldsymbol{w}_* = \boldsymbol{p}$$

其中

$$\begin{aligned}\boldsymbol{p} &= \mathbb{E}[\mathbf{u}_n \mathrm{d}_n] = \mathbb{E}\left[\mathbf{u}_n(\mathrm{y}_n + \mathrm{s}_n)\right] \\ &= \mathbb{E}\left[\mathbf{u}_n \mathrm{y}_n\right]\end{aligned} \tag{4.54}$$

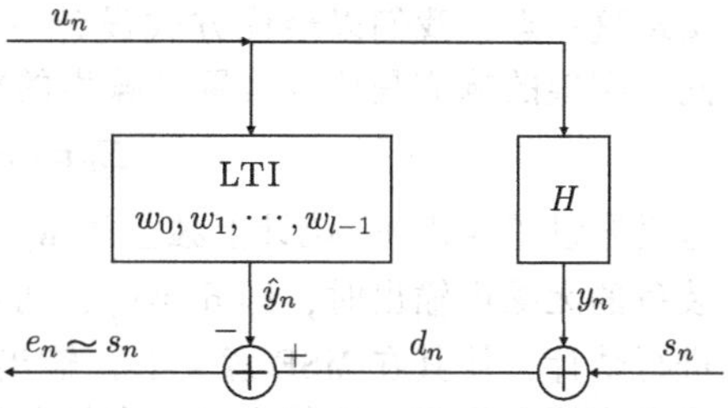

图 4.9　干扰抵消任务的基本框图

最后一个等号是因为输入向量 $\mathbf{u}_n$ 和 s_n 在统计上可认为是独立的。也就是说，我们得到的正规方程与期望的响应是 y_n 时得到的正规方程是一样的，而 y_n 正是我们想移除的！因此，我们模型的输出将是 y_n(在 MSE 的意义下)的近似值 $\hat{\mathrm{y}}_n$，如果从 d_n 中减去 y_n，则得到的(误差)信号 e_n 将是 s_n 的近似值。这个近似值有多好取决于是否可以对 H 的真实阶数有一个好的“估计”。式(4.54)右侧的互相关可以通过计算各自的样本均值来近似，特别地可在无 s_n 的时间里计算。在实际系统中，通常使用在线/自适应版本的实现，我们将在第 5 章中看到这一点。

干扰抵消方法已广泛应用于许多系统，如噪声消除、电话网络和视频会议的回声消除以及生物医学应用。例如，消除母体对胎儿心电图的干扰。

图 4.10 演示了视频会议应用中的回声消除任务。同样的设置也适用于汽车中的免提电话服务。远端语音信号被认为是一个随机过程 u_n 的实现 u_n，通过扩音器，广播到房间 A(汽车)，并在房间内部反射。它的一部分被吸收，一部分进入麦克风(记为 y_n)。房间(反射)对 u_n 的等效响应可以用滤波器 H 表示，如图 4.9 所示。由于信号 y_n 的返回，B 位置的说话者就听到了他自己的声音，以及在 A 位置的说话者产生的近端语音信号 s_n。在某些情况下，这种从扬声器到麦克风的反馈路径会导致不稳定，从而产生“啸叫”音。回声消除器的目标是最优地消除 y_n。

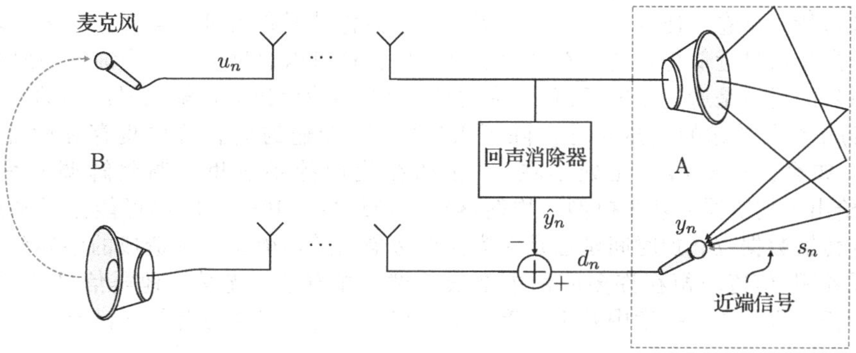

图 4.10　回声消除器优化设计的目标是消除远端信号 u_n 的一部分，该部分会干涉近端信号 s_n

4.7.2　系统辨识

系统辨识在本质上类似于干扰抵消任务。注意图 4.9 中，总的来说就是对未知系统建模。不过在干扰抵消中我们关注的重点是复制输出 y_n，而不是系统的脉冲响应。

在系统辨识中，目标是建立未知装置的脉冲响应模型。为此，我们可以访问它的输入
141 信号和带噪声的输出信号。我们的任务是设计一个脉冲响应和未知装置近似的模型。为了实现这一点，我们以最优方式设计一个线性滤波器，它的输入信号与激活装置的信号相同，期望的响应是位置装置带噪声的输出信号（见图 4.11）。相应的正规方程是

$$\Sigma_u \boldsymbol{w}_* = \mathbb{E}[\mathbf{u}_n \mathrm{d}_n] = \mathbb{E}[\mathbf{u}_n \mathrm{y}_n] + 0$$

这里假设了噪声 η_n 统计上独立于 $\mathbf{u}_n$。故再一次看到，给模型提供一个期待响应等于未知装备的无噪声输出时，即 $\mathrm{d}_n = \mathrm{y}_n$，两者得到的正规方程一样。因此，可对模型的脉冲响应进行估计，使其在 MSE 意义下，输出接近于未知设备的真实（无噪声）输出。系统辨识在许多应用中具有重要的意义。在控制中，它用于驱动关联的控制器。在数据通信中，它被用于估计传输信道以建立所传输数据的最大似然估计。许多实际系统中应用了系统辨识方法的自适应版本，这将在接下来的章节中讨论。

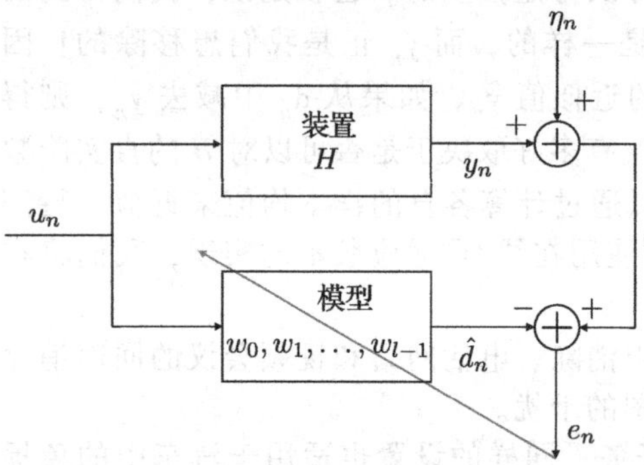

图 4.11　在系统辨识中，对模型的脉冲响应进行了最优估计，使模型的输出在 MSE 意义下最接近未知系统的输出。灰线表示误差用于滤波器未知参数的最优估计

4.7.3　反卷积：信道均衡

注意到，在干扰抵消任务中，目标是“移除”未知系统 H 的输入信号（u_n）（其滤波后版本）。在系统辨识中，关注点是（未知）系统本身。在反卷积中，关注的是未知系统的输入。也就是说，现在的目标是在 MSE 的最优意义下恢复（延迟的）输入信号 $\mathrm{d}_n = \mathrm{s}_{n-L+1}$，其中 L 是延迟，以采样周期 T 为单位。这个任务也称为*逆系统辨识*。通信中常用的术语是*均衡*或*信道均衡*。反卷积任务在 4.6 节的图像去模糊背景下介绍过，当时关于未知输入过程所需的信息是通过近似得到的。在当前的框架中，这可以通过传输一个训练序列来实现。

均衡器的目标是通过减轻任何（不完善的）弥散通信信道对传输信号施加的所谓*符号间干扰*（ISI）来恢复传输的信息符号。除了 ISI 外，在传输的信息位中也存在附加噪声（见例 4.2）。如今，均衡器“无处不在”，比如在我们的手机里、调制解调器里，等等。图 4.12 给出了均衡器的基本模型。均衡器经过训练后，其输出应尽可能接近延迟了某个时间 L 的传输数据位。加时间延迟是因为需要考虑信道均衡器系统造成的整体延迟。除通信外，反卷积/信道均衡在许多应用中都很关键，如声学、光学、地震信号处理和控制。信道均衡任务也将在下一章中基于决策反馈均衡模式的在线学习背景下讨论。

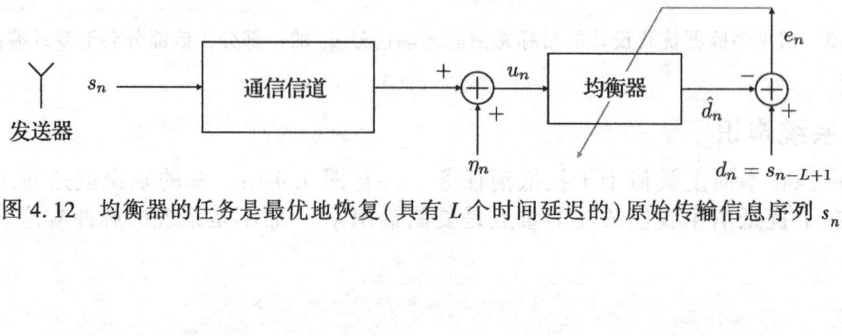

图 4.12　均衡器的任务是最优地恢复（具有 L 个时间延迟的）原始传输信息序列 s_n

例 4.1 噪声消除　噪声消除应用如图 4.13 所示。感兴趣的信号是一个过程 s_n 的实现。它被噪声序列 $v_1(n)$ 污染了。例如，s_n 可能是飞机驾驶员座舱内的语音信号，$v_1(n)$ 是麦克风所在位置的飞机噪声。假设 $v_1(n)$ 是一阶的 AR 过程，表示为 142~143

$$v_1(n) = a_1 v_1(n-1) + \eta_n$$

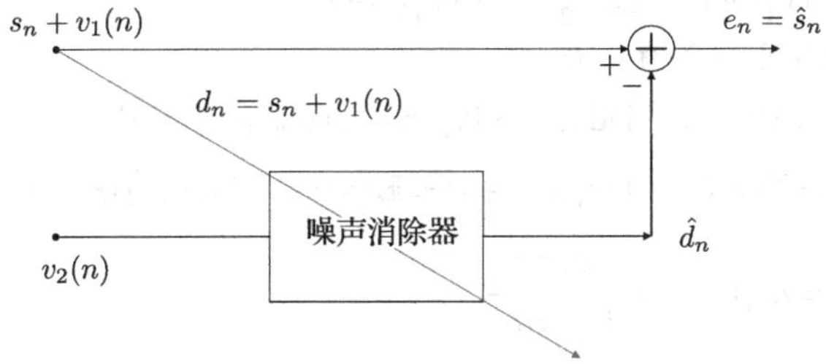

图 4.13　噪声消除器的框图。图中显示的信号是本书正文中使用的随机变量的对应实现。利用污染信号作为期待的响应，则最优滤波器的输出为对噪声分量的估计

随机信号 $v_2(n)$ 是一个噪声序列[⊖]，与 $v_1(n)$ 有关，但在统计上与 s_n 无关。例如，它可能是从附近位置的另一个麦克风接收到的噪声。这里也假设它是一阶的 AR 过程

$$v_2(n) = a_2 v_2(n-1) + \eta_n$$

注意，$v_1(n)$ 和 $v_2(n)$ 都是由同一个噪声源 η_n 产生的方差为 σ_η^2 的白噪声。例如在飞机上，可以假设不同位置的噪声是由一个“公共”源引起的，特别是当两者位置接近的时候。

这个例子的目的是计算噪声消除器的权值，以便从 $s_n+v_1(n)$ 的混合信号中(在 MSE 意义下)最优地消除噪声 $v_1(n)$。假设消除器是二阶的。

消除器的输入是 $v_2(n)$，将使用混合信号 $d_n=s_n+v_1(n)$ 作为期待的响应信号。为建立正规方程，需计算 $v_2(n)$ 的协方差矩阵 Σ_2，以及输入随机向量 $\mathbf{v}_2(n)$ 和 d_n 之间的互相关向量 $\boldsymbol{p}_2$。

因为 $v_2(n)$ 是一个一阶 AR 过程，回想 2.4.4 节，自相关序列为

$$r_2(k) = \frac{a_2^k \sigma_\eta^2}{1-a_2^2}, \quad k=0,1,\cdots \tag{4.55}$$

所以

$$\Sigma_2 = \begin{bmatrix} r_2(0) & r_2(1) \\ r_2(1) & r_2(0) \end{bmatrix} = \begin{bmatrix} \dfrac{\sigma_\eta^2}{1-a_2^2} & \dfrac{a_2\sigma_\eta^2}{1-a_2^2} \\ \dfrac{a_2\sigma_\eta^2}{1-a_2^2} & \dfrac{\sigma_\eta^2}{1-a_2^2} \end{bmatrix}$$ 144

接下来，我们将计算互相关向量。我们有

$$\begin{aligned} p_2(0) &:= \mathbb{E}[v_2(n) d_n] = \mathbb{E}[v_2(n)(s_n + v_1(n))] \\ &= \mathbb{E}[v_2(n) v_1(n)] + 0 = \mathbb{E}\left[(a_2 v_2(n-1) + \eta_n)(a_1 v_1(n-1) + \eta_n)\right] \\ &= a_2 a_1 p_2(0) + \sigma_\eta^2 \end{aligned}$$

或

⊖ 由于存在第二个下标，故这里将指标 n 放在括号中。

$$p_2(0)=\frac{\sigma_\eta^2}{1-a_2a_1} \tag{4.56}$$

这里利用了 $\mathbb{E}[v_2(n-1)\eta_n]=\mathbb{E}[v_1(n-1)\eta_n]=0$，这是因为 $v_2(n-1)$ 和 $v_1(n-1)$ 递归地依赖于以前的值，即 $\eta(n-1)$，$\eta(n-2)$，…，且 η_n 是白噪声序列，所以相关值为零。同时，由于平稳性，$\mathbb{E}[v_2(n)v_1(n)]=\mathbb{E}[v_2(n-1)v_1(n-1)]$。

对于互相关向量的另一个值，有

$$\begin{aligned}p_2(1)&=\mathbb{E}[v_2(n-1)d_n]=\mathbb{E}[v_2(n-1)(s_n+v_1(n))]\\&=\mathbb{E}[v_2(n-1)v_1(n)]+0=\mathbb{E}\left[v_2(n-1)(a_1v_1(n-1)+\eta_n)\right]\\&=a_1p_2(0)=\frac{a_1\sigma_\eta^2}{1-a_1a_2}\end{aligned}$$

一般地，容易证明

$$p_2(k)=\frac{a_1^k\sigma_\eta^2}{1-a_2a_1},\quad k=0,1,\cdots \tag{4.57}$$

回忆一下，由于过程是实值的，所以协方差矩阵是对称的，意味着 $r_2(k)=r_2(-k)$。同样，为了使式(4.55)有意义(回忆 $r_2(0)>0$)，须 $|a_2|<1$。对 $v_1(n)$ 的自相关序列进行类似分析，则可知 $|a_1|$ 也有同样结论。

因此，噪声消除器的最优权值由以下这组正规方程给出

$$\begin{bmatrix}\dfrac{\sigma_\eta^2}{1-a_2^2} & \dfrac{a_2\sigma_\eta^2}{1-a_2^2}\\ \dfrac{a_2\sigma_\eta^2}{1-a_2^2} & \dfrac{\sigma_\eta^2}{1-a_2^2}\end{bmatrix}\boldsymbol{w}=\begin{bmatrix}\dfrac{\sigma_\eta^2}{1-a_1a_2}\\ \dfrac{a_1\sigma_\eta^2}{1-a_1a_2}\end{bmatrix}$$

注意到，消除器从混合 $s_n+v_1(n)$ 中最优地“去除”了和输入 $v_2(n)$ 相关的部分；观察到 $v_1(n)$ 基本上充当了所期待的响应。

145 图 4.14a 为信号 $d_n=s_n+v_1(n)$ 的一个实现，其中 $s_n=\cos(\omega_0 n)$，$\omega_0=2*10^{-3}*\pi$，$a_1=0.8$ 以及 $\sigma_\eta^2=0.05$。图 4.14b 为 $a_2=0.75$ 时信号 $s_n+v_1(n)-\hat{d}(n)$ 的相应实现。消除器对应的权值为 $\boldsymbol{w}_*=[1,0.125]^{\mathrm{T}}$。图 4.14c 对应 $a_2=0.5$ 时的情形。观察到 $v_1(n)$ 与 $v_2(n)$ 的互相关越高，得到的结果越好。

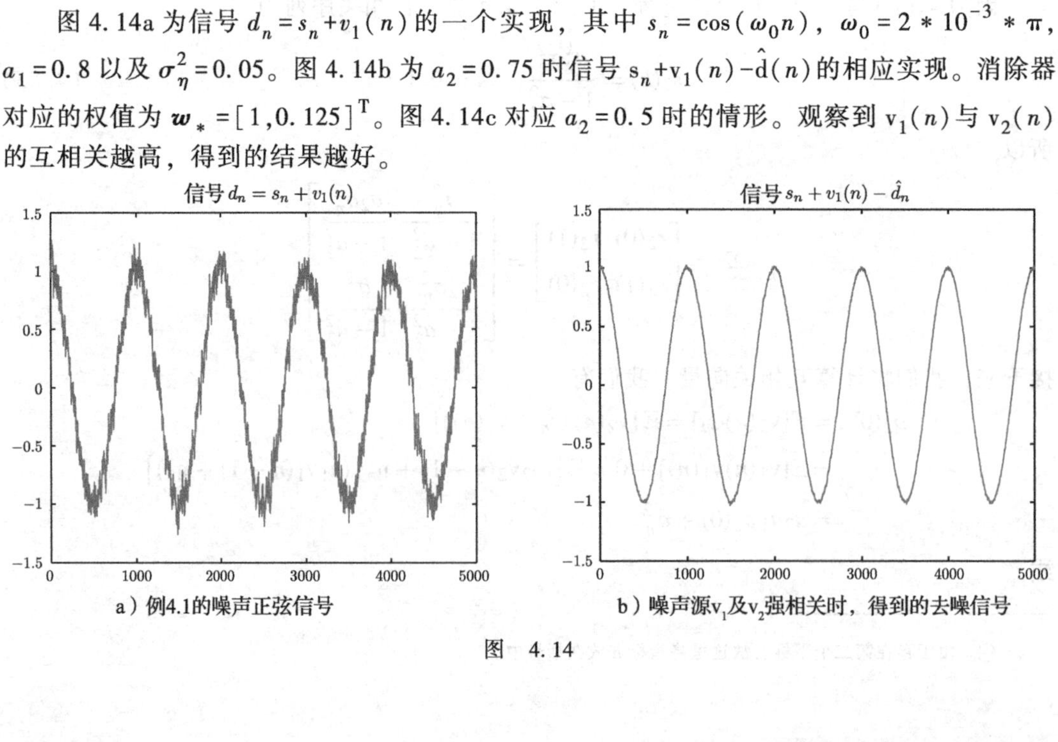

a）例4.1的噪声正弦信号　b）噪声源 v_1 及 v_2 强相关时，得到的去噪信号

图 4.14

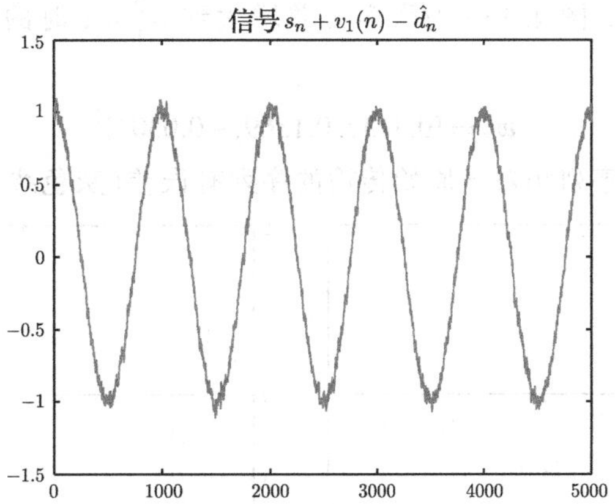

c）噪声源相关性较低时，得到的去噪信号

图 4.14 （续）

例 4.2 信道均衡 考虑图 4.12 中的信道均衡装置，其中信道的输出是由接收器检测的，由

$$u_n = 0.5s_n + s_{n-1} + \eta_n \tag{4.58}$$

给定。我们的目标是设计一个具有三个抽头的均衡器，$\boldsymbol{w}=[w_0, w_1, w_2]^T$，使得 146

$$\hat{d}_n = \boldsymbol{w}^T \mathbf{u}_n$$

用期待的响应序列 $d_n = s_{n-1}$ 来估计未知抽头。已知 $\mathbb{E}[s_n]=\mathbb{E}[\eta_n]=0$，且

$$\Sigma_s = \sigma_s^2 I, \quad \Sigma_\eta = \sigma_\eta^2 I$$

注意到，对所需的响应使用了延迟 $L=1$。为了更好地理解使用延迟的原因，并且不涉及太多细节(对更有经验的读者，注意到信道是非最小相位的，如[41])，观察到在时刻 n，式(4.58)中对 u_n 的贡献大部分来自符号 s_{n-1}，它的权重为 1，而样本 s_n 的权重为 0.5；因此，从直观的角度来看，当收到 u_n 时，很自然地要去估计 s_{n-1}。这是使用延迟的原因。

图 4.15a 为输入信息序列 s_n 的一个实现。它由随机生成的等可能样本±1 组成。信道的影响是将连续的信息样本组合在一起(ISI)和加噪声。均衡器的目的是最优地消除它们。图 4.15b 显示了在接收器前端接收的 u_n 的对应实现序列。注意到，通过观察它，人们不能识别它的原始序列，这些噪声和 ISI 的确改变了它们的“样子”。

按照与前例相似的步骤，得到(习题 4.14)

$$\Sigma_u = \begin{bmatrix} 1.25\sigma_s^2+\sigma_\eta^2 & 0.5\sigma_s^2 & 0 \\ 0.5\sigma_s^2 & 1.25\sigma_s^2+\sigma_\eta^2 & 0.5\sigma_s^2 \\ 0 & 0.5\sigma_s^2 & 1.25\sigma_s^2+\sigma_\eta^2 \end{bmatrix}, \quad \boldsymbol{p} = \begin{bmatrix} \sigma_s^2 \\ 0.5\sigma_s^2 \\ 0 \end{bmatrix}$$

对 $\sigma_s^2=1$ 和 $\sigma_\eta^2=0.01$，求解正规方程

$$\Sigma_u \boldsymbol{w}_* = \boldsymbol{p}$$

结果为

$$\boldsymbol{w}_* = [0.7462, 0.1195, -0.0474]^T$$

图 4.15c 显示了均衡器($\boldsymbol{w}_*^T \boldsymbol{u}_n$)进行了恰当的阈值操作后恢复的序列。它与传输的序列是

完全相同的，没有误差。图 4.15d 为噪声方差增大到 $\sigma_\eta^2=1$ 时的恢复序列。对应的 MSE 最优均衡器为

$$\boldsymbol{w}_* = [0.4132, 0.1369, -0.0304]^{\mathrm{T}}$$

这一次，均衡器重建的序列相对于原始传输的序列有误差(灰色线表示)。

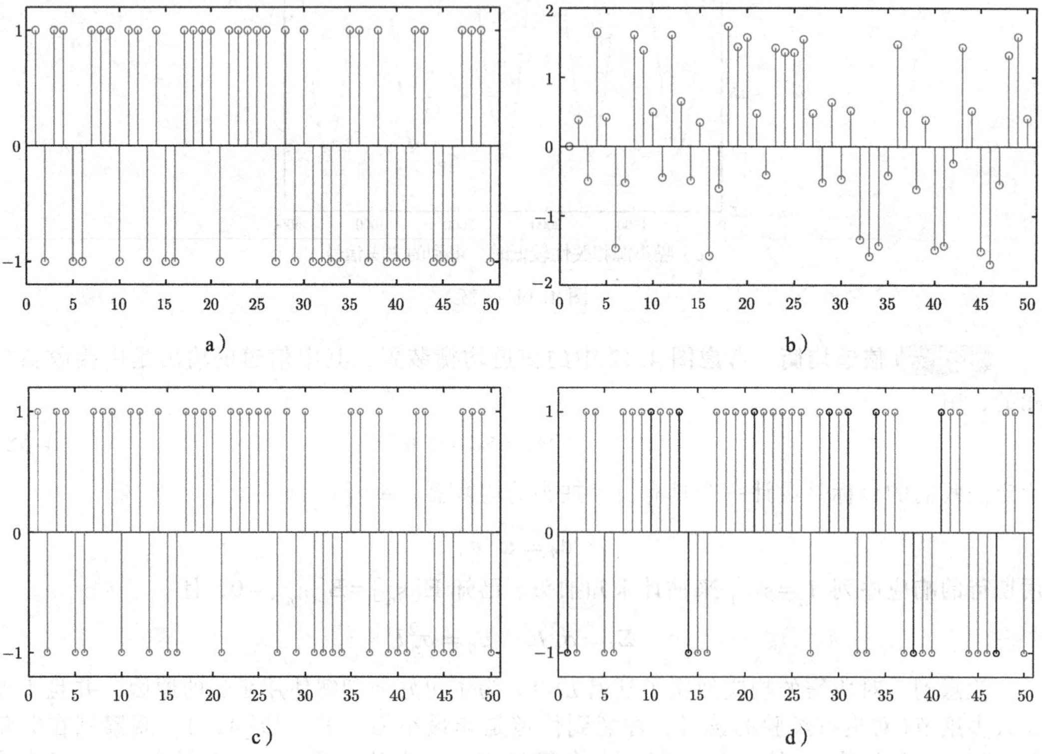

图 4.15　a) 例 4.2 信息序列的一个实现，该序列由等概率、随机产生的±1 样本组成。b) 接收端收到的对应序列。c) 在低信道噪声情况下均衡器输出的序列。原始序列无误差地完全恢复。d) 高信道噪声均衡器的输出。黑色样本与原始发射样本有误差，极性相反

下面是求 Σ_u 的另一种方法，它不需要逐个计算 Σ_u 的每一个元素。容易验证均衡器(有三个抽头)在时刻 n 的输入向量为

$$\mathbf{u}_n = \begin{bmatrix} 0.5 & 1 & 0 & 0 \\ 0 & 0.5 & 1 & 0 \\ 0 & 0 & 0.5 & 1 \end{bmatrix} \begin{bmatrix} \mathrm{s}_n \\ \mathrm{s}_{n-1} \\ \mathrm{s}_{n-2} \\ \mathrm{s}_{n-3} \end{bmatrix} + \begin{bmatrix} \eta_n \\ \eta_{n-1} \\ \eta_{n-2} \\ \eta_{n-3} \end{bmatrix} \tag{4.59}$$

$$:= H\mathbf{s}_n + \boldsymbol{\eta}_n$$

由此可以推出

$$\Sigma_{\mathrm{u}} = \mathbb{E}\left[\mathbf{u}_n \mathbf{u}_n^{\mathrm{T}}\right] = H\sigma_s^2 H^{\mathrm{T}} + \Sigma_\eta = \sigma_s^2 H H^{\mathrm{T}} + \sigma_\eta^2 I$$

147～148 读者可以很容易地验证这与之前一样，但式(4.59)让我们想起了线性回归模型。注意到矩阵 H 的特殊结构，这样的矩阵也称为*卷积矩阵*。因为输入向量对应于一个随机过程，这种结构是由于 $\mathbf{u}_n$ 的元素是第一个元素的时移版本造成的。这正是我们接下来要利用的特性，从而推导出求解正规方程的高效方法。

4.8　算法方面：莱文森算法和格-梯算法

本节的目标是提出式(4.16)中正规方程的高效求解算法。考虑滤波情形，其中输入和输出都是随机过程。我们已经指出该情况下输入协方差矩阵有特殊结构。这里提出的主要思想具有一般性，不限于正规方程的特定形式。大量关于最小二乘任务的高效(快速)算法的文献，以及它的许多在线/自适应版本，其根源都是这里介绍的方法。所有这些方法的关键在于输入向量的特定结构，其元素是其第一个元素 u_n 的时移版本。

回想一下线性代数，为求解一般的含 l 个未知数的 l 个方程组成的方程组，需要 $O(l^3)$ 个(乘加(MAD))运算。利用与随机过程关联的自相关/协方差矩阵具有的丰富结构，可以导出一个具有 $O(l^2)$ 个运算的算法。我们还将考虑更一般的复值情况。

输入随机向量的自相关/协方差矩阵(对零均值过程)定义在式(4.17)中。它是厄米特矩阵，也是半正定矩阵。从现在开始我们假设它是正定的。$\mathbb{C}^{m\times m}$ 中与复广义平稳过程关联的自相关/协方差矩阵，由

$$\Sigma_m = \begin{bmatrix} r(0) & r(1) & \cdots & r(m-1) \\ r(-1) & r(0) & \cdots & r(m-2) \\ \vdots & \vdots & & \vdots \\ r(-m+1) & r(-m+2) & \cdots & r(0) \end{bmatrix}$$
$$= \begin{bmatrix} r(0) & r(1) & \cdots & r(m-1) \\ r^*(1) & r(0) & \cdots & r(m-2) \\ \vdots & \vdots & & \vdots \\ r^*(m-1) & r^*(m-2) & \cdots & r(0) \end{bmatrix}$$

给出，其中利用了性质

$$r(i) := \mathbb{E}[\mathrm{u}_n \mathrm{u}_{n-i}^*] = \mathbb{E}\left[\left(\mathrm{u}_{n-i}\mathrm{u}_n^*\right)^*\right] := r^*(-i)$$

这里已经放松了 Σ 对 u 的符号依赖，并且明确地指出了矩阵的阶，因为从现在开始这将是一个非常有用的下标。

我们将采用递归的方法，目标是用 $m-1$ 阶的最优滤波解 $\boldsymbol{w}_{m-1}$ 表示 m 阶的最优滤波解 $\boldsymbol{w}_m$。　149

广义平稳过程的协方差矩阵为特普利茨矩阵，它的对角线上的所有元素都是相等的。这一性质加上它的厄米特特性，就产生了下面的嵌套结构

$$\Sigma_m = \begin{bmatrix} \Sigma_{m-1} & J_{m-1}\boldsymbol{r}_{m-1} \\ \boldsymbol{r}_{m-1}^{\mathrm{H}} J_{m-1} & r(0) \end{bmatrix} \tag{4.60}$$

$$= \begin{bmatrix} r(0) & \boldsymbol{r}_{m-1}^{\mathrm{T}} \\ \boldsymbol{r}_{m-1}^* & \Sigma_{m-1} \end{bmatrix} \tag{4.61}$$

其中

$$\boldsymbol{r}_{m-1} := \begin{bmatrix} r(1) \\ r(2) \\ \vdots \\ r(m-1) \end{bmatrix} \tag{4.62}$$

J_{m-1} 为$(m-1)\times(m-1)$的反对角矩阵，定义为

$$J_{m-1}:=\begin{bmatrix}0&0&\cdots&1\\ \vdots&\vdots&&\vdots\\ 0&0&\cdots&0\\ 0&1&\cdots&0\\ 1&0&\cdots&0\end{bmatrix}$$

请注意，任何矩阵右乘 J_{m-1} 效果是颠倒其列的顺序，而左乘则颠倒行顺序，如下所示

$$\boldsymbol{r}_{m-1}^{\mathrm{H}}J_{m-1}=\left[r^*(m-1)\ r^*(m-2)\ \cdots\ r^*(1)\right]$$

和

$$J_{m-1}\boldsymbol{r}_{m-1}=\left[r(m-1)\ r(m-2)\ \cdots\ r(1)\right]^{\mathrm{T}}$$

对式(4.60)应用附录 A.1 中的矩阵求逆引理，得到

$$\Sigma_m^{-1}=\begin{bmatrix}\Sigma_{m-1}^{-1}&\mathbf{0}\\ \mathbf{0}^{\mathrm{T}}&0\end{bmatrix}+\begin{bmatrix}-\Sigma_{m-1}^{-1}J_{m-1}\boldsymbol{r}_{m-1}\\ 1\end{bmatrix}\frac{1}{\alpha_{m-1}^{b}}\left[-\boldsymbol{r}_{m-1}^{\mathrm{H}}J_{m-1}\Sigma_{m-1}^{-1}\ \ 1\right]\tag{4.63}$$

这时，标量

150

$$\alpha_{m-1}^{b}=r(0)-\boldsymbol{r}_{m-1}^{\mathrm{H}}J_{m-1}\Sigma_{m-1}^{-1}J_{m-1}\boldsymbol{r}_{m-1}\tag{4.64}$$

就是所谓的舒尔补。阶为 m 的互相关向量 $\boldsymbol{p}_m$ 为

$$\boldsymbol{p}_m=\begin{bmatrix}\mathbb{E}[\mathrm{u}_n\mathrm{d}_n^*]\\ \vdots\\ \mathbb{E}[\mathrm{u}_{n-m+2}\mathrm{d}_n^*]\\ \mathbb{E}[\mathrm{u}_{n-m+1}\mathrm{d}_n^*]\end{bmatrix}=\begin{bmatrix}\boldsymbol{p}_{m-1}\\ p_{m-1}\end{bmatrix},\quad 其中\,p_{m-1}:=\mathbb{E}[\mathrm{u}_{n-m+1}\mathrm{d}_n^*]\tag{4.65}$$

由式(4.63)和式(4.65)，可得如下优美的关系：

$$\boldsymbol{w}_m:=\Sigma_m^{-1}\boldsymbol{p}_m=\begin{bmatrix}\boldsymbol{w}_{m-1}\\ 0\end{bmatrix}+\begin{bmatrix}-\boldsymbol{b}_{m-1}\\ 1\end{bmatrix}k_{m-1}^{w}\tag{4.66}$$

其中

$$\boldsymbol{w}_{m-1}=\Sigma_{m-1}^{-1}\boldsymbol{p}_{m-1},\quad \boldsymbol{b}_{m-1}:=\Sigma_{m-1}^{-1}J_{m-1}\boldsymbol{r}_{m-1}$$

和

$$k_{m-1}^{w}:=\frac{p_{m-1}-\boldsymbol{r}_{m-1}^{\mathrm{H}}J_{m-1}\boldsymbol{w}_{m-1}}{\alpha_{m-1}^{b}}\tag{4.67}$$

式(4.66)是一个将最优解 $\boldsymbol{w}_m$ 与 $\boldsymbol{w}_{m-1}$ 联系起来的递归式。为得到一个完整的递归方法，还需要一个更新 $\boldsymbol{b}_m$ 的递归式。

4.8.1 前向后向均方误差最优预测

后向预测：向量 $\boldsymbol{b}_m=\Sigma_m^{-1}J_m\boldsymbol{r}_m$ 有一个有趣的物理解释：它是 m 阶的 MSE 最优后向预测，即给定 $\mathrm{u}_{n-m+1},\mathrm{u}_{n-m+2},\cdots,\mathrm{u}_n$ 时，该线性滤波器对 u_{n-m} 有最优估计/预测。为了设计 m 阶的最优后向预测，需要的响应必须是

$$\mathrm{d}_n=\mathrm{u}_{n-m}$$

从其正规方程我们得到

$$\boldsymbol{b}_m = \boldsymbol{\Sigma}_m^{-1} \begin{bmatrix} \mathbb{E}[\mathrm{u}_n \mathrm{u}_{n-m}^*] \\ \mathbb{E}[\mathrm{u}_{n-1} \mathrm{u}_{n-m}^*] \\ \vdots \\ \mathbb{E}[\mathrm{u}_{n-m+1} \mathrm{u}_{n-m}^*] \end{bmatrix} = \boldsymbol{\Sigma}_m^{-1} J_m \boldsymbol{r}_m \tag{4.68}$$

因此，MSE 的最优后向预测与 $\boldsymbol{b}_m$ 一致，即

$$\boxed{\boldsymbol{b}_m = \boldsymbol{\Sigma}_m^{-1} J_m \boldsymbol{r}_m: \quad \text{MSE最优后向预测}}$$ 151

此外，由式(4.19)，可知对应的最小 MSE 等于

$$J(\boldsymbol{b}_m) = r(0) - \boldsymbol{r}_m^H J_m \boldsymbol{\Sigma}_m^{-1} J_m \boldsymbol{r}_m = \alpha_m^b$$

即式(4.64)中的舒尔补等于其最优 MSE！

前向预测：前向预测任务的目标是给定 $\mathrm{u}_n, \mathrm{u}_{n-1}, \cdots, \mathrm{u}_{n-m+1}$ 时预测 u_{n+1} 的值。因此，通过选择所需的响应 $\mathrm{d}_n = \mathrm{u}_{n+1}$ 可以得到 m 阶的 MSE 最优前向预测 $\boldsymbol{a}_m$，相应的正规方程为

$$\boldsymbol{a}_m = \boldsymbol{\Sigma}_m^{-1} \begin{bmatrix} \mathbb{E}[\mathrm{u}_n \mathrm{u}_{n+1}^*] \\ \mathbb{E}[\mathrm{u}_{n-1} \mathrm{u}_{n+1}^*] \\ \vdots \\ \mathbb{E}[\mathrm{u}_{n-m+1} \mathrm{u}_{n+1}^*] \end{bmatrix} = \boldsymbol{\Sigma}_m^{-1} \begin{bmatrix} r^*(1) \\ r^*(2) \\ \vdots \\ r^*(m) \end{bmatrix} \tag{4.69}$$

或

$$\boxed{\boldsymbol{a}_m = \boldsymbol{\Sigma}_m^{-1} \boldsymbol{r}_m^*: \quad \text{MSE最优前向预测}} \tag{4.70}$$

从式(4.70)不难看出(习题 4.16)(回忆 $J_m J_m = I_m$)

$$\boldsymbol{a}_m = J_m \boldsymbol{b}_m^* \Rightarrow \boldsymbol{b}_m = J_m \boldsymbol{a}_m^* \tag{4.71}$$

并且前向预测的最优 MSE $J(\boldsymbol{a}_m) := \alpha_m^f$ 等于后向预测的，即

$$J(\boldsymbol{a}_m) = \alpha_m^f = \alpha_m^b = J(\boldsymbol{b}_m)$$

图 4.16 描述了两个预测任务。换句话说，最优前向预测是最优后向预测的共轭反转，即 152

$$\boldsymbol{a}_m := \begin{bmatrix} a_m(0) \\ \vdots \\ a_m(m-1) \end{bmatrix} = J_m \boldsymbol{b}_m^* := \begin{bmatrix} b_m^*(m-1) \\ \vdots \\ b_m^*(0) \end{bmatrix}$$

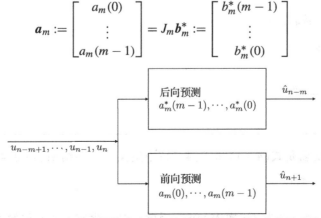

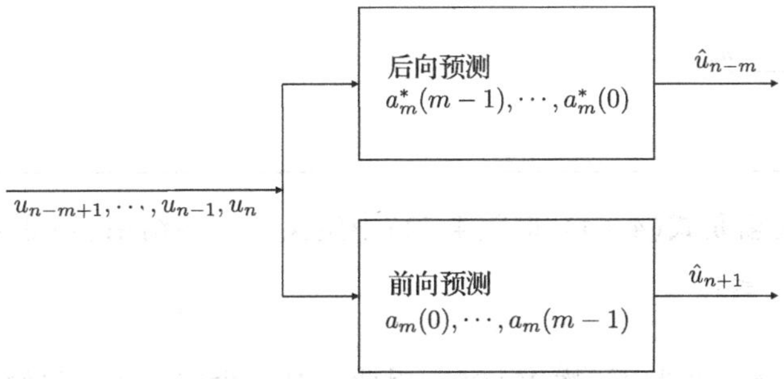

图 4.16　后向预测的脉冲响应是前向预测脉冲响应的共轭反转

该性质是由所涉及过程的平稳性导致的。由于统计性质只依赖于时刻的差异，前向和后向预测并没有太大不同。两种情况下，都是给定一组样本 $u_{n-m+1},\cdots,u_n$，来预测未来的一个样本(前向预测中的 u_{n+1})或过去的一个样本(后向预测中的 u_{n-m})。

建立了式(4.71)中的 $\boldsymbol{a}_m$ 和 $\boldsymbol{b}_m$ 之间的关系，我们就可以完成式(4.66)中的缺失步骤。也就是说，完成更新 $\boldsymbol{b}_m$ 的顺序递归步骤。由于式(4.66)适用于任何期望的响应 d_n，当然也适用于需要设计的最优滤波器为前向预测 $\boldsymbol{a}_m$ 的特殊情况。这种情况下，$\mathrm{d}_n=\mathrm{u}_{n+1}$。将式(4.66)中的 $\boldsymbol{w}_m(\boldsymbol{w}_{m-1})$ 替换为 $\boldsymbol{a}_m(\boldsymbol{a}_{m-1})$，则有

$$\boldsymbol{a}_m=\begin{bmatrix}\boldsymbol{a}_{m-1}\\0\end{bmatrix}+\begin{bmatrix}-J_{m-1}\boldsymbol{a}_{m-1}^*\\1\end{bmatrix}k_{m-1} \tag{4.72}$$

这里利用了式(4.71)以及

$$k_{m-1}=\frac{r^*(m)-\boldsymbol{r}_{m-1}^{\mathrm{H}}J_{m-1}\boldsymbol{a}_{m-1}}{\alpha_{m-1}^b} \tag{4.73}$$

结合式(4.66)、式(4.67)、式(4.71)、式(4.72)和式(4.73)，我们产生了求解正规方程的以下算法，称为莱文森(Levinson)算法：

算法 4.1 (莱文森算法)

- 输入
  - $r(0),r(1),\cdots,r(l)$
  - $p_k=\mathbb{E}[\mathrm{u}_{n-k}\mathrm{d}_n^*]$, $k=0,1,\cdots,l-1$
- 初始化
  - $w_1=\frac{p_0}{r(0)}$, $a_1=\frac{r^*(1)}{r(0)}$, $\alpha_1^b=r(0)-\frac{|r(1)|^2}{r(0)}$
  - $k_1^w=\frac{p_1-r^*(1)w_1}{\alpha_1^b}$, $k_1=\frac{r^*(2)-r^*(1)a_1}{\alpha_1^b}$
- **For** $m=2,\cdots,l-1$, **Do**
  - $\boldsymbol{w}_m=\begin{bmatrix}\boldsymbol{w}_{m-1}\\0\end{bmatrix}+\begin{bmatrix}-J_{m-1}\boldsymbol{a}_{m-1}^*\\1\end{bmatrix}k_{m-1}^w$
  - $\boldsymbol{a}_m=\begin{bmatrix}\boldsymbol{a}_{m-1}\\0\end{bmatrix}+\begin{bmatrix}-J_{m-1}\boldsymbol{a}_{m-1}^*\\1\end{bmatrix}k_{m-1}$
  - $\alpha_m^b=\alpha_{m-1}^b(1-|k_{m-1}|^2)$
  - 153 $k_m^w=\frac{p_m-\boldsymbol{r}_m^{\mathrm{H}}J_m\boldsymbol{w}_m}{\alpha_m^b}$
  - $k_m=\frac{r^*(m+1)-\boldsymbol{r}_m^{\mathrm{H}}J_m\boldsymbol{a}_m}{\alpha_m^b}$
- **End For**

注意，α_m^b 的更新是式(4.64)和式(4.72)中定义的直接结果(习题 4.17)。还要注意，$\alpha_m^b\geqslant 0$ 意味着 $|k_m|\leqslant 1$。

附注 4.3

- 每阶递归的复杂度为 $4m$ 次 MADS。因此，对于含有 l 个方程的方程组，这相当于

$2l^2$ 次 MADS。与采用通用方法所需的 $O(l^3)$ 次 MADS 相比，这种计算节省是非常可观的。前述的非常优雅的方法是由莱文森在 1947 年提出的[26]。该算法也由杜宾独立提出[12]，通常被称为莱文森-杜宾算法。[11]中的研究表明莱文森算法在预测部分是冗余的，并提出了分裂莱文森算法，该算法的递归部分围绕对称向量展开，从而进一步节省了计算量。

4.8.2 格-梯方案

到目前为止，我们涉及了线性时不变 FIR 滤波器的横向实现，换句话说，输出被表示为脉冲响应和线性结构输入之间的卷积。莱文森算法为获得 $\boldsymbol{w}_*$ 的 MSE 最优估计提供了一种高效计算方案。现在我们把注意力转移到相应线性滤波器的等效实现上，这是莱文森算法的直接结果。

与 m 阶最优前向预测相关的误差信号在时刻 n 定义为

$$e_m^f(n) := u_n - \boldsymbol{a}_m^H \mathbf{u}_m(n-1) \tag{4.74}$$

其中 $\mathbf{u}_m(n)$ 为 m 阶滤波器的输入随机向量，该滤波器的阶数已明确代入符号中[⊖]。后向误差为

$$\begin{aligned} e_m^b(n) &:= u_{n-m} - \boldsymbol{b}_m^H \mathbf{u}_m(n) \\ &= u_{n-m} - \boldsymbol{a}_m^T J_m \mathbf{u}_m(n) \end{aligned} \tag{4.75}$$

利用式(4.75)、式(4.72)中的顺序递归式以及式(4.74)中的 $\mathbf{u}_m(n)$ 的划分

$$\mathbf{u}_m(n) = [\mathbf{u}_{m-1}^T(n), u_{n-m+1}]^T = [u_n, \mathbf{u}_{m-1}^T(n-1)]^T \tag{4.76}$$

容易得到

$$e_m^f(n) = e_{m-1}^f(n) - e_{m-1}^b(n-1)k_{m-1}^*, \quad m = 1, 2, \cdots, l \tag{4.77}$$

$$e_m^b(n) = e_{m-1}^b(n-1) - e_{m-1}^f(n)k_{m-1}, \quad m = 1, 2, \cdots, l \tag{4.78}$$ 154

其中 $e_0^f(n) = e_0^b(n) = u_n$，及 $k_0 = \dfrac{r^*(1)}{r(0)}$。这对递归式称为格递归式。我们要多关注一下这组等式。

最优后向误差的正交性

从随机信号的向量空间解释来看，显然 $e_m^b(n)$ 位于由 $u_{n-m}, \cdots, u_n$ 张成的子空间，可以写成

$$e_m^b(n) \in \text{span}\{u(n-m), \cdots, u(n)\}$$

而且由于 $e_m^b(n)$ 是与 MSE 最优后向预测相关的误差，$e_m^b(n) \perp \text{span}\{u(n-m+1), \cdots, u(n)\}$ 然而，后一个子空间是 $e_{m-k}^b(n)$，$k = 1, 2, \cdots, m$ 所在的空间。故对 $m = 1, 2, \cdots, l-1$，我们有

$$\boxed{e_m^b(n) \perp e_k^b(n),\ k < m:\ \text{后向误差的正交性}}$$

进一步，很明显

$$\text{span}\{e_0^b(n), e_1^b(n), \cdots, e_{l-1}^b(n)\} = \text{span}\{u_n, u_{n-1}, \cdots, u_{n-l+1}\}$$

因此，标准化向量

⊖ 为避免双下标，时间索引放在括号内。

$$\boxed{\tilde{\mathrm{e}}_m^b(n) := \frac{\mathrm{e}_m^b(n)}{\|\mathrm{e}_m^b(n)\|}, \quad m=0,1,\cdots,l-1: \quad \text{标准正交基}}$$

构成了 span$\{\mathrm{u}_n,\mathrm{u}_{n-1},\cdots,\mathrm{u}_{n-l+1}\}$的一组标准正交基（见图 4.17）。事实上，式(4.77)、式(4.78)这一对
155 等式构成了格拉姆–施密特正交化方法[47]。

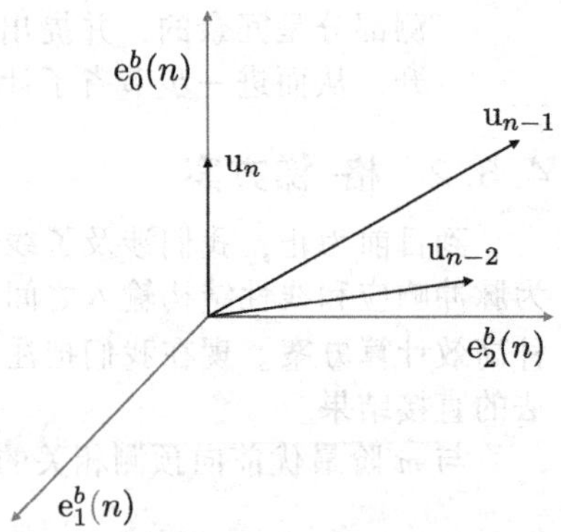

图 4.17　最优后向误差在其输入随机信号空间中形成了一组正交基

现在用一组新的正交向量来表示 $\hat{\mathrm{d}}_n$（即 d_n 在 span$\{\mathrm{u}_n,\cdots,\mathrm{u}_{n-l+1}\}$中的投影）

$$\hat{\mathrm{d}}_n = \sum_{m=0}^{l-1} h_m \mathrm{e}_m^b(n) \tag{4.79}$$

其中系数 h_m 为

$$h_m = \langle \hat{\mathrm{d}}_n, \frac{\mathrm{e}_m^b(n)}{\|\mathrm{e}_m^b(n)\|^2} \rangle = \frac{\mathbb{E}[\hat{\mathrm{d}}_n \mathrm{e}_m^{b*}(n)]}{\|\mathrm{e}_m^b(n)\|^2} = \frac{\mathbb{E}[(\mathrm{d}_n - \mathrm{e}_n)\mathrm{e}_m^{b*}(n)]}{\|\mathrm{e}_m^b(n)\|^2} = \frac{\mathbb{E}[\mathrm{d}_n \mathrm{e}_m^{b*}(n)]}{\|\mathrm{e}_m^b(n)\|^2} \tag{4.80}$$

这里考虑了误差 e_n 与由后向误差构成的子空间的正交性。由式(4.67)和式(4.80)，并考虑到各自定义，很容易得到

$$h_m = k_m^{w*}$$

即莱文森算法中的系数 k_m^w，$m=0,1,\cdots,l-1$ 是 $\hat{\mathrm{d}}_n$ 在这组正交基下展开的系数。将式(4.77)、式(4.78)和式(4.79)结合在一起就产生了图 4.18 的格–梯方案，它的输出是 d_n 的 MSE 近似 $\hat{\mathrm{d}}_n$。

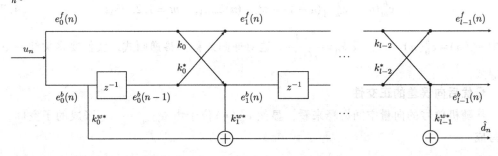

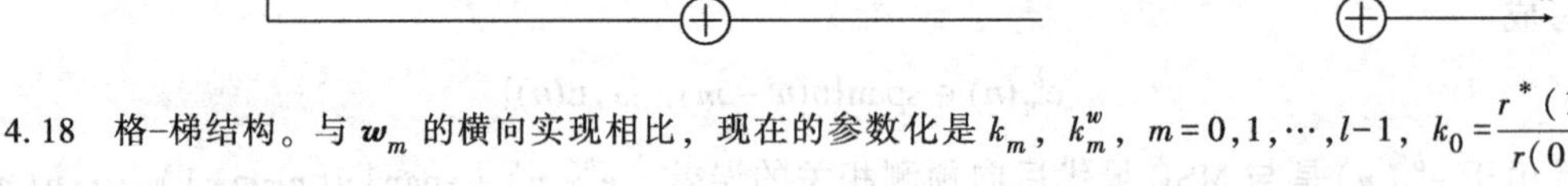

图 4.18　格–梯结构。与 $\boldsymbol{w}_m$ 的横向实现相比，现在的参数化是 k_m，k_m^w，$m=0,1,\cdots,l-1$，$k_0=\dfrac{r^*(1)}{r(0)}$，$k_0^w=\dfrac{p_0^*}{r(0)}$。注意由此产生了高度模块化的结构

附注 4.4

- 格–梯方案是一种高效、模块化的结构。它由一系列连续的相似阶段组成。要增加滤波器的阶，只需添加一个额外的阶段，这在 VLSI 实现中是一个非常理想的特性。
156 此外与莱文森算法相比，格–梯方案在数值误差方面具有更高的鲁棒性。
- 乔列斯基分解。最优 MSE 后向误差的正交性可导出所涉及参数的另一种解释。根据式(4.75)中的定义，我们有

$$\mathbf{e}_l^b(n) := \begin{bmatrix} \mathrm{e}_0^b(n) \\ \mathrm{e}_1^b(n) \\ \vdots \\ \mathrm{e}_{l-1}^b(n) \end{bmatrix} = U^{\mathrm{H}} \begin{bmatrix} \mathrm{u}_n \\ \mathrm{u}_{n-1} \\ \vdots \\ \mathrm{u}_{n-l+1} \end{bmatrix} = U^{\mathrm{H}} \mathbf{u}_l(n) \tag{4.81}$$

其中

$$U^{\mathrm{H}} := \begin{bmatrix} 1 & 0 & 0 & \cdots & 0 \\ -a_1(0) & 1 & 0 & \cdots & 0 \\ \vdots & \vdots & \vdots & & \vdots \\ -a_l(l-1) & -a_l(l-2) & -a_l(l-3) & \cdots & 1 \end{bmatrix}$$

和

$$\boldsymbol{a}_m := [a_m(0), a_m(1), \cdots, a_m(m-1)]^{\mathrm{T}},\ m = 1, 2, \cdots, l$$

由于所涉及的后向误差是正交的，故

$$\mathbb{E}[\mathbf{e}_l^b(n)\mathbf{e}_l^{b\mathrm{H}}(n)] = U^{\mathrm{H}} \Sigma_l U = D$$

其中

$$D := \mathrm{diag}\left\{\alpha_0^b, \alpha_1^b, \cdots, \alpha_{l-1}^b\right\}$$

可知

$$\Sigma_l^{-1} = UD^{-1}U^{\mathrm{H}} = (UD^{-1/2})(UD^{-1/2})^{\mathrm{H}}$$

也就是说，预测误差的幂和最优前向预测的权值给出了逆协方差矩阵的*乔列斯基分解*。

- *舒尔算法*。在并行处理环境中，莱文森算法中的内积会成为算法流程中的瓶颈。注意到 $\boldsymbol{w}_m$ 和 $\boldsymbol{a}_m$ 的更新可以完全并行。舒尔算法[45]是一种克服该瓶颈的替代方案，在多处理器环境中，复杂度可以降到 $O(l)$。舒尔算法中涉及的参数给出了 Σ_l 的乔列斯基分解(例如[21，22])。
- 注意，所有这些正规方程的有效求解算法方案，都是由于所涉及的联合分布随机实体为随机过程时，(自相关)协方差矩阵和互相关向量所具有的丰富结构造成的；它们的时序特性强加了这样一个结构。莱文森和格–梯方案的推导揭示了这类技术的特点，这类技术可以(并且已经广泛地)用于导出在线/自适应版本和相关的最小二乘误差损失函数的计算方法，这些将在第 6 章中讨论。它们可能在计算上更加复杂，但背后的本质与本节中使用的算法是相同的。 157

4.9　线性模型均方误差估计

现在把注意力转到与输入–输出变量相关的底层模型是线性的情况上。为了避免与前面几节所讨论的内容相混淆，须强调的是，到目前为止，我们所关注的是线性估计任务。在当前讨论阶段，还没有引入数据的生成模型(附注 4.2 中的注释除外)。我们只是采用了一个线性估计，并得到了它的 MSE 解，重点是解及其性质。这里将关注输入–输出变量是通过线性数据生成模型相关联的情形。

假设我们有两个联合分布的随机向量 $\mathbf{y}$ 和 $\boldsymbol{\theta}$，它们之间的关系可用如下的线性模型

描述

$$\mathbf{y}=X\boldsymbol{\theta}+\boldsymbol{\eta} \tag{4.82}$$

其中 $\boldsymbol{\eta}$ 为噪声变量的集合。注意，这样的模型包括我们熟悉的回归任务的情况，其中未知参数 $\boldsymbol{\theta}$ 是随机的，这与第 3 章讨论的贝叶斯理论是一致的。这里再次假设其为零均值向量，否则，需减去各自的均值。$\mathbf{y}(\boldsymbol{\eta})$ 和 $\boldsymbol{\theta}$ 的维数不一定相同。为与第 3 章中使用的符号一致，设 $\mathbf{y}$，$\boldsymbol{\eta}\in\mathbb{R}^N$ 和 $\boldsymbol{\theta}\in\mathbb{R}^l$。因此 X 是一个 $N\times l$ 矩阵。注意，矩阵 X 是确定性的而非随机的。

假设已知零均值变量(向量)的协方差矩阵

$$\Sigma_\theta=\mathbb{E}[\boldsymbol{\theta}\boldsymbol{\theta}^{\mathrm{T}}],\quad \Sigma_\eta=\mathbb{E}[\boldsymbol{\eta}\boldsymbol{\eta}^{\mathrm{T}}]$$

目标是计算一个维数为 $l\times N$ 的矩阵 H，使得线性估计量

$$\hat{\boldsymbol{\theta}}=H\mathbf{y} \tag{4.83}$$

最小化如下的均方误差代价

$$J(H):=\mathbb{E}\left[(\boldsymbol{\theta}-\hat{\boldsymbol{\theta}})^{\mathrm{T}}(\boldsymbol{\theta}-\hat{\boldsymbol{\theta}})\right]=\sum_{i=1}^{l}\mathbb{E}\left[\left(\theta_i-\hat{\theta}_i\right)^2\right] \tag{4.84}$$

注意，这是一个多信道估计任务，它等价于求解 l 个优化任务，每个任务对应 $\boldsymbol{\theta}$ 的一个分量 θ_i。误差向量定义为

$$\boldsymbol{\epsilon}:=\boldsymbol{\theta}-\hat{\boldsymbol{\theta}}$$

代价函数等于相应误差协方差矩阵的迹，所以

$$J(H):=\operatorname{trace}\left\{\mathbb{E}\left[\boldsymbol{\epsilon}\boldsymbol{\epsilon}^{\mathrm{T}}\right]\right\}$$

关注式(4.83)中的第 i 个分量，有

158 $$\hat{\theta}_i=\boldsymbol{h}_i^{\mathrm{T}}\mathbf{y},\quad i=1,2,\cdots,l \tag{4.85}$$

其中 $\boldsymbol{h}_i^{\mathrm{T}}$ 是 H 的第 i 行，其最优估计由

$$\boldsymbol{h}_{*,i}:=\arg\min_{\boldsymbol{h}_i}\mathbb{E}\left[\left(\theta_i-\hat{\theta}_i\right)^2\right]=\mathbb{E}\left[\left(\theta_i-\boldsymbol{h}_i^{\mathrm{T}}\mathbf{y}\right)^2\right] \tag{4.86}$$

给出。

最小化式(4.86)与上一节讨论的线性估计完全相同(用 $\mathbf{y}$ 代替 $\mathbf{x}$，θ_i 代替 y)，因此

$$\Sigma_y\boldsymbol{h}_{*,i}=\boldsymbol{p}_i,\quad i=1,2,\cdots,l$$

其中

$$\Sigma_y=\mathbb{E}[\mathbf{y}\mathbf{y}^{\mathrm{T}}]\quad \text{和}\quad \boldsymbol{p}_i=\mathbb{E}[\mathbf{y}\theta_i],\quad i=1,2,\cdots,l$$

或

$$\boldsymbol{h}_{*,i}^{\mathrm{T}}=\boldsymbol{p}_i^{\mathrm{T}}\Sigma_y^{-1},\quad i=1,2,\cdots,l$$

最终有

$$H_*=\Sigma_{y\theta}\Sigma_y^{-1},\quad \hat{\boldsymbol{\theta}}=\Sigma_{y\theta}\Sigma_y^{-1}\mathbf{y} \tag{4.87}$$

其中

$$\Sigma_{y\theta}:=\begin{bmatrix}\boldsymbol{p}_1^{\mathrm{T}}\\ \boldsymbol{p}_2^{\mathrm{T}}\\ \vdots\\ \boldsymbol{p}_l^{\mathrm{T}}\end{bmatrix}=\mathbb{E}[\boldsymbol{\theta}\mathbf{y}^{\mathrm{T}}] \tag{4.88}$$

是一个 $l\times N$ 的互相关矩阵。现在需要做的就是计算 Σ_y 和 $\Sigma_{y\theta}$。为此

$$\Sigma_y=\mathbb{E}\left[\mathbf{y}\mathbf{y}^{\mathrm{T}}\right]=\mathbb{E}\left[(X\boldsymbol{\theta}+\boldsymbol{\eta})\left(\boldsymbol{\theta}^{\mathrm{T}}X^{\mathrm{T}}+\boldsymbol{\eta}^{\mathrm{T}}\right)\right]=X\Sigma_\theta X^{\mathrm{T}}+\Sigma_\eta \tag{4.89}$$

这里利用了零均值向量 $\boldsymbol{\theta}$ 和 $\boldsymbol{\eta}$ 的独立性。同样

$$\Sigma_{y\theta}=\mathbb{E}\left[\boldsymbol{\theta}\mathbf{y}^{\mathrm{T}}\right]=\mathbb{E}\left[\boldsymbol{\theta}\left(\boldsymbol{\theta}^{\mathrm{T}}X^{\mathrm{T}}+\boldsymbol{\eta}^{\mathrm{T}}\right)\right]=\Sigma_\theta X^{\mathrm{T}} \tag{4.90}$$

结合式(4.87)、式(4.89)、式(4.90)得到

$$\hat{\boldsymbol{\theta}}=\Sigma_\theta X^{\mathrm{T}}\left(\Sigma_\eta+X\Sigma_\theta X^{\mathrm{T}}\right)^{-1}\mathbf{y} \tag{4.91}$$

在式(4.91)中利用附录 A.1 中的矩阵恒等式 159

$$\left(A^{-1}+B^{\mathrm{T}}C^{-1}B\right)^{-1}B^{\mathrm{T}}C^{-1}=AB^{\mathrm{T}}\left(BAB^{\mathrm{T}}+C\right)^{-1}$$

可得

$$\boxed{\hat{\boldsymbol{\theta}}=(\Sigma_\theta^{-1}+X^{\mathrm{T}}\Sigma_\eta^{-1}X)^{-1}X^{\mathrm{T}}\Sigma_\eta^{-1}\mathbf{y}:\quad \text{MSE线性估计}} \tag{4.92}$$

在复值变量的情况下，唯一的区别是用共轭转置替换转置。

附注 4.5

- 回顾第 3 章，给定 $\mathbf{y}$ 的值，$\boldsymbol{\theta}$ 的最优 MSE 估计是由

  $$\mathbb{E}[\boldsymbol{\theta}|\mathbf{y}]$$

  给出。但如习题 3.16 所示，如果 $\boldsymbol{\theta}$ 和 $\mathbf{y}$ 是联合高斯向量，则最优估计量为线性(非零均值时是仿射)的，且与式(4.92)的 MSE 线性估计一致。
- 如果允许非零均值，那么应采用如下的仿射模型而非式(4.83)：

  $$\hat{\boldsymbol{\theta}}=H\mathbf{y}+\boldsymbol{\mu}$$

  则

  $$\mathbb{E}[\hat{\boldsymbol{\theta}}]=H\,\mathbb{E}\left[\mathbf{y}\right]+\boldsymbol{\mu}\Rightarrow\boldsymbol{\mu}=\mathbb{E}[\hat{\boldsymbol{\theta}}]-H\,\mathbb{E}[\mathbf{y}]$$

  所以

  $$\hat{\boldsymbol{\theta}}=\mathbb{E}[\hat{\boldsymbol{\theta}}]+H\left(\mathbf{y}-\mathbb{E}[\mathbf{y}]\right)$$

  最终有

  $$\hat{\boldsymbol{\theta}}-\mathbb{E}[\hat{\boldsymbol{\theta}}]=H\left(\mathbf{y}-\mathbb{E}[\mathbf{y}]\right)$$

  这说明了我们减去均值再处理零均值变量的方法是正确的。对于非零均值，类似式(4.92)有

  $$\hat{\boldsymbol{\theta}}=\mathbb{E}[\hat{\boldsymbol{\theta}}]+\left(\Sigma_\theta^{-1}+X^{\mathrm{T}}\Sigma_\eta^{-1}X\right)^{-1}X^{\mathrm{T}}\Sigma_\eta^{-1}\left(\mathbf{y}-\mathbb{E}[\mathbf{y}]\right) \tag{4.93}$$

  注意到对零均值噪声 $\boldsymbol{\eta}$，有 $\mathbb{E}[\mathbf{y}]=X\mathbb{E}[\boldsymbol{\theta}]$。
- 比较式(4.93)和贝叶斯推理方法中的式(3.73)。对于一个零均值噪声变量，若其先验(高斯)PDF 的协方差矩阵等于 Σ_θ 以及 $\boldsymbol{\theta}_0=\mathbb{E}[\hat{\boldsymbol{\theta}}]$，则两者是相同的。

4.9.1 高斯-马尔可夫定理

现在我们将注意力转移到回归模型中，其中 $\boldsymbol{\theta}$ 是(未知)常数而非随机向量。因此，线性模型现在可以写成

160
$$\mathbf{y} = X\boldsymbol{\theta} + \boldsymbol{\eta} \tag{4.94}$$

这里 $\mathbf{y}$ 的随机性完全是由 $\boldsymbol{\eta}$ 引起的，假设 $\boldsymbol{\eta}$ 是零均值的，其协方差矩阵为 Σ_η。目标是设计一个 $\boldsymbol{\theta}$ 的无偏线性估计，使 MSE 最小

$$\hat{\boldsymbol{\theta}} = H\mathbf{y} \tag{4.95}$$

选择 H 满足

$$\begin{aligned} &\text{最小化} \quad \text{trace}\left\{\mathbb{E}\left[(\boldsymbol{\theta} - \hat{\boldsymbol{\theta}})(\boldsymbol{\theta} - \hat{\boldsymbol{\theta}})^{\mathrm{T}}\right]\right\} \\ &\text{满足} \quad \mathbb{E}[\hat{\boldsymbol{\theta}}] = \boldsymbol{\theta} \end{aligned} \tag{4.96}$$

从式(4.94)和式(4.95)可以得到

$$\mathbb{E}[\hat{\boldsymbol{\theta}}] = H\,\mathbb{E}[\mathbf{y}] = H\,\mathbb{E}\left[(X\boldsymbol{\theta} + \boldsymbol{\eta})\right] = HX\boldsymbol{\theta}$$

这意味着无偏约束等价于

$$HX = I \tag{4.97}$$

利用式(4.95)，误差向量即为

$$\boldsymbol{\epsilon} = \boldsymbol{\theta} - \hat{\boldsymbol{\theta}} = \boldsymbol{\theta} - H\mathbf{y} = \boldsymbol{\theta} - H(X\boldsymbol{\theta} + \boldsymbol{\eta}) = -H\boldsymbol{\eta} \tag{4.98}$$

因此，式(4.96)中的受约束的最小化问题可写成

$$\begin{aligned} &H_* = \arg\min_H \text{trace}\{H\Sigma_\eta H^{\mathrm{T}}\} \\ &\text{满足} \ HX = I \end{aligned} \tag{4.99}$$

对式(4.99)求解可得(习题 4.18)

$$H_* = (X^{\mathrm{T}}\Sigma_\eta^{-1}X)^{-1}X^{\mathrm{T}}\Sigma_\eta^{-1} \tag{4.100}$$

相应的最小 MSE 是

$$J(H_*) := \text{MSE}(H_*) = \text{trace}\left\{(X^{\mathrm{T}}\Sigma_\eta^{-1}X)^{-1}\right\} \tag{4.101}$$

读者可以验证，对于任何其他线性无偏估计，都有(习题 4.19)

$$J(H) \geqslant J(H_*)$$

前面的结果被称为高斯–马尔可夫定理。最优 MSE 线性无偏估计为

$$\boxed{\hat{\boldsymbol{\theta}} = (X^{\mathrm{T}}\Sigma_\eta^{-1}X)^{-1}X^{\mathrm{T}}\Sigma_\eta^{-1}\mathbf{y}: \quad \text{BLUE}} \tag{4.102}$$

它也被称为最佳线性无偏估计(BLUE)，或最小方差无偏线性估计。对于复值变量，把转
161 置替换为共轭转置即可。

附注 4.6

- 要使 BLUE 存在，$X^{\mathrm{T}}\Sigma_\eta^{-1}X$ 必须是可逆的。保证可逆的一个条件是：Σ_η 正定，$N\times l$ 维矩阵 $X(N\geqslant l)$ 是满秩的(习题 4.20)。
- 观察到，如果 $\boldsymbol{\eta}$ 服从多元高斯分布，则 BLUE 与最大似然估计(第 3 章)是一致的；回想一下在该假设下，可以达到克拉美–罗界。如果不是这样，可能会有另一个(非线性的)无偏估计，取得更低的 MSE。由第 3 章可知，可能存在一个有偏估计，它导致了更低的 MSE，请参见[13，38]及相关参考文献中的讨论。

例 4.3 **信道辨识**　任务如图 4.11 所示。假设我们可以访问一组输入–输出的观测值 u_n，d_n，$n=0,1,2,\cdots,N-1$。给定具有 l 个抽头的系统的脉冲响应，其均值为零，协方差矩阵为 Σ_w。同时，零均值噪声的二阶统计量也是已知的，其协方差矩阵为 Σ_η。然后，假

设装置从零初始条件开始，可以采用如下模型来处理所涉及的随机变量(与式(4.82)中的模型一致)：

$$\mathbf{d} := \begin{bmatrix} \mathrm{d}_0 \\ \mathrm{d}_1 \\ \vdots \\ \mathrm{d}_{l-1} \\ \vdots \\ \mathrm{d}_{N-1} \end{bmatrix} = U \begin{bmatrix} \mathrm{w}_0 \\ \mathrm{w}_1 \\ \vdots \\ \mathrm{w}_{l-1} \end{bmatrix} + \begin{bmatrix} \eta_0 \\ \eta_1 \\ \vdots \\ \eta_{l-1} \\ \vdots \\ \eta_{N-1} \end{bmatrix} \tag{4.103}$$

其中

$$U := \begin{bmatrix} u_0 & 0 & 0 & \cdots & 0 \\ u_1 & u_0 & 0 & \cdots & 0 \\ \vdots & \vdots & \vdots & & \vdots \\ u_{l-1} & u_{l-2} & u_{l-3} & \cdots & u_0 \\ \vdots & \vdots & \vdots & & \vdots \\ u_{N-1} & u_{N-2} & u_{N-3} & \cdots & u_{N-l} \end{bmatrix}$$

注意，这里 U 视为确定性的。然后，回顾式(4.92)并代入得到的测量值中，得到以下估计结果：

$$\hat{\boldsymbol{w}} = (\Sigma_w^{-1} + U^{\mathrm{T}}\Sigma_\eta^{-1}U)U^{\mathrm{T}}\Sigma_\eta^{-1}\boldsymbol{d} \tag{4.104}$$

4.9.2 约束线性估计：波束成形实例

在 4.9.1 节中，我们试图得到一个固定值参数向量的无偏估计，其中需要处理一个受约束的线性估计任务。在本节中，我们将看到，在要求未知参数向量满足某些线性约束条件的情况下，我们可以采用同样的处理过程。 162

我们将在波束成形的背景下演示这种约束任务。图 4.19 展示了波束成形任务的基本框图。波束成形器由一组天线元件组成。这里考虑天线元件沿一条直线均匀间隔的情况。目标是将各个天线单元接收到的信号线性组合，使得

- 将阵列的主波束转向空间中一个特定的方向。
- 最优地降低噪声。

第一个目标是对设计者施加的约束，要求保证特定方向的阵列增益更高；对第二个目标，我们将使用 MSE 论证方法。

形式化地，假设发射器距离足够远，从而保证阵列“看到”的波前是平面的。设 $\mathrm{s}(t)$ 为以载波频率 ω_c 传输的信息随机过程，故调制信号为

$$\mathrm{r}(t) = \mathrm{s}(t)\mathrm{e}^{\mathrm{j}\omega_c t}$$

如果 Δx 是阵列中连续(天线)元件间的距离，那么 t_0 时刻到达第一个元件的波前到达第 i 个元件时的时间延迟为

$$\Delta_{t_i} = t_i - t_0 = i\frac{\Delta x \cos\phi}{c}, \quad i = 0, 1, \cdots, l-1$$ 163

其中 c 为传播速度，ϕ 为阵列与波前传播方向形成的角度，l 为阵列元件个数。从基础的电磁学课程中知道

$$c=\frac{\omega_c\lambda}{2\pi}$$

其中 λ 是相应的波长。在时刻 t 拍摄快照，在第 i 个元件处从方向 ϕ 接收到的信号为

$$\begin{aligned}\mathrm{r}_i(t)&=\mathrm{s}(t-\Delta t_i)\mathrm{e}^{\mathrm{j}\omega_c\left(t-i\frac{2\pi\Delta x\cos\phi}{\omega_c\lambda}\right)}\\&\simeq\mathrm{s}(t)\mathrm{e}^{\mathrm{j}\omega_c t}\mathrm{e}^{-2\pi\mathrm{j}\frac{i\Delta x\cos\phi}{\lambda}},\quad i=0,1,\cdots,l-1\end{aligned}$$

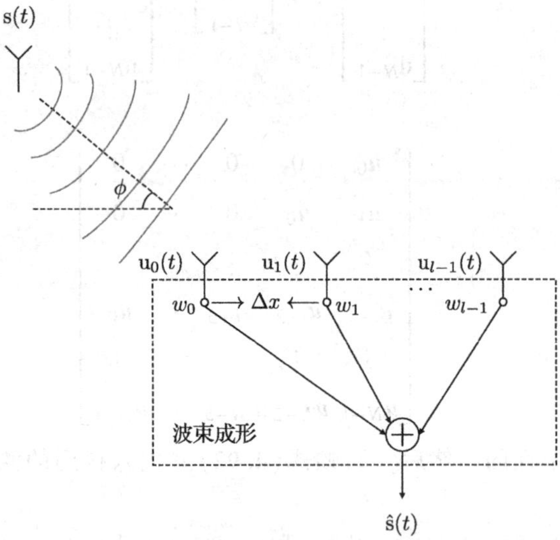

图 4.19　波束成形器需要获得权重 $w_0,\cdots,w_{l-1}$ 的估计，以使噪声的影响减到最小，同时施加一个约束，在无噪声的情况下，使信号从所需的角度 ϕ 撞击阵列时不受影响

这里假设了一个相对较低的时间信号变化。将接收到的信号转换成基带(乘以 $\mathrm{e}^{-\mathrm{j}\omega_c t}$)后，$t$ 时刻接收到的信号向量可表示为如下线性回归公式：

$$\mathbf{u}(t):=\begin{bmatrix}\mathrm{u}_0(t)\\\mathrm{u}_1(t)\\\vdots\\\mathrm{u}_{l-1}(t)\end{bmatrix}=\boldsymbol{x}\mathrm{s}(t)+\boldsymbol{\eta}(t)\tag{4.105}$$

其中

$$\boldsymbol{x}:=\begin{bmatrix}1\\\mathrm{e}^{-2\pi\mathrm{j}\frac{\Delta x\cos\phi}{\lambda}}\\\vdots\\\mathrm{e}^{-2\pi\mathrm{j}\frac{(l-1)\Delta x\cos\phi}{\lambda}}\end{bmatrix}$$

向量 $\boldsymbol{\eta}(t)$ 含有加性噪声和其他来自非 ϕ 方向的干扰信号，满足

$$\boldsymbol{\eta}(t)=[\eta_0(t),\cdots,\eta_{l-1}(t)]^{\mathrm{T}}$$

假设它的均值为 0。$\boldsymbol{x}$ 也称为导向矢量。作用于输入向量信号的波束成形器的输出为

$$\hat{\mathrm{s}}(t)=\boldsymbol{w}^{\mathrm{H}}\mathbf{u}(t)$$

因为现在涉及的信号是复值的，所以这里必须使用厄米特转置(即共轭转置)。

首先施加约束。理想情况下，如果没有噪声的影响，应该能准确恢复从所需方向 ϕ 撞击阵列的信号。因此，$\boldsymbol{w}$ 应该满足约束条件 164

$$\boldsymbol{w}^{\mathrm{H}}\boldsymbol{x}=1 \tag{4.106}$$

这保证了在无噪声的情况下 $\hat{\mathrm{s}}(t)=\mathrm{s}(t)$。注意到如果分别用 $\boldsymbol{w}^{\mathrm{H}}$ 和 $\boldsymbol{x}$ 代替 H 和 X，则式(4.106)是式(4.97)的一个实例。考虑有噪声时的情况，需要最小化 MSE：

$$\mathbb{E}\left[|\mathrm{s}(t)-\hat{\mathrm{s}}(t)|^2\right]=\mathbb{E}\left[|\mathrm{s}(t)-\boldsymbol{w}^{\mathrm{H}}\mathbf{u}(t)|^2\right]$$

而

$$\mathrm{s}(t)-\boldsymbol{w}^{\mathrm{H}}\mathbf{u}(t)=\mathrm{s}(t)-\boldsymbol{w}^{\mathrm{H}}(\boldsymbol{x}\mathrm{s}(t)+\boldsymbol{\eta}(t))=-\boldsymbol{w}^{\mathrm{H}}\boldsymbol{\eta}(t)$$

因此，最优的 $\boldsymbol{w}_*$ 来自约束任务

$$\begin{aligned}\boldsymbol{w}_* &:= \arg\min_{w}(\boldsymbol{w}^{\mathrm{H}}\Sigma_\eta\boldsymbol{w})\\ \text{满足}\quad &\boldsymbol{w}^{\mathrm{H}}\boldsymbol{x}=1\end{aligned} \tag{4.107}$$

它是式(4.99)的一个实例，其解由式(4.100)给出；应用现在的符号和复值情形，得到

$$\boxed{\boldsymbol{w}_*^{\mathrm{H}}=\frac{\boldsymbol{x}^{\mathrm{H}}\Sigma_\eta^{-1}}{\boldsymbol{x}^{\mathrm{H}}\Sigma_\eta^{-1}\boldsymbol{x}}} \tag{4.108}$$

和

$$\hat{\mathrm{s}}(t)=\boldsymbol{w}_*^{\mathrm{H}}\mathbf{u}(t)=\frac{\boldsymbol{x}^{\mathrm{H}}\Sigma_\eta^{-1}\mathbf{u}(t)}{\boldsymbol{x}^{\mathrm{H}}\Sigma_\eta^{-1}\boldsymbol{x}} \tag{4.109}$$

最小 MSE 等于

$$\mathrm{MSE}(\boldsymbol{w}_*)=\frac{1}{\boldsymbol{x}^{\mathrm{H}}\Sigma_\eta^{-1}\boldsymbol{x}} \tag{4.110}$$

在实际应用中，为了估计波束成形器的权值，通常采用另一种代价函数的公式，该公式建立在最小化输出功率的目标上，所受约束与之前相同，即

$$\begin{aligned}\boldsymbol{w}_* &:= \arg\min_{\boldsymbol{w}}\mathbb{E}\left[\left|\boldsymbol{w}^{\mathrm{H}}\mathbf{u}(t)\right|^2\right]\\ \text{满足}\quad &\boldsymbol{w}^{\mathrm{H}}\boldsymbol{x}=1\end{aligned}$$

或等价地

$$\begin{aligned}\boldsymbol{w}_* &:= \arg\min_{\boldsymbol{w}}\boldsymbol{w}^{\mathrm{H}}\Sigma_u\boldsymbol{w}\\ \text{满足}\quad &\boldsymbol{w}^{\mathrm{H}}\boldsymbol{x}=1\end{aligned} \tag{4.111}$$

165

此时，波束成形器被迫减少其输出信号，但由于存在约束，这等效于最小化来自噪声以及从不同于 ϕ 方向冲击阵列的所有其他干扰源的贡献。如果用 Σ_u 代替 Σ_η，则式(4.111)的解显然与式(4.109)和式(4.110)相同。

这种类型的线性约束任务称为*线性约束最小方差*(LMV)或*卡蓬波束成形*或*最小方差无失真响应*(MVDR)*波束成形*。有关波束成形的简明介绍，请参见[48]等。

也有研究提出波束成形任务的宽线性版本，例如[10, 32](习题 4.21)。

图 4.20 显示了作为角度 ϕ 的函数的波束图。其中，式(4.108)中设计最优权值时的期望角度为 $\phi=\pi$。天线元件数为 $l=10$，间距取 $\Delta x/\lambda=0.5$，噪声协方差矩阵取 $0.1I$。波束图的振幅以分贝(dB)为单位，意味着纵轴显示的是 $20\log_{10}(|\boldsymbol{w}_*^{\mathrm{H}}\boldsymbol{x}(\phi)|)$。因此，任何来自

ϕ 方向(不接近 $\phi=\pi$ 方向)的信号都会被吸收。如果使用更多的元件，主波束可以变得更陡。

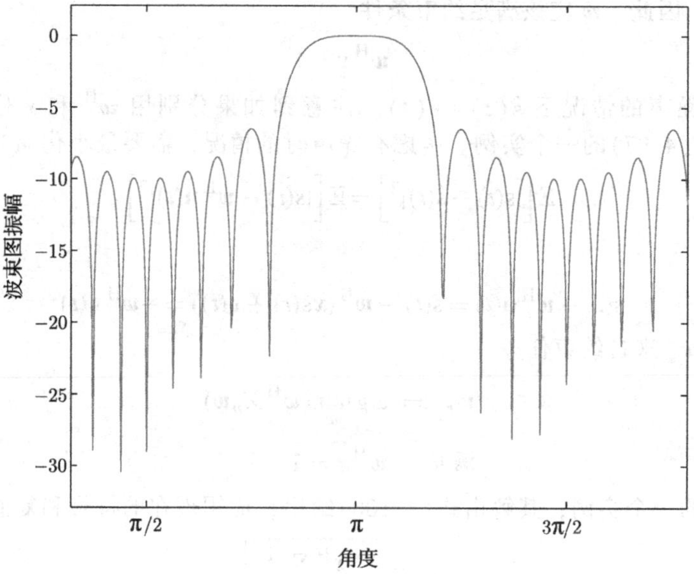

图 4.20 波束图的振幅(以分贝为单位)作为角度 ϕ 的函数，这里 ϕ 是相对于阵列的角度

4.10 时变统计：卡尔曼滤波

目前为止，对线性估计任务的讨论仅限于平稳环境，其中假设了所涉及的随机变量的
166 统计性质是随时间不变的。但在实践中往往不是这样，统计特性可能在不同时刻是不同的。事实上，在接下来的章节中，我们将花大量的精力来研究时变环境下的估计任务。

鲁道夫·卡尔曼是继维纳和柯尔莫戈洛夫之后奠定了估计理论基础的第三位科学家。卡尔曼出生于匈牙利，移民美国。相对于更局限的关于系统的输入-输出描述，他是基于状态空间表述的系统理论之父。

在 1960 年的两篇开创性的论文中，卡尔曼提出了著名的卡尔曼滤波，它利用状态空间公式，以一种优雅的方式适应时变动力学[18, 19]。我们将在两个联合分布的随机向量 $\mathbf{y}$，$\mathbf{x}$ 的一般情况下推导卡尔曼滤波的基本递归式。我们的任务是根据 $\mathbf{y}$ 的观测值来估计 $\mathbf{x}$ 的值。设 $\mathbf{y}$ 和 $\mathbf{x}$ 通过下面的递归式线性关联

$$\mathbf{x}_n = F_n\mathbf{x}_{n-1} + \boldsymbol{\eta}_n, \quad n \geqslant 0: \ \text{状态方程} \tag{4.112}$$

$$\mathbf{y}_n = H_n\mathbf{x}_n + \mathbf{v}_n, \quad n \geqslant 0: \ \text{输出方程} \tag{4.113}$$

其中 $\boldsymbol{\eta}_n$，$\mathbf{x}_n \in \mathbb{R}^l$，$\mathbf{v}_n$，$\mathbf{y}_n \in \mathbb{R}^k$。向量 $\mathbf{x}_n$ 称为系统在 n 时刻的*状态*，$\mathbf{y}_n$ 为输出，是可以观察(测量)的向量；$\boldsymbol{\eta}_n$ 和 $\mathbf{v}_n$ 是噪声向量，分别称为*过程噪声*和*测量噪声*。矩阵 F_n 和 H_n 具有适当的维数，且假设是已知的。注意，所谓的*状态方程*提供了与相应系统的时变动力学相关的信息。事实证明，大量真实世界的任务可以采用式(4.112)和式(4.113)的形式。该模型称为 $\mathbf{y}_n$ 的*状态空间模型*。在给定 $\mathbf{y}_n$ 测量值的情况下，为了推导时变估计量 $\hat{\mathbf{x}}_n$，将采用以下假设：

- $\mathbb{E}[\boldsymbol{\eta}_n\boldsymbol{\eta}_n^{\mathrm{T}}] = Q_n$, $\mathbb{E}[\boldsymbol{\eta}_n\boldsymbol{\eta}_m^{\mathrm{T}}] = O$, $n \neq m$
- $\mathbb{E}[\mathbf{v}_n\mathbf{v}_n^{\mathrm{T}}] = R_n$, $\mathbb{E}[\mathbf{v}_n\mathbf{v}_m^{\mathrm{T}}] = O$, $n \neq m$

- $\mathbb{E}[\boldsymbol{\eta}_n \mathbf{v}_m^{\mathrm{T}}] = O,\ \forall n, m$
- $\mathbb{E}[\boldsymbol{\eta}_n] = \mathbb{E}[\mathbf{v}_n] = \mathbf{0},\ \forall n$

其中，O 表示零矩阵。换言之，$\boldsymbol{\eta}_n$ 和 $\mathbf{v}_n$ 是不相关的；此外，不同时刻的噪声向量也被认为是不相关的。有时也会放松其中一些条件。各自的协方差矩阵 Q_n，R_n 假设是已知的。

时变估计任务围绕着状态变量的两种估计量展开：

- 第一个表示为

$$\hat{\mathbf{x}}_{n|n-1}$$

  它是基于已经接收到的直到 $n-1$ 时刻(包含)的所有信息，即得到了关于 $\mathbf{y}_0, \mathbf{y}_1, \cdots, \mathbf{y}_{n-1}$ 的观测。这被称为先验的或先验估计。
- 第二个在时刻 n 的估计称为后验估计，记为

$$\hat{\mathbf{x}}_{n|n}$$ 167

  在观测到 $\mathbf{y}_n$ 后，通过更新 $\hat{\mathbf{x}}_{n|n-1}$ 计算它。

为设计算法，假设在 $n-1$ 时刻所需信息都是可用的；也就是知道了后验估计的值以及各自误差的协方差矩阵

$$\hat{\mathbf{x}}_{n-1|n-1}, \quad P_{n-1|n-1} := \mathbb{E}\left[\mathbf{e}_{n-1|n-1}\mathbf{e}_{n-1|n-1}^{\mathrm{T}}\right]$$

其中

$$\mathbf{e}_{n-1|n-1} := \mathbf{x}_{n-1} - \hat{\mathbf{x}}_{n-1|n-1}$$

步骤 1：使用 $\hat{\mathbf{x}}_{n-1|n-1}$ 并利用状态方程预测 $\hat{\mathbf{x}}_{n|n-1}$，即

$$\hat{\mathbf{x}}_{n|n-1} = F_n \hat{\mathbf{x}}_{n-1|n-1} \tag{4.114}$$

换句话说，忽略了噪声的贡献。因为预测无法包含未观察到的变量，故这是很自然的。

步骤 2：得到各自的误差协方差矩阵

$$P_{n|n-1} = \mathbb{E}\left[(\mathbf{x}_n - \hat{\mathbf{x}}_{n|n-1})(\mathbf{x}_n - \hat{\mathbf{x}}_{n|n-1})^{\mathrm{T}}\right] \tag{4.115}$$

而

$$\begin{aligned}\mathbf{e}_{n|n-1} &:= \mathbf{x}_n - \hat{\mathbf{x}}_{n|n-1} = F_n \mathbf{x}_{n-1} + \boldsymbol{\eta}_n - F_n \hat{\mathbf{x}}_{n-1|n-1} \\ &= F_n \mathbf{e}_{n-1|n-1} + \boldsymbol{\eta}_n\end{aligned} \tag{4.116}$$

结合式(4.115)和式(4.116)很容易看出

$$P_{n|n-1} = F_n P_{n-1|n-1} F_n^{\mathrm{T}} + Q_n \tag{4.117}$$

步骤 3：更新 $\hat{\mathbf{x}}_{n|n-1}$。为此，采用以下递归式

$$\hat{\mathbf{x}}_{n|n} = \hat{\mathbf{x}}_{n|n-1} + K_n \mathbf{e}_n \tag{4.118}$$

其中

$$\mathbf{e}_n := \mathbf{y}_n - H_n \hat{\mathbf{x}}_{n|n-1} \tag{4.119}$$

一旦获得了 $\mathbf{y}_n$ 的观测值，即可进行此时间更新递归，它的形式我们将会在本书中反复见到它。“新”(后验)估计等于“旧”(先验)估计，这是根据过去的历史加上一个修正项；后者与预测新到达的观测向量的误差 $\mathbf{e}_n$ 成正比，它的预测是基于“旧的”估计。矩阵 K_n 称为卡尔曼增益，它控制修正量，我们计算其值以最小化 MSE，也就是说

$$J(K_n) := \mathbb{E}\left[\mathbf{e}_{n|n}^{\mathrm{T}}\mathbf{e}_{n|n}\right] = \mathrm{trace}\left\{P_{n|n}\right\} \tag{4.120}$$

其中

$$P_{n|n} = \mathbb{E}\left[\mathbf{e}_{n|n}\mathbf{e}_{n|n}^{\mathrm{T}}\right] \tag{4.121}$$ 168

且

$$\mathbf{e}_{n|n} := \mathbf{x}_n - \hat{\mathbf{x}}_{n|n}$$

可以证明，最优卡尔曼增益为(习题 4.22)

$$K_n = P_{n|n-1} H_n^{\mathrm{T}} S_n^{-1} \tag{4.122}$$

其中

$$S_n = R_n + H_n P_{n|n-1} H_n^{\mathrm{T}} \tag{4.123}$$

步骤 4：我们现在需要最后一个递归式来完成该方法，这个递归式是用来更新 $P_{n|n}$ 的。将式(4.119)和式(4.121)中的定义与式(4.118)相结合，可得(习题 4.23)

$$P_{n|n} = P_{n|n-1} - K_n H_n P_{n|n-1} \tag{4.124}$$

这个算法就推导出来了。现在所需要做的就是选择初始条件，满足

$$\hat{\boldsymbol{x}}_{1|0} = \mathbb{E}[\mathbf{x}_1] \tag{4.125}$$

$$P_{1|0} = \mathbb{E}\left[(\mathbf{x}_1 - \hat{\boldsymbol{x}}_{1|0})(\mathbf{x}_1 - \hat{\boldsymbol{x}}_{1|0})^{\mathrm{T}}\right] = \Pi_0 \tag{4.126}$$

Π_0 是某个初始的猜测。算法 4.2 中总结了卡尔曼滤波算法。

算法 4.2（卡尔曼滤波）

- 输入：$F_n, H_n, Q_n, R_n, \boldsymbol{y}_n, n=1,2,\cdots$
- 初始化：
  - $\hat{\boldsymbol{x}}_{1|0} = \mathbb{E}[\mathbf{x}_1]$
  - $P_{1|0} = \Pi_0$
- **For** $n=1,2,\cdots$, **Do**
  - $S_n = R_n + H_n P_{n|n-1} H_n^{\mathrm{T}}$
  - $K_n = P_{n|n-1} H_n^{\mathrm{T}} S_n^{-1}$
  - $\hat{\boldsymbol{x}}_{n|n} = \hat{\boldsymbol{x}}_{n|n-1} + K_n(\boldsymbol{y}_n - H_n \hat{\boldsymbol{x}}_{n|n-1})$
  - $P_{n|n} = P_{n|n-1} - K_n H_n P_{n|n-1}$
  - $\hat{\boldsymbol{x}}_{n+1|n} = F_{n+1} \hat{\boldsymbol{x}}_{n|n}$
  - $P_{n+1|n} = F_{n+1} P_{n|n} F_{n+1}^{\mathrm{T}} + Q_{n+1}$
- **End For**

对于复值变量，用共轭转置代替转置。

附注 4.7

169

- 除了前面推导的基本方法，还出现了许多变体。虽然在理论上它们都是等价的，但在实际执行中性能可能不同。注意到，$P_{n|n}$ 由两个正定矩阵之差计算得来，由于数值误差，这可能导致得到一个非正定的 $P_{n|n}$，从而可能导致算法发散。一个流行的替代方案是所谓的*信息过滤*方案，它传播了状态误差协方差矩阵的逆 $P_{n|n}^{-1}$，$P_{n|n-1}^{-1}$[20]。相比之下，算法 4.2 中的方法称为*协方差卡尔曼算法*(习题 4.24)。为了解决数值稳定性问题，一系列算法会传播 $P_{n|n}$(或 $P_{n|n}^{-1}$)的因子[5, 40]，这些因子来自乔列斯基分解。
- 有不同的方法来得到卡尔曼滤波递归式。另一种推导是基于正交性原理，将其应用于与观测序列相关的所谓*更新过程*，使得

$$\epsilon(n)=\mathbf{y}_n-\hat{\mathbf{y}}_{n|1:n-1}$$

其中$\hat{\mathbf{y}}_{n|1:n-1}$为基于过去观测历史的预测[17]。在第 17 章，我们将把它看作一个贝叶斯网络重新推导卡尔曼递归式。

- 卡尔曼滤波是最优均方线性滤波的推广。可以看出，若所涉及的过程是平稳的，卡尔曼滤波稳态收敛于我们熟悉的正规方程[31]。
- *扩展卡尔曼滤波*。在式(4.112)和式(4.113)中，状态方程和输出方程都与状态向量$\mathbf{x}_n$线性相关。卡尔曼滤波用更一般的公式可以写成

$$\mathbf{x}_n=\boldsymbol{f}_n(\mathbf{x}_{n-1})+\boldsymbol{\eta}_n$$

$$\mathbf{y}_n=\boldsymbol{h}_n(\mathbf{x}_n)+\mathbf{v}_n$$

其中$\boldsymbol{f}_n$，$\boldsymbol{h}_n$是非线性向量函数。在扩展卡尔曼滤波(EKF)中，其思想是将函数$\boldsymbol{h}_n(\cdot)$和$\boldsymbol{f}_n(\cdot)$在每一时刻线性化，方法是通过它们的泰勒级数展开式仅保留线性项，从而使

$$F_n=\frac{\partial \boldsymbol{f}_n(\boldsymbol{x}_n)}{\partial \boldsymbol{x}_n}\bigg|_{\boldsymbol{x}_n=\hat{\boldsymbol{x}}_{n-1|n-1}}$$

$$H_n=\frac{\partial \boldsymbol{h}_n(\boldsymbol{x}_n)}{\partial \boldsymbol{x}_n}\bigg|_{\boldsymbol{x}_n=\hat{\boldsymbol{x}}_{n|n-1}}$$

然后用线性情形得到的更新式继续进行。

根据其定义，EKF 是次优的，实践中经常会遇到算法发散。需要指出，实际实现时必须小心处理。尽管如此，它在许多实际应用中仍被大量使用。

*无迹卡尔曼滤波*是解决非线性问题的一种替代方法，其主要思想来源于概率论。从$p(\boldsymbol{x}_n|\boldsymbol{y}_1,\cdots,\boldsymbol{y}_n)$的高斯近似中选择一组确定点，这些点通过非线性性进行传播，得到均值和协方差的估计[15]。我们将在第 17 章中讨论的粒子滤波，是另一个强大和流行的方法，它通过概率的方法来处理非线性状态空间模型。 170

最近，在再生核希尔伯特空间中对卡尔曼滤波的扩展提供了一种处理非线性的替代方法[52]。

已经有一些用于分布式学习的卡尔曼滤波版本(第 5 章)，例如[9，23，33，43]。在后一篇参考文献中，子空间学习方法被用于与状态变量相关的预测阶段。

- 关于卡尔曼滤波的文献非常多，特别是在应用方面。感兴趣的读者可以参考更专业的文献，如[4，8，17]以及其中的参考文献。

例 4.4 自回归过程估计　让我们考虑一个l阶的 AR 过程(第 2 章)，其表示为

$$\mathrm{x}_n=-\sum_{i=1}^{l}a_i\mathrm{x}_{n-i}+\eta_n \tag{4.127}$$

其中η_n是方差为σ_η^2的白噪声序列。我们的任务是在观测到一个有噪声的y_n后，获得x_n的估计值$\hat{x}_n$。对应的随机变量之间的关系是

$$\mathrm{y}_n=\mathrm{x}_n+\mathrm{v}_n \tag{4.128}$$

为此，将使用卡尔曼滤波。注意，在 4.9 节中提出的 MSE 线性估计不能用在这里。正如第 2 章已经讨论过的，AR 过程是渐近平稳的。对于有限的时间样本，$n=0$时刻的初始条件会被过程“记住”，相应的(二阶)统计量是与时间相关的，因此它是非平稳过程。但卡尔曼滤波特别适合这种情况。

把式(4.127)和式(4.128)改写为

$$\begin{bmatrix} x_n \\ x_{n-1} \\ x_{n-2} \\ \vdots \\ x_{n-l+1} \end{bmatrix} = \begin{bmatrix} -a_1 & -a_2 & \cdots & -a_{l-1} & -a_l \\ 1 & 0 & \cdots & 0 & 0 \\ 0 & 1 & \cdots & 0 & 0 \\ 0 & 0 & \cdots & 1 & 0 \end{bmatrix} \begin{bmatrix} x_{n-1} \\ x_{n-2} \\ x_{n-3} \\ \vdots \\ x_{n-l} \end{bmatrix} + \begin{bmatrix} \eta_n \\ 0 \\ \vdots \\ 0 \end{bmatrix}$$

$$y_n = [1\ 0 \cdots 0] \begin{bmatrix} x_n \\ \vdots \\ x_{n-l+1} \end{bmatrix} + v_n$$

或

$$\mathbf{x}_n = F\mathbf{x}_{n-1} + \boldsymbol{\eta} \tag{4.129}$$

$$y_n = H\mathbf{x}_n + v_n \tag{4.130}$$

其中 $F_n := F$ 和 $H_n := H$ 的定义是明显的，且

171 $$Q_n = \begin{bmatrix} \sigma_n^2 & 0 & \cdots & 0 \\ 0 & 0 & \cdots & 0 \\ 0 & 0 & \cdots & 0 \end{bmatrix}, \quad R_n = \sigma_v^2 \quad (\text{标量})$$

图 4.21a 为 y_n 的一个具体实现，图 4.21b 为 AR(2)的相应实现(红色)，以及预测的卡尔曼滤波序列 $\hat{x}_n$。注意到这里匹配得非常好。对于 AR 过程的生成，使用了 $l=2$，$\alpha_1=0.95$，$\alpha_2=0.9$，$\sigma_\eta^2=0.5$。对于卡尔曼滤波输出噪声，$\sigma_v^2=1$。

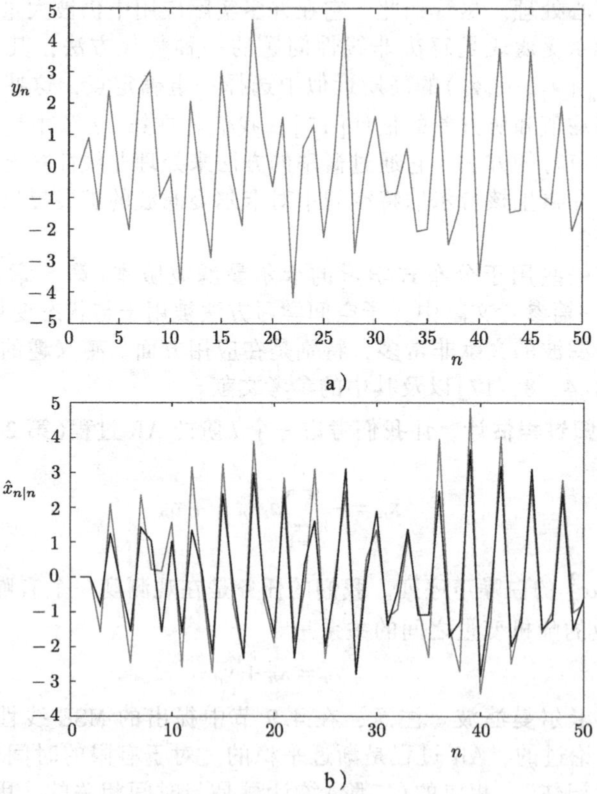

图 4.21　a) 观测序列 y_n 的一个实现，被用来通过卡尔曼滤波得到状态变量的预测。b)例 4.4 中红色表示的 AR 过程(状态变量)，以及卡尔曼滤波序列的预测结果(黑色)。卡尔曼滤波消除了噪声 v_n 的影响

习题

4.1　证明方程组

$$\boldsymbol{\Sigma\theta}=\boldsymbol{p}$$

如果 $\Sigma>0$ 有唯一解，如果 Σ 是奇异的，则有无穷多个解。 172

4.2　证明方程组

$$\boldsymbol{\Sigma\theta}=\boldsymbol{p}$$

总是有解。

4.3　证明均方误差 $(J(\boldsymbol{\theta}))$ 曲面

$$J(\boldsymbol{\theta})=J(\boldsymbol{\theta}_*)+(\boldsymbol{\theta}-\boldsymbol{\theta}_*)^{\mathrm{T}}\Sigma(\boldsymbol{\theta}-\boldsymbol{\theta}_*)$$

等值线的形状是椭圆，该椭圆的轴依赖于 Σ 的特征结构。提示：假设 Σ 有离散的特征值。

4.4　证明若输入 $\mathbf{x}$ 与真实输出 y 之间的关系是线性的，即

$$\mathrm{y}=\boldsymbol{\theta}_o^{\mathrm{T}}\mathbf{x}+\mathrm{v}_n,\quad \boldsymbol{\theta}_o\in\mathbb{R}^l$$

其中 v 与 $\mathbf{x}$ 无关，则最优 MSE 估计 $\boldsymbol{\theta}_*$ 满足

$$\boldsymbol{\theta}_*=\boldsymbol{\theta}_o$$

4.5　证明如果

$$\mathrm{y}=\boldsymbol{\theta}_o^{\mathrm{T}}\mathbf{x}+\mathrm{v},\quad \boldsymbol{\theta}_o\in\mathbb{R}^k$$

其中 v 与 $\mathbf{x}$ 无关，如果 $\mathbf{x}$ 的分量不相关，则最优 MSE 的 $\boldsymbol{\theta}_*\in\mathbb{R}^l$，$l<k$ 等于 $\boldsymbol{\theta}_o$ 的上 l 个分量。

4.6　通过最小化式(4.15)中的代价，导出正规方程。提示：用 $\boldsymbol{\theta}_r$ 表示代价 $\boldsymbol{\theta}$ 的实部，$\boldsymbol{\theta}_i$ 表示代价 $\boldsymbol{\theta}$ 的虚部，然后关于 $\boldsymbol{\theta}_r$，$\boldsymbol{\theta}_i$ 进行优化。

4.7　考虑多信道滤波任务

$$\hat{\mathbf{y}}=\begin{bmatrix}\hat{\mathrm{y}}_r\\ \hat{\mathrm{y}}_i\end{bmatrix}=\Theta\begin{bmatrix}\mathbf{x}_r\\ \mathbf{x}_i\end{bmatrix}$$

估计 Θ，使之最小化误差范数

$$\mathbb{E}\left[\|\mathbf{y}-\hat{\mathbf{y}}\|^2\right]$$

4.8　证明式(4.34)与式(4.25)相同。

4.9　证明用线性复值估计得到的 MSE 总是大于用宽线性估计得到的 MSE。只有在循环条件下才相等。

4.10　证明在二阶循环假设下，式(4.39)中的条件成立。

4.11　证明如果

$$f:\mathbb{C}\longrightarrow\mathbb{R}$$

则该函数不满足柯西-黎曼条件。

4.12　推导式(4.45)中的最优性条件。

4.13　证明式(4.50)和式(4.51)。

4.14　推导例 4.2 的正规方程。 173

4.15　信道的输入是一个方差为 σ_s^2 的白噪声序列 s_n。信道的输出是 AR 过程

$$\mathrm{y}_n=a_1\mathrm{y}_{n-1}+\mathrm{s}_n \tag{4.131}$$

该信道还增加了方差为 σ_η^2 的白噪声 η_n。设计一个二阶最优均衡器，其输出恢复 s_{n-L} 的近似值。有时，这个均衡任务也被称为白化，因为在这种情况下，均衡器的作用是"白化"AR 过程。

4.16　证明前向和后向 MSE 最优预测因子互为共轭反转。

4.17　证明 MSE 预测误差 $(\alpha_m^f=\alpha_m^b)$ 是根据以下递归式更新的

$$\alpha_m^b=\alpha_{m-1}^b(1-|\kappa_{m-1}|^2)$$

4.18 推导高斯-马尔可夫定理的 BLUE。

4.19 证明任何线性无偏估计的均方误差(此时与估计的方差一致)高于和 BLUE 关联的均方误差。

4.20 证明如果 Σ_η 是正定的，若 X 是满秩的，则 $X^T\Sigma_\eta^{-1}X$ 也是正定的。

4.21 推导出 MSE 最优线性约束的宽线性波束成形器。

4.22 证明使误差协方差矩阵

$$P_{n|n}=\mathbb{E}\left[(\mathbf{x}_n-\hat{\mathbf{x}}_{n|n})(\mathbf{x}_n-\hat{\mathbf{x}}_{n|n})^{\mathrm{T}}\right]$$

最小的卡尔曼增益是由下式给出

$$K_n=P_{n|n-1}H_n^{\mathrm{T}}\left(R_n+H_nP_{n|n-1}H_n^{\mathrm{T}}\right)^{-1}$$

提示：利用以下公式

$$\frac{\partial\,\mathrm{trace}\{AB\}}{\partial A}=B^{\mathrm{T}}\ (AB\text{是方阵})$$

$$\frac{\partial\,\mathrm{trace}\{ACA^{\mathrm{T}}\}}{\partial A}=2AC,\ (C=C^{\mathrm{T}})$$

4.23 证明在卡尔曼滤波中，先验和后验误差协方差矩阵关系为

$$P_{n|n}=P_{n|n-1}-K_nH_nP_{n|n-1}$$

4.24 利用状态误差协方差矩阵的逆 $P_{n|n}^{-1}$ 推导卡尔曼算法。在统计中，误差协方差矩阵的逆与费舍尔信息矩阵相关，因此该方案也被称为信息滤波方案。

MATLAB 练习

174 4.25 考虑 4.6 节中描述的图像去模糊任务。

- 从 Waterloo 图像库下载“boat”图像[㊀]。或者，可以使用任何选定的灰度图像。使用“imread”函数将图像加载到 MATLAB 的内存中(也可以使用“im2double”函数获得包含双精度的数组)。
- 使用 MATLAB 命令“fspecial”创建模糊点扩展函数(PSF)。例如，可以写

```
PSF = fspecial('motion',20,45);
```

模糊效果由“imfilter”函数产生

```
J = imfilter(I,PSF,'conv', 'circ');
```

其中 I 是原始图像。

- 使用 MATLAB 的函数“imnoise”对图像添加一些高斯白噪声。

```
J = imnoise(J, 'gaussian', noise_mean, noise_var);
```

使用较小的噪声方差，如 10^{-6}。

- 使用“deconvwnr”函数去模糊。例如，如果 J 是包含模糊图像(带有噪声)的数组，而 PSF 是产生模糊的点扩展函数，那么命令

```
K = deconvwnr(J, PSF, C);
```

就返回去模糊的图像 K，前提是 C 的选择合理。第一次尝试时选择 $C=10^{-4}$。对 C 选择不同的值。解释一下结果。

4.26 考虑例 4.1 中描述的噪声消除任务。使用 MATLAB 编写求解所需的代码，步骤如下：

(a) 创建信号 $s_n=\cos(\omega_0 n)$ 的 5000 个数据样本，$\omega_0=2\times10^{-3}\pi$。

(b) 创建 AR 过程 $v_1(n)=a_1\cdot v_1(n-1)+\eta_n$ 的 5000 个数据样本(初始条件为 0)。其中 η_n 表示具有方差 $\sigma_\eta^2=0.0025$ 和 $a_1=0.8$ 的零均值高斯噪声。

(c) 将两个序列相加(即 $d_n=s_n+v_1(n)$)，并绘制结果。这是污染的信号。

(d) 创建 AR 过程 $v_2(n)=a_2v_2(n-1)+\eta_n$ 的 5000 个数据样本(初始条件为 0)，其中 η_n 表示相同的噪声序列，$a_2=0.75$。

㊀ 参见 http://links.uwaterloo.ca/。

(e) 求(MSE 意义下的)最优解 $\boldsymbol{w}=[w_0,w_1]^{\mathrm{T}}$。创建恢复信号 $\hat{s}_n=d_n-w_0v_2(n)-w_1v_2(n-1)$ 的序列，并绘制结果。

(f) 使用 $a_2=0.9$, 0.8, 0.7, 0.6, 0.5, 0.3，重复步骤(b)~(e)，解释所得结果。 175

(g)对 $a_2=0.9$, 0.8, 0.7, 0.6, 0.5, 0.3，使用 $\sigma_\eta^2=0.01$, 0.05, 0.1, 0.2, 0.5，重复步骤(b)~(e)，解释所得结果。

4.27 考虑例 4.2 中描述的通道均衡任务。使用 MATLAB 编写必要的代码，按照如下步骤求解：

(a) 创建一个信号 s_n，信号 s_n 由 50 个等可能的±1 样本组成。使用 MATLAB 函数 "stem" 绘制结果。

(b) 创建序列 $u_n=0.5s_n+s_{n-1}+\eta_n$，其中 η_n 为零均值高斯噪声，$\sigma_\eta^2=0.01$。用 "stem" 来绘制结果。

(c) 求解正规方程，找到最优的 $\boldsymbol{w}_*=[w_0,w_1,w_2]^{\mathrm{T}}$。

(d) 重构信号序列 $\hat{s}_n=\mathrm{sgn}(w_0u_n+w_1u_{n-1}+w_2u_{n-2})$。用红色标出正确重建值(即满足 $s_n=\hat{s}_n$)，错误的用黑色标记。

(e) 使用不同的噪声水平 σ_η^2，重复步骤(b)~(d)，解释所得结果。

4.28 考虑例 4.4 中描述的自回归过程估计任务。用 MATLAB 编写求解代码，步骤如下：

(a) 创建 500 个 AR 序列样本 $x_n=-a_1x_{n-1}-a_2x_{n-2}+\eta_n$(初始条件为 0)，其中 $a_1=0.2$，$a_2=0.1$，η_n 为零均值高斯噪声且方差 $\sigma_n^2=0.5$。

(b) 创建序列 $y_n=x_n+v_n$，其中 v_n 为零均值高斯噪声且方差 $\sigma_v^2=1$。

(c) 实现算法 4.2 中所述的卡尔曼滤波算法，使用 y_n 作为输入以及例 4.4 中所述的矩阵 F、H、Q、R。可以用 $\hat{\boldsymbol{x}}_{1|0}=[0,0]^{\mathrm{T}}$ 和 $P_{1|0}=0.1\cdot I_2$ 初始化算法。绘制预测值 $\hat{x}_n$(即 $\hat{x}_{n|n}$)与原始序列 x_n 的对照图，调试不同参数的值，并解释所得结果。

参考文献

[1] T. Adali, V.D. Calhoun, Complex ICA of brain imaging data, IEEE Signal Process. Mag. 24 (5) (2007) 136–139.

[2] T. Adali, H. Li, Complex-valued adaptive signal processing, in: T. Adali, S. Haykin (Eds.), Adaptive Signal Processing: Next Generation Solutions, John Wiley, 2010.

[3] T. Adali, P. Schreier, Optimization and estimation of complex-valued signals: theory and applications in filtering and blind source separation, IEEE Signal Process. Mag. 31 (5) (2014) 112–128.

[4] B.D.O. Anderson, J.B. Moore, Optimal Filtering, Prentice Hall, Englewood Cliffs, NJ, 1979.

[5] G.J. Bierman, Factorization Methods for Discrete Sequential Estimation, Academic Press, New York, 1977.

[6] P. Bouboulis, S. Theodoridis, Extension of Wirtinger's calculus to reproducing kernel Hilbert spaces and the complex kernel LMS, IEEE Trans. Signal Process. 53 (3) (2011) 964–978.

[7] D.H. Brandwood, A complex gradient operator and its application in adaptive array theory, IEEE Proc. 130 (1) (1983) 11–16.

[8] R.G. Brown, P.V.C. Hwang, Introduction to Random Signals and Applied Kalman Filtering, second ed., John Wiley Sons, Inc., 1992.

[9] F.S. Cattivelli, A.H. Sayed, Diffusion strategies for distributed Kalman filtering and smoothing, IEEE Trans. Automat. Control 55 (9) (2010) 2069–2084.

[10] P. Chevalier, J.P. Delmas, A. Oukaci, Optimal widely linear MVDR beamforming for noncircular signals, in: Proceedings of the IEEE International Conference on Acoustics, Speech and Signal Processing, ICASSP, 2009, pp. 3573–3576.

[11] P. Delsarte, Y. Genin, The split Levinson algorithm, IEEE Trans. Signal Process. 34 (1986) 470–478.

[12] J. Dourbin, The fitting of time series models, Rev. Int. Stat. Inst. 28 (1960) 233–244.

[13] Y.C. Eldar, Minimax, MSE estimation of deterministic parameters with noise covariance uncertainties, IEEE Trans. Signal Process. 54 (2006) 138–145. 176

[14] R.C. Gonzalez, R.E. Woods, Digital Image Processing, Addison-Wesley, 1993.

[15] S. Julier, A skewed approach to filtering, Proc. SPIE 3373 (1998) 271–282.

[16] T. Kailath, An innovations approach to least-squares estimation: Part 1. Linear filtering in additive white noise, IEEE Trans. Automat. Control AC-13 (1968) 646–655.

[17] T. Kailath, A.H. Sayed, B. Hassibi, Linear Estimation, Prentice Hall, Englewood Cliffs, 2000.

[18] R.E. Kalman, A new approach to linear filtering and prediction problems, Trans. ASME J. Basic Eng. 82 (1960) 34–45.

[19] R.E. Kalman, R.S. Bucy, New results in linear filtering and prediction theory, Trans. ASME J. Basic Eng. 83 (1961) 95–107.

[20] P.G. Kaminski, A.E. Bryson, S.F. Schmidt, Discrete square root filtering: a survey, IEEE Trans. Autom. Control 16 (1971) 727–735.

[21] N. Kalouptsidis, S. Theodoridis, Parallel implementation of efficient LS algorithms for filtering and prediction, IEEE Trans. Acoust. Speech Signal Process. 35 (1987) 1565–1569.

[22] N. Kalouptsidis, S. Theodoridis (Eds.), Adaptive System Identification and Signal Processing Algorithms, Prentice Hall, 1993.

[23] U.A. Khan, J. Moura, Distributing the Kalman filter for large-scale systems, IEEE Trans. Signal Process. 56 (10) (2008) 4919–4935.

[24] A.N. Kolmogorov, Stationary sequences in Hilbert spaces, Bull. Math. Univ. Moscow 2 (1941) (in Russian).

[25] K. Kreutz-Delgado, The complex gradient operator and the ℂℝ-calculus, http://citeseerx.ist.psu.edu/viewdoc/download?doi=10.1.1.86.6515&rep=rep1&type=pdf, 2006.

[26] N. Levinson, The Wiener error criterion in filter design and prediction, J. Math. Phys. 25 (1947) 261–278.

[27] H. Li, T. Adali, Optimization in the complex domain for nonlinear adaptive filtering, in: Proceedings, 33rd Asilomar Conference on Signals, Systems and Computers, Pacific Grove, CA, 2006, pp. 263–267.

[28] X.-L. Li, T. Adali, Complex-valued linear and widely linear filtering using MSE and Gaussian entropy, IEEE Trans. Signal Process. 60 (2012) 5672–5684.

[29] D.J.C. MacKay, Information Theory, Inference, and Learning Algorithms, Cambridge University Press, 2003.

[30] D. Mandic, V.S.L. Guh, Complex Valued Nonlinear Adaptive Filters, John Wiley, 2009.

[31] J.M. Mendel, Lessons in Digital Estimation Theory, Prentice Hall, Englewood Cliffs, NJ, 1995.

[32] T. McWhorter, P. Schreier, Widely linear beamforming, in: Proceedings 37th Asilomar Conference on Signals, Systems, Computers, Pacific Grove, CA, 1993, p. 759.

[33] P.V. Overschee, B.D. Moor, Subspace Identification for Linear Systems: Theory, Implementation, Applications, Kluwer Academic Publishers, 1996.

[34] M. Petrou, C. Petrou, Image Processing: The Fundamentals, second ed., John Wiley, 2010.

[35] B. Picinbono, On circularity, IEEE Trans. Signal Process. 42 (12) (1994) 3473–3482.

[36] B. Picinbono, P. Chevalier, Widely linear estimation with complex data, IEEE Trans. Signal Process. 43 (8) (1995) 2030–2033.

[37] B. Picinbono, Random Signals and Systems, Prentice Hall, 1993.

[38] T. Piotrowski, I. Yamada, MV-PURE estimator: minimum-variance pseudo-unbiased reduced-rank estimator for linearly constrained ill-conditioned inverse problems, IEEE Trans. Signal Process. 56 (2008) 3408–3423.

[39] I.R. Porteous, Clifford Algebras and Classical Groups, Cambridge University Press, 1995.

[40] J.E. Potter, New statistical formulas, in: Space Guidance Analysis Memo, No 40, Instrumentation Laboratory, MIT, 1963.

[41] J. Proakis, Digital Communications, second ed., McGraw Hill, 1989.

[42] J.G. Proakis, D.G. Manolakis, Digital Signal Processing: Principles, Algorithms and Applications, second ed., MacMillan, 1992.

[43] O.-S. Reza, Distributed Kalman filtering for sensor networks, in: Proceedings IEEE Conference on Decision and Control, 2007, pp. 5492–5498.

[44] A.H. Sayed, Fundamentals of Adaptive Filtering, John Wiley, 2003.

[45] J. Schur, Über Potenzreihen, die im Innern des Einheitskreises beschränkt sind, J. Reine Angew. Math. 147 (1917) 205–232.

[46] K. Slavakis, P. Bouboulis, S. Theodoridis, Adaptive learning in complex reproducing kernel Hilbert spaces employing Wirtinger's subgradients, IEEE Trans. Neural Netw. Learn. Syst. 23 (3) (2012) 425–438.

[47] G. Strang, Linear Algebra and Its Applications, fourth ed., Hartcourt Brace Jovanovich, 2005.

[48] M. Viberg, Introduction to array processing, in: R. Chellappa, S. Theodoridis (Eds.), Academic Library in Signal Processing, vol. 3, Academic Press, 2014, pp. 463–499.

[49] N. Wiener, E. Hopf, Über eine klasse singulärer integralgleichungen, S.B. Preuss. Akad. Wiss. (1931) 696–706.

177 ~ 178

[50] N. Wiener, Extrapolation, Interpolation and Smoothing of Stationary Time Series, MIT Press, Cambridge, MA, 1949.

[51] W. Wirtinger, Zur formalen Theorie der Funktionen von mehr komplexen Veränderlichen, Math. Ann. 97 (1927) 357–375.

[52] P. Zhu, B. Chen, J.C. Principe, Learning nonlinear generative models of time series with a Kalman filter in RKHS, IEEE Trans. Signal Process. 62 (1) (2014) 141–155.

随机梯度下降：LMS 算法族

5.1 引言

第 4 章介绍了均方误差(MSE)最优线性估计的概念，给出了计算最优估计量/滤波器系数的正规方程。正规方程需要关于所涉及过程/变量的二阶统计量的知识，从而得到输入的协方差矩阵和输入-输出的互相关向量。但在实践中，设计者所拥有的只是一组训练点集。因此，协方差矩阵和互相关向量必须以某种方式估计得到。更重要的是，在一些实际应用中，内在的统计量可能是时变的。我们在介绍卡尔曼滤波时讨论了这种情况，所采取的方法是利用状态空间表示，并假设模型的时间动态是已知的。然而，虽然卡尔曼滤波是一个优雅的工具，但由于涉及矩阵运算和求逆运算，它在高维空间时无法很好地扩展。

本章的重点是介绍用于估计未知参数向量的*在线学习技术*。这些技术是时间迭代方案，每当获得一个测量集(即观测的输入-输出对)时便更新现有的估计值。因此，与将整个数据块作为一个单一实体处理的所谓*批处理*的方法相比，在线算法一次处理一个数据点。这种方案因而不需要提前知道和存储训练数据集。在线算法以*时间迭代*的方式从数据中学习内在的统计量。因此，我们不必提供更多的统计信息。本章将要开发和研究的算法族的另一个特性是其计算的简单性。更新未知参数向量估计值所需的复杂度与未知参数的个数是线性关系。这是令这类方案在许多实际应用中大受欢迎的主要原因之一。除了复杂性之外，我们还将讨论它们流行的其他原因。关于批处理算法与在线算法的讨论将在 8.12 节中提供。

这种学习算法工作在时间迭代模式下，使它们能够灵活地学习和*跟踪*所涉及的随机过程/随机变量统计量的缓慢时间变化。这些算法也被认为是*时间自适应*或简称*自适应*，这是因为它们可以适应不断变化的环境需要。自 20 世纪 60 年代早期以来，在线/时间自适应算法被广泛应用于信号处理、控制和通信等领域。最近，在数据驻留在大型数据库且具有大量训练点的应用环境中，这种方案背后的理念也越来越流行。对于这样的任务，在内存中存储所有数据点可能是无法实现的，必须一次一个地处理。而且，对于目前的技术来说，批处理技术的复杂性可能达到令人望而却步的地步。当前的趋势是将这些应用称为*大数据*问题。

在这一章中，我们将重点讨论一类非常流行的在线/自适应算法，它们源于经典的梯度下降法。虽然我们的重点是平方误差损失函数，但同样的原理也可以用于其他(可微的)损失函数。不可微损失函数的情况将在第 8 章中讨论。第 18 章将在深度神经网络的场景下给出随机梯度方法的很多变体。在线处理的原理将在本书中反复出现。 179~180

5.2 最速下降法

我们从*梯度下降法*开始，它是迭代地求可微代价函数 $J(\boldsymbol{\theta})$，$\boldsymbol{\theta} \in \mathbb{R}^l$ 的最小化问题时最广泛使用的方法之一。与其他迭代技术一样，该方法从初始估计值 $\boldsymbol{\theta}^{(0)}$ 开始，生成一个序列 $\boldsymbol{\theta}^{(i)}$，$i=1,2,\cdots$，满足

$$\boldsymbol{\theta}^{(i)}=\boldsymbol{\theta}^{(i-1)}+\mu_i \Delta \boldsymbol{\theta}^{(i)}, \quad i>0 \tag{5.1}$$

这里$\mu_i>0$。我们将在本书中讨论的关于代价函数迭代最小化的所有方案，其一般形式均为公式(5.1)，不同方案之间的区别在于μ_i和$\Delta\boldsymbol{\theta}^{(i)}$的选择，后一个向量$\Delta\boldsymbol{\theta}^{(i)}$称为*更新方向*或*搜索方向*。序列$\mu_i$称为在第$i$次迭代时的*步长*。注意，$\mu_i$的值在每次迭代时可能是常数也可能是变化的。在梯度下降法中，除了在某个最小值$\boldsymbol{\theta}_*$处，$\Delta\boldsymbol{\theta}^{(i)}$的选择是要保证

$$J\left(\boldsymbol{\theta}^{(i)}\right) < J\left(\left(\boldsymbol{\theta}^{(i-1)}\right)\right.$$

假设在第i-1步迭代中已经得到了值$\boldsymbol{\theta}^{(i-1)}$。然后，对于足够小的$\mu_i$，利用在$\boldsymbol{\theta}^{(i-1)}$附近的一阶泰勒展开，得到

$$J\left(\boldsymbol{\theta}^{(i)}\right)=J\left(\boldsymbol{\theta}^{(i-1)}+\mu_i\Delta\boldsymbol{\theta}^{(i)}\right)\approx J\left(\boldsymbol{\theta}^{(i-1)}\right)+\mu_i\nabla J\left(\boldsymbol{\theta}^{(i-1)}\right)^{\mathrm{T}}\Delta\boldsymbol{\theta}^{(i)}$$

仔细观察上面公式中的近似，基本上我们所做的就是关于$\Delta\boldsymbol{\theta}^{(i)}$*局部线性化*代价函数。选择搜索方向使之满足

$$\nabla J\left(\boldsymbol{\theta}^{(i-1)}\right)^{\mathrm{T}}\Delta\boldsymbol{\theta}^{(i)}<0 \tag{5.2}$$

则它保证了$J(\boldsymbol{\theta}^{(i-1)}+\mu_i\Delta\boldsymbol{\theta}^{(i)})<J(\boldsymbol{\theta}^{(i-1)})$。对于这样的选择，$\Delta\boldsymbol{\theta}^{(i)}$和$\nabla J(\boldsymbol{\theta}^{(i-1)})$必然形成钝角。图5.1给出了二维情况下即$\boldsymbol{\theta}\in\mathbb{R}^2$的代价函数的示意图。图5.2为二维平面内的等值线。注意，一般情况下，等值线可以是任何形状的，并不一定是椭圆，这完全取决于$J(\boldsymbol{\theta})$的函数形式。然而，由于假定$J(\boldsymbol{\theta})$是可微的，所以等值线必然是光滑的，故在任意点都有(唯一的)切平面，该切平面是由其梯度定义的。此外，回忆一下基本的微积分，梯度向量$\nabla J(\boldsymbol{\theta})$在$\boldsymbol{\theta}$点垂直于与等值线相切的平面(线)(习题5.1)。几何关系如图5.3所示，这里为了便于符号绘制和整理，我们删除了迭代索引i。注意，通过选择与梯度形成钝角的搜索方向，会将$\boldsymbol{\theta}^{(i-1)}+\mu_i\Delta\boldsymbol{\theta}^{(i)}$放在对应于较低的$J(\boldsymbol{\theta})$值的等值线的一点上。现在提出了两个问题：选择移动的最佳搜索方向；计算沿着这个方向可以走多远。即使
181 没有太多的数学计算，从图5.3中也可以明显看出，如果$\mu_i\|\Delta\boldsymbol{\theta}^{(i)}\|$太大，则新的点有可能在比当前等值线对应更大值的等值线上。毕竟，一阶泰勒展开式仅对$\boldsymbol{\theta}^{(i-1)}$的小偏差近似成立。

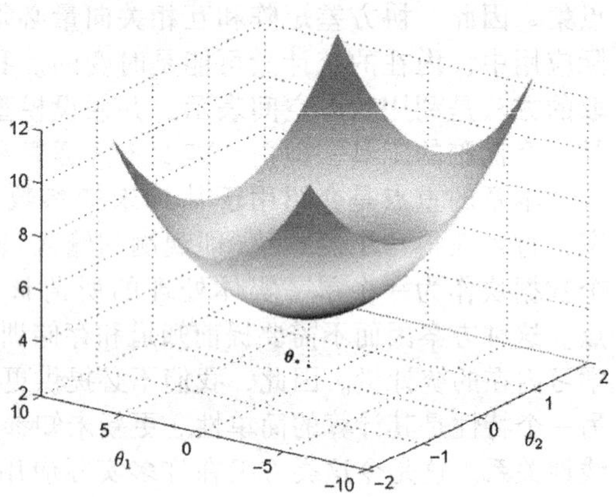

图5.1 二维参数空间中的一个代价函数

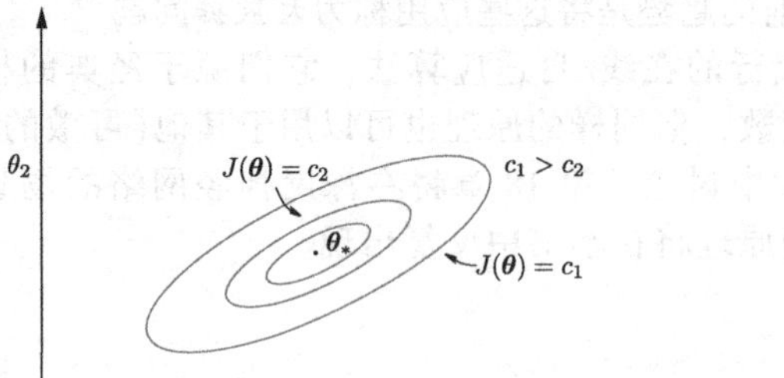

图5.2 图5.1的代价函数在二维平面上对应的等值线。位于相同(等值)椭圆上的所有点$\boldsymbol{\theta}$的代价$J(\boldsymbol{\theta})$的值都相同。注意，当我们远离最优值$\boldsymbol{\theta}_*$时，c的值也随之增大

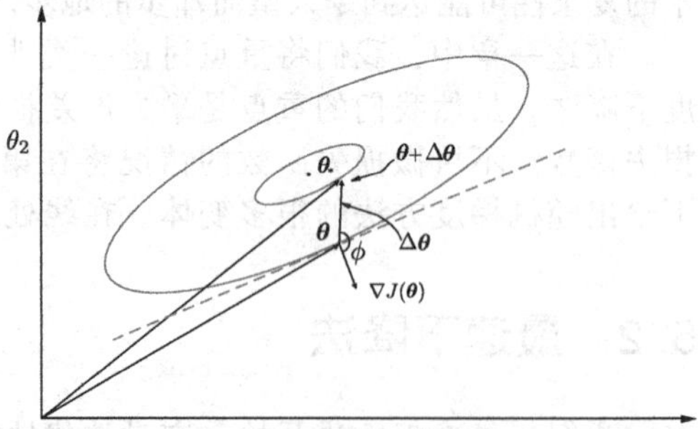

图5.3 点$\boldsymbol{\theta}$处的梯度向量垂直于过$\boldsymbol{\theta}$的等值线的切平面(虚线)。下降方向与梯度向量形成一个钝角ϕ

为了解决这两个问题中的第一个，我们假设 $\mu_i=1$，并从所有以 $\boldsymbol{\theta}^{(i-1)}$ 为起点、具有单位欧几里得范数的向量 z 中搜索。然后，很快就能看出，对于所有可能的方向，使得内积 $\nabla J(\boldsymbol{\theta}^{(i-1)})^{\mathrm{T}}z$ 取最大负值的，是由负梯度定义的方向，即

$$z=-\frac{\nabla J\left(\boldsymbol{\theta}^{(i-1)}\right)}{\left\|\nabla J\left(\boldsymbol{\theta}^{(i-1)}\right)\right\|}$$ 182

如图 5.4 所示，单位欧几里得范数球的中心为 $\boldsymbol{\theta}^{(i-1)}$，从所有原点在 $\boldsymbol{\theta}^{(i-1)}$ 处的单位范数向量中选择指向负梯度方向的那个。因此，在所有具有单位欧几里得范数的向量中，最陡下降方向与(负)梯度下降方向一致，相应的更新递归式为

$$\boxed{\boldsymbol{\theta}^{(i)}=\boldsymbol{\theta}^{(i-1)}-\mu_i\nabla J\left(\boldsymbol{\theta}^{(i-1)}\right):\ \text{梯度下降法}} \tag{5.3}$$

注意，还需解决第二点关于 μ_i 的选择。μ_i 的选择必须保证最小化序列的收敛。我们将很快讨论这个问题。

对于一维情况，迭代公式(5.3)如图 5.5 所示。如果在当前的迭代中，算法位于 θ_1 处，那么 $J(\boldsymbol{\theta})$ 在这一点上的导数为正(锐角 ϕ_1 的正切)，这将使得更新朝着最小值向左移动。如果当前的估计是 θ_2，情况则不同。此时导数是负的(钝角 ϕ_2 的正切)，这将使得更新向右移动，不过仍然是趋向最小值的。但请注意，向左或向右移动多远是很重要的。从左如 θ_1 到右的一个大的移动，可能使得更新位于最优值的另一边。这种情况下，算法可能会在最小值附近振荡，且永远不会收敛。本章的主要工作将致力于提供一个理论框架，为收敛的步长设界。

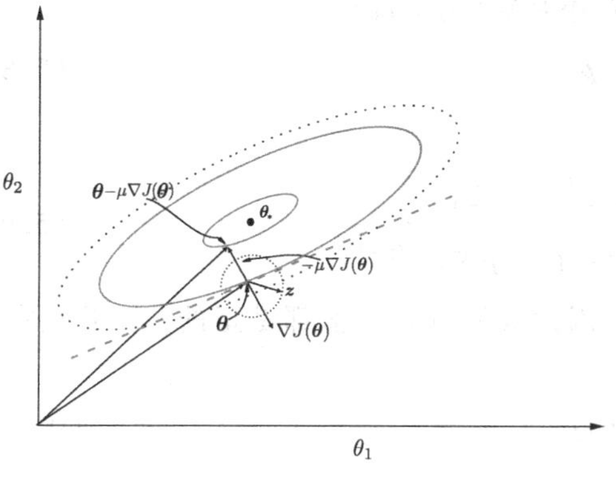

图 5.4　具有单位欧几里得范数(虚线圈，圆心位于 $\boldsymbol{\theta}^{(i-1)}$，出于符号表示简洁的目的，图中显示为 $\boldsymbol{\theta}$)的所有下降方向中，负梯度方向可使代价函数具有最大的减少值

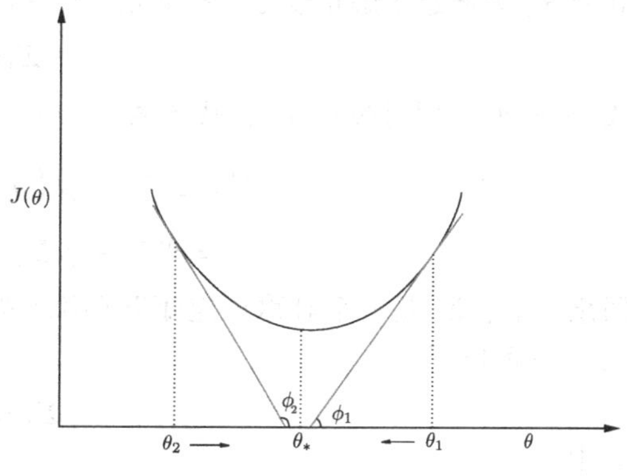

图 5.5　一旦算法到达 θ_1 点，梯度下降会使点朝最小值向左移动。在点 θ_2 的情况则正好相反

梯度下降法近似线性收敛，也就是说，$\boldsymbol{\theta}^{(i)}$ 和真实最小值之间的误差以几何级数的形式渐近收敛于零。但收敛速度很大程度上取决于 $J(\boldsymbol{\theta})$ 的海森矩阵的特征值扩散。收敛速率对特征值的依赖性将在 5.3 节中展开。对特征值扩散非常大的情况，收敛速度会变得非常慢。另一方面，该方法的最大优点是计算量小。

最后，需指出的是，式(5.3)中的方法是利用单位欧几里得范数确定搜索方向的。然而，欧几里得范数并非“神圣”的。我们也可以选择其他的范数，如 ℓ_1 范数或二次范数 $z^{\mathrm{T}}Pz$，其中 P 是一个正定矩阵。如果这样选择，更新的迭代式就会改变(请见[23])。我们将在第 6 章讨论牛顿迭代和坐标下降极小化方法时回到这一点。

183~184 5.3 应用于均方误差代价函数

本节我们将应用梯度下降法来推导出一个迭代算法，以最小化我们熟悉的代价函数

$$\begin{aligned} J(\boldsymbol{\theta}) &= \mathbb{E}\left[\left(\mathrm{y} - \boldsymbol{\theta}^{\mathrm{T}}\mathbf{x}\right)^2\right] \\ &= \sigma_y^2 - 2\boldsymbol{\theta}^{\mathrm{T}}\boldsymbol{p} + \boldsymbol{\theta}^{\mathrm{T}}\Sigma_x\boldsymbol{\theta} \end{aligned} \tag{5.4}$$

其中 $\Sigma_x = \mathbb{E}[\mathbf{x}\mathbf{x}^{\mathrm{T}}]$ 是输入协方差矩阵，$\boldsymbol{p} = \mathbb{E}[\mathbf{x}\mathrm{y}]$ 是输入–输出互相关向量(第 4 章)。容易看出，相应代价函数关于 $\boldsymbol{\theta}$ 的梯度为(参见附录 A)

$$\nabla J(\boldsymbol{\theta}) = 2\Sigma_x\boldsymbol{\theta} - 2\boldsymbol{p} \tag{5.5}$$

在本章中，除另有指定外，依旧假定是具有零均值联合分布的输入–输出随机变量。故协方差矩阵和相关矩阵一致。如果不是这样，则式(5.5)中的协方差矩阵就会被相关矩阵代替。我们讨论的重点是实值数据，如有需要，我们会指出与复值数据情形的差异。

利用式(5.5)，则式(5.3)中的更新递归式变为

$$\begin{aligned} \boldsymbol{\theta}^{(i)} &= \boldsymbol{\theta}^{(i-1)} - \mu\left(\Sigma_x\boldsymbol{\theta}^{(i-1)} - \boldsymbol{p}\right) \\ &= \boldsymbol{\theta}^{(i-1)} + \mu\left(\boldsymbol{p} - \Sigma_x\boldsymbol{\theta}^{(i-1)}\right) \end{aligned} \tag{5.6}$$

这里步长认为是常数，同时也吸收了因子 2。稍后将讨论步长与迭代相关的更一般情况。我们的目标现在变为探索能保证收敛的 μ 的值。为此，定义

$$\boldsymbol{c}^{(i)} := \boldsymbol{\theta}^{(i)} - \boldsymbol{\theta}_* \tag{5.7}$$

其中 $\boldsymbol{\theta}_*$ 为通过求解正规方程得到的(唯一)最优 MSE 解(第 4 章)

$$\Sigma_x\boldsymbol{\theta}_* = \boldsymbol{p} \tag{5.8}$$

式(5.6)两边同时减去 $\boldsymbol{\theta}_*$，代入式(5.7)，得到

$$\begin{aligned} \boldsymbol{c}^{(i)} &= \boldsymbol{c}^{(i-1)} + \mu\left(\boldsymbol{p} - \Sigma_x\boldsymbol{c}^{(i-1)} - \Sigma_x\boldsymbol{\theta}_*\right) \\ &= \boldsymbol{c}^{(i-1)} - \mu\Sigma_x\boldsymbol{c}^{(i-1)} = (I - \mu\Sigma_x)\,\boldsymbol{c}^{(i-1)} \end{aligned} \tag{5.9}$$

回想一下，Σ_x 是一个对称正定矩阵(第 2 章)，因此其所有特征值都是正的，而且(附录 A.2)它可以写成

$$\Sigma_x = Q\Lambda Q^{\mathrm{T}} \tag{5.10}$$

其中

185 $$\Lambda := \mathrm{diag}\{\lambda_1, \cdots, \lambda_l\} \quad 和 \quad Q := [\boldsymbol{q}_1, \boldsymbol{q}_2, \cdots, \boldsymbol{q}_l]$$

这里 λ_j，$\boldsymbol{q}_j$，$j=1,2,\cdots,l$ 为协方差矩阵的(正)特征值和相应的归一化(正交)特征向量[⊖]，即

$$\boldsymbol{q}_k^{\mathrm{T}}\boldsymbol{q}_j = \delta_{kj}, \quad k, j = 1, 2, \cdots, l \Longrightarrow Q^{\mathrm{T}} = Q^{-1}$$

也就是说，矩阵 Q 是正交的。将 Σ_x 的分解代入式(5.9)，可得

$$\boldsymbol{c}^{(i)} = Q\,(I - \mu\Lambda)\,Q^{\mathrm{T}}\boldsymbol{c}^{(i-1)}$$

或

$$\boldsymbol{v}^{(i)} = (I - \mu\Lambda)\,\boldsymbol{v}^{(i-1)} \tag{5.11}$$

其中

⊖ 与其他章节不同，这里用 $\boldsymbol{q}$ 表示特征向量，而非 $\boldsymbol{u}$，因为在某些地方 $\boldsymbol{u}$ 用来表示输入的随机向量。

$$\boldsymbol{v}^{(i)} := Q^{\mathrm{T}}\boldsymbol{c}^{(i)}, \quad i=1,2,\cdots \tag{5.12}$$

前面使用的“技巧”是很标准的，它的目的是“解耦”式(5.6)中 $\boldsymbol{\theta}^{(i)}$ 的各个分量。实际上，$\boldsymbol{v}^{(i)}$ 每一个分量 $v^{(i)}(j)$，$j=1,2,\cdots,l$，的迭代路径与其余分量无关，换句话说

$$\begin{aligned} v^{(i)}(j) &= (1-\mu\lambda_j)v^{(i-1)}(j) = (1-\mu\lambda_j)^2 v^{(i-2)}(j) \\ &= \cdots = (1-\mu\lambda_j)^i v^{(0)}(j) \end{aligned} \tag{5.13}$$

其中 $v^{(0)}(j)$ 是对应于初始向量 $\boldsymbol{v}^{(0)}$ 的第 j 个分量。容易看到，若有

$$|1-\mu\lambda_j|<1 \Longleftrightarrow -1<1-\mu\lambda_j<1, \quad j=1,2,\cdots,l \tag{5.14}$$

则相应的几何级数趋于 0，且

$$\boldsymbol{v}^{(i)} \longrightarrow \boldsymbol{0} \Longrightarrow Q^{\mathrm{T}}(\boldsymbol{\theta}^{(i)}-\boldsymbol{\theta}_*) \longrightarrow \boldsymbol{0} \Longrightarrow \boldsymbol{\theta}^{(i)} \longrightarrow \boldsymbol{\theta}_* \tag{5.15}$$

注意到式(5.14)相当于

$$\boxed{0<\mu<2/\lambda_{\max}：\ \text{收敛的条件}} \tag{5.16}$$

其中 $\lambda_{\max}$ 为 $\boldsymbol{\Sigma}_x$ 的最大特征值。

时间常数：图 5.6 展示了在 $0<1-\mu\lambda_j<1$ 的情况下，$v^{(i)}(j)$ 作为迭代步的函数的典型演化示意图。假设包络线(近似地)是指数形式 $f(t)=\exp(-t/\tau_j)$。将时刻 $t=iT$，$t=(i-1)T$ 对应的 $f(t)$ 的值代入式(5.13)中的 $v^{(i)}(j)$，$v^{(i-1)}(j)$，则可计算出时间常数为

$$\tau_j = \frac{-1}{\ln(1-\mu\lambda_j)}$$

这里假设两个连续迭代步之间的采样时间 $T=1$。对于很小的 μ，有

$$\tau_j \approx \frac{1}{\mu\lambda_j}, \quad \text{对于}\ \mu \ll 1$$

也就是说，最慢的收敛速度与对应于最小特征值的分量有关。不过这只适用于 μ 足够小的情况。对于更一般的情况未必成立。回想一下，收敛速度取决于 $1-\mu\lambda_j$ 这一项的值。这也称为第 j 个模态。它的值不仅取决于 λ_j 也依赖于 μ。举个例子，μ 取一个它容许的非常接近最大值的值，$\mu \simeq 2/\lambda_{\max}$。则对应于最大特征值的模态的绝对值将非常接近于 1。另一方面，最小特征值对应的模态的时间常数将由 $|1-2\lambda_{\min}/\lambda_{\max}|$ 的值控制，它可能比 1 小得多。在这种情况下，与最大特征值对应的模态收敛速度比较慢。

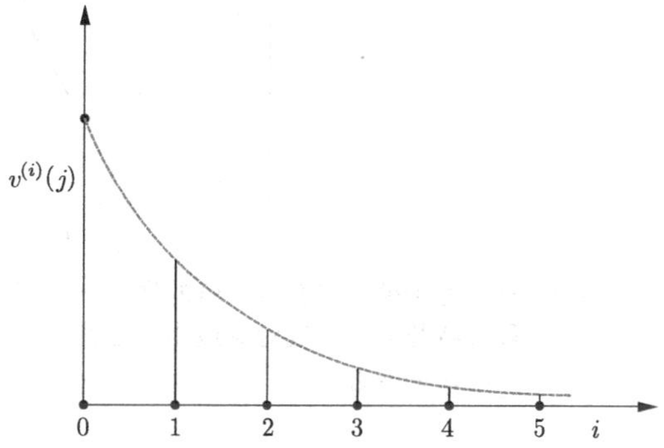

图 5.6 变换后的误差向量其中一个分量的收敛曲线。注意曲线是近似指数递减型

186

为了获得最佳步长，必须以最小化得到的最大模态绝对值的方式来选择步长值。这是一个最小/最大任务，即

$$\begin{aligned} \mu_o = &\ \arg\min_\mu \max_j |1-\mu\lambda_j| \\ \text{满足} &\ \ |1-\mu\lambda_j|<1,\ j=1,2,\cdots,l \end{aligned}$$

这个任务可以很容易地用图形方式解决。图 5.7 显示了模态的绝对值(对应于最大、最小和一个中间的特征值)。模态的(绝对)值最初随着 μ 的增大而减小，然后开始增大。观察可知最优值出现在对应于最大和最小特征值的曲线相交的地方。这确实对应于最小–最大值。μ 远离 μ_o 时，最大模态值会增大；增大 μ_o 值，对应最大特征值的模态值增大，减小

187 μ_o 值，对应最小特征值的模态值增大。在交叉处，有

$$1-\mu_o\lambda_{\min}=-(1-\mu_o\lambda_{\max})$$

由此可得

$$\mu_o=\frac{2}{\lambda_{\max}+\lambda_{\min}} \tag{5.17}$$

在最优值 μ_o 处，有两个最慢的模态，一个对应于 $\lambda_{\min}$（即 $1-\mu_o\lambda_{\min}$），另一个对应于 $\lambda_{\max}$（即 $1-\mu_o\lambda_{\max}$）。它们的大小相等，符号相反，分别为

$$\pm\frac{\rho-1}{\rho+1}$$

其中

$$\rho:=\frac{\lambda_{\max}}{\lambda_{\min}}$$

换句话说，收敛速度取决于协方差矩阵的特征值扩散度。

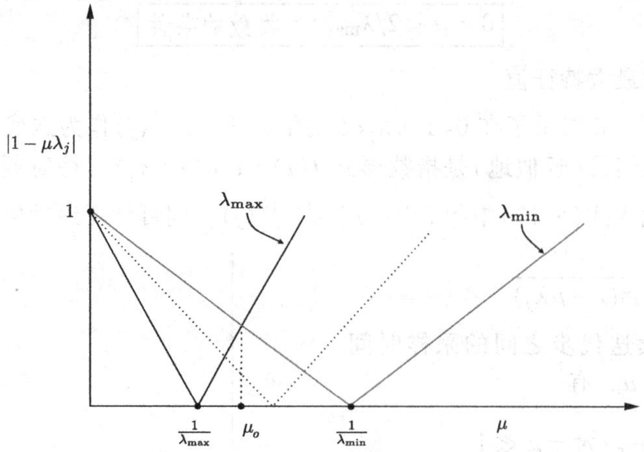

图 5.7　对于每个模，随着步长值的增加，时间常数开始减小，从一点之后开始增大。黑色实线对应最大特征值，灰线对应最小特征值，虚线对应中间特征值。整体的最优值 μ_o 对应于灰色和黑色曲线的交点

参数误差向量收敛：由式(5.7)和式(5.12)中的定义可得

$$\begin{aligned}\boldsymbol{\theta}^{(i)}&=\boldsymbol{\theta}_*+Q\boldsymbol{v}^{(i)}\\&=\boldsymbol{\theta}_*+[\boldsymbol{q}_1,\ldots,\boldsymbol{q}_l][v^{(i)}(1),\ldots,v^{(i)}(l)]^{\mathrm{T}}\\&=\boldsymbol{\theta}_*+\sum_{k=1}^{l}\boldsymbol{q}_k v^{(i)}(k)\end{aligned} \tag{5.18}$$

188

或

$$\theta^{(i)}(j)=\theta_*(j)+\sum_{k=1}^{l}q_k(j)v^{(0)}(k)(1-\mu\lambda_k)^i,\ j=1,2,\cdots l \tag{5.19}$$

换句话说，以 $1-\mu\lambda_k$ 的乘方，即 $(1-\mu\lambda_k)^i$，的加权平均的形式，$\boldsymbol{\theta}^{(i)}$ 的分量收敛于的最优向量 $\boldsymbol{\theta}_*$ 的相应分量。以闭形式计算各个时间常数是不可能的，但我们可以给出上下界。下界对应最快收敛模态的时间常数，上界对应最慢收敛模态的时间常数。对于较小的 $\mu\ll 1$，有

$$\frac{1}{\mu\lambda_{\max}}\leqslant\tau\leqslant\frac{1}{\mu\lambda_{\min}} \tag{5.20}$$

学习曲线：现在把注意力放在均方误差(MSE)上。由式(4.8)

$$J\left(\boldsymbol{\theta}^{(i)}\right)=J\left(\boldsymbol{\theta}_*\right)+\left(\boldsymbol{\theta}^{(i)}-\boldsymbol{\theta}_*\right)^{\mathrm{T}} \Sigma_x\left(\boldsymbol{\theta}^{(i)}-\boldsymbol{\theta}_*\right) \tag{5.21}$$

利用式(5.18)和式(5.10)，并考虑到特征向量的标准正交性，得到

$$\begin{gathered}J\left(\boldsymbol{\theta}^{(i)}\right)=J\left(\boldsymbol{\theta}_*\right)+\sum_{j=1}^{l} \lambda_j|v^{(i)}(j)|^2 \Longrightarrow \\ J\left(\boldsymbol{\theta}^{(i)}\right)=J\left(\boldsymbol{\theta}_*\right)+\sum_{j=1}^{l} \lambda_j(1-\mu\lambda_j)^{2i}|v^{(0)}(j)|^2\end{gathered} \tag{5.22}$$

它渐近收敛于最小值 $J(\boldsymbol{\theta}_*)$。此外请注意，因为 $\lambda_j(1-\mu\lambda_j)^2$ 为正，所以这个收敛是单调的。遵循与前面类似的论证，可知各个模态对应的时间常数是

$$\tau_j^{\mathrm{mse}}=\frac{-1}{2\ln(1-\mu\lambda_j)} \approx \frac{1}{2\mu\lambda_j} \tag{5.23}$$

例 5.1 这个例子的目的是演示我们之前说过的关于公式(5.6)中梯度下降法的收敛问题。选择互相关向量为

$$\boldsymbol{p}=[0.05, 0.03]^{\mathrm{T}}$$

考虑两个不同的协方差矩阵

$$\Sigma_1=\begin{bmatrix}1 & 0\\ 0 & 0.1\end{bmatrix}, \quad \Sigma_2=\begin{bmatrix}1 & 0\\ 0 & 1\end{bmatrix}$$

注意，对于 Σ_2 的情况，两个特征值都等于 1，对于 Σ_1 的情况，两个特征值是 $\lambda_1=1$ 和 $\lambda_2=0.1$(对角矩阵的特征值等于矩阵的对角元素)。 189

图 5.8 展示了在 Σ_1 情形下的两个不同 μ 值对应的误差曲线。黑色对应于最优值($\mu_o=1.81$)，红色对应于 $\mu=\mu_o/2=0.9$。可以观察到最优值对应的误差更快地收敛到零。请注

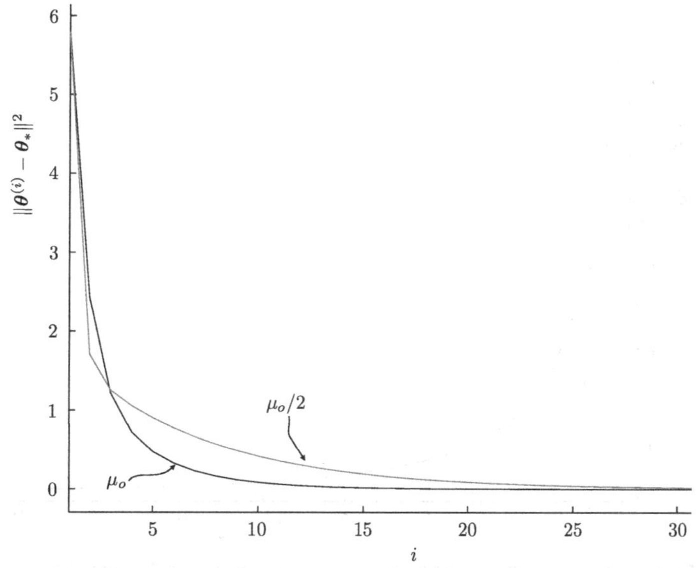

图 5.8 对于具有两个不等特征值的输入协方差矩阵的情形，黑色曲线对应的是最优值 $\mu=\mu_o$，灰色线对应于 $\mu=\mu_o/2$

意，可能会发生图 5.8 中的情况，即对于初始阶段的收敛 $\mu \neq \mu_o$ 时可能比 μ_o 更快。理论可以保证的是，与 μ 的任何其他值相比，最优值对应的曲线最终将更快地趋向于零。图 5.9 显示了二维空间中相继估计值的轨迹，在图中我们还绘制了等值线。等值线都是椭圆，这一点可以通过仔细观察式(5.21)的二次代价函数的形式推断出。我们观察到，对应于较大的 $\mu=1.81$ 的是一个“之”字形的曲折轨迹，而较小的步长 $\mu=0.9$ 则对应较平滑的轨迹。

作为对比，并说明收敛速度关于特征值扩散度的关系，在图 5.10 中我们绘制了相同步长 $\mu=1.81$ 下分别对应于 Σ_1 和 Σ_2 的误差曲线。观察到输入协方差矩阵的大特征值扩散度减慢了收敛速度。注意，如果协方差矩阵的特征值是相等的，比如均为 λ，则等值线是圆。在这种情况下，最优的步长是 $\mu=1/\lambda$，并且只需一步即可收敛(图 5.11)。

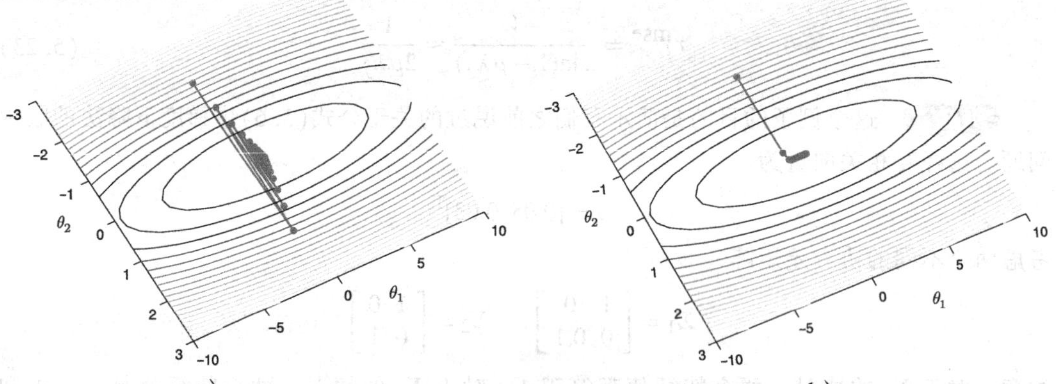

图 5.9　由梯度下降算法得到的相继估计值(圆点)的轨迹，其中图 a 对应于较大的 $\mu=1.81$，图 b 对应于较小的 $\mu=0.9$。在图 b 中趋向最小值的轨迹是平滑的，相反在图 a 中，轨迹是“之”字形折线

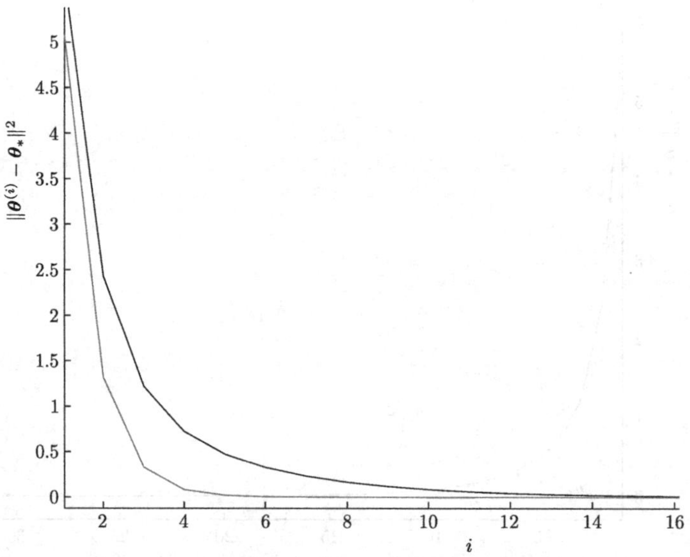

图 5.10　对于相同的 $\mu=1.81$，不相等的特征值($\lambda_1=1$，$\lambda_2=0.1$)(黑色)和相等的特征值($\lambda_1=\lambda_2=1$)情况下的误差曲线。对于后一种情况，等值线是圆。如果使用最优值 $\mu_o=1$，则算法一步收敛，如图 5.11 所示

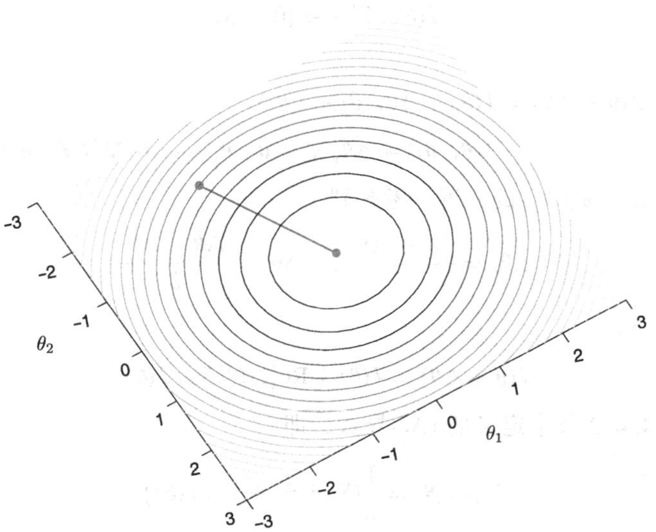

图 5.11　当协方差矩阵的特征值都等于 λ 时，利用最优的 $\mu_o = 1/\lambda$ 可以一步收敛

5.3.1　时变步长

前面的分析不能用于步长与迭代相关的情况。可以证明(习题 5.2)，在以下条件下梯度下降算法是收敛的

- 当 $i\to\infty$ 时，$\mu_i\to 0$
- $\sum_{i=1}^{\infty}\mu_i = \infty$

符合这两个条件的序列的典型例子是满足下列条件的序列：

$$\sum_{i=1}^{\infty}\mu_i^2 < \infty, \quad \sum_{i=1}^{\infty}\mu_i = \infty \tag{5.24}$$

例如序列

$$\mu_i = \frac{1}{i}$$

190 ~ 191

注意，这两个条件(充分条件)要求序列趋于零，但它的无穷和是发散的。我们将在本书的许多部分遇到这一对条件。前一个条件指出，随着迭代的进行，步长必须变得越来越小，但是这不应该以一种非常激进的方式进行，以便算法在足够多的迭代次数中都处于活跃状态以便学习到解。如果步长非常快地趋近于零，那么更新实际上会在几次迭代后停止，算法并没有获得足够的信息来接近解。

5.3.2　复值情形

在 4.4.2 节中，我们说过函数 f：$\mathbb{C}^l\longmapsto\mathbb{R}$ 关于其复变元一定是不可微的。为了处理这种情况，引入了沃廷格微积分。本节将使用这个方便的数学工具来推导出相应的最速下降方向。

为此，再次使用一阶泰勒级数近似[22]。令

$$\boldsymbol{\theta} = \boldsymbol{\theta}_r + \mathrm{j}\boldsymbol{\theta}_i$$

则代价函数

$$J(\boldsymbol{\theta}): \mathbb{C}^l \longmapsto [0,+\infty)$$

可近似地表示为

$$\begin{aligned} J(\boldsymbol{\theta}+\Delta\boldsymbol{\theta}) &= J(\boldsymbol{\theta}_r+\Delta\boldsymbol{\theta}_r, \boldsymbol{\theta}_i+\Delta\boldsymbol{\theta}_i) \\ &= J(\boldsymbol{\theta}_r, \boldsymbol{\theta}_i)+\Delta\boldsymbol{\theta}_r^{\mathrm{T}}\nabla_r J(\boldsymbol{\theta}_r, \boldsymbol{\theta}_i)+\Delta\boldsymbol{\theta}_i^{\mathrm{T}}\nabla_i J(\boldsymbol{\theta}_r, \boldsymbol{\theta}_i) \end{aligned} \tag{5.25}$$

其中 ∇_r(∇_i)表示关于 $\boldsymbol{\theta}_r$($\boldsymbol{\theta}_i$)的梯度。考虑到

$$\Delta\boldsymbol{\theta}_r = \frac{\Delta\boldsymbol{\theta}+\Delta\boldsymbol{\theta}^*}{2}, \quad \Delta\boldsymbol{\theta}_i = \frac{\Delta\boldsymbol{\theta}-\Delta\boldsymbol{\theta}^*}{2j}$$

容易证明(习题 5.3)

$$J(\boldsymbol{\theta}+\Delta\boldsymbol{\theta}) = J(\boldsymbol{\theta})+\mathrm{Re}\left\{\Delta\boldsymbol{\theta}^{\mathrm{H}}\nabla_{\boldsymbol{\theta}^*}J(\boldsymbol{\theta})\right\} \tag{5.26}$$

其中 $\nabla_{\boldsymbol{\theta}^*}J(\boldsymbol{\theta})$ 是 4.4.2 节中定义的 CW-导数，即

$$\nabla_{\boldsymbol{\theta}^*}J(\boldsymbol{\theta}) = \frac{1}{2}\left(\nabla_r J(\boldsymbol{\theta})+\mathrm{j}\nabla_i J(\boldsymbol{\theta})\right)$$

仔细观察式(5.26)，很容易看出更新方向取

$$\Delta\boldsymbol{\theta} = -\mu\nabla_{\boldsymbol{\theta}^*}J(\boldsymbol{\theta})$$

可使得更新后的代价为

192~193

$$J(\boldsymbol{\theta}+\Delta\boldsymbol{\theta}) = J(\boldsymbol{\theta})-\mu\left\|\nabla_{\boldsymbol{\theta}^*}J(\boldsymbol{\theta})\right\|^2$$

它保证了 $J(\boldsymbol{\theta}+\Delta\boldsymbol{\theta})<J(\boldsymbol{\theta})$。考虑到内积的定义，显然上面的搜索方向是最大的下降方向之一。从而对应于式(5.3)，有

$$\boxed{\boldsymbol{\theta}^{(i)} = \boldsymbol{\theta}^{(i-1)}-\mu_i\nabla_{\boldsymbol{\theta}^*}J\left(\boldsymbol{\theta}^{(i-1)}\right):\quad \text{复梯度下降法}} \tag{5.27}$$

对于 MSE 代价函数和线性估计模型，我们得到

$$\begin{aligned} J(\boldsymbol{\theta}) &= \mathbb{E}\left[\left(\mathrm{y}-\boldsymbol{\theta}^{\mathrm{H}}\mathbf{x}\right)\left(\mathrm{y}-\boldsymbol{\theta}^{\mathrm{H}}\mathbf{x}\right)^*\right] \\ &= \sigma_y^2+\boldsymbol{\theta}^{\mathrm{H}}\Sigma_x\boldsymbol{\theta}-\boldsymbol{\theta}^{\mathrm{H}}\boldsymbol{p}-\boldsymbol{p}^{\mathrm{H}}\boldsymbol{\theta} \end{aligned}$$

对 $\boldsymbol{\theta}^*$ 求梯度，并将 $\boldsymbol{\theta}$ 作为常数(4.4.2 节)，得到

$$\nabla_{\boldsymbol{\theta}^*}J(\boldsymbol{\theta}) = \boldsymbol{\Sigma}_x\boldsymbol{\theta}-\boldsymbol{p}$$

其梯度下降迭代式如式(5.6)所示。

5.4 随机逼近

求解正规方程(式(5.8))和使用梯度下降迭代法(对于 MSE 的情况)，必须获得所涉及变量的二阶统计量。然而，在大多数情况下，这些是不知道的，须用一组观测值来近似。本节将专注于通过训练集能迭代地学习到统计量的算法。这类技术的起源可以追溯到 1951 年，当时罗宾斯和门罗引入了*随机逼近法*[79]，也被称为*罗宾斯–门罗算法*。

考虑一个函数，它是由另一个函数的期望值来定义的，即

$$f(\boldsymbol{\theta}) = \mathbb{E}\left[\phi(\boldsymbol{\theta},\boldsymbol{\eta})\right], \quad \boldsymbol{\theta}\in\mathbb{R}^l$$

其中 $\boldsymbol{\eta}$ 为未知统计数据的随机向量。我们的目标是计算 $f(\boldsymbol{\theta})$ 的根。如果分布是已知的，那么期望值至少在原则上是可以计算出来的，我们可以利用任何求根的算法来计算根。但当统计数据未知时，问题就出现了，这时我们不知道 $f(\boldsymbol{\theta})$ 的确切形式。我们所能利用的是

一个独立同分布的观测序列 $\boldsymbol{\eta}_0, \boldsymbol{\eta}_1, \cdots$。罗宾斯和门罗证明了以下算法㊀

$$\boxed{\boldsymbol{\theta}_n = \boldsymbol{\theta}_{n-1} - \mu_n \phi(\boldsymbol{\theta}_{n-1}, \boldsymbol{\eta}_n):\ \text{罗宾斯-门罗方法}} \tag{5.28}$$

从任意初始条件 $\boldsymbol{\theta}_{-1}$ 开始，在某些一般条件下，且满足（习题 5.4）如下条件时 194

$$\boxed{\sum_n \mu_n^2 < \infty, \quad \sum_n \mu_n \longrightarrow \infty:\ \text{收敛条件}} \tag{5.29}$$

最终将收敛到 $f(\boldsymbol{\theta})$ 的一个根㊁。也就是说，在迭代公式（5.28）中摆脱了期望值的计算，直接使用 $\phi(\cdot,\cdot)$ 的值，该值可通过当前的观测值和当前已有的估计值计算出来。即算法同时学习了统计量和根！在 5.3 节中讨论步长与迭代相关的情况时，关于收敛条件所做的注解在这里也是有效的。

在优化如下一般形式的可微代价函数时

$$J(\boldsymbol{\theta}) = \mathbb{E}\left[\mathcal{L}(\boldsymbol{\theta}, \mathrm{y}, \mathbf{x})\right] \tag{5.30}$$

我们可以利用罗宾斯-门罗方法找到其梯度的根，即

$$\nabla J(\boldsymbol{\theta}) = \mathbb{E}\left[\nabla \mathcal{L}(\boldsymbol{\theta}, \mathrm{y}, \mathbf{x})\right]$$

其中期望是关于（y，$\mathbf{x}$）的。正如我们在第 3 章中看到的，在机器学习的术语中，这类代价函数也被称为**期望风险**或**期望损失**。给定观测序列（$y_n, \boldsymbol{x}_n$），$n=0,1,\cdots$，式（5.28）中的递归式现在变成

$$\boxed{\boldsymbol{\theta}_n = \boldsymbol{\theta}_{n-1} - \mu_n \nabla \mathcal{L}(\boldsymbol{\theta}_{n-1}, y_n, \boldsymbol{x}_n)} \tag{5.31}$$

为简单起见，现在假设期望风险有唯一的最小值 $\boldsymbol{\theta}_*$。然后，根据罗宾斯-门罗定理，使用适当的序列 μ_n，最终 $\boldsymbol{\theta}_n$ 将收敛于 $\boldsymbol{\theta}_*$。虽然这些信息很重要，但还是不够的。在实践中，必须在**有限步**之后停止迭代。因此，必须对这一方法的收敛速度有更多的了解。为此，有两个量要特别关注，即第 n 次迭代时估计量的均值和协方差矩阵，即

$$\mathbb{E}[\boldsymbol{\theta}_n],\ \mathrm{Cov}(\boldsymbol{\theta}_n)$$

可以证明（参见[67]），如果 $\mu_n = \mathcal{O}(1/n)$㊂，并假设迭代使估计值接近最优值，则有

$$\boxed{\mathbb{E}[\boldsymbol{\theta}_n] = \boldsymbol{\theta}_* + \frac{1}{n}\boldsymbol{c}} \tag{5.32}$$

且

$$\boxed{\mathrm{Cov}(\boldsymbol{\theta}_n) = \frac{1}{n}V + \mathcal{O}(1/n^2)} \tag{5.33}$$

其中 $\boldsymbol{c}$ 和 V 是常量，取决于期望风险的形式。若对期望风险的海森矩阵特征值做更多的假设，也可以推导出上述公式㊃。这里需要指出的是，一般而言，即使是很简单算法的收敛 195
分析在数学上也是一项艰巨的任务，通常需要在一些假设下进行。式（5.32）和式（5.33）

㊀ 他们的原始论文中只讨论了标量变量的情形，该方法后来被推广到更一般的情况。相关讨论见[96]。

㊁ 这里，收敛表示依概率收敛（参见 2.6 节）。

㊂ 符号 $\mathcal{O}$ 表示数量级。

㊃ 这个证明较有技术性，感兴趣的读者可以参见提供的参考资料。

的重要之处在于，这些分量的均值和标准差都遵循 $\mathcal{O}(1/n)$ 模式(在式(5.33)中，$\mathcal{O}(1/n)$ 是占主导地位的模式，因为 $\mathcal{O}(1/n^2)$ 趋向零的速度快得多)。更进一步，这些公式说明，参数向量估计值在最优值附近波动。实际上，与式(5.15)中 $\boldsymbol{\theta}^{(i)}$ 收敛到最优值不同，在这里是对应的期望值收敛。期望值周围的分布由各自的协方差矩阵控制。

前面所说的波动取决于序列 μ_n 的选择，步长序列的值越小，波动也越小。然而，正如前面所讨论的，由于两个收敛条件的限制，μ_n 不能很快地递减。这是人们为使用梯度的噪声版本所付出的代价，也是此类方案收敛速度相对较慢的原因。然而，这并不意味着这些方案一定是其他更“复杂”算法的较差版本。正如我们将在第 8 章中讨论的那样，它们的低复杂度需求使得这类算法族在许多实际应用中大有用武之地。

5.4.1 在均方误差线性估计中的应用

在协方差矩阵和互相关向量未知时，我们可以应用罗宾斯–门罗算法求解最优 MSE 线性估计量。我们知道该解对应于代价函数的梯度的根，可以写成如下形式(回忆第 3 章的正交定理和式(5.8))：

$$\Sigma_x\boldsymbol{\theta}-\boldsymbol{p}=\mathbb{E}\left[\mathbf{x}\left(\mathbf{x}^{\mathrm{T}}\boldsymbol{\theta}-\mathrm{y}\right)\right]=\mathbf{0}$$

假设观测序列 $(y_n,\boldsymbol{x}_n)$ 是独立同分布地由 $(\mathrm{y},\mathbf{x})$ 的联合分布采样得到，则罗宾斯–门罗算法为

$$\boldsymbol{\theta}_n=\boldsymbol{\theta}_{n-1}+\mu_n\boldsymbol{x}_n\left(y_n-\boldsymbol{x}_n^{\mathrm{T}}\boldsymbol{\theta}_{n-1}\right) \tag{5.34}$$

当满足式(5.29)中的两个条件时，它收敛于最优 MSE 解。比较式(5.34)和式(5.6)。考虑到 $\Sigma_x=\mathbb{E}[\mathbf{x}\mathbf{x}^{\mathrm{T}}]$ 和 $\boldsymbol{p}=\mathbb{E}[\mathbf{x}\mathrm{y}]$，知前式可由后式去掉期望算子并使用与迭代相关的步长得到。观察到式(5.34)中的迭代与时间更新一致，时间现在已经显式地出现在场景中。这促使我们开始考虑适当地修改该方法来追踪时变的情况。形如式(5.34)中的算法，即在一般的梯度下降公式中用其瞬时观测值代替期望，也都被称为随机梯度下降法。

附注 5.1

- 接下来要推导的所有算法也可以应用于如下形式的非线性估计/滤波任务

$$\hat{\mathrm{y}}=\sum_{k=1}^{l}\theta_k\phi_k(\mathbf{x})=\boldsymbol{\theta}^{\mathrm{T}}\boldsymbol{\phi}$$

196

可用 $\boldsymbol{\phi}$ 替换 $\mathbf{x}$，其中

$$\boldsymbol{\phi}=[\phi_1(\mathbf{x}),\cdots,\phi_l(\mathbf{x})]^{\mathrm{T}}$$

例 5.2 这个例子的目的是展示式(5.32)和式(5.33)，这两个式子描述了随机梯度法的收敛性。

先根据如下的回归模型生成数据样本

$$y_n=\boldsymbol{\theta}^{\mathrm{T}}\boldsymbol{x}_n+\eta_n$$

其中，$\boldsymbol{\theta}\in\mathbb{R}^2$ 随机选取并固定下来。$\boldsymbol{x}_n$ 的元素是独立同分布地通过正态分布 $\mathcal{N}(0,1)$ 生成，η_n 是一个方差等于 $\sigma^2=0.1$ 的白噪声序列的样本。然后，将观测值 $(y_n,\boldsymbol{x}_n)$ 用在式(5.34)中的递归式中，得到 $\boldsymbol{\theta}$ 的估计值。实验重复 200 次，计算每个迭代步骤得到的估计值的均值和方差。图 5.12 显示了其中一个参数的结果曲线(其他参数的趋势相似)。观察到随着 n 的增长，估计值的均值趋向于真实值，与红线相对应，且标准差不断减小。这里的步长选为 $\mu_n=1/n$。

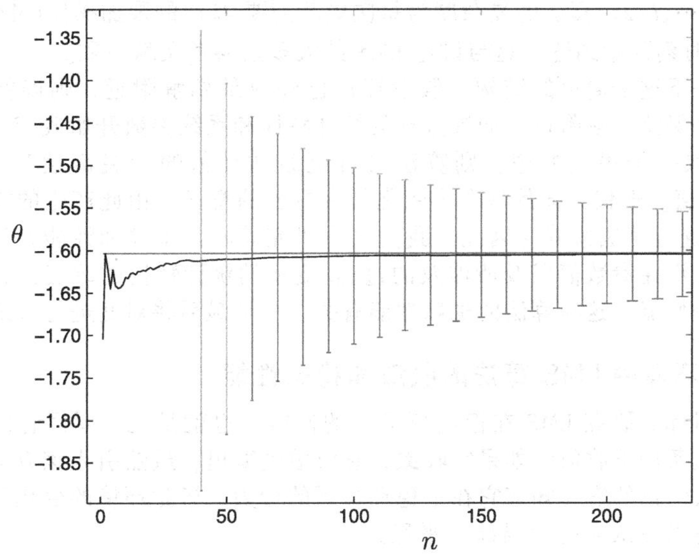

图 5.12 红线对应未知参数的真值。黑色曲线对应的是 200 次实验的平均值。可以观察到均值收敛于真值。条形图表示其标准差，可以看出标准差随着 n 的增加而不断减小 197

5.5 最小均方自适应算法

式(5.34)中的随机梯度算法在 μ_n 满足前述两个收敛条件的情况下收敛于最优 MSE 解。一旦算法收敛，它就“锁定”在得到的解。当涉及的变量/过程的统计特性或未知参数开始变化时，算法却无法追踪这些变化。注意到，如果发生这样的变化，误差项

$$e_n = y_n - \boldsymbol{\theta}_{n-1}^{\mathrm{T}} \boldsymbol{x}_n$$

的值会变大，但由于 μ_n 非常小，误差值的增加不会导致在 n 时刻估计值的相应变化。如果把 μ_n 设置成预选的固定值 μ，则可以克服这个问题。这样得到的算法就是著名的最小均方(LMS)算法[102]。

算法 5.1 (LMS 算法)

- 初始化
  - $\boldsymbol{\theta}_{-1} = \mathbf{0} \in \mathbb{R}^l$，也可以使用其他值。
  - 选择 μ 的值。
- **For** $n=0,1,\cdots$, **Do**
  - $e_n = y_n - \boldsymbol{\theta}_{n-1}^{\mathrm{T}} \boldsymbol{x}_n$
  - $\boldsymbol{\theta}_n = \boldsymbol{\theta}_{n-1} + \mu e_n \boldsymbol{x}_n$
- **End For**

如果输入是时间序列 u_n ⊖，则初始化还涉及样本 $u_{-1},\cdots,u_{-l+1}=0$，以便形成输入向

⊖ 回想第 2 章中采用的符号，这种情况下用 $\boldsymbol{u}_n$ 代替 $\boldsymbol{x}_n$。

量 $\boldsymbol{u}_n$，$n=0,1,\cdots,l-2$。算法的复杂度为每次更新需要 $2l$ 次的乘加操作(MAD)。我们假设观测值从 $n=0$ 时刻开始到达，这与讨论 LMS 的大多数参考文献一致。

现在评论一下这个简单的结构。假设算法已经收敛到解附近，则误差项应取较小的值，因此更新将保持在解附近。如果数据的统计特性和系统参数开始改变，则误差值预计会增加。若 μ 取一个恒定的值，则算法具有更新估计值的“灵活性”，它试图将误差“推”到更低的值。迭代方案的这个小变化具有重要的意义。由此产生的算法不再属于罗宾斯–门罗随机逼近算法家族。因此，我们必须研究其收敛条件和性能特征。此外，由于该算法可以跟踪潜在参数值以及所涉及的过程/变量的统计特性的改变，故必须研究它在
198 非平稳环境中的性能。这与算法的追踪性能有关，本章最后将对此进行讨论。

5.5.1 平稳环境中 LMS 算法的收敛和稳态性能

本小节的目标是研究 LMS 在稳定环境下的性能。也就是说，要回答以下问题：算法收敛吗？在什么条件下收敛？如果它收敛，它收敛到哪里？虽然引入该方案时考虑的是非平稳环境，但我们仍然需要知道它在平稳环境下的行为，毕竟环境的变化可以是非常缓慢的，这种情况可以被认为是“局部”平稳的。

LMS 的收敛特性，以及任何其他在线/自适应算法的收敛特性，都与其瞬态特性有关，即从初始估计到算法达到“稳态”运行模式的周期。通常，在线算法的瞬态性能分析是一项艰巨的任务。即使对于算法 5.1 中的非常简单的 LMS 结构也是如此。LMS 更新递归等价于一个时变、非线性(习题 5.5)和本质上随机的估计量。目前已有很多论文发表，其中一些具有很高的科学洞察力和数学技巧。然而，除了少数罕见和特殊的情况外，相应的分析都会涉及近似处理。本书的目标并非详细讨论这个主题，而是重点关注技术的最“本原”，与更先进、数学上更优雅的理论相比，读者更容易理解这些。而且这种基本的方法所导出的结果，与我们在实践中所遇到的也基本一致。

参数误差向量的收敛

定义

$$\boldsymbol{c}_n := \boldsymbol{\theta}_n - \boldsymbol{\theta}_*$$

其中 $\boldsymbol{\theta}_*$ 为由正规方程得到的最优解。现在 LMS 更新递归式可以写成

$$\boldsymbol{c}_n = \boldsymbol{c}_{n-1} + \mu \boldsymbol{x}_n (y_n - \boldsymbol{\theta}_{n-1}^{\mathrm{T}} \boldsymbol{x}_n + \boldsymbol{\theta}_*^{\mathrm{T}} \boldsymbol{x}_n - \boldsymbol{\theta}_*^{\mathrm{T}} \boldsymbol{x}_n)$$

因为要研究所得估计值的统计性质，所以必须要把表示观测值的符号换成表示随机变量的符号。则我们可以写出

$$\begin{aligned} \mathbf{c}_n &= \mathbf{c}_{n-1} + \mu \mathbf{x}(\mathrm{y} - \boldsymbol{\theta}_{n-1}^{\mathrm{T}} \mathbf{x} + \boldsymbol{\theta}_*^{\mathrm{T}} \mathbf{x} - \boldsymbol{\theta}_*^{\mathrm{T}} \mathbf{x}) \\ &= \mathbf{c}_{n-1} - \mu \mathbf{x}\mathbf{x}^{\mathrm{T}} \mathbf{c}_{n-1} + \mu \mathbf{x} \mathrm{e}_* \\ &= (I - \mu \mathbf{x}\mathbf{x}^{\mathrm{T}}) \mathbf{c}_{n-1} + \mu \mathbf{x} \mathrm{e}_* \end{aligned} \tag{5.35}$$

其中

$$\mathrm{e}_* = \mathrm{y} - \boldsymbol{\theta}_*^{\mathrm{T}} \mathbf{x} \tag{5.36}$$

为与最优值 $\boldsymbol{\theta}_*$ 相关的误差随机变量。比较式(5.35)和式(5.9)。它们看起来很相似，但
199 又很不同。首先，式(5.8)中涉及期望值 Σ_x，而不是各个随机变量。此外，式(5.35)中还有一项可视为差分随机方程的外部输入。由公式(5.35)可得

$$\mathbb{E}[\mathbf{c}_n] = \mathbb{E}\left[(I - \mu \mathbf{x}\mathbf{x}^{\mathrm{T}}) \mathbf{c}_{n-1}\right] + \mu\, \mathbb{E}[\mathbf{x} \mathrm{e}_*] \tag{5.37}$$

再往下，我们就需要引入假设了。

假设 1。所涉及的随机变量通过如下回归模型关联

$$y = \boldsymbol{\theta}_o^{\mathrm{T}}\mathbf{x} + \eta \tag{5.38}$$

其中 η 是方差为 σ_η^2 的噪声变量，并假设它与 $\mathbf{x}$ 无关。进一步假设生成数据的连续样本 η_n 为独立同分布的。在附注 4.2 和习题 4.4 中我们已经知道，此时有 $\boldsymbol{\theta}_* = \boldsymbol{\theta}_o$，$\sigma_{e_*}^2 = \sigma_\eta^2$。同时由于正交性条件，可知 $\mathbb{E}[\mathbf{x}e_*] = \mathbf{0}$。此外，还将采用更强的条件，假设 e_* 和 $\mathbf{x}$ 是统计独立的。这是由于在上述模型下，有 $e_{*,n} = \eta_n$，且噪声序列假设与输入无关。

假设 2(独立性假设)。假设 $\mathbf{c}_{n-1}$ 是统计独立于 $\mathbf{x}$ 和 e_* 的。毫无疑问，这是一个强假设，将被用来简化计算。有时大家会倾向于通过一些特殊情况来“验证”这个假设，但我们不会这样做。如果对该假设不满意，就必须寻找基于更严格的数学分析的更先进的方法，当然这并不意味着新的方法就没有假设了。

Ⅰ. 均值收敛：采用前面的假设，式(5.37)变为

$$\begin{aligned}\mathbb{E}[\mathbf{c}_n] &= \mathbb{E}\left[\left(I - \mu\mathbf{x}\mathbf{x}^{\mathrm{T}}\right)\mathbf{c}_{n-1}\right] \\ &= (I - \mu\Sigma_x)\,\mathbb{E}[\mathbf{c}_{n-1}]\end{aligned} \tag{5.39}$$

通过与 5.3 节相似的论证，得到

$$\mathbb{E}[\mathbf{v}_n] = (I - \mu\Lambda)\,\mathbb{E}[\mathbf{v}_{n-1}]$$

其中，$\Sigma_x = Q\Lambda Q^{\mathrm{T}}$，$\mathbf{v}_n = Q^{\mathrm{T}}\mathbf{c}_n$。最后的式子可导出

$$\mathbb{E}[\boldsymbol{\theta}_n] \longrightarrow \boldsymbol{\theta}_* \quad \text{当 } n \longrightarrow \infty \text{时}$$

前提是

$$0 < \mu < \frac{2}{\lambda_{\max}}$$

换句话说，在平稳环境中，LMS 均值收敛于最优 MSE 解。因此，通过固定步长值为常数，我们会失去一些东西，所得的估计值即使在收敛之后，仍然徘徊在最优解附近。很显然接下来应该研究其协方差矩阵。

Ⅱ. 误差向量协方差矩阵：由式(5.39)，递归应用它，并假设初始条件满足 $\mathbb{E}[\mathbf{c}_{-1}] = \mathbf{0}$，则有 $\mathbb{E}[\mathbf{c}_n] = \mathbf{0}$。在任何情况下，借用建立均值收敛的相同论证，不管初值如何，我们都能证明对于足够大的 n，后者都近似正确。因此，由式(5.35)可得 200

$$\begin{aligned}\Sigma_{c,n} := \mathbb{E}[\mathbf{c}_n\mathbf{c}_n^{\mathrm{T}}] = \Sigma_{c,n-1} - \mu\,\mathbb{E}[\mathbf{x}\mathbf{x}^{\mathrm{T}}\mathbf{c}_{n-1}\mathbf{c}_{n-1}^{\mathrm{T}}] - \\ \mu\,\mathbb{E}[\mathbf{c}_{n-1}\mathbf{c}_{n-1}^{\mathrm{T}}\mathbf{x}\mathbf{x}^{\mathrm{T}}] + \mu^2\,\mathbb{E}[e_*^2\mathbf{x}\mathbf{x}^{\mathrm{T}}] + \\ \mu^2\,\mathbb{E}[\mathbf{x}\mathbf{x}^{\mathrm{T}}\mathbf{c}_{n-1}\mathbf{c}_{n-1}^{\mathrm{T}}\mathbf{x}\mathbf{x}^{\mathrm{T}}]\end{aligned} \tag{5.40}$$

其中利用了 e_* 和 $\mathbf{c}_{n-1}$ 的独立性以及 e_* 正交于 $\mathbf{x}$ 的事实来使得某些项为零。考虑到所采用的独立性假设，并假设输入向量服从高斯分布，则式(5.40)变为

$$\begin{aligned}\Sigma_{c,n} &= \Sigma_{c,n-1} - \mu\Sigma_x\Sigma_{c,n-1} - \mu\Sigma_{c,n-1}\Sigma_x + \\ &\quad 2\mu^2\Sigma_x\Sigma_{c,n-1}\Sigma_x + \mu^2\Sigma_x\mathrm{trace}\{\Sigma_x\Sigma_{c,n-1}\} + \\ &\quad \mu^2\sigma_\eta^2\Sigma_x\end{aligned} \tag{5.41}$$

这里利用高斯假设将包含四阶矩的项表示为(如[74])

$$\mathbb{E}[\mathbf{x}\mathbf{x}^{\mathrm{T}}\Sigma_{c,n-1}\mathbf{x}\mathbf{x}^{\mathrm{T}}] = 2\Sigma_x\Sigma_{c,n-1}\Sigma_x + \Sigma_x\mathrm{trace}\{\Sigma_x\Sigma_{c,n-1}\}$$

利用定义 $\mathbf{v}_n = Q^{\mathrm{T}}\mathbf{c}_n$，公式(5.41)可导出(习题 5.6)

$$\Sigma_{v,n} = Q^{\mathrm{T}}\Sigma_{c,n}Q = \Sigma_{v,n-1} - \mu\Lambda\Sigma_{v,n-1} - \mu\Sigma_{v,n-1}\Lambda + 2\mu^2\Lambda\Sigma_{v,n-1}\Lambda + \mu^2\Lambda\mathrm{trace}\{\Lambda\Sigma_{v,n-1}\} + \mu^2\sigma_\eta^2\Lambda \tag{5.42}$$

注意，我们感兴趣的是 $\Sigma_{v,n}$ 的对角元素，因为它们对应于 $\boldsymbol{\theta}_n-\boldsymbol{\theta}_*$ 的各个分量的方差，相应地对应于 $\mathbf{v}_n-\boldsymbol{v}_*$。收集所有的对角元素组成一个向量 $\boldsymbol{s}_n$，仔细检查式(5.42)中 $\Sigma_{v,n}$ 的对角元素，读者可以证明下面的差分方程是正确的：

$$\boldsymbol{s}_n = (I - 2\mu\Lambda + 2\mu^2\Lambda^2 + \mu^2\boldsymbol{\lambda}\boldsymbol{\lambda}^{\mathrm{T}})\boldsymbol{s}_{n-1} + \mu^2\sigma_\eta^2\boldsymbol{\lambda} \tag{5.43}$$

其中

$$\boldsymbol{\lambda} := [\lambda_1, \lambda_2, \cdots, \lambda_l]^{\mathrm{T}}$$

由线性系统理论可知，如果矩阵

$$\begin{aligned} A &:= I - 2\mu\Lambda + 2\mu^2\Lambda^2 + \mu^2\boldsymbol{\lambda}\boldsymbol{\lambda}^{\mathrm{T}} \\ &= (I - \mu\Lambda)^2 + \mu^2\Lambda^2 + \mu^2\boldsymbol{\lambda}\boldsymbol{\lambda}^{\mathrm{T}} \end{aligned} \tag{5.44}$$

201 的特征值模长小于 1，则式(5.43)中的差分方程是稳定的。如果选择的步长 μ 满足

$$0 < \mu < \frac{2}{\sum_{i=1}^{l}\lambda_i}$$

或

$$\boxed{\mu < \frac{2}{\mathrm{trace}\{\Sigma_x\}}} \tag{5.45}$$

则可以确保这一点(习题 5.7)。

最后一个条件保证了方差有界。考虑一下所做假设数量。因此，为了安全起见，必须选择 μ 使它不接近这个上限。

Ⅲ. *残余均方误差*：我们知道最小 MSE 是在 $\boldsymbol{\theta}_*$ 处达到。任何其他权向量都会导致较高的均方误差。前面已经说过，在稳态下通过 LMS 得到的估计值在 $\boldsymbol{\theta}_*$ 附近随机波动。因此，MSE 将大于最小值 $J_{\min}$。这种“额外的”误差记为 J_{exc}，我们称之为残余 MSE。此外，比值

$$\mathcal{M} := \frac{J_{\mathrm{exc}}}{J_{\min}}$$

称为失调。毫无疑问，应寻找 $\mathcal{M}$ 和 μ 的关系，并且在实践中我们希望对 μ 进行相应的调整，以使 $\mathcal{M}$ 尽可能小。不幸的是，我们很快就会看到必须进行权衡。要使 $\mathcal{M}$ 更小，则收敛速度就会变慢；反之亦然。天下没有免费的午餐！

根据定义，我们有[⊖]

$$\begin{aligned} \mathrm{e}_n &= \mathrm{y}_n - \boldsymbol{\theta}_{n-1}^{\mathrm{T}}\mathbf{x} \\ &= \mathrm{e}_{*,n} - \mathbf{c}_{n-1}^{\mathrm{T}}\mathbf{x} \end{aligned}$$

或

$$\mathrm{e}_n^2 = \mathrm{e}_{*,n}^2 + \mathbf{c}_{n-1}^{\mathrm{T}}\mathbf{x}\mathbf{x}^{\mathrm{T}}\mathbf{c}_{n-1} - 2\mathrm{e}_{*,n}\mathbf{c}_{n-1}^{\mathrm{T}}\mathbf{x} \tag{5.46}$$

⊖ 时间索引 n 被明确地用于 e、e_*、y，这是因为要导出的公式也适用于时变环境，它将在以后的时变统计情况中使用。

对两边取期望，并利用所假设的 $\mathbf{c}_{n-1}$ 和 $\mathbf{x}$ 以及 $e_{*,n}$ 之间的独立性，以及 $e_{*,n}$ 和 $\mathbf{x}$ 之间的正交性，得到

$$
\begin{aligned}
J_n := \mathbb{E}[e_n^2] &= J_{\min} + \mathbb{E}\left[\mathbf{c}_{n-1}^{\mathrm{T}}\mathbf{x}\mathbf{x}^{\mathrm{T}}\mathbf{c}_{n-1}\right] \\
&= J_{\min} + \mathbb{E}\left[\operatorname{trace}\{\mathbf{c}_{n-1}^{\mathrm{T}}\mathbf{x}\mathbf{x}^{\mathrm{T}}\mathbf{c}_{n-1}\}\right] \\
&= J_{\min} + \operatorname{trace}\{\Sigma_x \Sigma_{c,n-1}\}
\end{aligned} \tag{5.47}
$$

其中使用了性质 $\operatorname{trace}\{AB\}=\operatorname{trace}\{BA\}$。这样，最终可以写出

$$
\boxed{J_{\text{exc},n} = \operatorname{trace}\{\Sigma_x \Sigma_{c,n-1}\}\text{：在时刻}n\text{的残余MSE}} \tag{5.48}
$$ 202

再详细说明一下。考虑到 $QQ^{\mathrm{T}}=I$，可得

$$
\begin{aligned}
J_{\text{exc},n} &= \operatorname{trace}\{QQ^{\mathrm{T}}\Sigma_x QQ^{\mathrm{T}}\Sigma_{c,n-1}QQ^{\mathrm{T}}\} \\
&= \operatorname{trace}\{Q\Lambda\Sigma_{v,n-1}Q^{\mathrm{T}}\} = \operatorname{trace}\{\Lambda\Sigma_{v,n-1}\} \\
&= \sum_{i=1}^{l}\lambda_i\left[\Sigma_{v,n-1}\right]_{ii} = \boldsymbol{\lambda}^{\mathrm{T}}\boldsymbol{s}_{n-1}
\end{aligned} \tag{5.49}
$$

其中 $\boldsymbol{s}_n$ 为 $\Sigma_{v,n}$ 对角线元素组成的向量，且满足式(5.43)中的差分方程。假设 μ 的选择可保证收敛，则对于较大的 n，可以认为达到了稳态。更形式化地，若满足

$$
\mathbb{E}[\boldsymbol{\theta}_n] = \mathbb{E}[\boldsymbol{\theta}_{n-1}] = \text{常数} \tag{5.50}
$$

$$
\Sigma_{\theta,n} = \Sigma_{\theta,n-1} = \text{常数} \tag{5.51}
$$

则我们称该在线算法已达到稳态。因此，稳态时我们假设在式(5.43)中 $\boldsymbol{s}_n=\boldsymbol{s}_{n-1}$。如果在式(5.49)中利用这一点，则可以导出(习题 5.10)

$$
J_{\text{exc},\infty} := \lim_{n\to\infty} J_{\text{exc},n} \simeq \frac{\mu\sigma_\eta^2\operatorname{trace}\{\Sigma_x\}}{2-\mu\operatorname{trace}\{\Sigma_x\}} \tag{5.52}
$$

对于失调(在我们的假设下 $J_{\min}=\sigma_\eta^2$ 成立)，有

$$
\mathcal{M} \simeq \frac{\mu\operatorname{trace}\{\Sigma_x\}}{2-\mu\operatorname{trace}\{\Sigma_x\}}
$$

对于小的 μ 值，可导出

$$
\boxed{J_{\text{exc},\infty} \simeq \frac{1}{2}\mu\sigma_\eta^2\operatorname{trace}\{\Sigma_x\}\text{：残余MSE}} \tag{5.53}
$$

和

$$
\boxed{\mathcal{M} \simeq \frac{1}{2}\mu\operatorname{trace}\{\Sigma_x\}\text{：失调}} \tag{5.54}
$$

也就是说，μ 越小，残余 MSE 就越小。

Ⅳ. 时间常数。注意到，LMS 的瞬态行为由式(5.43)中的差分方程描述，其收敛速度(忘记初始条件达到稳态的速度)取决于式(5.44)中 A 的特征值。为了简化公式，假设 μ 足够小，使 A 可近似为 $(I-\mu\Lambda)^2$。根据类似于 5.3 节中梯度下降法的论证，可以这样写

$$
\tau_j^{\text{LMS}} \simeq \frac{1}{2\mu\lambda_j}
$$

即每个模态的时间常数与 μ 成反比。因此收敛速度越慢(μ 值越小)，失调越小；反之亦

203 然。从另一个角度来看，算法花费在学习上的时间越多，在达到稳定状态之前，它与最优值的偏差就越小。

5.5.2 累积损失上界

在之前介绍的 LMS 性能分析法中，有一个基本的假设，即训练样本是由一个线性模型生成的。我们分析的重点是研究在达到稳态时，算法能多大程度上估计出未知模型。这种分析路线非常流行，适合于许多任务，如系统辨识等。

另一种研究算法性能的路线是通过所谓的*累积损失*，它从一个不同的角度来看问题。回想机器学习的主要目标是预测，因此，在给定一组观测值的情况下，衡量算法的预测精度就成为主要目标。但是如第 3 章所指出的，这个性能指标应该根据算法的泛化能力来衡量。在实践中，这可以通过不同的方法来实现，如通过“留一法”（3.13 节）。

对于平方误差损失函数，N 个观测样本的累积损失定义为

$$\mathcal{L}_{\mathrm{cum}}=\sum_{n=0}^{N-1}(y_n-\hat{y}_n)^2=\sum_{n=0}^{N-1}\left(y_n-\boldsymbol{\theta}_{n-1}^{\mathrm{T}}\boldsymbol{x}_n\right)^2:\quad \text{累积损失} \tag{5.55}$$

请注意，$\boldsymbol{\theta}_{n-1}$ 的估计是基于直到且包括时刻 $n-1$ 的观测值。因此，训练对$(y_n,\boldsymbol{x}_n)$可以看作一个用于测量误差的测试样本，而不看作训练样本。然而，必须指出的，累积损失并不是与最终获得的参数向量相关的泛化性能的直接度量。这样的度量应该涉及 $\boldsymbol{\theta}_{N-1}$，且是在一些测试样本上进行的。

建立在累积损失基础上的一系列方法的目标是推导出相应的上界。我们这里的目的是在不借助证明的前提下，概述这些方法背后的本质。相关证明会包含一系列界的估计，具有一定的技术性。有兴趣的读者可以查阅相关参考资料。我们将在 8.11 节中再回到累积损失和相关的界。

在 LMS 的背景下，下述定理已经在[21]中证明。

定理 5.1　令 $C=\max_n\|\boldsymbol{x}_n\|$，$\mu=\dfrac{\beta}{C^2}$，$0<\beta<2$。则由算法 5.1 生成的一组预测 $\hat{y}_0,\cdots,\hat{y}_{N-1}$ 满足下面的界

$$\sum_{n=0}^{N-1}(y_n-\hat{y}_n)^2\leqslant\inf_{\boldsymbol{\theta}}\left\{\frac{C^2\|\boldsymbol{\theta}\|^2}{2\beta(1-\beta)c}+\frac{\mathcal{L}(\boldsymbol{\theta},S)}{(2-\beta)^2c(1-c)}\right\} \tag{5.56}$$

其中 $0<c<1$，且

$$\mathcal{L}(\boldsymbol{\theta},S)=\sum_{n=0}^{N-1}\left(y_n-\boldsymbol{\theta}^{\mathrm{T}}\boldsymbol{x}_n\right)^2 \tag{5.57}$$

204 这里 $S=\{(y_n,\boldsymbol{x}_n),n=0,1,\cdots,N-1\}$。

我们可以调整 β 来最小化上面的界。注意，这是在最坏情况下的界。调整是通过限制线性函数集的范围来实现的，即要求 $\|\boldsymbol{\theta}\|\leqslant\Theta$。令

$$L_\Theta(S)=\min_{\|\boldsymbol{\theta}\|\leqslant\Theta}\mathcal{L}(\boldsymbol{\theta},S) \tag{5.58}$$

并假设存在一个上界 L，比如

$$|L_\Theta(S)|\leqslant L \tag{5.59}$$

则可以证明（见[21]）

$$\sum_{n=0}^{N-1}(y_n-\hat{y}_n)^2\leqslant L_\Theta(S)+2\Theta C\sqrt{L}+(\Theta C)^2 \tag{5.60}$$

注意，前面的分析是在没有利用任何概率论证的情况下进行的。利用不同的假设(见[21])可以推导出其他的界。在分析各种算法时，经常会遇到这种界，涉及的假设也类似。在本书后面我们会遇到这样的例子。

附注 5.2

- 本节提出的关于 LMS 瞬态和稳态性能的分析方法可以认为是最原始的，它可以追溯到威德罗和霍普夫的早期工作[102]。另一种在平均意义上分析随机算法的流行路线是所谓的平均法，它假设步长 μ 的值较小[56]。还有一种基于小步长假设($\mu \simeq 0$)的方法是所谓的常微分方程法(ODE)[57]。差分更新式被“转化”为微分方程，这为使用李雅普诺夫稳定性理论中的论证铺平了道路。另一种优雅的理论工具是所谓的能量守恒法，它可以作为分析自适应方案瞬态、稳态和追踪性能的工具，是文献[82]中提出的，后来在[3，105]中进行了扩展。关于 LMS 的性能分析以及其他在线方案的更多信息可以在更专业的书籍和论文[4，13，47，62，83，91，92，96，103]中找到。
- LMS 的 H^{∞} 最优。令人惊讶的是，LMS 算法有非常简单的结构，但它历经时间检验，是实际应用中最受欢迎和广泛使用的方法之一。其中的原因除了它的低复杂性之外，它还有优越的鲁棒性。通过 H^{∞} 优化估计理论，可以给出 LMS 算法的另一种优化形式。

  假设已有数据服从式(5.38)中的回归模型，此时不对 η 的性质做任何假设。给定输出观测样本的序列 $y_0, y_1, \cdots, y_{N-1}$，我们的目标是基于直到并包含时刻 $n-1$ 时(因果关系)的训练集，获得 s_n 的估计 $\hat{s}_{n|n-1}$，其中 $s_n = \boldsymbol{\theta}^{\mathrm{T}} \boldsymbol{x}_n$，使得

$$\frac{\sum_{n=0}^{N-1} |\hat{s}_{n|n-1} - s_n|^2}{\mu^{-1}||\boldsymbol{\theta}||^2 + \sum_{n=0}^{N-1} |\eta_n|^2} < \gamma^2 \tag{5.61}$$ 205

  上式中的分子是总的平方估计误差。分母涉及两项，一项是噪声/干扰能量，另一项是未知参数向量的范数。假设从 $\boldsymbol{\theta}_{-1} = \mathbf{0}$ 开始迭代，这一项度量了从初始猜测开始的扰动的能量。可以证明，LMS 是使以下代价最小化的方案

$$\gamma_{\text{opt}}^2 = \inf_{\{\hat{s}_{n|n-1}\}} \sup_{\{\boldsymbol{\theta}, \eta_n\}} \left(\frac{\sum_{n=0}^{\infty} |\hat{s}_{n|n-1} - s_n|^2}{\mu^{-1}||\boldsymbol{\theta}||^2 + \sum_{n=0}^{\infty} |\eta_n|^2} \right)$$

  进一步，可以证明最优值对应于 $\gamma_{\text{opt}}^2 = 1$(见[46，83])。注意，LMS 本质上优化了最坏的情况。它使估计误差在最坏(最大)干扰情况下最小。这种类型的最优性解释了 LMS 在“非理想”环境下的鲁棒性，我们在实践中经常遇到这类情况，即许多建模假设都是无效的。这种和模型的偏差可以在 η_n 中兼顾到，当然此时 η_n 会“丢失”独立同分布、白噪声、高斯噪声或任何其他数学上有吸引力的性质。最后有意思的是，式(5.61)中的界与式(5.56)中的界有相似之处。事实上，在前者中做以下替换

$$\hat{s}_{n|n-1} = \hat{y}_n, \quad s_n = y_n, \quad \eta_n = y_n - \boldsymbol{\theta}^{\mathrm{T}} \boldsymbol{x}_n$$

  忽略常数值，则所涉及的量是相同的。毕竟，H^{∞} 是关于最大化最坏情况的[55]。

5.6 仿射投影算法

基本 LMS 方案的一个主要缺点是其收敛速度相当慢，这将很快在“仿真算例”一节

中得到验证。为进行改进，多年来已经提出了许多变体。仿射投影算法(APA)属于所谓的数据重用算法族，即在每个时刻过去的数据都被重用。这种原理有助于算法“更快地学习”，从而提高收敛速度。不过，除增加复杂度外，更快的收敛速度还以增加失调水平为代价。

APA 最初出现在文献[48]中，后来在文献[72]中又被提出。令当前已知估计值为 $\boldsymbol{\theta}_{n-1}$，根据 APA，更新后的估计值 $\boldsymbol{\theta}$ 必须满足以下约束条件：

$$\boldsymbol{x}_{n-i}^{\mathrm{T}}\boldsymbol{\theta}=y_{n-i},\quad i=0,1,\cdots,q-1$$

换句话说，我们强制参数向量 $\boldsymbol{\theta}$ 满足在最近 q 个时刻的输出值即为希望的响应样本，其中 q 是一个用户定义的参数。同时，在欧几里得范数意义上，APA 要求 $\boldsymbol{\theta}$ 尽可能接近当前已知的估计值 $\boldsymbol{\theta}_{n-1}$。即在每个时刻，APA 求解以下的约束优化任务

$$\begin{aligned}\boldsymbol{\theta}_n&=\arg\min_{\boldsymbol{\theta}}\|\boldsymbol{\theta}-\boldsymbol{\theta}_{n-1}\|^2\\ \text{满足}\quad \boldsymbol{x}_{n-i}^{\mathrm{T}}\boldsymbol{\theta}&=y_{n-i},\quad i=0,1,\cdots,q-1\end{aligned}\tag{5.62}$$

206

如果定义 $q\times l$ 矩阵

$$X_n=\begin{bmatrix}\boldsymbol{x}_n^{\mathrm{T}}\\ \vdots\\ \boldsymbol{x}_{n-q+1}^{\mathrm{T}}\end{bmatrix}$$

那么约束集可简洁地写为

$$X_n\boldsymbol{\theta}=\boldsymbol{y}_n$$

其中

$$\boldsymbol{y}_n=[y_n\cdots y_{n-q+1}]^{\mathrm{T}}$$

在式(5.62)中利用拉格朗日乘子法(附录 C)，得到(习题 5.11)

$$\boldsymbol{\theta}_n=\boldsymbol{\theta}_{n-1}+X_n^{\mathrm{T}}\left(X_nX_n^{\mathrm{T}}\right)^{-1}\boldsymbol{e}_n\tag{5.63}$$

$$\boldsymbol{e}_n=\boldsymbol{y}_n-X_n\boldsymbol{\theta}_{n-1}\tag{5.64}$$

这里假设了 $X_nX_n^{\mathrm{T}}$ 可逆。算法 5.2 总结了该方法。

算法 5.2 (仿射投影算法)

- 初始化
  - $\boldsymbol{x}_{-1}=\cdots=\boldsymbol{x}_{-q+1}=\boldsymbol{0}$，$y_{-1}\cdots y_{-q+1}=0$
  - $\boldsymbol{\theta}_{-1}=\boldsymbol{0}\in\mathbb{R}^l$(或任意其他值)
  - 选择 $0<\mu<2$ 和很小的 δ
- **For** $n=0,1,\cdots$, **Do**
  - $\boldsymbol{e}_n=\boldsymbol{y}_n-X_n\boldsymbol{\theta}_{n-1}$
  - $\boldsymbol{\theta}_n=\boldsymbol{\theta}_{n-1}+\mu X_n^{\mathrm{T}}\left(\delta I+X_nX_n^{\mathrm{T}}\right)^{-1}\boldsymbol{e}_n$
- **End For**

当输入为时间序列时，相应的输入向量记为 $\boldsymbol{u}_n$，对所有要用的时间索引为负的样本 $u_{-1},u_{-2},\cdots$ 都初始化为 0。注意在算法中，用一个小参数 δ 来避免矩阵求逆中的数值问题。此外，引入了一个步长 μ，来控制更新的大小，其存在的意义将很快得到证明。与 LMS 相比，APA 的复杂性有所增加，这是因为它涉及了矩阵求逆和其他一些矩阵运算，需要 $O(q^3)$ 次乘加操作。对于所涉及的输入–输出变量是随机过程的实现的情况，已经发展出

了快速版本的 APA(见[42, 43])，它们利用了 $X_nX_n^{\mathrm{T}}$ 的特殊结构。

APA 的收敛性分析比 LMS 的收敛性分析更为复杂。可以证明，只要 $0<\mu<2$，则可以保证算法的稳定性。失调可以近似地由下式给出[2, 34, 83] 207

$$\mathcal{M} \simeq \frac{\mu q \sigma_\eta^2}{2-\mu}\mathbb{E}\left[\frac{1}{||\mathbf{x}_n||^2}\right]\text{trace}\{\Sigma_x\}: \quad \text{APA的失调}$$

也就是说，随着参数 q 的增大，即重用过去数据样本的数量增加，失调也随之增大。

5.6.1　APA 的几何解释

观察式(5.62)中与 APA 相关的优化任务。q 个约束条件中的每一个都定义了 l 维空间中的一个超平面。由于 $\boldsymbol{\theta}_n$ 被限制在所有这些超平面上，故它将位于它们的交集上。假设 $\boldsymbol{x}_{n-i}$，$i=0,\cdots,q-1$ 是线性无关的，则这些超平面的非空交集是一个 $l-q$ 维的仿射集。仿射集是将线性子空间(即通过原点的平面)平移一个常向量得到的集合，也就是说，它定义了一般位置上的平面。因此，$\boldsymbol{\theta}_n$ 可以位于这个仿射集的任何位置。从这个集合中无穷多个点中，APA 选择了在欧几里得距离意义下离 $\boldsymbol{\theta}_{n-1}$ 最近的点。换句话说，$\boldsymbol{\theta}_n$ 是 $\boldsymbol{\theta}_{n-1}$ 在由 q 个超平面交集定义的仿射集上的投影。回忆一下几何知识，点 $\boldsymbol{a}$ 在线性子空间/仿射集 H 上的投影 $P_H(\boldsymbol{a})$ 是 H 中与点 $\boldsymbol{a}$ 的距离最小的点。图 5.13 展示了 $q=2$ 情况下的几何图形。APA 的这种特殊情况也称为双归一化数据重用 LMS[7]。

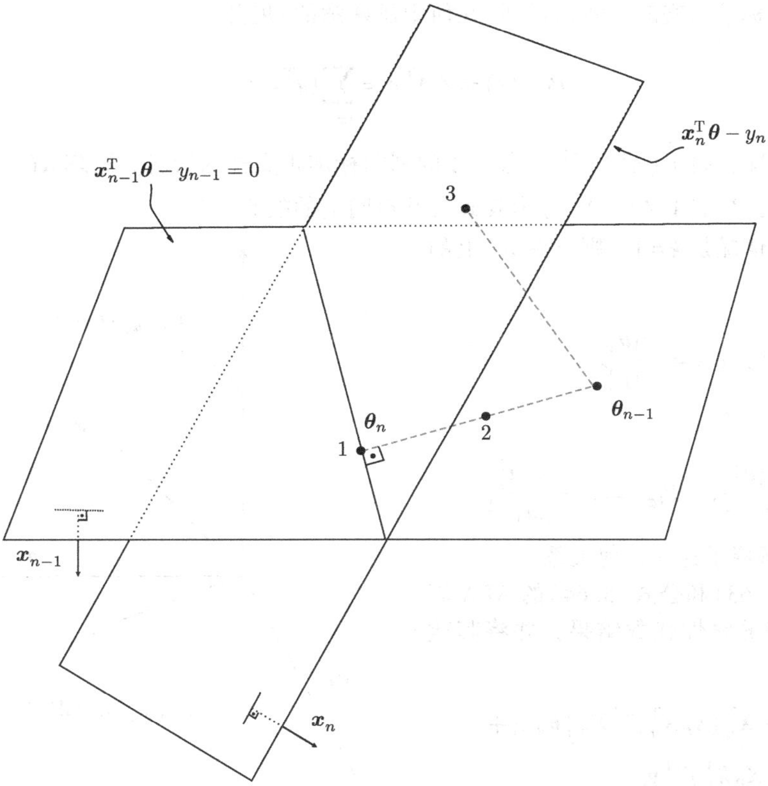

图 5.13　当 $q=2$ 和 $l=3$ 时 APA 相关的几何结构。两个超平面的交集是一条直线(维数为 3-2=1 的仿射集)，$\boldsymbol{\theta}_n$ 是 $\boldsymbol{\theta}_{n-1}$ 在这条直线上的投影(点 1)，此时对应 $\mu=1$，$\delta=0$。点 2 对应于 $\mu<1$ 的情况。点 3 是 $\boldsymbol{\theta}_n$ 在$(y_n, \boldsymbol{x}_n)$定义的超平面上的投影，这是 $q=1$ 的情况。后者对应于 5.6.1 节中的归一化 LMS

在理想的无噪声情况下，未知参数向量位于$(y_n, \boldsymbol{x}_n)$，$n=0,1,\cdots,q-1$ 所定义的所有超平面的交集中，这就是 APA 试图利用来加速收敛的信息。但这也是它的缺点，因为任何实际系统都存在噪声。因此，强迫更新位于这些超平面的交集并不一定好，因为它们在空间中的位置也由噪声决定。事实上，引入μ就是考虑到存在这个问题。第 8 章将讨论另一种技术，它也利用投影，同时用具有一定厚度的超平面(称为超平面块，hyperslab)(其厚度取决于噪声方差)代替通常的超平面来处理噪声，而且此时不需要矩阵求逆。

5.6.2　正交投影

投影和投影矩阵/算子在机器学习、信号处理和优化中起着至关重要的作用。毕竟，当损失被解释为“距离”时，投影就对应于一个最小化任务。给定 $l\times k$ 的矩阵 A，其中 $k<l$，它的列向量为 $\boldsymbol{a}_i$，$i=1,\cdots,k$，那么一个 l 维向量 $\boldsymbol{x}$ 在由 A 的列向量(假设是线性无关的)张成的子空间上的正交投影是由

$$\boxed{P_{\{\boldsymbol{a}_i\}}(\boldsymbol{x})=A(A^{\mathrm{T}}A)^{-1}A^{\mathrm{T}}\boldsymbol{x}} \tag{5.65}$$

给出(附录 A)。在复空间中，转置运算被共轭转置所代替。很容易验证 $P^{\perp}_{\{\boldsymbol{a}_i\}}(\boldsymbol{x}):=(I-P_{\{\boldsymbol{a}_i\}})\boldsymbol{x}$ 与 $P_{\{\boldsymbol{a}_i\}}(\boldsymbol{x})$ 正交，且

208

$$\boxed{\boldsymbol{x}=P_{\{\boldsymbol{a}_i\}}(\boldsymbol{x})+P^{\perp}_{\{\boldsymbol{a}_i\}}(\boldsymbol{x})}$$

当 A 的列向量标准正交时，我们得到(几何中所熟悉的)展开

$$P_{\{\boldsymbol{a}_i\}}(\boldsymbol{x})=AA^{\mathrm{T}}\boldsymbol{x}=\sum_{i=1}^{k}(\boldsymbol{a}_i^{\mathrm{T}}\boldsymbol{x})\boldsymbol{a}_i$$

即对于一般情况，因子$(A^{\mathrm{T}}A)^{-1}$考虑了 A 的列非标准正交性的情况。矩阵 $A(A^{\mathrm{T}}A)^{-1}A^{\mathrm{T}}$ 称为其投影矩阵，$I-A(A^{\mathrm{T}}A)^{-1}A^{\mathrm{T}}$ 称为其正交补空间上的投影矩阵。

最简单的情况是 $k=1$，则 $\boldsymbol{x}$ 在 $\boldsymbol{a}_1$ 上的投影等于

$$P_{\{\boldsymbol{a}_1\}}(\boldsymbol{x})=\frac{\boldsymbol{a}_1\boldsymbol{a}_1^{\mathrm{T}}}{\|\boldsymbol{a}_1\|^2}\boldsymbol{x}$$

对应的投影矩阵为

$$P_{\{\boldsymbol{a}_1\}}=\frac{\boldsymbol{a}_1\boldsymbol{a}_1^{\mathrm{T}}}{\|\boldsymbol{a}_1\|^2},\quad P^{\perp}_{\{\boldsymbol{a}_1\}}=I-\frac{\boldsymbol{a}_1\boldsymbol{a}_1^{\mathrm{T}}}{\|\boldsymbol{a}_1\|^2}$$

图 5.14 解释了这一几何关系。

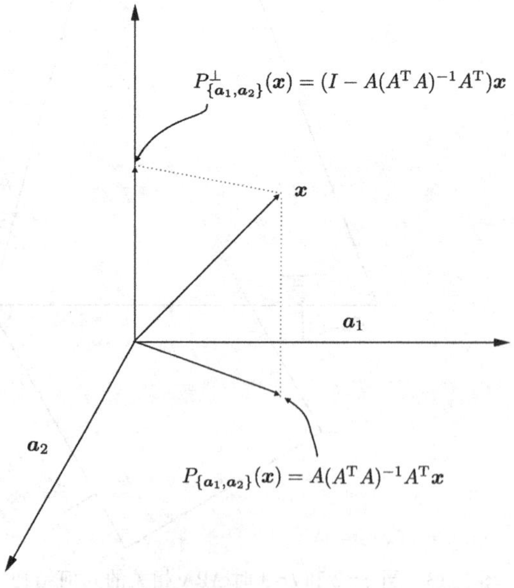

图 5.14　用投影矩阵表示到由 $\boldsymbol{a}_1$、$\boldsymbol{a}_2$ 张成的子空间的正交投影运算的几何图示。注意 $A=[\boldsymbol{a}_1,\boldsymbol{a}_2]$

在公式(5.63)和公式(5.64)的 APA 算法中应用之前的线性代数结果，并将其改写为

$$\boldsymbol{\theta}_n=\left(I-X_n^{\mathrm{T}}(X_nX_n^{\mathrm{T}})^{-1}X_n\right)\boldsymbol{\theta}_{n-1}+X_n^{T}(X_nX_n^{\mathrm{T}})^{-1}\boldsymbol{y}_n$$

右边的第一项是投影 $P^{\perp}_{\{\boldsymbol{x}_n,\cdots,\boldsymbol{x}_{n-q+1}\}}(\boldsymbol{\theta}_{n-1})$。这是最自然的。根据其仿射集的定义，它是以下超平面的交集

$$\boldsymbol{x}_{n-i}^{\mathrm{T}}\boldsymbol{\theta}-y_{n-i}=0,\quad i=0,\cdots,q-1$$

每个向量 $\boldsymbol{x}_{n-i}$ 正交于各自的超平面(图 5.13)(习题 5.12)。因此。$\boldsymbol{\theta}_{n-1}$ 投影到所有这些超平面的交集上等价于投影到一个仿射集上，该仿射集和所有的 $\boldsymbol{x}_n,\cdots,\boldsymbol{x}_{n-q+1}$ 正交。注意到，矩阵 $X_n^{\mathrm{T}}(X_nX_n^{\mathrm{T}})^{-1}X_n$ 是投影到由 $\boldsymbol{x}_n,\cdots,\boldsymbol{x}_{n-q+1}$ 张成的子空间上的投影矩阵。第二项考虑了这样一个事实，即所投影到的仿射集不包含原点，而是平移到空间中的另一个点，其方向由 $\boldsymbol{y}_n$ 决定。图 5.15 解释了 $l=2$ 和 $q=1$ 的情况。因为 $\boldsymbol{\theta}_{n-1}$ 不位于 $\boldsymbol{x}_n^{\mathrm{T}}\boldsymbol{\theta}-y_n=0$ 的直线(平面)上，该直线方向由 $\boldsymbol{x}_n$ 定义，故从几何上可知(容易验证)它到这条直线的距离是 $s=\frac{|\boldsymbol{x}_n^{\mathrm{T}}\boldsymbol{\theta}_{n-1}-y_n|}{\|\boldsymbol{x}_n\|}$。$\boldsymbol{\theta}_{n-1}$ 位于直线的负侧，即 $\boldsymbol{x}_n^{\mathrm{T}}\boldsymbol{\theta}_{n-1}-y_n<0$。因此，考虑到所涉及向量的方向，有 209~210

$$\Delta\boldsymbol{\theta}=\frac{y_n-\boldsymbol{x}_n^{\mathrm{T}}\boldsymbol{\theta}_{n-1}}{||\boldsymbol{x}_n||}\frac{\boldsymbol{x}_n}{||\boldsymbol{x}_n||}$$

即对于这一特定的情况，更新式

$$\boldsymbol{\theta}_n=\boldsymbol{\theta}_{n-1}+\Delta\boldsymbol{\theta}$$

与 APA 的递归式相一致。

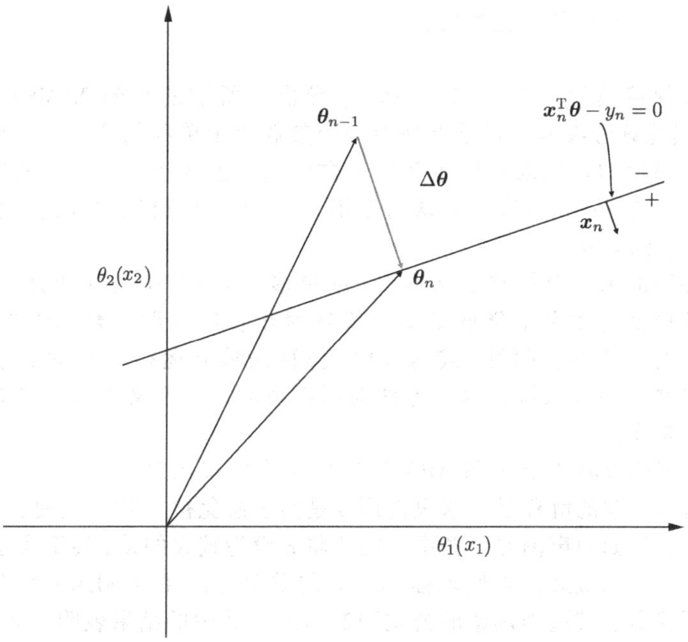

图 5.15 $\Delta\boldsymbol{\theta}$ 等于 $\boldsymbol{\theta}_{n-1}$ 到平面的(有符号的)距离乘以单位向量$\frac{\boldsymbol{x}_n}{\|\boldsymbol{x}_n\|}$；$\boldsymbol{x}_n$ 应该在原点，但为了清晰地显示它垂直于线段，将其画在了当前位置

5.6.3 归一化 LMS 算法

NLMS 是 APA 的一个特例，它对应于 $q=1$ 的情形(见图 5.13)。鉴于其流行程度，我们在这里将其单独处理，并总结在算法 5.3 中。 211

算法 5.3 (归一化 LMS)

- 初始化
  - $\boldsymbol{\theta}_{-1}=\mathbf{0}\in\mathbb{R}^l$，或任意其他值
  - 选择 $0<\mu<2$ 和很小的 δ
- **For** $n=0,1,2,\cdots$, **Do**
  - $e_n=y_n-\boldsymbol{\theta}_{n-1}^{\mathrm{T}}\boldsymbol{x}_n$
  - $\boldsymbol{\theta}_n=\boldsymbol{\theta}_{n-1}+\frac{\mu}{\delta+\boldsymbol{x}_n^{\mathrm{T}}\boldsymbol{x}_n}\boldsymbol{x}_n e_n$
- **End For**

NLMS 的复杂度为 $3l$ 次乘加操作。若

$$0<\mu<2$$

则可以保证归一化 LMS 的稳定性。可以将 NLMS 视为一个步长随迭代变化的 LMS，步长为

$$\mu_n=\frac{\mu}{\delta+\boldsymbol{x}_n^{\mathrm{T}}\boldsymbol{x}_n}$$

与 LMS 相比，这对收敛速度有有益的影响。对于 NLMS 的性能分析，感兴趣的读者可以从参考文献[15, 83, 90]中获得更多信息。

附注 5.3

- 为了处理稀疏模型，文献[11, 35]中导出了所谓的比例 NLMS(NLMS 即归一化 LMS)和其他算法版本。其思想是为每个参数使用单独的步长。这给了对应于模型的小(或零)值的系数以不同于其他系数的适应速度的自由，这对算法的收敛性能有显著的影响。这些方案可以认为是第 10 章中将要讨论的理论上更优雅的稀疏提升在线算法的先驱。
- 最近受关注的另一个趋势是将两种(或更多)学习结构的输出适当地(凸地)结合起来。这样做的效果是降低了学习算法对步长或问题维数(滤波器的大小)等参数的选择的敏感性。两种(或两种以上)算法独立运行，在训练过程中学习输出的混合参数。一般来说，这种方法对所涉及的用户定义参数的选择具有更好的鲁棒性[8, 81]。
- 有一些文献建议将 NLMS 和 APA 算法中用户定义参数 δ 取为一个非常小的正值。通常，对该选项的解释是，这里使用 δ 是为了避免被 0 除。然而，在实践中，在某些情况下，例如回声消除任务中，需要将 δ 设为较大的值(甚至大于 1)才能获得良好的性能。直到最近，人们才强调了 δ 的重要性，并对 NLMS 和 APA 及与之相称的算法下提出了其适当调整的公式[12, 73]。其中的结果表明，如果没有适当地设置该参数，这些算法的性能可能会受到很大的影响，甚至可能不收敛。 212

5.7 复值情形

在 4.4 节中，当

$$\mathrm{y}_n\in\mathbb{C}\quad 和\quad \mathbf{x}_n\in\mathbb{C}^l$$

时，针对不满足循环条件的复值数据，引入了估计任务的宽线性方法。宽线性估计量的输出为

$$\hat{y}_n = \boldsymbol{\varphi}^{\mathrm{H}} \tilde{\mathbf{x}}_n$$

其中

$$\boldsymbol{\varphi} := \begin{bmatrix} \boldsymbol{\theta} \\ \boldsymbol{v} \end{bmatrix} \quad 和 \quad \tilde{\mathbf{x}}_n = \begin{bmatrix} \mathbf{x}_n \\ \mathbf{x}_n^* \end{bmatrix}$$

这里 $\boldsymbol{\theta}$，$\boldsymbol{v} \in \mathbb{C}^l$。MSE 代价函数为

$$J(\boldsymbol{\varphi}) = \mathbb{E}\left[\left|y_n - \boldsymbol{\varphi}^{\mathrm{H}} \tilde{\mathbf{x}}_n\right|^2\right]$$

利用类似于 5.3.1 节的标准论证，关于 $\boldsymbol{\varphi}$ 的最小值由

$$\Sigma_{\tilde{x}} \boldsymbol{\varphi} - \begin{bmatrix} \boldsymbol{p} \\ \boldsymbol{q}^* \end{bmatrix} = \mathbf{0} \quad 或 \quad \mathbb{E}\left[\tilde{\mathbf{x}}_n \tilde{\mathbf{x}}_n^{\mathrm{H}}\right] \boldsymbol{\varphi} = \mathbb{E}\left[\tilde{\mathbf{x}}_n y_n^*\right]$$

的根给出。

5.7.1 宽线性 LMS

利用罗宾斯-门罗方法，将 μ_n 的值固定为常数，得到

$$\boldsymbol{\varphi}_n = \boldsymbol{\varphi}_{n-1} + \mu \tilde{\boldsymbol{x}}_n e_n^*$$
$$e_n = y_n - \boldsymbol{\varphi}_{n-1}^{\mathrm{H}} \tilde{\boldsymbol{x}}_n$$

将 $\boldsymbol{\varphi}_n$，$\tilde{\boldsymbol{x}}_n$ 分解成它们的分量，就得到了宽线性 LMS。

算法 5.4（宽线性 LMS）

- 初始化
  - $\boldsymbol{\theta}_{-1} = \mathbf{0}$，$\boldsymbol{v}_{-1} = \mathbf{0}$
  - 选择 μ
- **For** $n = 0, 1, \cdots$, **Do**
  - $e_n = y_n - \boldsymbol{\theta}_{n-1}^{\mathrm{H}} \boldsymbol{x}_n - \boldsymbol{v}_{n-1}^{\mathrm{H}} \boldsymbol{x}_n^*$
  - $\boldsymbol{\theta}_n = \boldsymbol{\theta}_{n-1} + \mu \boldsymbol{x}_n e_n^*$
  - $\boldsymbol{v}_n = \boldsymbol{v}_{n-1} + \mu \boldsymbol{x}_n^* e_n^*$
- **End For**

值得注意的是，如果 Σ_x 被 $\Sigma_{\tilde{x}}$ 代替，关于 LMS 的稳定性条件在这里也同样适用。对于循环对称变量，设 $\boldsymbol{v}_n = \mathbf{0}$，则产生了复线性 LMS。 213

5.7.2 宽线性 APA

设 $\boldsymbol{\varphi}_n$ 和 $\tilde{\boldsymbol{x}}_n$ 定义如前。在算法 5.5 中给出了宽线性 APA（习题 5.13）。

算法 5.5（宽线性 APA）

- 初始化
  - $\boldsymbol{\varphi}_{-1} = \mathbf{0}$
  - 选择 μ
- **For** $n = 0, 1, \cdots$, **Do**
  - $\boldsymbol{e}_n^* = \boldsymbol{y}_n^* - \tilde{X}_n \boldsymbol{\varphi}_{n-1}$

■ $\boldsymbol{\varphi}_n = \boldsymbol{\varphi}_{n-1} + \mu \tilde{X}_n^{\mathrm{H}} (\delta I + \tilde{X}_n \tilde{X}_n^{\mathrm{H}})^{-1} \boldsymbol{e}_n^*$

- **End For**

注意

$$\tilde{X}_n = \begin{bmatrix} \tilde{\boldsymbol{x}}_n^{\mathrm{H}} \\ \vdots \\ \tilde{\boldsymbol{x}}_{n-q+1}^{\mathrm{H}} \end{bmatrix} = \begin{bmatrix} \boldsymbol{x}_n^{\mathrm{H}},\ \boldsymbol{x}_n^{\mathrm{T}} \\ \vdots \\ \boldsymbol{x}_{n-q+1}^{\mathrm{H}},\ \boldsymbol{x}_{n-q+1}^{\mathrm{T}} \end{bmatrix}$$

且 $\boldsymbol{\varphi}_n \in \mathbb{C}^{2l}$。对于循环变量/过程，通过设

$$\tilde{X}_n = X_n = \begin{bmatrix} \boldsymbol{x}_n^{\mathrm{H}} \\ \vdots \\ \boldsymbol{x}_{n-q+1}^{\mathrm{H}} \end{bmatrix}$$

和

$$\boldsymbol{\varphi}_n = \boldsymbol{\theta}_n \in \mathbb{C}^l$$

即得复线性 APA。

5.8 LMS 同族算法

除了前面提到的三种基本的随机梯度下降法，近年来还提出了一些变体，用以提高性能或减少复杂性。以下是一些值得注意的例子。

5.8.1 符号误差 LMS

该算法的更新递归式为(见[17, 30, 63]等)

214

$$\boldsymbol{\theta}_n = \boldsymbol{\theta}_{n-1} + \mu \operatorname{csgn}[e_n^*] \boldsymbol{x}_n$$

其中复数 $z=x+\mathrm{j}y$ 的复符号定义为

$$\operatorname{csgn}(z) = \operatorname{sgn}(x) + \mathrm{j}\operatorname{sgn}(y)$$

如果选择 μ 为 2 的幂次，那么递归式就变成了无乘法的，只在计算误差时需要 l 次乘法。可以证明，该算法在随机逼近意义下最小化以下的代价函数：

$$J(\boldsymbol{\theta}) = \mathbb{E}\left[\left|\mathrm{y} - \boldsymbol{\theta}^{\mathrm{H}} \mathbf{x}\right|\right]$$

而且当 μ 值足够小时，稳定性也可以保证[83]。

5.8.2 最小均四次方算法

最小均四次方(LMF)算法使下列代价函数最小：

$$J(\boldsymbol{\theta}) = \mathbb{E}\left[\left|\mathrm{y} - \boldsymbol{\theta}^{\mathrm{H}} \boldsymbol{x}\right|^4\right]$$

相应的更新递归式为

$$\boldsymbol{\theta}_n = \boldsymbol{\theta}_{n-1} + \mu |e_n|^2 \boldsymbol{x}_n e_n^*$$

已有研究表明[101]，在噪声源为亚高斯的情况下，将误差的四次幂最小化可以得到比 LMS 更好的自适应方案，能更好地能折中收敛速度和残余 MSE。在亚高斯分布中，与

高斯分布相比，PDF 图的尾部衰减速度更快。可将 LMF 看作 LMS 具有时变步长为$\mu|e_n|^2$的版本。因此，当误差较大时，步长增大，这有助于 LMF 更快地收敛。另一方面，当误差较小时，等效步长减小，导致较小的残余 MSE 值。当噪声为亚高斯分布时，这种方法是有效的。然而，当离群值存在时，LMF 往往变得不稳定。这也是可以理解的，因为对于非常大的误差值，大步长会导致不稳定。例如，当噪声服从高尾分布时，也就是说，与高斯分布相比，对应的 PDF 曲线衰减速度更慢，如超高斯分布的情况。关于 LMF 的分析结果可以在[69, 70, 83]中找到。当 μ 值足够小时，算法的鲁棒性和稳定性均可得到保证[83]。

5.8.3 变换域 LMS

我们前面说过 LMS 的收敛速度很大程度上取决于协方差矩阵的条件数($\lambda_{max}/\lambda_{min}$)，这将在下面的例子中展示。

变换域技术利用某些转换(如 DFT 和 DCT)的去关联性来去除输入变量之间的关联。当输入包含一个随机过程时，我们就说这种变换“预白”了输入过程。此外，如果所涉及 215
的变量是随机过程的一部分，则可以利用时移特性并采用块处理技术，通过在每一时刻处理一块数据样本，我们可以利用某些变换的高效实现，如快速傅里叶变换(FFT)，来降低整体的复杂性。这种方案适用于涉及长过滤器的应用。例如，在某些应用中，如回声消除，经常会遇到几百个抽头的滤波器[10, 39, 53, 66, 68]。

设 T 为复数域中的酉变换，即满足 $TT^{\mathrm{H}}=T^{\mathrm{H}}T=I$。定义

$$\hat{\boldsymbol{x}}_n = T^{\mathrm{H}}\boldsymbol{x}_n \tag{5.66}$$

并将变换矩阵 T^{H} 作用到算法 5.4(宽线性 LMS 算法)中对应递归式，得到

$$\hat{\boldsymbol{\theta}}_n = \hat{\boldsymbol{\theta}}_{n-1} + \mu\hat{\boldsymbol{x}}_n e_n^* \tag{5.67}$$

其中

$$\hat{\boldsymbol{\theta}}_n = T^{\mathrm{H}}\boldsymbol{\theta}_n \tag{5.68}$$

注意

$$\begin{aligned} e_n &= y_n - \boldsymbol{\theta}_{n-1}^{\mathrm{H}}\boldsymbol{x}_n = y_n - \boldsymbol{\theta}_{n-1}^{\mathrm{H}}TT^{\mathrm{H}}\boldsymbol{x}_n \\ &= y_n - \hat{\boldsymbol{\theta}}_{n-1}^{\mathrm{H}}\hat{\boldsymbol{x}}_n \end{aligned}$$

因此，误差项不受影响。请注意到目前为止，我们还没有得到太多。事实上

$$\Sigma_{\hat{x}} = T^{\mathrm{H}}\Sigma_x T$$

是一个相似变换，并不影响矩阵 Σ_x 的条件数。由线性代数可知，两个矩阵具有相同的特征值(习题 5.14)。现在选择 $T=Q$，其中 Q 是由 Σ_x 的标准正交特征向量组成的酉矩阵。在本例中，$\Sigma_{\hat{x}}=\Lambda$ 是一个对角矩阵，它的元素是 Σ_x 的特征值。接下来，我们修改了式(5.67)中的变换域 LMS，以便根据下述场景，对每个分量使用不同的步长：

$$\hat{\boldsymbol{\theta}}_n = \hat{\boldsymbol{\theta}}_{n-1} + \mu\Lambda^{-1}\hat{\boldsymbol{x}}_n e_n^* \tag{5.69}$$

或

$$\bar{\boldsymbol{\theta}}_n = \bar{\boldsymbol{\theta}}_{n-1} + \mu\bar{\boldsymbol{x}}_n e_n^* \tag{5.70}$$

其中

$$\bar{\boldsymbol{\theta}}_n := \Lambda^{1/2}\hat{\boldsymbol{\theta}}_n$$

且

216

$$\bar{\boldsymbol{x}}_n := \Lambda^{-1/2}\hat{\boldsymbol{x}}_n$$

注意，因为$\bar{\boldsymbol{\theta}}_n^{\mathrm{H}}\bar{\boldsymbol{x}}_n = \hat{\boldsymbol{\theta}}_n^{\mathrm{H}}\hat{\boldsymbol{x}}_n$，所以误差不受影响。现在已经达到了最初的目标，这是因为

$$\Sigma_{\bar{x}} = \Lambda^{-1/2}\Sigma_{\hat{x}}\Lambda^{-1/2} = \Lambda^{-1/2}\Lambda\Lambda^{-1/2} = I$$

也就是说，$\Sigma_{\bar{x}}$ 的条件数等于 1。在实践中，由于特征分解任务的复杂性，该技术很难应用；更重要的是，Σ_x 必须已知，但在自适应实现中又不是这样的。所以我们借助于酉变换 T，它能近似地白化输入，比如 DFT 和 DCT 等。这时，式(5.69)可替换为

$$\hat{\boldsymbol{\theta}}_n = \hat{\boldsymbol{\theta}}_{n-1} + \mu D^{-1}\hat{\boldsymbol{x}}_n e_n^*$$

其中 D 是一个对角矩阵，它的元素是 $\hat{\boldsymbol{x}}_n$ 的各分量的方差，即

$$[D]_{ii} = \mathbb{E}\left[(\hat{\mathrm{x}}_n(i))^2\right] = \sigma_i^2,\ i = 1, 2, \cdots, l$$

其中 $\hat{\mathrm{x}}_n(i)$ 为 $\hat{\mathbf{x}}_n$ 的第 i 个元素，这里已假设了 $\hat{\mathbf{x}}_n$ 为零均值向量。这样做的理由是：如果 $\Sigma_{\hat{x}}$ 是对角矩阵且等于 Λ，则其特征值即为各元素的方差。算法 5.6 给出了如何采用时间自适应的方法对 σ_i^2 进行估计。

算法 5.6（变换域 LMS）

- 初始化
  - $\hat{\boldsymbol{\theta}}_{-1} = \mathbf{0}$，或任意其他值
  - $\sigma_{-1}^2(i) = \delta$，$i = 1, 2, \cdots, l$，$\delta$ 取小值
  - 选择 μ 和 $0 \ll \beta < 1$
- **For** $n = 0, 1, 2\cdots$，**Do**
  - $\hat{\boldsymbol{x}}_n = T^{\mathrm{H}}\boldsymbol{x}_n$
  - $e_n = y_n - \hat{\boldsymbol{\theta}}_{n-1}^{\mathrm{H}}\hat{\boldsymbol{x}}_n$
  - $\hat{\boldsymbol{\theta}}_n = \hat{\boldsymbol{\theta}}_{n-1} + \mu D^{-1}\hat{\boldsymbol{x}}_n e_n^*$
  - **For** $i = 1, 2, \cdots, l$，**Do**
    - $\sigma_i^2(n) = \beta\sigma_i^2(n-1) + (1-\beta)|\hat{x}_n(i)|^2$
  - **End For**
  - $D = \mathrm{diag}\{\sigma_i^2(n)\}$
- **End For**

子带自适应滤波是一个相关的算法族，其中白化是通过块数据处理和使用多速率滤波带实现的。这类方法最初在文献[41，53，54]中提出，并已成功地应用于回声消除等应用中[45，53]。

对于系统辨识应用情形，另一种提高收敛速度的方法是选择特定类型的输入激发信号。例如，在文献[5]中指出，优化 NLMS 算法收敛速度的激发信号是一个周期等于系统
217 脉冲响应的确定性完美周期序列（PPSEQ）。这类序列已在文献[24，25]中用于推导 LMS 的其他版本，它们不仅收敛速度快，而且计算复杂度低，每次更新只需要一次乘法、一次加法和一次减法。

5.9 仿真示例

例 5.3 这个例子的目的是证明 LMS 的收敛速度对输入协方差矩阵的特征值扩散度的敏感性。为此，我们在回归/系统辨识场景中进行了两个实验。数据是根据以下熟悉的模型生成的

$$y_n = \boldsymbol{\theta}_o^{\mathrm{T}} \boldsymbol{x}_n + \eta_n$$

其中(未知)参数 $\boldsymbol{\theta}_o \in \mathbb{R}^{10}$ 是从 $\mathcal{N}(0,1)$ 中随机选取的，然后固定下来。在第一个实验中，输入向量由从 $\mathcal{N}(0,1)$ 中抽取的独立同分布样本组成的白噪声序列得到。因此，输入的协方差矩阵是对角的，且所有的对角元素都等于相应的噪声方差(2.4.3 节)。噪声样本 η_n 独立同分布地取自一个均值为 0、方差为 $\sigma^2=0.01$ 的高斯分布。在第二个实验中，输入向量由系数为 $a_1=0.85$、方差为 1 的白噪声激发的 AR(1)过程(2.4.4 节)形成。因此，输入 218
的协方差矩阵不再是对角的，特征值也不相等。LMS 在两种情况下以相同的步长 $\mu=0.01$ 运行。图 5.16 汇总了运行结果。纵轴(记为 MSE)表示平方误差 e_n^2，横轴表示(迭代)时刻 n。我们注意到，两条曲线趋于平稳时达到相同的误差下限(误差平层)。但是，在输入为白噪声的情况下，收敛速度明显提高。图中所示的曲线是 100 次独立实验平均后的结果。

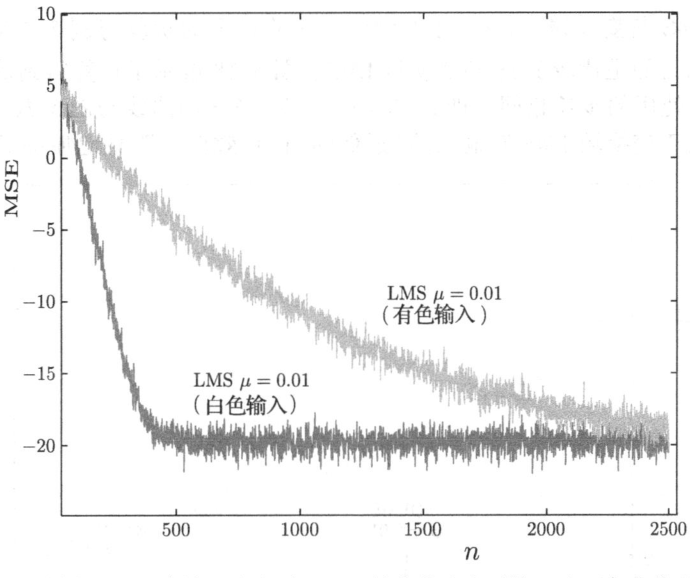

图 5.16 观察到在相同步长下，当输入为白时，LMS 的收敛速度更快。这两条曲线是 100 次独立实验平均后的结果

需要强调的是，在比较不同算法的收敛性能时，要么所有算法收敛到相同的误差下限，从而比较各自的收敛速率，要么所有算法收敛速率相同，进而比较各自收敛的误差下限。

例 5.4 这个例子是为了展示 LMS 对步长选择的依赖性。未知参数 $\boldsymbol{\theta}_o \in \mathbb{R}^{10}$ 以及数据与例 5.3 中的白噪声情形完全一致。

使用生成的样本运行 LMS，采用两种不同的步长，$\mu=0.01$ 和 $\mu=0.075$。得到的平均(基于 100 次实现)曲线如图 5.17 所示。可以观察到，对于相同的观测样本，步长越大，收敛越快，尽管代价是更高的误差下限(失调)，这与 5.5.1 节中讨论的一致。

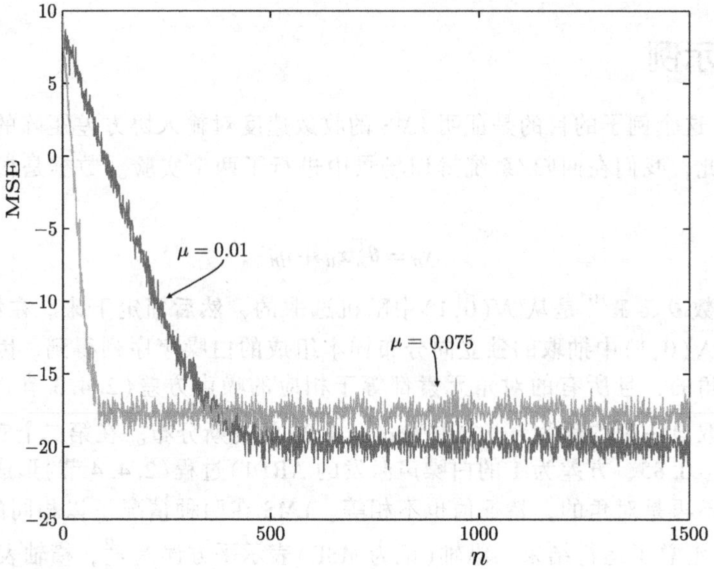

图 5.17 对于相同的输入，LMS 的步长越大，收敛速度越快，不过代价是更高的误差下限（MSE，单位分贝）

219

例 5.5 **LMS 与变换域 LMS** 在本例中，实验设置的阶段与例 5.3 中 AR(1)情形完全相同。我们的目的是比较 LMS 和变换域 LMS。图 5.18 展示了计算得到的平均误差曲线。步长与例 5.3 中使用的步长相同，即 $\mu=0.01$。所以 LMS 的曲线与图 5.16 中对应的曲线相同。观察到，由于变换域 LMS 对输入的(近似的)白化效应，明显地加快了收敛速度。

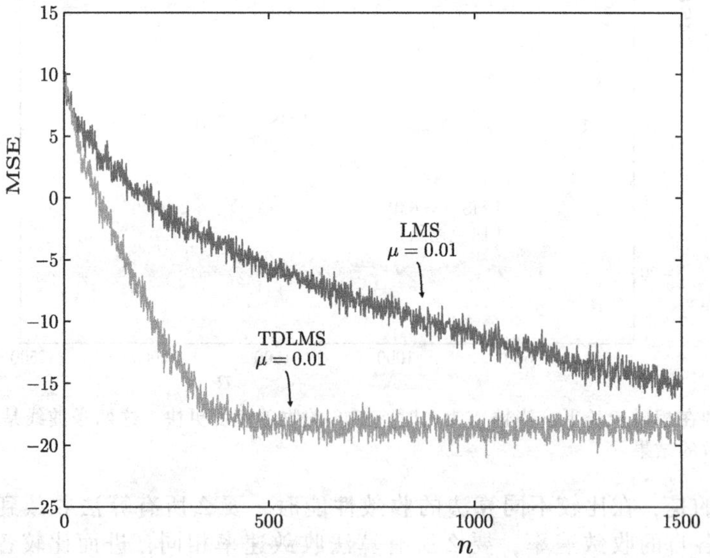

图 5.18 在相同步长下，对于相似的误差下限，变换域 LMS 的收敛速度明显快于 LMS。输入协方差矩阵的特征值扩散度越高，获得的性能改进越多(MSE，单位分贝)

例 5.6 实验设置与例 5.4 相似，唯一的不同是未知参数向量的维数更高，$\boldsymbol{\theta}_o \in \mathbb{R}^{60}$，从而使得算法的性能差异更加明显。我们的目的是比较 LMS、NLMS 和 APA。LMS 的步长选择为 $\mu=0.025$，NLMS 的参数选择为 $\mu=0.35$，$\delta=0.001$，这样选择可使两种算法具有相似的收敛速度。APA 的步长选择为 $\mu=0.1$，这可使在 $q=10$ 时达到与 NLMS 相同的误差下限。对于 APA，还选择 $\delta=0.001$。结果显示在图 5.19 中。

可以观察到，和 LMS 对比，收敛速度相同时，NLMS 可得到更低的误差下限；同时也能看出 $q=10$ 的 APA 性能更好。在 APA 中若增加所使用的过去数据样本数量到 $q=30$，可以看到能改进收敛速度，但代价是更高的误差下限，这和 5.6 节中的理论结果所预测的一致。 220

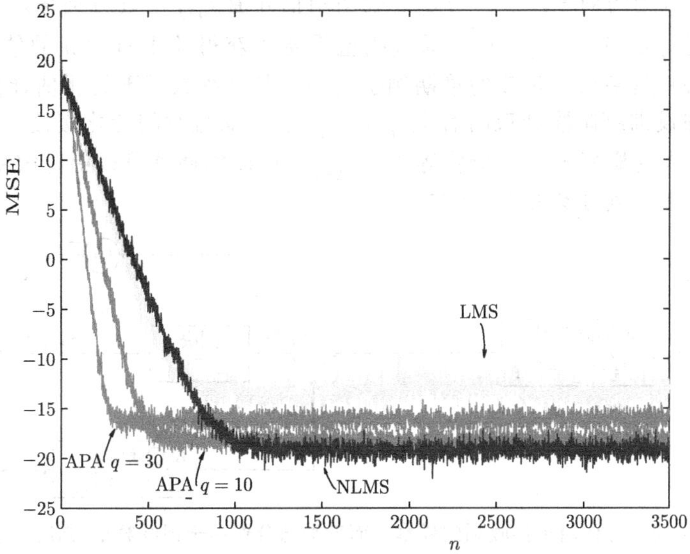

图 5.19 对于相同的步长，与 LMS 相比，NLMS 在相同的速度收敛时能收敛到更低的误差下限。对于 APA 来说，增加 q 可以改进收敛速度，但代价是更高的误差下限(MSE，单位分贝)

5.10 自适应判决反馈均衡

信道均衡的任务如图 4.12 所示。均衡器的输入是一个随机过程(随机信号)，根据 2.4 节中的符号约定，我们将其记为 u_n。在接收到带噪声和被(通信)信道失真的样本 u_n 后，我们必须获得原始传输信息序列 s_n 的估计，但具有 L 个时间延迟的滞后，这是因为需要考虑所涉及的整个传输系统造成的各种延迟。因此，在时刻 n，均衡器确定的是 $\hat{s}_{n-L+1}$。理想情况下，如果知道直到且包括时刻 $n-L$ 的原始传输信息序列的真实值 s_{n-L}，$s_{n-L-1},s_{n-L-2},\cdots$，则我们可以利用这些信息，连同接收到的序列 u_n 来估计 $\hat{s}_{n-L+1}$。在判决反馈均衡器(DFE)中探讨了这一思想。在复值数据情形，均衡器的输出可写成

$$\begin{aligned}\hat{d}_n &= \sum_{i=0}^{L-1} w_i^{f*} u_{n-i} + \sum_{i=0}^{l-1} w_i^{b*} s_{n-L-i} \\ &= \boldsymbol{w}^{\mathrm{H}} \boldsymbol{u}_{e,n}\end{aligned} \tag{5.71}$$

其中

$$\boldsymbol{w} := \begin{bmatrix} \boldsymbol{w}^f \\ \boldsymbol{w}^b \end{bmatrix} \in \mathbb{C}^{L+l}, \quad \boldsymbol{u}_{e,n} := \begin{bmatrix} \boldsymbol{u}_n \\ \boldsymbol{s}_n \end{bmatrix} \in \mathbb{C}^{L+l}$$ 221

这里 $\boldsymbol{s}_n := [s_{n-L},\cdots,s_{n-L-l+1}]^{\mathrm{T}}$。在时刻 n，期待的响应是

$$d_n = s_{n-L+1}$$

实践中，经过初始训练阶段后，会将信息样本 s_{n-L-i} 替换为它们的计算估计值 $\hat{s}_{n-L-i}$，$i=0,1,\cdots,l-1$，该值可从之前时刻的判决中获得。这称为均衡器在判决引导模式下操作。基本的 DFE 结构如图 5.20 所示。注意，在训练阶段会对参数向量 $\boldsymbol{w}$ 进行训练，以使如下的误差的功率最小

$$e_n = d_n - \hat{d}_n = s_{n-L+1} - \hat{d}_n$$

一旦使用了所有可用的训练样本，可以继续使用估计值 $\hat{s}_{n-L+1}$ 进行训练。例如，对于一个二进制信息序列 $s_n \in \{1,-1\}$，将 $\hat{d}_n$ 通过阈值设备可获得关于时刻 n 的估计值 $\hat{s}_{n-L+1}$。值得注意的是，DFE 是半监督学习的早期例子之一，其训练数据不足，估计值也被用于训练[94]。这样，假设训练阶段结束时有 $\hat{s}_{n-L+1}=s_{n-L+1}$，而且时间变化缓慢，能保证 $\hat{d}_n \simeq d_n$，则可预计有足够大的概率 $\hat{s}_{n-L+1}$ 仍将等于 s_{n-L+1}，所以均衡器可以追踪改变。有关 DFE 及其误差性能的更多信息可参考文献[77]。

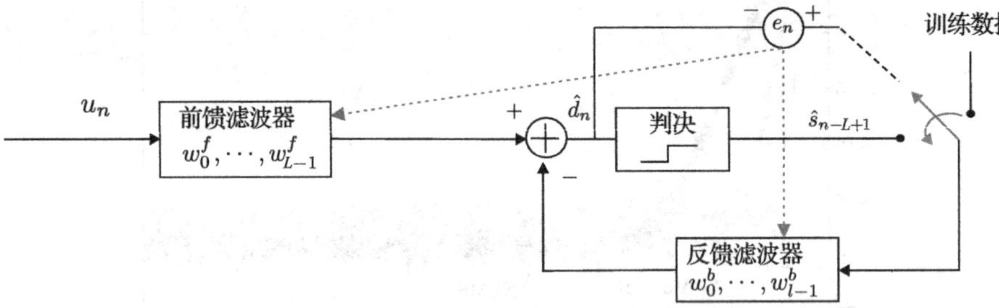

图 5.20　DFE 的前馈部分作用于接收到的样本，而反馈部分作用于训练数据/判决，这取决于操作模式

到目前为止所讨论的任何自适应方案都可以在 DFE 场景中使用，方法是在判决引导模式下用 $\hat{s}_n$ 替换输入向量 $\boldsymbol{u}_e$ 中的 s_n 项。值得一提的是，文献[44, 78]中首先使用了均衡任务环境下的自适应算法。[14]中首次提出了一个在频域内工作的 DFE 版本。

这样，线性 DFE 的 LMS 递归的复值公式变为

222

$$\begin{aligned}
\hat{d}_n &= \boldsymbol{w}_{n-1}^{\mathrm{H}} \boldsymbol{u}_{e,n} \\
d_n &= s_{n-L+1};\ \text{训练模式} \\
d_n &= T\left[\hat{d}_n\right];\ \text{判决引导模式} \\
e_n &= d_n - \hat{d}_n \\
\boldsymbol{w}_n &= \boldsymbol{w}_{n-1} + \mu \boldsymbol{u}_{e,n} e_n^*
\end{aligned}$$

其中 $T[\cdot]$ 表示阈值化操作。

例 5.7　考虑一个通信系统，其输入信息序列为随机生成的符号流 $s_n=\pm1$，且二值具有相等的概率。这个序列被发送到一个有脉冲响应的信道

$$\boldsymbol{h} = [0.04, -0.05, 0.07, -0.21, 0.72, 0.36, 0.21, 0.03, 0.07]^{\mathrm{T}}$$

信道输出受到了信噪比 SNR=11 分贝级别的高斯白噪声的污染。使用一个 DFE，其前馈部分长度为 $L=21$，反馈部分长度为 $l=10$。该 DFE 利用 250 个符号进行训练，然后它切换到判决引导模式，并运行了 10 000 次迭代。在每个迭代步，将判决($\mathrm{sgn}(\hat{d}_n)$)与真正传输的符号 s_{n-L+1} 进行比较。错误率(错误总数除以相应的传输符号数)约为 1%。图 5.21 显示了平均 MSE 关于迭代次数的曲线。对 LMS，这里使用了 $\mu=0.025$。

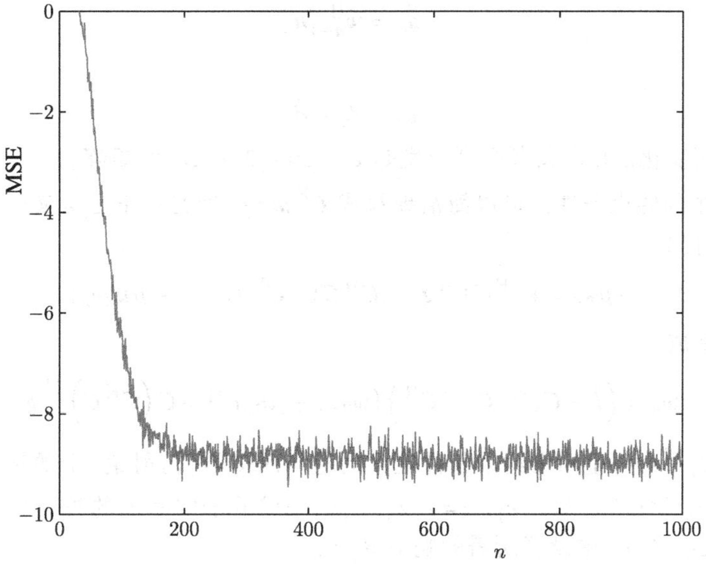

图 5.21　例 5.7 的 DFE 的 MSE 曲线，以分贝为单位。在时刻 $n=250$ 之后，LMS 用判决 $\hat{s}_{n-L+1}$ 进行训练 223

5.11　线性约束 LMS

4.9.2 节介绍了线性约束 MSE 估计的任务。本节，我们转而讨论它的在线随机梯度对应版本。这里遵从涉及随机过程的线性滤波的符号约定，因为一个典型的应用是波束成形。这也是要用到复值公式的原因。不过，这里所讲的也适用于更一般的线性估计任务。

在 4.9.2 节中，目标是在一组约束条件下最小化噪声方差或滤波器(波束成形器)的输出，导出代价函数分别为 $\boldsymbol{w}^{\mathrm{H}}\Sigma_{\eta}\boldsymbol{w}$ 和 $\boldsymbol{w}^{\mathrm{H}}\Sigma_{u}\boldsymbol{w}$。在更一般的设定中，会要求输出“接近”期望的响应随机信号 d_n。对于波束成形问题，这对应于期望的(训练)信号。也就是说，除了通过约束给出所需的方向外，还提供了一个期望的信号序列。进一步，我们将假设解必须满足多个约束条件。那么现在的任务变成

$$\begin{aligned}\boldsymbol{w}_* &= \arg\min_{\boldsymbol{w}} \mathbb{E}\left[\left|\mathrm{d}_n - \boldsymbol{w}^{\mathrm{H}}\mathbf{u}_n\right|^2\right] \\ \text{满足}\quad \boldsymbol{w}^{\mathrm{H}}\boldsymbol{c}_i &= g_i, \quad i=1,2,\cdots,m\end{aligned} \tag{5.72}$$

对于某些 $g_i\in\mathbb{R}$。对应的拉格朗日函数为

$$\begin{aligned}L(\boldsymbol{w}) \;=\; & \sigma_d^2 + \boldsymbol{w}^{\mathrm{H}}\,\mathbb{E}[\mathbf{u}_n\mathbf{u}_n^{\mathrm{H}}]\boldsymbol{w} - \boldsymbol{w}^{\mathrm{H}}\,\mathbb{E}[\mathbf{u}_n\mathrm{d}_n^*] - \mathbb{E}[\mathbf{u}_n^{\mathrm{H}}\mathrm{d}_n]\boldsymbol{w} + \\ & \sum_{i=1}^{m}\lambda_i\left(\boldsymbol{w}^{\mathrm{H}}\boldsymbol{c}_i - g_i\right)\end{aligned}$$

其中 λ_i，$i=1,2,\cdots,m$ 是对应的拉格朗日乘子。关于 $\boldsymbol{w}^*$ 求梯度并将 $\boldsymbol{w}$ 视为常数，得到

$$\nabla_{w^*}L(\boldsymbol{w}) = \mathbb{E}[\mathbf{u}_n\mathbf{u}_n^{\mathrm{H}}]\boldsymbol{w} - \mathbb{E}[\mathbf{u}_n\mathrm{d}_n^*] + \sum_{i=1}^{m}\lambda_i\boldsymbol{c}_i$$

应用罗宾斯-门罗法求根，可得

$$\boldsymbol{w}_n = \boldsymbol{w}_{n-1} + \mu\boldsymbol{u}_n e_n^* - \mu C\boldsymbol{\lambda}_n \tag{5.73}$$

这里用的是常数步长 μ，且

$$\hat{d}_n = \boldsymbol{w}_{n-1}^{\mathrm{H}}\boldsymbol{u}_n$$

和

$$e_n = d_n - \hat{d}_n$$

224 并允许 $\boldsymbol{\lambda}$ 随时间变化。C 定义各个列分别是 $\boldsymbol{c}_i$，$i=1,2,\cdots,m$ 的矩阵。

式(5.72)中的约束条件，可以简洁地写成 $C^{\mathrm{H}}\boldsymbol{w}=\boldsymbol{g}$(回忆一下 $g_i \in \mathbb{R}$)，将式(5.73)代入其中，容易得到

$$-\mu\boldsymbol{\lambda}_n = (C^{\mathrm{H}}C)^{-1}\boldsymbol{g} - (C^{\mathrm{H}}C)^{-1}C^{\mathrm{H}}\left(\boldsymbol{w}_{n-1} + \mu\boldsymbol{u}_n e_n^*\right)$$

更新递归式就变成

$$\boldsymbol{w}_n = \left(I - C(C^{\mathrm{H}}C)^{-1}C^{\mathrm{H}}\right)\left(\boldsymbol{w}_{n-1} + \mu\boldsymbol{u}_n e_n^*\right) + C\left(C^{\mathrm{H}}C\right)^{-1}\boldsymbol{g}$$

注意$(I-C(C^{\mathrm{H}}C)^{-1}C^{\mathrm{H}})$是到由约束条件定义的超平面交集(仿射集)上的正交投影矩阵(回想一下，$C(C^{\mathrm{H}}C)^{-1}C^{\mathrm{H}}$ 是到由 $\boldsymbol{c}_i$，$i=1,2,\cdots,m$ 张成的子空间上的投影)。如果目标是最小化输出，则必须在 e_n 中设置所需的响应 $d_n=0$。

文献[40]中首先研究了约束 LMS。除了前面使用的约束之外，还可以使用其他的约束。例如，对于约束 NLMS，需要额外要求

$$\boldsymbol{w}_n^{\mathrm{H}}\boldsymbol{u}_n = d_n$$

(可参见[6])。

5.12 非平稳环境中 LMS 算法的跟踪性能

我们已经考虑了 LMS 的收敛性，并对所讨论的其他算法做了相关评注。如前所述，收敛是一种瞬态现象，也就是说，它关注的是从最初的启动到达到稳定状态的时间。之前也讨论了平稳环境下的稳态问题。在平稳环境中，未知的参数向量以及涉及的随机变量/过程所蕴含的统计特性保持不变。

现在我们将重点转到真实的(未知的)参数向量/系统发生变化的情况。这会影响输出观测值，从而影响它们的统计特性。注意，输入的统计特性也可能发生变化。但这里不打算考虑这类情况，因为相关分析可能会变得异常复杂。我们的目标是研究 LMS 的跟踪性能，即算法跟踪未知参数向量变化的能力。注意跟踪是一个稳态现象。换句话说，我们假设已经经过了足够长的时间，以至于忘记了初始条件的影响，即初始条件不会对算法产生影响。跟踪灵敏性和收敛速度是算法的两个不同性质。一个算法可以快速收敛，但不一定具有良好的跟踪性能，反之亦然。以后会看到这种情况。

我们的设定类似于 5.5.1 节。和那里讨论的一致，我们还是考虑实值的情况，类似的结果也适用于复值线性估计场景。但是，与式(5.38)中采用的模型不同，这里采用的是时变模型，并假设如下。

假设 1。输出观测值由以下模型生成

225 $$\mathrm{y}_n = \boldsymbol{\theta}_{o,n-1}^{\mathrm{T}}\mathbf{x} + \eta \tag{5.74}$$

这与 LMS 中使用的在时刻 n 的预测模型是一致的。即参数的未知集合是时变的。假设输入向量 $\mathbf{x}$ 和噪声变量 η 的统计特性是与时间无关的，这就是我们没用时间索引的原因。等价地，在输入是一个随机过程 u_n 的情况下，我们假设它是平稳的。此外，假设输入变量与零均值噪声变量 η 无关，η 的连续样本是独立同分布的(白噪声序列)，方差为 σ_η^2。目

前为止，我们还没有超出 5.5.1 节中所述的假设 1。

假设 2。时变模型遵循随机游走，可表示为

$$\boldsymbol{\theta}_{o,n}=\boldsymbol{\theta}_{o,n-1}+\boldsymbol{\omega} \tag{5.75}$$

假设随机向量 $\boldsymbol{\omega}$ 均值为零，协方差矩阵为

$$\mathbb{E}\left[\boldsymbol{\omega}\boldsymbol{\omega}^{\mathrm{T}}\right]=\Sigma_{\omega}$$

注意，随机游走的方差随时间无界增长。这很容易通过递归地应用式(5.75)证明。

这个模型的一个变体在使用时更合理，即

$$\boldsymbol{\theta}_{o,n}=a\boldsymbol{\theta}_{o,n-1}+\boldsymbol{\omega}$$

这里 $|a|<1$(见[106])。不过对它的分析更为复杂，所以我们将继续使用式(5.75)中的模型。毕竟，这里的目标是强调跟踪的概念，对其有初步的认识，并了解其对稳态失调的影响。

假设 3。在 5.5.1 节中，我们假设了 $\mathbf{c}_{n-1}:=\boldsymbol{\theta}_{n-1}-\boldsymbol{\theta}_{o,n-1}$ 独立于 $\mathbf{x}$ 和 η。这次，我们也假设 $\mathbf{c}_n$ 和 $\boldsymbol{\omega}$ 是独立的。

由式(5.48)可知，在 n 时刻的残余 MSE 为

$$J_{\mathrm{exc},n}=\operatorname{trace}\{\Sigma_x\Sigma_{c,n-1}\}$$

故现在的目标是计算时变模型下的 $\Sigma_{c,n-1}$。显然式(5.35)对应变成了

$$\mathbf{c}_n=\left(I-\mu\mathbf{x}\mathbf{x}^{\mathrm{T}}\right)\mathbf{c}_{n-1}+\mu\mathbf{x}\eta-\boldsymbol{\omega} \tag{5.76}$$

采用前面所述的三个假设，以及 $\mathbf{x}$ 的高斯假设，并按照与式(5.41)用到的完全相同的步骤可得

$$\begin{aligned}\Sigma_{c,n} = {} & \Sigma_{c,n-1}-\mu\Sigma_x\Sigma_{c,n-1}-\mu\Sigma_{c,n-1}\Sigma_x+2\mu^2\Sigma_x\Sigma_{c,n-1}\Sigma_x+\\ & \mu^2\Sigma_x\operatorname{trace}\{\Sigma_x\Sigma_{c,n-1}\}+\mu^2\sigma_\eta^2\Sigma_x+\Sigma_\omega\end{aligned} \tag{5.77}$$

注意如果是复值数据，唯一的区别是右端第四项不需要乘 2(习题 5.15)。这个式子控制着 $\Sigma_{c,n}$ 的传播，进而可以导出残余 MSE。

对小的 μ 我们能得到一个更方便的形式。此时右边的第四项和第五项相对于 $\mu\Sigma_x\Sigma_{c,n-1}$ 很小，所以可以忽略。而且在稳态时，$\Sigma_{c,n}=\Sigma_{c,n-1}:=\Sigma_c$，两边同时取迹，可得(回忆一下 $\operatorname{trace}\{A+B\}=\operatorname{trace}\{A\}+\operatorname{trace}\{B\}$ 和 $\operatorname{trace}\{AB\}=\operatorname{trace}\{BA\}$) 226

$$\boxed{J_{\mathrm{exc}}=\operatorname{trace}\{\Sigma_x\Sigma_c\}=\frac{1}{2}\left(\mu\sigma_\eta^2\operatorname{trace}\{\Sigma_x\}+\frac{1}{\mu}\operatorname{trace}\{\Sigma_\omega\}\right)} \tag{5.78}$$

值得注意的是，这与更合理的能量守恒理论得出的近似结果完全相同[83]。

比较式(5.78)与式(5.53)，在当前的设定中，还有一个与噪声相关的项，它使模型围绕其均值漂移。因此，1)对残余 MSE 的贡献一是来自 LMS 不能准确地获得最优值；2)有一个额外度量“惯性”的项来足够快地跟踪模型的变化。这是目前讨论的最重要结果。在时变环境下，失调增大。此外，从式(5.78)和 μ 的作用可以看出，μ 的取值小，对第一项有有益效应，但它增加了第二项的贡献。对较大的 μ 值则相反。这是很自然的。小步长让算法有机会在平稳环境下更好地学习，但算法不能足够快地跟踪变化。因此，μ 的选择应该是权衡的结果。最小化式(5.78)中的残余误差，容易得到

$$\mu_{\mathrm{opt}}=\sqrt{\frac{\operatorname{trace}\{\Sigma_\omega\}}{\sigma_\eta^2\operatorname{trace}\{\Sigma_x\}}}$$

但要注意，这种 μ 的选择只在理论上重要。在实际应用中，系统的时间变化很难与所采用的模型对应。由于分析的复杂性，为了简化数学运算，通常会选择一个简单的模型。而且为了简化分析，我们会采用一些假设。在实践中，μ 的选择更多的是根据用户实验后的实际经验，而非基于理论。然而，理论指出了我们需要在收敛速度和跟踪性能之间进行权衡。

在非平稳环境下，在线/自适应方案的性能可以通过查阅文献[16, 38, 47, 61, 70, 83]获得更严格的数学分析。LMS 与其他算法相比的跟踪性能的一些仿真结果如第 6 章中的例 6.3 所示，其中介绍了递归最小二乘(RLS)算法。

5.13　分布式学习：分布式 LMS

现在我们将关注点转向在过去十年左右日益重要的一个问题。越来越多的应用程序从不同的传感器接收数据、保存在不同的数据库中，这些传感器/数据库在空间上是分散的。但我们必须利用所有这些空间分布的信息来实现一个共同的目标，也就是说，执行一个通用的估计/推断任务。我们把这样的任务称为分布式或去中心化学习。这个问题的核心是协作的概念，它是为了达成一个共同的目标/决策而交换学习经验/信息的过程。人类社会
227 就是因协作而存在(因缺乏协作而消失)。

分布式学习在许多生物系统中很常见，在这些系统中没有个体/代理负责，但群体表现出高度的智慧(我们人类称之为本能)。请见如鸟类的列队飞行和蜜蜂在新巢中成群结队的方式。

除了社会学和生物学，科学和工程中也使用了分布式学习的概念，无线传感器网络(WSN)就是一个典型的例子。WSN 最初被认为是一种空间分布的自主传感器，用于监测物理和环境条件，如压力、温度、声音等，并协同地将数据传递给中心单元。虽然无线传感器网络最初是用于军事应用，但今天已面向各种各样的应用，如交通控制、国土安全和监视、卫生保健和环境建模。每个传感器节点都配备了板载处理器，以便在本地执行一些简单的处理并传输所需的经部分处理过的数据。由于低能量和带宽限制，传感器/节点具有较低的处理、存储和通信等方面的性能[1, 104]。

其他典型分布式学习应用的例子包括对个体在社会网络中关联方式的建模和研究、对定义在复杂电网上通路的建模、认知无线电系统以及模式识别。所有这些应用的共同特点是数据在每个单独的节点/代理中进行部分处理，处理后的信息按照特定协议传到网络。

不熟悉的读者可能会问的一个明显的问题是：为什么不只使用一个节点/代理和本地驻留的信息来执行推断任务？这当然是因为我们可以通过利用整个网络的可用数据/信息来获得更好的估计值/结果。这使我们想到了共识(consensus)的概念。

根据《美国传统词典》，“consensus”被定义为“一个群体作为一个整体所达成的意见或立场”，也就是说，共识是确保群体内部达成“公认协议”的过程。“公认协议”一词并没有唯一的定义。在某些情况下，这可能指的是一致通过的决定，在另一些情况下，它指的是多数决定原则。在某些情况下，所有代理的意见都是同等重要的，而在另一些情况下，根据一些相对重要程度的衡量标准，会施加不同的权重。但在所有情况下，任何基于共识的过程的本质都是相信：与每个代理/个人单独作用的过程相比，它会做出“更好”的决定。

本节将重点讨论参数估计任务。每个单独的代理都可以通过“本地”数据获取过程访问部分信息。虽然每个代理都可以访问不同的数据集，但它们都有一个共同的目标，即估计相同的未知参数集。这项任务将以协作的方式完成。但是，可以采用不同的合作

场景。

5.13.1　协同策略

在分布式学习中，每个单独的代理被表示为图中的一个节点。节点之间的边表示相关代理可以交换信息。无向边表示信息可以双向交换，有向边表示信息流动的允许方向[1]。 228

1. 中心化网络

在这种协作场景下，节点将它们的测量值传递给一个中心融合单元进行处理。得到的估计值可以传送回每个节点。图 5.22 说明了这种拓扑结构。在图 5.22a 中，所有节点都直接连接到融合中心，融合中心用正方形表示。在图 5.22b 中，一些节点可以直接链接到融合中心，而其他节点则将它们的测量值传递到一个相连的邻居，然后该邻居将接收到的以及本地可用的观测值/测量值传递到邻近节点或融合中心。这种合作策略的主要优点是融合中心可以计算出最优估计，因为它可以访问所有可用的信息。然而，这种最优性是具有一些弊端的，比如这会增加通信代价和延迟，特别是对大型网络而言。而且，当融合中心崩溃时，整个网络也会崩溃。此外，在某些应用程序中涉及隐私问题。例如，当数据涉及医疗记录时，节点不希望发送可用的(训练)数据，最好是传递某些在本地处理过的信息。为了克服中心化处理场景的缺点，提出了不同的分布式处理方案。

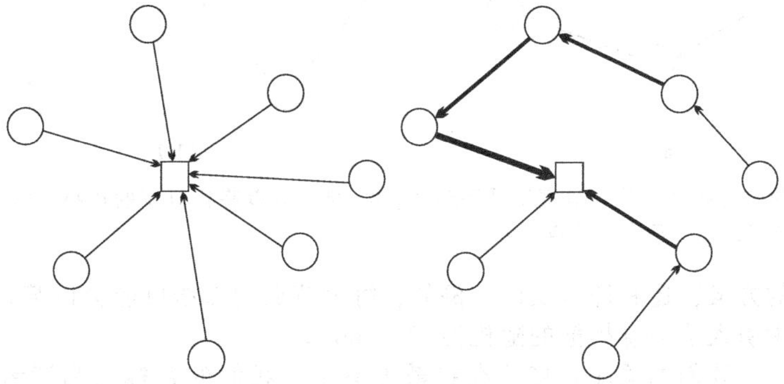

a)　　　　b)

图 5.22　正方形表示融合中心。a) 所有节点直接与融合中心通信。b) 部分节点直接连接融合中心。其他节点将自己的数据传递给邻近的节点等，直到信息到达融合中心。连接的线越粗，通过相应链接传输的数据量就越大

2. 去中心化网络

在这种场景下，没有中央融合中心。处理在每个节点的本地执行，且只利用本地接收的测量值。然后每个节点将局部获得的估计值传递给它的邻居，即它所链接的节点。这些链接在相应图中表示为边。下面是一些不同的去中心化方案。 229

- 增量/环网络：这些网络需要沿着网络的边存在一个循环路径[2]。从一个节点开始，这样的循环必须访问每个节点至少一次，然后返回到第一个节点。这种拓扑实现了一种迭代计算方法。在每次迭代中，每个节点都在本地进行数据采集和处理，并将所需信息传递给循环路径中的相邻节点。结果表明，增量方案可以达到全局性能(见[58])。这种协作模式的主要缺点是，每次迭代都需要循环信息，在大型网络

[1] 第 15 章给出了图的更严格的定义。

[2] 考虑一个图中的一组节点 $x_1,\cdots,x_k$，若有边连接 (x_{i-1},x_i)，$i=2,\cdots,k$，则称连接 k 个节点的边的集合是一个路径。

中这是一个问题。这里还需要强调一点，即循环图的构建和维护，访问每个节点，是一个 NP -难任务[52]。此外，如果一个节点发生故障，整个网络就会崩溃。对应的图拓扑如图 5.23a 所示。

- 自组织网络：根据这种合作的原理，节点在每次迭代中在本地获取数据并进行处理。但循环路径的约束被移除。每个节点将信息传递给与其共享一条边的相邻节点，通过这种方式，信息在整个网络中扩散。这种方案的优点是，如果某些节点发生故障，操作不会被卡住。此外，网络的拓扑结构可能不固定。人们为这些“额外好处”付出的代价是，最终收敛之后获得的性能不如通过增量网络和中心化网络。这是自然的，因为在每次迭代中，每个节点只能访问有限数量的信息。图 5.23b 展示了一个自组织网络的拓扑结构。

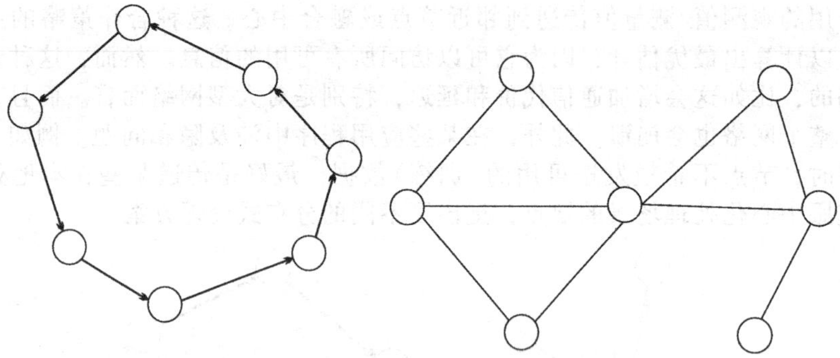

a)　　　　b)

图 5.23　a) 增量或环拓扑。信息流遵循循环路径。b) 与扩散策略相对应的拓扑。每个节点将信息传递给与其共享一条边的节点

除了上面的方案，还有许多变体。例如，每个节点的邻居可能会以某种概率变化，这
230 就在每次迭代中引入了信息扩散的随机性[33, 60]。

在这一节中，我们的关注点将放在扩散方案上。我们的目标是为读者提供一个围绕 LMS 方案的基本技术示例，而不是介绍一般的分布式学习，这是一个历史悠久的领域，一些经典文献和该领域的最新贡献请参见[9, 19, 29, 51, 76, 95, 107]。除了分布式推理外，在复杂网络这一新兴领域中，与网络拓扑和图上学习相关的内容也引起了人们的广泛关注，请参见[18, 37, 87, 89, 100]及其中的参考文献。

5.13.2　扩散 LMS

考虑一个由 K 个代理/节点组成的网络。每个节点与邻居节点交换信息。给定一个图中的节点 k，设 $\mathcal{N}_k$ 为与该节点共享一条边的节点的集合，此外我们让节点 k 也包含在 $\mathcal{N}_k$ 中。这样，它即为 k 的邻域集。这个集合的基数记为 n_k。图 5.24 显示了一个有 6 个节点的图。例如，节点 $k=6$ 的邻域集是 $\mathcal{N}_6=\{2, 3, 6\}$，其基数为 $n_6=3$。$\mathcal{N}_k$ 的基数也被称为节点 k 的度。相反，节点 $k=6$ 和 $k=5$ 不是邻居，因为它们没有通过边直接相连。本节中，我们假设图是一个强连通图，即任意一对节点之间至少有一条边相连。

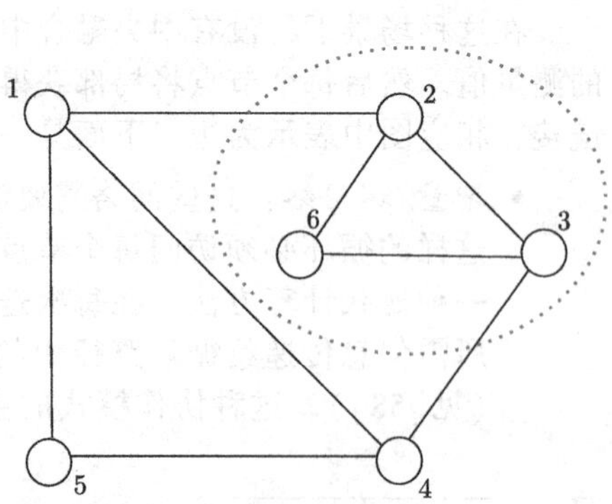

图 5.24　一个与在扩散策略下运行的网络相对应的图。虚线环绕节点 $k=6$ 的邻居节点

网络中的每个节点都可以访问本地数据采集过程，该过程提供一对训练数据[⊖]($y_k(n)$, $\boldsymbol{x}_k(n)$)，$k=1,2,\cdots,K$，$n=0,1,\cdots$，这些数据是独立同分布的、从零均值联合分布随机变量 y_k，$\mathbf{x}_k$，$k=1,\cdots,K$ 中抽取到的观测值。我们进一步假设，在所有情况下，输入–输出变量对都与一个公共的(未知的)参数向量 $\boldsymbol{\theta}_o$ 相关。例如，在每个节点中，假设数据由以下回归模型生成

$$\mathrm{y}_k=\boldsymbol{\theta}_o^{\mathrm{T}}\mathbf{x}_k+\eta_k,\quad k=1,2,\cdots,K \tag{5.79}$$ 231

一般来说，这里的 $\mathbf{x}_k$ 以及零均值噪声变量 η_k 服从不同的统计性质。我们很快将讨论这些应用。

分别处理每个节点，使局部代价函数

$$J_k(\boldsymbol{\theta})=\mathbb{E}\left[\left|\mathrm{y}_k-\boldsymbol{\theta}^{\mathrm{T}}\mathbf{x}_k\right|^2\right]$$

最小化的 MSE 最优解由相应的正规方程给出，这涉及各自的协方差矩阵和互相关向量，即

$$\Sigma_{x_k}\boldsymbol{\theta}_*=\boldsymbol{p}_k \tag{5.80}$$

回忆一下对于回归模型有 $\boldsymbol{\theta}_*=\boldsymbol{\theta}_o$，所有节点的结果都是相同的。毫无疑问，如果统计量 Σ_{x_k}，$\boldsymbol{p}_k$，$k=1,2,\cdots,K$ 已知，我们可以就此打住了。但我们也知道情况并非如此，在实践中必须对它们进行估计。或者，必须使用迭代技术来学习统计量和未知参数。这里需要考虑分布在整个网络中的所有节点，使得可从所有观测值中获益。因此，一个更自然的标准是

$$J(\boldsymbol{\theta})=\sum_{k=1}^{K}J_k(\boldsymbol{\theta})=\sum_{k=1}^{K}\mathbb{E}\left[\left|\mathrm{y}_k-\boldsymbol{\theta}^{\mathrm{T}}\mathbf{x}_k\right|^2\right] \tag{5.81}$$

利用前面多次用到的标准论证方法，很容易看出未知参数 $\boldsymbol{\theta}_o$ 的(共同)估计值是

$$\left(\sum_{k=1}^{K}\Sigma_{x_k}\right)\boldsymbol{\theta}_*=\sum_{k=1}^{K}\boldsymbol{p}_k$$

的解。

使用式(5.81)中的全局代价作为出发点，应用梯度下降优化法

$$\boldsymbol{\theta}^{(i)}\;=\;\boldsymbol{\theta}^{(i-1)}+\mu\sum_{k=1}^{K}\left(\boldsymbol{p}_k-\Sigma_{x_k}\boldsymbol{\theta}^{(i-1)}\right) \tag{5.82}$$

通过将期望替换为瞬时观测值，并将迭代步骤与时间更新联系起来，从而得到相应的随机梯度方案

$$\boldsymbol{\theta}_n=\boldsymbol{\theta}_{n-1}+\mu\sum_{k=1}^{K}\boldsymbol{x}_k(n)e_k(n)$$

$$e_k(n)=y_k(n)-\boldsymbol{\theta}_{n-1}^{\mathrm{T}}\boldsymbol{x}_k(n)$$

这里采纳了经典 LMS 蕴含的基本原理，使用了固定步长。这种 LMS 类型的递归非常适合中心化场景，所有数据都传输到融合中心。这是一种极端情况，与其相反的另一种情况是，节点单独行动而不协作。然而，存在一个中间途径，这就引出了分布式扩散的操作模式。 232

⊖ 由于节点索引 k 的存在，我们将时间索引放在了括号中，以令符号表示整洁。

与其试图最小化公式(5.81)，不如选择一个特定的节点 k，构造局部代价为 $\mathcal{N}_k$ 中节点的加权总代价，即

$$J_k^{\mathrm{loc}}(\boldsymbol{\theta})=\sum_{m\in\mathcal{N}_k}c_{mk}J_m(\boldsymbol{\theta}),\quad k=1,2,\cdots,K \tag{5.83}$$

要求

$$\sum_{k=1}^{K}c_{mk}=1, c_{mk}\geqslant 0 \text{ 和 } c_{mk}=0 \quad \text{若 } m\notin\mathcal{N}_k, m=1,2,\cdots,K \tag{5.84}$$

设 C 是元素为 $[C]_{mk}=c_{mk}$ 的 $K\times K$ 矩阵，则式(5.84)中的求和条件可写成

$$C\mathbf{1}=\mathbf{1} \tag{5.85}$$

这里 **1** 表示所有元素都等于 1 的向量。即每一行中的所有元素的和是 1。这样的矩阵被称为*右随机矩阵*。反过来，如果一个矩阵满足

$$C^{\mathrm{T}}\mathbf{1}=\mathbf{1}$$

则称它是左随机的。同时是左、右随机的矩阵称为*双随机矩阵*(习题 5.16)。注意，由于这个矩阵的约束，我们仍然有

$$\begin{aligned}\sum_{k=1}^{K}J_k^{\mathrm{loc}}(\boldsymbol{\theta})&=\sum_{k=1}^{K}\sum_{m\in\mathcal{N}_k}c_{mk}J_m(\boldsymbol{\theta})=\sum_{k=1}^{K}\sum_{m=1}^{K}c_{mk}J_m(\boldsymbol{\theta})\\&=\sum_{m=1}^{K}J_m(\boldsymbol{\theta})=J(\boldsymbol{\theta})\end{aligned}$$

也就是说，把所有的局部代价加起来，就是整体的代价。

现在关注最小化公式(5.83)。由梯度下降法，可得

$$\boldsymbol{\theta}_k^{(i)}=\boldsymbol{\theta}_k^{(i-1)}+\mu_k\sum_{m\in\mathcal{N}_k}c_{mk}\left(\boldsymbol{p}_m-\Sigma_{x_m}\boldsymbol{\theta}_k^{(i-1)}\right)$$

但是，由于邻居的节点交换信息，它们可以共享当前的估计。这是合理的，因为最终目标是达到一个共同的估计。因此，交换当前的估计可以用来帮助算法过程实现这一目标。为此，通过正则化方法修改式(5.83)中的代价，得到

233
$$\tilde{J}_k^{\mathrm{loc}}(\boldsymbol{\theta})=\sum_{m\in\mathcal{N}_k}c_{mk}J_m(\boldsymbol{\theta})+\lambda||\boldsymbol{\theta}-\tilde{\boldsymbol{\theta}}||^2 \tag{5.86}$$

其中 $\tilde{\boldsymbol{\theta}}$ 编码了关于未知向量的信息，这些信息是通过相邻节点获得的，这里 $\lambda>0$。对式(5.86)应用梯度下降法(并将来自指数上的因子 2 吸收到步长中)，得到

$$\boldsymbol{\theta}_k^{(i)}=\boldsymbol{\theta}_k^{(i-1)}+\mu_k\sum_{m\in\mathcal{N}_k}c_{mk}\left(\boldsymbol{p}_m-\Sigma_{x_m}\boldsymbol{\theta}_k^{(i-1)}\right)+\mu_k\lambda\left(\tilde{\boldsymbol{\theta}}-\boldsymbol{\theta}_k^{(i-1)}\right) \tag{5.87}$$

它可以分成以下两个步骤：

$$\text{步骤1:}\quad \boldsymbol{\psi}_k^{(i)}=\boldsymbol{\theta}_k^{(i-1)}+\mu_k\sum_{m\in\mathcal{N}_k}c_{mk}\left(\boldsymbol{p}_m-\Sigma_{x_m}\boldsymbol{\theta}_k^{(i-1)}\right)$$

$$\text{步骤2:}\quad \boldsymbol{\theta}_k^{(i)}=\boldsymbol{\psi}_k^{(i)}+\mu_k\lambda\left(\tilde{\boldsymbol{\theta}}-\boldsymbol{\theta}_k^{(i-1)}\right)$$

步骤 2 可以稍微修改下，用 $\boldsymbol{\psi}_k^{(i)}$ 替换 $\boldsymbol{\theta}_k^{(i-1)}$，这是因为它编码了最近的信息，这就得到

$$\boldsymbol{\theta}_k^{(i)}=\boldsymbol{\psi}_k^{(i)}+\mu_k\lambda\left(\tilde{\boldsymbol{\theta}}-\boldsymbol{\psi}_k^{(i)}\right)$$

此外在每个迭代步骤中，$\tilde{\boldsymbol{\theta}}$ 的合理选择为

$$\tilde{\boldsymbol{\theta}}=\tilde{\boldsymbol{\theta}}^{(i)}:=\sum_{m\in\mathcal{N}_{k\backslash k}} b_{mk}\boldsymbol{\psi}_m^{(i)}$$

其中

$$\sum_{m\in\mathcal{N}_{k\backslash k}} b_{mk}=1,\quad b_{mk}\geqslant 0$$

这里 $\mathcal{N}_{k\backslash k}$ 表示 $\mathcal{N}_k$ 中除 k 以外的元素集合。换句话说，在每个迭代中更新 $\boldsymbol{\theta}_k$，以便将其移向局部代价的下降方向，同时限制它接近其余更新的凸组合，这些更新是在步骤 1 的计算中从其所有邻居节点中获得的。故最终得到以下递归式：

扩散梯度下降法

$$\text{步骤1:}\quad \boldsymbol{\psi}_k^{(i)}=\boldsymbol{\theta}_k^{(i-1)}+\mu_k\sum_{m\in\mathcal{N}_k} c_{mk}\left(\boldsymbol{p}_m-\Sigma_{x_m}\boldsymbol{\theta}_k^{(i-1)}\right) \tag{5.88}$$

$$\text{步骤2:}\quad \boldsymbol{\theta}_k^{(i)}=\sum_{m\in\mathcal{N}_k} a_{mk}\boldsymbol{\psi}_m^{(i)} \tag{5.89}$$

其中，我们设

$$a_{kk}=1-\mu_k\lambda\quad \text{和}\quad a_{mk}=\mu_k\lambda b_{mk} \tag{5.90}$$

对于足够小的 $\mu_k\lambda$，可以导出

$$\sum_{m\in\mathcal{N}_k} a_{mk}=1,\quad a_{mk}\geqslant 0 \tag{5.91}$$ 234

注意，通过设 $a_{mk}=0$，$m\notin\mathcal{N}_k$，并定义 A 是元素为$[A]_{mk}=a_{mk}$ 的矩阵，则可以这样写

$$\sum_{m=1}^{K} a_{mk}=1\ \Rightarrow\ A^{\mathrm{T}}\mathbf{1}=1 \tag{5.92}$$

即 A 是一个左随机矩阵。需要强调的是，不管我们之前的推导如何，式(5.89)中的左随机矩阵 A 可以任意选择。

另一种稍微不同的导出式(5.87)的方法是将梯度下降法解释为代价函数在当前可用估计值周围的线性化的正则最小化。使用的正则化项是 $\|\boldsymbol{\theta}-\boldsymbol{\theta}^{(i-1)}\|^2$，它试图使新的更新尽可能接近当前可用的估计值。在分布式学习的环境中，可以使用邻域内获得的可用估计值的凸组合来代替 $\boldsymbol{\theta}^{(i-1)}$[26, 27, 84]。

现在我们已准备好描述扩散 LMS(DiLMS)的第一个版本，即在式(5.88)和式(5.89)中，用瞬时观测值代替期望，并将迭代解释为时间更新。

算法 5.7 (先适应后组合的扩散 LMS)

- 初始化
  - **For** $k=1,2,\cdots,K$, **Do**
    - $\boldsymbol{\theta}_k(-1)=\mathbf{0}\in\mathbb{R}^l$，或任意其他值
  - **End For**
  - 选择 μ_k，$k=1,2\cdots,K$；为小的正数
  - 选择 C：$C\mathbf{1}=\mathbf{1}$
  - 选择 A：$A^{\mathrm{T}}\mathbf{1}=\mathbf{1}$

- **For** $n=0,1,\cdots$, **Do**
  - **For** $k=1,2,\cdots,K$, **Do**
    - **For** $m\in\mathcal{N}_k$, **Do**
      - $e_{k,m}(n)=y_m(n)-\boldsymbol{\theta}_k^{\mathrm{T}}(n-1)\boldsymbol{x}_m(n)$，对复值数据，修改 $T\rightarrow H$
    - **End For**
    - $\boldsymbol{\psi}_k(n)=\boldsymbol{\theta}_k(n-1)+\mu_k\sum_{m\in\mathcal{N}_k}c_{mk}\boldsymbol{x}_m(n)e_{k,m}(n)$，对复值数据，修改 $e_{k,m}(n)\rightarrow e_{k,m}^*(n)$
  - **End For**
  - **For** $k=1,2,\cdots,K$
    - $\boldsymbol{\theta}_k(n)=\sum_{m\in\mathcal{N}_k}a_{mn}\boldsymbol{\psi}_m(n)$
  - **End For**
- **End For**

请注意以下几点：

235
- 这种形式的扩散 DiLMS 被称为先适应后组合的(ATC)DiLMS，因为第一步是更新，然后是组合。
- 在 $C=I$ 的特殊情况下，则适应步骤为

$$\boldsymbol{\psi}_k(n)=\boldsymbol{\theta}_k(n-1)+\mu\boldsymbol{x}_k(n)e_k(n)$$

  此时节点无须交换观测值。
- 适应步骤的基本原理如图 5.25 所示。在时刻 n 三个邻居交换接收到的数据。如果输入向量对应一个随机信号 $u_k(n)$ 的实现，对每一个链接而言，信息在其每个方向上的交换包括两个值 $(y_k(n),u_k(n))$。在更一般的情况下，输入是联合分布变量的随机向量，那么所有 l 个变量都必须交换。在此消息传递之后，将进行适应步骤，如图 5.25a 所示。然后节点跨链接交换它们得到的估计值 $\boldsymbol{\psi}_k(n)$，$k=1,2,3$(图 5.25b)。

如果颠倒这两个步骤的顺序，首先执行组合然后执行适应，则导致不同的算法。

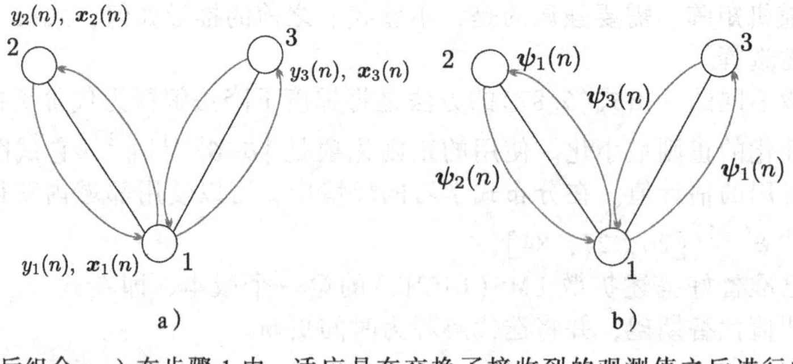

图 5.25　先适应后组合：a) 在步骤 1 中，适应是在交换了接收到的观测值之后进行的；b) 在步骤 2 中，各节点交换其本地计算的估计，进而获得更新的估计值

算法 5.8(先组合后适应的扩散 LMS)

- 初始化
  - **For** $k=1,2,\cdots,K$, **Do**
    - $\boldsymbol{\theta}_k(-1)=\mathbf{0}\in\mathbb{R}^l$，或任意其他值
  - **End For**
  - 选择 C：$C\mathbf{1}=\mathbf{1}$

- 选择 A：$A^{\mathrm{T}}\mathbf{1}=\mathbf{1}$
- 选择 μ_k，$k=1,2\cdots,K$；为小的正数

- **For** $n=0,1,\cdots,$ **Do**
  - **For** $k=1,2,\cdots,K$，**Do**
    - $\boldsymbol{\psi}_k(n-1)=\sum_{m\in\mathcal{N}_k} a_{mk}\boldsymbol{\theta}_m(n-1)$
  - **End For** 236
  - **For** $k=1,2,\cdots,K$，**Do**
    - **For** $m\in\mathcal{N}_k$，**Do**
      - $e_{k,m}(n)=y_m(n)-\boldsymbol{\psi}_k^{\mathrm{T}}(n-1)\boldsymbol{x}_m(n)$，对复值数据，修改 $T\rightarrow H$
    - **End For**
    - $\boldsymbol{\theta}_k(n)=\boldsymbol{\psi}_k(n-1)+\mu_k\sum_{m\in\mathcal{N}_k} c_{mk}\boldsymbol{x}_m(n)e_{k,m}(n)$，对复值数据，修改 $e_{k,m}(n)\rightarrow e_{k,m}^*(n)$
  - **End For**
- **End For**

此适应方案的基本原理与图 5.25 所示相反，图 5.25b 中的阶段先于图 5.25a 的阶段。如果 $C=I$，则不存在输入–输出数据信息交换，此时节点 k 的参数更新变为

$$\boldsymbol{\theta}_k(n)=\boldsymbol{\psi}_k(n-1)+\mu_k\boldsymbol{x}_k(n)e_k(n)$$

附注 5.4

- 关于 DiLMS 的一个早期报告可在文献[59]中找到。文献[80，93]给出了一些衰减步长的算法版本，并分析了其收敛性。除了 DiLMS 之外，在文献[58]中还提出了一个增量分布式协作的版本。相关综述见[84，86，87]。
- 到目前为止，关于矩阵 $C(A)$的选择还没有讨论。有很多种选法，两个流行的选择如下。

  平均规则：

$$c_{mk}=\begin{cases}\frac{1}{n_k}, & \text{如果}k=m\text{，或节点}k\text{和}m\text{是邻居}\\ 0, & \text{其他}\end{cases}$$

  并且这样的矩阵是左随机的。

  梅特罗波利斯规则：

$$c_{mk}=\begin{cases}\frac{1}{\max\{n_k,n_m\}}, & \text{如果}k\neq m\text{，且}k\text{和}m\text{是邻居}\\ 1-\sum_{i\in\mathcal{N}_k\backslash k}c_{ik}, & m=k\\ 0, & \text{其他}\end{cases}$$

  这可使相应的矩阵是双随机的。
- 针对不同节点估计不同但有重叠的参数向量的情况，文献[20，75]中也推导出了基于分布式 LMS 的算法。

5.13.3 收敛和稳态性能：一些重点

本节将总结一些关于 DiLMS 性能分析的结果，但并不给出证明。证明遵循与标准 LMS 类似的方法，但是涉及稍微复杂的代数运算。感兴趣的读者可以通过阅读原始论文或文献[84]来找到证明。 237

- 式(5.88)、式(5.89)中的梯度下降法保证收敛的含义是

$$\boldsymbol{\theta}_k^{(i)} \xrightarrow[i\to\infty]{} \boldsymbol{\theta}_*$$

保证收敛的条件为

$$\mu_k \leqslant \frac{2}{\lambda_{\max}\{\Sigma_k^{\text{loc}}\}}$$

其中

$$\Sigma_k^{\text{loc}} = \sum_{m\in\mathcal{N}_k} c_{mk}\Sigma_{x_m} \tag{5.93}$$

这对应于公式(5.16)中的条件。

- 假设 C 是双随机的，可以证明分布式情况下解的收敛速度比非协作情况下的收敛速度快，这里非协作方式指的是每个节点单独操作，并使用相同的步长 $\mu_k=\mu$ 且假设这个公共值能保证收敛性。也就是说，协作提高了收敛速度。这符合本节开头所做的一般性评注。
- 假设式(5.79)的模型中所涉及的噪声序列在时间上和空间上都是白的，即

$$\mathbb{E}\left[\eta_k(n)\eta_k(n-r)\right] = \sigma_k^2\delta_r, \quad \delta_r = \begin{cases}1, & r=0\\ 0, & r\neq 0\end{cases}$$

$$\mathbb{E}\left[\eta_k(n)\eta_m(r)\right] = \sigma_k^2\delta_{km}\delta_{nr}, \quad \delta_{km},\delta_{nr} = \begin{cases}1, & k=m,\ n=r\\ 0, & \text{其他}\end{cases}$$

同时，噪声序列与输入向量无关，即

$$\mathbb{E}\left[\mathbf{x}_m(n)\eta_k(n-r)\right] = \mathbf{0}, \quad k,m=1,2,\cdots,K,\forall r$$

最后，输入向量之间也假设在空间上和时间上无关，即

$$\mathbb{E}\left[\mathbf{x}_k(n)\mathbf{x}_m^{\mathrm{T}}(n-r)\right] = O, \quad \text{若}\,k\neq m,\,\text{且}\,\forall r$$

前述假设与研究 LMS 性能时所采用的假设相对应，下面的假设对于 DiLMS 是成立的。

均值收敛：假设

$$\mu_k < \frac{2}{\lambda_{\max}\{\Sigma_k^{\text{loc}}\}} \tag{5.94}$$

则

238 $$\mathbb{E}\left[\boldsymbol{\theta}_k(n)\right] \xrightarrow[n\to\infty]{} \boldsymbol{\theta}_*, \quad k=1,2,\cdots,K$$

这里需要说明的是式(5.94)中的稳定性条件依赖于 C 而非 A。

- 如果除了前面的假设，C 还是双随机的，则在任意节点上，均值收敛的速度在分布式场景下比节点单独操作无合作的场景下更快，这里同样假设所有的 $\mu_k=\mu$ 且能保证收敛。
- 失调：在 C 和 A 都是双随机矩阵的假设下，以下结论是正确的。
  - 稳态时先适应再组合策略比 ATC 策略在所有节点上的平均失调更小。
  - 在分布式操作中，网络中所有节点的平均失调总是比单独操作、不协作得到的失调要低，同样这里假设单独操作时均使用相同的 $\mu_k=\mu$。也就是说，协作不仅提高了收敛速度，而且提高了稳态性能。

例 5.8 本例考虑一个节点数 $L=10$ 的网络。这些节点随机连接，共有 32 个连接，

已检查产生的网络是强连通的。在每个节点中，使用相同的向量 $\boldsymbol{\theta}_o \in \mathbb{R}^{30}$，根据回归模型生成数据。$\boldsymbol{\theta}_o$ 是由 $\mathcal{N}(0,1)$ 随机生成，式(5.79)中的输入向量 $\boldsymbol{x}_k$ 根据 $\mathcal{N}(0,1)$ 独立同分布地生成，每个节点的噪声水平不同，20~25 分贝不等。 239

我们进行了三个实验。第一个采用分布式 LMS 的先适应后组合(ATC)形式，第二个采用先组合后适应(CTA)形式。在第三个实验中，LMS 算法在每个节点独立运行，并不协作。所有情况下，步长都取 $\mu=0.01$。图 5.26 显示了从每个实验中获得的平均(在所有节点上)MSD(n)：$\frac{1}{K}\sum_{k=1}^{K}\|\boldsymbol{\theta}_k(n)-\boldsymbol{\theta}_o\|^2$。可以看出，无论是在收敛性方面，还是在稳态误差方面，协作方式都显著提高了性能。此外，正如 5.13.3 节所述，ATC 的表现略优于 CTA。

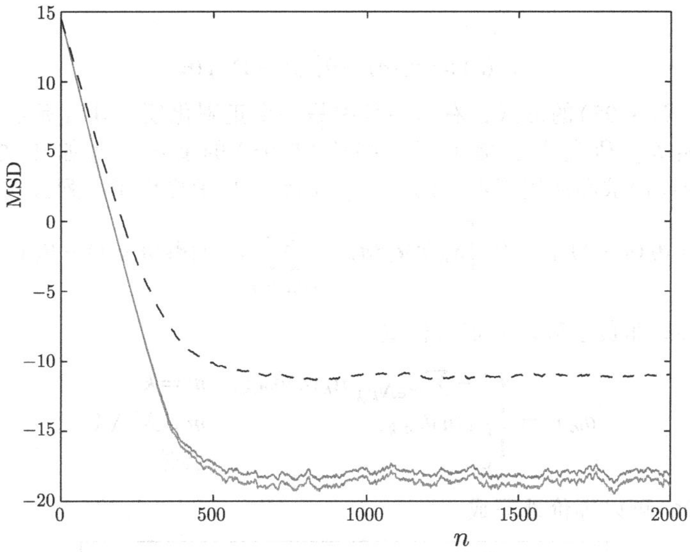

图 5.26　对于非协作运行模式的 LMS(点线)和 DiLMS 在 ATC 模公式(红线)和 CTA 模公式(灰线)下的平均(在所有节点上)误差收敛曲线(MSD)。在这三种情况下，步长 μ 是相同的。节点之间的合作显著提高了性能。在 DiLMS 的情况下，ATC 版本的性能略优于 CTA(MSD，单位分贝)

5.13.4　基于共识的分布式方法

文献[64, 88]提出了另一种技术路线来导出分布式网络的 LMS 版本。回想一下，到目前为止，在推导 DiLMS 的讨论中，我们要求每个节点的更新都接近各自邻域中可用估计的凸组合。现在将使这样的要求变得非常严格。我们不打算涉及细节，因为这需要从目前介绍过的背景材料和算法工具出发转而研究更多的内容，我们将在线性 MSE 估计的背景下描述任务。

为了将式(5.81)引入分布式学习环境中，我们对其进行修改，允许每个节点 k 有不同的参数向量，满足

$$J(\boldsymbol{\theta}_1,\cdots,\boldsymbol{\theta}_K)=\sum_{k=1}^{K}\mathbb{E}\left[\left|\mathrm{y}_k-\boldsymbol{\theta}_k^{\mathrm{T}}\mathbf{x}_k\right|^2\right]$$

然后任务变为以下约束优化问题

$$\{\hat{\boldsymbol{\theta}}_k,k=1,\cdots,K\}=\arg\min_{\{\boldsymbol{\theta}_k,\ k=1,\cdots,K\}}J(\boldsymbol{\theta}_1,\cdots,\boldsymbol{\theta}_K)$$

$$\text{满足}\quad \boldsymbol{\theta}_k=\boldsymbol{\theta}_m,\quad k=1,2,\cdots,K,\ m\in\mathcal{N}_k$$

换句话说，要求在一个邻域内的估计值相等。因为我们假设表示网络的图是连通的，因此这些约束导致了在整个网络上都是相等的。对这个问题，我们通过使用随机逼近方法和基于交替方向乘子法(ADMM)(第 8 章)进行迭代优化[19]。算法除了更新向量估计外，还必须更新相关的拉格朗日乘子。

除了前面介绍的基于 ADMM 的方法外，一些研究中[19，33，49，50，71]也使用了被称为基于共识的算法的变体。下面的公式衍生出了大量的随机梯度共识算法[33，49，50]：

$$\boldsymbol{\theta}_k(n)=\boldsymbol{\theta}_k(n-1)+\mu_k(n)\left[\boldsymbol{x}_k(n)e_k(n)+\lambda\sum_{m\in\mathcal{N}_{k\backslash k}}\left(\boldsymbol{\theta}_k(n-1)-\boldsymbol{\theta}_m(n-1)\right)\right] \tag{5.95}$$

其中

240

$$e_k(n):=y_k(n)-\boldsymbol{\theta}_k^{\mathrm{T}}(n-1)\boldsymbol{x}_k(n)$$

这里 $\lambda>0$。观察式(5.95)的形式，右边括号中是一个正则化项，其目标是在节点 k 的邻域内强制估计值相等。研究人员提出了一些式(5.95)的变种。例如在文献[49]中，对式(5.95)右边的共识求和使用了不同的步长。文献[99]中提出了下列公式

$$\boldsymbol{\theta}_k(n)=\boldsymbol{\theta}_k(n-1)+\mu_k(n)\left[\boldsymbol{x}_k(n)e_k(n)+\sum_{m\in\mathcal{N}_{k\backslash k}}b_{m,k}\left(\boldsymbol{\theta}_k(n-1)-\boldsymbol{\theta}_m(n-1)\right)\right] \tag{5.96}$$

其中 $b_{m,k}$ 表示某些非负系数。若定义权重

$$a_{m,k}:=\begin{cases}1-\sum_{m\in\mathcal{N}_{k\backslash k}}\mu_k(n)b_{m,k}, & m=k\\ \mu_k(n)b_{m,k}, & m\in\mathcal{N}_k\setminus k\\ 0, & \text{其他}\end{cases} \tag{5.97}$$

则递归公式(5.96)可以等价地写成

$$\boxed{\boldsymbol{\theta}_k(n)=\sum_{m\in\mathcal{N}_k}a_{m,k}\boldsymbol{\theta}_m(n-1)+\mu_k(n)\boldsymbol{x}_k(n)e_k(n)} \tag{5.98}$$

公式(5.98)中的更新规则也称为*共识策略*(参见[99])。注意步长是时变的。特别地，在文献[19，71]中，在随机梯度原理中采用了衰减步长，它必须满足我们所熟悉的下面这对条件以保证在所有节点上收敛到一个共识值：

$$\sum_{n=0}^{\infty}\mu_k(n)=\infty,\quad \sum_{n=0}^{\infty}\mu_k^2(n)<\infty \tag{5.99}$$

观察公式(5.98)中的更新递归式，很容易看出，更新 $\boldsymbol{\theta}_k(n)$ 只涉及相应节点的误差 $e_k(n)$。相反，仔细查看算法 5.7 和算法 5.8 中相应的更新递归式，$\boldsymbol{\theta}_k(n)$ 是根据邻域内的平均误差更新的。这是一个重要的区别。

文献[86，99]中研究了采用*固定步长*的共识递归公式(5.98)的理论性质，并与扩散方案进行了对比分析。结果表明，在如下意义上扩散方案比基于共识的方法更有效：扩散方案的收敛速度快于共识法；扩散方案可达到较低的稳态均方误差下限；扩散方案的均方稳定性对组合权值的选择不敏感。

5.14 实例研究：目标定位

考虑一个由 K 个节点组成的网络，其目标是估计和跟踪特定目标的位置。假设未知目

标的位置 $\boldsymbol{\theta}_o$ 位于二维空间中。每个节点的位置用 $\boldsymbol{\theta}_k=[\theta_{k1},\theta_{k2}]^{\mathrm{T}}$ 表示，节点 k 与未知目标的真实距离为 241

$$r_k=\|\boldsymbol{\theta}_o-\boldsymbol{\theta}_k\| \tag{5.100}$$

从节点 k 指向未知源的方向向量为

$$\boldsymbol{g}_k=\frac{\boldsymbol{\theta}_o-\boldsymbol{\theta}_k}{\|\boldsymbol{\theta}_o-\boldsymbol{\theta}_k\|} \tag{5.101}$$

显然，距离可以用方向向量写为

$$r_k=\boldsymbol{g}_k^{\mathrm{T}}(\boldsymbol{\theta}_o-\boldsymbol{\theta}_k) \tag{5.102}$$

合理的假设是，每个节点 k 通过有噪声的观测“感知”距离和方向向量。例如，噪声信息可以从接收信号的强度或其他相关信息中推断出来。根据文献[84，98]中的类似原理，可以将带噪声的距离建模为

$$\hat{r}_k(n)=r_k+v_k(n) \tag{5.103}$$

其中 n 为离散时刻，$v_k(n)$ 为叠加噪声项。方向向量的噪声是两个效应的结果：沿着垂直于 $\boldsymbol{g}_k$ 方向发生的偏差和平行于 $\boldsymbol{g}_k$ 方向发生的偏差。总之，在时刻 n 的带噪声的方向向量可以写成(见图 5.27)

$$\hat{\boldsymbol{g}}_k(n)=\boldsymbol{g}_k+v_k^{\perp}(n)\boldsymbol{g}_k^{\perp}+v_k^{\parallel}(n)\boldsymbol{g}_k \tag{5.104}$$

其中 $v_k^{\perp}(n)$ 为沿着方向向量的垂直方向 $\boldsymbol{g}_k^{\perp}$ 上的噪声，$v_k^{\parallel}(n)$ 为沿着平行于方向向量的噪声。考虑到噪声项，式(5.103)可写成

$$\hat{r}_k(n)=\hat{\boldsymbol{g}}_k^{\mathrm{T}}(n)(\boldsymbol{\theta}_o-\boldsymbol{\theta}_k)+\eta_k(n) \tag{5.105}$$

其中

$$\eta_k(n)=v_k(n)-v_k^{\perp}(n)\boldsymbol{g}_k^{\perp\mathrm{T}}(\boldsymbol{\theta}_o-\boldsymbol{\theta}_k)-v_k^{\parallel}(n)\boldsymbol{g}_k^{\mathrm{T}}(\boldsymbol{\theta}_o-\boldsymbol{\theta}_k) \tag{5.106}$$

回想一下，根据构造有 $\boldsymbol{g}_k^{\perp\mathrm{T}}(\boldsymbol{\theta}_o-\boldsymbol{\theta}_k)=0$，公式(5.106)可进一步简化。而且，通常假设 $v_k^{\perp}(n)$ 的贡献要比 $v_k^{\parallel}(n)$ 的贡献大得多。因此考虑到这两个条件，公式(5.106)可简化为

$$\eta_k(n)\approx v_k(n) \tag{5.107}$$

如果定义 $y_k(n):=\hat{r}_k(n)+\hat{\boldsymbol{g}}_k^{\mathrm{T}}(n)\boldsymbol{\theta}_k$，并将公式(5.105)和公式(5.107)结合，则可导出以下模型：

$$y_k(n)\approx\boldsymbol{\theta}_o^{\mathrm{T}}\hat{\boldsymbol{g}}_k(n)+v_k(n) \tag{5.108}$$ 242

公式(5.108)是一个线性回归模型。在每一时刻，利用可用的估计值，我们都可以访问 $y_k(n)$、$\hat{\boldsymbol{g}}_k(n)$，并且可以采用任何形式的分布式算法来获得更好的 $\boldsymbol{\theta}_o$ 的估计。

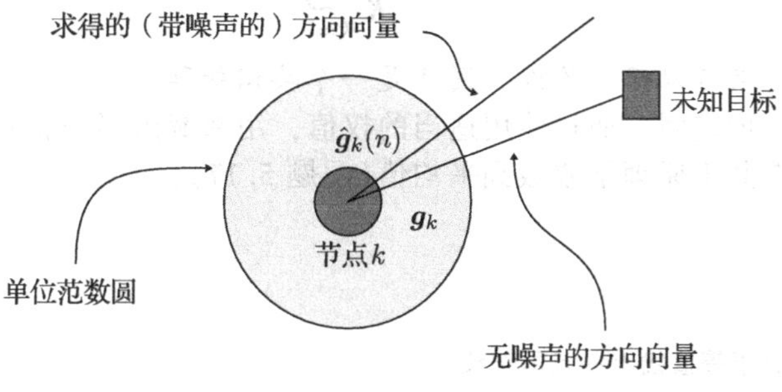

图 5.27　节点、目标源和方向向量的图示

事实上，信息交换和融合极大地增强了节点估计和跟踪目标源的能力。这些节点可能代表寻找营养源的鱼群、寻找蜂巢的蜂群、寻找营养源的细菌等[28，84，85，97]。

分布式学习的其他一些典型应用是社交网络[36]、无线电资源分配[32]和网络制图[65]等。

5.15　一些结论：共识矩阵

在我们讨论 DiLMS 时，我们使用了组合矩阵 $A(C)$，并假设它是左(右)随机的。此外，在与性能相关的部分中我们曾指出，如果这些矩阵是双随机的，那么可以保证有些结果的正确性。在一般的分布式处理理论中，一个非常重要的矩阵就是所谓的**共识矩阵**。尽管在本章中并不需要，这里我们还是简单介绍一下。如果一个矩阵 $A \in \mathbb{R}^{K\times K}$，它是双随机的，即

$$A\mathbf{1}=\mathbf{1},\quad A^{\mathrm{T}}\mathbf{1}=\mathbf{1}$$

此外它还满足如下的性质

$$\left|\lambda_i\left\{A^{\mathrm{T}}-\frac{1}{K}\mathbf{1}\mathbf{1}^{\mathrm{T}}\right\}\right|<1,\quad i=1,2,\cdots,K$$

即矩阵

243

$$A^{\mathrm{T}}-\frac{1}{K}\mathbf{1}\mathbf{1}^{\mathrm{T}}$$

的所有特征值的模长严格小于 1。我们称这样的矩阵为共识矩阵。为展示其用途，我们将阐述分布式学习中的一个基本定理。

定理 5.2　*考虑一个由 K 个节点组成的网络，每个节点都可以访问状态向量 $\boldsymbol{x}_k$。考虑递归式*

$$\boxed{\boldsymbol{\theta}_k^{(i)}=\sum_{m\in\mathcal{N}_k}a_{mk}\boldsymbol{\theta}_m^{(i-1)},\quad k=1,2,\cdots,K,\ i>0:\ \text{共识迭代}}$$

其中

$$\boldsymbol{\theta}_k^{(0)}=\boldsymbol{x}_k,\quad k=1,2,\cdots,K$$

定义矩阵 $A\in\mathbb{R}^{K\times K}$，其各个元素为

$$[A]_{mk}=a_{mk},\quad m,k=1,2,\cdots,K$$

其中 $a_{mk}\geqslant 0$，且若 $m\notin\mathcal{N}_k$，则 $a_{mk}=0$。若 A 是一个共识矩阵，则有[31]

$$\boldsymbol{\theta}_k^{(i)}\longrightarrow\frac{1}{K}\sum_{k=1}^{K}\boldsymbol{x}_k$$

反过来也是对的。如果可以保证收敛，则 A 是一个共识矩阵。

换句话说，该定理表明，通过使用适当的权值，用邻域内当前估计的凸组合来更新每个节点，则网络将在共识原理下收敛到平均值(习题 5.17)。

习题

5.1　证明梯度向量垂直于等值线上一点的切线。

5.2　证明：若满足

$$\sum_{i=1}^{\infty}\mu_i^2<\infty,\quad \sum_{i=1}^{\infty}\mu_i=\infty$$

则对于 MSE 代价函数且步长与迭代相关的情况，最速下降法收敛于最优解。

5.3　推导复值情况下的最速梯度下降方向。

5.4　设 θ、x 为两个联合分布的随机变量，定义函数(回归量)

$$f(\theta)=\mathbb{E}[\mathrm{x}|\theta]$$

证明在公式(5.29)的条件下，递归式

$$\theta_n=\theta_{n-1}-\mu_n x_n$$

依概率上收敛到 $f(\theta)$ 的一个根。 244

5.5　证明 LMS 算法是一个非线性估计量。

5.6　证明公式(5.42)。

5.7　推导公式(5.45)中的界。提示：利用一个线性代数中众所周知的性质，即矩阵 $A\in\mathbb{R}^{l\times l}$ 的特征值，满足下面的界

$$\max_{1\leqslant i\leqslant l}|\lambda_i|\leqslant\max_{1\leqslant i\leqslant l}\sum_{j=1}^{l}|a_{ij}|:=\|A\|_1$$

5.8　格尔什戈林圆盘定理。设 A 是一个 $l\times l$ 的矩阵，其元素为 a_{ij}，$i,j=1,2,\cdots,l$。令 $R_i:=\sum_{\substack{j=1\\ j\neq i}}^{l}|a_{ij}|$ 为第 i 行非对角元素的绝对值之和。证明：若 λ 是 A 的一个特征值，则至少存在某一行(假设为第 i 行)，使得

$$|\lambda-a_{ii}|\leqslant R_i$$

最后的界定义了一个包含特征值 λ 的圆盘。

5.9　应用格尔什戈林圆盘定理证明公式(5.45)中的界。

5.10　推导公式(5.52)中的失调公式。

5.11　推导 APA 迭代方案。

5.12　对于一个值对 $(y_n,\boldsymbol{x}_n)$，考虑一个超平面，由所有满足下式的向量 $\boldsymbol{\theta}$ 构成：

$$\boldsymbol{x}_n^{\mathrm{T}}\boldsymbol{\theta}-y_n=0$$

证明 $\boldsymbol{x}_n$ 垂直于该超平面。

5.13　推导宽线性 APA 的递归式。

5.14　证明通过酉矩阵进行方阵的相似变换不会影响方阵的特征值。

5.15　如果 $\mathbf{x}\in\mathbb{R}^l$ 是一个高斯随机向量，则

$$F:=\mathbb{E}[\mathbf{x}\mathbf{x}^{\mathrm{T}}S\mathbf{x}\mathbf{x}^{\mathrm{T}}]=\Sigma_x\mathrm{trace}\{S\Sigma_x\}+2\Sigma_x S\Sigma_x$$

如果 $\mathbf{x}\in\mathbb{C}^l$，则

$$F:=\mathbb{E}[\mathbf{x}\mathbf{x}^{\mathrm{H}}S\mathbf{x}\mathbf{x}^{\mathrm{H}}]=\Sigma_x\mathrm{trace}\{S\Sigma_x\}+\Sigma_x S\Sigma_x$$

5.16　证明如果一个 $l\times l$ 的矩阵 C 是右随机的，那么它的所有特征值都满足

$$|\lambda_i|\leqslant 1,\quad i=1,2,\cdots,l$$

该结论同样适用于左随机矩阵和双随机矩阵。

5.17　证明定理 5.2。 245

MATLAB 练习

5.18　考虑公式(5.4)中的 MSE 代价函数。设互相关为 $\boldsymbol{p}=[0.05,0.03]^{\mathrm{T}}$。考虑两个协方差矩阵

$$\Sigma_1=\begin{bmatrix}1&0\\0&0.1\end{bmatrix},\quad \Sigma_2=\begin{bmatrix}1&0\\0&1\end{bmatrix}$$

计算相应的最优解 $\boldsymbol{\theta}_{(*,1)}=\Sigma_1^{-1}\boldsymbol{p}$，$\boldsymbol{\theta}_{(*,2)}=\Sigma_2^{-1}\boldsymbol{p}$。应用式(5.6)的梯度下降法估计 $\boldsymbol{\theta}_{(*,2)}$。设步长为：(a) 对应于式(5.17)的最优值 μ_o；(b) $\mu_o/2$。对于这两个步长，绘制在每个迭代步的误差 $\|\boldsymbol{\theta}^{(i)}-\boldsymbol{\theta}_{(*,2)}\|^2$，比较这两条曲线趋近于零的收敛速度。此外，在二维空间中，绘制两种步长下依次估计的系数 $\boldsymbol{\theta}^{(i)}$，以及代价函数的等值线。从趋向最小值的轨迹中你能观察到什么？

利用 Σ_1^{-1} 和 $\boldsymbol{p}$，应用式(5.6)估计 $\boldsymbol{\theta}_{(*,1)}$。使用之前实验的步长 μ_o。在同一图中，绘制之前计算的误差曲线 $\|\boldsymbol{\theta}^{(i)}-\boldsymbol{\theta}_{(*,2)}\|^2$ 和误差曲线 $\|\boldsymbol{\theta}^{(i)}-\boldsymbol{\theta}_{(*,1)}\|^2$。比较它们的收敛速度。现在将步长设置为与 Σ_1 相关联的最优值。同样，在二维空间中，绘制依次估计值和代价函数的等值线。与之前的实验对比收敛所需的步数。请尝试用不同的协方差矩阵和步长。

5.19　考虑线性回归模型

$$y_n=\boldsymbol{x}_n^{\mathrm{T}}\boldsymbol{\theta}_o+\eta_n$$

其中 $\boldsymbol{\theta}_o\in\mathbb{R}^2$。根据标准高斯分布 $\mathcal{N}(0,1)$ 随机生成未知向量的系数 $\boldsymbol{\theta}_o$，假设噪声是方差为 0.1 的高斯白噪声。输入向量的样本由标准高斯分布独立同分布地生成。应用式(5.34)中的罗宾斯–门罗算法，步长 $\mu_n=1/n$，求最优 MSE 线性估计。运行 1000 次独立实验，绘制每个迭代步中 1000 个估计值的第一个系数的平均值。另外，绘制水平线穿过未知向量的第一个系数的真实值。此外，每 30 个迭代步绘制所得估计的标准差。解释得到的结果。尝试使用不同的步长衰减规则，并解释所得结果。

5.20　根据如下回归模型生成数据

$$y_n=\boldsymbol{x}_n^{\mathrm{T}}\boldsymbol{\theta}_o+\eta_n$$

其中 $\boldsymbol{\theta}_o\in\mathbb{R}^{10}$，其元素由高斯分布 $\mathcal{N}(0,1)$ 随机获得，噪声样本是独立同分布地由 $\mathcal{N}(0,0.01)$ 生成。

生成两种输入样本，分别由下面两个随机过程产生：(a) 白噪声序列，独立同分布地由 $\mathcal{N}(0,1)$ 生成；(b) 由 $a_1=0.85$、相应白噪声激发的方差为 1 的自回归 AR(1) 过程。对于这两种输入样本，运行 LMS 算法，基于生成的训练集 $(y_n,\boldsymbol{x}_n)$，$n=0,1,\cdots$，估计 $\boldsymbol{\theta}_o$。步长取 $\mu=0.01$。运行 100 次独立实验，并绘制每次迭代的平均误差，以分贝为单位，即采用 $10\log_{10}(e_n^2)$，$e_n^2=(y_n-\boldsymbol{\theta}_{n-1}^{\mathrm{T}}\boldsymbol{x}_n)^2$。观察这两种情况下算法的收敛速度，你能看出什么？用不同的 AR 系数 a_1 和步长重复实验。观察学习曲线如何随着步长和 AR 系数值的不同而变化。选择一个较大的步长值，使 LMS 算法发散。从理论上对收敛速度和收敛后稳态误差下限的结果进行解释和论证。 246

5.21　使用上一道习题中的 AR(1) 过程来生成数据集。采用步长为 0.01 的变换域 LMS(算法 5.6)，同时设 $\delta=0.01$，$\beta=0.5$。此外，利用 DCT 变换。与前一道习题一样，运行 100 次独立实验并绘制每个迭代步的平均误差。将计算结果与相同步长条件下 LMS 的计算结果进行比较。

提示：使用 MATLAB 函数 dctmtx 计算 DCT 变换矩阵。

5.22　生成与习题 5.20 中相同的实验设定，不同之处为 $\boldsymbol{\theta}_o\in\mathbb{R}^{60}$。在 LMS 算法设 $\mu=0.025$，在 NLMS(算法 5.3)中设 $\mu=0.35$，$\delta=0.001$。采用参数 $\mu=0.1$，$\delta=0.001$ 和 $q=10$，30 的 APA 算法(算法 5.2)。与前面的习题相同，在图中绘制出所有这些算法的误差学习曲线。基于收敛速度和收敛后达到的误差下限这两个指标，请问 q 的选择如何影响 APA 算法的性能？尝试使用不同的 q 值和步长 μ。

5.23　考虑 5.10 节中描述的判决反馈均衡器。

(a) 生成一组 1000 个随机的 ±1 值(BPSK)(即 s_n)。将该序列直接导入具有脉冲响应 $\boldsymbol{h}=[0.04, -0.05, 0.07, -0.21, 0.72, 0.36, 0.21, 0.03, 0.07]^{\mathrm{T}}$ 的线性信道。再加上 11 分贝的高斯白噪声作为输出。输出记为 u_n。

(b) 设计 $L=21$，$l=10$，$\mu=0.025$ 的 DFE，并仅以训练模式工作。利用步骤(a)中描述的不同的随机序列，对 DFE 进行 500 次实验。绘制 MSE(500 次实验的平均值)。观察到在 $n=250$ 左右，算法收敛。

(c) 利用步骤(b)的参数设计自适应判决反馈均衡器。向均衡器输入步骤(a)中生成的 10 000 个随机值。在第 250 个数据样本之后，将 DFE 更改为判决引导模式。计算均衡器第 251 个样本到第 10 000 个样本的错误百分比。

(d) 重复步骤(a)~(c)，将添加到 BPSK 值的高斯白噪声水平分别更改为 15 分贝、12 分贝、10 分贝。然后对每种情况，将延迟更改为 $L=5$。解释所得结果。

5.24 开发 ATC 和 CTA 两种形式的 DiLMS 的 MATLAB 代码，并重现例 5.8 的结果。尝试选择不同参数。确保生成的网络是强连通的。

参考文献

[1] I.F. Akyildiz, W. Su, Y. Sankarasubramaniam, E. Cayirci, A survey on sensor networks, IEEE Commun. Mag. 40 (8) (2002) 102–114. 247

[2] S.J.M. Almeida, J.C.M. Bermudez, N.J. Bershad, M.H. Costa, A statistical analysis of the affine projection algorithm for unity step size and autoregressive inputs, IEEE Trans. Circuits Syst. I 52 (7) (2005) 1394–1405.

[3] T.Y. Al-Naffouri, A.H. Sayed, Transient analysis of data-normalized adaptive filters, IEEE Trans. Signal Process. 51 (3) (2003) 639–652.

[4] S. Amari, Theory of adaptive pattern classifiers, IEEE Trans. Electron. Comput. 16 (3) (1967) 299–307.

[5] C. Antweiler, M. Dörbecker, Perfect sequence excitation of the NLMS algorithm and its application to acoustic echo control, Ann. Telecommun. 49 (7–8) (1994) 386–397.

[6] J.A. Appolinario, S. Werner, P.S.R. Diniz, T.I. Laakso, Constrained normalized adaptive filtering for CDMA mobile communications, in: Proceedings, EUSIPCO, Rhodes, Greece, 1998.

[7] J.A. Appolinario, M.L.R. de Campos, P.S.R. Diniz, The binormalized data-reusing LMS algorithm, IEEE Trans. Signal Process. 48 (2000) 3235–3242.

[8] J. Arenas-Garcia, A.R. Figueiras-Vidal, A.H. Sayed, Mean-square performance of a convex combination of two adaptive filters, IEEE Trans. Signal Process. 54 (3) (2006) 1078–1090.

[9] S. Barbarossa, G. Scutari, Bio-inspired sensor network design: distributed decisions through self-synchronization, IEEE Signal Process. Mag. 24 (3) (2007) 26–35.

[10] J. Benesty, T. Gänsler, D.R. Morgan, M.M. Sondhi, S.L. Gay, Advances in Network and Acoustic Echo Cancellation, Springer Verlag, Berlin, 2001.

[11] J. Benesty, S.L. Gay, An improved PNLMS algorithm, in: IEEE International Conference on Acoustics, Speech, and Signal Processing, ICASSP, vol. 2, 2002.

[12] J. Benesty, C. Paleologu, S. Ciochina, On regularization in adaptive filtering, IEEE Trans. Audio Speech Lang. Process. 19 (6) (2011) 1734–1742.

[13] A. Benvenniste, M. Metivier, P. Piouret, Adaptive Algorithms and Stochastic Approximations, Springer-Verlag, NY, 1987.

[14] K. Berberidis, P. Karaivazoglou, An efficient block adaptive DFE implemented in the frequency domain, IEEE Trans. Signal Process. 50 (9) (2002) 2273–2285.

[15] N.J. Bershad, Analysis of the normalized LMS with Gaussian inputs, IEEE Trans. Acoust. Speech Signal Process. 34 (4) (1986) 793–806.

[16] N.J. Bershad, O.M. Macchi, Adaptive recovery of a chirped sinusoid in noise. Part 2: Performance of the LMS algorithm, IEEE Trans. Signal Process. 39 (1991) 595–602.

[17] J.C.M. Bermudez, N.J. Bershad, A nonlinear analytical model for the quantized LMS algorithm: the arbitrary step size case, IEEE Trans. Signal Process. 44 (1996) 1175–1183.

[18] A. Bertrand, M. Moonen, Seeing the bigger picture, IEEE Signal Process. Mag. 30 (3) (2013) 71–82.

[19] D.P. Bertsekas, J.N. Tsitsiklis, Parallel and Distributed Computations: Numerical Methods, Athena Scientific, Belmont, MA, 1997.

[20] N. Bogdanovic, J. Plata-Chaves, K. Berberidis, Distributed incremental-based LMS for node-specific adaptive parameter estimation, IEEE Trans. Signal Process. 62 (20) (2014) 5382–75397.

[21] N. Cesa-Bianchi, P.M. Long, M.K. Warmuth, Worst case quadratic loss bounds for prediction using linear functions and gradient descent, IEEE Trans. Neural Netw. 7 (3) (1996) 604–619.

[22] P. Bouboulis, S. Theodoridis, Extension of Wirtinger's calculus to reproducing kernel Hilbert spaces and the complex kernel LMS, IEEE Trans. Signal Process. 53 (3) (2011) 964–978.

[23] S. Boyd, L. Vandenberghe, Convex Optimization, Cambridge University Press, 2004.

[24] A. Carini, Efficient NLMS and RLS algorithms for perfect and imperfect periodic sequences, IEEE Trans. Signal Process. 58 (4) (2010) 2048–2059.

[25] A. Carini, G.L. Sicuranza, V.J. Mathews, Efficient adaptive identification of linear-in-the-parameters nonlinear filters using periodic input sequences, Signal Process. 93 (5) (2013) 1210–1220.

[26] F.S. Cattivelli, A.H. Sayed, Diffusion LMS strategies for distributed estimation, IEEE Trans. Signal Process. 58 (3) (2010) 1035–1048.

[27] F.S. Cattivelli, Distributed Collaborative Processing Over Adaptive Networks, PhD Thesis, University of California, LA, 2010.

[28] J. Chen, A.H. Sayed, Bio-inspired cooperative optimization with application to bacteria mobility, in: IEEE International Conference on Acoustics, Speech and Signal Processing, ICASSP, 2011, pp. 5788–5791.

[29] S. Chouvardas, Y. Kopsinis, S. Theodoridis, Sparsity-aware distributed learning, in: S. Cui, A. Hero, J. Moura, Z.Q. Luo
248 (Eds.), Big Data Over Networks, Cambridge University Press, 2014.

[30] T.A.C.M. Claasen, W.F.G. Mecklenbrauker, Comparison of the convergence of two algorithms for adaptive FIR digital filters, IEEE Trans. Acoust. Speech Signal Process. 29 (1981) 670–678.

[31] M.H. DeGroot, Reaching a consensus, J. Am. Stat. Assoc. 69 (345) (1974) 118–121.

[32] P. Di Lorenzo, S. Barbarossa, Swarming algorithms for distributed radio resource allocation, IEEE Signal Process. Mag. 30 (3) (2013) 144–154.

[33] A.G. Dimakis, S. Kar, J.M.F. Moura, M.G. Rabbat, A. Scaglione, Gossip algorithms for distributed signal processing, Proc. IEEE 98 (11) (2010) 1847–1864.

[34] P.S.R. Diniz, Adaptive Filtering: Algorithms and Practical Implementation, fourth ed., Springer, 2013.

[35] D.L. Duttweiler, Proportionate NLMS adaptation in echo cancelers, IEEE Trans. Audio Speech Lang. Process. 8 (2000) 508–518.

[36] C. Chamley, A. Scaglione, L. Li, Models for the diffusion of belief in social networks, IEEE Signal Process. Mag. 30 (3) (2013) 16–28.

[37] C. Eksin, P. Molavi, A. Ribeiro, A. Jadbabaie, Learning in network games with incomplete information, IEEE Signal Process. Mag. 30 (3) (2013) 30–42.

[38] D.C. Farden, Tracking properties of adaptive signal processing algorithms, IEEE Trans. Acoust. Speech Signal Process. 29 (1981) 439–446.

[39] E.R. Ferrara, Fast implementations of LMS adaptive filters, IEEE Trans. Acoust. Speech Signal Process. 28 (1980) 474–475.

[40] O.L. Frost III, An algorithm for linearly constrained adaptive array processing, Proc. IEEE 60 (1972) 926–935.

[41] I. Furukawa, A design of canceller of broadband acoustic echo, in: Proceedings, International Teleconference Symposium, 1984, pp. 1–8.

[42] S.L. Gay, S. Tavathia, The fast affine projection algorithm, in: Proceedings International Conference on Acoustics, Speech and Signal Processing, ICASSP, 1995, pp. 3023–3026.

[43] S.L. Gay, J. Benesty, Acoustical Signal Processing for Telecommunications, Kluwer, 2000.

[44] A. Gersho, Adaptive equalization of highly dispersive channels for data transmission, Bell Syst. Tech. J. 48 (1969) 55–70.

[45] A. Gilloire, M. Vetterli, Adaptive filtering in subbands with critical sampling: analysis, experiments and applications to acoustic echo cancellation, IEEE Trans. Signal Process. 40 (1992) 1862–1875.

[46] B. Hassibi, A.H. Sayed, T. Kailath, H^{∞} optimality of the LMS algorithm, IEEE Trans. Signal Process. 44 (2) (1996) 267–280.

[47] S. Haykin, Adaptive Filter Theory, fourth ed., Pentice Hall, 2002.

[48] T. Hinamoto, S. Maekawa, Extended theory of learning identification, IEEE Trans. 95 (10) (1975) 227–234 (in Japanese).

[49] S. Kar, J. Moura, Convergence rate analysis of distributed gossip (linear parameter) estimation: fundamental limits and tradeoffs, IEEE J. Sel. Top. Signal Process. 5 (4) (2011) 674–690.

[50] S. Kar, J. Moura, K. Ramanan, Distributed parameter estimation in sensor networks: nonlinear observation models and imperfect communication, IEEE Trans. Inf. Theory 58 (6) (2012) 3575–3605.

[51] S. Kar, J.M.F. Moura, Consensus + innovations distributed inference over networks, IEEE Signal Process. Mag. 30 (3) (2013) 99–109.

[52] R.M. Karp, Reducibility among combinational problems, in: R.E. Miller, J.W. Thatcher (Eds.), Complexity of Computer Computations, Plenum Press, NY, 1972, pp. 85–104.

[53] W. Kellermann, Kompensation akustischer echos in frequenzteilbandern, in: Aachener Kolloquim, Aachen, Germany, 1984, pp. 322–325.

[54] W. Kellermann, Analysis and design of multirate systems for cancellation of acoustical echos, in: Proceedings, IEEE International Conference on Acoustics, Speech and Signal Processing, New York, 1988, pp. 2570–2573.

[55] J. Kivinen, M.K. Warmuth, B. Hassibi, The p-norm generalization of the LMS algorithms for filtering, IEEE Trans. Signal Process. 54 (3) (2006) 1782–1793.

[56] H.J. Kushner, G.G. Yin, Stochastic Approximation Algorithms and Applications, Springer, New York, 1997.

[57] L. Ljung, System Identification: Theory for the User, Prentice Hall, Englewood Cliffs, NJ, 1987.

[58] C.G. Lopes, A.H. Sayed, Incremental adaptive strategies over distributed networks, IEEE Trans. Signal Process. 55 (8) (2007) 4064–4077.

[59] C.G. Lopes, A.H. Sayed, Diffusion least-mean-squares over adaptive networks: formulation and performance analysis, IEEE Trans. Signal Process. 56 (7) (2008) 3122–3136.

249 [60] C. Lopes, A.H. Sayed, Diffusion adaptive networks with changing topologies, in: Proceedings International Conference on Acoustics, Speech and Signal Processing, CASSP, Las Vegas, April 2008, pp. 3285–3288.

[61] O.M. Macci, N.J. Bershad, Adaptive recovery of chirped sinusoid in noise. Part 1: Performance of the RLS algorithm, IEEE Trans. Signal Process. 39 (1991) 583–594.

[62] O. Macchi, Adaptive Processing: The Least-Mean-Squares Approach With Applications in Transmission, Wiley, New York, 1995.
[63] V.J. Mathews, S.H. Cho, Improved convergence analysis of stochastic gradient adaptive filters using the sign algorithm, IEEE Trans. Acoust. Speech Signal Process. 35 (1987) 450–454.
[64] G. Mateos, I.D. Schizas, G.B. Giannakis, Performance analysis of the consensus-based distributed LMS algorithm, EURASIP J. Adv. Signal Process. (2009) 981030, https://doi.org/10.1155/2009/981030.
[65] G. Mateos, K. Rajawat, Dynamic network cartography, IEEE Signal Process. Mag. 30 (3) (2013) 129–143.
[66] R. Merched, A. Sayed, An embedding approach to frequency-domain and subband filtering, IEEE Trans. Signal Process. 48 (9) (2000) 2607–2619.
[67] N. Murata, A statistical study on online learning, in: D. Saad (Ed.), Online Learning and Neural Networks, Cambridge University Press, UK, 1998, pp. 63–92.
[68] S.S. Narayan, A.M. Peterson, Frequency domain LMS algorithm, Proc. IEEE 69 (1) (1981) 124–126.
[69] V.H. Nascimento, J.C.M. Bermudez, Probability of divergence for the least mean fourth algorithm, IEEE Trans. Signal Process. 54 (2006) 1376–1385.
[70] V.H. Nascimento, M.T.M. Silva, Adaptive filters, in: R. Chellappa, S. Theodoridis (Eds.), Signal Process, E-Ref. 1, 2014, pp. 619–747.
[71] A. Nedic, A. Ozdaglar, Distributed subgradient methods for multi-agent optimization, IEEE Trans. Autom. Control 54 (1) (2009) 48–61.
[72] K. Ozeki, T. Umeda, An adaptive filtering algorithm using an orthogonal projection to an affine subspace and its properties, IEICE Trans. 67-A (5) (1984) 126–132 (in Japanese).
[73] C. Paleologu, J. Benesty, S. Ciochina, Regularization of the affine projection algorithm, IEEE Trans. Circuits Syst. II, Express Briefs 58 (6) (2011) 366–370.
[74] A. Papoulis, S.U. Pillai, Probability, Random Variables and Stochastic Processes, fourth ed., McGraw Hill, 2002.
[75] J. Plata-Chaves, N. Bogdanovic, K. Berberidis, Distributed diffusion-based LMS for node-specific adaptive parameter estimation, arXiv:1408.3354, 2014.
[76] J.B. Predd, S.R. Kulkarni, H.V. Poor, Distributed learning in wireless sensor networks, IEEE Signal Process. Mag. 23 (4) (2006) 56–69.
[77] J. Proakis, Digital Communications, fourth ed., McGraw Hill, New York, 2000.
[78] J. Proakis, J.H. Miller, Adaptive receiver for digital signalling through channels with intersymbol interference, IEEE Trans. Inf. Theory 15 (1969) 484–497.
[79] H. Robbins, S. Monro, A stochastic approximation method, Ann. Math. Stat. 22 (1951) 400–407.
[80] S.S. Ram, A. Nedich, V.V. Veeravalli, Distributed stochastic subgradient projection algorithms for convex optimization, J. Optim. Theory Appl. 147 (3) (2010) 516–545.
[81] M. Martinez-Ramon, J. Arenas-Garcia, A. Navia-Vazquez, A.R. Figueiras-Vidal, An adaptive combination of adaptive filters for plant identification, in: Proceedings the 14th International Conference on Digital Signal Processing, DSP, 2002, pp. 1195–1198.
[82] A.H. Sayed, M. Rupp, Error energy bounds for adaptive gradient algorithms, IEEE Trans. Signal Process. 44 (8) (1996) 1982–1989.
[83] A.H. Sayed, Fundamentals of Adaptive Filtering, John Wiley, 2003.
[84] A.H. Sayed, Diffusion adaptation over networks, in: R. Chellappa, S. Theodoridis (Eds.), Academic Press Library in Signal Processing, vol. 3, Academic Press, 2014, pp. 323–454.
[85] A.H. Sayed, S.-Y. Tu, X. Zhao, Z.J. Towfic, Diffusion strategies for adaptation and learning over networks, IEEE Signal Process. Mag. 30 (3) (2013) 155–171.
[86] A.H. Sayed, Adaptive networks, Proc. IEEE 102 (4) (2014) 460–497.
[87] A.H. Sayed, Adaptation, learning, and optimization over networks, Found. Trends Mach. Learn. 7 (4–5) (2014) 311–801.
[88] I.D. Schizas, G. Mateos, G.B. Giannakis, Distributed LMS for consensus-based in-network adaptive processing, IEEE Trans. Signal Process. 57 (6) (2009) 2365–2382.
[89] D.I. Shuman, S.K. Narang, A. Ortega, P. Vandergheyrst, The emerging field of signal processing on graphs, IEEE Signal Process. Mag. 30 (3) (2013) 83–98.
[90] D.T. Slock, On the convergence behavior of the LMS and normalized LMS algorithms, IEEE Trans. Signal Process. 40 (9) (1993) 2811–2825. 250
[91] V. Solo, X. Kong, Adaptive Signal Processing Algorithms: Stability and Performance, Prentice Hall, Upper Saddle River, NJ, 1995.
[92] V. Solo, The stability of LMS, IEEE Trans. Signal Process. 45 (12) (1997) 3017–3026.
[93] S.S. Stankovic, M.S. Stankovic, D.M. Stipanovic, Decentralized parameter estimation by consensus based stochastic approximation, IEEE Trans. Autom. Control 56 (3) (2011) 531–543.
[94] S. Theodoridis, K. Koutroumbas, Pattern Recognition, fourth ed., Academic Press, 2009.
[95] J.N. Tsitsiklis, Problems in Decentralized Decision Making and Computation, PhD Thesis, MIT, 1984.
[96] Y.Z. Tsypkin, Adaptation and Learning in Automatic Systems, Academic Press, New York, 1971.
[97] S.-Y. Tu, A.H. Sayed, Foraging behavior of fish schools via diffusion adaptation, in: Proceedings Cognitive Information Processing, CIP, 2010, pp. 63–68.

[98] S.-Y. Tu, A.H. Sayed, Mobile adaptive networks, IEEE J. Sel. Top. Signal Process. 5 (4) (2011) 649–664.
[99] S.-Y. Tu, A.H. Sayed, Diffusion strategies outperform consensus strategies for distributed estimation over adaptive networks, IEEE Trans. Signal Process. 60 (12) (2012) 6217–6234.
[100] K. Vikram, V.H. Poor, Social learning and Bayesian games in multiagent signal processing, IEEE Signal Process. Mag. 30 (3) (2013) 43–57.
[101] E. Walach, B. Widrow, The least mean fourth (LMF) adaptive algorithm and its family, IEEE Trans. Inf. Theory 30 (2) (1984) 275–283.
[102] B. Widrow, M.E. Hoff, Adaptive switching circuits, in: IRE Part 4, IRE WESCON Convention Record, 1960, pp. 96–104.
[103] B. Widrow, S.D. Stearns, Adaptive Signal Processing, Prentice Hall, Englewood Cliffs, 1985.
[104] J.-J. Xiao, A. Ribeiro, Z.-Q. Luo, G.B. Giannakis, Distributed compression-estimation using wireless networks, IEEE Signal Process. Mag. 23 (4) (2006) 27–741.
[105] N.R. Yousef, A.H. Sayed, A unified approach to the steady-state and tracking analysis of adaptive filters, IEEE Trans. Signal Process. 49 (2) (2001) 314–324.
251 ~ [106] N.R. Yousef, A.H. Sayed, Ability of adaptive filters to track carrier offsets and random channel nonstationarities, IEEE Trans. Signal Process. 50 (7) (2002) 1533–1544.
252 [107] F. Zhao, J. Lin, L. Guibas, J. Reich, Collaborative signal and information processing, Proc. IEEE 91 (8) (2003) 1199–1209.

最小二乘算法族

6.1 引言

前两章关注的重点是误差平方损失函数。第 3 章介绍了误差平方和的代价函数，紧接着在第 4 章中讲述了均方误差(MSE)的版本。第 5 章使用了随机梯度下降技术来帮助我们绕过期望的计算，计算期望是因为 MSE 公式中需要计算数据的二阶统计量。 253

这一章将回到误差平方和的原始公式，我们的目标是更仔细地研究得到的一系列算法及其特性。重点给出了最小二乘(LS)方法的几何解释，以及其解的一些最重要的统计性质。本章是本书中首次介绍矩阵的奇异值分解(SVD)。讨论了它的几何正交性，并建立了它与降维的联系；后一个主题将在第 19 章中进行全面的讨论。本章的主要部分还将致力于递归最小二乘(RLS)算法，这是一个用于求解最小二乘(LS)优化任务的在线方法。RLS 方法的核心包括输入数据的逆(样本)协方差矩阵的有效更新，其基本原理也可用于不同的学习方法以开发相关的在线方法；这也是我们特别推崇 RLS 算法的原因之一。另一个原因是该方法的一些吸引人的特性，使它在很多信号处理/机器学习任务中很受欢迎。本章还介绍了两种主要的优化方案，即牛顿法和坐标下降法，并讨论了它们在求解 LS 任务中的应用。建立了 RLS 方案与牛顿优化方法之间的桥梁。在本章最后，我们给出了 LS 任务的更一般的形式，即总体最小二乘(TLS)方法。

6.2 最小二乘线性回归：几何视角

本节的重点是概述 LS 方法的几何特性。这通过揭示与所得解相关的物理结构，提供了对相应最小化方法的另一种观点，并有助于对它的理解。在处理与降维任务相关的概念时，几何是非常重要的。

我们从熟悉的线性回归模型开始。给定一组观测值

$$y_n = \boldsymbol{\theta}^{\mathrm{T}} \boldsymbol{x}_n + \eta_n, \quad n = 1, 2, \cdots, N,\ y_n \in \mathbb{R},\ \boldsymbol{x}_n \in \mathbb{R}^l,\ \boldsymbol{\theta} \in \mathbb{R}^l$$

其中 η_n 为(未观测到的)零均值噪声源的值，任务是获得未知参数向量 $\boldsymbol{\theta}$ 的估计，使得

$$\hat{\boldsymbol{\theta}}_{\mathrm{LS}} = \arg\min_{\boldsymbol{\theta}} \sum_{n=1}^{N} (y_n - \boldsymbol{\theta}^{\mathrm{T}} \boldsymbol{x}_n)^2 \tag{6.1}$$

当前阶段讨论的都在实数域上，需要时我们会指出与复数情况的不同之处。另外，我们假设数据已进行居中处理。或者，截距 θ_0 可被向量 $\boldsymbol{\theta}$ 吸收进来，相应地需要增加 $\boldsymbol{x}_n$ 的维数。定义 254

$$\boldsymbol{y} = \begin{bmatrix} y_1 \\ \vdots \\ y_N \end{bmatrix} \in \mathbb{R}^N, \quad X := \begin{bmatrix} \boldsymbol{x}_1^{\mathrm{T}} \\ \vdots \\ \boldsymbol{x}_N^{\mathrm{T}} \end{bmatrix} \in \mathbb{R}^{N \times l} \tag{6.2}$$

则式(6.1)可改写成

$$\hat{\boldsymbol{\theta}}_{\mathrm{LS}} = \arg\min_{\boldsymbol{\theta}} \|\boldsymbol{e}\|^2$$

其中

$$\boldsymbol{e} := \boldsymbol{y} - X\boldsymbol{\theta}$$

其中$\|\cdot\|$为欧几里得范数，它度量的是$\mathbb{R}^N$中向量之间的“距离”，此处即为向量$\boldsymbol{y}$和$X\boldsymbol{\theta}$之间的距离。实际上，向量$\boldsymbol{e}$的第n个分量等于$e_n = y_n - \boldsymbol{x}_n^{\mathrm{T}}\boldsymbol{\theta}$，由于内积运算的对称性，它又等于$y_n - \boldsymbol{\theta}^{\mathrm{T}}\boldsymbol{x}_n$；而且，向量的平方欧几里得范数就是其分量的平方和，从而$\boldsymbol{e}$的平方范数等于式(6.1)中平方误差代价之和。

记X的列向量分别为$\boldsymbol{x}_1^c, \cdots, \boldsymbol{x}_l^c \in \mathbb{R}^N$，即

$$X = [\boldsymbol{x}_1^c, \cdots, \boldsymbol{x}_l^c]$$

则上面矩阵-向量的乘积可以写为矩阵X的列的线性组合，即

$$\hat{\boldsymbol{y}} := X\boldsymbol{\theta} = \sum_{i=1}^{l} \theta_i \boldsymbol{x}_i^c$$

且

$$\boldsymbol{e} = \boldsymbol{y} - \hat{\boldsymbol{y}}$$

注意，$\boldsymbol{e}$可以被看作输出观测向量$\boldsymbol{y}$与$\hat{\boldsymbol{y}}$之间的误差向量，其中$\hat{\boldsymbol{y}}$是基于X中的输入观测值和一个给定的$\boldsymbol{\theta}$值作出的对$\boldsymbol{y}$的预测。显然，N维向量$\hat{\boldsymbol{y}}$是X的列的一个线性组合，位于$\mathrm{span}\{\boldsymbol{x}_1^c, \cdots, \boldsymbol{x}_l^c\}$中。由定义，$\mathrm{span}\{\boldsymbol{x}_1^c, \cdots, \boldsymbol{x}_l^c\}$是$\mathbb{R}^l$的子空间，是由$X$的所有可能的$l$列组合生成的(参见附录A)。因此自然地，现在的任务变成了确定$\boldsymbol{\theta}$，使$\boldsymbol{y}$和$\hat{\boldsymbol{y}}$之间的误差向量具有最小范数。一般而言，观测向量$\boldsymbol{y}$不会位于X的列张成的子空间中，这是因为有噪声存在。

根据欧几里得空间的毕达哥拉斯正交定理，如果选择$\hat{\boldsymbol{y}}$作为$\boldsymbol{y}$在空间$\mathrm{span}\{\boldsymbol{x}_1^c, \cdots, \boldsymbol{x}_l^c\}$上的正交投影，就可以达到最小范数误差。回顾正交投影的概念(附录A和5.6节公式(5.65))，$\boldsymbol{y}$到X的列张成的子空间上的投影由下式给出

255

$$\boxed{\hat{\boldsymbol{y}} = X(X^{\mathrm{T}}X)^{-1}X^{\mathrm{T}}\boldsymbol{y}:\quad \mathrm{LS估计}} \tag{6.3}$$

这里假设$X^{\mathrm{T}}X$是可逆的。回忆$\hat{\boldsymbol{y}}$的定义，上式对应对未知参数集的LS估计(第3章)，即

$$\hat{\boldsymbol{\theta}} = (X^{\mathrm{T}}X)^{-1}X^{\mathrm{T}}\boldsymbol{y}$$

几何解释如图6.1所示。

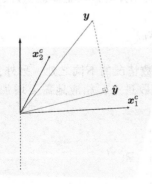

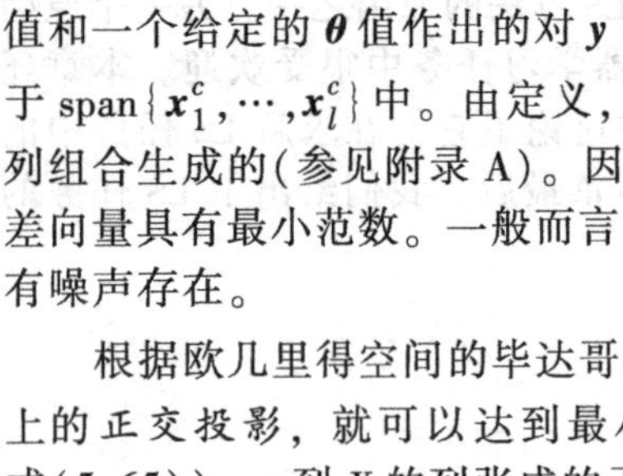

图6.1　在图中，$\boldsymbol{y}$位于二维(阴影)平面之外，这个平面是由两个列向量$\boldsymbol{x}_1^c$和$\boldsymbol{x}_2^c$定义的，即$\mathrm{span}\{\boldsymbol{x}_1^c, \boldsymbol{x}_2^c\}$。在这个平面上的所有点中，最小范数意义上距离$\boldsymbol{y}$最近的那个点即为相应的正交投影，即点$\hat{\boldsymbol{y}}$。此正交投影对应的参数向量$\boldsymbol{\theta}$与LS估计一致

通常用 X 的摩尔-彭罗斯伪逆来描述 LS 解，它对“高”矩阵[⊖]定义为

$$\boxed{X^{\dagger} := (X^{\mathrm{T}}X)^{-1}X^{\mathrm{T}}：\ \text{高矩阵}X\text{的伪逆}} \tag{6.4}$$

因此可以写为

$$\hat{\boldsymbol{\theta}}_{\mathrm{LS}} = X^{\dagger}\boldsymbol{y} \tag{6.5}$$

这样通过几何论证，我们重新推导了第 3 章中的公式(3.17)。注意，伪逆是方阵的逆的概念的推广。如果 X 是方阵，那么很容易看出伪逆与 X^{-1} 一致。对于复值数据，唯一的区别是用共轭转置替换转置。 256

6.3 最小二乘估计的统计特性

第 3 章讨论了在随机实参数的特殊情况下 LS 估计的一些统计性质。这里，将以更一般的背景来看待这个问题。假设存在一个正确的(但未知的)参数/权向量 $\boldsymbol{\theta}_o$，根据以下模型生成输出(相依的)随机变量(堆叠成一个随机向量 $\mathbf{y}\in\mathbb{R}^N$)：

$$\mathbf{y} = X\boldsymbol{\theta}_o + \boldsymbol{\eta}$$

其中 $\boldsymbol{\eta}$ 为零均值噪声向量。注意，这里假设 X 是固定而非随机的，也就是说，输出变量 $\mathbf{y}$ 的随机性完全是由噪声造成的。在上述假设下，下列结论成立。

6.3.1 LS 估计是无偏估计

LS 的参数估计由

$$\begin{aligned}\hat{\boldsymbol{\theta}}_{\mathrm{LS}} &= (X^{\mathrm{T}}X)^{-1}X^{\mathrm{T}}\mathbf{y}\\ &= (X^{\mathrm{T}}X)^{-1}X^{\mathrm{T}}(X\boldsymbol{\theta}_o+\boldsymbol{\eta}) = \boldsymbol{\theta}_o + (X^{\mathrm{T}}X)^{-1}X^{\mathrm{T}}\boldsymbol{\eta}\end{aligned} \tag{6.6}$$

给出。我们有

$$\mathbb{E}[\hat{\boldsymbol{\theta}}_{\mathrm{LS}}] = \boldsymbol{\theta}_o + (X^{\mathrm{T}}X)^{-1}X^{\mathrm{T}}\,\mathbb{E}[\boldsymbol{\eta}] = \boldsymbol{\theta}_o$$

这就证明了这一点。

6.3.2 LS 估计的协方差矩阵

除了之前采用的假设，我们额外假设

$$\mathbb{E}[\boldsymbol{\eta}\boldsymbol{\eta}^{\mathrm{T}}] = \sigma_\eta^2 I$$

也就是说，产生噪声样本的源是白噪声源。根据协方差矩阵的定义，可得

$$\Sigma_{\hat{\theta}_{\mathrm{LS}}} = \mathbb{E}\left[(\hat{\boldsymbol{\theta}}_{\mathrm{LS}}-\boldsymbol{\theta}_o)(\hat{\boldsymbol{\theta}}_{\mathrm{LS}}-\boldsymbol{\theta}_o)^{\mathrm{T}}\right]$$

从式(6.6)中减去 $\hat{\boldsymbol{\theta}}_{\mathrm{LS}}-\boldsymbol{\theta}_o$，得到

$$\begin{aligned}\Sigma_{\hat{\theta}_{\mathrm{LS}}} &= \mathbb{E}\left[(X^{\mathrm{T}}X)^{-1}X^{\mathrm{T}}\boldsymbol{\eta}\boldsymbol{\eta}^{\mathrm{T}}X(X^{\mathrm{T}}X)^{-1}\right]\\ &= (X^{\mathrm{T}}X)^{-1}X^{\mathrm{T}}\,\mathbb{E}[\boldsymbol{\eta}\boldsymbol{\eta}^{\mathrm{T}}]X(X^{\mathrm{T}}X)^{-1}\\ &= \sigma_\eta^2(X^{\mathrm{T}}X)^{-1}\end{aligned} \tag{6.7}$$

注意，对于较大的 N，可以近似地有

⊖ 一个矩阵，如 $X\in\mathbb{R}^{N\times l}$，如满足 $N>l$，则称它是高的。如 $N<l$，则称为胖的。如 $N=l$，则为方阵。

257

$$X^{\mathrm{T}}X=\sum_{n=1}^{N}\boldsymbol{x}_n\boldsymbol{x}_n^{\mathrm{T}}\approx N\Sigma_x$$

其中 Σ_x 为输入变量的(零均值)协方差矩阵，即

$$\Sigma_x:=\mathbb{E}[\mathbf{x}_n\mathbf{x}_n^{\mathrm{T}}]\approx\frac{1}{N}\sum_{n=1}^{N}\boldsymbol{x}_n\boldsymbol{x}_n^{\mathrm{T}}$$

因此对于较大的 N，有

$$\boxed{\Sigma_{\hat{\theta}_{\mathrm{LS}}}\approx\frac{\sigma_\eta^2}{N}\Sigma_x^{-1}}\tag{6.8}$$

换句话说，在当前假设条件下，LS 估计不仅是无偏的，而且其协方差矩阵渐近地趋近于零。也就是说，通过大量的测量得到的估计值 $\hat{\boldsymbol{\theta}}_{\mathrm{LS}}$ 以很高的概率接近真实值 $\boldsymbol{\theta}_o$。以稍微不同的方式来看它，注意在第 4 章中讨论过的内容：LS 解趋向于 MSE 解。可以验证这也是正确的。对于居中数据的情形

$$\lim_{N\to\infty}\frac{1}{N}\sum_{n=1}^{N}\boldsymbol{x}_n\boldsymbol{x}_n^{\mathrm{T}}=\Sigma_x$$

且

$$\lim_{N\to\infty}\frac{1}{N}\sum_{n=1}^{N}\boldsymbol{x}_n y_n=\mathbb{E}[\mathbf{x}\mathrm{y}]=\boldsymbol{p}$$

进一步，我们知道对于线性回归模型，由正规方程 $\Sigma_x\boldsymbol{\theta}=\boldsymbol{p}$ 可得到解 $\boldsymbol{\theta}=\boldsymbol{\theta}_o$(附注 4.2)。

6.3.3　白噪声下 LS 估计是最优线性无偏估计

最佳线性无偏估计(BLUE)的概念是在 4.9.1 节中高斯–马尔可夫定理的背景下介绍的。设 $\hat{\boldsymbol{\theta}}$ 为任意其他的线性无偏估计，假设

$$\mathbb{E}[\boldsymbol{\eta}\boldsymbol{\eta}^{\mathrm{T}}]=\sigma_\eta^2 I$$

则根据线性特性假设，估计量与观测到的输出随机变量呈线性关系，即

$$\hat{\boldsymbol{\theta}}=H\mathbf{y},\quad H\in\mathbb{R}^{l\times N}$$

可以证明，这种估计量的方差永远不可能变得比 LS 的小

$$\mathbb{E}\left[(\hat{\boldsymbol{\theta}}-\boldsymbol{\theta}_o)^{\mathrm{T}}(\hat{\boldsymbol{\theta}}-\boldsymbol{\theta}_o)\right]\geqslant\mathbb{E}\left[(\hat{\boldsymbol{\theta}}_{\mathrm{LS}}-\boldsymbol{\theta}_o)^{\mathrm{T}}(\hat{\boldsymbol{\theta}}_{\mathrm{LS}}-\boldsymbol{\theta}_o)\right]\tag{6.9}$$

事实上，根据定义我们有

258

$$\hat{\boldsymbol{\theta}}=H(X\boldsymbol{\theta}_o+\boldsymbol{\eta})=HX\boldsymbol{\theta}_o+H\boldsymbol{\eta}\tag{6.10}$$

然而，由于 $\hat{\boldsymbol{\theta}}$ 假设为无偏的，则公式(6.10)意味着 $HX=I$ 和

$$\hat{\boldsymbol{\theta}}-\boldsymbol{\theta}_o=H\boldsymbol{\eta}$$

这样就有

$$\begin{aligned}\Sigma_{\hat{\theta}}&:=\mathbb{E}\left[(\hat{\boldsymbol{\theta}}-\boldsymbol{\theta}_o)(\hat{\boldsymbol{\theta}}-\boldsymbol{\theta}_o)^{\mathrm{T}}\right]\\&=\sigma_\eta^2 HH^{\mathrm{T}}\end{aligned}$$

但是，考虑到 $HX=I$，很容易验证(请尝试)

$$\sigma_\eta^2 H H^{\mathrm{T}} = \sigma_\eta^2 (H - X^\dagger)(H - X^\dagger)^{\mathrm{T}} + \sigma_\eta^2 (X^{\mathrm{T}} X)^{-1}$$

其中 $X^\dagger$ 为式(6.4)中定义的伪逆矩阵。

因 $\sigma_\eta^2(H-X^\dagger)(H-X^\dagger)^{\mathrm{T}}$ 是一个半正定矩阵，所以它的迹是非负的(习题 6.1)。因此就有

$$\mathrm{trace}\{\sigma_\eta^2 H H^{\mathrm{T}}\} \geqslant \mathrm{trace}\{\sigma_\eta^2 (X^{\mathrm{T}} X)^{-1}\}$$

再结合式(6.7)，我们可证明

$$\mathrm{trace}\{\Sigma_{\hat{\theta}}\} \geqslant \mathrm{trace}\{\Sigma_{\hat{\theta}_{\mathrm{LS}}}\} \tag{6.11}$$

但是，回忆线性代数中关于迹的性质(附录 A)，我们有

$$\mathrm{trace}\{\Sigma_{\hat{\theta}}\} = \mathrm{trace}\left\{\mathbb{E}\left[(\hat{\boldsymbol{\theta}} - \boldsymbol{\theta}_o)(\hat{\boldsymbol{\theta}} - \boldsymbol{\theta}_o)^{\mathrm{T}}\right]\right\} = \mathbb{E}\left[(\hat{\boldsymbol{\theta}} - \boldsymbol{\theta}_o)^{\mathrm{T}}(\hat{\boldsymbol{\theta}} - \boldsymbol{\theta}_o)\right]$$

对 $\Sigma_{\hat{\theta}_{\mathrm{LS}}}$ 类似。因此，上面的式(6.11)可直接得到式(6.9)。而且，仅当下式成立时取等号。

$$H = X^\dagger = (X^{\mathrm{T}} X)^{-1} X^{\mathrm{T}}$$

注意到，这个结果可以通过设 $\Sigma_\eta = \sigma_\eta^2 I$ 直接从式(4.102)得到。这也强调了一个事实，如果噪声不是白的，那么 LS 参数估计量就不再是 BLUE。

6.3.4 高斯白噪声下 LS 估计达到克拉美-罗界

第 3 章介绍了克拉美-罗(Cramér-Rao)下界的概念。结果表明，在高斯白噪声假设下，实数的 LS 估计是*有效的*，也就是说，它达到了 CR 界。此外，习题 3.9 证明了如果 $\boldsymbol{\eta}$ 是协方差矩阵为 Σ_η 的零均值高斯噪声，那么有效估计为 259

$$\hat{\boldsymbol{\theta}} = (X^{\mathrm{T}} \Sigma_\eta^{-1} X)^{-1} X^{\mathrm{T}} \Sigma_\eta^{-1} \mathbf{y}$$

对于 $\Sigma_\eta = \sigma_\eta^2 I$，这与 LS 估计是一致的。换句话说，在高斯白噪声假设下，LS 估计量变为*最小方差无偏估计*(MVUE)。这是一个很强的结果。没有其他的无偏估计量(*不一定线性*)会比 LS 估计量更好。注意，这个结果不仅是渐近成立的，也对有限数量的样本 N 成立。如果希望进一步减少均方误差，那么必须考虑通过正则化产生的有偏估计，这在第 3 章已经讨论过了，也可参见[16, 50]及其中的参考文献。

6.3.5 LS 估计的渐近分布

我们已经看到 LS 估计量是无偏的，其协方差矩阵近似地由式(6.8)给出(对大的 N 值)。因此，随着 $N\to\infty$，关于真值 $\boldsymbol{\theta}_o$ 的方差会变得越来越小。此外，还有更强的结果，可给出 N 值较大时 LS 估计的分布。在某些一般性的假设下，例如连续观测向量的独立性以及白噪声源与输入独立，利用中心极限定理，可以证明(习题 6.2)

$$\boxed{\sqrt{N}(\hat{\boldsymbol{\theta}}_{\mathrm{LS}} - \boldsymbol{\theta}_o) \longrightarrow \mathcal{N}(\mathbf{0}, \sigma_\eta^2 \Sigma_x^{-1})} \tag{6.12}$$

这里的收敛是依分布的(见 2.6 节)。或者，可以写为

$$\hat{\boldsymbol{\theta}}_{\mathrm{LS}} \sim \mathcal{N}\left(\boldsymbol{\theta}_o, \frac{\sigma_\eta^2}{N} \Sigma_x^{-1}\right)$$

也就是说，LS 参数估计量渐近地服从正态分布。

6.4　正交化输入矩阵的列空间：SVD 方法

矩阵的奇异值分解(SVD)是线性代数中最强大的工具之一。实际上，它将是我们在第 19 章中处理降维问题时作为起点的工具。由于它在机器学习中的重要性，这里介绍一下它的基本理论，并利用它从不同的角度来阐释 LS 估计任务。我们首先考虑一般情况，然后根据具体需要进行调整。

设 X 是一个 $m\times l$ 的矩阵，它的秩为 r，不一定是满的(附录 A)，即

$$r \leqslant \min\{m, l\}$$

260 则分别存在 $m\times m$ 和 $l\times l$ 的正交矩阵[1] U 和 V，满足

$$\boxed{X = U\begin{bmatrix} D & O \\ O & O \end{bmatrix} V^{\mathrm{T}}:\quad X\text{的奇异值分解}} \tag{6.13}$$

其中 D 是对角线元素为 $\sigma_i=\sqrt{\lambda_i}$ 的 $r\times r$ 的对角矩阵[2]，称 σ_i 为 X 的奇异值，其中 λ_i，$i=1,2,\cdots,r$ 为 XX^{T} 的非零特征值。O 表示元素全为零的具有适当维数的矩阵。

考虑到对角矩阵中的零元素，式(6.13)可改写为

$$X = U_r D V_r^{\mathrm{T}} = \sum_{i=1}^{r} \sigma_i \boldsymbol{u}_i \boldsymbol{v}_i^{\mathrm{T}} \tag{6.14}$$

其中

$$U_r := [\boldsymbol{u}_1, \cdots, \boldsymbol{u}_r] \in \mathbb{R}^{m\times r},\quad V_r := [\boldsymbol{v}_1, \cdots, \boldsymbol{v}_r] \in \mathbb{R}^{l\times r} \tag{6.15}$$

式(6.14)给出了 X 的一个关于 U_r、V_r 和 D 的矩阵分解。我们将在第 19 章处理降维技术时使用该分解。图 6.2 给出了式(6.14)的示意图。

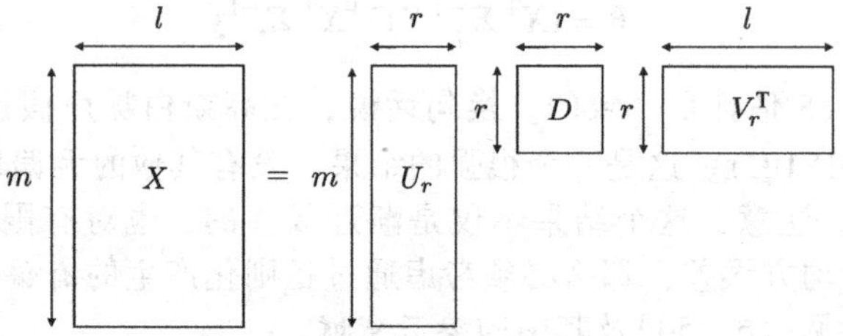

图 6.2　$m\times l$ 维的矩阵 X，其秩为 $r\leqslant\min(m,l)$，可分解为 $U_r\in\mathbb{R}^{m\times r}$、$V_r\in\mathbb{R}^{l\times r}$ 和 $r\times r$ 维的对角阵 D 的乘积

$\boldsymbol{u}_i\in\mathbb{R}^m$，$i=1,2,\cdots,r$ 称为*左奇异向量*，可以证明它们是与 XX^{T} 的非零特征值对应的归一化特征向量，$\boldsymbol{v}_i\in\mathbb{R}^l$，$i=1,2,\cdots,r$ 称为*右奇异向量*，它们是与 $X^{\mathrm{T}}X$ 的非零特征值对应的归一化特征向量。注意，XX^{T} 和 $X^{\mathrm{T}}X$ 具有相同的特征值(习题 6.3)。

证明：根据相应定义(附录 A)，有

261 $$XX^{\mathrm{T}}\boldsymbol{u}_i = \lambda_i \boldsymbol{u}_i,\quad i=1,2,\cdots,r \tag{6.16}$$

和

---

[1] 回想一下，如果 $U^{\mathrm{T}}U=UU^{\mathrm{T}}=I$，则方阵 U 称为正交矩阵。对于复值方阵，如果 $U^{\mathrm{H}}U=UU^{\mathrm{H}}=I$，则称为酉矩阵。

[2] 通常表示它为 Σ，但这里避免使用该符号，以免与协方差矩阵 Σ 混淆，D 提醒我们它是对角的。

$$X^{\mathrm{T}}X\boldsymbol{v}_i=\lambda_i\boldsymbol{v}_i,\quad i=1,2,\cdots,r \tag{6.17}$$

进一步，由于 XX^{T} 和 $X^{\mathrm{T}}X$ 是对称矩阵，由线性代数可知，它们的特征值是实数㊀，且不同特征值对应的特征向量是正交的，且可以将它们(特征向量)化为标准正交的(习题 6.4)。由式(6.16)和式(6.17)经过简单的代数推导(习题 6.5)可知

$$\boldsymbol{u}_i=\frac{1}{\sigma_i}X\boldsymbol{v}_i,\quad i=1,2,\cdots,r \tag{6.18}$$

因此有

$$\sum_{i=1}^{r}\sigma_i\boldsymbol{u}_i\boldsymbol{v}_i^{\mathrm{T}}=X\sum_{i=1}^{r}\boldsymbol{v}_i\boldsymbol{v}_i^{\mathrm{T}}=X\sum_{i=1}^{l}\boldsymbol{v}_i\boldsymbol{v}_i^{\mathrm{T}}=XVV^{\mathrm{T}}$$

其中利用了结论：对应于 $\sigma_i=0(\lambda_i=0)$，$i=r+1,\cdots,l$ 的特征向量满足 $X\boldsymbol{v}_i=\boldsymbol{0}$。由 $\boldsymbol{v}_i$，$i=1,2,\cdots,l$ 的标准正交性可知 $VV^{\mathrm{T}}=I$ 且式(6.14)得证。□

6.4.1 伪逆矩阵和 SVD

现在详细讨论一下 SVD 展开并研究它的几何含义。根据伪逆 $X^{\dagger}$ 的定义，假设 $N\times l$ $(N>l)$ 的数据矩阵为列满秩的($r=l$)，在式(6.5)中利用式(6.14)可得(习题 6.6)

$$\hat{\boldsymbol{y}}=X\hat{\boldsymbol{\theta}}_{\mathrm{LS}}=X(X^{\mathrm{T}}X)^{-1}X^{\mathrm{T}}\boldsymbol{y}$$
$$=U_lU_l^{\mathrm{T}}\boldsymbol{y}=[\boldsymbol{u}_1,\cdots,\boldsymbol{u}_l]\begin{bmatrix}\boldsymbol{u}_1^{\mathrm{T}}\boldsymbol{y}\\ \vdots\\ \boldsymbol{u}_l^{\mathrm{T}}\boldsymbol{y}\end{bmatrix}$$

或

$$\boxed{\hat{\boldsymbol{y}}=\sum_{i=1}^{l}(\boldsymbol{u}_i^{\mathrm{T}}\boldsymbol{y})\boldsymbol{u}_i:\ \text{用一组标准正交基表示的LS估计}} \tag{6.19}$$

后者表示 $\boldsymbol{y}$ 在 X 的列空间(span$\{\boldsymbol{x}_1^c,\cdots,\boldsymbol{x}_l^c\}$)上的投影，这里用了一组标准正交基$\{\boldsymbol{u}_1,\cdots,\boldsymbol{u}_l\}$来描述该子空间(见图 6.3)。注意，如式(6.18)所示，每个 $\boldsymbol{u}_i$，$i=1,2,\cdots,l$ 都在 X 的列向量张成的子空间中。换句话说，矩阵 X 的 SVD 给出了描述相应列空间的标准正交基。 262

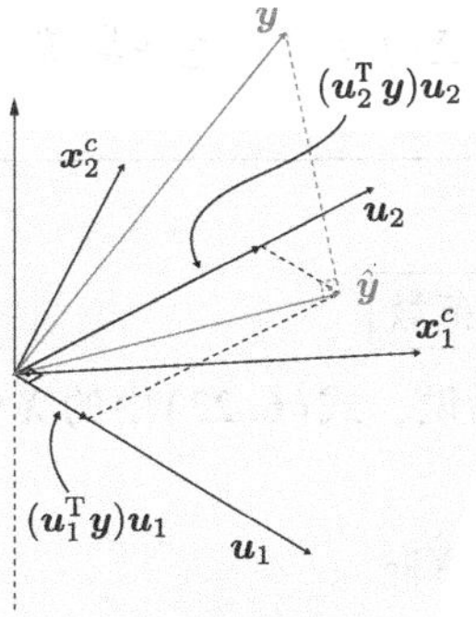

图 6.3　特征向量 $\boldsymbol{u}_1$、$\boldsymbol{u}_2$ 位于 X 的列空间中，即(阴影)平面 span$\{\boldsymbol{x}_1^c,\boldsymbol{x}_2^c\}$上，它们形成了一组标准正交基。由于 $\hat{\boldsymbol{y}}$ 是 $\boldsymbol{y}$ 到这个子空间上的投影，因此它可以表达为构成标准正交基的这两个向量的线性组合。线性组合的相应权重为 $\boldsymbol{u}_1^{\mathrm{T}}\boldsymbol{y}$ 和 $\boldsymbol{u}_2^{\mathrm{T}}\boldsymbol{y}$

我们可以进一步使用前面的结果来将伪逆用 $X^{\mathrm{T}}X(XX^{\mathrm{T}})$ 的特征值/特征向量表达。容

㊀ 对于复矩阵 XX^{H} 和 $X^{\mathrm{H}}X$ 也是成立的。

易证明，我们可写出

$$X^{\dagger}=(X^{\mathrm{T}}X)^{-1}X^{\mathrm{T}}=V_lD^{-1}U_l^{\mathrm{T}}=\sum_{i=1}^{l}\frac{1}{\sigma_i}\boldsymbol{v}_i\boldsymbol{u}_i^{\mathrm{T}}$$

事实上，这与线性代数中伪逆的一般性定义是一致的，它包含非满秩矩阵的情形(即 $X^{\mathrm{T}}X$ 不可逆)，即

$$\boxed{X^{\dagger}:=V_rD^{-1}U_r^{\mathrm{T}}=\sum_{i=1}^{r}\frac{1}{\sigma_i}\boldsymbol{v}_i\boldsymbol{u}_i^{\mathrm{T}}:\ \text{秩为}r\text{的矩阵的伪逆}}\tag{6.20}$$

在矩阵维数满足 $N<l$ 的情况下，假设 X 的秩等于 N，则容易证明之前的伪逆的一般性定义等价于

$$\boxed{X^{\dagger}=X^{\mathrm{T}}(XX^{\mathrm{T}})^{-1}:\ \text{胖矩阵}X\text{的伪逆}}\tag{6.21}$$

注意到 N 个方程和 $l>N$ 个未知数的线性方程组

$$X\boldsymbol{\theta}=\boldsymbol{y}$$

(可能)有无限多个解。这样的方程组称为欠定的，与之相对的是 $N>l$ 时，称为过定的。可以证明，对于欠定方程组，$\boldsymbol{\theta}=X^{\dagger}\boldsymbol{y}$ 是具有最小欧氏范数的解。我们将在第 9 章稀疏模型的
263 背景下更详细地考虑这种方程组的情况。

附注 6.1

这里我们总结了一些线性代数中与矩阵 SVD 分解相关的重要性质。我们将在本书后面的不同部分中利用这些特性。

- 用奇异值分解计算伪逆比通过用 $(X^{\mathrm{T}}X)^{-1}$ 的直接法求伪逆在数值上有更强的鲁棒性。
- *k* 秩矩阵近似：在弗罗贝尼乌斯(Frobenius)范数 $\|\cdot\|_F$ 和谱范数 $\|\cdot\|_2$ 意义下，$X\in\mathbb{R}^{m\times l}$ 的最佳秩 $k(<r\leqslant\min(m,l))$ 近似矩阵 $\hat{X}\in\mathbb{R}^{m\times l}$ 为(可参见[26])

$$\hat{X}=\sum_{i=1}^{k}\sigma_i\boldsymbol{u}_i\boldsymbol{v}_i^{\mathrm{T}}\tag{6.22}$$

前面提到的范数定义为(习题 6.9)

$$\boxed{\|X\|_F:=\sqrt{\sum_i\sum_j|X(i,j)|^2}=\sqrt{\sum_{i=1}^{r}\sigma_i^2}:\ X\text{的弗罗贝尼乌斯范数}}\tag{6.23}$$

和

$$\boxed{\|X\|_2:=\sigma_1:\ X\text{的谱范数}}\tag{6.24}$$

其中，$\sigma_1\geqslant\sigma_2\geqslant\cdots\geqslant\sigma_r>0$ 是 X 的奇异值。换句话说，式(6.22)中的 $\hat{X}$ 使如下的误差矩阵范数最小

$$\|X-\hat{X}\|_F\quad\text{和}\quad\|X-\hat{X}\|_2$$

而且逼近误差由(习题 6.10，习题 6.11)

$$\|X-\hat{X}\|_F=\sqrt{\sum_{i=k+1}^{r}\sigma_i^2},\quad\|X-\hat{X}\|_2=\sigma_{k+1}$$

给出。这也称为埃卡特–杨–米尔斯基(Eckart-Young-Mirsky)定理。

- X 的零空间和像空间：令 $m\times l$ 维矩阵 X 的秩等于 $r\leqslant\min(m,l)$，则易证有如下性质(习题 6.13)：定义 X 的零空间 $\mathcal{N}(X)$ 为

$$\mathcal{N}(X):=\{\boldsymbol{x}\in\mathbb{R}^l:X\boldsymbol{x}=\boldsymbol{0}\} \tag{6.25}$$

则其也可表示为

$$\mathcal{N}(X)=\operatorname{span}\{\boldsymbol{v}_{r+1},\cdots,\boldsymbol{v}_l\} \tag{6.26}$$

进一步，定义 X 的像空间 $\mathcal{R}(X)$ 为

$$\mathcal{R}(X):=\{\boldsymbol{x}\in\mathbb{R}^l:\exists\,\boldsymbol{a}\text{ such as }X\boldsymbol{a}=\boldsymbol{x}\} \tag{6.27}$$

264

则其也可表示为

$$\mathcal{R}(X)=\operatorname{span}\{\boldsymbol{u}_1,\cdots,\boldsymbol{u}_r\} \tag{6.28}$$

- 之前所述的所有内容都可以通过用共轭转置替换转置来转化到复值数据的情形。

6.5 岭回归：几何观点

在本节中，我们从不同的角度说明岭回归任务。我们将通过调动 SVD 分解提供的统计几何参数来代替枯燥的优化任务。

我们在第 3 章中介绍了岭回归，它是对 LS 解施加偏差的一种方法，也是处理过拟合和病态问题的主要途径。在岭回归中，最优解为

$$\hat{\boldsymbol{\theta}}_R=\arg\min_{\boldsymbol{\theta}}\left\{\|\boldsymbol{y}-X\boldsymbol{\theta}\|^2+\lambda\|\boldsymbol{\theta}\|^2\right\}$$

其中 $\lambda>0$ 是一个用户定义的参数，它控制着正则化项的重要程度。对 $\boldsymbol{\theta}$ 求梯度，并令其为 0 可得

$$\hat{\boldsymbol{\theta}}_R=(X^{\mathrm{T}}X+\lambda I)^{-1}X^{\mathrm{T}}\boldsymbol{y} \tag{6.29}$$

由式(6.29)，很容易观察到：(a) 当 $X^{\mathrm{T}}X$ 具有较大的条件数时，从数值上看正则化项具有“稳定”作用；(b) 它对(无偏的)LS 解具有加偏作用。请注意，即使 $X^{\mathrm{T}}X$ 不可逆，岭回归也能给出一个解，这和 $N<l$ 时的情况一样。将式(6.14)中的 SVD 展开代入公式(6.29)中，设 X 是一个列满秩的矩阵，可得(习题 6.14)

$$\hat{\boldsymbol{y}}=X\hat{\boldsymbol{\theta}}_R=U_lD(D^2+\lambda I)^{-1}DU_l^{\mathrm{T}}\boldsymbol{y}$$

或

$$\boxed{\hat{\boldsymbol{y}}=\sum_{i=1}^{l}\frac{\sigma_i^2}{\lambda+\sigma_i^2}(\boldsymbol{u}_i^{\mathrm{T}}\boldsymbol{y})\boldsymbol{u}_i:\quad\text{岭回归缩小了权重}} \tag{6.30}$$

比较式(6.30)和式(6.19)，我们观察到 $\boldsymbol{y}$ 在 $\operatorname{span}\{\boldsymbol{u}_1,\cdots,\boldsymbol{u}_l\}$(即 $\operatorname{span}\{\boldsymbol{x}_1^c,\cdots,\boldsymbol{x}_l^c\}$)上的投影分量与对应的 LS 解相比缩小了。而且，缩小的程度取决于奇异值 σ_i，σ_i 值越小，对应分量的缩小越大。现在把注意力转向研究这个代数结论的几何解释。这一小小的转移也将为 SVD 方法中出现的 $\boldsymbol{v}_i$ 和 $\boldsymbol{u}_i$ 提供更深刻的理解，其中 $i=1,2,\cdots,l$。

回想一下，$X^{\mathrm{T}}X$ 是中心化回归量的样本协方差矩阵的缩放版本。另外，根据 $\boldsymbol{v}_i$ 的定义，有

$$(X^{\mathrm{T}}X)\boldsymbol{v}_i=\sigma_i^2\boldsymbol{v}_i,\quad i=1,2,\cdots,l$$

265

写成紧凑的形式，即

$$(X^{\mathrm{T}}X)V_l = V_l\,\mathrm{diag}\{\sigma_1^2,\cdots,\sigma_l^2\} \Rightarrow$$
$$(X^{\mathrm{T}}X) = V_l D^2 V_l^{\mathrm{T}} = \sum_{i=1}^{l}\sigma_i^2 \boldsymbol{v}_i\boldsymbol{v}_i^{\mathrm{T}} \tag{6.31}$$

其中利用了 V_l 的正交性质来求逆。注意，在式(6.31)中(缩放的)样本协方差矩阵被写成秩 1 矩阵 $\boldsymbol{v}_i\boldsymbol{v}_i^{\mathrm{T}}$ 之和，每个矩阵用各自奇异值的平方 σ_i^2 加权。现在已经接近揭示奇异值的物理/几何意义了。为此，定义

$$\boldsymbol{q}_j := X\boldsymbol{v}_j = \begin{bmatrix} \boldsymbol{x}_1^{\mathrm{T}}\boldsymbol{v}_j \\ \vdots \\ \boldsymbol{x}_N^{\mathrm{T}}\boldsymbol{v}_j \end{bmatrix} \in \mathbb{R}^N, \quad j=1,2,\cdots,l \tag{6.32}$$

注意 $\boldsymbol{q}_j$ 为 X 的列空间中的向量，且 $\boldsymbol{q}_j$ 的范数平方为

$$\sum_{n=1}^{N} q_j^2(n) = \boldsymbol{q}_j^{\mathrm{T}}\boldsymbol{q}_j = \boldsymbol{v}_j^{\mathrm{T}}X^{\mathrm{T}}X\boldsymbol{v}_j = \boldsymbol{v}_j^{\mathrm{T}}\left(\sum_{i=1}^{l}\sigma_i^2\boldsymbol{v}_i\boldsymbol{v}_i^{\mathrm{T}}\right)\boldsymbol{v}_j = \sigma_j^2$$

这里利用了 $\boldsymbol{v}_j$ 的标准正交性。也就是说，σ_j^2 等于 $\boldsymbol{q}_j$ 的元素(经缩放的)的样本方差。根据式(6.32)中的定义，这是输入向量 $\boldsymbol{x}_n$，$n=1,2,\cdots,N$(回归量)沿 $\boldsymbol{v}_j$ 方向投影的样本方差。σ_j 的值越大，(输入)数据在其方向上铺展得越大。如图 6.4 所示，其中 $\sigma_1 \gg \sigma_2$。从方差
266 的角度来看，与 $\boldsymbol{v}_2$ 相比，$\boldsymbol{v}_1$ 是更富含信息的方向。它是大多数活动发生的方向。这个观察是降维的核心，我们将在第 19 章详细讨论。此外，由式(6.18)可得

$$\boldsymbol{q}_j = X\boldsymbol{v}_j = \sigma_j\boldsymbol{u}_j \tag{6.33}$$

换句话说，$\boldsymbol{u}_j$ 指向 $\boldsymbol{q}_j$ 的方向，因此，式(6.30)表明，将 $\boldsymbol{y}$ 投影到 X 的列空间时，在与较大方差值相关的方向 $\boldsymbol{u}_j$ 上的权重大于其余方向。岭回归重视并赋予信息更丰富的方向以更高的权重，大多数数据活动都发生在这个方向。或者，在那些与较小数据方差相关的不太重要的方向上，权重缩小的幅度最大。

关于岭回归最后需要注意的是，岭解在输入变量缩放下不是不变的。通过观察相应的方程，可以很容易看出这一点。因此，在实践中，经常将输入变量标准化为单位方差。

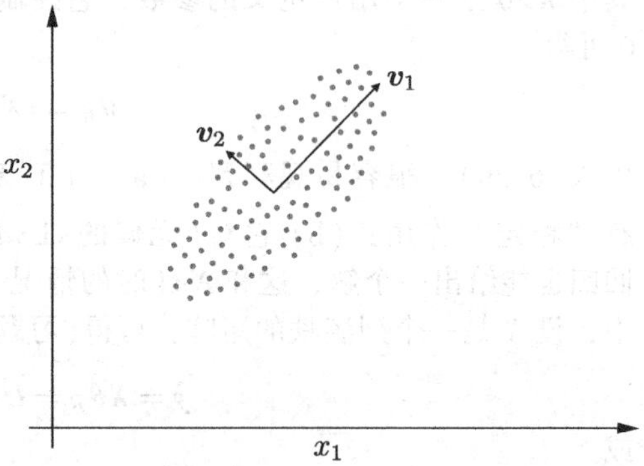

图 6.4　与奇异值 $\sigma_1(>\sigma_2)$ 相关的奇异向量 $\boldsymbol{v}_1$ 指向数据空间中大多数(方差)活动发生的方向。在 $\boldsymbol{v}_2$ 方向的方差较小

6.5.1　主成分回归

我们刚刚看到，岭回归的作用是对参数施加一个收缩规则，从而减少了在其求和中不那么重要的成分 $\boldsymbol{u}_i$ 的贡献。这可以看作一个软收缩规则。另一种方法是采用硬阈值规则，只保留 m 个最重要的方向，即主轴或主方向，并通过将其他权值设置为零来忽略其他的方向。即令

$$\hat{\boldsymbol{y}} = \sum_{i=1}^{m}\hat{\theta}_i\boldsymbol{u}_i \tag{6.34}$$

其中

$$\hat{\theta}_i = \boldsymbol{u}_i^{\mathrm{T}} \boldsymbol{y}, \quad i = 1, 2, \cdots, m \tag{6.35}$$

再利用式(6.18)，则有

$$\hat{\boldsymbol{y}} = \sum_{i=1}^{m} \frac{\hat{\theta}_i}{\sigma_i} X \boldsymbol{v}_i \tag{6.36}$$

或等价地，解用输入数据展开的权值为

$$\boldsymbol{\theta} = \sum_{i=1}^{m} \frac{\hat{\theta}_i}{\sigma_i} \boldsymbol{v}_i \tag{6.37}$$

换句话说，预测 $\hat{\boldsymbol{y}}$ 是在 X 的列空间的一个子空间中进行的，该列空间由 m 个主轴构成，即大部分数据活动都发生在这个子空间。 267

6.6 递归最小二乘算法

在前几章中，我们讨论了开发递归算法的必要性，递归算法在每次接收到一对新的输入-输出训练样本时都会更新估计。使用通用求解器求解 LS 问题时，由于涉及矩阵求逆，需要 $\mathcal{O}(l^3)$ 次 MADS。此外还需要 $\mathcal{O}(Nl^2)$ 个运算来计算(缩放的)样本协方差矩阵 $X^{\mathrm{T}}X$。本节将考察 $X^{\mathrm{T}}X$ 的特殊结构，以获得一个计算效率高的在线方法来求解 LS 任务。此外，在涉及时间递归技术时，还可以关注所涉及数据统计性质的时间变化。本节将考虑这类应用，且会稍微修改 LS 的代价函数以适应时变的环境。

鉴于本节的目的，我们将稍微“丰富”一下记号，显式地使用时间索引 n。此外，为与第 5 章讨论的在线方法一致，假设时间从 $n=0$ 开始，接收到的观测值为$(y_n, \boldsymbol{x}_n)$，$n=0,1,2,\cdots$。把时刻 n 的输入矩阵记为

$$X_n^{\mathrm{T}} = [\boldsymbol{x}_0, \boldsymbol{x}_1, \cdots, \boldsymbol{x}_n]$$

进一步，对式(6.1)中的代价函数进行修改，使其包含一个遗忘因子，$0<\beta\leqslant 1$。加入遗忘因子的目的是加重最近观测值的权重，从而帮助代价函数慢慢忘记过去的数据样本。这将使算法具有跟踪潜在数据统计量发生变化的能力。此外，由于我们对从时刻 $n=0$ 开始的时间递归解感兴趣，所以必须引入正则化。在初始阶段，对应时刻 $n<l-1$，相应的方程组是欠定的且 $X_n^{\mathrm{T}}X_n$ 不可逆。事实上，我们有

$$X_n^{\mathrm{T}} X_n = \sum_{i=0}^{n} \boldsymbol{x}_i \boldsymbol{x}_i^{\mathrm{T}}$$

换句话说，$X_n^{\mathrm{T}}X_n$ 是秩 1 矩阵的和。因此，对于 $n<l-1$，它的秩必然小于 l，无法求逆(参见附录 A)。对于更大的 n，它可以变成满秩的，只要至少 l 个输入向量是线性无关的，通常这也是我们假设满足的。前述论证导致了对“传统”最小二乘的修正，称为**指数加权最小二乘代价函数**，此时

$$\boxed{\boldsymbol{\theta}_n = \arg\min_{\boldsymbol{\theta}} \left(\sum_{i=0}^{n} \beta^{n-i} (y_i - \boldsymbol{\theta}^{\mathrm{T}} \boldsymbol{x}_i)^2 + \lambda \beta^{n+1} \|\boldsymbol{\theta}\|^2 \right)} \tag{6.38}$$

其中 β 是用户定义的参数，非常接近于 1，比如 $\beta=0.999$。这样，新样本比老样本权重更大。注意，正则化参数已经做了时变处理。这是因为对于较大的 n 值，不需要正则化。事实上，对于 $n>l$，矩阵 $X_n^{\mathrm{T}}X_n$ 通常是可逆的。此外，从第 3 章可以看出，使用正则化可以

防范过拟合。但对于非常大的 $n \gg l$ 值，这不是个问题，并且我们希望能摆脱施加的偏差。
268 参数 $\lambda>0$ 也是一个用户定义的变量，后面将讨论如何选择它。

最小化式(6.38)可推出

$$\Phi_n \boldsymbol{\theta}_n = \boldsymbol{p}_n \tag{6.39}$$

其中

$$\Phi_n = \sum_{i=0}^{n} \beta^{n-i} \boldsymbol{x}_i \boldsymbol{x}_i^{\mathrm{T}} + \lambda \beta^{n+1} I \tag{6.40}$$

和

$$\boldsymbol{p}_n = \sum_{i=0}^{n} \beta^{n-i} \boldsymbol{x}_i y_i \tag{6.41}$$

其中 $\beta=1$ 与岭回归是一致的。

6.6.1　时间迭代计算

根据定义，有

$$\Phi_n = \beta \Phi_{n-1} + \boldsymbol{x}_n \boldsymbol{x}_n^{\mathrm{T}} \tag{6.42}$$

和

$$\boldsymbol{p}_n = \beta \boldsymbol{p}_{n-1} + \boldsymbol{x}_n y_n \tag{6.43}$$

回忆一下伍德伯里(Woodburry)的矩阵求逆公式(附录 A.1)

$$(A+BD^{-1}C)^{-1} = A^{-1} - A^{-1}B(D+CA^{-1}B)^{-1}CA^{-1}$$

代入式(6.42)中，经过适当的求逆和替换可得

$$\Phi_n^{-1} = \beta^{-1}\Phi_{n-1}^{-1} - \beta^{-1}\boldsymbol{k}_n \boldsymbol{x}_n^{\mathrm{T}} \Phi_{n-1}^{-1} \tag{6.44}$$

$$\boldsymbol{k}_n = \frac{\beta^{-1}\Phi_{n-1}^{-1}\boldsymbol{x}_n}{1+\beta^{-1}\boldsymbol{x}_n^{\mathrm{T}}\Phi_{n-1}^{-1}\boldsymbol{x}_n} \tag{6.45}$$

项 $\boldsymbol{k}_n$ 被称为卡尔曼增益。为了记号方便，定义

$$P_n = \Phi_n^{-1}$$

另外，重排式(6.45)中各项，可得

$$\boldsymbol{k}_n = \left(\beta^{-1}P_{n-1} - \beta^{-1}\boldsymbol{k}_n \boldsymbol{x}_n^{\mathrm{T}} P_{n-1}\right)\boldsymbol{x}_n$$

再考虑式(6.44)，即有

269 $$\boldsymbol{k}_n = P_n \boldsymbol{x}_n \tag{6.46}$$

6.6.2　参数的时间更新

由式(6.39)和式(6.43)~式(6.45)可得

$$\begin{aligned}\boldsymbol{\theta}_n &= \left(\beta^{-1}P_{n-1} - \beta^{-1}\boldsymbol{k}_n \boldsymbol{x}_n^{\mathrm{T}} P_{n-1}\right)\beta \boldsymbol{p}_{n-1} + P_n \boldsymbol{x}_n y_n \\ &= \boldsymbol{\theta}_{n-1} - \boldsymbol{k}_n \boldsymbol{x}_n^{\mathrm{T}} \boldsymbol{\theta}_{n-1} + \boldsymbol{k}_n y_n\end{aligned}$$

最后可写为

$$\boldsymbol{\theta}_n = \boldsymbol{\theta}_{n-1} + \boldsymbol{k}_n e_n \tag{6.47}$$

其中

$$e_n := y_n - \boldsymbol{\theta}_{n-1}^{\mathrm{T}} \boldsymbol{x}_n \tag{6.48}$$

导出的算法总结在算法 6.1 中。

注意，参数向量的基本递归更新遵循与第 5 章讨论的 LMS 和梯度下降方案相同的原理。参数 $\boldsymbol{\theta}_n$ 在时刻 n 更新的估计值等于前一时刻 $n-1$ 的估计值加上一个与误差 e_n 成比例的修正项。事实上，这是我们将遇到的本书中所有递归算法的通用方案，包括那些非常“时髦”的神经网络算法。算法与算法的主要区别在于如何计算误差的乘积因子。在 LMS 算法中，这个因子等于 $\mu \boldsymbol{x}_n$。对于 RLS 算法，这个因子是 $\boldsymbol{k}_n$。我们将很快看到，RLS 算法与梯度下降族优化算法的一种替代算法密切相关，这种算法称为代价函数的牛顿迭代优化。

算法 6.1（RLS 算法）

- 初始化
  - $\boldsymbol{\theta}_{-1} = \boldsymbol{0}$;　　也可能是任何其他值
  - $P_{-1} = \lambda^{-1} I$;　　$\lambda > 0$ 是一个用户定义变量
  - 选择 β;　　接近 1
- **For** $n = 0, 1, \cdots$, **Do**
  - $e_n = y_n - \boldsymbol{\theta}_{n-1}^{\mathrm{T}} \boldsymbol{x}_n$
  - $z_n = P_{n-1} \boldsymbol{x}_n$
  - $\boldsymbol{k}_n = \frac{z_n}{\beta + \boldsymbol{x}_n^{\mathrm{T}} z_n}$
  - $\boldsymbol{\theta}_n = \boldsymbol{\theta}_{n-1} + \boldsymbol{k}_n e_n$
  - $P_n = \beta^{-1} P_{n-1} - \beta^{-1} \boldsymbol{k}_n z_n^{\mathrm{T}}$
- **End For**

附注 6.2

- RLS 算法的复杂度是每次迭代为 $\mathcal{O}(l^2)$ 阶，这是由矩阵乘运算决定的。也就是说，与第 5 章讨论的 LMS 和其他方法相比，存在一个量级的差异。换句话说，随着维数增加，RLS 的伸缩性并不好。 270
- RLS 算法与 4.10 节讨论的卡尔曼滤波具有相似的数值行为。P_n 可能会失去它的正定和对称性，从而导致算法发散。为纠正这种倾向，提出了保持对称性的 RLS 算法，见[65, 68]。注意，使用 $\beta<1$ 对误差传播有正面影响[30, 34]。文献[58]表明，对于 $\beta=1$，误差传播机制是随机游走类型的，因此算法是不稳定的。文献[5]指出，由于存在数值误差，项 $1/(\beta + \boldsymbol{x}_n^{\mathrm{T}} P_{n-1} \boldsymbol{x}_n)$ 可能变为负值，导致发散。在使用有限精度(如固定点运算)的实现中，RLS 的数值性能成为一个更严重的问题。与 LMS 相比，RLS 需要使用更高精度的实现，否则在几个迭代步之后就可能出现发散。与 LMS 相比，这进一步增加了它的计算劣势。
- 文献[46]考虑了初始化步骤中 λ 的选择。相关理论分析表明，λ 对收敛速度有直接的影响，它在高信噪比(SNR)时应该选一个小正数，而在较低的信噪比时应选一个大正数。
- 文献[56]证明了 RLS 算法可以作为卡尔曼滤波的一个特例。
- RLS 的主要优点是它比 LMS 和 LMS 族的其他成员更快地收敛到稳定状态。这可以由如下事实来佐证：RLS 可以看作牛顿迭代优化方法的产物。

- 文献[8，39，40]中已经提出了 RLS 的分布式版本。

6.7　牛顿迭代极小化方法

第 5 章介绍了最速下降法。结果表明，该方法具有线性收敛性，且严重依赖于与代价函数相关的海森矩阵的条件数。牛顿法克服了这种对条件数的依赖，同时提高了解的收敛速度。

在 5.2 节中，关于当前值 $J(\boldsymbol{\theta}^{(i-1)})$ 使用了一阶泰勒展开。现在考虑二阶展开（假设 $\mu_i=1$），即

$$J\left(\boldsymbol{\theta}^{(i-1)}+\Delta\boldsymbol{\theta}^{(i)}\right) = J\left(\boldsymbol{\theta}^{(i-1)}\right)+\left(\nabla J\left(\boldsymbol{\theta}^{(i-1)}\right)\right)^{\mathrm{T}}\Delta\boldsymbol{\theta}^{(i)}+\frac{1}{2}\left(\Delta\boldsymbol{\theta}^{(i)}\right)^{\mathrm{T}}\nabla^2 J\left(\boldsymbol{\theta}^{(i-1)}\right)\Delta\boldsymbol{\theta}^{(i)}$$

回忆一下，二阶导数 $\nabla^2 J$ 是梯度向量的导数，它是一个 $l\times l$ 的矩阵（参见附录 A）。假设
271 $\nabla^2 J(\boldsymbol{\theta}^{(i-1)})$ 是正定的（$J(\boldsymbol{\theta})$ 是严格凸函数时它总是正定的[㊀]），则上式是一个关于步长 $\boldsymbol{\Delta\theta}^{(i)}$ 的凸二次函数。可对上述二阶近似求最小值。通过使相应的梯度等于 **0** 得到最小值，可导出

$$\Delta\boldsymbol{\theta}^{(i)}=-\left(\nabla^2 J\left(\boldsymbol{\theta}^{(i-1)}\right)\right)^{-1}\nabla J\left(\boldsymbol{\theta}^{(i-1)}\right) \tag{6.49}$$

注意到这的确是一个下降方向，因为

$$\nabla^{\mathrm{T}} J\left(\boldsymbol{\theta}^{(i-1)}\right)\Delta\boldsymbol{\theta}^{(i)}=-\nabla^{\mathrm{T}} J\left(\boldsymbol{\theta}^{(i-1)}\right)\left(\nabla^2 J\left(\boldsymbol{\theta}^{(i-1)}\right)\right)^{-1}\nabla J\left(\boldsymbol{\theta}^{(i-1)}\right)<0$$

其中利用了海森矩阵的正定性[㊁]。只在最小值时才能等于零。因此，迭代法采用如下形式：

$$\boxed{\boldsymbol{\theta}^{(i)}=\boldsymbol{\theta}^{(i-1)}-\mu_i\left(\nabla^2 J\left(\boldsymbol{\theta}^{(i-1)}\right)\right)^{-1}\nabla J\left(\boldsymbol{\theta}^{(i-1)}\right):\ \text{牛顿迭代法}} \tag{6.50}$$

图 6.5 解释了该方法。注意，如果代价函数是二次的，那么在第一次迭代时就可以得到最小值！

从推导的递归式中可明显看出，牛顿方法梯度下降算法族的区别在于步长。它不再是一个标量，即 μ_i。步长涉及矩阵的逆；即代价函数关于参数向量的二阶导数。这既是这类算法的强大所在，同时也是其缺点所在。二阶导数的使用提供了关于代价的局部形状的额外信息（见下文），因此导致更快的收敛。但同时，它
272 也大大增加了计算复杂度。而且，矩阵求逆运算总是需要仔细处理的。关联的矩阵可能变为病态的，其行列式值很小，在这种情况下，必须仔细考虑数值稳定性问题。

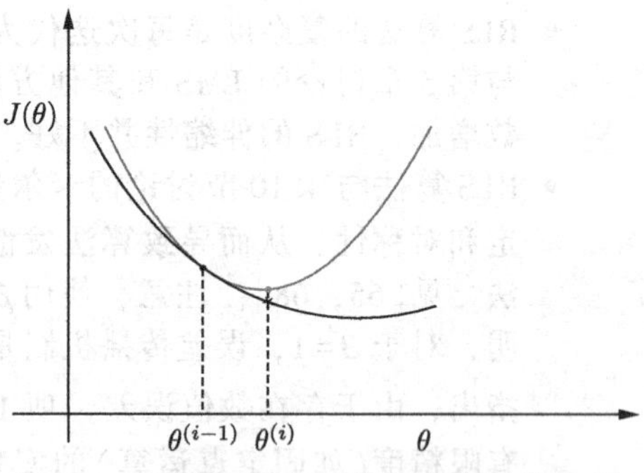

图 6.5　根据牛顿法，我们考虑了代价函数的局部二次逼近（灰色曲线），并且校正是将新的估计值推向这个逼近的最小值。如果代价函数是二次函数，则可以一步就收敛

㊀ 相关定义见第 8 章。

㊁ 回忆附录 A 内容，如果 A 是正定的，则 $\boldsymbol{x}^{\mathrm{T}}A\boldsymbol{x}>0$，$\forall \boldsymbol{x}$。

观察到，在牛顿算法中，和最速下降法不同，校正方向不是相对于$\nabla J(\boldsymbol{\theta}^{(i-1)})$的 180° 方向。另一种观点是将式(6.50)视为下列范数的最速下降方向(见 5.2 节)

$$\|\boldsymbol{v}\|_P=(\boldsymbol{v}^{\mathrm{T}}P\boldsymbol{v})^{1/2}$$

其中 P 是对称正定矩阵。对此，设

$$P=\nabla^2 J\left(\boldsymbol{\theta}^{(i-1)}\right)$$

然后，寻找其归一化最速下降方向，即

$$\boldsymbol{v}=\arg\min_{\boldsymbol{z}} \boldsymbol{z}^{\mathrm{T}}\nabla J\left(\boldsymbol{\theta}^{(i-1)}\right)$$
$$\text{满足}\quad \|\boldsymbol{z}\|_P^2=1$$

产生了与式(6.49)中方向相同的归一化向量(习题 6.15)。对于 $P=I$，得到梯度下降法。几何解释如图 6.6 所示。注意，牛顿方向考虑了代价函数的局部形状。

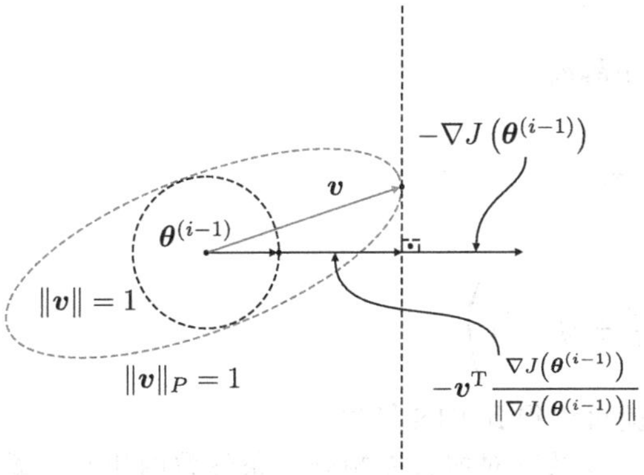

图 6.6　给出了两种情况下以 $\boldsymbol{\theta}^{(i-1)}$ 为中心的单位欧几里得范数(圆)和单位二次范数(椭圆)的图形。两种情况下，目标都是尽可能地沿着$-\nabla J(\boldsymbol{\theta}^{(i-1)})$方向移动，同时保持在椭圆(圆)上。这两种情况的结果是不同的。欧几里得范数对应于最速下降法，二次范数对应于牛顿法

一般来说，牛顿法的收敛速度很高，而且在接近解时收敛速度是二次的。假设 $\boldsymbol{\theta}_*$ 为最小值，二次收敛意味着在每次迭代(比如第 i 步)时与最优值的差满足： 273

$$\boxed{\ln\ln\frac{1}{\|\boldsymbol{\theta}^{(i)}-\boldsymbol{\theta}_*\|^2}\propto i:\quad \text{二次收敛速度}} \tag{6.51}$$

而对于线性收敛，迭代趋近最优解时满足：

$$\boxed{\ln\frac{1}{\|\boldsymbol{\theta}^{(i)}-\boldsymbol{\theta}_*\|^2}\propto i:\quad \text{线性收敛速度}} \tag{6.52}$$

此外，校正项中海森矩阵的存在很大程度上弥补了海森矩阵条件数对收敛性的影响[6](习题 6.16)。

6.7.1 RLS 和牛顿方法

将牛顿迭代法应用于 MSE 并采用随机逼近方法可重新推导出 RLS 算法。令

$$J(\boldsymbol{\theta})=\frac{1}{2}\mathbb{E}\left[(\mathrm{y}-\boldsymbol{\theta}^{\mathrm{T}}\mathbf{x})^2\right]=\frac{1}{2}\sigma_y^2+\frac{1}{2}\boldsymbol{\theta}^{\mathrm{T}}\Sigma_x\boldsymbol{\theta}-\boldsymbol{\theta}^{\mathrm{T}}\boldsymbol{p}$$

则有

$$-\nabla J(\boldsymbol{\theta})=\boldsymbol{p}-\Sigma_x\boldsymbol{\theta}=\mathbb{E}[\mathbf{x}\mathrm{y}]-\mathbb{E}[\mathbf{x}\mathbf{x}^{\mathrm{T}}]\boldsymbol{\theta}=\mathbb{E}[\mathbf{x}(\mathrm{y}-\mathbf{x}^{\mathrm{T}}\boldsymbol{\theta})]=\mathbb{E}[\mathbf{x}\mathrm{e}]$$

且

$$\nabla^2 J(\boldsymbol{\theta}) = \boldsymbol{\Sigma}_x$$

牛顿迭代法就变成

$$\boldsymbol{\theta}^{(i)} = \boldsymbol{\theta}^{(i-1)} + \mu_i \Sigma_x^{-1} \mathbb{E}[\mathbf{x}\mathrm{e}]$$

遵循随机逼近方法，用时间更新代替迭代步骤，用观测代替期望，可得

$$\boldsymbol{\theta}_n = \boldsymbol{\theta}_{n-1} + \mu_n \boldsymbol{\Sigma}_x^{-1} \boldsymbol{x}_n e_n$$

现在采用如下近似

$$\Sigma_x \simeq \frac{1}{n+1} \Phi_n = \left(\frac{1}{n+1} \lambda \beta^{n+1} I + \frac{1}{n+1} \sum_{i=0}^{n} \beta^{n-i} \boldsymbol{x}_i \boldsymbol{x}_i^{\mathrm{T}} \right)$$

并设

$$\mu_n = \frac{1}{n+1}$$

则

274 $$\boldsymbol{\theta}_n = \boldsymbol{\theta}_{n-1} + \boldsymbol{k}_n e_n$$

其中

$$\boldsymbol{k}_n = P_n \boldsymbol{x}_n$$

其中

$$P_n = \left(\sum_{i=0}^{n} \beta^{n-i} \boldsymbol{x}_i \boldsymbol{x}_i^{\mathrm{T}} + \lambda \beta^{n+1} I \right)^{-1}$$

然后使用与式(6.42)~式(6.44)类似的步骤，就可以得到 RLS 算法。

注意，这个观点证明了 RLS 的快速收敛性，以及它对协方差矩阵的条件数的相对不敏感性。

附注 6.3

- 在 5.5.2 节中处理 LMS 时，我们看到 LMS 关于最小/最大鲁棒准则是最优的。但对 RLS 来说并不是。结果表明，虽然 LMS 对最差的情况性能最好，但是 RLS 的平均性能预期是更好的[23]。

6.8 RLS 的稳态性能

与第 5 章讨论的随机梯度法相比，我们不必担心 RLS 是否收敛以及它在哪里收敛。RLS 以迭代的方式计算式(6.38)中最小化任务的精确解。对于 $\beta=1(\lambda=0)$ 渐近地求解了 MSE 优化任务。但是，我们必须考虑 $\beta\neq 1$ 的稳态性能。即使在稳态的情况下，$\beta\neq 1$ 也会导致一个残余均方误差。此外，了解它在时变环境中的跟踪性能也很重要。为此，我们采用与 5.12 节相同的设置。因为与 LMS 情况中的步骤类似，所以这里不再提供证明的所有细节。我们将指出不同之处并说明结果。对于详细的推导过程，有兴趣的读者可以查阅[15, 48, 57]，最后的那篇文献中，利用了能量守恒理论。

和第 5 章中相同，我们采用以下模型

$$\mathrm{y}_n = \boldsymbol{\theta}_{o,n-1}^{\mathrm{T}} \mathbf{x}_n + \boldsymbol{\eta}_n \tag{6.53}$$

和

$$\boldsymbol{\theta}_{o,n} = \boldsymbol{\theta}_{o,n-1} + \boldsymbol{\omega}_n \tag{6.54}$$

这里

$$\mathbb{E}[\boldsymbol{\omega}_n\boldsymbol{\omega}_n^{\mathrm{T}}] = \Sigma_\omega$$

因此，考虑公式(6.53)、公式(6.54)和涉及各自随机变量的 RLS 迭代，我们有

$$\boldsymbol{\theta}_n - \boldsymbol{\theta}_{o,n} = \boldsymbol{\theta}_{n-1} + \mathbf{k}_n e_n - \boldsymbol{\theta}_{o,n-1} - \boldsymbol{\omega}_n$$ 275

或

$$\begin{aligned}\mathbf{c}_n := \boldsymbol{\theta}_n - \boldsymbol{\theta}_{o,n} &= \mathbf{c}_{n-1} + P_n\mathbf{x}_n e_n - \boldsymbol{\omega}_n \\ &= (I - P_n\mathbf{x}_n\mathbf{x}_n^{\mathrm{T}})\mathbf{c}_{n-1} + P_n\mathbf{x}_n\eta_n - \boldsymbol{\omega}_n\end{aligned}$$

它对应于式(5.76)。注意，可以扔掉输入变量和噪声变量的时间索引，因为假定它们的统计量为非时变的。

采用与 5.12 节相同的假设。另外，假设 P_n 的变化速度比 $\mathbf{c}_n$ 慢。因此，每当 P_n 出现在期望中，它就被它的均值 $\mathbb{E}[P_n]$ 所替代，也就是

$$\mathbb{E}[P_n] = \mathbb{E}[\Phi_n^{-1}]$$

其中

$$\Phi_n = \lambda\beta^{n+1}I + \sum_{i=0}^{n}\beta^{n-i}\mathbf{x}_i\mathbf{x}_i^{\mathrm{T}}$$

且有

$$\mathbb{E}[\Phi_n] = \lambda\beta^{n+1}I + \frac{1-\beta^{n+1}}{1-\beta}\Sigma_x$$

假设 $\beta \simeq 1$，可以认为 Φ_n 稳态时的方差很小，我们可采用下面的近似：

$$\mathbb{E}[P_n] \simeq [\mathbb{E}[\Phi_n]]^{-1} = \left[\beta^{n+1}\lambda I + \frac{1-\beta^{n+1}}{1-\beta}\Sigma_x\right]^{-1}$$

基于前面所述的假设，我们仔细重复 5.12 节中相同的步骤，最终得到的结果如表 6.1 所示，这些结果适用于较小的 β 值。为了对比，我们将残余 MSE 与 LMS 和 APA 算法获得的值一起显示。在平稳环境中，只需设 $\Sigma_\omega = 0$。

表 6.1　μ 和 β 值较小时的稳态残余 MSE

算法	在稳态时的残余 MSE，J_{exc}
LMS	$\frac{1}{2}\mu\sigma_\eta^2\mathrm{trace}\{\Sigma_x\} + \frac{1}{2}\mu^{-1}\mathrm{trace}\{\Sigma_\omega\}$
APA	$\frac{1}{2}\mu\sigma_\eta^2\mathrm{trace}\{\Sigma_x\}\mathbb{E}\left[\frac{q}{\lVert x\rVert^2}\right] + \frac{1}{2}\mu^{-1}\mathrm{trace}\{\Sigma_x\}\mathrm{trace}\{\Sigma_\omega\}$
RLS	$\frac{1}{2}(1-\beta)\sigma_\eta^2 l + \frac{1}{2}(1-\beta)^{-1}\mathrm{trace}\{\Sigma_\omega\Sigma_x\}$

注：$q=1$ 时，得到归一化 LMS。在高斯输入假设下，对于长系统阶数 l，在 APA 算法中，有 $\mathbb{E}\left[\frac{q}{\lVert x\rVert}\right] \simeq \frac{q}{\sigma_x^2(l-2)}$[11]。

根据表 6.1，以下几点需要注意。 276

附注 6.4

- 对于平稳环境，RLS 的性能与 Σ_x 无关。当然，如果知道环境是平稳的，那么理想情况下应该选择 $\beta=1$。但是回想一下，对于 $\beta=1$，算法存在稳定性问题。
- 注意，对于小的 μ 和 $\beta \simeq 1$，LMS 和 RLS 中的两个参数，有一个“等价”关系 $\mu \simeq 1-\beta$。即较大的 μ 值有利于 LMS 的跟踪性能；小的 β 值是快速跟踪需要的。这和预期一样，因为算法忘记了过去。
- 从表 6.1 中可以看出，算法可以快速收敛到稳态，但不一定能快速跟踪。这完全取

决于具体的情况。例如，在与表 6.1 相关的模型假设下，LMS 的最优值 μ_{opt}(5.12 节)由

$$\mu_{\text{opt}} = \sqrt{\frac{\text{trace}\{\Sigma_\omega\}}{\sigma_\eta^2 \text{trace}\{\Sigma_x\}}}$$

给出。它对应于

$$J_{\min}^{\text{LMS}} = \sqrt{\sigma_\eta^2 \text{trace}\{\Sigma_x\} \text{trace}\{\Sigma_\omega\}}$$

对 RLS 关于 β 进行优化，很容易证明

$$\beta_{\text{opt}} = 1 - \sqrt{\frac{\text{trace}\{\Sigma_\omega \Sigma_x\}}{\sigma_\eta^2 l}}$$

$$J_{\min}^{\text{RLS}} = \sqrt{\sigma_\eta^2 l \text{trace}\{\Sigma_\omega \Sigma_x\}}$$

所以，比率

$$\boxed{\frac{J_{\min}^{\text{LMS}}}{J_{\min}^{\text{RLS}}} = \sqrt{\frac{\text{trace}\{\Sigma_x\}\text{trace}\{\Sigma_\omega\}}{l\text{trace}\{\Sigma_\omega \Sigma_x\}}}}$$

取决于 Σ_ω 和 Σ_x。有时 LMS 的追踪更好，但在有的问题上，RLS 胜出。

尽管如此，必须指出的是，RLS 总是收敛得更快，与 LMS 相比，其收敛速度的差异随着输入协方差矩阵的条件数的增加而增大。

6.9 复值数据：宽线性 RLS

根据 5.7 节类似的讨论，令

$$\boldsymbol{\varphi} = \begin{bmatrix} \boldsymbol{\theta} \\ \boldsymbol{v} \end{bmatrix}, \quad \tilde{\boldsymbol{x}}_n = \begin{bmatrix} \boldsymbol{x}_n \\ \boldsymbol{x}_n^* \end{bmatrix}$$

277 和

$$\hat{y}_n = \boldsymbol{\varphi}^{\text{H}} \tilde{\boldsymbol{x}}_n$$

最小二乘正则化代价变为

$$J(\boldsymbol{\varphi}) = \sum_{i=0}^{n} \beta^{n-i} (y_n - \boldsymbol{\varphi}^{\text{H}} \tilde{\boldsymbol{x}}_n)(y_n - \boldsymbol{\varphi}^{\text{H}} \tilde{\boldsymbol{x}}_n)^* + \lambda \beta^{n+1} \boldsymbol{\varphi}^{\text{H}} \boldsymbol{\varphi}$$

或

$$J(\boldsymbol{\varphi}) = \sum_{i=0}^{n} \beta^{n-i} |y_n|^2 + \sum_{i=0}^{n} \beta^{n-i} \boldsymbol{\varphi}^{\text{H}} \tilde{\boldsymbol{x}}_n \tilde{\boldsymbol{x}}_n^{\text{H}} \boldsymbol{\varphi} -$$

$$\sum_{i=0}^{n} \beta^{n-i} y_n \tilde{\boldsymbol{x}}_n^{\text{H}} \boldsymbol{\varphi} - \sum_{i=0}^{n} \beta^{n-i} \boldsymbol{\varphi}^{\text{H}} \tilde{\boldsymbol{x}}_n y_n^* + \lambda \beta^{n+1} \boldsymbol{\varphi}^{\text{H}} \boldsymbol{\varphi}$$

关于 $\boldsymbol{\varphi}^*$ 求梯度，并令其为 0，得到

$$\boxed{\tilde{\Phi}_n \boldsymbol{\varphi}_n = \tilde{\boldsymbol{p}}_n: \quad \text{宽线性LS估计}} \tag{6.55}$$

其中

$$\tilde{\Phi}_n = \beta^{n+1}\lambda I + \sum_{i=0}^{n} \beta^{n-i} \tilde{\boldsymbol{x}}_n \tilde{\boldsymbol{x}}_n^{\mathrm{H}} \tag{6.56}$$

$$\tilde{\boldsymbol{p}}_n = \sum_{i=0}^{n} \beta^{n-i} \tilde{\boldsymbol{x}}_n y_n^* \tag{6.57}$$

与实值 RLS 步骤相似，得到算法 6.2，其中 $\tilde{P}_n := \tilde{\Phi}^{-1}$。

算法 6.2（宽线性 RLS 算法）

- 初始化
  - $\boldsymbol{\varphi}_0 = \boldsymbol{0}$
  - $\tilde{P}_{-1} = \lambda^{-1} I$
  - 选择 β
- **For** $n=0,1,2,\cdots$, **Do**
  - $e_n = y_n - \boldsymbol{\varphi}_{n-1}^{\mathrm{H}} \tilde{\boldsymbol{x}}_n$
  - $z_n = \tilde{P}_{n-1} \tilde{\boldsymbol{x}}_n$
  - $\boldsymbol{k}_n = \frac{z_n}{\beta + \tilde{\boldsymbol{x}}_n^{\mathrm{H}} z_n}$
  - $\boldsymbol{\varphi}_n = \boldsymbol{\varphi}_{n-1} + \boldsymbol{k}_n e_n^*$
  - $\tilde{P}_n = \beta^{-1} \tilde{P}_{n-1} - \beta^{-1} \boldsymbol{k}_n z_n^{\mathrm{H}}$
- **End For**

设 $\boldsymbol{v}_n = 0$，用 $\boldsymbol{x}_n$ 替换 $\tilde{\boldsymbol{x}}_n$，并用 $\boldsymbol{\theta}_n$ 替换 $\boldsymbol{\varphi}_n$，就得到线性复值 RLS。 278

6.10　LS 方法的计算

有关最小二乘方程的有效解以及 RLS 的高效计算实现的文献非常多。本节将只重点介绍多年来遵循的一些基本方向。大多数可用的软件包都支持这些高效方法。

正如附注 6.2 中已讨论过的，发展各种算法方案的一个主要方向是处理数值稳定性问题。我们主要关注的是保证 Φ_n 的对称性和正定性。实现这一目标的途径是使用 Φ_n 的平方根因子。

6.10.1　乔列斯基分解

从线性代数可知，每一个正定对称矩阵，如 Φ_n，都有以下分解

$$\Phi_n = L_n L_n^{\mathrm{T}}$$

其中 L_n 是下三角矩阵，它的对角线上元素为正。而且，这种分解是唯一的。

关于最小二乘任务，我们关注于更新其中的因子 L_n，而非 Φ_n，以此提高数值稳定性。乔列斯基分解因子的计算可以通过修改的高斯消去法来实现[22]。

6.10.2　*QR* 分解

从数值稳定性的角度来看，计算矩阵的平方因子的更好方法是通过 *QR* 分解。为了简

化讨论，考虑 $\beta=1$ 和 $\lambda=0$(没有正则化)。然后将正定的(样本)协方差矩阵分解为

$$\Phi_n = U_n^{\mathrm{T}} U_n$$

从线性代数中[22]，我们知道 $(n+1)\times l$ 的矩阵 U_n 可以写成乘积

$$U_n = Q_n R_n$$

其中 Q_n 是 $(n+1)\times(n+1)$ 的正交矩阵，R_n 是 $(n+1)\times l$ 的上三角矩阵。注意 R_n 与乔列斯基分解因子 L_n^{T} 有关。事实证明，U_n 的 QR 分解在数值稳定性方面比 Φ_n 的乔列斯基分解效果更好。QR 分解可以通过不同的路线进行：

- 输入矩阵列的格莱姆–施密特(Gram-Schmidt)正交化。我们已经在第 4 章中看到了这种方法，当时讨论了求解滤波情形下的正规方程的格–梯算法。在输入信号的时移特性下，针对最小二乘滤波任务，也发展了格–梯型算法[31, 32]。
279 • 吉文斯(Givens)旋转：这也是一个流行的路线[10, 41, 52, 54]。
- 豪斯霍尔德(Householder)反射：文献[53, 55]采用了这一方法。从数值的角度来看，使用豪斯霍尔德反射产生了一个特别健壮的方法。此外，该方法具有高度的并行性，可在并行处理环境中适当地利用。

文献[2]中给出了部分与 QR 分解相关的综述论文。

6.10.3 快速 RLS 版本

另一条异常活跃的研究路线(特别是在 20 世纪 80 年代)，是挖掘和利用与滤波任务相关的特殊结构。即滤波器的输入是由随机信号/过程的一个实现的样本组成的。根据我们所采用的符号惯例，输入向量现在表示为 $\boldsymbol{u}$ 而非 $\boldsymbol{x}$。此外，为了讨论的需要，我们将引入滤波器阶数的符号 m。这时，在连续两个时刻的输入向量(回归量)，除了两个元素外，其他元素都共享。实际上，对于一个 m 阶系统，有

$$\boldsymbol{u}_{m,n} = \begin{bmatrix} u_n \\ \vdots \\ u_{n-m+1} \end{bmatrix}, \quad \boldsymbol{u}_{m,n-1} = \begin{bmatrix} u_{n-1} \\ \vdots \\ u_{n-m} \end{bmatrix}$$

可以把输入向量划分成

$$\boldsymbol{u}_{m,n} = \left[u_n \ \boldsymbol{u}_{m-1,n-1}\right]^{\mathrm{T}} = \left[\boldsymbol{u}_{m-1,n},\ u_{n-m+1}\right]^{\mathrm{T}}$$

这个特性也称为时移结构。这样的输入向量的划分导致

$$\begin{aligned}\Phi_{m,n} &= \begin{bmatrix} \sum_{i=0}^{n} u_i^2 & \sum_{i=0}^{n} \boldsymbol{u}_{m-1,i-1}^{\mathrm{T}} u_i \\ \sum_{i=0}^{n} \boldsymbol{u}_{m-1,i-1} u_i & \Phi_{m-1,n-1} \end{bmatrix} \\ &= \begin{bmatrix} \Phi_{m-1,n} & \sum_{i=0}^{n} \boldsymbol{u}_{m-1,i} u_{i-m+1} \\ \sum_{i=0}^{n} \boldsymbol{u}_{m-1,i}^{\mathrm{T}} u_{i-m+1} & \sum_{i=0}^{n} u_{i-m+1}^2 \end{bmatrix}, \ m = 2, 3, \cdots, l \end{aligned} \tag{6.58}$$

其中对于复变量，转置用共轭转置替换。对式(6.58)和式(4.60)进行比较。这两个划分看起来很像，但它们是不同的。矩阵 $\Phi_{m,n}$ 不再是特普利茨(Toeplitz)的。它的下分块用 $\Phi_{m-1,n-1}$ 表示。这种矩阵称为准特普利茨矩阵。我们所需要的只是“修正” $\Phi_{m-1,n-1}$ 为 $\Phi_{m-1,n}$ 减去一个秩 1 矩阵，即

$$\Phi_{m-1,n-1}=\Phi_{m-1,n}-\boldsymbol{u}_{m-1,n}\boldsymbol{u}_{m-1,n}^{\mathrm{T}}$$

结果表明，这种修正虽然可能使推导稍微复杂一些，但仍可以如 4.8 节的 MSE 中的情况一样，通过应用矩阵求逆引理，得到计算效率高的阶递归格式。这类方法起源于斯坦福大学马丁·莫夫开创性的博士论文[42]。针对最小二乘情形，已经导出了莱文森型、舒尔型、分裂莱文森型、格-梯算法[3, 27, 28, 43, 44, 60, 61]。以前在 QR 分解中提到的一些方法也利用了输入信号的时移结构。 280

除了阶递归方法外，研究人员还跟进文献[33]中的工作，开发了许多固定阶的快速 RLS 形方法。回想一下式(6.45)中关于卡尔曼增益的定义，对于 l 阶系统，我们有

$$\begin{aligned}\boldsymbol{k}_{l+1,n}=\Phi_{l+1,n}^{-1}\boldsymbol{u}_{l+1,n}&=\begin{bmatrix}* & * \\ * & \Phi_{l,n-1}\end{bmatrix}^{-1}\begin{bmatrix}* \\ \boldsymbol{u}_{l,n-1}\end{bmatrix}\\&=\begin{bmatrix}\Phi_{l,n} & * \\ * & *\end{bmatrix}^{-1}\begin{bmatrix}\boldsymbol{u}_{l,n} \\ *\end{bmatrix}\end{aligned}$$

其中 $*$ 表示任意元素值。我们不深入细节，只简单介绍其思想，下分块可以将 l 阶、时刻 $n-1$ 的卡尔曼增益与 $l+1$ 阶、时刻 n 的卡尔曼增益联系起来(向上)。然后利用上分块可以获得 l 阶、时刻 n 的时间更新卡尔曼增益(向下)，这样的过程绕过了矩阵运算，导出了 $\mathcal{O}(l)$ 的 RLS 类算法[7, 9]，每次时间更新的复杂度为 $7l$。但这些版本数值上不稳定。在文献[5, 58]中提出了数值稳定的版本，其中只需要很少的额外计算代价。对于求解(正则化)指数加权最小二乘代价函数问题，上述所有方法都有对应版本被设计出来。

除这条技术路线外，为了减少复杂度，还出现了一些求近似解的变体。这些方法使用了协方差或逆协方差矩阵的近似[14, 38]。快速牛顿横向滤波(FNTF)算法[45]通过一个带宽为 p 的带状矩阵逼近逆协方差矩阵。这样的模型有一个特别的物理解释。带状逆协方差矩阵对应于阶为 p 的 AR 过程。因此，如果输入信号能够被 AR 模型充分地建模，则 FNTF 具有最小二乘性能。而且，这种性能只需通过 $\mathcal{O}(p)$ 的计算代价获得，而非 $\mathcal{O}(l)$。这在 $p \ll l$ 的应用中非常有效。例如，在音频会议中，输入信号是语音。语音可以有效地用一个 15 阶的 AR 模型来建模，而滤波器的阶数可以是几百个抽头的[49]。FNTF 缩小了 LMS($p=1$)和(快速)RLS($p=l$)之间的差距。此外，FNTF 建立在稳定的快速 RLS 的结构上。近年来，带状逆协方差矩阵近似法已成功地应用于谱分析[21]。

在文献[15, 17, 20, 24, 29, 57]中可以找到更多的高效最小二乘方案。

6.11 坐标下降法和循环坐标下降法

目前为止，我们已经讨论了最速下降法和牛顿优化法。我们将用第三种方法来结束讨论，它也可以看作最速下降法家族的一员。不用欧几里得范数和二次范数，考虑下面的最小化任务来获得归一化下降方向：

$$\boldsymbol{v}=\arg\min_{z} z^{\mathrm{T}}\nabla J \tag{6.59}$$ 281

$$\text{满足}\quad \|z\|_1=1 \tag{6.60}$$

其中 $\|\cdot\|_1$ 表示 l_1 范数，定义为

$$\|z\|_1:=\sum_{i=1}^{l}|z_i|$$

第 9 章的大部分内容都是关于该范数及其性质的。注意它是不可微的。求解最小化任务可

以得到(习题6.17)：

$$\boldsymbol{v} = -\operatorname{sgn}((\nabla J)_k)\boldsymbol{e}_k$$

其中 $\boldsymbol{e}_k$ 为绝对值最大的分量 $(\nabla J)_k$ 对应的坐标方向，即

$$|(\nabla J)_k| > |(\nabla J)_j|, \quad j \neq k$$

sgn(·)是符号函数。几何解释如图6.7所示。换句话说，下降方向是沿着一个单一的基向量，即每次只更新 $\boldsymbol{\theta}$ 的一个分量。它与方向导数增长最大的分量 $(\nabla J(\boldsymbol{\theta}^{(i-1)}))_k$ 相对应，更新规则变为

282

$$\theta_k^{(i)} = \theta_k^{(i-1)} - \mu_i \frac{\partial J\left(\boldsymbol{\theta}^{(i-1)}\right)}{\partial \theta_k}：\text{坐标下降法} \tag{6.61}$$

$$\theta_j^{(i)} = \theta_j^{(i-1)}, \quad j = 1, 2, \cdots, l, \; j \neq k \tag{6.62}$$

因为每次迭代只更新一个分量，这大大简化了更新机制。这种方法称为*坐标下降法*(CD)。

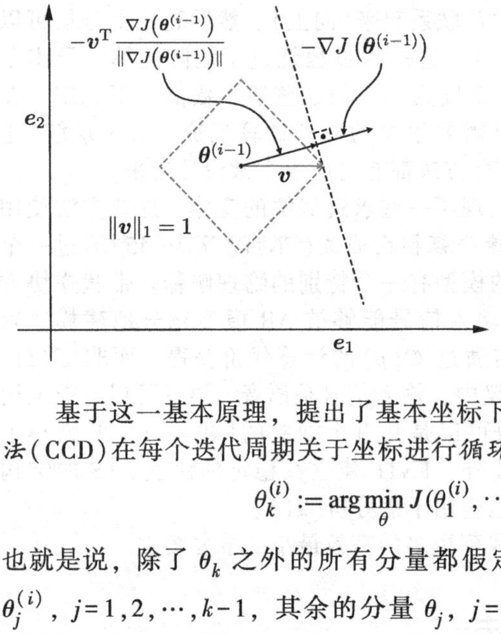

图6.7　以 $\boldsymbol{\theta}^{(i-1)}$ 为中心的1范数 $\|\cdot\|_1$ 球(在 $\mathbb{R}^2$ 中)是一个菱形。方向 $\boldsymbol{e}_1$ 对应于 ∇J 的最大分量。回想一下，向量 ∇J 的分量是各个方向导数

基于这一基本原理，提出了基本坐标下降法的许多变体。形式最简单的*循环坐标下降法*(CCD)在每个迭代周期关于坐标进行*循环*更新，即在第 i 次迭代时，求解如下最小化：

$$\theta_k^{(i)} := \arg\min_{\theta} J(\theta_1^{(i)}, \cdots, \theta_{k-1}^{(i)}, \theta, \theta_{k+1}^{(i-1)}, \cdots, \theta_l^{(i-1)})$$

也就是说，除了 θ_k 之外的所有分量都假定为常值；分量 θ_j，$j<k$ 固定在它们的更新值 $\theta_j^{(i)}$，$j=1,2,\cdots,k-1$，其余的分量 θ_j，$j=k+1,\cdots,l$ 取为从前一步迭代中得到的估计值 $\theta_j^{(i-1)}$。这种方法的优点是可以得到最小值问题的一个简单的闭合形式解。这种技术在稀疏学习模型的背景下有很大发展(第10章)[18, 67]。文献[36, 62]考虑了CCD的收敛问题。文献[66]及其参考文献研究了用于LS任务的CCD算法。除了基本的CCD方法外，为了提高收敛性，还可以根据不同的场景来选择每次更新的方向，从随机选择到坐标系的改变都有，这称为*自适应坐标下降法*[35]。

6.12　仿真示例

在这一节中，我们给出RLS的收敛性和跟踪性能的仿真示例，并与第5章推导的梯度下降族算法进行比较。

例6.1　本例的重点是展示RLS以及第5章中讨论过的NLMS、APA算法的收敛速度的对比。为此，我们依据如下的回归模型生成数据

$$y_n = \boldsymbol{\theta}_o^{\mathrm{T}} \boldsymbol{x}_n + \eta_n$$

其中 $\boldsymbol{\theta}_o \in \mathbb{R}^{200}$。它的元素是根据归一化的高斯分布随机生成的。噪声样本是由独立同分布的零均值、方差为 $\sigma_\eta^2 = 0.01$ 的高斯分布生成的。输入向量的元素也是通过独立同分布的归一化高斯分布生成的。使用生成的样本$(y_n, \boldsymbol{x}_n)$，$n=0,1,\cdots$作为上述三种算法的训练序列，得到图 6.8 的收敛曲线。曲线显示了实验中 100 个不同实现的平均的平方误差，把它看作时间索引 n 的函数，且以分贝$(10\log_{10}(e_n^2))$为单位。算法使用的参数是：(a) 对于 NLMS，使用$\mu=1.2$，$\delta=0.001$；(b) 对于 APA，使用$\mu=0.2$，$\delta=0.001$，$q=30$；(c) 对于 RLS，使用$\beta=1$，$\lambda=0.1$。NLMS 和 APA 这样的参数选择，是为了使这两种算法收敛到相同的误差下限。与 NLMS 相比，APA 在收敛速度方面的性能改进是显而易见的。然而，与 RLS 相比，这两种算法都有不足之处。请注意，RLS 因为没有使用遗忘因子，所以收敛于较低的 283
误差下限。为了保持一致，应使用遗忘因子$\beta<1$，以使该算法与其他两种算法的错误下限相同。这会对收敛速度产生正面的影响。但这里选择$\beta=1$，显示了 RLS 可以收敛得非常快，即使要收敛到更低的误差下限。只是这种性能的改进是在相当高的复杂度代价下获得的。如果输入向量是随机过程的一部分，并且如 6.10 节所讨论可以利用特殊的时移结构，则可以设计出较低复杂度的版本。第 8 章将给出包括另一类在线算法的进一步的性能比较示例。

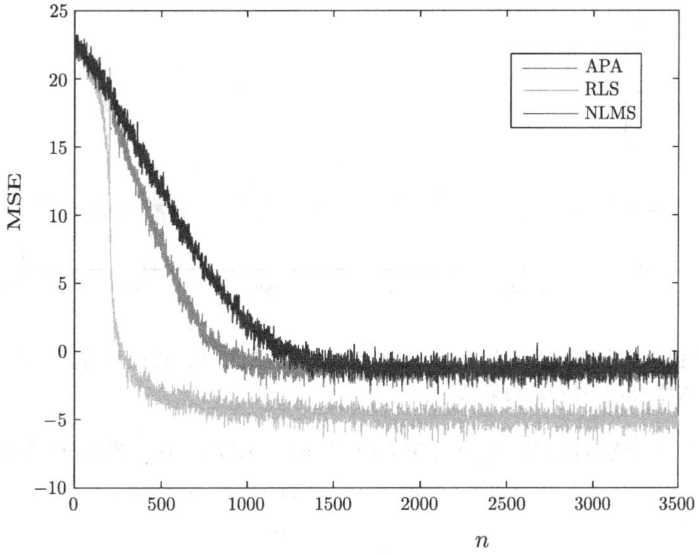

图 6.8 将 MSE 曲线看作 NLMS、APA 和 RLS 迭代数的函数。RLS 收敛速度更快，误差下限更低

然而，必须强调的是，当算法必须跟踪时变环境时，从初始条件到稳定状态，这种显著的收敛速度优势(在 RLS 和 LMS 型方法间)可能与跟踪性能无关。下面将验证这一点。

例 6.2 这个例子着重比较 RLS 和 NLMS 的跟踪性能。目的是展示一些 RLS 不如 NLMS 的情况。当然必须记住，根据理论，相对性能在很大程度上取决于具体的应用。

根据示例的需要，我们将利用式(6.54)中给出的参数时变模型的更实际的版本，并根据如下的线性系统生成数据

$$y_n = \boldsymbol{x}_n^{\mathrm{T}} \boldsymbol{\theta}_{o,n-1} + \eta_n \tag{6.63}$$ 284

其中

$$\boldsymbol{\theta}_{o,n} = \alpha \boldsymbol{\theta}_{o,n-1} + \boldsymbol{\omega}_n$$

这里 $\boldsymbol{\theta}_{o,n} \in \mathbb{R}^5$。结果表明，如果认为包含 $\boldsymbol{\theta}_{o,n}$ 的参数代表这一通道的脉冲响应，则这种

时变模型(需正确选择相关参数)与通信中的瑞利衰落信道密切相关[57]。瑞利衰落信道是一种非常常见的信道，它能有效地模拟无线通信中的多种传输信道。调节参数 α 和对应噪声源 $\boldsymbol{\omega}$ 的方差，我们可以实现快时变或慢时变场景。在本例中，选择 $\alpha=0.97$，噪声服从零均值高斯分布，且协方差矩阵 $\Sigma_{\omega}=0.1I$。

在数据生成方面，输入样本由独立同分布的高斯分布 $\mathcal{N}(0,1)$ 生成，噪声也服从高斯分布，其均值为 0，方差为 $\sigma_{\eta}^2=0.01$。对时变模型($\boldsymbol{\theta}_{o,0}$)的初始化是通过从 $\mathcal{N}(0,1)$ 中随机抽取样本来完成的。

图 6.9 显示了 NLMS 和 RLS 的 MSE 随迭代次数变化的函数曲线。对于 RLS，遗忘因子设为 $\beta=0.995$，对于 NLMS，设 $\mu=0.5$，$\delta=0.001$。经过大量的实验，这样的选择为两种算法带来了最佳性能。这些曲线是平均 200 次独立运行的结果。

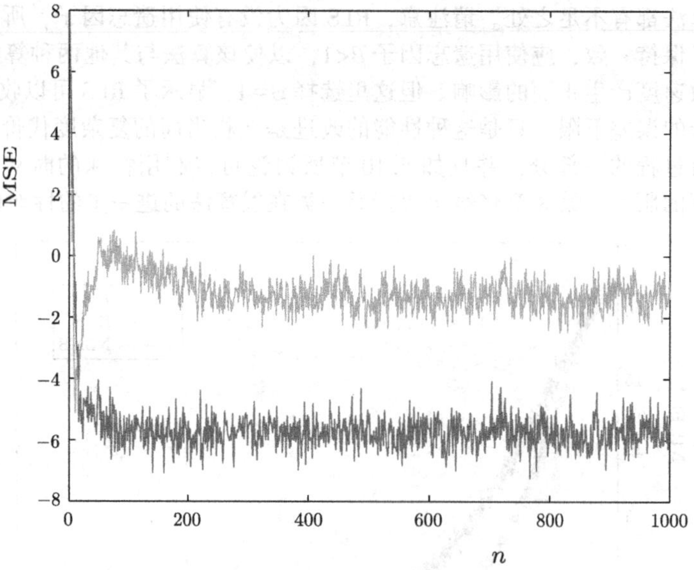

图 6.9　对于一个快时变参数模型，尽管 RLS(灰色)与 NLMS(红色)相比具有非常快的初始收敛速度，但 RLS(灰色)未能对其进行跟踪

图 6.10 给出了分别对应于 $\Sigma_{\omega}=0.01I$ 和 $\Sigma_{\omega}=0.001I$ 的中、慢时变信道的结果曲线。

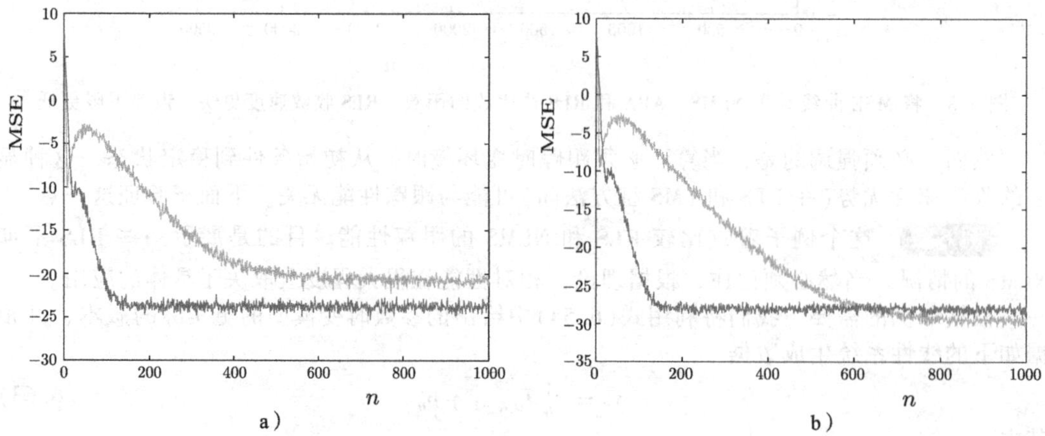

图 6.10　对于图 a 中的时变参数模型和图 b 中的慢时变参数模型，MSE 随迭代次数变化的函数曲线。红色曲线对应 NLMS，灰色曲线对应 RLS

285

6.13 总体最小二乘法

本节将从不同的角度阐述 LS 任务。如 6.2 节中所示，假设数据是零均值的(居中)数据，并对观测样本使用熟悉的线性回归模型

$$\boldsymbol{y}=X\boldsymbol{\theta}+\boldsymbol{\eta}$$

我们已经知道，最小二乘任务等价于将 $\boldsymbol{y}$(正交地)投影到 X 的列向量空间 $\text{span}\{\boldsymbol{x}_1^c,\cdots,\boldsymbol{x}_l^c\}$，因此，会使误差向量

$$\boldsymbol{e}=\boldsymbol{y}-\hat{\boldsymbol{y}}$$

正交于 X 的列空间。等价地，也可以写成

$$\begin{aligned}&\text{最小化}\quad \|\boldsymbol{e}\|^2\\&\text{满足}\quad \boldsymbol{y}-\boldsymbol{e}\in\mathcal{R}(X)\end{aligned}\tag{6.64}$$

其中 $\mathcal{R}(X)$ 为 X 的像空间(相关定义见附注 6.1)。而且，一旦得到了 $\hat{\boldsymbol{\theta}}_{\text{LS}}$，就可以写出

$$\hat{\boldsymbol{y}}=X\hat{\boldsymbol{\theta}}_{\text{LS}}=\boldsymbol{y}-\boldsymbol{e}$$

或

$$[X\vdots\boldsymbol{y}-\boldsymbol{e}]\begin{bmatrix}\hat{\boldsymbol{\theta}}_{\text{LS}}\\-1\end{bmatrix}=\boldsymbol{0}\tag{6.65}$$ 286

其中 $[X\vdots\boldsymbol{y}-\boldsymbol{e}]$ 是将 X 增加一列 $\boldsymbol{y}-\boldsymbol{e}$ 后得到的矩阵。因此，所有的点 $(y_n-e_n,\boldsymbol{x}_n)\in\mathbb{R}^{l+1}$，$n=1,2,\cdots,N$ 位于在同样的过原点的一个超平面上，如图 6.11 所示。换句话说，为了将超平面与数据拟合，LS 方法将修正项 e_n，$n=1,2,\cdots,N$ 作用于输出样本。因此，我们默认假设了回归量是通过精确测量得到的，且噪声只影响输出观测值。

本节将考虑更一般的情况，即我们允许输入(回归量)和输出变量都受到(未观察到的)噪声样本的干扰。这样的处理方法由来已久，可以追溯到 19 世纪[1]。但该方法一直不为人所知，直到 50 年后，这种方法才被戴明(Deming)用于二维模型[13]，因此有时也被称为戴明回归(有关历史综述请参见[19])。这种模型也称为变量内误差回归模型。

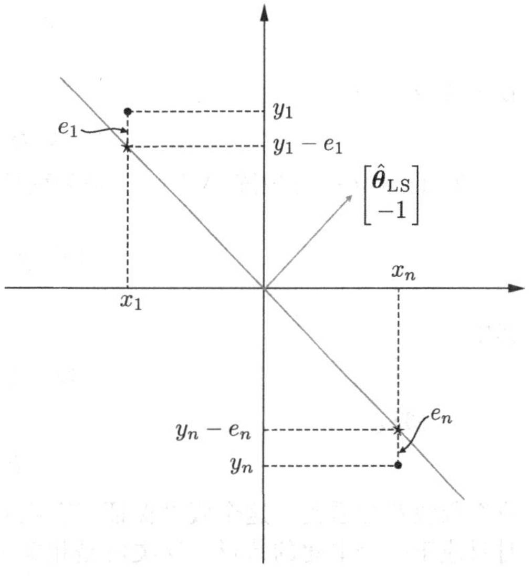

图 6.11 根据 LS 法，只有输出点 y_n 被修正为 y_n-e_n，使得点对 (y_n-e_n,x_n) 位于一个穿过居中数据原点的超平面上。如果数据没有居中，它将经过形心 $(\bar{y},\bar{x})$

我们的出发点是式(6.64)。设 $\boldsymbol{e}$ 为作用于 $\boldsymbol{y}$ 的修正向量，E 为作用于 X 的修正矩阵。总体最小二乘法通过求解下面的优化任务计算出未知参数向量：

$$\begin{aligned}&\text{最小化}\quad \left\|[E\vdots\boldsymbol{e}]\right\|_F\\&\text{满足}\quad \boldsymbol{y}-\boldsymbol{e}\in\mathcal{R}(X-E)\end{aligned}\tag{6.66}$$

回忆一下(见附注 6.1)，一个矩阵的弗罗贝尼乌斯范数定义为其所有元素平方和的平方根，它是向量欧几里得范数的直接推广。我们先关注式(6.66)的求解，稍后再 287

对其进行几何解释。式(6.66)中的约束集可以等价地写成

$$(X-E)\boldsymbol{\theta}=\boldsymbol{y}-\boldsymbol{e} \tag{6.67}$$

定义

$$F:=X-E \tag{6.68}$$

并设$\boldsymbol{f}_i^{\mathrm{T}}\in\mathbb{R}^l$，$i=1,2,\cdots,N$为$F$的行，即

$$F^{\mathrm{T}}=[\boldsymbol{f}_1,\cdots,\boldsymbol{f}_N]$$

设$\boldsymbol{f}_i^c\in\mathbb{R}^N$，$i=1,2,\cdots,l$为其列，即

$$F=[\boldsymbol{f}_1^c,\cdots,\boldsymbol{f}_l^c]$$

同时令

$$\boldsymbol{g}:=\boldsymbol{y}-\boldsymbol{e} \tag{6.69}$$

因此，公式(6.67)可以用F的列表示，即

$$\boxed{\theta_1\boldsymbol{f}_1^c+\cdots+\theta_l\boldsymbol{f}_l^c-\boldsymbol{g}=0} \tag{6.70}$$

公式(6.70)表示$l+1$个向量$\boldsymbol{f}_1^c,\cdots,\boldsymbol{f}_l^c$，$\boldsymbol{g}\in\mathbb{R}^N$是线性相关的，这也说明了

$$\boxed{\operatorname{rank}\{[F\vdots\boldsymbol{g}]\}\leqslant l} \tag{6.71}$$

这里有一个细微之处需要注意：反过来是未必正确的；也就是说，式(6.71)并不一定能推出式(6.70)。如果$\operatorname{rank}\{F\}<l$，一般情况下不存在$\boldsymbol{\theta}$满足式(6.70)。这很容易验证，例如，考虑极端情况$\boldsymbol{f}_1^c=\boldsymbol{f}_2^c=\cdots\boldsymbol{f}_l^c$。考虑到这一点，我们需要强加一些额外的假设。

假设：

1) $N\times l$矩阵X是满秩的。这意味着它的所有奇异值均非0，可以写成(回忆式(6.14))

$$X=\sum_{i=1}^{l}\sigma_i\boldsymbol{u}_i\boldsymbol{v}_i^{\mathrm{T}}$$

其中假设了

288

$$\sigma_1\geqslant\sigma_2\geqslant\cdots\geqslant\sigma_l>0 \tag{6.72}$$

2) $(N\times(l+1))$矩阵$[X\vdots\boldsymbol{y}]$也是满秩的，因此

$$[X\vdots\boldsymbol{y}]=\sum_{i=1}^{l+1}\bar{\sigma}_i\bar{\boldsymbol{u}}_i\bar{\boldsymbol{v}}_i^{\mathrm{T}}$$

其中

$$\bar{\sigma}_1\geqslant\bar{\sigma}_2\geqslant\cdots\geqslant\bar{\sigma}_{l+1}>0 \tag{6.73}$$

3) 假设

$$\bar{\sigma}_{l+1}<\sigma_l$$

我们很快就会看到，这个假设保证了存在唯一解。如果该条件不成立，仍然存在解，但这时对应于一个退化的情形，这类解是相关文献[37, 64]研究的主题。不过，在这里我们不处理这种情况。注意，一般情况下可以证明$\bar{\sigma}_{l+1}\leqslant\sigma_l$[26]。这样一来，我们的假设是要求严格的不等式。

4) 假设

$$\bar{\sigma}_l>\bar{\sigma}_{l+1}$$

也可以使用该条件保证解的唯一性。

现在我们可以求解以下优化任务：

$$\begin{aligned} &\underset{F,g}{\text{最小化}} \quad \left\|[X \vdots \boldsymbol{y}]-[F \vdots \boldsymbol{g}]\right\|_F^2 \\ &\text{满足} \quad \operatorname{rank}\{[F \vdots \boldsymbol{g}]\}=l \end{aligned} \tag{6.74}$$

也就是说，在弗罗贝尼乌斯范数意义下，要对秩 $l+1$ 矩阵 $[X \vdots \boldsymbol{y}]$，计算其最佳秩 l 近似 $[F \vdots \boldsymbol{g}]$。由附注 6.1 可知

$$[F \vdots \boldsymbol{g}]=\sum_{i=1}^{l} \bar{\sigma}_i \bar{\boldsymbol{u}}_i \bar{\boldsymbol{v}}_i^{\mathrm{T}} \tag{6.75}$$

从而

$$[E \vdots \boldsymbol{e}]=\bar{\sigma}_{l+1} \bar{\boldsymbol{u}}_{l+1} \bar{\boldsymbol{v}}_{l+1}^{\mathrm{T}} \tag{6.76}$$

相应的误差矩阵的弗罗贝尼乌斯范数和谱范数都等于

$$\|E \vdots \boldsymbol{e}\|_F=\bar{\sigma}_{l+1}=\|E \vdots \boldsymbol{e}\|_2 \tag{6.77}$$

注意由于 $\bar{\sigma}_{l+1}<\bar{\sigma}_l$，上述选择是唯一的。 289

到目前为止，我们仅求解了式(6.74)中的问题。但我们还要求得估计值 $\hat{\boldsymbol{\theta}}_{\mathrm{TLS}}$，它满足式(6.70)。一般来说，式(6.75)中的 F 和 $\boldsymbol{g}$ 不能保证存在唯一向量。唯一性是通过假设 3 来实现的，它保证了 F 的秩为 l。

事实上，假设 F 的秩为 k，小于 l，即 $k<l$。设 X 的最佳(在弗罗贝尼乌斯范数/谱范数意义下)秩 k 近似为 X_k，且 $X-X_k=E_k$。由附注 6.1 可知

$$\|E_k\|_F=\sqrt{\sum_{i=k+1}^{l} \sigma_i^2} \geqslant \sigma_l$$

另外，因为 E_k 是与最佳近似相关的扰动(误差)，则

$$\|E\|_F \geqslant \|E_k\|_F$$

或

$$\|E\|_F \geqslant \sigma_l$$

但根据式(6.77)，我们有

$$\bar{\sigma}_{l+1}=\|E \vdots \boldsymbol{e}\|_F \geqslant \|E\|_F \geqslant \sigma_l$$

这和假设 3 矛盾。因此 $\operatorname{rank}\{F\}=l$。故有唯一的 $\hat{\boldsymbol{\theta}}_{\mathrm{TLS}}$，满足

$$[F \vdots \boldsymbol{g}]\begin{bmatrix}\hat{\boldsymbol{\theta}}_{\mathrm{TLS}} \\ -1\end{bmatrix}=\mathbf{0} \tag{6.78}$$

也就是说，$[\hat{\boldsymbol{\theta}}_{\mathrm{TLS}}^{\mathrm{T}},-1]^{\mathrm{T}}$ 属于矩阵

$$\begin{bmatrix}F \vdots \boldsymbol{g}\end{bmatrix} \tag{6.79}$$

的零空间。这是一个(列)不满秩的矩阵，其零空间是一维的，容易验证它是由 $\bar{\boldsymbol{v}}_{l+1}$ 生成的，从而

$$\begin{bmatrix}\hat{\boldsymbol{\theta}}_{\text{TLS}}\\-1\end{bmatrix}=\frac{-1}{\bar{v}_{l+1}(l+1)}\bar{\boldsymbol{v}}_{l+1}$$

其中 $\bar{v}_{l+1}(l+1)$ 是 $\bar{\boldsymbol{v}}_{l+1}$ 的最后一个分量。此外，可以证明(习题 6.18)

$$\boxed{\hat{\boldsymbol{\theta}}_{\text{TLS}}=(X^{\mathrm{T}}X-\bar{\sigma}_{l+1}^{2}I)^{-1}X^{\mathrm{T}}\boldsymbol{y}\text{：总体最小二乘估计}} \tag{6.80}$$

290 注意假设 3 保证了 $X^{\mathrm{T}}X-\bar{\sigma}_{l+1}^{2}I$ 是正定的(想想为什么)。

6.13.1 总体最小二乘法的几何解释

由式(6.67)和 F 用其行 $\boldsymbol{f}_1^{\mathrm{T}},\cdots,\boldsymbol{f}_N^{\mathrm{T}}$ 来表示的定义，可得

$$\boldsymbol{f}_n^{\mathrm{T}}\hat{\boldsymbol{\theta}}_{\text{TLS}}-g_n=0,\quad n=1,2,\cdots,N \tag{6.81}$$

或

$$\hat{\boldsymbol{\theta}}_{\text{TLS}}^{\mathrm{T}}(\boldsymbol{x}_n-\boldsymbol{e}_n)-(y_n-e_n)=0 \tag{6.82}$$

换句话说，回归量 $\boldsymbol{x}_n$ 和输出量 y_n 都进行了修正，使得点 $(y_n-e_n,\boldsymbol{x}_n-\boldsymbol{e}_n)$，$n=1,2,\cdots,N$ 都位于 $\mathbb{R}^{l+1}$ 的一个超平面上。而且一旦这样的超平面计算出来是唯一的，它就有一个有趣的解释。它是距离所有训练点 $(y_n,\boldsymbol{x}_n)$ 的距离平方和最小的超平面。校正点 $(y_n-e_n,\boldsymbol{x}_n-\boldsymbol{e}_n)=(g_n,\boldsymbol{f}_n)$，$n=1,2,\cdots,N$ 是训练点 $(y_n,\boldsymbol{x}_n)$ 在该超平面上的正交投影。如图 6.12 所示。

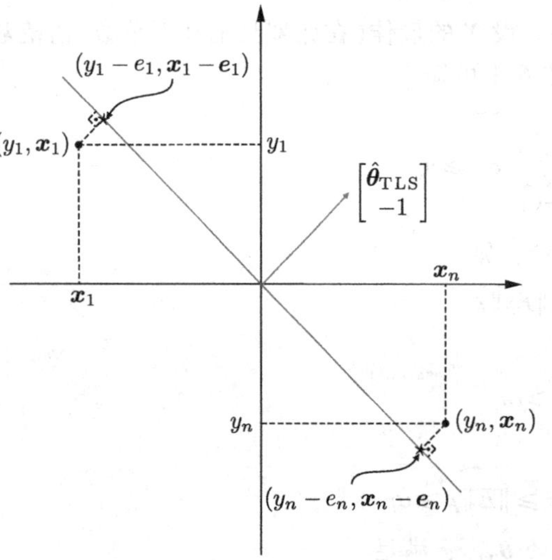

图 6.12　总体最小二乘法对输出变量和输入向量的值进行校正，使校正后的点位于一个超平面上。校正点为 $(y_n,\boldsymbol{x}_n)$ 在其超平面上的正交投影；对于居中数据，超平面穿过原点。对于非居中数据，它穿过质心 $(\bar{y},\bar{\boldsymbol{x}})$

为了证明这两个结论，我们只需证明(习题 6.19)：到一组点 $(y_n,\boldsymbol{x}_n)$，$n=1,2,\cdots,N$ 的距离平方和最小的超平面的方向即为 $\bar{\boldsymbol{v}}_{l+1}$ 定义的方向；后者是与 $[X\ \vdots\ \boldsymbol{y}]$ 的最小奇异值
291 相关的特征向量，这里假设 $\bar{\sigma}_l>\bar{\sigma}_{l+1}$。

为了看清 $(g_n,\boldsymbol{f}_n)$ 是 $(y_n,\boldsymbol{x}_n)$ 在该超平面上的正交投影，回想一下我们的任务是最小化以下的弗罗贝尼乌斯范数：

$$\|X-F\ \vdots\ \boldsymbol{y}-\boldsymbol{g}\|_F^2=\sum_{n=1}^{N}\left((y_n-g_n)^2+\|\boldsymbol{x}_n-\boldsymbol{f}_n\|^2\right)$$

但是，上述和式中的每一项是点$(y_n, \boldsymbol{x}_n)$与点$(g_n, \boldsymbol{f}_n)$之间的欧氏距离，如果点$(g_n, \boldsymbol{f}_n)$是点$(y_n, \boldsymbol{x}_n)$在超平面上的正交投影，则欧氏距离最小。

附注 6.5

- 由 TLS 解

$$\left[\hat{\boldsymbol{\theta}}_{\text{TLS}}^{\text{T}}, -1\right]^{\text{T}}$$

定义的超平面满足最小化所有点$(y_n, \boldsymbol{x}_n)$到它的距离平方和。由解析几何可知，每个点到这个超平面距离的平方为

$$\frac{|\hat{\boldsymbol{\theta}}_{\text{TLS}}^{\text{T}}\boldsymbol{x}_n - y_n|^2}{||\boldsymbol{\theta}_{\text{TLS}}^{\text{T}}||^2 + 1}$$

故 $\hat{\boldsymbol{\theta}}_{\text{TLS}}$ 最小化了以下比值：

$$\hat{\boldsymbol{\theta}}_{\text{TLS}} = \arg\min_{\boldsymbol{\theta}} \frac{||X\boldsymbol{\theta} - \boldsymbol{y}||^2}{||\boldsymbol{\theta}||^2 + 1}$$

这基本上是最小二乘代价的归一化(加权)版本。仔细观察可知，TLS 倾向于具有更大范数的向量。这可以看作 TLS 的“去正则化”倾向。从数值上，这也可以由式(6.80)得到验证。TLS 解中需要求逆的矩阵比对应 LS 解时病态性更强。采用正则化方法可以提高 TLS 的鲁棒性。此外，为了解决离群值，研究人员还提出了使用其他代价函数的 TLS 的扩展方法。

- TLS 方法也被扩展到处理更一般的情况，即 $\boldsymbol{y}$ 和 $\boldsymbol{\theta}$ 变成矩阵。感兴趣的读者可以进一步阅读文献[37, 64]及其中的参考文献。[4]提出了一种求解自组织传感器网络的总体最小二乘任务的分布式算法。文献[12]中提出了高效求解 TLS 任务的递归方法。
- TLS 被广泛应用于许多应用中，如计算机视觉[47]、系统辨识[59]、语音和图像处理[25, 51]以及光谱分析[63]等。

例 6.3　为了证明总体最小二乘估计在改进最小二乘估计性能方面的潜力，在本例中，我们不仅在输入样本中使用噪声，而且在输出样本中也使用噪声。为此，我们随机生成一个输入矩阵 $X \in \mathbb{R}^{150\times 90}$，根据归一化高斯分布 $\mathcal{N}(0,1)$ 填充元素。接下来我们通过从 292
归一化高斯分布中随机抽取样本来生成向量 $\boldsymbol{\theta}_o \in \mathbb{R}^{90}$。输出向量表示为

$$\boldsymbol{y} = X\boldsymbol{\theta}_o$$

然后，生成一个噪声向量 $\boldsymbol{\eta} \in \mathbb{R}^{150}$，用从 $\mathcal{N}(0, 0.01)$ 中随机抽取的元素填充它，并形成

$$\tilde{\boldsymbol{y}} = \boldsymbol{y} + \boldsymbol{\eta}$$

带噪声的输入矩阵为

$$\tilde{X} = X + E$$

其中 E 的元素是通过从 $\mathcal{N}(0, 0.2)$ 中随机抽取样本填充的。

使用生成的 $\tilde{\boldsymbol{y}}$、X 和 $\tilde{X}$，并假设不知道 $\boldsymbol{\theta}_o$，可以得到以下三个估计。

- 使用 LS 估计公式(6.5)和 X、$\tilde{y}$，得到的估计值 $\hat{\boldsymbol{\theta}}$ 与真实值之间的平均欧氏距离(在 10 个不同实现上的平均)等于 $\|\hat{\boldsymbol{\theta}} - \boldsymbol{\theta}_o\| = 0.0125$。
- 使用 LS 估计公式(6.5)和 $\tilde{X}$、$\tilde{y}$，得到的估计值 $\hat{\boldsymbol{\theta}}$ 与真实值之间的平均欧氏距离(在 10 个不同实现上的平均)等于 $\|\hat{\boldsymbol{\theta}} - \boldsymbol{\theta}_o\| = 0.4272$。
- 使用 TLS 估计公式(6.80)和 $\tilde{X}$、$\tilde{y}$，得到的估计值 $\hat{\boldsymbol{\theta}}$ 与真实值之间的平均欧氏距离

(在 10 个不同实现上的平均)等于 $\|\hat{\boldsymbol{\theta}}-\boldsymbol{\theta}_o\|=0.2652$。

观察到在使用有噪声的输入数据时，LS 估计比 TLS 估计产生了更高的误差。但请注意，TLS 成功应用的前提是导致使用 TLS 估计的假设是合理的。

习题

6.1　证明如果 $A\in\mathbb{C}^{m\times m}$ 是半正定的，则它的迹是非负的。

6.2　证明在连续观测向量的独立性假设和存在独立于输入的白噪声的情况下，LS 估计量渐近地服从正态分布，即

$$\sqrt{N}(\boldsymbol{\theta}-\boldsymbol{\theta}_0)\longrightarrow\mathcal{N}(\mathbf{0},\sigma_\eta^2\Sigma_x^{-1})$$

其中 σ^2 为噪声方差，Σ_x 为输入观测向量的协方差矩阵，假设它是可逆的。

6.3　设 $X\in\mathbb{C}^{m\times l}$，证明这两个矩阵

$$XX^{\mathrm{H}}\ \text{和}\ X^{\mathrm{H}}X$$

有相同的特征值。

293　6.4　证明如果 $X\in\mathbb{C}^{m\times l}$，则 $XX^{\mathrm{H}}(X^{\mathrm{H}}X)$ 的特征值为实值且非负。进一步，如果 $\lambda_i\neq\lambda_j$，则 $\boldsymbol{v}_i\perp\boldsymbol{v}_j$。

6.5　设 $X\in\mathbb{C}^{m\times l}$，证明如果 $\boldsymbol{v}_i$ 是 $X^{\mathrm{H}}X$ 对应于特征值 $\lambda_i\neq 0$ 的归一化特征向量，那么对应的 XX^{H} 的归一化特征向量 $\boldsymbol{u}_i$ 由下式给出

$$\boldsymbol{u}_i=\frac{1}{\sqrt{\lambda_i}}X\boldsymbol{v}_i$$

6.6　证明式(6.19)成立。

6.7　证明秩 r 矩阵 X 的 r 个奇异值对应的特征向量 $\boldsymbol{v}_1,\cdots,\boldsymbol{v}_r$ 是这个迭代优化任务的解：计算 $\boldsymbol{v}_k$，$k=2,3,\cdots,r$，满足

$$\text{最小化}\ \frac{1}{2}\|X\boldsymbol{v}\|^2 \tag{6.83}$$

$$\text{满足}\ \|\boldsymbol{v}\|^2=1 \tag{6.84}$$

$$\boldsymbol{v}\perp\{\boldsymbol{v}_1,\cdots,\boldsymbol{v}_{k-1}\},\ k\neq 1 \tag{6.85}$$

其中 $\|\cdot\|$ 表示欧几里得范数。

6.8　证明将 X 的行投影到秩 k 子空间 $V_k=\mathrm{span}\{\boldsymbol{v}_1,\cdots,\boldsymbol{v}_k\}$ 时，与任意其他 k 维子空间 Z_k 相比，此时产生的方差最大。

6.9　证明弗罗贝尼乌斯范数等于奇异值的平方和。

6.10　证明在弗罗贝尼乌斯范数意义下，秩为 r 的矩阵 $X(r>k)$ 的最佳秩 k 逼近为

$$\hat{X}=\sum_{i=1}^{k}\sigma_i\boldsymbol{u}_i\boldsymbol{v}_i^{\mathrm{T}}$$

其中 σ_i 为奇异值，$\boldsymbol{v}_i$，$\boldsymbol{u}_i$，$i=1,2,\cdots,r$ 分别是 X 的右、左奇异向量。逼近的误差为

$$\sqrt{\sum_{i=k+1}^{r}\sigma_i^2}$$

6.11　证明习题 6.10 给出的 $\hat{X}$，也在谱范数意义下最小，并且有

$$\|X-\hat{X}\|_2=\sigma_{k+1}$$

6.12　证明与正交矩阵相乘不影响弗罗贝尼乌斯范数和谱范数，即

$$\|X\|_F=\|QXU\|_F$$

和

$$\|X\|_2 = \|QXU\|_2$$

其中 $QQ^{\mathrm{T}} = UU^{\mathrm{T}} = I$。 294

6.13　证明秩 r 的 $m \times l$ 矩阵 X 的零空间和像空间分别为

$$\mathcal{N}(X) = \operatorname{span}\{\boldsymbol{v}_{r+1}, \cdots, \boldsymbol{v}_l\}$$
$$\mathcal{R}(X) = \operatorname{span}\{\boldsymbol{u}_1, \cdots, \boldsymbol{u}_r\}$$

其中

$$X = [\boldsymbol{u}_1, \cdots, \boldsymbol{u}_m] \begin{bmatrix} D & O \\ O & O \end{bmatrix} \begin{bmatrix} \boldsymbol{v}_1^{\mathrm{T}} \\ \vdots \\ \boldsymbol{v}_l^{\mathrm{T}} \end{bmatrix}$$

6.14　证明对于岭回归，有

$$\hat{\boldsymbol{y}} = \sum_{i=1}^{l} \frac{\sigma_i^2}{\lambda + \sigma_i^2} (\boldsymbol{u}_i^{\mathrm{T}} \boldsymbol{y}) \boldsymbol{u}_i$$

6.15　证明对于二次范数 $\|v\|_p$，$J(\boldsymbol{\theta})$ 在点 $\boldsymbol{\theta}_0$ 处的归一化最速下降方向为

$$\boldsymbol{v} = -\frac{P^{-1} \nabla J(\boldsymbol{\theta}_0)}{||P^{-1} \nabla J(\boldsymbol{\theta}_0)||_P}$$

6.16　解释为什么牛顿迭代极小化方法的收敛对海森矩阵相对不敏感。提示：设 P 是一个正定矩阵。定义新变量

$$\tilde{\boldsymbol{\theta}} = P^{\frac{1}{2}} \boldsymbol{\theta}$$

并基于新变量进行梯度下降最小化。

6.17　证明在约束为

$$\|\boldsymbol{v}\|_1 = 1$$

时 $J(\boldsymbol{\theta})$ 在 $\boldsymbol{\theta}_0$ 点的最速下降方向 $\boldsymbol{v}$ 由 $\boldsymbol{e}_k$ 给出，其中 $\boldsymbol{e}_k$ 是第 k 个方向的标准基向量，这里 k 满足

$$|(\nabla J(\boldsymbol{\theta}_0))_k| > |(\nabla J(\boldsymbol{\theta}_0))_j|, \quad k \neq j$$

6.18　证明 TLS 的解由

$$\hat{\boldsymbol{\theta}} = \left(X^{\mathrm{T}} X - \bar{\sigma}_{l+1}^2 I \right)^{-1} X^{\mathrm{T}} \boldsymbol{y}$$

给出，其中 $\bar{\sigma}_{l+1}$ 为 $[X \vdots \boldsymbol{y}]$ 的最小奇异值。

6.19　给定一组居中数据点 $(y_n, \boldsymbol{x}_n) \in \mathbb{R}^{l+1}$，得到一个超平面

$$\boldsymbol{a}^{\mathrm{T}} \boldsymbol{x} + y = 0$$

它穿过原点，且满足所有点到它的距离平方和最小。 295

MATLAB 练习

6.20　考虑回归模型

$$y_n = \boldsymbol{\theta}_o^{\mathrm{T}} \boldsymbol{x}_n + \eta_n$$

其中 $\boldsymbol{\theta}_o \in \mathbb{R}^{200} (l=200)$，且未知向量的系数通过高斯分布 $\mathcal{N}(0,1)$ 随机抽样得到，噪声样本也是独立同分布的，且服从零均值和方差为 $\sigma_\eta^2 = 0.01$ 的高斯分布。输入序列是一个白噪声序列，且独立同分布地由高斯 $\mathcal{N}(0,1)$ 生成。

将样本 $(y_n, \boldsymbol{x}_n) \in \mathbb{R} \times \mathbb{R}^{200}$，$n = 1, 2, \cdots$ 作为训练数据运行 APA(算法 5.2)、NLMS(算法 5.3) 和 RLS (算法 6.1) 来估计未知的 $\boldsymbol{\theta}_o$。

对于 APA 算法，选择 $\mu = 0.2$，$\delta = 0.001$，$q = 30$。在 NLMS 中，设 $\mu = 1.2$，$\delta = 0.001$。最后，对于

RLS 设置遗忘因子 $\beta=1$。运行 100 个独立实验，绘制每次迭代的平均误差，以分贝为单位，即 $10\log_{10}(e_n^2)$，其中 $e_n^2=(y_n-\boldsymbol{x}_n^{\mathrm{T}}\boldsymbol{\theta}_{n-1})^2$。比较这些算法的性能。

不断尝试不同的参数，研究它们对算法收敛速度和在算法收敛时对误差下限的影响。

6.21　考虑线性系统

$$y_n=\boldsymbol{x}_n^{\mathrm{T}}\boldsymbol{\theta}_{o,n-1}+\eta_n \tag{6.86}$$

其中 $l=5$，且未知向量是时变的。根据以下模型生成未知向量

$$\boldsymbol{\theta}_{o,n}=\alpha\boldsymbol{\theta}_{o,n-1}+\boldsymbol{\omega}_n$$

其中 $\alpha=0.97$，且 $\boldsymbol{\omega}_n$ 的系数是独立同分布地从均值为 0、方差为 0.1 的高斯分布中采样得到。根据 $\mathcal{N}(0,1)$ 生成初始值 $\boldsymbol{\theta}_{o,0}$。

噪声样本是独立同分布的，均值为 0 和方差为 0.001 ⊖。进一步，生成输入样本，使它们服从高斯分布 $\mathcal{N}(0,1)$。比较 NLMS 和 RLS 算法的性能。对于 NLMS，设 $\mu=0.5$，$\delta=0.001$。对于 RLS，令遗忘因子 $\beta=0.995$。运行 200 个独立实验，绘制每次迭代的平均误差，以分贝为单位，即 $10\log_{10}(e_n^2)$，其中 $e_n^2=(y_n-\boldsymbol{x}_n^{\mathrm{T}}\boldsymbol{\theta}_{n-1})^2$。比较这些算法的性能。

保持相同的参数，但将与 $\boldsymbol{\omega}_n$ 相关的方差设置为 0.01、0.001。使用不同的参数值与噪声方差 $\boldsymbol{\omega}$ 进行实验。

6.22　生成一个 150×90 的矩阵 X，其元素服从高斯分布 $\mathcal{N}(0,1)$。生成向量 $\boldsymbol{\theta}_o\in\mathbb{R}^{90}$。这个向量的系数也是独立同分布地通过高斯分布 $\mathcal{N}(0,1)$ 产生。计算向量 $\boldsymbol{y}=X\boldsymbol{\theta}_o$。向 $\boldsymbol{y}$ 中加入一个 90×1 的噪声向量 $\boldsymbol{\eta}$，生成 $\tilde{\boldsymbol{y}}=\boldsymbol{y}+\boldsymbol{\eta}$。$\boldsymbol{\eta}$ 的元素是通过高斯分布 $\mathcal{N}(0,0.01)$ 生成的。接着，加入一个 150×90 的噪声矩阵 E，从而产生 $\tilde{X}=X+E$。E 的元素是根据高斯分布 $\mathcal{N}(0,0.2)$ 生成的。通过式(6.5)计算两种情况下的 LS 估计：(a) 利用真实的输入矩阵 X 和有噪声的输出 $\tilde{\boldsymbol{y}}$；(b) 利用有噪声的输入矩阵 $\tilde{X}$ 和有噪声的输出 $\tilde{\boldsymbol{y}}$。

296　然后，使用有噪声的输入矩阵 $\tilde{X}$ 和有噪声的输出 $\tilde{\boldsymbol{y}}$，通过式(6.80)计算 TLS 估计。

重复实验若干次，并计算前述三种情况下得到的估计值与真实参数向量 $\boldsymbol{\theta}_o$ 之间的平均欧氏距离。变换不同的噪声水平并解释所得结果。

参考文献

[1] R.J. Adcock, Note on the method of least-squares, Analyst 4 (6) (1877) 183–184.
[2] J.A. Apolinario Jr. (Ed.), QRD-RLS Adaptive Filtering, Springer, New York, 2009.
[3] K. Berberidis, S. Theodoridis, Efficient symmetric algorithms for the modified covariance method for autoregressive spectral analysis, IEEE Trans. Signal Process. 41 (1993) 43.
[4] A. Bertrand, M. Moonen, Consensus-based distributed total least-squares estimation in ad hoc wireless sensor networks, IEEE Trans. Signal Process. 59 (5) (2011) 2320–2330.
[5] J.L. Botto, G.V. Moustakides, Stabilizing the fast Kalman algorithms, IEEE Trans. Acoust. Speech Signal Process. 37 (1989) 1344–1348.
[6] S. Boyd, L. Vandenberghe, Convex Optimization, Cambridge University Press, 2004.
[7] G. Carayannis, D. Manolakis, N. Kalouptsidis, A fast sequential algorithm for least-squares filtering and prediction, IEEE Trans. Acoust. Speech Signal Process. 31 (1983) 1394–1402.
[8] F.S. Cattivelli, C.G. Lopes, A.H. Sayed, Diffusion recursive least-squares for distributed estimation over adaptive networks, IEEE Trans. Signal Process. 56 (5) (2008) 1865–1877.
[9] J.M. Cioffi, T. Kailath, Fast recursive-least-squares transversal filters for adaptive filtering, IEEE Trans. Acoust. Speech Signal Process. 32 (1984) 304–337.
[10] J.M. Cioffi, The fast adaptive ROTOR's RLS algorithm, IEEE Trans. Acoust. Speech Signal Process. 38 (1990) 631–653.
[11] M.H. Costa, J.C.M. Bermudez, An improved model for the normalized LMS algorithm with Gaussian inputs and large number of coefficients, in: Proceedings, IEEE Conference in Acoustics Speech and Signal Processing, 2002, pp. 1385–1388.
[12] C.E. Davila, An efficient recursive total least-squares algorithm for FIR adaptive filtering, IEEE Trans. Signal Process. 42 (1994) 268–280.
[13] W.E. Deming, Statistical Adjustment of Data, J. Wiley and Sons, 1943.

⊖　此处分布应指的是高斯分布。——译者注

[14] P.S.R. Diniz, M.L.R. De Campos, A. Antoniou, Analysis of LMS-Newton adaptive filtering algorithms with variable convergence factor, IEEE Trans. Signal Process. 43 (1995) 617–627.
[15] P.S.R. Diniz, Adaptive Filtering: Algorithms and Practical Implementation, third ed., Springer, 2008.
[16] Y.C. Eldar, Minimax MSE estimation of deterministic parameters with noise covariance uncertainties, IEEE Trans. Signal Process. 54 (2006) 138–145.
[17] B. Farhang-Boroujeny, Adaptive Filters: Theory and Applications, J. Wiley, NY, 1999.
[18] J. Friedman, T. Hastie, H. Hofling, R. Tibshirani, Pathwise coordinate optimization, Ann. Appl. Stat. 1 (2007) 302–332.
[19] J.W. Gillard, A Historical Review of Linear Regression With Errors in Both Variables, Technical Report, University of Cardiff, School of Mathematics, 2006.
[20] G. Glentis, K. Berberidis, S. Theodoridis, Efficient least-squares adaptive algorithms for FIR transversal filtering, IEEE Signal Process. Mag. 16 (1999) 13–42.
[21] G.O. Glentis, A. Jakobsson, Superfast approximative implementation of the IAA spectral estimate, IEEE Trans. Signal Process. 60 (1) (2012) 472–478.
[22] G.H. Golub, C.F. Van Loan, Matrix Computations, The Johns Hopkins University Press, 1983.
[23] B. Hassibi, A.H. Sayed, T. Kailath, H^{∞} optimality of the LMS algorithm, IEEE Trans. Signal Process. 44 (1996) 267–280.
[24] S. Haykin, Adaptive Filter Theory, fourth ed., Prentice Hall, NJ, 2002.
[25] K. Hermus, W. Verhelst, P. Lemmerling, P. Wambacq, S. Van Huffel, Perceptual audio modeling with exponentially damped sinusoids, Signal Process. 85 (1) (2005) 163–176.
[26] R.A. Horn, C.R. Johnson, Matrix Analysis, second ed., Cambridge University Press, 2013.
[27] N. Kalouptsidis, G. Carayannis, D. Manolakis, E. Koukoutsis, Efficient recursive in order least-squares FIR filtering and prediction, IEEE Trans. Acoust. Speech Signal Process. 33 (1985) 1175–1187.
[28] N. Kalouptsidis, S. Theodoridis, Parallel implementation of efficient LS algorithms for filtering and prediction, IEEE Trans. Acoust. Speech Signal Process. 35 (1987) 1565–1569. 297
[29] N. Kalouptsidis, S. Theodoridis, Adaptive System Identification and Signal Processing Algorithms, Prentice Hall, 1993.
[30] A.P. Liavas, P.A. Regalia, On the numerical stability and accuracy of the conventional recursive least-squares algorithm, IEEE Trans. Signal Process. 47 (1999) 88–96.
[31] F. Ling, D. Manolakis, J.G. Proakis, Numerically robust least-squares lattice-ladder algorithms with direct updating of the reflection coefficients, IEEE Trans. Acoust. Speech Signal Process. 34 (1986) 837–845.
[32] D.L. Lee, M. Morf, B. Friedlander, Recursive least-squares ladder estimation algorithms, IEEE Trans. Acoust. Speech Signal Process. 29 (1981) 627–641.
[33] L. Ljung, M. Morf, D. Falconer, Fast calculation of gain matrices for recursive estimation schemes, Int. J. Control 27 (1984) 304–337.
[34] S. Ljung, L. Ljung, Error propagation properties of recursive least-squares adaptation algorithms, Automatica 21 (1985) 157–167.
[35] I. Loshchilov, M. Schoenauer, M. Sebag, Adaptive coordinate descent, in: Proceedings Genetic and Evolutionary Computation Conference, GECCO, ACM Press, 2011, pp. 885–892.
[36] Z. Luo, P. Tseng, On the convergence of the coordinate descent method for convex differentiable minimization, J. Optim. Theory Appl. 72 (1992) 7–35.
[37] I. Markovsky, S. Van Huffel, Overview of total least-squares methods, Signal Process. 87 (10) (2007) 2283–2302.
[38] D.F. Marshall, W.K. Jenkins, A fast quasi-Newton adaptive filtering algorithm, IEEE Trans. Signal Process. 40 (1993) 1652–1662.
[39] G. Mateos, I. Schizas, G.B. Giannakis, Distributed recursive least-squares for consensus-based in-network adaptive estimation, IEEE Trans. Signal Process. 57 (11) (2009) 4583–4588.
[40] G. Mateos, G.B. Giannakis, Distributed recursive least-squares: stability and performance analysis, IEEE Trans. Signal Process. 60 (7) (2012) 3740–3754.
[41] J.G. McWhirter, Recursive least-squares minimization using a systolic array, Proc. SPIE Real Time Signal Process. VI 431 (1983) 105–112.
[42] M. Morf, Fast Algorithms for Multivariable Systems, PhD Thesis, Stanford University, Stanford, CA, 1974.
[43] M. Morf, T. Kailath, Square-root algorithms for least-squares estimation, IEEE Trans. Autom. Control 20 (1975) 487–497.
[44] M. Morf, B. Dickinson, T. Kailath, A. Vieira, Efficient solution of covariance equations for linear prediction, IEEE Trans. Acoust. Speech Signal Process. 25 (1977) 429–433.
[45] G.V. Moustakides, S. Theodoridis, Fast Newton transversal filters: a new class of adaptive estimation algorithms, IEEE Trans. Signal Process. 39 (1991) 2184–2193.
[46] G.V. Moustakides, Study of the transient phase of the forgetting factor RLS, IEEE Trans. Signal Process. 45 (1997) 2468–2476.
[47] M. Mühlich, R. Mester, The role of total least-squares in motion analysis, in: H. Burkhardt (Ed.), Proceedings of the 5th European Conference on Computer Vision, Springer-Verlag, 1998, pp. 305–321.
[48] V.H. Nascimento, M.T.M. Silva, Adaptive filters, in: R. Chellappa, S. Theodoridis (Eds.), Signal Process, E-Ref. 1, 2014, pp. 619–747.

[49] T. Petillon, A. Gilloire, S. Theodoridis, Fast Newton transversal filters: an efficient way for echo cancellation in mobile radio communications, IEEE Trans. Signal Process. 42 (1994) 509–517.

[50] T. Piotrowski, I. Yamada, MV-PURE estimator: minimum-variance pseudo-unbiased reduced-rank estimator for linearly constrained ill-conditioned inverse problems, IEEE Trans. Signal Process. 56 (2008) 3408–3423.

[51] A. Pruessner, D. O'Leary, Blind deconvolution using a regularized structured total least norm algorithm, SIAM J. Matrix Anal. Appl. 24 (4) (2003) 1018–1037.

[52] P.A. Regalia, Numerical stability properties of a QR-based fast least-squares algorithm, IEEE Trans. Signal Process. 41 (1993) 2096–2109.

[53] A.A. Rondogiannis, S. Theodoridis, On inverse factorization adaptive least-squares algorithms, Signal Process. 52 (1997) 35–47.

[54] A.A. Rondogiannis, S. Theodoridis, New fast QR decomposition least-squares adaptive algorithms, IEEE Trans. Signal Process. 46 (1998) 2113–2121.

[55] A. Rontogiannis, S. Theodoridis, Householder-based RLS algorithms, in: J.A. Apolonario Jr. (Ed.), QRD-RLS Adaptive Filtering, Springer, 2009.

[56] A.H. Sayed, T. Kailath, A state space approach to adaptive RLS filtering, IEEE Signal Process. Mag. 11 (1994) 18–60.

298 [57] A.H. Sayed, Fundamentals of Adaptive Filtering, J. Wiley Interscience, 2003.

[58] D.T.M. Slock, R. Kailath, Numerically stable fast transversal filters for recursive least-squares adaptive filtering, IEEE Trans. Signal Process. 39 (1991) 92–114.

[59] T. Söderström, Errors-in-variables methods in system identification, Automatica 43 (6) (2007) 939–958.

[60] S. Theodoridis, Pipeline architecture for block adaptive LS FIR filtering and prediction, IEEE Trans. Acoust. Speech Signal Process. 38 (1990) 81–90.

[61] S. Theodoridis, A. Liavas, Highly concurrent algorithm for the solution of ρ-Toeplitz system of equations, Signal Process. 24 (1991) 165–176.

[62] P. Tseng, Convergence of a block coordinate descent method for nondifferentiable minimization, J. Optim. Theory Appl. 109 (2001) 475–494.

[63] D. Tufts, R. Kumaresan, Estimation of frequencies of multiple sinusoids: making linear prediction perform like maximum likelihood, Proc. IEEE 70 (9) (1982) 975–989.

[64] S. Van Huffel, J. Vandewalle, The Total-Least-Squares Problem: Computational Aspects and Analysis, SIAM, Philadelphia, 1991.

[65] M.H. Verhaegen, Round-off error propagation in four generally-applicable, recursive, least-squares estimation schemes, Automatica 25 (1989) 437–444.

[66] G.P. White, Y.V. Zakharov, J. Liu, Low complexity RLS algorithms using dichotomous coordinate descent iterations, IEEE Trans. Signal Process. 56 (2008) 3150–3161.

299 ~ 300 [67] T.T. Wu, K. Lange, Coordinate descent algorithms for lasso penalized regression, Ann. Appl. Stat. 2 (2008) 224–244.

[68] B. Yang, A note on the error propagation analysis of recursive least-squares algorithms, IEEE Trans. Signal Process. 42 (1994) 3523–3525.

分类：经典方法导览

7.1 引言

我们在第 3 章中已经介绍了分类问题。当时我们曾指出，原则上，你可以使用与回归模型相同的损失函数来优化分类器的设计。但在实践中，大多数情况下这并不是解决此问题的最合理的方法。原因是，在分类问题中，输出随机变量 y 是离散的(discrete nature)；因此，更恰当的方法是采用与回归问题中不同的度量来评价性能。

本章的目标是介绍一些被广泛使用的损失函数和方法。其中大多数技术概念简单，但它们构成了分类的基础。这些技术除了在教学上十分重要之外，还用于很多实际应用，并成为很多高级技术的基础，相关内容将在本书的后续章节中介绍。

本章讨论经典贝叶斯分类规则、最小距离分类器的概念、对数几率回归损失函数、费舍尔线性判别、决策树以及分类器组合方法包括强大的提升技术。感知机规则虽然号称最基本的分类规则之一，但我们将在第 18 章再介绍它，将它作为介绍神经网络和深度学习技术的起点。支持向量机将在第 11 章中介绍，在再生核希尔伯特空间框架中讨论它。

简而言之，本章可以看作分类器设计的初学导览。

7.2 贝叶斯分类

我们在第 3 章中使用最小二乘法设计了一个线性分类器。但 LS 准则不能很好地满足分类任务的需求。在第 3 章和第 6 章中，我们已经证明了，仅当在给定了特征值 $\boldsymbol{x}$ 的条件下输出变量 y 的条件分布服从一种特殊类型的高斯分布时，最小二乘估计才是一种有效的方法。但是，在分类问题中，因变量是离散的，并不服从高斯分布；因此，使用 LS 准则一般来说并不合理。我们将在 7.10 节(附注 7.7)中针对其他分类损失函数讨论平方误差时再回顾此问题。

在本节中，我们将通过一条不同的技术路线来实现分类，这种方法的灵感来源于贝叶斯决策理论(Bayesian decision theory)。尽管贝叶斯分类十分符合常识因而概念上非常简单，但它对错误概率(即分类器错误决策/错误分类的概率)有很强的优化能力。

贝叶斯分类规则：给定一个 M 个类 $\omega_i(i=1,2,\cdots,M)$ 的集合及它们的后验概率(posterior probabilities) $P(\omega_i \mid \boldsymbol{x})$，则按如下规则对未知的特征向量 $\boldsymbol{x}$ 进行分类[1]：

$$\boxed{将\boldsymbol{x}分类到\omega_i = \arg\max_{\omega_j} P(\omega_j|\boldsymbol{x}), \quad j=1,2,\cdots,M} \tag{7.1}$$

也就是说，未知模式 $\boldsymbol{x}$ 被分到后验概率最大的那类。

注意，在接收到任何观测值之前，我们对类别的不确定可用先验概率来表达，表示为 $P(\omega_i)(i=1,2,\cdots,M)$。而一旦获得了观测值 $\boldsymbol{x}$，这一额外信息就会部分地消除最初的不确

[1] 回想一下，离散随机变量的概率值用大写 P 表示，连续随机变量的 PDF 用小写 p 表示。

302 定性，此刻后验概率也提供了相关的统计信息，可用于分类。

对式(7.1)应用贝叶斯定理

$$P(\omega_j|\boldsymbol{x}) = \frac{p(\boldsymbol{x}|\omega_j)P(\omega_j)}{p(\boldsymbol{x})}, \quad j=1,2,\cdots,M \tag{7.2}$$

其中 $P(\boldsymbol{x} \mid \omega_j)$ 为相应的条件 PDF，则贝叶斯分类规则变为

$$\text{将}\boldsymbol{x}\text{分类到 } \omega_i = \arg\max_{\omega_j} p(\boldsymbol{x}|\omega_j)P(\omega_j), \quad j=1,2,\cdots,M \tag{7.3}$$

注意，在式(7.2)中，分母——数据的概率密度函数(PDF) $p(\boldsymbol{x})$ 在最大化过程中并未用到，因为它是一个与类别 ω_j 无关的正值；因此，它不会影响最大化的过程。换句话说，公式(7.2)表明分类器依赖于先验类概率及对应的条件概率分布密度。而且，回想一下

$$p(\boldsymbol{x}|\omega_j)P(\omega_j) = p(\omega_j, \boldsymbol{x}) := p(y, \boldsymbol{x})$$

其中在当前场景下，输出变量 y 表示与对应类关联的标签 ω_i。最后一个公式验证了我们在第 3 章中所说的：贝叶斯分类器是一种生成式建模技术。

我们现在将注意力转回到如何估计涉及的量。回忆一下，在实践中，我们所拥有并可自由处理的是一个训练数据集，对先验概率和条件概率分布密度的估计就是从其中获得的。假设我们有一个训练点集 $(y_n, \boldsymbol{x}_n) \in D\times\mathbb{R}^l$，$n=1,2,\cdots,N$，其中 D 是类标签集合，考虑 M 个类的一般分类任务。假设每个类在训练集中有 N_i 个点，$\sum_{i=1}^{M} N_i = N$。这样，先验概率可近似为

$$P(\omega_i) \approx \frac{N_i}{N}, \quad i=1,2,\cdots,M \tag{7.4}$$

对条件概率分布密度 $p(\boldsymbol{x} \mid \omega_i)$，$i=1,2,\cdots,M$，可采用任何估计方法。例如，你可以对每个条件假定一个已知的参数形式，采用 3.10 节中讨论的最大似然(ML)方法或 3.11.1 节中介绍的最大后验概率(MAP)估计方法，以便用来自每个类的训练数据估计参数。另一种方法是采用非参的类柱状图技术，如 3.15 节中讨论的帕仁窗技术和 k-近邻密度估计技术。其他概率分布密度估计方法也都可以采用，如第 12 章中讨论的混合模型。感兴趣的读者可查阅参考文献[38, 39]。

7.2.1 贝叶斯分类器最小化分类误差

在 3.4 节中我们指出，设计一个分类器的目标是将特征向量空间划分为若干区域，并将每个区域关联到唯一一个类。对一个两类分类任务(推广到多类问题是很简单的)，令 $\mathcal{R}_1$、$\mathcal{R}_2$ 是 $\mathbb{R}^l$ 中的两个区域，我们决定它们分别支持类 ω_1 和 ω_2。则分类错误概率由下式给出

303

$$P_e = P(\boldsymbol{x} \in \mathcal{R}_1, \boldsymbol{x} \in \omega_2) + P(\boldsymbol{x} \in \mathcal{R}_2, \boldsymbol{x} \in \omega_1) \tag{7.5}$$

即它等于属于类别 $\omega_1(\omega_2)$ 的特征向量落在特征空间中“错误”区域 $\mathcal{R}_2(\mathcal{R}_1)$ 的概率。

式(7.5)可改写为

$$\boxed{P_e = P(\omega_2)\int_{\mathcal{R}_1} p(\boldsymbol{x}|\omega_2)\mathrm{d}\boldsymbol{x} + P(\omega_1)\int_{\mathcal{R}_2} p(\boldsymbol{x}|\omega_1)\mathrm{d}\boldsymbol{x}\text{：误差概率}} \tag{7.6}$$

已经证明，如式(7.3)定义的贝叶斯分类器会关于 $\mathcal{R}_1$ 和 $\mathcal{R}_2$ 最小化 P_e[11, 38]。对更一般的 M 类分类问题也是如此(习题 7.1)。

对于一维两类分类问题，假定两类等概率($P(\omega_1)=P(\omega_2)=1/2$)，则图 7.1 展示了贝叶

斯分类器最优性的几何含义。区域 $\mathcal{R}_1$ 位于阈值 x_0 的左边，它对应 $P(x \mid \omega_1) > P(x \mid \omega_2)$，区域 $\mathcal{R}_2$ 恰好相反。误差概率等于阴影区域的面积，又等于式(7.6)中两个积分之和。在图 7.1b 中，阈值远离最优贝叶斯值，因而误差概率(等于对应的阴影区域的面积之和)增大了。

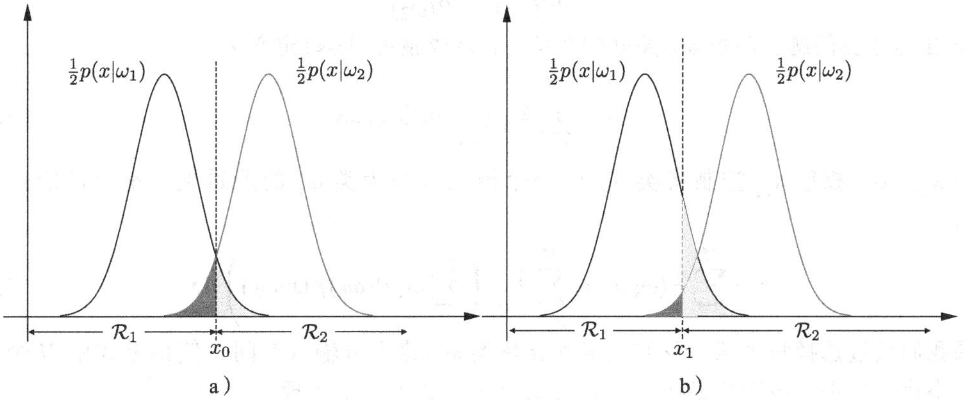

图 7.1 a) 根据贝叶斯最优分类器划分特征空间产生的分类误差概率等于阴影区域的面积。b) 将阈值向远离最优贝叶斯规则对应值的方向移动，阴影区域的面积会增大，这意味着误差概率会增大

7.2.2 平均风险

由于在分类问题中因变量(标签) y 是离散的，因此分类误差概率可能看起来很自然地像是一个待优化代价函数。但实际并不总是这样。在特定应用中，并非所有误差的重要性都相同。例如，在一个医疗诊断系统中，将一副 X 光图像中某个“正常”部分误检为“恶性的”远不如相反的分类错误严重。前一种错误诊断可被随后的医学检测所发现，但后者则可能导致我们不愿看到的后果。对这种情况，我们可以改进误差概率代价函数，根据误差的重要性为它们赋予对应的权重。这种代价函数被称为平均风险(average risk)，得到的规则很像贝叶斯分类器的规则，但由于引入了权重因此有细微修改。 304

让我们从简单的两类问题开始。与两类关联的风险或损失定义为

$$r_1 = \lambda_{11} \int_{\mathcal{R}_1} p(\boldsymbol{x}|\omega_1)\mathrm{d}\boldsymbol{x} + \lambda_{12} \underbrace{\int_{\mathcal{R}_2} p(\boldsymbol{x}|\omega_1)\mathrm{d}\boldsymbol{x}}_{\text{误差}} \tag{7.7}$$

$$r_2 = \lambda_{21} \underbrace{\int_{\mathcal{R}_1} p(\boldsymbol{x}|\omega_2)\mathrm{d}\boldsymbol{x}}_{\text{误差}} + \lambda_{22} \int_{\mathcal{R}_2} p(\boldsymbol{x}|\omega_2)\mathrm{d}\boldsymbol{x} \tag{7.8}$$

通常 $\lambda_{11} = \lambda_{22} = 0$，因为它们对应正确的分类。我们要最小化如下的平均风险

$$r = P(\omega_1)r_1 + P(\omega_2)r_2$$

然后，采用与前面讨论的最优贝叶斯分类器类似的方法，可得到最优平均风险分类器规则

$$\boxed{\text{将}\boldsymbol{x}\text{分类到 } \omega_1\ (\omega_2),\quad \text{若}\lambda_{12}P(\omega_1|\boldsymbol{x}) > (<)\ \lambda_{21}P(\omega_2|\boldsymbol{x})} \tag{7.9}$$

最终，我们可以写出

$$\text{将}\boldsymbol{x}\text{分类到 } \omega_1\ (\omega_2),\quad \text{若}\underbrace{\lambda_{12}P(\omega_1)}_{P'(\omega_1)}p(\boldsymbol{x}|\omega_1) > (<)\ \underbrace{\lambda_{21}P(\omega_2)}_{P'(\omega_2)}p(\boldsymbol{x}|\omega_2) \tag{7.10}$$

注意，如果 λ_{12} 比 λ_{21} 大，这意味着类 ω_1 更“重要”。我们从一个不同的视角来看待它，可将权重的使用解释为一种相对类 ω_2 的先验概率增加类 ω_1 的先验概率的方式，即

$$\frac{P'(\omega_1)}{P'(\omega_2)} > \frac{P(\omega_1)}{P(\omega_2)}$$

对于 M 类分类问题，与类 ω_k 关联的风险(risk)或损失(loss)定义为

$$r_k = \sum_{i=1}^{M} \lambda_{ki} \int_{\mathcal{R}_i} p(\boldsymbol{x}|\omega_k)\,\mathrm{d}\boldsymbol{x} \tag{7.11}$$

其中 $\lambda_{kk}=0$，权重 λ_{ki} 控制将类 ω_k 中一个模式误判为类 ω_i 的严重性。平均风险由下式给出

305 $$r = \sum_{k=1}^{M} P(\omega_k) r_k = \sum_{i=1}^{M} \int_{\mathcal{R}_i} \left(\sum_{k=1}^{M} \lambda_{ki} P(\omega_k) p(\boldsymbol{x}|\omega_k) \right) \mathrm{d}\boldsymbol{x} \tag{7.12}$$

如果我们通过选择每个 $\mathcal{R}_i$(我们决定其支持类 ω_i)来划分输入空间，使得上式中 M 个积分都最小化，则平均风险会最小化。这可通过采用如下规则实现

$$将\boldsymbol{x}分类到\omega_i: \sum_{k=1}^{M} \lambda_{ki} P(\omega_k) p(\boldsymbol{x}|\omega_k) < \sum_{k=1}^{M} \lambda_{kj} P(\omega_k) p(\boldsymbol{x}|\omega_k), \quad \forall j \neq i$$

或等价地

$$\boxed{将\boldsymbol{x}分类到\omega_i: \sum_{k=1}^{M} \lambda_{ki} P(\omega_k|\boldsymbol{x}) < \sum_{k=1}^{M} \lambda_{kj} P(\omega_k|\boldsymbol{x}), \quad \forall j \neq i} \tag{7.13}$$

一种看待权重 λ_{ij} 的常见方法是认为其定义了一个 $M\times M$ 的矩阵

$$L := [\lambda_{ij}], \quad i, j = 1, 2, \cdots, M \tag{7.14}$$

这就是损失矩阵(loss matrix)。注意，如果我们设置 $\lambda_{ki}=1$，$k=1,2,\cdots,M$，$i=1,2,\cdots,M$，$k\neq i$，就得到了贝叶斯规则(请验证)。

附注 7.1

- 拒绝选项(reject option)：贝叶斯分类依赖于后验概率 $P(\omega_i|\boldsymbol{x})$，$i=1,2,\cdots,M$ 的最大值。但是在实际中，常常发生对某个值 $\boldsymbol{x}$，其最大后验概率与其他后验概率相差不多的情况。例如，在一个两类分类问题中，可能最终得到 $P(\omega_1|\boldsymbol{x})=0.51$ 和 $P(\omega_2|\boldsymbol{x})=0.49$。如果发生了这种情况，可能对这个特殊的模式 $\boldsymbol{x}$ 不做出决策是更为明智的，这就是拒绝选项。如果我们采用这种决策方式，则用户要选定一个阈值 θ，仅当后验概率最大值大于阈值，即 $P(\omega_i|\boldsymbol{x})>\theta$ 时，才进行分类。否则，不做出分类决策。对平均风险分类可采用类似的参数。

例 7.1 在一个一维两类分类问题中，两类中的数据服从下面两个高斯分布：

$$p(x|\omega_1) = \frac{1}{\sqrt{2\pi}} \exp\left(-\frac{x^2}{2}\right)$$

和

$$p(x|\omega_2) = \frac{1}{\sqrt{2\pi}} \exp\left(-\frac{(x-1)^2}{2}\right)$$

问题对类 ω_1 中模式产生的误差(可用下面的损失矩阵表达)更为敏感：

306 $$L = \begin{bmatrix} 0 & 1 \\ 0.5 & 0 \end{bmatrix}$$

换句话说，$\lambda_{12}=1$ 且 $\lambda_{21}=0.5$。两个类被认为是等概率的。可推导出阈值 x_r，将特征空间 $\mathbb{R}$ 划分为两个区域 $\mathcal{R}_1$、$\mathcal{R}_2$，即我们决定分别支持类 ω_1 和 ω_2 的两个区域。如果改用贝叶斯分类器，那么阈值的值是什么？

解决方案：根据平均风险规则，我们决定支持 ω_1 的区域可由下式给出：

$$\mathcal{R}_1: \lambda_{12}\frac{1}{2}p(x|\omega_1) > \lambda_{21}\frac{1}{2}p(x|\omega_2)$$

而相应的阈值 x_r 可由下面的方程计算出来：

$$\exp\left(-\frac{x_r^2}{2}\right) = 0.5\exp\left(-\frac{(x_r-1)^2}{2}\right)$$

方程两边求对数即可简单求解出

$$x_r = \frac{1}{2}(1 - 2\ln 0.5)$$

若我们设定 $\lambda_{21}=1$，可得贝叶斯分类器的阈值为

$$x_{\mathrm{B}} = \frac{1}{2}$$

图 7.2 给出了几何含义。换句话说，平均风险方法的阈值比贝叶斯分类器的阈值更靠右，即对于更重要的类 ω_1，平均风险方法放大了支持它的区域。注意，如果两类不是等概率的（$P(\omega_1)>P(\omega_2)$，例如在我们的例子中 $P(\omega_1)=2P(\omega_2)$），也可能出现这种情况。

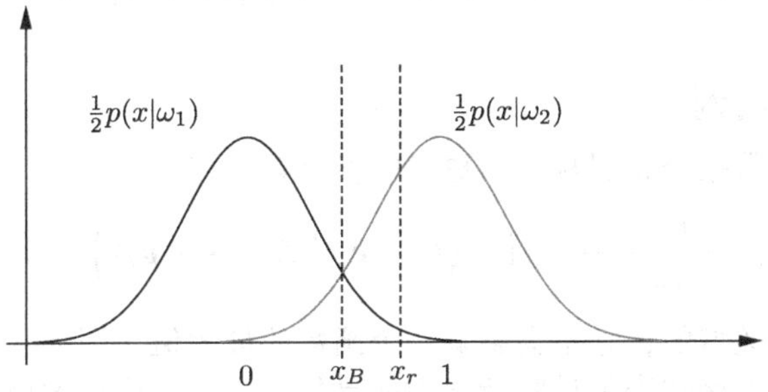

图 7.2　例 7.1 中两种情况的类分布和得到的阈值。注意，对于最敏感的类 ω_1，最小化平均风险放大了支持它的区域

7.3　决策（超）曲面

任何分类器的目标都是将特征空间划分为区域，这种划分是通过（$\mathbb{R}$）中的点、（$\mathbb{R}^2$）中的曲线、（$\mathbb{R}^3$）中的曲面和（$\mathbb{R}^l$）中的超曲面实现的。任何超曲面 S 都可用下面函数表达

$$g: \mathbb{R}^l \longmapsto \mathbb{R}$$

它由所有满足下面条件的点组成

$$S = \left\{\boldsymbol{x} \in \mathbb{R}^l: \quad g(\boldsymbol{x}) = 0\right\}$$

回忆一下，所有位于此超曲面一侧的点满足 $g(\boldsymbol{x})>0$，而另一侧的点都满足 $g(\boldsymbol{x})<0$。得到的这个（超）曲面也被称为*决策（超曲）面*，其命名原因是显然的。我们仍以两类贝叶斯分类器的情况为例。各自的决策超曲面由下式（隐式）形成：

$$g(\boldsymbol{x}) := P(\omega_1|\boldsymbol{x}) - P(\omega_2|\boldsymbol{x}) = 0 \tag{7.15}$$ 307

实际上，如图 7.3 所示，如果 $\boldsymbol{x}$ 落在式(7.15)定义的超曲面的正侧，则我们决定它支持类 ω_1(区域 $\mathcal{R}_1$)，而落在负侧(区域 $\mathcal{R}_2$)的点则支持 ω_2。在此，请回忆附注 7.1 中介绍的拒绝选项。对于位置非常靠近决策超曲面的点不做决策。

一旦我们抛开贝叶斯概念来定义分类器(我们很快将看到，这样做有若干原因)，则会有不同的函数族可供选择作为 $g(\boldsymbol{x})$，其特定形式也将通过不同的优化准则获得，而这些优化准则也不一定与误差概率/平均风险相关。

因此，我们主要讨论的决策超曲面的形式是针对贝叶斯分类器特殊情况的，其中每个类的数据分布服从高斯概率密度函数。这令我们可以更深入地理解分类器如何划分特征空间，并引出某些场景下贝叶斯分类器的一些有用的实现方法。简单起见，我们将聚焦于两类分类任务，但得到的结果可以很容易地推广到更一般的 M 类分类问题。

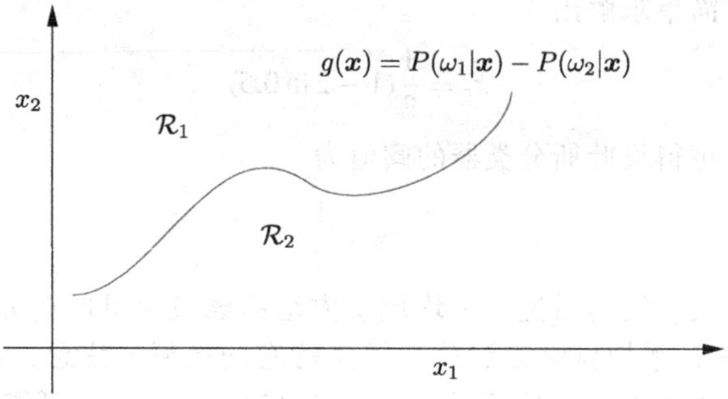

308　图 7.3　贝叶斯分类器隐式形成由公式 $g(\boldsymbol{x})=P(\omega_1|\boldsymbol{x})-P(\omega_2|\boldsymbol{x})=0$ 定义的超曲面

7.3.1　高斯分布实例

假定每个类中的数据分布服从高斯概率密度函数，即

$$p(\boldsymbol{x}|\omega_i) = \frac{1}{(2\pi)^{l/2}|\Sigma_i|^{1/2}} \exp\left(-\frac{1}{2}(\boldsymbol{x}-\boldsymbol{\mu}_i)^{\mathrm{T}}\Sigma_i^{-1}(\boldsymbol{x}-\boldsymbol{\mu}_i)\right), \quad i=1,2,\cdots,M \tag{7.16}$$

由于对数函数是单调递增的，它不会影响一个函数的最大值。因此，如果考虑高斯分布的指数形式，则采用如下函数表示贝叶斯规则并寻找对应函数取最大值的类，可方便计算：

$$g_i(\boldsymbol{x}) := \ln\big(p(\boldsymbol{x}|\omega_i)P(\omega_i)\big) = \ln p(\boldsymbol{x}|\omega_i) + \ln P(\omega_i), \quad i=1,2,\cdots,M \tag{7.17}$$

这种函数被称为*判别函数*(discriminant function)。

我们现在聚焦两类分类问题。贝叶斯分类器的决策超曲面表达为

$$g(\boldsymbol{x}) = g_1(\boldsymbol{x}) - g_2(\boldsymbol{x}) = 0 \tag{7.18}$$

在代入公式(7.17)中高斯条件的特定形式，并经过几步简单的代数变换后，我们得到

$$\begin{aligned} g(\boldsymbol{x}) = &\underbrace{\frac{1}{2}\left(\boldsymbol{x}^{\mathrm{T}}\Sigma_2^{-1}\boldsymbol{x} - \boldsymbol{x}^{\mathrm{T}}\Sigma_1^{-1}\boldsymbol{x}\right)}_{\text{二次项}} \\ &\underbrace{+\boldsymbol{\mu}_1^{\mathrm{T}}\Sigma_1^{-1}\boldsymbol{x} - \boldsymbol{\mu}_2^{\mathrm{T}}\Sigma_2^{-1}\boldsymbol{x}}_{\text{线性项}} \\ &\underbrace{-\frac{1}{2}\boldsymbol{\mu}_1^{\mathrm{T}}\Sigma_1^{-1}\boldsymbol{\mu}_1 + \frac{1}{2}\boldsymbol{\mu}_2^{\mathrm{T}}\Sigma_2^{-1}\boldsymbol{\mu}_2 + \ln\frac{P(\omega_1)}{P(\omega_2)} + \frac{1}{2}\ln\frac{|\Sigma_2|}{|\Sigma_1|}}_{\text{常数项}} = 0 \end{aligned} \tag{7.19}$$

此式是二次的，因此对应的(超)曲面是(超)二次曲线，包括(超)椭圆曲线、(超)抛物线、双曲线。图 7.4 给出了二维空间中对应 $P(\omega_1)=P(\omega_2)$ 的两个例子，它们的参数分别为

$$\text{(a)}\quad \boldsymbol{\mu}_1=[0,0]^{\mathrm{T}},\ \boldsymbol{\mu}_2=[4,0]^{\mathrm{T}},\ \Sigma_1=\begin{bmatrix}0.3 & 0.0\\ 0.0 & 0.35\end{bmatrix},\ \Sigma_2=\begin{bmatrix}1.2 & 0.0\\ 0.0 & 1.85\end{bmatrix}$$

和

$$\text{(b)}\quad \boldsymbol{\mu}_1=[0,0]^{\mathrm{T}},\ \boldsymbol{\mu}_2=[3.2,0]^{\mathrm{T}},\ \Sigma_1=\begin{bmatrix}0.1 & 0.0\\ 0.0 & 0.75\end{bmatrix},\ \Sigma_2=\begin{bmatrix}0.75 & 0.0\\ 0.0 & 0.1\end{bmatrix}$$

在图 7.4a 中，情况 a 得到的曲线是一个椭圆，在图 7.4b 中，情况 b 对应的曲线是一个双曲线。 309

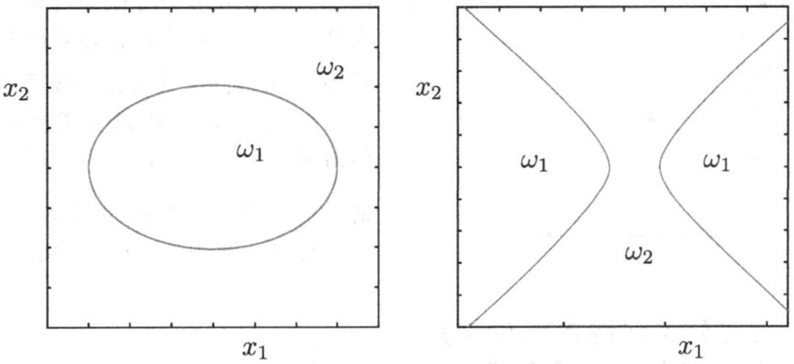

a）椭圆曲线情形　　b）双曲线情形

图 7.4　贝叶斯分类器的例子，类中数据服从高斯分布，特征空间被二次曲线划分开

仔细观察式(7.19)，容易看到，一旦两个类的协方差矩阵变为相等，二次项会被消掉，判别式函数变为线性函数；因此，对应的超曲面变为一个*超平面*。这样，根据之前的假设，最优贝叶斯分类器变为一个*线性分类器*，经过简单的代数变换(请尝试自己做一下)会变为下列公式

$$g(\boldsymbol{x})=\boldsymbol{\theta}^{\mathrm{T}}(\boldsymbol{x}-\boldsymbol{x}_0)=0 \tag{7.20}$$

$$\boldsymbol{\theta}:=\Sigma^{-1}(\boldsymbol{\mu}_1-\boldsymbol{\mu}_2) \tag{7.21}$$

$$\boldsymbol{x}_0:=\frac{1}{2}(\boldsymbol{\mu}_1+\boldsymbol{\mu}_2)-\ln\frac{P(\omega_1)}{P(\omega_2)}\frac{\boldsymbol{\mu}_1-\boldsymbol{\mu}_2}{\|\boldsymbol{\mu}_1-\boldsymbol{\mu}_2\|^2_{\Sigma^{-1}}} \tag{7.22}$$

其中 Σ 是两个类共同的协方差矩阵，且

$$\|\boldsymbol{\mu}_1-\boldsymbol{\mu}_2\|_{\Sigma^{-1}}:=\sqrt{(\boldsymbol{\mu}_1-\boldsymbol{\mu}_2)^{\mathrm{T}}\Sigma^{-1}(\boldsymbol{\mu}_1-\boldsymbol{\mu}_2)}$$

为向量$(\boldsymbol{\mu}_1-\boldsymbol{\mu}_2)$的 Σ^{-1} 范数；也被称为 $\boldsymbol{\mu}_1$ 和 $\boldsymbol{\mu}_2$ 的*马氏距离*(Mahalanobis distance)。马氏距离是欧氏距离的一种推广；注意，当 $\Sigma=I$ 时，它变为欧氏距离。

图 7.5 展示了二维空间中的三种情况。细实线对应等概率类的情况，协方差矩阵符合特定形式 $\Sigma=\sigma^2 I$。根据式(7.20)，对应的决策超平面现在为

$$g(\boldsymbol{x})=(\boldsymbol{\mu}_1-\boldsymbol{\mu}_2)^{\mathrm{T}}(\boldsymbol{x}-\boldsymbol{x}_0)=0 \tag{7.23}$$

分割线(超平面)经过连接两个均值点 $\boldsymbol{\mu}_1$ 和 $\boldsymbol{\mu}_2$ 的线段的中点$\left(\boldsymbol{x}_0=\frac{1}{2}(\boldsymbol{\mu}_1+\boldsymbol{\mu}_2)\right)$且与此线段垂直。此线段可由向量 $\boldsymbol{\mu}_1-\boldsymbol{\mu}_2$ 定义，这很容易通过上面的超平面定义来验证。实际上， 310

对决策曲面(图 7.5 中的细实线)上的任意点 $\boldsymbol{x}$，由于中点 $\boldsymbol{x}_0$ 也位于这条曲线上，对应向量 $\boldsymbol{x}-\boldsymbol{x}_0$ 平行于这条线。因此，式(7.23)中的内积等于 0，这意味着决策线垂直于 $\boldsymbol{\mu}_1-\boldsymbol{\mu}_2$。粗线对应 $P(\omega_1)>P(\omega_2)$ 的情况。它更接近类 ω_2 的均值点，因此使得支持高概率类的区域增大。注意，在这种情况下，式(7.22)中的比值是正的。最后，虚线对应等概率情况，其中公共协方差矩阵为一个更一般的形式，$\Sigma\neq\sigma^2 I$。分割超平面经过 $\boldsymbol{x}_0$，但它被旋转过了，以便与向量 $\Sigma^{-1}(\boldsymbol{\mu}_1-\boldsymbol{\mu}_2)$ 垂直，如式(7.20)和式(7.21)所示。在每种情况下，对未知点，都是根据它位于对应超平面的哪一侧来分类。

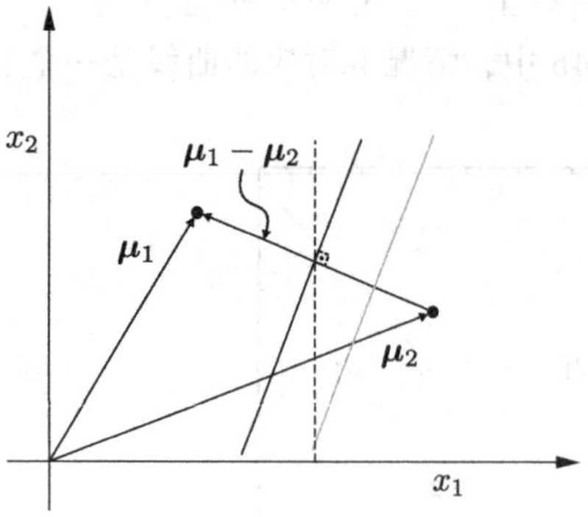

图 7.5 黑色实线对应两个等概率高斯分布类的贝叶斯分类器，这两个类的协方差矩阵是相同的，具体形式为 $\Sigma=\sigma^2 I$；这条线将连接两个均值的线段一分为二(最小化欧氏距离分类器)。灰色实线类似，但对应 $P(\omega_1)>P(\omega_2)$ 的情况。虚线是等概率类的最优分类器，两类的协方差矩阵不同于 $\sigma^2 I$，是一种更一般的形式(最小化马氏距离分类器)

我们现在将两类分类问题的讨论推广到更一般的 M 类分类问题；对任意两个类 ω_i 和 ω_j，它们对应的两个连续区域 $\mathcal{R}_i$ 和 $\mathcal{R}_j$ 的分割超曲面也符合前面的讨论。例如，假设所有协方差矩阵相同，则区域是被超平面分割开，如图 7.6 所示。而且，每个区域 $\mathcal{R}_i$，$i=1,2,\cdots,M$ 都是凸的(习题 7.2)；换句话说，连接 $\mathcal{R}_i$ 中任意两个点，线段上所有点也都在 $\mathcal{R}_i$ 内。

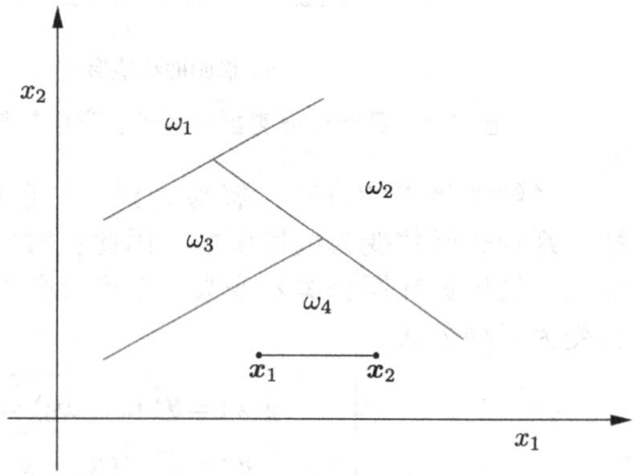

图 7.6 若数据服从高斯分布，且所有类的协方差矩阵均相同，则特征空间被超平面分割开，形成多个多面体区域。注意，每个区域对应一个类，且都是凸的

有两种特殊情况特别有趣，它们引出了一个简单的分类规则。我们可针对一般的 M 类分类问题表述此规则。

最小距离分类器

有两种特殊情况，其中最优贝叶斯分类器的计算变得非常简单，而且有很强的几何含义。

- 最小欧氏距离分类器：假设：(a) 每个类的数据都服从高斯分布，即式(7.16)；
311 (b) 类都是等概率的；(c) 所有类有共同的协方差矩阵，具有特殊形式 $\Sigma=\sigma^2 I$(特征都是独立的且有相同的方差)。则贝叶斯分类规则变为等价于

$$\text{将}\boldsymbol{x}\text{分类到 }\omega_i: i=\arg\min_j(\boldsymbol{x}-\boldsymbol{\mu}_j)^{\mathrm{T}}(\boldsymbol{x}-\boldsymbol{\mu}_j),\quad j=1,2,\cdots,M \tag{7.24}$$

这是在上述假设下贝叶斯规则的一个直接结果。换句话说，$\boldsymbol{x}$ 距一个类的欧氏距离就是它到类均值点的距离，它被分类到距离最小的那个类。

对两类分类问题，这种分类规则对应图 7.5 中的细实线。实际上，回忆一下基础几何知识，位于此超平面左侧的所有点都更接近 $\boldsymbol{\mu}_1$ 而不是 $\boldsymbol{\mu}_2$，位于超平面右侧

的点则相反。

- **最小马氏距离分类器**：沿用前面的假设，但协方差矩阵为更一般的形式 $\Sigma \neq \sigma^2 I$，则分类规则变为

$$\text{将}\boldsymbol{x}\text{分类到 } \omega_i: i = \arg\min_j (\boldsymbol{x} - \boldsymbol{\mu}_j)^{\mathrm{T}} \Sigma^{-1} (\boldsymbol{x} - \boldsymbol{\mu}_j), \quad j = 1, 2, \cdots, M \tag{7.25}$$

因此，我们不再寻找最小欧氏距离，取而代之寻找最小马氏距离；后者是欧氏距离的一种加权形式，以解释底层高斯分布的形状[38]。对两类分类问题，此规则对应图 7.5 中的虚线。

附注 7.2

- 在统计学中，采纳数据是高斯分布的假设有时也被称为线性判别分析(Linear Discriminant Analysis，LDA)或二次判别分析(Quadratic Discriminant Analysis，QDA)，取决于所采用的关于协方差矩阵的假设，会导出线性判别函数或二次判别函数。在实践中，通常使用最大似然法来获得未知参数(即均值和协方差矩阵)的估计。回忆第 3 章中的例 3.7，使用最大似然法由 N 个观察量 $\boldsymbol{x}_n$，$n=1,2,\cdots,N$ 估计一个高斯概率密度函数的均值，得到 312

$$\hat{\boldsymbol{\mu}}_{ML} = \frac{1}{N} \sum_{n=1}^{N} \boldsymbol{x}_n$$

而且，由 N 个观测值得到的一个高斯分布的协方差矩阵的最大似然估计为(习题 7.4)

$$\hat{\Sigma}_{ML} = \frac{1}{N} \sum_{n=1}^{N} (\boldsymbol{x}_n - \hat{\boldsymbol{\mu}}_{ML})(\boldsymbol{x}_n - \hat{\boldsymbol{\mu}}_{ML})^{\mathrm{T}} \tag{7.26}$$

这对应协方差矩阵的一个有偏估计器。如果有下式，则会得到一个无偏估计器(习题 7.5)

$$\hat{\Sigma} = \frac{1}{N-1} \sum_{n=1}^{N} (\boldsymbol{x}_n - \hat{\boldsymbol{\mu}}_{ML})(\boldsymbol{x}_n - \hat{\boldsymbol{\mu}}_{ML})^{\mathrm{T}}$$

注意，考虑到对称性，协方差矩阵中需要估计的参数个数为 $O(l^2/2)$。

例 7.2　考虑二维空间中的一个两类分类问题，$P(\omega_1) = P(\omega_2) = 1/2$。生成 100 个点，每个类 50 个点。每个类 ω_i，$i=1,2$ 中的数据都源于高斯分布 $\mathcal{N}(\boldsymbol{\mu}_i, \Sigma_i)$，其中

$$\boldsymbol{\mu}_1 = [0, -2]^{\mathrm{T}}, \quad \boldsymbol{\mu}_2 = [0, 2]^{\mathrm{T}}$$

且有(a)

$$\Sigma_1 = \Sigma_2 = \begin{bmatrix} 1.2 & 0.4 \\ 0.4 & 1.2 \end{bmatrix}$$

或(b)

$$\Sigma_1 = \begin{bmatrix} 1.2 & 0.4 \\ 0.4 & 1.2 \end{bmatrix}, \quad \Sigma_2 = \begin{bmatrix} 1 & -0.4 \\ -0.4 & 1 \end{bmatrix}$$

图 7.7 显示了贝叶斯分类器形成的决策曲线。可以观察到，在图 7.7a 中的分类器是线性的，而图 7.7b 的例子中，分类器是非线性的抛物线。

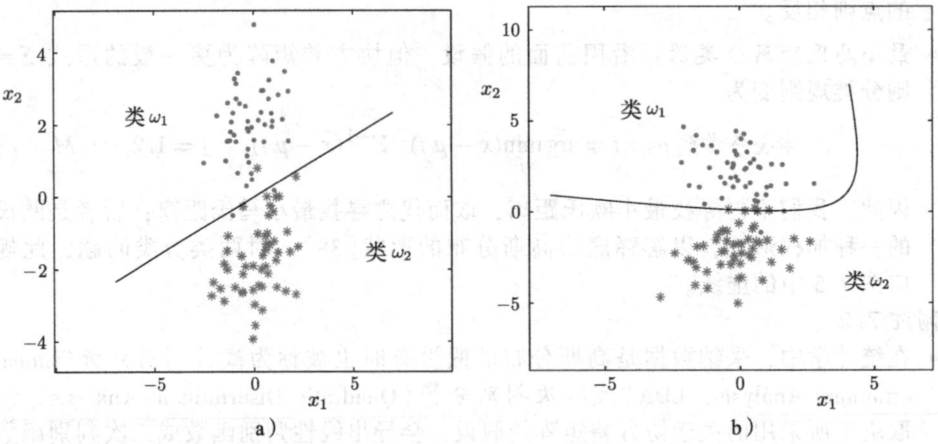

图 7.7　如果两个类的特征空间中的数据都服从高斯分布，则：a) 若所有协方差矩阵都相同，则贝叶斯分类器是一个超平面；b) 否则，贝叶斯分类器是一个二次超曲面

例 7.3　在一个两类分类问题中，两类的数据都服从高斯分布，其均值分别为 $\boldsymbol{\mu}_1=$
313 $[0,0]^{\mathrm{T}}$ 和 $\boldsymbol{\mu}_2=[3,3]^{\mathrm{T}}$，协方差矩阵均为

$$\boldsymbol{\Sigma}=\begin{bmatrix}1.1 & 0.3\\ 0.3 & 1.9\end{bmatrix}$$

使用贝叶斯分类器可将点 $\boldsymbol{x}=[1.0,2.2]^{\mathrm{T}}$ 分类到两类中的一类。

由于类是等概率的，其数据服从高斯分布且协方差矩阵相同，贝叶斯分类器等价于最小马氏距离分类器。$\boldsymbol{x}$ 距类 ω_1 的均值的(平方)马氏距离为

$$d_1^2=[1.0,2.2]\begin{bmatrix}0.95 & -0.15\\ -0.15 & 0.55\end{bmatrix}\begin{bmatrix}1.0\\ 2.2\end{bmatrix}=2.95$$

其中公式左侧中间的矩阵是协方差矩阵的逆。对类 ω_2，我们类似可得

$$d_2^2=[-2.0,-0.8]\begin{bmatrix}0.95 & -0.15\\ -0.15 & 0.55\end{bmatrix}\begin{bmatrix}-2.0\\ -0.8\end{bmatrix}=3.67$$

因此，模式被分类到 ω_1，因为它到 $\boldsymbol{\mu}_1$ 的距离小于到 $\boldsymbol{\mu}_2$ 的距离。如果使用的是欧氏距离，
314 可验证模式会被分类到 ω_2。

7.4　朴素贝叶斯分类器

我们已经看到，如果要估计协方差矩阵，未知参数的数量是 $\mathcal{O}(l^2/2)$ 阶的。对高维空间，一方面此任务的工作量很大，另一方面如第 3 章所述，还需要大量数据点以获得统计意义上好的估计结果以及避免过拟合。对此情况，我们不得不接受次优解。而如果参数估计不好，即使采用了最优方法，也会导致糟糕的总体性能。

朴素贝叶斯分类器(naive Bayes classifier)是一种典型的、流行的次优分类器。基本假设是特征向量中的分量(特征)是统计上独立的；因此，联合概率密度函数可写成 l 个边际分布的积

$$p(\boldsymbol{x}|\omega_i)=\prod_{k=1}^{l}p(x_k|\omega_i),\quad i=1,2,\cdots,M$$

如果采纳了高斯分布假设，则每个边际分布由两个参数描述：均值和方差；这样每个类就一共有 $2l$ 个未知参数需要估计。这与 $O(l^2/2)$ 个参数相比大大减少了计算量。当数据样本的数量较少时，这种简单化的假设有可能获得比最优贝叶斯分类器更好的结果。

虽然我们是针对高斯分布的数据来介绍朴素贝叶斯分类器，但它也适用于其他更一般的情形。在第 3 章中，我们讨论过维数灾难问题，强调过高维空间是稀疏分布的。换句话说，对于每个维度大小固定的立方体内的有限个(N 个)数据点，维数越大，任意两个点的平均距离就越大。因此，在大空间中为了获得对一组参数的更好估计，就需要更多的数据。大致来说，如果在实数轴(一维空间)上需要 N 个数据点才能得到一个概率密度函数的足够好的估计(正如使用直方图方法那样)，那么在一个 l 维空间中获得相似的精度就需要 N^l 个数据点。因此，若假设特征是相互独立的，我们最终就可以估计 l 个一维概率密度函数，从而极大地减少所需数据量。

很多机器学习和统计学问题中都有特征相互独立的假设。我们在第 15 章中将会介绍更“温和”的特征独立假设，它位于两个极端——完全独立和完全依赖——之间。

7.5 最近邻法则

虽然贝叶斯规则提供了分类误差概率角度的最优解，但为了应用它，需要估计相应的条件概率密度函数；如果特征空间的维数相对较大，这种估计就不那么简单了。这促使人们探索替代的分类规则，我们接下来将重点介绍这部分内容。

k-近邻(k-Nearest Neighbor，k-NN)规则是一种典型的非参分类器，也是最流行、最广为人知的分类器之一。虽然它很简单，但这毫不影响其广泛使用以及与更复杂的方法并驾齐驱。 315

考虑一个 M 类分类问题，有 N 个训练点($y_n, \boldsymbol{x}_n$)，$n=1,2,\cdots,N$。方法的核心是一个用户指定参数 k。一旦我们选定了 k，那么给定一个模式 $\boldsymbol{x}$，则根据训练点中距离它最近的(“远近”的评价依赖某种标准，如欧氏距离或马氏距离) k 个邻居中大多数属于哪个类来将其分类。k 不应是 M 的倍数，以免出现平局。k-近邻规则的最简单形式是将模式分到它最近的邻居所属的类，即 $k=1$。

已经证明，这个概念上非常简单的规则在 $N\to\infty$，$k\to\infty$ 且 $k/N\to 0$ 时趋近于贝叶斯分类器。在实践中，这些条件意味着 N 和 k 必须很大，但 k 相对于 N 必须相对较小，更具体地说，P_{NN} 和 $P_{k\mathrm{NN}}$ 的分类误差满足下面渐近界[9]，其中，对 $k=1$，即 NN 规则，满足

$$P_{\mathrm{B}} \leqslant P_{\mathrm{NN}} \leqslant 2P_{\mathrm{B}} \tag{7.27}$$

对更一般的 k-NN 规则，满足

$$P_{\mathrm{B}} \leqslant P_{k\mathrm{NN}} \leqslant P_{\mathrm{B}} + \sqrt{\frac{2P_{\mathrm{NN}}}{k}} \tag{7.28}$$

P_{B} 是最优贝叶斯分类器对应的误差。这两个公式很有趣。以式(7.27)为例，它指出简单 NN 规则的误差永远不会大于最优分类器的误差的两倍。例如，若 $P_{\mathrm{B}}=0.01$，则 $P_{\mathrm{NN}}\leqslant 0.02$。对于这样一个简单分类器而言，如此性能已经不错了。这意味着，如果我们有一个简单的分类任务(标志可能是 P_{B} 非常低)，NN 规则就可以很好地完成它。当然，如果问题并不简单，分类误差很大，结论就不同了。式(7.28)指出，对于较大的 k(当然，N 也足够大)，k-NN 的性能趋近于最优分类器。在实践中，我们必须确保 k 的值不会接近 N，而是保持相对其较小的比例。

你可能惊讶于 k-NN 是如何做到性能接近最优分类器的，即使只是理论上渐近接近，毕竟贝叶斯分类器利用了数据分布的统计信息，而 k-NN 并未考虑这些信息。原因在于 N

是一个非常大的值(因此空间中数据稠密)而 k 是一个相对较小的值，因此最近邻的位置与 $\boldsymbol{x}$ 非常接近。这样，由于概率密度函数的连续性(continuity)，它们的后验概率的值就会非常接近 $P(\omega_i|\boldsymbol{x})$，$i=1,2,\cdots,M$。而且，对足够大的 k，邻居中的大多数必然来自对给定的 $\boldsymbol{x}$ 令后验概率值最大的类。

k-NN 法则的一个主要缺点是每处理一个新的模式，都必须计算它与所有训练点间的距离，然后从中选择距离最近的 k 个。多年来研究者对此提出了很多搜索技术，感兴趣的读者可以查阅文献[38]找到相关讨论。

附注 7.3

316 • k-NN 的思想也可用于回归问题中。给定一个观测值 $\boldsymbol{x}$，我们搜索训练集中与它最接近的 k 个输入向量 $\boldsymbol{x}_{(1)},\cdots,\boldsymbol{x}_{(k)}$，计算它们的输出的均值作为输出值的估计 $\hat{y}$，可表示为

$$\hat{y}=\frac{1}{k}\sum_{i=1}^{k}y_{(i)}$$

例 7.4 图 7.8 给出了用贝叶斯分类器、1-NN 分类器和 13-NN 分类器求解一个二维空间中的两类分类问题得到的决策曲线。我们为每个类生成了 $N=100$ 个服从高斯分布的数据。贝叶斯分类器的决策曲线是一条抛物线，而 1-NN 分类器的决策曲线是高度非线性的。13-NN 法则得到的决策曲线很接近贝叶斯分类器。

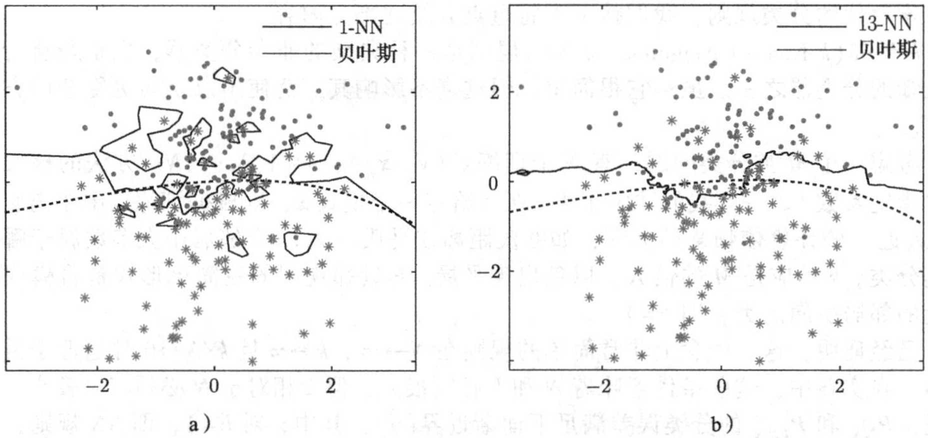

图 7.8　一个两类分类问题。虚线是最优贝叶斯分类器的决策曲线。a) 实线对应 1-NN 分类器，b) 实线对应 13-NN 分类器。观察到 13-NN 分类器的决策曲线接近贝叶斯分类器

7.6 对数几率回归

在贝叶斯分类中，根据后验概率 $P(\omega_i|\boldsymbol{x})$将模式 $\boldsymbol{x}$ 分到某个类。后验概率是通过对应的条件概率密度函数估计的，这通常并不是一件简单的事情。本节的目标是通过对数几率回归(logistic regression)方法直接建模后验概率。这个名字是统计学家取的，虽然这个模型属于分类而非回归。这是一个典型的判别模型，这类模型不考虑数据分布。

两类情形：首先建模后验概率比

317 $$\boxed{\ln\frac{P(\omega_1|\boldsymbol{x})}{P(\omega_2|\boldsymbol{x})}=\boldsymbol{\theta}^{\mathrm{T}}\boldsymbol{x}：\ \text{两类对数几率回归}}\tag{7.29}$$

其中常数项 θ_0 被吸收到 $\boldsymbol{\theta}$ 中。考虑

$$P(\omega_1|\boldsymbol{x}) + P(\omega_2|\boldsymbol{x}) = 1$$

并定义

$$t := \boldsymbol{\theta}^{\mathrm{T}} \boldsymbol{x}$$

容易看出式(7.29)中的模型等价于

$$P(\omega_1|\boldsymbol{x}) = \sigma(t) \tag{7.30}$$

$$\sigma(t) := \frac{1}{1+\exp(-t)} \tag{7.31}$$

和

$$P(\omega_2|\boldsymbol{x}) = 1 - P(\omega_1|\boldsymbol{x}) = \frac{\exp(-t)}{1+\exp(-t)} \tag{7.32}$$

函数 $\sigma(t)$ 被称为对数几率 S 形(logistic sigmoid)函数或 S 形连接(sigmoid link)函数，图 7.9 展示了此函数。

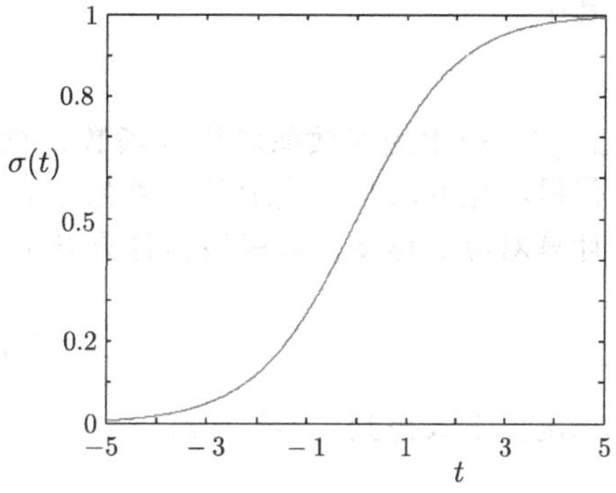

图 7.9　S 形连接函数

虽然这个模型对人们来说可能有点神秘，但通过更仔细地观察式(7.17)和式(7.18)，我们完全可以揭开它的面纱。假定一个两类分类任务中的数据服从高斯分布，$\Sigma_1 = \Sigma_2 \equiv \Sigma$。在此假设下，并考虑贝叶斯定理，我们可以得到

$$\ln \frac{P(\omega_1|\boldsymbol{x})}{P(\omega_2|\boldsymbol{x})} = \ln \frac{p(\boldsymbol{x}|\omega_1)P(\omega_1)}{p(\boldsymbol{x}|\omega_2)P(\omega_2)} \tag{7.33}$$

$$= \ln p(\boldsymbol{x}|\omega_1) + \ln P(\omega_1) - \big(\ln p(\boldsymbol{x}|\omega_2) + \ln P(\omega_2)\big) \tag{7.34}$$

$$= g(\boldsymbol{x}) \tag{7.35}$$

318

而且，我们知道，在前面的假设下，从式(7.20)~式(7.22)可得到 $g(\boldsymbol{x})$；因此，我们可以得到

$$\ln \frac{P(\omega_1|\boldsymbol{x})}{P(\omega_2|\boldsymbol{x})} = (\boldsymbol{\mu}_1 - \boldsymbol{\mu}_2)^{\mathrm{T}} \Sigma^{-1} \boldsymbol{x} + \text{常数} \tag{7.36}$$

其中，“常数”指所有不依赖于 $\boldsymbol{x}$ 的项。换句话说，当数据服从高斯分布且所有类具有共同的协方差矩阵时，则后验概率比的对数是一个线性函数。因此，在对数几率回归中，我们所做的就是采纳这种模型，而不管数据分布是什么。

而且，即使数据服从高斯分布，仍有可能对数几率回归方法比式(7.36)中的方法更优。在后者中，必须估计协方差矩阵，意味着要估计 $\mathcal{O}(l^2/2)$ 个参数。而对数几率回归方法只涉及 $l+1$ 个参数。即一旦知道了 $\boldsymbol{x}$ 的对数比的线性相关性，我们就可以利用这一先验知识来简化模型。当然，若高斯分布假设是有效的，如果我们能很好地估计协方差矩阵，则利用这一额外信息能得到更好的估计，即方差更小。参考文献[12]研究了这个问题。这个结果也是很自然的，因为我们利用了更多数据分布相关的信息。在实践中，已证明使用对数几率回归通常比线性判别分析(LDA)更保险。

我们通过对训练样本集($(y_n, \boldsymbol{x}_n)$，$n=1,2,\cdots,N$，$y_n \in \{0,1\}$)使用最大似然法来估计参数向量 $\boldsymbol{\theta}$。似然函数可写为

$$P(y_1,\cdots,y_N;\boldsymbol{\theta})=\prod_{n=1}^{N}\left(\sigma(\boldsymbol{\theta}^{\mathrm{T}}\boldsymbol{x}_n)\right)^{y_n}\left(1-\sigma(\boldsymbol{\theta}^{\mathrm{T}}\boldsymbol{x}_n)\right)^{1-y_n} \tag{7.37}$$

实际上，如果 $\boldsymbol{x}_n$ 来自类 ω_1，则 $y_n=1$，对应概率由 $\sigma(\boldsymbol{\theta}^{\mathrm{T}}\boldsymbol{x}_n)$ 给出。另一方，如果 $\boldsymbol{x}_n$ 来自类 ω_2，则 $y_n=0$，相应概率由 $1-\sigma(\boldsymbol{\theta}^{\mathrm{T}}\boldsymbol{x}_n)$ 给出。假设连续观测值相互独立，则似然值为相应概率的乘积。

通常，我们考虑下式给出的负对数似然值

$$L(\boldsymbol{\theta})=-\sum_{n=1}^{N}\left(y_n\ln s_n+(1-y_n)\ln(1-s_n)\right) \tag{7.38}$$

其中

$$s_n:=\sigma(\boldsymbol{\theta}^{\mathrm{T}}\boldsymbol{x}_n) \tag{7.39}$$

式(7.38)中的对数似然代价函数也被称为**交叉熵**(cross-entropy)误差。我们可采用任意迭代最小化方法来迭代地关于 $\boldsymbol{\theta}$ 最小化 $L(\boldsymbol{\theta})$，如梯度下降法和牛顿法。这两种方法都需要计算对应的梯度，最终转为计算 S 形连接函数的导数(习题 7.6)

319 $$\frac{\mathrm{d}\sigma(t)}{\mathrm{d}t}=\sigma(t)\left(1-\sigma(t)\right) \tag{7.40}$$

梯度由下式得到(习题 7.7)

$$\begin{aligned}\nabla L(\boldsymbol{\theta})&=\sum_{n=1}^{N}(s_n-y_n)\boldsymbol{x}_n\\&=X^{\mathrm{T}}(\boldsymbol{s}-\boldsymbol{y})\end{aligned} \tag{7.41}$$

其中

$$X^{\mathrm{T}}=[\boldsymbol{x}_1,\cdots,\boldsymbol{x}_N],\quad \boldsymbol{s}:=[s_1,\cdots,s_N]^{\mathrm{T}},\quad \boldsymbol{y}=[y_1,\cdots,y_N]^{\mathrm{T}}$$

海森矩阵由下式给出(习题 7.8)

$$\begin{aligned}\nabla^2 L(\boldsymbol{\theta})&=\sum_{n=1}^{N}s_n(1-s_n)\boldsymbol{x}_n\boldsymbol{x}_n^{\mathrm{T}}\\&=X^{\mathrm{T}}RX\end{aligned} \tag{7.42}$$

其中

$$R:=\operatorname{diag}\left\{s_1(1-s_1),\cdots,s_N(1-s_N)\right\} \tag{7.43}$$

注意，由于 $0<s_n<1$，由 S 形连接函数的定义，矩阵 R 是正定的(参见附录 A)；因此，海森矩阵也是正定的(习题 7.9)。这是凸性的充要条件[⊖]。因此，负对数似然函数是凸的，这保证了存在唯一最小值(可参考[1]和第 8 章)。

可采用的两种迭代最小化方法如下

- 梯度下降法(5.2 节)

$$\boldsymbol{\theta}^{(i)}=\boldsymbol{\theta}^{(i-1)}-\mu_i X^{\mathrm{T}}(\boldsymbol{s}^{(i-1)}-\boldsymbol{y}) \tag{7.44}$$

- 牛顿法(6.7 节)

⊖ 第 8 章将更详细地讨论凸性。

$$\begin{aligned}\boldsymbol{\theta}^{(i)} &= \boldsymbol{\theta}^{(i-1)} - \mu_i \left(X^{\mathrm{T}} R^{(i-1)} X\right)^{-1} X^{\mathrm{T}} (\boldsymbol{s}^{(i-1)} - \boldsymbol{y}) \\ &= \left(X^{\mathrm{T}} R^{(i-1)} X\right)^{-1} X^{\mathrm{T}} R^{(i-1)} \boldsymbol{z}^{(i-1)}\end{aligned} \tag{7.45}$$

其中

$$\boldsymbol{z}^{(i-1)} := X\boldsymbol{\theta}^{(i-1)} - \left(R^{(i-1)}\right)^{-1} (\boldsymbol{s}^{(i-1)} - \boldsymbol{y}) \tag{7.46}$$

式(7.45)是最小二乘法(第 3 章和第 6 章)的加权版本，但涉及的量是迭代依赖的，得到的方法被称为*迭代再加权最小二乘法*(Iterative Reweighted Least Squares，IRLS)[36]。 320

若训练数据集是线性可分的，最大化似然值就会遇到问题。在此情况下，对解决了分类问题、将不同类的样本分隔开来的超平面 $\boldsymbol{\theta}^{\mathrm{T}}\boldsymbol{x}=0$(注意，有无穷多个这种超平面)，其上的任意点会导致 $\sigma(\boldsymbol{x})=0.5$，且所有类中的每个训练数据点的后验概率都为 1。因此，最大似然法强制将逻辑 S 形函数变为特征空间中的一个阶梯函数，等价的 $\|\boldsymbol{\theta}\|\to\infty$。这会导致过拟合，可以通过在对应的代价函数中包含一个正则化项(如 $\|\boldsymbol{\theta}\|^2$)来纠正。

M 类情形：对更一般的 M 类分类问题，对数几率回归模型对 $m=1,2,\cdots,M$ 定义为

$$\boxed{P(\omega_m|\boldsymbol{x}) = \frac{\exp(\boldsymbol{\theta}_m^{\mathrm{T}}\boldsymbol{x})}{\sum_{j=1}^{M}\exp(\boldsymbol{\theta}_j^{\mathrm{T}}\boldsymbol{x})}:\quad \text{多类对数几率回归}} \tag{7.47}$$

此定义很容易变换为后验概率对数比的线性模型的形式。例如，除以 $P(\omega_M\mid\boldsymbol{x})$ 可得

$$\ln\frac{P(\omega_m|\boldsymbol{x})}{P(\omega_M|\boldsymbol{x})} = (\boldsymbol{\theta}_m - \boldsymbol{\theta}_M)^{\mathrm{T}}\boldsymbol{x} = \hat{\boldsymbol{\theta}}_m^{\mathrm{T}}\boldsymbol{x}$$

为了符号表达方便，我们定义如下

$$\phi_{nm} := P(\omega_m|\boldsymbol{x}_n),\quad n=1,2,\cdots,N,\ m=1,2,\cdots,M$$

和

$$t_m := \boldsymbol{\theta}_m^{\mathrm{T}}\boldsymbol{x},\quad m=1,2,\cdots,M$$

则似然函数现在写为

$$P(\boldsymbol{y};\boldsymbol{\theta}_1,\cdots,\boldsymbol{\theta}_M) = \prod_{n=1}^{N}\prod_{m=1}^{M}(\phi_{nm})^{y_{nm}} \tag{7.48}$$

其中，若 $\boldsymbol{x}_n\in\omega_m$ 则 $y_{nm}=1$，否则为 0。对应的负对数似然函数变为

$$L(\boldsymbol{\theta}_1,\cdots,\boldsymbol{\theta}_M) = -\sum_{n=1}^{N}\sum_{m=1}^{M} y_{nm}\ln\phi_{nm} \tag{7.49}$$

它是 M 类情况下的交叉熵代价函数的一个推广。关于 $\boldsymbol{\theta}_m$，$m=1,2,\cdots,M$ 的最小化是迭代进行的。为此，要使用下面的梯度(习题 7.10~习题 7.12)：

$$\frac{\partial\phi_{nm}}{\partial t_j} = \phi_{nm}(\delta_{mj} - \phi_{nj}) \tag{7.50}$$ 321

其中，当 $m=j$ 时 δ_{nm} 为 1，否则为 0。而且我们有

$$\nabla_{\boldsymbol{\theta}_j} L(\boldsymbol{\theta}_1,\cdots,\boldsymbol{\theta}_M) = \sum_{n=1}^{N}(\phi_{nj} - y_{nj})\boldsymbol{x}_n \tag{7.51}$$

对应的海森矩阵是一个$(lM)\times(lM)$矩阵，形成$l\times l$个块。它的第k、j个块由下式给出

$$\nabla_{\boldsymbol{\theta}_k}\nabla_{\boldsymbol{\theta}_j}L(\boldsymbol{\theta}_1,\cdots,\boldsymbol{\theta}_M)=\sum_{n=1}^{N}\phi_{nj}(\delta_{kj}-\phi_{nk})\boldsymbol{x}_n\boldsymbol{x}_n^{\mathrm{T}} \tag{7.52}$$

海森矩阵也是正定的，与两类分类情形一样，这保证了最小值的唯一性。

附注 7.4

- *概率单位回归*(probit regression)：除了使用公式(7.30)中的逻辑 S 形函数(像两类分类一样)，我们还可以采用其他函数。在统计领域更流行的一个函数是*概率单位*(probit)函数，它定义为

$$\begin{aligned}\Phi(t)&:=\int_{-\infty}^{t}\mathcal{N}(z|0,1)\mathrm{d}z\\&=\frac{1}{2}\left(1+\frac{1}{\sqrt{2}}\mathrm{erf}(t)\right)\end{aligned} \tag{7.53}$$

其中 erf 是*误差函数*，它定义为

$$\mathrm{erf}(t)=\frac{2}{\sqrt{\pi}}\int_{0}^{t}\exp\left(-\frac{z^2}{2}\right)\mathrm{d}z$$

换句话说，$P(\omega_1\mid t)$被建模为等于一个位于区间$(-\infty,t]$内的归一化高斯变量的概率。概率单位函数的图形与对数几率回归很相似。

7.7 费舍尔线性判别

我们现在将注意力转移到设计线性分类器上。换句话说，不管每个类中的数据分布如何，我们决定用超平面划分特征空间，使得

$$g(\boldsymbol{x})=\boldsymbol{\theta}^{\mathrm{T}}\boldsymbol{x}+\theta_0=0 \tag{7.54}$$

在第 3 章中，我们已经处理过在最小二乘法框架中设计线性分类器的任务。在本节中，估计未知参数向量的方法是利用一些分类相关的重要概念。这种方法被称为*费舍尔判别*(Fisher's discriminant)，它有多种不同的理解方式。
322

因此，其重要性不仅在于其实用性，还在于其教学上的价值。在介绍该方法之前，让我们先讨论一些有关选择特征的相关问题，这些特征描述了输入模式以及一些可以量化所选特征集“好坏”的相关度量。

7.7.1 散布矩阵

设计一个模式识别系统的两个主要阶段是*特征生成*(feature generation)和*特征选取*(feature selection)。选择信息丰富的特征最为重要。如果选择了“坏”特征，那么无论采用多么聪明的分类器，性能都会很糟糕。参考文献[38, 39]详细讨论了特征生成/选取技术，感兴趣的读者可以查阅更多信息。在这里，我们只涉及少量概念，它们与设计线性分类器的任务相关。我们首先要量化什么是“坏”特征，什么是“好”特征。选取特征——也就是选择在哪个特征空间中进行分类任务——的主要目的可概括为：选择特征创建出一个特征空间，使得其中表示训练模式的点的分布具有

大类间距离
和
小类内方差

图 7.10 显示了二维特征空间的三种不同选取方法。每个点对应一个不同的输入模式，每个图对应特征对的不同选择；即每个图显示了输入模式在相应特征空间中的分布。常识告诉我们，选择与图 7.10c 相关的特征作为代表输入模式的特征是最好的；三个类中的点形成了三个距离相对很远的组，同时每个类中的点紧密地聚集在一起。图 7.10b 中的选取方式是三种方式中最差的，每个类中的点在均值周围分散很远，类之间的距离相对较近。323 特征选取的目标是设计出能量化上面方框中“口号”的指标。这里，一个相关的概念是散布矩阵(scatter matrice)。

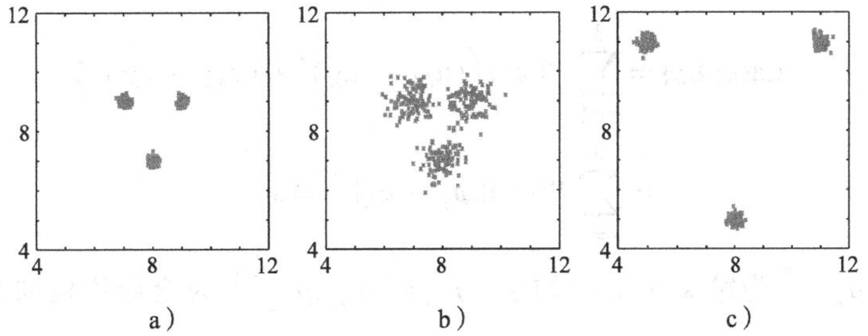

图 7.10　二维特征空间的三种选取方式：a) 小类内方差和小类间距离；b) 大类内方差和小类间距离；c) 小类内方差和大类间距离。最后一个是三者中最佳的

- 类内散布矩阵

$$\Sigma_w = \sum_{k=1}^{M} P(\omega_k)\Sigma_k \tag{7.55}$$

其中 Σ_k 是 M 类中第 k 个类的数据点的协方差矩阵。也就是说，Σ_w 是特定 l 维特征空间中数据的平均协方差矩阵。

- 类间散布矩阵

$$\Sigma_b = \sum_{k=1}^{M} P(\omega_k)(\boldsymbol{\mu}_k - \boldsymbol{\mu}_0)(\boldsymbol{\mu}_k - \boldsymbol{\mu}_0)^{\mathrm{T}} \tag{7.56}$$

其中 $\boldsymbol{\mu}_0$ 是总体均值，定义为

$$\boldsymbol{\mu}_0 = \sum_{k=1}^{M} P(\omega_k)\boldsymbol{\mu}_k \tag{7.57}$$

另一个常用的相关矩阵是下面这个。

- 混合散布矩阵

$$\Sigma_m = \Sigma_w + \Sigma_b \tag{7.58}$$

评价选取的特征空间“有多好”的指标很多都围绕散布矩阵构造；其中三个典型的例子是([17, 38])：

$$J_1 := \frac{\mathrm{trace}\{\Sigma_m\}}{\mathrm{trace}\{\Sigma_w\}}, \quad J_2 = \frac{|\Sigma_m|}{|\Sigma_w|}, \quad J_3 = \mathrm{trace}\{\Sigma_w^{-1}\Sigma_b\} \tag{7.59}$$

其中 $|\cdot|$ 表示矩阵的行列式。

J_1 标准最容易理解。为了简化方法，让我们关注涉及三个类的二维(两个特征，x_1 和 x_2)情况。回顾第 2 章公式(2.31)中随机向量 $\mathbf{x}$ 的协方差矩阵的定义，其主对角线上的元素是对应随机变量的方差。因此，对于每个类 $k=1,2,3$，对应的协方差矩阵的迹为两个特征中每一个的方差之和，即

$$\text{trace}\{\Sigma_k\} = \sigma_{k1}^2 + \sigma_{k2}^2$$

因此，Σ_w 的迹是所有三类的两个特征的平均总方差

324

$$\text{trace}\{\Sigma_w\} = \sum_{k=1}^{3} P(\omega_k)\left(\sigma_{k1}^2 + \sigma_{k2}^2\right) := s_w$$

另一方面，Σ_b 的迹等于所有类的每个特征均值到对应全局均值的总平方欧氏距离的平均，即

$$\text{trace}\{\Sigma_b\} = \sum_{k=1}^{3} P(\omega_3)\left((\mu_{k1} - \mu_{01})^2 + (\mu_{k2} - \mu_{02})^2\right) \tag{7.60}$$

$$= \sum_{k=1}^{3} P(\omega_k)||\boldsymbol{\mu}_k - \boldsymbol{\mu}_0||^2 := s_b \tag{7.61}$$

其中 $\boldsymbol{\mu}_k = [\mu_{k1}, \mu_{k2}]^{\mathrm{T}}$ 为第 k 个类的均值，$\boldsymbol{\mu}_0 = [\mu_{01}, \mu_{02}]^{\mathrm{T}}$ 为全局均值向量⊖。因此，J_1 标准等于

$$J_1 = \frac{s_w + s_b}{s_w} = 1 + \frac{s_b}{s_w}$$

换句话说，平均总方差越小，均值到全局均值的平均平方欧氏距离越大，J_1 的值也就越大。对于其他两个标准也可以得出类似的结论。

7.7.2 费舍尔判别：两类情况

在费舍尔线性判别分析中，公式(7.54)中强调的只是 $\boldsymbol{\theta}$；偏置 θ_0 未被考虑。内积 $\boldsymbol{\theta}^{\mathrm{T}}\boldsymbol{x}$ 可被看作 $\boldsymbol{x}$ 沿着向量 $\boldsymbol{\theta}$ 的投影。从几何学可知，相应的投影也是一个向量 $\boldsymbol{y}$，可由下式给出(参见 5.6 节)

$$\boldsymbol{y} = \frac{\boldsymbol{\theta}^{\mathrm{T}}\boldsymbol{x}}{||\boldsymbol{\theta}||}\frac{\boldsymbol{\theta}}{||\boldsymbol{\theta}||}$$

其中，$\boldsymbol{\theta}/\|\boldsymbol{\theta}\|$是方向 $\boldsymbol{\theta}$ 上的单位范数向量。从现在开始，我们将关注投影的标量值 $y := \boldsymbol{\theta}^{\mathrm{T}}\boldsymbol{x}$，而忽略分母中的比例因子，因为如所有特征都缩放相同的比例，对我们的讨论没有影响。现在，我们的目标就明确为选择方向 $\boldsymbol{\theta}$，使得沿此方向投影后两类中的数据尽可能远离，且每类中点围绕它们均值的方差尽可能小。一个量化此目标的指标是费舍尔判别比(Fisher's Discriminant Ratio，FDR)，它定义为

$$\boxed{\text{FDR} = \frac{(\mu_1 - \mu_2)^2}{\sigma_1^2 + \sigma_2^2}：\text{费舍尔判别比}} \tag{7.62}$$

其中，μ_1 和 μ_2 是沿 $\boldsymbol{\theta}$ 投影后两类的(标量)均值，即

325

$$\mu_k = \boldsymbol{\theta}^{\mathrm{T}}\boldsymbol{\mu}_k, \quad k = 1, 2$$

但是，我们有

$$\begin{aligned}(\mu_1 - \mu_2)^2 &= \boldsymbol{\theta}^{\mathrm{T}}(\boldsymbol{\mu}_1 - \boldsymbol{\mu}_2)(\boldsymbol{\mu}_1 - \boldsymbol{\mu}_2)^{\mathrm{T}}\boldsymbol{\theta} = \boldsymbol{\theta}^{\mathrm{T}} S_b \boldsymbol{\theta} \\ S_b &:= (\boldsymbol{\mu}_1 - \boldsymbol{\mu}_2)(\boldsymbol{\mu}_1 - \boldsymbol{\mu}_2)^{\mathrm{T}}\end{aligned} \tag{7.63}$$

⊖ 注意，最后一个公式也可以通过对 Σ_b 应用性质 $\text{trace}\{A\} = \text{trace}\{A^{\mathrm{T}}\}$ 推导出来。

注意，如果类是等概率的，则 S_b 是式(7.56)中类间散布矩阵的缩放版本(这很容易验证，因为基于整个假设，有 $\boldsymbol{\mu}_0=1/2(\boldsymbol{\mu}_1+\boldsymbol{\mu}_2)$)，且我们有

$$(\mu_1-\mu_2)^2 \propto \boldsymbol{\theta}^{\mathrm{T}} \boldsymbol{\Sigma}_b \boldsymbol{\theta} \tag{7.64}$$

而且

$$\sigma_k^2=\mathbb{E}\left[(\mathrm{y}-\mu_k)^2\right]=\mathbb{E}\left[\boldsymbol{\theta}^{\mathrm{T}}(\mathbf{x}-\boldsymbol{\mu}_k)(\mathbf{x}-\boldsymbol{\mu}_k)^{\mathrm{T}}\boldsymbol{\theta}\right]=\boldsymbol{\theta}^{\mathrm{T}}\boldsymbol{\Sigma}_k\boldsymbol{\theta},\quad k=1,2 \tag{7.65}$$

它会得到

$$\sigma_1^2+\sigma_2^2=\boldsymbol{\theta}^{\mathrm{T}} S_w \boldsymbol{\theta}$$

其中 $S_w=\boldsymbol{\Sigma}_1+\boldsymbol{\Sigma}_2$。注意，如果类是等概率的，则 S_w 变为式(7.55)中类内散布矩阵的缩放版本，且我们有

$$\sigma_1^2+\sigma_2^2 \propto \boldsymbol{\theta}^{\mathrm{T}} \boldsymbol{\Sigma}_w \boldsymbol{\theta} \tag{7.66}$$

组合式(7.62)、式(7.64)和式(7.66)并忽略比例常数，我们最终得到

$$\boxed{\mathrm{FDR}=\frac{\boldsymbol{\theta}^{\mathrm{T}}\boldsymbol{\Sigma}_b\boldsymbol{\theta}}{\boldsymbol{\theta}^{\mathrm{T}}\boldsymbol{\Sigma}_w\boldsymbol{\theta}}:\quad \text{广义瑞利商}} \tag{7.67}$$

现在，我们的目标变为关于 $\boldsymbol{\theta}$ 最大化 FDR。这是广义瑞利比(generalized Rayleigh ratio)的一种情况，而且从线性代数领域可知当 $\boldsymbol{\theta}$ 满足下面条件时上式最大化

$$\boldsymbol{\Sigma}_b\boldsymbol{\theta}=\lambda\boldsymbol{\Sigma}_w\boldsymbol{\theta}$$

其中 λ 是矩阵 $\boldsymbol{\Sigma}_w^{-1}\boldsymbol{\Sigma}_b$ 的最大特征值(习题 7.14)。但是，对这里遇到的特殊情况[⊖]，我们可以绕过求解特征值–特征向量问题。考虑到 $\boldsymbol{\Sigma}_w$ 是式(7.63)中 S_b 的一个缩放版本，最后一个公式可改写为

$$\lambda\boldsymbol{\Sigma}_w\boldsymbol{\theta}\propto(\boldsymbol{\mu}_1-\boldsymbol{\mu}_2)(\boldsymbol{\mu}_1-\boldsymbol{\mu}_2)^{\mathrm{T}}\boldsymbol{\theta}\propto(\boldsymbol{\mu}_1-\boldsymbol{\mu}_2)$$

因为内积 $(\boldsymbol{\mu}_1-\boldsymbol{\mu}_2)^{\mathrm{T}}\boldsymbol{\theta}$ 是一个标量。换句话说，$\boldsymbol{\Sigma}_w\boldsymbol{\theta}$ 位于 $(\boldsymbol{\mu}_1-\boldsymbol{\mu}_2)$ 的方向上，而且我们只对方向感兴趣，因此我们最终可得到

$$\boxed{\boldsymbol{\theta}=\boldsymbol{\Sigma}_w^{-1}(\boldsymbol{\mu}_1-\boldsymbol{\mu}_2)} \tag{7.68}$$ 326

当然假定 $\boldsymbol{\Sigma}_w$ 是可逆的。在实践中，我们用观测值的样本均值计算 $\boldsymbol{\Sigma}_w$。

图 7.11a 显示了二维空间中两个球状分布(各向同性)类的结果投影方向。在本例中，数据投影方向平行于 $(\boldsymbol{\mu}_1-\boldsymbol{\mu}_2)$。在图 7.11b 中，两个类中的数据分布不是球状的，投影的方向(图左下角的线)也不平行于连接两个均值点的线段。我们注意到，如果选取了图中右侧的线，则投影后两个类就会有重叠。

为了使用费舍尔判别方法构造分类器，必须采纳一个阈值 θ_0，根据下面规则决定一个模式分到哪个类

$$y=(\boldsymbol{\mu}_1-\boldsymbol{\mu}_2)^{\mathrm{T}}\boldsymbol{\Sigma}_w^{-1}\boldsymbol{x}+\theta_0\begin{cases}>0, & \text{类}\,\omega_1\\ <0, & \text{类}\,\omega_2\end{cases} \tag{7.69}$$

现在我们比较一下式(7.69)和式(7.20)~式(7.22)；后者是对高斯分布的数据使用贝叶斯法则得到的，条件是两个类具有相同的协方差矩阵。观察到对于这种情形，两种方法得到的超平面是平行的，唯一的差别是阈值。但注意，费舍尔判别是不需要高斯分布假

⊖ $\boldsymbol{\Sigma}_b$ 是秩 1 矩阵且只有一个非零特征值；参见习题 7.15。

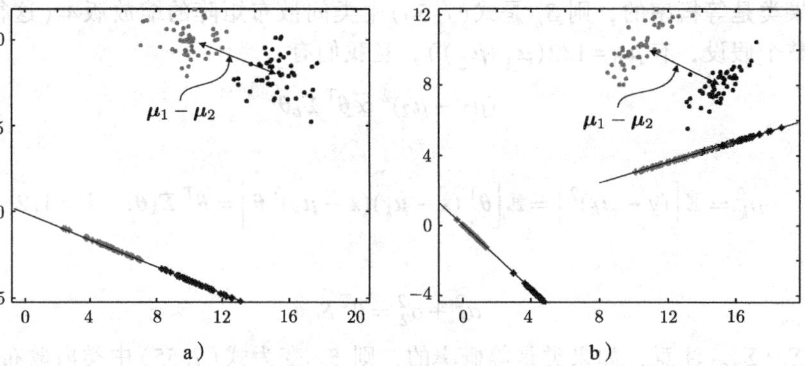

图 7.11　a) 对两个球状分布类，采用费舍尔判别得到的最优方向。投影方向平行于连接两类中数据均值形成的线段。b) 左下角的线对应费舍尔判别得到的方向，它不再平行于 $\boldsymbol{\mu}_1-\boldsymbol{\mu}_2$。为了对比，观察右侧另一条线上的投影，它导致了类的重叠

设的。这表明即使数据不是正态分布的，仍可使用式(7.20)~式(7.22)。在实践中，对不同数据可能需要使用不同的阈值。

最后，世界通常很小，因此可以证明，如果目标类标签不是±1，而是分别选定为 N_1/N 和 $-N_2/N$（N 为训练样本总数，N_1 是类 ω_1 中样本数量，N_2 是类 ω_2 中样本数量），则费舍尔判别可以看作最小二乘法的一个特例[41]。

327 看待费舍尔判别方法的另一个视角是，它实现了降维——将数据从 l 维空间投影到更低的一维空间。这种降维是有监督的，是利用训练数据的类标签实现的。我们将在第19章中看到，还存在非监督的降维技术。现在，一个显然的问题是，采用费舍尔思想是否能降维到1和 l 之间的一个中间维数（l 是特征空间的维数），还是只能降到一维。已证明任意维数降维是可行的，但也依赖于类的数目。更多降维技术的内容可在第19章中找到。

7.7.3　费舍尔判别：多类情况

我们将费舍尔判别推广到多类情况，我们从式(7.59)中定义的 J_3 指标开始。很容易证明，对于一维且类等概率的情形，J_3 指标直接与两类情况中的FDR指标相关。对于更一般的多类情形，任务变为估计一个 $l\times m$ 的矩阵 $A(m<l)$，使得从原始空间 $\mathbb{R}^l$ 到新的低维空间 $\mathbb{R}^m$ 的线性变换（表达如下式）保留尽可能多的分类相关信息。

$$\boldsymbol{y}=A^{\mathrm{T}}\boldsymbol{x} \tag{7.70}$$

注意，通常任何降维技术都势必丢失一些原始信息，我们的目标是尽量减少损失。由于我们用 J_3 指标衡量分类相关信息，因此我们的目标就是计算 A 以最大化

$$J_3(A)=\operatorname{trace}\{\Sigma_{wy}^{-1}\Sigma_{by}\} \tag{7.71}$$

其中 Σ_{wy} 和 Σ_{by} 分别是在变换后的低维矩阵中测量的类内和类间散布矩阵。最大化过程遵循标准的关于矩阵的最优化方法。其中用到了一点代数知识，我们这里只给出结果，证明细节可在参考文献[17，38]中找到。矩阵 A 由下式给出

$$(\Sigma_{wx}^{-1}\Sigma_{bx})A=A\Lambda \tag{7.72}$$

矩阵 Λ 是一个对角矩阵，其元素是 $l\times l$ 矩阵 $\Sigma_{wx}^{-1}\Sigma_{bx}$ 的特征值（参见附录A）中的 m 个，Σ_{wx} 和 Σ_{bx} 分别是原始空间 $\mathbb{R}^l$ 中的类内和类间散布矩阵。我们感兴趣的矩阵 A，则是由

对应的特征向量构成其列。现在，问题就变为选出 m 个特征值/特征向量。注意，由其定义，Σ_b 为 M 个(经由 $\boldsymbol{\mu}_0$)相关的秩 1 矩阵之和，其秩为 $M-1$(习题 7.15)。因此，积 $\Sigma_{wx}^{-1}\Sigma_{bx}$ 只有 $M-1$ 个非零特征值。这对降维施加了一个很强的限制——我们能得到的最大维数是 $m=M-1$(对两类问题，$m=1$)，而不管初始维数 l 是多大。有两种情况值得我们关注：

- $m=M-1$。在此情况下，已经证明，如果 A 是由非零特征值对应的所有特征向量作为其列向量，则

$$J_{3y}=J_{3x}$$ 328

换句话说，从 l 维降为 $M-1$ 维没有丢失信息(用 J_3 指标衡量)！注意，在此情况下，费舍尔方法生成了 $M-1$ 个判别(线性)函数。这与分类中的一个一般结论——一个 M 类分类问题最少需要 $M-1$ 个判别函数——是吻合的[38]。回忆一下，在贝叶斯分类中，我们需要 M 个函数 $P(\omega_i|\boldsymbol{x})$，$i=1,2,\cdots,M$；但其中只有 $M-1$ 个是无关的，因为它们的和必须为 1。因此，费舍尔方法提供了所需的最少数目的线性判别式。

- $m<M-1$。如果 A 是由最大 m 个特征值对应的特征向量作为其列向量构成，则

$$J_{3y}<J_{3x}$$

但是，结果值 J_{3y} 是最大可能值。

附注 7.5

- 若 J_3 与其他矩阵组合使用(用 Σ_m 替换 Σ_b 即可实现这一点)，秩为 $M-1$ 的限制就会消除，这样就可能得到更大的 m。
- 在一些实例中，Σ_w 不一定可逆。例如，小样本(small sample size)问题中就是如此，特征空间维数 l 可能大于训练数据数目 N。在 Web 文档分类、基因表达谱以及人脸识别等应用中可能遇到此问题。解决此问题的方法有很多，请查阅[38]获取相关讨论和参考文献。

7.8 分类树

分类树基于一个简单却强大的思想，它是最流行的分类技术之一。分类树是多阶段(multistage)系统，顺序地实现分类。它通过一系列的检测，顺序地拒绝某些类，直至剩下唯一一个类，即完成决策——将模式分到此类。每步检测都是二元的“是”/“否”的形式，应用于单一特征，检测结果决定哪些类被拒绝。本节的目标是介绍一种特殊的树——普通二叉分类树(Ordinary Binary Classification Tree，OBCT)，将讨论其基本思想和方法。这些内容属于一类更通用的树构造方法，既可用于分类任务，也可用于回归任务，它们被称为分类和回归树(Classification And Regression Tree，CART)[2，31]。文献[35]中提出了这一方法的变形。

OBCT 的基本思想是将特征空间划分为(超)矩形；即特征空间被平行于坐标轴的超平面划分开来。图 7.12 展示了这一思想。将特征空间划分为(超)矩形是通过一系列“问题”完成的，这些问题的形式为：特征值 $x_i<a$? 它们也被称为分裂准则(splitting criterion)。问题序列可以很好地用一棵树实现。图 7.13 显示了图 7.12 中分类任务对应的树。树中每个节点对单个特征进行检测，如果它不是一个叶节点，则会链接两个子节点(descendant node)：一个对应答案“是”，另一个对应“否”。

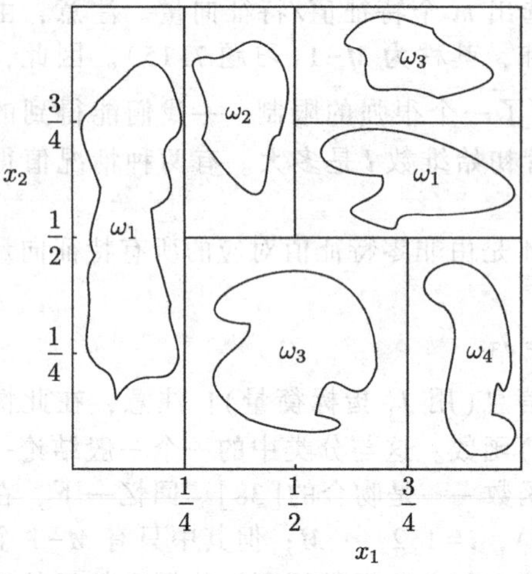

图 7.12 通过一棵分类(OBCT)树划分二维特征空间，对应三个类

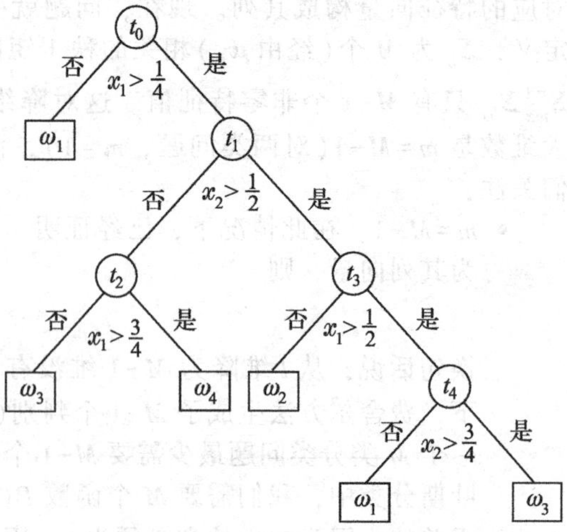

图 7.13 对应图 7.12 中任务的分类树，它划分了特征空间

从根节点开始，可以得到一条连续决策路径，直至到达某个叶节点。每个叶节点都与
329 单一类关联。根据叶节点的标签，即可将一个点分到对应类。这种分类方法概念上非常简单，且容易解释。例如，在一个医疗诊断系统中，我们开始可能问“体温高吗?”。如果答案为“是”，则第二个问题可能是：流鼻涕吗？这个过程持续下去，直至做出最终的疾病诊断。而且，在人工智能研究中构造推理系统时树也是很有用的[37]。例如，通过一系列相关的问题(这些问题基于一些(高层)特征的值)推断出特定对象是否存在，从而识别出一幅图像中描绘的一个场景或一个对象。

一旦完成了树的构建，分类就是直截了当的事了。最大的挑战是如何利用训练数据集中的信息构建树。我们在构建树时面对的主要问题如下：

- 应采用什么分裂准则？
- 什么时候停止树的生长，宣布一个节点为叶节点？
- 叶节点如何关联到一个特定类？

除了上述问题，我们随后还要讨论更多问题。

分裂准则：我们已经提到，在每个节点提出的问题都有相同的形式，如下所示

$$x_i < a?$$

我们的目标是选择一个恰当的阈值 a。假定从根节点开始，树已经生长到当前节点 t。每个节点都关联训练数据集 X 的一个子集 $X_t \subseteq X$。它是经过树中前驱节点检测后幸存下来的训
330 练数据点的集合。例如，在图 7.13 中，一些属于类 ω_1 的点不会包含在节点 t_1 中，因为它们已经被指派给一个已打上标签的叶节点。分裂准则的目的是根据节点 t 上特定问题的答案将 X_t 分裂为两个不相交的子集 X_{tY} 和 X_{tN}。每次分裂都满足：

$$X_{tY} \cap X_{tN} = \emptyset$$
$$X_{tY} \cup X_{tN} = X_t$$

在每个节点中，我们的目标是选择要检测的特征以及阈值 a 的最佳值。采纳的特征和阈值就形成了一个决策，使得这次分裂生成的集合 X_{tY} 和 X_{tN} 与 X_t 相比有更强的类同质化(class-homogeneous)特点。换句话说，每个后代集合中的数据与祖先集合相比必须表现出对特定类的更高的倾向性。例如，假定 X_t 中包含来自四个类 ω_1、ω_2、ω_3 和 ω_4 的数据点。则划分的思想是令 X_{tY} 中大部分数据来自比如说 ω_1、ω_2，而 X_{tN} 中大部分数据来自

ω_3、ω_4。用术语表达，集合 X_{tY} 和 X_{tN} 应该比 X_t 更纯。因此，我们必须先选择一个指标来衡量不纯的程度，然后计算阈值、选取特定的(要检测的)特征来最大幅度地降低节点的不纯程度。例如，量化节点 t 不纯程度的一个常用指标是熵(entropy)，定义为

$$I(t) = -\sum_{m=1}^{M} P(\omega_m|t)\log_2 P(\omega_m|t) \tag{7.73}$$

其中 $\log_2(\cdot)$ 是以 2 为底的对数。当所有概率都相等时(最不纯)，$I(t)$ 取最大值，而当只有一个概率值为 1、其他概率均为 0 时，$I(t)$ 取最小值 0。概率近似为 331

$$P(\omega_m|t) = \frac{N_t^m}{N_t}, \quad m = 1, 2, \cdots, M$$

其中，N_t^m 为 X_t 中来自类 m 的点的数目，N_t 为 X_t 中点的总数。将数据分裂为两个集合后，节点不纯度的降低幅度定义为

$$\Delta I(t) = I(t) - \frac{N_{tY}}{N_t} I(t_Y) - \frac{N_{tN}}{N_t} I(t_N) \tag{7.74}$$

其中 $I(t_Y)$ 和 $I(t_N)$ 分别为两个新集合的不纯度。现在，我们的目标变为选择特定特征 x_i 和阈值 a_t，使得 $\Delta I(t)$ 最大。这将定义节点 t 的两个子节点，即 t_N 和 t_Y；因此，树会生长出两个新节点。

一种搜索不同阈值的方法是：对每个特征 x_i，$i=1,2,\cdots,l$，将 X_t 中训练数据的特征值 x_{in}，$n=1,2,\cdots$，N_t 排序。然后定义一系列对应的阈值 a_{in}，恰好位于值序列 x_{in} 的中央。然后检测每个阈值对不纯度的改变并保留不纯度降幅最大的阈值。对所有特征重复这个过程，最终保留不纯度降幅最大的特征和阈值组合。

除了熵之外，我们也可以使用其他衡量不纯程度的指标。一个常用的替代指标是基尼指数(Gini index)，与熵相比，它能得到更陡的最大值，其定义如下

$$I(t) = \sum_{m=1}^{M} P(\omega_m|t)\big(1 - P(\omega_m|t)\big) \tag{7.75}$$

当只有一个概率值为 1，其他概率值均为 0 时，此指数也为 0，其最大值也是当所有类等概率时获得。

分裂停止准则：一个显而易见的问题是，何时生长树、何时停止生长。一种可能的方法是采用一个阈值 T，一旦所有可能的分裂方式的最大值 $\Delta I(t)$ 都小于 T，就停止分裂节点。另一种可能的方法是当 X_t 的势小于一个特定数目或节点变纯时(所有点都属于单一类)停止分裂。

类指派准则：一旦一个节点 t 被宣布为叶节点，它就被赋予一个类标签，通常是采用多数表决原则。即 X_t 中大多数数据属于哪个类，就赋予节点这个类的标签。

树的剪枝：经验表明，在实践中停止准则并不总那么有效；可能树很早就停止生长，也可能生长成过大的规模。一种常规做法是先令树生长到一个很大的规模，然后采用剪枝技术去除一些节点。有很多剪枝准则可供使用，常用的一种是结合误差概率估计和复杂度衡量指标，请参考[2, 31]。

附注 7.6

- 决策树的一个明显优点是能自然地混合处理数值变量和类别变量。而且，在处理大数据集时其伸缩性很好。它还能有效处理数据缺失。在很多领域中，并不是每个模式的所有特征值都完整。特征值可能没有记录下来，也可能获取代价太高。最后，由于决策树结构简单，它也易于解释；换句话说，人类更容易理解学习算法的输出 332

产生的原因。在金融决策等应用中，这是法律所要求的性质。

另一方面，树分类器的预测性能不如其他支持向量机、神经网络等方法那么好，这两种方法我们分别在第 11 章和第 18 章进行介绍。

- 树分类器的一个主要缺点是不稳定。即训练数据集的微小改变可能导致一棵完全不同的树。原因在于树分类器的层次特性。高层节点中产生的误差会传播到其下所有叶节点。

  装袋法(bagging，也称为自助聚集法，bootstrap aggregating)[3]是一种能降低方差、改进泛化误差性能的技术。其基本思想是采用自助技术(bootstrap，即带放回的均匀采样)创建训练集 X 的 B 个变体 $X_1,X_2,\cdots,X_B$。为每个训练集变体 X_i 构造一棵分类树 T_i。对一个给定数据点，根据子分类器 T_i，$i=1,2,\cdots,B$ 预测结果，采用多数原则给出最终分类决策。

  随机森林(random forest)结合了装袋法思想和随机特征选取[5]，区别于装袋法的是决策树的构造方式。分裂节点的最佳特征是在 F 个随机选取的特征中选出的，其中 F 是一个用户定义的参数。已经证明，这一额外引入的随机性能够显著提高性能。

  随机森林通常具有非常好的预测准确率，已被用于很多应用中，包括基于微软著名的 Kinect 传感器的身体姿态识别[34]。

  除了上述方法，最近也有研究者建议用贝叶斯技术稳定决策树的性能，这已得到了很好的应用，请参阅[8，44]。当然，使用多棵树的一个副作用是失去了树的一个主要优点，即非常好的可解释性。

- 除了 OBCT 基本方法，还有一种划分特征空间的更一般的方法，即通过不平行于坐标轴的超平面进行划分。这是可能的，只需将问题形式变为：$\sum_{i=1}^{l} c_i x_i < a$? 这会得到对空间的一个更好的划分。但是，训练会变得更为复杂，请参阅[35]。

- 决策树也可用于回归问题，尽管不如分类那么成功。其思想是将空间划分为区域，根据观察到的输入向量落在哪个区域内，求区域中的输出值的平均来做出预测。这种平均方法导致从一个区域移动到另一个区域不够平滑，这是回归树最主要的缺点。区域划分是基于最小二乘准则进行的[19]。

7.9　分类器组合

到目前为止，我们已经介绍了很多分类器，在第 13、11 和 18 章中还将介绍支持向量机、贝叶斯方法和(深度)神经网络等更多方法。经验不足的使用者/研究者面临的一个显
333 而易见的问题是，应该使用哪种方法？不幸的是，这个问题没有确定的答案。而且，当数据大小很小时，方法的选择变得很困难。本节的目标是讨论一些能从不同学习器组合中受益的方法。

7.9.1　无免费午餐原理

基于一个有限大小的训练集设计任何分类器，及更一般的，设计任何学习方法，其目标都是提供优良的泛化性能。但是，当我们说一种学习技术优于另一种时，不可能是场景无关或应用无关的。每个学习任务，由可用数据集表示，都会更偏向于适应问题特异性的特定学习方法。在一个问题上获得高分的算法在另一个问题上的分数可能就很低。这一实验发现在理论上被所谓的机器学习无免费午餐原理所证实[43]。

这一重要的原理指出，在所有可能的数据生成分布上进行平均，每种分类算法对训练

集以外的数据都会产生相同的错误率。换句话说，没有一种学习算法是普遍最优的。但是，请注意，只有对所有可能的数据生成分布上进行平均时，此结果才成立。另一方面，如果在设计学习器时，我们利用感兴趣的特定数据集的特殊性相关的先验知识，那么我们就可以设计一个在这个数据集上表现良好的算法。

在实践中，你应该尝试可用的不同学习方法，每种方法都对给定任务进行优化，并采用留一交叉验证方法或其任何变形(参见第 3 章)在不同于训练集的独立数据集上测试泛化性能。然后，留下并使用对给定问题分数最高的方法。

为此，主要工作是在不同数据集上比较不同分类器，使用不同统计指标衡量“平均”性能来量化每个分类器在数据集上的总体性能。

7.9.2　一些实验比较

对方法进行实验比较总是带有浓厚的历史色彩，这是因为随着时间的推移，会出现新的方法，而且会得到新的、更大的数据集，这可能会改变结论。在本小节中，我们展示了一些已经完成的大型项目的例子，其目标是一起比较不同的学习器。由于深度神经网络的出现，今天的情况可能有所不同；然而，从这些以前的项目中提取的知识仍然是有用的和有启发性的。

最早的比较不同分类器性能的工作是 Statlog 项目[27]。之后的两项工作在文献[7, 26]中有介绍。前一个工作在 21 个数据集上测试了 17 个流行的分类器。后一项工作使用了 10 个分类器和 11 个数据集。结果验证了我们所说的：不同分类器在不同数据集上表现优异。但是，提升树(参见 7.11 节)、随机森林、装袋决策树以及支持向量机在大多数数据集上表现较好。

神经信息系统研讨会(Neural Information Processing Systems Workshop, NIPS-2003)组织了一个基于 5 个数据集的分类竞赛，文献[18]总结了竞赛结果，竞赛更关注于特征选取[28]。在一个跟踪研究中[22]，比较了更多分类器。在这些分类器中，一种贝叶斯型神经网络方法(参见第 18 章)表现最好，尽管它的运行时间非常长。其他比较的分类器包括 334
随机森林和提升树/提升神经网络(参见 7.10 节)。随机森林也表现很好，而且计算时间比贝叶斯型分类器短得多。

7.9.3　分类器组合方案

一种提高性能的趋势是组合不同的分类器，发挥它们各自的优点。这种思路是合理的，证据是研究者观察到：对一个特定任务，在进行测试时，即使是最佳分类器也会将一些模式错误分类；相反其他总体性能更差的分类器却能正确分类这些模式。这表明不同分类器间可能存在某些互补性，分类器组合较之最佳(单一)分类器可能获得性能提升。回忆 7.8 节中介绍的装袋法，它就是一种分类器组合。

问题现在就变为如何选择组合方案。目前已有很多效果各不相同的方案，接下来我们概述其中最流行的几种。

- 算术平均规则(arithmetic averaging rule)：假设我们使用 L 个分类器，每个都输出一个后验概率值，$P_j(\omega_i|\boldsymbol{x})$，$i=1,2,\cdots,M$，$j=1,2,\cdots,L$，则分类决策基于下面规则：

$$\text{将}\boldsymbol{x}\text{分到类}\ \omega_i = \arg\max_k \frac{1}{L}\sum_{j=1}^{L} P_j(\omega_k|\boldsymbol{x}),\ k=1,2,\cdots,M \tag{7.76}$$

可以证明，这条规则等价于计算“最终”后验概率 $P(\omega_i|\boldsymbol{x})$ 以最小化库尔贝克-莱

布勒距离(习题7.16)

$$D_{av}=\frac{1}{L}\sum_{j=1}^{L}D_j$$

其中

$$D_j=\sum_{i=1}^{M}P_j(\omega_i|\boldsymbol{x})\ln\frac{P_j(\omega_i|\boldsymbol{x})}{P(\omega_i|\boldsymbol{x})}$$

- **几何平均规则**(geometric averaging rule)：此规则是最小化库尔贝克-莱布勒距离的产物(注意这个距离是不对称的)；换句话说

$$D_j=\sum_{i=1}^{M}P(\omega_i|\boldsymbol{x})\ln\frac{P(\omega_i|\boldsymbol{x})}{P_j(\omega_i|\boldsymbol{x})}$$

335 这将得到(习题7.17)

$$\text{将}\boldsymbol{x}\text{分到类}\omega_i=\arg\max_k\prod_{j=1}^{L}P_j(\omega_k|\boldsymbol{x}),\quad k=1,2,\cdots,M \tag{7.77}$$

- **堆叠法**(stacking)：另一种方法是使用单个分类器输出的加权平均，最优的组合权重使用训练数据得到。假设每个分类器的输出 $f_j(\boldsymbol{x})$ 是软型的，例如和前面一样是后验概率估计。则组合输出由下式给出

$$f(\boldsymbol{x})=\sum_{j=1}^{L}w_jf_j(\boldsymbol{x}) \tag{7.78}$$

其中，权重是通过下面的优化过程估计出的：

$$\hat{\boldsymbol{w}}=\arg\min_{\boldsymbol{w}}\sum_{n=1}^{N}\mathcal{L}(y_n,f(\boldsymbol{x}_n))=\arg\min_{\boldsymbol{w}}\sum_{n=1}^{N}\mathcal{L}\left(y_n,\sum_{j=1}^{L}w_jf_j(\boldsymbol{x}_n)\right) \tag{7.79}$$

其中，$\mathcal{L}(\cdot,\cdot)$是一个损失函数，例如平方误差。但是，采用之前的基于训练数据集的优化方法，就会导致过拟合。根据堆叠法[42]，我们采用交叉验证原理并用 $f_j^{(-n)}(\boldsymbol{x}_n)$ 代替 $f_j(\boldsymbol{x}_n)$，其中前者是在排除了 $(y_n,\boldsymbol{x}_n)$ 之后的数据上训练出的第 j 个分类器的输出。换句话说，权重由下式估计

$$\hat{\boldsymbol{w}}=\arg\min_{\boldsymbol{w}}\sum_{n=1}^{N}\mathcal{L}\left(y_n,\sum_{j=1}^{L}w_jf_j^{(-n)}(\boldsymbol{x}_n)\right) \tag{7.80}$$

有时，权重被限制为正的且它们的和为1，从而产生一个受限的优化任务。

- **多数表决规则**(majority voting rule)：上述方法都属于软规则家族。一种流行替代方法是基于投票方案的硬规则。判定模式归为某类要么是所有分类器都达成了一致，要么是至少 l_c 个分类器支持这个类，其中

$$l_c=\begin{cases}\frac{L}{2}+1, & L\text{为偶数}\\ \frac{L+1}{2}, & L\text{为奇数}\end{cases}$$

否则，就会拒绝决策(即不做出任何决策)。

除了求和、积以及多数表决，研究者还提出了其他组合规则，灵感来自下面不等式[24]：

$$\prod_{j=1}^{L} P_j(\omega_i|\boldsymbol{x}) \leqslant \min_{j=1}^{L} P_j(\omega_i|\boldsymbol{x}) \leqslant \frac{1}{L}\sum_{j=1}^{L} P_j(\omega_i|\boldsymbol{x}) \leqslant \max_{j=1}^{L} P_j(\omega_i|\boldsymbol{x}) \tag{7.81}$$ 336

使用最大或最小界而不是和或积实现分类。当存在离群值时，我们可以使用中值(median)作为替代：

$$\boxed{\text{将}\boldsymbol{x}\text{分到类 }\omega_i = \arg\max_{k} \text{median}\left\{P_j(\omega_k|\boldsymbol{x})\right\}, \quad k=1,2,\cdots,M} \tag{7.82}$$

已证明无免费午餐原理对分类器组合问题也适用，并不存在普遍最优的组合规则。组合规则的效果完全依赖于手头的数据(参见[21])。

分类器组合理论还有很多问题值得研究；例如，如何选择进行组合的分类器。分类器应该相关还是无关？而且，组合不一定意味着性能提升；在某些情况下，我们可能遇到组合分类器相对于最佳(单一)分类器有性能下降(更高的误差率)的情况[20，21]。因此，必须小心进行分类器组合。这些问题的更多内容可在文献[25，38]以及这两篇文章引用的文献中找到。

7.10　提升方法

学习机设计中的*提升*(boosting)方法的起源还要追溯到瓦连特和卡恩斯的工作[23，40]，他们提出一个问题：一个弱学习算法(意味着比随机猜测做得稍微好些)能否被*提升*为一个强学习算法(具有一个好的性能指标)。这类技术的核心是*基学习器*(base learner)，通常都是弱学习器。提升是一个迭代过程，每一步用不同训练集计算出最优的基学习器；当前步骤的训练集可以根据迭代获得的数据分布生成，但通常是通过为训练样本设置权重生成的，每个步骤使用不同的权重集合。后续权重是考虑截至当前迭代步骤已达到的性能计算出的。最终的学习器是通过将所有*层次化*设计的基学习器进行*加权平均*(weighted average)得到的。因此，提升方法也可看作一种学习器组合方案。

已经证明，经过足够长的迭代，我们可以显著提高弱学习器的(糟糕)性能。例如，在某些分类问题中，随着迭代次数增加，训练误差可能趋近于0。这确实非常有趣。通过恰当操纵训练数据(事实上，加权机制会识别出总是分类错误的困难样本，并增加它们的权重)训练一个弱学习器，我们就可以得到一个强分类器。当然，如我们将要讨论的，训练误差趋近于0并不一定意味着测试误差也趋近于0。

7.10.1　AdaBoost 算法

我们现在关注两类分类问题并假设已给定一组 N 个用作训练的观测值($y_n, \boldsymbol{x}_n$)，$n=1, 2,\cdots,N$，其中 $y_n \in \{-1,1\}$。我们的目标是设计一个两类分类器

$$f(\boldsymbol{x}) = \text{sgn}\left\{F(\boldsymbol{x})\right\} \tag{7.83}$$ 337

其中

$$\boxed{F(\boldsymbol{x}) := \sum_{k=1}^{K} a_k \phi(\boldsymbol{x};\boldsymbol{\theta}_k)} \tag{7.84}$$

其中 $\phi(\boldsymbol{x};\boldsymbol{\theta}_k) \in \{-1,1\}$ 是第 k 个迭代步的基分类器，它用一组待估计的参数 $\boldsymbol{\theta}_k$，$k=1, 2,\cdots,K$ 定义。基分类器选定为两类分类器。未知参数采用*逐步贪心*方法估计，即在每个迭代步 i，我们只关于单一参数对($a_i, \boldsymbol{\theta}_i$)进行优化，而保持之前步骤得到的参数 a_k，$\boldsymbol{\theta}_k$，

$k=1,2,\cdots,i-1$ 不变。注意，理想情况我们应该同时对所有未知参数 a_k，$\boldsymbol{\theta}_k$，$k=1,2,\cdots,K$ 进行优化，但这会导致优化过程需要大量计算。贪心算法非常流行，因为其计算简单而且在很多学习任务中都能获得非常好的性能。我们在第 10 章介绍稀疏感知学习时还会讨论贪心算法。

假设现在我们在第 i 个迭代步，考虑各项的部分和

$$F_i(\cdot)=\sum_{k=1}^{i} a_k\phi(\cdot;\boldsymbol{\theta}_k) \tag{7.85}$$

则我们可以写出下面递归式：

$$F_i(\cdot)=F_{i-1}(\cdot)+a_i\phi(\cdot;\boldsymbol{\theta}_i),\quad i=1,2,\cdots,K \tag{7.86}$$

它从某个初始条件开始。根据贪心原理，假定已经得到 $F_{i-1}(\cdot)$，我们的目标是针对参数集 a_i，$\boldsymbol{\theta}_i$ 进行优化。优化过程需要采用一个损失函数，这方面无疑有很多选择，根据导出的算法有不同命名。分类中流行的一种损失函数是指数损失，定义如下

$$\boxed{\mathcal{L}\big(y,F(\boldsymbol{x})\big)=\exp\big(-yF(\boldsymbol{x})\big):\ \text{指数损失函数}} \tag{7.87}$$

由此产生了*自适应提升*（Adaptive Boosting，AdaBoost）算法。图 7.14 展示了指数损失函数和 0-1 损失函数。前者可看作（不可微的）0-1 损失函数的（可微）上界。注意，指数损失函数对错误分类的（$yF(\boldsymbol{x})<0$）点会赋予比正确分类的（$yF(\boldsymbol{x})>0$）点更高的权重。若采用指数损失函数，则使用下面公式通过对应的经验代价函数计算参数集 a_i，$\boldsymbol{\theta}_i$

$$(a_i,\boldsymbol{\theta}_i)=\arg\min_{a,\boldsymbol{\theta}}\sum_{n=1}^{N}\exp\Big(-y_n\big(F_{i-1}(\boldsymbol{x}_n)+a\phi(\boldsymbol{x}_n;\boldsymbol{\theta})\big)\Big) \tag{7.88}$$

此优化过程分为两步进行。首先固定 a，关于 $\boldsymbol{\theta}$ 进行优化

338

$$\boldsymbol{\theta}_i=\arg\min_{\boldsymbol{\theta}}\sum_{n=1}^{N}w_n^{(i)}\exp\big(-y_na\phi(\boldsymbol{x}_n;\boldsymbol{\theta})\big) \tag{7.89}$$

其中

$$w_n^{(i)}:=\exp\big(-y_nF_{i-1}(\boldsymbol{x}_n)\big),\quad n=1,2,\cdots,N \tag{7.90}$$

观察到 $w_n^{(i)}$ 既不依赖于 a 也不依赖于 $\phi(\boldsymbol{x}_n;\boldsymbol{\theta})$，因此可将它看作样本 n 关联的权重。而且，它的值完全依赖于之前递归步骤得到的结果。

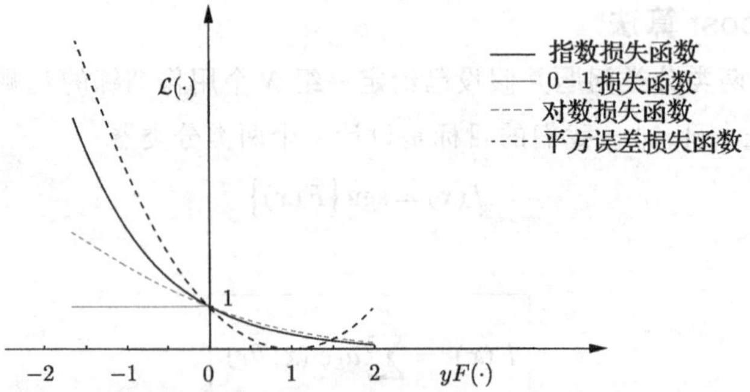

图 7.14　0-1 损失函数、指数损失函数、对数损失函数以及平方误差损失函数。它们都归一化为通过点（0,1）。平方误差损失函数的横轴对应 $y-F(\boldsymbol{x})$

我们现在将目光转移到式（7.89）中的代价。优化依赖于基分类器的特定形式。但是，

注意到损失函数是指数形式，而且基分类器是二元的，即 $\phi(\boldsymbol{x};\boldsymbol{\theta})\in\{-1,1\}$。如果我们假定 $a>0$(我们将很快回到这一假设)，则看出式(7.89)的优化等价于优化下面的代价：

$$\boldsymbol{\theta}_i=\arg\min_{\boldsymbol{\theta}}P_i \tag{7.91}$$

其中

$$P_i:=\sum_{n=1}^{N}w_n^{(i)}\chi_{(-\infty,0]}\big(y_n\phi(\boldsymbol{x}_n;\boldsymbol{\theta})\big) \tag{7.92}$$

且 $\chi_{[-\infty,0]}(\cdot)$ 是 0-1 损失函数[⊖]。换句话说，只有误分类的点(即满足 $y_n\phi(\boldsymbol{x}_n;\boldsymbol{\theta})$ 的点)对其有贡献。注意，P_i 为经验分类误差。显然，当分类误差最小化时，式(7.89)中的代价也被最小化，因为指数损失函数会赋予误分类的数据点更大的权重。为了保证 P_i 保持在 $[0,1]$ 区间内，权重通过除以各自的和来归一化到单位值；注意，这不会影响优化过程。换句话说，我们可以计算 $\boldsymbol{\theta}_i$ 来最小化基分类器产生的分类误差。对于结构非常简单的基分类器，这种优化在计算上是可行的。 339

计算出 $\boldsymbol{\theta}_i$ 后，接下来就可以很容易地根据对应定义进行计算了：

$$\sum_{y_n\phi(\boldsymbol{x}_n;\boldsymbol{\theta}_i)<0}w_n^{(i)}=P_i \tag{7.93}$$

和

$$\sum_{y_n\phi(\boldsymbol{x}_n;\boldsymbol{\theta}_i)>0}w_n^{(i)}=1-P_i \tag{7.94}$$

将式(7.93)、式(7.94)与式(7.88)、式(7.90)组合，很容易得到

$$a_i=\arg\min_{a}\big\{\exp(-a)(1-P_i)+\exp(a)P_i\big\} \tag{7.95}$$

对 a 求导，并令导数为 0，可得

$$a_i=\frac{1}{2}\ln\frac{1-P_i}{P_i} \tag{7.96}$$

注意，如果 $P_i<0.5$，则 $a_i>0$，这是实际中期望出现的情况。一旦估计出 a_i 和 $\boldsymbol{\theta}_i$，下个迭代步的权重就很容易由下式得出了

$$w_n^{(i+1)}=\frac{\exp\big(-y_nF_i(\boldsymbol{x}_n)\big)}{Z_i}=\frac{w_n^{(i)}\exp\big(-y_na_i\phi(\boldsymbol{x}_n;\boldsymbol{\theta}_i)\big)}{Z_i} \tag{7.97}$$

其中 Z_i 为归一化因子

$$Z_i:=\sum_{n=1}^{N}w_n^{(i)}\exp\big(-y_na_i\phi(\boldsymbol{x}_n;\boldsymbol{\theta}_i)\big) \tag{7.98}$$

观察计算权重的方式，我们就可以抓住 AdaBoost 算法的一个主要秘诀：训练样本 $\boldsymbol{x}_n$ 所关联的权重与前一个迭代步相比会增大(降低)，这取决于模式是否被错误(正确)分类。而且，降低(增大)的比例依赖于 a_i 的值，它控制了样本在构造最终分类器中的相对重要性。对于在连续迭代步中持续分类失败的困难样本，它们参与加权经验误差值的重要性更高。对于 AdaBoost，可以证明训练误差以指数速度趋近于 0(习题 7.18)。算法 7.1 描述了此方法。

[⊖] 若 $x\in A$，则特征函数 $\chi_A(x)$ 等于 1，否则它等于 0。

算法 7.1 (AdaBoost 算法)

- 初始化：$w_n^{(1)}=\frac{1}{N}$，$i=1,2,\cdots,N$
- 初始化：$i=1$
- 340 重复
  - 通过最小化 P_i 计算 $\phi(\cdot;\ \boldsymbol{\theta}_i)$ 中的 $\boldsymbol{\theta}_i$ 的最优值；(7.91)
  - 计算最优的 P_i；(7.92)
  - $a_i=\frac{1}{2}\ln\frac{1-P_i}{P_i}$
  - $Z_i=0$
  - **For** $n=1$ to N **Do**
    - $w_n^{(i+1)}=w_n^{(i)}\exp(-y_n a_i \phi(\boldsymbol{x}_n;\boldsymbol{\theta}_i))$
    - $Z_i=Z_i+w_n^{(i+1)}$
  - **End For**
  - **For** $n=1$ to N **Do**
    - $w_n^{(i+1)}=w_n^{(i+1)}/Z_i$
  - **End For**
  - $K=i$
  - $i=i+1$
- 直至满足终止条件
- $f(\cdot)=\operatorname{sgn}\left(\sum_{k=1}^{K}a_k\phi(\cdot,\boldsymbol{\theta}_k)\right)$

AdaBoost 算法最初是在文献[14]中以一种不同的方式导出的。本书的公式遵循的是文献[15]中给出的方式。约阿夫·弗罗因德和罗伯特·夏皮尔 2003 年因此算法获得了久负盛名的哥德尔奖。

7.10.2 对数损失函数

AdaBoost 算法采用了指数损失函数。从理论观点，下面论据可证明这一方法的合理性：针对二元标签 y，考虑指数损失函数的均值

$$\mathbb{E}\left[\exp(-yF(\boldsymbol{x}))\right]=P(y=1)\exp(-F(\boldsymbol{x}))+P(y=-1)\exp(F(\boldsymbol{x})) \tag{7.99}$$

取对 $F(\boldsymbol{x})$ 的导数并令其为 0，我们容易求得式(7.99)的最小值发生在

$$F_*(\boldsymbol{x})=\arg\min_f \mathbb{E}\left[\exp(-yf)\right]=\frac{1}{2}\ln\frac{P(y=1|\boldsymbol{x})}{P(y=-1|\boldsymbol{x})} \tag{7.100}$$

右侧比值的对数被称为对数几率比(log-odds ratio)。因此，如果我们将最小化式(7.88)中函数看作式(7.99)中均值的经验近似，就完全证明了将式(7.83)中符号看作分类准则是合理的。

我们在图 7.14 中容易看出，指数损失函数的一个主要问题是它根据对应的边距的值为分类错误的样本赋予很高的权重，定义如下

$$m_x:=|yF(\boldsymbol{x})| \tag{7.101}$$

注意，数据点离决策平面($F(\boldsymbol{x})=0$)越远，$|F(\boldsymbol{x})|$ 的值越大。因此，位于决策平面错误

一侧($yF(\boldsymbol{x})<0$)且距离很远的点被赋予很高的权重(指数增长)，它们在优化过程中所起的作用也远大于其他点。因此，如果存在离群值，指数损失就不是最适合的了。事实上，在某些情境下，AdaBoost 的性能可能急剧下降。 341

一种替代的损失函数是对数损失(log-loss)或称二项偏差(binomial deviance)，定义如下

$$\boxed{\mathcal{L}(y, F(\boldsymbol{x})) := \ln(1+\exp(-yF(\boldsymbol{x}))):\ \text{对数损失函数}} \tag{7.102}$$

图 7.14 也展示了这种损失函数。观察到对于大负数，这个函数的增长几乎是线性的。此函数对所有点有更为均衡地损失影响。我们将在第 11 章中再次讨论鲁棒损失函数(robust loss function)，即损失函数对离群值更为免疫。注意，关于 y 最小化对数损失均值的函数与式(7.100)中给出的函数是一样的(请尝试推导)。但是，如果采用对数损失代替指数损失，会使优化工作更为复杂，我们可能不得不借助梯度下降法或牛顿型方法进行优化(参见[16])。

附注 7.7

- 为了进行比较，图 7.14 也展示了平方误差损失函数。平方误差损失依赖于值($y-F(\boldsymbol{x})$)，它等价于上面定义的边距。观察到，除了大误差值具有相对较大的影响之外，对正确分类的模式，其误差也会被惩罚。这是最小二乘法一般而言不太适合分类问题的又一论据。
- 文献[13, 15]提出了提升方法的多类推广。文献[10]中提出了 AdaBoost 方法的正则化版本来增加稀疏性。它考虑了不同正则化方法，包括 ℓ_1、ℓ_2 和 ℓ_∞。最终结果是一组坐标下降算法，集成了前向特征归纳法和反向剪枝法。文献[33]中提出了一种利用先验知识的方法。文献[29]中提出了一种称为 AdaBoost$_v^*$ 的方法，它显式考虑了边距。
- 注意，提升原理也能很好地用于包含相应损失函数(如平方误差损失)的回归任务。平方误差损失的一种更鲁棒的替代是绝对误差损失函数[16]。
- 提升技术已经吸引了领域中研究者的高度关注，已经证明了它在实践中具有良好性能以及对过拟合有相对免疫力。训练误差可能变为 0，但这仍不一定意味着过拟合。第一种解释是基于界的，考虑了对应的泛化性能。推导出的界与迭代次数 K 无关，且是用边距表达的[32]。但是，这些界非常松。另一种解释基于这样的事实——优化总是针对一组简单的参数进行。感兴趣的读者可从论文[4, 6, 15]中找到对此问题很有启发的讨论。

例 7.5　考虑一个 20 维两类分类任务。第一个类(ω_1)中的点源于两个高斯分布，它们的均值分别为 $\boldsymbol{\mu}_{11}=[0,0,\cdots,0]^{\mathrm{T}}$ 和 $\boldsymbol{\mu}_{12}=[1,1,\cdots,1]^{\mathrm{T}}$，第二个类($\omega_2$)中的点源于均值为

$$\boldsymbol{\mu}_2=[\overbrace{0,\ \cdots,\ 0}^{10},\overbrace{1,\ \cdots,\ 1}^{10}]^{\mathrm{T}}$$

的高斯分布。所有分布的协方差矩阵都是 20 维的单位矩阵。每个训练和测试集都有 300 个点，200 个来自 ω_1(每个分布 100 个)，100 个来自 ω_2。 342

对于 AdaBoost，基分类器采用树桩(stump)。这是一种非常简单的树，由单一节点组成，特征向量 $\boldsymbol{x}$ 的分类完全基于它的某个单一特征，比如说 x_i。因此，若 $x_i<a$，其中 a 是一个恰当的阈值，则 $\boldsymbol{x}$ 被分到类 ω_1。如果 $x_i>a$，则它被分到类 ω_2。被用于分类的特征 x_i 是随机选取的。这样一个分类器得到的训练误差率稍好于 0.5。我们对训练集运行 AdaBoost 算法，迭代 2000 次。图 7.15 验证了训练误差率快速收敛至 0。而测试误差率在这之后仍继续下降，最终平稳在 0.15 左右。

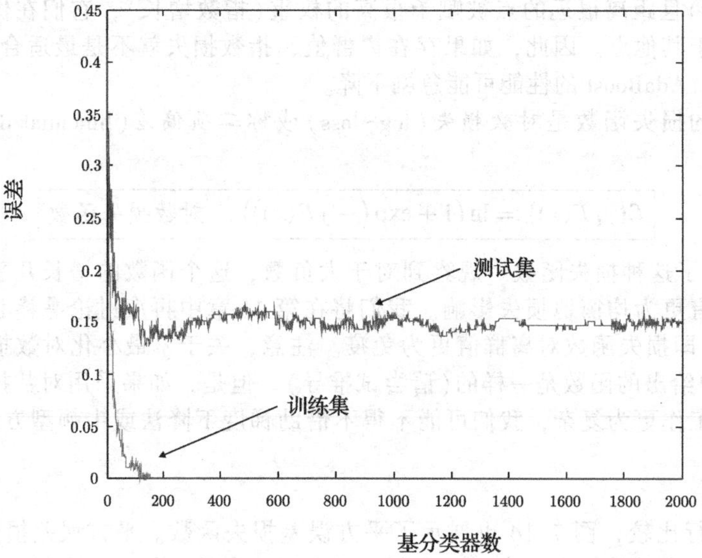

图 7.15　对例 7.5 中的情况，训练和测试误差率表示为迭代次数的函数的曲线

7.11　提升树

在 7.9 节中我们实验对比了不同方法，结果显示提升树是最强大的分类和数据挖掘方法之一。因此，有必要花更多时间讨论一下这种特殊的提升技术。

我们在 7.8 节中介绍了树。使用我们已经获得的知识，不难看出一棵树的输出可以紧凑地写为

343

$$T(\boldsymbol{x};\boldsymbol{\Theta})=\sum_{j=1}^{J}\hat{y}_j\chi_{R_j}(\boldsymbol{x}) \tag{7.103}$$

其中 J 为叶节点的数目，这棵树对特征空间进行了划分，R_j 为第 j 个节点对应的区域，$\hat{y}_j$ 为 R_j 对应的标签(回归问题中的输出/预测值)，χ 是我们熟悉的特征函数。参数集 $\boldsymbol{\Theta}$ 由 $(\hat{y}_j,R_j)$，$j=1,2,\cdots,J$ 组成，在训练过程中估计出来。这些可通过选择一个适合的代价函数获得。而且，构造树时通常采用次优技术，如 7.8 节中讨论的方法。

在一个提升树模型中，基分类器是树。例如，例 7.5 中使用的树桩就是一种非常特殊的树基分类器。在实践中，我们可以使用更大规模的树。当然，由于是弱分类器，因此大小不能太大。通常，建议 J 的值在 3 和 8 之间。

提升树模型可以写为

$$F(\boldsymbol{x})=\sum_{k=1}^{K}T(\boldsymbol{x};\boldsymbol{\Theta}_k) \tag{7.104}$$

其中

$$T(\boldsymbol{x};\boldsymbol{\Theta}_k)=\sum_{j=1}^{J}\hat{y}_{kj}\chi_{R_{kj}}(\boldsymbol{x})$$

式(7.104)与式(7.84)基本上一样，如果后者中的 a 都等于 1。我们假定所有树的规模都一样，虽然实际情况不一定是这样。采用一个损失函数 $\mathcal{L}$，并采用一般提升方法所使用的

贪心原理，我们可得到下面递归优化方法：

$$\boldsymbol{\Theta}_i = \arg\min_{\boldsymbol{\Theta}} \sum_{n=1}^{N} \mathcal{L}\big(y_n, F_{i-1}(\boldsymbol{x}_n) + T(\boldsymbol{x}_n; \boldsymbol{\Theta})\big) \tag{7.105}$$

针对 $\boldsymbol{\Theta}$ 的优化分两步进行：第一步给定 R_{ij}，关于 $\hat{y}_{ij}$，$j=1,2,\cdots,J$ 进行优化，然后针对区域 R_{ij} 进行优化。第二步是一个很困难的任务，仅对非常特殊的情形进行简化。在实践中，可采用一些近似方法。注意，对于采用指数损失的两类分类任务，上述方法直接关联到 AdaBoost 方法。

对更一般的情形，可采用数值优化方法，请参阅[16]。相同的原理也可应用于回归树，其中使用适合回归任务的损失函数，如平方误差或绝对误差值。这种方法也被称为多元加性回归树(Multiple Additive Regression Tree，MART)。R 语言 gbm 包中免费提供了提升树的相关实现[30]。

提升树有两个关键因素，一是树的规模 J，二是如何选择 K。对于树的规模，我们通常尝试不同的大小 $4 \leqslant J \leqslant 8$，选择一个最优的。对于迭代次数，当它很大时，训练误差可能更接近 0，但由于过拟合，测试误差可能增大。因此，我们应该监测性能，尽早停止迭代。 344

另一种应对过拟合的方法是采用收缩法(shrinkage)，它往往等价于正则化方法。例如，当我们进行式(7.105)中的优化过程，对 $F_i(\boldsymbol{x})$ 进行逐级展开时，我们可以采用下面的替代方法：

$$F_i(\cdot) = F_{i-1}(\cdot) + \nu T(\cdot; \boldsymbol{\Theta}_i)$$

参数 v 取很小的值，我们可以认为它控制了提升过程的学习率。我们建议使用 $v<0.1$ 的值。但是，v 的值越小，就必须使用越大的 K 来保证性能。感兴趣的读者可查阅[19]来获得 MART 相关的更多知识。

习题

7.1　证明：从最小化误差概率的角度，贝叶斯分类器是最优的。提示：考虑一个 M 类分类问题，从正确标签预测概率 $P(C)$ 开始。则误差概率为 $P(e)=1-P(C)$。

7.2　证明：在一个 M 类分类问题中，如果数据服从高斯分布，且所有类的协方差矩阵相等，则贝叶斯分类器形成的区域是凸的。

7.3　对两类等概率情况推导出贝叶斯分类器的形式，数据服从高斯分布且协方差矩阵相同。并推导出描述最小二乘线性分类器的公式。比较结果并给出一些分析。

7.4　证明：基于 N 个独立同分布观测值 $\boldsymbol{x}_n$，$n=1,2,\cdots,N$，一个高斯分布的协方差矩阵的估计由下式给出

$$\hat{\Sigma}_{ML} = \frac{1}{N}\sum_{n=1}^{N}(\boldsymbol{x}_n - \hat{\boldsymbol{\mu}}_{ML})(\boldsymbol{x}_n - \hat{\boldsymbol{\mu}}_{ML})^{\mathrm{T}}$$

其中

$$\hat{\boldsymbol{\mu}}_{ML} = \frac{1}{N}\sum_{n=1}^{N}\boldsymbol{x}_n$$

7.5　证明：协方差估计

$$\hat{\Sigma} = \frac{1}{N-1}\sum_{k=1}^{N}(\boldsymbol{x}_k - \hat{\boldsymbol{\mu}})(\boldsymbol{x}_k - \hat{\boldsymbol{\mu}})^{\mathrm{T}}$$

定义了一个无偏估计量，其中

345
$$\hat{\boldsymbol{\mu}}=\frac{1}{N}\sum_{k=1}^{N}\boldsymbol{x}_k$$

7.6　证明：对数几率连接函数的导数为

$$\frac{\mathrm{d}\sigma(t)}{\mathrm{d}t}=\sigma(t)(1-\sigma(t))$$

7.7　推导两类对数几率回归关联的负对数似然函数的梯度。

7.8　推导两类对数几率回归关联的负对数似然函数的海森矩阵。

7.9　证明：两类对数几率回归关联的负对数似然函数的海森矩阵是一个正定矩阵。

7.10　证明：若

$$\phi_m=\frac{\exp(t_m)}{\sum_{j=1}^{M}\exp(t_j)}$$

则关于 t_j，$j=1,2,\cdots,M$ 的导数为

$$\frac{\partial\phi_m}{\partial t_j}=\phi_m(\delta_{mj}-\phi_j)$$

7.11　对多类对数几率回归问题推导负对数似然函数的梯度。

7.12　对多类对数几率回归问题推导负对数似然函数的海森矩阵的 j、k 块元素。

7.13　考虑瑞利比

$$R=\frac{\boldsymbol{\theta}^{\mathrm{T}}A\boldsymbol{\theta}}{||\boldsymbol{\theta}||^2}$$

其中 A 是一个对称正定矩阵。证明：若 $\boldsymbol{\theta}$ 是 A 的最大特征值对应的特征向量，则 R 关于 $\boldsymbol{\theta}$ 最大化了。

7.14　考虑广义瑞利商

$$R_g=\frac{\boldsymbol{\theta}^{\mathrm{T}}B\boldsymbol{\theta}}{\boldsymbol{\theta}^{\mathrm{T}}A\boldsymbol{\theta}}$$

其中 A 和 B 是对称的正定矩阵。证明：若 $\boldsymbol{\theta}$ 是 $A^{-1}B$ 的最大特征值对应的特征向量，则 R_g 关于 $\boldsymbol{\theta}$ 最大化了，假定矩阵逆存在。

7.15　证明：对于一个 M 类分类问题，类间散布矩阵 Σ_b 的秩为 $M-1$。

7.16　推导通过最小化平均库尔贝克-莱布勒散度组合分类器的算术法则。

7.17　推导通过最小化平均库尔贝克-莱布勒散度组合分类器的乘法法则，如本书中所说。

346 7.18　证明：提升方法得到的最终分类器在训练集上的误差率以指数速度趋近于 0。

MATLAB 练习

7.19　考虑一个二维两类分类问题，两类为 ω_1 和 ω_2，两类中数据都服从高斯分布，均值分别为 $\boldsymbol{\mu}_1=[0,0]^{\mathrm{T}}$ 和 $\boldsymbol{\mu}_2=[2,2]^{\mathrm{T}}$，共同的协方差矩阵为 $\boldsymbol{\Sigma}=\begin{bmatrix}1 & 0.25\\0.25 & 1\end{bmatrix}$。

（ⅰ）生成并绘制一个数据集 $\mathcal{X}$，包含来自 ω_1 的 500 个点和来自 ω_2 的 500 个点。

（ⅱ）根据贝叶斯决策法则将 $\mathcal{X}$ 中每个点分类到 ω_1 或 ω_2，根据分类结果用不同颜色绘制每个点。绘制对应分类器。

（ⅲ）根据（ⅱ），估计误差概率。

（ⅳ）设 $L=\begin{bmatrix}0 & 1\\0.005 & 0\end{bmatrix}$ 是损失矩阵。根据平均风险最小化法则（式(7.13)）将 $\mathcal{X}$ 中每个点分类到 ω_1 或 ω_2，根据分类结果用不同颜色绘制每个点。

（ⅴ）根据（ⅳ），对上面损失矩阵估计平均风险。

（ⅵ）分析（ⅱ）~（ⅲ）和（ⅳ）~（ⅴ）得到的结果。

7.20　考虑一个二维两类分类问题，两类为 ω_1 和 ω_2，两类中数据都服从高斯分布，均值分别为 $\boldsymbol{\mu}_1=$

$[0,2]^T$ 和 $\boldsymbol{\mu}_2=[0,0]^T$，协方差矩阵分别为 $\Sigma_1=\begin{bmatrix}4 & 1.8\\1.8 & 1\end{bmatrix}$ 和 $\Sigma_2=\begin{bmatrix}4 & 1.2\\1.2 & 1\end{bmatrix}$。

（i）生成并绘制一个数据集 $\mathcal{X}$，包含来自 ω_1 的 5000 个点和来自 ω_2 的 500 个点。

（ii）根据贝叶斯决策法则将 $\mathcal{X}$ 中每个点分类到 ω_1 或 ω_2，根据分类结果用不同颜色绘制每个点。

（iii）计算分类误差概率。

（iv）根据朴素贝叶斯决策法则将 $\mathcal{X}$ 中每个点分类到 ω_1 或 ω_2，根据分类结果用不同颜色绘制每个点。

（v）计算朴素贝叶斯分类器的分类误差概率。

（vi）若 $\Sigma_1=\Sigma_2=\begin{bmatrix}4 & 0\\0 & 1\end{bmatrix}$，重复练习（i）~（v）。

（vii）分析结果。

提示：利用 $P(\omega_1|\boldsymbol{x})$ 的边际分布 $P(\omega_1|x_1)$ 和 $P(\omega_1|x_2)$ 也是高斯分布，均值分别为 0 和 2，方差分别为 4 和 1。类似的，$P(\omega_2|\boldsymbol{x})$ 的边际分布 $P(\omega_2|x_1)$ 和 $P(\omega_2|x_2)$ 也是高斯分布，均值分别为 0 和 0，方差分别为 4 和 1。

7.21　考虑一个二维两类分类问题，第一个类（ω_1）服从高斯分布，均值为 $\boldsymbol{\mu}_1=[0,2]^T$，协方差矩阵为 $\Sigma_1=\begin{bmatrix}4 & 1.8\\1.8 & 1\end{bmatrix}$，第二个类（$\omega_2$）也服从高斯分布，均值为 $\boldsymbol{\mu}_2=[0,0]^T$，协方差矩阵为 $\Sigma_2=\begin{bmatrix}4 & 1.8\\1.8 & 1\end{bmatrix}$。 347

（i）生成并绘制一个训练集 $\mathcal{X}$ 和一个测试集 $\mathcal{X}_{test}$，每个集合都包含来自每类的 1500 个点。

（ii）用贝叶斯分类法则分类 $\mathcal{X}_{test}$ 的数据向量。

（iii）进行对数几率回归，用数据集 $\mathcal{X}$ 估计涉及的参数向量 $\boldsymbol{\theta}$。评级得到的分类器在 $\mathcal{X}_{test}$ 上的分类误差。

（iv）分析（ii）和（iii）得到的。

（v）计算朴素贝叶斯分类器的分类误差概率。

（vi）若 $\Sigma_2=\begin{bmatrix}4 & -1.8\\-1.8 & 1\end{bmatrix}$，重复练习（i）~（iv），与之前的结果进行对比，得出你的结论。

提示：对于（iii）中估计 $\boldsymbol{\theta}$ 的步骤，采用最速下降法（式（7.44））并将学习参数 μ_i 设置为 0.001。

7.22　考虑一个二维三类分类问题，三类分别为 ω_1、ω_2 和 ω_3。ω_1 中数据向量来自两个高斯分布，均值分别为 $\boldsymbol{\mu}_{11}=[0,3]^T$ 和 $\boldsymbol{\mu}_{12}=[11,-2]^T$，协方差矩阵分别为 $\Sigma_{11}=\begin{bmatrix}0.2 & 0\\0 & 2\end{bmatrix}$ 和 $\Sigma_{12}=\begin{bmatrix}3 & 0\\0 & 0.5\end{bmatrix}$。类似的，$\omega_2$ 中数据向量来自两个高斯分布，均值分别为 $\boldsymbol{\mu}_{21}=[3,-2]^T$ 和 $\boldsymbol{\mu}_{22}=[7.5,4]^T$，协方差矩阵分别为 $\Sigma_{21}=\begin{bmatrix}5 & 0\\0 & 0.5\end{bmatrix}$ 和 $\Sigma_{22}=\begin{bmatrix}7 & 0\\0 & 0.5\end{bmatrix}$。最后，$\omega_3$ 中数据向量都来自单一高斯分布，均值为 $\boldsymbol{\mu}_3=[7,2]^T$，协方差矩阵为 $\Sigma_3=\begin{bmatrix}8 & 0\\0 & 0.5\end{bmatrix}$。

（i）生成并绘制一个训练数据集 $\mathcal{X}$，由来自 ω_1 的 1000 个数据点（两个分布各 500 个）、来自 ω_2 的 1000 个数据点（两个分布各 500 个）和来自 ω_3 的 500 个数据点（用 0 作为高斯随机数发生器的初始化种子）。用类似方式生成一个测试数据集 $\mathcal{X}_{test}$（用 100 作为高斯随机数发生器的初始化种子）。

（ii）用 $\mathcal{X}$ 作为训练集生成一棵决策树并显示它。

（iii）分别计算训练集和测试集上的分类误差。简要分析结果。

（iv）在第 0 层（不真正剪枝）、第 1 层……第 11 层进行剪枝（MATLAB 采用一种最优剪枝方法，首选剪去误差代价提升最不显著的分枝）。对每棵剪枝后的树计算测试集上的分类误差。

（v）绘制分类误差与剪枝层次图，定位测试分类误差最小的剪枝层次。观察此图可得到什么结论？

（vi）显示原始决策树和最优剪枝决策树。

提示：生成一棵决策树（DT）、显示一棵 DT、剪枝一棵 DT 以及评价一棵 DT 在给定数据集上的性能的 MATLAB 函数分别是 classregtree、view、prune 和 eval。

348 7.23 考虑一个二维两类分类问题，两类中数据分布与上一习题中前两个类相同。

(i) 生成并绘制一个训练数据集 $\mathcal{X}$，由来自每个类的每个分布的 100 个数据点组成(即 $\mathcal{X}$ 共有 400 个点，来自每个类各 200 个点)。用类似方式生成一个测试集。

(ii) 用训练集构造一个提升分类器，弱分类器采用单节点的决策树。进行 12 000 次迭代。

(iii) 绘制训练和测试误差与迭代次数图，分析结果。

提示：

- 对(i)，分别用 randn('seed', 0) 和 randn('seed', 100) 初始化训练集和测试集的随机数发生器。
- 对(ii)，使用 ens = fitensemble(X', y, 'AdaBoostM1', no_of_base_classifiers, 'Tree')，其中 X' 的行为数据向量，y 是一个普通向量指出了 X' 的行向量所属类，AdaBoostM1 为使用的提升方法，no_of_base_classifiers 为使用的基分类器的数目，Tree 指出了弱分类器。
- 对(iii)，使用 L = loss(ens, X', y, 'mode', 'cumulative')，对给定的提升分类器 ens，它返回应用于 X' 上的误差向量 L，$L(i)$ 为只考虑前 i 个弱分类器时得到的误差。

参考文献

[1] S. Boyd, L. Vandenberghe, Convex Optimization, Cambridge University Press, 2004.

[2] L. Breiman, J. Friedman, R. Olshen, C. Stone, Classification and Regression Trees, Wadsworth, 1984.

[3] L. Breiman, Bagging predictors, Mach. Learn. 24 (1996) 123–140.

[4] L. Breiman, Arcing classifiers, Ann. Stat. 26 (3) (1998) 801–849.

[5] L. Breiman, Random forests, Mach. Learn. 45 (2001) 5–32.

[6] P. Bühlman, T. Hothorn, Boosting algorithms: regularization, prediction and model fitting (with discussion), Stat. Sci. 22 (4) (2007) 477–505.

[7] A. Caruana, A. Niculescu-Mizil, An empirical comparison of supervised learning algorithms, in: International Conference on Machine Learning, 2006.

[8] H. Chipman, E. George, R. McCulloch, BART: Bayesian additive regression trees, Ann. Appl. Stat. 4 (1) (2010) 266–298.

[9] L. Devroye, L. Gyorfi, G.A. Lugosi, A Probabilistic Theory of Pattern Recognition, Springer Verlag, New York, 1996.

[10] J. Duchi, Y. Singer, Boosting with structural sparsity, in: Proceedings of the 26th International Conference on Machine Learning, Montreal, Canada, 2009.

[11] R. Duda, P. Hart, D. Stork, Pattern Classification, second ed., Wiley, New York, 2000.

[12] B. Efron, The efficiency of logistic regression compared to normal discriminant analysis, J. Am. Stat. Assoc. 70 (1975) 892–898.

[13] G. Eibl, K.P. Pfeifer, Multiclass boosting for weak classifiers, J. Mach. Learn. Res. 6 (2006) 189–210.

[14] Y. Freund, R.E. Schapire, A decision theoretic generalization of on-line learning and an applications to boosting, J. Comput. Syst. Sci. 55 (1) (1997) 119–139.

[15] J. Friedman, T. Hastie, R. Tibshirani, Additive logistic regression: a statistical view of boosting, Ann. Stat. 28 (2) (2000) 337–407.

[16] J. Freidman, Greedy function approximation: a gradient boosting machine, Ann. Stat. 29 (5) (2001) 1189–1232.

[17] K. Fukunaga, Introduction to Statistical Pattern Recognition, second ed., Academic Press, 1990.

349 [18] I. Guyon, S. Gunn, M. Nikravesh, L. Zadeh (Eds.), Feature Extraction, Foundations and Applications, Springer Verlag, New York, 2006.

[19] T. Hastie, R. Tibshirani, J. Friedman, The Elements of Statistical Learning, second ed., Springer Verlag, 2009.

[20] R. Hu, R.I. Damper, A no panacea theorem for classifier combination, Pattern Recognit. 41 (2008) 2665–2673.

[21] A.K. Jain, P.W. Duin, J. Mao, Statistical pattern recognition: a review, IEEE Trans. Pattern Anal. Mach. Intell. 22 (1) (2000) 4–37.

[22] N. Johnson, A Study of the NIPS Feature Selection Challenge, Technical Report, Stanford University, 2009, http://statweb.stanford.edu/~tibs/ElemStatLearn/comp.pdf.

[23] M. Kearns, L.G. Valiant, Cryptographic limitations of learning Boolean formulae and finite automata, J. ACM 41 (1) (1994) 67–95.

[24] J. Kittler, M. Hatef, R. Duin, J. Matas, On combining classifiers, IEEE Trans. Pattern Anal. Mach. Intell. 20 (3) (1998) 228–234.

[25] I.L. Kuncheva, Pattern Classifiers: Methods and Algorithms, John Wiley, 2004.

[26] D. Meyer, F. Leisch, K. Hornik, The support vector machine under test, Neurocomputing 55 (2003) 169–186.

[27] D. Michie, D.J. Spiegelhalter, C.C. Taylor (Eds.), Machine Learning, Neural, and Statistical Classification, Ellis Horwood, London, 1994.

[28] R. Neal, J. Zhang, High dimensional classification with Bayesian neural networks and Dirichlet diffusion trees, in: I. Guyon, S. Gunn, M. Nikravesh, L. Zadeh (Eds.), Feature Extraction, Foundations and Applications, Springer Verlag, New York, 2006, pp. 265–296.

[29] G. Ratsch, M.K. Warmuth, Efficient margin maximizing with boosting, J. Mach. Learn. Res. 6 (2005) 2131–2152.

[30] G. Ridgeway, The state of boosting, Comput. Sci. Stat. 31 (1999) 172–181.

[31] B.D. Ripley, Pattern Recognition and Neural Networks, Cambridge University Press, 1996.

[32] R.E. Schapire, V. Freund, P. Bartlett, W.S. Lee, Boosting the margin: a new explanation for the effectiveness of voting methods, Ann. Stat. 26 (5) (1998) 1651–1686.

[33] R.E. Schapire, M. Rochery, M. Rahim, N. Gupta, Boosting with prior knowledge for call classification, IEEE Trans. Speech Audio Process. 13 (2) (2005) 174–181.

[34] J. Shotton, A. Fitzgibbon, M. Cook, T. Sharp, M. Finocchio, R. Moore, A. Kipman, A.A. Blake, Real-time human pose recognition in parts from single depth images, in: Proceedings of the Conference on Computer Vision and Pattern Recognition, CVPR, 2011.

[35] R. Quinlan, C4.5: Programs for Machine Learning, Morgan Kaufmann, San Mateo, 1993.

[36] D.B. Rubin, Iterative reweighted least squares, in: Encyclopedia of Statistical Sciences, vol. 4, John Wiley, New York, 1983, pp. 272–275.

[37] S. Russell, P. Norvig, Artificial Intelligence: A Modern Approach, third ed., Pearson, 2010.

[38] S. Theodoridis, K. Koutroumbas, Pattern Recognition, fourth ed., Academic Press, 2009.

[39] S. Theodoridis, A. Pikrakis, K. Koutroumbas, D. Cavouras, An Introduction to Pattern Recognition: A MATLAB Approach, Academic Press, 2010.

[40] L.G. Valiant, A theory of the learnable, Commun. ACM 27 (11) (1984) 1134–1142.

[41] A. Webb, Statistical Pattern Recognition, second ed., John Wiley, 2002.

[42] D. Wolpert, Stacked generalization, Neural Netw. 5 (1992) 241–259.

[43] D. Wolpert, The lack of a priori distinctions between learning algorithms, Neural Comput. 8 (7) (1996) 1341–1390.

[44] Y. Wu, H. Tjelmeland, M. West, Bayesian CART: prior structure and MCMC computations, J. Comput. Graph. Stat. 16 (1) (2007) 44–66. 350

第 8 章

Machine Learning: A Bayesian and Optimization Perspective, Second Edition

参数学习：凸分析方法

8.1 引言

凸集和凸函数理论有着悠久的历史，在数学领域人们已对其进行了超过一个世纪的深入研究。在应用科学和工程领域，人们重燃对凸函数和优化的兴趣还要追溯到 20 世纪 80 年代早期。除了计算机的使用使得处理能力日益增长之外，相关理论的发展也是这种技术能展现其威力的催化剂。内点法的出现为解决传统线性规划问题开辟了一条新的道路。而且，人们越来越认识到最小二乘法虽然有其优势，但也有很多缺点，特别是在存在非高斯噪声或存在离群值的情况下。已经证实，使用替代的代价函数(甚至可能是不可微的)可缓解 LS 方法带来的很多问题。而且，随着人们对鲁棒机器学习方法的兴趣越来越浓厚，对非平凡约束的需求显现出来，其优化解必须受到重视。我们将在第 11 章介绍支持向量机，在机器学习领域，支持向量机的发现对促进凸优化技术的流行起到了重要作用。

本章的目标是基于机器学习和信号处理场景介绍一些凸分析和凸优化的基本概念和定义。凸优化本身就是一门学科，无法用一章的篇幅概括。这里的重点聚焦于轻量级计算技术的在线版本，它们在大数据应用中有着重要地位。本章还会讨论一些相关话题。

本章内容将围绕两个算法族组织。其中一个要追溯到冯·诺依曼凸集投影的经典工作，我们将介绍此方法及其最新的在线版本。我们会介绍投影和相关性质的一些细节。在约束优化的研究中，投影方法近来得到了广泛应用。

我们介绍的另一个算法族围绕不可微凸函数优化的次梯度概念和第 5 章讨论的梯度下降算法族的推广版本而构建。进而，我们会介绍一种强大的在线凸优化算法性能分析工具——悔过分析，并给出一个相关的实例研究。最后，我们还会介绍凸优化技术的最新发展，包括近端法和镜像下降法。

351～352

8.2 凸集和凸函数

虽然本章将要讨论的大多数算法与本书到目前为止已经介绍过的方法一致，都是用于欧氏空间中的向量变量，但一些定义和基本定理将基于更一般的希尔伯特空间⊖描述。这是因为本章还会作为后续章节的基础，而那些章节的设定就是基于无限维的希尔伯特空间的。对于不熟悉这些内容的读者，了解希尔伯特空间是欧氏空间的推广、允许无限维即可。为了满足这些读者的需求，我们将在必要时仔细指出欧氏空间与定理中更一般的希尔伯特空间之间的不同。

8.2.1 凸集

定义 8.1 对希尔伯特空间 $\mathbb{H}$ 的一个非空子集 C，$C \subseteq \mathbb{H}$，我们称它是凸的(convex)，

⊖ 希尔伯特空间的数学定义将在本章附录中给出，可从本书网站下载。

若 $\forall \boldsymbol{x}_1, \boldsymbol{x}_2 \in C$ 且 $\forall \lambda \in [0,1]$，下式成立⊖

$$\boldsymbol{x} := \lambda \boldsymbol{x}_1 + (1-\lambda)\boldsymbol{x}_2 \in C \tag{8.1}$$

注意，若 $\lambda=1$ 则 $\boldsymbol{x}=\boldsymbol{x}_1$，若 $\lambda=0$ 则 $\boldsymbol{x}=\boldsymbol{x}_2$。对 $[0,1]$ 中的任何其他 λ 值，$\boldsymbol{x}$ 位于连接 $\boldsymbol{x}_1$ 和 $\boldsymbol{x}_2$ 的线段上。实际上，从式(8.1)我们可以得到

$$\boldsymbol{x}-\boldsymbol{x}_2=\lambda(\boldsymbol{x}_1-\boldsymbol{x}_2), \quad 0 \leqslant \lambda \leqslant 1$$

图 8.1 显示了二维欧氏空间 $\mathbb{R}^2$ 中两个凸集的例子。在图 8.1a 中，集合由所有欧氏(ℓ_2)范数小于等于 1 的点组成

$$C_2=\left\{\boldsymbol{x}: \sqrt{x_1^2+x_2^2} \leqslant 1\right\}$$

我们有时称 C_2 为半径等于 1 的 ℓ_2 球。注意，集合包含所有在圆周上和圆内的点。下式定义了一个菱形，图 8.1b 中的集合由所有在菱形边上和内部的点组成

$$C_1=\left\{\boldsymbol{x}: |x_1|+|x_2| \leqslant 1\right\}$$

由于向量元素绝对值的和定义了 ℓ_1 范数，即 $\|\boldsymbol{x}\|_1 := |x_1|+|x_2|$，因此类似 C_2，我们称集合 C_1 为半径等于 1 的 ℓ_1 球。与此相反，ℓ_2 范数和 ℓ_1 范数等于 1 的集合，或者说

$$\bar{C}_2=\left\{\boldsymbol{x}: x_1^2+x_2^2=1\right\}, \quad \bar{C}_1=\left\{\boldsymbol{x}: |x_1|+|x_2|=1\right\}$$

是非凸的(习题 8.2)。图 8.2 显示了两个非凸集的例子。 353

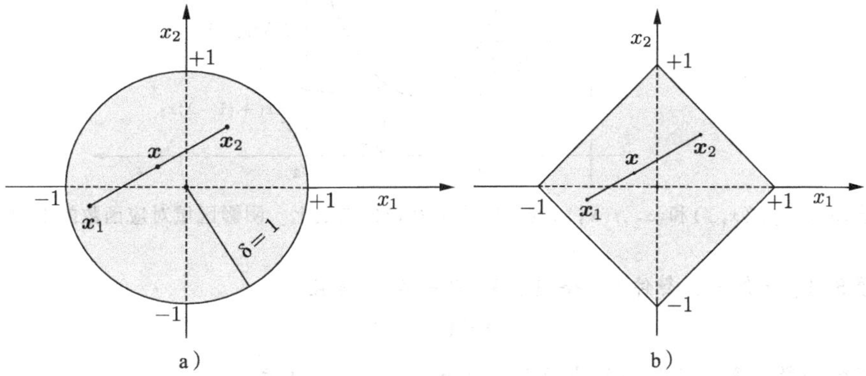

图 8.1 a) 半径 $\delta=1$ 的 ℓ_2 球由所有欧氏范数小于等于 $\delta=1$ 的点组成。b) ℓ_1 球由所有 ℓ_1 范数小于等于 $\delta=1$ 的点组成。这两个都是凸集

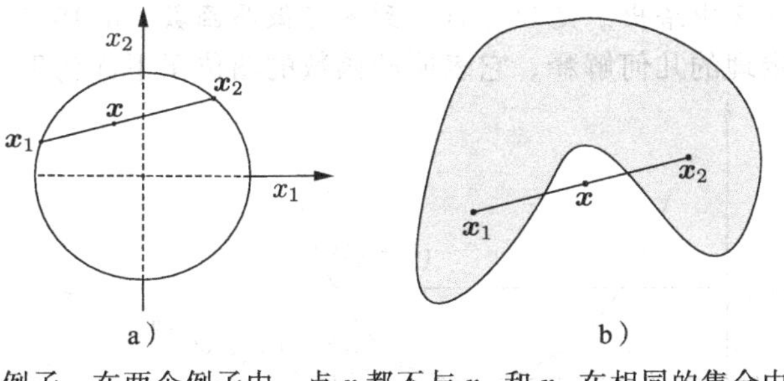

图 8.2 两个非凸集的例子。在两个例子中，点 $\boldsymbol{x}$ 都不与 $\boldsymbol{x}_1$ 和 $\boldsymbol{x}_2$ 在相同的集合中。在图 a 中，集合由所有欧氏范数等于 1 的点组成

⊖ 为了与欧氏向量空间的描述一致以及符号表示的简洁性，我们将保持相同的符号表示，用小写黑体字母表示希尔伯特空间中的元素。

8.2.2　凸函数

定义 8.2　对一个函数

$$f: \mathcal{X} \subseteq \mathbb{R}^l \longmapsto \mathbb{R}$$

若 $\mathcal{X}$ 是凸的且 $\forall \boldsymbol{x}_1, \boldsymbol{x}_2 \in \mathcal{X}$ 下式成立：

$$\boxed{f\big(\lambda \boldsymbol{x}_1 + (1-\lambda)\boldsymbol{x}_2\big) \leqslant \lambda f(\boldsymbol{x}_1) + (1-\lambda) f(\boldsymbol{x}_2),\ \lambda \in [0,1]} \tag{8.2}$$

则称函数 f 是凸的。

若式(8.2)成立，且当 $\lambda \in (0,1)$ 时 $\boldsymbol{x}_1 \neq \boldsymbol{x}_2$ 取严格不等，则函数称为严格凸的(strictly
354 convex)。式(8.2)的几何解释是连接点$(\boldsymbol{x}_1, f(\boldsymbol{x}_1))$和$(\boldsymbol{x}_2, f(\boldsymbol{x}_2))$的线段位于$f(\boldsymbol{x})$的图之上，如图 8.3 所示。若函数 f 的负(即 $-f$)是凸的(严格凸的)，我们称 f 是凹的(concave)(严格凹的)。接下来，我们陈述三个重要的定理。

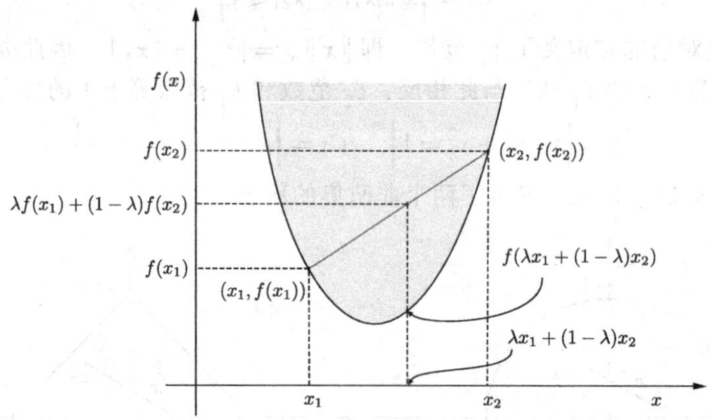

图 8.3　连接点$(x_1, f(x_1))$和$(x_2, f(x_2))$的线段位于$f(x)$的图之上。阴影区域对应函数的上图(epigraph)

定理 8.1(一阶凸性条件)　令 $\mathcal{X} \subseteq \mathbb{R}^l$ 是一个凸集且

$$f: \mathcal{X} \longmapsto \mathbb{R}$$

是一个可微函数，则 $f(\cdot)$ 是凸的当且仅当 $\forall \boldsymbol{x}, \boldsymbol{y} \in \mathcal{X}$ 下式成立

$$\boxed{f(\boldsymbol{y}) \geqslant f(\boldsymbol{x}) + \nabla^{\mathrm{T}} f(\boldsymbol{x})(\boldsymbol{y}-\boldsymbol{x})} \tag{8.3}$$

定理的证明在习题 8.3 中给出。定理可推广到不可微凸函数，8.10 节将讨论相关内容。

图 8.4 给出了定理的几何解释。它表明凸函数的图位于下面仿射函数的图的上方

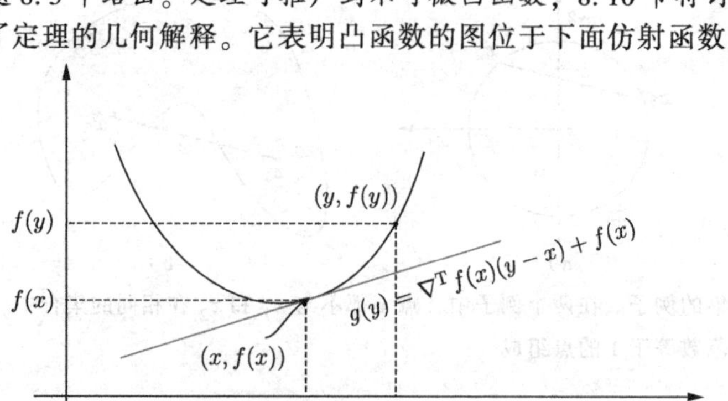

图 8.4　一个凸函数的图位于图上任意一点的切平面的上方

$$g: \boldsymbol{y} \longmapsto \nabla^{\mathrm{T}} f(\boldsymbol{x})(\boldsymbol{y}-\boldsymbol{x})+f(\boldsymbol{x})$$

仿射函数给出了点($\boldsymbol{x}, f(\boldsymbol{x})$)处图的切超平面。

定理 8.2(二阶凸性条件)　令 $\mathcal{X} \subseteq \mathbb{R}^{l}$ 是一个凸集，则一个二次可微函数 f：$\mathcal{X} \longmapsto \mathbb{R}$ 是凸的(严格凸的)当且仅当海森矩阵是半正定的(正定的)。

定理的证明在习题 8.5 中给出。回忆一下，在上一章中，在介绍平方误差损失函数 355
时，我们提到它是凸的。现在我们已经准备好证明这个说法是正确的。考虑二次函数

$$f(\boldsymbol{x}):=\frac{1}{2} \boldsymbol{x}^{\mathrm{T}} Q \boldsymbol{x}+\boldsymbol{b}^{\mathrm{T}} \boldsymbol{x}+c$$

其中 Q 是一个正定矩阵。我们可计算其梯度

$$\nabla f(\boldsymbol{x})=Q \boldsymbol{x}+\boldsymbol{b}$$

由假设 Q 是一个正定矩阵，可知海森矩阵等于 Q，因此 f 是一个(严格)凸函数。

接下来我们将定义两个非常重要的概念——凸分析和凸优化。

定义 8.3　一个函数 f 的上图(epigraph)定义为点集

$$\boxed{\operatorname{epi}(f):=\left\{(\boldsymbol{x}, r) \in \mathcal{X} \times \mathbb{R}: f(\boldsymbol{x}) \leqslant r\right\}:\ \text{上图}} \tag{8.4}$$

从几何观点来看，$f(\boldsymbol{x})$ 的上图是 $\mathbb{R}^{l} \times \mathbb{R}$ 中位于 $f(\boldsymbol{x})$ 的图上及其上方的所有点的集合，如图 8.3 中灰色阴影指示的区域。需要注意的是，一个函数是凸的当且仅当它的上图是一个凸集(习题 8.6)。

定义 8.4　给定一个实数 ξ，一个函数 f：$\mathcal{X} \subseteq \mathbb{R}^{l} \longmapsto \mathbb{R}$ 在高度 ξ 处的下水平集(lower level set)定义为

$$\boxed{\operatorname{lev}_{\leqslant \xi}(f):=\left\{\boldsymbol{x} \in \mathcal{X}: f(\boldsymbol{x}) \leqslant \xi\right\}:\ \xi\text{处的水平集}} \tag{8.5}$$

即它是函数取值小于等于 ξ 的所有点的集合。图 8.5 中展示了水平集的几何解释。容易证明(习题 8.7)，如果一个函数 f 是凸的，则它对任意 $\xi \in \mathbb{R}$ 的低水平集都是凸的。逆命题不为真。我们很容易检验函数 $f(x)=-\exp(x)$ 是非凸的(事实上它是凹的)，而其所有下水平集都是凸的。

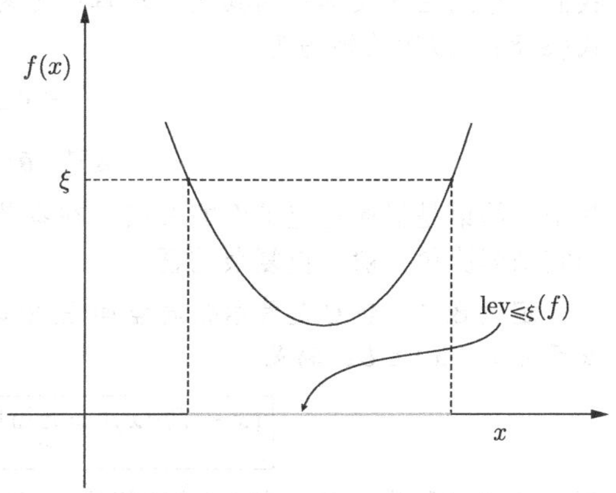

图 8.5　高度 ξ 处的水平集由 x 轴上灰色线段表示的区间内的所有点组成 356

定理 8.3(局部极小和全局极小)　令一个函数 f：$\mathcal{X} \longmapsto \mathbb{R}$ 是凸的，则若一个点 $\boldsymbol{x}_{*}$ 是函数的一个局部极小值，那么它也是一个全局极小值且所有极小值的集合是凸的。进一步，如果函数是严格凸的，则极小值是唯一的。

证明：由函数是凸的我们知道，$\forall \boldsymbol{x} \in \mathcal{X}$ 有

$$f(\boldsymbol{x}) \geqslant f(\boldsymbol{x}_{*})+\nabla^{\mathrm{T}} f(\boldsymbol{x}_{*})(\boldsymbol{x}-\boldsymbol{x}_{*})$$

而且，由于极小值处梯度为 0，我们有

$$f(\boldsymbol{x}) \geqslant f(\boldsymbol{x}_{*}) \tag{8.6}$$

这就证明了命题。现在我们定义极小值的表示形式

$$f_* = \min_{x} f(x) \tag{8.7}$$

注意所有极小值的集合就是高度f_*处的水平集。然后由于函数是凸的，我们知道水平集$\mathrm{lev}_{f_*}(f)$是凸的，这就证明了极小值集合的凸性。最后，对严格凸的函数，不等式(8.6)取严格大于，从而证明了(全局)极小值的唯一性。此外，即使函数是不可微的，定理仍然成立(习题8.10)。□

8.3 凸集投影法

357 我们在第5章中介绍仿射投影算法(APA)时已经讨论并使用了在无限维欧氏空间中投影到超平面的方法。在本节中我们将推广投影的概念，使之包含任意封闭凸集并适用于通用(无限维)希尔伯特空间。

投影的概念是数学中最基本的概念之一，任何人只要上过基础几何课程，肯定已经学习并使用过投影。但你可能还未意识到的是，当你进行投影时，例如从一个点到一条线或一个平面画一条线段，大体上你是在求解一个优化任务。图8.6中的点$\boldsymbol{x}_*$，即三维空间中$\boldsymbol{x}$到平面H的投影，是平面上所有点中距$\boldsymbol{x}=[x_1,x_2,x_3]^{\mathrm{T}}$的(欧氏)距离最小的那个点，换句话说，

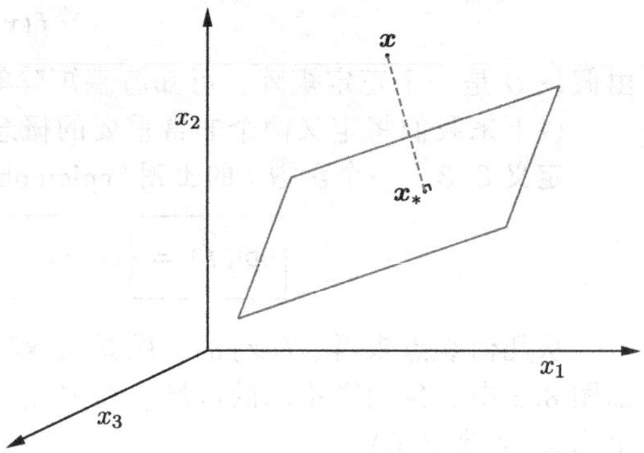

图8.6　$\boldsymbol{x}$到平面的投影$\boldsymbol{x}_*$，其实是最小化$\boldsymbol{x}$到平面上所有点的距离

$$\boldsymbol{x}_* = \min_{\boldsymbol{y}\in H}\left((x_1-y_1)^2+(x_2-y_2)^2+(x_3-y_3)^2\right) \tag{8.8}$$

我们早年间在学校学到的其实是求解一个约束优化(constrained optimization)任务。实际上，式(8.8)可以等价地写为

$$\boldsymbol{x}_* = \arg\min_{\boldsymbol{y}} \|\boldsymbol{x}-\boldsymbol{y}\|^2$$

$$\text{满足}\quad \boldsymbol{\theta}^{\mathrm{T}}\boldsymbol{y}+\theta_0=0$$

其中，约束是描述特定平面的等式。在本节中，我们关注的目标是推广投影的概念，以便用它来解决更一般、更复杂的任务。

定理8.4　令C是希尔伯特空间$\mathbb{H}$中的一个非空封闭[⊖]凸集，$\mathrm{x}\in\mathbb{H}$，则存在唯一点，表示为$P_C(\boldsymbol{x})\in C$，满足

358

$$\boxed{\|\boldsymbol{x}-P_C(\boldsymbol{x})\| = \min_{\boldsymbol{y}\in C}\|\boldsymbol{x}-\boldsymbol{y}\|:\quad \boldsymbol{x}\text{到}C\text{的投影}}$$

项$P_C(\boldsymbol{x})$被称为$\boldsymbol{x}$到C的(度量)投影。注意，若$\boldsymbol{x}\in C$，则$P_C(\boldsymbol{x})=\boldsymbol{x}$，因为这令范数$\|\boldsymbol{x}-P_C(\boldsymbol{x})\|=0$。

证明：证明包含两个方面。一是建立唯一性，二是建立存在性。唯一性证明很简单，将在这里给出。存在性的证明则稍具技术性，将在习题8.11中给出。

为了证明唯一性，假定有两个点$\boldsymbol{x}_{*,1}$和$\boldsymbol{x}_{*,2}$，$\boldsymbol{x}_{*,1}\neq\boldsymbol{x}_{*,2}$，满足：

$$\|\boldsymbol{x}-\boldsymbol{x}_{*,1}\| = \|\boldsymbol{x}-\boldsymbol{x}_{*,2}\| = \min_{\boldsymbol{y}\in C}\|\boldsymbol{x}-\boldsymbol{y}\| \tag{8.9}$$

⊖ 对于本章的需求，如下定义已足够：若集合C中任意点的序列的极限点也在C中，则称C是封闭的。

（a）若 $\boldsymbol{x}\in C$，则 $P_C(\boldsymbol{x})=\boldsymbol{x}$ 是唯一的，因为 C 中任何其他点都会令 $\|\boldsymbol{x}-P_C(\boldsymbol{x})\|>0$。

（b）令 $\boldsymbol{x}\notin C$，则使用范数的平行四边形法则（参见本书附录中的式（8.151）和习题 8.8），我们得到

$$\|(\boldsymbol{x}-\boldsymbol{x}_{*,1})+(\boldsymbol{x}-\boldsymbol{x}_{*,2})\|^2+\|(\boldsymbol{x}-\boldsymbol{x}_{*,1})-(\boldsymbol{x}-\boldsymbol{x}_{*,2})\|^2=2\left(\|\boldsymbol{x}-\boldsymbol{x}_{*,1}\|^2+\|\boldsymbol{x}-\boldsymbol{x}_{*,2}\|^2\right)$$

或

$$\|2\boldsymbol{x}-(\boldsymbol{x}_{*,1}+\boldsymbol{x}_{*,2})\|^2+\|\boldsymbol{x}_{*,1}-\boldsymbol{x}_{*,2}\|^2=2\left(\|\boldsymbol{x}-\boldsymbol{x}_{*,1}\|^2+\|\boldsymbol{x}-\boldsymbol{x}_{*,2}\|^2\right)$$

利用式（8.9）和事实 $\|\boldsymbol{x}_{*,1}-\boldsymbol{x}_{*,2}\|>0$，我们有

$$\left\|\boldsymbol{x}-\left(\frac{1}{2}\boldsymbol{x}_{*,1}+\frac{1}{2}\boldsymbol{x}_{*,2}\right)\right\|^2<\|\boldsymbol{x}-\boldsymbol{x}_{*,1}\|^2 \tag{8.10}$$

但是，由于 C 的凸性，点 $\frac{1}{2}\boldsymbol{x}_{*,1}+\frac{1}{2}\boldsymbol{x}_{*,2}$ 位于 C 内。且由投影的定义，$\boldsymbol{x}_{*,1}$ 是距离 $\boldsymbol{x}$ 最近的点，因此式（8.10）不可能成立。 □

对存在性，我们必须使用封闭性质（C 中每个序列的极限也在 C 中），还要使用希尔伯特空间的完备性质，此性质保证 $\mathbb{H}$ 中每个柯西序列都有极限（参见本章附录）。习题 8.11 中将给出证明。

附注 8.1

- 注意，若 $\boldsymbol{x}\notin C\subseteq\mathbb{H}$，则它到 C 的投影位于 C 的边界上（习题 8.12）。

例 8.1　$\boldsymbol{x}\in\mathbb{H}$ 是希尔伯特空间中的一个点，推导它到下列形状的投影的解析式：（a）一个超平面；（b）一个半空间；（c）半径为 δ 的一个 ℓ_2 球。

（a）一个超平面 H 定义为

$$H:=\{\boldsymbol{y}:\langle\boldsymbol{\theta},\boldsymbol{y}\rangle+\theta_0=0\}$$

对某个 $\boldsymbol{\theta}\in\mathbb{H}$ 和 $\theta_0\in\mathbb{R}$，$\langle\cdot,\cdot\rangle$ 表示对应的内积。如果 $\mathbb{H}$ 退化为一个欧氏空间，则投影的解析式可以很容易地用几何原理推导出来，如下所示

$$\boxed{P_C(\boldsymbol{x})=\boldsymbol{x}-\frac{\langle\boldsymbol{\theta},\boldsymbol{x}\rangle+\theta_0}{\|\boldsymbol{\theta}\|^2}\boldsymbol{\theta}:\quad \text{到超平面的投影}} \tag{8.11}$$

359

如图 8.7 所示。对于一个一般的希尔伯特空间 $\mathbb{H}$，超平面是 $\mathbb{H}$ 的一个封闭凸集，投影仍可用相同的公式给出（习题 8.13）。

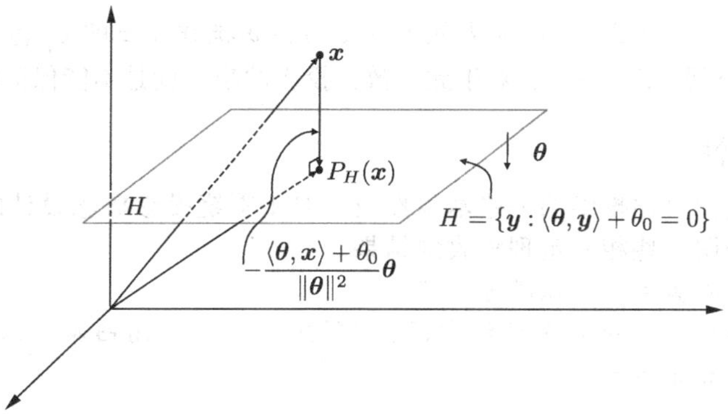

图 8.7　到 $\mathbb{R}^3$ 中一个超平面的投影。向量 $\boldsymbol{\theta}$ 应该位于坐标轴的原点，但这里并未这样画，这是为了清晰地显示它垂直于 H

（b）一个半空间 H^+ 定义为

$$H^{+}=\left\{y:\langle\boldsymbol{\theta}, y\rangle+\theta_{0} \geqslant 0\right\} \tag{8.12}$$

图 8.8 展示了 $\mathbb{R}^3$ 中的半空间。

由于投影位于边界上，若 $\boldsymbol{x}\notin H^+$，则其投影会落在 $\boldsymbol{\theta}$ 和 θ_0 定义的超平面上，若 $\boldsymbol{x}\in H^+$则投影就等于 $\boldsymbol{x}$；因此，容易证明投影等于

360

$$\boxed{P_{H^{+}}(\boldsymbol{x})=\boldsymbol{x}-\frac{\min \{0,\langle\boldsymbol{\theta}, \boldsymbol{x}\rangle+\theta_{0}\}}{\|\boldsymbol{\theta}\|^{2}} \boldsymbol{\theta}: \text{ 到半空间的投影}} \tag{8.13}$$

(c) 在一般希尔伯特空间 $\mathbb{H}$ 中，我们用 $B[\mathbf{0},\delta]$表示球心位于原点 $\mathbf{0}$、半径为 δ 的一个封闭球，其定义为

$$B[\mathbf{0}, \delta]=\{\boldsymbol{y}:\|\boldsymbol{y}\| \leqslant \delta\}$$

若 $\boldsymbol{x}\notin B[\mathbf{0},\delta]$，则它到 $B[\mathbf{0},\delta]$的投影的解析式为

$$\boxed{P_{B[\mathbf{0}, \delta]}(\boldsymbol{x})=\begin{cases}\boldsymbol{x}, & \text{若}\|\boldsymbol{x}\| \leqslant \delta, \\ \delta \frac{\boldsymbol{x}}{\|\boldsymbol{x}\|}, & \text{若}\|\boldsymbol{x}\|>\delta,\end{cases} : \text{ 到封闭球的投影}} \tag{8.14}$$

图 8.9 展示了 $\mathbb{R}^2$ 中的几何含义(习题 8.14)。

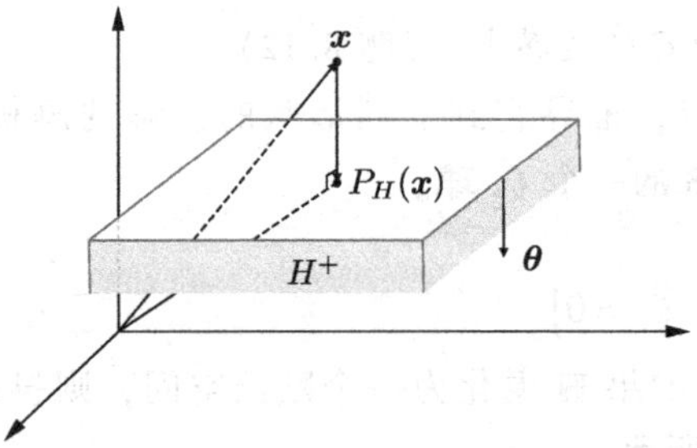

图 8.8　到一个半空间的投影

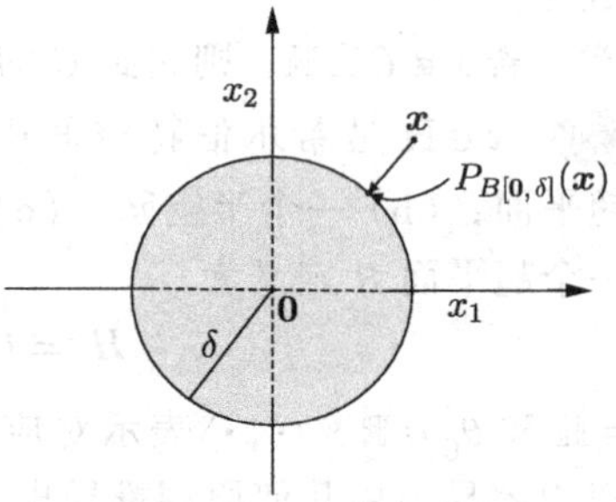

图 8.9　投影到以 $\mathbf{0}$ 为圆心、半径为 δ 的封闭球

附注 8.2

- 我们将在第 10 章介绍稀疏感知学习，其中一个关键点是 $\mathbb{R}^l(\mathbb{C}^l)$ 中一个点到 ℓ_1 球的投影。已经证明，给定球的大小，这种投影对应所谓的软阈值操作(参见例 8.10 中的定义)。

需要强调的是，一个线性空间如果配上不是由内积操作导出的 ℓ_1 范数，它就不再是欧氏空间(希尔伯特空间)了，而且，对于此范数，投影的唯一性是不能保证的(习题 8.15)。

8.3.1　投影特性

在本节中，我们概述投影的一些基本性质。对于围绕投影概念设计的一些算法，我们可以用这些性质证明一些相关定理和收敛结果。

361 *如果读者只关心算法，可以跳过此节。*

命题 8.1　*令 $\mathbb{H}$ 为一个希尔伯特空间，$C\subseteq\mathbb{H}$ 为一个封闭凸集，以及 $\boldsymbol{x}\in\mathbb{H}$，则投影 $P_C(\boldsymbol{x})$ 满足下面两个性质*[⊖]*：*

$$\boxed{\operatorname{Real}\{\langle\boldsymbol{x}-P_{C}(\boldsymbol{x}), \boldsymbol{y}-P_{C}(\boldsymbol{x})\rangle\} \leqslant 0, \ \forall\, \boldsymbol{y} \in C} \tag{8.15}$$

⊖ 这里声明的定理都是针对一般的复数情况的。

和

$$\boxed{\|P_C(\boldsymbol{x})-P_C(\boldsymbol{y})\|^2\leqslant \mathrm{Real}\{\langle \boldsymbol{x}-\boldsymbol{y},P_C(\boldsymbol{x})-P_C(\boldsymbol{y})\rangle\},\ \forall\,\boldsymbol{x},\boldsymbol{y}\in\mathbb{H}} \tag{8.16}$$

命题的证明在习题 8.16 中给出。图 8.10 给出了实数希尔伯特空间中式(8.15)的几何解释。注意，对一个实数希尔伯特空间，第一个性质变为

$$\langle \boldsymbol{x}-P_C(\boldsymbol{x}),\boldsymbol{y}-P_C(\boldsymbol{x})\rangle\leqslant 0,\quad \forall \boldsymbol{y}\in C \tag{8.17}$$

从几何角度来看，式(8.17)的含义是：两个向量 $\boldsymbol{x}-P_C(\boldsymbol{x})$ 和 $\boldsymbol{y}-P_C(\boldsymbol{x})$ 的夹角是一个钝角。穿过 $P_C(\boldsymbol{x})$ 且与 $\boldsymbol{x}-P_C(\boldsymbol{x})$ 垂直的超平面被称为支撑(supporting)超平面，C 中所有点都在它的一侧，而 $\boldsymbol{x}$ 在另一侧。可以证明，若 C 是封闭的且 $\boldsymbol{x}\notin C$，总会存在这样一个超平面(参考[30])。

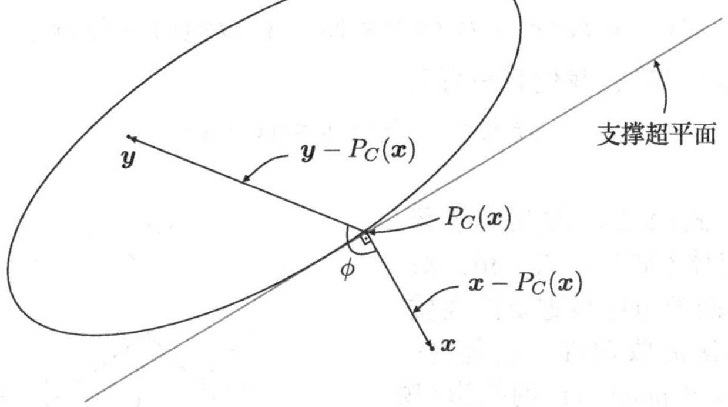

图 8.10　向量 $\boldsymbol{x}-P_C(\boldsymbol{x})$ 和 $\boldsymbol{y}-P_C(\boldsymbol{x})$ 形成一个钝角 ϕ

引理 8.1　令 $\mathbb{H}$ 为一个希尔伯特空间，$S\subseteq\mathbb{H}$ 是其中一个封闭子空间，则 $\forall\,\boldsymbol{x},\ \boldsymbol{y}\in\mathbb{H}$，下面两个性质成立：

$$\boxed{\langle \boldsymbol{x},P_S(\boldsymbol{y})\rangle=\langle P_S(\boldsymbol{x}),\boldsymbol{y}\rangle=\langle P_S(\boldsymbol{x}),P_S(\boldsymbol{y})\rangle} \tag{8.18}$$ 362

和

$$\boxed{P_S(a\boldsymbol{x}+b\boldsymbol{y})=aP_S(\boldsymbol{x})+bP_S(\boldsymbol{y})} \tag{8.19}$$

其中 a 和 b 是任意标量值。换句话说，一个封闭子空间上的投影操作是线性的(习题 8.17)。回忆一下，一个欧氏空间中的所有子空间都是封闭的，因此投影总有线性特性。

可以证明(习题 8.18)，如果 S 是希尔伯特空间 $\mathbb{H}$ 中的一个封闭子空间，它的正交补 $S^\perp$ 也是一个封闭子空间，$S\cap S^\perp=\{\boldsymbol{0}\}$；由定义，正交补 $S^\perp$ 是这样一个集合，其元素与 S 中每个元素都垂直。而且，$\mathbb{H}=S\oplus S^\perp$；即每个元素 $\boldsymbol{x}\in\mathbb{H}$ 都可以唯一分解为

$$\boxed{\boldsymbol{x}=P_S(\boldsymbol{x})+P_{S^\perp}(\boldsymbol{x}),\ \boldsymbol{x}\in\mathbb{H}:\quad \text{对封闭子空间}} \tag{8.20}$$

如图 8.11 所示。

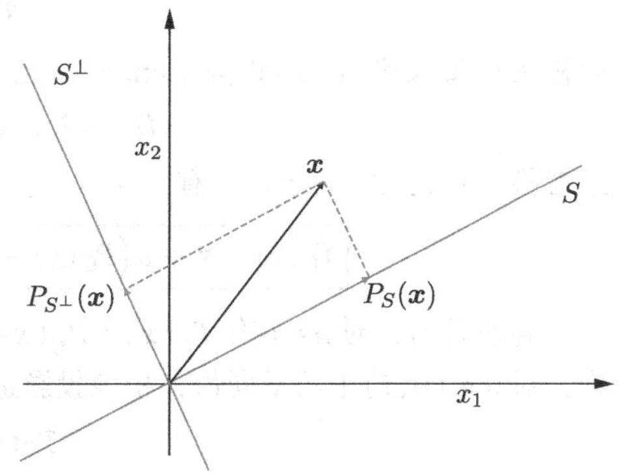

图 8.11　希尔伯特空间 $\mathbb{H}$ 中每个点都可分解为它在任意封闭子空间 S 及其正交补 $S^\perp$ 上的投影的和

定义 8.5　令一个映射 T 为

$$T:\mathbb{H}\longmapsto\mathbb{H}$$

若 $\forall\boldsymbol{x}$，$\boldsymbol{y}\in\mathbb{H}$，下式成立

$$\boxed{\|T(\boldsymbol{x})-T(\boldsymbol{y})\|\leqslant\|\boldsymbol{x}-\boldsymbol{y}\|:\quad \text{非扩张映射}} \tag{8.21}$$

则称 T 是非扩张的(nonexpansive)。

命题 8.2 令 $\mathbb{H}$ 为一个希尔伯特空间，C 是其中一个封闭凸集，则关联的投影算子

$$P_C:\mathbb{H}\longmapsto C$$

363 是非扩张的。

证明：令 $\boldsymbol{x},\boldsymbol{y}\in\mathbb{H}$。回忆性质(8.16)，即

$$\|P_C(\boldsymbol{x})-P_C(\boldsymbol{y})\|^2\leqslant\text{Real}\{\langle\boldsymbol{x}-\boldsymbol{y},P_C(\boldsymbol{x})-P_C(\boldsymbol{y})\rangle\} \tag{8.22}$$

再利用施瓦茨不等式(参见本章附录中的式(8.149))，我们得到

$$|\langle\boldsymbol{x}-\boldsymbol{y},P_C(\boldsymbol{x})-P_C(\boldsymbol{y})\rangle|\leqslant\|\boldsymbol{x}-\boldsymbol{y}\|\|P_C(\boldsymbol{x})-P_C(\boldsymbol{y})\| \tag{8.23}$$

组合式(8.22)和式(8.23)，我们容易得到

$$\|P_C(\boldsymbol{x})-P_C(\boldsymbol{y})\|\leqslant\|\boldsymbol{x}-\boldsymbol{y}\| \tag{8.24}$$

□

图 8.12 给出了式(8.24)的几何解释。非扩张性质及其变体(如[6，7，30，81，82])是凸集理论和凸学习中最重要的性质。这一性质保证了算法的收敛性，它包含一系列到不动点集(fixed point set)的投影(映射)。所谓不动点集，即元素不被对应的映射 T 所影响的集合，如下所示

$$\boxed{\text{Fix}(T)=\{\boldsymbol{x}\in\mathbb{H}:T(\boldsymbol{x})=\boldsymbol{x}\}:\quad \text{不动点集}}$$

若投影算子作用于一个封闭凸集 C，我们知道得到的不动点集就是 C 自身，因为 $\forall\boldsymbol{x}\in C$ 有 $P_C(\boldsymbol{x})=\boldsymbol{x}$。

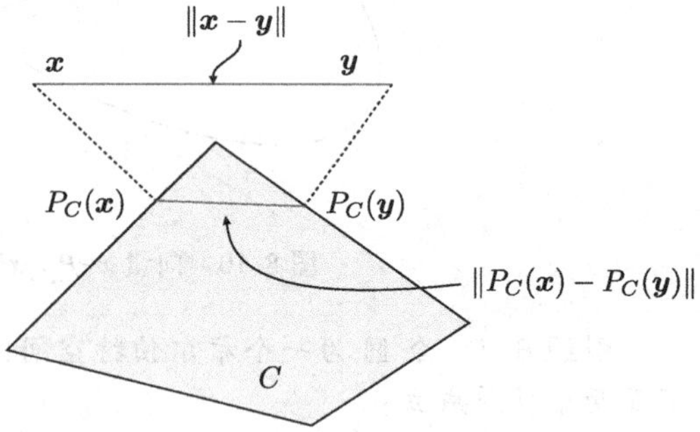

图 8.12 投影算子 $P_C(\cdot)$ 的非扩张性质保证了两个点之间的距离永远不会小于对应的投影之间的距离，投影操作是到一个封闭凸集上的

定义 8.6 令 C 为希尔伯特空间中的一个封闭凸集，则算子

$$T_C:\mathbb{H}\longmapsto C$$

被称为松弛投影(relaxed projection)，当

364 $$T_C:=I+\mu(P_C-I),\quad \mu\in(0,2)$$

或者换一种说法，$\forall\boldsymbol{x}\in\mathbb{H}$ 有

$$\boxed{T_C(\boldsymbol{x})=\boldsymbol{x}+\mu\big(P_C(\boldsymbol{x})-\boldsymbol{x}\big),\ \mu\in(0,2):\quad C\text{上的松弛投影}}$$

容易看出，对 $\mu=1$ 有 $T_C(\boldsymbol{x})=P_C(\boldsymbol{x})$。图 8.13 展示了松弛投影的几何表示。可以观察到，对 $\mu\in(0,2)$ 中的不同值，松弛投影追踪了线段 $\boldsymbol{x}$ 到 $\boldsymbol{x}+2(P_C(\boldsymbol{x})-\boldsymbol{x})$ 上的所有点。注意，

$$T_C(\boldsymbol{x})=\boldsymbol{x},\ \forall\boldsymbol{x}\in C$$

即 $\text{Fix}(T_C)=C$。而且，可以证明松弛投影算子也具有非扩张性(习题 8.19)，即

$$\|T_C(\boldsymbol{x})-T_C(\boldsymbol{y})\|\leqslant\|\boldsymbol{x}-\boldsymbol{y}\|,\ \forall\mu\in(0,2)$$

松弛投影的最后一个性质如下所示，此性质也很容易证明(习题 8.20)：

$$\boxed{\forall\, \boldsymbol{y} \in C,\ \|T_C(\boldsymbol{x}) - \boldsymbol{y}\|^2 \leqslant \|\boldsymbol{x} - \boldsymbol{y}\|^2 - \eta\|T_C(\boldsymbol{x}) - \boldsymbol{x}\|^2,\ \eta = \frac{2-\mu}{\mu}} \tag{8.25}$$

这种映射也被称为 η-非扩张映射或强吸引映射，它保证了距离 $\|T_C(\boldsymbol{x})-\boldsymbol{y}\|$ 比 $\|\boldsymbol{x}-\boldsymbol{y}\|$ 至少小一个正值 $\eta\|T_C(\boldsymbol{x})-\boldsymbol{x}\|^2$，即不动点集 $\mathrm{Fix}(T_C)=C$ 强烈吸引 $\boldsymbol{x}$。图 8.14 给出了几何解释。

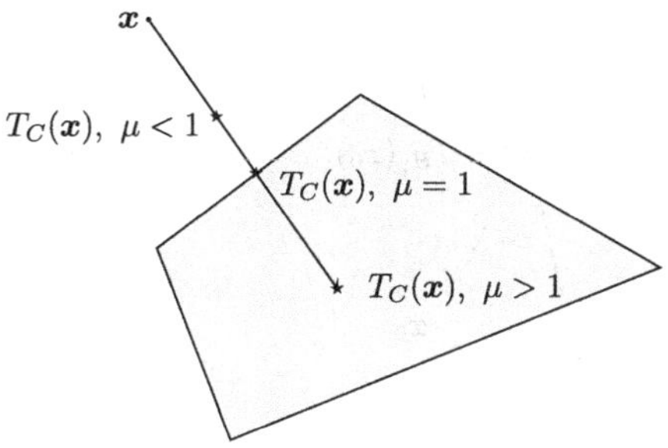

图 8.13　松弛投影算子的几何表示

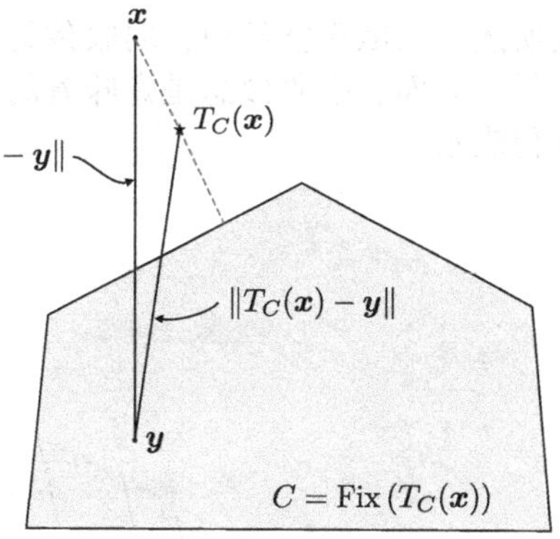

图 8.14　松弛投影是一种强吸引映射。对任意点 $\boldsymbol{y}\in C=\mathrm{Fix}(T_C)$，$T_C(\boldsymbol{x})$ 都比 $\boldsymbol{x}$ 更接近它

8.4　凸集投影基本定理

本节将介绍凸集理论中最著名的定理之一——凸集投影（Projections Onto Convex Set，POCS）基本定理，它是一系列强大算法/方法的核心，本书也会介绍其中一些算法/方法。这一定理的起源还要追溯到冯·诺依曼[98]，他提出了此定理针对两个子空间情形的版本。 365

冯·诺依曼是匈牙利出生的犹太裔美国人。他堪称神童，22 岁就获得了博士学位。他在很多科学领域做出了大量重要贡献，从纯数学到经济学（他被认为是博弈论的奠基人），从量子力学（他建立了量子力学数学框架的基础）到计算机科学（他参与了第一台通用电子计算机 ENIAC 的研发），很难用寥寥数语概括。他还积极参与了研制氢弹的曼哈顿项目。

令 C_k，$k=1,2,\cdots,K$ 是希尔伯特空间 $\mathbb{H}$ 中有限个封闭凸集，并假设它们的交集非空

$$C = \bigcap_{k=1}^{K} C_k \neq \varnothing$$

令 T_{C_k}，$k=1,2,\cdots,K$ 是对应的松弛投影映射

$$T_{C_k} = I + \mu_k(P_{C_k} - I),\ \mu_k \in (0,2), \quad k=1,2,\cdots,K$$

将这些松弛投影连接起来

$$T := T_{C_k}T_{C_{k-1}}\cdots T_{C_1}$$

其中连接的顺序并不重要。这样，T 构成了一个松弛投影序列。给定点首先投影到 C_1，然后得到的点再继续投影到 C_2，依此类推。

定理 8.5　令 C_k，$k=1,2,\cdots,K$ 是希尔伯特空间 $\mathbb{H}$ 中的若干封闭凸集，它们的交集不空，则对任意 $\boldsymbol{x}_0\in\mathbb{H}$，序列 $T^n(\boldsymbol{x}_0)$，$n=1,2,\cdots$ 弱收敛至 $C=\bigcap_{k=1}^{K} C_k$ 中的一个点。 366

定理[17，42]定义了弱收敛（weak convergence）的概念。当 $\mathbb{H}$ 变为一个欧氏空间（有

限维)时，弱收敛的概念与我们所熟悉的(强)收敛的“标准”定义一致。弱收敛是强收敛的弱化版，用于无限维空间中。对序列 $x_n \in \mathbb{H}$ 及点 $x_* \in \mathbb{H}$，若 $\forall y \in \mathbb{H}$ 有

$$\langle x_n, y\rangle \xrightarrow[n\to\infty]{} \langle x_*, y\rangle$$

则称 x_n 弱收敛至 x_*，写为

$$x_n \xrightarrow[n\to\infty]{w} x_*$$

如前所述，在欧氏空间中，弱收敛就是强收敛。但在一般的希尔伯特空间中并不一定是这样。另一方面，强收敛总是意味着弱收敛(可参考[87])(习题 8.21)。图 8.15 给出了定理的几何表示。

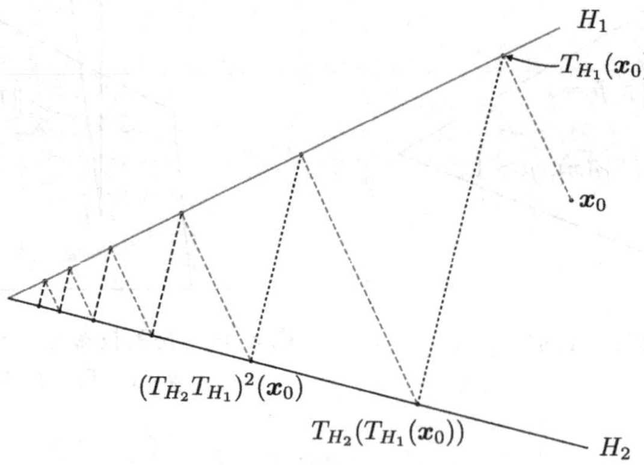

图 8.15　对 $T_{C_i}=P_{C_i}$，$i=1,2,(\mu_{C_i}=1)$，凸集投影基本定理(POCS)的几何表示。封闭凸集是 $\mathbb{R}^2$ 中的两条直线。可以观察到，投影序列趋向于 H_1 和 H_2 的交点

定理一般情况的证明需要一点技术(可参考[87])。但如果涉及的凸集都是封闭子空间，则证明可以简化(习题 8.23)。证明的核心：T 保持了 T_{C_k}，$k=1,2,\cdots,K$ 的非扩张性；T 的不动点集实际上是 $\mathrm{Fix}(T)=\bigcap_{k=1}^{K} C_k$。

附注 8.3

- 对 C_k，$k=1,2,\cdots,K$ 都是封闭子空间的特殊情况，有

$$T^n(x_0) \longrightarrow P_C(x_0)$$

367 换句话说，松弛投影序列强收敛至 x_0 到 C 上的投影。回忆一下，如果 C_k，$k=1,2,\cdots,K$ 都是希尔伯特空间 $\mathbb{H}$ 中的封闭子空间，容易证明它们的交也是一个封闭子空间。如前所述，在一个欧氏空间 $\mathbb{R}^l$ 中，所有子空间都是封闭的。

- 上述命题对线性变化(linear variety)也为真。一个线性变化就是一个子空间经过一个常数向量 a 的变换。即若 S 是一个子空间，$a \in \mathbb{H}$，则点集

$$S_a=\{y: y=a+x,\ x\in S\}$$

是一个线性变化。超平面就是线性变化(可参考图 8.16)。

- 采用松弛投影算子，我们从 POCS 定理就得到了算法 8.1 所描述的方法。

算法 8.1 (POCS 算法)

- 初始化
  - 选择 $x_0 \in \mathbb{H}$

- 选择 $\mu_k \in (0,2)$，$k=1,2,\cdots,K$

- **For** $n=1,2,\cdots$，Do
  - $\hat{\boldsymbol{x}}_{0,n}=\boldsymbol{x}_{n-1}$
  - **For** $k=1,2,\cdots,K$ **Do**

$$\hat{\boldsymbol{x}}_{k,n}=\hat{\boldsymbol{x}}_{k-1,n}+\mu_k\left(P_{C_k}(\hat{\boldsymbol{x}}_{k-1,n})-\hat{\boldsymbol{x}}_{k-1,n}\right) \tag{8.26}$$

  - **End For**
  - $\boldsymbol{x}_n=\hat{\boldsymbol{x}}_{K,n}$
- **End For**

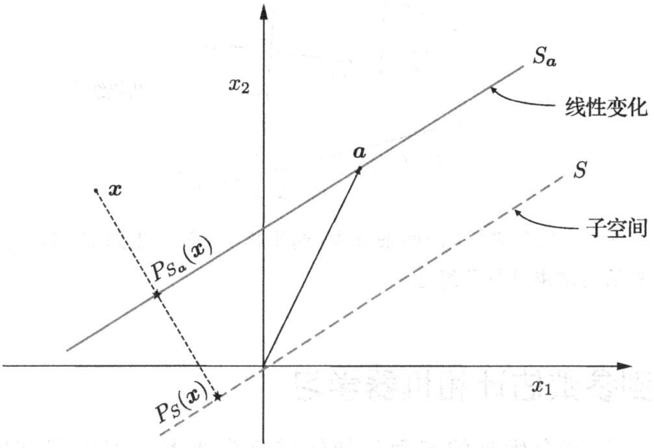

图 8.16　一个(不经过原点的)超平面就是一个线性变化。P_{S_a} 和 P_S 分别是 $\boldsymbol{x}$ 到 S_a 和 S 上的投影　368

8.5　并行 POCS

文献[68]提出了一种并行 POCS 算法。除了计算上的优势(如果能利用并行处理)外，它还能帮助我们将算法推广到在线处理场景，其中凸集的数目可能变为无穷(或者是在实践中非常大的值)。并行 POCS 的证明需要一点技术，而且严重依赖上一节提出的结果。证明背后的思想是构造恰当的乘积空间，而这正是此算法也被称为乘积空间(product space)中的 POCS 的原因。对详细证明感兴趣的读者可查阅文献[68]。

定理 8.6　令 C_k，$k=1,2,\cdots,K$ 是希尔伯特空间 $\mathbb{H}$ 中的封闭凸集，则对任意 $\boldsymbol{x}_0\in\mathbb{H}$，如下的序列 $\boldsymbol{x}_n$

$$\boldsymbol{x}_n=\boldsymbol{x}_{n-1}+\mu_n\left(\sum_{k=1}^{K}\omega_k P_{C_k}(\boldsymbol{x}_{n-1})-\boldsymbol{x}_{n-1}\right) \tag{8.27}$$

弱收敛至 $\bigcap_{k=1}^{K} C_k$ 中的一个点，若

$$0<\mu_n\leqslant M_n$$

且

$$M_n:=\sum_{k=1}^{K}\frac{\omega_k\|P_{C_k}(\boldsymbol{x}_{n-1})-\boldsymbol{x}_{n-1}\|^2}{\left\|\sum_{k=1}^{K}\omega_k P_{C_k}(\boldsymbol{x}_{n-1})-\boldsymbol{x}_{n-1}\right\|^2} \tag{8.28}$$

其中 $\omega_k>0$，$k=1,2,\cdots,K$ 满足

$$\sum_{k=1}^{K}\omega_k=1$$

递归更新公式(8.27)指出，在每一步迭代中，凸集上的所有投影操作并发(currently)进行，然后进行凸(convexly)组合。外推参数 μ_n 在区间$(0,M_n]$中选取，其中 M_n 是按式(8.28)递归计算出的，使得收敛性能够得到保证。图8.17展示了更新过程。

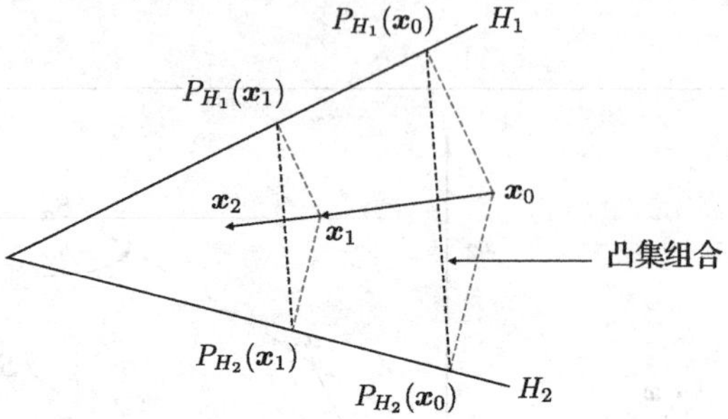

图8.17　并行POCS算法应用于 $\mathbb{R}^2$ 中的两条直线(超平面)。每一步到 H_1 和 H_2 的投影操作是并行执行的，然后对结果进行凸组合

8.6　从凸集到参数估计和机器学习

现在我们来看一下这个优雅的定理是如何转化为机器学习中很有用的参数估计工具的。我们将通过两个例子来展示这一过程。

8.6.1　回归

考虑针对如下输入-输出观测数据的回归模型

$$y_n=\boldsymbol{\theta}_o^{\mathrm{T}}\boldsymbol{x}_n+\eta_n,\ (y_n,\boldsymbol{x}_n)\in\mathbb{R}\times\mathbb{R}^l,\quad n=1,2,\cdots,N \tag{8.29}$$

其中 $\boldsymbol{\theta}_o$ 是未知参数向量。假定 η_n 是一个有界的噪声序列，即

$$|\eta_n|\leqslant\epsilon \tag{8.30}$$

则式(8.29)和式(8.30)保证了

$$|y_n-\boldsymbol{x}_n^{\mathrm{T}}\boldsymbol{\theta}_o|\leqslant\epsilon \tag{8.31}$$

现在考虑下面的点集：

$$\boxed{S_\epsilon=\left\{\boldsymbol{\theta}:|y_n-\boldsymbol{x}_n^{\mathrm{T}}\boldsymbol{\theta}|\leqslant\epsilon\right\}:\quad \text{超平面块}} \tag{8.32}$$

369~370 这个集合被称为超平面块(hyperslab)，图8.18给出了其几何含义。我们可以通过将内积符号替换为$\langle\boldsymbol{x}_n,\boldsymbol{\theta}\rangle$来将定义推广到任意 $\mathbb{H}$。集合由下面两个超平面形成的区域中的所有点组成

$$\begin{aligned}\boldsymbol{x}_n^{\mathrm{T}}\boldsymbol{\theta}-y_n&=\epsilon\\ \boldsymbol{x}_n^{\mathrm{T}}\boldsymbol{\theta}-y_n&=-\epsilon\end{aligned}$$

可以很容易地证明这个区域是一个封闭凸集。注意，每对训练点$(y_n,\boldsymbol{x}_n)$，$n=1,2,\cdots,N$ 都定义了一个具有空间中不同方向(依赖于 $\boldsymbol{x}_n$)和不同位置(依赖于 y_n)的超平面块。而

且，式(8.31)保证未知量 $\boldsymbol{\theta}_o$ 位于所有超平面块内，因此 $\boldsymbol{\theta}_o$ 位于它们的交集内。我们现在需要做的就是推导出到超平面块的投影算子(我们很快会介绍这个推导过程)，并用某个 POCS 算法找到交集内的一个点。假定有足够的训练点可用，交集也足够“小”，则交集内任意点都会很“接近” $\boldsymbol{\theta}_o$。注意，这一过程并非基于优化方法。但是回忆一下，即使在优化技术中，也必须使用迭代算法，而且在实践中迭代次数必须是有限的。因此，我们只能逼近最优值。本章稍后将讨论这些问题和相关收敛性质的更多内容。

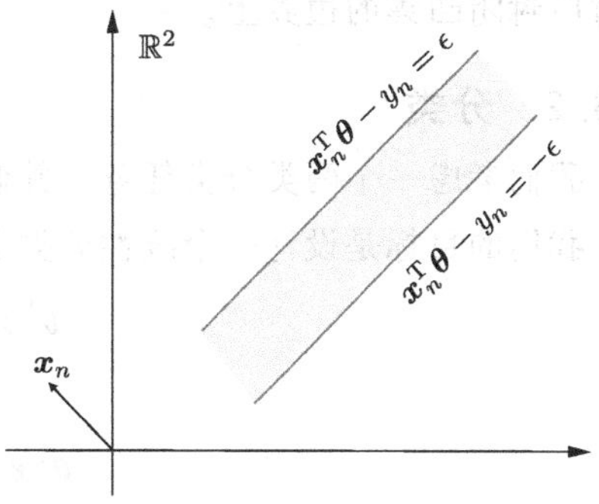

图 8.18　每对训练点 $(y_n, \boldsymbol{x}_n)$ 定义了参数空间中的一个超平面块

现在一个显然的问题是，如果噪声是无界的，会发生什么。对此有两种回答。第一种回答是，在任何包含测量的实际应用中，噪声都必须是有界的，否则电路会被烧毁。因此，至少在概念上，有界假设与实际情况不冲突。问题就变为选择恰当的 ϵ 值。第二种回答是，我们可以选取 ϵ 为假设的噪声模型的标准偏差的数倍。这样，$\boldsymbol{\theta}_o$ 就以高概率落在这些超平面块内。我们将讨论选取 ϵ 的策略，但本节的目标是讨论在实际应用中使用 POCS 的主要原理。当然，超平面块本身并没有什么神圣光环，如果在特定应用中其他类型的凸集更适合噪声的性质，那么我们完全可以使用其他封闭凸集。

现在一个很有趣的事情是从不同角度观察解位于哪里，在本例中是在超平面块上。考虑如下损失函数

$$\boxed{\mathcal{L}(y, \boldsymbol{\theta}^{\mathrm{T}}\boldsymbol{x}) = \max\left(0, |y - \boldsymbol{x}^{\mathrm{T}}\boldsymbol{\theta}| - \epsilon\right):\quad \text{线性}\ \epsilon\text{-不敏感损失函数}} \tag{8.33}$$ 371

图 8.19 展示了 $\theta \in \mathbb{R}$ 的情况。它也被称为线性 ϵ-不敏感损失函数，已在支持向量回归(参见第 11 章)中广泛使用。对所有位于式(8.32)定义的超平面块内的 $\boldsymbol{\theta}$，损失函数值取 0。而超平面块外的点，函数值则会线性增长。因此，超平面块是线性 ϵ-不敏感损失函数的零水平集(zero level set)，这是根据点 $(y_n, \boldsymbol{x}_n)$ 局部定义的。因此，虽然 POCS 并不关联优化概念，但封闭凸集的选取其实可以通过优化过程实现——每个点通过选取零水平集来“局部”最小化凸损失函数。

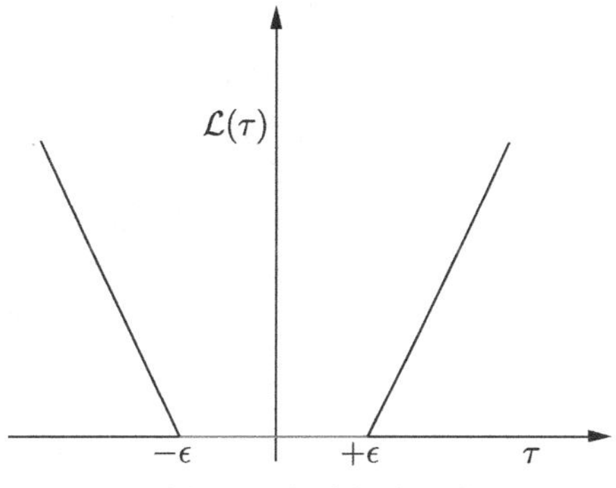

图 8.19　线性 ϵ-不敏感损失函数，$\tau = y - \boldsymbol{\theta}^{\mathrm{T}}\boldsymbol{x}$。若 $|\tau| < \epsilon$，其值为 0，对 $|\tau| \geqslant \epsilon$，其值线性增长

我们给出超平面块 S_ϵ 的投影算子来结束这部分的讨论。容易证明，给定 $\boldsymbol{\theta}$，它到 S_ϵ 的投影(由 $(y_n, \boldsymbol{x}_n, \epsilon)$ 定义)可由下式给出

$$P_{S_\epsilon} = \boldsymbol{\theta} + \beta_{\boldsymbol{\theta}}(y_n, \boldsymbol{x}_n)\boldsymbol{x}_n \tag{8.34}$$

其中

$$\beta_{\boldsymbol{\theta}}(y_n, \boldsymbol{x}_n) = \begin{cases} \frac{y_n - \langle \boldsymbol{x}_n, \boldsymbol{\theta}\rangle - \epsilon}{\|\boldsymbol{x}_n\|^2}, & \text{若} \langle \boldsymbol{x}_n, \boldsymbol{\theta}\rangle - y_n < -\epsilon \\ 0, & \text{若} |\langle \boldsymbol{x}, \boldsymbol{\theta}\rangle - y_n| \leqslant \epsilon \\ \frac{y_n - \langle \boldsymbol{x}_n, \boldsymbol{\theta}\rangle + \epsilon}{\|\boldsymbol{x}_n\|^2}, & \text{若} \langle \boldsymbol{x}_n, \boldsymbol{\theta}\rangle - y_n > \epsilon \end{cases} \tag{8.35}$$

即如果点位于超平面块内，则投影就是它自身。否则，投影在两个超平面其中之一之上

（取决于点位于超平面块的哪一侧），两个超平面定义了 S_ϵ。回忆一下，一个点的投影位
372 于对应封闭凸集的边界上。

8.6.2 分类

我们考虑一个两类分类任务，并假定已给定一组训练点 $(y_n, \boldsymbol{x}_n)$，$n=1,2,\cdots,N$。我们的目标是设计一个线性分类器，使得

$$\boldsymbol{\theta}^{\mathrm{T}}\boldsymbol{x}_n \geqslant \rho, \quad 若 y_n=+1$$

和

$$\boldsymbol{\theta}^{\mathrm{T}}\boldsymbol{x}_n \leqslant -\rho, \quad 若 y_n=-1$$

此要求可表达为：给定 $(y_n, \boldsymbol{x}_n) \in \{-1, 1\} \times \mathbb{R}^{l+1}$，设计一个线性分类器[⊖]，$\boldsymbol{\theta} \in \mathbb{R}^{l+1}$，使得

$$y_n\boldsymbol{\theta}^{\mathrm{T}}\boldsymbol{x}_n \geqslant \rho > 0 \tag{8.36}$$

注意，给定 y_n、$\boldsymbol{x}_n$ 和 ρ，式(8.36)定义了一个半空间(halfspace)(例 8.1)，这也是我们使用"$\geqslant\rho$"而非严格不等式的原因。换句话说，所有满足不等式(8.36)的 $\boldsymbol{\theta}$ 都落在此半空间中。由于每个点对 $(y_n, \boldsymbol{x}_n)$，$n=1,2,\cdots,N$ 定义了一个半空间，因此我们的目标变为设法寻找落在所有半空间的交集内的一个点。如果类是线性可分的，则此交集保证非空。图 8.20 展示了这一想法。第 11 章将介绍如何处理更为实际的类非线性可分的情形，基本思路是映射到一个高维(核)空间中，随着核空间的维数趋向于无穷，两类线性可分的概率也趋向于 1。

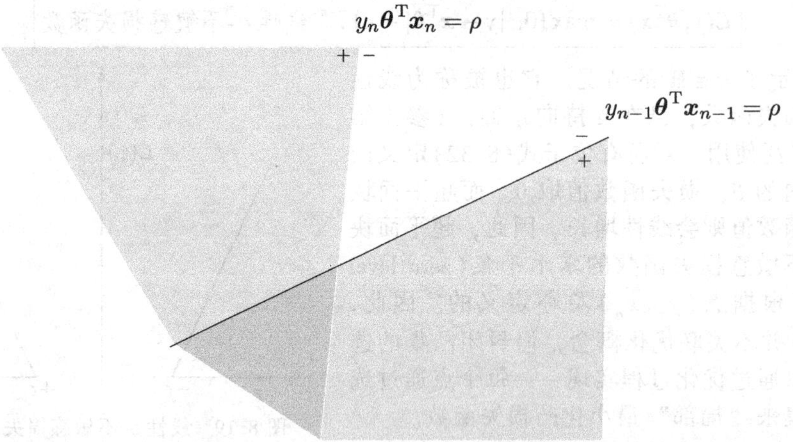

图 8.20　每个训练点 $(y_n, \boldsymbol{x}_n)$ 定义了一个参数 $\boldsymbol{\theta}$-空间中的半空间，我们将在所有这些半空间的交集中搜索线性分类器

与训练数据对 $(y_n, \boldsymbol{x}_n)$ 关联的半空间可以看作合页损失(hinge loss)函数的高度零水平集，定义如下：

$$\boxed{\mathcal{L}_\rho(y, \boldsymbol{\theta}^{\mathrm{T}}\boldsymbol{x}) = \max\left(0, \rho - y\boldsymbol{\theta}^{\mathrm{T}}\boldsymbol{x}\right)：\ 合页损失函数} \tag{8.37}$$

⊖ 回忆第 3 章中的内容，此公式涵盖了一般情况，其中包含一个偏项，这是通过增大 $\boldsymbol{x}_n$ 的维数并添加 1 为其末项实现的。

图 8.21 给出了其图形。因此，选择半空间作为封闭凸集来表示点$(y_n, \boldsymbol{x}_n)$，与选择针对$(y_n, \boldsymbol{x}_n)$“调整过的”合页损失的零水平集是等价的。

附注 8.4

- 除了两个典型的机器学习应用外，POCS 还应用于很多其他应用，请参阅[7, 24, 87, 89]等文献。
- 如果涉及的集合不相交，即 $\bigcap_{k=1}^{K} C_k = \emptyset$，则如[25]所证明的，式(8.27)中的 POCS 并行版本收敛到这样一个点，它到每个凸集的加权平方距离(定义为点到其对应投影的距离)最小。
- 已有研究者尝试将定理推广到非凸集(如文献[87]和更近的一篇有关稀疏建模的文献[83])。

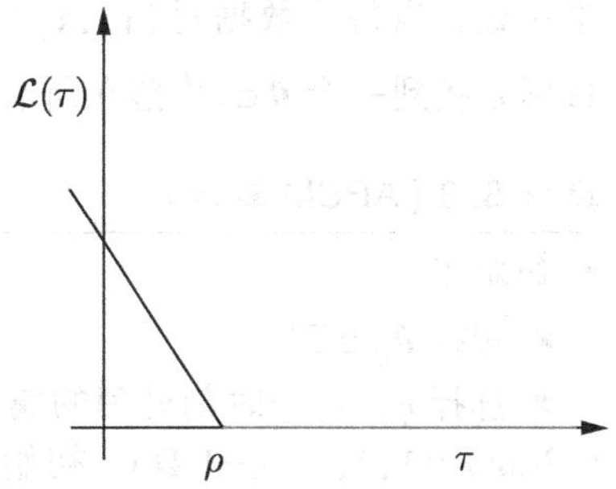

图 8.21　合页损失函数。$\tau = y\boldsymbol{\theta}^{\mathrm{T}}\boldsymbol{x}$，若 $\tau \geqslant \rho$，其值为 0，对 $\tau < \rho$，其值线性增长 373

- 若 $C := \bigcap_{k=1}^{K} C_k \neq \emptyset$，我们称问题是可行的(feasible)，称交集 C 为可行(feasibility)集。封闭凸集 C_k，$k = 1, 2, \cdots, K$ 有时被称为属性(property)集，原因显而易见。在前面两个例子即回归和分类中，我们提到涉及的属性集可看作损失函数 $\mathcal{L}$ 的零水平集。因此，假定问题是可行的(在回归例子中噪声有界，在分类问题中类线性可分)，则可行集 C 的解也是对应损失函数(式(8.33)和式(8.37))的最小值。因此，虽然我们的讨论中没有提及优化，但在 POCS 方法中是有优化意味的。而且，注意在本例中，损失函数不必是可微的，因此我们在前面章节中讨论过的技术是不可用的。在 8.10 节中我们将回过头来再次讨论此问题。

8.7　无穷多封闭凸集：在线学习实例

到目前为止，我们的讨论中都假设封闭凸集(属性集)的数目是有限的 K。为了落在它们的交集(可行集)内，我们必须循环地投影到每个属性集或是并行地进行投影。这种策略并不适合在线处理场景：在每个时刻，我们获得一对新的观测值，定义一个新的属性集。因此，在此情况下，凸集的数目不断增加。处理所有集合的复杂性与时间相关，一段时间后所需的计算资源就不可控了。

文献[101-103]建议了另一种思路，随后文献[76, 104, 105]对其进行了扩展。其主要思想是，在每个时刻 n，我们收到一对输出-输入数据，构造出一个封闭凸集(属性集)C_n。时间索引 n 是无限增大的。但是，在每个时刻，我们只考虑最近的 q(一个用户定义的参数)个属性集。换句话说，参数 q 定义了一个滑动时间窗口(sliding window in time)。在每个时刻，只在此时间窗口内进行投影/松弛投影操作。图 8.22 展示了基本原理。因 374
此，进行投影操作的集合的数目不会随时间增长，而是保持用户设定的有限个。此算法是 POCS 并行版本的衍生版本，它被称为自适应次梯度投影法(Adaptive Projected Subgradient

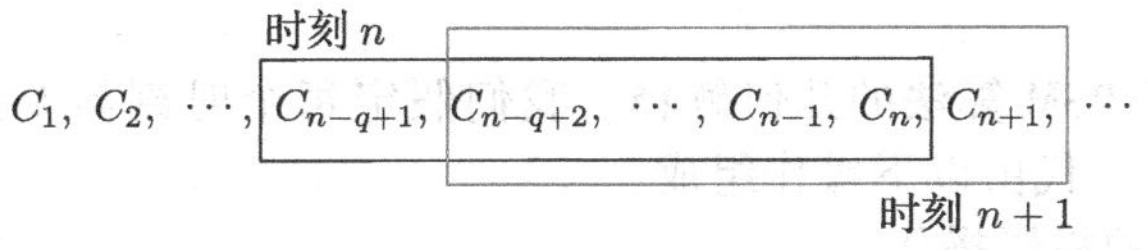

图 8.22　在时刻 n，使用属性集 $C_{n-q+1}, \cdots, C_n$，在时刻 $n+1$ 使用 $C_{n-q+2}, \cdots, C_{n+1}$。因此，需要的投影操作数目不会随时间增长

Method，APSM)，在8.10.3节中，我们将在回归的场景下介绍此算法。与8.6节中的讨论一致，当每个数据对$(y_n,\boldsymbol{x}_n)\in\mathbb{R}\times\mathbb{R}^l$到来，我们构造一个超平面块$S_{\epsilon,n}$，$n=1,2,\cdots$，目标是找到一个$\boldsymbol{\theta}\in\mathbb{R}^l$落在所有属性集的交集中，寻找过程从一个任意值$\boldsymbol{\theta}_0\in\mathbb{R}^l$开始。

算法 8.2 (APSM 算法)

- 初始化
  - 选择$\boldsymbol{\theta}_0\in\mathbb{R}^l$
  - 选择q：每个时刻处理的属性集数目
- **For** $n=1,2,\cdots,q-1$ **Do**；初始期，即$n<q$
  - 选择$\omega_1,\cdots,\omega_n$：　$\sum_{k=1}^{n}\omega_k=1$，$\omega_k\geqslant 0$
  - 选取μ_n

$$\boldsymbol{\theta}_n=\boldsymbol{\theta}_{n-1}+\mu_n\left(\sum_{k=1}^{n}\omega_k P_{S_{\epsilon,k}}(\boldsymbol{\theta}_{n-1})-\boldsymbol{\theta}_{n-1}\right)\tag{8.38}$$

- **End For**
- **For** $n=q,q+1,\cdots$ **Do**
  - 选择$\omega_n,\cdots,\omega_{n-q+1}$；通常$\omega_k=\frac{1}{q}$，$k=n-q+1,\cdots,n$
  - 选取μ_n

$$\boldsymbol{\theta}_n=\boldsymbol{\theta}_{n-1}+\mu_n\left(\sum_{k=n-q+1}^{n}\omega_k P_{S_{\epsilon,k}}(\boldsymbol{\theta}_{n-1})-\boldsymbol{\theta}_{n-1}\right)\tag{8.39}$$

- **End For**

外推参数现在可以在区间$(0,2M_n)$内选择，以保证收敛。对式(8.39)中的情况，我们有

375

$$M_n=\sum_{k=n-q+1}^{n}\frac{\omega_k\|P_{S_{\epsilon,k}}(\boldsymbol{\theta}_{n-1})-\boldsymbol{\theta}_{n-1}\|^2}{\left\|\sum_{k=n-q+1}^{n}\omega_k P_{S_{\epsilon,k}}(\boldsymbol{\theta}_{n-1})-\boldsymbol{\theta}_{n-1}\right\|^2}\tag{8.40}$$

注意，此区间与式(8.27)中集合数有限情况下的区间不同。对于式(8.38)对应的第一步迭代，上式中的求和是从$k=1$而不是$k=n-q+1$开始的。

回忆一下，$P_{S_{\epsilon,n}}$是式(8.34)和式(8.35)中给出的投影操作。注意，这是一个一般方法，可应用于不同的属性集。我们所要做的只是改换投影算子。例如，如果是分类问题，我们所要做的只是将$S_{\epsilon,n}$替换为半空间H_n^+，该半空间由数据对$(y_n,\boldsymbol{x}_n)\in\{-1,1\}\times\mathbb{R}^{l+1}$定义并使用了式(8.13)中给出的投影操作，如8.6.2节所述，读者还可参考[78，79]。现在，我们必须强调最初的APSM(参见[103，104])具有更一般的形式，能覆盖更广范围的凸集和函数。

图8.23显示了APSM算法的几何解释。我们假定每个时刻需要进行投影操作的超平面块数为$q=2$。每步迭代由以下操作组成：

- q个并行执行的投影操作。
- 投影结果进行凸组合。
- 更新。

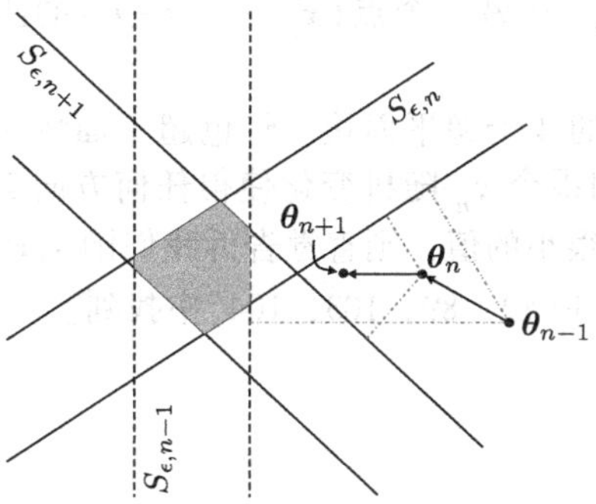

图 8.23 在图示时刻 n，我们在处理 $q=2$ 的超平面块，即 $S_{\epsilon,n}$、$S_{\epsilon,n-1}$。$\boldsymbol{\theta}_{n-1}$ 并发地投影到两个超平面块，投影结果进行凸合并。得到新的估计 $\boldsymbol{\theta}_n$。下一个超平面块 $S_{\epsilon,n+1}$ “到来”后重复上述处理过程。注意，在每个时刻，估计结果都向交集更接近一点。随着超平面块不断到来，交集会越来越小

8.7.1 APSM 的收敛性

APSM 收敛性的证明稍微需要一点技术，感兴趣的读者可查阅相关文献。在这里，我们只需理解能直观说明收敛性的一个几何解释就可以，当然是在特定假设下。这个几何解释是 APSM 收敛性的一种随机证明方法的核心，该方法是在文献[23]中提出的。

假定噪声是有界的，而且由真实值 $\boldsymbol{\theta}_o$ 生成数据，即

$$y_n=\boldsymbol{x}_n^{\mathrm{T}}\boldsymbol{\theta}_o+\eta_n \tag{8.41}$$ 376

由假设

$$|\eta_n|\leqslant\epsilon$$

我们有

$$|\boldsymbol{x}_n^{\mathrm{T}}\boldsymbol{\theta}_o-y_n|\leqslant\epsilon$$

因此，$\boldsymbol{\theta}_o$ 确实落在所有形如下式的超平面块的交集内

$$|\boldsymbol{x}_n^{\mathrm{T}}\boldsymbol{\theta}-y_n|\leqslant\epsilon$$

在本例中问题是可行的。随之而来的一个问题是：当 $n\to\infty$ 时，我们渐近逼近 $\boldsymbol{\theta}_o$ 可以达到多么近？例如，如果交集规模很大，即使算法能收敛到交集边界上的一点，也不能说明解与真实值 $\boldsymbol{\theta}_o$ 很近。文献[23]证明了算法得到的估计值可无限接近(arbitrarily close)$\boldsymbol{\theta}_o$，其前提是与观测值序列相关的一些一般性假设成立，且噪声是有界的。

为了理解证明背后所使用的技术，回忆一下，超平面块主要有两个相关的几何问题：由 $\boldsymbol{x}_n$ 决定的方向和宽度。在有限维空间中，证明超平面块的宽度等于下式是一个简单的几何问题

$$d=\frac{2\epsilon}{\|\boldsymbol{x}_n\|} \tag{8.42}$$

我们知道，一个点 $\tilde{\boldsymbol{\theta}}$ 到超平面块的距离㊀是由数据对$(y,\boldsymbol{x})$定义的，即

$$\boldsymbol{x}^{\mathrm{T}}\boldsymbol{\theta}-y=0$$

等于

$$\frac{|\boldsymbol{x}^{\mathrm{T}}\tilde{\boldsymbol{\theta}}-y|}{\|\boldsymbol{x}\|}$$

由此事实，我们可直接得到式(8.42)的结论。实际上，令 $\bar{\boldsymbol{\theta}}$ 是两个边界超平面(如 $\boldsymbol{x}_n^{\mathrm{T}}\boldsymbol{\theta}-$

㊀ 对欧氏空间，经过简单的几何论证即可很容易地得到此结论，可参考 11.10.1 节。

$y_n=\epsilon$)上的点，这两个超平面定义了超平面块，考虑此点到另一个点($\boldsymbol{x}_n^{\mathrm{T}}\boldsymbol{\theta}-y_n=-\epsilon$)的距离；就很容易得到式(8.42)了。

图 8.24 显示了两个不同方向上(以实线、虚线区分)的 4 个超平面块。红色超平面块比黑色的更窄。而且，所有 4 个超平面块都必定包含 $\boldsymbol{\theta}_o$。如果令 $\boldsymbol{x}_n$ 随机变化使得任何方向都有可能，而且对任何方向，范数既能取任意大的值也能取很小的值，则直觉告诉我们围绕 $\boldsymbol{\theta}_o$

377 的交集会变得无限小。关于 APSM 算法的进一步的结果可在[82, 89, 103, 104]中找到。

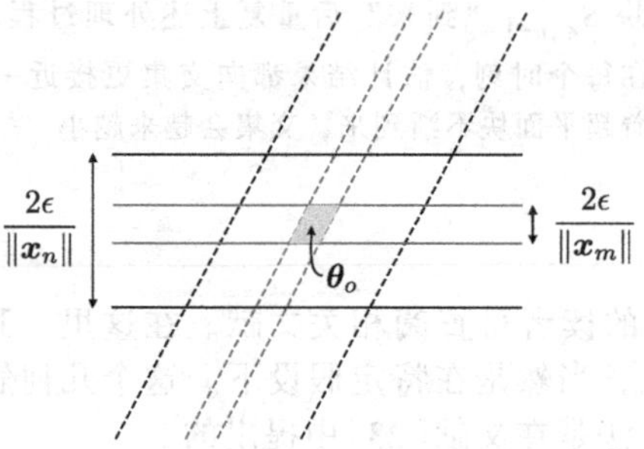

图 8.24 对每个方向，超平面块的宽度与 $\|\boldsymbol{x}_n\|$ 呈反比例变化。在本图中，虽然两个向量指向相同的方向，但 $\|\boldsymbol{x}_n\|<\|\boldsymbol{x}_m\|$。不同方向和宽度的超平面块的交集会围绕 $\boldsymbol{\theta}_o$ 无限变小

一些实践提示

APSM 算法需要设置三个参数，即 ϵ、μ_n 和 q。已经证明，算法对这三个参数的选取并不很敏感：

- 参数 μ_n 的选取在概念上与 LMS 算法中步长的选取相似。特别是，μ_n 越大，收敛速度越快，代价是更大的稳态误差下限。在实践中，接近 $0.5M_n$ 的步长会产生较低的稳态误差，虽然收敛速度会相对较慢。与之相反，如果选择了接近 $1.5M_n$ 的大步长，算法的收敛速度会变快，而收敛之后的稳态误差会增大。
- 关于参数 ϵ，典型的设置是 $\epsilon\approx\sqrt{2}\sigma$，其中 σ 是噪声的标准偏差。在实践中(参见[47])，已经证明算法对此参数很不敏感。因此，我们只需要粗略估计标准偏差。
- 参数 q 的选取类似第 5 章中 APA 算法所用的 q。q 越大收敛越快，但大的 q 值增大了计算复杂度和收敛后的误差下限。在实践中，相对较小的 q 值，例如 l 的一个较小比例，即可显著提高收敛速度(与归一化最小均方误差算法(NLMS)相比)。有时，我们可以从一个相对较大的 q 值开始，一旦误差减小，即可赋予 q 一个更小的值以降低误差下限。

值得注意的是，在 APA 算法中，通过对一个 $q\times q$ 的矩阵求逆来实现对长度为 q 的滑动窗口中的数据的复用。在 APSM 中，则是通过 q 个投影操作实现复用的，这会导致复杂性线性依赖于 q，而且这些投影操作是可以并行执行的。此外，APA 对噪声更加敏感，因为投影操作是在超平面上执行的。与之相对，在 APSM 算法中，投影是在超平面块上执行的，与噪声是隐式相关的(参见[102])。

附注 8.5

- 如果超平面块塌缩为超平面($\epsilon=0$)且 $q=1$，则算法变为 NLMS。实际上，对此情
378 形，式(8.39)中的投影操作变为超平面 H 上的投影，H 由($y_n,\boldsymbol{x}_n$)定义，即

$$\boldsymbol{x}_n^{\mathrm{T}}\boldsymbol{\theta}=y_n$$

且由式(8.11)适当调整符号后，我们得到

$$P_H(\boldsymbol{\theta}_{n-1})=\boldsymbol{\theta}_{n-1}-\frac{\boldsymbol{x}_n^{\mathrm{T}}\boldsymbol{\theta}_{n-1}-y_n}{\|\boldsymbol{x}_n\|^2}\boldsymbol{x}_n \tag{8.43}$$

将式(8.43)代入式(8.39)，我们得到

$$\boldsymbol{\theta}_n = \boldsymbol{\theta}_{n-1} + \frac{\mu_n}{\|\boldsymbol{x}_n\|^2} e_n \boldsymbol{x}_n$$

$$e_n = y_n - \boldsymbol{x}_n^{\mathrm{T}} \boldsymbol{\theta}_{n-1}$$

这就是 5.6.1 节中介绍的归一化最小均方误差法。

- 与 APSM 算法家族紧密相关的是集合成员(set-membership)算法(参见[29, 32-34, 61])。此类算法可视为 APSM 方法的特殊情况，其中只用了特殊类型的凸集，例如超平面块。而且，在每个迭代步进行单一投影操作，投影到与最近的观测值对相关联的集合上。例如，在[34, 99]中，一个集合成员 APA 算法的递归更新过程如下

$$\boldsymbol{\theta}_n = \begin{cases} \boldsymbol{\theta}_{n-1} + X_n(X_n^{\mathrm{T}} X_n)^{-1}(\boldsymbol{e}_n - \boldsymbol{y}_n), & 若 |e_n| > \epsilon \\ \boldsymbol{\theta}_{n-1}, & 其他 \end{cases} \tag{8.44}$$

其中 $X_n = [\boldsymbol{x}_n, \boldsymbol{x}_{n-1}, \cdots, \boldsymbol{x}_{n-q+1}]$，$\boldsymbol{y}_n = [y_n, y_{n-1}, \cdots, y_{n-q+1}]^{\mathrm{T}}$，$\boldsymbol{e}_n = [e_n, e_{n-1}, \cdots, e_{n-q+1}]^{\mathrm{T}}$，$e_n = y_n - \boldsymbol{x}_n^{\mathrm{T}} \boldsymbol{\theta}_{n-1}$。文献[34]中采用能量守恒论证方法(第 5 章)对集合成员 APA 算法进行了随机分析，给出了均方误差(MSE)性能。

例 8.2 本例的目标是比较 NLMS、APA、APSM 和递归最小二乘(RLS)算法的收敛性能。实验是在两种不同的噪声设置下进行的，一种噪声水平低，另一种噪声水平高，这是为了展示 APA 算法比 APSM 更强的敏感性。数据的生成还是采用我们所熟悉的模型

$$y_n = \boldsymbol{\theta}_o^{\mathrm{T}} \boldsymbol{x}_n + \eta_n$$

参数 $\boldsymbol{\theta}_o \in \mathbb{R}^{200}$ 从一个 $\mathcal{N}(0,1)$ 分布中随机选取，然后固定下来。输入向量由一个白噪声序列形成，样本是从一个 $\mathcal{N}(0,1)$ 分布中抽取的独立同分布的样本。

在第一个实验中，白噪声序列的选取满足 $\sigma^2 = 0.01$。三个算法的参数选取如下：NLMS 中 $\mu = 1.2$ 和 $\delta = 0.001$；APA 中 $q = 30$、$\mu = 0.2$ 和 $\delta = 0.001$；APSM 中 $\epsilon = \sqrt{2}\sigma$、$q = 30$ 和 $\mu_n = 0.5 * M_n$。这些参数令几个算法保持在相同的误差下限。图 8.25 显示了 100 次实验的平均平方误差，单位是 dB($10\log_{10}(e_n^2)$)。我们还给出了 $\beta = 1$ 时的 RLS 收敛曲线以

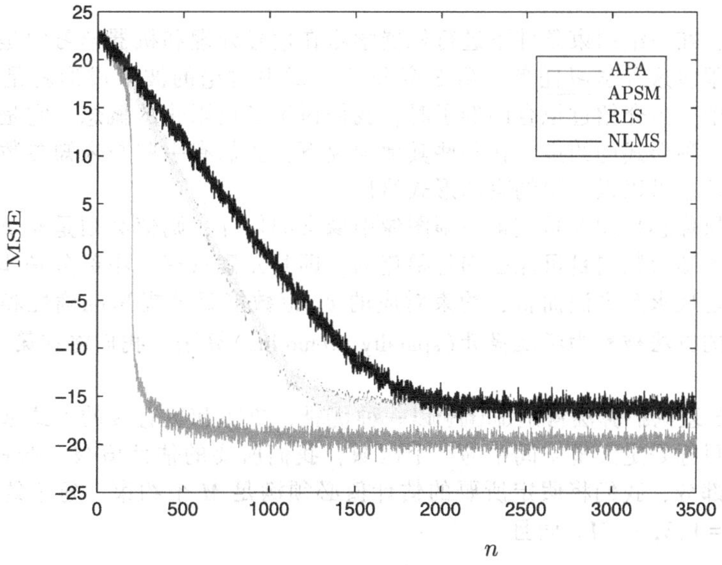

图 8.25　均方误差表示为迭代次数的函数，单位是 dB。由于采用了数据重用($q = 30$)，APA 和 APSM 较之 NLMS 显著提升了收敛速度。在此低噪声场景下，APA 和 APSM 的曲线几乎是一致的

379 进行对比，它收敛更快，同时具有更低的误差下限。如果将 β 值变小，使得 RLS 维持在与其他算法相当的误差下限，则其收敛速度会变得更快。但是，RLS 相对其他算法的性能提升是付出了更高复杂度代价的，当 l 值很大时这就会成为一个问题。我们也观察到 APA 和 APSM 较之 NLMS 收敛速度更快。

对高阶噪声，对应方差被增大到 0.3。得到的 MSE 曲线显示在图 8.26 中。可观察到，APA 的性能比 APSM 差，尽管它的复杂度还更高，原因是它需要进行矩阵求逆运算。

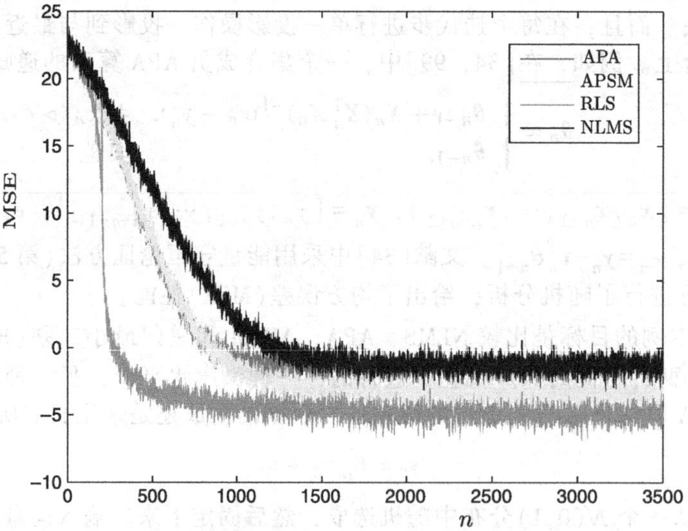

图 8.26　高噪声场景下的均方误差，表示为迭代次数的函数，单位是 dB。与图 8.25 对比，所有曲线的噪声水平都提高了。而且，注意在相同的收敛率下，APA 现在的误差下限要高于对应的 APSM 算法

8.8　约束学习

一般来说，在一组约束条件下进行机器学习在信号处理和机器学习中是很重要的。我们已经讨论了很多这种学习任务。第 5 章和第 4 章中讨论的波束成形就是一个典型的例子。在第 3 章中，当介绍过拟合的例子时，我们讨论了正则化的概念，它是对未知参数向量的范数的另一种形式的约束。在某些其他情况下，我们有一些与未知参数相关的先验信息，这种额外信息可以以一组约束的形式给出。

例如，如果你感兴趣的是获得一幅图像中像素的估计，则值必须是非负的。在最近的一些研究中，未知参数向量可能已知是稀疏的，即其元素只有一小部分是非零的。在此情
380 况下，对一个迭代求解方法而言，约束对应的 ℓ_1 范数能显著提高准确性和收敛速度。明确考虑稀疏性的方法被称为*稀疏提升*(sparsity promoting)算法，我们将在第 10 章中详细介绍这类算法。

源于 POCS 理论的算法特别适合于以一种优雅、鲁棒和更直接的方式来处理约束。注意每个约束的目标是定义解空间中的一个区域，我们所要的估计值被“强制”位于其中。在本节的剩余部分，我们将假定所要的估计值必须满足 M 个约束，每个约束定义一个凸点集，C_m，$m=1,2,\cdots,M$。而且

$$\bigcap_{m=1}^{M} C_m \neq \varnothing$$

这意味着约束是一致的(也存在一些方法，在其中可放松此条件)。这样，可以证明映射 T

$$T := P_{C_m} \cdots P_{C_1}$$

是一个强吸引非扩张(strongly attracting nonexpansive)映射，参见式(8.25)和[6, 7]。注意，如果投影算子不是进行连接，而是进行凸组合，结论还是成立的。

引入一组约束后，算法 8.2 中的 APSM 算法唯一的变化是式(8.39)给出的递归更新过程被替换为 381

$$\boldsymbol{\theta}_n = T\left(\boldsymbol{\theta}_{n-1} + \mu_n\left(\sum_{k=n-q+1}^{n} \omega_k P_{S_{\epsilon,k}}(\boldsymbol{\theta}_{n-1}) - \boldsymbol{\theta}_{n-1}\right)\right) \tag{8.45}$$

换句话说，对 M 个约束，必须再执行 M 个额外的投影操作。对式(8.38)也要做相同的改动，唯一的差异是括号中的求和项。

附注 8.6

- APSM 的约束版本已成功应用于波束成形问题，特别是能很好地处理非平凡约束，这是鲁棒波束成形情形[77, 80, 103, 104]所要求的。约束 APSM 还被有效地用于稀疏感知学习，参见[47, 83](也请参考第 10 章)。文献[89]中有对此问题的更详细的综述。

8.9 分布式 APSM

我们在第 5 章中讨论过分布式算法。在 5.13.2 节中，我们介绍了扩散 LMS 的两个版本——适应后组合和组合后适应。这两种策略也都适用于 APSM 算法的扩散版本[20, 22]。对 APSM，这两种策略的性能非常接近。

我们延续 5.13.2 节中的讨论，令节点 $k(k=1,2,\cdots,K)$ 最近收到的数据对为 $(y_k(n), \boldsymbol{x}_k(n)) \in \mathbb{R}\times\mathbb{R}^l$。对回归问题，构造对应的超平面块，即

$$S_{\epsilon,n}^{(k)} = \left\{\boldsymbol{\theta} : |y_k(n) - \boldsymbol{x}_k^{\mathrm{T}}(n)\boldsymbol{\theta}| \leqslant \epsilon_k\right\}$$

我们的目标是计算一个落在所有这些集合($n=1,2,\cdots$)交集中的点。继续采用类似扩散 LMS 所用的论证方法，就可以得到 APSM 的组合后适应版本，如算法 8.3 所示。

算法 8.3 (组合后适应扩散 APSM)

- 初始化
  - **For** $k=1,2,\cdots,K$ **Do**
    - $\boldsymbol{\theta}_k(0)=\mathbf{0}\in\mathbb{R}^l$；或其他任何值
  - **End For**
  - 选取 A：$A^{\mathrm{T}}\mathbf{1}=\mathbf{1}$
  - 选取 q；每个时刻处理的属性集的数目
- **For** $n=1,2,\cdots,q-1$ **Do**；初始化阶段，即 $n<q$
  - **For** $k=1,2,\cdots,K$ **Do**
    - $\boldsymbol{\psi}_k(n-1)=\sum_{m\in\mathcal{N}_k} a_{mk}\boldsymbol{\theta}_m(n-1)$；$\mathcal{N}_k$ 为节点 k 的邻居
  - **End For**
  - **For** $k=1,2,\cdots,K$ **Do** 382
    - 选择 $\omega_1,\cdots,\omega_n$：$\sum_{j=1}^{n}\omega_j=1$，$\omega_j>0$

  * 选取 $\mu_k(n) \in (0, 2M_k(n))$
    ▲ $\theta_k(n) = \psi_k(n-1) + \mu_k(n)\left(\sum_{j=1}^{n} \omega_j P_{S_{\epsilon,j}^{(k)}}(\psi_k(n-1)) - \psi_k(n-1)\right)$
- ■ **End For**
- ● **For** $n=q, q+1, \cdots$ **Do**
  - ■ **For** $k=1,2,\cdots,K$ **Do**
    * $\psi_k(n-1) = \sum_{m \in \mathcal{N}_k} a_{mk} \theta_m(n-1)$
  - ■ **End For**
  - ■ **For** $k=1,2,\cdots,K$ **Do**
    * 选择 $\omega_n, \cdots, \omega_{n-q+1}$：$\sum_{j=n-q+1}^{n} \omega_j = 1$，$\omega_j > 0$
    * 选取 $\mu_k(n) \in (0, 2M_k(n))$
      ▲ $\theta_k(n) = \psi_k(n-1) + \mu_k(n)\left(\sum_{j=n-q+1}^{n} \omega_j P_{S_{\epsilon,j}^{(k)}}(\psi_k(n-1)) - \psi_k(n-1)\right)$
  - ■ **End For**
- ● **End For**

边距 $M_{k,n}$ 定义为

$$M_k(n) = \sum_{j=n-q+1}^{n} \frac{\omega_j \left\| P_{S_{\epsilon,j}^{(k)}}(\psi_k(n-1)) - \psi_k(n-1) \right\|^2}{\left\| \sum_{j=n-q+1}^{n} \omega_j P_{S_{\epsilon,j}^{(k)}}(\psi_k(n-1)) - \psi_k(n-1) \right\|^2}$$

初始阶段与之类似。

附注 8.7

- 基于 APSM 的扩散算法的一个重要理论特性是：它们能达到渐近共识(asymptotic consensus)。换句话说，节点渐近收敛到相同的估计值。与扩散 LMS 不同，这种渐近共识并不落在均值上。这很有趣，因为并未引入明确的共识约束。
- 在[22]中，在组合步骤之后、适配步骤之前加入了一个额外的投影步骤。这一额外步骤的目的是“调和”局部信息，这些局部信息与来自邻居的信息(即邻居节点获得的估计值)一起组成了输入/输出观测值。这一方法加速了收敛，代价只是一次额外的投影操作。
- [22]中还处理了某些节点损坏、观测值噪声非常严重的情况。为此，APSM 算法不再使用超平面块，而是围绕胡贝尔损失函数进行了重构，胡贝尔损失函数是为鲁棒统计设计的，用来处理离群值(参见第 11 章)。

例 8.3　本例的目标是比较扩散 LMS 和扩散 APSM 的性能。我们考虑一个 $K=10$ 个节点的网络，节点间有 32 条链接。在每个节点中，根据一个回归模型生成数据，使用相
383 同的向量 $\theta_o \in \mathbb{R}^{60}$。后者通过一个正态分布 $\mathcal{N}(0,1)$ 随机生成。输入向量根据正态分布 $\mathcal{N}(0,1)$ 生成，是独立同分布的。每个节点的噪声水平在 20~25dB 间变化。参数的选取令算法性能最优、收敛率相近。对 LMS 取 $\mu=0.035$，对 APSM 取 $\epsilon=\sqrt{2}\sigma$、$q=20$ 和 $\mu_k(n)=0.2M_k(n)$。组合权重根据 Metropolis 准则选取，数据组合矩阵设定为单位阵(不交换观测值)。图 8.27 显示了 APSM 采用数据重用所获得的收益。图中曲线将均方偏差(MSD $= \frac{1}{K}\sum_{k=1}^{K} \|\theta_k(n) - \theta_o\|^2$)以迭代次数的函数的形式显示。

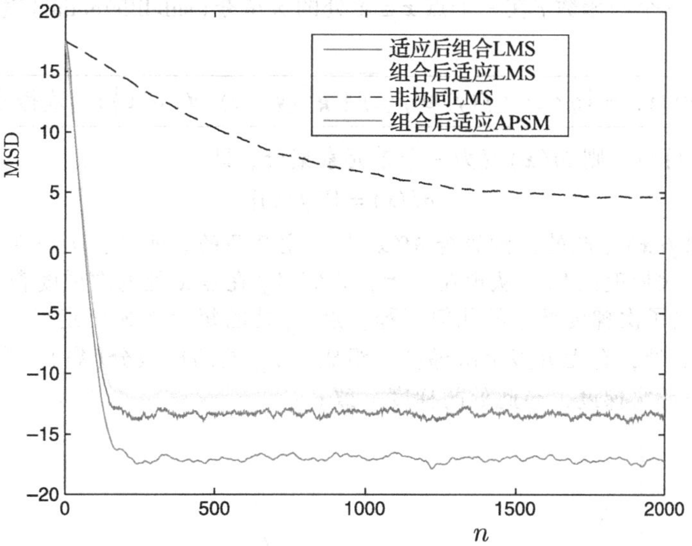

图 8.27　以迭代次数的函数的形式显示 MSD。很容易观察到扩散 ASPM 采用数据重用带来的性能提升。而且，很容易观察到所有协同算法相对于非协同的 LMS(只使用了一个节点)的显著性能优势

8.10　优化非光滑凸代价函数

在优化领域，在给定了一组约束的条件下，通过使用凸损失函数来估计参数的方法已被深入研究，并在很多学科得到了广泛应用。主流方法或者采用拉格朗日乘子法[11, 15]，或者采用内点(interior point)法背后的原理[15, 90]。在本节中，我们将关注另一条技术路线，考虑迭代方法，它可视为第 5 章中讨论的梯度下降法的推广。关注这种技术的原因是，由它产生的变体具有很好的维度扩展性，它还在机器学习和信号处理社区中催生了若干适合在线学习的算法。稍后，我们将转向一些更高级的技术，它们构建在算子/映射和不动点理论框架之上。 384

虽然我们的讨论都是在欧氏空间 $\mathbb{R}^l$ 中，但所有内容都能推广到无限维希尔伯特空间，我们将在第 11 章中讨论这种情况。

8.10.1　次梯度和次微分

我们在式(8.3)中已经遇到过一阶凸性条件，并已证明存在凸性的充要条件，当然前提是梯度是存在的。此条件主要陈述了凸函数的图位于超平面之上，超平面与图上任意点$(\boldsymbol{x}, f(\boldsymbol{x}))$相切。

我们现在前进一步，假设函数

$$f: \mathcal{X} \subseteq \mathbb{R}^l \longmapsto \mathbb{R}$$

是凸的、连续但不光滑的。这意味着在有些点处梯度是未定义的。我们的目标现在就变为对凸函数推广梯度的概念。

定义 8.7　如果下式成立，我们称一个向量 $\boldsymbol{g} \in \mathbb{R}^l$ 是一个凸函数 f 在一个点 $\boldsymbol{x} \in \mathcal{X}$ 处的次梯度(subgradient)

$$\boxed{f(\boldsymbol{y}) \geqslant f(\boldsymbol{x}) + \boldsymbol{g}^{\mathrm{T}}(\boldsymbol{y} - \boldsymbol{x}), \quad \forall \boldsymbol{y} \in \mathcal{X}: \quad \text{次梯度}} \tag{8.46}$$

已经证明此向量不是唯一的。一个(凸)函数在一个点上的所有次梯度组成了一个集合。

定义 8.8 一个凸函数 f 在一个点 $\boldsymbol{x}\in\mathcal{X}$ 处的次微分(subdifferential)表示为 $\partial f(\boldsymbol{x})$，定义为如下集合

$$\boxed{\partial f(\boldsymbol{x}):=\left\{\boldsymbol{g}\in\mathbb{R}^l: f(\boldsymbol{y})\geqslant f(\boldsymbol{x})+\boldsymbol{g}^{\mathrm{T}}(\boldsymbol{y}-\boldsymbol{x}),\ \forall\boldsymbol{y}\in\mathcal{X}\right\}:\quad \text{次微分}} \tag{8.47}$$

如果 f 在点 $\boldsymbol{x}$ 处可微，则 $\partial f(\boldsymbol{x})$ 变为一个单元素集合，即

$$\partial f(\boldsymbol{x})=\{\nabla f(\boldsymbol{x})\}$$

注意，如果 $f(\boldsymbol{x})$ 是凸的，则集合 $\partial f(\boldsymbol{x})$ 是非空且凸的。而且，$f(\boldsymbol{x})$ 在点 $\boldsymbol{x}$ 处可微当且仅当它有唯一的次梯度[11]。从现在开始，我们将 f 在点 $\boldsymbol{x}$ 处的次梯度表示为 $f'(\boldsymbol{x})$。

图 8.28 给出了次梯度概念的几何解释。点 $\boldsymbol{x}_0$ 处的每个次梯度定义了一个支持 f 的图的超平面。在 $\boldsymbol{x}_0$ 处，有无穷多个次梯度，组成了 $\boldsymbol{x}_0$ 处的次微分(集)。在 $\boldsymbol{x}_1$ 处，函数是可微的，有唯一的次梯度，与此处的梯度一致。

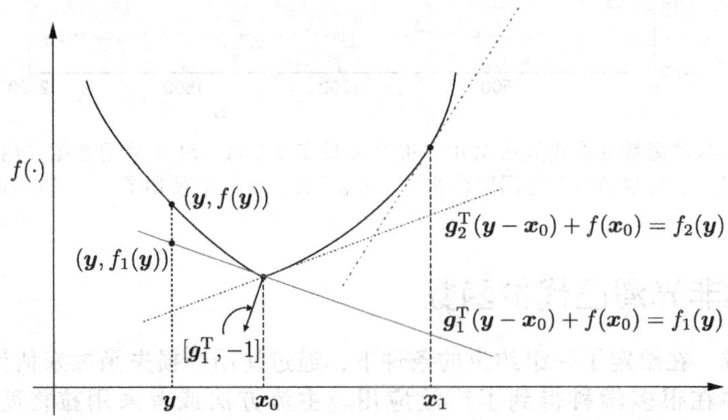

图 8.28 在 $\boldsymbol{x}_0$ 处，有无穷多个次梯度，每个次梯度定义了扩展 $(\boldsymbol{x},f(\boldsymbol{x}))$ 空间中的一个超平面。所有这些超平面都经过点 $(\boldsymbol{x}_0,f(\boldsymbol{x}_0))$，支撑 $f(\cdot)$ 的图。在点 $\boldsymbol{x}_1$ 处，有唯一的次梯度，与此处的梯度一致，定义了图上对应点处的相切超平面

例 8.4 令 $x\in\mathbb{R}$ 且

385 $$f(x)=|x|$$

则可证明

$$\partial f(x)=\begin{cases}\operatorname{sgn}(x), & \text{若} x\neq 0\\ g\in[-1,1], & \text{若} x=0\end{cases}$$

其中 $\operatorname{sgn}(\cdot)$ 是符号函数，若参数是正的则函数值为 1，若参数是负的则函数值为-1。

实际上，若 $x>0$，则

$$g=\frac{\mathrm{d}x}{\mathrm{d}x}=1$$

类似的，若 $x<0$，则 $g=-1$。对 $x=0$，任何 $g\in[-1,1]$ 满足

$$g(y-0)+0=gy\leqslant|y|$$

且它是一个次梯度。图 8.29 展示了此例。

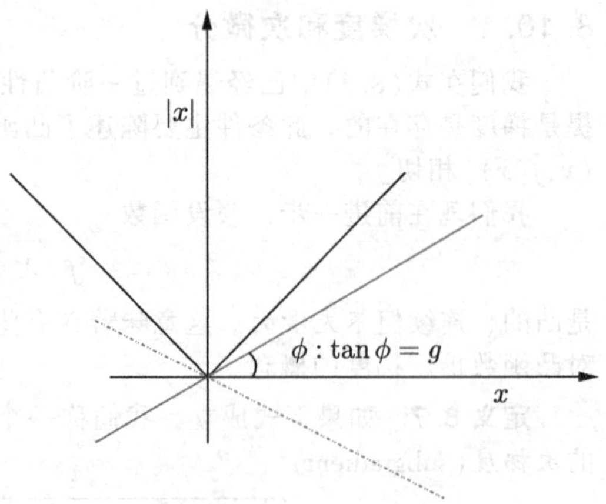

图 8.29 所有斜率 $\in[-1,1]$ 的线组成了 $x=0$ 处的次微分

引理 8.2 给定一个凸函数 f：$\mathcal{X}\subseteq\mathbb{R}^l\longmapsto$

$\mathbb{R}$，一个点 $x_* \in \mathcal{X}$ 是 f 的最小值当且仅当零向量属于其次微分集，即

$$\boxed{\mathbf{0} \in \partial f(x_*)：\quad 最小值的条件} \tag{8.48}$$

证明：由次梯度的定义可直接得到证明。实际上，假设 $\mathbf{0} \in \partial f(x_*)$，则下式成立

$$f(y) \geqslant f(x_*) + \mathbf{0}^{\mathrm{T}}(y - x_*),\ \forall y \in \mathcal{X}$$ 386

且 x_* 是最小值。若现在假设 x_* 是一个最小值，则我们得到

$$f(y) \geqslant f(x_*) = f(x_*) + \mathbf{0}^{\mathrm{T}}(y - x_*)$$

因此 $\mathbf{0} \in \partial f(x_*)$。□

例 8.5 令距离衡量函数为

$$d_C(x) := \min_{y \in C} \|x - y\|$$

如 8.3 节定义，这其实是一个点到封闭凸集 C 上的投影到这个点的距离。然后可证明（习题 8.24）次微分为

$$\partial d_C(x) = \begin{cases} \frac{x - P_C(x)}{\|x - P_C(x)\|}, & x \notin C \\ N_C(x) \cap B[\mathbf{0}, 1], & x \in C \end{cases} \tag{8.49}$$

其中

$$N_C(x) := \left\{ g \in \mathbb{R}^l : g^{\mathrm{T}}(y - x) \leqslant 0, \forall y \in C \right\}$$

和

$$B[\mathbf{0}, 1] := \left\{ x \in \mathbb{R}^l : \|x\| \leqslant 1 \right\}$$

而且，若 x 是 C 的一个内点，则

$$\partial d_C(x) = \{\mathbf{0}\}$$ 387

可以观察到，对所有点 $x \notin C$ 和 C 的内点，次梯度是一个单元素集合，这意味着 $d_C(x)$ 是可微的。回忆一下，函数 $d_C(\cdot)$ 是非负的、凸的且连续的[44]。注意，式(8.49)也能推广到无限维的希尔伯特空间。

8.10.2 最小化非光滑连续凸损失函数：批量学习实例

令 J 是一个代价函数[㊀]

$$J : \mathbb{R}^l \longmapsto [0, +\infty)$$

C 是一个封闭凸集，$C \subseteq \mathbb{R}^l$。我们的任务是对未知参数向量计算对应的最小值，即

$$\theta_* = \arg\min_{\theta} J(\theta) \quad 满足 \quad \theta \in C \tag{8.50}$$

我们假定解集合非空。假定 J 是凸的、连续的，但不必在所有点都可微。我们已经看到过这种损失函数的例子，例如式(8.33)中的线性 ϵ-不敏感函数与合页函数（式(8.37)）。ℓ_1 范数函数是另一个例子，我们将在第 9 章和第 10 章中讨论它。

1. 次梯度方法

我们的起点是一个最简单的情形 $C = \mathbb{R}^l$；即最小化任务是无约束的。我们首先能想到

㊀ 回忆一下，这里讨论的所有方法都能扩展到更一般的希尔伯特空间 $\mathbb{H}$。

的是考虑第5章中介绍的梯度下降法的推广，将梯度替换为次梯度操作。得到的方法被称为次梯度算法[74，75]。

从任意估计值 $\boldsymbol{\theta}^{(0)} \in \mathbb{R}^l$ 开始，递归更新过程变为

$$\boxed{\boldsymbol{\theta}^{(i)} = \boldsymbol{\theta}^{(i-1)} - \mu_i J'\left(\boldsymbol{\theta}^{(i-1)}\right):\quad \text{次梯度算法}} \tag{8.51}$$

其中 J' 表示代价函数的任意次梯度，μ_i 为精心选取的能保证收敛的步长序列。这种方法虽然表面上与我们熟悉的梯度下降法很相似，但它们有一些重要的差异。读者可能注意到了，新算法并未被命名为次梯度"下降"。这是因为不必在下降方向执行式(8.51)中的更新操作。因此，在算法操作期间，代价函数的值可能上升。回忆一下，如我们在第5章所述，在梯度下降法中，代价函数的值保证在每个迭代步都下降，从而产生了线性收敛率。

而次梯度方法则相反，不能得到同样结论。为了达到收敛，必须采取不同路线。为此，我们定义

388

$$J_*^{(i)} := \min\left\{J\left(\boldsymbol{\theta}^{(i)}\right), J\left(\boldsymbol{\theta}^{(i-1)}\right), \cdots, J\left(\boldsymbol{\theta}^{(0)}\right)\right\} \tag{8.52}$$

也可写成递归形式

$$J_*^{(i)} = \min\left\{J_*^{(i-1)}, J\left(\boldsymbol{\theta}^{(i)}\right)\right\}$$

则下面命题成立。

命题 8.3　令J是一个凸代价函数。假定所有点处的次梯度都是有界的，即

$$||J'(\boldsymbol{x})|| \leqslant G,\ \forall \boldsymbol{x} \in \mathbb{R}^l$$

我们假定步长序列是递减的，例如

$$\sum_{i=1}^{\infty} \mu_i = \infty,\quad \sum_{i=1}^{\infty} \mu_i^2 < \infty$$

则

$$\lim_{i \longrightarrow \infty} J_*^{(i)} = J(\boldsymbol{\theta}_*)$$

其中 $\boldsymbol{\theta}_*$ 是最小值，假定最小值集合非空。

证明：我们有

$$\begin{aligned}\left\|\boldsymbol{\theta}^{(i)} - \boldsymbol{\theta}_*\right\|^2 &= \left\|\boldsymbol{\theta}^{(i-1)} - \mu_i J'\left(\boldsymbol{\theta}^{(i-1)}\right) - \boldsymbol{\theta}_*\right\|^2 \\ &= \left\|\boldsymbol{\theta}^{(i-1)} - \boldsymbol{\theta}_*\right\|^2 - 2\mu_i J'^{\mathrm{T}}\left(\boldsymbol{\theta}^{(i-1)}\right)\left(\boldsymbol{\theta}^{(i-1)} - \boldsymbol{\theta}_*\right) + \\ &\quad \mu_i^2 \left\|J'\left(\boldsymbol{\theta}^{(i-1)}\right)\right\|^2\end{aligned} \tag{8.53}$$

由次梯度的定义，我们有

$$J(\boldsymbol{\theta}_*) - J\left(\boldsymbol{\theta}^{(i-1)}\right) \geqslant J'^{\mathrm{T}}\left(\boldsymbol{\theta}^{(i-1)}\right)\left(\boldsymbol{\theta}_* - \boldsymbol{\theta}^{(i-1)}\right) \tag{8.54}$$

将式(8.54)代入式(8.53)，经过一些代数操作后，递归地应用得到的不等式(习题8.25)，我们最终得到

$$J_*^{(i)} - J(\boldsymbol{\theta}_*) \leqslant \frac{\left\|\boldsymbol{\theta}^{(0)} - \boldsymbol{\theta}_*\right\|^2}{2\sum_{k=1}^{i} \mu_k} + \frac{\sum_{k=1}^{i} \mu_k^2}{2\sum_{k=1}^{i} \mu_k} G^2 \tag{8.55}$$

令 i 无限增大并考虑前提假设，命题得证。□

此证明有很多变化版本。而且，也可以选取其他递减序列保证收敛，例如 $\mu_i = 1/\sqrt{i}$。

而且，在特定情况下，某些假设可以放松。注意，次梯度有界的假设是有保证的，如果 J 是 γ-利普希茨连续的（习题 8.26），即存在 $\gamma>0$ 满足 389

$$|J(\boldsymbol{y})-J(\boldsymbol{x})|\leqslant\gamma\|\boldsymbol{y}-\boldsymbol{x}\|,\ \forall\boldsymbol{x},\boldsymbol{y}\in\mathbb{R}^l$$

从一个稍微不同的角度解释此命题，我们可以说算法生成了一个估计值的子序列 $\boldsymbol{\theta}_{i_*}$，对应 $J_*^{(i)}$ 的值，已证明 $J(\boldsymbol{\theta}_{i_*})\leqslant J(\boldsymbol{\theta}_i)$，$i\leqslant i_*$ 收敛至 $\boldsymbol{\theta}_*$。如果对 μ_k 优化式（8.55）中的界，能达到的最好可能收敛率是 $\mathcal{O}\left(\frac{1}{\sqrt{i}}\right)$ 阶的[64]，是在 $\mu_i=\frac{c}{\sqrt{i}}$ 时达到的，其中 c 是一个常数。在任何情况下，容易注意到这种方法的收敛速度是相当慢的。但也是因为其计算简单，这些方法仍被使用，特别是在数据样本数目巨大的情况下。感兴趣的读者可参考[10，75]获得更多次梯度方法相关的内容。

例 8.6　感知机算法　回忆式（8.37）中定义的合页损失函数，$\rho=0$ 时

$$\mathcal{L}(y,\boldsymbol{\theta}^{\mathrm{T}}\boldsymbol{x})=\max\left(0,-y\boldsymbol{\theta}^{\mathrm{T}}\boldsymbol{x}\right)$$

在一个两类分类任务中，给定一个训练样本集，$(y_n,\boldsymbol{x}_n)\in\{-1,+1\}\times\mathbb{R}^{l+1}$，$n=1,2,\cdots,N$，我们的目标是计算一个线性分类器，最小化下面的经验风险函数

$$J(\boldsymbol{\theta})=\sum_{n=1}^{N}\mathcal{L}(y_n,\boldsymbol{\theta}^{\mathrm{T}}\boldsymbol{x}_n)\tag{8.56}$$

我们假设两类是*线性可分的*，这保证了解的存在；即存在一个超平面能正确分类所有数据点。显然，这样一个超平面将会令公式（8.56）中的代价函数值为 0。我们已经假定输入数据空间的维数增大了 1，来说明超平面的偏项不经过原点。

合页损失函数的次微分很容易检验（例如，使用几何论证，建立起次梯度与对应函数图的支撑超平面间的关联）

$$\partial\mathcal{L}(y_n,\boldsymbol{\theta}^{\mathrm{T}}\boldsymbol{x}_n)=\begin{cases}0, & y_n\boldsymbol{\theta}^{\mathrm{T}}\boldsymbol{x}_n>0\\ -y_n\boldsymbol{x}_n, & y_n\boldsymbol{\theta}^{\mathrm{T}}\boldsymbol{x}_n<0\\ \boldsymbol{g}\in[-y_n\boldsymbol{x}_n,0], & y_n\boldsymbol{\theta}^{\mathrm{T}}\boldsymbol{x}_n=0\end{cases}\tag{8.57}$$

我们选择使用下面的次梯度

$$\mathcal{L}'(y_n,\boldsymbol{\theta}^{\mathrm{T}}\boldsymbol{x}_n)=-y_n\boldsymbol{x}_n\chi_{(-\infty,0]}\left(y_n\boldsymbol{\theta}^{\mathrm{T}}\boldsymbol{x}_n\right)\tag{8.58}$$

其中 $\chi_A(\tau)$ 为特征函数，定义如下

$$\chi_A(\tau)=\begin{cases}1, & \tau\in A\\ 0, & \tau\notin A\end{cases}\tag{8.59}$$

次梯度算法现在变为

$$\boldsymbol{\theta}^{(i)}=\boldsymbol{\theta}^{(i-1)}+\mu_i\sum_{n=1}^{N}y_n\boldsymbol{x}_n\chi_{(-\infty,0]}\left(y_n\boldsymbol{\theta}^{(i-1)\mathrm{T}}\boldsymbol{x}_n\right)\tag{8.60}$$ 390

这就是著名的*感知机算法*（perceptron algorithm），我们将在第 18 章更详细地介绍它。现在，我们只是简单介绍一下它的基本思想。从任意一个 $\boldsymbol{\theta}^{(0)}$ 开始，用 $\boldsymbol{\theta}^{(i-1)}$ 测试所有训练向量。选择所有不能预测正确类别的向量（对正确类别，$y_n\boldsymbol{\theta}^{(i-1)\mathrm{T}}\boldsymbol{x}_n>0$），并沿着误分类模式的加权平均（权重依对应标签设定）的方向更新当前估计值。已证明，即使步长序列不是递减的，此算法也能在有限步内收敛。这也是我们在之前的一些例子里提到过的，即使命题 8.3 中某些假设不成立，次梯度算法仍能保证收敛。

2. 通用投影次梯度方案

次梯度算法的很多不同版本选取它们起始点的通用方法可总结如下。任意选择 $\boldsymbol{\theta}^{(0)} \in \mathbb{R}^l$，则下面迭代方案会收敛(更一般的情况下是弱收敛)到式(8.50)中的约束学习任务的一个解

$$\boxed{\boldsymbol{\theta}^{(i)} = P_C\Big(\boldsymbol{\theta}^{(i-1)} - \mu_i J'\big(\boldsymbol{\theta}^{(i-1)}\big)\Big):\ \text{通用投影次梯度方案}} \tag{8.61}$$

其中 J' 表示对应的次梯度，P_C 为到 C 的投影算子。非负实数序列 μ_i 需精心选取。容易看出，如果我们设定 $C=\mathbb{R}^l$ 且 J 是可微的，则此方法是第 5 章中讨论的梯度下降法的推广。

3. 投影梯度法(PGM)

这种方法是公式(8.61)的一种特殊情况，如果 J 是光滑的且我们设定 $\mu_i=\mu$。即

$$\boxed{\boldsymbol{\theta}^{(i)} = P_C\Big(\boldsymbol{\theta}^{(i-1)} - \mu\nabla J\big(\boldsymbol{\theta}^{(i-1)}\big)\Big):\ \text{投影梯度方案}} \tag{8.62}$$

已证明，若梯度是 γ-利普希茨连续的，即

$$\|\nabla J(\boldsymbol{\theta}) - \nabla J(\boldsymbol{h})\| \leqslant \gamma\|\boldsymbol{\theta} - \boldsymbol{h}\|,\ \gamma > 0,\ \forall\boldsymbol{\theta},\ \boldsymbol{h} \in \mathbb{R}^l$$

和

$$\mu \in \left(0, \frac{2}{\gamma}\right)$$

则从任意 $\boldsymbol{\theta}^{(0)}$ 开始，式(8.62)中的序列都会收敛(在一般的希尔伯特空间中是弱收敛)到式(8.50)中的一个解[41, 52]。

例 8.7 投影兰德韦伯法　令我们的优化任务为

$$\begin{aligned} \text{最小化} &\quad \frac{1}{2}\|\boldsymbol{y} - X\boldsymbol{\theta}\|^2 \\ \text{满足} &\quad \boldsymbol{\theta} \in C \end{aligned}$$

其中 $X \in \mathbb{R}^{m\times l}$，$\boldsymbol{y} \in \mathbb{R}^m$。扩展并使用梯度，我们得到

391

$$J(\boldsymbol{\theta}) = \frac{1}{2}\boldsymbol{\theta}^{\mathrm{T}} X^{\mathrm{T}} X\boldsymbol{\theta} - \boldsymbol{y}^{\mathrm{T}} X\boldsymbol{\theta} + \frac{1}{2}\boldsymbol{y}^{\mathrm{T}}\boldsymbol{y}$$

$$\nabla J(\boldsymbol{\theta}) = X^{\mathrm{T}} X\boldsymbol{\theta} - X^{\mathrm{T}}\boldsymbol{y}$$

我们先检查 $\nabla J(\boldsymbol{\theta})$ 是 γ-利普希茨连续的。为此，我们有

$$\|X^{\mathrm{T}} X(\boldsymbol{\theta} - \boldsymbol{h})\| \leqslant \|X^{\mathrm{T}} X\|\|\boldsymbol{\theta} - \boldsymbol{h}\| \leqslant \lambda_{\max}\|\boldsymbol{\theta} - \boldsymbol{h}\|$$

其中使用了矩阵的谱范数(参见 6.4 节)，$\lambda_{\max}$ 表示最大特征值 $X^{\mathrm{T}}X$。因此，若

$$\mu \in \left(0, \frac{2}{\lambda_{\max}}\right)$$

则式(8.62)中的迭代会收敛到式(8.50)的一个解。此方法已经应用于压缩感知场景(我们将在第 10 章介绍)，其中感兴趣的任务是

$$\begin{aligned} \text{最小化} &\quad \frac{1}{2}\|\boldsymbol{y} - X\boldsymbol{\theta}\|^2 \\ \text{满足} &\quad \|\boldsymbol{\theta}\|_1 \leqslant \rho \end{aligned}$$

这样，证明了投影到(对应 C 的)的 ℓ_1 球等价于一个软阈值操作[⊖][35]。如果方法改为投

⊖ 参见第 10 章和例 8.10。

影到一个加权的 ℓ_1 球，则收敛速度更快(参见第 10 章)。文献[47]中已给出了投影到加权的 ℓ_1 球的方法，是通过纯粹的几何方法，最终得到软阈值操作。

4. 投影次梯度法

从任意一个点 $\boldsymbol{\theta}^{(0)}$ 开始，则给定条件

$$\sum_{i=1}^{\infty}\mu_i=\infty,\ \sum_{i=1}^{\infty}\mu_i^2<\infty$$

对下面递归过程[2, 55]

$$\boxed{\boldsymbol{\theta}^{(i)}=P_C\left(\boldsymbol{\theta}^{(i-1)}-\frac{\mu_i}{\max\left\{1,\left\|J'\left(\boldsymbol{\theta}^{(i-1)}\right)\right\|\right\}}J'\left(\boldsymbol{\theta}^{(i-1)}\right)\right):\ \text{投影次梯度法a}} \tag{8.63}$$

- 要么在有限步内得到式(8.50)的一个解。
- 要么收敛(在一般情况下是弱收敛)到式(8.50)的解集中的一个点。

文献[70]中给出了投影次梯度算法的另一个版本。令 $J_*=\min_{\boldsymbol{\theta}}J(\boldsymbol{\theta})$ 为代价函数的最小值(严格来说是下确界)，假定代价函数的极小值集合是非空的。对 $\mu_i\in(0,2)$ 和某些更一般的情况，并假定次梯度是有界的，则下面迭代算法会收敛(在无限维空间中是弱收敛)。 392

$$\boxed{\boldsymbol{\theta}^{(i)}=\begin{cases}P_C\left(\boldsymbol{\theta}^{(i-1)}-\mu_i\frac{J\left(\boldsymbol{\theta}^{(i-1)}\right)-J_*}{\left\|J'\left(\boldsymbol{\theta}^{(i-1)}\right)\right\|^2}J'\left(\boldsymbol{\theta}^{(i-1)}\right)\right), & \text{若}J'\left(\boldsymbol{\theta}^{(i-1)}\right)\neq\mathbf{0}\\ P_C\left(\boldsymbol{\theta}^{(i-1)}\right), & \text{若}J'\left(\boldsymbol{\theta}^{(i-1)}\right)=\mathbf{0}\end{cases}\quad\text{投影次梯度法b}} \tag{8.64}$$

收敛性的证明需要一点技巧，感兴趣的读者可以查阅[70, 82]来获得此证明。

除了我们已经介绍的现有主要方法外，还有一些变形，可参阅[82]获得相关综述。

8.10.3 凸优化在线学习

我们已经在第 5 章和第 6 章中介绍了平方误差损失函数框架中的在线学习。我们介绍在线学习的原因之一是希望令算法有追踪基础统计数据中时间变化的潜在能力。另一个原因是希望在随机逼近理论场景下，在代价函数中包含数学期望时能处理未知统计数据。而且，当可用数据量和输入空间的维数都变得非常巨大，已超出当今的存储设备、处理设备和网络设备的承载能力时，在线算法就显得尤为有趣。在当今时代，信息交换变得非常容易，数据库充满了大量数据。这使得即使采用批处理技术也难以训练庞大的数据集。在线算法每个时刻训练一个数据点，因此已成为不可或缺的算法工具。

回忆 3.14 节中我们的提到的，一个机器学习任务的最终目标是在给定一个损失函数 $\mathcal{L}$ 的前提下，最小化期望损失/风险，其参数化建模场景可表示为

$$\begin{aligned}J(\boldsymbol{\theta})&=\mathbb{E}\left[\mathcal{L}(\mathrm{y},f_{\boldsymbol{\theta}}(\mathbf{x}))\right]\\&:=\mathbb{E}\left[\mathcal{L}(\boldsymbol{\theta},\mathrm{y},\mathbf{x})\right]\end{aligned} \tag{8.65}$$

如果给定 N 个数据点的训练集，最小化对应的经验风险函数，则公式为

$$J_N(\boldsymbol{\theta})=\frac{1}{N}\sum_{n=1}^{N}\mathcal{L}(\boldsymbol{\theta},y_n,\boldsymbol{x}_n) \tag{8.66}$$

在此场景下，次梯度方法变为如下形式

$$\boldsymbol{\theta}^{(i)}=\boldsymbol{\theta}^{(i-1)}-\frac{\mu_i}{N}\sum_{n=1}^{N}\mathcal{L}_n'\left(\boldsymbol{\theta}^{(i-1)}\right)$$

其中，出于符号表示简便，我们使用了如下简写

393

$$\mathcal{L}_n(\boldsymbol{\theta}) := \mathcal{L}(\boldsymbol{\theta}, y_n, \boldsymbol{x}_n) \tag{8.67}$$

因此，每一步迭代我们必须计算 N 个次梯度值，当 N 值很大时计算代价很高。一种解决方法是采用第 5 章中介绍的随机逼近理论，并设计一个对应的在线版本

$$\boldsymbol{\theta}_n = \boldsymbol{\theta}_{n-1} - \mu_n \mathcal{L}_n'(\boldsymbol{\theta}_{n-1}) \tag{8.68}$$

其中迭代步数 i 与时间索引 n 就变成一致的了。有两种理解式(8.68)的方式。一种理解是 n 在区间[1,N]内取值，周期性地循环直至收敛，另一种理解是令 n 无限增长。对于很大的 N，后一种理解很自然，从现在开始我们主要关注这种场景。而且，如果存在缓慢时间变化的情况，这种策略也能处理。注意，在在线算法中，每个时刻对应的是不同的损失函数，我们的任务也变为渐近最小化。因而，我们必须研究渐近收敛性质，以及对应的收敛条件。我们很快将介绍一种分析在线算法性能的较新的工具，即悔过分析(regret analysis)。

已经证明，对 8.10.2 节中讨论的每个优化方法，我们都可以设计出其在线版本。给定损失函数序列 $\mathcal{L}_n$，$n=1,2,\cdots$，则通用投影次梯度法的在线版本为

$$\boldsymbol{\theta}_n = P_C\left(\boldsymbol{\theta}_{n-1} - \mu_n \mathcal{L}_n'(\boldsymbol{\theta}_{n-1})\right), \quad n = 1, 2, 3, \cdots \tag{8.69}$$

在一种更一般的设定下，约束相关的凸集也可以是随时间变化的；换句话说，我们可以写成 C_n。例如，研究者已经在稀疏感知学习场景中设计出了这种带时间变化约束的方法，其中用加权 ℓ_1 球代替了普通 ℓ_1 球[47]。这对加速算法收敛速度的确有巨大的效果，请参看第 10 章。

另一个例子是自适应梯度(AdaGrad)算法[38]。投影算子定义于更一般的场景，是用马氏距离定义的，即

$$P_C^G(\boldsymbol{x}) = \min_{\boldsymbol{z} \in C} (\boldsymbol{x} - \boldsymbol{z})^{\mathrm{T}} G (\boldsymbol{x} - \boldsymbol{z}), \quad \forall \boldsymbol{x} \in \mathbb{R}^l \tag{8.70}$$

用计算出的次梯度的平均外积平方根代替 G，即

$$G_n = \sum_{k=1}^{n} \boldsymbol{g}_k \boldsymbol{g}_k^{\mathrm{T}}$$

其中 $\boldsymbol{g}_k = \mathcal{L}'_k(\boldsymbol{\theta}_{k-1})$ 表示时刻 k 的次梯度。我们还使用相同的矩阵加权梯度校正，则方案变为如下形式

$$\boldsymbol{\theta}_n = P_C^{G_n^{1/2}}\left(\boldsymbol{\theta}_{n-1} - \mu_n G_n^{-1/2} \boldsymbol{g}_n\right) \tag{8.71}$$

(时间变化)加权矩阵的使用解释了在早期迭代中观察到的数据的几何含义，这导致了一种信息量更大的基于梯度的学习方法。为了节省计算，G_n 采用对角线结构。文献[38]中讨论了不同的算法设置以及算法的收敛性质；参见 18.4.2 节。

394

例 8.8 LMS 算法 我们假设

$$\mathcal{L}_n(\boldsymbol{\theta}) = \frac{1}{2}\left(y_n - \boldsymbol{\theta}^{\mathrm{T}} \boldsymbol{x}_n\right)^2$$

并设 $C=\mathbb{R}^l$、$\mu_n=\mu$。则式(8.69)变为我们熟悉的 LMS 递归

$$\boldsymbol{\theta}_n = \boldsymbol{\theta}_{n-1} + \mu\left(y_n - \boldsymbol{\theta}_{n-1}^{\mathrm{T}} \boldsymbol{x}_n\right)\boldsymbol{x}_n$$

其收敛性质已经在第 5 章讨论过。

PEGASOS 算法

SVM 原估计次梯度求解器(PEGASOS)算法是一种围绕合页损失函数构建的在线方法，

合页损失函数通过参数向量的平方欧氏范数进行了正则化，参见[73]。从这个角度看，它是投影次梯度算法的一种在线版本。如果我们在式(8.69)中进行设置，则此算法得到

$$\mathcal{L}_n(\boldsymbol{\theta}) = \max\left(0, 1 - y_n \boldsymbol{\theta}^{\mathrm{T}} \boldsymbol{x}_n\right) + \frac{\lambda}{2}||\boldsymbol{\theta}||^2 \tag{8.72}$$

其中，在本例中合页损失函数中的 ρ 被设定为等于 1。对应的经验风险函数为

$$J(\boldsymbol{\theta}) = \frac{1}{N}\sum_{n=1}^{N} \max\left(0, 1 - y_n \boldsymbol{\theta}^{\mathrm{T}} \boldsymbol{x}_n\right) + \frac{\lambda}{2}||\boldsymbol{\theta}||^2 \tag{8.73}$$

对其进行最小化会得到著名的支持向量机(support vector machine)。注意，它与感知机算法的差异仅在于使用了正则化矩阵以及 ρ 值非零。这些看似微小的差异在实践中有着重要的含义，我们将在第 11 章中对此进行更多讨论，会讨论在更一般的希尔伯特空间中处理非线性扩展。

PEGASOS 采用的次梯度是

$$\mathcal{L}'_n(\boldsymbol{\theta}) = \lambda\boldsymbol{\theta} - y_n \boldsymbol{x}_n \chi_{(-\infty,0]}\left(y_n \boldsymbol{\theta}^{\mathrm{T}} \boldsymbol{x}_n - 1\right) \tag{8.74}$$

步长选取为 $\mu_n = \frac{1}{\lambda n}$。而且，在其更一般的形式中，每步迭代会执行一个到长度为 $\frac{1}{\sqrt{\lambda}}$ 的 ℓ_2 球 $B\left[\mathbf{0}, \frac{1}{\sqrt{\lambda}}\right]$ 的(可选的)投影操作。则更新递归过程变为

$$\boldsymbol{\theta}_n = P_{B[\mathbf{0},\frac{1}{\sqrt{\lambda}}]}\left(\left(1 - \mu_n\lambda\right)\boldsymbol{\theta}_{n-1} + \mu_n y_n \boldsymbol{x}_n \chi_{(-\infty,0]}\left(y_n \boldsymbol{\theta}_{n-1}^{\mathrm{T}} \boldsymbol{x}_n - 1\right)\right) \tag{8.75}$$

其中 $P_{B\left[\mathbf{0},\frac{1}{\sqrt{\lambda}}\right]}$ 为到对应 ℓ_2 球上的投影，ℓ_2 球的定义见式(8.14)。在式(8.75)中，注意正则化的作用是平滑 $\boldsymbol{\theta}_{n-1}$ 的贡献。PEGASOS 算法有一个变形是针对点数 N 固定的情况的，它计算索引集 $A_n \subseteq [1,2,\cdots,N]$ 中 m 次梯度值的平均值，如满足 $y_k \boldsymbol{\theta}_{n-1}^{\mathrm{T}} \boldsymbol{x}_k < 1$ 的 $k \in A_n$。不同场景下 m 个索引的选取可采用不同方法，例如随机选取是可能的方法之一。方法具体描述请见算法 8.4。 395

算法 8.4 (PEGASOS 算法)

- 初始化
  - 选择 $\boldsymbol{\theta}^{(0)}$；通常设为 0
  - 选择 λ
  - 选择 m；用来计算平均值的次梯度值的数目
- **For** $n = 1, 2, \cdots, N$ **Do**
  - 均匀随机选取 $A_n \subseteq [1,2,\cdots,N]$：$|A_n| = m$
  - $\mu_n = \frac{1}{\lambda n}$
  - $\boldsymbol{\theta}_n = (1-\mu_n\lambda)\boldsymbol{\theta}_{n-1} + \frac{\mu_n}{m}\sum_{k\in A_n} y_k \boldsymbol{x}_k$
  - $\boldsymbol{\theta}_n = \min\left(1, \frac{1}{\sqrt{\lambda}\,\|\boldsymbol{\theta}_n\|}\right)\boldsymbol{\theta}_n$；可选的
- **End For**

应用悔过分析方法可论证，如果每步迭代对单一训练样本进行操作，为获得精度为ϵ的解，所需迭代次数为$\mathcal{O}(1/\epsilon)$。此算法非常像[45, 112]中提出的算法，差别在于步长的选取。我们将在第11章中再次讨论这些算法，那时我们将看到，无限维空间中的在线学习会更复杂。在文献[73]中，使用标准数据集对此算法和已得到公认的支持向量机算法进行了一系列的对比实验。此算法的优点在于计算简单，以较低的计算代价获得了与支持向量机算法相当的性能。

8.11　悔过分析

迭代学习中要解决的主要问题是算法的收敛；算法在何处收敛、在何条件下收敛以及多快收敛到稳态。第5章的大部分内容都在关注LMS的收敛性质。在本章中，当我们讨论到各种基于次梯度的算法时，也都讨论相应的收敛性质。

一般而言，分析在线算法的收敛性质会是一件相当困难的工作，经典方法通常都不得不采纳一系列假设，有些假设还相当强。常见的假设包括数据的统计特征(例如数据独立同分布或噪声是白噪声)。此外，还可能假设生成数据的真实模型已知，或假设算法已经到达参数空间中接近最小值的区域。

最近，产生了一类无须上述假设的方法。这类方法是围绕*累积损失*(cumulative loss)概念演化而来，我们已经在第5章5.5.2节中介绍过这个概念。这种方法被称为*悔过分析*(regret analysis)，其诞生是源于博弈论和学习理论相互影响的发展(参见[21])。

让我们假定训练样本$(y_n, \boldsymbol{x}_n)$，$n=1,2,\cdots$顺序到达，有一个在线算法能做出相应的预测$\hat{y}_n$。每个时刻预测的质量用损失函数$\mathcal{L}_n(y_n, \hat{y}_n)$进行检测。到时刻$N$的累积损失为
396

$$\mathcal{L}_{\text{cum}}(N) := \sum_{n=1}^{N} \mathcal{L}(y_n, \hat{y}_n) \tag{8.76}$$

令f为*不动*预测器。则到时刻N为止，在线算法相对于f的*后悔度*(regret)定义为

$$\boxed{\text{Regret}_N(f) := \sum_{n=1}^{N} \mathcal{L}(y_n, \hat{y}_n) - \sum_{n=1}^{N} \mathcal{L}(y_n, f(\boldsymbol{x}_n)):\quad \text{相对于}f\text{的后悔度}} \tag{8.77}$$

悔过这个名字继承自博弈论，它的含义是，回顾过往，算法或学习器(机器学习术语)对偏离不动预测器f的预测有多么“后悔”。预测器f被视为*前提假设*。而且，如果f是从一组函数$\mathcal{F}$中选取的，则$\mathcal{F}$被称为*假设类*。

当算法运行了N个时刻，相对于函数族$\mathcal{F}$的后悔度定义为

$$\text{Regret}_N(\mathcal{F}) := \max_{f \in \mathcal{F}} \text{Regret}_N(f) \tag{8.78}$$

在悔过分析中，目标是设计一个在线学习规则，使得得到的相对于最优不动预测器的后悔度尽量小；即学习器对应的后悔度应该随迭代次数N*次线性增长*(比线性慢)。次线性增长保证了学习器的*平均*损失与最优预测器的*平均*损失间的差距渐近趋向于0。

对线性函数类，我们有

$$\hat{y}_n = \boldsymbol{\theta}_{n-1}^{\mathrm{T}} \boldsymbol{x}_n$$

损失可写为

$$\mathcal{L}(y_n, \hat{y}_n) = \mathcal{L}(y_n, \boldsymbol{\theta}_{n-1}^{\mathrm{T}} \boldsymbol{x}_n) := \mathcal{L}_n(\boldsymbol{\theta}_{n-1})$$

用前面的符号改写式(8.77)，我们得到

$$\text{Regret}_N(\boldsymbol{h}) = \sum_{n=1}^{N} \mathcal{L}_n(\boldsymbol{\theta}_{n-1}) - \sum_{n=1}^{N} \mathcal{L}_n(\boldsymbol{h}) \tag{8.79}$$

其中 $\boldsymbol{h} \in C \subseteq \mathbb{R}^l$ 是集合 C 中一个不动参数向量，我们在那里寻找解。

在进一步讨论之前，我们注意到，很有意思的一点是，累积损失是基于学习器相对于 y_n，$\boldsymbol{x}_n$ 的损失得来的，而使用的估计值 $\boldsymbol{\theta}_{n-1}$ 则是用到时刻 $n-1$(包含)为止的数据训练出的。数据对($y_n, \boldsymbol{x}_n$)并未用于训练。从这点来看，累积损失与我们防止过拟合的需求是一致的。

在悔过分析框架中，遵循的路线是利用损失函数的凸性推导出后悔度的上界。我们将通过一个实例研究来展示相关技术——简单次梯度算法的在线版本。 397

8.11.1 次梯度算法的悔过分析

式(8.68)的在线版本最小化期望损失 $\mathbb{E}[\mathcal{L}(\boldsymbol{\theta}, \mathrm{y}, \mathbf{x})]$，可写为

$$\boldsymbol{\theta}_n = \boldsymbol{\theta}_{n-1} - \mu_n \boldsymbol{g}_n \tag{8.80}$$

其中，为了符号表示方便，次梯度表示为

$$\boldsymbol{g}_n := \mathcal{L}'_n(\boldsymbol{\theta}_{n-1})$$

命题 8.4 假定损失函数的次梯度是有界的，如下所示

$$||\boldsymbol{g}_n|| \leqslant G, \ \forall n \tag{8.81}$$

而且，假设解集合 $\mathcal{S}$ 也是有界的；即 $\forall \boldsymbol{\theta}$，$\boldsymbol{h} \in \mathcal{S}$，存在一个界 F，使得

$$||\boldsymbol{\theta} - \boldsymbol{h}|| \leqslant F \tag{8.82}$$

令 $\boldsymbol{\theta}_*$ 是一个(我们所需的)最优预测。则如果 $\mu_n = \frac{1}{\sqrt{n}}$，有

$$\boxed{\frac{1}{N}\sum_{n=1}^{N} \mathcal{L}_n(\boldsymbol{\theta}_{n-1}) \leqslant \frac{1}{N}\sum_{n=1}^{N} \mathcal{L}_n(\boldsymbol{\theta}_*) + \frac{F^2}{2\sqrt{N}} + \frac{G^2}{\sqrt{N}}} \tag{8.83}$$

换句话说，随着 $N \rightarrow \infty$，平均累积损失趋向于最优预测器的平均损失。

证明：由于我们假定采纳的损失函数是凸的，且由次梯度的定义，我们有

$$\mathcal{L}_n(\boldsymbol{h}) \geqslant \mathcal{L}_n(\boldsymbol{\theta}_{n-1}) + \boldsymbol{g}_n^{\mathrm{T}}(\boldsymbol{h} - \boldsymbol{\theta}_{n-1}), \quad \forall \boldsymbol{h} \in \mathbb{R}^l \tag{8.84}$$

或

$$\mathcal{L}_n(\boldsymbol{\theta}_{n-1}) - \mathcal{L}_n(\boldsymbol{h}) \leqslant \boldsymbol{g}_n^{\mathrm{T}}(\boldsymbol{\theta}_{n-1} - \boldsymbol{h}) \tag{8.85}$$

但回顾式(8.80)，我们可写出下式

$$\boldsymbol{\theta}_n - \boldsymbol{h} = \boldsymbol{\theta}_{n-1} - \boldsymbol{h} - \mu_n \boldsymbol{g}_n \tag{8.86}$$

会得到

$$\begin{aligned} ||\boldsymbol{\theta}_n - \boldsymbol{h}||^2 \ = \ & ||\boldsymbol{\theta}_{n-1} - \boldsymbol{h}||^2 + \mu_n^2 ||\boldsymbol{g}_n||^2 \\ & -2\mu_n \boldsymbol{g}_n^{\mathrm{T}}(\boldsymbol{\theta}_{n-1} - \boldsymbol{h}) \end{aligned} \tag{8.87}$$

考虑次梯度的界，式(8.87)可得到下面不等式

$$\boldsymbol{g}_n^{\mathrm{T}}(\boldsymbol{\theta}_{n-1} - \boldsymbol{h}) \leqslant \frac{1}{2\mu_n}\left(||\boldsymbol{\theta}_{n-1} - \boldsymbol{h}||^2 - ||\boldsymbol{\theta}_n - \boldsymbol{h}||^2\right) + \frac{\mu_n}{2}G^2 \tag{8.88}$$ 398

总结式(8.88)的两侧，并考虑不等式(8.85)，进行一些代数变换后(习题 8.30)，我们

得到

$$\sum_{n=1}^{N}\mathcal{L}_n(\boldsymbol{\theta}_{n-1})-\sum_{n=1}^{N}\mathcal{L}_n(\boldsymbol{h})\leqslant\frac{1}{2\mu_N}F^2+\frac{G^2}{2}\sum_{n=1}^{N}\mu_n \tag{8.89}$$

设 $\mu_n=1/\sqrt{n}$，使用前面的界，我们得到

$$\sum_{n=1}^{N}\frac{1}{\sqrt{n}}\leqslant 1+\int_1^N\frac{1}{\sqrt{t}}\mathrm{d}t=2\sqrt{N}-1 \tag{8.90}$$

并将式(8.89)两侧都除以 N，命题即对任意 $\boldsymbol{h}$ 得证。因此，它对 $\boldsymbol{\theta}_*$ 也成立。□

此证明遵循的是[113]中给出的证明方法，这篇论文首次采用了"后悔度"的概念分析凸在线算法。本书后面给出的针对更复杂算法的证明都以这样或那样的方式借鉴了这篇论文中的论证方法。

附注 8.8

- 若损失函数是强凸性的，我们可推导出后悔度的更紧的界[43]。一个函数 $f:\mathcal{X}\subseteq\mathbb{R}^l\longmapsto\mathbb{R}$ 若 $\forall\boldsymbol{y},\boldsymbol{x}\in\mathcal{X}$，它对 $\boldsymbol{x}$ 处的任意次梯度 $\boldsymbol{g}$ 都满足下面不等式，则称它是 σ-强凸性的(strongly convex)。

$$f(\boldsymbol{y})\geqslant f(\boldsymbol{x})+\boldsymbol{g}^{\mathrm{T}}(\boldsymbol{y}-\boldsymbol{x})+\frac{\sigma}{2}\|\boldsymbol{y}-\boldsymbol{x}\|^2 \tag{8.91}$$

  已证明，若 $f(\boldsymbol{x})-\frac{\sigma}{2}\|\boldsymbol{x}\|^2$ 是凸的，则函数 $f(\boldsymbol{x})$ 是强凸性的(习题 8.31)。

  对 σ-强凸性损失函数，如果次梯度算法的步长以 $\mathcal{O}\left(\frac{1}{\sigma n}\right)$ 的速率递减，则平均累积损失以 $\mathcal{O}\left(\frac{\ln N}{N}\right)$ 的速率逼近最优预测器的平均损失(习题 8.32)。例如，如 8.10.3 节中的讨论，PEGASOS 算法就是这种情况。
- 在[4，5]中，对一组非强凸性平滑损失函数(平方误差和对率回归)甚至常量步长的情况都推导出了 $\mathcal{O}(1/N)$ 的收敛率。分析方法遵循了统计论证方法。

8.12　在线学习和大数据应用：讨论

第 4、5、6 章中已经讨论了在线学习算法。本节的目的首先是总结一些发现，同时讨论在线方案与它们的批处理版本间的性能对比。

回忆一下，获取下面参数化预测器时的最终目标是选择 $\boldsymbol{\theta}$ 以便优化期望损失/风险函数，参见式(8.65)：

399
$$\hat{y}=f_{\boldsymbol{\theta}}(\boldsymbol{x})$$

出于实践原因，更多时候我们采用对应的经验公式(式(8.66))替代期望损失/风险函数。从学习理论的角度，如果相应函数类有足够约束性，则这种替代是合理的[94]。已有很多文献讨论性能的界，它可衡量期望风险得到的最优值与经验风险得到的最优值有多接近，结果表示为数据点数 N 的函数。注意，回忆一下来自概率论和统计理论中的众所周知的论证方法，当 $N\to\infty$ 时，经验风险趋近于期望风险(在一般假设下)。因此，对非常大的数据集，采用经验风险与采用期望风险没什么不同。但对于较小的数据集，就会产生一些问题。除了 N 的值之外，还需考虑另一个关键因素，即我们要搜索的解所在函数族的复杂度。换句话说，泛化性能不但严重依赖于 N，还严重依赖于此函数族的大小。在第 3 章中

我们已对 MSE 的特殊情况进行过相关讨论，当时是在方差权衡的场景下。更一般的理论的根源可追溯到瓦普尼克–泽范兰杰斯的开创性工作；读者可查阅[31, 95, 96]和[88]获得对主要结论的一些总结，其中较少涉及数学知识。

最后，我们将讨论一些结果，当然会根据我们当前讨论的需要裁剪内容。

8.12.1 近似、估计和优化误差

回忆一下，在一个机器学习任务中，所给定的只是一个训练样本集。为了启动“游戏”，设计者必须选择：损失函数 $\mathcal{L}(\cdot,\cdot)$，衡量预测值与真实值之间的偏差(误差)；一组(参数化)函数 $\mathcal{F}$

$$\mathcal{F}=\left\{f_{\boldsymbol{\theta}}:\ \boldsymbol{\theta}\in\mathbb{R}^K\right\}$$

基于选取的 $\mathcal{L}(\cdot,\cdot)$，还需确定基准函数 f_*，它最小化期望风险(参见第 3 章)，即

$$f_*=\arg\min_f \mathbb{E}\left[\mathcal{L}\big(\mathrm{y}, f(\mathbf{x})\big)\right]$$

或等价的

$$f_*(\boldsymbol{x})=\arg\min_{\hat{y}} \mathbb{E}\left[\mathcal{L}\left(y,\hat{y}\right)|\boldsymbol{x}\right] \tag{8.92}$$

如下式所示，令 $f_{\boldsymbol{\theta}_*}$ 表示得到的最优函数，我们通过最小化期望风险来得到它，期望风险局限在参数族 $\mathcal{F}$ 内，即

$$\boxed{f_{\boldsymbol{\theta}_*}:\ \boldsymbol{\theta}_*=\arg\min_{\boldsymbol{\theta}} \mathbb{E}\left[\mathcal{L}\big(\mathrm{y}, f_{\boldsymbol{\theta}}(\mathbf{x})\big)\right]} \tag{8.93}$$

但我们并不采用 $f_{\boldsymbol{\theta}_*}$，而是通过最小化经验风险 $J_N(\boldsymbol{\theta})$ 得到另一个函数 f_N

$$\boxed{f_N(\boldsymbol{x}):=f_{\boldsymbol{\theta}_*(N)}(\boldsymbol{x}):\ \boldsymbol{\theta}_*(N)=\arg\min_{\boldsymbol{\theta}} J_N(\boldsymbol{\theta})} \tag{8.94}$$ 400

一旦得到了 f_N，我们的兴趣就转移到评价其泛化性能；即计算 f_N 处的期望风险 $\mathbb{E}[\mathcal{L}(\mathrm{y}, f_N(\mathbf{x}))]$。可像文献[13]那样将相对于最优值的残余误差分解为

$$\mathcal{E}=\mathbb{E}\left[\mathcal{L}\big(\mathrm{y}, f_N(\mathbf{x})\big)\right]-\mathbb{E}\left[\mathcal{L}\big(\mathrm{y}, f_*(\mathbf{x})\big)\right]=\mathcal{E}_{\mathrm{appr}}+\mathcal{E}_{\mathrm{est}} \tag{8.95}$$

其中

$$\boxed{\mathcal{E}_{\mathrm{appr}}:=\mathbb{E}\left[\mathcal{L}\big(\mathrm{y}, f_{\boldsymbol{\theta}_*}(\mathbf{x})\big)\right]-\mathbb{E}\left[\mathcal{L}\big(\mathrm{y}, f_*(\mathbf{x})\big)\right]:\quad \text{近似误差}}$$

$$\boxed{\mathcal{E}_{\mathrm{est}}:=\mathbb{E}\left[\mathcal{L}\big(\mathrm{y}, f_N(\mathbf{x})\big)\right]-\mathbb{E}\left[\mathcal{L}\big(\mathrm{y}, f_{\boldsymbol{\theta}_*}(\mathbf{x})\big)\right]:\quad \text{估计误差}}$$

$\mathcal{E}_{\mathrm{appr}}$ 为近似(approximation)误差，$\mathcal{E}_{\mathrm{est}}$ 为估计(estimation)误差。前者衡量选取的函数族与最优/基准值相比有多好，后者衡量当采用经验风险函数进行优化时函数族 $\mathcal{F}$ 内的性能损失。大的函数族会带来低近似误差但估计误差更高，反之亦然。改进估计误差同时又能保持较小近似误差的一种方法是增大 N。函数族 $\mathcal{F}$ 的大小/复杂度通过其容量(capacity)来衡量，这可能依赖于参数数目，但情况并不总是这样；可参阅文献[88, 95]。例如，使用正则化，同时最小化经验风险，可对近似–估计误差权衡有决定性的影响。

在实践中，当优化(正则化的)经验风险时，我们不得不采用一种迭代最小化算法或在线算法，这会得到一个近似解，表示为 $\tilde{f}_N$。则式(8.95)中的残余误差会包含第三项[13, 14]

$$\mathcal{E}=\mathcal{E}_{\mathrm{appr}}+\mathcal{E}_{\mathrm{est}}+\mathcal{E}_{\mathrm{opt}} \tag{8.96}$$

其中

$$\boxed{\mathcal{E}_{\text{opt}} := \mathbb{E}\left[\mathcal{L}\big(\mathrm{y}, \tilde{f}_N(\mathbf{x})\big)\right] - \mathbb{E}\left[\mathcal{L}\big(\mathrm{y}, f_N(\mathbf{x})\big)\right]:\ \text{优化误差}}$$

在考虑残余误差的前提下推导性能的界的文献非常多。更细致的讨论已经超出了本书的范围。作为一个实例研究，我们将研究[14]中给出的讨论。

令 $\tilde{f}_N$ 的计算关联一个预定义的精度

$$\mathbb{E}\left[\mathcal{L}\big(\mathrm{y}, \tilde{f}_N(\mathbf{x})\big)\right] < \mathbb{E}\left[\mathcal{L}\big(\mathrm{y}, f_N(\mathbf{x})\big)\right] + \rho$$

则对实践中经常遇到的函数族，例如假定损失函数有强凸性[51]或对数据分布有特定假设[92]，可建立下面的等价关系

$$\mathcal{E}_{\text{appr}} + \mathcal{E}_{\text{est}} + \mathcal{E}_{\text{opt}} \sim \mathcal{E}_{\text{appr}} + \left(\frac{\ln N}{N}\right)^a + \rho, \quad a \in \left[\frac{1}{2}, 1\right] \tag{8.97}$$

401 此式验证了估计误差随着 $N\to\infty$ 而递减，它还对相应的收敛率提供了一条规则。至于残余误差 $\mathcal{E}$，除了我们无法控制(给定函数族 $\mathcal{F}$ 的前提下)的近似项，它还依赖于数据量和与所使用算法的相关的精度 ρ。如何控制这些参数依赖于学习任务的类型。

- *小规模任务*：这种类型的任务受限于训练点数 N。在此情况下，我们可以降低优化误差，因为计算代价不是问题，我们还可以最小化估计误差，对较少的训练点数这是可行的。在此情况下，我们可以实现近似–估计间的权衡。
- *大规模/大数据任务*：这种类型的任务受限于计算资源。因此，在限定了最大允许计算负载的前提下，计算代价低但不太精确的算法可得到较低的残余误差，因为与更精确但计算更复杂的算法相比，它充分地利用了大量数据。

8.12.2　批处理与在线学习

在这个小节中，我们感兴趣的是探究用在线算法替代其批处理版本会不会造成性能损失。这里有一个非常微妙的、已被证明在实践中非常重要的问题。我们会将讨论限定在可微凸损失函数。

影响算法性能(在平稳环境中)、收敛率和收敛后精度的因素主要有两个。最小化式(8.66)的批处理算法的一般形式可写为

$$\begin{aligned}\boldsymbol{\theta}^{(i)} &= \boldsymbol{\theta}^{(i-1)} - \mu_i \Phi_i \nabla J_N\big(\boldsymbol{\theta}^{(i-1)}\big) \\ &= \boldsymbol{\theta}^{(i-1)} - \frac{\mu_i}{N}\Phi_i \sum_{n=1}^{N} \mathcal{L}'\big(\boldsymbol{\theta}^{(i-1)}, y_n, \boldsymbol{x}_n\big)\end{aligned} \tag{8.98}$$

对次梯度下降法，$\Phi_i=I$，对牛顿型递归法，Φ_i 为损失函数的逆海森矩阵(参见第 6 章)。

注意，这并不是矩阵 Φ 唯一的选取方式。例如，在利文贝格–马夸特方法中，采用的是雅可比方阵，即

$$\Phi_i = \left[\nabla J\big(\boldsymbol{\theta}^{(i-1)}\big)\nabla^{\mathrm{T}} J\big(\boldsymbol{\theta}^{(i-1)}\big) + \lambda I\right]^{-1}$$

其中 λ 是正则化参数。文献[3]中提出了*自然梯度*(natural gradient)，它基于费舍尔信息矩阵，其中噪声分布由采用的预测模型 $f_{\boldsymbol{\theta}}(\boldsymbol{x})$ 指出。对两种方法，其矩阵的渐近特性都类似海森矩阵，只是在初始收敛阶段它们可能提高性能。感兴趣的读者可从[49，56]查阅进一步的讨论。

如第 5 章和第 6 章(6.7 节)中已讨论的那样，简单梯度下降法收敛至对应最优值的速率是线性的，即

$$\ln \frac{1}{\left\|\boldsymbol{\theta}^{(i)}-\boldsymbol{\theta}_*(N)\right\|^2} \propto i$$ 402

牛顿型算法对应的收敛率是(近似)二次的，即

$$\ln \ln \frac{1}{\left\|\boldsymbol{\theta}^{(i)}-\boldsymbol{\theta}_*(N)\right\|^2} \propto i$$

与之相对，式(8.98)中方法的在线版本为

$$\boldsymbol{\theta}_n=\boldsymbol{\theta}_{n-1}-\mu_n \Phi_n \mathcal{L}'(\boldsymbol{\theta}_{n-1}, y_n, \boldsymbol{x}_n) \tag{8.99}$$

它基于对梯度的一个噪声估计，只使用当前采样点($y_n, \boldsymbol{x}_n$)。这样做的效果是减慢收敛速度，特别是当算法已接近解的时候。而且，对参数向量的估计会围绕最优值波动。我们已对 LMS 算法 μ_n 设置为常量的情况深入研究了这一现象。这也是为什么在随机梯度原理中，必须将 μ_n 设置为递减序列的原因。但是，μ_n 不必递减得非常快，这可以通过条件 $\sum_n \mu_n \rightarrow \infty$ 来保证(参见 5.4 节)。而且，回忆我们的讨论，向 θ_* 收敛的速率平均为 $\mathcal{O}(1/n)$。这一结果对公式(8.99)中给出在线算法的更一般的情况也是成立的(参阅[56])。但要注意，所有这些结果都是在一些前提假设下推导出的，例如，算法距离解足够近。

现在，我们的主要兴趣转移到比较批处理算法及其对应在线算法收敛至 $\boldsymbol{\theta}_*$(即使期望风险最小化的值)的速率，求此值也是我们学习任务的最终目标。由于我们的目的是在给定相同数目的训练样本下比较性能，因此对在线算法中的 n 和批处理算法中的 N 使用相同的数值。遵循[12]中的方法并对 $J_n(\boldsymbol{\theta})$ 应用二阶泰勒展开，可证明(习题 8.28)

$$\boldsymbol{\theta}_*(n)=\boldsymbol{\theta}_*(n-1)-\frac{1}{n} \Psi_n^{-1} \mathcal{L}'\big(\boldsymbol{\theta}_*(n-1), y_n, \boldsymbol{x}_n\big) \tag{8.100}$$

其中

$$\Psi_n=\left(\frac{1}{n} \sum_{k=1}^n \nabla^2 \mathcal{L}\big(\boldsymbol{\theta}_*(n-1), y_k, \boldsymbol{x}_k\big)\right)$$

注意，式(8.100)的结构与式(8.99)相似。而且，随着 $n \rightarrow \infty$，Ψ_n 收敛至期望风险函数的海森矩阵 H。因此，恰当选取加权矩阵并设置 $\mu_n=1/n$，式(8.99)和式(8.100)会以相似的速率收敛至 $\boldsymbol{\theta}_*$；因此，在两种情况下，决定最终估计结果与最优值 $\boldsymbol{\theta}_*$ 有多近的关键因素是使用的数据点数量。[12, 56, 93]已经证明

$$\boxed{\mathbb{E}\left[\|\boldsymbol{\theta}_n-\boldsymbol{\theta}_*\|^2\right]+\mathcal{O}\left(\frac{1}{n}\right)=\mathbb{E}\left[\|\boldsymbol{\theta}_*(n)-\boldsymbol{\theta}_*\|^2\right]+\mathcal{O}\left(\frac{1}{n}\right)=\frac{C}{n}}$$

其中 C 是一个常量，它依赖于所使用的期望损失函数的特定形式。因此，通过恰当地微调参数，我们可令批处理算法及其在线版本以相似速率收敛至 $\boldsymbol{\theta}_*$。再次强调，由于在大数据应用中关键因素不是数据而是计算资源，因此与计算上更消耗资源的批处理算法相比，计算代价更低的在线算法可获得更好的性能(更低的残余误差)。这是因为对于给定的计算负载限制，在线算法能处理更多的数据点(习题 8.33)。更重要的是，在线算法不需要存储数据，可以在数据到来时动态处理。对于本话题更细节的讨论，感兴趣的读者可查阅[14]。 403

文献[14]中对比测试了两种形式的批处理线性支持向量机(参见第 11 章)和它们对应的在线随机梯度算法。测试是在 RCV1 数据集[53]上进行的，训练集包含 781.265 篇文档，表示为包含 47.152 个特征值的(相对)稀疏的特征向量。随机梯度在线版本能恰当调整递减步长，达到了与批处理版本相当的误差率，但计算时间短得多(只有其十分之一)。

附注 8.9

- 我们对在线算法的讨论大多数都集中在最简单的版本，即式(8.99)中给出的 $\Phi_n=I$ 的版本。但是，随机梯度下降法，特别是采用了光滑损失函数的版本，已经有超过 60 年的非常丰富的历史，"诞生"了很多算法变体。在第 5 章中，我们讨论了基本 LMS 方法的若干变体。其中一些算法目前仍很流行，更值得注意：
  带动量的随机梯度下降法(stochastic gradient descent with momentum)：此变体的基本迭代过程为
  $$\boldsymbol{\theta}_n=\boldsymbol{\theta}_{n-1}-\mu_n\mathcal{L}_n'(\boldsymbol{\theta}_{n-1})+\beta_n(\boldsymbol{\theta}_{n-1}-\boldsymbol{\theta}_{n-2}) \tag{8.101}$$
  最常见的是设置 $\beta_n=\beta$ 为常量(参阅[91])。
  梯度平均(gradient averaging)：另一个广泛使用的版本，将单一梯度替换为平均估计，即
  $$\boldsymbol{\theta}_n=\boldsymbol{\theta}_{n-1}-\frac{\mu_n}{n}\sum_{k=1}^{n}\mathcal{L}_k'(\boldsymbol{\theta}_{n-1}) \tag{8.102}$$
  还有采用不同平均方式(如随机选取之前的数据点而不是使用所有)的变体。这类平均策略对算法收敛有平滑效果。在 PEGASOS 算法中我们已经见过了这一原理(8.10.3 节)。基本随机梯度方法的所有变体的一般趋势都是关于涉及的常数有性能提升，但收敛率仍保持 $\mathcal{O}(1/n)$。
  文献[50]中对数据集大小 N 固定的情况使用了在线学习原理，但使用的不是式(8.98)中的梯度下降法，而是提出了下面的版本
  $$\boldsymbol{\theta}^{(i)}=\boldsymbol{\theta}^{(i-1)}-\frac{\mu_i}{N}\sum_{k=1}^{N}\boldsymbol{g}_k^{(i)} \tag{8.103}$$
  其中
  404
  $$\boldsymbol{g}_k^{(i)}=\begin{cases}\mathcal{L}_k'\left(\boldsymbol{\theta}^{(i-1)}\right), & 若 k=i_k\\ \boldsymbol{g}_k^{(i-1)}, & 其他\end{cases} \tag{8.104}$$
  索引 i_k 是从时间范围 $\{1,2,\cdots,N\}$ 中随机选取的。因此，每步迭代只计算一个梯度，剩余的是从内存中抽取的。已经证明，对强凸性的光滑损失函数，算法收敛至式(8.56)中采用经验风险得到的解。当然，与基本在线方法比，此变体需要 $\mathcal{O}(N)$ 内存用于跟踪梯度计算。
- 推导在线算法性能的界的文献非常丰富，无论是论文数量还是贡献的思想都非常丰富。例如，另一条研究路线探讨任意在线算法的界(参阅[1, 19, 69]及其参考文献)。

8.13　近端算子

本章到目前为止，我们已经介绍了投影算子的概念。在本节中，我们更进一步，介绍投影概念的一个精致的推广。注意，当提及一个算子时，我们是想表达一个 $\mathbb{R}^l\longmapsto\mathbb{R}^l$ 的映射，作为对比，一个函数是一个 $\mathbb{R}^l\longmapsto\mathbb{R}$ 的映射。

定义 8.9　令
$$f:\mathbb{R}^l\longmapsto\mathbb{R}$$
是一个凸函数且 λ>0。索引 λ 的对应的近端算子(proximal operator 或 proximity operator)

[60, 71]

$$\mathrm{Prox}_{\lambda f}: \mathbb{R}^l \longmapsto \mathbb{R}^l \tag{8.105}$$

定义如下

$$\boxed{\mathrm{Prox}_{\lambda f}(\boldsymbol{x}) := \arg\min_{\boldsymbol{v}\in\mathbb{R}^l}\left\{f(\boldsymbol{v}) + \frac{1}{2\lambda}\|\boldsymbol{x}-\boldsymbol{v}\|^2\right\}: \quad \text{近端算子}} \tag{8.106}$$

我们强调近端算子是 $\mathbb{R}^l$ 中的一个点。这个定义还可扩展为涵盖这样的函数 f: $\mathbb{R}^l \longmapsto \mathbb{R}\cup\{+\infty\}$。与近端算子关系紧密的一个概念如下所述。

定义 8.10 令 f 是一个如前定义的凸函数。我们称下面函数为莫罗包络(Moreau envelope)

$$\boxed{e_{\lambda f}(\boldsymbol{x}) := \min_{\boldsymbol{v}\in\mathbb{R}^l}\left\{f(\boldsymbol{v}) + \frac{1}{2\lambda}\|\boldsymbol{x}-\boldsymbol{v}\|^2\right\}: \quad \text{莫罗包络}} \tag{8.107}$$

注意，莫罗包络[59]是一个与近端算子相关的函数

$$e_{\lambda f}(\boldsymbol{x}) = f\left(\mathrm{Prox}_{\lambda f}(\boldsymbol{x})\right) + \frac{1}{2\lambda}\|\boldsymbol{x} - \mathrm{Prox}_{\lambda f}(\boldsymbol{x})\|^2 \tag{8.108}$$

莫罗包络也可理解为一个正则化的最小化函数，它也被称为莫罗–吉田正则化[109]。而且，可以证明它是可微的(参见[7])。 405

第一点需要澄清的是式(8.106)中的最小值是否存在。注意，大括号中的两项 $f(\boldsymbol{v})$ 和 $\|\boldsymbol{x}-\boldsymbol{v}\|^2$ 都是凸的。因此，由凸性的定义，很容易证明它们的和也是凸的。而且，后一项是严格凸的，因此它们的和也是严格凸的，从而保证了唯一的最小值。

例 8.9 我们来计算 $\mathrm{Prox}_{\lambda_{\iota_C}}$，其中 ι_C: $\mathbb{R}^l \longmapsto \mathbb{R}\cup\{+\infty\}$表示非空闭凸子集 $C\in\mathbb{R}^l$ 的指示函数，定义为

$$\iota_C(\boldsymbol{x}) := \begin{cases} 0, & \text{若}\boldsymbol{x}\in C \\ +\infty, & \text{若}\boldsymbol{x}\notin C \end{cases}$$

不难验证

$$\begin{aligned}\mathrm{Prox}_{\lambda\iota_C}(\boldsymbol{x}) &= \arg\min_{\boldsymbol{v}\in\mathbb{R}^l}\left\{\iota_C(\boldsymbol{v}) + \frac{1}{2\lambda}\|\boldsymbol{x}-\boldsymbol{v}\|^2\right\} \\ &= \arg\min_{\boldsymbol{v}\in C}\|\boldsymbol{x}-\boldsymbol{v}\|^2 = P_C(\boldsymbol{x}), \quad \forall\boldsymbol{x}\in\mathbb{R}^l, \forall\lambda>0\end{aligned}$$

其中 P_C 是到 C 的(度量)投影映射。

而且

$$\begin{aligned}e_{\lambda\iota_C}(\boldsymbol{x}) &= \min_{\boldsymbol{v}\in\mathbb{R}^l}\left\{\iota_C(\boldsymbol{v}) + \frac{1}{2\lambda}\|\boldsymbol{x}-\boldsymbol{v}\|^2\right\} \\ &= \min_{\boldsymbol{v}\in C}\frac{1}{2\lambda}\|\boldsymbol{x}-\boldsymbol{v}\|^2 = \frac{1}{2\lambda}d_C^2(\boldsymbol{x})\end{aligned}$$

其中 d_C 表示到 C 的(度量)距离函数，定义为 $d_C(\boldsymbol{x}) := \min_{\boldsymbol{v}\in C}\|\boldsymbol{x}-\boldsymbol{v}\|$。

因此，如本节开始所说，我们可以将近端算子看作投影算子的推广。

例 8.10 在本例中，f 变为一个向量的 ℓ_1 范数，即

$$\|\boldsymbol{x}\|_1 = \sum_{i=1}^{l}|x_i|, \quad \forall\boldsymbol{x}\in\mathbb{R}^l$$

则容易确定式(8.106)分解为一组 l 个标量乘法，即

$$\mathrm{Prox}_{\lambda\|\cdot\|_1}(\boldsymbol{x})|_i = \arg\min_{v_i\in\mathbb{R}}\left\{|v_i| + \frac{1}{2\lambda}(x_i - v_i)^2\right\},\quad i=1,2,\cdots,l \tag{8.109}$$

406 其中 $\mathrm{Prox}_{\lambda\|\cdot\|_1}(\boldsymbol{x})|_i$ 表示第 i 个元素。最小化式(8.109)等价于将次梯度变为 0，结果为

$$\begin{aligned}\mathrm{Prox}_{\lambda\|\cdot\|_1}(\boldsymbol{x})|_i &= \begin{cases} x_i - \mathrm{sgn}(x_i)\lambda, & 若 |x_i| > \lambda \\ 0, & 若 |x_i| \leqslant \lambda \end{cases} \\ &= \mathrm{sgn}(x_i)\max\{0, |x_i| - \lambda\}\end{aligned} \tag{8.110}$$

我们暂且将证明留作练习。第 9 章中详细讨论了相同的任务，9.3 节给出了证明。式(8.110)中的操作也被称为*软阈值*(soft thresholding)。换句话说，它将所有量级小于阈值(λ)的值设置为 0，为其他值加上一个常量偏移(依赖于值的符号)。对不熟悉此操作的读者我们做一点解释，这是一种增加参数向量稀疏性的方法。

如果已经计算出 $\mathrm{Prox}_{\lambda\|\cdot\|_1}(\boldsymbol{x})$，$\|\cdot\|_1$ 的莫罗包络可直接得到

$$\begin{aligned} e_{\lambda\|\cdot\|_1}(\boldsymbol{x}) &= \sum_{i=1}^{l}\left(\frac{1}{2\lambda}\left(x_i - \mathrm{Prox}_{\lambda\|\cdot\|_1}(\boldsymbol{x})|_i\right)^2 + \left|\mathrm{Prox}_{\lambda\|\cdot\|_1}(\boldsymbol{x})|_i\right|\right) \\ &= \sum_{i=1}^{l}\left(\chi_{[0,\lambda]}(|x_i|)\frac{x_i^2}{2\lambda} + \chi_{(\lambda,+\infty)}(|x_i|)\left(|x_i - \mathrm{sgn}(x_i)\lambda| + \frac{\lambda}{2}\right)\right) \\ &= \sum_{i=1}^{l}\left(\chi_{[0,\lambda]}(|x_i|)\frac{x_i^2}{2\lambda} + \chi_{(\lambda,+\infty)}(|x_i|)\left(|x_i| - \frac{\lambda}{2}\right)\right)\end{aligned}$$

其中 $\chi_{\mathcal{A}}(\cdot)$ 表示集合 $\mathcal{A}$ 的特征函数，如公式(8.59)中定义。对 $l=1$ 的一维情况，之前的莫罗包络归结为

$$e_{\lambda|\cdot|}(x) = \begin{cases} |x| - \frac{\lambda}{2}, & 若 |x| > \lambda \\ \frac{x^2}{2\lambda}, & 若 |x| \leqslant \lambda \end{cases}$$

图 8.30 显示了此包络和原始的 $|\cdot|$ 函数。这里值得注意的是，$e_{\lambda|\cdot|}$ 是著名的胡贝尔函数的伸缩版本，精度提高了 $1/\lambda$ 倍；在鲁棒统计中广泛使用了这种损失函数来对付离群值，我们将在第 11 章中更详细地讨论这个话题。注意，莫罗包络是 ℓ_1 范数函数的一个“放大的”平滑版本，虽然原始函数是不可微的，但其莫罗包络却是连续可微的；而且，它们的最小值相同。这是最有趣的，我们将很快回来讨论这个问题。

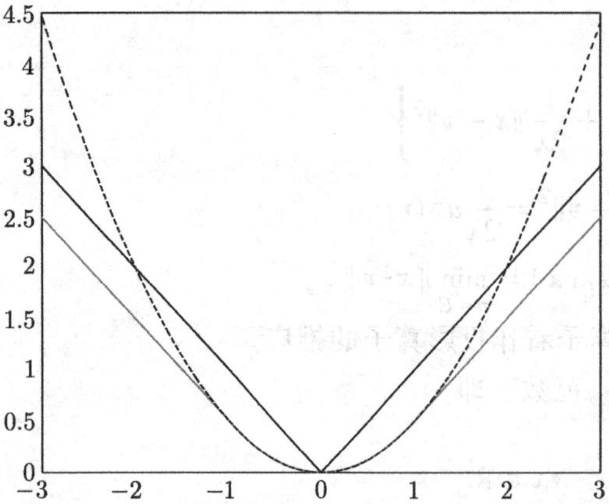

图 8.30　函数 $|x|$(黑色实线)、其莫罗包络 $e_{\lambda|\cdot|}(x)$(灰色实线)和 $x^2/2$(黑色虚线)，$x\in\mathbb{R}$。即使 $|\cdot|$ 在 0 处是不可微的，$e_{\lambda|\cdot|}(x)$ 在任何地方都是可微的。还应注意，虽然 x 值较小时 $x^2/2$ 和 $e_{\lambda|\cdot|}(x)$ 完全一样，但在惩罚较大的 x 值时 $e_{\lambda|\cdot|}(x)$ 比 $x^2/2$ 更保守；这也是为什么胡贝尔函数($e_{\lambda|\cdot|}(x)$ 的一个伸缩版本)被广泛用于鲁棒统计中作为一种鲁棒性工具来对付离群值

8.13.1 近端算子的性质

我们现在聚焦于近端算子的一些基本性质，这些性质很快就会用于设计一类新的最小化非光滑凸损失函数的算法。

命题 8.5 考虑一个凸函数

$$f:\mathbb{R}^l \longmapsto \mathbb{R}\cup\{+\infty\}$$

且 $\mathrm{Prox}_{\lambda f}(\cdot)$ 是其索引 λ 对应的近端算子。则

$$\boldsymbol{p}=\mathrm{Prox}_{\lambda f}(\boldsymbol{x})$$ 407

当且仅当

$$\boxed{\langle \boldsymbol{y}-\boldsymbol{p},\boldsymbol{x}-\boldsymbol{p}\rangle \leqslant \lambda\big(f(\boldsymbol{y})-f(\boldsymbol{p})\big),\quad \forall \boldsymbol{y}\in\mathbb{R}^l} \tag{8.111}$$

另一个必要条件为

$$\boxed{\left\|\mathrm{Prox}_{\lambda f}(\boldsymbol{x})-\mathrm{Prox}_{\lambda f}(\boldsymbol{y})\right\|^2 \leqslant \big\langle \boldsymbol{x}-\boldsymbol{y},\mathrm{Prox}_{\lambda f}(\boldsymbol{x})-\mathrm{Prox}_{\lambda f}(\boldsymbol{y})\big\rangle} \tag{8.112}$$

式(8.111)和式(8.112)的证明分别在习题 8.34 和习题 8.35 中给出。注意，式(8.112)与式(8.16)有着同一种风格，这是通过更早的祖先遗传给近端算子的。我们将借助这些性质触及算法领域的前沿，这也是我们的主要兴趣所在。

引理 8.3 考虑下面的凸函数

$$f:\mathbb{R}^l \longmapsto \mathbb{R}\cup\{+\infty\}$$

及其索引 λ 的近端算子 $\mathrm{Prox}_{\lambda f}(\cdot)$。则近端算子的不动点集与 f 的极小值集一致，即

$$\boxed{\mathrm{Fix}\big(\mathrm{Prox}_{\lambda f}\big)=\Big\{\boldsymbol{x}:\boldsymbol{x}=\arg\min_{\boldsymbol{y}} f(\boldsymbol{y})\Big\}} \tag{8.113}$$ 408

证明：不动点集的定义已在 8.3.1 节中给出。我们首先假定一个点 $\boldsymbol{x}$ 属于不动点集，由于不动点集上的操作对其无影响，即

$$\boldsymbol{x}=\mathrm{Prox}_{\lambda f}(\boldsymbol{x})$$

并利用式(8.111)，我们得到

$$\langle \boldsymbol{y}-\boldsymbol{x},\boldsymbol{x}-\boldsymbol{x}\rangle \leqslant \lambda\big(f(\boldsymbol{y})-f(\boldsymbol{x})\big),\quad \forall \boldsymbol{y}\in\mathbb{R}^l \tag{8.114}$$

由此得到

$$f(\boldsymbol{x})\leqslant f(\boldsymbol{y}),\quad \forall \boldsymbol{y}\in\mathbb{R}^l \tag{8.115}$$

即 $\boldsymbol{x}$ 是 f 的一个极小值。对于逆命题，我们假设 $\boldsymbol{x}$ 是一个极小值。则式(8.115)成立，由此可推导出式(8.114)，且由于这是一个点等于近端算子的值的充要条件，我们证明了逆命题。 □

最后，注意到 f 和 $e_{\lambda f}$ 具有相同的极小值集合。因此，为了最小化一个非光滑凸函数，我们可以处理其等价的光滑版本。从实践角度，此方法的价值依赖于获得近端算子有多容易。例如，我们已经看到，如果目标是最小化 ℓ_1 范数，则近端算子就是一个软阈值操作。当然，生活并不总是这么美好！

8.13.2 近端最小化

在本节中，我们将利用 8.4 节中得来的经验设计一个迭代方法，它得到的估计值能渐近到达对应算子的不动点集中。我们要对算子做的就是令其具有非扩张性质。

命题 8.6 一个凸函数关联的近端算子是非扩张的，即

$$\boxed{\|\mathrm{Prox}_{\lambda f}(\boldsymbol{x})-\mathrm{Prox}_{\lambda f}(\boldsymbol{y})\|\leqslant\|\boldsymbol{x}-\boldsymbol{y}\|} \tag{8.116}$$

证明：将式(8.112)中性质和柯西–施瓦茨不等式组合起来，我们容易得到本命题的证明。而且，还可证明近端算子的松弛版本(也被称为反射版本)

$$R_{\lambda f}(\boldsymbol{x}):=2\mathrm{Prox}_{\lambda f}(\boldsymbol{x})-I \tag{8.117}$$

也是非扩张的，具有与近端算子相同的不动点集，参见习题 8.36。 □

命题 8.7 令

$$f:\mathbb{R}^l\longmapsto\mathbb{R}\cup\{+\infty\}$$

是一个凸函数，$\mathrm{Prox}_{\lambda f}$ 为其索引 λ 对应的近端算子。则从任意点 $\boldsymbol{x}_0\in\mathbb{R}^l$ 开始，下面迭代算法

409

$$\boldsymbol{x}_k=\boldsymbol{x}_{k-1}+\mu_k\left(\mathrm{Prox}_{\lambda f}(\boldsymbol{x}_{k-1})-\boldsymbol{x}_{k-1}\right) \tag{8.118}$$

其中 $\mu_k\in(0,2)$ 满足

$$\sum_{k=1}^{\infty}\mu_k(2-\mu_k)=+\infty$$

收敛至近端算子的不动点集的一个元素；即它收敛至 f 的一个极小值。近端最小化算法可追溯至 20 世纪 70 年代早期[57, 72]。

命题的证明在习题 8.36 中给出[84]。观察到式(8.118)与式(8.26)非常相似。$\mu_k=1$ 的特殊情况会得到

$$\boldsymbol{x}_k=\mathrm{Prox}_{\lambda f}(\boldsymbol{x}_{k-1}) \tag{8.119}$$

也被称为近端点(proximal point)算法。

例 8.11 我们通过熟悉的二次函数的优化任务来展示前面得到的结果

$$f(\boldsymbol{x})=\frac{1}{2}\boldsymbol{x}^{\mathrm{T}}A\boldsymbol{x}-\boldsymbol{b}^{\mathrm{T}}\boldsymbol{x}$$

不用很长时间即可看出，极小值发生在下面线性方程组的解的位置

$$A\boldsymbol{x}_*=\boldsymbol{b}$$

由式(8.106)中定义，取二次函数的梯度并令其为 0，容易得到

$$\mathrm{Prox}_{\lambda f}(\boldsymbol{x})=\left(A+\frac{1}{\lambda}I\right)^{-1}\left(\boldsymbol{b}+\frac{1}{\lambda}\boldsymbol{x}\right) \tag{8.120}$$

并设 $\epsilon=1/\lambda$，则式(8.119)中的递归式变为

$$\boldsymbol{x}_k=(A+\epsilon I)^{-1}(\boldsymbol{b}+\epsilon\boldsymbol{x}_{k-1}) \tag{8.121}$$

经过一些简单的代数操作(习题 8.37)，我们最终得到

$$\boldsymbol{x}_k=\boldsymbol{x}_{k-1}+(A+\epsilon I)^{-1}(\boldsymbol{b}-A\boldsymbol{x}_{k-1}) \tag{8.122}$$

在数值线性代数中此方法被称为迭代求精(iterative refinement)算法[58]。它用于矩阵 A 近似奇异的情况，因此通过 ϵ 进行正则化可帮助矩阵求逆操作。注意到，在每步迭代中 $\boldsymbol{b}-A\boldsymbol{x}_{k-1}$ 是当前估计值的误差。此算法属于一个被称为定常迭代法或迭代放松法的大算法族；我们将在第 10 章中见到这类方法。

这里有趣的一点是，由于此算法是近端最小化算法的特例，因此即使 ϵ 值不很小也能

410 保证收敛！

次微分映射的预解式

我们将从一个稍微不同的角度来探究近端算子，我们很快将看到，在用近端算子求解更一般的最小化任务时这些讨论很有用。我们将遵循一条更具描述性而更少数学形式化表达的路线。

根据引理 8.2，且由于近端算子是公式(8.106)的极小值，因此值的选取必须满足

$$\mathbf{0} \in \partial f(\boldsymbol{v}) + \frac{1}{\lambda}\boldsymbol{v} - \frac{1}{\lambda}\boldsymbol{x} \tag{8.123}$$

或

$$\mathbf{0} \in \lambda\partial f(\boldsymbol{v}) + \boldsymbol{v} - \boldsymbol{x} \tag{8.124}$$

或

$$\boldsymbol{x} \in \lambda\partial f(\boldsymbol{v}) + \boldsymbol{v} \tag{8.125}$$

我们现在定义映射

$$(I + \lambda\partial f) : \mathbb{R}^l \longmapsto \mathbb{R}^l \tag{8.126}$$

使得

$$(I + \lambda\partial f)(\boldsymbol{v}) = \boldsymbol{v} + \lambda\partial f(\boldsymbol{v}) \tag{8.127}$$

注意，这是一对多映射，因为次微分的定义是一个集合[⊖]。但是，其逆映射

$$(I + \lambda\partial f)^{-1} : \mathbb{R}^l \longmapsto \mathbb{R}^l \tag{8.128}$$

是单值的，而且事实上它与近端算子是一致的；这很容易由式(8.125)推导出来，因为式(8.125)可以等价地写为

$$\boldsymbol{x} \in \big(I + \lambda\partial f\big)(\boldsymbol{v})$$

意味着

$$(I + \lambda\partial f)^{-1}(\boldsymbol{x}) = \boldsymbol{v} = \mathrm{Prox}_{\lambda f}(\boldsymbol{x}) \tag{8.129}$$

但是，我们知道近端算子是唯一的。式(8.128)中的算子也被称为次微分映射的预解式(resolvent of the subdifferential mapping)[72]。

作为练习，我们将式(8.129)应用到习题 8.11。对此情况，次微分集是一个包含梯度向量的单元素集合

$$\mathrm{Prox}_{\lambda f}(\boldsymbol{x}) = (I + \lambda\nabla f)^{-1}(\boldsymbol{x}) \Longrightarrow (I + \lambda\nabla f)\big(\mathrm{Prox}_{\lambda f}(\boldsymbol{x})\big) = \boldsymbol{x}$$

由映射($I+\lambda\nabla f$)的定义并取二次函数的梯度，可得另一种形式

$$\mathrm{Prox}_{\lambda f}(\boldsymbol{x}) + \lambda\nabla f\big(\mathrm{Prox}_{\lambda f}(\boldsymbol{x})\big) = \mathrm{Prox}_{\lambda f}(\boldsymbol{x}) + \lambda A\,\mathrm{Prox}_{\lambda f}(\boldsymbol{x}) - \lambda\boldsymbol{b} = \boldsymbol{x}$$ 411

最终可得

$$\mathrm{Prox}_{\lambda f}(\boldsymbol{x}) = \left(A + \frac{1}{\lambda}I\right)^{-1}\left(\boldsymbol{b} + \frac{1}{\lambda}\boldsymbol{x}\right)$$

8.14 近端分裂优化方法

很多优化任务是以凸函数求和的方式呈现的，其中有些凸函数是可微的、有些是非光滑的。近来受到大量关注的稀疏感知学习就是典型的例子，其中的正则化项(如 ℓ_1 范数)

⊖ 一个点到集合的映射也被称为 $\mathbb{R}^l$ 上的一个关系。

是非平滑的。

在本节中，我们的目标是求解下面的最小化任务

$$x_* = \arg\min_{x}\{f(x)+g(x)\} \tag{8.130}$$

其中两个函数都是凸的

$$f:\mathbb{R}^l \longmapsto \mathbb{R}\cup\{+\infty\},\quad g:\mathbb{R}^l \longmapsto \mathbb{R}$$

且假设 g 是可微的，f 是非光滑的。可证明下面迭代方法

$$\boxed{x_k = \underbrace{\text{Prox}_{\lambda_k f}}_{\text{后向步骤}} \underbrace{(x_{k-1}-\lambda_k \nabla g(x_{k-1}))}_{\text{前向步骤}}} \tag{8.131}$$

收敛至函数和的极小值，即

$$x_k \longrightarrow \arg\min_{x}\{f(x)+g(x)\} \tag{8.132}$$

对一个恰当选取的序列 λ_k，并给定梯度是利普希茨连续的，即对某个 $\gamma>0$ 有

$$||\nabla g(x)-\nabla g(y)|| \leqslant \gamma ||x-y|| \tag{8.133}$$

则可证明，若 $\lambda_k \in (0,1/\gamma]$，则算法以次线性速率 $\mathcal{O}(1/k)$ 收敛至最小值[8]。此算法族被称为近端梯度(proximal gradient)或前向后向分裂(forward-backward splitting)算法。术语分裂源自函数一分为二(或更一般的多个部分)。术语近端指出在优化方法中使用了近端算子。迭代过程包含一个(显式的)对平滑部分前向梯度计算步骤和一个(隐式的)对非平滑部分使用近端算子的后向步骤。术语前向-后向借鉴于采用离散技术的数值分析方法[97]。近端梯度方法可追溯至[18, 54]，但它们在机器学习和信号处理中的应用则稍晚成熟[26, 36]。

上述基本方法有很多变体。其中一个版本达到了 $\mathcal{O}(1/k^2)$ 的收敛率，它基于梯度算法
412 的经典涅斯捷罗夫改进[65]，算法 8.5 描述了此方法[8]。在此算法中，更新分为两个部分。在近端算子中，我们使用得到的估计值的平滑版本，是用之前估计值进行平均得来的。

算法 8.5 (快速近端梯度分裂算法)

- 初始化
  - 选择 x_0，$z_1=x_0$，$t_1=1$
  - 选择 λ
- **For** $k=1,2,\cdots$，**Do**
  - $y_k = z_k - \lambda\nabla g(z_k)$
  - $x_k = \text{Prox}_{\lambda f}(y_k)$
  - $t_{k+1} = \frac{1+\sqrt{4t_k^2+1}}{2}$
  - $\mu_k = 1+\frac{t_k-1}{t_{k+1}}$
  - $z_{k+1} = x_k + \mu_k(x_k - x_{k-1})$
- **End For**

注意，算法使用了步长 μ_k。变量 t_k 的计算方式令收敛速度是最优的。但需要注意的是，一般而言方法的收敛没有更多保证。

8.14.1 近端前向-后向分裂算子

第一眼看上去，式(8.131)中给出的迭代更新有点儿像“魔法”。但实际并不是这样，我们可以从极小值的基本性质开始，通过简单的论证来说明这一点。令 $\boldsymbol{x}_*$ 为式(8.130)的极小值，则我们知道它必须满足

$$\begin{aligned}\mathbf{0} &\in \partial f(\boldsymbol{x}_*)+\nabla g(\boldsymbol{x}_*), \text{或等价的}\\ \mathbf{0} &\in \lambda\partial f(\boldsymbol{x}_*)+\lambda\nabla g(\boldsymbol{x}_*), \text{或等价的}\\ \mathbf{0} &\in \lambda\partial f(\boldsymbol{x}_*)+\boldsymbol{x}_*-\boldsymbol{x}_*+\lambda\nabla g(\boldsymbol{x}_*)\end{aligned}$$

或等价的

$$\big(I-\lambda\nabla g\big)(\boldsymbol{x}_*)\in\big(I+\lambda\partial f\big)(\boldsymbol{x}_*)$$

或

$$\big(I+\lambda\partial f\big)^{-1}\big(I-\lambda\nabla g\big)(\boldsymbol{x}_*)=\boldsymbol{x}_*$$

最终得到

$$\boldsymbol{x}_*=\mathrm{Prox}_{\lambda f}\big(I-\lambda\nabla g(\boldsymbol{x}_*)\big) \tag{8.134}$$

换句话说，要求解的极小值是算子的不动点 413

$$\big(I+\lambda\partial f\big)^{-1}\big(I-\lambda\nabla g\big):\mathbb{R}^l\longmapsto\mathbb{R}^l \tag{8.135}$$

这也被称为近端前向-后向分裂算子(proximal forward-backward splitting operator)，可以证明，若 $\lambda\in\left(0,\dfrac{1}{\gamma}\right]$，其中 γ 是利普希茨常量，则此算子是非扩张的[108]。这也说明了式(8.131)中迭代过程会向极小值集合靠近的原因。

附注 8.10

- 近端梯度分裂算法可以看作前面讨论过的一些算法的推广。如果我们设置 $f(\boldsymbol{x})=\iota_C(\boldsymbol{x})$，则近端算子变为投影算子，算法变为式(8.62)的投影梯度算法。如果 $f(\boldsymbol{x})=0$，我们会得到梯度算法，如果 $g(\boldsymbol{x})=0$，得到邻近点算法。
- 除了批处理近端分裂算法，研究者也已提出在线版本(参见[36，48，106，107])，其重点是 ℓ_1 正则化任务。
- 此算法族新版本的应用和设计在机器学习和信号处理领域还是一个发展中的研究方向，感兴趣的读者可参阅[7，28，67，108]来进行深入研究。

8.14.2 交替方向乘子法

对两个函数 f 和 g 非光滑的情况，已有研究者扩展了近端分裂梯度算法，例如道格拉斯-拉什福德算法[27，54]。在此，我们将聚焦于最常用的交替方向乘子(Alternating Direction Method of Multipliers，ADMM)算法[40]。

ADMM 算法基于增广拉格朗日(augmented Lagrangian)概念，其最核心的部分基于拉格朗日对偶概念(参见附录 C)。

我们的目标是最小化 $f(\boldsymbol{x})+g(\boldsymbol{x})$，其中 f 和 g 都可以是非光滑的。这一目标可等价地写为

$$\text{关于}\boldsymbol{x},\boldsymbol{y}\text{最小化}\quad f(\boldsymbol{x})+g(\boldsymbol{y}), \tag{8.136}$$

$$\text{满足}\quad \boldsymbol{x}-\boldsymbol{y}=\mathbf{0} \tag{8.137}$$

增广拉格朗日定义为

$$L_\lambda(\boldsymbol{x},\boldsymbol{y},\boldsymbol{z}) := f(\boldsymbol{x}) + g(\boldsymbol{y}) + \frac{1}{\lambda}\boldsymbol{z}^{\mathrm{T}}(\boldsymbol{x}-\boldsymbol{y}) + \frac{1}{2\lambda}\|\boldsymbol{x}-\boldsymbol{y}\|^2 \tag{8.138}$$

其中我们用 $\boldsymbol{z}$ 表示拉格朗日乘子[⊖]。则上一个公式可重写为

$$L_\lambda(\boldsymbol{x},\boldsymbol{y},\boldsymbol{z}) := f(\boldsymbol{x}) + g(\boldsymbol{y}) + \frac{1}{2\lambda}\|\boldsymbol{x}-\boldsymbol{y}+\boldsymbol{z}\|^2 - \frac{1}{2\lambda}\|\boldsymbol{z}\|^2 \tag{8.139}$$

414 算法 8.6 给出了 ADMM 的描述。

算法 8.6 (ADMM 算法)

- 初始化
  - 固定 $\lambda>0$
  - 选择 $\boldsymbol{y}_0$，$\boldsymbol{z}_0$
- **For** $k=1,2,\cdots$, **Do**
  - $\boldsymbol{x}_k = \mathrm{prox}_{\lambda f}(\boldsymbol{y}_{k-1}-\boldsymbol{z}_{k-1})$
  - $\boldsymbol{y}_k = \mathrm{prox}_{\lambda g}(\boldsymbol{x}_k+\boldsymbol{z}_{k-1})$
  - $\boldsymbol{z}_k = \boldsymbol{z}_{k-1} + (\boldsymbol{x}_k-\boldsymbol{y}_k)$
- **End For**

仔细观察算法和式(8.139)，可看到第一个递归对应保持上一步的 $\boldsymbol{y}$ 和 $\boldsymbol{z}$ 不变，关于 $\boldsymbol{x}$ 进行增广拉格朗日最小化的过程。第二个递归对应保持 $\boldsymbol{x}$ 和 $\boldsymbol{z}$ 的当前估计值不变，关于 $\boldsymbol{y}$ 进行增广拉格朗日最小化的过程。最后一个迭代是在上升(ascent)方向对对偶(dual)变量(拉格朗日乘子)进行更新；注意，括号中的不同之处是关于 $\boldsymbol{z}$ 的增广拉格朗日的梯度。回忆附录 C，寻找鞍点是最初的$(\boldsymbol{x},\boldsymbol{y})$和对偶变量的一个最大-最小问题。[40]中分析了算法的收敛性。至于相关的导引论文，感兴趣的读者可参考文献[16, 46]。

8.14.3　镜像下降算法

一个与前向-后向优化算法紧密相关的算法族可追溯到文献[64]的工作——镜像下降算法(Mirror Descent Algorithm, MDA)。此算法经历了一系列的演化，例如[9, 66]。在这里我们的关注点是采用在线方法最小化正则化期望损失函数

$$J(\boldsymbol{\theta}) = \mathbb{E}\left[\mathcal{L}(\boldsymbol{\theta},\mathrm{y},\mathbf{x})\right] + \phi(\boldsymbol{\theta})$$

其中，我们假定正则化函数 ϕ 是凸的，但不一定是平滑的。在此算法类一个最新的代表性算法正则化对偶平均(Regularized Dual Averaging, RDA)算法[100]中，主迭代公式表达为

$$\boldsymbol{\theta}_n = \min_{\boldsymbol{\theta}}\left\{\langle\bar{\mathcal{L}}',\boldsymbol{\theta}\rangle + \phi(\boldsymbol{\theta}) + \mu_n\psi(\boldsymbol{\theta})\right\} \tag{8.140}$$

其中 ψ 是一个强凸性辅助函数。例如，一种可能的选择是 $\phi(\boldsymbol{\theta})=\lambda\|\boldsymbol{\theta}\|_1$ 和 $\psi(\boldsymbol{\theta})=\|\boldsymbol{\theta}\|_2^2$ [100]。$\bar{\mathcal{L}}'$表示到时刻 $n-1$ 为止(包含)$\mathcal{L}$ 的平均梯度，即

$$\bar{\mathcal{L}}' = \frac{1}{n-1}\sum_{j=1}^{n-1}\mathcal{L}'_j(\boldsymbol{\theta}_j)$$

415 其中 $\mathcal{L}_j(\boldsymbol{\theta}) := \mathcal{L}(\boldsymbol{\theta},y_j,\boldsymbol{x}_j)$。

可以证明，若次梯度是有界的且 $\mu_n=\mathcal{O}(1/\sqrt{n})$，则接下来的悔过分析能论证收敛率

⊖ 在本书中，我们曾用 λ 表示拉格朗日乘子。但在此处，我们已用 λ 表示邻近算子。

可达到 $\mathcal{O}(1/\sqrt{n})$。另一方面，如果正则化项是强凸性的且 $\mu_n=\mathcal{O}(\ln n)/n$，则可得到 $\mathcal{O}(\ln n)/n$ 的收敛率。[100]中提出了多种变体，其中一个是基于算法 8.5 中使用的涅斯捷罗夫方法，达到了 $\mathcal{O}(1/n^2)$的收敛率。

仔细观察式(8.140)可以发现，可将它视为式(8.131)中给出的递归过程的推广。实际上，如果我们在式(8.140)中设置

$$\psi(\boldsymbol{\theta})=\frac{1}{2}||\boldsymbol{\theta}-\boldsymbol{\theta}_{n-1}||^2$$

并将平均梯度替换为最新的梯度 $\mathcal{L}'_{n-1}$。则式(8.140)变为等价的

$$\mathbf{0}\in\mathcal{L}'_{n-1}+\partial\phi(\boldsymbol{\theta})+\mu_n(\boldsymbol{\theta}-\boldsymbol{\theta}_{n-1}) \tag{8.141}$$

如果设置如下，式(8.131)也可得到相同的关系

$$f\to\phi,\ \boldsymbol{x}_k\to\boldsymbol{\theta}_n,\ \boldsymbol{x}_{k-1}\to\boldsymbol{\theta}_{n-1},\ g\to\mathcal{L},\ \lambda_k\to\frac{1}{\mu_n} \tag{8.142}$$

实际上，进行这些替换并设 $\phi(\cdot)=\|\cdot\|_1$，就得到了 FOBOS 算法[36]。但是，对于式(8.140)，我们可以用其他函数代替到 $\boldsymbol{\theta}_{n-1}$ 的欧氏距离。

一个常用的辅助函数是**布雷格曼散度**(Bregman divergence)。对一个函数，比如说 ψ，两点 $\boldsymbol{x}$、$\boldsymbol{y}$ 间的布雷格曼散度定义为

$$\boxed{B_\psi(\boldsymbol{x},\boldsymbol{y})=\psi(\boldsymbol{x})-\psi(\boldsymbol{y})-\langle\nabla\psi(\boldsymbol{y}),\boldsymbol{x}-\boldsymbol{y}\rangle:\ \text{布雷格曼散度}} \tag{8.143}$$

如果 $\psi(\boldsymbol{x})=\|\boldsymbol{x}\|^2$，则欧氏距离即得到布雷格曼散度，证明很简单，留作练习。

另一个算法变体被称为**复合镜像下降**(composite mirror descent)，它使用次梯度当前估计值而不是平均值，并结合了布雷格曼散度；即用 $\mathcal{L}'_{n-1}$ 代替 $\overline{\mathcal{L}}$，对某个函数 ψ，用 $B_\psi(\boldsymbol{\theta},\ \boldsymbol{\theta}_{n-1})$代替 $\psi(\boldsymbol{\theta})$，见[37]。在[38]中，采用了一种随时间变化的 ψ_n，它使用了欧氏范数的加权平均，这在 8.10.3 节中已指出。注意，虽然这些改进算法看起来可能比较简单，但其分析可能相当困难，性能差异也可能很显著。

在本书成书之际，这个领域仍是热点研究方向之一，对不同方法产生的性能收益给出定论还为时尚早。按以往经验，不同应用和不同数据集有各自更适合的不同算法这一点应是正确的。 416

8.15　分布式优化：一些要点

在第 5 章和 8.9 节中，在介绍随机梯度下降技术时，我们已经讨论了分布式优化(参见[86])，那时的重点是 LMS 和扩散类型算法。分布式优化或去中心化优化的核心是一个代价函数

$$J(\boldsymbol{\theta})=\sum_{k=1}^{K}J_k(\boldsymbol{\theta})$$

它是定义在 K 个节点(代理)的连通网络上的。每个 J_k，$k=1,2,\cdots,K$ 的输入是第 k 个节点的数据，并量化对应代理对总体代价的贡献。我们的目标是计算一个所有节点共同的最优值 $\boldsymbol{\theta}_*$。而且，在迭代算法运行过程中，每个节点仅与其邻居而非一个公共的融合中心交互其更新。

所谓共识算法(5.13.4 节)的一般迭代方法中第 i 步的形式如下

$$\theta_k^{(i)} = \sum_{m\in\mathcal{N}_k} a_{mk}\theta_m^{(i-1)} + \mu_i \nabla J_k\left(\theta_k^{(i-1)}\right),\ k=1,2,\cdots,K \tag{8.144}$$

其中 $\mathcal{N}_k$ 为第 k 个代理对应邻居——即对应图(参见 5.13 节)中与第 k 个节点有边相连的节点——的索引集合。矩阵 $A=[a_{mk}]$，$m,k=1,2,\cdots,K$ 是一个混合矩阵，它必须满足特定性质，如必须是左随机的或双随机的(参见 5.13.2 节)。

在上述框架中，已经产生了一些基于递减步长序列并收敛到解 $\boldsymbol{\theta}_*$ 的算法，即

$$\theta_* = \arg\min_{\theta} J(\theta)$$

对[39]中的例子，假设梯度是有界的且步长为 $\mu_i=\frac{1}{\sqrt{i}}$，可得收敛率为 $\mathcal{O}\left(\frac{\ln i}{i}\right)$。对于实现在动态图上的所谓推方法，也有类似结果[62]。在强凸性假设下，可得更好的收敛率[63]。

在[85]中，提出了基本迭代方法的一种称为 EXTRA 的改进版本，如式(8.144)所示，它采用了一个常数步长 $\mu_i=\mu$，可达到 $\mathcal{O}\left(\frac{1}{i}\right)$ 的收敛率，在假设代价函数具有强凸性的前提下，它可达到线性收敛率。在[110，111]中，设计了一种类似扩散算法的算法，与原始 NEXT 算法相比，它也放松了一些关于矩阵 A 的假设。

在本书第 2 版编纂之时，分布式优化还是一个受到广泛关注的前进中的方向。本节的目标并非呈现并总结相关文献，而更多的是希望令读者获知本领域中的一些关键贡献和方向。

习题

417 8.1 在希尔伯特空间中证明柯西–施瓦茨不等式。

8.2 证明：(a) 希尔伯特空间 $\mathbb{H}$ 中的点集。

$$C=\{x:\ \|x\|\leqslant 1\}$$

是一个凸集，(b) 点集

$$C=\{x:\ \|x\|=1\}$$

是非凸的。

8.3 证明一阶凸性条件。

8.4 证明：一个函数 f 是凸的，当对 f 定义域中所有 $\boldsymbol{x}$、$\boldsymbol{y}$，下面一维函数

$$g(t):=f(x+ty)$$

是凸的。

8.5 证明二阶凸性条件。提示：首先对一维情况证明命题，然后利用上一题的结果进行推广。

8.6 证明：下面函数

$$f:\mathbb{R}^l \longmapsto \mathbb{R}$$

是凸的当且仅当其上图是凸的。

8.7 证明：如果一个函数是凸的，则其下水平集对任何 ξ 都是凸的。

8.8 证明：在一个希尔伯特空间 $\mathbb{H}$ 中，平行四边形规则是成立的。

$$\|x+y\|^2+\|x-y\|^2=2\left(\|x\|^2+\|y\|^2\right),\quad \forall x,y\in\mathbb{H}$$

8.9 证明：在一个希尔伯特空间 $\mathbb{H}$ 中，若 $\boldsymbol{x},\boldsymbol{y}\in\mathbb{H}$，则内积诱导范数满足三角不等式，如同任何范数一样，即

$$\|x+y\|\leqslant\|x\|+\|y\|$$

8.10 证明：若 x_* 是一个凸函数的局部极小值，则它必然也是全局极小值。而且，若函数是严格凸的，则 x_* 是唯一的极小值。

8.11 令 C 是希尔伯特空间 $\mathbb{H}$ 中的一个封闭凸集。证明 $\forall x \in \mathbb{H}$，存在一个点 $P_C(x) \in C$，满足

$$\|x - P_C(x)\| = \min_{y \in C} \|x - y\|$$

8.12 证明：一个点 $x \in \mathbb{H}$ 到一个非空封闭凸集 $C \subset \mathbb{H}$ 的投影位域 C 的边界。

8.13 推导出(实数)希尔伯特空间 $\mathbb{H}$ 中到一个超平面的投影公式。

8.14 推导出到一个封闭球 $B[\mathbf{0},\delta]$ 的投影公式。

8.15 找到一个点到 ℓ_1 球的投影不唯一的例子。 418

8.16 证明：如果 $C \subset \mathbb{H}$ 是希尔伯特空间中的一个封闭凸集，则 $\forall x \in \mathbb{H}$ 和 $\forall y \in C$，投影 $P_C(x)$ 满足如下性质。

- $\text{Real}\{\langle x - P_C(x),\ y - P_C(x)\rangle\} \leqslant 0$
- $\|P_C(x) - P_C(y)\|^2 \leqslant \text{Real}\{\langle x - y,\ P_C(x) - P_C(y)\rangle\}$

8.17 证明：若 S 是希尔伯特空间 $\mathbb{H}$ 中一个封闭子空间，$S \subset \mathbb{H}$，则 $\forall x,\ y \in \mathbb{H}$

$$\langle x, P_S(y)\rangle = \langle P_S(x), y\rangle = \langle P_S(x), P_S(y)\rangle$$

且

$$P_S(ax + by) = aP_S(x) + bP_S(y)$$

提示：使用习题 8.18 中的结果。

8.18 令 S 是希尔伯特空间 $\mathbb{H}$ 中一个封闭子空间，$S \subset \mathbb{H}$。令 $S^\perp$ 是所有与 S 正交的元素 $x \in \mathbb{H}$ 的集合。证明：(a) $S^\perp$ 也是一个封闭子空间；(b) $S \cap S^\perp = \{\mathbf{0}\}$；(c) $\mathbb{H} = S \oplus S^\perp$，即 $\forall x \in \mathbb{H}$，$\exists x_1 \in S$ 和 $x_2 \in S^\perp$：$x = x_1 + x_2$，其中 x_1 和 x_2 是唯一的。

8.19 证明：松弛投影算子是一种非扩张映射。

8.20 证明：松弛投影算子是一种强吸引映射。

8.21 给出希尔伯特空间 $\mathbb{H}$ 中的一个序列，它是弱收敛的但非强收敛的。

8.22 证明：若 $C_1 \cdots C_K$ 是希尔伯特空间 $\mathbb{H}$ 中的封闭凸集，则算子

$$T = T_{C_K} \cdots T_{C_1}$$

是一个正则算子；即

$$\|T^{n-1}(x) - T^n(x)\| \longrightarrow 0,\ n \longrightarrow \infty$$

其中 $T^n := TT \cdots T$ 是连续应用 n 次 T。

8.23 对希尔伯特空间 $\mathbb{H}$ 中的封闭子空间证明 POCS 定理。

8.24 推导出度量距离函数 $d_C(x)$ 的次微分，其中 C 是一个封闭凸集 $C \subseteq \mathbb{R}^l$，$x \in \mathbb{R}^l$。

8.25 推导出式(8.55)中的界。

8.26 证明：若一个函数是 γ-利普希茨连续的，则其任何次梯度都是有界的。

8.27 证明：式(8.61)中的通用投影次梯度算法的收敛性。

8.28 推导出式(8.100)。

8.29 考虑式(8.64)中的投影次梯度法 b 的在线版本，即

$$\theta_n = \begin{cases} P_C\left(\theta_{n-1} - \mu_n \frac{J(\theta_{n-1})}{\|J'(\theta_{n-1})\|^2} J'(\theta_{n-1})\right), & \text{若 } J'(\theta_{n-1}) \neq \mathbf{0} \\ P_C(\theta_{n-1}), & \text{若 } J'(\theta_{n-1}) = \mathbf{0} \end{cases} \tag{8.145}$$

其中我们假定 $J_* = 0$。如果情况并非如此，则采用移位可适应差异。因此，我们假定知道最小值。 419
这对很多问题是成立的，例如合页损失函数、假定类线性可分或是对有界噪声的线性 ϵ-不敏感损失函数。假定

$$\mathcal{L}_n(\theta) = \sum_{k=n-q+1}^{n} \frac{\omega_k d_{C_k}(\theta_{n-1})}{\sum_{k=n-q+1}^{n} \omega_k d_{C_k}(\theta_{n-1})} d_{C_k}(\theta)$$

推导出式(8.39)的 APSM 算法。

8.30　推导出式(8.83)中的次梯度算法的后悔度的界。

8.31　证明：一个函数$f(\boldsymbol{x})$是σ-强凸性的当且仅当函数$f(\boldsymbol{x})-\frac{\sigma}{2}\|\boldsymbol{x}\|^2$是凸的。

8.32　证明：如果损失函数是σ-强凸性的，则如果$\mu_n=\frac{1}{\sigma n}$，则次梯度算法的后悔度的界变为

$$\frac{1}{N}\sum_{n=1}^{N}\mathcal{L}_n(\boldsymbol{\theta}_{n-1})\leqslant\frac{1}{N}\sum_{n=1}^{N}\mathcal{L}_n(\boldsymbol{\theta}_*)+\frac{G^2(1+\ln N)}{2\sigma N}\tag{8.146}$$

8.33　考虑一个计算经验风险函数的最小值的批处理算法$\boldsymbol{\theta}_*(N)$具有二次的收敛率，即

$$\ln\ln\frac{1}{||\boldsymbol{\theta}^{(i)}-\boldsymbol{\theta}_*(N)||^2}\sim i$$

证明：对很大的N，一个运行n个时刻消耗的计算资源与批处理算法相同的在线算法可达到更好的性能，如[12]中所证明的

$$||\boldsymbol{\theta}_n-\boldsymbol{\theta}_*||^2\sim\frac{1}{N\ln\ln N}<<\frac{1}{N}\sim||\boldsymbol{\theta}_*(N)-\boldsymbol{\theta}_*||^2$$

提示：利用事实

$$||\boldsymbol{\theta}_n-\boldsymbol{\theta}_*||^2\sim\frac{1}{n}\quad\text{和}\quad||\boldsymbol{\theta}_*(N)-\boldsymbol{\theta}_*||^2\sim\frac{1}{N}$$

8.34　对近端算子证明性质(8.111)。

8.35　对近端算子证明性质(8.112)。

8.36　证明：式(8.118)中的递归收敛至f的一个极小值。

8.37　从式(8.121)推导出式(8.122)。

MATLAB 练习

8.38　考虑回归模型

$$y_n=\boldsymbol{\theta}_o^{\mathrm{T}}\boldsymbol{x}_n+\eta_n$$

420　其中$\boldsymbol{\theta}_o\in\mathbb{R}^{200}(l=200)$和未知向量的系数按高斯分布$\mathcal{N}(0,1)$随机生成。噪声样本也是独立同分布的，均值为0，方差为${\sigma_\eta}^2=0.01$。输入序列是一个白噪声，按高斯分布$\mathcal{N}(0,1)$独立同分布生成。将样本$(y_n,\boldsymbol{x}_n)\in\mathbb{R}\times\mathbb{R}^{200}$，$n=1,2,\cdots$，作为训练数据，运行算法APA(算法5.2)、NLMS(算法5.3)、RLS(算法6.1)和APSM(算法8.2)来估计未知的$\boldsymbol{\theta}_o$。

对APA算法，选取$\mu=0.2$、$\delta=0.001$和$q=30$。对APSM，选取$\mu=0.5\times M_n$，$\epsilon=\sqrt{2}\sigma$和$q=30$。并在NLMS中设置$\mu=1.2$和$\delta=0.001$。最终，对RLS设置遗忘因子β为1。每个实验独立运行100次，绘制平均误差，单位为分贝，即$10\log_{10}({e_n}^2)$，其中${e_n}^2=(y_n-{\boldsymbol{x}_n}^{\mathrm{T}}\boldsymbol{\theta}_{n-1})^2$，比较几个算法的性能。

保持参数不变，但调整噪声方差为0.3。与前一个实验一样绘制平均误差。与前面的低噪声场景相比，你观察到APA的性能有何变化？

继续用不同的参数进行实验，研究参数变化对收敛速度和算法收敛到的误差下限的影响。

8.39　创建一个自组网，有10个节点和32条链接。在每个节点生成数据，符合下面模型

$$y_k(n)=\boldsymbol{\theta}_o^{\mathrm{T}}\boldsymbol{x}_k(n)+\eta_k(n),\ k=1,\cdots,10$$

未知向量$\boldsymbol{\theta}_o\in\mathbb{R}^{60}$及其系数按高斯分布$\mathcal{N}(0,1)$随机生成。输入向量是独立同分布的，服从高斯分布$\mathcal{N}(0,1)$。而且，噪声样本也是独立同分布的，按高斯分布随机生成，其均值为0，不同节点的方差对应不同的信噪水平(20~25分贝)。

对未知向量的估计采用组合后适应扩散APSM算法(算法8.3)、适应后组合LMS算法(算法5.7)、组合后适应LMS算法(算法5.8)和非协作LMS算法(算法5.1)。对组合后适应APSM，设置$\mu_n=0.5\times M_n$，$\epsilon_k=\sqrt{2}\sigma_k$和$q=20$。对适应后组合、组合后适应及非协作LMS，设置步长为0.03。最

后，根据梅特罗波利斯准则(附注 5.4)选取组合权重 a_{mk}。

独立运行 100 次实验并绘制平均 MSD，单位为分贝，即

$$\mathrm{MSD}(n) = 10\log_{10}\left(\frac{1}{K}\sum_{k=1}^{K}\|\boldsymbol{\theta}_k(n) - \boldsymbol{\theta}_o\|^2\right)$$

比较组合后适应 APSM 算法与几种 LMS 算法的性能。

继续用不同参数测试上述算法，观察参数对性能的影响。

8.40　下载钞票认证数据集[㊀]。开发一个 MATLAB 程序，实现 PEGASOS 分类算法(算法 8.4)。将 90%的数据作为训练集，剩余 10%作为测试集。设置 λ=0.1 和 $m=1$，10，30。一旦训练阶段完成，就对分类器固定参数。用得到的分类器在测试集上计算分类误差。比较不同 m 的分类误差。 421

参考文献

[1] A. Agarwal, P. Bartlett, P. Ravikumar, M.J. Wainwright, Information-theoretic lower bounds on the oracle complexity of convex optimization, IEEE Trans. Inf. Theory 58 (5) (2012) 3235–3249.
[2] A.E. Albert, L.A. Gardner, Stochastic Approximation and Nonlinear Regression, MIT Press, 1967.
[3] S. Amari, Natural gradient works efficiently in learning, Neural Comput. 10 (2) (1998) 251–276.
[4] F. Bach, E. Moulines, Non-strongly-convex smooth stochastic approximation with convergence rate $O(1/n)$, arXiv:1306.2119v1 [cs.LG], 2013.
[5] F. Bach, Adaptivity of averaged stochastic gradient descent to local strong convexity for logistic regression, J. Mach. Learn. Res. 15 (2014) 595–627.
[6] H.H. Bauschke, J.M. Borwein, On projection algorithms for solving convex feasibility problems, SIAM Rev. 38 (3) (1996) 367–426.
[7] H.H. Bauschke, P.L. Combettes, Convex Analysis and Monotone Operator Theory in Hilbert Spaces, Springer, 2011.
[8] A. Beck, M. Teboulle, Gradient-based algorithms with applications to signal recovery problems, in: D. Palomar, Y. Eldar (Eds.), Convex Optimization in Signal Processing and Communications, Cambridge University Press, 2010, pp. 42–88.
[9] A. Beck, M. Teboulle, Mirror descent and nonlinear projected subgradient methods for convex optimization, Oper. Res. Lett. 31 (2003) 167–175.
[10] D.P. Bertsekas, Nonlinear Programming, second ed., Athena Scientific, 1999.
[11] D.P. Bertsekas, A. Nedic, A.E. Ozdaglar, Convex Analysis and Optimization, Athena Scientific, 2003.
[12] L. Bottou, Y. Le Cun, Large scale online learning, in: Advances in Neural Information Processing Systems, NIPS, MIT Press, 2003, pp. 2004–2011.
[13] L. Bottou, O. Bousquet, The tradeoffs of large scale learning, Adv. Neural Inf. Process. Syst. 20 (2007) 161–168.
[14] L. Bottou, Large-scale machine learning with stochastic gradient descent, in: Y. Lechevallier, G. Saporta (Eds.), Proceedings 19th Intl. Conference on Computational Statistics, COMPSTAT 2010, Springer, Paris, France, 2010.
[15] S. Boyd, L. Vandenberghe, Convex Optimization, Cambridge University Press, 2004.
[16] S. Boyd, N. Parikh, E. Chu, P. Peleato, J. Eckstein, Distributed optimization and statistical learning via the alternating direction method of multipliers, Found. Trends Mach. Learn. 3 (1) (2011) 1122.
[17] L.M. Bregman, The method of successive projections for finding a common point of convex sets, Sov. Math. Dokl. 6 (1965) 688–692.
[18] R. Bruck, An iterative solution of a variational inequality for certain monotone operator in a Hilbert space, Bull. Am. Math. Soc. 81 (5) (1975) 890–892.
[19] N. Cesa-Bianchi, A. Conconi, C. Gentile, On the generalization ability of on-line learning algorithms, IEEE Trans. Inf. Theory 50 (9) (2004) 2050–2057.
[20] R.L.G. Cavalcante, I. Yamada, B. Mulgrew, An adaptive projected subgradient approach to learning in diffusion networks, IEEE Trans. Signal Process. 57 (7) (2009) 2762–2774.
[21] N. Cesa-Bianchi, G. Lugosi, Prediction, Learning, and Games, Cambridge University Press, 2006.
[22] S. Chouvardas, K. Slavakis, S. Theodoridis, Adaptive robust distributed learning in diffusion sensor networks, IEEE Trans. Signal Process. 59 (10) (2011) 4692–4707.
[23] S. Chouvardas, K. Slavakis, S. Theodoridis, I. Yamada, Stochastic analysis of hyperslab-based adaptive projected subgradient method under boundary noise, IEEE Signal Process. Lett. 20 (7) (2013) 729–732.
[24] P.L. Combettes, The foundations of set theoretic estimation, Proc. IEEE 81 (2) (1993) 182–208.
[25] P.L. Combettes, Inconsistent signal feasibility problems: least-squares solutions in a product space, IEEE Trans. Signal Process. 42 (11) (1994) 2955–2966.

㊀ 参见 https://archive.ics.uci.edu/ml/datasets/banknote+authentication。

422 [26] P.L. Combettes, V.R. Wajs, Signal recovery by proximal forward-backward splitting, Multiscale Model. Simul. 4 (2005) 1168–1200.

[27] P.L. Combettes, J.-C. Pesquet, A Douglas-Rachford splitting approach to nonsmooth convex variational signal recovery, IEEE J. Sel. Top. Signal Process. 1 (2007) 564–574.

[28] P.L. Combettes, J.-C. Pesquet, Proximal splitting methods in signal processing, in: H.H. Bauschke, R.S. Burachik, P.L. Combettes, V. Elser, D.R. Luke, H. Wolkowicz (Eds.), Fixed-Point Algorithms for Inverse Problems in Science and Engineering, Springer-Verlag, 2011, pp. 185–212.

[29] J.R. Deller, Set-membersip identification in digital signal processing, IEEE Signal Process. Mag. 6 (1989) 4–20.

[30] F. Deutsch, Best Approximation in Inner Product Spaces, CMS, Springer, 2000.

[31] L. Devroye, L. Györfi, G. Lugosi, A Probabilistic Theory of Pattern Recognition, Springer, 1991.

[32] P.S.R. Diniz, S. Werner, Set-membership binormalized data-reusing LMS algorithms, IEEE Trans. Signal Process. 52 (1) (2003) 124–134.

[33] P.S.R. Diniz, Adaptive Filtering: Algorithms and Practical Implementation, fourth ed., Springer Verlag, 2014.

[34] P.S.R. Diniz, Convergence performance of the simplified set-membership affine projection algorithm, J. Circuits Syst. Signal Process. 30 (2) (2011) 439–462.

[35] J. Duchi, S.S. Shwartz, Y. Singer, T. Chandra, Efficient projections onto the ℓ_1-ball for learning in high dimensions, in: Proceedings of the International Conference on Machine Leaning, ICML, 2008, pp. 272–279.

[36] J. Duchi, Y. Singer, Efficient online and batch learning using forward backward splitting, J. Mach. Learn. Res. 10 (2009) 2899–2934.

[37] J. Duchi, S. Shalev-Shwartz, Y. Singer, A. Tewari, Composite objective mirror descent, in: Proceedings of the 23rd Annual Conference on Computational Learning Theory, 2010.

[38] J. Duchi, E. Hazan, Y. Singer, Adaptive subgradient methods for online learning and stochastic optimization, J. Mach. Learn. Res. 12 (2011) 2121–2159.

[39] J. Duchi, A. Agrawal, M. Wainright, Dual averaging for distributed optimization: convergence analysis and network scaling, IEEE Trans. Autom. Control 57 (3) (2012) 592–606.

[40] M. Fortin, R. Glowinski, Augmented Lagrangian Methods: Applications to the Numerical Solution of Boundary-Value Problems, Elsevier Science/North-Holland, Amsterdam, 1983.

[41] A.A. Goldstein, Convex programming in Hilbert spaces, Bull. Am. Math. Soc. 70 (5) (1964) 709–710.

[42] L.G. Gubin, B.T. Polyak, E.V. Raik, The method of projections for finding the common point of convex sets, USSR Comput. Math. Phys. 7 (6) (1967) 1–24.

[43] E. Hazan, A. Agarwal, S. Kale, Logarithmic regret algorithms for online convex optimization, Mach. Learn. 69 (2–3) (2007) 169–192.

[44] J.B. Hiriart-Urruty, C. Lemarechal, Convex Analysis and Minimization Algorithms, Springer-Verlag, Berlin, 1993.

[45] J. Kivinen, A.J. Smola, R.C. Williamson, Online learning with kernels, IEEE Trans. Signal Process. 52 (8) (2004) 2165–2176.

[46] N. Komodakis, J.-C. Peusquet, Playing with duality: an overview of recent primal-dual approaches for solving large scale optimization problems, arXiv:1406.5429v1 [cs.NA], 20 June 2014.

[47] Y. Kopsinis, K. Slavakis, S. Theodoridis, Online sparse system identification and signal reconstruction using projections onto weighted ℓ_1-balls, IEEE Trans. Signal Process. 59 (3) (2011) 936–952.

[48] J. Langford, L. Li, T. Zhang, Sparse online learning via truncated gradient, J. Mach. Learn. Res. 10 (2009) 747–776.

[49] Y. LeCun, L. Bottou, G.B. Orr, K.R. Müller, Efficient BackProp, in: G.B. Orr, K.-R. Müller (Eds.), Neural Networks: Tricks of the Trade, Springer, 1998, pp. 9–50.

[50] N. Le Roux, M. Schmidt, F. Bach, A stochastic gradient method with an exponential convergence rate for finite training sets, arXiv:1202.6258v4 [math.OC], 2013.

[51] W.S. Lee, P.L. Bartlett, R.C. Williamson, The importance of convexity in learning with squared loss, IEEE Trans. Inf. Theory 44 (5) (1998) 1974–1980.

[52] B.S. Levitin, B.T. Polyak, Constrained minimization methods, Zh. Vychisl. Mat. Mat. Fiz. 6 (5) (1966) 787–823.

[53] D.D. Lewis, Y. Yang, T.G. Rose, F. Li, RCV1: a new benchmark collection for text categorization research, J. Mach. Learn. Res. 5 (2004) 361–397.

[54] P. Lions, B. Mercier, Splitting algorithms for the sum of two nonlinear operators, SIAM J. Numer. Anal. 16 (1979) 964–979.

[55] P.E. Maingé, Strong convergence of projected subgradient methods for nonsmooth and nonstrictly convex minimization, Set-Valued Anal. 16 (2008) 899–912.

423 [56] N. Murata, S. Amari, Statistical analysis of learning dynamics, Signal Process. 74 (1) (1999) 3–28.

[57] B. Martinet, Régularisation d' inéquations variationnelles par approximations successives, Rev. Fr. Inform. Rech. Oper. 4 (1970) 154–158.

[58] C. Moler, Iterative refinement in floating point, J. ACM 14 (2) (1967) 316–321.

[59] J.J. Moreau, Fonctions convexes duales et points proximaux dans un espace Hilbertien, Rep. Paris Acad. Sci. A 255 (1962) 2897–2899.

[60] J.J. Moreau, Proximité et dualité dans un espace hilbertien, Bull. Soc. Math. Fr. 93 (1965) 273–299.

[61] S. Nagaraj, S. Gollamudi, S. Kapoor, Y.F. Huang, BEACON: an adaptive set-membership filtering technique with sparse updates, IEEE Trans. Signal Process. 47 (11) (1999) 2928–2941.
[62] A. Nedic, A. Olshevsky, Distributed optimization over time varying directed graphs, in: Proceedings 52nd IEEE Conference on Decision and Control, 2013, pp. 6855–6860.
[63] A. Nedic, A. Olshevsky, Stochastic gradient-push for strongly convex functions on time varying directed graphs, IEEE Trans. Autom. Control 61 (12) (2016) 3936–3947.
[64] A. Nemirovsky, D. Yudin, Problem Complexity and Method Efficiency in Optimization, J. Wiley & Sons, New York, 1983.
[65] Y.E. Nesterov, A method of solving a convex programming problem with convergence rate $O(1/k^2)$, Sov. Math. Dokl. 27 (2) (1983) 372–376.
[66] Y. Nesterov, Primal-dual subgradient methods for convex problems, Math. Program. 120 (1) (2009) 221–259.
[67] N. Parish, S. Boyd, Proximal algorithms, Found. Trends Oprim. 1 (2) (2013) 123–231.
[68] G. Pierra, Decomposition through formalization in a product space, Math. Program. 8 (1984) 96–115.
[69] T. Poggio, S. Voinea, L. Rosasco, Online learning, stability and stochastic gradient descent, arXiv:1105.4701 [cs.LG], Sep 2011.
[70] B.T. Polyak, Minimization of unsmooth functionals, Zh. Vychisl. Mat. Mat. Fiz. 9 (3) (1969) 509–521.
[71] R.T. Rockafellar, Convex Analysis, Princeton University Press, Princeton, NJ, 1970.
[72] R.T. Rockafellar, Monotone operators and the proximal point algorithm, SIAM J. Control Optim. 14 (1976) 877–898.
[73] S. Shalev-Shwartz, Y. Singer, N. Srebro, A. Cotter, PEGASOS: primal estimated sub-gradient solver for SVM, Math. Program. B 127 (2011) 3–30.
[74] N.Z. Shor, On the Structure of Algorithms for the Numerical Solution of Optimal Planning and Design Problems, PhD Thesis, Cybernetics Institute, Academy of Sciences, Kiev, 1964.
[75] N.Z. Shor, Minimization Methods for Non-differentiable Functions, Springer Series in Computational Mathematics, Springer, 1985.
[76] K. Slavakis, I. Yamada, N. Ogura, The adaptive projected subgradient method over the fixed point set of strongly attracting nonexpansive mappings, Numer. Funct. Anal. Optim. 27 (7–8) (2006) 905–930.
[77] K. Slavakis, I. Yamada, Robust wideband beamforming by the hybrid steepest descent method, IEEE Trans. Signal Process. 55 (9) (2007) 4511–4522.
[78] K. Slavakis, S. Theodoridis, I. Yamada, Online classification using kernels and projection-based adaptive algorithms, IEEE Trans. Signal Process. 56 (7) (2008) 2781–2797.
[79] K. Slavakis, S. Theodoridis, Sliding window generalized kernel affine projection algorithm using projection mappings, EURASIP J. Adv. Signal Process. 2008 (2008) 830381, https://doi.org/10.1155/2008/830381.
[80] K. Slavakis, S. Theodoridis, I. Yamada, Adaptive constrained learning in reproducing kernel Hilbert spaces, IEEE Trans. Signal Process. 5 (12) (2009) 4744–4764.
[81] K. Slavakis, I. Yamada, The adaptive projected subgradient method constrained by families of quasi-nonexpansive mappings and its application to online learning, SIAM J. Optim. 23 (1) (2013) 126–152.
[82] K. Slavakis, A. Bouboulis, S. Theodoridis, Online learning in reproducing kernel Hilbert spaces, in: S. Theodoridis, R. Chellapa (Eds.), E-Reference for Signal Processing, Academic Press, 2013.
[83] K. Slavakis, Y. Kopsinis, S. Sheodoridis, S. McLaughlin, Generalized thresholding and online sparsity-aware learning in a union of subspaces, IEEE Trans. Signal Process. 61 (15) (2013) 3760–3773.
[84] K. Slavakis, Personal Communication, March 2014.
[85] W. Shi, Q. Ling, G. Wu, W. Yin, EXTRA: an exact first order algorithm for decentralized consensus optimization, SIAM J. Optim. 25 (2) (2015) 944–966.
[86] J. Tsitsiklis, Problems in Decentralized Decision Making and Computation, PhD Thesis, Department Electrical and Computer Engineering, MIT, 1984.
[87] H. Stark, Y. Yang, Vector Space Projections, John Wiley, 1998.
[88] S. Theodoridis, K. Koutroumbas, Pattern Recognition, fourth ed., Academic Press, 2009. 424
[89] S. Theodoridis, K. Slavakis, I. Yamada, Adaptive learning in a world of projections, IEEE Signal Process. Mag. 28 (1) (2011) 97–123.
[90] M. Todd, Semidefinite optimization, Acta Numer. 10 (2001) 515–560.
[91] O.P. Tseng, An incremental gradient (projection) method with momentum term and adaptive step size rule, SIAM J. Optim. 8 (2) (1998) 506–531.
[92] A.B. Tsybakov, Optimal aggregation of classifiers in statistical learning, Ann. Stat. 32 (1) (2004) 135–166.
[93] Y. Tsypkin, Foundation of the Theory of Learning Systems, Academic Press, 1973.
[94] V.N. Vapnik, Estimation of Dependences Based on Empirical Data, Springer Series in Statistics, Springer-Verlag, Berlin, 1982.
[95] V.N. Vapnik, Statistical Learning Theory, John Wiley & Sons, 1998.
[96] V.N. Vapnik, The Nature of Statistical Learning Theory, Springer, 2000.
[97] R.S. Varga, Matrix Iterative Analysis, second ed., Springer-Verlag, New York, 2000.
[98] J. von Neumann, Functional Operators, vol II. The Geometry of Orthogonal Spaces, Ann. Math. Stud., vol. 22, Princeton Univ. Press, NJ, 1950 (Reprint of lecture notes first distributed in 1933).

[99] S. Werner, P.S.R. Diniz, Set-membership affine projection algorithm, IEEE Signal Process. Lett. 8 (8) (2001) 231–235.
[100] L. Xiao, Dual averaging methods for regularized stochastic learning and online optimization, J. Mach. Learn. Res. 11 (2010) 2543–2596.
[101] I. Yamada, The hybrid steepest descent method for the variational inequality problem over the intersection of fixed point sets of nonexpansive mappings, Stud. Comput. Math. 8 (2001) 473–504.
[102] I. Yamada, K. Slavakis, K. Yamada, An efficient robust adaptive filtering algorithm based on parallel subgradient projection techniques, IEEE Trans. Signal Process. 50 (5) (2002) 1091–1101.
[103] I. Yamada, Adaptive projected subgradient method: a unified view of projection based adaptive algorithms, J. IEICE 86 (6) (2003) 654–658 (in Japanese).
[104] I. Yamada, N. Ogura, Adaptive projected subgradient method for asymptotic minimization of nonnegative convex functions, Numer. Funct. Anal. Optim. 25 (7–8) (2004) 593–617.
[105] I. Yamada, N. Ogura, Hybrid steepest descent method for variational inequality problem over the fixed point set of certain quasi-nonexpansive mappings, Numer. Funct. Anal. Optim. 25 (2004) 619–655.
[106] I. Yamada, S. Gandy, M. Yamagishi, Sparsity-aware adaptive filtering based on Douglas-Rachfold splitting, in: Proceedings, 19th European Signal Processing Conference, EUSIPCO, Barcelona, Spain, 2011.
[107] M. Yamagishi, M. Yukawa, I. Yamada, Acceleration of adaptive proximal forward-backward slitting method and its application in systems identification, in: Proceedings IEEE International Conference on Acoustics Speech and Signal Processing, ICASSP, Prague, 2011.
[108] I. Yamada, M. Yukawa, M. Yamagishi, Minimizing the Moreau envelope of non-smooth convex functions over the fixed point set of certain quasi-nonexpansive mappings, in: H.H. Bauschke, R.S. Burachik, P.L. Combettes, V. Elser, D.R. Luke, H. Wolkowicz (Eds.), Fixed-Point Algorithms for Inverse Problems in Science and Engineering, Springer, New York, 2011, pp. 345–390.
[109] K. Yosida, Functional Analysis, Springer, 1968.
[110] K. Yuan, B. Ying, X. Zhao, A. Sayed, Exact diffusion for distributed optimization and learning: Part I-Algorithm and development, arXiv:1702.05122v1 [math.OC], 16 Feb. 2017.
[111] K. Yuan, B. Ying, X. Zhao, A. Sayed, Exact diffusion for distributed optimization and learning: Part II-Convergence and analysis, arXiv:1702.05142v1 [math.OC], 16 Feb. 2017.
425 ~ 426 [112] T. Zhang, Solving large scale linear prediction problems using stochastic gradient descent algorithms, in: Proceedings of the 21st International Conference on Machine Learning, ICML, Banff, Alberta, Canada, 2004, pp. 919–926.
[113] M. Zinkevich, Online convex programming and generalized infinitesimal gradient ascent, in: Proceedings of the 20th International Conference on Machine Learning, ICML, Washington, DC, 2003.

稀疏感知学习：概念和理论基础

9.1 引言

在第 3 章中，我们介绍了正则化的概念，将其作为解决机器学习中许多常见问题的工具。正则化已有很多成功应用，一些典型例子包括通过收缩最小方差无偏(Minimum Variance Unbiased，MVU)估计的范数来提高估计方法的性能、防止过拟合、应对病态问题以及求解欠定方程组。我们已经通过岭回归概念展示了正则化的一些优点，其中我们组合了平方误差代价函数和所需解的平方欧几里得范数，并对两者进行了权衡。 427

在本章和下一章中，我们将讨论欧几里得范数的替代，特别关注 ℓ_1 范数，即向量分量的绝对值之和。虽然自 20 世纪 70 年代开始就有人通过正则化代价函数的 ℓ_1 范数来求解问题，但直到最近这种方法才成为压缩感知领域很多研究关注的焦点。此问题的核心是欠定方程组，一般而言会有无穷多个解。但某些情况下会有一些额外信息，如：我们想估计的真实模型是稀疏的，即只有少数数据点是非零的。相关研究表明，有很多常见应用可转换到这种场景下，并受益于稀疏建模。

除了重要的应用价值，稀疏感知学习还为科学研究领域贡献了新的理论工具，一些仅仅几年前还看起来很难解的问题，现在已可求解。这也是为什么稀疏感知学习已成为数学、统计学、机器学习和信号处理等领域的科学家都共同关注的跨学科领域的原因之一。而且，它已应用于很多领域，从生物医学到通信甚至天文学。在本章和下一章中，我们努力以一种统一的方式呈现涵盖这个领域的基本概念和思想。目标是给读者提供一个概述，简要介绍理论和算法前沿已产生的主要贡献，并且这些贡献都是已强化为一个独立科学方向的。

在本章中，我们重点介绍稀疏感知学习相关的主要概念和理论基础。我们首先回顾各种范数，然后对稀疏向量或变换域上可稀疏表示的向量，对其恢复问题建立一些条件，使用比对应空间的维数更少的观测数据。在我们的方法中，几何学起着重要作用。最后，我们将介绍将稀疏性和抽样理论联系在一起的一些理论进展。本章末尾将研究一个图像降噪的实例。

9.2 寻找范数

数学家在提出各种范数来装备线性空间方面极具想象力。在泛函分析中使用最为广泛的范数是 ℓ_p 范数。为了适应本书的需要，可给出如下定义，给定一个向量 $\boldsymbol{\theta} \in \mathbb{R}^l$，其 ℓ_p 范数定义如下

$$\|\boldsymbol{\theta}\|_p := \left(\sum_{i=1}^{l} |\theta_i|^p\right)^{1/p} \tag{9.1}$$

当 $p=2$ 时，我们得到欧氏范数或称为 ℓ_2 范数；当 $p=1$ 时，则得到 ℓ_1 范数，即

$$\|\boldsymbol{\theta}\|_1 = \sum_{i=1}^{l} |\theta_i| \tag{9.2}$$ 428

如果我们令 $p\to\infty$，则得到 ℓ_∞ 范数；令 $|\theta_{i_{\max}}|:=\max\{|\theta_1|,|\theta_2|,\cdots,|\theta_l|\}$，并注意到

$$\|\boldsymbol{\theta}\|_\infty := \lim_{p\to\infty}\left(|\theta_{i_{\max}}|^p\sum_{i=1}^{l}\left(\frac{|\theta_i|}{|\theta_{i_{\max}}|}\right)^p\right)^{1/p} = |\theta_{i_{\max}}| \tag{9.3}$$

即 $\|\boldsymbol{\theta}\|_\infty$ 等于 $\boldsymbol{\theta}$ 的坐标绝对值中的最大值。我们可以证明，对 $p\geqslant 1$，所有 ℓ_p 范数都是真范数，即它们满足一个函数 $\mathbb{R}^l\longmapsto[0,\infty)$ 可称为范数所必须满足的所有要求：

1) $\|\boldsymbol{\theta}\|_p\geqslant 0$
2) $\|\boldsymbol{\theta}\|_p=0\Leftrightarrow\boldsymbol{\theta}=\mathbf{0}$
3) $\|\alpha\boldsymbol{\theta}\|_p=|\alpha|\,\|\boldsymbol{\theta}\|_p,\forall\alpha\in\mathbb{R}$
4) $\|\boldsymbol{\theta}_1+\boldsymbol{\theta}_2\|_p\leqslant\|\boldsymbol{\theta}_1\|_p+\|\boldsymbol{\theta}_2\|_p$

第三个条件要求范数函数必须是(正)齐次的，第四个条件就是三角不等式。这些性质还保证了任何范数函数也是凸函数(习题 9.3)。虽然严格来说，如果我们允许式(9.1)中的 $p>0$ 取小于 1 的值，得到的函数不是真范数(习题 9.8)，但我们还是称它们为范数，即使我们知道这对范数的定义有一点儿滥用。一种有趣的情况，也是在本章中被反复用到的一种范数是 ℓ_0 范数，它是在 $p\to 0$ 时，求下式的极限得到的

$$\|\boldsymbol{\theta}\|_0 := \lim_{p\to 0}\|\boldsymbol{\theta}\|_p^p = \lim_{p\to 0}\sum_{i=1}^{l}|\theta_i|^p = \sum_{i=1}^{l}\chi_{(0,\infty)}(|\theta_i|) \tag{9.4}$$

其中 $\mathcal{X}\mathcal{A}(\cdot)$ 是关于集合 $\mathcal{A}$ 的特征函数，它定义为

$$\chi_{\mathcal{A}}(\tau) := \begin{cases}1, & 若\ \tau\in\mathcal{A}\\ 0, & 若\ \tau\notin\mathcal{A}\end{cases}$$

即 ℓ_0 范数等于向量中非零元素的数目。很容易验证此函数不是一个真范数。实际上，它不是齐次的，即 $\forall\,\alpha\neq 1$，$\|\alpha\boldsymbol{\theta}\|_0\neq|\alpha|\,\|\boldsymbol{\theta}\|_0$。图 9.1 显示了二维空间中对应 $\|\boldsymbol{\theta}\|_p=1$（对 $p=0,0.5,1,2$ 和 ∞）的等值曲线。可以观察到，对欧氏范数，等值曲线的形状是一个圆，对 ℓ_1 范数，形状是一个菱形。我们分别称它们为 ℓ_2 和 ℓ_1 球，这对球的含义稍微有些"滥用"㊀。还可观察到，对 ℓ_0 范数，等值曲线由横轴和纵轴组成，元素(0,0)除外。如果我们限制 ℓ_0 范数的大小小于 1，则对应点集变为单元素集，即(0,0)。而且，令 ℓ_0 范数小于等于 2 的所有二维点的集合就是 $\mathbb{R}^2$ 空间。这一稍显"奇怪"的现象是由于此
429 "范数"的离散性质造成的。

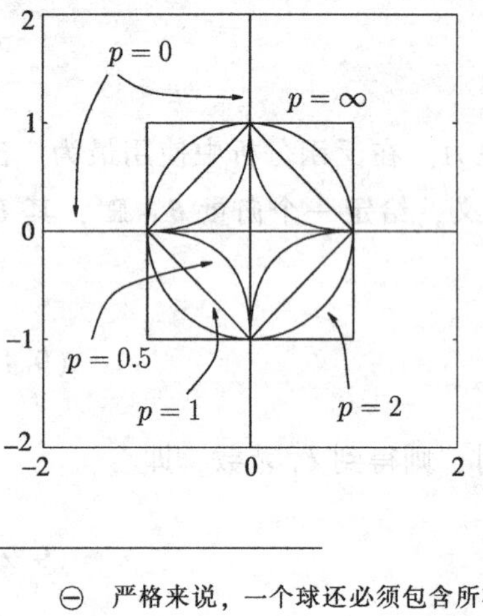

图 9.1　二维空间中 $\|\boldsymbol{\theta}\|_p=1$，不同 p 值的等值曲线。可以看到，对 ℓ_0 范数，对应值覆盖了两个坐标轴，点(0,0)除外。对 ℓ_1 范数，等值曲线是一个菱形，对 ℓ_2(欧氏)范数，曲线是一个圆

㊀ 严格来说，一个球还必须包含所有内部的点，即所有半径更小的同心球(参见第 8 章)。

图 9.2 显示了对不同 p 值的 $|\theta|^p$ 图，它显示了一个向量的每个分量对 ℓ_p 范数的贡献。我们观察到：对 $p<1$，图之上部分形成的区域(称为上图，参见第 8 章)不是凸的，这验证了我们前面提到的，对应的函数不是一个真范数；当参数值 $|\theta|>1$ 时，$p\geqslant 1$ 的值和 $|\theta|$ 的值越大，对应元素对范数的贡献越大。因此，如果将 ℓ_p 范数($p\geqslant 1$)用于正则化方 430
法，那么值较大的分量就会成为主导，优化算法会聚焦在这些分量上，惩罚它们使其变小，从而令总体代价降低。当 $|\theta|<1$ 时也是如此，ℓ_p 范数($p>1$)趋向于将这些分量的贡献推向 0。当 $|\theta|<1$ 的值很小时，ℓ_1 范数是($p\geqslant 1$ 的范数中)唯一仍保持较大值的范数，因此在优化过程中具有较小值的分量仍能起到作用，可以被惩罚变得更小。因此，如果将式(3.41)中的 ℓ_2 范数替换为 ℓ_1 范数，在向量的分量中，只有真正能显著减小正则化代价函数中模型失配度量项的分量才会被保留，而其他分量将被强制设为 0。对 $0\leqslant p<1$，趋势类似甚至更激进。当我们考虑 ℓ_0 范数时，会发生极端情况：即使分量的值从 0 增长一个很小的幅度，也会令其对范数的贡献有很大变化，因此优化算法在将分量设置为非零时必须非常“谨慎”。

简言之，在所有真范数($p\geqslant 1$)中，ℓ_1 范数是唯一关注小值的。其他 ℓ_p 范数($p>1$)则是挤压它们使其值更小，主要关注大值。我们很快将再次讨论此问题。

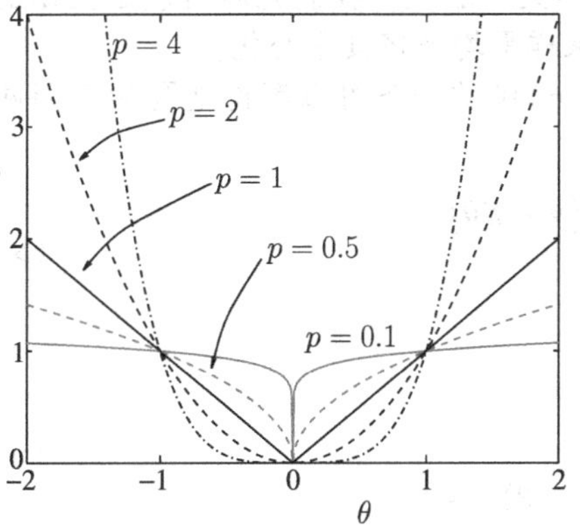

图 9.2　观察到，对 $p<1$，图形之上的区域即上图是非凸的，表明对应的 $|\theta|^p$ 函数是非凸的。$p=1$ 是保持凸性的最小值。还注意到，对 $p>1$，当 p 的值较大时，较小的 $|\theta|<1$ 值对相应范数的贡献变得无足轻重

9.3　最小绝对收缩和选择算子

在第 3 章中，我们已经讨论过采用正则化方法增强估计性能的一些好处。在本章中，我们将见到并研究更多支持使用正则化的依据。第一点就是所谓的估计函数的解释力。例如，在回归任务中，对于 $\boldsymbol{\theta}$，我们想选择在输出变量的形成中起最重要作用的那些分量 θ_i。当参数的数目 l 很大时，我们想聚焦于最重要的参数，这种选择就非常重要了。在分类任务中，并非所有特征都富含信息，因此我们可能希望保留信息最丰富的那些，而将包含信息很少的特征置为 0。另一个相关的问题是这样一种情况：我们预先知道一个参数向量的某些分量为 0，但并不知道具体是哪些分量。这样，上一节最后的讨论就变得非常有意义了。在正则化过程中，我们是否能达到这样的目的：使用恰当的范数以帮助优化过程找到这些零分量；更多地强调那些最重要的分量，即那些对减小正则化代价函数中失配度量项起到决定性作用的分量，并将其他分量设置为 0。虽然 $p<1$ 的 ℓ_p 范数看起来是进行这样正则化过程的自然选择，但由于它们是非凸的，从而会令优化过程十分困难。ℓ_1 范数与它们“最接近”，而且它保持了凸性这一有吸引力的计算特性。

人们用 ℓ_1 范数解决此问题已有很长时间了。在 20 世纪 70 年代，它就被用于地震学中[27, 86]，其中指示各种地球基质变化的反射信号是稀疏的，即只有很少的值相对较

大，剩余值都很小、无关紧要。从那时起，ℓ_1 范数就被用于很多不同应用中解决类似问题(如[40, 80])。我们可以追踪其中两篇文章，它们是催化剂，点燃了星星之火，才逐渐形成当前人们对 ℓ_1 范数展现出极大兴趣的局面。其中一篇文章来自统计学领域[89]，研究了最小绝对收缩和选择算子(LASSO)(据我们所知，最早提出 LASSO 的文献是[80])，我们接下来讨论它。另一篇文章来自信号分析领域[26]，提出了**基追踪**(basis pursuit)，
431 我们将在稍后章节中讨论。

我们首先研究熟悉的回归任务

$$\boldsymbol{y}=X\boldsymbol{\theta}+\boldsymbol{\eta},\quad \boldsymbol{y},\boldsymbol{\eta}\in\mathbb{R}^N,\ \boldsymbol{\theta}\in\mathbb{R}^l,\ N\geqslant l$$

我们通过平方误差代价的和，并采用 ℓ_1 范数进行正则化，来得到未知参数 $\boldsymbol{\theta}$ 的估计，即对 $\lambda\geqslant 0$

$$\hat{\boldsymbol{\theta}}:=\arg\min_{\boldsymbol{\theta}\in\mathbb{R}^l} L(\boldsymbol{\theta},\lambda) \tag{9.5}$$

$$\begin{aligned}&:=\arg\min_{\boldsymbol{\theta}\in\mathbb{R}^l}\left(\sum_{n=1}^{N}\left(y_n-\boldsymbol{x}_n^{\mathrm{T}}\boldsymbol{\theta}\right)^2+\lambda\|\boldsymbol{\theta}\|_1\right)\\ &=\arg\min_{\boldsymbol{\theta}\in\mathbb{R}^l}\left(\left(\boldsymbol{y}-X\boldsymbol{\theta}\right)^{\mathrm{T}}\left(\boldsymbol{y}-X\boldsymbol{\theta}\right)+\lambda\|\boldsymbol{\theta}\|_1\right)\end{aligned} \tag{9.6}$$

遵循 3.8 节中关于偏项的讨论，并为了简化分析，不失一般性，我们此后将假定数据的均值为 0。如果实际情况并非如此，我将数据减去其采样平均来将其中心化。

已证明，给定用户自定义参数 ρ，$\epsilon\geqslant 0$，式(9.6)中的任务可以等价地写为下面两个公式：

$$\begin{aligned}\hat{\boldsymbol{\theta}}:\quad &\min_{\boldsymbol{\theta}\in\mathbb{R}^l}\left(\boldsymbol{y}-X\boldsymbol{\theta}\right)^{\mathrm{T}}\left(\boldsymbol{y}-X\boldsymbol{\theta}\right)\\ \text{满足}\quad &\|\boldsymbol{\theta}\|_1\leqslant\rho\end{aligned} \tag{9.7}$$

和

$$\begin{aligned}\hat{\boldsymbol{\theta}}:\quad &\min_{\boldsymbol{\theta}\in\mathbb{R}^l}\|\boldsymbol{\theta}\|_1\\ \text{满足}\quad &\left(\boldsymbol{y}-X\boldsymbol{\theta}\right)^{\mathrm{T}}\left(\boldsymbol{y}-X\boldsymbol{\theta}\right)\leqslant\epsilon\end{aligned} \tag{9.8}$$

式(9.7)被称为 LASSO，式(9.8)被称为**基追踪降噪**(Basis Pursuit De-Noising，BPDN)，如[15]。对给定的 λ、ϵ 和 ρ，三个公式都是等价的(可参考[14])。注意到，式(9.6)中最小化的代价函数对应式(9.7)中的拉格朗日函数。但是，这种 λ、ϵ 和 ρ 间的函数依赖很难计算，除非 X 的列相互正交。而且，这种等价性也不一定意味着三个公式求解难易程度是相同的。如我们在这一章稍后会看到的，每个公式都有各自的求解算法。从现在开始，我们将所有三个公式都称为 LASSO 任务，这对标准术语可能稍有滥用，通常我们可从上下文很容易地判断是哪个特定公式，除非显式说明使用了哪个。

我们知道岭回归有一个闭形式的解，即

$$\hat{\boldsymbol{\theta}}_R=\left(X^{\mathrm{T}}X+\lambda I\right)^{-1}X^{\mathrm{T}}\boldsymbol{y}$$

432 与之相对，LASSO 并无这样的解，其解需要迭代求出。容易看出 LASSO 可归结为线性不等式标准凸二次问题。实际上，我们可以将式(9.6)改写为

$$\begin{aligned}\min_{\{\theta_i,u_i\}_{i=1}^l}\quad &\left(\boldsymbol{y}-X\boldsymbol{\theta}\right)^{\mathrm{T}}\left(\boldsymbol{y}-X\boldsymbol{\theta}\right)+\lambda\sum_{i=1}^{l}u_i\\ \text{满足}\quad &\begin{cases}-u_i\leqslant\theta_i\leqslant u_i,\\ u_i\geqslant 0,\end{cases}\quad i=1,2,\cdots,l\end{aligned}$$

可以使用任何标准的凸优化方法(如[14，101])来求解它。为 LASSO 设计算法已经成为热点研究工作的中心，原因就是设计这类算法强调利用 LASSO 任务的特性获得高效率，特别是对实践中很常见的 l 非常大的情况，高效就显得尤为重要。

为了更深入地理解 LASSO 解的性质，我们可假定回归量都是相互正交的且具有单位范数，因此 $X^{\mathrm{T}}X=I$。输入矩阵的正交性质有助于解耦坐标，从而得到 l 个可解析求解的一维问题。对此情况，LS 估计变为

$$\hat{\boldsymbol{\theta}}_{\mathrm{LS}}=(X^{\mathrm{T}}X)^{-1}X^{\mathrm{T}}\boldsymbol{y}=X^{\mathrm{T}}\boldsymbol{y}$$

且由岭回归得到

$$\hat{\boldsymbol{\theta}}_{R}=\frac{1}{1+\lambda}\hat{\boldsymbol{\theta}}_{\mathrm{LS}} \tag{9.9}$$

即 LS 估计的每个分量被简单地收缩相同的比例 $1/(1+\lambda)$，参见 6.5 节。

在 ℓ_1 正则化例子中，最小化的拉格朗日函数不再可微，原因是 ℓ_1 范数中出现的绝对值。因此，在这种情况下，我们必须考虑次微分的概念。我们已经知道(参见第 8 章)，如果一个凸函数在某点的次微分集包含零向量，就表明此点对应函数的一个最小值。采用式(9.6)中定义的拉格朗日的次微分，并考虑到一个可微函数的次微分集只包含单一元素，即它的梯度，则从 ℓ_1 正则化任务估计出的 $\hat{\boldsymbol{\theta}}_1$ 必须满足

$$\mathbf{0}\in-2X^{\mathrm{T}}\boldsymbol{y}+2X^{\mathrm{T}}X\boldsymbol{\theta}+\lambda\partial\|\boldsymbol{\theta}\|_1$$

其中∂ 表示次微分集(参见第 8 章)。若 X 的列是规范正交的，则前面公式可改写为如下以分量描述的形式：

$$0\in-\hat{\theta}_{\mathrm{LS},i}+\hat{\theta}_{1,i}+\frac{\lambda}{2}\partial\left|\hat{\theta}_{1,i}\right|,\quad\forall i \tag{9.10}$$

其中，函数 $|\cdot|$ 的次微分已在习题 8.4 中推导过(参见第 8 章)，结果如下所示

$$\partial|\theta|=\begin{cases}\{1\}, & 若\theta>0\\ \{-1\}, & 若\theta<0\\ [-1,1], & 若\theta=0\end{cases}$$

433

因此，我们现在可给出 LASSO 最优估计的各分量

$$\hat{\theta}_{1,i}=\begin{cases}\hat{\theta}_{\mathrm{LS},i}-\dfrac{\lambda}{2}, & 若\ \hat{\theta}_{1,i}>0 \quad (9.11)\\ \hat{\theta}_{\mathrm{LS},i}+\dfrac{\lambda}{2}, & 若\ \hat{\theta}_{1,i}<0 \quad (9.12)\end{cases}$$

注意到式(9.11)仅当 $\hat{\theta}_{\mathrm{LS},i}>\lambda/2$ 时为真，式(9.12)仅当 $\hat{\theta}_{\mathrm{LS},i}>-\lambda/2$ 时为真。而且，若 $\hat{\theta}_{1,i}=0$ 则由式(9.10)和 $|\cdot|$ 的次微分必然有 $|\hat{\theta}_{\mathrm{LS},i}|\leqslant\lambda/2$。最终，我们可给出一个更紧凑的形式

$$\boxed{\hat{\theta}_{1,i}=\mathrm{sgn}(\hat{\theta}_{\mathrm{LS},i})\left(\left|\hat{\theta}_{\mathrm{LS},i}\right|-\frac{\lambda}{2}\right)_+:\ \text{软阈值操作}} \tag{9.13}$$

其中$(\cdot)_+$表示其参数的“正部分”；如果参数非负，则结果就是它自身，否则结果为0。这确实非常有趣。不同于岭回归将未正则化 LS 解的所有坐标都缩小相同比例，LASSO 将绝对值小于等于 $\lambda/2$ 的所有坐标都强制置为 0，而其他坐标都将绝对值减去相同的量 $\lambda/2$。这被称为软阈值(soft thresholding)，区别于硬阈值(hard thresholding)操作；硬阈值操作定义为 $\theta\cdot\mathcal{X}_{(0,\infty)}(|\theta|-\lambda/2)$，$\theta\in\mathbb{R}$，其中 $\mathcal{X}_{(0,\infty)}(\cdot)$表示关于集合$(0,\infty)$的特征函数。

图 9.3 展示了岭回归、LASSO 和硬阈值用于未正则化 LS 解的效果，表示为其值(水平坐标轴)的函数的形式。注意，我们这里通过规范正交输入矩阵简化了讨论，它量化了我们提到过的 ℓ_1 范数将小值推向严格等于 0 的趋势。在 9.5 节中，我们将通过更严格的数学公式进一步增强这一结果。

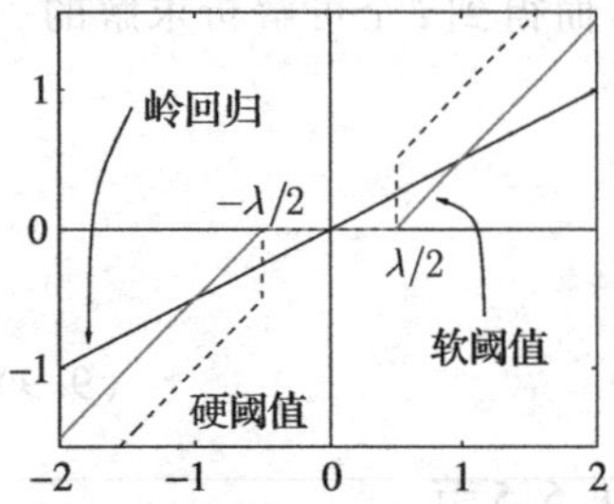

图 9.3　硬阈值、软阈值算子和岭回归线性算子的输入(水平)-输出(垂直)曲线，都对应相同值 $\lambda=1$

例 9.1　假定对一个给定回归任务 $\boldsymbol{y}=\mathcal{X}\boldsymbol{\theta}+\boldsymbol{\eta}$，其未正则化的 LS 解如下所示

434

$$\hat{\boldsymbol{\theta}}_{\text{LS}}=[0.2,-0.7,0.8,-0.1,1.0]^{\text{T}}$$

为对应的岭回归和 ℓ_1 范数正则化任务推导出解。假定输入矩阵 X 的列是规范正交的，正则化参数为 $\lambda=1$。并且，如果对向量 $\hat{\boldsymbol{\theta}}_{\text{LS}}$ 使用硬阈值操作，阈值设定为 0.5，结果是什么？

我们知道岭回归对应的解为

$$\hat{\boldsymbol{\theta}}_R=\frac{1}{1+\lambda}\hat{\boldsymbol{\theta}}_{\text{LS}}=[0.1,-0.35,0.4,-0.05,0.5]^{\text{T}}$$

ℓ_1 范数正则化的解由软阈值操作给出，阈值设定为 $\lambda/2=0.5$，因此对应向量为

$$\hat{\boldsymbol{\theta}}_1=[0,-0.2,0.3,0,0.5]^{\text{T}}$$

硬阈值操作的结果是向量 $[0,-0.7,0.8,0,1.0]^{\text{T}}$。

附注 9.1

- 硬阈值和软阈值只是很多可选规则中的两个而已。注意到硬阈值操作是通过一个不连续函数定义的，这令它对输入的微小改变就非常敏感，从这个意义上说，硬阈值规则是不稳定的。而且，这还令它倾向于得到方差很大的估计结果。软阈值规则是一个连续函数，但容易从图 9.3 看出，即使输入参数的值很大，它也会引入偏差。为了改进这些缺点，人们已经引入了很多替代的阈值算子并进行了理论和实践研究。虽然这并非我们的主要兴趣所在，但出于完整性考虑，我们还是提供两种流行的规则——*平滑剪切绝对偏差*(Smoothly Clipped Absolute Deviation，SCAD)阈值规则：

$$\hat{\theta}_{\text{SCAD}}=\begin{cases}\text{sgn}(\theta)\,(|\theta|-\lambda_{\text{SCAD}})_+, & |\theta|\leqslant 2\lambda_{\text{SCAD}}\\ \dfrac{(\alpha-1)\theta-\alpha\lambda_{\text{SCAD}}\,\text{sgn}(\theta)}{\alpha-2}, & 2\lambda_{\text{SCAD}}<|\theta|\leqslant\alpha\lambda_{\text{SCAD}}\\ \theta, & |\theta|>\alpha\lambda_{\text{SCAD}}\end{cases}$$

和*非负* garrote 阈值规则：

$$\hat{\theta}_{\text{garr}}=\begin{cases}0, & |\theta|\leqslant\lambda_{\text{garr}}\\ \theta-\dfrac{\lambda_{\text{garr}}^2}{\theta}, & |\theta|>\lambda_{\text{garr}}\end{cases}$$

图 9.4 显示了相应的图。观察到，两种情况中都努力消除(与硬阈值关联的)不连续性以及消除/降低大值输入参数对应的偏差。参数 $\alpha>2$ 是用户自定义的。对此话题

更细节的讨论感兴趣的读者可参阅[2]等文献。在[83]中，提出了一种推广的阈值规则，之前介绍的所有阈值规则都可看作其特例。而且，提出的框架足够通用，提供了设计新阈值规则和引入稀疏度相关先验信息(即待恢复稀疏向量的非零分量数)的方法。 435

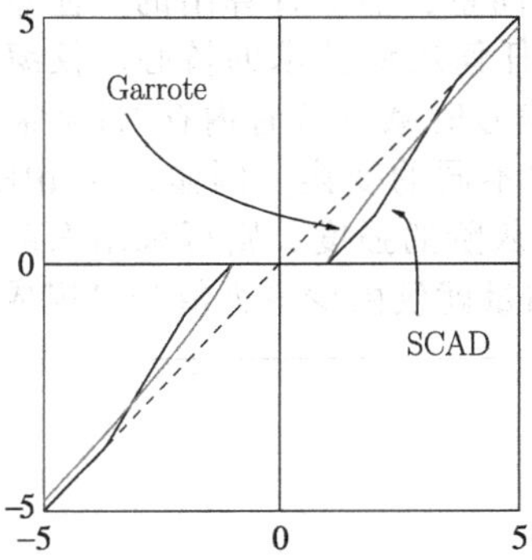

图 9.4　SCAD 和非负 garrote 规则的输入(水平)-输出(垂直)图，参数设置为 $\alpha=3.7$ 和 $\lambda_{\mathrm{SCAD}}=\lambda_{\mathrm{garr}}=1$。观察到两种方法都在消除硬阈值规则的不连续性。SCAD 规则还能消除软阈值规则对大值输入变量产生的偏差。相反，garrote 阈值规则允许大输入值有一些偏差，随着 λ_{garr} 变得越来越小，偏差会消失

9.4　稀疏信号表示

在上一节中，我们讨论了对零值的特殊关注。稀疏性是大量自然信号都会遇到的特性，因为自然信号常常质量不高。在第 3 章中，在机器学习任务反问题的场景下，我们也讨论过低质模型。在本节中，我们将简要介绍一些应用实例，在这些实例中，数学展开中的零值至关重要，从而论证了我们寻求相关分析工具的意义。

在第 4 章中，我们讨论了回声消除任务。在一些实例中，回声路径(表示为由冲激响应抽样值组成的向量)是稀疏的。在网络电话中和普通声音电话网络中，情况就是如此(参考[3, 10, 73])。图 9.5 显示了这种回声路径的冲激响应。回声路径的冲激响应持续时间很短，但其出现的延迟是未知的。因此，为了对其建模，我们必须使用较长的冲激响应，只有相对少数的系数是重要的，其余的都接近 0。当然，你可能有疑问，为什么不使用 LMS 或 RLS，使得重要的系数最终被判别出来？答案是这些方法已被证明并不是此问题最高效的解决方法，因为算法的收敛可能非常慢。与之相对，如果我们以某种方式将与(近乎)零系数相关的先验信息嵌入问题中，则收敛速度会显著提高，同时得到更好的误差下限。

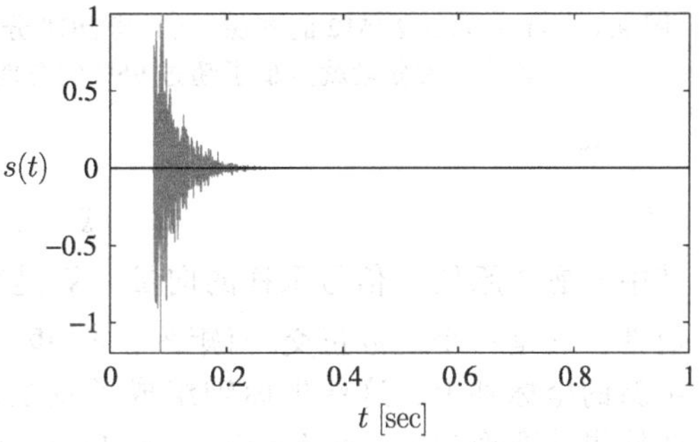

图 9.5　在电话网络中一条回声路径的冲激响应函数。观察到它的持续时间虽然相对较短，但其确切发生时间却是未知的

一个类似的情况发生在无线通信系统中，其中包含多径信道。一个典型的应用是高清电视(HDTV)系统，其通信信道是由少量不可忽略的系数组成的，其中一些具有相当大的时间延迟(相对于主信号，可参见[4, 32, 52, 77])。如果信息信号在这样一个弥散信道中以高码率传输，则引入的码间干扰(ISI)的跨度会达到数十至数百个码元间隔。这意味着在接收端需要相当长的信道估计来有效降低接收到的信号的 ISI 分量，虽然其中只有一小部分值是显著区别于 0 的。当信道频率响应呈现出深零位时，情况就变得更为苛刻。最近，在多载波系统，如单天线和多入多出(MIMO)系统的信道估计中[46, 47]，稀疏性已被充分利用。文献[5]中对多径通信系统中的稀疏性进行了更为全面和深入的讨论。 436

437 另一个可能更广为人知的例子就是信号压缩。已证明，我们通信(如讲话)和感知世界(如图像、声音)的信号体制如果变换到一个恰当选择的域，则可稀疏表示；这个域中只有相对较少的信号分量是大值，剩余信号分量都接近 0。图 9.6 展示了一个例子，图 9.6a 显示了一幅图像，图 9.6b 绘制了得到的离散余弦变换(Discrete Cosine Transform，DCT)分量的大小，这是通过将对应图像阵列按字典序排列为一个向量，然后计算出的。注意到，仅仅前 5%的最大分量就贡献了超过 95%的总能量。这是任何压缩技术的核心。仅编码大的系数，其余系数被认为是 0，从而在存储/传输这样的信号时减少节省内存/带宽需求，又不会有很大的感知损失。对不同的信号体制，我们采用不同的变换。例如，在 JPEG-2000 中，一个图像阵列表示为一个向量，保存了图像像素的灰阶的强度，则可采用离散小波变换(Discrete Wavelet Transform，DWT)，变换后得到的向量就仅由少量大值分量组成。

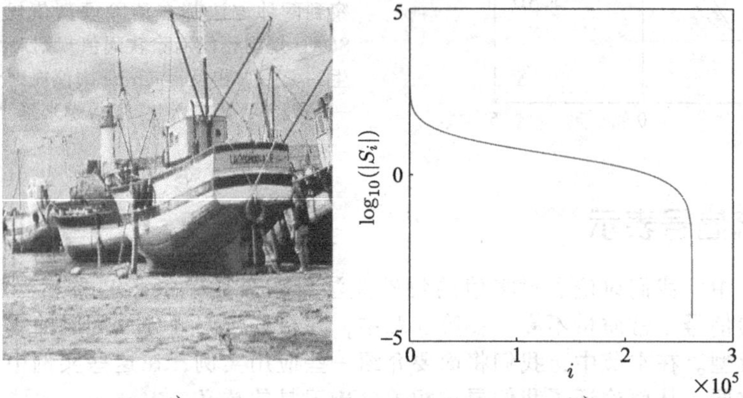

a)　　b)

图 9.6　a) 一幅 512×512 的图像。b) 其 DCT 分量的量级按降序排列，对数尺度显示。注意，仅仅前 5%的最大分量就贡献了超过 95%的总能量

令

$$\tilde{s} = \Phi^{\mathrm{H}} s,\ s, \tilde{s} \in \mathbb{C}^l \tag{9.14}$$

其中 s 是“原始”信号采样的向量，$\tilde{s}$ 是变换后的(复数值)向量，Φ 是 $l\times l$ 的变换矩阵。通常，它是一个规范正交/酉矩阵，$\Phi^{\mathrm{H}}\Phi=I$。基本上，一个变换就是将一个向量投影到一组新的坐标轴上，这些坐标轴组成了变换矩阵 Φ 的列。比较知名的例子有小波变换、离散傅里叶变换(Discrete Fourier Transform，DFT)和离散余弦变换(DCT)(如[87])。在这些例子中，当变换矩阵是规范正交矩阵时，我们可以写出如下公式

$$s = \Psi \tilde{s} \tag{9.15}$$

其中 $\Psi=\Phi$。式(9.14)被称为分析方程，式(9.15)被称为综合方程。

采用这种变换的压缩方法都利用了这样一个事实——很多信号本质上可以用一个恰当选择的基紧凑表示(这在我们讨论的场景中很常见)，基的选择依赖于信号体制。通常，这种基的构造都是尝试“模仿”人类大脑用来感知相应信号的感知系统；而我们知道自然(与现代人类相反)是不太可能浪费资源的。一个标准的压缩任务由以下几个阶段组成：1)通过式(9.14)中的分析步骤得到 $\tilde{s}$ 的 l 个分量；2)保留其中 k 个最大值；3)编码这些值，同时编码它们在变换后向量 $\tilde{s}$ 中的位置；4)当需要时(存储或传输后)，通过综合方程(9.15)获得(近似的)原始信号 s，其中只是用 k 个最大的分量代替 $\tilde{s}$，它们就是被编码的那些分量，其余分量被设置为 0。但是，在此压缩过程中有一些非正统的地方，因此直到最近才得以实用。我们处理(变换)一个大的信号向量，其分量数目 l 在实际中可能非常大，于是我们只使用一小部分变换后的系数，对其余分量简单忽略。而且，我们还必须保

存/传输最终编码的那些大系数在向量中的位置。

自然而来的一个问题是：由于综合方程中的 $\tilde{s}$ 是(近似)稀疏的，其计算可以用其他方法替代式(9.14)中的分析方程吗？这里要探究的问题是，是否能有一种更富含信息量的原始数据采样方法，使得少于 l 个样本/观测值就足以恢复所有所需信息。理想情况是通过一组 k 个这样的样本恢复信息，因为 k 是重要自由参数的数目。另一方面，如果这听起 438
来有些极端，那么我们是否可以获得 $N(k<N\ll l)$ 个与信号相关的测量值，通过它们最终可恢复出 s？已经证明，这种方法是可能的，它得到一个欠定(underdetermined)线性方程组的解，前提条件是未知目标向量是稀疏的。

如果与之前的讨论不同，我们不再使用规范正交基，而是采用更一般的展开方式，就是人们所说的过完备字典(overcomplete dictionary)，那么这种技术的重要性就更为凸显。一个字典[65]就是一组参数化波形，它们是离散时间信号样本，表示为向量 $\boldsymbol{\psi}_i \in \mathbb{C}^l$，$i \in \mathcal{I}$，其中 $\mathcal{I}$ 是一个整数索引集合。例如，一个 DFT 或离散小波变换(DWT)矩阵的列就构成一个字典。完备(complete)字典有两个例子，它们由 l 个(规范正交)向量组成，即信号向量个数等于每个向量的长度。但是，在很多实际场景中，这种字典的使用十分受限。例如，我们要处理来自新闻媒体或视频中的一段音频信号。它一般是由不同类型的信号组成的，即语音、音乐和环境声音。对于每种类型的信号，为了进行分析，信号展开时可能更适合采用不同的信号向量。例如，音乐信号被刻画为一种强谐波量，其压缩采用正弦曲线似乎更好，而对于语音信号，伽伯类型信号展开(不同频率的正弦曲线用时间上不同位置的足够窄的脉冲进行加权[31, 87])可能是更好的选择。我们处理图像时也是类似思路。图像的不同部分，如平滑部分或包含锐利边缘的部分，可能需要不同的展开向量集来获得最佳性能。为了满足这种需求，最近的研究趋势是使用过完备字典。这种字典可通过连接多个不同字典得到，例如，连接一个 DFT 矩阵和一个 DWT 矩阵就得到一个组合的 $l\times 2l$ 变换矩阵。我们还可以“训练”字典来有效表示信号样本，这种任务通常被称为字典学习[75, 78, 90, 100]。当使用这种过完备字典时，综合方程的形式为

$$\boldsymbol{s} = \sum_{i\in\mathcal{I}} \theta_i \boldsymbol{\psi}_i \tag{9.16}$$

注意，现在分析任务变为一个不适定问题，因为字典的元素 $\{\boldsymbol{\psi}_i\}_{i\in\mathcal{I}}$(通常称为原子)不是线性无关的，不存在唯一系数集合 $\{\theta_i\}_{i\in\mathcal{I}}$ 生成 $\boldsymbol{s}$。而且，我们期望大多数系数是(接近)0。注意，在此情况下，$\mathcal{I}$ 的势要大于 l。这必然导致有无穷多解的欠定方程组。现在产生的问题是我们是否能利用已知大多数系数为 0 这一事实来得到唯一解。如果可以，唯一解存在的条件是什么？我们将在第 19 章中再次讨论字典学习问题。

除了前面的例子，还有很多情况是因为我们受限于物理和技术上的原因无法得到足够多的测量值，从而得到欠定方程组。MRI 影像就是这种情况，10.3 节将详细讨论这个问题。 439

9.5 寻找最稀疏解

受到上一节讨论的启发，现在我们将注意力转移到欠定方程组的求解任务上，方法是对解加以稀疏性约束。我们将给出回归任务场景下的理论设定，并将沿用对此类任务已采用的符号表示。而且，为简化讨论，我们将聚焦于实数值数据的情况。所使用的理论可以很容易地推广到更一般的复数值数据的情况(参考[64, 99])。我们假定已给定一组观测值/测量值 $\boldsymbol{y} := [y_1, y_2, \cdots, y_N]^{\mathrm{T}} \in \mathbb{R}^N$，服从线性模型

$$\boldsymbol{y} = X\boldsymbol{\theta}, \quad \boldsymbol{y} \in \mathbb{R}^N,\ \boldsymbol{\theta} \in \mathbb{R}^l,\ l > N \tag{9.17}$$

其中 X 是 $N\times l$ 的输入矩阵，假定它是行满秩的，即 $\text{rank}(X)=N$。我们从无噪声的情况开始。式(9.17)中的线性方程组是欠定的且有无穷多解。可能解的集合位于 l 维空间中 N 个超平面⊖的交集内

$$\left\{\boldsymbol{\theta}\in\mathbb{R}^l: y_n=\boldsymbol{x}_n^{\mathrm{T}}\boldsymbol{\theta}\right\},\quad n=1,2,\cdots,N$$

我们从几何学可知，N 个不平行的超平面(在我们的例子中，假定 X 行满秩的事实保证了这一点，即 $\boldsymbol{x}_n$，$n=1,2,\cdots,N$ 是线性无关的)的交集是一个 $l-N$ 维的平面(例如，三维空间中两个[非平行][超]平面的交集是一条直线，即维数等于 1 的一个平面)。更形式化地描述，所有可能解的集合 Θ 是一个*仿射集*。一个仿射集就是用一个常量向量对一个线性子空间进行变换的结果。我们稍微深入地讨论一下这个问题，因为后面要用到。

令 X 的零空间为集合 $\text{null}(X)$(有时也表示为 $\mathcal{N}(X)$)，定义为如下线性子空间

$$\text{null}(X)=\left\{z\in\mathbb{R}^l: Xz=\mathbf{0}\right\}$$

显然，若 $\boldsymbol{\theta}_0$ 是公式(9.17)的一个解，即 $\boldsymbol{\theta}_0\in\Theta$，则容易验证或 $\forall\boldsymbol{\theta}\in\Theta$，$X(\boldsymbol{\theta}-\boldsymbol{\theta}_0)=\mathbf{0}$ 或 $\boldsymbol{\theta}-\boldsymbol{\theta}_0\in\text{null}(X)$。因此

$$\Theta=\boldsymbol{\theta}_0+\text{null}(X)$$

且 Θ 是一个仿射集。从线性代数的基本知识我们还能知道(也很容易证明，参见习题 9.9)，$N\times l$，$l>N$ 的行满秩矩阵的零空间是一个维数为 $l-N$ 的子空间。图 9.7 展示了二维空间中一个测量样本的情况，即 $l=2$ 且 $N=1$。解集合 Θ 是一条直线，它就是穿过原点的线性子空间(null(X))的变换。因此，如果我们想在仿射解集 Θ 中所有点里面选择单一点，则必须添加额外的约束/先验知识。

440 接下来，我们讨论这三种可能情况。

9.5.1 ℓ_2 范数极小值

现在，我们的目标变为在(仿射集)Θ 中选取对应 ℓ_2 范数最小值的那个点。这等价于求解下面的约束任务：

$$\begin{aligned}&\min_{\boldsymbol{\theta}\in\mathbb{R}^l}\quad \|\boldsymbol{\theta}\|_2^2\\&\text{满足}\quad \boldsymbol{x}_n^{\mathrm{T}}\boldsymbol{\theta}=y_n,\quad n=1,2,\cdots,N\end{aligned}\tag{9.18}$$

从 6.4 节讨论中我们已经知道(你也可以利用拉格朗日乘子法推导出来，参见习题 9.10)，此优化任务有唯一解，其闭形式为

$$\hat{\boldsymbol{\theta}}=X^{\mathrm{T}}\left(XX^{\mathrm{T}}\right)^{-1}\boldsymbol{y}\tag{9.19}$$

图 9.7a 中给出了当 $l=2$ 且 $N=1$ 时，此解的几何解释。欧氏范数球的半径不断增大，直至触到包含解的平面为止。此点就是令 ℓ_2 范数最小的那个点，或者说最接近原点的那个点。等价的，点 $\hat{\boldsymbol{\theta}}$ 可看作 $\mathbf{0}$(度量)投影到 Θ 的结果。

通过最小化 ℓ_2 范数来求解欠定线性方程组的方法已被用于很多应用中。距离我们最近的例子是，对于信号向量的展开形式，在其中确定未知参数时使用函数(向量)的过完备字典[35]。这种方法的一个主要缺点是不能保持稀疏性。即使真实模型向量 $\boldsymbol{\theta}$ 包含 0，也不能保证式(9.19)中的解会给出 0。而且，此方法是*解析度受限的*(resolution limited)[26]。这意味着，即使字典中特定原子有突出贡献，得到的解中也显现不出来。导致这一

⊖ 在 $\mathbb{R}^l$ 中，一个超平面的维数是 $l-1$。一个平面的维数小于 $l-1$。

特性的原因是 XX^{T} 提供的信息是全局的，包含了字典中所有原子的“平均”信息，因此最终结果趋向于消除突出的个体贡献，特别是字典过完备时这一现象尤为明显。 441

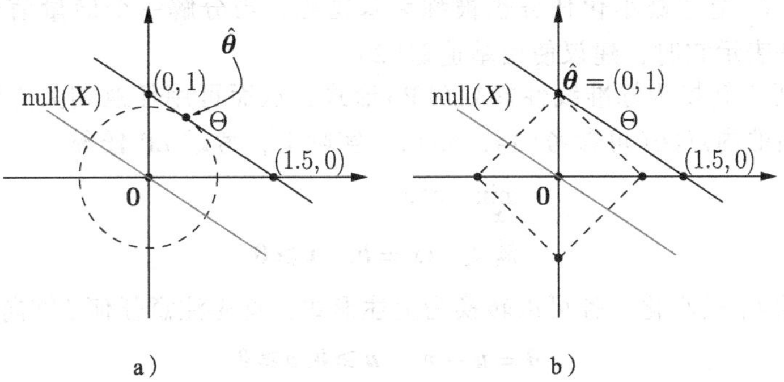

图 9.7 解集 Θ 是一个仿射集(黑线)，它是 null(X)子空间(灰线)的变换。a) ℓ_2 范数极小值。虚线画出的圆对应与集合 Θ 相交的最小的 ℓ_2 球。这样，交点 $\hat{\boldsymbol{\theta}}$ 就是式(9.18)中任务的 ℓ_2 范数极小值。注意到向量 $\hat{\boldsymbol{\theta}}$ 不含零分量。b) ℓ_1 范数极小值。虚线画出的菱形对应与 Θ 相交的最小的 ℓ_1 球。因此，交点 $\hat{\boldsymbol{\theta}}$ 就是式(9.21)中约束 ℓ_1 最小化任务的解。注意，得到的估计值 $\hat{\boldsymbol{\theta}}=(0,\ 1)$ 包含一个零值

9.5.2 ℓ_0 范数极小值

现在，我们将注意力转移到 ℓ_0 范数(再次指出，这对范数的定义有一点儿滥用)，并将得到解的稀疏性作为新的目标。则任务变为

$$\begin{aligned}&\min_{\boldsymbol{\theta}\in\mathbb{R}^l} \quad \|\boldsymbol{\theta}\|_0\\&\text{满足}\quad \boldsymbol{x}_n^{\mathrm{T}}\boldsymbol{\theta}=y_n,\ n=1,2,\cdots,N\end{aligned}\tag{9.20}$$

即从所有可能解构成的平面上找到最稀疏的那个点，即包含最少非 0 元素的那个点。实际上，这种方法采用了奥卡姆剃刀原则的思想——得到的解对应能解释观测值的最少数量的参数。现在产生的问题是：

- 此问题的解是唯一的吗？有唯一解的条件是什么？
- 求解的复杂度(实际时间)能否足够低？

我们将第一个问题的回答稍稍推迟。对第二个问题，答案不是一个好消息。在一组线性约束下最小化 ℓ_0 范数是一个指数时间的任务，实际上此问题一般而言是一个 NP-难问题[72]。解决此问题的方法是考虑 $\boldsymbol{\theta}$ 中零值的所有可能组合，删除式(9.17)中 X 对应的列，检查是否满足方程组；将满足要求的且具有最少非零元素的保存为解。这种搜索技术导致了依赖于 l 的指数复杂性。图 9.7a 展示了两个点(1.5，0)和(0，1)，对单一度量(约束)情况，它们构成了最小化 ℓ_0 范数的解集。

9.5.3 ℓ_1 范数极小值

当前任务如下所示

$$\begin{aligned}&\min_{\boldsymbol{\theta}\in\mathbb{R}^l} \quad \|\boldsymbol{\theta}\|_1\\&\text{满足}\quad \boldsymbol{x}_n^{\mathrm{T}}\boldsymbol{\theta}=y_n,\ n=1,2,\cdots,N\end{aligned}\tag{9.21}$$

图 9.7b 给出了几何解释。ℓ_1 球持续增大，直至触到可能解的仿射集。对此特殊的几何图形，解是点(0,1)，它是一个稀疏解。我们在 9.2 节中讨论过，在所有 ℓ_p，$p\geqslant 1$ 范数中，

ℓ_1 范数与稀疏性提升(非凸)ℓ_p，$p<1$"范数"有一些相似性。而且，我们曾经提到过，当分量值较小时，ℓ_1 范数会促使其变为0。因此，我们将给出一个引理，来更形式化地描述这种亲零性质。ℓ_1 范数极小化任务也被称为基追踪，当分解一个向量信号，用一个过完
442 备字典的原子来表示它时，建议使用基追踪[26]。

ℓ_1 极小值可以转换为标准线性规划(LP)形式，从而可用任意相关方法求解，例如单纯形方法和较新的内点法(可参考[14, 33])。实际上，考虑LP任务

$$\min_{\boldsymbol{x}} \quad \boldsymbol{c}^{\mathrm{T}}\boldsymbol{x}$$
$$\text{满足} \ \boldsymbol{A}\boldsymbol{x}=\boldsymbol{b}, \quad \boldsymbol{x}\geqslant\boldsymbol{0}$$

为了验证我们的 ℓ_1 极小化任务可以转换为上述形式，首先注意任何 l 维向量 $\boldsymbol{\theta}$ 可分解为

$$\boldsymbol{\theta}=\boldsymbol{u}-\boldsymbol{v}, \quad \boldsymbol{u}\geqslant\boldsymbol{0}, \boldsymbol{v}\geqslant\boldsymbol{0}$$

实际上，令此式成立并不困难，例如

$$\boldsymbol{u}:=\boldsymbol{\theta}_+, \quad \boldsymbol{v}:=(-\boldsymbol{\theta})_+$$

其中 $\boldsymbol{x}_+$ 表示保持 $\boldsymbol{x}$ 的正分量不变，将其余分量设置为0而得到的向量。而且，注意到

$$\|\boldsymbol{\theta}\|_1=[1,1,\cdots,1]\begin{bmatrix}\boldsymbol{\theta}_+\\(-\boldsymbol{\theta})_+\end{bmatrix}=[1,1,\cdots,1]\begin{bmatrix}\boldsymbol{u}\\\boldsymbol{v}\end{bmatrix}$$

因此，当有下列条件时，我们的 ℓ_1 最小化任务可转换为LP形式

$$\boldsymbol{c}:=[1,1,\cdots,1]^{\mathrm{T}}, \quad \boldsymbol{x}:=[\boldsymbol{u}^{\mathrm{T}},\boldsymbol{v}^{\mathrm{T}}]^{\mathrm{T}}$$
$$A:=[X,-X], \qquad \boldsymbol{b}:=\boldsymbol{y}$$

9.5.4 ℓ_1 范数极小值的性质

引理 9.1 欠定线性方程组(9.17)的解集——仿射集 Θ——中一个元素 $\boldsymbol{\theta}$ 具有极小 ℓ_1 范数当且仅当下列条件满足：

$$\left|\sum_{i:\,\theta_i\neq 0}\operatorname{sgn}(\theta_i)z_i\right|\leqslant\sum_{i:\,\theta_i=0}|z_i|, \quad \forall z\in\operatorname{null}(X) \tag{9.22}$$

而且，ℓ_1 极小值唯一当且仅当(9.22)中不等式对所有 $\boldsymbol{z}\neq\boldsymbol{0}$ 严格不等(参见[74]和习题9.11)。

附注 9.2

- 此引理有一个非常有趣也非常重要的结果。如果 $\hat{\boldsymbol{\theta}}$ 是式(9.21)中唯一的极小值，则
443 $$\operatorname{card}\{i:\hat{\theta}_i=0\}\geqslant\dim(\operatorname{null}(X)) \tag{9.23}$$
  其中 card{·} 表示一个集合的势。换句话说，式(9.23)的含义是，唯一极小值的零元素的数目不会小于 X 的零空间的维数。实际上，如果这点不成立，则唯一极小值会包含的零会比 null(X) 的维数少。这意味着我们总可以找到一个 $z\in$ null(X)，它的零元素的位置与唯一极小值相同，与此同时，它又不等于零，即 $z\neq 0$(习题9.12)。但是，这将违反式(9.22)，即严格不等意味着极小值的唯一性。

定义 9.1 我们称一个向量 $\boldsymbol{\theta}$ 是 k-稀疏的，当它含有至多 k 个非零分量。

附注 9.3

- 若式(9.21)的极小值是唯一的，则它是一个 k-稀疏向量

$$k\leqslant N$$

这是附注 9.2 的一个直接结果，且对矩阵 X 有如下事实

$$\dim(\text{null}(X)) = l - \text{rank}(X) = l - N$$

因此，唯一极小值的非零元素的数目必须至多为 N。如果我们借助几何知识，所有上述结果都变得一清二楚了。

9.5.5 几何解释

假设我们的目标解位于三维空间中且已给定一个测量值

$$y_1 = \boldsymbol{x}_1^{\mathrm{T}}\boldsymbol{\theta} = x_{11}\theta_1 + x_{12}\theta_2 + x_{13}\theta_3$$

则解位于此公式描述的二维(超)平面内。为了获得极小 ℓ_1 解，我们持续增大 ℓ_1 球[⊖](具有相同 ℓ_1 范数的所有点的集合)，直至它触到此平面。这两个几何对象有单一公共点(唯一解)的唯一可能性是它们相遇在菱形的一个顶点，如图 9.8a 所示。换句话说，得到的解是 1-稀疏的，它有两个零分量。这与附注 9.3 中陈述的发现相吻合，因为现在 $N=1$。对任意其他方向的平面，要么穿过 ℓ_1 球，要么与菱形有一条公共边或一个公共面。在这两种情况下，都是有无穷多解。

我们现在假定又给定了一个额外的测量值

$$y_2 = x_{21}\theta_1 + x_{22}\theta_2 + x_{23}\theta_3$$

现在解位于之前两个平面的交集即一条直线上。但是，现在我们有很多东西可替代唯一解。例如，一条线，如 Θ_1 即可与 ℓ_1 球交于一个顶点(1-稀疏解)，也可像图 9.8b 所示与 ℓ_1 球交于其一条边，如 Θ_2。后一种情况对应的解位于二维子空间上，因此它会是一个 2-稀疏向量。这同样与附注 9.3 中的发现相吻合，因为在此情况下我们有 $N=2$、$l=3$，唯一解的稀疏水平可以是 1 或 2。 444

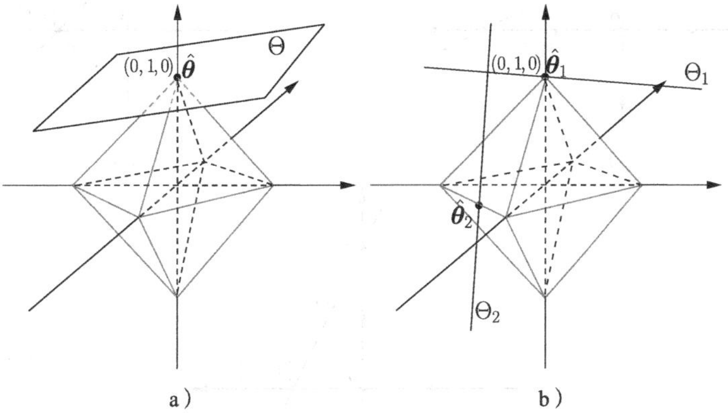

图 9.8　a) ℓ_1 球与一个平面相交。在欧氏空间 $\mathbb{R}^3$ 中 ℓ_1 球与平面存在唯一公共交点的唯一可能情形是交点位于 ℓ_1 球的一个顶点，即它是一个 1-稀疏向量。b) ℓ_1 球与线相交。在此情况下，唯一交点的稀疏水平被放松了，它可能是一个 1-稀疏向量或 2-稀疏向量

注意，唯一性与仿射集(欠定方程组所有解的集合)的特定几何形状和方向相关联。对于平方 ℓ_2 范数的情况，解总是唯一的。这是欧氏范数形成的(超)球状体带来的结果。从数学角度，平方 ℓ_2 范数是一个严格凸函数。ℓ_1 范数则不是这样，它是凸的，但不是一个严格凸函数(习题 9.13)。

⊖ 观察到在三维空间内 ℓ_1 球看起来像一个菱形。

例 9.2 考虑一个稀疏向量参数$[0,1]^{\mathrm{T}}$，我们假定它未知。我们将使用一个测量值感知它。基于此单一测量值，我们将使用式(9.21)的 ℓ_1 极小值来恢复其真值。我们来看看发生了什么。

我们将考虑“感知”（输入）向量 $\boldsymbol{x}$ 的三种不同值：(a) $\boldsymbol{x}=[1/2,1]^{\mathrm{T}}$，(b) $\boldsymbol{x}=[1,1]^{\mathrm{T}}$ 和 (c) $\boldsymbol{x}=[2,1]^{\mathrm{T}}$ 来获取测量值 $y=\boldsymbol{x}^{\mathrm{T}}\boldsymbol{\theta}$。在用 $\boldsymbol{x}$ 感知 $\boldsymbol{\theta}$ 之后，得到测量值为 $y=1$，对上述三种情况都是如此。

情况 a：解将位于下面直线上

$$\Theta=\left\{[\theta_1,\theta_2]^{\mathrm{T}}\in\mathbb{R}^2:\frac{1}{2}\theta_1+\theta_2=1\right\}$$

图 9.9a 展示了这种情况。对这种设定，扩展 ℓ_1 球，将会与直线(解的仿射集)接触于顶点
445 $[0,1]^{\mathrm{T}}$。这是唯一一解，因此它是稀疏的，且与真实值一致。

情况 b：解位于下面直线上

$$\Theta=\left\{[\theta_1,\theta_2]^{\mathrm{T}}\in\mathbb{R}^2:\theta_1+\theta_2=1\right\}$$

图 9.9b 展示了这种情况。对这种设定，存在无穷多解，包括两个稀疏解。

情况 c：解的仿射集描述为

$$\Theta=\left\{[\theta_1,\theta_2]^{\mathrm{T}}\in\mathbb{R}^2:2\theta_1+\theta_2=1\right\}$$

图 9.9c 展示了这种情况。这种情况下解是稀疏的，但并非正确解。

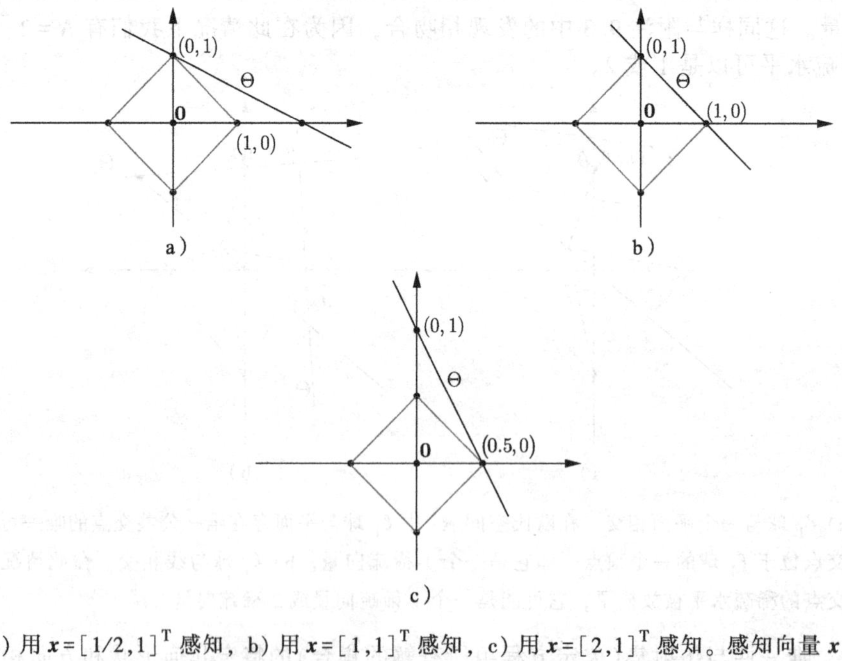

图 9.9　a) 用 $\boldsymbol{x}=[1/2,1]^{\mathrm{T}}$ 感知，b) 用 $\boldsymbol{x}=[1,1]^{\mathrm{T}}$ 感知，c) 用 $\boldsymbol{x}=[2,1]^{\mathrm{T}}$ 感知。感知向量 $\boldsymbol{x}$ 的选择对揭示真实稀疏解(0,1)很关键。只有感知向量 $\boldsymbol{x}=[1/2,1]^{\mathrm{T}}$ 找到我们所要的唯一解(0,1)

这个例子包含的信息是很丰富的。如果我们用恰当的感知(输入)数据来感知(测量)未知参数向量，使用 ℓ_1 范数能揭示参数向量的真实值，即使方程组是欠定的，前提条件是真实向量是稀疏的。因此我们新的目标变为：探究我们刚刚所说的结论是否具有普遍性以及它在什么条件下成立。在此情况下，回归量(我们称之为感知向量)的选择变得更为重

要，从而输入矩阵(我们将越来越频繁地称之为感知矩阵)的选择也就变得更为重要。设计者仅关心矩阵的秩，即感知向量的线性无关性，已经不够了。我们必须确保对应解的仿射 446
集的方向能令其与 ℓ_1 球(从 0 开始增大直至与此平面相遇)"温柔"接触；即它们相遇在单一点，更重要的是相遇在正确的点，即表示稀疏参数向量的真实值的点。

附注 9.4

- 在实际中，输入向量 X 的列通常归一化到单位 ℓ_2 范数。虽然 ℓ_0 范数对 $\boldsymbol{\theta}$ 的非零分量不敏感，但 ℓ_1 和 ℓ_2 范数并非如此。因此，当尝试最小化对应范数且同时满足约束条件时，会重 X 的高能量(范数)列对应的分量而轻其他分量。因此，后一种分量更有可能被作为置 0 的候选。为了避免这种情况，将 X 的列归一化到单位值的方法是将列向量的每个元素除以对应的(欧氏)范数。

9.6 ℓ_0 极小值的唯一性

我们的第一个目标是推导出保证 ℓ_0 极小值唯一性的充分条件，ℓ_0 极小值已在 9.5 节中定义。

定义 9.2 一个 $N\times l(l\geq N)$ 的行满秩矩阵 X 的 spark 常数 spark(X)，是其最小线性相关列数。

据此定义，X 的任意 $m<\text{spark}(X)$ 列必然是线性无关的。一个 $N\times N$ 满秩方阵的 spark 等于 $N+1$。

附注 9.5

- 一个矩阵的秩很容易求出，与之相反，spark 的计算就只能求助于搜索对应矩阵所有可能的列的组合(例如，参见[15，37])。在[53]中，spark 的概念用于稀疏表示的场景，使用的是唯一性表征性质(uniqueness representation property)这一名字。"spark"这个名字是在文献[37]中创造的。文献[15]中给出了一段关于 spark 这种矩阵索引指标用在其他学科中的有趣的讨论。
- 注意，"spark"这一概念与编码理论中一个线性码的最小海明距离的概念(参考[60])是相关的。

例 9.3 考虑下面的矩阵

$$X=\begin{bmatrix}1&0&0&0&1&0\\0&1&0&0&1&1\\0&0&1&0&0&1\\0&0&0&1&0&0\end{bmatrix}$$

此矩阵的秩为 4，spark 为 3。实际上，任意两列都是线性无关的。另一方面，第一、二和 447
五列是线性相关的。第二、三和六列的组合也是如此。而且，最大线性无关列数为 4。

引理 9.2 若 null(X) 是 X 的零空间，则

$$\|\boldsymbol{\theta}\|_0\geq \text{spark}(X),\quad \forall\boldsymbol{\theta}\in\text{null}(X),\boldsymbol{\theta}\neq\mathbf{0}$$

证明：为了推导出矛盾，假定存在一个 $\boldsymbol{\theta}\in\text{null}(X)$，$\boldsymbol{\theta}\neq\mathbf{0}$ 使得 $\|\boldsymbol{\theta}\|_0<\text{spark}(X)$。由定义我们有 $X\boldsymbol{\theta}=\mathbf{0}$ 存在 X 的 $\|\boldsymbol{\theta}\|_0$ 列是线性相关的。但这与 spark(X) 的最小性矛盾，从而引理 9.2 得证。 □

引理 9.3 若一个线性方程组 $X\boldsymbol{\theta}=\boldsymbol{y}$ 的解满足

$$\boxed{\|\boldsymbol{\theta}\|_0<\frac{1}{2}\text{spark}(X)}$$

则它是最稀疏的可能解。换句话说，它必然是 ℓ_0 极小值的唯一解。

证明：考虑任意其他解 $\boldsymbol{h}\neq\boldsymbol{\theta}$。则 $\boldsymbol{\theta}-\boldsymbol{h}\in\text{null}(X)$，即

$$X(\boldsymbol{\theta}-\boldsymbol{h})=\mathbf{0}$$

因此，根据引理 9.2

$$\text{spark}(X)\leqslant\|\boldsymbol{\theta}-\boldsymbol{h}\|_0\leqslant\|\boldsymbol{\theta}\|_0+\|\boldsymbol{h}\|_0 \tag{9.24}$$

观察到，虽然 ℓ_0“范数”不是一个真正的范数，但容易通过简单的检查和推理验证它满足三角性质。实际上，两个向量相加得到的非零元素的数目总是至多等于两个向量非零元素数目之和。因此，若 $\|\boldsymbol{\theta}\|_0<\text{spark}(X)/2$，则式(9.24)意味着

$$\|\boldsymbol{h}\|_0>\frac{1}{2}\text{spark}(X)>\|\boldsymbol{\theta}\|_0$$

附注 9.6

- 引理 9.3 是一个非常有趣的结果。对一个一般而言是 NP-难的问题，我们得到一个充分条件来检查一个解是否唯一最优。当然，虽然从理论角度来看这非常好，但实际上并没有多大用处，因为相关的界(spark)只能通过组合搜索来得到。在下一节中，我们将看到如何通过其他易计算的指标代替 spark 来放松界。
- 引理 9.3 的一个显然的结果是，若未知参数向量是稀疏的，包含 k 个非零元素，则如果矩阵 X 的选择使得 $\text{spark}(X)>2k$，则真实参数向量必然是满足方程组的最稀疏的向量，且为 ℓ_0 极小值的(唯一)解。
448
- 在实践中，我们的目标是用来感知未知参数向量的矩阵具有更大的 spark，从而前述充分条件覆盖的情况更广。例如，如果输入矩阵的 spark 等于 3，则你可以验证最优稀疏解可达到 $k=1$ 的稀疏水平。根据对应定义，容易看到 spark 的值的范围是 $1<\text{spark}(X)\leqslant N+1$。
- 随机构造一个 $N\times l$ 的矩阵 X，每个项都是独立同分布的，会保证 $\text{spark}(X)=N+1$ 以高概率发生，即矩阵任意 N 列线性无关。

9.6.1 互相干

因为一个矩阵的 spark 是一个很难计算的数，因此我们的兴趣转移到另一个指标，它容易推导，同时还能提供 spark 的一个有用的界。一个 $N\times l$ 的矩阵 X 的**互相干**(mutual coherence)[65]$\mu(X)$定义为

$$\boxed{\mu(X):=\max_{1\leqslant i<j\leqslant l}\frac{|\boldsymbol{x}_i^{c\mathrm{T}}\boldsymbol{x}_j^c|}{\|\boldsymbol{x}_i^c\|\|\boldsymbol{x}_j^c\|}:\ \text{互相干}} \tag{9.25}$$

其中 $\boldsymbol{x}_i^c$，$i=1,2,\cdots,l$ 表示 X 的列(注意矩阵 X 的一行 $\boldsymbol{x}_i^{\mathrm{T}}$ 和一列 $\boldsymbol{x}_i^c$ 在符号表示上的不同)。这个数值提示我们两个随机变量之间的相关系数。互相干的界为 $0\leqslant\mu(X)\leqslant1$。对于一个正交方阵 X，$\mu(X)=0$。对一般 $l>N$ 的矩阵，$\mu(X)$满足

$$\sqrt{\frac{l-N}{N(l-1)}}\leqslant\mu(X)\leqslant1$$

这被称为**韦尔奇界**(Welch bound)[98](习题 9.15)。对较大的 l 值，下界近似为 $\mu(X)\geqslant1/\sqrt{N}$。常识告诉我们，应构造互相干尽量小的输入(感知)矩阵。实际上，感知矩阵的目的是“测量”未知向量的分量并将这一信息“保存”到测量向量 $\boldsymbol{y}$ 中。因此，具体做法应该令 $\boldsymbol{y}$ 保留尽量多的有关 $\boldsymbol{\theta}$ 的分量的信息。如果感知矩阵 X 的列尽可能“无关”，我们就可以

实现这一点。实际上，$\boldsymbol{y}$ 是 X 的列依据 $\boldsymbol{\theta}$ 的不同分量进行加权后组合得到的。因此，如果列尽可能“无关”，则会在不同方向上贡献 $\boldsymbol{\theta}$ 的每个分量的相关信息，使得信息恢复更容易。如果 X 是一个正交方阵，这就更容易理解。在非方阵的一般情形中，应该令列尽可能“正交”。

例 9.4　假定 X 是一个 $N\times 2N$ 的矩阵，是通过连接两个规范正交基构成的

$$X=[I,W]$$ 449

其中 I 是单位阵，其列向量为 $\boldsymbol{e}_i$，$i=1,2,\cdots,N$，其中元素等于

$$\delta_{ir}=\begin{cases}1, & 若 i=r\\ 0, & 若 i\neq r\end{cases}$$

对 $r=1,2,\cdots,N$。矩阵 W 是规范正交 DFT 矩阵，定义为

$$W=\frac{1}{\sqrt{N}}\begin{bmatrix}1 & 1 & \dots & 1\\ 1 & W_N & \dots & W_N^{N-1}\\ \vdots & \vdots & & \vdots\\ 1 & W_N^{N-1} & \dots & W_N^{(N-1)(N-1)}\end{bmatrix}$$

其中

$$W_N:=\exp\left(-j\frac{2\pi}{N}\right)$$

例如，这样一个过完备字典可用来展开表示信号向量，如式(9.16)那样，具体是展开为很窄的尖状脉冲的正弦曲线的和。由于正交性，I 的任意两列的内积以及 W 的任意两列的内积都为 0。另一方面，容易看出 I 的任意一列和 W 的任意一列的内积的绝对值等于 $1/\sqrt{N}$。因此，此矩阵的互相干值为 $\mu(X)=1/\sqrt{N}$。而且，观察到此矩阵的 spark 为 $\text{spark}(X)=N+1$。

引理 9.4　对任意 $N\times l$ 的矩阵 X，下面不等式成立

$$\text{spark}(X)\geqslant 1+\frac{1}{\mu(X)} \tag{9.26}$$

文献[37]中给出了证明，其论证方法源自用于格拉姆矩阵（矩阵 X 的格拉姆矩阵为 $X^{\mathrm{T}}X$）的理论（习题 9.16）。对此界的“浅显”观察可以看到，对非常小的 $\mu(X)$ 值，spark 可能大于 $N+1$！考察其证明，可以看到在此情况下，矩阵的 spark 达到其最大值 $N+1$。

这一结果与常识相吻合。$\mu(X)$ 的值越小，X 的列越独立，因而其 spark 的期望值越高。基于此引理，我们现在可声明一个重要定理，它最早在[37]中给出。组合引理 9.3 和式(9.26)，我们得到如下定理。

定理 9.1　如果式(9.17)中的线性方程组有一个解满足如下条件

$$\boxed{\|\boldsymbol{\theta}\|_0<\frac{1}{2}\left(1+\frac{1}{\mu(X)}\right)} \tag{9.27}$$

则此解是最稀疏的解。 450

附注 9.7

- 式(9.27)中的界具有“心理上的”重要意义。它将一个易计算的界与检查一个 NP-难任务的解是否最优联系起来。但它不是一个特别好的界，它能应用的值的范围受

到了限制。如我们在例 9.4 中已经讨论的，当一个矩阵的 spark 的最大可能值等于 $N+1$ 时，互相干的最小可能值为 $1/\sqrt{N}$。因此，基于互相干的界将稀疏性的范围(即 $\|\boldsymbol{\theta}\|_0$，我们在其中检查最优性)限制为 $\sqrt{N}/2$ 左右。而且，如前面声明的韦尔奇界所建议，互相干的这种 $\mathcal{O}(1/\sqrt{N})$ 依赖看起来不仅是在例 9.4 中如此，还是一种更一般的趋势(请参考[36])。另一方面，如我们在附注 9.6 中所述，我们可以构造 spark 等于 $N+1$ 的随机矩阵，因此，使用基于 spark 的界，我们可以将稀疏向量的范围扩展到 $N/2$。

9.7　ℓ_0 和 ℓ_1 极小值等价的充分条件

现在我们来到一个关键时刻，我们将建立保证 ℓ_1 和 ℓ_0 极小值等价性的条件。在这种条件下，一个一般而言是 NP-难的问题，可通过一个易处理的凸优化任务予以解决。在这种条件下，我们讨论过的 ℓ_1 范数鼓励零值的性质具有更高的重要性，因为它可给出最稀疏的解。

9.7.1　自相干数隐含的条件

定理 9.2　*考虑欠定方程组*

$$\boldsymbol{y}=X\boldsymbol{\theta}$$

其中 X 是一个 $N\times l(N<l)$ 的行满秩矩阵。如果存在一个解满足如下条件

$$\|\boldsymbol{\theta}\|_0<\frac{1}{2}\left(1+\frac{1}{\mu(X)}\right) \tag{9.28}$$

则它同时是 ℓ_1 和 ℓ_0 极小值的唯一解。

这是一个非常重要的定理，文献[37]和[54]分别独立地给出了此定理。更早的版本解决的是特殊情形：字典由两个规范正交基组成[36，48]。文献[15]给出了此定理的一个证明(习题 9.17)。此定理首次建立了在当时人们还只是凭经验所知的一个事实：ℓ_1 和 ℓ_0 极小值通常得到相同的解。

附注 9.8

- 我们提出的这个定理到目前为止还是令人满意的，因为它提供了保证一个欠定方程组稀疏解唯一性的理论框架和存在条件。现在我们知道，在特定条件下，我们求解
451 凸 ℓ_1 最小化任务得到的解是最稀疏的(唯一)解。但是，从实践角度，此定理基于互相干，没有彻底解决问题，在预测实际发生情况方面有所欠缺。实验证据显示，为令 ℓ_1 和 ℓ_0 任务给出相同的解，稀疏性水平的范围要比互相干界所保证的范围宽得多。因此，有很多理论研究尝试改进此界。更详细的讨论超出了本书的范围。在下一节中，我们将介绍其中一个成果，它在当前相关研究中占主要地位。对更多细节和相关讨论感兴趣的读者可查阅文献[39，49，50]。

9.7.2　约束等距性

定义 9.3　对每个整数，$k=1,2,\cdots$，一个 $N\times l$ 矩阵 X 的等距常量(isometry constant)δ_k 定义为使得下式对所有 k-稀疏向量 $\boldsymbol{\theta}$ 都成立的最小数。

$$\boxed{(1-\delta_k)\|\boldsymbol{\theta}\|_2^2\leqslant\|X\boldsymbol{\theta}\|_2^2\leqslant(1+\delta_k)\|\boldsymbol{\theta}\|_2^2:\ \text{约束等距性(RIP)条件}} \tag{9.29}$$

此定义是在文献[19]中提出的。如果 δ_k 不是很接近 1，我们可以不太严谨地说矩阵 X

服从 k 阶 RIP。如果此性质成立，就意味着我们将 $\boldsymbol{\theta}$ 投影到 X 的行，其欧氏范数是可以近似保持的。显然，如果矩阵 X 是规范正交的，我们将得到 $\delta_k=0$。当然，由于我们现在处理的是非方阵，这种情况就不可能发生了。但是，δ_k 越接近 0，X 的所有 k 列子集越接近规范正交。我们看待式(9.29)的另一个视角是 X 保持了 k-稀疏向量间的欧氏距离。我们来考虑两个 k-稀疏向量 $\boldsymbol{\theta}_1$、$\boldsymbol{\theta}_2$，并对它们的差 $\boldsymbol{\theta}_1-\boldsymbol{\theta}_2$（通常是一个 $2k$-稀疏向量）应用式(9.29)，则我们得到

$$(1-\delta_{2k})\|\boldsymbol{\theta}_1-\boldsymbol{\theta}_2\|_2^2\leqslant\|X(\boldsymbol{\theta}_1-\boldsymbol{\theta}_2)\|_2^2\leqslant(1+\delta_{2k})\|\boldsymbol{\theta}_1-\boldsymbol{\theta}_2\|_2^2 \tag{9.30}$$

因此，若 δ_{2k} 足够小，则投影到低维观测值空间后，欧氏距离是能够得以保持的。总之，如果 RIP 成立，就意味着在一个由观测值形成的低维子空间 $\mathbb{R}^N$ 中而非原始 l 维空间中搜索稀疏向量，我们仍能恢复向量，因为距离得以保持，因而目标向量不会与其他向量“混淆”。在投影到 X 的行之后，方法能够保持其区分能力。有趣的一点是，RIP 还与格拉姆矩阵的条件数相关。文献[6，19]中指出，若 X_r 表示仅考虑 X 的 r 列而得到的矩阵，则式(9.29)中的 RIP 条件等价于要求对应格拉姆矩阵 $X_r^{\mathrm{T}}X_r$，$r\leqslant k$ 的特征值在范围$[1-\delta_k,1+\delta_k]$内。因此，矩阵越良态，我们就越能更好地在低维空间中挖掘出隐藏信息。

定理 9.3　假定对某些 k，$\delta_{2k}<\sqrt{2}-1$。则公式(9.21)的 ℓ_1 极小值的解 $\boldsymbol{\theta}_*$ 对某个常量 C_0 满足下面两个条件

$$\|\boldsymbol{\theta}-\boldsymbol{\theta}_*\|_1\leqslant C_0\|\boldsymbol{\theta}-\boldsymbol{\theta}_k\|_1 \tag{9.31}$$ 452

和

$$\|\boldsymbol{\theta}-\boldsymbol{\theta}_*\|_2\leqslant C_0k^{-\frac{1}{2}}\|\boldsymbol{\theta}-\boldsymbol{\theta}_k\|_1 \tag{9.32}$$

在此公式中，$\boldsymbol{\theta}$ 为式(9.21)中生成观测值的真实(目标)向量，$\boldsymbol{\theta}_k$ 是从 $\boldsymbol{\theta}$ 得到的向量——我们保留 k 个最大分量并将其他分量置为 0[18，19，22，23]。

因此，如果真实向量是稀疏的，即 $\boldsymbol{\theta}=\boldsymbol{\theta}_k$，则 ℓ_1 极小值恢复了(唯一的)精确值。另一方面，如果真实向量不是稀疏的，则极小值的解的精度是由一个“神助”过程决定的——它预先知道 $\boldsymbol{\theta}$ 的 k 个最大分量的位置。这是一个开创性的结果，而且它是确定性的；它总是为真，而非以高概率为真。注意，这里用到了 $2k$ 阶等距性，因为方法的核心是要保持向量间差异的范数。

我们现在关注这样一种情况：存在一个 k-稀疏向量生成观测值，即 $\boldsymbol{\theta}=\boldsymbol{\theta}_k$。文献[18]中已经证明，条件 $\delta_{2k}<1$ 保证 ℓ_0 极小值有唯一的 k-稀疏解。换句话说，为了达到 ℓ_1 和 ℓ_0 极小值的等价，根据定理 9.3，δ_{2k} 值的范围必须缩小到 $\delta_{2k}<\sqrt{2}-1$。这听起来是很合理的。如果我们放松条件并使用 ℓ_1 代替 ℓ_0，就必须更加小心地构造感知矩阵。虽然在这里我们不会提供这些定理的证明，因为这些公式已经远远超出了本书的范围，但探究当 $\delta_{2k}=1$ 时会发生什么是很有趣的。这能帮助我们体味证明背后的内涵。如果 $\delta_{2k}=1$，式(9.30)左侧的项就变为 0。在此情况下，存在两个 k-稀疏向量 $\boldsymbol{\theta}_1$、$\boldsymbol{\theta}_2$ 满足 $X(\boldsymbol{\theta}_1-\boldsymbol{\theta}_2)=\mathbf{0}$ 或者说 $X\boldsymbol{\theta}_1=X\boldsymbol{\theta}_2$。因此，对已投影到观测值空间的 k-稀疏向量，任何方法都不可能恢复所有这些向量了。

上面的论证还在 RIP 和矩阵的 spark 间建立了联系。实际上，如果 $\delta_{2k}<1$，则 X 的任意不多于 $2k$ 个的列都是线性无关的，因为对于任意的 $2k$-稀疏的 $\boldsymbol{\theta}$，公式(9.29)保证了 $X\|\boldsymbol{\theta}\|_2>0$，而这意味着 $\mathrm{spark}(X)>2k$。文献[16]中建立了 RIP 和互相干之间的联系，它证明了，如果 X 的相干为 $\mu(X)$，且列都具有单位范数，则 X 满足 k 阶 RIP，且等距常量 δ_k 满足 $\delta_k\leqslant(k-1)\mu(X)$。

构造服从 k 阶 RIP 的矩阵

从我们前面的讨论可以看出很明显的一点是，k 的值越高，矩阵 X 就会越好地服从 RIP 性质，因为可以处理更大范围的稀疏性水平。因此，沿此方向的一个重要目标是构造这种矩阵。已证明，对一个一般结构的矩阵，验证其 RIP 性质是很困难的。这令我们想起，矩阵的 spark 也是很难计算的。但是，已证明，对一类特定的随机矩阵，建立 RIP 性质的代价并不高。因此，构造这种特定的感知矩阵在相关研究中是主流。我们将给出这种矩阵的一些例子，它们在实践中使用非常广泛。但我们不会研究证明的细节，因为已超出了本书的范围。感兴趣的读者可在相关文献中找到这方面的信息。

也许最被熟知的随机矩阵就是高斯矩阵了，感知矩阵的元素 $X(i,j)$ 是从一个高斯概率
453 分布函数 $\mathcal{N}(0,1/N)$ 独立同分布地生成的。另一个流行的例子是从伯努利分布采样独立同分布的矩阵元素，或是如下相关的分布

$$X(i,j)=\begin{cases}\text{概率为 }\dfrac{1}{2}\ \text{ 得到 }\dfrac{1}{\sqrt{N}}\\[2mm] \text{概率为 }\dfrac{1}{2}\ \text{ 得到 }-\dfrac{1}{\sqrt{N}}\end{cases}$$

或

$$X(i,j)=\begin{cases}\text{概率为 }\dfrac{1}{6}\ \text{ 得到 }+\sqrt{\dfrac{3}{N}}\\[2mm] \text{概率为 }\dfrac{2}{3}\ \text{ 得到 }0\\[2mm] \text{概率为 }\dfrac{1}{6}\ \text{ 得到 }-\sqrt{\dfrac{3}{N}}\end{cases}$$

最终，我们可以采用均匀分布，通过在 $\mathbb{R}^N$ 空间中的单位球上均匀随机采样来构造 X 的列。已经证明，假如观测值数目 N 满足如下不等式，这种矩阵以压倒性的概率服从 k 阶 RIP

$$N\geqslant Ck\ln(l/k) \tag{9.33}$$

其中 C 是某个常量，依赖于等距常量 δ_k。总之，如果使用这种矩阵，我们可以从 $N<l$ 个观测值恢复出一个 k-稀疏向量，其中 N 大于稀疏性水平，超出的量由不等式(9.33)控制。关于这一主题的更多内容可查阅[6，67]等文献获得。

除了随机矩阵，我们也可以构造其他服从 RIP 的矩阵。一个例子是部分傅里叶矩阵，它是从 $l\times l$ 的 DFT 矩阵均匀随机抽取 N 行而构成的。虽然满足 RIP 所需的样本数可能大于式(9.33)中的界(参见[79])，但基于傅里叶的感知矩阵具有某些计算上的优势，包括存储($\mathcal{O}(\mathcal{N}\ln l)$)和矩阵向量乘积操作($\mathcal{O}(l\ln l)$)两方面[20]。文献[56]讨论了随机特普利茨感知矩阵，其行之间存在统计依赖，已证明它也能以高概率满足 RIP。这在信号处理和通信应用中有着特别重要的意义，因为在这些场景下，通过一个时间序列触发一个系统的输入是很常见的，因此很难假定相继输入行之间无关。文献[44，76]讨论了可分离矩阵的情况，其中感知矩阵是多个各自满足 RIP 的矩阵的克罗内克积。对于多维信号问题，为了利用每个维度对应的稀疏性结构，这种矩阵是很有用的。例如，如果一个事件的活动遍及时间、频谱、空间以及其他域，则当我们尝试“编码”此事件关联的信息时就会产生这种信号。

对特定稀疏性水平，推导出其所需观测值数目的界，是一个很优美的理论结果，但缺乏实验证据(如[39])。一种经验方法是令 N 为 $3k\sim5k$ 的水平[18]。当 l 相对于稀疏性水平较大时，文献[38]中的分析指出，若 $N\approx 2k\ln(l/N)$，我们就能恢复大多数稀疏信号。

研究者一直在努力克服 RIP 的缺点，已提出很多其他技术(如[11, 30, 39, 85])。而且，在特定应用中，采用实证研究方式可能是更适合的路线。 454

注意，从 $N<l$ 个观测值恢复一个 k-稀疏向量理论上所需的最少观测值数目为 $N\geqslant 2k$。实际上，受定理 9.3 之后讨论的启发，一个感知矩阵要满足的主要要求是不能将两个不同的 k-稀疏向量映射到同一个的测量向量 $\boldsymbol{y}$。否则，我们将无法从两个向量(相同的)观测值恢复它们。如果我们有 $2k$ 个观测值且感知矩阵保证任意 $2k$ 列线性无关，则上述要求就能被满足。但是，为使矩阵满足 RIP 至少需要的观测值数目会更大。这是因为 RIP 还关乎恢复过程的稳定性。我们将在 9.9 节讨论稳定嵌入时再讨论此问题。

9.8 基于噪声测量的鲁棒稀疏信号恢复

在上一节中，我们的关注点是从一个欠定方程组恢复出一个稀疏解。在问题描述中，我们假定获得的观测值不包含噪声。在从这个简单场景中获得了一些经验、对此问题有了一些见解后，我们现在将注意力转移到存在一些不确定因素的更实际的情况。一类不确定性可能源于噪声的出现，我们的观测值模型将回到标准的回归形式

$$\boldsymbol{y}=X\boldsymbol{\theta}+\boldsymbol{\eta} \tag{9.34}$$

其中 X 是我们熟悉的 $N\times l$ 的非方阵。公式(9.34)中恢复 $\boldsymbol{\theta}$ 的稀疏感知公式就变为

$$\begin{aligned}&\min_{\boldsymbol{\theta}\in\mathbb{R}^l}\quad \|\boldsymbol{\theta}\|_1\\&\text{满足}\quad \|\boldsymbol{y}-X\boldsymbol{\theta}\|_2^2\leqslant\epsilon\end{aligned} \tag{9.35}$$

这就与式(9.8)中给出的 LASSO 任务一致了。此公式隐含假定噪声是有界的，且其值的范围由 ϵ 控制。我们可以考虑此方法的一些变形。例如，我们可能最小化 $\|\cdot\|_0$ 范数而不是 $\|\cdot\|_1$ 范数，虽然这会失去后者计算优雅的特点。另一种替代方法是将约束中的欧氏范数替换为其他东西。

除了噪声因素的引入，我们还可以从另一个角度来观察此公式。未知向量 $\boldsymbol{\theta}$ 可能不是严格稀疏的，但它可能包含少数大值分量，其余分量的值很小，接近于 0 但不一定等于 0。我们可以适应这种模型失配，方法是允许 $\boldsymbol{y}$ 与 $X\boldsymbol{\theta}$ 有一些偏差。

对稀疏解恢复任务做这种放松设定后，ℓ_0 和 ℓ_1 解唯一性和等价性的概念就不再适用了。取而代之，解的稳定性现在变得更为重要。为此，我们聚焦于计算上更有意义的 ℓ_1 任务。下面是一个与定理 9.3 相对的定理。

定理 9.4　假定感知矩阵 X 服从 RIP，等距常量对某个 k 满足 $\delta_{2k}<\sqrt{2}-1$。则式(9.35)的解 $\boldsymbol{\theta}_*$ 对某个常量 C_1、C_0 满足下面公式([22, 23])： 455

$$\|\boldsymbol{\theta}-\boldsymbol{\theta}_*\|_2\leqslant C_0k^{-\frac{1}{2}}\|\boldsymbol{\theta}-\boldsymbol{\theta}_k\|_1+C_1\sqrt{\epsilon} \tag{9.36}$$

$\boldsymbol{\theta}_k$ 的定义如定理 9.3。

这也是一个优雅的结果。如果模型是精确的且 $\epsilon=0$，我们就得到了式(9.32)。否则，模型中不确定性(噪声)项越大，我们对结果的不确定性就越高。而且要注意，解的不确定性依赖于真实模型与 $\boldsymbol{\theta}_k$ 距离多远。如果真实模型是 k-稀疏的，不等式右侧第一项等于 0。C_1、C_0 的值依赖于 δ_{2k}，但很小，例如，接近 5 或 6[23]。

本节一个重要结论是，采用 ℓ_1 范数及关联的 LASSO 优化来求解反问题(如我们在第 3 章中提及的，通常趋向于是病态的)是稳定的，且在恢复过程中噪声不会被过分放大。

9.9　压缩感知：随机性的荣光

我们或多或少是沿着稀疏感知参数估计领域的发展脉络来组织本章内容的。我们有意设法遵循这一脉络，因为它也展示了大多数情况下科学是如何演进的。最初的起点有相当强的数学味：以数学上易处理的方式在稀疏性约束下求欠定线性方程组的解的条件，即采用凸优化。最终，一系列独立研究成果的累积揭示了，如果通过随机选取的数据样本感知未知量，可以(唯一地)恢复解。这一发展转而催生了一个新的领域，既有很强的理论意义，又对实践应用有巨大影响。这一新出现的领域就是*压缩感知*(Compressed Sensing，CS)或称*压缩采样*(Compressive Sampling，CS)，它改变了我们看待高效感知和处理信号的视角。

9.9.1　压缩感知

在 CS 中，目标是直接获取尽量少的样本，以编码表示压缩信号所需的最少信息。为了展示这一目标，我们回到 9.4 节讨论过的数据压缩例子。当时我们提到，在那个例子中使用“经典”压缩方法某种意义上相当不正统——首先信号的所有(即 l 个)样本都被使用，然后它们经过处理转换为 l 个值，其中只有一小部分用于编码。在 CS 中，整个过程则变为下面这样。

令 X 是一个 $N\times l$ 的感知矩阵，应用于(未知)信号向量 $\boldsymbol{s}$ 上来获取观测值 $\boldsymbol{y}$，Ψ 是字典矩阵，描述了获得信号 $\boldsymbol{s}$ 稀疏表示的域，即

456

$$\begin{aligned}\boldsymbol{s}&=\Psi\boldsymbol{\theta}\\ \boldsymbol{y}&=X\boldsymbol{s}\end{aligned}\qquad(9.37)$$

假定 $\boldsymbol{\theta}$ 至多有 k 个非零分量，这可通过下面优化任务得到

$$\begin{aligned}&\min_{\boldsymbol{\theta}\in\mathbb{R}^l}\quad\|\boldsymbol{\theta}\|_1\\ &\text{满足}\quad\boldsymbol{y}=X\Psi\boldsymbol{\theta}\end{aligned}\qquad(9.38)$$

假如组合矩阵 $X\Psi$ *服从* RIP，且观测值的数目 N 如式(9.33)所描述的界那样足够大。注意，我们不必保存 $\boldsymbol{s}$，一旦知道了 $\boldsymbol{\theta}$，我们可以在任何时刻获得 $\boldsymbol{s}$。而且，我们将很快讨论到一些技术，可以在获得样本向量 $\boldsymbol{s}$ 之前就直接从模拟信号 $s(t)$ 获得观测值 y_n，$n=1,2,\cdots,N$！因此，从这个角度，CS 融合了数据获取和压缩两个步骤。

选择感知矩阵 X 使得乘积 $X\Psi$ 满足 RIP 的方法有很多种。可以证明(习题 9.19)，若 Ψ 是规范正交的，且 X 是按照 9.7.2 节末尾讨论的方法构造的，则乘积 $X\Psi$ 服从 RIP，前提是式(9.33)成立。另一种获得服从 RIP 的组合矩阵的方法是考虑另一个正交规范矩阵 Φ，它的列与 Ψ 的列低相干(两个矩阵间相干性的概念在式(9.25)中定义，现在，$\boldsymbol{x}_i^c$ 被 Φ 的一列取代，$\boldsymbol{x}_j^c$ 被 Ψ 的一列取代)。例如，Φ 可以是 DFT 矩阵而 $\Psi=I$，或反之。然后均匀随机选取 Φ 的 N 行构成式(9.37)中的 X。换句话说，对这种情况，感知矩阵可写为 $R\Phi$，其中 R 是一个 $N\times l$ 的矩阵，它的 N 行是均匀随机抽取的。感知矩阵和基矩阵之间不相干(低相干)的概念与 RIP 紧密相关。两个矩阵越不相干，RIP 成立所需的观测值数目越少(如[21, 79])。另一种看待不相干性的角度是，Φ 的行可以用 Ψ 的列稀疏表示。已证明，如果感知矩阵 X 是随机的，其构造如 9.7.2 节所述，则对任意 Ψ，RIP 和不相干性都以高概率得到满足。

更好的情况是我们能宣称前述所有原理都能扩展到更一般的信号类型，这些类型的信号不必是稀疏的或是能用字典的原子稀疏表示，它们被称为*可压缩的*(compressible)。如果一个信号向量的基展开仅包含少数大系数 θ_i，其他系数都很小，则称之为可压缩的。换

句话说，信号向量在某个基中是近似稀疏的。显然，这在实践中是最有趣的，因为严格稀疏性是很难遇到的(如果有过)。重整 9.8 节中的论证过程，则此情况下的 CS 任务转换为

$$\begin{aligned} &\min_{\boldsymbol{\theta}\in\mathbb{R}^l} \quad \|\boldsymbol{\theta}\|_1 \\ &\text{满足} \quad \|\boldsymbol{y}-X\Psi\boldsymbol{\theta}\|_2^2 \leqslant \epsilon \end{aligned} \tag{9.39}$$

而且，如果把 X 替换为我们所考虑的乘积 $X\Psi$，9.8 节中讨论过的所有内容对本例也是成立的。

附注 9.9

- CS 中一个重要属性是提供观测值的感知矩阵，它可能是从矩阵 Ψ(即可稀疏表示信 457
号的基/字典)上独立选取的。换句话说，感知矩阵可以是“通用的”，可用来提供重构任何稀疏信号或用任何字典稀疏表示的信号所需的观测值，条件是 RIP 不被违反。
- 每个测量值 y_n 都是信号向量和感知矩阵 X 的一行 $\boldsymbol{x}_n^{\mathrm{T}}$ 计算内积的结果。假定信号向量 $\boldsymbol{s}$ 是从一个模拟信号 $s(t)$ 上采样得到的，则可通过计算 $s(t)$ 与感知波形 $x_n(t)$(对应 $\boldsymbol{x}_n$)的内积(积分)来直接得到 y_n 的很好的近似。例如，如果如 9.7.2 节所述，X 是由±1 构成的，则图 9.10 所示的结构就可以得到 y_n。除了可以避免计算并存储 $\boldsymbol{s}$ 的 l 个分量之外，此方法另一个重要的地方是，乘以±1 是相对容易的计算。这等价于改变信号的极性，可采用逆变器和混频器实现。在实践中这是一个可以实施且使用频率远高于采样的过程。图 9.10 中的采样系统被称为随机解调器(random demodulator)[58, 91]。这是一种很流行的模数(A/D)转换架构，它利用了 CS 原理，采样频率可以比经典采样低得多。我们很快会再次讨论它。

  一个非常早期的基于 CS 的采集系统是一种被称为单像素相机(one pixel camera)的成像系统[84]，其方法非常像常规的数字 CS。这种方法将感兴趣的图像的光投影到一个随机的基上，这个基是用一个微镜设备生成的。一系列投影后的图像通过一个单光电二极管(single photodiode)收集起来，对它们使用常规的 CS 技术来重构完整图像。有一些实例推动了“CS 实用威力强大”论调的传播，这个例子就是其中之一。CS 印证了那句名言：“没什么比一个好的理论更具实用性了！”

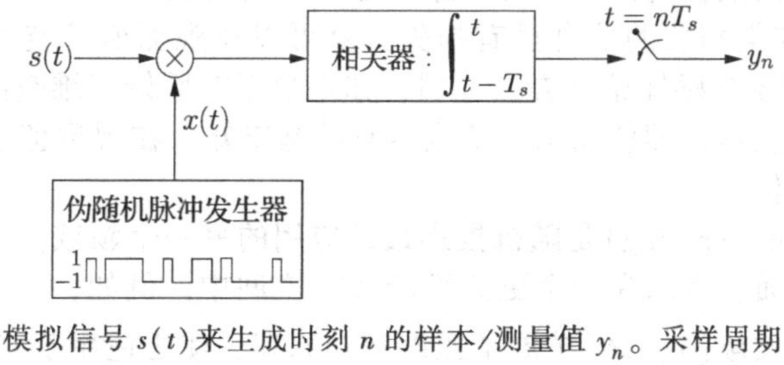

图 9.10 采样一个模拟信号 $s(t)$ 来生成时刻 n 的样本/测量值 y_n。采样周期 T_s 远远比奈奎斯特采样方法所需的周期更短

9.9.2 降维和稳定嵌入

现在，我们从一个不同的角度重新阐述这章到目前为止介绍过的内容。对于两种情况，无论未知量是高维空间 $\mathbb{R}^l$ 中的一个 k-稀疏向量，还是信号 $\boldsymbol{s}$ 用某个向量($\boldsymbol{s}=\Psi\boldsymbol{\theta}$)(近似)稀疏表示，我们都选择在一个更低维的空间($\mathbb{R}^N$)中完成工作，即观测值 $\boldsymbol{y}$ 的空间。这是一种典型的降维任务(参见第 19 章)。任何(线性)降维技术的主要任务都是选择适合的矩阵 X，它决定了如何投影到更低维的空间。一般而言，从 $\mathbb{R}^l$ 投影到 $\mathbb{R}^N$($N<l$)总是会有 458

信息丢失，因为对任意向量 $\boldsymbol{\theta}_l \in \mathbb{R}^l$，我们无法保证从其投影 $\boldsymbol{\theta}_N \in \mathbb{R}^N$ 恢复它。实际上，如果选取任意向量 $\boldsymbol{\theta}_{l-N} \in \mathrm{null}(X)$，即位于(行满秩的)$X$ 的($l-N$)维零空间内的向量(见 9.5 节)，则所有向量 $\boldsymbol{\theta}_l+\boldsymbol{\theta}_{l-N} \in \mathbb{R}^l$ 在 $\mathbb{R}^N$ 内都具有相同的投影。但是，我们在本章中已经讨论的是，如果原始向量是稀疏的，则我们可以精确恢复它。这是因为所有 k-稀疏向量并非位于 $\mathbb{R}^l$ 中任意位置，而是在其一个子集中，即一个联合子空间(union of subspaces)中，每个子空间都是 k 维的。如果信号 $\boldsymbol{s}$ 可用某个字典 Ψ 稀疏表示，则我们就必须在($\mathbb{R}^l$ 中)所有可能的 k 维子空间的并集中搜索 $\boldsymbol{s}$，这些子空间都是 Ψ 中某 k 列向量张成的[8, 62]。当然，即使在这种涉及稀疏向量的情况下，也无法保证投影能唯一恢复信号。如果在低维空间中的投影是一个*稳定嵌入*(stable embedding)，就能保证唯一恢复了。一个低维空间中的稳定嵌入必须保证：若 $\boldsymbol{\theta}_1 \neq \boldsymbol{\theta}_2$，则它们的投影也不同。当然这还不够，稳定嵌入还必须保证距离能得以(近似)保持；即高维空间中离得很远的向量，它们的投影也应该离得很远。这种性质保证了在噪声条件下方法的健壮性。本章中已推导出并一直在讨论的能保证从 $\mathbb{R}^N$ 中的投影恢复出位于 $\mathbb{R}^l$ 中的原始稀疏向量的充分条件，其实就是保证稳定嵌入的条件。RIP 及关联的 N 的界给出了 X 上的一个条件，能保证稳定嵌入。我们已在相关小节中讨论过 RIP 的这种范数保持性质。从此理论而来的一个有趣的事实是，我们可以通过随机投影矩阵实现这种稳定嵌入。

随机投影用于降维并非新思想，它已被广泛用于模式识别、聚类和数据挖掘等领域中(参见[1, 13, 34, 82, 87]等文献)。大数据时代的到来重新激起了人们对基于随机投影的数据分析算法的热情(参见[55, 81]等文献)，主要原因有两点。一是低维空间中的数据处理计算代价更低，因为涉及的是更少参数的矩阵或向量的运算。而且，可通过结构良好的矩阵实现数据到更低维空间的投影，与默认的普通矩阵-向量乘法相比，其计算代价显著降低[29, 42]。当处理极大规模的数据时，这些方法对计算能力要求低的特点就很吸引人了。第二个原因是，存在随机算法，对数据矩阵的访问次数(通常是固定次数)远少于常规方法[28, 55]。当数据总量大于快速存储的大小，部分数据必须从慢速存储(如硬盘)访问时，这一点就非常重要了。在这种情况下，在计算时间中访存代价通常占主导地位。

CS 背后的思想也已应用于模式识别领域。在这类应用中，在低维子空间中进行信息挖掘后，我们不必回到最初的高维空间。原因是，在模式识别场景中，焦点是辨别一个对象/模式的类别，假如类相关的信息没有损失，就可以在观测值子空间中进行分类。在文献[17]中，已经使用压缩感知论证方法证明，如果数据在原始高维空间中是近似线性可分的，且数据具有稀疏表示，即使用来稀疏表示它的基未知，在观测值子空间中的随机投影仍保持线性可分性结构。

流形学习(manifold learning)是随机投影最近应用的另一个领域。一个流形一般来说就是一个非线性 k 维表面，嵌入在一个更高维(环绕)空间中。例如，一个球的表面是三维空间中一个二维流形。文献[7, 96]扩展了压缩感知原理，使之适用于对应空间 $\mathbb{R}^l$ 的 k 维子
459 流形的信号向量。已证明，如果选择一个矩阵 X 进行投影，且观测值数目 N 足够大，则对应的子流形在观测值子空间中有一个稳定嵌入；即在投影映射后，两两欧氏距离和测地线距离都近似保持。这些问题的更多讨论可在已给出的参考文献和[8]等文献中找到。我们将在第 19 章中介绍流形学习。

9.9.3　欠奈奎斯特采样：模拟信息转换

在之前的附注中，我们讨论了一个非常重要的问题——从模拟域到离散域的问题。从香农的开创性工作开始，A/D 转换这个主题就一直处于研究和技术的最前沿。奈奎斯特、惠特克以及寇特尼科夫已经发表了相关的全面的综述文章，例如[92]。我们都知道，如果

一个模拟信号 $s(t)$ 的最高频率小于 $F/2$，则我们至少以奈奎斯特速率 $F=1/T$ 对信号进行采样（T 是对应的采样周期），就不会有信息损失，且能用样本完美恢复信号

$$s(t)=\sum_{n} s(nT)\operatorname{sinc}(Ft-n)$$

其中 sinc 是采样函数

$$\operatorname{sinc}(t)=\frac{\sin(\pi t)}{\pi t}$$

虽然这已成为信号采集设备发展的推动力，但越来越复杂的新兴应用所要求的越来越高的采样率已经超出了现今硬件技术的能力。例如，在宽带通信中，由香农界决定的转换速度已经变得越来越难达到。因此，替代高速采样的方法正在引起研究者浓厚的兴趣，其目标是利用信号的深层结构来降低采样率。例如，在很多应用中，信号由少量频率或频段组成，参见图 9.11 中示例。在此情况下，以奈奎斯特速率进行采样是低效的。这是一个老问题，已有很多人对此进行研究，并产生了一些允许低速采样的技术，无论频谱中的非零频段的位置是否已知（参见[61，93，94]等文献）。受 CS 理论的启发，一些研究者研究频段的位置（载波频率）预先未知的情况。其中一个具有很高实践意义的典型应用是在认知无线电领域（参见[68，88，103]等文献）。

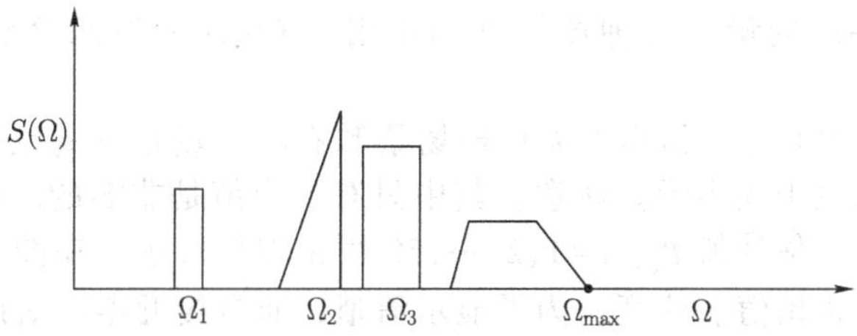

图 9.11　一个模拟信号 $s(t)$ 的傅里叶变换结果，该信号在频域中是稀疏的；只有有限个频带对其频谱内容 $S(\Omega)$ 有贡献，其中 Ω 表示角频率。奈奎斯特理论保证，以大于或等于最大角频率 $\Omega_{\max}$ 两倍的频率进行采样，就足以恢复出原始模拟信号。但是，此理论未利用频域中信号的稀疏结构相关的信息

以低于奈奎斯特速率采样一个模拟信号的过程被称为模拟信息（analog-to-information）采样或欠奈奎斯特（sub-Nyquist）采样。让我们关注两种最流行的基于 CS 的 A/D 转换器。一种是随机解调器（Random Demodulator，RD），首先在[58]中提出，随后文献[91]对其进行了改进并给出了相关理论。图 9.10 给出了 RD 的基本结构，其设计是为了以欠奈奎斯特速率采集稀疏的多频音信号，即信号具有稀疏的 DFT。这意味着信号由少量频率分量组成，但这些分量被限制为对应整数倍频。文献[91]指出了这一限制，并根据[24]中提出 460
的通用框架和[45]中介绍的启发式方法来探索可能的解决方案。而且，更精致的 RD 设计，例如随机调制预积分（Random-Modulation Pre-Integrator，RMPI）[102]，具有处理在任意域中稀疏信号的潜力。

另一种已广受关注的基于 CS 的欠奈奎斯特采样策略是调制宽带转换器（Modulated Wideband Converter，MWC）[68，69，71]。此概念还被扩展以使用具有不同特征的信号，例如由短脉冲组成的信号[66]。文献[59]进行了深入研究，揭示了 RD 和 MWC 采样架构间的相似之处和不同之处。

注意，RD 和 MWC 都是在时间维度上均匀采集信号。文献[97]采用了一种不同的方法，实现更为容易。特别是，它避免了预处理阶段，直接从原始信号获取时间维度上非均匀散布的样本。与奈奎斯特采样相比，总体上获取的样本数更少。然后，根据样本的值和时间信息，使用基于 CS 的重构方法来恢复信号。类似基本 RD，非均匀采样方法适用于

DFT 基中的稀疏信号。从实践角度，仍有不少硬件实现相关的问题关系到上述所有方法，这些问题尚需解决(参考[9，25，63]等文献)。

欠奈奎斯特采样的另一种替代方法是包含一类不同的模拟信号——多脉冲(multi-pulse)信号，即由一连串短脉冲组成的信号。稀疏性现在指的就是时域，这种信号甚至可能不是有限频宽的。在很多应用中会遇到这种类型的信号，例如雷达、超声、生物成像以及神经元信号处理(参考[41]等文献)。一种称为有限速率创新采样(finite rate of innovation sampling)的方法先将一个具有每秒 k 个自由度的信号传给一个线性非时变滤波器，然后以每秒 $2k$ 个样本的速率采样。重构是通过求一个高阶多项式的根进行的(参考[12，95]及其中的文献)。文献[66]中采用了 CS 理论思想处理欠奈奎斯特采样任务，并使用伽柏函数对其进行展开；假定信号是由少量有限长但未知形状和时间点的脉冲加和组成。此主题更
461 多内容可查阅[43，51，70]及其中的参考文献。

例 9.5　已给定一组 $N=20$ 个观测值，每个值是 $\boldsymbol{y}\in\mathbb{R}^N$ 的向量。这些值是通过对 $\mathbb{R}^{50}$ 中一个"未知"向量应用感知矩阵 X 得到的，对于未知向量，已知它是稀疏的，有 $k=5$ 个非零分量，但这些非零分量的位置是未知的。感知矩阵是一个随机矩阵，其元素是从正态分布 $\mathcal{N}(0,1)$ 中抽取的，然后每一列都归一化到单位范数。关于观测值，有两种场景。一是给定精确值，二是加入方差为 $\sigma^2=0.025$ 的高斯白噪声。

为了恢复未知稀疏向量，两种场景下都使用了 CS 匹配追踪算法(CoSaMP，参见第 10 章)。

图 9.12a 和图 9.12b 分别给出了无噪声场景和有噪声场景下的结果。真实未知向量 $\boldsymbol{\theta}$ 的值用顶端带开圆的主干线表示。注意，其中只有 5 个值是非零的。在图 9.12a 中，实现了未知值的精确恢复；估计值 θ_i，$i=1,2,\cdots,50$ 用正方形表示。在图 9.12b 所示有噪声场景中，估计值偏离了正确值。注意，为了显示清晰，非常接近零的估计值($|\theta|\leqslant 0.01$)在图中被省略。在两个图中，主干顶端带灰色填充圆对应最小 ℓ_2 范数 LS 解。采用稀疏提升方法恢复解的优点一目了然。研究者还提出了能给出稀疏度准确数值的 CoSaMP 算法。我们建议读者用不同的参数值重做这个例子，观察结果会受什么影响。

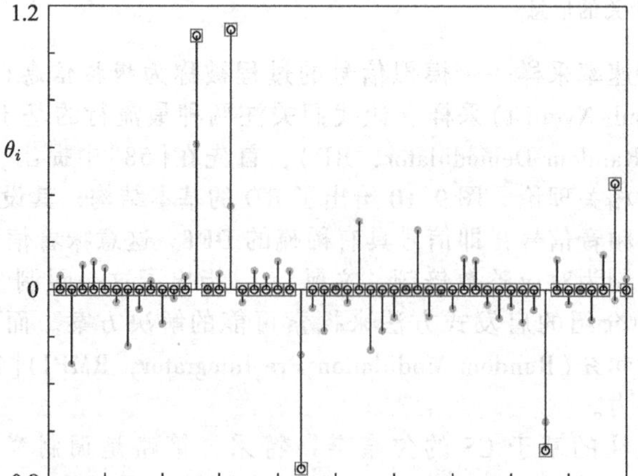

a)

图 9.12　a)无噪声情况。用顶端带开圆的主干线表示真实向量的值，这些值生成了例 9.5 的数据。恢复的数据点用正方形表示。此情况下可精确恢复信号。顶端带灰色圆点的主干线表示最小欧氏范数的 LS 解。b)与图 a 相对的有噪声情况。在有噪声的情况下，精确恢复是不可能的，噪声的方差越高，结果的精确度越低

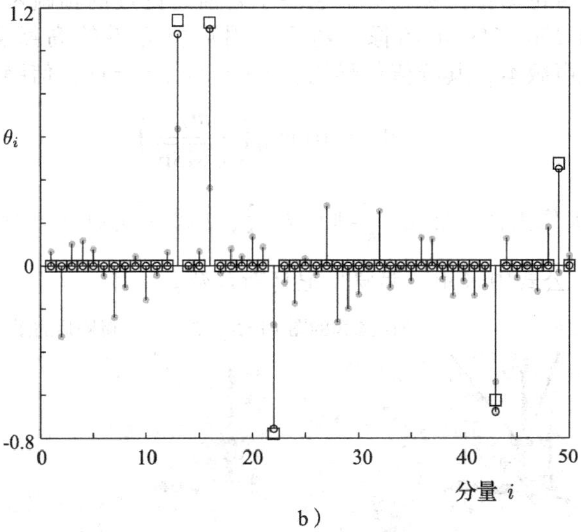

b）

图 9.12 （续）

9.10 实例研究：图像降噪

作为稀疏感知学习的一个著名应用，我们已经讨论了 CS 技术。虽然 CS 技术已经名声大噪，但也有一些借鉴经典信号处理和机器学习任务来进行高效稀疏性相关建模的方法。两个典型的例子如下。

- 降噪(de-noising)：信号降噪中的问题是，我们得到的不是真实的信号样本 $\tilde{\boldsymbol{y}}$ 而是对应观测值的带噪声版本 $\boldsymbol{y}$；即 $\boldsymbol{y}=\tilde{\boldsymbol{y}}+\boldsymbol{\eta}$，其中 $\boldsymbol{\eta}$ 是噪声样本向量。在稀疏建模框架中，未知信号 $\tilde{\boldsymbol{y}}$ 被建模为用一个特定已知字典 Ψ 表示的稀疏表示形式，即 $\tilde{\boldsymbol{y}}=\Psi\boldsymbol{\theta}$。而且，字典是允许冗余的(过完备的)。这样，降噪过程由两个步骤实现。
  首先，通过 ℓ_0 范数极小值或任意 LASSO 公式来得到稀疏表示向量 $\boldsymbol{\theta}$ 的估计值，例如

$$\hat{\boldsymbol{\theta}}=\arg\min_{\boldsymbol{\theta}\in\mathbb{R}^l}\|\boldsymbol{\theta}\|_1 \tag{9.40}$$

$$\text{满足}\quad \|\boldsymbol{y}-\Psi\boldsymbol{\theta}\|_2^2\leqslant\epsilon \tag{9.41}$$

  其次，按公式 $\hat{\boldsymbol{y}}=\Psi\hat{\boldsymbol{\theta}}$ 计算真实信号的估计值。在第 19 章中，我们将研究字典并不是固定且已知的，而是从数据估计出来的情况。
- 线性逆问题(linear inverse problem)：此问题属于更一般的信号恢复(signal restoration)问题，它较之降噪问题更进了一步。除了信号样本有噪声之外，可用观测值还是失真的；即 $\boldsymbol{y}=H\tilde{\boldsymbol{y}}+\boldsymbol{\eta}$，其中 H 是一个已知的线性算子。例如，H 可能对应一幅图像的模糊点扩展函数，如第 4 章所讨论的。这样，类似降噪的例子，假定原始信号样本可以用一个过完备字典有效表示，通过任意稀疏提升方法估计 $\hat{\boldsymbol{\theta}}$，用 $H\Psi$ 代替式(9.41)中的 Ψ 即可，真实信号按 $\hat{\boldsymbol{y}}=\Psi\hat{\boldsymbol{\theta}}$ 估计。 462~463

除了去模糊，还有其他一些应用也采用了这种方法，包括图像修复(若 H 表示对应的采样掩码)、断层扫描中的逆拉东变换(若 H 由并行投影集组成)等。关于此主题的更多细节，可参考文献[49]。

本节的实例研究讨论图像降噪任务，它基于之前讨论过的稀疏和冗余方法。我们的起点是图 9.13a 所示的 256×256 的图像。随后，用均值为零的高斯噪声破坏图像，得到图 9.13b 所示的带噪声版本，其峰值信噪比(PSNR)为 22 分贝，信噪比定义如下

$$\mathrm{PSNR}=20\log_{10}\left(\frac{m_I}{\sqrt{\mathrm{MSE}}}\right) \tag{9.42}$$

其中 m_I 为图像中最大像素值，$\mathrm{MSE}=\frac{1}{N_p}\|I-\tilde{I}\|_F^2$，$I$ 和 $\tilde{I}$ 分别为带噪声的和原始的图像矩阵，N_p 为像素总数，公式中采用了弗罗贝尼乌斯范数。

图 9.13　基于稀疏和冗余表示的降噪

我们可马上对完整图像应用降噪操作。但是，在内存消耗方面一个更高效的方法是将图像分割成尺寸小得多的小片；对于本例，我们选择分片大小为 12×12。然后，对每个分片分别进行降噪，如下所述：按字典序重排第 i 个图像分片，形成一个一维向量 $\boldsymbol{y}_i\in\mathbb{R}^{144}$。我们假定每个分片都可以用一个如前所述的过完备字典重构出来；因此，降噪方法就如式(9.40)和式(9.41)所述。我们用 $\tilde{\boldsymbol{y}}_i$ 表示无噪声图像的第 i 个分片。剩下要做的就是选取

464 一个字典 Ψ，用来稀疏表示 $\tilde{\boldsymbol{y}}_i$，然后根据式(9.40)和式(9.41)求解稀疏的 $\boldsymbol{\theta}$。

众所周知，图像的 DCT 变换通常呈现出稀疏性，因此对于字典 Ψ，一个恰当的选择是用冗余二维 DCT 变换的原子填充 Ψ 的列，DCT 变换结果已按字典序重排好[49]。在本例中，共使用 196 个原子。习题 9.22 描述了在给定图像维数条件下设计这种字典的一种标准方法。对所有图像分片都使用相同的字典。图 9.14 展示了字典的原子，已重整为大小为 12×12 的块。

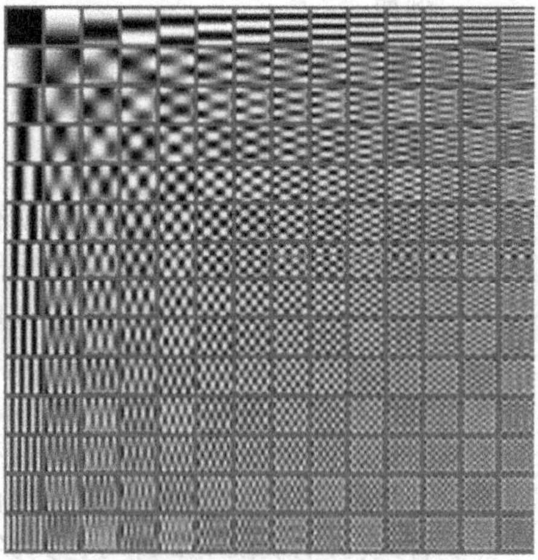

图 9.14　二维 DCT 字典的原子，对应 12×12 的分片大小

一个很自然的问题是使用多少个分片。一种直接明了的方法是一个挨一个地铺开分片，覆盖整幅图像。这是可行的，但很可能会在一些分片的边缘产生阻塞效应。一种更好的方法令分片相互重叠。在重构阶段($\hat{\boldsymbol{y}}=\Psi\hat{\boldsymbol{\theta}}$)，由于每个像素都被超过一个分片覆盖，每个像素的最终值都取所有覆盖它的分片对应预测值的平均。图 9.13c 展示了这种方法的结果。得到的 PSNR 值超过 28 分贝。

习题

9.1　如果 x_i，$y_i(i=1,2,\cdots,l)$ 是实数，证明柯西-施瓦茨不等式：

$$\left(\sum_{i=1}^{l} x_i y_i\right)^2 \leqslant \left(\sum_{i=1}^{l} x_i^2\right)\left(\sum_{i=1}^{l} y_i^2\right)$$

9.2　证明 ℓ_2(欧氏)范数是真范数，即它满足范数定义的 4 个条件。提示：为了证明三角不等式，可使用柯西-施瓦茨不等式。 465

9.3　证明：任何函数，如果它是一个范数，那么它也是一个凸函数。

9.4　证明杨氏不等式

$$ab \leqslant \frac{a^p}{p}+\frac{b^q}{q}$$

其中 a 和 b 是非负实数，且 $\infty>p>1$，$\infty>q>1$ 满足

$$\frac{1}{p}+\frac{1}{q}=1$$

9.5　证明赫尔德不等式对 ℓ_p 范数成立：

$$\|\boldsymbol{x}^{\mathrm{T}}\boldsymbol{y}\|_1=\sum_{i=1}^{l}|x_i y_i| \leqslant \|\boldsymbol{x}\|_p\|\boldsymbol{y}\|_q=\left(\sum_{i=1}^{l}|x_i|^p\right)^{1/p}\left(\sum_{i=1}^{q}|y_i|^q\right)^{1/q}$$

其中 $p\geqslant 1$，$q\geqslant 1$，且满足

$$\frac{1}{p}+\frac{1}{q}=1$$

提示：使用杨氏不等式。

9.6　证明：若 $p\geqslant 1$，则明可夫斯基不等式成立：

$$\left(\sum_{i=1}^{l}\left(|x_i|+|y_i|\right)^p\right)^{1/p} \leqslant \left(\sum_{i=1}^{l}|x_i|^p\right)^{1/p}+\left(\sum_{i=1}^{l}|y_i|^p\right)^{1/p}$$

提示：使用赫尔德不等式和恒等式

$$\left(|a|+|b|\right)^p=\left(|a|+|b|\right)^{p-1}|a|+\left(|a|+|b|\right)^{p-1}|b|$$

9.7　证明：若 $p\geqslant 1$，则 ℓ_p 范数是真范数。

9.8　用反例证明任何 $0<p<1$ 的 ℓ_p 范数不是真范数，违反了三角不等式条件。

9.9　证明：一个行满秩的 $N\times l(N<l)$ 矩阵 X 的零空间是一个维数为 N 的子空间。

9.10　证明：使用拉格朗日乘子，即式(9.18)中的 ℓ_2 极小值，接受如下闭形式的解。

$$\hat{\boldsymbol{\theta}}=X^{\mathrm{T}}\left(XX^{\mathrm{T}}\right)^{-1}\boldsymbol{y}$$

9.11　证明：对

$$\text{最小化}\quad \|\boldsymbol{\theta}\|_1 \tag{9.43}$$

$$\text{满足}\quad X\boldsymbol{\theta}=\boldsymbol{y} \tag{9.44}$$

466

$\boldsymbol{\theta}$ 是其极小值的充要条件是

$$\left|\sum_{i:\theta_i\neq 0}\operatorname{sign}(\theta_i)z_i\right| \leqslant \sum_{i:\theta_i=0}|z_i|,\ \forall \boldsymbol{z}\in\operatorname{null}(X)$$

其中 null(X)是 X 的零空间。而且，如果不等式是严格不等，则极小值是唯一的。

9.12 证明：如果 ℓ_1 范数极小值是唯一的，则其零分量的数目必须至少与对应输入矩阵的零空间的维数一样大。

9.13 证明：ℓ_1 范数与所有范数一样是一个凸函数，但不是严格凸的。与之相反，平方欧氏范数是一个严格凸函数。

9.14 构造五维空间中的一个矩阵，满足(a)秩等于 5，spark 等于 4，(b)秩等于 5，spark 等于 3，(c)秩和 spark 都等于 4。

9.15 令 X 是一个 $N\times l(l>N)$ 的行满秩矩阵。推导出互相干 $\mu(X)$ 的韦尔奇界

$$\mu(X) \geqslant \sqrt{\frac{l-N}{N(l-1)}} \tag{9.45}$$

9.16 令 X 是一个 $N\times l$ 的矩阵。证明其 spark 的界为

$$\operatorname{spark}(X) \geqslant 1+\frac{1}{\mu(X)}$$

其中 $\mu(X)$ 是矩阵的互相干。*提示*：考虑格拉姆矩阵 $X^{\mathrm{T}}X$ 和下面关于正定矩阵的定理——一个 $m\times m$ 的矩阵 A 是正定的，若

$$|A(i,i)| > \sum_{j=1, j\neq i}^{m} |A(i,j)|, \ \forall i=1,2,\cdots,m$$

(可参考[57])。

9.17 证明：如果欠定方程组 $\boldsymbol{y}=X\boldsymbol{\theta}$ 的解满足

$$\|\boldsymbol{\theta}\|_0 < \frac{1}{2}\left(1+\frac{1}{\mu(X)}\right)$$

则 ℓ_1 极小值与 ℓ_0 极小值相等。假定 X 的列已归一化。

9.18 证明：若矩阵 X 满足 k 阶 RIP 有效且 $\delta_k<1$，则 X 的任意 $m<k$ 列必然线性无关。

467 9.19 证明：若 X 满足 k 阶 RIP 且等距常数为 δ_k，且 Ψ 是一个规范正交阵，则乘积 $X\Psi$ 也满足此条件。

MATLAB 练习

9.20 考虑一个未知的 2-稀疏向量 $\boldsymbol{\theta}_o$，当用下面感知矩阵度量时

$$X=\begin{bmatrix} 0.5 & 2 & 1.5 \\ 2 & 2.3 & 3.5 \end{bmatrix}$$

即 $\boldsymbol{y}=X\boldsymbol{\theta}_o$，得到 $\boldsymbol{y}=[1.25,3.75]^{\mathrm{T}}$。用 MATLAB 完成下列任务：

(a) 基于 X 的伪逆计算 ℓ_2 范数的最小解 $\hat{\boldsymbol{\theta}}_2$，参见式(9.18)。接下来，验证此解 $\hat{\boldsymbol{\theta}}_2$ 会得到零估计误差(最大为机器精度)。$\hat{\boldsymbol{\theta}}_2$ 是一个 2-稀疏向量，如真实未知向量 $\boldsymbol{\theta}_o$ 吗？如果不是，为什么它可能得到零估计误差？(b)求解式(9.20)中描述的 ℓ_0 极小化任务，穷举搜索所有可能的 1-稀疏解和 2-稀疏解，求出最佳的那个 $\hat{\boldsymbol{\theta}}_o$。$\hat{\boldsymbol{\theta}}_o$ 会得到零估计误差(最大为机器误差)吗？(c)计算 $\hat{\boldsymbol{\theta}}_2$ 和 $\hat{\boldsymbol{\theta}}_o$ 的 ℓ_2 范数并进行比较。哪个更小？结果是期望的吗？

9.21 在 MATLAB 中生成一个稀疏向量 $\theta\in\mathbb{R}^l$，$l=100$，其前 5 个分量是随机生成的，服从正态分布 $\mathcal{N}(0,1)$，其余分量为 0。再构造一个 $N=30$ 行的感知矩阵 X，其元素服从正态分布 $\mathcal{N}\left(0,\frac{1}{\sqrt{N}}\right)$，这样我们可基于线性回归模型 $\boldsymbol{y}=X\theta$ 得到 30 个观测值。然后完成如下任务：(a)使用函数 "solvelasso.m"[⊖]或你喜欢的任何其他 LASSO 实现，来从 $\boldsymbol{y}$ 和 X 重构 $\boldsymbol{\theta}$。(b)用不同的 X 重复实验，来计算正确重构(假定准确重构的标准是 $\|\boldsymbol{y}-X\boldsymbol{\theta}\|_2<10^{-8}$)的概率。(c)从 $l\times l$ 的 DCT 矩阵均

⊖ 可在 MATLAB 工具箱 SparseLab 中找到它，可从 http://sparselab.stanford.edu/免费获得此工具箱。

匀采样来构造另一个 $N=30$ 行的感知矩阵 X，DCT 矩阵可用 MATLAB 函数“dctmtx. m”构造。计算使用此基于 DCT 的感知矩阵后，正确重构的概率是多少，确认结果与(b)相近。(d)用具有下面形式的矩阵重复相同的实验

$$X(i,j)=\begin{cases}\text{概率为 } \dfrac{1}{2\sqrt{p}} \text{ 得到 } +\sqrt{\dfrac{\sqrt{p}}{N}}\\ \text{概率为 } 1-\dfrac{1}{\sqrt{p}} \text{ 得到 } 0\\ \text{概率为 } \dfrac{1}{2\sqrt{p}} \text{ 得到 } -\sqrt{\dfrac{\sqrt{p}}{N}}\end{cases}$$

p 等于 1、9、25、36、64(确保 X 的每行每列至少有一个非零分量)。解释为何随着 p 增大重构概率降低(观察到感知矩阵和未知向量都是稀疏的)。

9.22 本练习重现 9.10 节中研究的降噪实例的结果，其中船舶图像可从本书网站下载。首先，使用 MATLAB 函数 im2col. m 从图像中抽取所有大小为 12×12 的滑动分片。确认共得到了$(256-12+1)^2=$ 468
60 025 个分片。接下来，需要设计一个能稀疏表示所有分片的字典。

具体的，字典源自对应二维冗余 DCT 变换，可按如下步骤得到[49]：

a) 考虑向量 $\boldsymbol{d}_i=[d_{i,1},d_{i,2},\cdots,d_{i,12}]^{\mathrm{T}}$，$i=0,\cdots,13$，它们是正弦信号样本，形式如下

$$d_{i,t+1}=\cos\left(\frac{t\pi i}{14}\right),\quad t=0,\cdots,11$$

然后创建一个 12×14 矩阵 $\overline{D}$，其列为向量 $\boldsymbol{d}_i$ 归一化到单位范数。D 即为一个冗余 DCT 矩阵。

b) 按 $\Psi=D\otimes D$ 构造 $12^2\times14^2$ 的字典 Ψ，其中$\otimes$表示克罗内克积。按这种方法构造的原子与过完备的二维 DCT 变换相关[49]。

下一步，分别对每个图像分片进行降噪。特别是，假定 $\boldsymbol{y}_i$ 是使用函数“solvelasso. m”或你喜欢的任何其他合适算法将第 i 个分片按列向量重排后的结果，用来估计稀疏向量 $\boldsymbol{\theta}_i\in\mathbb{R}^{196}$ 并得到降噪后的向量 $\hat{\boldsymbol{y}}_i=\boldsymbol{\Psi}\boldsymbol{\theta}_i$。最终，计算重叠分片的均值形成完整的降噪图像。

参考文献

[1] D. Achlioptas, Database-friendly random projections, in: Proceedings of the Symposium on Principles of Database Systems, PODS, ACM Press, 2001, pp. 274–281.

[2] A. Antoniadis, Wavelet methods in statistics: some recent developments and their applications, Stat. Surv. 1 (2007) 16–55.

[3] J. Arenas-Garcia, A.R. Figueiras-Vidal, Adaptive combination of proportionate filters for sparse echo cancellation, IEEE Trans. Audio Speech Lang. Process. 17 (6) (2009) 1087–1098.

[4] S. Ariyavisitakul, N.R. Sollenberger, L.J. Greenstein, Tap-selectable decision feedback equalization, IEEE Trans. Commun. 45 (12) (1997) 1498–1500.

[5] W.U. Bajwa, J. Haupt, A.M. Sayeed, R. Nowak, Compressed channel sensing: a new approach to estimating sparse multipath channels, Proc. IEEE 98 (6) (2010) 1058–1076.

[6] R.G. Baraniuk, M. Davenport, R. DeVore, M.B. Wakin, A simple proof of the restricted isometry property for random matrices, Constr. Approx. 28 (2008) 253–263.

[7] R. Baraniuk, M. Wakin, Random projections of smooth manifolds, Found. Comput. Math. 9 (1) (2009) 51–77.

[8] R. Baraniuk, V. Cevher, M. Wakin, Low-dimensional models for dimensionality reduction and signal recovery: a geometric perspective, Proc. IEEE 98 (6) (2010) 959–971.

[9] S. Becker, Practical Compressed Sensing: Modern Data Acquisition and Signal Processing, PhD thesis, Caltech, 2011.

[10] J. Benesty, T. Gansler, D.R. Morgan, M.M. Sondhi, S.L. Gay, Advances in Network and Acoustic Echo Cancellation, Springer-Verlag, Berlin, 2001.

[11] P. Bickel, Y. Ritov, A. Tsybakov, Simultaneous analysis of LASSO and Dantzig selector, Ann. Stat. 37 (4) (2009) 1705–1732.

[12] T. Blu, P.L. Dragotti, M. Vetterli, P. Marziliano, L. Coulot, Sparse sampling of signal innovations, IEEE Signal Process. Mag. 25 (2) (2008) 31–40. 469

[13] A. Blum, Random projection, margins, kernels and feature selection, in: Lecture Notes on Computer Science (LNCS), 2006, pp. 52–68.
[14] S. Boyd, L. Vandenberghe, Convex Optimization, Cambridge University Press, 2004.
[15] A.M. Bruckstein, D.L. Donoho, M. Elad, From sparse solutions of systems of equations to sparse modeling of signals and images, SIAM Rev. 51 (1) (2009) 34–81.
[16] T.T. Cai, G. Xu, J. Zhang, On recovery of sparse signals via ℓ_1 minimization, IEEE Trans. Inf. Theory 55 (7) (2009) 3388–3397.
[17] R. Calderbank, S. Jeafarpour, R. Schapire, Compressed Learning: Universal Sparse Dimensionality Reduction and Learning in the Measurement Domain, Tech. Rep., Rice University, 2009.
[18] E.J. Candès, J. Romberg, Practical signal recovery from random projections, in: Proceedings of the SPIE 17th Annual Symposium on Electronic Imaging, Bellingham, WA, 2005.
[19] E.J. Candès, T. Tao, Decoding by linear programming, IEEE Trans. Inf. Theory 51 (12) (2005) 4203–4215.
[20] E. Candès, J. Romberg, T. Tao, Robust uncertainty principles: exact signal reconstruction from highly incomplete Fourier information, IEEE Trans. Inf. Theory 52 (2) (2006) 489–509.
[21] E. Candès, T. Tao, Near optimal signal recovery from random projections: universal encoding strategies, IEEE Trans. Inf. Theory 52 (12) (2006) 5406–5425.
[22] E.J. Candès, J. Romberg, T. Tao, Stable recovery from incomplete and inaccurate measurements, Commun. Pure Appl. Math. 59 (8) (2006) 1207–1223.
[23] E.J. Candès, M.B. Wakin, An introduction to compressive sampling, IEEE Signal Process. Mag. 25 (2) (2008) 21–30.
[24] E.J. Candès, Y.C. Eldar, D. Needell, P. Randall, Compressed sensing with coherent and redundant dictionaries, Appl. Comput. Harmon. Anal. 31 (1) (2011) 59–73.
[25] F. Chen, A.P. Chandrakasan, V.M. Stojanovic, Design and analysis of hardware efficient compressed sensing architectures for compression in wireless sensors, IEEE Trans. Solid State Circuits 47 (3) (2012) 744–756.
[26] S. Chen, D.L. Donoho, M. Saunders, Atomic decomposition by basis pursuit, SIAM J. Sci. Comput. 20 (1) (1998) 33–61.
[27] J.F. Claerbout, F. Muir, Robust modeling with erratic data, Geophysics 38 (5) (1973) 826–844.
[28] K.L. Clarkson, D.P. Woodruff, Numerical linear algebra in the streaming model, in: Proceedings of the 41st Annual ACM Symposium on Theory of Computing, ACM, 2009, pp. 205–214.
[29] K.L. Clarkson, D.P. Woodruff, Low rank approximation and regression in input sparsity time, in: Proceedings of the 45th Annual ACM Symposium on Symposium on Theory of Computing, ACM, 2013, pp. 81–90.
[30] A. Cohen, W. Dahmen, R. DeVore, Compressed sensing and best k-term approximation, J. Am. Math. Soc. 22 (1) (2009) 211–231.
[31] R.R. Coifman, M.V. Wickerhauser, Entropy-based algorithms for best basis selection, IEEE Trans. Inf. Theory 38 (2) (1992) 713–718.
[32] S.F. Cotter, B.D. Rao, Matching pursuit based decision-feedback equalizers, in: IEEE Conference on Acoustics, Speech and Signal Processing, ICASSP, Istanbul, Turkey, 2000.
[33] G.B. Dantzig, Linear Programming and Extensions, Princeton University Press, Princeton, NJ, 1963.
[34] S. Dasgupta, Experiments with random projections, in: Proceedings of the 16th Conference on Uncertainty in Artificial Intelligence, Morgan-Kaufmann, San Francisco, CA, USA, 2000, pp. 143–151.
[35] I. Daubechies, Time-frequency localization operators: a geometric phase space approach, IEEE Trans. Inf. Theory 34 (4) (1988) 605–612.
[36] D.L. Donoho, X. Huo, Uncertainty principles and ideal atomic decomposition, IEEE Trans. Inf. Theory 47 (7) (2001) 2845–2862.
[37] D.L. Donoho, M. Elad, Optimally sparse representation in general (nonorthogonal) dictionaries via ℓ_1 minimization, in: Proceedings of National Academy of Sciences, 2003, pp. 2197–2202.
[38] D.L. Donoho, J. Tanner, Counting Faces of Randomly Projected Polytopes When the Projection Radically Lowers Dimension, Tech. Rep. 2006-11, Stanford University, 2006.
[39] D.L. Donoho, J. Tanner, Precise undersampling theorems, Proc. IEEE 98 (6) (2010) 913–924.
[40] D.L. Donoho, B.F. Logan, Signal recovery and the large sieve, SIAM J. Appl. Math. 52 (2) (1992) 577–591.
[41] P.L. Dragotti, M. Vetterli, T. Blu, Sampling moments and reconstructing signals of finite rate of innovation: Shannon meets Strang-Fix, IEEE Trans. Signal Process. 55 (5) (2007) 1741–1757.
470 [42] P. Drineas, M.W. Mahoney, S. Muthukrishnan, T. Sarlós, Faster least squares approximation, Numer. Math. 117 (2) (2011) 219–249.
[43] M.F. Duarte, Y. Eldar, Structured compressed sensing: from theory to applications, IEEE Trans. Signal Process. 59 (9) (2011) 4053–4085.
[44] M.F. Duarte, R.G. Baraniuk, Kronecker compressive sensing, IEEE Trans. Image Process. 21 (2) (2012) 494–504.
[45] M.F. Duarte, R.G. Baraniuk, Spectral compressive sensing, Appl. Comput. Harmon. Anal. 35 (1) (2013) 111–129.
[46] D. Eiwen, G. Taubock, F. Hlawatsch, H.G. Feichtinger, Group sparsity methods for compressive channel estimation in doubly dispersive multicarrier systems, in: Proceedings IEEE SPAWC, Marrakech, Morocco, June 2010.

[47] D. Eiwen, G. Taubock, F. Hlawatsch, H. Rauhut, N. Czink, Multichannel-compressive estimation of doubly selective channels in MIMO-OFDM systems: exploiting and enhancing joint sparsity, in: Proceedings International Conference on Acoustics, Speech and Signal Processing, ICASSP, Dallas, TX, 2010.

[48] M. Elad, A.M. Bruckstein, A generalized uncertainty principle and sparse representations in pairs of bases, IEEE Trans. Inf. Theory 48 (9) (2002) 2558–2567.

[49] M. Elad, Sparse and Redundant Representations: From Theory to Applications in Signal and Image Processing, Springer, 2010.

[50] Y.C. Eldar, G. Kutyniok, Compressed Sensing: Theory and Applications, Cambridge University Press, 2012.

[51] Y.C. Eldar, Sampling Theory: Beyond Bandlimited Systems, Cambridge University Press, 2014.

[52] M. Ghosh, Blind decision feedback equalization for terrestrial television receivers, Proc. IEEE 86 (10) (1998) 2070–2081.

[53] I.F. Gorodnitsky, B.D. Rao, Sparse signal reconstruction from limited data using FOCUSS: a re-weighted minimum norm algorithm, IEEE Trans. Signal Process. 45 (3) (1997) 600–614.

[54] R. Gribonval, M. Nielsen, Sparse decompositions in unions of bases, IEEE Trans. Inf. Theory 49 (12) (2003) 3320–3325.

[55] N. Halko, P.G. Martinsson, J.A. Tropp, Finding structure with randomness: probabilistic algorithms for constructing approximate matrix decompositions, SIAM Rev. 53 (2) (2011) 217–288.

[56] J. Haupt, W.U. Bajwa, G. Raz, R. Nowak, Toeplitz compressed sensing matrices with applications to sparse channel estimation, IEEE Trans. Inf. Theory 56 (11) (2010) 5862–5875.

[57] R.A. Horn, C.R. Johnson, Matrix Analysis, Cambridge University Press, New York, 1985.

[58] S. Kirolos, J.N. Laska, M.B. Wakin, M.F. Duarte, D. Baron, T. Ragheb, Y. Massoud, R.G. Baraniuk, Analog to information conversion via random demodulation, in: Proceedings of the IEEE Dallas/CAS Workshop on Design, Applications, Integration and Software, Dallas, USA, 2006, pp. 71–74.

[59] M. Lexa, M. Davies, J. Thompson, Reconciling compressive sampling systems for spectrally sparse continuous-time signals, IEEE Trans. Signal Process. 60 (1) (2012) 155–171.

[60] S. Lin, D.C. Constello Jr., Error Control Coding: Fundamentals and Applications, Prentice Hall, 1983.

[61] Y.-P. Lin, P.P. Vaidyanathan, Periodically nonuniform sampling of bandpass signals, IEEE Trans. Circuits Syst. II 45 (3) (1998) 340–351.

[62] Y.M. Lu, M.N. Do, Sampling signals from a union of subspaces, IEEE Signal Process. Mag. 25 (2) (2008) 41–47.

[63] P. Maechler, N. Felber, H. Kaeslin, A. Burg, Hardware-efficient random sampling of Fourier-sparse signals, in: Proceedings of the IEEE International Symposium on Circuits and Systems, ISCAS, 2012.

[64] A. Maleki, L. Anitori, Z. Yang, R. Baraniuk, Asymptotic analysis of complex LASSO via complex approximate message passing (CAMP), IEEE Trans. Inf. Theory 59 (7) (2013) 4290–4308.

[65] S. Mallat, S. Zhang, Matching pursuit in a time-frequency dictionary, IEEE Trans. Signal Process. 41 (1993) 3397–3415.

[66] E. Matusiak, Y.C. Eldar, Sub-Nyquist sampling of short pulses, IEEE Trans. Signal Process. 60 (3) (2012) 1134–1148.

[67] S. Mendelson, A. Pajor, N. Tomczak-Jaegermann, Uniform uncertainty principle for Bernoulli and subGaussian ensembles, Constr. Approx. 28 (2008) 277–289.

[68] M. Mishali, Y.C. Eldar, A. Elron, Xampling: analog data compression, in: Proceedings Data Compression Conference, Snowbird, Utah, USA, 2010.

[69] M. Mishali, Y. Eldar, From theory to practice: sub-Nyquist sampling of sparse wideband analog signals, IEEE J. Sel. Top. Signal Process. 4 (2) (2010) 375–391.

[70] M. Mishali, Y.C. Eldar, Sub-Nyquist sampling, IEEE Signal Process. Mag. 28 (6) (2011) 98–124.

[71] M. Mishali, Y.C. Eldar, A. Elron, Xampling: signal acquisition and processing in union of subspaces, IEEE Trans. Signal Process. 59 (10) (2011) 4719–4734.

[72] B.K. Natarajan, Sparse approximate solutions to linear systems, SIAM J. Comput. 24 (1995) 227–234.

[73] P.A. Naylor, J. Cui, M. Brookes, Adaptive algorithms for sparse echo cancellation, Signal Process. 86 (2004) 1182–1192.

[74] A.M. Pinkus, On ℓ_1-Approximation, Cambridge Tracts in Mathematics, vol. 93, Cambridge University Press, 1989.

[75] Q. Qiu, V.M. Patel, P. Turaga, R. Chellappa, Domain adaptive dictionary learning, in: Proceedings of the European Conference on Computer Vision, ECCV, Florence, Italy, 2012. 471

[76] Y. Rivenson, A. Stern, Compressed imaging with a separable sensing operator, IEEE Signal Process. Lett. 16 (6) (2009) 449–452.

[77] A. Rondogiannis, K. Berberidis, Efficient decision feedback equalization for sparse wireless channels, IEEE Trans. Wirel. Commun. 2 (3) (2003) 570–581.

[78] R. Rubinstein, A. Bruckstein, M. Elad, Dictionaries for sparse representation modeling, Proc. IEEE 98 (6) (2010) 1045–1057.

[79] M. Rudelson, R. Vershynin, On sparse reconstruction from Fourier and Gaussian measurements, Commun. Pure Appl. Math. 61 (8) (2008) 1025–1045.

[80] F. Santosa, W.W. Symes, Linear inversion of band limited reflection seismograms, SIAM J. Sci. Comput. 7 (4) (1986) 1307–1330.

[81] T. Sarlos, Improved approximation algorithms for large matrices via random projections, in: 47th Annual IEEE Symposium on Foundations of Computer Science, 2006, FOCS'06, IEEE, 2006, pp. 143–152.

[82] P. Saurabh, C. Boutsidis, M. Magdon-Ismail, P. Drineas, Random projections for support vector machines, in: Proceedings 16th International Conference on Artificial Intelligence and Statistics, AISTATS, Scottsdale, AZ, USA, 2013.

[83] K. Slavakis, Y. Kopsinis, S. Theodoridis, S. McLaughlin, Generalized thresholding and online sparsity-aware learning in a union of subspaces, IEEE Trans. Signal Process. 61 (12) (2013) 3760–3773.
[84] D. Takhar, V. Bansal, M. Wakin, M. Duarte, D. Baron, K.F. Kelly, R.G. Baraniuk, A compressed sensing camera: new theory and an implementation using digital micromirrors, in: Proceedings on Computational Imaging, SPIE, San Jose, CA, 2006.
[85] G. Tang, A. Nehorai, Performance analysis of sparse recovery based on constrained minimal singular values, IEEE Trans. Signal Process. 59 (12) (2011) 5734–5745.
[86] H.L. Taylor, S.C. Banks, J.F. McCoy, Deconvolution with the ℓ_1 norm, Geophysics 44 (1) (1979) 39–52.
[87] S. Theodoridis, K. Koutroumbas, Pattern Recognition, fourth ed., Academic Press, 2009.
[88] Z. Tian, G.B. Giannakis, Compressed sensing for wideband cognitive radios, in: Proceedings of the IEEE Conference on Acoustics, Speech and Signal Processing, ICASSP, 2007, pp. 1357–1360.
[89] R. Tibshirani, Regression shrinkage and selection via the LASSO, J. R. Stat. Soc. B 58 (1) (1996) 267–288.
[90] I. Tošić, P. Frossard, Dictionary learning, IEEE Signal Process. Mag. 28 (2) (2011) 27–38.
[91] J.A. Tropp, J.N. Laska, M.F. Duarte, J.K. Romberg, G. Baraniuk, Beyond Nyquist: efficient sampling of sparse bandlimited signals, IEEE Trans. Inf. Theory 56 (1) (2010) 520–544.
[92] M. Unser, Sampling: 50 years after Shannon, Proc. IEEE 88 (4) (2000) 569–587.
[93] R.G. Vaughan, N.L. Scott, D.R. White, The theory of bandpass sampling, IEEE Trans. Signal Process. 39 (9) (1991) 1973–1984.
[94] R. Venkataramani, Y. Bresler, Perfect reconstruction formulas and bounds on aliasing error in sub-Nyquist nonuniform sampling of multiband signals, IEEE Trans. Inf. Theory 46 (6) (2000) 2173–2183.
[95] M. Vetterli, P. Marzilliano, T. Blu, Sampling signals with finite rate of innovation, IEEE Trans. Signal Process. 50 (6) (2002) 1417–1428.
[96] M. Wakin, Manifold-based signal recovery and parameter estimation from compressive measurements, preprint, arXiv: 1002.1247, 2008.
[97] M. Wakin, S. Becker, E. Nakamura, M. Grant, E. Sovero, D. Ching, J. Yoo, J. Romberg, A. Emami-Neyestanak, E. Candes, A non-uniform sampler for wideband spectrally-sparse environments, IEEE Trans. Emerg. Sel. Top. Circuits Syst. 2 (3) (2012) 516–529.
[98] L.R. Welch, Lower bounds on the maximum cross correlation of signals, IEEE Trans. Inf. Theory 20 (3) (1974) 397–399.
[99] S. Wright, R. Nowak, M. Figueiredo, Sparse reconstruction by separable approximation, IEEE Trans. Signal Process. 57 (7) (2009) 2479–2493.
[100] M. Yaghoobi, L. Daudet, M. Davies, Parametric dictionary design for sparse coding, IEEE Trans. Signal Process. 57 (12) (2009) 4800–4810.
[101] Y. Ye, Interior Point Methods: Theory and Analysis, Wiley, New York, 1997.
[102] J. Yoo, S. Becker, M. Monge, M. Loh, E. Candès, A. Emami-Neyestanak, Design and implementation of a fully integrated compressed-sensing signal acquisition system, in: 2012 IEEE International Conference on Acoustics, Speech and Signal Processing, ICASSP, March 2012, pp. 5325–5328.
[103] Z. Yu, S. Hoyos, B.M. Sadler, Mixed-signal parallel compressed sensing and reception for cognitive radio, in: Proceedings
472 IEEE Conference on Acoustics, Speech and Signal Processing, ICASSP, 2008, pp. 3861–3864.

稀疏感知学习：算法和应用

10.1 引言

本章承接上一章，继续关注稀疏感知学习，重点是算法层面的一些前沿内容。随着稀疏建模方面的理论进展，人们开始为高效求解相关的约束优化任务设计算法，其中产生了一些真正的科学问题。我们的目标是介绍一些主要的发展方向，并以更明晰的方式呈现一些最常用的算法。我们将讨论批处理算法和在线算法。本章还可看作第 8 章凸优化介绍的补充，那里介绍的很多算法也适用于涉及稀疏相关约束/正则化的任务。 473

除了描述不同算法族，本章还会讨论基本稀疏提升 ℓ_1 和 ℓ_0 范数的一些变体。而且，本章还会展示一些典型例子，并给出一个关于时频分析的实例研究。最后，本章还会讨论“综合模型与分析模型”相关的内容。

10.2 稀疏提升算法

在上一章中，我们讨论的重点是从欠定方程组恢复稀疏信号/参数的相关理论的一些最重要的基础内容。现在，我们将注意力转移到问题的算法层面(可参考[52, 54]等)。问题现在变为讨论能恢复未知参数集的高效算法。在 9.3 节和 9.5 节中我们已经看到，通过线性规划技术可以求解约束 ℓ_1 范数最小化(基追踪)问题，用凸优化方法可求解 LASSO 任务。但是，这些通用技术的效率不是很高，因为它们通常需要长时间迭代才能收敛，对实际应用来说消耗的计算资源太多，特别是在高维空间 $\mathbb{R}^l$ 中。因此，有大量研究工作都致力于为这些特殊任务设计高效算法。在本章中，我们的目标是为读者介绍这些研究中体现出的一般趋势和哲学。我们将聚焦于最常用的且结构简单的算法，便于读者无须深入了解优化技术就能理解这些算法。而且，这些算法以这样或那样的方式涉及一些论点，这些方法与我们在介绍理论时已经使用的概念直接相关；因此，从教学方法的角度，这些算法也可以好好加以利用，来增强读者对这个主题的理解。我们将从批处理算法开始介绍，其中假定在算法运行之前所有数据都已可用。而且，我们重点关注适用于任何感知矩阵的算法。强调这一点是因为在一些文献中，也提出过专门为一些特殊形式的高度结构化的感知矩阵设计的算法，这些算法利用矩阵的特殊结构来降低计算需求[61, 93]。

这个领域算法方向的发展可粗略归为三类：贪心算法、迭代收缩算法和凸优化算法。我们说“粗略”是因为在某些情况下，可能很难将一个算法归到某类。

10.2.1 贪心算法

贪心算法已有很长历史了，例如，可从[114]获得一个全面的文献列表。在字典学习方向中，文献[88]提出了一种称为匹配追踪(matching pursuit)的贪心算法。一个贪心算法建立于一系列局部最优单项更新操作之上。在我们的场景中，目标是揭示感知矩阵 X 中的“活跃”列(即对应未知参数非零位置的列)，以及估计各自的稀疏参数向量。对应向量 474

非零分量的索引集合也被称为支撑集(support)。因此，在每个迭代步，X 的活跃列的集合(以及支撑集)会增大 1。这样，就得到了未知稀疏向量的一个更新估计。我们假定，在第 $(i-1)$ 个迭代步，算法选择了列 $\boldsymbol{x}_{j_1}^c, \boldsymbol{x}_{j_2}^c, \cdots, x_{j_{i-1}}^c$，其中 $j_1, j_2, \cdots, j_{i-1} \in \{1,2,\cdots,l\}$。这些索引是当前支撑集 $S^{(i-1)}$ 的元素。令 X^{i-1} 是 $N\times(i-1)$ 的矩阵，$\boldsymbol{x}_{j_1}^c, \boldsymbol{x}_{j_2}^c, \cdots, \boldsymbol{x}_{j_{i-1}}^c$ 是它的列。并令解的估计为 $\boldsymbol{\theta}^{(i-1)}$，这是一个 $(i-1)$-稀疏的向量，其零值位置的索引都在支撑集之外。算法 10.1 给出的正交匹配追踪(Orthogonal Matching Pursuit，OMP)方法递归地建立起一个稀疏解。

算法 10.1 (OMP 算法)

算法初始化步骤为 $\boldsymbol{\theta}^{(0)} := \boldsymbol{0}$、$\boldsymbol{e}^{(0)} := \boldsymbol{y}$ 和 $S^{(0)} = \varnothing$。在第 i 步迭代，执行下面计算步骤：

1) 在 X 中选择列 $\boldsymbol{x}_{j_i}^c$，它与误差向量 $\boldsymbol{e}^{(i-1)} := \boldsymbol{y} - X\boldsymbol{\theta}^{(i-1)}$ 最大相关(形成最小夹角)，即

$$\boldsymbol{x}_{j_i}^c:\ j_i := \arg\max_{j=1,2,\cdots,l} \frac{\left|\boldsymbol{x}_j^{c\mathrm{T}} \boldsymbol{e}^{(i-1)}\right|}{\left\|\boldsymbol{x}_j^c\right\|_2}$$

2) 更新支撑集和对应的活跃列集合：$S^{(i)} = S^{(i-1)} \cup \{j_i\}$ 和 $X^{(i)} = [X^{(i-1)}, \boldsymbol{x}_{j_i}^c]$。

3) 更新参数向量的估计：求解最小二乘问题，只使用 X 的活跃列来最小化误差的范数，即

$$\tilde{\boldsymbol{\theta}} := \arg\min_{z\in\mathbb{R}^i} \left\|\boldsymbol{y} - X^{(i)}\boldsymbol{z}\right\|_2^2$$

通过将 $\tilde{\boldsymbol{\theta}}$ 的元素插入各自位置 $(j_1, j_2, \cdots, j_i)$ 来获得 $\boldsymbol{\theta}^{(i)}$，它构成了支撑集($\boldsymbol{\theta}^{(i)}$ 的其他元素保持零值)。

4) 更新误差向量

$$\boldsymbol{e}^{(i)} := \boldsymbol{y} - X\boldsymbol{\theta}^{(i)}$$

若误差的范数小于用户自定义的一个预设常量 ϵ_0，则算法终止。对此算法，我们有如下观察结果。

附注 10.1

- 由于第 3 步中的 $\boldsymbol{\theta}^{(i)}$ 是最小二乘求解结果，由第 6 章我们知道误差向量与活跃列张成的子空间正交，即

$$\boldsymbol{e}^{(i)} \perp \operatorname{span}\left\{\boldsymbol{x}_{j_1}^c, \cdots, \boldsymbol{x}_{j_i}^c\right\}$$

475 这保证在下个步骤中，考虑 X 的列与 $\boldsymbol{e}^{(i)}$ 的相关性，就不会重新选取之前选过的列；它们会得到相关性为 0 的结果，即与 $\boldsymbol{e}^{(i)}$ 正交(参见图 10.1)。

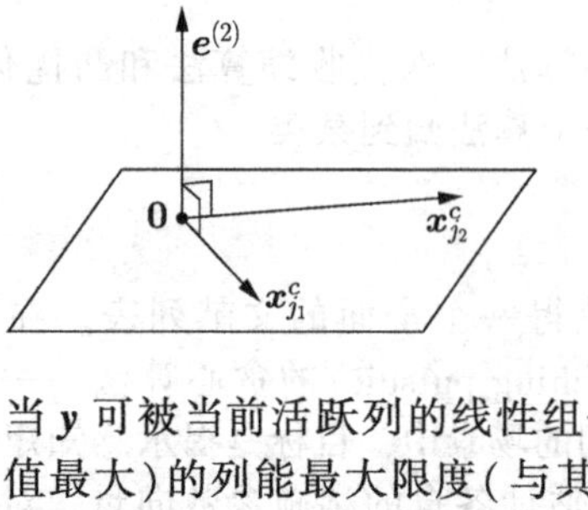

图 10.1　第 i 步迭代的误差向量正交于当前活跃列张成的子空间。图中展示了三维欧氏空间 $\mathbb{R}^3$ 中 $i=2$ 的情况

- 当 $\boldsymbol{y}$ 可被当前活跃列的线性组合近似时，与当前误差向量相关性最大(内积的绝对值最大)的列能最大限度(与其他列相比)地减小误差的 ℓ_2 范数。这一点是贪心算

法的核心。这种最小化是单项的，即保持其他项不变——它们保持之前的迭代步骤中获得的值(习题 10.1)。

- 从所有分量均为 0 开始，如果算法经过 k_0 步迭代后结束，则得到的结果是一个 k_0-稀疏解。
- 注意，这一搜索策略不具最优性。唯一能保证的是每个迭代步都会减小误差向量的 ℓ_2 范数。一般而言，算法不能保证得到接近真实值的解(例如可参考[38])。但是，如果对 X 的结构有特定的约束，算法性能就是有界的(参考[37，115，123])。
- 算法的复杂性为 $\mathcal{O}(k_0 lN)$ 个操作，包括相关性的计算以及第 3 步中求解 LS 任务产生的计算，后者的复杂性依赖于采用什么算法。k_0 为解的稀疏性水平，也是执行的迭代次数。

下面给出了一个更定量的论证，说明基于与误差向量的相关性选取列的方法是合理的。假定矩阵 X 是规范正交的，令 $\boldsymbol{y}=X\boldsymbol{\theta}$，则 $\boldsymbol{y}$ 位于 X 的活跃列(即对应 $\boldsymbol{\theta}$ 的非零分量的那些列)张成的子空间中。因此，其他列与 $\boldsymbol{y}$ 正交，因为我们假定 X 是规范正交的。在第一步迭代，考虑 $\boldsymbol{y}$ 与所有列的相关性，必然会从活跃列中选出一列，因为不活跃列的相关性为 0。在所有后续步骤中，这一点也成立，因为所有操作都发生在与 X 的所有非活跃列都正交的一个子空间中。在更一般的情况下，X 非规范正交，我们仍可用相关性定量度量几何相似性。内积的相关性/量级越小，两个向量的正交程度越高。这将我们带回互相干概念，它是 X 的列之间最大相关性(最小夹角)的度量。 476

1. OMP 可恢复最优稀疏解：充分条件

我们已经指出，一般而言 OMP 不保证恢复最优解。但是，当未知向量相对于感知矩阵 X 的结构而言足够稀疏时，OMP 可精确求解式(9.20)中的 ℓ_0 最小化任务并在 k_0 步内恢复出解，其中 k_0 是满足相关线性方程组的解的最稀疏水平。

定理 10.1 令感知矩阵 X 的互相干(9.6.1 节)为 $\mu(X)$。并假定线性系统 $y=X\theta$ 有解

$$\|\boldsymbol{\theta}\|_0<\frac{1}{2}\left(1+\frac{1}{\mu(X)}\right) \tag{10.1}$$

则 OMP 保证在 $k_0=\|\boldsymbol{\theta}\|_0$ 步内恢复出最稀疏解。

我们从 9.6.1 节可知，在此条件下，任何其他解的稀疏性都更低。因此，用 X 的 k_0 列表示 $\boldsymbol{y}$ 的方法是唯一的。不失一般性，让我们假定真实支撑集对应 X 的前 k_0 列，即

$$\boldsymbol{y}=\sum_{j=1}^{k_0}\theta_j\boldsymbol{x}_j^c,\quad \theta_j\neq 0,\quad \forall j\in\{1,\cdots,k_0\}$$

此定理是下面引理的直接结果。

引理 10.1 若条件(10.1)为真，则 OMP 算法永远会选取真实支撑集之外的一列(例如可参见[115]和习题 10.2)。可更形式化地表示如下

$$j_i=\arg\max_{j=1,2,\cdots,l}\frac{\left|\boldsymbol{x}_j^{c\mathrm{T}}\boldsymbol{e}^{(i-1)}\right|}{\left\|\boldsymbol{x}_j^c\right\|_2}\in\{1,\cdots,k_0\}$$

此引理的一个几何解释是：若 X 的任何两列在空间 $\mathbb{R}^l$ 中形成的夹角都接近 90°(列接近正交)，这保证了 $\mu(X)$ 足够小，则 $\boldsymbol{y}$ 会更多地向对其构成有贡献的活跃列倾斜(形成更小的夹角)，而不会向其他非活跃的、未参与生成 $\boldsymbol{y}$ 的线性组合的列倾斜。图 10.2 展示了引理的几何含义，包括向量相互正交的极端情况(图 10.2a)以及更一般的向量非正交但任何向量对间的夹角足够接近 90°的情况(图 10.2b)。

总之，此引理保证，在第一步迭代中，对应真实支撑集的列会被选中，所有后续步骤

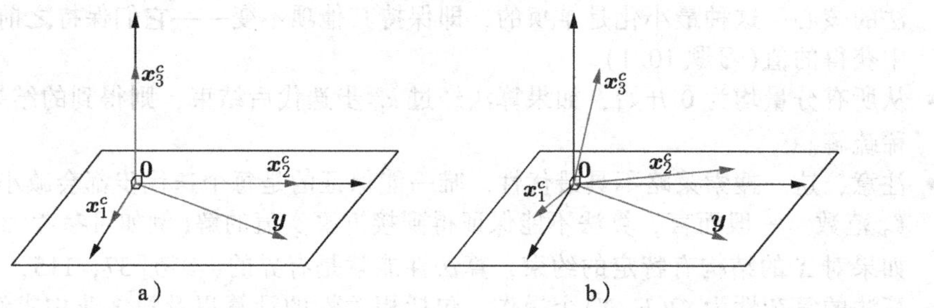

图 10.2　a) 对正交矩阵，观测向量 y 与任何非活跃列都正交；在本例中是 x_3^c。b) 对更一般的情况，y 会更多地向活跃列而不是非活跃列“倾斜”(形成更小的夹角)

也类似。在第二步中，与之前已选取的列不同的另外一列被选中(如我们已指出的)。在第 k_0 步，对应真实支撑集的最后一个活跃列被选中，而这必然导致零误差。因此，将 ϵ_0 设
477 置为 0 就足矣。

2. LARS 算法

最小角回归(Least Angle Regression，LARS)算法[48]的前两步与 OMP 算法相同。它从当前活跃集之外选取一个索引 j_i 最大化与残差向量的相关性。但它并不是执行一个最小二乘拟合来计算 $\boldsymbol{\theta}^{(i)}$ 的非零分量，而是计算这些非零分量使得残差与活跃集中所有列都具有相同的相关性，即

$$\left|\boldsymbol{x}_j^{c\mathrm{T}}\left(\boldsymbol{y}-X\boldsymbol{\theta}^{(i)}\right)\right|=\text{constant},\quad \forall j\in S^{(i)}$$

其中我们假定 X 的列已经归一化，这在实践中很常见(回忆附注 9.4)。换句话说，与在 OMP 中强制误差向量与活跃列正交不同，LARS 要求误差向量与每个活跃列都形成相同的角度。类似 OMP，可以证明，如果目标向量足够稀疏且与 X 的列不相干，则 LARS 可精确恢复最稀疏的解[116]。

进一步对算法进行一个小的修改，就得到了 LARS-LASSO 算法。在这个版本中，之前在活跃集中选取的索引可以在后续步骤中删除。这令算法有机会从之前的错误决策中“恢复”过来。因此，这一修改背离了定义贪心算法的严格理论基础。已证明，这个版本是在求解 LASSO 优化任务。这个算法与[99]中提出的同伦算法(homotopy algorithm)是相同的。同伦方法基于一个连续变换序列，每一步将一个优化任务变换为另一个优化任务。这一系列任务的解位于一条连续参数化路径上。算法思想是，如果优化任务难以求解，我们可以缓慢变化参数，追踪解的路径。对 LASSO 任务，就是变化 λ 参数(参考[4, 86, 104])。以式(9.6)中的正则化版本的 LASSO 任务为例。对 $\lambda=0$，任务最小化 ℓ_2 误差范数；对 $\lambda\to\infty$，任务最小化参数向量的 ℓ_1 范数，解趋向于 0。已证明，当 λ 从大至小变化时，解的路径是多边形的。这条解的路径上的顶点对应只有部分分量为 0 的向量。非零分量
478 子集是保持不变的，直至 λ 到达下一个关键值，新的关键 λ 值对应多边形路径上一个新的顶点和一个新的非零值子集。因此，解是通过此多边形路径上的这样一系列步骤得到的。

3. 压缩感知匹配追踪(CSMP)算法

严格来说，我们这里讨论的算法并不是贪心的，但如[93]中所说，它们本质上是贪心算法。这些算法并没有像 OMP 一样在每步迭代执行一个单项优化，来将支撑集增大 1，而是尝试首先得到支撑集的一个估计，然后使用此信息来计算目标向量的一个 LS 估计，结果是约束在活跃列上的。此方法的精华在于感知矩阵接近正交的性质，假定其服从 RIP 条件。

假定对某个足够小的值 δ_k 和未知向量的稀疏性水平 k，X 服从 RIP。并令测量值是精确的，即，$\boldsymbol{y}=X\boldsymbol{\theta}$。则根据 X 接近正交的性质，有 $X^{\mathrm{T}}\boldsymbol{y}=XX^{\mathrm{T}}\boldsymbol{\theta}\approx\boldsymbol{\theta}$。因此，直觉告诉我们，在第一步迭代，在 $X^{\mathrm{T}}\boldsymbol{y}$ 的分量中选取绝对值最大的前 t(一个用户自定义参数)个作为稀疏目标向量非零元素位置的指示，是有道理的。这一结论对后续步骤也都是成立的：在第 i 步迭代，$\boldsymbol{y}$ 的位置被残差 $\boldsymbol{e}^{(i-1)}:=\boldsymbol{y}-X\boldsymbol{\theta}^{(i-1)}$ 所取代，其中 $\boldsymbol{\theta}^{(i-1)}$ 指出了目标向量在第 $(i-1)$ 步迭代的估计值。此算法基本上可以看作 OMP 的一个推广。但是，我们将马上看到，两种机制间有着更实质性的差异。

算法 10.2 (CSMP 方法)

1) 选取 t 值。
2) 初始化算法：$\boldsymbol{\theta}^{(0)}=\boldsymbol{0}$，$\boldsymbol{e}^{(0)}=\boldsymbol{y}$。
3) 对 $i=1,2,\cdots$，执行：
 a) 获得当前的支撑集

$$S^{(i)}:=\operatorname{supp}(\boldsymbol{\theta}^{(i-1)})\cup\{X^{\mathrm{T}}\boldsymbol{e}^{(i-1)}\text{的绝对值最大的前 } t \text{ 个分量的索引}\}$$

 b) 选取活跃列：根据 $S^{(i)}$ 选取 X 的活跃列构造 $X^{(i)}$。显然，$X^{(i)}$ 是一个 $N\times r$ 的矩阵，其中 r 表示支撑集 $S^{(i)}$ 的势。
 c) 更新参数向量的估计值：求解 LS 任务

$$\tilde{\boldsymbol{\theta}}:=\arg\min_{z\in\mathbb{R}^r}\left\|\boldsymbol{y}-X^{(i)}\boldsymbol{z}\right\|_2^2$$

 构造 $\hat{\boldsymbol{\theta}}^{(i)}\in\mathbb{R}^l$，根据支撑集的提示，它有 r 个元素来自 $\tilde{\boldsymbol{\theta}}$ 的对应位置，其他元素为 0。
 d) $\boldsymbol{\theta}^{(i)}:=H_k(\hat{\boldsymbol{\theta}}^{(i)})$。映射 H_k 表示硬阈值(hard thresholding)函数，即它返回一个向量，其中 k 个元素是参数的绝对值最大的前 k 个分量，其他元素被设置为 0。
 e) 更新误差向量：$\boldsymbol{e}^{(i)}=\boldsymbol{y}-X\boldsymbol{\theta}^{(i)}$。 479

算法要求输入的稀疏性水平为 k。循环一直执行，直到终止条件满足。t 的值决定了步骤 1 和步骤 3a 中选取的最大绝对值的数量，它依赖于特定的算法。在压缩采样匹配追踪算法(CoSaMP)[93]中，$t=2k$(习题 10.3)，在子空间追踪算法(SP)[33]中，$t=k$。

我们已经描述了 CSMP 的一般方法，它与 OMP 的一个主要差异也就很明显了。在 OMP 中，每步迭代只选取一列。而且，在所有后续步骤中，选取过的列肯定还保留在活跃集中。如果出于某种原因，这一选择并不好，算法并不能从这一糟糕决策中恢复。与之相对，在 CSMP 中，支撑集和 X 的活跃列都持续更新，随着迭代的进行和积累了更多信息，算法有能力纠正之前的糟糕决策。在[33]中已证明，若测量值是精确的($\boldsymbol{y}=X\boldsymbol{\theta}$)，则 SP 可在有限步内恢复 k-稀疏的真实向量，假如 X 满足 RIP 且 $\delta_{3k}<0.205$。若测量值是有噪声的，也已对 $\delta_{3k}<0.083$ 推导出了性能的界。对 CoSaMP 算法，对 $\delta_{4k}<0.1$ 推导出了性能的界。

10.2.2 迭代收缩/阈值算法

迭代收缩/阈值(IST)算法家族也已有很长历史(参考[44, 69, 70, 73])。但是在“早年间”，大部分这类算法都有启发式的味道，而并没有与代价函数优化建立起清晰的桥梁。随后的工作则关注可靠的理论证明，主要考虑收敛性和收敛率等问题[31, 34, 50, 56]。

这个算法族的一般形式与定长迭代(stationary iterative)法或迭代松弛(iterative relaxation)法惊人的相似，这两种方法是线性代数中经典的逼近大规模线性方程组解的迭代方法。数值分析中经典的高斯–赛德尔和雅可比算法(例如可参考[65])可看作此家族中的成员。给定一个 l 个方程、l 个未知数的线性方程组，$\boldsymbol{z}=A\boldsymbol{x}$，第 i 步迭代基本形式如下：

$$\begin{aligned}\boldsymbol{x}^{(i)} &= (I-QA)\boldsymbol{x}^{(i-1)}+Q\boldsymbol{z}\\ &=\boldsymbol{x}^{(i-1)}+Q\boldsymbol{e}^{(i-1)}, \qquad \boldsymbol{e}^{(i-1)}:=\boldsymbol{z}-A\boldsymbol{x}^{(i-1)}\end{aligned}$$

这并不出乎意料。它与大多数数值解迭代求解方法具有相同的形式。矩阵 Q 的选取要保证收敛性，不同的选择会得到不同的算法，各有各的优点和缺点。已经证明，这种算法形式也可应用于欠定方程组 $\boldsymbol{y}=X\boldsymbol{\theta}$，只需进行“微小的”修改，这种修改来源于目标向量的稀疏性约束。于是得到迭代计算的如下一般形式：

$$\boldsymbol{\theta}^{(i)}=T_i\left(\boldsymbol{\theta}^{(i-1)}+Q\boldsymbol{e}^{(i-1)}\right), \qquad \boldsymbol{e}^{(i-1)}=\boldsymbol{y}-X\boldsymbol{\theta}^{(i-1)}$$

迭代的起点是对 $\boldsymbol{\theta}^{(0)}$ 的初始猜测(通常是 $\boldsymbol{\theta}^{(0)}=\mathbf{0}$，$\boldsymbol{e}^{(0)}=\boldsymbol{y}$)。在特定情况下，可以让 Q 是迭代相关的。函数 T_i 是一个非线性阈值函数，我们*逐项*(entry-wise)，即*逐分量*(component-wise)应用它。此函数既可以是硬阈值函数，表示为 H_k，也可以是软阈值函数，表示为 S_α，这取决于具体方法。如我们所知，对一个向量，硬阈值函数保持其绝对值最大的
480 k 个分量不变，并将其余分量设置为 0。软阈值是在 9.3 节中介绍的。所有大小小于阈值 α 的分量被强制设置为 0，而其余分量的大小被减小 α；即进行软阈值操作后，向量 $\boldsymbol{\theta}$ 的第 j 个分量变为

$$(S_\alpha(\boldsymbol{\theta}))_j=\operatorname{sgn}(\theta_j)(|\theta_j|-\alpha)_+$$

依赖于 T_i 的选择、参数 k 或 α 的特定值，以及矩阵 Q，会发生不同的情况。Q 最常见的选择是 μX^{T}，则主循环的一般形式变为

$$\boxed{\boldsymbol{\theta}^{(i)}=T_i\left(\boldsymbol{\theta}^{(i-1)}+\mu X^{\mathrm{T}}\boldsymbol{e}^{(i-1)}\right)} \tag{10.2}$$

其中 μ 是(用户自定义的)松弛参数，随着迭代进行会发生变化。选择 X^{T} 的合理性仍是通过 X 接近正交的性质证明的。对一个形如 $\boldsymbol{y}=X\boldsymbol{\theta}$ 的线性方程组，第一步迭代从零值猜测开始，我们有 $X^{\mathrm{T}}\boldsymbol{y}=X^{\mathrm{T}}X\boldsymbol{\theta}\approx\boldsymbol{\theta}$，和解很接近。

在科学研究中虽然直觉最为重要，但仅有直觉还不足以论证决策和行动的正确性。式(10.2)中的一般方法已被研究者采用不同技术路线获得，各自是从不同的角度、对参数有不同的选择。我们在这个问题上多花点时间，目的是让读者更熟悉不可微损失函数优化任务的求解技术。如果代价函数是如下所示的未正则化的平方误差代价和(LS)，则式(10.2)中括号内的项与梯度下降迭代步骤相符

$$J(\boldsymbol{\theta})=\frac{1}{2}\|\boldsymbol{y}-X\boldsymbol{\theta}\|_2^2$$

在此例中，根据梯度下降原理，可得

$$\begin{aligned}\boldsymbol{\theta}^{(i-1)}-\mu\frac{\partial J\left(\boldsymbol{\theta}^{(i-1)}\right)}{\partial\boldsymbol{\theta}} &= \boldsymbol{\theta}^{(i-1)}-\mu X^{\mathrm{T}}\left(X\boldsymbol{\theta}^{(i-1)}-\boldsymbol{y}\right)\\ &=\boldsymbol{\theta}^{(i-1)}+\mu X^{\mathrm{T}}\boldsymbol{e}^{(i-1)}\end{aligned}$$

梯度下降还可看作最小化线性化的代价函数的正则化版本的结果(验证这一点)：

$$\boldsymbol{\theta}^{(i)} = \arg\min_{\boldsymbol{\theta}\in\mathbb{R}^l}\left\{J\left(\boldsymbol{\theta}^{(i-1)}\right)+\left(\boldsymbol{\theta}-\boldsymbol{\theta}^{(i-1)}\right)^{\mathrm{T}}\frac{\partial J\left(\boldsymbol{\theta}^{(i-1)}\right)}{\partial\boldsymbol{\theta}}+\frac{1}{2\mu}\left\|\boldsymbol{\theta}-\boldsymbol{\theta}^{(i-1)}\right\|_2^2\right\} \tag{10.3}$$

从这个角度，我们可以采用它作为迭代最小化下面 LASSO 任务的起点：

$$\min_{\boldsymbol{\theta}\in\mathbb{R}^l}\left\{L(\boldsymbol{\theta},\lambda)=\frac{1}{2}\|\boldsymbol{y}-X\boldsymbol{\theta}\|_2^2+\lambda\|\boldsymbol{\theta}\|_1=J(\boldsymbol{\theta})+\lambda\|\boldsymbol{\theta}\|_1\right\}$$ 481

不同之处是损失函数由两项组成：一项是平滑项(可微)，另一项是非平滑项。令当前估计值为 $\boldsymbol{\theta}^{(i-1)}$，可按下式更新估计值：

$$\boldsymbol{\theta}^{(i)}=\arg\min_{\boldsymbol{\theta}\in\mathbb{R}^l}\left\{J\left(\boldsymbol{\theta}^{(i-1)}\right)+\left(\boldsymbol{\theta}-\boldsymbol{\theta}^{(i-1)}\right)^{\mathrm{T}}\frac{\partial J\left(\boldsymbol{\theta}^{(i-1)}\right)}{\partial\boldsymbol{\theta}}+\right.$$
$$\left.\frac{1}{2\mu}\left\|\boldsymbol{\theta}-\boldsymbol{\theta}^{(i-1)}\right\|_2^2+\lambda\left\|\boldsymbol{\theta}\right\|_1\right\}$$

在忽略常数后，可等价改写为

$$\boldsymbol{\theta}^{(i)}=\arg\min_{\boldsymbol{\theta}\in\mathbb{R}^l}\left\{\frac{1}{2}\|\boldsymbol{\theta}-\tilde{\boldsymbol{\theta}}\|_2^2+\lambda\mu\|\boldsymbol{\theta}\|_1\right\}\tag{10.4}$$

其中

$$\tilde{\boldsymbol{\theta}}:=\boldsymbol{\theta}^{(i-1)}-\mu\frac{\partial J\left(\boldsymbol{\theta}^{(i-1)}\right)}{\partial\boldsymbol{\theta}}\tag{10.5}$$

按照与式(9.6)～式(9.13)完全相同的推导步骤(但将 $\hat{\boldsymbol{\theta}}_{\mathrm{LS}}$ 替换为 $\tilde{\boldsymbol{\theta}}$)，我们得到

$$\boldsymbol{\theta}^{(i)}=S_{\lambda\mu}(\tilde{\boldsymbol{\theta}})=S_{\lambda\mu}\left(\boldsymbol{\theta}^{(i-1)}-\mu\frac{\partial J\left(\boldsymbol{\theta}^{(i-1)}\right)}{\partial\boldsymbol{\theta}}\right)\tag{10.6}$$
$$=S_{\lambda\mu}\left(\boldsymbol{\theta}^{(i-1)}+\mu X^{\mathrm{T}}\boldsymbol{e}^{(i-1)}\right)\tag{10.7}$$

这非常有趣，也很实用。在损失函数中添加非平滑的 ℓ_1 范数的唯一影响是额外增加了一个简单的阈值操作，需要对每个分量单独执行此操作。可证明(例如可参考[11, 95])，若 $\mu\in(0,1/\lambda_{\max}(X^{\mathrm{T}}X))$，此算法收敛至 LASSO(式(9.6))的极小值 $\boldsymbol{\theta}_*$，其中 $\lambda_{\max}(\cdot)$ 表示 $X^{\mathrm{T}}X$ 的最大特征值。收敛率由下面的规则决定：

$$L(\boldsymbol{\theta}^{(i)},\lambda)-L(\boldsymbol{\theta}_*,\lambda)\approx O(1/i)$$

它也被称为次线性全局收敛率。而且可以证明

$$L(\boldsymbol{\theta}^{(i)},\lambda)-L(\boldsymbol{\theta}_*,\lambda)\leqslant\frac{C\left\|\boldsymbol{\theta}^{(0)}-\boldsymbol{\theta}_*\right\|_2^2}{2i}$$

后一个结果指出，如果想达到精确度 ϵ，最多需要 $\left\lfloor\frac{C\|\boldsymbol{\theta}^{(0)}-\boldsymbol{\theta}_*\|_2^2}{2\epsilon}\right\rfloor$ 步迭代，其中 $\lfloor\cdot\rfloor$ 表示向下取整函数。

在[34]中，式(10.2)是基于优化理论中经典的近端点(proximal-point)法(参考[105])得到的。原始的 LASSO 正则化代价函数被改为代理目标(surrogate objective)

$$J(\boldsymbol{\theta},\tilde{\boldsymbol{\theta}})=\frac{1}{2}\|\boldsymbol{y}-X\boldsymbol{\theta}\|_2^2+\lambda\|\boldsymbol{\theta}\|_1+\frac{1}{2}d(\boldsymbol{\theta},\tilde{\boldsymbol{\theta}})$$ 482

其中

$$d(\boldsymbol{\theta},\tilde{\boldsymbol{\theta}}):=c\left\|\boldsymbol{\theta}-\tilde{\boldsymbol{\theta}}\right\|_2^2-\left\|X\boldsymbol{\theta}-X\tilde{\boldsymbol{\theta}}\right\|_2^2$$

若恰当选择 c(大于 $X^{\mathrm{T}}X$ 的最大特征值)，则代理目标可保证是严格凸的。从而可证明(习题 10.4)代理目标的极小值可由下式给出

$$\hat{\boldsymbol{\theta}} = S_{\lambda/c}\left(\tilde{\boldsymbol{\theta}} + \frac{1}{c}X^{\mathrm{T}}(\boldsymbol{y} - X\tilde{\boldsymbol{\theta}})\right) \tag{10.8}$$

在这个迭代公式中，选择 $\tilde{\boldsymbol{\theta}}$ 作为之前得到的估计值。通过这种方法，我们设法保持新的估计值与旧估计值接近。通过使用软阈值操作并设定参数为 λ/c，从这个过程很容易得到式(10.2)中的一般形式。可证明，这样的策略会收敛至原始 LASSO 问题的极小值。文献[56]中也得到了相同的算法，那里使用的是优化理论中的*优化-最小化*(majorization-minimization)技术。因此，从这个角度，IST 算法家族与凸优化算法有着紧密联系。

文献[118]提出了*可分离逼近稀疏重建*(Sparse Reconstruction by Separable Approximation, SpaRSA)算法，它是标准 IST 方法的一种变体。算法起点是式(10.3)，但乘数 $1/(2\mu)$ 不再是常数，而是可按某种规则随着迭代进行而改变。这加速了算法的收敛。而且，受同伦算法族允许 λ 变化的启发，可以扩展 SpaRSA 算法来解决一系列与 λ 值序列关联的问题。一旦对一个特定 λ 值得到了解，该解就可以作为"热启动"来计算附近的值的解。这样，与对单一值进行求解的"冷启动"方式相比，就能以很小的额外计算代价对一个范围内的值求出它们的解。这种技术属于*延续策略*(continuation strategy)，在其他算法场景中也有应用(如[66])。延续技术已被证明是提高收敛速度的一种非常成功的工具。

[11]中提出了基本 IST 方法的一个有趣变体，它只做了简单修改，将收敛率提高到 $O(1/i^2)$，几乎没有额外计算开销。这种方法被称为*快速迭代收缩-阈值算法*(Fast Iterative Shrinkage-Thresholding Algorithm, FISTA)。此方法是[96]中方法的演进，[96]中的方法引入了处理不可微代价的思想，由以下步骤组成：

$$\boldsymbol{\theta}^{(i)} = S_{\lambda\mu}\left(\boldsymbol{z}^{(i)} + \mu X^{\mathrm{T}}\left(\boldsymbol{y} - X\boldsymbol{z}^{(i)}\right)\right)$$

$$\boldsymbol{z}^{(i+1)} := \boldsymbol{\theta}^{(i)} + \frac{t_i - 1}{t_{i+1}}\left(\boldsymbol{\theta}^{(i)} - \boldsymbol{\theta}^{(i-1)}\right)$$

其中

$$t_{i+1} := \frac{1 + \sqrt{1 + 4t_i^2}}{2}$$

起始点为 $t_1 = 1$ 和 $\boldsymbol{z}^{(1)} = \boldsymbol{\theta}^{(0)}$。即在阈值操作中，$\boldsymbol{\theta}^{(i-1)}$ 被替换为 $\boldsymbol{z}^{(i)}$，它是 $\boldsymbol{\theta}$ 连续两个更新值的特定线性组合。因此，这种方法付出很少的计算代价，就显著提高了收敛
483 速度。

[17]中使用了此方法的硬阈值版本，其中 $\mu = 1$，阈值函数 H_k 使用目标解的稀疏性水平 k(假定已知)。在之后一个版本中[19]，令松弛参数是变化的，使得在每步迭代中最大限度地降低误差。已经证明，在 $\boldsymbol{\theta}$ 为 k-稀疏向量的约束下，该算法收敛至代价函数 $\|\boldsymbol{y} - X\boldsymbol{\theta}\|_2$ 的局部极小值。而且，后一个版本是稳定算法，如果某种形式的 RIP 得以满足，该算法会得到近似最优解。

式(10.2)给出了一般方法的一个变体，它是沿着[84]的路线演化来的，它逐分量计算更新值，每次更新一个向量分量。因此，一步"完整的"迭代包含 l 个步骤。此算法被称为*坐标下降法*(coordinate descent)，其基本迭代形式如下(习题 10.5)

$$\theta_j^{(i)} = S_{\lambda/\|\boldsymbol{x}_j^c\|_2^2}\left(\theta_j^{(i-1)} + \frac{\boldsymbol{x}_j^{c\mathrm{T}}\boldsymbol{e}^{(i-1)}}{\|\boldsymbol{x}_j^c\|_2^2}\right), \quad j = 1, 2, \cdots, l \tag{10.9}$$

如果 X 的列未归一化到单位范数，此算法将前面介绍的软阈值算法中的常数 c 替换为对应

的 X 的列的范数。已证明，并行坐标下降算法也收敛至式(9.6)中的一个 LASSO 极小值[50]。[124]中提出了此算法的改进，在每步迭代中使用线性搜索技术确定最陡下降方向。

迭代收缩算法族的复杂度中占主要部分的是两个矩阵-向量乘法，分别消耗时间 $\mathcal{O}(Nl)$，除非 X 有特殊结构(如 DFT)，可用来减少计算开销。

在[85]中，提出了一种两阶段阈值(Two Stage Thresholding，TST)，结合了来自迭代收缩算法族和 OMP 算法的思想。此算法包含两个阶段的阈值操作。第一步与式(10.2)完全一样，但现在只是用来确定“显著的”非零位置，与上一小节中介绍的 CSMP 算法一样。然后，求解一个 LS 问题来更新估计值，约束为可用支撑集。接下来进行第二步阈值操作，可以是与第一步不同的一个阈值操作。如果在两个步骤中均使用硬阈值操作 H_k，就得到了[58]中提出的算法。如果 RIP 成立且 $\delta_{3k}<0.58$，可推导出 TST 算法的收敛性和性能界。换句话说，TST 和 CSMP 方法的差异是，在 CSMP 中，是通过查看关联项 $X^{\mathrm{T}}\boldsymbol{e}^{(i-1)}$ 来获得最显著非零系数的，而在 TST 算法族中，则是查看 $\boldsymbol{\theta}^{(i-1)}+\mu X^{\mathrm{T}}\boldsymbol{e}^{(i-1)}$。不同算法的差异可能很小，它们之间的分界点不一定很清晰。但是，从实践角度，微小差异有时可能导致显著的性能提升。

在[41]中，在图模型(参见第 15 章)场景中将 IST 算法框架当作一种消息传递(message passing)算法，从而得到如下所示修改的迭代过程

$$\boldsymbol{\theta}^{(i)}=T_i\left(\boldsymbol{\theta}^{(i-1)}+X^{\mathrm{T}}\boldsymbol{z}^{(i-1)}\right),\tag{10.10}$$

$$\boldsymbol{z}^{(i-1)}=\boldsymbol{y}-X\boldsymbol{\theta}^{(i-1)}+\frac{1}{\alpha}\boldsymbol{z}^{(i-2)}\overline{T_i'\left(\boldsymbol{\theta}^{(i-2)}+X^{\mathrm{T}}\boldsymbol{z}^{(i-2)}\right)}\tag{10.11}$$

其中 $\alpha=N/l$，上划线表示对应向量所有分量的平均值，T'_i 表示逐分量阈值的导数。与 IST 算法族相比，从欠采样-稀疏性权衡(参见 10.2.3 节)的角度，式(10.11)右侧的额外项的出现提高了算法的性能。注意，T_i 是迭代依赖的，而且它受控于特定参数的定义。文献[91]提出了一个无参的版本。消息传递算法的更详细讨论可参考文献[2]。 484

附注 10.2

- 式(10.6)中的迭代将 IST 算法族和凸优化中另一个强有力的工具连接起来，那个工具是建立在近端映射(proximal mapping)或莫罗包络(Moreau envelopes)(参见第 8 章以及[32，105]等文献)。给定一个凸函数 h：$\mathbb{R}^l\to\mathbb{R}$ 和一个 $\mu>0$，索引 μ 关于 h 的近端映射 $\mathrm{Prox}_{\mu h}$：$\mathbb{R}^l\longmapsto\mathbb{R}^l$ 定义为(唯一)极小值

$$\mathrm{Prox}_{\mu h}(\boldsymbol{x}):=\arg\min_{\boldsymbol{v}\in\mathbb{R}^l}\left\{h(\boldsymbol{v})+\frac{1}{2\mu}\|\boldsymbol{x}-\boldsymbol{v}\|_2^2\right\},\quad\forall\boldsymbol{x}\in\mathbb{R}^l\tag{10.12}$$

  我们现在假定想要最小化如下凸函数，它是一个求和函数

$$f(\boldsymbol{\theta})=J(\boldsymbol{\theta})+h(\boldsymbol{\theta})$$

  其中 J 是凸的且可微的，h 也是凸的但不一定平滑。则可证明(参见 8.14 节)，下面迭代收敛至 f 的一个极小值

$$\boldsymbol{\theta}^{(i)}=\mathrm{Prox}_{\mu h}\left(\boldsymbol{\theta}^{(i-1)}-\mu\frac{\partial J\left(\boldsymbol{\theta}^{(i-1)}\right)}{\partial\boldsymbol{\theta}}\right)\tag{10.13}$$

  其中 $\mu>0$，且它也可以是迭代依赖的，即 $\mu_i>0$。如果我们现在使用这种方法最小化我们所熟悉的代价

$$J(\boldsymbol{\theta})+\lambda\|\boldsymbol{\theta}\|_1$$

  就得到了式(10.6)，这是因为可证明 $h(\boldsymbol{\theta}):=\lambda\|\boldsymbol{\theta}\|_1$ 的近端算子(参见[31，32]和

8.13节)等价于软阈值算子，即

$$\mathrm{Prox}_h(\boldsymbol{\theta}) = S_\lambda(\boldsymbol{\theta})$$

为了更舒服地使用此算子，注意到，若 $h(\boldsymbol{x}) \equiv 0$，其近端算子等于 $\boldsymbol{x}$，且在此情况下式(10.13)变为我们所熟悉的梯度下降算法。

- 到目前为止我们讨论过的所有非贪心算法都是为了求解式(9.6)中定义的任务。这主要是因为这个任务容易求解；一旦 λ 固定，它就变为一个无约束优化问题。但是，研究者也设计出了求解其他替代公式的算法。

文献[12]中提出了 NESTA 算法，它求解式(9.8)中的任务。采用这一技术路线可能有一个优点，因为ϵ可给出对噪声的非确定性的估计，在一些实际应用中很容易得到。与之相对，预先为 λ 选取值就更复杂。文献[28]论证说取 $\lambda=\sigma_\eta\sqrt{2\ln l}$ 具有
485 某种最优性质，其中 σ_η 为噪声标准偏差；但是，此论证依赖于 X 正交性的假设。NESTA 非常依赖涅斯捷罗夫一般方法[96]，因而得名。原始的涅斯捷罗夫算法对一个平滑凸函数 $f(\boldsymbol{\theta})$ 进行带约束的最小化，即

$$\min_{\boldsymbol{\theta}\in Q} f(\boldsymbol{\theta})$$

其中 Q 是一个凸集，在我们的例子中它与式(9.8)中的二次约束相关联。算法由三个基本步骤组成。第一个步骤使用了一个辅助变量，与式(10.3)中的步骤相似，即

$$\boldsymbol{w}^{(i)} = \arg\min_{\boldsymbol{\theta}\in Q}\left\{\left(\boldsymbol{\theta}-\boldsymbol{\theta}^{(i-1)}\right)^{\mathrm{T}}\frac{\partial f\left(\boldsymbol{\theta}^{(i-1)}\right)}{\partial\boldsymbol{\theta}} + \frac{L}{2}\left\|\boldsymbol{\theta}-\boldsymbol{\theta}^{(i-1)}\right\|_2^2\right\} \tag{10.14}$$

其中 L 是利普希茨系数的上界，f 的梯度必须满足此上界。与式(10.3)中步骤的不同之处是优化变为带约束的。但是，涅斯捷罗夫还加入了第二个步骤，其中使用了另一个辅助变量 $\mathrm{z}^{(i)}$，其计算与 $\boldsymbol{w}^{(i)}$ 相似，但线性化项被一个加权累积梯度所替代

$$\sum_{k=0}^{i-1}\alpha_k\left(\boldsymbol{\theta}-\boldsymbol{\theta}^{(k)}\right)^{\mathrm{T}}\frac{\partial f\left(\boldsymbol{\theta}^{(k)}\right)}{\partial\boldsymbol{\theta}}$$

这一项的作用是平滑趋向解的“之字形运动”路径，从而显著提高收敛速度。算法的最后一步是对之前获得变量取均值

$$\boldsymbol{\theta}^{(i)} = t_i\boldsymbol{z}^{(i)} + (1-t_i)\boldsymbol{w}^{(i)}$$

参数 $\alpha_k, k=0,\cdots,i-1$ 和 t_i 的值是从定理得到的，因此可保证收敛。与其近亲 FISTA 情况相同，算法具有很好的收敛率 $O(1/i^2)$。在我们的例子中，需要最小化的函数 $\|\boldsymbol{\theta}\|_1$ 是非平滑的，取而代之，NESTA 使用一个平滑的相近函数。而且已经证明，对 $\boldsymbol{z}^{(i)}$ 和 $\boldsymbol{w}^{(i)}$ 可得到接近形式的更新。如果选取 X 使得行正交，每步迭代的复杂度就是 $O(l)$ 加上计算代价最高的部分——乘积 $X^{\mathrm{T}}X$ 的计算。但是，如果感知矩阵选取为酉变换的一个子矩阵，由于它可进行快速矩阵-向量乘法计算(例如一个子采样的 DFT 矩阵)，因此复杂度会显著降低。例如，对子采样 DFT 矩阵的情况，复杂度为 $O(l)$ 加上两次快速傅里叶变换(FFT)的代价。而且，此算法也可采用持续策略来加快收敛。在[12]中，已经展示了 NESTA 能得到准确性很高的结果，同时还保持了与式(9.6)中算法相当的复杂度，扩展到大规模问题的代价也在可接受的程度。而且，NESTA 与一般涅斯捷罗夫方法还具有很好的通用性，可用于其他优化任务。

- 文献[14]和[99]都讨论了式(9.7)中的任务。[14]中算法的每个循环步包含一个到 ℓ_1 球 $\|\boldsymbol{\theta}\|_1\leqslant\rho$ 上的投影(参见10.4.4节)。算法消耗最多计算时间的部分是矩

阵-向量乘法。[99]中为相同的任务提出了一个同伦算法，其中界 ρ 变为同伦参数，是可变的。此算法也被称为 LARS-LASSO。 486

10.2.3 关于算法选择的一些实用提示

对 ℓ_0 或 ℓ_1 范数最小化任务的求解，我们已经讨论了一些替代算法。我们关注的焦点是计算代价低、能很好扩展到很大规模问题的算法。我们并未涉及代价更高的方法，如求解 ℓ_1 凸优化问题的内点法。文献[72]中对这类算法进行了综述。内点法是沿着牛顿型递归发展起来的，这两种方法每个迭代步的复杂度都至少是 $\mathcal{O}(l^3)$ 阶的。大多数情况下就是这样，这是一种折中。高复杂度的方法通常导致性能增强。但是，对大规模的问题，这些方法不太实用。其他未讨论过的一些算法可在[14，35，118，121]中找到。谈及复杂度，就必须指出，最终我们对每个迭代步的复杂度并没有那么关心，我们真正关心的是，算法为了以指定的精度收敛，总体需要多少计算机时间/内存资源。例如，一个算法可能每步迭代复杂度很低，但它收敛需要太多步迭代。

计算开销只是刻画一个算法的性能的指标之一。本书到目前为止，也一直在讨论很多其他性能指标，如收敛率、追踪速度(对自适应算法)以及考虑噪声和有限字长计算情况下的稳定性。毫无疑问，我们对所有这些性能指标也都是感兴趣的。但是，在量化稀疏性提升算法的性能时，还有另一个特别重要的方面。它与欠采样稀疏性权衡(undersampling sparsity tradeoff)和相变曲线(phase transition curve)相关。

我们在第 9 章中关注的一个主要问题就是推导出保证 ℓ_0 最小化唯一性及它与 ℓ_1 最小化任务等价的条件，给定条件是观测值的欠定方程组 $\boldsymbol{y}=X\boldsymbol{\theta}$，用来恢复足够稀疏的信号/向量。在本节中讨论各种算法时，我们会给出一些不同的 RIP 相关的条件，一些算法必须满足其中一些条件才能恢复目标稀疏向量。这的确相当混乱，因为每个算法必须满足的条件是不同的。而且，在实践中，这些条件也不容易验证。虽然这样的结果对建立收敛性无疑很重要，令我们更有把握，而且能帮助我们更好地理解算法工作原理，但我们还是需要进一步的实验证据来为算法建立好的性能界。而且，我们需要处理的所有条件，包括相干性和 RIP 条件，都是充分条件。在实践中，已经证明，对给定的 N 和 l，当稀疏性水平远高于定理预测的结果时，稀疏信号恢复也是可能的。因此，当提出一个新的算法或是从已有算法中选取一个时，我们必须用实验方法证实算法可恢复的稀疏性水平的范围，表示为观测值数目和维数的百分比。因此，对给定的 N 和 l，我们应该选择有潜力在大多数情况下(即以高概率)恢复出 k-稀疏向量(其中 k 尽量高)的算法。

图 10.3 展示了在实践中预期得到的曲线类型。纵轴是精确恢复目标 k-稀疏向量的概率，横轴显示了 k/N 的比率，N 为给定的观测值的数目，环绕空间的维数为 l。图中显示了三种曲线。两条红色曲线对应相同算法，但维数 l 的值不同，灰色曲线对应另一个算法。如果按下述步骤进行实验，预期会得到这种形状的曲线。假定已给定一个 l 维空间中的稀疏向量 $\boldsymbol{\theta}_o$，它有 k 个非零分量。使用一个感知矩阵 X，我们生成 N 个样本/观测值 $\boldsymbol{y}=X\boldsymbol{\theta}_o$。实验重复 M 次，每次使用不同的感知矩阵和不同的 k-稀疏向量。在每次实验中，运行算法以恢复目标稀疏向量，恢复不总是成功。我们计数成功恢复次数 m，并计算对应的百分比(概率)m/M，绘制在图 10.3 的纵轴方向。对不同 k，$1\leqslant k\leqslant N$，重复这一过程。现在出现了一些问题：我们如何选择感知矩阵；我们如何选择稀疏向量。不同处理方式产生了不同场景，接下来我们描述一些典型例子。 487

1) $N\times l$ 的感知矩阵 X 构造方式为：

a) 从高斯分布 $\mathcal{N}(0,1/N)$ 抽样元素，构造独立同分布的矩阵。

b) 从 $\mathbb{R}^N$ 中单位球上的均匀分布生成独立同分布的矩阵，这被称为均匀球形集合。

c) 从伯努利类型的分布抽样元素，构造独立同分布的矩阵。

d) 用局部傅里叶矩阵生成独立同分布的矩阵，每一次使用不同的 N 行集合。

2) k-稀疏目标向量的构造方法为，采用“抛硬币”方法随机选择(最多) k 个非零元素的位置，概率 $p=k/l$，按某种统计分布(如高斯、均匀、双指数、柯西等)填入非零元素值。

其他场景也是可能的，例如一些研究者将所有非零值都设置为1[16]，或±1，正负
488 号随机选择。必须强调的是，在不同的实验场景下，算法的性能可能变化非常大，这可能暗示了算法的稳定性。在实践中，用户可能对某个更能代表现有数据的特定场景感兴趣。

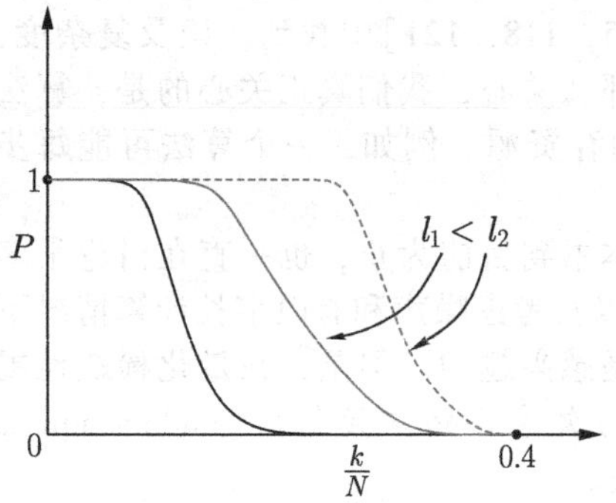

图 10.3　对于三种算法，从100%成功到完全失败的转变都非常急剧。在对应红色曲线的算法中，这一转变发生在更高的稀疏性水平，从这个角度，它比对应灰色曲线的算法更好。而且，如两条红色曲线所示，当算法固定后，维数越高，转变发生的稀疏性水平越高

观察图 10.3，可得到如下结论。在所有曲线中，从100%成功到0%成功的转变非常急剧。而且，维数越高，这个转变越急剧。文献[40]中对此进行了理论证明。对于红色曲线对应的算法，与灰色曲线对应的算法相比，发生转变时的 k 值更高。假如特定应用的可用资源能满足“红色”算法的计算复杂度，那么两种算法间的选择看起来更有意义。但是，如果资源受限，让步就不可避免了。

相变曲线(phase transition curve)是另一种“拷问”并展示算法性能的方法，这里关注的是算法在可成功恢复的稀疏性水平的范围方面的健壮性。为此我们定义

- $\alpha:=N/l$，问题不确定性的归一化度量。
- $\beta:=N/l$，稀疏性的归一化度量。

最终，绘制一幅图，横轴表示 $\alpha\in[0,1]$，纵轴为 $\beta\in[0,1]$。对区域 $[0,1]\times[0,1]$ 中每个点 (α,β)，计算出算法能恢复 k-稀疏目标向量的概率。为了计算概率，我们必须采纳之前描述的某种场景。在实际中，我们必须形成一个网格，其中的点能足够密集地覆盖图中 $[0,1]\times[0,1]$ 区域。我们使用不同亮度级别来对点 (α,β) 着色。黑色对应概率1，红色对应概率0。图 10.4 展示了对实际中较大的 l 值，预期得到的图的形状；即从“成功”(黑色)区域(相位)到“失败”(红色)区域的转变非常急剧。事实上，一条曲线将两个区域分隔开来。文献[40]已在组合几何学场景下，对于渐近情况 $l\to\infty$，对这条曲线的理论特性进行了研究，文献[42]中则研究了 l 为有限值的情况。这与我们在本章中到目前为止所阐述的一致，如果我们在图中向左上方移动，问题会更为困难。在实际中，l 的值越小，从红到黑的转变区域越平滑，随着 l 增大，此区域越变越窄。在此情况下，我们可以采用回归技术绘制出分隔“成功”和“失败”区域的近似曲线(参见[85])。

读者可能已经注意到了一个情况，我们到目前为止对算法个体的性能一直避而不谈。我们刚刚讨论了实际中算法总体上容易表现出的一些“典型”行为。而读者可能期望讨论性能对比测试并得出相关结论。原因在于，在本书当前版本编著的时候，这些问题还没有确定的答案。大多数文章的作者将其新提出的算法与其他一些算法进行对比，通常局限在

一个特定的算法族内，更重要的是，限定在特定的场景中，在这样的条件下得出新提出算法的一些优势。但是，如果改变进行测试的实验场景，算法的性能可能发生显著变化。文献[85]中进行了到目前为止最全面的性能对比研究。但即使是在这篇文章中，也假定了测量值是精确的，而且没有关注算法个体对于噪声的健壮性。很重要的一点是，此研究进行了大量计算。我们将讨论这一研究获得的一些发现，这些内容也向读者揭示了——不同的实验场景会显著影响算法的性能。 489

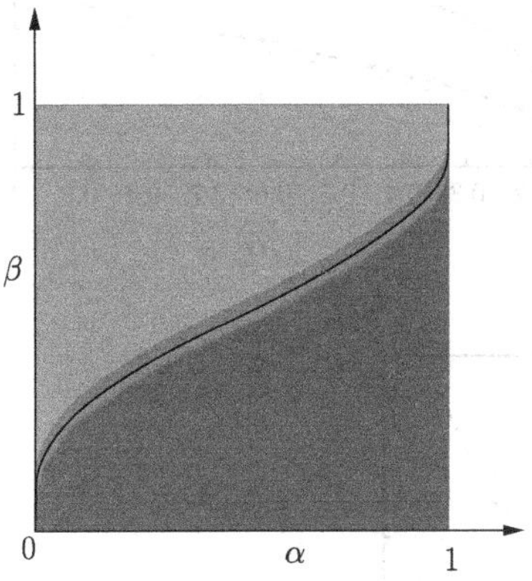

图 10.4　典型的稀疏性提升算法相变行为。黑色对应 100% 成功恢复最稀疏解，红色对应 0% 成功。对高维空间，转变是非常急剧的，如图中所示。当维数较低时，从黑到红的转变更为平缓且有一个彩色亮度变化的区域

图 10.5a 显示了几种算法得到的相变曲线：迭代硬阈值(Iterative Hard Thresholding，IHT)、式(10.2)中的迭代软阈值(Iterative Soft Thresholding，IST)方法、稍早讨论的两阶段阈值方法(Two-Stage-Thresholding，TST)、LARS 算法、OMP 算法，以及 ℓ_1 最小化的理论分析曲线。所有算法都根据用户定义的参数，通过大量实验调整到最优结果。图中的实验结果对应生成感知矩阵为均匀球形集合的场景。非零系数按±1 分布生成来得到稀疏向量。观察到的一个有趣现象是，虽然当 β 值变大时曲线相互偏离，但对较小的值，它们之间的性能差距变得越来越小。对 IHT 这样计算简单的方法也是如此。LARS 的性能接近最优，但代价是计算开销上升。如[85]中所述，在达到相同准确性的前提下，TST 算法需要的计算时间最少。在某些情况下，LARS 算法需要非常长的时间才能达到相同的准确性，特别是当感知矩阵是部分傅里叶矩阵、可利用快速算法进行矩阵向量乘法时。对这种矩阵，阈值算法(IHT、IST、TST)展现出可以很好扩展到大规模问题的性能特点。

图 10.5b 显示了一个算法(IST)在我们改变实验场景、采用不同分布生成稀疏(目标)向量时得到的相变曲线：±1 分布，等概率地选择符号(恒幅随机选择(Constant Amplitude Random Selection，CARS))；双指数(幂)分布；柯西分布；以及[-1,1]中的均匀分布。这对其他算法也是有参考性且典型的设定，其中某些分布比其他的更为敏感。最后，图 10.5c 显示了对 IST 算法改变生成感知矩阵的场景得到的相变曲线。三条曲线分别对应：均匀球形系综(Uniform Spherical Ensemble，USE)；随机符号系综(Random Sign Ensemble，RSE)，其中元素都是±1，符号服从均匀分布；以及均匀随机投影(Uniform Random Projection，URP)系综。我们再次观察到了使用不同矩阵集合对算法带来的预期变化，而且改变矩阵集合对不同算法的影响是不同的。 490

作为这一节的总结，我们必须强调，算法设计还是一个前进中的研究领域，现在得出确定的、具体的性能对比结论还为时尚早。而且，当前的理论成果也常常不足以预测实际中观察到相变性能相关的现象。相关讨论可参考[43]。

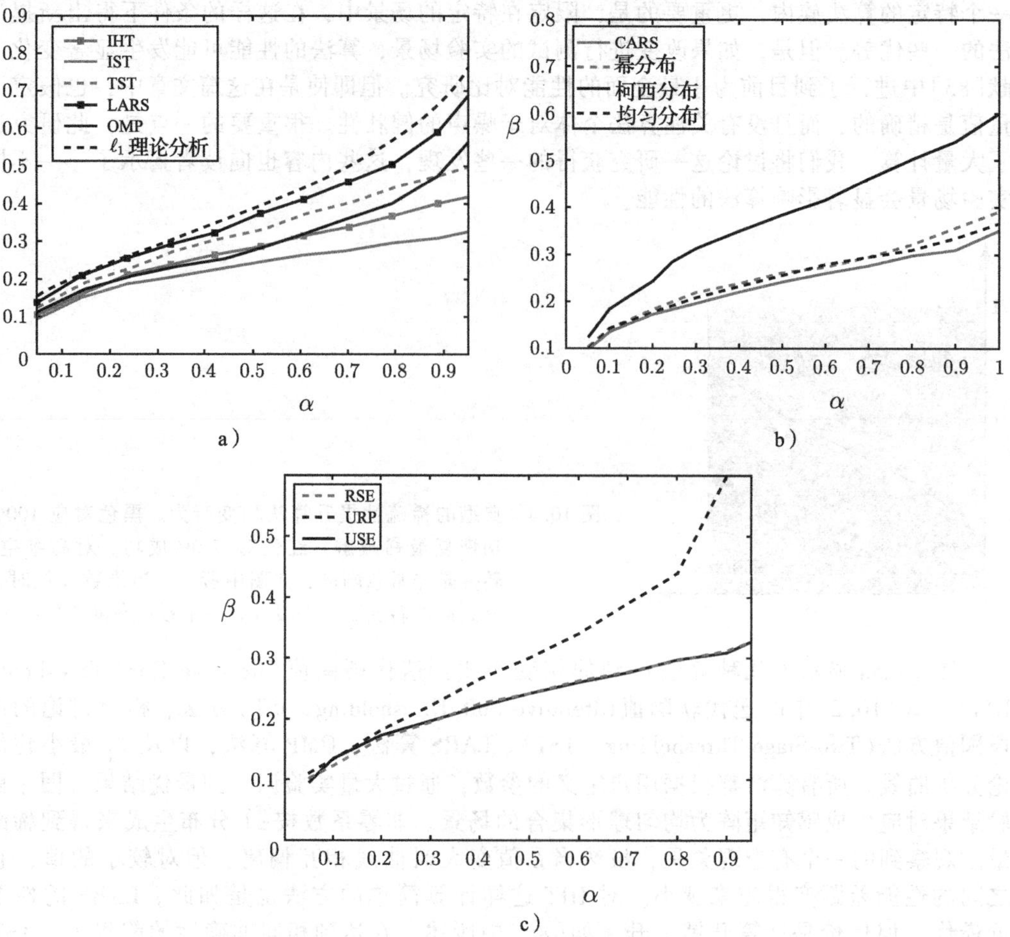

图 10.5 a) 不同算法在相同实验场景下得到的相变曲线以及理论分析得到的曲线。b) IST 算法在不同实验场景下生成目标稀疏向量得到的相变曲线。c) IST 算法在不同实验场景下(生成感知矩阵 X 的
491 方式不同)得到的相变曲线

10.3 稀疏感知方法的变化

到目前为止,我们已经接触了稀疏感知学习主流理论发展的一些方面。但是,已经出现了一些变体,其发展是为了解决更特殊的结构和提出替代方法,这些变体符合特定应用的需要,从而有益于提升实际性能。这些变体聚焦于式(9.6)中的正则项和失配-度量项。再次强调,这个方向上的研究活动很活跃,我们的目的是简要介绍一些可能的替代方法,令读者了解源于基本理论的不同可能性。

在一些任务中,预先知道非零系数在目标信号/向量中并非随机分布在所有可能位置,而是成组出现的。一个典型的例子是互联网电话中的回声路径问题,其中冲激响应的系数往往是聚集的(参见图 9.5)。其他“有结构的”稀疏性的例子出现在 DNA 微阵列、MIMO 信道均衡、传感器网络中的源定位、脑磁图以及神经系统科学等问题中(可参考[1, 9, 10, 60, 101])。如同机器学习中其他问题,能在优化中引入先验信息有助于提高性能,因为估计任务在搜索目标解的过程中得到了外部帮助。

分组(group)LASSO[8, 59, 97, 98, 117, 122]就是解决预先知道非零分量成组出现

的任务的。未知向量 $\boldsymbol{\theta}$ 被划分为 L 组，即

$$\boldsymbol{\theta}^{\mathrm{T}} = [\boldsymbol{\theta}_1^{\mathrm{T}}, \cdots, \boldsymbol{\theta}_L^{\mathrm{T}}]^{\mathrm{T}}$$

每个组有预定大小 s_i，$i=0,1,\cdots,L$，满足 $\sum_{i=1}^{L} s_i = l$。则回归模型可写为

$$\boldsymbol{y} = X\boldsymbol{\theta} + \boldsymbol{\eta} = \sum_{i=1}^{L} X_i \boldsymbol{\theta}_i + \boldsymbol{\eta}$$

其中每个 X_i 是 X 的一个子矩阵，包含 s_i 个列。下面的正则化任务可得到分组 LASSO 的解：

$$\hat{\boldsymbol{\theta}} = \arg\min_{\boldsymbol{\theta}\in\mathbb{R}^l} \left(\left\| \boldsymbol{y} - \sum_{i=1}^{L} X_i\boldsymbol{\theta}_i \right\|_2^2 + \lambda \sum_{i=1}^{L} \sqrt{s_i}\, \|\boldsymbol{\theta}_i\|_2 \right) \tag{10.15}$$

其中 $\|\boldsymbol{\theta}_i\|_2$ 是 $\boldsymbol{\theta}_i$ 的欧氏范数（而非平方），即

$$\|\boldsymbol{\theta}_i\|_2 = \sqrt{\sum_{j=1}^{s_i} |\theta_{i,j}|^2}$$

492

换句话说，在标准 LASSO 方法中对 ℓ_1 范数有贡献的 $\boldsymbol{\theta}$ 的分量个体现在被每个块的能量的平方根所替代。在此设定下，当分量对 LS 失配度量项的贡献不显著时，不再是这些分量个体而是它们的块被强制设为 0。有时，这种类型的正则化被称为 ℓ_1/ℓ_2 正则化。对 $\boldsymbol{\theta} \in \mathbb{R}^3$，可在图 10.6b 中看到其 ℓ_1/ℓ_2 球的一个例子，作为对比，图 10.6a 显示了对应的 ℓ_1 球。

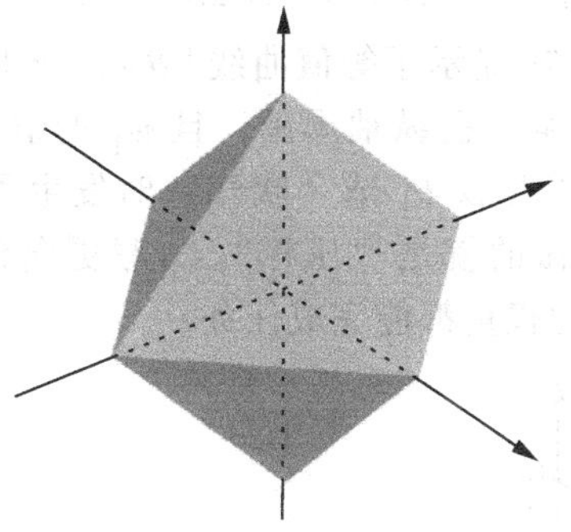

a）

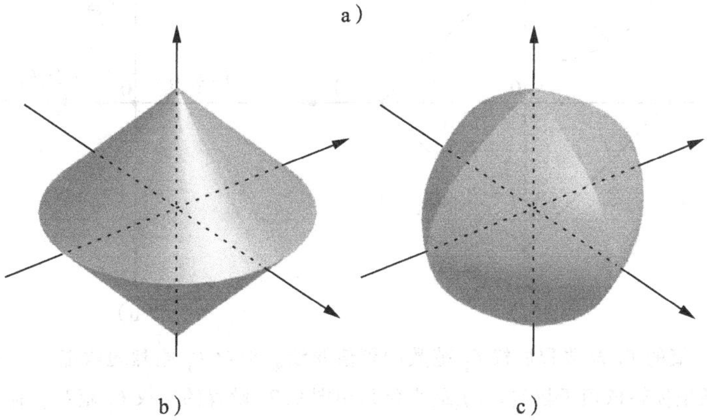

b）　　　　c）

图 10.6　对 $\boldsymbol{\theta} \in \mathbb{R}^3$，对应如下范数的球：a）$\ell_1$ 范数；b）分组不重叠下的 ℓ_1/ℓ_2；一个分组由 $\{\theta_1, \theta_2\}$ 组成，另一个分组是 $\{\theta_3\}$；c）重叠分组下的 ℓ_1/ℓ_2，分组分别为 $\{\theta_1, \theta_2, \theta_3\}$，$\{\theta_1\}$ 和 $\{\theta_3\}$[6]

传统分组 LASSO 通常也被称为块稀疏性(block sparsity)，除此之外，已有研究致力于在学习策略的设计中引入更多精心设计的结构化稀疏(structured sparse)模型。进行这方面的研究主要有两个原因。首先，在许多应用中，未知参数集 $\boldsymbol{\theta}$ 所呈现出的结构不能被块稀疏模型所捕捉。其次，即使对 $\boldsymbol{\theta}$ 是块稀疏的情况，标准分组 ℓ_1 范数也需要有关 $\boldsymbol{\theta}$ 划分的信息。这在实践中可能相当受局限。研究者提出的一种可能解决方案是采用重叠的分组。
493 此模型假定每个参数属于至少一个分组，从而得到的优化任务在很多情况下不难求解，例如采用最近邻法[6, 7]。而且，通过恰当定义重叠分组[71]，可将允许的稀疏性模式限定为层次结构模式，例如连通的有根树和子树，在多尺度(小波)分解等应用中就会遇到这种结构。在图 10.6c 中，显示了采用重叠分组情况下的 ℓ_1/ℓ_2 球的一个例子。

除了前面讨论的方向外，扩展压缩感知理论来处理结构化稀疏性的思路产生了基于模型的压缩感知这一研究方向[10, 26]。(k,C)模型允许一个 k-稀疏信号的重要参数最多出现在 C 个簇中，簇的大小未知。在 9.9 节中，我们提到，k-稀疏解的搜索发生在若干子空间的并集中，每个子空间的维数为 k。如果给目标解加上特定结构，则搜索会被限定在某些子空间中，而其他子空间则不再有用。这显然令优化任务更为容易。在[27]中，考虑了结构化稀疏性，涉及的是图模型，在[110]中，引入了 C-HiLasso 模型，它允许每个块有自己的稀疏性结构。将 RIP 扩展到块 RIP 的理论结果也已见诸文献(参考[18, 83])。在算法方面，有研究者提出恰当修改贪心算法来求结构化稀疏解[53]。

[24]中建议将 ℓ_1 范数替换为其加权版本。为了论证这一选择合理性，我们回顾一下习题 9.2，其中是用 $\boldsymbol{x}=[2,1]^{\mathrm{T}}$ 来感知“未知”系统。我们已经看到，给 ℓ_1 球“吹气”的方法得到了错误解。我们现在将式(9.21)中的 ℓ_1 范数替换为其加权版本

$$\|\boldsymbol{\theta}\|_{1,w} := w_1|\theta_1| + w_2|\theta_2|, \quad w_1, w_2 > 0$$

并设置 $w_1=4$ 及 $w_2=1$。图 10.7a 显示了等值曲线 $\|\boldsymbol{\theta}\|_{1,w}=1$，以及标准 ℓ_1 范数得到的曲线。加权版本的结果剧烈“收缩”在纵轴周围，且 w_1 的值与 w_2 相比越大，对应的球收缩得越剧烈。图 10.7b 显示了给加权 ℓ_1 球“吹气”时发生了什么。它首先触到点(0,1)，这是真实解。基本上，我们所做的就是“压榨” ℓ_1 球更向包含(稀疏)解的坐标轴靠齐。在我们的例子中，任何 $w_1>2$ 的权重都能完成任务。

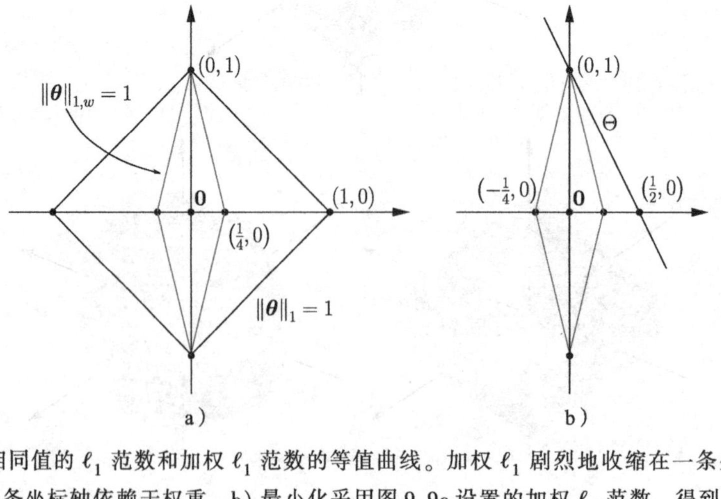

图 10.7 a) 对相同值的 ℓ_1 范数和加权 ℓ_1 范数的等值曲线。加权 ℓ_1 剧烈地收缩在一条坐标轴周围，具体是哪条坐标轴依赖于权重。b) 最小化采用图 9.9c 设置的加权 ℓ_1 范数，得到了正确的稀疏解

现在考虑加权范数的一般情况

$$\|\boldsymbol{\theta}\|_{1,w} := \sum_{j=1}^{l} w_j |\theta_j|, \quad w_j > 0,: \quad \text{加权 } \ell_1 \text{ 范数} \tag{10.16}$$

权重的理想选择是

$$w_j = \begin{cases} \frac{1}{|\theta_{o,j}|}, & \theta_{o,j} \neq 0 \\ \infty, & \theta_{o,j} = 0 \end{cases}$$

其中 $\boldsymbol{\theta}_o$ 为目标真实向量，且我们默认 $0 \cdot \infty = 0$。换句话说，参数越小，对应权重变得越大。这是合理的，因为在最小化过程中，大的权重会促使相应参数向 0 靠近。当然，在实践中真实向量的值是未知的，因此建议在最小化过程的每步迭代中使用其估计值。得到的方法如下所示。 494

算法 10.3

1）将权重都初始化为单位值 $w_j^{(0)} = 1$，$j = 1, 2, \cdots, l$。

2）最小化加权 ℓ_1 范数

$$\boldsymbol{\theta}^{(i)} = \arg\min_{\boldsymbol{\theta} \in \mathbb{R}^l} \|\boldsymbol{\theta}\|_{1,w}$$
$$\text{满足 } \boldsymbol{y} = X\boldsymbol{\theta}$$

3）更新权重

$$w_j^{(i+1)} = \frac{1}{|\theta_j^{(i)}| + \epsilon}, \quad j = 1, 2, \cdots, l$$

4）当满足停止条件时算法终止，否则返回步骤 2。

常数 ϵ 是一个用户自定义参数，值较小，用来保证待估计的系数值较小时算法的稳定性。注意，如果权重是预设常数，优化任务保持凸性质；但若权重是变化的，这一点就不成立。很有趣的一点是，如果用式(9.6)中的正则化项 $\sum_{j=1}^{l} \ln(|\theta_j| + \epsilon)$ 替换 ℓ_1 范数，即可得到这个直观的加权方法。图 10.8 显示了一维空间中对数函数和 ℓ_1 范数对应的图。对数函数的图令我们想起 ℓ_p 范数($p<0<1$)以及 9.2 节中的讨论。它不再是一个凸函数，前面给出的迭代方法是一个优化最小化过程的结果，来求解非凸任务[24]（习题 10.6）。 495

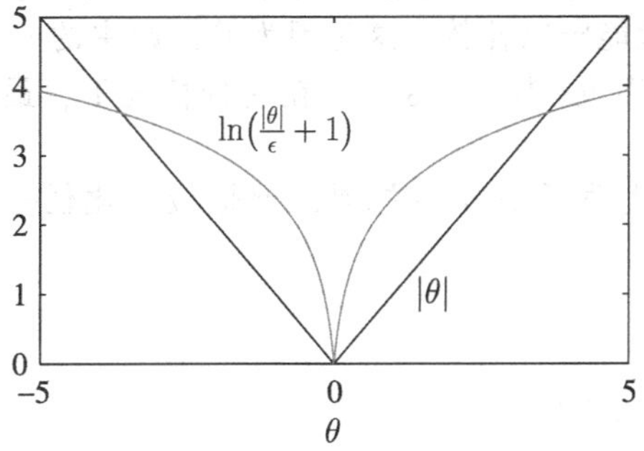

图 10.8　ℓ_1 范数和对数正则项 $\ln(|\theta|/\epsilon+1) = \ln(|\theta|+\epsilon) - \ln\epsilon$ 的一维图，其中 $\epsilon = 0.1$。减去 $\ln\epsilon$ 项只是出于展示的目的，并不影响优化。注意对数正则项的非凸性质

之前使用过的迭代加权的概念也已应用于*迭代重加权 LS 算法*（iterative reweighted LS algorithm）。观察到 ℓ_1 范数可以写为

$$\|\boldsymbol{\theta}\|_1 = \sum_{j=1}^{l} |\theta_j| = \boldsymbol{\theta}^{\mathrm{T}} \mathcal{W}_\theta \boldsymbol{\theta}$$

其中

$$\mathcal{W}_\theta=\begin{bmatrix}\frac{1}{|\theta_1|} & 0 & \cdots & 0\\ 0 & \frac{1}{|\theta_2|} & \cdots & 0\\ \vdots & \vdots & & \vdots\\ 0 & 0 & \cdots & \frac{1}{|\theta_l|}\end{bmatrix}$$

其中，若对某个 $i\in\{1,2,\cdots,l\}$，$\theta_i=0$，我们将 $\mathcal{W}_\theta$ 对应的系数定义为 1。如果 $\mathcal{W}_\theta$ 是一个常数加权矩阵，即 $\mathcal{W}_\theta:=\mathcal{W}_{\tilde{\theta}}$（对某个固定的 $\tilde{\boldsymbol{\theta}}$），则可直接得到最小值

$$\hat{\boldsymbol{\theta}}=\arg\min_{\boldsymbol{\theta}\in\mathbb{R}^l}\|\boldsymbol{y}-X\boldsymbol{\theta}\|_2^2+\lambda\boldsymbol{\theta}^{\mathrm{T}}\mathcal{W}_{\tilde{\theta}}\boldsymbol{\theta}$$

这类似岭回归。在迭代重加权方法中，用 $\mathcal{W}_{\theta^{(i)}}$ 代替 $\mathcal{W}_\theta$，它是由参数估计值形成的，如以往方法，估计值是通过迭代过程 $\tilde{\boldsymbol{\theta}}:=\boldsymbol{\theta}^{(i)}$ 得到的。结果，每个迭代过程求解出一个加权岭回归任务。

欠定方程组局灶求解（FOCal Underdetermined System Solver，FOCUSS）算法[64]是第一
496 个使用*迭代重加权最小二乘法*（IRLS）将 ℓ_p，$p\leqslant 1$ 表示为加权 ℓ_2 范数，以求得欠定方程组稀疏解的方法。此算法有重要的历史意义，因为它是最早强调稀疏性的重要性的算法之一；而且，它给出了全面的收敛性分析和算法不动点的特性。基本迭代加权算法也已有一些变体出现（如参考[35]和其中的参考文献）。

[126]中提出了一种*弹性网络*（elastic net）正则化惩罚方法，它结合了 ℓ_2 和 ℓ_1 概念并进行了折中，即

$$\lambda\sum_{i=1}^{l}\left(\alpha\theta_i^2+(1-\alpha)|\theta_i|\right)$$

其中 α 是一个用户自定义的参数，它控制每个单独项的影响。弹性网络背后的思想是结合 LASSO 和岭回归的优点。在求解的问题中，若 $\boldsymbol{x}$ 中的变量是高度相关的，LASSO 趋向于在 $\boldsymbol{\theta}$ 中随机选择一个对应的参数并将剩余系数设置为 0。我们仔细考察贪心算法是如何工作的，就能理解这种策略。如果依据稀疏性在 $\boldsymbol{x}$ 中选择最重要的变量（特征选取），最好选择分组中所有相关的分量。如果我们知道哪些变量是相关的，就能形成分组并使用分组 LASSO。但是，如果不知道这些信息，使用岭回归就能施以补救。这是因为岭回归中的 ℓ_2 惩罚趋向于收缩相关变量对应的系数，使它们相互靠近（参考[68]）。在这种情况下，最好使用结合了 LASSO 和岭回归的弹性网络方法。

[23]中修改了 LASSO 任务，用一个相关系数代替了平方误差项，于是最小化任务变为

$$\hat{\boldsymbol{\theta}}:\quad \min_{\boldsymbol{\theta}\in\mathbb{R}^l}\|\boldsymbol{\theta}\|_1$$

$$\text{满足}\ \left\|X^{\mathrm{T}}(\boldsymbol{y}-X\boldsymbol{\theta})\right\|_\infty\leqslant\epsilon$$

其中 ϵ 与 l 和噪声方差相关。此优化任务被称为*丹齐格选择器*（Dantzig selector）。即不再限制误差的能量，而是给误差向量（对应 X 的任何列）的相关系数规定一个上限。在[5，15]中，已证明在特定条件下，LASSO 估计器和丹齐格选择器变为等价的。

总变差（Total Variation，TV）[107]是一个与 ℓ_1 稀疏提升紧密相关的概念，而后者已广泛应用于图像处理中。大多数灰度图像阵列 $I\in\mathbb{R}^{l\times l}$ 都是由缓慢变化的像素强度（边缘除

外)组成的。因此，一幅图像阵列的离散梯度会近似稀疏(可压缩)。一幅图像阵列的离散方向导数可逐像素定义如下

$$\nabla_x(I)(i,j) := I(i+1,j) - I(i,j), \quad \forall i \in \{1,2,\cdots,l-1\} \tag{10.17}$$

$$\nabla_y(I)(i,j) := I(i,j+1) - I(i,j), \quad \forall j \in \{1,2,\cdots,l-1\} \tag{10.18}$$

和

$$\nabla_x(I)(l,j) := \nabla_y(I)(i,l) := 0, \quad \forall i,j \in \{1,2,\cdots,l-1\} \tag{10.19}$$ 497

离散梯度变换

$$\nabla : \mathbb{R}^{l\times l} \to \mathbb{R}^{l\times 2l}$$

定义为矩阵形式

$$\nabla(I)(i,j) := [\nabla_x(i,j), \nabla_y(i,j)], \quad \forall i,j \in \{1,2,\cdots,l\} \tag{10.20}$$

图像阵列的总变差定义为离散梯度变换的元素的量级的 ℓ_1 范数，即

$$\|I\|_{\mathrm{TV}} := \sum_{i=1}^{l}\sum_{j=1}^{l} \|\nabla(I)(i,j)\|_2 = \sum_{i=1}^{l}\sum_{j=1}^{l} \sqrt{(\nabla_x(I)(i,j))^2 + (\nabla_y(I)(i,j))^2} \tag{10.21}$$

注意，这是 ℓ_2 和 ℓ_1 范数的混合。围绕总变差的稀疏提升优化定义为

$$\begin{aligned} & I_* \in \arg\min_I \|I\|_{TV} \\ & \text{满足 } \|\boldsymbol{y} - \mathcal{F}(I)\|_2 \leqslant \epsilon \end{aligned} \tag{10.22}$$

其中 $\boldsymbol{y} \in \mathbb{R}^N$ 是观察向量，$\mathcal{F}(I)$ 表示对 I 应用一个线性算子得到的向量。例如，可能是对图像进行一个部分二维 DFT 操作得到的结果。9.7.2 节已经讨论了采用 DFT 矩阵二次抽样的方法构成感知矩阵。式(10.22)中的任务保持了其凸性，它基本上表达了我们重构一幅图像的需求，即在给定的可用观测值下，重构结果尽量平滑。NESTA 算法可用来求解总变差最小化任务；除 NESTA 之外，还可参考[63, 120]等文献中提出的其他高效算法。

[22]中已经证明对精确测量情况($\epsilon=0$)，保证式(10.22)中任务能恢复一幅图像阵列的条件和界是可以推导出来的，而且与我们讨论过的 ℓ_1 范数的情况非常相似，[94]中对有测量误差情况证明了类似结论。

例 10.1　核磁共振成像(Magnetic Resonance Imaging, MRI)　与直接获取像素样本的普通成像系统不同，MRI 扫描仪采用编码的方式感知图像。更具体的，MRI 扫描仪在空间频率域(MRI 术语称为“k-空间”)中采样图像分量。如果在此变换域中所有分量均可用，我们就能应用二维逆 DFT 在像素域中恢复出精确的 MR 图像。k-空间中的采样是通过沿着特定轨道进行一系列连续探测实现的。由于物理局限，这一过程非常耗时。因此，从有限数量的观测值高效恢复图像的技术就非常重要了，因为这些技术可以减少测量过程中所需的探测时间。过长的探测时间不仅不方便，甚至是不可行的，因为患者必须长时间保持不动。因此，MRI 是压缩感知技术有用武之地的最早的应用之一。

图 10.9a 显示了“著名的” Shepp-Logan 幻影，目标是通过其频域中有限个(测量值)样本恢复此图像。MRI 测量值是在空间频率域中跨越 17 条放射线采集的，如图 10.9b 所示。一种从有限数量的样本恢复图像的“朴素”方法是对缺失分量采用填充 0 的原则。采用这种方法恢复的图像如图 10.9c 所示。图 10.9d 显示了使用最小化总变差方法恢复的图像，具体方法如前所述。可以观察到，采用这种方法得到的结果异常好，几乎完美地恢复了原始图像。约束最小化是采用 NESTA 算法实现的。注意，如果我们最小化图像阵列的 ℓ_1 范数而不是总变差，则结果不会那么好；幻影图像在离散梯度域是稀疏的，因为其大片区域都是固定像素强度。 498

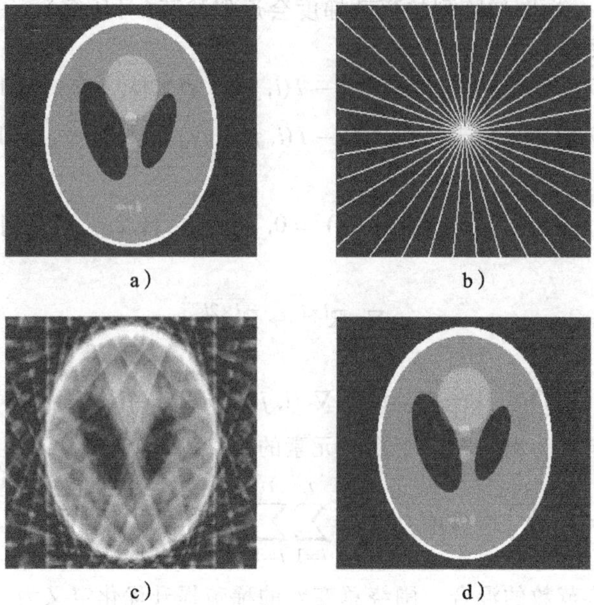

图 10.9 a)原始的 Shepp-Logan 幻影图像。b)在空间傅里叶变换中沿着白线方向采样。c)应用逆 DFT 恢复出的图像，在 DFT 变换中缺失的值都填 0。d)用总变差最小化方法恢复的图像

10.4 在线稀疏提升算法

本节将介绍在线稀疏感知学习方法，我们有很多原因必须求助于这类方法。如上一章所述，在不同信号处理任务中，数据是顺序到来的。在这种情况下，使用批处理技术估计未知目标参数向量会很低效，因为训练数据的数量是持续增长的，而这种方法对实时应用是不可用的。而且，当学习环境不是固定的而是随时间变化时，我们很容易为时域递归方法引入自适应性概念。除了信号处理应用外，还有越来越多的机器学习应用非常需要在线处理，例如生物信息学、高光谱成像和数据挖掘。在这些应用中，训练数据的数量很容易达到数千乃至数十万。就环绕(特征)空间的维度而言，其数目也在相似范围内。例如，在[82]中，任务是在特征空间维数高达 10^9、数据集包含 10^7 个数据的情况下搜索稀疏解。在单台计算机上使用批处理技术解决此问题，以当今的技术是毫无可能的。

499

我们在本节中采用的设置与前面章节(如第 5 章和第 6 章)相同。我们假定有一个未知参数向量，它根据标准回归模型生成数据

$$y_n = \boldsymbol{x}_n^{\mathrm{T}} \boldsymbol{\theta} + \eta_n, \quad \forall n$$

训练样本$(y_n, \boldsymbol{x}_n)$，$n=1,2,\cdots$是顺序到来的。当环境固定时，我们期望我们的算法随着 $n \to \infty$ 渐近收敛到真实参数向量(它生成观测值 y_n，用 $\boldsymbol{x}_n$ 感知)或“接近”它。对随时间变化的环境，算法应该能追踪随时间流逝的变化。在继续下面内容之前，我们有一个重要的讨论。由于时间索引 n 是不断增大的，我们在前面几节中有关欠定方程组的讨论就失去意义了。迟早都会发生观测值数目超出数据所在空间维数的情况。我们的主要关注点就变为固定环境下的渐近收敛问题。这里产生的一个明显问题是，我们为什么不直接使用标准算法(如 LMS、RLS 或 APSM)，毕竟我们知道这些算法某种程度上可以收敛到解或足够接近(即算法能渐近识别出零值)。答案是，如果修改这些算法以感知潜在的稀疏性，就能显著加速收敛；在实际应用中，我们还没“奢侈到”花很长时间等待求解的程度。在实践

中，一个好的算法应该能在合理的较少迭代步内求出足够好的解，以及在稀疏解的情况下求出支撑集。

在第 5 章中，我们讨论了尝试修改经典在线方法（例如比例 LMS）以考虑稀疏性。但是，这些算法有相当的临时性质。在本节中，我们将使用围绕 ℓ_1 范数正则化的强有力理论来设计稀疏性提升时间自适应方法。

10.4.1 LASSO：渐近性能

当我们在第 3 章中提出参数估计的基本理论时，也引入了偏差、方差和一致性等与估计性能相关的概念。在很多实例中，都推导了这些度量的渐近性能。例如，我们已经看到最大似然估计是渐近无偏且一致的。在第 6 章中，我们看到了 LS 估计也是渐近一致的。而且，在噪声样本独立同分布的假设下，基于 n 个观测值的 LS 估计 $\hat{\boldsymbol{\theta}}_n$ 本身是一个满足 $\sqrt{n}$-估计一致性的随机向量，即

$$\sqrt{n}\left(\hat{\boldsymbol{\theta}}_n-\boldsymbol{\theta}_o\right)\longrightarrow\mathcal{N}\left(\mathbf{0},\sigma_\eta^2\Sigma^{-1}\right)$$ 500

其中 $\boldsymbol{\theta}_o$ 是生成观测值的真实向量，σ_η^2 表示噪声源的方差，$\boldsymbol{\Sigma}$ 是输入序列的协方差矩阵 $\mathbb{E}[\mathbf{x}\mathbf{x}^{\mathrm{T}}]$，我们假定输入序列均值为 0 且极点表示按分布收敛的结果。

式(9.6)中的 LASSO 任务最小化 LS 代价的 ℓ_1 范数正则化版本。但是，我们到目前为止也没有讨论此估计器的统计特征。唯一提到过的性能指标是式(9.36)中的误差范数界。这个界虽然在提出它的上下文中很重要，但并未提供很多统计信息。自提出 LASSO 估计器开始，已有很多论文讨论其统计性能相关问题（例如参考[45，55，74，127]）。

在使用 LASSO 这样的稀疏性提升估计器时，会出现两个关键问题：如果真实向量参数是稀疏的，估计器（即使是渐近地）是否能得到支撑集；从非零系数估计值的角度量化估计器的性能，即哪些系数的下标在支撑集中。特别是对 LASSO 而言，后一个问题变为：就这些非零分量而言，LASSO 的行为是否与非正则化的 LS 一样。[55]中首次讨论了此问题，并在一个更一般的设定中解决它。令 S 表示未知的真实 k-稀疏参数向量 $\boldsymbol{\theta}_o$ 的支撑集。并令 $\Sigma_{|S}$ 为 $k\times k$ 的协方差矩阵 $\mathbb{E}[\mathbf{x}_{|S}\mathbf{x}_{|S}^{\mathrm{T}}]$其中 $\mathbf{x}_{|S}\in\mathbb{R}^k$ 为随机向量，仅包含 $\mathbf{x}$ 的 k 个分量，它们的索引在支撑集 S 中。则如果下列条件成立，我们可以说一个估计器渐近满足神谕性质（oracle property）：

- $\lim_{n\to\infty}\operatorname{Prob}\{S_{\hat{\boldsymbol{\theta}}_n}=S\}=1$，这被称为支撑一致性。
- $\sqrt{n}(\hat{\boldsymbol{\theta}}_{n|S}-\boldsymbol{\theta}_{o|S})\to\mathcal{N}(\mathbf{0},\ \sigma_\eta^2\Sigma_{|S}^{-1})$是$\sqrt{n}$-估计一致性。

  我们用 $\boldsymbol{\theta}_{o|S}$ 和 $\hat{\boldsymbol{\theta}}_{n|S}$ 分别表示从 $\boldsymbol{\theta}_o$ 和 $\hat{\boldsymbol{\theta}}_n$ 得到的 k 维向量，如果我们保持分量的索引都在支撑集 S 中且极限是指分布。换句话说，根据神谕性质，一个好的稀疏性提升估计器应该能渐近预测真实支撑集，而且，从非零分量的角度其性能应该与一个神助的 LS 估计器一样好，而后者是预先知道非零系数的位置的。

  不幸的是，LASSO 估计器不能同时满足两个条件。[55，74，127]中已证明

- 对支撑一致性，正则化的参数 $\lambda:=\lambda_n$ 必须随时间变化，使得

$$\lim_{n\to\infty}\frac{\lambda_n}{\sqrt{n}}=\infty,\quad \lim_{n\to\infty}\frac{\lambda_n}{n}=0$$

  即 λ_n 必须增长得比$\sqrt{n}$快、比 n 慢。

- 对$\sqrt{n}$-一致性，λ_n 的增长必须满足

$$\lim_{n\to\infty}\frac{\lambda_n}{\sqrt{n}}=0$$

501 即增长得比$\sqrt{n}$慢。

这两个条件是冲突的，因此 LASSO 估计器不可能同时满足两个神谕条件。两个条件的证明有些技术难度，这里不再给出，感兴趣的读者可查阅前面提及的参考文献。但是在继续后面内容之前，让我们来看一下为什么在任何情况下正则化参数的增长都必须比 n 慢得多，这是很有启发性的。我们不做过于严格的数学证明，而是回忆一下式(9.6)中的 LASSO 解，它可以写为

$$\mathbf{0} \in -\frac{2}{n}\sum_{i=1}^{n}\boldsymbol{x}_i y_i + \frac{2}{n}\left(\sum_{i=1}^{n}\boldsymbol{x}_i\boldsymbol{x}_i^{\mathrm{T}}\right)\boldsymbol{\theta} + \frac{\lambda_n}{n}\partial\|\boldsymbol{\theta}\|_1 \tag{10.23}$$

其中我们将两侧都除了 n。对其取 $n\to\infty$ 时的极限，若 $\lambda_n/n\to\infty$，则只剩下前两项；这与选择未正则化的平方误差和作为代价函数得到的结果完全一致。回忆第6章中所讨论的，在此情况下，解渐近收敛[⊖](这里我们假设一些所需的一般性假设成立)至真实参数向量，即满足强一致性。

10.4.2 自适应加权范数 LASSO

有两种方法可以消除前文所述的冲突。一种方法是用一个非凸函数替代 ℓ_1 范数，使用此函数可得到同时满足连个神谕性质的估计器[55]。另一种方法是将 ℓ_1 范数修改为加权版本。回忆一下，10.3节曾讨论过加权 ℓ_1 范数，我们用它来辅助优化过程以发现稀疏解。在本节，加权 ℓ_1 范数概念是必要的，我们引入它来满足神谕性质。这产生了*自适应时间和加权范数 LASSO*(Time-and-Norm-Weighted LASSO，TNWL)代价估计方法，其定义如下

$$\hat{\boldsymbol{\theta}} = \arg\min_{\boldsymbol{\theta}\in\mathbb{R}^l}\left\{\sum_{j=1}^{n}\beta^{n-j}\left(y_j - \boldsymbol{x}_j^{\mathrm{T}}\boldsymbol{\theta}\right)^2 + \lambda_n\sum_{i=1}^{l}w_{i,n}|\theta_i|\right\} \tag{10.24}$$

其中 $\beta\leqslant 1$ 是遗忘因子，用来追踪缓慢变化。随时间变化的权值序列表示为 $w_{i,n}$，此序列的选取有不同方法。在[127]中，对稳定环境且 $\beta=1$ 的情况，证明了若

$$w_{i,n} = \frac{1}{|\theta_i^{\mathrm{est}}|^{\gamma}}$$

其中 θ_i^{est} 第 i 个分量的估计值，使用任意$\sqrt{n}$-一致估计器(如未正则化的 LS)得到，则对特殊选取的 λ_n 和 γ，对应的估计器同时满足两个神谕性质。加权 ℓ_1 范数背后的主要原理是，随着时间流逝，若$\sqrt{n}$-一致估计器能给出越来越好的估计值，则真实支撑集之外索引(零
502 值)对应的权重会膨胀，而真实支撑集内索引对应的权重会收敛到一个有限值。这帮助算法同时实现定位支撑集和(渐近)得到大值系数的无偏估计值。

权值序列的另一种选择与*平滑剪切绝对偏差*(Smoothly Clipped Absolute Deviation，SCAD)相关[55，128]。它定义为

$$w_{i,n} = \chi_{(0,\mu_n)}(|\theta_i^{\mathrm{est}}|) + \frac{\left(\alpha\mu_n - |\theta_i^{\mathrm{est}}|\right)_+}{(\alpha-1)\mu_n}\chi_{(\mu_n,\infty)}(|\theta_i^{\mathrm{est}}|)$$

其中 $\mathcal{X}(\cdot)$表示特征函数，$\mu_n=\lambda_n/n$，$\alpha>2$。本质上，它对应一个二次样条函数。在[128]中已证明，若选取的 λ_n 增长比$\sqrt{n}$快、比 n 慢，则自适应 LASSO($\beta=1$)同时满足两个神谕

⊖ 回忆一下，这种收敛的概率是1。

条件。

[3]中提出了一种求解 TNWL LASSO 的自适应方法。式(10.24)中的自适应 LASSO 的代价函数可以写为

$$J(\boldsymbol{\theta})=\boldsymbol{\theta}^{\mathrm{T}} R_n \boldsymbol{\theta}-\boldsymbol{r}_n^{\mathrm{T}} \boldsymbol{\theta}+\lambda_n\|\boldsymbol{\theta}\|_{1, w_n}$$

其中

$$R_n:=\sum_{j=1}^n \beta^{n-j} \boldsymbol{x}_j \boldsymbol{x}_j^{\mathrm{T}}, \quad \boldsymbol{r}_n:=\sum_{j=1}^n \beta^{n-j} y_j \boldsymbol{x}_j$$

且 $\|\boldsymbol{\theta}\|_{1,w_n}$ 为加权 ℓ_1 范数。我们从第 6 章可知，其实也很容易直接看出

$$R_n=\beta R_{n-1}+\boldsymbol{x}_n \boldsymbol{x}_n^{\mathrm{T}}, \quad \boldsymbol{r}_n=\beta \boldsymbol{r}_{n-1}+y_n \boldsymbol{x}_n$$

对于一般结构的矩阵，这两个更新操作的复杂度为 $\mathcal{O}(l^2)$ 次乘/加运算。一种替代方法是在每个时刻 n 更新 R_n 和 $\boldsymbol{r}_n$，然后使用任意标准算法求解一个凸优化任务。但是，这并不适用于实时应用，因为其计算代价过高。在[3]中，提出了坐标下降算法的一种时域递归版本。如我们在 10.2.2 节中所见，坐标下降算法每个迭代步骤更新一个分量。在[3]中，迭代步骤与时间更新是关联在一起的，在线算法通常如此。当收到每个新的训练数据对 $(y_n,\boldsymbol{x}_n)$后，更新未知向量的一个分量。因此，在每个时刻，需要求解一个标量优化任务，其解是以闭形式给出，这导致一个简单的软阈值操作。坐标技术的一个缺点是每个系数每隔 l 个时刻更新一次，对较大的 l，会导致收敛缓慢。[3]中在基础方法之上进行了改进来解决此缺点，得到一种称为在线循环坐标下降时间加权 LASSO(Online Cyclic Coordinate Descent Time Weighted LASSO，OCCD-TWL)的方法。此方法的复杂度是 $\mathcal{O}(l^2)$。如果输入序列是一个时间序列，则可利用快速 R_n 更新方法和 RLS，从而节省计算代价是可能的。但是，如果并行使用一个 RLS 类型的算法，整体的收敛可能会变得缓慢，因为如前所述，RLS 类型算法必须先收敛，以提供权重的可靠估计。 503

10.4.3 自适应 CoSaMP 算法

[90]中提出了 CoSaMP 算法的一个自适应版本，算法 10.2 总结了其步骤。迭代步骤数 i 现在与时间更新数 n 是一致的，一般 CSMP 方法步骤 3c 中的 LS 求解器被一个 LMS 求解器替代。

我们首先关注 CSMP 方法步骤 3a 中的量 $X^{\mathrm{T}}\boldsymbol{e}^{(i-1)}$，在第 i 步迭代它被用来计算支撑集。在线场景下，在时刻(迭代步)n，这个量被“改写”为

$$X^{\mathrm{T}} \boldsymbol{e}_{n-1}=\sum_{j=1}^{n-1} \boldsymbol{x}_j e_j$$

为了令算法更灵活，能适应随时间索引 n 增长而变化的环境，此公式中的求和部分被修改为

$$\boldsymbol{p}_n:=\sum_{j=1}^{n-1} \beta^{n-1-j} \boldsymbol{x}_j e_j=\beta \boldsymbol{p}_{n-1}+\boldsymbol{x}_{n-1} e_{n-1}$$

在步骤 3c 中，LS 任务受到支撑集 S 中索引对应的活跃列的约束，现在我们引入基本 LMS 递归，从而以在线处理原理执行它，即[⊖]

⊖ 参数向量的时间索引在括号中给出，因为还有其他符号需用下标表示。

$$\tilde{e}_n := y_n - \boldsymbol{x}_{n|S}^{\mathrm{T}}\tilde{\boldsymbol{\theta}}_{|S}(n-1)$$
$$\tilde{\boldsymbol{\theta}}_{|S}(n) := \tilde{\boldsymbol{\theta}}_{|S}(n-1) + \mu\boldsymbol{x}_{n|S}\tilde{e}_n$$

其中 $\tilde{\boldsymbol{\theta}}_{|S}(\cdot)$ 和 $\boldsymbol{x}_{n|S}$ 分别表示支撑集 S 中索引对应的子向量。得到的算法描述如下。

算法 10.4（AdCoSaMP 方法）

1）选取初值 $t=2k$。

2）初始化算法：$\boldsymbol{\theta}(1)=\boldsymbol{0}$，$\tilde{\boldsymbol{\theta}}(1)=\boldsymbol{0}$，$\boldsymbol{p}_1=\boldsymbol{0}$，$e_1=y_1$。

3）选取 μ 和 β。

4）对 $n=2,3,\cdots$，执行下面步骤：

a）$\boldsymbol{p}_n=\beta\boldsymbol{p}_{n-1}+\boldsymbol{x}_{n-1}e_{n-1}$。

b）得到当前支撑集：

$$S=\mathrm{supp}\{\boldsymbol{\theta}(n-1)\}\cup\{\boldsymbol{p}_n\text{ 绝对值最大的 } t \text{ 个分量的索引}\}$$

c）执行 LMS 更新：

$$\tilde{e}_n = y_n - \boldsymbol{x}_{n|S}^{\mathrm{T}}\tilde{\boldsymbol{\theta}}_{|S}(n-1)$$
504
$$\tilde{\boldsymbol{\theta}}_{|S}(n) = \tilde{\boldsymbol{\theta}}_{|S}(n-1) + \mu\boldsymbol{x}_{n|S}\tilde{e}_n$$

d）得到 $\tilde{\boldsymbol{\theta}}_{|S}(n)$ 的最大 k 个分量的索引集 S_k。

e）得到 $\boldsymbol{\theta}(n)$ 使得：

$$\boldsymbol{\theta}_{|S_k}(n) = \tilde{\boldsymbol{\theta}}_{|S_k} \quad \text{且 } \boldsymbol{\theta}_{|S_k^c}(n) = \boldsymbol{0}$$

其中 S_k^c 为 S_k 的补集。

f）更新误差：$e_n=y_n-\boldsymbol{x}_n^{\mathrm{T}}\boldsymbol{\theta}(n)$。

我们也可以替换标准 LMS，转而采用其归一化版本。注意，步骤 4e 与硬阈值操作直接相关。

[90] 中已经证明，如果感知矩阵（现在变为依赖于时间的，规模不断增大）在每个时刻都满足一个类似于 RIP 的条件（被称为指数加权等距性质，Exponentially Weighted Isometry Property，ERIP），依赖于 β 渐近地满足一个误差界，这与 [93] 中推导出的 CoSaMP 的特性很相似，只是多了额外一项，它是由残余均方误差导致的（参见第 5 章），也是将 LS 求解器替换为 LMS 所付出的代价。

10.4.4　稀疏自适应投影次梯度方法

第 8 章介绍的 APSM 算法家族是最流行的在线/自适应学习技术之一。第 8 章中已经指出，此算法族的一个主要优点是很容易结合凸约束。在第 8 章中，我们将用 APSM 替代 LMS 和 RLS 等方法来建立平方误差和损失函数。APSM 背后的原理是，我们假定数据是由一个回归模型生成的，因而可通过在一系列超平面块的交集中寻找一个点来估计未知向量，其中超平面块序列是由数据点定义的，即 $S_n[\epsilon]:=\boldsymbol{\theta}\in\mathbb{R}^l:|y_n-\boldsymbol{x}_n^{\mathrm{T}}\boldsymbol{\theta}|\leqslant\epsilon$。而且，我们也已指出，当噪声有界时，这样一个模型是很自然的。当处理稀疏向量时，我们还希望得到的解满足一个额外约束，即 $\|\boldsymbol{\theta}\|_1\leqslant\rho$（参考 LASSO 公式(9.7)）。这一任务完美契合 APSM 原理，无须很多思考或推导就能写出如下基本递归式：对任意选取的初始点 $\boldsymbol{\theta}_0$，$\forall n$ 定义

$$\boldsymbol{\theta}_n = P_{B_{\ell_1}[\delta]}\left(\boldsymbol{\theta}_{n-1} + \mu_n\left(\sum_{i=n-q+1}^{n} \omega_i^{(n)} P_{S_i[\epsilon]}(\boldsymbol{\theta}_{n-1}) - \boldsymbol{\theta}_{n-1}\right)\right) \tag{10.25}$$

其中 $q\geqslant 1$ 为每个时刻考虑的超平面块的数目，μ_n 是一个用户定义的外推参数，也是用户自定义变量。为了保证收敛，理论指出它必须位于区间$(0,2\mathcal{M}_n)$内，其中 505

$$\mathcal{M}_n := \begin{cases} \dfrac{\sum_{i=n-q+1}^{n}\omega_i^{(n)}\left\|P_{S_i[\epsilon]}(\boldsymbol{\theta}_{n-1})-\boldsymbol{\theta}_{n-1}\right\|^2}{\left\|\sum_{i=n-q+1}^{n}\omega_i^{(n)}P_{S_i[\epsilon]}(\boldsymbol{\theta}_{n-1})-\boldsymbol{\theta}_{n-1}\right\|^2}, \\ \qquad \text{若} \left\|\sum_{i=n-q+1}^{n}\omega_i^{(n)}P_{S_i[\epsilon]}(\boldsymbol{\theta}_{n-1})-\boldsymbol{\theta}_{n-1}\right\| \neq 0 \\ 1, \text{其他} \end{cases} \tag{10.26}$$

此外，$P_{B_{\ell_1}[\rho]}(\cdot)$是到 ℓ_1 球 $B_{\ell_1}[\rho]:=\{\boldsymbol{\theta}\in\mathbb{R}^l:\|\boldsymbol{\theta}\|_1\leqslant\rho\}$ 的投影算子，因为解被限制在此球内。注意，递归式(10.25)很像式(10.7)中的批处理场景下的迭代软阈值收缩算法。在那里，我们看到，就施加给迭代过程的稀疏性而言，约束与非约束版本的唯一差异是一个额外的软阈值操作。在这里情况也是如此。括号中的项是非约束任务的迭代过程。而且，如[46]中已证明的，到 ℓ_1 球上的投影等价于一个软阈值操作。遵循第 8 章中给出的一般性论证，对某个有限值 n_0，前面的迭代过程收敛到任意接近下面交集中某个点 506

$$B_{\ell_1}[\delta] \cap \bigcap_{n\geqslant n_0} S_n[\epsilon]$$

在[76, 77]中，对环境随时间变化的情况，使用了加权 ℓ_1 球(这里表示为 $B_{\ell_1}[\boldsymbol{w}_n,\rho]$)来改进算法的收敛和追踪速度。所采用的权重与 10.3 节中讨论的一致，即

$$w_{i,n} := \frac{1}{|\theta_{i,n-1}| + \acute{\epsilon}_n}, \quad \forall i \in \{1,2,\cdots,l\}$$

其中$(\epsilon_n)_{n\geqslant 0}$ 是一个小值的序列(值可以是不变的)，用来避免除 0 的问题。基本的时间迭代变为如下形式：对任意选取的初始点 $\boldsymbol{\theta}_0$，$\forall n$ 定义

$$\boldsymbol{\theta}_n = P_{B_{\ell_1}[\boldsymbol{w}_n,\rho]}\left(\boldsymbol{\theta}_{n-1} + \mu_n\left(\sum_{i=n-q+1}^{n} \omega_i^{(n)} P_{S_i[\epsilon]}(\boldsymbol{\theta}_{n-1}) - \boldsymbol{\theta}_{n-1}\right)\right) \tag{10.27}$$

其中 $\mu_n\in(0,2\mathcal{M}_n)$和 $\mathcal{M}_n$ 在式(10.26)中给出。图 10.10 展示了 $\mathbb{R}^2$ 中，对 $q=2$ 的情况，基本迭代对应的几何图形。它由到超平面块的两个平行投影组成，还有一个到 ℓ_1 球的投影。在[76]中已经证明(习题 10.7)，加权 ℓ_1 范数的一个好的界即是目标向量的稀疏性水平 k，我们假定 k 是已知的，而且是一个用户自定义参数。在[76]中已证明，在某些一般性假设下，对某个非负整数 n_0，算法渐近收敛到任意接近超平面块和加权 ℓ_1 球的交集，即

$$\bigcap_{n\geqslant n_0}\left(P_{B_{\ell_1}[\boldsymbol{w}_n,\rho]} \cap S_n[\epsilon]\right)$$

必须指出，对加权 ℓ_1 范数情况，约束是随时间变化的，用于 APSM 的标准分析技术不能解决其收敛性分析，必须扩展至这种更一般的情况。

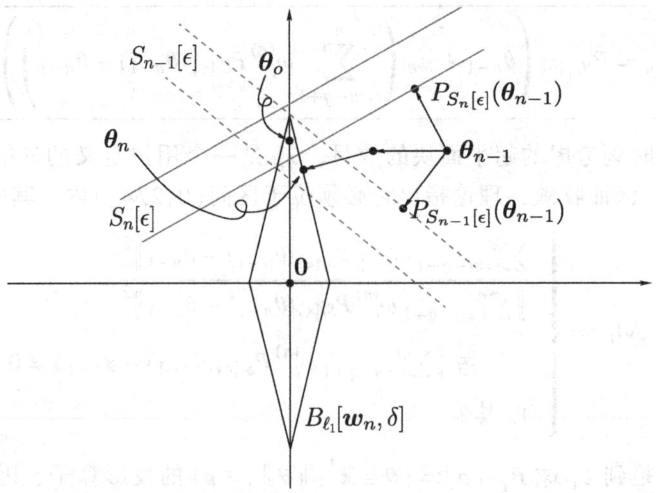

图 10.10　对 $q=2$ 的情况，SpAPSM 算法中更新步骤的几何表示。在时刻 n，更新操作首先对到当前和上一步的超平面块 $S_n[\epsilon]$，$S_{n-1}[\epsilon]$ 的投影进行凸组合，然后投影到加权 ℓ_1 球。这令更新值更靠近目标解 $\boldsymbol{\theta}_o$

算法的复杂度为 $\mathcal{O}(ql)$。q 越大收敛速率越快，付出的代价是更高的复杂度。在[77]中，为了降低复杂度对 q 的依赖，引入了亚维(subdimensional)投影的概念，其中在投影到 q 个超平面块时，限定只能沿着当前估计值最大参数的方向上进行投影。对 q 的依赖现在变为 $\mathcal{O}(qk_n)$，其中 k_n 为当前估计值的稀疏性水平，当算法执行若干步后，它就会变得远小于 l。每步迭代的总复杂度变为 $\mathcal{O}(l)+\mathcal{O}(qk_n)$。这令我们可以使用更大的 q，从而使得算法的性能更接近自适应加权 LASSO(与 $\mathcal{O}(l)$ 相比付出很小的额外计算代价)。

投影到加权 ℓ_1 球

投影到一个 ℓ_1 球等价于一次软阈值操作。投影到加权 ℓ_1 范数则得到软阈值操作的一个轻微变化的版本——每个分量有不同的阈值。我们将给出加权 ℓ_1 球的更一般情况的迭
507 代步骤。方法的证明有些技术难度且较长，因此不在这里给出。[76]中首次推导出此方法，采用的是纯几何方法，并未采用经典的拉格朗日乘子法。[46]中对 ℓ_1 球的情况采用了拉格朗日乘子法。高效计算到 ℓ_1 球投影的问题则是更早在[100]中就被研究过，针对的是更一般的场景。

回忆第 8 章中讨论的投影操作的定义，给定球外的一点 $\boldsymbol{\theta}\in\mathbb{R}^l\backslash B_{\ell_1}[\boldsymbol{w},\rho]$，它到加权 ℓ_1 球上的投影是点 $P_{B_{\ell_1}[\boldsymbol{w},\rho]}(\boldsymbol{\theta})\in B_{\ell_1}[\boldsymbol{w},\rho]:=\{\boldsymbol{z}\in\mathbb{R}^l: \sum_{i=1}^{l} w_i|z_i|\leqslant\rho\}$，它是与 $\boldsymbol{\theta}$ 欧氏距离最近的点。若 $\boldsymbol{\theta}$ 在球内，则投影就是它自身。给定权重和 ρ 的值，下面算法迭代计算出投影。

算法 10.5(投影到加权 ℓ_1 球 $B_{\ell_1}[\boldsymbol{w},\rho]$)

1) 构造向量$[|\theta_1|/w_1,\cdots,|\theta_l|/w_l]^{\mathrm{T}}\in\mathbb{R}^l$。
2) 对上一步得到的向量进行非升序排序，使得 $|\theta_{\tau(1)}|/w_{\tau(1)}\geqslant\cdots\geqslant|\theta_{\tau(l)}|/w_{\tau(l)}$。符号 τ 表示索引的排列，由排序操作隐式确定。记住其逆 τ^{-1}，它是元素在原向量中位置的索引。
3) $r_1:=l$。

4）令 $m=1$。当 $m\leqslant l$ 时，执行

a）$m_*:=m$

b）在 $j\in\{1,2,\cdots,r_m\}$ 中寻找最大值 j_*，使得 $\frac{\theta_{\tau(j)}}{w_{\tau(j)}}>\frac{\sum_{i=1}^{r_m}w_{\tau(i)}\,|\theta_{\tau(i)}|-\rho}{\sum_{i=1}^{r_m}w_{\tau(i)}^2}$。

c）若 $j_*=r_m$，则退出循环。

d）否则 $r_{m+1}:=j_*$。

e）将 m 增 1，回到步骤 4a。

5）构造向量 $\hat{\boldsymbol{p}}\in\mathbb{R}^{r_{m_*}}$，其第 j 个分量 $j=1,\cdots,r_{m_*}$ 如下

$$\hat{p}_j:=|\theta_{\tau(j)}|-\frac{\sum_{i=1}^{r_{m*}}w_{\tau(i)}|\theta_{\tau(i)}|-\rho}{\sum_{i=1}^{r_{m*}}w_{\tau(i)}^2}w_{\tau(j)}$$

6）$\forall j\in\{1,2,\cdots,r_{m_*}\}$，使用逆映射 τ^{-1} 将元素 $\hat{p}_j$ 插入 l 维向量 $\boldsymbol{p}$ 的位置 $\tau^{-1}(j)$ 处，并将其他位置的元素设置为 0。

7）所求的投影为 $P_{B_{\ell_1}[\boldsymbol{w},\rho]}(\boldsymbol{\theta})=[\operatorname{sgn}(\theta_1)p_1,\cdots,\operatorname{sgn}(\theta_l)p_l]^{\mathrm{T}}$。

附注 10.3

- 广义阈值规则（generalized thresholding rule）：到 ℓ_1 球和加权 ℓ_1 球的投影通过恰当执行软阈值操作施加了凸稀疏性诱导约束。SpAPSM 框架内的最新进展[78, 109]允许用广义阈值操作（generalized thresholding）替代 $P_{B_{\ell_1}[\rho]}$ 和 $P_{B_{\ell_1}[\boldsymbol{w},\rho]}$，它是围绕 SCAD 概念、非负 garrote 概念以及一些对应非凸 ℓ_p，$p<1$ 惩罚的阈值函数建立起来的。而且，已证明这种广义阈值（GT）算子是一种非线性映射，它们的不动点集是子空间的一个并集，即位于任何稀疏性提升技术核心的非凸对象。这种方法对较小的 q 值非常有用，可以提高基于 LMS 的 AdCoSAMP 算法的性能，而复杂度处于相仿的水平。
- 对回声抵消任务，[80]中对比了不同的低复杂度在线稀疏性提升方法，包括比例 LMS。这个工作证明，基于 SpAPSM 的方法由于基于 LMS 的稀疏性提升算法。 508
- 第 8 章中讨论了在相对于平方误差更一般的凸损失函数场景下，更多涉及稀疏性提升正则化的算法和方法，并提供了相关的参考文献。
- 分布式稀疏性提升算法：除了已经介绍过的算法之外，一些分布式学习场景下的算法也已见诸文献。如第 5 章中指出的，已经出现了一些基于共识的算法和基于扩散原理的算法（例如参考[29, 39, 89, 102]）。[30]中给出了这类算法的一个综述。

例 10.2 **随时间变化的信号**　在本例中，对随时间变化的环境，研究了前面提到的大多数流行的在线算法的性能曲线。一种典型的仿真设置，也是自适应滤波领域研究算法追踪灵活性常用的设置，是对未知向量进行一定数量的观察后令其经历一次突变。在这里，我们考虑用稀疏小波表示信号 $\boldsymbol{s}$，即 $\boldsymbol{s}=\Psi\boldsymbol{\theta}$，其中 Ψ 是对应的变换矩阵。特别是，我们设定 $l=1024$，其中有 100 个非零小波系数。每经过 1500 次观测，我们任意挑出 10 个小波系数，改变它们的值，新值从区间[−1,1]中均匀随机选取。注意，这可能影响信号的稀疏性水平，我们最终可能得到 110 个非零系数。我们共使用 $N=3000$ 个感知向量，是对 509
输入向量 $\boldsymbol{x}_n\in\mathbb{R}^l$，$n=1,2,\cdots,3000$ 进行小波变换得来的，输入向量的元素从 $\mathcal{N}(0,1)$ 中抽

取。这样，在线算法估计的不是信号本身，而是其稀疏小波表示 $\boldsymbol{\theta}$。我们通过添加方差为 $\sigma_n^2=0.1$ 的高斯白噪声来破坏观测值。对于 SpAPSM，外推参数 μ_n 设置为 $1.8\times\mathcal{M}_n$，所有 $w_i^{(n)}$ 都设置为相同值 $1/q$，超平面块参数 ϵ 设置为 $1.3\sigma_n$，并设置 $q=390$。对所有算法，都以最优化性能为目的选择参数。因为信号的稀疏性水平可能变化（从 $k=100$ 到最大 $k=110$）且在实际中不可能提前知道精确的 k 值，所以我们提供给算法一个比真实稀疏性值高估的 k 值，特别的，我们使用 $\hat{k}=150$（即高估 50%直到第 1500 次迭代）。

图 10.11 显示了结果。注意，SpAPSM 算法增强了性能。但是，必须指出的是，对于为 SpAPSM 设定的参数 $q=390$，AdCoSAMP 的复杂度远低于其他两个算法。一个有趣的现象是 SpAPSM 达到了比 OCCD-TWL 更好的性能，虽然其复杂度低得多。如果复杂度是主要考量，使用 SpAPSM 会带来更高的灵活性，通过使用广义阈值算子，可在较小的 q 值下提高性能，而复杂度与基于 LMS 的稀疏性提升算法相当[79，80]。

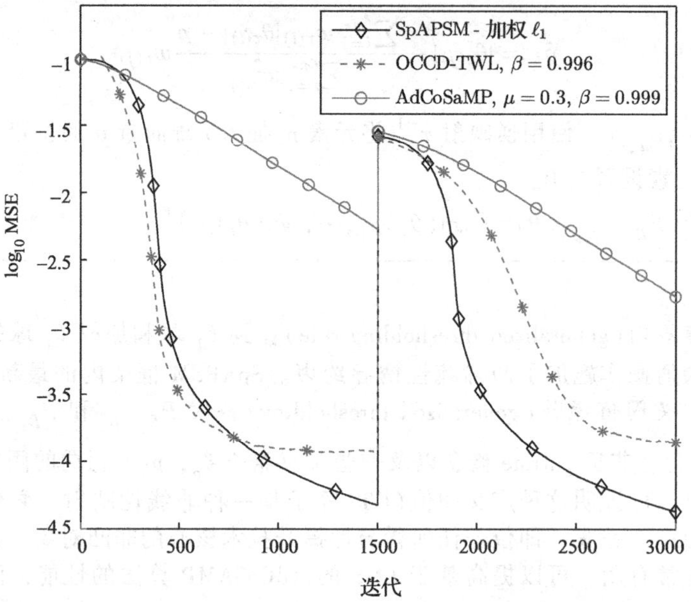

图 10.11　例 10.2 中 AdCoSAMP、SpAPSM 和 OCCD-TWL 仿真实验得到的 MSE 学习曲线。纵轴为均方差的 $\log_{10}$ 值，即 $\log_{10}\frac{1}{2}\|\boldsymbol{s}-\Psi\boldsymbol{\theta}_n\|^2$，横轴为时间索引。在 $n=1500$ 时刻，系统经历了一次突变

10.5　稀疏分析学习模型

到目前为止，我们讨论的都是本身稀疏的信号或是在综合模型中能用字典中原子稀疏表示的信号，如式(9.16)中所引入的，即

$$\boldsymbol{s}=\sum_{i\in\mathcal{I}}\theta_i\boldsymbol{\psi}_i$$

实际上，大多数研究工作都聚焦于综合模型。一部分原因是综合建模技术路线在描述利用字典中元素（原子）生成信号方面能给出更直观更吸引人的结构。读者可回忆一下 9.9 节中在综合模型中对 $\boldsymbol{\theta}$ 施加的稀疏性假设，以及式(9.38)和式(9.39)中分别给出的对应精确情况和带噪声情况的优化任务。

但是，这并非解决稀疏建模任务的唯一方法。在本章开始部分和 9.4 节中，我们都提

到了分析模型

$$\tilde{\boldsymbol{s}}=\Phi^{\mathrm{H}}\boldsymbol{s}$$

并指出，在很多实际应用中，变换结果 $\tilde{\boldsymbol{s}}$ 是稀疏的。公平地说，处理底层模型稀疏性的大多数正统方法都是考虑 $\|\Phi^{\mathrm{H}}\boldsymbol{s}\|_0$，因此，如果我们想估计 $\boldsymbol{s}$，一个非常自然的方法是将相关的优化任务转换为

$$\begin{aligned}&\min_{\boldsymbol{s}}\quad \left\|\Phi^{\mathrm{H}}\boldsymbol{s}\right\|_0\\&\text{满足}\quad \boldsymbol{y}=X\boldsymbol{s}\ \text{或}\ \|\boldsymbol{y}-X\boldsymbol{s}\|_2^2\leqslant\epsilon\end{aligned}\tag{10.28}$$ 510

约束条件依赖于通过感知矩阵 X 得到的测量值是精确的还是带噪声。严格地说，例 10.1 中用到的总变差最小化方法也可纳入这种分析模型，因为是对图像的梯度变换的 ℓ_1 范数进行最小化。

式(10.28)中给出的两个优化任务都基于假设“信号具有*稀疏分析表示*”。这带来的一个显然的问题是，式(10.28)中的优化任务与式(9.38)或式(9.39)中的优化任务有什么不同。最早尝试阐明此问题的工作出现在[51]中。其中指出，虽然两个任务有关联，但一般而言是不同的。而且，它们的性能是否相当依赖于具体解决什么问题。但是，公平地说这是一个新的研究领域，更多确定的结论当前还在发展当中。例如，让我们考虑字典对应一个规范正交转换矩阵(如 DFT)的情况，可以得到一个容易的答案。在这种情况下，我们已经知道分析矩阵和综合矩阵是相关的

$$\Phi=\Psi=\Psi^{-\mathrm{H}}$$

这令前面描述的两种方法变为等价的。实际上，对这样一个变换，我们有

$$\underbrace{\tilde{\boldsymbol{s}}=\Phi^{\mathrm{H}}\boldsymbol{s}}_{\text{分析}}\quad\Leftrightarrow\quad\underbrace{\boldsymbol{s}=\Phi\tilde{\boldsymbol{s}}}_{\text{综合}}$$

将最后一个公式代入式(10.28)中，再将 $\boldsymbol{\theta}$ 替换为 $\boldsymbol{s}$，很容易就得到了式(9.38)或式(9.39)中的任务。但是，这一推导过程不能扩展至过完备字典的情况，那种情况下，两个优化任务可能得到不同的解。

前面的讨论关注基于综合或分析的稀疏表示间的性能对比，这不仅有“哲学”价值。在实践中已证明，通常特定过完备字典的性质不允许使用基于综合的方法。在很多实例中，过完备字典的列表现出高度的依赖，即矩阵的相干性(9.6.1 节中定义)值很大。这种过完备字典的典型例子包括伽柏框架、曲线波框架以及过采样 DFT。在一些应用中，使用这种字典会增强性能(参见[111, 112])。我们以熟悉的 DFT 变换为例。在此变换中，用采集的指数正弦曲线表示信号样本，其积分频率是 $2\pi/l$ 的倍数，即

$$\boldsymbol{s}:=\begin{bmatrix}s_1\\s_2\\\vdots\\s_{l-1}\end{bmatrix}=\sum_{i=0}^{l-1}\tilde{s}_i\boldsymbol{\psi}_i\tag{10.29}$$

其中 $\tilde{s}_i$ 是 DFT 系数，$\boldsymbol{\psi}_i$ 是频率等于 $2\pi i/l$ 的正弦曲线，即 511

$$\boldsymbol{\psi}_i=\begin{bmatrix}1\\\exp\left(-j\frac{2\pi}{l}i\right)\\\vdots\\\exp\left(-j\frac{2\pi}{l}i(l-1)\right)\end{bmatrix}\tag{10.30}$$

但这不一定是最高效的表示方式。例如，信号很可能不仅由积分频率组成，也不只是这种信号才能使用 DFT 基得到稀疏表示。一般更常见的情况下，在 DFT 基的频率间还存在其他频率，可得到非稀疏的表示。使用这些额外频率，可得到信号频率更好的表示方式。但是，在这种字典中，原子不再是线性无关的，各自(字典)矩阵的相干性增大。

一旦字典展现出高相干性，就无法找到一个感知矩阵 X，令 $X\Psi$ 满足 RIP 条件。回忆一下，稀疏感知学习的核心是稳定嵌入概念，通过投影到低维空间能实现向量/信号的恢复；能满足所有相关条件(如 RIP)。但是，高度相干的字典是不可能实现稳定嵌入的。我们举一个极端的例子，第一个原子和第二个原子相等。则不存在感知矩阵 X 能实现信号恢复，将向量$[1,0,\cdots,0]^{\mathrm{T}}$和$[0,1,0,\cdots,0]^{\mathrm{T}}$区分开来。那么我们是否就可以得出结论，对于高度相干的过完备字典，压缩感知技术是无用的呢？幸运的是，答案并非如此。毕竟，压缩感知的目标是恢复信号 $\boldsymbol{s}=\Psi\boldsymbol{\theta}$ 而不是在综合模型表示中识别出稀疏向量 $\boldsymbol{\theta}$。后者不过是实现目标的一种方法而已。若使用一个较小的测量样本集，对于高度相干的字典无法保证唯一恢复 $\boldsymbol{\theta}$，这并不会对 $\boldsymbol{s}$ 的恢复带来任何问题。我们考虑分析模型方法，即可迂回前进。

10.5.1　相干字典表示的稀疏信号的压缩感知

在本节中，我们的目标是，对于使用冗余且相干的字典进行稀疏表示，且与信号相关的测量值较少的情况下，建立保证信号恢复的条件。令可用的字典是一个紧框架 Ψ(参见本章附录，可从本书网站上下载)。则信号向量可写为

$$\boldsymbol{s}=\Psi\boldsymbol{\theta} \tag{10.31}$$

其中假定 $\boldsymbol{\theta}$ 是 k-稀疏的。回忆一下附录中总结的紧框架的性质，展开式(10.31)中的系数可写为$\langle\boldsymbol{\psi}_i,\boldsymbol{s}\rangle$，对应的向量为

512
$$\boldsymbol{\theta}=\Psi^{\mathrm{T}}\boldsymbol{s}$$

因为紧框架是自对偶的。则与式(9.39)中的综合方法对应的分析方法可转换为

$$\begin{aligned}&\min_{\boldsymbol{s}}\quad \left\|\Psi^{\mathrm{T}}\boldsymbol{s}\right\|_1\\&\text{满足}\quad \|\boldsymbol{y}-X\boldsymbol{s}\|_2^2\leqslant\epsilon\end{aligned} \tag{10.32}$$

现在目标就变为探究这个凸优化任务解的精确性。已证明，第 9 章中研究的类似的针对综合方法的强定理对此问题也成立。

定义 10.1　令 Σ_k 为 Ψ 的所有 k 列子集张成的子空间的并。若对所有 $\boldsymbol{s}\in\Sigma_k$ 下面条件成立，则感知矩阵 X 服从适合 Ψ 的受限的等距性质(Ψ-RIP)，参数为 δ_k

$$\boxed{(1-\delta_k)\|\boldsymbol{s}\|_2^2\leqslant\|X\boldsymbol{s}\|_2^2\leqslant(1+\delta_k)\|\boldsymbol{s}\|_2^2:\quad \Psi-\text{RIP条件}} \tag{10.33}$$

子空间的并 Σ_k 为所有 k-稀疏向量在 Ψ 下的像。这是此定义与 9.7.2 节中给出的 RIP 定义的区别。可证明，如果给定观测值数目 N 的阶至少为 $k\ln(l/k)$，本章之前讨论的所有随机矩阵都以压倒性的概率满足这种形式的 RIP。我们现在已经准备好为 ℓ_1 最小化任务建立主要定理。

定理 10.2　令 Ψ 是任意紧框架，对某个正数 k，X 是一个满足 Ψ-RIP 的感知矩阵，参数为 $\delta_{2k}\leqslant 0.08$。则式(10.32)中最小化任务的解 $\boldsymbol{s}_*$ 满足如下性质

$$\|\boldsymbol{s}-\boldsymbol{s}_*\|_2\leqslant C_0k^{-\frac{1}{2}}\left\|\Psi^{\mathrm{T}}\boldsymbol{s}-(\Psi^{\mathrm{T}}\boldsymbol{s})_k\right\|_1+C_1\sqrt{\epsilon} \tag{10.34}$$

其中 C_0 和 C_1 是依赖于 δ_{2k} 的常数，且$(\Psi^{\mathrm{T}}\boldsymbol{s})_k$ 表示 $\Psi^{\mathrm{T}}\boldsymbol{s}$ 的最佳 k-稀疏近似，它是通过将 $\Psi^{\mathrm{T}}\boldsymbol{s}$ 的最大 k 个大小分量之外所有分量都设置为 0 而得到的。

式(10.34)中的界与式(9.36)中给出的界是相对应的。换句话说，定理 10.2 指出，若 $\Psi^{\mathrm{T}}\boldsymbol{s}$ 快速衰减，则可从很少的(与信号长度 l 相比)观测值重构出 $\boldsymbol{s}$。此定理最早在[25]中给出，这也是最早的能在一般场景下给出稀疏分析方法解的定理。

10.5.2 共稀疏性

在稀疏综合方法中，我们在子空间的并集中搜索解，这些子空间是由字典 Ψ 的所有可能的 k 列组合形成的。我们的信号向量位于其中一个子空间中——张成此子空间的那些列的索引都在支撑集中(参见 10.2.1 节)。在稀疏分析方法中，情况就不同了。起始点是变换向量 $\tilde{\boldsymbol{s}}:=\Phi^{\mathrm{T}}\boldsymbol{s}$ 的稀疏性，其中 Φ 定义了变换矩阵或分析算子。因为我们假定 $\tilde{\boldsymbol{s}}$ 是稀疏的，因此存在一个索引集 $\mathcal{I}$，使得 $\forall i\in\mathcal{I}$，$\tilde{s}_i=0$。换句话说，$\forall i\in\mathcal{I}$，$\boldsymbol{\phi}_i^{\mathrm{T}}\boldsymbol{s}:=\langle\boldsymbol{\phi}_i,\boldsymbol{s}\rangle=0$， 513
其中 $\boldsymbol{\phi}_i$ 表示 Φ 的第 i 列。因此，$\boldsymbol{s}$ 所在的子空间为 Φ 的那些对应变换向量 $\tilde{\boldsymbol{s}}$ 中 0 元素的列形成的子空间的正交补。现在假定 $\mathrm{card}(\mathcal{I})=C_o$，则可通过搜索 Φ 的所有可能的 C_o 列组合形成的子空间的正交补来识别出信号 $\boldsymbol{s}$，即

$$\langle\boldsymbol{\phi}_i,\boldsymbol{s}\rangle=0,\quad \forall i\in\mathcal{I}$$

图 10.12 显示了综合和分析方法的差异。为了方便对这些新设定进行理论处理，[92]中引入了共稀疏性(cosparsity)的概念。

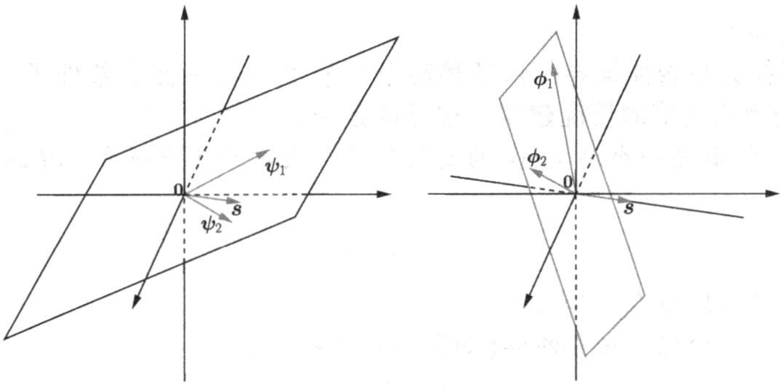

图 10.12　搜索稀疏向量 $\boldsymbol{s}$。a) 在综合模型中，稀疏向量位于字典 Ψ 的 k(本例中 $k=2$)列组合形成的子空间中。b) 在分析模型中，稀疏向量位于变换矩阵 Φ 的 C_o(本例中 $C_o=2$)列形成的子空间的正交补中

定义 10.2　一个信号 $\boldsymbol{s}\in\mathbb{R}^l$ 相对于一个 $p\times l$ 矩阵 Φ^{T} 的共稀疏性定义为

$$C_o:=p-\left\|\Phi^{\mathrm{T}}\boldsymbol{s}\right\|_0 \tag{10.35}$$

即共稀疏性是得到的变换向量 $\tilde{\boldsymbol{s}}=\Phi^{\mathrm{T}}\boldsymbol{s}$ 中零的数目；与之相对，稀疏性衡量的是对应稀疏向量非零元素的数目。如果我们假定 Φ 是“满 spark 的”㊀，即其 spark 值为 $l+1$，则 Φ 的任意 l 列以及等价的 Φ^{T} 的任意 l 行都保证是无关的。这意味着对于这种矩阵，共稀疏性能取得的最大值等于 $C_o=l-1$。否则，由于存在 l 个零，必然对应一个零信号向量。如果放松满 spark 的要求，更高的共稀疏性水平是可能达到的。

现在我们用 C_o 表示信号相对于矩阵 Φ^{T} 的共稀疏性。则为了从向量隐藏的子空间中挖掘出信号，我们必须列举 Φ 所有可能的 C_o 列组合，并在它们的正交补中进行搜索。对 514

㊀　回忆一下定义 9.2，spark(Φ)是对一个满秩的 $l\times p$($p\leqslant l$)矩阵 Φ 定义的。

于 Φ 满秩的情况，我们已经看到 $C_o<l$，因而 Φ 的任意 C_o 列都是线性无关的。换句话说，这些列跨越的维度为 C_o。因此，我们在其中搜索 $\boldsymbol{s}$ 的正交补的维数为 $l-C_o$。

到目前为止我们已经积累了足够的信息来精心加强我们关于综合和分析任务的命题。我们考虑一个使用 $l\times p$ 字典的综合任务，并令 k 为用此字典得到的信号展开形式的稀疏性水平。搜索解的子空间的维数为 k(假定 k 小于对应矩阵的 spark 值)。我们在分析任务中搜索解时保持子空间为相同维数。因此，在本例中 $C_o=l-k$(假定矩阵是满 spark 的)。而且，为了进行比较，假定分析矩阵大小为 $p\times l$。为了求解综合任务，我们必须搜索 $\binom{p}{k}$ 个子空间，而求解分析任务需要搜索 $\binom{p}{C_o=l-k}$ 个子空间。这是两个不同的数值；假定 $k\ll l$ 且 $l<p/2$，这对过完备字典来说是很自然的假设，则后一个数值远远大于前一个(用你的计算机算几个典型值)。换句话说，分析任务比综合任务有多得多的低维子空间要搜索。低维子空间的巨大数量令分析模型中用算法恢复解成为非常困难的任务[92]。但分析模型比综合模型具有更强的描述能力。

下面讨论的另一个有趣的方面凸显了两种方法的差异。假定综合矩阵和分析矩阵是关联的 $\Phi=\Psi$，紧框架就是如此。在此假设下，对于用 $\Phi=\Psi$ 的原子表示的合成展开，Φ_s^{T} 提供了一组系数。而且，若 $\|\Phi^{\mathrm{T}}\boldsymbol{s}\|_0=k$，则 Φ_s^{T} 是综合模型一个可能的 k-稀疏解，但并不保证它是最稀疏的那个。

现在是时候探究是否能推导出保证稀疏分析模型解唯一性的条件了。答案是肯定的，[92]中已经对精确测量值的情况建立了这样的条件。

引理 10.1　令 Φ 是一个满 spark 的变换矩阵。则对于几乎所有 $N\times l$ 的感知矩阵和 $N>2(l-C_o)$，方程

$$\boldsymbol{y}=X\boldsymbol{s}$$

至多有一个稀疏性至少为 C_o 的解。

此引理保证了下面优化任务的解(如果有)的唯一性

$$\begin{aligned}\min_{\boldsymbol{s}}\quad & \|\Phi^{\mathrm{T}}\boldsymbol{s}\|_0\\ \text{满足}\quad & \boldsymbol{y}=X\boldsymbol{s}\end{aligned}\tag{10.36}$$

但是，这个 ℓ_0 最小化任务的求解很困难，我们知道对应的综合问题已经被证明一般而言是 NP-难的。进行松弛，可得凸优化任务——ℓ_1 最小化

515

$$\begin{aligned}\min_{\boldsymbol{s}}\quad & \|\Phi^{\mathrm{T}}\boldsymbol{s}\|_1\\ \text{满足}\quad & \boldsymbol{y}=X\boldsymbol{s}\end{aligned}\tag{10.37}$$

在[92]中，推导了保证 ℓ_0 和 ℓ_1 任务(分别在式(10.36)和式(10.37)中)等价的条件；证明方法类似用于稀疏综合模型的方法。而且，[92]中还推出了一个贪心算法，它是受到了 10.2.1 节中讨论的正交匹配追踪方法的启发。适用于共稀疏模型的类贪心算法的深入研究请参考[62]。[103]中提出了一种迭代分析阈值法并在理论上对其进行了研究。其他在分析模型框架下求解 ℓ_1 优化问题的算法可在[21，49，108]等中找到。NESTA 也可用于分析方法。此外，对于服从共稀疏分析模型的算法，影响其性能的一个方面是分析矩阵 Φ 的选择。已证明，使用固定的预定义矩阵不总是最佳选择。作为一种有希望的替代方法，可使用可用数据学习出针对问题定制的分析矩阵(参考[106，119]等)。

10.6 实例研究：时频分析

本节的目标是展示如何将前面给出的理论结果应用于实际应用场景。稀疏建模已经用于几乎所有领域。因此选取一个典型应用并不那么简单。我们倾向于关注一个少些“宣传意味”的应用——分析蝙蝠发出的回声测距信号。但是，分析是在时频表示框架下进行的，这是一个对压缩感知理论的发展有重要启发作用的研究领域。信号的时频分析是一个已有几十年历史的火热研究领域，它也是最强有力的信号处理工具之一。其典型应用包括音频处理、声呐探测、通信、生物信号以及脑电图处理等(可参考[13, 20, 57]等)。

10.6.1 伽柏变换和框架

我们的目的不是给出伽柏变换背后的理论。我们的目标是简述一些基本概念，并用它们作为工具帮助不熟悉的读者更好地理解如何使用冗余字典以及其潜在的性能收益。

伽柏变换是 20 世纪 40 年代中期由匈牙利籍英国裔工程师丹尼斯·伽柏(1900—1979)提出的。他最著名的科学成就是发明了全息摄影，他因此获得了 1971 年诺贝尔物理学奖。

伽柏变换的离散版本可看作短时傅里叶变换(Short Time Fourier Transform, STFT)的一种特殊情况(可参见[57, 87]等)。在标准 DFT 变换中，一个时间序列的全长——包含 l 个样本——被“一口气”地使用来计算对应的频率成分。但是，频率成分可能随时间变化，因此 DFT 提供的平均信息可能没多大用处。伽柏变换(以及一般情况下的 STFT)引入了时间定位，具体方法是使用窗口函数，沿着时间线上的信号段滑动，在每个时刻聚焦于信号的不同部分。这种方法令我们能追踪发生在频率域中的缓慢时间变化。伽柏变换中的时间定位是通过一个高斯窗口函数实现的，即

$$g(n) := \frac{1}{\sqrt{2\pi\sigma^2}} \exp\left(-\frac{n^2}{2\sigma^2}\right) \tag{10.38}$$ 516

图 10.13a 显示了高斯窗口 $g(n-m)$，它的中心在时刻 m。我们稍后讨论如何选择窗口延展因子 σ。

我们现在构造伽柏字典的原子。回忆一下式(10.29)中用 DFT 表示信号的情况，每个频率只用对应的采样正弦曲线表达一次，如式(10.30)。在伽柏变换中，每个频率则是出现 l 次；对应的采样正弦曲线要与高斯窗口序列相乘，每个时刻移动一个样本。因此，在第 i 个频率箱子中有 l 个原子 $g^{(m,i)}, m=0,1,\cdots,l-1$，每个原子按如下公式得到

$$g^{(m,i)}(n) = g(n-m)\psi_i(n), \quad n,m,i=0,1,\cdots,l-1 \tag{10.39}$$

其中 $\psi_i(n)$ 是式(10.30)中向量 $\boldsymbol{\psi}_i$ 的第 n 个元素。这导致一个包含 l 维空间中 l^2 个原子的过完备字典。图 10.13b 显示了不同正弦曲线与具有不同延展和时延的高斯脉冲相乘的效果。图 10.14 给出的是伽柏字典中包含的原子的图形化解释。在这个时频图中，每个节点 (m,i) 对应一个频率等于 $2\pi i/l$、延迟等于 m 的原子。

注意，对一个有限时长的信号划分窗口不可避免地会引入边界效应，特别是当延迟 m 接近时间段边界 0 和 $l-1$ 时。一种便于理论分析的解决方案是在边界点使用模 l 计算进行回绕(这等价于周期性扩展信号)，可参考[113]。

一旦定义了原子，它们可一个接一个地堆叠形成 $l \times l^2$ 大小的伽柏字典 G 的列。可证明，伽柏字典是一个紧框架[125]。

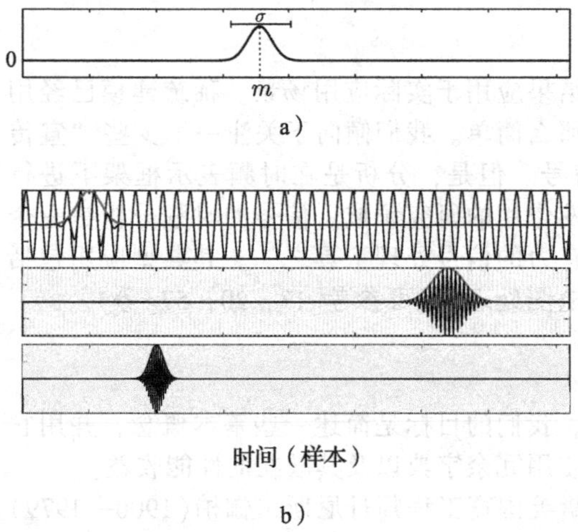

图 10.13　a) 延展因子为 σ 的高斯窗口，中心位于时刻 m。b) 用三个不同的正弦曲线开窗口，在具有不同延展、应用在不同时刻的高斯窗口中得到的脉冲

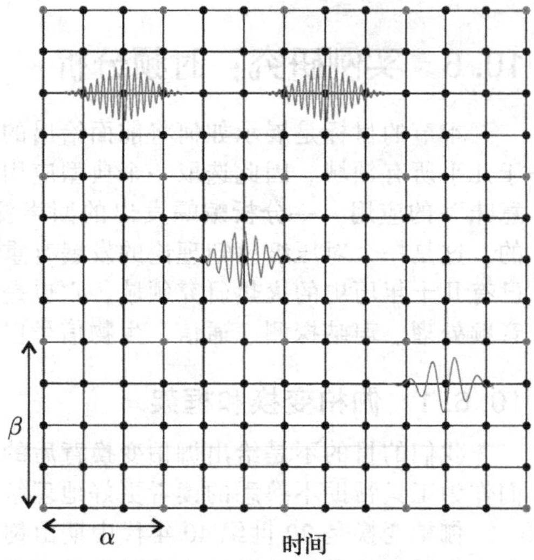

图 10.14　伽柏字典的每个原子对应时频网格中一个节点。即它表示一个采样窗口的正弦曲线，其频率和时间由节点的坐标给出。在实践中，可采用因子 α 和 β（分别用于两个坐标轴）对此网格进行二次抽样，来减少涉及的原子数

10.6.2　时频分辨率

517 由伽柏字典的定义，容易理解窗口延展因子 σ 的选择必然是一个关键因素，因为它控制了时间位置。从我们了解的傅里叶变换基本知识可知，当脉冲变短时，为了增大时间分辨率，需延展其对应的频率成分，反之亦然。根据海森堡理论，我们知道永远不可能同时达到高时间分辨率和高频率分辨率，达到一个目标就意味着以牺牲另一个目标为代价。在这里我们将论证伽柏变换中高斯形状的合理性。可证明，高斯窗口提供了时间和频率分辨率之间最优权衡[57, 87]。图 10.15 显示了时频分辨率权衡，图中有三条正弦曲线，用不同的脉冲持续时间划分了窗口。图中还显示了时频对应的延展。σ_t 的值表示时间延展，σ_f 表示频率成分在正弦曲线基本频率周围的延展。

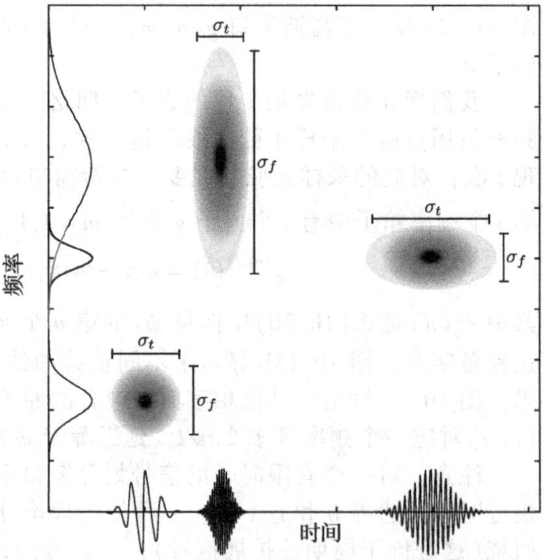

图 10.15　脉冲（窗口）正弦曲线时间上的宽度越短，其频率成分围绕正弦曲线频率的延展就更宽。沿频率轴的类高斯曲线表明能量在对应脉冲的频率方向延展。σ_t 和 σ_f 的值分别表示时间和频率上的延展

10.6.3　伽柏框架

在实践中，l^2 的值可能很大，我们需要看一下是否能在不牺牲框架相关特性的情况下减少包含的原子数目。通过恰当的二次抽样可实现这一点，如图 10.14 所示。我们只保留对应灰色节

点的原子。即二次抽样中时间轴上每 α 个节点保留一个，频率轴上每 β 个节点保留一个，来构成字典，即

$$G_{(\alpha,\beta)}=\{\boldsymbol{g}^{(m\alpha,i\beta)}\},\quad m=0,1,\cdots,\frac{l}{\alpha}-1,\ i=0,1,\cdots,\frac{l}{\beta}-1$$ 518

其中 α 和 β 都能整除 l。则可证明(可参考[57])，若 $\alpha\beta<l$，得到的字典保持其框架性质。一旦得到了 $G_{(\alpha,\beta)}$，就很容易从式(10.47)(调整为适用于复数数据)得到规范对偶框架，从而得到对应的展开系数集 $\boldsymbol{\theta}$。

10.6.4 蝙蝠发出的回声定位信号的时频分析

蝙蝠利用回声定位进行导航(在夜里飞来飞去)、发现猎物(小昆虫)以及靠近和捕获猎物。每只蝙蝠会自适应地改变其发出呼叫的形状和频率成分，以更好地完成上述任务。声呐系统也是以类似的方式使用回声定位。蝙蝠在飞行中发出呼叫，并“倾听”回声来为周围环境建立一个声波地图。通过这种方法，蝙蝠可以推断出障碍物和其他飞行生物/昆虫的距离和大小。而且，所有蝙蝠都能发出特殊类型的呼叫，被称为社交呼叫，用于交往、挑情等。不同物种的回声定位呼叫的基本特性是不同的，例如频率范围和平均持续时间都不同，感谢进化，蝙蝠的呼叫已经调整得更适合其生存的环境。

回声定位呼叫的时频分析提供了关于物种(物种识别)和蝙蝠在特定环境中的特定任务/行为的信息。而且对蝙蝠的生物声呐系统进行了研究，以便人类更多地了解大自然，并对声呐导航系统、雷达、医学超声设备的进一步发展提供启发。 519

图 10.16 显示了一个蝙蝠回声定位信号记录实例。图中放大了信号的两个不同部分，我们可以观察到频率是随时间变化的。图 10.17 显示了信号的 DFT，但从中得不到很多信息，只能看出信号在频域是可压缩的；大多数活动发生在一个很短的频率范围内。

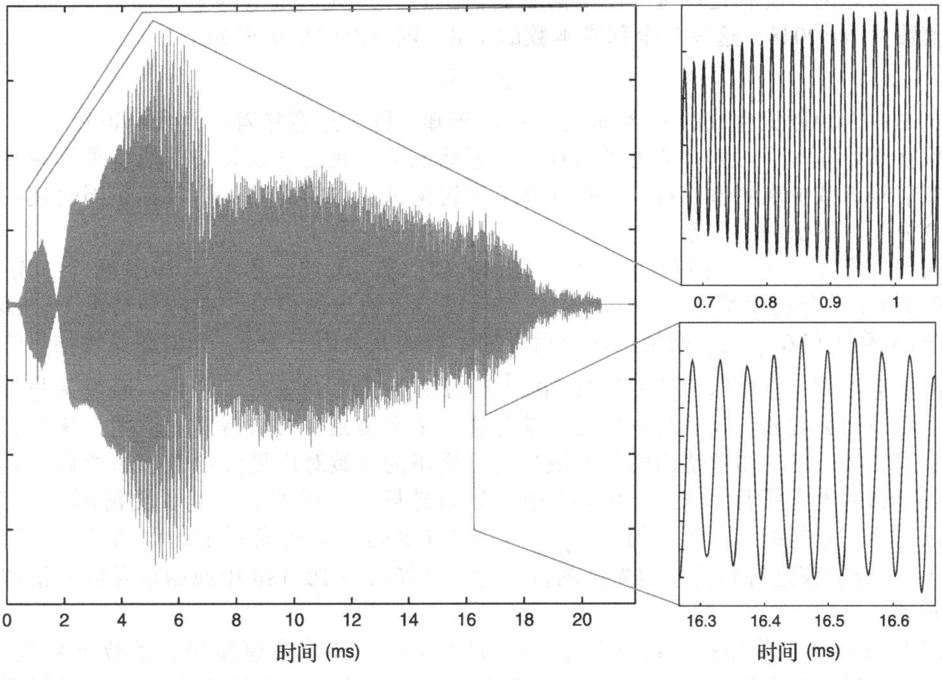

图 10.16　记录的回声定位信号。信号的频率随时间变化，通过集中于信号的两个不同部分可以看到这一点

我们的回声定位信号是一个总长 $T=21.845\text{ms}$ 的信号[75]。样本是以 $f_s=750\text{kHz}$ 的采样频率采集的，因此总共有 $l=16\,384$ 个样本。虽然信号本身在时间域内不是稀疏的，但我们可利用它在转换域中是稀疏的这一事实。我们假定用伽柏字典展开的信号是稀疏的。

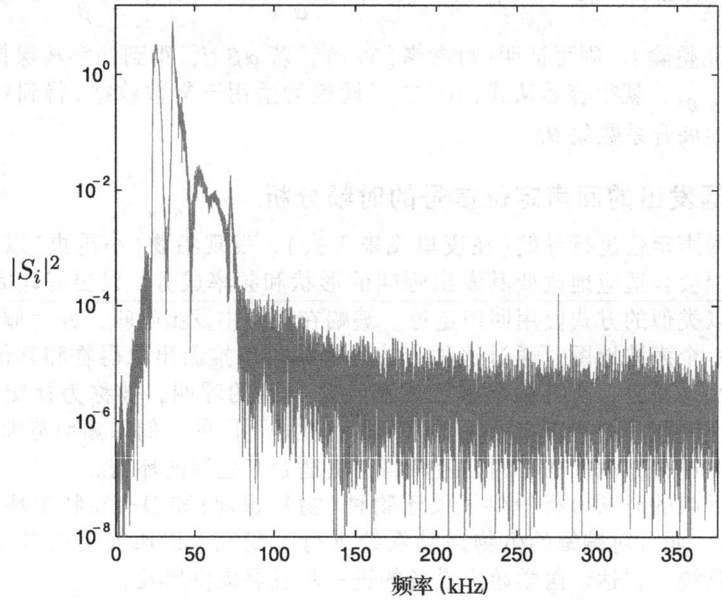

图 10.17　DFT 变换系数 S_i 的能量图。可以观察到，大部分的频率活动都发生在一段很短的频率范围内

在本例中我们的目标是展示我们并不真的需要全部 16 384 个样本来进行时频分析；利
520 用压缩感知理论，所有处理可在更少的观测值上进行。为了形成测量值向量 $\boldsymbol{y}$，我们选定观测值数目 $N=2048$，这只是全部样本数的 1/8。观测值向量形成如下

$$\boldsymbol{y}=X\boldsymbol{s}$$

其中 X 是一个由随机生成的±1 组成的 $N\times l$ 的感知矩阵。这意味着一旦我们得到了 $\boldsymbol{y}$，就无须再保存原始样本了，从而节省了内存。理想情况下，我们可以欠奈奎斯特采样率直接采样模拟信号来减少观测值数目，这在 9.9 节中讨论过。本例的另一个目标是同时使用分析和综合模型，展示它们的差异。

我们计算了三个不同的光谱图。图 10.18b 和 10.18c 显示了其中两个，分别是式(10.37)中的分析模型和式(9.37)中的综合模型重构出的信号。在两种情况下，都使用了 NESTA 算法和 $G_{(128,64)}$ 框架。注意后者的字典的冗余因子为 2。光谱图是将结果绘制在时频网格上得到的，根据系数的能量 $|\theta|^2$ 对每个节点 (t,i) 进行了着色，系数是与伽柏字典中的原子相关联的。我们对重构出的信号进行了全伽柏变换来得到光谱图，这是为了更好地覆盖时频网格。图中使用的是对数尺度，更暗的区域对应更大的值。原始信号经伽柏变换后得到的光谱图显示在图 10.18d 中。显而易见，分析模型得到了更清晰的光谱图，
521~522 更接近原始信号的结果。当使用 $G_{(64,32)}$ 框架时(这是一个高度冗余的伽柏字典，包含 $8l$ 个原子)，分析模型得到信号的光谱图在视觉上已经与图 10.18d 中原始信号的光谱图难以区分开了。

图 10.18a 是按降序排序的伽柏变换系数大小图。在综合模型中，系数下降快得多，从这个角度讲，综合模型提供了一种更稀疏的表示。第三条曲线给出的是对偶框架矩阵 $\tilde{G}_{(128,64)}$ 与原始信号样本向量直接相乘的结果，用来对比。

最后，好奇的读者可能想知道图 10.18d 中的曲线究竟意味着什么。A 所表示的呼叫

都属于伏翼属(!)，B 或是社交呼叫或属于其他物种。信号 C 是信号 A 的回声。C 在时间上很大的延展表明处于一个高反射性的环境中[75]。

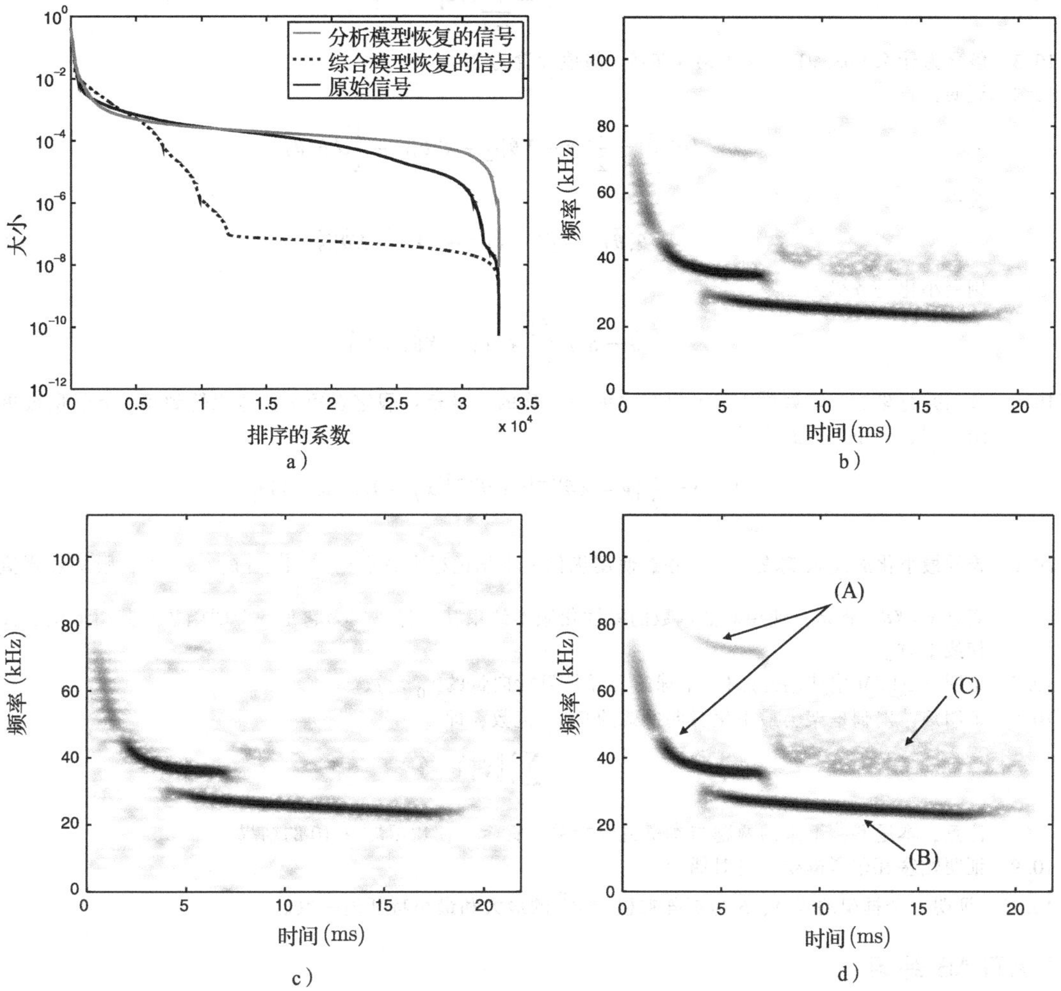

图 10.18　a) 降序排序的系数大小图，是用 $G_{(128,64)}$ 伽柏框架展开的结果。结果分别对应分析模型和综合模型。第三条曲线对应直接分析原始向量的情况，方法是将其投影到对偶框架上。b) 和 c) 分别为分析模型和综合模型得到的光谱图。d) $G_{(64,32)}$ 框架下分析模型得到的光谱图。对所有三种情况，使用的观测值的数目都是信号样本总数的 1/8。A、B、C 指示信号的不同部分，将在下文中解释

习题

10.1　对贪心算法，证明其中选择感知矩阵中与当前误差向量 $\boldsymbol{e}^{(i-1)}$ 相关性最大的列的步骤等价于选择能减小误差向量 ℓ_2 范数的列。提示：前一步中得到的所有参数都是固定的，因此优化是针对新的列及其对应的参数向量估计中的加权系数的。

10.2　证明命题：如果线性方程组 $\boldsymbol{y}=X\boldsymbol{\theta}$ 有一个稀疏解使得

$$k_0=||\boldsymbol{\theta}||_0<\frac{1}{2}\left(1+\frac{1}{\mu(X)}\right)$$

其中 $\mu(X)$ 是 X 的互相干值，则贪心算法中的列选择过程会总是选择 X 的活跃列中对应 $\boldsymbol{\theta}$ 支撑集的

那列，即参与了用 X 的列表示 $\mathbf{y}$ 的那些列。提示：假定

$$\mathbf{y}=\sum_{i=1}^{k_0}\theta_i\mathbf{x}_i^c$$

10.3　解释为什么 CoSaMP 算法中第 4 步将 t 的值设置为 $2k$。

10.4　证明，若

$$J(\boldsymbol{\theta},\tilde{\boldsymbol{\theta}})=\frac{1}{2}||\mathbf{y}-X\boldsymbol{\theta}||_2^2+\lambda||\boldsymbol{\theta}||_1+\frac{1}{2}d(\boldsymbol{\theta},\tilde{\boldsymbol{\theta}})$$

其中

$$d(\boldsymbol{\theta},\tilde{\boldsymbol{\theta}}):=c||\boldsymbol{\theta}-\tilde{\boldsymbol{\theta}}||_2^2-||X\boldsymbol{\theta}-X\tilde{\boldsymbol{\theta}}||_2^2$$

则最小化任务得到

523

$$\hat{\boldsymbol{\theta}}=S_{\lambda/c}\left(\frac{1}{c}X^{\mathrm{T}}(\mathbf{y}-X\tilde{\boldsymbol{\theta}})+\tilde{\boldsymbol{\theta}}\right)$$

10.5　证明并行坐标下降算法的基本递归过程是正确的。提示：假定在第 i 步迭代轮到第 j 个分量被更新，则会最小化下面式子：

$$J(\theta_j)=\frac{1}{2}||\mathbf{y}-X\boldsymbol{\theta}^{(i-1)}+\theta_j^{(i-1)}\mathbf{x}_j-\theta_j\mathbf{x}_j||_2^2+\lambda|\theta_j|$$

10.6　推导最小化加权 ℓ_1 球的迭代方法，使用优化最小化过程来最小化 $\sum_{i=1}^{l}\ln(|\boldsymbol{\theta}_i|+\epsilon)$，服从观测值集合 $\mathbf{y}=X\boldsymbol{\theta}$。提示：使用对数函数的线性化版本约束其上界，因为它是一个凹函数且其图形位于其切线下方。

10.7　证明 SpAPSM 中使用的加权 ℓ_1 球的上界是目标向量的 ℓ_0 范数。

10.8　证明规范对偶框架会最小化对偶框架的总 ℓ_2 范数，即

$$\sum_{i\in\mathcal{I}}\|\tilde{\boldsymbol{\psi}}_i\|_2^2$$

注意，本题和接下来的两题与本章目录相关。提示：使用习题 9.10 的结果。

10.9　证明帕塞瓦尔紧框架是自对偶的。

10.10　证明一个框架的界 A、B 与矩阵乘积 $\Psi\Psi^{\mathrm{T}}$ 的最大和最小特征值一致。

MATLAB 练习

10.11　构造一个多频声信号，包含样本

$$\theta_n=\sum_{j=1}^{3}a_j\cos\left(\frac{\pi}{2N}(2m_j-1)n\right),n=0,\cdots,l-1$$

其中 $N=30$、$l=2^8$、$\mathbf{a}=[0.3,\ 1,\ 0.75]^{\mathrm{T}}$、$\mathbf{m}=[4,\ 10,\ 30]^{\mathrm{T}}$。(a)在时间和频率域中绘制此信号(使用 MATLAB 函数“fft.m”计算傅里叶变换)。(b)构造一个 30×2^8 的感知矩阵，其元素从一个正态分布 $\mathcal{N}(0,1/\sqrt{N})$ 中抽取，基于这些观测值采用 ℓ_1 最小化恢复 $\boldsymbol{\theta}$，可使用“solvelasso.m”(参见 MATLAB 练习 9.21)。(c)构造一个 30×2^8 的感知矩阵，每行只包含一个非零分量，其值为 1。而且，每列最多有一个非零分量。观察此感知矩阵与 $\boldsymbol{\theta}$ 的乘积只会挑选出 $\boldsymbol{\theta}$ 中的特定分量(那些对应采样矩阵每行中非零值位置的分量)。证明通过求解对应的 ℓ_1 最小化任务，如(b)那样，则使用这样一个稀疏感知矩阵(仅包含 30 个非零分量!)能精确恢复 $\boldsymbol{\theta}$。观察未知向量 $\boldsymbol{\theta}$ 在频率域中是稀疏的，解释为什么用特定稀疏感知矩阵能成功恢复。

524　10.12　实现 OMP 算法(参见 10.2.1 节)和 CSMP 算法(参见 10.2.1 节)，设置 $t=2k$。假定一个压缩感知系统使用正态分布的感知矩阵。(a)对 $\alpha=N/l=0.2$,$\beta=k/N$ 从集合 $\{0.1,0.2,0.3,\cdots,1\}$(你自己选择符合此推荐设置的信号和感知矩阵)，比较两个算法。(b)对 $\alpha=0.8$ 重做实验。多次重复实验，用很多不同的 α 值($0\leqslant\alpha\leqslant1$)来估计相变图(如图 10.4 所示的相变图)，观察结果。(c)在测量值

被对应 20 分贝信噪比的噪声污染的情况下重做(a)和(b)。

10.13 从本书配套网站下载 MATLAB 脚本 “MRIcs.m”，运行它重现图 10.9 的 MRI 重构实验。

10.14 从本书配套网站下载 MATLAB 脚本 “BATcs.m”，运行它重现图 10.18 的蝙蝠回声定位时频分析实验。

参考文献

[1] M.G. Amin (Ed.), Compressive Sensing for Urban Radar, CRC Press, 2014.

[2] M.R. Andersen, Sparse Inference Using Approximate Message Passing, MSc Thesis, Technical University of Denmark, Department of Applied Mathematics and Computing, 2014.

[3] D. Angelosante, J.A. Bazerque, G.B. Giannakis, Online adaptive estimation of sparse signals: where RLS meets the ℓ_1-norm, IEEE Trans. Signal Process. 58 (7) (2010) 3436–3447.

[4] M. Asif, J. Romberg, Dynamic updating for ℓ_1 minimization, IEEE J. Sel. Top. Signal Process. 4 (2) (2010) 421–434.

[5] M. Asif, J. Romberg, On the LASSO and Dantzig selector equivalence, in: Proceedings of the Conference on Information Sciences and Systems, CISS, Princeton, NJ, March 2010.

[6] F. Bach, Optimization with sparsity-inducing penalties, Found. Trends Mach. Learn. 4 (2012) 1–106.

[7] F. Bach, R. Jenatton, J. Mairal, G. Obozinski, Structured sparsity through convex optimization, Stat. Sci. 27 (4) (2012) 450–468.

[8] S. Bakin, Adaptive Regression and Model Selection in Data Mining Problems, PhD Thesis, Australian National University, 1999.

[9] R. Baraniuk, V. Cevher, M. Wakin, Low-dimensional models for dimensionality reduction and signal recovery: a geometric perspective, Proc. IEEE 98 (6) (2010) 959–971.

[10] R.G. Baraniuk, V. Cevher, M.F. Duarte, C. Hegde, Model-based compressive sensing, IEEE Trans. Inf. Theory 56 (4) (2010) 1982–2001.

[11] A. Beck, M. Teboulle, A fast iterative shrinkage algorithm for linear inverse problems, SIAM J. Imaging Sci. 2 (1) (2009) 183–202.

[12] S. Becker, J. Bobin, E.J. Candès, NESTA: a fast and accurate first-order method for sparse recovery, SIAM J. Imaging Sci. 4 (1) (2011) 1–39.

[13] A. Belouchrani, M.G. Amin, Blind source separation based on time-frequency signal representations, IEEE Trans. Signal Process. 46 (11) (1998) 2888–2897.

[14] E. van den Berg, M.P. Friedlander, Probing the Pareto frontier for the basis pursuit solutions, SIAM J. Sci. Comput. 31 (2) (2008) 890–912.

[15] P. Bickel, Y. Ritov, A. Tsybakov, Simultaneous analysis of LASSO and Dantzig selector, Ann. Stat. 37 (4) (2009) 1705–1732.

[16] A. Blum, Random projection, margins, kernels and feature selection, in: Lecture Notes on Computer Science (LNCS), 2006, pp. 52–68.

[17] T. Blumensath, M.E. Davies, Iterative hard thresholding for compressed sensing, Appl. Comput. Harmon. Anal. 27 (3) (2009) 265–274.

[18] T. Blumensath, M.E. Davies, Sampling theorems for signals from the union of finite-dimensional linear subspaces, IEEE Trans. Inf. Theory 55 (4) (2009) 1872–1882.

[19] T. Blumensath, M.E. Davies, Normalized iterative hard thresholding: guaranteed stability and performance, IEEE Sel. Top. Signal Process. 4 (2) (2010) 298–309.

[20] B. Boashash, Time Frequency Analysis, Elsevier, 2003. 525

[21] J.F. Cai, S. Osher, Z. Shen, Split Bregman methods and frame based image restoration, Multiscale Model. Simul. 8 (2) (2009) 337–369.

[22] E. Candès, J. Romberg, T. Tao, Robust uncertainty principles: exact signal reconstruction from highly incomplete Fourier information, IEEE Trans. Inf. Theory 52 (2) (2006) 489–509.

[23] E.J. Candès, T. Tao, The Dantzig selector: statistical estimation when p is much larger than n, Ann. Stat. 35 (6) (2007) 2313–2351.

[24] E.J. Candès, M.B. Wakin, S.P. Boyd, Enhancing sparsity by reweighted ℓ_1 minimization, J. Fourier Anal. Appl. 14 (5) (2008) 877–905.

[25] E.J. Candès, Y.C. Eldar, D. Needell, P. Randall, Compressed sensing with coherent and redundant dictionaries, Appl. Comput. Harmon. Anal. 31 (1) (2011) 59–73.

[26] V. Cevher, P. Indyk, C. Hegde, R.G. Baraniuk, Recovery of clustered sparse signals from compressive measurements, in: International Conference on Sampling Theory and Applications, SAMPTA, Marseille, France, 2009.

[27] V. Cevher, P. Indyk, L. Carin, R.G. Baraniuk, Sparse signal recovery and acquisition with graphical models, IEEE Signal Process. Mag. 27 (6) (2010) 92–103.

[28] S. Chen, D.L. Donoho, M. Saunders, Atomic decomposition by basis pursuit, SIAM J. Sci. Comput. 20 (1) (1998) 33–61.

[29] S. Chouvardas, K. Slavakis, Y. Kopsinis, S. Theodoridis, A sparsity promoting adaptive algorithm for distributed learning, IEEE Trans. Signal Process. 60 (10) (2012) 5412–5425.
[30] S. Chouvardas, Y. Kopsinis, S. Theodoridis, Sparsity-aware distributed learning, in: A. Hero, J. Moura, T. Luo, S. Cui (Eds.), Big Data Over Networks, Cambridge University Press, 2014.
[31] P.L. Combettes, V.R. Wajs, Signal recovery by proximal forward-backward splitting, SIAM J. Multiscale Model. Simul. 4 (4) (2005) 1168–1200.
[32] P.L. Combettes, J.-C. Pesquet, Proximal splitting methods in signal processing, in: Fixed-Point Algorithms for Inverse Problems in Science and Engineering, Springer-Verlag, 2011.
[33] W. Dai, O. Milenkovic, Subspace pursuit for compressive sensing signal reconstruction, IEEE Trans. Inf. Theory 55 (5) (2009) 2230–2249.
[34] I. Daubechies, M. Defrise, C. De-Mol, An iterative thresholding algorithm for linear inverse problems with a sparsity constraint, Commun. Pure Appl. Math. 57 (11) (2004) 1413–1457.
[35] I. Daubechies, R. DeVore, M. Fornasier, C.S. Güntürk, Iteratively reweighted least squares minimization for sparse recovery, Commun. Pure Appl. Math. 63 (1) (2010) 1–38.
[36] I. Daubechies, A. Grossman, Y. Meyer, Painless nonorthogonal expansions, J. Math. Phys. 27 (1986) 1271–1283.
[37] M.A. Davenport, M.B. Wakin, Analysis of orthogonal matching pursuit using the restricted isometry property, IEEE Trans. Inf. Theory 56 (9) (2010) 4395–4401.
[38] R.A. DeVore, V.N. Temlyakov, Some remarks on greedy algorithms, Adv. Comput. Math. 5 (1996) 173–187.
[39] P. Di Lorenzo, A.H. Sayed, Sparse distributed learning based on diffusion adaptation, IEEE Trans. Signal Process. 61 (6) (2013) 1419–1433.
[40] D.L. Donoho, J. Tanner, Neighborliness of randomly-projected simplifies in high dimensions, in: Proceedings on National Academy of Sciences, 2005, pp. 9446–9451.
[41] D.A. Donoho, A. Maleki, A. Montanari, Message-passing algorithms for compressed sensing, Proc. Natl. Acad. Sci. USA 106 (45) (2009) 18914–18919.
[42] D.L. Donoho, J. Tanner, Counting the faces of randomly projected hypercubes and orthants, with applications, Discrete Comput. Geom. 43 (3) (2010) 522–541.
[43] D.L. Donoho, J. Tanner, Precise undersampling theorems, Proc. IEEE 98 (6) (2010) 913–924.
[44] D.L. Donoho, I.M. Johnstone, Ideal spatial adaptation by wavelet shrinkage, Biometrika 81 (3) (1994) 425–455.
[45] D. Donoho, I. Johnstone, G. Kerkyacharian, D. Picard, Wavelet shrinkage: asymptopia? J. R. Stat. Soc. B 57 (1995) 301–337.
[46] J. Duchi, S.S. Shwartz, Y. Singer, T. Chandra, Efficient projections onto the ℓ_1-ball for learning in high dimensions, in: Proceedings of the International Conference on Machine Leaning, ICML, 2008, pp. 272–279.
[47] R.J. Duffin, A.C. Schaeffer, A class of nonharmonic Fourier series, Trans. Am. Math. Soc. 72 (1952) 341–366.
[48] B. Efron, T. Hastie, I.M. Johnstone, R. Tibshirani, Least angle regression, Ann. Stat. 32 (2004) 407–499.
[49] M. Elad, J.L. Starck, P. Querre, D.L. Donoho, Simultaneous cartoon and texture image inpainting using morphological component analysis (MCA), Appl. Comput. Harmon. Anal. 19 (2005) 340–358.
[50] M. Elad, B. Matalon, M. Zibulevsky, Coordinate and subspace optimization methods for linear least squares with non-
526 quadratic regularization, Appl. Comput. Harmon. Anal. 23 (2007) 346–367.
[51] M. Elad, P. Milanfar, R. Rubinstein, Analysis versus synthesis in signal priors, Inverse Probl. 23 (2007) 947–968.
[52] M. Elad, Sparse and Redundant Representations: From Theory to Applications in Signal and Image Processing, Springer, 2010.
[53] Y.C. Eldar, P. Kuppinger, H. Bolcskei, Block-sparse signals: uncertainty relations and efficient recovery, IEEE Trans. Signal Process. 58 (6) (2010) 3042–3054.
[54] Y.C. Eldar, G. Kutyniok, Compressed Sensing: Theory and Applications, Cambridge University Press, 2012.
[55] J. Fan, R. Li, Variable selection via nonconcave penalized likelihood and its oracle properties, J. Am. Stat. Assoc. 96 (456) (2001) 1348–1360.
[56] M.A. Figueiredo, R.D. Nowak, An EM algorithm for wavelet-based image restoration, IEEE Trans. Image Process. 12 (8) (2003) 906–916.
[57] P. Flandrin, Time-Frequency/Time-Scale Analysis, Academic Press, 1999.
[58] S. Foucart, Hard thresholding pursuit: an algorithm for compressive sensing, SIAM J. Numer. Anal. 49 (6) (2011) 2543–2563.
[59] J. Friedman, T. Hastie, R. Tibshirani, A note on the group LASSO and a sparse group LASSO, arXiv:1001.0736v1 [math. ST], 2010.
[60] P.J. Garrigues, B. Olshausen, Learning horizontal connections in a sparse coding model of natural images, in: Advances in Neural Information Processing Systems, NIPS, 2008.
[61] A.C. Gilbert, S. Muthukrisnan, M.J. Strauss, Improved time bounds for near-optimal sparse Fourier representation via sampling, in: Proceedings of SPIE (Wavelets XI), San Diego, CA, 2005.
[62] R. Giryes, S. Nam, M. Elad, R. Gribonval, M. Davies, Greedy-like algorithms for the cosparse analysis model, Linear Algebra Appl. 441 (2014) 22–60.
[63] T. Goldstein, S. Osher, The split Bregman algorithm for ℓ_1 regularized problems, SIAM J. Imaging Sci. 2 (2) (2009) 323–343.

[64] I.F. Gorodnitsky, B.D. Rao, Sparse signal reconstruction from limited data using FOCUSS: a re-weighted minimum norm algorithm, IEEE Trans. Signal Process. 45 (3) (1997) 600–614.
[65] L. Hageman, D. Young, Applied Iterative Methods, Academic Press, New York, 1981.
[66] T. Hale, W. Yin, Y. Zhang, A Fixed-Point Continuation Method for l_1 Regularized Minimization With Applications to Compressed Sensing, Tech. Rep. TR07-07, Department of Computational and Applied Mathematics, Rice University, 2007.
[67] D. Han, D.R. Larson, Frames, Bases and Group Representations, American Mathematical Society, Providence, RI, 2000.
[68] T. Hastie, R. Tibshirani, J. Friedman, The Elements of Statistical Learning: Data Mining, Inference and Prediction, second ed., Springer, 2008.
[69] J.C. Hoch, A.S. Stern, D.L. Donoho, I.M. Johnstone, Maximum entropy reconstruction of complex (phase sensitive) spectra, J. Magn. Res. 86 (2) (1990) 236–246.
[70] P.A. Jansson, Deconvolution: Applications in Spectroscopy, Academic Press, New York, 1984.
[71] R. Jenatton, J.-Y. Audibert, F. Bach, Structured variable selection with sparsity-inducing norms, J. Mach. Learn. Res. 12 (2011) 2777–2824.
[72] S.-J. Kim, K. Koh, M. Lustig, S. Boyd, D. Gorinevsky, An interior-point method for large-scale ℓ_1-regularized least squares, IEEE J. Sel. Top. Signal Process. 1 (4) (2007) 606–617.
[73] N.G. Kingsbury, T.H. Reeves, Overcomplete image coding using iterative projection-based noise shaping, in: Proceedings IEEE International Conference on Image Processing, ICIP, 2002, pp. 597–600.
[74] K. Knight, W. Fu, Asymptotics for the LASSO-type estimators, Ann. Stat. 28 (5) (2000) 1356–1378.
[75] Y. Kopsinis, E. Aboutanios, D.E. Waters, S. McLaughlin, Time-frequency and advanced frequency estimation techniques for the investigation of bat echolocation calls, J. Acoust. Soc. Am. 127 (2) (2010) 1124–1134.
[76] Y. Kopsinis, K. Slavakis, S. Theodoridis, Online sparse system identification and signal reconstruction using projections onto weighted ℓ_1 balls, IEEE Trans. Signal Process. 59 (3) (2011) 936–952.
[77] Y. Kopsinis, K. Slavakis, S. Theodoridis, S. McLaughlin, Reduced complexity online sparse signal reconstruction using projections onto weighted ℓ_1 balls, in: 2011 17th International Conference on Digital Signal Processing, DSP, July 2011, pp. 1–8.
[78] Y. Kopsinis, K. Slavakis, S. Theodoridis, S. McLaughlin, Generalized thresholding sparsity-aware algorithm for low complexity online learning, in: Proceedings of the IEEE International Conference on Acoustics, Speech, and Signal Processing, ICASSP, Kyoto, Japan, March 2012, pp. 3277–3280. 527
[79] Y. Kopsinis, K. Slavakis, S. Theodoridis, S. McLaughlin, Thresholding-based online algorithms of complexity comparable to sparse LMS methods, in: 2013 IEEE International Symposium on Circuits and Systems, ISCAS, May 2013, pp. 513–516.
[80] Y. Kopsinis, S. Chouvardas, S. Theodoridis, Sparsity-aware learning in the context of echo cancelation: a set theoretic estimation approach, in: Proceedings of the European Signal Processing Conference, EUSIPCO, Lisbon, Portugal, September 2014.
[81] J. Kovacevic, A. Chebira, Life beyond bases: the advent of frames, IEEE Signal Process. Mag. 24 (4) (2007) 86–104.
[82] J. Langford, L. Li, T. Zhang, Sparse online learning via truncated gradient, J. Mach. Learn. Res. 10 (2009) 777–801.
[83] Y.M. Lu, M.N. Do, Sampling signals from a union of subspaces, IEEE Signal Process. Mag. 25 (2) (2008) 41–47.
[84] Z.Q. Luo, P. Tseng, On the convergence of the coordinate descent method for convex differentiable minimization, J. Optim. Theory Appl. 72 (1) (1992) 7–35.
[85] A. Maleki, D.L. Donoho, Optimally tuned iterative reconstruction algorithms for compressed sensing, IEEE J. Sel. Top. Signal Process. 4 (2) (2010) 330–341.
[86] D.M. Malioutov, M. Cetin, A.S. Willsky, Homotopy continuation for sparse signal representation, in: IEEE International Conference on Acoustics, Speech and Signal Processing, ICASSP, 2005, pp. 733–736.
[87] S. Mallat, A Wavelet Tour of Signal Processing: The Sparse Way, third ed., Academic Press, 2008.
[88] S. Mallat, S. Zhang, Matching pursuit in a time-frequency dictionary, IEEE Trans. Signal Process. 41 (1993) 3397–3415.
[89] G. Mateos, J. Bazerque, G. Giannakis, Distributed sparse linear regression, IEEE Trans. Signal Process. 58 (10) (2010) 5262–5276.
[90] G. Mileounis, B. Babadi, N. Kalouptsidis, V. Tarokh, An adaptive greedy algorithm with application to nonlinear communications, IEEE Trans. Signal Process. 58 (6) (2010) 2998–3007.
[91] A. Mousavi, A. Maleki, R.G. Baraniuk, Parameterless optimal approximate message passing, arXiv:1311.0035v1 [cs.IT], 2013.
[92] S. Nam, M. Davies, M. Elad, R. Gribonval, The cosparse analysis model and algorithms, Appl. Comput. Harmon. Anal. 34 (1) (2013) 30–56.
[93] D. Needell, J.A. Tropp, COSAMP: iterative signal recovery from incomplete and inaccurate samples, Appl. Comput. Harmon. Anal. 26 (3) (2009) 301–321.
[94] D. Needell, R. Ward, Stable image reconstruction using total variation minimization, SIAM J. Imaging Sci. 6 (2) (2013) 1035–1058.
[95] Y. Nesterov, Introductory Lectures on Convex Optimization: A Basic Course, Kluwer Academic Publishers, 2004.
[96] Y.E. Nesterov, A method for solving the convex programming problem with convergence rate $O(1/k^2)$, Dokl. Akad. Nauk SSSR 269 (1983) 543–547 (in Russian).

[97] G. Obozinski, B. Taskar, M. Jordan, Multi-Task Feature Selection, Tech. Rep., Department of Statistics, University of California, Berkeley, 2006.
[98] G. Obozinski, B. Taskar, M.I. Jordan, Joint covariate selection and joint subspace selection for multiple classification problems, Stat. Comput. 20 (2) (2010) 231–252.
[99] M.R. Osborne, B. Presnell, B.A. Turlach, A new approach to variable selection in least squares problems, IMA J. Numer. Anal. 20 (2000) 389–403.
[100] P.M. Pardalos, N. Kovoor, An algorithm for a singly constrained class of quadratic programs subject to upper and lower bounds, Math. Program. 46 (1990) 321–328.
[101] F. Parvaresh, H. Vikalo, S. Misra, B. Hassibi, Recovering sparse signals using sparse measurement matrices in compressed DNA microarrays, IEEE J. Sel. Top. Signal Process. 2 (3) (2008) 275–285.
[102] S. Patterson, Y.C. Eldar, I. Keidar, Distributed compressed sensing for static and time-varying networks, arXiv:1308.6086 [cs.IT], 2014.
[103] T. Peleg, M. Elad, Performance guarantees of the thresholding algorithm for the cosparse analysis model, IEEE Trans. Inf. Theory 59 (3) (2013) 1832–1845.
[104] M.D. Plumbley, Geometry and homotopy for ℓ_1 sparse representation, in: Proceedings of the International Workshop on Signal Processing With Adaptive Sparse Structured Representations, SPARS, Rennes, France, 2005.
[105] R.T. Rockafellar, Monotone operators and the proximal point algorithms, SIAM J. Control Optim. 14 (5) (1976) 877–898.
[106] R. Rubinstein, R. Peleg, M. Elad, Analysis KSVD: a dictionary-learning algorithm for the analysis sparse model, IEEE Trans. Signal Process. 61 (3) (2013) 661–677.
[107] L.I. Rudin, S. Osher, E. Fatemi, Nonlinear total variation based noise removal algorithms, Phys. D, Nonlinear Phenom.
528 60 (1–4) (1992) 259–268.
[108] I.W. Selesnick, M.A.T. Figueiredo, Signal restoration with overcomplete wavelet transforms: comparison of analysis and synthesis priors, in: Proceedings of SPIE, 2009.
[109] K. Slavakis, Y. Kopsinis, S. Theodoridis, S. McLaughlin, Generalized thresholding and online sparsity-aware learning in a union of subspaces, IEEE Trans. Signal Process. 61 (15) (2013) 3760–3773.
[110] P. Sprechmann, I. Ramirez, G. Sapiro, Y.C. Eldar, CHiLasso: a collaborative hierarchical sparse modeling framework, IEEE Trans. Signal Process. 59 (9) (2011) 4183–4198.
[111] J.L. Starck, E.J. Candès, D.L. Donoho, The curvelet transform for image denoising, IEEE Trans. Image Process. 11 (6) (2002) 670–684.
[112] J.L. Starck, J. Fadili, F. Murtagh, The undecimated wavelet decomposition and its reconstruction, IEEE Trans. Signal Process. 16 (2) (2007) 297–309.
[113] T. Strohmer, Numerical algorithms for discrete Gabor expansions, in: Gabor Analysis and Algorithms: Theory and Applications, Birkhauser, Boston, MA, 1998, pp. 267–294.
[114] V.N. Temlyakov, Nonlinear methods of approximation, Found. Comput. Math. 3 (1) (2003) 33–107.
[115] J.A. Tropp, Greed is good, IEEE Trans. Inf. Theory 50 (2004) 2231–2242.
[116] Y. Tsaig, Sparse Solution of Underdetermined Linear Systems: Algorithms and Applications, PhD Thesis, Stanford University, 2007.
[117] B.A. Turlach, W.N. Venables, S.J. Wright, Simultaneous variable selection, Technometrics 47 (3) (2005) 349–363.
[118] S. Wright, R. Nowak, M. Figueiredo, Sparse reconstruction by separable approximation, IEEE Trans. Signal Process. 57 (7) (2009) 2479–2493.
[119] M. Yaghoobi, S. Nam, R. Gribonval, M. Davies, Constrained overcomplete analysis operator learning for cosparse signal modelling, IEEE Trans. Signal Process. 61 (9) (2013) 2341–2355.
[120] J. Yang, Y. Zhang, W. Yin, A fast alternating direction method for TV ℓ_1 - ℓ_2 signal reconstruction from partial Fourier data, IEEE Trans. Sel. Top. Signal Process. 4 (2) (2010) 288–297.
[121] W. Yin, S. Osher, D. Goldfarb, J. Darbon, Bregman iterative algorithms for ℓ_1-minimization with applications to compressed sensing, SIAM J. Imaging Sci. 1 (1) (2008) 143–168.
[122] M. Yuan, Y. Lin, Model selection and estimation in regression with grouped variables, J. R. Stat. Soc. 68 (1) (2006) 49–67.
[123] T. Zhang, Sparse recovery with orthogonal matching pursuit under RIP, IEEE Trans. Inf. Theory 57 (9) (2011) 6215–6221.
[124] M. Zibulevsky, M. Elad, L1-L2 optimization in signal processing, IEEE Signal Process. Mag. 27 (3) (2010) 76–88.
[125] M. Zibulevsky, Y.Y. Zeevi, Frame analysis of the discrete Gabor scheme, IEEE Trans. Signal Process. 42 (4) (1994) 942–945.
529 ~ 530
[126] H. Zou, T. Hastie, Regularization and variable selection via the elastic net, J. R. Stat. Soc. B 67 (2) (2005) 301–320.
[127] H. Zou, The adaptive LASSO and its oracle properties, J. Am. Stat. Assoc. 101 (2006) 1418–1429.
[128] H. Zou, R. Li, One-step sparse estimates in nonconcave penalized likelihood models, Ann. Stat. 36 (4) (2008) 1509–1533.

再生核希尔伯特空间中的学习

11.1 引言

本章重点讨论学习非线性模型。我们在第 3 章已经讨论了采用非线性模型的必要性，当时是在分类和回归任务的场景下。例如，回忆一下，给定两个联合分布随机变量$(\mathrm{y},\mathbf{x}) \in \mathbb{R}^k \times \mathbb{R}^l$，于是我们知道在给定 $\mathbf{x}=\boldsymbol{x}$ 的前提下 $\mathbf{y}$ 的最优估计(均方误差意义下)为对应的条件平均，即 $\mathbb{E}[\mathbf{y}|\boldsymbol{x}]$，它一般来说是 $\boldsymbol{x}$ 的一个非线性函数。

处理非线性建模任务有很多不同方法。本章重点关注再生核希尔伯特空间(Reproducing Kernel Hilbert Space，RKHS)技术路线。这种技术将输入变量映射到一个新的空间，使得原来的非线性任务转换为一个线性任务。从实践角度，这些空间的美妙之处在于它们丰富的结构允许我们以一种非常有效的方式进行内积运算，而其复杂度与对应 RKHS 的维数是无关的。而且，注意这种空间甚至可以是无限维的。

我们通过回顾一些更“传统”的技术开始本章，这些技术是关于沃尔泰拉级数展开的，然后我们慢慢地探索 RKHS。本章将讨论科弗定理、RKHS 的基本性质及其定义核，还将介绍核岭回归和支持向量机(SVM)框架。本章还会讨论关于核函数与核矩阵的近似技术，如随机傅里叶特征(RFF)和内斯特罗姆方法，以及它们对 RKHS 中在线和分布式学习的意义。最后讨论与稀疏性和多核表示相关的一些更高级的概念。本章最后以文本挖掘为例进行了研究。

11.2 广义线性模型

给定$(\mathrm{y},\mathbf{x}) \in \mathbb{R} \times \mathbb{R}^l$，y 的一个广义线性估计 $\hat{\mathrm{y}}$ 具有如下形式：

$$\hat{\mathrm{y}} = f(\mathbf{x}) := \theta_0 + \sum_{k=1}^{K} \theta_k \phi_k(\mathbf{x}) \tag{11.1}$$

其中 $\phi_1(\cdot),\cdots,\phi_K(\cdot)$ 为预选的(非线性)函数。一个流行的函数族是多项式函数，如

$$\hat{\mathrm{y}} = \theta_0 + \sum_{i=1}^{l} \theta_i \mathrm{x}_i + \sum_{i=1}^{l-1} \sum_{m=i+1}^{l} \theta_{im} \mathrm{x}_i \mathrm{x}_m + \sum_{i=1}^{l} \theta_{ii} \mathrm{x}_i^2 \tag{11.2}$$

假定 $l=2(\mathbf{x}=[\mathrm{x}_1,\mathrm{x}_2]^{\mathrm{T}})$，则式(11.2)可通过设置 $K=5$ 和 $\phi_1(\mathbf{x})=\mathrm{x}_1$，$\phi_2(\mathbf{x})=\mathrm{x}_2$，$\phi_3(\mathbf{x})=\mathrm{x}_1\mathrm{x}_2$，$\phi_4(\mathbf{x})=\mathrm{x}_1^2$，$\phi_5(\mathbf{x})=\mathrm{x}_2^2$ 变换为式(11.1)的形式。我们很容易将式(11.2)推广到 r 阶多项式，结果会包含形如 $\mathrm{x}_1^{p_1}\mathrm{x}_2^{p_2}\cdots\mathrm{x}_l^{p_l}$ 的积，满足 $p_1+p_2+\cdots+p_l \leqslant r$。已经证明，对 r 阶多项式，自由参数的数目 K 等于

$$K = \frac{(l+r)!}{r!l!}$$

我们体会一下这个公式，设置 $l=10$，$r=3$，$K=286$。其中，我们可用魏尔施特拉斯定理证 531～532

明使用多项式展开的正确性，这个定理陈述了，定义在一个紧凑(封闭且有界)子空间 $S\subset\mathbb{R}^l$ 上的每个连续函数，都可以用一个多项式函数一致近似到所希望的程度——达到任意小的误差 ϵ (参考[95])。当然，为了达到足够好的近似，我们可能必须使用比较大的 r 值。除了多项式函数，我们还可使用其他类型的函数，如样条函数和三角函数。

这类模型的一个共同特点是，展开式中的基函数是预先选定的，它们是固定的，与数据无关。这种技术路线的优点是，对应模型相对于未知的自由参数集是线性的，并且可以通过第 4~8 章中描述的任何一种线性模型方法来估计它们。然而，这是要付出代价的。正如在[7]中所示，对于包含 K 个固定函数的展开式，平方逼近误差不会小于 $(1/K)^{\frac{2}{l}}$ 阶。换句话说，对于高维空间，为了得到足够小的误差，必须使用大的 K 值，这是维数诅咒问题的另一个方面。与之相对，如果展开式包含依赖于数据的函数，即针对特定数据集优化的函数，则我们可以消除近似误差对输入空间维数 l 的依赖。例如，将在第 18 章讨论的一类神经网络就是这种情况。在这种情况下，对自由参数的依赖现在变为非线性的，使得对未知参数的优化变得更加困难，这是要付出的代价。

11.3 沃尔泰拉模型、维纳模型和哈默斯坦模型

让我们从非线性系统建模开始，其中涉及的输入–输出实体是时间序列/离散时间信号，分别表示为 (u_n, d_n)。式(11.2)中多项式模型的对应模型现在被称为沃尔泰拉级数展开。

本书将不再关注这类模型了，只在本节中简要讨论它们，这是为了将非线性建模任务放在更一般的环境中，此外还有一些历史原因。因此，本节可以在第一次阅读时跳过。

沃尔泰拉是一位意大利数学家(1860—1940)，在数学、物理学和生物学方面都有重大贡献。他在数学理论方面的里程碑贡献之一是发展了沃尔泰拉级数，被用来解积分方程和积分微分方程。他是拒绝宣誓效忠墨索里尼法西斯政权的意大利教授之一，因此被迫辞去了大学的职务。

图 11.1 显示了一个未知的非线性系统/滤波器及其输入–输出信号。离散时间沃尔泰
533 拉模型的输出可以写成

$$d_n = \sum_{k=1}^{r}\sum_{i_1=0}^{M}\sum_{i_2=0}^{M}\cdots\sum_{i_k=0}^{M} w_k(i_1, i_2, \cdots, i_k)\prod_{j=1}^{k} u_{n-i_j} \tag{11.3}$$

其中 $w_k(\cdot,\cdots,\cdot)$ 表示第 k 阶沃尔泰拉核(Volterra kernel)，一般来说，r 可以是无穷大的。例如，对于 $r=2$ 和 $M=1$，输入–输出关系涉及下面这些项的线性组合：

$$u_n, u_{n-1}, u_n^2, u_{n-1}^2, u_n u_{n-1}$$

沃尔泰拉展开的特殊情况是维纳模型、哈默斯坦模型和维纳–哈默斯坦模型(Wiener, Hammerstein, and Wiener-Hammerstein model)。图 11.2 显示了这些模型。$h(\cdot)$ 和 $g(\cdot)$ 是带记忆的线性系统，即

$$s_n = \sum_{i=0}^{M_1} h_n u_{n-i}$$

和

$$d_n = \sum_{i=0}^{M_2} g_n x_{n-i}$$

图中央的方框对应于一个无记忆的非线性系统，它可以用一个 r 次多项式来近似。因此

$$x_n = \sum_{k=1}^{r} c_k (s_n)^k$$

换句话说，维纳模型是一个线性时不变(Linear Time Invariant，LTI)系统后接一个无记忆非线性系统，而哈默斯坦模型是一个无记忆非线性系统后接一个 LTI 系统的组合。维纳–哈默斯坦模型是两者的结合。注意，这些模型中的每一个都与所涉及的自由参数非线性相关。与之相对，等价的沃尔泰拉模型与所涉及的参数呈线性关系；但是，得到的自由参数 534
的数量随着多项式和过滤器内存头(M_1 和 M_2)的阶的增大而显著增加。一个有趣的特性是，与哈默斯坦模型等价的沃尔泰拉扩展只包含相关沃尔泰拉核的对角元素。换句话说，输出用项 $u_n, u_{n=1}, u_{n-2}, \cdots$ 和它们的幂表达，其中不存在交叉乘积项[60]。

图 11.1 非线性过滤器的激励为 u_n，输出为 d_n

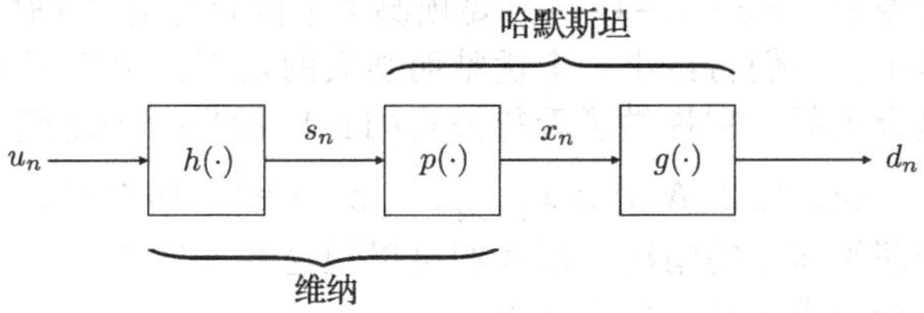

图 11.2 维纳模型由一个线性滤波器后接一个无记忆多项式非线性系统组成。哈默斯坦模型由一个无记忆非线性系统后接一个线性滤波器组成。维纳–哈默斯坦模型是两者的结合

附注 11.1

- 沃尔泰拉级数展开最早是作为泰勒级数展开的推广而提出的。根据[101]，假设它是一个无记忆的非线性系统。于是其输入–输出关系可由下式给出

  $$d(t) = f(u(t))$$

  对一个特定时间 $t \in (-\infty, +\infty)$，采用泰勒展开，我们可将上式写为

  $$d(t) = \sum_{n=0}^{+\infty} c_n (u(t))^n \tag{11.4}$$

  假定这个序列收敛。沃尔泰拉级数即为式(11.4)扩展到带记忆系统的情况，我们可将其写为

  $$\begin{aligned} d(t) = {} & w_0 + \int_{-\infty}^{+\infty} w_1(\tau_1) u(t-\tau_1) \mathrm{d}\tau_1 + \\ & \int_{-\infty}^{+\infty} \int_{-\infty}^{+\infty} w_2(\tau_1, \tau_2) u(t-\tau_1) u(t-\tau_2) \mathrm{d}\tau_1 \mathrm{d}\tau_2 + \\ & \cdots \end{aligned} \tag{11.5}$$

  换句话说，沃尔泰拉级数是一个有记忆的幂级数。沃尔泰拉级数的收敛问题与泰勒级数的收敛问题相似。与魏尔施特拉斯近似定理相似，已经证明一个非线性系统的输出可以用沃尔泰拉级数展开式㊀中足够多的项来任意逼近[44]。

  沃尔泰拉级数的一个主要难点是沃尔泰拉核的计算。维纳是第一个认识到沃尔泰拉

㊀ 证明涉及连续泛函理论。一个泛函就是一个函数到实数轴的映射。观察到，每个积分都是对于一个特定的 t 和核的泛函。

级数在非线性系统建模中潜力的人。为了计算所涉及的沃尔泰拉核，他采用了正交泛函的方法。当我们试图通过一个多项式展开来近似一个函数时，该方法类似于使用一组正交多项式的方法[130]。关于沃尔泰拉建模和相关模型的更多信息可以在[57, 70, 102]等中获得。沃尔泰拉模型已经广泛应用于许多应用中，包括通信
535 (如[11])、生物医学工程(如[72])和自动控制(如[32])。

11.4 科弗定理：线性二分空间的容量

我们已经论证了用一组固定的非线性函数并利用近似理论中的方法来展开一个未知非线性函数的合理性。在这个框架中，输出在 $\mathbb{R}$ 中一个区间内取值，这个框架很适合回归任务，但它并不适用于分类。因为在分类任务中，输出值是离散的。例如，在一个两类分类任务中，$y\in\{1,-1\}$，只要预测值 $\hat{y}$ 的符号是正确的，我们就不在乎 y 和 $\hat{y}$ 有多近。在本节中，我们将给出一个优雅而强大的定理，它证明了一个式(11.1)形式的分类器 f 的扩展是合理的。它提供了看待公式(11.1)的另一个角度。

我们考虑 N 个点 $\boldsymbol{x}_1,\boldsymbol{x}_2,\cdots,\boldsymbol{x}_N\in\mathbb{R}^l$。如果不存在其中 $l+1$ 个点的子集位于一个$(l-1)$维超平面上的情况，则我们可以说这些点处于一般位置。例如，在一个二维空间中，任意三个点都不在一条直线上。

定理 11.1(科弗定理)　*我们可以用$(l-1)$维超平面将 N 个点分隔为两类，利用所有可能组合，可形成的分组数 $\mathcal{O}(N,l)$ 可由下式给出([31]，习题 11.1)*

$$\mathcal{O}(N,l)=2\sum_{i=0}^{l}\binom{N-1}{i}$$

其中

$$\binom{N-1}{i}=\frac{(N-1)!}{(N-1-i)!i!}$$

这种两类分组也被称为(线性)二分。图 11.3 展示了此定理在二维空间中 $N=4$ 个点的情况。观察到，可能的分组是[(ABCD)]，[A,(BCD)]，[B,(ACD)]，[C,(ABD)]，[D,(ABC)]，[(AB),
536 (CD)]和[(AC),(BD)]。每个分组被计数了两次，因为它可以属于 ω_1 或 ω_2 类。因此，分组的总数是 14，等于 $\mathcal{O}(4,2)$。注意，N 个点分到两个组中的所有可能组合数是 2^N，在我们的例子中是 16。在 $\mathcal{O}(4,2)$ 中没有计算的分组是[(BC),(AD)]，因为它不是线性可分的。注意，如果 $N\leqslant l+1$，则 $\mathcal{O}(N,l)=2^N$。也就是说，分为两组的所有可能组合都是线性可分的；请对二维空间中 $N=3$ 的情况进行验证。

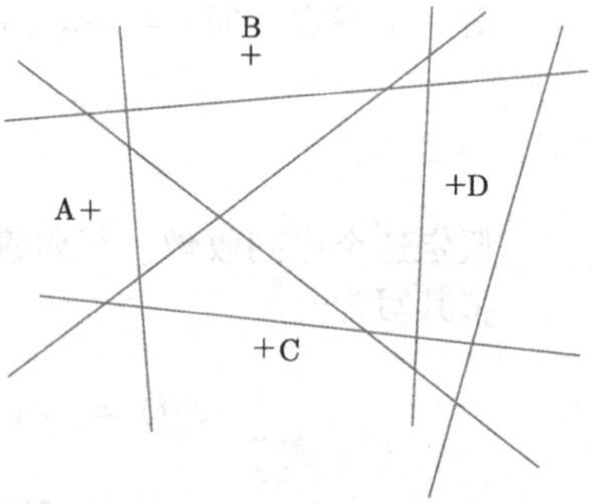

图 11.3　对二维空间中 4 个点，将其分为线性可分的两组的可能数目为 $\mathcal{O}(4,2)=14=2\times7$

根据这个定理，给定 l 维空间中 N 个点，将它们分组为线性可分的两类的概率为

$$P_N^l=\frac{\mathcal{O}(N,l)}{2^N}=\begin{cases}\frac{1}{2^{N-1}}\sum_{i=0}^{l}\binom{N-1}{i}, & N>l+1\\ 1, & N\leqslant l+1\end{cases} \tag{11.6}$$

为了将这个发现可视化，对某个固定的 l 值，我们将 N 写为 $N=r(l+1)$，并将概率 P_N^l 表示为 r 的函数。结果如图 11.4 所示。观察到，有两个不同的区域。一个在点 $r=2$ 的左边，一个在点 $r=2$ 的右边。当 $r=2$，也就是 $N=2(l+1)$ 时，概率总是 1/2，因为 $\mathcal{O}(2l+2,l)=2^{2l+1}$（习题 11.2）。注意，$l$ 的值越大，从一个区域到另一个区域的转变就越剧烈。因此，对于高维空间，只要 $N<2(l+1)$，将点分为两类的任意分组线性可分的概率趋于统一。

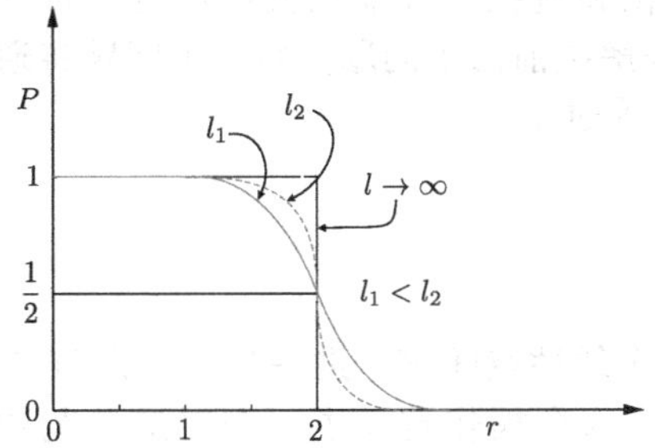

图 11.4　对 $N>2(l+1)$，线性可分的概率变得很小。对很大的 l 值且已知 $N<2(l+1)$ 时，将数据分类两类的任何分组线性可分的概率趋向统一。而且，如果 $N \leqslant (l+1)$，分为两类的所有可能分组都是线性可分的

在实践中应用科弗定理的方式如下：给定 N 个特征向量 $\boldsymbol{x}_n \in \mathbb{R}^l$，$n=1,2,\cdots,N$，执行下面映射：

$$\boldsymbol{\phi}: \mathbb{R}^l \ni \boldsymbol{x}_n \longmapsto \boldsymbol{\phi}(\boldsymbol{x}_n) \in \mathbb{R}^K,\ K \gg l$$

然后根据定理，K 的值越大，映射的像 $\boldsymbol{\phi}(\boldsymbol{x}_n) \in \mathbb{R}^K (n=1,2,\cdots,N)$ 在空间 $\mathbb{R}^K$ 中线性可分 537
的概率就越大。注意，扩展一个非线性分类器（在一个两类分类任务中预测标签）等价于在映射之后对原始点的像使用一个线性分类器。实际上

$$f(\boldsymbol{x}) = \sum_{k=1}^{K} \theta_k \phi_k(\boldsymbol{x}) + \theta_0 = \boldsymbol{\theta}^{\mathrm{T}} \begin{bmatrix} \boldsymbol{\phi}(\boldsymbol{x}) \\ 1 \end{bmatrix} \tag{11.7}$$

其中

$$\boldsymbol{\phi}(\boldsymbol{x}) := [\phi_1(\boldsymbol{x}), \phi_2(\boldsymbol{x}), \cdots, \phi_K(\boldsymbol{x})]^{\mathrm{T}}$$

假如 K 足够大，我们的任务在新空间 $\mathbb{R}^K$ 中以高概率线性可分（linearly separable），这证明了在式（11.7）中使用线性分类器 $\boldsymbol{\theta}$ 的合理性。图 11.5 显示了科弗定理的应用过程。二维空间中的点不是线性可分的。但是映射到三维空间中后

$$[x_1, x_2]^{\mathrm{T}} \longmapsto \boldsymbol{\phi}(\boldsymbol{x}) = [x_1, x_2, f(x_1, x_2)]^{\mathrm{T}}$$

$$f(x_1, x_2) = 4\exp\left(-(x_1^2 + x_2^2)/3\right) + 5$$

两类中的点变为线性可分了。但是注意，在映射后，点位于一个抛物面的表面上。这个表面可以用两个自由变量完整描述。简单地说，我们可以想象数据原来所在的二维平面被折叠/变换成抛物面的表面。这基本上就是更一般问题背后的思想。在从原 l 维空间映射到新的 K 维空间后，点的

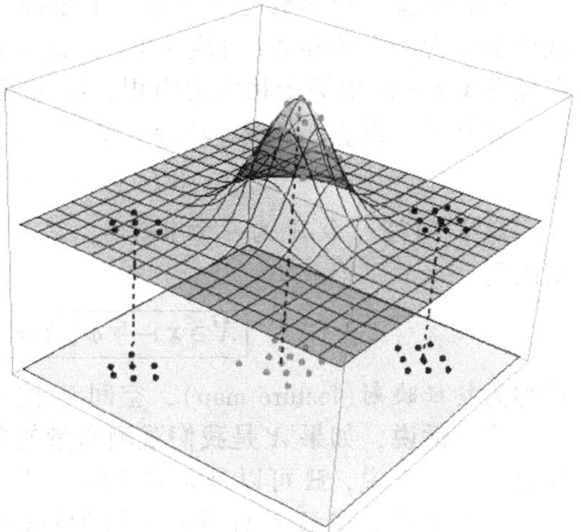

图 11.5　原始二维空间中线性不可分的点（一类用红色表示，另一类用黑色表示），在非线性映射后，变为三维空间中线性可分的点，我们就可以画出一个平面将“黑色”和“红色”的点分开

538 像 $\boldsymbol{\phi}(\boldsymbol{x}_n)$, $n=1,2,\cdots,N$ 位于 $\mathbb{R}^K$ 中一个 l 维表面(流形)上[19]。我们愚弄不了自然。因为最初选择了 l 个变量描述每个模式(维数，自由参数的数量)，所以映射之后在 $\mathbb{R}^K$ 中也需要相同数量的自由参数来描述相同的对象。换句话说，在映射之后，我们将一个 l 维流形嵌入一个 K 维空间中，这样使得两类中的数据变为线性可分的。

现在，我们已经充分证明了通过一组非线性函数将任务从原来的低维空间映射到高维空间的必要性。然而，在高维空间中工作也并不容易。我们需要大量的参数，这进而带来了计算复杂性问题，并引发了与所设计的预测器的泛化和过拟合性能相关的问题。接下来，我们将通过“仔细”映射到特定结构的高维空间来解决前两个问题。后一个问题将通过正则化来解决，这一技术在前几章的不同部分已经讨论过了。

11.5 再生核希尔伯特空间

考虑定义在一个集合㊀ $X\subseteq\mathbb{R}^l$ 上的实数值函数的一个线性空间 $\mathbb{H}$。进一步，假设 $\mathbb{H}$ 是一个希尔伯特空间，即它配备了一个内积操作 $\langle\cdot,\cdot\rangle_{\mathbb{H}}$，这个操作定义了一个对应的范数 $\|\cdot\|_{\mathbb{H}}$，且 $\mathbb{H}$ 对于这个范数是完备的㊁。从现在开始，为了简化符号，我们忽略内积和范数符号中的下标 $\mathbb{H}$，只有在必要时才会使用，来避免混淆。

定义 11.1　我们称一个希尔伯特空间 $\mathbb{H}$ 为再生核希尔伯特空间(Reproducing Kernel Hilbert Space，RKHS)，如果存在一个函数

$$\kappa:\mathcal{X}\times\mathcal{X}\longmapsto\mathbb{R}$$

具有如下性质：

- 对每个 $\boldsymbol{x}\in\mathcal{X}$，$\mathcal{K}(\cdot,\boldsymbol{x})$ 属于 $\mathbb{H}$。
- $\mathcal{K}(\cdot,\cdot)$ 具有所谓再生性质(reproducing property)，即

$$\boxed{f(\boldsymbol{x})=\langle f,\kappa(\cdot,\boldsymbol{x})\rangle,\ \forall f\in\mathbb{H},\ \forall\boldsymbol{x}\in\mathcal{X}:\ \text{再生性质}} \tag{11.8}$$

换句话说，核函数是一个有两个参数的函数。固定其中一个参数的值，如 $\boldsymbol{x}\in\mathcal{X}$，则核函数变为一个单参数(对应 ·)，而这个函数属于 $\mathbb{H}$。再生特性意味着，任何函数 $f\in\mathbb{H}$ 在任意 $\boldsymbol{x}\in\mathcal{X}$ 的值等于相应的内积，即 $\mathbb{H}$ 中 f 和 $\mathcal{K}(\cdot,\boldsymbol{x})$ 间进行的内积。

如果我们设 $f(\cdot)=\mathcal{K}(\cdot,\boldsymbol{y})$，$\boldsymbol{y}\in\mathcal{X}$，则再生性质的一个直接结果为

539
$$\langle\kappa(\cdot,\boldsymbol{y}),\kappa(\cdot,\boldsymbol{x})\rangle=\kappa(\boldsymbol{x},\boldsymbol{y})=\kappa(\boldsymbol{y},\boldsymbol{x}) \tag{11.9}$$

定义 11.2　令 $\mathbb{H}$ 为一个 RKHS，它关联一个核函数 $\mathcal{K}(\cdot,\cdot)$，并令 $\mathcal{X}$ 为一个函数集合，则映射

$$\boxed{\mathcal{X}\ni\boldsymbol{x}\longmapsto\phi(\boldsymbol{x}):=\kappa(\cdot,\boldsymbol{x})\in\mathbb{H}:\ \text{特征映射}}$$

被称为特征映射(feature map)，空间 $\mathbb{H}$ 被称为特征空间(feature space)。

换句话说，如果 $\mathcal{X}$ 是我们观测向量的集合，特征映射将每个向量映射到 RKHS $\mathbb{H}$ 中。注意，一般来说，$\mathbb{H}$ 可以是无限维的，且其元素可以是函数。也就是说，每个训练点都映射到一个函数。在 $\mathbb{H}$ 是有限的 K 维的特殊情况下，映射的像可以表示为等价的一个向量 $\boldsymbol{\phi}(\boldsymbol{x})\in\mathbb{R}^K$。从现在开始，我们将处理一般的无限维情况，像会表示为函数 $\phi(\cdot)$。

现在让我们看看通过选择执行从原始空间到高维 RKHS 空间的特征映射得到了什么。

㊀ 推广到更一般的集合也是可能的。

㊁ 对不熟悉的读者，希尔伯特空间是欧氏空间的推广，允许无限维。本书网站上的第 8 章附录中给出了更严格的定义和相关性质。

令 $\boldsymbol{x},\boldsymbol{y}\in\mathcal{X}\subseteq\mathbb{R}^l$，然后将各自映射的像的内积写为

$$\langle\phi(\boldsymbol{x}),\phi(\boldsymbol{y})\rangle=\langle\kappa(\cdot,\boldsymbol{x}),\kappa(\cdot,\boldsymbol{y})\rangle$$

或

$$\boxed{\langle\phi(\boldsymbol{x}),\phi(\boldsymbol{y})\rangle=\kappa(\boldsymbol{x},\boldsymbol{y}):\quad \text{核技巧}}$$

换句话说，将这种映射运用到我们的问题上，我们可以用一种非常有效的方法来做 $\mathbb{H}$ 中的内积运算；即通过在原来的低维空间中执行一个函数求值！这个性质也称为*核技巧*，它极大地简化了计算。我们很快就会发现，在实践中利用这一性质的方法包含以下几个步骤：

1) 将输入训练数据(隐式)映射到一个 RKHS

$$\boldsymbol{x}_n\longmapsto\phi(\boldsymbol{x}_n)\in\mathbb{H},\quad n=1,2,\cdots,N$$

2) 在 $\mathbb{H}$ 中对映射的像 $\phi(\boldsymbol{x}_n)$，$n=1,2,\cdots,N$ 求解一个线性估计任务。

3) 将算法转换为求解未知参数，用内积操作来表示，形如

$$\left\langle\phi(\boldsymbol{x}_i),\phi(\boldsymbol{x}_j)\right\rangle,\quad i,j=1,2,\cdots,N$$

4) 将每个内积替换为一个核计算，即

$$\left\langle\phi(\boldsymbol{x}_i),\phi(\boldsymbol{x}_j)\right\rangle=\kappa(\boldsymbol{x}_i,\boldsymbol{x}_j)$$

很明显，我们不需要对数据执行任何显式映射。只需要在最后一步执行核操作。注意，$\kappa(\cdot,\cdot)$的具体形式无关分析。一旦导出了预测 $\hat{y}$ 的算法，我们可以选择使用不同的$\kappa(\cdot,\cdot)$。我们会看到，$\kappa(\cdot,\cdot)$的不同选择对应不同类型的非线性系统。图 11.6 说明了该过程背后的原理。在实践中，上面列出的 4 个步骤相当于在原始(低维欧氏)空间中工作，用内积表示所有操作，以及在最后一步用核计算代替内积。 540

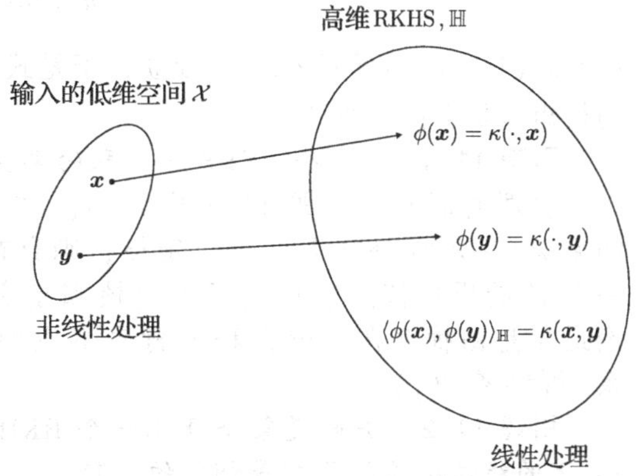

图 11.6 原始低维空间中的非线性任务映射为高维 RKHS $\mathbb{H}$ 中的线性任务。使用特征映射，内积操作可以通过原低维空间中的核计算高效进行

例 11.1 本例的目标是展示我们可以将输入空间映射到另一个高维空间(本例中是有限维[⊖])，其中对应的内积可以作为原始低维空间中的一个函数来计算。考虑二维空间的情况，将其映射为一个三维空间，即

$$\mathbb{R}^2\ni\boldsymbol{x}\longmapsto\boldsymbol{\phi}(\boldsymbol{x})=[x_1^2,\ \sqrt{2}x_1x_2,\ x_2^2]\in\mathbb{R}^3$$

然后，给定两个向量 $\boldsymbol{x}=[x_1,x_2]^{\mathrm{T}}$ 和 $\boldsymbol{y}=[y_1,y_2]^{\mathrm{T}}$，直接可知

$$\boldsymbol{\phi}^{\mathrm{T}}(\boldsymbol{x})\boldsymbol{\phi}(\boldsymbol{y})=(\boldsymbol{x}^{\mathrm{T}}\boldsymbol{y})^2$$

即映射后的三维空间中的内积用原始空间中变量的一个函数表示。

11.5.1 一些性质和理论要点

没有“数学焦虑”的读者可以在第一次阅读时跳过这一小节。

⊖ 如果一个函数的空间是有限维的，则它等价于一个欧几里得线性/向量空间。

令 $\mathcal{X}$ 为一个点集。通常是 $\mathbb{R}^l$ 的一个紧凑(封闭且有界的)子集。考虑一个函数

541 $$\kappa : \mathcal{X} \times \mathcal{X} \longmapsto \mathbb{R}$$

定义 11.3 κ 被称为一个*正定核*(positive definite kernel)，如果

$$\boxed{\sum_{n=1}^{N}\sum_{m=1}^{N} a_n a_m \kappa(\boldsymbol{x}_n, \boldsymbol{x}_m) \geqslant 0: \quad \text{正定核}} \tag{11.10}$$

对任意实数 a_n、a_m，任意点 $\boldsymbol{x}_n$，$\boldsymbol{x}_m \in \mathcal{X}$ 和任意 $N \in \mathbb{N}$ 成立。

注意，式(11.10)可以写成一个等价形式。定义所谓的 N 阶*核矩阵*(kernel matrix) $\mathcal{K}$ 如下

$$\mathcal{K} := \begin{bmatrix} \kappa(\boldsymbol{x}_1, \boldsymbol{x}_1) & \cdots & \kappa(\boldsymbol{x}_1, \boldsymbol{x}_N) \\ \vdots & & \vdots \\ \kappa(\boldsymbol{x}_N, \boldsymbol{x}_1) & \cdots & \kappa(\boldsymbol{x}_N, \boldsymbol{x}_N) \end{bmatrix} \tag{11.11}$$

于是，式(11.10)可写为

$$\boldsymbol{a}^{\mathrm{T}} \mathcal{K} \boldsymbol{a} \geqslant 0 \tag{11.12}$$

其中

$$\boldsymbol{a} = [a_1, \cdots, a_N]^{\mathrm{T}}$$

由于式(11.10)对任意 $\boldsymbol{a} \in \mathbb{R}^N$ 成立，于是式(11.12)意味着，对一个正定核，可确保对应的核矩阵是半正定的[⊖]。

引理 11.1 *与一个 RKHS $\mathbb{H}$ 关联的再生核是正定核。*

引理的证明在习题 11.3 中给出。注意，逆命题也是真的。可证明[82，106]，如果 $\kappa : \mathcal{X} \times \mathcal{X} \longmapsto \mathbb{R}$ 是一个正定核，则存在一个 $\mathcal{X}$ 上函数的 RKHS $\mathbb{H}$，使得 $\kappa(\cdot, \cdot)$ 是一个 $\mathbb{H}$ 的再生核。这建立了再生核和正定核之间的等价关系。历史上，正定核的理论最早是由梅塞在积分方程的背景下发展起来的[76]，随后发展出了与 RKHS 的联系(可参考[3])。

引理 11.2 *令 $\mathbb{H}$ 是集合 $\mathcal{X}$ 上一个 RKHS，对应的再生核为 $\kappa(\cdot, \cdot)$，则函数 $\kappa(\cdot, \boldsymbol{x})$，$\boldsymbol{x} \in \mathcal{X}$ 的线性扩张在 $\mathbb{H}$ 中是稠密的，即*

$$\mathbb{H} = \overline{\operatorname{span}\{\kappa(\cdot, \boldsymbol{x}), \boldsymbol{x} \in \mathcal{X}\}} \tag{11.13}$$

引理的证明在习题 11.4 中给出。上划线表示一个集合的闭包。换句话说，$\mathbb{H}$ 可以由 $\mathcal{X}$ 中计算的核函数的所有可能的线性组合以及这些组合的序列的极限点构造出来。简单地说，$\mathbb{H}$ *可以完全从 $\kappa(\cdot, \cdot)$ 的知识生成*。

感兴趣的读者可从[64，83，87，103，106，108]等文献中找到更多有关 RKHS 的理
542 论结果。

11.5.2 核函数示例

在本节中，我们介绍一些在各种应用中常用的核函数的典型例子。

- 高斯核是最常用的核函数之一，它以我们熟悉的形式给出

$$\kappa(\boldsymbol{x}, \boldsymbol{y}) = \exp\left(-\frac{\|\boldsymbol{x} - \boldsymbol{y}\|^2}{2\sigma^2}\right)$$

⊖ 正定核的定义需要一个半正定核矩阵，这可能有点令人困惑。然而，这是已被接受的定义。

其中 $\sigma>0$ 是一个参数。图 11.7a 以 x 和 y 的函数的形式显示了一个高斯核，其中 $x, y\in\mathcal{X}=\mathbb{R}$、$\sigma=0.5$。图 11.7b 显示了如果我们将核参数设置为 0 时得到的函数的图形，即对不同的 σ 值的 $\kappa(\cdot,0)$。

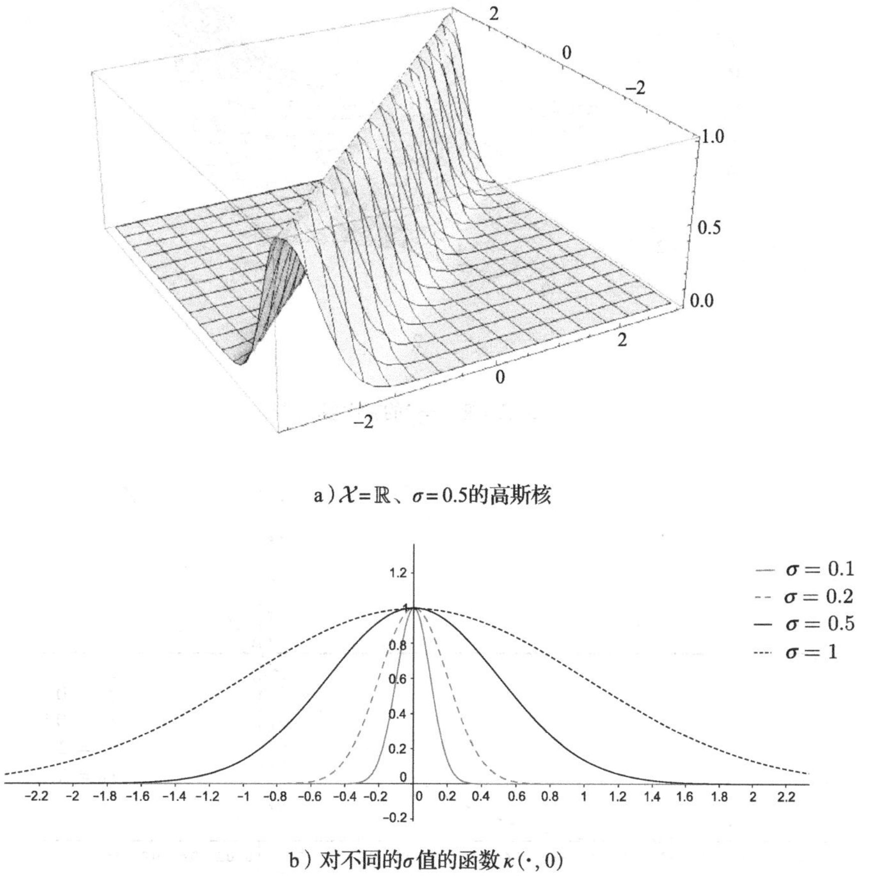

图　11.7

543

高斯核生成的 RKHS 是无限维的。高斯核满足我们所需要的性质，其证明可从如文献[108]中找到。

- 齐次多项式(homogeneous polynomial)核的形式为

$$\kappa(\boldsymbol{x},\boldsymbol{y})=(\boldsymbol{x}^{\mathrm{T}}\boldsymbol{y})^r$$

其中，r 是一个参数。

- 非齐次(inhomogeneous)多项式核如下：

$$\kappa(\boldsymbol{x},\boldsymbol{y})=(\boldsymbol{x}^{\mathrm{T}}\boldsymbol{y}+c)^r$$

其中 $c\geqslant 0$ 和 $r>0$，$r\in\mathbb{N}$ 是参数。核的图如图 11.8a 所示。在图 11.8b 中显示了对应不同 x_0 值的函数 $\phi(\cdot,x_0)$ 的图。与多项式核关联的 RKHS 的维数是有限的。

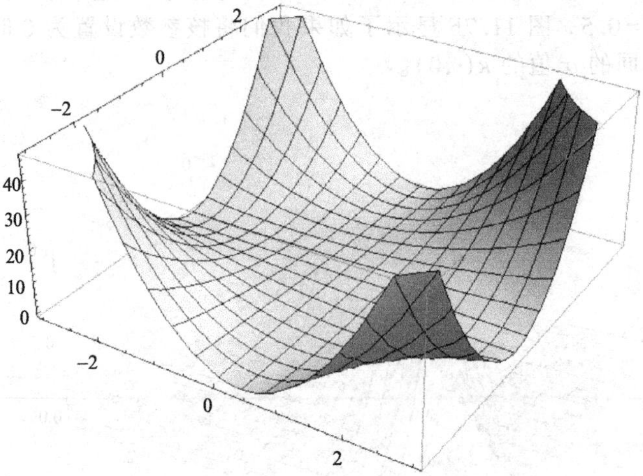

a）$\mathcal{X}=\mathbb{R}$、$r=2$的齐次多项式核

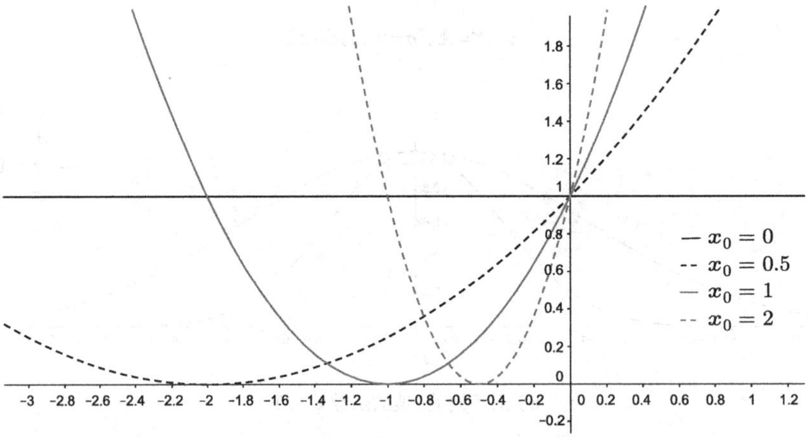

b）对应不同x_0值的$\mathcal{K}(\cdot, x_0)$ 元素

图　11.8

- 拉普拉斯(Laplacian)核如下式

$$\kappa(\boldsymbol{x}, \boldsymbol{y}) = \exp(-t\|\boldsymbol{x} - \boldsymbol{y}\|)$$

其中 $t>0$ 是一个参数。与拉普拉斯核关联的 RKHS 的维数是无限的。

- 样条(spline)核定义如下：

$$\kappa(\boldsymbol{x}, \boldsymbol{y}) = B_{2p+1}(\|\boldsymbol{x} - \boldsymbol{y}\|^2)$$

其中 B_n 样条是通过单位间隔$\left[-\frac{1}{2}, \frac{1}{2}\right]$的 $n+1$ 次卷积定义的，即

$$B_n(\cdot) := \bigotimes_{i=1}^{n+1} \chi_{[-\frac{1}{2}, \frac{1}{2}]}(\cdot)$$

$\mathcal{X}_{\left[-\frac{1}{2},\frac{1}{2}\right]}(\cdot)$是对应间隔上的特征函数㊀。

- 抽样函数(sampling function)或称辛格(sinc)核从信号处理的角度看特别有趣。这个核函数定义为

$$\operatorname{sinc}(x)=\frac{\sin(\pi x)}{\pi x}$$

回忆一下，我们在第 9 章讨论欠奈奎斯特采样时已经遇到过这个函数。

我们现在考虑所有平方可积函数的集合，它们是频带受限(bandlimited)的，即

$$\mathcal{F}_B=\left\{f:\int_{-\infty}^{+\infty}|f(x)|^2\mathrm{d}x<+\infty\quad 且\quad |F(\omega)|=0,\ |\omega|>\pi\right\}$$

其中 $F(\omega)$是对应的傅里叶变换

$$F(\omega)=\frac{1}{2\pi}\int_{-\infty}^{+\infty}f(x)\mathrm{e}^{-\mathrm{j}\omega x}\mathrm{d}x$$

已经证明，$\mathcal{F}_B$ 是一个 RKHS，其再生核为辛格函数(参考[51])，即 544~545

$$\kappa(x,y)=\operatorname{sinc}(x-y)$$

这让我们经由 RKHS 回到了经典采样定理。我们不深入细节了，但这个观点的一个副产品是香农采样定理，任何频带受限函数都可以写成㊁

$$f(x)=\sum_n f(n)\operatorname{sinc}(x-n)\tag{11.14}$$

1. 构造核

除了前面的例子之外，我们还可以应用下面的性质(习题 11.6，[106])构造更多的核

- 如果

$$\kappa_1(\boldsymbol{x},\boldsymbol{y}):\mathcal{X}\times\mathcal{X}\longmapsto\mathbb{R}$$
$$\kappa_2(\boldsymbol{x},\boldsymbol{y}):\mathcal{X}\times\mathcal{X}\longmapsto\mathbb{R}$$

是核，则

$$\kappa(\boldsymbol{x},\boldsymbol{y})=\kappa_1(\boldsymbol{x},\boldsymbol{y})+\kappa_2(\boldsymbol{x},\boldsymbol{y})$$

与

$$\kappa(\boldsymbol{x},\boldsymbol{y})=\alpha\kappa_1(\boldsymbol{x},\boldsymbol{y}),\ \alpha>0$$

和

$$\kappa(\boldsymbol{x},\boldsymbol{y})=\kappa_1(\boldsymbol{x},\boldsymbol{y})\kappa_2(\boldsymbol{x},\boldsymbol{y})$$

也是核。

- 令

$$f:\mathcal{X}\longmapsto\mathbb{R}$$

则

$$\kappa(\boldsymbol{x},\boldsymbol{y})=f(\boldsymbol{x})f(\boldsymbol{y})$$

是一个核。

㊀ 如果变量属于这个区间内，函数值等于 1，否则等于 0。

㊁ 证明背后的关键点是，在 $\mathcal{F}_B$ 中，核 $\kappa(x,y)$ 可分解为一组正交函数，即 $\operatorname{sinc}(x-n)$，$n=0,\pm1,\pm2,\cdots$。

- 令一个函数
$$g:\mathcal{X}\longmapsto\mathbb{R}^l$$
与一个核
$$\kappa_1(\cdot,\cdot):\mathbb{R}^l\times\mathbb{R}^l\longmapsto\mathbb{R}$$
则
546
$$\kappa(\boldsymbol{x},\boldsymbol{y})=\kappa_1(g(\boldsymbol{x}),g(\boldsymbol{y}))$$
也是一个核。
- 令 A 是一个 $l\times l$ 的正定矩阵，则
$$\kappa(\boldsymbol{x},\boldsymbol{y})=\boldsymbol{x}^{\mathrm{T}}A\boldsymbol{y}$$
是一个核。
- 如果
$$\kappa_1(\boldsymbol{x},\boldsymbol{y}):\mathcal{X}\times\mathcal{X}\longmapsto\mathbb{R}$$
则
$$\kappa(\boldsymbol{x},\boldsymbol{y})=\exp(\kappa_1(\boldsymbol{x},\boldsymbol{y}))$$
也是一个核，且如果 $p(\cdot)$ 是一个系数非负的多项式，则
$$\kappa(\boldsymbol{x},\boldsymbol{y})=p(\kappa_1(\boldsymbol{x},\boldsymbol{y}))$$
也是一个核。

感兴趣的读者可在[52, 106, 108]中找到更多有关核及其构造的信息。

2. 字符串核

到目前为止，我们的讨论主要集中在输入数据是欧氏空间中向量的情况。然而，正如我们已经指出的，输入数据不一定是向量，它们可以是更一般集合的元素。

我们用 $\mathcal{S}$ 表示一个字母表，即一个有限数目元素的集合，我们称其中元素为*符号*。例如，一个字母表可以是拉丁字母表中所有大写字母的集合。我们不纠结于正式的定义，一个*字符串*(string)就是一个由 $\mathcal{S}$ 中符号组成任意长度的有限序列，如下面两个字符串的例子

T_1 = "MYNAMEISSERGIOS"，T_2 = "HERNAMEISDESPOINA"

在许多应用中，例如文本挖掘、垃圾邮件过滤、文本摘要和生物信息学中，对两个字符串的"相似性"进行量化是很重要的。而根据其定义，核就是相似性度量，它们的构造是为了表达高维特征空间中的内积。而内积是一种相似性度量。如果两个向量指向同一个方向，它们是最相似的。从这个观察开始，已经有很多研究工作关注定义度量字符串之间相似性的核。我们不深入细节，只是举一个这样的例子。

我们用 $\mathcal{S}^*$ 来表示所有可能的字符串的集合，这些字符串是 $\mathcal{S}$ 中符号构成的。此外，对一个字符串 s，如果 $x=\mathrm{bsa}$，其中 a 和 b 是 $\mathcal{S}$ 中符号构成的其他字符串(可能为空)，则字符串 s 被称为 x 的*子字符串*(substring)。给定两个字符串 x，$y\in\mathcal{S}^*$，定义

547
$$\kappa(x,y):=\sum_{s\in\mathcal{S}*}w_s\phi_s(x)\phi_s(y) \tag{11.15}$$

其中，$w_s\geqslant0$，而 $\phi_s(x)$ 是子字符串 s 在 x 中出现的次数。可证明，从符合式(11.10)的角度，这确实是一个核，这种从字符串构造的核被称为*字符串核*(string kernel)。

显然，字符串核有很多不同的变体。所谓的 k-*谱核*只考虑长度为 k 的公共子串。例如，在前面的两个字符串中，式(11.15)中的 6-谱字符串核的值等于 1(发现了一个长度为

6 的公共子串“NAMEIS”，它在两个字符串中各出现一次）。感兴趣的读者可以从诸如文献[106]中找到关于这个话题的更多内容。我们将在 11.15 节的实例研究中用到字符串核的概念。

11.6　表示定理

从实践角度，本节介绍的定理是重要的。它允许我们用一个有限的训练点集进行经验风险函数优化，而且是以一种非常高效的方式，即使待估计的函数属于一个非常高维(甚至是无限维)的 RKHS $\mathbb{H}$。

定理 11.2　令

$$\Omega:[0,+\infty)\longmapsto\mathbb{R}$$

是任意一个严格单调递增函数。并令

$$\mathcal{L}:\mathbb{R}^2\longmapsto\mathbb{R}\cup\{\infty\}$$

是任意一个损失函数，则正则化最小化任务得到的每个最小值 $f\in\mathbb{H}$

$$\min_{f\in\mathbb{H}} J(f):=\sum_{n=1}^{N}\mathcal{L}\big(y_n,f(\boldsymbol{x}_n)\big)+\lambda\Omega\big(\|f\|^2\big) \tag{11.16}$$

服从下面的表示形式[⊖]

$$\boxed{f(\cdot)=\sum_{n=1}^{N}\theta_n\kappa(\cdot,\boldsymbol{x}_n)} \tag{11.17}$$

其中 $\theta_n\in\mathbb{R}$，$n=1,2,\cdots,N$。 548

证明：线性扩张 $A:=\operatorname{span}\{\kappa(\cdot,\boldsymbol{x}_1),\cdots,\kappa(\cdot,\boldsymbol{x}_N)\}$ 形成了一个封闭子空间。于是，每个 $f\in\mathbb{H}$ 可分解为两个部分(参见式(8.20))，即

$$f(\cdot)=\sum_{n=1}^{N}\theta_n\kappa(\cdot,\boldsymbol{x}_n)+f_{\perp}$$

其中 $f_{\perp}$ 是 f 的正交于 A 的部分。由再生性质，我们得到

$$\begin{aligned}f(\boldsymbol{x}_m)=\langle f,\kappa(\cdot,\boldsymbol{x}_m)\rangle&=\left\langle\sum_{n=1}^{N}\theta_n\kappa(\cdot,\boldsymbol{x}_n),\kappa(\cdot,\boldsymbol{x}_m)\right\rangle\\&=\sum_{n=1}^{N}\theta_n\kappa(\boldsymbol{x}_m,\boldsymbol{x}_n)\end{aligned}$$

其中，我们利用了 $\langle f_{\perp},\kappa(\cdot,\boldsymbol{x}_n)\rangle=0$，$n=1,2,\cdots,N$ 这一事实。换句话说，式(11.17)中的展开保证了，在训练点处，f 的值不依赖于 $f_{\perp}$。因此，式(11.16)中的第一项对应经验损失，它不依赖于 $f_{\perp}$。而且，对所有 $f_{\perp}$，我们有

⊖ 对形如 $\Omega(\|f\|)$ 的正则化项性质也成立，这是因为二次函数在$[0,\infty)$上也是严格单调的，因而证明遵循相同的技术路线。

$$\Omega(\|f\|^2)=\Omega\left(\left\|\sum_{n=1}^{N}\theta_n\kappa(\cdot,\boldsymbol{x}_n)\right\|^2+\|f_\perp\|^2\right)$$
$$\geqslant\Omega\left(\left\|\sum_{n=1}^{N}\theta_n\kappa(\cdot,\boldsymbol{x}_n)\right\|^2\right)$$

因此，对 θ_n 的任何选择，$n=1,2,\cdots,N$，式(11.16)中的代价函数都对 $f_\perp=0$ 最小化了。从而命题得证。□

这个定理最初是在[61]中提出的。[2]中研究了该定理存在的条件，导出了相关的充要条件。这个定理的重要性在于，为了对于 f 优化式(11.16)，我们可以使用式(11.17)中的展开并对有限参数集 θ_n，$n=1,2,\cdots,N$ 进行最小化。

注意，在高维/无限维空间中工作时，很难避免正则化项的使用；如果不使用，由于用于训练的数据样本数量有限，得到的解会出现过拟合问题。正则化对相关解的泛化性能和稳定性的影响已经在一些经典文献中进行了研究(参考[18，39，79])。

我们通常会加入一个偏项，并假定最小化函数符合下面的表示

$$\tilde{f}=f+b \tag{11.18}$$

549

$$f(\cdot)=\sum_{n=1}^{N}\theta_n\kappa(\cdot,\boldsymbol{x}_n) \tag{11.19}$$

在实践中，使用偏项(不包含在正则化项中)可以提高性能。首先，它扩大了在其中搜索解的函数类，并可能带来更好的性能。此外，由于正则化项 $\Omega(\|f\|^2)$ 的惩罚，极小化器将函数在训练点处的取值推向更小的值。b 的存在试图“吸收”一些这种行为(参考[108])。

附注 11.2

- 我们将在许多情况下使用式(11.17)中的展开。将这种展开应用到频带受限函数的 RKHS 上，看看会得到什么结果，是很有趣的。假设从一个函数 f 得到的可用样本为 $f(n)$，$n=1,2,\cdots,N$(假设归一化采样周期 $x_s=1$)，然后根据表示定理，我们可以写出下面的近似表示：

$$f(x)\approx\sum_{n=1}^{N}\theta_n\,\mathrm{sinc}(x-n) \tag{11.20}$$

考虑到 $\mathrm{sinc}(\cdot-n)$ 函数的规范正交性，我们就得到了 θ_n，$n=1,2,\cdots,N$。但是，请注意，与精确的式(11.14)相比，式(11.20)只是一个近似值。但另一方面，即使所获得的样本被噪声污染，式(11.20)也可使用。

11.6.1 半参表示定理

[103]推广了表示定理，这也在理论上说明了使用偏项的合理性。这个定理的精髓是将解展开为两部分：一部分位于一个 RKHS $\mathbb{H}$ 中，另一部分是一组预先选取的函数的线性组合。

定理 11.3 我们沿用定理 11.2 中的所有假定，并假定给定了一组实数值函数

$$\psi_m:\mathcal{X}\longmapsto\mathbb{R},\quad m=1,2,\cdots,M$$

它们具有这样的性质：元素为 $\psi_m(\boldsymbol{x}_n)$ $(n=1,2,\cdots,N,m=1,2,\cdots,M)$ 的矩阵(规模为 $N\times M$)的秩为 M。则任意

$$\tilde{f} = f + h,\ f \in \mathbb{H}, \quad h \in \text{span}\{\psi_m, m = 1, 2, \cdots, M\}$$

解决了最小化任务

$$\min_{\tilde{f}} J(\tilde{f}) := \sum_{n=1}^{N} \mathcal{L}\big(y_n, \tilde{f}(\boldsymbol{x}_n)\big) + \Omega(\|f\|^2) \tag{11.21}$$

并可表示为

$$\boxed{\tilde{f}(\cdot) = \sum_{n=1}^{N} \theta_n \kappa(\cdot, \boldsymbol{x}_n) + \sum_{m=1}^{M} b_m \psi_m(\cdot)} \tag{11.22}$$ 550

显然，偏项的使用是上述展开式的一个特例。应用此定理的一个成功例子是在[13]中展示的图像去噪应用，其中用一组非线性函数代替了 ψ_m，用来解释一幅图像中的边缘(非光滑跳跃)，而位于 RKHS 中的那部分解释了图像中的光滑部分。

11.6.2　非参建模：讨论

注意，在一个 RKHS 空间中搜索模型函数是典型的非参建模任务。在式(11.1)中，未知函数是用一组基函数来参数化的，与这种参数化建模不同，式(11.16)和式(11.21)中是针对约束到一个特定空间的函数执行最小化任务的。在更一般的情况下，可以对任何(连续的)函数执行最小化，例如

$$\min_f \sum_{n=1}^{N} \mathcal{L}\big(y_n, f(\boldsymbol{x}_n)\big) + \lambda \phi(f)$$

其中 $\mathcal{L}(\cdot,\cdot)$ 可以是任何损失函数，ϕ 是适当选择的正则化泛函。请注意，在这种情况下，正则化的存在是至关重要的。如果没有正则化，那么任何插值数据的函数都是一个解。这种技术也已被用于插值理论(参见[78, 90])。正则化项 $\phi(f)$ 有助于平滑要恢复的函数。为此目的，在其中使用了导数函数。例如，如果选择最小代价如下

$$\sum_{n=1}^{N} (y_n - f(x_n))^2 + \lambda \int (f''(x))^2 \, \mathrm{d}x$$

则解是一个三次样条，这是一个分段的三次函数，以点 x_n，$n=1,2,\cdots,N$ 为节点，它是二阶连续可微的。λ 的选择控制了近似函数的光滑度，其值越大，极小值就越光滑。

另一方面，如果 f 被限制在一个 RKHS 中，并且最小化任务如式(11.16)所示，那么结果函数的形式就如式(11.17)所示，其中在每个输入训练点都放置一个核函数。必须指出的是，现在得到的参数形式不是我们最初的意图，它是这个理论的副产品。但是需要强调的是，与参数化方法相比，现在需要估计的参数数量不是固定的，而是取决于训练点的数量。回想一下，这是一个重要的区别，我们在第 3 章介绍和定义参数化方法时曾小心指出过这一点。

11.7　核岭回归

我们在第 3 章中介绍过岭回归，在第 6 章中也有更详细的论述。在本节中，我们将在一般的 RKHS 中对其进行讨论。技术路线就是将线性模型技术扩展到更一般的 RKHS 的典型路线。 551

我们用训练集$(y_n, \boldsymbol{x}_n) \in \mathbb{R} \times \mathbb{R}^l$ 来表示数据，并假定数据的生成机制是通过一个非线

性回归任务建模的

$$y_n = g(\boldsymbol{x}_n) + \eta_n,\ n = 1, 2, \cdots, N \tag{11.23}$$

我们用 f 表示未知的 g 的估计值。有时，f 被称为假设，搜索 f 的空间 $\mathbb{H}$ 被称为假设空间。我们将进一步假定 f 位于一个与下面的核相关联的 RKHS 中

$$\kappa : \mathbb{R}^l \times \mathbb{R}^l \longmapsto \mathbb{R}$$

在表示定理的启发下，我们采用如下展开式

$$f(\boldsymbol{x}) = \sum_{n=1}^{N} \theta_n \kappa(\boldsymbol{x}, \boldsymbol{x}_n)$$

根据核岭回归方法，未知系数通过下面任务估计

$$\hat{\boldsymbol{\theta}} = \arg\min_{\boldsymbol{\theta}} J(\boldsymbol{\theta})$$

$$J(\boldsymbol{\theta}) := \sum_{n=1}^{N} \left(y_n - \sum_{m=1}^{N} \theta_m \kappa(\boldsymbol{x}_n, \boldsymbol{x}_m) \right)^2 + C\langle f, f \rangle \tag{11.24}$$

其中 C 为正则化参数[㊀]。式(11.24)可改写为(习题 11.7)

$$J(\boldsymbol{\theta}) = (\boldsymbol{y} - \mathcal{K}\boldsymbol{\theta})^{\mathrm{T}}(\boldsymbol{y} - \mathcal{K}\boldsymbol{\theta}) + C\boldsymbol{\theta}^{\mathrm{T}}\mathcal{K}^{\mathrm{T}}\boldsymbol{\theta} \tag{11.25}$$

其中

$$\boldsymbol{y} = [y_1, \cdots, y_N]^{\mathrm{T}}, \quad \boldsymbol{\theta} = [\theta_1, \cdots, \theta_N]^{\mathrm{T}}$$

$\mathcal{K}$ 是式(11.11)中定义的核矩阵，后者完全由核函数和训练数据点决定。按照我们到目前所熟悉的方法，对 $\boldsymbol{\theta}$ 最小化 $J(\boldsymbol{\theta})$ 会得到

$$(\mathcal{K}^{\mathrm{T}}\mathcal{K} + C\mathcal{K}^{\mathrm{T}})\hat{\boldsymbol{\theta}} = \mathcal{K}^{\mathrm{T}}\boldsymbol{y}$$

或

$$\boxed{(\mathcal{K} + CI)\hat{\boldsymbol{\theta}} = \boldsymbol{y}:\quad \text{核岭回归}} \tag{11.26}$$

552 其中 $\mathcal{K}^{\mathrm{T}} = \mathcal{K}$ 已被假定是可逆的[㊁]。一旦已得到 $\hat{\boldsymbol{\theta}}$，给定一个未知向量 $\boldsymbol{x} \in \mathbb{R}^l$，对应依赖变量的预测值由下式给出

$$\hat{y} = \sum_{n=1}^{N} \hat{\theta}_n \kappa(\boldsymbol{x}, \boldsymbol{x}_n) = \hat{\boldsymbol{\theta}}^{\mathrm{T}} \boldsymbol{\kappa}(\boldsymbol{x})$$

其中

$$\boldsymbol{\kappa}(\boldsymbol{x}) = [\kappa(\boldsymbol{x}, \boldsymbol{x}_1), \cdots, \kappa(\boldsymbol{x}, \boldsymbol{x}_N)]^{\mathrm{T}}$$

应用式(11.26)，我们得到

$$\boxed{\hat{y}(\boldsymbol{x}) = \boldsymbol{y}^{\mathrm{T}}(\mathcal{K} + CI)^{-1}\boldsymbol{\kappa}(\boldsymbol{x})} \tag{11.27}$$

例 11.2 在本例中，我们测试在存在噪声和离群值情况下核岭回归的预测能力。原始数据来源于范吉利斯·帕帕坦纳苏录制的《银翼杀手》音乐。我们加入了一个 15 分贝水平的高斯白噪声，并故意随机引入一些离群值来“命中”一些值(10%比例)。我们使用了核岭回归方法，采用 $\sigma = 0.004$ 的高斯核。我们允许存在一个偏项(见习题 11.8)。

㊀ 出于本章的需要，我们用 C 表示正则化常数，以免与即将介绍的拉格朗日乘子相混淆。

㊁ 这是真的，例如考虑高斯核[103]。

图 11.9 显示了对不同 x 值的预测(拟合)曲线 $\hat{y}(x)$ 和用于训练的(噪声)数据。

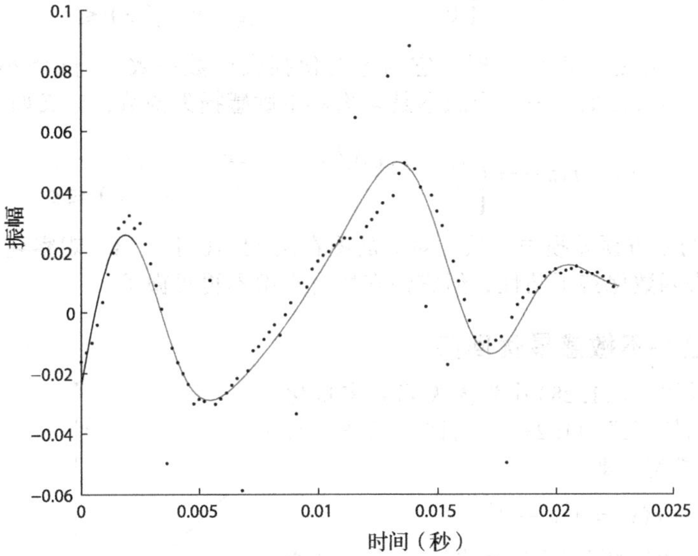

图 11.9　绘制了例 11.2 中用于训练的数据和使用核岭回归得到的预测(拟合)曲线。使用了高斯核 553

11.8　支持向量回归

最小二乘法所使用的平方误差损失函数虽然有其优点，但并不总是最佳的优化准则。因此，在长尾非高斯噪声(即相对大的值有更高概率)存在的情况下，随着噪声*离群值*(outlier)数量的增加，对平方误差准则的误差的平方依赖会向着与离群值相关的值偏离。回顾第 3 章，LS 方法等价于高斯白噪声假设下的最大似然估计。而且，在此假设下，LS 估计达到了克拉美-罗界，变成了一个最小方差估计量。然而，在其他噪音情况下，人们必须寻找替代准则。

胡贝尔[54]研究了离群值存在时的优化任务，其目标是获得一种策略来选择与噪声模型“最匹配”的损失函数。他证明了，在假设噪声具有对称概率密度函数(PDF)的情况下，通过以下损失函数可得到回归的最优极小极大策略[⊖]：

$$\mathcal{L}(y, f(\boldsymbol{x})) = |y - f(\boldsymbol{x})|$$

这产生了最小模(least modulus)方法。从 5.8 节可以看出，这个损失函数的随机梯度在线版本引出了符号误差 LMS 方法。胡贝尔还指出，如果噪声包含两个分量，一个对应于高斯函数，另一个对应于任意的概率分布密度函数(保持对称)，则对某个参数 ϵ，极小极大意义上的最佳损失函数由下式给出

$$\mathcal{L}(y, f(\boldsymbol{x})) = \begin{cases} \epsilon|y - f(\boldsymbol{x})| - \frac{\epsilon^2}{2}, & 若\ |y - f(\boldsymbol{x})| > \epsilon \\ \frac{1}{2}|y - f(\boldsymbol{x})|^2, & 若\ |y - f(\boldsymbol{x})| \leqslant \epsilon \end{cases}$$

这就是所谓的胡贝尔损失函数，如图 11.10 所示。我们将会看到，已证明，如果一个损失函数可近似胡贝尔损失函数，则它有一些很好的计算性质，就是所谓的*线性* ϵ*-不敏感*损失函数，定义如下(参见第 8 章) 554

⊖　最坏情况噪声模型的最佳 L_2 近似。注意，这是一种悲观情况，因为仅使用了噪声 PDF 的对称性这一信息。

$$\mathcal{L}(y, f(\boldsymbol{x}))=\begin{cases}|y-f(\boldsymbol{x})|-\epsilon, & \text{若 } |y-f(\boldsymbol{x})|>\epsilon \\ 0, & \text{若 } |y-f(\boldsymbol{x})|\leqslant\epsilon\end{cases} \tag{11.28}$$

如图 11.10 所示。注意，当$\epsilon=0$时，它与绝对值损失函数一致，当ϵ为小于 1 的小值时，它很接近胡贝尔损失函数。另一个版本是二次ϵ-不敏感损失函数，定义如下

$$\mathcal{L}(y, f(\boldsymbol{x}))=\begin{cases}|y-f(\boldsymbol{x}))|^2-\epsilon, & \text{若 } |y-f(\boldsymbol{x})|>\epsilon \\ 0, & \text{若 } |y-f(\boldsymbol{x})|\leqslant\epsilon\end{cases} \tag{11.29}$$

当$\epsilon=0$时，它与平方误差损失一致。对应的图在图 11.10 中给出。观察到，前面讨论的两个ϵ-不敏感损失函数保持了凸性，但它们在所有点都不再可微了。

11.8.1　线性ϵ-不敏感最优回归

我们现在采用式(11.28)作为损失函数来量化模型失配。我们处理式(11.23)中的回归任务，对f采用一个线性模型，即

$$f(\boldsymbol{x})=\boldsymbol{\theta}^{\mathrm{T}}\boldsymbol{x}+\theta_0$$

一旦我们得到了用内积运算表示的解，就可以通过核技巧得到f在 RKHS 中的更一般的解，也就是说，内积将被核计算取代。

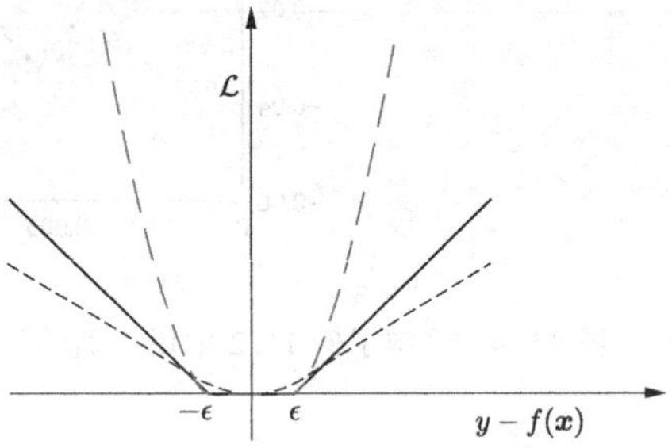

图 11.10　胡贝尔损失函数(短虚线)、线性ϵ-不敏感损失函数(实线)和二次ϵ-不敏感损失函数(长虚线)，其中$\epsilon=0.7$

我们现在引入两个辅助变量集合。如果

$$y_n-\boldsymbol{\theta}^{\mathrm{T}}\boldsymbol{x}_n-\theta_0\geqslant\epsilon$$

则定义$\tilde{\xi}_n\geqslant 0$，如

$$y_n-\boldsymbol{\theta}^{\mathrm{T}}\boldsymbol{x}_n-\theta_0\leqslant\epsilon+\tilde{\xi}_n$$

注意，理想情况下，我们想要选择$\boldsymbol{\theta}$，θ_0，使得$\tilde{\xi}_n=0$，因为这将使损失函数中对应项的贡献等于零。而且，如果

$$y_n-\boldsymbol{\theta}^{\mathrm{T}}\boldsymbol{x}_n-\theta_0\leqslant-\epsilon$$

则定义$\xi_n\geqslant 0$，如

$$\boldsymbol{\theta}^{\mathrm{T}}\boldsymbol{x}_n+\theta_0-y_n\leqslant\epsilon+\xi_n$$

555 再一次，我们想要选择未知参数集，使得ξ_n为 0。

我们现在已经准备好围绕对应的经验损失规划最小化任务，其中加入了$\boldsymbol{\theta}$的范数作为正则项，损失项转换为用辅助变量表示[⊖]

$$\text{最小化}\quad J(\boldsymbol{\theta},\theta_0,\boldsymbol{\xi},\tilde{\boldsymbol{\xi}})=\frac{1}{2}\|\boldsymbol{\theta}\|^2+C\left(\sum_{n=1}^{N}\xi_n+\sum_{n=1}^{N}\tilde{\xi}_n\right) \tag{11.30}$$

$$\text{满足}\quad y_n-\boldsymbol{\theta}^{\mathrm{T}}\boldsymbol{x}_n-\theta_0\leqslant\epsilon+\tilde{\xi}_n,\ n=1,2,\cdots,N \tag{11.31}$$

$$\boldsymbol{\theta}^{\mathrm{T}}\boldsymbol{x}_n+\theta_0-y_n\leqslant\epsilon+\xi_n,\ n=1,2,\cdots,N \tag{11.32}$$

$$\tilde{\xi}_n\geqslant 0,\ \xi_n\geqslant 0,\ n=1,2,\cdots,N \tag{11.33}$$

⊖ 在文献中，通过参数C与损失项而非$\|\boldsymbol{\theta}\|^2$相乘来制定正则代价是很常见的。在任何场景中，这两种方式都是等价的。

在我们进一步讨论之前，有必要做一些解释。

- 辅助变量 ξ_n 和 $\xi_n(n=1,2,\cdots,N)$ 衡量了关于 ϵ 的残余误差，被称为松弛变量(slack variable)。注意，根据 ϵ-不敏感原理，一个误差对代价函数的任何贡献如果小于等于 ϵ，它就是 0。前面的优化任务试图估计 $\boldsymbol{\theta}$，θ_0，使得大于 ϵ 和小于 $-\epsilon$ 的误差值的贡献最小化。因此，式(11.30)~式(11.33)中的优化任务等价于最小化经验风险函数

$$\frac{1}{2}\|\boldsymbol{\theta}\|^2 + C\sum_{n=1}^{N}\mathcal{L}\left(y_n, \boldsymbol{\theta}^{\mathrm{T}}\boldsymbol{x}_n + \theta_0\right)$$

其中损失函数为线性 ϵ-不敏感函数。注意，我们可以使用任何其他的最小化(不可微)凸函数的方法(参见第 8 章)。然而，包含松弛变量的约束优化具有其历史价值，它为利用核技巧铺平了道路，我们很快就会看到。

1. 解

我们通过引入拉格朗日乘子，形成相应的拉格朗日函数，可得到优化任务的解(具体推导如下)。假如已得到拉格朗日乘子，已证明，优化任务的解可以以一种简单而相当优雅的形式给出

$$\hat{\boldsymbol{\theta}} = \sum_{n=1}^{N}(\tilde{\lambda}_n - \lambda_n)\boldsymbol{x}_n$$

其中，$\tilde{\lambda}_n$，λ_n，$n=1,2,\cdots,N$ 是与式(11.31)和式(11.32)中每个约束关联的拉格朗日乘子。已证明，只有误差值等于或大于 ϵ 的那些点 $\boldsymbol{x}_n$ 所对应的拉格朗日乘子是非零的。这些点被称为支持向量(support vector)。误差值小于 ϵ 的点对应零拉格朗日乘子，不参与解的形成。任何人都可以从下面这组方程中得到偏差 556

$$y_n - \boldsymbol{\theta}^{\mathrm{T}}\boldsymbol{x}_n - \theta_0 = \epsilon \tag{11.34}$$

$$\boldsymbol{\theta}^{\mathrm{T}}\boldsymbol{x}_n + \theta_0 - y_n = \epsilon \tag{11.35}$$

其中，上式中的 n 遍历与 $\tilde{\lambda}_n>0(\lambda_n>0)$ 和 $\tilde{\xi}_n=0(\xi_n=0)$ 关联的点(注意，这些点形成了支持向量的一个子集)。在实践中，$\hat{\theta}_0$ 是从前面所有公式的结果取均值得到。

对更一般的情况，即 RKHS 中的任务，解的形式与之前得到的一样。我们所要做的就是用 $\boldsymbol{x}_n$ 对应的像 $\kappa(\cdot,\boldsymbol{x}_n)$ 代替它，并用一个函数 $\hat{\theta}$ 代替向量 $\hat{\boldsymbol{\theta}}$，即

$$\hat{\theta}(\cdot) = \sum_{n=1}^{N}(\tilde{\lambda}_n - \lambda_n)\kappa(\cdot, \boldsymbol{x}_n)$$

一旦已经得到了 $\hat{\theta}$ 和 $\hat{\theta}_0$，我们就准备好进行预测了。给定一个值 $\boldsymbol{x}$，我们首先使用下面的特征映射进行(隐式)映射

$$\boldsymbol{x} \longmapsto \kappa(\cdot, \boldsymbol{x})$$

得到

$$\hat{y}(\boldsymbol{x}) = \left\langle\hat{\theta}, \kappa(\cdot, \boldsymbol{x})\right\rangle + \hat{\theta}_0$$

或

$$\boxed{\hat{y}(\boldsymbol{x}) = \sum_{n=1}^{N_s}(\tilde{\lambda}_n - \lambda_n)\kappa(\boldsymbol{x}, \boldsymbol{x}_n) + \hat{\theta}_0:\ \text{支持向量回归预测}} \tag{11.36}$$

其中 $N_s \leqslant N$ 是非零拉格朗日乘子的数目。观察到，式(11.36)是用非线性(核)函数展开的结果。而且，由于只涉及部分(N_s 个)点，因此，在式(11.17)中的表示定理规定的一般形式的展开上，使用ϵ-不敏感损失函数可实现某种形式的稀疏化。

2. 求解优化任务

对证明不感兴趣的读者第一次阅读时可以跳过这部分。

式(11.30)~式(11.33)中的任务是一个带一组线性不等式约束的凸规划(convex programming)最小化任务。如附录 C 中的讨论，其极小值满足下面的卡罗需–库恩–塔克(Karush-Kuhn-Tucker)条件

$$\frac{\partial L}{\partial \boldsymbol{\theta}}=\mathbf{0},\ \frac{\partial L}{\partial \theta_0}=0,\ \frac{\partial L}{\partial \tilde{\xi}_n}=0,\ \frac{\partial L}{\partial \xi_n}=0 \tag{11.37}$$

$$\tilde{\lambda}_n(y_n-\boldsymbol{\theta}^{\mathrm{T}}\boldsymbol{x}_n-\theta_0-\epsilon-\tilde{\xi}_n)=0,\ n=1,2,\cdots,N \tag{11.38}$$

557

$$\lambda_n(\boldsymbol{\theta}^{\mathrm{T}}\boldsymbol{x}_n+\theta_0-y_n-\epsilon-\xi_n)=0,\ n=1,2,\cdots,N \tag{11.39}$$

$$\tilde{\mu}_n\tilde{\xi}_n=0,\ \mu_n\xi_n=0,\ n=1,2,\cdots,N \tag{11.40}$$

$$\tilde{\lambda}_n\geqslant 0,\ \lambda_n\geqslant 0,\ \tilde{\mu}_n\geqslant 0,\ \mu_n\geqslant 0,\ n=1,2,\cdots,N \tag{11.41}$$

其中，L 是对应的拉格朗日函数

$$\begin{aligned}L(\boldsymbol{\theta},\theta_0,\tilde{\boldsymbol{\xi}},\boldsymbol{\xi},\boldsymbol{\lambda},\boldsymbol{\mu})=&\frac{1}{2}\|\boldsymbol{\theta}\|^2+C\left(\sum_{n=1}^{N}\xi_n\quad\sum_{n=1}^{N}\tilde{\xi}_n\right)+\\&\sum_{n=1}^{N}\tilde{\lambda}_n(y_n-\boldsymbol{\theta}^{\mathrm{T}}\boldsymbol{x}_n-\theta_0-\epsilon-\tilde{\xi}_n)+\\&\sum_{n=1}^{N}\lambda_n(\boldsymbol{\theta}^{\mathrm{T}}\boldsymbol{x}_n+\theta_0-y_n-\epsilon-\xi_n)-\\&\sum_{n=1}^{N}\tilde{\mu}_n\tilde{\xi}_n-\sum_{n=1}^{N}\mu_n\xi_n\end{aligned} \tag{11.42}$$

其中，$\tilde{\lambda}_n$，λ_n，$\tilde{\mu}_n$，μ_n 是对应的拉格朗日乘子。仔细观察式(11.38)和式(11.39)就会发现(为什么?)

$$\tilde{\xi}_n\xi_n=0,\ \tilde{\lambda}_n\lambda_n=0,\quad n=1,2,\cdots,N \tag{11.43}$$

取式(11.37)中的拉格朗日函数的导数并令其等于 0，我们得到

$$\frac{\partial L}{\partial \boldsymbol{\theta}}=\mathbf{0}\longrightarrow\hat{\boldsymbol{\theta}}=\sum_{n=1}^{N}(\tilde{\lambda}_n-\lambda_n)\boldsymbol{x}_n \tag{11.44}$$

$$\frac{\partial L}{\partial \theta_0}=0\longrightarrow\sum_{n=1}^{N}\tilde{\lambda}_n=\sum_{n=1}^{N}\lambda_n \tag{11.45}$$

$$\frac{\partial L}{\partial \tilde{\xi}_n}=0\longrightarrow C-\tilde{\lambda}_n-\tilde{\mu}_n=0 \tag{11.46}$$

$$\frac{\partial L}{\partial \xi_n}=0\longrightarrow C-\lambda_n-\mu_n=0 \tag{11.47}$$

注意，为了得到 $\hat{\boldsymbol{\theta}}$，我们所需的所有东西就是拉格朗日乘子的值。如附录 C 中所讨论的，

我们可以将问题写为其对偶形式来得到这些值，即

$$\text{关于}\boldsymbol{\lambda}、\tilde{\boldsymbol{\lambda}}\text{的最大化}\quad \sum_{n=1}^{N}(\tilde{\lambda}_n-\lambda_n)y_n-\epsilon(\tilde{\lambda}_n+\lambda_n)$$

$$-\frac{1}{2}\sum_{n=1}^{N}\sum_{m=1}^{N}(\tilde{\lambda}_n-\lambda_n)(\tilde{\lambda}_m-\lambda_m)\boldsymbol{x}_n^{\mathrm{T}}\boldsymbol{x}_m \tag{11.48}$$

558

$$\text{满足}\quad 0\leqslant\tilde{\lambda}_n\leqslant C,\ 0\leqslant\lambda_n\leqslant C,\ n=1,2,\cdots,N \tag{11.49}$$

$$\sum_{n=1}^{N}\tilde{\lambda}_n=\sum_{n=1}^{N}\lambda_n \tag{11.50}$$

考虑式(11.48)~式(11.50)中的最大化任务，有如下讨论：

- 将式(11.44)得到的估计值代入拉格朗日函数中并遵循对偶表示形式所要求的步骤，即可得到式(11.48)(习题 11.10)。
- 由式(11.46)和式(11.47)，并考虑 $\mu_n\geqslant0$，$\tilde{\mu}_n\geqslant0$，即得到式(11.49)。
- 对偶表示形式的美妙之处在于，它包含了以内积操作的形式表示的观察向量。因此，当在一个 RKHS 中求解出问题时，式(11.48)变为

$$\text{关于}\boldsymbol{\lambda}、\tilde{\boldsymbol{\lambda}}\text{的最大化}\quad \sum_{n=1}^{N}(\tilde{\lambda}_n-\lambda_n)y_n-\epsilon(\tilde{\lambda}_n+\lambda_n)$$

$$-\frac{1}{2}\sum_{n=1}^{N}\sum_{m=1}^{N}(\tilde{\lambda}_n-\lambda_n)(\tilde{\lambda}_m-\lambda_m)\kappa(\boldsymbol{x}_n,\boldsymbol{x}_m)$$

- KKT 条件传递了重要信息。对应得分误差小于 ϵ 的点的拉格朗日乘子 λ_n，$\tilde{\lambda}_n$，即

$$|\boldsymbol{\theta}^{\mathrm{T}}\boldsymbol{x}_n+\theta_0-y_n|<\epsilon$$

  等于 0。这是由式(11.38)和式(11.39)及 $\tilde{\xi}_n$，$\xi_n\geqslant0$ 这一事实直接得到的结果。因此，只有得分误差等于 ϵ ($\tilde{\xi}_n,\xi_n=0$)或为更大值($\tilde{\xi}_n,\xi_n>0$)的点对应的拉格朗日乘子才为非零。换句话说，只有具有非零拉格朗日乘子(支持向量)的点进入式(11.44)才会导致公式中的展开式被稀疏化。
- 由式(11.43)，$\tilde{\xi}_n$ 或 ξ_n 可以是非零，但不能同时非零。对应的拉格朗日乘子也是如此。
- 注意，如果 $\tilde{\xi}_n>0$(或 $\xi_n>0$)，然后由式(11.40)、式(11.46)和式(11.47)，我们得到

$$\tilde{\lambda}_n=C\ \text{or}\ \lambda_n=C$$

  即对应的拉格朗日乘子获得其最大值。换句话说，它们在式(11.44)中展开式中有“很大发言权”。若 $\tilde{\xi}_n$ 和 ξ_n 为 0，则

$$0\leqslant\tilde{\lambda}_n\leqslant C,\quad 0\leqslant\lambda_n\leqslant C$$

- 回忆一下，在考虑 θ_0 的估计任务之前我们曾说了什么。选择任何对应 $0<\tilde{\lambda}_n<C$ ($0<\lambda_n<C$)的点，我们知道其对应 $\tilde{\xi}_n=0$ ($\xi_n=0$)。则可从式(11.38)和式(11.39)计算出 $\hat{\theta}_0$。在实践中，我们可以选择所有这种点，计算其均值作为 θ_0。
- 图 11.11 展示了对不同 $\kappa(\cdot,\cdot)$ 的选择得到的 $\hat{y}(\boldsymbol{x})$。观察到，ϵ 的值形成一个围绕对应的图的“管道”。位于管道外边的点对应松弛变量大于 0 的值。 559

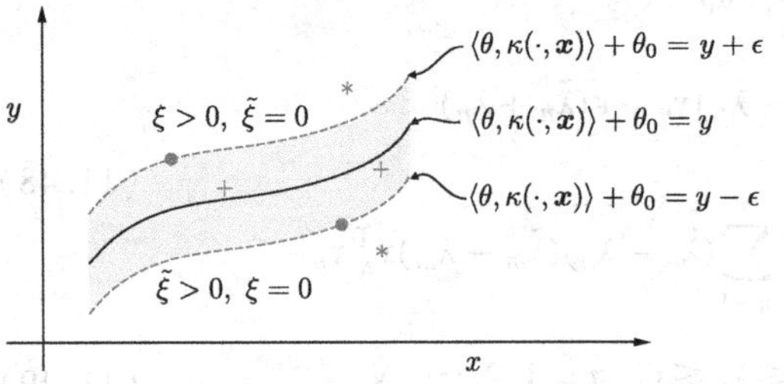

图 11.11　围绕非线性回归曲线的管道。管道之外的点(用星号表示)对应 $\tilde{\xi}>0$ 且 $\xi=0$ 或 $\xi>0$ 且 $\tilde{\xi}=0$。其余的点对应 $\tilde{\xi}=\xi=0$。管道内的点对应零拉格朗日乘子

附注 11.3

- 除了线性ϵ-不敏感损失外，类似的分析也适用于二次ϵ-不敏感损失函数和胡贝尔损失函数(参考[28])。已证明，使用胡贝尔损失函数会得到很多支持向量。注意，大量支持向量会增大复杂度，因为包含了更多的核计算。
- *稀疏性和ϵ-不敏感损失函数*：注意，式(11.36)与式(11.18)完全一样。但是，在前者中，展开式使用了 $N_s<N$ 且是稀疏的，而且在实践中，通常 $N_s\ll N$。现在引出的一个明显问题是，ϵ-不敏感损失函数和第 9 章中讨论的稀疏提升方法之间是否有“隐含的”关系。很有趣的是，答案是肯定的[47]。假定式(11.23)中的未知函数 g 位于一个 RKHS 中，再利用表示定理，则它可以用一个 RKHS 中的展开式来近似，且未知参数可通过下面最小化过程来估计

$$L(\boldsymbol{\theta})=\frac{1}{2}\left\|y(\cdot)-\sum_{n=1}^{N}\theta_n\kappa(\cdot,\boldsymbol{x}_n)\right\|_{\mathbb{H}}^2+\epsilon\sum_{n=1}^{N}|\theta_n|$$

  这类似于我们对核岭回归所做的，值得注意的差异是在其中用了参数的 ℓ_1 范数进行正则化。范数 $\|\cdot\|_{\mathbb{H}}$ 表示与 RKHS 关联的范数。通过对范数的推导，可以证明，对于无噪声情况，此最小化任务与 SVR 任务是一致的。

例 11.3　考虑使用例 11.2 中非线性预测任务相同的时间序列。本例中使用 SVR 方法进行优化，损失函数为ϵ-不敏感损失函数，$\epsilon=0.003$。与核岭回归(KRR)例子一样，使用 $\sigma=0.004$ 的高斯核。图 11.12 显示了预测结果曲线，$\hat{y}(x)$ 表示为 x 的一个函数，如

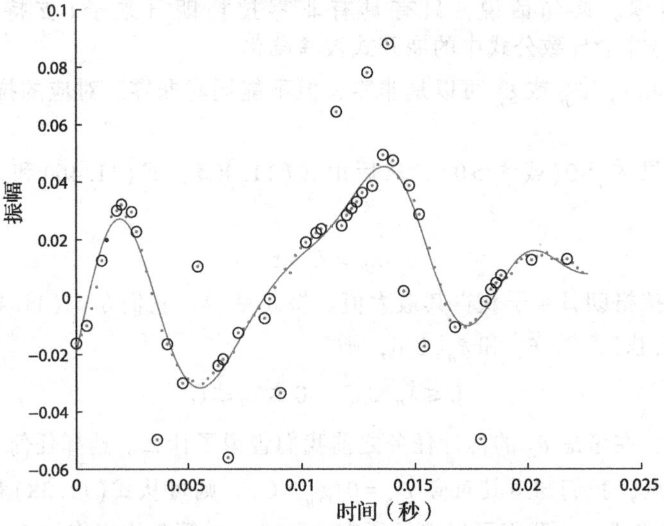

图 11.12　预测结果曲线，数据与例 11.2 所用相同。与图 11.9 中的核岭回归相比，很容易观察到性能的提升。环绕的点是使用ϵ-不敏感损失函数进行优化得到的支持向量

式(11.36)。环绕着曲线的点是支持向量。即使不使用任何定量测量，也可看出结果曲线相比核岭回归能更好地拟合数据样本，展示了 SVR 方法在有离群值的场景下，较之核岭回归增强了鲁棒性。 560

附注 11.4

- 一种处理离群值的最新趋势是对它们进行显式建模。噪声被分成两个分量，正常值和离群值。离群值必然是少数，否则也不会被称为离群值。然后，利用稀疏相关的参数来求解一个同时估计参数和离群值的优化任务(参考[15, 71, 80, 85, 86])。

11.9 核岭回归回顾

我们在 11.7 节中介绍了核岭回归。在本节中，我们将再次讨论它，重点关注其对偶表示形式。岭回归的原始表示形式可转换为

$$\begin{aligned}&\text{关于}\boldsymbol{\theta}、\boldsymbol{\xi}\text{的最小化}\quad J(\boldsymbol{\theta},\boldsymbol{\xi})=\sum_{n=1}^{N}\xi_n^2+C\|\boldsymbol{\theta}\|^2\\&\text{满足}\quad y_n-\boldsymbol{\theta}^{\mathrm{T}}\boldsymbol{x}_n=\xi_n,\ n=1,2,\cdots,N\end{aligned}\tag{11.51}$$

可得到下面拉格朗日函数：

$$L(\boldsymbol{\theta},\boldsymbol{\xi},\boldsymbol{\lambda})=\sum_{n=1}^{N}\xi_n^2+C\|\boldsymbol{\theta}\|^2+\sum_{n=1}^{N}\lambda_n(y_n-\boldsymbol{\theta}^{\mathrm{T}}\boldsymbol{x}_n-\xi_n),\quad n=1,2,\cdots,N\tag{11.52}$$ 561

对 $\boldsymbol{\theta}$ 和 $\xi_n(n=1,2,\cdots,N)$ 求微分，并令其等于 0，我们得到

$$\boldsymbol{\theta}=\frac{1}{2C}\sum_{n=1}^{N}\lambda_n\boldsymbol{x}_n\tag{11.53}$$

和

$$\xi_n=\frac{\lambda_n}{2},\quad n=1,2,\cdots,N\tag{11.54}$$

为了求拉格朗日乘子，将式(11.53)和式(11.54)代入式(11.52)中，就得到了问题的对偶表示，即

$$\text{关于}\boldsymbol{\lambda}\text{的最大化}\quad \sum_{n=1}^{N}\lambda_n y_n-\frac{1}{4C}\sum_{n=1}^{N}\sum_{m=1}^{N}\lambda_n\lambda_m\kappa(\boldsymbol{x}_n,\boldsymbol{x}_m)-\frac{1}{4}\sum_{n=1}^{N}\lambda_n^2\tag{11.55}$$

其中，我们已经根据核技巧将 $\boldsymbol{x}_n^{\mathrm{T}}\boldsymbol{x}_m$ 替换为核计算。于是问题就变为一个简单的代数问题，即得到下式(参见[98]和习题 11.9)

$$\boldsymbol{\lambda}=2C(\mathcal{K}+CI)^{-1}\boldsymbol{y}\tag{11.56}$$

通过与式(11.53)组合并使用核技巧，我们得到了核岭回归的预测规则，即

$$\hat{y}(\boldsymbol{x})=\boldsymbol{y}^{\mathrm{T}}(\mathcal{K}+CI)^{-1}\boldsymbol{\kappa}(\boldsymbol{x})\tag{11.57}$$

它与式(11.27)是相同的，但是，通过这一路线，我们无须假定 $\mathcal{K}$ 是可逆的。[118, 119]中已经设计出一种求解核岭回归的高效方法。

11.10　最优边距分类：支持向量机

如第 7 章所讨论的，在最小化分类误差的意义上，贝叶斯分类器是最优的分类器。作为生成学习家族中的一员，这种方法需要掌握基础的统计学知识。如果对此不了解，另一种路线是借助判别学习技术，采用一个判别函数 f 实现相应的分类器，并对其进行优化，使对应的经验损失最小化，即

$$J(f)=\sum_{n=1}^{N}\mathcal{L}\big(y_n, f(\boldsymbol{x}_n)\big)$$

其中

562
$$y_n=\begin{cases}+1, & \text{若 } \boldsymbol{x}_n\in\omega_1\\ -1, & \text{若 } \boldsymbol{x}_n\in\omega_2\end{cases}$$

对一个两类分类任务，我们第一个会想到的损失函数是

$$\mathcal{L}\big(y, f(\boldsymbol{x})\big)=\begin{cases}1, & \text{若 } yf(\boldsymbol{x})\leqslant 0\\ 0, & \text{其他}\end{cases}\tag{11.58}$$

它被称为(0,1)-损失函数。然而，这是一个不连续的函数，其优化是一项艰巨的任务。为此，人们采用了很多替代损失函数来近似(0,1)-损失函数。回忆一下，平方误差损失也是替代者之一，但是，正如在第 3 章和第 7 章中已经指出的，它不适合分类任务，并且与(0,1)-损失函数几乎没有相似之处。在本节中，我们将注意力转向所谓的合页损失函数，其定义为(参见第 8 章)

$$\mathcal{L}_\rho\big(y, f(\boldsymbol{x})\big)=\max\{0, \rho-yf(\boldsymbol{x})\}\tag{11.59}$$

换句话说，如果真正的标签(y)与判别函数($f(\boldsymbol{x})$)预测的标签的乘积的符号是正的且大于一个(用户定义的)阈值/边界值 $\rho\geqslant 0$，则损失为零。否则，损失呈线性增加。如果 $yf(\boldsymbol{x})$ 不能达到至少 ρ 的值，我们就称产生了一个边界误差。图 11.13 显示了合页损失函数，还显示了(0,1)-损失函数和平方误差损失函数。

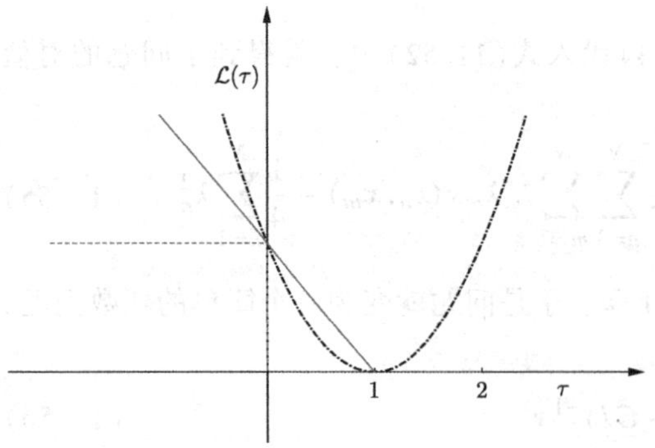

图 11.13　(0,1)-损失函数(红色虚线)、合页损失函数(红线)和平方误差损失函数(黑色虚线)，为方便比较，三个损失函数都调整为通过点(0,1)。对合页损失函数，$\rho=1$，对合页损失函数和(0,1)-损失函数 $\tau=yf(\boldsymbol{x})$，对平方误差损失函数 $\tau=y-f(\boldsymbol{x})$

我们将讨论限定在某个 RKHS 中的线性判别函数，形如

$$f(\boldsymbol{x})=\theta_0+\langle\theta, \boldsymbol{\phi}(\boldsymbol{x})\rangle$$

其中，由定义

563
$$\boldsymbol{\phi}(\boldsymbol{x}):=\kappa(\cdot, \boldsymbol{x})$$

为特征映射。但是，出于 11.8.1 节中讨论过的相同原因，我们将任务转换为输入空间 $\mathbb{R}^l$

中的一个线性任务，在最后阶段通过核技巧“植入”核的信息。

于是，设计一个线性分类器的目标现在变为等价的最小化代价

$$J(\boldsymbol{\theta},\theta_0)=\frac{1}{2}\|\boldsymbol{\theta}\|^2+C\sum_{n=1}^{N}\mathcal{L}_\rho(y_n,\boldsymbol{\theta}^{\mathrm{T}}\boldsymbol{x}_n+\theta_0) \tag{11.60}$$

我们还可以采用松弛变量，并遵循类似 11.8.1 节中的推导方法，则式(11.60)中的最小化任务变为等价的：

$$\text{关于}\boldsymbol{\theta}、\theta_0、\boldsymbol{\xi}\text{的最小化}\quad J(\boldsymbol{\theta},\boldsymbol{\xi})=\frac{1}{2}\|\boldsymbol{\theta}\|^2+C\sum_{n=1}^{N}\xi_n \tag{11.61}$$

$$\text{满足}\quad y_n(\boldsymbol{\theta}^{\mathrm{T}}\boldsymbol{x}_n+\theta_0)\geqslant\rho-\xi_n \tag{11.62}$$

$$\xi_n\geqslant 0,\ n=1,2,\cdots,N \tag{11.63}$$

不失一般性，从现在开始，我们将采用值 $\rho=1$。如果 $y_n(\boldsymbol{\theta}^{\mathrm{T}}\boldsymbol{x}_n+\theta_0)<1$，就产生了对应 $\xi_n>0$ 的一个边距误差，否则式(11.62)中的不等式不成立。对于边距误差情况下，为使后者成立，就必须有 $\xi_n>0$ 且它贡献给了式(11.61)中的代价。另一方面，如果 $\xi_n=0$，则 $y_n(\boldsymbol{\theta}^{\mathrm{T}}\boldsymbol{x}_n+\theta_0)\geqslant 1$，且对代价函数没有贡献。观察到，对于边距 $\rho=1$，为了令不等式成立，$y_n(\boldsymbol{\theta}^{\mathrm{T}}\boldsymbol{x}_n+\theta_0)$ 的值越小，对应 ξ_n 就应该越大，从而对式(11.61)中代价的贡献也越大。因此，优化任务的目标是推动尽可能多的 ξ_n 变为 0。式(11.61)~式(11.63)中的优化任务有一个有趣且重要的几何解释。

11.10.1　线性可分类别：最大边距分类器

假定类是线性可分的，那么就会有无穷多个线性分类器能精确地解决分类任务，它们都不会在训练集上产生错误(参见图 11.14)。这一点很容易看出，而且很快我们就会看到其明显的原因，从解决任务的这无穷多个超平面中，我们总是可以确定一个子集，使得

$$y_n(\boldsymbol{\theta}^{\mathrm{T}}\boldsymbol{x}_n+\theta_0)\geqslant 1,\quad n=1,2,\cdots,N$$

它保证了式(11.61)~式(11.63)中的 $\xi_n=0$，$n=1,2,\cdots,N$。因此，对线性可分的类，之前的优化任务等价于

$$\text{关于}\boldsymbol{\theta}\text{的最小化}\quad \frac{1}{2}\|\boldsymbol{\theta}\|^2 \tag{11.64}$$

$$\text{满足}\quad y_n(\boldsymbol{\theta}^{\mathrm{T}}\boldsymbol{x}_n+\theta_0)\geqslant 1,\ n=1,2,\cdots,N \tag{11.65}$$

换句话说，从这无穷多个可求解任务并准确分类所有训练模式的线性分类器中，我们的优化任务选出了具有最小范数的那个。我们接下来将解释，范数 $\|\boldsymbol{\theta}\|$ 与对应分类器形成的边距直接相关。 564

空间中每个超平面由下面的方程描述：

$$f(\boldsymbol{x})=\boldsymbol{\theta}^{\mathrm{T}}\boldsymbol{x}+\theta_0=0 \tag{11.66}$$

由经典几何学(参见习题 5.12)，我们知道它在空间中的方向由 $\boldsymbol{\theta}$ 控制(垂直于平面)，其位置由 θ_0 控制(参见图 11.15)。从精确解决任务并具有特定方向(即共享一个共同的 $\boldsymbol{\theta}$)的所有超平面的集合中，我们选择 θ_0 使得超平面位于两类中间，即距离两类中最近点的距离相等。图 11.16 显示了两个不同方向(黑色和灰色实线)的线性分类器(超平面)。两者的位置都使得它们距离两类中最近点的距离相等。而且注意到，“黑色”分类器的距离 z_1 小于“灰色”分类器的距离 z_2。

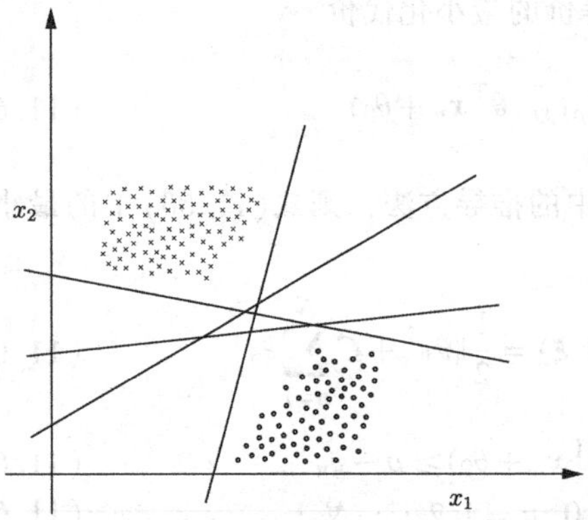

图 11.14 在一个分类任务中，类是线性可分的，则有无穷多个可正确分类所有模式的线性分类器

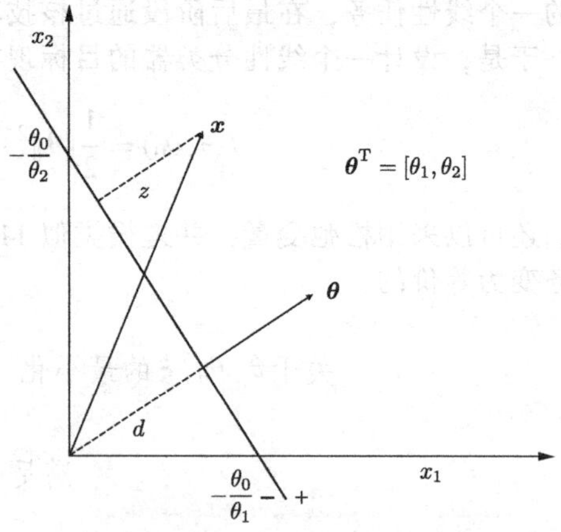

图 11.15 超平面 $\boldsymbol{\theta}^{\mathrm{T}}\boldsymbol{x}+\theta_0=0$ 的方向由 $\boldsymbol{\theta}$ 决定，它在空间中的位置由 θ_0 决定。注意，$\boldsymbol{\theta}$ 已经从原点移开了，因为在这里我们只对其方向感兴趣，它的方向垂直于直线

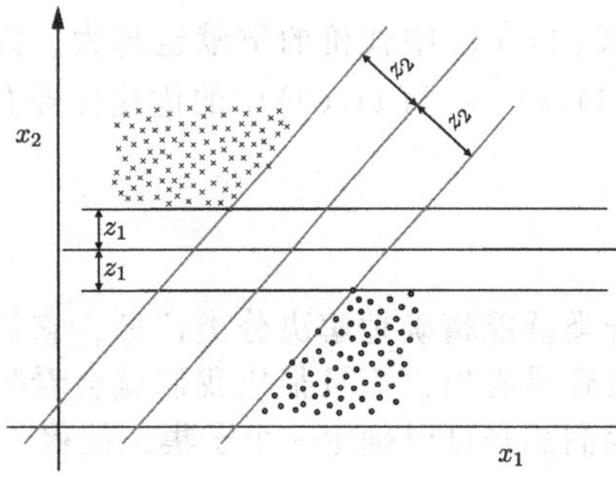

图 11.16 对每个方向 $\boldsymbol{\theta}$，“灰色”和“黑色”（线性）超平面分类器 $\boldsymbol{\theta}^{\mathrm{T}}\boldsymbol{x}+\theta_0=0$ 都被放置在两类中间，并进行了归一化，使得据两类中最近点的距离相等。虚线 $\boldsymbol{\theta}^{\mathrm{T}}\boldsymbol{x}+\theta_0=\pm1$ 穿过最近点，平行于对应的分类器，它们定义了边距。边距的宽度由对应分类器在空间中的方向决定，等于 $2/\|\boldsymbol{\theta}\|$

根据基本几何学，我们知道一个点 $\boldsymbol{x}$ 到一个超平面的距离由下式给出(参见图 11.15)：

$$z=\frac{|\boldsymbol{\theta}^{\mathrm{T}}\boldsymbol{x}+\theta_0|}{\|\boldsymbol{\theta}\|}$$

如果点在超平面上，距离显然是零。此外，我们总是可以将 $\boldsymbol{\theta}$ 和 θ_0 缩放一个常数因子，比如说 a，而不影响超平面的几何性质，如式(11.66)所描述的那样。经过适当的缩放后，我们总是可以令两类中距超平面最近的点的距离等于 $z=1/\|\boldsymbol{\theta}\|$；等价的，如果 $\boldsymbol{x}$ 为距超平面最近的点，缩放保证 $f(\boldsymbol{x})=\pm1$，具体取值取决于点属于 $\omega_1(+1)$ 还是 $\omega_2(-1)$。由 $f(\boldsymbol{x})=\pm1$ 定义的两个超平面在图 11.16 中以虚线表示，“黑色”和“灰色”方向均是。这些超平面对定义了每个方向对应的边距，其宽度等于 $2/\|\boldsymbol{\theta}\|$。

因此，任何用前面描述的方法构造的求解了任务的分类器，都满足下面两个性质：

565~566
- 它有一个宽度等于 $1/\|\boldsymbol{\theta}\|+1/\|\boldsymbol{\theta}\|$ 的边距。
- 它满足两组约束

$$\boldsymbol{\theta}^{\mathrm{T}}\boldsymbol{x}_n+\theta_0\geqslant+1,\quad \boldsymbol{x}_n\in\omega_1$$
$$\boldsymbol{\theta}^{\mathrm{T}}\boldsymbol{x}_n+\theta_0\leqslant-1,\quad \boldsymbol{x}_n\in\omega_2$$

因此，式(11.64)和式(11.65)中的优化任务计算出的线性分类器会最大化服从约束的边距。

正则项 $\|\boldsymbol{\theta}\|^2$ 的边距解释将设计最大化边距的分类器的任务与统计学习理论和瓦普尼

克–泽范兰杰斯的前沿工作联系起来了，他们的工作为这种分类器的泛化性质建立了优雅的性能界(参见[28，124，128，129])。

1. **解**

按照与支持向量回归相似的步骤，最大边距分类器设计任务的解可以表示为训练样本子集的线性组合，即

$$\hat{\boldsymbol{\theta}} = \sum_{n=1}^{N_s} \lambda_n y_n \boldsymbol{x}_n \tag{11.67}$$

其中 N_s 是非零拉格朗日乘子。已证明，只有最靠近分类器的点(即满足相等约束 $y_n(\boldsymbol{\theta}^{\mathrm{T}}\boldsymbol{x}_n+\theta_0)=1$ 的点)对应的拉格朗日乘子才是非零的。它们被称为支持向量。对应远方的点($y_n(\boldsymbol{\theta}^{\mathrm{T}}\boldsymbol{x}_n+\theta_0)>1$)的拉格朗日乘子是等于 0 的。估计偏项 $\hat{\theta}_0$ 的方法是选择满足 $\lambda_n \neq 0$ 的所有约束，对应

$$y_n(\hat{\boldsymbol{\theta}}^{\mathrm{T}} \boldsymbol{x}_n + \hat{\theta}_0) - 1 = 0, \quad n = 1, 2, \cdots, N_s$$

求解 $\hat{\theta}_0$ 并求均值。

对更一般的 RKHS 的情形，解是如下函数

$$\hat{\theta}(\cdot) = \sum_{n=1}^{N_s} \lambda_n y_n \kappa(\cdot, \boldsymbol{x}_n)$$

它导致如下的预测规则。给定一个未知的 $\boldsymbol{x}$，根据下式的符号预测出其类别标签

$$\hat{y}(\boldsymbol{x}) = \langle \hat{\theta}, \kappa(\cdot, \boldsymbol{x}) \rangle + \hat{\theta}_0$$

或

$$\boxed{\hat{y}(\boldsymbol{x}) = \sum_{n=1}^{N_s} \lambda_n y_n \kappa(\boldsymbol{x}, \boldsymbol{x}_n) + \hat{\theta}_0 \text{：支持向量机预测}} \tag{11.68}$$

类似线性情况，我们选择所有满足 $\lambda_n \neq 0$ 的约束，即

$$y_n \left(\sum_{m=1}^{N_s} \lambda_m y_m \kappa(\boldsymbol{x}_m, \boldsymbol{x}_n) + \hat{\theta}_0 \right) - 1 = 0, \quad n = 1, 2, \cdots, N_s$$ 567

从每个约束，我们都可以得到一个值，求它们的均值即可计算出 $\hat{\theta}_0$。虽然解是唯一的，但对应的拉格朗日乘子并不一定是唯一的(参考[124])。

最后，必须强调的是，支持向量的数量是与分类器的泛化性能相关的。*支持向量数量越少，期望泛化性能越好*[28，124]。

2. **优化任务**

这一部分在首次阅读时也可跳过。

式(11.64)和式(11.65)中的任务是一个二次规划任务，可以采用与 SVR 任务相似的步骤来求解。

关联的拉格朗日函数如下

$$L(\boldsymbol{\theta}, \theta_0, \boldsymbol{\lambda}) = \frac{1}{2}\|\boldsymbol{\theta}\|^2 - \sum_{n=1}^{N} \lambda_n \left(y_n \left(\boldsymbol{\theta}^{\mathrm{T}} \boldsymbol{x}_n + \theta_0 \right) - 1 \right) \tag{11.69}$$

KKT 条件(附录 C)变为

$$\frac{\partial}{\partial \boldsymbol{\theta}} L(\boldsymbol{\theta}, \theta_0, \boldsymbol{\lambda}) = \mathbf{0} \longrightarrow \hat{\boldsymbol{\theta}} = \sum_{n=1}^{N} \lambda_n y_n \boldsymbol{x}_n \tag{11.70}$$

$$\frac{\partial}{\partial\theta_0}L(\boldsymbol{\theta},\theta_0,\boldsymbol{\lambda})=0 \longrightarrow \sum_{n=1}^{N}\lambda_n y_n=0 \tag{11.71}$$

$$\lambda_n\big(y_n(\boldsymbol{\theta}^{\mathrm{T}}\boldsymbol{x}_n+\theta_0)-1\big)=0,\ n=1,2,\cdots,N \tag{11.72}$$

$$\lambda_n\geqslant 0,\ n=1,2,\cdots,N \tag{11.73}$$

通过将式(11.70)插入拉格朗日函数中，然后通过对偶表示形式即可得到拉格朗日乘子(习题 11.11)，即

$$\text{关于}\lambda\text{的最大化}\qquad \sum_{n=1}^{N}\lambda_n-\frac{1}{2}\sum_{n=1}^{N}\sum_{m=1}^{N}\lambda_n\lambda_m y_n y_m \boldsymbol{x}_n^{\mathrm{T}}\boldsymbol{x}_m \tag{11.74}$$

$$\text{满足}\qquad \lambda_n\geqslant 0 \tag{11.75}$$

$$\sum_{n=1}^{N}\lambda_n y_n=0 \tag{11.76}$$

对于原任务映射到 RKHS 中的情况，代价函数变为

$$\sum_{n=1}^{N}\lambda_n-\frac{1}{2}\sum_{n=1}^{N}\sum_{m=1}^{N}\lambda_n\lambda_m y_n y_m\kappa(\boldsymbol{x}_n,\boldsymbol{x}_m) \tag{11.77}$$

- 根据公式(11.72)，如果 $\lambda_n\neq 0$，则必然有

568 $$y_n(\boldsymbol{\theta}^{\mathrm{T}}\boldsymbol{x}_n+\theta_0)=1$$

  即对应的点是每个类中距离分类器最近的点(距离 $1/\|\boldsymbol{\theta}\|$)。它们位于构成边距的边缘的两个超平面中任何一个。这些点就是支持向量，对应的约束称为*活跃约束*(active constraint)。剩下的点对应下式

$$y_n(\boldsymbol{\theta}^{\mathrm{T}}\boldsymbol{x}_n+\theta_0)>1 \tag{11.78}$$

  位于边距之外，对应 $\lambda_n=0$(*不活跃约束*)。
- 式(11.64)中的代价函数是严格凸的，因此，优化任务的解是唯一的(附录 C)。

11.10.2　不可分类别

我们现在将注意力转向更实际的类别重叠的情况以及式(11.61)~式(11.63)中任务对应的几何解释。在此情况下，不存在能正确分类所有点的(线性)分类器，一定会产生分类错误。图 11.17 显示了一个线性分类器对应的几何表示。注意，虽然类别不可分，但我们仍然定义了边界，即两个超平面之间的区域 $f(\boldsymbol{x})=\pm1$。存在三种类型的点。

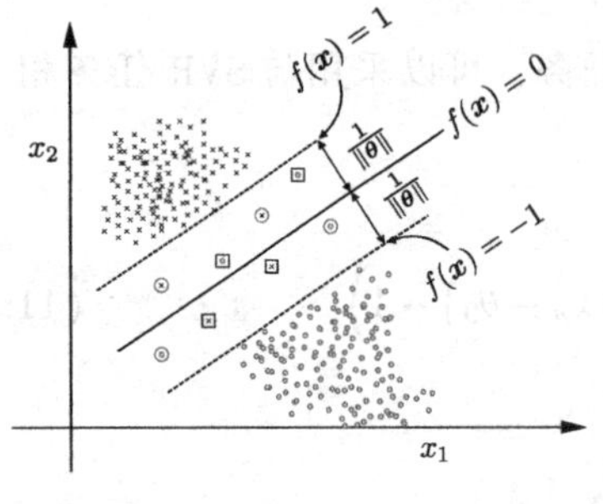

图 11.17　当类别重叠时，存在三类点：a)位于边距边缘之上或之外且被正确分类的点($\xi_n=0$)；b)在边距内且分类正确的点($0<\xi_n<1$)，用圆圈表示；c)错误分类的点($\xi_n\geqslant 1$)，用方框表示

- 位于边距边缘之上或之外并在分类器正确一侧的点，即

$$y_n f(\boldsymbol{x}_n) \geqslant 1$$

这些点没有产生(边距)误差，因此对于下面条件式(11.62)中的不等式成立

$$\xi_n = 0$$

- 位于分类器正确一侧，但在边距内的点(画圆圈的点)，即

$$0 < y_n f(\boldsymbol{x}_n) < 1$$

569

这些点产生了边距误差，且对于下面条件式(11.62)中的不等式成立

$$0 < \xi_n < 1$$

- 位于分类器错误一侧的点(画方框的点)，即

$$y_n f(\boldsymbol{x}_n) \leqslant 0$$

这些点产生了边距误差，且对于下面条件式(11.62)中的不等式成立

$$1 \leqslant \xi_n$$

我们的目标是估计一个超平面分类器，以便最大化边距同时保持错误数(包括边距错误)尽可能少。这一目标可以表达为式(11.61)和式(11.62)中的优化任务，如果我们有一个示性函数 $I(\xi_n)$ 代替 ξ_n

$$I(\xi) = \begin{cases} 1, & 若\ \xi > 0 \\ 0, & 若\ \xi = 0 \end{cases}$$

但是，在这种情况下，任务变成了一个组合任务。因此，我们放松任务，用 ξ_n 代替示性函数 $I(\xi_n)$，这就得到了式(11.61)和式(11.62)。注意，优化是通过权衡原理实现的，用户定义的参数 C 控制了最小化任务中两个贡献的影响。如果 C 很大，则得到的边距($f(\boldsymbol{x}) = \pm 1$ 定义的两个超平面之间的距离)将很小，以便产生更少的边距误差。如果 C 很小，则相反。从仿真例子中可以看出，C 的选择是非常关键的。

1. 解

如前，解是以训练数据点的子集的线性组合的形式给出的

$$\hat{\boldsymbol{\theta}} = \sum_{n=1}^{N_s} \lambda_n y_n \boldsymbol{x}_n \tag{11.79}$$

其中，$\lambda_n (n=1,2,\cdots,N_s)$ 是支持向量关联的非零拉格朗日乘子。在此情况下，支持向量是所有满足下列条件之一的点：1) 位于定义了边距的一对超平面之上；2) 位于边距内；3) 位于边距外且位于分类器错误一侧。即位于边距之外的正确分类的点对解没有贡献，因为对应的拉格朗日乘子为 0。对于 RKHS 情况，类预测规则与式(11.68)一样，其中 $\hat{\theta}_0$ 从对应 $\lambda_n \neq 0$ 和 $\xi_n = 0$ 的约束计算出来，它们对应的点位于定义了边距的超平面之上且位于分类器正确一侧。

2. 优化任务

如前，在首次阅读时这一部分也可跳过。 570

与式(11.61)～式(11.63)关联的拉格朗日公式如下

$$L(\boldsymbol{\theta}, \theta_0, \boldsymbol{\xi}, \boldsymbol{\lambda}) = \frac{1}{2}\|\boldsymbol{\theta}\|^2 + C\sum_{n=1}^{N}\xi_n - \sum_{n=1}^{N}\mu_n\xi_n - \sum_{n=1}^{N}\lambda_n\left(y_n\left(\boldsymbol{\theta}^{\mathrm{T}}\boldsymbol{x}_n + \theta_0\right) - 1 + \xi_n\right)$$

它导致如下的 KKT 条件：

$$\frac{\partial L}{\partial \boldsymbol{\theta}}=\mathbf{0} \longrightarrow \hat{\boldsymbol{\theta}}=\sum_{n=1}^{N} \lambda_n y_n \boldsymbol{x}_n \tag{11.80}$$

$$\frac{\partial L}{\partial \theta_0}=0 \longrightarrow \sum_{n=1}^{N} \lambda_n y_n=0 \tag{11.81}$$

$$\frac{\partial L}{\partial \xi_n}=0 \longrightarrow C-\mu_n-\lambda_n=0 \tag{11.82}$$

$$\lambda_n\big(y_n(\boldsymbol{\theta}^{\mathrm{T}} \boldsymbol{x}_n+\theta_0)-1+\xi_n\big)=0,\ n=1,2,\cdots,N \tag{11.83}$$

$$\mu_n \xi_n=0,\ n=1,2,\cdots,N \tag{11.84}$$

$$\mu_n \geqslant 0,\ \lambda_n \geqslant 0,\ n=1,2,\cdots,N \tag{11.85}$$

根据到目前为止我们所熟悉的过程，对偶问题可转换为

$$\text{关于}\lambda\text{的最大化} \quad \sum_{n=1}^{N} \lambda_n-\frac{1}{2} \sum_{n=1}^{N} \sum_{m=1}^{N} \lambda_n \lambda_m y_n y_m \boldsymbol{x}_n^{\mathrm{T}} \boldsymbol{x}_m \tag{11.86}$$

$$\text{满足} \quad 0 \leqslant \lambda_n \leqslant C,\ n=1,2,\cdots,N \tag{11.87}$$

$$\sum_{n=1}^{N} \lambda_n y_n=0 \tag{11.88}$$

当位于一个 RKHS 中时，代价函数变为

$$\sum_{n=1}^{N} \lambda_n-\frac{1}{2} \sum_{n=1}^{N} \sum_{m=1}^{N} \lambda_n \lambda_m y_n y_m \kappa(\boldsymbol{x}_n, \boldsymbol{x}_m)$$

观察到，与式(11.74)~式(11.76)中的类线性可分情况相比，唯一的差别是 λ_n 的不等式中出现了 C。我们有如下讨论：

- 由式(11.83)，我们可得到结论，对所有边距之外的点和位于分类器正确一侧的点，即对应 $\xi_n=0$ 的点，我们有

571

$$y_n(\boldsymbol{\theta}^{\mathrm{T}} \boldsymbol{x}_n+\theta_0)>1$$

因此，$\lambda_n=0$。即对于式(11.80)中的解，这些点不参与到解的形成中。

- 我们有 $\lambda_n \neq 0$ 只对位于边距超平面上的点或位于边距内的点或位于边距外但位于分类器错误一侧的点成立。这些点构成了支持向量。
- 对位于边距内的点或位于边距外但位于错误一侧的点，$\xi_n>0$，因此，由式(11.84)，$\mu_n=0$，且由式(11.82)，我们得到

$$\lambda_n=C$$

- 位于边距超平面上的支持向量满足 $\xi_n=0$，因此 μ_n 可能为 0，从而得到

$$0 \leqslant \lambda_n \leqslant C$$

附注 11.5

- ν-SVM：[104]中给出 SVM 分类的一种替代形式，其中，边距由下面这对超平面定义

$$\boldsymbol{\theta}^{\mathrm{T}} \boldsymbol{x}+\theta_0=\pm \rho$$

且 $\rho \geqslant 0$ 作为自由变量，这就得到了 ν-SVM；ν 控制对应的代价函数中 ρ 的重要性。在[23]中已证明，若恰当选择 C 和 ν，ν-SVM 和上面所讨论的方法(有时被称为 C-SVM)得到相同的解。然而，ν-SVM 的优势在于 ν 可以直接关联到关于支持向量个数和对应错误率的界(参见[124])。

- **约化凸包解释**：在[58]中已证明，对于线性可分的类，SVM 方法等价于找到由两个类中的数据形成的凸包之间的最近点。在[33]中，将这个结果推广到了类重叠的情况；已表明，在这种情况下，ν-SVM 任务等价于寻找与训练数据关联的约化凸包(Reduced Convex Hull，RCH)之间最近的点。寻找 RCH 是一个计算难题，计算过程有组合特性。该问题在文献[73-75，122]中得到了有效的解决，其中提出了高效的迭代方案，通过最近邻点搜索算法来解决 SVM 任务。关于这些问题的更多信息可以从[66，123，124]中获得。
- **ℓ_1-正则化版本**：到目前为止我们讨论过的优化任务中使用的正则项都是基于 ℓ_2 范数的。对于处理线性情况的任务，很多研究工作已经聚焦于使用 ℓ_1 范数。为此，在平方误差、合页和 ϵ-不敏感等损失函数之外，人们还提出了其他很多损失函数，如对率损失函数。在第 8 章中讨论的一般框架之下已给出了这种任务的解。事实上，其中一些方法已经在那里讨论过了。[132]中提供了相关的简明综述。
- **多任务学习**：在多任务学习中，两个或多个相关的任务，例如分类器，是联合优化的。这类问题值得关注，例如计量经济学和生物信息学。在[40]中已证明，如果使用一个适当定义的多任务核函数族，则用正则化估计多个任务函数的问题可以转换为单个任务学习问题。

例 11.4　在本例中，我们测试 SVM 的性能，场景是一个二维空间中两类分类任务。数据集由 $N=150$ 个数据点组成，均匀分布在区域 $[-5,5]\times[-5,5]$ 中。对每个点 $\boldsymbol{x}_n=[x_{n,1},x_{n,2}]^{\mathrm{T}}$，$n=1,2,\cdots,N$，我们计算

$$y_n=0.05x_{n,1}^3+0.05x_{n,1}^2+0.05x_{n,1}+0.05+\eta$$

其中 η 表示均值为 0、方差为 $\sigma_\eta^2=4$ 的高斯噪声。点被分到两类之一，取决于噪声的值以及在二维空间中它相对于函数 572～573

$$f(x)=0.05x^3+0.05x^2+0.05x+0.05$$

的图形的位置。即如果 $x_{n,2}\geqslant y_n$，点被分到类 ω_1；否则，它被分到类 ω_2。

使用 $\sigma=10$ 的高斯核，因为这会导致最佳性能。图 11.18a 显示了对 $C=20$ 得到的分类器，图 11.18b 显示了对 $C=1$ 得到的分类器。观察分类器是如何得到的，因而性能严重依赖于 C 的选择。在前一种情况中，支持向量的数量等于 64，在后一种情况中为 84。

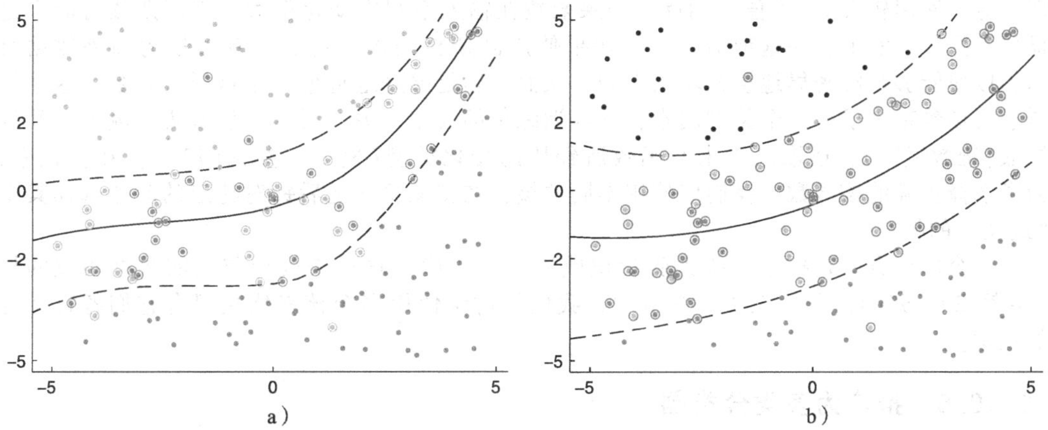

图 11.18　a) 例 11.4 中的两类训练数据点(分别用红色和灰色表示)。实线是得到的 SVM 分类器的图，虚线表示对 $C=20$ 得到的边距。b) 对 $C=1$ 得到的结果。对两种情况，都使用的是 $\sigma=20$ 的高斯核

11.10.3 SVM 的性能及其应用

支持向量机一个值得注意的特性是其复杂度与对应 RKHS 的维数无关。这对泛化性能也有影响；SVM 在实践中的确展现了非常好的泛化性能。理论上，在优雅的结构风险最小化理论(structural risk minimization theory)框架下，通过对最大边距的解释也证实了这一结论[28, 124, 128]。

文献[77]对支持向量机与其他 16 种常用分类器的性能进行了全面的比较研究。结果表明，支持向量机在这些分类器中排名非常靠前，虽然也有一些情况下其他方法获得了更好的性能。文献[25]报告了另一项比较性能的研究。

很难找到一个与机器学习/模式识别相关的学科，其中支持向量机与在核空间中工作的概念没有被应用到。早期的应用包括数据挖掘、垃圾邮件分类、物体识别、医学诊断、光学字符识别(OCR)和生物信息学(参阅[28])。最近的应用包括认知无线电(参阅[35])、光谱制图和网络流量预测[9]以及图像去噪[13]。

在文献[117]中，回顾了条件概率的核嵌入(kernel embedding)的概念，作为一种解决图形模型中挑战性问题的方法。核化的概念在基于张量的模型中也得到了扩展[50, 107, 133]。文献[49]中回顾了基于核的假设检验。在[121]中，在扩散映射的框架中讨论了核在流形学习中的应用。文献[81]中回顾了分析核技术在维数、信噪比和局部误差等方面性能的任务。在[120]中，提供了一组与基于核的方法和应用相关的文章。

11.10.4 超参数的选择

支持向量机/支持向量回归的主要问题之一是参数 C 的选择，它控制了代价函数中损失和正则化参数的相对影响。虽然已有一些工作针对各种优化任务发展对应的理论工具，但在实践中留存下来的技术路线只是对测试数据集进行交叉验证的技术。我们用不同的 C 值来训练模型，在测试集上得到最佳性能的参数值被选中。

另一个主要问题是核函数的选择。不同的核导致不同的性能。让我们仔细观察式(11.17)中的展开式。我们可以将 $\kappa(\boldsymbol{x},\boldsymbol{x}_n)$ 看作测量 $\boldsymbol{x}$ 和 $\boldsymbol{x}_n$ 之间相似性的函数；换句话说，$\kappa(\boldsymbol{x},\boldsymbol{x}_n)$ 为 $\boldsymbol{x}$ 匹配训练样本 $\boldsymbol{x}_n$。如果 $\kappa(\boldsymbol{x},\boldsymbol{x}_n)$ 在一个围绕 $\boldsymbol{x}_n$ 的小区域内取一个相对较大的值，则核是局部的。例如，当使用高斯内核时，$\kappa(\boldsymbol{x},\boldsymbol{x}_n)$ 的贡献随着远离 $\boldsymbol{x}_n$ 而快速指数衰减，具体取决于 σ^2 的值。因此，σ^2 的选择非常重要。如果函数近似是光滑的，
574 那么应该使用较大的 σ^2 值。相反，如果函数在输入空间中变化很大，则高斯核可能不是最佳选择。事实上，在这种情况下，如果使用高斯核函数，就必须有大量的训练数据可用，以便能够足够密集地填充输入空间，从而能够足够好地近似一个这样的函数。这给机器学习场景带来了另一个关键因素，它与训练集的大小有关。后者不仅取决于输入空间的维数(维数诅咒)，还取决于未知函数所经历的变化类型(例如，参见[12])。在实践中，为了选择正确的核函数，我们应使用不同的核，在交叉验证之后针对特定的问题选择其中"最佳"的核。

一个研究方向是根据一些先验知识或通过一些优化路径来设计与当前数据匹配的核(参考[29, 65])。稍后在 11.13 节中，我们将讨论使用多个核来优化组合它们各自特性的技术。

11.10.5 推广为多类分类器

支持向量机分类任务是在两类分类任务的背景下引入的。更一般的 M 类情况可以用多种方式处理：

- 一对所有：求解 M 个两类问题。每次使用一个不同的 SVM 对一个类和所有其他类

进行分类。因此，我们要估计 M 个分类器，即

$$f_m(\boldsymbol{x})=0,\ m=1,2,\cdots,M$$

训练得到的模型对 $\boldsymbol{x}\in\omega_m$ 应有 $f_m(\boldsymbol{x})>0$，否则 $\boldsymbol{x}$ 属于其他类时应有 $f_m(\boldsymbol{x})<0$。分类规则为

$$将\ \boldsymbol{x}\ 分到类\ \omega_k：若\ k=\arg\max_m f_m(\boldsymbol{x})$$

根据该方法，空间中可能存在这样的区域：多个判别函数中有一个以上的判别函数得分为正[124]。此外，这种方法的另一个缺点是所谓的*类不平衡问题*，这可能是由于其中一类(由 $M-1$ 个类的数据组成)的训练点数远远大于另一个类的训练点数。文献[124]中讨论了与类不平衡问题相关的问题。

- *一对一*：根据这种方法，我们考虑所有类别对，求解 $M(M-1)/2$ 个两类分类任务，根据多数原则做出最后的决定。
- 在[129]中，扩展了支持向量机的基本原理，同时估计 M 个超平面。然而，这种技术最终会产生大量参数——$N(M-1)$个，这些参数必须通过一个单独的最小化任务进行估计，已证明这对于大多数实际问题来说都是相当困难的。
- 在[34]中，在纠错码场景中处理多类任务。每个类都与一个二进制码字相关联。如果正确选择了码字，则错误恢复被“嵌入”流程中(参见[124])。有关多类分类方案的比较研究，请参见[41]和其中的参考文献。
- *除法代数和克利福德代数*：SVM 框架也被扩展到使用除法代数或克利福德代数[8]处理复数和超复数数据，这些场景下都有回归问题和分类问题。在[125]中，考虑了四元数 RKH 空间的情况。 575

在[14]中，提出了一种针对复值数据的更一般的方法，它利用了*宽线性估计*(widely linear estimation)和*纯复核*(pure complex kernel)的概念。这篇论文证明了任何复数 SVM/SVR 任务都等价于求解两个利用特定实数核的实数 SVM/SVR 任务，这个实数核由我们选择的复数核生成。此外，在分类场景下，已证明，提出的这个框架天然地把复空间分成四个部分。这自然地导致求解四类任务(四分类)，而不是实数 SVM 的标准两类场景。这个基本原理可以在多类问题中用作类划分场景。

11.11　计算方面的考虑

求解二次规划任务通常需要 $\mathcal{O}(N^3)$次运算和 $\mathcal{O}(N^2)$次内存操作。为了应对这些需求，人们设计了许多分解技术，例如[22, 55]，这些技术将任务“分解”为一系列更小的任务。在[59, 88, 89]中，提出了*顺序最小优化*(Sequential Minimum Optimization, SMO)算法，将任务分解成由两个点组成的问题序列，这些问题可以解析求解。这种方法的高效实现的经验训练时间可达到 $\mathcal{O}(N)\sim\mathcal{O}(N^{2.3})$。

在[74, 75]推导出的方案中，将任务视为在约化凸包间搜索最小距离点，最终得到一个迭代方案，它将训练点投影到超平面上。与[59, 88]相比，该方案实现效率更高；此外，最小距离搜索算法具有增强的内在并行性。

在[21]中还讨论了并行实现的问题。在[53]中报告了有关复杂度和准确性的问题。在后一篇文章中，推导出了多项式时间算法，该算法能在保证精度的前提下，对一类 QP 问题(包括支持向量机)给出近似解。

研究者也提出了一些处理顺序到达数据的 SVM 任务的改良版本(参考[26, 37, 100])。在后一篇文章中，在每次迭代中，都会考虑一个新的点，并通过添加/删除样本相应地更新之前选择的支持向量集(有效集)。

还有研究者提出了应用于原始问题形式的在线版本。在[84]中，采用了一种迭代重加权 LS 方法，它交替进行权重优化和强制代价约束。文献[105]中提出了一种结构和计算都很简单的方法，名为支持向量机的原始估计次梯度求解器(Primal Estimated subGradient SOlver for SVM，PEGASOS)。此算法是以一种迭代次梯度形式给出的，应用于式(11.60)中的正则化的经验合页损失函数上(参见第 8 章)。对于线性核的情况，此算法展现出非常好的收敛性并能在 $\mathcal{O}(C/\epsilon)$时间内找到一个ϵ-精确解。

在[43，56]中，求解凸任务经典的切平面(cutting plane)技术被用于原域的支持向量机。得到的算法是非常有效的，特别是对线性支持向量机的情况，复杂度达到 $\mathcal{O}(N)$阶。

在[126]中，提出了核向量机(Core Vector Machine，CVM)的概念，利用它可得到高效的解。此方法背后的主要概念是计算几何中的最小包围球(MEB)。然后使用一个称为核心
576 集(core set)的点子集，来近似优化过程中所使用的 MEB。

在[27]中，对原域和对偶域 SVM 任务的求解进行了比较研究。论文的研究结果指出，对于线性和非线性情形，这两种方法都是同样有效的。此外，当目标是求解近似解时，选择原始任务可以提供某些好处。此外，在原域中工作还有一个优势——可通过联合优化来调整超参数。借助对偶域的主要优势之一是可将任务转换为用内积表达。然而，这在原域也是可能的，通过恰当利用表示定理就可能实现。我们很快将在 11.12.1 节看到这样的例子。

最近，在文献[42]中提出了一个用于分布式处理的 SVM 版本。在[99]中，用随机投影的方法求解在一个子空间中的支持向量机任务。

11.12 随机傅里叶特征

在 11.11 节中，我们讨论了一些技术，以解决和处理在支持向量机环境下的计算负载以及计算负载与训练数据点数 N 的比例关系。此外，许多基于核函数的方法，如核岭回归(参见 11.7 节)和高斯过程(将在 13.12 节中讨论)的核心则是核矩阵的逆，它已在 11.5.1 节中定义。后者维数为 $N\times N$，由训练例集中所有可能的核评估对构成，即 $\kappa(\boldsymbol{x}_i,\boldsymbol{x}_j)$，$i,j=1,2,\cdots,N$。求一个 $N\times N$ 矩阵的逆，一般而言需要 $\mathcal{O}(N^3)$次代数运算，随着 N 的增加而失去控制。在这方面，已出现了一些技术，设法减少相关的计算代价。此类方法的一些例子在[1，45]中给出，其中，随机投影被用来“丢弃”单个元素或矩阵的整个行，以设法形成相关的低秩或稀疏矩阵近似。

在[91]中提出了关于减少计算负载任务的另一种“视角”。这种方法的本质是绕过通过核函数($\boldsymbol{\phi}(\boldsymbol{x})=\kappa(\cdot,\boldsymbol{x})$)隐式映射到更高(可能是无限)维的空间，而这种隐式映射是任何基于核的方法的支柱(参见 11.5 节)。取而代之，我们执行一个到有限维空间 $\mathbb{R}^D$ 的显式映射，即

$$\boldsymbol{x}\in\mathcal{X}\subseteq\mathbb{R}^l\longmapsto \boldsymbol{z}(\boldsymbol{x})\in\mathbb{R}^D$$

但这种映射是通过一种“深思熟虑的”方式执行，使得在此 D 维空间中两个向量的内积近似等于各自核函数的值，即

$$\kappa(\boldsymbol{x},\boldsymbol{y})=\langle\boldsymbol{\phi}(\boldsymbol{x}),\boldsymbol{\phi}(\boldsymbol{y})\rangle\approx\boldsymbol{z}(\boldsymbol{x})^{\mathrm{T}}\boldsymbol{z}(\boldsymbol{y}),\ \forall\boldsymbol{x},\boldsymbol{y}\in\mathcal{X}$$

为了建立这样的近似，我们动用了谐波分析中的博赫纳定理(参考[96])。掌握这个定理背后的基本原理无须了解数学细节，让我们回顾一下 2.4.3 节中的功率谱密度(PSD)的概念。一个平稳过程的 PSD 被定义为它的自相关序列的傅里叶变换，它被证明是一个实非负函数。而且，它的积分是有穷的(式(2.125))。虽然那里给出的证明遵循的是一种相当“实用”和概念性的路线，但一个更严格的数学证明揭示了这个结果是自相关序列正定性

质的直接副产品(式(2.116))。 577

按照这种思路，上面对于 PSD 的一切结论对于一个移不变核函数的傅里叶变换也是有效的。众所周知，核函数是一个正定函数(参见 11.5.1 节)。同样，移不变属性，即 $\kappa(\boldsymbol{x},\boldsymbol{y})=\kappa(\boldsymbol{x}-\boldsymbol{y})$，可以被视为与平稳性等价。然后就可以证明移不变核函数的傅里叶变换是非负实函数，而且它的积分是有穷的。经过某种标准化后，我们总能让积分等于 1。因此，移不变核函数的傅里叶变换可以作为一种 PDF 来处理和解释，即一个积分为 1 的实非负函数。

令 $\kappa(\boldsymbol{x}-\boldsymbol{y})$ 是一个移不变核，$p(\boldsymbol{\omega})$ 是其(多维)傅里叶变换，即

$$p(\boldsymbol{\omega})=\frac{1}{(2\pi)^l}\int_{\mathbb{R}^l}\kappa(\boldsymbol{r})\mathrm{e}^{-\mathrm{j}\boldsymbol{\omega}^{\mathrm{T}}\boldsymbol{r}}\mathrm{d}\boldsymbol{r}$$

于是，通过逆傅里叶变换得到

$$\kappa(\boldsymbol{x}-\boldsymbol{y})=\int_{\mathbb{R}^l}p(\boldsymbol{\omega})\mathrm{e}^{\mathrm{j}\boldsymbol{\omega}^{\mathrm{T}}(\boldsymbol{x}-\boldsymbol{y})}\mathrm{d}\boldsymbol{\omega} \tag{11.89}$$

将 $p(\boldsymbol{\omega})$ 解释为一种 PDF，则式(11.89)右边是对应的期望，即

$$\kappa(\boldsymbol{x}-\boldsymbol{y})=\mathbb{E}_{\boldsymbol{\omega}}\left[\mathrm{e}^{\mathrm{j}\boldsymbol{\omega}^{\mathrm{T}}\boldsymbol{x}}\mathrm{e}^{-\mathrm{j}\boldsymbol{\omega}^{\mathrm{T}}\boldsymbol{y}}\right]$$

利用欧拉公式[⊖]以及核是一个实函数这一事实，我们可以去掉复杂的指数。为此，我们定义

$$z_{\boldsymbol{\omega},\mathrm{b}}(\boldsymbol{x}):=\sqrt{2}\cos(\boldsymbol{\omega}^{\mathrm{T}}\boldsymbol{x}+\mathrm{b}) \tag{11.90}$$

其中 $\boldsymbol{\omega}$ 是一个服从 $p(\boldsymbol{\omega})$ 的随机向量，b 是 $[0,2\pi]$ 中一个均匀分布的随机变量。于是容易证明(习题 11.12)

$$\kappa(\boldsymbol{x}-\boldsymbol{y})=\mathbb{E}_{\boldsymbol{\omega},\mathrm{b}}\left[z_{\boldsymbol{\omega},\mathrm{b}}(\boldsymbol{x})z_{\boldsymbol{\omega},\mathrm{b}}(\boldsymbol{y})\right] \tag{11.91}$$

其中，期望是关于 $p(\boldsymbol{\omega})$ 和 $p(b)$ 的，它可以近似为

$$\kappa(\boldsymbol{x}-\boldsymbol{y})\approx\frac{1}{D}\sum_{i=1}^{D}z_{\boldsymbol{\omega}_i,b_i}(\boldsymbol{x})z_{\boldsymbol{\omega}_i,b_i}(\boldsymbol{y})$$

其中，$(\boldsymbol{\omega}_i,b_i)$，$i=1,2,\cdots,D$ 是来自各自分布的独立同分布生成样本。

我们现在具备了所有的要素来定义一个建立在先前发现基础上的适当的映射。

- 步骤 1：生成 D 个独立同分布的样本 $\boldsymbol{\omega}_i\sim p(\boldsymbol{\omega})$ 和 $b_i\sim\mathcal{U}(0,2\pi)$，$i=1,2,\cdots,D$。
- 步骤 2：执行下面到 $\mathbb{R}^D$ 的映射 578

$$\boldsymbol{x}\in\mathcal{X}\longmapsto z_{\Omega}(\boldsymbol{x})=\sqrt{\frac{2}{D}}\left[\cos(\boldsymbol{\omega}_1^{\mathrm{T}}\boldsymbol{x}+b_1),\cdots,\cos(\boldsymbol{\omega}_D^{\mathrm{T}}\boldsymbol{x}+b_D)\right]^{\mathrm{T}}$$

此映射定义了原核函数的一个内积近似，即

$$\kappa(\boldsymbol{x}-\boldsymbol{y})\approx z_{\Omega}(\boldsymbol{x})^{\mathrm{T}}z_{\Omega}(\boldsymbol{y})$$

其中，由定义

$$\Omega:=\begin{bmatrix}\boldsymbol{\omega}_1 & \boldsymbol{\omega}_2 & \dots & \boldsymbol{\omega}_D\\ b_1 & b_2 & \dots & b_D\end{bmatrix}$$

一旦完成了映射，就可以在有限维空间中使用任何线性建模方法。例如，可以使用 3.8 节中的岭回归任务来代替求解一个核岭回归问题。但现在要求你的矩阵的维数从 $N\times N$ 变为

⊖ 欧拉公式：$\mathrm{e}^{\mathrm{j}\phi}=\cos\phi+\mathrm{j}\sin\phi$。

$D\times D$，当 N 足够大时，可以获得显著的收益。

D 的选择是用户定义的并且是和问题相关的。在[91]中，已经推导出了相关的精度界。为实现对移不变核 ϵ 之内的精度近似，我们只需 $D=\mathcal{O}\left(d\,\epsilon^{-2}\ln\frac{1}{\epsilon^2}\right)$ 维。实践中，根据数据集的不同，D 值在几十到几千的范围内，似乎就足以获得与一些更经典的方法相比的明显计算收益。

附注 11.6

- *内斯特罗姆近似*：另一种获得核矩阵的一个低秩近似的广为人知的流行技术是内斯特罗姆近似。

  令 $\mathcal{K}$ 是一个 $N\times N$ 的核矩阵。然后从 N 个点中随机选择 $q<N$ 个点。可以采用不同的采样方法。可证明，存在一个秩为 q 的近似矩阵 $\tilde{\mathcal{K}}$，满足

  $$\tilde{\mathcal{K}}=\mathcal{K}_{nq}\mathcal{K}_q^{-1}\mathcal{K}_{nq}^{\mathrm{T}}$$

  其中 $\mathcal{K}_q$ 是 q 个点的子集对应的逆核矩阵，而 $\mathcal{K}_{nq}$ 是由 $\mathcal{K}$ 中对应 q 个点的列组成的[131]。此方法的推广及相关理论结果可在[36]中找到。如果用近似矩阵 $\tilde{\mathcal{K}}$ 代替原始核矩阵 $\mathcal{K}$，则内存需求从 N^2 降至 $\mathcal{O}(Nq)$，计算开销从 $\mathcal{O}(N^3)$ 降至 $\mathcal{O}(Nq^2)$。

11.12.1　RKHS 中的在线和分布式学习

在一个 RKHS 中处理在线算法时会遇到的一个主要问题是不断增长的内存需求。这是表示定理(11.6 节)的直接结果，因为其中估计函数的展开的项(核)数随着 N 增大。因此，在大多数已经提出的在线版本中，重点是设计专门技术来减少展开式中的项数。通常，这些技术是围绕字典的概念构建的，在字典中，根据某种标准谨慎地选择一个点的子集，然后用于相关展开式中。
579 在此思路下，已经提出了 LMS([68，94])、RLS([38，127])、APSM 和 APA([108-113])以及 PEGASOS(8.10.3 节，[62，105])算法的各种核版本。关于这类算法更详细的介绍可以从本书的网站上下载，在本章的附加材料部分中。

相反，如果采用 RFF 原理，我们就能绕过内存需求增长问题。RFF 框架提供了一种理论上令人喜欢的方法，不必诉诸这样或那样的专用技术即可限制内存需求的增长。在 RFF 方法中，我们所要做的就是为 $\boldsymbol{\omega}$ 和 b 随机生成 D 个点，然后使用标准的 LMS、RLS 等算法。当在线学习在分布式环境中进行时，RFF 框架的威力变得更加明显。在这样的环境下，迄今为止所有基于字典的方法都是失败的，这是因为必须在节点之间交换词典，到目前为止，还没有实际可行的解决方法。

[16，17]中已经介绍了 RFF 方法在在线学习环境中，特别是在分布式环境中的使用，其中也从理论上讨论了相关的收敛问题。其中的仿真比较结果揭示了可以达到的强大能力和性能增益。D 的值在几百的范围内似乎就足够了，而且据报告，性能对其值的选择相当不敏感，只要它不是太小。

11.13　多核学习

在所有基于核的算法过程中都存在的一个主要问题是，如何选择一个适合的核以及如何计算它定义的参数。一个常用方法是交叉验证，在一个从训练数据分离出来的验证集(关于验证的不同方法，参见第 3 章)上应用若干不同的核，选择性能最佳的那个。显然，这不是一种通用的方法，它很耗时，而且绝对不是理论上很吸引人的方法。理想方法可能是有一组不同的核(也包括相同核使用不同参数)，由优化过程决定如何选择恰当的核或是核的恰当组合。这是一个还在不断发展的活跃研究方向，通常被称为*多核学习*(Multiple

Kernel Learning，MKL)。研究者已经提出了不同的 MKL 方法来处理一些基于核的算法方案。对此领域的全面综述超出了本书范围。在此，我们将对与本章内容相关的 MKL 方法的一些主要方向进行简要概述。感兴趣的读者可参考[48]中对各种技术的比较研究。

[65]中提出的方法是高效 MKL 方案设计的最初尝试之一，作者考虑了核矩阵的一个线性组合，即 $K=\sum_{m=1}^{M} a_m K_m$。由于我们要求新的核矩阵是正定的，因此对优化任务施加一些额外约束是合理的。例如，我们可以采用通用约束 $K \geqslant 0$(不等表明矩阵是半正定的)，或者采用一个更严格的约束，如 $a_m>0$，对所有 $m=1,2,\cdots,M$。此外，还需要对最终核矩阵的范数加以约束。因此，一般的 MKL SVM 任务可以转换为

$$\begin{aligned} &\text{关于}K\text{的最小化} \quad && \omega_C(K) \\ &\text{满足} && K \geqslant 0 \\ &&& \operatorname{trace}\{K\} \leqslant c \end{aligned} \tag{11.92}$$ 580

其中 $\omega_C(K)$ 为式(11.75)~式(11.77)中给出的对偶 SVM 任务的解，它可以改写为一个更紧凑的形式

$$\omega_C(K)=\max_{\boldsymbol{\lambda}}\left\{\boldsymbol{\lambda}^{\mathrm{T}}\mathbf{1}-\frac{1}{2}\boldsymbol{\lambda}^{\mathrm{T}}G(K)\boldsymbol{\lambda}: 0\leqslant\lambda_i\leqslant C,\ \boldsymbol{\lambda}^{\mathrm{T}}\boldsymbol{y}=0\right\}$$

其中每个元素 $G(K)$ 为 $[G(K)]_{i,j}=[K]_{i,j}y_i y_j$。$\boldsymbol{\lambda}$ 表示拉格朗日乘子向量，$\mathbf{1}$ 为全 1 向量。在[65]中，已经显示了式(11.92)是如何转换为一个半正定规划优化(SemiDefinite Programming optimization，SDP)任务并相应求解的。

被很多研究者所采用的另一条技术路线是假定非线性函数的建模以如下求和形式给出

$$\begin{aligned} f(\boldsymbol{x}) &= \sum_{m=1}^{M} a_m f_m(\boldsymbol{x}) = \sum_{m=1}^{M} a_m \langle f_m, \kappa_m(\cdot,\boldsymbol{x})\rangle_{\mathbb{H}_m} + b \\ &= \sum_{m=1}^{M}\sum_{n=1}^{N} \theta_{m,n} a_m \kappa_m(\boldsymbol{x},\boldsymbol{x}_n) + b \end{aligned}$$

其中，每个函数 f_m，$m=1,2,\cdots,M$ 位于一个不同的 RKHS $\mathbb{H}_m$。对应的与一组训练数据相关联的复合核矩阵为 $K=\sum_{m=1}^{M} a_m^2 K_m$，其中 $K_1,\cdots,K_M$ 为每个 RKHS 的核矩阵。因此，假定已有一个数据集 $\{(y_n,\boldsymbol{x}_n),\ n=1,2,\cdots,N\}$，MKL 学习任务可描述如下：

$$\min_f \sum_{n=1}^{N} \mathcal{L}(y_n, f(\boldsymbol{x}_n)) + \lambda\Omega(f) \tag{11.93}$$

其中 $\mathcal{L}$ 表示一个损失函数，$\Omega(f)$ 表示正则化项。遵循这一基本原理，出现了两大技术趋势。第一种路线优先考虑稀疏解，而第二种路线旨在提高性能。

在第一种趋势中，解被约束为稀疏的，从而核矩阵的计算很快，且数据集之间的相似性被凸显。而且，这种原理可被应用于预先选择了核的类型且目标是计算最优核参数的情况。一种方法(如[4，116])是采用一个形如 $\Omega(f)=\left(\sum_{m=1}^{M} a_m \|f_m\|_{\mathbb{H}_m}\right)^2$ 的正则化项，已证明它能提升集合 $\{a_1,\cdots,a_M\}$ 的稀疏性，因为当采用平方误差损失代替 $\mathcal{L}$ 时，它与分组 LASSO 是相关的(参见第 10 章)。

与稀疏性提升准则相反，另一种趋势(如[30，63，92])围绕着这样一个论点：在某些情况下，稀疏 MKL 变体可能不会表现出比最初的学习任务更好的性能。此外，一些数

据集包含单个数据对之间的多重相似性，这些相似性不能由单一类型的内核凸显出来，而是需要许多不同的内核来改进学习。在此场景下，更倾向于使用一个形如 $\Omega(f)=\sum_{m=1}^{M}a_m\|f_m\|_{\mathbb{H}_m}^2$ 的正则化项。这类方法有很多变体，要么对任务施加额外的约束（如 $\sum_{m=1}^{M}a_m=1$），要么定义空间的和的方式稍有不同 $\left(如\ f(\cdot)=\sum_{m=1}^{M}\frac{1}{a_m}f_m(\cdot)\right)$。例如，在[92]中，作者将
581 式(11.93)改写如下：

$$\begin{aligned}&\text{关于}\boldsymbol{a}\text{的最小化}\quad J(\boldsymbol{a})\\&\text{满足}\quad \sum_{m=1}^{M}a_m=1\\&\qquad\quad a_m\geqslant 0\end{aligned}\tag{11.94}$$

其中

$$J(\boldsymbol{a})=\min_{f_{1:M},\xi,b}\begin{cases}\frac{1}{2}\sum_{m=1}^{M}\frac{1}{a_m}\|f_m\|_{\mathbb{H}_m}^2+C\sum_{n=1}^{N}\xi_n\\ y_i\left(\sum_{m=1}^{M}f_m(\boldsymbol{x}_n)+b\right)\geqslant 1-\xi_n\\ \xi_n\geqslant 0\end{cases}$$

优化任务转换到了 RKHS 中。不过，我们总是可以调整这个问题的描述，使之能利用到核技巧。

11.14 非参稀疏感知学习：可加模型

我们已经指出，式(11.17)总结的表示定理提供了一种对 RKHS 中函数的近似，这种近似是用以点 $\boldsymbol{x}_1,\cdots,\boldsymbol{x}_N$ 为中心的核来表示的。但是，我们知道，任何插值/近似方法的精确度取决于点的数量 N。而且，如第 3 章所讨论的，N 的大小很大程度上取决于空间的维数，表现出一种指数依赖关系（维数诅咒）。基本上，我们必须用“足够多的”数据填充输入空间，以便能够“学习”足够准确的相关函数[⊖]。第 7 章讨论了朴素贝叶斯分类器，该方法的本质是对输入的随机向量 $\mathbf{x}\in\mathbb{R}^l$ 的每个维度单独进行考虑。这一技术路线将问题分解成 l 个一维任务。同样的思想也适用于所谓的可加模型方法。

根据可加模型原理，未知函数受可分函数族的约束，即

$$\boxed{f(\boldsymbol{x})=\sum_{i=1}^{l}h_i(x_i):\quad \text{可加模型}}\tag{11.95}$$

其中 $\boldsymbol{x}=[x_1,\cdots,x_l]^{\mathrm{T}}$。回忆一下，这种展开的一种特殊情况是线性回归，其中 $f(\boldsymbol{x})=\boldsymbol{\theta}^{\mathrm{T}}\boldsymbol{x}$。

我们将进一步假定每个函数 $h_i(\cdot)$ 都属于一个 RKHS $\mathbb{H}_i$，这个空间是由对应的核 $\kappa_i(\cdot,\cdot)$ 定义的

582

$$\kappa_i(\cdot,\cdot):\mathbb{R}\times\mathbb{R}\longmapsto\mathbb{R}$$

⊖ 回想一下 11.10.4 节中的讨论，将精确度和 N 联系在一起的另一个因素是函数的变化率。

用 $\|\cdot\|_i$ 表示对应的范数。则对正则化总平方误差代价[93]，优化任务现在转换为

$$\text{关于}f\text{的最小化}\quad \frac{1}{2}\sum_{n=1}^{N}\left(y_n - f(\boldsymbol{x}_n)\right)^2 + \lambda\sum_{i=1}^{l}\|h_i\|_i \tag{11.96}$$

$$\text{满足}\quad f(\boldsymbol{x}) = \sum_{i=1}^{l} h_i(x_i) \tag{11.97}$$

如果我们将式(11.97)代入式(11.96)中并采用类似 11.6 节中使用的方法，很容易得到

$$\hat{h}_i(\cdot) = \sum_{n=1}^{N}\theta_{i,n}\kappa_i(\cdot, x_{i,n}) \tag{11.98}$$

其中 $x_{i,n}$ 是 $\boldsymbol{x}_n$ 的第 i 个分量。采用与 11.7 节中相同的技术路线，可用

$$\boldsymbol{\theta}_i = [\theta_{i,1}, \cdots, \theta_{i,N}]^{\mathrm{T}}, \quad i = 1, 2, \cdots, l$$

将优化任务改写为

$$\{\hat{\boldsymbol{\theta}}_i\}_{i=1}^{l} = \arg\min_{\{\boldsymbol{\theta}_i\}_{i=1}^{l}} J(\boldsymbol{\theta}_1, \cdots, \boldsymbol{\theta}_l)$$

其中

$$J(\boldsymbol{\theta}_1, \cdots, \boldsymbol{\theta}_l) := \frac{1}{2}\left\|\boldsymbol{y} - \sum_{i=1}^{l}\mathcal{K}_i\boldsymbol{\theta}_i\right\|^2 + \lambda\sum_{i=1}^{l}\sqrt{\boldsymbol{\theta}_i^{\mathrm{T}}\mathcal{K}_i\boldsymbol{\theta}_i} \tag{11.99}$$

$\mathcal{K}_i$，$i=1,2,\cdots,l$ 为对应的 $N\times N$ 的核矩阵

$$\mathcal{K}_i := \begin{bmatrix} \kappa_i(x_{i,1}, x_{i,1}) & \cdots & \kappa_i(x_{i,1}, x_{i,N}) \\ \vdots & & \vdots \\ \kappa_i(x_{i,N}, x_{i,1}) & \cdots & \kappa_i(x_{i,N}, x_{i,N}) \end{bmatrix}$$

观察到，式(11.99)是 10.3 节中定义的分组 LASSO 的一个(加权)版本。因此，优化任务是通过将某些向量 $\boldsymbol{\theta}_i$ 的值推向 0 来强行达到稀疏性。这里也可使用为分组 LASSO 设计的任何其他算法(参见[10，93])。

除了平方误差损失，我们还可以采用其他损失函数。例如，[93]中也讨论了对率回归(logistic regression)模型。而且，如果式(11.95)中的可分模型不能充分捕捉 f 的整个结构，可以考虑包含了分量的组合的模型，如 ANOVA 模型(参考[67])。

方差分析(ANOVA)是统计学中分析变量间相互作用的一种方法。采用这种技术，一个函数 $f(\boldsymbol{x})$，$\boldsymbol{x}\in\mathbb{R}^l$，$l>1$，被分解为若干项，每一项是一些函数之和，每个函数包含 $\boldsymbol{x}$ 的分量的一个子集。从这一点看，式(11.95)中的可分函数是 ANOVA 分解的一种特殊情况。一种更一般的分解应该是 583

$$f(\boldsymbol{x}) = \theta_0 + \sum_{i=1}^{l} h_i(x_i) + \sum_{i<j=1}^{l} h_{ij}(x_i, x_j) + \sum_{i<j<k=1}^{l} h_{ijk}(x_i, x_j, x_k) \tag{11.100}$$

这可以推广到涉及很多分量的情况。对比式(11.100)和式(11.2)，ANOVA 分解可看作多项式展开的一种推广。ANOVA 分解的思想已经用于核 $\kappa(\boldsymbol{x},\boldsymbol{y})$ 的分解任务，分解的结果是用其他一些核来表示，这些核都是涉及的 $\boldsymbol{x}$ 和 $\boldsymbol{y}$ 的分量的子集的函数，这产生了所谓的 ANOVA 核[115]。

基于核的稀疏可加模型的相关技术已被用于很多应用中，如矩阵和张量补全、基因表

达补全、基于核的字典学习、网络流和频谱制图(可参考[10]中的相关综述)。

11.15 实例研究：作者身份认证

文本挖掘是数据挖掘的一部分，其任务是分析文本数据，以检测、提取、表示和评估文本中出现的模式，并将其转换为现实世界的知识。文本挖掘应用的一些例子包括垃圾邮件检测、基于主题的文本分类、文本中的情感分析、文本作者身份识别、文本索引和文本摘要。换句话说，我们的目标可以是检测文本中能识别作者的基本形态特质(作者身份认证)，识别复杂表达的情感(情感分析)，或者将多个文本中的冗余信息压缩为简洁的摘要(摘要)。

在本节中，我们将关注作者身份认证的例子(参考[114])，这是文本分类的一个特殊例子。任务的前提条件是给定了一组标记有相应作者的训练文本，目标确定给定的一篇其他文本的作者。为完成此任务，我们需要表示文本数据并对其进行操作。因此，与文本挖掘相关的第一个决策是如何表示数据。

按照向量空间模型或称 VSM(Vector Space Model)[97]，在向量空间中表示文本是很常见的方法。根据 VSM，一个文本文档 T 由一组词 w_i 表示，其中 $0\leqslant i\leqslant k$，$k\in\mathbb{N}$，每个词映射到向量 $\mathbf{t}=[t_1,t_2,\cdots,t_k]^{\mathrm{T}}\in\mathbb{R}^K$ 的一个维度。每个维度中的元素 t_i 表示对应 w_i 在描述文档时的重要性。例如，每个 w_i 可以是一种语言的词汇表中的一个单词。因此，在实际应用中，k 可能非常大，与足够满足我们感兴趣的特定任务的单词数量一样多，其典型值是 10^5 左右。

广泛使用的为 t_i 赋值的方法包括：

- **词袋，频率法**：文本的词袋法依赖于这样的假设：文本 T 只不过是它所包含单词的一个直方图。因此，在词袋假设中，我们不关心原始文本中单词的顺序。我们关心
584 的是词 w_i 在文档中出现了多少次。因此，t_i 被指定为 T 中 w_i 出现的次数。
- **词袋，布尔法**：词袋 VSM 方法的布尔法限制 t_i 的值为 $t_i\in\{0,1\}$。如果 w_i 在 T 中至少出现一次，就将 t_i 赋值为 1，否则 $t_i=0$。

词袋方法已被证明是有效的，例如，在早期的垃圾邮件过滤应用中，单个单词可以清楚地指示电子邮件是否是垃圾邮件。然而，垃圾邮件发送者很快调整并改变了他们发送的文本，他们使用空格来打破单词：单词“pills”会被“p i l l s”替换。于是，词袋法需要应用预处理来处理这种情况，甚至需要处理不同单词形式的变化(通过词干提取或词形还原)或拼写错误(通过使用字典来纠正错误)。

另一种表示是字符 n-gram，这种表示抗噪声能力强，它基于文本中长度为 n(也称为 n-gram 的阶)的字符子序列。为了使用 n-gram 表示文本，我们将文本 T 分割为长度为 n 的(通常是连续的)字符组，然后将这些字符组映射到向量空间中的维度(n-gram 袋)。下面我们给出一个示例，说明如何从一个给定文本中提取 n-gram。

例 11.5 给定输入文本 T=A_fine_day_today，字符和单词的 2-gram($n=2$)如下所示：

- 不重复的字符 2-gram：“A_”“_f”“fi”“in”“ne”“e_”“_d”“da”“ay”“y_”“_t”“to”“od”。
- 不重复的单词 2-gram：“A_fine”“fine_day”“day_today”。

观察到，“ay”和“da”在短语中出现了两次，但在上面序列中只出现了一次，因为每个 n-gram 都是唯一表示的。虽然这种方法已被证明非常有用[20]，但仍然存在 n-gram 的序列未被利用。

接下来，我们介绍一种更复杂的表示，它考虑 n-gram 的序列，同时允许噪声。这种表示称为 n-gram 图（n-gram graph）[46]。一个 n-gram 图表示 n-gram 在文本中共现（cooccur）的方式。

定义 11.4 如果 $S=\{S_1,S_2,\cdots\}$ 是从文本 T 中提取的一组不同的 n-gram，其中 S_i 是提取出的第 i 个 n-gram，$S_k \neq S_l$ 对 $k \neq l$，$k,l \in \mathbb{N}$，则 $G=\{V,E,W\}$ 是一个图，其中 $V=S$ 是顶点 ν 的集合，E 是边 e 的集合，边的形式为 $e=\{\nu_1,\nu_2\}$，$W: E \to \mathbb{R}$ 是将权重 w_e 赋予每条边的函数。

为了生成一个 n-gram 图，我们首先从文本提取不重复的 n-gram，为每个 n-gram 创建一个顶点。然后，给定一个用户自定义的参数——距离 D，我们考虑在文本中相互距离在 D 之内的 n-gram，它们被视为邻居，对应的顶点通过边连接起来。对每条边，赋予它一个权重。n-gram 图中最常用的边权重函数是（在图中）连接在一起的 n-gram 在文本中共现的次数。

图 11.19 和图 11.20 中给出了两个 2-gram 图的例子，其中 $D=2$，邻居顶点用有向边连接。

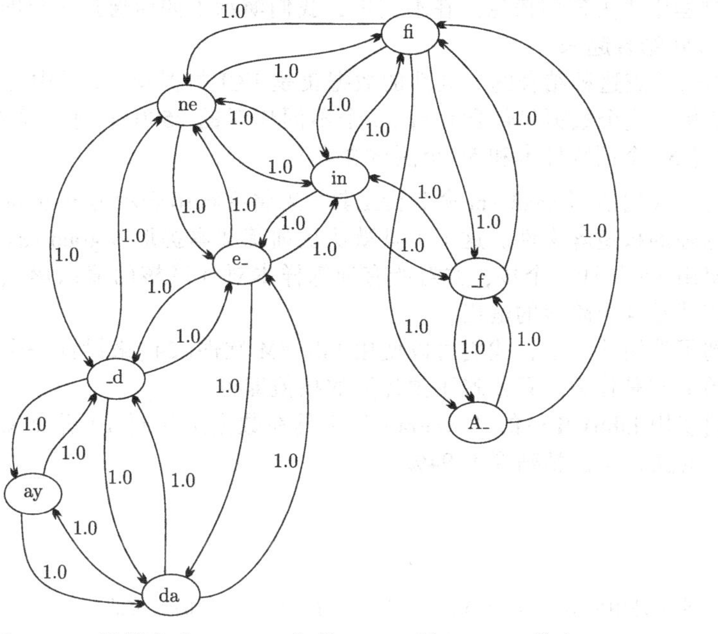

图 11.19 字符串“A fine day”的 2-gram 图（$n=2$），其中 $D=2$

有一个可衡量两个 n-gram 图 G^i 和 G^j 间相似性的对称归一化相似性函数，称为值相似性（Value Similarity，VS）函数。这一度量量化了两个图之间的公共边的比率，同时考虑了公共边的权值之比。在此度量中，每条匹配的边 e（它在图 G^i 和 G^j 中的权重分别为 w_e^i 和 w_e^j），对 VS 的贡献为 $\frac{\mathrm{VR}(e)}{\max(|G^i|,|G^j|)}$，其中，$|\cdot|$ 表示以边数衡量的图的势，且

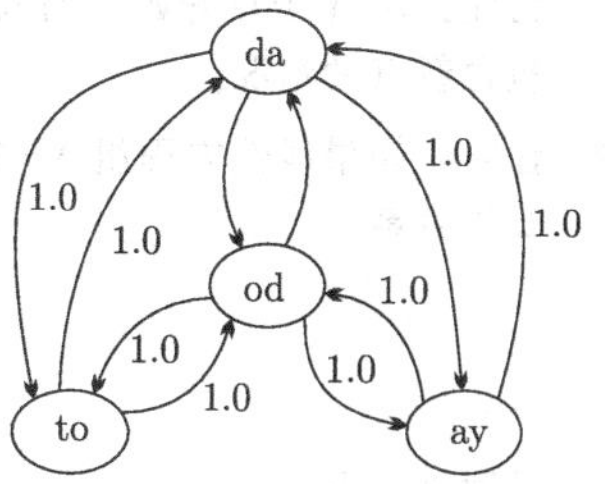

图 11.20 字符串“today”的 2-gram 图（$n=2$），其中 $D=2$ 585

$$\mathrm{VR}(e):=\frac{\min(w_e^i, w_e^j)}{\max(w_e^i, w_e^j)} \tag{11.101}$$

不匹配的边对 VS 没有贡献(可理解为，对边 $e \notin G^i(G^j)$，我们定义 $w_e^i=0(w_e^j=0)$)。这个等式意味着值比例(VR)的取值在[0,1]区间内，而且是对称的。因此，VS 的完整公式为

$$\mathrm{VS}(G^i,G^j)=\frac{\sum_{e\in G^i}\frac{\min(w_e^i,w_e^j)}{\max(w_e^i,w_e^j)}}{\max(|G^i|,|G^j|)} \tag{11.102}$$

对于公共边很多且其权重近似的图，VS 取接近 1 的值。VS=1 意味着两个图完美匹配。对图 11.19 和图 11.20 中显示的两个图，计算得到的结果是 VS=0.067(请验证)。

对于我们的例子，可用 VS 构建一个 SVM 核分类器，来为文本赋予(分类)作者。这里我们要强调的是，VS 函数是一个相似性函数，而非核函数。幸运的是，特定数据集上的 VS 会是一个(ϵ,γ)-好的相似性函数(见[6]中定理 3 中的定义)，因此，它可以作为一个核函数来使用，这与我们在 11.5.2 节中对字符串核的讨论是一致的。

值得注意的是，如果给定文本的 VSM 表示，我们也可以在字符串上使用任何基于向量的核。但是，也有一些工作使用字符串核[69]来避免在将原始字符串转换为等价的 VSM 串的过程中丢失任何信息。在本例中，我们演示了如何通过适当的核函数将一个复杂的表示与 SVM 结合起来。

我们用来检查这种结合的有效性的数据集是 UCI 数据仓库[5]中的 Reuter_50_50 数据集的一个子集。这个数据集包含来自 50 个不同作者的 2500 个训练样本和 2500 个测试文本(每个作者 50 个训练样本和 50 个测试文本)。

- 首先，我们使用 ngg2svm 命令行工具⊖来将字符串表示为 n-gram 图并生成一个预先计算好的核矩阵文件。这个工具默认从训练文本提取 3-gram 图($n=3, D=3$)。然后它使用 VS 估计一个核，并对所有训练样本对计算核的值以形成一个核矩阵。这个矩阵就是这个阶段的输出。
- 得到了核矩阵之后，我们可以使用 LibSVM 软件[24]来设计一个分类器，无须关心原始文本是什么，只依赖于预计算的核值即可。

然后，我们使用 LibSVM 中的“svmtrain”工具在数据上执行 10 折交叉验证。在我们的例子中，得到的交叉验证精确度为 94%。

习题

586~587 11.1　推导科弗定理中的分组数 $\mathcal{O}(N,l)$。提示：首先证明下面的递推式

$$\mathcal{O}(N+1,l)=\mathcal{O}(N,l)+\mathcal{O}(N,l-1)$$

为此，从 N 个点开始，加入额外一个点。证明，对于 N 个数据点来说，额外的线性二分都是那些包含新点的情况。

11.2　证明：如果线性方程组 $N=2(l+1)$，则科弗定理中线性二分的数目等于 2^{2l+1}。提示：使用下面的等价关系

$$\sum_{i=1}^{j}\binom{j}{i}=2^j$$

且回忆一下

$$\binom{2n+1}{n-i+1}=\binom{2n+1}{n+i}$$

11.3　证明再生核是正定的。

⊖　可以从 https://github.com/ggianna/ngg2svm 下载这个工具。

11.4 证明：若 $\kappa(\cdot,\cdot)$ 是 RKHS $\mathbb{H}$ 中的再生核，则

$$\mathbb{H}=\overline{\operatorname{span}\{\kappa(\cdot,\boldsymbol{x}),\ \boldsymbol{x}\in\mathcal{X}\}}$$

11.5 对核证明柯西-施瓦茨不等式，即

$$\|\kappa(\boldsymbol{x},\boldsymbol{y})\|^2\leqslant\kappa(\boldsymbol{x},\boldsymbol{x})\kappa(\boldsymbol{y},\boldsymbol{y})$$

11.6 证明：如果

$$\kappa_i(\cdot,\cdot):\mathcal{X}\times\mathcal{X}\longmapsto\mathbb{R},\ i=1,2$$

为核，则

- $\kappa(\boldsymbol{x},\boldsymbol{y})=\kappa_1(\boldsymbol{x},\boldsymbol{y})+\kappa_2(\boldsymbol{x},\boldsymbol{y})$ 也是一个核。
- $a\kappa(\boldsymbol{x},\boldsymbol{y})$ 也是一个核，其中 $a>0$。
- $\kappa(\boldsymbol{x},\boldsymbol{y})=\kappa_1(\boldsymbol{x},\boldsymbol{y})\kappa_2(\boldsymbol{x},\boldsymbol{y})$ 也是一个核。

11.7 推导式(11.25)。

11.8 证明：对核岭回归，如果存在偏项 b，则对于参数 $\hat{\boldsymbol{\theta}}$，解如下

$$\begin{bmatrix}\mathcal{K}+CI & \mathbf{1}\\ \mathbf{1}^{\mathrm{T}}\mathcal{K} & N\end{bmatrix}\begin{bmatrix}\boldsymbol{\theta}\\ b\end{bmatrix}=\begin{bmatrix}\boldsymbol{y}\\ \boldsymbol{y}^{\mathrm{T}}\mathbf{1}\end{bmatrix}$$

其中 $\mathbf{1}$ 是全 1 向量。假定核矩阵是可逆的。

11.9 推导式(11.56)。

11.10 推导线性 ϵ-不敏感损失函数对应的对偶代价函数。

11.11 推导可分类 SVM 方案的对偶代价函数。

11.12 推导式(11.91)中的核近似。

11.13 推导胡贝尔损失函数的次梯度。 588

MATLAB 练习

11.14 考虑例 11.2 中描述的回归问题。使用 MATLAB 的 wavread 函数读取一个音频文件，取 100 个数据样本(如果可能，使用《银翼杀手》，从第 100 000 个样本开始取 100 个样本)。然后加入 15 分贝水平的高斯白噪声并用离群值随机地“命中”10 个数据样本(将离群值设置为数据样本最大值的 80%)。

(a) 使用无偏的核岭回归方法(即式(11.27))重构数据。采用 $\sigma=0.004$ 的高斯核并设置 $C=0.0001$。绘制重构样本和训练数据的拟合曲线。

(b) 使用有偏核岭回归方法(使用与无偏版本相同的参数)重构数据样本。绘制重构样本和训练数据的拟合曲线。

(c) 用 $C=10^{-6}$、10^{-5}、0.0005、0.001、0.01 和 0.05 重复步骤(a)和(b)。

(d) 用 $\sigma=0.001$、0.003、0.008、0.01 和 0.05 重复步骤(a)和(b)。

(e) 分析结果。

11.15 考虑例 11.2 中描述的回归问题。读取习题 11.14 中相同的音频文件。然后加入 15 分贝水平的高斯白噪声并用离群值随机地“命中”10 个数据样本(将离群值设置为数据样本最大值的 80%)。

(a) 使用支持向量机(你可以使用 libsvm ㊀进行训练)重构数据。采用 $\sigma=0.004$ 的高斯核并设置 $\epsilon=0.003$、$C=1$。绘制重构样本和训练数据的拟合曲线。

(b) 用 $C=0.005$、0.1、0.5、5、10 和 100 重复步骤(a)。

(c) 用 $\epsilon=0.0005$、0.001、0.01、0.05 和 0.1 重复步骤(a)。

(d) 用 $\sigma=0.001$、0.002、0.01、0.05 和 0.1 重复步骤(a)。

(e) 分析结果。

11.16 考虑书中和幻灯片中的 SVM 例子中描述的二维两类分类任务。数据集由均匀分布在 $[-5,5]\times[-5,5]$ 区域内的 $N=150$ 个点 $\boldsymbol{x}_n=[x_{n,1},x_{n,2}]^{\mathrm{T}}$，$n=1,2,\cdots,N$ 组成。对每个点，计算

$$y_n=0.05x_{n,1}^3+0.05x_{n,1}^2+0.05x_{n,1}+0.05+\eta$$

㊀ 参见 http://www.csie.ntu.edu.tw/cjlin/libsvm/。

其中 η 表示均值为 0、方差 $\sigma_\eta^2=4$ 的高斯噪声。然后，若 $x_{n,2}\geqslant y_n$，则将其分类 ω_1，若 $x_{n,2}<y_n$，则将其分类 ω_2。

(a) 绘制所有点 $[x_{n,1},x_{n,2}]$，对每个类使用不同颜色。

(b) 使用 libsvm 或任何其他相关的 MATLAB 包来构造 SVM 分类器。使用 $\sigma=20$ 的高斯核并设置 $C=1$。绘制分类器和边距(对边距的绘制，你可以使用 MATLAB 的 contour 函数)。此外，找出支持向量(即拉格朗日乘子非零、对分类器的展开式有贡献的点)并将它们绘制为带圆圈的点。

589

(c) 用 $C=0.5$、0.1 和 0.05 重复步骤 11.16b。

(d) 用 $C=5$、10、50 和 100 重复步骤 11.16b。

(e) 分析结果。

11.17　考虑 11.15 节描述的作者身份认证问题。

(a) 使用数据库中名字以"T"开头的作者的训练文本，使用文本的 n-gram 图表示并使用值相似性函数作为核函数进行 10 折交叉验证。

(b) 使用数据集的相同子集，创建文本的向量空间模型表示，使用高斯核进行分类。与(a)对比结果。

参考文献

[1] D. Achlioptas, F. McSherry, B. Schölkopf, Sampling techniques for kernel methods, in: Advances in Neural Information Processing Systems, NIPS, 2001.

[2] A. Argyriou, C.A. Micchelli, M. Pontil, When is there a representer theorem? Vector versus matrix regularizers, J. Mach. Learn. Res. 10 (2009) 2507–2529.

[3] N. Aronszajn, Theory of reproducing kernels, Trans. Am. Math. Soc. 68 (3) (1950) 337–404.

[4] F.R. Bach, Consistency of the group LASSO and multiple kernel learning, J. Mach. Learn. Res. 9 (2008) 1179–1225.

[5] K. Bache, M. Lichman, UCI Machine Learning Repository, University of California, Irvine, School of Information and Computer Sciences, http://archive.ics.uci.edu/ml, 2013.

[6] M.F. Balcan, A. Blum, N. Srebro, A theory of learning with similarity functions, Mach. Learn. 72 (1–2) (2008) 89–112.

[7] A.R. Barron, Universal approximation bounds for superposition of a sigmoid function, Trans. Inf. Theory 39 (3) (1993) 930–945.

[8] E.J. Bayro-Corrochano, N. Arana-Daniel, Clifford support vector machines for classification, regression and recurrence, IEEE Trans. Neural Netw. 21 (11) (2010) 1731–1746.

[9] J.A. Bazerque, G.B. Giannakis, Nonparametric basis pursuit via sparse kernel-based learning, IEEE Signal Process. Mag. 30 (4) (2013) 112–125.

[10] J.A. Bazerque, G. Mateos, G.B. Giannakis, Group-LASSO on splines for spectrum cartography, Trans. Signal Process. 59 (10) (2011) 4648–4663.

[11] S. Beneteto, E. Bigleiri, Principles of Digital Transmission, Springer, 1999.

[12] Y. Bengio, O. Delalleau, N. Le Roux, The curse of highly variable functions for local kernel machines, in: Y. Weiss, B. Scholkopf, J. Platt (Eds.), Advances in Neural Information Processing Systems, NIPS, MIT Press, 2006, pp. 107–114.

[13] P. Bouboulis, K. Slavakis, S. Theodoridis, Adaptive kernel-based image denoising employing semi-parametric regularization, IEEE Trans. Image Process. 19 (6) (2010) 1465–1479.

[14] P. Bouboulis, S. Theodoridis, C. Mavroforakis, L. Dalla, Complex support vector machines for regression and quaternary classification, IEEE Trans. Neural Netw. Learn. Syst. 26 (6) (2015) 1260–1274.

[15] P. Bouboulis, S. Theodoridis, Kernel methods for image denoising, in: J.A.K. Suykens, M. Signoretto, A. Argyriou (Eds.), Regularization, Optimization, Kernels, and Support Vector Machines, Chapman and Hall/CRC, Boca Raton, FL, 2014.

[16] P. Bouboulis, S. Chouvardas, S. Theodoridis, Online distributed learning over networks in RKH spaces using random Fourier features, IEEE Trans. SP 66 (7) (2018) 1920–1932.

[17] P. Bouboulis, S. Theodoridis, S. Chouvardas, A random Fourier features perspective of KAFs with application to distributed learning over networks, in: D. Comminiello, J. Principe (Eds.), Adaptive Learning Methods in Nonlinear Modelling, Butterworth-Heinemann, 2018.

[18] O. Bousquet, A. Elisseeff, Stability and generalization, J. Mach. Learn. Res. 2 (2002) 499–526.

[19] C.J.C. Burges, Geometry and invariance in kernel based methods, in: B. Scholkopf, C.J. Burges, A.J. Smola (Eds.), Advances in Kernel Methods, MIT Press, 1999, pp. 90–116.

590

[20] W.B. Cavnar, J.M. Trenkle, et al., N-gram-based text categorization, in: Symposium on Document Analysis and Information Retrieval, University of Nevada, Las Vegas, 1994, pp. 161–176.

[21] L.J. Cao, S.S. Keerthi, C.J. Ong, J.Q. Zhang, U. Periyathamby, X.J. Fu, H.P. Lee, Parallel sequential minimal optimization for the training of support vector machines, IEEE Trans. Neural Netw. 17 (4) (2006) 1039–1049.
[22] C.C. Chang, C.W. Hsu, C.J. Lin, The analysis of decomposition methods for SVM, IEEE Trans. Neural Netw. 11 (4) (2000) 1003–1008.
[23] C.C. Chang, C.J. Lin, Training ν-support vector classifiers: theory and algorithms, Neural Comput. 13 (9) (2001) 2119–2147.
[24] C.-C. Chang, C.J. Lin, LIBSVM: a library for support vector machines, ACM Trans. Intell. Syst. Technol. 2 (3) (2011) 27.
[25] R. Caruana, A. Niculescu-Mizil, An empirical comparison of supervised learning algorithms, in: International Conference on Machine Learning, 2006.
[26] G. Cauwenberghs, T. Poggio, Incremental and decremental support vector machine learning, in: Advances in Neural Information Processing Systems, NIPS, MIT Press, 2001, pp. 409–415.
[27] O. Chapelle, Training a support vector machine in the primal, Neural Comput. 19 (5) (2007) 1155–1178.
[28] N. Cristianini, J. Shawe-Taylor, An Introduction to Support Vector Machines, Cambridge University Press, 2000.
[29] C. Cortes, P. Haffner, M. Mohri, Rational kernels: theory and algorithms, J. Mach. Learn. Res. 5 (2004) 1035–1062.
[30] C. Cortes, M. Mohri, A. Rostamizadeh, L_2 regularization for learning kernels, in: Proc. of the 25th Conference on Uncertainty in Artificial Intelligence, 2009, pp. 187–196.
[31] T.M. Cover, Geometrical and statistical properties of systems of linear inequalities with applications in pattern recognition, IEEE Trans. Electron. Comput. 14 (1965) 326.
[32] P. Crama, J. Schoukens, Hammerstein-Wiener system estimator initialization, Automatica 40 (9) (2004) 1543–1550.
[33] D.J. Crisp, C.J.C. Burges, A geometric interpretation of ν-SVM classifiers, in: Proceedings of Neural Information Processing, NIPS, vol. 12, MIT Press, 1999.
[34] T.G. Dietterich, G. Bakiri, Solving multiclass learning problems via error-correcting output codes, J. Artif. Intell. Res. 2 (1995) 263–286.
[35] G. Ding, Q. Wu, Y.-D. Yao, J. Wang, Y. Chen, Kernel-based learning for statistical signal processing in cognitive radio networks, IEEE Signal Process. Mag. 30 (4) (2013) 126–136.
[36] P. Drineas, M.W. Mahoney, On the Nyström method for approximating a Gram matrix for improved kernel-based learning, J. Mach. Learn. Res. (JMLR) 6 (2005) 2153–2175.
[37] C. Domeniconi, D. Gunopulos, Incremental support vector machine construction, in: IEEE International Conference on Data Mining, San Jose, USA, 2001, pp. 589–592.
[38] Y. Engel, S. Mannor, R. Meir, The kernel recursive least-squares algorithm, IEEE Trans. Signal Process. 52 (8) (2004) 2275–2285.
[39] T. Evgeniou, M. Pontil, T. Poggio, Regularization networks and support vector machines, Adv. Comput. Math. 13 (2000) 1–50.
[40] T. Evgeniou, C.A. Michelli, M. Pontil, Learning multiple tasks with kernel methods, J. Mach. Learn. Res. 6 (2005) 615–637.
[41] B. Fei, J. Liu, Binary tree of SVM: a new fast multiclass training and classification algorithm, IEEE Trans. Neural Netw. 17 (5) (2006) 696–704.
[42] P.A. Forero, A. Cano, G.B. Giannakis, Consensus-based distributed support vector machines, J. Mach. Learn. Res. 11 (2010) 1663–1707.
[43] V. Franc, S. Sonnenburg, Optimized cutting plane algorithm for large-scale risk minimization, J. Mach. Learn. Res. 10 (2009) 2157–2192.
[44] M. Frechet, Sur les fonctionnelles continues, Ann. Sci. Éc. Supér. 27 (1910) 193–216.
[45] A. Frieze, R. Kannan, S. Vempala, Fast Monte-Carlo algorithms for finding low-rank approximations, in: Foundations of Computer Science, FOCS, 1998, pp. 378–390.
[46] G. Giannakopoulos, V. Karkaletsis, G. Vouros, P. Stamatopoulos, Summarization system evaluation revisited: N-gram graphs, ACM Trans. Speech Lang. Process. 5 (3) (2008) 1–9.
[47] F. Girosi, An equivalence between sparse approximation and support vector machines, Neural Comput. 10 (6) (1998) 1455–1480.
[48] M. Gonen, E. Alpaydin, Multiple kernel learning algorithms, J. Mach. Learn. Res. 12 (2011) 2211–2268.
[49] Z. Harchaoui, F. Bach, O. Cappe, E. Moulines, Kernel-based methods for hypothesis testing, IEEE Signal Process. Mag. 30 (4) (2013) 87–97.
[50] D. Hardoon, J. Shawe-Taylor, Decomposing the tensor kernel support vector machine for neuroscience data with structured labels, Neural Netw. 24 (8) (2010) 861–874. 591
[51] J.R. Higgins, Sampling Theory in Fourier and Signal Analysis Foundations, Oxford Science Publications, 1996.
[52] T. Hofmann, B. Scholkopf, A. Smola, Kernel methods in machine learning, Ann. Stat. 36 (3) (2008) 1171–1220.
[53] D. Hush, P. Kelly, C. Scovel, I. Steinwart, QP algorithms with guaranteed accuracy and run time for support vector machines, J. Mach. Learn. Res. 7 (2006) 733–769.
[54] P. Huber, Robust estimation of location parameters, Ann. Math. Stat. 35 (1) (1964) 73–101.
[55] T. Joachims, Making large scale support vector machine learning practical, in: B. Scholkopf, C.J. Burges, A.J. Smola (Eds.), Advances in Kernel Methods: Support Vector Learning, MIT Press, 1999.
[56] T. Joachims, T. Finley, C.-N. Yu, Cutting-plane training of structural SVMs, Mach. Learn. 77 (1) (2009) 27–59.

[57] N. Kalouptsidis, Signal Processing Systems: Theory and Design, John Wiley, 1997.
[58] S.S. Keerthi, S.K. Shevade, C. Bhattacharyya, K.R.K. Murthy, A fast iterative nearest point algorithm for support vector machine classifier design, IEEE Trans. Neural Netw. 11 (1) (2000) 124–136.
[59] S.S. Keerthi, S.K. Shevade, C. Bhattacharyya, K.R.K. Murthy, Improvements to Platt's SMO algorithm for SVM classifier design, Neural Comput. 13 (2001) 637–649.
[60] A.Y. Kibangou, G. Favier, Wiener-Hammerstein systems modeling using diagonal Volterra kernels coefficients, Signal Process. Lett. 13 (6) (2006) 381–384.
[61] G. Kimeldorf, G. Wahba, Some results on Tchebycheffian spline functions, J. Math. Anal. Appl. 33 (1971) 82–95.
[62] J. Kivinen, A.J. Smola, R.C. Williamson, Online learning with kernels, IEEE Trans. Signal Process. 52 (8) (2004) 2165–2176.
[63] M. Kloft, U. Brefeld, S. Sonnenburg, P. Laskov, K.R. Müller, A. Zien, Efficient and accurate lp-norm multiple kernel learning, Adv. Neural Inf. Process. Syst. 22 (2009) 997–1005.
[64] S.Y. Kung, Kernel Methods and Machine Learning, Cambridge University Press, 2014.
[65] G. Lanckriet, N. Cristianini, P. Bartlett, L. El Ghaoui, M. Jordan, Learning the kernel matrix with semidefinite programming, in: C. Summu, A.G. Hoffman (Eds.), Proceedings of the 19th International Conference on Machine Learning, ICML, Morgan Kaufmann, 2002, pp. 323–330.
[66] J.L. Lázaro, J. Dorronsoro, Simple proof of convergence of the SMO algorithm for different SVM variants, IEEE Trans. Neural Netw. Learn. Syst. 23 (7) (2012) 1142–1147.
[67] Y. Lin, H.H. Zhang, Component selection and smoothing in multivariate nonparametric regression, Ann. Stat. 34 (5) (2006) 2272–2297.
[68] W. Liu, J.C. Principe, S. Haykin, Kernel Adaptive Filtering: A Comprehensive Introduction, John Wiley, 2010.
[69] H. Lodhi, C. Saunders, J. Shawe-Taylor, N. Cristianini, C. Watkins, Text classification using string kernels, J. Mach. Learn. Res. 2 (2002) 419–444.
[70] V.J. Mathews, G.L. Sicuranza, Polynomial Signal Processing, John Wiley, New York, 2000.
[71] G. Mateos, G.B. Giannakis, Robust nonparametric regression via sparsity control with application to load curve data cleansing, IEEE Trans. Signal Process. 60 (4) (2012) 1571–1584.
[72] P.Z. Marmarelis, V.Z. Marmarelis, Analysis of Physiological Systems – The White Noise Approach, Plenum, New York, 1978.
[73] M. Mavroforakis, S. Theodoridis, Support vector machine classification through geometry, in: Proceedings XII European Signal Processing Conference, EUSIPCO, Anatlya, Turkey, 2005.
[74] M. Mavroforakis, S. Theodoridis, A geometric approach to support vector machine classification, IEEE Trans. Neural Netw. 17 (3) (2006) 671–682.
[75] M. Mavroforakis, M. Sdralis, S. Theodoridis, A geometric nearest point algorithm for the efficient solution of the SVM classification task, IEEE Trans. Neural Netw. 18 (5) (2007) 1545–1549.
[76] J. Mercer, Functions of positive and negative type and their connection with the theory of integral equations, Phil. Trans. R. Soc. Lond. 209 (1909) 415–446.
[77] D. Meyer, F. Leisch, K. Hornik, The support vector machine under test, Neurocomputing 55 (2003) 169–186.
[78] C.A. Micceli, Interpolation of scattered data: distance matrices and conditionally positive definite functions, Constr. Approx. 2 (1986) 11–22.
[79] C.A. Miccheli, M. Pontil, Learning the kernel function via regularization, J. Mach. Learn. Res. 6 (2005) 1099–1125.
[80] K. Mitra, A. Veeraraghavan, R. Chellappa, Analysis of sparse regularization based robust regression approaches, IEEE Trans. Signal Process. 61 (2013) 1249–1257.
[81] G. Montavon, M.L. Braun, T. Krueger, K.R. Müller, Analysing local structure in kernel-based learning, IEEE Signal Process. Mag. 30 (4) (2013) 62–74.
592 [82] E.H. Moore, On properly positive Hermitian matrices, Bull. Am. Math. Soc. 23 (1916) 59.
[83] K. Muller, S. Mika, G. Ratsch, K. Tsuda, B. Scholkopf, An introduction to kernel-based learning algorithms, IEEE Trans. Neural Netw. 12 (2) (2001) 181–201.
[84] A. Navia-Vázquez, F. Perez-Cruz, A. Artes-Rodriguez, A. Figueiras-Vidal, Weighted least squares training of support vector classifiers leading to compact and adaptive schemes, IEEE Trans. Neural Netw. 15 (5) (2001) 1047–1059.
[85] G. Papageorgiou, P. Bouboulis, S. Theodoridis, K. Themelis, Robust linear regression analysis - a greedy approach, arXiv: 1409.4279 [cs.IT], 2014.
[86] G. Papageorgiou, P. Bouboulis, S. Theodoridis, Robust linear regression analysis - a greedy approach, IEEE Trans. Signal Process. (2015).
[87] V.I. Paulsen, An Introduction to Theory of Reproducing Kernel Hilbert Spaces, Notes, 2009.
[88] J. Platt, Sequential Minimal Optimization: A Fast Algorithm for Training Support Vector Machines, Technical Report, Microsoft Research, MSR-TR-98-14, April 21, 1998.
[89] J.C. Platt, Using analytic QP and sparseness to speed training of support vector machines, in: Proceedings Neural Information Processing Systems, NIPS, 1999.
[90] M.J.D. Powell, Radial basis functions for multivariate interpolation: a review, in: J.C. Mason, M.G. Cox (Eds.), Algorithms for Approximation, Clarendon Press, Oxford, 1987, pp. 143–167.

[91] A. Rahimi, B. Recht, Random features for large-scale kernel machines, in: Neural Information Processing Systems, NIPS, vol. 20, 2007.
[92] A. Rakotomamonjy, F.R. Bach, S. Canu, Y. Grandvalet, SimpleMKL, J. Mach. Learn. Res. 9 (2008) 2491–2521.
[93] P. Ravikumar, J. Lafferty, H. Liu, L. Wasserman, Sparse additive models, J. R. Stat. Soc. B 71 (5) (2009) 1009–1030.
[94] C. Richard, J. Bermudez, P. Honeine, Online prediction of time series data with kernels, IEEE Trans. Signal Process. 57 (3) (2009) 1058–1067.
[95] W. Rudin, Principles of Mathematical Analysis, third ed., McGraw-Hill, 1976.
[96] W. Rudin, Fourier Analysis on Groups, Wiley Classics Library, Wiley-Interscience, New York, 1994.
[97] G. Salton, A. Wong, C.-S. Yang, A vector space model for automatic indexing, Commun. ACM 18 (11) (1975) 613–620.
[98] C. Saunders, A. Gammerman, V. Vovk, Ridge regression learning algorithm in dual variables, in: J. Shavlik (Ed.), Proceedings 15th International Conference on Machine Learning, ICMM'98, Morgan Kaufman, 1998.
[99] P. Saurabh, C. Boutsidis, M. Magdon-Ismail, P. Drineas, Random projections for support vector machines, in: Proceedings of the 16th International Conference on Artificial Intelligence and Statistics, AISTATS, Scottsdale, AZ, USA, 2013.
[100] A. Shilton, M. Palaniswami, D. Ralph, A.C. Tsoi, Incremental training of support vector machines, IEEE Trans. Neural Netw. 16 (1) (2005) 114–131.
[101] M. Schetzen, Nonlinear system modeling based on the Wiener theory, Proc. IEEE 69 (12) (1981) 1557–1573.
[102] M. Schetzen, The Volterra and Wiener Theories of Nonlinear Systems, John Wiley, New York, 1980.
[103] B. Schölkopf, A.J. Smola, Learning With Kernels, MIT Press, Cambridge, 2001.
[104] B. Schölkopf, A.J. Smola, R.C. Williamson, P.L. Bartlett, New support vector algorithms, Neural Comput. 12 (2000) 1207–1245.
[105] S. Shalev-Shwartz, Y. Singer, N. Srebro, A. Cotter, PEGASOS: primal estimated sub-gradient solver for SVM, Math. Program. 127 (1) (2011) 3–30.
[106] J. Shawe-Taylor, N. Cristianini, Kernel Methods for Pattern Analysis, Cambridge University Press, 2004.
[107] M. Signoretto, L. De Lathauwer, J. Suykens, A kernel-based framework to tensorial data analysis, Neural Netw. 24 (8) (2011) 861–874.
[108] K. Slavakis, P. Bouboulis, S. Theodoridis, Online learning in reproducing kernel Hilbert spaces, in: Academic Press Library in Signal Processing, Signal Process. Theory Machine Learn., vol. 1, 2013, pp. 883–987.
[109] K. Slavakis, S. Theodoridis, I. Yamada, Online kernel-based classification using adaptive projections algorithms, IEEE Trans. Signal Process. 56 (7) (2008) 2781–2796.
[110] K. Slavakis, S. Theodoridis, Sliding window generalized kernel affine projection algorithm using projection mappings, EURASIP J. Adv. Signal Process. (2008) 735351, https://doi.org/10.1155/2008/735351.
[111] K. Slavakis, S. Theodoridis, I. Yamada, Adaptive constrained learning in reproducing kernel Hilbert spaces, IEEE Trans. Signal Process. 5 (12) (2009) 4744–4764.
[112] K. Slavakis, A. Bouboulis, S. Theodoridis, Adaptive multiregression in reproducing kernel Hilbert spaces, IEEE Trans. Neural Netw. Learn. Syst. 23 (2) (2012) 260–276.
[113] K. Slavakis, A. Bouboulis, S. Theodoridis, Online learning in reproducing kernel Hilbert spaces, in: S. Theodoridis, R. Chellapa (Eds.), E-reference for Signal Processing, Academic Press, 2013.
[114] E. Stamatatos, A survey of modern authorship attribution methods, J. Am. Soc. Inf. Sci. Technol. 60 (3) (2009) 538–556. 593
[115] M.O. Stitson, A. Gammerman, V. Vapnik, V. Vovk, C. Watkins, J. Weston, Support vector regression with ANOVA decomposition kernels, in: B. Scholkopf, C.J. Burges, A.J. Smola (Eds.), Advances in Kernel Methods: Support Vector Learning, MIT Press, 1999.
[116] S. Sonnenburg, G. Rätsch, C. Schaffer, B. Scholkopf, Large scale multiple kernel learning, J. Mach. Learn. Res. 7 (2006) 1531–1565.
[117] L. Song, K. Fukumizu, A. Gretton, Kernel embeddings of conditional distributions, IEEE Signal Process. Mag. 30 (4) (2013) 98–111.
[118] J.A.K. Suykens, J. Vandewalle, Least squares support vector machine classifiers, Neural Process. Lett. 9 (1999) 293–300.
[119] J.A.K. Suykens, T. van Gestel, J. de Brabanter, B. de Moor, J. Vandewalle, Least Squares Support Vector Machines, World Scientific, Singapore, 2002.
[120] J.A.K. Suykens, M. Signoretto, A. Argyriou (Eds.), Regularization, Optimization, Kernels, and Support Vector Machines, Chapman and Hall/CRC, Boca Raton, FL, 2014.
[121] R. Talmon, I. Cohen, S. Gannot, R. Coifman, Diffusion maps for signal processing, IEEE Signal Process. Mag. 30 (4) (2013) 75–86.
[122] Q. Tao, G.-W. Wu, J. Wang, A generalized S-K algorithm for learning ν-SVM classifiers, Pattern Recognit. Lett. 25 (10) (2004) 1165–1171.
[123] S. Theodoridis, M. Mavroforakis, Reduced convex hulls: a geometric approach to support vector machines, Signal Process. Mag. 24 (3) (2007) 119–122.
[124] S. Theodoridis, K. Koutroumbas, Pattern Recognition, fourth ed., Academic Press, 2009.
[125] F.A. Tobar, D.P. Mandic, Quaternion reproducing kernel Hilbert spaces: existence and uniqueness conditions, IEEE Trans. Inf. Theory 60 (9) (2014) 5736–5749.

[126] I.W. Tsang, J.T. Kwok, P.M. Cheung, Core vector machines: fast SVM training on very large data sets, J. Mach. Learn. Res. (JMLR) 6 (2005) 363–392.
[127] S. Van Vaerenbergh, M. Lazaro-Gredilla, I. Santamaria, Kernel recursive least-squares tracker for time-varying regression, IEEE Trans. Neural Netw. Learn. Syst. 23 (8) (2012) 1313–1326.
[128] V.N. Vapnik, The Nature of Statistical Learning, Springer, 2000.
[129] V.N. Vapnik, Statistical Learning Theory, Wiley, 1998.
[130] N. Wiener, Nonlinear Problems in Random Theory, Technology Press, MIT and Wiley, 1958.
[131] C.K.I. Williams, M. Seeger, Using the Nyström method to speed up kernel machines, in: Advances in Neural Information Processing Systems, NIPS, vol. 13, 2001.
[132] G.-X. Yuan, K.W. Chang, C.-J. Hsieh, C.J. Lin, A comparison of optimization methods and software for large-scale ℓ_1-regularized linear classification, J. Mach. Learn. Res. 11 (2010) 3183–3234.
594 [133] Q. Zhao, G. Zhou, T. Adali, L. Zhang, A. Cichocki, Kernelization of tensor-based models for multiway data analysis, IEEE Signal Process. Mag. 30 (4) (2013) 137–148.

贝叶斯学习：推断和 EM 算法

12.1 引言

在第 3 章中已经介绍了用于参数推断的贝叶斯方法。和我们了解的其他参数估计方法相比，贝叶斯方法采用了完全不同的处理视角。未知参数集合被作为随机变量而不是一系列固定的值（仍然是未知的）来处理。在第 3 章中已指出，这是一种革命性的思想，当时是贝叶斯提出的，后来拉普拉斯也提出了这一思想。在经历了两个多世纪之后，即使在现在，假定一个物理现象/机制是由一组随机参数控制的，可能还是显得比较奇怪。但是，这里有很微妙的一点，将基础参数集合作为随机变量 $\boldsymbol{\theta}$ 来处理，我们并不是真的暗示其具有随机性。就先验分布 $p(\boldsymbol{\theta})$ 来说，在我们接收到任何测量/观测值之前，其相关的随机性就概括了我们对其值的*不确定性*（uncertainty）。换句话说，先验分布代表了我们对于不同的可能取值的*信念*（belief），尽管它们中只有一个是真的。从这个角度，我们能以一种更开放的方式看待概率，即作为对不确定性的测量，如在第 2 章开始时我们讨论的那样。

回想一下，从数据中进行参数学习是一个反问题。基本上，我们所能做的是从“果”（观测值）中推断出“因”（参数）。贝叶斯定理可以看成是在概率场景中表达的一个反演过程。的确，给定由未知参数集控制的观测值集合 $\mathcal{X}$，我们有

$$p(\boldsymbol{\theta}|\mathcal{X})=\frac{p(\mathcal{X}|\boldsymbol{\theta})p(\boldsymbol{\theta})}{p(\mathcal{X})}$$

对于这一反演所需的就是对 $p(\boldsymbol{\theta})$ 进行猜测。统计学界对此反演已经有多年的争议。但是，一旦找到一个合理的先验猜测，贝叶斯方法相对于其他技术路线的很多优势就会体现出来。其他技术路线包括将参数确定性地看作未知常量值的方法，也称为*频率论*（frequentist）技术。这一术语来自更为经典的概率观点，即将概率视为可重复事件的发生频率。这种方法的一个典型例子就是极大似然方法，极大似然方法通过最大化 $p(\mathcal{X}|\boldsymbol{\theta})$ 的值来估计参数的值，而后一个条件概率密度函数（PDF）的值仅受控于一系列实验中得到的观测值。

这是深入贝叶斯学习的两章中的第一章。我们提出了主要概念和贝叶斯推断背后的哲学思想。我们介绍了最大期望算法（EM），并将其应用于一些典型的机器学习参数化建模任务，如回归、混合建模和专家混合系统。最后，介绍了分布的指数族和共轭先验的概念。

12.2 回归：贝叶斯观点

第 3 章介绍了采用贝叶斯推断来处理线性回归任务。在本章中，我们将超越基本定义，揭示并利用贝叶斯哲学提供的各种可能性来研究这个重要的机器学习任务。首先让我们总结第 3 章的发现，然后展开研究。

回想一下在前面章节中介绍过的（广义的）线性回归任务，即

$$y=\boldsymbol{\theta}^{\mathrm{T}}\boldsymbol{\phi}(\mathbf{x})+\eta=\theta_0+\sum_{k=1}^{K-1}\theta_k\phi_k(\mathbf{x})+\eta \tag{12.1}$$

其中，$y\in\mathbb{R}$ 为输入随机变量，$\mathbf{x}\in\mathbb{R}^l$ 为输入随机向量，$\eta\in\mathbb{R}$ 为噪声干扰，$\boldsymbol{\theta}\in\mathbb{R}^K$ 为未知
596 的参数向量，且

$$\boldsymbol{\phi}(\mathbf{x}):=[\phi_1(\mathbf{x}),\cdots,\phi_{K-1}(\mathbf{x}),1]^{\mathrm{T}}$$

其中 $\phi_k(\cdot)$，$k=1,\cdots,K-1$，是一些(固定的)基函数。正如我们所知，这类函数的典型例子可以是高斯函数、样条函数、多项式函数等。给定一个 N 个输出-输入训练点集合，(y_n,x_n)，$n=1,2,\cdots,N$。在我们的当前设定中，假定(未观测到的)噪声值 η_n，$n=1,2,\cdots,N$ 为协方差矩阵 Σ_η 为联合高斯分布随机变量的样本，即

$$p(\boldsymbol{\eta})=\frac{1}{(2\pi)^{N/2}|\Sigma_\eta|^{1/2}}\exp\left(-\frac{1}{2}\boldsymbol{\eta}^{\mathrm{T}}\Sigma_\eta^{-1}\boldsymbol{\eta}\right) \tag{12.2}$$

其中，$\boldsymbol{\eta}=[\eta_1,\eta_2,\cdots,\eta_N]^{\mathrm{T}}$。

12.2.1　极大似然估计

在第 3 章中已经介绍了极大似然方法(ML)。根据这种方法，未知的参数集被当作一个确定的变量 $\boldsymbol{\theta}$ 来处理，这使得描述观测值输出向量的概率密度函数可以参数化表示为

$$\boldsymbol{y}=\Phi\boldsymbol{\theta}+\boldsymbol{\eta} \tag{12.3}$$

其中

$$\Phi=\begin{bmatrix}\boldsymbol{\phi}^{\mathrm{T}}(\boldsymbol{x}_1)\\\boldsymbol{\phi}^{\mathrm{T}}(\boldsymbol{x}_2)\\\vdots\\\boldsymbol{\phi}^{\mathrm{T}}(\boldsymbol{x}_N)\end{bmatrix} \tag{12.4}$$

且

$$\boldsymbol{y}=[y_1,y_2,\cdots,y_N]^{\mathrm{T}}$$

在公式(3.61)中，简单地使用 Φ 替换 X，会将极大似然估计的形式改变为

$$\hat{\boldsymbol{\theta}}_{\mathrm{ML}}=\left(\Phi^{\mathrm{T}}\Sigma_\eta^{-1}\Phi\right)^{-1}\Phi^{\mathrm{T}}\Sigma_\eta^{-1}\boldsymbol{y} \tag{12.5}$$

对于不相关噪声样本具有相同方差 $\sigma_\eta^2(\Sigma_\eta=\sigma_\eta^2 I)$ 的简单情况，公式(12.5)等价于最小二乘解

$$\hat{\boldsymbol{\theta}}_{\mathrm{ML}}=\left(\Phi^{\mathrm{T}}\Phi\right)^{-1}\Phi^{\mathrm{T}}\boldsymbol{y}=\hat{\boldsymbol{\theta}}_{\mathrm{LS}} \tag{12.6}$$

极大似然方法的主要缺点是容易过拟合，因为对于复杂的模型，我们可能会不注意它试图
597 “学习”的特定训练集的特殊性，如我们在第 3 章中已经讨论过的。

12.2.2　MAP 估计

根据最大后验概率(MAP)方法，未知的参数集被当作一个随机向量 $\boldsymbol{\theta}$ 来处理，而它对于给定的输出观测值集合 $\boldsymbol{y}$ 的后验概率可表达为

$$p(\boldsymbol{\theta}|\boldsymbol{y})=\frac{p(\boldsymbol{y}|\boldsymbol{\theta})p(\boldsymbol{\theta})}{p(\boldsymbol{y})} \tag{12.7}$$

其中 $p(\boldsymbol{\theta})$ 是关联的先验概率密度函数。简单起见，我们去除了符号中对 $\mathcal{X}$ 的依赖。我们强调输入集 $\mathcal{X}=\{\boldsymbol{x}_1,\cdots,\boldsymbol{x}_N\}$ 被看作固定的，所以所有与 $\boldsymbol{y}$ 有关的随机性都是由于噪声源。假定先验概率密度函数与条件概率密度函数均为高斯分布[㊀]，即

$$p(\boldsymbol{\theta})=\mathcal{N}(\boldsymbol{\theta}|\boldsymbol{\theta}_0,\Sigma_\theta) \tag{12.8}$$

及

$$p(\boldsymbol{y}|\boldsymbol{\theta})=\mathcal{N}(\boldsymbol{y}|\Phi\boldsymbol{\theta},\Sigma_\eta) \tag{12.9}$$

其中用到了式(12.2)和式(12.3)。后验概率 $p(\boldsymbol{\theta}\mid\boldsymbol{y})$ 被证明也是高斯分布，其均值向量为

$$\boldsymbol{\mu}_{\theta|y}:=\mathbb{E}[\boldsymbol{\theta}|\boldsymbol{y}]=\boldsymbol{\theta}_0+\left(\Sigma_\theta^{-1}+\Phi^{\mathrm{T}}\Sigma_\eta^{-1}\Phi\right)^{-1}\Phi^{\mathrm{T}}\Sigma_\eta^{-1}(\boldsymbol{y}-\Phi\boldsymbol{\theta}_0) \tag{12.10}$$

因为高斯分布的最大值和均值是一致的，我们得到

$$\hat{\boldsymbol{\theta}}_{\mathrm{MAP}}=\mathbb{E}[\boldsymbol{\theta}|\boldsymbol{y}] \tag{12.11}$$

在本章附录中提供了公式(12.10)的解析证明[㊁]。它表明，可对公式(12.143)进行这些替换 $\boldsymbol{t}\to\boldsymbol{y}$，$\boldsymbol{z}\to\boldsymbol{\theta}$，$A\to\Phi$，$\Sigma_{t|z}\to\Sigma_\eta$，$\Sigma_z\to\Sigma_\theta$。注意，MAP 估计是 $\hat{\boldsymbol{\theta}}_{\mathrm{ML}}$ 的正则化版本。正则化是通过由先验概率 $p(\boldsymbol{\theta})$ 产生的 $\boldsymbol{\theta}_0$ 和 $\boldsymbol{\Sigma}_\theta$ 实现的。如果我们假定 $\boldsymbol{\Sigma}_\theta=\sigma_\theta^2 I$，$\boldsymbol{\Sigma}_\eta=\sigma_\eta^2 I$ 且 $\boldsymbol{\theta}_0=\boldsymbol{0}$，那么式(12.10)就与正则化的 LS(岭)回归的解一致[㊂]：

$$\hat{\boldsymbol{\theta}}_{\mathrm{MAP}}=\left(\lambda I+\Phi^{\mathrm{T}}\Phi\right)^{-1}\Phi^{\mathrm{T}}\boldsymbol{y} \tag{12.12}$$

其中，我们设定 $\lambda:=\sigma_\eta^2/\sigma_\theta^2$，从第 3 章中我们已经知道，λ 的值对估计量的均方误差性能是很重要的。现在，主要的问题变成了怎样给 λ 选择一个好的值，或等价的，在更一般的场景为 Σ_θ 和 Σ_η 选择好的值。在实际中，可以采用交叉验证法(见第 3 章)，测试不同取值的 λ，选择使得均方误差(或其他标准)效果最好的那个。但是，这是一个计算代价很大的过程，尤其是对涉及大量参数的复杂模型。此外，这样的程序迫使我们只能使用其中一小部分可用的数据进行训练，其他数据用来测试。读者也许会想，为什么我们不使用训练数据来优化未知参数 $\boldsymbol{\theta}$ 和正则化参数。让我们考虑一个简单的例子，对中心化的数据($\theta_0=0$)进行岭回归。代价函数包含两个参数，一个依赖于数据，可以度量失配，而第二个只依赖于未知参数 598

$$J(\boldsymbol{\theta},\lambda)=\|\boldsymbol{y}-\Phi\boldsymbol{\theta}\|^2+\lambda\|\boldsymbol{\theta}\|^2 \tag{12.13}$$

很显然，只有 λ=0 时，才能在*训练数据集*上拟合到最小平方误差(经验损失)。任何其他 λ 值得到的 $\boldsymbol{\theta}$ 的估计都会导致更大的平方误差。这是很自然的，因为对 λ≠0，优化必须还要考虑额外的正则化项。只有使用了*测试数据集*，λ≠0 的取值才会导致 MSE(不是经验误差)有一个总体的降低。

12.2.3 贝叶斯方法

贝叶斯回归方法试图克服上述分析中提到和过拟合相关的缺点。所有相关参数都可以在训练集上进行估计。在这里，参数将被作为随机变量处理。同时，因为现在的主要任务变成了推断描述未知参数集的概率密度函数，而不是获得单个的向量估计，因此我们就有

㊀ 因为在本章中我们涉及很多随机变量，我们明确地指出了在 $\mathcal{N}(\cdot|\cdot,\cdot)$ 中引用的变量名。

㊁ 因为附录为书中各部分的需求服务，所以每次涉及不同的变量，都要进行必要的符号替换。注意，附录可从本书网站下载。

㊂ 回顾 3.8 节，如果数据是集中的或是正则化范数项包含截距(偏置)，这就是正确的。

更多信息可用。话虽如此，但并不意味着贝叶斯技术就不需要交叉验证，还是需要交叉验证来评估其整体性能。我们将在 12.3 节结尾处的附注中进一步评论这一点。

众所周知，贝叶斯方法的起始点和 MAP 是一样的，特别是式(12.7)。但是，我们不再仅仅是要使式(12.7)中的分子最大，还要将 $p(\boldsymbol{\theta}|\boldsymbol{y})$ 作为一个整体来使用。这里，秘密大部分在于分母 $p(\boldsymbol{y})$，它基本上是归一化常数

$$\boxed{p(\boldsymbol{y})=\int p(\boldsymbol{y}|\boldsymbol{\theta})p(\boldsymbol{\theta})\,\mathrm{d}\boldsymbol{\theta}} \tag{12.14}$$

正如我们很快要看到的，在 $p(\boldsymbol{y})$ 中隐藏的信息远远超过了只是为了计算 $p(\boldsymbol{\theta}|\boldsymbol{y})$ 的需要。式(12.14)的计算难点在于，一般来说，积分的估计没有解析计算方法。在这种情况下，人们需要借助近似技术来获得所需的信息。为了这个目的，可以使用很多种方法，本书的大部分内容都是在讨论这些方法的研究。更具体地说，我们将考虑以下这些方法：

- 拉普拉斯(Laplacian)近似法，见 12.3 节。
- 变分近似法，见 13.2 节。
- 变分边界近似法，见 13.8 节。
- 蒙特卡罗(Monte Carlo)积分求值技术，见第 14 章的讨论。
- 599 消息传递算法，见第 15 章的讨论。

对于在这一节中研究的例子，$p(\boldsymbol{y}|\boldsymbol{\theta})$ 和 $p(\boldsymbol{\theta})$ 都被假定是高斯分布，$p(\boldsymbol{y})$ 可以被解析计算，这说明了联合分布 $p(\boldsymbol{y},\boldsymbol{\theta})$ 也是高斯分布，因此边际分布 $p(\boldsymbol{y})$ 也是高斯分布。所有这些都会在本章的附录中详细讨论。实际上，如果我们在附录的式(12.146)和式(12.151)中设置 $\boldsymbol{z}\rightarrow\boldsymbol{\theta}$，$\boldsymbol{t}\rightarrow\boldsymbol{y}$ 以及 $A\rightarrow\Phi$，那么对于式(12.3)中所示的回归模型和式(12.8)中所示的先验概率密度函数，以及式(12.2)中的噪声模型，我们将得到

$$p(\boldsymbol{y})=\mathcal{N}\left(\boldsymbol{y}|\Phi\boldsymbol{\theta}_0,\Sigma_\eta+\Phi\Sigma_\theta\Phi^{\mathrm{T}}\right) \tag{12.15}$$

而且，后验概率 $p(\boldsymbol{\theta}|\boldsymbol{y})$ 也是高斯分布的

$$p(\boldsymbol{\theta}|\boldsymbol{y})=\mathcal{N}\left(\boldsymbol{\theta}|\boldsymbol{\mu}_{\theta|y},\Sigma_{\theta|y}\right) \tag{12.16}$$

其中，$\boldsymbol{\mu}_{\theta|y}$ 由式(12.10)给出，协方差矩阵是由式(12.147)经过适当的符号替换之后得到的

$$\Sigma_{\theta|y}=\left(\Sigma_\theta^{-1}+\Phi^{\mathrm{T}}\Sigma_\eta^{-1}\Phi\right)^{-1} \tag{12.17}$$

在得到了观测值 $\boldsymbol{y}$ 之后，式(12.16)中的后验概率密度函数概括了我们对 $\boldsymbol{\theta}$ 的认识。因此，对 $\boldsymbol{\theta}$ 的不确定性已经减少，这是式(12.16)和式(12.18)中概率密度函数不同的主要原因，后者只表示了我们最初的猜测。公式(12.17)中的协方差矩阵为我们提供了 $\boldsymbol{\theta}$ 不确定性的信息。如果式(12.16)中的高斯分布在其均值 $\boldsymbol{\mu}_{\theta|y}$ 周围分布非常宽泛，就表明尽管接受了观测值，但对于 $\boldsymbol{\theta}$ 还是存在太多的不确定性。这可能是由于：1)问题的性质引起的，例如，问题具有高噪声方差，由 Σ_η 表示；2)观测值的数量 N 还不够；3)建模不准确，这在式(12.17)中是用 Φ 表示的。如果后验概率密度函数在其均值附近急剧地达到峰值，相反的结论就成立。

正如我们在第 3 章中已经指出的那样，贝叶斯理论提供了一种直接推断输出变量的方法，在许多应用中，它是人们感兴趣之处；给定输入向量，其任务是预测输出。在这种情况下，估计未知的 $\boldsymbol{\theta}$ 的值只是达到目的的手段。为了不涉及 $\boldsymbol{\theta}$ 就能直接表达预测任务，我们必须整合 $\boldsymbol{\theta}$ 的贡献。在学习了后验概率 $p(\boldsymbol{\theta}|\boldsymbol{y})$ 之后，并给定一个新的输入向量 $\boldsymbol{x}$，对于式(12.1)中的回归模型，其输出变量 y 的条件概率密度函数，在给定观测值集合的条件下可以写成：

$$p(y|\boldsymbol{x},\boldsymbol{y})=\int p(y|\boldsymbol{x},\boldsymbol{\theta})p(\boldsymbol{\theta}|\boldsymbol{y})\,\mathrm{d}\boldsymbol{\theta} \tag{12.18}$$

注意，这里我们使用了 $p(y\mid\boldsymbol{x},\boldsymbol{y},\boldsymbol{\theta})=p(y\mid\boldsymbol{x},\boldsymbol{\theta})$，这是因为对给定的 $\boldsymbol{\theta}$ 值，y 与 $\boldsymbol{y}$ 是条件独立的。正如前面提到的，严格来说，后验概率应被表示为 $p(\boldsymbol{\theta}\mid\boldsymbol{y};\mathcal{X})$ 来指出是依赖于输入训练样本的。但是，我们去掉了对 $\mathcal{X}$ 的依赖，以使符号表示清晰简洁。

结果是，为了简化代数表示和关注于概念，我们假设式(12.2)中的噪声模型是这样的：$\Sigma_\eta=\sigma_\eta^2 I$，并且对式(12.8)中的先验概率密度函数噪声模型为 $\Sigma_\theta=\sigma_\theta^2 I$。于是有 600

$$p(y|\boldsymbol{x},\boldsymbol{\theta})=\mathcal{N}(y|\boldsymbol{\theta}^{\mathrm{T}}\boldsymbol{\phi}(\boldsymbol{x}),\sigma_\eta^2)$$

而且式(12.17)和式(12.10)表示的后验协方差矩阵和均值分别变为：

$$\Sigma_{\theta|y}=\left(\frac{1}{\sigma_\theta^2}I+\frac{1}{\sigma_\eta^2}\Phi^{\mathrm{T}}\Phi\right)^{-1} \tag{12.19}$$

$$\boldsymbol{\mu}_{\theta|y}=\boldsymbol{\theta}_0+\frac{1}{\sigma_\eta^2}\left(\frac{1}{\sigma_\theta^2}I+\frac{1}{\sigma_\eta^2}\Phi^{\mathrm{T}}\Phi\right)^{-1}\Phi^{\mathrm{T}}(\boldsymbol{y}-\Phi\boldsymbol{\theta}_0) \tag{12.20}$$

于是式(12.18)中的积分现在可以按照式(12.136)和式(12.137)进行解析计算，使用附录中的式(12.150)和式(12.151)，并进行替换 $\boldsymbol{z}\to\boldsymbol{\theta}$，$\boldsymbol{t}\to\boldsymbol{y}$，$A\to\boldsymbol{\phi}^{\mathrm{T}}$，$\boldsymbol{\mu}_z\to\boldsymbol{\mu}_{\theta|y}$，$\Sigma_z\to\Sigma_{\theta|y}$ 以及 $\Sigma_{t|z}\to\sigma_\eta^2$，我们可以得到：

$$\boxed{p(y|\boldsymbol{x},\boldsymbol{y})=\mathcal{N}\left(y|\mu_y,\sigma_y^2\right):\quad \text{预测分布}} \tag{12.21}$$

其中

$$\mu_y=\boldsymbol{\phi}^{\mathrm{T}}(\boldsymbol{x})\boldsymbol{\mu}_{\theta|y} \tag{12.22}$$

$$\begin{aligned}\sigma_y^2&=\sigma_\eta^2+\boldsymbol{\phi}^{\mathrm{T}}(\boldsymbol{x})\Sigma_{\theta|y}\boldsymbol{\phi}(\boldsymbol{x})\\&=\sigma_\eta^2+\boldsymbol{\phi}^{\mathrm{T}}(\boldsymbol{x})\left(\frac{1}{\sigma_\theta^2}I+\frac{1}{\sigma_\eta^2}\Phi^{\mathrm{T}}\Phi\right)^{-1}\boldsymbol{\phi}(\boldsymbol{x})\\&=\sigma_\eta^2+\sigma_\eta^2\sigma_\theta^2\boldsymbol{\phi}^{\mathrm{T}}(\boldsymbol{x})\left(\sigma_\eta^2 I+\sigma_\theta^2\Phi^{\mathrm{T}}\Phi\right)^{-1}\boldsymbol{\phi}(\boldsymbol{x})\end{aligned} \tag{12.23}$$

因此，给定 $\boldsymbol{x}$，我们可以用最有可能的值(即式(12.22)中的 μ_y)来预测各自的 y 值。需要注意的是，通过式(12.10)(或者是式(12.12)，如果 $\boldsymbol{\theta}_0=\boldsymbol{0}$ 也是通过岭回归任务得到)中的 MAP 估计将产生相同的预测值。那么，我们是否通过采用贝叶斯方法得到了额外的信息呢？答案是肯定的。关于预测值的更多信息现在是可用的，因为式(12.23)量化了相关的不确定性。

为了进一步探究式(12.23)，我们采用下面的近似来简化它：

$$R_\phi:=\mathbb{E}[\boldsymbol{\phi}(\mathbf{x})\boldsymbol{\phi}^{\mathrm{T}}(\mathbf{x})]\simeq\frac{1}{N}\sum_{n=1}^{N}\boldsymbol{\phi}(\boldsymbol{x}_n)\boldsymbol{\phi}^{\mathrm{T}}(\boldsymbol{x}_n)=\frac{1}{N}\Phi^{\mathrm{T}}\Phi$$

或者

$$\Phi^{\mathrm{T}}\Phi\simeq NR_\phi \tag{12.24}$$

其中，R_ϕ 是随机向量 $\boldsymbol{\phi}(\mathbf{x})$ 的自相关矩阵。将式(12.24)代入式(12.23)中，可以得到

601 $$\sigma_y^2 \simeq \sigma_\eta^2\left(1+\sigma_\theta^2\boldsymbol{\phi}^{\mathrm{T}}(\boldsymbol{x})\left(\sigma_\eta^2 I+N\sigma_\theta^2 R_\phi\right)^{-1}\boldsymbol{\phi}(\boldsymbol{x})\right) \tag{12.25}$$

对足够大的 N，变为

$$\sigma_y^2 \simeq \sigma_\eta^2\left(1+\frac{1}{N}\boldsymbol{\phi}^{\mathrm{T}}(\boldsymbol{x})R_\phi^{-1}\boldsymbol{\phi}(\boldsymbol{x})\right)$$

因此，对于大量的观测值，有 $\sigma_y^2 \to \sigma_\eta^2$，而且我们的不确定性来自不能减少的噪声源。对于较小的 N 值，还存在和参数 $\boldsymbol{\theta}$ 相关的不确定性，由式(12.25)中的 σ_θ^2 度量。

到目前为止，在这一节中，我们讨论的都是高斯分布，它导致容易处理、可解析计算的积分。是否有办法解决更一般的情况？此外，即使在高斯概率密度函数的情况下，我们也假设协方差矩阵 Σ_θ、Σ_η 是已知的，但在实践中并不是这样。即使假定 Σ_η 可以通过实验测定，还有 Σ_θ 是未知的。是否可以通过一个优化过程来选择相关参数？如果答案是肯定的，那么这个优化可以在训练集上进行，还是必然会遇到类似于正则化方法中面临的问题呢？我们将在接下来的章节中讨论这些问题。

附注 12.1

- MAP 估计有时候也被称为第一类估计，以便区别于在下一节的附注 12.2 中讨论的第二类估计方法。
- 通过应用附录 A.1 中给出的矩阵求逆引理，可以得到公式(12.10)中的后验均值的不同变形。在本章附录中，证明了(式(12.152))

$$\boldsymbol{\mu}_{\theta|y}=\left(\Sigma_\theta^{-1}+\Phi^{\mathrm{T}}\Sigma_\eta^{-1}\Phi\right)^{-1}\left(\Phi^{\mathrm{T}}\Sigma_\eta^{-1}\boldsymbol{y}+\Sigma_\theta^{-1}\boldsymbol{\theta}_0\right) \tag{12.26}$$

或者(式(12.148))

$$\boldsymbol{\mu}_{\theta|y}=\boldsymbol{\theta}_0+\Sigma_\theta\Phi^{\mathrm{T}}\left(\Sigma_\eta+\Phi\Sigma_\theta\Phi^{\mathrm{T}}\right)^{-1}(\boldsymbol{y}-\Phi\boldsymbol{\theta}_0) \tag{12.27}$$

而且，使用附录 A.1 中的伍德伯里恒等式，我们容易看出

$$\Sigma_{\theta|y}=\Sigma_\theta-\Sigma_\theta\Phi^{\mathrm{T}}\left(\Sigma_\eta+\Phi\Sigma_\theta\Phi^{\mathrm{T}}\right)^{-1}\Phi\Sigma_\theta \tag{12.28}$$

在实践中，根据所涉及矩阵的维数，可以使用计算上最方便的形式来求低维矩阵的逆。

例 12.1 这个例子演示了由式(12.22)和式(12.23)总结的预测任务。使用的数据基于下面的非线性模型来产生

$$y_n=\theta_0+\theta_1 x_n+\theta_2 x_n^2+\theta_3 x_n^3+\theta_5 x_n^5+\eta_n,\ n=1,2,\cdots,N$$

其中，η_n 是从一个方差为 σ_η^2 的零均值高斯函数中抽取的具有独立同分布的噪声样本。样本 x_n 是在区间[0,2]上等距分布的点。任务的目标是使用公式(12.22)对给定一个观测值 x 预测对应的 y。用于生成数据的参数值为

602 $$\theta_0=0.2,\ \theta_1=-1,\ \theta_2=0.9,\ \theta_3=0.7,\ \theta_5=-0.2$$

(a) 在第一组实验中，对于未知的 $\boldsymbol{\theta}$，我们使用了一个高斯先验分布，其均值 $\boldsymbol{\theta}_0$ 等于之前的真实参数集，且 $\Sigma_\theta=0.1I$。而且，矩阵 Φ 由真实的模型结构构建。图 12.1a 显示了 $N=20$ 个训练点且 $\sigma_\eta^2=0.05$ 的情况，红色点表示预测结果(y,x)，还显示了对应的误差条(通过计算 σ_y^2 度量)。图 12.1b 展示了在训练点个数增加到 $N=500$ 时获得的改进效果，此时保持了另外两个参数不变。图 12.1c 对应后一种情况，其中噪声方差被提高到 $\sigma_\eta^2=0.15$。

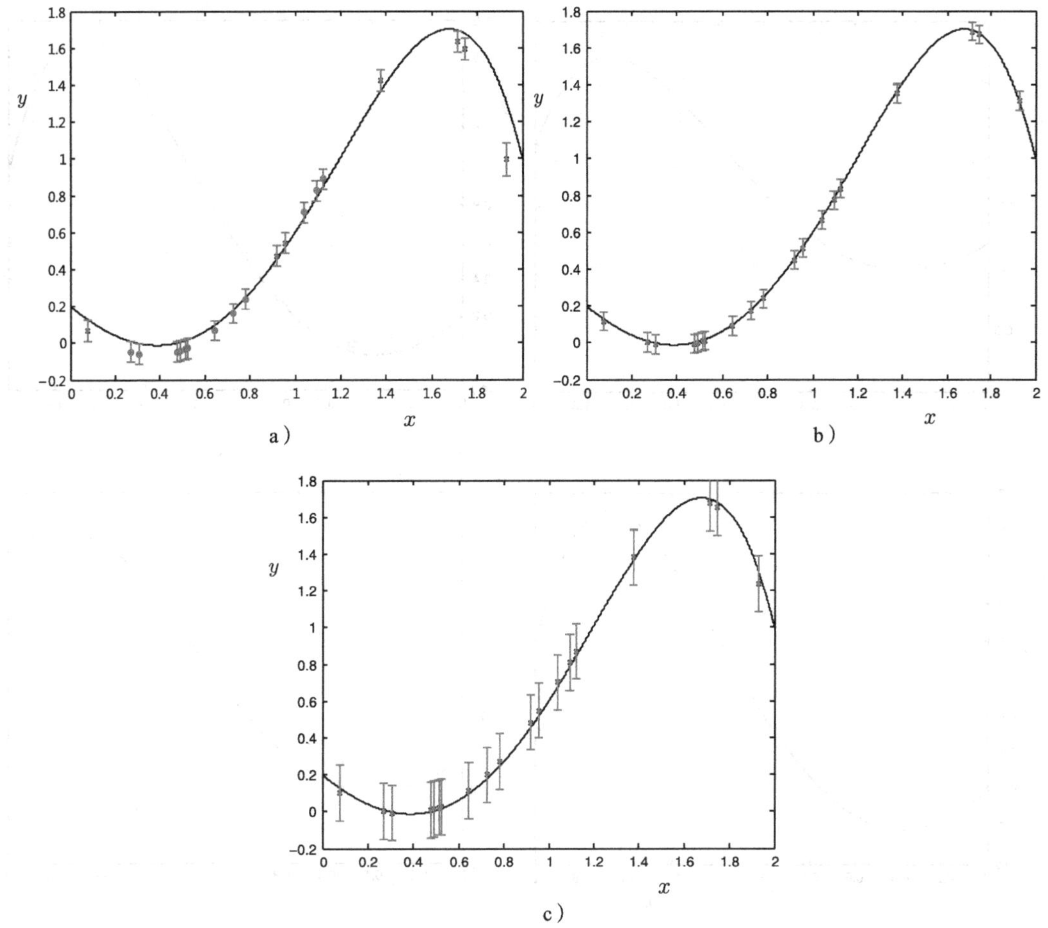

图 12.1　每一个红色的点 (y,x) 表示输入值 (x) 对应的预测值 (y)。误差条由计算方差 σ_y^2 得出。高斯先验分布的均值等于未知模型的真实值。a) $\sigma_\eta^2=0.05$，$N=20$，$\sigma_\theta^2=0.1$。b) $\sigma_\eta^2=0.05$，$N=500$，$\sigma_\theta^2=0.1$。c) $\sigma_\eta^2=0.15$，$N=500$，$\sigma_\theta^2=0.1$。可以从图中观察到，数据集越大，预测效果就越好；噪声方差越大，误差条就越大 603

(b) 在第二组实验中，我们保持了正确的模型，但是先验分布的均值被设置为与真实模型不同的值，即

$$\boldsymbol{\theta}_0=[-10.54, 0.465, 0.0087, -0.093, -0.004]^{\mathrm{T}}$$

图 12.2a 对应 $\sigma_\eta^2=0.05$，$N=20$ 和 $\sigma_\theta^2=0.1$ 的情况。注意，图 12.2b 中展示了增大 $\sigma_\theta^2=2$ 而 N 和 σ_η^2 都保持不变的情况下性能的改进，这是因为模型将我们对先验均值远离真实值的不确定性考虑在内了。图 12.2c 对应的是 $\sigma_\eta^2=0.05$，$N=500$ 和 $\sigma_\theta^2=0.1$ 的情况，显示了使用更大规模训练点的优势。

(c) 图 12.2d 对应的是所采用的预测模型是错误的情况，即

$$y=\theta_0+\theta_1 x+\theta_2 x^2+\eta$$

这里使用的值分别是 $\sigma_\eta^2=0.05$，$N=500$ 和 $\sigma_\theta^2=2$。可以观察到一旦使用了一个错误的模型，就不能对良好的预测性能抱有过高的期望。

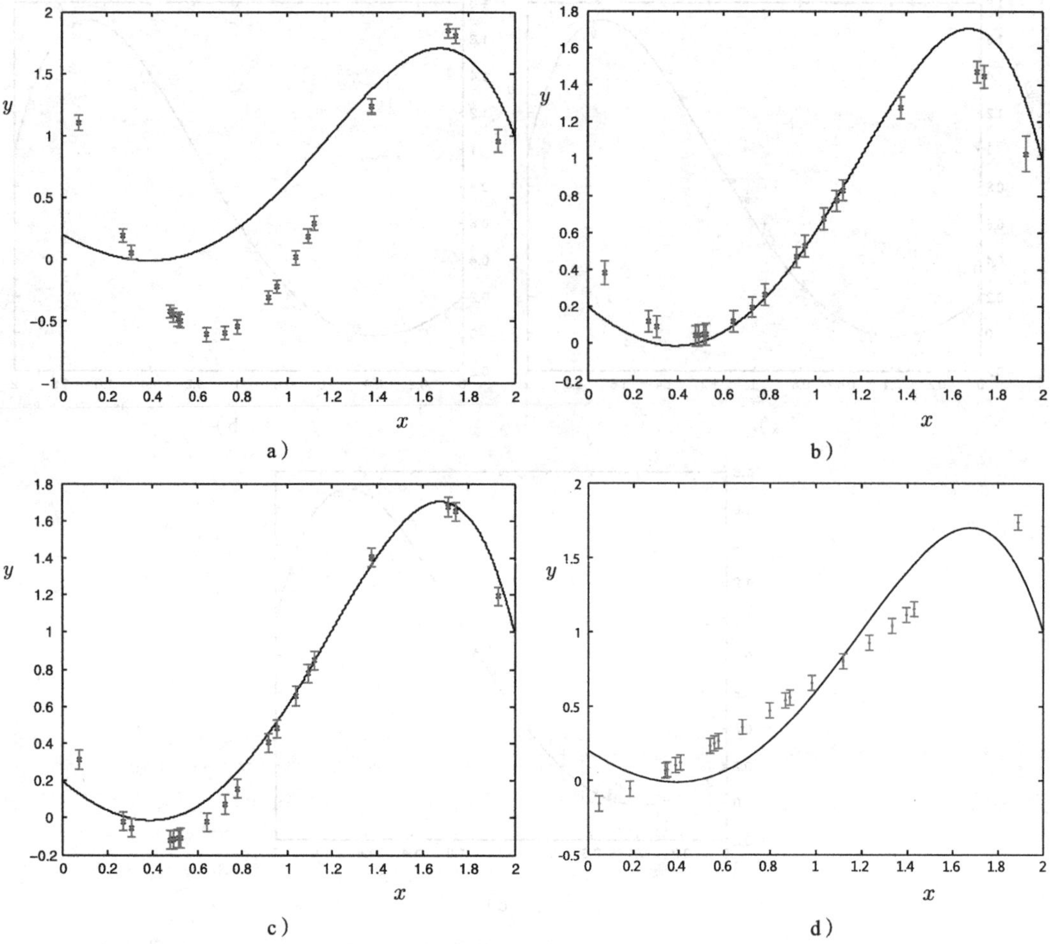

图 12.2 在这组图中，高斯先验的均值不同于真实模型的均值。a) $\sigma_\eta^2=0.05$，$N=20$，$\sigma_\theta^2=0.1$。b) $\sigma_\eta^2=0.05$，$N=20$，$\sigma_\theta^2=2$；注意观察使用了更大的先验方差的效果。c) $\sigma_\eta^2=0.05$，$N=500$，$\sigma_\theta^2=0.1$；注意观察数据集更大的预测效果。d)对应于错误模型的点

12.3 证据函数和奥卡姆剃刀法则

在上一节中，我们评论了边际分布概率密度函数 $p(\boldsymbol{y})$ 的重要性。本节将专门讨论这个问题。在公式(12.14)使用的符号中，我们悄悄去掉了对所采用的模型的依赖。例如，对于公式(12.8)中的先验和公式(12.9)中的条件，相应的高斯假设应反映在边际概率 $p(\boldsymbol{y};\boldsymbol{\phi},\boldsymbol{\Sigma}_\eta,\boldsymbol{\Sigma}_\theta)$上，因为模型中可以使用不同的高斯函数、基函数以及阶数 K。此外，也可以使用非高斯概率密度函数。在更一般的情况下，我们可以将这种依赖明确表示为$p(\boldsymbol{y}\mid\mathcal{M}_i)$。假定我们随机选择模型，那么再次使用贝叶斯定理可以得到

$$P(\mathcal{M}_i|\boldsymbol{y})=\frac{P(\mathcal{M}_i)p(\boldsymbol{y}|\mathcal{M}_i)}{p(\boldsymbol{y})} \tag{12.29}$$

其中

$$p(\boldsymbol{y})=\sum_i P(\mathcal{M}_i)p(\boldsymbol{y}|\mathcal{M}_i) \tag{12.30}$$

$p(\mathcal{M}_i)$是 $\mathcal{M}_i$ 的先验概率。$p(\mathcal{M}_i)$提供了在所有可能模型上主观先验的一种度量，即表示了在处理数据之前我们对一个模型相对于另一个模型可信程度的猜测。因为在式(12.29)中的分母不依赖于模型，在观察 $\boldsymbol{y}$ 之后，我们可以通过最大化分子来得到最可能的模型。如果给所有可能的模型分配相等的概率，那么在给定的观测集上检测最可能的模型就转化为一个关于模型 $\mathcal{M}_i$ 最大化 $p(\boldsymbol{y}\mid\mathcal{M}_i)$ 的任务。这就是为什么概率密度函数被称为模型的*证据函数*(evidence function)，或简称为*证据*(evidence)的原因。在实际中，我们满足于使用最有可能的模型，尽管正统贝叶斯模型中建议对所有可能模型上获得的结果进行平均，如式(12.30)中那样。在理想的贝叶斯设置中，我们并不在模型中进行选择，而是通过对所有可能的模型进行相加得到预测，其中每个模型按各自的概率加权。但是，在许多实际问题中，我们会假设证据函数在特定模型上具有峰值，因为这种假设可以大大简化任务。

从数学公式角度看，每个模型都是用一组非随机(确定)参数表达的。得到最大化证据的模型等价于关于这些参数进行最大化。例如，让我们假设在回归任务中我们对噪声采用了一个高斯分布，而对回归任务随机参数 $\boldsymbol{\theta}$ 采用了高斯先验。于是，这一对高斯分布构成了我们的模型，描述模型的参数就是两个高斯分布相应的协方差矩阵和先验的均值。为了与描述原学习任务(如回归)的随机参数 $\boldsymbol{\theta}$ 相区分，这些额外的参数通常被称为*超参数*。随后在第 13 章中，我们将看到，超参数也可以作为随机变量来处理。 604~605

现在，我们将注意力重新转回到隐藏在对于不同模型优化 $p(\boldsymbol{y}\mid\mathcal{M}_i)$ 背后的问题上。在开始之前，有必要先做一个讨论。乍一看，人们可能会认为这与 12.2.1 节中阐述的最大化似然 $p(\boldsymbol{y};\boldsymbol{\theta})$ 没有什么不同。事实上，这两个概念属于两个不同的领域。极大似然是相对于采用的模型中的单一(向量)参数进行最大化，这是它的一个弱点，容易导致过拟合。而对证据进行最大化是相对于模型自身的优化任务，也是防止过拟合的明智选择，这一点将在接下来做出解释。

根据式(12.14)可以得到

$$\boxed{p(\boldsymbol{y}|\mathcal{M}_i)=\int p(\boldsymbol{y}|\mathcal{M}_i,\boldsymbol{\theta})p(\boldsymbol{\theta}|\mathcal{M}_i)\mathrm{d}\boldsymbol{\theta}:\ \text{证据函数}} \tag{12.31}$$

为简单起见，可以假设 θ 是一个标量，$\theta\in\mathbb{R}$，且根据贝叶斯定理，式(12.31)中的被积函数类似于后验概率 $p(\theta\mid\boldsymbol{y},\mathcal{M}_i)$，会在某个值周围达到峰值，显然，该值是由 MAP 估计得出的值 $\hat{\theta}_{\text{MAP}}$。图 12.3 展示了相应的图。这样，式(12.31)可以被近似为

$$p(\boldsymbol{y}|\mathcal{M}_i)\simeq p(\boldsymbol{y}|\mathcal{M}_i,\hat{\theta}_{\text{MAP}})p(\hat{\theta}_{\text{MAP}}|\mathcal{M}_i)\Delta\theta_{\theta|y} \tag{12.32}$$ 606

为了更好地理解式(12.32)中的每一个因子，我们假设先验概率密度函数在宽度上和 $\Delta\theta$ (几乎)一致。这样，式(12.32)可以重写为

$$p(\boldsymbol{y}|\mathcal{M}_i)\simeq p(\boldsymbol{y}|\mathcal{M}_i,\hat{\theta}_{\text{MAP}})\frac{\Delta\theta_{\theta|y}}{\Delta\theta} \tag{12.33}$$

在式(12.33)右边乘积中第一个因子和似然函数的最优值是一致的，因为对于这种均匀分布先验的情况，$\hat{\theta}_{\text{MAP}}=\hat{\theta}_{\text{ML}}$。换句话说，这个因子提供了模型 $\mathcal{M}_i$ 能够在指定的观测集上获得的最佳拟合。但是，和极大似然方法相反，证据函数还依赖于第二个因子 $\Delta\theta_{\theta|y}/\Delta\theta$。一些富有洞察力的文献[13, 27, 28]中指出了这一点，这一项解释了模型的复杂性，它被命名为奥卡姆因子的原因就很显然了。让我们遵循[28]中给出的推理来详细说明这一点。

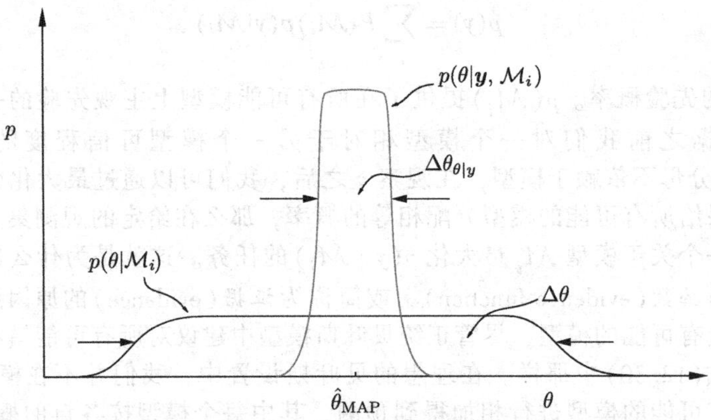

图 12.3 后验的峰值出现在 $\hat{\theta}_{\text{MAP}}$ 值附近，后验概率密度函数可以由宽度为 $\Delta\theta_{\theta|y}$ 的值域上的 $p(\hat{\theta}_{\text{MAP}}|\boldsymbol{y};\mathcal{M}_i)$ 来估计

对那些对于接收到的观测值进行精细调优的模型，奥卡姆因子会进行惩罚。例如，如果两个不同的模型 $\mathcal{M}_i$ 和 $\mathcal{M}_j$，它们有相似的先验概率密度函数取值范围，那么，如果 $\Delta\theta_{\theta|y}(\mathcal{M}_i) \ll \Delta\theta_{\theta|y}(\mathcal{M}_j)$，则 $\mathcal{M}_i$ 受到更多的惩罚，只有很小范围的 θ 取值在接收 $\boldsymbol{y}$ 之后被保留下来(即对应于高概率的值)。这样，如果这一(对数据)精细调优的模型 $\mathcal{M}_i$ 会导致极大似然项的值非常大，那么就不确定证据是否会对其最大化，因为奥卡姆因子可能会很小。在这两种模式中，哪种模式最终胜出取决于涉及的两项的乘积。后面我们还会看到奥卡姆因子和参数的数目也有关系，即和采用模型的复杂性有关系。

12.3.1 拉普拉斯近似和证据函数

为了研究一般多参数情况的证据函数，我们将采用概率密度函数的拉普拉斯近似方法。这是一种通用的方法，它可以用高斯函数来局部逼近任何概率密度函数。为此，定义[⊖]

$$g(\boldsymbol{\theta}) = \ln\left(p(\boldsymbol{y}|\mathcal{M}_i, \boldsymbol{\theta})p(\boldsymbol{\theta}|\mathcal{M}_i)\right) \tag{12.34}$$

在 $\hat{\boldsymbol{\theta}}_{\text{MAP}}$ 处使用泰勒展开，保留到二阶项：

$$\begin{aligned} g(\boldsymbol{\theta}) &= g(\hat{\boldsymbol{\theta}}_{\text{MAP}}) + (\boldsymbol{\theta} - \hat{\boldsymbol{\theta}}_{\text{MAP}})^{\text{T}} \frac{\partial g(\boldsymbol{\theta})}{\partial \boldsymbol{\theta}}\Big|_{\boldsymbol{\theta}=\hat{\boldsymbol{\theta}}_{\text{MAP}}} + \\ &\quad \frac{1}{2}(\boldsymbol{\theta} - \hat{\boldsymbol{\theta}}_{\text{MAP}})^{\text{T}} \frac{\partial^2 g(\boldsymbol{\theta})}{\partial \boldsymbol{\theta}^2}\Big|_{\boldsymbol{\theta}=\hat{\boldsymbol{\theta}}_{\text{MAP}}} (\boldsymbol{\theta} - \hat{\boldsymbol{\theta}}_{\text{MAP}}) \\ &= g(\hat{\boldsymbol{\theta}}_{\text{MAP}}) - \frac{1}{2}(\boldsymbol{\theta} - \hat{\boldsymbol{\theta}}_{\text{MAP}})^{\text{T}} \Sigma^{-1} (\boldsymbol{\theta} - \hat{\boldsymbol{\theta}}_{\text{MAP}}) \end{aligned} \tag{12.35}$$

其中

607

$$\Sigma^{-1} := -\frac{\partial^2 g(\boldsymbol{\theta})}{\partial \boldsymbol{\theta}^2}\Big|_{\boldsymbol{\theta}=\hat{\boldsymbol{\theta}}_{\text{MAP}}}$$

得到近似

$$\begin{aligned} p(\boldsymbol{y}|\mathcal{M}_i, \boldsymbol{\theta})p(\boldsymbol{\theta}|\mathcal{M}_i) &\simeq p(\boldsymbol{y}|\mathcal{M}_i, \hat{\boldsymbol{\theta}}_{\text{MAP}})p(\hat{\boldsymbol{\theta}}_{\text{MAP}}|\mathcal{M}_i) \times \\ &\quad \exp\left(-\frac{1}{2}(\boldsymbol{\theta} - \hat{\boldsymbol{\theta}}_{\text{MAP}})^{\text{T}} \Sigma^{-1} (\boldsymbol{\theta} - \hat{\boldsymbol{\theta}}_{\text{MAP}})\right) \end{aligned} \tag{12.36}$$

⊖ 同样，为了获得一个通用的概率密度函数 $p(\boldsymbol{x})$ 的拉普拉斯近似，我们设 $g(\boldsymbol{x}) = \ln p(\boldsymbol{x})$。

将式(12.36)代入式(12.31)的积分中，可得

$$p(\boldsymbol{y}|\mathcal{M}_i)=p(\boldsymbol{y}|\mathcal{M}_i,\hat{\boldsymbol{\theta}}_{\mathrm{MAP}})p(\hat{\boldsymbol{\theta}}_{\mathrm{MAP}}|\mathcal{M}_i)(2\pi)^{\frac{K}{2}}|\Sigma|^{1/2} \tag{12.37}$$

然后取对数，可得

$$\boxed{\underbrace{\ln p(\boldsymbol{y}|\mathcal{M}_i)}_{\text{证据}}=\underbrace{\ln p(\boldsymbol{y}|\mathcal{M}_i,\hat{\boldsymbol{\theta}}_{\mathrm{MAP}})}_{\text{最佳似然匹配}}+\underbrace{\ln p(\hat{\boldsymbol{\theta}}_{\mathrm{MAP}}|\mathcal{M}_i)+\frac{K}{2}\ln(2\pi)+\frac{1}{2}\ln|\Sigma|}_{\text{奥卡姆因子}}} \tag{12.38}$$

现在，就很容易看出奥卡姆因子这一项对所采用模型复杂性(基函数个数)的直接依赖了。而且，和复杂性相关的奥卡姆因子项还依赖于先验概率密度函数和后验概率密度函数的二阶导数(通过 Σ)，即它依赖于在 K 维空间上后者的形状有多“尖”。换句话说，协方差项提供了“误差条”信息。而且，它的行列式也依赖于 K。也就是说，对复杂度项 K 的依赖比朴素地看待式(12.38)所建议的(见附注 12.2，关于 BIC 准则)更高。因此，在单个公式中，除了参数个数和关联的最佳拟合项外，证据函数还考虑到与之关联的方差相关的信息，对证据函数进行最大化导致了最佳的权衡。图 12.4 说明了模型选择的证据函数最大化的本质。如果模型太复杂，它可以很好拟合范围很广的数据集，而且由于 $p(\boldsymbol{y}\mid\mathcal{M}_i)$ 必须积分到 1，它的值对任何 $\boldsymbol{y}$ 值来说都是非常小的。对于太简单的模型来说则正好相反，这样的模型可以很好地对一些数据集建模，但它们的适用范围不广，因此证据函数在观测集空间中一个值的周围快速达到峰值。因此，随机选择一个数据集不太可能是由这样一个模型产生的。尽管如此，还是要再次强调，奥卡姆因子项并不是单一地依赖于参数数量，因此这里的复杂性应该用更“开放”的方式解释。这种抗过拟合的鲁棒性是贝叶斯推断方法的内在特质，是对式(12.31)中任何特定模型的参数进行整合的结果，这种整合不利于高复杂性的模型，因为这样的模型可以对大范围的数据建模。 608

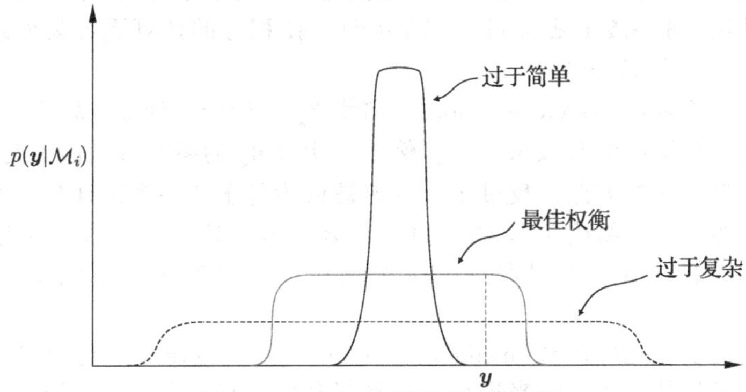

图 12.4 过于简单的模型可以很好地解释很小范围的数据。另一方面，过于复杂的模型可以解释更广范围的数据。但是，它们不能提供任何置信度，因为所有数据集的概率都很低。对于观测集 $\boldsymbol{y}$，具有中间复杂性的模型将证据最大化了

历史上，文献[13]最早给出了奥卡姆剃刀法则的贝叶斯解释，随后文献[27, 43]中也对此有所阐述，尽管这些基础可以追溯到 20 世纪 30 年代赫勒尔德·杰弗里爵士的先驱性工作[23]。关于贝叶斯推断方法，文献[22, 26]提出的两个富有见地的观点值得好好阅读。

回到式(12.14)，为简单起见，假设

$$p(\boldsymbol{y}|\boldsymbol{\theta})=\mathcal{N}\left(\boldsymbol{y}|\Phi\boldsymbol{\theta},\sigma_\eta^2 I\right)\quad\text{且}\quad p(\boldsymbol{\theta})=\mathcal{N}\left(\boldsymbol{\theta}|\boldsymbol{\theta}_0,\sigma_\theta^2 I\right) \tag{12.39}$$

我们可以将证据表示为 $p(\boldsymbol{y};\sigma_\eta^2,\sigma_\theta^2)$，这种情况下就变为高斯函数(见本章附录)，因此，它就有了可用的闭形式。因此在这种特定情况下，模型空间就可经由 σ_η^2、σ_θ^2 描述，而且在给定在 $\boldsymbol{y}$ 中堆叠的观测值集合的情况下，可迭代地进行相对于这些(未知的)模型参数的证据最大化(可参考[27])。但是，一般情况下我们无法将证据表达为闭形式。在 12.4 节中描述的 EM 算法是可以达到该目标的更流行的方式，同时也是更强大的工具。我们也可以借助拉普拉斯近似逼近所涉及的概率密度函数(作为高斯函数)，但是这种近似并不总是一个好的选择。此外，在高维参数空间中，二阶导数的计算和行列式可能会成为负担[3]。

最后，让我们对拉普拉斯近似做出最后的评论。在上述讨论中，我们的目标是获得 $p(\boldsymbol{y}\mid\mathcal{M}_i,\boldsymbol{\theta})p(\boldsymbol{\theta}\mid\mathcal{M}_i)$ 积分的(归一化常数/证据)近似结果。但是，如果我们的兴趣在于逼近概率密度函数，则在选择归一化常数上要注意，按照高斯函数的本质，归一化常数可能会有如下结果

$$p(\boldsymbol{y}|\mathcal{M}_i,\boldsymbol{\theta})p(\boldsymbol{\theta}|\mathcal{M}_i)\simeq\frac{1}{(2\pi)^{K/2}|\Sigma|^{1/2}}\exp\left(-\frac{1}{2}(\boldsymbol{\theta}-\hat{\boldsymbol{\theta}}_{\mathrm{MAP}})^{\mathrm{T}}\Sigma^{-1}(\boldsymbol{\theta}-\hat{\boldsymbol{\theta}}_{\mathrm{MAP}})\right)$$

对任何概率密度函数 $p(\cdot)$ 的拉普拉斯近似也是如此。

附注 12.2

- 在贝叶斯方法中，我们明确所有建模假设，然后就将给出答案的任务留给概率理论规则。我们不必“担心”优化标准的选择，不同的标准会导致不同的估计量，所以这里并没有一个客观、系统的方法来决定哪一个标准是最好的。另一方面，在贝叶斯方法中，我们必须确保选择可以以最好的方式来解释数据的先验函数。 609
- 先验概率密度函数的选择对贝叶斯方法的性能是非常关键的，必须以尽可能完整地封装先验知识的方式进行。在实践中，可以采用不同的备选方案[3]。
  - *主观先验函数*(subjective prior)。根据这一思路，我们在指数概率密度函数族中选择共轭先验函数(见 3.11.1 节)$p(\boldsymbol{\theta})$，使积分的计算更容易处理。指数概率密度函数族将在 12.8 节中介绍。
  - *层次先验函数*(hierarchical prior)。对于 θ_k 的每一个分量，$k=0,2,\cdots,K-1$，都被设置由一个不同的参数来控制。例如，所有 θ_k 的参数可能假定是独立高斯变量，每个都有不同的方差。反过来，方差被认为是服从一个统计分布的随机变量，该统计分布由另一组确定(非随机)*超参数*控制，这样就可以采用层次结构的先验函数。我们在后面可以看到，层次先验函数通常使用共轭概率密度函数对来设计。
  - *无信息或客观先验函数*(noninfomative or objective prior)。选择先验是以嵌入尽可能少的额外信息的方式来进行，并且仅利用现有数据传递知识。构建这种先验函数的方法之一是借助于信息论的观点。例如，可以对 $p(\boldsymbol{\theta}\mid\boldsymbol{y})$ 最小化其库尔贝克-莱布勒(KL)散度来估计 $p(\boldsymbol{\theta})$。
- 贝叶斯方法允许从单个数据集中恢复所有期望的信息，这并不意味着该方法“不需要交叉验证”。最大化证据的同时防止过拟合，*并不一定*意味着所设计的估计量性能就是优化的。在实践中更是如此，正如我们很快就会看到的，大多数情况下是优化了证据的界，以绕过计算障碍。生活中也总是如此，正如对蛋糕的证明就是吃掉它。因此，最终的结论应该只来自所设计的估计量的泛化能力，也就是说，它能够利用之前未见的数据做出可靠预测的能力。而且，没有理由表明证据可能是泛化性能的可靠预测器。该方法在被提出伊始，人们就已经知道了这一点并且对其做了明确的说明(参见[27])。泛化性能在很大程度上依赖于所采用的先验是否与未知参数的“真实”分布相匹配。文献[17]中的一个玩具示例很好地展示了这一点。已

证明，只有当所采取的先验函数与真实的先验一致时，贝叶斯平均才是最优的。当实际情况并非如此时，结果就不很清晰了。当真实情况与所选择的先验不匹配时，对这一主题的更理论化的讨论可以在文献[18]中找到。因此，为了能够评估通过贝叶斯推断学习的模型的泛化性能，需要交叉验证，除非能够提供独立的测试集(参见[44])。

为了避免交叉验证，一些作者采用了另一种方法。为了量化估计量的泛化性能，我们需要最小化在式(12.13)中定义的代价函数，然后对未知权重和正则化参数同时进行优化(参见[15, 32])。一般来说，这会导致非凸优化任务，而且这种技术还没有被机器学习界广泛接受。

- 证据函数的拉普拉斯近似在模型选择方面与贝叶斯信息准则(BIC)[39]密切相关，可表达为

$$\ln p(\mathbf{y}|\mathcal{M}_i) \approx \ln p(\mathbf{y}|\mathcal{M}_i, \hat{\boldsymbol{\theta}}_{\mathrm{MAP}}) - \frac{1}{2} K \ln N$$ 610

  BIC 是作为对式(12.38)的大 N 近似获得的，其中假设有一个足够宽的高斯先验函数，并对最后一项中涉及的行列式进行了一些处理。文献[3, 41]中给出了对于其他相关准则的讨论。

- 贝叶斯框架也与最小描述长度(MDL)方法密切相关。对数证据与通过模型 $\mathcal{M}_i$ 编码数据的最短消息中比特数关联(参见[45])。

- 第二类极大似然(type Ⅱ maximum likelihood)：要注意，证据是积分掉参数 $\boldsymbol{\theta}$ 后的边缘似然函数。为了区别于 MAP 方法，当相对于一组未知参数最大化证据函数时，通常被称为广义极大似然(generalized maximum likelihood)或第二类极大似然，有时也称为经验贝叶斯(empirical Bayes)。回顾附注 12.1，MAP 也被命名为第一类估计。

12.4　潜变量和 EM 算法

在 12.3 节的结束部分我们指出，如果我们假定 $p(\mathbf{y}\mid\boldsymbol{\theta})$ 和 $p(\boldsymbol{\theta})$ 是式(12.39)中给出的高斯形式，那么式(12.3)中回归任务关联的证据函数也是由(超)参数 σ_η^2、σ_θ^2 参数化的高斯形式。让我们用 $\boldsymbol{\xi}=[\sigma_\eta^2,\sigma_\theta^2]^{\mathrm{T}}$ 表示这组未知随机参数，且我们可以写出 $p(\mathbf{y};\boldsymbol{\xi})$。关于 $\boldsymbol{\xi}$ 最大化证据变成了一个典型的极大似然估计任务。但是一般情况下，这种闭形式的表达对证据函数来说是不可能的，因为式(12.14)中的积分很难处理。困难的主要来源是回归模型是由两个随机变量来描述，即 $\mathbf{y}$ 和 $\boldsymbol{\theta}$，但是只有其中一个变量 $\mathbf{y}$ 可以直接观测得到。另一个变量 $\boldsymbol{\theta}$ 则不能通过观测得到，这也是贝叶斯思想试图将它从联合概率密度函数 $p(\mathbf{y},\boldsymbol{\theta})$ 积分掉的原因。如果 $\boldsymbol{\theta}$ 可以通过观测得到，则给定一组(联合)观测值 $(\mathbf{y},\boldsymbol{\theta})$，未知参数集 $\boldsymbol{\xi}$ 就可以通过最大化似然 $p(\mathbf{y},\boldsymbol{\theta};\boldsymbol{\xi})$ 获得。因为它们是不可观测的，向量 $\boldsymbol{\theta}$ 中的随机变量被称为隐变量。

虽然我们是通过熟悉的回归任务引入了隐变量的概念，但未观测变量(噪声除外)在概率和统计中的很多问题中经常出现。在许多情况下，在一个较大的联合分布随机变量集合中，只有其中一些可以观测到，其余的保持隐状态。此外，通过设计将隐变量建模到模型中通常是很有用的。这些变量可用于表示影响观测变量的潜在原因，它们的引入可能有助于分析。通常，这样的模型会为每一个观测值关联一个额外的变量。我们将这些未观测变量称为潜变量。它们与隐变量的不同之处在于，它们的数量与观测值相等，并且随着观测值的增加而增加。与之相对，与模型相关而不是与每一个观测值单独相关的未观测随机变量将被称为隐变量。

12.4.1　最大期望算法

最大期望(EM)算法是一种精妙的算法工具，可以对包含潜变量/隐变量的问题进行似然(证据)函数的最大化。我们将用一般性的公式来陈述这个问题，然后将它应用到不同的
611 任务中，包括回归。

令 $\mathbf{x}$ 是一个随机向量，$\mathcal{X}$ 是各自的观测值集合。令 $\mathcal{X}^l:=\{x_1^l,\cdots,x_N^l\}$ 是对应潜变量集合，它们可以是离散的也可以是连续的。$\mathcal{X}$ 中每一个观测值都与 $\mathcal{X}^l$ 中的一个潜向量 $\boldsymbol{x}^l$ 相关联。这些潜变量也被称为*局部变量*，每个潜变量都表达了与对应观测值相关联的隐藏结构。我们将集合 $\{\mathcal{X},\mathcal{X}^l\}$ 称作*完全*(complete)数据集，将观测集 $\mathcal{X}$ 称作*不完全*(incomplete)数据集。隐随机参数 $\boldsymbol{\theta}$ 也可作为潜变量来处理，但它们的数量是固定的(与 N 无关)，它们也被称为*全局变量*。在这种情况下，完全数据集为 $\{\mathcal{X},\mathcal{X}^l,\boldsymbol{\theta}\}$。为了符号表示清晰，我们将聚焦于集合 $\mathcal{X}^l$，然而，所有讨论的内容也适用于隐藏/全局变量，以及局部/潜在和全局/隐藏变量的组合。此外，用一组未知的非随机(超)参数 $\boldsymbol{\xi}$ 来参数化对应的联合分布。我们还假设，尽管 $\mathcal{X}^l$ 不能被观测，但给定 $\boldsymbol{\xi}$ 中的值和 $\mathcal{X}$ 中的观测值，后验分布 $p(\mathcal{X}^l\mid\mathcal{X};\boldsymbol{\xi})$ (离散情况下是 $P(\mathcal{X}^l\mid\mathcal{X};\boldsymbol{\xi})$)就被完全指明了。这是 EM 算法中的一个关键假设。如果后验概率密度函数未知，那么我们不得不借助于 EM 算法的变体，以此来近似它。我们将在 13.2 节中讨论这种方法。

如果完全对数似然函数 $p(\mathcal{X},\mathcal{X}^l;\boldsymbol{\xi})$ 是可用的，那么这就是一个典型的极大似然估计问题。但是，因为对潜变量来说没有任何一个观测值是可用的，EM 算法考虑与 $\mathcal{X}^l$ 有关的潜变量的完全对数似然函数的*期望*(expectation)。这一操作是可行的，因为倘若 $\boldsymbol{\xi}$ 是已知的，那么后验分布 $p(\mathcal{X}^l\mid\mathcal{X};\boldsymbol{\xi})$ 就假定是已知的。可证明，最大化这个期望等价于最大化对应的证据函数 $p(\mathcal{X},\boldsymbol{\xi})$ (参见习题 12.3 和 12.7 节)。为此，EM 算法建立在一个迭代思想上，用任何一个 $\boldsymbol{\xi}^{(0)}$ 进行初始化。然后按照如下步骤进行。

EM 算法

1) 期望 E-步骤：在第 $j+1$ 步迭代中，计算 $p(\mathcal{X}^l\mid\mathcal{X};\boldsymbol{\xi}^{(j)})$ 和

$$\boxed{\mathcal{Q}(\boldsymbol{\xi},\boldsymbol{\xi}^{(j)})=\mathbb{E}\left[\ln p(\mathcal{X},\mathcal{X}^l;\boldsymbol{\xi})\right]}\tag{12.40}$$

其中，期望是相对于 $p(\mathcal{X}^l\mid\mathcal{X};\boldsymbol{\xi}^{(j)})$ 的。

2) 最大化 M-步骤：确定 $\boldsymbol{\xi}^{(j+1)}$，使得

$$\boxed{\boldsymbol{\xi}^{(j+1)}=\arg\max_{\boldsymbol{\xi}}\mathcal{Q}(\boldsymbol{\xi},\boldsymbol{\xi}^{(j)})}\tag{12.41}$$

3) 根据某个准则判断收敛性。如果不满足返回步骤 1。

一个可能的收敛性标准是检查对于用户定义的常数 ϵ，$\|\boldsymbol{\xi}^{(j+1)}-\boldsymbol{\xi}^{(j)}\|<\epsilon$ 是否成立。使用 EM 算法有一个假设——联合概率密度函数 $p(\mathcal{X},\mathcal{X}^l;\boldsymbol{\xi})$ 是容易计算的。也就是说，例如在使用指数族概率密度函数的情况下，算法中的 E-步骤仅需要计算很少的潜变量统计值。指
612 数族分布的计算很方便，我们将在 12.8 节中详细介绍它。

附注 12.3

- EM 算法是由亚瑟·邓普斯特南·莱尔德和唐纳德·鲁宾于 1977 年发表的开创性论文中提出并命名的[12]。这篇论文推广了先前文献[2, 38]中发表的成果，它作为一种强大的工具在统计学领域产生了重大影响。文献[47]中给出了 EM 算法收敛性

的完整证明。相关讨论可参阅[29]。

- 可以证明，EM 算法能收敛到 $p(\mathcal{X};\boldsymbol{\xi})$ 的(一般情况下，局部)极大值，这是我们的最初目标。在该算法中，似然值从来不降低，收敛速度慢于牛顿型搜索技术的二次收敛速度，尽管在优化点附近有可能会加速。但是，该算法的收敛性是平稳的，不涉及矩阵求逆操作，因此其复杂性要比牛顿型方法更具吸引力。感兴趣的读者可以在文献[14，30，33，43]中获得更多的信息。
- 我们可以修改 EM 算法来获得 MAP 估计。为此，M-步骤被改为(习题 12.4)

$$\boldsymbol{\xi}^{(j+1)} = \arg\max_{\boldsymbol{\xi}} \left\{ \mathcal{Q}(\boldsymbol{\xi}, \boldsymbol{\xi}^{(j)}) + \ln p(\boldsymbol{\xi}) \right\} \tag{12.42}$$

  其中，如果 $\boldsymbol{\xi}$ 被认为是一个随机向量，那么 $p(\boldsymbol{\xi})$ 是和 $\boldsymbol{\xi}$ 有关的先验概率密度函数。
- EM 算法对初始点 $\boldsymbol{\xi}^{(0)}$ 的选择是敏感的。在实际中，我们可以从不同的初始点开始多次运行该算法以保持最好的结果。取决于应用程序的需要，也可以使用其他初始化程序。
- *缺失数据*(missing data)：EM 算法也可以用来处理观测到的训练数据中某些值缺失的情况。缺失的值可以被视为隐变量，极大似然值可以通过在其上进行边际化来获得。只有在数据是*随机缺失*的情况下，这样的处理过程才有意义，也就是说，缺失数据的原因是随机事件，不依赖于未观测到的样本的值。

12.5 线性回归和 EM 算法

在 12.2.3 节中，我们已经考虑了以贝叶斯观点看待回归任务，那是通过式(12.9)和式(12.8)给出的对 $p(\boldsymbol{y}\mid\boldsymbol{\theta})$ 和 $p(\boldsymbol{\theta})$ 的高斯模型假设，随后引出了 $p(\boldsymbol{\theta}\mid\boldsymbol{y})$ 的后验，如式(12.16)。在本节中，为了表示简单，我们将采用对角协方差矩阵的特例，即 $\Sigma_\eta=\sigma_\eta^2 I$、$\Sigma_\theta=\sigma_\theta^2 I$ 和 $\boldsymbol{\theta}_0=\mathbf{0}$。

现在，我们的目标变为：将 σ_η^2 和 σ_θ^2 作为(非随机)参数考虑，通过最大化式(12.15)中相应的证据函数来获得它们的值。为了实现这一目标，我们将使用 EM 算法。遵循到目前为止我们对回归任务所采用的符号，观测变量为输出 $\boldsymbol{y}$，未观测变量组成随机参数 $\boldsymbol{\theta}$，它定义了回归模型。因此，在当前场景下，$\boldsymbol{y}$ 将代替 12.4.1 节中 EM 算法一般形式中的 $\mathcal{X}$，$\boldsymbol{\theta}$ 将代替 $\mathcal{X}^l$。

这里应用 EM 过程的一个先决条件是，给定了参数值以后，对于这一例子的后验概率的知识是已知的。我们将采用精度变量，参数向量变为 613

$$\boldsymbol{\xi}=[\alpha,\beta]^{\mathrm{T}},\ \alpha=\frac{1}{\sigma_\theta^2} \quad 且 \quad \beta=\frac{1}{\sigma_\eta^2}$$

我们先用任意正值 $\alpha^{(0)}$ 和 $\beta^{(0)}$ 初始化 EM 算法。假定 $\alpha^{(j)}$ 和 $\beta^{(j)}$ 是已知的，则算法第 $j+1$ 步迭代将如下进行：

- E-步骤：计算后验概率 $p(\boldsymbol{\theta}\mid\boldsymbol{y};\boldsymbol{\xi}^{(j)})$，如果我们使用式(12.19)和式(12.20)计算其均值和协方差矩阵如下，则根据式(12.16)它对于 $\boldsymbol{\theta}_0=\mathbf{0}$ 是完全指明的

$$\Sigma_{\theta|y}^{(j)} = \left(\alpha^{(j)} I + \beta^{(j)} \Phi^{\mathrm{T}} \Phi\right)^{-1} \tag{12.43}$$

$$\boldsymbol{\mu}_{\theta|y}^{(j)} = \beta^{(j)} \Sigma_{\theta|y}^{(j)} \Phi^{\mathrm{T}} \boldsymbol{y} \tag{12.44}$$

  计算与完整数据集关联的对数似然函数的预期值，可以由下面的公式给出：

$$\ln p(\boldsymbol{y},\boldsymbol{\theta};\boldsymbol{\xi}):=\ln p(\boldsymbol{y},\boldsymbol{\theta};\alpha,\beta)=\ln\Big(p(\boldsymbol{y}|\boldsymbol{\theta};\beta)p(\boldsymbol{\theta};\alpha)\Big)$$

或

$$\ln p(\boldsymbol{y},\boldsymbol{\theta};\alpha,\beta)=\frac{N}{2}\ln\beta+\frac{K}{2}\ln\alpha-\frac{\beta}{2}\|\boldsymbol{y}-\Phi\boldsymbol{\theta}\|^2-\frac{\alpha}{2}\boldsymbol{\theta}^{\mathrm{T}}\boldsymbol{\theta}-\left(\frac{N}{2}+\frac{K}{2}\right)\ln(2\pi) \tag{12.45}$$

将隐参数视为随机变量，对于 $\boldsymbol{\theta}$ 而言，公式(12.45)的期望值可通过公式(12.43)和公式(12.44)定义的高斯后验概率计算。为此，采用如下步骤。

1）为计算 $\mathbb{E}[\boldsymbol{\theta}^{\mathrm{T}}\boldsymbol{\theta}]$，回顾相对协方差矩阵的定义：

$$\Sigma_{\theta|y}^{(j)}=\mathbb{E}\left[(\boldsymbol{\theta}-\boldsymbol{\mu}_{\theta|y}^{(j)})(\boldsymbol{\theta}-\boldsymbol{\mu}_{\theta|y}^{(j)})^{\mathrm{T}}\right] \tag{12.46}$$

或者

$$\mathbb{E}\left[\boldsymbol{\theta}\boldsymbol{\theta}^{\mathrm{T}}\right]=\Sigma_{\theta|y}^{(j)}+\boldsymbol{\mu}_{\theta|y}^{(j)}\boldsymbol{\mu}_{\theta|y}^{(j)\mathrm{T}} \tag{12.47}$$

可得

$$\begin{aligned}A:=\mathbb{E}\left[\boldsymbol{\theta}^{\mathrm{T}}\boldsymbol{\theta}\right]&=\mathbb{E}\left[\mathrm{trace}\left\{\boldsymbol{\theta}\boldsymbol{\theta}^{\mathrm{T}}\right\}\right]\\&=\mathrm{trace}\left\{\boldsymbol{\mu}_{\theta|y}^{(j)}\boldsymbol{\mu}_{\theta|y}^{(j)\mathrm{T}}+\Sigma_{\theta|y}^{(j)}\right\}\\&=\left\|\boldsymbol{\mu}_{\theta|y}^{(j)}\right\|^2+\mathrm{trace}\left\{\Sigma_{\theta|y}^{(j)}\right\}\end{aligned} \tag{12.48}$$

614

2）为计算 $\mathbb{E}[\|\boldsymbol{y}-\Phi\boldsymbol{\theta}\|^2]$，定义 $\boldsymbol{\psi}:=\boldsymbol{y}-\Phi\boldsymbol{\theta}$，并使用之前计算 $\mathbb{E}[\boldsymbol{\psi}^{\mathrm{T}}\boldsymbol{\psi}]$ 的原理，可以得到(习题12.5)

$$B:=\mathbb{E}\left[\|\boldsymbol{y}-\Phi\boldsymbol{\theta}\|^2\right]=\left\|\boldsymbol{y}-\Phi\boldsymbol{\mu}_{\theta|y}^{(j)}\right\|^2+\mathrm{trace}\left\{\Phi\Sigma_{\theta|y}^{(j)}\Phi^{\mathrm{T}}\right\} \tag{12.49}$$

因此

$$\mathcal{Q}\left(\alpha,\beta;\alpha^{(j)},\beta^{(j)}\right)=\frac{N}{2}\ln\beta+\frac{K}{2}\ln\alpha-\frac{\beta}{2}B-\frac{\alpha}{2}A-\left(\frac{N}{2}+\frac{K}{2}\right)\ln(2\pi) \tag{12.50}$$

- lM-步骤：计算

$$\alpha^{(j+1)}:\frac{\partial}{\partial\alpha}\mathcal{Q}\left(\alpha,\beta;\alpha^{(j)},\beta^{(j)}\right)=0$$
$$\beta^{(j+1)}:\frac{\partial}{\partial\beta}\mathcal{Q}\left(\alpha,\beta;\alpha^{(j)},\beta^{(j)}\right)=0$$

得到

$$\alpha^{(j+1)}=\frac{K}{\left\|\boldsymbol{\mu}_{\theta|y}^{(j)}\right\|^2+\mathrm{trace}\left\{\Sigma_{\theta|y}^{(j)}\right\}} \tag{12.51}$$

$$\beta^{(j+1)}=\frac{N}{\left\|\boldsymbol{y}-\Phi\boldsymbol{\mu}_{\theta|y}^{(j)}\right\|^2+\mathrm{trace}\left\{\Phi\Sigma_{\theta|y}^{(j)}\Phi^{\mathrm{T}}\right\}} \tag{12.52}$$

算法收敛后，得到的 α 和 β 的值将被用于完全确定涉及的概率密度函数，而概率密度函数则可以用于计算 $\hat{\boldsymbol{\theta}}$ 的估计，例如 $\hat{\boldsymbol{\theta}}=\mathbb{E}[\boldsymbol{\theta}\mid\boldsymbol{y}]$，或者通过式(12.21)做出预测。

例 12.2　在本例中，需要重新考虑例 12.1 中的广义线性回归模型。目标是使用 12.5 节的 EM 算法，即式(12.43)、式(12.44)、式(12.51)和式(12.52)总结的递归步骤。在模型中，用于生成数据的高斯噪声的方差设置为等于 $\sigma_\eta^2=0.05$。训练点数为 $N=500$。对于 EM 算法，将 α 和 β 都初始化为 1。这里使用了未知参数向量的正确维数。EM 收敛后恢复的值为对应于 $\sigma_\theta^2=0.756$ 的 $\alpha=1.32$ 和对应 $\sigma_\eta^2=0.0501$ 的 $\beta=19.96$。注意，后者非常接近噪声的真实方差。然后，使用式(12.22)和 EM 算法通过式(12.44)恢复的 $\boldsymbol{\mu}_{\theta|y}$ 值在 20 个点处对输出变量 y 进行预测。

图 12.5a 显示了预测结果和相关的误差条，误差条是使用 σ_η^2 和 σ_θ^2 的值通过 EM 算法计算得到的，如式(12.23)。图 12.5b 显示了 σ_η^2 作为 EM 算法迭代次数的函数对应的收敛曲线。 615

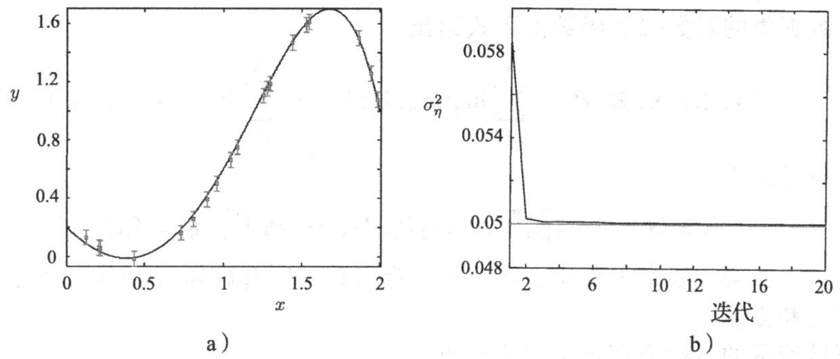

图 12.5　a)对训练点进行抽样的原始图。用红色显示 20 个随机选择的点对应的预测结果 $\hat{y}$ 和对应的误差条。b) σ_η^2 作为 EM 算法迭代次数的函数的收敛曲线。红线对应于真实值

12.6　高斯混合模型

到目前为止，我们已经看到一些概率密度函数可以用来对一个未知随机向量 $\mathbf{x}\in\mathbb{R}^l$ 的分布进行建模。但是，所有这些模型都限制概率密度函数为特定的函数项。混合建模提供了将未知概率密度函数 $p(\boldsymbol{x})$ 建模为不同分布的线性组合的自由，即

$$p(\boldsymbol{x})=\sum_{k=1}^{K}P_k p(\boldsymbol{x}|k;\boldsymbol{\xi}_k) \tag{12.53}$$

其中，P_k 是用于对特定贡献概率密度函数 $p(\boldsymbol{x}\mid k)$ 进行加权的参数，为了保证 $p(\boldsymbol{x})$ 是一个概率密度函数，加权参数必须非负且和为 1 $\left(\sum_{k=1}^{K}P_k=1\right)$。对于式(12.53)的物理解释是，我们被赋予一组 K 个分布 $p(\boldsymbol{x}\mid k)$，$k=1,2,\cdots,K$。每个观测值 $\boldsymbol{x}_n$，$n=1,2,\cdots,N$ 都是从其中某个分布抽取的，但我们没有被告知来自哪个分布。我们所知道的只是一组参数 P_k，$k=1,2,\cdots,K$，每个参数都提供从相应的概率密度函数 $p(\boldsymbol{x}\mid k)$ 抽取样本的概率。可以证明，对于足够多的 K 个混合模型，并恰当选择涉及的参数，我们可以任意逼近地近似任何连续概率密度函数。

混合建模是一项典型的涉及潜变量的任务，即得到的观测值是来自哪个概率密度函数的标签 k。实际上，每个 $p(\boldsymbol{x}\mid k)$ 都是从一个已知的概率密度函数族中选择，通过一组参数来参数化，式(12.53)可以重写为

$$p(\boldsymbol{x})=\sum_{k=1}^{K} P_k p(\boldsymbol{x}|k;\boldsymbol{\xi}_k) \tag{12.54}$$

任务是基于一组观测值 $\boldsymbol{x}_n$，$n=1,2,\cdots,N$ 得到的估计$(P_k,\boldsymbol{\xi}_k)$，$k=1,2,\cdots,K$。观测值集
616 $\mathcal{X}=\{\boldsymbol{x}_n,n=1,\cdots,N\}$形成不完全集，而完全集$\{\mathcal{X},\mathcal{K}\}$包含样本$(\boldsymbol{x}_n,k_n)$，$n=1,2,\cdots,N$，$k_n$ 是从中抽取 $\boldsymbol{x}_n$ 的分布(概率密度函数)的标签。此类问题的参数估计自然地使用 EM 算法进行处理。我们将使用高斯混合模型来演示该过程。

令

$$p(\boldsymbol{x}|k;\boldsymbol{\xi}_k)=p(\boldsymbol{x}|k;\boldsymbol{\mu}_k,\Sigma_k)=\mathcal{N}\left(\boldsymbol{x}|\boldsymbol{\mu}_k,\Sigma_k\right)$$

其中为了简单起见，我们将假设 $\Sigma_k=\sigma_k^2 I$，$k=1,2,\cdots,K$。我们将进一步假设观测值是独立同分布的。对于这样的建模，以下陈述成立：

- 完全数据集的对数似然函数由下式给出

$$\ln p(\mathcal{X},\mathcal{K};\Xi,\boldsymbol{P})=\sum_{n=1}^{N}\ln p(\boldsymbol{x}_n,k_n;\boldsymbol{\xi}_{k_n})=\sum_{n=1}^{N}\ln\Big(p(\boldsymbol{x}_n|k_n;\boldsymbol{\xi}_{k_n})P_{k_n}\Big) \tag{12.55}$$

其中符号含义为

$$\Xi=[\boldsymbol{\xi}_1^{\mathrm{T}},\cdots,\boldsymbol{\xi}_K^{\mathrm{T}}]^{\mathrm{T}},\quad \boldsymbol{P}=[P_1,P_2,\cdots,P_K]^{\mathrm{T}},\quad \boldsymbol{\xi}_k=[\boldsymbol{\mu}_k^{\mathrm{T}},\sigma_k^2]^{\mathrm{T}}$$

换句话说，必须通过 EM 算法估计的确定参数是所有高斯混合分布及相应混合概率的均值和方差。

- 潜离散变量的后验概率可由下式给出

$$P(k|\boldsymbol{x};\Xi,\boldsymbol{P})=\frac{p(\boldsymbol{x}|k;\boldsymbol{\xi}_k)P_k}{p(\boldsymbol{x};\Xi,\boldsymbol{P})} \tag{12.56}$$

其中

$$p(\boldsymbol{x};\Xi,\boldsymbol{P})=\sum_{k=1}^{K}P_k p(\boldsymbol{x}|k;\boldsymbol{\xi}_k) \tag{12.57}$$

我们现在得到了 EM 算法所需的所有部分。从 $\Xi^{(0)}$ 和 $\boldsymbol{P}^{(0)}$ 开始，第 $j+1$ 步迭代包括以下步骤：

- E-步骤：使用式(12.56)与式(12.57)计算

$$\boxed{P\left(k|\boldsymbol{x}_n;\Xi^{(j)},\boldsymbol{P}^{(j)}\right)=\frac{p\left(\boldsymbol{x}_n|k;\boldsymbol{\xi}_k^{(j)}\right)P_k^{(j)}}{\sum_{k=1}^{K}P_k^{(j)}p\left(\boldsymbol{x}_n|k;\boldsymbol{\xi}_k^{(j)}\right)},\ n=1,2,\cdots,N} \tag{12.58}$$

617 它又定义了

$$\begin{aligned}\mathcal{Q}\left(\Xi,\boldsymbol{P};\Xi^{(j)},\boldsymbol{P}^{(j)}\right)&=\sum_{n=1}^{N}\mathbb{E}\left[\ln\Big(p(\boldsymbol{x}_n|\mathrm{k}_n;\boldsymbol{\xi}_{k_n})P_{k_n}\Big)\right]\\&:=\sum_{n=1}^{N}\sum_{k=1}^{K}P\left(k|\boldsymbol{x}_n;\Xi^{(j)},\boldsymbol{P}^{(j)}\right)\Big(\ln P_k-\frac{l}{2}\ln\sigma_k^2-\\&\qquad\frac{1}{2\sigma_k^2}\|\boldsymbol{x}_n-\boldsymbol{\mu}_k\|^2\Big)+C\end{aligned} \tag{12.59}$$

其中 C 包含与归一化常数对应的所有项。注意，我们终于将符号 k_n 放松为 k，因为我们要对所有 k 求和，而这不依赖于 n。

- M-步骤：相对于涉及的所有参数最大化 $Q(\Xi,\boldsymbol{P},\Xi^{(j)},\boldsymbol{P}^{(j)})$，将导致下面一组递归式(习题 12.6)

  出于符号表示方便，我们设置：

$$\gamma_{kn}:=P(k|\boldsymbol{x}_n;\Xi^{(j)},\boldsymbol{P}^{(j)})$$

  于是

$$\boldsymbol{\mu}_k^{(j+1)}=\frac{\sum_{n=1}^{N}\gamma_{kn}\boldsymbol{x}_n}{\sum_{n=1}^{N}\gamma_{kn}} \tag{12.60}$$

$$\sigma_k^{2(j+1)}=\frac{\sum_{n=1}^{N}\gamma_{kn}\left\|\boldsymbol{x}_n-\boldsymbol{\mu}_k^{(j+1)}\right\|^2}{l\sum_{n=1}^{N}\gamma_{kn}} \tag{12.61}$$

$$P_k^{(j+1)}=\frac{1}{N}\sum_{n=1}^{N}\gamma_{kn} \tag{12.62}$$

  迭代将继续，直到满足收敛条件。将式(12.61)替换为下面的公式，就可以扩展到一般协方差矩阵的情况

$$\Sigma_k^{(j+1)}=\frac{\sum_{n=1}^{N}\gamma_{kn}\left(\boldsymbol{x}_n-\boldsymbol{\mu}_k^{(j+1)}\right)\left(\boldsymbol{x}_n-\boldsymbol{\mu}_k^{(j+1)}\right)^{\mathrm{T}}}{\sum_{n=1}^{N}\gamma_{kn}}$$

附注 12.4

- 为了给 EM 算法提供好的初始化，有时会运行一个简单的聚类算法，例如 k-means (12.6.1 节，[41])，将每个混合模型和输入空间的类关联起来，来给出均值和聚类形状(协方差矩阵)的初始估计。另一种更简单的方法是从数据集中随机选择 K 个点。通常使用的一种更精细的方法是随机选择 K 个点，但选择的方式确保以一种平衡的方式代表整个数据集(参见[1])。
- 混合模型的数量 K 通常是通过交叉验证决定的(第 3 章；另见[16])。
- 对于混合参数 P_k，$k=1,2,\cdots,K$ 的初始化，应该记住它们是概率且和必须为 1。 618
- 在实践中，高斯混合模型任务可能遇到的一个问题是，一个模型集中在(或非常接近)一个数据点，如 $\boldsymbol{\mu}_k^{(j+1)}=\boldsymbol{x}_n$，对某些 k 和 n。在这种情况下，相应高斯的指数项变为 1，而且这个特定分量在对数似然函数中的贡献等于 $(2\pi\sigma_k^2)^{-l/2}$。此外，如果 σ_k 非常小，则会导致似然值很大，但这并不表示已学习了真正的模型。很快，我们将看到，使用先验概率可以解决这些问题。
- 可辨别性：在混合分布场景中，与 EM 算法相关的另一个问题是，在参数空间中获得的解并非唯一。对于 K 个混合模型的情况，对于每个解(参数空间中的点)有 $K!-1$ 个其他点产生相同的分布。例如，我们在一维空间中拟合两个高斯模型，这将导致对相应的均值 $\hat{\mu}_1$ 和 $\hat{\mu}_2$ 进行估计。但是，在相应的参数空间中，这些值定义了点 $\boldsymbol{\mu}_a=[\hat{\mu}_1,\hat{\mu}_2]^{\mathrm{T}}$ 还是点 $\boldsymbol{\mu}_b=[\hat{\mu}_2,\hat{\mu}_1]$ 还存在着不确定性。这两个点产生相同的分布。我们称模型中的参数是不可辨别的。一个参数(向量)定义了一个分布族 $p(\boldsymbol{x};\boldsymbol{\theta})$，如果对 $\boldsymbol{\theta}_1\neq\boldsymbol{\theta}_2$ 有 $p(\boldsymbol{x};\boldsymbol{\theta}_1)\neq p(\boldsymbol{x};\boldsymbol{\theta}_2)$，则称它是可辨别的(参见[7])。尽管我们的场景中，我们感兴趣的是计算 $p(\boldsymbol{x})$，不可辨别性不会引起任何问题，但

当我们的关注点是参数时，这可能是一个问题(参见[36])。

- 学生氏 t 分布混合模型：基于正态分布的混合模型的一个显著缺点是它们容易受到离群值的影响。最近，有人提出用的学生氏 t 分布(见 13.5 节)替代正态分布，以缓解这些缺点带来的影响，并在 EM 算法框架下对得到的模型进行相关处理。虽然步骤有些复杂，但到目前为止思想上的探索在此场景下已有很好的实践转化(参见[9, 10, 35, 37])。

例 12.3 本例的目的是演示 EM 算法在高斯混合建模场景中的应用。数据是根据二维空间中的三个高斯模型生成的，参数如下：

$$\boldsymbol{\mu}_1=[10,3]^{\mathrm{T}},\ \boldsymbol{\mu}_2=[1,1]^{\mathrm{T}},\ \boldsymbol{\mu}_3=[5,4]^{\mathrm{T}}$$

协方差矩阵分别为

$$\Sigma_1=\begin{bmatrix}1 & 0\\ 0 & 1\end{bmatrix},\ \Sigma_2=\begin{bmatrix}1.5 & 0\\ 0 & 1.5\end{bmatrix},\ \Sigma_3=\begin{bmatrix}2 & 0\\ 0 & 2\end{bmatrix}$$

生成的点数为 300，每个模型 100 个点。这些点如图 12.6 所示，黑色椭圆指出每个类 80% 的概率区域。用下面的初始值运行 EM 算法，如式(12.58)和式(12.60)~式(12.62)所示步骤：

$$\boldsymbol{\mu}_1^{(0)}=[3,5]^{\mathrm{T}},\ \boldsymbol{\mu}_2^{(0)}=[2,0.4]^{\mathrm{T}},\ \boldsymbol{\mu}_3^{(0)}=[4,3]^{\mathrm{T}}$$

和

619

$$\Sigma_1^{(0)}=\Sigma_2^{(0)}=\Sigma_3^{(0)}=\begin{bmatrix}1 & 0\\ 0 & 1\end{bmatrix}$$

概率被初始化为其真实值 $P_1^{(0)}=P_2^{(0)}=P_3^{(0)}=1/3$。图 12.6 中的红色曲线对应由 EM 算法恢复的混合模型，图 12.6a 中是初始估计，图 12.6b 是经过 5 次迭代后的结果，图 12.6c 中是收敛后的结果。图 12.6d 显示了对数似然函数作为迭代次数的函数的曲线。

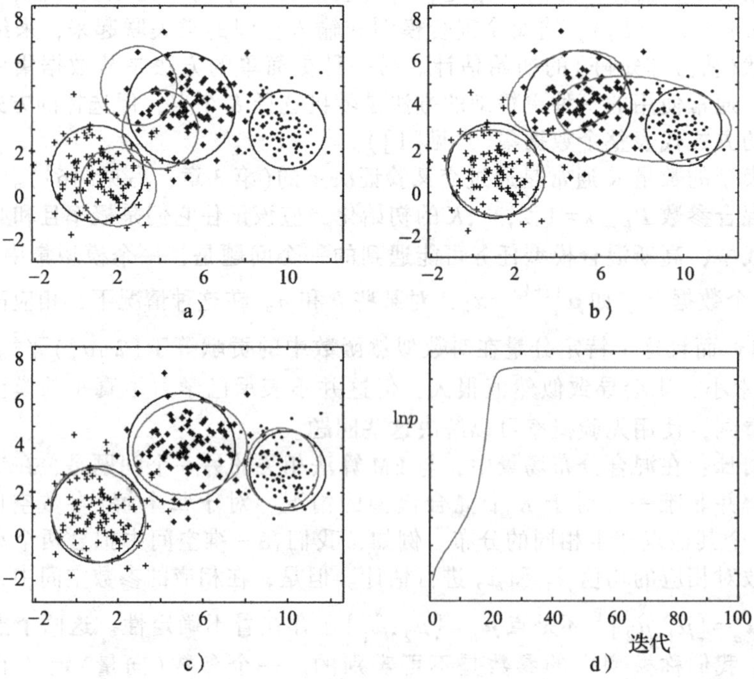

图 12.6 椭圆指出 80% 的概率区域。黑色曲线对应例 12.3 中真正的高斯聚类簇。红色曲线对应：a) 均值和协方差矩阵的初始值，b) EM 算法在 5 次迭代后恢复的混合模型，c) 30 次迭代之后恢复的值，d) 对数似然函数作为迭代次数的函数

图 12.7 对应不同的设置。这一次，平均值在远离真实值的位置进行初始化，即

$$\boldsymbol{\mu}_1^{(0)}=[10,13]^{\mathrm{T}},\ \boldsymbol{\mu}_2^{(0)}=[11,12]^{\mathrm{T}},\ \boldsymbol{\mu}_3^{(0)}=[13,11]^{\mathrm{T}}$$

而协方差和概率则像以前那样初始化。观察到，在这种情况下，EM 算法无法捕获问题的真实性质，因为该算法将陷于局部最小值中。

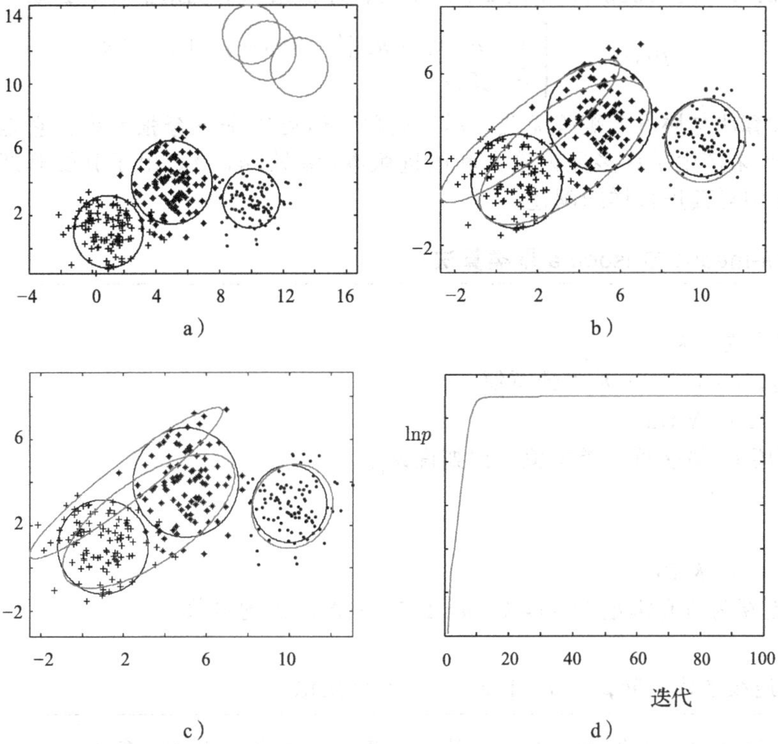

图 12.7　本图是图 12.6 的对照图，在本图中初始均值和真实值相差甚远。在这种情况下，EM 无法恢复混合模型的真实性质，被困在局部极小值中

12.6.1　高斯混合模型与聚类

聚类或者无监督学习是机器学习的一个重要部分，在本书中不做涉及。关于聚类的深入介绍可在如[41]中找到。但是，基于 EM 的混合建模任务为我们提供了一个很好的时机对此进行简要介绍。我们只给出其非正式的定义，聚类任务将多个点 $\boldsymbol{x}_1,\cdots,\boldsymbol{x}_N$ 分为 K 组或类。分配给同一类的点必须比分配给不同类的点更“相似”。某些聚类算法需要用户提供的聚类数 K 作为输入变量。其他方案将其视为一个自由参数，算法会从数据中恢复它。聚类中的另一个主要问题是量化“相似性”。不同的定义决定了不同的聚类方法。聚类就是数据点到类别的特定分配。通常，根据最优性准则将数据点指定到所属类别是一项 NP-难任务(参见[41])。因此，通常情况下，任何聚类算法都提供次优解。

高斯混合建模是流行的聚类算法之一。主要假设是，属于同一类的点服从相同的高斯分布(在这种情况下就是如此定义相似性)，分布的均值和协方差矩阵未知。每个混合模型都定义了不同的类。因此，目标是在可用数据点上运行 EM 算法，在收敛后提供后验概率 $P(k\mid\boldsymbol{x}_n)$，$k=1,2,\cdots,K$，$n=1,2,\cdots,N$，其中每个 k 对应于一个类。然后，根据如下规则将每个点指定到类 k 620~621

$$\text{将 }\boldsymbol{x}_n\text{ 分配给类 }k=\arg\min_i P(i\mid\boldsymbol{x}_n),\ i=1,2,\cdots,K$$

用于聚类的 EM 算法可被视为更原始方法的精化版本，称为 k-means 或迭代自组织数据分析(isodata)算法。在 EM 算法中，每个点 $\boldsymbol{x}_n$ 相对于每个类 k 的后验概率是递归计算的。此外，与类 k 关联的点的均值 $\boldsymbol{\mu}_k$ 为所有训练点的加权平均值(公式(12.60))。相反，在 k-means 算法中，在每步迭代中，后验概率都得到一个在{1，0}中的值；对于每个点 $\boldsymbol{x}_n$，计算到所有当前可用的均值估计的欧几里得距离，并根据以下规则估计后验概率：

$$P(k|\boldsymbol{x}_n)=\begin{cases}1, & \text{若} \|\boldsymbol{x}_n-\boldsymbol{\mu}_k\|^2<\|\boldsymbol{x}_n-\boldsymbol{\mu}_j\|^2,\ j\neq k \\ 0, & \text{其他}\end{cases}$$

k-means 算法与协方差矩阵无关。尽管简单，但可以毫不夸张地说，它是最著名的聚类算法，多年来产生了许多理论论文和改进版本(参见[41])。由于其受欢迎程度，我们在算法 12.1 中对其进行详细阐述。

算法 12.1 (k-means 或 isodata 聚类算法)

- 初始化
  - 选择类的数量 K。
  - 设置 $\boldsymbol{\mu}_k$，$k=1,2,\cdots,K$ 为任意值。
- **For** $n=1,2,\cdots,N$ **Do**
  - 确定距离 $\boldsymbol{x}_n$ 最接近的类均值，比如说 $\boldsymbol{\mu}_k$。
  - 设置 $b(n)=k$。
- **End For**
- **For** $k=1,2,\cdots,K$ **Do**
  - 将 $\boldsymbol{\mu}_k$ 更新为所有满足 $b(n)=k$，$n=1,2,\cdots,N$ 的点的均值。
- **End For**
- 直到两次连续迭代之间 $\boldsymbol{\mu}_k$，$k=1,2,\cdots,K$ 不再变化。

k-means 算法也可以作为 EM 方法的一个极限情况推导出来(参见[34])。注意，EM 算法和 k-means 算法都只能恢复紧凑的类。换句话说，如果点分布在环形的类中，则这类聚类算法是不适合的。

图 12.18a 显示了两个高斯模型生成的数据点，每个模型有 200 个点。这些点以红色和灰色显示，具体取决于生成这些点的高斯模型。当然，在聚类中，数据点提供给算法时是没有“颜色”(标签)的，划分为类是算法的任务。对于 EM 和 k-means 算法，都给定了正确的类数($K=2$)。k-means 用均值 0 初始化。图 12.8b 显示了由 k-means 形成的聚类，
622 图 12.8d 显示了由 EM 算法形成的聚类。图 12.8c 显示了用于 EM 初始化的高斯模型。

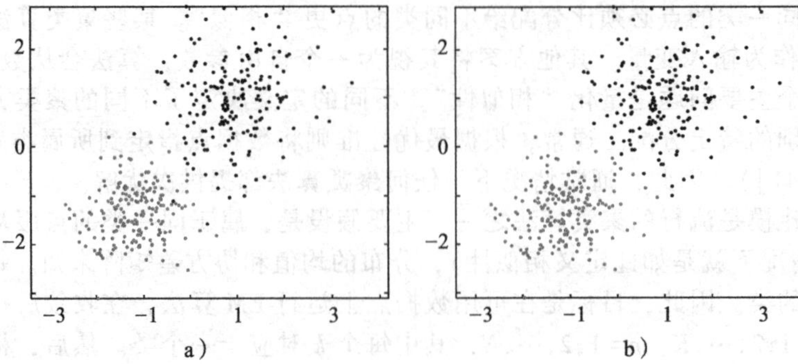

图 12.8　a) 两个高斯模型(红色和黑色)生成的数据点，b) 通过 k-means 恢复的类(红色和黑色)，c) EM 算法初始化的 80%概率曲线，d) EM 算法最终得到高斯模型与相应的聚类

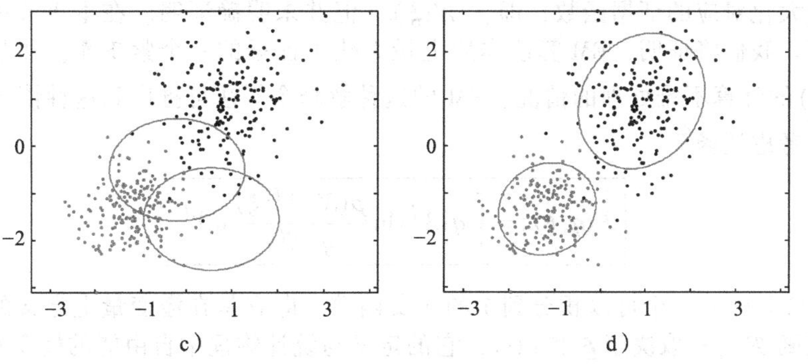

图 12.8 （续）

图 12.9 显示了用相同高斯模型获得的点对应的一系列图，但是，现在在点数上存在不平衡的现象，仅有 20 个点来自第一个模型，200 个点来自第二个模型。观察到，*k*-means 在恢复真实类结构时存在问题，它试图使两个类的大小更相等。为了克服其缺点，人们提出了基本 *k*-means 方法的一些使用技巧和不同版本(参见[41])。最后，必须强调，EM 和 *k*-means 算法都总是试图恢复尽可能多的类，与用户输入变量 *K* 相匹配。对于 EM 算法，当使用变分 EM 算法时，此缺点将被克服，如 13.4 节所述。

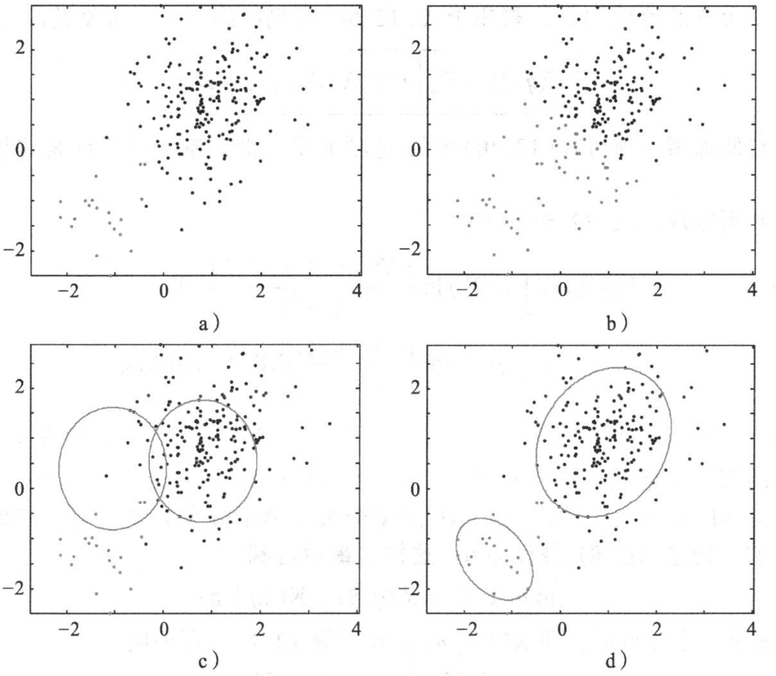

图 12.9　a) 两个高斯模型(红色和黑色)生成的数据点。其中一个类仅包含 20 个点，另一个类包含 200 个点。b) *k*-means 恢复的类(红色和黑色)。观察到，算法将更多点指定到了“较小”的类，从而未能识别正确的聚类。c) EM 算法初始化的 80%概率曲线。d) 由 EM 算法获得的最终高斯模型，以及相应的聚类

12.7　EM 算法：下界最大化视角

我们在 12.4 节中介绍了 EM 算法，并且指出，关于参数集 $\boldsymbol{\xi}$ 最大化完全对数似然的期 623

望等价于最大化对应的证据函数，即 $p(\mathcal{X};\boldsymbol{\xi})$，但并未明确证明。在本小节中，这种联系将变得清晰。我们将证明，EM 算法本质上最大化了证据的一个紧下界。而且，对于后验 $p(\mathcal{X}^l \mid \mathcal{X};\boldsymbol{\xi})$ 的计算不难处理的情况，EM 的这种解释令算法可推广到这种情况。

让我们考虑泛函[⊖]

624

$$\boxed{\mathcal{F}(q,\boldsymbol{\xi}) := \int q(\mathcal{X}^l)\ln\frac{p(\mathcal{X},\mathcal{X}^l;\boldsymbol{\xi})}{q(\mathcal{X}^l)}\,\mathrm{d}\mathcal{X}^l} \tag{12.63}$$

其中，$q(\mathcal{X}^l)$是任何一个可以积分到 1 的非负函数，即它是在潜变量上定义的一个概率密度函数。泛函 $\mathcal{F}(\cdot,\cdot)$取决于 $\boldsymbol{\xi}$ 和 $q(\cdot)$，它的定义与统计物理中自由能的概念有着非常强烈的相似性。实际上，公式(12.63)可改写为

$$\mathcal{F}(q,\boldsymbol{\xi}) = \int q(\mathcal{X}^l)\ln p(\mathcal{X},\mathcal{X}^l;\boldsymbol{\xi})\,\mathrm{d}\mathcal{X}^l + H \tag{12.64}$$

其中

$$H = -\int q(\mathcal{X}^l)\ln q(\mathcal{X}^l)\,\mathrm{d}\mathcal{X}^l$$

是与 $q(\mathcal{X}^l)$关联的熵。如果我们定义系统$(\mathcal{X},\mathcal{X}^l)$的能量为$-\ln p(\mathcal{X},\mathcal{X}^l;\boldsymbol{\xi})$，那么$\mathcal{F}(q,\boldsymbol{\xi})$表示所谓的自由能的负数[34]。聚焦于式(12.64)右侧的第一项，可将其改写为

$$\boxed{\mathcal{F}(q,\boldsymbol{\xi}) = \mathbb{E}_q\left[\ln p(\mathcal{X},\mathcal{X}^l;\boldsymbol{\xi})\right] + H} \tag{12.65}$$

换句话说，右侧的第一项与式(12.40)中的 Q 项非常相似。唯一的不同是这里的期望是关于 q 的。

考虑贝叶斯定理，式(12.63)变为

$$\begin{aligned}\mathcal{F}(q,\boldsymbol{\xi}) &= \int q(\mathcal{X}^l)\ln\frac{p(\mathcal{X}^l|\mathcal{X};\boldsymbol{\xi})p(\mathcal{X};\boldsymbol{\xi})}{q(\mathcal{X}^l)}\mathrm{d}\mathcal{X}^l \\ &= \int q(\mathcal{X}^l)\ln\frac{p(\mathcal{X}^l|\mathcal{X};\boldsymbol{\xi})}{q(\mathcal{X}^l)}\mathrm{d}\mathcal{X}^l + \ln p(\mathcal{X};\boldsymbol{\xi})\end{aligned} \tag{12.66}$$

其中，得到后一个公式的原因是 $\ln p(\mathcal{X};\boldsymbol{\xi})$不依赖于 $q(\mathcal{X}^l)$，且它积分为 1，是一个概率分布。右边的第一项是 $q(\mathcal{X}^l)$和 $p(\mathcal{X}^l \mid \mathcal{X};\boldsymbol{\xi})$之间的所谓 KL 散度(式(2.161))的负数，我们将其表示为 $\mathrm{KL}(q\|p)$。回忆一下，KL 散度衡量了两个分布有多不同。如果涉及的两个分布是相等的，则它们的 KL 散度为 0。这样，最后得到

$$\ln p(\mathcal{X};\boldsymbol{\xi}) = \mathcal{F}(q,\boldsymbol{\xi}) + \mathrm{KL}(q\,\|\,p) \tag{12.67}$$

因为 KL 散度是一个非负量，即 $\mathrm{KL}(q\|p)\geqslant 0$(习题 12.7)，可证明

$$\boxed{\ln p(\mathcal{X};\boldsymbol{\xi}) \geqslant \mathcal{F}(q,\boldsymbol{\xi})} \tag{12.68}$$

换句话说，泛函 $\mathcal{F}(q,\boldsymbol{\xi})$是对数似然函数的下界，且 $\mathrm{KL}(q\|p)=0$ 时界会变紧，当且仅当 $q(\mathcal{X}^l)=p(\mathcal{X}^l \mid \mathcal{X};\boldsymbol{\xi})$时此结论为真。而且，这个界对所有分布 q 和所有参数 $\boldsymbol{\xi}$ 有效。

一种思想是试图最大化其下界来最大化 $\ln p(\mathcal{X};\boldsymbol{\xi})$，前面的发现为此铺平了道路。这
625 与一个更一般的优化算法是一致的，即最小–最大化(或最大–最小化)(MM)方法[20]。其

⊖ 泛函是一种操作符，它接受一个函数作为输入并返回一个实际值。它是我们熟悉函数的推广，函数的输入也是函数。

中采用了一个代理函数最小化代价函数(下界)，而它很容易最大化。然后最大化此下界迭代地将代价函数推向一个局部极大值。要注意的是，在我们的例子中，$\mathcal{F}$ 的最大化包括两项，即 q 和 $\boldsymbol{\xi}$。我们采用一种称为交替优化(alternating optimization)的被广泛使用的技术。这种方法采用了一个迭代过程。从一些初始条件开始，“冻结”其中一项的值，相对于另一项进行最大化。然后冻结后一项的值，关于前一项进行优化。持续执行这种交替步骤，直到收敛。在我们当前的场景中，从任意的 $\boldsymbol{\xi}^{(0)}$ 开始，第 j+1 步迭代包括下列步骤：

- 步骤 1：保持 $\boldsymbol{\xi}^{(j)}$ 固定，对 q 进行优化。这一步使式(12.68)中的下界变紧。如果 $\mathrm{KL}(q\|p)=0$ 则目标达到，这仅当满足以下条件时发生
$$q^{(j+1)}(\mathcal{X}^l)=p(\mathcal{X}^l|\mathcal{X};\boldsymbol{\xi}^{(j)}) \tag{12.69}$$
也就是说，如果我们按照式(12.67)中建议的那样将 $q(\mathcal{X}^l)$ 设置成等于给定 $\mathcal{X}$ 和 $\boldsymbol{\xi}^{(j)}$ 时的后验概率，就会使得界变紧，即
$$\ln p(\mathcal{X};\boldsymbol{\xi}^{(j)})=\mathcal{F}\left(p(\mathcal{X}^l|\mathcal{X};\boldsymbol{\xi}^{(j)}),\boldsymbol{\xi}^{(j)}\right) \tag{12.70}$$
- 步骤 2：固定 $q^{(j+1)}$，将其插入公式(12.68)中 q 的位置，由于界对任何 q 都成立，因此对 $\boldsymbol{\xi}$ 进行最大化，即
$$\boldsymbol{\xi}^{(j+1)}=\arg\max_{\boldsymbol{\xi}}\mathcal{F}\left(p\left(\mathcal{X}^l|\mathcal{X};\boldsymbol{\xi}^{(j)}\right),\boldsymbol{\xi}\right)$$

因此，我们现在得到了下面的不等式：
$$\ln p\left(\mathcal{X};\boldsymbol{\xi}^{j+1}\right)\geqslant\mathcal{F}\left(p\left(\mathcal{X}^l|\mathcal{X};\boldsymbol{\xi}^{(j)}\right),\boldsymbol{\xi}^{j+1}\right)\geqslant\mathcal{F}\left(p\left(\mathcal{X}^l|\mathcal{X};\boldsymbol{\xi}^{(j)}\right),\boldsymbol{\xi}^{j}\right)$$
考虑到右侧最后一项等于 $p(\mathcal{X};\boldsymbol{\xi}^j)$，我们得到
$$\boxed{\ln p\left(\mathcal{X};\boldsymbol{\xi}^{j+1}\right)\geqslant\ln p\left(\mathcal{X};\boldsymbol{\xi}^{j}\right)}$$

现在容易看出，我们已经重新推导了 EM 算法。实际上，由式(12.63)中 $\mathcal{F}(\cdot,\cdot)$ 的定义可以得到
$$\mathcal{F}\left(p(\mathcal{X}^l|\mathcal{X};\boldsymbol{\xi}^{(j)}),\boldsymbol{\xi}\right)=\mathcal{Q}(\boldsymbol{\xi},\boldsymbol{\xi}^{(j)})-\int p(\mathcal{X}^l|\mathcal{X};\boldsymbol{\xi}^{(j)})\ln p(\mathcal{X}^l|\mathcal{X};\boldsymbol{\xi}^{(j)})\mathrm{d}\mathcal{X}^l \tag{12.71}$$
其中 $\mathcal{Q}(\boldsymbol{\xi},\boldsymbol{\xi}^{(j)})$ 和式(12.40)中是一样的，而且右边第二项与 $\boldsymbol{\xi}$ 无关，后面这一项等于和 $q^{(j+1)}(\mathcal{X}^l)$ 关联的熵值。通过这种方式对 EM 算法进行重新推导可以让我们看得更清楚，被最大化的量就是对数似然 $\ln p(\mathcal{X};\boldsymbol{\xi})$，且它的值保证不会在每一步合并迭代后降低。图 12.10 展示了构成第 j+1 步迭代的两个 EM 算法步骤。 626

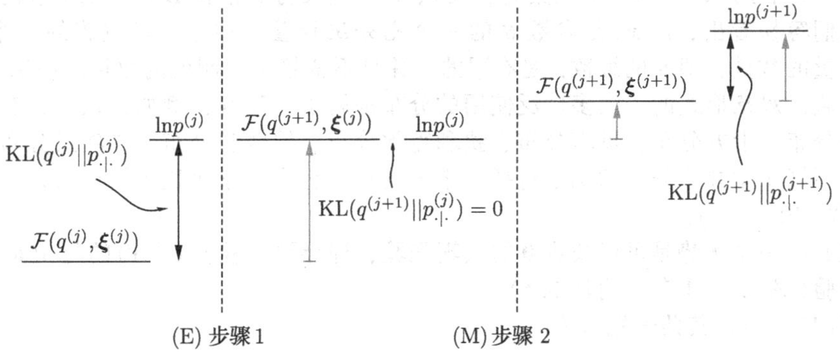

图 12.10　E-步骤调整了 $q^{(j)}:=q^{(j)}(\mathcal{X}^l)$ 使得 KL 距离从 $p_{\cdot|\cdot}^{(j)}:=p(\mathcal{X}^l\mid\mathcal{X};\boldsymbol{\xi}^{(j)})$ 变为 0。M-步骤关于 $\boldsymbol{\xi}$ 进行最大化。我们用 p^j 表示证据函数

不用说，EM 算法不是万能药。我们将很快寻找一些变体来处理后验不能以解析形式给出的情况。此外，还存在 M-步骤难以计算的情况。为此，人们已经提出了一些变体(可参见[31, 34])。

附注 12.5

- 在线版本的 EM：我们已经指出，在许多大数据应用的情况下，在线版本是实际应用中更好的选择。EM 算法也不例外，研究人员已经提出了许多相关的版本。在文献[34]中，提出了一种基于下界解释的在线 EM 算法。在文献[6]中，采用了随机近似参数。在文献[25]中，对不同技术的比较做了研究报告。
- 通常在实际应用中，执行期望步骤可能是棘手的。在下一章中，我们将学习一些用来克服这一困难的变分方法。另一种方法是使用蒙特卡罗抽样技术(见第 14 章)从分布中生成样本，并用计算相应样本均值来近似期望值(参见[8, 11])。

12.8 指数族概率分布

现在必须清楚的是，贝叶斯设定开始对条件分布采用一种特定的函数形式，它“解释了”给定参数下的观测值是如何生成的，并采用了一种先验分布，描述了相关参数的随机性。后者等价于正则化对应的学习任务，表达了在接受任何观测值之前我们对参数值的不
627 确定性。贝叶斯学习的目标是在给定观测变量值的情况下获得参数的后验分布。如果仔细选择条件分布和先验分布，将大大方便后验概率的计算。从*指数族*中选择这些分布使得后验的计算成为一个相当简单的任务。*指数族分布*将在下一章使用，在那里将讨论近似贝叶斯推断方法。

我们将在一般的设定下讨论指数族概率分布。设 $\mathbf{x}\in\mathbb{R}^l$ 为随机向量，$\boldsymbol{\theta}\in\mathbb{R}^K$ 为随机(参数)向量。如果满足以下条件，我们称参数化的概率密度函数 $p(\boldsymbol{x}\mid\boldsymbol{\theta})$ 是指数形式

$$p(\boldsymbol{x}|\boldsymbol{\theta})=g(\boldsymbol{\theta})f(\boldsymbol{x})\exp\left(\boldsymbol{\phi}^{\mathrm{T}}(\boldsymbol{\theta})\boldsymbol{u}(\boldsymbol{x})\right) \tag{12.72}$$

其中

$$g(\boldsymbol{\theta})=\frac{1}{\int f(\boldsymbol{x})\exp\left(\boldsymbol{\phi}^{\mathrm{T}}(\boldsymbol{\theta})\boldsymbol{u}(\boldsymbol{x})\right)\mathrm{d}\boldsymbol{x}} \tag{12.73}$$

是概率密度函数的归一化常数。一个类似的定义是，如果 $\mathbf{x}$ 是一个离散的随机变量，其对应的函数表示概率质量函数 $P(\boldsymbol{x}\mid\boldsymbol{\theta})$，在这种情况下，式(12.73)中的积分变成了求和。向量 $\boldsymbol{\phi}(\boldsymbol{\theta})$ 包含了所谓*自然参数*的集合，而 f、$\boldsymbol{u}$ 为定义分布的函数。从 3.7 节的因子分解定理中我们容易看出，$\boldsymbol{u}(\boldsymbol{x})$ 是参数 $\boldsymbol{\theta}$ 的一个*充分统计量*。注意，指数族的一个属性是，充分统计量的数量，即 $\boldsymbol{u}$ 的维数，是有限的，并且不依赖于观测值的数目。如果 $\boldsymbol{\phi}(\boldsymbol{\theta})=\boldsymbol{\theta}$，则称指数族是*规范形式*的。很多广泛使用的分布都属于指数族，例如，正规分布、指数分布、伽马分布、卡方分布、贝塔分布、狄利克雷分布、伯努利分布、二项式分布、多项式分布等。不属于指数族分布的例子包括界未知的均匀分布、学生氏 t 分布和大多数混合分布(可参见[40, 46])。

指数族的一个优势是可以找到 $\boldsymbol{\theta}$ 的共轭先验，即导致后验 $p(\boldsymbol{\theta}\mid\mathcal{X})$ 的与 $p(\boldsymbol{\theta})$ 函数形式相同的先验(见 3.11.1 节，附注 3.4)。

对式(12.72)，其共轭先验为

$$p(\boldsymbol{\theta};\lambda,\boldsymbol{v})=h(\lambda,\boldsymbol{v})\left(g(\boldsymbol{\theta})\right)^{\lambda}\exp\left(\boldsymbol{\phi}^{\mathrm{T}}(\boldsymbol{\theta})\boldsymbol{v}\right) \tag{12.74}$$

其中，$\lambda>0$，$\boldsymbol{v}$ 被称为*超参数*，即参数是由其他参数控制的。因子 $h(\lambda,\boldsymbol{v})$ 是一个恰当的正

则化因子。可以很容易看出，与式(12.74)中一样来定义先验概率且与式(12.72)中一样定义似然函数，则后验概率 $p(\boldsymbol{\theta}\mid\boldsymbol{x})$ 的形式与式(12.74)中一样。

在我们给出一些例子之前，让我们更多地研究 λ 和 $\boldsymbol{v}$ 扮演的角色，以及同时出现在式(12.74)和式(12.72)中的 $g(\boldsymbol{\theta})$ 和 $\boldsymbol{\phi}(\boldsymbol{\theta})$。假定 $\mathbf{x}$ 和 $\boldsymbol{\theta}$ 都服从式(12.72)~式(12.74)，且设 $\mathcal{X}=\{\boldsymbol{x}_1,\cdots,\boldsymbol{x}_N\}$ 是一组独立同分布的观测值，那么

$$p(\mathcal{X}|\boldsymbol{\theta})=(g(\boldsymbol{\theta}))^N\prod_{n=1}^{N}f(\boldsymbol{x}_n)\exp\left(\boldsymbol{\phi}^{\mathrm{T}}(\boldsymbol{\theta})\sum_{i=1}^{N}\boldsymbol{u}(\boldsymbol{x}_i)\right)\tag{12.75}$$

且

$$p(\boldsymbol{\theta}|\mathcal{X})\propto p(\mathcal{X}|\boldsymbol{\theta})p(\boldsymbol{\theta})\propto(g(\boldsymbol{\theta}))^{\lambda+N}\exp\left(\boldsymbol{\phi}^{\mathrm{T}}(\boldsymbol{\theta})\left(\boldsymbol{v}+\sum_{n=1}^{N}\boldsymbol{u}(\boldsymbol{x}_n)\right)\right)\tag{12.76}$$ 628

换句话说，后验概率的超参数等于

$$\tilde{\lambda}=\lambda+N,\ \ \tilde{\boldsymbol{v}}=\boldsymbol{v}+\sum_{n=1}^{N}\boldsymbol{u}(\boldsymbol{x}_n)\tag{12.77}$$

这里解释一下式(12.77)，我们可以将 λ 看成是观测值的有效数量，即隐式地表示了先验信息对贝叶斯学习过程的贡献，而 $\boldsymbol{v}$ 是这些(隐式的) λ 个观测值对充分统计量贡献的信息总数。它们的准确值基本上就能量化设计者想要嵌入问题中的先验知识的数量。

例 12.4 高斯-伽马对 令随机变量 x 是一个标量并假定

$$p(x|\sigma^2)=\mathcal{N}(x|\mu,\sigma^2)\tag{12.78}$$

其中 μ 是已知的，σ^2 作为未知随机参数处理。我们将证明：

1) $p(x\mid\sigma^2)$ 属于指数族。

在代数上，引入精度 $\beta=1/\sigma^2$ 更方便处理。因此

$$p(x|\beta)=\frac{\beta^{1/2}}{\sqrt{2\pi}}\exp\left(-\frac{1}{2}\beta(x-\mu)^2\right)\tag{12.79}$$

这样，$p(x\mid\beta)$ 也属于指数族，其中

$$f(x)=\frac{1}{\sqrt{2\pi}},\ \phi(\beta)=-\beta,\ u(x)=\frac{1}{2}(x-\mu)^2$$

且

$$g(\beta)=\frac{1}{\int_{-\infty}^{+\infty}\frac{1}{\sqrt{2\pi}}\exp\left(-\frac{1}{2}\beta(x-\mu)^2\right)\mathrm{d}x}=\beta^{1/2}$$

2) 公式(12.78)的共轭先验也服从 γ 分布。

由公式(12.74)得到的共轭先验变为

$$p(\beta;\lambda,v)=h(\lambda,v)\beta^{\frac{\lambda}{2}}\exp(-\beta v)\tag{12.80}$$

它具有如下的形式：

$$\mathrm{Gamma}(\beta|a,b)=\frac{1}{\Gamma(a)}b^a\beta^{a-1}\exp(-b\beta)\tag{12.81}$$

其中，参数(见第 2 章) $a=\lambda/2+1$ 且 $b=v$，归一化常数 $h(\lambda,v)$ 必然等于 $b^a/\Gamma(a)$。函数 $\Gamma(a)$ 定义为

$$\Gamma(a)=\int_0^{\infty}x^{a-1}\mathrm{e}^{-x}\mathrm{d}x$$ 629

如果我们给出多个观测值 $x_n, n=1,2,\cdots,N$，由式(12.76)和式(12.77)得到的后验是满足下面条件的 γ 分布：

$$\tilde{b}=b+\frac{1}{2}\sum_{n=1}^{N}(x_n-\mu)^2=b+\frac{N}{2}\hat{\sigma}_{\mathrm{ML}}^2$$

其中 $\hat{\sigma}_{\mathrm{ML}}^2$ 表示方差的极大似然估计(见习题 3.22)。这样，b 的物理意义就是为我们确定了未知方差的先验估计的数量。这也很好地与我们在 3.7 节中所阐述过的内容联系在一起，如果在高斯函数中 $\hat{\sigma}_{\mathrm{ML}}^2$ 是一个未知参数，那么它就是方差的一个充分统计量。很容易证明，如果 σ^2 是已知的，那么对于 μ 的共轭先验也是高斯函数(习题 12.10)。

对于一个已知均值 $\boldsymbol{\mu}$ 和未知协方差矩阵 Σ(精度矩阵 $Q=\Sigma^{-1}$)的多元高斯的情况，很容易证明它是指数形式的，且其共轭先验由维希特分布给出：

$$\mathcal{W}(Q|W,\nu)=h|Q|^{\frac{\nu-l-1}{2}}\exp\left(-\frac{1}{2}\mathrm{trace}\left\{W^{-1}Q\right\}\right) \tag{12.82}$$

其中 h 是归一化常数(见习题 12.11)，W 是一个 $l\times l$ 的矩阵。归一化常数由下式给出：

$$h=|W|^{-\frac{\nu}{2}}\left(2^{\frac{\nu l}{2}}\pi^{\frac{l(l-1)}{4}}\prod_{i=1}^{l}\Gamma\left(\frac{\nu+1-i}{2}\right)\right)^{-1} \tag{12.83}$$

这的确令人望而生畏，但是在贝叶斯学习中，我们幸运地绕过了对式(12.82)中归一化因子的计算。一旦我们用式(12.82)中的 Q 来表示一个概率密度函数，则归一化常数必须由式(12.83)来给出。维希特分布与多元伽马分布类似。

例 12.5 **高斯形式的高斯-伽马对**　我们现在将 μ 和精度 β 都作为未知随机参数处理。我们将证明：

1) $p(x;\mu,\sigma^2)=\mathcal{N}(x\,|\,\mu,\sigma^2)$ 也是指数形式。实际上，对于这一情况，有

$$p(x|\mu,\sigma^2)=p(x|\mu,\beta^{-1})=\frac{\beta^{1/2}\exp\left(-\beta\frac{\mu^2}{2}\right)}{\sqrt{2\pi}}\exp\left(\left[-\frac{\beta}{2},\beta\mu\right]\begin{bmatrix}x^2\\x\end{bmatrix}\right)$$

因此

$$\boldsymbol{\theta}=[\beta,\mu]^{\mathrm{T}},\ \boldsymbol{\phi}(\boldsymbol{\theta})=\begin{bmatrix}-\frac{\beta}{2}\\\beta\mu\end{bmatrix},\ \boldsymbol{u}(\boldsymbol{x})=\begin{bmatrix}x^2\\x\end{bmatrix}$$

进行对应的积分操作，可以得到

$$f(\boldsymbol{x})=\frac{1}{\sqrt{2\pi}},\ g(\boldsymbol{\theta})=\beta^{1/2}\exp\left(-\frac{\beta\mu^2}{2}\right)$$

630 得证。

2) $p(x\,|\,\mu,\sigma^2)$ 的共轭先验也是高斯-伽马形式。

我们有

$$p(\mu,\beta;\lambda,\boldsymbol{v})=h(\lambda,\boldsymbol{v})\beta^{\frac{\lambda}{2}}\exp\left(-\frac{\lambda\beta\mu^2}{2}\right)\exp\left(\left[-\frac{\beta}{2},\beta\mu\right]\begin{bmatrix}v_1\\v_2\end{bmatrix}\right)$$

经过一些简单的代数运算(习题 12.12)，可以得到

$$p(\mu,\beta;\lambda,\boldsymbol{v})=\mathcal{N}\left(\mu\left|\frac{v_2}{\lambda},(\lambda\beta)^{-1}\right.\right)\mathrm{Gamma}\left(\beta\left|\frac{\lambda+1}{2},\frac{v_1}{2}-\frac{v_2^2}{2\lambda}\right.\right) \tag{12.84}$$

这是具有均值 $\mu_0=v_2/\lambda$ 和方差 $\sigma_\mu^2=(\lambda\beta)^{-1}$ 的高斯形式的高斯–伽马分布，定义伽马概率密度函数的参数是 $a=\frac{\lambda+1}{2}$ 和 $b=\frac{v_1}{2}-\frac{v_2^2}{2\lambda}$。图 12.11 展示了式(12.84)中高斯–伽马分布的等值线图。

对于更一般的多元高斯 $\mathcal{N}(\boldsymbol{x}\,|\,\boldsymbol{\mu},\boldsymbol{\Sigma})$ 的情况，已经证明，它也是一种指数形式，而且它的共轭先验是高斯–维希特形式(习题 12.13)，即

$$p\left(\boldsymbol{\mu}, Q; \boldsymbol{\mu}_0, \lambda, W, \nu\right)=\mathcal{N}\left(\boldsymbol{\mu}\middle|\boldsymbol{\mu}_0, (\lambda Q)^{-1}\right)\mathcal{W}(Q|W,\nu)$$

其中，$Q=\boldsymbol{\Sigma}^{-1}$。

例 12.6 现在我们把注意力转向离散变量，我们将证明多项式分布是指数形式的，它的共轭先验是由狄利克雷分布给出的。

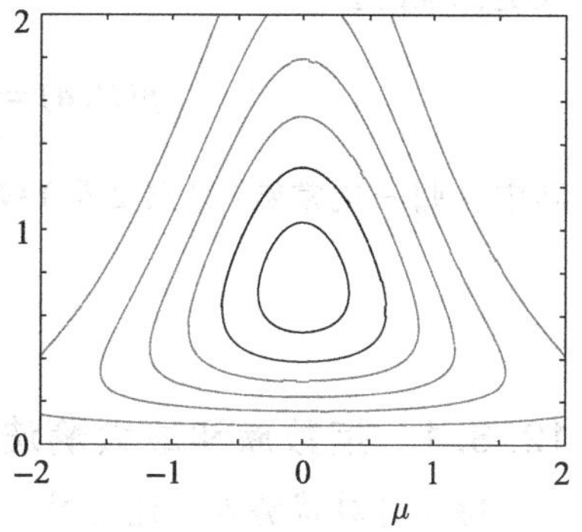

图 12.11　参数 $\lambda=2$、$v_1=4$、$v_2=0$ 的高斯–伽马分布的等值线

1) 令 $z_1,z_2,\cdots,z_K$ 为 K 个互斥且互补的事件。令 $P_1,P_2,\cdots,P_K$ 为对应的概率，因此 $\sum_{k=1}^{K}P_k=1$。重复实验 N 次后，z_1 发生 x_1 次，z_2 发生 x_2 次，以此类推，联合事件的概率可以由多项式分布来给出。 631

$$P(x_1,x_2,\cdots,x_K)=\binom{N}{x_1\cdots x_K}\prod_{k=1}^{K}P_k^{x_k} \tag{12.85}$$

其中

$$\binom{N}{x_1\cdots x_K}=\frac{N!}{x_1!x_2!,\cdots,x_K!}$$

定义 $\boldsymbol{P}=[P_1,\cdots,P_K]^{\mathrm{T}}$，式(12.85)可以重写为

$$\begin{aligned}P(x_1,\cdots,x_K|\boldsymbol{P})&=\binom{N}{x_1\cdots x_K}\prod_{k=1}^{K}\exp(x_k\ln P_k)\\&=\binom{N}{x_1\cdots x_K}\exp\left(\sum_{k=1}^{K}x_k\ln P_k\right)\end{aligned} \tag{12.86}$$

这样，多项式就是一个指数形式，其中

$$\boldsymbol{\phi}(\boldsymbol{P})=[\ln P_1,\ln P_2,\cdots,\ln P_K]^{\mathrm{T}}$$

$$\boldsymbol{u}(\boldsymbol{x})=[x_1,x_2,\cdots,x_K]^{\mathrm{T}}$$

因为概率和为 1，我们可以得到

$$g(\boldsymbol{P})=1,\ f(\boldsymbol{x})=\binom{N}{x_1\cdots x_K}$$

2) 式(12.86)的共轭先验可以写为

$$\begin{aligned}p(\boldsymbol{P};\lambda,\boldsymbol{v})&=h(\lambda,\boldsymbol{v})\exp\left(\sum_{k=1}^{K}v_k\ln P_k\right)\\&\propto\prod_{k=1}^{K}P_k^{v_k}\end{aligned} \tag{12.87}$$

这是一个狄利克雷分布的概率密度函数。如果令 $v_k := a_k - 1$，我们可以将式(12.87)代入更标准的公式

$$p(\boldsymbol{P};\boldsymbol{a}) = \frac{\Gamma(\overline{a})}{\Gamma(a_1)\cdots\Gamma(a_K)}\prod_{k=1}^{K} P_k^{a_k-1},\ \sum_{k=1}^{K} P_k = 1 \tag{12.88}$$

其中，归一化常数(见第2章)被插入进来，且

632

$$\overline{a} := \sum_{k=1}^{K} a_k$$

12.8.1　指数族和最大熵法

除了计算优势外，还有另一个理由证明了指数族如此受欢迎的合理性。假设我们得到了一组观测值 $x_n \in \mathcal{A}_x \subseteq \mathbb{R}$，$n=1,2,\cdots,N$，是从未知函数形式的分布中抽取的。我们的目标是估计未知的概率密度函数，但是，我们要求它应该服从某种经验期望，此期望是从现有的观测值中计算得到的，即

$$\hat{\mu}_i := \frac{1}{N}\sum_{n=1}^{N} u_i(x_n),\ i \in \mathcal{I} \tag{12.89}$$

其中，$\mathcal{I}$ 是索引集，$u_i:\mathcal{A}_x \longmapsto \mathbb{R}$，$i \in \mathcal{I}$ 为特定的函数。例如，如果 $u_i(x)=x$，那么 $\hat{\mu}_i$ 是样本均值。在这种情况下，如果为概率密度函数采用一个参数化的函数形式，并且试图对未知参数进行优化，例如通过极大似然法，是不明智的。一般来说，我们不知道采用的函数形式是否可以符合现有的经验期望。

最大熵(ME)方法(有时称为最大熵原理)提供了一种可能的方法，来估计服从一组可用约束的未知概率密度函数[21]。根据该方法，要被最大化的代价函数就是和概率密度函数相关联的熵(见2.5.2节)，即

$$H := -\int_{\mathcal{A}_x} p(x)\ln p(x)\,\mathrm{d}x \tag{12.90}$$

由众所周知的香农信息理论可知，熵是测量不确定性或随机性的量度。相对于 $p(x)$ 最大化熵，可得到服从可用约束的最随机的概率密度函数。从另一个角度来看，这样的过程保证了对未知PDF的估计采用了最少数量的假设，也就是说，只需要可用的约束集即可。对于这种情况，最大熵估计方法转换如下：

$$\begin{aligned} &\text{关于}\ p(x)\ \text{的最大化} && -\int_{\mathcal{A}_x} p(x)\ln p(x)\mathrm{d}x \\ &\text{满足} && \mathbb{E}[u_i(\mathrm{x})] = \int_{\mathcal{A}_x} p(x)u_i(x)\mathrm{d}x,\ i \in \mathcal{I} \end{aligned} \tag{12.91}$$

除了先前的约束集，我们还必须考虑一个明显的约束——保证 $p(x)$ 积分到1，即

$$\int_{\mathcal{A}_x} p(x)\,\mathrm{d}x = 1$$

在离散变量的情况下，积分被求和操作所代替。求解公式(12.91)中优化的任务，可证明(习题12.15)

633

$$\hat{p}(x) = C\exp\left(\sum_{i\in\mathcal{I}}\theta_i u_i(x)\right) \tag{12.92}$$

即最大熵估计是指数形式。参数 θ_i，$i \in \mathcal{I}$ 是优化任务中用到的拉格朗日乘子，它们的值是通过约束确定的，并以可用经验期待 $\hat{\mu}_i$，$i \in \mathcal{I}$ 的形式给出。如果除了那个明显的(归一

化)约束之外没有使用其他约束，且 $\mathcal{A}_x=[a,b]\subset\mathbb{R}$，那么得到的概率密度函数就是均匀分布 $p(x)=C$，实际上，这是最随机的一种，因为它对任何特定的值区间都没有显示出偏好。如果使用两个约束条件，例如 $u_1(x)=x$ 和 $u_2(x)=x^2$，生成的概率密度函数是高斯的，因为指数是一个二次型(见本章附录)。换句话说，在服从与均值和方差有关的两个约束条件的 PDF 中，高斯是最随机的。注意，虽然我们专注于实数值的随机变量，一切都可以推广到向量值的情况。文献[42]提供了有关 ME 方法和对问题的另一种观点的有趣讨论。

12.9 学习模型组合：概率观点

7.9 节中引入了将不同学习方法组合以利用每种方法的特性来提高整体性能的想法。我们现在回到这个任务，通过概率方法解决它。从教学观点看，本节也是很有用的，可以帮助读者进一步熟悉 EM 算法的使用。

我们最初考虑的是数据分布在输入空间的不同区域。因此，它看起来适合不同的学习模型，每个区域对应一个模型。这个想法提醒我们回顾第 7 章中讨论的决策树。在那里，对输入空间进行了轴对齐(线性)分割。在这里，输入空间将通过超平面(可以推广到更一般的超曲面)在一般位置进行分割。此外，两者主要区别在于，在 CARTS 中，分裂是硬型决策规则。而在当前场景下，我们采取一种更宽松的态度，我们将考虑软型概率分裂，但代价是一些损失的可解释性。

本节提出的组合方法的基本概念如图 12.12 所示。通常将 K 个学习器称为专家。我们的建模方法的核心是所谓的门控函数 $g_k(\boldsymbol{x})$，$k=1,2,\cdots,K$，分别控制每个专家对最终决定的重要性。在训练阶段对这些函数和参数集 $\boldsymbol{\theta}_k$，$k=1,2,\cdots,K$ 进行调优，这些分别对专家进行了参数化。在一般情况下，门控函数是输入变量的函数。我们把这种类型的建模称为专家混合。相反，在一些特殊类型的组合中，它们是参数而非函数，即 $g_k(\boldsymbol{x})=g_k$，我们称之为学习器混合。我们将聚焦于后一种情况，并使用线性模型在回归和分类任务场景中介绍该方法。

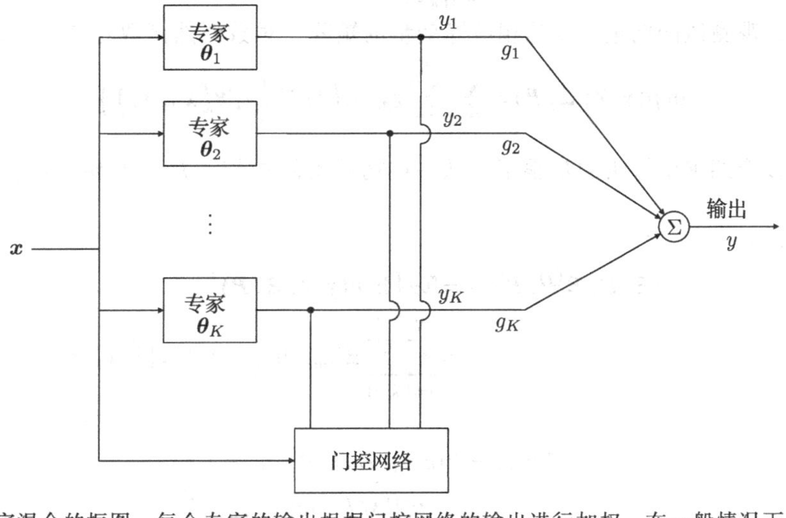

图 12.12 专家混合的框图。每个专家的输出根据门控网络的输出进行加权。在一般情况下，这些权重被视为输入的函数

12.9.1 混合线性回归模型

我们的出发点是每个模型都是线性回归模型 $\boldsymbol{\theta}_k$，$k=1,2,\cdots,K$，其中输入空间的维数

假定增大 1，用以表示截距，而输出变量与输入之间的关系是我们所熟悉的公式

$$y_k = \boldsymbol{\theta}_k^{\mathrm{T}} \boldsymbol{x} + \eta \tag{12.93}$$

其中，η 是高斯白噪声源，方差为 σ_η^2，并且所有模型方差一致，这可以直接推广到更一般的情况。对于广义线性模型，$\boldsymbol{x}$ 可以简单地被非线性映射 $\boldsymbol{\phi}(\boldsymbol{x})$ 所取代。我们假设门控参数被解释为概率，它们将表示为 $g_k = P_k$。

根据前面的假设，可以采用以下混合模型

$$p(y; \Xi, \boldsymbol{P}) = \sum_{k=1}^{K} P_k \mathcal{N}(y|\boldsymbol{\theta}_k^{\mathrm{T}} \boldsymbol{x}, \sigma_\eta^2) \tag{12.94}$$

其中

$$\Xi := [\boldsymbol{\theta}_1^{\mathrm{T}}, \cdots, \boldsymbol{\theta}_K^{\mathrm{T}}, \sigma_\eta^2]^{\mathrm{T}}, \boldsymbol{P} := [P_1, \cdots, P_K]^{\mathrm{T}} \tag{12.95}$$

是未知参数的向量，在训练阶段用训练点集 $(y_n, \boldsymbol{x}_n)$，$n = 1, 2, \cdots, N$ 进行估计。由于每个模型被设计为“负责”空间中一个区域的，因此应使用来自相应区域的输入样本训练对应参数，但注意，这些区域并不是已知的，必须在训练期间学习。这与高斯混合建模的任务类似，回想一下，在训练过程中，每个观测值都通过隐变量与特定的混合模型相关联。在当前场景中，每个输入样本将与一个特定学习器关联。因此，我们当前的任务是 12.6 节中讨论的任务的一个近亲，我们可以按照类似的步骤来得出结果。但是，为了多样化，我们将采取略有不同的路线。这也将在以后被证明很有用，同时它也更适合当前问题的表述。与高斯混合建模中使用索引 k_n 不同，我们将引入一组新的隐变量 $z_{nk} \in \{0,1\}$，$k = 1, 2, \cdots, K$，$n = 1, 2, \cdots, N$。如果 $z_{nk} = 1$，那么样本 $\boldsymbol{x}_n$ 由专家 k 处理。同时，对于每个 n，z_{nk} 仅对当单一的 k 值等于 1，其余为零。现在，我们可以写下完全训练数据集[⊖] (y_n, z_{nk}) 的似然函数

634～635

$$p(\boldsymbol{y}, Z; \Xi, \boldsymbol{P}) = \prod_{n=1}^{N} \prod_{k=1}^{K} \left(P_k \mathcal{N}\left(y_n | \boldsymbol{\theta}_k^{\mathrm{T}} \boldsymbol{x}_n, \sigma_\eta^2 \right) \right)^{z_{nk}} \tag{12.96}$$

其中 $\boldsymbol{y}$ 是输出观测值的向量，Z 是相应隐变量的矩阵。对数似然函数容易由下式得到

$$\ln p(\boldsymbol{y}, Z; \Xi, \boldsymbol{P}) = \sum_{n=1}^{N} \sum_{k=1}^{K} z_{nk} \ln \left(P_k \mathcal{N}\left(y_n | \boldsymbol{\theta}_k^{\mathrm{T}} \boldsymbol{x}_n, \sigma_\eta^2 \right) \right) \tag{12.97}$$

我们现在可以介绍 EM 算法的步骤了。从一些初始条件 $\Xi^{(0)}$、$\boldsymbol{P}^{(0)}$ 开始，第 j+1 次迭代由下式给出：

- E-步骤：

$$\begin{aligned} \mathcal{Q}(\Xi, \boldsymbol{P}; \Xi^{(j)}, \boldsymbol{P}^{(j)}) &= \mathbb{E}_Z \left[\ln p(\boldsymbol{y}, Z; \Xi, \boldsymbol{P}) \right] \\ &= \sum_{n=1}^{N} \sum_{k=1}^{K} \mathbb{E}[z_{nk}] \ln \left(P_k \mathcal{N}\left(y_n | \boldsymbol{\theta}_k^{\mathrm{T}} \boldsymbol{x}_n, \sigma_\eta^2 \right) \right) \end{aligned}$$

但是

$$\begin{aligned} \mathbb{E}[z_{nk}] &= P(k|y_n; \Xi^{(j)}, \boldsymbol{P}^{(j)}) \\ &= \frac{P_k^{(j)} \mathcal{N}\left(y_n | \boldsymbol{\theta}_k^{(j)\mathrm{T}} \boldsymbol{x}_n, \sigma_\eta^2 \right)}{\sum_{i=1}^{K} P_i^{(j)} \mathcal{N}\left(y_n | \boldsymbol{\theta}_i^{(j)\mathrm{T}} \boldsymbol{x}_n, \sigma_\eta^2 \right)} \end{aligned} \tag{12.98}$$

⊖ 严格来说，数据集也依赖于 $\boldsymbol{x}_n$，但为简化符号表示，我们只给出了 y_n，因为在输入变量固定的前提下，我们将它作为一个随机变量来处理。

或者

$$\mathcal{Q}(\Xi, \boldsymbol{P}; \Xi^{(j)}, \boldsymbol{P}^{(j)}) = \sum_{n=1}^{N}\sum_{k=1}^{K}\gamma_{nk}\Big(\ln P_k - \frac{1}{2}\ln\sigma_\eta^2 - \frac{1}{2\sigma_\eta^2}\left(y_n - \boldsymbol{\theta}_k^{\mathrm{T}}\boldsymbol{x}_n\right)^2\Big) + C \tag{12.99}$$

其中 C 是一个常数，不会影响优化，且 636

$$\gamma_{nk} := P(k|y_n; \Xi^{(j)}, \boldsymbol{P}^{(j)})$$

正如预期的那样，式(12.99)看起来很像式(12.59)。

- M-步骤：该步骤包括通过三个不同的优化问题来计算未知参数。

  门控参数：按照和式(12.62)完全相同的步骤，我们获得

$$\boxed{P_k^{(j+1)} = \frac{1}{N}\sum_{n=1}^{N}\gamma_{nk}} \tag{12.100}$$

学习器参数：对每个 $k=1,2,\cdots,K$，我们有

$$\mathcal{Q}(\Xi, \boldsymbol{P}; \Xi^{(j)}, \boldsymbol{P}^{(j)}) = -\sum_{n=1}^{N}\frac{\gamma_{nk}}{2\sigma_\eta^2}\left(y_n - \boldsymbol{\theta}_k^{\mathrm{T}}\boldsymbol{x}_n\right)^2 + C_1 \tag{12.101}$$

其中 C_1 包含不依赖于 $\boldsymbol{\theta}_k$ 的所有项目。取梯度并令其等于零，我们很容易得到

$$\sum_{n=1}^{N}\gamma_{nk}\boldsymbol{x}_n\left(y_n - \boldsymbol{x}_n^{\mathrm{T}}\boldsymbol{\theta}_k\right) = \boldsymbol{0}$$

或者，采用输入数据矩阵 $X^{\mathrm{T}} := [\boldsymbol{x}_1, \cdots, \boldsymbol{x}_N]$

$$X^{\mathrm{T}}\Gamma_k\left(\boldsymbol{y} - X\boldsymbol{\theta}_k\right) = \boldsymbol{0}$$

其中

$$\Gamma_k := \mathrm{diag}\{\gamma_{1k}, \cdots, \gamma_{Nk}\}$$

最后得到

$$\boxed{\boldsymbol{\theta}_k^{(j+1)} = \left(X^{\mathrm{T}}\Gamma_k X\right)^{-1}X^{\mathrm{T}}\Gamma_k\boldsymbol{y},\ k = 1, 2, \cdots, K} \tag{12.102}$$

式(12.102)是加权 LS 问题的求解方案，在形式上与 7.6 节中的方法类似，都要同时处理对率回归。注意，加权矩阵涉及与第 k 个专家关联的后验概率。

噪声方差：我们有

$$\mathcal{Q}(\Xi, \boldsymbol{P}; \Xi^{(j)}, \boldsymbol{P}^{(j)}) = \sum_{n=1}^{N}\sum_{k=1}^{K}\gamma_{nk}\Big(-\frac{1}{2}\ln\sigma_\eta^2 - \frac{1}{2\sigma_\eta^2}\left(y_n - \boldsymbol{\theta}_k^{\mathrm{T}(j+1)}\boldsymbol{x}_n\right)^2\Big) + C_2 \tag{12.103}$$

637

其相对于 σ_η^2 的优化将得到

$$\boxed{\sigma_\eta^{2(j+1)} = \frac{1}{N}\sum_{n=1}^{N}\sum_{k=1}^{K}\gamma_{nk}\left(y_n - \boldsymbol{\theta}_k^{\mathrm{T}(j+1)}\boldsymbol{x}_n\right)^2} \tag{12.104}$$

1. 专家混合

在专家混合[24]中，门控参数以参数化形式表示，作为输入变量 $\boldsymbol{x}$ 的函数。一个常见的选择是假定

$$g_k(\boldsymbol{x}) := P_k(\boldsymbol{x}) = \frac{\exp\left(\boldsymbol{w}_k^{\mathrm{T}}\boldsymbol{x}\right)}{\sum_{i=1}^{K}\exp\left(\boldsymbol{w}_i^{\mathrm{T}}\boldsymbol{x}\right)} \tag{12.105}$$

参照图 12.12，门控权重是门控网络的输出，也由和专家相同的输入来激励。在第 18 章中将介绍的神经网络场景中，我们可以将门控网络视为神经网络，式(12.105)提供了激活函数，称为 softmax 激活[5]。注意，式(12.105)与用于多类对率回归的式(7.47)的形式完全相同。在这种情况下，式(12.99)中的 P_k 被替换为 $P_k(\boldsymbol{x})$，对应的 M-步骤变成了等价的相对 $\boldsymbol{w}_k$，$k=1,2,\cdots,K$ 进行优化。我们有

$$\mathcal{Q}(\Xi, \boldsymbol{P}; \Xi^{(j)}, \boldsymbol{P}^{(j)}) = \sum_{n=1}^{N}\sum_{k=1}^{K}\gamma_{nk}\ln P_k(\boldsymbol{x}) + C_3 \tag{12.106}$$

观察到，式(12.106)与多类对率回归所使用的式(7.49)的格式相同，所以优化也遵循类似的步骤(参见[19])。

专家混合被应用于许多应用，其中一个典型应用是逆问题，即从输出中推断输入。但是，在许多情况下，这是一个一对多的任务，专家混合在对这种从“许多”选项中进行选择的问题进行建模时是非常有用的。例如，在[4]中，专家混合用于跟踪录像中的人，其中从图像到姿势的映射由于遮挡而不是唯一的。

2. 专家层级混合

专家混合概念的一个直接推广是以一种层次化方式增加更多级别的门控功能，从而产生所谓的*专家层级混合*(HME)。这一思想可由图 12.13 中的框图表示。此结构类似于树，以专家为叶子，将门控网络作为非终端节点，将输出(求和)节点作为根节点。专家的层级组合将空间划分为一组嵌套的区域，在分层放置的门控网络控制下，专家的信息组合在一起。这种层次化结构符合更一般的*分而治之*策略的思想。

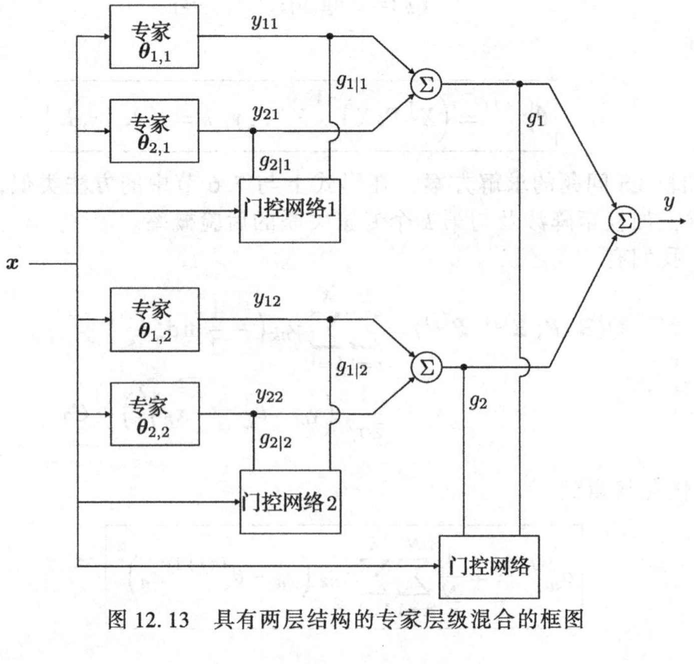

图 12.13　具有两层结构的专家层级混合的框图

与决策树相比，HME 围绕软决策规则而演变，和 CART 中使用硬决策规则相反。硬决策通常会导致信息丢失。一旦做出决策，之后就不能改变。相反，软决策规则为网络提供了在做出最终决定之前保留信息的余地。例如，根据硬决策规则，如果样本位于决策曲面附近，则将根据其位于的那一侧的标签进行标记。但是，在软决策规则中，点相对于决策曲面的位置的信息将保留，直到必须做出最后决定的阶段，同时随着处理进程，会有更多可用信息纳入考虑。

注意，训练专家混合也可以通过不同的途径进行，通过优化成本函数而不需要使用概率参数(参见[19])。

12.9.2 混合对率回归模型

遵循 12.9.1 节中的方法，也可以将组合原理应用于分类任务。为此，我们为每个专家使用两类对率回归模型，给定输入值 $\boldsymbol{x}$，组合规则现在可写为

$$P(y;\Xi,\boldsymbol{P})=\sum_{k=1}^{K}P_k s_k^{y}(1-s_k)^{1-y} \tag{12.107}$$

其中使用了 7.6 节中对率回归的定义，标签 $y\in\{0,1\}$ 对应两个类 ω_1 和 ω_2，且 638~639

$$s_k:=\sigma(\boldsymbol{\theta}_k^{\mathrm{T}}\boldsymbol{x}) \tag{12.108}$$

表示第 k 个专家的输出。与 12.9.1 节一样，Ξ 是一组未知参数，$\boldsymbol{P}$ 是对应的门控网络集合。采用与线性回归类似的方法，我们可以容易得到完全数据集的似然函数如下：

$$P(\boldsymbol{y},Z;\Xi,\boldsymbol{P})=\prod_{n=1}^{N}\prod_{k=1}^{K}\left(P_k s_{nk}^{y_n}(1-s_{nk})^{1-y_n}\right)^{z_{nk}} \tag{12.109}$$

其中 $s_{nk}:=\sigma(\boldsymbol{\theta}_k^{\mathrm{T}}\boldsymbol{x}_n)$，$\boldsymbol{y}$ 是训练样本的标签集 y_n，$n=1,2,\cdots,N$。遵循在相应的对数似然函数上应用 EM 算法的标准方法，很显然，在第 j 步迭代中的 E-步骤由下式给出

$$Q(\Xi,\boldsymbol{P};\Xi^{(j)},\boldsymbol{P}^{(j)})=\sum_{n=1}^{N}\sum_{k=1}^{K}\gamma_{nk}\Big(\ln P_k+y_n\ln s_{nk}+(1-y_n)\ln(1-s_{nk})\Big) \tag{12.110}$$

其中

$$\gamma_{nk}=\mathbb{E}[\mathrm{z}_{nk}]=P(k|y_n,\Xi^{(j)},\boldsymbol{P}^{(j)})=\frac{P_k^{(j)}s_{nk}^{y_n}(1-s_{nk})^{1-y_n}}{\sum_{i=1}^{K}P_i^{(j)}s_{ni}^{y_n}(1-s_{ni})^{1-y_n}} \tag{12.111}$$

注意，在式(12.111)中，应该使用符号 $s_{nk}^{(j)}$、$s_{ni}^{(j)}$，但我们尝试对其进行稍微整理。

在 M-步骤中，相对于 P_k 的最小化与回归任务的形式相同，它会得到

$$P_k^{(j+1)}=\frac{1}{N}\sum_{n=1}^{N}\gamma_{nk} \tag{12.112}$$

为了得到专家的参数，必须采用迭代方法。观察到，式(12.110)与式(7.38)的仅有区别是存在涉及 P_k 的项、k 上的求和以及乘积因子 γ_{nk} 的存在。前两项在相对于单个 $\boldsymbol{\theta}_k$ 的优化中没有什么区别，而后者只是一个常数。因此，这里的优化类似于 7.6 节中用于两类对率回归，梯度和海森矩阵都是相同的，但乘积因子除外(还有符号，因为那里考虑了负对数似然)。多类案例的扩展非常简单，并且遵循类似的步骤。

例 12.7 这个例子展示了将两个线性回归模型的混合应用于合成数据集。输入和输出是标量 x_n 和 y_n。图 12.14a 显示了设置。数据位于输入空间中的不同部分，在每个区域

中，输入–输出关系具有不同形式。我们的目标是估计两个线性函数 $\theta_{1,k}x+\theta_{0,k}$，$k\in\{1,2\}$，使用噪声方差的真实值 σ_η^2 初始化 12.9.1 节的 EM 算法。

图 12.14a~c 显示了第 1 步、第 7 步和最后的第 15 步迭代之后生成的线性模型。图 12.14d~f 显示了得到的与每个学习器相关联的后验概率 $P(k\mid y_n,x_n)$（由条形的长度来
640 度量），作为 x_n 的函数来显示。收敛后，它们具有双峰性质，取决于每个输入样本在输入空间中的位置。这样，重要的概率质量甚至被分配到数据点不存在的区域。从泛化的角度来看，如果我们让门控参数成为输入变量本身的函数，则可以得到更平滑、更准确的估计。

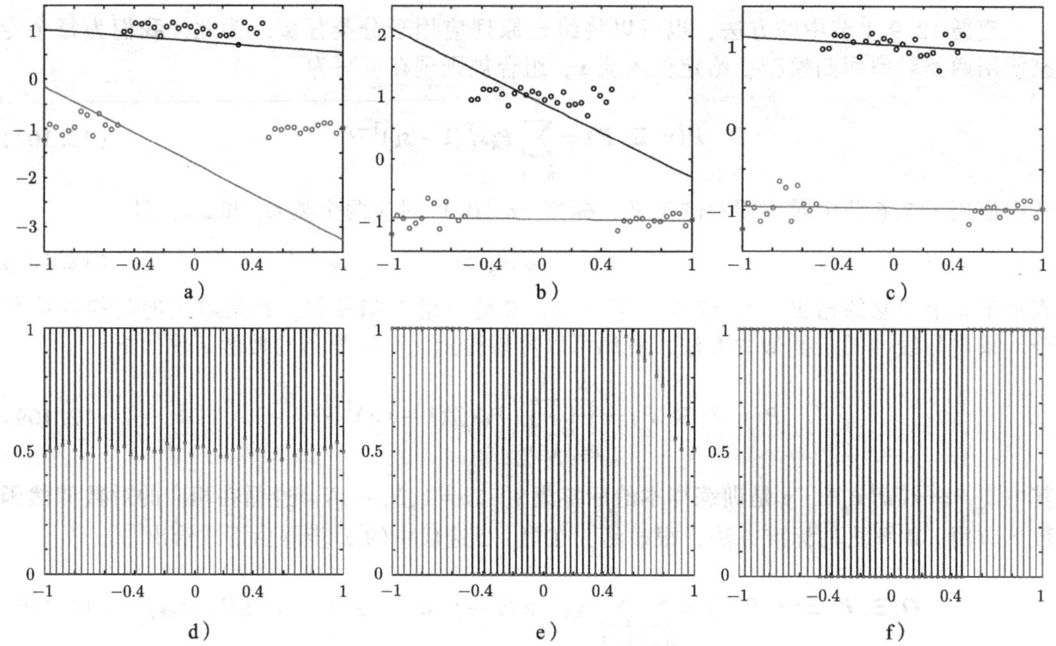

图 12.14　图 a~c 为在第 1 步、第 7 步和第 15 步迭代之后，由 EM 算法估计的两条拟合线。图 d~f 显示了每个训练点 x_n 的后验概率。每个段的长度等于相应概率的值

习题

12.1　证明，如果

$$p(z)=\mathcal{N}(z|\mu_z,\Sigma_z)$$

且

$$p(t|z)=\mathcal{N}(t|Az,\Sigma_{t|z})$$

那么

641 $$\mathbb{E}[\mathbf{z}|t]=(\Sigma_z^{-1}+A^{\mathrm{T}}\Sigma_{t|z}^{-1}A)^{-1}(A^{\mathrm{T}}\Sigma_{t|z}^{-1}t+\Sigma_z^{-1}\mu_z)$$

12.2　令 $\mathbf{x}\in\mathbb{R}^l$ 为一个服从正态分布 $\mathcal{N}(\boldsymbol{x}\mid\boldsymbol{\mu},\Sigma)$ 的随机向量。考虑 $\boldsymbol{x}_n$，$n=1,2,\cdots,N$ 是独立同分布的观测值。如果 $\boldsymbol{\mu}$ 的先验服从 $\mathcal{N}(\boldsymbol{\mu}\mid\boldsymbol{\mu}_0,\Sigma_0)$，证明后验 $p(\boldsymbol{\mu}\mid\boldsymbol{x}_1,\cdots,\boldsymbol{x}_N)$ 是正态分布 $\mathcal{N}(\boldsymbol{\mu}\mid\tilde{\boldsymbol{\mu}},\tilde{\Sigma})$，且

$$\tilde{\Sigma}^{-1}=\Sigma_0^{-1}+N\Sigma^{-1}$$

和

$$\tilde{\mu} = \tilde{\Sigma}(\Sigma_0^{-1}\mu_0 + N\Sigma^{-1}\bar{x})$$

其中 $\bar{x}=\frac{1}{N}\sum_{n=1}^{N} x_n$。

12.3 如果 $\mathcal{X}$ 是观测变量集，$\mathcal{X}^l$ 是对应的潜变量集，证明

$$\frac{\partial \ln p(\mathcal{X};\xi)}{\partial \xi} = \mathbb{E}\left[\frac{\partial \ln p(\mathcal{X},\mathcal{X}^l;\xi)}{\partial \xi}\right]$$

其中是 $\mathbb{E}[\cdot]$ 相对于 $p(\mathcal{X}^l \mid \mathcal{X};\xi)$ 的，ξ 是一个未知的向量参数。注意，如果在 $p(\mathcal{X}^l \mid \mathcal{X};\xi)$ 中固定 ξ 的值，那么我们就得到了 EM 算法中的 M-步骤。

12.4 证明式(12.42)。

12.5 令 $y\in\mathbb{R}^N$，$\theta\in\mathbb{R}^l$，且 Φ 是一个维度适当的矩阵。给定 $\mathbb{E}[\theta]$ 和对应的协方差矩阵 Σ_θ，推导 $\|y-\Phi\theta\|^2$ 相对于 θ 的期望值。

12.6 推导递归式(12.60)~式(12.62)。

12.7 证明库尔贝克-莱布勒散度 $\mathrm{KL}(p\|q)$ 是非负数。提示：回想一下，$\ln(\cdot)$ 是一个凹函数，再使用延森不等式，即

$$f\left(\int g(x)p(x)\mathrm{d}x\right) \leqslant \int f(g(x))p(x)\mathrm{d}x$$

其中 $p(x)$ 是一个 PDF，f 是一个凸函数。

12.8 证明二项分布和贝塔分布是相对于均值的共轭对。

12.9 证明狄利克雷概率密度函数

$$\mathrm{Dir}(x|a) = C\prod_{k=1}^{K} x_k^{a_k-1},\ \sum_{k=1}^{K} x_k = 1$$

中的归一化常数 C 由下式给出

$$C = \frac{\Gamma(a_1+a_2+\cdots+a_K)}{\Gamma(a_1)\Gamma(a_2)\cdots\Gamma(a_K)}$$

提示：使用性质 $\Gamma(a+1)=a\Gamma(a)$。

(a) 使用归纳法。因为当 $k=2$ 时命题为真(贝塔分布)，假定当 $k=K-1$ 时为真，证明当 $k=K$ 时仍为真。 642

(b) 注意，由于约束 $\sum_{k=1}^{K} x_k=1$，因此只有 $K-1$ 个变量是独立的。所以，基本上狄利克雷概率密度函数意味着

$$p(x_1,x_2,\cdots,x_{K-1}) = C\prod_{k=1}^{K-1} x_k^{a_k-1}\left(1-\sum_{k=1}^{K-1}x_k\right)^{a_K-1}$$

12.10 证明对于已知的 Σ，$\mathcal{N}(x \mid \mu,\Sigma)$ 是指数形式，其共轭先验也是高斯分布。

12.11 证明多变量高斯相对于精度矩阵 Q 的共轭先验是一个维希特分布。

12.12 证明单变量高斯 $\mathcal{N}(x \mid \mu,\sigma^2)$ 相对于均值和精度 $\beta=1/\sigma^2$ 的共轭先验，是高斯-伽马积

$$p(\mu,\beta;\lambda,v) = \mathcal{N}\left(\mu\middle|\frac{v_2}{\lambda},(\lambda\beta)^{-1}\right)\mathrm{Gamma}\left(\beta\middle|\frac{\lambda+1}{2},\frac{v_1}{2}-\frac{v_2^2}{2\lambda}\right)$$

其中 $v:=[v_1,v_2]^{\mathrm{T}}$。

12.13 证明多变量高斯 $\mathcal{N}(x \mid \mu,Q^{-1})$ 相对于均值和精度矩阵 Q 有一个共轭先验，是高斯-维希特积。

12.14 证明分布

$$P(x|\mu) = \mu^x(1-\mu)^{1-x},\ x\in\{0,1\}$$

是指数形式，并推导其相对于 μ 的共轭先验。

12.15 证明通过最大化相应的熵来估计未知概率密度函数，受一组经验预期约束，会产生属于指数族的概率密度函数。

MATLAB 练习

12.16 样本数 $N=20$，在区间[0,2]内等间距取点 x_n。根据例 12.1 中的非线性模型创建输出样本 y_n，其中噪声方差设置为 $\sigma_\eta^2=0.05$。

(a) 令高斯先验概率参数为 $\boldsymbol{\theta}_0=[0.2,-1,0.9,0.7,-0.2]^{\mathrm{T}}$ 和 $\Sigma_\theta=0.1I$。分别使用式(12.19)和式(12.20)计算协方差矩阵和后验高斯分布的平均值。然后，在区间[0,2]中随机选择 $K=20$ 个点 x_k。分别使用式(12.22)和式(12.23)计算均值 μ_y 和相应方差 σ_y^2 的预测。绘制真实函数和预测的均值 μ_y 的图形，并使用 MATLAB 的"误差条"函数绘制这些预测的置信区间。再次重复实验，使用 $N=500$ 个点，并尝试不同的 σ_η^2 值，注意估计置信区间的变化。

(b) 重复前面的实验，使用随机选择的 $\boldsymbol{\theta}_0$ 值和不同的参数值，例如 $\sigma_\eta^2=0.05$，或者 $\sigma_\eta^2=0.15$，
643 $\sigma_\theta^2=0.1$，或者 $\sigma_\theta^2=2$ 及 $N=500$ 或 $N=20$。

(c) 再次重复实验，对模型使用错误的次数，如二次或三次多项式。对参数使用不同的值，而不是初始化时使用的对应的正确值。参见例 12.1。

12.17 如之前一样考虑例 12.1。在区间[0,2]中等间距采样 $N=500$ 个点。根据例子中的非线性模型创建输出样本 y_n，其中噪声方差设置为 $\sigma_\eta^2=0.05$。实现 12.5 节的线性回归 EM 算法。假设有正确的参数数量。然后重复例 12.2。在 EM 收敛后，按之前相同的间隔方式随机采样 10 个点 x_k，计算均值 μ_y 和方差 σ_y^2 的预测。绘制真实的信号曲线、预测均值 μ_y，并使用 MATLAB 的"误差条"函数绘制相应的置信区间。使用不同的初始值和不正确的参数数量重复运行 EM。对结果进行讨论。

12.18 从例 12.3 的三个二维高斯分布中各自生成 100 个数据点。绘制数据点以及每个高斯分布的覆盖概率为 80%的置信曲线。按照式(12.58)~式(12.62)中的步骤，通过 EM 算法实现高斯混合模型。此外，使用式(12.55)计算 EM 算法每步迭代中的对数似然函数。

(a) 在单独的图(始终包含数据)中，分别绘制由 EM 算法在迭代 $j=1$、$j=5$ 和 $j=30$ 步期间估计的高斯分布的椭圆，以及对数似然函数相对不同迭代步数的曲线。

(b) 使聚类均值更彼此靠近，重复相同的实验并比较结果。

12.19 从具有如下参数的二维高斯分布中每个生成 100 个数据点

$$\boldsymbol{\mu}_1^{\mathrm{T}}=[0.9,1.02]^{\mathrm{T}},\quad \boldsymbol{\mu}_2^{\mathrm{T}}=[-1.2,-1.3]^{\mathrm{T}}$$

和

$$\Sigma_1=\begin{bmatrix}0.5 & 0.081\\ 0.081 & 0.7\end{bmatrix},\quad \Sigma_2=\begin{bmatrix}0.4 & 0.02\\ 0.02 & 0.3\end{bmatrix}$$

使用不同的颜色为两个高斯分布绘制数据点。实现算法 12.1 中提出的 k-means 算法。

(a) 运行 $K=2$ 的 k-means 算法并绘制结果。运行上一个练习中的高斯混合 EM，然后绘制 80%的概率置信椭圆，比较两个运行结果。

(b) 在每个分布中采样 $N_1=100$ 和 $N_2=20$ 个点，重复实验以重现图 12.9 的结果。

(c) 尝试不同的配置，设置 K 不同于真正的聚类数。对结果进行分析。

(d) 设置不同的初始化点，并尝试离聚类真实均值更远的点。对结果进行分析。

12.20 在区间[-1,1]内生成 50 个等距输入数据点。假设两个线性回归模型，第一个比例为 0.005、截
644 距为-1，第二个比例为 0.018 和截距为 1。从这两个模型生成观测值，其中使用第一个模型生成区间[-0.5,0.5]中的输入点，使用第二个模型生成区间[-1,-0.5]∪[0.5,1]中的输入点。而且，添加零均值和方差为 0.01 的高斯噪声。接下来，实现 12.9.1 节中设计的 EM 算法。初始化噪声精度 β 为其真实值。对于迭代 1、5 和 30，绘制模型的数据点和估计的线性函数 $\theta_{1,k}x+\theta_{0,k}$，$k\in\{1,2\}$，以重现图 12.14 的结果。

参考文献

[1] D. Arthur, S. Vassilvitskii, k-means++: the advantages of careful seeding, in: Proceedings 18th ACM-SIAM Symposium on Discrete Algorithms, SODA, 2007, pp. 1027–1035.

[2] L.E. Baum, T. Petrie, G. Soules, N. Weiss, A maximization technique occurring in the statistical analysis of probabilistic functions of Markov chains, Ann. Math. Stat. 41 (1970) 164–171.

[3] M.J. Beal, Variational Algorithms for Approximate Bayesian Inference, PhD Thesis, University College London, 2003.

[4] L. Bo, C. Sminchisescu, A. Kanaujia, D. Metaxas, Fast algorithms for large scale conditional 3D prediction, in: Proceedings International Conference to Computer Vision and Pattern Recognition, CVPR, Anchorage, AK, 2008.

[5] J.S. Bridle, Probabilistic interpretation of feedforward classification network outputs with relationship to statistical pattern recognition, in: F. Fougelman-Soulie, J. Heurault (Eds.), Neuro-Computing: Algorithms, Architectures and Applications, Springer Verlag, 1990.

[6] O. Cappe, E. Mouline, Online EM algorithm for latent data models, J. R. Stat. Soc. B 71 (3) (2009) 593–613.

[7] G. Casella, R.L. Berger, Statistical Inference, second ed., Duxbury Press, 2002.

[8] G. Celeux, J. Diebolt, The SEM algorithm: a probabilistic teacher derived from the EM algorithm for the mixture problem, Comput. Stat. Q. 2 (1985) 73–82.

[9] S.P. Chatzis, D.I. Kosmopoulos, T.A. Varvarigou, Signal modeling and classification using a robust latent space model based on t-distributions, IEEE Trans. Signal Process. 56 (3) (2008) 949–963.

[10] S.P. Chatzis, D. Kosmopoulos, T.A. Varvarigou, Robust sequential data modeling using an outlier tolerant hidden Markov model, IEEE Trans. Pattern Anal. Mach. Intell. 31 (9) (2009) 1657–1669.

[11] B. Delyon, M. Lavielle, E. Moulines, Convergence of a stochastic approximation version of the EM algorithm, Ann. Stat. 27 (1) (1999) 94–128.

[12] A.P. Dempster, N.M. Laird, D.B. Rubin, Maximum likelihood from incomplete data via the EM algorithm, J. R. Stat. Soc. B 39 (1) (1977) 1–38.

[13] S.F. Gull, Bayesian inductive inference and maximum entropy, in: G.J. Erickson, C.R. Smith (Eds.), Maximum Entropy and Bayesian Methods in Science and Engineering, Kluwer, 1988.

[14] M.R. Gupta, Y. Chen, Theory and use of the EM algorithm, Found. Trends Signal Process. 4 (3) (2010) 223–299.

[15] L.K. Hansen, C.E. Rasmussen, Pruning from adaptive regularization, Neural Comput. 6 (1993) 1223–1232.

[16] L.K. Hansen, J. Larsen, Unsupervised learning and generalization, in: IEEE International Conference on Neural Networks, 1996, pp. 25–30.

[17] L.K. Hansen, Bayesian averaging is well-temperated, in: S. Solla (Ed.), Proceedings Neural Information Processing, NIPS, MIT Press, 2000, pp. 265–271.

[18] D. Haussler, M. Kearns, R. Schapire, Bounds on the sample complexity of Bayesian learning using information theory and the VC dimension, Mach. Learn. 14 (1994) 83–113.

[19] S. Haykin, Neural Networks: A Comprehensive Foundation, Prentice Hall, 1999.

[20] D.R. Hunter, K. Lange, A tutorial on MM algorithms, Am. Stat. 58 (2004) 30–37.

[21] E.T. Jaynes, On the rationale of the maximum entropy methods, Proc. IEEE 70 (9) (1982) 939–952.

[22] E.T. Jaynes, Bayesian methods-an introductory tutorial, in: J.H. Justice (Ed.), Maximum Entropy and Bayesian Methods in Science and Engineering, Cambridge University Press, 1986.

[23] H. Jeffreys, Theory of Probability, Oxford University Press, 1992.

[24] M.I. Jordan, R.A. Jacobs, Hierarchical mixture of experts and the EM algorithm, Neural Comput. 6 (1994) 181–214.

[25] P. Liang, D. Klein, Online EM for unsupervised models, in: Proceeding of Human Language Technologies: The 2009 Annual Conference of the North American Chapter of the Association for Computational Linguistics, NAACL, 2009, pp. 611–619. 645

[26] T.J. Loredo, From Laplace to supernova SN 1987A: Bayesian inference in astrophysics, in: P. Fougere (Ed.), Maximum Entropy and Bayesian Methods, Kluwer, 1990, pp. 81–143.

[27] D.J.C. McKay, Bayesian interpolation, Neural Comput. 4 (3) (1992) 417–447.

[28] D.J.C. McKay, Probable networks and plausible predictions – a review of practical Bayesian methods for supervised neural networks, Netw. Comput. Neural Syst. 6 (1995) 469–505.

[29] X.L. Meng, D. Van Dyk, The EM algorithm—an old folk-song sung to a fast new tune, J. R. Stat. Soc. B 59 (3) (1997) 511–567.

[30] G.J. McLachlan, K.E. Basford, Mixture Models. Inference and Applications to Clustering, Marcel Dekker, 1988.

[31] X.L. Meng, D.B. Rubin, Maximum likelihood estimation via the ECM algorithm: a generalization framework, Biometrika 80 (1993) 267–278.

[32] J.E. Moody, Note on generalization, regularization, and architecture selection in nonlinear learning systems, in: Proceedings, IEEE Workshop on Neural Networks for Signal Processing, Princeton, NJ, USA, 1991, pp. 1–10.

[33] T. Moon, The expectation maximization algorithm, Signal Process. Mag. 13 (6) (1996) 47–60.

[34] R.M. Neal, G.E. Hinton, A new view of the EM algorithm that justifies incremental, sparse and other variants, in: M.J. Jordan (Ed.), Learning in Graphical Models, Kluwer Academic Publishers, 1998, pp. 355–369.
[35] S. Shoham, Robust clustering by deterministic agglomeration EM of mixtures of multivariate *t* distributions, Pattern Recognit. 35 (5) (2002) 1127–1142.
[36] M. Stephens, Dealing with label-switching in mixture models, J. R. Stat. Soc. B 62 (2000) 795–809.
[37] M. Svensen, C.M. Bishop, Robust Bayesian mixture modeling, Neurocomputing 64 (2005) 235–252.
[38] R. Sundberg, Maximum likelihood theory for incomplete data from an exponential family, Scand. J. Stat. 1 (2) (1974) 49–58.
[39] G. Schwarz, Estimating the dimension of a model, Ann. Stat. 6 (1978) 461–464.
[40] J. Shao, Mathematical Statistics: Exercises and Solutions, Springer, 2005.
[41] S. Theodoridis, K. Koutroumbas, Pattern Recognition, fourth ed., Academic Press, 2009.
[42] Y. Tikochinsky, N.Z. Tishby, R.D. Levin, Alternative approach to maximum-entropy inference, Phys. Rev. A 30 (5) (1985) 2638–2644.
[43] D.M. Titterington, A.F.M. Smith, U.E. Makov, Statistical Analysis of Finite Mixture Distributions, John Wiley & Sons, 1985.
[44] A. Vehtari, J. Lampinen, Bayesian model assessment and comparison using cross-validation predictive densities, Neural Comput. 14 (10) (2002) 2439–2468.
[45] C.S. Wallace, P.R. Freeman, Estimation and inference by compact coding, J. R. Stat. Soc. B 493 (1987) 240–265.
[46] R.L. Wolpert, Exponential Families, Technical Report, University of Duke, 2011, www.stat.duke.edu/courses/Spring11/sta114/lec/expofam.pdf.
646 [47] C. Wu, On the convergence properties of the EM algorithm, Ann. Stat. 11 (1) (1983) 95–103.

贝叶斯学习：近似推断和非参模型

13.1 引言

本章是有关贝叶斯学习的第 2 章。与第 12 章相比，本章的重点将深入到近似推断方法。当所涉及的积分无法计算时，会采用这种方法。本章讨论了近似推断法的两种途径，也被称为变分技术。一种基于平均场近似和 EM 算法的下界解释，另一种基于凸对偶和变分边界。同时在此框架内讨论了回归和混合建模，重点介绍了稀疏贝叶斯建模技术和层级贝叶斯模型，提出了相关向量机框架。本章还讨论了期望传播，这是近似推断变分方法的一种替代方法。在本章的最后，讨论了非参模型场景下的贝叶斯学习，包括狄利克雷过程(DP)、中国餐馆过程(CRP)、印度自助餐过程(IBP)和高斯过程。最后给出了高光谱成像的一个实例研究。

13.2 变分近似贝叶斯学习

回想一下，为了应用 EM 算法，对给定观测值，必须知道潜/隐变量的后验概率的函数形式。然而，后验概率的解析计算并不总是可行的。在这种情况下，前一章讨论的 EM 算法的标准形式是不适用的。在本节中，我们将给出一个基于 12.7 节中提出的 EM 解释的替代路线。

同样，我们先采用一种通用的表示方法，来适应特定问题的需要。设 $\mathcal{X}=\{\boldsymbol{x}_1,\cdots,\boldsymbol{x}_N\}$ 是观测变量的集合，$\mathcal{X}^l=\{\boldsymbol{x}_1^l,\cdots,\boldsymbol{x}_N^l\}$ 是 N 个对应的(局部)潜变量的集合，如 12.4 节定义。另外，在本节中，除了潜变量外，我们还将在问题中明确引入 K 个(全局)隐随机参数的集合，$\boldsymbol{\theta}\in\mathbb{R}^K$，其数目是固定的，且伴有一个先验 PDF。完全似然函数现在可写作 $p(\mathcal{X},\mathcal{X}^l,\boldsymbol{\theta};\boldsymbol{\xi})$，其中 $\boldsymbol{\xi}$ 是待估计的未知非随机(超)参数集合。在贝叶斯学习中，我们的 647~648
目标是推断描述潜/隐随机变量的后验概率分布。

式(12.63)中的函数现在重新定义为

$$\mathcal{F}(q,\boldsymbol{\xi})=\int q(\mathcal{X}^l,\boldsymbol{\theta})\ln\frac{p(\mathcal{X},\mathcal{X}^l,\boldsymbol{\theta};\boldsymbol{\xi})}{q(\mathcal{X}^l,\boldsymbol{\theta})}\mathrm{d}\mathcal{X}^l\,\mathrm{d}\boldsymbol{\theta} \tag{13.1}$$

式(12.66)的对应公式变为

$$\mathcal{F}(q,\boldsymbol{\xi})=\ln p(\mathcal{X};\boldsymbol{\xi})+\int q(\mathcal{X}^l,\boldsymbol{\theta})\ln\frac{p(\mathcal{X}^l,\boldsymbol{\theta}|\mathcal{X};\boldsymbol{\xi})}{q(\mathcal{X}^l,\boldsymbol{\theta})}\mathrm{d}\mathcal{X}^l\,\mathrm{d}\boldsymbol{\theta} \tag{13.2}$$

可得

$$\ln p(\mathcal{X};\boldsymbol{\xi})=\mathcal{F}(q,\boldsymbol{\xi})+\mathrm{KL}\left(q(\mathcal{X}^l,\boldsymbol{\theta})||p(\mathcal{X}^l,\boldsymbol{\theta}|\mathcal{X};\boldsymbol{\xi})\right)$$

上式和式(12.67)的不同之处是，在我们当前的设定下，假定后验 $p(\mathcal{X}^l,\boldsymbol{\theta}\mid\mathcal{X};\boldsymbol{\xi})$ 是未知的，因此，通过将库尔贝克–莱布勒(KL)散度 $\mathrm{KL}(q(\mathcal{X}^l,\boldsymbol{\theta})\,\|\,p(\mathcal{X}^l,\boldsymbol{\theta}\mid\mathcal{X};\boldsymbol{\xi}))$ 设置为零来

最大化泛函的值已不再可能了。唯一的选择是采取计算上易于处理的 q 的近似泛函形式，这将允许对 q(以及对非随机参数 $\boldsymbol{\xi}$)优化泛函。

对于函数优化泛函，在数学上被称为变分法。这个问题最简单的例子是计算连接一个表面上两个点间的测地线。瑞士数学家莱昂哈德·欧拉(1707—1783)和意大利出生的数学家兼天文学家约瑟夫·路易斯·拉格朗日(1736—1813)对此问题的贡献被认为是巨大的突破，奠定了这个领域。有趣的是，拉格朗日接替欧拉成为柏林普鲁士科学院数学主任。

为了解决这个问题，我们将 $q(\mathcal{X}^l,\boldsymbol{\theta})$ 约束在一个特殊函数族内。注意，如果此时未知的 $p(\mathcal{X}^l,\boldsymbol{\theta}\mid\mathcal{X};\boldsymbol{\xi})$ 不属于这个选出的函数族，那么 KL 散度不能变为零，边缘对数似然的下界 $\mathcal{F}(q,\boldsymbol{\xi})$ 也不会是紧的。这就是为什么这种方法被称作变分近似。

13.2.1 平均场近似

这种类型的近似是通过约束待分解的 $q(\mathcal{X}^l,\boldsymbol{\theta})$ 而得到的，即

$$q(\mathcal{X}^l,\boldsymbol{\theta})=q_{\mathcal{X}^l}(\mathcal{X}^l)q_{\boldsymbol{\theta}}(\boldsymbol{\theta}) \tag{13.3}$$

通常这种分解可以展开为

$$\boxed{q(\mathcal{X}^l,\boldsymbol{\theta})=q_{\mathbf{x}_1^l}(\boldsymbol{x}_1^l)\ldots q_{\mathbf{x}_N^l}(\boldsymbol{x}_N^l)q_{\boldsymbol{\theta}}(\boldsymbol{\theta}):\quad \text{平均场近似}} \tag{13.4}$$

此外，隐变量可以进一步分解，即 $q_{\boldsymbol{\theta}}(\boldsymbol{\theta})=\prod_i^K q_{\theta_i}(\theta_i)$。这种类型的分解函数近似是从统

649 计物理领域得到启发的，被称为平均场近似(参见[17，46，60])。毫无疑问，也可以使用一些组合方法，将不同变量组合在一起。不失一般性，为了简化符号表示，我们一般按照式(13.3)，只包含两个因子。

如采用式(13.3)中的分解模型，则式(13.1)就变为(习题 13.1)

$$\begin{aligned}\mathcal{F}(q_{\mathcal{X}^l},q_{\boldsymbol{\theta}},\boldsymbol{\xi})=&\int q_{\mathcal{X}^l}(\mathcal{X}^l)\left(\int q_{\boldsymbol{\theta}}(\boldsymbol{\theta})\ln p(\mathcal{X},\mathcal{X}^l,\boldsymbol{\theta};\boldsymbol{\xi})\,\mathrm{d}\boldsymbol{\theta}\right)\mathrm{d}\mathcal{X}^l-\\&\int q_{\mathcal{X}^l}(\mathcal{X}^l)\ln q_{\mathcal{X}^l}(\mathcal{X}^l)\,\mathrm{d}\mathcal{X}^l-\int q_{\boldsymbol{\theta}}(\boldsymbol{\theta})\,\mathrm{d}\boldsymbol{\theta}\end{aligned} \tag{13.5}$$

也可以写为

$$\mathcal{F}(q_{\mathcal{X}^l},q_{\boldsymbol{\theta}},\boldsymbol{\xi})=\mathbb{E}_{q_{\mathcal{X}^l}}\mathbb{E}_{q_{\boldsymbol{\theta}}}\Big[\ln p(\mathcal{X},\mathcal{X}^l,\boldsymbol{\theta};\boldsymbol{\xi})\Big]+H_{q_{\mathcal{X}^l}}+H_{q_\theta} \tag{13.6}$$

考虑到公式(13.5)中积分的顺序可以交换，我们还可写出

$$\mathcal{F}(q_{\mathcal{X}^l},q_{\boldsymbol{\theta}},\boldsymbol{\xi})=\mathbb{E}_{q_{\boldsymbol{\theta}}}\mathbb{E}_{q_{\mathcal{X}^l}}\Big[\ln p(\mathcal{X},\mathcal{X}^l,\boldsymbol{\theta};\boldsymbol{\xi})\Big]+H_{q_{\mathcal{X}^l}}+H_{q_\theta} \tag{13.7}$$

其中右侧的后两项是与两个分布项 $q_{\mathcal{X}^l}$ 和 $q_{\boldsymbol{\theta}}$ 相关联的熵。注意，式(13.6)和式(13.7)是第 12 章中式(12.65)的直接推广。

泛函 $\mathcal{F}(q_{\mathcal{X}^l},q_{\boldsymbol{\theta}},\boldsymbol{\xi})$ 的下界依赖于公式右侧的三项。遵循交替优化原理，在每个迭代步骤，我们将冻结其中两项，关于剩下的那一项进行最大化，如此交替。关于一个分布优化泛函的下界的任务将通过将一个对应的恰当定义的 KL 散度设置为 0 来进行。为此，例如，让我们将式(13.6)改写为一种稍微不同而更方便的形式。定义量 $\tilde{p}$ 如下

$$\mathbb{E}_{q_{\boldsymbol{\theta}}}\Big[\ln p(\mathcal{X},\mathcal{X}^l,\boldsymbol{\theta};\boldsymbol{\xi})\Big]:=\ln\tilde{p}(\mathcal{X},\mathcal{X}^l;\boldsymbol{\xi}) \tag{13.8}$$

于是式(13.6)(或等价的式(13.5))可写为

$$\mathcal{F}(q_{\mathcal{X}^l}, q_{\boldsymbol{\theta}}; \boldsymbol{\xi}) = \int q_{\mathcal{X}^l}(\mathcal{X}^l) \ln \frac{\tilde{p}(\mathcal{X}, \mathcal{X}^l; \boldsymbol{\xi})}{q_{\mathcal{X}^l}(\mathcal{X}^l)} \mathrm{d}\mathcal{X}^l + H_{q_{\theta}} \tag{13.9}$$

观察到，右侧第一项的形式与 KL 散度一样，其中，进行平均后消去了隐变量 $\boldsymbol{\theta}$。但请注意，由其定义，$\tilde{p}$ 不一定是一个分布。我们将很快看到，为了变成一个分布，需要一个正则化因子。

我们现在已经有了最大化 $\mathcal{F}(q_{\mathcal{X}^l}, q_{\boldsymbol{\theta}}, \boldsymbol{\xi})$ 所需的所有东西。优化过程首先是关于 $q_{\mathcal{X}^l}$ 进行最大化，接着是关于 $q_{\boldsymbol{\theta}}$ 进行最大化，最后是关于 $\boldsymbol{\xi}$ 进行最大化。算法初始化时将 $\boldsymbol{\xi}^{(0)}$ 和 $q_{\boldsymbol{\theta}}^{(0)}$ 设置成任意值。对后者设置的实现方式是初始化与 $q_{\boldsymbol{\theta}}^{(0)}$ 相关的参数(统计量)(当处理具体例子时，这一步会变得清晰)。第 $j+1$ 步迭代包含以下步骤： 650

E-步骤 1a：保持 $\boldsymbol{\xi}^{(j)}$ 和 $q_{\boldsymbol{\theta}}^{(j)}$ 不变，关于 $q_{\mathcal{X}^l}$ 优化式(13.9)，即

$$\begin{aligned} q_{\mathcal{X}^l}^{(j+1)}(\mathcal{X}^l) &= \max_{q_{\mathcal{X}^l}} \mathcal{F}\left(q_{\mathcal{X}^l}, q_{\boldsymbol{\theta}}^{(j)}, \boldsymbol{\xi}^{(j)}\right) \\ &= \max_{q_{\mathcal{X}^l}} \int q_{\mathcal{X}^l}(\mathcal{X}^l) \ln \frac{\tilde{p}\left(\mathcal{X}, \mathcal{X}^l; \boldsymbol{\xi}^{(j)}\right)}{q_{\mathcal{X}^l}(\mathcal{X}^l)} \mathrm{d}\mathcal{X}^l + \text{常数} \end{aligned} \tag{13.10}$$

其中，“常数”包含所有不依赖 $\mathcal{X}^l$ 的项。公式(13.10)中负的 KL 散度将被最大化，如果令

$$q_{\mathcal{X}^l}^{(j+1)}(\mathcal{X}^l) \propto \tilde{p}(\mathcal{X}, \mathcal{X}^l; \boldsymbol{\xi}^{(j)}) \tag{13.11}$$

其中，$\propto$ 表示按比例。组合式(13.11)和式(13.8)，我们现在可以写出

$$\boxed{q_{\mathcal{X}^l}^{(j+1)}(\mathcal{X}^l) = \frac{\exp\left(\mathbb{E}_{q_{\boldsymbol{\theta}}^{(j)}}\left[\ln p(\mathcal{X}, \mathcal{X}^l | \boldsymbol{\theta}; \boldsymbol{\xi}^{(j)})\right]\right)}{\int \exp\left(\mathbb{E}_{q_{\boldsymbol{\theta}}^{(j)}}\left[\ln p(\mathcal{X}, \mathcal{X}^l | \boldsymbol{\theta}; \boldsymbol{\xi}^{(j)})\right]\right) \mathrm{d}\mathcal{X}^l}} \tag{13.12}$$

其中比例常数必然被归一化因子所代替，以保证 $q_{\mathcal{X}^l}$ 是一个分布。对于式(13.12)中的特定形式，在分子和分母中都采用了贝叶斯定理，即 $p(\mathcal{X}, \mathcal{X}^l, \boldsymbol{\theta}; \boldsymbol{\xi}^{(j)}) = p(\mathcal{X}, \mathcal{X}^l \mid \boldsymbol{\theta}; \boldsymbol{\xi}^{(j)}) p(\boldsymbol{\theta}; \boldsymbol{\xi}^{(j)})$。

E-步骤 1b：让 $\boldsymbol{\xi}^{(j)}$ 和 $q_{\mathcal{X}^l}^{(j+1)}$ 不变，然后重复上述步骤(作为练习重复这些步骤)，从公式(13.7)开始，关于 $q_{\boldsymbol{\theta}}$ 进行最大化，我们得到

$$\boxed{q_{\boldsymbol{\theta}}^{(j+1)}(\boldsymbol{\theta}) = \frac{p(\boldsymbol{\theta}; \boldsymbol{\xi}^{(j)}) \exp\left(\mathbb{E}_{q_{\mathcal{X}^l}^{(j+1)}}\left[\ln p(\mathcal{X}, \mathcal{X}^l | \boldsymbol{\theta}; \boldsymbol{\xi}^{(j)})\right]\right)}{\int p(\boldsymbol{\theta}; \boldsymbol{\xi}^{(j)}) \exp\left(\mathbb{E}_{q_{\mathcal{X}^l}^{(j+1)}}\left[\ln p(\mathcal{X}, \mathcal{X}^l | \boldsymbol{\theta}; \boldsymbol{\xi}^{(j)})\right]\right) \mathrm{d}\boldsymbol{\theta}}} \tag{13.13}$$

上述 1a 和 1b 这两个步骤组成了变分贝叶斯 EM 的 E-步骤。

M-步骤 2：让 $q_{\boldsymbol{\theta}}^{(j+1)}$ 和 $q_{\mathcal{X}^l}^{(j+1)}$ 不变，关于 $\boldsymbol{\xi}$ 最大化下界，即

$$\boxed{\boldsymbol{\xi}^{(j+1)} = \arg\max_{\boldsymbol{\xi}} \mathcal{F}\left(q_{\mathcal{X}^l}^{(j+1)}, q_{\boldsymbol{\theta}}^{(j+1)}, \boldsymbol{\xi}\right)} \tag{13.14}$$

图 12.10 所示的 EM 方法对应的变分法在图 13.1 中给出。这里要注意两点。步骤 1 现在被分成两部分，更重要的是，KL 散度(一般)不会变为零，因此，界不会变为紧的。这形成了变分贝叶斯 EM 的 E-步骤。 651

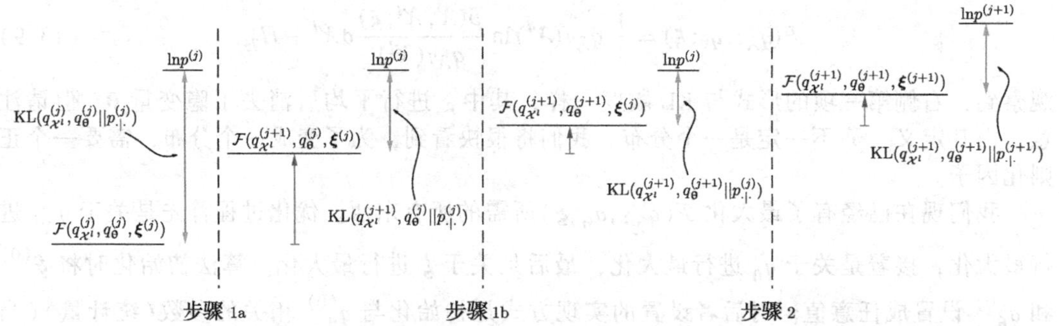

图 13.1　变分贝叶斯 EM 算法第 $j+1$ 步迭代中 $\ln p^{(j)}$ 逐步增加的图示。观察到 $\ln p^{(j+1)} > \ln p^{(j)}$，其中我们使用了 $p^{(j)} = p(\mathcal{X};\boldsymbol{\xi}^{(j)})$ 和 $p_{\cdot|\cdot}^{(j)} = p(\mathcal{X}^l,\boldsymbol{\theta} \mid \mathcal{X};\boldsymbol{\xi}^{(j)})$ 这样的符号表示

如果 $q(\mathcal{X}^l,\boldsymbol{\theta})$ 中有两个以上的因子，如式(13.4)所示，那么在步骤 1 中就有两个以上的子步骤。每次我们用余下 $\ln p(\mathcal{X},\mathcal{X}^l,\boldsymbol{\theta};\boldsymbol{\xi})$ 的均值来估计一个因子。设 q 分解为 M 个因子

$$q(\mathcal{X}^l) = q_1(\mathcal{X}_1^l)\cdots q_M(\mathcal{X}_M^l)$$

为了保持符号的一致性，我们没有区分参数和潜变量，并且限制了对 $\boldsymbol{\xi}$ 的依赖。这样，更新的一般形式变为

$$\boxed{\ln q_m(\mathcal{X}_m^l) = \mathbb{E}\left[\ln p(\mathcal{X}, \mathcal{X}_1^l, \cdots, \mathcal{X}_M^l)\right] + 常数} \tag{13.15}$$

其中，期望是关于 $\prod_{r=1_{r\neq m}}^{M} q_r(\mathcal{X}_r^l)$ 参数的。

附注 13.1

- 请注意，$q(\mathcal{X}^l,\boldsymbol{\theta})$ 是对后验概率 $p(\mathcal{X}^l,\boldsymbol{\theta} \mid \mathcal{X})$ 的估计，每一个因子都是给定观测值 $\mathcal{X}$ 的相应的后验估计，例如，$q_{\boldsymbol{\theta}}(\boldsymbol{\theta}) \simeq p(\boldsymbol{\theta} \mid \mathcal{X})$。
- 一旦 $q(\mathcal{X}^l,\boldsymbol{\theta})$ 进行了分解，$q_{\mathcal{X}^l}$ 和 $q_{\boldsymbol{\theta}}$ 的函数形式就没有任何附加假设了。
- 注意，PDF 的分解意味着其独立性。如果可用数据不符合这种独立性，那么恢复的近似值可能不是底层数据结构的真实表示。因此，必须谨慎选择特定的分解方法。实际上，可能会出现很多种其他选择，我们要选择最合适的那一个。同时，计算的复杂性也是要考虑的，我们必须折中考虑。总之，分解变分法能得到后验 PDF 的近似值，甚至比真实 PDF 更简洁(参见[46])。
- 652 回想一下我们在 12.3 节中关于模型选择和奥卡姆剃刀原则的探讨。这是我们最大化不同模型的证据函数的起点，目的是达到复杂度和精确度之间的权衡。然而，在借助近似解之后(即使我们忘记收敛到局部极大值，也可以通过使用不同的初始值来绕过它)，我们最大化的并不是证据函数，而是它的一个下界，一般来说，后者不是紧的界。其紧的程度依赖于 KL 散度，但不幸的是 KL 散度的计算不那么简单。因此，如果使用下界来选择模型，必须要谨慎对待[7]。
- 对贝叶斯推断的变分近似最早在[25]中提出，后来又被应用于从机器学习到解码等多个领域(可参见[7，26，31-33，35])。
- 在线版本：在[71]中首次提出了变分贝叶斯算法的在线版本。在这里，指数族被用来证明，通过变分贝叶斯理论进行参数更新等价于一个步长等于 1 的自然梯度下降方法(关于自然梯度见 8.12 节)。这种等价性在[28]中得到了进一步的讨论，其中提出了一种随机近似算法，用于并行处理数据块。在稀疏线性回归建模的场景

下，[83]提出了一种在线变分贝叶斯参数估计算法。

13.2.2　指数族概率分布实例

仔细观察式(13.12)和式(13.13)，可见变分贝叶斯 EM 的实际应用依赖于 $\ln p(\mathcal{X},\mathcal{X}^l \mid \boldsymbol{\theta};\boldsymbol{\xi})$ 期望值的易计算程度。现在让我们看看，当采用指数族 PDF 模型时，迭代步骤的形式。

假设完全集中的样本$(\boldsymbol{x}_n,\boldsymbol{x}_n^l)$，$n=1,2,\cdots,N$ 是独立同分布的。则有

$$p(\mathcal{X},\mathcal{X}^l|\boldsymbol{\theta})=\prod_{n=1}^{N}p(\boldsymbol{x}_n,\boldsymbol{x}_n^l|\boldsymbol{\theta}) \tag{13.16}$$

进一步假设 $p(\boldsymbol{x}_n,\boldsymbol{x}_n^l \mid \boldsymbol{\theta})$ 属于指数族(12.8 节)，即

$$p(\boldsymbol{x}_n,\boldsymbol{x}_n^l|\boldsymbol{\theta})=g(\boldsymbol{\theta})f(\boldsymbol{x}_n,\boldsymbol{x}_n^l)\exp\left(\boldsymbol{\phi}^{\mathrm{T}}(\boldsymbol{\theta})\boldsymbol{u}(\boldsymbol{x}_n,\boldsymbol{x}_n^l)\right) \tag{13.17}$$

我们还采用 $\boldsymbol{\theta}$ 的先验概率为对应共轭形式，即

$$p(\boldsymbol{\theta}|\lambda,\boldsymbol{v})=h(\lambda,\boldsymbol{v})(g(\boldsymbol{\theta}))^{\lambda}\exp\left(\boldsymbol{\phi}^{\mathrm{T}}(\boldsymbol{\theta})\boldsymbol{v}\right) \tag{13.18}$$

参数 λ、$\boldsymbol{v}$ 构成了 $\boldsymbol{\xi}$，我们认为它们是固定的，因为我们目前的关注点是研究 $q_{\mathcal{X}^l}$ 和 $q_{\boldsymbol{\theta}}$ 在迭代过程中得到的特定函数形式。因此，我们放松对这些参数的符号依赖。

E-步骤 1a：我们从式(13.12)中得到

$$\begin{aligned}q_{\mathcal{X}^l}^{(j+1)}(\mathcal{X}^l)&\propto\exp\left(\mathbb{E}_{q_{\boldsymbol{\theta}}^{(j)}}\left[\ln p(\mathcal{X},\mathcal{X}^l|\boldsymbol{\theta})\right]\right)\\&=\exp\left(\mathbb{E}_{q_{\boldsymbol{\theta}}^{(j)}}\left[\sum_{n=1}^{N}\ln p(\boldsymbol{x}_n,\boldsymbol{x}_n^l|\boldsymbol{\theta})\right]\right)\\&=\prod_{n=1}^{N}\exp\left(\mathbb{E}_{q_{\boldsymbol{\theta}}^{(j)}}\left[\ln p(\boldsymbol{x}_n,\boldsymbol{x}_n^l|\boldsymbol{\theta})\right]\right)\end{aligned}$$ 653

也就表明

$$q_{\mathbf{x}_n^l}^{(j+1)}(\boldsymbol{x}_n^l)\propto\exp\left(\mathbb{E}_{q_{\boldsymbol{\theta}}^{(j)}}\left[\ln p(\boldsymbol{x}_n,\boldsymbol{x}_n^l|\boldsymbol{\theta})\right]\right)$$

结合公式(13.17)结果得

$$q_{\mathbf{x}_n^l}^{(j+1)}(\boldsymbol{x}_n^l)=\tilde{g}f(\boldsymbol{x}_n,\boldsymbol{x}_n^l)\exp\left(\tilde{\boldsymbol{\phi}}^{\mathrm{T}}\boldsymbol{u}(\boldsymbol{x}_n,\boldsymbol{x}_n^l)\right)$$

其中 $\tilde{g}$ 是对应的归一化常数，且

$$\tilde{\boldsymbol{\phi}}^{\mathrm{T}}=\mathbb{E}_{q_{\boldsymbol{\theta}}^{(j)}}\left[\boldsymbol{\phi}^{\mathrm{T}}(\boldsymbol{\theta})\right] \tag{13.19}$$

这是非常有趣的现象，虽然未假定 $q_{\mathcal{X}^l}$ 的函数形式，但可证明它是指数族的一员！

E-步骤 1b：类似地，从式(13.13)、式(13.16)和式(13.17)，我们可得

$$\begin{aligned}q_{\boldsymbol{\theta}}^{(j+1)}(\boldsymbol{\theta})\propto p(\boldsymbol{\theta})\exp\Bigg(&N\ln g(\boldsymbol{\theta})+\sum_{n=1}^{N}\mathbb{E}_{q_{\mathbf{x}_n^l}^{(j+1)}}\left[\ln\left(f(\boldsymbol{x}_n,\mathbf{x}_n^l)\right)\right]+\\&\boldsymbol{\phi}^{\mathrm{T}}(\boldsymbol{\theta})\sum_{n=1}^{N}\mathbb{E}_{q_{\mathbf{x}_n^l}^{(j+1)}}\left[\boldsymbol{u}(\boldsymbol{x}_n,\mathbf{x}_n^l)\right]\Bigg)\end{aligned}$$

结合公式(13.18)结果得

$$q_{\boldsymbol{\theta}}^{(j+1)}(\boldsymbol{\theta}) \propto (g(\boldsymbol{\theta}))^{\lambda+N} \exp\left(\boldsymbol{\phi}^{\mathrm{T}}(\boldsymbol{\theta})\left(\boldsymbol{v}+\sum_{n=1}^{N}\mathbb{E}_{q_{\mathbf{x}_n^l}^{(j+1)}}\left[\boldsymbol{u}(\boldsymbol{x}_n,\mathbf{x}_n^l)\right]\right)\right) \tag{13.20}$$

因此，后验概率 $p(\boldsymbol{\theta}\mid\mathcal{X})$ 的近似 $q_{\boldsymbol{\theta}}^{(j+1)}(\boldsymbol{\theta})$ 和下式的共轭先验形式相同

$$\tilde{\lambda}=\lambda+N, \quad \tilde{v}=v+\sum_{n=1}^{N}\mathbb{E}_{q_{\mathbf{x}_n^l}^{(j+1)}}\left[\boldsymbol{u}(\boldsymbol{x}_n,\mathbf{x}_n^l)\right] \tag{13.21}$$

注意式(13.21)和式(12.77)的形式一样。我们只需对隐变量取平均。这是一个很简洁的结果，因为对于 $q_{\boldsymbol{\theta}}$ 的函数形式没有任何假设。也就是，一旦我们对完全集的 PDF 以及参
654 数的先验概率采用指数型函数形式，那么随后的迭代就变成"族内事务"。

13.3 线性回归的变分贝叶斯方法

我们再来考虑熟悉的回归分析

$$\mathbf{y}=\Phi\boldsymbol{\theta}+\boldsymbol{\eta}, \quad \mathbf{y}\in\mathbb{R}^N, \boldsymbol{\theta}\in\mathbb{R}^K$$

在 12.5 节中，我们研究了 $\boldsymbol{\eta}$ 是高斯分布，同时先验 $p(\boldsymbol{\theta})$ 也是高斯分布的情况。为了关于参数优化证据函数 $p(\boldsymbol{y})$，我们使用了 EM 算法，这些参数定义了所采用的两个高斯 PDF。注意，在这种情况下，我们可以绕过 EM，通过解析计算来获得证据，然后使用优化技术来估计未知参数。

在本节中，我们将假设，后验概率 $p(\boldsymbol{\theta}\mid\boldsymbol{y})$ 无法进行解析计算，这既是标准 EM 算法的先决条件，也是证据 $p(\boldsymbol{y})$ 的解析计算的先决条件。这种方法与教学用的玩具方法相去甚远，具有很强的实用性。我们将进一步完善此方法的细节，同时建议读者进行计算练习，因为一旦选择了变分贝叶斯方法来处理一个任务，这些计算将会是我们在实践中遇到的典型计算。

假设

$$p(\boldsymbol{y}|\boldsymbol{\theta},\beta)=\mathcal{N}(\Phi\boldsymbol{\theta},\beta^{-1}I) \tag{13.22}$$

也就是说，噪声符合高斯分布，同时为了简单起见，我们认为它是白噪声，且 $\Sigma_\eta=\sigma_\eta^2 I$，$\beta=1/\sigma_\eta^2$。与 12.5 节中讨论的不同之处是，在这里我们让每一个参数分量 θ_k 更加自由，各自有一个不同的方差，$\sigma_k^2:=1/\alpha_k$，$k=0,1,\cdots,K-1$。而且，我们更进一步。β 和 α_k 的值，$k=0,\cdots,K-1$，将不作为确定性变量。我们会把 (β,α_k) 看作随机变量，同时会为它们指定 PDF。这些 PDF 由另一组超参数控制。具体来说，我们的模型除了式(13.22)外，还包括[8]

$$p(\boldsymbol{\theta}|\boldsymbol{\alpha})=\prod_{k=0}^{K-1}\mathcal{N}(\theta_k|0,\alpha_k^{-1}) \tag{13.23}$$

$$p(\boldsymbol{\alpha})=\prod_{k=0}^{K-1}\mathrm{Gamma}(\alpha_k|a,b) \tag{13.24}$$

和

$$p(\beta)=\mathrm{Gamma}(\beta|c,d) \tag{13.25}$$

请注意，之前的先验概率的选择表明了我们要在指数族中完成任务。先验概率 $p(\boldsymbol{\alpha})$ 是式(13.23)的共轭对(见第 12 章)。如果我们考虑固定 $\boldsymbol{\theta}$ 不变，式(13.25)也是式(13.22)

的共轭。图 13.2 给出了模型中涉及的各种变量之间依赖关系的图形化表示。箭头表示条件依赖关系。第 15 章将正式讨论图形模型。注意，这样的模型形成了相关参数之间依赖关系的*层级结构*的不同层次。 655

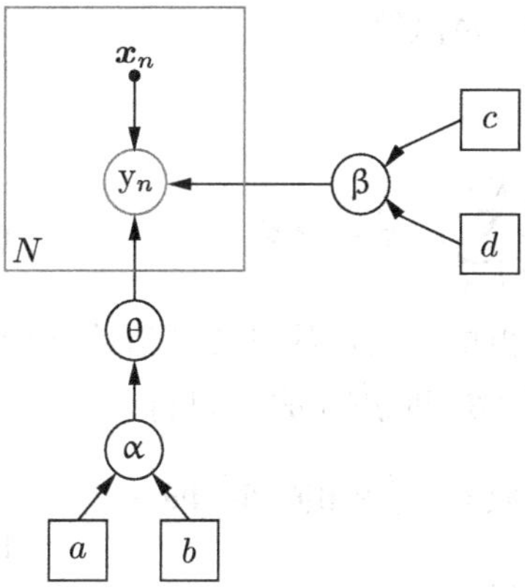

图 13.2　线性回归模型中各变量之间依赖关系的图示。灰色圆圈表示观测的随机变量，黑色圆圈表示隐随机变量，正方形对应于确定性参数。每个箭头的方向指示相互连接的变量之间的依赖关系的方向。灰色框表示以上依赖关系适用于所有 N 个时刻

层级结构的概念是我们所说的*层级贝叶斯建模*的核心。每一个涉及的 PDF 都用特定参数来表达。由于这些参数的值是未知的，因此它们也被当作随机变量处理，其先验概率用新的超参数集来表示。每个参数依次被视为与新的先验概率（称为*超先验*）相关联的随机变量。同时，为了构建不同层数的层级结构，可以扩展这一原理。通常，在层级结构的较高层次上，对应的（未知的）超参数由用户根据经验赋予值，例如，整个模型可能对它们的特定值相对不敏感，这使得相应的选择相当容易。

我们当前的任务涉及的隐变量都是以参数分组 $\boldsymbol{\theta}$、$\boldsymbol{\alpha}$ 和 β 的形式表示的，我们不涉及其他未观测变量。观测集现在由 $\boldsymbol{y}$ 给出。而且观察到，后验概率 $p(\boldsymbol{\theta},\boldsymbol{\alpha},\beta\,|\,\boldsymbol{y})$ 是不能解析处理的。于是我们将借助变分贝叶斯 EM 算法来获得对先前的后验 PDF 的估计。

利用平均场近似方法，我们假定对后验概率的近似（出于符号表示方便的考虑，已去掉了对 $\boldsymbol{y}$ 的符号依赖）可分解为

$$q(\boldsymbol{\theta},\boldsymbol{\alpha},\beta)=q_{\boldsymbol{\theta}}(\boldsymbol{\theta})q_{\boldsymbol{\alpha}}(\boldsymbol{\alpha})q_{\beta}(\beta) \tag{13.26}$$

其中为了简单起见，我们放松了符号对 a、b、c 和 d 的显式依赖。不过在必要的时候我们会重新引入它们。变分 EM 由三个子步骤组成，对式（13.26）中的每个因子都有一个子步骤与之对应。从一些最初的猜测开始，对 $\mathbb{E}[\beta]$，$\mathbb{E}[\alpha_k]$，$k=0,\cdots,K-1$（不久你就会明白为什么从这里开始[⊖]）我们可得以下内容。 656

E-步骤 1a：从式（13.15）的一般更新形式我们得到

$$\ln q_{\boldsymbol{\theta}}^{(j+1)}(\boldsymbol{\theta})=\mathbb{E}_{q_{\boldsymbol{\alpha}}^{(j)}q_{\beta}^{(j)}}\left[\ln p(\boldsymbol{y},\boldsymbol{\theta},\boldsymbol{\alpha},\beta)\right]+\text{常数} \tag{13.27}$$

其中

$$\begin{aligned}\ln p(\boldsymbol{y},\boldsymbol{\theta},\boldsymbol{\alpha},\beta)&=\ln\big(p(\boldsymbol{y}|\boldsymbol{\theta},\boldsymbol{\alpha},\beta)p(\boldsymbol{\theta},\boldsymbol{\alpha},\beta)\big)\\&=\ln\big(p(\boldsymbol{y}|\boldsymbol{\theta},\beta)p(\boldsymbol{\theta}|\boldsymbol{\alpha})p(\boldsymbol{\alpha})p(\beta)\big)\end{aligned} \tag{13.28}$$

其中考虑了当给定值 $\boldsymbol{\theta}$ 时，$\mathbf{y}$ 对 $\boldsymbol{\alpha}$ 的独立性。利用式（13.22）和式（13.25）以及一些简单代数运算我们得到

⊖　如果 a、b、c、d 这些参数都不是固定的，那么我们也需要初始化它们。

$$\ln p(\boldsymbol{y},\boldsymbol{\theta},\boldsymbol{\alpha},\beta)=\ln\frac{\beta^{N/2}}{(2\pi)^{N/2}}-\frac{\beta}{2}\|\boldsymbol{y}-\Phi\boldsymbol{\theta}\|^2-\frac{1}{2}\sum_{k=0}^{K-1}a_k\theta_k^2+\sum_{k=0}^{K-1}\ln\sqrt{\frac{\alpha_k}{2\pi}}+\ln p(\boldsymbol{\alpha})+\ln p(\beta)$$

或

$$\ln p(\boldsymbol{y},\boldsymbol{\theta},\boldsymbol{\alpha},\beta)=-\frac{\beta}{2}\|\boldsymbol{y}-\Phi\boldsymbol{\theta}\|^2-\frac{1}{2}\sum_{k=0}^{K-1}a_k\theta_k^2+\text{常数} \tag{13.29}$$

其中“常数”包含所有不依赖于 $\boldsymbol{\theta}$ 的项，因为在这一步中，我们的目的是估计 $\boldsymbol{\theta}$ 的函数。展开式(13.29)，并关于 β 和 $\boldsymbol{\alpha}$ 取期望，考虑已知 $q_{\beta}^{(j)}(\beta)$ 和 $q_{\boldsymbol{\alpha}}^{(j)}(\boldsymbol{\alpha})$，可得

$$\ln q_{\boldsymbol{\theta}}^{(j+1)}(\boldsymbol{\theta})=\mathbb{E}_{q_{\beta}^{(j)}q_{\alpha}^{(j)}}\left[\ln p(\boldsymbol{y},\boldsymbol{\theta},\boldsymbol{\alpha},\beta)\right]+\text{常数}=-\frac{1}{2}\mathbb{E}[\beta]\boldsymbol{\theta}^{\mathrm{T}}\Phi^{\mathrm{T}}\Phi\boldsymbol{\theta}-\frac{1}{2}\mathbb{E}[\beta]\boldsymbol{y}^{\mathrm{T}}\boldsymbol{y}+\mathbb{E}[\beta]\boldsymbol{\theta}^{\mathrm{T}}\Phi^{\mathrm{T}}\boldsymbol{y}-\frac{1}{2}\boldsymbol{\theta}^{\mathrm{T}}A\boldsymbol{\theta}+\text{常数} \tag{13.30}$$

根据定义

$$A:=\operatorname{diag}\{\mathbb{E}[\alpha_0],\cdots,\mathbb{E}[\alpha_{K-1}]\}$$

我们使用简化符号得

$$\mathbb{E}[\beta]:=\mathbb{E}_{q_{\beta}^{(j)}}[\beta]\quad\text{且}\quad\mathbb{E}[\alpha_k]:=\mathbb{E}_{q_{\alpha}^{(j)}}[\alpha_k],\quad k=0,1,2,\cdots,K-1 \tag{13.31}$$

式(13.30)等号右边是关于 $\boldsymbol{\theta}$ 的二次型，因此 $q_{\boldsymbol{\theta}}^{(j+1)}(\boldsymbol{\theta})$ 是高斯函数；为了得到其完整描述，计算相应的均值和协方差(精度)矩阵就足够了。

重新调整公式(13.30)中的项，我们得到

657

$$\ln q_{\boldsymbol{\theta}}^{(j+1)}(\boldsymbol{\theta})=-\frac{1}{2}\boldsymbol{\theta}^{\mathrm{T}}(A+\mathbb{E}[\beta]\Phi^{\mathrm{T}}\Phi)\boldsymbol{\theta}+\mathbb{E}[\beta]\boldsymbol{\theta}^{\mathrm{T}}\Phi^{\mathrm{T}}\boldsymbol{y}+\text{常数}$$

根据前一章附录(可从本书网站下载)中式(12.114)、式(12.116)和式(12.117)，我们得到

$$q_{\boldsymbol{\theta}}^{(j+1)}(\boldsymbol{\theta})=\mathcal{N}\left(\boldsymbol{\theta}\middle|\boldsymbol{\mu}_{\theta}^{(j+1)},\Sigma_{\theta}^{(j+1)}\right) \tag{13.32}$$

$$\Sigma_{\theta}^{(j+1)}=\left(A+\mathbb{E}[\beta]\Phi^{\mathrm{T}}\Phi\right)^{-1} \tag{13.33}$$

和

$$\boldsymbol{\mu}_{\theta}^{(j+1)}=\mathbb{E}[\beta]\Sigma_{\theta}^{(j+1)}\Phi^{\mathrm{T}}\boldsymbol{y} \tag{13.34}$$

在第一个迭代步骤中，$\mathbb{E}[\beta]$ 和 $\mathbb{E}[\alpha_k]$ 是由它们的初始值提供的。对于随后的迭代，它们必须与 $q_{\beta}^{(j)}$ 和 $q_{\boldsymbol{\alpha}}^{(j)}$ 一起获得。请注意，对后验概率 $p(\boldsymbol{\theta}\mid\boldsymbol{y})$(式(13.32))的近似结果被证明为高斯函数，尽管我们没有假设过它是高斯函数。这是因为采用的 PDF 符合特定的形式，来源于指数族。

E-步骤 1b：我们有

$$\ln q_{\boldsymbol{\alpha}}^{(j+1)}(\boldsymbol{\alpha})=\mathbb{E}_{q_{\boldsymbol{\theta}}^{(j+1)}q_{\beta}^{(j)}}\left[\ln p(\boldsymbol{y},\boldsymbol{\theta},\boldsymbol{\alpha},\beta)\right]+\text{常数} \tag{13.35}$$

$$=\mathbb{E}_{q_{\boldsymbol{\theta}}^{(j+1)}q_{\beta}^{(j)}}\left[\ln p(\boldsymbol{\theta}|\boldsymbol{\alpha})+\ln p(\boldsymbol{\alpha})\right]+\text{常数} \tag{13.36}$$

其中“常数”包含不依赖于 $\boldsymbol{\alpha}$ 的所有项。因为在式(13.36)右边没有依赖于 β 的项，我们得到

$$\ln q_{\boldsymbol{\alpha}}^{(j+1)}(\boldsymbol{\alpha})=\mathbb{E}_{q_{\boldsymbol{\theta}}^{(j+1)}}\left[\frac{1}{2}\sum_{k=0}^{K-1}\ln\alpha_k-\frac{1}{2}\sum_{k=0}^{K-1}\alpha_k\theta_k^2\right]+\ln p(\boldsymbol{\alpha})+\text{常数} \tag{13.37}$$

结合式(13.24)考虑，在一些代数运算后(习题 13.2)，可得

$$q_{\boldsymbol{\alpha}}^{(j+1)}(\boldsymbol{\alpha})=\prod_{k=0}^{K-1}\text{Gamma}(\alpha_k|\tilde{a},\tilde{b}_k) \tag{13.38}$$

其中

$$\tilde{a}=a+\frac{1}{2} \tag{13.39}$$

$$\tilde{b}_k=b+\frac{1}{2}\mathbb{E}_{q_{\boldsymbol{\theta}}^{(j+1)}}[\theta_k^2],\quad k=0,\cdots,K-1 \tag{13.40}$$

为了计算 $\mathbb{E}[\theta_k^2]$，回顾式(12.46)和式(12.47)，并将其代入可得

$$\mathbb{E}_{q_{\boldsymbol{\theta}}^{(j+1)}}[\boldsymbol{\theta}\boldsymbol{\theta}^{\mathrm{T}}]=\boldsymbol{\Sigma}_{\theta}^{(j+1)}+\boldsymbol{\mu}_{\theta}^{(j+1)}\boldsymbol{\mu}_{\theta}^{(j+1)\mathrm{T}}$$ 658

或

$$\mathbb{E}[\theta_k^2]=\left[\mathbb{E}_{q_{\boldsymbol{\theta}}^{(j+1)}}[\boldsymbol{\theta}\boldsymbol{\theta}^{\mathrm{T}}]\right]_{kk}=\left[\boldsymbol{\Sigma}_{\theta}^{(j+1)}+\boldsymbol{\mu}_{\theta}^{(j+1)}\boldsymbol{\mu}_{\theta}^{(j+1)\mathrm{T}}\right]_{kk},\quad k=0,1,\cdots,K-1 \tag{13.41}$$

其中，$[A]_{kk}$ 表示矩阵 A 的 (k,k) 元素。为了完成计算，我们必须计算出 $\mathbb{E}[\alpha_k],k=0,1,\cdots,K-1$，以便在式(13.33)的下一步迭代中使用。然而，因为每一个 α_k 服从伽马分布，我们可知(2.3.2 节)

$$\mathbb{E}_{q_{\boldsymbol{\alpha}}^{(j+1)}}[\alpha_k]=\frac{\tilde{a}}{\tilde{b}_k} \tag{13.42}$$

E-步骤 1c：我们有

$$\begin{aligned}\ln q_{\beta}^{(j+1)}(\beta)&=\mathbb{E}_{q_{\boldsymbol{\theta}}^{(j+1)}q_{\boldsymbol{\alpha}}^{(j+1)}}\left[\ln p(\boldsymbol{y},\boldsymbol{\theta},\boldsymbol{\alpha},\beta)\right]+\text{常数}\\&=\mathbb{E}_{q_{\boldsymbol{\theta}}^{(j+1)}q_{\boldsymbol{\alpha}}^{(j+1)}}\left[\ln p(\boldsymbol{y}|\boldsymbol{\theta},\beta)+\ln p(\beta)\right]+\text{常数}\end{aligned}$$

这和式(13.36)的形式相同，按照相似的步骤(习题 13.3)，可以得到

$$q_{\beta}^{(j+1)}(\beta)=\text{Gamma}(\beta|\tilde{c},\tilde{d}) \tag{13.43}$$

$$\tilde{c}=c+\frac{N}{2} \tag{13.44}$$

$$\tilde{d}=d+\frac{1}{2}\mathbb{E}_{q_{\boldsymbol{\theta}}^{(j+1)}}[\|\boldsymbol{y}-\Phi\boldsymbol{\theta}\|^2] \tag{13.45}$$

为了计算式(13.45)中的期望值，回顾式(12.49)，根据我们的需要，它变为

$$\mathbb{E}_{q_{\boldsymbol{\theta}}^{(j+1)}}[\|\boldsymbol{y}-\Phi\boldsymbol{\theta}\|^2]=\|\boldsymbol{y}-\Phi\boldsymbol{\mu}_{\theta}^{(j+1)}\|^2+\text{trace}\left\{\Phi\boldsymbol{\Sigma}_{\theta}^{(j+1)}\Phi^{\mathrm{T}}\right\} \tag{13.46}$$

最后得到

$$\mathbb{E}_{q_{\beta}^{(j+1)}}[\beta]=\frac{\tilde{c}}{\tilde{d}} \tag{13.47}$$

这就完成了和变分 EM 的 E-步骤相关的所有计算。请注意 $q_{\boldsymbol{\alpha}}^{(j+1)}(\boldsymbol{\alpha})\simeq p(\boldsymbol{\alpha}\mid\boldsymbol{y})$ 和 $q_{\beta}^{(j+1)}(\beta)\simeq$

$p(\beta \mid \boldsymbol{y})$保留了最初采用的对应的先验概率的伽马函数形式，这并非强制的。

原则上，我们可以在算法中增加一个额外的 M-步骤，使未知参数 a、b、c 和 d 的界最大化。然而，在实践中，为了简化计算，这些参数被确定为非常小的值，例如取 $a=b=c=d=10^{-6}$，它们对应无信息的伽马先验分布，即不优先考虑任何特定范围的值。请注意，对于如此小的值，伽马分布落在 $1/x$。事实上，对于 a，$b\simeq 0$

659

$$\mathrm{Gamma}(x|a,b) \simeq \frac{1}{x}, \quad x>0$$

因为每一个正的 x 都可以表示为

$$x=\exp(z), \quad z=\ln x, \quad z\in\mathbb{R}$$

然后即可很容易地验证描述 z 的 PDF 是均匀分布（习题 13.4）。这是实践中的一个典型过程，也就是说，允许足够的层级结构，并在最高级别固定超参数来定义无信息的超先验。

算法 13.1 总结了变分贝叶斯 EM 步骤。

算法 13.1（线性回归的变分 EM）

- 初始化
  - 为 $\mathbb{E}[\beta]$，$\mathbb{E}_{q_\alpha}[\alpha_k]$，$k=0,1,\cdots,K-1$ 选择初始值。
- **For** $j=1,2,\cdots$,**Do**
  - $A=\mathrm{diag}\{\mathbb{E}_{q_\alpha}[\alpha_0],\mathbb{E}_{q_\alpha}[\alpha_1],\cdots,\mathbb{E}_{q_\alpha}[\alpha_{K-1}]\}$
  - 用式（13.33）计算 $\boldsymbol{\Sigma}_\theta$，用式（13.34）计算 $\boldsymbol{\mu}_\theta$。
  - 用式（13.39）计算 $\tilde{a}$。
  - 用式（13.40）和式（13.41）计算 $\tilde{b}_k$，$k=0,1,\cdots,K-1$。
  - 用式（13.42）计算 $\mathbb{E}_{q_\alpha}[\alpha_k]$，$k=0,1,\cdots,K-1$。
  - 用式（13.44）计算 $\tilde{c}$，用式（13.45）和式（13.46）计算 $\tilde{d}$。
  - 用式（13.47）计算 $\mathbb{E}_{q_\beta}[\beta]$。
  - 如满足收敛标准，停止计算。
- **End For**

一旦算法收敛，就可以根据式（12.21）~式（12.23）中给出的预测分布进行预测，分别用收敛的值 $\boldsymbol{\Sigma}_\theta$、$\boldsymbol{\mu}_\theta$ 和 $\mathbb{E}[\beta]$ 代替 $\boldsymbol{\Sigma}_{\theta|y}$、$\boldsymbol{\mu}_{\theta|y}$ 和 σ_η^2。但是请注意，这只是一个近似值，因为参数的后验概率的高斯形式是平均场近似的结果，我们还用平均值 $\mathbb{E}[\beta]$ 代替了噪声方差。可以证明后者是合理的，因为随着训练样本数的增加，β 的分布在平均值附近出现了急剧的峰值[8]。

13.3.1　下界的计算

一旦算法收敛，$q_{\boldsymbol{\theta}}(\boldsymbol{\theta})$、$q_{\boldsymbol{\alpha}}(\boldsymbol{\alpha})$、$q_\beta(\beta)$ 的量是可知的，并且 $\mathcal{F}(q_\theta,q_\alpha,q_\beta)$ 的下界是可以计算的。这个下界的计算也可以在每一次迭代中进行，目的是检查它在迭代中有多大的变化，然后可以将其作为一个收敛准则。令 $\tilde{q}_{\boldsymbol{\theta}}$、$\tilde{q}_{\boldsymbol{\alpha}}$、$\tilde{q}_\beta$ 是由参数 $\tilde{\boldsymbol{\Sigma}}_\theta$、$\tilde{\boldsymbol{\mu}}_\theta$、$\tilde{a}$、$\tilde{b}_k$，$k=0,1,2,\cdots,K-1$，$\tilde{c}$ 和 $\tilde{d}$ 定义的收敛后的近似后验概率，则下界可以按下面的形式给出

$$\begin{aligned}\mathcal{F}(\tilde{q}_{\boldsymbol{\theta}},\tilde{q}_{\boldsymbol{\alpha}},\tilde{q}_\beta) = {} & \mathbb{E}_{\tilde{q}_{\boldsymbol{\theta}}\tilde{q}_{\boldsymbol{\alpha}}\tilde{q}_\beta}\left[\ln p(\boldsymbol{y},\boldsymbol{\theta},\boldsymbol{\alpha},\beta)\right]-\mathbb{E}_{\tilde{q}_{\boldsymbol{\theta}}}\left[\ln\tilde{q}_{\boldsymbol{\theta}}(\boldsymbol{\theta})\right]- \\ & \mathbb{E}_{\tilde{q}_{\boldsymbol{\alpha}}}\left[\ln\tilde{q}_{\boldsymbol{\alpha}}(\boldsymbol{\alpha})\right]-\mathbb{E}_{\tilde{q}_\beta}\left[\ln\tilde{q}_\beta(\beta)\right]\end{aligned} \tag{13.48}$$

660 计算期望值可能比较枯燥，但是很简单（习题 13.5）。

13.4　变分贝叶斯方法应用于高斯混合模型

针对 12.6 节中的高斯混合模型，标准 EM 方法可能导致奇异性。绕过这一缺点的一种方法是对所涉及的参数强制计算先验，并采用变分贝叶斯理论来估计我们感兴趣的量。文献[4]中最早讨论了这种方法，后来在[13]中也有讨论。我们将介绍后一种方法，并讨论两者之间的根本差异。

给定一组观测值 $\mathcal{X}=\{\boldsymbol{x}_1,\cdots,\boldsymbol{x}_N\}$，相应的 PDF 为

$$p(\boldsymbol{x})=\sum_{k=1}^{K}P_k\mathcal{N}(\boldsymbol{x}|\boldsymbol{\mu}_k,Q_k^{-1}),\quad \boldsymbol{x}\in\mathbb{R}^l$$

问题是估计未知的参数$(P_k,\boldsymbol{\mu}_k,Q_k)$，$k=1,2,\cdots,K$。这是一个典型的带有潜变量的计算，并且完全集由$(\boldsymbol{x}_n,k_n)$，$n=1,2,\cdots,N$ 组成，k_n 为对应混合模型的索引 $k_n=1,2,\cdots,K$。在 12.6 节中，对于每个时刻 n，关于每个潜变量 k_n 的信息通过后验概率 $P(k_n|\boldsymbol{x}_n)$引入，对 k_n 所有可能的值进行求和，我们从而可以丢掉时间索引。然而，在当前场景下，必须遵循不同的技术路线，我们必须一起考虑潜变量及其对应的时间索引。为此，按照[13]中的方法，对于每一个观测值 $n=1,2,\cdots,N$，引入了一个辅助的潜随机向量 $\mathbf{z}_n\in\mathbb{R}^K$。其分量取二进制值，例如

$$z_{n_k}\in\{0,1\}\quad 和\quad \sum_{k=1}^{K}z_{n_k}=1 \tag{13.49}$$

而且它们被用作在时刻 n 时抽取的观测值 $\boldsymbol{x}_n$ 的对应的混合模型指示，也就是说，如果 $z_{n_k}=1$，表示 $\boldsymbol{x}_n$ 是从第 k 个分布中得出的。很明显

$$P(z_{n_k}=1)=P_k$$

并且对于任何满足式(13.49)的 $\boldsymbol{z}_n\in\mathbb{R}^K$，有

$$P(z_n)=\prod_{k=1}^{K}P_k^{z_{n_k}} \tag{13.50}$$

因此，集合 $Z=\{z_1,\cdots,z_N\}$的发生概率为

$$P(\mathcal{Z})=\prod_{n=1}^{N}\prod_{k=1}^{K}P_k^{z_{n_k}} \tag{13.51}$$

通过这种方法，我们用多项式概率分布描述了 N 个潜变量的随机性。 661

因此，对固定的 v_0、$\mathcal{W}_0$ 和 β，我们将使用下面的先验 PDF 将平均值和精度矩阵作为随机量来处理。

$$p(\boldsymbol{\mu}_k)=\mathcal{N}\left(\boldsymbol{\mu}_k|\boldsymbol{0},\beta^{-1}I\right)$$

和

$$p(Q_k)=\mathcal{W}(Q_k|W_0,\nu_0)$$

也就是说，采用的先验概率服从对应均值的高斯分布以及对应精度矩阵的维希特 PDF。我们将把 $\boldsymbol{P}=[P_1,\cdots,P_k]^{\mathrm{T}}$ 作为确定性参数，它的最优值是在 M-步骤中得到的。

遵循变分贝叶斯 EM 的思想，我们采用

$$q(\mathcal{Z},\boldsymbol{\mu}_{1:K},Q_{1:K})=q_{\mathcal{Z}}(\mathcal{Z})q_{\mu}(\boldsymbol{\mu}_{1:K})q_{Q}(Q_{1:K})$$

其中，$\boldsymbol{\mu}_{1:K}$ 和 $Q_{1:K}$ 分别表示集合$\{\boldsymbol{\mu}_1,\cdots,\boldsymbol{\mu}_K\}$和集合$\{Q_1,\cdots,Q_K\}$。

此外，请注意，观测值的条件 PDF 现在可以写成

$$p(\mathcal{X}|\mathcal{Z},\boldsymbol{\mu}_{1:K},Q_{1:K})=\prod_{n=1}^{N}\prod_{k=1}^{K}\left(\mathcal{N}(\boldsymbol{x}_n|\boldsymbol{\mu}_k,Q_k^{-1})\right)^{z_{n_k}}$$

图 13.3 显示了对应的图模型。

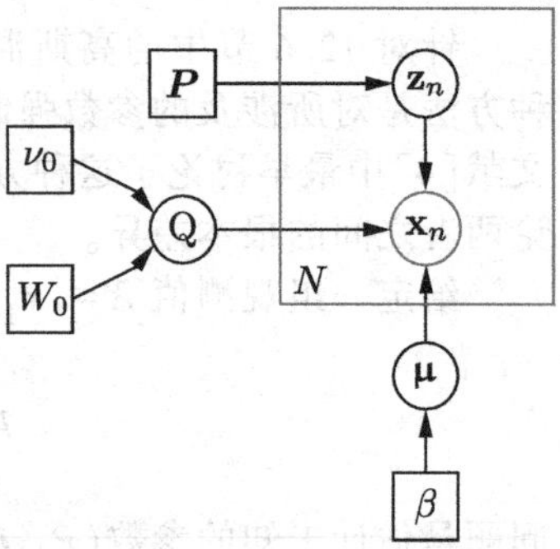

图 13.3　与 13.4 节中高斯混合模型关联的图模型

高斯混合模型变分 EM 的计算步骤

初始化：(a) $\boldsymbol{P}^{(0)}$，(b) $\mathbb{E}_{q_{Q}^{(0)}}[\mathrm{Q}_k]$，(c) $\mathbb{E}_{q_{Q}^{(0)}}[\ln|\mathrm{Q}_k|]$，(d) $\mathbb{E}_{q_{\mu}^{(0)}}[\boldsymbol{\mu}_k]:=\tilde{\boldsymbol{\mu}}_k^{(0)}$ 和 (e) $\mathbb{E}_{q_{\mu}^{(0)}}[\boldsymbol{\mu}_k\boldsymbol{\mu}_k^{\mathrm{T}}]:=\tilde{\Sigma}_k^{(0)}+\tilde{\boldsymbol{\mu}}_k^{(0)}\tilde{\boldsymbol{\mu}}_k^{(0)\mathrm{T}}$，$k=1,2,\cdots,K$，其中$|\cdot|$代表对应的行列式。

662 第$(j+1)$步迭代包括下面的计算(习题 13.6)。

E-步骤 1a：

$$\begin{aligned}\pi_{n_k} &= P_k^{(j)}\exp\Big(\frac{1}{2}\mathbb{E}_{q_{Q}^{(j)}}[\ln|\mathrm{Q}_k|]-\frac{1}{2}\mathrm{trace}\big\{\mathbb{E}_{q_{Q}^{(j)}}[\mathrm{Q}_k]\big(\boldsymbol{x}_n\boldsymbol{x}_n^{\mathrm{T}}-\\&\quad \boldsymbol{x}_n\mathbb{E}_{q_{\mu}^{(j)}}[\boldsymbol{\mu}_k^{\mathrm{T}}]-\mathbb{E}_{q_{\mu}^{(j)}}[\boldsymbol{\mu}_k]\boldsymbol{x}_n^{\mathrm{T}}+\mathbb{E}_{q_{\mu}^{(j)}}[\boldsymbol{\mu}_k\boldsymbol{\mu}_k^{\mathrm{T}}]\big)\big\}\Big)\\ \rho_{n_k} &= \frac{\pi_{n_k}}{\sum_{k=1}^{K}\pi_{n_k}}\\ q_{\mathcal{Z}}^{(j+1)}(\mathcal{Z}) &= \prod_{n=1}^{N}\prod_{k=1}^{K}\rho_{n_k}^{z_{n_k}}\end{aligned}$$

E-步骤 1b：

$$\tilde{Q}_k=\beta I+\mathbb{E}_{q_{Q}^{(j)}}[\mathrm{Q}_k]\sum_{n=1}^{N}\rho_{n_k}$$

$$\tilde{\boldsymbol{\mu}}_k=\tilde{Q}_k^{-1}\mathbb{E}_{q_{Q}^{(j)}}[\mathrm{Q}_k]\sum_{n=1}^{N}\rho_{n_k}\boldsymbol{x}_n$$

$$q_{\mu}^{(j+1)}(\boldsymbol{\mu}_{1:K})=\prod_{k=1}^{K}\left(\boldsymbol{\mu}_k|\tilde{\boldsymbol{\mu}}_k,\tilde{Q}_k^{-1}\right)$$

将式(12.47)代入当前式中

$$\mathbb{E}_{q_{\mu}^{(j+1)}}[\boldsymbol{\mu}_k\boldsymbol{\mu}_k^{\mathrm{T}}]=\tilde{\Sigma}_k+\tilde{\boldsymbol{\mu}}_k\tilde{\boldsymbol{\mu}}_k^{\mathrm{T}}=\tilde{Q}_k^{-1}+\tilde{\boldsymbol{\mu}}_k\tilde{\boldsymbol{\mu}}_k^{\mathrm{T}}$$

E-步骤 1c：

$$\tilde{\nu}_k=\nu+\sum_{n=1}^{N}\rho_{n_k}$$

$$\tilde{W}_k^{-1}=\tilde{W}_0^{-1}+\sum_{n=1}^{N}\rho_{n_k}\left(\boldsymbol{x}_n\boldsymbol{x}_n^{\mathrm{T}}-\tilde{\boldsymbol{\mu}}_k\boldsymbol{x}_n^{\mathrm{T}}-\boldsymbol{x}_n\tilde{\boldsymbol{\mu}}_k^{\mathrm{T}}+\mathbb{E}_{q_{\mu}^{(j+1)}}[\boldsymbol{\mu}_k\boldsymbol{\mu}_k^{\mathrm{T}}]\right)$$

$$q_{Q}^{(j+1)}(Q_{1:K})=\prod_{k=1}^{K}\mathcal{W}(Q_k|\tilde{\nu}_k,\tilde{W}_k)$$

$$\mathbb{E}_{q_{\mathrm{Q}}^{(j+1)}}[\mathrm{Q}_k] = \tilde{\nu}_k \tilde{W}_k$$

$$\mathbb{E}_{q_{\mathrm{Q}}^{(j+1)}}\left[\ln|\mathrm{Q}_k|\right] = \sum_{i=1}^{l} \psi\left(\frac{\tilde{\nu}_{k+1-i}}{2}\right) + l\ln 2 + \ln|\tilde{W}_k|$$ 663

其中 $\psi(\cdot)$ 为定义如下的双伽马函数

$$\psi(a) := \frac{d\ln\Gamma(a)}{da}$$

伽马函数在式(2.91)中已经定义过了。

M-步骤 2：我们有

$$P_k^{(j+1)} = \frac{1}{N}\sum_{n=1}^{N}\rho_{n_k}$$

前面的步骤已经给出了算法过程。观察到，对各自的先验概率采用的 PDF，迭代步骤保留了其函数形式，这是它们源于指数族的结果。在[13]中，建议也可以使用这一程序来确定混合模型的数量，而不是如 12.6 节的附注中所指出的那样采用交叉验证技术。通过采用足够大的 K 值，与不相关分量关联的概率 P_k 将在 M-步骤中被推向零。请注意，这样的建模在贝叶斯框架中是可能的，因为它自动实现了模型复杂性和数据拟合之间的权衡。在[4]中，将概率 P_k，$k=1,2,\cdots,K$，作为随机变量，并对其施加狄利克雷先验概率(习题 13.7)。然而，需要谨慎地选择这类先验概率，否则可能会影响算法的稀疏化潜力(参见[9])。

例 13.1 这个例子的目的是演示混合建模的变分贝叶斯方法与更经典的 EM 算法相比的优势，后者在 12.6 节中已经讨论过。如图 13.4 所示，使用相应的高斯函数生成了 5 个数据类。这些高斯函数中所使用的参数为

$$\boldsymbol{\mu}_1 = [-2.5, 2.5]^{\mathrm{T}}, \quad \boldsymbol{\mu}_2 = [-4.0, -2.0]^{\mathrm{T}}, \quad \boldsymbol{\mu}_3 = [2.0, -1.0]^{\mathrm{T}}$$

$$\boldsymbol{\mu}_4 = [0.1, 0.2]^{\mathrm{T}}, \quad \boldsymbol{\mu}_5 = [3.0, 3.0]^{\mathrm{T}}$$

和

$$\Sigma_1 = \begin{bmatrix} 0.5 & 0.081 \\ 0.081 & 0.7 \end{bmatrix}, \quad \Sigma_2 = \begin{bmatrix} 0.4 & 0.02 \\ 0.002 & 0.3 \end{bmatrix}, \quad \Sigma_3 = \begin{bmatrix} 0.6 & 0.531 \\ 0.531 & 0.9 \end{bmatrix}$$

$$\Sigma_4 = \begin{bmatrix} 0.5 & 0.22 \\ 0.22 & 0.8 \end{bmatrix}, \quad \Sigma_5 = \begin{bmatrix} 0.88 & 0.2 \\ 0.2 & 0.22 \end{bmatrix}$$

在运行算法之前，我们假设不知道混合模型的确切数目，因此使用了类的数目为 $K=25$，也就是，一个比真实的类要大得多的数。 664

对于 EM 算法，利用高斯矩阵 $\mathcal{N}(\boldsymbol{\mu}\mid\mathbf{0},I)$ 和对应的初始协方差矩阵 $\Sigma_k^{(0)}$，$k=1,2,\cdots,25$，其元素是随机生成的，保证其为正定。一种方法是从 $\mathcal{N}(0,1)$ 随机生成矩阵 Φ 的元素，然后形成 $\Phi^{\mathrm{T}}\Phi$。另一种方法是从对角矩阵开始，例如单位矩阵 I。

对于变分 EM 算法，采用了如下初始值：按照以前的方法生成均值 $\tilde{\boldsymbol{\mu}}_k^{(0)}$ 和初始协方差矩阵 $\tilde{\Sigma}_k^{(0)}$，$k=1,2,\cdots,25$，并设置 $\mathbb{E}_{q_{\mathrm{Q}}^{(0)}}[Q_k]=I$，$\mathbb{E}_{q_{\mathrm{Q}}^{(0)}}[\ln|Q_k|]=1$。两种情况下的初始概率都设定为相等。

观察到，变分 EM 识别与数据相关的 5 个类，其余的混合分布对应于零概率权重。相反，EM 算法试图对所有 25 种混合分布进行识别，但结果并不令人满意。

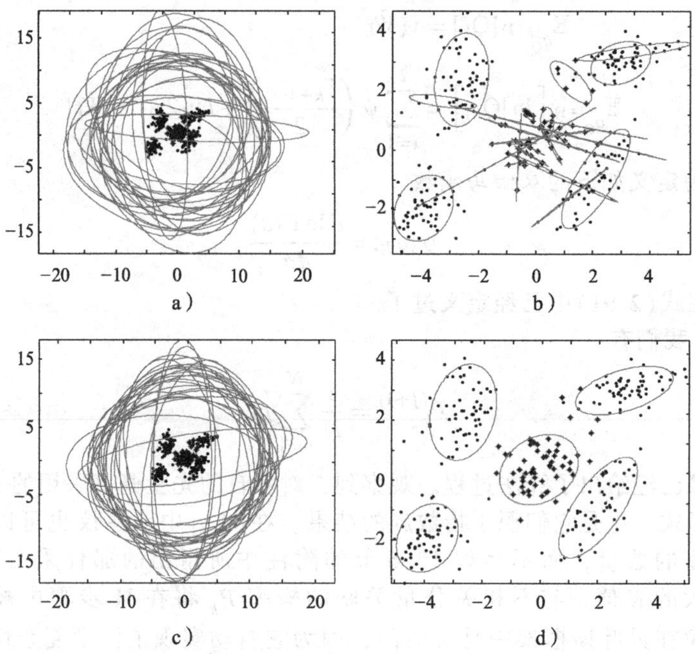

图 13.4　例 13.1 的图示。a) EM 算法初始的(25 个)高斯分布。b) EM 算法收敛后得到的聚类。c) 变分 EM 算法初始的(25 个)高斯分布。d) 变分 EM 算法收敛后得到的聚类。所有的曲线对应 80% 的概率域。观察变分 EM 算法识别与数据相关的 5 个类，其余的混合模型对应于零概率权重

13.5　当贝叶斯推断遇到稀疏性

贝叶斯的稀疏感知学习方法将很快成为我们关注的主要问题。不过，我们将利用本小节先来“热身”。12.2.2 节已经讨论了使用先验 PDF 与代价函数正则化之间的密切关系。在那里，采用高斯先验概率和高斯噪声进行回归任务，引出了 MAP 与岭回归的
665
等价性。很容易能证明，用高斯模型来处理噪声，再加上一个拉普拉斯先验，对每一个权值，即

$$p(\theta_k) = \frac{\lambda}{2}\exp\left(-\lambda|\theta_k|\right)$$

使 MAP 等价于 LS 代价的 ℓ_1 范数正则化。然而，对于一个对代价函数不感兴趣的贝叶斯函数来说，拉普拉斯先验中的秘密隐藏在这种分布的重尾之中。这与高斯 PDF 不同，高斯 PDF 有着非常明显的轻尾。换句话说，高斯随机变量的观测值与平均值相去甚远的概率下降得非常快。例如，观察变量偏离平均值超过 2σ、3σ、4σ 和 5σ 的概率分别为 0.046、0.003、6×10^{-5} 和 6×10^{-7}。也就是说，如果我们提供一个高斯先验概率，基本上是让学习过程去寻找“围绕”平均值的值，远离平均值的值会重罚。然而，在稀疏感知学习中，这将给学习机制传递错误的信息。假设先验概率的平均值为零，虽然我们期望参数的大部分分量为零，但我们仍然希望其中的一些分量的值大一些。因此，我们应该参考先验的信息，以便将较小(但不太小)的概率分配给较大的值。因此，对于贝叶斯来说，稀疏感知的学习变成了实施重尾先验的同义词。现在回到我们目前的任务，看看以上简短的介绍如何与我们的模型有关。我们讨论的先验 PDF，$p(\boldsymbol{\theta})$，根据式(13.23)和式(13.24)的模型，可通过边际化掉超参数 $\boldsymbol{\alpha}$(习题 13.10)得到，即

$$
\begin{aligned}
p(\boldsymbol{\theta};a,b) &= \int p(\boldsymbol{\theta}|\boldsymbol{\alpha})p(\boldsymbol{\alpha})\,\mathrm{d}\boldsymbol{\alpha} \\
&= \int \prod_{k=0}^{K-1} \mathcal{N}(\theta_k|0,\alpha_k^{-1})\mathrm{Gamma}(\alpha_k|a,b)\,\mathrm{d}\boldsymbol{\alpha} \\
&= \prod_{k=0}^{K-1} \mathrm{st}\left(\theta_k|0,\frac{a}{b},2a\right)
\end{aligned} \tag{13.52}
$$

其中 $\mathrm{st}(x\mid\mu,\lambda,\upsilon)$ 是学生氏 t PDF，由下式定义

$$
\mathrm{st}(x|\mu,\lambda,\nu) = \frac{\Gamma(\frac{\nu+1}{2})}{\Gamma(\frac{\nu}{2})}\left(\frac{\lambda}{\pi\nu}\right)^{1/2}\frac{1}{\left(1+\frac{\lambda(x-\mu)^2}{\nu}\right)^{\frac{\nu+1}{2}}} \tag{13.53}
$$

参数 υ 被称为自由度数。图 13.5 给出了不同 υ 值的学生氏 t PDF 图。当 $\upsilon\to\infty$ 时，学生氏 t 分布趋于相同均值和精度 λ 的高斯分布。观察学生氏 t PDF 的重尾特征，特别是在 υ 值低的情况下。回想一下，在我们使用无信息的超级先验的情况下，超参数 a 被赋予了一个很小的值。因此，我们在本节中的处理有利于回归模型的稀疏解。它会将尽可能多的系数 θ_k 推向零。也就是说，它通过将相应的系数设置为零来剪枝不太相关的基函数 $\phi_k(\boldsymbol{x})$。这也是对每一个参数 θ_k，$k=0,2,\cdots,K-1$ 使用不同的超参数(α_k)的原因，单独调整每一个参数为学习过程提供了更多的自由度。在早期，这种方法被称为自动相关性确定(ARD)[47, 52, 54]。[24]中对自适应正则化和剪枝进行了有趣的讨论。

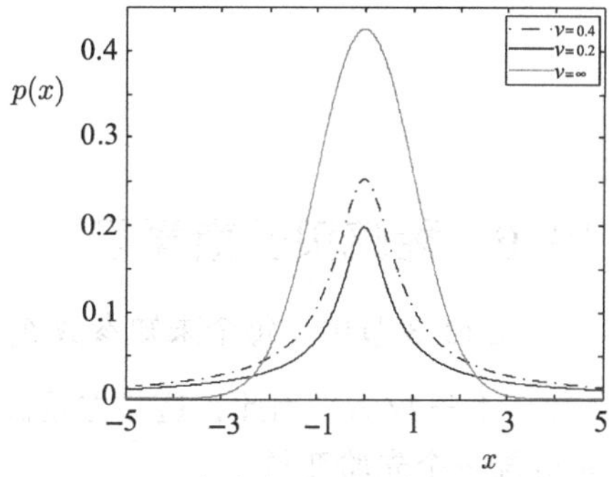

666

图 13.5　观察自由度 υ 低值的情况，学生氏 t PDF 有明显的重尾特征。相比而下，高斯 PDF 是一个低尾 PDF

图 13.6a 清楚地展示了学生氏 t 分布的稀疏性。在二维空间中，当我们远离零时，概率质量向坐标轴倾斜，也就是说，PDF 围绕稀疏解达到峰值，稀疏性现在是概率性实现的。相反，高斯不给大数值太多的机会(见图 13.6b)。

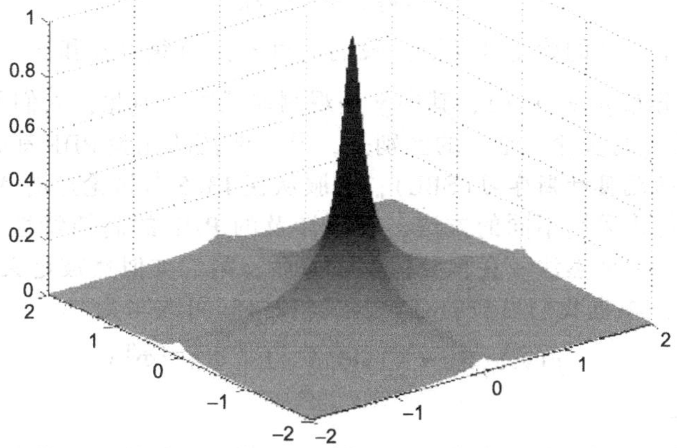

a)

图 13.6　a) 学生氏 t 分布在 0 周围快速达到峰值并且沿着坐标轴缓慢下降；这样，有利于得到稀疏解。b) 高斯分布在 0 处达到峰值，沿着所有方向迅速下降

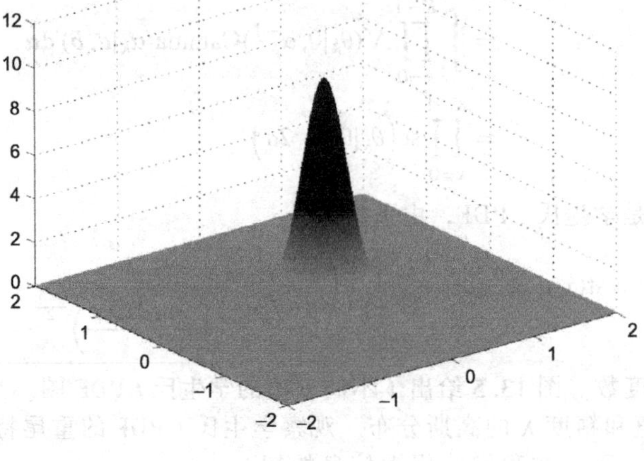

b)

图 13.6 （续）

13.6 稀疏贝叶斯学习

在 13.3 节中，每个未知参数 θ_k，$k=0,1,\cdots,K-1$ 的先验都被赋予自由，拥有自己的方差 $\sigma_k^2:=1/\alpha_k$。因此，这些方差被作为隐随机变量处理，并根据超参数的个数为每个变量分配一个先验变量。

在[85, 92]中，模型略有修改。保留了使用不同方差作为先验变量的概念，但将方差视为确定性参数而不是随机参数[㊀]。在这种情况下，该任务成为 12.5 节所述任务的一般化形式，并建立在以下假设之上：

$$p(\boldsymbol{y}|\boldsymbol{\theta};\beta)=\mathcal{N}(\boldsymbol{y}|\Phi\boldsymbol{\theta},\beta^{-1}I) \tag{13.54}$$

$$p(\boldsymbol{\theta};\boldsymbol{\alpha})=\mathcal{N}(\boldsymbol{\theta}|\mathbf{0},A^{-1}) \tag{13.55}$$

其中

$$A:=\operatorname{diag}\{\alpha_0,\cdots,\alpha_{K-1}\} \tag{13.56}$$

667 ~ 668 精度 β 也被看作一个未知的确定性参数。我们的目的：1)获得 β 和 α_k，$k=0,1,\cdots,K-1$ 的估计；2)计算预测分布 $p(y\mid \boldsymbol{x},\boldsymbol{y})$，其中 $\boldsymbol{y}$ 是观测向量[㊁]。为此，人们可以采用 EM 算法，并遵循类似于 12.5 节的步骤。唯一的区别是，所有涉及的先验 PDF 都有一个共同的方差。该方法通常被称为**稀疏贝叶斯学习**(SBL)，它服从在 13.5 节讨论过的 ARD 原理。

在本节中，我们将采用不同的方法，利用涉及的 PDF 的高斯特性。将采用附注 12.2 中介绍过的第二类最大似然法。在积分掉参数 $\boldsymbol{\theta}$ 后，第二类似然被定义为边际似然。遵循 12.2 节中的讨论，并根据我们目前的需要，式(12.15)可改写为

$$p(\boldsymbol{y};\boldsymbol{\alpha},\beta)=\mathcal{N}(\boldsymbol{y}|\mathbf{0},\beta^{-1}I+\Phi A^{-1}\Phi^{\mathrm{T}}) \tag{13.57}$$

㊀ 一个稍有不同但却等价的视角，采用统一的先验概率并使用各自的模式，而不是边际化掉方差，这遵循了[85]中讨论的方法。

㊁ 我们抑制了对训练数据 $\mathcal{X}$ 的符号依赖。

同时，为了完整性，式(12.16)、式(12.17)及式(12.10)会表现为下面形式

$$p(\boldsymbol{\theta}|\boldsymbol{y};\boldsymbol{\alpha},\beta)=\mathcal{N}(\boldsymbol{\theta}|\boldsymbol{\mu},\Sigma;\boldsymbol{\alpha},\beta) \tag{13.58}$$

其中

$$\boldsymbol{\mu}=\beta\Sigma\Phi^{\mathrm{T}}\boldsymbol{y},\quad \Sigma=\left(A+\beta\Phi^{\mathrm{T}}\Phi\right)^{-1} \tag{13.59}$$

现在的目标是使 α_k，$k=0,\cdots,K-1$ 和代价函数 β 最大化

$$\begin{aligned}L(\boldsymbol{\alpha},\beta):&=\ln p(\boldsymbol{y};\boldsymbol{\alpha},\beta)\\&=-\frac{N}{2}\ln(2\pi)-\frac{1}{2}\ln|\beta^{-1}I+\Phi A^{-1}\Phi^{\mathrm{T}}|-\\&\quad\frac{1}{2}\boldsymbol{y}^{\mathrm{T}}\left(\beta^{-1}I+\Phi A^{-1}\Phi^{\mathrm{T}}\right)^{-1}\boldsymbol{y}\end{aligned} \tag{13.60}$$

以上代价的最大化不能解析地进行计算，于是推导出以下迭代方案(习题 13.11，证明有点乏味)：

$$\gamma_k=1-\alpha_k^{(\mathrm{old})}\Sigma_{kk}^{(\mathrm{old})} \tag{13.61}$$

$$\alpha_k^{(\mathrm{new})}=\frac{\gamma_k}{(\mu_k^{(\mathrm{old})})^2},\quad k=0,1,\cdots,K-1 \tag{13.62}$$

$$\beta^{(\mathrm{new})}=\frac{N-\sum_{k=0}^{K-1}\gamma_k}{||\boldsymbol{y}-\Phi\boldsymbol{\mu}^{(\mathrm{new})}||^2} \tag{13.63}$$

迭代方法用任意一组值初始化，并一直重复直到满足收敛条件。Σ_{kk} 是矩阵 Σ 对应的对角线元素。注意，Σ 和 $\boldsymbol{\mu}$ 的值依赖于 β 和 α_k 的值。每步迭代的复杂性主要来自式(13.59)中对应定义所涉及的矩阵逆，需要 $O(K^3)$ 次操作。此外，因为涉及矩阵求逆，我们必须考虑由于数值误差造成的接近奇异点问题。这种情况在实践中概率很大，因为某些 α_k 值可能会变得非常大。因此，必须小心，一旦出现这样的值，就可以删除 Φ 中相应的列，并将相应的 θ_k 值设置为零。事实上，这就是这种方法实现稀疏性的方式：将均值等于零且方 669
差变得非常小(精度非常大)的参数设置为零。经验表明，这种方法在实践中是可行的。

处理该方法的另一条技术路线就是 EM 算法。这产生了一组等价的递归方法[85]，但实际经验表明，之前给出的一组更新方法会更快地收敛。

当解矩阵的每个非零行中的元素都是暂时相关时，[96, 97]给出了用于块稀疏性场景和多度量向量(MMV)的 SBL 框架的扩展。而且，人们对后者还进行了理论分析，表明 SBL 代价函数的全局极小值与 MMV 问题最稀疏解是一致的，这是我们所期望的性质。

例 13.2 本例是通过一个仿真示例展示不同方法的性能对比，包括变分贝叶斯方法、最大似然/LS(式(12.6))，以及线性回归场景下特别是稀疏建模框架下，12.5 节中的 EM 算法。SBL 方法给出的结果与变分法非常相似，因此不再讨论。为此，我们根据以下场景生成训练数据。

在实数坐标轴区间[-10,10]上采样 $N=100$ 个等距点 x_n，$n=1,2,\cdots,100$。训练数据为 (y_n,x_n)，$n=1,2,\cdots,N$，其中

$$y_n=\exp\left(-\frac{1}{2}\frac{(x_n+5.8)^2}{0.1}\right)+\exp\left(-\frac{1}{2}\frac{(x_n-2.6)^2}{0.1}\right)+\eta_n$$

其中，η_n 是独立同分布的零均值高斯噪声样本，方差为 $\sigma_\eta^2=0.015$。为了对数据进行拟合，采用了以下模型：

$$y=\sum_{k=1}^{N}\theta_k\exp\left(-\frac{1}{2}\frac{(x-x_k)^2}{0.1}\right)$$

因此，矩阵 Φ 具有以下元素：

$$[\Phi]_{nk}=\exp\left(-\frac{1}{2}\frac{(x_n-x_k)^2}{0.1}\right),\quad n=1,2,\cdots,N,\ k=1,2,\cdots,N$$

注意，我们有和训练点数一样多的参数。这符合关联向量机原理，这将在 13.7 节中讨论。图 13.7 显示了结果。红色的实线曲线对应于生成数据的真正函数。灰色的实线曲线对应于插入了估计值 $\hat{\theta}_k$ 后的模型，对应的后验概率均值来自公式(13.34)。红色虚线曲线对应于 ML 解，灰色虚线曲线对应于 EM 算法，其中估计值对应于各自后验的平均值(式(12.44))。变分法的优势很明显，结果总是能与实际情况基本一致。注意观察变分贝叶斯方法是如何设法处理过拟合并将大部分参数推至零值的。

670

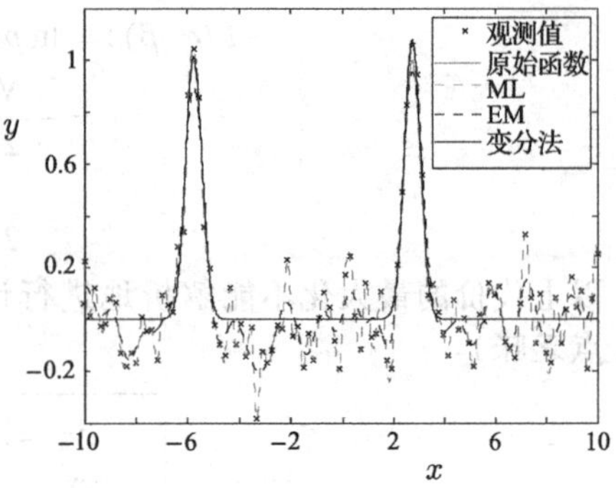

图 13.7　该图对应于例 13.2 的设置。观察到，通过变分法得到的拟合曲线与真实值几乎相同

13.6.1　钉板方法

钉板法是一种古老的稀疏方法[42，50]。我们先考虑熟悉的回归模型

$$\mathrm{y}=\boldsymbol{\theta}^{\mathrm{T}}\boldsymbol{\phi}(\boldsymbol{x})+\eta=\sum_{k=0}^{K-1}\theta_k\phi_k(\boldsymbol{x})+\eta \tag{13.64}$$

现在引入一组新的辅助二进制指示变量，$s_k\in\{0,1\}$，$k=0,1,\cdots,K-1$。并假设施加在 $\boldsymbol{\theta}$ 上的先验概率也是高斯函数，$p(\boldsymbol{\theta})=\mathcal{N}(\boldsymbol{\theta}\mid\mathbf{0},\sigma^2I)$。顾名思义，指示变量控制式(13.64)的求和式中参数是否存在。例如，当 $s_k=1$ 时，对应的参数 θ_k 存在；当 $s_k=0$ 时，θ_k 不存在。这就是如何将稀疏性施加于模型。为此，对指示变量采用了联合伯努利先验分布(见第 2 章)，将其中尽可能多的变量推到零，即

$$P(\boldsymbol{s})=\prod_{k=0}^{K-1}p^{s_k}(1-p)^{1-s_k} \tag{13.65}$$

其中，参数 $0\leqslant p\leqslant 1$ 指定了先验概率的稀疏性水平。这与在参数上采用以下先验是等价的：

$$p(\boldsymbol{\theta})=\prod_{k=0}^{K-1}\Big(s_k\mathcal{N}(\theta_k|0,\sigma^2)+(1-s_k)\delta(\theta_k)\Big):\quad \text{钉板先验} \tag{13.66}$$

后者就是所谓的钉板先验。这种称呼来源于这样一个事实：如果让 $s_k=0$，那么在零值处施加了一个“钉”；令 $s_k=1$，则施加的是“板”，因为高斯函数是较宽的(对于足够大的 σ^2)。对应的后验不是高斯的，它的计算可以通过采用近似推断技术来进行，如变分法或
671 蒙特卡罗法(参见[29]和其中的参考文献)。

也有变体的“钉板法”(参见[78])。在之后文献中，证明了在 LS 准则(第 9 章)上，我们可以得到经典的基于 ℓ_0 稀疏性强制约束，这是这些变体之一的极限情况。这种方法在基于概率和基于优化的稀疏性技术之间提供了另一种联系。我们将在 13.9 节讨论另一

种联系。

13.7　关联向量机框架

文献[85]中工作的一个重要方面是在回归和分类中引入了关联向量机。在第 11 章讨论的支持向量回归(SVR)的启发下，这里考虑一个具体的回归模型，即

$$y(\mathbf{x})=\theta_0+\sum_{k=1}^{N}\theta_k\kappa(\mathbf{x},\boldsymbol{x}_k)+\eta \tag{13.67}$$

换句话说，式(12.1)的一般回归模型被认为是用于 $K=N+1$ 的，其中 N 是观测值的数量，且

$$\phi_k(\mathbf{x})=\kappa(\mathbf{x},\boldsymbol{x}_k)$$

其中 $\kappa(\cdot,\cdot)$是在第 11 章定义过的核函数，以输入观测点为 $\boldsymbol{x}_k$，$k=1,2,\cdots,N$ 中心，因此，参数的数目与训练点数(加一)相等。

这一任务可以通过 SBL 思想来处理，也可以采用变分近似原理来处理，以增加稀疏性。[85]中指出变分贝叶斯方法在计算上更密集，在实践中得到的超参数均值与采用 SBL 方法得到的值相同。

在支持向量回归(SVR)中支持向量定义的启发下，我们称在式(13.67)中起到贡献作用的幸存数据点叫作*相关向量*。此外，在 RVM 框架中使用的核不一定是对称正定函数，因为建模不一定与再生核希尔伯特空间(RKHS)相关联。

13.7.1　用对率回归模型进行分类

文献[85]中除了关联向量回归外，还引入了关联向量分类。回顾在支持向量机(SVM)分类中，设计了一种线性(在 RKHS 中)分类器。RVM 也采用了同样的模型。给定一个测量特征向量 $\boldsymbol{x}$ 的值，根据判别函数的符号进行分类，即

$$f(\boldsymbol{x}):=\boldsymbol{\theta}^{\mathrm{T}}\boldsymbol{\phi}(\boldsymbol{x}):=\theta_0+\sum_{k=1}^{N}\theta_k\phi_k(\boldsymbol{x})$$ 672

目标是获得贝叶斯框架中参数 $\boldsymbol{\theta}$ 的估计，因此，我们必须将 $\boldsymbol{\theta}$“嵌入”与输入输出数据相关的 PDF 中。在这种情况下，一种广为人知且被广泛使用的技术是*对率回归模型*，我们在 7.6 节中介绍过它。

根据该模型，对于一个两类(ω_1,ω_2)分类任务，贝叶斯分类器所要求的后验概率建模为

$$\boxed{P(\omega_1|\boldsymbol{x})=\frac{1}{1+\exp\left(-\boldsymbol{\theta}^{\mathrm{T}}\boldsymbol{\phi}(\boldsymbol{x})\right)}:\quad \text{对率回归模型}} \tag{13.68}$$

和

$$P(\omega_2|\boldsymbol{x})=1-P(\omega_1|\boldsymbol{x}) \tag{13.69}$$

有不止一个理由可以证明这种选择是合理的(参见[46]和习题 13.12)。多类推广也是可能的(参见[84]和第 7 章)。

对于那些不那么熟悉的读者，请仔细观察式(13.68)。函数

$$\sigma(t)=\frac{1}{1+\exp(-t)} \tag{13.70}$$

的图被称为对率S形函数，如图13.8所示。当$t>0(\boldsymbol{\theta}^{\mathrm{T}}\boldsymbol{\phi}(\boldsymbol{x})>0)$时，有$P(\omega_1|\boldsymbol{x})>1/2$，即决策倾向于$\omega_1$。当$t<0(\boldsymbol{\theta}^{\mathrm{T}}\boldsymbol{\phi}(\boldsymbol{x})<0)$时，结论相反。考虑训练集$(y_n,\boldsymbol{x}_n)$，$\boldsymbol{x}_n\in\mathbb{R}^l$且$y_n\in\{0,1\}$，并为$P(y|\boldsymbol{x})$采用伯努利分布，对应的似然函数可以定义为

$$P(\boldsymbol{y}|\boldsymbol{\theta})=\prod_{n=1}^{N}\left(\sigma\left(\boldsymbol{\theta}^{\mathrm{T}}\boldsymbol{\phi}(\boldsymbol{x}_n)\right)\right)^{y_n}\left(1-\sigma\left(\boldsymbol{\theta}^{\mathrm{T}}\boldsymbol{\phi}(\boldsymbol{x}_n)\right)\right)^{1-y_n} \tag{13.71}$$

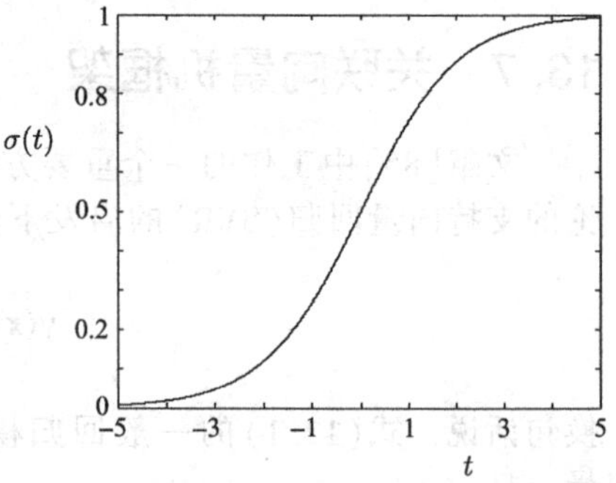

图13.8　对率S形函数

这是式(13.22)在回归情况下的对应形式。我们也可
673 以为$\boldsymbol{\theta}$采用高斯先验，如式(13.55)和式(13.56)。在SBL方法中，我们的目标是最大化关于未知参数$\boldsymbol{\alpha}$的第二类对数似然函数，然而，$p(\boldsymbol{y}|\boldsymbol{\theta})$不再是高斯函数，边际化掉$\boldsymbol{\theta}$也不能解析地进行。在[85]中，采用了拉普拉斯近似，采取下面的计算步骤。

1) 假定$\boldsymbol{\alpha}$当前已知，最大化关于$\boldsymbol{\theta}$的后验概率，通过简单论证易知

$$p(\boldsymbol{\theta}|\boldsymbol{y},\boldsymbol{\alpha})=\frac{P(\boldsymbol{y}|\boldsymbol{\theta})p(\boldsymbol{\theta}|\boldsymbol{\alpha})}{P(\boldsymbol{y}|\boldsymbol{\alpha})}$$

或等价的

$$\begin{aligned}\hat{\boldsymbol{\theta}}_{\mathrm{MAP}} &= \arg\max_{\boldsymbol{\theta}}\ln\left(P(\boldsymbol{y}|\boldsymbol{\theta})p(\boldsymbol{\theta}|\boldsymbol{\alpha})\right)\\ &= \arg\max_{\boldsymbol{\theta}}\left\{\sum_{n=1}^{N}\left[y_n\ln\sigma\left(\boldsymbol{\theta}^{\mathrm{T}}\boldsymbol{\phi}(\boldsymbol{x}_n)\right)+\right.\right. &(13.72)\\ &\quad \left.(1-y_n)\ln\left(1-\sigma\left(\boldsymbol{\theta}^{\mathrm{T}}\boldsymbol{\phi}(\boldsymbol{x}_n)\right)\right)\right]-\\ &\quad \left.\frac{1}{2}\boldsymbol{\theta}^{\mathrm{T}}A\boldsymbol{\theta}+\text{常数}\right\} &(13.73)\end{aligned}$$

其中$A:=\mathrm{diag}\{\alpha_0,\alpha_1,\cdots,\alpha_N\}$。相对于$\boldsymbol{\theta}$最大化式(13.73)，可得(习题13.13)

$$\boxed{\hat{\boldsymbol{\theta}}_{\mathrm{MAP}}=A^{-1}\Phi^{\mathrm{T}}(\boldsymbol{y}-\boldsymbol{s})} \tag{13.74}$$

其中，$\boldsymbol{s}:=[s_1,\cdots,s_N]^{\mathrm{T}}$，$s_n:=\sigma(\boldsymbol{\theta}^{\mathrm{T}}\boldsymbol{\phi}(\boldsymbol{x}_n))$，$n=1,2,\cdots,N$。

2) 使用$\hat{\boldsymbol{\theta}}_{\mathrm{MAP}}$和拉普拉斯近似法(12.3节)，通过以$\hat{\boldsymbol{\theta}}_{\mathrm{MAP}}$为中心的高斯函数来近似$p(\boldsymbol{\theta}|\boldsymbol{y},\boldsymbol{\alpha})$[45]。回顾12.3节，近似高斯函数的协方差矩阵如下

$$\Sigma^{-1}=-\frac{\partial^2\ln\left(P(\boldsymbol{y}|\boldsymbol{\theta})p(\boldsymbol{\theta}|\alpha)\right)}{\partial\boldsymbol{\theta}^2}\Bigg|_{\boldsymbol{\theta}=\hat{\boldsymbol{\theta}}_{\mathrm{MAP}}}$$

或者(习题13.14)

$$\boxed{\Sigma^{-1}=(\Phi^{\mathrm{T}}T\Phi+A)} \tag{13.75}$$

其中$T=\mathrm{diag}\{t_1,t_2,\cdots,t_N\}$且

$$t_n=\sigma\left(\boldsymbol{\theta}^{\mathrm{T}}\boldsymbol{\phi}(\boldsymbol{x}_n)\right)\left(1-\sigma\left(\boldsymbol{\theta}^{\mathrm{T}}\boldsymbol{\phi}(\boldsymbol{x}_n)\right)\right)\Big|_{\boldsymbol{\theta}=\hat{\boldsymbol{\theta}}_{\mathrm{MAP}}}$$

3) 在得到$\hat{\boldsymbol{\theta}}_{\mathrm{MAP}}$并计算出$\boldsymbol{\Sigma}$后，将公式(12.37)的符号调整到与当前一致，我们得到

674 $$P(\boldsymbol{y}|\boldsymbol{\alpha})=P(\boldsymbol{y}|\hat{\boldsymbol{\theta}}_{\mathrm{MAP}})p(\hat{\boldsymbol{\theta}}_{\mathrm{MAP}}|\boldsymbol{\alpha})(2\pi)^{\frac{N}{2}}|\Sigma|^{1/2} \tag{13.76}$$

接下来，对于 $\boldsymbol{\alpha}$ 最大化式(13.76)，这提供了更新的迭代估计。注意，右边乘积的第一项是独立于 $\boldsymbol{\alpha}$ 的。取对数和最大化后容易得到(习题 13.15)

$$-\frac{1}{2}\theta_{\mathrm{MAP},k}^2+\frac{1}{2\alpha_k}-\frac{1}{2}\Sigma_{kk}=0 \qquad (13.77)$$

因为 Σ_{kk} 和 θ_{MAP} 依赖于 $\boldsymbol{\alpha}$，这个公式可以迭代求解，结果恰好与式(13.62)具有相同的方案，即

$$\alpha_k^{(\mathrm{new})}=\frac{1-\alpha_k^{(\mathrm{old})}\Sigma_{kk}^{(\mathrm{old})}}{\left(\theta_{\mathrm{MAP},k}^{(\mathrm{old})}\right)^2}$$

以上过程继续进行，直到达到收敛标准[44，85]。

正如在[85]中指出的一样，虽然一般来说对高斯函数的拉普拉斯局部近似可能不是一种很好的方法，但在目前的分类任务中，由于所采用的模型的特殊性质，这种近似可以提供很好的精度。

图 13.9 显示了 RVM 方法[⊖]产生的决策曲线，对红色/灰色类的点进行了分类。当处理 SVM 分类器时，数据集与第 11 章中例 11.4 使用的数据集相同。已圈出的 6 个点是幸存的相关向量。采用 $\sigma^2=3$ 的高斯核函数，得到了最佳的结果。同时观察到，与第 11 章的支持向量机相比，支持向量存活的数量明显减少。 675

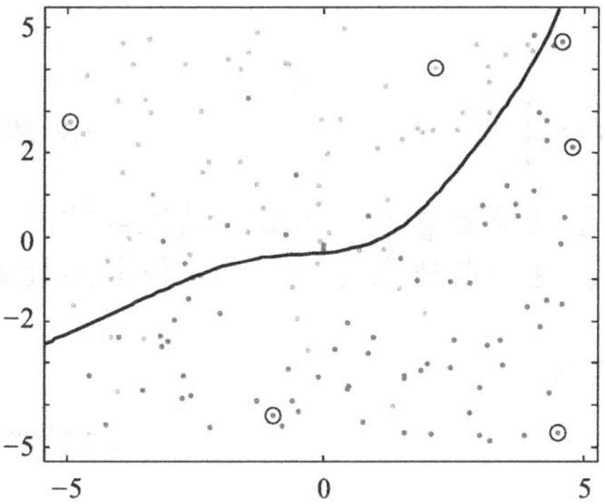

图 13.9 有 RVM 分类器得到的分离两类(红与灰)的决策曲线，对应的后验概率值 $P(\omega_1 \mid \boldsymbol{x})=0.5$。使用 $\sigma^2=3$ 的高斯核函数。仅有 6 个关联向量幸存——圆圈圈出的点

附注 13.2

- 与 SVM(SVR)相比，RVM 既有优点也有缺点。SVM 方法由于相关代价函数的凸性，在理论上给出了一个单一的最小值，这在数学形式上是优雅的。RVM 框架的情况则不同，其中所涉及的优化步骤处理的是一个非凸代价。必须记住，求解非凸任务时，可能需要多次运行优化算法，每次从不同的初始条件开始，因为非凸问题可能陷入局部极小值。

  在复杂性方面，RVM 的算法步骤涉及海森矩阵的求逆，这也导致了 $O(N^3)$ 的复杂度。正如 11.11 节所讨论的，SVM 的高效求解方案的复杂度范围从线性到(近似)平方。此外，RVM 训练集的存储空间需求为 $O(N^2)$，而不是支持向量机的线性需求。除了复杂性外，为了避免由于可能的(近)奇异点引起的数值不稳定性，必须谨慎地进行(大)矩阵的求逆。此外，一般来说，RVM 需要更长的训练时间才能收敛，与 SVM 相比，错误率是相同的。

  通过分析边际似然的性质，在[86]中提出了一种快速的 RVM 算法。这使得候选

⊖ 使用的软件可从 http://www.miketipping.com/sparsebayes.htm#software 找到。

基函数(Φ 列)的连续加法和删除能够单调地最大化边缘似然。这种迭代算法以一种构造性的方式运行，直到包含了所有关联的基函数(关联的权重为非零)。如果 M 表示关联项的数量，则复杂度等于 $O(M^3)$，对于 $M \ll N$ 来说，这比原始的 RVM 更高效。RVM 的主要优点是，在与 SVM 达到相似水平的泛化错误的前提下，通常会产生更稀疏的解。这使得在训练完成后，预测步骤能够比 SVM 产生的预测模型更有效。此外，SVM 还依赖于用户相关的超参数 C(ϵ 用于回归)，并且通常通过交叉验证找到它们，这涉及对不同值的多次训练。

- 在[8]中采用了一种不同的算法，它基于*变分界近似方法*，下文将对其进行介绍。

13.8 凸对偶与变分界

在前一章中，介绍了用高斯函数近似一般 PDF 的拉普拉斯技术。这种近似方法背后的驱动力是得益于高斯 PDF 的计算友好性。在这一节中，我们将从不同的角度来深入这一任务，涉及关于一个额外的参数对手头的 PDF 的下界进行最大化，这个参数被引入问题中，并且下界取决于这个参数。我们的理论框架是凸对偶的，这是凸分析的一个著名的强有力的工具。

定义一个函数 $f: \mathbb{R}^l \longmapsto \mathbb{R}$。那么函数

676

$$f^*: \mathbb{R}^l \longmapsto \mathbb{R}$$

定义为[⊖]

$$f^*(\boldsymbol{\xi}) = \max_{\boldsymbol{x}} \left\{ \boldsymbol{\xi}^{\mathrm{T}} \boldsymbol{x} - f(\boldsymbol{x}) \right\} \tag{13.78}$$

称为 f 的*共轭*。共轭函数的值域由满足极大值为有限值的所有 $\boldsymbol{\xi} \in \mathbb{R}^l$ 组成。共轭函数的一个值得注意的性质是它的*凸性*，无论 f 是否为凸函数，这一点都成立。凸性是仿射函数族(相对于 $\boldsymbol{\xi}$ 是凸的)逐点最大化的结果[12]。

相对于 $\boldsymbol{x}$ 的最大化式(13.78)得到结果值 $\boldsymbol{x}_*$，满足

$$\boldsymbol{x}_*: \nabla f(\boldsymbol{x}_*) = \boldsymbol{\xi} \tag{13.79}$$

这导致

$$f^*(\boldsymbol{\xi}) = \boldsymbol{\xi}^{\mathrm{T}} \boldsymbol{x}_* - f(\boldsymbol{x}_*) \tag{13.80}$$

式(13.79)和式(13.80)提供了共轭函数的几何解释。线性函数 $\boldsymbol{\xi}^{\mathrm{T}} \boldsymbol{x}$ 的图定义了一个方向由 $\boldsymbol{\xi}$ 控制的超平面，而 $\boldsymbol{\xi}$ 现在和 $\nabla f(\boldsymbol{x}_*)$ 相等，它定义了 $f(\boldsymbol{x})$ 的图在 $\boldsymbol{x}_*$ 处的切超平面的方向。这个线超平面描述为

$$g(\boldsymbol{x}) = f(\boldsymbol{x}_*) + (\boldsymbol{x} - \boldsymbol{x}_*)^{\mathrm{T}} \nabla f(\boldsymbol{x}_*)$$

或者用式(13.80)描述

$$g(\boldsymbol{x}) = \boldsymbol{\xi}^{\mathrm{T}} \boldsymbol{x} - f^*(\boldsymbol{\xi}) \tag{13.81}$$

当 $\boldsymbol{x}=0$ 时，式(13.81)变为 $g(0)=-f^*(\boldsymbol{\xi})$。这已经在图 13.10 中展示。因此，$f^*(\boldsymbol{\xi})$ 对应
677 为了"触到" $f(\boldsymbol{x})$ 的图，$\boldsymbol{\xi}^{\mathrm{T}} \boldsymbol{x}$ 的图必须进行的位移。上述所有这些产生的一个副产品已证明对我们来说非常有用。可以证明(习题 13.16)，如果 f 是凸函数，那么 $(f^*)^*=f$，在这种情况下我们可以得到

⊖ 严格地说，在整个描述中，应该使用 sup 而不是 max，使用 inf 而不是 min。

$$f(\boldsymbol{x})=\max_{\boldsymbol{\xi}}\left\{\boldsymbol{x}^{\mathrm{T}}\boldsymbol{\xi}-f^{*}(\boldsymbol{\xi})\right\} \tag{13.82}$$

因此，一旦 f^* 计算好，f 可以很容易地找到一个下界，即

$$f(\boldsymbol{x})\geqslant \boldsymbol{x}^{\mathrm{T}}\boldsymbol{\xi}-f^{*}(\boldsymbol{\xi}) \tag{13.83}$$

其中 $\boldsymbol{\xi}$ 被解释为一个参数。进一步研究这个界，将式(13.79)和式(13.80)代入式(13.83)中可得[㊀]

$$f(\boldsymbol{x})\geqslant f(\boldsymbol{x}_*)+(\boldsymbol{x}-\boldsymbol{x}_*)^{\mathrm{T}}\nabla f(\boldsymbol{x}_*)$$

其中右边是线性函数 $g(\boldsymbol{x})$，它描述了与$f(\boldsymbol{x})$在 $\boldsymbol{x}_*$ 处相切的超平面。当 $\boldsymbol{x}=\boldsymbol{x}_*$ 处，界变得很紧(见图 13.10)。我们将很快看到如何使这个线性函数成为一个非线性函数的界，转换这个函数的参数就可以了。

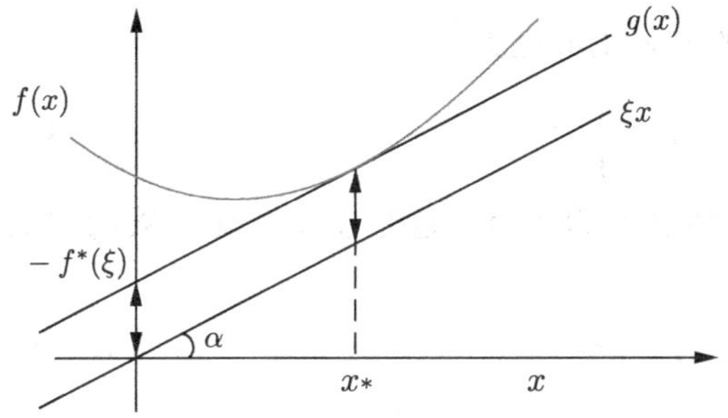

图 13.10 穿越原点的直线 $y=\xi x$ 方向由 $\xi(\xi=\tan\alpha)$ 控制。共轭函数 f^* 在 ξ 处的(负)值定义了直线 $y=g(x)$ 与纵轴的交点，$g(x)$是通过变换 ξx 直到它变为在 x_* 点处与 f 相切而形成的

如果用最小化(min)运算取代式(13.78)和式(13.82)中的最大化(max)运算，则对凸函数的所有结论适用于凹函数。注意，按照此定义，共轭函数是凹的，是一组凹函数(一个仿射函数既可以认为是凸的，也可以认为是凹的)的逐点最小化的结果。而且，如果所涉及的函数既不是凸的也不是凹的，则可以寻找使其凸或凹的可逆变换。

在我们的场景中，借助共轭函数概念的目的是我们期待有这样一个函数，它为一个(概率密度)函数提供了一个界，就像在式(13.83)中一样，可产生一种函数形式，有助于令所涉及的积分易于计算。

例 13.3 计算对数函数 $f(x)=\ln x$，$x>0$ 的共轭。

我们知道对数函数是凹的。因此有

$$f^*(\xi)=\min_{x>0}\{\xi x-\ln x\}$$

或

$$x_*:\ \frac{1}{x}=\xi\Rightarrow x_*=\frac{1}{\xi}$$

因此

$$f^*(\xi)=1+\ln\xi$$

所以

$$\ln x=\min_{\xi>0}\{\xi x-1-\ln\xi\}$$

图 13.11 显示了对数函数对应的图，以及得到的不同 $\boldsymbol{\xi}$ 值的线性函数界。

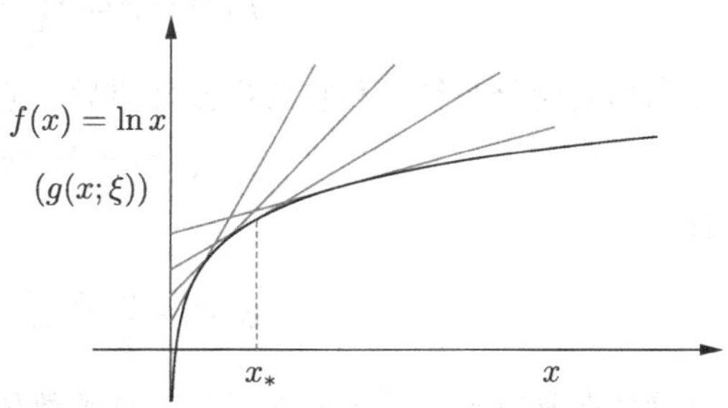

图 13.11 线性函数 $g(x;\ \xi)=\xi x-1-\ln\xi$ 提供了 $f(x)=\ln x$ 的上界。每一条直线都在点 $x_*=1/\xi$ 处与 $f(x)=\ln x$ 相切 678

㊀ 注意，这是凸性的一个充要条件。

例 13.4 考虑我们已经在 13.5 节中见到的单变量拉普拉斯 PDF

$$p(\theta)=\frac{\lambda}{2}\exp(-\lambda|\theta|),\quad \theta\in\mathbb{R} \tag{13.84}$$

我们的目标是根据它的共轭函数导出一个下界。从式(13.84)，我们得到

$$\ln p(\theta)=\ln\frac{\lambda}{2}-\lambda|\theta|$$

定义

$$f(x)=\ln\frac{\lambda}{2}-\lambda\sqrt{x},\quad x>0 \tag{13.85}$$

于是有

$$\ln p(\theta)=f(\theta^2) \tag{13.86}$$

注意，$f(x)$是 x 的凸函数(习题 13.16)。得到的 $f(x)$ 的共轭为[⊖]

$$f^*(\xi)=\max_x\left\{-\frac{\xi}{2}x-f(x)\right\},\ \xi>0 \tag{13.87}$$

ξ 被限定为正值，因为对 $\xi\leqslant 0$，对于 x 的最大值会变为无穷，这是违反共轭函数的定义的。回顾式(13.85)，最大化会得到

679 $$x_*:\lambda x^{-\frac{1}{2}}=\xi\Rightarrow x_*=\lambda^2\xi^{-2} \tag{13.88}$$

结合式(13.87)与式(13.88)，得到

$$f^*(\xi)=\frac{\lambda^2}{2}\xi^{-1}-\ln\frac{\lambda}{2} \tag{13.89}$$

这样，我们就得到了界

$$f(x)\geqslant-\frac{\xi}{2}x-\frac{\lambda^2}{2}\xi^{-1}+\ln\frac{\lambda}{2}$$

或

$$\ln p(\theta)\geqslant-\frac{\xi}{2}\theta^2-\frac{\lambda^2}{2}\xi^{-1}+\ln\frac{\lambda}{2},\quad \xi>0$$

因为 $\forall\,\xi>0$ 公式为真，我们可以将 ξ 替换为 ξ^{-1}，以方便表示，这将得到

$$p(\theta)\geqslant\frac{\lambda}{2}\exp\left(-\frac{\xi^{-1}}{2}\theta^2\right)\exp\left(-\frac{\lambda^2}{2}\xi\right) \tag{13.90}$$

在利用高斯分布符号和它的积分性质后，它可以重写为

$$p(\theta)\geqslant\mathcal{N}(\theta|0,\xi)\phi(\xi),\quad \xi>0 \tag{13.91}$$

且

$$\phi(\xi)=\frac{\lambda}{2}\sqrt{2\pi\xi}\exp\left(-\frac{\lambda^2}{2}\xi\right),\quad \xi>0$$

这确实非常有趣。得到的下界与 θ 有函数依赖关系，这是一种高斯性质。高斯项以零为中心，方差为 ξ。关于 ξ 进行最大化，我们将得到所需的近似结果。图 13.12 显示了对 ξ 的不同值所获得的近似结果。观察到，在所涉及的变量中引入变换可以令得到的界中的函数

⊖ 因为最大化是对所有的 ξ 进行，我们使用 $-\xi/2$。这只是为了便于符号表示，以便获得一种便利形式的结果。

为非线性函数。 680

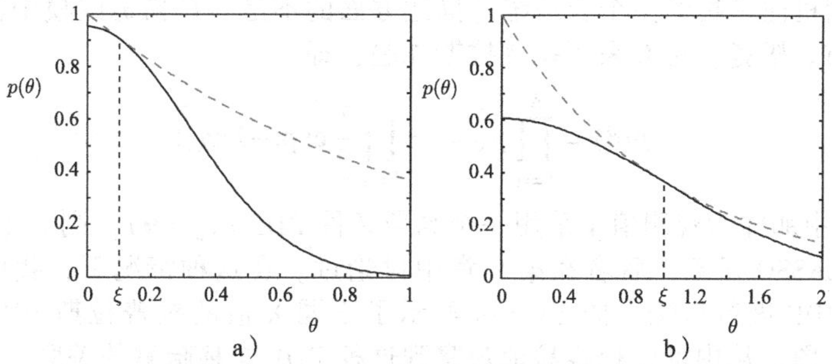

图 13.12　对不同的 ξ 值的拉普拉斯函数(虚线)和近似的高斯函数

对于一个多变量拉普拉斯函数，并假定参数向量的分量相互独立，容易证明

$$p(\boldsymbol{\theta}) = \prod_{k=0}^{K-1} p(\theta_k) \geqslant \mathcal{N}(\boldsymbol{\theta}|\mathbf{0}, \Xi) \prod_{k=0}^{K-1} \phi(\xi_k) := \hat{p}(\boldsymbol{\theta}; \boldsymbol{\xi}) \tag{13.92}$$

其中 $\boldsymbol{\xi}=[\xi_0,\cdots,\xi_{K-1}]^{\mathrm{T}}$ 并且

$$\Xi := \operatorname{diag}\{\xi_0, \xi_1, \cdots, \xi_{K-1}\}$$

附注 13.3

- 用共轭(对偶形式)优化下界来表示凸函数的方法称为变分法，相关参数 ξ_k 为变分参数[67]。文献[31]首次报告了变分法在机器学习领域中的使用(另见[35])，之后其使用激增，被用于不同场景。
- 变分法已被用来获得一些 PDF 的变分近似，这些 PDF 适合于稀疏感知学习，例如杰弗里先验分布、学生氏 t 分布、广义高斯分布(参见[59])以及对率回归模型[33](习题 13.18)。与拉普拉斯近似法相比，变分法为相应变分参数的优化提供了额外的灵活性(相关讨论见[33])。然而，读者必须记住，这两种近似方法并不总是好的方法。这很容易从图 13.12 中观察到。我们可能在局部得到一个很好的近似，而非所有地方。然而，在实践中已经证明，在贝叶斯学习的场景下，(使用这种近似方法得到的)先验的较差近似并不一定会导致后验的糟糕近似。但这是没有保证的，只有看实践中的表现才有最终的结论。与基于优化准则的确定性方法相比，这可视为贝叶斯技术的一个缺点。通过采用凸代价函数，确定性方法通常可以得到具有良好特征的解。相反，贝叶斯推断技术有其非凸性的缺点，而且往往施加的近似未必是好的。然而，生活往往如此，并没有免费午餐。在本书编写的时候，这两条技术路线仍然是机器学习领域可行且强大的技术，各有各的优点和缺点。

13.9　稀疏感知回归：变分界贝叶斯方法

本节的目的是演示凸对偶性和相应的变分界的使用，以在相应的积分难以计算的情况下，近似计算证据函数。我们选择在稀疏感知学习的框架内描述该方法。这也可以帮助我们与第 9 章建立桥梁，其中一些结果将在 13.9 节中运用。

为了沿用第 9 章中的假设，不失一般性，让我们假设所涉及的数据的平均值为零。如果并非如此，我们可以通过减去对应样本均值来令训练数据中心化，因此我们设 $\theta_0=0$ 并且假设参数的数目为 K。于是，我们的回归模型变成 681

$$\mathbf{y} = \Phi\boldsymbol{\theta} + \boldsymbol{\eta}, \quad \boldsymbol{\eta}, \mathbf{y} \in \mathbb{R}^N,\ \boldsymbol{\theta} \in \mathbb{R}^K,\ K > N$$

其中，我们了解了 $\boldsymbol{\theta}$ 的“秘密”，它的大部分分量都为 0。在 13.5 节中，我们讨论了高斯先验在为稀疏随机向量提供一个合理统计描述方面的不足。在稀疏建模中流行的重尾分布是拉普拉斯分布。毕竟，对 $\boldsymbol{\theta}$ 采用拉普拉斯先验，即

$$p(\boldsymbol{\theta})=\prod_{k=1}^{K} p(\theta_k)=\prod_{k=1}^{K}\frac{\lambda}{2}\exp(-\lambda|\theta_k|)$$

并像式(13.22)中那样为观测值 $\boldsymbol{y}$ 采用一个高斯条件 PDF $p(\boldsymbol{y}\mid\boldsymbol{\theta})$，则会令 MAP 估计等价于我们熟悉的 LASSO 任务，后者在第 9 章中讨论过。在这种情况下，我们在这一节中将围绕拉普拉斯 PDF 进行讨论。图 13.13a 显示了不同 λ 值的拉普拉斯 PDF。在图 13.13b 中，提供了二维图，从中可以很容易地观察到这种 PDF 与稀疏解的关联。

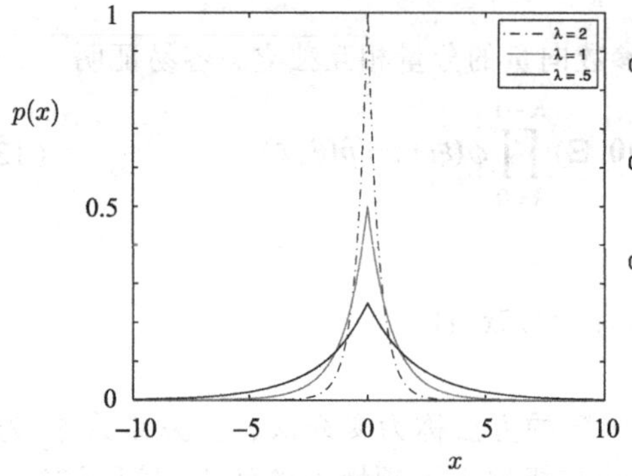

a）不同 λ 值的一维拉普拉斯

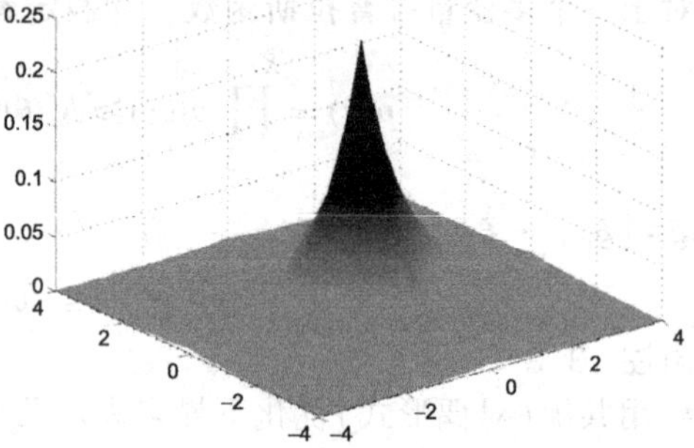
b）二维拉普拉斯PDF图

图　13.13

拉普拉斯 PDF 的问题在于，它出现在式(12.14)中使得积分的计算难以进行。此外，回顾 12.8 节，拉普拉斯 PDF 不属于计算上有吸引力的指数族函数。为了便于它的处理，我们将遵循式(13.90)和式(13.92)，采用变分界近似方法，以便利用高斯函数来近似拉普拉斯函数。通过 EM 算法，通过最大化各自的证据来确定变分参数。这种稀疏解的恢复

682 方法是在[21]字典学习的背景下首次提出的。

简单起见，令回归模型中的噪声序列是方差为 $\sigma_\eta^2:=1/\beta$ 的白噪声序列。那么

$$p(\boldsymbol{y}|\boldsymbol{\theta};\beta)=\mathcal{N}(\boldsymbol{y}|\Phi\boldsymbol{\theta},\beta^{-1}I)$$

并使用式(13.92)，我们可以得到

$$p(\boldsymbol{y};\beta)=\int \mathcal{N}(\boldsymbol{y}|\Phi\boldsymbol{\theta},\beta^{-1}I)p(\boldsymbol{\theta})\,\mathrm{d}\boldsymbol{\theta}$$

$$\geqslant\left(\int \mathcal{N}(\boldsymbol{y}|\Phi\boldsymbol{\theta},\beta^{-1}I)\mathcal{N}(\boldsymbol{\theta}|\boldsymbol{0},\Xi)\,\mathrm{d}\boldsymbol{\theta}\right)\prod_{k=1}^{K}\phi(\xi_k)$$

到目前位置我们知道积分导致了一个新的高斯函数(回顾式(12.15))，因此

$$p(\boldsymbol{y};\beta)\geqslant\mathcal{N}(\boldsymbol{y}|\boldsymbol{0},\beta^{-1}I+\Phi\Xi\Phi^{\mathrm{T}})\prod_{k=1}^{K}\phi(\xi_k):=\hat{p}(\boldsymbol{y};\beta,\Xi)\tag{13.93}$$

β 和 Ξ 的未知值可以通过直接最大化之前的界得到。但是，我们在这里将采用 EM 算法方法，类似于 12.5 节中的方法。这里的区别在于存在对 M-步骤进行微分的乘法项 $\phi(\xi_k)$。为了使用 EM，我们需要知道后验概率 $p(\boldsymbol{\theta}\mid\boldsymbol{y};\beta)$。我们将接受下面的公式

$$p(\boldsymbol{\theta}|\boldsymbol{y};\beta)\simeq\hat{p}(\boldsymbol{\theta}|\boldsymbol{y};\beta,\Xi):=\frac{\mathcal{N}(\boldsymbol{y}|\Phi\boldsymbol{\theta},\beta^{-1}I)\mathcal{N}(\boldsymbol{\theta}|\boldsymbol{0},\Xi)}{\int\mathcal{N}(\boldsymbol{y}|\Phi\boldsymbol{\theta},\beta^{-1}I)\mathcal{N}(\boldsymbol{\theta}|\boldsymbol{0},\Xi)\,\mathrm{d}\boldsymbol{\theta}} \tag{13.94}$$

其中对 $p(\boldsymbol{\theta})$，我们使用了它对应的界(即来自式(13.92)中的 $\hat{p}(\boldsymbol{\theta};\boldsymbol{\xi})$)来取代它。请注意，无论采用哪种方法对未知参数进行优化，式(13.94)中给出的近似后验概率都是回归中我们感兴趣的量。它要么用于预测 $\boldsymbol{\theta}$，要么用于预测输出值(式(12.18))。

但必须强调的是，式(13.94)不再是 $p(\boldsymbol{\theta}\mid\boldsymbol{y};\beta)$ 的界，因为已经发生了归一化，并且除法不一定遵守界。回顾我们在 12.2.2 节(式(12.27)和式(12.28))中所描述的，可得

$$\hat{p}(\boldsymbol{\theta}|\boldsymbol{y};\beta,\Xi)=\mathcal{N}(\boldsymbol{\theta}|\boldsymbol{\mu}_{\theta|y},\Sigma_{\theta|y}) \tag{13.95}$$

其中

$$\boldsymbol{\mu}_{\theta|y}=\Xi\Phi^{\mathrm{T}}\left(\frac{1}{\beta}I+\Phi\Xi\Phi^{\mathrm{T}}\right)^{-1}\boldsymbol{y} \tag{13.96}$$

$$\Sigma_{\theta|y}=\Xi-\Xi\Phi^{\mathrm{T}}\left(\frac{1}{\beta}I+\Phi\Xi\Phi^{\mathrm{T}}\right)^{-1}\Phi\Xi \tag{13.97}$$

我们现在已经准备好给出算法步骤。回想一下，在 EM 中，目标是对于未知的确定性参数集，对完全对数似然函数期望值进行最大化。在我们的例子中，我们的目标是对于 β 和 $\boldsymbol{\xi}$ 最大化对应的界： 683

$$\mathbb{E}\left[\ln p(\boldsymbol{y},\boldsymbol{\theta};\beta)\right]=\mathbb{E}\left[\ln\Big(p(\boldsymbol{y}|\boldsymbol{\theta};\beta)p(\boldsymbol{\theta})\Big)\right]\geqslant\mathbb{E}\left[\ln\Big(p(\boldsymbol{y}|\boldsymbol{\theta};\beta)\hat{p}(\boldsymbol{\theta};\boldsymbol{\xi})\Big)\right]$$

假定 $\boldsymbol{\xi}^{(0)}$ 和 $\beta^{(0)}$ 是已知的，第 $j+1$ 步迭代包括下面的计算。

- E-步骤：用式(13.96)和式(13.97)计算

$$\boldsymbol{\mu}_{\theta|y}^{(j)}\quad 和\quad \Sigma_{\theta|y}^{(j)}$$

  按照 12.5 节中类似的步骤，我们容易获得：

$$\begin{aligned}Q(\boldsymbol{\xi},\beta;\boldsymbol{\xi}^{(j)},\beta^{(j)})=&\frac{N}{2}\ln\beta-\frac{N}{2}\ln(2\pi)-\frac{\beta}{2}\mathbb{E}_{\theta|y}\left[\|\boldsymbol{y}-\Phi\boldsymbol{\theta}\|^2\right]+\\&\sum_{k=1}^{K}\ln\phi(\xi_k)-\frac{K}{2}\ln(2\pi)-\frac{1}{2}\ln|\Xi|-\\&\frac{1}{2}\sum_{k=1}^{K}\frac{\mathbb{E}_{\theta|y}\left[\theta_k^2\right]}{\xi_k}\end{aligned} \tag{13.98}$$

  其中(回顾式(12.49))

$$\mathbb{E}_{\theta|y}\left[\|\boldsymbol{y}-\Phi\boldsymbol{\theta}\|^2\right]=\|\boldsymbol{y}-\Phi\boldsymbol{\mu}_{\theta|y}^{(j)}\|^2+\operatorname{trace}\left\{\Phi\Sigma_{\theta|y}^{(j)}\Phi^{\mathrm{T}}\right\}$$

  和(回顾式(12.47))

$$\mathbb{E}_{\theta|y}\left[\theta_k^2\right]=\left[\boldsymbol{\mu}_{\theta|y}^{(j)}\boldsymbol{\mu}_{\theta|y}^{(j)\mathrm{T}}+\Sigma_{\theta|y}^{(j)}\right]_{kk}$$

- M-步骤：求 $Q(\boldsymbol{\xi},\beta;\boldsymbol{\xi}^{(j)},\beta^{(j)})$ 对于 β 的导数，并令导数为 0，我们得到

$$\beta^{(j+1)}=\frac{N}{\|\boldsymbol{y}-\Phi\boldsymbol{\mu}_{\theta|y}^{(j)}\|^2+\operatorname{trace}\left\{\Phi\Sigma_{\theta|y}^{(j)}\Phi^{\mathrm{T}}\right\}} \tag{13.99}$$

  对于 ξ_k，$k=1,2,\cdots,K$ 求导，会得到(习题 13.19)

$$\xi_k^{(j+1)} = \sqrt{\frac{\mathbb{E}_{\theta|y}\left[\theta_k^2\right]}{\lambda^2}} \tag{13.100}$$

这就完成了一步循环。继续循环，直到结束条件满足。

684 对于关于变分参数最大化证据函数的界的方法，有另一种证明其合理性的观点(另见[95]中有关讨论)。在每个迭代步骤中，由于对数函数的单调性，EM 算法令 $\mathbb{E}[p(\boldsymbol{y}\mid\boldsymbol{\theta};\beta)\hat{p}(\boldsymbol{\theta};\boldsymbol{\xi})]$ 最大化。等价地，这可以看作以下最小化任务

$$\boldsymbol{\xi} = \arg\min_{\boldsymbol{\xi}} \mathbb{E}\left[p(\boldsymbol{y}|\boldsymbol{\theta};\beta)|p(\boldsymbol{\theta}) - \hat{p}(\boldsymbol{\theta};\boldsymbol{\xi})|\right] \tag{13.101}$$

其中使用下界性质(式(13.92))是为了包含绝对值。观察式(13.101)，人们可能会想出一个理由来证明在实践中普通观察到的东西是正确的，也就是说，虽然先验的整体近似可能不是一个好的方法，但是该方法的性能很好。重要的问题是，对于对应 $p(\boldsymbol{y}\mid\boldsymbol{\theta})$ 的相对较大值的 $\boldsymbol{\theta}$ 值，要有一个很好的近似。在满足 $p(\boldsymbol{y}\mid\boldsymbol{\theta})\approx 0$ 的 $\boldsymbol{\theta}$ 值范围内寻找近似解，不会影响任务的主要目标。此外，式(13.101)还能提供论证变分近似法相对拉普拉斯法具有优势的证据，在后者中，不能利用任何额外的参数来改进最终目标。

附注 13.4

- 正如我们在第 9 章中已经讨论过的，稀疏感知学习一直是一个很受关注的研究领域。毫无疑问，贝叶斯方法对稀疏性提升模型也是如此。到目前为止，我们在 13.5 节中提出了一种层级方法，其中稀疏性是通过在每个精度变量上先关联一个伽马 PDF 来间接施加的，这导致了对涉及参数 $\boldsymbol{\theta}$ 的一个等价的高尾学生氏 t PDF 描述。在本节中，拉普拉斯先验被施加在 $\boldsymbol{\theta}$ 上，以提升稀疏性，但这些并不是唯一的可能性。我们聚焦于它们，是为了展示，在积分计算很“尴尬”时，有两条可能的技术路线能最大化证据函数。
- 在[18]中，通过在参数上施加高斯先验并将方差作为带指数先验的潜变量处理，来提升贝叶斯框架中的稀疏性。一旦方差被积分掉，这种建模方法就等价于一个拉普拉斯 PDF。然后即可使用 EM 过程计算所需的估计结果。这篇论文也提出杰弗里先验概率($p(x)\simeq 1/x$)可作为拉普拉斯 PDF 的替代选项。
- 在[5]中，稀疏性是用与以前相似的方式施加的，但在层级模型中，控制精度的指数先验的参数也被视为具有杰弗里先验的潜变量。在[6]中，未知参数的稀疏性是通过广义高斯 PDF 来施加的，即

$$p(\boldsymbol{\theta}|\alpha) \propto \exp\left(-\lambda\sum_{k=1}^{K}|\theta_k|^p\right) \tag{13.102}$$

  将此先验与式(13.22)中用于条件概率 $p(\boldsymbol{y}\mid\boldsymbol{\theta})$ 的高斯 PDF 相结合，将会得到一个 MAP，它对应由非凸 ℓ_p 范数($p<1$)正则化的 LS。我们知道，与 ℓ_1 范数相比，这种范数在恢复稀疏解方面更激进。当 $p=1$ 时，式(13.102)变为拉普拉斯先验。在[6]中，将 γ 先验与超参数 α 和噪声方差相结合，采用变分贝叶斯方法求解。
- 在[34]中，利用 RVM 框架获得稀疏解，并利用所获得的估计结果的方差的相关信息来确定测量值的数量，这足以在压缩感知框架内恢复该解。685

13.9.1　稀疏感知学习：一些结论

本书中很多部分都讨论了稀疏感知学习。在第 9 章中，稀疏感知学习被视为对正则化代价函数的一种优化方法。在 13.3 节中，讨论了贝叶斯学习中的自动相关性判定(ARD)概念，在 13.9 节中，利用变分界技术克服了与拉普拉斯先验概率相关的计算障碍。

那么就很自然地产生了一些问题。第一个问题是贝叶斯方法与正则化代价函数优化方法之间的关系。它们的不同点是什么呢？它们之间是否有建立联系的途径？第二个问题解决第 9 章中讨论过的关于贝叶斯技术的性能与对照技术的比较的理论问题。在文献[73，74，91，93，94]中第一次系统地尝试解决这两个问题。此外，另一个重要的理论问题解决有关 SBL 模型的可识别性任务[64]。

关于这些任务的结果的总结在本章的附加材料部分，可从本书网站下载。

13.10　期望传播

期望传播是变分技术的一种替代方法，用来近似后验 PDF。问题的核心和本章开头的任务相同，见 13.2 节。假设给定了一组观测值 $\mathcal{X}$，它们是服从 $p(\mathcal{X}|\boldsymbol{\theta})$ 分布的，还给定了对应未知参数[⊖]集合 $\boldsymbol{\theta}$ 的先验概率 $p(\boldsymbol{\theta})$。目的是得到后验 $p(\boldsymbol{\theta}|\mathcal{X})$ 的估计值，假设其计算很困难。

让我们用 $q(\boldsymbol{\theta})$ 表示后验概率的估计。其出发点是通过最小化 KL 散度来计算 q。

$$\mathrm{KL}(p||q)=\int p(\boldsymbol{\theta}|\mathcal{X})\ln\frac{p(\boldsymbol{\theta}|\mathcal{X})}{q(\boldsymbol{\theta})}\mathrm{d}\boldsymbol{\theta} \tag{13.103}$$

注意，$\mathrm{KL}(p\|q)$ 与 $\mathrm{KL}(q\|p)$ 不同，$\mathrm{KL}(q\|p)$ 与式(13.2)中的约束有关。由于 KL 散度不对称，这两种方法最小化的是不同的代价。在进一步讨论之前，必须强调与 KL 散度的两种形式关联的一些暗示。

- I-投影：$\mathrm{KL}(q\|p)$ 散度由以下公式给出

$$\mathrm{KL}(q||p)=\int q(\boldsymbol{\theta})\ln\frac{q(\boldsymbol{\theta})}{p(\boldsymbol{\theta}|\mathcal{X})}\mathrm{d}\boldsymbol{\theta} \tag{13.104}$$

  这有时被称为 I-投影或信息投影。仔细观察可注意到，在 $p(\boldsymbol{\theta}|\mathcal{X})$ 假定有较小值的参数空间区域内，$\mathrm{KL}(q\|p)$ 得到了较大的值，最小化过程也将 $q(\boldsymbol{\theta})$ 推向了较小的值。现在考虑 $p(\boldsymbol{\theta}|\mathcal{X})$ 是双峰型，而 $q(\boldsymbol{\theta})$ 限制为单峰型的情况。于是，最小化 $\mathrm{KL}(q\|p)$ 将迫使 q 靠近 p 的两个峰值之一，以便在 p 取较小值的区域获得较小的值。 686
- M-投影：现在将注意力转到在式(13.103)中定义的 $\mathrm{KL}(p\|q)$ 散度。这也被称为 M-投影或矩投影。对于前面讨论过的情况，在 p 假定值较大的区域，$\mathrm{KL}(p\|q)$ 得到较大的值，并对 q 进行最小化估计，以便在这些区域中也有较大的值。因此，q 的估计值被置于这样的位置，使其模式位于 p 的两个模式之间，作为两者之间的折中。显然，这不是一个好的结果，因为估计值高概率地将其质量都置于 p 假设为小值的区域。本文的讨论指出了期望传播方法在实际应用中可能表现出的一些局限性，因为它是基于 $\mathrm{KL}(p\|q)$ 最小化的。

我们现在假设 $p(\mathcal{X},\boldsymbol{\theta})$ 可以被分解，即

$$p(\mathcal{X},\boldsymbol{\theta})=\prod_j f_j(\boldsymbol{\theta}) \tag{13.105}$$

例如，这样的乘积可以涵盖以下情况：

$$p(\mathcal{X},\boldsymbol{\theta})=\prod_n p(\boldsymbol{x}_n|\boldsymbol{\theta})p(\boldsymbol{\theta})$$

其中 $p(\boldsymbol{\theta})$ 是相应的先验概率。式(13.105)中使用的更为通用的分解公式可以满足更一般任务的需求，例如，将在第 15 章中讨论的图模型。因此，我们现在可以写出

⊖　如果还涉及其他隐藏变量，我们将它们当作 $\boldsymbol{\theta}$ 的一部分来考虑。

$$\boxed{p(\boldsymbol{\theta}|\mathcal{X})=\frac{1}{p(\mathcal{X})}\prod_j f_j(\boldsymbol{\theta})} \tag{13.106}$$

其中 $p(\mathcal{X})$ 是模型的证据函数。估计 q 将被选择，并以因式分解的形式给出，就像 13.2 节中的变分法一样，即

$$\boxed{q(\boldsymbol{\theta})=\frac{1}{Z}\prod_j \hat{f}_j(\boldsymbol{\theta})} \tag{13.107}$$

其中 $\hat{f}_j(\boldsymbol{\theta})$ 对应 $f_j(\boldsymbol{\theta})$，并且 Z 是归一化常数。下一个假设是，$q(\boldsymbol{\theta})$ 被限制在 PDF 的指数族中(12.8 节)，且对于我们当前的需要，它可以写为

$$q(\boldsymbol{\theta}):=g(\boldsymbol{a})h(\boldsymbol{\theta})\exp\left(\boldsymbol{a}^{\mathrm{T}}\boldsymbol{u}(\boldsymbol{\theta})\right) \tag{13.108}$$

687 其中 $\boldsymbol{a}$ 是相关参数集。

13.10.1　最小化 KL 散度

将式(13.103)中的定义代入式(13.108)中，并将所有独立于 $\boldsymbol{a}$ 的项收集到一个常数项中，我们很容易得到

$$\mathrm{KL}(p||q)=-\ln g(\boldsymbol{a})-\int p(\boldsymbol{\theta}|\mathcal{X})\left(\boldsymbol{a}^{\mathrm{T}}\boldsymbol{u}(\boldsymbol{\theta})\right)\mathrm{d}\boldsymbol{\theta}+\text{常数} \tag{13.109}$$

关于 $\boldsymbol{a}$ 取梯度，并令其等于 0，我们得到

$$-\frac{1}{g(\boldsymbol{a})}\nabla g(\boldsymbol{a})=\mathbb{E}_p[\boldsymbol{u}(\boldsymbol{\theta})] \tag{13.110}$$

然而，从式(13.108)我们可得

$$g(\boldsymbol{a})\int h(\boldsymbol{\theta})\exp\left(\boldsymbol{a}^{\mathrm{T}}\boldsymbol{u}(\boldsymbol{\theta})\right)\mathrm{d}\boldsymbol{\theta}=1$$

结合关于 $\boldsymbol{a}$ 的梯度，可得

$$\begin{aligned}\boldsymbol{0}=\nabla g(\boldsymbol{a})&\int h(\boldsymbol{\theta})\exp\left(\boldsymbol{a}^{\mathrm{T}}\boldsymbol{u}(\boldsymbol{\theta})\right)\mathrm{d}\boldsymbol{\theta}+\\ g(\boldsymbol{a})&\int h(\boldsymbol{\theta})\exp\left(\boldsymbol{a}^{\mathrm{T}}\boldsymbol{u}(\boldsymbol{\theta})\right)\boldsymbol{u}(\boldsymbol{\theta})\mathrm{d}\boldsymbol{\theta}\end{aligned}$$

或

$$-\frac{1}{g(\boldsymbol{a})}\nabla g(\boldsymbol{a})=\mathbb{E}_q[\boldsymbol{u}(\boldsymbol{\theta})]$$

结合式(13.110)最终得

$$\boxed{\mathbb{E}_q[\boldsymbol{u}(\boldsymbol{\theta})]=\mathbb{E}_p[\boldsymbol{u}(\boldsymbol{\theta})]:\ \text{矩匹配}} \tag{13.111}$$

后者是一个优雅的公式，称为矩匹配。它主要指出了，在最佳状态下，$q(\boldsymbol{\theta})$ 的充分统计量的期望等价于与要学习的 PDF 关联的期望。如果选择让 q 为高斯函数，那么充分统计量涉及均值矩阵和协方差矩阵。因此，我们所要做的就是计算 $p(\boldsymbol{\theta})$ 的均值和协方差(假设它们是可以得到的)，并使用它们来定义各自的高斯函数。

13.10.2　期望传播算法

现在，我们将利用矩匹配结果逐个计算因子 $\hat{f}_j(\boldsymbol{\theta})$。该算法从一些初始估计 $\hat{f}_j^{(0)}$ 开始。

让我们假设我们目前正在试图更新因子$\hat{f}_k(\boldsymbol{\theta})$。假设$q^{(i)}(\boldsymbol{\theta})$是在第$i$次迭代时可用的$q(\boldsymbol{\theta})$估计值。

步骤 1：从$q^{(i)}(\boldsymbol{\theta})$中移除$\hat{f}_k^{(i)}(\boldsymbol{\theta})$，并定义

$$q_{/k}^{(i)}(\boldsymbol{\theta}) := \frac{q^{(i)}(\boldsymbol{\theta})}{\hat{f}_k^{(i)}(\boldsymbol{\theta})} \tag{13.112}$$ 688

步骤 2：定义 PDF

$$\frac{1}{Z_k} f_k(\boldsymbol{\theta}) q_{/k}^{(i)}(\boldsymbol{\theta}) \tag{13.113}$$

换句话说，在当前的估计$q^{(i)}(\boldsymbol{\theta})$中，$\hat{f}_k^{(i)}(\boldsymbol{\theta})$被$f_k(\boldsymbol{\theta})$替换，且$Z_k$是对应的归一化常数。

步骤 3：计算归一化常数

$$Z_k = \int f_k(\boldsymbol{\theta}) q_{/k}^{(i)}(\boldsymbol{\theta}) \mathrm{d}\boldsymbol{\theta} \tag{13.114}$$

步骤 4：在这一步中，通过最小化 KL 散度进行优化

$$\mathrm{KL}\left(\frac{1}{Z_k} f_k(\boldsymbol{\theta}) q_{/k}^{(i)}(\boldsymbol{\theta}) || q^{(i+1)}(\boldsymbol{\theta})\right)$$

这是通过矩匹配实现的，定义了新的$q^{(i+1)}$，这样对应的充分统计量的期望就可以与$f_k(\boldsymbol{\theta})/Z_k q_{/k}^{(i)}(\boldsymbol{\theta})$的期望匹配，这个操作被认为是易于计算的。

步骤 5：计算$\hat{f}_k^{(i+1)}$，使得

$$\hat{f}_k^{(i+1)}(\boldsymbol{\theta}) := K \frac{q^{(i+1)}(\boldsymbol{\theta})}{q_{/k}^{(i)}(\boldsymbol{\theta})} \tag{13.115}$$

其中，计算比例常数使得

$$\int \hat{f}_k^{(i+1)}(\boldsymbol{\theta}) q_{/k}^{(i)}(\boldsymbol{\theta})\, \mathrm{d}\boldsymbol{\theta} = \int f_k(\boldsymbol{\theta}) q_{/k}^{(i)}(\boldsymbol{\theta})\, \mathrm{d}\boldsymbol{\theta} \tag{13.116}$$

这将得到$K = Z_k$。

然后使用这个过程来估计$\hat{f}_{k+1}^{(i+1)}$。为了收敛，需要执行不止一遍。证据可以由下式近似

$$p(\mathcal{X}) \approx \int \prod_j \hat{f}_j(\boldsymbol{\theta})\, \mathrm{d}\boldsymbol{\theta} \tag{13.117}$$

在[48]中给出了该算法在一个易于学习的示例中的详细应用。

附注 13.5

- 一般情况下，该算法不能保证收敛，这是该方法的一个主要缺点。但是，可以证明，如果迭代确实收敛，则解是特定能量函数[48]的一个稳定点。回顾一下，在变分贝叶斯方法中，有收敛到局部最优点的保证。当然，对于期望传播方法，可以直接优化 KL 散度，这保证了算法的收敛性，但在这种情况下，算法更复杂，速度更慢。 689
- 考虑到我们对 KL 散度两种形式的讨论，期望传播方法在真正的后验为多峰时性能较差。然而，对于其他场景，如逻辑类的模型，期望传播方法与变分法或围绕拉普拉斯近似构建的方法相比，可以提供相当的有时甚至更好的性能(参见[39，48])。

- 期望传播算法是在[48]中首次提出的，它是对假设密度滤波(ADF)或矩匹配(参见[57]和其中的参考文献)这类已知的方法的一种改进。
- 如果从更一般的视角来看待因式 $f_j(\boldsymbol{\theta})$，已证明，在概率图形模型场景中，期望传播提供了一种工具，可获取一系列消息传递算法(第 15 章)[49]。
- α-散度：我们花了一些时间详细讨论了 KL 散度的两种形式后，值得指出的很有趣的一点是，这两种公式都可以作为一个更一般的族的特例，称为 α 族散度，定义为

$$\boxed{D_\alpha(p\|q):=\frac{4}{1-\alpha^2}\left(1-\int p(x)^{(1+\alpha)/2}q(x)^{(1-\alpha)/2}\,\mathrm{d}x\right):\quad \alpha\text{-散度}} \tag{13.118}$$

其中，$\alpha\in\mathbb{R}$ 是一个参数。注意 $\mathrm{KL}(p\|q)$ 是在 $\alpha\to1$ 的极限下得到的，同时当 $\alpha\to-1$ 时可得 $\mathrm{KL}(q\|p)$。$D_\alpha(p\|q)$ 是非负的，当 $p=q$ 时，它为零(详见如[2])。

13.11 非参贝叶斯建模

贝叶斯参数化建模方法一直是我们在本章和前几章关注的焦点。其基本假设是，未知参数的数目是固定的和有限的。我们现在把注意力转向更一般性的任务。我们假设模型的隐藏结构不是固定的，而是允许随数据增长的。换句话说，它的复杂性不是事先指定的，而是由数据来确定的。这就是这种模型被称为*非参模型*的原因，回想一下第 3 章，如果自由参数的数量是固定的，并且与数据集的大小无关，则称为参数模型。

我们将避免在严格的数学意义上处理非参数贝叶斯模型。这样的方式会让我们有些远离这本书的目的，也会偏离读者的平均数学技巧。因此，我们将满足于用一种"谦虚"的数学方式来表达主要概念。一旦掌握了基础知识，敏锐的读者就可以通过参考更专业的文献来深入研究这个主题(参见[27])。为了展示非参贝叶斯模型背后的思想，我们将从熟悉的混合模型任务开始。随后，将引入所谓的矩阵因子分解问题，并在非参数环境中处理。

在 13.4 节中，假设有 K 个混合模型(类)。每个混合模型用一个高斯 PDF 建模，这些高斯 PDF 都是均值和精度矩阵未知的，$(\boldsymbol{\mu}_k, Q_k)$，$k=1,2,\cdots,K$。这些项被认为是随机实体，并逐个配以一个先验概率——其均值为一个高斯 PDF、精度矩阵为一个维希特矩阵。每个混合模型的概率 P_k，$k=1,2,\cdots,K$，要么作为常数来处理，在 M-步骤中优化，要么被
690 视为随机变量，与之关联一个狄利克雷 PDF 的先验(习题 13.7)。我们的目标是估计与每个观测点关联的标签的*后验概率* $P(k_n\mid\mathcal{X})$。在这里，我们采用变分技术和平均场近似方法，用函数 $q_z(Z)=q_z(z_1,\cdots,z_N)$ 近似后验概率，其中 z_n，$n=1,2,\cdots,N$ 是 0-1 编码向量，如果存在特定混合模型(k)，则将其对应位置置 1，其余的元素置零。我们称这些向量为*独热向量*。这样，观测点的聚类等价于 K 类高斯分布聚类。

前一个任务的对应非参任务在表达方式上几乎相同，但有一个重要的区别。混合模型的数值 K 不是一个固定的有限值。事实上，混合模型的值是*可数无限的*。那么现在有两个问题出现了：如何处理无穷多类的聚类？如何处理与无穷多个概率值相关的先验分布？

为了说明如何处理无穷多类聚类问题，回顾在非参建模中，数据点的数目仍是有限的，并且等于 N。因此，无论采用哪种模型，都不可能有超过 N 个混合模型(类)的情况。N 个混合模型对应于最坏的情况，其中每个点都属于不同的类。因此，虽然理论上可以有无限多个类，但它们中只有一个有限子集是非空的。因此，我们所需要做的就是获得非空混合分量组成的显式表示。

关于第二个问题，可以证明，无穷多分组上的先验分布 $P(Z)$ 倾向于将数据分配给少数组，即中国餐馆过程(CRP)，这就是整数的无穷分区上的分布[1, 22, 63]。

我们将首先说明从这样一个过程生成一个抽样(实现)的算法，然后我们将为那些对与

这类过程相关的进一步理论方面感兴趣的人提供更多的细节。

13.11.1　中国餐馆过程

这个名字来源于加利福尼亚一些非常大的中餐馆里看似有无穷无尽的桌子。每张桌子即一个类/混合模型，每位客人即为观测值。第一位顾客坐在第一张桌子。第二位顾客坐在第一张桌子的概率为 $1/(1+\alpha)$，坐在一张新桌子的概率为 $\alpha/(1+\alpha)$。第 n 位顾客坐在一张之前已经有人的桌子的概率取决于这张桌子已有的人数。而且他坐在一张新桌子上的概率与 α 成正比。此处 α 参数被称为*集中参数*。它的值越高，占用的桌子就越多，坐在每张桌子上的顾客就越少。以更正式的方式表示，令 k_n 表示第 n 位顾客的桌子。那么可得

$$P(k_n = k|k_{1:n-1}) = \begin{cases} \dfrac{n_k}{n-1+\alpha}, & 若\ k \leqslant K_{n-1} \\ \dfrac{a}{n-1+\alpha}, & 其他 \end{cases} \tag{13.119}$$

其中，K_{n-1} 是前 $n-1$ 位顾客占用的桌子数目，n_k 是已经坐在桌子 k 的客人数目。可以看出，已占用的桌子的期望值按照 $\alpha\ln n$ 增长，即类的预期数目随着数据数量的增加而增加(参见[19])。式(13.119)中的规则提供了在新数据按顺序到达时将数据分配给类的抽样思想。可以证明(参见[19])，得到的概率 $P(k_1,k_2,\cdots,k_n)$ 与数据到达的顺序是无关的 691
(直到标签发生变化)，这是一个重要的不变性质。

图 13.14 展示了从一个 CRP 过程得到的抽样。每个顾客都以一定概率坐在之前已有人坐的桌子旁，或者选择坐在一张新桌子旁。观察到，客户选择新桌子的概率会快速降低。相反，顾客坐到一张已有人坐的桌子旁的概率随着桌子的受欢迎程度而增加(富者越富)。

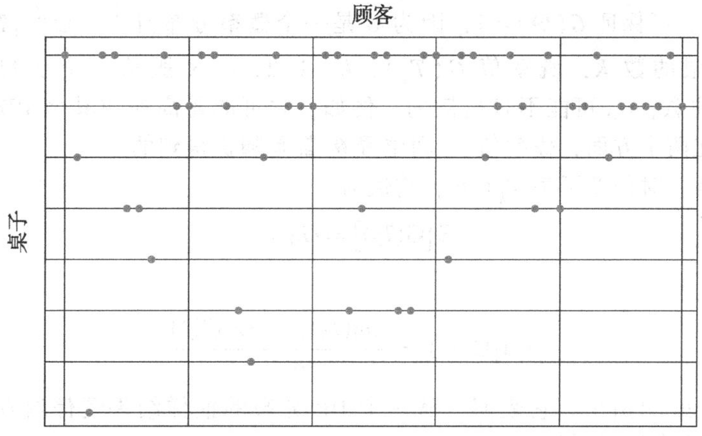

图 13.14　每一位顾客都坐在之前已有人坐的桌子旁，或者选择坐在新的桌子旁。观察一下，顾客选择坐在新桌子旁的概率会快速下降。点表示顾客坐的桌子。第一张桌子上坐满了顾客。当我们向后来到第二张桌子、第三张桌子等，选择它们的顾客数量快速减少

13.11.2　狄利克雷过程

本节简要讨论 CRP 所属的更通用的数学框架。第一次阅读可以先跳过本节。

我们在 2.4 节中引入了随机过程的概念。最早在[16]中引入的狄利克雷过程(DP) G 是一个分布的分布，用集中参数 α 和一个空间 Θ 上的所谓基分布 G_0 定义，写作 $G\sim DP(\alpha, G_0)$。如果对于 Θ 的任何划分[⊖] T_k，$k=1,2,\cdots,K$，即 $\Theta=\cup_{k=1}^{K}T_k$，下式成立：

⊖　严格地说，应该是可测划分。如果一个划分在补操作和可数并操作下是封闭的，那么它是可测的。

692 $$(G(T_1),\cdots,G(T_K))\sim \mathrm{Dir}(\alpha G_0(T_1),\cdots,\alpha G_0(T_K)) \tag{13.120}$$

我们称 $G\sim \mathrm{DP}(\alpha,G_0)$ 是一个狄利克雷过程，其中 $G_0(T_k)$ 是对应于 T_k 出现的概率(服从 G_0)，$G(T_k)$ 的定义类似。换句话说，$G(T_k)$，$k=1,2,\cdots,K$ 是服从一个狄利克雷分布的联合分布。这与第2章中定义的狄利克雷概率分布是存在联系的，$\alpha G_0(T_k)$ 对应式(2.95)中分布关联的参数，即 a_k，$k=1,2,\cdots,K$，而 $G(T_k)$ 对应相应随机变量的值 x_k。回忆一下，由狄利克雷分布的定义，x_k，$k=1,2,\cdots,K$ 位于区间[0,1]内且和为1，因此可以解释为概率。

而且，由2.4节中随机过程的定义我们知道，从一个实验得到的所有实现构成了无穷的样本(可数的或不可数的)，取决于它是离散的还是连续的。在[16]中已经证明了DP是离散的㊀，而且，每个实现可以解释为一个概率分布。换句话说，过程的实现构成了不同的样本，而每个样本对应一个概率值。显然，它们的和等于1。而且，它们服从式(13.120)中定义的性质。数学上，上述描述可用公式表示为

$$\boxed{G=\sum_{i=1}^{\infty} P_i\delta_{\boldsymbol{\theta}_i}(\boldsymbol{\theta})} \tag{13.121}$$

其中，若 $\boldsymbol{\theta}=\boldsymbol{\theta}_i$，则 $\delta_{\boldsymbol{\theta}i}(\boldsymbol{\theta})=1$，否则等于0。换句话说，一次抽样(实现) $G\sim \mathrm{DP}(\alpha,G_0)$ 将一个概率质量 P_i 置于一个特定可数无穷样本集 $\boldsymbol{\theta}_i, i=1,2,\cdots$ 之上。这些点 $\boldsymbol{\theta}_i$ 被称为*原子*，它们是独立同分布的，是从*基分布* G_0 中抽取的，即 $\boldsymbol{\theta}_i\sim G_0$。现在让我们更为详细地讨论式(13.121)中的结果及其与式(13.120)之间的联系。

取任意子集㊁ $T_k\subset\Theta$ 并收集式(13.121)中所有索引 $I_k:=\{i:\ \boldsymbol{\theta}_i\in T_k\}$。于是 $G(T_k)=\sum_{i\in I_k}P_i$。而且，可保证 $G(\Theta)=1$，因为 G 是一个概率分布且 $\Theta=\cup_{k=1}^{K}T_k$。一个DP保证，对任何有限的数 K，概率值 $G(T_k)$，$k=1,2,\cdots,K$ 服从一个狄利克雷分布，如式(13.120)。注意，G_0 可能不是离散的。例如，它可能是高斯或其他PDF。注意，G 是随机的，体现在两个方面，概率值 P_i 和位置 $\boldsymbol{\theta}_i$ 都是随机得到的。

均值和方差：对任意子集 $T_k\subset\Theta$，均值为

$$\mathbb{E}\big[\mathrm{G}(T_k)\big]=G_0(T_k)$$

方差为

$$\mathrm{var}\big[\mathrm{G}(T_k)\big]=\frac{G_0(T_k)\big(1-G_0(T_k)\big)}{\alpha+1}$$

证明在习题13.20中给出。它表明，从一个DP分布的抽样结果还停留在基分布的“周围”，方差与集中参数成反比。

从先验分布得到的后验概率：我们知道，每个抽样 $G\sim \mathrm{DP}(\alpha,G_0)$ 是一个分布，用来
693 从 Θ 抽取样本。令 $\boldsymbol{\theta}_i\in\Theta\sim G$ 是一个这样独立同分布抽取的样本序列。现在我们的目标是在给定一组 n 个观测值 $\boldsymbol{\theta}_1,\cdots,\boldsymbol{\theta}_n$ 的条件下，导出后验概率 $G(T_k)$，$k=1,2,\cdots,K$。

为此，回忆一下，由例12.6可知，如式(2.58)中给出的，狄利克雷分布是多项分布的共轭，即

$$P(n_1,n_2,\cdots,n_K)=\binom{n}{n_1,\cdots,n_K}\prod_{k=1}^{K}G(T_k)^{n_k} \tag{13.122}$$

㊀ 严格来说，以概率1。

㊁ 严格来说，是可测量的子集。

其中我们用 n_k 来代替 x_k，以与 DP 中使用一种更标准的符号表示相一致。回忆一下，n_k 表示，在连续 n 次实验后，与概率 $P=G(T_k)$ 关联的第 k 个变量出现的次数。在我们的设定中，n_k 是之前定义的集合 I_k 的势，即

$$n_k=\#\{i:\boldsymbol{\theta}_i\in T_k\}$$

即 n_k 是从 Θ 中的抽样落在 T_k 内的数。

假如已经观测到了 $\boldsymbol{\theta}_1,\cdots,\boldsymbol{\theta}_n$，我们看到它们等于特定的出现次数 $n_1,\cdots,n_K$。因此，考虑到共轭对的性质，如例 12.6 中的式(12.77)，容易看出

$$\big(G(T_1),\cdots,G(T_K)|\boldsymbol{\theta}_1,\cdots,\boldsymbol{\theta}_n\big)=\mathrm{Dir}\big(\alpha G_0(T_1)+n_1,\cdots,\alpha G_0(T_K)+n_K\big)\qquad(13.123)$$

不难看出(如习题 13.21)，上面公式可等价改写为

$$\big(G(T_1),\cdots,G(T_K)|\boldsymbol{\theta}_1,\cdots,\boldsymbol{\theta}_n\big)=\mathrm{Dir}\big(\alpha' G_0'(T_1),\cdots,\alpha' G_0'(T_K)\big)$$

其中，新的集中参数和基分布为

$$\alpha'=\alpha+n \text{ 和 } G_0'=\frac{1}{\alpha+n}\left(\alpha G_0+\sum_{i=1}^{n}\delta_{\boldsymbol{\theta}_i}(\boldsymbol{\theta})\right)$$

因此，我们可以简写为

$$\boxed{G|\boldsymbol{\theta}_1,\cdots,\boldsymbol{\theta}_n\sim\mathrm{DP}\left(\alpha+n,\ \frac{1}{\alpha+n}\left(\alpha G_0+\sum_{i=1}^{n}\delta_{\boldsymbol{\theta}_i}(\boldsymbol{\theta})\right)\right)}\qquad(13.124)$$

这是一个优雅的结果。集中参数随着我们可用的观测值数量而增大。回忆一下，围绕在关联的概率值的均值周围的方差与集中参数成反比。因此，得到的结果与常识吻合。我们得到更多观测值，相关的不确定性就变得更低。而且，与先验 DP 关联的基分布包含两个成分，即原始分布和一个具有离散性质的分布。实际上，它将概率质量施加到了观测值上。 694

1. 预测分布与罐子模型

现在我们来构建式(13.124)中的后验 DP 公式。为此，我们将遵循[80]中提供的推理方法。如果已经观测到样本 $\boldsymbol{\theta}_1,\cdots,\boldsymbol{\theta}_n$，我们关注下一次抽样 $\boldsymbol{\theta}_{n+1}$，我们将计算这个样本位于一个区间 T 内的概率。为简化符号表示，我们用 G'表示后验概率 $G\mid\boldsymbol{\theta}_1,\cdots,\boldsymbol{\theta}_n$。于是我们有

$$P(\boldsymbol{\theta}_{n+1}\in T|\boldsymbol{\theta}_1,\cdots,\boldsymbol{\theta}_n)=G'(T)$$

但是，我们知道 G'本身是后验 DP 中的一个随机抽样。关于 G'边际化，即取期望，并回忆之前陈述的均值的性质，我们得到

$$P(\boldsymbol{\theta}_{n+1}\in T|\boldsymbol{\theta}_1,\cdots,\boldsymbol{\theta}_n)=\frac{1}{\alpha+n}\left(\alpha G_0(T)+\sum_{i=1}^{n}\delta_{\boldsymbol{\theta}_i}(\boldsymbol{\theta}\in T)\right)$$

此公式对任何 $T\in\Theta$ 都成立，且可改写为

$$\boxed{\boldsymbol{\theta}_{n+1}|\boldsymbol{\theta}_1,\cdots,\boldsymbol{\theta}_n\sim\frac{\alpha}{\alpha+n}G_0+\frac{n}{\alpha+n}\left(\frac{1}{n}\sum_{i=1}^{n}\delta_{\boldsymbol{\theta}_i}(\boldsymbol{\theta})\right)}\qquad(13.125)$$

在此公式中，括号中的项的书写形式提醒我们它的离散概率性质，其和为 1。

最后一个公式引出如下物理解释。考虑一个空罐子，并假定 $\boldsymbol{\theta}$ 中每个值都对应一个唯一的颜色。而且，给定了无穷个小球。从基分布中随机选取一个颜色，即 $\boldsymbol{\theta}_i\sim G_0$，用此颜色为小球涂色。小球涂色之后，将其放入罐子，现在罐子中有了一个球。在第二步，我们再选取一个球，并且要么以 $\alpha/(\alpha+1)$ 的概率选取一个新的颜色 $\boldsymbol{\theta}_2\sim G_0$，用其为小球涂色，

然后将涂色的小球放入罐子，要么以 $1/(\alpha+1)$ 的概率用罐子中小球相同的颜色为当前小球涂色，并将其放入罐子。现在罐子中有两个球了。重复此步骤。于是，在第 $(n+1)$ 步，罐子中已有 n 个球。我们再选取一个球，并且要么以 $\alpha/(\alpha+n)$ 的概率选取一个新的颜色 $\boldsymbol{\theta}_{n+1}\sim G_0$，用其为新球涂色，然后将球放入罐子，要么以 $n/(\alpha+n)$ 的概率从罐子中的 n 个球中随机选取一个球，用它的颜色为新球涂色，然后将新球放入罐子，现在罐子中就有 $n+1$ 个球了。这个解释被用在[10]中来证明 DP 的存在性。

有两个重要的性质。注意到，随着 n 增大，从罐子中选择一个颜色的概率 $n/(\alpha+n)$（与从 G_0 中选择一个颜色的概率 $\alpha/(\alpha+n)$ 相关）持续增大。因此，对于很长的序列，我们会越来越多地选择之前用过的颜色，而且这会持续下去。这也印证了过程的离散性质。

另一个重要的性质是，已证明，生成一个颜色序列 $\boldsymbol{\theta}_1,\cdots,\boldsymbol{\theta}_n$ 的概率等于生成这些颜色任何一种序列的概率。即

695

$$P(\boldsymbol{\theta}_1,\cdots,\boldsymbol{\theta}_n)=P(\boldsymbol{\theta}_{\pi(1)},\cdots,\boldsymbol{\theta}_{\pi(n)})$$

其中 $\pi(\cdot)$ 表示 $\{1,2,\cdots,n\}$ 中数的任意排列。这种序列被称为可交换的（参见[36]中更深入的讨论）。

图 13.15 显示了对集中参数 α 两个不同值的三个不同实现。基分布是零均值、单位方差的标准高斯分布。使用了两个不同的集中参数值，对每个值进行了三次不同的抽样。对

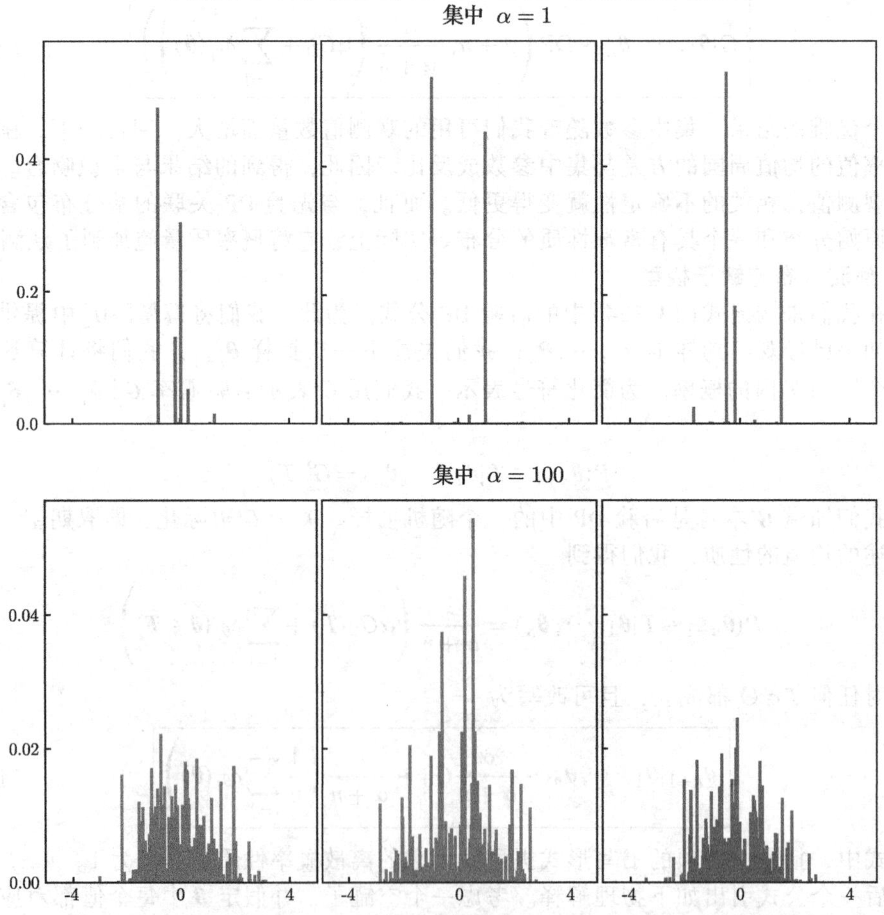

图 13.15　对集中参数 α 两个不同值，DP 的三个不同实现。对 $\alpha=1$，在所有三个对应抽样，只得到少数（离散）概率质量值（上一行）。与之相反，对 $\alpha=100$，得到了多得多的概率质量值。注意到，在所有情况下，生成的质量值停留在基分布（在本例中是标准正态分布）周围

较小的值 $\alpha=1$，只得到少数离散概率质量值。这是很自然的，因为在式(13.125)中，当 α 的值比较小时，右侧两项中前一项的重要性比较小。因此，选择之前生成的值的概率较大。当 α 的值较大时，结论相反。在此情况下，只有 n 变得相对较大时，第一项的重要性才会变得较小。因此，会得到大量概率质量。 696

2. 再探中国餐馆过程

我们已经讨论了 DP 的离散性质。而且，式(13.125)中规则意味着抽样得到的值具有聚类结构。如前所述，连续抽样(颜色)会重复选取之前已经抽出的颜色。令 $\boldsymbol{\theta}_1^*,\cdots,\boldsymbol{\theta}_{K_n}^*$ 为 n 次连续抽样后被选过的颜色。令 $n_1,\cdots,n_{K_n}$ 为每种颜色对应的出现次数，则式(13.125)可改写为

$$\boldsymbol{\theta}_{n+1}|\boldsymbol{\theta}_1,\cdots,\boldsymbol{\theta}_n \sim \frac{\alpha}{\alpha+n}G_0+\frac{n}{\alpha+n}\left(\frac{1}{n}\sum_{i=1}^{K_n}n_i\delta_{\boldsymbol{\theta}_i^*}(\boldsymbol{\theta})\right)$$

注意到，由此公式可直接得到式(13.119)(如果我们将其应用到 n 个而非 $n+1$ 个顾客)。实际上，我们要么选择一个新颜色(在 CRP 中是桌子)，要么以 $n_i/(\alpha+n)$ 的概率选择之前第 i 步选过的颜色，$i\leqslant K_n$。回忆 13.11.1 节中的内容，根据此规则，期望的类的数目以 $\alpha \ln n$ 的速度增长。

另一种实现 CRP 的方法是有限混合建模的一种极限情况($K\to\infty$)，通过采用参数为 α/K 的狄利克雷先验(参见[23，72])。

类分配可交换：CRP 一个很重要的方面是，一个特定聚类的概率不依赖于顾客到达的顺序，重排顾客的顺序以及重新排列桌子标签后，概率不变(见习题 13.23)。总之，这意味着，在图 13.14 中，重要的信息是，例如 1 号、4 号、5 号顾客坐在相同的桌子旁，例如 3 号顾客独自坐在另一张桌子旁。桌子的编号是不重要的。

13.11.3　DP 的截棍构造

我们已经讨论了罐子模型和相关的 CRP。*截棍表达*是 DP 的另一种表达，是在[75]中提出的。这个方法建立在式(13.121)之上，提出了生成 P_i 和相应的值 $\boldsymbol{\theta}_i$，$i=1,2,\cdots$ 的方法。

考虑一根单位长度的棍子，如图 13.16 所示。它将根据接下来介绍的算法被分成无限多段，每段长度为 P_i，$i=1,2,\cdots$。首先，选择一个贝塔分布的变量(第 2 章)$\beta_1\sim\text{Beta}(\beta\mid1,\alpha)$，截取长度等于 β_1 的一段，我们设置 $P_1=\beta_1$。剩下一段的长度为 $1-\beta_1$。然后进行下一次抽样 $\beta_2\sim\text{Beta}(\beta\mid1,\alpha)$，截取与 β_2 成比例的一段。因此，截掉的一段的长度等于 $\beta_2(1-\beta_1)$，我们设置 P_2 等于它的长度。显然，剩下一段的长度等于 $(1-\beta_1)-\beta_2(1-\beta_1)=(1-\beta_1)(1-\beta_2)$。按此原理递归地从剩下的段中截取片段，且由于从 $P_1=\beta_1\sim\text{Beta}(\beta\mid1,\alpha)$ 开始，因此算法第 i 步为

$$\beta_i\sim\text{Beta}(\beta|1,\alpha) \tag{13.126}$$

$$P_i=\beta_i\prod_{j=1}^{i-1}(1-\beta_j),\quad i=2,3,\cdots \tag{13.127}$$

697

使用得到的概率值序列 P_i，再根据式(13.121)，可形成一个随机分布，其中 $\boldsymbol{\theta}_i$ 是从 G_0 中独立同分布地抽样出来的。可以证明，得到的分布是一个 DP，即 $G\sim\text{DP}(\alpha,G_0)$。

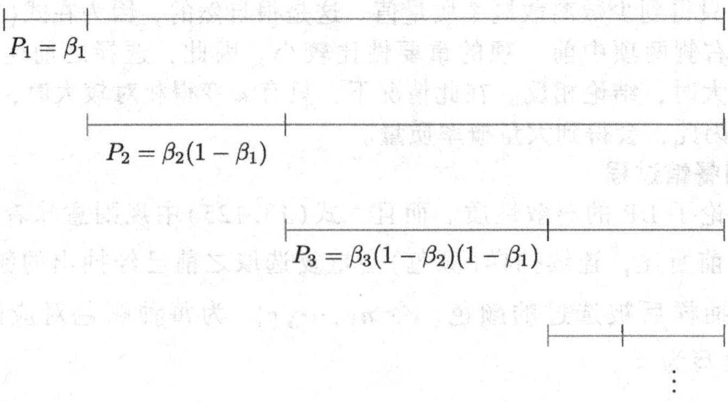

图 13.16 DP 的截棍构造。在每步迭代，我们从一个贝塔分布 $\text{Beta}(\beta \mid 1,\alpha)$ 中抽样，并按样本的值从剩下那段棍子成比例地截掉一段

注意到，随着 i 增大，概率值降低，因为剩下棍子的比例越来越小。因此，在式(13.121)的无穷个可能项中，只有很少一部分贡献很大的留存下来。而且，这些存留项关联的概率值是最早生成的那些，这在实践中当我们实现一个 DP 来生成一个先验时是非常重要的(参见[58])。

关于 DP 的一个简洁的指南可在[19]中找到。还有很多网站提供了可公开获取的软件。

13.11.4 狄利克雷过程混合建模

在建立了 DP 的离散和聚集性质之后，现在让我们看看如何用它来作为混合分布(如高斯混合模型)的贝叶斯学习的先验。我们的框架将是一个非参设定，即混合成分的数目不是预先固定的。这迫使我们用分布上的先验来代替固定数目参数上的先验。贝叶斯学习原理提供了工具，在得到了观测值的前提下，将之前的先验信息更新为与后验分布相关的先验。

让我们假定已给定一组观测值 $\boldsymbol{x}_n \in \mathbb{R}^l$，$n=1,2,\cdots,N$。我们假定每个观测值都是从一个对应 PDF(分布)中抽样得到的，这个分布是用一个相应的隐变量集合 $\boldsymbol{\theta}_1$，$\boldsymbol{\theta}_2,\cdots$，$\boldsymbol{\theta}_N \in \Theta$ 参数化的。即 $\boldsymbol{x}_n \sim p(\boldsymbol{x} \mid \boldsymbol{\theta}_n)$。观察到，参数集随着 N 增大，与 13.4 节中混合建模使用的固定数目参数正好相反。我们还假定参数是从一个分布 G 中独立同分布地抽样的，而这个分布本身是从一个 DP 中抽样的(参见[3])。总结起来，根据这种混合模型的数据生成
698 可描述为

$$G|(\alpha, G_0) \sim \text{DP}(\alpha, G_0) \tag{13.128}$$

$$\boldsymbol{\theta}_n|G \sim G_0 \tag{13.129}$$

$$\boldsymbol{x}_n|\boldsymbol{\theta}_n \sim p(\boldsymbol{x}|\boldsymbol{\theta}_n) \tag{13.130}$$

注意到，由于 G 是离散的，而且具有强聚类结构，因此很多观测样本 $\boldsymbol{x}_n$ 将共享相同的隐参数，这也是如何通过 DP 先验施加混合建模的。

如果采用了截棍构造，则上述三个步骤要“重新表述”，数据生成机制描述如下：

1) 抽样贝塔变量 $\beta_i \sim \text{Beta}(\beta \mid 1,\alpha)$，$i=1,2,\cdots$。

2) 生成概率值 $P_i = \beta_i \prod_{j=1}^{i-1}(1-\beta_i)$，$i=2,3,\cdots$，其中 $P_1=\beta_1$。

3) 从基分布抽样对应参数 $\boldsymbol{\theta}_i \sim G_0$，$i=1,2,\cdots$。

4) 对所有观测值 $\boldsymbol{x}_n$，$n=1,2,\cdots,N$ 执行：

- $k_n \sim \text{Cat}(P_1, P_2, \cdots)$
- $\boldsymbol{x}_n \mid k_n \sim p(\boldsymbol{x}_n \mid \boldsymbol{\theta}_{k_n})$

标签 k_n 包括表示 $\boldsymbol{x}_n$ 对应的混合成分(类)的潜变量，它们是从一个类别分布(记为 Cat)中抽样的。类别分布符合多项分布只包含一次实验的情况，即式(13.122)中 $n=1$ 的情况。一个类别分布包含一些随机变量，其中每个都关联一个概率值。一次抽样包括根据给定概率分布(参见 2.3 节)选取一个随机变量。类别分布有时也被称为 multinulli 分布。考虑通过贝塔分布生成概率值，在实践中，我们选择一个满足假设 $P_i=0$，$i>T$ 的值 T。

13.11.5　推理

推理任务包括在给定观测值、与潜变量关联的先验的泛函形式以及涉及的(隐)随机(非确定)参数的前提下，求得后验。在 13.4 节中，选择的先验是均值服从高斯分布、协方差矩阵服从维希特 PDF。在那一节的末尾还提到，概率也应作为随机变量来处理并采用一个狄利克雷分布作为先验。

在当前设定中，由于混合模型的数目 K 不是预先选定的，因此我们将采用一个 DP 混合过程模型作为先验。在此模型下，要用到如下潜变量：

- 变量 β_i，与概率 P_i，$i=1,2,\cdots$关联。
- 随机向量 $\boldsymbol{\theta}_i$，用来“放置”PDF 的预选形式，而 PDF 在输入空间中“发出”观测值 $p(\boldsymbol{x}\mid\boldsymbol{\theta})$。通常，我们选择此 PDF 的泛函形式，以便与基分布 G_0 形成一个共轭对。
- 聚类指派潜变量 k_n，$n=1,2,\cdots,N$，也被称为指示变量。如前所述，指示变量有时写成独热向量 $\boldsymbol{k}_n$，其分量中只有指示第 n 个变量关联的混合模型的编号的那个位置被设置为 1，其他分量均为 0。 699

在后验的学习阶段，我们必须估计贝塔分布的 α 和(b)定义 G_0 和 $p(\cdot|\cdot)$的参数。如前所述，我们假定对一个预选的 T 值满足 $P_i=0$，$i>T$。这被称为截断截棍表示。毕竟，我们最多有 N 个混合模型，即点数。最坏情况下，每个点属于一个不同的类。而且，我们知道平均类数按 $O(\alpha\ln N)$增长。

如前所述，我们通常留在指数分布族内。换句话说，这意味着在 DP 模型中我们选择下面形式的 PDF。

- 对于发出观测值的 PDF

$$p(\boldsymbol{x}|\boldsymbol{\theta})=g(\boldsymbol{\theta})f(\boldsymbol{x})\exp\left(\boldsymbol{\theta}^{\mathrm{T}}\boldsymbol{x}\right)$$

　　其中我们使用了指数族的规范形式，如 12.8 节中定义。

- 选择 DP 的基分布作为相应的共轭函数

$$G_0(\boldsymbol{\theta};\lambda,\boldsymbol{v})=h(\lambda,\boldsymbol{v})(g(\boldsymbol{\theta}))^{\lambda}\exp\left(\boldsymbol{\theta}^{\mathrm{T}}\boldsymbol{v}\right)$$

　　如此选择，在学习过程中，要学习的参数除了 α 外，还有 λ 和 $\boldsymbol{v}$。

　　我们现在准备好描述任务了。将所有随机变量收集在一起，我们形成对应的矩阵

$$W:=[\boldsymbol{\beta},\Theta,\boldsymbol{k}]$$

其中 $\boldsymbol{\beta}$ 为包含所有棍子长度的向量，Θ 为包含所有向量 $\boldsymbol{\theta}_i$，$i=1,2,\cdots,T$ 的矩阵，因为我们使用了截断截棍表示，$\boldsymbol{k}$ 为 N 维指示变量向量。

推理任务的目标是估计联合后验 $p(W\mid\mathcal{X})$，其中 $\mathcal{X}=\{\boldsymbol{x}_1,\boldsymbol{x}_2,\cdots,\boldsymbol{x}_N\}$是观测值集合。但是，计算 $p(W\mid\mathcal{X})$ 比较困难。克服相关困难的一种方法是借助平均场近似(13.2 节)。为此，采用如下后验分布的变分近似的分解族：

$$q(W):=q(\boldsymbol{\beta},\Theta,\boldsymbol{k})=\prod_{i=1}^{T-1}q_{\boldsymbol{\gamma}_i}(\beta_i)\prod_{i=1}^{T}q_{\boldsymbol{\lambda}_i}(\boldsymbol{\theta}_i)\prod_{n=1}^{N}q_{\boldsymbol{\phi}_n}(k_n)\tag{13.131}$$

注意，$\boldsymbol{\theta}_i$ 的后验 PDF 的估计由变分参数 $\boldsymbol{\lambda}_i$ 决定，而且如前所述，它属于指数族。对指示变量的后验估计选择的是变分参数为 $\boldsymbol{\phi}_n$ 的多项(类别)分布。贝塔变量的后验估计选择的是变分参数为 $\boldsymbol{\gamma}_i$ 的贝塔分布。注意，公式中第一个乘积包含 $T-1$ 个因子。这是因为进行
700 了截断且这些概率之和为 1。这必然令 $\beta_T=1$，从而 $q(\beta_T)=1$(习题 13.22)。

下一步是通过最大化不等式(12.68)中的下界来学习上述后验和涉及的参数，对于我们的情况，不等式变为

$$\ln p(\mathcal{X};\boldsymbol{\xi}) \geqslant \mathcal{F}(q;\boldsymbol{\xi}) = \mathbb{E}_q\left[\ln p(W,\mathcal{X};\boldsymbol{\xi})\right] - \mathbb{E}_q\left[\ln q(W)\right]$$

其中 $\boldsymbol{\xi} := [\alpha, \lambda, \boldsymbol{v}^{\mathrm{T}}]^{\mathrm{T}}$。最大化下界的算法严格遵循 13.2 节中建立的原理和步骤。注意，关于 q 的最大化是通过相应的变分参数进行的，这些参数的定义如式(13.131)。算法细节可在[11]中找到，也可参见[38]。$\boldsymbol{\xi}$ 是在算法的 M-步骤中计算的。另一种方法是轮流假定参数是随机实体，在此情况下就需采用特定的先验。一旦学习阶段结束，就可以根据训练得到的后验 $q(k_n)$ 将数据点指派到混合模型。

学习后验分布的另一条路线是基于蒙特卡罗采样技术，这将在第 14 章中讨论。对这种情况，CPR 模型吉布斯采样(14.9 节)特别方便，可参见[55]。

例 13.5 这个例子展示了基于中国餐馆过程的二维高斯混合模型的变分推断方法的计算进程。这些数据是根据 5 种不同的高斯分布生成的

$$\boldsymbol{\mu}_1 = [-12.5, 2.5]^{\mathrm{T}},\ \boldsymbol{\mu}_2 = [-4, -0.1]^{\mathrm{T}},\ \boldsymbol{\mu}_3 = [2, -3.5]^{\mathrm{T}}$$

$$\boldsymbol{\mu}_4 = [10, 8]^{\mathrm{T}},\ \boldsymbol{\mu}_5 = [3, 3]^{\mathrm{T}}$$

和

$$\Sigma_1 = \begin{bmatrix} 1.4 & 0.81 \\ 0.81 & 1.3 \end{bmatrix},\quad \Sigma_2 = \begin{bmatrix} 1.5 & 0.2 \\ 0.2 & 2.1 \end{bmatrix},\quad \Sigma_3 = \begin{bmatrix} 1.6 & 1 \\ 1 & 2.9 \end{bmatrix}$$

$$\Sigma_4 = \begin{bmatrix} 0.5 & 0.22 \\ 0.22 & 0.8 \end{bmatrix},\quad \Sigma_5 = \begin{bmatrix} 1.5 & 1.4 \\ 1.4 & 2.4 \end{bmatrix}$$

分别给出了均值矩阵和协方差矩阵的参数。用高斯混合模型产生了 100 个数据点，其中每个高斯模型被分配任意数目的点。图 13.17 将数据点绘制为圆圈。我们基于[11]中方法的 MATLAB 实现[⊖]进行了变分推断。利用$[-20,15]\times[-8,12]$区域内等距的、近距离分布测试点组成的数据集，计算了变分推断法估计的近似预测分布。图 13.17 绘制了算法的第一、二和五步迭代期间计算的预测分布的轮廓。该算法清楚地识别了数据的聚类。

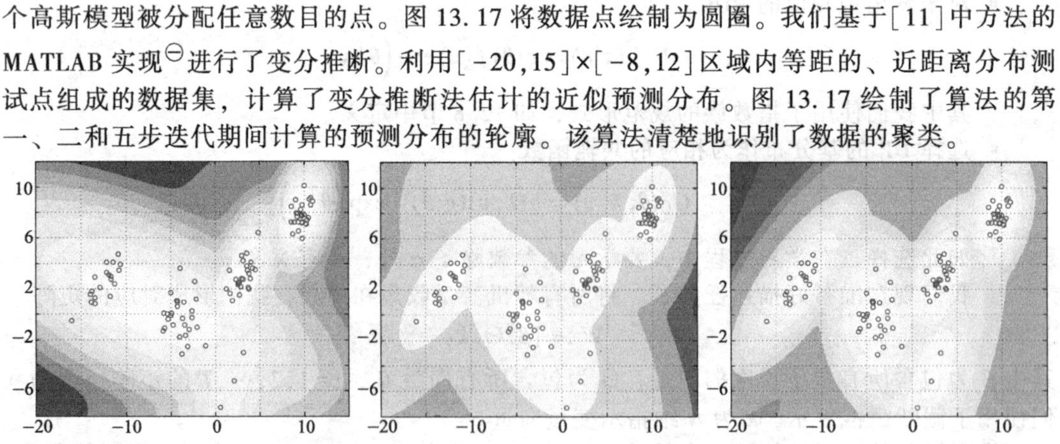

a)　　　b)　　　c)

图 13.17　例 13.5 中的预测分布在第一步、第二步和第五步迭代之后的轮廓。观察到，最后剩下了 5 个类

⊖ 参见 http://sites.google.com/site/kenichikurihara/academic-software。

13.11.6　印度自助餐过程

我们已经讨论了 DP 的聚类提升性质，在混合建模场景下利用了这个性质。在实践中，CRP 和截棍构造是表示和实现 DP 为先验的两种路线。 701

我们现在将注意力转向一个不同的任务，它与混合建模有很近的关系。回忆一下，混合建模通过将观测值组指派给相同的混合成分，向观测值施加了一个结构。在本节中，将施加一个不同的结构。

本节讨论的任务的核心是一个假设：观测值是通过一组未观测潜变量控制的，这些潜变量在向量中堆叠在一起，被称为特征向量。模型的基本假设是可用观测变量是这组未知潜变量的线性组合，即

$$\boldsymbol{x}_n = A\boldsymbol{z}_n,\ \boldsymbol{x}_n \in \mathbb{R}^l,\ \boldsymbol{z}_n \in \mathbb{R}^K,\ n = 1, 2, \cdots, N$$

取决于 l 和 K 的相对大小，这个任务有不同的名字。例如，若 $K<l$，我们称之为降维，因为需要更少的变量描述 l 维的观测值。

将所有观测值收集在一起，前面公式可写为

$$X = AZ,\ X \in \mathbb{R}^{l\times N},\ Z \in \mathbb{R}^{K\times N} \tag{13.132}$$

其中 $X=[\boldsymbol{x}_1,\cdots,\boldsymbol{x}_N]$，$Z=[\boldsymbol{z}_1,\cdots,\boldsymbol{z}_N]$。在给定矩阵 X 的条件下，任务包含 A 和 Z 的计算。一般来说，这个问题有无穷多解。在实践中，我们必须利用更多假设来限制可能的解集。第 19 章中讨论了一些这样的外部约束。依据施加的条件，此任务被给予了不同的名字。在本小节中，我们通过非参贝叶斯方法处理此任务，我们将施加一个先验，它将扮演这个额外的角色，使任务得到很好的定义。

额外的困难是潜变量的数目 K 预先未知[⊖]。在混合建模中，当混合成分的数目 K 未知时，我们令它在一个狄利克雷先验下趋向于无穷，这个狄利克雷先验是在 K 个混合概率之上，我们已经指出，这一限制引出了 CRP。基于类似原理，为了引出一个恰当的先验，我们令潜变量的数目 $K\to\infty$。而且，得到的先验应该具有某些稀疏性质，类似于当混合成分的数目 K 趋向于无穷时，得到的先验促进了少数类/混合成分的形成。 702

由于在我们的讨论中稀疏性变得很关键，我们将假设 Z 由 0 和 1 组成。在继续下一步之前，让我们稍微详细地讨论一下 0 的含义。以 $N=5$ 和 $K=3$ 的情况为例，并令矩阵的某些元素为 0。于是式(13.132)中的矩阵分解形式如下

$$[\boldsymbol{x}_1, \boldsymbol{x}_2, \cdots, \boldsymbol{x}_5] = [\boldsymbol{a}_1, \boldsymbol{a}_2, \boldsymbol{a}_3]\begin{bmatrix} z_{11} & z_{12} & z_{13} & 0 & z_{15} \\ z_{21} & 0 & 0 & z_{24} & z_{25} \\ 0 & z_{32} & z_{33} & z_{34} & 0 \end{bmatrix}$$

意味着

$$\boldsymbol{x}_1 = z_{11}\boldsymbol{a}_1 + z_{21}\boldsymbol{a}_2,\ \boldsymbol{x}_5 = z_{15}\boldsymbol{a}_1 + z_{25}\boldsymbol{a}_2 \tag{13.133}$$

$$\boldsymbol{x}_2 = z_{12}\boldsymbol{a}_1 + z_{32}\boldsymbol{a}_3,\ \boldsymbol{x}_3 = z_{13}\boldsymbol{a}_1 + z_{33}\boldsymbol{a}_3 \tag{13.134}$$

$$\boldsymbol{x}_4 = z_{24}\boldsymbol{a}_2 + z_{34}\boldsymbol{a}_3 \tag{13.135}$$

无须很多思考，我们就能意识到，Z 中的零值的存在向观测值施加了一个结构。实际上，$\boldsymbol{x}_1$ 和 $\boldsymbol{x}_5$ 位于相同的子空间中，这个子空间是由 $\boldsymbol{a}_1$ 和 $\boldsymbol{a}_2$ 张成的。观测值 $\boldsymbol{x}_2$ 和 $\boldsymbol{x}_3$ 则位于 $\boldsymbol{a}_1$ 和 $\boldsymbol{a}_3$ 张成的子空间中，与前一个子空间是不同的。即零值的存在向输入数据施加了一个聚类结构。

因此，我们的起点是选择一个能促进 Z 中零值的先验。而且，我们将假设 Z 的元素要

⊖ 我们用 K 表示潜变量的数目，来强调这样一个事实：在这里潜变量承担了混合建模任务中混合成分的角色。

么为0，要么为1，即 $z_{kn}\in 0,1,k=1,2,\cdots,K,n=1,2,\cdots,N$。这种简化处理将揭示方法背后的奥秘。稍后，我们将推广到更一般的非零值可取实数值的情况。例如，我们可以写出 $Z'=Z\circ B$，其中∘表示逐元素乘法，这将施加一个额外的先验到 B 的值上。

1. 搜索无穷二进制矩阵的先验

我们所寻找的先验背后的魔力词语是"它应该在数据上施加一种聚类结构"。尽管这是混合建模中的目标，但在本节问题明显不同。

- *混合建模*：每个观测值属于(从其发出)单个混合成分。其底层结构是通过将观测值分组到许多不同的混合成分中得到的。指派到相同混合成分的观测值比指派到不同类中的观测值更"相似"。
- *矩阵分解*：每个观测值都表示为矩阵 A 的若干列向量的线性组合。即每个观测向量都与 A 的若干列向量相关联。我们通过收集与 A 的相同列相关联的观测值来建立观测之间的相似性。

用一个稍微不同的术语，A 的列被称为特征，如果给定两个观测向量为相同列的组合，我

703 们称它们共享相同的特征。如果 $z_{kn}=1$，则表示第 k 个特征在第 n 次观测中出现。

对固定的 K 值，令 P_k，$k=1,2,\cdots,K$ 为 $z_{kn}=1$ 的概率，对任意的 n 值。于是我们可以写出

$$P(Z|\boldsymbol{P}) = \prod_{k=1}^{K}\prod_{n=1}^{N}P(z_{kn}|\boldsymbol{P}) \tag{13.136}$$

$$= \prod_{k=1}^{K}P_k^{m_k}(1-P_k)^{N-m_k} \tag{13.137}$$

其中 $\boldsymbol{P}=[P_1,\cdots,P_K]^{\mathrm{T}}$，$m_k:=\sum_{n=1}^{N}z_{kn}$。即 m_k 是 Z 的第 k 行中非零元素的数目，其物理解释是，它统计了共享第 k 个特征的观测值的数目。显然，为了令式(13.137)成立，必须假定涉及的变量是无关的。

为概率选择一个先验：我们选择贝塔分布作为 P_k，$k=1,2,\cdots,K$ 的先验，即

$$P_k\sim\text{Beta}(P|a,b)$$

回忆一下，根据贝塔分布，$P\in[0,1]$。注意，这 K 个概率无须和为1。与之相反，如我们在CRP情况下指出的，K 个混合概率上的先验取为狄利克雷分布，这是因为它们的和必须为1。每个点都必然是由 K 个混合成分中的某一个发出的。与之相反，在我们当前的设定下，第 k 个特征要么以 P_k 的概率被观测值共享，要么以 $1-P_k$ 的概率不共享。为了得到极限情况 $K\to\infty$，贝塔分布的参数设置为 $a=\alpha/K$ 和 $b=1$。这种选择令归一化常数(第2章)等于

$$B\left(\frac{\alpha}{K},1\right)=\frac{\Gamma(\frac{\alpha}{K})\Gamma(1)}{\Gamma(\frac{\alpha}{K}+1)}=\frac{K}{\alpha}$$

其中考虑了伽马函数的递归性质 $\Gamma(x+1)=x\Gamma(x)$。

因此，采用前述先验，可按下面模型生成 Z 的元素

$$P_k\sim\text{Beta}\left(P\Big|\frac{\alpha}{K},1\right) \tag{13.138}$$

$$z_{kn}\sim\text{Bern}(z|P_k) \tag{13.139}$$

其中，后一个分布是伯努利分布(第2章)。顺便提一下，回忆一下习题12.8，贝塔分布

和伯努利分布形成了一个共轭对。

取 $K\to\infty$ 时的极限：证明有一点儿偏技术化，可在[23]和习题 13.24 中找到。我们将讨论证明中涉及的一些步骤，因为这些步骤揭示了一些有趣的性质。通过取上述模型的极限来导出先验的方法的第一步是计算概率 $P(Z)$。这是通过从式(13.137)中边际化(积分)掉 P_k 来实现的，其中考虑到它们是贝塔分布。这导致对 $P(Z)$ 的依赖，它与 K 成反比，K 704
趋向于无穷时它趋向于 0。这是很自然的。若 $K\to\infty$，任何二元矩阵 Z 出现的概率都趋向于 0。但是，现在来到一个关键点。我们感兴趣的不是 $P(Z)$，而是其他东西！

二元矩阵的等价类：概率 $P(Z)$ 并未提供我们在寻找的表示。原因在于，两个矩阵可能不同，但它们传达了相同的信息。例如，假定 $N=8$ 并考虑 Z 的第 k 行为

$$\tilde{z}_k^{\mathrm{T}}=[1,0,0,1,1,0,0,1]$$

且由定义

$$X=AZ=[\boldsymbol{a}_1,\cdots,\boldsymbol{a}_k,\cdots,\boldsymbol{a}_K]\begin{bmatrix}\tilde{z}_1^{\mathrm{T}}\\ \vdots\\ \tilde{z}_k^{\mathrm{T}}\\ \vdots\\ \tilde{z}_K^{\mathrm{T}}\end{bmatrix}$$

或仅聚焦于第 k 个特征的贡献，我们得到

$$X=[\boldsymbol{x}_1,\boldsymbol{x}_2,\cdots,\boldsymbol{x}_8]=\cdots+\boldsymbol{a}_k\tilde{z}_k^{\mathrm{T}}+\cdots$$

考虑之前给定的行 $\tilde{z}_k^{\mathrm{T}}$ 的特定值，从上式容易看出特征 $\boldsymbol{a}_k$ 仅被观测值 $\boldsymbol{x}_1$、$\boldsymbol{x}_4$、$\boldsymbol{x}_5$ 和 $\boldsymbol{x}_8$ 共享。但上式重要的性质是，后 4 个向量共享相同特征。特征称为 k 或 1 或 3 还是别的什么，对我们来说并不重要。这类似混合建模中的情况，我们并不关心两个观测值是否被比如说第一个或第二个混合成分发出。重要的是它们被*相同的*混合成分发出。标记特征并不重要。关键信息是一组特定观测值共享一些*共同*特征。更形式化地，X 的结构不依赖于 A 的列和对应 Z 的行出现的次序。X 的聚类结构的相关信息对于 A 和 Z 的*排列是不变的*。我们现在已经接近于定义等价类概念了。

考虑对某个固定 K 值的矩阵 Z。我们现在生成 Z 的行的所有可能排列。于是，对于所考虑的矩阵 X 的聚类结构(特征共享)，所有这些矩阵排列都是等价的。我们称它们形成一个*等价类*。对 $K=3$ 和 $N=5$，以下面矩阵排列为例：

$$\begin{bmatrix}1&1&0&1&0\\1&1&1&0&1\\1&0&1&0&0\end{bmatrix},\quad\begin{bmatrix}1&1&1&0&1\\1&1&0&1&0\\1&0&1&0&0\end{bmatrix}$$

观察到两个矩阵揭示了输入矩阵的相同结构。唯一不同是，在左边矩阵中我们所说的 2 号特征，在右边矩阵中是 1 号特征。 705

现在让我们用$[Z]$表示等价于 Z 的所有矩阵的集合。我们真正感兴趣的是对所有可能的等价类计算 $P([Z])$。已经证明，随着 $K\to\infty$，$P([Z])$*保持有穷*。隐藏在 $P(Z)$ 和 $P([Z])$ 差异背后的秘密是，随着 K 持续增长趋向于无穷，可能排列的数目，即每个等价类的势，也不断增长；这导致每个等价类的有限概率。注意，每行包含 N 个 0 和 1。于是，可能的非 0 行的最大数量为 2^N-1。因此，Z 的非 0 行是这些二进制数随机重复构成的。等价类的刻画就是，其所有成员由相同的二进制数构成。例如，前述两个矩阵都由相同的二进制数组成，即 11010、11101、10100。而这些数出现的顺序则无关紧要。我们已经涉及了推导 $P([Z])$ 所需的所有素材了。证明在习题 13.24 中给出。

已经证明

$$\lim_{K\to\infty} P([Z]) \propto \alpha^{K_+}\exp(-\alpha H_N) \tag{13.140}$$

其中 K_+ 为类中非 0 行数，$H_N=\sum_{j=1}^{N}\frac{1}{j}$ 是一个常数。上述比例关系中涉及的常数的精确形式对我们来说并不重要(参见[23]获取更多细节)。

如果已经推导出如上二元矩阵类的先验概率，现在的问题就是在实践中我们如何从这样一个分布中采样或是实现这样一个分布。与 13.11.2 节中的 DP 一样，有两种不同方法。

2. 餐馆构造

类似 CRP，已经证明，下面比喻是从式(13.140)中的先验进行采样的一种方法。想象 Z 的列对应顾客，行对应一个无穷长自助餐中的盘子，这受到了一个典型印度餐馆中大量盘子的启发！这也是这种方法命名为印度自助餐过程(IBP)的原因。

1）第一个顾客 $n=1$，根据参数为 α 的泊松分布取 $K^{(1)}$ 个盘子，即

$$P\left(K^{(1)};\alpha\right)=\frac{\alpha^{K(1)}\exp(-\alpha)}{K^{(1)}!}$$

2）第 n 个顾客以 m_k/n 的概率取已经取过的盘子，其中 m_k 为取过第 k 个盘子(特征)的顾客数。他还按参数为 α/n 的泊松分布取 $K^{(n)}$ 个新盘子，即

$$P\left(K^{(n)};\frac{\alpha}{n}\right)=\frac{\left(\frac{\alpha}{n}\right)^{K(n)}\exp\left(-\frac{\alpha}{n}\right)}{K^{(n)}!}$$

因此，服务了 N 个顾客后，就形成了一个 $Z\in\mathbb{R}^{K_+}\times N$ 的矩阵，其中 K_+ 是已经采样的盘子总数。可以证明，按照这样一种采样过程，随着 $K\to\infty$，任何等价类的概率 $P([Z])$ 等于
706 式(13.140)中的结果(参见[23])。

已证明：

- Z 的非 0 行的数目 K_+ 也服从泊松分布，参数为 αH_N，即

$$P(K_+;\alpha H_N)=\frac{(\alpha H_N)^{K_+}\exp(-\alpha H_N)}{K_+!} \tag{13.141}$$

- 随着 $K\to\infty$，矩阵 Z 保持稀疏。实际上，非 0 元素的数目服从参数为 αN 的泊松分布，其均值为 αN。而且，非 0 值大于均值的概率是指数下降的。此外，考虑到一个泊松分布的均值等于其参数，因此被选择的盘子(使用的特征)的数目等于 αH_N(参见[23])。也就是说，对一个固定的 N，集中参数越大，被选择的盘子越多。

类似图 13.14，图 13.18 显示了对一个特定选择的参数 α 值，每个顾客的盘子的分布。在 CRP 中，每个顾客关联单一桌子。在 CRP 中，关键点在于多少顾客坐在相同桌子旁。在 IBP 中，每个顾客关联多个盘子，关键点在于多少顾客选择了相同的盘子(集合)。注意，新盘子的数量持续快速下降。对应第一(顶)行的盘子被很多顾客共享。对应图底部行的盘子被越来越少的顾客共享。

图 13.19 显示了对于两个不同的集中参数，每个顾客盘子数的变化。注意，为避免混淆，出于节省呈现图所需空间的实际原因，这里顾客对应行、盘子对应列(与图 13.18 相反)。集中参数越大，被选择的盘子(特征)越多，这与之前关于式(13.141)的讨论相吻合。

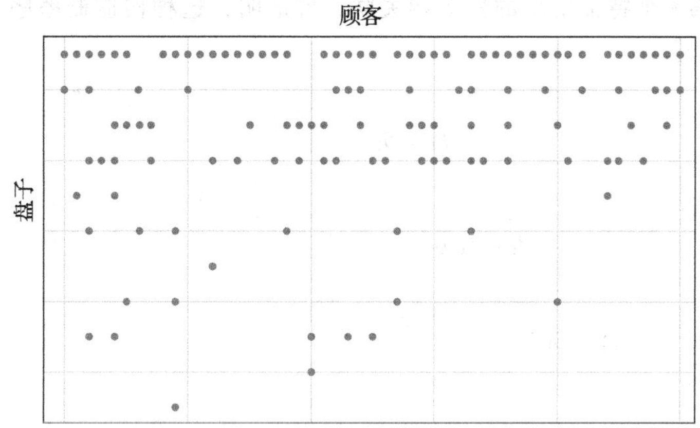

图 13.18　每个顾客盘子的分布。每个新顾客选择一些之前已经选过的盘子和一些新盘子。观察到，选择一个新盘子的概率快速下降 707

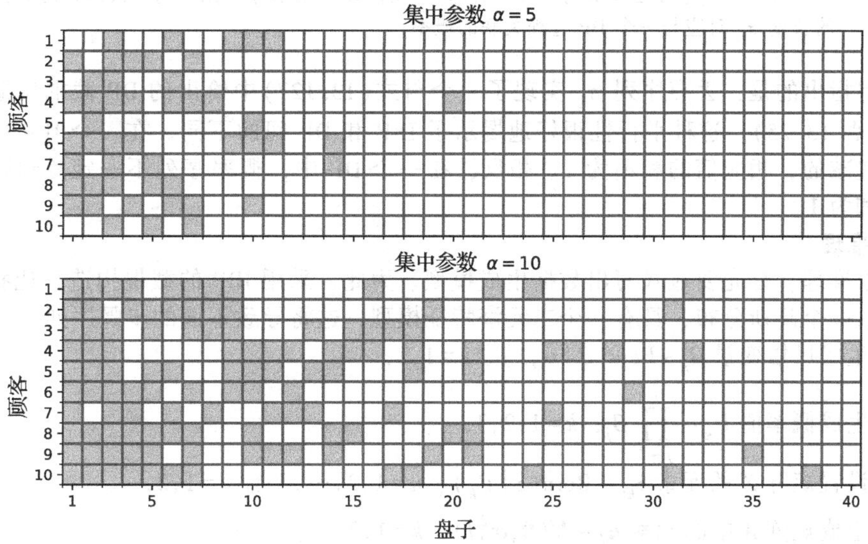

图 13.19　在本图中，出于图示方便的原因，顾客对应行、盘子对应列。灰色方块对应被选中的盘子。注意，随着集中参数增大，更多的盘子被选择

3. 截棍构造

与 CRP 的情况一样，对于 IBP 来说，当推理是通过蒙特卡罗采样，如吉布斯采样(第 14 章)完成时，餐馆构造非常适合。但是，当使用变分近似法时，截棍构造更适合。

选择一个贝塔分布 $\text{Beta}(\beta\mid\alpha,1)$，采样 $\beta_1\sim\text{Beta}(\beta\mid\alpha,1)$ 并设置 $P_1=\beta_1$，则算法的第 k 步如下

$$\beta_k\sim\text{Beta}(\beta|\alpha,1) \tag{13.142}$$

$$P_k=\prod_{j=1}^{k}\beta_j,\ k=1,2,\cdots \tag{13.143}$$

图 13.20 显示了构造过程。开始时我们有一根单位长度的棍子，我们首先截取长度为 β_1 的一段，我们保留这段并设 $P_1=\beta_1$。棍子长度为 π_1 的剩余部分被扔掉。接下来，截取长度为 $\beta_2\beta_1$ 的一段，并设 $P_2=\beta_1\beta_2$。我们保留这段，并丢弃长度为 π_2 的剩余部分，依此

类推。将 P_k 与第 k 个特征出现的概率相关联，可证明，这种构造概率序列的过程等价于一个 IBP 过程[79]。

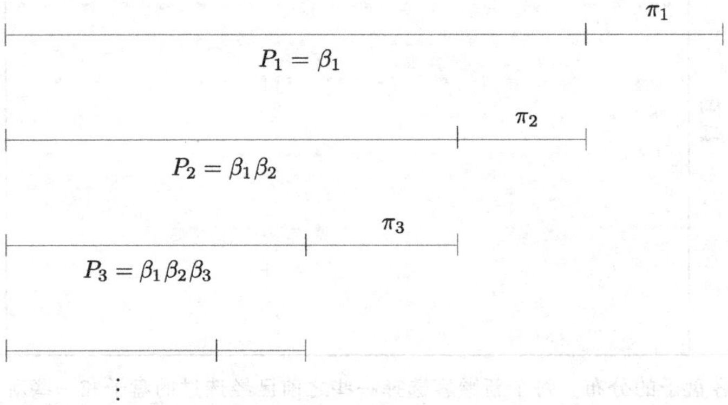

图 13.20　一个 IBP 的截棍构造。在每步迭代，我们从一个 Beta$(\alpha,1)$采样，我们保留与样本成比例的部分(左部)，而丢弃剩余部分(右部)。我们设置概率等于保留的那段的长度。丢弃部分的长度 π_k 对应与一个 DP 过程关联的概率

值得指出的是，丢弃序列 π_k 实现了一个与式(13.127)中给出的 DP 截棍构造相关的
708 序列(习题 13.25)。这种平行性很好地揭示了 IBP 和 DP 间的不同。在一个 IBP 中，概率序列是递减的，相应值的和不为 1。相反，在一个 DP 中，概率序列不一定是递减的，相应值的和为 1。

4. 推理

对于推理，首先要显式写出数据生成模型。为此，采用 IBP 的截棍构造，让我们假定数据服从一个高斯分布，具有一个二元潜特征模型，这将导致下面的步骤序列：

1) 生成贝塔变量 $\beta_k \sim \text{Beta}(\beta\mid\alpha,1)$，$k=1,2,\cdots$。

2) 生成概率值 $P_k=\prod_{j=1}^{k}\beta_j$，$k=1,2,3,\cdots$。

3) 设置矩阵 Z 的元素 $z_{kn}\sim\text{Bern}(z\mid P_k)$，$n=1,2,\cdots,N$ 且 $k=1,2,\cdots$。

4) 生成矩阵 A 中的元素 $\boldsymbol{a}_k\sim\mathcal{N}(\boldsymbol{0},\sigma_A^2 I)$，$k=1,2,\cdots$。

5) 生成观测值 $\boldsymbol{x}_n\sim\mathcal{N}(AZ,\sigma_\eta^2 I)$，$n=1,2,\cdots,N$。

潜/隐变量包括截棍长度 β_k、Z 的元素和矩阵 A 的元素。在实践中，考虑一个截断的截棍过程，其中我们假定 $P_k=0$，$k>K$。因此，潜/隐变量矩阵为 $W=[\boldsymbol{\beta},A,Z]$。给定观测值集合 $\mathcal{X}=\boldsymbol{x}_1,\cdots,\boldsymbol{x}_N$，要关于未知参数 α、σ_A^2、σ_η^2 优化的后验为

$$p\left(\boldsymbol{\beta},A,Z|\mathcal{X};\alpha,\sigma_A^2,\sigma_\eta^2\right)$$

709 但是，已经证明，这种形式无法处理，我们可以采用平均场近似技术(参见[15])。类似式(13.131)，后验的变分近似的分解族如下

$$q(W)=\prod_{k=1}^{K}q_{\boldsymbol{\gamma}_k}(\beta_k)\prod_{k=1}^{K}q_{\Phi_k}(\boldsymbol{a}_k)\prod_{n=1}^{N}q_{v_{nk}}(z_{nk})$$

其中 $q_{\boldsymbol{\gamma}k}(\beta_k)$是参数为 $\boldsymbol{\gamma}_k$ 的贝塔分布，A 的列的变分后验估计是参数为 Φ_k(即均值和协方差矩阵)的高斯分布，而 $q_{v_{nk}}(z_{nk})$是参数(概率)为 v_{nk} 的伯努利分布。推理是通过最大化式(12.68)中的界来进行的。注意，如果稀疏矩阵不是二元的，则用$Z\circ B$ 代替它，且 B

的元素也是潜变量，取决于具体任务，我们可以采用不同的先验，例如，可采用高斯分布或拉普拉斯分布(参见[15, 23])。在后一篇文献中，讨论了不同于通过吉布斯采样技术的变分推理的另一条路线。

附注 13.6

- 类似于 CRP 根据一个 DP 抽样，可以证明，IBP 是根据所谓的贝塔过程抽样[79, 88]。
- 将贝塔分布中的参数$(\alpha,1)$替换为更一般的情况 Beta(a,b)并改变它们的值，就得到了不同的分布。一个这样的例子是所谓的皮特曼-约尔 IBP。对这种过程，得到概率的期望衰减服从幂律。与之相反，在前面提到的 IBP 中，衰减速度是指数的(参见[62])。

13.12 高斯过程

在 13.11 节中，将先验施加到模型上的方式与参数化建模技术所采用的思想相似，也就是说，先验被施加于未知参数集上。本节将采用不同的原理。先验将直接放置在非线性函数的空间上，而不是指定一个参数化的非线性函数族，并将先验置于其参数之上。

让我们回顾一下式(12.1)中给出的非线性回归任务，即

$$\mathrm{y}=\theta_0+\sum_{k=1}^{K-1}\theta_k\phi_k(\boldsymbol{x})+\eta=\boldsymbol{\theta}^{\mathrm{T}}\boldsymbol{\phi}(\boldsymbol{x})+\eta \tag{13.144}$$

其中参数 $\boldsymbol{\theta}$ 被作为随机变量。让我们定义

$$f(\boldsymbol{x})=\boldsymbol{\theta}^{\mathrm{T}}\boldsymbol{\phi}(\boldsymbol{x})$$

其中$f(\boldsymbol{x})$是*随机过程*。从第 2 章可知，随机过程是一个随机实体，它的实现(实验的结果)是一个函数$f(\boldsymbol{x})$，而不是一个单一的值。贯串本节的思想是直接在$f(\boldsymbol{x})$上计算，而不是通过一组参数 $\boldsymbol{\theta}$ 对其进行间接建模。这不是我们第一次采取这种技术路线。第 11 章中，我们在 RKHS 中搜索函数时，就默默地这样做过。事实上，这一节可以说是本章与第 11 章之间的桥梁。 710

回顾第 11 章，我们不像式(13.144)那样用一些*预选的*基函数将未知函数展开参数化的形式，我们更倾向于直接搜索位于 RKHS 中的函数。优化是针对函数本身进行的(而不是针对一组参数)。在平方误差损失函数的场景中，优化被转换为

$$\min_{f\in\mathbb{H}}\sum_{n=1}^{N}\left(y_n-f(\boldsymbol{x}_n)\right)^2+C\|f\|^2$$

其中$\|\cdot\|$表示 $\mathbb{H}$ 中的范数。本节的目标是介绍这种方法的“贝叶斯对应方法”。为此，我们将把重点放在一个特定的过程族，称为高斯过程，这一概念是在[56]中提出的。

定义 13.1 一个随机过程$f(\boldsymbol{x})$被称为一个*高斯过程*，当且仅当对任何有限个数据点$\boldsymbol{x}_{(1)},\cdots,\boldsymbol{x}_{(N)}$，对应的联合 PDF$p(f(\boldsymbol{x}_{(1)}),\cdots,f(\boldsymbol{x}_{(N)}))$是高斯函数。

我们知道，一组联合高斯分布的随机变量可以用对应的均值和协方差矩阵描述。本着同样的思想，一个高斯过程也可以被它的均值和*协方差函数*决定，即

$$\mu_x=\mathbb{E}[\mathrm{f}(\boldsymbol{x})],\quad \mathrm{cov}_f(\boldsymbol{x},\boldsymbol{x}')=\mathbb{E}\left[(\mathrm{f}(\boldsymbol{x})-\mu_x)(\mathrm{f}(\boldsymbol{x}')-\mu_{x'})\right]$$

对一个高斯过程，如果$\mu_x=\mu$且它的协方差函数是如下形式(也参见第 2 章)，则称它是*平稳的*

$$\mathrm{cov}_f(\boldsymbol{x},\boldsymbol{x}')=\mathrm{cov}_f(\boldsymbol{x}-\boldsymbol{x}')$$

此外，如果 $\text{cov}_f(\cdot,\cdot)$ 依赖于 $\boldsymbol{x}$ 与 $\boldsymbol{x}'$ 之间距离的大小(即 $\|\boldsymbol{x}-\boldsymbol{x}'\|$)，高斯过程也被称为齐次的。从现在开始，我们将假定 $\mu_x=0$。在我们继续探究之前，让我们建立与第 11 章之间的另一个联系。

13.12.1 协方差函数与核

对于任意 N 和任何 N 个点的集合 $\boldsymbol{x}_{(1)},\cdots,\boldsymbol{x}_{(N)}$，对应的协方差矩阵由以下定义

$$\Sigma=\mathbb{E}[\mathbf{f}\mathbf{f}^{\mathrm{T}}]$$

其中

$$\mathbf{f}:=[\mathrm{f}(\boldsymbol{x}_{(1)}),\cdots,\mathrm{f}(\boldsymbol{x}_{(N)})]^{\mathrm{T}} \tag{13.145}$$

其元素由下式给出

$$[\Sigma]_{ij}=\text{cov}_f(\boldsymbol{x}_{(i)},\boldsymbol{x}_{(j)}),\quad i,j=1,2,\cdots,N$$

因为 Σ 是一个半正定矩阵，它保证协方差函数是一个核函数(11.5.1 节)。为了强调这一点，从现在开始，我们将使用下面的符号表示

711

$$\text{cov}_f(\boldsymbol{x},\boldsymbol{x}')=\kappa(\boldsymbol{x},\boldsymbol{x}')$$

协方差矩阵变成相应的核矩阵，表示为 $\mathcal{K}$(第 11 章)。这种符号的变化将令与 RKHS 的连接更清晰。用于高斯过程的核函数的一些典型例子如下。

- 线性核：

  $$\kappa(\boldsymbol{x},\boldsymbol{x}')=\boldsymbol{x}^{\mathrm{T}}\boldsymbol{x}'$$

  注意，这个核不对应一个固定的进程。
- 平方指数或高斯核：

  $$\kappa(\boldsymbol{x},\boldsymbol{x}')=\exp\left(-\frac{\|\boldsymbol{x}-\boldsymbol{x}'\|^2}{2h^2}\right)$$

  其中 h 是一个决定过程长度尺度的参数。h 的值越大，距离为 $d=\|\boldsymbol{x}-\boldsymbol{x}'\|$ 的两点的“统计”相似性越大(相关性越强)。
- 奥恩斯泰因-乌伦贝克核：

  $$\kappa(\boldsymbol{x},\boldsymbol{x}')=\exp\left(-\frac{\|\boldsymbol{x}-\boldsymbol{x}'\|}{h}\right)$$

- 有理二次核

  $$\kappa(\boldsymbol{x},\boldsymbol{x}')=\left(1+\|\boldsymbol{x}-\boldsymbol{x}'\|^2\right)^{-\alpha},\quad \alpha\geqslant 0$$

回顾在第 2 章中我们首次提到随机过程，一个平稳协方差函数/核具有对应随机过程的能量谱作为其傅里叶变换。由此定义，一个过程的能量谱是频域上的一个非负函数。这就提出了一种构造随机过程核的方法，即采用频域正函数的逆傅里叶变换。此外，基本上，在 11.5.2 节中讨论的所有构造核的规则也可以用于构造协方差函数。例如，对高斯过程，一种流行的内核选择是

$$\kappa(\boldsymbol{x},\boldsymbol{x}';\boldsymbol{\theta})=\theta_1\exp\left(-\sum_{m=1}^{M}\frac{(x_i-x_i')^2}{2h_i^2}\right)+\theta_2$$

其中 θ_1、θ_2 是定义进程的超参数。

图 13.21a 显示了使用 $h=2$ 高斯协方差核的平稳高斯过程的不同实现示例，图 13.21b 为 $h=0.2$ 的结果。

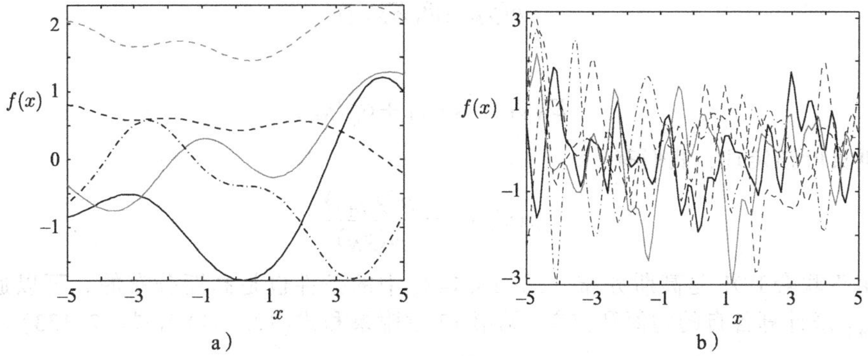

图 13.21　高斯过程的不同实现。a) 高斯协方差核 $h=2$，b) $h=0.2$。注意，当相关函数快速衰减时，对应实现的图显示出其作为自由变量(x)的函数的快速变化

13.12.2　回归

让我们假设给定了一组输入观测值 $\mathcal{X}=\{\boldsymbol{x}_1,\cdots,\boldsymbol{x}_N\}$。回想一下 12.2 节，贝叶斯回归任务的主要目标是获得两个 PDF。

$$p(\boldsymbol{y}|\mathcal{X}) \quad 且 \quad p(y|\boldsymbol{x}, \boldsymbol{y}, \mathcal{X})$$ 712

其中

$$\mathbf{y}=\mathbf{f}+\boldsymbol{\eta}, \quad \mathbf{y}:=[\mathrm{y}_1,\cdots,\mathrm{y}_N]^{\mathrm{T}} \tag{13.146}$$

和

$$\mathrm{y}=\mathrm{f}(\boldsymbol{x})+\eta$$

$\mathbf{f}$ 在式(13.145)中定义。两个 PDF 中的第一个是由 $\mathcal{X}$ 中的输入点生成的输出变量的联合概率密度；相关的随机性是由于 f 以及噪声 $\boldsymbol{\eta}$ 造成的。第二个 PDF 指的是 y 值的预测，鉴于 $\boldsymbol{x}$ 的值和训练数据($y_n,\boldsymbol{x}_n$)，$n=1,2,\cdots,N$。我们将忽略 $\mathcal{X}$ 来理清符号，就像我们在 12.2 节中所做的那样。

假设 f(·)是一个零均值高斯过程，则 $\mathbf{f}$ 是取决于协方差函数/核 $\kappa(\cdot,\cdot)$ 的联合高斯分布，其均值为 0、协方差矩阵为 $\mathcal{K}$，即

$$p(\boldsymbol{f})=\mathcal{N}(\boldsymbol{f}|\mathbf{0},\mathcal{K})$$

同时，设 $\boldsymbol{\eta}$ 的均值为 0、具有协方差矩阵 Σ_η 且与 f(·)无关的，不失一般性，令 $\Sigma_\eta=\sigma_\eta^2 I$，那么

$$p(\boldsymbol{y}|\boldsymbol{f})=\mathcal{N}(\boldsymbol{y}|\boldsymbol{f},\sigma_\eta^2 I)$$

然后，按照与 12.2 节中相同的参数，我们得到

$$p(\boldsymbol{y})=\mathcal{N}(\boldsymbol{y}|\mathbf{0},\mathcal{K}+\sigma_\eta^2 I) \tag{13.147}$$

这一结果是显然的，从两个独立高斯变量之和也是高斯的事实也可以看出，并且可以直接从式(13.146)得到均值和协方差矩阵。 713

为了获得 $p(y\mid\boldsymbol{x},\boldsymbol{y})$，我们可以递归地使用式(13.147)。在这里，显式引入符号可用的观测值的数目 N 并写出下式，也是很有用的

$$\mathbf{y}_{N+1}=\begin{bmatrix}\mathrm{y}\\ \mathbf{y}_N\end{bmatrix}, \quad \mathbf{y}_N:=[\mathrm{y}_1,\cdots,\mathrm{y}_N]^{\mathrm{T}}$$

根据式(13.147)，$\mathbf{y}_{N+1}$ 服从高斯分布

$$p(\boldsymbol{y}_{N+1}|\boldsymbol{0}, \Sigma_{N+1})$$

其中

$$\Sigma_{N+1} := \mathcal{K}_{N+1} + \sigma_\eta^2 I_{N+1}$$

那么根据贝叶斯定理，我们有

$$p(y|\boldsymbol{y}_N) = \frac{p(\boldsymbol{y}_{N+1})}{p(\boldsymbol{y}_N)} \tag{13.148}$$

然而，由于联合 PDF 是高斯分布，式(13.148)中的条件也是高斯分布的。可以通过划分矩阵 Σ_{N+1} 来计算各自的均值和方差(见第 12 章附录和式(12.134)与式(12.133))。

$$\Sigma_{N+1} = \begin{bmatrix} \kappa(\boldsymbol{x},\boldsymbol{x}) + \sigma_\eta^2, & \boldsymbol{\kappa}^{\mathrm{T}}(\boldsymbol{x}) \\ \boldsymbol{\kappa}(\boldsymbol{x}), & \Sigma_N \end{bmatrix}, \quad \boldsymbol{\kappa}(\boldsymbol{x}) := [\kappa(\boldsymbol{x},\boldsymbol{x}_1), \cdots, \kappa(\boldsymbol{x},\boldsymbol{x}_N)]^{\mathrm{T}}$$

即

$$\boxed{\begin{aligned} \mu_y(\boldsymbol{x}) &= \boldsymbol{\kappa}^{\mathrm{T}}(\boldsymbol{x})\Sigma_N^{-1}\boldsymbol{y} \\ \sigma_y^2(\boldsymbol{x}) &= \sigma_\eta^2 + \kappa(\boldsymbol{x},\boldsymbol{x}) - \boldsymbol{\kappa}^{\mathrm{T}}(\boldsymbol{x})\Sigma_N^{-1}\boldsymbol{\kappa}(\boldsymbol{x}) \end{aligned}} \tag{13.149}$$

比较公式(11.27)和公式(13.149)。对恰当选择的 C 和 σ_η^2，考虑到 $\Sigma_N = \mathcal{K}_N + \sigma_\eta^2 I$，则 $\mu_y(\boldsymbol{x})$ 与核岭回归得到的 $\hat{y}$ 相同。然而，现在我们也获得了关于所得到的估计值的对应方差的信息。

此时，回顾 12.2.3 节中参数化建模的贝叶斯回归任务，并记住式(12.20)中获得的平均值与恰当选择 λ 时岭回归所提供的值是相同的(对于零均值先验 $p(\boldsymbol{\theta})$)。

附注 13.7

- 从前面的讨论中可以明显看出，利用高斯过程求解回归任务是对于在 RKHS 中求解回归任务的贝叶斯式的答案。这两种方法有一个共同的优势。虽然到 RKHS 的底层映射(由采用的内核隐式给出)可能存在于高维空间中，但求解任务的复杂性取决于训
714 练点的数目 N。与高斯过程相关的复杂性的来源是矩阵的逆，共需 $\mathcal{O}(N^3)$ 次操作。
- 式(13.149)中的两个等式都可从 12.2.3 节所述贝叶斯学习的线性情形推导出的公式得到。实际上，在式(12.27)中设置 $\boldsymbol{\theta}_0 = \boldsymbol{0}$ 并与式(12.22)相结合，可得

$$\mu_y(\boldsymbol{x}) = \sigma_\theta^2 \boldsymbol{x}^{\mathrm{T}} X^{\mathrm{T}} \left(\sigma_\eta^2 I + \sigma_\theta^2 X X^{\mathrm{T}}\right)^{-1} \boldsymbol{y} \tag{13.150}$$

其中用 X 代替了 Φ，因为处理的是线性情况。应用第 11 章中讨论的核技巧，将 $\sigma_\theta^2 \boldsymbol{x}_i^{\mathrm{T}} \boldsymbol{x}_j$ 替换为核运算 $\kappa(\boldsymbol{x}_i, \boldsymbol{x}_j)$，就可以很容易地得到式(13.149)中的对应等式。

以类似的方式，我们可以从式(12.23)得到式(13.149)中的 $\sigma_y^2(\boldsymbol{x})$，方法是使用附录 A.1 中伍德伯里对矩阵求逆，来根据式(12.28)重构式(12.23)(请动手尝试)。

1. 处理超参数

正如我们已经说过的，核函数可以用一些参数来表示，比如说 $\boldsymbol{\theta}$，而这些参数又必须根据数据来估计。处理这项任务有多种方法。首先想到的是对于 $\boldsymbol{\theta}$ 优化得到的参数化对数似然 $\ln p(\boldsymbol{y};\boldsymbol{\theta})$，通过取梯度并将其等效为零。另一种方法是假设参数的先验值，并使用贝叶斯参数将它们积分出来。积分通常是棘手的，必须使用近似技术，例如蒙特卡罗方法(第 14 章)。不用说，这两种技术都有其缺点。优化对数似然是一项非凸任务，一般不能保证全局最大值。另一方面，蒙特卡罗技术往往是计算密集型的，需要多次迭代才能收敛。有关这些问题的更多信息，请参见[66]。

2. 计算考虑

为了减少 Σ_N 求逆带来的 $\mathcal{O}(N^3)$ 的计算量，研究者提出了一些近似技术。一个可能的技术路线是稀疏高斯过程，在这些方法中，全高斯过程模型是用一组有限个基函数进行展开来近似的。例如，通常使用 $\kappa(\boldsymbol{x},\boldsymbol{u}_m)$ 作为基，其中 $\boldsymbol{u}_m$，$m=1,2,\cdots,M\ll N$，是输入样本的子集，称为活动集。这样的技术可以将代价降低到 $\mathcal{O}(M^2N)$（参见[65]）。研究者还提出了不需要活动集作为训练样本子集的其他替代方法（参见[40, 77]）。在[87]中，提出了一种变分稀疏方法，试图减轻在增加活动集的大小时遇到的问题。

高斯过程方法的一个变体是使它具有了能够在时变环境中忘记过去样本的能力。这种方法在[61, 89]中被提出，可作为第 11 章讨论的核 RLS 算法的一种替代。其他变体利用输出变量的转换令高斯模型适用于更广泛的问题[41, 76]。

在[70]中，利用高斯过程与卡尔曼滤波之间的联系，通过随机微分方程得到解，使得复杂度呈线性时间。

最后，[43]中给出了一个相关技术的扩展综述。 715

13.12.3　分类

与回归任务相比，在假设噪声和涉及随机过程为高斯分布的场景下，分类任务的复杂度更高。在 13.7 节中，采用了式(13.68)给出了对率回归的参数化形式。在高斯过程场景中，模型变成

$$P(\omega_1|\boldsymbol{x})=\frac{1}{1+\exp\big(-f(\boldsymbol{x})\big)}=\sigma\big(f(\boldsymbol{x})\big)$$

其中 $f(\boldsymbol{x})$ 将按照高斯随机过程处理，并与核函数 $\kappa(\cdot,\cdot)$ 相关联。给出一组训练样本 $(y_n,\boldsymbol{x}_n)$，$n=1,2,\cdots,N$，$y_n\in\{0,1\}$，按照 13.7 节中相同的方法，我们现在可以写出

$$P(\boldsymbol{y}|\boldsymbol{f})=\prod_{n=1}^{N}\sigma(f_n)^{y_n}(1-\sigma(f_n))^{1-y_n}$$

其中 $f_n:=f(x_n)$，并且

$$p(\boldsymbol{f})=\mathcal{N}(\boldsymbol{f}|\boldsymbol{0},\mathcal{K})$$

请注意，$P(\boldsymbol{y}\mid\boldsymbol{f})$ 不再是高斯分布的，为获得 $P(\boldsymbol{y})$ 和 $P(y\mid\boldsymbol{x},\boldsymbol{y})$ 所需的积分不能解析计算了。进行近似的方法有多种。一种途径是利用 $p(f(x)\mid\boldsymbol{y})$ 的拉普拉斯近似（见 12.3 节）[90]。另一种是使用蒙特卡罗技术[53]。在[20]中，用变分方法求出了对率 S 形函数的界，并用高斯乘积近似了相应的乘积。[57]中采用了期望传播方法。

感兴趣的读者要进一步阅读高斯过程相关内容，可以参考经典文献[66]。

例 13.6　本例的目的是演示高斯过程在回归中的应用。为此，从一个高斯过程的实现中随机抽取 $N=20$ 个点，该高斯过程具有零均值，其协方差函数基于长度尺度为 $h=0.5$ 的高斯核。根据零均值和单位方差的正态分布抽取对应的输入点。接下来，将方差为 0.01 的高斯噪声加到这些高斯过程点上，形成了一组观测数据（在图 13.22 中以“+”号表示）。利用这些训练数据，对区间[-3,4]中对应于 $D=1000$ 个等距输入点的输出变量进行预测，预测采用式(13.149)

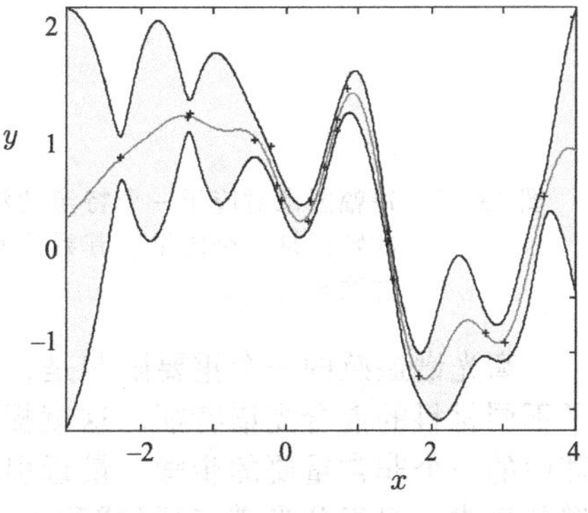

图 13.22　红线代表后验高斯过程的均值。阴影区域代表±两倍标准差

中的后验高斯过程均值和方差。图 13.22 中用实心的红线表示后验高斯过程的均值。后验均值曲线周围的阴影区域对应于后验预测的误差条$\mu_y \pm 2\sigma_y$。注意在观测数据点稀少区域
716 处后验预测方差的增加。

13.13　实例研究：高光谱图像分离

高光谱图像分离(HSI)是约束条件下稀疏回归建模的典型应用。这是一个很好的“借口”让我们可以通过一个具有重大现实意义的任务来展示层级贝叶斯建模方法的应用。

在高光谱遥感中，从地球表面发射的电磁太阳能由卫星、飞机或空间站上的灵敏扫描器测量。扫描器对电磁辐射的一些波长的波段很敏感。地球表面的不同性质有助于能量在不同波段的反射。例如，在可见-红外范围内，土壤的矿物和水分含量、水的沉降和植被的含水量等特性是反射能量的主要贡献者。相反，在红外的热端，是表面的热容量和热性质促成了反射。因此，每个波段测量同一块地球表面的不同性质。这样，就可以产生与每个波段反射能量的空间分布相对应的地球表面图像。现在的任务是利用这些信息确定各种地面覆盖类型，即建设用地、农田、森林、火灾、水、病虫害等。

图 13.23 演示了从高光谱图像数据立方体(立方体由两个空间维度和一个光谱维组成)生成像素的光谱特征的过程。每幅图像对应于一个单一波长(波段)，每个像素对应于地球表面的一个特定区域。像素的光谱特征就是一个包含了在不同光谱带中测量到的辐射值的向量。近年来的技术进步使成像光谱仪得以实现，它能够收集数百个相邻光谱带的数据。大量增加的数据传递了空间/光谱信息，恰当地利用这些信息可以准确地确定所拍摄物体的类型和性质。

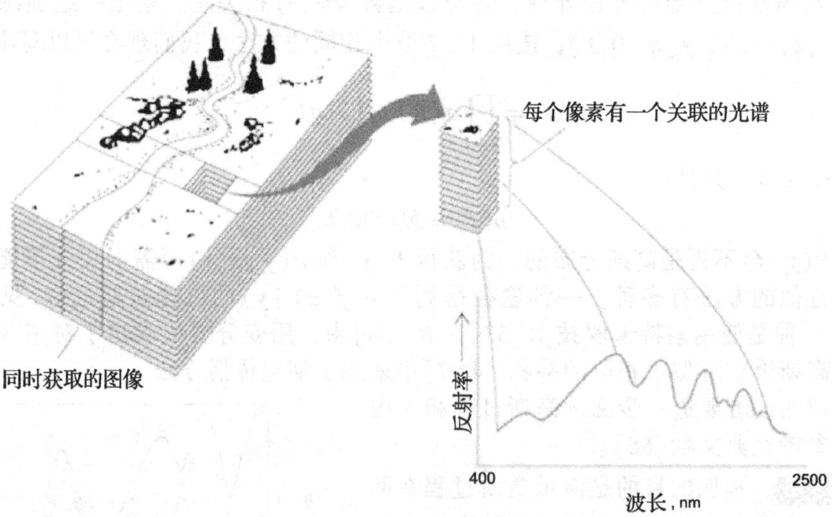

图 13.23　每幅图像对应于一个特定的波段，每一个像素对应于地球表面的一个特定区域。像素的特征是一个向量，其系数度量了对应的地球区域在不同波段下的辐射值(修改后的图像取自[69])

717 高光谱遥感的一个重要限制是，由于遥感传感器的空间分辨率低，单个像素常常记录了不同材料的混合光谱特征。这就提出了光谱分离(SU)[37]的需求，这是高光谱图像处理中的一个非常重要的步骤，最近引起了科学界的强烈兴趣。SU 是将观测到的像素的光谱分离成一组组分光谱特征(或称成分)及其对应的比例(或称丰度)的过程。一个广泛使用的模型是线性混合模型。

假设一幅遥感高光谱图像包含了 M 个光谱带，并令 $\boldsymbol{y}\in\mathbb{R}^M$ 是包含单个像素（特定区域）的测量光谱特征（即所有光谱带下的辐射值）的向量。另外，设 $X=[\boldsymbol{x}_1,\boldsymbol{x}_2,\cdots,\boldsymbol{x}_l]$ 表示 $M\times l$ 的成分特征矩阵，其中 $\boldsymbol{x}_i\in\mathbb{R}^M$，$i=1,2,\cdots,l$ 包含第 i 个成分的光谱特征，l 是存在于场景中的（可能的）不同成分（地表/物质类型）的总数。最后，设 $\boldsymbol{\theta}=[\theta_1,\theta_2,\cdots,\theta_l]^{\mathrm{T}}$ 是与 $\boldsymbol{y}$ 相关的丰度向量，其中 θ_i 表示 $\boldsymbol{x}_i$ 在 $\boldsymbol{y}$ 中的丰度比例。线性混合模型假设被测像素的光谱与成分之间存在线性关系，表示为

$$\boldsymbol{y}=X\boldsymbol{\theta}+\boldsymbol{\eta} \tag{13.151}$$

其中，$\boldsymbol{\eta}$ 代表加性噪声值，假定这些噪声值为零均值高斯分布随机向量的样本，其元素为独立同分布的，即 $\boldsymbol{\eta}\sim\mathcal{N}(\boldsymbol{\eta}\mid\boldsymbol{0},\beta^{-1}I_M)$，其中 β 表示噪声方差（精度）的逆，I_M 表示 $M\times M$ 的单位矩阵。注意式（13.151）中的模型是一个典型的多元回归模型，因为现在每个测量值的输出都是一个向量，而不是标量（见 4.9 节）。对输出变量进行测量，假定矩阵 X 已知，并且确实有估计其元素的方法。 718

处理这样一个模型来恢复丰度系数可能是目前为止本书的本章和前几章中介绍的方法的一个直接应用。然而，有一个物理约束必须考虑，这使任务更有趣。丰度系数是非负的，也就是说

$$\theta_i\geqslant 0,\quad i=1,2,\cdots,l \tag{13.152}$$

另外，一个有效的假设是，图像中只有少数成分会对单个像素 $\boldsymbol{y}$ 的光谱做出贡献。换句话说，丰度向量 $\boldsymbol{\theta}$ 接受 X 中的稀疏表示。

因此，我们的目标是，在给定光谱测量值 $\boldsymbol{y}$ 和成分矩阵 X 的条件下，估计服从非负性和稀疏性约束的 $\boldsymbol{\theta}$。显然，有不同的技术路线实现这一目标。由于我们目前正在探索贝叶斯世界，我们将采用贝叶斯框架。为此，将首先采用一个适当的先验模型来表达我们对感兴趣参数的先验知识，然后我们将使用变分贝叶斯方法进行贝叶斯推断。

13.13.1 层级贝叶斯建模

式（13.151）中的高斯噪声表示为

$$\begin{aligned}p(\boldsymbol{y}|\boldsymbol{\theta},\beta)&=\mathcal{N}(\boldsymbol{y}|X\boldsymbol{\theta},\beta^{-1}I_M)\\&=(2\pi)^{-\frac{M}{2}}\beta^{\frac{M}{2}}\exp\left(-\frac{\beta}{2}\|\boldsymbol{y}-X\boldsymbol{\theta}\|^2\right)\end{aligned} \tag{13.153}$$

现在我们将注意力转向为模型参数选择合适的先验，这些参数被视为随机变量 $\boldsymbol{\theta}$、β。作为非负噪声精度 β 的先验，我们采用伽马分布（13.3 节，式（13.25）），表示为

$$p(\beta)=\mathrm{Gamma}(\beta|c,d)=\frac{d^c}{\Gamma(c)}\beta^{c-1}\exp(-d\beta) \tag{13.154}$$

其中 c 和 d 是各自的参数（实验中设为 10^{-6}）。

对于丰度向量 $\boldsymbol{\theta}$，我们定义了一个两层的层级先验，它以共轭形式表示，并对丰度系数施加稀疏性和非负性。在[68]的启发下，选择了一个非负截断高斯先验，即

$$p(\boldsymbol{\theta}|\boldsymbol{\alpha})=\mathcal{N}_{\mathbb{R}_+^l}\left(\boldsymbol{\theta}|\boldsymbol{0},A^{-1}\right) \tag{13.155}$$

其中 $\boldsymbol{\alpha}:=[\alpha_1,\alpha_2,\cdots,\alpha_l]^{\mathrm{T}}$ 是精度参数向量，$A=\{\alpha_1,\cdots,\alpha_l\}$ 是对应的对角矩阵，$\mathcal{N}_{\mathbb{R}^l}$ 表示在 $\mathbb{R}^l$ 的非负象限（用 $\mathbb{R}_+^l$ 表示[81]）截断的 l-变量正态分布。在层级结构的第二层，精度参数也被认为是随机变量 $\alpha_i,i=1,2,\cdots,l$，服从逆伽马分布，即 719

$$p(\alpha_i)=\mathrm{IGamma}\left(\alpha_i|1,\frac{b_i}{2}\right)=\frac{b_i}{2}\alpha_i^{-2}\exp\left(-\frac{b_i}{2}\frac{1}{\alpha_i}\right) \tag{13.156}$$

其中 b_i，$i=1,2,\cdots,N$ 是尺度超参数。这个两层的层级结构在丰度向量 $\boldsymbol{\theta}$ 之上形成了一个非负截断的多元拉普拉斯，它可以通过积分掉精度 $\boldsymbol{\alpha}$ 来建立[81]，即

$$p(\boldsymbol{\theta}|\mathbf{b},\beta)=\prod_{i=1}^{l}\sqrt{\beta b_i}\exp\left(-\sqrt{\beta b_i}|\theta_i|\right)I_{\mathbb{R}_+^l}(\boldsymbol{\theta}) \tag{13.157}$$

其中，$I_{\mathbb{R}_+^l}(\boldsymbol{\theta})$ 为指示函数，若 $\boldsymbol{\theta}\in\mathbb{R}_+^l$（$\boldsymbol{\theta}\notin\mathbb{R}_+^l$），则 $I_{\mathbb{R}_+^l}(\boldsymbol{\theta})=1(0)$。在我们的公式中，式(13.156)中的稀疏提升尺度超参数也假定是随机的，是从数据中推断出来的，假设每个 b_i，$i=1,2,\cdots,l$ 服从如下伽马先验分布

$$p(b_i)=\mathrm{Gamma}(b_i|\kappa,\nu)=\frac{\nu^{\kappa}}{\Gamma(\kappa)}b_i^{\kappa-1}\exp(-\nu b_i) \tag{13.158}$$

式(13.158)中的超参数 $\boldsymbol{\kappa}$ 和 $\boldsymbol{\nu}$ 也被设置为小值(实验中为 10^{-6})。

采用层级贝叶斯模型，对给定的观测值，应用 13.3 节中讨论的变分 EM 算法来获得丰度参数后验概率的估计 $q(\theta_i)$，$i=1,2,\cdots,l$。在实验中，$q(\theta_i)$ 的均值被用作未知参数值的估计。有关推导的细节可从[82]中获得。变分 EM 算法的另一种替代记录路线是使用蒙特卡罗技术(参见[14])。

13.13.2　实验结果

上述模型已被应用于 1997 年夏季内华达州铜矿区机载可见/红外成像光谱仪(AVIRIS)采集的真实高光谱图像㊀。铜矿数据集被广泛用于评价遥感技术和光谱分离算法(参见[30，51，81])。它包含 224 个光谱带，范围为 400～2500 纳米。在我们的实验中使用了尺寸为 250×191 像素的铜矿数据集的子图像，图 13.24 显示了合成的图像，其中分别使用了 183、193 和 203 波段。

去除一些低信噪比(SNR)波段和水汽吸收波段后，仍剩下 $M=188$ 个光谱带可用于处理。作为预处理步骤，我们使用 VCA 算法㊁从高光谱图像中提取 14 个成分，和[51]中一样。顶点分量分析
720 (VCA)算法识别图像中“纯”像素的特征，并将其视为纯物质特征。图 13.25 显示了提取的成分的光谱特征与波长的关系图。

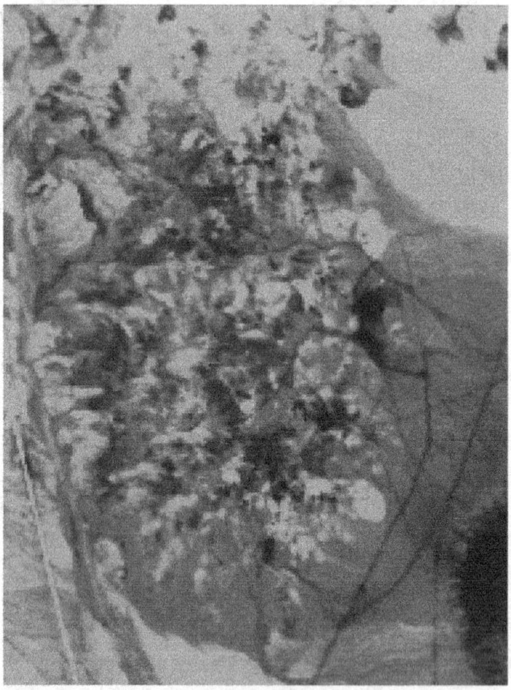

图 13.24　使用 183、193 和 203 波段(来自[69])的 AVIRIS 铜矿子图的合成图像。完整的 RGB 颜色图片可以从本书的网站上找到

㊀ 数据是公开的，可在 http://aviris.jpl.nasa.gov/data/free_data.html 获得。
㊁ VCA 代码可在 http://www.lx.it.pt/~bioucas/code.htm 获得。

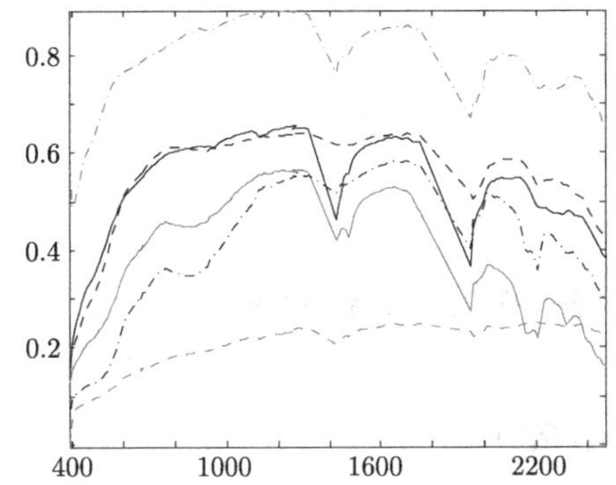

图 13.25　使用 VCA 算法[51]从铜矿图像中提取的 14 个成分中的 6 个的光谱特征。所有 14 个特征的图可以从本书的网站上下载

图 13.26 显示了使用变分贝叶斯方法得到的 6 个不同成分的丰度图。每个暗的(亮的)像素揭示了该像素中相应成分具有低(高)百分比。换句话说，每幅图像都显示了特定丰度系数(θ_i)在被探测的地表上的分布情况。

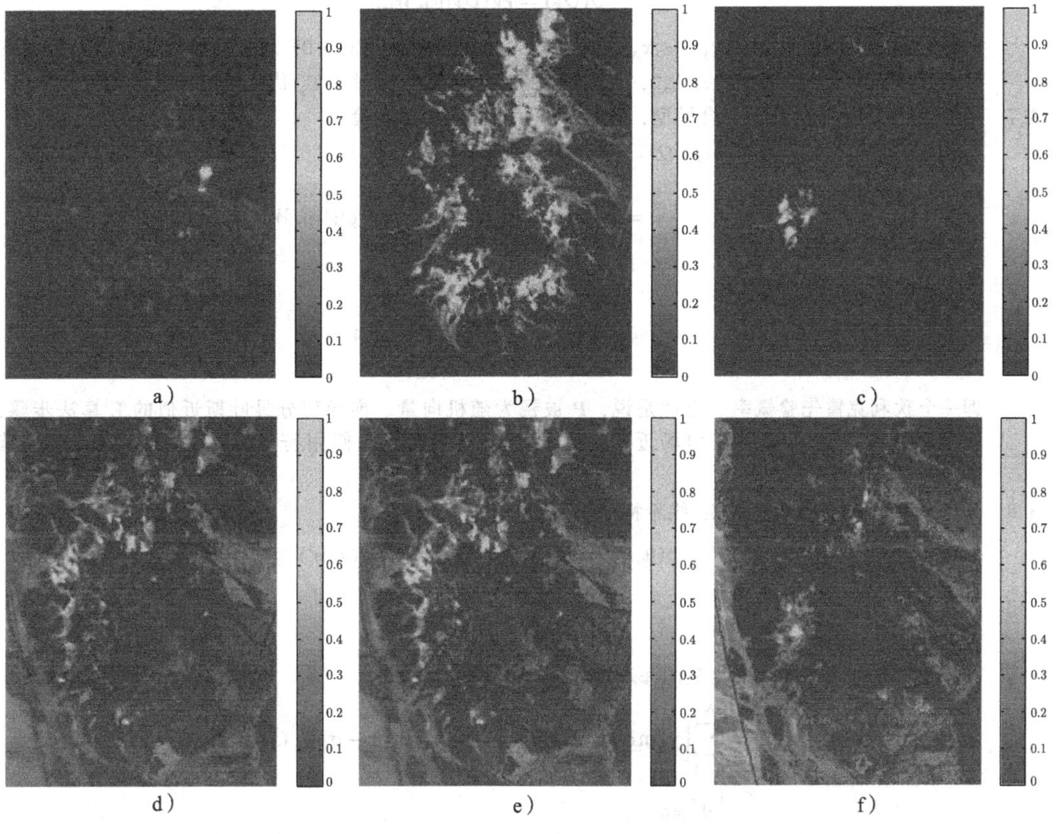

图 13.26　估计的丰度图，图 a~f 的材料分别为白云母、明矾石、水铵长石、蒙脱石、高岭石 1 和高岭石 2。本书的网站上有全彩图片

更重要的是，我们能够识别出图 13.26 的成分为白云母、明矾石、水铵长石、蒙脱石、高岭石 1 和高岭石 2。

习题

13.1　证明式(13.5)。

13.2 证明式(13.38)。

721 13.3 证明式(13.43)~式(13.45)。

13.4 证明若

$$p(x) \propto \frac{1}{x}$$

随机变量 z:= ln x 服从一个均匀分布。

13.5 使用变分贝叶斯 EM 求解在 13.3 节中介绍的线性回归任务，推导其收敛后的下界。

13.6 考虑高斯混合模型

$$p(\boldsymbol{x}) = \sum_{k=1}^{K} P_k \mathcal{N}(\boldsymbol{x}|\boldsymbol{\mu}_k, Q_k^{-1})$$

其先验为

$$p(\boldsymbol{\mu}_k) = \mathcal{N}(\boldsymbol{\mu}_k|0, \beta^{-1}I) \tag{13.159}$$

和

$$p(Q_k) = \mathcal{W}(Q_k|\nu_0, W_0)$$

对于给定的观测值集 $\mathcal{X}=\{\boldsymbol{x}_1,\cdots,\boldsymbol{x}_N\}$，$\boldsymbol{x}\in\mathbb{R}^l$，使用涉及的后验 PDF 的平均场近似导出对应的变分贝叶斯 EM 算法。将 $P_k, k=1,2,\cdots,K$ 视为确定性参数，相对于 P_k 优化对应证据函数的下界。

13.7 考虑习题 13.6 中的高斯混合模型，对 $\boldsymbol{\mu}$、Q 和 $\mathbf{P}$ 施加如下先验

$$\begin{aligned} p(\boldsymbol{\mu}, Q) &= p(\boldsymbol{\mu}|Q)p(Q) \\ &= \prod_{k=1}^{K} \mathcal{N}\left(\boldsymbol{\mu}_k|\mathbf{0}, (\lambda Q_k)^{-1}\right) \mathcal{W}(Q_k|\nu_0, W_o) \end{aligned}$$

即一个高斯-维希特乘积及

$$p(\boldsymbol{P}) = \mathrm{Dir}(\boldsymbol{P}|a) \propto \prod_{k=1}^{K} P_k^{a-1}$$

即一个狄利克雷先验概率。也就是说，$\mathbf{P}$ 被视为随机向量。推导变分贝叶斯近似的 E 算法步骤，对涉及的后验 PDF 采用平均场近似。为便于符号书写，我们用符号 $\boldsymbol{\mu}$ 代替了 $\boldsymbol{\mu}_{1:K}$，Q 代替了 $Q_{1:K}$。

722~723 13.8 如果 $\boldsymbol{\mu}$ 和 Q 的分布服从高斯-维希特乘积

$$p(\boldsymbol{\mu}, Q) = \mathcal{N}(\boldsymbol{\mu}|\hat{\boldsymbol{\mu}}, (\lambda Q)^{-1})\mathcal{W}(Q|\nu, W)$$

计算期望

$$\mathbb{E}[\boldsymbol{\mu}^{\mathrm{T}} Q \boldsymbol{\mu}]$$

13.9 推导相对于如下 $\boldsymbol{\theta}$ 的代价函数的海森矩阵

$$J(\boldsymbol{\theta}) = \sum_{n=1}^{N} \Big[y_n \ln\sigma\big(\boldsymbol{\phi}^{\mathrm{T}}(x_n)\boldsymbol{\theta}\big) + (1-y_n)\ln\big(1-\sigma(\boldsymbol{\phi}^{\mathrm{T}}(x_n)\boldsymbol{\theta})\big)\Big] - \frac{1}{2}\boldsymbol{\theta}^{\mathrm{T}} A\boldsymbol{\theta}$$

其中

$$\sigma(z) = \frac{1}{1+\exp(-z)}$$

13.10 证明，对一个方差为伽马先验的高斯 PDF，在积分掉方差后，其边界是一个由下式给出的学生氏 t PDF

$$\mathrm{st}(x|\mu, \lambda, \nu) = \frac{\Gamma(\frac{\nu+1}{2})}{\Gamma(\frac{\nu}{2})} \left(\frac{\lambda}{\pi\nu}\right)^{1/2} \frac{1}{\left(1+\frac{\lambda(x-\mu)^2}{\nu}\right)^{\frac{\nu+1}{2}}} \tag{13.160}$$

13.11 推导递推公式(13.62)和式(13.63)。

13.12 考虑一个两类的分类问题，假定两类 ω_1、ω_2 中每一类的特征向量都服从高斯 PDF。两类共享同一个协方差矩阵 $\boldsymbol{\Sigma}$，平均值分别为 $\boldsymbol{\mu}_1$ 和 $\boldsymbol{\mu}_2$。证明，对于给定的观测特征向量，$\boldsymbol{x}\in\mathbb{R}^l$，分类决策的后验概率由下面的逻辑函数给出

$$P(\omega_2|\boldsymbol{x})=\frac{1}{1+\exp\left(-\boldsymbol{\theta}^{\mathrm{T}}\boldsymbol{x}+\theta_0\right)}$$

其中

$$\boldsymbol{\theta}:=\boldsymbol{\Sigma}^{-1}(\boldsymbol{\mu}_2-\boldsymbol{\mu}_1)$$

和

$$\theta_0=\frac{1}{2}(\boldsymbol{\mu}_2-\boldsymbol{\mu}_1)^{\mathrm{T}}\boldsymbol{\Sigma}^{-1}(\boldsymbol{\mu}_2+\boldsymbol{\mu}_1)+\ln\frac{P(\omega_1)}{P(\omega_2)}$$

13.13 推导式(13.74)。

13.14 证明式(13.75)。

13.15 推导递归公式(13.77)。

13.16 证明，如果 f 为凸函数 f: $\mathbb{R}^l\to\mathbb{R}$，那么它等于它的共轭的共轭，即 $(f^*)^*=f$。 724

13.17 证明

$$f(x)=\ln\frac{\lambda}{2}-\lambda\sqrt{x},\quad x\geqslant 0$$

是凸函数。

13.18 推导下面对率回归函数的变分边界

$$\sigma(x)=\frac{1}{1+\mathrm{e}^{-x}}$$

其中之一用高斯函数表示。在后一种情况下，使用变换 $t=\sqrt{x}$。

13.19 证明式(13.100)。

13.20 对一个 DP 过程，推导 $G(T_k)$ 的均值和方差。

13.21 证明，在从集合 Θ 得到 n 个观测值后，可得后验 DP 如下

$$G|\boldsymbol{\theta}_1,\cdots,\boldsymbol{\theta}_n\sim\mathrm{DP}\left(\alpha+n,\ \frac{1}{\alpha+n}\left(\alpha G_0+\sum_{i=1}^{n}\delta_{\boldsymbol{\theta}_i}(\boldsymbol{\theta})\right)\right)$$

13.22 一个 DP 的截棍构造是围绕下面规则建立的：$P_1=\beta_1\sim\mathrm{Beta}(\beta\mid 1,\alpha)$ 和

$$\beta_i\sim\mathrm{Beta}(\beta|1,\alpha)\tag{13.161}$$

$$P_i=\beta_i\prod_{j=1}^{i-1}(1-\beta_j),\ i\geqslant 2\tag{13.162}$$

证明，如果步骤数是有限的，即我们假定 $P_i=0$，$i>T$ 对某个 T，则 $\beta_T=1$。

13.23 证明，在 CRP 中，类指派是可交换的，不依赖于顾客到达的顺序，由桌子标签的排列决定。

13.24 证明，在一个 IBP 中，$P(Z)$ 和等价类 $P([Z])$ 的概率分别由下面公式给出

$$P(Z)=\prod_{k=1}^{K}\frac{\alpha}{K}\frac{\Gamma\left(m_k+\frac{\alpha}{K}\right)\Gamma(N-m_k+1)}{\Gamma\left(N+1+\frac{\alpha}{K}\right)}$$

和

$$P([Z])=\frac{K!}{\prod_{h=0}^{2^N-1}K_h!}\prod_{k=1}^{K}\frac{\alpha}{K}\frac{\Gamma\left(m_k+\frac{\alpha}{K}\right)\Gamma(N-m_k+1)}{\Gamma\left(N+1+\frac{\alpha}{K}\right)}$$

注意，K_h，$h=1,2,\cdots,2^N-1$ 为第 h 个非 0 二进制数关联的行向量在 Z 中出现的次数。

13.25 证明，在一个 IBP 的截棍构造中，丢弃序列 π_k 等于一个 DP 截棍构造中生成的概率序列。 725

MATLAB 练习

13.26　使用例 13.1 中给出的 5 个高斯分布生成 $N=60$ 个数据点。实现 EM 算法来获得高斯混合模型中参数的估计(习题 12.18)。在生成的数据点上运行 EM 算法，假定有 $K=25$ 个类，使用随机选择的值来初始化均值和协方差矩阵。接下来，实现变分贝叶斯算法，根据 13.4 节中的步骤处理同一问题。绘制在不同的参数值下，分别由 EM 算法和变分贝叶斯算法得到的初始与最终的估计曲线，如图 13.4 所示。

13.27　生成一个向量，包括 $N=100$ 个在区间 $[-10,10]$ 内等距分布的采样点 x_n。计算 N 个基函数，每个基函数位于一个采样点 x_n，形式为 $\phi_n(x)=\exp(-(x-x_n)^2/2\sigma_\phi^2)$，其中 $\sigma_\phi^2=0.1$。随机选择两个基函数，根据例 13.2 中的回归模型计算输出样本 y_n 的值。加性噪声功率应相当于 6 分贝的信噪比。分别实现式(12.43)、式(12.44)、式(12.51)和式(12.52)中的 EM 算法来拟合一个(广义的)包含 N 个基函数的线性回归模型，用来生成数据 y_n。另外，实现算法 13.1 描述的变分贝叶斯 EM 算法，绘制重构信号的曲线并且比较结果。

13.28　生成 $N=150$ 个二维数据点 $\boldsymbol{x}_n$，在区间 $[-5,5]\times[-5,5]$ 上均匀分布。为每个 $\boldsymbol{x}_n$ 分配一个二元标签，是根据点位于下面函数的图形的哪一侧

$$f(x)=0.05x^3+0.05x^2+0.05x+0.05$$

以及噪声变量的值。为了生成训练数据，对每个样本 $\boldsymbol{x}_n=[x_{n1},x_{n2}]^{\mathrm{T}}$，计算

$$y_n=0.05x_{n1}^3+0.05x_{n1}^2+0.05x_{n1}+0.05+\eta$$

其中 η 表示方差 $\sigma_\eta^2=4$ 的零均值高斯噪声。如果 $x_{n2}\geqslant y_n$，将 $\boldsymbol{x}_n$ 指派给 ω_1，否则指派给 ω_2。下载并运行 RVM 分类器的 MATLAB 代码[⊖]来产生数据集。使用高斯核 $\sigma^2=3$。使用不同的 σ^2 值重复实验。对每个类使用不同颜色绘制点 $\boldsymbol{x}_n$。绘制得到的决策曲线(分类器)并且讨论结果。

13.29　从 http://sites.google.com/site/kenichikurihara/academic-software 下载处理中国餐馆过程混合模型的 MATLAB 代码。由例 13.5 中的高斯混合模型生成二维数据，再现图 13.17 中的结果。

13.30　考虑具有零均值和高斯(核)协方差函数的一维的高斯过程，长度尺度 $h=0.5$。

(a) 在区间 $[-2,2]$ 上采样 $D=100$ 个等距输入点。使用这些输入点从对应的 100×100 协方差矩阵
726 中计算高斯过程的协方差函数。使用对应的多元高斯为 5 个不同实现生成样本，并且绘制如图 13.21 那样的结果曲线。使用不同的参数 h 重复这一实验。

(b) 现在从一个零均值的单变量正态分布采样 $N=20$ 个数据点。基于这些数据点，像以往一样计算协方差函数和对应的 20×20 协方差矩阵。然后生成噪声高斯过程数据，首先使从我们的高斯过程采样 N 个点，然后加入方差为 0.1 的零均值高斯噪声。接下来，在区间 $[-3,4]$ 上采样 $D=100$ 个点。像在式(13.149)中那样计算预测高斯过程对应的均值和方差。像图 13.22 中那样在一张图中绘制观测数据、后验均值和预测均值的误差条。

13.31　在本书网站上获取“HSIvB.m”资源并运行它，再现图 13.26 中的高光谱分离结果。

参考文献

[1] D. Aldous, Exchangeability and related topics, in: École d'Été de Probabilités de Saint-Flour XIII-1983, in: Lecture Notes in Mathematics, Springer, New York, 1985, pp. 1–198.

[2] S. Amari, Differential Geometrical Methods in Statistics, Springer, New York, 1985.

[3] C. Antoniak, Mixtures of Dirichlet processes with applications to Bayesian nonparametric problems, Ann. Stat. 2 (6) (1974) 1152–1174.

[4] H. Attias, Inferring parameters and structure of latent variable models by variational Bayes, in: K.B. Laskey, H. Prade (Eds.), Proceedings of the 15th Conference on Uncertainty in Artificial Intelligence, Morgan-Kaufmann, San Mateo, 1999, pp. 21–30.

[5] S. Babacan, R. Molina, A. Katsaggelos, Fast Bayesian compressive sensing using Laplace priors, in: Proceedings International Conference on Acoustics, Speech and Signal Processing, ICASSP, Taipei, 2009.

⊖ RVM 软件可在 http://www.miketipping.com/sparsebayes.htm 找到。

[6] S.D. Babacan, L. Maniera, R. Molina, A. Katsaggelos, Non-convex priors in Bayesian compressive sensing, in: Proceedings, 17th European Signal Processing Conference, EURASIP, Glasgow, Scotland, 2009.
[7] M.J. Beal, Variational Algorithms for Approximate Bayesian Inference, PhD Thesis, University College London, 2003.
[8] C. Bishop, M. Tipping, Variational relevance vector machines, in: Proceedings of the 16th Conference on Uncertainty in Artificial Intelligence, 2000, pp. 46–53.
[9] C.M. Bishop, Pattern Recognition and Machine Learning, Springer, New York, 2006.
[10] D. Blackwell, J.B. MacQueen, Ferguson distributions via Pólya urn schemes, Ann. Stat. 1 (2) (1973) 353–355.
[11] D. Blei, M. Jordan, Variational inference for Dirichlet process mixtures, Bayesian Anal. 1 (1) (2006) 121–144.
[12] S. Boyd, L. Vandenberghe, Convex Optimization, Cambridge University Press, Cambridge, 2004.
[13] A. Ben-Israel, T.N.E. Greville, Variational Bayesian model selection for mixture distribution, in: T. Jaakula, T. Richardshon (Eds.), Artificial Intelligence and Statistics, Morgan-Kaufmann, San Mateo, 2001, pp. 27–34.
[14] N. Dobigeon, J.-Y. Tourneret, C.-I. Chang, Semi-supervised linear spectral unmixing using a hierarchical Bayesian model for hyperspectral imagery, IEEE Trans. Signal Process. 56 (7) (2008) 2684–2695.
[15] F. Doshi-Velez, K.T. Miller, J. Van Gael, Y.W. Teh, Variational inference for the Indian buffet process, in: 12th International Conference on Artificial Intelligence and Statistics, AISTATS, 2009.
[16] T. Ferguson, A Bayesian analysis of some nonparametric problems, Ann. Stat. 1 (2) (1973) 209–230.
[17] R.P. Feyman, A Set of Lectures, Perseus, Reading, MA, 1972.
[18] M.A.P. Figuerido, Adaptive sparseness for supervised learning, IEEE Trans. Pattern Anal. Mach. Learn. 25 (9) (2003) 1150–1159.
[19] J. Gershman, D.M. Blei, A tutorial on Bayesian nonparametric models, J. Math. Psychol. 56 (2012) 1–12.
[20] M.N. Gibs, D.J.C. MacKay, Variational Gaussian process classifiers, IEEE Trans. Neural Netw. 11 (6) (2000) 1458–1464.
[21] M. Girolami, A variational method for learning sparse and overcomplete representations, Neural Comput. 13 (2001) 2517–2532. 727
[22] P. Green, S. Richardson, Modeling heterogeneity with and without the Dirichlet process, Scand. J. Stat. 28 (2) (2001) 355–375.
[23] T.L. Griffiths, Z. Ghahramani, The Indian buffet process: an introduction and review, J. Mach. Learn. Res. (JMLR) 12 (2011) 1185–1224.
[24] L.K. Hansen, C.E. Rasmussen, Pruning from adaptive regularization, Neural Comput. 6 (1993) 1223–1232.
[25] G.E. Hinton, D. Van Camp, Keeping neural networks simple by minimizing the description length of weight, in: Proceedings 6th ACM Conference on Computing Learning, Santa Cruz, 1993.
[26] G.E. Hinton, D.S. Zemel, Autoencoders, minimum description length and Helmholtz free energy, in: J.D. Conan, G. Tesauro, J. Alspector (Eds.), Advances in Neural Information Processing System, vol. 6, Morgan-Kaufmann, San Mateo, 1999.
[27] N. Hjort, C. Holmes, P. Muller, S. Walker, Bayesian Nonparametrics, Cambridge University Press, Cambridge, 2010.
[28] M.D. Hoffman, M.D. Blei, C. Wang, J. Paisley, Stochastic variational inference, J. Mach. Learn. Res. 14 (2013) 1303–1347.
[29] H. Ishwaran, J.S. Rao, Spike and slab variable selection: frequentist and Bayesian strategies, Ann. Stat. 33 (2) (2005) 730–773.
[30] M.D. Iordache, J.M. Bioucas-Dias, A. Plaza, Collaborative sparse regression for hyperspectral unmixing, IEEE Trans. Geosci. Remote Sens. 52 (1) (2014) 341–354.
[31] T.J. Jaakola, Variational Methods for Inference and Estimation in Graphical Models, PhD Thesis, Department of Brain and Cognitive Sciences, MIT, Cambridge, USA, 1997.
[32] T.J. Jaakola, M.I. Jordan, Improving the mean field approximation via the use of mixture distributions, in: M.I. Jordan (Ed.), Learning in Graphical Models, Kluwer, Dordrecht, 1998, pp. 163–173.
[33] T.J. Jaakola, M.I. Jordan, Bayesian logistic regression: a variational approach, Stat. Comput. 10 (2000) 25–37.
[34] S. Ji, Y. Xue, L. Carin, Bayesian compressive sensing, IEEE Trans. Signal Process. 56 (6) (2008) 2346–2356.
[35] M.I. Jordan, Z. Ghahramaniz, T.J. Jaakola, L.K. Saul, An introduction to variational methods in graphical models, Mach. Learn. 37 (1999) 183–233.
[36] M. Jordan, Bayesian nonparametric learning: expressive priors for intelligent systems, in: R. Dechter, H. Geffner, J.Y. Halpern (Eds.), Heuristics, Probability and Causality, College Publications, 2010.
[37] N. Keshava, A survey of spectral unmixing algorithms, Linc. Lab. J. 14 (1) (2003) 55–78.
[38] K. Kurihara, M. Welling, Y. Teh, Collapsed variational Dirichlet process mixture models, in: Proceedings of the International Joint Conference on Artificial Intelligence, vol. 20, 2007, pp. 2796–2801.
[39] M. Kuss, C. Rasmussen, Assessing approximations for Gaussian classification, in: Advances in Neural Information Processing Systems, vol. 18, MIT Press, Cambridge, MA, 2006.
[40] M. Lazaro-Gredilla, A. Figueiras-Vidal, Inter-domain Gaussian processes for sparse inference using inducing features, in: Advances in Neural Information Processing Systems, vol. 22, MIT Press, Cambridge, MA, 2010.
[41] M. Lazaro-Gredilla, Bayesian warped Gaussian processes, in: Advances in Neural Information Processing Systems, vol. 25, MIT Press, Cambridge, MA, 2013.
[42] F.B. Lempers, Posterior Probabilities of Alternative Linear Models, Rotterdam University Press, Rotterdam, 1971.
[43] H. Liu, Y.S. Ong, X. Shen, J. Cai, When Gaussian process meets big data: a review of scalable GPs, arXiv:1807.01065v2 [stat.ML], 9 Apr 2019.

[44] D.J.C. McKay, Bayesian interpolation, Neural Comput. 4 (3) (1992) 417–447.
[45] D.J.C. MacKay, The evidence framework applied to classification networks, Neural Comput. 4 (1992) 720–736.
[46] D.J.C. MacKay, Information Theory, Inference and Learning Algorithms, Cambridge University Press, Cambridge, 2003.
[47] D.J.C. MacKay, Bayesian nonlinear modeling for the energy prediction competition, ASHRAE Trans. 100 (2) (1994) 1053–1062.
[48] T. Minka, Expectation propagation for approximate Bayesian inference, in: J. Breese, D. Koller (Eds.), Proceedings 17th Conference on Uncertainty in Artificial Intelligence, 2001, pp. 362–369.
[49] T. Minka, Divergence Measures and Message Passing, Technical Report, Microsoft Research Laboratory, Cambridge, UK, 2005.
[50] T. Mitchell, J. Beauchamp, Bayesian variable selection in linear regression, J. Am. Stat. Assoc. 83 (1988) 1023–1036.
[51] J.M.P. Nascimento, J.M. Bioucas-Dias, Vertex component analysis: a fast algorithm to unmix hyperspectral data, IEEE Trans. Geosci. Remote Sens. 43 (4) (2005) 898–910.
[52] R.M. Neal, Bayesian Learning for Neural Networks, Lecture Notes in Statistics, vol. 118, Springer-Verlag, New York, 1996.
[53] R.M. Neal, Monte Carlo Implementation for Gaussian Process Models for Bayesian Regression and Classification, Technical Report CRG-TR-97-2, Department of Computer Science, University of Toronto, 1997.
728
[54] R.M. Neal, Assessing relevance determination methods using DELVE, in: C. Bishop (Ed.), Neural Networks and Machine Learning, Springer-Verlag, New York, 1998, pp. 97–120.
[55] R. Neal, Markov chain sampling methods for Dirichlet process mixture models, J. Comput. Graph. Stat. 9 (2) (2000) 249–265.
[56] A. O'Hagan, J.F. Kingman, Curve fitting and optimal design for prediction, J. R. Stat. Soc. B 40 (1) (1978) 1783–1816.
[57] M. Opper, O. Winther, A Bayesian approach to on-line learning, in: D. Saad (Ed.), On-Line Learning in Neural Networks, Cambridge University Press, Cambridge, 1999, pp. 363–378.
[58] J. Paisley, A. Zaas, C.W. Woods, G.S. Ginsburg, L. Carin, A stick-breaking construction of the beta process, in: Proceedings of the 27th International Conference on Machine Learning, 2010.
[59] J. Palmer, D. Wipf, K. Krentz-Delgade, B. Rao, Variational EM algorithms for non-Gaussian latent variable models, in: Advances in Neural Information Systems, vol. 18, 2006, pp. 1059–1066.
[60] G. Parisi, Statistical Field Theory, Addison Wesley, New York, 1988.
[61] F. Perez-Cruz, S. Van Vaerenbergh, J.J. Murillo-Fuentes, M. Lazaro-Gredilla, I. Santamaria, Gaussian processes for nonlinear signal processing, IEEE Signal Process. Mag. 30 (4) (2013) 40–50.
[62] J. Pittman, M. Yor, The two-parameter Poisson-Dirichlet distribution derived from a stable subordinator, Ann. Stat. 25 (1997) 855–900.
[63] J. Pitman, Combinatorial Stochastic Processes, Technical report 621, Notes for Saint Flour Summer School, Department of Statistics, UC, Berkeley, 2002.
[64] P. Pal, P.P. Vaidyanathan, Parameter identifiability in sparse Bayesian learning, in: Proceedings International Conference on Acoustics, Speech and Signal Processing, ICASSP, Florence, Italy, 2014.
[65] J. Quionero-Candela, C.E. Rasmussen, A unifying view of sparse approximate Gaussian process regression, Mach. Learn. Res. 6 (2005) 1939–1959.
[66] C.E. Rasmussen, C.K.I. Williams, Gaussian Processes for Machine Learning, MIT Press, Cambridge, MA, 2006.
[67] R. Rockaffelar, Convex Analysis, Princeton University Press, Princeton, NJ, 1970.
[68] G.A. Rodriguez-Yam, R.A. Davis, L.L. Scharf, A Bayesian model and Gibbs sampler for hyperspectral imaging, in: Proceedings, IEEE Sensor Array and Multichannel Signal Processing Workshop, 2002, pp. 105–109.
[69] S. Ryan, M. Lewis, Mapping soils using high resolution airborne imagery, Barossa Valley, SA, in: Proceedings of the Inaugural Australian Geospatial Information and Agriculture Conference Incorporating Precision Agriculture in Australasia 5th Annual Symposium, 2001, pp. 17–19.
[70] S. Sarkka, A. Solin, J. Hartikainen, Spatiotemporal learning via infinite-dimensional Bayesian filtering and smoothing, IEEE Signal Process. Mag. 30 (4) (2013) 51–61.
[71] M.A. Sato, Online model selection based on the variational Bayes, Neural Comput. 13 (7) (2001) 1649–1681.
[72] M.N. Schmidt, M. Morup, Nonparametric Bayesian modeling of complex networks, IEEE Signal Process. Mag. 30 (3) (2013) 110–128.
[73] M.W. Seeger, H. Nickish, Large Scale Variational Inference and Experimental Design for Sparse Generalized Linear Models, Technical report, # TR-175, Max Plank Institute für Biologische Kybernetic, 2008.
[74] M.W. Seeger, D.P. Wipf, Variational Bayesian inference techniques, IEEE Signal Process. Mag. 27 (1) (2010) 81–91.
[75] J. Sethuraman, A constructive definition of Dirichlet priors, Stat. Sin. 4 (2) (1994) 639–650.
[76] E. Snelson, C.E. Rasmussen, Z. Ghahramani, Warped Gaussian processes, in: Advances in Neural Information Processing Systems, vol. 16, MIT Press, Cambridge, MA, 2003.
[77] E. Snelson, Z. Ghahramani, Sparse Gaussian processes using pseudo-inputs, in: Advances in Neural Information Processing Systems, vol. 18, MIT Press, Cambridge, MA, 2006, pp. 1259–1266.
[78] C. Soussen, J. Idier, D. Brie, J. Duan, From Bernoulli-Gaussian deconvolution to sparse signal restoration, IEEE Trans. Signal Process. 59 (10) (2011) 4572–4584.

[79] Y.W. Teh, D. Görür, Z. Gahramani, Stick-breaking construction for the Indian buffet process, in: Proceedings 11th Conference on Artificial Intelligence and Statistics, AISTATS, 2007.
[80] Y.W. Teh, Dirichlet Process, Technical Report, University of London, 2010, http://www.gatsby.ucl.ac.uk/~ywteh/research/npbayes/Teh2010a.pdf.
[81] K.E. Themelis, A.A. Rontogiannis, K.D. Koutroumbas, A novel hierarchical Bayesian approach for sparse semisupervised hyperspectral unmixing, IEEE Trans. Signal Process. 60 (2) (2012) 585–599.
[82] K.E. Themelis, A.A. Rontogiannis, K.D. Koutroumbas, Semisupervised hyperspectral image unmixing using a variational Bayes algorithm, arXiv:1406.4705, 2014. 729
[83] K. Themelis, A. Rontogiannis, K. Koutroumbas, A variational Bayes framework for sparse adaptive estimation, IEEE Trans. Signal Process. 62 (18) (2014) 4723–4736.
[84] S. Theodoridis, K. Koutroumbas, Pattern Recognition, fourth ed., Academic Press, Boston, 2009.
[85] M.E. Tipping, Sparse Bayesian learning and the relevance vector machine, J. Mach. Learn. Res. 1 (2001) 211–244.
[86] M.E. Tipping, A.C. Faul, Fast marginal likelihood maximisation for sparse Bayesian models, in: C.M. Bishop, B.J. Frey (Eds.), Proceedings of the Ninth International Workshop on Artificial Intelligence and Statistics, Key West, FL, 2003.
[87] M.K. Titsias, Variational learning of inducing variables in sparse Gaussian processes, in: Proceedings 12th International Workshop on Artificial Intelligence and Statistics, 2009, pp. 567–574.
[88] R. Thibaux, M.I. Jordan, Hierarchical beta processes and the Indian buffet process, in: Proceedings 11th Conference on Artificial Intelligence and Statistics, AISTATS, 2007.
[89] S. Van Vaerenbergh, M. Lazaro-Gredilla, I. Santamaria, Kernel recursive least-squares tracker for time-varying regression, IEEE Trans. Neural Netw. Learn. Syst. 23 (8) (2012) 1313–1326.
[90] C.K.I. Williams, D. Barber, Bayesian classification with Gaussian processes, IEEE Trans. Pattern Anal. Mach. Intell. 20 (1998) 1342–1351.
[91] D. Wipf, Bayesian Methods for Finding Sparse Representations, PhD Thesis, University of California, San Diego, 2006.
[92] D.P. Wipf, B.D. Rao, An empirical Bayesian strategy for solving the simultaneous sparse approximation problem, IEEE Trans. Signal Process. 55 (7) (2007) 3704–3716.
[93] D. Wipf, S. Nagarajan, A new view of automatic relevance determination, in: Advances in Neural Information Systems, NIPS, vol. 20, 2008.
[94] D. Wipf, B. Rao, S. Nagarajan, Latent variable models for promoting sparsity, IEEE Trans. Inf. Theory 57 (9) (2011) 6236–6255.
[95] D.P. Wipf, B.D. Rao, S. Nagarajan, Latent variable Bayesian methods for promoting sparsity, IEEE Trans. Inf. Theory 57 (9) (2011) 6236–6255.
[96] X. Zhang, B.D. Rao, Sparse signal recovery with temporally correlated source vectors using sparse Bayesian learning, IEEE Trans. Sel. Areas Signal Process. 5 (5) (2011) 912–926.
[97] X. Zhang, B.D. Rao, Extension of SBL algorithms for the recovery of block sparse signals with intra-block correlation, IEEE Trans. Signal Process. 61 (8) (2013) 2009–2015. 730

第 14 章

Machine Learning: A Bayesian and Optimization Perspective, Second Edition

蒙特卡罗方法

14.1 引言

在第 12 章和第 13 章中，我们研究了贝叶斯推断任务。其中第 13 章的一大部分内容专门讨论近似技术，当涉及的 PDF 复杂到难以进行积分计算时，可采用这种迂回路线。所有这些技术都是确定性的，也就是说，目的是用另一个可以简化相关计算的方法来近似相应 PDF 的数学表达。这些方法包括拉普拉斯近似，以及基于平均场论或凸对偶概念的变分方法。在第 15 章中，还将使用确定性近似方法进行近似推理，以处理图模型。

在本章中，我们将注意力转向具有更强统计风格的近似方法，这些方法基于使用数值技术随机生成的样本。这些样本具有某种典型的基础分布，可以是连续的，也可以是离散的。这是一个古老的领域，它的起源可追溯到 20 世纪 40 年代末和 50 年代初斯坦尼斯拉夫·乌兰、约翰·冯·诺依曼和尼古拉斯·梅特罗波利斯在洛斯阿拉莫斯的开创性工作，
731 当时蒙特卡罗这个术语被用作这类技术的总称，这个名字来源于摩纳哥的著名赌场(参见[28]关于历史的说明)。这种技术的第一次应用与第一批计算机的发展相吻合，是在开发氢弹的曼哈顿项目的背景下进行的。不久之后，蒙特卡罗方法就被几乎所有涉及统计计算的科学领域所采用。

通常，一个开创性的想法在被完整表达出来之后，人们再去看它的基本思想，会觉得很简单。我们目前的兴趣点是计算一个涉及特定 PDF 的积分，这也可以解释为计算一个“期望”。这种观点允许在给出足够数量的样本的基础上利用大数定律，将积分近似为所涉及数量的样本平均值。

把一个有几十年历史的领域浓缩成一章显然是不可能的。我们的目标是展示基本思想、定义和方向，目的是满足与典型机器学习任务相关的需求，而不是将其视为一个独立的实体。

我们从比较经典的使用变换的方法开始，然后继续讨论拒绝抽样和重要性抽样技术。然后，回顾基于马尔可夫链理论的更有力的方法，提出并讨论梅特罗波利斯-黑斯廷斯和吉布斯抽样方法。最后，给出一个关于变点检测任务的实例研究。

14.2 蒙特卡罗方法：主要思想

我们的出发点是计算下面形式的积分：

$$\mathbb{E}\left[f(\mathbf{x})\right] := \int_{-\infty}^{\infty} f(\boldsymbol{x})p(\boldsymbol{x})\,\mathrm{d}\boldsymbol{x} \tag{14.1}$$

其中，$\mathbf{x} \in \mathbb{R}^l$ 是随机向量，$p(\boldsymbol{x})$是对应的分布㊀。我们的关注点在于这样一种情况：$f(\boldsymbol{x})$和 $p(\boldsymbol{x})$的形式使得这种积分是难以计算的。例如，这类积分出现在式(12.14)的证据函数

㊀ 在离散变量的情况下，$p(\boldsymbol{x})$成为概率质量函数 $p(\boldsymbol{x})$，积分被替换为求和。

估计中，出现在预测任务中(式(12.18))，还有 EM 算法的 E-步骤中(式(12.40))。在式(12.14)中，随机变量是参数向量 $\boldsymbol{\theta}$，$f(\boldsymbol{\theta})=p(\boldsymbol{y}\mid\boldsymbol{\theta})$。

再看式(14.1)，假设有可处理的一组独立同分布的样本 $\boldsymbol{x}_1,\cdots,\boldsymbol{x}_N$ 抽取自 $p(\boldsymbol{x})$。那么,近似

$$\mathbb{E}\left[f(\mathbf{x})\right]\simeq\frac{1}{N}\sum_{i=1}^{N}f(\boldsymbol{x}_i):=\bar{\mathbb{E}}_{f,N}\tag{14.2}$$

可由大数定律和中心极限定理证明是正确的[32]。设 $\mathbb{E}[f(\mathbf{x})]=\mu_f$,对应的方差为 $\mathrm{var}[f(\mathbf{x})]:=$ 732
$\mathbb{E}[(f(\mathbf{x})-\mathbb{E}[f(\mathbf{x})])^2]=\sigma_f^2$。那么前面提到的两个定理保证了

$$\lim_{N\to\infty}\bar{\mathbb{E}}_{f,N}=\mu_f\tag{14.3}$$

和

$$p(\bar{\mathbb{E}}_{f,N})\simeq\mathcal{N}\left(\bar{\mathbb{E}}_{f,N}\middle|\mu_f,\frac{\sigma_f^2}{N}\right)\tag{14.4}$$

式(14.3)中的极限指的是几乎处处收敛的概念,即

$$\mathrm{Prob}\left\{\lim_{N\to\infty}\left|\mu_f-\bar{\mathbb{E}}_{f,N}\right|=0\right\}=1$$

式(14.4)中的近似高斯分布保证了得到的估计的方差(当我们改变 N 个样本的集合)$\bar{\mathbb{E}}_{f,N}$ 围绕在真实值 μ_f 周围，随着 N 呈递减趋势。

因此，如果我们从分布 $p(\boldsymbol{x})$ 生成样本 $\boldsymbol{x}_n$，$n=1,2,\cdots,N$，蒙特卡罗技术提供了式(14.1)中积分的近似方法，并具有以下良好的性质：(a) 近似误差随着 $1/\sqrt{N}$ 减少；(b) 利用 N 个样本得到的估计是对真值的无偏估计；(c) 收敛速度与维数 l 无关。后一个性质与基于确定性数值积分的方法形成了对比，后者的收敛速度一般随着维数的增加而减慢。在蒙特卡罗技术中，如果对所获得的精度不满意，我们所要做的就是产生更多的样本。

现在的关键点是开发从 $p(\boldsymbol{x})$ 中产生独立同分布样本的技术。这不是一个容易的任务，特别是对于高维空间。请注意，对于式(14.2)中的估计量而言，一旦从 $p(\boldsymbol{x})$ 获得独立同分布样本，达到一定精度这件事是独立于维数的。从另一个方面来看，从 $p(\boldsymbol{x})$ 获得典型独立同分布样本变得越来越困难是因为维数增加了。我们很快就会回到这一点。在后面的内容里，我们将重点介绍如何实现上述目标的一些基本方向。

14.2.1 随机数发生

随机数的生成既可以通过实验的结果，也可以通过使用计算机来实现。例如，抛硬币可以产生 0(正面)或 1(反面)的随机序列。另一个例子是对应于放射性距离的数值序列，这样的实验产生了指数分布的样本序列。然而，这种方法并没有多大的实用价值，我们关注的重点是通过计算机使用伪随机数发生器生成样本的技术。这些方法的核心是这样一种算法，它们保证生成一个整数序列 z_i，近似地服从实轴上一个区间内的均匀分布。接下来，服从任意分布的随机数/随机向量的生成，可通过不同方法间接地获得，每种方法各有优缺点。在区间$(0,M)$中生成整数的方法遵循下面的一般递归式

$$z_i=g(z_{i-1},\cdots,z_{i-m})\bmod M$$ 733

其中 g 是依赖于 m 先前生成样本的函数，并表示模数运算，即 z_i 是 $g(z_i-1,\cdots,z_i-m)$ 除以 M 的余数部分。更简单的形式是线性版本：

$$z_i=\alpha z_{i-1}\bmod M,\quad z_0=1,\ i\geqslant 1\tag{14.5}$$

其中，M 是一个大素数，α 是一个整数。递归公式(14.5)生成 1 到 $M-1$ 之间的数值序列。该方法称为线性同余发生器或莱默算法[20]。

如果选择了合适的 α，得到的数值序列可以是周期为 $M-1$ 的周期序列。这就是我们称这些发生器为伪随机的原因，因为周期序列永远不能被称为随机序列。然而，对于较大的 M 值，得到的序列具有足够的随机性，且分布均匀，当然，条件是 $N \leqslant M-1$。例如，对于大多数应用程序来说，M 的值为 10^9 就足够了。注意，并非所有参数 α 的可能选择都能保证一个好的生成器。实际上，只有当序列满足多个相关的随机性检验并随后在各种应用程序中成功使用时，它才被看作随机序列(参见[32])。一个能合理均匀分布的随机序列参数选择是让 $\alpha=7^5$ 且 $M=2^{31}-1$(参见[34])。有关这一主题的更多信息可在克努特的经典教材和参考文献[18]中找到。一旦得到一个整数序列，就会得到一个比率为 $x_i=\frac{z_i}{M}\in(0,1)$ 的均匀分布实随机数序列(事实上，随机性检验是针对这种序列的)。

附注 14.1

- 请注意，即使在(0,1)中生成具有均匀分布的(伪随机数)序列也不是一件容易的事，尽管均匀分布是“容易”的，也就是说，所有的值可能都是等概率的。而且，在实践中，通常一个 PDF 在不考虑归一化常数的情况下是已知的，即

$$p(\boldsymbol{x})=\frac{\phi(\boldsymbol{x})}{Z}$$

其中

$$Z=\int_{-\infty}^{+\infty}\phi(\boldsymbol{x})\,\mathrm{d}\boldsymbol{x}$$

然而，如果 $\phi(\boldsymbol{x})$ 具有很复杂的形式，那么之前的积分计算可能很棘手。在计算后验 PDF 时，经常会遇到这种情况。前面的这几点使得从一般 $p(\boldsymbol{x})$ 中抽样的进程比从均匀分布的 $p(\boldsymbol{x})$ 中抽样要困难得多。即使 Z 可得，在高维空间中的这一任务也会更加困难。为了在高维空间中充分覆盖一个区域，所需的点数呈现出对各维度(维数诅咒)的指数依赖关系。因此，为了得到高维空间中 $p(\boldsymbol{x})$ 的良好表示，就需要大量的点。实际上，从 $p(\boldsymbol{x})$ 的值相对较高的区域生成样本会更合适。然而，维数越高，高概率区域的定位任务就越困难。对于离散性质的随机变量，也有类似的论点，其中变量所能取的状态数可能非常大。理想情况下，为了获得代表性的样本
734 序列，必须访问所有状态。

14.3 基于函数变换的随机抽样

在本节中，我们将讨论从一个 PDF $p(\boldsymbol{x})$ 中抽取样本的一些最基本的技术。

函数反演。设 x 是一个 PDF 为 $p(\boldsymbol{x})$ 且对应累积分布函数如下的实数随机变量：

$$F_{\mathrm{x}}(x)=\int_{-\infty}^{x}p(\tau)\,\mathrm{d}\tau$$

从概率论可知，不考虑 $p(\boldsymbol{x})$ 的性质，如下定义的随机变量 u：

$$\mathrm{u}:=F_{\mathrm{x}}(\mathrm{x}) \tag{14.6}$$

均匀分布在区间 $0\leqslant u\leqslant 1$ 中(参见[32]和习题 14.1)。另外，假设函数 F_{x} 有一个逆 F_{x}^{-1}，则我们可以写出

$$\mathrm{x}=F_{\mathrm{x}}^{-1}(\mathrm{u}) \tag{14.7}$$

这样，遵循相反的论证，首先从均匀分布 $\mathcal{U}(u \mid 0,1)$ 生成样本，然后应用逆函数 F_{x}^{-1}，从而生成 $p(x)$ 中的样本（习题 14.2）。

这种方法有效的前提是 F_x 有一个容易计算的逆。然而，只有少数 PDF 能够“自豪”地拥有能以解析形式表示的逆。

例 14.1　生成服从指数分布的样本 x_n

$$p(x)=\lambda\exp(-\lambda x),\quad x\geqslant 0,\ \lambda>0 \tag{14.8}$$

使用一个伪随机发生器从均匀分布 $\mathcal{U}(u \mid 0,1)$ 产生样本 u_n

我们有

$$F_{\mathrm{x}}(x)=\int_0^x \lambda\exp(-\lambda\tau)\,\mathrm{d}\tau=1-\exp(-\lambda x)$$

其中，设

$$u:=F_{\mathrm{x}}(x)$$

求解 x，我们得

$$x=-\frac{1}{\lambda}\ln(1-u):=F_{\mathrm{x}}^{-1}(u)$$

因此，如果 u_n 是从均匀分布中抽取的样本，则序列

$$x_n=-\frac{1}{\lambda}\ln(1-u_n),\quad n=1,2,\cdots,N$$

是从式（14.8）的指数 PDF 中抽取的样本。图 14.1 显示了生成的 $N=1000$ 个样本的直方图，以及 $\lambda=1$ 时的 $p(x)$。 735

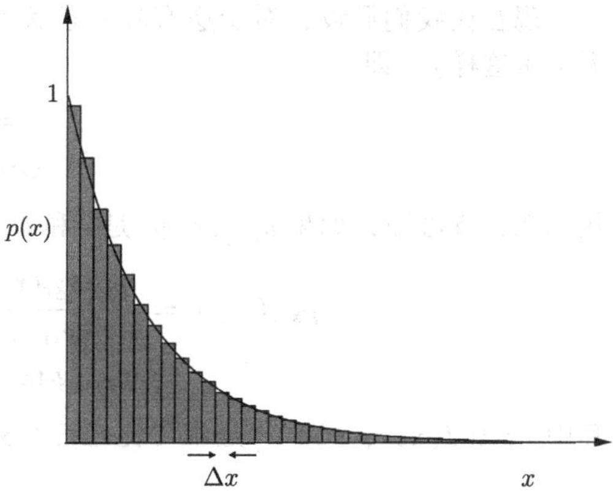

图 14.1　均匀分布生成的样本的直方图，其中使用了 F_{x} 的逆，它描述了指数 PDF。选择分箱间距的长度 Δx 等于 0.02

例 14.2　从离散分布生成样本。这里提出了一种从离散分布中生成样本的直观方法。我们将在 17.2 节中使用这样的分布。

设 $\mathrm{x}_1,\mathrm{x}_2,\cdots,\mathrm{x}_K$ 分别表示发生概率为 $P_1,P_2,\cdots,P_K$ 的离散随机事件，满足 $\sum_{k=1}^{K}P_k=1$。下面的简单算法从这个分布中抽取样本。

算法 14.1（抽样离散分布）

- 定义 $a_k=\sum_{i=1}^{k-1}P_i$，$b_k=\sum_{i=1}^{k}P_i$，$k=1,2,\cdots,K$，$a_1=0$。
- **For** $i=1,2,\cdots$，**Do**
  - $u\sim\mathcal{U}(0,1)$
  - 选择
    - x_k 若 $u\in[a_k,b_k)$，$k=1,2,\cdots,K$
- **End For**

图 14.2 给出了该算法的运行效果。请注意，概率在每个区间的开始处跳跃，并构成了相应的累积分布函数（CDF）。该算法基本上是根据该 CDF 计算 u 的逆（参见[4]）。

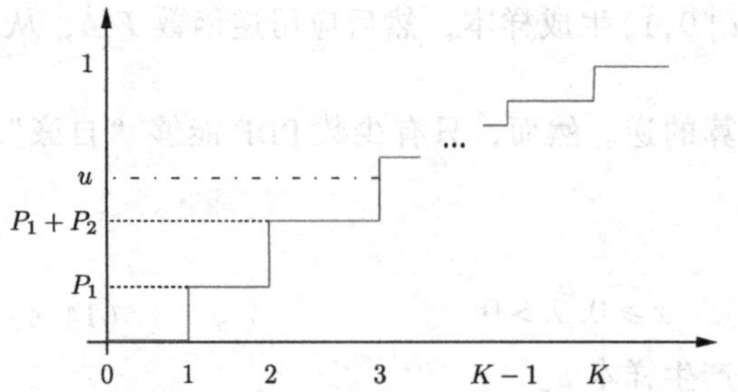

图 14.2　具有 K 个离散随机事件的离散分布的 CDF。如果 $P_1+P_2\leqslant u\leqslant P_1+P_2+P_3$，事件 x_3 则被抽取。注意一个事件的概率越大，CDF 中对应的区间跳跃也越大，因此，抽取此事件的概率就越高

函数变换。我们将通过一个例子演示该方法，其中包括两个随机变量(比如 r 和 ϕ)到两个新变量 x 和 y 的变换。设

$$\mathrm{x}=g_{\mathrm{x}}(\mathrm{r},\phi)$$

和

736

$$\mathrm{y}=g_{\mathrm{y}}(\mathrm{r},\phi)$$

现在让我们假设，对于逆有唯一求解方法，它们可以用一种解析形式表示(一般情况下不是这样)，即

$$\mathrm{r}=g_{\mathrm{r}}(\mathrm{x},\mathrm{y})$$
$$\phi=g_{\phi}(\mathrm{x},\mathrm{y})$$

从 2.2.5 节可知，如果 $p_{\mathrm{r},\phi}(\mathrm{r},\phi)$ 是 r 和 ϕ 的联合分布，则 x 和 y 的联合分布应由下式给出

$$\begin{aligned} p_{\mathrm{x,y}}(x,y) &= \frac{p_{\mathrm{r},\phi}\big(g_{\mathrm{r}}(x,y),g_{\phi}(x,y)\big)}{\big|\det\big(J(\mathrm{x,y};\mathrm{r},\phi)\big)\big|} \\ &= p_{\mathrm{r},\phi}\big(g_{\mathrm{r}}(x,y),g_{\phi}(x,y)\big)\big|\det\big(J(\mathrm{r},\phi;\mathrm{x,y})\big)\big| \end{aligned} \tag{14.9}$$

其中 $|\det(J(\mathrm{x,y};\mathrm{r},\phi))|$ 是雅可比矩阵行列式

$$J(\mathrm{x,y};\mathrm{r},\phi)=\begin{bmatrix} \dfrac{\partial g_{\mathrm{x}}}{\partial r} & \dfrac{\partial g_{\mathrm{x}}}{\partial \phi} \\ \dfrac{\partial g_{\mathrm{y}}}{\partial r} & \dfrac{\partial g_{\mathrm{y}}}{\partial \phi} \end{bmatrix} \tag{14.10}$$

的绝对值，$J(\mathrm{r},\phi;\mathrm{x,y})$ 也是类似定义的，为了简单起见，我们假设 (r,ϕ) 的每个值对应于 (x,y) 的一个值。现在，让我们看看对 ϕ 和 r 如何从高斯分布 $p(x)=\mathcal{N}(x|0,1)$ 生成样本，这是通过使用分别从一个均匀分布和一个指数分布抽取的样本来实现的，回顾一下我们在例 14.1 中描述的一种从指数分布生成样本的技术。

博克斯-米勒方法。令 r 服从指数分布

737

$$p_{\mathrm{r}}(r)=\frac{1}{2}\exp\left(-\frac{r}{2}\right),\quad r\geqslant 0 \tag{14.11}$$

ϕ 符合均匀分布 $\mathcal{U}(\phi|0,1)$：

$$p_{\phi}(\phi)=\begin{cases}\dfrac{1}{2\pi}, & 0\leqslant\phi\leqslant 2\pi \\ 0, & 其他\end{cases} \tag{14.12}$$

同时假设它们是独立的，即

$$p_{\mathrm{r},\phi}(r,\phi)=p_{\mathrm{r}}(r)p_{\phi}(\phi) \tag{14.13}$$

生成两个新的随机变量

$$\mathrm{x}=\sqrt{\mathrm{r}}\cos\phi \tag{14.14}$$

$$\mathrm{y}=\sqrt{\mathrm{r}}\sin\phi \tag{14.15}$$

前面这个转换的物理解释是，x、y 对应一个点的笛卡儿坐标，而 r、φ 是它的极坐标(图 14.3)。从式(14.14)和式(14.15)，可得 738

$$\mathrm{r}=\mathrm{x}^2+\mathrm{y}^2 \tag{14.16}$$

$$\phi=\arctan\left(\frac{\mathrm{y}}{\mathrm{x}}\right) \tag{14.17}$$

调整式(14.9)以适应目前的需要，并使用式(14.11)~式(14.13)，得到

$$\begin{aligned}p_{\mathrm{x,y}}(x,y)&=\frac{1}{2\pi}\frac{1}{2}\exp\left(-\frac{x^2+y^2}{2}\right)2\\&=\frac{1}{\sqrt{2\pi}}\exp\left(-\frac{x^2}{2}\right)\frac{1}{\sqrt{2\pi}}\exp\left(-\frac{y^2}{2}\right)\end{aligned} \tag{14.18}$$

其中我们用了下面的公式(习题 14.3)

$$|J(\mathrm{x},\mathrm{y};\mathrm{r},\phi)|=\frac{1}{2}$$

这样，我们证明了使用式(14.14)和式(14.15)中给出的变换，可以从归一化高斯分布中生成样本。

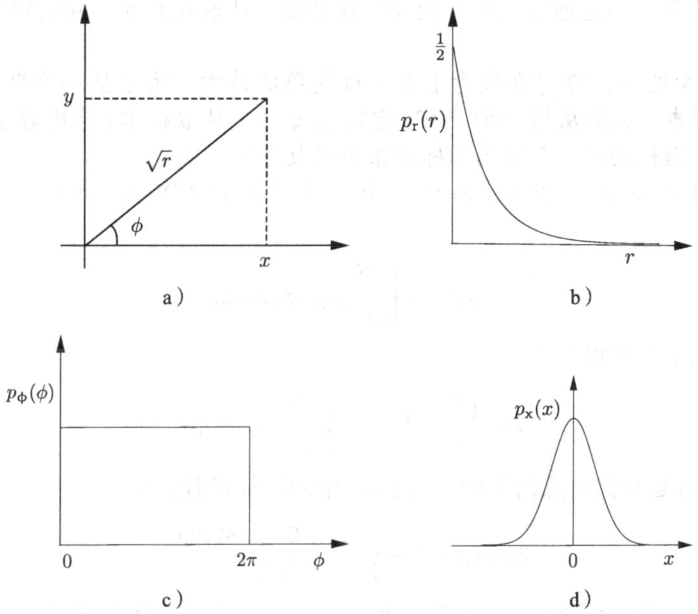

图 14.3　图 a 展示了笛卡儿坐标(x,y)与极坐标(r,ϕ)的关系。如果 r 和 φ 分别是服从指数分布与[0, 2π]中均匀分布的随机变量(图 b 和图 c)，那么 x 和 y 是独立的，它们都服从归一化的高斯分布，如图 d 中所示的 x 变量的曲线

一旦从归一化高斯分布 $\mathcal{N}(x\mid 0,1)$ 得到样本，则可通过下面这个变换得到一般高斯分布$\mathcal{N}(y\mid\mu,\sigma^2)$的样本

$$\mathrm{y}=\sigma\mathrm{x}+\mu \tag{14.19}$$

这个方法也已被推广到 $\mathbb{R}^l$ 中的随机向量。我们可以首先从一个归一化高斯分布 $\mathcal{N}(x\mid 0,1)$ 中抽取 l 个独立同分布的样本，将它们堆叠在一起，通过这种方式实现从 $\mathbf{x}\sim\mathcal{N}(\boldsymbol{x}\mid\mathbf{0},I)$ 中

抽取样本，然后应用下面的变换

$$\mathbf{y}=L\mathbf{x}+\boldsymbol{\mu}$$

这与从如下分布中抽取样本是等价的

$$\mathbf{y}\sim\mathcal{N}(\boldsymbol{y}|\boldsymbol{\mu},\Sigma) \tag{14.20}$$

其中 $\Sigma=LL^{\mathrm{T}}$(乔列斯基分解，习题 14.4)。

例 14.3 从式(14.11)中的指数分布中生成 $N=100$ 个样本 r_n，$n=1,2,\cdots,100$(遵循例 14.1 中的方法)，从式(14.12)中的均匀分布生成 $N=100$ 个样本 ϕ_n，$n=1,2,\cdots,100$。然后使用式(14.14)、式(14.15)和式(14.19)中的变换，从 $p(x)=\mathcal{N}(x\mid 1,0.5)$ 得到样本 x_n，$n=1,2,\cdots,100$。得到样本的直方图如图 14.4 所示。

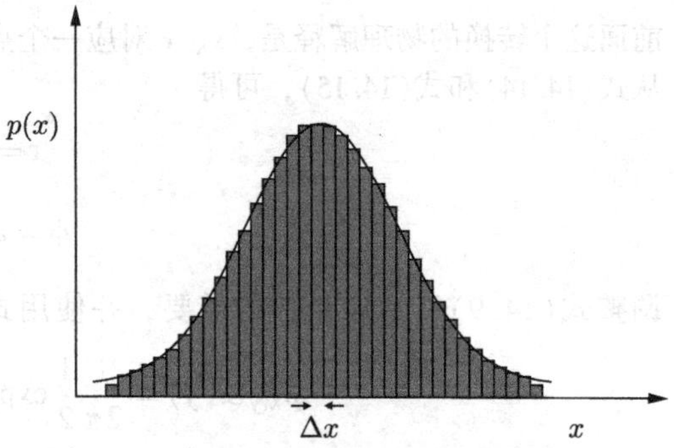

图 14.4 例 14.3 中生成的 $N=100$ 个点的直方图，及 $p(x)=\mathcal{N}(x\mid 1,0.5)$ 的图。选择分箱间距 $\Delta x=0.05$

14.4 拒绝抽样

在以往的文献中报告了一些变换技术，这些技术依赖于涉及的转换函数能以一种方便的(解析)形式提供，但这通常是例外而非常见情况。从现在开始，我们将注意力转向替代方法。

739 拒绝抽样(参见[7, 37])在概念上是一种简单的技术。为了从一个期望的 PDF $p(\boldsymbol{x})$ 中生成独立的样本，人们从另一个 PDF(比如 $q(\boldsymbol{x})$)中抽取样本(这更容易处理)，然后，不再应用转换，而是按照一个适当的标准来拒绝其中的一些点。

给定两个随机变量 x 和 u，回顾一下，通过积分 PDF $p_{x,u}(x,u)$ 得到边际分布 $p(x)$，即

$$p(x)=\int_{-\infty}^{+\infty}p_{\mathrm{x,u}}(x,u)\,\mathrm{d}u \tag{14.21}$$

现在让我们考虑下面的恒等式

$$p(x)\equiv\int_{0}^{p(x)}1\,\mathrm{d}x=\int_{-\infty}^{+\infty}\chi_{[0,p(x)]}(u)\,\mathrm{d}u \tag{14.22}$$

其中 $\mathcal{X}_{[0,p(x)]}(\cdot)$ 是我们熟悉的区间 $[0,p(x)]$ 中的特征函数，即

$$\chi_{[0,p(x)]}(u)=\begin{cases}1, & 0\leqslant u\leqslant p(x)\\ 0, & \text{其他}\end{cases}$$

对比式(14.21)和式(14.22)，可证明，$\mathcal{X}_{[0,p(x)]}(u)$ 可以解释为定义在下面的集合上的(x,u)对的联合 PDF

$$\mathcal{A}=\{(x,u):\ x\in\mathbb{R},\ 0\leqslant u\leqslant p(x)\} \tag{14.23}$$

更仔细地观察 $p_{\mathrm{x,u}}(x,u)=\mathcal{X}_{[0,p(x)]}(u)$，很快就会意识到这是图 $u=p(x)$ 区域下的均匀密度，如图 14.5a 所示。换句话说，如果在图 14.5a 中均匀地用点 (x,u) 填充阴影区域，然后忽略 u 这一维，那么所得到的点就是从 $p(x)$ 抽取的样本。我们可以更进一步，假设 $p(x)$ 是未知的，即

740

$$p(x)=\frac{1}{Z}\phi(x)$$

并且归一化常数是不可用的(正如我们所知道的，归一化常数的计算通常并不容易)。于是我们有

$$p(x)=\frac{1}{Z}\phi(x)=\frac{1}{Z}\int_{0}^{\phi(x)}\mathrm{d}u=\frac{1}{Z}\int_{-\infty}^{+\infty}\chi_{[0,\phi(x)]}(u)\,\mathrm{d}u$$

其中 Z 由以下得到

$$Z=\int_{-\infty}^{+\infty}\int_{-\infty}^{+\infty}\chi_{[0,\phi(x)]}(u)\,\mathrm{d}u\,\mathrm{d}x$$

因此

$$p(x)=\frac{\int_{-\infty}^{+\infty}\chi_{[0,\phi(x)]}(u)\,\mathrm{d}u}{\int_{-\infty}^{+\infty}\int_{-\infty}^{+\infty}\chi_{[0,\phi(x)]}(u)\,\mathrm{d}u\,\mathrm{d}x}\tag{14.24}$$

换句话说，即使 $p(x)$ 未知，我们也仍然能求出它，此时是用恰当归一化的均匀分布 $\mathcal{X}_{[0,\phi(x)]}(x,u)$ 表示的。然而，重新调整均匀分布的大小不会影响边际分布。这对在区域 $\mathcal{A}$ 随机均匀抽样已经足够了，而这个区域现在应该由 $\phi(x)$ 而非 $p(x)$ 定义。通过考虑扩展空间 $(\boldsymbol{x},u)$，到目前为止我们所说的结论也都适用于随机向量 $\mathbf{x}\in\mathbb{R}^l$，我们讨论的是表面 $\phi(\boldsymbol{x})$（或 $p(\boldsymbol{x})$）下的体积。

我们现在将注意力转到如何用随机均匀抽样的点填充 $u=\phi(\boldsymbol{x})$（或 $u=p(\boldsymbol{x})$，如果它完全可用）形成的表面下的体积。假设 $q(\boldsymbol{x})$ 是一个我们知道如何抽样的分布，我们将其称为**提议分布**。我们选择一个常数 c，使得[⊖]

$$\phi(\boldsymbol{x})\leqslant cq(\boldsymbol{x}),\ \forall\boldsymbol{x}\in\mathbb{R}^l$$

图 14.5b 中显示了对应的几何意义。其目标是在 $[0,cq(\boldsymbol{x})]$ 区间内抽样一些点，然后仅保留位于 $u=\phi(\boldsymbol{x})$ 表面下方区域内的点。下面的算法完成了这一任务。

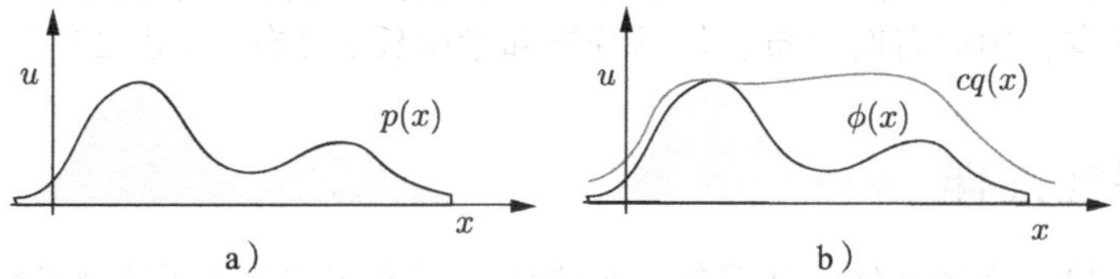

图 14.5　a) 使用点 (x_n,u_n) 均匀地随机填充阴影区域，在忽略坐标 u_n 后，与从 $p(x)$ 中直接抽样点 x_n 是等价的。b) 提议分布 $cq(x)$，处处大于等于 $\phi(x)$　741

算法 14.2（拒绝抽样）

- **For** $i=1,2,\cdots,N$ **Do**
  - 抽取 $x_i\sim q(\boldsymbol{x})$
  - 抽取 $u_i\sim\mathcal{U}(0,cq(x_i))$
  - 保留样本，若下式成立
    - $u_i\leqslant\phi(x_i)$
- **End For**

接受点 $\boldsymbol{x}$ 的概率，由下式给出

$$\mathrm{Prob}\{\mathrm{u}\leqslant\phi(\boldsymbol{x})\}=\frac{1}{cq(\boldsymbol{x})}\phi(\boldsymbol{x})$$

⊖ 如果在区间内 $q(\boldsymbol{x})=0$，那么在那里 $\phi(\boldsymbol{x})$ 应为零。

在 x 的所有可能值上，接受样本的总概率等于

$$\text{Prob}\{\text{acceptance}\} = \frac{1}{c}\int \frac{\phi(x)}{q(x)}q(x)\,\mathrm{d}x = \frac{1}{c}\int \phi(x)$$

因此，如果 c 值很大，最后只能保留一小部分的点。为了得到一个实用的算法，必须恰当选择 $cq(x)$ 以很好地适应 $\phi(x)$。图 14.6a 是错误选择的例子，而图 14.6b 中的选择是正确的。这就是拒绝抽样在维数上不能很好地缩放的原因。在高维时，确保 $cq(x) \geqslant \phi(x)$ 可能迫使我们选择一个过大的 c（习题 14.5）。

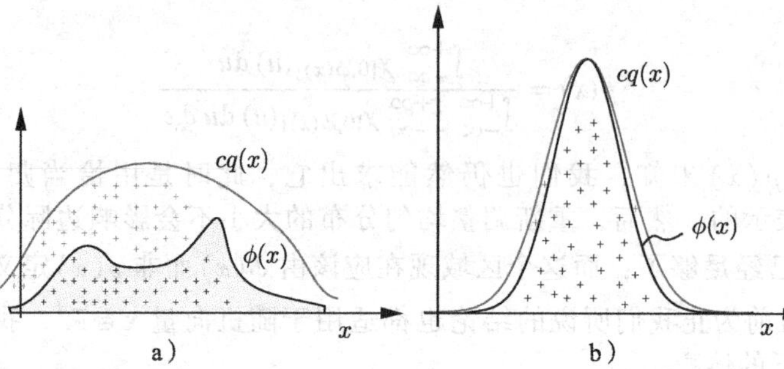

图 14.6　a) 如果 $cq(x)$ 要比 $\phi(x)$ 大很多，大多数无效的样本将被拒绝（红色点）。b) 如果 $cq(x)$ 和 $\phi(x)$ 势均力敌，大多数的样本将被保留

选择一个“看起来像”所需分布的提议分布是比较困难的，为了克服这一困难，除了基本的拒绝方法之外，研究者还提出了其他一些变体。自适应拒绝抽样就是这样一种技术（参见[11]及其中的参考文献）。根据该方法，我们自适应地构造基于 $\ln p(x)$ 的导数的提议分布。对于对数凹函数，这是一个不减函数，可以用来构造 $p(x)$ 的包络函数。

742

虽然拒绝抽样不适用于困难的任务，但它（有时是其更精化的形式）仍然被用于从一些标准分布产生样本，例如高斯分布、伽马分布和学生氏 t 分布（参见[22]）。

14.5　重要性抽样

重要性抽样（IS）是用来估计期望的一种方法。设 $f(\mathbf{x})$ 是随机向量变量 $\mathbf{x}$ 的一个已知函数，其分布服从 $p(x)$。如果可以从 $p(x)$ 中抽样，那么式（14.1）中的期望可以如式（14.2）中那样进行近似。现在假设我们无法从 $p(x)$ 中抽样，进一步假设只有在不考虑归一化常数的情况下 $p(x)$ 是已知的，即

$$p(x) = \frac{1}{Z}\phi(x)$$

设 $q(x)$ 是另一个分布，我们可从中抽样，则可写出

$$\begin{aligned}\mathbb{E}[f(\mathbf{x})] &= \frac{1}{Z}\int_{-\infty}^{\infty} f(x)\phi(x)\,\mathrm{d}x = \frac{1}{Z}\int_{-\infty}^{\infty} f(x)\frac{\phi(x)}{q(x)}q(x)\,\mathrm{d}x \\ &\simeq \frac{1}{NZ}\sum_{i=1}^{N} f(x_i)w(x_i)\end{aligned} \tag{14.25}$$

其中，x_i，$i=1,2,\cdots,N$ 是从 $q(x)$ 中抽取的样本，并且

$$w(x) := \frac{\phi(x)}{q(x)} \tag{14.26}$$

归一化常数可以很容易地得到

$$Z=\int_{-\infty}^{\infty}\phi(\boldsymbol{x})\,\mathrm{d}\boldsymbol{x}=\int_{-\infty}^{\infty}\left(\frac{\phi(\boldsymbol{x})}{q(\boldsymbol{x})}\right)q(\boldsymbol{x})\,\mathrm{d}\boldsymbol{x}\simeq\frac{1}{N}\sum_{i=1}^{N}w(\boldsymbol{x}_i)\tag{14.27}$$

结合式(14.25)和式(14.27)，最终可得

$$\mathbb{E}[f(\mathbf{x})]\simeq\frac{\sum_{i=1}^{N}w(\boldsymbol{x}_i)f(\boldsymbol{x}_i)}{\sum_{i=1}^{N}w(\boldsymbol{x}_i)}\tag{14.28}$$

或

$$\boxed{\mathbb{E}[f(\mathbf{x})]\simeq\sum_{i=1}^{N}W(\boldsymbol{x}_i)f(\boldsymbol{x}_i):\quad \text{重要性抽样近似}}$$

743

其中，$W(\boldsymbol{x}_i)=\dfrac{w(\boldsymbol{x}_i)}{\sum_{i=1}^{N}w(\boldsymbol{x}_i)}$是归一化后的权重。不难证明下面的估计(习题 14.6)

$$\hat{Z}=\frac{1}{N}\sum_{i=1}^{N}w(\boldsymbol{x}_i)\tag{14.29}$$

对应归一化常数的一个无偏估计量。这是非常有趣的，因为在许多任务中，计算归一化常数是特别有用的信息。回顾一下，在第 12 章中讨论的证据函数是一个归一化常数，相关讨论还可参见[26]。

相反，与式(14.28)相关联的估计量是由比率得到的，它只是渐近无偏的，对于有限的 N，它是有偏的(习题 14.6)。因此，如果有 N 个样本，N 是一个很大的数，那么式(14.28)将是一个很好的估计。然而，在实践中，N 不能任意大，由此产生的估计可能不会令人满意。

如果 $q(\boldsymbol{x})\simeq p(\boldsymbol{x})$，或者至少 $q(\boldsymbol{x})$ 和 $\phi(\boldsymbol{x})$ 很接近，那么式(14.28)和式(14.2)就很相似。然而，在大多数实际情况下，这并不容易获得，特别是在高维空间中。如果 $q(\boldsymbol{x})$ 和 $\phi(\boldsymbol{x})$ 之间差距较大，就很可能存在一些区域，在其中 $\phi(\boldsymbol{x})$ 很大而 $q(\boldsymbol{x})$ 小得多。相对于其他区域，这个区域对应的权重将具有较大的值，它们将是和式中的主导权重(式(14.28))。

这一效果相当于减少样本数量 N。此外，也可能 $q(\boldsymbol{x})$ 在某些区域中取很小的值，这使得来自这些区域的样本很可能在式(14.28)中完全缺席(见图 14.7)。在这种情况下，不仅结果的估计可能是错误的，而且我们并不会意识到这一点，权重的方差 $w(\boldsymbol{x}_n)$ 和 $w(\boldsymbol{x}_n)f(\boldsymbol{x}_n)$ 可能会呈现出较低的值。这些现象在高维空间中更加突出(参见[26]和习题 14.7)。

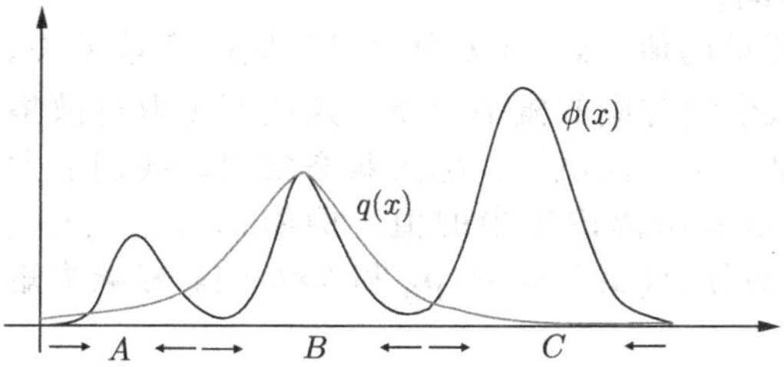

图 14.7 如果 $q(\boldsymbol{x})$ 和 $\phi(\boldsymbol{x})$ 之间差距较大，会出现很多非预期的效果。较之 B 区域，A 区域中的样本将被给予非常大的权重。由于 C 区域中 $q(\boldsymbol{x})$ 的值极小，很有可能由于样本数量 N 的大小有限，而不会在该区域中抽样，尽管对于 $\phi(\boldsymbol{x})$ ($p(\boldsymbol{x})$) 来说这是一个最主要的区域

为了缓解上述缺点，研究者已经提出了一些变体来搜索高概率区域，围绕模式进行局部近似，并使用它们来生成样本(参见[30]和其中的参考文献)。 744

14.6 蒙特卡罗方法与EM算法

在12.4.1节中，引入了EM算法，用于在某些变量被隐藏或丢失时最大化对数似然函数。在算法的E-步骤中(式(12.40))，在第$j+1$步迭代时计算的函数$\mathcal{Q}(\cdot,\cdot)$为

$$\begin{aligned}\mathcal{Q}(\boldsymbol{\xi},\boldsymbol{\xi}^{(j)}) &= \mathbb{E}\left[\ln p\left(\mathcal{X}^l,\mathcal{X};\boldsymbol{\xi}\right)\right] \\ &= \int p\left(\mathcal{X}^l|\mathcal{X};\boldsymbol{\xi}^{(j)}\right)\ln p\left(\mathcal{X}^l,\mathcal{X};\boldsymbol{\xi}\right)\mathrm{d}\mathcal{X}^l\end{aligned} \tag{14.30}$$

其中，$\mathcal{X}^l$是隐变量的集合，$\mathcal{X}$是观测值的集合，$\boldsymbol{\xi}$是未知参数的集合。如果积分的计算不容易处理，可以利用蒙特卡罗技术从后验$p(\mathcal{X}^l\mid\mathcal{X};\boldsymbol{\xi}^{(j)})$中为隐变量$\mathcal{X}_1^l,\cdots,\mathcal{X}_L^l$生成$L$个样本，并得到一个近似

$$\hat{\mathcal{Q}}(\boldsymbol{\xi},\boldsymbol{\xi}^{(j)}) \approx \frac{1}{L}\sum_{i=1}^{L}\ln p\left(\mathcal{X}_i^l,\mathcal{X};\boldsymbol{\xi}\right) \tag{14.31}$$

关于$\boldsymbol{\xi}$的最大化现在是通过$\hat{\mathcal{Q}}$来进行的。

在混合建模的场景下，产生了一种特殊形式的蒙特卡罗EM算法，被称为*随机EM*。其思想是从后验(现在指混合模型的标签)生成单个样本，并在各自的混合模型中指派相应的观测值。也就是说，进行了一个硬赋值。然后基于此近似应用M-步骤[3]。

14.7 马尔可夫链蒙特卡罗法

正如我们已经讨论过的，拒绝抽样和重要性抽样的一个主要缺点是，它们不能很好地处理高维空间中的任务。

在本节中，我们将讨论能很好地随样本空间维数变化而伸缩的方法。这些技术建立在马尔可夫链理论的基础上。我们首先介绍一些与这一重要理论相关的定义和基本概念。16.5节讨论的隐马尔可夫模型是马尔可夫链的实例。在这里，我们将从不同的角度更多地阐明这些模型。

马尔可夫链/过程是以俄罗斯数学家安德烈·安德烈耶维奇·马尔可夫(1856—1922)的名字命名的，他在随机过程领域发表了开创性的论文。1908年学生暴动期间，他是圣彼得堡大学的教授，他拒绝政府的命令监控和监视他的学生，于是他从学校退休。

定义14.1　*马尔可夫链是一个随机(向量)变量序列*$\mathbf{x}_0,\mathbf{x}_1,\mathbf{x}_2,\cdots$，*其条件分布符合以下规则*

$$p(\boldsymbol{x}_n|\boldsymbol{x}_{n-1},\{\boldsymbol{x}_t:t\in\mathcal{I}\}) = p(\boldsymbol{x}_n|\boldsymbol{x}_{n-1}) \tag{14.32}$$

745 其中，$\mathcal{I}=\{0,1,\cdots,n-2\}$。下标$n$通常解释为时间。

换句话说，式(14.32)指出，给定$\mathbf{x}_{n-1}$中变量的值，$\mathbf{x}_n$与$\mathcal{I}$中索引对应的变量无关。分布p既可以是一个密度函数，也可以是与离散变量对应的概率分布，这些变量取离散集合中的值，被称为*状态*。我们假设所有变量共享一个共同值域，称为*状态空间*。我们的大部分讨论将沿着有限状态空间发展，其中状态取有限离散集中的值，例如$\{1,2,\cdots,K\}$。马尔可夫链用与序列中的第一个向量$\mathbf{x}_0$相关联的分布(概率向量)$\boldsymbol{p}_0$和$K\times K$的转移概率矩阵来定义，即

$$P_n(\boldsymbol{x}_n|\boldsymbol{x}_{n-1}) = [P_n(i|j)]$$

其中

$$P_n(i|j) := P_n(\boldsymbol{x}_n = i|\boldsymbol{x}_{n-1} = j), \quad i,j = 1,2,\cdots,K$$

它表示变量在时间 $n-1$ 处于状态 j 且在时间 n 处于状态 i 的概率[⊖]。给定转移概率矩阵，我们可写出

$$\boldsymbol{p}_n = P_n(\boldsymbol{x}_n|\boldsymbol{x}_{n-1})\boldsymbol{p}_{n-1} \tag{14.33}$$

其中

$$\boldsymbol{p}_n := [P(\boldsymbol{x}_n=1), P(\boldsymbol{x}_n=2), \cdots, P(\boldsymbol{x}_n=K)]^{\mathrm{T}} \tag{14.34}$$

$$:= [P_n(1), \cdots, P_n(K)]^{\mathrm{T}} \tag{14.35}$$

是在时间 n 时对应概率的向量。如果转移矩阵是独立于时间的，则称马尔可夫链是齐次或平稳的，即

$$P_n(\boldsymbol{x}_n=i|\boldsymbol{x}_{n-1}=j) = P(i|j) := P_{ij}, \quad i,j=1,2,\cdots,K$$

和

$$P_n(\boldsymbol{x}_n|\boldsymbol{x}_{n-1}) = P = \left[P_{ij}\right]$$

这种情况下，我们可写出

$$\boldsymbol{p}_n = P\boldsymbol{p}_{n-1} = P^2\boldsymbol{p}_{n-2} = \cdots = P^n\boldsymbol{p}_0 \tag{14.36}$$

或者等价的

$$P_n(i) = \sum_{j=1}^{K} P_{ij}P_{n-1}(j) \tag{14.37}$$

后面我们将重点关注平稳马尔可夫链。 746

转移概率矩阵的性质。转移矩阵有一个特殊的结构，这导致了一些性质，后面会用到。

- 矩阵 P 为随机矩阵。也就是说，它的所有项都是非负的，每一列的项之和为 1，即

$$\sum_{i=1}^{K} P_{ij} = 1$$

这是概率定义的直接结果。

- $\lambda=1$ 总是 P(习题 14.8)的一个特征值。而且，P 没有大小比 1 大的特征值(习题 14.9)。
- 特征值 $\lambda\neq 1$ 对应的特征向量的分量之和为 0(习题 14.10)。
- 与 $\lambda=1$ 对应的左特征向量

$$\boldsymbol{b}_1^{\mathrm{T}}P = \boldsymbol{b}_1^{\mathrm{T}} \tag{14.38}$$

的所有元素都是相等的。这很容易通过代入 $\boldsymbol{b}_1=[1,1,\cdots,1]^{\mathrm{T}}$ 并检查它的确是一个特征向量来验证。

- 不变分布。如果一个分布满足下面的条件，则称它在马尔可夫链的状态上是不变的：

$$\boldsymbol{p} = P\boldsymbol{p}$$

注意，$\boldsymbol{p}$ 必然是对应于特征值 $\lambda=1$ 的特征向量。而且，由于 $\boldsymbol{p}$ 是由概率组成的，所以它的元素的和必须为 1。根据 $\lambda=1$ 的重数，可能存在多个不变分布。例如，如果 $P=I$，任何概率分布对于相应的马尔可夫链都是不变的。结果表明，具有有限多个

⊖ 注意这里的等式 $\boldsymbol{x}_n=i$ 表示(向量)变量 $\mathbf{x}_n$ 处于状态 i。

状态的马尔可夫链至少有一个不变分布。但是，如果 P 的元素是严格正值，则存在一个唯一不变分布，与对应于最大特征值 $\lambda=1$ 的唯一特征向量相一致，在这种情况下，特征值的重数为 1。此外，对应 $\lambda=1$ 的特征向量由正值元素组成，通过缩放，总可以令它们的和为 1，这是著名的佩龙-弗罗贝尼乌斯定理的副产品，此定理在 P 具有严格正值项的情况下成立[⊖]（参见[32]）。我们将很快详细讨论不变分布。

- 精细平衡条件。设 P 是一个平稳马尔可夫链的转移概率矩阵。设 $\boldsymbol{p}=[P_1,\cdots,P_K]^{\mathrm{T}}$ 是描述一个离散分布的概率集合。如果下式成立，则称其满足精细平衡条件

$$P(i|j)P_j = P(j|i)P_i \tag{14.39}$$

也就是说，存在一种对称性。如果此条件成立，则相应的分布对于马尔可夫链是不
747 变的。事实上

$$\sum_{j=1}^{K} P(i|j)P_j = \sum_{j=1}^{K} P(j|i)P_i = P_i \tag{14.40}$$

或

$$\boldsymbol{p} = P\boldsymbol{p} \tag{14.41}$$

虽然这不是分布不变性的必要条件，但它在实际中是非常有用的，可以帮助我们构造具有所需不变分布的马尔可夫链。后面很快就会看到，这将是我们想要从中抽样的分布类型。

14.7.1 遍历马尔可夫链

现在我们将注意力转向一种特定类型的马尔可夫链，称为遍历性的。这种链有特定的不变分布，可以从以下极限获得

$$\lim_{n\to\infty} \boldsymbol{p}_n = \lim_{n\to\infty} P^n \boldsymbol{p}_0$$

它与 $\boldsymbol{p}_0$ 中初始值的选择无关。现在我们将重点讨论一类遍历过程，并详细说明它们的收敛性。

让我们考虑一个具有转移矩阵 P 的平稳马尔可夫链，其特征值为 $1=\lambda_1>|\lambda_2|\geqslant\cdots\geqslant|\lambda_K|$。也就是说，只有一个特征值具有最大值，其余特征值的大小严格小于 1。此外，我们假定可以找到一组完整的线性无关的特征向量。这些假设并不具有限制性，对于一类广泛的随机矩阵成立。那么，我们有

$$P = A\Lambda A^{-1} \tag{14.42}$$

其中 Λ 是对角矩阵 $\Lambda=\mathrm{diag}\{1,\lambda_2,\cdots,\lambda_K\}$，$A$ 中的列是相应的特征向量。因此，由式(14.36)我们得

$$\boldsymbol{p}_n = A\Lambda^n A^{-1}\boldsymbol{p}_0 = A\begin{bmatrix} 1 & & & \\ & \lambda_2^n & & O \\ O & & \ddots & \\ & & & \lambda_K^n \end{bmatrix} A^{-1}\boldsymbol{p}_0$$

其中 $\lambda_k^n\to 0$，$k=2,\cdots,K$。

因此有

748 $$\boldsymbol{p}_\infty := \lim_{n\to\infty} \boldsymbol{p}_n = P_\infty \boldsymbol{p}_0 \tag{14.43}$$

其中

⊖ 对于一类称为本原矩阵的非负元素组成的矩阵也是如此。也就是说，存在一个 n 使 P^n 具有正值元素。

$$P_{\infty}=A\begin{bmatrix}1 & & & \\ & 0 & & \mathrm{O} \\ \mathrm{O} & & \ddots & \\ & & & 0\end{bmatrix}A^{-1}=\boldsymbol{a}_1\boldsymbol{b}_1^{\mathrm{T}} \tag{14.44}$$

其中 $\boldsymbol{a}_1$ 是第一个特征向量(A 的第一列)，对应 $\lambda=1$，并且 $\boldsymbol{b}_1^{\mathrm{T}}$ 是 A^{-1} 的第一行。也就是说，P_{∞} 是一个秩-1 矩阵。然而，从式(14.42)($A^{-1}P=\Lambda A^{-1}$)能明显看出 $\boldsymbol{b}_1^{\mathrm{T}}$ 是 P 的左特征向量，即

$$\boldsymbol{b}_1^{\mathrm{T}}P=\boldsymbol{b}_1^{\mathrm{T}}$$

回顾 P 的性质(式(14.38)及其后的讨论)，$\boldsymbol{b}_1^{\mathrm{T}}=[1,1,\cdots,1]$(在比例常数 c 内)。因此

$$P_{\infty}=[\boldsymbol{a}_1,\cdots,\boldsymbol{a}_1]$$

结合式(14.43)，因为 $\boldsymbol{p}_0$ 的所有元素加起来为 1，我们最后得

$$\boldsymbol{p}_{\infty}=\boldsymbol{a}_1$$

即极限分布(缩放后)与对应 $\lambda_1=1$ 的唯一特征向量 P 相等，而且，无论 $\boldsymbol{p}_0$ 的值如何，这都是正确的。换句话说，极限分布是 P 的不变分布，即

$$P\boldsymbol{p}=\boldsymbol{p} \tag{14.45}$$

请注意，收敛速度受 $|\lambda_2|$ 大小的控制。另一些理论上更精化的收敛结果和界可以在[24，39，40]中找到。

附注 14.2

- 不用说，并不是所有的马尔可夫链都是遍历性的。例如，如果转移矩阵的特征值 $\lambda_1=1$ 重数大于 1，则极限分布取决于初始值 $\boldsymbol{p}_0$。另一方面，如果转移矩阵有一个以上绝对值等于 1 的特征值(如 $\lambda_1=1,\lambda_2=-1$)，那么，它同样没有极限分布，而是有一个周期极限环(参见[32])。
- *建立马尔可夫链*。在实践中，人们可以使用一组简单的转移矩阵 $B_1,B_2,\cdots,B_M$ 来构造遍历链的转移概率矩阵，这就是所谓的*基转移矩阵*。它们中的每一个都可能不是遍历性的，但它必须接受所需的分布作为其不变分布。然后，将转换矩阵构造为 749

  $$P=\sum_{m=1}^{M}\alpha_m B_m,\quad \alpha_m>0,\ \sum_{m=1}^{M}\alpha_m=1$$

  如果一个分布对每一个 B_m，$m=1,2,\cdots,M$ 都是不变的，那么它对 P 也是不变的。精细平衡条件也是如此。

  另一种方法是顺序组合单个转移矩阵，即

  $$P=B_1B_2\cdots B_M$$

  例如，每个 B_m，$m=1,2,\cdots,M$ 可以起作用并改变组成随机向量 $\mathbf{x}$ 的随机项的一个子集。吉布斯抽样就是这样，后面会讨论。容易看出，如果 $\boldsymbol{p}$ 对于每一个 B_m，$m=1,2,\cdots,M$ 都是不变的，那么对于 P 也是不变的。
- 在本节中，我们重点讨论了具有有限状态空间的马尔可夫链。我们所说的一切都可以推广到具有可数无限或连续状态空间的马尔可夫链。在后一种情况下，概率转移矩阵的位置被转移密度或核 $p(\boldsymbol{x}_n|\boldsymbol{x}_{n-1})$ 所取代，下式给出了 $\mathbf{x}_n$ 在时间 n 处的概率密度。

  $$p_n(\boldsymbol{x})=\int p(\boldsymbol{x}|\boldsymbol{y})p_{n-1}(\boldsymbol{y})\,\mathrm{d}\boldsymbol{y} \tag{14.46}$$

  在这种情况下进行分析更加困难，必须小心，因为并不是所有在有限离散情况下获得的结果都适用于连续的情况。我们关注离散有限状态空间的原因是，我们只要在

所需的数学努力上花费较少的“预算”即可获得对马尔可夫链理论的感觉。

例 14.4 考虑有如下转移概率矩阵的马尔可夫链

$$P=\begin{bmatrix}0.2 & 0.4 & 0.6\\ 0.5 & 0.1 & 0.3\\ 0.3 & 0.5 & 0.1\end{bmatrix}$$

其特征值为 $\lambda_1=1$，$\lambda_2=-0.3+0.1732\mathrm{j}$，$\lambda_3=-0.3-0.1732\mathrm{j}$，对应的特征向量为

$$\boldsymbol{a}_1=[0.6608,\ 0.5406,\ 0.5206]^{\mathrm{T}}$$

$$\boldsymbol{a}_2=[0.5774,\ -0.2887-0.5\mathrm{j},\ -0.2887+0.5\mathrm{j}]^{\mathrm{T}}$$

$$\boldsymbol{a}_3=[0.5774,\ -0.2887+0.5\mathrm{j},\ -0.2887-0.5\mathrm{j}]^{\mathrm{T}}$$

可以观察到，对应 $\lambda=1$ 的特征向量的元素均为正值，同时，其他两个特征向量的元素的和均为 0。

现在我们可以写出

$$P=\begin{bmatrix}0.6608 & 0.5774 & 0.5774\\ 0.5406 & -0.2887-0.5\mathrm{j} & -0.2887+0.5\mathrm{j}\\ 0.5206 & -0.2887+0.5\mathrm{j} & -0.2887-0.5\mathrm{j}\end{bmatrix}\times$$

750

$$\begin{bmatrix}1 & 0 & 0\\ 0 & -0.3+0.1732\mathrm{j} & 0\\ 0 & 0 & -0.3-0.1732\mathrm{j}\end{bmatrix}\times$$

$$\begin{bmatrix}0.5807 & 0.5807 & 0.5807\\ 0.5337-0.0058\mathrm{j} & -0.3323+0.4942\mathrm{j} & -0.3323-0.5058\mathrm{j}\\ 0.5337+0.0058\mathrm{j} & -0.3323-0.4942\mathrm{j} & -0.3323+0.5058\mathrm{j}\end{bmatrix}$$

可以观察到，最后的矩阵(A^{-1})的第一行的元素均相等。以乘积形式重新写出 P，容易得到

$$P^2=\begin{bmatrix}0.42 & 0.42 & 0.30\\ 0.24 & 0.36 & 0.36\\ 0.34 & 0.22 & 0.34\end{bmatrix}$$

$$P^{10}=\begin{bmatrix}0.3837 & 0.3837 & 0.3837\\ 0.3140 & 0.3140 & 0.3139\\ 0.3023 & 0.3023 & 0.3029\end{bmatrix}$$

序列在 $n=10$ 时是收敛的。注意，在收敛后，P^n 中的所有列向量都是相等的，元素和为 1。而且可以观察到

$$P_\infty\propto[\boldsymbol{a}_1,\boldsymbol{a}_1,\boldsymbol{a}_1]$$

例 14.5 **有限状态随机游走** 随机游走是一种流行的模型，可以忠实地模拟许多真实世界的现象，如热噪声、气体分子的运动和股票价值的变化。而且，这种链可以帮助我们理解后边即将讨论的更复杂的马尔可夫链的行为。有很多种随机游走模型，它们依赖于转换概率的选择(参见[32])。这里，我们假设变量是离散的，并在有限集[0,N]中取整数值。因此，状态的总数是 $N+1$。在每一时刻，只要当前状态处于区间[1,N-1]中，变量的值就会以概率 p 增加或减小 1，或者以概率 q 保持不变。即如果 $0<x_{n-1}<N$，则

$$P(x_n=x_{n-1}+1)=P(x_n=x_{n-1}-1)=p$$

$$P(x_n=x_{n-1})=q$$

如果 $x_{n-1}=0$，则 x_n 既可以以概率 q_e 保持在相同状态，也可以以概率 p 增加 1。如果 $x_{n-1}=N$，则 x_n 既可以以概率 q_e 保持在相同状态，也可以以概率 p 减小 1。显然

$$2p+q=1,\quad p+q_e=1$$

对 $N=4$，$p=1/4$，$q=1/2$，$q_e=3/4$ 的情况，转移概率矩阵为

$$P=\begin{bmatrix}3/4 & 1/4 & 0 & 0 & 0\\ 1/4 & 1/2 & 1/4 & 0 & 0\\ 0 & 1/4 & 1/2 & 1/4 & 0\\ 0 & 0 & 1/4 & 1/2 & 1/4\\ 0 & 0 & 0 & 1/4 & 3/4\end{bmatrix}$$ 751

相应的特征值为 $\lambda_1=1$，$\lambda_2=0.904$，$\lambda_3=0.654$，$\lambda_4=0.345$，$\lambda_5=0.095$。可以观察到，除 $\lambda_1=1$ 外，所有特征值的大小均小于 1。对应的特征向量为

$$\boldsymbol{a}_1=[0.447,\ 0.447,\ 0.447,\ 0.447,\ 0.447]^{\mathrm{T}}$$

$$\boldsymbol{a}_2=[-0.601,\ -0.371,\ 0,\ 0.371,\ 0.601]^{\mathrm{T}}$$

$$\boldsymbol{a}_3=[-0.511,\ 0.195,\ 0.632,\ 0.195,\ -0.511]^{\mathrm{T}}$$

$$\boldsymbol{a}_4=[-0.371,\ 0.6015,\ 0,\ -0.601,\ 0.371]^{\mathrm{T}}$$

$$\boldsymbol{a}_5=[0.195,\ -0.511,\ 0.632,\ -0.511,\ 0.195]^{\mathrm{T}}$$

λ_1 对应的特征向量的分量都是相等的且都是正值。因此，在进行所需的缩放后，不变分布($\boldsymbol{p}:P\boldsymbol{p}=\boldsymbol{p}$)变为一致分布 $\boldsymbol{p}=[1/5,1/5,1/5,1/5,1/5]^{\mathrm{T}}$。类似的讨论适用于任何 N 值。注意，所有其他特征向量的分量的和都是零。

图 14.8 显示了 $N=4$，时刻为 $n=10$、50 和 100 的情况下的概率分布 $\boldsymbol{p}_n$。$\boldsymbol{p}_0$ 的分量是随机选取的。图 14.9 显示了对应于 $N=9$ 的情况。可以观察到，N 值越大，收敛速度越慢。

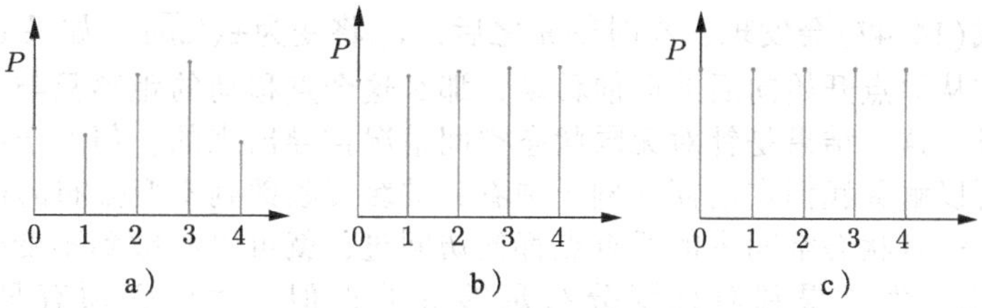

图 14.8　例 14.5 中的随机游走链在 $N=4$ 和不同时刻($n=10$、$n=50$ 和 $n=100$)情况下的概率分布

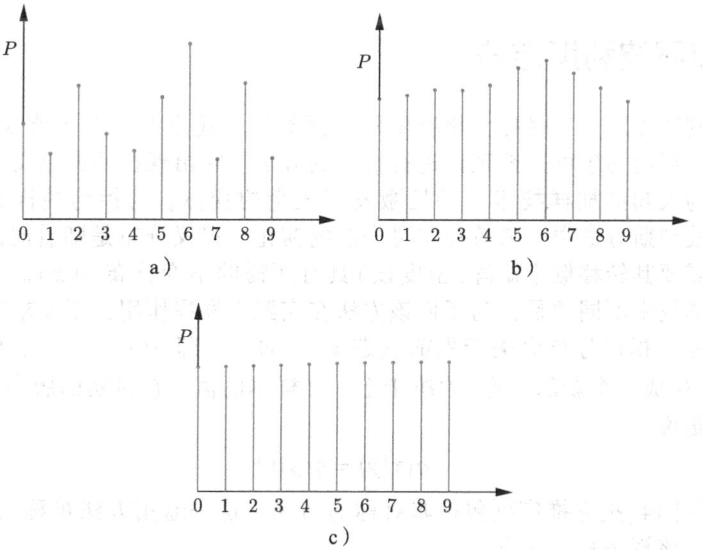

图 14.9　例 14.5 中的随机游走链在 $N=9$ 和不同时刻($n=10$、$n=50$ 和 $n=100$)情况下的概率分布。和图 14.8 进行对比，可以看到，N 值越大收敛越慢

例 14.6 在这个例子中，我们考虑具有(可数)无穷多个状态的随机游走。在每一时刻，随机变量的值都可以以概率 p 增加或减小 1，或者以概率 q 保持在相同的状态，也就是说

$$P(x_n = x_{n-1} + 1) = P(x_n = x_{n-1} - 1) = p$$
$$P(x_n = x_{n-1}) = q$$

和

$$2p + q = 1$$

与前面的例子不同的是，现在没有“障碍”点，随机变量可以取任何整数值。我们的目标
752 是，在起点被确定地选择为 $x_0=0$ 时，计算均值和方差，表达为时间 n 的函数。

容易看出 $\mathbb{E}[\mathrm{x}_n]=0$，因为该变量增大或减小的概率是相同的，因此它等可能地取任何正值或负值。

对于方差，因为 $\mathbb{E}[\mathrm{x}_0^2]=0$，我们得到(习题 14.11)

$$\begin{aligned}\mathbb{E}[\mathrm{x}_n^2] &= \mathbb{E}[\mathrm{x}_{n-1}^2] + 2p \\ &= 2pn + \mathbb{E}[\mathrm{x}_0^2] = 2pn\end{aligned} \tag{14.47}$$

注意，随着时间的推移，方差趋于无穷大，因此，无限状态空间随机游走不再具有极限分布。这验证了我们之前所说的，对于有限状态空间来说是正确的结果，对于状态数变为无限的情况，就不一定了。

仔细观察式(14.47)会发现，在时刻 n 之后，x_n 将变为 $\pm\sqrt{2pn}$。如果 x_n 表示一个点到原点的距离，它从原点开始向后或向前移动，那么这个点移动的距离只与它所花时间的平方根成正比。虽然这一结果是针对无限状态空间情况推导出来的，但对于有限状态空间的情况，它仍然可以解释我们在前面的例子中看到的缓慢收敛到不变分布的过程。正如[30]中阐述的那样，一旦状态空间中的所有点都被访问过，就可以收敛到不变分布，这与时间有平方根的关系。为了得到对极限分布足够好的近似，我们必须有足够的耐心进行
753 $\mathcal{O}(N^2)$ 步迭代计算。

14.8 梅特罗波利斯方法

梅特罗波利斯方法，有时称为梅特罗波利斯算法，建立在一个异常简单的想法之上，并且它是第一个利用马尔可夫链理论进行抽样的方法。它出现在经典论文[27]中，可能是最流行和最广为人知的抽样技术，并且激发了大量的变体。与拒绝抽样和重要性抽样相比，在梅特罗波利斯方法中，随着马尔可夫链的演化，提议分布是随着时间变化的。马尔可夫链的构造需要其转移概率矩阵(密度核)具有所需的不变分布 $p(\boldsymbol{x})$。此外，与拒绝抽样和重要性抽样技术不同的是，为了使该方法在实践中发挥作用，不要求提议分布“看起来像”目标分布。提议分布取决于先前状态 $\boldsymbol{x}_{n-1}$ 的值，即 $q(\cdot|\boldsymbol{x}_{n-1})$。换句话说，抽取一个新的样本(生成一个新的状态)取决于上一个样本的值。在最初的版本中，提议分布是对称的，也就是说

$$q(\boldsymbol{x}|\boldsymbol{y}) = q(\boldsymbol{y}|\boldsymbol{x})$$

后来，黑斯廷斯[14]把它推广到包括非对称的情况。这一通用方法被称为梅特罗波利斯-黑斯廷斯算法，该算法总结如下。

算法 14.3 (梅特罗波利斯–黑斯廷斯算法)

- 令所需的分布为 $p(\cdot)=\frac{1}{Z}\phi(\cdot)$。
- 选择提议分布为 $q(\cdot|\cdot)$。
- 选择初始状态值为 $\boldsymbol{x}_0$。
- **For** $n=1,2,\cdots,N$ **Do**
  - 抽取 $\boldsymbol{x}\sim q(\cdot|\boldsymbol{x}_{n-1})$
  - 计算接受率
    - $\alpha(\boldsymbol{x}|\boldsymbol{x}_{n-1})=\min\left\{1,\frac{q(\boldsymbol{x}_{n-1}|\boldsymbol{x})\phi(\boldsymbol{x})}{q(\boldsymbol{x}|\boldsymbol{x}_{n-1})\phi(\boldsymbol{x}_{n-1})}\right\}$
  - 抽取
    - $u\sim\mathcal{U}(0,1)$
  - **If** $u\leqslant\alpha(\boldsymbol{x}|\boldsymbol{x}_{n-1})$
    - $\boldsymbol{x}_n=\boldsymbol{x}$
  - **Else**
    - $\boldsymbol{x}_n=\boldsymbol{x}_{n-1}$
- **End For**

从该算法中可以很容易地推断出以下几点：

- 该算法不需要 p 的精确形式。只要知道它的归一化常数 Z 就够了。这是因为 p 只在算法计算接受率时被用到。 754
- 如果提议分布是对称的，则接受率将变为

$$\alpha(\boldsymbol{x}|\boldsymbol{x}_{n-1})=\min\left\{1,\frac{\phi(\boldsymbol{x})}{\phi(\boldsymbol{x}_{n-1})}\right\} \tag{14.48}$$

  在这种情况下，我们有时会把它称为梅特罗波利斯算法。
- 注意，如果不接受样本，则保留前一个状态的值。
- 注意，样本被接受或拒绝取决于 $\alpha(\boldsymbol{x}|\boldsymbol{x}_{n-1})$ 的值。通过观察基于式(14.48)的算法的原始形式，可以更容易地理解这一点。如果概率 $p(\boldsymbol{x})$ 大于 $p(\boldsymbol{x}_{n-1})$，则接受新样本。否则，根据其相对值接受或拒绝。
- 连续的样本不是独立的。

上述基本方法已有一些变体，它们考虑关于接受率的函数选择问题。在[33]中，支持梅特罗波利斯–黑斯廷斯方案背后原理的一个论据是基于对所获得的近似的方差的最优性证明。

现在让我们将注意力转向理解前面所述的算法是如何与马尔可夫链理论相关联的。我们将使用更一般的连续状态空间模型，并定义

$$p(\boldsymbol{x}|\boldsymbol{y})=q(\boldsymbol{x}|\boldsymbol{y})\alpha(\boldsymbol{x}|\boldsymbol{y})+\delta(\boldsymbol{x}-\boldsymbol{y})r(\boldsymbol{x}) \tag{14.49}$$

其中 $r(\boldsymbol{x})$ 是拒绝概率

$$r(\boldsymbol{x})=\int(1-\alpha(\boldsymbol{x}|\boldsymbol{y}))q(\boldsymbol{x}|\boldsymbol{y})\,\mathrm{d}\boldsymbol{y} \tag{14.50}$$

并且 $\delta(\cdot)$ 是狄拉克的德尔塔函数。稍微考虑一下就可以发现，如上所定义的 $p(\cdot|\cdot)$，是等价的马尔可夫链的转移密度核 $p(\boldsymbol{x}_n|\boldsymbol{x}_{n-1})$（有限离散空间的转移矩阵）。此外，这种马尔可夫链具有期望的分布 $p(\boldsymbol{x})$ 为其不变分布，即

$$p(\boldsymbol{x})=\int p(\boldsymbol{x}|\boldsymbol{y})p(\boldsymbol{y})\,\mathrm{d}\boldsymbol{y}$$

和14.7节中已经指出的一样，这是满足如下精细平衡条件时得到的直接结果(习题14.12)：

$$p(\boldsymbol{x}|\boldsymbol{y})p(\boldsymbol{y})=p(\boldsymbol{y}|\boldsymbol{x})p(\boldsymbol{x})$$

已表明，当$p(\boldsymbol{x}\mid\boldsymbol{y})$和$p(\boldsymbol{x})$严格取正值时，等价的马尔可夫链是遍历性的，并因此收敛到(期望的)不变分布。这保证了从任何状态开始到达任何状态的概率都是非零的。

因此，梅特罗波利斯–黑斯廷斯算法等价地从由式(14.49)中给出的转移密度定义的马尔可夫链中抽样，尽管样本是从选定的(容易抽样的)提议分布中抽取的。通常用作提议分布的典型分布是高斯分布和柯西分布。后者由于其重尾性质，允许随时间推移发生大的变化。有时也使用均匀分布。对于离散情况，均匀分布似乎是一种流
755 行的选择。

老化阶段：收敛后，该过程等价于从期望的$p(\boldsymbol{x})$中抽样！然而，在这个世界上没有什么是完美无缺的。马尔可夫链蒙特卡罗技术的一个主要缺点是很难评估马尔可夫链是否*已经收敛*，因此要确保生成的样本确实是独立的，并能真正代表$p(\boldsymbol{x})$。在链收敛之前生成的样本并不代表期望的分布，必须予以拒绝，这就是所谓的*老化阶段*。马尔可夫链收敛的间隔称为*混合时间*(参见[21])。

为此目的，研究者提出了若干解决办法，但没有一个可以被视为万能灵药(参见[6、8、35])。在[2]中给出了获取这些技术收敛困难的理论依据，证明了这是一个计算困难的任务。

在实践中，在老化阶段样本被拒绝后，我们可以运行一个长链并从若干个(比如M个)样本中丢弃一个。对于足够大的M值，我们可以期待得到独立的样本。这一过程也被称为*抽稀*。另一种方法是运行几条，例如3~4条不同的(从不同起始点开始的)中等大小的链(例如100 000条)，并从每条链中抽取样本，然后在各自的老化阶段(例如，前半段)丢弃样本。

14.8.1　收敛问题

在介绍拒绝抽样和重要性抽样时，我们讨论了这些方法在维数上没有很好的伸缩性。与此形成鲜明对比的是，梅特罗波利斯方法表现出了更好的性能，它是一种适用于大空间应用的算法。尽管如此，这种方法并非没有缺点。为了详细说明，我们将利用从随机游走的例子中获得的经验，并使用类似于在[30]中给出的论证方法。

考虑一个二维任务，采用$q(\boldsymbol{x}\mid\boldsymbol{x}_{n-1})$作为提议分布，$q(\boldsymbol{x}\mid\boldsymbol{x}_{n-1})$是协方差矩阵为$\sigma^2I$的高斯分布，它每次以$\boldsymbol{x}_{n-1}$为中心。要从中抽样的期望分布是另一个拉长的高斯分布$\mathcal{N}(\boldsymbol{x}\mid\boldsymbol{0},\Sigma)$，如图14.10a所示。值$\sigma_{\max}$、$\sigma_{\min}$表示与椭圆的两个轴相关的尺度(标准差)(回想第2章，这是由Σ的特征结构定义的)，它对应于$p(\boldsymbol{x})$的一个标准差等高线(高斯分布中的指数等于$-1/2$)。

每次从$\mathcal{N}(\boldsymbol{x}\mid\boldsymbol{x}_{n-1},\sigma^2I)$中抽样时，新样本都将以高概率出现在围绕$\boldsymbol{x}_{n-1}$的半径为$\sigma$的圆内。为了使新的样本有更大机会出现在高概率椭圆区域内，σ的阶必须是$\sigma_{\min}$或更小。如果选择σ具有较大值，则样本出现在椭圆外并被拒绝的可能性很高。因此，一旦在椭圆内开始抽样，较小的σ值可保证样本以高概率保持在椭圆内，因此被接受。另一方面，如果σ较小，则需要大量迭代才能用采样点充分覆盖椭圆内部。如果将抽样过程看作具有近似步长σ的随机游走，那么覆盖$\sigma_{\max}$大小范围所需的迭代次数将为$(\sigma_{\max}/\sigma)^2$。如果$\sigma\simeq\sigma_{\min}$，则变为$(\sigma_{\max}/\sigma_{\min})^2$。在高维中，与最大维相比，其中一个维度具有相对

较小的规模的可能性很大，这种平方时间的经验法则会显著减缓收敛速度。 756

图 14.10b~d 显示了由下式定义的期望的二维高斯具有零均值和协方差矩阵的情形：

$$\Sigma = \begin{bmatrix} 1.00 & 0.99 \\ 0.99 & 1.00 \end{bmatrix}$$

提议分布为协方差矩阵为 $0.1I$ 的高斯分布。图中显示了点生成序列中的三个快照，分别对应于 50、100 和 3000 个点。被拒绝的点表示为红色。

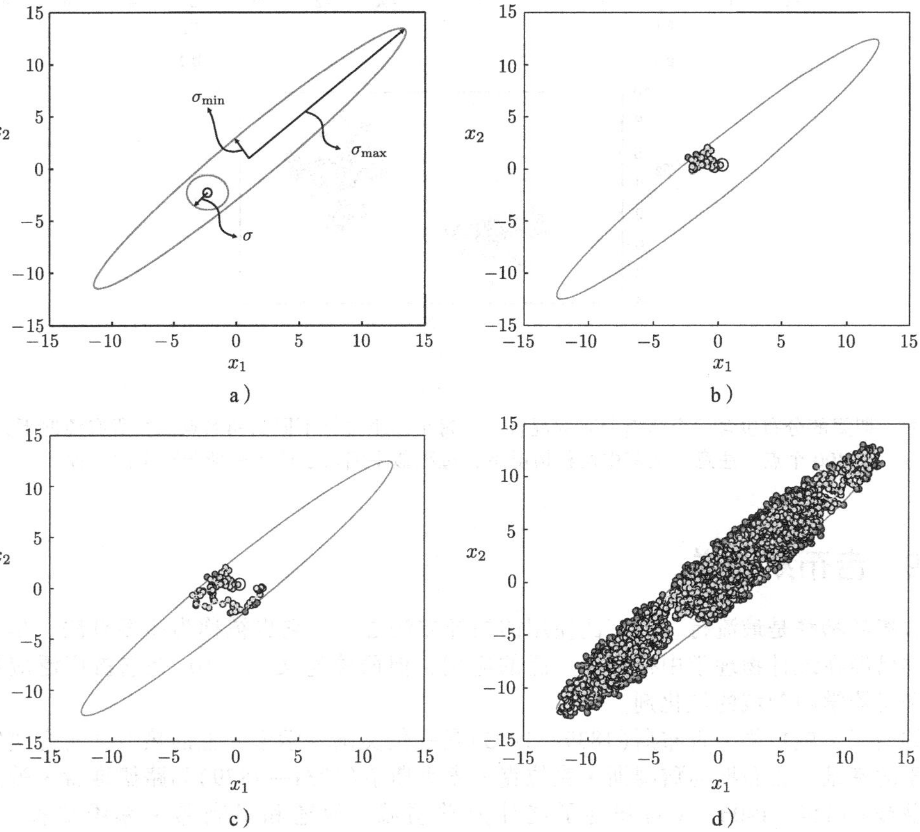

图 14.10 a) 有效概率质量区域被椭圆包围，半径分别为由长轴和短轴定义的 σ_{max} 和 σ_{min}。提议分布的有效概率质量区域是规模为 σ 的球面，σ 与 σ_{min} 同阶。b) 从一个圆表示的点开始，显示了 50 个生成的点，这些点是使用一个协方差为 $\sigma^2=0.1I$ 的提议分布生成的，红色表示被拒绝的点。c) 100 个点的快照。d) 3000 个点的快照。请注意，即使在后一种情况下，在期望分布的高概率区域中仍有未覆盖的部分 757

梅特罗波利斯方法可能会出现的另一个问题是*局部陷阱*问题。这种情况可能发生在期望分布为多峰时，这在高维复杂问题中很常见。我们将在二维空间中通过一个简单的例子来进行演示。假设期望分布由两个高斯分布组成

$$p(\boldsymbol{x}) = \frac{1}{2}\mathcal{N}(\boldsymbol{x}|\boldsymbol{\mu}_1, \Sigma_1) + \frac{1}{2}\mathcal{N}(\boldsymbol{x}|\boldsymbol{\mu}_2, \Sigma_2)$$

其中 $\boldsymbol{\mu}_1=[0,0]^T$，$\boldsymbol{\mu}_2=[5,5]^T$，$\Sigma_1=\Sigma_2=\text{diag}\{0.25,2\}$，提议分布为 $\mathcal{N}(\boldsymbol{x}|\boldsymbol{\mu},I)$，其中 $\boldsymbol{\mu}=[2.5,2.5]^T$。图 14.11 显示了在三次不同运行中抽取的和接受的点所走过的路径。在图 14.11a 和 b 中，经过 400 次迭代，所抽取的点仅涵盖这两种混合分布中的一种。在图 14.11c 对应的运行中两种混合分布都被访问到了。

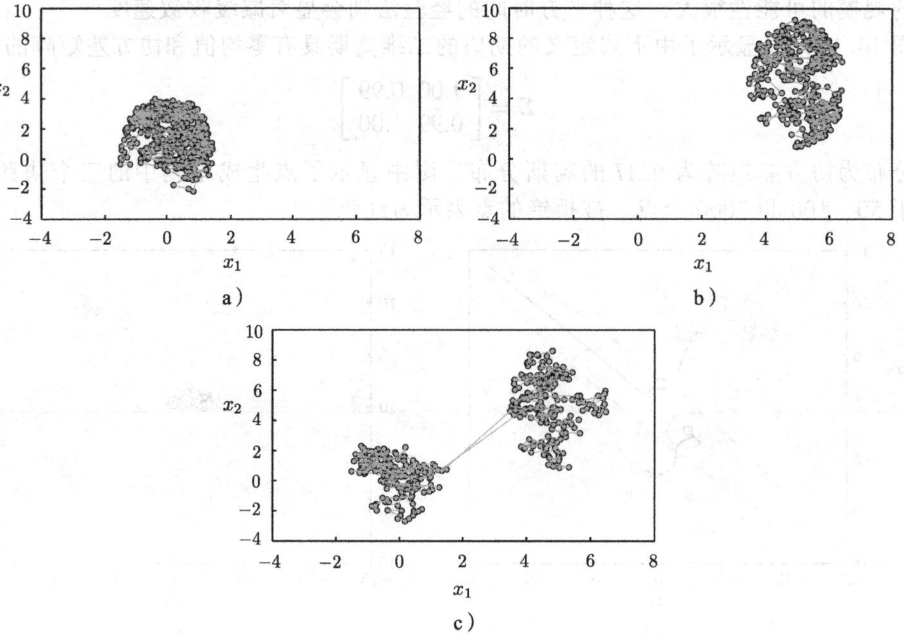

图 14.11　期望的分布包含两个高斯分布的混合。在每个图里选择不同的初始点。在所有情况下，都生成了 400 个点。注意，在其中两种情况下，过程似乎陷入了两种高斯分布中的一种

14.9　吉布斯抽样

吉布斯抽样是最流行、最广泛使用的抽样方法之一。它也被称为热浴算法。尽管吉布斯抽样已经在统计物理学中得到了广泛的应用，但两篇论文[9, 10]是它被广泛应用于贝
758 叶斯和机器学习领域的催化剂。

约西亚·威拉德·吉布斯(1839—1903)是一位美国科学家，他的热力学研究奠定了物理化学的基础。吉布斯与詹姆斯·克拉克·麦克斯韦(1831—1879)和路德维希·爱德华·波尔兹曼(1844—1906)共同开创了统计力学领域。他还和奥利弗·赫维赛德(1850—1925)一起被称为今天的向量微积分之父。

吉布斯抽样适用于多维分布样本的抽取，可以被认为是更为一般的梅特罗波利斯方法的一个特殊实例。

设马尔可夫链中时刻 n 的随机向量为

$$\mathbf{x}_n=[\mathrm{x}_n(1),\cdots,\mathrm{x}_n(l)]^{\mathrm{T}}$$

吉布斯抽样的基本假设是，每个变量 $x_n(d)$，$d=1,2,\cdots,l$ 在给定其余变量分布前提下的条件分布，即

$$p\big(x_n(d)|\{x_n(i):\ i\neq d\}\big) \tag{14.51}$$

是已知的，且容易抽样。在每步迭代，基于式(14.51)只为一个变量抽取一个样本，将其余变量的值固定为上步迭代中已经可用的值。此方法总结如下。

算法 14.4 (吉布斯抽样)

- 任意初始化 $x_0(1),\cdots,x_0(l)$。
- **For** $n=1,2,\cdots,N$ **Do**

- **For** $d=1,2,\cdots,l$ **Do**
  - * 抽样
    - ▲ $x_n(d) \sim p\big(x \mid \{x_n(i), i<d \neq 1\}, \{x_{n-1}(i),\ i>d \neq l\}\big)$
- **End For**
- **End for**

注意，在上述方法中，所有维度都是按顺序访问的。另一个版本是随机访问所有维度。

吉布斯方法可以看作马尔可夫链的一种实现，其中转移矩阵/PDF 是由 l 个基转移顺序构造的，即

$$T = B_1 \cdots B_l$$

759

其中，每个单个的基转移作用在相应的维度上，也就是说，是逐坐标操作的。对于连续变量，容易验证

$$B_d(\boldsymbol{x}|\boldsymbol{y}) = p\big(x(d)|\{y(i)\}: i \neq d\big) \prod_{i \neq d} \delta\big(y(i)-x(i)\big), \quad d=1,2,\cdots,l$$

换句话说，只有 $x(d)$ 改变，其余内容则保持不变。不难看出，我们期望的联合分布 $p(\boldsymbol{x})=p(x(1),\cdots,x(l))$ 相对于 B_d，$d=1,2,\cdots,l$（习题 14.13）中的每一个都是不变分布。因此，它在它们的乘积下也是不变的

$$T = B_1 \cdots B_l$$

通过要求所有的条件概率都是严格正值，保证了链收敛到期望的 $p(\boldsymbol{x})$，从而确保了遍历性。

附注 14.3

- 吉布斯抽样作为梅特罗波利斯方法的一个实例，继承了它的类随机游走的收敛性能。
- 吉布斯抽样适用于许多用条件分布描述的图模型（第 16 章）。通常，可以使用拒绝抽样及其变体，以一种简单的方式对这些分布进行抽样，如 14.4 节中所讨论的那样。
- 请注意，在吉布斯抽样中，没有样本被拒绝。如果将吉布斯抽样看成梅特罗波利斯方法的一个实例，即可通过特定选择式（14.51）作为提议分布（习题 14.14）来证明这一点。
- 分块吉布斯抽样：吉布斯抽样一次抽样一个变量。如果变量高度相关，这会使算法在状态空间中移动得非常慢。在这种情况下，最好是对变量组进行抽样，变量组不一定是不相交的，并以其余变量为条件从分块的变量中抽样。这被称为分块吉布斯抽样[16]，它通过在状态空间中实现更大的移动来提高性能。
- 塌缩吉布斯抽样：在塌缩吉布斯抽样中，我们积分掉（边际化掉）一个或多个变量，从其余变量中抽样。例如，在三个变量的情况下，从 $p(x_1|x_2,x_3)$ 中进行吉布斯抽样，然后从 $p(x_2|x_1,x_3)$ 抽样，最后从 $p(x_3|x_1,x_2)$ 抽样，从而完成迭代步骤。在塌缩吉布斯抽样中，我们可以积分掉一个变量，比如 x_3（称为塌缩），然后依次从 $p(x_1|x_2)$ 和 $p(x_2|x_1)$ 进行抽样。抽样是在低维空间中进行的，因此效率更高。如果一个变量是另一个变量的共轭先验，那么塌缩它是易行的，例如，它们都是指数族的成员。因此，x_3 不参与吉布斯抽样。结果，我们可以对 $p(x_3|x_1,x_2)$ 进行采样。可以用罗–布莱克威尔定理来证明这种方法的有效性，

该定理指出，解析积分掉 x_3 所产生的估计的方差总是小于(或等于)直接吉布斯抽样的方差[23]。

14.10 寻找更有效的方法：一些讨论

为了避免前述基于基本马尔可夫链的方法的缺点，即缓慢的类随机游走收敛和局部陷阱问题，人们提出了一些更先进的方法。更详细地介绍这些方法超出了本章的范围，感兴趣的读者可查阅更多的专门书籍和文章，例如[5, 22, 24, 30, 38]。下面，我们将对一些最流行的方向进行简短的讨论。

*辅助变量马尔可夫链蒙特卡罗方法*是一个比较流行的算法族。这类方法在梅特罗波利斯-黑斯廷斯算法中为期望的分布和提议分布增加了辅助变量。辅助变量的存在是为了帮助算法摆脱可能的局部陷阱，或者在难以解决的情况下消去归一化常数。这些方法包括模
760 拟退火算法[17]、模拟回火算法[25]和切片抽样器[15]。切片抽样技术背后的原理是围绕我们在14.4节中的讨论建立起来的，回想一下，$p(\boldsymbol{x})$ 的抽样等价于从下面的区域中均匀抽样

$$\mathcal{A}=\left\{(\boldsymbol{x},u):\ \boldsymbol{x}\in\mathbb{R}^l,\ 0\leqslant u\leqslant p(\boldsymbol{x})\right\}$$

在[31]中，提出了切片抽样器的吉布斯型实现，使用单变量切片抽样策略对 $\boldsymbol{x}$ 的每个分量顺序地进行更新。结果表明，切片抽样器提高了标准梅特罗波利斯-黑斯廷斯算法的收敛速度。

在[29]中，使用了一个辅助变量，从而绕过了归一化常数的计算。在计算困难的情况下，这一点很重要。

另一种抽样思想涉及*基于群体的方法*。为了克服局部陷阱问题，在信息交换策略下并行运行多个马尔可夫链(种群)，提高了收敛性。这类技术的典型例子包括*自适应方向抽样*[12]和基于遗传算法中思想构造的*进化蒙特卡罗方法*[22]。

另一个方向是*汉密尔顿蒙特卡罗方法*，是利用经典力学中关于优雅汉密尔顿方程[26, 30]的思想。对如下形式的PDF

$$p(\boldsymbol{x})=\frac{1}{Z_E}\exp\left(-E(\boldsymbol{x})\right)$$

$E(\boldsymbol{x})$可以解释系统的势能(15.4.2节)。一旦建立了这样的桥梁，就会引入一个辅助随机向量 $\boldsymbol{q}$，并将其解释为系统的动量，因此，对应的动能表示为

$$K(\boldsymbol{q})=\frac{1}{2}\sum_{i=1}^{l}q_i^2$$

然后，汉密尔顿函数给出了

$$H(\boldsymbol{x},\boldsymbol{q})=E(\boldsymbol{x})+K(\boldsymbol{q})$$

并且它定义了分布

$$\begin{aligned}p(\boldsymbol{x},\boldsymbol{q})&=\frac{1}{Z_H}\exp\left(-H(\boldsymbol{x},\boldsymbol{q})\right)\\&=\frac{1}{Z_E}\exp(-E)\frac{1}{Z_K}\exp\left(-K(\boldsymbol{q})\right)\\&:=p(\boldsymbol{x})p(\boldsymbol{q})\end{aligned}$$

其中 Z_k 是与动能相关联的相应高斯项的归一化常数。可得到期望的分布$p(\boldsymbol{x})$，作为

$p(\boldsymbol{x},\boldsymbol{q})$的边际分布。因此，如果从$p(\boldsymbol{x},\boldsymbol{q})$进行抽样是可能的，那么丢弃$\boldsymbol{q}$就会得到从期望的分布中抽取的样本。等价系统关联的汉密尔顿动力学给出了变量在时间上的演化。 761

这种方法可以显著提高收敛速度。原因在于，通过汉密尔顿解释，系统可以利用$E(\boldsymbol{x})$（即$\dot{\boldsymbol{q}}=-\partial E(\boldsymbol{x})/\partial \boldsymbol{x}$）的导数中隐藏的信息来检测出高概率质量的方向。

在可逆跳跃马尔可夫链蒙特卡罗算法中，将梅特罗波利斯–黑斯廷斯算法扩展到考虑变维状态空间[13]。这种方法适用于涉及变维多参数模型的情况。因此，给予了马尔可夫链在不同维数模型之间跳跃的自由度。

14.10.1 变分推断或蒙特卡罗方法

在本章的开头，我们提到了第 13 章中考虑的变分推断技术是蒙特卡罗方法的确定性选择。我们现在尝试用几行总结出这两种方法的优点和缺点。前一种贝叶斯学习技术路线的主要优点如下：

- 对于中小型任务，它们的计算效率更高。
- 确定何时停止迭代和何时实现收敛是相当容易的。
- 可以计算似然函数的下界。

蒙特卡罗方法的优点如下：

- 它们可以应用于更一般的情况，例如，没有计算上方便的先验模型，也可以应用于结构正在变化的模型。
- 它们不依赖于近似，例如平均场近似。
- 它们可以更有效地处理大型任务。

14.11 实例研究：变点检测

变点检测的任务在从工程和社会学到经济学和环境研究的许多科学学科中都是非常重要的。积累的研究文献很多，可参见[1, 19, 36]和其中的参考文献。变点检测任务的目的是在观测值序列中检测出分区，使得每个块中的数据在统计上“相似”，换句话说，服从一个共同的概率分布。第 17 章中讨论的隐马尔可夫模型和动态贝叶斯方法都属于这个更一般的问题范畴。在这个例子中，我们的目标是演示在变点检测任务上下文中使用吉布斯抽样(参见[4])。

设x_n是一个离散的随机变量，它对应于事件的计数，例如，在一定时间间隔内请求电话的次数、Web 服务器上对单个文档的请求、放射性物质中的粒子排放、工作环境中的事故数量等。我们采用泊松过程来模拟x_n的分布，即

$$P(x;\lambda)=\frac{(\lambda\tau)^x}{x!}\mathrm{e}^{-\lambda\tau} \tag{14.52}$$ 762

泊松过程被广泛地用于模拟在一个时间间隔τ内发生的事件的数量。对于我们的例子，我们选择了$\tau=1$。参数λ被称为过程的强度(参见[32])。

我们假定观测值x_n，$n=1,2,\cdots,N$是由两个不同的泊松过程$P(x;\lambda_1)$和$P(x;\lambda_2)$产生的。同时，模型的变化也是在一个未知的时刻n_0突然发生的。我们的目标是估计后验概率

$$P(n_0|\lambda_1,\lambda_2,\boldsymbol{x}_{1:N})$$

另外，此时λ_1和λ_2的确切值是未知的。唯一可用的信息是，对已知的正值a、b，泊松过程强度λ_i，$i=1,2$服从(先验)伽马分布，即

$$p(\lambda)=\text{Gamma}(\lambda|a,b)=\frac{1}{\Gamma(a)}b^a\lambda^{a-1}\exp(-b\lambda)$$

最后，我们假设没有关于何时发生变化的先验信息，因此，选择先验为均匀分布 $P(n_0)=1/N$。基于上述假设，对应的联合分布如下

$$p(n_0,\lambda_1,\lambda_2,\boldsymbol{x}_{1:N})=p(\boldsymbol{x}_{1:N}|\lambda_1,\lambda_2,n_0)p(\lambda_1)p(\lambda_2)P(n_0)$$

或者

$$p(n_0,\lambda_1,\lambda_2,\boldsymbol{x}_{1:N})=\prod_{n=1}^{n_0}P(x_n|\lambda_1)\prod_{n=n_0+1}^{N}P(x_n|\lambda_2)p(\lambda_1)p(\lambda_2)P(n_0)$$

取对数来去掉乘积，并积分掉相应的变量，得到吉布斯抽样所需的条件如下（问题14.15）：

$$p(\lambda_1|n_0,\lambda_2,\boldsymbol{x}_{1:N})=\text{Gamma}(\lambda_1|a_1,b_1) \tag{14.53}$$

其中

$$a_1=a+\sum_{n=1}^{n_0}x_n,\quad b_1=b+n_0$$

$$p(\lambda_2|n_0,\lambda_1,\boldsymbol{x}_{1:N})=\text{Gamma}(\lambda_2|a_2,b_2) \tag{14.54}$$

$$a_2=a+\sum_{n=n_0+1}^{N}x_n,\quad b_2=b+(N-n_0)$$

和

763

$$P(n_0|\lambda_1,\lambda_2,\boldsymbol{x}_{1:N})=\ln\lambda_1\sum_{n=1}^{n_0}x_n-n_0\lambda_1+\ln\lambda_2\sum_{n=n_0+1}^{N}x_n-(N-n_0)\lambda_2,\quad n_0=1,2,\cdots,N \tag{14.55}$$

请注意，前两个条件是伽马分布的，正如我们在14.4节末所说，有许多不同的方法可以从伽马分布产生样本。最后一个分布是离散分布，样本可以按照算法14.1中讨论的方式抽取。我们现在准备进行吉布斯抽样。

算法 14.5（变点检测的吉布斯抽样）

- 已得到 $\boldsymbol{x}_{1:N}:=\{x_1,\cdots,x_N\}$，选择 a 和 b。
- 初始化 $n_0^{(0)}$。
- **For** $i=1,2,\cdots$, **Do**
  - ■ $\lambda_1^{(i)}\sim\text{Gamma}\left(\lambda|a+\sum_{n=1}^{n_0^{(i-1)}}x_n,\ b+n_0^{(i-1)}\right)$
  - ■ $\lambda_2^{(i)}\sim\text{Gamma}\left(\lambda|a+\sum_{n=n_0^{(i-1)}+1}^{N}x_n,\ b+(N-n_0^{(i-1)})\right)$
  - ■ $n_0^{(i)}\sim P(n_0|\lambda_1^{(i)},\lambda_2^{(i)},x_{1:N})$
- **End For**

图14.12显示了1851年至1962年期间英格兰煤矿每年发生的致命事故数量。从图中容易观察到，图的“前端”部分看起来与其“后端”不一样，大约在1890年到1900年之间发生了变化。事实上，在1890年，在煤矿工人工会的压力下，出台了新的健康

和安全条例。我们将使用前面解释的模型，并根据算法 14.5 抽取样本，以确定 n_0 点，正是在该点处描述数据的统计分布发生了变化[4]。选取 a 和 b 值为 $a=2$ 和 $b=1$，尽管所得结果对它们的值的选择不敏感。老化阶段有 200 个样本。图 14.13 显示了该算法抽取的 n_0 值的直方图，该直方图清楚地表示在 1890 年出现峰值。图 14.14 显示了对 λ_1 和 λ_2 抽取的点的图。图中清楚地表明，在引入安全条例后，泊松过程的强度从 $\lambda_1=3$ 下降到 $\lambda_2=1$。 764

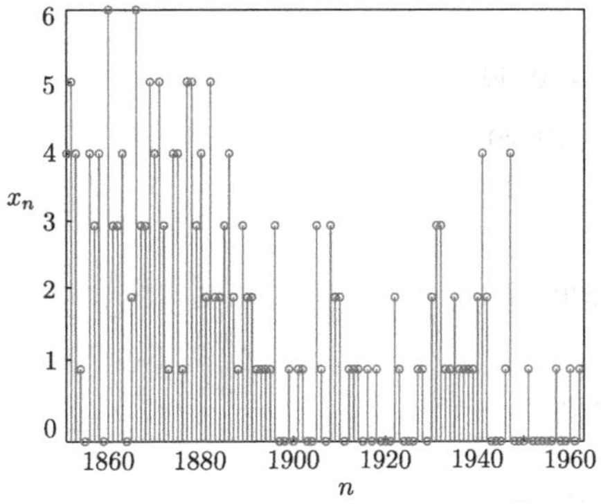

图 14.12 1851 年至 1962 年期间英格兰煤矿每年发生的致命事故数量

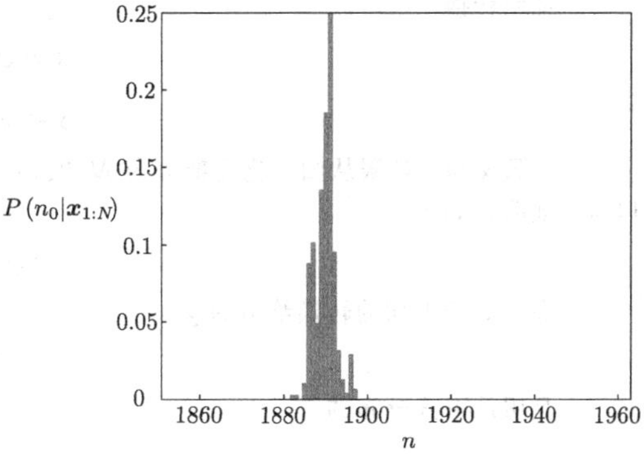

图 14.13 算法生成 n_0 的直方图，是对 14.11 节的实例研究中 n_0 后验的近似。可以观察到，直方图在 1890 年出现峰值，那一年引入了新的条例

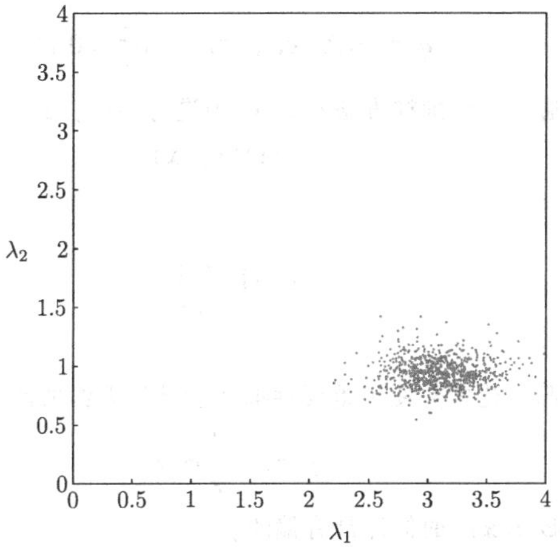

图 14.14 14.11 节的实例研究：由 λ_1 和 λ_2 获得的值形成的聚类

习题

14.1 证明如果 $F_{\mathrm{x}}(x)$ 是一个随机变量 x 的累积分布函数，那么随机变量 $\mathrm{u}=F_{\mathrm{x}}(\mathrm{x})$ 服从在 $[0,1]$ 上的均匀分布。

14.2 证明如果 u 服从均匀分布且

$$\mathrm{x}=F_{\mathrm{x}}^{-1}(\mathrm{u}):=g(\mathrm{u}) \tag{14.56}$$

那么 x 的确服从分布 $F_{\mathrm{x}}(x)=\int_{-\infty}^{x} p(x)\mathrm{d}x$。 765

14.3 考虑随机变量 r 和 ϕ，分别具有如下的指数和均匀分布

$$p_{\mathrm{r}}(r)=\frac{1}{2}\exp\left(-\frac{r}{2}\right),\quad r\geqslant 0$$

和

$$p_{\phi}(\phi)=\begin{cases}\frac{1}{2\pi}, & 0\leqslant\phi\leqslant 2\pi\\ 0, & 其他\end{cases}$$

证明转换

$$\mathrm{x}=\sqrt{\mathrm{r}}\cos\phi=g_{\mathrm{x}}(\mathrm{r},\phi)$$

$$\mathrm{y}=\sqrt{\mathrm{r}}\sin\phi=g_{\mathrm{y}}(\mathrm{r},\phi)$$

导致 x 与 y 都服从归一化高斯分布 $\mathcal{N}(0,1)$。

14.4 证明，如果

$$p_{\mathrm{x}}(\boldsymbol{x})=\mathcal{N}(\boldsymbol{x}|0,I)$$

那么对于下面的转换给出的 $\mathbf{y}$

$$\mathbf{y}=L\mathbf{x}+\boldsymbol{\mu}$$

是服从下式分布的

$$p_{\mathrm{y}}(\boldsymbol{y})=\mathcal{N}(\boldsymbol{y}|\boldsymbol{\mu},\Sigma)$$

其中 $\Sigma=LL^{\mathrm{T}}$。

14.5 对于下面的两个高斯分布

$$p(\boldsymbol{x})=\mathcal{N}(\boldsymbol{x}|0,\sigma_p^2 I),\quad \sigma_p^2=0.1$$

和

$$q(\boldsymbol{x})=\mathcal{N}(\boldsymbol{x}|0,\sigma_q^2 I),\quad \sigma_q^2=0.11$$

$\boldsymbol{x}\in\mathbb{R}^l$。为了使用 $q(\boldsymbol{x})$ 通过拒绝抽样方法在 $p(\boldsymbol{x})$ 中进行抽样，必须计算一个常量 c，使

$$cq(\boldsymbol{x})\geqslant p(\boldsymbol{x})$$

证明

$$c\geqslant\left(\frac{\sigma_q}{\sigma_p}\right)^l$$

并计算接受样本的概率。

14.6 证明对于期望的分布的归一化常数使用重要性抽样会导致无偏估计

766

$$p(\boldsymbol{x})=\frac{1}{Z}\phi(\boldsymbol{x})$$

然而，对于函数 $f(\cdot)$ 的 $\mathbb{E}[f(\boldsymbol{x})]$ 的估计是有偏的。

14.7 令 $p(\boldsymbol{x})=\mathcal{N}(\boldsymbol{x}\mid\mathbf{0},\sigma_1^2 I)$，对重要性抽样选择如下的提议分布

$$q(\boldsymbol{x})=\mathcal{N}(\boldsymbol{x}|\mathbf{0},\sigma_2^2 I)$$

计算权重如下

$$w(\boldsymbol{x})=\frac{p(\boldsymbol{x})}{q(\boldsymbol{x})}$$

如果 $w(\mathbf{0})$ 是 $\boldsymbol{x}=\mathbf{0}$ 处的权重，那么比率 $w(\boldsymbol{x})/w(\mathbf{0})$ 由下式给出

$$\frac{w(\boldsymbol{x})}{w(\mathbf{0})}=\exp\frac{1}{2}\left(\frac{\sigma_1^2-\sigma_2^2}{\sigma_1^2\sigma_2^2}\sum_{i=1}^{l}x_i^2\right)$$

可以观察到，即使 $q(\boldsymbol{x})$ 和 $p(\boldsymbol{x})$ 旗鼓相当（$\sigma_1^2\simeq\sigma_2^2$），对很大的 l 值，由于其指数依赖性，权重的值变化也会很明显。

14.8 证明随机矩阵 P 总有特征值 $\lambda=1$。

14.9 证明，如果转换矩阵的特征值不等于 1，则其大小不可能大于 1，即 $|\lambda|\leqslant 1$。

14.10 证明，如果 P 是随机矩阵且 $\lambda\neq 1$，那么对应的特征向量中的元素之和为 0。

14.11 证明，在无限多个整数状态上进行随机游走，走过的距离与时间呈平方根关系。

14.12 证明，使用精细平衡条件，梅特罗波利斯–黑斯廷斯算法隐含表示的马尔可夫链相关联的不变分布就是期望的分布 $p(\boldsymbol{x})$。

14.13 证明在吉布斯抽样中，期望的联合分布相对于每个基转移 PDF 都是不变分布。

14.14 证明，吉布斯抽样的接受率等于 1。

14.15 推导例 14.11 中条件分布的公式。

MATLAB 练习

14.16 开发吉布斯抽样器的 MATLAB 代码，然后使用它从二维高斯分布中进行抽样，高斯分布的均值与协方差矩阵如下

$$\boldsymbol{\mu}=[0,0]^{\mathrm{T}},\quad \boldsymbol{\Sigma}=\begin{bmatrix}1 & 0.5\\ 0.5 & 1\end{bmatrix}$$

推导出针对每个变量对于其他变量的条件 PDF(使用第 12 章的附录，可从本书网站下载)。然后使用条件 PDF 实现吉布斯抽样器。在二维空间中分别绘制在 20、50、100、300 和 1000 次迭代后生成的点。你观察到了什么样的收敛情况？ 767

参考文献

[1] D. Barry, J.A. Hartigan, A Bayesian analysis for change point problems, J. Am. Stat. Assoc. 88 (1993) 309–319.

[2] N. Bhatnagar, A. Bogdanov, E. Mossel, The computational complexity of estimating convergence time, arXiv:1007.0089v1 [cs.DS], 2010.

[3] G. Celeux, J. Diebolt, The SEM algorithm: a probabilistic teacher derive from the EM algorithm for the mixture problem, Comput. Stat. Q. 2 (1985) 73–82.

[4] A.T. Cemgil, A tutorial introduction to Monte Carlo methods, Markov chain Monte Carlo and particle filtering, in: R. Chellappa, S. Theodoridis (Eds.), Academic Press Library in Signal Processing, vol. 1, Academic Press, San Diego, CA, 2014, pp. 1065–1113.

[5] M.H. Chen, Q.M. Shao, J.G. Ibrahim (Eds.), Monte Carlo Methods in Bayesian Computation, Springer, New York, 2001.

[6] M.K. Cowles, B.P. Carlin, Markov chain Monte Carlo convergence diagnostics: a comparative review, J. Am. Stat. Assoc. 91 (1996) 883–904.

[7] L. Devroye, Non-Uniform Random Variate Generation, Springer-Verlag, New York, 1986.

[8] A. Gelman, D.B. Rubin, Inference from iterative simulation using multiple sequences, Stat. Sci. 7 (1992) 457–511.

[9] A.E. Gelfand, A.F.M. Smith, Sampling based approaches to calculating marginal densities, J. Am. Stat. Assoc. 85 (1990) 398–409.

[10] S. Geman, D. Geman, Stochastic relaxation Gibbs distributions and the Bayesian restoration of images, IEEE Trans. Pattern Anal. Mach. Intell. 6 (1984) 721–741.

[11] W.R. Gilks, P. Wild, Adaptive rejection sampling for Gibbs sampling, Appl. Stat. 41 (1992) 337–348.

[12] W.R. Gilks, G.O. Roberts, E.I. George, Adaptive direction sampling, Statistician 43 (1994) 179–189.

[13] P.J. Green, Reversible jump Markov chain Monte Carlo computation and Bayesian model determination, Biometrika 82 (1995) 711–732.

[14] W.K. Hastings, Monte Carlo sampling methods using Markov chains and their applications, Biometrika 57 (1970) 97–109.

[15] D.M. Higdon, Auxiliary variable methods for Markov chain Monte Carlo with applications, J. Am. Stat. Assoc. 93 (1994) 179–189.

[16] C.A. Jensen, A. Kong, U. Kjaeruff, Blocking Gibbs sampling in very large probabilistic expert systems, Int. J. Hum.-Comput. Stud. 42 (1995) 647–666.

[17] S. Kirkpatrick, C.D. Gelatt, M.P. Vecchi, Optimization by simulated annealing, Science 220 (1983) 671–680.

[18] D.E. Knuth, The Art of Computer Programming, second ed., Addison Wesley, Reading, MA, 1981.

[19] T.L. Lai, Sequential change point detection in quality control and dynamical systems, J. R. Stat. Soc. B 57 (1995) 613–658.

[20] D.H. Lehmer, Mathematical methods in large scale computing units, Ann. Comput. Lab. Harvard Univ. 26 (1951).

[21] D.A. Levin, Y. Peres, E.L. Wilmer, Markov Chains and Mixing Times, American Mathematical Society, Providence, RI, 2008.

[22] F. Liang, C. Liu, R.J. Caroll, Advanced Markov Chain Monte Carlo Methods: Learning From Past Samples, John Wiley, New York, 2010.

[23] J.S. Liu, The collapsed Gibbs sampler in Bayesian computations with applications to a gene regulation problem, J. Am. Stat. Assoc. 89 (427) (1994) 958–966.

[24] J.S. Liu, Monte Carlo Strategies in Scientific Computing, Springer, New York, 2001.

[25] E. Marinari, G. Parisi, Simulated tempering: a new Monte Carlo scheme, Europhys. Lett. 19 (6) (1992) 451–458.

[26] D.J.C. MacKay, Information Theory, Inference, and Learning Algorithms, Cambridge University Press, Cambridge, 2003.

[27] N. Metropolis, A.W. Rosenbluth, M.N. Rosenbluth, A.H. Teller, E. Teller, Equation of state calculations by fast computing machines, J. Chem. Phys. 21 (1953) 1087–1091.

[28] N. Metropolis, The beginning of Monte Carlo methods, Los Alamos Sci. (1987) 125–130.

[29] J. Moller, A.N. Pettitt, R. Reeves, K.K. Berthelsen, An efficient Markov chain Monte Carlo method for distributions with intractable normalising constants, Biometrica 93 (2006) 451–458.

[30] R.M. Neal, Probabilistic Inference Using Markov Chain Monte Carlo Methods, Technical Report (GR-TR-93-1), Department of Computer Science, University of Toronto, Canada, 1993.

[31] R.M. Neal, Slice sampling, Ann. Stat. 31 (2003) 705–767.

[32] A. Papoulis, S.U. Pillai, Probability, Random Variables and Stochastic Processes, fourth ed., McGraw-Hill, New York, 2002.

768 [33] P.H. Peskun, Optimum Monte Carlo sampling using Markov chains, Biometrika 60 (1973) 607–612.

[34] S.K. Park, K.W. Miller, Random number generations: good ones are hard to find, Commun. ACM 31 (10) (1988) 1192–1201.

[35] M. Plummer, N. Best, K. Cowles, CODA: output analysis and diagnostics for Markov chain Monte Carlo simulations, http://cran.r-project.org, 2006.

[36] J. Reeves, J. Chen, X.L. Wang, R. Lund, Q.Q. Lu, A review and comparison of changepoint detection techniques for climate data, J. Appl. Meteorol. Climatol. 46 (2007) 900–915.

769~770 [37] B. Ripley, Stochastic Simulation, John Wiley, New York, 1987.

[38] C.P. Robert, G. Casella, Monte Carlo Statistical Methods, second ed., Springer, New York, 2004.

[39] A. Sinclair, Algorithms for Random Generation and Counting: A Markov Chain Approach, Birkhäuser, Boston, 1993.

[40] L. Tierney, Markov chains for exploring posterior distribution, Ann. Stat. 22 (1994) 1701–1762.

概率图模型：第一部分

15.1 引言

在图 13.2 中，我们使用了一个图描述来指出各种参数之间的条件依赖关系，这些参数以层级的方式控制先验和条件 PDF 的“融合”。在那里，我们更多是出于教学的目的，其实完全可以不用这种方法。在这一章中，根据需要我们开始正式介绍图模型。在许多涉及多元统计建模的机器学习应用中，即使是简单的推理任务也很容易变得计算困难。典型的应用包括生物信息学、语音识别、机器视觉和文本挖掘，不一而足。

图论已经被证明是一种强大而优雅的工具，在优化和计算理论中得到了广泛的应用。771 一个图编码了相互作用的变量之间的依赖性，而且可用来形式化概率结构，而概率结构是我们建模假设的基础。图还可用于许多推理任务中以方便计算，例如边际概率、模式和条件概率的计算。而且，当计算需求超出可用资源时，图模型可以作为对模型进行近似的工具。

在学习任务中使用这类模型的早期著名例子是隐马尔可夫模型、卡尔曼滤波和纠错编码，这些自 20 世纪 60 年代初以来一直很流行。

本章是专门讨论概率图模型的两章中的第一章。本章的重点是基本的定义和概念，大部分材料是对本专题进行初读所必需的。本章讨论了几种基本的图模型，如贝叶斯网络(BN)和马尔可夫随机场(MRF)。本章介绍了精确推理，并介绍了用于在链和树中推理的优雅的消息传递算法。

15.2 图模型的必要性

让我们考虑医学应用背景下的一个简化的学习系统的例子。这个系统包括一组与隐变量相对应的 m 种疾病和一组 n 种症状(检验结果)。这些疾病被视为随机变量 $d_1,d_2,\cdots,d_m$，它们中的每一个都可以不存在或存在，因此可以用 0 或 1 编码，即 $d_j\in\{0,1\}$，$j=1,2,\cdots,m$。这也适用于症状 f_i，既可以不存在，也可以存在，即 $f_i\in\{0,1\}$，$i=1,2,\cdots,n$。症状组成了观测变量[⊖]。

该系统的目标是预测疾病假说，即在已观测到一组症状的情况下，预测发生了什么疾病。训练是基于专家评估的，在训练期间，系统学习先验概率($P(d_j)$)和条件概率 $P_{ij}=P(f_i=1\mid d_j=1)$，$i=1,2,\cdots,n,j=1,2,\cdots,m$。后者是一个包含 nm 个项目的表。对于一个现实的系统来说，这样的数可能是非常大的。例如，在[41]中，m 为 500~600，n 为 4000。设 $\boldsymbol{f}$ 是对应于检验结果的一组具体观测值的向量，指示是否存在相应的症状。假设症状是条件独立的，给定任何疾病假说 $\boldsymbol{d}$，可以写出

⊖ 在更多现实的系统中，一些检验结果是不可知的，即它们可能是无法观测的。

$$P(\boldsymbol{f}|\boldsymbol{d})=\prod_{i=1}^{n}P(f_i|\boldsymbol{d}) \tag{15.1}$$

理想情况下，人们应该能够获得每个疾病假说的条件概率 $P(f_i \mid \boldsymbol{d})$。然而，对于 $\boldsymbol{d}$ 的所有可能的 2^m 个组合，这需要大量的训练数据，对于任何实际系统来说是做不到的。因此采用以下模型来绕过：

$$P(f_i=0|\boldsymbol{d})=\prod_{j=1}^{m}(1-P_{ij})^{d_j} \tag{15.2}$$

772 其中当疾病与症状无关时，指数设置为 0，$d_j=0$。这就是所谓的噪声-或模型。也就是说，假定对于一个阴性检验结果，单个因素间是独立的[37]。很明显，

$$P(f_i=1|\boldsymbol{d})=1-P(f_i=0|\boldsymbol{d})$$

现在让我们假设观测了一组检验结果 $\boldsymbol{f}$，我们想对某些 j 推断出 $P(d_j \mid \boldsymbol{f})$。于是，

$$\begin{aligned}P(d_j=1|\boldsymbol{f})&=\frac{P(\boldsymbol{f}|d_j=1)P(d_j=1)}{P(\boldsymbol{f})}\\&=\frac{\sum_{\boldsymbol{d}:d_j=1}P(\boldsymbol{f}|\boldsymbol{d})P(\boldsymbol{d})}{\sum_{\boldsymbol{d}}P(\boldsymbol{f}|\boldsymbol{d})P(\boldsymbol{d})}\end{aligned} \tag{15.3}$$

分母中的求和涉及 2^m 个项。对 $m\sim500$ 的规模，这是一项艰巨的任务，根本无法在一个现实的时间内完成。

前面的例子表明，一旦涉及复杂的系统，即使是看似简单的任务也会在计算上变得难以处理。因此，我们要么更聪明地利用数据中可能存在的独立性，从而减少所需的计算次数，要么做出某些假设/近似。在本章中，我们将研究这两种选择。

在我们进行进一步的讨论之前，值得指出的是，除了计算式(15.3)外，还有另一个计算障碍的来源。在实践中，执行加法可能比实现乘法更方便，将大量的小值变量(如概率)相乘可能会导致算术精度问题。绕过乘积的一种方法是通过对数或指数运算，将乘积转化为求和。例如，式(15.2)可以写作

$$P(f_i=0|\boldsymbol{d})=\exp\left(-\sum_{j=1}^{m}\theta_{ij}d_j\right) \tag{15.4}$$

其中 $\theta_{ij}:=-\ln(1-P_{ij})$，并且

$$P(f_i=1|\boldsymbol{d})=1-\exp\left(-\sum_{j=1}^{m}\theta_{ij}d_j\right) \tag{15.5}$$

观察到在式(15.1)中，与阴性检验结果相对应的项的数目与复杂性呈线性关系(指数的乘积对应求和)。然而，与阳性检验结果相关的项不是这种情况。举个极端的例子，所有的样本都是阴性。那么

$$\begin{aligned}P(\boldsymbol{f}=\boldsymbol{0}|\boldsymbol{d})&=\prod_{i=1}^{n}\exp\left(-\sum_{j=1}^{m}\theta_{ij}d_j\right)\\&=\exp\left(-\sum_{i=1}^{n}\left(\sum_{j=1}^{m}\theta_{ij}d_j\right)\right)\end{aligned} \tag{15.6}$$

773

现在考虑 $f_1=1$，剩余的 $f_i=0$，$i=2,\cdots,n$。那么

$$P(\boldsymbol{f}|\boldsymbol{d})=\left(1-\exp\left(-\sum_{j=1}^{m}\theta_{1j}d_j\right)\right)\exp\left(-\sum_{i=2}^{n}\left(\sum_{j=1}^{m}\theta_{ij}d_j\right)\right) \tag{15.7}$$

现在要计算两个指数。容易证明，交叉乘积项导致计算量指数增长[20]（习题 15.1）。

为了推导出有效的精确推理算法，以及在不可能进行精确推理的情况下推导出有效的近似规则，我们将通过使用图模型来实现。

15.3 贝叶斯网络与马尔可夫条件

在我们继续讨论定义之前，让我们先看看联合分布中某种结构的存在是如何简化边际化任务的。我们将使用离散概率来演示它，其中使用计数可以使事情变得更简单。

让我们考虑 l 个离散联合分布随机变量。应用概率的乘积法则，我们得到

$$P(x_1,x_2,\cdots,x_l)=P(x_l|x_{l-1},x_{l-2},\cdots,x_1)P(x_{l-1}|x_{l-2},\cdots,x_1)\cdots P(x_1) \tag{15.8}$$

假设这些变量中的每一个都在离散集合 $\{1,2,\cdots,k\}$ 中取值。在一般情况下，如果我们想对其中一个变量（例如 x_1）进行边际化，就必须将其他变量相加，即

$$P(x_1)=\sum_{x_2}\cdots\sum_{x_l}P(x_1,x_2,\cdots,x_l)$$

其中每个求和都是在超过 k 个可能的值上进行的，这相当于 $\mathcal{O}(k^l)$ 个求和。对于大的 k 和 l 值，这是一项艰巨的任务，有时也是不可能完成的任务。现在让我们考虑一个极端的例子，所有涉及的变量都是相互独立的。然后乘积规则变成

$$P(x_1,x_2,\cdots,x_l)=\prod_{i=1}^{l}P(x_i)$$

边际化转换为平凡恒等式

$$P(x_1)=\left(\sum_{x_l}P(x_l)\sum_{x_{l-1}}P(x_{l-1})\cdots\sum_{x_2}P(x_2)\right)P(x_1) \tag{15.9}$$

因为每个求和都是独立进行的，当然结果为 1。换句话说，利用乘积规则和统计独立性可以克服计算代价指数增长的障碍。事实上，之前的完全独立假设产生了朴素贝叶斯分类器（第 7 章）。 774

在本章中，我们将研究之前提及的两个极端例子。一般的思想是能够用因子的乘积来表示联合概率分布（概率密度/质量函数），其中每个因子都依赖于所涉及变量的一个子集。这可以通过将联合分布写成下式来表示

$$\boxed{p(x_1,x_2,\cdots,x_l)=\prod_{i=1}^{l}p(x_i|\mathrm{Pa}_i)} \tag{15.10}$$

其中 Pa_i 表示与随机变量 x_i 相关联的变量子集。看下面的例子

$$p(x_1,x_2,x_3,x_4,x_5,x_6)=p(x_6|x_4)p(x_5|x_3,x_4)p(x_4|x_1,x_2)p(x_3|x_1)p(x_2)p(x_1) \tag{15.11}$$

其中 $\mathrm{Pa}_6=\{\mathrm{x}_4\}$，$\mathrm{Pa}_5=\{\mathrm{x}_3,\mathrm{x}_4\}$，$\mathrm{Pa}_4=\{\mathrm{x}_1,\mathrm{x}_2\}$，$\mathrm{Pa}_3=\{\mathrm{x}_1\}$，$\mathrm{Pa}_2=\varnothing$，$\mathrm{Pa}_1=\varnothing$。集合中的变量 Pa_i 被定义为对应 x_i 的双亲，从统计的角度来看，这意味着 x_i 在统计上独立于给定了双亲值的所有变量。每一个 $p(\mathrm{x}_i\mid\mathrm{Pa}_i)$ 表示一个条件独立关系，它施加了一个概率结

构作为我们多变量集的基础。我们将利用这些类型的独立性，以便以较低的计算代价执行推理任务。

15.3.1　图：基本定义

图 $G=\{V,E\}$ 是节点/顶点 $V=\{x_1,\cdots,x_l\}$ 的集合和边(弧) $E\subset V\times V$ 的集合。每条边连接两个顶点，表示为 $(x_i,x_j)\in E$。每条边或者是有向的——我们用 $(x_i\rightarrow x_j)$ 表示方向；或者是无向的——则我们简单写作 (x_i,x_j)。设有一组节点 $x_1,x_2,\cdots,x_k$，$k\geqslant 2$ 和对应的边的集合 $(x_{i-1},\ x_i)\in E$ 或 $(x_{i-1}\rightarrow x_i)\in E$，$2\leqslant i\leqslant k$，也就是说，边按顺序连接节点对，它们可以是有向的，也可以是无向的。这种边的序列称为从 x_1 到 x_k 的路径。如果其中至少有一条有向边，则该路径称为有向的。环是从一个节点开始再回到自己的路径。链或迹是一条既可以从 x_1 "前进"到 x_k 也可以从 x_k "前进"到 x_1 的路径，也就是说，所有的有向边都被无向边替换。

一个有向图仅包含有向边，如果它不包含环，则称为有向无环图(*DAG*)。在一个有向无环图中，如果存在一条从节点 x_i 到 x_j 的(有向)边，则称 x_i 为 x_j 的双亲节点，x_j 是 x_i 的孩子节点。如果有一条从 x_i 到 x_j 的路径，那么称 x_j 是 x_i 的后代节点，x_i 是 x_j 的祖先节点。如果 x_j 不是 x_i 的一个后代节点，那么称它为 x_i 的非后代节点。如果在每一对节点之间都有一条边，则称图是完全连通的或完全的。图 15.1 展示了上述定义。

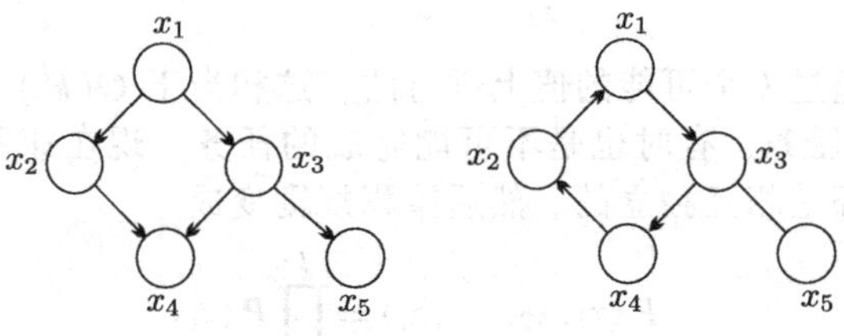

图 15.1　a) 这是一个有向无环图，因为没有环。x_1 是 x_2 和 x_3 的双亲节点，x_4 和 x_5 是 x_3 的孩子节点，x_1、x_2、x_3 是 x_4 的祖先节点，x_4 和 x_5 是 x_1 的后代节点，x_5 是 x_2 和 x_4 的非后代节点。b) 不是一个有向无环图，序列 (x_2,x_1,x_3,x_4,x_2) 形成了一个环。边 (x_3,x_5) 是无向的，节点序列 (x_1,x_3,x_5) 形成了一条有向路径，如果用无向边代替有向边，(x_1,x_2,x_4,x_3) 就形成了链

定义 15.1　一个贝叶斯网络结构是一个有向无环图，其中节点表示随机变量 $\mathrm{x}_1,\cdots,\mathrm{x}_l$，每个变量(节点) x_i 条件独立于它的所有非后代节点的集合，在给定它的所有双亲节点的集合的前提下。有时候这也被称为马尔可夫条件。

如果我们将节点 x_i 的非后代集合表示为 ND_i，那么马尔可夫条件可以像[12]中一样
775 写成 $\mathrm{x}_i\perp ND_i\mid Pa_i$，$\forall i=1,2,\cdots,l$。有时，条件独立也称为局部独立。换句话说，贝叶斯网络的图形结构是一种对条件独立进行编码表示的便利方式。图 15.2 显示了可以表示式(15.11)中使用的条件独立性的有向无环图，以便将联合分布表示为因子的乘积。随机变量之间的条件独立性，即 $\mathrm{x}\perp\mathrm{y}\mid\mathrm{z}$ 或等价的 $p(x\mid y,z)=p(x\mid z)$，意味着一旦我们知道了 z 的值，观察 y 的值不会给出关于 x 的任何附加信息(注意，只有当 $p(y,z)>0$ 时，这一点才有意义)。例如，儿童接受良好教育的概率依赖于他们是在贫穷国家还是在富裕国家(国民生产总值(GNP)低和高)中成长。一个人得到高薪工作的概率取决于她/他的教育水平。给定某人的受教育程度，她/他获得高薪工作的概率独立于其出生和长大的国家。

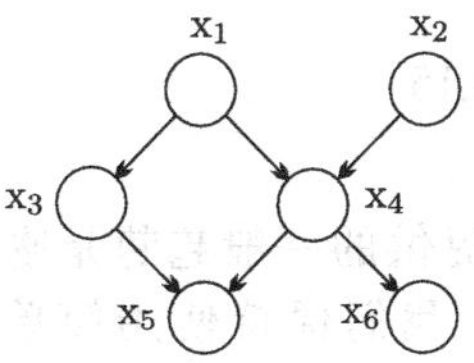

图 15.2　对应于式(15.11)中 PDF 的贝叶斯网络。观察到，给定 x_3 和 x_4 的值后，x_5 条件独立于 x_1 和 x_2。注意，一个贝叶斯网络结构中的节点对应随机变量

定理 15.1　*设 G 是一个贝叶斯网络结构，p 是与图相关联的那些随机变量的联合概率分布。则 p 等于给定了所有节点双亲节点值情况下它们的条件分布的乘积，并且我们称 p 在 G 上因子分解。*

定理的证明是通过归纳法完成的(习题 15.2)。而且，这个定理的逆定理也成立。这个定理假定了一个分布，并建立了基于基本条件独立性的贝叶斯网络。下一个定理是关于逆过程的。我们基于一组条件分布建立一个图——每个条件分布对应网络的一个节点。 776

定理 15.2　*设 G 是一个有向无环图，每个节点关联一个条件概率，并给定其双亲节点的值。则这些条件概率的乘积产生变量的联合概率。而且还满足马尔可夫条件。*

在习题 15.4 中给出了这个定理的证明。注意，在这个定理中，我们使用了概率这个术语，而不是分布。原因是这个定理并不是对每种形式的条件密度(PDF)都成立[14]。但是，它对许多广泛使用的 PDF 是成立的，如高斯函数。这个定理非常有用，因为在实践中，这通常是我们构造概率图模型的方法——分层级地构建，对要建模的相应物理过程进行推理，并对图中的条件独立性进行编码。

图 15.3 显示了描述一组相互独立的变量(朴素贝叶斯假设)的贝叶斯网络结构。

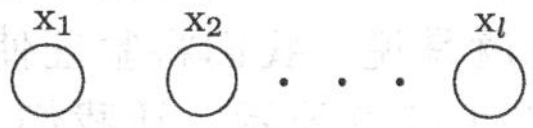

图 15.3　独立变量的贝叶斯网络结构。因为每个变量与其他变量都是独立的，所以没有边，也没有双亲节点

定义 15.2　一个贝叶斯网络(BN)是一个(G, p)对，其中分布 p 可以分解成有向无环图 G 上的一组条件概率分布，这些条件概率分布与 G 的节点相关联。

换句话说，一个贝叶斯网络与一个特定的分布相关联。相反，一个贝叶斯网络结构是指满足由网络结构表示的马尔可夫条件的任何分布。

例 15.1　考虑下面简化的对一个国家的国民生产总值与教育水平及一个成年人在他/她的职业生涯中得到的工作类型之间联系的研究。变量 x_1 是二元的，取值为 HGP 和 LGP，分别对应国民生产总值高和低的国家。变量 x_2 有三个值，NE、LE 和 HE，分别对应于不受教育、低级别和高级别教育。最后，变量 x_3 有三个可能的值：UN、LP、HP，分别对应于失业、低薪和高薪工作。使用足够大的数据样本，可以学习到以下概率。

1) 边际概率：

$$P(x_1 = LGP) = 0.8,\ P(x_1 = HGP) = 0.2$$

2) 条件概率：

$$P(x_2 = NE|x_1 = LGP) = 0.1,\ P(x_2 = LE|x_1 = LGP) = 0.7$$
$$P(x_2 = HE|x_1 = LGP) = 0.2$$
$$P(x_2 = NE|x_1 = HGP) = 0.05,\ P(x_2 = LE|x_1 = HGP) = 0.2$$
$$P(x_2 = HE|x_1 = HGP) = 0.75$$
$$P(x_3 = UN|x_2 = NE) = 0.15,\ P(x_3 = LP|x_2 = NE) = 0.8$$ 777
$$P(x_3 = HP|x_2 = NE) = 0.05$$
$$P(x_3 = UN|x_2 = LE) = 0.10,\ P(x_3 = LP|x_2 = LE) = 0.85$$

$$P(x_3 = HP|x_2 = LE) = 0.05$$
$$P(x_3 = UN|x_2 = HE) = 0.05,\ P(x_3 = LP|x_2 = HE) = 0.15$$
$$P(x_3 = HP|x_2 = HE) = 0.8$$

注意，虽然这些值不是特定实验的结果，但它们与一些更专业的研究提供的一般趋势是吻合的，这类研究涉及多得多的随机变量。然而，出于教学上的原因，我们保持使用简单例子。

第一个观察是，即使这个简单的例子只涉及三个变量，我们也必须得到 17 个概率值。这验证了此类任务可能需要高计算量。

图 15.4 显示了一个贝叶斯网络，它捕获先前阐述的条件概率。请注意，马尔可夫条件使 x_3 在给定 x_2 的值时独立于 x_1。事实上，给定一个人的教育水平，她/他找到的工作是独立于国家的国民生产总值的。我们将通过对前面定义的值使用概率定律来验证这一点。

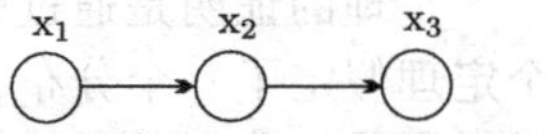

图 15.4　例 15.1 的贝叶斯网络，注意 $x_3 \perp x_1 \mid x_2$

根据定理 15.2，由下面的乘积给出事件的联合概率

$$P(x_1, x_2, x_3) = P(x_3|x_2)P(x_2|x_1)P(x_1) \tag{15.12}$$

换句话说，来自富裕国家、受过良好教育、得到高薪工作的人的概率等于(0.8)(0.75)(0.2)= 0.12。类似地，来自一个贫穷国家的某人受教育程度较低、获得低薪工作的概率为 0.476。

作为下一步，我们将使用前面给出的概率值来验证贝叶斯网络结构所隐含的马尔可夫条件。也就是说，我们将验证使用条件概率来建立网络，这些概率基本上编码了条件独立性，如定理 15.2 所示。让我们考虑

$$P(x_3 = HP|x_2 = HE, x_1 = HGP) = \frac{P(x_3 = HP, x_2 = HE, x_1 = HGP)}{P(x_2 = HE, x_1 = HGP)} = \frac{0.12}{P(x_2 = HE, x_1 = HGP)}$$

以及

$$P(x_2 = HE, x_1 = HGP) = P(x_2 = HE|x_1 = HGP)P(x_1 = HGP)$$

778

$$= 0.75 \times 0.2 = 0.15$$

最终得

$$P(x_3 = HP|x_2 = HE, x_1 = HGP) = 0.8 = P(x_3 = HP|x_2 = HE)$$

这验证了结论。读者可以检查结论对所有可能的值组合都是成立的。

15.3.2　因果关系的一些提示

贝叶斯网络中存在有向链路并不一定反映从双亲节点到孩子节点的因果关系[⊖]。在统计学中，一个众所周知的事实是，两个变量之间的相关性并不总是建立起它们之间的因果关系。例如，它们之间的相关性可能是因为它们都与潜(未知)变量有关。一个典型的例子是有关吸烟与癌症关系的讨论，是吸烟导致了癌症，还是两者都是由于一种未被观察到的基因型导致的，这个基因型导致了癌症，同时导致了对尼古丁的渴望，多年来，这一论点一直被烟草公司当作一道防线。

让我们回到例 15.1。虽然国民生产总值和教育质量是相关的，但不能说国民生产总值

⊖ 我们不再继续讨论这一主题，它的目的是让读者意识到这个问题，在第一次阅读时可以略过。

是教育制度的一个原因。毫无疑问，政治制度、社会结构、经济体制、历史原因和传统等多方面的原因都需要加以考虑。事实上，这个例子中有关这三个变量的图的结构是可以颠倒的。我们可以用另一种方式收集数据，得到概率 $P(x_3=UN)$，$P(x_3=LP)$，$P(x_3=HP)$，然后是条件概率 $P(x_2 \mid x_3)$（如 $P(x_2=HE \mid x_3=UN)$），最终得到 $P(x_1 \mid x_2)$（$P(x_1=HGP \mid x_2=HE)$）。原则上，这些数据也可以从人群样本中收集。在这种情况下，产生的贝叶斯网络仍将包含三个节点，如图 15.4 所示，但箭头的方向相反。这也是合理的，因为给定某人的教育水平，其来自富国或穷国的可能性是独立于其工作的。而且，这两种模型对任何联合事件都应产生相同的联合概率分布。因此，如果箭头的方向表示因果关系，那么这一次，教育系统就应该与国民生产总值有因果关系。基于前述的同样理由，这是没有道理的。话虽如此，这并不一定意味着在贝叶斯网络中没有因果关系，也不一定意味着了解它们是不重要的。相反，在许多情况下，在建立一个贝叶斯网络时，我们有充分的理由去揭示潜在的因果关系。

让我们更详细地阐述这一点，看看为什么利用任何潜在的因果关系会对我们有利。例如，图 15.5 中的贝叶斯网络将疾病的存在与否与两项医学检验的结果联系起来。让 x_1 表示是否存在某种疾病，x_2 和 x_3 表示两项检验可能产生的离散结果。

图 15.5a 中的贝叶斯网络符合我们的常识推理，即 x_1(疾病)导致 x_2 和 x_3(检验)。然而，这是不可能通过简单地考虑现有的概率来演绎的。这是因为概率定律是对称的。即使 x_1 是原因，只要 $P(x_1,x_2,x_3)$ 和 $P(x_2)$ 可用，我们仍可以计算 $P(x_1 \mid x_2)$。也就是说 779

$$P(x_1|x_2)=\frac{P(x_1,x_2)}{P(x_2)}=\frac{\sum_{x_3}P(x_1,x_2,x_3)}{P(x_2)}$$

之前为了说 x_1 导致 x_2 和 x_3，使用了一些额外的信息/知识，我们称之为常识推理。请注意，在这种情况下，为进行训练，需要了解三个概率值的知识，即 $P(x_1)$、$P(x_2 \mid x_1)$、$P(x_3 \mid x_1)$。现在假设我们选择图 15.5b 中的图模型。这一次，忽视因果关系导致了错误的模型。这个模型中 x_2 和 x_3 相互独立，显然不是这样。给定 x_1 的情况下，它们应该只是条件独立的。保持 x_2 和 x_3 作为 x_1 的双亲节点的唯一合理方法是添加一条额外的链接，如图 15.5c 所示，这就建立了两者之间的关系。然而，为了训练这样的网络，除了 $P(x_2)$、$P(x_3)$ 和 $P(x_1 \mid x_2,x_3)$ 这三个概率的值外，还需要知道另一个概率 $P(x_3 \mid x_2)$ 的值。因此，在建立贝叶斯网络时，了解任何潜在的因果方向总是有好处的。而且，还有其他原因。例如，这可能与干预有关，干预是指改变变量状态以研究各自对其他变量的影响的行为，因为变化是在因果方向传播的，只有在网络结构按因果层次构建的情况下才有可能进行这样的研究。例如，在生物学中，人们对了解哪些基因影响其他基因的激活水平以及预测某些基因开启或关闭的效果有强烈的兴趣。

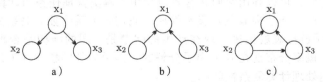

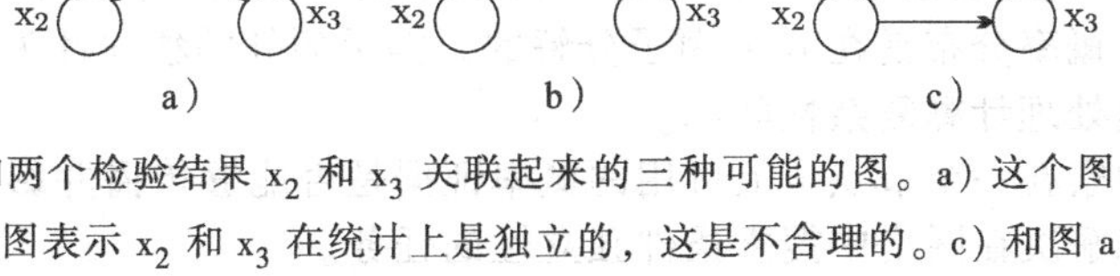

图 15.5 将疾病 x_1 和两个检验结果 x_2 和 x_3 关联起来的三种可能的图。a) 这个图中的依赖关系符合常识。b) 这个图表示 x_2 和 x_3 在统计上是独立的，这是不合理的。c) 和图 a 相比，训练这个图需要额外的概率值

因果关系的概念并不简单，哲学家们为此争论了几个世纪。虽然我们在这里的意图绝不是要触及这个问题，但引用两位著名的哲学家的话是很有趣的。

大卫·休谟(David Hume)认为，因果关系不是真实世界的一种属性，而是一种帮助我们解释我们对世界的感知的心理概念。休谟(1711—1776)是一位苏格兰哲学家，以其哲学经验主义和怀疑论而闻名。他最著名的著作是“人性论”，相对于理性主义哲学学派，他主张人性主要受欲望支配，而非理性。

伯特兰·罗素(Bertrand Russell)认为，因果关系定律与物理定律无关，物理定律是对称的(回想我们之前关于条件概率的陈述)，并且没有因果关系。例如，牛顿万有引力定律

780 可以用下列任何一种形式表示

$$B=mg \text{ 或 } g=\frac{B}{m} \text{ 或 } m=\frac{B}{g}$$

只看它们，无法推断出因果关系。伯特兰·罗素(1872—1970)是英国哲学家、数学家和逻辑学家。他被认为是分析哲学的创始人之一。在与艾尔弗雷德·诺思·怀特海德合著的《数学原理》中，他们尝试将数学建立在数理逻辑的基础上。他也是一名反战活动家和自由主义者。

上述有些挑衅性的论述是受朱迪亚·珀尔的著作[38]的启发，我们给出这些论述是为了说服读者阅读这本书，这只会令你变得更聪明。珀尔为该领域做出了许多重大贡献，并于2011年获得图灵奖。

虽然一个人不能通过只看物理定律或概率来推断因果关系，但是研究者已经开发了一些识别它的方法。一种方法是进行控制实验，我们可以改变变量的值，研究这种变化对另一个变量的影响。然而，这必须以一种受控的方式进行，以确保所造成的影响不是由其他相关因素造成的。

除了实验之外，人们还努力从非实验证据中发现因果关系。在现代应用中，如基因表达的微阵列测量或fMRI脑成像，涉及的变量数很容易达到几千个的量级。为这样的任务做实验是不可能的。在[38]中，将因果关系的概念与得到的可能的有向无环图结构中的极小性概念建立起了联系。这种观点将因果关系与奥卡姆剃刀法则联系起来。最近，人们尝试通过比较给定了直接原因的变量的条件分布来推断因果关系，这一比较在所有假设因果方向上进行，选择最可信的那个方向。该方法建立在一些平滑参数的基础上，这些参数是给定原因下结果的条件分布的基础，而非结果/原因的边际分布[43]。在[24]中，提出了一种因果关系推理的有趣的替代方法，它是基于柯尔莫戈洛夫复杂性理论建立的，通过比较所涉及的分布相关联的字符串的最短描述长度来验证因果关系。感兴趣的读者可以查阅[42]和其中的参考资料获得更多信息。

15.3.3 *d*-分离

一组随机变量之间的依赖性和独立性对理解它们的统计行为起着关键作用。而且，正如我们已经讨论过的，可以利用它们来有效减少用于解决推理任务的计算量。

通过一个贝叶斯网络结构 G 的定义和性质，我们知道某些独立关系是成立的，并且很容易通过双亲–孩子链接观察出来。现在产生的问题是，图的结构是否附加了任何联合概率分布，这些联合概率分布是在 G 上因子分解的。揭示额外的独立性为设计者提供了更多的自由来更积极地处理计算复杂性问题。

我们将通过观察在一个节点 x 上可用的概率证据是否能够传播并影响我们对另一个节点 y 的确定性，来解决在网络中搜索条件独立性的任务。

*串行或头对尾连接。*这种类型的节点连接如图15.6a所示。x 上的证据会影响 y 的确定性，接着又会影响 z 的确定性。相反的方向也是如此，证据从 z 传播到 x。但是，如果 y

781 的状态已知，那么 x 和 z 就变为(条件)独立。在这种情况下，我们说 y *阻塞*了从 x 到 z 的路径，反之亦然。当一个节点的状态是固定/已知时，我们称节点被*实例化*了。

分叉或尾对尾连接。在这种类型的连接中，如图 15.6b 所示，证据可以从 y 传播到 x，从 y 传播到 z，也可以通过 y 从 x 传播到 z 或从 z 传播到 x，除非 y 被实例化。在后一种情况下，y 阻塞了从 x 到 z 的路径，反之亦然。也就是说，给定 y 的值，x 和 z 成为独立的。例如，如果 y 代表“流感”、x 代表“流鼻涕”和 z 代表“打喷嚏”，那么如果我们不知道某人是否患有流感，那么流鼻涕就是可以改变我们对他患流感的确定性的证据，这又改变了我们对打喷嚏的信念。然而，如果我们已经知道某人患了流感，看到流鼻涕并不能提供打喷嚏的额外信息。

汇聚或头对头连接或 v-结构。这种类型的连接比前两种情况稍微微妙一些，如图 15.6c 所示。x 的证据不会传播到 z，因此不能改变我们对它的确定性。对 x 的了解不能告诉我们关于 z 的任何事情。例如，让 z 表示两个国家中的任何一个(例如英国和希腊)，x 表示“季节”，y 表示“多云天气”。显然，对季节的了解未提供关于国家的任何信息。然而，有一些关于多云天气 y 的证据，然后还知道现在是夏天，就可以提供一些信息，我们据此可改变对国家的确定性。这与我们的直觉是一致的。知道现在是夏天且天气是多云，就*足以解释*这个国家是希腊。这就是我们有时将这种推理称为*解释*的原因。解释是一种称为*多因推理*的一般推理模式的一个实例，在这种推理模式中，相同结果的不同原因可以相互作用，在人类中，这是一种非常常见的推理模式。

对于这种特定类型的连接，解释也是通过由 y 的任何一个后代节点提供的证据来实现的，图 15.7 通过一个例子说明了这一情况。关于降雨的证据也将建立一条路径，从而关 782
于季节 x(国家 z)的证据将改变我们对国家 z(季节 x)的确定性。

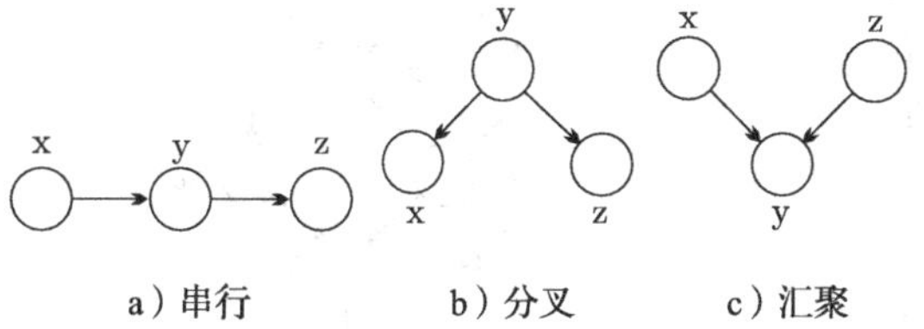

图 15.6　三种不同类型的连接

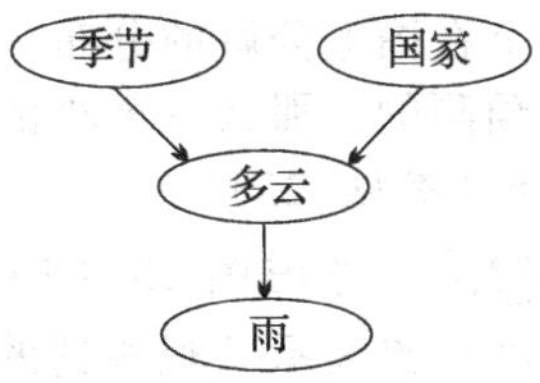

图 15.7　有了天气为多云或雨的证据，就在“季节”和“国家”节点之间建立了信息流动的路径

总之，强调一下这里的微妙之处。对于前两种情况，即头到尾和尾到尾，如果节点 y 被实例化，即当它的状态被透露给我们时，路径就会被阻塞。然而，在头对头的连接中，当在 y 或是它的任何一个后代节点上的概率证据可用时，x 和 z 之间的路径就会“打开”。

定义 15.3　设 G 是一个贝叶斯网络结构，令 $x_1,\cdots,x_k$ 组成一条节点链。设 Z 是观测变量的一个子集。称链 $x_1,\cdots,x_k$ 在给定集合 Z 时是*活跃的*，如果满足

- 无论何时链中存在一条汇聚连接 $x_{i-1}\rightarrow x_i\leftarrow x_{i+1}$，则 x_i 或其后代之一在 Z 中。
- 链中没有其他节点在 Z 中。

换句话说，在一条活跃链中，概率证据可以从 x_1 流到 x_k，反之亦然，因为没有任何节点(链接)可以阻止这种信息流。

定义 15.4　设 G 是一个贝叶斯网络结构，X、Y、Z 是 G 中三个不相交的节点集。如果任何节点对 $x\in X$ 和 $y\in Y$ 之间都不存在活跃链，我们称 X 和 Y 在给定 Z 条件下是 d-分离(有向分离)的。如果它们不是 d-分离的，我们就称它们是 d-连通(有向连通)的。

换句话说，如果两个变量 x 和 y 被第三个变量 z d-分离，则会观察到 z 的状态阻塞了从 x 到 y 的任何证据传播，反之亦然。也就是说，d-分离意味着*条件独立性*。而且，下面非常重要的定理成立。

定理 15.3 设(G,p)是一个贝叶斯网络。对于每三个不相交的节点子集X、Y、Z，只要给定Z的情况下X和Y是d-分离的，那么对于每对$(\mathrm{x},\mathrm{y})\in X\times Y$，给定$Z$的情况下x和y在$p$中条件独立。

定理的证明在[45]中给出。换句话说，这个定理保证了，d-分离意味着对G上因子分解的任何概率分布的条件独立性。注意，不幸的是，逆命题不成立。可能存在有条件独立但不能通过d-分离来确定的情况(如习题 15.5)。然而，在大多数实际应用中，逆命题也是成立的。不符合定理逆命题的分布数目是无穷小的(参见[25])。在一个图中识别所有d-分离可以通过许多有效的算法实现(参见[25, 32])。

例 15.2 考虑图 15.8 的有向无环图G，它连接了两个节点x、y。很明显，这两个节点不是d-分离的，而是组成了一个活跃链。考虑下面概率分布，它在G上因子分解

$$P(y=0|x=0)=0.2,\quad P(y=1|x=0)=0.8$$
$$P(y=0|x=1)=0.2,\quad P(y=1|x=1)=0.8$$

可以很容易地检验$P(y\mid x)=P(y)$(独立于值$P(x=1)$和$P(x=0)$)且变量x和y是独立的，这不能通过观察d-分离来预测。但是要注意，

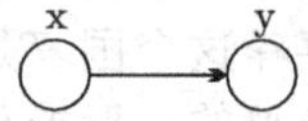

图 15.8　这个有向无环图不包含d-分离的节点

783 如果我们稍微扰乱条件概率的值，那么得到的分布所具有的独立性关系与d-分离预测出来的一样多，也就是说，在本例中没有这种独立关系。事实上，这是一个比较普遍的结果。如果我们有一个在图上分解的分布，其独立性是d-分离不能预测的，那么一个小的扰动几乎总是会消除它们(参见[25])。

例 15.3 考虑图 15.9 中所示的有向无环图。粗线节点表示已观测到的相应的随机变量，也就是说，这些点已被实例化。节点x_5与x_1、x_2、x_6是d-连通的。相反，节点x_9与所有剩余节点都是d-分离的。实际上，从x_1开始的证据被x_3阻塞。但是，它通过x_4(实例化的节点和汇聚连接)传播到x_2、x_6，然后传播到x_5(x_7是实例化的和一个汇聚连接)。相反，任何流向x_9的证据流都会被x_7的实例化所阻塞。值得注意的是，尽管x_5的所有邻居都已被实例化，但它仍然与其他节点保持d-连通。

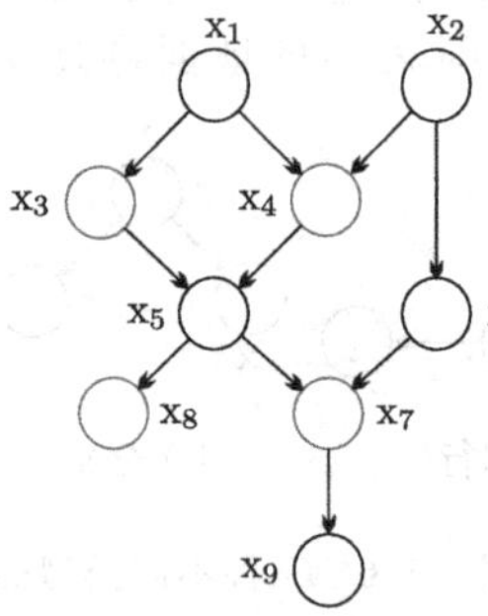

图 15.9　灰色节点被实例化。节点x_5与x_1、x_2、x_6是d-连通的，节点x_9与所有未被观测变量是d-分离的

定义 15.5 一个节点的马尔可夫毯是包括它的双亲节点、它的孩子节点和与该节点共享一个孩子的节点构成的集合。一旦一个节点的马尔可夫毯中的所有节点都被实例化，那么该节点就会与网络的其他节点形成d-分离(习题 15.7)。

例如，在图 15.9 中，x_5的马尔可夫毯包含节点x_3，x_4，x_8，x_7和x_6。注意，如果所有这些节点都被实例化，那么x_5将与其余节点形成d-分离。

在后文中，我们给出了一些机器学习任务的例子，这些任务可以转换为贝叶斯图表示。正如我们将要讨论的，对于许多实际情况，所涉及的条件概率分布用一组参数表示。 784

15.3.4　S 形贝叶斯网络

我们已经看到，当所涉及的随机变量离散时，必须从训练数据中学习与贝叶斯图结构

的节点相关联的条件概率 $P(x_i|Pa_i)$，$i=1,\cdots,l$。如果 Pa_i 中可能的状态数和变量数足够大，就必须学习大量的概率，因此，需要大量的训练点才能得到良好的估计。这可以通过以参数形式表示条件概率来缓解，即

$$P(x_i|\mathrm{Pa}_i)=P(x_i|\mathrm{Pa}_i;\boldsymbol{\theta}_i),\quad i=1,2,\cdots,l \tag{15.13}$$

对于二值变量，一个常见的函数形式是将 P 看作一个对率回归模型，我们在第 13 章关联向量机的上下文中使用了该模型。采用这种模式，我们有

$$P(x_i=1|\mathrm{Pa}_i;\boldsymbol{\theta}_i)=\sigma(t_i)=\frac{1}{1+\exp(-t_i)} \tag{15.14}$$

$$t_i:=\theta_{i0}+\sum_{k:x_k\in\mathrm{Pa}_i}\theta_{ik}x_k \tag{15.15}$$

这将要学习的参数向量的数量减少为 $O(l)$。参数的确切数量取决于双亲节点集的大小。假设一个节点的最大双亲节点数为 K，则从训练数据中学习的未知参数小于或等于 lK。考虑到变量的二值性质，我们可以写出下式

$$P(x_i|\mathrm{Pa}_i;\boldsymbol{\theta}_i)=x_i\sigma(t_i)+(1-x_i)(1-\sigma(t_i)) \tag{15.16}$$

其中 t_i 在式(15.15)中给出。

这种模型也被称为 S 形贝叶斯网络，研究者提出这种模型作为一种类型的神经网络（第 18 章）（参见[33]）。图 15.10 给出了一个这种网络的结构图示。通过将每个节点上的二值变量关联起来，并将节点的活动解释为概率，可以将网络视为贝叶斯网络结构，如式(15.16)所示。在这类网络中进行推理和参数的训练并不是一件容易的事情。我们不得不求助于近似方法。我们将在 16.3 节中讨论这个问题。 785

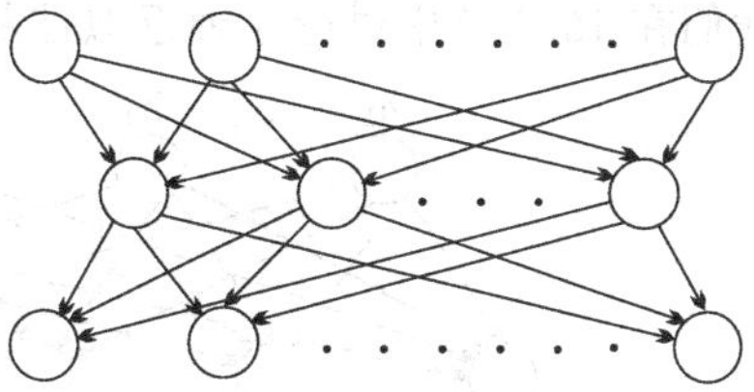

图 15.10 一个 S 形贝叶斯网络

15.3.5 线性高斯模型

在本书中，我们反复利用高斯 PDF 的计算优势。我们现在将看到，当每个节点的条件 PDF（给定其双亲节点的值）以高斯形式表示时，使用图模型框架将获得优势。令

$$p(x_i|\mathrm{Pa}_i)=\mathcal{N}\left(x_i\,\middle|\,\sum_{k:x_k\in\mathrm{Pa}_i}\theta_{ik}x_k+\theta_{i0},\sigma_i^2\right) \tag{15.17}$$

其中 σ_i^2 是对应的方差，θ_{i0} 是偏项。根据贝叶斯网络的性质，联合 PDF 将由条件概率的乘积（定理 15.2，对高斯函数有效）给出，相应的对数由下式给出

$$\ln p(\boldsymbol{x})=\sum_{i=1}^{l}\ln p(x_i|\mathrm{Pa}_i)=-\sum_{i=1}^{l}\frac{1}{2\sigma_i^2}\left(x_i-\sum_{k:x_k\in\mathrm{Pa}_i}\theta_{ik}x_k-\theta_{i0}\right)^2+\text{常数} \tag{15.18}$$

这是二次型形式，因此它也具备高斯函数性质。每个变量的均值和协方差矩阵可以直接递归地计算出来（习题 15.8）。

注意这个贝叶斯网络的计算的巧妙之处。要获得联合 PDF，只需将所有指数求和，即进行线性复杂度的运算。而且，关于训练，人们可以很容易地想到一种学习未知参数的方法，采用最大似然法（虽然不一定是最好的方法）对未知参数进行优化是一项简单的任务。

相反，对于S形贝叶斯网络的训练，我们不能得到类似的结论。不幸的是，S形函数的乘积并不能带来一个简单的计算过程。在这种情况下，人们不得不求助于近似。例如，如第13章所述，一种方法是采用变分界近似，以便在局部强加高斯函数形式。我们将在16.3.1节中讨论这一技术。

15.3.6 多因网络

在本章的开头，我们从医学信息学的一个例子开始，得到了一系列的疾病和一系列的症状/检验结果。假定给定存在一种疾病，每种症状不存在的条件概率(式(15.2))都是已知的。在学习任务中，我们可以把疾病看作隐藏的原因(h)，把症状作为观测变量(y)。这可以用一个贝叶斯网络结构来表示，如图15.11所示。在之前的医学例子中，变量h对应于d(疾病)，而观测变量y对应于检验结果f。

然而，图15.11中给出的贝叶斯结构可以满足许多推理和模式识别任务的需要，而且由于明显的原因，有时被称为多因网络。例如，在机器视觉应用程序中，隐藏的原因h_1, $h_2,\cdots,h_k$，可能指对象的存在或不存在，并且y_n，$n=1,\cdots,N$可能对应图像中观测到的像
786 素值[15]。隐变量可以是二值变量(存在或不存在相应的对象)，条件PDF可以表示为参数化形式，即$p(y_n \mid \boldsymbol{h};\boldsymbol{\theta})$。PDF的特定形式捕获了对象交互的方式以及噪声的影响。请注意，在这种情况下，贝叶斯网络有一组混合变量，观测值是连续的，隐藏的原因是二值的。当我们在16.3节中讨论这种近似推断方法时，我们还会用到这种贝叶斯结构。

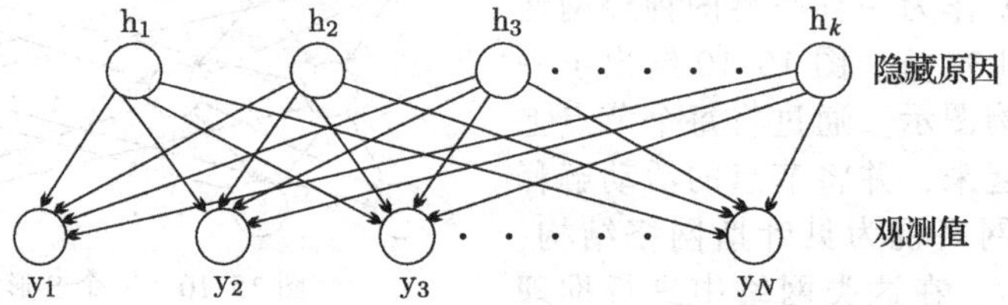

图15.11　一个多因贝叶斯网络的通用结构。顶层节点代表了隐藏原因，底部节点表示观测值

15.3.7 I-映射、可靠性、忠实性和完备性

在图和概率分布中，我们看到了许多关于条件独立性概念的定义和定理。在我们进一步讨论之前，我们将总结已经讨论的内容，并提供一些定义，以一种更正式的语言来修饰我们的发现。这将被证明对后续的推广有用。

我们已经看到一个贝叶斯网络就是一个编码了很多条件独立性的DAG。其中一些条件独立性是由双亲–孩子链接定义的局部链接，有些则更具全局性，是d-分离的结果。给定一个DAG G，我们用$I(G)$表示对应d-分离的所有节点的集合。另外，设p是一组随机变量$x_1,\cdots,x_l$上的概率分布。我们用$I(p)$表示对分布p成立的所有$x_i \perp x_j \mid Z$类型的独立性断言的集合。

设G是一个DAG，p是G上因子分解的一个分布。换句话说，它满足G所建议的局部独立性。那么，我们有(定理15.3)

$$I(G) \subseteq I(p) \tag{15.19}$$

我们称G是p的一个I-映射(独立映射)。此属性有时被称为可靠性。

定义15.6　如果p中的任何独立性都反映在图的d-分离性质中，则称分布p忠实于图G。

换句话说，图可以表示分布的所有(也是仅有的)条件独立性质。在这种情况下记为$I(p)=I(G)$。如果等式成立，我们说图G是p的完美映射。不幸的是，等式并不对在G上

因子分解的任何分布 p 都成立。不过，对于大多数实际目的而言，$I(G)=I(P)$ 对在 G 上因子分解的几乎所有分布都是有效的。 787

虽然 $I(p)=I(G)$ 并不适用于 G 上因子分解的所有分布，但以下两个性质对于任何贝叶斯网络结构都是成立的(参见[25])：

- 如果对 G 上因子分解的所有分布 p 都有 $x \perp y \mid Z$，那么给定 Z 的条件下 x 和 y 是 d-分离的。
- 如果给定 Z 的条件下 x 和 y 是 d-连通的，那么存在一些 G 上分解的分布，其中 x 和 y 是独立的。

最后一个定义涉及极小性。

定义 15.7　如果一个图 G 是一组独立性的 I-映射，且删除它的任何边都使得它不再是一个 I-映射，则称它是极小 I-映射。

请注意，极小 I-映射不一定是一个完美映射。就像存在求 d-分离集的算法一样，也有算法可以找到一个分布的完美映射和极小 I-映射(参见[25])。

15.4　无向图模型

贝叶斯结构和贝叶斯网络并不是对分布中的独立性进行编码的唯一方法。事实上，有向无环图中边的方向性，在某些情况下是有利的和有用的，但在另一些情况下却是不利的。一个典型的例子是，有 4 个变量 x_1、x_2、x_3、x_4。没有能够同时对下列条件独立性进行编码的有向图：$x_1 \perp x_4 \mid \{x_2, x_3\}$ 和 $x_2 \perp x_3 \mid \{x_1, x_4\}$。图 15.12 表明了可能的有向无环图。请注意，两者都未能捕获所需的独立性。

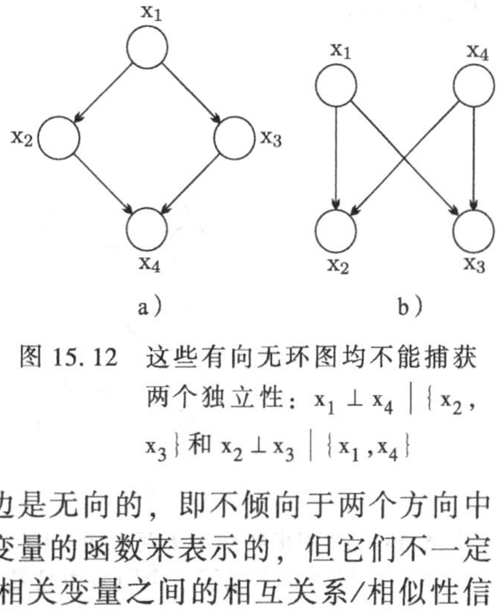

a)　　b)

图 15.12　这些有向无环图均不能捕获两个独立性：$x_1 \perp x_4 \mid \{x_2, x_3\}$ 和 $x_2 \perp x_3 \mid \{x_1, x_4\}$

在图 15.12a 中，因为每条连接 x_1 和 x_4 的路径都阻塞了，所以 $x_1 \perp x_4 \mid \{x_2, x_3\}$ 成立。然而，给定 x_1 和 x_4，x_2 和 x_3 是 d-连通。(为什么?)在图 15.12b 中，因为分叉链接被阻塞所以 $x_2 \perp x_3 \mid \{x_1, x_4\}$ 成立。然而，我们违反了另一个独立性。(为什么?)

这种情况可以通过使用无向图来解决。我们还将看到，这种类型的图建模将简化我们对有条件独立性的研究。

无向图模型或马尔可夫网络或马尔可夫随机场(MRF)来源于统计物理学。与贝叶斯模型一样，图的每个节点都与一个随机变量相关联。连接节点的边是无向的，即不倾向于两个方向中的任何一个。连接的节点之间的局部交互是通过相关变量的函数来表示的，但它们不一定表示概率。人们可以将这些局部功能交互看作编码与相关变量之间的相互关系/相似性信息的一种方式。这些局部函数被称为势函数或兼容性函数或因子，它们是其参数的非负函数，通常是正的。而且，我们很快就会看到，这样一个模型的全局描述是这些局部势函数的乘积的结果，这类似于贝叶斯网络中的结论。 788

遵循类似于有向图的技术路线，我们将从马尔可夫随机场上分布的分解性质开始，然后继续研究条件独立性。设 $x_1, \cdots, x_l$ 是一组随机变量，被分成 K 组 $\mathbf{x}_1, \cdots, \mathbf{x}_K$。每一个随机向量 $\mathbf{x}_k$，$k=1,2,\cdots,K$ 包含随机变量 x_i，$i=1,2,\cdots,l$ 的一个子集。

定义 15.8　如果一个分布可以如下所示被分解成一组势函数 $\psi_1, \cdots, \psi_K$，那么称之为吉布斯分布

$$p(x_1,\cdots,x_l)=\frac{1}{Z}\prod_{k=1}^{K}\psi_k(\boldsymbol{x}_k) \tag{15.20}$$

常数 Z 称为配分函数，是保证 $p(x_1,\cdots,x_l)$ 为概率分布的归一化常数。因此

$$Z=\int\cdots\int\prod_{k=1}^{K}\psi_k(\boldsymbol{x}_k)\,\mathrm{d}x_1,\cdots,\,\mathrm{d}x_l \tag{15.21}$$

它成为概率的和。

请注意，没有人能禁止我们将条件概率分布指派为势函数，这会令式(15.20)与式(15.10)相同。在这种情况下，不需要显式地进行归一化，因为每个条件分布都是归一化的。然而，MRF 可以处理更一般的情况。

定义 15.9　如果一个吉布斯分布 p 的 K 个因子中涉及的每组变量 $\mathbf{x}_k$，$k=1,2,\cdots,K$ 都构成 MRF H 的一个完全子图，我们称它在 MRF H 上因子分解。MRF 的每个完全子图都称为一个团，吉布斯分布对应的因子称为团势。

图 15.13a 显示了一个 MRF 和两个团。请注意，节点集合$\{x_1,x_3,x_4\}$不是一个团，因为相应的子图没有完全连接。集合$\{x_1,x_2,x_3,x_4\}$也是如此。相反，集合$\{x_1,x_2,x_3\}$和$\{x_3,x_4\}$形成了团。相应的因子 $\psi_k(\boldsymbol{x}_k)$ 中涉及的所有变量(组 $\mathbf{x}_k$)形成了一个团，这一事实意味着所有这些变量都相互作用，而此因子就是这种相互作用/依赖的度量。

如果我们将图中任何其他节点加入一个团中都会令它不再是一个团，则称它是*极大*的。例如，图 15.13a 中的两个团都是极大团。另一方面，图 15.13b 由$\{x_1,x_2,x_3\}$组成的团不是极大的，因为引入 x_4 得到的新集合$\{x_1,x_2,x_3,x_4\}$也是一个团。$\{x_2,x_3,x_4\}$形成的

789 团也是如此。

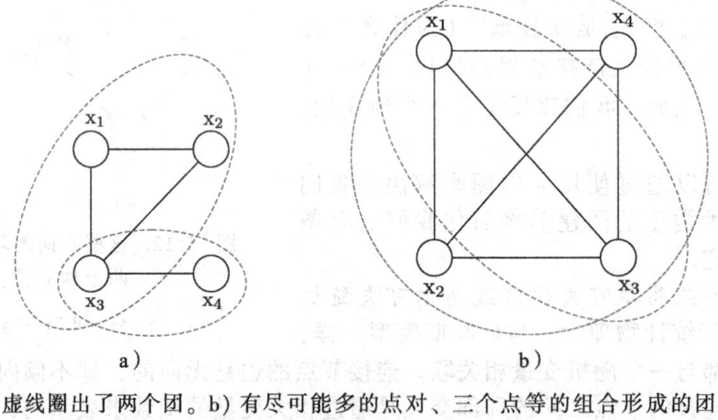

图 15.13　a) 用虚线圈出了两个团。b) 有尽可能多的点对、三个点等的组合形成的团。可以认为所有的点也形成了一个团，而且是一个极大团

15.4.1　马尔可夫随机场中的独立性和 I-映射

现在我们将介绍 d-分离的等价定理，d-分离定理是为贝叶斯网络结构建立的(回忆一下 15.3.3 节中的相关定义)，是通过活跃链的概念定义的。

定义 15.10　令 H 是一个 MRF，$x_1,x_2,\cdots,x_k$ 组成一条路径[⊖]。如果 Z 是一组观测到的变量/节点，如果 $x_1,x_2,\cdots,x_k$ 都不在 Z 中，则称路径是*活跃*的。

⊖ 由于边是无向的，“链”和“路径”的概念变得相同。

给定三个不相交的集合 X、Y、Z，如果给定 Z 的条件，X 和 Y 之间没有活跃路径，我们说给定 Z 的情况下 X 的节点被 Y 的节点分离。请注意，与贝叶斯网络结构的对应定义相比，上面的定义要简单得多。根据目前的定义，给定第三个集合 Z，一个集合 X 与另一个集合 Y 是分离的，其充分条件是所有从 X 到 Y 的可能路径都要通过 Z。图 15.14 展示了其几何含义。在图 15.14a 中，给定 Z 中的节点，没有连接 X 中节点到 Y 中节点的活跃路径，在图 15.14b 中，给定 Z 时存在连接 X 和 Y 的活跃路径。

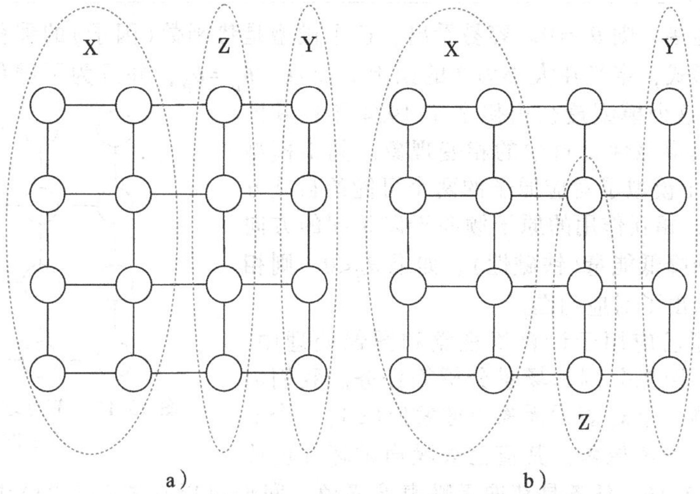

图 15.14　a) X 和 Y 的节点被 Z 的节点分离。b) 给定 Z，存在连接 X 和 Y 的活跃路径

现在，让我们用 $I(H)$ 表示所有"给定 Z 时 X 被 Y 分离"类型的状态集合，这类似于与贝叶斯网络结构相关联的所有可能 d-分离的集合。下列定理(可靠性)成立(习题 15.10)。

定理 15.4　设 p 是 MRF H 上分解的一个吉布斯分布。那么，H 是 p 的一个 I-映射，即

$$I(H) \subseteq I(p) \tag{15.22}$$

这是 15.3.7 节所介绍的定理 15.3 在"I-映射公式"中的对应定理。而且，给定一个 MRF H，它是分布 p 的一个 I-映射，那么 p 在 H 上因子分解。请注意，这对贝叶斯网络结构也成立。实际上，如果 $I(G) \subseteq I(p)$，则 p 在 G 上因子分解(习题 15.12)。然而，对于 MRF，这一结论只对严格正值的吉布斯分布成立，如下面的哈默斯利-克利福德定理。 790

定理 15.5　设 H 是一组随机变量 $\mathrm{x}_1, \cdots, \mathrm{x}_l$ 上的一个 MRF，由一个概率分布 $p>0$ 描述。如果 H 是 p 的一个 I-映射，那么 p 是在 H 上分解的一个吉布斯分布。

关于这个定理的证明，感兴趣的读者请参阅原论文[22]和[5]。

在 MRF 场景下，我们对独立性的最后的讨论是关于完备性的概念。正如贝叶斯网络的情况，如果 p 在 MRF 上因子分解，这并不一定建立起完备性，尽管几乎所有实际情况都是如此。然而，较弱的结论是成立的。即如果 x 和 y 是 MRF 中的两个节点，在给定一个集合 Z 时没有被分离，那么就存在一个吉布斯分布 p，它在 H 上分解，因而对于给定 Z 中的变量，x 和 y 存在依赖关系(参见[25])。

15.4.2　伊辛模型及其变体

MRF 理论的起源可追溯到统计物理学科，此后在机器学习等多个学科中得到了广泛的应用。特别是在图像处理和机器视觉方面，MRF 已确立了在去噪、图像分割和立体重

构等任务中作为主要工具的地位(参见[29])。本节的目标是陈述一个基本的、相当原始
791 的模型，但展示了这种模型捕获进而处理信息的方式。

假设每个随机变量都取{-1, 1}中的一个值，且联合概率分布由以下模型给出

$$p(x_1,\ldots,x_l) := p(\boldsymbol{x}) = \frac{1}{Z}\exp\left(-\sum_i\left(\sum_{j>i}\theta_{ij}x_ix_j + \theta_{i0}x_i\right)\right) \tag{15.23}$$

如果各节点未连接，则 $\theta_{ij}=0$。容易看出，这个模型是势函数(因子)的乘积的结果，每个因子都是指数形式，定义在大小为 2 的团上。而且，$\theta_{ij}=\theta_{ji}$，并且为了避免重复，我们只在 $i<j$ 时求和。这个模型最初由伊辛于 1924 年在其博士论文中用于模拟磁性材料中的相变现象。晶格模型中每个节点的 ±1 模拟了对应原子的两个可能的自旋方向。如果 $\theta_{ij}>0$，相互作用的原子倾向于以相同的方向排列自旋，从而降低能量(铁磁性)。如果 $\theta_{ij}<0$，则相反。图 15.15 给出了对应的图。

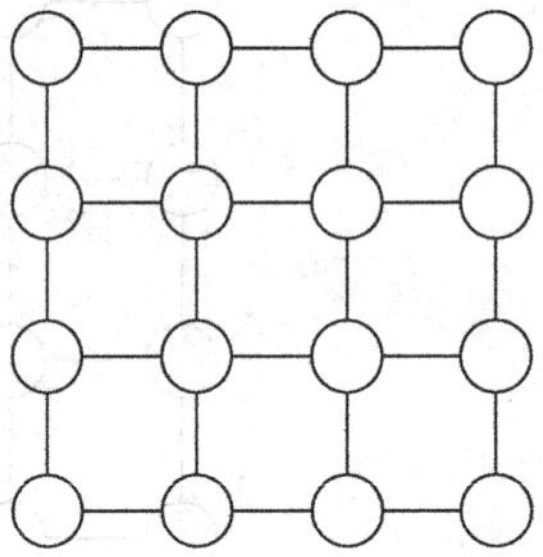

图 15.15　节点之间存在成对依赖关系的 MRF 的图表示

该基本模型已应用于计算机视觉和图像处理中，用于图像去噪、图像分割和场景分析等任务。我们以二值化图像为例，令 x_i 表示无噪声像素值(±1)。令 y_i 表示观测到的带噪声像素，其值已被噪声破坏并已改变极性，见图 15.16。任务是获取无噪声像素值。我们可以在式(15.23)中重新定义模型来满足这一任务的需要，如[5, 21]那样改写为

$$P(\boldsymbol{x}|\boldsymbol{y}) = \frac{1}{Z}\exp\left(\sum_i\left(\alpha\sum_{j>i}x_ix_j + \beta\, x_iy_i\right)\right) \tag{15.24}$$

其中，我们只使用了两个参数 α 和 β。而且，求和 $\Sigma_{j>i}$ 只涉及相邻像素。现在的目标是通过最大化(观测值上的)条件概率来估计像素值 x_i。通过以下两个事实证明这里采用的模型是正确的：(a) 对于足够低的噪声水平，大多数像素将具有与其观测值相同的极性；乘
792 积 x_iy_i 的存在鼓励了这一点，其中相似的信号贡献了更高的概率值；(b) 我们鼓励相邻的像素具有相同的极性，因为我们知道真实世界的图像往往是平滑的，除了靠近图像边际的点。有时，如果我们想惩罚这两个极性中的任何一个，可选择适当的 c 值，引入一个 cx_i 项。将在本章后面讨论的最大积或最大和算法是式(15.24)中给出的联合概率最大化的可能的替代算法。然而，这些并不是执行优化任务的唯一可能的算法。人们已经开发和研究了许多处理 MRF 中推理的替代方法。它们中的一些是次优的，但却拥有很好的计算效率。MRF 在图像处理中应用的一些经典文献包括[7-9, 47]。如果我们将上式写为

$$P(\boldsymbol{x}) = \frac{1}{Z}\exp\left(-\sum_i\left(\sum_{j>i}f_{ij}(x_ix_j) + f_i(x_i)\right)\right) \tag{15.25}$$

对 $f_{ij}(\cdot,\cdot)$ 和 $f_i(\cdot)$ 使用不同的函数形式，并允许变量取两个以上的值，就会得到基本伊辛模型的很多变体。这有时被称为*波茨模型*。一般情况下，公式(15.23)的一般形式的 MRF 模型也称为*成对 MRF 无向图*，因为节点之间的依赖以变量对的乘积表示。关于 MRF 在图
793 像处理中的应用的进一步信息可在[29, 40]等文献中找到。

式(15.23)的另一个名字是玻尔兹曼分布，其中，通常变量取{0,1}中的值。这种分

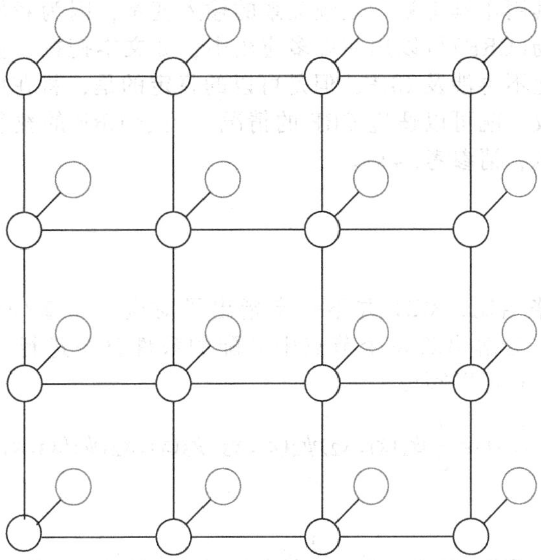

图 15.16 如图 15.15 中的成对 MRF，但是现在每个节点关联的观测值是分离的，由灰色节点表示。对于图像去噪任务，黑色节点代表无噪声像素值(隐变量)，灰色节点表示观测的像素值

布已被用于玻尔兹曼机中[23]。玻尔兹曼机可以看作霍普菲尔德网络对应的随机版本，研究者提出后者是作为关联记忆以及解决组合优化问题的一种方法(参见[31])。在深度学习的背景下，人们重燃了对玻尔兹曼机的兴趣，我们将在第 18 章中更详细地讨论它。

15.4.3 条件随机场

迄今为止讨论过的所有图模型(有向和无向)都围绕着两个方面演进：涉及的随机变量的联合分布及其在对应图上的因子分解。最近，有一种趋势是将注意力集中在某些变量的条件分布上。对联合 PDF 的关注来源于我们对开发生成学习模式的兴趣。然而，这可能并不总是处理学习任务的最有效的方法，我们已经在第 3 章和第 7 章中讨论了替代的判别学习方法。让我们假设在联合分布变量的集合中，有一些变量对应于输出目标变量，它们在观测到其余变量时被推理出来。例如，目标变量可能对应于分类任务中的标签，其余变量则对应于(输入)特性。

让我们把前者表示为向量 $\mathbf{y}$，后者表示为 $\mathbf{x}$。我们不再关注联合分布 $p(\boldsymbol{x},\boldsymbol{y})$，而是将注意力集中在 $p(\boldsymbol{y}|\boldsymbol{x})$ 上，这可能是更明智的。在[27]中，采用图模型对条件分布 $p(\boldsymbol{y}|\boldsymbol{x})$ 进行编码。

一个条件随机马尔可夫场是一个无向图 H，其节点对应随机变量的联合集 $(\mathbf{x},\mathbf{y})$，但我们现在假设条件分布是可分解的，即

$$p(\boldsymbol{y}|\boldsymbol{x})=\frac{1}{Z(\boldsymbol{x})}\prod_{k=1}^{K}\psi_k(\boldsymbol{x}_k,\boldsymbol{y}_k) \tag{15.26}$$

其中 $\{\boldsymbol{x}_k,\boldsymbol{y}_k\}\subseteq\{\boldsymbol{x},\boldsymbol{y}\}$，$k=1,2,\cdots,K$ 和

$$Z(\boldsymbol{x})=\int p(\boldsymbol{y}|\boldsymbol{x})\mathrm{d}\boldsymbol{y} \tag{15.27}$$

其中，对于离散分布，积分变为求和操作。为了强调与式(15.20)的区别，请注意，分解的是所有涉及的变量的联合分布。因此，观察式(15.20)和式(15.26)，现在归一化常数变成了 $\boldsymbol{x}$ 的函数。这种看似微小的差别在实践中可以提供许多好处。避免了对 $p(\boldsymbol{x})$ 的显

式建模，我们可以将其用作具有复杂依赖关系的输入变量，因为我们不愿意对它们进行建模。这使得条件随机场(CRF)可以用在许多应用中，如文本挖掘、生物信息学和计算机视觉。虽然我们从现在起不再涉及 CRF，但是可以的肯定的是，将在后续章节中讨论的高效推断技术只需稍做修改，就可以适应 CRF 的情况。关于 CRF 的教程，包括一些变体方法
794 和关于推断和学习技术，请参考[44]。

15.5 因子图

与一个贝叶斯网络相比，MRF 并不一定指出了对应吉布斯分布的分解的具体形式。观察一个贝叶斯网络，分解沿着每个节点中分配的条件分布进行。我们观察图 15.17 的 MRF，对应的吉布斯分布可以写成

$$p(x_1,x_2,x_3,x_4)=\frac{1}{Z}\psi_1(x_1,x_2)\psi_2(x_1,x_3)\psi_3(x_3,x_2)\psi_4(x_3,x_4)\psi_5(x_1,x_4) \tag{15.28}$$

或者

$$p(x_1,x_2,x_3,x_4)=\frac{1}{Z}\psi_1(x_1,x_2,x_3)\psi_2(x_1,x_3,x_4) \tag{15.29}$$

作为一个极端情况，如果一个 MRF 的所有点构成一个极大团，如图 15.13b 中的情况，我们只能包含一个单一的乘积项。请注意，以极大团为目标减少了因子的数量，但同时也增加了复杂性，例如，在离散变量情况下，这可能导致必须学习的项的数目指数爆炸。同时，使用大的团隐藏了建模细节，而另一方面，较小的团使我们的描述更加明确、详细。

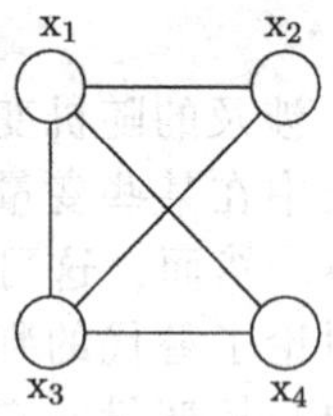

图 15.17 吉布斯分布可以写成包含团(x_1,x_2)，(x_1,x_3)，(x_3,x_4)，(x_3,x_2)，(x_1,x_4)或者(x_1,x_2,x_3)，(x_1,x_3,x_4)的因子的乘积形式

因子图为我们提供一种更明确地表示概率分布分解成因子的乘积的方法。因子图是一种无向二部图，它涉及两类节点(所以用到了术语二部图)：一类对应随机变量，用圆圈表示；另一类对应势函数，用正方形表示。边只存在于两种不同类型的节点之间，即“势函数”节点和“变量”节点之间[15，16，26]。

图 15.18a 是 4 个变量的 MRF。图 15.18b 中相应的因子图对应下面的乘积

$$p(x_1,x_2,x_3,x_4)=\frac{1}{Z}\psi_{c_1}(x_1,x_2,x_3)\psi_{c_2}(x_3,x_4) \tag{15.30}$$

而图 15.18c 中的因子图对应

795

$$p(x_1,x_2,x_3,x_4)=\frac{1}{Z}\psi_{c_1}(x_1)\psi_{c_2}(x_1,x_2)\psi_{c_3}(x_1,x_2,x_3)\psi_{c_4}(x_3,x_4) \tag{15.31}$$

作为一个例子，如果使用概率信息选择势函数来表示变量之间的“相互作用”，则可选择图 15.18 中所涉及的函数如下

$$\psi_{c_1}(x_1,x_2,x_3)=p(x_3|x_1,x_2)p(x_2|x_1)p(x_1) \tag{15.32}$$

和

$$\psi_{c_2}(x_3,x_4)=p(x_4|x_3) \tag{15.33}$$

对图 15.18c 的例子，则有

$$\psi_{c_1}(x_1)=p(x_1),\ \psi_{c_2}(x_1,x_2)=p(x_2|x_1)$$

$$\psi_{c_3}(x_1,x_2,x_3)=p(x_3|x_1,x_2),\ \psi_{c_4}(x_3,x_4)=p(x_4|x_3)$$

对于这样的例子，在这两种情况下，都容易看出 $Z=1$。我们很快就会发现，因子图在推理计算中非常有用。

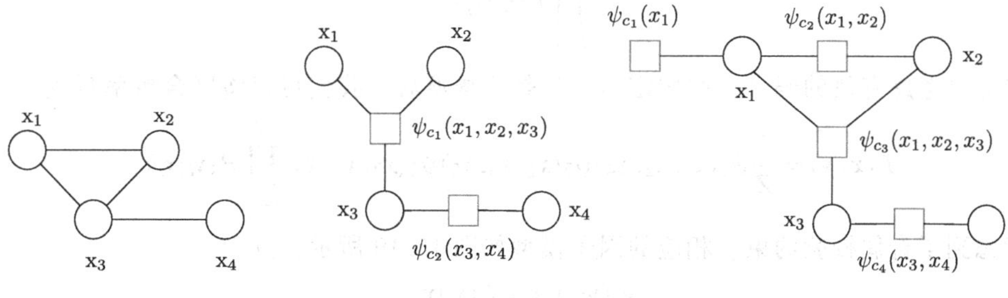

图 15.18　图 a 是一个 MRF。图 b 和 c 是用乘积因子表示的不同分解粒度的因子图，它们可能等价

附注 15.1

- 最近提出了一种因子图的变体，称作正规因子图(NFG)。在 NFG 中，边表示变量，顶点表示因子。而且，隐变量和可观测变量(内部和外部)分别用度为 2 和度为 1 的边表示。这些模型可以导致简化的学习算法，并能很好地统一以前提出的一些模型(参见[2，3，18，19，30，34，35])。 796

15.5.1　纠错码的图模型

图模型广泛用于表示一类纠错码。在分组奇偶校验码(参见[31])中，在包含 N 位的分组中传输 k 个信息位(对二进制码为 0、1)，$N>k$，因此，系统中引入冗余以应对传输信道中噪声的影响。额外的比特称为奇偶校验位。我们为每一种编码都定义一个奇偶校验矩阵 H，为了成为有效的校验矩阵，对于每一个码字 $\boldsymbol{x}$，必须满足奇偶校验约束 $H\boldsymbol{x}=\boldsymbol{0}$(模 2 操作)。以 $k=3$ 和 $N=6$ 为例。编码包含了 2^3(一般情况为 2^k)个码字，每一个长度为 $N=6$ 位。其奇偶校验矩阵为

$$H=\begin{bmatrix}1&1&0&1&0&0\\1&0&1&0&1&0\\0&1&1&0&0&1\end{bmatrix}$$

满足奇偶校验约束的 8 个码字为 000000、001011、010101、011110、100110、101101、110011 和 111000。在这 8 个码字中，前 3 位是信息位，其余的是奇偶校验位，为了满足奇偶校验约束，这些奇偶校验位是唯一确定的。三个奇偶校验约束中的每一个都可以通过一个函数来表示，即

$$\psi_1(x_1,x_2,x_4)=\delta(x_1\oplus x_2\oplus x_4)$$
$$\psi_2(x_1,x_3,x_5)=\delta(x_1\oplus x_3\oplus x_5)$$
$$\psi_3(x_2,x_3,x_6)=\delta(x_2\oplus x_3\oplus x_6)$$

其中 $\delta(\cdot)$ 等于 1 或 0，这取决于它的参数是 1 还是 0，而 $\oplus$ 则表示模 2 加法。码字被发送到一个无记忆、有噪声的二进制对称信道，在该信道中，每个被发送的位 x_i 都可能翻转，并按照以下规则被接收为 y_i：

$$P(y=0|x=1)=p,\quad P(y=1|x=1)=1-p$$
$$P(y=1|x=0)=p,\quad P(y=0|x=0)=1-p$$

接收到观测序列 y_i，$i=1,2,\cdots,N$ 之后，我们需要决定被传输的值 x_i。因为信道被假定是无记忆的，每个位都独立于其他位受到噪声的影响，每个码字整体的后验概率与下式成正比

$$\prod_{i=1}^{N} P(x_i|y_i)$$

为了保证只考虑有效的码字，并假定信息位是等概率的，我们可以将联合概率写成

797

$$P(\boldsymbol{x},\boldsymbol{y})=\frac{1}{Z}\psi_1(x_1,x_2,x_4)\psi_2(x_1,x_3,x_5)\psi_3(x_2,x_3,x_6)\prod_{i=1}^{N}P(y_i|x_i)$$

其中考虑到了奇偶校验约束。相应的因子模型如图 15.19 所示，其中

$$g_i(y_i,x_i)=P(y_i|x_i)$$

解码的任务是导出一种有效的推理方法来计算后验概率，并在此基础上确定为 1 或 0。

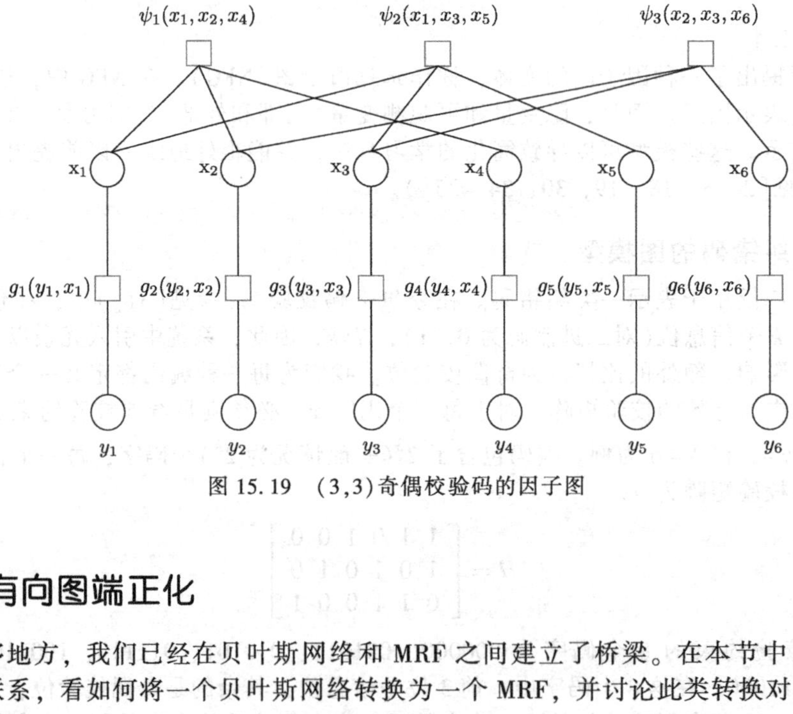

图 15.19　(3,3)奇偶校验码的因子图

15.6　有向图端正化

在许多地方，我们已经在贝叶斯网络和 MRF 之间建立了桥梁。在本节中，我们将形式化这种联系，看如何将一个贝叶斯网络转换为一个 MRF，并讨论此类转换对隐含条件独立的后续影响。

我们可以相信是常识推动我们建立这样的转换。由于条件分布将发挥势函数(因子)的作用，因此必须确保这些因子中所有涉及的变量之间确实存在边。因为从双亲节点到孩子节点的边是存在的，所以我们必须保留这些边并使它们变为无向，还要在具有共同孩子节点的双亲节点之间添加边。如图 15.20 所示，图 15.20a 显示了一个有向无环图，通过在 x_1、x_2(x_3 的双亲节点)和 x_3、x_6(x_5 的双亲节点)之间添加无向边，将其转换为图 15.20b 的 MRF。该过程称为端正化(moralization)，由此产生的无向图称为端正图。这一术语源于“双亲强制结婚”这一事实。这种转换很快就会被证明非常有用，那时我们将阐述一种推理算法，该算法将在统一框架中涵盖贝叶斯网络和 MRF。

现在提出的一个显而易见的问题是，端正化如何影响独立性。已表明，如果 H 可以得

到端正图，则 $I(H)\subseteq I(G)$（习题 15.11）。换句话说，端正图可以保证独立性的数量比原始的贝叶斯网络通过其 d-分离集合得到的独立性少。这是很自然的，因为我们添加了额外的链接。例如，图 15.20a 中，汇聚节点 $x_1\to x_3\leftarrow x_2$ 中的 x_1、x_2 在没给定 x_3 时是边际独立的。然而，在图 15.20b 的端正图中，这种独立性就失去了。可以证明，端正化增加的额外链接是最少的，因此保留了最大数量的独立性（参见[25]）。 798

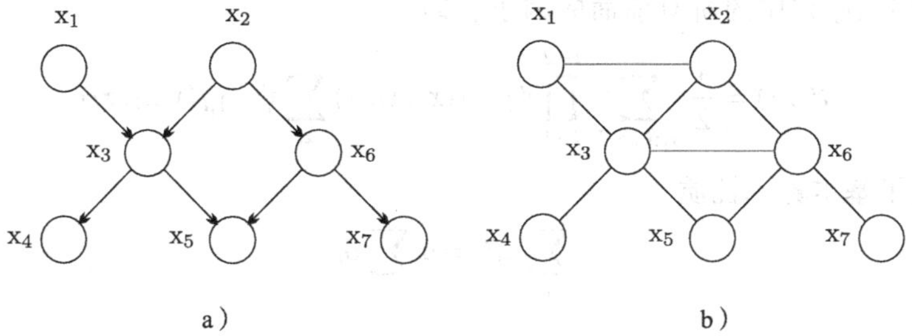

图 15.20　a）一个有向无环图，b）进行端正化后得到的 MRF。有向边变成无向边，灰色显示的新边令具有共同孩子节点的双亲节点“结婚”

15.7　精确推理法：消息传递算法

本节讨论在无向图模型上进行推理的有效技术。因此，即使我们的起点是贝叶斯网络，我们也假设它在推理任务之前被转换为无向的。我们将从最简单的图模型开始——由节点链组成的图。这将有助于读者掌握精确推理方法背后的基本概念。有趣的是，通常情况下，图模型中的推理任务是 NP-难的[10]。而且，对于一般的贝叶斯网络来说，要达到所需的精度位数，即使近似推理也是一项 NP-难的任务[11]，也就是说，所需的时间与精度的位数成指数关系。然而，正如我们在实践中经常遇到的一些情况中所看到的，可以通过利用关联的分布的基本独立性和分解性质来绕过计算时间的指数增长。

令人感兴趣的推理任务是计算似然函数、计算相关变量的边际概率、计算条件概率分布和发现分布模式。

15.7.1　链精确推理

让我们考虑图 15.21 的链图，并将我们的兴趣集中在计算边际概率上。忽略因子分解和独立性的朴素方法会直接处理联合分布。让我们把注意力集中在离散变量上，并假设 l 个变量中的每一个都有 K 种状态。那么，为了计算比如说 x_j 的边际，我们必须得到下面的和 799

$$
\begin{aligned}
P(x_j) &:= \sum_{x_1}\cdots\sum_{x_{j-1}}\sum_{x_{j+1}}\cdots\sum_{x_l} P(x_1,\cdots,x_l)\\
&= \sum_{x_i:i\neq j} P(x_1,\cdots,x_l)
\end{aligned}
\tag{15.34}
$$

每个求和都是在 K 个值上进行，因此所需计算量累计为 $\mathcal{O}(K^l)$。现在让我们把因子分解引入到任务中并专注于计算 $P(x_1)$。假定联合概率在图上分解，因此，我们可以写出如下公式

$$
\boxed{P(\boldsymbol{x}) := P(x_1,x_2,\cdots,x_l) = \frac{1}{Z}\prod_{i=1}^{l-1}\psi_{i,i+1}(x_i,x_{i+1})}
\tag{15.35}
$$

和

$$P(x_1)=\frac{1}{Z}\sum_{x_i:i\neq 1}\prod_{i=1}^{l-1}\psi_{i,i+1}(x_i,x_{i+1}) \tag{15.36}$$

请注意，唯一依赖于 x_l 的项是 $\psi_{l-1,l}(x_{l-1},x_l)$。让我们从最后一项的求和开始，它不影响式(15.36)中乘积序列中的所有前面的因子，即

$$P(x_1)=\frac{1}{Z}\sum_{x_i:i\neq 1,l}\prod_{i=1}^{l-2}\psi_{i,i+1}(x_i,x_{i+1})\sum_{x_l}\psi_{l-1,l}(x_{l-1},x_l) \tag{15.37}$$

其中我们利用了基本算术性质

$$\sum_i \alpha\beta_i=\alpha\sum_i\beta_i \tag{15.38}$$

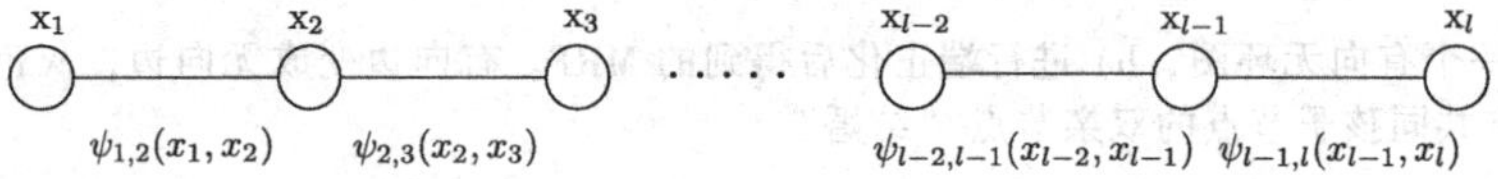

图 15.21 具有 l 个节点的无向链图。有 $l-1$ 个由点对形成的团

- 定义

$$\sum_{x_l}\psi_{l-1,l}(x_{l-1},x_l):=\mu_b(x_{l-1})$$

由于点对 (x_{l-1},x_l) 的可能取值组成了一个 K^2 个元素的表，所以求和涉及 K^2 个项，

800 而 $\mu_b(x_{l-1})$ 则由 K 个可能的值组成。

- 在边际化掉 x_l 后，乘积中依赖 x_{l-1} 的唯一因子是

$$\psi_{l-2,l-1}(x_{l-2},x_{l-1})\mu_b(x_{l-1})$$

然后用相似的方法，我们可得

$$P(x_1)=\frac{1}{Z}\sum_{x_i:i\neq 1,l-1,l}\prod_{i=1}^{l-3}\psi_{i,i+1}(x_i,x_{i+1})\sum_{x_{l-1}}\psi_{l-2,l-1}(x_{l-2},x_{l-1})\mu_b(x_{l-1})$$

其中，这个求和也涉及 K^2 个项。

我们现在准备定义一般递归计算过程为

$$\boxed{\begin{aligned}&\mu_b(x_i):=\sum_{x_{i+1}}\psi(x_i,x_{i+1})\mu_b(x_{i+1}),\ i=1,2,\cdots,l-1\\&\mu_b(x_l)=1\end{aligned}} \tag{15.39}$$

反复应用得到

$$\mu_b(x_1)=\sum_{x_1}\psi_{1,2}(x_1,x_2)\mu_b(x_2)$$

最终

801

$$P(x_1)=\frac{1}{Z}\mu_b(x_1) \tag{15.40}$$

图 15.22 演示了递归过程。

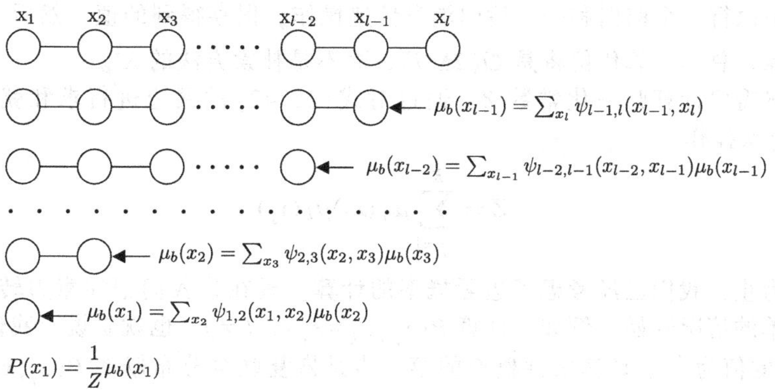

图 15.22　为了计算 $P(x_1)$，从最后一个节点 x_l 开始，每个节点：a) 接收一个消息；b) 进行局部和积操作，产生一个新的消息；c) 该消息向后传递给左边的节点。我们假定 $\mu_b(x_l)=1$

我们可以认为每一个节点 x_i 接收来自其右侧的消息 $\mu_b(x_i)$，在我们的例子中包含 K 个值；执行局部的和积操作，并计算一个新消息 $\mu_b(x_{i-1})$；该消息被传递到左边的节点，即节点 x_{i-1}。μ_b 中的下标"b"表示"向后"，以提醒我们从右到左的消息传递流。

如果我们想要计算 $P(x_l)$，我们将采用相同的推理，但从 x_1 开始求和。在这种情况下，消息传递是向前进行的(从左至右)，消息被定义为

$$\boxed{\begin{aligned}&\mu_f(x_{i+1}) := \sum_{x_i} \psi_{i,i+1}(x_i, x_{i+1})\mu_f(x_i), \quad i = 1, \cdots, l-1\\ &\mu_f(x_1) = 1\end{aligned}} \tag{15.41}$$

其中"f"被用来表示"前进"流。该过程如图 15.23 所示。

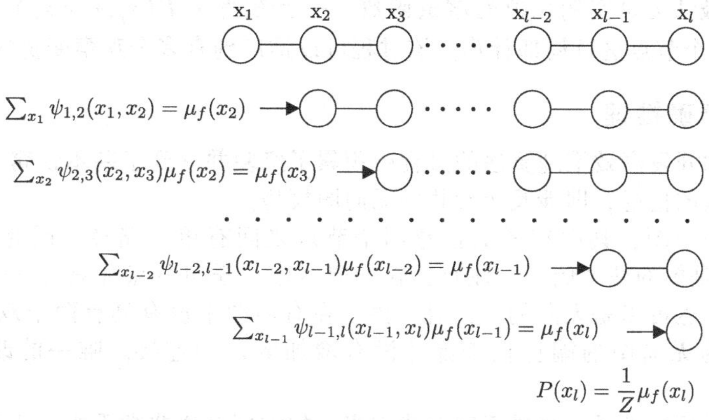

图 15.23　为了计算 $P(x_l)$，传递消息按前向方向进行，即由左至右。和图 15.22 相反，消息被表示为 μ_f 来提醒我们流向是向前的

项 $\mu_b(x_j)$ 是 $x_{j+1}, x_{j+2}, \cdots, x_l$ 上的乘积求和的结果，而 $\mu_f(x_j)$ 是 $x_1, x_2, \cdots, x_{j-1}$ 上的乘积求和的结果。在每个迭代步骤中，可通过对其所有可能的值进行求和来消去一个变量。可以很容易证明，采用类似的方法，任意点 $x_j(2 \leqslant j \leqslant l-1)$ 处的边际是由下式得到的(习题 15.13)

$$P(x_j) = \frac{1}{Z}\mu_f(x_j)\mu_b(x_j), \quad j = 2, 3, \cdots, l-1 \tag{15.42}$$

其思想是执行一个前向和一个后向消息传递操作，保存得到的值，然后计算任何一个感兴趣的边际。总的计算代价将是 $\mathcal{O}(2K^2 l)$，而不是朴素方法的 K^l。

我们仍然需要计算归一化常数 Z。通过对式(15.42)的两边进行求和就很容易得到，
802 这需要 $\mathcal{O}(K)$ 次操作

$$Z=\sum_{x_j=1}^{K}\mu_f(x_j)\mu_b(x_j) \tag{15.43}$$

到目前为止，我们已经考虑了边际概率的计算。现在让我们把注意力转向条件概率。我们从最简单的情况开始，例如，计算 $P(x_j\mid x_k=\hat{x}_k)$，$k\neq j$。也就是说，我们假设已经观测到变量 x_k 的值为 $\hat{x}_k$。计算条件概率的第一步是恢复联合分布概率 $P(x_j,x_k=\hat{x}_k)$。这是相应条件概率的归一化版本，可以通过下式获得：

$$P(x_j|\mathrm{x}_k=\hat{x}_k)=\frac{P(x_j,\mathrm{x}_k=\hat{x}_k)}{P(\hat{x}_k)} \tag{15.44}$$

计算 $P(x_j,x_k=\hat{x}_k)$ 与之前计算边际概率的唯一不同之处在于，现在为了获得消息，我们不对 x_k 求和。我们只是把我们关注的势函数集中到它的值 $\hat{x}_k$ 上。也就是说，计算

$$\mu_b(x_{k-1})=\sum_{x_k}\psi_{k-1,k}(x_{k-1},x_k)\mu_b(x_k)$$

$$\mu_f(x_{k+1})=\sum_{x_k}\psi_{k,k+1}(x_k,x_{k+1})\mu_f(x_k)$$

并且用下式替换：

$$\mu_b(x_{k-1})=\psi_{k-1,k}(x_{k-1},\hat{x}_k)\mu_b(\hat{x}_k)$$
$$\mu_f(x_{k+1})=\psi_{k,k+1}(\hat{x}_k,x_{k+1})\mu_f(\hat{x}_k)$$

换句话说，x_k 被认为是实例化值的增量函数。一旦获得了 $P(x_j,x_k=\hat{x}_k)$，归一化就很简单，只要在第 j 个节点进行局部计算。该过程可以推广到有多个观察变量的情况。

15.7.2 树精确推理

在对链结构开发高效推理算法的过程中积累了经验并学到了基本诀窍之后，我们将注意力转向更一般的情况，即涉及树结构的无向图模型。

一棵树是一个图，其中在图的任意两个节点之间有单一路径，因此图中没有循环。图 15.24a 和 b 是树的两个例子。注意，在有向树中，任何节点都只有一个双亲节点。树可以是有向的，也可以是无向的。而且，由于在有向图中没有具有两个双亲的孩子节点，将有向图转换为无向图的端正化步骤并没有增加额外的连接。唯一的改变是使边没有方向。

树有一个重要的性质，将被证明对我们当前的需要来说非常重要。让我们用 T 表示一个树图，它是顶点/节点 V 和边 E 的集合，即 $T=\{V,E\}$。对于任何节点 $\mathrm{x}\in V$，考虑其所有邻居的集合，即所有与 x 共享边的节点。该集合可表示为

803 $$\mathcal{N}(\mathrm{x})=\{\mathrm{y}\in V:(\mathrm{x},\mathrm{y})\in E\}$$

从图 15.24b 中，我们可以得到 $\mathcal{N}(\mathrm{x})=\{\mathrm{y},\mathrm{u},\mathrm{z},\mathrm{v}\}$。然后，对于每个元素 $\mathrm{r}\in\mathcal{N}(\mathrm{x})$，定义子图 $T_r=\{V_r,E_r\}$，该子图中任何节点都可以从 r 通过路径到达但不能通过 x 到达。在图 15.24b 中，与(y,u,z,v)中的一个元素相关联的子图都用虚线画出。通过树的定义，可以很容易地推断出这些子图中的每一个都是一棵树。而且，这些子图是不相交的。换句话说，一个节点，比如说 x，它的每个邻居节点都可以看作子树的根，而这些子树是相互

分离的，没有公共节点。这个属性将允许我们将一个大问题分解成若干个较小的问题。而且，每一个较小的问题都可以用同样的方式进一步划分，因为其本身还是一棵树。我们现在有了所有的基本要素来推导出一种有效的树推理方法(回想一下，将一个大问题分解成一系列较小的问题是链的消息传递算法的核心)。然而，让我们首先将因子图的概念引入当前场景。原因在于使用因子图可以处理一些更一般的图结构，例如多树。

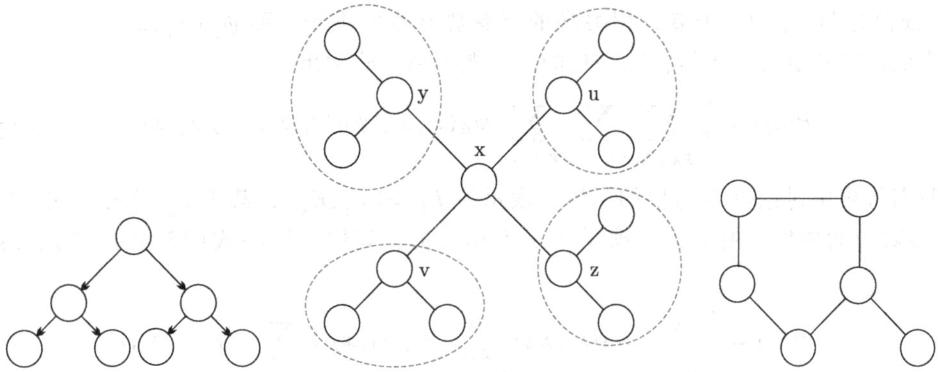

a)　　b)　　c)

图 15.24　有向树(a)和无向树(b)的例子。注意，在无向树中，任何节点都有单一双亲节点。在两种情况下，任何两个节点间都只有一条链将它们相连。c) 这不是一棵树，因为其中有环

一个有向多树是一个图，虽然其中没有环，但一个孩子节点可能有一个以上的双亲节点。图 15.25a 给出了一个多树的例子。这种讨厌的情况是在规范化步骤之后产生的，因为双亲结婚会导致环，因此我们无法在有环的图中导出精确推理算法，如图 15.25b。但是，如果将初始的有向多树转换为因子图，则生成的二部图实体是一个树结构，且没有环，如图 15.25c。因此，我们之前说过的关于树结构的所有内容都适用于这些因子图。

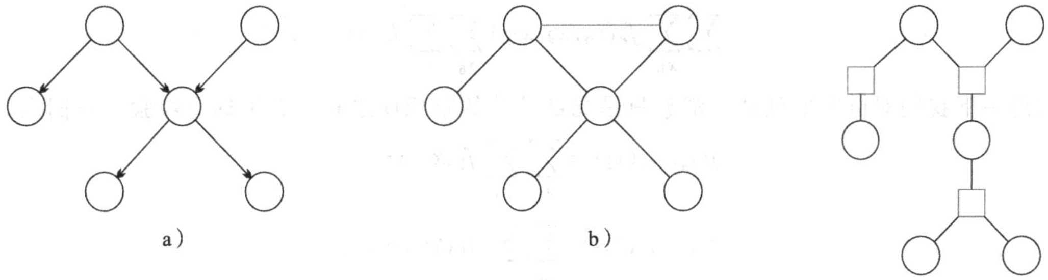

a)　　b)　　c)

图 15.25　a) 尽管没有环，但其中一个节点有两个双亲节点，所以该图为多树。b) 在端正化后形成的结构有一个环。c) 图 a 中多树的一个因子图

15.7.3　和积算法

通过一个例子，我们将展示以“自底向上”的方式开发算法。一旦理解了基本原理，就可以很容易地进行推广。让我们考虑图 15.26 的因子树。因子节点用大写字母和正方形表示，每个节点都与一个势函数相关联。其余的是变量节点，用圆圈表示。假定我们要计算边际概率 $P(x_1)$。节点 x_1 是一个变量节点，仅连接到因子节点。我们将图拆分为(树)子图，其数目与连接到 x_1 的因子节点(在我们的例子中是三个)尽可能一样多。在图 15.26 中，每个子图都被单独圈出来，分别以节点 A、H 和 G 为根。回想一下，联合概率 $P(\boldsymbol{x})$ 804 ~ 805

是所有势函数的乘积除以归一化常数 Z，每个函数都与一个因子节点相关联。聚焦于感兴趣的节点 x_1，这个乘积可以写成

$$P(\boldsymbol{x})=\frac{1}{Z}\psi_A(x_1,\boldsymbol{x}_A)\psi_H(x_1,\boldsymbol{x}_H)\psi_G(x_1,\boldsymbol{x}_G) \tag{15.45}$$

其中，$\boldsymbol{x}_A$ 表示 T_A 中所有变量对应的向量，向量 $\boldsymbol{x}_H$ 和 $\boldsymbol{x}_G$ 也用类似的方式进行定义。函数 $\psi_A(x_1,\boldsymbol{x}_A)$ 是与 T_A 中因子节点相关联的所有势函数的乘积，而 $\psi_H(x_1,\boldsymbol{x}_H)$、$\psi_G(x_1,\boldsymbol{x}_G)$ 也以类似的方式定义。于是，感兴趣的边际概率由下式给出

$$P(x_1)=\frac{1}{Z}\sum_{\boldsymbol{x}_A\in V_A}\sum_{\boldsymbol{x}_H\in V_H}\sum_{\boldsymbol{x}_G\in V_G}\psi_A(x_1,\boldsymbol{x}_A)\psi_H(x_1,\boldsymbol{x}_H)\psi_G(x_1,\boldsymbol{x}_G) \tag{15.46}$$

我们将集中讨论以 A 为根的子树，表示为 $T_A:=\{V_A,E_A\}$，其中 V_A 代表 T_A 中的节点，E_A 代表对应的边集。由于这三棵子树是不相交的，我们可以将式(15.46)中的表达式拆分为

$$P(x_1)=\frac{1}{Z}\sum_{\boldsymbol{x}_A\in V_A}\psi_A(x_1,\boldsymbol{x}_A)\sum_{\boldsymbol{x}_H\in V_H}\psi_H(x_1,\boldsymbol{x}_H)\sum_{\boldsymbol{x}_G\in V_G}\psi_G(x_1,\boldsymbol{x}_G) \tag{15.47}$$

注意，$\mathrm{x}_1\notin V_A\cup V_H\cup V_G$。保留符号 $\psi_A(\cdot,\cdot)$ 表示子树 T_A 中所有势函数的乘积(对 T_H、T_G 也是类似的)，让我们通过符号 f 表示每个因子节点的单个势函数，如图 15.26 所示。这样，我们现在可以写出下面的公式

$$\begin{aligned}\sum_{\boldsymbol{x}_A\in V_A}\psi_A(x_1,\boldsymbol{x}_A)&=\sum_{\boldsymbol{x}_A\in V_A}f_a(x_1,x_2,x_3,x_4)f_c(x_3)f_b(x_2,x_5,x_6)\times\\&\quad f_d(x_4,x_7,x_8)f_e(x_4,x_9,x_{10})\\&=\sum_{x_2}\sum_{x_3}\sum_{x_4}f_a(x_1,x_2,x_3,x_4)f_c(x_3)\sum_{x_7}\sum_{x_8}f_d(x_4,x_7,x_8)\times\\&\quad\sum_{x_9}\sum_{x_{10}}f_e(x_4,x_9,x_{10})\sum_{x_6}\sum_{x_5}f_b(x_2,x_5,x_6)\end{aligned} \tag{15.48}$$

回想一下我们对链图的处理，消息只是局部计算的乘积项之和。有了这个经验，我们定义

$$\mu_{f_b\to x_2}(x_2)=\sum_{x_6}\sum_{x_5}f_b(x_2,x_5,x_6)$$

$$\mu_{f_e\to x_4}(x_4)=\sum_{x_9}\sum_{x_{10}}f_e(x_4,x_9,x_{10})$$

$$\mu_{f_d\to x_4}(x_4)=\sum_{x_7}\sum_{x_8}f_d(x_4,x_7,x_8)$$

806

$$\mu_{f_c\to x_3}(x_3)=f_c(x_3)$$

$$\mu_{x_4\to f_a}(x_4)=\mu_{f_d\to x_4}(x_4)\mu_{f_e\to x_4}(x_4)$$

$$\mu_{x_2\to f_a}(x_2)=\mu_{f_b\to x_2}(x_2)$$

$$\mu_{x_3\to f_a}(x_3)=\mu_{f_c\to x_3}(x_3)$$

和

$$\mu_{f_a\to x_1}(x_1)=\sum_{x_2}\sum_{x_3}\sum_{x_4}f_a(x_1,x_2,x_3,x_4)\mu_{x_2\to f_a}(x_2)\mu_{x_3\to f_a}(x_3)\mu_{x_4\to f_a}(x_4)$$

观察到，我们被要求定义两种类型的消息：一种类型从变量节点传递到因子节点，另一种

类型从因子节点传递到变量节点。

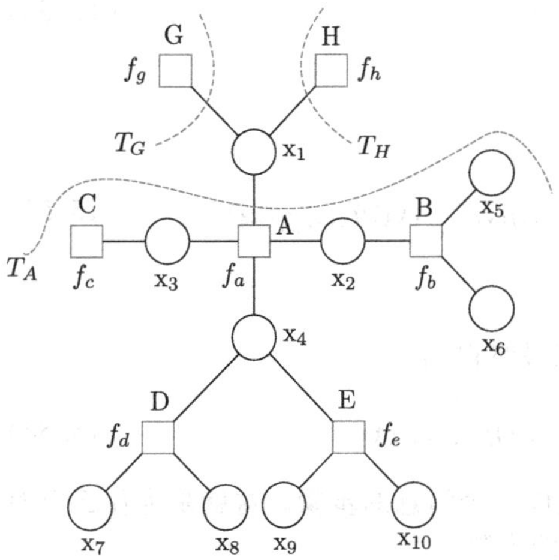

图 15.26 树被划分成三棵子树，每棵子树都以与 x_1 相连的因子节点作为根节点。这是文中提到，对它们边际概率进行计算的节点。消息从叶子节点发出，传递给 x_1。一旦消息到达 x_1，一个新的消息传播就开始了，这次是从 x_1 到叶子节点

- 变量节点到因子节点的消息(图 15.27a)

$$\boxed{\mu_{x\to f}(x)=\prod_{s:f_s\in\mathcal{N}(\mathrm{x})\setminus f}\mu_{f_s\to x}(x)} \tag{15.49}$$

我们用 $\mathcal{N}(\mathrm{x})$ 来表示与变量节点 x 连接的节点集合。$\mathcal{N}(\mathrm{x})\setminus f$ 指除因子节点 f 之外的所有节点，注意，所有这些节点都是因子节点。换句话说，就消息传递而言，变量节点的操作是将传入的消息相乘。显然，如果它只连接到一个因子节点(除 f 外)，那么这样的变量节点直接传递它接收到的内容，不需要任何计算。例如，前面定义的 $\mu_{x_2}\to f_a$ 就是这种情况。

- 因子节点到变量节点的消息(图 15.27b)

$$\boxed{\mu_{f\to x}(x)=\sum_{x_i\in\mathcal{N}(f)\setminus\mathrm{x}}f(\boldsymbol{x}^f)\prod_{i:x_i\in\mathcal{N}(f)\setminus\mathrm{x}}\mu_{x_i\to f}(x_i)} \tag{15.50}$$ 807

其中 $\mathcal{N}(f)$ 表示连接到 f 的(变量)节点的集合，$\mathcal{N}(f)\setminus\mathrm{x}$ 表示我们排除 x 后的相应集合。向量 $\boldsymbol{x}^f$ 包括在 f 中作为参数的所有变量，即 $\mathcal{N}(f)$ 中的所有变量/节点。

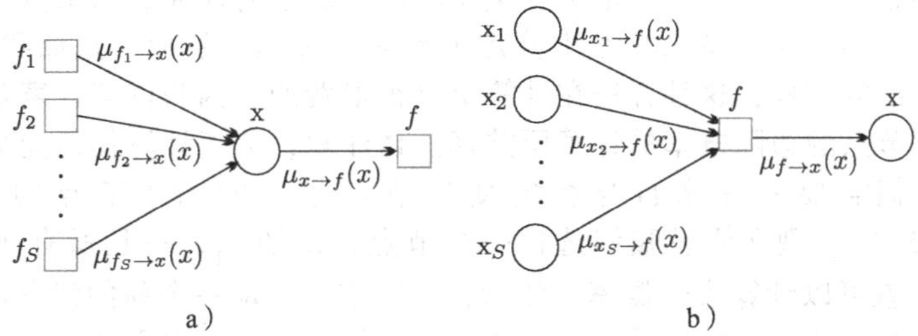

图 15.27 a) 变量节点 x 与除 f 之外的 S 个因子节点连接，即 $\mathcal{N}(x)\setminus f=\{f_1,f_2,\cdots,f_S\}$。从 x 到 f 输出的消息就是传入的消息的乘积。箭头表示了消息传播的流向。b) 因子节点 f 与除 x 之外的 S 个变量节点连接，即 $\mathcal{N}(f)\setminus\mathrm{x}=\{x_1,x_2,\cdots,x_S\}$

如果一个节点是叶子，我们采用以下约定。如果它是一个变量节点 x，连接到一个因子节点 f，那么

$$\mu_{x\to f}(x)=1 \tag{15.51}$$

如果它是一个因子节点 f，连接到变量节点 x，则

$$\mu_{f\to x}(x)=f(x) \tag{15.52}$$

采用先前所述的定义，式(15.48)现在可写成

$$\begin{aligned}&\sum_{\boldsymbol{x}_A\in V_A}\psi_A(x_1,\boldsymbol{x}_A)\\&=\sum_{x_2}\sum_{x_3}\sum_{x_4}f_a(x_1,x_2,x_3,x_4)\mu_{x_2\to f_a}(x_2)\mu_{x_3\to f_a}(x_3)\mu_{x_4\to f_a}(x_4)\\&=\mu_{f_a\to x_1}(x_1)\end{aligned} \tag{15.53}$$

对于另外两个子树 T_G 和 T_H 进行同样的操作，我们最终得到

$$P(x_1)=\frac{1}{Z}\mu_{f_a\to x_1}(x_1)\mu_{f_g\to x_1}(x_1)\mu_{f_h\to x_1}(x_1) \tag{15.54}$$

注意，每个求和都可以看作“移除”一个变量并生成一个消息的步骤。这就是为什么有时这个过程被称为变量消去。我们现在准备总结算法的步骤。

算法步骤

1) 选择变量 x，它的边际概率 $P(x)$ 将被计算出来。
2) 将树划分为子树，子树数量与变量节点 x 连接的因子节点数一样多。
3) 对于每棵子树，确定叶节点。
4) 根据式(15.51)和式(15.52)初始化叶节点，利用式(15.49)和式(15.50)开始向 x 传递消息。
5) 根据式(15.54)计算边际概率，或一般情况下

$$P(x)=\frac{1}{Z}\prod_{s:f_s\in\mathcal{N}(\mathrm{x})}\mu_{f_s\to x}(x) \tag{15.55}$$

通过在式(15.55)两边加上所有可能的 x 的值，可以得到归一化常数 Z。就像链图中的情况一样，如果观测到一个变量，那么在需要这个变量的地方，用该变量观测值上求出的单
808 一项替代该变量上的求和计算。

虽然到目前为止，我们考虑的都是离散变量，但通过用积分来代替求和，我们所说的一切都适用于连续变量。对于这种积分，高斯模型变得非常方便。

附注 15.2

- 到目前为止，我们一直关注单个变量 x 的边际概率的计算。如果需要另一个变量的边际概率，那么显而易见的方法就是重复整个过程。然而，正如我们在 15.7.1 节中已经指出的那样，这种方法在计算上是很浪费的，因为许多计算都是共同的，可以被不同节点的边际概率的计算所共享。请注意，为了计算任何变量节点处的边际概率，我们需要所有来自与特定变量节点连接的因子节点的消息是可用的(式(15.55))。现在假设我们选择一个节点，比如 x_1，一旦所有所需的消息“到达”后，就可以计算边际概率。然后，这个节点启动一个新的消息传播阶段，这一次是向着叶子节点进行传播。不难看出(习题 15.15)，这个过程一旦完成，对每个节点相应边际概率计算所需的消息就都是可用的了。换句话说，两个阶段的消息传递过程是沿两个相反的流向进行的，它们足以为计算每个节点的边际概率提供所有必要的信息。传递的消息总数恰为图中边数的两倍。类似于链图的情况，为了计算条件概率 $P(x_i\mid \mathrm{x}_k=\hat{x}_k)$，必须实例化节点 x_k。运行和积算法将提供联合概率 $P(x_i,\mathrm{x}_k=\hat{x}_k)$，在经过归一化后即可得到相应的条件概率，这是在相应的变量节点上局部执行的。

- (习题 15.16)给出了与因子节点 f 相关联的所有变量 $\mathrm{x}_1,\mathrm{x}_2,\cdots,\mathrm{x}_S$ 的(联合)边际概率：

$$P(x_1,\cdots,x_S)=\frac{1}{Z}f(x_1,\cdots,x_S)\prod_{s=1}^{S}\mu_{x_s\to f}(x_s) \tag{15.56}$$

- 和积算法的早期版本称为信念传播，最早是在单向连通图场景下，由[28, 36, 37]分别独立开发出来的。然而，变量消去问题已有较早的历史，并在不同的社区(参见[4, 6, 39])内被发现。有时，一般和积算法，如前所述，也称为广义前向后向算法。

15.7.4 最大积与最大和算法

现在让我们将注意力从边际概率转向分布的模式。也就是说，给定一个在树(因子)图上分解的分布 $P(\boldsymbol{x})$，任务是高效地计算下面的量

$$\max_{\boldsymbol{x}} P(\boldsymbol{x})$$

我们将聚焦于离散变量。遵循与以往类似的方法，我们可以很容易地对图 15.26 的情况，写出公式(15.46)的对应公式 809

$$\max_{\boldsymbol{x}} P(\boldsymbol{x})=\frac{1}{Z}\max_{x_1}\max_{\boldsymbol{x}_A\in V_A}\max_{\boldsymbol{x}_H\in V_H}\max_{\boldsymbol{x}_G\in V_G}\psi_A(x_1,\boldsymbol{x}_A)\psi_H(x_1,\boldsymbol{x}_H)\psi_G(x_1,\boldsymbol{x}_G) \tag{15.57}$$

利用 max 运算符的性质，即

$$\max_{b,c}(ab,ac)=a\max_{b,c}(b,c)\,,\quad a\geqslant 0$$

我们可以重写式(15.57)为

$$\max_{\boldsymbol{x}} P(\boldsymbol{x})=\frac{1}{Z}\max_{x_1}\max_{\boldsymbol{x}_A\in V_A}\psi_A(x_1,\boldsymbol{x}_A)\max_{\boldsymbol{x}_H\in V_H}\psi_H(x_1,\boldsymbol{x}_H)\max_{\boldsymbol{x}_G\in V_G}\psi_G(x_1,\boldsymbol{x}_G)$$

遵循类似和积规则的方法，我们得出了式(15.48)的对应公式，即

$$\begin{aligned}\max_{x_1}\max_{\boldsymbol{x}_A\in V_A}\psi_A(x_1,\boldsymbol{x}_A)=&\max_{x_1}\max_{x_2,x_3,x_4}f_a(x_1,x_2,x_3,x_4)f_c(x_3)\max_{x_7,x_8}f_d(x_4,x_7,x_8)\times\\&\max_{x_9,x_{10}}f_e(x_4,x_9,x_{10})\max_{x_5,x_6}f_b(x_2,x_6,x_5)\end{aligned} \tag{15.58}$$

式(15.58)表明，之前关于和积消息传递算法的所有讨论在这里仍然是成立的，只要我们用 max 操作替换求和，节点之间传递的消息的定义变为

$$\mu_{x\to f}(x)=\prod_{s:f_s\in\mathcal{N}(\mathrm{x})\backslash f}\mu_{f_s\to x}(x) \tag{15.59}$$

和

$$\boxed{\mu_{f\to x}(x)=\max_{x_i:x_i\in\mathcal{N}(f)\backslash\mathrm{x}}f(\boldsymbol{x}^f)\prod_{i:x_i\in\mathcal{N}(f)\backslash\mathrm{x}}\mu_{x_i\to f}(x_i)} \tag{15.60}$$

符号的定义与式(15.50)相同。在此基础上，给出了 $P(\boldsymbol{x})$ 的模式：

$$\max_{\boldsymbol{x}} P(\boldsymbol{x})=\frac{1}{Z}\max_{x_1}\mu_{f_a\to x_1}(x_1)\mu_{f_g\to x_1}(x_1)\mu_{f_h\to x_1}(x_1) \tag{15.61}$$

或者一般情况下为

$$\max_{\boldsymbol{x}} P(\boldsymbol{x})=\frac{1}{Z}\max_{x}\prod_{s:f_s\in\mathcal{N}(\mathrm{x})}\mu_{f_s\to x}(x) \tag{15.62}$$

其中 x 是选择作为根的节点，消息流从叶子节点开始，指向根。得到的方法称为最大积算法。

在实践中，我们常采用前面所述的最大积算法的一个替代方法。通常，所涉及的势函数是概率(通过吸收归一化常数)，其大小小于1，但是，如果涉及大量的乘积项，则可能
810 导致计算不准确。绕过此问题的一种方法是使用对数函数，它将乘积转化为求和。这是有道理的，因为对数函数是单调的和递增的，因此它不影响出现最大值的点 $\boldsymbol{x}$，即

$$\boldsymbol{x}_* := \arg\max_{\boldsymbol{x}} P(\boldsymbol{x}) = \arg\max_{\boldsymbol{x}} \ \ln P(\boldsymbol{x}) \tag{15.63}$$

在此公式下，就得到了下面的最大和算法。容易看出式(15.59)和式(15.60)中现在取如下的形式

$$\mu_{x \to f}(x) = \sum_{s: f_s \in \mathcal{N}(\mathrm{x}) \backslash f} \mu_{f_s \to x}(x), \tag{15.64}$$

$$\mu_{f \to x}(x) = \max_{x_i : x_i \in \mathcal{N}(f) \backslash \mathrm{x}} \left\{ \ln f(\boldsymbol{x}^f) + \sum_{i: x_i \in \mathcal{N}(f) \backslash \mathrm{x}} \mu_{x_i \to f}(x_i) \right\} \tag{15.65}$$

不使用式(15.51)和式(15.52)计算由叶子节点发送的初始消息，我们现在定义

$$\mu_{x \to f}(x) = 0 \text{ and } \mu_{f \to x}(x) = \ln f(x) \tag{15.66}$$

注意，消息流经过一次传递后，就得到了 $P(\boldsymbol{x})$ 的最大值。然而，人们也有兴趣知道最大值发生时对应的值 $\boldsymbol{x}_*$，即

$$\boldsymbol{x}_* = \arg\max_{\boldsymbol{x}} P(\boldsymbol{x})$$

这是通过反向消息传递过程实现的，它与我们到目前位置所讨论的略有不同，被称为回溯。

回溯：假设 x_1 被选择作为根节点，消息流"汇聚"于根节点。从公式(15.61)中我们得到

$$x_{1*} = \arg\max_{x_1} \mu_{f_a \to x_1}(x_1) \mu_{f_g \to x_1}(x_1) \mu_{f_h \to x_1}(x_1) \tag{15.67}$$

现在启动一个新的消息传递流，根节点 x_1 将获得的最优值传递给它所连接的因子节点。让我们在子树 T_A 的节点中遵循这一消息传递流。

- 节点 A：从节点 x_1 接收 x_{1*}。
  - 选择最优值：回顾

$$\mu_{f_a \to x_1}(x_1) = \max_{x_2, x_3, x_4} f_a(x_1, x_2, x_3, x_4) \mu_{x_4 \to f_a}(x_4) \times \mu_{x_3 \to f_a}(x_3) \mu_{x_2 \to f_a}(x_2)$$

这样，对于 x_1 的不同值，(x_2, x_3, x_4) 会得到不同的最优值。例如，假定在我们的离散变量设定中，每个变量可以取 4 个可能值中的一个，即 $\mathrm{x} \in \{1,2,3,4\}$。
811 则，如果 $x_{1*}=2$，比如说最优值结果是 $(x_{2*}, x_{3*}, x_{4*}) = (1,1,3)$。另一方面，如果 $x_{1*}=4$，最大化可能导致结果为 $(x_{2*}, x_{3*}, x_{4*}) = (2,3,4)$。但是，假如通过在节点 x_1 进行最大化，我们已经得到了一个特定的 x_{1*} 的值，我们选择三元组 (x_{2*}, x_{3*}, x_{4*}) 使得

$$(x_{2*}, x_{3*}, x_{4*}) = \arg\max_{x_2, x_3, x_4} f_a(x_{1*}, x_2, x_3, x_4) \mu_{x_4 \to f_a}(x_4) \times \mu_{x_3 \to f_a}(x_3) \mu_{x_2 \to f_a}(x_2) \tag{15.68}$$

这样，在第一遍中，得到的最优值被保存下来用于第二(向后)遍。

  - 消息传递：节点 A 传递 x_{4*} 到节点 x_4，x_{2*} 到节点 x_2，x_{3*} 到节点 x_3。
- 节点 x_4 传递 x_{4*} 到节点 D 和 E。
- 节点 D
  - 选择最优值：按下式选择 (x_{7*}, x_{8*})

$$(x_{7*}, x_{8*}) = \arg\max_{x_7, x_8} f_d(x_{4*}, x_7, x_8)\mu_{x_7 \to f_d}(x_7)\mu_{x_8 \to f_d}(x_8)$$

  - 消息传递：节点 D 分别传递 (x_{7*}, x_{8*}) 到节点 x_7、x_8。

这种消息流向所有的叶子扩散，最后得到

$$\boldsymbol{x}_* = \arg\max_{\boldsymbol{x}} P(\boldsymbol{x}) \tag{15.69}$$

人们可能会想，为什么不像我们使用和积规则那样使用类似的两阶段消息传递，并恢复每个节点 i 的 x_{i*}。如果保证有唯一最优值 $\boldsymbol{x}_*$，这是可能的。如果不是这样，假定我们有两个最优值，例如由公式(15.69)得到 $\boldsymbol{x}_*^1$ 和 $\boldsymbol{x}_*^2$，则我们就会冒得不到它们的风险。为了看到这一点，让我们以 4 个变量 x_1、x_2、x_3、x_4 为例，每个变量都取离散集{1,2,3,4}中的值。假设 $P(\boldsymbol{x})$ 没有唯一的最大值，最优的两个组合是

$$(x_{1*}, x_{2*}, x_{3*}, x_{4*}) = (1, 1, 2, 3) \tag{15.70}$$

和

$$(x_{1*}, x_{2*}, x_{3*}, x_{4*}) = (1, 2, 2, 4) \tag{15.71}$$

这两种组合都是可以接受的，因为它们都对应于最大的 $P(x_1, x_2, x_3, x_4)$。回溯过程保证了得到这两种方法中的任何一种。相反，使用两阶段消息传递可能会导致值的组合，例如

$$(x_{1*}, x_{2*}, x_{3*}, x_{4*}) = (1, 1, 2, 4) \tag{15.72}$$

它和最大值不对应。请注意，这个结果本身是正确的。它为每个节点提供了一个可能产生最优值的值。实际上，搜索节点 x_2 上 $P(\boldsymbol{x})$ 的最大值，可以取值为 1 或 2。然而，我们想要找到的是所有节点的正确组合。回溯过程可保证这一点。 812

附注 15.3

最大积(最大和)算法是在通信[17]和语音识别[39]领域中得到广泛应用的著名的维特比算法[46]的推广。该算法被推广到树结构图上的任意可换半环(参见[1, 13])。

例 15.4 考虑图 15.28a 的贝叶斯网络。所涉及的变量是二值的，即从(0, 1)取值，相关的概率是

$$P(\mathrm{x}=1)=0.7,\ P(\mathrm{x}=0)=0.3$$
$$P(\mathrm{w}=1)=0.8,\ P(\mathrm{w}=0)=0.2$$
$$P(\mathrm{y}=1|\mathrm{x}=0)=0.8,\ P(\mathrm{y}=0|\mathrm{x}=0)=0.2$$
$$P(\mathrm{y}=1|\mathrm{x}=1)=0.6,\ P(\mathrm{y}=0|\mathrm{x}=1)=0.4$$
$$P(\mathrm{z}=1|\mathrm{y}=0)=0.7,\ P(\mathrm{z}=0|\mathrm{y}=0)=0.3$$
$$P(\mathrm{z}=1|\mathrm{y}=1)=0.9,\ P(\mathrm{z}=0|\mathrm{y}=1)=0.1$$
$$P(\phi=1|\mathrm{x}=0,\mathrm{w}=0)=0.25,\ P(\phi=0|\mathrm{x}=0,\mathrm{w}=0)=0.75$$
$$P(\phi=1|\mathrm{x}=1,\mathrm{w}=0)=0.3,\ P(\phi=0|\mathrm{x}=1,\mathrm{w}=0)=0.7$$
$$P(\phi=1|\mathrm{x}=0,\mathrm{w}=1)=0.2,\ P(\phi=0|\mathrm{x}=0,\mathrm{w}=1)=0.8$$
$$P(\phi=1|\mathrm{x}=1,\mathrm{w}=1)=0.4,\ P(\phi=0|\mathrm{x}=1,\mathrm{w}=1)=0.6$$

计算组合 $x_*, y_*, z_*, \phi_*, w_*$，可以计算出联合概率的最大值

$$\begin{aligned} P(x, y, z, \phi, w) &= P(z|y, x, \phi, w)P(y|x, \phi, w)P(\phi|x, w)P(x|w)P(w) \\ &= P(z|y)P(y|x)P(\phi|x, w)P(x)P(w) \end{aligned}$$

813 这就是贝叶斯网络施加的因子分解。

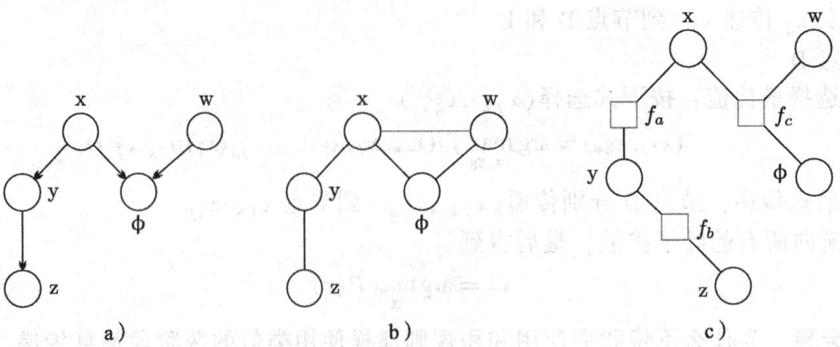

图 15.28　a) 例 15.4 中的贝叶斯网络；b) 它的端正化版本，其中 ϕ 的两个双亲节点被连接；c) 一个可能的因子图

为了应用最大积规则，我们先对图进行端正化，然后形成一个因子图，分别如图 15.28b 和图 15.28c 所示。因子节点实现了下面的势(因子)函数：

$$
\begin{aligned}
f_a(x, y) &= P(y|x)P(x) \\
f_b(y, z) &= P(z|y) \\
f_c(\phi, x, w) &= P(\phi|x, w)P(w)
\end{aligned}
$$

显然

$$P(x, y, z, \phi, w) = f_a(x, y) f_b(y, z) f_c(\phi, x, w)$$

注意在这种情况下，归一化常数 $Z = 1$。因此，根据之前的定义，这些因子函数的取值为

$$
f_a(x, y): \begin{cases} f_a(1,1) = 0.42 \\ f_a(1,0) = 0.28 \\ f_a(0,1) = 0.24 \\ f_a(0,0) = 0.06 \end{cases}
\qquad
f_b(y, z): \begin{cases} f_b(1,1) = 0.9 \\ f_b(1,0) = 0.1 \\ f_b(0,1) = 0.7 \\ f_b(0,0) = 0.3 \end{cases}
$$

$$
f_c(\phi, x, w): \begin{cases} f_c(1,1,1) = 0.32 \\ f_c(1,1,0) = 0.06 \\ f_c(1,0,1) = 0.48 \\ f_c(1,0,0) = 0.14 \\ f_c(0,1,1) = 0.16 \\ f_c(0,1,0) = 0.05 \\ f_c(0,0,1) = 0.64 \\ f_c(0,0,0) = 0.15 \end{cases}
$$

注意，一个因子的可能值的数量会随着所涉及变量的数量的增加而激增。

最大积算法的应用：选择节点 x 为根，则节点 z、ϕ 和 w 为叶节点。

- 初始化

$$\mu_{z \to f_b}(z) = 1, \quad \mu_{\phi \to f_c}(\phi) = 1, \ \mu_{w \to f_c}(w) = 1$$

- 开始消息传递
  - ■ $f_b \to$ y：

$$\mu_{f_b \to y}(y) = \max_{z} f_b(y, z) \mu_{z \to f_b}(z)$$

或者

$$\mu_{f_b \to y}(1) = 0.9, \quad \mu_{f_b \to y}(0) = 0.7$$

其中，第一个在 $z=1$ 时发生，第二个在 $z=0$ 时发生。 814

- $y \to f_a$：

$$\mu_{y\to f_a}(y)=\mu_{f_b\to y}(y)$$

或

$$\mu_{y\to f_a}(1)=0.9, \quad \mu_{y\to f_a}(0)=0.7$$

- $f_a \to x$：

$$\mu_{f_a\to x}(x)=\max_y f_a(x,y)\mu_{y\to f_a}(y)$$

或

$$\mu_{f_a\to x}(1)=0.42\cdot 0.9=0.378$$

在 $y=1$ 时发生。注意当 $y=0$ 时，$\mu_{f_a}\to x(1)$ 的值将是 0.7 · 0.28 = 0.196，这要比 0.378 小。且

$$\mu_{f_a\to x}(0)=0.24\cdot 0.9=0.216$$

也在 $y=1$ 时发生。

- $f_c \to x$：

$$\mu_{f_c\to x}(x)=\max_{w,\phi} f_c(\phi,x,w)\mu_{w\to f_c}(w)\mu_{\phi\to f_c}(\phi)$$

或

$$\mu_{f_c\to x}(1)=0.48$$

在 $\phi=0$ 且 $w=1$ 时发生，且

$$\mu_{f_c\to x}(0)=0.64$$

在 $\phi=0$ 且 $w=1$ 时发生。

- 得到最优值：

$$x_*=\arg\max \mu_{f_a\to x}(x)\mu_{f_c\to x}(x)$$

或者

$$x_*=1$$

对应的最大值为

$$\max P(x,y,z,w,\phi)=0.378\cdot 0.48=0.1814$$

- 回溯
  - 节点 f_c：

$$\max_{w,\phi} f_c(1,\phi,w)\mu_{w\to f_c}(w)\mu_{\phi\to f_c}(\phi)$$ 815

在下式时发生

$$\phi_*=0 \text{ 且 } w_*=1$$

  - 节点 f_a：

$$\max_y f_a(1,y)\mu_{y\to f_a}(y)$$

在下式时发生

$$y_*=1$$

  - 节点 f_b：

$$\max_{z} f_b(1,z)\mu_{z\to f_b}(z)$$

在下式时发生

$$z_*=1$$

因此，最优组合为

$$(x_*,y_*,z_*,\phi_*,w_*)=(1,1,1,0,1)$$

习题

15.1 证明在下面的乘积中

$$\prod_{i=1}^{n}(1-x_i)$$

对 $x_1,\cdots,x_n$ 所有可能的组合，交叉乘积项 $x_1,x_2,\cdots,x_k,1\leqslant k\leqslant n$ 的数量等于 2^n-n-1。

15.2 证明，如果概率分布 p 满足由一个贝叶斯网络表示的马尔可夫条件，那么给定双亲节点的值，p 可以由条件概率的乘积表示。

15.3 证明，如果一个概率分布根据一个贝叶斯网络结构进行因子分解，那么它满足马尔可夫条件。

15.4 对于一个每个节点与一个随机变量相关联的 DAG。为每个节点定义相应变量的条件概率，前提是给定其双亲节点值。证明条件概率的乘积产生一个有效的联合概率，并且满足马尔可夫条件。

15.5 对于图 15.29 中的图，随机变量 x 有两个可能的结果，概率 $P(x_1)=0.3$ 和 $P(x_2)=0.7$。变量 y 有 3 个可能的结果，具有下面的条件概率

816

$$P(y_1|x_1)=0.3,\ P(y_2|x_1)=0.2,\ P(y_3|x_1)=0.5$$
$$P(y_1|x_2)=0.1,\ P(y_2|x_2)=0.4,\ P(y_3|x_2)=0.5$$

最后，对 z 的条件概率是

$$P(z_1|y_1)=0.2,\ P(z_2|y_1)=0.8$$
$$P(z_1|y_2)=0.2,\ P(z_2|y_2)=0.8$$
$$P(z_1|y_3)=0.4,\ P(z_2|y_3)=0.6$$

证明这个概率分布在图上可以因式分解，使得 x 和 z 是独立的。但是，图中的 x 和 z 不是 d-分离的，因为 y 没有被实例化。

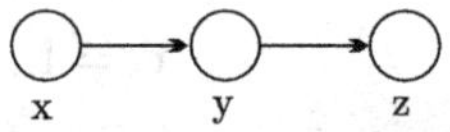

图 15.29 习题 15.5 的图模型

15.6 对于图 15.30 中的有向无环图，检测图中的 d-分离与 d-连通。

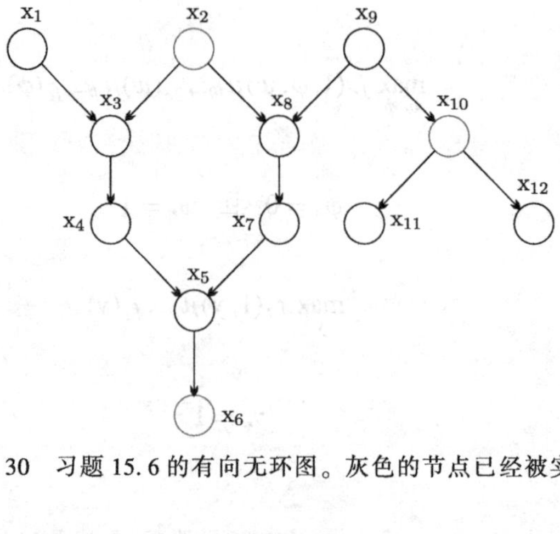

图 15.30 习题 15.6 的有向无环图。灰色的节点已经被实例化

15.7　考虑图 15.31 中的有向无环图。检测节点 x_5 的马尔可夫毯，并且验证如果毯中所有的节点被实例化，那么节点与图中其他节点是 d-分离的。

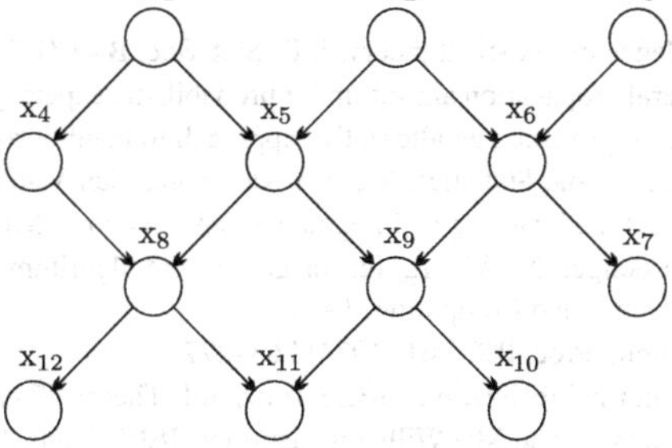

图 15.31　习题 15.7 的图结构

15.8　在线性高斯贝叶斯网络模型中，用递归的方式对每一个变量推导其均值和对应的协方差矩阵。

15.9　假定和图 15.32 中贝叶斯结构的节点关联的变量是高斯函数，那么计算其对应的均值与方差。

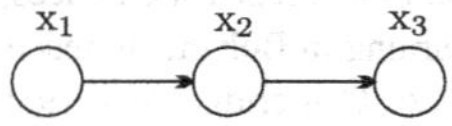

图 15.32　习题 15.9 的网络

15.10　证明如果 p 是吉布斯分布，且在 MRF H 上因式分解，则 H 为 p 的一个 I-映射。

15.11　证明如果 H 为对贝叶斯网络结构进行端正化而得到的端正图，那么

$$I(H) \subseteq I(G)$$ 817

15.12　对于一个贝叶斯网络结构和一个概率分布 p，证明如果 $I(G) \subseteq I(p)$，那么 p 在 G 上因式分解。

15.13　证明在一个无向链图模型中，节点 x_j 的边际概率 $P(x_j)$ 由下式给出

$$P(x_j) = \frac{1}{Z}\mu_f(x_j)\mu_b(x_j)$$

其中 $\mu_f(x_j)$ 和 $\mu_b(x_j)$ 为节点接收到的前向和后向消息。

15.14　证明一个无向链图模型中两个邻居节点联合分布是由下式给出的

$$P(x_j, x_{j+1}) = \frac{1}{Z}\mu_f(x_j)\psi_{j,j+1}(x_j, x_{j+1})\mu_b(x_{j+1})$$

15.15　使用图 15.26，证明如果有第二遍的消息传递从节点 x 开始向叶子节点传播，那么任何节点都有可用的信息用于计算对应的边际概率。

15.16　考虑图 15.26 中的树图，计算边际概率 $P(x_1, x_2, x_3, x_4)$。

15.17　用对数法与最大和算法重复例 15.4 中的消息传递过程来发现变量的最优组合。

参考文献

[1] S.M. Aji, R.J. McEliece, The generalized distributive law, IEEE Trans. Inf. Theory 46 (2000) 325–343. 818

[2] A. Al-Bashabsheh, Y. Mao, Normal factor graphs and holographic transformations, IEEE Trans. Inf. Theory 57 (4 February, 2011) 752–763.

[3] A. Al-Bashabsheh, Y. Mao, Normal factor graphs as probabilistic models, arXiv:1209.3300v1 [cs.IT], 14 September 2012.

[4] U. Bertele, F. Brioschi, Nonserial Dynamic Programming, Academic Press, Boston, 1972.

[5] J. Besag, Spatial interaction and the statistical analysis of lattice systems, J. R. Stat. Soc. B 36 (2) (1974) 192–236.

[6] C.E. Cannings, A. Thompson, M.H. Skolnick, The recursive derivation of likelihoods on complex pedigrees, Adv. Appl. Probab. 8 (4) (1976) 622–625.

[7] R. Chellappa, R.L. Kashyap, Digital image restoration using spatial interaction models, IEEE Trans. Acoust. Speech Signal Process. 30 (1982) 461–472.

[8] R. Chellappa, S. Chatterjee, Classification of textures using Gaussian Markov random field models, IEEE Trans. Acoust. Speech Signal Process. 33 (1985) 959–963.

[9] R. Chellappa, A.K. Jain (Eds.), Markov Random Fields: Theory and Applications, Academic Press, Boston, 1993.

[10] G.F. Cooper, The computational complexity of probabilistic inference using Bayesian belief networks, Artif. Intell. 42 (1990) 393–405.
[11] P. Dagum, M. Luby, Approximating probabilistic inference in Bayesian belief networks is NP-hard, Artif. Intell. 60 (1993) 141–153.
[12] A.P. Dawid, Conditional independence in statistical theory, J. R. Stat. Soc. B 41 (1978) 1–31.
[13] A.P. Dawid, Applications of a general propagation algorithm for probabilistic expert systems, Stat. Comput. 2 (1992) 25–36.
[14] A.P. Dawid, M. Studeny, Conditional products: an alternative approach to conditional independence, in: D. Heckerman, J. Whittaker (Eds.), Artificial Intelligence and Statistics, Morgan-Kaufmann, San Mateo, 1999.
[15] B.J. Frey, Graphical Models for Machine Learning and Digital Communications, MIT Press, Cambridge, MA, 1998.
[16] B.J. Frey, F.R. Kschishany, H.A. Loeliger, N. Wiberg, Factor graphs and algorithms, in: Proceedings of the 35th Alerton Conference on Communication, Control and Computing, 1999.
[17] G.D. Forney Jr., The Viterbi algorithm, Proc. IEEE 61 (1973) 268–277.
[18] G.D. Forney Jr., Codes on graphs: normal realizations, IEEE Trans. Inf. Theory 47 (2001) 520–548.
[19] G.D. Forney Jr., Codes on graphs: duality and MacWilliams identities, IEEE Trans. Inf. Theory 57 (3) (2011) 1382–1397.
[20] D. Geiger, T. Verma, J. Pearl, d-Separation: from theorems to algorithms, in: M. Henrion, R.D. Shachter, L.N. Kanal, J.F. Lemmer (Eds.), Proceedings 5th Annual Conference on Uncertainty in Artificial Intelligence, 1990.
[21] S. Geman, D. Geman, Stochastic relaxation, Gibbs distributions and the Bayesian restoration of images, IEEE Trans. Pattern Anal. Mach. Intell. 6 (1) (1984) 721–741.
[22] J.M. Hammersley, P. Clifford, Markov fields on finite graphs and lattices, unpublished manuscript available the web, 1971.
[23] G.E. Hinton, T. Sejnowski, Learning and relearning in Boltzmann machines, in: D.E. Rumelhart, J.L. McClelland (Eds.), Parallel Distributed Processing, vol. 1, MIT Press, Cambridge, MA, 1986.
[24] D. Janzing, B. Schölkopf, Causal inference using the algorithmic Markov condition, IEEE Trans. Inf. Theory 56 (2010) 5168–5194.
[25] D. Koller, N. Friedman, Probabilistic Graphical Models: Principles and Techniques, MIT Press, Cambridge, MA, 2009.
[26] F.R. Kschischang, B.J. Frey, H.A. Loeliger, Factor graphs and the sum-product algorithm, IEEE Trans. Inf. Theory 47 (2) (2001) 498–519.
[27] J. Lafferty, A. McCallum, F. Pereira, Conditional random fields: probabilistic models for segmenting and labeling sequence data, in: International Conference on Machine Learning, 2001, pp. 282–289.
[28] S.L. Lauritzen, D.J. Spiegelhalter, Local computations with probabilities on graphical structures and their application to expert systems, J. R. Stat. Soc. B 50 (1988) 157–224.
[29] S.Z. Li, Markov Random Field Modeling in Image Analysis, Springer-Verlag, New York, 2009.
[30] H.A. Loeliger, J. Dauwels, J. Hu, S. Korl, L. Ping, F.R. Kschischang, The factor graph approach to model-based signal processing, Proc. IEEE 95 (6) (2007) 1295–1322.
[31] D.J.C. MacKay, Information Inference and Learning Algorithms, Cambridge University Press, Cambridge, 2003.
[32] R.E. Neapolitan, Learning Bayesian Networks, Prentice Hall, Upper Saddle River, NJ, 2004.
[33] R.M. Neal, Connectionist learning of belief networks, Artif. Intell. 56 (1992) 71–113.
[34] F.A.N. Palmieri, Learning nonlinear functions with factor graphs, IEEE Trans. Signal Process. 61 (12) (2013) 4360–4371.
[35] F.A.N. Palmieri, A comparison of algorithms for learning hidden variables in normal graphs, arXiv:1308.5576v1 [stat.ML], 26 August 2013.
819 [36] J. Pearl, Fusion, propagation, and structuring in belief networks, Artif. Intell. 29 (1986) 241–288.
[37] J. Pearl, Probabilistic Reasoning in Intelligent Systems: Networks of Plausible Inference, Morgan-Kaufmann, San Mateo, 1988.
[38] J. Pearl, Causality, Reasoning and Inference, second ed., Cambridge University Press, Cambridge, 2012.
[39] L. Rabiner, A tutorial on hidden Markov models and selected applications in speech processing, Proc. IEEE 77 (1989) 257–286.
[40] U. Schmidt, Learning and Evaluating Markov Random Fields for Natural Images, Master's Thesis, Department of Computer Science, Technishe Universität Darmstadt, Germany, 2010.
[41] M.A. Shwe, G.F. Cooper, An empirical analysis of likelihood-weighting simulation on a large, multiply connected medical belief network, Comput. Biomed. Res. 24 (1991) 453–475.
[42] P. Spirtes, Introduction to causal inference, J. Mach. Learn. Res. 11 (2010) 1643–1662.
[43] X. Sun, D. Janzing, B. Schölkopf, Causal inference by choosing graphs with most plausible Markov kernels, in: Proceedings, 9th International Symposium on Artificial Intelligence and Mathematics, Fort Lauderdale, 2006, pp. 1–11.
[44] C. Sutton, A. McCallum, An introduction to conditional random fields, arXiv:1011.4088v1 [stat.ML], 17 November 2010.
[45] T. Verma, J. Pearl, Causal networks: semantics and expressiveness, in: R.D. Schachter, T.S. Levitt, L.N. Kanal, J.F. Lemmer (Eds.), Proceedings of the 4th Conference on Uncertainty in Artificial Intelligence, North-Holland, 1990.
[46] A.J. Viterbi, Error bounds for convolutional codes and an asymptotically optimum decoding algorithm, IEEE Trans. Inf. Theory IT-13 (1967) 260–269.
820 [47] J.W. Woods, Two-dimensional discrete Markovian fields, IEEE Trans. Inf. Theory 18 (2) (1972) 232–240.

第16章

概率图模型：第二部分

16.1 引言

本章内容承接第15章中介绍的概念和模型而展开。本章的重点是关于概率图模型的高级主题。在联合树的场景下，讨论了精确推理这一主题，然后继续介绍了近似推理技术，这就和第13章建立了联系。然后本章还介绍了动态贝叶斯网络，重点介绍了隐马尔可夫模型(HMM)。隐马尔可夫模型的推理和训练是在第15章讨论的消息传递算法和第12章讨论的EM方法的特例。最后，简要讨论了图模型训练的一般概念。 821

16.2 三角剖分图与联合树

在第15章中，我们讨论了在树结构的图实体中进行精确推理的三种高效方法。本节的重点是介绍一种可以将任意图转换为具有树结构的等价图的方法。因此，原则上这样的过程能提供在任意图中进行精确推理的方法。将任意图转换为树涉及多个阶段。我们的目标是更多通过实例、较少通过形式化的数学证明来介绍这些阶段、解释具体过程。更详细的讨论可以从更专业的资源中获得(如[32, 45])。

我们假设图是无向的。因此，如果原始图是有向图，则假定之前已经应用了端正化步骤。

定义 16.1 无向图被称为三角剖分图，当且仅当该图对于每个长度大于3的环都有一个弦。弦是连接环中两个非连续节点的边。

换句话说，在三角剖分图中，最大的“最小圈”是三角形。图16.1a显示了一个具有长度 $n=4$ 的环的图，图16.1b和c显示了两个三角剖分化的版本。注意，三角剖分的过程不会导致唯一的答案。图16.2a是一个具有 $n=5$ 个节点的环的图的例子。而图16.2b，虽然它有一个额外的边连接两个非连续的节点，但并不是三角剖分。这是因为仍然存在一个由4个节点组成的无弦的环($x_2-x_3-x_4-x_5$)。图16.2c是一个三角剖分图，所有长度 $n>3$ 的环都有弦。注意，通过连接非连续边来三角剖分化一个图，我们需要将它划分成团来处理(15.4节)，我们很快会从中受益。图16.1b和c中包含了两个(三个节点的)团，图16.2c包含三个团，但图16.2b的情况并非如此，因为子图(x_2, x_3, x_4, x_5)不是一个团。

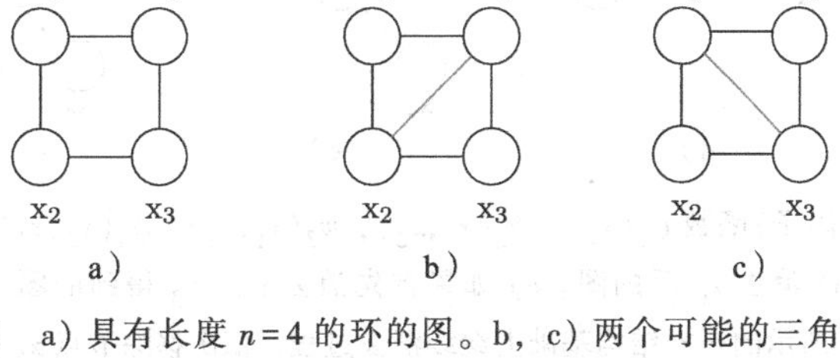

图16.1 a) 具有长度 $n=4$ 的环的图。b, c) 两个可能的三角剖分图

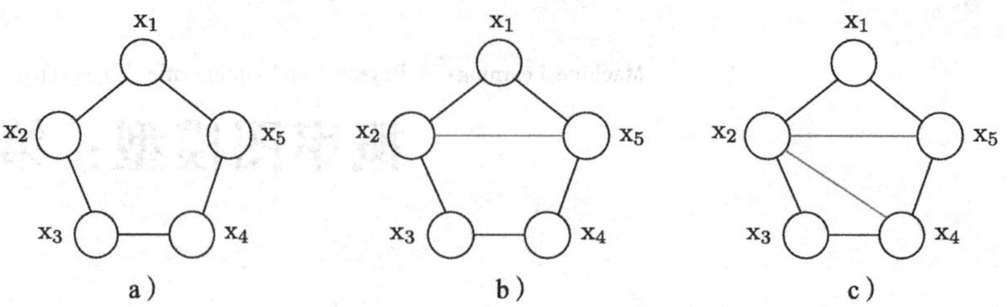

图 16.2　a) 具有长度 $n=5$ 的环的图。b) 增加一条边仍留下一个长度 $n=4$ 的环中没有弦。c) 一个三角剖分图，不存在长度 $n>3$ 且没有弦的环

现在让我们看看前面的定义是如何与变量消去的任务联系起来的，这是消息传递思想的基础。在讨论这些算法时，我们从一个节点开始，将相应的变量(例如，和积算法中的变量)边际化掉。事实上，这并非完全正确。消息传递是在树图的叶子节点处初始化的，虽然没有明确说明，但这样做是有目的的，我们很快就会明白原因。

考虑图 16.3，并令

$$P(\boldsymbol{x}):=\psi_1(x_1)\psi_2(x_1,x_2)\psi_3(x_1,x_3)\psi_4(x_2,x_4)\psi_5(x_2,x_3,x_5)\psi_6(x_3,x_6) \tag{16.1}$$

假定 $Z=1$。我们先消去 x_6，即

822~823

$$\begin{aligned}\sum_{x_6}P(\boldsymbol{x})&=\psi^{(1)}(x_1,x_2,x_3,x_4,x_5)\sum_{x_6}\psi_6(x_3,x_6)\\&=\psi^{(1)}(x_1,x_2,x_3,x_4,x_5)\psi^{(3)}(x_3)\end{aligned} \tag{16.2}$$

其中，通过比较式(16.1)及式(16.2)，$\psi^{(1)}$ 和 $\psi^{(3)}$ 的定义是可以自解释的。消去的结果等价于一个新的图，如图 16.3b 所示，和之前一样，$P(\boldsymbol{x})$ 以同样的势函数的乘积形式给出，但 ψ_3 除外，它现在被乘积 $\psi_3(x_1,x_3)\psi^{(3)}(x_3)$ 代替。基本上，$\psi^{(3)}(\cdot)$ 是传递给 x_3 的消息。

相反，现在让我们先从消去 x_3 开始。那么，我们有

$$\begin{aligned}\sum_{x_3}P(\boldsymbol{x})&=\psi^{(2)}(x_1,x_2,x_4)\sum_{x_3}\psi_3(x_1,x_3)\psi_5(x_2,x_3,x_5)\psi_6(x_3,x_6)\\&=\psi^{(2)}(x_1,x_2,x_4)\tilde{\psi}^{(3)}(x_1,x_2,x_5,x_6)\end{aligned}$$

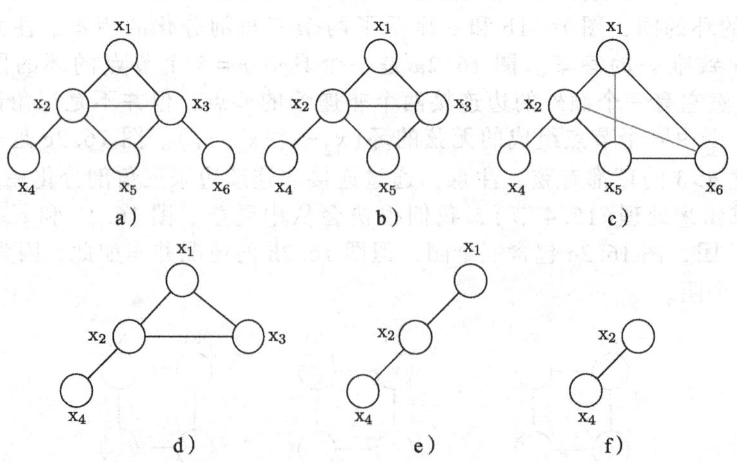

图 16.3　a) 一个具有势(因子)函数 $\psi_1(x_1)$，$\psi_2(x_1,x_2)$，$\psi_3(x_1,x_3)$，$\psi_4(x_2,x_4)$，$\psi_5(x_2,x_3,x_5)$ 和 $\psi_6(x_3,x_6)$的无向图。b) 消去 x_6 后的图。c) 如果首先消去节点 x_3 得到的图。观察灰色标记的补充边。图 d~f 是在图 b 所示的拓扑结构基础上继续消去过程，依次移除节点 x_5、x_3 和 x_1 后得到的图

请注意，这个求和是非常难计算的。除了 x_3 之外，它还涉及 4 个变量（x_1、x_2、x_5、x_6），这需要比之前计算多得多的组合项。图 16.3c 显示了在去掉 x_3 之后得到的等价的图。由于产生了因子 $\tilde{\psi}^{(3)}(x_1, x_2, x_5, x_6)$，隐式地出现了新的连接，称为*补充边*。这不是一种期望的情况，因为它引入了依赖于新的变量组合的因子。而且，新的因子依赖于 4 个变量，我们知道变量的数目越多，或者我们所说的因子的*域*越大，在求和计算中所涉及的项的数量就越多，这必然增加了计算量。

因此，消去顺序的选择是非常重要的，而且绝不是无用的。例如，对于图 16.3a，不引入补充边的消去序列如下：x_6、x_5、x_3、x_1、x_2、x_4。对于这样的消去序列，每当一个变量被消去时，新的图就会从前一个图中移除一个节点。图 16.3a、b 和图 16.3d ~ f 显示了这个消去序列对应的图的序列。不引入补充边的消去序列称为*完美消去序列*。

命题 16.1 一个无向图是三角剖分图，当且仅当它有一个完美消去序列（参见[32]）。

定义 16.2 一棵树 T，如果满足节点对应一个（无向）图 G 的团，且对任意两个节点集的交集 $U \cap V$，U 和 V 之间唯一路径上的每个节点都包含这个交集，则称其为*连接树*。后一个性质被称为*游历交集性质*。

而且，如果一个概率分布 p 在 G 上因子分解，使得每个乘积因子（势函数）关联到一个团上（即仅依赖于与该团中的节点相关联的变量），则连接树被称为 p 的*联合树*[7]。

例 16.1 考虑图 16.2c 的三角剖分图，它包含三个团，即（x_1, x_2, x_5）、（x_2, x_3, x_4）和（x_2, x_4, x_5）。将每个团与树的一个节点相关联，图 16.4 给出了三种可能性。图 16.4a 和 b 中的树并不是连接树。实际上，交集 $\{x_1, x_2, x_5\} \cap \{x_2, x_4, x_5\} = \{x_2, x_5\}$ 没有出现在节点（x_2, x_3, x_4）中。类似的论证对于图 16.4b 也是成立的，相反，图 16.4c 中的树是连接树，因为交集 $\{x_1, x_2, x_5\} \cap \{x_2, x_3, x_4\} = \{x_2\}$ 包含在（x_2, x_4, x_5）中。如果现在我们有如下分布：

$$p(\boldsymbol{x}) = \psi_1(x_1, x_2, x_5)\psi_2(x_2, x_3, x_4)\psi_3(x_2, x_4, x_5)$$

则图 16.4c 中的图是 $p(\boldsymbol{x})$ 的联合树。 824

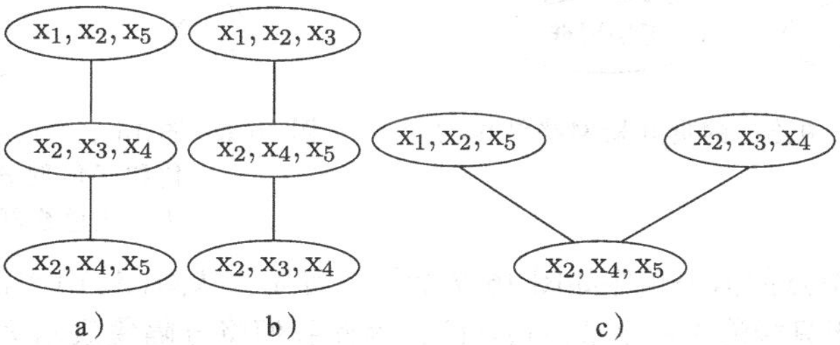

图 16.4 由图 16.2c 得到的图，图 a 和 b 不是连接树。图 c 是一个连接树，因为从（x_1, x_2, x_5）到（x_2, x_3, x_4）路径中的节点包含它们的交集 x_2

我们现在准备好陈述本节的基本定理。这个定理将允许我们将任意图转换为树结构的图。

定理 16.1 当且仅当一个无向图的团可以组织成一棵连接树时，它才可三角剖分（习题 16.1）。

一旦与一个因子分解了的概率分布 $p(\boldsymbol{x})$ 相关联的三角剖分图被转换为联合树，则可以采用第 15 章中描述的任何消息传递算法来执行精确推理。

16.2.1 构造连接树

从一个三角剖分图开始，按照以下算法步骤可以构造出一棵连接树（参见[32]）：

- 在三角剖分图的极大团中选择一个不会被其他团共享的节点。移除此节点并继续从团中移除节点，只要它们不被其他团共享，将这个团的剩余节点集表示为 S_i，其中 i 是到目前为止消去的节点数。这个集合称为分隔集。使用 V_i 表示在消去过程之前团中所有节点的集合。
- 选择另一个极大团，重复上述消去过程，节点消去计数索引从 i 开始。
- 继续这一过程，直到消去所有的团。一旦这一剥离过程完成，将消去得到的结果连接在一起，使得到每个分隔集 S_i 在 V_i 的一侧连接到 V_i，且连接到一个团节点(集) $V_j(j>i)$ 满足 $S_i \subset V_j$。这与游历交集性质是一致的。可以证明，生成的图是一棵连接树(习题 16.1 中证明的一部分)。

一旦形成了团，那么有一个构建连接树的替代算法，其步骤如下：用三角剖分图的极大团的节点构建一个无向图。对于每一对连接的节点 V_i 和 V_j，为其边上分配一个权重 w_{ij}，其值等于 $V_i \cap V_j$ 的势。然后运行最大生成树算法(参见[43])来识别此图中权重和最大的
825 树[41]。已证明，这样的运算过程能保证游历交集性质。

例 16.2　考虑图 16.5 中的图，该图出自开创性论文[44]。吸烟可引起肺癌或支气管炎。近期去亚洲访问会增加患肺结核的可能性。肺结核和癌症都会导致 X 射线检查阳性。而且，所有三种疾病都可能导致呼吸困难。在这个例子中，我们对相应概率表的值不感兴趣，我们的目标是按照前面的算法构造连接树。图 16.6 显示了对应于图 16.5 的三角剖分图。

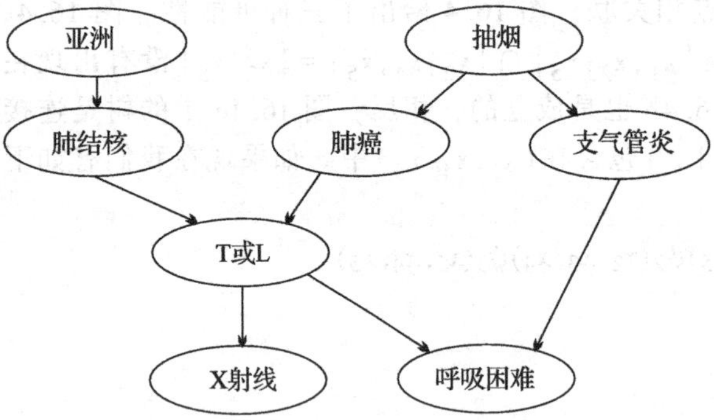

图 16.5　在[44]中给出的贝叶斯网络结构的例子

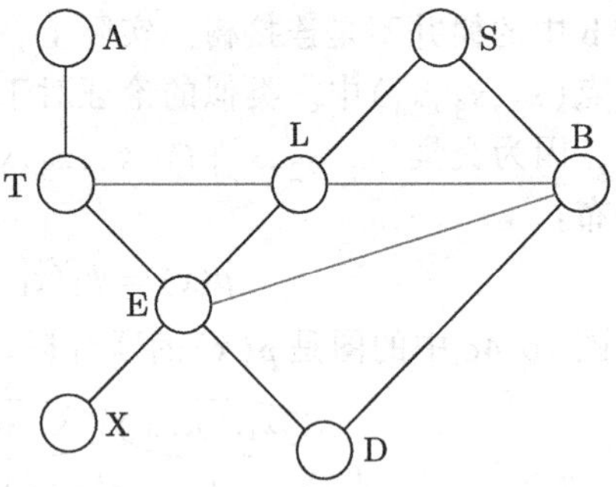

图 16.6　图 16.5 的贝叶斯网络结构经过规范化和三角剖分后生成的图。插入的边用灰色绘制

三角剖分图中节点的消去顺序如图 16.7 所示。首先，从团 (A,T) 中消去节点 A，相应的分隔集包含 T。由于只能消去一个节点($i=1$)，因此我们将分隔集表示为 S_1。接下来，从集
826 (T,L,E) 中消去节点 T，分隔集 $S_2(i=i+1)$ 包含 L、E。继续执行这一过程，直到团 (B,D,E) 是唯一保留下来的。将其表示为 V_8，因为所有 3 个节点都可以顺序被消去(所以 $8=5+3$)，此时没有任何相邻的团。图 16.8 显示了生成的联合树。请验证游历交集性质。

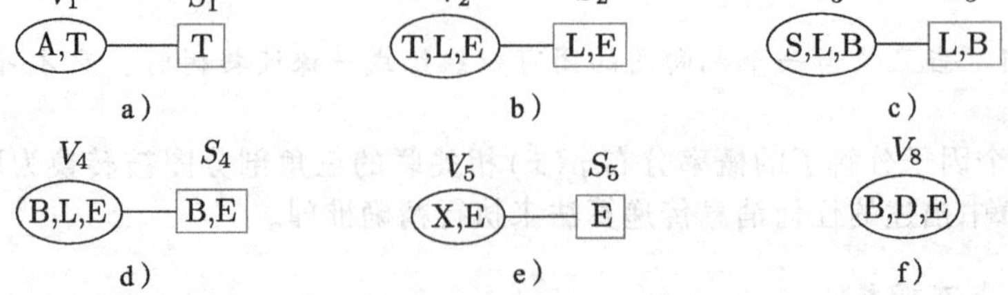

图 16.7　从图 16.6 的各团中消去节点的顺序，以及生成的分隔集

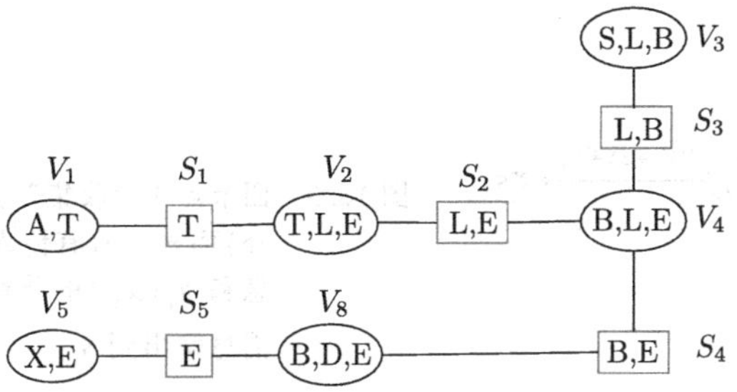

图 16.8　图 16.6 生成的连接树。分隔集 S_i 被连接到团 $V_j(j>i)$ 使得 $S_i \subset V_j$

16.2.2　联合树中的消息传递

根据定义，联合树就是这样一棵连接树，在其中我们为树的每个团关联概率分布 p 的一个因子，比如说 ψ_c。每个因子都可视为所有势函数的乘积，这些势函数使用对应团中节点关联的变量来定义，因此，每个势函数的定义域都是组成团的变量节点的一个子集。于是，聚焦于离散概率，我们可以得到

$$P(\boldsymbol{x}) = \frac{1}{Z}\prod_{c}\psi_c(\boldsymbol{x}_c) \tag{16.3}$$

其中 c 遍历所有团，$\boldsymbol{x}_c$ 表示组成该团的变量。由于联合树是一个具有树结构的图，精确推理的方式与我们在 15.7 节中已经讨论过的方式相同，即采用消息传递的原理。在这里也需要双向消息传递。但存在一些小的区别。在我们之前在第 15 章中讨论过的因子图中，交换的消息是一个变量的函数。在本节并不一定是这样。而且，在消息的双向流动完成后，从联合树的每个节点恢复的是与团关联的变量的联合概率 $P(\boldsymbol{x}_c)$。为了使变量对于其他变量边际化，计算单个变量的边际概率需要额外的求和。 827

注意，在消息传递中，将发生以下情况：

- 分隔集接收消息并将其乘积传递给其连接的团之一，具体取决于消息传递的方向，即

$$\boxed{\mu_{S\to V}(\boldsymbol{x}_S) = \prod_{v\in\mathcal{N}(S)\setminus V}\mu_{v\to S}(\boldsymbol{x}_S)} \tag{16.4}$$

  其中 $\mathcal{N}(S)$ 是连接到 S 的团节点的索引集，而 $\mathcal{N}(S)\setminus V$ 是此集合排除团节点 V 的索引。注意，消息是组成分隔集的变量的函数。

- 对每个团的节点进行边际化操作，并根据消息流的方向将消息传递给每个与其连接的分隔集。令 V 为团节点，$\boldsymbol{x}_V$ 为其中相关变量的向量，S 为连接到它的分隔集，则传递给 S 的消息由下式给出

$$\boxed{\mu_{V\to S}(\boldsymbol{x}_S) = \sum_{\boldsymbol{x}_V\setminus\boldsymbol{x}_S}\psi_V(\boldsymbol{x}_V)\prod_{s\in\mathcal{N}(V)\setminus S}\mu_{s\to V}(\boldsymbol{x}_s)} \tag{16.5}$$

  通过 $\boldsymbol{x}_S$ 我们可以表示出分隔集 S 中的变量。显然，$\boldsymbol{x}_S \subset \boldsymbol{x}_V$ 且 $\boldsymbol{x}_V \setminus \boldsymbol{x}_S$ 表示 $\boldsymbol{x}_V$ 中的所有变量，但不包括 $\boldsymbol{x}_S$ 中的变量。$\mathcal{N}(V)$ 是连接到 V 和 $\boldsymbol{x}_s$ 的所有分隔集的索引集合，即相应分隔集中的变量集合($\boldsymbol{x}_s \subset \boldsymbol{x}_V, s\in\mathcal{N}(V)$)。$\mathcal{N}(V)\setminus S$ 表示所有连接到 V 但不包括 S 的分隔集的索引集合。这基本上是与式(15.50)对应的。图 16.9 显示了相应的格局。

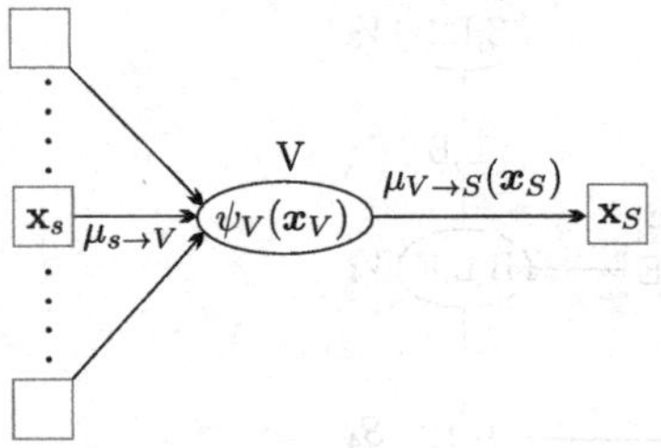

图 16.9　团节点 V“收集”从它所连接的分隔集（S 除外）而来的所有传入消息，然后，在对传入消息和 $\psi_V(\boldsymbol{x}_V)$ 的乘积进行边际化操作后，它将消息输出到 S

828 完成双向消息传递后，团中的边际和分隔集节点将计算如下（习题 16.3）。

- 团节点：

$$P(\boldsymbol{x}_V)=\frac{1}{Z}\psi_V(\boldsymbol{x}_V)\prod_{s\in\mathcal{N}(V)}\mu_{s\to V}(\boldsymbol{x}_s)\tag{16.6}$$

- 分隔集节点：每个分隔集仅连接到团节点。进行双向消息传递后，每个分隔集都接收了来自两个流方向的消息。然后，它表示为

$$P(\boldsymbol{x}_S)=\frac{1}{Z}\prod_{v\in\mathcal{N}(S)}\mu_{v\to S}(\boldsymbol{x}_S)\tag{16.7}$$

联合树中此消息传递算法的一个重要副产品涉及所有相关变量的联合分布，这一联合分布被证明与 Z 无关，并且由下式给出（习题 16.4）

$$\boxed{P(\boldsymbol{x})=\frac{\prod_v P_v(\boldsymbol{x}_v)}{\prod_s[P_s(\boldsymbol{x}_s)]^{d_s-1}}}\tag{16.8}$$

其中 $\prod_v$ 和 $\prod_s$ 分别遍历团节点和分隔集的集合，d_s 是连接到分隔集 S 的团的数量。

例 16.3　让我们考虑图 16.8 的联合树。假设 $\psi_1(A,T)$，$\psi_2(T,L,E)$，$\psi_3(S,L,B)$，$\psi_4(B,L,E)$，$\psi_5(X,E)$ 以及 $\psi_6(B,D,E)$ 是已知的。例如

$$\psi_1(A,T)=P(T|A)P(A)$$

和

$$\psi_3(S,L,B)=P(L|S)P(B|S)P(S)$$

消息传递可以从叶子节点 (A,T)、(X,E) 开始，传向 (S,L,B)。一旦消息流完成传递，就开始向相反方向进行消息传递。下面给出了消息计算的一些示例。

节点 (T,L,E) 接收的消息等于

$$\mu_{S_1\to V_2}(T)=\sum_A\psi_1(A,T)$$

而且

$$\mu_{V_2\to S_2}(L,E)=\sum_T\psi_2(T,L,E)\mu_{S_1\to V_2}(T)=\mu_{S_2\to V_4}(L,E)$$

和

$$\mu_{V_4\to S_3}(L,B)=\sum_E\psi_4(B,L,E)\mu_{S_2\to V_4}(L,E)\mu_{S_4\to V_4}(B,E)$$

829 其余消息的计算方式类似。

对于团节点 V_2 中的变量的边际概率 $P(T,L,E)$，我们可以从下式得到

$$P(T,L,E)=\psi_{V_2}(T,L,E)\mu_{S_2\to V_2}(L,E)\mu_{S_1\to V_2}(T)$$

观察到，在这个乘积中，除 T、L 和 E 外，所有其他变量都被边际化掉了。而且

$$P(L,E)=\mu_{V_4\to S_2}(L,E)\mu_{V_2\to S_2}(L,E)$$

附注 16.1

- 注意，一个变量是树中多个节点的一部分。因此，如果我们对得到单个变量的边际概率感兴趣，则可以通过在不同节点中对不同变量进行边际化来实现。联合树的性质保证它们都会给出相同的结果(习题 16.5)。
- 我们已经讨论过，对图进行三角剖分的方法不是唯一的。现在产生了一个自然的问题：从计算的角度来看，所有三角剖分的版本是否等价？不幸的是，答案是否定的。让我们考虑一个简单的情况，所有变量具有相同数量的可能状态，即 k 个。于是，每个团节点的概率值的数目取决于其中涉及的变量数，我们知道这是一种指数依赖关系。因此，在对一个图进行三角剖分时，我们的目标应该是使得得到团的数目相对于涉及节点-变量的数量来说尽可能少。让我们定义一个团 V_i 的大小为 $s_i = k^{n_i}$，其中 n_i 表示组成团的节点数。理想情况下，我们应该争取得到一个三角剖分版本(或等价的消去序列)，使得三角剖分图的总大小为 $\sum_i s_i$ 趋于最小，其中 i 遍历所有团。然而不幸的是，这是一个 NP-难任务[1]。在[71]中给出了用于得到小规模三角剖分图的最早算法之一。[39]中提供了相关算法的综述。

16.3 近似推理方法

到目前为止，我们的重点是提供在图模型中进行精确推理的高效算法。虽然这类方法是推理的基础，并已应用于许多应用中，但人们经常遇到无法进行精确推理的任务。在上一节的末尾，我们讨论了小规模团的重要性。但是，在许多情况下，图模型可能连接得如此密集而无法完成获取较小规模的团的任务。我们很快会看到一些例子。

在这种情况下，采用易计算的近似推理方法是唯一可行的替代方法。显然，有多种技术路线都可以解决这个问题，人们也已提出了很多技术。本节的目标是讨论当前流行的主要方向。讨论的方式是更多地给出描述性内容，而不是严格的数学证明和定理。有兴趣深入探讨本主题的读者可以参考后文中给出的更专业的参考文献。 830

16.3.1 变分法：局部近似

本小节和接下来几个小节的理论基础基于我们在第 13 章，特别是 13.2 节和 13.8 节中介绍过的变分近似方法。

变分近似方法的主要目标是用计算上有吸引力的界替代概率分布。这种*确定性*的近似方法的效果是简化了计算，正如我们将很快看到的那样，这相当于简化了图的结构。但是，这些简化是在相关联的优化过程的场景中进行的。这些界的函数形式非常依赖于问题本身，因此我们将通过一些选定的示例来演示该方法。

这里主要遵循两个方向：*顺序*和*分块*[34]。前者将在本小节中讨论，后者将在下一节中介绍。

在顺序方法中，为了修改局部概率分布函数的函数形式，我们将对单个节点施加近似。这就是我们称之为*局部方法*的原因。我们可以将对某些节点施加近似，也可以施加给所有节点。通常，选择一定数量的节点，使得在实际可接受的计算时间和内存大小内，足以在剩余节点上进行精确推理。另一种可选的观点是将该方法视为移除节点的稀疏化过程，以便将原始图转换为“计算上”可管理的图。如何选择节点有不同的方案。一种方法是每次为一个节点引入近似，直到得到足够简化的结构。另一种方法是为所有节点引入近似，然后每次恢复一个节点的确切分布。后者的优点是，在整个过程中，网络在计算上都是可处理的(参见[30])。局部近似的灵感来自用其共轭来建立凸/凹函数的界的方法，如

13.8 节所述。现在让我们揭开方法背后的秘密。

1. 多因网络和噪声-或模型

在第 15 章(15.2 节)的开头，我们介绍了一个来自医疗诊断领域的简化案例，涉及一系列疾病和检验结果。采用所谓的噪声-或模型，我们就得到了式(15.4)和式(15.5)，为方便起见，此处再次给出。我们有

$$P(f_i=0|\boldsymbol{d})=\exp\left(-\sum_{j\in\mathrm{Pa}_i}\theta_{ij}d_j\right) \tag{16.9}$$

$$P(f_i=1|\boldsymbol{d})=1-\exp\left(-\sum_{j\in\mathrm{Pa}_i}\theta_{ij}d_j\right) \tag{16.10}$$

其中，我们利用了迄今为止获得的经验，并用符号 Pa_i 表示第 i 个检验结果的双亲集合。相应的图模型属于多因网络族(15.3.6 节)，如图 16.10a 所示。现在，我们将选取一个特定的节点，比如第 i 个节点，假设它对应一个阳性检验结果($f_i=1$)，并演示变分近似方法如何从联合概率对项数的指数依赖“诅咒”中找到出路。回想一下，这是由式(16.10)的
831 形式引起的。

变分界的推导：函数 $1-\exp(x)$ 属于所谓的*对数-凹函数族*，这意味着

$$f(x)=\ln(1-\exp(-x)),\quad x>0$$

是凹的(习题 16.9)。作为一个凹函数，我们从 13.8 节知道，它的上界为

$$f(x)\leqslant\xi x-f^*(\xi)$$

其中 $f^*(\xi)$ 是其共轭函数。为了明确指出对节点 i 的依赖，可以剪裁它以适应式(16.10)的需求并使用 ξ_i 替代 ξ，于是我们得到

$$P(f_i=1|\boldsymbol{d})\leqslant\exp\left(\xi_i\left(\sum_{j\in\mathrm{Pa}_i}\theta_{ij}d_j\right)-f^*(\xi_i)\right) \tag{16.11}$$

或

$$P(f_i=1|\boldsymbol{d})\leqslant\exp\left(-f^*(\xi_i)\right)\prod_{j\in\mathrm{Pa}_i}\left(\exp(\xi_i\theta_{ij})\right)^{d_j} \tag{16.12}$$

其中(习题 16.10)

$$f^*(\xi_i)=-\xi_i\ln(\xi_i)+(\xi_i+1)\ln(\xi_i+1),\quad \xi_i>0$$

注意，通常，一个常量 θ_{i0} 也存在于线性项 $\left(\sum_{j\in\mathrm{Pa}_i}\theta_{ij}d_j+\theta_{i0}\right)$ 中，在这种情况下，上界中的第一个指数变为 $\exp(-f^*(\xi_i)+\xi_i\theta_{i0})$。

现在让我们观察式(16.12)。一旦确定 ξ_i，右侧的第一个因子就是常数。而且，每个因子 $\exp(\xi_i\theta_{i0})$ 也是 d_j 中产生的常量。因此，例如，为了计算式(15.3)，可在式(15.1)中的乘积中代入式(16.12)，每个常数都可以被相应的 $P(d_j)$ 吸收，即

$$\tilde{P}(d_j)\propto P(d_j)\exp(\xi_i\theta_{ij}d_j),\quad j\in\mathrm{Pa}_i$$

基本上，从图的角度来看，我们可以等价地认为第 i 个节点已被分离，它对任何后续处理的影响都是通过修改与其双亲节点关联的因子来实现的，参见图 16.10b。换句话说，变分近似解耦了双亲节点。相反，对于精确推理，在端正化阶段，节点 i 的所有双亲节点是连接在一起的。这是计算爆炸的来源，参见图 16.10c。因此，近似方法的思想是移除足够数量的节点，以便可以使用精确推理方法处理剩余的网络。

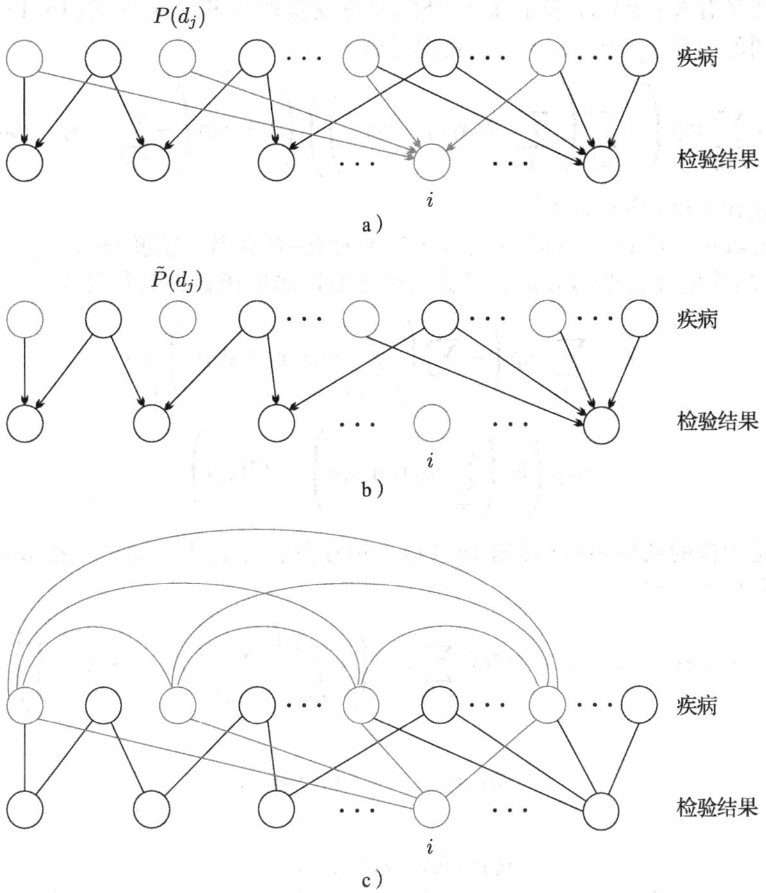

图 16.10　a）一组检验结果与疾病的贝叶斯网络。与第 i 个检验结果关联的节点与其双亲节点及对应边以灰色显示，这是引入变分近似的节点。b）对节点 i 执行变分近似后，连接该节点与其双亲节点的边被移除。同时，各双亲节点的先验概率的值也会被修改。这在图中显示为第 j 种疾病。c）针对节点 i 进行规范化步骤之后生成的图

还有一个主要问题需要解决：如何获得不同的 ξ_i。计算它们的目的是令界尽可能"紧"，便于应用任何标准优化技术。注意，此最小化对应于凸代价函数(习题 16.11)。除了上界外，也能推导出下界[27]。[30]中的实验验证了在负担得起的计算时间内可以获得相当好的精度。该方法在[27]中首次提出。

2. 玻尔兹曼机

在 15.4.2 节中介绍的玻尔兹曼机是另一个例子，任何精确推理尝试都面临较大的团，令任务在计算上难以处理[28]。 832～833

我们将展示在计算归一化常量 Z 的场景下使用变分近似。回想一下式(15.23)

$$
\begin{aligned}
Z &= \sum_{\boldsymbol{x}} \exp\left(-\sum_i \left(\sum_{j>i} \theta_{ij} x_i x_j + \theta_{i0} x_i\right)\right) \\
&= \sum_{\boldsymbol{x}\setminus x_k} \sum_{x_k=0}^{1} \exp\left(-\sum_i \left(\sum_{j>i} \theta_{ij} x_i x_j + \theta_{i0} x_i\right)\right)
\end{aligned}
\tag{16.13}
$$

其中我们选择节点 x_k 来施加变分近似。我们将求和分为两部分，一部分与 x_k 有关，另一

部分与其余变量有关；$\boldsymbol{x}\setminus x_k$ 表示除 x_k 外的所有变量的求和。执行式(16.13)中的内部求和(与 x_k 不同的项且 $x_k=0$，$x_k=1$)，我们得到

$$Z=\sum_{\boldsymbol{x}\setminus x_k}\exp\left(-\sum_{i\neq k}\left(\sum_{i<j\neq k}\theta_{ij}x_ix_j+\theta_{i0}x_i\right)\right)\left(1+\exp\left(-\sum_{i\neq k}\theta_{ki}x_i-\theta_{k0}\right)\right)$$

其中 $i<j\neq k$ 指出 i 和 j 均与 k 不同。

变分界的推导：函数 $1+\exp(-x)$，$x\in\mathbb{R}$ 是对数-凸函数(习题 16.12)，因此，采用与推导式(16.12)中的界类似的方法，但针对凸函数而非凹函数，我们可得

$$Z\geqslant\sum_{\boldsymbol{x}\setminus x_k}\exp\left(-\sum_{i\neq k}\left(\sum_{i<j\neq k}\theta_{ij}x_ix_j+\theta_{i0}x_i\right)\right)\times \exp\left(\xi_k\left(\sum_{i\neq k}\theta_{ki}x_i+\theta_{k0}\right)-f^*(\xi_k)\right) \tag{16.14}$$

其中 $f^*(\xi)$ 是相应的共轭函数(习题 16.12)。请注意，界公式中第二个指数可以和第一个指数合并，我们可写出

$$Z\geqslant\exp\left(-f^*(\xi_k)+\xi_k\theta_{k0}\right)\sum_{\boldsymbol{x}\setminus x_k}\exp\left(-\sum_{i\neq k}\left(\sum_{i<j\neq k}\tilde{\theta}_{ij}x_ix_j+\tilde{\theta}_{i0}x_i\right)\right)$$

其中

$$\tilde{\theta}_{ij}=\theta_{ij},\quad i\neq k,\ j\neq k$$

和

834

$$\tilde{\theta}_{i0}=\theta_{i0}-\xi_k\theta_{ki},\quad i\neq k$$

换句话说，如果从现在开始，我们将 Z 替换为界，则节点 x_k 就像已被移除一样，并且剩余的网络是一个玻尔兹曼机，与原始的图相比，其节点数少了一个，相应的参数也被修改了。ξ_k 的值可通过优化得到，以使界尽可能“紧”。

图 16.11 显示了对节点 x_8 应用变分近似的效果。注意，对于此图的情况，如果接下来(在 x_8 之后)移除 x_5，则剩下的图结构将成为一个链，可以进行精确推理。

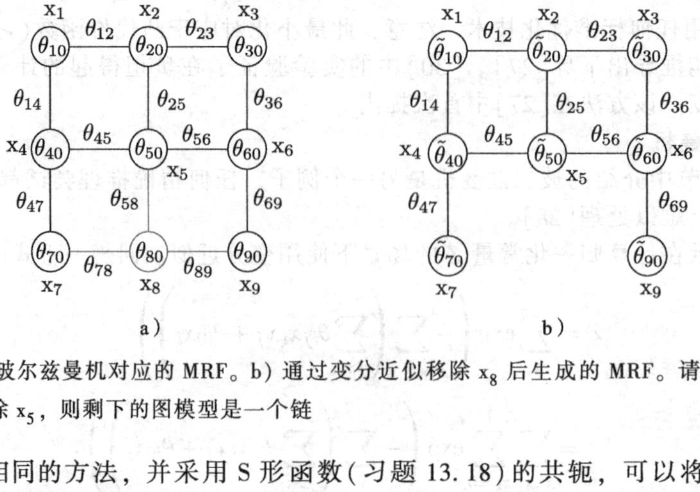

图 16.11　a) 与玻尔兹曼机对应的 MRF。b) 通过变分近似移除 x_8 后生成的 MRF。请注意，如果接下来移除 x_5，则剩下的图模型是一个链

遵循完全相同的方法，并采用 S 形函数(习题 13.18)的共轭，可以将该技术应用于 15.3.4 节中讨论的 S 形贝叶斯网络(参见[27])。

16.3.2 分块变分近似法

与前面介绍的在选定单个节点上引入近似的方法不同，这里介绍一种在节点集合上引入近似的方法。这里，再一次对涉及的概率分布推导出的界进行优化。原则上，该方法等价于在节点上施加特定的图结构，然后通过可处理的精确推理技术来解决。结果，对于可以在此简化子结构上因子分解的分布族，关于一组可变参数对其进行优化。该方法基于 13.2 节中使用的方法。我们将保留相同的符号表示并提供离散变量情况下的相关公式，稍后会用于我们所选的例子中。

令 $\mathcal{X}$ 为观测集，$\mathcal{X}^l$ 是一组与图结构的节点相关联的潜随机变量，在图模型术语中，我们可以分别将它们称为证据和隐节点。定义

$$\mathcal{F}(Q)=\sum_{x\in\mathcal{X}^l}Q(\mathcal{X}^l)\ln\frac{P(\mathcal{X},\mathcal{X}^l)}{Q(\mathcal{X}^l)} \tag{16.15}$$ 835

其中 Q 是任何概率函数。然后，从式(16.15)，我们很容易获得

$$\mathcal{F}(Q)=\ln P(\mathcal{X})+\sum_{x\in\mathcal{X}^l}Q(\mathcal{X}^l)\ln\frac{P(\mathcal{X}^l|\mathcal{X})}{Q(\mathcal{X}^l)}$$

或

$$\ln P(\mathcal{X})=\mathcal{F}(Q)+\sum_{x\in\mathcal{X}^l}Q(\mathcal{X}^l)\ln\frac{Q(\mathcal{X}^l)}{P(\mathcal{X}^l|\mathcal{X})} \tag{16.16}$$

请注意，式(16.16)中的第二项是 $P(\mathcal{X}^l\mid\mathcal{X})$ 和 $Q(\mathcal{X}^l)$ 之间的库尔贝克–莱布勒(KL)散度。由于 KL 散度始终是非负的(习题 12.7)，可以写出

$$\ln P(\mathcal{X})\geqslant\mathcal{F}(Q)$$

如果我们最小化 KL 散度，那么下界就会最大化。

现在再看我们的目标，即给定证据，在与 $P(\mathcal{X}^l\mid\mathcal{X})$ 关联的图上进行推理。如果这一过程无法以易处理的方式执行，则采用 $P(\mathcal{X}^l\mid\mathcal{X})$ 的近似 $Q(\mathcal{X}^l)$，同时对 $Q(\mathcal{X}^l)$ 施加特定的分解(这等价于诱导一个特定的图结构)，以便可以使用精确推理技术。从采用的分布族中，我们选择一个可以将 $P(\mathcal{X}^l\mid\mathcal{X})$ 和 $Q(\mathcal{X}^l)$ 之间的 KL 散度最小化的分布。这种选择保证了对数证据函数的最大下界。在不同方式的因子分解中，所谓的平均场分解是最简单的，也可能是最流行的。图上施加的结构没有边，这导致 $Q(\mathcal{X}^l)$ 的完全分解，即

$$\boxed{Q(\mathcal{X}^l)=\prod_{i:x_i\in\mathcal{X}^l}Q_i(x_i):\ \text{平均场分解}} \tag{16.17}$$

平均场近似和玻尔兹曼机

我们已经知道，玻尔兹曼机的联合概率由下式给出：

$$P(\mathcal{X},\mathcal{X}^l)=\frac{1}{Z}\exp\left(-\sum_i\left(\sum_{j>i}\theta_{ij}x_ix_j+\theta_{i0}x_i\right)\right)$$

其中一些 $x_i(x_j)$ 属于 $\mathcal{X}$，有些属于 $\mathcal{X}^l$。我们的第一个目标是计算 $P(\mathcal{X}^l\mid\mathcal{X})$，以便在 KL 散度中使用它。请注意，如果 $x_i,x_j\in\mathcal{X}$，它们的贡献导致一个常数，最终被归一化因子 Z 吸收。如果其中一个是观测值而另一个是潜变量，那么乘积的贡献将变为相对于潜变量是线性的，并且被各自的线性项吸收。然后可以写出下式：

836 $$P(\mathcal{X}^l|\mathcal{X})=\frac{1}{\tilde{Z}}\exp\left(-\sum_{i:x_i\in\mathcal{X}^l}\left(\sum_{x_j\in\mathcal{X}^l:j>i}\theta_{ij}x_ix_j+\tilde{\theta}_{i0}x_i\right)\right) \tag{16.18}$$

现在，我们将注意力转向 $Q(\cdot)$ 的形式。由于变量的(假设)二进制性质，Q 的一个合理的完全因子分解形式是[34]

$$Q(\mathcal{X}^l;\boldsymbol{\mu})=\prod_{i:x_i\in\mathcal{X}^l}\mu_i^{x_i}(1-\mu_i)^{(1-x_i)} \tag{16.19}$$

其中明确显示了对变分参数 $\boldsymbol{\mu}$ 的依赖性。而且，由于对每个变量采用了伯努利分布，因此 $\mathbb{E}[\mathrm{x}_i]=\mu_i$(第 2 章)。现在的目标就变为相对于变分参数优化 KL 散度。将式(16.18)和式(16.19)代入下式

$$KL(Q||P)=\sum_{x_i\in\mathcal{X}^l}Q(\mathcal{X}^l;\boldsymbol{\mu})\ln\frac{Q(\mathcal{X}^l;\boldsymbol{\mu})}{P(\mathcal{X}^l|\mathcal{X})} \tag{16.20}$$

我们得到(习题 16.13，[34])

$$KL(Q||P)=\sum_i\left(\mu_i\ln\mu_i+(1-\mu_i)\ln(1-\mu_i)+\sum_{j>i}\theta_{ij}\mu_i\mu_j+\tilde{\theta}_{i0}\mu_i\right)+\ln\tilde{Z}$$

其相对于 μ_i 的最小化最终导致(习题 16.13)

$$\boxed{\mu_i=\sigma\left(-\left(\sum_{j\neq i}\theta_{ij}\mu_j+\tilde{\theta}_{i0}\right)\right):\quad \text{平均场公式}} \tag{16.21}$$

其中 $\sigma(\cdot)$ 是 S 形连接函数。回顾伊辛模型中的定义，如果 x_i 和 x_j 是相连接的，则 $\theta_{ij}=\theta_{ji}\neq0$，否则为零。将 μ_i 的值代入式(16.19)中，就得到了用 $Q(\mathcal{X}^l;\boldsymbol{\mu})$ 表示的 $P(\mathcal{X}^l\mid\mathcal{X})$ 的近似。

式(16.21)等价于一组耦合方程，称为*平均场方程组*，它们被用于以递归的方式计算一个解的不动点集合，假定至少存在这样一个集合。式(16.21)是非常有趣的。尽管我们假定隐节点之间的独立性，施加了最小化 KL 散度，但与变量的(真实的)相互依赖性质有关的信息(由 $P(\mathcal{X}^l\mid\mathcal{X})$ 传达)被“嵌入”关于 $Q(\mathcal{X}^l\mid\boldsymbol{\mu})$ 的均值中。各个变量的平均值是*相互关联的*。式(16.21)也可以被视为消息传递算法(参见图 16.12)。图 16.13 显示了在应用平均场近似之前和之后与玻尔兹曼机关联的图。

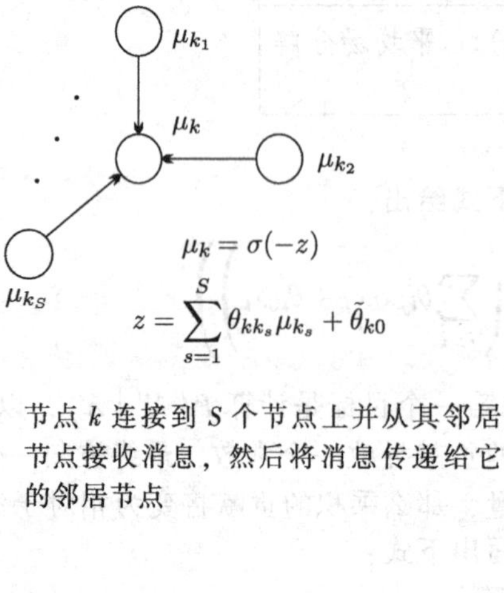

图 16.12　节点 k 连接到 S 个节点上并从其邻居节点接收消息，然后将消息传递给它的邻居节点

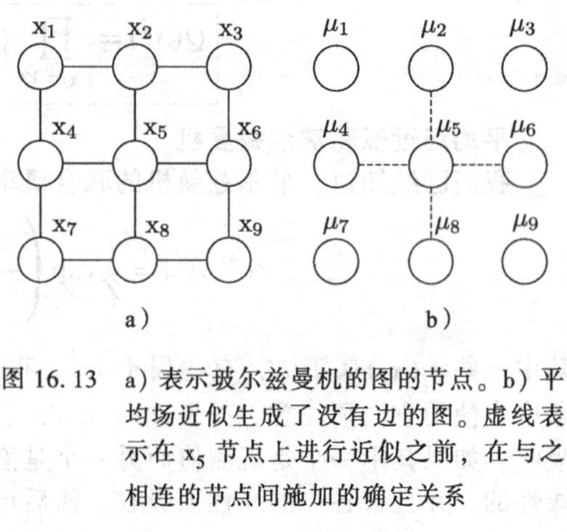

图 16.13　a) 表示玻尔兹曼机的图的节点。b) 平均场近似生成了没有边的图。虚线表示在 x_5 节点上进行近似之前，在与之相连的节点间施加的确定关系

注意，我们前面所描述的只不过是 13.2 节中介绍的变分 EM 算法的一个实例。事实上，式(16.21)是 Q_i 中每个因子的 E-步骤的结果，假设其余因子都是固定的。

到目前为止，在这一章中，我们没有提到如何获得描述图结构的参数的估计，而这是一个重要任务，在我们当前讨论的场景中，这包括参数 θ_{ij} 和 θ_{i0}，它们组成了集合 $\boldsymbol{\theta}$。虽然在本章末尾讨论了参数估计任务，但此时对此稍讲几句没有坏处。在这里，我们明确地给出 $\boldsymbol{\theta}$ 的依赖性，并将所涉及的概率表示为 $Q(\mathcal{X}^l;\boldsymbol{\mu},\boldsymbol{\theta})$、$P(\mathcal{X},\mathcal{X}^l;\boldsymbol{\theta})$ 和 $P(\mathcal{X}^l \mid \mathcal{X};\boldsymbol{\theta})$。将 $\boldsymbol{\theta}$ 作为一个未知参数向量处理，我们通过变分 EM 可知，可以在算法中添加 M-步骤，固定其余的参数后关于 $\boldsymbol{\theta}$ 优化下界 $\mathcal{F}(Q)$，通过这种方式对其进行迭代估计(参见[29, 69])。 837

附注 16.2

- 平均场近似方法也已经被应用于 15.3.4 节中定义的 S 形神经网络(参见[69])。
- 涉及 Q 的完全因子分解形式的平均场近似方法是最简单、最粗糙的近似。人们还提出了更复杂的尝试，其中 Q 允许具有更丰富的结构，同时保持其计算易处理性(参见[17, 31, 80])。
- 在[82]中，平均场近似已经应用于一般贝叶斯网络，如我们所知，其中联合概率分布由节点间的条件概率的乘积给出

$$p(\boldsymbol{x})=\prod_i p(x_i|\mathrm{Pa}_i)$$

除非以结构简单的形式给出条件概率，否则精确消息传递可能会变得难以计算。对于这种情况，可以在隐变量中引入平均场近似，即

$$Q(\mathcal{X}^l)=\prod_{i:x_i\in\mathcal{X}^l} Q_i(x_i)$$

然后进行估计，以便最大化公式(16.15)中的下界 $\mathcal{F}(Q)$。遵循我们在 13.2 节中介绍过的方法，这可以从一些初始估计开始迭代地实现，在每个迭代步中针对单个因子进行优化，保持其余因子不变。在第 $j+1$ 步迭代中，可按公式(13.15)得到第 m 个因子：

$$\begin{aligned}\ln Q_m^{(j+1)}(x_m^l)&=\mathbb{E}\left[\ln\prod_i p(x_i|\mathrm{Pa}_i)\right]+\text{常数}\\&=\mathbb{E}\left[\sum_i \ln p(x_i|\mathrm{Pa}_i)\right]+\text{常数}\end{aligned}$$ 838

其中期望是关于因子的当前可用估计的，排除了 Q_m，x_m^l 是相应的隐变量。当将条件概率限制在共轭-指数族中时，对数形式的期望的计算就变得容易处理了。得到的方法等价于消息传递算法，称为*变分消息传递*，它包括与指数分布关联的传递矩和参数。在[6, 23, 38]中描述的 MIMO-OFDM 通信系统中，给出了一个变分消息传递方法的实现例子。

16.3.3 环路信念传播

之前为具有树结构的图中进行精确推理的消息传递算法，也可以用于在具有环的一般图上进行近似推理。这种方法被称为*环路信念传播算法*。

在带环的图上使用消息传递(和积)算法的思想可以追溯到珀尔[57]。注意，从算法上讲，我们将算法应用到这样的一般图结构上没有什么需要克服的障碍。另一方面，如果我们这样做，也没有什么保证可以让算法在两遍过程中就收敛，更重要的是，也不能保证它会恢复边际概率的真实值。事实上，不能保证这样的消息传播会收敛。因此，由于没有任何清晰的理论理解，在一般图中使用消息传递算法的想法被人们遗忘了。有趣的是，编码理论方面的突破点燃了这一想法回归的火花，这就是 turbo 码[5]。经实证验证，该方法

的性能非常接近理论香农极限。

虽然在开始时，这种编码方法似乎与信念传播无关，但后来的研究显示[49]，当算法应用于表示 turbo 码的图结构时，turbo 解码就是和积算法的一个实例。图 15.19 就是使用环路信念传播算法进行解码的示例。这是一个带有环的图。在此图上应用信念传播，我们
839 可以在收敛后得到条件概率 $P(x_i \mid y_i)$，从而确定接收的位序列。这一发现重新唤起了人们对环路信念传播的兴趣，毕竟，它在实践中“可能很有用”。而且，为了了解其性能以及其更一般的收敛特性，人们开展了相关的理论研究。

在[83]中已经证明，基于成对连接的 MRF（无向图模型，其势函数涉及最多的变量对，例如树），每当和积算法在带环的图上收敛时，消息传递算法的不动点实际上是所谓的贝特自由能代价的平稳点。这与在真分布和近似分布之间的 KL 散度直接相关（12.7 节）。回顾式（16.20），KL 散度中的一项就是与 Q 相关的负熵。在平均场近似中，这一项很容易计算出来。但是，对于具有环的更一般结构来说，就不得不接受一个近似值。此时可以使用所谓的贝特熵来近似，这又产生了贝特自由能代价函数。为了获得贝特熵近似值，一个符合式（16.8）的结构被“嵌入”近似分布 Q 中，这对树也适用。事实上，可以检验（试试看）这个结构是适合（单连通）树的，分子中的乘积覆盖了树种所有的连通节点，让我们将其表示为 $\prod_{(i,j)} P_{ij}(x_i,x_j)$。而且，$d_s$ 等于连接到节点 s 的节点数。因此，我们可以将联合概率写成

$$P(\boldsymbol{x})=\frac{\prod_{(i,j)} P_{ij}(x_i,x_j)}{\prod_s [P_s(x_s)]^{d_s-1}}$$

注意，仅连接到一个节点的节点在分母中没有贡献。于是，树的熵，即

$$E=-\mathbb{E}[\ln P(\boldsymbol{x})]$$

可以写成

$$\boxed{E=-\sum_{(i,j)}\sum_{x_i}\sum_{x_j} P_{ij}(x_i,x_j)\ln P_{ij}(x_i,x_j)+\sum_s (d_s-1)\sum_{x_s} P_s(x_s)\ln P_s(x_s)} \tag{16.22}$$

因此，熵的这种表达对于树来说是精确的。然而，对于具有环的更一般的图，这只能保持近似成立，它被称为熵的贝特近似。图的结构和树越相似，近似效果就越好，文献[83]中对此有简明扼要的介绍。

已证明，对于树的情况，和积算法得到真实的边际概率值，因为未采用近似方法，且最小化自由熵就相当于最小化 KL 散度。因此，从这个角度来看，和积算法有一种优化的味道。在很多实际情况下，贝特近似足够精确，这证明了环路信念传播在实践中通常实现的良好性能（参见[52]）。环路信念传播算法不保证在带有环的图中收敛，因此可以选择直接最小化贝特熵代价。虽然与传递消息相比，此类方法较慢，但可以保证收敛（参见[85]）。

[75，77]中给出了和积算法的另一种解释，将其视作一种恰当选择的代价函数的优
840 化算法。在指数族分布的背景下提供了一个包括精确推理和近似推理的统一框架。分别考虑了平均场近似和环路信念传播算法，将它们视为近似可实现均值参数凸集的不同方法，这些参数与对应分布相关联。虽然我们不会继续进行详细的介绍，但我们将提供一些“笔触”，它们代表了这一理论发展的主要观点。同时，这也为我们提供了一个很好的借口，在指数族的背景下，介绍凸对偶、熵、累积量生成函数和均值参数之间有趣的相互作用。

指数族概率分布的一般形式由下式给出（12.8.1 节）

$$p(\boldsymbol{x};\boldsymbol{\theta}) = C\exp\left(\sum_{i\in I}\theta_i u_i(\boldsymbol{x})\right)$$
$$= \exp\left(\boldsymbol{\theta}^{\mathrm{T}}\boldsymbol{u}(\boldsymbol{x}) - A(\boldsymbol{\theta})\right)$$

与

$$A(\boldsymbol{\theta}) = -\ln C = \ln\int \exp\left(\boldsymbol{\theta}^{\mathrm{T}}\boldsymbol{u}(\boldsymbol{x})\right)\mathrm{d}\boldsymbol{x}$$

其中积分变为离散变量的和。$A(\boldsymbol{\theta})$是一个凸函数，被称为对数划分函数或累积量生成函数(习题 16.14，[75, 77])。已经证明，$A(\boldsymbol{\theta})$的共轭函数表示为$A^*(\boldsymbol{\mu})$，是$p(\boldsymbol{x};\boldsymbol{\theta}(\boldsymbol{\mu}))$的负熵函数，其中$\boldsymbol{\theta}(\boldsymbol{\mu})$是在给定$\boldsymbol{\mu}$值的情况下的最大值(在共轭函数的定义中)发生时的$\boldsymbol{\theta}$值，我们说$\boldsymbol{\theta}(\boldsymbol{\mu})$和$\boldsymbol{\mu}$是双重耦合的(习题 16.15)。而且

$$\mathbb{E}[\boldsymbol{u}(\mathbf{x})] = \boldsymbol{\mu}$$

其中，期望是相对于$p(\boldsymbol{x};\boldsymbol{\theta}(\boldsymbol{\mu}))$的，这是$\boldsymbol{\mu}$作为一个均值参数向量的有趣解释，回顾 12.8.1 节中提到的均值参数定义对应的指数函数。然后

$$A(\boldsymbol{\theta}) = \max_{\boldsymbol{\mu}\in\mathcal{M}}\left(\boldsymbol{\theta}^{\mathrm{T}}\boldsymbol{\mu} - A^*(\boldsymbol{\mu})\right) \tag{16.23}$$

根据式(13.78)中共轭函数的定义，设置$\mathcal{M}$以保证$A^*(\boldsymbol{\mu})$是有限的。已经证明，在树结构的图中，和积算法是求解拉格朗日对偶公式(16.23)[75, 77]的迭代方法。而且，在这种情况下，可证明集合$\mathcal{M}$是凸的，我们能以简单明了的方式显式描述它，而负熵$A^*(\boldsymbol{\mu})$也具有显式形式。这些性质在有环的图中就失效了。平均场近似涉及对集合$\mathcal{M}$的内部近似，因此它将优化限制为针对有限类分布，对这些分布可以精确恢复负熵。另一方面，环路信念算法提供了一种外部近似，因此扩大了分布的类别，熵只能近似地恢复，对于成对 MRF 的情况，可以采用贝特近似的形式。

前面总结的理论发现已推广到联合树的情况，其中势函数涉及两个以上的变量。这些方法涉及所谓的菊池能量，这是贝特近似的泛化形式[77, 84]。这一方法起源于统计物理学[37]。 841

附注 16.3

- 继在 turbo 解码中成功应用环路信念传播之后，进一步的研究验证了其在一些任务中的性能潜力，如低密度奇偶校验码[15, 47]、网络诊断[48]、传感器网络应用[24]和多用户通信[70]等。而且，人们还提出了一些基本方法的修改版本。在[74]中提出了所谓的树重加权信念传播的方法。在[26]中采用了来自信息几何的方法，在[78]中使用了信息几何中的投影方法。最近，提出了信念传播算法与平均场近似的优化组合方法来利用各自的优势[65]。相关讨论见[76]。简单地说，这个老方法仍然有效！
- 在 13.10 节中，在参数推断的场景中讨论了期望传播算法。如果用隐变量代替参数，这一方法也可以用于图模型更通用的框架中。图模型几乎就是为这种方法量身定制的，因为联合概率密度函数是可因子分解的。已经证明，如果近似概率密度函数被完全分解，对应于部分断开的网络，期望传播算法就会转化为环路信念传播算法[50]。在[51]中，已经证明，通过利用 KL 散度的一个推广作为优化代价，可得到一个消息传递算法族。这个族中包括了很多之前研究的方法。
- 除了之前提出的近似技术外，另一类流行的方法库是马尔可夫链蒙特卡罗(MCMC)框架。第 14 章讨论了这些技术(可参见[25]及其中的参考文献)。

16.4 动态图模型

一些随机变量的统计性质是不随时间改变的，到目前为止讨论的所有图模型都是为满足这种随机变量的需求而开发的。然而，情况并非总是如此。事实上，术语时间自适应性和时变性是本书大部分内容的核心。本节的重点是处理随机变量，这些变量的统计性质不是固定的，而是允许发生变化。许多时间序列数据以及按顺序获得的数据都属于这一设定，应用范围从信号处理和机器人到金融和生物信息学。

与本章前几节中的讨论相比，本节的一个关键区别是，现在观测值是按顺序感知的，而观测值发生的特定顺序包含着重要信息，在随后的任何推理任务中都必须重视和利用这些信息。例如，在语音识别中，特征向量产生的顺序非常重要。在典型的语音识别任务中，原始语音数据在短(通常是重叠)时间窗口中按顺序分段，每个窗口中可以获取一个特征向量(例如，相应时间段中的样本的 DFT)，如图 16.14 所示。这些特征向量构成观测序
842 列。除了这些观测值向量的具体值中的信息外，观测值出现的顺序也揭示了关于所说单词的重要信息，我们的语言和口语是高度结构化的人类活动。类似的方法也适用于诸如生物分子(例如 DNA 和蛋白质)的学习和推理等应用。

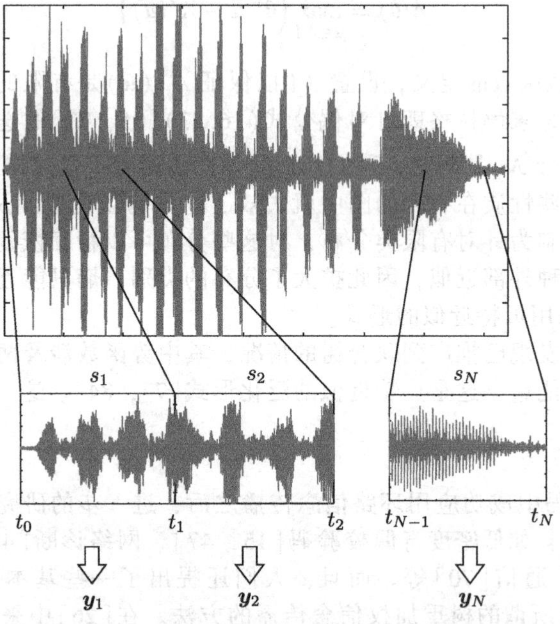

图 16.14　一段语音和 N 个时间窗口，每个时间窗口长度为 500ms。它们分别对应着时间区间[0, 500]、[500, 1000]和[3500, 4000]。每个窗口中都能产生一个特征向量 $\boldsymbol{y}$。在实际应用中，允许连续窗口出现重叠

虽然任何类型的图模型都有其动态对应模型，但我们将专注于动态贝叶斯网络族，特别是一种称为隐马尔可夫模型的特定类型。

对序列数据进行建模的一个非常流行和有效的框架是所谓的状态观测或称状态空间模型。在时刻 n 观测到的每组随机变量 $\mathbf{y}_n \in \mathbb{R}^l$ 都与相应的隐/潜随机向量 $\mathbf{x}_n$ 相关联(不一定与观测值的维数相同)。系统动态模型通过潜变量进行建模，观测值被认为是测量噪声传感器的输出。所谓的潜马尔可夫模型是围绕以下两个独立假设构建的：

$$(1)\ \mathbf{x}_{n+1} \perp (\mathbf{x}_1, \cdots, \mathbf{x}_{n-1}) | \mathbf{x}_n \tag{16.24}$$

$$(2)\ \mathbf{y}_n \perp (\mathbf{x}_1,\cdots,\mathbf{x}_{n-1},\mathbf{x}_{n+1},\cdots,\mathbf{x}_N)|\mathbf{x}_n \tag{16.25}$$

其中 N 是观测值的总数。第一个条件通过下面的转换模型定义了系统动态模型

$$p(\boldsymbol{x}_{n+1}|\boldsymbol{x}_1,\cdots,\boldsymbol{x}_n)=p(\boldsymbol{x}_{n+1}|\boldsymbol{x}_n) \tag{16.26}$$ 843

第二个条件定义了观测模型

$$p(\boldsymbol{y}_n|\boldsymbol{x}_1,\cdots,\boldsymbol{x}_N)=p(\boldsymbol{y}_n|\boldsymbol{x}_n) \tag{16.27}$$

换句话说，给定现在的状态，未来与过去无关，给定现在的状态，观测值与未来和过去无关。

通过图 16.15 中的图，可以表示前面陈述的独立性。如果隐变量是离散的，则生成的模型称为隐马尔可夫模型。另一方面，如果隐变量和观测变量都是连续的，则会生成相当复杂的模型。然而，可以/已经为一些特殊的情况开发易于分析的工具。在所谓的线性动态系统(LDS)中，系统动态和观测值的生成可以由下式来建模

$$\mathbf{x}_n = F_n\mathbf{x}_{n-1}+\boldsymbol{\eta}_n \tag{16.28}$$

$$\mathbf{y}_n = H_n\mathbf{x}_n+\boldsymbol{v}_n \tag{16.29}$$

其中 $\boldsymbol{\eta}_n$ 和 $\boldsymbol{v}_n$ 是零均值且相互独立的噪声干扰，用高斯分布建模。这就是著名的卡尔曼滤波器，我们已经在第 4 章中讨论过，而且将在第 17 章中从概率的角度重新审视它。式(16.28)和式(16.29)的概率对应版本为

$$p(\boldsymbol{x}_n|\boldsymbol{x}_{n-1})=\mathcal{N}(\boldsymbol{x}_n|F_n\boldsymbol{x}_{n-1},Q_n) \tag{16.30}$$

$$p(\boldsymbol{y}_n|\boldsymbol{x}_n)=\mathcal{N}(\boldsymbol{y}_n|H_n\boldsymbol{x}_n,R_n) \tag{16.31}$$

其中 Q_n 和 R_n 分别是 $\boldsymbol{\eta}_n$ 和 $\boldsymbol{v}_n$ 的协方差矩阵。

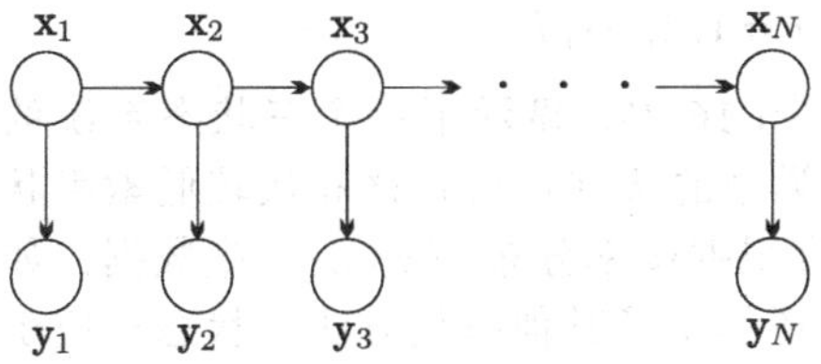

图 16.15　贝叶斯网络对应于一个潜马尔可夫模型。如果潜变量是离散的，则对应 HMM。如果观测变量和潜变量都是连续的，并且遵循高斯分布，则对应线性动态系统(LDS)。注意，观测到的变量构成了图的叶子

16.5　隐马尔可夫模型

隐马尔可夫模型可由图 16.15 中的图模型以及式(16.26)和式(16.27)表示。潜变量是离散的，所以我们将转移概率写为 $P(\boldsymbol{x}_n|\boldsymbol{x}_{n-1})$，这对应于一个概率表。观测变量可以是 844
离散的，也可以是连续的。基本上，HMM 可以用于模拟一个似稳过程，在许多(比如 K 个)子过程中经历突然的变化。每个子过程都可以由不同的统计性质来描述。也可以把它看作一个包括若干子系统的组合系统，每一个子系统根据不同的统计模型生成数据/观测值，例如，一个可能服从高斯分布，另一个服从学生氏 t 分布。观测值由这些子系统产生，但是，一旦接收到观测值，我们是不知道它是从哪个子系统发出的。这提醒了我们想到概率密度函数的混合建模任务，然而，在混合建模中，我们并不关心观测值产生的顺序。

出于建模的目的，我们为每个观测值 $\boldsymbol{y}_n$ 关联一个隐变量 $\mathrm{k}_n=1,2,\cdots,K$，这是指出了生成相应观测量向量的子系统/子过程的(随机)索引的。我们将称它为状态。每个 k_n 对应一般模型的 $\mathbf{x}_n$。完整的观测集序列$(\boldsymbol{y}_n,\mathrm{k}_n)$，$n=1,2,\cdots,N$，形成了一个在二维网格中的轨迹，一个轴为状态，另一个轴为观测值。图 16.16 中显示了 $K=3$ 的情况。这样的路径

揭示了每个观测值的起源，$\boldsymbol{y}_1$ 从状态 $k_1=1$ 生成，$\boldsymbol{y}_2$ 从 $k_2=2$ 生成；$\boldsymbol{y}_3$ 从 $k_3=2$ 生成，$\boldsymbol{y}_N$ 从 $k_N=3$ 生成。注意，每个轨迹都与一个概率分布相关联，即完全集的联合分布。事实上，图 16.16 中的轨迹的概率取决于 $P((\boldsymbol{y}_1,k_1=1),(\boldsymbol{y}_2,k_2=2),(\boldsymbol{y}_3,k_3=2),\cdots,(\boldsymbol{y}_N,k_N=3))$ 的值。我们很快就会看到，一些可以在网格中绘制的轨迹在实践中是不允许的，这可能是由于与构成相应系统/过程基础的数据生成机制的物理限制有关。

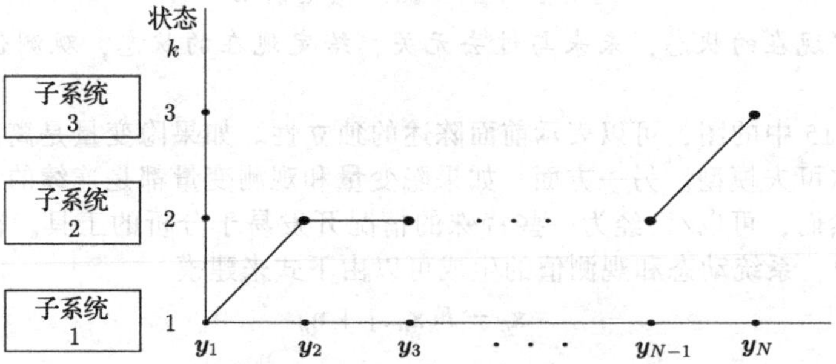

图 16.16　将观测值与状态联系起来的轨迹在时间上的展开

转移概率。如前所述，潜马尔可夫模型的动态可以用分布 $p(\boldsymbol{x}_n|\boldsymbol{x}_{n-1})$ 来描述，对于 HMM，它变为概率集

$$P(k_n|k_{n-1}),\quad k_n,k_{n-1}=1,2,\cdots,K$$

这指出了系统在时刻 $n-1$ 从状态 k_{n-1} "跳跃"到时刻 n 的状态 k_n 的概率。通常来说，此概率表可能随时间变化。在 HMM 的标准形式中，这被认为是独立于时间的，我们说我们的模型是*同质的*。因此，我们可以写出

845

$$P(k_n|k_{n-1})=P(i|j):=P_{ij},\quad i,j=1,2,\cdots,K$$

注意，根据建模假设，其中一些转移概率可能为零。图 16.17a 显示了一个三状态系统的例子。该模型为所谓的*从左到右*类型，其中允许两种类型的转移：自转移和从较低索引状态转移到较高索引状态。系统一旦跳跃到状态 k，就会根据概率分布 $p(\boldsymbol{y}|k)$ 产生数据，如图 16.17b 所示。除了从左到右的模型外，[8，63]中还提出了其他替代方法。状态对应于相应系统的某些物理特征。例如，在语音识别中，选择状态数对口语进行建模，取决于单词内预期的声音现象（音素）数量。通常，每个音素使用 3~4 种状态。另一个建模思路是使用从不同的口语词汇生成的平均观测值数量作为状态数量的指示。从转移概率的角度来看，HMM 基本上是一个用于生成观测符号串的随机有限状态自动机。注意，图 16.17 的

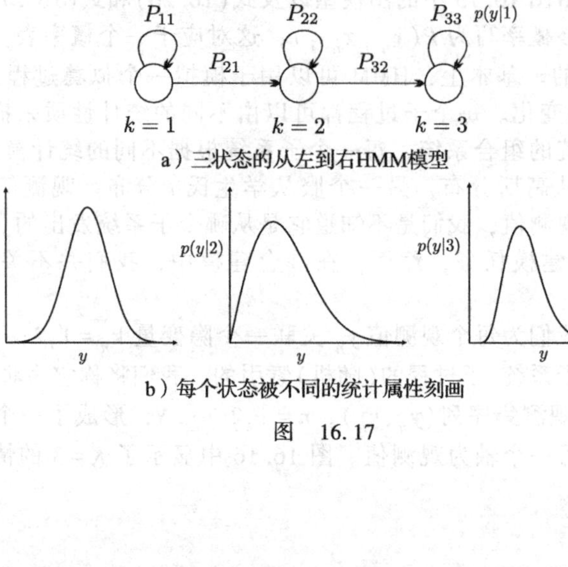

b）每个状态被不同的统计属性刻画

图　16.17

语义不同，不能与图 16.15 中给出的图结构混淆。图 16.17 是状态间转移概率的图形化解释，它与涉及的随机变量之间的独立性无关。一旦采用状态转移模型，图 16.16 的网格图中的一些轨迹将不被允许。在图 16.18 中，灰色的轨迹与图 16.17 的模型不一致。

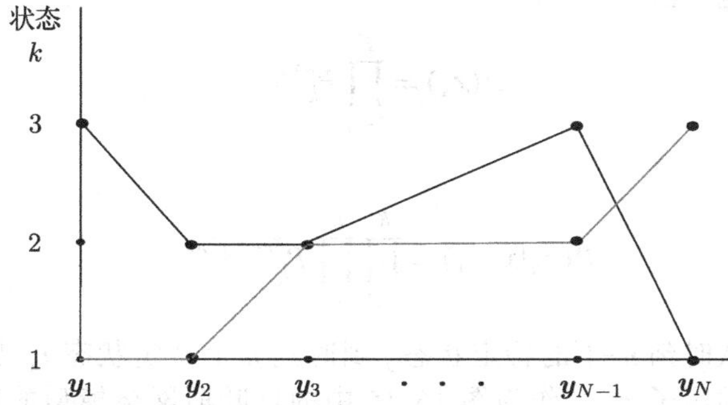

图 16.18　在图 16.17 的 HMM 模型下，黑色轨迹是不允许出现的。不允许从状态 $k=3$ 转移到状态 $k=2$ 以及从 $k=3$ 转移到 $k=1$。相反，在灰色曲线中展开的状态是有效的状态

16.5.1　推理

与任何图建模任务一样，最终目标是推理。在分类/识别方面，有两种类型的推理特别令人感兴趣。让我们在语音识别的框架内讨论这个问题，类似的方法也适用于其他应用领域。给定一组(输出变量)观测值 $\boldsymbol{y}_1,\cdots,\boldsymbol{y}_N$，我们需要判断它们对应的口语单词。在数据库中，每个口语单词都由 HMM 模型表示，这是大量训练的结果。HMM 模型由以下参数集完整描述：

1) 状态数 K。

2) $n=1$ 时初始状态处于状态 k 的概率，即 P_k，$k=1,2,\cdots,K$。

3) 转移概率集 P_{ij}，$i,j=1,2,\cdots,K$。

4) 状态发射分布 $p(\boldsymbol{y}\mid k)$，$k=1,2,\cdots,K$，可以是离散的，也可以是连续的。通常，这些概率分布可以被参数化，$p(\boldsymbol{y}\mid k;\boldsymbol{\theta}_k)$，$k=1,2,\cdots,K$。

在推理之前，假定所有涉及的参数都是已知的。HMM 参数的学习发生在训练阶段，我将对此进行简短介绍。

对于识别，可以使用多个分数。在这里，我们将讨论两个可选方法，它们都是图建模方法的直接结果。有关更详细的讨论，参见[72]。

在第一个方法中，在对所有的隐变量进行边际化后，观测序列的联合分布被计算出来，这是对每一个模型/单词要做的事情。然后选择较大分数值的单词。此方法对应于和积规则。另一个方法是对每个模型/单词计算网格图中的最佳轨迹，即得分最高的联合概率的轨迹。然后，我们根据最大最优值来选择合适的模型/单词。此方法是最大和规则的实现。

和积算法：HMM 情况

第一步是将图 16.15 的有向图转换为无向图，如因子图或联合树图。注意，对这种情况，这是很简单的，因为图已经是一个树。让我们讨论联合树方法。而且，为了使用式(16.4)和式(16.5)以及式(16.6)和式(16.7)中的消息传递公式计算分布值，我们将先采用一种更紧凑的方法来表示条件概率。我们将采用 13.4 节中用于混合建模例子的技术。让我们将每个潜变量表示为 K 维向量，$\boldsymbol{x}_n\in\mathbb{R}^K$，$n=1,2,\cdots,N$，除了第 k 个位置的元素，其他元素全部为零，其中 k 是发出 $\boldsymbol{y}_n$ 的(未知)状态的索引，即 846~847

$$x_n^{\mathrm{T}}=[x_{n,1},x_{n,2},\cdots,x_{n,K}]:\begin{cases}x_{n,i}=0, & i\neq k\\ x_{n,k}=1\end{cases}$$

然后，我们可以紧凑地写出

$$P(\boldsymbol{x}_1)=\prod_{k=1}^{K}P_k^{x_{1,k}} \tag{16.32}$$

和

$$P(\boldsymbol{x}_n|\boldsymbol{x}_{n-1})=\prod_{i=1}^{K}\prod_{j=1}^{K}P_{ij}^{x_{n-1,j}x_{n,i}} \tag{16.33}$$

事实上，如果跳转是从时刻 $n-1$ 的特定状态 j 到时刻 n 上特定状态 i，则在前面乘积中留下来的唯一项是相应的因子 P_{ij}。作为图 16.15 中的贝叶斯网络模型的直接结果，完全集的联合概率分布可以写为

$$p(Y,X)=P(\boldsymbol{x}_1)p(\boldsymbol{y}_1|\boldsymbol{x}_1)\prod_{n=2}^{N}P(\boldsymbol{x}_n|\boldsymbol{x}_{n-1})p(\boldsymbol{y}_n|\boldsymbol{x}_n) \tag{16.34}$$

其中

$$p(\boldsymbol{y}_n|\boldsymbol{x}_n)=\prod_{k=1}^{K}\left(p(\boldsymbol{y}_n|k;\boldsymbol{\theta}_k)\right)^{x_{n,k}} \tag{16.35}$$

对应的联合树可以从图 16.15 所示的图中得到。将有向的链接替换为无向链接并考虑大小为 2 的团，就得到图 16.19a 中的图。然而，由于所有的 y_n 变量是已观测到的(实例化的)，并且不需要边际化，它们的乘法贡献可以被各自的条件概率所吸收，从而产生了
848 图 16.19b 所示的图。或者，如果考虑节点($\mathbf{x}_1,\boldsymbol{y}_{\mathrm{n}}$)和($\mathbf{x}_{n-1},\mathbf{x}_n,\boldsymbol{y}_n$)，$n=2,3,\cdots,N$，形成与如下的势函数关联的团，也能得到联合树：

$$\psi_1(\boldsymbol{x}_1,\boldsymbol{y}_1)=P(\boldsymbol{x}_1)p(\boldsymbol{y}_1|\boldsymbol{x}_1) \tag{16.36}$$

和

$$\psi_n(\boldsymbol{x}_{n-1},\boldsymbol{y}_n,\boldsymbol{x}_n)=P(\boldsymbol{x}_n|\boldsymbol{x}_{n-1})p(\boldsymbol{y}_n|\boldsymbol{x}_n),\quad n=2,\cdots,N \tag{16.37}$$

图 16.19b 中的联合树是由从 $\mathbf{x}_1$ 开始消去团中的节点生成的。注意，归一化常量等于 1，即 $Z=1$。

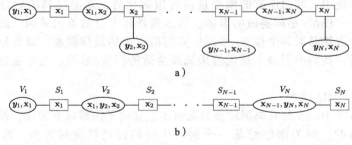

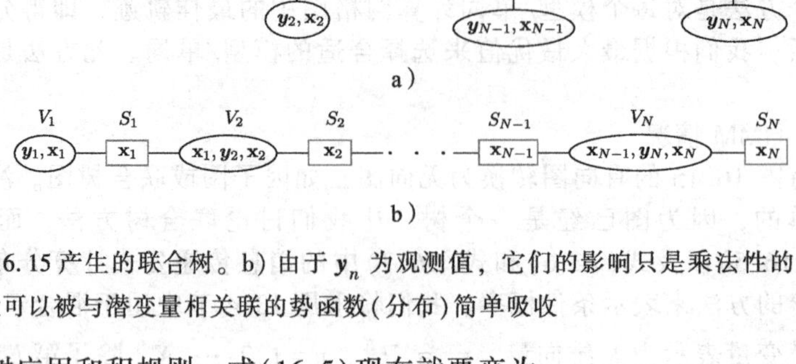

图 16.19　a) 图 16.15 产生的联合树。b) 由于 $\boldsymbol{y}_n$ 为观测值，它们的影响只是乘法性的(不涉及边际化)，其贡献可以被与潜变量相关联的势函数(分布)简单吸收

要对联合树应用和积规则，式(16.5)现在就要变为

$$\mu_{V_n\to S_n}(\boldsymbol{x}_n)=\sum_{\boldsymbol{x}_{n-1}}\psi_n(\boldsymbol{x}_{n-1},\boldsymbol{y}_n,\boldsymbol{x}_n)\mu_{S_{n-1}\to V_n}(\boldsymbol{x}_{n-1})$$
$$=\sum_{\boldsymbol{x}_{n-1}}\mu_{S_{n-1}\to V_n}(\boldsymbol{x}_{n-1})P(\boldsymbol{x}_n|\boldsymbol{x}_{n-1})p(\boldsymbol{y}_n|\boldsymbol{x}_n)$$

以及

$$\mu_{S_{n-1}\to V_n}(\boldsymbol{x}_{n-1})=\mu_{V_{n-1}\to S_{n-1}}(\boldsymbol{x}_{n-1}) \tag{16.38}$$

这样可以得到

$$\mu_{V_n\to S_n}(\boldsymbol{x}_n)=\sum_{\boldsymbol{x}_{n-1}}\mu_{V_{n-1}\to S_{n-1}}(\boldsymbol{x}_{n-1})P(\boldsymbol{x}_n|\boldsymbol{x}_{n-1})p(\boldsymbol{y}_n|\boldsymbol{x}_n) \tag{16.39}$$

其中

$$\mu_{V_1\to S_1}(\boldsymbol{x}_1)=P(\boldsymbol{x}_1)p(\boldsymbol{y}_1|\boldsymbol{x}_1) \tag{16.40}$$

在 HMM 文献中，通常使用“α”符号来表示交换消息，即

$$\alpha(\boldsymbol{x}_n):=\mu_{V_n\to S_n}(\boldsymbol{x}_n) \tag{16.41}$$

如果认为消息传递在节点 V_n 终止，则基于式(16.7)，并考虑变量 $\boldsymbol{y}_1,\cdots,\boldsymbol{y}_n$ 被聚合为观测值(回顾式(15.44)后的相关讨论)，很容易看到

$$\alpha(\boldsymbol{x}_n)=p(\boldsymbol{y}_1,\boldsymbol{y}_2,\cdots,\boldsymbol{y}_n,\boldsymbol{x}_n) \tag{16.42}$$

这也可以由式(16.39)和式(16.40)中的定义推导出来。除 $\mathbf{x}_n$ 外，所有隐变量都被边际化掉了。这是一组 K 个概率值(每个对应一个 $\boldsymbol{x}_n$ 值)。例如，对于 $\mathbf{x}_n:\mathbf{x}_{n,k}=1$，$\alpha(\boldsymbol{x}_n)$是轨迹在时刻 n 处于状态 k 的概率，并且已经得到了直到(包括)时刻 n 的具体观测值。从式(16.42)中，我们可以很容易得到观测序列的联合概率分布(证据)，其中观测值包含 N 个时刻，即 849

$$\boxed{p(Y)=\sum_{\boldsymbol{x}_N}p(\boldsymbol{y}_1,\boldsymbol{y}_2,\cdots,\boldsymbol{y}_N,\boldsymbol{x}_N)=\sum_{\boldsymbol{x}_N}\alpha(\boldsymbol{x}_N):\quad \text{观测值的证据}}$$

如本节开头所述，这是用于分类/识别的量。

用信号处理“行话”来说，计算 $\alpha(\boldsymbol{x}_n)$被称为滤波递归。根据 $\alpha(\boldsymbol{x}_n)$的定义，我们有下面的公式[2]

$$\boxed{\alpha(\boldsymbol{x}_n)=\underbrace{p(\boldsymbol{y}_n|\boldsymbol{x}_n)}_{\text{校正器}}\cdot\underbrace{\sum_{\boldsymbol{x}_{n-1}}\alpha(\boldsymbol{x}_{n-1})P(\boldsymbol{x}_n|\boldsymbol{x}_{n-1})}_{\text{预测器}}:\quad \text{滤波递归}} \tag{16.43}$$

这是和在第 17 章中讨论的卡尔曼滤波一样的情况，唯一的区别是，求和被积分所取代。采用高斯分布后，这些积分将转换为相应的均值和协方差矩阵的更新。公式(16.43)的物理含义是预测器使用时刻 n 之前的所有过去信息对状态进行预测。然后，根据在时刻 n 处接收的观测值 $\boldsymbol{y}_n$ 校正此信息。因此，根据整个观测序列(包括当前时刻 n)得到的更新信息可通过下式获得：

$$P(\boldsymbol{x}_n|Y_{[1:n]})=\frac{\alpha(\boldsymbol{x}_n)}{p(Y_{[1:n]})}$$

其中分母由 $\sum_{\boldsymbol{x}_n}\alpha(\boldsymbol{x}_n)$和给出 $Y_{[1:n]}:=(\boldsymbol{y}_1,\cdots,\boldsymbol{y}_n)$。

现在，让我们继续传递消息的第二阶段，我们以与以前相反的方向进行，以便获得

$$\mu_{V_{n+1}\to S_n}(\boldsymbol{x}_n)=\sum_{\boldsymbol{x}_{n+1}}\mu_{S_{n+1}\to V_{n+1}}(\boldsymbol{x}_{n+1})P(\boldsymbol{x}_{n+1}|\boldsymbol{x}_n)p(\boldsymbol{y}_{n+1}|\boldsymbol{x}_{n+1})$$

其中

$$\mu_{S_{n+1}\to V_{n+1}}(\boldsymbol{x}_{n+1})=\mu_{V_{n+2}\to S_{n+1}}(\boldsymbol{x}_{n+1})$$

因此

$$\mu_{V_{n+1}\to S_n}(\boldsymbol{x}_n)=\sum_{\boldsymbol{x}_{n+1}}\mu_{V_{n+2}\to S_{n+1}}(\boldsymbol{x}_{n+1})P(\boldsymbol{x}_{n+1}|\boldsymbol{x}_n)p(\boldsymbol{y}_{n+1}|\boldsymbol{x}_{n+1}) \tag{16.44}$$

其中

$$\mu_{V_{N+1}\to S_N}(\boldsymbol{x}_N)=1 \tag{16.45}$$

注意，$\mu_{V_{n+1}}\to S_n(\boldsymbol{x}_n)$涉及了 K 个值，其中每个值的计算执行了 K 个求和。因此，每个时刻的复杂度为 $\mathcal{O}(K^2)$。在 HMM 文献中，使用符号 β

850

$$\beta(\boldsymbol{x}_n)=\mu_{V_{n+1}\to S_n}(\boldsymbol{x}_n) \tag{16.46}$$

由式(16.44)与式(16.45)中的递归定义，其中 $\boldsymbol{x}_{n+1},\boldsymbol{x}_{n+2},\cdots,\boldsymbol{x}_N$ 已经被边际化掉了，我们可以等价地写出

$$\beta(\boldsymbol{x}_n)=p(\boldsymbol{y}_{n+1},\boldsymbol{y}_{n+2},\cdots,\boldsymbol{y}_N|\boldsymbol{x}_n) \tag{16.47}$$

也就是说，以 $\boldsymbol{x}_n$ 的值为条件，例如，$\boldsymbol{x}_n$：$x_{n,k}=1$，$\beta(\boldsymbol{x}_n)$是系统在时刻 n 状态 k 发出的观测值 $\boldsymbol{y}_{n+1},\cdots,\boldsymbol{y}_N$ 的联合分布值。

我们现在得到了计算边际分布所需的所有“材料”。从式(16.7)中，我们可以得到(基于构成 HMM 的独立性质来解释它)

$$\begin{aligned}p(\boldsymbol{x}_n,\boldsymbol{y}_1,\boldsymbol{y}_2,\cdots,\boldsymbol{y}_N)&=\mu_{V_{n-1}\to S_n}(\boldsymbol{x}_n)\mu_{V_{n+1}\to S_n}(\boldsymbol{x}_n)\\&=\alpha(\boldsymbol{x}_n)\beta(\boldsymbol{x}_n)\end{aligned} \tag{16.48}$$

从而可以得到

$$\boxed{\gamma(\boldsymbol{x}_n):=P(\boldsymbol{x}_n|Y)=\frac{\alpha(\boldsymbol{x}_n)\beta(\boldsymbol{x}_n)}{p(Y)}:\quad \text{平滑递归}} \tag{16.49}$$

递归的这一部分称为平滑递归。注意，在此计算中，既涉及过去的数据(通过 $\alpha(\boldsymbol{x}_n)$表示)，也涉及未来的数据(通过$\beta(\boldsymbol{x}_n)$表示)。

获得 $\gamma(\boldsymbol{x}_n)$的另一种方法是通过自身的递归，但要与 $\alpha(\boldsymbol{x}_n)$一起而避免 $\beta(\boldsymbol{x}_n)$(习题 16.16)。在此场景下，传递消息都与 $\boldsymbol{x}_n$ 的密度相关，这对线性动态系统来说有一定的优势。

最后，回顾式(16.38)、式(16.41)和式(16.46)，由式(16.6)可以得到

$$\begin{aligned}p(\boldsymbol{x}_{n-1},\boldsymbol{x}_n,Y)&=P(\boldsymbol{x}_n|\boldsymbol{x}_{n-1})p(\boldsymbol{y}_n|\boldsymbol{x}_n)\mu_{S_n\to V_n}(\boldsymbol{x}_n)\mu_{S_{n-1}\to V_n}(\boldsymbol{x}_{n-1})\\&=\alpha(\boldsymbol{x}_{n-1})P(\boldsymbol{x}_n|\boldsymbol{x}_{n-1})p(\boldsymbol{y}_n|\boldsymbol{x}_n)\beta(\boldsymbol{x}_n)\end{aligned} \tag{16.50}$$

或

$$\begin{aligned}p(\boldsymbol{x}_{n-1},\boldsymbol{x}_n|Y)&=\frac{\alpha(\boldsymbol{x}_{n-1})P(\boldsymbol{x}_n|\boldsymbol{x}_{n-1})p(\boldsymbol{y}_n|\boldsymbol{x}_n)\beta(\boldsymbol{x}_n)}{p(Y)}\\&:=\xi(\boldsymbol{x}_{n-1},\boldsymbol{x}_n)\end{aligned} \tag{16.51}$$

因此，$\xi(\cdot,\cdot)$是一张规模为 K^2 的概率值表。令 $\xi(x_{n-1,j},x_{n,i})$对应于 $x_{n-1,j}=x_{n,i}=1$。于是 $\xi(x_{n-1,j},x_{n,i})$为系统在时刻 $n-1$ 与 n 分别处于状态 j 和 i 处的概率，以传输的观测值序列

为条件。

15.7.4 节中提出了一种可以有效地计算联合分布的最大值的传递信息方法。这一方法也可以应用于与 HMM 关联的联合树中。得到的算法称为维特比算法。维特比算法由一般的最大和算法直接得到。该算法与之前导出的算法类似，我们所要做的就是用最大化操作替换求和。正如我们已经讨论过的，在讨论最大积规则时，利用回溯来计算能令联合概率 851
最大化的完全集($\boldsymbol{y}_n$，$\boldsymbol{x}_n$)，$n=1,2,\cdots,N$，等价地定义了二维网格中的最佳轨迹。

除了识别之外，另一个在实践中令人感兴趣的推理任务是预测。也就是说，给定一个 HMM 和观测序列 $\boldsymbol{y}_n$，$n=1,2,\cdots,N$，以最佳方式预测 $\boldsymbol{y}_{n+1}$ 的值。这也可以通过适当边际化来有效地实现(习题 16.17)。

16.5.2 HMM 参数学习

这是我们第二次提到图模型的学习。第一次是在 16.3.2 节结束时。获得未知参数的最自然方法是最大化联合概率分布的似然/证据。由于我们的任务既涉及观测变量，也涉及潜变量，因此 EM 算法是第一个想到的算法。然而，为了提出一个有效的学习方法，我们将利用 HMM 中潜在的独立性。未知参数的集合 Θ 涉及初始状态概率 P_k，$k=1,2,\cdots,K$，转移概率 P_{ij}，$i,j=1,2,\cdots,K$，以及与观测值关联的概率分布中的参数 $\boldsymbol{\theta}_k$，$k=1,2,\cdots,K$。

期望步骤：从 12.4.1 节中介绍的一般方法(Y 代替 $\mathcal{X}$，$\mathcal{X}$ 代替 $\mathcal{X}^l$，Θ 代替 ξ)的第 $t+1$ 步迭代，我们必须计算

$$\mathcal{Q}(\Theta,\Theta^{(t)})=\mathbb{E}\left[\ln p(Y,X;\Theta)\right]$$

其中 $\mathbb{E}[\cdot]$ 是关于 $P(X\mid Y;\Theta^{(t)})$ 的期望值。由式(16.32)~式(16.35)，可以得到

$$\begin{aligned}\ln p(Y,X;\Theta) = & \sum_{k=1}^{K}\left(x_{1,k}\ln P_k+\ln p(\boldsymbol{y}_1|k;\boldsymbol{\theta}_k)\right)+\\ & \sum_{n=2}^{N}\sum_{i=1}^{K}\sum_{j=1}^{K}(x_{n-1,j}x_{n,i})\ln P_{ij}+\\ & \sum_{n=2}^{N}\sum_{k=1}^{K}x_{n,k}\ln p(\boldsymbol{y}_n|k;\boldsymbol{\theta}_k)\end{aligned}$$

因此

$$\begin{aligned}\mathcal{Q}(\Theta,\Theta^{(t)}) = & \sum_{k=1}^{K}\mathbb{E}[\mathrm{x}_{1,k}]\ln P_k+\sum_{n=2}^{N}\sum_{i=1}^{K}\sum_{j=1}^{K}\mathbb{E}[\mathrm{x}_{n-1,j}\mathrm{x}_{n,i}]\ln P_{ij}+\\ & \sum_{n=1}^{N}\sum_{k=1}^{K}\mathbb{E}[\mathrm{x}_{n,k}]\ln p(\boldsymbol{y}_n|k;\boldsymbol{\theta}_k)\end{aligned}\tag{16.52}$$

回顾式(16.49)，可以得到

$$\mathbb{E}[\mathrm{x}_{n,k}]=\sum_{\boldsymbol{x}_n}P(\boldsymbol{x}_n|Y;\Theta^{(t)})x_{n,k}=\sum_{\boldsymbol{x}_n}\gamma(\boldsymbol{x}_n;\Theta^{(t)})x_{n,k}$$ 852

注意，$x_{n,k}$ 可以是 0，也可以是 1，因此，其均值将等于 $\boldsymbol{x}_n$ 的第 k 个元素 $x_{n,k}=1$ 的概率，我们将其表示为

$$\mathbb{E}[\mathrm{x}_{n,k}]=\gamma(x_{n,k}=1;\Theta^{(t)})\tag{16.53}$$

回想一下，给定 $\Theta^{(t)}$，$\gamma(\cdot;\Theta^{(t)})$ 可以通过之前描述的和积算法有效计算。采用类似的思想，并利用式(16.51)中的定义，我们可以写出下式

$$\mathbb{E}[\mathrm{x}_{n-1,j}\mathrm{x}_{n,i}] = \sum_{\boldsymbol{x}_n}\sum_{\boldsymbol{x}_{n-1}} P(\boldsymbol{x}_n, \boldsymbol{x}_{n-1}|Y;\Theta^{(t)})x_{n-1,j}x_{n,i}$$
$$= \sum_{\boldsymbol{x}_n}\sum_{\boldsymbol{x}_{n-1}} \xi(\boldsymbol{x}_n, \boldsymbol{x}_{n-1};\Theta^{(t)})x_{n-1,j}x_{n,i} \tag{16.54}$$
$$= \xi(x_{n-1,j}=1, x_{n,i}=1;\Theta^{(t)})$$

注意，给定 $\Theta^{(t)}$，$\xi(\cdot,\cdot;\Theta^{(t)})$也可以作为和积算法的副产品而被高效计算。因此，我们可以将 E-步骤总结为

$$\begin{aligned}\mathcal{Q}(\Theta,\Theta^{(t)}) = &\sum_{k=1}^{K}\gamma(x_{1,k}=1;\Theta^{(t)})\ln P_k + \\ &\sum_{n=2}^{N}\sum_{i=1}^{K}\sum_{j=1}^{K}\xi(x_{n-1,j}=1,x_{n,i}=1;\Theta^{(t)})\ln P_{ij} + \\ &\sum_{n=1}^{N}\sum_{k=1}^{K}\gamma(x_{n,k}=1;\Theta^{(t)})\ln p(\boldsymbol{y}_n|k;\boldsymbol{\theta}_k)\end{aligned} \tag{16.55}$$

最大化步骤：在此步骤中，为了得到新的估计，得到对于 P_k、P_{ij} 和 $\boldsymbol{\theta}_k$ 的导数/梯度并令它们等于零就足够了，得到的估计将包含 $\Theta^{(t+1)}$。注意，P_k 和 P_{ij} 是概率，因此它们最大化时应受下式的约束：

$$\sum_{k=1}^{K}P_k = 1 \quad 且 \quad \sum_{i=1}^{K}P_{ij}=1,\quad j=1,2,\cdots,K$$

生成的重估公式为(习题 16.18)

$$P_k^{(t+1)} = \frac{\gamma(x_{1,k}=1;\Theta^{(t)})}{\sum_{i=1}^{K}\gamma(x_{1,i}=1;\Theta^{(t)})} \tag{16.56}$$

$$P_{ij}^{(t+1)} = \frac{\sum_{n=2}^{N}\xi(x_{n-1,j}=1,x_{n,i}=1;\Theta^{(t)})}{\sum_{n=2}^{N}\sum_{k=1}^{K}\xi(x_{n-1,j}=1,x_{n,k}=1;\Theta^{(t)})} \tag{16.57}$$

对 $\boldsymbol{\theta}_k$ 的重估依赖于对应的分布 $p(\boldsymbol{y}_n|k;\boldsymbol{\theta}_k)$的形式。例如，在高斯分布的情况下，参数是
853 均值和协方差矩阵的元素。在这种情况下，如果我们使用 γ 代替后验概率，那么将得到和高斯混合分布情况下完全相同的迭代(见式(12.60)和式(12.61))。

总之，训练一个 HMM 包括如下步骤：

1) 初始化 Θ 中的参数。

2) 运行和积算法，使用当前的参数估计值的集合得到 $\gamma(\cdot)$ 和 $\xi(\cdot,\cdot)$。

3) 按照式(16.56)和式(16.57)更新参数。

步骤 2 和步骤 3 中的迭代将继续，直到满足收敛条件，像在 EM 中的那样。此迭代方法也称为**鲍姆–韦尔奇算法**或**前向后向算法**。除了用于训练 HMM 的前向后向算法外，旨在简化计算或提高性能的替代算法的文献也很丰富。例如，可以根据维特比方法导出一种更简单的训练算法，用于计算最佳路径(参见[63, 72])。而且，为了进一步简化训练算法，我们可以假设我们的状态观测变量 $\boldsymbol{y}_n$ 被离散化(量化)，并且可以从一组具有 L 个可能变量的有限集合$\{1,2,\cdots,L\}$中取值。这是实践中经常出现的情况。而且，我们还假设第一个状态也是已知的。例如，图 16.17 所示的从左到右模型就是这种情况。在这种情况下，我们不需要计算初始概率的估计值。因此，要估计的未知参数就是转移概率和概率 $P_{\boldsymbol{y}}(r|i)$，$r=$

1,2,⋯,L，即从状态 i 发出符号 r 的概率。

维特比重估：本算法的目标是得到最佳路径并计算路径关联的代价，比如说 D。在语音识别文献中，该算法也称为分段 k-means 训练算法[63]。

定义：

- $n_{i|j}$:=从状态 j 到状态 i 的转移次数。
- $n_{\cdot|j}$:=来自状态 j 的转移数。
- $n_{i|\cdot}$:=在状态 i 终止的转移数。
- $n(r|i)$:=在状态 i 联合发生观测值 $r\in\{1,2,\cdots,L\}$ 的次数。

迭代：

- 初始条件：假设未知参数的初始估计值。
- 步骤 1：从可用的最佳路径中，对新模型参数重新估计为

$$P^{(\text{new})}(i|j) = \frac{n_{i|j}}{n_{\cdot|j}}$$

$$P_{\boldsymbol{x}}^{(\text{new})}(r|i) = \frac{n(r|i)}{n_{i|\cdot}}$$

- 步骤 2：对于新的模型参数，获取最佳路径并计算相应的总代价 $D^{(\text{new})}$。将其与上一步迭代的代价 D 进行比较。如果 $D^{(\text{new})}-D>\epsilon$，则设置 $D=D^{(\text{new})}$，然后返回步骤 1。否则停止。

维特比重估算法可被证明收敛于基础观测值的适当特征[14]。 854

附注 16.4

- 缩放：像迭代过程是在很小的值上进行一样，概率 α 和 β 都是小于 1 的。实际上，其计算的值的动态范围可能会超过计算机的表示范围。这种现象可以通过适当缩放有效地处理。如果这在 α 和 β 上都恰当完成，则缩放的效果将抵消[63]。
- 训练数据集不足：一般来说，学习 HMM 参数需要大量的训练数据。相对于 HMM 模型状态的数量，观测序列必须足够长。这将保证所有状态转移都出现足够的次数，以便重估算法学习其各自参数。如果不是这样，人们已经设计了一些技术来应付这个问题。对于更详细的讨论，读者可以查阅[8，63]和其中的文献引用。

16.5.3　判别学习

判别学习是另一个引起广泛关注的方法。我们注意到 EM 算法关于“孤立的”单个 HMM 的未知参数优化了似然，也就是说，不考虑其余 HMM，而那些 HMM 建模了存储于数据库中的其他单词(在语音识别场景下)或其他模板/原型。这种方法与我们在第 3 章中定义的生成学习是一致的。相反，判别学习的本质是优化参数集，使模型在训练集上实现最佳判别(例如，根据误差概率准则)。换句话说，描述不同统计模型(HMM)的参数以组合方式进行优化，而不是单独优化。目标是根据一定的标准使不同的 HMM 模型尽可能不同。这是一个备受关注的研究方向，目前已经围绕导致凸优化或非凸优化方法的准则开发出了大量的技术(可参见[33]及其中的文献引用)。

附注 16.5

- 除了本节介绍的基本 HMM 方法外，研究者还提出了一些变体方法来克服基本方法的一些缺点。例如，一种替代建模思路考虑一阶马尔可夫属性，并提出模型将相关性扩展到更长时间。

  在自回归 HMM[11]中，图 16.15 所示的基本 HMM 方法的观测节点之间添加了连接；例如，如果模型将相关性扩展到两个时刻远，那么 $\mathbf{y}_n$ 不仅连接到 $\mathbf{x}_n$，而且与

$\mathbf{y}_{n-2}$、$\mathbf{y}_{n-1}$、$\mathbf{y}_{n+1}$ 和 $\mathbf{y}_{n+2}$ 共享连接。在分段建模场景下，[56]中引入了一个不同的概念。根据这个模型，允许每个状态发出连续的观测值，比如说 d 个，它们组成一个段。段的长度 d 本身就是一个随机变量，并且与概率 $P(d|k), k=1,2,\cdots,K$ 关联。这样，通过组成段的样本的联合分布引入了相关性。

- 可变持续 HMM：在实践中经常观察到的 HMM 的一个严重缺陷与自转移概率 $P(k|k)$ 相关，这是与 HMM 关联的模型参数之一。注意，模型在 d 个连续时刻处于状态 k 的概率(初始转移到状态和 d-1 个自转移)由下式给出

855

$$P_k(d)=(P(k|k))^{d-1}(1-P(k|k))$$

其中 $1-P(k|k)$ 是离开状态的概率。在许多情况下，这种指数状态持续时间依赖是不现实的。在可变持续 HMM 中，$P_k(d)$ 是显式建模的。可使用不同的模型来实现 $P_k(d)$(参见[46，68，72])。

- 隐马尔可夫建模是机器学习中最强大的工具之一，除语音识别外，还广泛应用于众多应用领域。一些例子包括生物信息学[9]、通信[16，36]、光学字符识别(OCR)[4，73]和音乐分析/识别[40，61，62]等方面的应用，不一而足。有关 HMM 的进一步讨论可参阅[8，64，72]。

16.6　超越 HMM：讨论

在本节中将讨论之前讨论过的隐马尔可夫模型的一些值得注意的扩展，这些扩展是为了满足状态数较大或同质性假设不合理的应用的要求。

16.6.1　因子隐马尔可夫模型

在之前考虑的 HMM 中，系统动态是通过隐变量描述的，其图表示是链。但是，对于某些应用，这种模型可能过于简单。一种 HMM 的变体包含 M 条而非一条链，每个隐变量的链在时间上独立于其他链展开。这样，在时刻 n，涉及 M 个隐变量，表示为 $\mathbf{x}_n^{(m)}$，$m=1,2,\cdots,M$[17，34，81]。所有隐变量组合起来作为观测值发出。$M=3$ 时相应的图结构如图 16.20 所示。正如图模型所示，每个链都独立发展。这样的模型被称为因子 HMM(FHMM)。一个显而易见的问题：为什么不通过增加可能状态的数量来使用单条隐变量链？事实证明，这种朴素方法会令复杂性爆炸。以 $M=3$ 为例，其中对每个隐变量的链来说，状态数等于 10，每条链的转移概率表需要 10^2 项，数量达到 300，即 $P_{ij}^{(m)}$，$i,j=1,2,\cdots,10$，$m=1,2,3$。而且，状态组合总数可达到 $10^3=1000$。要通过单个链实现相同数量的状态，需要一个大小等于 $(10^3)^2=10^6$ 的转换概率表！

856

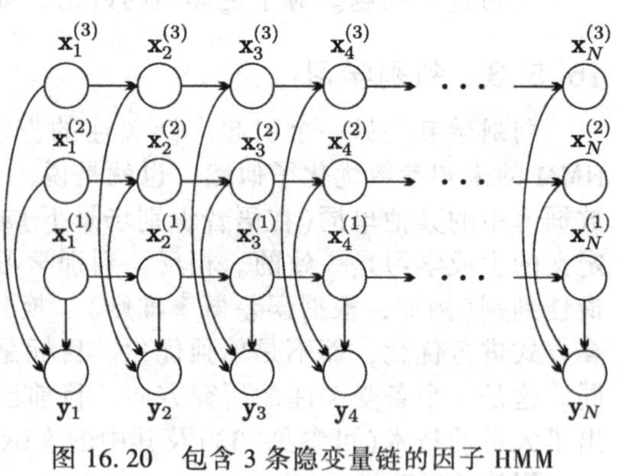

图 16.20　包含 3 条隐变量链的因子 HMM

令 $\mathbb{X}_n$ 为 M 元组$(\boldsymbol{x}_n^{(1)},\cdots,\boldsymbol{x}_n^{(M)})$，其中每个 $\boldsymbol{x}_n^{(m)}$ 只有一个元素等于 1(指出是哪个状态)，其余为零。于是

$$P(\mathbb{X}_n|\mathbb{X}_{n-1})=\prod_{m=1}^{M}P^{(m)}\left(\boldsymbol{x}_n^{(m)}|\boldsymbol{x}_{n-1}^{(m)}\right)$$

在[17]中，对观测值使用高斯分布，即

$$p(\boldsymbol{y}_n|\mathbb{X}_n)=\mathcal{N}\left(\boldsymbol{y}_n\middle|\sum_{m=1}^{M}\mathcal{M}^{(m)}\boldsymbol{x}_n^{(m)},\Sigma\right) \tag{16.58}$$

其中

$$\mathcal{M}^{(m)}=\left[\boldsymbol{\mu}_1^{(m)},\cdots,\boldsymbol{\mu}_K^{(m)}\right],\quad m=1,2,\cdots,M \tag{16.59}$$

是包含与每个状态关联的均值向量的矩阵，并且假定协方差矩阵已知且对所有状态都一样。联合概率分布由下式给出

$$\begin{aligned}p(\mathbb{X}_1\cdots\mathbb{X}_N,Y)=&\prod_{m=1}^{M}\left(P^{(m)}\left(\boldsymbol{x}_1^{(m)}\right)\prod_{n=2}^{N}P^{(m)}\left(\boldsymbol{x}_n^{(m)}|\boldsymbol{x}_{n-1}^{(m)}\right)\right)\times\\&\prod_{n=1}^{N}p(\boldsymbol{y}_n|\mathbb{X}_n)\end{aligned} \tag{16.60}$$

因子 HMM 中具有挑战性的任务是计算复杂性。图 16.21 展示了在进行端正化和三角剖分步骤后，团规模大小的爆炸情况。

在[17]中，采用变分近似法来简化结构。然而，与用于近似分布 Q 的完整因子分解方法不同(它用于玻尔兹曼机，对应去除图中所有边，见 16.3.2 节)，这里的近似图将具有更复杂的结构。仅移除连接到输出节点的边，这将导致图 16.22 所示的 $M=3$ 的图结构。由于此结构是易处理的，因此无须进一步简化。简化结构的近似条件分布 Q 用一组变分参数 $\lambda_n^{(m)}$(每个取消连接的节点有一个参数)进行参数化，可写为 857

$$Q(\mathbb{X}_1\cdots\mathbb{X}_N|Y;\boldsymbol{\lambda})=\prod_{m=1}^{M}\left(\tilde{P}^{(m)}\left(\boldsymbol{x}_1^{(m)}\right)\prod_{n=2}^{N}\tilde{P}^{(m)}\left(\boldsymbol{x}_n^{(m)}|\boldsymbol{x}_{n-1}^{(m)}\right)\right) \tag{16.61}$$

其中

$$\tilde{P}^{(m)}\left(\boldsymbol{x}_n^{(m)}|\boldsymbol{x}_{n-1}^{(m)}\right)=P^{(m)}\left(\boldsymbol{x}_n^{(m)}|(\boldsymbol{x}_{n-1}^{(m)}\right)\lambda_n^{(m)},\quad m=2,\cdots,M,\ n=1,2,\cdots,N$$

和

$$\tilde{P}^{(1)}(\boldsymbol{x}_1)=P^{(1)}(\boldsymbol{x}_1)\lambda_1^{(m)}$$

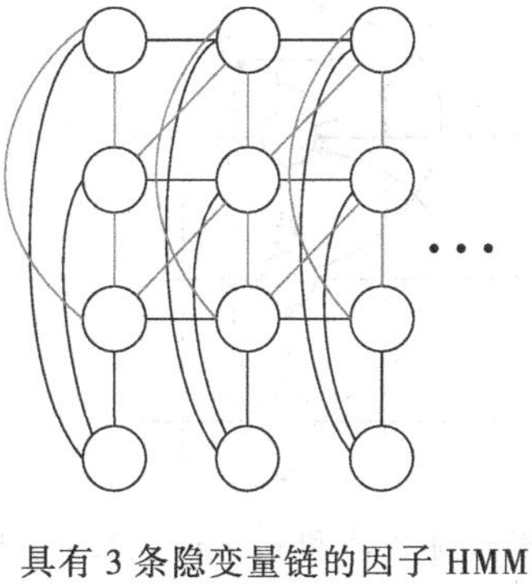

图 16.21　具有 3 条隐变量链的因子 HMM 在进行端正化(连接同一时刻的变量)和三角剖分(连接相邻时刻的变量)步骤后得到的图

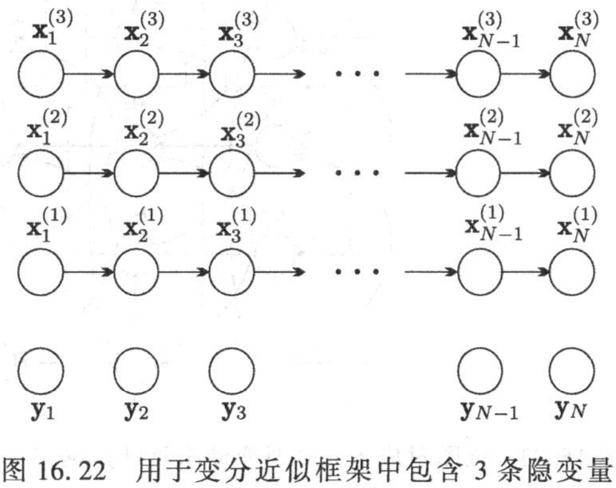

图 16.22　用于变分近似框架中包含 3 条隐变量链的因子 HMM 简化的图结构。与观测变量关联的节点之间取消了连接

858

变分参数是通过最小化 Q 与式(16.60)相关联的条件分布之间的库尔贝克–莱布勒距

离来估计的。这弥补了移除观测节点造成的一些信息丢失。优化过程使变分参数相互依赖，这种(确定性的)相互依赖可以看作通过近似之前的精确结构来给概率依赖性施加的近似。

16.6.2 时变动态贝叶斯网络

隐马尔可夫模型和因子隐马尔可夫模型是同质的，因此两者的结构和参数都是不随时间变化的。但是，对于许多应用而言，这种假设并不成立，因为系统中隐藏的联系和结构模式会随着时刻的发展而变化。例如，在整个生命过程中基因相互作用并不是保持不变的；一个目标在多个摄像机之间表现出来的外观也是不断变化的。对于由参数描述的系统，其参数值在一个区间内缓慢变化，我们在前几章中已经讨论了几种备选方法。图模型理论为研究具有一组混合参数(离散和连续)的系统提供了工具，而且，图模型还有助于对非固定环境进行建模，其中还涉及步骤变化。

时变建模的一条技术路线是考虑固定结构的图模型，但采用时变参数，称为*开关线性动态系统*(SLDS)。这种模型满足线性动态模型从一个参数设置跳转到另一个参数设置的系统的需求，因此潜变量可以既是离散的，也是连续的。在时刻 n 处，一个开关离散变量 $s_n \in \{1,2,\cdots,M\}$ 从一组 M 个可用的(子)系统中选择单个 LDS。s_n 的动态性也要进行建模以符合马尔可夫链思想，从一个 LDS 转移到另一个 LDS 由 $P(s_n \mid s_{n-1})$ 控制。这个问题历史悠久，其起源可以追溯到卡尔曼发表其开创性论文[35]之后不久。有关这类网络中的近似推理任务的相关技术的最新回顾，可参见[18]和[2, 3]。

另一条技术路线是考虑结构以及参数都随时间而变化。一种途径是采用准平稳原理，假设数据序列在时间上是逐段平稳的(参见[12, 54, 66])。非平稳性被设想为一个级联的平稳模型，而这些平稳模型已经在预先分段的子区间被学习出来。另一种途径是假定结构和参数是持续变化的(参见[42, 79])。后一种情况的一个例子是贝叶斯网络，其中每个节点的双亲节点和定义条件分布的参数都随时间变化。使用单独的变量来定义每个时刻上的结构，即有向边连接集合。图 16.23 展示了这一概念。该方法已应用于活动摄像机跟踪任务[79]。

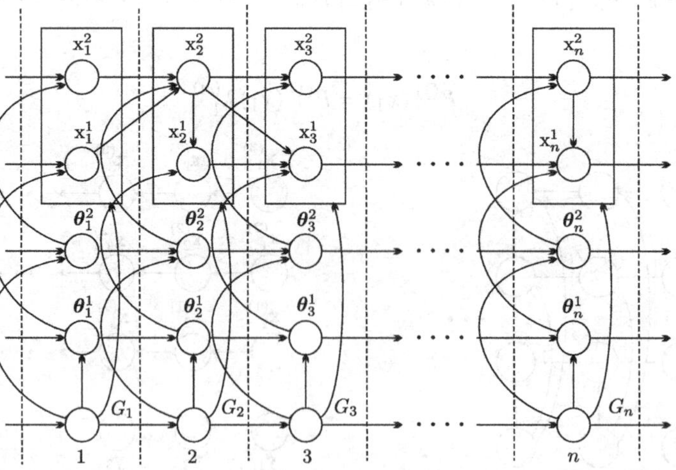

图 16.23 该图对应于一个时变动态贝叶斯网络，其中两个变量分别为 x_n^1 和 x_n^2，$n=1,2,\cdots$。控制条件分布的参数被认为是两个单独的节点 $\boldsymbol{\theta}_n^1$ 和 $\boldsymbol{\theta}_n^2$，分别对应两个变量。结构变量 G_n 控制持续变化的参数的值以及网络结构

16.7 图模型学习

图模型学习由两部分组成。给定一些观测值，我们必须同时指定图结构以及相关参数。859

16.7.1 参数估计

一旦采用了图模型，人们就必须估计未知的参数。例如，在涉及离散变量的贝叶斯网络中，必须估计条件概率的值。在 16.5 节中介绍了在 HMM 场景中学习未知参数的情况。关键点是使观测到的输出变量上的联合概率密度函数最大化。这是用于不同图结构中参数估计的最流行的标准之一。在 HMM 情况下，一些变量是潜变量，因此采用 EM 算法。如果可以观测图上所有变量，则参数学习的任务将成为典型的最大似然任务。更具体地说，考虑一个网络，它有 l 个节点表示变量 $\mathrm{x}_1,\mathrm{x}_2,\cdots,\mathrm{x}_l$，可以紧凑写为一个随机向量 $\mathbf{x}$。同时令 $\boldsymbol{x}_1,\boldsymbol{x}_2,\cdots,\boldsymbol{x}_N$ 是一组观测值，那么

$$\hat{\boldsymbol{\theta}} = \arg\max_{\boldsymbol{\theta}} p(\boldsymbol{x}_1, \boldsymbol{x}_2, \cdots, \boldsymbol{x}_N; \boldsymbol{\theta})$$

其中 $\boldsymbol{\theta}$ 包含图中的所有参数。如果涉及潜变量，那么人们就不得不将它们边际化掉。可以使用第 12 章和第 13 章中讨论的任何参数估计技术。而且，还可以利用图的特殊结构(即潜在独立性)来简化计算。在 HMM 的例子里，利用贝叶斯网络结构在任务中引入了和积算法。除了最大似然，还可以采用任何其他与参数估计/推理相关的方法。例如，可以将先验概率 $p(\boldsymbol{\theta})$ 施加给未知参数并采用 MAP 估计。而且，还可以使用完整的贝叶斯场景将参数假定为随机变量。这样做的前提是未知参数已作为额外的节点包含在网络中，并适当地连接到它们影响的变量。事实上，这就是我们在图 13.2 中所做的，尽管在那里，我们还没有谈论图模型(另见图 16.24)。注意在这种情况下，为了对网络的变量执行任何推理，应将参数边际化掉。例如，假设 l 个变量对应于贝叶斯网络的节点，其中局部条件分布 860

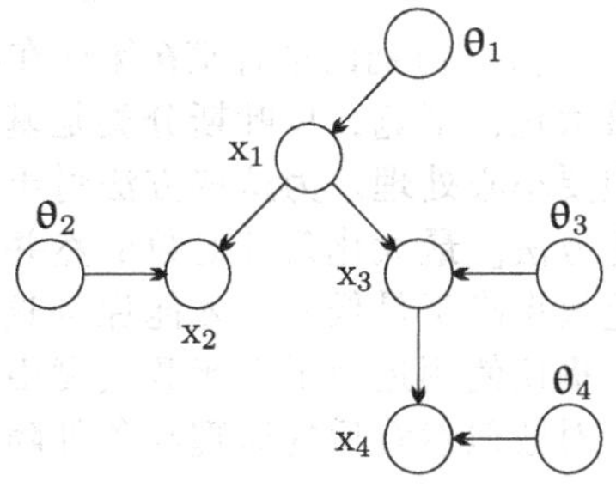

图 16.24 贝叶斯网络的一个示例，为了将参数作为随机变量，其中包含了与参数关联的新节点，这是贝叶斯参数学习方法所要求的

$$p(x_i|\mathrm{Pa}_i;\boldsymbol{\theta}_i), \quad i=1,2,\cdots,l$$

依赖于参数 $\boldsymbol{\theta}_i$。而且，假设(随机)参数 $\boldsymbol{\theta}_i$，$i=1,2,\cdots,l$ 是相互独立的。则变量上的联合分布由下式给出

$$p(x_1, x_2, \cdots, x_l) = \prod_{i=1}^{l} \int_{\boldsymbol{\theta}_i} p(x_i|\mathrm{Pa}_i;\boldsymbol{\theta}_i) p(\boldsymbol{\theta}_i) \mathrm{d}\boldsymbol{\theta}_i$$

使用合适的先验，即共轭先验，就可以非常方便地进行计算，我们已经在第 12 章和第 13 章中展示了这样的例子。

除了之前介绍的从基础过程的生成建模衍生出的技术外，判别学习技术也得到了发展。861

在一般的设置中，我们可以考虑一个模式识别任务，其中(输出)标签变量 y 和(输入)特征变量 $\mathrm{x}_1,\mathrm{x}_2,\cdots,\mathrm{x}_l$ 是联合分布，该分布可在图上进行因子分解，根据向量参数 $\boldsymbol{\theta}$ 进行参数化，即 $p(y,x_1,x_2,\cdots,x_l;\boldsymbol{\theta})=p(y,\boldsymbol{x};\boldsymbol{\theta})$ [13]。这种建模的一个典型例子是朴素贝叶斯分类器，我们在第 7 章中进行了讨论，图 16.25 给出了其图形表示。对于一组给定的训

练数据$(y_n, \boldsymbol{x}_n)$，$n=1,2,\cdots,N$，对数似然函数变为

$$L(Y,X;\boldsymbol{\theta})=\sum_{n=1}^{N}\ln p(y_n,\boldsymbol{x}_n;\boldsymbol{\theta}) \tag{16.62}$$

通过最大化$L(\cdot,\cdot;\boldsymbol{\theta})$来估计$\boldsymbol{\theta}$，我们可以得到一个估计值，该值能够保证相应的分布与可用训练集的最佳拟合(根据最大似然标准)。然而，我们的最终目标不是对数据的生成“机制”建模。我们的最终目标是正确地分类它们。重写式(16.62)为

$$L(Y,X;\boldsymbol{\theta})=\sum_{n=1}^{N}\ln P(y_n|\boldsymbol{x}_n;\boldsymbol{\theta})+\sum_{n=1}^{N}\ln p(\boldsymbol{x}_n;\boldsymbol{\theta})$$

如果越来越偏向于分类任务，更明智的做法就是通过仅对两项中的第一项进行最大化来得到$\boldsymbol{\theta}$，即

$$\begin{aligned}L_c(Y,X;\boldsymbol{\theta})&=\sum_{n=1}^{N}\ln P(y_n|\boldsymbol{x}_n;\boldsymbol{\theta})\\&=\sum_{n=1}^{N}\left(\ln p(y_n,\boldsymbol{x}_n;\boldsymbol{\theta})-\ln\sum_{y_n}p(y_n,\boldsymbol{x}_n;\boldsymbol{\theta})\right)\end{aligned} \tag{16.63}$$

其中y_n上的求和就是所有可能的y_n(类)的值的求和。这称为条件对数似然(参见[19, 20, 67])。得到的估计值$\hat{\boldsymbol{\theta}}$保证在给定特征值的情况下，总体上后验类概率在训练数据集上最大化，毕竟，贝叶斯分类是基于根据后验概率的最大值选择$\boldsymbol{x}$所属类的方法。然而，必须要小心处理。为这些方法付出的代价是，条件对数似然不可分解，必须采用更复杂的优化方法。最大化条件对数似然并不能保证误差概率也最小化。只有我们估计$\boldsymbol{\theta}$使得经验误差概率降至最低时，才能保证这一点。然而，这种标准很难处理，因为它是不可微的，有人提议使用近似平滑函数或爬山贪心技术来处理它(如[58]及其中的参考文献)。注意，条件对数似然背后的原理与条件随机场背后的原理密切相关，如15.4.3节中讨论的。

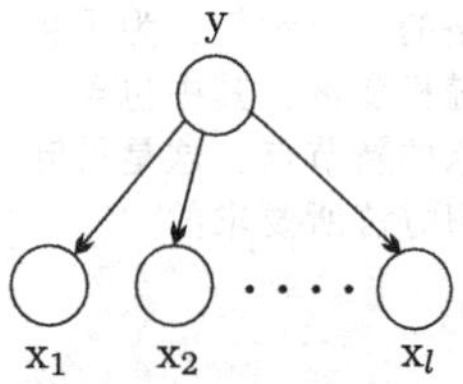

图16.25　与朴素贝叶斯分类器关联的贝叶斯网络。联合概率密度函数可因子分解为$p(y,x_1,\cdots,x_l)=p(y)\prod_{i=1}^{l}p(x_i\mid y)$

判别学习的另一个途径是通过最大化边距来得到$\boldsymbol{\theta}$的估计值。概率的类边距(参见
862 [21, 59])定义为

$$d_n=\min_{y\neq y_n}\frac{P(y_n|\boldsymbol{x}_n;\boldsymbol{\theta})}{P(y|\boldsymbol{x}_n;\boldsymbol{\theta})}=\frac{P(y_n|\boldsymbol{x}_n;\boldsymbol{\theta})}{\max_{y\neq y_n}P(y|\boldsymbol{x}_n;\boldsymbol{\theta})}=\frac{p(y_n,\boldsymbol{x}_n;\boldsymbol{\theta})}{\max_{y\neq y_n}p(y,\boldsymbol{x}_n;\boldsymbol{\theta})}$$

其思想是估计$\boldsymbol{\theta}$，从而最大化所有训练数据上的最小边距，即

$$\hat{\boldsymbol{\theta}}=\arg\max_{\boldsymbol{\theta}}\min(d_1,d_2,\cdots,d_N)$$

感兴趣的读者亦可查阅[10, 55, 60]中的相关综述及方法。

例16.4　本例的目标是获取一般贝叶斯网络中条件概率表中的值，该值包括l个离散随机节点/变量$\mathrm{x}_1,\mathrm{x}_2,\cdots,\mathrm{x}_l$。我们假设可以观测到所有涉及的变量，并且我们有一个包

含 N 个观测值的训练集。这里采用最大似然方法。令 $x_i(n)$，$n=1,2,\cdots,N$ 表示第 i 个变量的第 n 个观测值。

贝叶斯网络假设下的联合概率密度函数由下式给出

$$P(x_1,\cdots,x_l)=\prod_{i=1}^{l}P(x_i|\mathrm{Pa}_i;\boldsymbol{\theta}_i)$$

对应的对数似然为

$$L(X;\boldsymbol{\theta})=\sum_{n=1}^{N}\sum_{i=1}^{l}\ln P\big(x_i(n)|\mathrm{Pa}_i(n);\boldsymbol{\theta}_i\big)$$

假设 $\boldsymbol{\theta}_i$ 与 $\boldsymbol{\theta}_j(i\neq j)$ 不相交，然后对每个 $\boldsymbol{\theta}_i$，$i=1,2,\cdots,l$ 的优化可以分开进行。这一性质被称为似然函数的全局分解。因此，在每个节点上执行本地优化就足够了，也就是说

$$l(\boldsymbol{\theta}_i)=\sum_{n=1}^{N}\ln P\big(x_i(n)|\mathrm{Pa}_i(n);\boldsymbol{\theta}_i\big),\ \ i=1,2,\cdots,l \tag{16.64}$$

现在，让我们关注这种情况：所有涉及的变量都是离散的，并且任何节点 i 的未知量都是相应条件概率表中的条件概率的值。为方便表示，用 $\boldsymbol{h}_i$ 表示包含 x_i 的双亲变量的状态索引。于是，对 x_i 和 $\boldsymbol{h}_i$ 的值的所有可能组合，相应的(未知)概率表示 $P_{x_i|\boldsymbol{h}_i}(x_i,\boldsymbol{h}_i)$。例如，如果所有涉及的变量都是二值变量，$x_i$ 有两个双亲节点，那么 $P_{x_i|\boldsymbol{h}_i}(x_i,\boldsymbol{h}_i)$ 有 8 个值要进行估计。式(16.64)现在可以重写为

$$l(\boldsymbol{\theta}_i)=\sum_{\boldsymbol{h}_i}\sum_{x_i}s(x_i,\boldsymbol{h}_i)\ln P_{x_i|\boldsymbol{h}_i}(x_i,\boldsymbol{h}_i) \tag{16.65}$$

其中 $s(x_i,\boldsymbol{h}_i)$ 是在 N 个样本的训练集中特定的 $(x_i,\boldsymbol{h}_i)$ 组合出现的次数。我们假设 N 足够大，使得所有可能的组合至少出现一次，即对于任意 $s(x_i,\boldsymbol{h}_i)\neq 0,\forall(x_i,\boldsymbol{h}_i)$。现在，要 863
做的是相对于 $P_{x_i|\boldsymbol{h}_i}(\cdot,\cdot)$ 最大化式(16.65)，考虑到

$$\sum_{x_i}P_{x_i|\boldsymbol{h}_i}(x_i,\boldsymbol{h}_i)=1$$

注意，$P_{x_i|\boldsymbol{h}_i}$ 独立于不同的 $\boldsymbol{h}_i$ 值。因此，对式(16.65)的最大化就可以单独对每个 $\boldsymbol{h}_i$ 进行，可以很明显看到

$$\hat{P}_{x_i|\boldsymbol{h}_i}=\frac{s(x_i,\boldsymbol{h}_i)}{\sum_{x_i}s(x_i,\boldsymbol{h}_i)} \tag{16.66}$$

换句话说，未知条件概率的最大似然估计值符合我们的常识。给定双亲 $\boldsymbol{h}_i$ 值的特定组合，$P_{x_i|\boldsymbol{h}_i}$ 可通过下面的比例近似：特定的 $(x_i,\boldsymbol{h}_i)$ 组合出现在数据集中的次数相对于 $\boldsymbol{h}_i$ 出现的总数的比例(将式(16.66)联系到 16.5.2 节中的维特比算法)。现在可以看到，为了获得良好的估计，训练点数 N 应该足够大，以便每个组合发生足够多的次数。如果双亲节点数量的平均值很大或状态数很大，则对训练集的大小提出了很严格的要求。这就是条件概率的参数化非常有用的地方。

16.7.2　结构学习

在上一小节中，我们考虑的是图的结构是已知的，我们的任务是估计未知参数。现在，我们把注意力转向结构学习。总的来说，这是一项困难得多的任务。我们只打算提供

一些大概的方向。

一条技术路线是尝试建立一个网络，以满足数据依赖性，被称为基于约束的方法。数据依赖性是在训练数据集上使用不同的统计检验进行的“测量”。该方法很大程度上依赖于直觉，而且这些方法在实践中并不特别流行。

另一条技术路线的名称是基于 s 的方法。这条路线将任务视为典型的模型选择问题。我们选择要进行最大化的分数提供了模型复杂性和数据拟合的准确性之间的一种权衡。经典模型拟合标准，如贝叶斯信息标准(BIC)和最小描述长度(MDL)等已被使用。所有这些标准的主要困难是它们的优化是一个 NP-难任务，从而问题是找到适当的近似优化方法。

第三条主要技术路线受贝叶斯思想启发。通过在问题中嵌入恰当的先验，从而采用一组结构而不是单个结构。有兴趣进一步更深入研究的读者可以参考更专业的书籍和论文(如[22，41，53])。

习题

864 16.1　证明无向图是三角剖分的，当且仅当其团可以组织成连接树。

16.2　对于图 16.3a 所示的图，给出所有可能的完美消去序列，并绘制生成的图序列。

16.3　推导一个团节点与联合树中的分隔集节点的边际概率公式。

16.4　证明在联合树中，变量的联合概率密度函数由式(16.8)给出。

16.5　证明在单个变量上得到的边际和在团/分隔集节点上得到的边际无关，后者包含了执行边际化的变量。

提示：对联合树中两个相邻团节点的情况证明这一点。

16.6　考虑图 16.26 中的图，得到它的三角剖分版本。

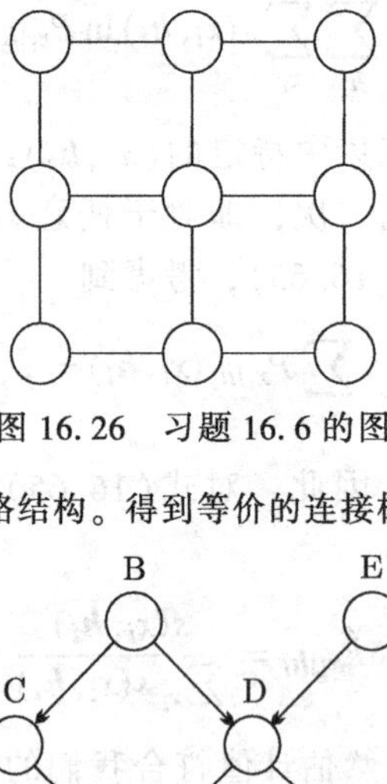

图 16.26　习题 16.6 的图

16.7　考虑图 16.27 中给出的贝叶斯网络结构。得到等价的连接树。

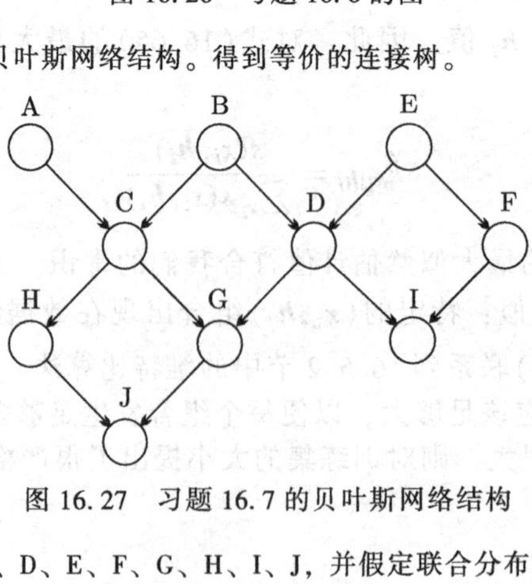

图 16.27　习题 16.7 的贝叶斯网络结构

16.8　考虑随机变量 A、B、C、D、E、F、G、H、I、J，并假定联合分布由以下势函数的乘积给出

$$p=\frac{1}{Z}\psi_1(A,B,C,D)\psi_2(B,E,D)\psi_3(E,D,F,I)\psi_4(C,D,G)\psi_5(C,H,G,I)$$

构造一个无向图模型，上述联合概率可在图上因子分解，且在序列中生成等价的联合树。 865

16.9 证明该函数

$$g(x)=1-\exp(-x), \quad x>0$$

是对数–凹函数。

16.10 推导出

$$f(x)=\ln(1-\exp(-x))$$

的共轭函数。

16.11 证明最小化公式(16.12)中的界是一个凸优化任务。

16.12 证明函数 $1+\exp(-x)$，$x\in\mathbb{R}$ 是对数–凸函数并推导对应的共轭函数。

16.13 对平均场玻尔兹曼机推导在 $P(\mathcal{X}^l \mid X)$ 和 $Q(\mathcal{X}^l)$ 之间的 KL 散度，得到对应的 l 个变分参数。

16.14 给定一个指数族分布

$$p(\boldsymbol{x})=\exp\left(\boldsymbol{\theta}^{\mathrm{T}}\boldsymbol{u}(\boldsymbol{x})-A(\boldsymbol{\theta})\right)$$

证明，$A(\boldsymbol{\theta})$ 生成定义指数族的相应均值参数

$$\frac{\partial A(\boldsymbol{\theta})}{\partial \theta_i}=\mathbb{E}\left[u_i(\mathbf{x})\right]=\mu_i$$

而且，证明 $A(\boldsymbol{\theta})$ 是凸函数。

16.15 证明与如习题 16.14 中的指数分布关联 $A(\boldsymbol{\theta})$ 的共轭函数是对应的负熵函数，而且，如果 $\boldsymbol{\mu}$ 和 $\boldsymbol{\theta}(\boldsymbol{\mu})$ 是双重耦合的，则

$$\boldsymbol{\mu}=\mathbb{E}\left[\boldsymbol{u}(\mathbf{x})\right]$$

其中 $\mathbb{E}[\cdot]$ 是相对于 $p(\boldsymbol{x};\boldsymbol{\theta}(\boldsymbol{\mu}))$ 的。

16.16 推导在 HMM 模型中独立于 $\beta(\boldsymbol{x}_n)$ 的用于更新 $\gamma(\boldsymbol{x}_n)$ 的递归。

16.17 推导在 HMM 模型中用于预测的有效方法，即得到 $p(\boldsymbol{y}_{N+1} \mid Y)$ 的方法，其中 $Y=\{\boldsymbol{y}_1,\boldsymbol{y}_2,\cdots,\boldsymbol{y}_N\}$。

16.18 在用于训练 HMM 的前向后向算法场景下，导出概率 P_k，$k=1,2,\cdots,K$ 和 P_{ij}，$i,j=1,2,\cdots,K$ 的估计值公式。

16.19 考虑 15.3.5 节中由局部条件概率密度函数定义的高斯贝叶斯网络

$$p(x_i|\mathrm{Pa}_i)=\mathcal{N}\left(x_i\left|\sum_{k:x_k\in\mathrm{Pa}_i}\theta_{ik}x_k+\theta_{i0},\sigma^2\right.\right), \quad i=1,2,\cdots,l$$

对于一组 N 个观测值 $x_i(n)$，$n=1,2,\cdots,N$，$i=1,2,\cdots,l$，假定共同的协方差 σ^2 是已知的，推导参数 $\boldsymbol{\theta}$ 的最大似然估计。 866

参考文献

[1] S. Arnborg, D. Cornell, A. Proskurowski, Complexity of finding embeddings in a k-tree, SIAM J. Algebraic Discrete Methods 8 (2) (1987) 277–284.

[2] D. Barber, A.T. Cemgil, Graphical models for time series, IEEE Signal Process. Mag. 27 (2010) 18–28.

[3] D. Barber, Bayesian Reasoning and Machine Learning, Cambridge University Press, Cambridge, 2013.

[4] R. Bartolami, H. Bunke, Hidden Markov model-based ensemble methods for off-line handwritten text line recognition, Pattern Recognit. 41 (11) (2008) 3452–3460.

[5] C.A. Berrou, A. Glavieux, P. Thitimajshima, Near Shannon limit error-correcting coding and decoding: turbo-codes, in: Proceedings IEEE International Conference on Communications, Geneva, Switzerland, 1993.

[6] L. Christensen, J. Zarsen, On data and parameter estimation using the variational Bayesian EM algorithm for block-fading frequency-selective MIMO channels, in: International Conference on Acoustics Speech and Signal Processing, ICASSP, vol. 4, 2006, pp. 465–468.

[7] R.G. Cowell, A.P. Dawid, S.L. Lauritzen, D.J. Spiegehalter, Probabilistic Networks and Expert Systems, Springer-Verlag, New York, 1999.

[8] J. Deller, J. Proakis, J.H.L. Hansen, Discrete-Time Processing of Speech Signals, Macmillan, New York, 1993.

[9] R. Durbin, S. Eddy, A. Krogh, G. Mitchison, Biological Sequence Analysis: Probabilistic Models of Proteins and Nuclear Acids, Cambridge University Press, Cambridge, 1998.

[10] J. Domke, Learning graphical parameters with approximate marginal inference, arXiv:1301.3193v1 [cs,LG], 15 January 2013.
[11] Y. Ephraim, D. Malah, B.H. Juang, On the application of hidden Markov models for enhancing noisy speech, IEEE Trans. Acoust. Speech Signal Process. 37 (12) (1989) 1846–1856.
[12] P. Fearhead, Exact and efficient Bayesian inference for multiple problems, Stat. Comput. 16 (2) (2006) 203–213.
[13] N. Friedman, D. Geiger, M. Goldszmidt, Bayesian network classifiers, Mach. Learn. 29 (1997) 131–163.
[14] K.S. Fu, Syntactic Pattern Recognition and Applications, Prentice Hall, Upper Saddle River, NJ, 1982.
[15] R.G. Gallager, Low density parity-check codes, IEEE Trans. Inf. Theory 2 (1968) 21–28.
[16] C. Georgoulakis, S. Theodoridis, Blind and semi-blind equalization using hidden Markov models and clustering techniques, Signal Process. 80 (9) (2000) 1795–1805.
[17] Z. Ghahramani, M.I. Jordan, Factorial hidden Markov models, Mach. Learn. 29 (1997) 245–273.
[18] Z. Ghahramani, G.E. Hinton, Variational learning for switching state space models, Neural Comput. 12 (4) (1998) 963–996.
[19] R. Greiner, W. Zhou, Structural extension to logistic regression: discriminative parameter learning of belief net classifiers, in: Proceedings 18th International Conference on Artificial Intelligence, 2002, pp. 167–173.
[20] D. Grossman, P. Domingos, Learning Bayesian network classifiers by maximizing conditional likelihood, in: Proceedings 21st International Conference on Machine Learning, Bauff, Canada, 2004.
[21] Y. Guo, D. Wilkinson, D. Schuurmans, Maximum margin Bayesian networks, in: Proceedings, International Conference on Uncertainty in Artificial Intelligence, 2005.
[22] D. Heckerman, D. Geiger, M. Chickering, Learning Bayesian networks: the combination of knowledge and statistical data, Mach. Learn. 20 (1995) 197–243.
[23] B. Hu, I. Land, L. Rasmussen, R. Piton, B. Fleury, A divergence minimization approach to joint multiuser decoding for coded CDMA, IEEE J. Sel. Areas Commun. 26 (3) (2008) 432–445.
[24] A. Ihler, J.W. Fisher, P.L. Moses, A.S. Willsky, Nonparametric belief propagation for self-localization of sensor networks, J. Sel. Areas Commun. 23 (4) (2005) 809–819.
[25] A. Ihler, D. McAllester, Particle belief propagation, in: International Conference on Artificial Intelligence and Statistics, 2009, pp. 256–263.
[26] S. Ikeda, T. Tanaka, S.I. Amari, Information geometry of turbo and low-density parity-check codes, IEEE Trans. Inf. Theory 50 (6) (2004) 1097–1114.
[27] T.S. Jaakola, Variational Methods for Inference and Estimation in Graphical Models, PhD Thesis, Department of Brain and Cognitive Sciences, M.I.T., 1997.
[28] T.S. Jaakola, M.I. Jordan, Recursive algorithms for approximating probabilities in graphical models, in: M.C. Mozer, M.I. Jordan, T. Petsche (Eds.), Proceedings in Advances in Neural Information Processing Systems, NIPS, MIT Press, Cambridge, MA, 1997.
867 [29] T.S. Jaakola, M.I. Jordan, Improving the mean field approximation via the use of mixture distributions, in: M.I. Jordan (Ed.), Learning in Graphical Models, MIT Press, Cambridge, MA, 1999.
[30] T.S. Jaakola, M.I. Jordan, Variational methods and the QMR-DT database, J. Artif. Intell. Res. 10 (1999) 291–322.
[31] T.S. Jaakola, Tutorial on variational approximation methods, in: M. Opper, D. Saad (Eds.), Advanced Mean Field Methods: Theory and Practice, MIT Press, Cambridge, MA, 2001, pp. 129–160.
[32] F.V. Jensen, Bayesian Networks and Decision Graphs, Springer, New York, 2001.
[33] H. Jiang, X. Li, Parameter estimation of statistical models using convex optimization, IEEE Signal Process. Mag. 27 (3) (2010) 115–127.
[34] M.I. Jordan, Z. Ghahramani, T.S. Jaakola, L.K. Saul, An introduction to variational methods for graphical models, Mach. Learn. 37 (1999) 183–233.
[35] R.E. Kalman, A new approach to linear filtering and prediction problems, Trans. ASME J. Basic Eng. 82 (1960) 34–45.
[36] G.K. Kaleh, R. Vallet, Joint parameter estimation and symbol detection for linear and nonlinear channels, IEEE Trans. Commun. 42 (7) (1994) 2406–2414.
[37] R. Kikuchi, The theory of cooperative phenomena, Phys. Rev. 81 (1951) 988–1003.
[38] G.E. Kirkelund, C.N. Manchon, L.P.B. Christensen, E. Riegler, Variational message-passing for joint channel estimation and decoding in MIMO-OFDM, in: Proceedings, IEEE Globecom, 2010.
[39] U. Kjærulff, Triangulation of Graphs: Algorithms Giving Small Total State Space, Technical Report, R90-09, Aalborg University, Denmark, 1990.
[40] A.P. Klapuri, A.J. Eronen, J.T. Astola, Analysis of the meter of acoustic musical signals, IEEE Trans. Audio Speech Lang. Process. 14 (1) (2006) 342–355.
[41] D. Koller, N. Friedman, Probabilistic Graphical Models: Principles and Techniques, MIT Press, Cambridge, MA, 2009.
[42] M. Kolar, L. Song, A. Ahmed, E.P. Xing, Estimating time-varying networks, Ann. Appl. Stat. 4 (2010) 94–123.
[43] J.B. Kruskal, On the shortest spanning subtree and the travelling salesman problem, Proc. Am. Math. Soc. 7 (1956) 48–50.
[44] S.L. Lauritzen, D.J. Spiegelhalter, Local computations with probabilities on graphical structures and their application to expert systems, J. R. Stat. Soc. B 50 (1988) 157–224.
[45] S.L. Lauritzen, Graphical Models, Oxford University Press, Oxford, 1996.
[46] S.E. Levinson, Continuously variable duration HMMs for automatic speech recognition, Comput. Speech Lang. 1 (1986) 29–45.

[47] D.J.C. MacKay, Good error-correcting codes based on very sparse matrices, IEEE Trans. Inf. Theory 45 (2) (1999) 399–431.
[48] Y. Mao, F.R. Kschischang, B. Li, S. Pasupathy, A factor graph approach to link loss monitoring in wireless sensor networks, J. Sel. Areas Commun. 23 (4) (2005) 820–829.
[49] R.J. McEliece, D.J.C. MacKay, J.F. Cheng, Turbo decoding as an instance of Pearl's belief propagation algorithm, IEEE J. Sel. Areas Commun. 16 (2) (1998) 140–152.
[50] T.P. Minka, Expectation propagation for approximate inference, in: Proceedings 17th Conference on Uncertainty in Artificial Intelligence, Morgan-Kaufmann, San Mateo, 2001, pp. 362–369.
[51] T.P. Minka, Divergence Measures and Message Passing, Technical Report MSR-TR-2005-173, Microsoft Research Cambridge, 2005.
[52] K.P. Murphy, T. Weiss, M.J. Jordan, Loopy belief propagation for approximate inference: an empirical study, in: Proceedings 15th Conference on Uncertainties on Artificial Intelligence, 1999.
[53] K.P. Murphy, Machine Learning: A Probabilistic Perspective, MIT Press, Cambridge, MA, 2012.
[54] S.H. Nielsen, T.D. Nielsen, Adapting Bayesian network structures to non-stationary domains, Int. J. Approx. Reason. 49 (2) (2008) 379–397.
[55] S. Nowozin, C.H. Lampert, Structured learning and prediction in computer vision, Found. Trends Comput. Graph. Vis. 6 (2011) 185–365.
[56] M. Ostendorf, V. Digalakis, O. Kimball, From HMM's to segment models: a unified view of stochastic modeling for speech, IEEE Trans. Audio Speech Process. 4 (5) (1996) 360–378.
[57] J. Pearl, Probabilistic Reasoning in Intelligent Systems: Networks of Plausible Inference, Morgan-Kaufmann, San Mateo, 1988.
[58] F. Pernkopf, J. Bilmes, Efficient heuristics for discriminative structure learning of Bayesian network classifiers, J. Mach. Learn. Res. 11 (2010) 2323–2360.
[59] F. Pernkopf, M. Wohlmayr, S. Tschiatschek, Maximum margin Bayesian network classifiers, IEEE Trans. Pattern Anal. Mach. Intell. 34 (3) (2012) 521–532.
[60] F. Pernkopf, R. Peharz, S. Tschiatschek, Introduction to probabilistic graphical models, in: R. Chellappa, S. Theodoridis (Eds.), E-Reference in Signal Processing, vol. 1, 2013. 868
[61] A. Pikrakis, S. Theodoridis, D. Kamarotos, Recognition of musical patterns using hidden Markov models, IEEE Trans. Audio Speech Lang. Process. 14 (5) (2006) 1795–1807.
[62] Y. Qi, J.W. Paisley, L. Carin, Music analysis using hidden Markov mixture models, IEEE Trans. Signal Process. 55 (11) (2007) 5209–5224.
[63] L. Rabiner, A tutorial on hidden Markov models and selected applications in speech processing, Proc. IEEE 77 (1989) 257–286.
[64] L. Rabiner, B.H. Juang, Fundamentals of Speech Recognition, Prentice Hall, Upper Saddle River, NJ, 1993.
[65] E. Riegler, G.E. Kirkeland, C.N. Manchon, M.A. Bodin, B.H. Fleury, Merging belief propagation and the mean field approximation: a free energy approach, arXiv:1112.0467v2 [cs.IT], 2012.
[66] J.W. Robinson, A.J. Hartemink, Learning nonstationary dynamic Bayesian networks, J. Mach. Learn. Res. 11 (2010) 3647–3680.
[67] T. Roos, H. Wertig, P. Grunvald, P. Myllmaki, H. Tirvi, On discriminative Bayesian network classifiers and logistic regression, Mach. Learn. 59 (2005) 267–296.
[68] M.J. Russell, R.K. Moore, Explicit modeling of state occupancy in HMMs for automatic speech recognition, in: Proceedings of the Intranational Conference on Acoustics, Speech and Signal Processing, ICASSP, vol. 1, 1985, pp. 5–8.
[69] L.K. Saul, M.I. Jordan, A mean field learning algorithm for unsupervised neural networks, in: M.I. Jordan (Ed.), Learning in Graphical Models, MIT Press, Cambridge, MA, 1999.
[70] Z. Shi, C. Schlegel, Iterative multiuser detection and error control coding in random CDMA, IEEE Trans. Inf. Theory 54 (5) (2006) 1886–1895.
[71] R. Tarjan, M. Yanakakis, Simple linear-time algorithms to test chordality of graphs, test acyclicity of hypergraphs, and selectively reduce acyclic hypergraphs, SIAM J. Comput. 13 (3) (1984) 566–579.
[72] S. Theodoridis, K. Koutroumbas, Pattern Recognition, fourth ed., Academic Press, Boston, 2009.
[73] J.A. Vlontzos, S.Y. Kung, Hidden Markov models for character recognition, IEEE Trans. Image Process. 14 (4) (1992) 539–543.
[74] M.J. Wainwright, T.S. Jaakola, A.S. Willsky, A new class of upper bounds on the log partition function, IEEE Trans. Inf. Theory 51 (7) (2005) 2313–2335.
[75] M.J. Wainwright, M.I. Jordan, A variational principle for graphical models, in: S. Haykin, J. Principe, T. Sejnowski, J. Mcwhirter (Eds.), New Directions in Statistical Signal Processing, MIT Press, Cambridge, MA, 2005.
[76] M.J. Wainwright, Sparse graph codes for side information and binning, IEEE Signal Process. Mag. 24 (5) (2007) 47–57.
[77] M.J. Wainwright, M.I. Jordan, Graphical models, exponential families, and variational inference, Found. Trends Mach. Learn. 1 (1–2) (2008) 1–305.
[78] J.M. Walsh, P.A. Regalia, Belief propagation, Dykstra's algorithm, and iterated information projections, IEEE Trans. Inf. Theory 56 (8) (2010) 4114–4128.

[79] Z. Wang, E.E. Kuruoglu, X. Yang, T. Xu, T.S. Huang, Time varying dynamic Bayesian network for nonstationary events modeling and online inference, IEEE Trans. Signal Process. 59 (2011) 1553–1568.
[80] W. Wiegerinck, Variational approximations between mean field theory and the junction tree algorithm, in: Proceedings 16th Conference on Uncertainty in Artificial Intelligence, 2000.
[81] C.K.I. Williams, G.E. Hinton, Mean field networks that learn to discriminate temporally distorted strings, in: D.S. Touretzky, J.L. Elman, T.J. Sejnowski, G.E. Hinton (Eds.), Proceedings of 1990 Connectionist Models Summer School, Morgan-Kauffman, San Mateo, CA, 1991.
[82] J. Win, C.M. Bishop, Variational massage passing, J. Mach. Learn. Res. 6 (2005) 661–694.
[83] J. Yedidia, W.T. Freeman, T. Weiss, Generalized belief propagation, in: Advances on Neural Information Processing System, NIPS, MIT Press, Cambridge, MA, 2001, pp. 689–695.
869～870 [84] J. Yedidia, W.T. Freeman, T. Weiss, Understanding Belief Propagation and Its Generalization, Technical Report TR-2001-22, Mitsubishi Electric Research Laboratories, 2001.
[85] A.L. Yuille, CCCP algorithms to minimize the Bethe and Kikuchi free energies: convergent alternatives to belief propagation, Neural Comput. 14 (7) (2002) 1691–1722.

粒子滤波

17.1 引言

本章是第 14 章蒙特卡罗方法的补充。我们现在关注一种特殊的被称为顺序抽样的抽样方法。不同于第 14 章介绍的蒙特卡罗方法，在这里我们假定待抽样的数据分布具有时序特征，并且是按顺序抽样。本章的重点是研究在空间动态模型中用于推理的粒子滤波技术。与经典形式的卡尔曼滤波不同，这里的模型允许是非线性的，且涉及的变量可以是非高斯分布。

17.2 顺序重要性抽样

本节我们的重点转向一种数据按序进入的任务，我们的目标是基于它们的联合分布进行抽样。换句话说，我们得到随机向量 $\mathbf{x}_n$ 的一组样本观测值 $\boldsymbol{x}_n \in \mathbb{R}^l$。在某个时刻 n，我们令 $\boldsymbol{x}_{1:n}=\{\boldsymbol{x}_1,\cdots,\boldsymbol{x}_n\}$ 代表这个可用的样本集合，$p_n(\boldsymbol{x}_{1:n})$ 代表相应的联合分布。需要注意的是，对它的处理需要特别小心，一方面任务的维度(随机变量的数据，即 $\mathbf{x}_{1:n}$)随着时间发生变化，另一方面随着时间向后推移，任务的维度将会变得非常大。通常情况下，我们得到的概率分布 $p_n(\boldsymbol{x}_{1:n})$ 具有较为复杂的形式。此外，对于一个时刻 n，即使我们知道如何从 $p_n(\boldsymbol{x}_{1:n})$ 中抽样，其所需时间也至少与 n 具有相同的量级。因此，随着 n 值增加，对于更大的 n，从计算上将不再可行。在粒子滤波的背景下，顺序抽样被广泛应用于动态系统中，我们将在后面的章节研究这样的系统。这里我们将围绕 14.5 节中介绍的重要性抽样方法展开讨论。 871

17.2.1 重要性抽样回顾

回忆式(14.28)，它给出了一个函数 $f(\boldsymbol{x})$，一个期望分布 $p(\boldsymbol{x})=\phi(\boldsymbol{x})/Z$，以及一个提议分布 $q(\boldsymbol{x})$，从而有

$$\mathbb{E}\left[f(\mathbf{x})\right]:=\mu_f \simeq \sum_{i=1}^{N} W(\boldsymbol{x}_i) f(\boldsymbol{x}_i):=\hat{\mu} \tag{17.1}$$

其中 $\boldsymbol{x}_i$ 是从 $q(\boldsymbol{x})$ 中抽样的样本。再次回想一下，公式

$$\hat{Z}=\frac{1}{N}\sum_{i=1}^{N} w(\boldsymbol{x}_i) \tag{17.2}$$

定义了真实归一化常数 Z 的无偏估计，其中 $w(\boldsymbol{x}_i)$ 是非归一化的权重，$w(\boldsymbol{x}_1)=\phi(\boldsymbol{x}_i)/q(\boldsymbol{x}_i)$。注意公式(17.1)中的近似符号意味着如下的期望分布的近似：

$$p(\boldsymbol{x}) \simeq \sum_{i=1}^{N} W(\boldsymbol{x}_i)\delta(\boldsymbol{x}-\boldsymbol{x}_i):\quad \text{离散随机测度近似} \tag{17.3}$$

换句话说，即使是一个连续 PDF 也可以由一组离散点和权重来近似。我们称这个分布是由一个离散随机测度来近似，这个测度通过粒子 $\boldsymbol{x}_i(i=1,2,\cdots,N)$，以及相应的归一化权重 $W(\boldsymbol{x}_i):=W^{(i)}$ 来定义。这个近似的随机测度表示为 $\mathcal{X}=\{\boldsymbol{x}_i,W^{(i)}\}_{i=1}^{N}$。

此外，我们已经在 14.5 节讨论过，重要性抽样的一个主要缺点是它的权重的方差很大，这在高维空间中尤其严重，我们的研究将从这起步。首先让我们来详细说明这个方差问题，并寻求相应的方法来绕过/减少这种不良特性的影响。

可以证明(例如[33]以及习题 17.1)，式(17.1)中相应估计量的方差 $\hat{\mu}$，可表示为

$$\mathrm{var}[\hat{\mu}]=\frac{1}{N}\left(\int\frac{f^2(\boldsymbol{x})p^2(\boldsymbol{x})}{q(\boldsymbol{x})}\mathrm{d}\boldsymbol{x}-\mu_f^2\right) \tag{17.4}$$

注意到，如果分子 $f^2(\boldsymbol{x})p^2(\boldsymbol{x})$ 趋于零的速度比 $q(\boldsymbol{x})$ 慢，那么对于确定的 N，方差
872 $\mathrm{var}[\hat{\mu}]\to\infty$。这说明了选择一个合理的 q 的重要性。不难看出，通过最小化式(17.4)，我们得到最优的 $q(\boldsymbol{x})$，其正比于 $f(\boldsymbol{x})p(\boldsymbol{x})$，可导致最小方差(0)。我们将在稍后直接应用这个结果。注意，比例常数是 $1/\mu_f$，它是未知的。因此，这个结果只能用作基准。

说到方差，我们进一步来分析式(17.2)中 Z 的无偏估计 $\hat{Z}$。可以得出

$$\mathrm{var}[\hat{Z}]=\frac{Z^2}{N}\left(\int\frac{p^2(\boldsymbol{x})}{q(\boldsymbol{x})}\mathrm{d}\boldsymbol{x}-1\right) \tag{17.5}$$

根据定义，$\hat{Z}$ 的方差和权重的方差直接相关。事实上，在实践中，式(17.5)中的方差和数据维度呈现指数相关性(例如[11, 15]以及习题 17.5)。在这种情况下，样本数目 N 必须保持较大才可保证相对小的方差。一种能够部分缓解方差问题的方案是重抽样技术。

17.2.2 重抽样

重抽样是一种非常直观的方法。在这种方法中，人们尝试对从 q 中提取的可用样本(或粒子)进行随机剪枝，方法(很可能)是丢弃较低权重的样本，并将其替换为高权重样本。这是通过从 $p(\boldsymbol{x})$ 的近似，即 $\hat{p}(\boldsymbol{x})$，中抽取样本来实现的。如式(17.3)所述，它是基于离散随机测度 $\{\boldsymbol{x}_i,W^{(i)}\}_{i=1}^{N}$ 的。在重要性抽样中，我们从 $q(\boldsymbol{x})$ 中提取相应的粒子，并适当地计算权重，以“匹配”期望的分布。增加额外的重抽样步骤，从而可以从 p 的离散近似 $\hat{p}$ 中提取一组新的未加权样本。也就是说，利用重抽样步骤，仍然得到近似分布为 p 的样本。此外，由于低权重的粒子被以高概率移除，从而使得在下一时刻，探索更高概率的区域的可能性增大。对于离散分布，有多种不同的抽样方法。

- 多项式重抽样。该方法与例 14.2 中的方法等效。每个粒子 $\boldsymbol{x}_i$ 具有概率 $P_i=W^{(i)}$。从粒子 $\boldsymbol{x}_i$ 依据各自的概率 $W^{(i)}$ 重新绘制 n 个(新)粒子，因此 $N^{(1)},\cdots,N^{(N)}$ 将遵循多项式分布(2.3 节)，即

$$P(N^{(1)},\cdots,N^{(N)})=\binom{N}{N^{(1)}\cdots N^{(N)}}\prod_{i=1}^{N}P_i^{N^{(i)}}$$

  这样，初始抽样粒子的概率(权重 $W^{(i)}$)越高，这一粒子将再被重新抽样的次数 $N^{(i)}$ 会更多。

  新的离散估计的期望分布将可表示为

$$\bar{p}(\boldsymbol{x})=\sum_{i=1}^{N}\frac{N^{(i)}}{N}\delta(\boldsymbol{x}-\boldsymbol{x}_i)$$ 873

依据多项式分布的性质，我们有 $\mathbb{E}[\mathrm{N}^{(i)}]=NP_i=NW^{(i)}$，因此 $\bar{p}(\boldsymbol{x})$ 是 $\hat{p}(\boldsymbol{x})$ 的一个无偏近似。

- *系统重抽样*。系统重抽样是多项式重抽样方法的变体。从例 14.2 中可以看出，每次需要(重新)抽样粒子时，都需要再次从均匀分布 $\mathcal{U}(0,\ 1)$ 中生成新的样本。然而，在系统重抽样中，这个过程并不是完全随机的。为了生成 N 个粒子，我们只随机选择一个样本 $u^{(1)}\sim\mathcal{U}(0,\ \frac{1}{N})$，随后定义

$$u^{(j)}=u^{(1)}+\frac{j-1}{N},\quad j=2,3,\cdots,N$$

并令

$$N^{(i)}=\text{card}\left\{\text{All } j:\sum_{k=1}^{i-1}W^{(k)}\leqslant u^{(j)}<\sum_{k=1}^{i}W^{(k)}\right\}$$

其中 card{·}代表相应集合的势。图 17.1 示例了这种方法。重抽样算法归纳如下

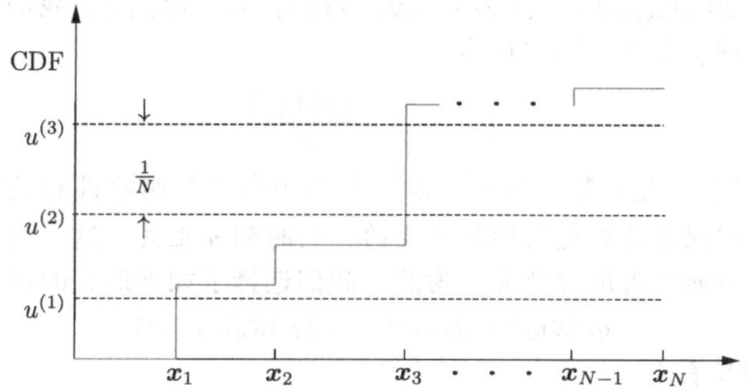

图 17.1 从 $\mathcal{U}(0,\ 1/N)$ 提取的样本 $u^{(1)}$ 确定了定义 N 条等距线集合中的第一个点，这些等距线分割了累积分布函数(CDF)。相应的交点确定了对应的粒子 $\boldsymbol{x}_i$ 将在集合中出现的次数 $N^{(i)}$。对于图中的情况，$\boldsymbol{x}_1$ 将出现一次，$\boldsymbol{x}_2$ 未出现，$\boldsymbol{x}_3$ 将出现两次

算法 17.1(重抽样)

- 初始化
  - 输入样本 $\boldsymbol{x}_i$ 以及相应的权重 $W^{(i)}$，$i=1,2,\cdots,N$。
  - $c_0=0$，$N^{(i)}=0$，$i=1,2,\cdots,N$。
- **For** $i=1,2,\cdots,N$，**Do**
  - $c_i=c_{i-1}+W^{(i)}$；构造 CDF。
- **End For**
- 抽取 $u^{(1)}\sim\mathcal{U}(0,\frac{1}{N})$ 874
- $i=1$
- **For** $j=1,2,\cdots,N$，**Do**
  - $u^{(j)}=u^{(1)}+\frac{j-1}{N}$

- While $u^{(j)} > c_i$
  - $i = i+1$
- End While
- $\bar{x}_j = x_i$；对样本赋值。
- $N^{(i)} = N^{(i)} + 1$

• End For

程序输出了新的样本集合 $\bar{x}_j$，$j=1,2,\cdots,N$，且所有样本的权重为 $1/N$。重抽样之后，样本 $\boldsymbol{x}_i$ 会出现 $N^{(i)}$ 次。

前面给出的两种重抽样方法并不是唯一的选择(参见[12])。不过，系统重抽样方法易于实现，因此常被采用。系统重抽样方法在论文[25]中被引入。

只要粒子的数量趋于无穷大，重抽样方法就会产生收敛到其真实值的估计值(习题 17.3)。

17.2.3　顺序抽样

现在我们将在重要性抽样中得到的经验应用到一组随时间顺序到来的粒子。此技术最早的例子可追溯到 20 世纪 50 年代(参见[19, 36])。对于时间 n，我们的目标是基于提议分布 $q_n(\boldsymbol{x}_{1:n})$，从联合分布中抽取样本

$$p_n(\boldsymbol{x}_{1:n}) = \frac{\phi_n(\boldsymbol{x}_{1:n})}{Z_n} \tag{17.6}$$

其中 Z_n 是时刻 n 的归一化常数。然而，对于本书中所有与时序性相关的案例，我们都将采用相同的做法，即保持计算复杂性是不变的，与时刻 n 无关。这一基本原理决定了所涉及的量是以时间递归的方式进行计算。为此，我们选择了如下形式的提议分布，即

$$q_n(\boldsymbol{x}_{1:n}) = q_{n-1}(\boldsymbol{x}_{1:n-1}) q_n(\boldsymbol{x}_n | \boldsymbol{x}_{1:n-1}) \tag{17.7}$$

从式(17.7)中很容易看出

$$q_n(\boldsymbol{x}_{1:n}) = q_1(\boldsymbol{x}_1) \prod_{k=2}^{n} q_k(\boldsymbol{x}_k | \boldsymbol{x}_{1:k-1}) \tag{17.8}$$

这意味着我们只需选择 $q_k(\boldsymbol{x}_k \mid \boldsymbol{x}_{1:k-1})$，$k=2,3,\cdots,n$，再加上初始(先前)值 $q_1(\boldsymbol{x}_1)$。请注意，在给定过去状态的条件下，$q_k(\cdot \mid \cdot)$ 中所涉及的随机向量的维度保持恒定，不随时间改变。从另一个角度看，式(17.8)揭示了为了抽样跨越直到时刻 n 的时间间隔的单个
875 (多变量)样本，即 $\boldsymbol{x}_{1:n}^{(i)} = \{\boldsymbol{x}_1^{(i)}, \boldsymbol{x}_2^{(i)}, \cdots, \boldsymbol{x}_n^{(i)}\}$，我们可以递归地去构建。我们首先抽样 $\boldsymbol{x}_1^{(i)} \sim q_1(\boldsymbol{x})$，并随后抽样 $\boldsymbol{x}_k^{(i)} \sim q_k(\boldsymbol{x} \mid \boldsymbol{x}_{1:k-1}^{(i)})$，$k=2,3,\cdots,n$。此外，我们还可递归地计算对应的非归一化权重[15]，即

$$\begin{aligned}
w_n(\boldsymbol{x}_{1:n}) &:= \frac{\phi_n(\boldsymbol{x}_{1:n})}{q_n(\boldsymbol{x}_{1:n})} = \frac{\phi_{n-1}(\boldsymbol{x}_{1:n-1})}{q_n(\boldsymbol{x}_{1:n})} \frac{\phi_n(\boldsymbol{x}_{1:n})}{\phi_{n-1}(\boldsymbol{x}_{1:n-1})} \\
&= \frac{\phi_{n-1}(\boldsymbol{x}_{1:n-1})}{q_{n-1}(\boldsymbol{x}_{1:n-1})} \frac{\phi_n(\boldsymbol{x}_{1:n})}{\phi_{n-1}(\boldsymbol{x}_{1:n-1}) q_n(\boldsymbol{x}_n | \boldsymbol{x}_{1:n-1})} \\
&= w_{n-1}(\boldsymbol{x}_{1:n-1}) a_n(\boldsymbol{x}_{1:n}) \\
&= w_1(\boldsymbol{x}_1) \prod_{k=2}^{n} a_k(\boldsymbol{x}_{1:k})
\end{aligned} \tag{17.9}$$

其中

$$a_k(\boldsymbol{x}_{1:k}) := \frac{\phi_k(\boldsymbol{x}_{1:k})}{\phi_{k-1}(\boldsymbol{x}_{1:k-1})q_k(\boldsymbol{x}_k|\boldsymbol{x}_{1:k-1})}, \quad k=2,3,\cdots,n \tag{17.10}$$

现在我们的问题是如何选择一个合适的 $q_n(\boldsymbol{x}_n \mid \boldsymbol{x}_{1:n-1})$，$n=2,3,\cdots$。一种明智的策略是对于给定的样本 $\boldsymbol{x}_{1:n-1}$，选择 q_n 以使得权重 $w_n(\boldsymbol{x}_{1:n})$ 的方差最小。可以证明，最优值使得方差为零(习题 17.4)，可表示如下

$$\boxed{q_n^{\text{opt}}(\boldsymbol{x}_n|\boldsymbol{x}_{1:n-1}) = p_n(\boldsymbol{x}_n|\boldsymbol{x}_{1:n-1}): \quad \text{最优提议分布}} \tag{17.11}$$

然而，在实践中，$p_n(\boldsymbol{x}_n \mid \boldsymbol{x}_{1:n-1})$并不那么容易得到，我们不得不满足于采用其某种近似。现在我们准备提出顺序重要性抽样(SIS)的第一个算法。

算法 17.2 (顺序重要性抽象)

- 选择 $q_1(\cdot)$，$q_n(\cdot|\cdot)$，$n=2,3,\cdots$
- 选择粒子数 N。
- **For** $i=1,2,\cdots,N$，**Do**；初始化 N 个不同的实例/流
  - 抽取 $\boldsymbol{x}_1^{(i)} \sim q_1(\boldsymbol{x})$
  - 计算权重 $w_1(\boldsymbol{x}_1^{(i)}) = \dfrac{\phi_1(\boldsymbol{x}_1^{(i)})}{q_1(\boldsymbol{x}_1^{(i)})}$
- **End For**
- **For** $i=1,2,\cdots,N$，**Do**
  - 计算归一化权重 $W_1^{(i)}$
- **End For**
- **For** $n=2,3,\cdots,N$，**Do**
  - **For** $i=1,2,\cdots,N$，**Do**
    - 抽取 $\boldsymbol{x}_n^{(i)} \sim q_n(\boldsymbol{x} \mid \boldsymbol{x}_{1:n-1}^{(i)})$
    - 计算
      - $w_n(\boldsymbol{x}_{1:n}^{(i)}) = w_{n-1}(\boldsymbol{x}_{1:n-1}^{(i)})a_n(\boldsymbol{x}_{1:n}^{(i)})$；　来自式(17.9) 876
  - **End For**
  - **For** $i=1,2,\cdots,N$，**Do**
    - $W_n^{(i)} \propto w_n(\boldsymbol{x}_{1:n}^{(i)})$
  - **End For**
- **End For**

一旦算法执行完毕，我们有

$$\hat{p}_n(\boldsymbol{x}_{1:n}) = \sum_{i=1}^{N} W_n^{(i)} \delta(\boldsymbol{x}_{1:n} - \boldsymbol{x}_{1:n}^{(i)})$$

可是，如前所述，权重方差随着 n 的增大有增大的趋势(习题 17.5)。因此，我们常采用顺序重要性抽样的重抽样版本。

算法 17.3 (基于 SIS 的重抽样)

- 选择 $q_1(\cdot)$，$q_n(\cdot|\cdot)$，$n=1,2,\cdots$
- 选择粒子数 N

- **For** $i=1,2,\cdots,N$, **Do**
  - ■ 抽取 $\boldsymbol{x}_1^{(i)} \sim q_1(\boldsymbol{x})$
  - ■ 计算权重 $w_1(\boldsymbol{x}_1^{(i)})=\dfrac{\phi_1(\boldsymbol{x}_1^{(i)})}{q_1(\boldsymbol{x}_1^{(i)})}$
- **End For**
- **For** $i=1,\cdots,N$, **Do**
  - ■ 计算归一化权重 $W_1^{(i)}$
- **End For**
- 使用算法 17.1，重采样 $\{\boldsymbol{x}_1^{(i)},W_1^{(i)}\}_{i=1}^N$ 来得到 $\left\{\overline{\boldsymbol{x}}_1^{(i)},\dfrac{1}{N}\right\}_{i=1}^N$
- **For** $n=2,3,\cdots,N$, **Do**
  - ■ **For** $i=1,2,\cdots,N$, **Do**
    - * 抽取 $\boldsymbol{x}_n^{(i)} \sim q_n(\boldsymbol{x} \mid \overline{\boldsymbol{x}}_{1:n-1}^{(i)})$
    - * 设置 $\boldsymbol{x}_{1:n}^{(i)}=\{\boldsymbol{x}_n^{(i)},\ \overline{\boldsymbol{x}}_{1:n-1}^{(i)}\}$
    - * 计算 $w_n(\boldsymbol{x}_{1:n}^{(i)})=\dfrac{1}{N}a_n(\boldsymbol{x}_{1:n}^{(i)})$；（公式(17.9)）
  - ■ **End For**
  - ■ **For** $i=1,2,\cdots,N$, **Do**
    - * 计算 $W_n^{(i)}$
  - ■ **End For**
  - ■ 重采样 $\{\boldsymbol{x}_{1:n}^{(i)},\ W_n^{(i)}\}_{i=1}^N$ 来得到 $\left\{\overline{\boldsymbol{x}}_{1:n}^{(i)},\dfrac{1}{N}\right\}_{i=1}^N$

877
- **End For**

附注 17.1

- 关于顺序重要性抽样的收敛结果可以在文献[5-7]中找到。事实证明，在实践中，使用重抽样可得到更小的方差。
- 从实用角度来看，带有重抽样的序列重要性抽样方法可以很好地工作在如下情况：不同时间点的期望连续分布不存在差异，或者选择的 $q_n(\boldsymbol{x}_n \mid \boldsymbol{x}_{1:n-1})$ 接近于最优值(参见[15])。

17.3 卡尔曼和粒子滤波

粒子滤波是顺序蒙特卡罗方法的一种特例。粒子滤波是 20 世纪 90 年代发展起来的一种技术，最早在文献[18]中被引入，以试图解决更一般的非线性和非高斯情形下的状态空间建模中的估计问题。尽管[25]中使用了“粒子”一词，但“粒子滤波”一词是在[3]中提出的。

16.4 节中引入的隐马尔可夫模型和第 4 章中引入的卡尔曼滤波是状态空间(状态观测)建模的特殊类型。前者处理离散(潜)变量的情况，后者处理连续变量，尽管是在非常特殊线性和高斯情形下。在粒子滤波中，我们转向以下形式的模型：

$$\mathbf{x}_n = \boldsymbol{f}_n(\mathbf{x}_{n-1}, \boldsymbol{\eta}_n):\quad \text{状态方程} \tag{17.12}$$

$$\mathbf{y}_n = \boldsymbol{h}_n(\mathbf{x}_n, \mathbf{v}_n):\quad \text{观测方程} \tag{17.13}$$

其中 $\boldsymbol{f}_n$ 和 $\boldsymbol{h}_n$ 通常是非线性的(向量)函数；$\boldsymbol{\eta}_n$ 和 $\mathbf{v}_n$ 是噪声序列；$\mathbf{x}_n$ 和 $\mathbf{y}_n$ 的维度可以不同。随机向量 $\mathbf{x}_n$ 对应于(潜)状态向量，$\mathbf{y}_n$ 对应于观测值。有两种推理任务在实践中很有意义。

滤波：给定时间段[1,N]内的一组观测值 $\mathbf{y}_{1:n}$，计算

$$p(\boldsymbol{x}_n|\boldsymbol{y}_{1:n})$$

平滑：给定时间段[1,N]内的一组观测值 $\mathbf{y}_{1:N}$，计算

$$p(\boldsymbol{x}_n|\boldsymbol{y}_{1:N}),\quad 1\leqslant n\leqslant N$$

在继续我们的主题之前，让我们回顾一种更简单的情形，即卡尔曼滤波。这次我们从贝叶斯的观点去考虑。

17.3.1 卡尔曼滤波：贝叶斯观点

卡尔曼滤波最先是在 4.10 节中的线性估计方法和均方误差准则中讨论的。在本节中，卡尔曼滤波算法将根据图理论模型和贝叶斯网络的概念重新定义，这些概念在第 15 章和第 16 章中分别介绍过。随后，概率观点将用来在粒子滤波框架中进行进一步的非线性推广。对于线性模型，式(17.12)和式(17.13)可表示为 878

$$\mathbf{x}_n = F_n\mathbf{x}_{n-1} + \boldsymbol{\eta}_n \tag{17.14}$$

$$\mathbf{y}_n = H_n\mathbf{x}_n + \mathbf{v}_n \tag{17.15}$$

其中 F_n 和 H_n 是相应维度的矩阵，我们进一步假设两个噪声序列是独立分布，且满足高斯特性的，即

$$p(\boldsymbol{\eta}_n) = \mathcal{N}(\boldsymbol{\eta}_n|\mathbf{0}, Q_n) \tag{17.16}$$

$$p(\boldsymbol{v}_n) = \mathcal{N}(\boldsymbol{v}_n|\mathbf{0}, R_n) \tag{17.17}$$

导出相应递归式的起点是贝叶斯规则

$$\begin{aligned} p(\boldsymbol{x}_n|\boldsymbol{y}_{1:n}) &= \frac{p(\boldsymbol{y}_n|\boldsymbol{x}_n, \boldsymbol{y}_{1:n-1})p(\boldsymbol{x}_n|\boldsymbol{y}_{1:n-1})}{Z_n} \\ &= \frac{p(\boldsymbol{y}_n|\boldsymbol{x}_n)p(\boldsymbol{x}_n|\boldsymbol{y}_{1:n-1})}{Z_n} \end{aligned} \tag{17.18}$$

其中

$$\begin{aligned} Z_n &= \int p(\boldsymbol{y}_n|\boldsymbol{x}_n)p(\boldsymbol{x}_n|\boldsymbol{y}_{1:n-1})\,\mathrm{d}\boldsymbol{x}_n \\ &= p(\boldsymbol{y}_n|\boldsymbol{y}_{1:n-1}) \end{aligned} \tag{17.19}$$

我们使用了式(17.15)的结果，即 $p(\boldsymbol{y}_n|\boldsymbol{x}_n, \boldsymbol{y}_{1:n-1}) = p(\boldsymbol{y}_n|\boldsymbol{x}_n)$ 这一事实。如果你已经阅读过第 15 章，请回想一下卡尔曼滤波是贝叶斯网络的特例，其对应于图 17.2 的图模型。因此，由于马尔可夫性质，给定了 $\boldsymbol{x}_n$ 中的值，$\mathbf{y}_n$ 独立于过去状态。而且注意到

$$\begin{aligned} p(\boldsymbol{x}_n|\boldsymbol{y}_{1:n-1}) &= \int p(\boldsymbol{x}_n|\boldsymbol{x}_{n-1}, \boldsymbol{y}_{1:n-1})p(\boldsymbol{x}_{n-1}|\boldsymbol{y}_{1:n-1})\,\mathrm{d}\boldsymbol{x}_{n-1} \\ &= \int p(\boldsymbol{x}_n|\boldsymbol{x}_{n-1})p(\boldsymbol{x}_{n-1}|\boldsymbol{y}_{1:n-1})\,\mathrm{d}\boldsymbol{x}_{n-1} \end{aligned} \tag{17.20}$$

其中再次使用了马尔可夫性质(即式(17.14))。 879

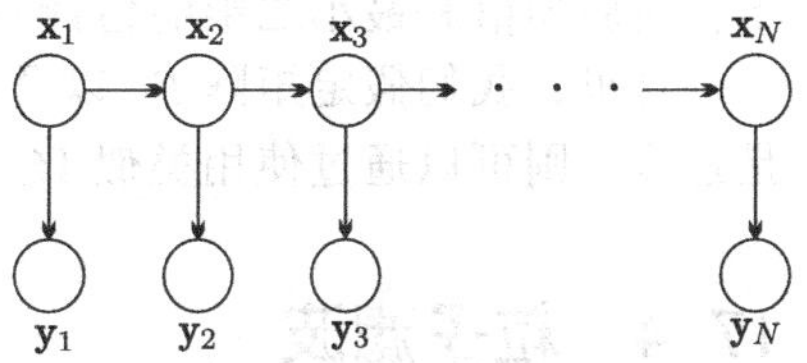

图 17.2　对应卡尔曼和粒子滤波状态空间建模的图模型

式(17.18)~式(17.20)包含一组递归式，用来迭代更新

$$p(\boldsymbol{x}_{n-1}|\boldsymbol{y}_{1:n-1}) \longrightarrow p(\boldsymbol{x}_n|\boldsymbol{y}_{1:n})$$

其中起始位置为 $p(\boldsymbol{x}_0|\boldsymbol{y}_0) := p(\boldsymbol{x}_0)$。如果 $p(\boldsymbol{x}_0)$ 是高斯分布，那么所有涉及的 PDF 都会是高斯分布，

这是由于式(17.16)和式(17.17)，以及式(17.14)和式(17.15)的线性特征。利用这种特性，计算积分变得容易，只需要遵循第12章附录中的方法规则即可。

在我们继续往下之前，请注意式(17.18)和式(17.20)的递归形式是图模型的和积算法的一个实例。的确，基于这个背景，我们可以将之前的递推式进一步写成

$$\boxed{p(\boldsymbol{x}_n|\boldsymbol{y}_{1:n}) = \underbrace{\frac{p(\boldsymbol{y}_n|\boldsymbol{x}_n)}{Z_n}}_{\text{校正项}} \underbrace{\int p(\boldsymbol{x}_{n-1}|\boldsymbol{y}_{1:n-1})p(\boldsymbol{x}_n|\boldsymbol{x}_{n-1})\,\mathrm{d}\boldsymbol{x}_{n-1}}_{\text{预测项}}:\quad \text{滤波}} \tag{17.21}$$

请注意，这与归一化因子的形式完全相同，如第16章的式(16.43)，只需用积分替换求和。你可以使用与式(16.43)相似的步骤，利用和积规则，重新推导出式(17.21)。唯一的区别是归一化常数必须包含在所有的定义中，且我们使用积分替换求和。因为所有涉及的PDF都是高斯形式，所涉及的归一化常数的计算显得异常简单，仅针对相应的均值和方差推导出递归形式就足够了。

在式(17.20)中，我们有

$$p(\boldsymbol{x}_n|\boldsymbol{x}_{n-1}) = \mathcal{N}(\boldsymbol{x}_n|F_n\boldsymbol{x}_{n-1}, Q_n)$$

另外，令 $p(\boldsymbol{x}_{n-1}|\boldsymbol{y}_{1:n-1})$ 是分别具有如下均值和协方差矩阵的高斯函数

$$\boldsymbol{\mu}_{n-1|n-1},\quad P_{n-1|n-1}$$

我们特意选择了符号以使得推导出的递归式与4.10节中的算法一致。然后，根据第12章的附录，$p(\boldsymbol{x}_n|\boldsymbol{y}_{1:n-1})$ 是一个高斯边际PDF(见式(12.150)和式(12.151))，它的均值和方差为

$$\boldsymbol{\mu}_{n|n-1} = F_n\boldsymbol{\mu}_{n-1|n-1} \tag{17.22}$$

$$P_{n|n-1} = Q_n + F_nP_{n-1|n-1}F_n^{\mathrm{T}} \tag{17.23}$$

另外，式(17.18)给出

$$p(\boldsymbol{y}_n|\boldsymbol{x}_n) = \mathcal{N}(\boldsymbol{y}_n|H_n\boldsymbol{x}_n, R_n)$$

由第12章附录，并考虑式(17.22)和式(17.23)，我们有 $p(\boldsymbol{x}_n|\boldsymbol{y}_{1:n})$ 是后验概率(高斯)，其均值和方差(见式(12.148)和式(12.149))为

880

$$\boldsymbol{\mu}_{n|n} = \boldsymbol{\mu}_{n|n-1} + K_n(\boldsymbol{y}_n - H_n\boldsymbol{\mu}_{n|n-1}) \tag{17.24}$$

$$P_{n|n} = P_{n|n-1} - K_nH_nP_{n|n-1} \tag{17.25}$$

其中

$$K_n = P_{n|n-1}H_n^{\mathrm{T}}S_n^{-1} \tag{17.26}$$

以及

$$S_n = R_n + H_nP_{n|n-1}H_n^{\mathrm{T}} \tag{17.27}$$

注意，这和4.10节为状态估计推导出的递归形式完全相同。回想一下，在高斯假设条件下，后验均值和最小二乘的估计一致。

这里，我们假定矩阵 F_n 以及协方差矩阵 H_n 已知，这也是一种最常见的情况。如果不是这样，则可以通过使用类似16.5.2节中学习HMM参数的方法来学习(参见[2])。

17.4　粒子滤波

在4.10节中，我们讨论了扩展卡尔曼滤波(EKF)用于将卡尔曼滤波推广到非线性模

型的可能性。接下来要讨论的粒子滤波，是另一种可用来替代 EKF 的方法。涉及的 PDF 可使用离散随机测量来近似，采用的基础理论是顺序重要性抽样(SIS)。事实上，粒子滤波是 SIS 的一个实例。

现在让我们考虑式(17.12)和式(17.13)中一般形式的状态空间模型。从这些方程的具体形式(以及对于大多数读者更熟悉的这类模型的贝叶斯网络性质)，我们可以写出

$$p(\boldsymbol{x}_n|\boldsymbol{x}_{1:n-1}, \boldsymbol{y}_{1:n-1}) = p(\boldsymbol{x}_n|\boldsymbol{x}_{n-1}) \tag{17.28}$$

以及

$$p(\boldsymbol{y}_n|\boldsymbol{x}_{1:n}, \boldsymbol{y}_{1:n-1}) = p(\boldsymbol{y}_n|\boldsymbol{x}_n) \tag{17.29}$$

我们从 $p(\boldsymbol{x}_{1:n}|\boldsymbol{y}_{1:n})$ 的顺序估计开始，$p(\boldsymbol{x}_n|\boldsymbol{y}_{1:n})$ 的估计形成了我们的主要目标，将作为附带结果得到。注意到[15]

$$\begin{aligned} p(\boldsymbol{x}_{1:n}, \boldsymbol{y}_{1:n}) &= p(\boldsymbol{x}_n, \boldsymbol{x}_{1:n-1}, \boldsymbol{y}_n, \boldsymbol{y}_{1:n-1}) \\ &= p(\boldsymbol{x}_n, \boldsymbol{y}_n|\boldsymbol{x}_{1:n-1}, \boldsymbol{y}_{1:n-1})p(\boldsymbol{x}_{1:n-1}, \boldsymbol{y}_{1:n-1}) \\ &= p(\boldsymbol{y}_n|\boldsymbol{x}_n)p(\boldsymbol{x}_n|\boldsymbol{x}_{n-1})p(\boldsymbol{x}_{1:n-1}, \boldsymbol{y}_{1:n-1}) \end{aligned} \tag{17.30}$$

其中我们代入了式(17.28)和式(17.29)。

我们的目标是通过粒子的生成过程获得条件 PDF 的估计

$$p(\boldsymbol{x}_{1:n}|\boldsymbol{y}_{1:n}) = \frac{p(\boldsymbol{x}_{1:n}, \boldsymbol{y}_{1:n})}{\int p(\boldsymbol{x}_{1:n}, \boldsymbol{y}_{1:n})\,\mathrm{d}\boldsymbol{x}_{1:n}} = \frac{p(\boldsymbol{x}_{1:n}, \boldsymbol{y}_{1:n})}{Z_n} \tag{17.31}$$ 881

其中

$$Z_n := \int p(\boldsymbol{x}_{1:n}, \boldsymbol{y}_{1:n})\,\mathrm{d}\boldsymbol{x}_{1:n}$$

将目前的讨论纳入 SIS 的通用框架中，比较式(17.31)和式(17.6)，我们有定义

$$\phi_n(\boldsymbol{x}_{1:n}) := p(\boldsymbol{x}_{1:n}, \boldsymbol{y}_{1:n}) \tag{17.32}$$

因此，式(17.9)变成

$$w_n(\boldsymbol{x}_{1:n}) = w_{n-1}(\boldsymbol{x}_{1:n-1})\alpha_n(\boldsymbol{x}_{1:n}) \tag{17.33}$$

其中我们有

$$\alpha_n(\boldsymbol{x}_{1:n}) = \frac{p(\boldsymbol{x}_{1:n}, \boldsymbol{y}_{1:n})}{p(\boldsymbol{x}_{1:n-1}, \boldsymbol{y}_{1:n-1})q_n(\boldsymbol{x}_n|\boldsymbol{x}_{1:n-1}, \boldsymbol{y}_{1:n})}$$

代入式(17.30)，我们有

$$\alpha_n(\boldsymbol{x}_{1:n}) = \frac{p(\boldsymbol{y}_n|\boldsymbol{x}_n)p(\boldsymbol{x}_n|\boldsymbol{x}_{n-1})}{q_n(\boldsymbol{x}_n|\boldsymbol{x}_{1:n-1}, \boldsymbol{y}_{1:n})} \tag{17.34}$$

最后一步是选择提议分布。回想 17.2 节式(17.11)给出的最优提议分布，对我们的情况其形式应为

$$\begin{aligned} q_n^{\mathrm{opt}}(\boldsymbol{x}_n|\boldsymbol{x}_{1:n-1}, \boldsymbol{y}_{1:n}) &= p(\boldsymbol{x}_n|\boldsymbol{x}_{1:n-1}, \boldsymbol{y}_{1:n}) \\ &= p(\boldsymbol{x}_n|\boldsymbol{x}_{n-1}, \boldsymbol{x}_{1:n-2}, \boldsymbol{y}_n, \boldsymbol{y}_{1:n-1}) \end{aligned}$$

利用施加在状态空间模型的贝叶斯网络结构的潜在独立性，最终我们有

$$\boxed{q^{\mathrm{opt}}(\boldsymbol{x}_n|\boldsymbol{x}_{1:n-1}, \boldsymbol{y}_{1:n}) = p(\boldsymbol{x}_n|\boldsymbol{x}_{n-1}, \boldsymbol{y}_n):\ \text{最优提议分布}} \tag{17.35}$$

根据最优提议分布可得出下面的权重更新递归公式(习题 17.6)：

$$\boxed{w_n(\boldsymbol{x}_{1:n}) = w_{n-1}(\boldsymbol{x}_{1:n-1})p(\boldsymbol{y}_n|\boldsymbol{x}_{n-1}):\ \text{最优权重}} \tag{17.36}$$

然而，在实践中常见的情况是，最优结果并不容易得到。注意到式(17.36)要求计算如下积分：

$$p(\boldsymbol{y}_n|\boldsymbol{x}_{n-1})=\int p(\boldsymbol{y}_n|\boldsymbol{x}_n)p(\boldsymbol{x}_n|\boldsymbol{x}_{n-1})\,\mathrm{d}\boldsymbol{x}_n$$

这并不容易。此外，即使积分可以计算，从 $p(\boldsymbol{y}_n \mid \boldsymbol{x}_{n-1})$ 中直接抽样也可能不可行。不管是哪种情况，即使最优提议分布不可用，我们依然可以选择如下形式的提议分布：

882

$$q_n(\boldsymbol{x}_n|\boldsymbol{x}_{1:n-1},\boldsymbol{y}_{1:n})=q(\boldsymbol{x}_n|\boldsymbol{x}_{n-1},\boldsymbol{y}_n) \tag{17.37}$$

注意，这样选择带来了很大的便利，因为在任何时刻 n 的抽样结果只依赖于 $\boldsymbol{x}_{n-1}$ 和 $\boldsymbol{y}_n$，而不依赖它之前的历史结果。另外，如果目标是获得 $p(\boldsymbol{x}_n \mid \boldsymbol{y}_{1:n})$ 的估计值，那么我们不需要在内存中保留所有先前生成的样本，而只需要保留最近时刻的样本 $\boldsymbol{x}_n$。

我们现在准备写出第一个粒子滤波算法。

算法 17.4（SIS 粒子滤波）

- 选择一个先验分布 p 来生成初始状态 $\boldsymbol{x}_0$。
- 选择粒子流数目 N。
- **For** $i=1,2,\cdots,N$, **Do**
  - 抽取 $\boldsymbol{x}_0^{(i)}\sim p(\boldsymbol{x})$；初始化 N 个粒子流。
  - 设置 $w_0^{(i)}=\frac{1}{N}$；设置所有初始权重相等。
- **End For**
- **For** $n=1,2,\cdots$, **Do**
  - **For** $i=1,2,\cdots,N$, **Do**
    - * 抽取 $\boldsymbol{x}_n^{(i)}\sim q(\boldsymbol{x}\mid \boldsymbol{x}_{n-1}^{(i)},\boldsymbol{y}_n)$
    - * $w_n^{(i)}=w_{n-1}^{(i)}\dfrac{p(\boldsymbol{x}_n^{(i)}\mid \boldsymbol{x}_{n-1}^{(i)})p(\boldsymbol{y}_n\mid \boldsymbol{x}_n^{(i)})}{q(\boldsymbol{x}_n^{(i)}\mid \boldsymbol{x}_{n-1}^{(i)},\ \boldsymbol{y}_n)}$；公式(17.33)、公式(17.34)和公式(17.37)
  - **End For**
  - **For** $i=1,2,\cdots,N$, **Do**
    - * 计算归一化权重 $W_n^{(i)}$
  - **End For**
- **End For**

注意，如果计算机支持并行处理，可利用它的并行处理能力，来同时生成 N 个粒子流。

沿着第 i 个流 $\boldsymbol{x}_n^{(i)}$，$n=1,2,\cdots$，生成的粒子代表一条通过状态空间的路径/轨迹。一旦我们得到粒子流并计算了归一化的权重，我们也就获得如下的估计：

$$\hat{p}(\boldsymbol{x}_{1:n}|\boldsymbol{y}_{1:n})=\sum_{i=1}^{N}W_n^{(i)}\delta(\boldsymbol{x}_{1:n}-\boldsymbol{x}_{1:n}^{(i)})$$

如前所述，如果我们的兴趣在于只保留最终样本 $\boldsymbol{x}_n^{(i)}$，然后放弃路径历史 $\boldsymbol{x}_{1:n-1}^{(i)}$，我们可以得到

$$\hat{p}(\boldsymbol{x}_n|\boldsymbol{y}_{1:n})=\sum_{i=1}^{N}W_n^{(i)}\delta(\boldsymbol{x}_n-\boldsymbol{x}_n^{(i)})$$

注意，随着粒子的数量 N 趋近于无穷大，前面的估计趋近于真实的后验密度。图 17.3 给出了算法 17.4 中 SIS 算法的图形解释。 883

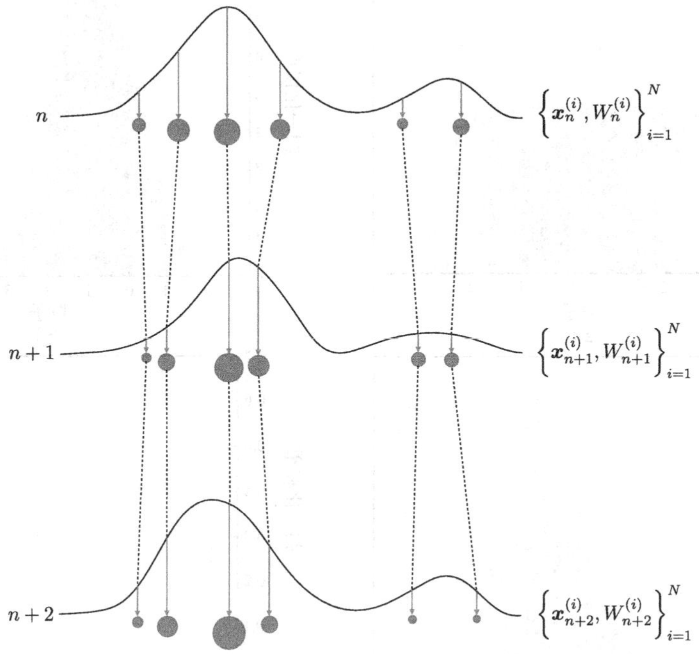

图 17.3 算法 17.4 给出的粒子滤波方案中三个连续的递推式，其中 $N=7$。圆的面积对应于从提议分布中得到的相应例子的归一化权重的大小

例 17.1 考虑下面的一维随机游走模型

$$\mathrm{x}_n = \mathrm{x}_{n-1} + \eta_n \tag{17.38}$$

$$\mathrm{y}_n = \mathrm{x}_n + \mathrm{v}_n \tag{17.39}$$

其中 $\eta_n \sim \mathcal{N}(\eta_n|0,\sigma_\eta^2)$，$\mathrm{v}_n \sim \mathcal{N}(v_n|0,\sigma_u^2)$，且 $\sigma_\eta^2=1$，$\sigma_u^2=1$。虽然这是一个典型的线性卡尔曼滤波任务，我们将尝试利用粒子滤波原理解决它，以呈现出先前强调的性能相关的问题。我们选择如下的提议分布

$$q(x_n|x_{n-1}, y_n) = p(x_n|x_{n-1}) = \mathcal{N}(x_n|x_{n-1}, \sigma_\eta^2)$$

1）生成 $T=100$ 个观测值 y_n，其中 $n=1,2,\cdots,T$，以用于算法 17.4。然后，从任意状态值开始，例如 $x_0=0$，根据式(17.38)和式(17.39)，从高斯分布 $\mathcal{N}(\cdot|0,\sigma_n^2)$ 和 $\mathcal{N}(\cdot|0,\sigma_u^2)$ 中抽样（我们知道如何生成高斯样本）来生成一组随机游走的实例，如图 17.4 所示。我们的目标是使用这一系列的观测值来产生粒子，用于证明随着时间的推移，相应权重的方差会逐渐增加。

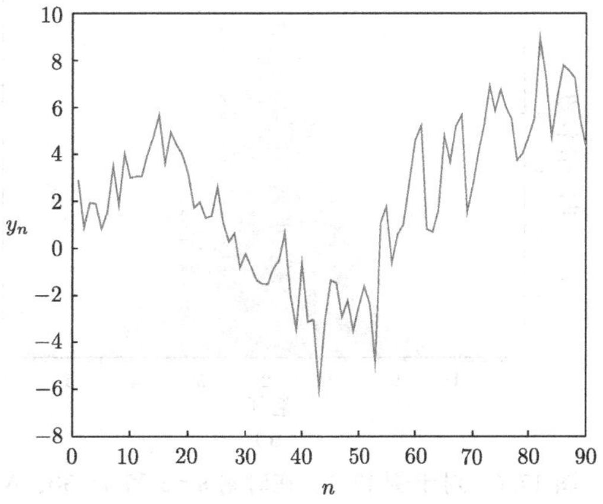

图 17.4 例 17.1 中的观测值序列

884

2）如图 17.5 所示，使用 $\mathcal{N}(\cdot|0,1)$ 初始化 $N=200$ 个粒子流，$x^{(i)}$，$i=1,2,\cdots,N$，并初始化它们为相同的权重，即 $W_0^{(i)}=1/N$，$i=1,2,\cdots,N$。

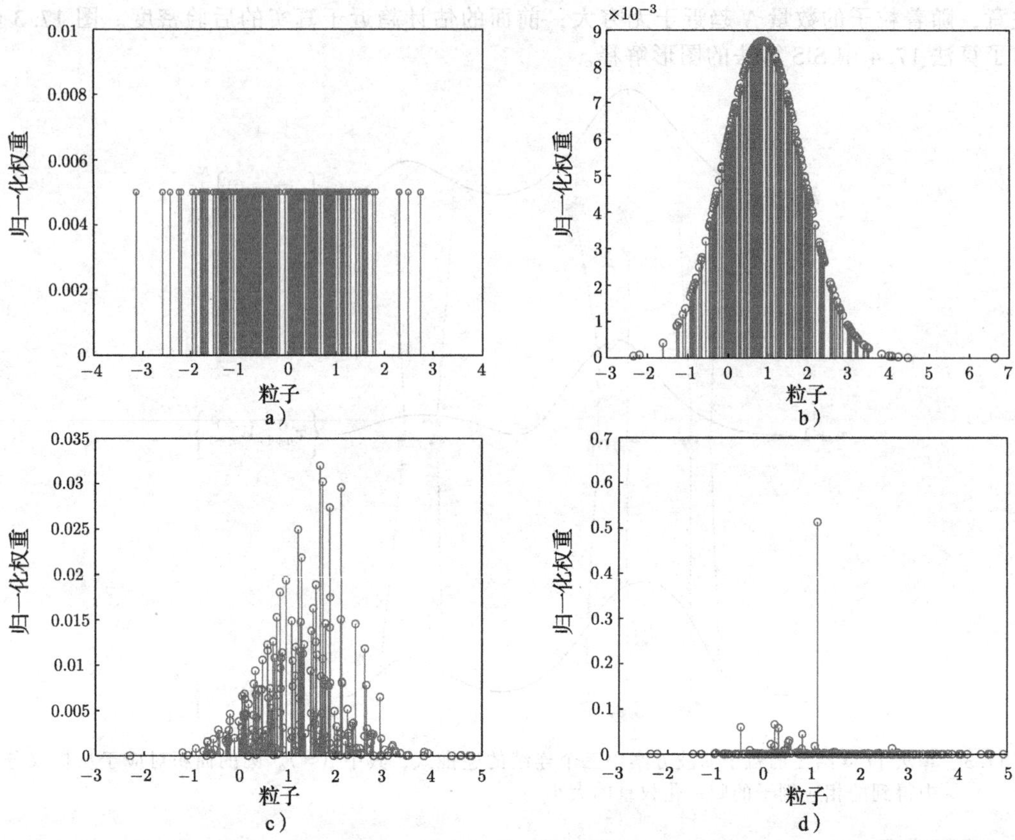

图 17.5　对于例 17.1，在时刻 $n=0$、$n=1$、$n=3$ 和 $n=30$，$N=200$ 个生成的粒子以及相应的(归一化)权重的图。可以看出随着时间的推移，权重的方差在增加。在时刻 $n=30$，只有非常少的粒子具有非零的权重值

3）执行算法 17.4，并将时刻 $n=0$，$n=1$，$n=3$ 以及 $n=30$ 得到的粒子和相应权重绘制到图中。观察权重的方差如何随着时间的推移增加。在时刻 $n=30$，只有少数粒子具有非 0 权重。

4）用 $N=1000$ 重复这个实验。图 17.6 是图 17.5 中在 $n=3$ 和 $n=30$ 的对照图。可以看

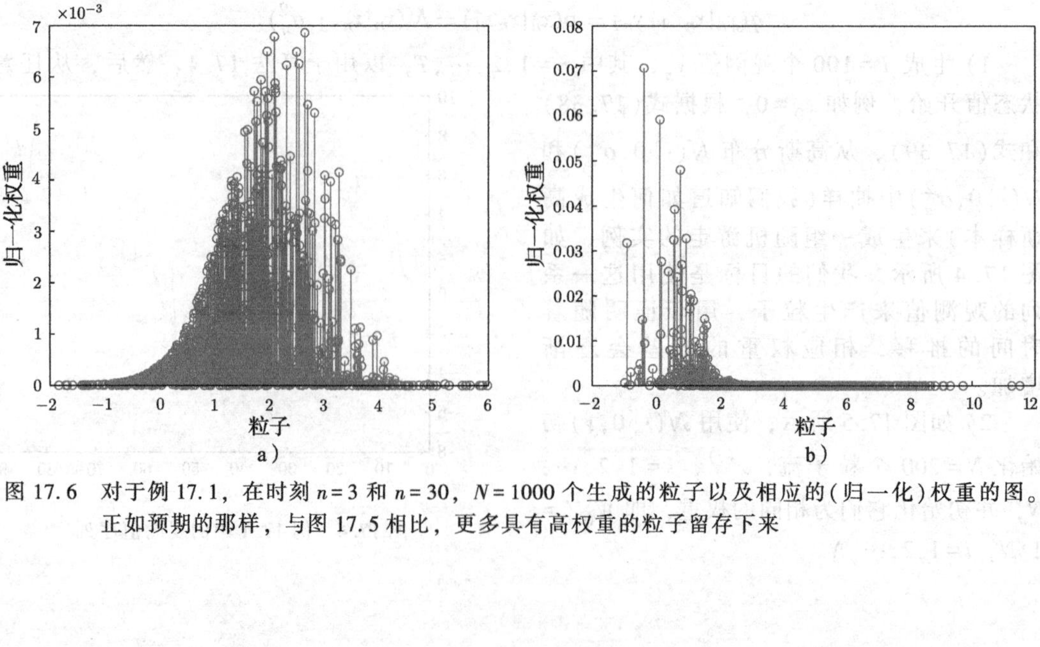

图 17.6　对于例 17.1，在时刻 $n=3$ 和 $n=30$，$N=1000$ 个生成的粒子以及相应的(归一化)权重的图。正如预期的那样，与图 17.5 相比，更多具有高权重的粒子留存下来

出，粒子数的增加可以降低权重的方差。这是获得更多的具有显著权重值粒子的一种途径。另外一条路径是通过重抽样技术。

17.4.1　退化

粒子滤波是顺序重要性抽样的特殊情况。因此，17.2 节中和性能相关的内容在这里也全都适用。

粒子滤波中的一个主要问题是性能退化现象，即重要性权重的方差随着时间而增加，并且在几次迭代之后，只有极少数(或甚至只有一个)的粒子被赋予有效权重。另外，离散的随机性退化得很快。减少退化有两种方法：一种是选择一个更好的提议分布，另一种是重抽样。

我们知道提议分布的最佳选择是

$$q(\cdot|\boldsymbol{x}_{n-1}^{(i)}, \boldsymbol{y}_n) = p(\cdot|\boldsymbol{x}_{n-1}^{(i)}, \boldsymbol{y}_n)$$

在某些情况下，还能以解析形式给出。例如，当噪声源是高斯噪声并且观测方程是线性的(参见[11])，如果解析形式不可用且不能直接抽样，则对 $p(\cdot|\boldsymbol{x}_{n-1}^{(i)},\boldsymbol{y}_n)$ 进行近似。我们所熟悉的通过 $\ln p(\cdot|\boldsymbol{x}_{n-1}^{(i)},\boldsymbol{y}_n)$ 的局部线性化进行高斯估计也是一种可能的办法[11]。另外采用次优过滤技术，例如扩展/无迹卡尔曼滤波器也很有效[37]。通常情况下，必须牢记的是，提议分布的选择在粒子滤波的性能中起着*至关重要*的作用。重抽样则是已经在 17.2.2 节讨论过的另外一种方式。算法 17.1 也同样可以应用到粒子滤波中，但是我们将会对其进行略微修改。

17.4.2　通用粒子滤波

重抽样有很多优点。它以高概率丢弃低权重粒子，也就是说，只有高概率质量区域的粒子能够继续向后传播。当然，重抽样也有其自身的局限性。例如，一个在时刻 n 的低权重的粒子，在稍后的时间并不一定具有低权重。在这种情况下，重抽样很低效。此外，重抽样限制了并行化运算的可能性，这是由于沿着不同流的粒子必须要在每一个时间窗口内进行合并。但是，也有一些工作进行了专门的优化(参见[21])。另外，高权重值的粒子被多次抽样，从而生成一组单一的样本，这种现象叫作*样本贫化*。在式(17.12)处于低状态/过程噪声 $\boldsymbol{\eta}_n$ 的情况下，这种现象的影响变得更加严重，甚至于某些时候抽样的点集合值包含一个点(参见[1])。 885~886

因此，避免重抽样是有价值的。在实践中，仅仅当权重的方差低于某一个阈值的时候才会执行重抽样。在[28, 29]中，*有效样本数量*近似为

$$N_{\text{eff}} \approx \frac{1}{\sum_{i=1}^{N}\left(W_n^{(i)}\right)^2} \tag{17.40}$$

其中索引值 i 从 1 到 N。只有当 $N_{\text{eff}} \leqslant N_T$ 的时候，才会执行重抽样过程。N_T 的典型值是 $N_T = \frac{N}{2}$。

算法 17.5 (通用粒子滤波)

- 选择一个先验分布 p 来为初始状态 $\mathbf{x}_0$ 生成粒子。
- 选择粒子流数目 N。 887
- **For** $i=1,2,\cdots,N$, **Do**
  - 抽取 $\boldsymbol{x}_0^{(i)} \sim p(\boldsymbol{x})$；初始化 N 个流。
  - 设置 $W_0^{(i)} = \frac{1}{N}$；所有初始归一化权重相等。
- **End For**

- **For** $n=1,2,3,\cdots$, **Do**
  - ■ **For** $i=1,2,\cdots,N$, **Do**
    - * 抽取 $\boldsymbol{x}_n^{(i)} \sim q(\boldsymbol{x} \mid \boldsymbol{x}_{n-1}^{(i)}, \boldsymbol{y}_n)$
    - * $w_n^{(i)} = w_{n-1}^{(i)} \dfrac{p(\boldsymbol{x}_n^{(i)} \mid \boldsymbol{x}_{n-1}^{(i)}) p(\boldsymbol{y}_n \mid \boldsymbol{x}_n^{(i)})}{q(\boldsymbol{x}_n^{(i)} \mid \boldsymbol{x}_{n-1}^{(i)}, \boldsymbol{y}_n)}$
  - ■ **End For**
  - ■ **For** $i=1,2,\cdots,N$, **Do**
    - * 计算归一化权重 $W_n^{(i)}$
  - ■ **End For**
  - ■ 计算 N_{eff}；公式(17.40)
  - ■ **If** $N_{\text{eff}} \leqslant N_T$；预先选定的值 N_T
    - * 重采样 $\{\boldsymbol{x}_n^{(i)}, W_n^{(i)}\}_{i=1}^N$ 来得到 $\left\{\bar{\boldsymbol{x}}_n^{(i)}, \dfrac{1}{N}\right\}_{i=1}^N$
    - * $\boldsymbol{x}_n^{(i)} = \bar{\boldsymbol{x}}_n^{(i)}$，$w_n^{(i)} = \dfrac{1}{N}$
  - ■ **End If**
- **End For**

图 17.7 给出了算法随着时间演进的图示。

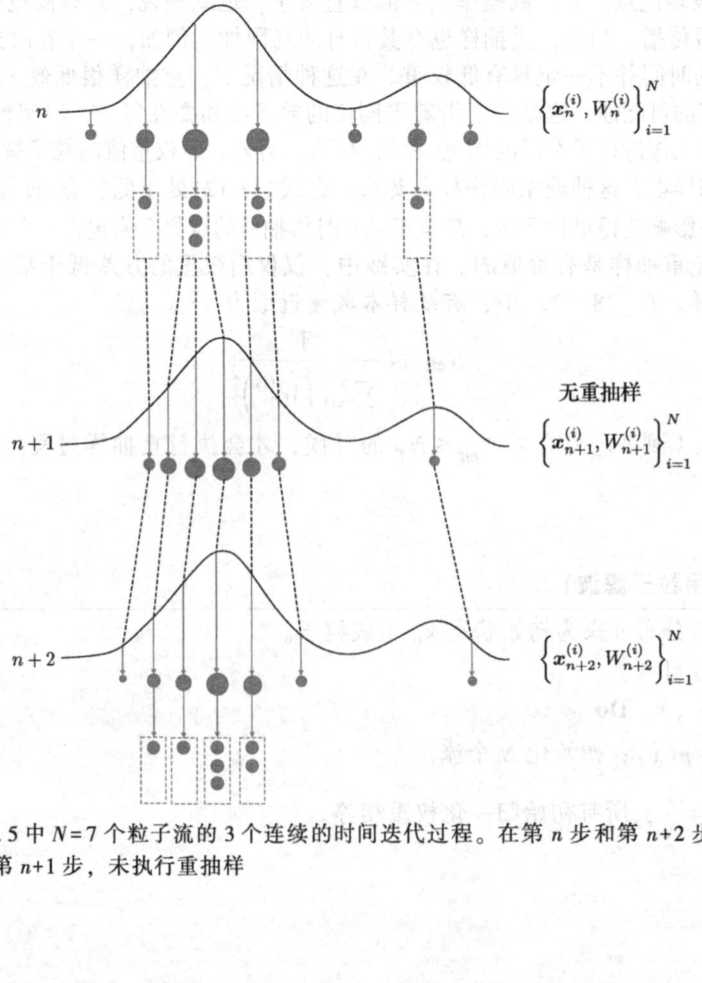

图 17.7　算法 17.5 中 $N=7$ 个粒子流的 3 个连续的时间迭代过程。在第 n 步和第 $n+2$ 步执行了重抽样策略，在第 $n+1$ 步，未执行重抽样

附注 17.2

- 一个广泛被接受的提议分布是先验分布，即

$$q(\boldsymbol{x}|\boldsymbol{x}_{n-1}^{(i)},\boldsymbol{y}_n)=p(\boldsymbol{x}_n|\boldsymbol{x}_{n-1}^{(i)})$$

利用它产生了如下权重的递归更新策略

$$w_n^{(i)}=w_{n-1}^{(i)}p(\boldsymbol{y}_n|\boldsymbol{x}_n^{(i)})$$

我们称这种算法为重要性重抽样(SIR)算法。这个算法的最大优势是其简单性。然而，这种产生机制忽略了观测值序列中的重要信息，且提议分布和观测值无关，这可能导致结果不佳。一种补救措施是使用将在下节阐述的辅助粒子滤波技术，另一种可能的方案在[22]中介绍，它将先验知识和最优提议分布融合到一起考虑。

例 17.2 对于算法 17.5，使用 $N=200$ 个粒子，阈值 $N_T=100$，重复例 17.1。如图 17.8 所示，与图 17.5 相比，在对应的时刻产生了更多高权重的粒子。 888

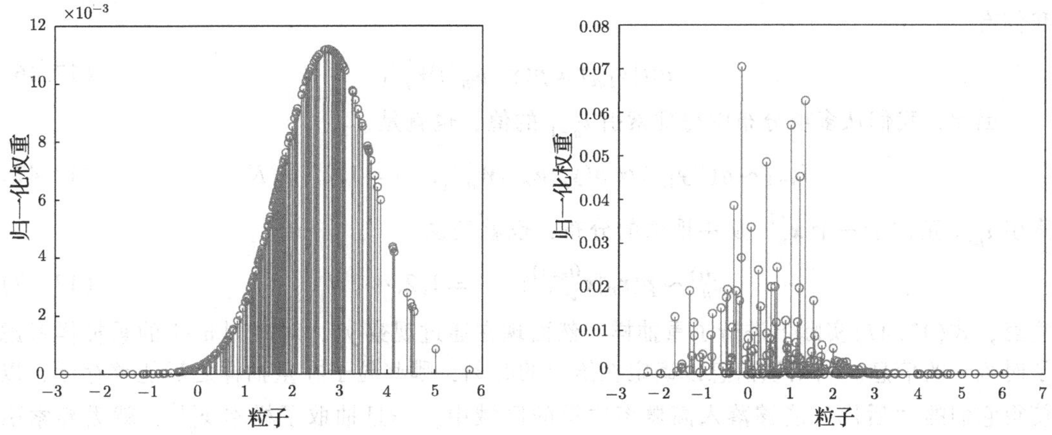

a) b)

图 17.8 对于例 17.2，图 a 和 b 绘制了使用重采样在时刻 $n=3$ 和 $n=30$ 生成的 $N=200$ 个粒子和对应的归一化权重。对比图 17.5c 和 d，更多具有高权重的粒子留存下来

17.4.3 辅助粒子滤波

[34]引入了辅助粒子滤波，以用于在处理重尾分布时提升性能。该方法引入了一个辅助变量：它是前一个时刻的粒子的索引。我们允许在第 i 个流中处于时刻 n 的粒子能够用另外的一个流中的时刻 $n-1$ 的粒子来生成。令第 i 个流中的处于时刻 n 的粒子为 $\boldsymbol{x}_n^{(i)}$，以及它的处于时刻 $n-1$ 的“父”粒子为 i_{n-1}。它的想法是抽样序列对$(\boldsymbol{x}_n^{(i)},i_{n-1})$，$i=1,2,\cdots,N$。使用贝叶斯规则，我们有

$$\begin{aligned}p(\boldsymbol{x}_n,i|\boldsymbol{y}_{1:n})&\propto p(\boldsymbol{y}_n|\boldsymbol{x}_n)p(\boldsymbol{x}_n,i|\boldsymbol{y}_{1:n-1})\\&=p(\boldsymbol{y}_n|\boldsymbol{x}_n)p(\boldsymbol{x}_n|i,\boldsymbol{y}_{1:n-1})P(i|\boldsymbol{y}_{1:n-1})\end{aligned}\quad(17.41)$$ 889

这里我们使用了状态空间模型中的条件依赖。为了简化符号，我们使用 $\boldsymbol{x}_n$ 代替 $\boldsymbol{x}_n^{(i)}$，省略了 i_{n-1} 中的下标 $n-1$，即用 i 替代它。注意，根据索引 i_{n-1} 的定义，我们有

$$p(\boldsymbol{x}_n|i,\boldsymbol{y}_{1:n-1})=p(\boldsymbol{x}_n|\boldsymbol{x}_{n-1}^{(i)},\boldsymbol{y}_{1:n-1})=p(\boldsymbol{x}_n|\boldsymbol{x}_{n-1}^{(i)})\quad(17.42)$$

且

$$P(i|\boldsymbol{y}_{1:n-1})=W_{n-1}^{(i)}\quad(17.43)$$

因此，我们有

$$p(\boldsymbol{x}_n, i|\boldsymbol{y}_{1:n}) \propto p(\boldsymbol{y}_n|\boldsymbol{x}_n)p(\boldsymbol{x}_n|\boldsymbol{x}_{n-1}^{(i)})W_{n-1}^{(i)} \tag{17.44}$$

提议分布选择如下

$$q(\boldsymbol{x}_n, i|\boldsymbol{y}_{1:n}) \propto p(\boldsymbol{y}_n|\boldsymbol{\mu}_n^{(i)})p(\boldsymbol{x}_n|\boldsymbol{x}_{n-1}^{(i)})W_{n-1}^{(i)} \tag{17.45}$$

注意，这里我们使用$\boldsymbol{\mu}_n^{(i)}$替换$p(\boldsymbol{y}_n|\boldsymbol{x}_n)$中的$\boldsymbol{x}_n$，因为$\boldsymbol{x}_n$仍有待抽取。我们估计$\boldsymbol{\mu}_n^{(i)}$是为了计算的简便，同时它又能很好地代表$\boldsymbol{x}_n$。通常情况，$\boldsymbol{\mu}_n^{(i)}$可以是均值、模式、一次抽取或者是与分布$p(\boldsymbol{x}_n|\boldsymbol{x}_{n-1}^{(i)})$关联的值。例如，$\boldsymbol{\mu}_n^{(i)} \sim p(\boldsymbol{x}_n|\boldsymbol{x}_{n-1}^{(i)})$。另外，如果选择的
890 状态方程为$\boldsymbol{x}_n=\boldsymbol{f}(\boldsymbol{x}_{n-1})+\boldsymbol{\eta}_n$，那么一个较好的选择是$\boldsymbol{\mu}_n^{(i)}=\boldsymbol{f}(\boldsymbol{x}_{n-1}^{(i)})$。

对式(17.45)应用贝叶斯规则，并代入

$$q(\boldsymbol{x}_n|i, \boldsymbol{y}_{1:n}) = p(\boldsymbol{x}_n|\boldsymbol{x}_{n-1}^{(i)})$$

我们有

$$q(i|\boldsymbol{y}_{1:n}) \propto p(\boldsymbol{y}_n|\boldsymbol{\mu}_n^{(i)})W_{n-1}^{(i)} \tag{17.46}$$

因此，我们从多项分布中得到索引i_{n-1}的值，也就是

$$i_{n-1} \sim q(i|\boldsymbol{y}_{1:n}) \propto p(\boldsymbol{y}_n|\boldsymbol{\mu}_n^{(i)})W_{n-1}^{(i)}, \quad i=1,2,\cdots,N \tag{17.47}$$

索引i_{n-1}正比于一个$\boldsymbol{x}_n^{(i)}$从中取值的分布，也就是说

$$\boldsymbol{x}_n^{(i)} \sim p(\boldsymbol{x}_n|\boldsymbol{x}_{n-1}^{(i_{n-1})}), \quad i=1,2,\cdots,N \tag{17.48}$$

注意，式(17.47)实际上进行了重抽样。然而现在通过观察$\boldsymbol{y}_n$，对时刻$n-1$的重抽样考虑了时刻n的信息。利用该信息以确定在给定的时刻，哪些粒子在重抽样之后能够存活，以使得它们的“后代”能够落入高概率质量的区域中。一旦抽取了样本$\boldsymbol{x}_n^{(i)}$，就丢弃索引i_{n-1}，这等价于边际化$p(\boldsymbol{x}_n,i|\boldsymbol{y}_{1:n})$来得到$p(\boldsymbol{x}_n|\boldsymbol{y}_{1:n})$。最终，每个样本$\boldsymbol{x}_n^{(i)}$都使用公式

$$w_n^{(i)} \propto \frac{p(\boldsymbol{x}_n^{(i)}, i_{n-1}|\boldsymbol{y}_{1:n})}{q(\boldsymbol{x}_n^{(i)}, i_{n-1}|\boldsymbol{y}_{1:n})} = \frac{p(\boldsymbol{y}_n|\boldsymbol{x}_n^{(i)})}{p(\boldsymbol{y}_n|\boldsymbol{\mu}_n^{(i)})}$$

赋予了相应的权重，这是除以式(17.44)和式(17.45)的右侧得到的。注意，权重的设定考虑了实际样本的似然估计$p(\boldsymbol{y}_n|\cdot)$与预测点$\boldsymbol{\mu}_n^{(i)}$不匹配的情况。接下来是我们总结的算法。

算法 17.6（辅助粒子滤波）

- 初始化：选择一个先验分布p，来生成初始状态$\boldsymbol{x}_0$。
- 选择N。
- **For** $i=1,2,\cdots,N$，**Do**
  - 抽取$\boldsymbol{x}_0^{(i)} \sim p(\boldsymbol{x})$；初始化$N$个粒子流。
  - 设置$W_0^{(i)}=\frac{1}{N}$；设置所有初始归一化权重相等。
- **End For**
- **For** $n=1,2,\cdots,$**Do**
  - **For** $i=1,2,\cdots,N$，**Do**

* 抽取/计算 $\boldsymbol{\mu}_n^{(i)}$。
* $Q_i = p(\boldsymbol{y}_n \mid \boldsymbol{\mu}_n^{(i)}) W_{n-1}^{(i)}$，这对应式(17.46)中的 $q(i \mid \boldsymbol{y}_{1:n})$。

■ **End For** 891

■ **For** $i=1,2,\cdots,N$, **Do**

* 计算归一化的 Q_i。

■ **End For**

■ **For** $i=1,2,\cdots,N$, **Do**

* $i_{n-1} \sim Q_i$；式(17.47)
* 抽取 $\boldsymbol{x}_n^{(i)} \sim p(\boldsymbol{x} \mid \boldsymbol{x}_{n-1}^{i_{n-1}})$
* 计算 $w_n^{(i)} = \dfrac{p(\boldsymbol{y}_n \mid \boldsymbol{x}_n^{(i)})}{p(\boldsymbol{y}_n \mid \boldsymbol{\mu}_n^{(i)})}$

■ **End For**

■ **For** $i=1,2,\cdots,N$, **Do**

* 计算归一化的 $W_n^{(i)}$

■ **End For**

• **End For**

图 17.9 显示了 $N=200$ 个粒子以及其各自的标准化权重，它是针对例 17.1 的观测值序列，使用与之相同的提议分布，并使用算法 17.6 生成的。可以看出，与图 17.5 和图 17.8 相比，更多高权重的粒子存活下来。

之前的算法有时也被称为单级辅助粒子滤波器，它不同于最先在[34]中提出的两级方案。后者执行额外的重抽样步骤以获得具有相同权重的样本。通过实验验证，单级版本不仅可以提高性能，且使用广泛。据报告，辅助粒子滤波器在高信噪比情况下可获得比算法 17.5 更高的性能。可是，在高噪声情况下，其性能会下降(参见[1])。关于辅助滤波器的性能和分析的更多结果可参见[13, 23, 35]。 892

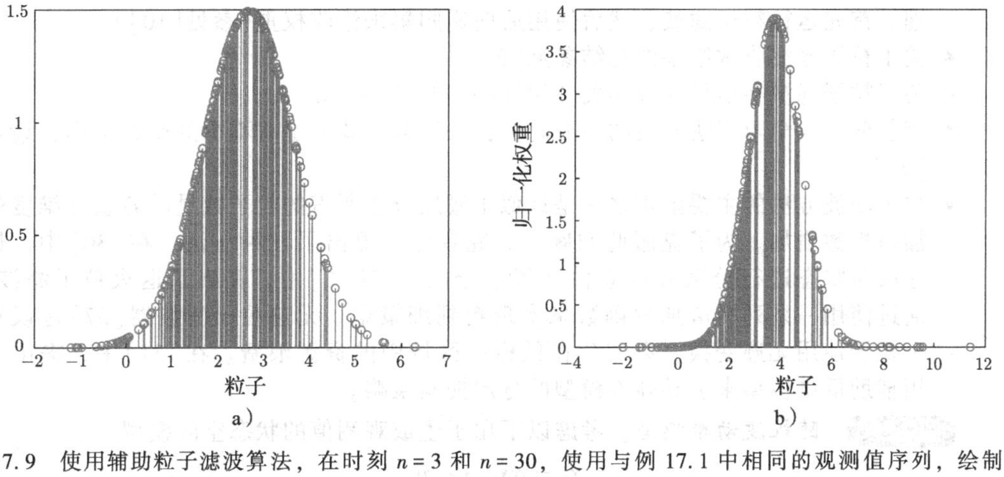

图 17.9 使用辅助粒子滤波算法，在时刻 $n=3$ 和 $n=30$，使用与例 17.1 中相同的观测值序列，绘制 $N=200$ 个粒子以及相应的(归一化)权重(图 a 和 b)。与图 17.5c 和 d 以及图 17.8 相比，更多高权重的粒子存活下来

附注 17.3

• 除了前面提出的算法之外，多年来研究者已经提出了许多变体以克服粒子滤波器的

局限性，以及方差增加和样本贫化问题。在重抽样-移动[17]和阻塞抽样[14]中，不仅仅是在时刻 n 对 $\boldsymbol{x}_n^{(i)}$ 进行抽样，也尝试在固定大小为 L 的窗口[$n-1$, $n-L+1$]中根据新到的观测结果 $\boldsymbol{y}_n$ 来修改旧值。在正则化粒子滤波[32]中，在算法17.5的重抽样阶段，不是从离散分布中抽样，而是从平滑近似中抽取样本

$$p(\boldsymbol{x}_n|\boldsymbol{y}_{1:n}) \simeq \sum_{i=1}^{N} W_n^{(i)} K(\boldsymbol{x}_n - \boldsymbol{x}_n^{(i)})$$

其中 K 是平滑核密度函数。在[26, 27]中，后验是采用高斯近似的。与更经典的扩展卡尔曼滤波相反，更新和滤波是通过粒子的传播完成的。

感兴趣的读者可以在论文[1, 9, 15]中找到更多关于粒子滤波的信息。

- 罗-布莱克威尔是一种降低估计方差的方法，主要用于降低蒙特卡罗抽样的估计方差(参见[4])。目前为止，该技术已被用于动态系统的粒子滤波。事实证明，在实践中，在给定非线性状态的前提下，一些状态是条件线性的。主要思想包括通过将线性状态视为有害参数并将它们从估计过程中边际化来区别地处理它们。非线性状态的粒子被随机传播，然后通过使用卡尔曼滤波将任务作为线性任务处理(参见[10, 12, 24])。
- 平滑与滤波处理密切相关。在滤波中，目标是根据区间[$1,n$]中的观测值，即 $\boldsymbol{y}_{1:n}$，在其上获得 $\boldsymbol{x}_{1:n}(\boldsymbol{x}_n)$ 的估计。在平滑过程中，基于一个观测集 $\boldsymbol{y}_{1:n+k}, k>0$，获得 $\boldsymbol{x}_n$ 的估计值。有两种平滑的方法。一种称为固定滞后平滑，其中 k 是固定滞后。另一个被称为固定区间，其中感兴趣的是基于区间[$1,T$]上的观测值(即基于一组固定的测量 $\boldsymbol{y}_{1:T}$)获得估计值。

  实现平滑有不同的算法方法。最简单的方法是将粒子滤波运行到时间 k 或 T，并使用获得的权重对时间 n 处的粒子加权，以形成随机测量，即

$$p(\boldsymbol{x}_n|\boldsymbol{y}_{1:n+k}) \simeq \sum_{i=1}^{N} W_{n+k}^{(i)} \delta(\boldsymbol{x}_n - \boldsymbol{x}_n^{(i)})$$

893　对于较小的 k(或 $T-n$)值，这是一个合理的估计。更精确的结果需要采用两阶段原理。首先运行粒子滤波，然后使用后向递归集来修改权重(参见[10])。

- 关于粒子滤波收敛结果的总结参见[6]。
- 关于粒子滤波在信号处理相关应用的综述参见[8, 9]。
- 随着分布式学习算法发展的一般趋势，关于粒子滤波也有不少的研究工作，请参阅[20]。
- 粒子滤波方法的主要困难之一是近似于底层分布所需的粒子数量随着状态维度的增加呈指数增加。为了克服此问题，研究者已经提出了几种方法。在[30]中，作者建议对状态进行分区并独立估计每个分区。在[16]中，提出了退火粒子滤波器，通过使用一系列平滑加权函数来实现粗到细策略。无迹粒子滤波器[37]建议对每个粒子使用无迹变换，以避免在低概率区域中的资源浪费。在[31]中，提出了使用辅助低维模型来引导高维模型的分层搜索策略。

例 17.3　随机波动率模型。考虑以下用于生成观测值的状态空间模型

$$\mathrm{x}_n = \alpha \mathrm{x}_{n-1} + \eta_n$$
$$\mathrm{y}_n = \beta \mathrm{v}_n \exp\left(\frac{\mathrm{x}_n}{2}\right)$$

该模型属于一种称为随机波动率模型的通用类别，其中过程的方差本身是随机分布的。这些模型用于金融数学，以模拟衍生证券，如期权。状态变量称为对数波动率。我们假设两

个噪声序列是独立同分布的，是具有零均值、方差分别为 σ_η^2 和 σ_v^2 的相互独立的高斯分布。模型参数 α 和 β 分别称为波动率冲击持久性和模态波动率。所采用的参数值是 $\sigma_\eta^2=0.178$，$\sigma_v^2=1$，$\alpha=0.97$，$\beta=0.69$。

本例的目标是生成一系列观测值，然后根据这些测量值预测假设未知的状态。为此，我们生成 $N=2000$ 个粒子的序列，并用生成的粒子的加权平均估计每个时刻的状态变量，即

$$\hat{x}_n=\sum_{i=1}^{N}W_n^{(i)}x_n^{(i)}$$

其中既使用了算法 17.5 中的 SIR 算法，又使用了算法 17.6 中的辅助滤波方法。提议分布是

$$q(x_n|x_{n-1})=\mathcal{N}(x_n|\alpha x_{n-1},\sigma_\eta^2)$$

图 17.10 显示了观测序列和获得的估计值。为了便于比较，还显示了相应的真实状态值。两种生成粒子的方法给出了几乎相同的结果，我们只展示了其中的一种。观察估计值与真实值的吻合程度。 894

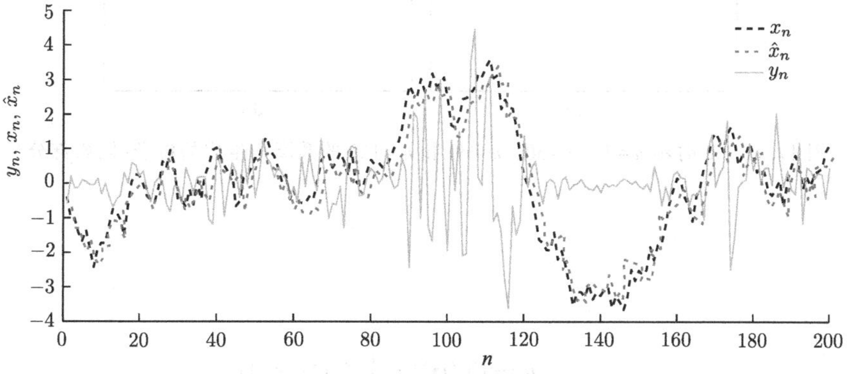

图 17.10 由波动率模型产生的观测序列以及状态变量的真值和估计值

例 17.4 **视觉跟踪** 考虑一个半径为已知常数的圆的视觉跟踪问题。我们试图追踪它的位置，也就是它的中心坐标，$\mathbf{x}=[x_1,x_2]^{\mathrm{T}}$。这个向量将包含状态变量。生成观测值的模型由

$$\begin{aligned}\mathbf{x}_n&=\mathbf{x}_{n-1}+\boldsymbol{\eta}_n\\ \mathbf{y}_n&=\mathbf{x}_n+\mathbf{v}_n\end{aligned}\qquad(17.49)$$

给出，其中 $\boldsymbol{\eta}_n$ 是在每个维度方向上间隔为 $[-10,10]$ 像素内的均匀噪声。注意，由于噪声的均匀分布特性，因此尽管模型是线性的，标准方式的卡尔曼滤波已不再是最佳选择。噪声 $\mathbf{v}_n$ 遵循高斯 PDF $\mathcal{N}(\mathbf{0},\Sigma_{\mathrm{v}})$，其中

$$\Sigma_{\mathrm{v}}=\begin{bmatrix}2&0.5\\0.5&2\end{bmatrix}$$

最初，目标圆位于图像中心。粒子滤波器使用 $N=50$ 个粒子，并使用 SIS 抽样方法(另请参见 MATLAB 练习 17.12)。

图 17.11 显示了不同时刻的圆，以及为了跟踪圆而从噪声观测值中生成的粒子。可以看出粒子随着圆的运动一直跟踪圆心。相关视频可从本书的配套网站中获得。

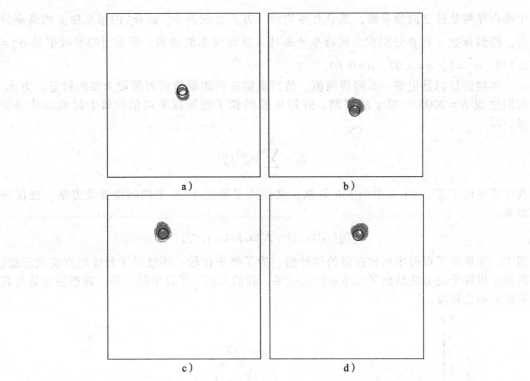

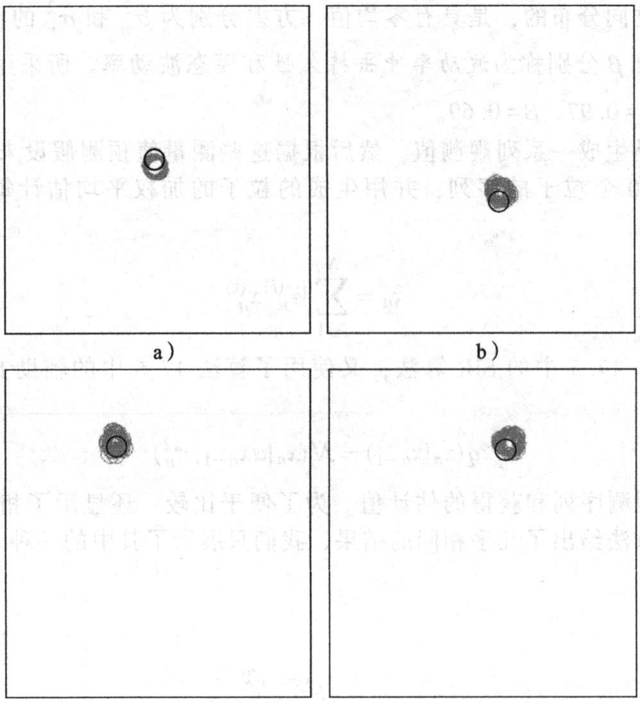

图 17.11 对时刻 $n=1$，$n=30$，$n=60$ 和 $n=120$ 的圆圈和生成的粒子(阴影部分)

习题

17.1 令

895

$$\mu := \mathbb{E}[f(\boldsymbol{x})] = \int f(\boldsymbol{x})p(\boldsymbol{x})\,\mathrm{d}\boldsymbol{x}$$

并且 $q(\boldsymbol{x})$ 为提议分布。证明如果

$$w(\boldsymbol{x}) := \frac{p(\boldsymbol{x})}{q(\boldsymbol{x})}$$

且

$$\hat{\mu} = \frac{1}{N}\sum_{i=1}^{N} w(\boldsymbol{x}_i)f(\boldsymbol{x}_i)$$

则相应的方差

$$\sigma_f^2 = \mathbb{E}\left[\left(\hat{\mu} - \mathbb{E}[\hat{\mu}]\right)^2\right] = \frac{1}{N}\left(\int \frac{f^2(\boldsymbol{x})p^2(\boldsymbol{x})}{q(\boldsymbol{x})}\mathrm{d}\boldsymbol{x} - \mu^2\right)$$

896 可以看出若 $q(\boldsymbol{x})$ 比 $f^2(\boldsymbol{x})p^2(\boldsymbol{x})$ 趋近于 0 的速度慢，则对于特定的 N，$\sigma_f^2 \to \infty$。

17.2 在重要性抽样中，权重定义为

$$w(\boldsymbol{x}) = \frac{\phi(\boldsymbol{x})}{q(\boldsymbol{x})}$$

其中

$$p(\boldsymbol{x}) = \frac{1}{Z}\phi(\boldsymbol{x})$$

我们从习题14.6可知，估计量

$$\hat{Z}=\frac{1}{N}\sum_{i=1}^{N}w(\boldsymbol{x}_i)$$

是归一化常数 Z 的无偏估计量。证明它的方差为

$$\mathrm{var}[\hat{Z}]=\frac{Z^2}{N}\left(\int\frac{p^2(\boldsymbol{x})}{q(\boldsymbol{x})}\mathrm{d}\boldsymbol{x}-1\right)$$

17.3 证明在重要性抽样中使用重抽样技术，则随着粒子数目趋近于无穷大，离散随机变量的近似分布 $\bar{p}$ 趋近于真实值(期望值) p。提示：考虑一维的情况。

17.4 证明在顺序重要性抽样中，在时刻 n 最小化权重方差的提议分布为

$$q_n^{\mathrm{opt}}(\boldsymbol{x}_n|\boldsymbol{x}_{1:n-1})=p_n(\boldsymbol{x}_n|\boldsymbol{x}_{1:n-1})$$

17.5 在顺序重要性抽样任务中，令

$$p_n(\boldsymbol{x}_{1:n})=\prod_{k=1}^{n}\mathcal{N}(x_k|0,1)$$

$$\phi_n(\boldsymbol{x}_{1:n})=\prod_{k=1}^{n}\exp\left(-\frac{x_k^2}{2}\right)$$

且提议分布为

$$q_n(\boldsymbol{x}_{1:n})=\prod_{k=1}^{n}\mathcal{N}(x_k|0,\sigma^2)$$

此外，令 $Z_n=(2\pi)^{\frac{n}{2}}$ 的估计值为

$$\hat{Z}_n=\frac{1}{N}\sum_{i=1}^{N}w(\boldsymbol{x}_{1:n}^{(i)})$$

897

证明估计值的方差为

$$\mathrm{var}[\hat{Z}_n]=\frac{Z_n^2}{N}\left(\left(\frac{\sigma^4}{2\sigma^2-1}\right)^{\frac{n}{2}}-1\right)$$

可以看出，对于 $\sigma^2>1/2$，即上述公式的值范围是合理的，并且保证方差的有限值，方差相对于 n 呈指数增长。要保持方差小，就必须使 N 非常大，即生成非常多的粒子[15]。

17.6 若在粒子滤波中使用最优提议分布，则

$$w_n(\boldsymbol{x}_{1:n})=w_{n-1}(\boldsymbol{x}_{1:n-1})p(\boldsymbol{y}_n|\boldsymbol{x}_{n-1})$$

MATLAB 练习

17.7 对于例17.1的状态空间模型，针对不同数量的粒子流 N 和不同阈值大小的有效粒子 N_{eff}，实现一组通用的粒子滤波算法。提示：首先选择一个分布(正态分布即可)并初始化。然后，根据算法过程对每一步的粒子进行更新。最后，检查 N_{eff} 是否低于阈值，如果低于阈值，则继续重新抽样。

17.8 使用与之前相同的示例，执行SIS粒子滤波算法，并将结果和粒子在不同时刻 n 相应的规范化权重一起绘制。观察权重随时间的退化现象。

17.9 对于例17.1，对不同数量的粒子流 N 和不同时间实例 n 实现SIR粒子滤波算法。使用 $N_T=N/2$。比较SIR算法和SIS算法的性能。

17.10 重复前面的练习，实现辅助粒子滤波(APF)算法，并将粒子权重直方图与SIS和SIR算法所得的结果进行比较。

17.11 重现图17.10，它对应于例17.3中的随机波动率模型。观察估计值 $\hat{x}_n$ 是如何基于观测结果 y_n，以逼近真实序列 x_n 的。

17.12 开发 MATLAB 代码以再现例 17.4 中的圆的视觉跟踪算法。因为在每个时间瞬间，我们只对 $\mathbf{x}_n$ 感兴趣，而不是对整个序列感兴趣，请修改算法 17.4 中的 SIS 抽样过程以应对这样的情况。

具体来说，给定式(17.28)和式(17.29)，为了估计 $\mathbf{x}_n$ 而不是 $\mathbf{x}_{1:n}$，式(17.31)可简化为

$$p(\boldsymbol{x}_n|\boldsymbol{y}_{1:n}) = \frac{p(\boldsymbol{y}_n|\boldsymbol{x}_n)p(\boldsymbol{x}_n|\boldsymbol{y}_{1:n-1})}{p(\boldsymbol{y}_n|\boldsymbol{y}_{1:n-1})} \tag{17.50}$$

其中

898

$$p(\boldsymbol{x}_n|\boldsymbol{y}_{1:n-1}) = \int_{\boldsymbol{x}_{n-1}} p(\boldsymbol{x}_n|\boldsymbol{x}_{n-1})p(\boldsymbol{x}_{n-1}|\boldsymbol{y}_{1:n-1})\,\mathrm{d}\boldsymbol{x}_{n-1} \tag{17.51}$$

因此，样本的权重可表示为

$$w_n^{(i)} = \frac{p(\boldsymbol{x}_n^{(i)}|\boldsymbol{y}_{1:n})}{q(\boldsymbol{x}_n^{(i)}|\boldsymbol{y}_{1:n})} \tag{17.52}$$

且提议分布一个普遍的选择是

$$q(\boldsymbol{x}_n|\boldsymbol{y}_{1:n}) \equiv p(\boldsymbol{x}_n|\boldsymbol{y}_{1:n-1}) \tag{17.53}$$

代入式(17.53)和式(17.50)到式(17.52)，我们可得到权重满足如下规则：

$$w_n^{(i)} \propto p(\boldsymbol{y}_n|\boldsymbol{x}_n^{(i)}) \tag{17.54}$$

参考文献

[1] M.S. Arulampalam, S. Maskell, N. Gordon, T. Clapp, A tutorial on particle filters for online nonlinear/non-Gaussian Bayesian tracking, IEEE Trans. Signal Process. 50 (2) (2002) 174–188.

[2] C.M. Bishop, Pattern Recognition and Machine Learning, Springer, New York, 2006.

[3] J. Carpenter, P. Clifford, P. Fearnhead, Improved particle filter for nonlinear problems, in: Proceedings IEE, Radar, Sonar and Navigation, vol. 146, 1999, pp. 2–7.

[4] G. Casella, C.P. Robert, Rao-Blackwellisation of sampling schemes, Biometrika 83 (1) (1996) 81–94.

[5] N. Chopin, Central limit theorem for sequential Monte Carlo methods and its application to Bayesian inference, Ann. Stat. 32 (2004).

[6] D. Crisan, A. Doucet, A survey of convergence results on particle filtering methods for practitioners, IEEE Trans. Signal Process. 50 (3) (2002) 736–746.

[7] P. Del Moral, Feynman-Kac Formulae: Genealogical and Interacting Particle Systems With Applications, Springer-Verlag, New York, 2004.

[8] P.M. Djuric, Y. Huang, T. Ghirmai, Perfect sampling: a review and applications to signal processing, IEEE Trans. Signal Process. 50 (2002) 345–356.

[9] P.M. Djuric, J.H. Kotecha, J. Zhang, Y. Huang, T. Ghirmai, M.F. Bugallo, J. Miguez, Particle filtering, IEEE Signal Process. Mag. 20 (2003) 19–38.

[10] P.M. Djuric, M. Bugallo, Particle filtering, in: T. Adali, S. Haykin (Eds.), Adaptive Signal Processing: Next Generation Solutions, John Wiley & Sons, Inc., New York, 2010.

[11] A. Doucet, S. Godsill, C. Andrieu, On sequential Monte Carlo sampling methods for Bayesian filtering, Stat. Comput. 10 (2000) 197–208.

[12] R. Douc, O. Cappe, E. Moulines, Comparison of resampling schemes for particle filtering, in: 4th International Symposium on Image and Signal Processing and Analysis, ISPA, 2005.

[13] R. Douc, E. Moulines, J. Olsson, On the auxiliary particle filter, arXiv:0709.3448v1 [math.ST], 2010.

[14] A. Doucet, M. Briers, S. Sénécal, Efficient block sampling strategies for sequential Monte Carlo methods, J. Comput. Graph. Stat. 15 (2006) 693–711.

[15] A. Doucet, A.M. Johansen, A tutorial on particle filtering and smoothing: fifteen years later, in: Handbook of Nonlinear Filtering, Oxford University Press, Oxford, 2011.

[16] J. Deutscher, A. Blake, I. Reid, Articulated body motion capture by annealed particle filtering, in: Proceedings of the IEEE Conference on Computer Vision and Pattern Recognition, vol. 2, 2000, pp. 126–133.

[17] W.R. Gilks, C. Berzuini, Following a moving target—Monte Carlo inference for dynamic Bayesian models, J. R. Stat. Soc. B 63 (2001) 127–146.

[18] N.J. Gordon, D.J. Salmond, A.F.M. Smith, Novel approach to nonlinear/non-Gaussian Bayesian state estimation, Proc. IEEE F 140 (2) (1993) 107–113.

899 [19] J.M. Hammersley, K.W. Morton, Poor man's Monte Carlo, J. R. Stat. Soc. B 16 (1) (1954) 23–38.

[20] O. Hinka, F. Hlawatz, P.M. Djuric, Distributed particle filtering in agent networks, IEEE Signal Process. Mag. 30 (1) (2013) 61–81.

[21] S. Hong, S.S. Chin, P.M. Djurić, M. Bolić, Design and implementation of flexible resampling mechanism for high-speed parallel particle filters, J. VLSI Signal Process. 44 (1–2) (2006) 47–62.

[22] Y. Huang, P.M. Djurić, A blind particle filtering detector of signals transmitted over flat fading channels, IEEE Trans. Signal Process. 52 (7) (2004) 1891–1900.

[23] A.M. Johansen, A. Doucet, A note on auxiliary particle filters, Stat. Probab. Lett. 78 (12) (2008) 1498–1504.

[24] R. Karlsson, F. Gustafsson, Complexity analysis of the marginalized particle filter, IEEE Trans. Signal Process. 53 (11) (2005) 4408–4411.

[25] G. Kitagawa, Monte Carlo filter and smoother for non-Gaussian nonlinear state space models, J. Comput. Graph. Stat. 5 (1996) 1–25.

[26] J.H. Kotecha, P.M. Djurić, Gaussian particle filtering, IEEE Trans. Signal Process. 51 (2003) 2592–2601.

[27] J.H. Kotecha, P.M. Djurić, Gaussian sum particle filtering, IEEE Trans. Signal Process. 51 (2003) 2602–2612.

[28] J.S. Liu, R. Chen, Sequential Monte Carlo methods for dynamical systems, J. Am. Stat. Assoc. 93 (1998) 1032–1044.

[29] J.S. Liu, Monte Carlo Strategies in Scientific Computing, Springer, New York, 2001.

[30] J. MacCormick, M. Isard, Partitioned sampling, articulated objects, and interface-quality hand tracking, in: Proceedings of the 6th European Conference on Computer Vision, Part II, ECCV, Springer-Verlag, London, UK, 2000, pp. 3–19.

[31] A. Makris, D. Kosmopoulos, S. Perantonis, S. Theodoridis, A hierarchical feature fusion framework for adaptive visual tracking, Image Vis. Comput. 29 (9) (2011) 594–606.

[32] C. Musso, N. Oudjane, F. Le Gland, Improving regularised particle filters, in: A. Doucet, N. de Freitas, N.J. Gordon (Eds.), Sequential Monte Carlo Methods in Practice, Springer-Verlag, New York, 2001.

[33] A. Owen, Y. Zhou, Safe and effective importance sampling, J. Am. Stat. Assoc. 95 (2000) 135–143.

[34] M.K. Pitt, N. Shephard, Filtering via simulation: auxiliary particle filters, J. Am. Stat. Assoc. 94 (1999) 590–599.

[35] M.K. Pitt, R.S. Silva, P. Giordani, R. Kohn, Auxiliary particle filtering within adaptive Metropolis-Hastings sampling, arXiv:1006.1914 [stat.Me], 2010.

[36] M.N. Rosenbluth, A.W. Rosenbluth, Monte Carlo calculation of the average extension of molecular chains, J. Chem. Phys. 23 (2) (1956) 356–359.

[37] R. van der Merwe, N. de Freitas, A. Doucet, E. Wan, The unscented particle filter, in: Proceedings Advances in Neural Information Processing Systems, NIPS, 2000. 900

第 18 章

Machine Learning: A Bayesian and Optimization Perspective, Second Edition

神经网络和深度学习

18.1 引言

神经网络具有很长的发展历史，可追溯到人类第一次尝试理解人(或者说哺乳动物)的大脑的工作原理以及我们所谓的智力是如何形成的时期。

从生理学角度上，此领域开始于圣地亚哥·拉蒙·Y. 卡哈尔[187]的研究。他发现神经元是构成大脑的最基本元素。大脑由大约 600 亿~1000 亿个神经元组成，此数目与银河
901~902
系中星球的数量是一个数量级！神经元通过基本的结构功能单元与其他神经元相连接，我们称这些单元为*突触*。据估计有大约50 万亿~100 万亿突触，这些突触在连接的神经元之间传递信息。一种最常见的突触是化学类型的：它将神经元产生的电脉冲转换为化学信号，然后再将其转换为电脉冲。通过突触，神经元之间相互连接，并组成层级结构。

圣地亚哥·拉蒙·Y. 卡哈尔(1852—1934)是西班牙的病理学家、历史学家和神经科学家，他也是诺贝尔奖获得者。他的很多关于大脑微观结构的先驱性研究使其成为现代神经科学之父。

沃伦·麦卡洛克和沃尔特·皮茨[158]于 1943 年开发了基本神经元的计算模型，这是神经网络理论研究方向上的里程碑。并且，他们的研究成果将神经生理学与数学逻辑联系起来。他们证明，从原理上讲，给定大量的神经元，并恰当调整突触连接——用权重表示，我们就可以计算任何函数。事实上，人们普遍认为是这篇论文开创了神经网络和人工智能领域。

沃伦·麦卡洛克(1898—1969)是美国著名的精神病专家和神经解剖学家。他对如何表示神经系统中的事件进行了多年研究。沃尔特·皮茨(1923—1969)是美国的逻辑学家，他主要专注于认知心理学领域。他是一个数学天才，自学了数学和逻辑学。在 12 岁时，他读了阿尔弗雷德·诺斯·怀特海德和贝特朗·罗素的著作《数学原理》，并写信给罗素对书中的部分内容进行评论。他曾和许多伟大的数学家和逻辑学家一起工作，其中包括维纳、豪斯霍尔德以及卡尔纳普。当他在芝加哥大学遇到麦卡洛克时，他对莱布尼茨在计算领域的工作已经很熟悉了，这启发他们考虑是否可以将神经系统看作一种通用的计算设备，这最终促成了前面提到的他们在 1943 年发表的文章。

弗兰克·罗森布拉特[195, 196]借鉴了麦卡洛克和皮茨提出的神经元模型的想法，并构造了一个真正的学习机器，它可以从一组训练数据中学习。他在第 1 版中只使用了一个神经元，并应用相应的规则使得它可以学习对数据进行分类，这些数据是两类线性可分的。也就是说，他建立了一个模式识别系统。他将这个基本神经元称为*感知机*，并开发了一种规则/算法——*感知机算法*，用于相应的训练。感知机将是本章的起点。

弗兰克·罗森布拉特(1928—1971)曾在康奈尔大学深造，并于 1956 年获得博士学位。在 1959 年，他接任了康奈尔大学认知系统研究项目主任，并在心理学系担任讲师。他用一台 IBM 704 电脑来模拟感知机，并于后来建立了一种专用硬件，实现感知机的学习规则。

神经网络是一种学习机，它包含大量神经元，这些神经元以分层的方式相连接。学习

的方式是调整突触权重来最小化预先选定的代价函数。在罗森布拉特的先驱工作之后，神经网络花了将近 25 年的时间才在机器学习中得到广泛的应用。在这 25 年间，它从麦卡洛克和皮茨提出的最基本的神经元模型起，逐渐被推广，并最终形成了一整套的学习训练算法。其中的一个重要突破是*逆传播算法*，它利用一组输入–输出训练样本训练神经网络。逆传播算法将在本章中详细介绍。

值得注意的是，从 1986 年到 20 世纪 90 年代中期的这段时间，神经网络几乎主导着机器学习的发展。随后，在很大程度上它们被支持向量机所取代，并直到 2010 年左右才重新复苏。此后，被称为*深度网络*的多层神经网络接管了机器学习“王国”。与卷积网络[129]和递归神经网络[94]有关的早期研究启发了现在正蓬勃发展的这一领域。然而，如果没有足够的计算能力(归功于计算机体系结构的进步)以及训练此类网络所需的大数据集的积累，这种回归是不可能的。 903

有趣的是，不管是在 20 世纪 80 年代中期，还是现在，有一个名字与神经网络的发展息息相关，他就是杰弗里·辛顿(Geoffrey Hinton)[86，199]。杰弗里·辛顿、约书亚·本西奥和扬·勒丘恩因他们在神经网络领域的贡献于 2019 年获得了图灵奖。

18.2　感知机

我们先从一个简单的线性可分的两类(ω_1，ω_2)分类任务开始，也就是说，对于一组训练样本($y_n, \boldsymbol{x}_n$)，$n=1,2,\cdots,N$，其中 $y_n \in \{-1,+1\}$。我们假定存在一个超平面 $\boldsymbol{x}_n \in \mathbb{R}^l$，满足

$$\boldsymbol{\theta}_*^{\mathrm{T}}\boldsymbol{x}=0$$

使得

$$\boldsymbol{\theta}_*^{\mathrm{T}}\boldsymbol{x}>0,\ 若\ \boldsymbol{x}\in\omega_1$$
$$\boldsymbol{\theta}_*^{\mathrm{T}}\boldsymbol{x}<0,\ 若\ \boldsymbol{x}\in\omega_2$$

换句话说，这样的超平面能够对训练集合中的所有点正确分类。为了简化符号表示，我们将问题的维数扩展一维，然后超平面的偏置项被吸收到 $\boldsymbol{\theta}_*$ 中，这种方法在本书第 3 章中已经介绍过，它的应用贯穿全书。

现在的目标转化为实现一种通过迭代的方式计算超平面的算法，使得该超平面能够对两个类的所有样本进行正确的分类。为此，我们引入了代价函数。

感知机代价。令当前迭代步骤中对未知参数的估计值为 $\boldsymbol{\theta}$。那么，有两种可能性：第一种是所有的样本点被正确分类，这意味着已经获得了一个解决方案；另一种是 $\boldsymbol{\theta}$ 仅对一部分点分类正确，而对另一部分点分类错误。令 $\mathcal{Y}$ 表示所有错误分类的样本的集合。感知机代价被定义为

$$\boxed{J(\boldsymbol{\theta})=-\sum_{n:\boldsymbol{x}_n\in\mathcal{Y}} y_n\boldsymbol{\theta}^{\mathrm{T}}\boldsymbol{x}_n:\quad 感知机代价} \tag{18.1}$$

其中

$$y_n=\begin{cases}+1, & 若\ \boldsymbol{x}\in\omega_1\\ -1, & 若\ \boldsymbol{x}\in\omega_2\end{cases} \tag{18.2}$$

注意到代价函数是非负的。事实上，这是因为代价函数的求和是基于所有错误分类的点，这些点满足：如果 $\boldsymbol{x}_n\in\omega_1(\omega_2)$，那么 $\boldsymbol{\theta}^{\mathrm{T}}\boldsymbol{x}_n \leqslant (\geqslant) 0$，从而使得乘积 $-y_n\boldsymbol{\theta}^{\mathrm{T}}\boldsymbol{x}_n\geqslant 0$。如果没有错误分类的点，即 $\mathcal{Y}=\varnothing$，则得到了一个解。按惯例，我们可以说这种情况下

904 $J(\boldsymbol{\theta})=0$。

感知机代价函数在任何一点都是不可微的。它是一个连续分段线性函数。事实上，我们可以用一种稍微不同的写法：

$$J(\boldsymbol{\theta})=\left(-\sum_{n:\boldsymbol{x}_n\in\mathcal{Y}} y_n\boldsymbol{x}_n^{\mathrm{T}}\right)\boldsymbol{\theta}$$

只要误分类点的数目保持不变，这就是一个关于 $\boldsymbol{\theta}$ 的线性函数。不过，随着缓慢地改变 $\boldsymbol{\theta}$ 的值，相应的超平面的位置会发生变化。在变化的过程中，将会有一个点使得在 $\mathcal{Y}$ 中错误分类样本的数量有一个突然的变化。也就是说，会出现一个时刻，训练集中的某个样本相对于(移动的)超平面的相对位置发生了变化，从而引起集合 $\mathcal{Y}$ 的改变。改变之后，$J(\boldsymbol{\theta})$ 将会对应一个新的线性函数。

感知机算法。可以证明(如[167, 196])，从一个任意的点 $\boldsymbol{\theta}^{(0)}$ 开始，迭代过程

$$\boxed{\boldsymbol{\theta}^{(i)}=\boldsymbol{\theta}^{(i-1)}+\mu_i\sum_{n:\boldsymbol{x}_n\in\mathcal{Y}} y_n\boldsymbol{x}_n:\quad \text{感知机规则}} \tag{18.3}$$

在经过有限个步骤后会收敛。其中参数 μ_i 是精心选择的，以确保收敛。请注意，这与 8.10.2 节推导出的通过次梯度概念最小化损失函数的算法是相同的。

除了之前的方案外，该算法的另一版本是以循环的方式在每次迭代中仅考虑一个样本，直到算法收敛。我们用 $y_{(i)},\boldsymbol{x}_{(i)},(i)\in\{1,2,\cdots,N\}$ 来表示算法在第 i 步迭代中所使用的训练数据对[⊖]。从而有迭代更新

$$\boxed{\boldsymbol{\theta}^{(i)}=\begin{cases}\boldsymbol{\theta}^{(i-1)}+\mu_i y_{(i)}\boldsymbol{x}_{(i)}, & \text{若}\,\boldsymbol{x}_{(i)}\,\text{被}\,\boldsymbol{\theta}^{(i-1)}\,\text{错误分类}\\ \boldsymbol{\theta}^{(i-1)}, & \text{其他}\end{cases}} \tag{18.4}$$

换句话说，我们从一个最初始的估计值开始，比如用某个较小的值随机初始化 $\boldsymbol{\theta}^{(0)}$，对每一个训练样本进行测试，即 $\boldsymbol{x}_n$，$n=1,2,\cdots,N$。每次，如果一个样本被错误分类，$\boldsymbol{\theta}$ 会被更新。否则，我们什么也不做。一旦所有的样本都被考虑过了，我们称一个*回合*结束。如果算法依旧没有收敛，所有的样本都会在下一个回合中被重新考虑，依此类推。这个算法版本被称为*逐样本方法*。有时也被称为*在线算法*。然而请注意，前几章中使用的术语“在
905 线”是在不同的场景中，那里是指数据以一种流式/顺序的方式到达，其数量是无界的。相反，在当前场景中，数据样本的总数是固定的，算法以*循环方式*一个回合接着一个回合来处理它们。为避免混淆，我们采用前一个术语——逐样本。

在经过连续有限个回合后，算法能保证收敛。注意，参数 μ_i 必须进行合理的选择以确保收敛。到目前为止，这一切对我们来说都很熟悉。然而，对于感知机算法，即使 μ_i 是正常数，即 $\mu_i=\mu>0$，算法仍保证收敛，通常情况下取值为 1(习题 18.1)。

式(18.4)将感知机算法纳入所谓的*奖惩学习*原理的范畴。如果当前的参数能够成功预测样本所属的类别，则什么也不做(奖励)，否则，算法会加入惩罚，并执行相应的参数更新。

图 18.1 给出了感知机算法的几何解释。假设样本 $\boldsymbol{x}$ 被超平面 $\boldsymbol{\theta}^{(i-1)}$ 误分类。从几何学可知 $\boldsymbol{\theta}^{(i-1)}$ 对应一个向量，该向量与它所定义的超平面垂直(另请参见图 11.15)。因为 $\boldsymbol{x}$

⊖ 我们曾使用符号 (i) 而非 i 来表示样本的时间索引，因为我们不知道第 i 步迭代中呈现给算法的将是哪个点。回忆一下，每个训练点会被考虑很多次，直至算法收敛。

位于超平面的(-)侧，且它被错误分类，所以它属于类 ω_1。因此，假定 $\mu=1$，算法为了正确分类 $\boldsymbol{x}$，所采取的修正策略为

$$\boldsymbol{\theta}^{(i)}=\boldsymbol{\theta}^{(i-1)}+\boldsymbol{x}$$

它的效果是将超平面向 $\boldsymbol{x}$ 方向旋转，并将其放置在由 $\boldsymbol{\theta}^{(i)}$ 定义的新的超平面的(+)侧。

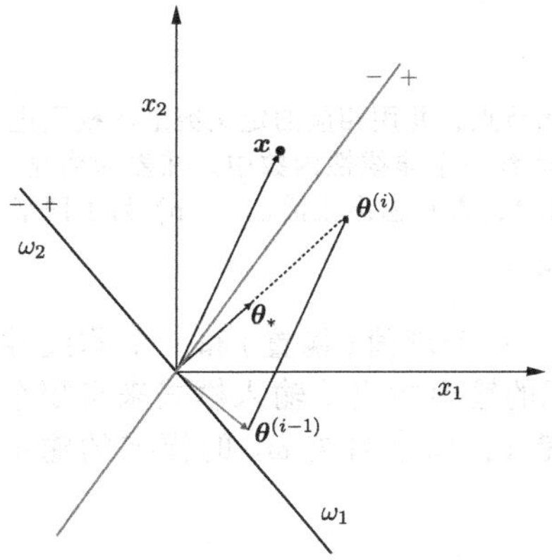

图 18.1 样本 $\boldsymbol{x}$ 被灰线错误分类。感知机规则采取的动作是将超平面转向点 $\boldsymbol{x}$，尝试在新的超平面中将其放入正确的一侧，以将其正确分类。新的超平面由 $\boldsymbol{\theta}^{(i)}$ 定义，用黑线显示

算法 18.1 总结了基于逐样本模式的感知机算法。

算法 18.1 (逐样本模式感知机算法)

- 初始化 906
  - 初始化 $\boldsymbol{\theta}^{(0)}$；通常随机初始化为一个较小的值
  - 选取 μ；通常设置为 1
  - $i=1$
- **Repeat**；每步迭代对应一个回合
  - counter = 0；计数每个回合的更新次数
  - **For** $i=1,2,\cdots,N$，**Do**；对每个回合，所有样本都使用一次
    - **If** $(y_n\boldsymbol{x}_n^{\mathrm{T}}\boldsymbol{\theta}^{(i-1)}\leqslant 0)$ **Then**

      $\boldsymbol{\theta}^{(i)}=\boldsymbol{\theta}^{(i-1)}+\mu y_n\boldsymbol{x}_n$

      $i=i+1$

      counter = counter+1
  - **End For**
- **Until** counter = 0

一旦感知机算法已经收敛，我们就得到了对应的神经元/感知机的突触的权重 θ_i，$i=1,2,\cdots,l$ 以及偏置项 θ_0。这些权重现在可以用来分类未知模式。图 18.2a 显示了基本神经元对应的架构。特征 x_i，$i=1,2,\cdots,l$ 被送到输入节点。随后，每个特征都乘以对应的突触(权重)，执行线性组合，并对结果加上偏置项。计算结果被传到一个被称为*激活函数*的非线性函数 f 中。根据非线性函数形式的不同，有多种不同类型的神经元。其中一种最经典的叫作麦卡洛克-皮茨神经元，它的激活函数是赫维赛德函数，即

$$f(z)=\begin{cases}1, & 若\, z>0\\ 0, & 若\, z\leqslant 0\end{cases}\tag{18.5}$$

通常，我们将求和运算和非线性激活操作合并，形成相应图形中的一个*节点*，就出现了图 18.2b 中的结构。接下来，我们将互换着使用神经元和节点这两个术语，后者表示一个

较大网络中的神经元。

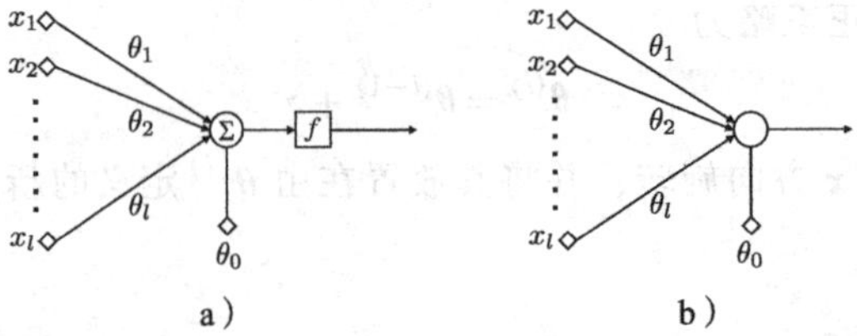

图 18.2　a) 在基本的神经元/感知机结构中，输入特征被送到输入节点，并用相应的定义突触的权重进行加权。然后对线性求和结果加入偏置项，并将结果传递到一个非线性函数中。在麦卡洛克-皮茨神经元中，当样本属于类别 ω_1 的时候，输出激活值 1，否则输出激活值 0。b) 为了图形简化，此图将线性求和以及非线性激活操作合并到一起显示

因此，(人工)神经元的基本模型由一个线性组合器、一个阈值(偏置)和一个非线性
907 函数连接而成。请注意，由于非线性函数的存在，神经元的输出指出了输入模式来自哪个类。对赫维赛德非线性函数，来自类 ω_1 的模式的输出是 1，而来自类 ω_2 的模式的输出是 0。

附注 18.1

- ADALINE：在罗森布拉特提出感知机之后，威德罗和霍普夫提出了自适应线元(ADAptive LINe Element，ADALINE)，它是感知机结构的线性版本[252]。也就是说，在模型训练中，不使用非线性的激活函数。由此产生了 LMS 算法，此算法在第 5 章中有详细讨论。有趣的是，LMS 很容易使用，很快就被信号处理和通信领域广泛应用于在线学习。
- 感知机算法的核化版本也已经导出，感兴趣的读者可从本书网站中本章的附加材料部分获得相关信息。

18.3　前馈多层神经网络

在输入(特征)空间中，每个神经元关联着一个超平面

$$H: \theta_1 x_1 + \theta_2 x_2 + \cdots + \theta_l x_l + \theta_0 = 0$$

而且，它的分类操作是基于非线性的，根据点位于超平面 H 的哪一侧，触发 1 或者保持 0。现在我们将展示如何以分层方式组合多个不同的神经元来构建一个非线性分类器。我们将遵循一种简单的构造性证明，从而揭示神经网络的一些特性。这些将有利于之后处理神经网络的深度架构的情形。

首先，我们考虑这样一个例子：在一个特征空间中，所有类别由多面体区域的交构成。图 18.3 所示的是一个二维特征空间的例子。多面体区域由半空间的交构成，每个半空间都关联着一个超平面。在图 18.3 中，有三个超平面(在二维空间 $\mathbb{R}^2$ 中为直线) H_1、H_2、H_3，它们生成了 7 个多面体区域。对于每个超平面，我们使用(+)和(-)

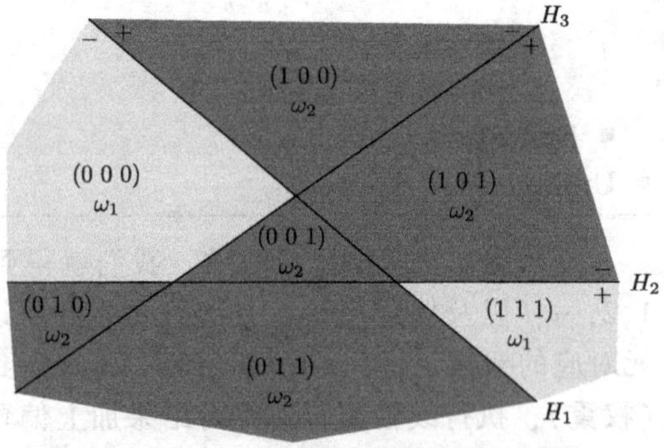

图 18.3　类别由多面体区域的并集构成。不同的区域按照其位于相对 H_1、H_2、H_3 三条线的哪一侧进行标注。1 表示(+)侧，0 表示(-)侧。类别 ω_1 由区域(000)和(111)的并集组成

标记它的两侧(半空间)。每个区域都使用一个三位二进制数进行标记，二进制的具体值取决于它位于 H_1、H_2、H_3 的哪一侧。例如，标记为(101)的区域位于 H_1 的(+)侧、H_2 的(-)侧和 H_3 的(+)侧。

图 18.4a 显示了三个神经元，它们实现了图 18.3 中的三个超平面 H_1、H_2、H_3。其关联的输出用 y_1、y_2、y_3 表示，它们形成了对应输入模式所在区域的标签。事实上，如果正确设置了突触的权重，那么如果一个模式来源于某一个区域，例如(010)，那么左边的第一个神经元将输出 $0(y_1=0)$，第二个输出 $1(y_2=1)$，最右边的输出 $0(y_3=0)$。换句话说，将这三个神经元的输出结合在一起，我们就得到了输入特征空间到三维空间的一个映射。具体来说，如图 18.5 所示，这个映射是在三维空间 $\mathbb{R}^3$ 中的单位立方体的顶点上进行的。输入空间的每个区域唯一对应立方体的一个顶点。在更一般的情况下，如果使用了 p 个神经元，则映射将在 $\mathbb{R}^p$ 中的单位超立方体的顶点上进行。这层神经元构成了我们正在设计的神经网络的第一个隐层。 908

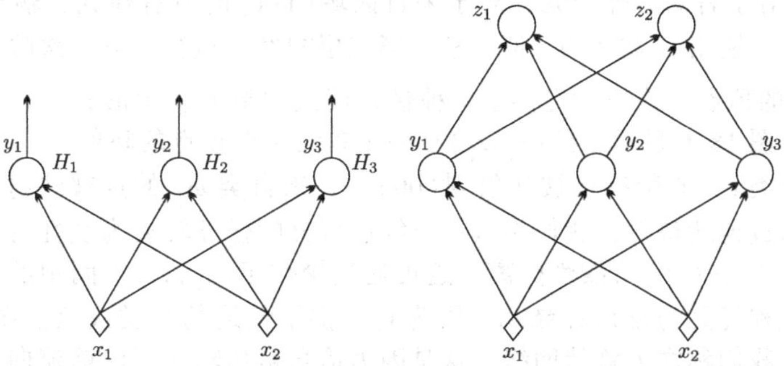

a)　　b)

图 18.4　a) 第一个隐层的神经元被输入节点上的特征值所激活并形成多面体区域。b) 第二层的神经元以第一层输出作为输入，从而形成不同的类。简单起见，图中没有显示神经元的偏置项

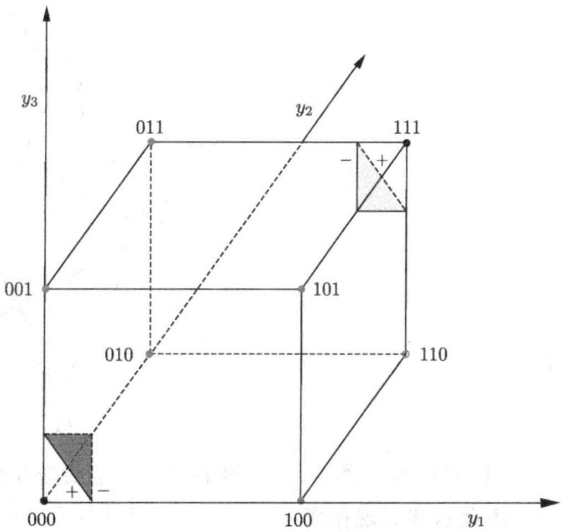

图 18.5　第一隐层的神经元处理从输入特征空间到单位超立方体顶点的映射。每个区域都映射到超立方体的一个顶点。超立方体的每个顶点和其他区域可被一个超平面线性分割，这个超平面是由一个神经元实现的。空心顶点 110 表示它不对应任何区域

看待此映射的另一种角度是将其看作一种用码字来表示输入模式的新表示方式。对于 3 个神经元/超平面，可以形成 2^3 个二进制码字，每个码字对应单位立方体的一个顶点，

它们可以表示 $2^3-1=7$ 个区域(剩下一个顶点(110)不对应任何区域)。值得注意的是，此映射编码了输入数据的某种结构信息，即关于输入数据如何根据在特征空间中的不同区域而进行分组的信息。

我们将使用这种新的表示，它由第一隐层的神经元的输出提供，作为输入传递到第二
909 隐层的神经元。其构造过程如下：首先选择属于同一个类别的全部区域，以图 18.3 为例，我们选择属于类别 ω_1 的两个区域，即(000)和(111)。根据前文所述，这些区域被映射到单位立方体 $\mathbb{R}^3$ 的对应顶点。然而，在这个变换后的新空间中，每个顶点与其余的节点线性可分。这意味着，我们可在这个变换的空间中使用一个神经元/感知机，它将一个顶点放在关联的超平面的一侧(+)，将其余顶点放在另一侧(-)。如图 18.5 所示，有两个超平面，将相应的顶点和其他顶点分开。每个超平面通过一个神经元实现，在 $\mathbb{R}^3$ 中操作，如图 18.4b 所示，加入了第二个神经元*隐层*。

请注意，左侧神经元的输出 z_1 只有在输入模式源自区域(000)时才为 1，对于其他的模式都将为 0。对于右侧的神经元，对于来自区域(111)的所有模式，输出 z_2 将为 1，对于所有其他模式，输出 z_2 将为 0。请注意，第二层神经元执行了第二次映射，这次是映射到单元矩形 $\mathbb{R}^2$ 的顶点。该映射提供了一种输入模式的新的表示形式，它编码与区域的类别相关的信息。图 18.6 显示了到(z_1,z_2)空间中单元矩形顶点的映射。

注意，源自类 ω_2 的所有点被映射到(00)，且来自类 ω_1 的点被映射到(10)或(01)，这非常有趣，通过连续映射，我们将最初非线性可分的任务转换为线性可分的任务。事实上，点(00)与(01)和(10)可线性分离，这可通过操作于(z_1,z_2)空间中的一个额外神经元实现，我们称此神经元为*输出神经元*，因为它提供了最终的分类决策。图 18.7 给出了最
910 终得到的网络，我们称之为前馈网络，这是因为信息是从输入层向前流向输出层。此网络包含一个输入层(这是一个非处理层)两个隐层(术语“隐藏”是自解释的)和一个输出层。我们将这样一个神经网络称为三层网络，未将非处理节点的输入层统计在内。

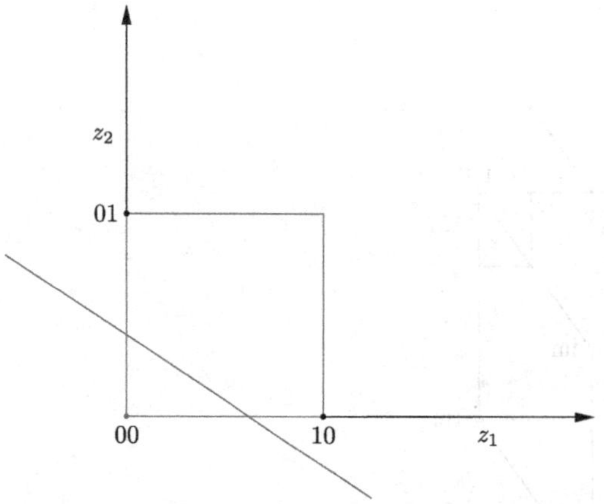

图 18.6　类 ω_1 的模式映射到(01)或(10)，类 ω_2 的模式映射到(00)。因此这些类现在变成了线性可分的，是通过神经元实现的直线分离开来的

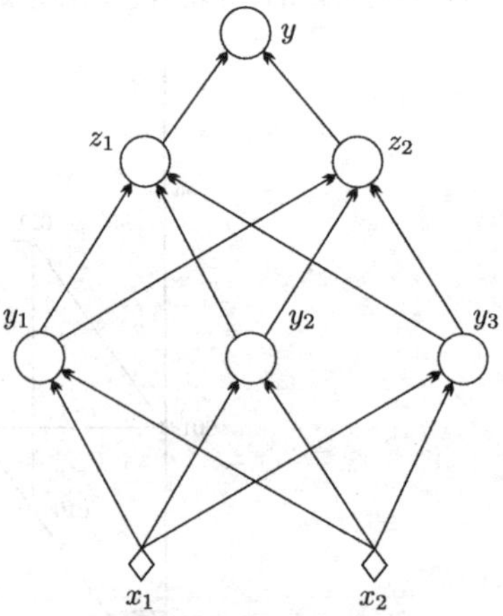

图 18.7　三层前馈神经网络。它包含一个输入(非处理)层、两个隐层和一个输出层。这样一个三层神经网络可以解决任何分类任务，其中每个类别由多个多面体区域的并集形成

我们通过网络的构造表明，三层前馈神经网络原则上可以解决任何分类任务，其中类别对应多个多面体区域的并集。虽然我们关注的是二分类情况，但将其推广到多分类情况
911 是很直接的，可以使用更多输出神经元以处理多分类的情况。请注意，在某些情况下，一

个隐层可能就已足够，这取决于区域所映射的顶点是否指派到本身就是线性可分的类别。例如，如果类 ω_1 只包含区域(000)和(100)，则这两个顶点可以通过单个平面与其余顶点分割开来，并不需要第二个隐层(思考原因)。无论如何，我们不会再进一步讨论了。原因在于，虽然这种构造对于证明构建多层神经网络的强大能力很重要，并且非常类似于大脑的工作机制，但是，从实用角度来看，这样的结构并没提供很多有意义的东西。实际上，当数据位于高维空间中时，无法通过解析方法确定定义神经元的参数，以实现形成多面体区域的超平面。此外，在现实中，每个类别不一定由多个多面体区域合并而成，更重要的是不同类别可能重叠。因此，我们需要设计一种基于一个代价函数和一个训练数据集的训练过程。

在之前的讨论中，我们关注的是多层网络的结构，之后的重点将转向寻找估计突触的未知权重和神经元偏置的方法。但是，从概念上看，我们需要记住，每一层都执行一个到新空间的映射，每个映射提供对输入数据的一个不同的、希望更富信息的表示，如此直到最后一层，将任务转换成一个很容易解决的问题。

18.3.1　全连接网络

前面介绍过的前馈网络也被称为*全连接网络*。这个名字是为了强调任何一层中的每一个神经元/节点都直接连接到前一层的每一个节点。第一个隐层的节点完全连接到输入层的节点。换句话说，每个神经元都与一个参数向量相关联，其维数等于前一(输入)层的节点数。所执行的代数运算是*内积*。

为了更正式地总结在一个全连接网络中发生的运算类型，让我们关注(比如)一个多层神经网络的第 r 层，并假设它包含 k_r 个神经元。这一层的输入向量由上一层节点的输出组成，记为 $\boldsymbol{y}^{r-1}$。令 $\boldsymbol{\theta}_j^r$ 为与第 r 层第 j 个神经元关联的突触权重的向量，其中 $j=1,2,\cdots,k_r$。相应的维数为 $k_{r-1}+1$，其中 k_{r-1} 是前一层(即 $r-1$ 层)的神经元数目，增加的 1 指的是偏置项。于是，在非线性函数之前进行的运算就是内积

$$z_j^r=\boldsymbol{\theta}_j^{r\mathrm{T}}\boldsymbol{y}^{r-1},\ j=1,2,\cdots,k_r$$

收集所有输出值到一个向量 $\boldsymbol{z}^r=[z_1^r,z_2^r,\cdots,z_{k_r}^r]^{\mathrm{T}}$，然后将所有突触向量作为行，一个接一个地堆叠在一起，就形成了一个矩阵 Θ，可以一起写出

$$\boldsymbol{z}^r=\Theta\boldsymbol{y}^{r-1},\ \text{其中}\ \Theta:=[\boldsymbol{\theta}_1^r,\boldsymbol{\theta}_2^r,\cdots,\boldsymbol{\theta}_{k_r}^r]^{\mathrm{T}}$$

在将 z_i^r 送入非线性函数 f，最终得到第 r 个隐层的输出向量如下　912

$$\boldsymbol{y}^r=\begin{bmatrix}1\\ f(\boldsymbol{z}^r)\end{bmatrix}$$

上面的符号表示 f 单独作用于向量的每个分量，向量扩展了 1 个分量是考虑到标准实践中的偏置项。

对于具有许多层且每层许多节点的大型网络来说，这种类型的连接已被证明在参数(权重)的数量方面代价非常大，其数量级为 k_rk_{r-1}。例如，如果 $k_{r-1}=1000$，$k_r=1000$，就需要 100 万量级的参数。注意，这个数目还只是来自其中一层的参数的个数。然而，当涉及训练时，如 3.8 节中所讨论的，大量参数令网络很容易发生过拟合。

相反，可以采用所谓的*权重共享技术*(如[181, 231])，通过恰当的内置约束，在许多连接之间共享一组参数。将在 18.12 节讨论的卷积网络就属于这种权值共享网络族。正如我们将看到的，在卷积网络中，卷积取代了内积操作，这允许显著的权值共享，从而大大减少所需的参数数量。

附注 18.2

- 浅层网络和深层网络：从现在起，我们把网络中的层数称为网络的深度。最多有三层(两个隐层)的网络称为浅层网络，而三层以上的网络称为深层网络。

18.4　逆传播算法

前馈神经网络由多层神经元组成，每个神经元由相应的突触权重及其偏置项确定。从这个角度来看，神经网络实现了一个非线性参数化函数 $\hat{y}=f_{\boldsymbol{\theta}}(\boldsymbol{x})$，其中 $\boldsymbol{\theta}$ 代表网络中的权重/偏置项。因此，训练一个神经网络似乎与训练任何其他的预测模型没有任何不同，只需要一组训练样本、一个损失函数 $\mathcal{L}(y,\hat{y})$ 以及一个迭代算法(例如梯度下降算法)来实现对应损失函数(经验损失，见 3.14 节)的优化：

$$J(\boldsymbol{\theta})=\sum_{n=1}^{N}\mathcal{L}\big(y_n, f_{\boldsymbol{\theta}}(\boldsymbol{x}_n)\big) \tag{18.6}$$

神经网络训练的难点在于其多层结构令优化中梯度的计算复杂化。而且，麦卡洛克-皮茨神经元引入了不连续的赫维赛德激活函数，而它是不可微的。设计神经网络训练的实用算法的第一步就是替换掉赫维赛德激活

913 函数，用一个可微函数近似它。

对率 S 形神经元：一种可能的选择是采用对率 S 形函数，即

$$f(z)=\sigma(z):=\frac{1}{1+\exp(-az)} \tag{18.7}$$

其函数如图 18.8 所示。注意，参数 a 的值越大，相应的图形越接近赫维赛德函数的曲线。另一种可能的选择是使用

$$f(z)=a\tanh\left(\frac{cz}{2}\right) \tag{18.8}$$

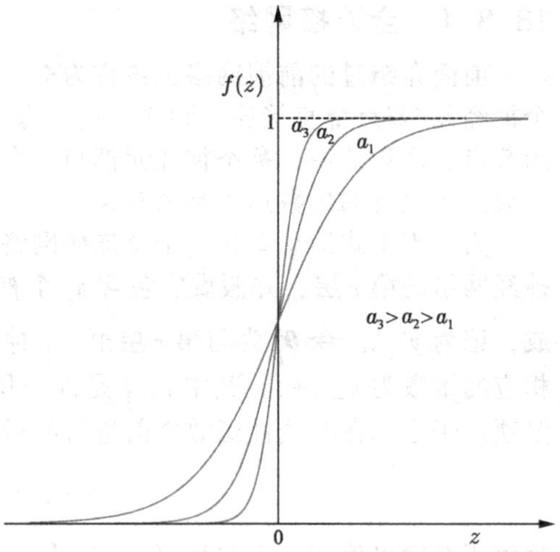

图 18.8　参数 a 不同值下的对率 S 形函数

其中 c 和 a 是控制参数。该函数如图 18.9 所示。值得注意的是，相比于对率 S 形，这是一个反对称函数，即 $f(-z)=-f(z)$。两个函数也称为挤压函数，因为它们的输出值在一个有限的范围。

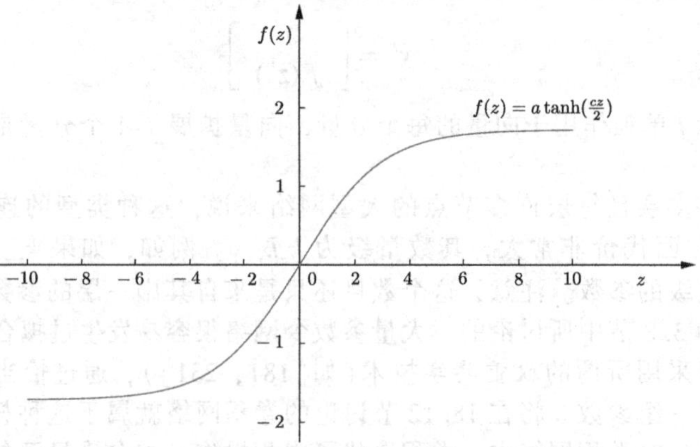

图 18.9　双曲正切挤压函数，其中 $a=1.7$，$c=4/3$

18.4.1 代价函数的非凸性

代价函数的优化是贯穿本书的一个反复出现的主题。第 5 章介绍了梯度下降优化算法，并概述了其收敛性。随后，讨论了在一个在线的、逐样本操作模式中优化损失函数期望的随机逼近框架。梯度下降法和在线优化基本原理构成了许多优化算法的核心，这些算法被提出用于训练前馈神经网络。我们需要在神经网络的上下文中专门讨论这些算法的原因是，在应用现成的优化方案之前，必须理解这些网络的多层结构造成的困难。 914

在神经网络框架中，最小化代价函数(如式(18.6)中的代价函数)时的一个主要困难是其非凸性。第 8 章指出，对于凸函数，每个局部极小值也是一个全局极小值，回想一下图 8.3 中典型的凸函数。根据函数极小值的定义，我们知道在这一点上，梯度(在最简单的单参数空间中的导数)变为零。函数的梯度变为零的点称为临界点或平稳点。

然而，如果函数不是凸的，则平稳点可以属于以下三种类型之一：一个局部极小值(极大值)，一个全局极小值(极大值)，或者一个鞍点。一维空间的情况见图 18.10。所有这些平稳点在神经网络中都是非常重要的。局部极小值是代价函数的值 $J(\theta_l)$ 在 θ_l 周围区域内变得最小的点。全局极小值 θ_g 是 $\forall\theta\in\mathbb{R}$ 满足 $J(\theta_g)\leqslant J(\theta)$ 的点。鞍点 θ_s 既不是极小值也不是极大值，但导数(更一般的，梯度)等于 0。

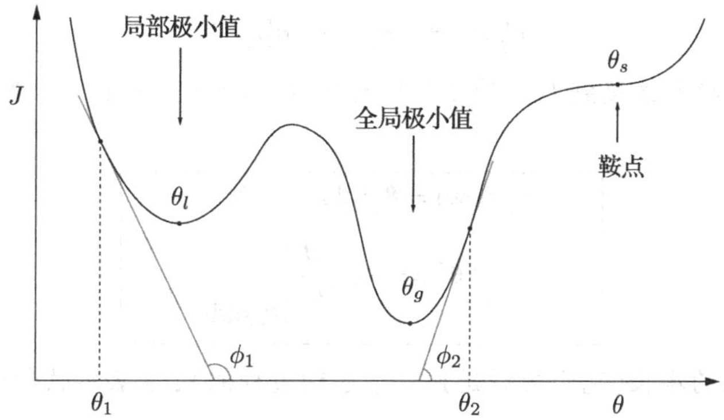

图 18.10　一个非凸函数，除了全局极小值之外，通常还包含很多局部极小值和鞍点。算法收敛到很多局部极小值中的哪一个，取决于算法初始点的选择。但是，如果代价函数在一个局部极小处的值(如 $J(\theta_l)$)不比全局极小值即 $J(\theta_g)$ 大很多，则在实践中 θ_l 可以是一个满意的解

当采用梯度下降方法来最小化非凸代价函数时，该算法收敛到局部极小值或全局极小值(以图 18.10 为例)。回顾第 5 章，梯度下降算法的更新规则在其一维版本中变成

$$\theta(\text{new})=\theta(\text{old})-\mu\left.\frac{\mathrm{d}J}{\mathrm{d}\theta}\right|_{\theta(\text{old})}$$

迭代开始于任意初始点 $\theta^{(0)}$。如果在当前迭代步中，算法(比如)位于点 $\theta(\text{old})=\theta_1$，则它将向着局部极小值 θ_l 移动，这是因为 θ_1 处代价函数的导数等于 ϕ_1 的正切，而此值是负的(角是钝角)，更新值 $\theta(\text{new})$将向右，向着局部极小值 θ_l 移动。相反，如果算法是从一个不同的初始点开始，当前位于(比如)$\theta(\text{old})=\theta_2$，更新值将向着全局极小值 θ_g 移动，因为现在导数等于 ϕ_2 的正切，其值为正(角是锐角)。如第 5 章中所述，步长 μ 的选择对算法的收敛很关键。 915

在多维空间的实际问题中，局部极小值的可能很多，因此算法可能收敛到一个局部极小值。然而，这并不一定是坏消息。如果这个局部极小值足够深，则代价函数在此点的值(如 $J(\theta_l)$)不会比全局极小值即 $J(\theta_g)$ 大很多，收敛到这样一个局部极小值可以对应一个

很好的解。在实践中，在处理非凸代价函数时，必须小心如何初始化算法。我们以后再讨论这个问题。此外，当参数空间的维数变大时(深层网络情况)，局部极小值、全局极小值和鞍点之间的相互作用将在 18.11.1 节讨论。

18.4.2 梯度下降逆传播方法

采用可微激活函数后，我们就准备好实现梯度下降迭代算法来最小化代价函数了。首先在一个通用的框架下描述任务。

令$(\boldsymbol{y}_n, \boldsymbol{x}_n)$是一组训练样本，其中 $n=1,2,\cdots,N$。注意，我们已经假定将多个输出变量组合为一个向量。假设网络共有 L 层，包括 $L-1$ 个隐层和一个输出层。每一层由 k_r 个神经元构成，其中 $r=1,2,\cdots,L$。因此，(目标/期望)输出向量是

916

$$\boldsymbol{y}_n=[y_{n1}, y_{n2}, \cdots, y_{nk_L}]^{\mathrm{T}} \in \mathbb{R}^{k_L}, \quad n=1,2,\cdots,N$$

为了数学推导的便利，我们将输入节点的数量定义为 k_0，即 $k_0=l$，其中 l 是输入特征空间的维数。

令 $\boldsymbol{\theta}_j^r$ 表示第 r 层中第 j 个神经元的突触权重，其中 $j=1,2,\cdots,k_r$，$r=1,2,\cdots,L$，其中偏差包含在 $\boldsymbol{\theta}_j^r$ 中，即

$$\boldsymbol{\theta}_j^r := [\theta_{j0}^r, \theta_{j1}^r, \cdots, \theta_{jk_{r-1}}^r]^{\mathrm{T}} \tag{18.9}$$

突触权重将对应神经元连接到 k_{r-1} 层中的所有神经元(见图 18.11)。梯度下降算法的基本迭代步骤可表述为

$$\boldsymbol{\theta}_j^r(\text{new}) = \boldsymbol{\theta}_j^r(\text{old}) + \Delta\boldsymbol{\theta}_j^r \tag{18.10}$$

$$\Delta\boldsymbol{\theta}_j^r := -\mu \left.\frac{\partial J}{\partial \boldsymbol{\theta}_j^r}\right|_{\boldsymbol{\theta}_j^r(\text{old})} \tag{18.11}$$

参数 μ 是用户定义的步长(它也可以是独立于迭代过程的)，J 表示代价函数。

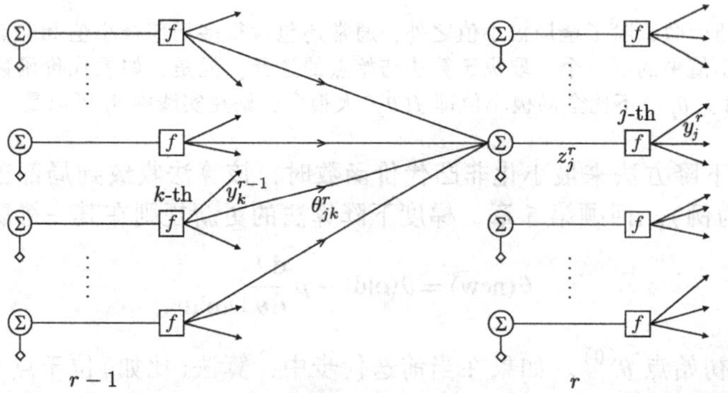

图 18.11 第 r 层中第 j 个神经元的连接和关联的变量，y_k^{r-1} 是第 $r-1$ 层第 k 个神经元的输出，θ_{jk}^r 为连接这两个神经元的相应权重。出于符号表示方便，我们去掉了对索引 n 的依赖

式(18.10)和式(18.11)的更新包括一对梯度下降优化方法(如第 5 章)。如前所述，前馈神经网络的困难来自它们的多层结构。为了计算式(18.11)中的梯度，对于所有层中的所有神经元，都必须遵循两步计算。

- **正向计算**：对一个给定的输入向量 $\boldsymbol{x}_n, n=1,2,\cdots,N$，使用参数(突触权重)的当前估计($\boldsymbol{\theta}_j^r$(old))计算所有层上所有神经元的所有输出，表示为 y_{nj}^r。在图 18.11 中，

我们去掉了索引 n 以令符号表示更整洁。 917

- 逆向计算：使用上述计算好的神经元输出和已知的输出层的目标值 y_{nk} 计算代价函数的梯度。这包含 L 个步骤，即与层数相当。算法步骤如下：
  - 计算关于最后一层的神经元的参数的代价函数的梯度，即 $\frac{\partial J}{\partial \boldsymbol{\theta}_j^L}$，$j=1,2,\cdots,k_L$。
  - **For** $r=L-1$ to 1，**Do**
    - 计算关于第 r 层神经元关联的参数的梯度，即 $\frac{\partial J}{\partial \boldsymbol{\theta}_k^r}$，$k=1,2,\cdots,k_r$，基于上一步计算出的关于第 $r+1$ 层神经元的参数的所有梯度 $\frac{\partial J}{\partial \boldsymbol{\theta}_j^{r+1}}$，$j=1,2,\cdots,k_{r+1}$。
  - **End For**

逆向计算方案是对导数的链式法则的直接应用，它从计算最后一层(输出层)的导数开始，这是很直接的。然后，算法在层次结构中向后“流动”。这是由于多层网络的性质，其中一层接一层地输出，形成函数的函数。实际上，若关注第 r 层的第 k 个神经元的输出 y_k^r，则有

$$y_k^r = f\left(\boldsymbol{\theta}_k^{r\mathrm{T}} \boldsymbol{y}^{r-1}\right),\ k=1,2,\cdots,k_r$$

其中 $\boldsymbol{y}^{r-1}$ 是由上一层($r-1$ 层)所有输出组成的(扩展)向量，f 表示非线性函数。基于上面的公式，下一层第 j 个神经元的输出为

$$y_j^{r+1} = f\left(\boldsymbol{\theta}_j^{r+1\mathrm{T}} \boldsymbol{y}^r\right) = f\left(\boldsymbol{\theta}_j^{r+1\mathrm{T}} \begin{bmatrix} 1 \\ f\left(\Theta^r \boldsymbol{y}^{r-1}\right) \end{bmatrix}\right)$$

其中 $\Theta^r := [\boldsymbol{\theta}_1^r, \boldsymbol{\theta}_1^r, \cdots, \boldsymbol{\theta}_{k_r}^r]^{\mathrm{T}}$ 表示第 r 层权重向量作为行形成的矩阵。可以很容易地指出我们之前所说的“函数的函数”。显然，随着在网络层次中的移动，这种函数的函数也会继续。这种函数的函数的函数的结构是神经网络的多层性质的副产品，它是一种高度非线性的计算，导致梯度计算的复杂性，与我们在前几章学习的其他学习器形成对比。

但是，很容易发现，计算关于定义输出层的参数的梯度并不会造成任何困难。实际上，最后一层的第 j 个神经元的输出(实际上是相应的当前输出估计)可写成

$$\hat{y}_j := y_j^L = f(\boldsymbol{\theta}_j^{L\mathrm{T}} \boldsymbol{y}^{L-1})$$

由于 $\boldsymbol{y}^{L-1}$ 已知，因此在正向计算后，关于 $\boldsymbol{\theta}_j^L$ 取导数就是很直接的了，这里并不涉及函数的函数的计算。这也是为什么我们从第一层开始，然后向后移动。

由于其历史重要性，我们将给出逆传播算法的完整推导。对细节不感兴趣的读者可以在第一次阅读时跳过此部分。 918

对于逆传播算法的详细推导，以误差平方损失函数为例，即

$$J(\boldsymbol{\theta}) = \sum_{n=1}^{N} J_n(\boldsymbol{\theta}) \tag{18.12}$$

且

$$J_n(\boldsymbol{\theta}) = \frac{1}{2} \sum_{k=1}^{k_L} \left(\hat{y}_{nk} - y_{nk}\right)^2 \tag{18.13}$$

其中 $\hat{y}_{nk}, k=1,2,\cdots,k_L$ 是网络中相应输出节点处给出的估计值。我们将这些值作为对应向量 $\hat{\boldsymbol{y}}_n$ 的元素。

梯度计算：令 z_{nj}^r 表示当输入模式为 $\boldsymbol{x}_n$ 时，在时刻 n，第 r 层第 j 个神经元的线性组合器的输出(见图 18.11)。则有

$$z_{nj}^r=\sum_{m=1}^{k_{r-1}}\theta_{jm}^r y_{nm}^{r-1}+\theta_{j0}^r=\sum_{m=0}^{k_{r-1}}\theta_{jm}^r y_{nm}^{r-1}=\boldsymbol{\theta}_j^{r\mathrm{T}}\boldsymbol{y}_n^{r-1} \tag{18.14}$$

根据定义，有

$$\boldsymbol{y}_n^{r-1}:=[1,y_{n1}^{r-1},\cdots,y_{nk_{r-1}}^{r-1}]^{\mathrm{T}} \tag{18.15}$$

且 $y_{n0}^r\equiv 1$，$\forall r, n$，而 $\boldsymbol{\theta}_j^r$ 在式(8.19)中已经定义了。对于输出层的神经元，有 $r=L$ 且 $y_{nm}^L=\hat{y}_{nm}$，其中 $m=1,2,\cdots,k_L$，且对于 $r=1$，有 $y_{nm}^0=x_{nm}, m=1,2,\cdots,k_0$，也就是说，设置 y_{nm}^0 等于输入特征值。

因此，我们有

$$\frac{\partial J_n}{\partial\boldsymbol{\theta}_j^r}=\frac{\partial J_n}{\partial z_{nj}^r}\frac{\partial z_{nj}^r}{\partial\boldsymbol{\theta}_j^r}=\frac{\partial J_n}{\partial z_{nj}^r}\boldsymbol{y}_n^{r-1} \tag{18.16}$$

现在定义

$$\delta_{nj}^r:=\frac{\partial J_n}{\partial z_{nj}^r} \tag{18.17}$$

则式(18.11)变为

$$\boxed{\Delta\boldsymbol{\theta}_j^r=-\mu\sum_{n=1}^{N}\delta_{nj}^r\boldsymbol{y}_n^{r-1},\quad r=1,2,\cdots,L} \tag{18.18}$$

计算 δ_{nj}^r：这是逆传播算法中最核心的部分。为了计算梯度 δ_{nj}^r，需要从最后一层 $r=L$

919 开始，并反向前进直到 $r=1$，这种“哲学”也证明了算法名副其实。

1) $r=L$：有

$$\delta_{nj}^L=\frac{\partial J_n}{\partial z_{nj}^L} \tag{18.19}$$

对平方误差损失函数，有

$$J_n=\frac{1}{2}\sum_{k=1}^{k_L}\left(f(z_{nk}^L)-y_{nk}\right)^2 \tag{18.20}$$

因此

$$\begin{aligned}\delta_{nj}^L&=(\hat{y}_{nj}-y_{nj})f'(z_{nj}^L)\\&=e_{nj}f'(z_{nj}^L),\quad j=1,2,\cdots,k_L\end{aligned} \tag{18.21}$$

其中 f' 是 f 的导数，e_{nj} 是在时刻 n 第 j 个输出变量的误差值。注意，对于最后一层来说，梯度 δ_{nj}^L 的计算很直接。

2) $r<L$：由于各层之间的顺序依赖关系，对于任意的 $k=1,2,\cdots,k_r$，z_{nj}^{r-1} 的值影响下

一层所有的 z_{nk}^r 值。使用微分的链式法则，得到

$$\delta_{nj}^{r-1}=\frac{\partial J_n}{\partial z_{nj}^{r-1}}=\sum_{k=1}^{k_r}\frac{\partial J_n}{\partial z_{nk}^r}\frac{\partial z_{nk}^r}{\partial z_{nj}^{r-1}} \tag{18.22}$$

或

$$\delta_{nj}^{r-1}=\sum_{k=1}^{k_r}\delta_{nk}^r\frac{\partial z_{nk}^r}{\partial z_{nj}^{r-1}} \tag{18.23}$$

但是

$$\frac{\partial z_{nk}^r}{\partial z_{nj}^{r-1}}=\frac{\partial\left(\sum_{m=0}^{k_{r-1}}\theta_{km}^r y_{nm}^{r-1}\right)}{\partial z_{nj}^{r-1}} \tag{18.24}$$

其中

$$y_{nm}^{r-1}=f(z_{nm}^{r-1}) \tag{18.25}$$

从而有

$$\frac{\partial z_{nk}^r}{\partial z_{nj}^{r-1}}=\theta_{kj}^r f'(z_{nj}^{r-1}) \tag{18.26}$$

将式(18.22)和式(18.23)相结合，得到递归公式

$$\boxed{\delta_{nj}^{r-1}=\left(\sum_{k=1}^{k_r}\delta_{nk}^r\theta_{kj}^r\right)f'(z_{nj}^{r-1}),\quad j=1,2,\cdots,k_{r-1}} \tag{18.27}$$

920

为了和式(18.21)保持一致，定义

$$e_{nj}^{r-1}:=\sum_{k=1}^{k_r}\delta_{nk}^r\theta_{kj}^r \tag{18.28}$$

最终得到

$$\delta_{nj}^{r-1}=e_{nj}^{r-1}f'(z_{nj}^{r-1}) \tag{18.29}$$

此时，只剩下 f 的导数尚未计算。对于对率 S 形函数，容易证明它等于(习题 18.2)

$$f'(z)=af(z)\big(1-f(z)\big) \tag{18.30}$$

这样求导就完成了，算法 18.2 描述了逆传播方法。

算法 18.2 (基于梯度下降的逆传播算法)

- 初始化
  - 用较小但不是非常小的值随机初始化所有突触权重和偏差
  - 选择步长 μ
  - 选择 $y_{nj}^0=x_{nj}$，$j=1,2,\cdots,k_0:=l$，$n=1,2,\cdots,N$
- **Repeat**；每步迭代完成一个回合
  - **For** $n=1,2,\cdots,N$，**Do**
    - * **For** $r=1,2,\cdots,L$，**Do**；正向计算
      - ▲ **For** $j=1,2,\cdots,k_r$，**Do**

        根据式(18.14)计算 z_{nj}^r

计算 $y_{nj}^r = f(z_{nj}^r)$
- ▲ **End For**
- * **End For**
- * **For** $j=1,2,\cdots,k_L$, **Do**；逆向计算(输出层)
  - ▲ 根据式(18.21)计算 δ_{nj}^r
- * **End For**
- * **For** $r=L,L-1,\cdots,2$, **Do**；逆向计算(隐层)
  - ▲ **For** $j=1,2,\cdots,k_r$, **Do**

    根据式(18.29)计算 δ_{nj}^{r-1}
  - ▲ **End For**
- * **End For**
- ■ **End For**

921 ■ **For** $r=1,2,\cdots,L$, **Do**；更新权重
- * **For** $j=1,2,\cdots,k_r$, **Do**
  - ▲ 根据式(18.18)计算 $\Delta\boldsymbol{\theta}_j^r$
  - ▲ $\boldsymbol{\theta}_j^r = \boldsymbol{\theta}_j^r + \Delta\boldsymbol{\theta}_j^r$
- * **End For**
- ■ **End For**
- ● **Until** 满足停止条件

我们可以从很多更早的算法中发现逆传播算法的影子。此算法的流行与经典文献[199]紧密相关，其中给出了算法的推导。然而，在更早的文献[250]中就已推导出了此算法。逆传播的思想还出现于以最优控制为主题的文献[26]中。

附注 18.3

- 研究者提出了很多逆传播算法的停止准则。一种可能方法是跟踪代价函数的值，并在其小于预选阈值时停止算法，另一种方法是检查梯度值，当梯度变小的时候停止算法，这意味着权重值在迭代过程中变化不大(参见[124])。
- 正如所有梯度下降方案一样，步长 μ 的选择非常关键。它一方面必须较小，以保证算法收敛，但又不能太小，否则会导致收敛速度很慢。如何选择一个合适的 μ 很大程度上取决于手头的具体问题。使用自适应的 μ 值(依赖于迭代步数)也是一种流行的替代方法，我们将很快对此进行讨论。
- 由于神经网络问题的高度非线性特性，其参数空间中的代价函数通常具有复杂的形式，并且存在很多局部极小值，算法可能会陷入其中。如果这样的局部极小值足够深，则关联的解是可接受的。然而，情况可能并非如此，有时结果可能陷入较浅的极小值，从而导致糟糕的解。理想情况下，应该多次重新随机初始化权重并保存最佳解。权重初始化操作必须谨慎执行，我们将在稍后再讨论。关于深度网络场景下局部和全局极小值的讨论将在 18.11.1 节给出。

1. 逐模式/在线法

算法 18.2 中讨论的方法是一种*批处理*方式，每个回合更新一次权重，即算法将所有 N 个训练模式全部处理一遍后才执行一次权重更新。一种替代路线是*逐模式*版本。在这种方式中，在输入中每个新样本到来的时刻都会更新权重。这种方法有时也被称为*在线法*。不过，我们将避免使用这个术语，因为它通常指涉及流式数据且观测值连续到来的情况，而非在一个固定大小的训练集中一个回合一个回合地重复处理数据点的情况。在第 5 章和

第 8 章中已经讨论了在线算法。最近用来描述这种算法的另一个名字是随机优化。这是对第 5 章中介绍的随机近似法的一种怀旧，在随机近似法中，为了最小化期望损失，我们顺序使用单个观测值来更新未知参数/权重的估计。当然，请记住，在真正的随机梯度下降中，不会重用(即一回合一回合地使用)数据，数据被假定是流式到达的，算法能达到渐近收敛。 922

当数据中存在冗余或训练样本非常相似时，逐模式版本能更好地利用训练集。批处理模式中采用的平均方式会浪费资源，因为将相似模式对梯度的贡献进行平均不会增加更多信息。相反，在逐模式实现中，所有样本被平等地利用，因为对每个训练样本都要进行更新操作。

逐样本操作会导致不太平滑的收敛曲线，但这种随机性也可能带来一个优点——有助于逃离局部极小值。

2. 小批量法

还可考虑一种中间方式，即每 $K<N$ 个样本执行一次更新，这种方法被称为小批量或随机小批量。然而，这种方法越来越多地被简称为随机法，术语的滥用更进了一步。小批量尺寸 K 的选择受到许多因素的影响，它取决于应用程序、特定数据以及可用的计算能力。

例如，如果批处理大小非常小，多核架构就得不到充分利用。此外，在使用 GPU 时，小批量大小为 2 的幂可达到更好的运行时间。对这种情况，一些典型值在 16~256 之间，这取决于训练集的大小。另一方面，由于在梯度的计算中隐式地添加了噪声，使用较小的小批量可以有正则化效果。然而，在这种情况下，出于稳定性的考虑，必须使用更小的步长值，这可能会增加总体训练时间。

批处理和小批量方法对梯度的计算有平均效应。文献[213]建议在训练数据中添加一个小的白噪声序列，这可能有助于算法逃离糟糕的局部极小值。

为了进一步利用逐模式/小批量方法中的随机性，一种明智的做法是在开始一个新回合之前对数据输入算法的顺序进行随机化(参见[79])。然而，这在批处理模式中并没有意义，因为这种模式是考虑所有数据后才进行一次更新。这种数据的随机洗牌“打破”了连续样本可能的相关性，使连续的梯度计算变得独立。这种相关性的产生可能是由于生成数据所遵循的特定实验协议。尽管明智的做法是对每个回合进行数据洗牌，但使用大数据集(例如十亿规模的数据集)时，这可能是不实际的。在这种情况下，即使在初始时进行一次数据洗牌也是有益的。

如今，在使用大数据训练集进行深度学习的背景下，小批量方案似乎是大多数应用程序的首选方案。

所有梯度下降算法及其随机版本的一个主要问题是步长或称学习率 μ 的选择。从第 5 章可知，如果学习率的值很小，学习曲线是平滑的，但是收敛速度会很慢。相反，如果它的值比较大，学习曲线会趋于振荡，但是收敛速度会更快，前提是它的值不会大到导致算法发散。在实际应用中，时变步长更合适，也符合随机梯度的基本原理。我们可以使用各种策略，但这些策略更多的是一种工程“艺术”，而不是理论分析的结果。建议用户首先看看以前的研究人员/从业者在类似情况下都做了什么，然后从这种经验开始。 923

一种可能的策略是开始训练时使用线性减小的步长，然后在多次迭代后切换到固定的步长。例如，可以使用以下规则进行操作：

$$\mu_i=(1-a_i)\mu_0+a_i\mu_I$$

其中对某个固定的迭代次数 I，$a_i=i/I$。在 I 步迭代后，步长固定。现在的问题是设置参数 μ_0、μ_I 和 I。在实践中，必须首先监控多步迭代的学习曲线，并相应地调整参数的值，以权衡初始迭代收敛速度的快慢，同时要小心不稳定性。

18.4.3　基本梯度下降法的变体

正如本书第5章首次提到梯度下降法时所说的，基本的梯度下降算法既继承了梯度下降算法族的所有优点(每步迭代的低计算需求)，也继承了所有缺点(收敛速度较慢)。因此，研究人员在收敛速度的研究上投入了大量精力，并提出了基本梯度下降逆传播算法的多种变体。本节将介绍一些方向，在本书当前版本编写的过程中，这些方向看起来成为实践发展的趋势。

简单起见，对已经推导出的逆传播梯度下降法，让我们去掉层索引 i 和层中特定神经元索引 j。取而代之，将使用参数/权重向量 $\boldsymbol{\theta}$，它由所有网络参数组成。此外，用 $\boldsymbol{\theta}^{(i)}$ 表示一个学习算法第 i 步迭代对应的估计值。

令 $\mathcal{L}(y, \boldsymbol{x}, \boldsymbol{\theta})$ 表示采用的损失函数。它度量了真实输出 y 和对应预测值 $\hat{y}$ 之间的偏差，后者依赖于相应的输入 $\boldsymbol{x}$ 和定义了网络的参数 $\boldsymbol{\theta}$。所有训练数据点上的代价函数由下式给出：

$$J(\boldsymbol{\theta})=\sum_{n=1}^{N}\mathcal{L}(y_n,\boldsymbol{x}_n,\boldsymbol{\theta})$$

如果采用了批处理，则在每步迭代使用此代价函数的梯度来更新参数，即 $\partial J(\boldsymbol{\theta})/\partial\boldsymbol{\theta}$，它涉及所有训练数据点，即对每个回合只进行一次参数向量更新。另一个极端是采用逐模式法，在每步迭代对当前输入-输出对计算损失函数的梯度，即 $\partial\mathcal{L}(y_n, \boldsymbol{x}_n, \boldsymbol{\theta})/\partial\boldsymbol{\theta}$，并基于它进行更新。即在此情况下，对每个回合进行 N 次参数更新。

小批量操作更精致一些。让我们假设数据集划分为 M 个小批次，每个大小为 K。显然，N 应该是 K 的倍数。假设数据已经随机洗牌，于是在当前的迭代回合，N 个输入-输出数据对将以下面的顺序出现在算法中：

924

$$\underbrace{(y_{(1)},\boldsymbol{x}_{(1)}),\cdots,(y_{(K)},\boldsymbol{x}_{(K)})}_{\text{第1个小批次}}\cdots\underbrace{(y_{((M-1)K+1)},\boldsymbol{x}_{((M-1)K+1)}),\cdots,(y_{(N)},\boldsymbol{x}_{(N)})}_{\text{第}M\text{个小批次}}$$

其中，如我们已经在18.2节指出，使用符号 $(i)\in 1,2,\cdots,N$ 是为了表示数据洗牌。因此，在每个回合将进行 M 次更新，每次更新涉及一个不同代价的梯度计算，这是因为每次考虑的是一个不同的小批次，即

$$\frac{\partial J^{(m)}(\boldsymbol{\theta})}{\partial\boldsymbol{\theta}},\ m=1,2,\cdots,M \tag{18.31}$$

$$J^{(m)}(\boldsymbol{\theta}):=\sum_{k=1}^{K}\mathcal{L}\Big(y_{((m-1)K+k)},\boldsymbol{x}_{((m-1)K+k)},\boldsymbol{\theta}\Big) \tag{18.32}$$

接下来，为了简化符号表示，对于以上讨论的所有三种可能情况，我们将使用一个通用的符号 $\partial J/\partial\boldsymbol{\theta}$ 来表示梯度运算。J 所表示的函数的真实值将取决于特定方法(即批处理、小批量、逐模式)和当前迭代步，因为每步涉及的样本是不同的(如在随机版本中)。

1. 带动量项的梯度下降

提高收敛速度同时依然保持在梯度下降基本原理中的一种方法是使用所谓的动量项[72, 247]。修正项和更新递归式现在改为

$$\begin{aligned}\Delta\boldsymbol{\theta}^{(i)}&=a\Delta\boldsymbol{\theta}^{(i-1)}-\mu\frac{\partial J}{\partial\boldsymbol{\theta}}\Big|_{\boldsymbol{\theta}^{(i-1)}}\\ \boldsymbol{\theta}^{(i)}&=\boldsymbol{\theta}^{(i-1)}+\Delta\boldsymbol{\theta}^{(i)}\end{aligned} \tag{18.33}$$

从 $\boldsymbol{\theta}^{(0)}$ 的一个初始值开始，比如从 $\mathbf{0}$ 开始。梯度通过逆传播进行计算，a 是所谓的动量因子。换句话说，算法考虑了在前一个迭代步中使用的修正以及当前的梯度计算。其效果是在代价函数呈现低曲率的区域中增加步长。当许多连续梯度点方向完全相同时，步长隐式增大。假设梯度在连续迭代(比如说 I 步)过程中大致恒定，可以证明(习题 18.3)使用动量项后，对应的修正项变为

$$\Delta\boldsymbol{\theta} \approx -\frac{\mu}{1-a}\boldsymbol{g} \tag{18.34}$$

其中 $\boldsymbol{g}$ 是 I 步连续迭代中的梯度值，即步长已经增长了 $1/(1-a)$ 倍。a 的典型值在 0.5~0.9 的范围内。本质上，动量项的使用有助于减弱收敛轨迹的之字形状，如第 5 章所讨论的(见图 5.9)。文献[214]指出，使用动量项可以将收敛速度提高两倍。经验似乎表明，使用动量因子对批处理模式的帮助比对随机版本更大。

迭代依赖步长：如果步长随着迭代的进行而变化，就得到了之前版本的一个启发式变体。一种变化规则是根据当前迭代步骤中的代价函数是否比前一个更大或更小来改变其值。设 $J^{(i)}$ 为当前迭代步计算的代价值。则如果 $J^{(i)}<J^{(i-1)}$，学习率增大 r_i。另一方面，925
如果新值比前一个值大的倍数超过 c，则学习率降低 r_d。否则，学习率保持不变。所涉及参数的典型值是 $r_i=1.05$，$r_d=0.7$，$c=1.04$。对于代价增大的迭代步，明智的做法是将动量因子 a 设置为零[240]。

这种技术也被称为*自适应动量*，更适合于批处理，因为对于在线版本，代价值倾向于随着迭代进行而振荡。

对每个权重使用不同的步长：对每个权重采用不同步长有利于提高收敛速度，这给予了算法更好地利用参数空间中代价函数对各方向依赖性的自由度。在[109]中，如果连续两步迭代中梯度值的符号不变，则建议增大与权重相关联的学习率。相反，如果符号改变，则降低学习率，因为这意味着可能发生振荡。

稍后将讨论最近一些利用迭代依赖性和每个权重不同步长的方法。

例 18.1 在这个“玩具”示例中，展示了多层感知机对非线性可分类别的分类能力，这个例子是在二维空间中的，以便可视化。分类任务由两个类别构成，每个类别都用一个四个组成成分的高斯混合模型建模，其中每个成分的协方差矩阵为 $\sigma^2 I$，$\sigma^2=0.08$。而每个高斯成分的均值不同。具体而言，由圆圈标识的类别样本(见图 18.12)分布在均值向量周围：

$$[0.4, 0.9]^{\mathrm{T}},\ [2.0, 1.8]^{\mathrm{T}},\ [2.3, 2.3]^{\mathrm{T}},\ [2.6, 1.8]^{\mathrm{T}}$$

+字表示的类则围绕下面的值：

$$[1.5, 1.0]^{\mathrm{T}},\ [1.9, 1.0]^{\mathrm{T}},\ [1.5, 3.0]^{\mathrm{T}},\ [3.3, 2.6]^{\mathrm{T}}$$

此例子一共生成了 400 个用于训练的样本，其中每个分布 50 个。我们使用一个第一层有三个神经元、第二层隐层有两个神经元、最后一层有单个输出神经元的多层感知机。所使 926
用的激活函数为 $a=1$ 的对率 S 形函数，对两个类别，期望的输出分别为 1 和 0。我们采用两种不同的算法用于训练，即动量和自适应动量。经过一些实验，我们选用如下参数：对动量算法，$\mu=0.05$，$a=0.85$；对自适应动量算法，$\mu=0.01$，$a=0.85$，$r_i=1.05$，$c=1.05$，$r_d=0.7$。权重采用 0~1 之间的均匀伪随机分布进行初始化。图 18.12a 显示了随着回合数的变化，两个算法各自的输出误差收敛曲线。两条曲线都很典型，自适应动量算法导致更快的收敛。两条曲线都对应批量操作模式的实验结果。图 18.12b 显示了使用从自适应动量算法估计的权重得到的分类器。

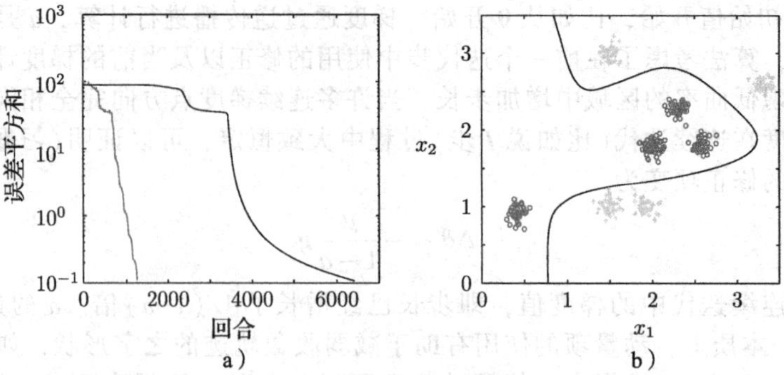

图 18.12　a) 例 18.1 的自适应动量(灰线)和动量算法的误差收敛曲线。注意，自适应动量导致更快收敛。b) 由自适应动量算法得到的分类器形成的决策线

2. 涅斯捷罗夫动量算法

在[223]中提出了著名的涅斯捷罗夫算法[169]的一个变体。修正项的更新规则变为

$$\Delta\boldsymbol{\theta}^{(i)}=a\Delta\boldsymbol{\theta}^{(i-1)}-\mu\frac{\partial J\left(\boldsymbol{\theta}+a\Delta\boldsymbol{\theta}^{(i-1)}\right)}{\partial\boldsymbol{\theta}}\bigg|_{\boldsymbol{\theta}^{(i-1)}}$$

与之前的动量更新规则的不同之处在于，上式是在将 $\boldsymbol{\theta}$ 推向当前修正项 $\Delta\boldsymbol{\theta}^{(i-1)}$ 的方向之后计算代价函数的梯度。即梯度并不是对当前可用参数估计计算的，而是对未来近似参数值计算的。如[223]中所说，这可能导致收敛速度上的巨大收益。a 的值的范围与动量算法相同。

3. AdaGrad 算法

我们在式(8.71)中凸代价函数场景下介绍了 AdaGrad 算法的在线形式。借用算法背后的主要原理，在当前框架下，可将其改写为

$$\boldsymbol{\theta}^{(i)}=\boldsymbol{\theta}^{(i-1)}-\mu G_{i-1}^{-1/2}\boldsymbol{g}^{(i-1)}$$

其中由定义

$$\boldsymbol{g}^{(i)}:=\frac{\partial J}{\partial\boldsymbol{\theta}}\bigg|_{\boldsymbol{\theta}^{(i)}}$$

为在相应估计值 $\boldsymbol{\theta}^{(i)}$ 计算的梯度，矩阵 G_i 为直到第 i 步迭代(包含)为止所有梯度向量的外积的和，即

$$G_i:=\sum_{t=0}^{i}\boldsymbol{g}^{(t)}\boldsymbol{g}^{(t)\mathrm{T}}$$

927 在实践中，矩阵 G_i 取对角矩阵，因此其根的逆的计算变得很方便。在此情况下，如果 D 为网络参数总数，则 $D\times D$ 矩阵 G_i 的对角线上元素为相应梯度的平方，即

$$G_i(d,d)=\sum_{t=0}^{i}\left(g_d^{(t)}\right)^2,\ d=1,2,\cdots,D$$

其中 g_d 表示第 t 步迭代对应梯度向量的第 d 个分量，即 $g_d^{(t)}=\partial J/\partial\theta_d^{(t)}$，而 θ_d 为 $\boldsymbol{\theta}\in\mathbb{R}^D$ 的第 d 个分量。我们通常使用一个较小的常数 ϵ 来避免可能除 0 的情况，每个参数向量分量的更新运算形式如下

$$\theta_d^{(i)}=\theta_d^{(i-1)}-\frac{\mu}{\sqrt{G_{i-1}(d,d)}+\epsilon}g_d^{(i-1)},\ d=1,2,\cdots,D \tag{18.35}$$

ϵ 的值可在 10^{-8} 量级左右。即 AdaGrad 中的步长是依赖于迭代步数的，且对每个分量是不同的。μ 的值通常设置为接近 0.01。每个参数的修正项与其梯度值成反比。值越大，步长越小。因此，随着迭代的进行，每个维度会随着时间的推移而趋于均衡。这在训练深度网络时非常有用，因为在不同层中梯度的规模可能会有很大的不同。

然而，AdaGrad 的主要缺点是分母中平方梯度的累积，这会在多次迭代后令更新冻结。

4. 带涅斯捷罗夫动量的 RMSProp

在 RMSProp 算法中，AdaGrad 算法中使用的梯度的平方和被一个递归定义的所有过去的梯度平方的衰减平均所取代。以这种方式，较远的过去的样本被指数级丢弃。与此同时，采用了涅斯捷罗夫型动量原理。主要的递归总结如下：

$$\begin{aligned}
\boldsymbol{g} &= \left.\frac{\partial J(\boldsymbol{\theta}+a\Delta\boldsymbol{\theta}^{(i-1)})}{\partial\boldsymbol{\theta}}\right|_{\boldsymbol{\theta}^{(i-1)}} \\
\boldsymbol{v}^{(i)} &= \beta\boldsymbol{v}^{(i-1)}+(1-\beta)\boldsymbol{g}\circ\boldsymbol{g} \\
\Delta\theta_d^{(i)} &= a\Delta\theta_d^{(i-1)}-\frac{\mu}{\sqrt{v_d^{(i)}}+\epsilon}g_d,\ d=1,2,\cdots,D \\
\boldsymbol{\theta}^{(i)} &= \boldsymbol{\theta}^{(i-1)}+\Delta\boldsymbol{\theta}^{(i)}
\end{aligned}$$

其中 β 是一个用户自定义参数。第一个递归计算涅斯捷罗夫型修正后的梯度，第二个递归采用衰减平均原理更新梯度值的平方，“$\circ$” 运算表示逐元素乘法。第三个递归按 AdaGrad 原理计算修正项，第四个递归进行更新。算法从 $\boldsymbol{v}^{(0)}=\mathbf{0}$、$\Delta\boldsymbol{\theta}^{(0)}$ 和 $\boldsymbol{\theta}^{(0)}$ 上的初始条件开始。超参数的典型值为 $\epsilon=10^{-8}$、$\beta=0.9$ 和 $\mu=0.001$。 928

RMSProp 是由辛顿等人在一篇讲义中提出的⊖。一个更简单的版本并未使用涅斯捷罗夫步骤，与所谓的 AdaDelta 规则吻合，后者是在文献[260]中独立提出的。此方法类似 AdaGrad，区别是采用了梯度平方的衰减平均。

5. 自适应动量估计算法(Adam)

文献[121]中提出的 Adam 算法借鉴了忘记梯度平方的过去值的思想，但它也引入并传播梯度值，其方式与动量算法相似。而且，它还引入了一些重要的归一化操作，以处理可能引入的偏差。Adam 算法演进所围绕的主要递归式为

$$\begin{aligned}
\boldsymbol{g} &= \left.\frac{\partial J}{\partial\boldsymbol{\theta}}\right|_{\boldsymbol{\theta}^{(i-1)}} \\
\boldsymbol{m}^{(i)} &= \beta_1\boldsymbol{m}^{(i-1)}+(1-\beta_1)\boldsymbol{g} \\
\boldsymbol{v}^{(i)} &= \beta_2\boldsymbol{v}^{(i-1)}+(1-\beta_2)\boldsymbol{g}\circ\boldsymbol{g}
\end{aligned}$$

其中 “$\circ$” 运算表示逐元素乘法，β_1 和 β_2 是用户自定义参数。这样，得到的动量值是归一化的，即

$$\hat{\boldsymbol{m}}^{(i)}=\frac{\boldsymbol{m}^{(i)}}{1-\beta_1^i},\ \hat{\boldsymbol{v}}^{(i)}=\frac{\boldsymbol{v}^{(i)}}{1-\beta_2^i}$$

这些归一化解释了两个梯度矩偏向于零的趋势，特别是在早期迭代期间，这是由于它们的初始值为 0。随着迭代的进行，归一化系数趋于 1。参数向量的第 d 个分量的更新计算为

$$\theta_d^{(i)}=\theta_d^{(i-1)}-\frac{\mu}{\sqrt{\hat{v}_d^{(i)}}+\epsilon}\hat{m}_d^{(i)},\ d=1,2,\cdots,D$$

⊖ 参见 http://www.cs.toronto.edu/~tijmen/csc321/slides/lecture_slides_lec6.pdf。

算法 18.3 给出了 Adam 算法。

算法 18.3 (Adam 算法)

- 初始化
  - 初始化 $\boldsymbol{\theta}^{(0)}$。
  - 初始化 $\boldsymbol{v}^{(0)}=\mathbf{0}$，$\boldsymbol{m}^{(0)}=\mathbf{0}$。
  - 选取步长 μ；典型值为 0.001。
  - 选取 β_1 和 β_2；典型值分别为 0.9 和 0.99。
  - 选取 ϵ；典型值为 10^{-8}。
929
  - 设置 $i=0$。
- **While** 终止条件不满足 **Do**
  - 选择一个 K 个样本的小批量，如
  $$(y_{(m-1)K+1},\boldsymbol{x}_{(m-1)K+1}),\cdots,(y_{mK},\boldsymbol{x}_{mK})$$
  - 计算梯度
  $$g=\left.\frac{\partial J^{(m)}}{\partial \theta}\right|_{\theta^{(i-1)}}\text{(见式(18.32))}$$
  - $i=i+1$
  - $\boldsymbol{m}^{(i)}=\beta_1\boldsymbol{m}^{(i-1)}+(1-\beta_1)\boldsymbol{g}$
  - $\boldsymbol{v}^{(i)}=\beta_2\boldsymbol{v}^{(i-1)}+(1-\beta_2)\boldsymbol{g}\circ\boldsymbol{g}$；逐元素乘法
  - $\hat{\boldsymbol{m}}^{(i)}=\dfrac{\boldsymbol{m}^{(i)}}{1-\beta_1^i}$
  - $\hat{\boldsymbol{v}}^{(i)}=\dfrac{\boldsymbol{v}^{(i)}}{1-\beta_2^i}$
  - **For** $d=1,2,\cdots,D$，**Do**
  $$\theta_d^{(i)}=\theta_d^{(i-1)}-\frac{\mu}{\sqrt{\hat{v}_d^{(i)}}+\epsilon}\hat{m}_d^{(i)}$$
  - **End For**
- **End While**

附注 18.4

- 在本书编写期间，训练深度神经网络最流行的算法似乎是 Adam、带或不带动量的简单随机梯度算法以及带或不带涅斯捷罗夫动量项的 RMSProp 算法。具体采用哪种算法，完全取决于应用以及用户的熟悉程度。而且，使用小批量法似乎是一个趋势。
- 除了上述方法的标准形式，研究者还提出了各种技术来提高这些方法的运行效率和资源利用率。例如，我们可以在训练过程中采用热重启动(如[141])或采用继承组合技术(7.9 节及[101]等)。后一种方法的思想是训练单一网络，沿其优化路径收敛至多个局部极小值并保存模型参数，然后按一种称为快照集成的集成原理来组合它们。

6. 一些实践提示

与数学的严谨性相比，训练一个神经网络仍具有许多实际工程特征。在本节中，我将提供一些实践提示，经验证明这些提示有助于提高逆传播算法的性能(参见[131]了解更

详细的讨论)。

预处理输入特征/变量：对输入变量进行预处理，使其在训练集上具有(近似)零均值是一种明智的方法。此外，如果假设所有变量同样重要，我们应该对它们进行缩放以使其具有相似的方差。在使用的非线性函数是挤压类型的情况下，明智的做法是它们的方差也应该与激活(挤压)函数的取值范围相匹配。此外，如果输入变量不相关，则有利于算法的收敛。这可以通过适当的变换来实现，例如 PCA。 930

选择对称激活函数：在采用挤压类型的激活函数的情况下，理想的情况是，神经元的输出假设等可能地取正值和负值。毕竟，一层的输出会成为下一层的输入。为此，可以使用式(18.8)中的双曲线激活函数。推荐值为 $a=1.7159$ 和 $c=4/3$。这些值可保证如果输入如之前建议的那样进行预处理，即归一化为方差等于 1，则激活函数的输出的方差也等于 1 且相应的均值等于零。但是，如我们很快将在 18.6.1 节中见到的，这种激活函数当前似乎不太流行了。

目标值：应仔细选择目标值，使其与所用的激活函数相一致。应选择这些值以将一定量的压缩函数的极限值抵消。否则，算法倾向于将权重推到大值，这会减慢收敛速度。同时，激活函数被驱动到饱和状态，使激活函数的导数非常小，从而导致很小的梯度值。对于双曲正切函数，使用前面讨论的参数，目标类标签为 ±1 似乎是正确的选择。注意，在这种情况下，饱和度值是 $a=\pm1.7158$。在 18.5 节中，我们将看到输出激活函数的选择应该由所采用的最优化准则所决定。

初始化：在训练神经网络时，权重参数的初始化对任何优化方法来说都是很重要的。从一组“错误”的参数值开始可能给训练带来很多负面的影响。初始化可能影响一个算法收敛得多快或多慢。而且，初始值在算法是收敛到一个低代价的点还是一个高代价的点(好的或坏的局部极小值)方面扮演着关键角色。此外，初始化还可能影响泛化性能。但是，必须指出的是，此问题相关的理论基础尚不清晰，有很多概念还没有被很好地理解，这也构成了目前在进行中的研究领域(参见 18.11.1 节)。

权重应随机初始化为一些小值。为此，已经开发了许多不同的方案，这一点从有很多标准相关软件包可供选择就可以清楚地看出。

例如，如果使用挤压类型的激活函数，并赋予权重较大的初始值，则所有激活函数将工作于饱和点。这将梯度推向很小的值，从而减慢收敛。当权重被初始化为非常小的值时，对梯度有着相同的影响。初始化须使得在每个神经元的计算发生在激活函数的图形的(近似)线性区域，而非饱和点。可以证明(参见[131]，习题 18.4)，如果输入变量被预处理为零均值和单位方差，而双曲正切函数与前面讨论的参数值一起使用，则初始化权重的最佳选择是从均值为零、标准差等于下式的分布中提取的值：

$$\sigma=m_{\text{in}}^{-1/2}$$

其中 m_{in} 是对应神经元中输入(突触连接)的数量。 931

初始化中一个关键问题是所谓的神经元间的*对称破坏*。容易证明，如果两个隐层神经元使用了相同的激活函数(实际通常就是这样)且连接到相同的输入，则如果用相同值初始化它们，它们的梯度将相等，而且经过下降迭代后，它们的更新值仍保持相等。毫无疑问，这是一个导致冗余的不良效果。这也是为什么将所有值初始化为 0 不是一个好的做法。随机初始化有助于避免这种情况。另一方面，试图避免大值与试图避免所谓的梯度爆炸现象是一致的，这是逆传播所固有的(见 18.6 节)。因此，从较小的随机值开始是明智的。

为了实现上述想法，可能的方案是均匀分布或高斯分布。例如，[58]建议通过均匀分布来初始化权重：

$$\theta_{ij}^r \sim \mathcal{U}\left(-\sqrt{\frac{6}{m_{\text{in}}+m_{\text{out}}}}, \sqrt{\frac{6}{m_{\text{in}}+m_{\text{out}}}}\right)$$

其中 m_{in} 和 m_{out} 是第 r 层的输入和输出的数目。这个启发式方法背后的目标是初始化所有层次，使其具有相同的激活方差和相同的梯度方差。但是，推导是基于线性单元的假设。此方法的一些变体也是可用的，例如，从 $\mathcal{U}(-1/\sqrt{m_{\text{in}}}, 1/\sqrt{m_{\text{in}}})$ 中抽样。而且，除了均匀分布，也可使用均值为 0、相同方差的高斯分布，或者有时也可使用截断高斯分布。

与权重相反，偏置可以设置为 0，而且这似乎是最常用的方案。

但是，所有方法都应该小心处理，在使用它们之前，看看其他研究人员在类似情况下用过什么不失为一个好主意。而且，还应考虑所采用的非线性函数的类型（参见[77, 113]）。在[77]中，权重的初始化只考虑了前一层的大小。更具体地，我们建议从方差为 $2/m_{\text{in}}$ 的零均值（截断）高斯分布中抽样。有文献表明，当采用整流线性单元（18.6.1 节）时，后者更为合适。对于双曲正切非线性函数，前面提到的均匀分布似乎是一个更普遍的选择。

7. 批归一化

与其他单层模型相比，训练多层结构的一个主要区别是，在训练过程中，每一层输入的分布会发生变化，因为前一层的参数会不断更新。这需要使用较低的学习率/步长，从而减慢了训练过程。此外，它使训练对参数初始化敏感，特别是在存在饱和非线性的情况下。

解决和处理这种现象的一种方法是使用所谓的*批归一化*[104]。如前所述，在预处理过程中，将输入变量缩放到均值为零附近的单位方差是一种明智的做法，以避免不同输入值的动态范围有较大差异。批归一化受到了这一事实的启发，并试图在所有层中对网络生成的激活值施加这样的缩放。这个基本概念有不同的变体。例如，有些在非线性函数之前使用归一化，有些在之后使用归一化。我们将采用后一种方法来演示该方法。

932 参照图 18.11，考虑第 j 个神经元的输出 y_j，出于符号表示简洁的考虑，这里省略了表示各层的上标 r。激活值 y_j 包含对下一层 $r+1$ 层所有神经元的输入。而且，假设采用大小为 K 的小批量法。在向梯度下降方向更新参数之前，假设考虑第 m 个小批次，对各激活值进行跟踪，其样本均值和对应方差计算如下：

$$\mu_j^{(m)} = \frac{1}{K}\sum_{k=1}^{K} y_j^{(k)}, \quad \sigma_j^{(m)} = \sqrt{\frac{1}{K}\sum_{k=1}^{K}\left(y_j^{(k)} - \mu_j^{(m)}\right)^2}$$

其中 $y_j^{(k)}$ 为神经元受到相应小批次（如第 m 个）的第 k 个样本激励时的响应。于是对应的归一化激活值计算如下：

$$\hat{y}_j^{(k)} = \frac{y_j^{(k)} - \mu_j^{(m)}}{\sigma_j^{(m)}} \tag{18.36}$$

换句话说，每个激活值在传递到下一层之前，都归一化到零均值周围的单位方差。

但是，批归一化还要更进一步。它没有使用归一化变量原来的基本形，而是进一步施加了一个线性变换，即

$$\bar{y}_j^{(k)} = \gamma_j \hat{y}_j^{(k)} + \beta_j \tag{18.37}$$

其中 γ_j 和 β_j 是在训练过程中在逆传播框架下作为额外参数学习出来的。通过这种方式，

我们弥补了归一化隐含地应用于每个神经元的平等处理，并为网络提供了单独调整每个神经元表达能力的自由。

事实证明，批归一化允许更高的学习率并加速了收敛。此外，据[104]，它对初始化不太敏感，而且还可以作为一个正则化项。关于批归一化的进一步理论发现可以在[123]中找到。

一旦网络被训练好，人们想知道如何使用式(18.37)中给出的变换，因为式(18.36)要求一个特定小批次的均值和方差。在实践中，一旦学习出了参数 γ 和 β，均值和标准偏差就会被各小批次上的平均值取代，即

$$\mu_j=\frac{1}{M}\sum_{m=1}^{M}\mu_j^{(m)},\quad \sigma_j^2=\frac{1}{M}\sum_{m=1}^{M}(\sigma_j^{(m)})^2$$

和

$$\bar{y}_j=\gamma_j\frac{y_j-\mu_j}{\sigma_j+\epsilon}+\beta_j$$

其中使用了一个小常数 ϵ 以避免可能的除零操作，M 是小批次的总数。通常，我们不使用 σ_j^2，而是使用其修正的无偏版本(参见习题 7.5)，即 $K\sigma_j^2/(K-1)$。 933

但是，在实践中人们使用在训练过程中收集的移动平均。例如，可以使用基于动量的移动平均，在每个小批次处理完后更新统计值，即

$$\mu_j(\text{new})=a\mu_j(\text{old})+(1-a)\mu_j^{(m)},\ m=1,2,\cdots,M$$

其中 a 是一个用户自定义的动量参数。对方差可应用一个类似的递归式。

18.4.4 超越梯度下降原理

对于基于梯度下降的逆传播算法，另一条提高收敛速度的技术路线是诉诸那些以某种方式涉及二阶导数相关信息的方案，这条路线是以增加运算复杂性为代价的。我们已经在本书中讨论过这个方法族，如第 6 章介绍的牛顿算法族。对于每个算法族，均可推导出相应的逆传播算法以满足神经网络训练的需要。由于它们在概念上与梯度下降法中所讨论的一致，我们不再深入细节。不同之处在于，现在二阶导数必须向后传播。感兴趣的读者可以查阅相应的参考文献(如[19，33，75，131，263])来获得更多细节。

文献[11，112，124]中给出了基于共轭梯度原理的方案，另外在文献[13，191，244]中也提出了牛顿族的方法。在所有这些方案中，均需要计算海森矩阵的元素，即

$$\frac{\partial^2 J}{\partial\theta_{jk}^r\partial\theta_{j'k'}^{r'}}$$

其中，对所有的 r 和 r' 值，j 和 k 遍历了第 r 层中所有参数，j' 和 k' 遍历了第 r' 层中所有参数。为此，多篇论文中采用了各种假设以简化计算(参见习题 18.5 和习题 18.6)。

文献[50]中提出了一种大致基于牛顿法的算法，称为快速传播(quickprop)算法。这是一种启发式算法，首先将突触权重视为准独立，随后将误差面近似为权重的一个二次多项式函数。如果计算出的极小值是一个合理的值，则它在迭代过程中被用作更新值，否则会采用一些启发式方法。由此产生的更新规则的通用公式为

$$\Delta\theta_{ij}^r(\text{new})=\begin{cases}a_{ij}^r(\text{new})\Delta\theta_{ij}^r(\text{old}), & \text{若}\ \Delta\theta_{ij}^r(\text{old})\neq 0\\ -\mu\dfrac{\partial J}{\partial\theta_{ij}^r}, & \text{若}\ \Delta\theta_{ij}^r(\text{old})=0\end{cases}\tag{18.38}$$

其中

934 $$a_{ij}^{r}(\text{new})=\min\left\{\frac{\dfrac{\partial J(\text{new})}{\partial\theta_{ij}^{r}}}{\dfrac{\partial J(\text{old})}{\partial\theta_{ij}^{r}}-\dfrac{\partial J(\text{new})}{\partial\theta_{ij}^{r}}},a_{\max}^{r}\right\} \tag{18.39}$$

且所用参数的典型值为 $0.01\leqslant\mu\leqslant0.6$，$a_{\max}\approx1.75$。论文[192]提出了一种与快速传播思想很相似的算法。

在实践中，当涉及大型网络和数据集时，更简单的方法（如精心调整过的梯度下降法及其变体版本）似乎比 18.4.2 节中讨论的方法更好，并已成为当前的趋势。更复杂的二阶技术能提高较小网络的性能，特别是在回归任务场景下。

18.5 代价函数的选择

正如前面讨论的那样，前馈神经网络属于更一般的参数化模型类族，因此，从原理上来说，可采用到目前为止本书中已经介绍的任何损失函数。这些年来，某些特定的损失函数在回归和分类任务场景下越来越流行。但是，在前馈多层网络中，损失函数的选择与所使用的输出非线性函数的类型紧密耦合。一个“错误”的组合会严重影响网络在训练中学习的速度。为了理解这种说法，考虑下面的组合。

采用平方误差为 1 的损失函数，并采用式(18.7)所示的对率 S 形函数 $\sigma(z)$ 作为输出非线性函数。为了简单起见，假设只有一个输出节点，并同时取消与观测值相关的索引 n 和与层相关的索引 r。于是，如果 y 是目标值，$\hat{y}$ 是估计，则对代价函数的贡献为

$$J=\frac{1}{2}(y-\hat{y})^2=\frac{1}{2}(y-\sigma(z))^2,\ z=\boldsymbol{\theta}^{\mathrm{T}}\boldsymbol{y} \tag{18.40}$$

其中 $\boldsymbol{y}$ 是最后一个隐层的(扩展)输出向量，$\boldsymbol{\theta}$ 是连接最后一个隐层的节点到输出节点的突触权重。根据标准实践做法，偏置项已经吸收到 $\boldsymbol{\theta}$ 中。于是使用求导的链式法则，容易看出 J 关于 $\boldsymbol{\theta}$ 的梯度为

$$\frac{\partial J}{\partial\boldsymbol{\theta}}=\frac{\partial J}{\partial z}\frac{\partial z}{\partial\boldsymbol{\theta}}=\delta\boldsymbol{y},\ \delta:=\frac{\partial J}{\partial z}$$

其中，在考虑式(18.40)后，得到

$$\delta=\frac{\partial J}{\partial\hat{y}}\frac{\partial\hat{y}}{\partial z}=(\hat{y}-y)\sigma'(z)$$

因此

$$\frac{\partial J}{\partial\boldsymbol{\theta}}=(\hat{y}-y)\sigma'(z)\boldsymbol{y}$$

此公式意味着代价关于连接至输出节点的参数的梯度依赖于误差($\hat{y}-y$)和对率 S 形函数的导数。对误差的依赖是“健康的”。实际上这就是我们想要的。误差越大，梯度(绝对值)
935 越大，这将使式(18.10)中的修正项较大，以解释较大的误差，或在误差较小时使更新值接近当前估计。然而，非线性函数对导数的依赖并不是好消息。回顾图 18.8 中的图形，对于不接近于零的参数值，函数很快饱和，其导数变得非常小。因此，尽管误差可能很大，但相应的修正项会很小。另外，回想一下，在逆传播中，代价函数相对于最后一层(输出层，比如 L)参数的梯度，被传递给前一层($L-1$ 层)，用于计算相应的梯度，依此类推。如果最后一层的梯度值较小，则会影响所有层的梯度，结果导致收敛速度明显减慢。

相反，如果输出节点是一个线性节点，而不是一个 S 形节点，那么平方误差损失函数

和线性输出单元是一个很好的组合。由此产生的梯度与误差成正比，因为现在导数变成了一个常数。

我们现在将关注一个替代的损失函数，它绕过了上述缺点。对一个分类任务，我们采用 0、1 作为目标值。于是，对 k_L 个输出节点，真实值 y_{nm} 和预测值 $\hat{y}_{nm}(n=1,2,\cdots,N, m=1,2,\cdots,k_L)$ 可解释为概率，在此场景下，一种常用的代价函数是交叉熵，其定义为

$$J=-\sum_{n=1}^{N}\sum_{k=1}^{k_L} y_{nk}\ln\hat{y}_{nk}:\ \text{交叉熵代价} \tag{18.41}$$

注意，这与式(7.49)中用于多分类对率回归任务的代价函数完全相同。对于分类任务，当类别数等于输出节点数时，即我们有 k_L 个类，交叉熵就是观测值的负对数似然。实际上，对于观测标记变量 y_{nk} 的 0,1 类别编码方案，对应目标输出向量 $\boldsymbol{y}_n\in\mathbb{R}^{k_L}$ 有一个为 1 的分量，其位置对应真实类别，其余分量均为 0(独热向量)。如果我们将 $\hat{y}_{nk}$ 解释为相应的后验概率，即 $P(\omega_k\mid\boldsymbol{x}_n;\ \boldsymbol{\theta})$，其中 $\boldsymbol{\theta}$ 表示定义网络的所有参数，于是观测值的似然如下：

$$P(\boldsymbol{y}_1,\cdots,\boldsymbol{y}_N|\mathcal{X};\boldsymbol{\theta})=\prod_{n=1}^{N}\prod_{k=1}^{k_L}(\hat{y}_{nk})^{y_{nk}} \tag{18.42}$$

取对数并改变符号，就得到了式(18.41)。

有时也使用交叉熵损失函数的一种不同形式，称为相对熵，即

$$J=-\sum_{n=1}^{N}\sum_{k=1}^{k_L} y_{nk}\ln\frac{\hat{y}_{nk}}{y_{nk}} \tag{18.43}$$

这个公式引出了与库尔贝克–莱布勒(KL)散度(2.5.2 节)的密切关系，KL 散度度量概率(分布)之间的偏差。在我们的语境中，它衡量的是 y_{nk} 和 $\hat{y}_{nk}$ 有多大的不同。 936

除了前面定义的交叉熵代价函数之外，人们也使用它的变体

$$J=-\sum_{n=1}^{N}\sum_{k=1}^{k_L}\left(y_{nk}\ln\hat{y}_{nk}+(1-y_{nk})\ln(1-\hat{y}_{nk})\right) \tag{18.44}$$

其极小值发生在 $y_{nk}=\hat{y}_{nk}$ 时，对应的二元目标值等于 0。比较式(18.44)中的这个代价函数和式(18.41)中的交叉熵，容易看出前者对正确类试图将 $\hat{y}_{nk}$ “推” 向 $1(y_{nk}=1)$，而对错误类则试图将对应值推向 0，从而最小化 J。注意，式(18.44)中的代价函数可以被看作两类情况使用单一输出神经元的交叉熵的一个推广(参见式(7.38))。采用 0,1 类的编码方案，并假设这一次类不是互斥的而是独立的，则式(18.42)的对应公式变为

$$P(\boldsymbol{y}_n|\mathcal{X};\boldsymbol{\theta})=\prod_{n=1}^{N}\prod_{k=1}^{k_L}(\hat{y}_{nk})^{y_{nk}}(1-\hat{y}_{nk})^{1-y_{nk}}$$

这会得到式(18.44)。但请注意，如果类是互斥的(多数分类任务中的情况)，则此解释不成立。

很容易看到，将上述版本的交叉熵函数与对率 S 形非线性函数相结合，就“解放”了代价函数关于第 k 个输出神经元的突触权重的梯度，不再依赖于相应激活函数的导数。很容易证明(习题 18.7)

$$\frac{\partial J}{\partial\boldsymbol{\theta}_j^L}=\sum_{n=1}^{N}\delta_{nj}^L\boldsymbol{y}_n^{L-1},\ j=1,2,\cdots,k_L$$

其中，对式(18.41)中的交叉熵损失函数，$\delta_{nj}^{L}=y_{nk}(\hat{y}_{nk}-1)$，而对式(18.44)中的情况，$\delta_{nj}^{L}=\hat{y}_{nk}-y_{nk}$。注意，$\boldsymbol{y}_{n}^{L-1}$ 为最后一个隐层(第 $L-1$ 层)的输出向量。

可以证明(习题 18.9)，与平方误差损失函数依赖于绝对误差不同，式(18.41)和式(18.44)中的代价函数依赖于相对误差，因此，在优化过程中小的误差值和大的误差值权重相等。而且可以证明，如果存在可以正确分类所有训练数据的解，梯度下降算法就能找到它[2]，从这个意义上，交叉熵属于所谓良构的损失函数。论文[215]指出，相比于平方误差损失函数，在分类任务上交叉熵损失函数可带来泛化能力的提升且训练速度更快。

说了这么多，回忆一下，我们已将网络的输出解释为概率，但无法保证它们的和为 1。为了保证这一点，我们可以选择最后一层中的激活函数为

937
$$\boxed{\hat{y}_{nk}=\frac{\exp(z_{nk}^{L})}{\sum_{m=1}^{k_L}\exp(z_{nm}^{L})}:\quad \text{softmax激活函数}} \tag{18.45}$$

这被称为 softmax 激活函数[21]。回忆一下，对应第 n 个输入训练样本，$z_{nk}^{L}:=\boldsymbol{\theta}_{k}^{L^{\mathrm{T}}}\boldsymbol{y}_{n}^{L-1}$ 为第 k 个输出神经元(第 $r=L$ 层，图 18.11)的线性组合函数(在非线性函数之前)的值。对熟悉对率回归(在第 7 章中讨论过)的读者，请比较式(18.45)和式(7.47)，毕竟，这个世界很小！

与 S 形激活函数的情况相同，容易证明组合 softmax 激活函数和交叉熵损失函数导致梯度与非线性函数的导数独立(习题 18.10)。

18.6　梯度消失和梯度爆炸

我们已经讨论了在输出中避免使用非线性函数的重要性，当与一些损失函数结合时，非线性函数会促进小的梯度值。现在让我们看看隐层中发生了什么。秘密在于逆传播算法的式(18.27)。让我们再深入研究一下。正如在前一小节中看到的，梯度计算的核心在于这些量：

$$\delta_{j}^{r}:=\frac{\partial J}{\partial z_{j}^{r}},\ j=1,2,\cdots,k_r,\ r=1,2,\cdots,L$$

其中出于符号表示整洁的考虑而忽略了索引 n，r 是指出对应层号的索引，网络共有 L 层，j 是第 r 层中神经元的索引，第 r 层共有 k_r 个神经元。由定义，$z_{j}^{r}:=\boldsymbol{\theta}_{j}^{r^{\mathrm{T}}}\boldsymbol{y}^{r-1}$ 是第 j 个神经元(与参数向量 $\boldsymbol{\theta}_{j}^{r}$ 相关联)的线性输出，在非线性函数 f 之前，$\boldsymbol{y}^{r-1}$ 是第 $r-1$ 层的输出向量(图 18.11)。于是不同 δ 导数的传播遵循递归规则(式(18.27))

$$\delta_{j}^{r-1}=\left(\sum_{k=1}^{k_r}\delta_{k}^{r}\theta_{kj}^{r}\right)f'(z_{j}^{r-1}),\quad j=1,2,\cdots,k_{r-1}$$

也就是说，第 $r-1$ 层的 δ 导数依赖于之上的第 r 层相应的 δ 导数，还依赖于相应的权重和非线性函数的导数，两种依赖关系都是乘性的。为了清楚起见，我们把上面的公式写成连续两步的形式：

$$\delta_{j}^{r-1}=\left(\sum_{k=1}^{k_r}\left(\sum_{i=1}^{k_{r+1}}\delta_{i}^{r+1}\theta_{ik}^{r+1}\right)f'(z_{k}^{r})\theta_{kj}^{r}\right)f'(z_{j}^{r-1}),\quad j=1,2,\cdots,k_{r-1}$$

我们需要记住的不是它的精确公式，而是这样一个概念：当逆传播算法向后流动时，非线性函数的导数和权值会相乘，涉及的乘积会增加。层次 δ_{j}^{r} 越低(更靠近输入层)，其计算

就涉及更多乘积。在实践中有两种极端情况可能会经常发生。

考虑到激活函数的导数可以小于 1(S 形非线性函数的值可能非常小)，如果估计的参 938
数值不是很大，代价函数关于较低层参数的梯度可能很小并趋向于 0，这会令训练非常缓慢(参见[95，225]了解更多的讨论和洞察)。当涉及很多层的深度网络时，这种现象会变得更加突出。

在另一个极端，如果参数值恰好非常大，就会导致梯度估计的爆炸。结果是影响学习——将参数估计推向参数空间的错误区域。

另一个相关的问题是，沿着不同层的梯度可能会取不同大小的值。这意味着有些层可能比其他层学习得更快。这基本上是一种不稳定。

所有这些都是在训练多层神经网络时遇到的困难，特别是当涉及很多层时。

为了解决这些问题，研究者已经开发了许多改进和技巧。摆弄不同的代价函数是一种，摆弄逆传播算法的不同优化变体是另一种(参见[162]中的讨论)。在接下来的小节中，我们将看到如何处理在隐层中使用的非线性函数，它们是非饱和类型的，因此可以“保护”我们不受导数值较小的趋势的影响。

18.6.1　整流线性单元

除了到目前为止介绍过的激活函数外，最近还出现了一种新的激活函数——*整流线性单元*(ReLU，见图 18.13)，定义如下

$$\boxed{f(z)=\max\{0,z\}:\quad \text{ReLU}} \tag{18.46}$$

在深度网络场景中，已有研究表明，在隐层中使用 ReLU 非线性函数可以显著加快训练时间[126]。当神经元在其活动区域($z>0$)工作时，这种激活函数不受饱和影响，其导数等于 1。因此，为了增加激活函数输入为正的概率，我们希望在初始化时将神经元的偏置设置为一些小的正值，如 $\theta_0=0.1$。对于负值，导数为零。在 $z=0$ 处，导数是没有定义的，如果在训练中出现这种情况，选择 1 或 0 都可以，对于熟悉次梯度概念(见第 8 章)的读者，这样的选择是完全合理的。 939

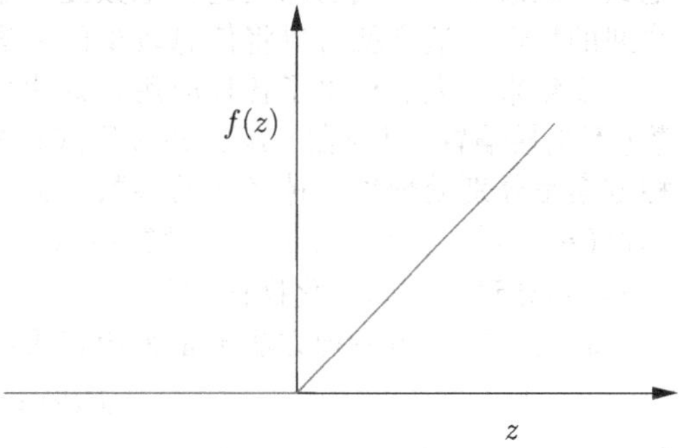

图 18.13　ReLU 的图形。注意，对 $z>0$，导数等于 1，对 $z<0$，导数等于 0

因此，选择 ReLU 作为激活函数，绕过了关于较小导数值减慢训练的问题。回想一下，在逆传播算法中，当计算关于隐层参数的梯度时，激活函数的导数需要进行乘法。

ReLU 的一个缺点是当 $z<0$ 时训练会冻结。为了克服这个问题，已经提出了 ReLU 的变种。例如，可以使用

$$f(z)=\max\{0,z\}+\alpha\min\{0,z\}$$

依赖于 α 的值，可得到不同的变体。对 $\alpha=-1$，就得到所谓的*绝对值整流*[108]。如果赋予 α 一个小值，如 0.01，得到的非线性函数被称为*泄漏* ReLU[150]。在[77]中，α 作为参数留待训练中学习。一种进一步的改进称为*最大输出单元*，采用 k 个不同的 ReLU，它们的参数在训练过程中学习出来，每一次，选出得到最大值的那个来激活对应神经元[60]。ReLU 最早是在[71]中在动态网络场景下提出的，是受到了生物学方法的启发。

现在产生的问题就是在实际中如何选择具体使用的非线性。这个问题没有明确的答案，选择取决于具体的应用程序。在编写本书时，似乎使用 ReLU 的任何一个版本都是隐

藏层的更流行的选择。对于分类任务和输出层，结合交叉熵代价函数的 softmax 非线性是最常用的。

18.7 网络正则化

神经网络训练中的一个关键问题是确定网络的规模。网络的规模与要估计的参数数量直接相关。对于前馈神经网络，涉及两个问题，即层数和每层神经元的数量。正如我们将在 18.11 节中讨论的那样，许多因素促使我们使用两个以上的隐层。这种网络包含大量参数，容易发生过拟合，影响学习器的泛化性能。应对过拟合的一个方法是正则化。多年来，人们提出了各种正则化方法。下面给出了一个简短的介绍和一些指导原则。在 18.11.1 节中，我们将回到过拟合和泛化问题，在深度网络背景下，从不同的角度进行讨论。

权重衰减：此方法是指通过权重的欧氏范数来实现典型的代价函数正则化。它不再最小化代价函数 $J(\boldsymbol{\theta})$，转而最小化其正则化版本(如[84])，使得

$$J'(\boldsymbol{\theta})=J(\boldsymbol{\theta})+\lambda||\boldsymbol{\theta}||^2 \tag{18.47}$$

940 我们在第 3 章中已经在岭回归的场景下讨论过，在正则化范数中引入偏置项并不是一种好的做法，因为它影响估计器的平移不变性。一种更合理的正则化方法是从范数中移除偏置项。虽然这种简单类型的正则化有助于提高网络的泛化性能，而且对一些情况已经足够了，但一般而言它并不是最适合的方法。

除平方欧氏范数外，式(18.47)中还可以使用其他范数。例如，另一种方法是采用 ℓ_1 范数。从第 9 章，我们知道这种范数提升了稀疏性。在训练一个大型网络时，这是一个受欢迎的特性，这样就可以将信息较少的参数推向零。

多年来，人们提出了各种应用正则化代价函数的方案。一种方案是将每一层的所有参数(不包括偏置)组合在一起，并应用式(18.47)，为每一组使用不同的正则化常数。另一种方案是分别处理每个神经元的参数。另一条路线是将正则化看作相当于约束范数小于预选值(第 3 章)。这等价于一个投影步骤，投影到与范数相关联相应的球，如 ℓ_2 球(见第 8 章)这会导致一个归一化操作(见[91])。

权重消除：另一种方法不是采用权重的范数，而是引入正则化项的一般函数形式，即

$$J'(\boldsymbol{\theta})=J(\boldsymbol{\theta})+\lambda h(\boldsymbol{\theta}) \tag{18.48}$$

例如，论文[246]中使用下述公式

$$h(\boldsymbol{\theta})=\sum_{k=1}^{K}\frac{\theta_k^2}{\theta_h^2+\theta_k^2} \tag{18.49}$$

其中 K 是所涉及的参数个数，θ_h 是预设的阈值。仔细观察此函数可以发现，若 $\theta_k<\theta_h$，则惩罚项将快速变为零。相反，若 $\theta_k>\theta_h$，则惩罚项趋于单位值。通过这种方式，不重要的权重被推向零。该方法出现了很多变体(如[201])。

基于敏感性分析的方法：论文[130]提出了所谓的最优脑损伤技术。利用二阶泰勒展开，对代价函数的权重进行扰动分析，即

$$\delta J=\sum_{i=1}^{K}g_i\delta\theta_i+\frac{1}{2}\sum_{i=1}^{K}h_{ii}\delta\theta_i^2+\frac{1}{2}\sum_{i=1}^{K}\sum_{j=1,j\neq i}^{K}h_{ij}\delta\theta_i\delta\theta_j \tag{18.50}$$

其中

941 $$g_i:=\frac{\partial J}{\partial\theta_i},\quad h_{ij}:=\frac{\partial^2 J}{\partial\theta_i\partial\theta_j}$$

随后，假定海森矩阵是对角矩阵且算法近似最优(零梯度)，我们可以近似设置

$$\delta J \approx \frac{1}{2}\sum_{i=1}^{K} h_{ii}\delta\theta_i^2 \tag{18.51}$$

该方法的工作方式如下：

- 使用逆传播算法训练网络，在几个迭代步之后，暂停训练。
- 然后为每个权重计算所谓的显著性，定义如下

$$s_i = \frac{h_{ii}\theta_i^2}{2}$$

并移除具有较小显著性的权重。基本上，如果移除相应的权重(将其设置为零)，则显著性衡量了对代价函数的影响。

- 继续训练并重复该过程，直到满足算法的终止条件。

在[74]中，通过计算完整的海森矩阵，催生出最优脑手术方法。注意，移除连接的正则化方法也被称为剪枝技术。

提前停止：另一种避免过拟合的技术概念简单但在实践中特别有用，即所谓的提前停止。其思想是在测试误差开始增加时停止训练。对网络更多回合的训练，会令训练误差收敛到更小的值。然而，这通常意味着发生了过拟合，而非得到一个好的解。采用提前停止方法，网络训练数轮迭代后暂停。随后将当前得到网络的权重/偏置的估计应用到验证/测试数据集，计算代价函数值。然后恢复训练，在数轮迭代之后重复上述过程，直到在测试集上计算的代价函数值开始增加时停止训练任务。

提前停止也可与其他正则化策略结合使用。即使使用修改目标函数的正则化策略，也不能仅仅基于训练错误来决定何时停止训练。

通过噪声注入正则化：训练期间噪声的正则化效应自 20 世纪 90 年代初以来就众所周知。在输入样本中添加额外噪声的方法有很多种(如[19])。这等价于通过添加一个额外项来修改代价函数，此项充当一个正则化项。

另一种方法是在训练中估计参数时向参数添加噪声(参见[166])。将噪声看作参数上的一个小扰动，并使用输出的一阶泰勒展开，可以证明这等价于在代价函数中添加一个额外的正则项。大的梯度值被惩罚，这推动算法收敛到参数空间的解，其中它们对小的变化相对不敏感。

除了前面的两种可能，还有一些策略尝试处理有噪声的输出标签。这就是所谓的标签平滑(参见[228])。 942

通过人工扩展数据集的正则化：如本书多个部分已讨论过的(如第 3 章)，过拟合的原因是模型未知参数的数量相对于训练集的规模太大。保持模型固定，同时增加训练数据的数量，对解决过拟合问题是有益的。然而，标记数据在实践中并不总是可得。在这种情况下，在某些应用程序中，一个办法是人工生成“假”数据，并使用它们作为训练集的一部分。例如，在对象识别和光学字符识别等任务中，通过在现有图像上应用线性变换，如旋转、平移和缩放，可以生成对象或数字和字母的许多副本。在[110]中，数据增强也被应用到语音识别中。稍后，在 18.15 节中，我们将讨论关于如何人工生成数据的最新技术。

例 18.2 本例的目的是显示正则化对过拟合的效果。图 18.14 显示了得到的分离两类样本的决策边界，两类样本分别用黑色和灰色的圆圈表示。图 18.14a 对应一个多层感知机，它有两个隐层，每层 20 个神经元，总共 480 个权重。训练是通过梯度下降逆传播算法进行的。容易观察到结果曲线的过拟合特征。图 18.14b 对应相同的多层感知机，但使用剪枝算法进行训练。特别的，实验中采用了基于参数敏感度的方法，每 100 回合测试

权重的显著性值，并将显著性值低于选定阈值的权重移除。最后，480 个权重中只有 25 个留存下来，曲线相应简化为一条直线。

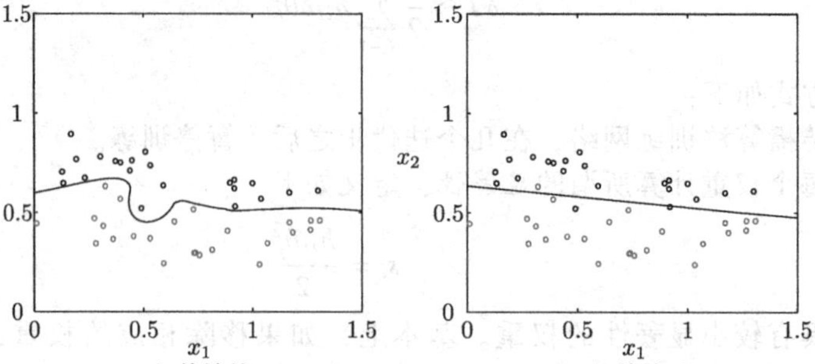

a）剪枝前　　b）剪枝后

图 18.14　决策曲线

18.7.1　dropout

这种深度网络正则化技术遵循的是与我们已经讨论过的不同的概念。它的起源借鉴了 7.8 节和 7.9 节中已经讨论过的学习器组合的思想，特别是袋装法基本原理。然而，dropout 巧妙地修改了袋装法的基本思想，使其更有效，更适合大型网络。

术语“dropout”是指在神经网络中(隐层和输入层)单元/节点退出。在训练算法的每
943 步迭代中，会移除一些节点(以及它们关联的输入和输出连接)。其余节点的参数按照更新规则进行更新。换句话说，在每个迭代步骤中，只更新了参数的一个子集，而其余参数(与移除节点相关联的)则冻结为上一步迭代得到的当前可用估计值。由剩余节点组成的子集定义了原网络的一个子网络。该过程如图 18.15 所示。图 18.15a 中显示了完整网络。在图 18.15b 中，要移除的节点及它们的所有输入和输出连接用灰色表示。在图 18.15c 中，当前迭代中要更新的子网只涉及黑色节点。灰色节点和连接已被移除，它们相关参数的估计值被冻结为在上一步迭代中已经得到的值，在当前步骤中不进行更新。在图中，被移除的节点中有一个是输入节点，其余位于隐层中。

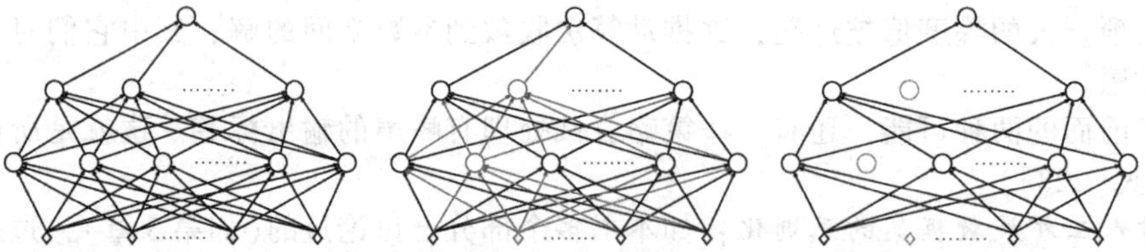

a)　　b)　　c)

图 18.15　a) 完整网络。b) 移除节点及其所有输入和输出连接用灰色表示。c) 灰色节点和连接已经移除。它们关联的参数的估计值被冻结为上一步迭代得到的值，在当前迭代步骤中不进行更新

节点的移除是概率性的。即每个节点保留的概率为 P。通常情况下，对于隐层节点，P 的值为 0.5，对于输入层节点，P 的值为 0.8。对于一个有 K 个节点的网络，可能的子网络的总数是 2^K。对于 K 值较大的情况，这的确是一个很大的数，实践中就是如此。但要记住，各子网络之间存在高度的参数共享，需要学习的参数总数等于构成原网络的参数数量。

一旦训练阶段已经完成，逆传播算法已经收敛，得到的估计值要乘以相应的概率 P。这相当于所有已训练的可能子网络上的平均操作[91]。可证明(如[64、91])，对一个有一层隐层和 K 个节点、有一个 softmax 输出单元来计算概率类标签的网络，使用平均网络

等价于取所有 2^K 个可能的网络预测的标签上的概率分布的几何平均。在[245]中已证明，应用 dropout 原理到一个线性回归任务等价于一个 ℓ_2 正则化，其中每个模型参数使用不同的正则化权重。然而，这种等价性并不适用于一般的深度网络。

在[91]中给出了 dropout 为什么有效的一个启发式解释。dropout 减少了神经元的协同适应，因为在每步迭代时，会更新不同神经元集合的参数。因此，网络“被迫”学习更鲁棒的特征。换句话说，网络在学习的时候，每次都会略过一部分。在[255]中给出了一个 944
理论上更令人满意的解释，其中证明了，dropout 技术等价于深度高斯过程中具有特定先验的近似变分推理。

在本书当前版本编写的时候，dropout 技术似乎是最流行的正则化方法，并已被广泛应用(参见[210])。而且，使用 dropout 并不会阻止它与其他类型的正则化方法相结合[91]。不用说，这种方法不是一种“万能灵药”，也有它的缺点。一个主要的缺点是，我们通常需要训练一个大得多的网络来应对施加正则化造成的容量损失。此外，训练还需要进行更多的迭代。一个 dropout 网络的训练时间通常是相同结构的标准神经网络的 2~3 倍。为此，除了先前的方案，也有人提出了计算效率更高的替代方案(参见[241, 243])。

例 18.3　图 18.16 说明了在光学字符识别(OCR)分类任务的场景中，dropout 正则化对测试误差的影响。采用全连通前馈网络，输入层 784 个节点，两隐层各 2000 个节点，10 个输出节点，每个类 1 个。网络的输入来自数字识别的 MNIST 数据库。输入图像大小为 28×28(784)，像素值归一化到范围内[0,1]。在训练中，我们使用了 55 000 张图像，保留了
10 000 张图像用于测试阶段。隐层采用的非线性函数为 ReLU，输出节点采用 softmax。损失 945
函数是交叉熵。采用标准梯度下降算法，步长为 $\mu=0.01$。网络训练 600 个回合，并且小批量大小等于 100。为了得到曲线，在每个回合迭代完成时，使用在训练阶段获得的估计值来计算测试集的误差。观察到，dropout 的使用对得到的测试误差有显著的影响。而且，组合移除隐层节点和输入节点具有有益的效果。应该注意到，虽然使用 dropout 是有益的，但即使没有正则化，网络也做得相当好。我们会在 18.11.1 节再回到这个问题。

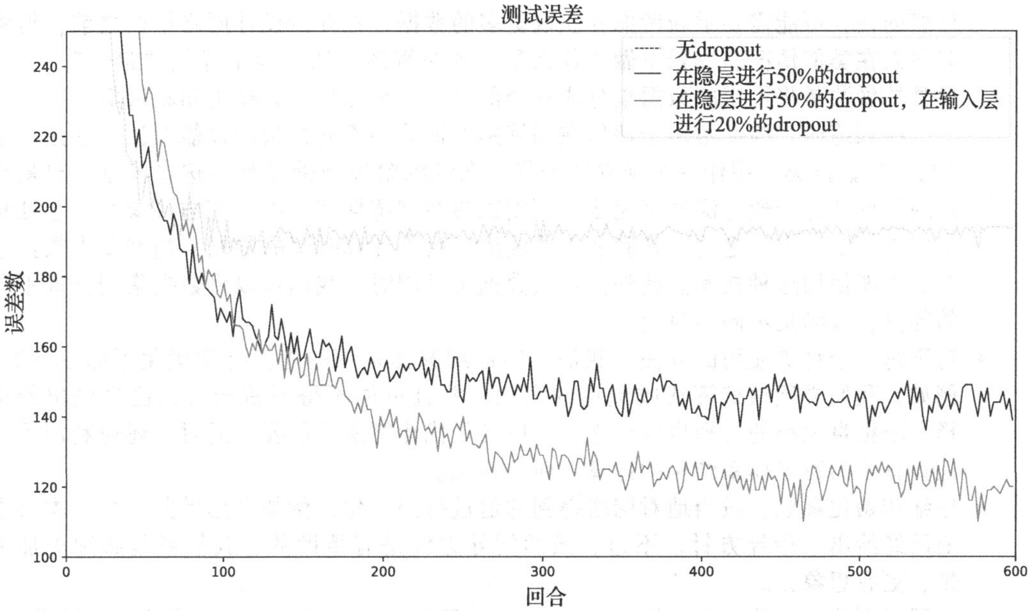

图 18.16　在训练中使用 dropout 对网络的泛化性能有显著影响。这可以通过测试误差来验证，测试误差由测试集中的错误数量来衡量。隐层中保留节点的概率为 $P=0.5$，输入节点的保留概率为 $P=0.8$

18.8 设计深度神经网络：总结

到目前为止，我们在讨论中已经涉及了在为特定应用程序构建深度神经网络时必须解决的许多挑战。毫无疑问，一个实践者必须在运行代码之前做出许多关键的决策，通常使用一个现成的软件包。

采用神经网络结构和选择相关超参数仍然是一项具有很强工程色彩的任务。在开发相关复杂软件包之前，把这个任务与建立一个复杂的电路的任务相比较可能并不极端。工程师不得不使用许多技巧，这些技巧是从经验中而非从理论中学来的。本节的目标是总结和整理主要的挑战和一些必须遵循的一般技巧。

- 在构建网络之前，仔细考虑手头的问题，尝试理解它的特殊性、本质及数据的统计特性和目标。避免在确定已理解手头问题之前就开始摆弄算法。
- 查看数据，确保这些数据已被很好地收集并高度代表了问题。确保没有偏向于某些决策或类的“偏差”。特别关注的偏差，也是最难以识别的偏差，是那些发生在潜意识层面，由社会刻板印象驱动的偏见，例如，有关性别、种族、宗教和社会阶层的问题。
- 确保对隐层单元和输出单元使用适当类型的非线性函数。虽然我们已经针对“典型”案例提出了一些建议，但正确的选择仍是问题相关的。“典型”并不一定意味着“必须”。
- 确保选择正确的损失函数来优化数据。相关问题以前已经讨论过了。但一个人可能更有想象力，需要使用更适合于手头问题的其他损失函数。人们不必偏向于书中所举的几个例子。在机器学习的几十年历史中，不同科学社区提出和使用了许多替代方法，在这些地方，专用的损失函数可能更合适。
- 选择网络的大小是第一个挑战，即决定层数和每层节点数。如果网络太大，即使使用正则化也不足以解决过拟合问题。如果太小，性能可能会很差。在某些情况下，可能的话，可能需要重新考虑并获取更多的数据。在开始设计网络结构之前，搜索其他人在类似情况和场景下做了什么是一种明智的方法。为了寻找“最佳”大小，
946 通常的做法是将可用的数据集分成三个部分，即**训练集**、**验证集**和**测试集**。

  在训练时，验证集用于评估在训练集上训练的不同模型的性能对比。这是一个“混合”数据集，用作一个独立数据集，在训练阶段帮助设计者选择模型。对最终表现的评估完全通过测试集完成，而测试集在训练期间不以任何方式参与。验证集不应与第3章中讨论的交叉验证方法混淆。由于计算时间的限制，当涉及大数据集时，不能使用这种技术。此外，当大数据集可用时，我们可以将数据集划分成不同的部分，以满足不同的目的。
- 对于每一个将被使用的算法，我们必须仔细选择采用的随机梯度优化器的超参数。例如，我们必须跟踪算法收敛性的变化，并且可能不得不重新考虑已经做出的选择。小批量大小的选择也应该谨慎，以满足优化算法的需要，同时，还应利用用来运行算法的特定体系结构的计算方面的特性。
- 仔细初始化参数，适当地对网络得到的值进行归一化，例如采用批归一化。本书之前已经给出了指导方针。不过，虽然指导方针是有帮助的，我们还是必须更加谨慎、更有想象力。
- 采用正则化。为此，若采用 dropout 方法，我们必须在实验中以一定概率移除节点，如果涉及另一种方法，则需移除涉及的正则化参数。
- 现代神经网络结构由数百万个参数组成，不过，它们所涉及的计算是高度并行的。

GPU 是相对便宜和普遍的硬件设备，可承担大量的并行计算，因为它们包含数千个核。因此，购买多块 GPU 是最需要的投资。随着 GPU 内存容量的增加(或者使用多个 GPU)，可以增加小批量处理的大小，这会导致更快的训练(由于并行)和更好的收敛(由于更大的批次)。

- 在实现和运行算法时，利用他人在类似场景下获得的经验。此外，请记住，该领域仍在发展中，随时可能出现新的成果和技术。因此，密切关注领域的进展。
- 永远不要在黑箱方式下运行算法。尝试理解每个超参数的含义以及它们如何影响性能。

对从业者的最后一个提示也是我一直向我的学生重复的：*理解了之后再运行*。

18.9 前馈神经网络的普遍近似特性

在 18.3 节中，我们讨论了基于麦卡洛克-皮茨神经元建立的三层前馈神经网络的分类能力。随后，为了可微性，我们使用了激活函数的平滑版本。现在的问题是，我们能否就这些网络的预测能力发表更多的看法。对此，已经出现了不少理论成果，为神经网络的实际使用提供了支持(参见[36, 54, 96, 105])。 947

让我们考虑这样的一个*双层*网络，包括一个隐层、一个 S 形非线性函数和一个*线性*输出节点。网络的输出可表示为

$$\hat{g}(\boldsymbol{x}) = \sum_{k=1}^{K} \theta_k^o f(\boldsymbol{\theta}_k^{h\mathrm{T}} \boldsymbol{x}) + \theta_0^o \tag{18.52}$$

其中 $\boldsymbol{\theta}_k^h$ 由定义了第 k 个隐层神经元的突触权重和偏置项组成，上标“o”表示输出神经元。那么，以下定理成立。

定理 18.1 *令 $g(\boldsymbol{x})$ 是在紧*[⊖]*子集 $S \in \mathbb{R}^l$ 中定义的连续函数，并有任意一个 $\epsilon>0$，则存在一个两层网络，它形如式(18.52)所描述的 $K(\epsilon)$ 个隐层节点，使得*

$$|g(\boldsymbol{x}) - \hat{g}(\boldsymbol{x})| < \epsilon, \quad \forall \boldsymbol{x} \in S \tag{18.53}$$

文献[12]中证明了，其近似误差以 $\mathcal{O}(1/K)$ 的速度减少。换句话说，误差与输入维数无关，它取决于所用神经元的数量。该定理指出，双层神经网络也足以逼近任何连续函数，也就是说，它既可用于在分类任务中实现任何非线性判别表面，也可用于一般回归问题中实现任何非线性预测函数。这的确是一个强有力的定理。对于更一般的一类激活函数，包括 ReLU，已经证明了相关的普遍近似定理(如[138, 218])。

然而它并没有说明这样一个网络可以是多大——单层中所需的神经元数量是多少。也许它需要数量非常多的神经元才能获得足够好的近似。这正是使用更多层的神经网络的优势之处，因此，使用多层结构，实现特定近似程度所需的神经元总数可能要小得多。在讨论深度架构时，我们将会继续讨论这个问题。

附注 18.5

- *极限学习机*(ELM)：这是一种单层前馈网络(SLFN)，其输出的形式如文献[97]所述：

$$g_K(\boldsymbol{x}) = \sum_{i=1}^{K} \theta_i^o f(\boldsymbol{\theta}_i^{h\mathrm{T}} \boldsymbol{x} + b_i) \tag{18.54}$$

其中 f 是对应的激活函数，K 是隐层节点的数量。它与标准单层前馈网络的主要差

⊖ 封闭且有界。

别在于每个节点关联的参数(即 $\boldsymbol{\theta}_i^h$ 和 b_i)是随机生成的，而输出函数的权重(即 θ_i^o)的选择使得训练点的均方误差最小化。这等价于求解

948

$$\min_{\boldsymbol{\theta}^o}\sum_{n=1}^{N}\left(y_n-g_K(\boldsymbol{x}_n)\right)^2 \tag{18.55}$$

因此，根据 ELM 原理，我们不需要计算隐层的参数值。已证明，这种训练方法具有坚实的理论基础，它能确保收敛到唯一解。有趣的是，尽管节点参数是随机生成的，但对于无限可微的激活函数，如果 K 接近 N，训练误差可以变得任意小(如果 $K=N$ 则变为零)。此外，通用逼近定理确保对于足够大的 K 和 N 值，g_K 可以近似任何非常数分段连续函数[98]。我们可以在相应的文献中找到这种简单思想的很多变种和推广，感兴趣的读者可参考[99，186]中的相关综述。

18.10　神经网络：贝叶斯风格

在第 12 章中，我们贝叶斯学习的框架中研究了(广义)线性回归和分类的任务。由于前馈神经网络实现了参数化的输入–输出映射 $f_{\boldsymbol{\theta}}(\boldsymbol{x})$，现在已没有什么能妨碍我们从完全统计的角度来看待这个问题。让我们将关注焦点转向回归任务，并假设噪声变量服从均值为 0 的高斯分布。于是，在给定 $f_{\boldsymbol{\theta}}(\boldsymbol{x})$ 的值的情况下，输出变量可用高斯分布描述

$$p(y|\boldsymbol{\theta};\beta)=\mathcal{N}\left(y|f_{\boldsymbol{\theta}}(\boldsymbol{x}),\beta^{-1}\right) \tag{18.56}$$

其中 β 是噪声精度变量。假设有一组连续的训练样本，$(y_n,\boldsymbol{x}_n)$，$n=1,2,\cdots,N$，它们是独立的，则我们有

$$p(\boldsymbol{y}|\boldsymbol{\theta};\beta)=\prod_{n=1}^{N}\mathcal{N}\left(y_n|f_{\boldsymbol{\theta}}(\boldsymbol{x}_n),\beta^{-1}\right) \tag{18.57}$$

对 $\boldsymbol{\theta}$ 采用高斯先验，则

$$p(\boldsymbol{\theta};\alpha)=\mathcal{N}(\boldsymbol{\theta}|\boldsymbol{0},\alpha^{-1}I) \tag{18.58}$$

给定输出值 $\boldsymbol{y}$ 的后验概率分布可表示为

$$p(\boldsymbol{\theta}|\boldsymbol{y})\propto p(\boldsymbol{\theta};\alpha)p(\boldsymbol{y}|\boldsymbol{\theta};\beta) \tag{18.59}$$

然而，与式(12.16)不同的是，由于对 $\boldsymbol{\theta}$ 的依赖是非线性的，后验分布并非高斯分布。这也是运算复杂的原因，我们不得不采用一系列近似来处理这种情况。

拉普拉斯近似：第 12 章中介绍的拉普拉斯近似方法可将 $p(\boldsymbol{\theta}|\boldsymbol{y})$ 近似为高斯分布。为此，必须首先利用迭代优化方法计算最大值 $\boldsymbol{\theta}_{\text{MAP}}$。一旦找到，后验分布可通过高斯近似替代，并表示为 $q(\boldsymbol{\theta}|\boldsymbol{y})$。
949

神经网络映射的泰勒展开：我们的最终目标是计算预测结果的分布，即

$$p(y|\boldsymbol{x},\boldsymbol{y})=\int p(y|f_{\boldsymbol{\theta}}(\boldsymbol{x}))q(\boldsymbol{\theta}|\boldsymbol{y})\,\mathrm{d}\boldsymbol{\theta} \tag{18.60}$$

然而，虽然相关的概率密度函数是高斯分布的，但由于 $f_{\boldsymbol{\theta}}$ 是非线性函数，难以对它进行积分。为了进行计算，我们执行一阶泰勒展开

$$f_{\boldsymbol{\theta}}(\boldsymbol{x})\approx f_{\boldsymbol{\theta}_{\text{MAP}}}(\boldsymbol{x})+\boldsymbol{g}^{\mathrm{T}}(\boldsymbol{\theta}-\boldsymbol{\theta}_{\text{MAP}}) \tag{18.61}$$

其中 $\boldsymbol{g}$ 是在 $\boldsymbol{\theta}_{\text{MAP}}$ 处计算的相应梯度，可以使用逆传播方法计算出来。经过线性化后，所涉及的概率密度函数相对于 $\boldsymbol{\theta}$ 变为线性函数，且其积分可得到如式(12.21)中所示的近似

高斯预测分布。对于分类任务，我们可采用第 13 章的 13.7.1 节中的对率回归模型来代替高斯概率密度函数，并采用类似的近似方法。关于神经网络的贝叶斯方法的更多经典视角可以在文献[151, 152]中找到。

贝叶斯推断方法：最近，对深度网络的贝叶斯观点的兴趣在加强更有效的正则化和剪枝的努力中复活了。在此场景下，所有的参数被当作随机变量，用条件分布和先验分布来描述。后者扮演着正则化项的角色。接着，采用变分贝叶斯技术来推断后验分布。例如，在[142]中，将层次先验引入节点剪枝中，而不再是使用单个权重。而且，利用后验不确定性决定最优不动点精度，以编码权重。

在[174]中，在卷积网络场景下，采用非参贝叶斯方法通过印度自助餐过程(IBP，第 13 章)对权值、节点或整个内核进行剪枝(见 18.12 节)。而且，非线性函数被全概率单元取代，后者涉及竞争局部赢者通吃(LTWA)的方法。据称，以单元数和位精度要求衡量，这种方法能产生非常有效的结构。

18.11 浅层结构与深层结构

在本章到目前为止的论述中，我们已经讨论了学习包含很多层节点的前馈网络的不同方面。我们介绍了不同形式的逆传播梯度下降法，作为一种广泛使用的训练多层结构的算法框架。我们还建立了多层神经网络的一些非常重要的特性，涉及它们的普遍近似性质以及解决由输入空间中多面体区域的并集所形成的类的任何分类任务的能力。从理论上讲，两三层就足以完成这些任务。因此，似乎一切都足够了。不幸的是(或许幸运的是)，这与事实相去甚远。

20 世纪 80 年代中期之后，前馈神经网络经历近十年的深入研究，失去了最初的辉煌，它们在很大程度上被其他技术所取代，如基于核的方法、提升方法和提升树以及贝叶斯学习模型等。造成它们不再受欢迎的一个主要原因是训练变得困难，而且逆传播相关的算法经常表现出较慢的收敛速度，可能陷入“糟糕的”局部极小值，是当时普遍的看法。尽管人们提出了不同的“技巧”和技术来改进收敛或找到更好的局部极小值，例如使用随机初始化来执行多次训练，但是它们的泛化性能可能还是无法与其他方法竞争。若使用两个以上的隐层，则此缺陷会变得更严重。事实上，人们很快就放弃了使用两层以上的隐层。 950

在本节中，我们将讨论是否需要超过两个隐层以上的深度网络？此外，我们将提供一些方法，来挑战糟糕的局部极小值的存在形成了训练深度神经网络的主要障碍的观点。

18.11.1 深层结构的力量

在 18.3 节中，我们讨论了神经网络的每一层如何对输入模式提供不同的表示。输入层将每个样本描述为特征空间中的一个点。第一个隐层节点将输入空间划分为不同的区域，并将输入点放置在其中一个区域中，并在相应神经元的输出端使用 0-1 编码方案(对赫维赛德激活函数)。这可以看作我们对输入模式的更抽象的表示。第二个隐层节点基于前一层提供的信息，对与类别相关的信息进行编码，这是一个进一步的表示抽象，它携带了某种“语义含义”。例如，在相关的医学应用中，它提供了肿瘤是否为恶性肿瘤的信息。

之前讨论的输入模式的层次化表示模拟了哺乳动物大脑“理解”和“感知”我们周围的世界的方式。对于人类来说，这也是大脑中智力建立的物理机制。哺乳动物的大脑是一种多层神经元的组织方式，每一层都提供了输入感知的不同表示。这样，通过层次化的变换，形成了不同层次的抽象。例如，在灵长类视觉系统中，这种层次结构包括边缘检测、原始形状的检测，且当我们来到更高层次时，会形成更复杂的视觉形状，直到最后建立语义概念，例如，在视频场景中移动的一辆汽车，在图像中坐着的一个人。我们的大脑皮层可以被看作一个多层结构，有 5~10 层，专门用于我们的视觉系统[212]。

1. 深度网络的表示性质

延续前面的讨论，现在产生的一个问题是，一个人是否可以通过一个相对简单的函数公式(如支持向量机所使用的)或少于三层的神经元/处理单元网络，来获得一个性能上相当的输入-输出表示，可能的代价是每层有更多的单元。

第一点的答案是肯定的，只要输入-输出依赖关系足够简单。然而，对于更复杂的任务，往往必须学习一些更复杂的依赖关系，例如，视频中场景的识别，语言和语音识别。潜在的函数依赖非常复杂，因此我们无法对其进行简单的解析表达。

关于网络的第二点，考虑仅包含少数几层的浅层网络，其答案在于所谓的表示的紧凑性。
951 对于实现输入-输出函数依赖的网络，如果需要在训练阶段学习/调整的自由参数(计算单元)相对较少，则我们称它是紧凑的。因此，对于给定数量的训练点，我们期望得到紧凑的表示，来获得更好的泛化性能。

已证明，使用多层网络，可以获得输入-输出关系的更紧凑的表示。虽然一般的学习任务并没有理论上的发现来证明这一点，但是布尔函数电路理论中的理论结果表明，一个可以通过 k 层逻辑单元紧凑实现的函数，若是通过 k-1 层实现，可能需要指数个单元。这些结果中的部分已经被推广，并且在一些特殊情况下对学习算法是有效的。例如，具有 l 个输入的奇偶函数需要 $\mathcal{O}(2^l)$ 个训练样本和采用高斯支持向量机表示的参数，若采用一个隐层的神经网络，则需要 $\mathcal{O}(l^2)$ 个参数，而使用 $\mathcal{O}(\log_2 l)$ 层的多层网络，则只需要 $\mathcal{O}(l)$ 个参数(参见[16，17，172])。

在[160，183]中已证明，对于一类特殊的深度网络和目标输出，与浅网络相比，只需要少得多的节点来实现预定义的精度。在[163]中，对于使用 ReLU 的网络，已经证明，多层组合可辨识输入空间中的线性区域，这些区域的数量与网络的深度呈指数关系。在[46]中，证明了在 $\mathbb{R}^l$ 中有一个简单的函数，可用一个小的三层前馈神经网络来表达，但是不能被任何两层网络充分地近似，除非节点的数量相对于维数呈指数级增长。这个结果几乎适用于所有已知的激活函数，包括 ReLU。这些结果形式化地表明，对于标准前馈神经网络来说，深度即使只增加一层，也比宽度(每层节点的数量)指数级的增加更有价值。在[230]中得到了类似的结果。在[34]中，关注点是卷积网络，利用来自张量代数的论证方法，证明了除了一个可忽略的(零测度)集合之外，所有可以由一个多项式大小的深度网络实现的函数都需要指数大小的浅层网络才能实现，即使只是近似也是如此。

在[146]中，考虑了宽度(层中节点的数量)与深度之间的相互作用。所提出的问题是，是否存在*尺寸不是很大的窄网络无法实现的宽网络*。这恰好在所谓的“存在”路线的对立面，即找到在一定深度下可以有效实现但在较浅深度下无法有效实现的函数。结果表明，存在一类 ReLU 网络，它们不能被深度增长不超过多项式的窄网络所近似。论文中的理论和实验证据指出，对于表达 ReLU 网络的表达能力而言，深度可能比宽度更有效。此外，这篇论文还提出了一些有待解决的问题。在本书当前版本编写的时候，这个主题形成了一个正在进行的研究领域。

对于这个领域的新手来说，之前的这些论证可能有点令人困惑，因为我们已经指出，具有两层节点的网络是一类函数的通用近似器。然而，此定理并未说明这在实践中如何能实现。例如，任何连续函数都可以通过单项式之和来任意近似，然而，这需要大量的单项式，在实践中是不可行的。在任何学习任务中，我们都必须考虑到在一个给定的表示中什么是真正“可学习的”。例如，感兴趣的读者可以参考文献[237]，它讨论了使用多层结构的期望收益。

现在，让我们就上述问题做进一步的阐述，并将它与前面章节中讨论的一些方法联系
952 起来。回顾第 11 章中的非参技术，在 RKHS 中对输入-输出关系进行建模，构建了如下的

函数依赖关系

$$f(\boldsymbol{x})=\sum_{n=1}^{N}\theta_n\kappa(\boldsymbol{x},\boldsymbol{x}_n)+\theta_0 \tag{18.62}$$

这可被视为具有一个隐层的网络，其处理节点执行核计算，而输出执行线性组合运算。如 11.10.4 节中所述，核函数 $\kappa(\boldsymbol{x},\boldsymbol{x}_n)$ 可以被认为是 $\boldsymbol{x}$ 和相应训练样本 $\boldsymbol{x}_n$ 之间相似性的度量。对于像高斯核这样的核函数，核函数的作用是*局部性的*，因为随着 $\boldsymbol{x}$ 和 $\boldsymbol{x}_n$ 之间距离的增加，和式中的 $\kappa(\boldsymbol{x},\boldsymbol{x}_n)$ 的贡献趋于零(影响减少的快慢取决于高斯核的方差 σ^2)。因此，如果输入–输出间真函数依赖关系的变化较快，那么需要大量这样的局部核才能够对输入–输出关系足够好地建模。这是很自然的，因为我们正试图使用局部范围的光滑基来近似一个快速变化的函数。对于第 13 章中讨论的高斯过程，有类似的现象。除了核函数方法外，其他广泛使用的学习方案也都具有局部性质，如第 7 章中讨论的决策树。这是因为是通过局部性的规则将输入空间划分为不同区域。

相反，假设上述输入–输出依赖性的变化在本质上不是随机的，而是存在潜在的(未知的)规则，求助于具有更紧凑表示的模型，如更多层的网络，我们期望能学习到规律并利用它们来提高性能。正如文献[194]指出的，利用隐藏在训练数据中的规律性很可能帮助我们设计出一个更优秀的预测未来事件的预测器。感兴趣的读者可以从一个有见地的教程[18]中进一步了解这些问题。

2. 分布式表示

多层神经网络的一个显著特征是，它们提供了机器学习中所知的输入模式的*分布式表示*。举个例子，一个简单的情况是输出神经元要么为 1，要么为 0，如 18.3 节所讨论的。将每个节点的输出解释为一个特征，每层中的这些特征值构成了一个向量，提供了关于输入模式的信息，这是一个分布式表示，散布在一层的所有特征中。而且，它们并不相互排斥。已证明，这种分布式表示是稀疏的，因为每次只有少数神经元是激活的。这与我们所相信的人类大脑中的情况是一致的，在每一层中，每次只有不到 5%的神经元被激活，其余的则处于不活跃状态。在这种分布式表示的对立面，每次只有一个神经元被激活。

对于具有更一般激活函数(与 0-1 激活函数相比)的神经网络来说，每一层中作为神经元输出而生成的特征被所有类中的所有模式*共享*。例如，当学习辨别“飞机”和“汽车”时，使用和共享相同的神经元。这很有意义，因为许多属性是共享的，对两个类来说是共同的。例如，金属结构和存在车轮是飞机和汽车所共同的。相比之下，决策树(第 7 章)不是基于分布式表示的。如果一个来自“飞机”类的模式提交给输入，则只有对应的类叶节点和从根节点到这个叶节点的路径上的节点被激活。分布式表示的基础是它们建立了一个相似性空间，在其中，语义上相近的输入模式在某种“距离”意义上保持接近。 953

另一个极端是局部表示方法，即在空间中每个区域附加不同的模型，且参数进行局部优化。然而，已证明，与局部表示相比，分布式表示法可达到指数倍的更紧凑的表示。以区间$[1,2,\cdots,N]$中整数的表示为例，一种方法是使用长度为 N 的向量，对每个整数，将对应的位置设置为 1。然而，就使用的比特数而言，一种更有效的方法是采用分布式表示，即使用长度为 $\log_2 N$ 的向量，并用特定位置的 1 和 0 对每个整数进行编码，将数表示为 2 的幂的和。关于分布式表示在学习任务中的优越性的早期讨论可在文献[82]中找到。此问题更详细的讨论可参见文献[18]。

3. 深度网络优化：一些理论要点

在本节的开始我们介绍了，因为训练困难，深度网络在 20 世纪 80 年代和 90 年代被放弃了。当时的普遍看法是，由于参数的数量变得非常大，参数空间中的代价函数变得复杂，陷入局部最小值的概率显著增加。

在2010年之后，这一看法受到了严重的挑战。那时，人们发现，只要使用足够的训练数据，就可以训练大型网络。正是在这个时期，人们构建了很多大数据集，可用于并行训练，这也得益于能提供必要计算能力的计算机技术的进步。事实上，这是多层前馈神经网络回潮的关键因素，即有计算机技术与大数据集可供使用。当然，同时开发的一些技术(如 ReLU 非线性函数的使用和用于正则化的 dropout 方法)与训练中获得的经验相结合，也对神经网络的普及和成功起到了一定的作用，但这些进步的贡献处于次要地位。

因此，训练大型网络的成功提出了与局部极小值相关的问题。即使一个人有大量的数据，如果在参数空间中代价函数的地形“充满”局部极小值，那么一旦算法已经被困在其中一个，继续用更多的数据训练也没有什么意义。

这种场景引发了一项相关的研究，许多有趣的发现挑战了之前的看法。在本书当前版本编撰时，这仍是一个研究热点。我们在这里的目的不是提供一个全面的相关讨论，而是提供一些基本的方向和见解，并使读者警惕这个问题。例如，在[38]中，认为一个更意义重大的困难源于*鞍点*的增长，特别是在高维问题中。这些点的存在极大地降低了训练算法的收敛速度。在[62]中，认为鞍点数量多对梯度下降的影响还不清楚，因为梯度的值可能很小，会减慢收敛速度，但算法似乎可以避开这样的临界点。在[35]中，声称在大型网络中，大部分的局部极小值产生的代价值都很低，并且在测试集上的性能相似。此外，随着网络规模的增加，找到一个糟糕的(高代价值的)局部极小值的概率迅速降低。这两篇论文都借鉴了统计物理学关于高斯随机场的结果。在[116]中导出了一个本质上相似的结果，
954 但在数学上采用了一种不同的技术路线。已证明，对于平方损失函数和深度线性神经网络，每一个局部最小值都是一个全局最小值。而且，每一个不是全局最小值的临界点必然是一个鞍点。在一定的独立性假设下，这个结果已推广到非线性网络中。在最近的一篇论文[45]中，这个问题通过梯度下降算法的收敛性得到了解决。对于平方误差损失函数的情况，证明了梯度下降在训练深度神经网络中可以找到全局最小值，尽管代价函数对于所涉及的参数是非凸函数。已证明，梯度下降算法在多项式时间内可达到零训练损失。论文研究了三种不同类型的过参数化神经网络。一个完全连接的、一个卷积的和一个残差深度网络，这将在18.12节讨论。文献[122]研究了随机梯度下降的收敛性，认为算法不会陷入直径较小的局部最小值，只要这些区域的邻域包含足够的梯度信息。邻域大小由步长和梯度噪声控制。关于鞍点的情况以及如何能从鞍点中逃脱，[111，171]等文献进行了讨论。

4. 深度网络的泛化能力

上一节简要介绍了训练算法的收敛性和优化任务的非凸性等相关问题。现在讨论的焦点转向与深度网络泛化性能有关的问题。这仍然是一个开放的问题，而且在编写本书时，这个主题是一个非常活跃的研究领域。

任何学习器的泛化性能，都是通过训练误差和测试误差之间的差异来量化的，深度神经网络当然也是如此。好的学习器的测试误差和训练误差更接近。而且，正如我们在第3章中讨论的，如果参数的数量相对于训练数据的规模来说足够大，就会发生过拟合，我们期望测试误差偏离训练误差。但是，在深度网络的情况下，我们面临着一个“悖论”。

训练非常大的过参数化网络，其中参数的数量大于训练集的规模，则即使没有正则化，得到的网络通常(并非总是)也会表现出良好的泛化性能！在[256]中，证明了深度神经网络很容易适应随机标签。换句话说，对于蛮力记忆整个数据集而言，一个神经网络的有效容量足够大。而且，论文指出，与经典凸经验风险最小化(其中显式正则化对排除平凡解是必要的)相反，在深度神经网络的世界中，正则化似乎有助于提高模型最终的测试误差，但它的缺席并不一定导致糟糕的泛化性能。

已有解释这一现象的尝试，是通过梯度下降算法施加的隐式正则化。以最小二乘和线性模型为例。我们知道(如 6.4 节和 9.5 节)，当系统欠定时，最小二乘解具有最小范数。当使用梯度下降算法(如[73])或使用其随机梯度版本(参见[184])时，其他代价函数和模型也存在类似的结论。正如在[219]中所述，有许多训练目标的全局极小值，其中大多数不能很好地泛化，但优化算法(如梯度下降)会使解偏向于一个特定的可很好泛化的极小值。[119]中对批次大小对泛化能力的影响进行了实验研究，其中指出，较小的批次大小具有有利的影响。本文提出的一些论点在[44]中受到了质疑。

在[14]中，在函数平滑和小范数解的场景下，讨论了未知参数的数目大于训练数据样本数的过参数化网络的泛化能力。重新考虑了 3.13 节所讨论的测试误差与模型复杂度的经典的 U 形图，指出对于过参数化的网络，即使训练误差趋于零，测试误差也可以降低。 955

正如本节开始所说的，这是一个新的研究领域，许多问题仍然是开放的，不断产生不同的观点对领域做出贡献(参见[117])。

18.12 卷积神经网络

在我们到目前为止的讨论中，都假设用特征向量供给神经网络的输入层。这与前面章节中讨论的任何其他分类器/预测器是一致的。从原始数据中生成特征向量，尝试压缩与机器学习任务相关的信息。为此，多年来，大量的技术被开发出来，以适应不同应用中数据的性质(参见[231])。

一种突破性的替代路线出现在 20 世纪 80 年代末，当时特征生成阶段被整合为神经网络训练的一部分。其想法是从数据学习特征，与神经网络的参数一起学习，而不是独立的。这种网络被称为*卷积神经网络*(CNN)，它首先在 OCR 任务中取得了成功，用于识别数中的数字[129]。“卷积”这个名字缘于神经网络的第一层执行卷积而不是内积，而内积是 18.3.1 节中介绍的全连接网络的基本操作。

18.12.1 对卷积的需求

让我们首先确保理解，在实践中，我们为什么不能将原始数据，如一个图像阵列或一个数字化语音片段的样本，直接输入神经网络，以及为什么预处理对生成特征是必须的。这同样适用于任何预测器/学习器，而不仅仅是神经网络。我们已经在导论章节中对此问题进行了评论，但那时要抓住真正的需求还为时过早。在许多应用程序中，直接处理原始数据会使任务变得难以管理。

让我们以 256×256 的图像阵列为例。将其向量化得到一个输入向量 $\boldsymbol{x}\in\mathbb{R}^{l}$，其中 $\ell\approx$ 65 000。假定第一层的节点数为 $k_1=1000$。则在一个全连接网络中，为连接所有输入节点和所有第一层节点，涉及的参数 θ_{jk}，$j=1,2,\cdots,65\,000$，$k=1,2,\cdots,1000$ 的数量为 6500 万。如果输入图像是像素数为 1000×1000 的高分辨率图像，这个数字还会进一步爆炸。而且，如果我们处理的是彩色图像，在 RGB(红–绿–蓝)颜色表示方案中，输入的维数还要乘以 3，这个数字还会增大。此外，如果我们增加更多隐层，参数的数量会继续增加。除了相关的计算负荷问题，我们知道训练具有大量参数的网络会严重挑战其泛化性能。这样的网络需要大量的训练数据才能应对过拟合的趋势。

对图像阵列进行向量化除了会导致参数数量的激增，还会导致信息的丢失，这是因为我们丢弃了关于图像中某个区域内像素如何相互关联的重要信息。事实上，多年来发展起来的各种特征生成技术的目标正在于此。也就是说，提取用于量化相关性或图像中相关像素值其他统计依赖关系的信息。通过这种方式，人们可以有效地“编码”存在于原始数据中与学习相关的信息。 956

通过使用卷积，可以同时解决两个问题，即参数爆炸问题和有用的统计信息的提取问题。任何卷积网络所涉及的基本步骤为卷积步骤、非线性步骤和池化步骤。

1. 卷积步骤

减少参数数量的一种方法是通过权重共享，这在 18.3.1 节的末尾已经简要讨论过了。现在我们将借鉴这种权重共享的概念，并以更复杂的方式使用它。为此，让我们关注网络输入包含图像的情况。输入图像阵列记为 I。对于图 18.17a 的情况，是一个 3×3 的阵列，注意，输入没有被向量化。为了强调我们将背离全连接前馈网络的乘加(内积)操作的基本原理，我们将使用一个不同的符号 h 取代 θ 来表示关联的参数。现在让我们介绍权重共享的概念。回想一下，在一个全连接网络中，每个节点都与一个参数向量关联，如第 i 个节点的是 $\boldsymbol{\theta}_i$，它的维数等于前一层的节点数。与之相反，现在每个节点都只与一个参数相关联。为此，将节点按二维阵列的形式排列，如图 18.17b 所示。对于图中情况，我们假设 4
957 个节点排列成一个 2×2 的阵列 H。第一个节点用 $h(1,1)$ 刻画，第二个节点用 $h(1,2)$ 刻画，以此类推。换句话说，任何连接到第一个节点的连接都将乘以相同的权值 $h(1,1)$，其他节点类似。这一方法极大地减少了参数的数量。然而，为了使其有意义，我们必须远离全连接网络的内积操作原理。实际上，为了理解为什么要这样，让我们假设在一个全连接的网络中，对每个节点使用单个参数。那么与第一个节点关联的线性组合器的输出将是 $O(1,1)=h(1,1)a$，其中 a 是此节点从前一层收到的所有输入的总和。第二个节点的相应输出将是 $O(1,2)=h(1,2)a$，以此类推。因此，对于输入值，所有节点基本上提供相同的信息，唯一的不同是作用于来自前一层的相同输入信息的是不同的权重。

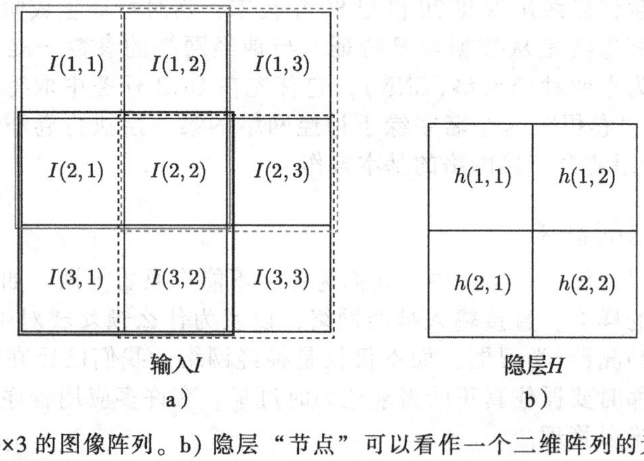

图 18.17 a) 一个 3×3 的图像阵列。b) 隐层“节点”可以看作一个二维阵列的元素。每个节点对应阵列 H 中对应元素关联的单一参数。在此情况下，对应阵列的大小是 2×2。为了执行卷积操作，我们在矩阵 I 上滑动矩阵 H。对此图的特定设置，有 4 个可能的位置，在图 a 中用不同灰度和不同线形表示

现在让我们引入一个不同的概念，其中我们为每个节点保留单一参数，而隐层的每个输出都传递了关于前一层接收到的各种输入的不同信息。为此，我们将引入卷积。在此场景下，隐层的节点被解释为一个阵列 H 的元素，我们将 H 与输入阵列 I 进行卷积，隐层的第一个输出值为

$$O(1,1)=h(1,1)I(1,1)+h(1,2)I(1,2)+h(2,1)I(2,1)+h(2,2)I(2,2)$$

如果我们将 2×2 的矩阵 H 置于 I 之上，从左上角开始(图 18.17a 中的红色方框指出了 H 矩阵的位置)，即可得到上述结果。然后，我们将两个矩阵的重叠部分中对应的元素相乘并将它们相加。从物理角度来看，得到的 $O(1,1)$ 值是阵列 I 中局部区域的加权平均值。在前面的操作中，图像的对应区域包含阵列 I 左上角 2×2 部分中的像素。为获得第二个

输出值 $O(1,2)$，我们将 H 向右滑动一个像素，如红色虚线方框所指示，并重复上述操作，即

$$O(1,2)=h(1,1)I(1,2)+h(1,2)I(1,3)+h(2,1)I(2,2)+h(2,2)I(2,3)$$

遵循相同原理，我们滑动 H 以"扫描"整个图像阵列，从而得到另外零个输出值 $O(2,1)$ 和 $O(2,2)$。图 18.17a 中用灰色实线、灰色虚线、黑色实线和黑色虚线方框指出了 H 在 I 之上的 4 个可能位置。对每个位置，可得到一个输出值。因此，在前面描述的场景下，第一个隐层的输出形成一个 2×2 的阵列 O。输出阵列的每个元素编码了输入图像的一个不同区域的信息。

在更一般的场景下，两个矩阵 $H\in\mathbb{R}^{m\times m}$ 和 $I\in\mathbb{R}^{l\times l}$ 的卷积操作得到另一个矩阵，定义为

$$O(i,j)=\sum_{t=1}^{m}\sum_{r=1}^{m}h(t,r)I(i+t-1,j+r-1) \tag{18.63}$$

其中对我们的情况，$m<l$。即 $O(i,j)$ 包含输入阵列一个窗口区域中的信息。根据式(18.63)中的定义，元素 $I(i,j)$ 为此窗口区域中左上角元素。窗口的大小依赖于 m 的值。输出矩阵的大小依赖于我们采用的关于如何处理 I 的边界元素/像素的设定。我们将很快再回到这个问题。严格地说，在信号处理术语中，公式(18.63)被称为*互相关运算*。对于卷积运算，正如在式(4.49)中定义的那样，首先要翻转索引[⊖]。然而，这是机器学习社区"幸存下来"的名字，我们将坚持采用这个术语。毕竟，这两种运算都是对图像窗口区域内的像素进行加权平均。 958

前面的讨论"迫使"我们将隐层看作相邻节点的集合。相反，在 CNN 中，每个隐层对应一个(或者不止一个，我们将很快看到)矩阵 H。而且，H 用来进行卷积操作。从信号处理的角度来看，这个矩阵是一个*滤波器*，它作用于输入来提供输出。在机器学习术语中，它也被称为*核矩阵*而不是滤波器。输出矩阵通常称为*特征映射阵列*。

总之，通过执行卷积操作，而不是内积操作，我们达到了最初的目标：组成隐层的参数是由所有输入像素所*共享*的，对每个输入元素(像素)没有专门的一组参数；隐层的输出编码了输入图像中不同区域局部邻居相关性信息。而且，由于隐层的输出也是一个图像阵列，可以将其视为第二个隐层的输入，这样就构建了一个多层的网络，每一层都进行卷积。

事实上，这种滤波操作传统上是用来从图像中生成特征。不同之处在于，滤波矩阵的元素是*预先选定的*。以下面矩阵为例： 959

$$H=\begin{bmatrix}-1 & -1 & -1\\ -1 & 8 & -1\\ -1 & -1 & -1\end{bmatrix} \tag{18.64}$$

此滤波器称为*边缘检测器*。用此矩阵 H 对一个图像阵列 I 进行卷积，可以检测图像的边缘。图 18.18a 显示了船的图像，图 18.18b 显示了左侧图像用上面滤波矩阵 H 进行滤波后的输出。边缘检测在图像理解中具有重要的意义。此外，通过适当地改变 H 中的值，可以检测不同方向上的边缘，如对角线、垂直、水平，换句话说，改变 H 的值可以生成不同类型的特征。我们已经更接近 CNN 背后的理念。

- 与边缘检测器的例子不同，不使用*固定的*滤波器/核矩阵，滤波矩阵 H 的值的计算留待训练阶段。换句话说，我们令 H 是*数据自适应的*，而不是预先设定的。

⊖ 而且，在这里我们将索引减 1，是因为我们从 1 而非 0 开始进行索引计数。

- 使用多个而不是单一的滤波矩阵。每个矩阵都将生成不同类型的特征。例如，可能一个生成对角线，另一个生成水平边缘，等等。因此，每个隐层将包含一个以上的滤波矩阵。每个滤波矩阵的元素值将在训练阶段通过优化某些准则来计算。也就是说，一个 CNN 的每个隐层最优地生成一组特征。

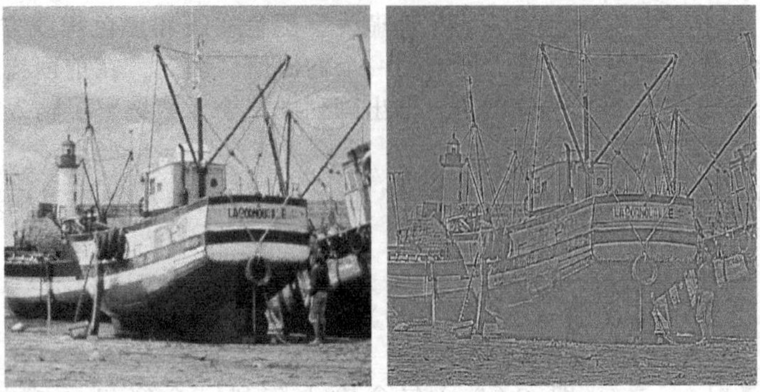

a)　　　　　　　　b)

图 18.18　原始图像(a)和在用式(18.64)中的滤波矩阵 H 对原始图像阵列进行滤波后抽取出图像边缘(b)

图 18.19 展示了一个 CNN 的输入层和第一个隐层。输入层包含一个图像阵列。隐层由三个滤波矩阵 H_1、H_2 和 H_3 组成。观察到每个特征映射矩阵都是在输入图像上滑动(卷积)一个不同滤波矩阵的结果。使用的过滤器越多，提取的特征图就越多，原则上，网络的性能就越好。然而，我们使用的过滤器越多，需要学习的参数就越多，这会带来计算上
960 的问题和过拟合问题。请注意，输出特征映射阵列中的每个像素编码了窗口区域内的信息，该窗口区域是由相应的滤波矩阵的相应位置定义的。

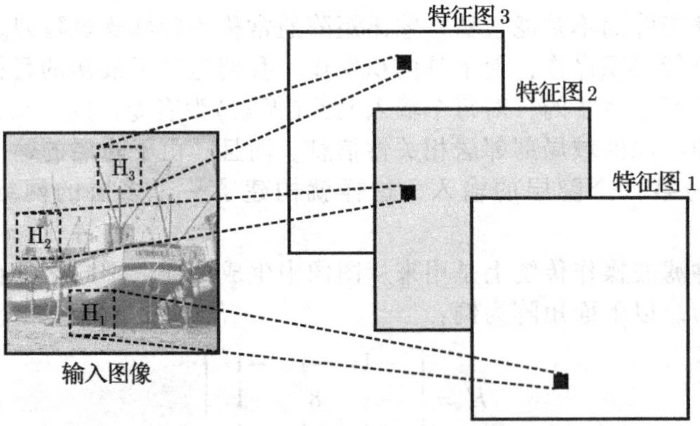

图 18.19　特征图中的每个像素对应输入图像中的一个特定区域，被称为对应像素的感受野。在本图中，使用了三个滤波器/核。滤波器的数目被称为深度，有时我们也称之为通道数。因此，在本例中，隐层数为 3

CNN 的一个重要特征是，平移不变性被自然地内置在网络中，它是卷积操作的副产品。实际上，卷积是通过在整个图像上滑动相同的滤波矩阵来实现的。因此，如果将图像中存在的对象放在另一个位置，唯一的区别就是该对象对输出的贡献也将移动相同数量的像素。

有趣的是，视觉神经科学领域的有力证据表明，类似的计算也在人脑中进行(参见[102，212])。卷积的概念最初是在[53]中无监督学习场景下使用的。

下面，我们提供一些与 CNN 一起使用的术语。

- **深度**：层的深度是该层中使用的滤波矩阵的数量。不要将其与网络的深度混淆，后者对应于所有使用的隐层的总数。有时，我们将过滤器的数量称为通道的数量。
- **感受野**：输出特征映射阵列中的每个像素都是输入（或上一层输出）图像阵列特定区域内像素的加权平均值。与一个像素相对应的特定区域称为其感受野（见图 18.19）。
- **步幅**：在实践中，不是每次将滤波矩阵滑动一个像素，而是滑动比如说 s 个像素。这个值称为步幅。对于 $s>1$ 的值，会得到尺寸较小的特征映射阵列。图 18.20 说明了这一点。

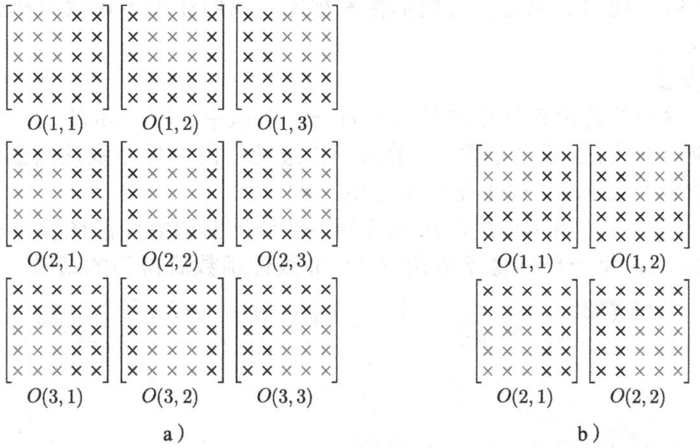

图 18.20　图中呈现了一个大小为 5×5 的输入矩阵和一个大小为 3×3 的滤波矩阵的情况。在图 a 中，步幅 $s=1$，在图 b 中，步幅 $s=2$。在图 a 中，输出是一个大小为 3×3 的矩阵，在图 b 中，输出是一个大小为 2×2 的矩阵

- **零填充**：有时，我们用零来填充输入矩阵周围的边界像素。这样，矩阵的维数就增加了。若原矩阵维数为 $l\times l$，将其扩展 p 列 p 行后，新维数为 $(l+2p)\times(l+2p)$，如图 18.21 所示。 961
- **偏置项**：在每次卷积操作生成一个特征映射像素后，添加一个偏置项 b。其值也是在训练期间计算的。注意，同一个特征映射中的所有像素都使用了一个共同的偏置项。这符合权重共享的基本原理，与输入图像阵列的所有像素共享滤波矩阵的所有参数一样，对所有像素位置使用相同的偏置项。

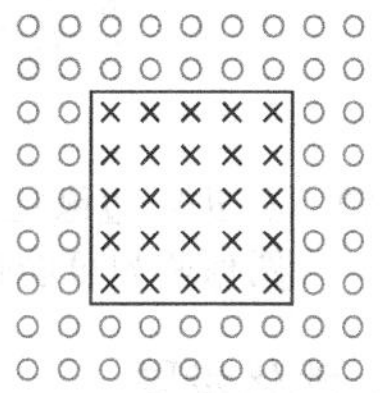

图 18.21　一个例子，其中原始矩阵大小为 5×5，在填充了 $p=2$ 行和列 $p=2$ 后，其大小变为 9×9

我们可以通过调整步幅 s 的值和填充的额外零值行和列的数目来调整一个输出特征映射阵列的大小。一般而言，容易验证如果 $I\in\mathbb{R}^{l\times l}$，$H\in\mathbb{R}^{m\times m}$，步幅为 s 且填充的额外零值行和列的数目为 p，则特征映射阵列的维数为 $k\times k$，其中

$$k=\left\lfloor\frac{l+2p-m}{s}+1\right\rfloor \tag{18.65}$$

$\lfloor\cdot\rfloor$ 表示向下取整运算，即 $\lfloor 3.7\rfloor=3$。例如，如果 $l=5$，$m=3$，$p=0$，$s=1$，则 $k=3$。而如果 $l=5$，$m=3$，$p=0$，$s=2$，则 $k=2$（参见图 18.20）。

注意，如果 l、m、p 和 s 的值使得滤波矩阵在 I 上滑动时超出了边界，则不会执行这个操作。我们只执行滤波矩阵包含在 I 之内的操作。

人们可能会想，为什么要填充零。注意，通过执行卷积的方式，特征映射阵列的大小要小于输入阵列的大小。我们很快就会看到，在深度网络中，输出的特征映射阵列被用作下一层的输入。因此，随着我们向网络更深层次的移动，阵列的大小将会变小。相反，在填充 0 之后，如式(18.65)所示，我们可以控制所有阵列的大小。例如，如果 $l=5$，$m=3$，$s=1$，$p=1$，那么输出的大小 $k=5$ 与输入阵列相同。事实上，如果 $p=(m-1)/2$，对于奇数值的 m，$k=l$。我们称这种操作为*不变卷积*。使用填充的另一个原因是，与位于输入图像内部的像素相比，边界像素对输出的贡献较小。以图 18.17 为例。像素 $I(1,1)$ 只对 $O(1,1)$ 有贡献。相比之下，像素 $I(2,2)$ 对所有输出元素都有贡献，因为它包含在所有 4 个位置窗口区域内。使用零填充，与内部像素相比，我们让边界像素有机会对输出值有更
962 平等的“发言权”。

2. 非线性步骤

一旦完成了卷积并将偏置项添加到所有特征映射值中，下一步就是对每个特征映射阵列的每个像素应用非线性(激活函数)。前面讨论过的任何一种非线性函数都可以使用。当前，整流线性激活函数 ReLU 似乎是最常用的一种。

图 18.22a 为采用式(18.64)中的边缘检测器滤波器对原始船舶图像进行滤波后得到的结果，图 18.22b 为对每个单独像素应用 ReLU 非线性函数后得到的结果。

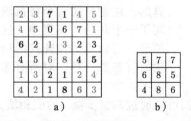

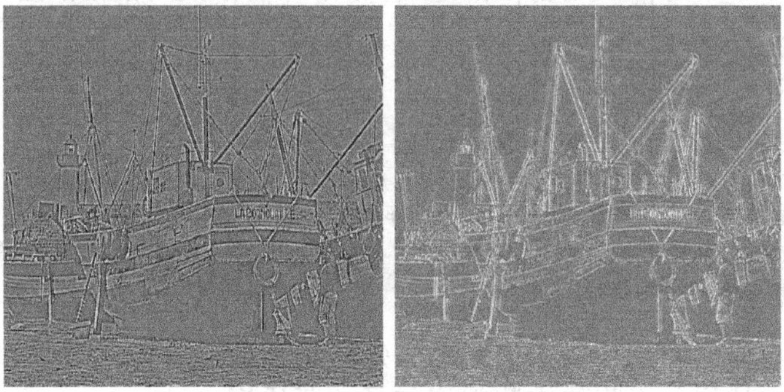

a)　　b)

图 18.22　a) 进行边缘提取的图像。b) 对每个像素应用 ReLU 得到的图像。注意，在滤波后，图 a 中的图像阵列可能包含负值，在 ReLU 激活之后会被设置为 0

3. 池化步骤

这一步的目的是降低每个特征映射阵列的维数。有时，这个步骤也被称为*空间池化*。为此，我们定义一个窗口，并将在对应矩阵滑动。滑动是通过为相应的步幅参数 s 取一个值来实现的。

池操作包括选择单一值来代表窗口内的所有像素。最常用的操作是*最大池化*，也就是说，在窗口内的所有像素中，选择值最大的那个。另一种可能是*平均池化*，即选择所有像素的平均值，有时这被称为*和池化*。池化操作如图 18.23 所示。原始图像数组为 6×6，窗口大小为 2×2。我们令步长等于 $s=2$。也就是说，每次窗口向右或向下滑动两个像素。图中使用了不同的颜色来表示窗口的不同位置。在每个窗口中，

2	3	7	1	4	5
4	5	0	6	7	1
6	2	1	3	2	3
4	5	6	8	4	5
1	3	2	1	2	4
4	2	1	8	6	3

a)

5	7	7
6	8	5
4	8	6

b)

图 18.23　a) 原始矩阵大小为 6×6。对于采用 2×2 大小窗口、步幅为 $s=2$ 的池化操作，有 9 个可能的窗口位置。这些位置用不同的颜色指出，以显示每个窗口位置中的元素组合在一起。每个窗口位置的最大值用粗体指出。b) 在最大池化后得到的 3×3 的矩阵

选择最大值。得到的矩阵大小为 3×3。可采用与式(18.65)中相同的公式来计算一般情况下得到的矩阵大小。因此，池化的效果是减少(通过向下采样)维数，令阵列的大小更小。这很重要，因为每一层的输出都作为下一层的输入。因此，为了控制所涉及的参数的数 963
量，控制阵列的大小是至关重要的。当然，减小尺寸的方式应该使信息的损失尽可能小。

图 18.24 显示了对左侧图像应用池化操作的效果。毫无疑问，边缘变得粗糙了，但与边缘相关的信息仍然可以被提取出来。注意，池化之后，图像阵列的大小减小了。

a)　　　　b)

图 18.24　a) 应用 ReLU 后得到的船舶图像的边缘。b) 使用一个 8×8 的窗口进行最大池化操作得到的图像。虽然分辨率变低了，但基本的边缘信息并未丢失

从另一个不同的角度来看池化，可以说它总结了池化区域内的统计数据。可以将池化看作一种特殊类型的滤波，它选择最大值(或平均值)，而不是卷积。已证明，对于输入的较小平移，池化有助于表示变得近似平移不变。这可以通过下面的简单论证来理解。如果 964
一个小的平移没有给窗口带来新的最大元素，也没有将最大元素移出池窗口，那么最大元素不会改变。

18.12.2 体上的卷积

在图 18.19 中，第一个隐层的输出包含三个图像阵列。这些将构成下一层的输入。这种输入由多幅图像组成的设定，也适用于输入图像是彩色的情况，其采用 RGB 表示形式，也就是说，输入由三个阵列组成，每个颜色使用一个阵列。另一个例子是高光谱成像，其中图像的数量等于光谱波段的数量(13.13 节)。因此，一般来说，各层的输入不是一个二维阵列，而是一组二维阵列。在数学中，这被称为多重线性阵列、三维阵列、三维张量或体。我们将采用最后一个术语，因为它让人联想到相关的几何图形，就像我们将一个图像看作一个二维的正方形一样。现在的问题是，如何对体执行卷积。

按照惯例，体的三个维度为 h 表示高度，w 表示宽度，d 表示深度。请注意，深度 d 对应所涉及图像的数量。那么，如果我们有三张 256×256 的图像，那么 $h=w=256$，$d=3$，我们将称体的大小(维度)为 256×256×3。图 18.25 展示了与定义对应的几何图形。

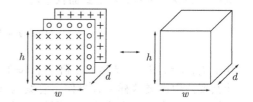

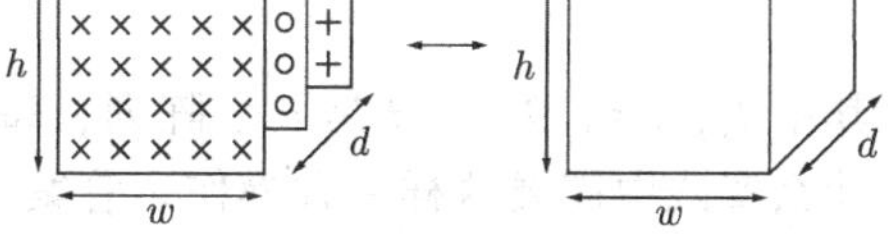

图 18.25　d 个大小为 $h\times w$ 的矩阵堆叠在一起形成了一个大小为 $h\times w\times d$ 的体。在此情况下，$h=w=5$，$d=3$

设一层的输入为大小为 $h\times w\times d$ 的体。当涉及体时，隐层也由过滤器/核体组成。然而，这里有一个关键点。与隐层关联的过滤器体必须与输入体具有相同的深度。高度和宽度的大小可以不同(实际上通常是不同的)。我们将用粗

体大写字母来表示体。假设输入为 $l\times l\times d$ 的体 $\boldsymbol{I}$。显然，它包含 d 幅图像，比如说 I_r，$r=1,2,\cdots,d$，每幅图像的维度为 $l\times l$。设过滤器为 $m\times m\times d$ 的体 $\boldsymbol{H}$，包含 d 幅图像 H_r，$r=1,2,\cdots,d$，每幅图像的维度为 $m\times m$。那么卷积操作步骤定义如下：

1）对对应二维图像阵列进行卷积，生成 d 个二维输出阵列，即 $O_r=I_r * H_r$，$r=1,$
965 $2,\cdots,d$。

2）两个体 $\boldsymbol{I}$ 和 $\boldsymbol{H}$ 的卷积定义为

$$O=\sum_{r=1}^{d} O_r$$

即两个体的卷积(表示为 $*$)是一个二维阵列，即

$$\boxed{\text{三维体}*\text{三维体}=\text{二维阵列}}$$

图 18.26 展示了这个操作。卷积是对应阵列(用不同颜色和线形表示)进行的。三个($d=3$)输出矩阵最终加在一起，形成两个体的卷积结果。根据式(18.65)，输出的维度 k 取决于 l、m、步幅 s 的值及填充行列数 p(如果使用了)的值。

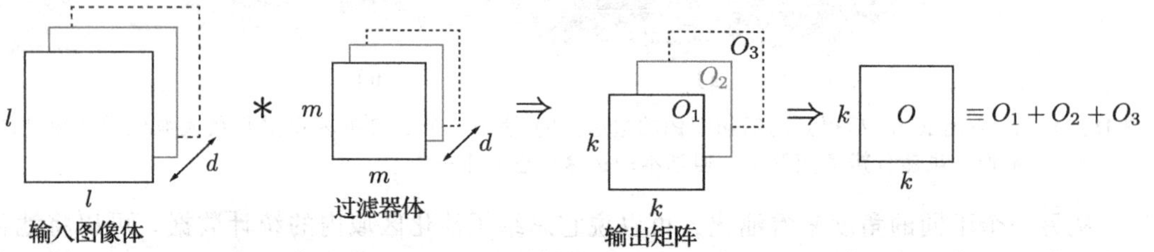

图 18.26　本图展示了深度 $d=3$ 的情况。用一个维度为 $m\times m\times d$ 的滤波器体($\boldsymbol{H}$)对输入体($\boldsymbol{I}$)进行卷积等价于用 d 个($m\times m$ 大小的)滤波器对组成输入体的相同数量的 d 个($l\times l$ 大小的)矩阵进行卷积。这个操作得到 d 个输出(特征映射)矩阵，最终会加到一起。k 的值由 l、m 和步幅 s 的具体取值决定。本图中未进行填充

在实践中，一个卷积网络的每一层包含一些这样的滤波器体。例如，如果一层的输入是一个 $l\times l\times d$ 的体，还有比如说 c 个维度为 $m\times m\times d$ 的核体，则此层的输出会是一个 $k\times k\times c$ 的体，其中 k 的值如何决定如前所述。

网络中的网络和 1×1 卷积

当处理二维阵列时，1×1 卷积[139]没有意义。实际上，一个 1×1 滤波矩阵就是一个标量。用一个标量 a 卷积一个 $l\times l$ 矩阵 I 等价于滑动这个标量值遍历所有像素，将每个像素乘以 a。结果就是平凡的矩阵标量乘法 aI。但是，当处理体的时候，1×1 卷积就有意义了。在此情况下，对应的滤波器 $\boldsymbol{H}$ 是一个 $1\times 1\times d$ 的体。几何角度，这是一个“管子”，$h=w=1$，深度方向有 d 个元素，$h(1,1,r)$，$r=1,2,\cdots,d$。因此，用一个 $1\times 1\times d$ 的体 $\boldsymbol{H}$ 卷
966 积一个 $l\times l\times d$ 的体 $\boldsymbol{I}$ 就是做加权平均

$$O=\boldsymbol{I} * \boldsymbol{H}=\sum_{r=1}^{d} h(1,1,r) I_r$$

其中 I_r，$r=1,2,\cdots,d$ 是 d 个阵列，每个大小 $l\times l$，它们组成了 $\boldsymbol{I}$。现在，我们可能好奇为什么实践中需要这样一种操作。答案与涉及的体大小相关。通过使用 1×1 的卷积，我们可以控制和改变体的大小来适应网络的需求。

假设在神经网络的一个阶段/层次我们得到了一个维度为 $k\times k\times d$ 的体 $\boldsymbol{I}$。为了将深度从 d 改变为 c，同时高度和宽度保持相同大小 k，我们采用 c 个体 $\boldsymbol{H}_t$，$t=1,2,\cdots,c$，每个大小为 $1\times 1\times d$。执行 c 个卷积，我们得到

$$O_t = \boldsymbol{I} * \boldsymbol{H}_t = \sum_{r=1}^{d} h_t(1,1,r) I_r,\ t=1,2,\cdots,c \tag{18.66}$$

将 O_t，$t=1,2,\cdots,c$ 堆叠在一起，我们得到维度为 $k\times k\times c$ 的体 $\boldsymbol{O}$。图 18.27 显示了这个操作。

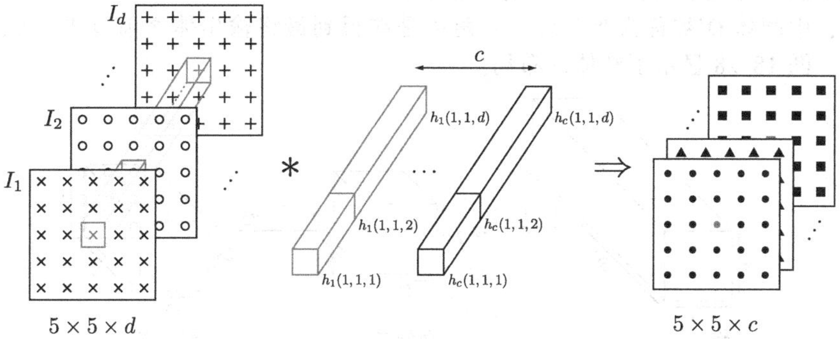

图 18.27 本图展示了 1×1 的卷积。我们有 c 个 $1\times1\times d$ 的管子，其中 d 是输入体的深度。每个管子与输入体的卷积得到一个与输入阵列相同维度(5×5)的二维阵列。输出阵列的元素是输入阵列对应元素的加权平均。例如，5×5 输出阵列的位置(3,3)处的灰色元素就是输入阵列(3,3)处灰色点的加权平均。其中使用的权重就是定义对应管子的各元素。由于有 c 个管子，输出体的深度为 c

例如，通过选择 $c<d$，我们可以采用 1×1 的卷积来减小大小。通过这种方式，虽然减小了深度，新的体的元素为原来的体 $\boldsymbol{I}$ 的元素的加权平均。因此，原始信息仍以均值的方式保留在新的体中。通常，一旦得到了新的体 $\boldsymbol{O}$，其元素被“推”到一个非线性激活函数(如 ReLU)中。有时，1×1 卷积后接非线性激活函数被称为*网络中的网络*操作，其目的是在操作流中添加一个额外的非线性阶段。因此，在此场景下，如果 $c<d$，网络中的网络操作可被看作一个非线性降维技术。 967

我们从一个不同的角度来考虑 1×1 卷积，它不过是一层 c 个节点的全连接网络。连接第 t 个节点和 d 个输入值的权重为 $h_t(1,1,r)$，$r=1,2,\cdots,d$。这也是我们称这种操作为网络中的网络的原因，因为我们在网络中连续两层卷积层之间嵌入了一个全连接网络。通过这种方式，我们可以在网络的操作流中添加一个额外的非线性函数。在实践中，相应的 $\boldsymbol{H}_t$ 个管子的参数在整个网络的训练阶段计算。

例 18.4 让我们考虑一层的输入是一个 28×28×192 的体 $\boldsymbol{I}$。目标是在这一层的输出端生成一个维度为 28×28×32 的体 $\boldsymbol{O}$。为此，采用 5×5 的不变卷积。计算所需运算的次数。

a) *直接方式*：由于要求采用不变卷积，因此我们首先应该对 $\boldsymbol{I}$ 中堆叠的所有阵列进行填充，添加 p 行 p 列零值，其中 $p=(5-1)/2=2$(如本书之前定义“不变卷积”时给出的解释)。在填充之后，每幅图像的高和宽变为 $h=w=32$。使用步幅 $s=1$，则我们在 32×32 的图像阵列上滑动 5×5 的窗口的可能位置共有 $28^2=784$ 个。对每个位置，我们需要执行 $5^2=25$ 次乘加运算(MADS)，每幅图像共需 784×25=19 600 次 MADS 运算。由于体中包含 192 幅图像，所需 MADS 运算的总数为 $19\,600\times192\approx3.7\times10^6$。这些运算是每个通道所需的。由于输出的深度应该为 32，我们需要 32 个这种滤波器体(通道)，因此所需 MADS 运算总数为 $3.7\times10^6\times32\approx1.2$ 亿。

b) *使用 1×1 卷积*：我们现在将使用少得多的运算来生成一个 28×28×32 的输出体。我们的技术路线包含两个阶段。我们将首先采用一个 1×1 卷积生成一个 28×28×16 的中间体 $\boldsymbol{O}'$。为此，我们使用 16 个 1×1×192 的滤波器体，并根据公式(18.66)执行相应卷积操作。

对应的 MADS 数为 $28^2 \times 192 \times 16 = 240$ 万。接下来，我们对体 $\boldsymbol{O}'$ 中包含的每个阵列进行填充，添加 $p=2$ 行和 $p=2$ 列零值(如之前一样)；然后，我们用 32 个滤波器体 $\boldsymbol{H}_t$，$t=1,2,\cdots,32$(每个的维度是 $5\times5\times16$)执行不变卷积，来得到维度为 $28\times28\times32$ 的输出体 $\boldsymbol{O}$。相应的运算次数为 $28^2\times25\times16\times32\approx1000$ 万。因此，对两个阶段，运算总次数大约为 1240 万，远低于前一种技术路线(a)所需的 1.2 亿次。

通常，中间体 $\boldsymbol{O}'$ 被称为*瓶颈层*，其角色是在得到最终输出体之前首先“收缩”输入体的大小。图 18.28 显示了整体的布局。

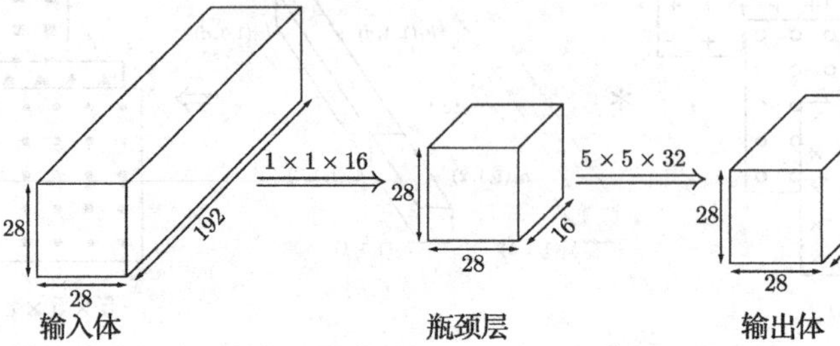

图 18.28 本图显示了瓶颈层。在第一步中，执行了 $c=16$ 个 1×1 卷积，输出为一个 $28\times28\times16$ 的体。然后，我们应用一个 $5\times5\times32$ 的不变卷积，得到最终的 $28\times28\times32$ 的体

18.12.3 全卷积结构

一个全卷积网络的典型结构由一个卷积层的序列组成，每个卷积层包含三个基本步
968 骤，即卷积、非线性和池化，如 18.12.1 节开始时所介绍的。根据应用程序的不同，可以根据需要堆叠任意多层，其中一层的输出将成为下一层的输入。如前所述，每一层的输入和输出都是体。总体架构如图 18.29 所示。在第一层中，使用若干滤波器体(通道)来进行卷积，(通常)后接 ReLU 非线性操作。然后是池化阶段，以减少每个输出体的高度和宽度，然后将其用作第二层的输入，以此类推。最后，对最后一层的输出体进行向量化。有时，这也称为*平坦化*操作。即输出体的所有元素一个接一个叠在一起形成一个向量。向量化可以通过各种策略进行。实际上，得到的向量就是一层层卷积实现的各种变换最终生成的*特征向量*。然后，这个特征向量将被用作学习器的输入，例如，一个全连接的神经网络(图的下方)或任何其他预测器，如一个核机器。

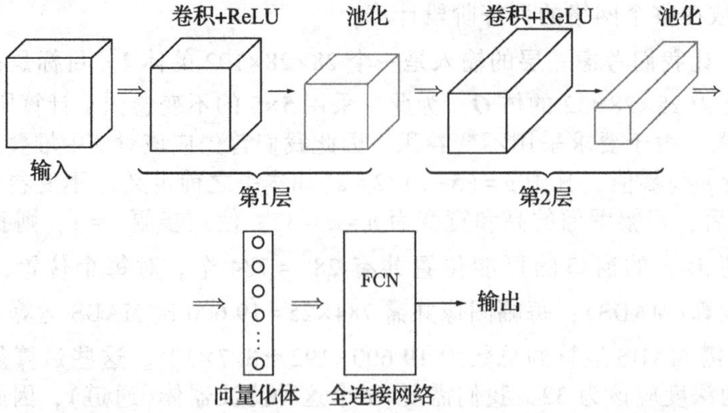

图 18.29 全卷积神经网络由一系列的层组成。本图中显示了两个这样的层。每一层的构成是卷积步骤，后接非线性步骤，然后是池化步骤，池化步骤减小组成体的图像的高度和宽度，而深度保持不变。当我们移动到更高的层次，趋势是减小体的高度和宽度，增加深度。最终的输出体被向量化并作为输入呈现给学习器，后者通常是一个全连接网络

一般策略是不断减小高度和宽度，同时增大体的深度。更大的深度对应于每个阶段更多的过滤器，从而转换成更多的特征。卷积层数和全连接网络的层数都严重依赖于应用程序，到目前为止，还没有一种形式化的方法来自动确定层数以及每层过滤器或节点的数量。层数选择是一个“工程性”工作，需评价不同的组合来选择最好的。一个好的实践方法是选择一个已经在相关应用中使用过的结构，以它作为开始。最近的一种研究路线是通过贝叶斯学习方法来开发更系统的学习每层节点/过滤器数量的方法(参见[174])。

卷积网络的训练遵循与逆传播相似的原理，这在 18.4 节中已经讨论过。但是，为了处理权重共享所施加的约束，必须进行某些修改(详见[59])。

最后，回忆一下，训练深度网络的关键是，除了可用的计算能力之外，还有可用的大数据集(如[200, 262])，这使得训练这样大的网络成为可能。

深度卷积网络学习什么

到目前为止，卷积网络确实工作得很好，在本书当前版本进行编写时，它在大量不同 969
应用中都构成了最新技术。然而，一个关键的问题是：CNN 学习什么类型的特征？换句话说，从一层传播到另一层的信息是什么？这对于理解它为什么如此有效是至关重要的。这个问题的答案可以促进 CNN 的*可解释性*，这在具体应用中是至关重要的，例如在医疗和金融领域。而且，这种理解可以帮助设计改进的模型。

为此，已有研究采用可视化技术来揭示在任何层激励个体特征映射的特定输入激励(参见[261])。这篇论文在计算机视觉的背景下进行了实验研究。研究结果显示，从输入移动到最终输出，所产生的特征具有层次性。例如，第 2 层似乎对角落和其他与输入图像中物体相关的边缘/颜色组合有反应。第 3 层有更复杂的不变性，捕获相似的纹理。更高层揭示了更具类特异性的信息，例如，狗的脸、鸟的长度，等等。这些发现与 18.11.1 节的讨论一致。

另一个有趣的发现是，更靠近输入的较低层次的收敛速度相当快。相比之下，更靠近输出层的上层要经过相当多的回合才能收敛。此外，考虑关于平移和缩放的特征不变性，似乎小的变换可能会在第一层产生剧烈影响，但对顶层的影响较小。

随着深度神经网络的日益成功，对预测结果的解释对于在现实应用中部署它们建立起信心至关重要。对此，仍有许多有待解决的问题，这一主题是目前还在进行中的研究领域。更详细的讨论超出了本章的范围，感兴趣的读者可以从[27]和其中的参考文献中获得
对当前发展趋势的清晰了解。 970

最近(如[56]及其中的参考文献)，一些研究对纹理在图像中物体识别的重要性进行了概述。假设局部纹理可以提供足够的对象类别信息，而对象识别原则上可以单独通过纹理识别来实现。这似乎与[22]中得到的结果一致，在[22]中展示了，使用小的局部图像片段，而不是整合物体部件进行形状识别，可以获得令人惊讶的高准确率。这个发现对之前讨论过的可解释性问题也有帮助，因为人们可以更容易地理解来自较小图像片段的证据是如何被集成以达成最终决定的。

另一种研究方向是聚焦于揭示与这类网络的多层结构相关的各个方面，以努力从不同的角度阐明真相，这有助于对网络的理解。例如，在[24, 156]中，深度结构的实现方式是通过小波变换卷积级联，结合一个非线性运算，然后进行平均运算，来构建平移不变表示。而且，这种网络保留了与分类相关的高频信息。在[25]中，证明了深度 CNN 的池化步长导致了平移不变性。在[57]中的研究表明，具有随机高斯权重的深度神经网络实现了数据的距离保留嵌入。在此分析中，使用了来自压缩感知和字典学习任务的工具，这就建立了深度学习与第 9 章和第 19 章中讨论的主题之间的桥梁。在[185]中也遵循了一种密切相关的词典学习方法。采用多层卷积稀疏编码方案，建立了与深度卷积网络的相似性。ReLU 非线性函数被视为一种特殊类型的软阈值操作(第 9 章，[48])。

在[204, 233]中，采用了信息论方法，将深度网络视为马尔可夫链中的一系列中间表示，这与率失真理论中信息逐步精化的方法密切相关。网络中的每一层现在都可以通过它从输入变量保留的、从目标输出变量获得的以及从网络的预测输出获得的信息量来描述。在[10]中，通过样条函数建立了深度网络与逼近理论之间的桥梁。证明了一类深度网络可以写成极大仿射样条算子的复合形式。

最后，另一种路线是在高斯过程和深度网络之间建立桥梁。这个领域并不新鲜，其起源可以追溯到20世纪90年代初[168]。自那时起，一个结论就已广为人知：在网络宽度无穷大的条件下，具有独立同分布的先验的单层全连接神经网络等价于高斯过程。在最近几年，已将此结论推广到更多层次的结构，这个主题似乎重新流行起来(参见[136]、[7]、[30]及其中的参考文献)。

18.12.4 CNN：尾声

我们在前一小节中描述的是设计 CNN 的基本步骤。在图 18.29 中给出的架构有许多变体。此外，还有不同的技巧和算法可以用来执行计算，例如，卷积操作的高效计算。毫无疑问，要使如此庞大的网络学习参数并在实际应用中高效运行，需要大量的“工程”工作。下面我们提供一些经典卷积网络的简要描述。希望熟悉和深入了解 CNN 的读者，建
971 议阅读相关论文。尽管其中采用的一些实现技巧现在可能不再使用，但这些论文仍然可以帮助读者进一步了解和理解 CNN。

LeNet-5：这是第一代 CNN 的一个典型例子，它被用来识别数中的数字(参见[132])。出于历史原因，让我们对它的架构做一些评论。网络的输入由大小为 $32\times32\times1$ 的灰度图像组成。该网络采用了两个卷积层。在第一层中，输出体的大小为 $28\times28\times6$，池化后变为 $14\times14\times6$。第二层中的体的维度为 $10\times10\times16$，池化后变为 $5\times5\times16$。当时使用的非线性函数是 S 形函数。如前所述，可以观察到体的高度和宽度减小而深度增加。最后一个体的元素数等于 400。这些元素被堆叠成一个向量，提供给一个全连接网络的输入节点。后者由两个隐层组成，第一层有 120 个节点，第二层有 84 个节点。有 10 个输出节点，每个数字一个节点，使用 softmax 非线性函数。涉及的参数总数约为 6 万个。

AlexNet：这个网络也是一个具有历史意义的网络，因为它证明了令大型网络工作的关键是有可用的大规模训练集[126]。这个网络的相关论文真正将 CNN 带回到人们的视野中，并推动了其在数字识别之外的应用。Alexnet 是 LeNet-5 的一个发展，但它要大得多，涉及大约 6000 万个参数。输入到网络的 RGB 图像尺寸为 $227\times227\times3$。它由 5 个隐层组成，最终的体由 9216 个元素组成，输入一个有两个隐层、每层有 4096 个单元的全连接网络中。输出由 1000 个 softmax 节点(每个类一个节点)组成，用于识别来自 ImageNet 数据集图像进行对象识别[200]。隐层采用 ReLU 作为非线性函数。

VGG-16：这个网络[216]比 AlexNet 大得多。它总共包含大约 1.4 亿个参数。这个网络的主要特点是其规律性。它使用 3×3 过滤器来执行相同的卷积操作，使用了填充，步幅设置为 $s=1$，最大池化层采用 2×2 的窗口，步幅设置为 $s=2$。每次进行池化时，体的高度和宽度减半，深度增加 2。从 $224\times224\times3$ 的输入图像开始，经过 13 层，最终的体的大小为 $7\times7\times512$，共 7168 个元素，经向量化后，输入到一个具有 2 个隐层、每层 4096 个节点的全连接网络。1000 个输出节点采用 softmax 非线性函数，ReLU 被用于整个网络的隐层单元。

GoogleNet 和 Inception 网络：此网络中使用的架构与图 18.29 中给出的“原型”不同。这个网络的核心是所谓的 inception 模块[226]。inception 模块由不同大小和深度的过滤器以及不同的池化路径组成。inception 模型的一种典型架构如图 18.30 所示，这展示了其基本原理。请注意，前一层的输出体成为提供给不同路径的输入。一条路径是 1×1 的卷积作

用于输入体的深度方向。另一条路径执行池化操作，然后输入到一个 5×5 的卷积。还有两条路径采用两阶段不同的卷积，一个基于 3×3 滤波器，另一个基于 5×5 滤波器。在卷积之前，采用一个 1×1 卷积的瓶颈层，来降低各自的计算负荷(例 18.4)。然后将所有这些路 972
径的输出体连接起来，形成这一阶段的最终输出。inception 模块背后的想法是在训练阶段让网络自身来“决定”什么操作最适合不同的层次和输入。例如，如前所述，更接近网络输出的层次会捕获更高抽象的特征。因此，预期相应信息的空间聚集程度会降低。这表明，当我们来到更高层次时，应该增加 3×3 和 5×5 卷积的比例。这个网络的层数为 22 层，论文中报告的参数总数约为 600 万。

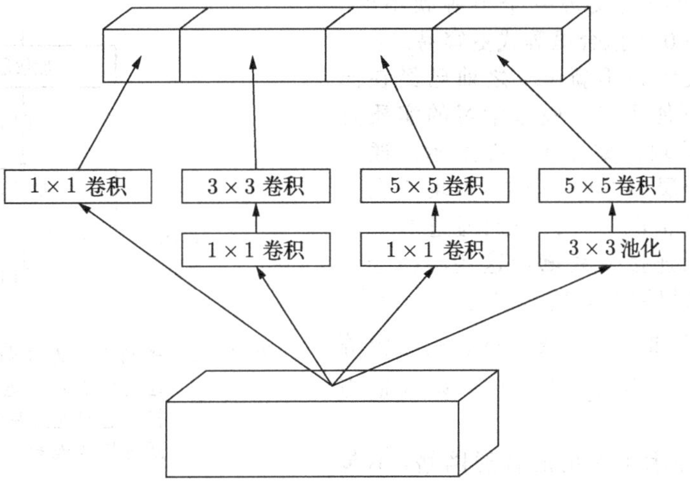

图 18.30　inception 模块概念图。每一层包含不同的卷积路径。所有路径的中间输出跨越通道维度被连接在一起，以建立对应层的最终输出体

残差网络(ResNet)：设计深度网络的好处我们之前已经讨论过了。我们还讨论了如何组合能令逆传播算法足够快地收敛的方法和技巧来处理梯度消失/爆发问题。然而，一旦我们开始构建非常深的网络(数十层甚至数百层的级别)，我们就会遇到以下“极端”行为。

人们可能会期待，增加越来越多的网络层，训练误差会得到改善，或者至少不会增大。然而，我们在实践中观察到的是，层数超过一定规模时，训练误差开始增加。图 18.31 生动地说明了这一点。这种现象与过拟合无关。毕竟，我们讨论的是训练误差而不是泛化误差。这似乎是由于随着加入越来越多层，优化任务变得越来越困难。数学上，任何一层，比如说第 r 层，都可以被看作一个映射，它将相应的输入(如 $\boldsymbol{y}^{r-1}$)，映射到输出(如 $\boldsymbol{y}^{r}$)。让我们将映射表示为

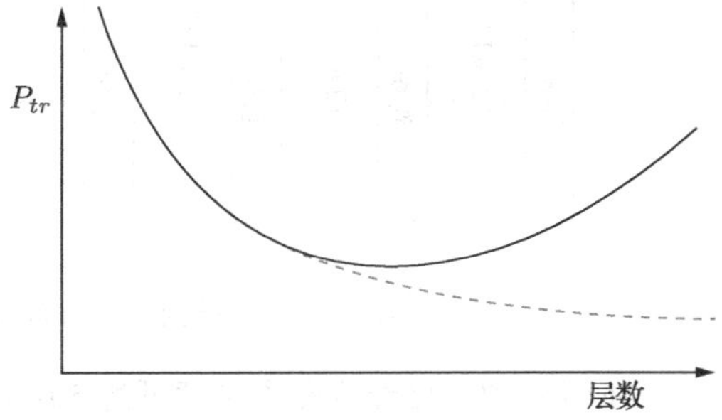

图 18.31　当网络非常深的时候，已经证明，当网络的层数超过特定规模时，训练误差就开始增加，而不是像理论上预期的那样降低(虚线)

$$\boldsymbol{y}^{r}=H(\boldsymbol{y}^{r-1})$$ 973

从这个角度看，很容易看出为什么在增加层数时，训练错误不应该增加。在最坏的情况下，直到第 r 层的所有信息都已被提取，我们期望增加额外一层应该实现恒等映射，即

$y^r = H(y^{r-1}) = y^r$。也就是说，额外的层不增加任何信息，只是将输入复制到输出。但是，似乎一旦网络开始变得非常深，精确度就会“饱和”，优化工具就很难对这种身份映射给出足够精确的解决方案，至少在可行的时间内是如此。

在[76]中提出了一种绕过这一困难的方法。其思想是拟合一个替代等价映射，即

$$F(y^r) = H(y^{r-1}) - y^{r-1}$$

那么原始映射 $H(y^{r-1})$ 就等于 $F(y^{r-1}) + y^{r-1}$。在实践中，事实证明，关于残差映射 F 进行优化比关于原始映射 H 进行优化更容易。在极端情况下，当需要实现一个恒等映射时，似乎将残差推向 0 比拟合恒等式更容易。

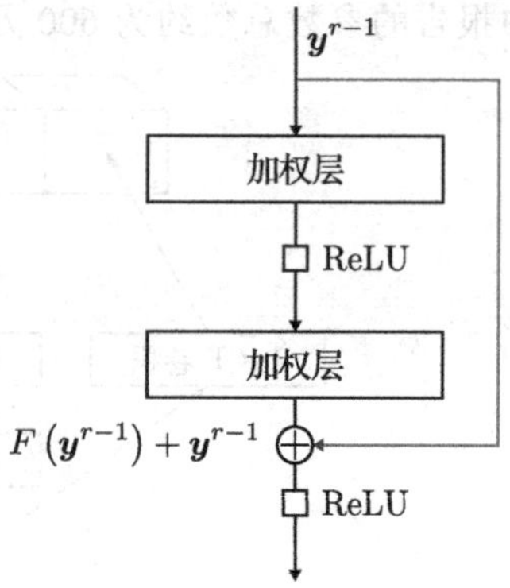

图 18.32　将网络中连续两层进行组合，并通过恒等映射进行隐式的组合变换，这是通过灰线所示的短路/跳跃连接实现的

使用残差表示并不新鲜，之前已经在向量量化的场景下使用过。残差学习的实质是引入所谓的*残差块*，如图 18.32 所示。通过这种方式，若干层(比如两个层)被堆叠在一起，就像图中的情况一样，我们通过所谓的*短路连接*或*跳跃连接*显式地让这些层拟合残差映射。每个加权层对其输入执行一个变换，如卷积。如果 y^r 和 y^{r-1} 维度不同，则将恒等映射短路连接修改为 Wy^{r-1}，其中 W 为适当维度的矩阵。

图 18.33a 显示了所谓的普通网络(不包含残差)的图解示例，该网络由一个卷积层序列组成。其对应的残差如图 18.33b 所示。注意，如果使用了恒等短路连接，则不涉及任何额外参数，并且训练遵循标准的逆传播原理。已有研究提出了残差网络的一种变体，即*高速网络*(如[69，211])，其中引入了额外

974 的数据依赖门控函数来控制短路连接中的流。

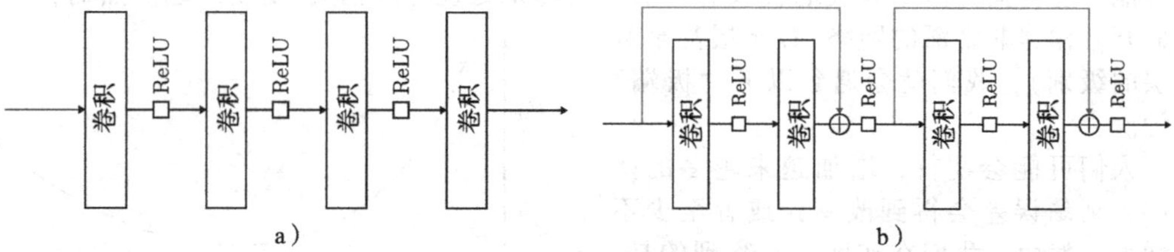

图 18.33　一个普通网络的布局(a)和使用短路连接的对应布局(b)

在[76]中，已经构建了深度可达 50~152 层的网络。尽管规模如此之大，但算术运算总次数仍然大大低于 VGG-16 所需的次数，且在错误率方面性能得到了改善。在[229]中，结合了残差网络的概念与 inception 网络的概念。研究表明，使用残差连接进行训练可以显著加快 inception 网络的训练速度。

975 DenseNet：如前所述，ResNet 由一系列连接的残差块组成。通过这种方式，每一层不仅接受来自它的直接前驱层的输入，还通过短路(跳跃)连接接受来自更前一层的输入，这两者被加在一起。相比之下，在 DensNet[100]中，基本单元是所谓的*稠密块*，它将若干层组合在一起，块内的每一层都接收来自块内所有先前层的输入。此外，这些输入不是相加的，而是连接在一起的。研究结果表明，用这种方法可以减少运算次数和参数数量，而不牺牲性能。试验的层数高达 250 层。

18.13 递归神经网络

回想一下上一节，卷积网络的核心是权重共享的概念。也就是说，相同的滤波矩阵在图像阵列上滑动，而不是为每个图像像素指定特定的权重。这样，神经网络就可以很容易地缩放以适应不同尺寸的图像。

在本节中，我们的兴趣转向序列数据的情况。也就是说，输入向量不是独立的，而是按顺序出现的。而且，它们出现的特定顺序蕴含了重要的信息。例如，这样的序列出现在语音识别和语言处理(如机器翻译)中。毫无疑问，单词出现的顺序是最重要的。动态图形模型，如已经在第 16 和 17 章中讨论过的卡尔曼滤波和隐马尔可夫模型(HMM)，就是处理顺序数据的模型。

通过卷积实现的权重共享也可以用于这种情况(实际上已经应用了，参见[128])。这种网络被称为时滞神经网络。但是，跨时间滑动过滤器来执行卷积是一种局部性质的操作。输出是滤波器脉冲响应长度所跨越的时间窗内的输入样本的函数，由于实际原因，该时间窗不能很长。

为了绕开前面提到的有限记忆的缺点，在本节中，我们将重点讨论基于*状态*概念的网络。如 HMM 和卡尔曼滤波的情况，状态向量“编码”了到当前时刻 n 为止的历史。*递归神经网络*(RNN)背后的思想是在每个时刻应用相同类型的操作(权重共享)(说明了递归这个词是恰当的)，这是通过将*当前状态*(以前的历史)以及当前*输入*的值一起进行操作实现的。这样，网络可以很好地缩放到不同长度的序列，这是因为在不同的时刻不指定特定的权重，而在整个时间轴上共享相同的权重。

一个 RNN 中涉及的变量包括：

- 时刻 n 的状态向量，表示为 $\boldsymbol{h}_n$。这个符号表示提醒我们 $\boldsymbol{h}$ 是一个隐变量的向量(神经网络术语中的隐层)。状态向量构成了系统的记忆。
- 时刻 n 的输入向量，表示为 $\boldsymbol{x}_n$。
- 时刻 n 的输出向量 $\hat{\boldsymbol{y}}_n$ 和目标输出向量 $\boldsymbol{y}_n$。

模型是通过一组未知参数矩阵和向量来描述的，即 U、W、V、$\boldsymbol{b}$ 和 $\boldsymbol{c}$，这些都是在训练中需要学习的，类似于 HMM 中的未知参数。 976

描述 RNN 模型的公式如下

$$\boldsymbol{h}_n = f(U\boldsymbol{x}_n + W\boldsymbol{h}_{n-1} + \boldsymbol{b}) \tag{18.67}$$

$$\hat{\boldsymbol{y}}_n = g(V\boldsymbol{h}_n + \boldsymbol{c}) \tag{18.68}$$

其中非线性函数 f 和 g 是逐元素方式的，分别应用于其向量参数的每个元素。换句话说，一旦观察到新的输入向量，状态向量就会更新。它的新值取决于最近的信息，包括输入 $\boldsymbol{x}_n$ 和已经累积在 $\boldsymbol{h}_{n-1}$ 中过去的历史。输出取决于更新后的状态向量 $\boldsymbol{h}_n$。也就是说，它取决于到当前时刻 n 为止的“历史”。

注意，式(18.67)和式(18.68)很像第 4 章中定义的扩展卡尔曼滤波器。但请注意，在当前情况中，涉及的矩阵和向量 U、W、V、$\boldsymbol{b}$ 和 $\boldsymbol{c}$ 是未知的，必须通过学习得到。[32]中采用了这种在扩展卡尔曼滤波的背景下看待 RNN 的观点。f 的典型选择是双曲正切 tanh 或 ReLU 非线性函数。初始值 $\boldsymbol{h}_0$ 通常设置为 0 向量。输出非线性函数 g 通常选择式(18.45)中引入的 softmax 函数。

由上式可知，参数矩阵和向量被所有时刻所*共享*。在训练期间，它们通过随机数进行初始化。与式(18.67)和式(18.68)这对公式相关联的图模型如图 18.34a 所示。图 18.34b 中的图在不同时刻*展开*的形式，在这些时刻有观测值可用。例如，如果感兴趣的序列是一个包含 10 个单词的句子，那么 N 被设为 10，而 $\boldsymbol{x}_n$ 是编码了相应输入单词的向量。

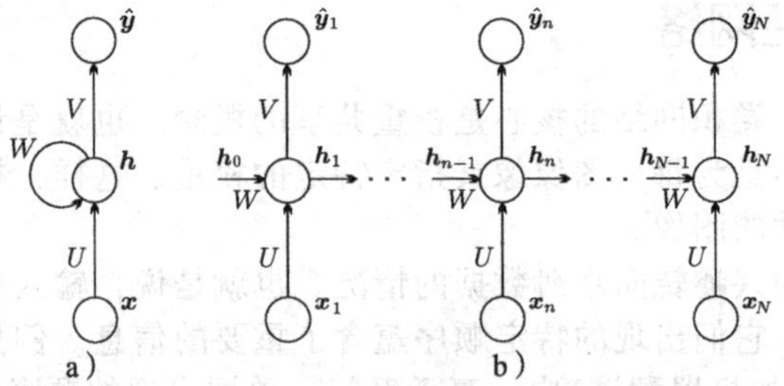

图 18.34　a) 输入 $\boldsymbol{x}$“馈入”(隐)状态 $\boldsymbol{h}$，它的更新也会使用自身之前的值(在图中自环)。然后它生成输出 $\hat{\boldsymbol{y}}$。b) 随着时间变化 RNN 中进行的操作，从 $\boldsymbol{h}$ 的初始值 $\boldsymbol{h}_0$ 开始。随着输入向量被依次观察到，产生相应的输出向量，并将更新后的状态向量传递到下一阶段(时刻)。这个

977 过程持续进行，直到对长度为 N 的输入序列计算出最终输出向量

18.13.1　时间逆传播

训练 RNN 的原理与已经在 18.4.1 节中讨论过的训练前馈神经网络的逆传播算法相似。毕竟，一个 RNN 可以看作一个有 N 层的前馈网络。顶层是时刻 N，第一层是时刻 $n=1$。不同之处在于，RNN 中的隐层也产生输出，即 $\hat{\boldsymbol{y}}_n$，而且与输入一起馈入网络。然而，就训练而言，这些差异并不影响主要的理论基础。

利用梯度下降法学习未知参数矩阵和向量，符合式(18.10)和式(18.11)。已经证明，所需的代价函数关于未知参数的梯度是递归地发生的，从最晚的时刻 N 开始，在时间上向后走，$n=N-1, N-2,\cdots,1$。这就是该算法被称为时间逆传播(BackPropagation Through Time，BPTT)的原因。

代价函数是对应损失函数在不同时间 n 的贡献的和，这依赖于 $\boldsymbol{h}_n$ 和 $\boldsymbol{x}_n$ 的相应值，即

$$J(U,W,V,\boldsymbol{b},\boldsymbol{c})=\sum_{n=1}^{N}J_n(U,W,V,\boldsymbol{b},\boldsymbol{c})$$

例如，对交叉熵损失函数情况

$$J_n(U,W,V,\boldsymbol{b},\boldsymbol{c}):=-\sum_k y_{nk}\ln\hat{y}_{nk}$$

其中，在 $\boldsymbol{y}$ 的维度上进行求和，且

$$\hat{\boldsymbol{y}}_n=g(\boldsymbol{h}_n,V,\boldsymbol{c})\text{ and }\boldsymbol{h}_n=f(\boldsymbol{x}_n,\boldsymbol{h}_{n-1},U,W,\boldsymbol{b})$$

已证明，计算代价函数关于各参数矩阵和向量的梯度的核心是计算 J 关于状态向量 $\boldsymbol{h}_n$ 的梯度。一旦后者计算出来，那么就按剩下的关于未知参数矩阵和向量的梯度就很直接了。为此，请注意，每个 $\boldsymbol{h}_n$，$n=1,2,\cdots,N-1$ 都以两种方式影响 J：

- 通过 J_n 直接影响。
- 通过 RNN 结构施加的链间接影响，即

$$\boldsymbol{h}_n\to\boldsymbol{h}_{n+1}\to\cdots\to\boldsymbol{h}_N$$

即除了 J_n，$\boldsymbol{h}_n$ 也影响所有后续代价值 $J_{n+1},\cdots,J_N$。

利用导数的链式规则，从上面依赖关系可导出下面的递归计算：

978
$$\boxed{\frac{\partial J}{\partial\boldsymbol{h}_n}=\underbrace{\left(\frac{\partial\boldsymbol{h}_{n+1}}{\partial\boldsymbol{h}_n}\right)^{\mathrm{T}}\frac{\partial J}{\partial\boldsymbol{h}_{n+1}}}_{\text{间接递归部分}}+\underbrace{\left(\frac{\partial\hat{\boldsymbol{y}}_n}{\partial\boldsymbol{h}_n}\right)^{\mathrm{T}}\frac{\partial J}{\partial\hat{\boldsymbol{y}}_n}}_{\text{直接部分}}}\tag{18.69}$$

其中，由定义，一个向量，比如说 $\boldsymbol{y}$，关于另一个向量，比如说 $\boldsymbol{x}$，的导数定义为矩阵 $\left[\frac{\partial \boldsymbol{y}}{\partial \boldsymbol{x}}\right]_{ij}:=\frac{\partial y_i}{\partial x_j}$。注意，第 n 层代价函数关于隐参数（状态向量）的梯度是上一层中 $n+1$ 时刻关于状态向量的梯度的函数。时间逆传播的完整证明在习题 18.12 中给出。

时间逆传播所需的两遍传递总结如下。

- 前向传递：
  - 从 $n=1$ 开始，使用涉及的参数矩阵和向量的当前估计值，依次计算

$$(\boldsymbol{h}_1,\hat{\boldsymbol{y}}_1)\rightarrow(\boldsymbol{h}_2\ \hat{\boldsymbol{y}}_2)\rightarrow\ \cdots\ \rightarrow(\boldsymbol{h}_N,\hat{\boldsymbol{y}}_N)$$

- 反向传递
  - 从 $n=N$ 开始，依次计算

$$\frac{\partial J}{\partial \boldsymbol{h}_N}\rightarrow\frac{\partial J}{\partial \boldsymbol{h}_{N-1}}\rightarrow\cdots\rightarrow\frac{\partial J}{\partial \boldsymbol{h}_1}$$

注意，梯度 $\frac{\partial J}{\partial \boldsymbol{h}_N}$ 的计算是很直接的，它只涉及式(18.69)中的直接递归部分。

对于 BPTT 的实现，可以通过以下方式进行：1）随机初始化所涉及的未知矩阵和向量；2）按如前所述的两遍传递过程计算所有所需的梯度；3）根据梯度下降法进行更新。步骤 2 和 3 以迭代的方式执行，直到满足收敛准则，类似于标准的逆传播算法 18.2。

1. 梯度消失和梯度爆炸

在 18.6 节中，在逆传播算法的背景下介绍和讨论了梯度消失和爆炸问题。在 BPTT 算法中也存在同样的问题。毕竟，后者是逆传播思想的一种特殊形式，如前所述，一个 RNN 可以看作一个多层网络，其中每一个时刻对应一个不同的层。事实上，在 RNN 中，考虑到 N 的值可能较大，梯度的消失/爆发现象有可能比较“激进”。

在式(18.69)中可以很容易地看出梯度传播的乘法性质。为了帮助读者抓住主要思想，让我们简化设定，假设只涉及一个状态变量。于是状态向量变成标量 h_n，矩阵 W 变成标量 w。进一步，假设输出也是标量。则式(18.69)中的递归简化为

$$\frac{\partial J}{\partial h_n}=\frac{\partial h_{n+1}}{\partial h_n}\frac{\partial J}{\partial h_{n+1}}+\frac{\partial \hat{y}_n}{\partial h_n}\frac{\partial J}{\partial \hat{y}_n} \tag{18.70}$$ 979

假设在式(18.67)中 f 为标准双曲正切函数，利用已知表中其对应导数[⊖]，容易看出

$$\frac{\partial h_{n+1}}{\partial h_n}=w(1-h_{n+1}^2)$$

其中，由双曲正切函数的定义，h_{n+1} 大小小于 1。写出两个连续步骤的递归式，我们得到

$$\frac{\partial J}{\partial h_n}=w^2(1-h_{n+1}^2)(1-h_{n+2}^2)\frac{\partial J}{\partial h_{n+2}}+\text{其他项}$$

不难看出，小于 1 的项相乘会导致值消失，尤其是考虑到，在实践中，序列可能相当长，例如 $N=100$。因此，对于接近 $n=1$ 的时刻，式(18.70)右侧第一项对梯度的贡献将涉及大量绝对值小于 1 的乘积。另一方面，w 的值对幂 w^n 有贡献。因此，如果它的值大于 1，则可能导致相应自梯度的值爆炸（参见[179]）。

在许多情况下，可以将逆传播算法截断为几个时间步骤。另一种方法是用 ReLU 非线性函数代替双曲正切非线性函数。对于值爆炸的情况，可以引入一种剪裁技术，一旦值大

⊖ 回忆一下，$\frac{\mathrm{d}\tanh(x)}{\mathrm{d}x}=1-\tanh^2(x)$。

于预定的阈值，就将这些值剪裁为该阈值。

然而，在实际应用中通常采用的是另一种方法，它是将之前描述的标准 RNN 方法替换为一种替代结构，这种结构可以更好地应对由于长期依赖而导致的这种现象。

附注 18.6

- 深度 RNN：除了由单层状态组成的基本 RNN 网络之外，一些研究工作还提出了包含多层状态的扩展结构(参见[180])。
- 双向 RNN：顾名思义，在双向 RNN 中，有两个状态变量，一个表示为 $\overrightarrow{\boldsymbol{h}}$，向前传播，另一个表示为 $\overleftarrow{\boldsymbol{h}}$，向后传播。这样，输出就既依赖于过去，也依赖于未来(参见[65])。

2. 长短期记忆(LSTM)网络

在开创性论文[94]中提出的 LSTM 网络背后的关键思想是所谓的*细胞状态*，它有助于克服与消失/爆炸现象相关的问题，这种现象是由网络中的长期依赖引起的。

LSTM 网络具有*控制*系统记忆进出信息流的内在能力，这是通过称为门的非线性元件实现的。这些门是通过对率 S 形非线性函数和一个乘法器实现的。从算法的观点来看，这
980
些门相当于对相关信息流上进行*加权*。权值在[0, 1]范围内，并依赖于激活 S 形非线性函数的相关变量的值。换句话说，信息的加权(控制)是在*上下文*中进行的。根据这种基本原理，网络可以灵活地选择忘记已经使用过的、不再需要的信息。基本的 LSTM 细胞/单元如图 18.35 所示。它围绕着两组变量建立，一组堆叠在向量 $\boldsymbol{s}$ 中，被称为细胞或单元状态，另一组堆叠在向量 $\boldsymbol{h}$ 中，被称为隐变量向量。一个 LSTM 网络是建立在这个基本单元的*连续连接*之上的。时间 n 所对应的单元，除了输入向量 $\boldsymbol{x}_n$ 外，还从前一阶段接收 $\boldsymbol{s}_{n-1}$ 和 $\boldsymbol{h}_{n-1}$，并将 $\boldsymbol{s}_n$ 和 $\boldsymbol{h}_n$ 传递到下一阶段。

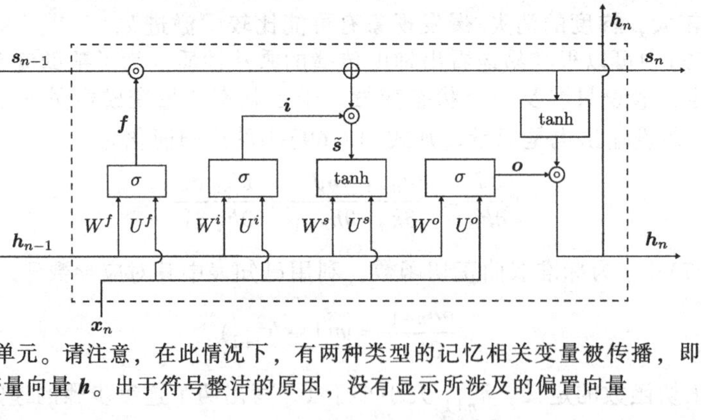

图 18.35　LSTM 单元。请注意，在此情况下，有两种类型的记忆相关变量被传播，即细胞状态向量 $\boldsymbol{s}$ 和隐变量向量 $\boldsymbol{h}$。出于符号整洁的原因，没有显示所涉及的偏置向量

对应的更新公式总结如下

$$
\begin{aligned}
\boldsymbol{f} &= \sigma\left(U^f \boldsymbol{x}_n + W^f \boldsymbol{h}_{n-1} + \boldsymbol{b}^f\right) \\
\boldsymbol{i} &= \sigma\left(U^i \boldsymbol{x}_n + W^i \boldsymbol{h}_{n-1} + \boldsymbol{b}^i\right) \\
\tilde{\boldsymbol{s}} &= \tanh\left(U^s \boldsymbol{x}_n + W^s \boldsymbol{h}_{n-1} + \boldsymbol{b}^s\right) \\
\boldsymbol{o} &= \sigma\left(U^o \boldsymbol{x}_n + W^o \boldsymbol{h}_{n-1} + \boldsymbol{b}^o\right) \\
\boldsymbol{s}_n &= \boldsymbol{s}_{n-1} \circ \boldsymbol{f} + \boldsymbol{i} \circ \tilde{\boldsymbol{s}} \\
\boldsymbol{h}_n &= \boldsymbol{o} \circ \tanh(\boldsymbol{s}_n)
\end{aligned}
$$

其中 $\circ$ 表示向量或矩阵间的逐元素乘积(哈达玛积)，即 $(\boldsymbol{s} \circ \boldsymbol{f})_i = s_i f_j$，$\sigma$ 表示对率 S 形函数。

观察到，细胞状态 $\boldsymbol{s}$ 将前一时刻的直接信息传递给下一时刻。根据 $\boldsymbol{f}$ 中的元素，信息首先由第一个门控制，$\boldsymbol{f}$ 中的值在[0, 1]范围内，依赖于当前输入和从前一阶段接收到的隐变量。这就是我们之前所说的，加权是在“上下文”中进行的。接下来，新的信息，即 $\tilde{\boldsymbol{s}}$，被添加到 $\boldsymbol{s}_{n-1}$，是由第二 S 形门控制网络(即 $\boldsymbol{i}$)。因此，网络保证了信息直接从过去传递到未来，这有助于网络记住信息。结果表明，与基本的 RNN 结构相比，这种类型的记忆更好地利用了数据的长期依赖关系。隐变量向量 $\boldsymbol{h}$ 由细胞状态、输入的当前值以及之前的状态变量控制。所有涉及的矩阵和向量都是通过训练阶段学习的。注意，有两条线与 $\boldsymbol{h}_n$ 相关。右边的一条会引向下一阶段，顶部的一条用于提供时刻 n 输出 $\hat{\boldsymbol{y}}_n$，这是通过比如说 softmax 非线性函数实现的，如同式(18.68)中的标准 RNN。 981

除了前面讨论的 LSTM 结构之外，还提出了许多变体。对于不同的 LSTM 和 RNN 结构的全面比较研究可在如[68, 113]中找到。

RNN 和 LSTM 已经成功应用于很多应用中，如语言建模(如[222])、机器翻译(如[147])、语音识别(如[66])、用于图像描述符生成的机器视觉(如[115])、用于在大脑网络中捕捉时序动态的 fMRI 数据分析(如[207])。例如，在语言处理中，输入通常是一个单词序列，这些单词被编码为数(这些数是指向字典的指针)。输出是要预测的单词序列。在训练中，我们设置 $\boldsymbol{y}_n=\boldsymbol{x}_{n+1}$。也就是说，网络被训练成一个非线性预测器。

18.13.2　注意力和记忆

在神经网络中使用*注意力*方法已有相当长的历史(参见[41])。顾名思义，“注意力”的概念来源于人类的注意力机制。例如，我们的视觉系统让我们能够更多地关注场景中最重要的信息，这些信息是在*上下文*中的，也就是说，取决于我们考虑的是什么。在机器学习中，关于如何实现注意力的概念，已经提出了许多不同的模型。

最流行的方法之一是对输出所依赖的各种变量应用一种加权(变换)。这些权重是在训练中学习的。让我们以 RNN 为例。如前所述，在它的基本形式中，输出 $\hat{\boldsymbol{y}}_n$ 取决于对应的状态向量 $\boldsymbol{h}_n$。但是，尽管状态向量编码/总结了系统直到最近时刻 n 的记忆，但这不一定是在特定任务中所需的最重要的信息。例如，实际上，在一个机器语言翻译系统中的一个长输入序列中，假设最近的状态向量是最具有代表性的信息、可利用其获得可靠的输出是不合理的。说明这一说法的一个典型例子是，从日语翻译为英语时，日语句子的最后一个单词可能对英语翻译的第一个单词有高度的预测性。同样，在生活中，在特定的反应下我们决定采取什么样的行动在很大程度上取决于我们之前的全部经验。然而，过去的一些特定经历可能比最近的经历对此具有更大的影响。

为了处理这种情况，可以采用一种注意力机制，以便在时刻 n 的输出依赖于到时刻 n 为止的所有之前状态向量的*加权组合*，并让系统在学习阶段学习权值。这样，在训练过程中，将决定输出应该基于的最重要的信息是什么。也就是说，系统学会“关注”最重要的上下文信息。 982

例如，可以修改输出向量依赖于之前计算出的所有状态向量，即

$$\hat{\boldsymbol{y}}_n=f\left(\sum_{i=1}^{n}\alpha_{ni}\boldsymbol{h}_i+\boldsymbol{c}\right)$$

其中 a_{ni} 为时刻 n 对应的权重。在[8]中描述的机器翻译系统中，以稍微不同的形式利用了这种组合之前所有状态向量的思想。

图 18.36 取自上述文献，它说明了采用加权机制的基本原理。输入为法语单词，英语单词为相应的输出。将相应的注意力权值可视化为像素，权重越大，像素越白。例如，请注意，输出单词“produce”是三个连续时刻的加权信息的结果，即与三个单词“peut plus produire”相关联，而单词“destruction”与两个单词“la destruction”相关联。

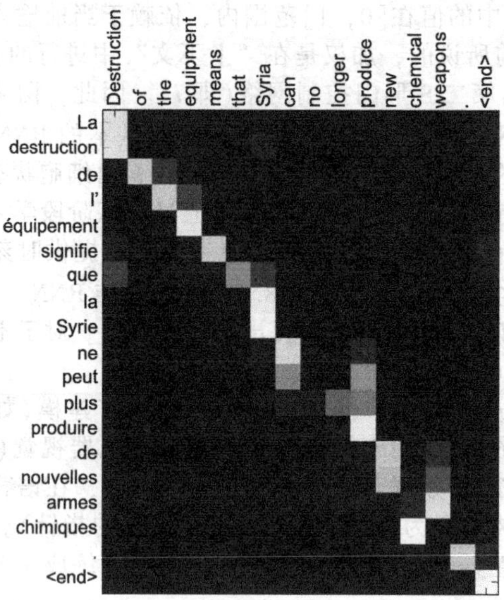

图 18.36　以灰度表示的注意力权值，表示输出序列(英语)与输入序列(法语)中单词的依赖程度(来自[8])。例如，注意到，为了生成“Syria”这个词，网络“注意”了“La Syrie”这个词

在[253]中，使用了带有注意力机制的网络来自动生成图像描述。在所描述的系统中，使用一种 CNN 网络的变体来生成一组特征向量。每个特征向量对应于原始图像的一部分。这一步相当于原始图像的编码阶段。这些向量反过来被用来形成一个 LSTM 网络的输入序列，其中使用了注意力权值。训练网络，以在给定 LSTM 状态的条件下计算输出字概率。图 18.37 引自[253]，则显示了在生成单词时模型“注意”的图像部分。

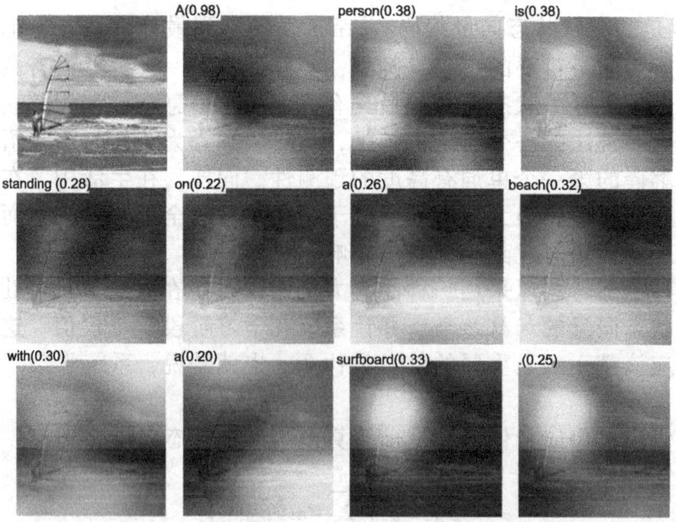

图 18.37　原始图像显示在左上方。得到的图像描述是“一个人拿着冲浪板站在海滩上”。注意力权重的使用突出了图像中对应的部分，也就是输出词更依赖的部分。例如，观察到，当输出产生单词“surfboard”时，与图像中对应区域内的像素相关联的注意力权重会得到最大的值(引自[253])

在模型中整合注意力机制的一个有趣的方面是，人们可以追踪模型的行为以及输出信
983 息是如何形成的。当网络的可解释性问题变得重要时，这是很有用的。也就是说，要理解

网络做出决策的“原因”和“方式”。相关讨论可参见[206]。

还有其他利用注意力机制的技术路线。在[67]中，提出了所谓的神经图灵机(NTM)，其中一个记忆模块与神经网络(前馈或 LSTM)并行应用。一种可学习的注意力机制被用来选择性地读写记忆。在[259]中给出了涉及强化学习技术的 NTM 扩展。在[221, 251]中，允许在产生输出之前多次读取由输入数据生成的记忆。这类似于根据记忆内容进行多个推理步骤，也就是说，基于输入“故事”进行推理。

附注 18.7

- *储备池计算*：术语储备池计算主要指两个独立提出但紧密关联的递归网络族，即*回声状态网络*(ESN)[106]和*液态机*[149]。后者实现尖峰神经元而不是连续值神经元。 984

  原始回声状态网络的主要思想是只训练与输出神经元相关的参数。与输入和状态向量相关联的权值是按一定的规则随机生成的。未经过训练的部分称为*储备池*，结果状态称为*回声*。其基本原理来源于这样一种思想：如果一个随机神经网络具有某些特性，那么训练输出参数就足够了。储备池应该拥有的主要性质是所谓的*回声状态性质*。这基本上是一个与网络动态相关的稳定条件[144]。[29]中讨论了一个非参贝叶斯形式。在给定训练数据的情况下，在输出权值上施加一个先验分布，在生成预测时被边际化。

18.14 对抗示例

在本书此版本进行编写的时候，深度神经网络的最新进展所达到的性能和精确度通常已可以与人类相提并论，有时甚至更好。然而，我们似乎还不能宣称这些模型真正“理解”了它们“学会”执行的任务，尽管实际中它们性能可能很好，例如，在分类任务中，可以非常高的概率预测正确的标签。在[227]中，展示了一个人可以构建出*对抗示例*，*始终欺骗机器学习模型*。术语“对抗”是指有意地对输入集中的模式施加*较小的最坏情况扰动*，这将导致以高概率错误预测标签。最有趣的问题是，在图像(如[227])和音乐(如[118, 220])中添加这种微小的噪声干扰，人眼、人耳几乎觉察不到。图 18.38(来自[227])显示了共 9 张图片。已训练了一个神经网络(AlexNet)来识别图像的内容。左边的三幅图像来自相应的测试集，被正确识别。中间的图像是添加到左边相应图像上的噪声图像。结果图像显示在右侧。人类预测正确的标签没有任何困难。然而，AlexNet 将这三幅图片归类为“鸵鸟，非洲鸵鸟”!

有多种方法可以生成对抗示例。在[227]中，使用了一种优化任务来寻找能导致标签改变的最小扰动。在[63]中，扰动是在代价函数相对于输入模式的梯度的符号方向上进行的。在[164]中，提出了一种构造*通用*小扰动的方法，该方法可以导致数据集中的所有图像以高概率被误分类。

似乎这种“奇怪”行为的核心在于输入空间的高维性。一般来说，在学习任务中，我们期望平滑假设是有效的。即对足够小的正数 ϵ 和一个输入模式 $\boldsymbol{x}$，我们会期望对任意 $\boldsymbol{v}$: $\|\boldsymbol{v}\| \leqslant \epsilon$，模式 $\boldsymbol{x}' := \boldsymbol{x}+\boldsymbol{v}$ 以高概率与 $\boldsymbol{x}$ 被分类到相同的类。对于线性分类器的情况，高维特性对平滑条件的影响很容易看到(参见[63])。令训练得到的分类器用其参数 $\boldsymbol{\theta}$ 描述。给定一个输入模式 $\boldsymbol{x}$，会根据内积 $\boldsymbol{\theta}^{\mathrm{T}}\boldsymbol{x}$ 的符号计算其标签。对于 $\boldsymbol{x}'$ 的情况，内积为 $\boldsymbol{\theta}^{\mathrm{T}}\boldsymbol{x}'=\boldsymbol{\theta}^{\mathrm{T}}\boldsymbol{x}+\boldsymbol{\theta}^{\mathrm{T}}\boldsymbol{v}$。现在让我们有意地设置 $\boldsymbol{v}=\pm\epsilon\ \mathrm{sgn}(\boldsymbol{v})$，其中符号操作是逐元素进行的。于是可得 985

$$\boldsymbol{\theta}^{\mathrm{T}}\boldsymbol{x}' = \boldsymbol{\theta}^{\mathrm{T}}\boldsymbol{x} + \boldsymbol{\theta}^{\mathrm{T}}\boldsymbol{v} = \boldsymbol{\theta}^{\mathrm{T}}\boldsymbol{x} \pm \epsilon \sum_{i=1}^{l} |\theta_i|$$

图 18.38　左边的图像被正确分类。右边所有的图片都被归类为“鸵鸟，非洲鸵鸟”！中间的图像显示了为了获得右边的图像(例子取自[227])而添加的噪声(经过一些放大)

因此，如果输入维数 l 较大，则预期各内积值有较大的偏差，这就会导致 $\boldsymbol{x}$ 和 $\boldsymbol{x}'$ 的预测标签不同。也就是说，线性函数与高维性的组合违背了光滑性假设。

上述解释可以推广到深度网络，例如，当使用 ReLU 或所涉及的非线性函数在其线性区域内运行时。在[49，164]中提供了另一种几何观点来解释对抗现象。其中指出，对抗示例的核心是一些与所施加的扰动相关联的独特几何性质，这些扰动与决策边界不同部分之间的几何相关性有关。他们的分析证明了一般随机噪声和最坏情况对抗型扰动之间的差异。

由此想到的问题是，对输入空间进行更仔细的采样是否会产生更丰富的表示，这样对
986 抗示例就可以被包括在训练集中，从而网络可以学习到它们。正如在[227]中声称的，对抗负示例的概率极低，因此在数据集中从未(或很少)观察到，但其实它们是稠密的(很像有理数)，所以，它几乎可以在每个测试用例中找到。但是，应该指出的是，这种说法并没有理论证明。

18.14.1　对抗训练

在构建了一些对抗示例并试图理解它们的存在性之后，下一个研究前沿是更多地关注这一现象的实践方面。虽然在输入(训练和测试集)数据中似乎不常见到对抗示例，但这是一个相当令人不安的现象。而且，它总是可以被用来故意欺骗网络。为了达到这一目的，已经出现了一些技术，试图令网络“鲁棒化”以对抗敌手。

在[227]中，生成了对抗示例并反馈给训练集。这是一种通过数据生成实现的正则化。然而，在[118]中，有人认为对于音乐数据，该方法并没有真正提高性能。

在[63]中，将损失函数 J 进行了适当的修改

$$J'(\boldsymbol{\theta},\boldsymbol{x},\boldsymbol{y})=\alpha J(\boldsymbol{\theta},\boldsymbol{x},\boldsymbol{y})+(1-\alpha)J(\boldsymbol{\theta},\boldsymbol{x}+\Delta\boldsymbol{x},\boldsymbol{y}),\ 0<\alpha<1$$

其中

$$\Delta \boldsymbol{x}=\epsilon \operatorname{sgn}\left(\frac{\partial}{\partial \boldsymbol{x}} J(\boldsymbol{\theta}, \boldsymbol{x}, \boldsymbol{y})\right), \epsilon>0$$

已被证明是对抗扰动的方向。

在[161]中，使用了一个正则化项来促进在每个输入数据点周围模型分布关于输入的平滑性。在[209]中，提出了一种鲁棒优化方法，它是围绕最小最大方法构建的，其中代价函数是关于最坏的扰动情况进行优化的。在[175]中提出了*蒸馏技术*作为一种处理对抗示例的方法。蒸馏是一种训练过程，最初设计用于在迁移学习的背景下训练深度神经网络(见 18.17 节)，可参见[92]。在对抗性训练框架中，有研究声称蒸馏可以将导致对抗性样本生成的梯度降低多个数量级。而且，蒸馏可以显著增加为创建对抗样本需要修改的特征的平均最小数目。

最后一点必须指出的是，在本书当前版本编制之时，对抗示例已形成了一个持续的研究热点。对抗示例有可能是危险的。例如，假设攻击者以自动驾驶车辆为目标，使用贴纸或油漆创建一个对抗性“停止”标志，车辆会将其理解为“让路”或其他标志(参见[177])。在[127]中，研究表明，将从手机摄像头获得的对抗图像输入 ImageNet 初始分类器中，即使通过相机感知，也有很大一部分对抗示例被误分类。在[176]中，提出了一个威胁模型，其中在对抗框架下对攻击和防御进行分类。结果表明，模型的复杂性、准确性和弹性之间存在(可能不可避免的)相互影响，必须根据其使用环境进行校准。

在[208]中讨论到，尽管已经提出了各种各样的防御措施来令神经网络更鲁棒以抵御对抗工具，但这种防御似乎很快就被打破了。而且，这篇论文的理论分析表明，对于特定类别的问题，不可避免地会出现对抗示例。 987

18.15　深度生成模型

到目前为止，我们的重点是通过神经网络架构进行监督学习。机器学习的另一个主要方向是无监督学习，人们必须“学习”并揭示隐藏在输入数据中的潜在依赖关系和结构。如第 12 章所介绍的(更广泛的信息见[231])，聚类是通过未标记数据进行学习的主要途径。另一种途径是学习明确的概率相关性，最终目标是估计概率分布，正如第 15 章和第 16 章中重点描述的。

另一个无标记样本的使用很重要的方向是学习输入数据的有效表示。事实上，特征学习是数据表示的一个方面。CNN 中位于全连接网络之前的卷积层就是为此目的设计的，也就是说，是为了获得输入数据的高效且信息丰富的表示。但是，在 CNN 框架中，这发生在一个特定的学习任务的背景下，也就是说，在训练过程中也会考虑输出标签，以达到满足当前任务需要的最优表示。

在本节中，我们讨论的场景是学习独立于特定任务的表示，目标是仅使用输入数据提取此类信息。关注这一问题的原因有两方面。首先，学习输入数据的模型表示可以用于后续的不同任务，以方便训练。有时，这也被称为*预训练*，其中使用未标记数据学习的参数可以作为另一个监督学习的参数的初始估计。当有标签示例的数量不够大时，这种方法是很有用的(参见[148]中的讨论)。值得指出的是，这种预训练的基本原理在机器学习发展历史上有着重要地位，因为它导致了神经网络的复兴，我们将很快讨论这个问题[86]。

另一种方法是利用这些学到的表示来生成新数据，这种方法目前很受关注，可回顾 18.7 节中的讨论。这类技术不一定能显式地学习潜在的概率分布，但它们能获得必要的知识，以便能够根据能“解释”数据的分布来抽取样本。

18.15.1 受限玻尔兹曼机

受限玻尔兹曼机(RBM)是通用玻尔兹曼机(BM)中的一种特殊类型，我们在第15章中介绍过它，文献[1, 217]对其也有论述。图18.39给出了RBM对应的概率模型。同一层的节点之间没有连接。而且，上层包含对应于隐藏变量的节点，下层包含可见节点。也就是说，观测值仅应用于较低层的节点。我们可以用一层层堆叠的方式构造深度RBM。

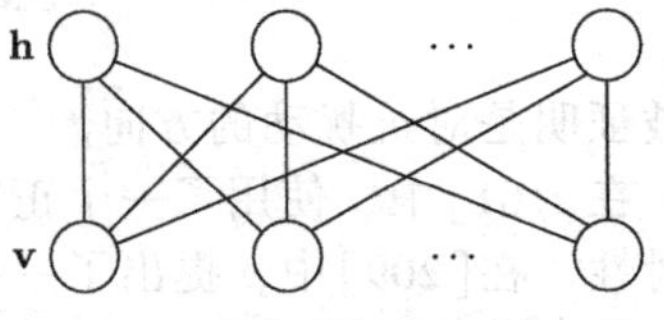

图18.39 RBM是一个无向图形模型，在同一层的节点之间无连接。下层包含可见节点，上层仅包含隐节点

根据玻尔兹曼机的一般定义，所涉及的随机变量的联合分布形式为

988

$$P(v_1,\cdots,v_J,h_1,\cdots,h_I)=\frac{1}{Z}\exp\big(-E(\boldsymbol{v},\boldsymbol{h})\big) \tag{18.71}$$

其中我们使用了不同的符号表示J个可见参数(v_j, $j=1,2,\cdots,J$)和I个隐藏参数(h_i, $i=1,2,\cdots,I$)。能量是用一组未知参数定义的[⊖]，即

$$E(\boldsymbol{v},\boldsymbol{h})=-\sum_{i=1}^{I}\sum_{j=1}^{J}\theta_{ij}h_iv_j-\sum_{i=1}^{I}b_ih_i-\sum_{j=1}^{J}c_jv_j \tag{18.72}$$

归一化常数为

$$Z=\sum_{\boldsymbol{v}}\sum_{\boldsymbol{h}}\exp\big(-E(\boldsymbol{v},\boldsymbol{h})\big) \tag{18.73}$$

我们将关注离散变量，因此涉及的分布其实是概率。更具体地说，我们将关注二元性质的变量，即v_j、$h_i\in\{0,1\}$, $j=1,\cdots,J$, $i=1,\cdots,I$。从式(18.72)中观察到，与一般的玻尔兹曼机器相比，RBM中只有隐变量和可见变量之间的乘积出现于能量项中。

RBM训练中的目标是学习一组未知参数θ_{ij}、b_i、c_j，可聚合表示为Θ、$\boldsymbol{b}$和$\boldsymbol{c}$。遵循的主要方法是最大化对数似然，其中使用可见变量的N个观测值，表示为$\boldsymbol{v}_n$, $n=1,2,\cdots,N$，其中

$$\boldsymbol{v}_n:=[v_{1n},\cdots,v_{Jn}]^{\mathrm{T}}$$

是时刻n相应观测值的向量。我们称可见节点被各自的观测值紧固了。对应的(平均)对数似然可表示为

989

$$\begin{aligned}L(\Theta,\boldsymbol{b},\boldsymbol{c}) &= \frac{1}{N}\sum_{n=1}^{N}\ln P(\boldsymbol{v}_n;\Theta,\boldsymbol{b},\boldsymbol{c})\\ &= \frac{1}{N}\sum_{n=1}^{N}\ln\Big(\frac{1}{Z}\sum_{\boldsymbol{h}}\exp\big(-E(\boldsymbol{v}_n,\boldsymbol{h};\Theta,\boldsymbol{b},\boldsymbol{c})\big)\Big)\\ &= \frac{1}{N}\sum_{n=1}^{N}\ln\Big(\sum_{\boldsymbol{h}}\exp\big(-E(\boldsymbol{v}_n,\boldsymbol{h};\Theta,\boldsymbol{b},\boldsymbol{c})\big)\Big)-\\ &\qquad \ln\sum_{\boldsymbol{v}}\sum_{\boldsymbol{h}}\exp\big(-E(\boldsymbol{v},\boldsymbol{h})\big)\end{aligned}$$

⊖ 与15.4.2节中使用的符号相比，这里我们使用了一个负号。这只是为了更好地适应本节的需要，显然它对于推导来说并不重要。

其中能量中的索引 n 对应的是将可见节点紧固的观测值，另外我们明确引入符号 Θ。

取 $L(\Theta, \boldsymbol{b}, \boldsymbol{c})$ 关于 θ_{ij} 的导数(类似关于 b_i 和 c_j 的导数的情况)，并应用导数的标准性质，不难证明(习题 18.13)

$$\boxed{\frac{\partial L(\Theta, \boldsymbol{b}, \boldsymbol{c})}{\partial \theta_{ij}} = \frac{1}{N}\sum_{n=1}^{N}\left(\sum_{\boldsymbol{h}} P(\boldsymbol{h}|\boldsymbol{v}_n)h_i v_{jn}\right) - \sum_{\boldsymbol{v}}\sum_{\boldsymbol{h}} P(\boldsymbol{v}, \boldsymbol{h})h_i v_j} \tag{18.74}$$

其中使用了下式

$$P(\boldsymbol{h}|\boldsymbol{v}) = \frac{P(\boldsymbol{v}, \boldsymbol{h})}{\sum_{\boldsymbol{h}'} P(\boldsymbol{v}, \boldsymbol{h}')}$$

式(18.74)中的梯度包含两项。一旦计算出 $P(\boldsymbol{h} \mid \boldsymbol{v})$，我们就可以计算出第一项。基本上，这一项是 RBM 处于紧固阶段时的平均激活率或平均相关系数，我们通常称之为正相位，并将这一项表示为 $<\mathrm{h}_i\mathrm{v}_j>^+$。第二项是 RBM 处于其自由运转阶段或称负相位时对应的相关系数，表示为 $<\mathrm{h}_i\mathrm{v}_j>^-$。因此，最大化似然对数的梯度上升方法可表示如下

$$\theta_{ij}(\text{new}) = \theta_{ij}(\text{old}) + \mu\left(< \mathrm{h}_i\mathrm{v}_j >^+ - < \mathrm{h}_i\mathrm{v}_j >^-\right)$$

让我们花一分钟来论证为什么将操作的两个阶段分别命名为正和负。这些术语出现在辛顿和索诺斯基关于玻尔兹曼机的开创性论文中[81, 83]。第一个阶段对应紧固状态，可被看作赫布学习规则的一种形式。赫布是一位神经生物学家，他提出了世界上第一条(据我所知)学习规则[78]:“如果一个突触两边的两个神经元同时被激活，这个突触的强度就会被选择性地增加。”注意，这正是参数递归更新过程中的正相位相关性的结果。相反，负相位相关项的作用则相反。因此，后一项可被认为是一种类似遗忘贡献或反学习贡献，它可以被看作一种纯粹“内部”特性(注意，它不依赖于观测值)的控制条件，与从外部环境(观测值)中收到的“外部”信息相对。

关于对数似然的优化的细节以及最后推导出的算法可以从本书网站上的本章的附加材料部分获得。 990

18.15.2　预训练深度前馈网络

本小节介绍使用 RBM 预训练深度前馈神经网络的基本原理。这一概念首次提出是在文献[86]中。虽然预训练没有得到更广泛的应用，但在标记数据不足以训练一个大型神经网络的情况下，它仍然具有优势。

图 18.40 展示了一个具有三个隐层的深度神经网络的框图。输入的随机变量向量表示为 $\mathbf{x}$，与隐层相关的随机变量的向量表示为 $\mathbf{h}^i$，$i=1,2,3$，输出节点的向量表示为 $\mathbf{y}$。从连接输入节点和第一个隐层节点的权重开始，预训练按顺序进行。这是通过最大化输入观测值 $\boldsymbol{x}$ 的观测样本的似然值，并将第一层关联的变量视为隐藏变量来实现的。一旦计算出第一层对应的权重，就允许相应的节点触发输出值，并形成向量 $\boldsymbol{h}^1$。这就是为什么无监督预训练的生成模型(例如 RBM)能够以概率方式在隐节点处生成输出。这些值依次用作下一隐层的预训练的观测值，以此类推。

一旦完成预训练，则可以使用有监督的学习规则，例如逆传播算法，来获得通向输出节点的权重值，并使用在预训练阶段获得的初始权重值来微调与隐层相关的权重。 991

如前所述，无监督学习是通过学习数据的内在规律和统计结构来发现和揭示隐藏在数据中信息的一种方法。这样，预训练可被视为一种依赖于数据的正则化项，它通过利用无监督学习获得的额外信息，将未知参数推向存在更好的解的区域(可参见[47])。

图 18.40 展示了一个具有三个隐层的多层感知机。和其他有监督的学习任务一样，起

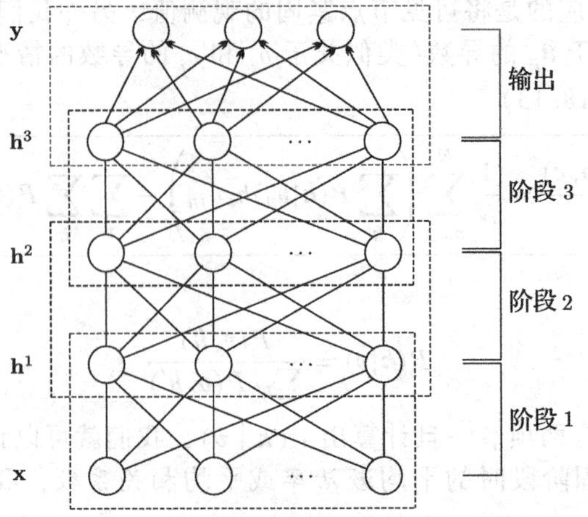

图 18.40　由三个隐层和一个输出层构成的深度神经网络架构。输入层的随机变量表示为 $\mathbf{x}$。与第 i 个隐层的节点相关联的随机变量表示为 $\mathbf{h}^i$，$i=1,2,3$。输出变量表示为 $\mathbf{y}$。在预训练的每个阶段，一次计算一个与隐层相关联的权重。对于包含三个隐层的网络，预训练包含三个无监督学习阶段。一旦隐层单元的预训练完成，就通过一个监督学习算法预训练与输出节点相关联的权重。在最终的微调过程中，所有参数都是通过一个有监督的学习规则(例如逆传播方法)来估计的，作为在训练前获得的初始值

点是一组样本$(y_n,\boldsymbol{x}_n)$，$n=1,2,\cdots,N$。为训练一个深度多层感知机，如前所述，主要包含两个阶段：预训练和有监督微调。首先预训练与隐层节点关联的权重，此步骤利用了基于 RBM 原理的无监督学习。假设有 K 个隐层，$\mathbf{h}^k$，$k=1,2,\cdots,K$，我们成对地考虑它们，即$(\mathbf{h}^{k-1},\boldsymbol{h}^k)$，$k=1,2,\cdots,K$，其中 $\mathbf{h}^0:=\mathbf{x}$ 为输入层。每一对可被视为一个 RBM，以层次化方式组织，前一个的输出将成为下一个的输入。可证明(参见[86])，每新增一层都会增加训练数据的对数概率的一个变分下界。

导向输出节点的权重的预训练是通过监督学习算法进行的。即最后一个隐层和输出层组成的对并不作为 RBM 来处理，而是作为一个单层前馈网络。换句话说，这个监督学习任务的输入特征为最后一个隐层形成的特征。

最后，微调是利用典型逆传播算法原理进行再训练，并使用在预训练期间获得的值作为初始值。这对更好地理解深度学习网络的工作原理非常重要。标签信息仅在微调阶段在隐层中使用。在预训练过程中，每一层中的特征捕获了输入数据分布及潜在规律的相关信息。而标签信息不参与发现特征的过程。特征发现的大部分工作都是在预训练阶段采用无监督学习完成的。值得注意的是，即使某些数据并没有标签，这种类型的学习也可以工作。未标记的信息同样是有用的，因为它提供了输入样本数据的额外有价值的信息。事实上，这正是半监督学习的核心(参见[231])。

基于 RBM 的预训练的更多细节可在本书网站上本章附加材料部分找到(另可参见[88])。

18.15.3　深度信念网络

迄今为止，本章我们重点讨论了前馈结构，并主要关注前馈方向或者说自底向上方向的信息流。然而，这只是神经网络和深度学习的一部分。另一部分是关于生成模型的。这种学习任务的目标是“教导”模型生成数据。实现这一目标的一种方法是学习概率模型，将一组可观测到的变量与另一组隐变量联系起来。RBM 只是此类模型的一个例子。此外，必须强调的是，只要使用足够多的隐藏节点，RBM 可表示任何离散分布[52, 137]。

在本节至今的讨论中，我们将深度网络看作一种形成逐层特征的机制，即越来越高层

地表示输入数据的特征。现在的问题是，我们是否可以从最后一层开始(对应最高层的表示)，并遵循自顶向下的路径，将生成数据作为新的目标。除了一些实际应用中的需求之外，还有一个额外的原因来研究这种反向的信息流。 992

有一些研究表明，这种自顶向下的连接存在于我们的视觉系统中，即从更高层的表示开始逐步产生图像的低层特征。这样一种机制可以解释人们在梦中是如何创建生动的图像的，也说明了为何我们可以通过来自前驱帧的上下文先验信息对局部图像区域的解释进行消歧(可参见[134, 135, 165])。

我们在第 15 章和第 16 章中已经讨论过，一种流行的表示统计生成模型的方法是使用概率图模型。15.3.4 节中介绍的 S 形网络是生成模型的一个典型例子，它属于参数贝叶斯(信念)网络族。图 18.41a 给出了一种 S 形网络，它是一个有向无环图(贝叶斯网络)。根据第 15 章提出的理论，观测值($\boldsymbol{x}$)和分布在 K 个层次中的隐变量的联合概率为

$$P(\boldsymbol{x},\boldsymbol{h}^1,\cdots,\boldsymbol{h}^K)=P(\boldsymbol{x}|\boldsymbol{h}^1)\left(\prod_{k=1}^{K-1}P\left(\boldsymbol{h}^k|\boldsymbol{h}^{k+1}\right)\right)P(\boldsymbol{h}^K)$$

其中第 k 层的 I_k 个节点中的每一个条件概率为

$$P(h_i^k|\boldsymbol{h}^{k+1})=\sigma\left(\sum_{j=1}^{I_{k+1}}\theta_{ij}^{k+1}h_j^{k+1}\right),\quad k=1,2,\cdots,K-1,\ i=1,2,\cdots,I_k$$

文献[86]中提出了 S 形网络一个变种，被称为深度信念网络。与 S 形网络不同的是，顶端两层构成一个 RBM。因此，它是一个由有向边和无向边组成的混合网络。对应的图形模型如图 18.41b 所示。涉及的所有变量各自联合概率可表示为 993

$$P(\boldsymbol{x},\boldsymbol{h}^1,\cdots,\boldsymbol{h}^K)=P(\boldsymbol{x}|\boldsymbol{h}^1)\left(\prod_{k=1}^{K-2}P\left(\boldsymbol{h}^k|\boldsymbol{h}^{k+1}\right)\right)P\left(\boldsymbol{h}^{K-1},\boldsymbol{h}^K\right) \tag{18.75}$$

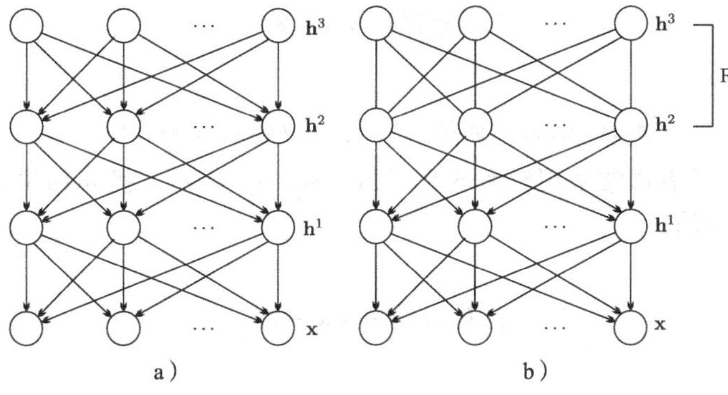

图 18.41 a) 对应于 S 形信念(贝叶斯)网络的图模型。b) 对应于深度信念网络的图模型，图中既有有向边，也有无向边。顶层包含无向边，它对应一个 RBM

众所周知，规模相对较大的贝叶斯网络的学习训练是比较困难的，这是由于它存在收敛边的问题(见 15.3.3 节)。为此，我们可以采用变分近似方法绕过这一障碍(见 16.3 节)。

在[86]中提出了一种替代路线，它遵循类似于神经网络预训练中所采用的方法。换句话说，从输入层开始的所有隐层都被视为 RBM，并采用贪心策略自底向上地逐层预训练。应该强调的是，这种方法恢复的条件只能看作对真实情况的近似。毕竟，原始图是有向图，并不是 RBM 假设所要求的无向图。唯一的例外是在网络顶层，在那里 RBM 的假设是有效的。

一旦自底向上的训练完成后，使用未知参数的估计值来初始化另一个微调训练算法，这种方法已经在[85]中开发出来用于训练S形网络，它被称为清醒-睡眠算法。清醒-睡眠方法背后的目标是在自顶向下扫描过程中调整权重，以最大化网络的概率，来生成观测数据。该方案具有变分近似的特点，若随机初始化，就需要较长时间才能收敛。不过，若使用从预训练中获得的值进行初始化，可以显著地加快收敛过程[89]。

一旦权值训练过程完成，就可以通过算法18.4中阐述的方案来生成数据。

算法 18.4（通过一个 DBN 生成样本）

- 得到 $K-1$ 层中的节点的样本 $\boldsymbol{h}^{K-1}$。生成方法可以运行一条吉布斯链，交替生成样本 $\boldsymbol{h}^K \sim P(\boldsymbol{h} \mid \boldsymbol{h}^{K-1})$ 和 $\boldsymbol{h}^{K-1} \sim P(\boldsymbol{h} \mid \boldsymbol{h}^K)$ 来完成。这可以通过类似训练 RBM 的技术来进行（参见本书网站上本章的附加材料），因为顶端两层组成了一个 RBM。利用一个输入模式，我们可以在 $K-1$ 层形成一个特征向量，用它来初始化吉布斯链，就能加快其收敛速度，特征的生成类似预训练阶段的方法，在隐层中自底向上生成。
- **For** $k=K-2,\cdots,1$ **Do**；自顶向下扫描
  - **For** $i=1,2,\cdots,I_k$ **Do**
    - $h_i^{k-1} \sim P(h_i \mid \boldsymbol{h}^k)$；对每个节点采样
  - **End For**
- **End For**
- $\boldsymbol{x}=\boldsymbol{h}^0$；生成的模式

18.15.4　自编码器

文献[9，199]中提出了使用自编码器作为降维的方法。一个自编码器由编码器和解码

994 器两部分组成。编码器的输出是输入样本的降维表示，可使用一个向量函数来定义

$$\boldsymbol{f}: \boldsymbol{x} \in \mathbb{R}^l \longmapsto \boldsymbol{h} \in \mathbb{R}^m \tag{18.76}$$

其中

$$h_i := f_i(\boldsymbol{x}) = \phi_e(\boldsymbol{\theta}_i^{\mathrm{T}} \boldsymbol{x} + b_i), \quad i=1,2,\cdots,m \tag{18.77}$$

且 ϕ_e 为激活函数，后者通常采用对率S形函数，$\phi_e(\cdot)=\sigma(\cdot)$。换句话说，编码器就是一个单隐层前馈神经网络。

解码器是另一个函数 $\boldsymbol{g}$

$$\boldsymbol{g}: \boldsymbol{h} \in \mathbb{R}^m \longmapsto \hat{\boldsymbol{x}} \in \mathbb{R}^l \tag{18.78}$$

其中

$$\hat{x}_j = g_j(\boldsymbol{h}) = \phi_d(\boldsymbol{\theta}_j'^{\mathrm{T}} \boldsymbol{h} + b_j'), \quad j=1,2,\cdots,l \tag{18.79}$$

激活函数 ϕ_d 通常采用恒等函数（线性可重构的）或对率S形函数。我们的训练任务是为了估计参数

$$\Theta := [\boldsymbol{\theta}_1, \cdots, \boldsymbol{\theta}_m,], \ \boldsymbol{b}, \ \Theta' := [\boldsymbol{\theta}_1', \cdots, \boldsymbol{\theta}_l'], \ \boldsymbol{b}'$$

通常假设 $\Theta'=\Theta^{\mathrm{T}}$。参数估计的目标在某种意义上是使得输入样本上的重构误差 $\boldsymbol{e}=\boldsymbol{x}-\hat{\boldsymbol{x}}$ 最小。对此，通常采用最小二乘法，但也可选择其他方法，像包含参数范数的正则化版本也是一种可能（参见[193]）。如果选择的激活函数 ϕ_e 为恒等函数（线性表示）且满足 $m<l$（避免平凡性），则自编码器与PCA技术等价[9]。PCA在第19章中有更详细的论述。

如果我们在训练过程中对输入增加了噪声[238，239]，则可产生另一个版本的自编码

器。这是一种随机的版本，被称为去噪自编码器。它的重构过程使用了无损输入。它背后的想法是通过尝试消除噪声的影响，以捕获输入之间的统计相关性。更具体的，如在[238]中所述，破坏过程随机地将一些输入(最多一半)设置为零。因此，对于随机选取的缺失模式子集，去噪自编码器被迫从未缺失值中预测缺失值。

自编码器已被用来预训练深度网络，代替前面讨论过的 RBM(参见[87])。在 RBM 中采用了很多层而非单层的自编码器。

18.15.5　生成对抗网络

在 18.15.1 节和 18.15.3 节中，我们考虑了用于估计概率分布和生成数据的生成概率图形模型。这种模型的主要缺点是，在最大化相关似然函数和相关代价函数来计算定义图形模型的未知参数时，计算困难。 995

在[61]中首次描述了设计生成模型的另一种途径。所提出的突破性的思想是放弃了直接建模概率分布的想法；相反，采用了一种博弈论的方案，其中生成网络要与对手进行竞争[⊖]。这种方法背后的本质是“令”生成器生成与用于训练的可用观测值没有区别的示例。图 18.42 说明了这种网络的主要思想，即生成对抗网络(GAN)。图中有两个网络，每一个都是一个深度神经网络，即生成器(G)网络和判别器(D)网络。

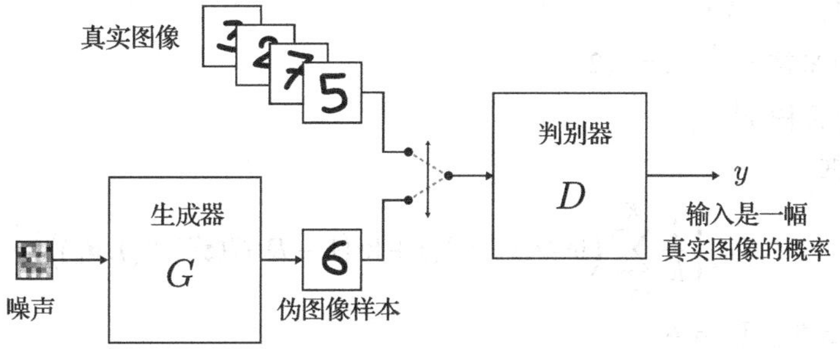

图 18.42　一个类包含真实的图像，另一个类包含伪图像。后者是由噪声激励的生成器生成的。判别器的输出表示输入模式来自真实数据类的概率。如果两类是完美可分的，那么对于真实图像，判别器的输出 y 是 1，对于伪图像是 0。训练 GAN 的目的是“混淆”判别器，使它对真实图像和伪图像的输出都变成 1/2

根据一个概率分布 $\boldsymbol{p}_z(\boldsymbol{z})$，通常是均匀 PDF 或高斯 PDF，生成噪声样本输入到生成器的输入端。生成器将输入噪声向量 $\boldsymbol{z}$ 转换为一个样本 $\boldsymbol{x}=G(\boldsymbol{z};\boldsymbol{\theta}_g)$，它的维度与可用观测值 $\boldsymbol{x}_n$，$n=1,2,\cdots,N$ 相同。参数向量 $\boldsymbol{\theta}_g$ 包含了定义生成器网络的所有参数，这些参数必须在训练阶段进行估计。训练的目标是计算参数，使得生成的模式 $\boldsymbol{x}$ 在统计上与可用的观测值无法区分。从现在起，我们将把观测值称为真实数据，而那些由生成器生成的数据称为伪数据。

判别器是一个两类分类器，用一个深度神经网络实现。其输入为样本 $\boldsymbol{x}$，输出一个对应的概率值 $y=D(\boldsymbol{x};\boldsymbol{\theta}_d)$。参数向量 $\boldsymbol{\theta}_d$ 由定义神经网络的所有参数组成，在训练过程中学习。输出值 y 表示对应的输入模式 $\boldsymbol{x}$ 来自观测值而非生成器的概率。也就是说，$D(\boldsymbol{x};\boldsymbol{\theta}_d)$ 996
是 $\boldsymbol{x}$ 为真实数据的概率，$1-D(\boldsymbol{x};\boldsymbol{\theta}_d)$ 为 $\boldsymbol{x}$ 是伪数据的概率。如果判别器的设计是为了做出完美的决策，那么真实数据的输出应该是 1，伪数据的输出应该是 0。

在训练过程中，对参数向量进行最优估计，以使判别器混淆真实数据点和伪数据点。为此，[61]中采用了以下两方最大最小博弈值(代价)：

⊖　注意，这里使用的对手的概念与 18.14 节中讨论的对抗示例中使用的对手的概念所处上下文不同。

$$\min_{\boldsymbol{\theta}_g}\max_{\boldsymbol{\theta}_d} J(\boldsymbol{\theta}_g,\boldsymbol{\theta}_d) \tag{18.80}$$

其中

$$\boxed{J(\boldsymbol{\theta}_g,\boldsymbol{\theta}_d)=\mathbb{E}_{\mathbf{x}\sim p_r(x)}\left[\ln D(\mathbf{x};\boldsymbol{\theta}_d)\right]+\mathbb{E}_{\mathbf{z}\sim p_{\mathbf{z}}(z)}\left[\ln\left(1-D(G(\mathbf{z};\boldsymbol{\theta}_g);\boldsymbol{\theta}_d)\right)\right]} \tag{18.81}$$

$p_r(\boldsymbol{x})$表示真实数据对应的概率分布(下标 r 提醒我们对应真实数据)。

即如果 $\boldsymbol{\theta}_g$ 保持不变，则通过 $\boldsymbol{\theta}_d$ 训练判别器，使其输出对真($D(\boldsymbol{x};\boldsymbol{\theta}_d)$)、假($1-D(G(\boldsymbol{z};\boldsymbol{\theta}_g);\boldsymbol{\theta}_d)$)样例都最大化。此外，保持 $\boldsymbol{\theta}_d$ 不变，同时通过 $\boldsymbol{\theta}_g$ 训练 G 来最小化 $1-D(G(\boldsymbol{z};\boldsymbol{\theta}_g);\boldsymbol{\theta}_d)$，以混淆判别器。

算法 18.5 总结了主要思想，其中采用小批量(大小为 K)优化原理。

算法 18.5 (GAN 算法)

- 初始化 $\boldsymbol{\theta}_d^{(0)}$ 和 $\boldsymbol{\theta}_g^{(0)}$。
- 设置小批量大小为 K。
- 设置判别器迭代次数为 m；最简单的情况为 $m=1$，这也是原论文中采用的设置。
- **While** $\boldsymbol{\theta}_d$ 和 $\boldsymbol{\theta}_g$ 还未收敛 **Do**
  - **For** $t=1,2,\cdots,m$ **Do**
    - 从 $p_{\mathbf{z}}(z)$采样 $\mathbf{z}^{(i)}$，$i=1,2,\cdots,K$
    - 从 $p_r(z)$采样 $\boldsymbol{x}^{(i)}$，$i=1,2,\cdots,K$
    - 计算梯度

$$\nabla_{\boldsymbol{\theta}_d}\left\{\frac{1}{K}\sum_{i=1}^{K}\left(\ln D(\boldsymbol{x}^{(i)};\boldsymbol{\theta}_d)+\ln\left(1-D(G(\mathbf{z}^{(i)};\boldsymbol{\theta}_g);\boldsymbol{\theta}_d)\right)\right)\right\}$$

    - 用梯度上升法更新 $\boldsymbol{\theta}_d$

$$\boldsymbol{\theta}_d\leftarrow\boldsymbol{\theta}_d$$

  - **End For**
- 997 从 $p_{\mathbf{z}}(z)$采样 $\mathbf{z}^{(i)}$，$i=1,2,\cdots,K$
- 计算梯度

$$\nabla_{\boldsymbol{\theta}_g}\left\{\frac{1}{K}\sum_{i=1}^{K}\ln\left(1-D(G(\mathbf{z}^{(i)};\boldsymbol{\theta}_g);\boldsymbol{\theta}_d)\right)\right\}$$

- 用梯度下降法更新 $\boldsymbol{\theta}_g$

$$\boldsymbol{\theta}_g\leftarrow\boldsymbol{\theta}_g$$

- **End While**

附注 18.8

- [61]中指出，训练 G 来最小化 $\ln(1-D(G(z)))$，不如训练 G 来最大化 $\ln(D(G(z)))$。这样可以更好地处理涉及的梯度。这一修改的进一步理论依据和实验对比结果可以在[51]中找到。

1. 解的最优性

现在产生的第一个问题是关于式(18.81)中的最小最大优化任务的最优解的。注意，生成器 G 隐式定义了样本 $\boldsymbol{x}=G(\boldsymbol{z};\boldsymbol{\theta}_g)$的概率分布 $p_g(\boldsymbol{x})$，样本是当 $\mathbf{z}\sim p_{\mathbf{z}}(z)$时生成的。

对于我们的分析，我们将通过参数 $\boldsymbol{\theta}_g$ 和 $\boldsymbol{\theta}_d$ 从相关函数的参数化建模中解放出来，从一般非参问题的角度研究关于函数 $D(\boldsymbol{x})$ 和 $G(\boldsymbol{z})$ 的最优解。在这种情况下，式(18.81)可以改写为

$$\min_G \max_D J(G, D) := \mathbb{E}_{\mathbf{x}\sim p_r(\boldsymbol{x})}\left[\ln D(\mathbf{x})\right] + \mathbb{E}_{\mathbf{z}\sim p_{\mathbf{z}}(\mathbf{z})}\left[\ln\left(1 - D(G(\mathbf{z}))\right)\right] \tag{18.82}$$

由期望的定义，我们可得

$$\begin{aligned} J(G, D) &= \int_{\boldsymbol{x}} p_r(\boldsymbol{x})\ln(D(\boldsymbol{x}))\mathrm{d}\boldsymbol{x} + \int_{z} p_{\mathbf{z}}(z)\ln\left(1 - D(G(z))\right)\mathrm{d}z \\ &= \int_{\boldsymbol{x}} \left(p_r(\boldsymbol{x})\ln(D(\boldsymbol{x})) + p_g(\boldsymbol{x})\ln\left(1 - D(\boldsymbol{x})\right)\right)\mathrm{d}\boldsymbol{x} \end{aligned}$$

其中下标 g 表示与生成器输出相关联的分布。固定函数 G(相当于固定概率分布函数 p_g)，通过取被积函数关于判别器输出概率函数 D 求导并设其为零，就可以很容易地得到 D 的最优值(习题 18.15)。容易证明

$$D^* = \frac{p_r}{p_r + p_g} \tag{18.83}$$

因此，将此最优值代入式(18.82)，最小最大博弈关于 G 的代价重写为

$$C(G) := \mathbb{E}_{\mathbf{x}\sim p_r(\boldsymbol{x})}\left[\ln\frac{p_r(\mathbf{x})}{p_r(\mathbf{x}) + p_g(\mathbf{x})}\right] + \mathbb{E}_{\mathbf{x}\sim p_g(\mathbf{x})}\left[\ln\frac{p_g(\mathbf{x})}{p_r(\mathbf{x}) + p_g(\mathbf{x})}\right] \tag{18.84}$$ 998

此公式是 p_g 的一个函数。回忆 KL 散度的定义(2.5.2 节和 12.7 节)，式(18.84)可改写成如下紧凑形式

$$C(G) = \mathrm{KL}(p_r||p_r + p_g) + \mathrm{KL}(p_g||p_r + p_g)$$

其中，如我们所知，KL 散度关于其参数是非对称的。用 2 进行规范化并考虑 KL 散度的定义，此公式容易改写为

$$C(G) = -\ln 4 + \mathrm{KL}\left(p_r||\frac{p_r + p_g}{2}\right) + \mathrm{KL}\left(p_g||\frac{p_r + p_g}{2}\right)$$

或

$$C(G) = -\ln 4 + 2\mathrm{JS}(p_r||p_g) \tag{18.85}$$

其中 JS 表示 p_r 和 p_g 的延森–香农散度，定义为

$$\boxed{\mathrm{JS}(p_r||p_g) := \frac{1}{2}\mathrm{KL}\left(p_r||\frac{p_r + p_g}{2}\right) + \frac{1}{2}\mathrm{KL}\left(p_g||\frac{p_r + p_g}{2}\right)}$$

因此，如式(18.85)所示，与生成器相关的代价 $C(G)$ 取决于真实数据的 p_r 与生成器实现的 p_g 之间的 JS 散度。与 KL 散度相比，可以很容易地验证 JS 散度是对称的。正如在[232]中推测的那样，与 KL 散度相比，正是这种散度的使用，使 GAN 比更传统的基于最大似然的方法具有优势。

容易看出 JS 散度是非负的，当且仅当 $p_r = p_g$ 达到最小值。因此，当式(18.83)给定 D 且 G 最大化式(18.85)时，就得到式(18.82)中定义的最大最小任务的解，导致

$$\boxed{p_g = p_r,\ D^* = \frac{1}{2},\ C^* = -\ln 4}$$

换句话说，当生成器了解到真实数据的分布，而判别器 D 被“混淆”，无法区分真实数据和伪数据时，博弈的最优性就实现了。

2. 训练 GAN 中的问题

在上一节中，我们已经建立了 GAN 的最优性。然而，这项任务还远远没有解决。主

要原因是最优性分析是在概率函数空间中进行的。但是，在实践中，我们是使用参数模型来达到上述结果的近似，这就是问题所在。实际上，如算法 18.5 所示，在实践中，优化是通过参数优化进行的，所涉及的梯度是通过逆传播原理计算的，更新遵循一种基于梯度的优化方法。但是，同时更新生成器和判别器的参数来解决非凸优化任务，并不一定意味
999 着收敛到博弈的最优解。

观察式(18.85)以及推导它所用的方法，我们会期望优化进程应该是训练判别器接近其最优(以令代价函数 $\boldsymbol{\theta}_g$ 是式(18.85)的一个很好的近似)，然后对 $\boldsymbol{\theta}_g$ 应用梯度步骤。然而在实践中情况并非如此。随着判别器的改进，生成器的更新变差了。[5]中给出了对此现象的解释。这种“奇怪”行为的核心是 p_r 和 p_g 的参数化近似位于低维流形中，这使得共享共同的支撑(输入空间中两个函数共享非零值的区域)变得非常困难。图 18.43 说明了这一点。因此，训练好的判别器，并未按照式(18.85)达到一个代价，而是达到了零误差，这意味着它可以很容易地从真实数据中完美识别出伪数据。这将导致代价为零，并且使得关于 $\boldsymbol{\theta}_g$ 的梯度达到很小的值，这令通过 JS 代价训练 GAN 非常困难。在训练时，必须决定对判别器进行多少训练。换句话说，在训练的不准确性和梯度消失之间有一个权衡。

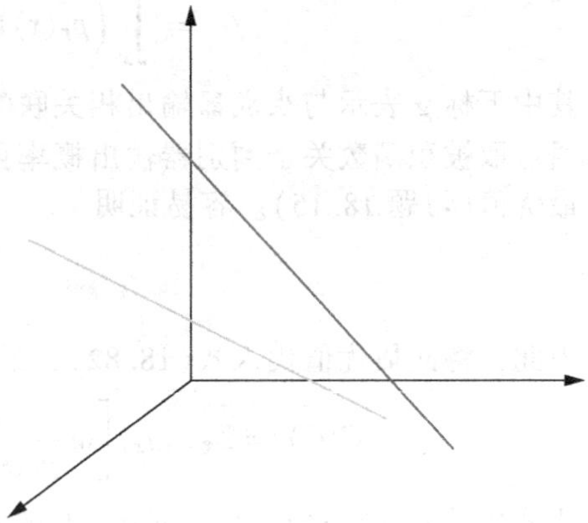

图 18.43　在三维空间中，两条直线是低维(线性)流形。它们不太可能有一个公共的交集。因此，比如说如果将 p_r 限制为其中一条直线，将 p_g 限制为另外一条，则很可能两个分布不能共享一个不可忽略的支撑

与训练 GAN 相关的另一个问题是所谓的模式崩溃。这意味着尽管生成器可能“欺骗”判别器，但其实生成器生成的是“相同”的输出。似乎生成器被陷入一个“小”区域中，这导致输出的低变化性。这可能是因为生成器不能充分地学好数据分布，它只关注其中的某些部分，而忽略了其他部分。

为了绕开前面提到的缺点，已有一些技巧和技术被提出(参见[203, 258])。在[188]中，引入了卷积生成网络。在[154]中，GAN 的设计采用了最小二乘法。在[140]中，采用了模型组合的概念，它基于一个竞争训练过程，将数据分布分解为成分，这些成分可以
1000 很好地由独立的生成模型近似。

3. 沃瑟斯坦 GAN

在[6]中，在低维流形中匹配 p_r 和 p_g 的任务是通过所谓的分布之间的*沃瑟斯坦距离*系统地解决的。其中首先证明了，在学习低维流形中的分布时，度量分布之间差异的散度必须具有特定的性质。JS 和 KL 散度都没有这些性质。相比之下，沃瑟斯坦距离适合这种场景。

两个分布 p_r 和 p_g 之间的沃瑟斯坦距离称或*土方移动距离*(EMD)定义为

$$\boxed{W(p_r, p_g) = \inf_{\gamma \in \Pi(p_r, p_g)} \mathbb{E}_{(\mathbf{x},\mathbf{y})\sim\gamma}\left[||\mathbf{x}-\mathbf{y}||\right]:\quad \text{沃瑟斯坦距离}} \tag{18.86}$$

虽然此定义对不熟悉的读者来说可能有点复杂，但它很有意义。$\Pi(p_r, p_g)$ 是一个集合，包含边际值分别等于 p_r 和 p_g 的随机向量间的所有联合分布。直观上，期望表示为了从 p_r 转换为 p_g 需要将多大的概率质量从 $\mathbf{x}$ 转移到 $\mathbf{y}$。它们的距离对应所有可能的联合分布中的

“最小”值[⊖]。

在实践中，式(18.86)不容易实现。另一种方法是通过它的对偶形式，称为康托洛维奇–鲁宾斯坦对偶(如[236])，如下式

$$W(p_r, p_g) = \sup_{\|f\|_L<1} \left\{\mathbb{E}_{\mathbf{x}\sim p_r}\left[f(\mathbf{x})\right] - \mathbb{E}_{\mathbf{x}\sim p_g}\left[f(\mathbf{x})\right]\right\} \tag{18.87}$$

其中 $\|f\|_L<1$ 表示所有 1-利普希茨函数(另见 8.10.2 节)，f：$\mathcal{X}\longmapsto\mathbb{R}$，即

$$|f(\boldsymbol{x}_1) - f(\boldsymbol{x}_2)| < ||\boldsymbol{x}_1 - \boldsymbol{x}_2||, \forall \boldsymbol{x}_1, \boldsymbol{x}_2 \in \mathcal{X}$$

因此，式(18.87)所示的两个分布间的沃瑟斯坦概率距离，由关于两个分布的所有可能 1-利普希茨函数的平均值之差的“最大值”给出。

根据式(18.87)设计 GAN 不同于围绕式(18.81)中代价函数设计 GAN 的情况。目的不再是设计一个两类分类器(判别器)来区分真实数据和伪数据，而是设计一个利普希茨函数 f。后者通过深度神经网络参数化，用一组参数 $\boldsymbol{\theta}_f$，即 $f(\boldsymbol{x};\boldsymbol{\theta}_f)$。通过求解下面任务，估计出各参数

$$\max_{\boldsymbol{\theta}_f}\left\{\mathbb{E}_{\mathbf{x}\sim p_r}\left[f(\mathbf{x};\boldsymbol{\theta}_f)\right] - \mathbb{E}_{\mathbf{z}\sim p_{\mathbf{z}}}\left[f(G(z;\boldsymbol{\theta}_g);\boldsymbol{\theta}_f)\right]\right\}$$

固定好参数 $\boldsymbol{\theta}_f$ 的值，通过最小化上面括号中的差值来估计定义生成器的参数 $\boldsymbol{\theta}_g$ 的值。注意，这个梯度只依赖于第二项，第一项独立于 $\boldsymbol{\theta}_g$。在训练过程中，随着损失函数的减小，沃瑟斯坦距离变小，生成器的输出更接近真实的数据分布。在算法 18.6 中概述了沃瑟斯坦 GAN 方案。 1001

算法 18.6 (沃瑟斯坦 GAN 算法)

- 初始化 $\boldsymbol{\theta}_f^{(0)}$ 和 $\boldsymbol{\theta}_g^{(0)}$。
- 设置小批量大小为 K。
- 对函数参数 $\boldsymbol{\theta}_f$ 设置迭代次数为 m。
- 设置剪切参数 c；此参数处理利普希茨条件。通常 $c=0.001$。
- **While** $\boldsymbol{\theta}_f$ 和 $\boldsymbol{\theta}_g$ 还未收敛 **Do**
  - **For** $t=1,2,\cdots,m$ **Do**
    - 从 $p_{\mathbf{z}}(\boldsymbol{z})$ 采样 $\boldsymbol{z}^{(i)}$，$i=1,2,\cdots,K$
    - 从 $p_r(\boldsymbol{z})$ 采样 $\boldsymbol{x}^{(i)}$，$i=1,2,\cdots,K$
    - 计算梯度

    $$\nabla_{\boldsymbol{\theta}_f}\left\{\frac{1}{K}\sum_{i=1}^{K}\Big(f(\boldsymbol{x}^{(i)};\boldsymbol{\theta}_f) - f\big(G(\mathbf{z}^{(i)};\boldsymbol{\theta}_g);\boldsymbol{\theta}_f\big)\Big)\right\}$$

    - 用梯度上升法更新 $\boldsymbol{\theta}_f$

    $$\boldsymbol{\theta}_f \leftarrow \boldsymbol{\theta}_f$$

    - 剪裁区间 $[-c,c]$ 中的值
  - **End For**
- 从 $p_z(\boldsymbol{z})$ 采样 $\boldsymbol{z}^{(i)}$，$i=1,2,\cdots,K$
- 计算梯度

⊖ 更细致的讨论可参见 https://vincentherrmann.github.io/blog/wasserstein/。

$$\nabla_{\boldsymbol{\theta}_g}\left\{-\frac{1}{K}\sum_{i=1}^{K} f\big(G(z^{(i)};\boldsymbol{\theta}_g);\boldsymbol{\theta}_f\big)\right\}$$

- 用梯度下降法更新 $\boldsymbol{\theta}_g$

$$\boldsymbol{\theta}_g \leftarrow \boldsymbol{\theta}_g$$

- **End While**

附注 18.9

- 注意，由于算法 18.6 没有训练判别器，对函数f的估计越好，期望梯度相对于线性回归函数 g 的质量越高。因此，m 可以被给予一个相当大的值，而不必担心平衡判别器和生成器，就像算法 18.5 的情况一样。
- [6]中指出，与以前设计的方法相比，沃瑟斯坦 GAN 可改进稳定性和鲁棒性。
- 然而，就像生活中的一切事情一样，没有什么是完美的。例如，剪切是强制利普希茨条件的一种相当“粗糙”的方式。例如，[248]和[70]提出了对基本方案的
1002 改进。

4. 选择哪个算法

到目前为止，在我们关于 GAN 的讨论中，主要讨论了两种可能的算法，并且还提供了其他一些可选算法的参考。沃瑟斯坦 GAN 帮助我们描画了一些重要问题的轮廓，这些问题是(隐式或显式)学习分布的任务的基础，在这些任务中，学习过程通常发生在低维流形中。读者和任何从业者可能好奇哪种算法是“最好的”或更适合在实际应用中使用。

与数据生成相关的主要问题之一是能够通过评估生成的模式的质量来测试生成器的性能。性能评估的主要问题源于一个事实，我们不能显式地计算分布 $p_g(\boldsymbol{x})$。因此，不能使用经典的代价函数，如似然函数。尝试在高维空间中近似它，在目前的场景下似乎是有问题的(如[103])。为此，人们提出了相关的度量标准。例如，所谓的 inception 分数(IS)建立在这样一个概念之上，一个好的模型应该生成这样的样本，当由判别器评估时，类分布具有低熵。同时，生成的样本应表现出较大的变化[203]。另一方面，弗雷谢特 inception 距离关注的是通过一个 inception 网络在特征空间中进行一个特定的嵌入后，量化真数据样本和伪数据样本之间的差异的度量[80]。假设嵌入数据遵循多元高斯分布，两个分布之间的距离由对应高斯分布之间的弗雷谢特距离量化。

在[143]中给出了对各种 GAN 的比较实验研究。通过使用一些度量标准，包括前面提到的质量度量标准，并未发现任何一种提出的 GAN 优于其他。据称，大多数模型在经过仔细的超参数调优、使用较高的计算能力和随机重启后，都可以获得类似的分数。

然而，需要指出的是，在本书当前版本编写时，设计 GAN 还是一个正在进行中的研究领域，现在给出明确的结论还为时过早。

例 18.5 本例的目的是描述一个在 GAN 上生成手写字符图像的基本实验。为此，要设计生成器和判别器网络。

- 生成器网络有 100 个输入节点，这些节点由零均值、单位方差的高斯噪声样本激励。该网络由三个隐层组成，分别包含 256、512 和 1024 个神经元。隐层神经元采用的非线性为泄漏 ReLU(18.6.1 节)，参数为 $\alpha=0.2$。输出单元 784 个，输出非线性函数为双曲正切函数。输出单元数设置为等于用于训练的 MNIST 图像数据集的大小㊀。
- 判别器有 784 个输入节点，匹配与 28×28 的 MNIST 图像相关联的 1×784 大小的向量。判别器由三个隐层组成，分别包含 1024、512 和 256 个神经元。采用泄漏

㊀ 参见 http://yann.lecun.com/exdb/mnist/。

ReLU 单元作为隐层神经元的激活函数，参数为 $\alpha=0.2$。输出为单个二元 S 形节点， 1003
代价函数为两类交叉熵函数(式(18.44))。在训练中，我们采用了 dropout 方法，丢弃隐层神经元的概率为 0.3。采用 Adam 优化器进行训练(习题 18.21)。将输入图像归一化到范围[-1, 1]。用于训练的图像数量为 60 000 张，小批量大小为 100 张。

图 18.44 显示了经过 1、20 和 400 个回合的训练后由生成器生成的图像示例。观察随着训练算法的收敛，伪图像的质量是如何提高的。

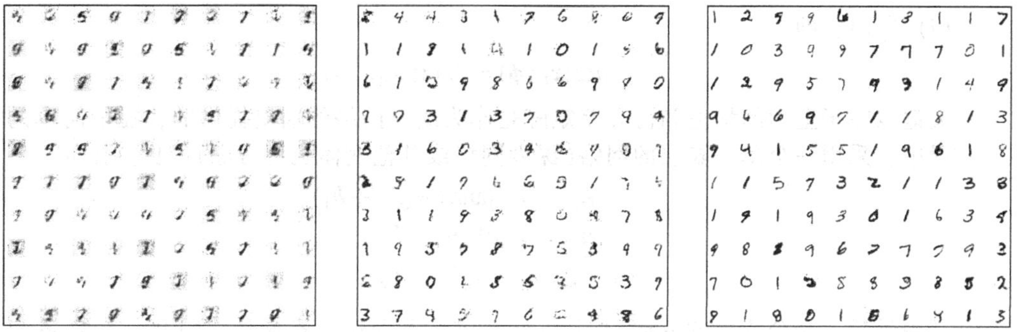

a)　　b)　　c)

图 18.44　在分别训练 1 回合、20 回合和 400 回合后生成器网络输出的伪图像

18.15.6　变分自编码器

GAN 的核心是通过用噪声随机样本 $\mathbf{z}$ 激励生成器网络来生成随机样本 $\mathbf{x}$ 的思想。变分自编码器(VAE)也遵循类似的思想，但生成器(在此情况下被称为解码器)是由随机变量激发的，这些随机变量的 PDF 是从数据中获得的。训练建立在贝叶斯学习方法的基础上(见第 12 章和第 13 章)。变分自编码器是在[120, 190]中提出的。

VAE 背后的基本假设是，我们已知一组观测值，$\boldsymbol{x}_n$，$n=1,2,\cdots,N$ 是随机向量 $\mathbf{x}\in\mathbb{R}^l$ 的样本。而且，后者是另一个过程的结果，那个过程包括一组连续的潜随机变量 $\mathbf{z}\in\mathbb{R}^m$，通常 $m\ll l$。也就是说，底层生成机制按以下步骤进行：

- 根据一个先验 PDF $p(\boldsymbol{z};\boldsymbol{\theta})$ 生成一个样本 $\boldsymbol{z}_n$，其中 $\boldsymbol{\theta}$ 是一组未知参数。
- 根据一个条件 PDF $p(\boldsymbol{x}\mid\boldsymbol{z}_n;\boldsymbol{\theta})$ 生成一个样本 $\boldsymbol{x}_n$。

$\boldsymbol{z}_n$，$n=1,2,\cdots,N$ 和 $\boldsymbol{\theta}$ 是未知的，必须从可用的观测值 $\boldsymbol{x}_n$，$n=1,2,\cdots,N$ 学习。从贝叶斯相关的章节我们知道，在存在潜(未观测的)变量时，估计一组参数 $\boldsymbol{\theta}$ 的方法是采用 EM 算法。应用它的前提是知道后验 $p(\boldsymbol{z}\mid\boldsymbol{x})$，这是平均掉(未知的)潜变量所需要的。一 1004
般来说，我们没有此后验(或者 EM 计算所要求的可能在计算上是难以处理的)，人们不得不求助于近似。在第 13 章中，在平均场近似的框架中采用了一种分解形式。相比之下，根据 VAE，后验的近似 $p(\boldsymbol{z}\mid\boldsymbol{x};\boldsymbol{\phi})$ 是使用神经网络实现的，向量 $\boldsymbol{\phi}$ 表示必须与 $\boldsymbol{\theta}$ 一起学习的未知参数的集合。

在 VAE 的术语中，$q(\boldsymbol{z}\mid\boldsymbol{x};\boldsymbol{\phi})$ 被称为*概率编码器*。事实上，给定一个观测值 $\boldsymbol{x}$，它会在 $\mathbf{z}$ 的可能值上产生一个分布(例如高斯分布)，这也被称为*编码*。另一方面，$p(\boldsymbol{x}\mid\boldsymbol{z};\boldsymbol{\theta})$ 称为*概率解码器*，给定一个编码 $\boldsymbol{z}$，它会生成 $\mathbf{x}$ 的可能值上的一个分布。与 18.15.4 节中所考虑的自动编码器的主要区别在于，在变分自动编码器上下文中，编码器不是为每个潜变量输出一个单一的值，相反，它被设计成为每个潜属性提供一个*概率分布*。

VAE 背后的思想现在应该很清楚了。一旦我们学出与后验分布和条件分布的近似模型

的参数 $\boldsymbol{\phi}$ 和 $\boldsymbol{\theta}$，就可以生成新样本了。根据后验分布生成 $\boldsymbol{z}_n$，然后利用生成的样本，结合条件分布，生成对应的 $\boldsymbol{x}_n$，现在我们只需要对条件分布 $p(\boldsymbol{x}\mid\boldsymbol{z};\boldsymbol{\theta})$ 和后验分布 $q(\boldsymbol{z}\mid\boldsymbol{x};\boldsymbol{\phi})$ 的近似采用显式参数化模型，并建立未知参数的估计方法。

参数化模型：在[120]中，提出了下面的模型：

- 对先验采用标准多元高斯分布，即 $p(\boldsymbol{z})=\mathcal{N}(\boldsymbol{z};\boldsymbol{0},I)$。因此，根据此选择，先验不再依赖于任何参数。
- 对后验近似 $q(\boldsymbol{z}\mid\boldsymbol{x};\boldsymbol{\phi})$ 也采用多元高斯分布，其具有对角协方差矩阵（$\Sigma_n=\text{diag}\{\sigma_n^2(i)\}_{i=1}^m$），即

$$q(z|\boldsymbol{x}_n;\boldsymbol{\phi})=\mathcal{N}(z;\boldsymbol{\mu}_n,\Sigma_n)$$

  关键点在于上面的均值和协方差矩阵是作为编码网络的输出提供的，在最简单的情况中，采用一个单一隐层的网络（深度网络或其他变体也可考虑）。更具体的

$$\begin{aligned}\boldsymbol{h}_n &= \tanh(W_1\boldsymbol{x}_n+\boldsymbol{b}_1)\\ \boldsymbol{\mu}_n &= W_2\boldsymbol{h}_n+\boldsymbol{b}_2\\ \ln\sigma_n^2 &= W_3\boldsymbol{h}_n+\boldsymbol{b}_3\end{aligned}$$

  其中最后一个公式中的 $\ln\boldsymbol{\sigma}_n^2$ 表示在方差向量上的逐元素操作。因此，参数 $\boldsymbol{\phi}$ 包含了定义了网络的所有参数的集合以及线性组合器 W_1、W_2、W_3、$\boldsymbol{b}_1$、$\boldsymbol{b}_2$、$\boldsymbol{b}_3$，它们是恰当维度的矩阵和偏置向量。注意，为了保证方差为非负值，我们对其对数进行建模，因其值可通过指数运算获得。
- 对于条件 PDF，如果它也是高斯分布的，则使用与上述模型相似的模型，将 $\boldsymbol{z}$ 和 $\boldsymbol{x}$ 的角色互换，而 $\boldsymbol{\theta}$ 包含相关解码器网络的参数。另一方面，如果观测值是离散性质的，则应使用不同的模型。例如，对于二值图像，可以使用伯努利分布来实现解码
1005 器网络（例如，[120]）。

图 18.45 展示了 VAE 的结构。对于每个观测值 $\boldsymbol{x}_n$，编码器网络输出相应的均值和方差，它们定义了相应潜变量 $\boldsymbol{z}_n$ 的具体后验多元高斯 PDF。我们从后验 PDF 中采样，即可根据条件分布在解码器网络的输出端生成与原始输入相匹配的样本。

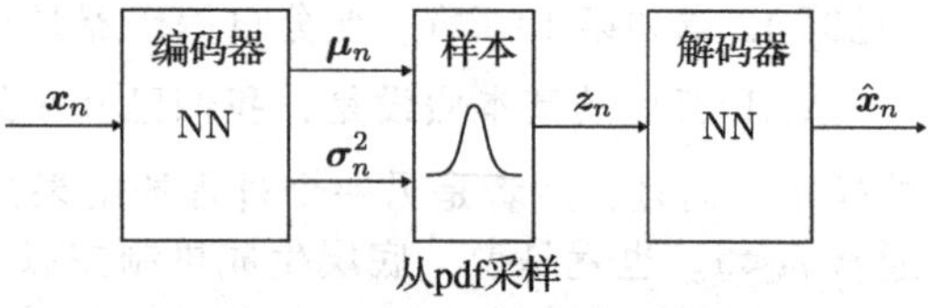

图 18.45　编码器网络输出多元高斯后验的均值和方差，它描述了潜变量，对应于当前输入。解码器网络由潜变量的样本激励，根据潜变量的后验估计抽样，生成与原始输入相似的样本

代价函数：按照第 13 章的论点，理想的情况下，应该关于未知参数最大化观测值的似然。然而，在这种情况下，似然的计算是难以处理的。相反，我们将最大化它的一个相关下界，即式(13.1)和式(13.2)。假设观测值是独立同分布的，并使用当前上下文的符号表示，则这个下界 $\mathcal{F}$ 变为

$$\ln p(\boldsymbol{x}_1,\boldsymbol{x}_2,\cdots,\boldsymbol{x}_n;\boldsymbol{\theta})=\sum_{n=1}^{N}\ln p(\boldsymbol{x}_n;\boldsymbol{\theta})\geqslant\sum_{n=1}^{N}\mathcal{F}(\boldsymbol{\theta},\boldsymbol{\phi};\boldsymbol{x}_n)$$

其中

$$\mathcal{F}(\boldsymbol{\theta},\boldsymbol{\phi};\boldsymbol{x}_n):=\mathbb{E}_q\left[\ln p(\boldsymbol{x}_n,\mathbf{z};\boldsymbol{\theta})-\ln q(\mathbf{z}|\boldsymbol{x}_n;\boldsymbol{\phi})\right]$$

在对联合分布这一项应用贝叶斯定理并使用 KL 散度定义之后，我们得到

$$\mathcal{F}(\boldsymbol{\theta},\boldsymbol{\phi};\boldsymbol{x}_n)=-\text{KL}\big(q(z|\boldsymbol{x}_n;\boldsymbol{\phi})||p(z;\boldsymbol{\theta})\big)+\mathbb{E}_q\left[\ln p(\boldsymbol{x}_n|\mathbf{z};\boldsymbol{\theta})\right]$$

一旦所涉及的分布的参数化形式被采用，我们所要做的就是关于未知参数最大化 $\mathcal{F}$。考虑到所采用的模型是前馈神经网络，在逆传播原理中计算了优化任务所需的梯度。为了达到这个目的，有几个“技巧”，细节可以在[120]中找到。

下界包含两项。公式右边的第二项是潜变量的期望值。为了最大化边界，应该对相应的观测值 $\boldsymbol{x}_n$ 最大化这一项，这鼓励解码器学会重建数据。第一项是负的(KL 散度是一个非负量)。为了最大化边界，应该最小化 KL 散度，因此，相应的后验将保持与先验的接近。后者被选择为标准的多元高斯分布 $\mathcal{N}(\mathbf{0},I)$，因此，先验作为一个正则化项，将网络的潜变量“推向”尽可能接近标准高斯分布。这一项的存在非常重要。正则化项“强制”潜变量的 PDF 足够宽。例如，我们不希望同一类的两个不同的图像被映射到潜空间的两个不同区域，也就是说，我们不希望它们对应的 PDF 非常窄，方差很小，位于离均值很远的地方。我们希望通过在同一空间区域内足够“接近”的潜变量来映射/编码同一类的图像。 1006

重参数化技巧：前面提到过，为了应用逆传播算法，需要一些“技巧”。在当前场景下，在处理梯度计算的逆传播时，一个主要问题是解码器是由随机样本激发的。然而，随机样本对未知参数的依赖是非显式的，例如，通过函数依赖。它们的依赖是隐式的，是通过相应的 PDF 的。也就是说，如果我们从一个分布(比如说高斯函数)抽样，样本值没有显式地用相应的均值和方差表示，尽管样本当然依赖于它们。毫无疑问，试图计算一个随机变量关于定义相关分布的参数的导数是违反直觉的。

前面的困难被所谓的重参数化技巧所绕过。其思想是将潜变量视为*确定的*，并将其表示为参数和一个独立辅助随机变量的函数，前者定义了相应的分布，后者用来处理随机性。例如，在高斯矩阵中，这些参数是均值和方差(协方差矩阵)。辅助随机变量可以服从一个简单的 PDF(例如，高斯分布或均匀分布)。对可微函数来说这足够了。在我们的场景中，变换是一个线性变换，潜变量的每个分量表示为

$$z_i=\mu_i+\sigma\epsilon,\ i=1,2,\cdots,m$$

其中 ϵ 为辅助随机变量，具有零均值和单位方差。这种变换使得计算关于分布参数的导数成为可能，同时仍然保持从该分布随机抽样的能力。

虽然与 GAN 相比，VAE 更容易训练，但实验证据表明，使用 VAE 生成图像时，得到的图像比 GAN 生成的图像更模糊。在[234]中，沃瑟斯坦被用来代替训练 VAE 的代价函数中的 KL 散度，有研究者称这对性能有益。目前正在探索的另一条研究路线是 GAN 和 VAE 的融合，目的是将两者的优点结合起来(参见[155, 159])。

在这本书的当前版本正在编辑的时候，这还是一个正在进行中的活跃研究领域。

18.16 胶囊网络

卷积神经网络(在 18.12 节中讨论过)和它们的许多变体是目前各种应用中最先进的技术。然而，尽管 CNN 取得了成功，但它也有不足之处。训练时需要大规模的数据集是一个主要问题。需要大规模训练集的原因之一是 CNN 不容易学习和外推几何关系到新的视角。例如，我们在 18.12.1 节的末尾指出，池化带来了对于小平移的不变性。然而，为了应对更一般的不变性，如缩放和旋转不变性，我们必须在同一对象的不同视角上训练网络，这必然会导致对更大数据集的需求。此外，池化相关的二次抽样“扔掉”了关于一个实体在一幅输入图像某个区域内的位置的信息，这可能会影响有关精确空间关系的信息，而这些信息对物体的识别至关重要。例如，眼睛、嘴巴和鼻子之间的空间关系在识别一张脸时很重要。为此，人们提出了一些变体来嵌入网络仿射变换阶段中，这些变体都是在训练中学习的，试图令其更鲁棒并提高其变换不变性特性(参见[107]及其参考文献)。 1007

在[202]中提出了一种替代思想，作为克服之前缺点的一种方法。如同 CNN，所提出

的架构建立在卷积概念之上，但它进一步嵌入了一种基于胶囊概念的新类型的网络层。术语“胶囊”指的是一组标量激活值，它们集体组合成一个活跃向量。图 18.46 是这种架构的一个例子，其灵感来自[202]。为了掌握胶囊网络背后的基本原理，让我们一步一步地分析图中的各个块。

- 输入：网络的输入为 28×28 的图像，来自 MNIST 数据库。
- 第一卷积层：这是一个标准卷积层。滤波矩阵(核)大小为 9×9，步幅 $s=1$，深度(通道数)为 $d=256$。因此，第一个隐层的输出体的大小为 $k\times k\times 256$，其中 $k=\left\lfloor\frac{28-9}{1}+1\right\rfloor=20$。
- 主胶囊：这也是一个卷积层。与上一层不同之处在于，在这一层中进行了分组操作。卷积的滤波矩阵也是 9×9，步幅 $s=2$，深度 $d=256$。但是，输出通道 8 个为一组聚集在一起。因此，形成了 32 个体，每个深度为 8(共 256)(见图 18.46)。每个体的大小为 $k\times k\times 8$，其中 $k=\left\lfloor\frac{20-9}{2}+1\right\rfloor=6$。

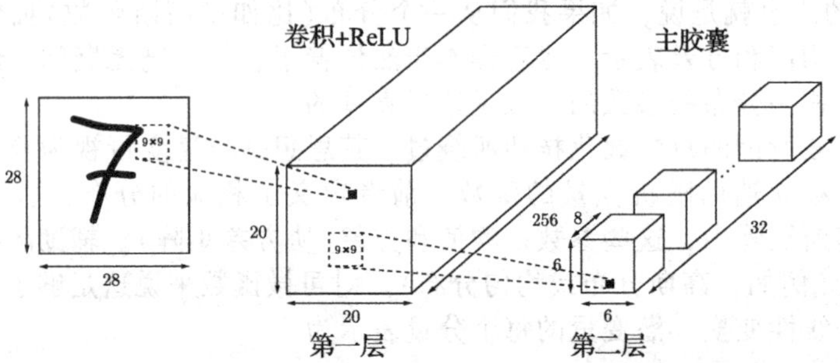

图 18.46　输入为一幅 28×28 的图像。使用 9×9 卷积，步幅 $s=1$，256 通道，第一层产生的体的大小为 20×20×256。第二层使用的卷积为 9×9，步幅 $s=2$。它们以 8 个为一组组合在一起，形成 32 个 6×6×8 的体

1008 图 18.47 展示了胶囊的形成过程。对于图中示例，每个胶囊的大小为 $D=8$。共有 32 个体，对其中每一个，都形成了 36 个(6×6)8 维的管/向量。换句话说，每个胶囊对应于特征映射阵列中的一个特定位置。因此，胶囊中的 8 个维度中的每一个都封装了上一层的体中对应感受野内的活动(见图 18.46)。得到的胶囊共 36×32=1152 个，每个的维度为 8。这些向量包括第二层的输出。让我们将每个生成的胶囊表示为 $\boldsymbol{u}_i$，$i=1,2,\cdots,I$，其中 $I=1152$。

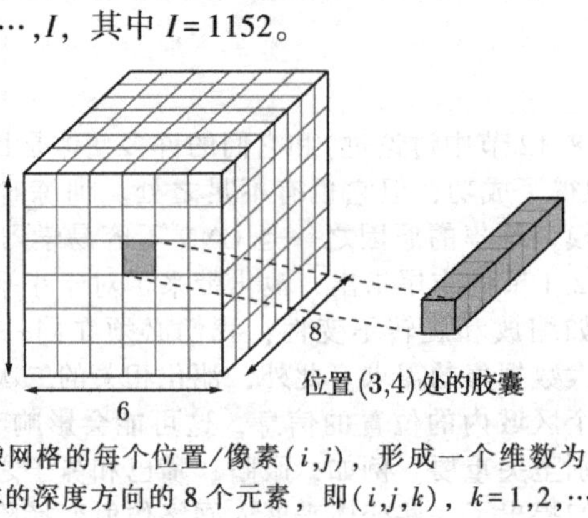

图 18.47　对 6×6 正面图像网格的每个位置/像素(i,j)，形成一个维数为 8 的胶囊。它包含相应网格位置处的体的深度方向的 8 个元素，即(i,j,k)，$k=1,2,\cdots,8$

- 数字胶囊：这一层包含三个阶段，如图 18.48 所示。

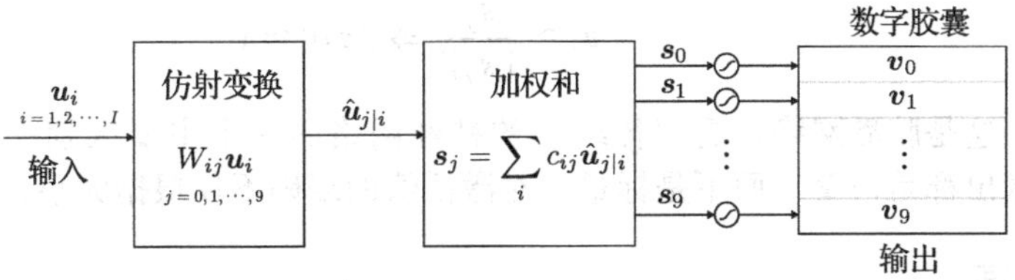

图 18.48　这一层由三个阶段组成。在第一个阶段中，对每个输入胶囊(在上一层中形成的)执行 10 个(每个类一个)仿射变换。在下一个阶段，对 10 个类中的每个类的变换后的胶囊计算加权和。在最后阶段，用一个挤压非线性函数“推动”得到的向量，以生成 10 个输出胶囊。输入胶囊为 8 维，输出胶囊为 16 维，使用合适维数的变换矩阵 W_{ij}

- 阶段 1：在此阶段中，对每个输入(这一层的输入)胶囊执行仿射变换，即

$$\hat{\boldsymbol{u}}_{j|i}=\boldsymbol{W}_{ij}\boldsymbol{u}_i,\ i=1,2,\cdots,I,\ j=0,2,\cdots,9$$

和 $W_{ij}\in\mathbb{R}^{16\times 8}$。换句话说，每个输入胶囊被转换成 10 个 16 维向量。数值“10”对应类的数目，每个数对应一个类。因此，执行的变换总数是 $10I$。矩阵 W_{ij} 是在训练中学习的，它们的作用是建立低级特征(当它们被编码在输入胶囊中时)和高级特征之间的空间和其他类型的关系。简单地说，输入信息被“最优地”转换为“匹配”高级信息，在我们的例子中是 10 个类。矩阵 W_{ij} 可以看作建立“部分–整体”关系的模型，这些类可以被看作“整体”，而输入胶囊则被看作“部分”，每个胶囊都编码了单独的特征，如笔画的类型、粗细和宽度，这些特征构成了输入图像，但是，这些图像可能被缩放或旋转过，这些变换的作用就是处理这些变体。

- 阶段 2：对每个类，得到的变换后的胶囊接下来通过一个使用耦合系数的加权和组合起来，以形成 10 个(每类一个)向量/胶囊 1009

$$\boldsymbol{s}_j=\sum_{i=1}^{I}c_{ij}\hat{\boldsymbol{u}}_{j|i},\ j=0,1,\cdots,9 \tag{18.88}$$

正如我们将在阶段 3 看到的，正是这些胶囊经过非线性函数产生了最终定义胜出类的输出。更仔细地观察公式(18.88)，耦合系数 c_{ij} 在计算相应的 $\boldsymbol{s}_j$ 时衡量了每一个涉及的变换后胶囊的重要性。非负耦合系数有一个概率解释，且对于每一个固定的 i 值，在 j 上它们的求和为 1。它们的计算包含了胶囊网络的一个关键部分，我们很快将清楚地看到这一点。

- 阶段 3：一旦计算出 $\boldsymbol{s}_j$，就通过非线性函数“推动”它们以生成输出胶囊，$\boldsymbol{v}_j$，$j=0,1,\cdots,9$。但是，非线性函数是仔细选择的，因此输出胶囊的长度(欧几里得范数)指示了输入图像的类别。例如，如果输入数字是“4”，则通过网络训练后，使得相对于其他 9 个竞争对手，对应的胶囊 $\boldsymbol{v}_3$ 的长度是最大的。其思想是输出胶囊的每个维度(总共 16 个维度)表示出现在输入图像中的不同活跃度。因此，对于对应正确类别的胶囊，预期所有维度都“展现出”高活跃度。

  采用的非线性函数为

$$\boldsymbol{v}_j=\frac{||\boldsymbol{s}_j||^2}{1+||\boldsymbol{s}_j||^2}\frac{\boldsymbol{s}_j}{||\boldsymbol{s}_j||},\ j=0,1,2,\cdots,9 \tag{18.89}$$

观察到，非线性函数会影响向量长度，但不会影响向量的方向。对较小的 $\|\boldsymbol{s}_j\|$ 值有

$$\boldsymbol{v}_j\approx||\boldsymbol{s}_j||\boldsymbol{s}_j\Rightarrow||\boldsymbol{v}_j||\approx||\boldsymbol{s}_j||^2$$ 1010

对较大的 $\|\boldsymbol{s}_j\|$ 值有

$$v_j \approx \frac{s_j}{||s_j||} \Rightarrow ||v_j|| \approx 1$$

注意，这是胶囊网络与更“传统”的神经网络的一个主要区别。非线性函数的输入和输出都是向量，而不是标量。对激活值的编码不仅根据大小，还根据方向。

18.16.1 训练

胶囊网络的训练阶段是围绕下面相互关联的概念演进而来的。

*损失函数*与支持向量机场景下使用的合页损失函数(11.10节)很相似，它定义如下

$$\mathcal{L}=\sum_{j=0}^{9}\left\{T_j \max\{0, m^+ - ||v_j||^2\} + \lambda(1-T_j)\max\{0, ||v_j||^2 - m^-\}\right\} \tag{18.90}$$

损失函数包含两项。在训练过程中，如果输入数字对应，比如说，第 k 个胶囊，则 $T_k=1$ 且 $T_{j\neq k}=0$。因此，对于最小损失值，正确类胶囊，即第 k 个胶囊，会被调整朝着大于阈值 m^+ 的方向发展，在实践中，这个阈值被设置为0.9。与之相反，其他胶囊的长度应该被“推”向小于阈值 m^-，在实践中这个阈值被设置为0.1。我们使用参数 λ 对第二项加权，调低它对损失的贡献，在[202]中建议将其设置为1/2。损失值被用来调整矩阵 W_{ij} 的值和卷积操作中使用的滤波器的系数的值。

*迭代动态路由算法*是用来更新耦合系数的。这些系数已用一种概率解释“装扮”，这是通过如下 softmax 运算所保证的：

$$c_{ij}=\frac{\exp(b_{ij})}{\sum_{k=0}^{9}\exp(b_{ik})},\ i=1,2,\cdots,I,\ j=0,1,\cdots,9$$

其中 c_{ij} 表示上一层第 i 个胶囊与更高层第 j 个输出(类)胶囊耦合的概率。耦合系数的计算是根据算法18.7迭代进行的。

算法 18.7 (动态路由算法)

- 初始化 $b_{ij}=0$，$i=1,2,\cdots,I$，$j=0,1,2,\cdots,9$。
- **For** $r=1,2,\cdots,R$，**Do**；在实践中，$R=3$ 次迭代就足够了。
  - **For** $j=0,1,2,\cdots,9$，**Do**
    - **For** $i=1,2,\cdots,I$，**Do**

$$c_{ij}=\frac{\exp(b_{ij})}{\sum_{k=0}^{9}\exp(b_{ik})}$$

1011
    - **End For**
    - $s_j=\sum_{i=1}^{I} c_{ij}\hat{u}_{j|i}$
    - $v_j=\frac{||s_j||^2}{1+||s_j||^2}\frac{s_j}{||s_j||}$
    - **For** $i=1,2,\cdots,I$，**Do**

$$b_{ij}\leftarrow b_{ij}+v_j^{\mathrm{T}}\hat{u}_{j|i}$$

    - **End For**
  - **End For**
- **End For**
- **Return** v_j，$j=0,1,\cdots,9$。

算法中的一个主要特征是，输出胶囊 $\boldsymbol{v}_j$ 是通过迭代地调整它们与上一层的变换后的输出/胶囊的相似性或称一致性而生成的。这是通过更新 b_{ij} 实现的，而 b_{ij} 的更新是通过根据 $\boldsymbol{v}_j$ 和 $\hat{\boldsymbol{u}}_{j|i}$ 间的相似性(内积)来“增强”或“削弱”它们的值而进行的。注意，每次算法执行迭代都是从设置 $b_{ij}=0$ 开始的，即从耦合系数的等概率值开始。即每个 i 对所有类都具有相同概率。然后，根据计算出的输出胶囊和相应变换后的输入胶囊的匹配程度更新这些系数的值。即耦合系数将信息从较低层次路由到更高层次。更大的 c_{ij} 值意味着低层的第 i 个胶囊与其上层的第 j 个胶囊间更强的联系。值得强调的是，耦合系数的值不是由试图最小化代价函数的逆传播过程调整的。通过梯度的逆传播，代价函数被用于调整矩阵 W_{ij} 的值和卷积操作的滤波器的值。而动态路由算法则是基于给定的矩阵 W_{ij} 的值生成输出的，在训练中以及在测试中都是如此。如算法 18.7 所指出的，似乎三步迭代就足够了。

在[202]中，还使用了基于重构的正则化器，与式(18.90)中的损失函数组合使用以形成训练数据上的代价函数。在训练过程中，与正确类 k 关联的输出胶囊 $\boldsymbol{v}_k$，被作为一个全连接网络的输入，这个网络作为一个解码器来重构对应输入。用来训练全连接网络的损失函数是输入图像像素和输出之间的平方差之和，使用 S 形输出非线性函数。即用来训练胶囊网络的损失函数变为

$$\text{损失函数}=\mathcal{L}+a\times\text{重构误差}$$

其中 $\mathcal{L}$ 在式(18.90)中给出，$a=0.005$。

[202]进行了用于数字识别的 MNIST 数据库上的实验，验证了不同维度(总共 16 个)的输出胶囊与输入数字的不同特征相关联，如厚度、倾斜和宽度。在对[93]原始工作的扩展中，EM 型参数被用于动态路由算法。

应当强调的是，胶囊网络仍是一种不断发展的方法，现在讨论有关其性能的明确结论还为时过早。虽然对于小数据集，如 MNIST，胶囊网络已经提供了最新的结果，但它们在更大的数据集上的性能仍有待证明。 1012

18.17 深度神经网络：最后的话

自 21 世纪初以来，深度架构一直是研究聚集和兴趣不断增长的主题之一。我们不可能在一章中涵盖所有的技术、所有的算法变体及已有的相关文献，特别是在特定的应用框架下。在前面的章节中，回顾了构成这个主题骨架的主要的方向和算法，围绕这些已经发展出很多变体。此外，作者认为，前面讨论的技术和模型构成了一个人在初次阅读时必须掌握的基本知识，以便能够进一步阅读。相关的导引论文有[40，90，133，205]。

下面，我们将重点介绍一些更深入的概念，这些概念在本书当前版本编写时是研究者非常感兴趣的，它们似乎提供了改进之前讨论过的基本概念和架构性能的方法。

18.17.1 迁移学习

迁移学习不是一个新的思想，它已经存在很多年了。在不同的应用中发展和应用了不同的方法和概念(参见[173，242，249])。我们在这里的目的是介绍主要概念，而不是对多年来提出的各种技术进行更详细的介绍。

正如本章中已经提到的，深度神经网络目前代表了机器学习的最新技术。深度网络已经被应用在几乎所有的科学学科中，并且在许多情况下提供了与人类相当甚至超越人类的性能(参见[114，197，229])。

但是，这种网络的训练需要大量的标签数据。收集和标注数据来构建大数据集是一项相当艰苦的任务。大数据集确实存在，并且有一些是开放和公开的，例如 ImageNet 数据集[39]，它包含120万张图像，1000个类别。但通常大数据集还多为专有的，或者获取代价很昂贵。例如，许多与语音相关的数据集就是这样。而且，在许多应用程序中，获得大数据集是不可能的，例如在许多医疗应用中，如 X 射线成像和功能磁共振成像，其中一个原因是，获得对应于各种类型的疾病的大量图像并不容易，如恶性肿瘤(癌症)，因为患病人数很少。

与深度学习需要海量训练数据集相反，人脑并不需要在每次面对新情况时都从头开始训练。人类有一种内在的机制，可将从一种情况(任务)获得的知识和经验迁移到另一种足够相似的情况(任务)。这种机制主要在潜意识层面上运作。例如，学习了如何骑自行车后，可以将相关的知识和经验迁移到学习如何骑摩托车或汽车。

机器学习中的迁移学习是绕过孤立任务学习范式基本原理的方法论，目标是发展出能将从一个任务学到的知识应用到另一个相关任务的技术。

为了演示这个概念，让我们关注一个图像识别的示例。假设有人对训练一个网络在 X 射线成像中自动识别和表征肿瘤感兴趣。如前所述，很难获得大量的训练数据。然

1013 而，不管图片的类型是什么，它们都有一些共同的特性。换句话说，狗、汽车或肿瘤的图像都是由边缘、基元形状、光强度变化等因素组合而成的。事实上，我们已经在 18.12.3 节末尾讨论过，一个 CNN 中各层的目的是学习表示这种类型的相关信息并通过形成层级结构的来编码它。回想一下我们在讨论 CNN 时所说的，卷积层就是用来学习这些特征的。最后一个卷积层的特征作为网络全连接部分的输入，全连接部分的输出给出相关的预测。

在我们例子的场景中，迁移学习的思想是“借用”*卷积层*的架构和相关参数，这些都是预先通过大型图像数据库(如 ImagNet)进行训练学习的。然后，固定这些参数，利用可用的 X 射线图像，仅对网络中全连接部分的参数进行训练(见图 18.29)。换句话说，我们使用不同类型的图像训练网络，使用这个网络生成的同样特征。然后，利用这些特征、使用本任务专用的数据库对全连接网络进行训练。因此，我们将之前在图像相关任务中获得的知识迁移到类似任务，以促进其学习。训练网络的第一个任务通常被称为*源*任务，知识被传递到的第二个任务被称为*目标*任务。

另一种方案是使用之前通过源任务学习的参数作为初始值，而不是固定它们，使用目标任务的 X 射线图像对整个网络进行重新训练。依赖于目标任务的应用和数据大小，可以设计各种方案及其组合。

总之，主要思想是这样的。训练一个(或使用一个预训练的)深度网络，它利用源任务中获取的数据，该源任务的可用数据集足够大，可以进行相应的训练。固定低层的参数(或作为初始值)，使用目标任务的较小数据集对高层的参数进行训练(如[189])。如果特定目标应用任务的数据量较小，可以使用简单的单一输出层，例如 softmax 或线性 SVM。

18.17.2 多任务学习

迁移学习中任务间的信息共享是*按顺序*进行的。首先，通过对源任务的训练来学习参数，然后，利用获得的参数集，通过与目标任务相关的数据集来学习目标任务。

在所谓的*多任务学习*中，许多不同的任务*同时*被学习。多任务学习可以看作一种归纳学习，通过在学习任务中嵌入偏差来转移知识。在某种程度上，这与使用正则化器的思想相似，其目的是使解偏向于由正则化器施加的约束。在多任务学习的场景下，对涉及的每一个任务的模型进行训练，使其解偏向于其他任务。结果表明，在多任务框架下的网络训练与在每个任务上分别进行的模型训练相比，可以使网络模型对过拟合更鲁棒。

就像迁移学习一样，多任务学习的概念并不新鲜，在不同学习器的场景中，它已经存在了很多年(参见[4, 28])。在已被提出的大量技术中，这里将重点介绍在深度网络框架中更流行的两种路线(参见[198]和[257]获得最新的讨论)。

在所谓的硬参数共享方法中，所有任务共享多个隐层。同时，允许多个(输出)层是特定于任务的，如图 18.49 所示。所有层的参数，包括共享的和特定于任务的，都是同时学习的。基于这样的训练思路，可以降低过拟合的倾向。这是很自然的，因为同时学习多个任务使得获得的表示能够从所有任务中获取信息，从而减少了对任何特定任务过拟合的趋势。这类多任务学习的一个应用是，在计算机视觉中，每个任务的目标可以是预测不同对象的标签。当图像中有多个对象，并且任务是检测对象的类和它们的边框时，该设置也非常方便。 1014

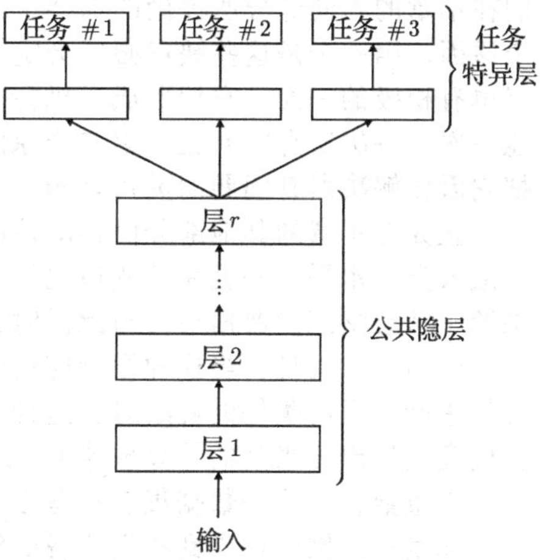

图 18.49 在硬参数共享多任务学习中，若干隐层被多个任务共享，而一些更高的层次(如输出层)是任务特异的

另一种方法是所谓的软参数共享多任务方法，如图 18.50 所示。根据这一原理，模型不共享参数，但限制它们的参数是相似的。相似性是根据某种距离范数来衡量的。例如，对参数进行约束，使得它们的距离(用欧几里得 ℓ_2 范数衡量)小于一个阈值。也可以使用其他范数，在一些研究中已经这样做了。

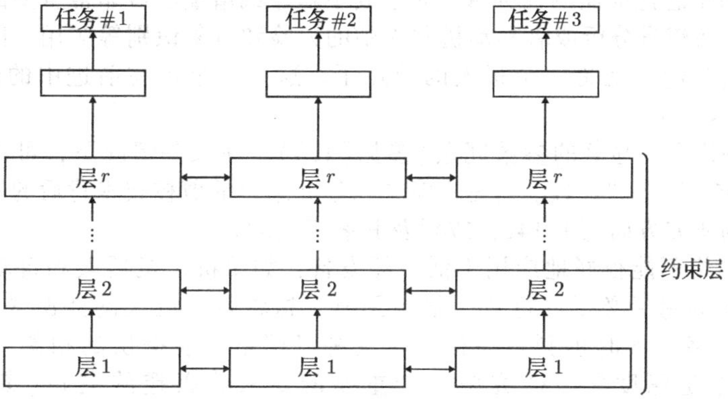

图 18.50 在软参数共享多任务学习中，约束隐层间交换参数。我们小心进行训练，使得不同任务的相同层的参数在某种意义上是相似的，例如，它们的 ℓ_2 距离很小

18.17.3 几何深度学习

我们在本章讨论的场景是指存在于欧几里得空间中的数据。实际上，我们提到的所有例子都是图像、视频和时间序列信号/序列数据。CNN 的基本运算是卷积，卷积被定义为对图像和时间序列的运算。然而，在许多科学领域，其基本结构是非欧几里得的。这些例子包括社交网络中的信息、通信中的传感器网络、功能磁共振成像中的大脑网络等。在处理这类数据时，不再具有序列数据或图像中的规律性。卷积的定义必须修改和扩展，以包括与非欧几里得域(如图和流形)的几何相关的信息。对这些数据的处理超出了本章的范围。有兴趣的读者可以参考[23]中给出的导引及其参考资料。 1015

18.17.4　开放问题

毫无疑问，深度神经网络作为一种技术已经彻底改变了机器学习学科。然而，正如我们在本章的不同部分所评论的那样，它并非没有缺点。读者应该对此注意和警惕，这有两个原因。第一个是这些缺点必然会定义一些具有挑战性和有趣问题的研究主题。所以，缺点也有积极的一面，它们形成了机会。科学技术是一个进化的过程，没有任何方法或理论能一次性解决所有的问题。第二个原因是，我们应该学会不要“崇拜”这个新工具，不要把它看作解决所有问题的灵丹妙药。

正如在本章的其他部分已经陈述的那样，深度神经网络在精确度性能方面已经达到了匹敌人类的水平，并且在某些情况下已经显示了超越人类的性能，然而，已报告这些的结果源于精心整理的数据集。与此同时，深度神经网络可能会被对抗示例所愚弄，而明智的人类则不会。而且，当这种模型应用于“野生的”现实世界以及面临处理完全不同于在训练集中所出现的条件的挑战时，这种令人印象深刻的性能可能就不存在了。此外，报告的精确度是付出相当高的计算成本得到的，为满足训练需求，使用了高能耗设备(如 GPU)以及大量数据。这些数据集有一些是开放的，但在许多情况下是私有的。

深度神经网络还受到我们所说的结果的可解释性的影响。尽管这方面的进展已经出现
1016 在相关论文中(参见[170]及其参考文献)，但这个问题还远未解决。任何机器学习系统的设计都应该让用户能够追踪每个预测/决策的基本原理，也就是说，能够回答“为什么这个人被诊断出癌症”这类问题。

深度神经网络还遭受所谓的*灾难性遗忘*[157]。比如说，当我们人类大脑在学习任务 A 时，它可以推广并学习第二个任务 B，过程中不会遗忘 A。而现有的深度网络在学习新任务 B 时，趋向于忘记前面的任务 A。对于其中顺序或增量学习非常重要的任务来说，例如手势识别、网络流量分析或者移动机器人中的人脸和对象识别等应用，网络必须及时进行原地更新，这时遗忘就是一个很大的缺点了。这是一个还在前进中的研究方向(参见[182]及其参考文献)。

深度神经网络存在显著的参数冗余(参见[42])。在某些情况下，可以在不牺牲性能的情况下删除 95%以上的参数。这是本章中已经介绍过的剪枝技术背后的基础。这也是一个还在前进中的研究方向(如[142，174]及其参考文献)。

深度神经网络不能很好地应用于低能耗设备，如手机、机器人和自动驾驶汽车中所需要的设备。假如每天必须进行数十亿次预测，这将带来巨大的能源成本。如前所述，GPU 是高能耗设备。实时预测量往往与深度神经网络所能提供的相差几个数量级。因此，压缩和效率是深度学习研究中一个重要的令人感兴趣的主题(参见[125，142，174]及其参考文献)。在所谓的“边缘人工智能”背景下，联邦学习是这一方向的另一条道路，参见[20，178]。

简而言之，尽管人们应该谨慎地预测未来，但我可以预测，在几年内，本书将需要一个新的版本来涵盖与这个令人兴奋的领域中“发生的”正在前进中的研究相关的进展。

18.18　实例研究：神经网络机器翻译

神经网络机器翻译(NMT)是*自然语言处理*(NLP)学科的一个子主题。后者被广义地定义为科学领域，其目标是通过计算机自动操作(处理、分析和合成)自然语言，如语音和文本。在 11.15 节，我们讨论过一个作者身份识别案例，它研究的就是与自然语言处理密切相关的主题。其中定义了一些术语，如词袋和 n 元语法，并将其用于支持向量机分类。

在本章的结尾这一节，我们的目标不是向读者介绍一般而广泛的 NLP 领域。毕竟，这样做可能形成一本专门书籍。我们的目标很简单，只会关注一些基本的神经网络模型，

这些模型可以有效地用于从一种语言到另一种语言的短语自动翻译的框架中。我们讨论的舞台是在 18.13 节中介绍的 RNN。与语音一样，由于任何语言在本质上都是顺序的，所以更一般的语言处理/建模可以通过 RNN 来处理。而且，一个词的含义通常取决于它在短语中“坐落”的位置。更重要的是，相应的含义可能处于“上下文”中，也就是说，它通常取决于其他出现的词，它们组成一个特定的短语。

接下来，我们将只关注一些基本模型。一旦掌握了基本知识，就可以在相关文献中寻找更详细、更先进的技术。“灵感”的来源是该领域一些关键论文总结的结果，如[8, 31, 145, 224]及其参考文献。 1017

我们讨论的起点是在计算机中如何表示每个单词。我们假设每个单词对应于一个向量。例如，在所谓的*独热表示*中，每个单词对应一个特定的独热向量。这些向量的维数 l 等于用于翻译目的的词汇表中单词的数量。例如，10 000 个单词似乎是一个合理的大小，可以满足许多目的，当然可以满足日常交流。按照惯例，比如 10 000 个单词中的每个单词都被分配了一个 1~10 000 之间的特定的数/索引，对应的表示它的独热向量在相应位置上是一个元素 1，而其余的元素被设置为 0。还有其他更“花哨”的表示，但这超出了本书的范围(参见[15])。必须注意的是，一种语言词汇中现有的单词数量可能远远大于实际使用的 10 000 个单词。例如，在古希腊语言中，作为一种古老的语言，估计有大约 100 000 个单词和 300 000 个含义。

为了用数学形式表达自动翻译任务，让我们以法语短语“Je suis étudiant”为例，它的英语翻译是“I am a student”。这个短语在法语中由三个词组成，每个词分别由一个独热向量表示，即 $\boldsymbol{x}_1$、$\boldsymbol{x}_2$、$\boldsymbol{x}_3$。将一个短语分解成单个词的操作通常被称为*分词*，单个的词/向量称为*单词*(token，也称为记号)。通常，一个短语的结束是用一个特殊的符号⟨EOS⟩指示，它意味着“序列结束”，可保留一个特别的单词作为此用。此外，短语的开始通常表示为⟨SOS⟩，即序列的开始之意，它通常是一个零向量。最后，因为一个词可能不在预先选取的词汇表中，我们可以用一个单词来对应一个未知的词，如⟨UNK⟩。因此，输入序列为

$$\langle \mathrm{SOS} \rangle, \boldsymbol{x}_1, \boldsymbol{x}_2, \boldsymbol{x}_3, \langle \mathrm{EOS} \rangle$$

对于独热表示，每个向量都是如下形式：

$$\boldsymbol{x}_n = \overbrace{[0, \cdots, 0, \underbrace{1}_{l_n}, 0, \cdots, 0]^{\mathrm{T}}}^{l} \in \mathbb{R}^l, \ n = 1, 2, 3$$

其中元素 1 位于位置 l_n，这个位置对应词在词汇表中的索引，词汇表的大小假定为 l。采用类似方法，输出序列，即翻译的英文短语，会写为

$$\langle \mathrm{SOS} \rangle, \boldsymbol{y}_1, \boldsymbol{y}_2, \boldsymbol{y}_3, \boldsymbol{y}_4, \langle \mathrm{EOS} \rangle$$

其中输出序列的独热向量指出了相应的词在英语词汇表中的对应索引。

在实践中，通常使用所谓的*嵌入*，而非独热向量。即将每个独热向量与一个*嵌入矩阵*相乘来将其投影到一个低维空间，即 $\tilde{\boldsymbol{x}}_n = E\boldsymbol{x}_n$，$E$ 具有恰当维度，其元素在训练中学习出来。除了降维(这导致在所涉及的 RNN 中相关的参数大幅度减少)，这种嵌入还可以进一步利用存在于不同词之间的语义关系(参见[15])。为了讨论简单起见，我们会保持使用独热表示。 1018

首先可以很容易地观察到输入和输出序列的大小是不同的。输入序列的长度 $N=3$，输出序列的长度 $N'=4$。因此，使用标准的 RNN 方法，如图 18.34 所示，是不合适的，因为其中假设输入和输出序列具有相同的长度。因此，需要对标准 RNN 方法进行修改，正如 18.13 节中所做的那样。除了恰当的模型架构外，第二个主要目标是采用恰当的损失函数

来量化输入和输出序列之间的拟合度和“相似性”。在当前场景下，我们首先想到的标准是条件概率

$$P(\boldsymbol{y}_1,\cdots,\boldsymbol{y}_{N'}|\boldsymbol{x}_1,\cdots,\boldsymbol{x}_N) \tag{18.91}$$

也就是说，给定输入(法语)序列，从英语(对于我们的例子)字典中选取大小为N'的所有可能单词组合中，目标序列应该是条件概率最大的那个。我们将回答如何处理此问题，并提出相应方法实现：适当的架构设计，相关的优化标准的制定，推理算法。

编解码器设计：由于输入和输出序列大小不同，一种解决方法是使用两个不同的RNN。一个用于输入序列的编码，另一个用于输出序列的生成(解码)。回想一下，RNN的核心是状态向量，如18.13节所述，它对输入序列的历史进行编码。该RNN编码器如图18.51所示。它与图18.34b中RNN的基本相同，但有一个例外，它没有输出序列。而且，我们用方框代替了圆圈。这是为了强调，通常在实践中，使用LSTM作为基本架构单元。所以，通常从一个零输入状态向量$\boldsymbol{h}_0$，编码器的输出就是与输入序列关联的所谓的表示(或称摘要或称上下文)向量$\boldsymbol{c}$。在最简单的模型中，设$\boldsymbol{c}'$等于时刻N的状态向量，即$\boldsymbol{c}=\boldsymbol{h}_N$。稍后，我们将讨论对这一选择可能的修改。此外，在实践中，图18.51中的每一个方框都可能对应一个多层LSTM，如附注18.6中所讨论的。

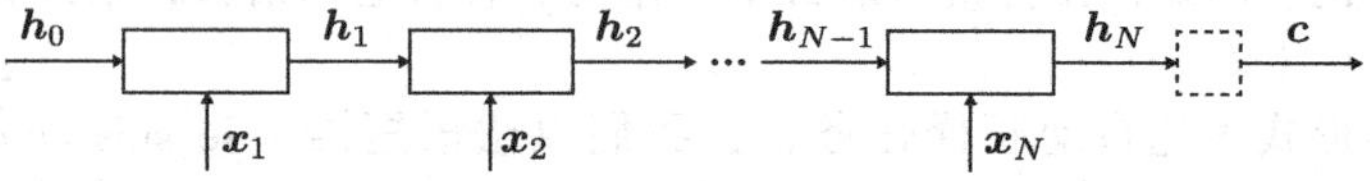

图18.51　RNN编码器顺序接收输入单词，在所有单词都已输入完后，输出时刻N的状态向量。初始状态向量$\boldsymbol{h}_0$设置为零向量。摘要向量$\boldsymbol{c}$“总结”了输入序列中的信息，然后用它来激励解码器

RNN解码器如图18.52所示。观察这个图，即可得出下面的注解。首先，将上下文向量$\boldsymbol{c}$直接馈入RNN的每一个阶段。这种方法有不同的变体。例如，在[224]中，$\boldsymbol{c}$只馈入初始
1019 状态$\boldsymbol{h}_0'$，在后续阶段不被利用。也就是说，在这种情况下，$\boldsymbol{c}$只是用来“激励”RNN解码器，而不是类似编码器部分用零值初始化$\boldsymbol{h}_0$。其次，使用前一阶段的输出目标值作为下一阶段的输入，这是自然的。解码器的目的是充当预测器。在第$n-1$阶段确定了输出词之后，目标是预测下一个词，即输出序列中第n阶段的输出。对各阶段状态方程的更新可表示为

$$\boldsymbol{h}_n'=f(\boldsymbol{y}_{n-1},\boldsymbol{h}_{n-1}',\boldsymbol{c})$$

f是某个非线性函数，而输出具有如下形式

$$\hat{\boldsymbol{y}}_n=g(\boldsymbol{h}_n') \tag{18.92}$$

为了简化符号表示，我们已经避免了上述方程依赖于所涉及的参数(例如，相乘的矩阵、相关的偏差向量，见18.13节)，我们只关注所涉及变量的递归依赖关系。回想一下，非线性函数是作用于其向量参数的每个元素的。在之前的一些文献中，式(18.92)中也给出了对$\boldsymbol{c}$和$\boldsymbol{y}_{n-1}$的显式依赖。

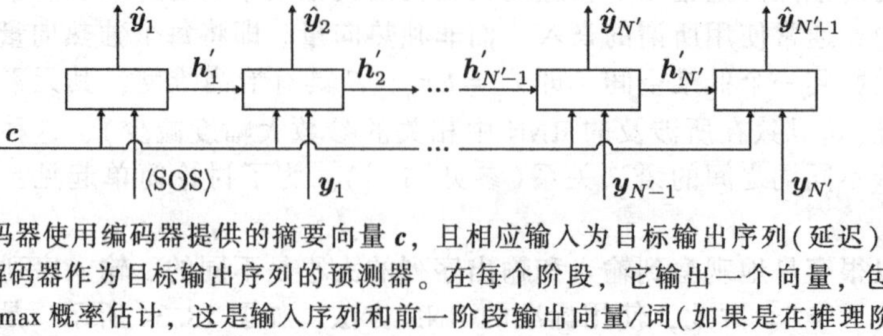

图18.52　RNN解码器使用编码器提供的摘要向量$\boldsymbol{c}$，且相应输入为目标输出序列(延迟)的词/向量。我们训练解码器作为目标输出序列的预测器。在每个阶段，它输出一个向量，包含对每个输出词的softmax概率估计，这是输入序列和前一阶段输出向量/词(如果是在推理阶段，则是上一个决策)的条件概率。在本图中，我们使用$N'+1$时刻的输出，在训练过程中相应的目标符号是单词⟨EOS⟩

非线性函数 f 可以是一个简单的逐元素操作的 S 形函数，就像在简单 RNN 中一样，或者是一个更复杂的函数，当涉及 LSTM 模块时(见 18.13 节)。非线性函数 g 属于 softmax 类型，涉及 l 个可能的值。即 $\hat{\boldsymbol{y}}_n$ 是一个 l 维向量，包含选择字典中每一个词的预测概率。最后，利用这些预测概率进行词的选择，我们稍后在推理算法部分对过程进行说明。为确保没有符号混淆，$\hat{\boldsymbol{y}}_n$ 不是与预测词关联的独热向量。它是 RNN 解码器第 n 阶段输出的概率向量，与 18.13 节为 RNN 输出使用的符号一致。

因此，我们可以写出

$$P(\boldsymbol{y}_n|\boldsymbol{y}_{n-1},\cdots,\boldsymbol{y}_1,\mathcal{X}_{1:N})\approx g(\boldsymbol{h}_n') \tag{18.93}$$

其中，出于符号表示简便的原因，我们使用符号 $\mathcal{X}_{1:N}$ 代替序列 $\boldsymbol{x}_1,\cdots,\boldsymbol{x}_N$。注意，为了表示清晰、避免可能的混淆，式(18.93)中近似公式符号表示的含义是，在右侧(向量)，只使用对应单词 $\boldsymbol{y}_n$ 索引的元素。回想一下，我们感兴趣的条件概率是式(18.91)中的联合条件分布，其中，在采用了概率的乘积规则(2.2.2 节)后，可将其写为 1020

$$P(\boldsymbol{y}_1,\cdots,\boldsymbol{y}_{N'}|\mathcal{X}_{1:N})=P(\boldsymbol{y}_1|\mathcal{X}_{1:N})\prod_{n=2}^{N'}P(\boldsymbol{y}_n|\boldsymbol{y}_{n-1},\cdots,\boldsymbol{y}_1,\mathcal{X}_{1:N}) \tag{18.94}$$

注意，如式(18.93)所建议的，我们可以对式(18.94)中每个因子插入对应的项。

优化准则：目标是最大化式(18.91)中的条件联合概率。考虑对应的对数似然，并考虑式(18.93)和式(18.94)，这一目标等价于最小化相应输出序列整个长度 N' 上的交叉熵，即

$$J(\boldsymbol{\theta})=-\sum_{n=1}^{N'}\sum_{i=1}^{l}y_{ni}\ln\hat{y}_{ni} \tag{18.95}$$

其中 $\boldsymbol{\theta}$ 包含编码器和解码器两部分中涉及的所有未知参数。实际上，通过最小化式(18.95)，我们最大化了目标序列的似然，因为对目标输出词之外的任何词都有 $y_{ni}=0$ 且概率是通过 softmax 非线性函数估计的。

在实践中，优化是在语料库中所有可能短语上进行的，代价函数可以写为

$$J(\boldsymbol{\theta})=-\sum_{(\mathcal{Y}_{N'},\mathcal{X}_N)\in\mathcal{D}}\ \sum_{n=1}^{N'}\sum_{i=1}^{l}y_{ni}\ln\hat{y}_{ni}$$

其中 $\mathcal{D}$ 表示语料库，$\mathcal{Y}_{N'}$、$\mathcal{X}_N$ 表示所有可能的输入–输出序列。

推理：学习了模型后，对给定的一个输入短语，我们必须决定输出短语。理论上，人们应该在解码器中尝试所有可能的词组合和序列长度，并得出一个导致最高联合条件概率的组合。毫无疑问，对于上述规模的词汇表来说，这是不可能的。在实践中，我们使用次最优搜索技术。相对于前面提到的穷举搜索的另一个极端是贪心算法，它从 $n=1$ 开始，一步一步地确定最优选择。在 Adaboost(7.10 节)和稀疏性提升优化算法(10.2.1 节)场景中，我们已经使用和评论了贪心算法。

在贪心算法场景中，优化变得在计算上可行了，因为每次优化都是针对单个单词进行的。例如，假设在阶段 $n-1$ 已经达成了一个决策。然后，在解码器中使用该词的独热向量来代替 $\boldsymbol{y}_{n-1}$，例如，通过硬阈值设定阶段 $n-1$ 的概率向量(当然，在当前情况下，使用的是独热表示)。通过搜索字典中的所有词，在阶段 n 的胜者是概率最高的那个。重复这个 1021
过程，直到最后一个词已被预测，例如，检测到单词〈EOS〉。这种次优算法的主要缺点是在逐阶段优化时不考虑词的组合。

我们通常使用前面基本贪心算法的扩展，例如波束搜索算法(如[224])。该算法在每

一阶段选择多个(条件)概率值，如最多 K 个，$K=5$ 为典型值，并跨越时间进行传播。虽然这样的算法仍然是次优的，但这样，最终的决策是基于依赖连续符号组合的信息，而非单独依赖每个阶段的信息。

带注意力机制的 RNN：注意力机制背后的基本原理已在 18.13.2 节中简要介绍。前面讨论的 RNN 编解码器基本模型的一个有趣的变体是将其与注意力机制技术(如[8])结合起来。相应的架构如图 18.53 所示。在这个变体中，编码器采用了双向 RNN(见附注 18.6)。传播的状态向量有两个，即一个正向的$\overrightarrow{\boldsymbol{h}}_n$，一个逆向的$\overleftarrow{\boldsymbol{h}}_n$。

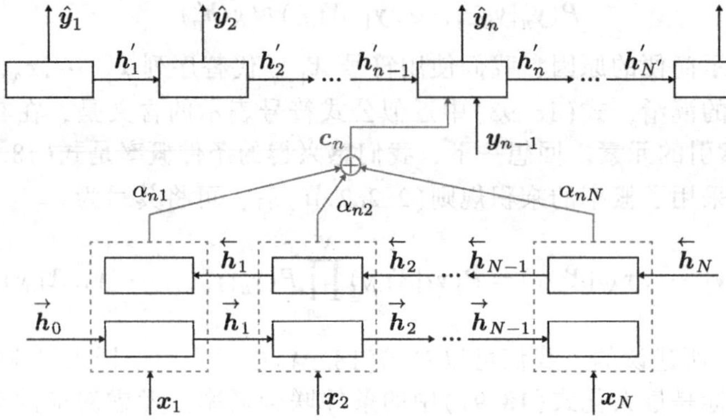

图 18.53　使用一个双向 RNN 作为编码器，它进行正向($\overrightarrow{\boldsymbol{h}}_n$)和逆向($\overleftarrow{\boldsymbol{h}}_n$)状态向量传播。当在每个阶段使用注意力机制时，给解码器馈入一个不同的上下文向量 $\boldsymbol{c}_n$。它是编码器所有时刻/阶段组合状态向量($\overrightarrow{\boldsymbol{h}}_n$ 和$\overleftarrow{\boldsymbol{h}}_n$ 的连接)的一个线性组合。系数 α_{ni}，$i=1,\cdots,N$ 是在训练过程中学习的。本图聚焦于解码器的第 n 个阶段以令显示整洁，假设共有 N'个阶段

在此情况下，上下文向量变为时间依赖的，即 $\boldsymbol{c}_n$，$n=1,2,\cdots,N'$，其定义为

$$\boldsymbol{c}_n=\sum_{t=1}^{N}\alpha_{nt}\boldsymbol{h}_t$$

其中，加权系数如下

$$\alpha_{nt}=\frac{\exp(e_{nt})}{\sum_{k=1}^{N}\exp(e_{nk})},\ \text{with}\ e_{nt}=\phi(\boldsymbol{h}_t^{\mathrm{T}}\boldsymbol{h}_{n-1}')$$

其中，ϕ 是一个通过神经网络实现的非线性函数，是在训练过程中“学习”的。而 $\boldsymbol{h}_n$ 则是相应的正向($\overrightarrow{\boldsymbol{h}}_n$)和逆向($\overleftarrow{\boldsymbol{h}}_n$)状态向量连接而形成的。变量 e_{nt} 被称为对齐模型，量化了编码器在时刻 t 的状态向量和解码器在时刻 n 的状态向量的匹配程度。相关仿真结果如图 18.36 所示。

附注 18.10

- 在所谓的语言建模中也使用了类似的建模原理。在这种情况下，RNN 被训练成一个预测器，在给定前一个单词的情况下预测下一个单词。RNN 学习相应的条件概率。一旦模型被训练好，我们可以从学习的分布中抽取样本，并从一个初始词或几个词开始生成短语。
- 前面介绍的基本原理也被用于图像标注。例如，可以向解码器提供用图像训练好的卷积网络的向量化输出。换句话说，摘要向量 $\boldsymbol{c}$ 被 CNN 的输出所代替，后者不被传递到全连通网络进行分类(如图 18.29 所示)，而是用于解码器的状态 $\boldsymbol{h}_0'$。然后训练解码器，以便能对图像进行标注(参见[153])。

- 除了 RNN，还有其他一些技术路线用于 NMT。例如，在[55]中使用了 CNN。在[3，37，235]中，既没有使用 RNN，也没有使用 CNN，神经模型仅仅是基于注意力机制思想，并且声称与 LSTM 相比，可以利用长得多的单词依赖关系。在[43]和 1022
[254]中，报告了使用预训练技术的进一步改进。在本书当前版本编写之时，NMT 仍然是一个正在进行中的密集研究的领域。

习题

18.1　证明在逐样本操作模式下，感知机算法将在有限的迭代步骤后收敛。假设 $\boldsymbol{\theta}^{(0)}=\mathbf{0}$。提示：注意，因为类别线性可分，所以存在一个归一化超平面 $\boldsymbol{\theta}_*$ 和一个 $\gamma>0$，满足

$$\gamma \leqslant y_n \boldsymbol{\theta}_*^{\mathrm{T}} \boldsymbol{x}_n, \quad n=1,2,\cdots,N$$

其中，y_n 是相应的类别标签，且对于类别 ω_1 为+1，ω_2 为-1。我们用术语规范化超平面，是想表示

$$\boldsymbol{\theta}_*^{\mathrm{T}}=[\hat{\boldsymbol{\theta}}_*, \theta_{0*}]^{\mathrm{T}}, \text{其中 } ||\hat{\boldsymbol{\theta}}_*||=1$$

在这种条件下，$y_n \boldsymbol{\theta}_*^{\mathrm{T}} \boldsymbol{x}_n$ 是 $\boldsymbol{x}_n$ 到超平面 $\boldsymbol{\theta}_*$ 的距离[167]。

18.2　习题 7.6 中计算了 S 形函数的导数。计算双曲正切激活函数的导数(公式(18.8))，并证明它等于

$$f'(z)=ac\left(1-f^2(z)\right)$$ 1023

18.3　证明动量项可以有效提高梯度下降逆传播算法的学习收敛速度。提示：假设在连续 I 次迭代中梯度近似为常数。

18.4　证明如果激活函数是双曲正切且输入变量被归一化化为零均值和单位方差，那么为了保证神经元的所有输出都是零均值和单位方差，则权重的分布必须是零均值，且满足方差为

$$\sigma=m^{-1/2}$$

其中 m 是与相应神经元相关联的突触权重的数目。提示：为了简单起见，可以认为偏差为零，并且每个神经元的输入是互不相关的。

18.5　考虑平方误差代价函数的和

$$J=\frac{1}{2}\sum_{n=1}^{N}\sum_{m=1}^{k_L}(\hat{y}_{nm}-y_{nm})^2 \tag{18.96}$$

计算海森矩阵的元素

$$\frac{\partial^2 J}{\partial\theta_{kj}^r \partial\theta_{k'j'}^{r'}} \tag{18.97}$$

证明：在最优解附近，二阶导数可近似为

$$\frac{\partial^2 J}{\partial\theta_{kj}^r \partial\theta_{k'j'}^{r'}}=\sum_{n=1}^{N}\sum_{m=1}^{k_L}\frac{\partial \hat{y}_{nm}}{\partial\theta_{kj}^r}\frac{\partial \hat{y}_{nm}}{\partial\theta_{k'j'}^{r'}} \tag{18.98}$$

换句话说，二阶导数可以近似为一阶导数的乘积。这些导数可以使用与梯度下降逆传播类似的方法来计算[74]。

18.6　在计算海森矩阵时，通常假设它是对角阵。证明在这种假设下，公式

$$\frac{\partial^2 E}{\partial(\theta_{kj})^2}$$

其中

$$E=\sum_{m=1}^{k_L}\left(f(z_m^L)-y_m\right)^2$$

按照以下公式逆传播：

1024

$$\frac{\partial^2 E}{\partial(\theta_{kj}^r)^2}=\frac{\partial^2 E}{\partial(z_j^r)^2}(y_k^{r-1})^2$$

$$\frac{\partial^2 E}{\partial(z_L^r)^2}=f''(z_j^L)e_j+(f'(z_j^L))^2$$

$$\frac{\partial^2 E}{\partial(z_k^{r-1})^2}=(f'(z_j^{r-1}))^2\sum_k\frac{\partial^2 E}{\partial(z_k^r)^2}(\theta_{kj}^r)^2+f''(z_j^{r-1})\sum_{k=1}^{k_r}\theta_{kl}^r\delta_k^r$$

18.7　证明如果激活函数是对率 S 形函数，并使用式(18.44)中的代价函数，则式(18.21)中的 δ_{nj}^L 变为

$$\delta_{nj}^L=a(\hat{y}_{nj}-y_{nj})$$

如果使用式(18.41)中的交叉熵代价函数，则它等于

$$\delta_{nj}^L=ay_{nj}(\hat{y}_{nj}-1)$$

18.8　证明如果输出层节点的激活函数是对率 S 形函数，并使用相对熵代价函数，则式(18.21)中的 δ_{nj}^L 变为

$$\delta_{nj}^L=ay_{nj}(\hat{y}_{nj}-1)$$

18.9　证明交叉熵损失函数依赖于相对输出误差。

18.10　证明如果激活函数是 softmax，损失函数是交叉熵(或式(18.44)中的损失函数)，则式(18.21)中的 δ_{nj}^L 不依赖于非线性函数的导数。

18.11　与前面的问题一样，使用相对熵代价函数和 softmax 激活函数，证明

$$\delta_{nj}^L=\hat{y}_{nj}-y_{nj}$$

18.12　推导出用于训练 RNN 的时间逆传播算法。

18.13　推导出式(18.74)中对数似然的梯度。

18.14　证明对于 RBM 的情况，条件概率为如下分解形式：

$$P(\boldsymbol{h}|\boldsymbol{v})=\prod_{i=1}^{I}\frac{\exp\left(\sum_{j=1}^{J}\theta_{ij}v_j+b_i\right)h_i}{\sum_{h_i'}\left[\exp\left(\sum_{j=1}^{J}\theta_{ij}v_j+b_i\right)h_i'\right]}$$

18.15　推导出式(18.83)。

计算机练习

18.16　考虑一个包含两个类 $\omega_1(+1)$ 和 $\omega_2(-1)$ 的二维的分类问题。每个类都是由多个等概率高斯分布的混合生成的。具体地说，类别 ω_1 的高斯均值为$[-5,5]^{\mathrm{T}}$ 和$[5,-5]^{\mathrm{T}}$，而 ω_2 的高斯均值为$[-5,$

1025 $-5]^{\mathrm{T}}$、$[0,0]^{\mathrm{T}}$ 和$[5,5]^{\mathrm{T}}$。两类的高斯协方差均为 $\sigma^2 I$，其中 $\sigma^2=1$。

(a) 生成并绘制一个数据集 X_1(训练集)，其中包含来自 ω_1 的 100 个点(每个高斯函数选取 50 个点)和来自 ω_2 的 150 个点(同样每个高斯函数选取 50 个点)。以同样的方式产生另一个集合 X_2(测试集)。

(b) 基于 X_1，使用标准逆传播算法进行 9000 次迭代，其步长等于 0.01，训练一个两层神经网络，其中隐层中的两个节点使用双曲正切作为激活函数，一个输出节点使用线性激活函数[⊖]。使用此网络分别基于 X_1 和 X_2 计算训练和测试误差。此外，在图中绘制测试的点以及利用网络训练出的决策边界。最后，画出训练误差与迭代次数的关系图。

(c) 重复步骤 18.16b，选择步长大小等于 0.0001，并对结果进行讨论。

(d) 对 $k=1$、4、20 个隐层节点重复步骤 18.16b 并对结果进行讨论。

⊖ 输入节点的数量等于特征空间的维数。

提示：在 MATLAB 函数 rand 中为训练集和测试集使用不同的种子。为了训练神经网络，使用 MATLAB 函数 newff。要绘制神经网络的决策区域，首先确定数据所在区域的边界(对于每个维度，确定数据点的最小值和最大值)，然后在此区域上应用矩形网格，对于网格中的每个点，计算网络输出。然后根据其类别用不同的颜色绘制该点(例如，使用“洋红色”和“青色”)。

18.17 考虑上一个练习中的分类问题，以及同样的数据集 X_1 和 X_2。
考虑如(b)中的一个两层前馈神经网络，采用初始步长为 0.0001，$r_i=1.05$，$r_d=0.7$，$c=1.04$ 的自适应逆传播算法对其进行 6000 次迭代训练。分别基于 X_1 和 X_2 计算训练和测试误差，并绘制不同迭代次数下的训练误差。将结果与上一个练习(b)中所得的结果进行比较。

18.18 对于高斯的协方差矩阵为 $6I$ 的情况，重复上一个练习，对于具有 2、20 和 50 个隐层节点的网络，分别计算每种情况下的训练和测试误差，并绘制相应的决策边界，得出你的结论。

18.19 这是一个与分类相关的练习，通过使用 MNIST [一] 数据库处理 dropout 正则化来获得经验。
使用 TensorFlow [二] 机器学习框架训练前馈神经网络。简单起见，建议你使用已经在 TensorFlow 中实现的 Keras [三] 高级 API。

(a) 加载数据集，其中 55 000 幅图像用于训练，10 000 幅图像用于测试。对图像值进行归一化，使所有值都在[0,1]区间内。在 Keras 中，你可以使用 tensorflow. keras. datasets. mnist 模块提供的函数。

(b) 创建一个前馈神经网络，输入层为 784 个神经元(28×28 的输入图像的像素数)，两层隐层各为 2000 个神经元，输出层为 10 个神经元，其中 10 为所有可能的数字类的个数。除了使用 softmax 激活的输出层外，对其他所有层使用 ReLU 激活函数。利用学习率为 0.01 的梯度下降优化器对网络进行 600 个回合的训练。使用交叉熵代价函数。使用大小为 100 的小批量或适合内存的任何其他值。在 Keras 中，可以使用 Sequential 模块定义和训练网络。 1026

(c) 在隐层使用 50%的 dropout 重复步骤(b)。

(d) 在隐层使用 50%的 dropout、输入层使用 20%的 dropout 重复步骤(b)。

(e) 对(b)~(d)中的模型，对每个回合绘制测试集中的分类错误数。解释结果。

18.20 这个练习的目的是获得使用不同的优化器和大小的卷积内核的经验。考虑使用 TensorFlow 的 CIFAR-10 常见基准分类问题 [四]。任务是将 32×32 像素的 RGB 图像分为 10 个类别：飞机、汽车、鸟、猫、鹿、狗、青蛙、马、船和卡车。

(a) 尝试对教程中描述的模型(描述在之前在脚注中给出的链接中)重现结果。

(b) 调整模型的超参数。例如，可以使用以下几种组合作为参数集(优化器、初始学习速率、卷积核大小)：

- 优化器：Adam 和随机梯度下降。
- 初始学习率：0.1、0.01、0.001、0.0001、0.000 01。
- 卷积核大小：3、5 和 7。

(c) 使用 Tensorflow 提供的 TensorBoard [五] 可视化工具解释结果。

提示：你可以使用和编辑本教程提供的源代码。或者，你可以使用 Keras 高级 API 来定义、训练和评估你的模型。

18.21 这个练习聚焦原始的 GAN，在 MNIST 数据库训练 GAN 来“学习”生成伪造的手写字符。
为了实现和训练网络，使用 TensorFlow 框架。此外，与前面的练习一样，为了简单起见，我们鼓励你使用 Keras 高级 API。

(a) 加载 60 000 幅图像的数据集用于训练。对图像值进行归一化，使所有值都在[-1,1]区间内。在 Keras 中，你可以使用 tensorflow. keras. datasets. mnist 模块提供的函数。

(b) 将噪声向量馈入生成器作为输入，其输出为一幅图像。输入噪声向量的维数为 100，其元素是从零均值和单位方差的正态分布中独立同分布地采样的。生成器由三个全连接层组成，分

[一] 参见 http://yann. lecun. com/exdb/mnist/。
[二] 参见 https://www. tensorflow. org。
[三] 参见 https://www. tensorflow. org/guide/keras。
[四] 参见 https://www. tensorflow. org/tutorials/images/deep_cnn。
[五] 参见 https://www. tensorflow. org/guide/summaries_and_tensorboard。

1027 别为 256、512 和 1024 个神经元。隐层神经元的激活函数为参数为 $\alpha=0.2$ 的泄漏 ReLU。输出层包含 784 个节点，采用双曲正切作为各自的激活函数。

(c) 判别器以一个 1×784 的向量作为输入，对应于 28×28 的 MNIST 图像的向量化形式。判别器由三个全连接层组成，分别有 1024、512 和 256 个神经元。我们也使用了参数为 $\alpha=0.2$ 的泄漏 ReLU 激活函数。在训练中，使用 dropout 正则化方法，丢弃节点的概率为 0.3。输出层由一个具有 S 形激活函数的单个节点组成。

(d) 为了训练网络，使用两类(二元)交叉熵损失函数。采用 Adam 最小化器作为优化器，步长(学习率)为 2×10^{-3}，$\beta_1=0.5$，$\beta_2=0.999$。推荐的批处理大小为 100。对网络进行 400 个回合的训练如下。对于每个训练循环，根据算法 18.5，(a) 随机生成一组输入噪声和图像，(b) 通过生成器生成伪图像，(c) 只训练判别器，(d) 只训练生成器。改变与判别器训练相关联的迭代次数。

(e) 在训练过程中，每 20 个回合显示生成器生成的图像，讨论学习进程的演进。

(f) 尝试上面建议的不同参数，观察对训练的影响。

18.22 这个练习关注 NMT 任务。出于本练习的目的，请使用 Tensorflow 提供的 NMT 教程㊀。

(a) 安装教程和说明可在提供的链接上找到。然后训练默认配置的模型，使用 LSTM 作为模型的编码器和解码器，具有 128 维的隐状态和嵌入，通过 dropout 进行正则化。嵌入是通过独热向量和一个可训练权值矩阵的简单矩阵乘法而得到的。可用的数据集属于标准的德语到英语翻译的基准测试。

(b) 运行推理算法，得到测试集的译文。选择贪心搜索算法，该算法在每个阶段只选择预测概率最高的单词，而不考虑底层时间动态。

(c) 如果你用 $K=5$ 的波束宽度重复之前的实验，性能会有什么变化？你认为对观察到的推理性能提升，什么因素做出了贡献？

(d) 如果你用 $K=10$ 的波束宽度重复之前的实验，性能会有什么变化？你从中得到什么经验？

(e) 增加潜表示空间的维数。让我们假设隐层(以及嵌入层)数变为最初的两倍和三倍。训练和解码时间改变了吗？精确度呢？

1028 (f) 模型包含许多参数。因此，如果不采取对策，就可能出现过拟合。这里，模型使用简单的 dropout。如果你从网络中删除这个正则化层，会发生什么？

参考文献

[1] D. Ackle, G.E. Hinton, T. Sejnowski, A learning algorithm for Boltzmann machines, Cogn. Sci. 9 (1985) 147–169.

[2] T. Adali, X. Liu, K. Sonmez, Conditional distribution learning with neural networks and its application to channel equalization, IEEE Trans. Signal Process. 45 (4) (1997) 1051–1064.

[3] R. Al-Rfou, D. Choe, N. Constant, M. Guo, L. Jones, Character-level language modeling with deeper self-attention, arXiv:1808.04444v2 [cs.CL], 10 December 2018.

[4] A. Argyriou, M. Pontil, Multi-task feature learning, in: Proceedings Advances in Neural Information Processing Systems, NIPS, 2007.

[5] M. Arjovsky, L. Bottou, Towards principled methods for training generative adversarial networks, arXiv:1701.04862v1 [stat.ML], 17 January 2017.

[6] M. Arjovsky, S. Chintala, L. Bottou, Wasserstein GAN, arXiv:1701.07875v3 [stat.ML], 6 December 2017.

[7] S. Arora, S.S. Du, W. Hu, Z. Li, R. Salakhutdinov, R. Wang, On exact computation with an infinitely wide neural net, arXiv:1904.11955v1 [cs.LG], 26 Apr 2019.

[8] D. Bahdanau, K.-H. Cho, Y. Bengio, Neural machine translation by jointly learning to align and translate, arXiv:1409.0473v7 [cs.CL], 19 May 2016.

[9] P. Baldi, K. Hornik, Neural networks and principal component analysis: learning from examples, without local minima, Neural Netw. 2 (1989) 53–58.

[10] R. Balestriero, R. Baraniuk, A spline theory of deep networks, in: Proceedings of the 35th International Conference on Machine Learning, ICML, 2018.

㊀ 参见 https://github.com/tensorflow/nmt/blob/master/nmt/scripts/wmt16_en_de.sh。

[11] E. Barnard, Optimization for training neural networks, IEEE Trans. Neural Netw. 3 (2) (1992) 232–240.
[12] R.A. Barron, Universal approximation bounds for superposition of a sigmoidal function, IEEE Trans. Inf. Theory 39 (3) (1993) 930–945.
[13] R. Battiti, First and second order methods for learning: between steepest descent and Newton's methods, Neural Comput. 4 (1992) 141–166.
[14] M. Belkin, D. Hsu, S. Ma, S. Mandala, Reconciling modern machine learning practice and the bias-variance trade-off, arXiv:1812.11118v2 [stat.ML], 10 Sep 2019.
[15] Y. Bengio, R. Ducharme, P. Vincent, C. Jauvin, A neural probabilistic language model, J. Mach. Learn. Res. 3 (2003) 1137–1155.
[16] Y. Bengio, O. Delalleau, N. Le Roux, The curse of highly variable functions for local kernel machines, in: Y. Weiss, B. Schölkopf, J. Platt (Eds.), Advances in Neural Information Processing Systems, NIPS, vol. 18, MIT Press, Cambridge, MA, 2006, pp. 107–114.
[17] Y. Bengio, P. Lamblin, D. Popovici, H. Larochelle, Greedy layer-wise training of deep networks, in: B. Schölkopf, J. Platt, T. Hofmann (Eds.), Advances in Neural Information Processing Systems, NIPS, vol. 19, MIT Press, Cambridge, MA, 2007, pp. 153–161.
[18] Y. Bengio, Learning deep architectures for AI, Found. Trends Mach. Learn. 2 (1) (2009) 1–127, https://doi.org/10.1561/2200000006.
[19] C.M. Bishop, Neural Networks for Pattern Recognition, Oxford University Press, Oxford, 1995.
[20] K. Bonawitz, et al., Towards federated learning at scale: system design, arXiv:1902.01046v2 [cs.LG], 22 March 2019.
[21] J.S. Bridle, Training stochastic model recognition algorithms as networks can lead to maximum information estimation parameters, in: D.S. Touretzky, et al. (Eds.), Neural Information Processing Systems, NIPS, vol. 2, Morgan Kaufmann, San Francisco, CA, 1990, pp. 211–217.
[22] W. Brendel, M. Bethge, Approximating CNNs with bag-of-words local features models works surprisingly well on ImageNet, in: Proceedings International Conference on Learning Representations, ICLR, 2019.
[23] M.M. Bronstein, J. Bruna, Y. LeCun, A. Szlam, P. Vandergheynst, Geometric deep learning: going beyond Euclidean data, IEEE Signal Process. Mag. 34 (4) (2017) 18–42.
[24] J. Bruna, S. Mallat, Invariant scattering convolutional networks, IEEE Trans. Pattern Anal. Mach. Intell. (PAMI) 35 (8) (2013) 1872–1886.
[25] J. Bruna, Y. Le Cun, A. Szlam, Learning stable invariant representations with convolutional networks, arXiv:1301.3537v1 [cs.AI], 10 January 2013.
[26] A. Bryson, W. Denham, S. Dreyfus, Optimal programming problems with inequality constraints I: necessary conditions for extremal solutions, J. Am. Inst. Aeronaut. Astronaut. 1 (1963) 25–44. 1029
[27] S. Carter, Z. Armstrong, L. Schubert, I. Johnson, C. Olah, Exploring neural networks with activation atlases, https://distill.pub/2019/activation-atlas/, 2019.
[28] R. Caruana, Multitask learning, Auton. Agents Multi-Agent Syst. 27 (1) (2009) 95–133.
[29] S. Chatzis, Y. Demiris, Echo state Gaussian process, IEEE Trans. Neural Netw. 22 (9) (2011) 1435–1445.
[30] Y. Cho, L.K. Saul, Kernel methods for deep learning, in: Advances in Neural Information Processing Systems (NIPS), 2009, pp. 342–350.
[31] K. Cho, B. van Merriënboer, C. Gulcehre, D. Bahdanau, F. Bougares, H. Schwenk, Y. Bengio, Learning phrase representations using RNN encoder–decoder for statistical machine translation, in: Proceedings of the Conference on Empirical Methods in Natural Language Processing, EMNLP, 2014, pp. 1724–1734.
[32] J. Choi, A.C. Lima, S. Haykin, Kalman filter-trained recurrent neural network equalizers for time varying channels, IEEE Trans. Commun. 53 (3) (2005) 472–480.
[33] A. Cichoki, R. Unbenhauen, Neural Networks for Optimization and Signal Processing, John Wiley, New York, 1993.
[34] N. Cohen, O. Sharir, A. Shashua, On the expressive power of deep learning: a tensor analysis, arXiv:1509.05009v3 [cs.NE], 27 May 2016.
[35] A. Choromanska, M. Henaff, M. Mathieu, G.B. Arous, Y. Le Cun, The loss surfaces of multilayer networks, in: Proceedings of the 18th International Conference on Artificial Intelligence and Statistics, AISTATS, 2015.
[36] G. Cybenko, Approximation by superpositions of a sigmoidal function, Math. Control Signals Syst. 2 (1989) 304–314.
[37] Z. Dai, Z. Yang, Y. Yang, J. Carbonell, Q.V. Le, R. Salakhutdinov, Transformer-XL: attentive language models beyond a fixed-length context, arXiv:1901.02860v3 [cs.LG], 2 June 2019.
[38] Y. Dauphin, R. Pascanu, C. Gulcehre, K. Cho, S. Ganguli, Y. Bengio, Identifying and attacking the saddle point problem in high-dimensional nonconvex optimization, arXiv:1406.2572v1 [cs.LG], 10 June 2014.
[39] J. Deng, W. Dong, R. Socher, L. Li, K. Li, L. Fei-fei, ImageNet: a large-scale hierarchical image database, in: IEEE Conference on Computer Vision and Pattern Recognition, ICCVPR, 2009.
[40] L. Deng, Y. Dong, Deep Learning: Methods and Applications, vol. 7(3–4), Now Publishers, 2014.
[41] M. Denil, L. Bazzani, H. Larochelle, N. de Freitas, Learning where to attend with deep architectures for image tracking, arXiv:1109.3737v1 [cs.AI], 16 September 2011.
[42] M. Denil, B. Shakibi, L. Dinh, N. de Freitas, et al., Predicting parameters in deep learning, in: Proceedings Advances in Neural Information Processing Systems, NIPS, 2013, pp. 2148–2156.

[43] J. Devlin, M.W. Chang, K. Lee, K. Toutanova, BERT: pre-training of deep bidirectional transformers for language understanding, arXiv:1810.04805v2 [cs.CL], 24 May 2019.

[44] L. Dinh, R. Pascanu, S. Bengio, Y. Bengio, Sharp minima can generalize for deep nets, arXiv:1703.04933v2 [cs.LG], 15 May 2017.

[45] S. Du, J. Lee, H. Li, L. Wang, X. Zhai, Gradient descent finds global minima of deep neural networks, arXiv:1811.03804v1 [cs.LG], 9 November 2018.

[46] R. Eldan, O. Shamir, The power of depth for feed-forward neural networks, arXiv:1512.03965v4 [cs.LG], 9 May 2016.

[47] D. Erhan, P.A. Manzagol, Y. Bengio, S. Bengio, P. Vincent, The difficulty of training deep architectures and the effect of unsupervised pretraining, in: Proceedings of the Twelfth International Conference on Artificial Intelligence and Statistics, AISTATS09, 2009, pp. 153–160.

[48] A. Fawzi, M. Davies, P. Frossad, Dictionary learning for fast classification based on soft thresholding, Int. J. Comput. Vis. 114 (2–3) (2015) 306–321.

[49] A. Fawzi, S.M. Moosavi-Dezfooli, P. Frossad, The robustness of deep networks: a geometrical perspective, IEEE Signal Process. Mag. 34 (6) (2017) 50–62.

[50] S.E. Fahlman, Faster learning variations on back-propagation: an empirical study, in: Proceedings Connectionist Models Summer School, Morgan Kaufmann, San Francisco, CA, 1988, pp. 38–51.

[51] W. Fedus, M. Rosca, B. Lakshminarayanan, A.M. Dai, S. Mohamed, I.M. Goodfellow, Many paths to equilibrium: GANs do not need to decrease a divergence at every step, in: Proceedings in International Conference on Learning Representations, ICLR, 2018.

[52] Y. Freund, D. Haussler, Unsupervised Learning of Distributions of Binary Vectors Using Two Layer Networks, Technical Report, UCSC-CRL-94-25, 1994.

[53] K. Fukushima, Neocognitron: a self-organizing neural network model for a mechanism of pattern recognition unaffected by shift in position, Biol. Cybern. 36 (1980) 193–202.

[54] K. Funashashi, On the approximation realization of continuous mappings by neural networks, Neural Netw. 2 (3) (1989)
1030 183–192.

[55] J. Gehring, M. Auli, D. Grangier, D. Yarats, Y.N. Dauphin, Convolutional sequence to sequence learning, arXiv:1705.03122v3 [cs.CL], 25 July 2017.

[56] R. Geirhos, P. Rubisch, C. Michaelis, M. Bethge, F.A. Wichmann, W. Brendel, ImageNet-trained CNNs are biased towards texture; increasing shape bias improves accuracy and robustness, in: Proceedings International Conference on Learning Representations, ICLR, 2019.

[57] R. Girges, G. Sapiro, A.M. Bronstein, Deep neural networks with random Gaussian weights: a universal classification strategy, IEEE Trans. Signal Process. 64 (13) (2015) 3444–3457.

[58] X. Glorot, Y. Bengio, Understanding the difficulty of training deep feedforward neural networks, in: Proceedings of the 13th International Conference on Artificial Intelligence and Statistics, AISTATS, 2010.

[59] I.J. Goodfellow, Multidimensional Downsampled Convolution for Autoencoders, Technical report, University of Montreal, 2010.

[60] I.J. Goodfellow, D. Warde-Farley, M. Mirza, A. Courville, Y. Bengio, Maxout networks, in: Proceedings 30th Proceedings International Conference on Learning Representations, ICLR, 2013.

[61] I.J. Goodfellow, J. Pouget-Abadie, M. Mirza, B. Xu, D. Warde-Farlay, S. Ozair, A. Courville, Y. Bengio, Generative adversarial nets, in: Proceedings Advances in Neural Information Processing Systems, NIPS, 2014, pp. 2672–2680.

[62] I.J. Goodfellow, O. Vinyals, A.M. Saxe, Qualitatively characterizing neural network optimization problems, in: Proceedings International Conference on Learning Representations, ICLR, 2015.

[63] I.J. Goodfellow, J. Slens, C. Szegedy, Explaining and harnessing adversarial examples, in: Proceedings International Conference on Learning Representations, ICLR, 2015.

[64] I.J. Goodfellow, Y. Bengio, A. Courville, Deep Learning, MIT Press, 2016.

[65] A. Graves, A. Mohamed, G.E. Hinton, Speech recognition with deep recurrent neural networks, in: Proceedings International Conference on Acoustics, Speech and Signal Processing, ICASSP, 2013, pp. 6645–6649.

[66] A. Graves, N. Jaitly, Towards end-to-end speech recognition with recurrent neural networks, in: 31st International Conference on Learning Representations, ICLR, 2014.

[67] A. Graves, G. Wagne, I. Danihelka, Neural Turing machines, arXiv:1410.5401 [cs.NE], 10 December 2014.

[68] K. Greff, R.K. Shrivastava, J. Koutnik, B.R. Steunebrick, J. Schmidhuber, LSTM: a search space odyssey, arXiv:1503.04069v1 [cs.NE], 13 March 2015.

[69] K. Greff, R.K. Shrivastava, J. Schmidhuber, Highway and residual networks learn unrolled iterative estimation, arXiv:1612.07771v3 [cs.NE], 14 March 2017.

[70] I. Gulrajani, F. Ahmed, M. Arjovsky, V. Dumoulin, A. Courville, Improved training of Wasserstein GANs, arXiv:1704.00028v3 [cs.LG], 25 December 2017.

[71] R. Hahnloser, R. Sarpeshkar, M.A. Mahowald, R.J. Douglas, H.S. Seung, Digital selection and analogue amplification coexist in a cortex-inspired silicon circuit, Nature 405 (2000) 947–951.

[72] M. Hagiwara, Theoretical derivation of momentum term in backpropagation, in: International Joint Conference on Neural Networks, Baltimore, vol. I, 1991, pp. 682–686.

[73] M. Hardt, B. Recht, Y. Singer, Train fast, generalize better: stability of stochastic gradient descent, arXiv:1509.01240 [cs.LG], 7 February 2016.

[74] B. Hassibi, D.G. Stork, G.J. Wolff, Optimal brain surgeon and general network pruning, in: Proceedings IEEE Conference on Neural Networks, vol. 1, 1993, pp. 293–299.

[75] S. Haykin, Neural Networks, second ed., Prentice Hall, Upper Saddle River, NJ, 1999.

[76] K. He, X. Zhang, S. Ren, J. Sun, Deep residual learning for image recognition, arXiv:1512.03385v1 [cs.CV], 10 December 2015.

[77] K. He, X. Zhang, S. Ren, J. Sun, Delving deep into rectifiers: surpassing human-level performance on image net classification, arXiv:1502.01852v1 [cs.CV], 6 February 2015.

[78] D.O. Hebb, The Organization of Behavior: A Neuropsychological Theory, Wiley, New York, 1949.

[79] J. Hertz, A. Krogh, R.G. Palmer, Introduction to the Theory of Neural Computation, Addison-Wesley, Reading, MA, 1991.

[80] M. Heusel, H. Ramsauer, T. Unterthiner, B. Nessler, S. Hochreiter, GANs trained by a two time-scale update rule converge to a local Nash equilibrium, in: Proceedings in Advances in Neural Information Processing Systems, NIPS, 2017.

[81] G.E. Hinton, T.J. Sejnowski, Optimal perceptual inference, in: Proceedings of the IEEE Conference on Computer Vision and Pattern Recognition, Washington, DC, June, 1983.

[82] G.E. Hinton, Learning distributed representations of concepts, in: Proceedings of the Eighth Annual Conference of the Cognitive Science Society, Amherst, Lawrence Erlbaum, Hillsdale, 1986, pp. 1–12. 1031

[83] G.E. Hinton, T.J. Sejnowski, Learning and relearning in Boltzmann machines, in: D.E. Rumelhart, J.L. McClelland (Eds.), Parallel Distributed Processing: Explorations in the Microstructure of Cognition, vol. 1, MIT Press, Cambridge, MA, 1986, pp. 282–317.

[84] G.E. Hinton, Learning translation invariant recognition in massively parallel networks, in: Proceedings Intl. Conference on Parallel Architectures and Languages, PARLE, 1987, pp. 1–13.

[85] G.E. Hinton, P. Dayan, B.J. Frey, R.M. Neal, The wake-sleep algorithm for unsupervised neural networks, Science 268 (1995) 1158–1161.

[86] G.E. Hinton, S. Osindero, Y. Teh, A fast learning algorithm for deep belief nets, Neural Comput. 18 (2006) 1527–1554.

[87] G.E. Hinton, R. Salakhutdinov, Reducing the dimensionality of data with neural networks, Science 313 (2006) 504–507.

[88] G. Hinton, A Practical Guide to Training Restricted Boltzmann Machines, Technical Report, UTML TR 2010-003, University of Toronto, 2010, http://learning.cs.toronto.edu.

[89] G.E. Hinton, Learning multiple layers of representation, Trends Cogn. Sci. 11 (10) (2010) 428–434.

[90] G. Hinton, L. Deng, D. Yu, G.E. Dahl, A.R. Mohamed, N. Jaitly, A. Senior, V. Vanhoucke, P. Nguyen, T.N. Sainath, B. Kinsbury, Deep neural networks for acoustic modeling in speech recognition: the shared views of four research groups, IEEE Signal Process. Mag. 29 (6) (2012) 82–97.

[91] G.E. Hinton, N. Srivastava, A. Krizhevsky, I. Sutskever, R.R. Salakhutdinov, Improving neural networks by preventing co-adaptation of feature detectors, arXiv:1207.0580v1 [cs.NE], 3 July 2012.

[92] G.E. Hinton, O. Vinyals, J. Dean, Distilling the knowledge in a neural network, arXiv:1503.02531 [stat.ML], 9 March 2014.

[93] G.E. Hinton, S. Sabour, N. Frosst, Matrix capsules with EM routing, in: Proceedings International Conference on Learning Representations, ICLR, 2018.

[94] S. Hochreiter, J. Schmidhuber, Long short-term memory, Neural Netw. 9 (8) (1997) 1735–1780.

[95] S. Hochreiter, Y. Bengio, P. Frascani, J. Schmidhuber, Gradient flow in recurrent nets: the difficulty of learning long-term dependencies, in: J. Kolen, S. Kremer (Eds.), A Field Guide to Dynamical Recurrent Networks, IEEE-Wiley Press, 2001.

[96] K. Hornik, M. Stinchcombe, H. White, Multilayer feedforward networks are universal approximators, Neural Netw. 2 (5) (1989) 359–366.

[97] G.B. Huang, Q.-Y. Zhu, C.-K. Siew, Extreme learning machine: theory and applications, Neurocomputing 70 (2006) 489–501.

[98] G.B. Huang, L. Chen, C.K. Siew, Universal approximation using incremental constructive feedforward networks with random hidden nodes, IEEE Trans. Neural Netw. 17 (4) (2006) 879–892.

[99] G.B. Huang, D.H. Wang, Y. Lan, Extreme learning machines: a survey, Int. J. Mach. Learn. Cybern. 2 (2011) 107–122.

[100] G. Huang, Z. Liu, L. Maaten, K.Q. Weinberger, Densely connected convolutional networks, arXiv:1608.06993v3 [cs.CV], 28 June 2018.

[101] G. Huang, Y. Li, G. Pleiss, Z. Liu, J.E. Hopcroft, K.Q. Weinberger, Snapshot ensembles: train 1, get *M* for free, in: Proceedings International Conference on Learning Representations, ICLR, 2017.

[102] D.H. Hubel, T.N. Wiesel, Receptive fields, binocular interaction, and functional architecture in the cats visual cortex, J. Physiol. 160 (1962) 106–154.

[103] F. Huszár, How (not) to train your generative model: scheduled sampling, likelihood, adversary?, arXiv:1511.05101v1 [stat.ML], 16 November 2015.

[104] S. Ioffe, C. Szegedy, Batch normalization: accelerating deep network training by reducing internal covariate shift, arXiv:1502.03167v3 [cs.LG], 2 March 2015.

[105] Y. Ito, Representation of functions by superpositions of a step or sigmoid function and their application to neural networks

theory, Neural Netw. 4 (3) (1991) 385–394.
[106] H. Jaeger, The "Echo State" Approach to Analysing and Training Recurrent Neural Networks, Technical Report GMD 148, German National Research Center for Information Technology, 2001.
[107] M. Jaderberg, K. Simonyan, A. Zisserman, K. Kavukcuoglu, Spatial transformer networks, arXiv:1506.02025v3 [cs.CV], 4 February 2016.
[108] K. Jarrett, K. Kavukcuoglu, M. Ranzato, Y. LeCun, What is the best multi-stage architecture for object recognition?, in: IEEE 12th International Conference on Computer Vision, 2009.
[109] R.A. Jacobs, Increased rates of convergence through learning rate adaptation, Neural Netw. 2 (1988) 359–366.
[110] N. Jaitly, G.E. Hinton, Learning a better representation of speech sound waves using restricted Boltzmann machines, in:
1032 Proceedings International Conference on Acoustics, Speech and Signal Processing, ICASSP, 2011, pp. 5884–5887.
[111] C. Jin, R. Ge, P. Netrapalli, S.M. Kakade, M.I. Jordan, How to escape saddle points efficiently, in: Proceedings of the 34th International Conference on Machine Learning, ICML, 2017.
[112] E.M. Johanson, F.U. Dowla, D.M. Goodman, Backpropagation learning for multilayer feedforward neural networks using conjugate gradient method, Int. J. Neural Syst. 2 (4) (1992) 291–301.
[113] R. Jozefowitcz, W. Zaremba, I. Sutskever, An empirical exploration of recurrent network architectures, in: Proceedings 32nd International Conference on Machine Learning, ICML, Lille, France, 2015.
[114] A. Kannan, et al., Smart reply: automated response suggestion for email, in: Proceedings of the 22nd ACM SIGKDD International Conference on Knowledge Discovery and Data Mining, 2016.
[115] A. Karpathy, L. Fei-Fei, Deep visual semantic alignments for generating image descriptors, in: IEEE Conference on Computer Vision, CPVR, 2015, pp. 3128–3137.
[116] K. Kawaguchi, Deep learning without poor local minima, arXiv:1605.07110v3 [stat.ML], 27 December 2016.
[117] K. Kawaguchi, L. Kaelbling, Y. Bengio, Generalization in deep networks, arXiv:1710.05468v3 [stat.ML], 22 February 2018.
[118] C. Kerelick, B.L. Sturm, J. Larsen, Deep learning and music adversaries, IEEE Trans. Multimed. 17 (11) (2015) 2059–2071.
[119] N.S. Keskar, D. Mudigere, J. Nocedal, M. Smelyanskiy, P.T.P. Tank, On large batch training for deep learning: generalization gap and sharp minima, arXiv:1609.04836v2 [cs.LG], 9 February 2017.
[120] D.P. Kingma, M. Welling, Auto-encoding variational Bayes, in: Proceedings of the International Conference on Learning Representations, ICLR, 2014.
[121] D.P. Kingma, J.L. Ba, Adam: a method for stochastic optimization, in: Proceedings International Conference on Learning Representations, ICLR, 2015.
[122] R. Kleinberg, Y. Li, An alternative view: when does SGD escape local minima?, arXiv:1802.06175v2 [cs.LG], 16 August 2018.
[123] J. Kohler, H. Daneshmand, A. Lucchi, T. Hofmann, M. Zhou, K. Neymeyr, Exponential convergence rates for batch normalization: the power of length-direction decoupling in non-convex optimization, in: Proceedings of the 22nd International Conference on Artificial Intelligence and Statistics, AISTATS, Naha, Okinawa, Japan, 2019.
[124] A.H. Kramer, A. Sangiovanni-Vincentelli, Efficient parallel learning algorithms for neural networks, in: D.S. Touretzky (Ed.), Advances in Neural Information Processing Systems 1, NIPS, Morgan Kaufmann, San Francisco, CA, 1989, pp. 40–48.
[125] R. Krishnamoorthi, Quantizing deep convolutional networks for efficient inference: a white paper, arXiv:1806.08342v1 [cs.LG], 21 June 2018.
[126] A. Krizhevsky, I. Sutskever, G.E. Hinton, Imagenet classification with deep convolutional networks, in: Advances in Neural Information Processing Systems, NIPS, vol. 25, 2012, pp. 1097–1105.
[127] A. Kurakin, I.J. Goodfellow, S. Bengio, Adversarial examples in the physical world, arXiv:1607.02533v4 [cs.CV], 11 February 2017.
[128] K.J. Lang, A.H. Waibel, G.E. Hinton, A time delay neural network architecture for isolated word recognition, Neural Netw. 3 (1) (1990) 23–43.
[129] Y. LeCun, B. Boser, J.S. Denker, D. Henderson, R.E. Howard, W. Hubbard, L.D. Jackel, Backpropagation applied to handwritten zip code recognition, Neural Comput. 1 (4) (1989) 541–551.
[130] Y. LeCun, J.S. Denker, S.A. Solla, Optimal brain damage, in: D.S. Touretzky (Ed.), Advances in Neural Information Systems, vol. 2, Morgan Kaufmann, San Francisco, CA, 1990, pp. 598–605.
[131] Y. LeCun, L. Bottou, G.B. Orr, K.R. Müller, Efficient BackProp, in: G.B. Orr, K.-R. Müller (Eds.), Neural Networks: Tricks of the Trade, Springer, New York, 1998, pp. 9–50.
[132] Y. LeCun, L. Bottou, Y. Bengio, P. Haffner, Gradient-based learning applied to document recognition, Proc. IEEE 86 (11) (1998) 2278–2324.
[133] J. LeCun, Y. Bengio, G.E. Hinton, Deep learning, Nature 521 (2015) 436–444.
[134] T.S. Lee, D.B. Mumford, R. Romero, V.A.F. Lamme, The role of the primary visual cortex in higher level vision, Vis. Res. 38 (1998) 2429–2454.
[135] T.S. Lee, D. Mumford, Hierarchical Bayesian inference in the visual cortex, J. Opt. Soc. Am. A 20 (7) (2003) 1434–1448.
[136] J. Lee, Y. Bahri, R. Novak, S.S. Schoenholz, J. Pennington, J. Sohl-Dickstein, Deep neural networks as Gaussian processes, in: Proceedings, International Conference on Machine Learning, ICML, 2018.

[137] N. Le Roux, Y. Bengio, Representational power of restricted Boltzmann machines and deep belief networks, Neural Comput. 20 (6) (2008) 1631–1649. 1033

[138] M. Lesno, V.Y. Lin, A. Pinkus, S. Schocken, Multilayer feed-forward networks with a polynomial activation function can approximate any function, Neural Netw. 6 (1993) 861–867.

[139] M. Lin, Q. Chen, S. Yan, Network-in-network, arXiv:1312.4400v3 [CS.NE], 4 March 2014.

[140] F. Locatello, D. Vincent, I. Tolstikhin, G. Rätsch, S. Gelly, B. Schölkopf, Competitive training of mixtures of independent deep generative models, arXiv:1804.11130v4 [cs.LG], 3 March 2019.

[141] I. Loshchilov, F. Hutter, SGDR: stochastic gradient descent with warm restarts, in: Proceedings International Conference on Learning Representations, ICLR, 2017.

[142] C. Louizos, K. Ullrich, M. Welling, Bayesian compression for deep learning, in: 31st Conference on Neural Information Processing Systems, NIPS, 2017.

[143] M. Lucic, K. Kurach, M. Michalski, O. Bousquet, S. Gelly, Are GANs created equal? A large-scale study, arXiv:1711.10337v4 [stat.ML], 29 October 2018.

[144] M. Lukoševičius, H. Jaeger, Reservoir computing approaches to recurrent neural network training, Comput. Sci. Rev. 3 (3) (2009) 127–149.

[145] M.T. Luong, H. Pham, C.D. Manning, Effective approaches to attention-based neural machine translation, arXiv:1508.04025v5 [cs.CL], 20 September 2015.

[146] Z. Lu, H. Pu, F. Wang, Z. Hu, L. Wang, The expressive power of neural networks: a view from the width, in: Advances in Neural Information Processing Systems, NIPS, 2017.

[147] S. Liu, N. Yang, M. Li, M. Zhou, A recursive recurrent neural network for statistical machine translation, in: Proceedings 52nd Annual Meeting of the Association of Computational Linguistics, 2014.

[148] J. Ma, R.P. Sheridan, A. Liaw, G.E. Dahl, V. Svetnik, Deep neural nets as a method for quantitative structure – activity relationships, J. Chem. Inf. Model. 55 (2) (2015) 263–274.

[149] W. Maass, T. Natschläger, H. Markram, Real time computing without stable states: a new framework for neural computation based on perturbations, Neural Comput. 14 (11) (2002) 2531–2560.

[150] A.L. Maas, A.Y. Hannun, A.Y. Ng, Rectifier nonlinearities improve neural network acoustic models, in: Proceedings 30th Proceedings International Conference on Learning Representations, ICLR, 2013.

[151] D.J.C. MacKay, A practical Bayesian framework for back-propagation networks, Neural Comput. 4 (3) (1992) 448–472.

[152] D.J.C. MacKay, The evidence framework applied to classification networks, Neural Comput. 4 (5) (1992) 720–736.

[153] J. Mao, W. Xu, Y. Yang, J. Wang, Z. Huang, A. Yuille, Deep captioning with multimodal recurrent neural networks (m-RNN), in: Proceedings International Conference on Machine Learning, ICML, 2015.

[154] X. Mao, Q. Li, H. Xie, R. Lau, Z. Wang, S.P. Smalley, Least squares generative adversarial networks, in: International Conference on Computer Vision, ICCV, 2017.

[155] A. Makhzani, J. Shlens, N. Jaitly, I.J. Goodfellow, B. Frey, Adversarial autoencoders, arXiv:1511.05644v2 [cs.LG], 25 May 2016.

[156] S. Mallat, Group invariant scattering, Commun. Pure Appl. Math. 65 (10) (2012) 1331–1398.

[157] M. McCloskey, N.J. Cohen, Catastrophic interference in connectionist networks: the sequential learning problem, Psychol. Learn. Motiv. 24 (1989) 109–165.

[158] W. McCulloch, W. Pitts, A logical calculus of ideas immanent in nervous activity, Bull. Math. Biophys. 5 (1943) 115–133.

[159] L. Mescheder, S. Nowozin, A. Geiger, Adversarial variational Bayes: unifying variational autoencoders and generative adversarial networks, arXiv:1701.04722v4 [cs.LG], 11 June 2018.

[160] H. Mhaskar, T. Poggio, Deep vs shallow networks: an approximation theory perspective, Anal. Appl. 14 (6) (2016) 829–848.

[161] T. Miyato, S.I. Maeda, M. Koyama, K. Nakae, S. Ishii, Distributional smoothing with virtual adversarial training, in: Proceedings International Conference of Learning Representations, ICLR, 2016.

[162] G. Montoron, G. Orr, K.R. Müller (Eds.), Neural Networks: Tricks of the Trade, Lecture Notes in Computer Science, 2nd ed., 2012.

[163] G. Montufar, R. Pascanu, K. Cho, Y. Bengio, On the number of linear regions of deep networks, arXiv:1402.1869v2 [stat.ML], 7 June 2014.

[164] S.M. Moosavi-Dezfooli, A. Fawzi, O. Fawzi, P. Frossad, Universal adversarial perturbations, arXiv:1610.08401v1 [cs.CV], 26 October 2016.

[165] D.B. Mumford, On the computational architecture of the neocortex. II. The role of cortico-cortical loops, Biol. Cybern. 66 (1992) 241–251.

[166] A.F. Murray, P.J. Edwards, Enhanced MLP performance and fault tolerance resulting from synaptic weight noise during training, IEEE Trans. Neural Netw. 5 (5) (1994) 792–802. 1034

[167] A.B. Navikoff, On convergence proofs on perceptrons, in: Symposium on the Mathematical Theory of Automata, vol. 12, Polytechnic Institute of Brooklyn, 1962, pp. 615–622.

[168] R.M. Neal, Bayesian Learning for Neural Networks, PhD Thesis, University of Toronto, Dept. of Computer Science, 1994.

[169] Y. Nesterov, A method for unconstrained convex minimization problem with the rate of convergence $\mathcal{O}(1/k^2)$, Sov. Math. Dokl. 27 (2) (1983) 372–376 (translated from Russian Doklady ANSSSR).

[170] C. Olah, A. Satyanarayan, I. Johnson, S. Carter, L. Schubert, K. Ye, A. Mordvintsev, The building blocks of interpretability, https://distill.pub/2018/building-blocks/.
[171] M. O Neill, S.J. Wright, Behavior of accelerated gradient methods near critical points of nonconvex functions, Math. Program. 176 (2019) 403–427.
[172] P. Orponen, Computational complexity of neural networks: a survey, Nord. J. Comput. 1 (1) (1994) 94–110.
[173] S.J. Pan, Q. Yang, A survey on transfer learning, IEEE Trans. Knowl. Data Eng. 22 (10) (2010) 1345–1359.
[174] K. Panousis, S. Chatzis, S. Theodoridis, Nonparametric Bayesian deep networks with local competition, in: Proceedings, International Conference on Machine Learning, ICML, 2019.
[175] N. Papernot, P. McDaniel, X. Wux, S. Jhax, A. Swami, Distillation as a defence to adversarial perturbations against deep neural networks, in: Proceedings 37th IEEE Symposium on Security & Privacy, 2016.
[176] N. Papernot, P. McDaniel, A. Sinhay, M. Wellmany, SoK: towards the science of security and privacy in machine learning, arXiv:1611.03814v1 [cs.CR], 11 November 2016.
[177] N. Papernot, P. McDaniel, I. Goodfellow, S. Jha, Z.B. Celik, A. Swami, Practical black-box attacks against machine learning, arXiv:1602.02697v4 [cs.CR], 19 March 2017.
[178] J. Park, S. Samarakoon, M. Bennis, M. Debbah, Wireless network intelligence at the edge, arXiv:1812.02858v1 [cs.IT], 2 December 2019.
[179] R. Pascanu, T. Mikolov, Y. Bengio, On the difficulty of training recurrent neural networks, in: Proceedings on the 30th International Conference on Machine Learning, Atlanta, Georgia, 2013.
[180] R. Pascanu, C. Gülcehre, K. Cho, Y. Bengio, How to construct deep recurrent neural networks, arXiv:1312.6026v5 [cs.NE], 24 April 2014.
[181] S.J. Perantonis, P.J.G. Lisboa, Translation, rotation, and scale invariant pattern recognition by high-order neural networks and moment classifiers, IEEE Trans. Neural Netw. 3 (2) (1992) 241–251.
[182] B. Pfülb, A. Gepperth, A comprehensive, application-oriented study of catastrophic forgetting in DNNs, in: Proceedings 36th International Conference on Machine Learning, ICML, 2019.
[183] T. Poggio, H. Mhaskar, L. Rosasco, B. Miranda, Q. Liao, Why and when can deep but not shallow networks avoid the curse of dimensionality: a review, Int. J. Autom. Comput. 14 (5) (2017) 503–519.
[184] T. Poggio, Q. Liao, B. Miranda, A. Banburski, X. Boix, J. Hidary, Theory IIIb: generalization in deep networks, arXiv: 1806.11379v1 [cs.LG], 29 June 2018.
[185] V. Popyan, Y. Romano, M. Elad, Convolutional neural networks analysed via convolutional sparse coding, J. Mach. Learn. Res. (JMLR) 18 (2017) 1–52.
[186] R. Rajesh, J.S. Prakash, Extreme learning machines—a review and state-of-the-art, Int. J. Wisdom Based Comput. 1 (1) (2011) 35–49.
[187] S. Ramon y Cajal, Histologia du Systéms Nerveux de l' Homme et des Vertebes, vols. I, II, Maloine, Paris, 1911.
[188] A. Radford, L. Metz, S. Chintala, Unsupervised representation learning with deep convolutional generative adversarial networks, in: Proceedings International Conference on Learning Representations, ICLR, 2015.
[189] A.S. Razavian, H. Azizpour, J. Sullivan, S. Carlsson, CNN features off-the-shelf: an astounding baseline for recognition, arXiv:1403.6382v3 [cs.CV], 12 May 2014.
[190] D.J. Rezende, S. Mohamed, D. Wierstra, Stochastic backpropagation and approximate inference in deep generative models, in: Proceedings 31st International Conference on Machine Learning, PMLR, vol. 32 (2), 2014, pp. 1278–1286.
[191] L.P. Ricotti, S. Ragazzini, G. Martinelli, Learning the word stress in a suboptimal second order backpropagation neural network, in: Proceedings IEEE International Conference on Neural Networks, San Diego, vol. 1, 1988, pp. 355–361.
[192] M. Riedmiller, H. Brau, A direct adaptive method for faster backpropagation learning: the prop algorithm, in: Proceedings of the IEEE Conference on Neural Networks, San Francisco, 1993.
[193] S. Rifai, P. Vincent, X. Muller, X. Gloro, Y. Bengio, Contractive auto-encoders: explicit invariance during feature extraction, in: Proceedings of the 28th International Conference on Machine Learning, ICML, Bellevue, WA, USA, 2011.
[194] J. Rissanen, G.G. Langdon, Arithmetic coding, IBM J. Res. Dev. 23 (1979) 149–162.
1035 [195] F. Rosenblatt, The perceptron: a probabilistic model for information storage and organization in the brain, Psychol. Rev. 65 (1958) 386–408.
[196] F. Rosenlatt, Principles of Neurodynamics: Perceptrons and the Theory of Brain Mechanisms, Spartan, Washington, DC, 1962.
[197] S. Ruan, J.O. Wobbrock, K. Liou, A. Ng, J. Landay, Speech is 3x faster than typing for English and Mandarin text entry on mobile devices, arXiv:submit/1646347 [cs.HC], 23 August 2016.
[198] S. Ruder, An overview of multi-task learning in deep neural networks, arXiv:1706.05098v1 [cs.LG], 15 June 2017.
[199] D.E. Rumelhart, G.E. Hinton, R.J. Williams, Learning representations by backpropagating errors, Nature 323 (1986) 533–536.
[200] O. Russakovsky, et al., Imagenet large scale visual recognition challenge, Int. J. Comput. Vis. 115 (3) (2015) 211–252.
[201] R. Russel, Pruning algorithms: a survey, IEEE Trans. Neural Netw. 4 (5) (1993) 740–747.
[202] S. Sabour, N. Frosst, G.E. Hinton, Dynamic routing between capsules, in: Proceedings 31st Conference on Neural Information Processing Systems, NIPS, 2017.

[203] T. Saliman, I.J. Goodfellow, W. Zaremba, V. Cheung, A. Radford, X. Chen, Improved techniques for training GANs, in: Proceedings, 30th International Conference on Neural Information Processing, NIPS, 2016.

[204] A.M. Saxe, et al., On the information bottleneck theory of deep learning, in: Proceedings International Conference on Learning Representations, 2018.

[205] J. Schmidhuber, Deep learning in neural networks: an overview, arXiv:1404.7828v4 [cs.NE], 8 October 2014.

[206] R.R. Selvaraju, M. Cogswell, A. Das, R. Vedantam, Grad-CAM: visual explanations from deep networks via gradient-based localization, arXiv:1610.02391v3 [cs.CV], 21 March 2017.

[207] Y. Seo, M. Morante, Y. Kopsinis, S. Theodoridis, Unsupervised pre-training of the brain connectivity dynamic using residual D-net, in: Proceedings of the 26th International Conference on Neural Information Processing of the Asian-Pacific Neural Network, 2019.

[208] A. Shafahi, W.R. Huang, C. Studer, S. Feizi, T. Goldstein, Are adversarial examples inevitable?, in: Proceedings of International Conference on Learning Representations, ICLR, 2019.

[209] U. Shaham, Y. Yamada, S. Negahban, Understanding adversarial training: increasing local stability of neural networks through robustness, Neurocomputing 307 (2018) 195–204.

[210] N. Srivastava, G. Hinton, A. Krizhevsky, I. Sutskever, R. Salakhutdinov, Dropout: a simple way to prevent neural networks form overfitting, J. Mach. Learn. Res. (JMLR) 15 (2014) 1929–1958.

[211] R.K. Shrivastava, K. Greff, J. Schmidhuber, Highway networks, arXiv:1505.00387v2 [cs.LG], 3 November 2015.

[212] T. Serre, G. Kreiman, M. Kouh, C. Cadieu, U. Knoblich, T. Poggio, A quantitative theory of immediate visual recognition, in: Progress in Brain Research, Computational Neuroscience: Theoretical Insights Into Brain Function, vol. 165, 2007, pp. 33–56.

[213] J. Sietsma, R.J.F. Dow, Creating artificial neural networks that generalize, Neural Netw. 4 (1991) 67–79.

[214] E.M. Silva, L.B. Almeida, Acceleration techniques for the backpropagation algorithm, in: L.B. Almeida, et al. (Eds.), Proceedings on the EURASIP Workshop on Neural Networks, Portugal, 1990, pp. 110–119.

[215] P.Y. Simard, D. Steinkraus, J. Platt, Best practice for convolutional neural networks applied to visual document analysis, in: Proceedings International Conference on Document Analysis and Recognition, ICDAR, 2003, pp. 958–962.

[216] K. Simonyan, A. Zisserman, Very deep convolutional networks for large scale image recognition, arXiv:1409.1556v6 [cs.CV], 12 April 2015.

[217] P. Smolensky, Information processing in dynamical systems: foundations of harmony theory, in: Parallel Distributed Processing: Explorations in the Microstructure of Cognition, vol. 1, 1986, pp. 194–281.

[218] S. Sonoda, N. Murata, Neural network with unbounded activation functions is universal approximator, Appl. Comput. Harmon. Anal. 42 (2) (2017) 233–268.

[219] D. Soudry, E. Hoffer, M.S. Nason, N. Srebro, The implicit bias of gradient descent on separable data, in: Proceedings International Conference on Learning Representations, ICLR, 2018.

[220] B.L. Sturm, A simple method to determine if a music information retrieval system is a horse, IEEE Trans. Multimed. 16 (6) (2014) 1636–1644.

[221] S. Sukhbaart, A. Szlam, J. Weston, R. Fergus, End-to-end memory networks, arXiv:1503.08895v5 [cs.NE], 24 November 2015.

[222] I. Sutskever, J. Martens, G.E. Hinton, Generating text with recurrent neural networks, in: International Conference on Machine Learning, ICML, 2011.

[223] I. Sutskever, Training Recurrent Neural Networks, PhD Thesis, Department of Computer Science, University of Toronto, 2013. 1036

[224] I. Sutskever, O. Vinyals, Q.V. Le, Sequence to sequence learning with neural networks, arXiv:1409.3215v3 [cs.CL], 14 December 2014.

[225] D. Sussilo, L.F. Abbott, Random walk initialization for training very deep feedforward networks, arXiv:1412.6558v3 [cs.NE], 27 February 2015.

[226] C. Szegedy, et al., Going deeper with convolutions, arXiv:1409.4842v1 [cs.CV], 17 September 2014.

[227] C. Szegedy, W. Zaremba, I. Sutskever, J. Bruma, D. Erhan, I. Goodfellow, R. Fergus, Intriguing properties of neural networks, in: Proceedings International Conference on Learning Representations, ICLR, 2014.

[228] C. Szegedy, V. Vanhoucke, S. Ioffe, J. Shlens, Z. Wojna, Rethinking the inception architecture for computer vision, arXiv: 1512.00567v3 [cs.CC], 11 December 2015.

[229] C. Szegedy, S. Ioffe, V. Vanhoucke, A. Alemi, Inception-v4, inception-ResNet and the impact of residual connections on learning, arXiv:1602.07261v2 [cs.CV], 23 August 2016.

[230] M. Telgarsky, Benefits of depth in neural networks, arXiv:1602.04485 [cs.LG], 27 May 2016.

[231] S. Theodoridis, K. Koutroumbas, Pattern Recognition, fourth ed., Academic Press, Boston, 2009.

[232] L. Theis, A. van den Oord, M. Bethge, A note on the evaluation of generative models, in: Proceedings International Conference on Learning Representation, ICML, 2016.

[233] N. Tishby, N. Zavlansky, Deep learning and the information bottleneck principle, arXiv:1503.02406v1 [cs.LG], 9 March 2015.

[234] I. Tolstikhin, O. Bousquet, S. Gelly, Bernhard Schölkopf, Wasserstein auto-encoders, arXiv:1711.01558v3 [stat.ML], 12 March 2018.

[235] A. Vaswani, et al., Attention is all you need, arXiv:1706.03762v5 [cs.CL], 6 December 2017.
[236] C. Villani, Optimal Transport: Old and New, Springer, Berlin, 2009.
[237] P.E. Utgoff, D.J. Stracuzzi, Many-layered learning, Neural Comput. 14 (2002) 2497–2539.
[238] P. Vincent, H. Larochelle, I. Lajoie, Y. Bengio, P.A. Manzagol, Stacked denoising autoencoders: learning useful representations in a deep network with a local denoising criterion, J. Mach. Learn. Res. 11 (2010) 3371–3408.
[239] P. Vincent, A connection between score matching and denoising autoencoders, Neural Comput. 23 (7) (2011) 1661–1674.
[240] T.P. Vogl, J.K. Mangis, A.K. Rigler, W.T. Zink, D.L. Allcon, Accelerating the convergence of the backpropagation method, Biol. Cybern. 59 (1988) 257–263.
[241] S. Wang, C. Manning, Fast dropout training, in: Proceedings 30th International Conference on Learning Representations, ICLR, 2013.
[242] M. Wang, W. Deng, Deep visual domain adaptation: a survey, Neurocomputing 312 (2018) 135–153.
[243] D. Warde-Farley, I.J. Goodfellow, A. Courville, Y. Bengio, An empirical analysis of dropout in piecewise linear networks, arXiv:1312.6197v2 [stat.ML], 2 January 2014.
[244] R.L. Watrous, Learning algorithms for connectionist networks: applied gradient methods of nonlinear optimization, in: Proceedings on the IEEE International Conference on Neural Networks, vol. 2, 1988, pp. 619–627.
[245] S. Wager, S. Wang, P. Liang, Dropout training as adaptive regularization, in: Proceedings in Advances on Neural Information Processing Systems, NIPS, vol. 26, 2013, pp. 351–359.
[246] A.S. Weigend, D.E. Rumerlhart, B.A. Huberman, Backpropagation, weight elimination and time series prediction, in: D. Touretzky, J. Elman, T. Sejnowski, G. Hinton (Eds.), Proceedings, Connectionist Models Summer School, 1990, pp. 105–116.
[247] W. Wiegerinck, A. Komoda, T. Heskes, Stochastic dynamics on learning with momentum in neural networks, J. Phys. A 25 (1994) 4425–4437.
[248] X. Wei, B. Gong, Z. Liu, W. Lu, L. Wang, Improving the improved training of Wasserstein GANs: a consistency term and its dual effect, in: Proceedings International Conference on Learning Representation, ICLR, 2018.
[249] K. Weiss, T.M. Khoshgoftaar, D. Wang, A survey of transfer learning, J. Big Data 3 (2016) 9, https://doi.org/10.1186/s40537-016-0043-6.
[250] P.J. Werbos, Beyond Regression: New Tools for Prediction and Analysis in the Behavioral Sciences, PhD Thesis, Harvard University, Cambridge, MA, 1974.
[251] S. Weston, S. Chopra, A. Bordes, Memory networks, arXiv:1410.3916v11 [cs.AI], 29 November 2015.
[252] B. Widrow, M.E. Hoff Jr., Adaptive switching networks, in: IRE WESCON Convention Record, 1960, pp. 96–104.
[253] K. Xu, J. Lei Ba, R. Kiros, K. Cho, A. Courville, R. Salakhutdinov, R.S. Zemel, Y. Bengio, Show, attend and tell: neural image caption generation with visual attention, arXiv:1502.03044v3 [cs.LG], 19 April 2016.
1037 [254] Z. Yang, Z. Dai, Y. Yang, J. Carbonell, R. Salakhutdinov, Q.V. Le, XLNet: generalized autoregressive pre-training for language understanding, arXiv:1906.08237v1 [cs.CL], 19 June 2019.
[255] G. Yarin, Z. Ghahramani, Dropout as a Bayesian approximation: representing model uncertainty in deep learning, in: Proceedings International Conference on Learning Representations, ICLR, 2016.
[256] C. Zhang, S. Bengio, M. Hardt, B. Recht, O. Vinyals, Understanding deep learning requires rethinking generalization, arXiv:1611.03530v2 [cs.LG], 26 February 2017.
[257] Y. Zhang, Q. Yang, A survey on multi-task learning, arXiv:1707.08114v2 [cs.LG], 27 July 2018.
[258] J. Zhao, M. Mathiew, Y. Le Cun, Energy-based generative adversarial networks, in: Proceedings, International Conference on Learning Representations, ICLR, 2017.
[259] W. Zarembe, I. Sutskever, Reinforcement learning neural Turing machines, arXiv:1505.00521v3 [cs.LG], 12 January 2016.
[260] M.D. Zeiler, AdaDelta: an adaptive learning rate method, arXiv:1212.5701v1 [cs.LG], 22 December 2012.
[261] M. Zeiler, R. Fergus, Visualizing and understanding convolutional networks, arXiv:1311.2901v3 [cs.CV], 28 November 2013.
[262] B. Zhou, A. Lapedvisa, J. Xiao, A. Torrabla, A. Oliva, Learning deep features for scene recognition using places database, in: Advances in Neural Information Processing Systems, NIPS, vol. 27, 2014, pp. 487–495.
1038 [263] J. Zourada, Introduction to Artificial Neural Networks, West Publishing Company, St. Paul, MN, 1992.

降维与潜变量模型

19.1 引言

在许多实际应用中，虽然数据存在于高维空间中，但它真正的维数(称为本征维数)可能更低。我们在第 9 章的稀疏建模场景中遇到了这样的情况。尽管某个数据位于一个高维空间，但事实上它的许多分量却为零。本章，我们的任务是学习零分量所处于的位置，这等价于学习一个特定子空间，该子空间由非零分量的位置所决定。本章的目标是在更一般的设定下处理该问题，并假设数据可处于任何可能的子空间(不仅是通过移除坐标轴而形成的子空间)或流形中。例如，在三维空间中，数据既可以围绕一条直线聚集在一起，也可以围绕一个圆或抛物线的曲线聚集在一起，任意放置于三维空间 $\mathbb{R}^3$ 中。在上述三种情况下，数据的本征维数都等于 1，因为这些曲线中的任何一种都可仅仅使用单个参数进行描述。图 19.1 阐述了这三种情况。在大数据处理和分析的背景下，学习特定数据集的低维结构变得越来越重要，在这方面有一些典型的例子，如计算机视觉、机器人学、医学成像和计算神经科学。

本章的目的是向读者介绍本主题的主要研究方向，我们将从更经典的技术(如主成分分析(PCA)和因子分析)开始，研究它们的标准形式和概率形式。而且，本章还将讨论典型相关分析(CCA)、独立成分分析(ICA)、非负矩阵分解(NMF)和字典学习技术。在字典学习中，数据表示为一个展开式，其中用超完备字典来表示，并采用稀疏性相关方法来检测字典中最相关的原子。随后，本章提出了学习(非线性)流形的非线性技术，如核主成分分析、局部线性嵌入(LLE)和等距映射(ISOMAP)技术。本章最后给出了一个 fMRI 数据分析的案例。 1039 ~ 1040

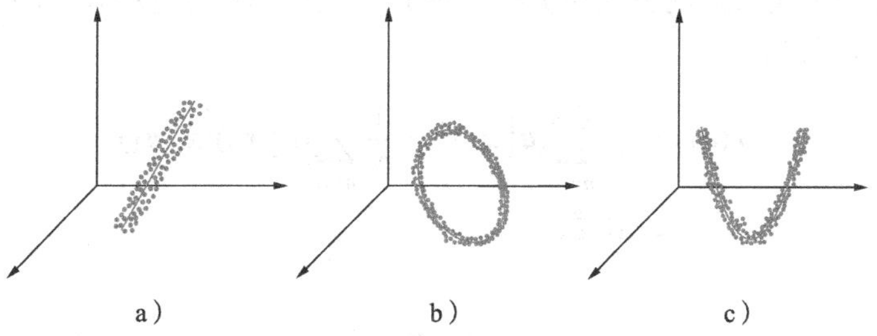

图 19.1 这些三维空间中的数据形似直线(a)、圆(b)和抛物线(c)。在这三种情况下，这些数据的本征维数都为 1。图 a 中的数据聚类于线性(平移/仿射)空间，在图 b 和 c 中，数据围绕一维流形聚合

19.2 本征维数

如果一个数据集 $\mathcal{X}$ 可以(近似地)由 m 个自由参数来表示，则称该数据集 $\mathcal{X}\subset\mathbb{R}^l$ 具有本征维数 $m\leqslant l$。举一个例子，其中 $\mathcal{X}$ 中的向量是由 m 个随机变量生成的，即 $\mathbf{x}=\mathbf{g}(u_1,\cdots,$

u_m)，$u_i \in \mathbb{R}$，$i=1,\cdots,m$。对应的几何解释是，各个观测向量沿流形分布，其形式取决于向量值函数 $\boldsymbol{g}$：$\mathbb{R}^m \longmapsto \mathbb{R}^l$。让我们考虑如下情况：

$$\mathbf{x} = [r\cos\theta, r\sin\theta]^{\mathrm{T}}$$

其中 r 是常数，随机变量 $\theta \in [0,2\pi]$。也就是说，数据位于半径为 r 的圆上，可以看出，用单一自由参数足以描述该数据。如果现在对该数据添加少量的噪声，则数据最后将会聚集在接近圆周的位置，如图 19.1b 所示，其本征维数为 1。从统计学的角度来看，这意味着随机向量中各个分量具有高度相关性。有时，我们说这种情况是“有效”维度低于“环境”空间中所体现的维度。低维流形就是这种情况。

在一个更一般的场景中，数据可能以流形组或者簇组的形式存在，或者可能遵循某种特殊的空间或时间结构。例如，在小波域中，一个图像的大部分系数都接近于零，可以忽略不计，而较大的(非零)系数所对应的结构则描述了自然图像的特性。这种结构稀疏性在 JPEG2000 编码方案中得到了充分利用。结构化稀疏表示在许多大数据应用中经常遇到(参见[42])。在这一章中，我们将只着眼于甄别流形结构，并以线性(子空间/仿射子空间)结构为起点，在本章稍后的部分将关注非线性结构。

学习数据集所位于的流形的方法可用来对高维数据集实现低维紧凑编码，从而可以在随后以更有效的方式执行数据处理和学习任务。而且，降维还可以用于数据可视化。

19.3 主成分分析

主成分分析(PCA)或霍特林变换是最古老且使用最广泛的降维方法之一[105]。主成分分析以及其他各种降维方法所依赖的一个前提假设是，观测数据是由一个(相对)较少潜
1041 (不可直接观测)变量所驱动的系统或程序生成的。它们的目标是学习潜变量的结构。

给定均值为零(否则减去均值/样本均值)的一个随机向量 $\mathbf{x}$，以及它的一组观测向量 $\boldsymbol{x}_n \in \mathbb{R}^l$，$n=1,2,\cdots,N$，PCA 算法计算出一个维度 $m \leqslant l$ 的子空间，使得数据投影到该子空间上后，尽可能保留原始数据的统计信息。该子空间由 m 个相互正交的轴定义，这些轴称为主轴或主方向，它们使得数据在子空间上投影后的方差最大化[95]。

我们将逐步推导得出主轴。首先假设 $m=1$，则目标是在 $\mathbb{R}^l$ 空间中寻找单一方向，使得数据点在该方向上投影后的方差最大化。令 $\boldsymbol{u}_1$ 表示主轴，则投影的方差(假设数据是中心化的)可由下式给出：

$$\begin{aligned} J(\boldsymbol{u}_1) &= \frac{1}{N}\sum_{n=1}^{N}(\boldsymbol{u}_1^{\mathrm{T}}\boldsymbol{x}_n)^2 = \frac{1}{N}\sum_{n=1}^{N}(\boldsymbol{u}_1^{\mathrm{T}}\boldsymbol{x}_n)(\boldsymbol{x}_n^{\mathrm{T}}\boldsymbol{u}_1) \\ &= \boldsymbol{u}_1^{\mathrm{T}}\hat{\Sigma}\boldsymbol{u}_1 \end{aligned}$$

其中

$$\hat{\Sigma} := \frac{1}{N}\sum_{n=1}^{N}\boldsymbol{x}_n\boldsymbol{x}_n^{\mathrm{T}} \tag{19.1}$$

是数据的样本协方差矩阵。对 N 值较大或者可计算出数据的统计特征的情况，可使用协方差(而不是样本协方差)矩阵。现在，任务变成了最大化方差。但是，由于我们只对方向感兴趣，因此主轴可用相应的单位标准向量来表示。因此，该优化任务被转换为

$$\boldsymbol{u}_1 = \arg\max_{\boldsymbol{u}} \boldsymbol{u}^{\mathrm{T}}\hat{\Sigma}\boldsymbol{u} \tag{19.2}$$

$$\text{满足}\quad \boldsymbol{u}^{\mathrm{T}}\boldsymbol{u} = 1 \tag{19.3}$$

这是一个带约束的优化问题，对应的拉格朗日函数可表示为

$$L(\boldsymbol{u},\lambda)=\boldsymbol{u}^{\mathrm{T}}\hat{\Sigma}\boldsymbol{u}-\lambda(\boldsymbol{u}^{\mathrm{T}}\boldsymbol{u}-1) \tag{19.4}$$

计算梯度并将其设为 0，则有

$$\hat{\Sigma}\boldsymbol{u}=\lambda\boldsymbol{u} \tag{19.5}$$

换句话说，主方向是样本协方差矩阵的一个特征向量。将式(19.5)代入式(19.2)并考虑式(19.3)，我们可以得到

$$\boldsymbol{u}^{\mathrm{T}}\hat{\Sigma}\boldsymbol{u}=\lambda \tag{19.6}$$

因此，方差取得最大值的条件是：$\boldsymbol{u}_1$ 为对应最大特征值 λ_1 的特征向量。回想一下，(样本)协方差矩阵是对称半正定矩阵。若假设矩阵 $\hat{\Sigma}$ 可逆(因此，必然 $N>l$)，则它的特征值都为正值，即 $\lambda_1>\lambda_2>\cdots>\lambda_l>0$。为了简化讨论，我们还假设它们各不相同。 1042

下面我们选择第二主成分，以满足：与 $\boldsymbol{u}_1$ 正交，并将数据投影到这个方向后的方差最大化。采用与前面相似的参数和策略，类似的优化任务会产生一个额外的约束，$\boldsymbol{u}^{\mathrm{T}}\boldsymbol{u}_1=0$。容易证明(习题 19.1)，第二主轴是第二大特征值 λ_2 所对应的特征向量。该过程一直持续并且直到获得 m 个主轴，它们是最大 m 个特征值所对应的特征向量。

19.3.1 PCA、SVD 以及低秩矩阵分解

6.4 节讨论了矩阵的奇异值分解。给定一个矩阵 $X\in\mathbb{R}^{l\times N}$，我们可写成

$$X=UDV^{\mathrm{T}} \tag{19.7}$$

对于秩为 r 的矩阵 X，U 是 $l\times r$ 的矩阵，它的各列为矩阵 XX^{T} 的 r 个非零特征值所对应的特征向量，V 是 $N\times r$ 的矩阵，它的各列为矩阵 $X^{\mathrm{T}}X$ 的特征向量。D 是由奇异值[㊀] $\sigma_i:=\sqrt{\lambda_i}$，$i=1,2,\cdots,r$ 所组成的 $r\times r$ 对角方阵。如果我们构造矩阵 X 具有列向量 $\boldsymbol{x}_n$，$n=1,2,\cdots,N$，则 XX^{T} 是对应样本协方差矩阵 $\hat{\Sigma}$ 的缩放版本，因此，它们的特征向量一致，且对应特征值的差距在一个缩放系数(N)范围内。不失一般性，我们可以假设 XX^{T} 为满秩矩阵($r=l<N$)，且式(19.7)变为

$$X=\underbrace{[\boldsymbol{u}_1,\cdots,\boldsymbol{u}_l]}_{l\times l}\underbrace{\begin{bmatrix}\sqrt{\lambda_1}\boldsymbol{v}_1^{\mathrm{T}}\\ \vdots\\ \sqrt{\lambda_l}\boldsymbol{v}_l^{\mathrm{T}}\end{bmatrix}}_{l\times N}=[\boldsymbol{u}_1,\cdots,\boldsymbol{u}_l]\begin{bmatrix}\sqrt{\lambda_1}v_{11} & \dots & \sqrt{\lambda_1}v_{1n} & \dots & \sqrt{\lambda_1}v_{1N}\\ \vdots & & \vdots & & \vdots\\ \sqrt{\lambda_l}v_{l1} & \dots & \sqrt{\lambda_l}v_{ln} & \dots & \sqrt{\lambda_l}v_{lN}\end{bmatrix} \tag{19.8}$$

因此，X 的列向量可以用下面的展开式来表达[㊁]

$$\boldsymbol{x}_n=\sum_{i=1}^{l}z_{ni}\boldsymbol{u}_i=\sum_{i=1}^{m}z_{ni}\boldsymbol{u}_i+\sum_{i=m+1}^{l}z_{ni}\boldsymbol{u}_i \tag{19.9}$$

其中 $\boldsymbol{z}_n^{\mathrm{T}}:=[z_{n1},\cdots,z_{nl}]$ 是式(19.8)中右边的 $l\times N$ 的因子的第 n 列。即由定义有 $z_{n1}=\sqrt{\lambda_1}v_{1n}$。式(19.9)中的和已被拆分成两项，这里的 m 可以是任意满足 $1\leqslant m\leqslant l$ 的值。注意，由于 $\boldsymbol{u}_i$ 的正交性，我们有 1043

㊀ 因为在一些地方可能会涉及方差 σ^2，为了避免混淆，我们将继续使用特征值的平方根。

㊁ 注意，在前几章中我们将数据矩阵定义为 X 的转置。这是因为，对于降维任务，使用现行的符号惯例更为常见。如果使用了 X 的转置，则数据向量的展开是用 V 的列表示的，并使用类似的方法进行分析。

$$z_{ni}=\boldsymbol{u}_i^{\mathrm{T}}\boldsymbol{x}_n,\ i=1,2,\cdots,l,\ n=1,2,\cdots,N$$

从 6.4 节我们知道，在弗罗贝尼乌斯意义上，矩阵 X 的秩 m 矩阵的最佳近似为

$$\hat{X}=\underbrace{[\boldsymbol{u}_1,\cdots,\boldsymbol{u}_m]}_{l\times m}\underbrace{\begin{bmatrix}\sqrt{\lambda_1}\boldsymbol{v}_1^{\mathrm{T}}\\ \vdots\\ \sqrt{\lambda_m}\boldsymbol{v}_m^{\mathrm{T}}\end{bmatrix}}_{m\times N}\tag{19.10}$$

$$=\sum_{i=1}^{m}\sqrt{\lambda_i}\boldsymbol{u}_i\boldsymbol{v}_i^{\mathrm{T}}\tag{19.11}$$

回顾先前对 z_{ni} 的定义，矩阵 $\hat{X}$ 的第 n 个列向量现在可写为

$$\hat{\boldsymbol{x}}_n=\sum_{i=1}^{m}z_{ni}\boldsymbol{u}_i\tag{19.12}$$

对比式(19.9)和式(19.12)并考虑到 $\boldsymbol{u}_i$，$i=1,2,\cdots,l$ 的正交性，我们容易看到 $\hat{\boldsymbol{x}}_n$ 是原始观测向量 $\boldsymbol{x}_n$，$n=1,2,\cdots,N$，到子空间 $\mathrm{span}\{\boldsymbol{u}_1,\cdots,\boldsymbol{u}_m\}$ 上的投影，该子空间是由 $XX^{\mathrm{T}}(\hat{\Sigma})$ 的 m 个主轴生成的(图 19.2)。

前面的论证在 PCA 和 SVD 之间建立了一座桥梁。也就是说，通过对 X 的 SVD 分解可以得到主轴，而且 X 的最佳秩 m 矩阵近似 $\hat{X}$ 是观测向量 $\boldsymbol{x}_n$ 在由主轴张成的

1044 (最优)降维子空间上的投影。

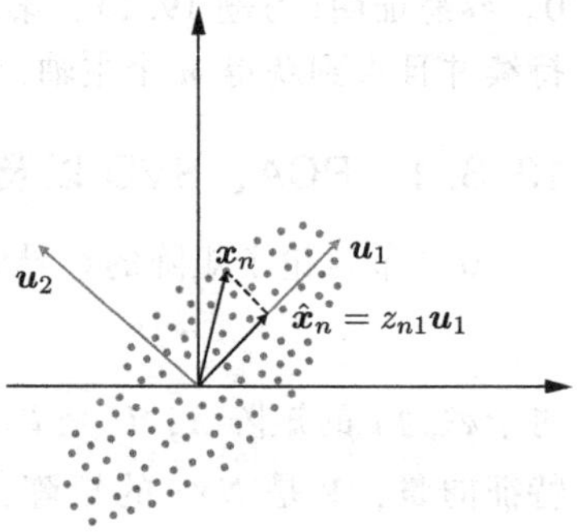

图 19.2　向量 $\boldsymbol{x}_n$ 在主轴 $\boldsymbol{u}_1$ 上的投影为 $\hat{\boldsymbol{x}}_n=z_{n1}\boldsymbol{u}_1$，其中 $z_{n1}=\boldsymbol{u}_1^{\mathrm{T}}\boldsymbol{x}_n$

从式(19.10)来看，PCA 也可以看作一种低秩矩阵分解的方法。矩阵分解是本章中经常会提到的一个主题。给定一个矩阵 X，并没有唯一的将其分解为两个矩阵的方法。PCA 是通过在涉及的因子的结构上施加正交性，来提供矩阵 X 的一个秩 m 因子分解。稍后，我们将讨论其他方法。

最后，值得强调的是，PCA 和 SVD 之间的桥梁在一个矩阵 X 的低秩因子分解与其列向量所在子空间的本征维数之间建立起了连接，因为这是保证数据最大方差的子空间。

19.3.2　最小误差解释

在建立了 PCA 和 SVD 之间的桥梁之后，我们可以很容易得到关于 PCA 方法的另一种解释。因为 $\hat{X}$ 是弗罗贝尼乌斯意义上矩阵 X 的最优秩 m 矩阵近似，所以下面的量

$$\|\hat{X}-X\|_F^2:=\sum_i\sum_j|\hat{X}(i,j)-X(i,j)|^2=\sum_{n=1}^{N}\|\hat{\boldsymbol{x}}_n-\boldsymbol{x}_n\|^2$$

是最小值。也就是说，通过选择将数据投影到另一个任意的 m 维子空间，得到向量 $\boldsymbol{x}_n$ 的任何其他的 m 维近似(比如说 $\tilde{\boldsymbol{x}}_n$)，相比 PCA 方法会得到更大的平方误差范数近似。这也是一个强有力的结果，证明了 PCA 方法作为一种降维技术的显著优点。这一解释最早可追溯到皮尔逊的论文[146]。

19.3.3 PCA 和信息检索

上述最小误差解释为围绕 PCA 建立一种大规模数据集中识别相似模式的高效搜索方法铺平了道路。假定有 N 个原型，每个都用 l 个特征表示，产生了特征向量 $\boldsymbol{x}_n \in \mathbb{R}^l$，$n=1,2,\cdots,N$，存储在数据库中。给定一个未知对象，用特征向量 $\boldsymbol{x}$ 表示它，我们的任务是确定该模式与数据库中的哪个原型最为相似，关于相似性的判定可采用欧几里得距离 $\|\boldsymbol{x}-\boldsymbol{x}_n\|^2$ 来衡量。如果 N 和 l 的值较大，则搜索最小欧氏距离的计算代价非常高。优化的思想是在数据库中不再保存原始的 l 维特征向量，而是保存分量 $\boldsymbol{z}_n^{(m)}:=[z_{n1},\cdots,z_{nm}]^{\mathrm{T}}$（见式(19.12)），它们描述了 N 个原型在子空间 $\mathrm{span}\{\boldsymbol{u}_1,\cdots,\boldsymbol{u}_m\}$ 上的投影。假设这里的 m 足以捕获原始数据的大部分特异性(即数据的本征维数 m 足以获得很好的近似)，则向量 $\boldsymbol{z}_n^{(m)}$ 是一个很好的特征向量表示，因为我们知道在此情况下 $\hat{\boldsymbol{x}}_n \approx \boldsymbol{x}_n$。现在，对于一个给定的未知的模式 $\boldsymbol{x}$，我们首先将它投影到子空间 $\mathrm{span}\{\boldsymbol{u}_1,\cdots,\boldsymbol{u}_m\}$，得到

$$\hat{\boldsymbol{x}} = \sum_{i=1}^{m}(\boldsymbol{u}_i^{\mathrm{T}}\boldsymbol{x})\boldsymbol{u}_i := \sum_{i=1}^{m} z_i\boldsymbol{u}_i \tag{19.13}$$ 1045

则我们有

$$\begin{aligned}||\boldsymbol{x}_n-\boldsymbol{x}||^2 \approx ||\hat{\boldsymbol{x}}_n-\hat{\boldsymbol{x}}||^2 &= \left\|\sum_{i=1}^{m} z_{ni}\boldsymbol{u}_i - \sum_{i=1}^{m} z_i\boldsymbol{u}_i\right\|^2 \\ &= ||\boldsymbol{z}_n^{(m)}-\boldsymbol{z}||^2\end{aligned}$$

其中 $\boldsymbol{z}:=[z_1,\cdots,z_m]^{\mathrm{T}}$。换句话说，这里的欧氏距离是在更低维度的子空间中计算的，从而显著降低了计算代价，可参见[22，63，160]及其中的参考文献。该方法也被称为潜在语义索引。

19.3.4 PCA 和特征生成的正交性

现在将从另一个角度来看待 PCA 算法。我们刚刚讨论过，在信息检索应用的场景中，PCA 方法也可看作一种特征生成方法：它生成一组新的特征向量 $\boldsymbol{z}$，其分量用主轴表示模式。现在让我们假定(以简化问题) N 足够大，并且样本协方差矩阵是(满秩)协方差矩阵 $\Sigma=\mathbb{E}[\mathbf{x}\mathbf{x}^{\mathrm{T}}]$ 的一个很好的近似。我们知道任何向量 $\boldsymbol{x}\in\mathbb{R}^l$ 都可以用 $\boldsymbol{u}_1,\cdots,\boldsymbol{u}_l$ 来描述，即

$$\boldsymbol{x} = \sum_{i=1}^{l} z_i\boldsymbol{u}_i = \sum_{i=1}^{l}(\boldsymbol{u}_i^{\mathrm{T}}\boldsymbol{x})\boldsymbol{u}_i$$

现在我们的焦点转向随 $\mathbf{x}$ 的随机变化而变化的随机向量 $\mathbf{z}$ 的协方差矩阵。考虑到

$$\mathrm{z}_i = \boldsymbol{u}_i^{\mathrm{T}}\mathbf{x} \tag{19.14}$$

以及式(19.7)和式(19.8)中 U 的定义，我们有 $\mathbf{z}=U^{\mathrm{T}}\mathbf{x}$，因此

$$\mathbb{E}[\mathbf{z}\mathbf{z}^{\mathrm{T}}] = \mathbb{E}\left[U^{\mathrm{T}}\mathbf{x}\mathbf{x}^{\mathrm{T}}U\right] = U^{\mathrm{T}}\Sigma U$$

不过根据线性代数知识(附录 A.2)可知，U 是 Σ 的对角化矩阵，因此

$$\mathbb{E}[\mathbf{z}\mathbf{z}^{\mathrm{T}}] = \mathrm{diag}\{\lambda_1,\cdots,\lambda_l\} \tag{19.15}$$

换句话说，新生成的特征是线性无关的，即

$$\boxed{\mathbb{E}[z_i z_j]=0,\quad i\neq j,\ i,j=1,2,\cdots,l}\tag{19.16}$$

而且，注意 z_i 的方差分别等于特征值 λ_i，$i=1,2,\cdots,l$。因此，选择主特征值对应的特征可最大限度地保留原始特征 x_i 的总方差。实际上，对应的总方差由协方差矩阵的迹给出，从线性代数原理我们知道，它等于特征值的和。换句话说，新的特征集合 z_i，$i=$
1046 $1,2,\cdots,m$ 以一种更紧凑的方式表示了原模式：它们*相互无关*，并且保留了大部分方差。在实际应用中，当目标是生成特征时，每个 z_i 都被归一化为单位方差是很常见的方法。

我们随后将看到一种最新研究的方法，它被称为 ICA。它施加了一个额外约束使得在线性变换后(投影也是一种线性变换)，得到的潜变量(分量)是统计上独立的，这是比不相关强得多的条件。

19.3.5 潜变量

随机分量 z_i，$i=1,2,\cdots,m$ 被称为*主成分*。它们的观测值 z_i，有时被称为*主得分*。事实上，我们在本节开头提到的潜变量就是由这些主成分组成的。

根据一般的(线性)潜变量建模方法，我们假设组成 $\mathbf{x}$ 的 l 个变量建模为

$$\mathbf{x}\approx A\mathbf{z}\tag{19.17}$$

其中 A 是一个 $l\times m$ 的矩阵且 $\mathbf{z}\in\mathbb{R}^m$ 是对应的潜变量集合。采用主成分分析模型，我们已证明了

$$A=[\boldsymbol{u}_1,\cdots,\boldsymbol{u}_m]:=U_m$$

该模型意味着 $\mathbf{x}$ 的 l 个分量中的每个都是由互不相关的 m 个潜随机变量(近似)生成的，即

$$x_i\approx u_{i1}z_1+\cdots+u_{im}z_m\tag{19.18}$$

另一方面，在线性潜变量建模中，我们假设潜变量也可以用原始随机变量的一个线性变换来恢复。例如有

$$\mathbf{z}=W\mathbf{x}\tag{19.19}$$

在主成分分析方法中，我们已经看到

$$W=U_m^{\mathrm{T}}$$

式(19.17)和式(19.19)构成了本章的主干，而不同的方法提供了求解 A 或 W 的不同方案。

现在让我们收集所有的主得分向量 z_n，$n=1,2,\cdots,N$，将它们作为 $m\times N$ 的得分矩阵 Z 的列，即

$$Z:=[z_1,\cdots,z_N]\tag{19.20}$$

那么式(19.10)可以基于得分矩阵重写为

$$\boxed{X\approx U_m Z}\tag{19.21}$$

而且，考虑到式(19.14)中主成分的定义，我们还可以得出

1047
$$\boxed{Z=U_m^{\mathrm{T}}X}\tag{19.22}$$

附注 19.1

- 在实践中的一个主要问题是如何选择 m 个主特征值。一种方法是将它们降序排列，并选择 m 使得 λ_m 和 λ_{m+1} 之间的间隙尽可能“大”。感兴趣的读者可以从文献[55，104]中获得关于该问题的更多信息。
- 目前的处理仅针对中心化的数据。如果我们将数据集的均值纳入考虑以对原始观测向量进行近似表示，则式(19.13)可被重新表述为

$$\hat{x} = \bar{x} + \sum_{i=1}^{m} u_i^{\mathrm{T}} (x - \bar{x}) u_i \tag{19.23}$$

其中$\bar{x}$是样本均值(意味着它为已知)

$$\bar{x} = \frac{1}{N} \sum_{n=1}^{N} x_n$$

且 x 表示原始(未中心化)的向量。

- 主成分分析基于全局信息构建，这些信息遍布于集合 $\mathcal{X}$ 的所有观测数据中。事实上，信息的主要来源是样本协方差矩阵(XX^{T})。因此，只有当协方差矩阵提供了手头数据的足够丰富的描述信息时，主成分分析才是有效的。例如，类高斯分布就是这样的一种情况。文献[41]建议了一种标准方法的修改版本以处理有聚集特性的数据。很快，我们将讨论 PCA 技术的替代方案以克服这个缺点。
- 大型矩阵的奇异值分解的计算复杂度很高，因此不少文献已经提出了许多行之有效的技术以降低计算开销(可参见[1，83，194])。另外，有些实际场景中，我们有 $l>N$。当然，在这种情况下，样本协方差矩阵不可逆且一些特征值为零，因此最好使用矩阵 $X^{\mathrm{T}}X(N\times N)$ 而不是 $XX^{\mathrm{T}}(l\times l)$。为此，可以使用 6.4 节中给出的关系式，以便利用 v_i 求出 u_i。
- PCA 的处理与第 7 章中提出的费舍尔线性判别法(FLD)相似。它们都依赖于矩阵的特征结构，并通过某种方式编码(协)方差信息。但是，请注意，PCA 是一种无监督的方法，而 FLD 是一种有监督的方法。因此，PCA 进行降维以保留原始数据的变化性(方差)，而 FLD 的目标却在于类间的可分离性。图 19.3 显示了结果(超)平面的差异。

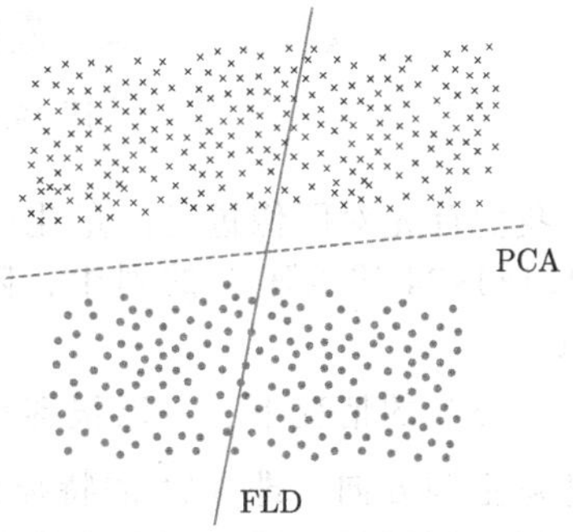

图 19.3 二维空间中的一个两类分类任务。PCA 计算的方向使得数据在该方向上投影之后可最大化保持方差。与之不同的是，FLD 计算一条线使得类间可分性最大化

- 多维标度(MDS)是另一种在满足某些约束条件下进行低维空间线性投影的技术。给定集合 $\mathcal{X}\subset\mathbb{R}^l$，我们的目标是将其投影到一个低维空间上，并同时尽可能保持它的内积。也就是说，我们要最小化如下代价函数

$$E = \sum_i \sum_j \left(x_i^{\mathrm{T}} x_j - z_i^{\mathrm{T}} z_j \right)^2$$

其中 z_i 是 x_i 的像，且对 $\mathcal{X}$ 中所有样本点求和。该问题和 PCA 类似，并且可以证明，解可通过格拉姆矩阵 $\mathcal{K} := X^{\mathrm{T}}X$ 的特征分解求得[⊖]。这枚硬币的另一面是要求最优保持欧氏距离而非内积。于是可形成一个与平方欧氏距离一致的格拉姆矩阵，导致与先前相同的解。已经证明，PCA 和 MDS 得到的解是等价的。这很容易理解，因为 $X^{\mathrm{T}}X$ 和 XX^{T} 具有相同的(非零)特征值。正如我们在 6.4 节中介绍 SVD 时所看到的那样，虽然对应的特征向量不同，但是有关联的。 1048

⊖ 为了避免混淆，这里的矩阵 X 被定义为我们在前几章中所使用的数据矩阵的转置。

关于这些问题的更多信息可参见[29，60]。正如我们将很快在 19.9 节中看到的，MDS 背后的主要思想——保持样本距离——以某种方式用在一些最近发展起来的非线性降维技术中。

- 在标准主成分分析的变体中，有一种方法被称为有监督主成分分析法[16，195]。在该方法中，回归或分类中的输出变量(取决于待处理的问题)与输入变量一起使用，以确定主方向。

例 19.1 本例展示 PCA 方法在低维空间中表达数据的能力。数据库中的每个模式用一个特征向量 $\boldsymbol{x}_n \in \mathbb{R}^l$ 描述，将被表示为一个对应的降维向量 $\boldsymbol{z}_n^{(m)} \in \mathbb{R}^m$，$n=1,2,\cdots,N$。在本例中，每个样本特征向量对应一个 168×168 的人脸图像的像素。这些人脸图像来源于户外人脸标注数据集(LFW)[102]经过软件对齐后的一个版本[191]。具体来说，在该数据库超过 13 000 张的人脸图像中，我们选择了 $N=1924$ 张图像，依据的是图像质量和面部角度等标准(肖像是首选)。另外，这些图像经过缩放以去除大部分背景。图 19.4 给出了我们使用的人脸图像的示例，所有 1924 张图像的完整集合可以在
1049 本书的配套网站中找到。

图 19.4 所使用的人脸图像代表示例

我们首先对图像进行向量化(在空间 $\mathbb{R}^l$ 中，$l=168\times168=28\,224$)，再按顺序拼接到 28 224×1924 的矩阵 X 的列中，随后计算每一行的均值，并从每列的对应元素中减去均值。

在 $l>N$ 的情况下，可以很容易计算 $X^{\mathrm{T}}X$ 的特征向量，用 $\boldsymbol{v}_i$ 来表示，$i=1,\cdots,N$，然后计算主轴方向，即 XX^{T} 的特征向量，这是通过 $\boldsymbol{u}_i \propto X\boldsymbol{v}_i$ 得到的(第 6 章，式(6.18))。我们将这些特征向量在矩阵中重排形成 168×168 的图像，称为特征图像，在人脸图像场景中也称为特征脸。图 19.5 显示了对矩阵 X 进行 PCA 所产生的特征脸示例。具体来说，从左上角到右下角，分别是最大的第 1、2、6、7、8、10、11 和 17 个特征值所对应的特征脸。

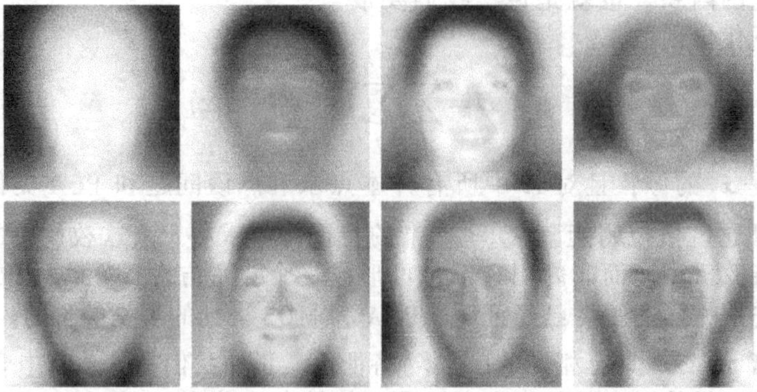

图 19.5 特征脸的例子

接下来，对于不同的 m 值，根据式(19.13)，评估用低维表示来重建原始图像的质量。例如，我们选择了如图 19.4 中所示的玛丽莲·梦露和安迪·沃霍尔的图像，它们的重建结果如图 19.6 所示。可以看出，对于 $m=100$ 或者更好的 $m=600$ 的情况，所重建的图像与原始图像非常接近。值得注意的是，当使用全部 1924 个特征脸的集合时，可以实现精确重建。

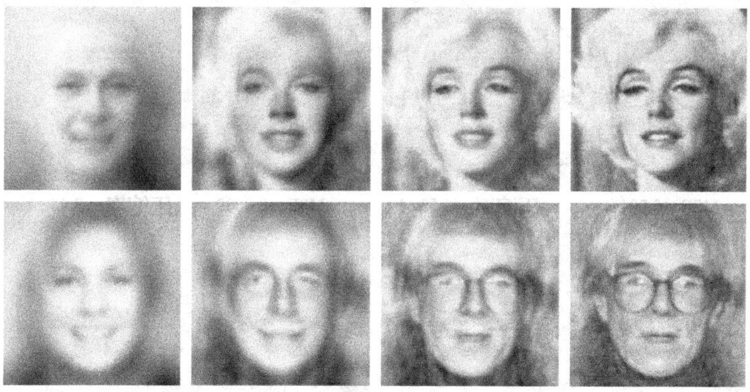

图 19.6 基于前 m 个特征向量的图像压缩和重建示例

为了将我们之前的研究结论推广到信息检索的大背景中，假定我们有一幅图像并且想知道图中描画的是哪个人。假定此人的图像在数据库中，我们的处理过程是 1) 将图像向量化，2) 将其投影到比如说由 $m=100$ 个特征脸张成的子空间中，3) 在这个低维空间中搜索，以识别数据库中与此图像欧氏距离最近的向量化图像。通常，最好是识别出多个(比如 5 个或 10 个)最相似的图像，并根据欧氏距离(或任何其他距离)相似性对它们进行排序。然后，通过数据库检索，可以得到数据库中保存的他的姓名和所有相关信息。 1050

在信息检索中，数据库中的每一幅图像都可以保存为其主成分得分对应的向量。

例 19.2 本例演示了 PCA 在图像压缩中的应用。前面的例子将 PCA 应用在数据库中的多个不同图像中。而在这里，我们将焦点集中在一幅图像上。

图像的像素存储在 $l\times N$ 的矩阵 X 中，该矩阵的列被认为是观测向量 $\boldsymbol{x}_n\in\mathbb{R}^l$，$n=1,2,\cdots,N$。请注意，$X$ 的每行都需要是零均值，为此，我们计算均值向量 $\bar{\boldsymbol{x}}$，并从每列中减去它。随后，我们通过样本协方差矩阵或奇异值分解得到前 $m(1\leqslant m<l)$ 个最大特征值所对应的特征向量。利用式(19.22)给出的主成分分析的矩阵分解公式，X 的一种压缩表示将只包含 m 行而不是 l 行，即

$$Z^{(m)}=\underbrace{[\boldsymbol{u}_1,\cdots,\boldsymbol{u}_m]^{\mathrm{T}}}_{m\times l}X \tag{19.24}$$

其中维度 m 在公式中显式表示了出来。因此，只需要 $Z^{(m)}$ 以及 $\boldsymbol{u}_1,\cdots,\boldsymbol{u}_m$ 并通过式(19.21)即可得到矩阵 X 的估计值。最后，为了重建图像，需要将均值向量 $\bar{\boldsymbol{x}}$ 重新加回到每一列中(参见式(19.23))。

我们将借助图 19.7 中左上角的图像来证明基于 PCA 的图像压缩的效果。此图像为正方形，$l=N=400$。对于任意选择的 m，我们很容易计算压缩比，相比于存储原始的 400×400 的图像值，我们只需要存储矩阵 $Z^{(m)}$，特征向量 $\boldsymbol{u}_1,\cdots,\boldsymbol{u}_m$，以及均值向量 $\bar{\boldsymbol{x}}$ 的 400 个值，也就是说，它的压缩比为 400:(2m+1)。图 19.7 显示了在不同压缩率下的重建图像及对应的原始图像与重建图像间的 MSE。 1051

图 19.7 基于 PCA 的图像压缩。图片来自希腊的安德罗斯岛

附注 19.2

- 子空间跟踪：在线子空间跟踪是另一个在最近重新引起人们兴趣的旧领域。

  一种比较有名的具有较低复杂度的跟踪信号子空间的算法是所谓的投影近似子空间跟踪算法(PAST)，它是在文献[197]中提出的。PAST 采用递归最小二乘法(RLS)实现了子空间估计。研究者提出了一些沿此路线的替代算法，如[69，115，170，179]。

  最近，文献[25，50，137]中的工作解决了丢失/未观测数据的子空间跟踪问题。文献[25]提出了一种方法，基于格拉斯曼流形上的梯度下降迭代。而且，文献[50，137]的算法试图通过最小化适当构造的损失函数来估计未知子空间。

  最后，文献[51，52，92，132，162]攻克了观测值受到离群值噪声污染的环境
1052 中的子空间跟踪问题。

19.4 典型相关分析

PCA 是一种针对单个数据集的降维技术。但是，在许多情况下必须处理多个数据集，尽管可能来源不同，但它们是紧密相关的。例如，医学成像中的许多问题就属于这一范畴。一个典型的案例是大脑活动的研究，人们可以使用不同的方式，例如脑电图(EEG)、功能性磁共振成像(fMRI)或者结构 MRI。这些方式中的每一种都可以捕获不同类型的信息，以互补的方式利用所有这些信息往往更有价值。因此，可以适当地融合多个不同平台的实验数据以便更好地描述大脑活动。另一种我们感兴趣的多数据集场景是，虽使用一种单一的模式，但不同的受试者有不同的测量数据。因此，对所有结果进行联合分析有助于得出最终的结论(参见[56])。

典型相关分析(CCA)是为了联合处理两个数据集而设计的一种技术[96]，它已经有较长历史了。我们的出发点是，当涉及两组随机变量(两个随机向量)时，它们的相关性的值取决于随机向量所在的坐标系。CCA 背后的目标是寻求这样的一对线性变换(每个变量集合使用一个)，使得在变换之后，得到的变量具有最大相关性。

假设给定两组随机变量，组成了两个随机向量 $\mathbf{x} \in \mathbb{R}^p$ 和 $\mathbf{y} \in \mathbb{R}^q$ 的分量，且对应的观测值集为 $\boldsymbol{x}_n$，$\boldsymbol{y}_n$，$n=1,2,\cdots,N$。遵循我们在 PCA 中所做的逐步过程，我们将首先计算一对方向，即 $\boldsymbol{u}_{x,1}$、$\boldsymbol{u}_{y,1}$，使得上述向量投影到这些方向上的相关性最大化。令 $\mathrm{z}_{x,1} := \boldsymbol{u}_{x,1}^{\mathrm{T}}\mathbf{x}$ 和 $\mathrm{z}_{y,1} := \boldsymbol{u}_{y,1}^{\mathrm{T}}\mathbf{y}$ 为线性变换(投影)后的(零均值)随机变量。注意，这些变量与 PCA 中我们所说的主成分相对应。对应的相关系数(归一化协方差)定义为

$$\rho := \frac{\mathbb{E}[\mathrm{z}_{x,1}\mathrm{z}_{y,1}]}{\sqrt{\mathbb{E}\left[\mathrm{z}_{x,1}^2\right]\mathbb{E}\left[\mathrm{z}_{y,1}^2\right]}} = \frac{\mathbb{E}\left[(\boldsymbol{u}_{x,1}^{\mathrm{T}}\mathbf{x})(\mathbf{y}^{\mathrm{T}}\boldsymbol{u}_{y,1})\right]}{\sqrt{\mathbb{E}\left[(\boldsymbol{u}_{x,1}^{\mathrm{T}}\mathbf{x})^2\right]\mathbb{E}\left[(\boldsymbol{u}_{y,1}^{\mathrm{T}}\mathbf{y})^2\right]}}$$

或者

$$\rho := \frac{\boldsymbol{u}_{x,1}^{\mathrm{T}}\Sigma_{xy}\boldsymbol{u}_{y,1}}{\sqrt{(\boldsymbol{u}_{x,1}^{\mathrm{T}}\Sigma_{xx}\boldsymbol{u}_{x,1})(\boldsymbol{u}_{y,1}^{\mathrm{T}}\Sigma_{yy}\boldsymbol{u}_{y,1})}} \tag{19.25}$$

其中

$$\mathbb{E}\left[\begin{bmatrix}\mathbf{x}\\ \mathbf{y}\end{bmatrix}[\mathbf{x}^{\mathrm{T}},\ \mathbf{y}^{\mathrm{T}}]\right] := \begin{bmatrix}\Sigma_{xx} & \Sigma_{xy}\\ \Sigma_{yx} & \Sigma_{yy}\end{bmatrix} \tag{19.26}$$

请注意，根据相应的定义，我们有 $\Sigma_{xy}=\Sigma_{xy}^{\mathrm{T}}$。当无法得到期望值时，可使用对应的样本协方差值替代协方差。这也是在实践中最常见的情况，因此我们将坚持使用它，并使用带“帽子”的符号。而且，容易看出相关系数满足缩放不变性(例如，$\mathbf{x}\to b\mathbf{x}$ 的变化)。因此，关于方向 $\boldsymbol{u}_{x,1}$ 和 $\boldsymbol{u}_{y,1}$ 最大化相关系数可以等价地转化为如下的带约束的优化任务 1053

$$\max_{\boldsymbol{u}_x,\boldsymbol{u}_y} \quad \boldsymbol{u}_x^{\mathrm{T}}\hat{\Sigma}_{xy}\boldsymbol{u}_y \tag{19.27}$$

$$\text{满足} \quad \boldsymbol{u}_x^{\mathrm{T}}\hat{\Sigma}_{xx}\boldsymbol{u}_x = 1 \tag{19.28}$$

$$\boldsymbol{u}_y^{\mathrm{T}}\hat{\Sigma}_{yy}\boldsymbol{u}_y = 1 \tag{19.29}$$

将式(19.27)~式(19.29)与式(19.2)和式(19.3)中定义 PCA 的优化任务进行比较。对于 CCA，必须计算两个方向且其约束包含加权 Σ 范数，而不是欧几里得距离。而且，PCA 的目标是方差最大化，而 CCA 则关心两个向量投影到新坐标轴下的相关性。

引入拉格朗日乘子，则式(19.27)~式(19.29)对应的拉格朗日函数表示如下

$$L(\boldsymbol{u}_x,\boldsymbol{u}_y,\lambda_x,\lambda_y) = \boldsymbol{u}_x^{\mathrm{T}}\hat{\Sigma}_{xy}\boldsymbol{u}_y - \frac{\lambda_x}{2}\left(\boldsymbol{u}_x^{\mathrm{T}}\hat{\Sigma}_{xx}\boldsymbol{u}_x - 1\right) - \frac{\lambda_y}{2}\left(\boldsymbol{u}_y^{\mathrm{T}}\hat{\Sigma}_{yy}\boldsymbol{u}_y - 1\right)$$

关于 $\boldsymbol{u}_x$ 和 $\boldsymbol{u}_y$ 取梯度，并令其等于零，我们有(习题 19.2)

$$\lambda_x = \lambda_y := \lambda$$

且

$$\hat{\Sigma}_{xy}\boldsymbol{u}_y = \lambda\hat{\Sigma}_{xx}\boldsymbol{u}_x \tag{19.30}$$

$$\hat{\Sigma}_{yx}\boldsymbol{u}_x = \lambda\hat{\Sigma}_{yy}\boldsymbol{u}_y \tag{19.31}$$

关于 $\boldsymbol{u}_y$ 求解后一个方程，并代入前一个，我们最终可得

$$\hat{\Sigma}_{xy}\hat{\Sigma}_{yy}^{-1}\hat{\Sigma}_{yx}\boldsymbol{u}_x=\lambda^2\hat{\Sigma}_{xx}\boldsymbol{u}_x \tag{19.32}$$

且

$$\boldsymbol{u}_y=\frac{1}{\lambda}\hat{\Sigma}_{yy}^{-1}\hat{\Sigma}_{yx}\boldsymbol{u}_x \tag{19.33}$$

当然这里假设$\hat{\Sigma}_{yy}$是可逆的。而且，也假设$\hat{\Sigma}_{xx}$可逆，我们可得如下的特征值-特征向量问题：

$$\left(\hat{\Sigma}_{xx}^{-1}\hat{\Sigma}_{xy}\hat{\Sigma}_{yy}^{-1}\hat{\Sigma}_{yx}\right)\boldsymbol{u}_x=\lambda^2\boldsymbol{u}_x \tag{19.34}$$

因此，轴$\boldsymbol{u}_{x,1}$是式(19.34)括号中矩阵乘积的特征向量。考虑式(19.30)及约束条件，已经证明，相关系数ρ的最优值等于

$$\rho=\boldsymbol{u}_{x,1}^{\mathrm{T}}\hat{\Sigma}_{xy}\boldsymbol{u}_{y,1}=\lambda\boldsymbol{u}_{x,1}^{\mathrm{T}}\hat{\Sigma}_{xx}\boldsymbol{u}_{x,1}=\lambda$$

1054 因此，选择$\boldsymbol{u}_{x,1}$为对应最大特征值λ^2的特征向量，将得到最大相关性。

特征向量$\boldsymbol{u}_{x,1}$、$\boldsymbol{u}_{y,1}$被称为*归一化典型相关基向量*，特征值λ^2被称为*平方典型相关量*，投影$\mathrm{z}_{x,1}$、$\mathrm{z}_{y,1}$被称为*典型变量*。

现在在前面思想的基础上更进一步，我们可以计算一对子空间$\mathrm{span}\{\boldsymbol{u}_{x,1},\cdots,\boldsymbol{u}_{x,m}\}$和$\mathrm{span}\{\boldsymbol{u}_{y,1},\cdots,\boldsymbol{u}_{y,m}\}$，其中$m\leqslant\min(p,q)$。实现这一目标的一种方式是如我们在PCA中所做的那样逐步操作。假定已经计算出k对基向量，第$k+1$对基向量的计算等价于求解以下的带约束优化任务

$$\max_{\boldsymbol{u}_x,\boldsymbol{u}_y}\quad \boldsymbol{u}_x^{\mathrm{T}}\hat{\Sigma}_{xy}\boldsymbol{u}_y \tag{19.35}$$

$$\text{满足}\quad \boldsymbol{u}_x^{\mathrm{T}}\hat{\Sigma}_{xx}\boldsymbol{u}_x=1,\ \boldsymbol{u}_y^{\mathrm{T}}\hat{\Sigma}_{yy}\boldsymbol{u}_y=1 \tag{19.36}$$

$$\boldsymbol{u}_x^{\mathrm{T}}\hat{\Sigma}_{xx}\boldsymbol{u}_{x,i}=0,\ \boldsymbol{u}_y^{\mathrm{T}}\hat{\Sigma}_{yy}\boldsymbol{u}_{y,i}=0,\ i=1,2,\cdots,k \tag{19.37}$$

$$\boldsymbol{u}_x^{\mathrm{T}}\hat{\Sigma}_{xy}\boldsymbol{u}_{y,i}=0,\ \boldsymbol{u}_y^{\mathrm{T}}\hat{\Sigma}_{yx}\boldsymbol{u}_{x,i}=0,\ i=1,2,\cdots,k \tag{19.38}$$

换句话说，计算出的每一对新向量都是归一化的(式(19.36))，同时，每个新向量(广义意义上)都与先前迭代步骤中得到的向量正交(式(19.37)和式(19.38))。注意，这保证了导出的典型变量与所有先前导出的变量都不相关。这令我们回忆起PCA中主成分之间的不相关性。CCA中唯一的非零相关系数在每个迭代步骤中被最大化，它位于$\mathrm{z}_{x,k}=\boldsymbol{u}_{x,k}^{\mathrm{T}}\mathbf{x}$和$\mathrm{z}_{y,k}=\boldsymbol{u}_{y,k}^{\mathrm{T}}\mathbf{y}$之间，$k=1,2,\cdots,m$。

关于CCA的更多信息，可参见文献[6，26]。一些研究也开发和应用了再生核希尔伯特空间中CCA的扩展(参见[9，89，117]以及其中的参考文献)。在文献[89]中，核CCA被用于基于内容的图像检索，其目的是允许从一个文本查询请求检索图像，但并不涉及与图像相关联的任何标签。该任务被视为一个跨模态问题。文献[15，113]给出了CCA的一种贝叶斯概率表达公式。文献[90]使用稀疏参数导出了一个正则化的CCA版本。文献[65]提出了一种CCA方法的变体，称为*相关成分分析*，对于两个数据集合，它不是推导出两个方向(子空间)，而是导出了它们的公共方向。这种方法背后的思想是两个数据集可能相差不大，使用一个单一方向就足够了。通过这种方式，只需要估计较少的自由参数，从而简化了问题。另外，有些研究去掉了正交性的约束，这在某些情况下可能并不合理。文献[147]中提供了该方法的贝叶斯扩展。

例 19.3　设$\mathrm{x}\in\mathbb{R}^2$为正态分布随机向量$\mathcal{N}(\mathbf{0},I)$。一对随机变量，$(\mathrm{y}_1,\mathrm{y}_2)$与

(x_1, x_2)相关，如下

$$\mathbf{y}=\begin{bmatrix}0.7 & 0.3\\0.3 & 0.7\end{bmatrix}\mathbf{x}$$

值得注意的是，两个变量间存在很强的相关性，这是因为

$$y_1+y_2=x_1+x_2$$

但是，它们的协方差矩阵

$$\Sigma_{yx}=AI=\begin{bmatrix}0.7 & 0.3\\0.3 & 0.7\end{bmatrix}$$ 1055

却表示出较低的相关性。在执行 CCA 之后，得到的方向是

$$\boldsymbol{u}_{x,1}=\boldsymbol{u}_{y,1}=-\frac{1}{\sqrt{2}}[1,1]^{\mathrm{T}}$$

这实际上是两个变量的线性相等性所在的方向。最大相关系数值等于 1，表明的确有很强的相关性。

19.4.1 CCA 同类方法

CCA 方法并不是唯一一种联合处理不同数据集的多元技术。目前已经研究出了多种技术，它们使用不同的优化标准/约束以应对不同的需求和目标。

本节的目的是在一个共同的框架下简要讨论其中的一些方法。回顾前面讨论的特征值–特征向量问题，它利用式(19.30)和式(19.31)的公式对计算出一对典型基向量。不过它们可以组合成一个单一公式[26]，即

$$\boldsymbol{C}\boldsymbol{u}=\lambda\boldsymbol{B}\boldsymbol{u} \tag{19.39}$$

其中

$$\boldsymbol{u}:=[\boldsymbol{u}_x^{\mathrm{T}},\boldsymbol{u}_y^{\mathrm{T}}]^{\mathrm{T}}$$

且

$$C:=\begin{bmatrix}O & \hat{\Sigma}_{xy}\\ \hat{\Sigma}_{yx} & O\end{bmatrix},\quad B:=\begin{bmatrix}\hat{\Sigma}_{xx} & O\\ O & \hat{\Sigma}_{yy}\end{bmatrix}$$

改变两个矩阵 C 和 B 的结构，可得到不同的结果。例如，如果我们设置 $C=\hat{\Sigma}_{xx}$ 和 $B=I$，即可得到 PCA 的特征值–特征向量任务。

文献[189]讨论了一种数值计算上更鲁棒的求解相关方程解的算法过程。

偏最小二乘

偏最小二乘(PLS)方法最早出现在文献[186]中，在化学计量学、生物信息学、食品研究、医学、药理学、社会科学和生理学等领域都有着广泛的应用。如果我们设置式(19.39)中的

$$B=\begin{bmatrix}I & O\\O & I\end{bmatrix}$$

并保持 C 和 CCA 中的一致，则可求解对应的特征分析问题。如果不最大化式(19.25)中的相关系数 ρ，而是像下面这样最大化协方差，则得到对应的特征值–特征向量问题(尝试一下) 1056

$$\operatorname{cov}(z_{x,1},z_{y,1})=\mathbb{E}[z_{x,1}z_{y,1}] \tag{19.40}$$

这意味着，当试图降低数据维数时，我们的关注点不仅在于数据的相关性，同时还要计算

出一个方向，它也关注两个变量集的最大方差。因此，确定第一对数据轴 $\boldsymbol{u}_{x,1}$、$\boldsymbol{u}_{y,1}$ 的优化任务现在变为

$$\text{最大化}\quad \boldsymbol{u}_x^{\mathrm{T}}\hat{\Sigma}_{xy}\boldsymbol{u}_y \tag{19.41}$$
$$\text{满足}\quad \boldsymbol{u}_x^{\mathrm{T}}\boldsymbol{u}_x=1 \tag{19.42}$$
$$\boldsymbol{u}_y^{\mathrm{T}}\boldsymbol{u}_y=1 \tag{19.43}$$

PLS 既可以用于分类任务，也用于回归任务。例如，在第 6 章中，我们将 PCA 方法应用于回归任务以降低空间维度，最小二乘解在这个低维空间中表达。但是，主轴仅根据输入数据的基来确定，以保持最大方差。与之相比，通过考虑输出观测值作为第二个变量集，我们可以采用 PLS 来选择轴，使得方差最大化的同时两个数据集的相关性也最大化。对后者的理解可基于以下事实：最大化协方差(PLS)等同于最大化相关系数(用于 CCA)与两个方差项的乘积。

关于 PLS 的研究有很多，既有从算法的角度研究的，也有从性能的角度研究的。感兴趣的读者可以从[153]获得更多关于 PLS 的信息。到目前我们所讨论的所有技术中，一个主要焦点是特征值–特征向量的计算。对此，虽然我们可以使用通用的程序包和算法，但也已经有了更高效的替代方案。一种常见的方法是利用一个两步迭代过程来求解任务。在第一个步骤中计算最大特征值(特征向量)，这存在高效的算法，如幂方法(参见[83])。然后，采用一种称为*收缩*的过程，一些方差可用第一步中提取的特征来解释，这一步将它们从协方差矩阵中移除(参见[135])。PLS 算法的核化版本也已经被提出(参见[9, 152])。

附注 19.3

- 如果我们在式(19.39)中设置

$$B=\begin{bmatrix}\hat{\Sigma}_{xx} & O\\ O & I\end{bmatrix}$$

　　则会产生另一种降维方法，称为*多元线性回归*(MLR)。这个任务寻找一组基向量和对应的回归函数，使得回归任务中的 MSE 最小化[26]。

- CCA 具有仿射变换*不变性*。这相比于传统的相关分析来说是一个重要的优点(参见[6])。
- 1057 有研究提议将 CCA 和 PLS 方法扩展到两个以上的数据集(参见[56, 110, 185])。

19.5　独立成分分析

关于 PCA 方法的潜变量的解释已经在式(19.17)~式(19.19)中进行了总结，其中每个观测到的随机变量 x_i 都被(近似)写成潜变量(此情况下即是主成分)z_i 的线性组合。z_i 反过来又通过式(19.19)施加不相关约束来获得。

ICA 方法的起点是假设如下的潜模型为真

$$\mathbf{x}=A\mathbf{s} \tag{19.44}$$

其中假设(未知)潜变量 $\mathbf{s}$ 相互统计*独立*。我们称之为*独立成分*(IC)。于是任务包含求出矩阵 A 以及独立成分的估计。我们将重点讨论 A 是 $l\times l$ 方阵的情况。也有一些研究考虑胖矩阵或高矩阵的扩展，即对应潜变量的数量 m 小于或大于观测随机变量数量 l 的情况，发展了相关方法(参见[100])。

矩阵 A 称为*混合矩阵*，其元素 a_{ij} 称为*混合系数*。我们使用 z_i，$i=1,2,\cdots,l$，来表示得到的潜变量的估计值，同时也将它们称为独立成分。而观测随机变量 x_i，$i=1,2,\cdots,l$，

有时被称为混合变量或简称为混合。

为了得到潜变量的估计，我们引入如下模型

$$\hat{\mathbf{s}} := \mathbf{z} = W\mathbf{x} \tag{19.45}$$

其中 W 又称为分离矩阵。注意

$$\mathbf{z} = WA\mathbf{s}$$

另外，我们必须估计对应的未知参数以使 $\mathbf{z}$ 尽可能接近 $\mathbf{s}$，也就是说，是独立的。对方阵 $A=W^{-1}$，即假设其可逆。

19.5.1 ICA 和高斯函数

在统计学领域，虽然通常情况下对 PDF 采用高斯假设似乎是一件“幸事”，但在独立成分分析(ICA)的背景下，就并非如此了。看一下采用高斯假设的后果，就很容易理解这一点了。若独立成分服从高斯分布，则它们的联合 PDF 为

$$p(\boldsymbol{s}) = \frac{1}{(2\pi)^{l/2}} \exp\left(-\frac{||\boldsymbol{s}||^2}{2}\right) \tag{19.46}$$

其中为了简化问题，我们假定所有变量归一化到单位方差。同时令混合矩阵 A 为正交矩阵，即 $A^{-1}=A^{\mathrm{T}}$。从而，可以很容易得到混合矩阵的联合 PDF(参见式(2.45))，即

$$p(\boldsymbol{x}) = \frac{1}{(2\pi)^{l/2}} \exp\left(-\frac{||A^{\mathrm{T}}\boldsymbol{x}||^2}{2}\right) |\det(A^{\mathrm{T}})| \tag{19.47}$$ 1058

由于矩阵 A 的正交性，我们有 $\|A^{\mathrm{T}}\boldsymbol{x}\|^2=\|\boldsymbol{x}\|^2$ 和 $|\det(A^{\mathrm{T}})|=1$，这使得 $p(\boldsymbol{s})$ 与 $p(\boldsymbol{x})$ 不可区分。也就是说，通过观察 $\mathbf{x}$ 不能得出关于 A 的任何结论，因为所有相关信息都丢失了。从另一个角度看，混合变量 x_i 是互不相关的，因为 $\boldsymbol{\Sigma}_x=I$ 且 ICA 不能提供进一步的信息。这是联合高斯变量的非相关性等同于独立性的直接结果(参见 2.3.2 节)。换句话说，如果潜变量是高斯分布的，ICA 不能比 PCA 更进一步，因为后者提供不相关的分量。也就是说，对于高斯无关分量，混合矩阵 A 是不可辨识的。在更一般的情况下，在某些分量是高斯分量的情况下，ICA 可以识别非高斯分量。因此，对于要识别的矩阵 A，独立成分中最多有一个可以是高斯的。

从数学的角度来看，ICA 任务对高斯变量是不适定的。事实上，假设已经得到了一组独立高斯分量 $\mathbf{z}$，然后，通过酉矩阵对 $\mathbf{z}$ 进行任何线性变换也将得到一个解(如前所示)。注意，这个问题在 PCA 中被绕过了，因为它在变换矩阵上施加了一个特定的结构。

为了处理独立性，我们必须以某种方式引入更高阶的统计信息。二阶统计信息足以施加不相关性，PCA 也如此，但这对 ICA 是不够的。为此，多年来已经开发了大量的技术和算法，回顾所有这些技术远远超出了一本书一节的容量。这里的目标是向读者提供这些技术背后的本质，并强调需要将更高阶的统计量引入进来。感兴趣的读者可以从[55, 58, 81, 100, 120]中深入研究这个领域。

19.5.2 ICA 和高阶累积量

对 $\mathbf{z}$ 的各分量施加独立的约束相当于要求所有高阶互累积量(附录 B.3)为零。一种可能的方法是局限在四阶累积量内[57]。如附录 B.3 所述，零均值变量的前三阶累积量等于相应的矩，即

$$\kappa_1(\mathrm{z}_i) = \mathbb{E}[\mathrm{z}_i] = 0$$
$$\kappa_2(\mathrm{z}_i, \mathrm{z}_j) = \mathbb{E}[\mathrm{z}_i \mathrm{z}_j]$$
$$\kappa_3(\mathrm{z}_i, \mathrm{z}_j, \mathrm{z}_k) = \mathbb{E}[\mathrm{z}_i \mathrm{z}_j \mathrm{z}_k]$$

而四阶累积量如下

$$\kappa_4(\mathrm{z}_i,\mathrm{z}_j,\mathrm{z}_k,\mathrm{z}_r)=\mathbb{E}[\mathrm{z}_i\mathrm{z}_j\mathrm{z}_k\mathrm{z}_r]-\mathbb{E}[\mathrm{z}_i\mathrm{z}_j]\mathbb{E}[\mathrm{z}_k\mathrm{z}_r]-\mathbb{E}[\mathrm{z}_i\mathrm{z}_k]\mathbb{E}[\mathrm{z}_j\mathrm{z}_r]-\mathbb{E}[\mathrm{z}_i\mathrm{z}_r]\mathbb{E}[\mathrm{z}_j\mathrm{z}_k]$$

假设所使用的 PDF 是对称的，这使得奇数阶累积量为零。也就是说，我们只剩下二阶和四阶累积量。在前面的假设下，我们的目标是估计分离矩阵 W，使得二阶和四阶累积量变为零。这可以分两步来实现。

步骤 1：计算

1059

$$\hat{\mathbf{z}}=U^{\mathrm{T}}\mathbf{x} \tag{19.48}$$

其中 U 是与 PCA 相关联的 $l\times l$ 酉矩阵。这种变换保证了 $\hat{\mathbf{z}}$ 的各个分量是互不相关的，即

$$\mathbb{E}[\hat{\mathrm{z}}_i\hat{\mathrm{z}}_j]=0,\quad i\neq j,\ i,j=1,2,\cdots,l$$

步骤 2：计算正交矩阵 $\hat{U}$，使得变换后的随机向量分量的四阶互累积量，即

$$\mathbf{z}=\hat{U}^{\mathrm{T}}\hat{\mathbf{z}} \tag{19.49}$$

为零。为了实现此目的，我们需要解决下面的最大化问题：

$$\max_{\hat{U}\hat{U}^{\mathrm{T}}=I}\sum_{i=1}^{l}\kappa_4^2(\mathrm{z}_i) \tag{19.50}$$

步骤 2 合理性的论证如下：可以证明[57]，对于使用正交矩阵的线性变换，四阶累积量的平方和是不变量。因此，当对于 $\mathbf{z}$ 的四阶累积量的平方和为固定值时，最大化 $\mathbf{z}$ 的自累积量的平方和会使相应的四阶互累积量为零。可以看出，这本质上是四阶累积量多维数组的对角化问题。在实践中，这可以通过推广吉文斯旋转方法(用于矩阵对角化)来实现[57]。注意，上述公式中最大化的和是这些变量的函数：未知矩阵 $\hat{U}$ 中的元素、已知矩阵(该步骤中)U 中的元素和混合变量 $\mathbf{x}$ 中随机分量的累积量(在应用该方法之前必须估计出这些累积量)。在实践中，通常情况下，将互累积量设置为零只能近似实现。这是因为式(19.44)中的模型可能不准确，例如可能由于存在噪声而受到影响。而且，因为我们只能使用当前的观测值来估计，所以分离矩阵的累积量也仅是近似已知。

一旦计算出矩阵 U 和 $\hat{U}$，分离矩阵就很容易得到，我们有

$$\mathbf{z}=W\mathbf{x}=(U\hat{U})^{\mathrm{T}}\mathbf{x}$$

且这里混合矩阵 $A=W^{-1}$。

围绕高阶累积量的思想开发出了许多算法，它们也称为*张量方法*。张量是矩阵的推广，而累积量张量是协方差矩阵的推广。而且，请注意，由于对协方差矩阵进行特征分析得到不相关(主)分量，因此对累积量张量执行特征分析得到独立成分。感兴趣的读者可以从[39, 57, 119]获得关于这种技术的更详细的描述。

ICA 的不确定性

1060 任何 ICA 方法都可以用于(近似)恢复独立成分，但它具有以下两种不确定性。

- 恢复的独立成分(IC)与真实值差距在一个常数因子内。事实上，如果矩阵 A 和 $\mathbf{z}$ 是通过 ICA 算法恢复的量，那么 $(1/a)A$ 和 $a\mathbf{z}$ 也是一个解，我们可以从式(19.44)中很容易看出这一点。因此，通常将恢复的潜变量归一化为单位方差。
- 我们无法确定独立成分的阶。事实上，如果 A 和 $\mathbf{z}$ 已经恢复且 P 为置换矩阵，那么 AP^{-1} 和 $P\mathbf{z}$ 也是一个解，因为 $P\mathbf{z}$ 的分量和 $\mathbf{z}$ 的分量是相同的，只是顺序不同(具有相同的统计特性)。

19.5.3 非高斯性和独立成分

随机变量 z 的四阶(自)累积量

$$\kappa_4(\mathrm{z}) = \mathbb{E}[\mathrm{z}^4] - 3\left(\mathbb{E}[\mathrm{z}^2]\right)^2$$

称为该变量的*峰度*，它是*非高斯分布*。我们知道服从高斯分布的随机变量具有零峰度，亚高斯变量(在相同方差下，其 PDF 的下降速度比高斯分布慢)具有负峰度，而超高斯变量(对应于比高斯下降速度更快的 PDF)具有正峰度。因此，如果我们保持方差固定(例如，对于归一化到单位方差的变量)，那么最大化平方峰度之和等价于最大化所恢复独立成分的非高斯性。通常，恢复的独立成分的峰度的绝对值被用于对它们进行排序。如果被 ICA 算法用于特征生成，则该特性就显得非常重要。图 19.8 显示了一些典型的亚高斯分布和超高斯分布以及对应的高斯分布。而且，亚高斯分布的另一个典型的例子是均匀分布。

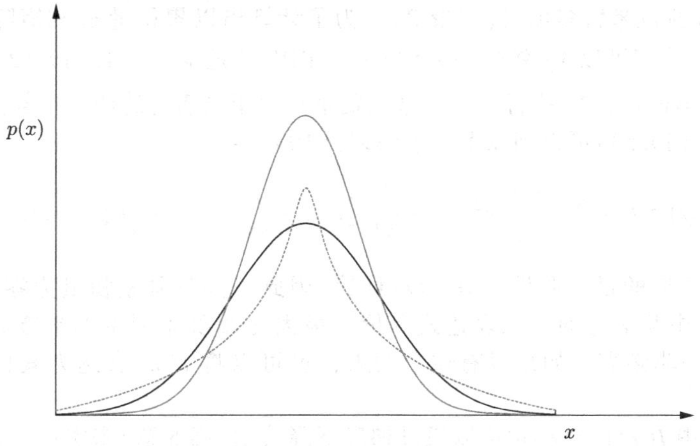

图 19.8 高斯分布(黑色实线)、超高斯分布(虚线)和亚高斯分布(灰色实线)

回忆第 12 章(12.8.1 节)，高斯分布是在方差和均值约束下最大化熵的分布。换句话 1061
说，在这样的约束下它是最随机的一个分布。若从这个角度来看，高斯分布对数据的底层结构的信息了解得最少。相比之下，与高斯分布最不相似的分布则显得更有价值，因为它们能够更好地揭示与数据相关的内部结构信息。这个发现是*投影追踪*的核心，它与 ICA 技术家族密切相关。这些技术的本质是在特征空间中搜索方向，在这个空间中数据投影是用非高斯分布来描述的[97, 106]。

19.5.4 基于互信息的 ICA

前述的利用二阶和四阶互累积量归零的方法并不是唯一的方法。另一种方法是通过最小化潜变量间的*互信息*来估计 W。2.5 节介绍了互信息的概念。我们稍微深入式(2.158)，并对公式的右侧进行积分(对于两个以上变量的情况)，容易证明

$$I(\mathbf{z}) = -H(\mathbf{z}) + \sum_{i=1}^{l} H(\mathrm{z}_i) \tag{19.51}$$

其中 $H(\mathrm{z}_i)$是式(2.157)中定义的 z_i 的关联熵。在 2.5 节中，已经证明，$I(\mathbf{z})$等于联合 PDF $p(\mathbf{z})$和各自的边际概率密度乘积$\prod_{i=1}^{l} p_i(z_i)$间的库尔贝克–莱布勒(KL)散度。KL 散度(以及互信息 $I(\mathbf{z})$)是一个非负量，且如果分量 z_i 在统计上是独立的，则它变为零。这是因为只有在这种情况下，联合 PDF 才等于相应的边际 PDF 的乘积，从而使得 KL 散度为

零。因此，我们当前的目标变为计算出这样的一个 W，以使得互信息 $I(\mathbf{z})$ 最小，因为这将使 $\mathbf{z}$ 的各个分量尽可能独立。将式(19.45)代入式(19.51)中，并考虑与 $\mathbf{x}$ 和 $\mathbf{z}$ 相关联的两个 PDF(式(2.45))的关系式，我们最终得到

$$I(\mathbf{z}) = -H(\mathbf{x}) - \ln|\det(W)| - \sum_{i=1}^{l} \int p_i(z_i) \ln p_i(z_i) \, dz_i \tag{19.52}$$

未知矩阵 W 中的元素也隐藏在潜变量 z_i 的边际 PDF 中。但是，要明确表达这种依赖性并不容易。一种可能是利用埃奇沃斯展开(附录 B)，围绕高斯 PDF $g(z)$ 来展开每个边际概率密度项，并将这些展开序列截断为合理的近似值。例如，在埃奇沃斯展开中保留前两项，我们得到

$$p_i(z_i) = g(z_i)\left(1 + \frac{1}{3!}\kappa_3(z_i)H_3(z_i) + \frac{1}{4!}\kappa_4(z_i)H_4(z_i)\right) \tag{19.53}$$

其中 $H_k(z_i)$ 是 k 阶厄米特多项式(附录 B)。为了计算出以累积量 z_i 和矩阵 W 来近似表达的互信息 $I(\mathbf{z})$，我们可以 1) 将式(19.53)中的 PDF 的近似代入式(19.52)中，2) 利用近
1062 似表达 $\ln(1+y) \simeq y-y^2$，3) 执行积分。这无疑是一项相当痛苦的任务！若将 W 约束为正交矩阵，则对于式(19.53)可得到以下结果(参见[100])：

$$I(\mathbf{z}) \approx C - \sum_{i=1}^{l}\left(\frac{1}{12}\kappa_3^2(z_i) + \frac{1}{48}\kappa_4^2(z_i) + \frac{7}{48}\kappa_4^4(z_i) - \frac{1}{8}\kappa_3^2(z_i)\kappa_4(z_i)\right) \tag{19.54}$$

其中 C 是独立于 W 的量。假设 PDF 为对称的(因此，其三阶累积量为零)，可以证明最小化式(19.54)中互信息的近似表达式等价于最大化四阶累积量的平方和。注意，正交矩阵 W 的约束并非必需。如果没有这个约束，也可以将 $I(\mathbf{z})$ 表达为其他的近似表达式(参见[91])。

式(19.54)中 $I(\mathbf{z})$ 的最小化可以通过梯度下降技术(第 5 章)来实现，其中所涉及的期望(与累积量相关联)被相应的瞬时值所代替。虽然我们并不会详细推导出算法的实现，但是为了体会它所引入的计算技巧，让我们暂时回到应用近似表示之前的式(19.52)。因为 $H(\mathbf{x})$ 不依赖于 W，所以最小化 $I(\mathbf{z})$ 等价于最大化如下的代价函数

$$J(W) = \ln|\det(W)| + \mathbb{E}\left[\sum_{i=1}^{l} \ln p_i(z_i)\right] \tag{19.55}$$

取代价函数对 W 的梯度，可得

$$\frac{\partial J(W)}{\partial W} = W^{-\mathrm{T}} - \mathbb{E}[\boldsymbol{\phi}(\mathbf{z})\mathbf{x}^{\mathrm{T}}] \tag{19.56}$$

其中

$$\boldsymbol{\phi}(\mathbf{z}) := \left[-\frac{p_1'(z_1)}{p_1(z_1)}, \cdots, -\frac{p_l'(z_l)}{p_l(z_l)}\right]^{\mathrm{T}} \tag{19.57}$$

且

$$p_i'(z_i) := \frac{dp_i(z_i)}{dz_i} \tag{19.58}$$

这里我们使用了公式

$$\frac{\partial \det(W)}{\partial W} = W^{-\mathrm{T}} \det(W)$$

很显然，在每种情况下，边际概率密度的导数取决于每种情况下采用了哪种类型的近似。第 i 个迭代步的通用梯度上升方法现在可写成

$$W^{(i)} = W^{(i-1)} + \mu_i \left((W^{(i-1)})^{-\mathrm{T}} - \mathbb{E}\left[\boldsymbol{\phi}(\mathbf{z})\mathbf{x}^{\mathrm{T}} \right] \right)$$

或者

$$W^{(i)} = W^{(i-1)} + \mu_i \left(I - \mathbb{E}\left[\boldsymbol{\phi}(\mathbf{z})\mathbf{z}^{\mathrm{T}} \right] \right) (W^{(i-1)})^{-\mathrm{T}} \tag{19.59}$$ 1063

在实践中，利用随机近似理论(第 5 章)，我们可以忽略期望算子，并用相应的观测值代替对应的随机变量。

式(19.59)中的更新涉及 W 的当前估计的转置的逆。除了计算复杂性问题外，它还不能保证适应过程中的矩阵的可逆性。使用所谓的自然梯度[68]，而不是式(19.56)中使用的标准梯度，可得

$$W^{(i)} = W^{(i-1)} + \mu_i \left(I - \mathbb{E}[\boldsymbol{\phi}(\mathbf{z})\mathbf{z}^{\mathrm{T}}] \right) W^{(i-1)} \tag{19.60}$$

该公式不涉及矩阵求逆，同时也提高了收敛性。对这个问题的更详细的论述超出了本书的范围。为了鼓励有数学天赋的读者更深入地研究这个领域，我们可以这样说，我们熟悉的梯度，即式(19.56)，在欧几里得空间中指向最陡的上升方向。但是，在我们的例子中，参数空间由所有非奇异 $l \times l$ 矩阵组成，这是一个乘法群。空间是一个黎曼空间，已证明，如果我们将式(19.56)中的梯度乘以 $W^{\mathrm{T}}W$，即对应的黎曼度量张量[68]，则得到的自然梯度指向最陡上升方向。

附注 19.4

- 由式(19.56)中的梯度容易看出，在一个固定点，下式为真

$$\frac{\partial J(W)}{\partial W} W^{\mathrm{T}} = \mathbb{E}[I - \boldsymbol{\phi}(\mathbf{z})\mathbf{z}^{\mathrm{T}}] = O \tag{19.61}$$

  换言之，我们使用独立成分分析(ICA)所得到的其实是主成分分析(PCA)的非线性推广。回想一下，对于后者，不相关的条件可以写成

$$\mathbb{E}[I - \mathbf{z}\mathbf{z}^{\mathrm{T}}] = O \tag{19.62}$$

  非线性函数 $\boldsymbol{\phi}$ 的存在，使我们超越了简单的不相关性，引入了累积量。事实上，正是式(19.61)启发了 ICA 的早期开创性工作，作为 PCA 的一种直接的非线性推广[93，107]。
- ICA 最早可以追溯到一篇开创性的论文[93]。而且多年来，它依然一直是法国信号处理和统计界的一项活动。有两篇论文对其广泛使用和普及起到了推动作用，即 20 世纪 90 年代中期的[18]和 FastICA ㊀的发展[99]，这两篇论文提出了高效的算法实现(相关评论可参见[108])。
- 在机器学习领域中，使用 ICA 作为特征生成技术的理由基于以下的论据。在[17]中，有人提出视觉大脑皮层特征检测器执行的早期处理的结果可能是一个冗余压缩过程的结果。因此，以输入数据为条件，寻找独立的特征符合这种论点(可参见[75，114]及其参考文献)。 1064
- 虽然我们关注的是无噪声情况，但也有人提出了有噪声情况下 ICA 的扩展(参见[100])。关于 ICA 在复值情况下的扩展，参见[2]。也有研究者考虑了非线性扩展，包括核化 ICA 版本(参见[13])。

㊀ 参见 http://research.ics.aalto.fi/ica/fastica/index.shtml。

- 在[3]中，ICA 的处理过程还涉及随机过程，可以用于识别更广泛的信号类别，包括高斯信号。
- 在[7]中，讨论了独立向量分析(IVA)的多重集 ICA 框架。可以证明，如果除了二阶统计量外，还考虑高阶统计量，则它推广了多重集 CCA。

19.5.5　其他 ICA 方法

除了前面讨论的两种独立成分分析方法外，也有研究者提出了一些其他方法，揭示了该问题的不同方面。一些值得注意的方向如下。

- 信息最大原则：该方法假设潜变量是非线性系统(神经网络，第 18 章)的输出，其形式为

$$z_i = \phi_i(\boldsymbol{w}_i^{\mathrm{T}} \mathbf{x}) + \eta, \quad i = 1, 2, \cdots, l$$

  其中 ϕ_i 是非线性函数，η 为可加高斯噪声。我们计算权重向量 $\boldsymbol{w}_i$，以最大化输出的熵，其推理基于一些信息论论证，它们是关于网络中信息流的[18]。
- 最大似然：从公式(19.44)开始，观测到的变量的 PDF 用独立成分的 PDF 来表达

$$p(\boldsymbol{x}) = |\det(W)| \prod_{i=1}^{l} p_i(\boldsymbol{w}^{\mathrm{T}} x_i)$$

  其中我们使用

$$W := A^{-1}$$

  假设我们有 N 个观测值 $\boldsymbol{x}_1, \boldsymbol{x}_2, \cdots, \boldsymbol{x}_N$，并对联合 PDF $p(\boldsymbol{x}_1, \cdots, \boldsymbol{x}_N)$ 取对数，则可以关于 W 最大化对数似然。对数似然函数的推导是很直接的，而且容易观察到它与式(19.55)中给出的 $J(W)$ 非常相似。选择合适的 p_i 使之属于非高斯家族(参见[100])。文献[37, 38]在信息最大方法和最大似然方法之间建立了联系。
- 负熵：根据这种方法，出发点是最大化非高斯性，现在用如下定义的负熵来衡量非高斯性

$$J(\mathbf{z}) := H(\mathbf{z}_{\mathrm{Gauss}}) - H(\mathbf{z})$$

  其中 $\mathbf{z}_{\mathrm{gauss}}$ 对应同一个协方差矩阵的高斯分布变量，我们知道它对应于最大熵 H。因此，最大化负熵(这是一个非负函数)等价于最小化潜变量的高斯性。通常我们采用负熵的近似表示，它们用高阶累积量来表示，或者通过将非线性与源分布匹配来表示[100, 141]。
1065
- 如果分离矩阵被约束为正交的，则负熵和最大似然方法是等价的[2]。

19.5.6　鸡尾酒会问题

一个证明独立成分分析能力的经典应用就是所谓的鸡尾酒会问题。在一个聚会上，有各种各样的人在讲话，在我们的例子中，我们还考虑音乐。假定我们共有三种声音来源，既有人(一男一女)也有单声部的音乐。然后，在房间的不同位置放置三个麦克风(与源一样多)，并记录混合语音信号。我们将三个麦克风的输入分别表示为 $x_1(t)$、$x_2(t)$、$x_3(t)$。在最简单的模型中，三个记录的信号可以看作单个源信号的线性组合。这里我们不考虑延迟。我们的目的是利用独立成分分析(ICA)从录制的混合信号中恢复原始语音和音乐。

为此目的，且为了将此任务引入我们之前所采用的形式中，我们将三个信号在不同时刻的值视为对应随机变量 x_1、x_2、x_3 的不同观测值，它们一起形成了随机向量 $\mathbf{x}$。我们进一步采用了一个非常合理的假设，即原始源信号 $s_1(t)$、$s_2(t)$、$s_3(t)$ 是独立的，且(一如以往)在不同时刻的值对应于三个潜变量的值，它们一起表示为一个随机向量 $\mathbf{s}$。

现在，我们准备好应用 ICA 计算分离矩阵 W，并从中得到独立成分的估计，它们对应于三个麦克风所接收到的观测值

$$z(t)=[z_1(t),z_2(t),z_3(t)]^{\mathrm{T}}=W[x_1(t),x_2(t),x_3(t)]^{\mathrm{T}}$$

图 19.9a 显示了三个不同的信号，线性组合它们（通过一组混合系数——定义了混合矩阵 A）就形成了三个“麦克风信号”。图 19.9b 显示了所得到的信号，然后这些信号如前所述被用作 ICA 分析。图 19.9c 显示了恢复的原始信号，作为对应的独立成分。这里我们使用 FastICA 算法[⊖]。图 19.10 是使用 PCA 算法并通过（3 个）主成分获得原始信号的结果。

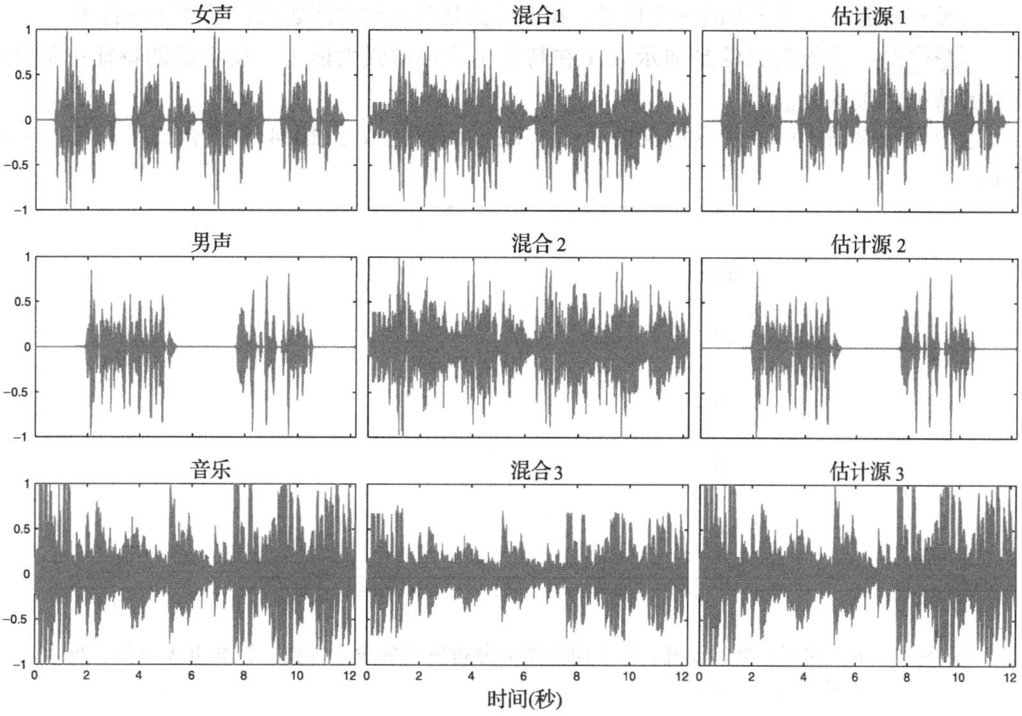

a）　b）　c）

图 19.9　鸡尾酒会问题中应用 ICA 分离源

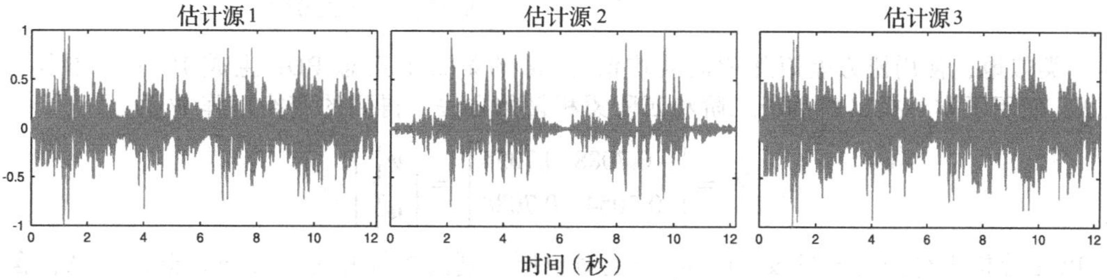

a）　b）　c）

图 19.10　鸡尾酒会问题中应用 PCA 分离源

可以看出，ICA 能以很好的精确度分离信号，而 PCA 却失败了。读者也可以通过从本书的配套网站下载对应的“.wav”文件来收听信号。

⊖ 参见 http://research.ics.aalto.fi/ica/fastica/。

注意，鸡尾酒会问题代表了一大类任务，在这些任务中，许多录音信号是一些独立信号线性组合的结果，其目标是恢复这些独立信号。该方法在脑电图(EEG)中有着显著的应用。EEG 数据由在头皮上不同位置(或者在最近的研究中是在耳朵里[112])记录的电位组成，这些电位是由大脑和肌肉活动的不同基本成分组合而成的。EEG 任务是使用 ICA 来恢复这些分量，从而揭示有关大脑活动的有用信息(参见[158])。

鸡尾酒会问题来自一类更普遍的问题，它是其中一个典型例子，这类问题被称为盲源分
1066~1067 离(BSS)。这类问题的目标是仅基于存在于观测值中的信息来估计"原因"(源，也就是原始信号)，而不使用任何其他额外信息，这就是我们使用"盲"一词的原因。从另一个角度看，盲源分离是无监督学习的一个例子。ICA 可能是解决此类问题最广泛使用的技术。

例 19.4 本例的目的是演示 ICA 在特征生成中的强大能力，所生成的特征中信息量最大的特征将被保留。

这个例子是图 19.11 所示情况的一个实现。我们生成了 1024 个符合二维正态分布的样本。

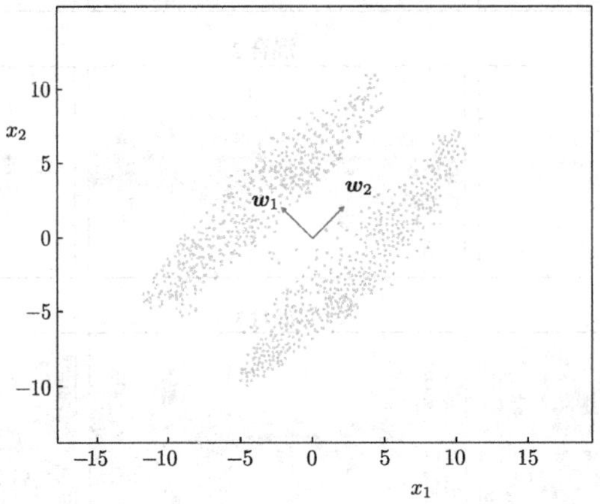

图 19.11 ICA 仿真示例的设置。两个向量指向分析所得的投影方向。根据 ICA 分析，投影的最佳方向是 w_2

正态 PDF 的均值和协方差矩阵分别为

$$\boldsymbol{\mu}=[-2.6042, 2.5]^{\mathrm{T}}, \quad \boldsymbol{\Sigma}=\begin{bmatrix}10.5246 & 9.6313\\ 9.6313 & 11.3203\end{bmatrix}$$

类似地，使用协方差矩阵相同且均值为$-\boldsymbol{\mu}$ 的第二个正态 PDF 生成 1024 个样本。对 ICA，使用了本节提出的基于二阶和四阶累积量的方法。得到的变换矩阵 W 为

$$W=\begin{bmatrix}-0.7088 & 0.7054\\ 0.7054 & 0.7088\end{bmatrix}:=\begin{bmatrix}\boldsymbol{w}_1^{\mathrm{T}}\\ \boldsymbol{w}_2^{\mathrm{T}}\end{bmatrix}$$

从 PCA 分析中得到的向量 $\boldsymbol{w}_2$ 和 $\boldsymbol{w}_1$ 分别对应所得到的主轴和短轴方向。根据 PCA，含有最多信息的方向为沿主轴的方向 $\boldsymbol{w}_2$，它对应着最大方差。但根据 ICA，最有价值的投影方向是 $\boldsymbol{w}_1$。事实上，沿两个方向获得的独立成分 z_1、z_2 的峰度分别为

$$\kappa_4(z_1)=-1.7$$
$$\kappa_4(z_2)=0.1$$

因此，在主(PCA)轴方向上的投影得到的变量的 PDF 为近似高斯函数，而在短轴方向上
1068 的投影得到的变量的 PDF 为高斯函数的导数(它是一个双峰)，从分类的角度，这显得很

有趣。可以很容易通过查看上图来验证：在 $\boldsymbol{w}_2$ 方向上的投影会导致类重叠。

19.6 字典学习：k-SVD 算法

第 9 章介绍了超完备字典的概念及其在模拟现实世界信号任务中的重要性。现在我们重新回到这个主题，不过是在更一般的背景下。在第 9 章中，字典被假定为已知，其中的原子是预先选定的。在本节中，我们将考虑此任务的一种“盲”版本，也就是说，字典的原子为未知的情况，必须根据观测的数据估计它们。回想一下，ICA 就是这样的一种情况，但是，与 ICA 中使用的独立成分的理念不同，这里考虑引入稀疏性参数进行建模。给字典自由以适应每次特定输入的需要，可以得到比预选原子方式的字典更高的性能。

我们的出发点是基于线性模型

$$\mathbf{x}=A\mathbf{z},\ \mathbf{x}\in\mathbb{R}^l,\quad \mathbf{z}\in\mathbb{R}^m \tag{19.63}$$

来用 $m>l$ 个潜变量表达 l 个观测随机变量，矩阵 A 是一个未知的 $l\times m$ 矩阵。通常有 $m\gg l$。无须特殊的数学技巧即可看出，即使 A 已知且固定，该问题也无单一解，必须在此问题中嵌入约束。为此，我们将沿用在本书的各个部分中已经讨论过的策略：采用稀疏提升约束。

设 $\boldsymbol{x}_n$，$n=1,2,\cdots,N$ 为观测值，这是唯一可用的信息。我们的任务是计算出字典的原子(矩阵 A 的列向量)以及假定为稀疏的潜变量，也就是说，我们将建立输入观测(向量)的稀疏表示。毫无疑问，实现这一目标有不同的途径。我们将重点讨论[4]中提出的一种最广为人知也最常用的方法，即 k-SVD。

设 $X:=[\boldsymbol{x}_1,\cdots,\boldsymbol{x}_N]$，$A:=\{\boldsymbol{a}_1,\cdots,\boldsymbol{a}_m\}$ 和 $Z:=[\boldsymbol{z}_1,\cdots,\boldsymbol{z}_N]$，其中 $\boldsymbol{z}_n$ 是对应输入向量 $\boldsymbol{x}_n$，$n=1,2,\cdots,N$ 的潜向量。则字典学习任务转化为如下的优化问题

$$\text{关于}A\text{和}Z\text{的最小化}\quad \|X-AZ\|_F^2 \tag{19.64}$$

$$\text{满足}\quad \|z_n\|_0\leqslant T_0,\ n=1,2,\cdots,N \tag{19.65}$$

其中 T_0 是一个阈值，$\|\cdot\|_0$ 表示 ℓ_0 范数，如第 9 章中讨论的。这是一个非凸优化任务，迭代进行求解，每步迭代包含两个阶段。在第一阶段中，假设矩阵 A 固定，关于 $\boldsymbol{z}_n$，$n=1,2,\cdots,N$ 进行优化。在第二阶段中，假定潜向量为定值，关于矩阵 A 的列进行优化。

在 k-SVD 中，采用稍微不同的原理。当关于矩阵 A 的列(每次一列)进行优化的同时，还对 Z 的一些元素相应进行了更新。这是 k-SVD 与更标准的优化技术的一个关键区别，它在实践中看起来可以提高性能。 1069

阶段 1：假设 A 已知且固定为从上一次迭代中获得的值。则关联的优化任务变为

$$\min_{Z}\quad \|X-AZ\|_F^2$$

$$\text{满足}\quad \|z_n\|_0\leqslant T_0,\quad n=1,2,\cdots,N$$

根据弗罗贝尼乌斯范数的定义，它相当于求解 N 个不同的优化问题

$$\min_{z_n}\quad \|\boldsymbol{x}_n-A\boldsymbol{z}_n\|^2 \tag{19.66}$$

$$\text{满足}\quad \|z_n\|_0\leqslant T_0,\quad n=1,2,\cdots,N \tag{19.67}$$

如果考虑以下优化任务，则可以实现类似的目标：

$$\min_{z_n}\quad \|\boldsymbol{z}_n\|_0$$

$$\text{满足}\quad \|\boldsymbol{x}_n-A\boldsymbol{z}_n\|^2<\epsilon,\quad n=1,2,\cdots,N$$

其中ϵ是一个常数，代表误差上界。

式(19.66)和式(19.67)中的优化问题可用第10章中讨论的任何一个ℓ_0最小化求解器来求解，例如OMP。该阶段被称为*稀疏编码*。

阶段2：此阶段被称为*码本更新*。从阶段1中得到了z_n，$n=1,2,\cdots,N$(对于固定A)之后，现在的目标是关于矩阵A的列进行优化。这以*逐列*的方式实现。假设我们现在考虑更新$\boldsymbol{a}_k$，以最小化(平方)弗罗贝尼乌斯范数$\|X-AZ\|_F^2$。为此，我们可以将乘积AZ写成秩1矩阵的和，即

$$AZ=[\boldsymbol{a}_1,\cdots,\boldsymbol{a}_m][\boldsymbol{z}_1^r,\cdots,\boldsymbol{z}_m^r]^{\mathrm{T}}=\sum_{i=1}^{m}\boldsymbol{a}_i\boldsymbol{z}_i^{r\mathrm{T}} \tag{19.68}$$

其中$\boldsymbol{z}_i^{r\mathrm{T}}$，$i=1,2,\cdots,m$是$Z$的行。注意，在上面的和式中，索引$i=1,2,\cdots,k-1$对应的向量固定为它在当前迭代步骤中第二阶段最近更新的值，而与$i=k+1,\cdots,m$对应的向量固定为上一步迭代得到的值。这一策略使得我们可以使用最近更新的信息。我们现在是关于秩1外积矩阵$\boldsymbol{a}_k\boldsymbol{z}_k^{r\mathrm{T}}$进行最小化。注意，此乘积，除了包含$A$的第$k$列外，还包含$Z$的第$k$行，两者都将被更新。我们估计秩1矩阵以最小化

$$||E_k-\boldsymbol{a}_k\boldsymbol{z}_k^{r\mathrm{T}}||_F^2 \tag{19.69}$$

其中

1070 $$E_k:=X-\sum_{i=1,i\neq k}^{m}\boldsymbol{a}_i\boldsymbol{z}_i^{r\mathrm{T}}$$

换言之，我们寻找弗罗贝尼乌斯意义下矩阵E_k的最优秩1近似。回顾第6章(6.4节)，这个解是通过E_k的SVD给出的。但是，若我们这么做，则无法保证在阶段1的更新中嵌入$\boldsymbol{z}_k^r$的任何稀疏结构都能被保留。而采用k-SVD，我们可以通过聚焦于活跃集而绕过这一步，也就是说只涉及非零系数。因此，我们首先搜索$\boldsymbol{z}_k^r$中非零系数的位置，并令

$$\omega_k:=\left\{j_k,1\leqslant j_k\leqslant N:\ z_k^r(j_k)\neq 0\right\}$$

从而，我们得到了归约向量$\tilde{\boldsymbol{z}}_k^r\in\mathbb{R}^{|\omega_k|}$，其中$|\omega_k|$为$\omega_k$的势，而$\omega_k$仅包含$\boldsymbol{z}_k^r$的非零元。稍微思考一下，可以发现若$X=AZ$，则当前感兴趣的列$\boldsymbol{a}_k$只对矩阵$X$的列$\boldsymbol{x}_{j_k}$，$j_k\in\omega_k$有贡献(作为对应线性组合的一部分)。随后，我们选择E_k的对应列以构造一个降阶矩阵$\tilde{E}_k$，它包含的列与$\boldsymbol{z}_k^r$的非零元的位置相关联。另外，选择$\boldsymbol{a}_k\tilde{\boldsymbol{z}}_k^{r\mathrm{T}}$以最小化

$$||\tilde{E}_k-\boldsymbol{a}_k\tilde{\boldsymbol{z}}_k^{r\mathrm{T}}||_F^2 \tag{19.70}$$

执行SVD，$\tilde{E}_k=UDV^{\mathrm{T}}$，设置$\boldsymbol{a}_k$等于与最大奇异值对应的$\boldsymbol{u}_1$，及$\tilde{\boldsymbol{z}}_k^r=D(1,1)\boldsymbol{v}_1$。因此，得到的字典的原子是*归一化*的形式(回忆SVD理论，即$\|\boldsymbol{u}_1\|=1$)。结果，将得到的$\tilde{\boldsymbol{z}}_k^r$的更新值放在$\boldsymbol{z}_k^r$所对应的位置上。后者的零不会比以前少，因为$\boldsymbol{v}_1$中的某些元素可能为零。通过简单的论证(习题19.3)可以证明，在每次迭代中误差都在减小，算法很快收敛到局部最小值。该算法的成功取决于贪心算法在第一阶段提供稀疏解的能力。正如我们从第10章所知道的，对于与l相比足够小的稀疏性水平T_0，贪心算法可以很好地工作。

总结来看，k-SVD算法的每步迭代包括以下计算步骤。

- 初始化A^0，其将归一化到单位ℓ_2范数。

- 设置 $i=1$。
- 阶段 1：求解式(19.66)和式(19.67)中的优化任务，得到稀疏编码表示向量 $\boldsymbol{z}_n$，$n=1,2,\cdots,N$，可采用为此任务设计的任何算法。
- 阶段 2：对 $A^{(i-1)}$ 中的任何列 $k=1,2,\cdots,m$，根据以下步骤进行更新：
  - 确定从阶段 1 计算出的矩阵 Z 的第 k 行中的非零元素的位置。
  - 选择矩阵 E_k 中与 Z 中第 k 行非零元素的位置对应的列，形成一个降阶误差矩阵 $\tilde{E}_k$。
  - 对 $\tilde{E}_k$ 执行 SVD：$\tilde{E}_k=UDV^{\mathrm{T}}$。
  - 将矩阵 A^i 的第 k 列更新为对应最大奇异值的特征向量，$\boldsymbol{a}_k^{(i)}=\boldsymbol{u}_1$。
  - 更新 Z——将值 $D(1,\ 1)\boldsymbol{v}_1^{\mathrm{T}}$ 嵌入其第 k 行的非零位置。
- 如果满足收敛标准，则算法停止。
- 否则，令 $i=i+1$，并继续算法。 1071

19.6.1　为什么命名为 k-SVD

名字中 SVD 的含义很明显。但是，读者可能会对前面“k”的出现感到疑惑。如[4]所述，该算法可以被认为是第 12 章中介绍(算法 12.1)的 k-means 聚类算法的推广。在这里，我们可以将代表每个簇的均值看作字典的码字(原子)。在 k-means 学习的第一阶段，给定每个簇的代表向量，执行一个稀疏编码方案，即每个输入向量被分配给单一簇。因此，我们可以将 k-means 聚类看作一种稀疏编码方案，它为每个观测值关联一个潜向量。需要注意的是，每个潜向量只有一个非零元素，指向相应输入向量被指派的簇，指派过程是根据输入向量与所有簇代表向量间的最小欧几里得距离进行的。这是与 k-SVD 字典学习的一个主要区别，在 k-SVD 字典学习期间，每个观测向量可以与多个原子相关联，因此，相应的潜向量的稀疏程度可以大于 1。而且，在 k-means 算法的第二阶段中，根据输入向量指派给哪个簇，对该簇的代表向量进行更新，且仅使用指派的输入向量对簇代表向量进行更新。这与 k-SVD 的第二阶段相似，不同之处在于，每个输入观测值可能与多个原子关联。如文献[4]指出的那样，若令 $T_0=1$，则可由 k-SVD 得到 k-means 算法。

19.6.2　字典学习和字典可辨识性

字典学习是通过式(19.64)和式(19.65)中的 ℓ_0 范数引出的。在一个更一般的设定下，字典学习任务转换为如下形式：

$$\text{关于}A\in\mathcal{A}\text{和}Z\text{的最小化}\quad\left\{||X-AZ||_F^2+\lambda g(Z)\right\}\tag{19.71}$$

其中 $g(Z)$ 是矩阵 Z 的元素的稀疏提升函数。例如

$$g(Z)=\sum_{i=1}^{m}\sum_{j=1}^{N}|Z(i,j)|\tag{19.72}$$

λ 是一个正则化参数。$\mathcal{A}\in\mathbb{R}^{l\times m}$ 是一个紧凑约束集。例如，通常我们假设 A 的列具有单位范数。这保证了缩放不变性(scale invariance)。实际上，如果我们不使用任何约束，假设 A、Z 是一个解，则对任意值 c，集合 $A'=(cA)$，$Z'=(Z/c)$ 也是一个解。也可使用其他约束来解释关于可用数据的额外先验知识(参见[85])。

在实践中，类似 k-SVD，求解过程分为两个阶段。假定在第 i 步迭代 $A^{(i)}$ 已知，首先关于编码向量进行最小化，即

阶段 1：

$$Z^{(i)} = \min_{Z} \left\{ ||X - A^{(i)} Z||_F^2 + \lambda g(Z) \right\} \tag{19.73}$$

1072 然后固定 $Z^{(i)}$，编码本更新结果如下

阶段 2：

$$A^{(i+1)} = \min_{A \in \mathcal{A}} ||X - AZ^{(i)}||_F^2 \tag{19.74}$$

在最后一个公式中，未包含稀疏提升项，因为它与 A 无关。假定 $g(Z)$ 是一个凸函数，则每个阶段都要求解一个凸优化任务。这种问题被称为双凸的，意思是，通过固定代价函数中的一个参数，优化问题变为关于另一个参数的凸优化。这个优化问题的解可通过其他技术路线求得，例如，通过最大最小(MM)技术或 ADMM 方法(8.14 节)，可参见[80, 140, 196]找到一些不同约束下的应用情况。

求解字典学习任务是一个非凸优化问题。一个重要的相关问题是关联的局部极小值的性质。这个任务是我们所说的*可辨识性*(identifiability)的另一面。换句话说，假定存在一个生成数据的字典，那么能恢复它吗？这个问题的答案在很多应用中非常重要。例如，在一个源局部化任务中，字典的原子与涉及的信号到达的方向相关。再如，在 fMRI(参见 19.11 节)中，字典的原子提供了与大脑中激活区域关联的神经元的事件响应相关的信息。在[86]中已证明，在特定的稀疏性相关假设下，字典学习任务中的最小化的代价函数以高概率保证得到在生成数据的字典的周围的局部极小值。而且还推导出了保证此极小值存在的样本数的界。

附注 19.5

- 有研究者提出了不同于 k-SVD 路线的字典学习方法。例如，文献[73]提出了一种称为最优方向(MOD)方法的字典学习技术，它的字典更新步骤与 k-SVD 不同。具体地，它通过直接最小化弗罗贝尼乌斯范数来更新整个字典。文献[126, 143]中引入概率参数并使用拉普拉斯先验方法来保证稀疏性。我们从第 13 章(13.5 节)知道，这种情况下所涉及的积分难以解析计算，有不同的方法可绕过这个障碍，这两个方法的不同之处在于使用了不同的近似方法。前者使用被积函数的最大值，而后者则采用后验的高斯近似来处理积分。文献[82]采用了变分界技术(参见 13.9 节)。
- 在[125]中提出的方法与 k-SVD 有一些相似之处，因为它同样围绕 SVD 求解，不同之处是字典被限制为正交基的并集，这会有一些计算上的优势。另一方面，k-SVD 对字典原子没有任何限制，从而对输入建模更自由。另一个区别是 k-SVD 中引入了逐列更新。
- k-SVD 与其他方法的更详细比较研究可参见[4]。
- 字典学习本质上是一个矩阵分解问题，即在右矩阵因子上施加了某种类型的约束。这种方法可被认为是一类更广泛的约束矩阵分解方法的一种表现形式，这类方法允许保持几种类型的约束。这类技术包括正则化 PCA，其中泛函和稀疏性约束可被施
1073 加到左因子和右因子[12, 190, 200]，还包括结构化稀疏矩阵因子分解[14]。
- 除了上述算法，还有很多*在线*和*分布式*字典学习方法。在[127]中设计了 k-SVD 算法的一个分布式版本。在[149]中提出了 k-SVD 的一个基于云的版本，它强调大数据应用。字典学习算法利用了受 8.15 节中讨论的 EXTRA 优化算法启发的方法，在[182]中对此进行了阐述。在[49]中，提出了一种不同代理/节点学习字典不同部分的方法。这个方法也适合大数据应用。在[139]中提出了一种字典学习在线算法，在[53]中提出了对应分布式环境的一个在线版本，可证明其能收敛到一个平稳点。在[62]中，考虑了时变有向图的去中心化情况，它包含了一个一般的约束

集，其中得到的一些矩阵分解方案是特殊情况。

例 19.5 本例的目的是显示字典学习技术在图像降噪问题中的性能表现。在 9.10 节的实例研究中，使用基于预先选定且不变的字典执行图像去噪。而这里将使用 k-SVD 算法，利用图像本身的信息来学习字典。图 19.13a 和图 19.13b 所示的两个(256×256)图像，分别为不带噪声和带 PSNR = 22 的噪声。带噪声的图像被划分为大小为 12×12(144)的重叠块，得到$(256-12+1)^2=60\,025$ 个小分片，它们将构成用于学习字典的训练数据集。具体来说，从噪声图像集合中依次提取分片，然后按字典序进行向量化，它们一个接一个地被用作列，定义了(144×60 025 的)矩阵 X。然后，在 X 上应用 k-SVD 算法训练出一个大小为 144×196 的超完备字典。图 19.12 显示了得到的原子，已重整其形状以形成 12×12 的像素分片。请比较此字典的原子与图 9.14 中固定字典的原子。

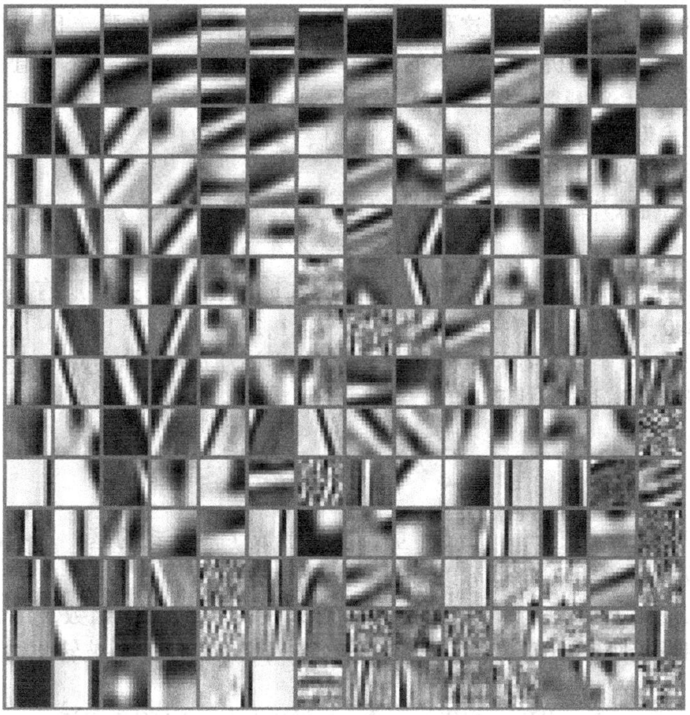

图 19.12　k-SVD 算法所产生的字典

接下来，我们遵循与 9.10 节相同的步骤，但用 k-SVD 方法获得的字典代替 DCT 字典，得到的去噪图像如图 19.13c 所示。请注意，尽管字典是基于带噪声数据训练的，但

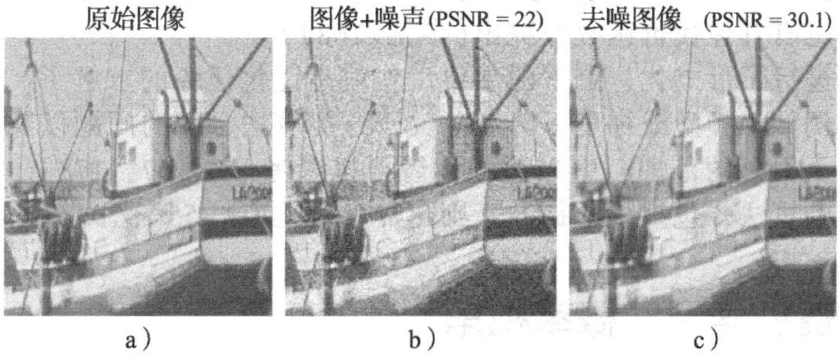

图 19.13　基于字典学习的图像去噪

它比固定字典的情况下提高了大约 2dB 的 PSNR。事实上，因为分片的数量很大，并且它们中的每一个都携带不同的噪声，所以在字典学习阶段它们的噪声被平均，从而得到几乎无噪声的字典分片。在去噪和图像修复这类任务中，使用更先进的字典学习技术可以进一步提高性能，可参见[71，72，138]。

19.7 非负矩阵分解

在讨论主成分分析时，我们已经强调了降维与低秩矩阵分解之间的紧密联系。ICA 也可以被看作一种低秩矩阵分解方法，如果相比于观测随机变量数 l，只保留了更少的独立成分(例如，选择最小 $m<l$ 个高斯成分)。

文献[144，145]提出了一种先前讨论的低秩矩阵分解方法的替代方法，它保证了所得矩阵因子的元素的非负性。这种约束在某些应用中得到加强，因为负因子与物理现实矛盾。例如，在图像分析中，像素的强度值不能为负。再如，概率值也不能为负。这
1074~1075 类因子分解被称为*非负矩阵分解*(NMF)，已成功应用于许多应用中，包括文档聚类[192]、分子模式发现[28]、图像分析[122]、聚类[171]、音乐转录和乐器分类[20，166]和人脸验证[198]。

给定一个 $l\times N$ 的矩阵 X，NMF 的目标是找到 X 的近似因子分解，也就是

$$X \approx AZ \tag{19.75}$$

其中 A 和 Z 分别是 $l\times m$ 和 $m\times N$ 的矩阵，满足 $m\leqslant \min(N,l)$，并且所有矩阵元素都是非负的，即 $A(i,k)\geqslant 0$，$Z(k,j)\geqslant 0$，$i=1,2,\cdots,l$，$k=1,2,\cdots,m$，$j=1,2,\cdots,N$。显然，如果矩阵 A 和 Z 都是低秩的，它们的乘积也是低秩且秩最大为 m，与 X 近似。上面的公式说明 X 中的每个列向量都可以展开如下

$$\boldsymbol{x}_i \approx \sum_{k=1}^{m} Z(k,i)\boldsymbol{a}_k,\ i=1,2,\cdots,N$$

其中 $\boldsymbol{a}_k$，$k=1,2,\cdots,m$ 是矩阵 A 的列向量，它们形成了展开式的基。基中的向量数目小于向量本身的维数。因此，NMF 也可以看作一种降维方法。

为了得到式(19.75)中一个较好的近似，可采用不同的代价函数。最常见的代价函数是误差矩阵的弗罗贝尼乌斯范数。在这样的设置中，NMF 任务可被转化为：

$$\min_{A,Z}\quad ||X-AZ||_F^2 := \sum_{i=1}^{l}\sum_{j=1}^{N}\big(X(i,j)-[AZ](i,j)\big)^2 \tag{19.76}$$

$$\text{满足}\quad A(i,k)\geqslant 0,\ Z(k,j)\geqslant 0 \tag{19.77}$$

其中$[AZ](i,j)$是矩阵 AZ 处于(i,j)位置的元素，i、j、k 穷尽了所有可能值。除了弗罗贝尼乌斯范数外，也有其他代价函数被提出(参见[168])。

一旦对问题进行了形式化，剩下的主要工作就是优化任务的求解了。为此，研究者提出了许多算法，例如牛顿型或梯度下降型。关于这类算法方面的问题以及一些相关的理论问题，已经超出了本书的范围，感兴趣的读者可以参考[54，67，178]。最近，也有人提出了正则化版本的算法，包括稀疏提升正则化器(参见文献[55]查找该主题的近期综述)。

19.8 低维模型学习：概率视角

本节的重点是从贝叶斯的视角来看待降维任务。我们的重点将更多地放在介绍主要思想上，而较少涉及算法过程，后者往往依赖于具体的模型，可从第 12 章和第 13 章已经介

绍的算法中找到。我们的低维建模之路可以追溯到所谓的因子分析。 1076

19.8.1 因子分析

因子分析首次在查尔斯·斯皮尔曼[169]的研究中被提出。查尔斯·斯皮尔曼(1863—1945)是一位为统计学做出许多重要贡献的英国心理学家。他对人工智能很感兴趣，在1904 年开发了用于分析认知表现的多重测量方法。他认为，在智力测验数据中应用因子分析法可以提取出一个通用智力因子(所谓的 g 因子)。但是，这一概念一直备受争议，因为智力包括许多组成部分(参见[84])。

设 $\mathbf{x}\in\mathbb{R}^l$，因子分析模型假设存在 $m<l$ 个基本(潜在)零均值变量或因子 $\mathbf{z}\in\mathbb{R}^m$，使得

$$\mathrm{x}_i-\mu_i=\sum_{j=1}^{m}a_{ij}\mathrm{z}_j+\epsilon_i,\quad i=1,2,\cdots,l \tag{19.78}$$

或

$$\mathbf{x}-\boldsymbol{\mu}=A\mathbf{z}+\boldsymbol{\epsilon} \tag{19.79}$$

其中 $\boldsymbol{\mu}$ 是 $\mathbf{x}$ 的均值，而 $A\in\mathbb{R}^{l\times m}$ 是由权重 a_{ij} 组成的，它被称为因子载荷。变量 z_j，$j=1,2,\cdots,m$ 有时被称为共同因子，因为它对所有观测变量 x_i 都有贡献，ϵ_i 则被称为独特因子或特殊因子。如我们到目前为止所做的那样，且不失一般性，我们假设数据是中心化的，即 $\boldsymbol{\mu}=\mathbf{0}$。在因子分析中，我们假设 ϵ_i 具有零均值，且互不相关，即 $\Sigma_\epsilon=\mathbb{E}[\boldsymbol{\epsilon}\boldsymbol{\epsilon}^{\mathrm{T}}]:=\mathrm{diag}[\sigma_1^2,\sigma_2^2,\cdots,\sigma_l^2]$。我们还假设 $\mathbf{z}$ 和 $\boldsymbol{\epsilon}$ 是独立的。A 的 $m(<l)$ 个列向量构成一个低维子空间，而 $\boldsymbol{\epsilon}$ 是 $\mathbf{x}$ 中不包含在该子空间中的那部分。现在提出的第一个问题是式(19.79)中的模型是否与我们熟悉的回归任务有一些不同，答案是肯定的。注意，这里矩阵 A 是未知的。给定的只是一组观测值 $\boldsymbol{x}_n$，$n=1,2,\cdots,N$，我们必须得到由 A 所描述的子空间。它基本上等同于我们在本章中到目前为止所考虑的线性模型，区别在于现在我们引入了噪声项。一旦 A 已知，就可以对每个 $\boldsymbol{x}_n$ 计算出 z_n。

根据式(19.79)，容易看出

$$\Sigma_x=\mathbb{E}[\mathbf{x}\mathbf{x}^{\mathrm{T}}]=A\,\mathbb{E}[\mathbf{z}\mathbf{z}^{\mathrm{T}}]A^{\mathrm{T}}+\Sigma_\epsilon$$

进一步假定 $\mathbb{E}[\mathbf{z}\mathbf{z}^{\mathrm{T}}]=I$，因此有

$$\Sigma_x=AA^{\mathrm{T}}+\Sigma_\epsilon \tag{19.80}$$

因此，A 是 $(\Sigma_x-\Sigma_\epsilon)$ 的一个因子。但是，这样的因子分解并非唯一，如果存在。这很容易验证，例如我们可以令 $A=AU$(其中 U 是一个正交矩阵)，那么，$\bar{A}\bar{A}^{\mathrm{T}}=AA^{\mathrm{T}}$。这给因子分析法带来了很多争议，特别是当用它来解释单个因子时(参见[44]中的讨论)。为了弥补这一缺陷，许多研究者提出了处理旋转(正交的或斜的)的方法和标准，以更好地对因子进行解释[157]。但是，从我们的角度来看，这不是问题，因为我们的目标是在低维空间中 1077
表达我们的问题。任何规范正交矩阵都是在 A 的列张成的子空间内施加一个旋转，但是我们并不关心坐标——共同因子——的确切选择。

有不同的方法来获得矩阵 A(参见[64])。一种比较流行的方法是假设 $p(\boldsymbol{x})$ 是高斯分布，并利用最大似然法关于定义了式(19.80)中 Σ_x 的未知参数进行优化。一旦得到了矩阵 A，一种估计这些因子的方式是可以进一步假设它们可以表示为观测值的线性组合，即

$$\mathbf{z}=W\mathbf{x}$$

右乘以 $\mathbf{x}$ 并计算期望，回顾式(19.79)，并根据 $\mathbb{E}[\mathbf{z}\mathbf{z}^{\mathrm{T}}]=I$，我们得到

$$\mathbb{E}[\mathbf{z}\mathbf{x}^{\mathrm{T}}]=\mathbb{E}[\mathbf{z}\mathbf{z}^{\mathrm{T}}A^{\mathrm{T}}]+\mathbb{E}[\mathbf{z}\boldsymbol{\epsilon}^{\mathrm{T}}]=A^{\mathrm{T}} \tag{19.81}$$

而且

$$\mathbb{E}[\mathbf{z}\mathbf{x}^{\mathrm{T}}] = W\,\mathbb{E}[\mathbf{x}\mathbf{x}^{\mathrm{T}}] = W\Sigma_x \tag{19.82}$$

因此

$$W = A^{\mathrm{T}}\Sigma_x^{-1}$$

因此，给定一个值 x，对应的潜变量值可通过如下公式得出

$$z = A^{\mathrm{T}}\Sigma_x^{-1}x \tag{19.83}$$

19.8.2　概率 PCA

20 世纪 90 年代末，贝叶斯理论为这个老问题提供了新的认识，参见[154, 175, 176]。此任务针对一种特殊情况 $\Sigma\epsilon=\sigma^2 I$ 进行处理，它被命名为概率 PCA(PPCA)。潜变量 $\mathbf{z}$ 使用高斯先验来表示，即

$$p(z) = \mathcal{N}(z|\mathbf{0}, I)$$

这与先前的假设 $\mathbb{E}[\mathbf{z}\mathbf{z}^{\mathrm{T}}]=I$ 一致，选择条件 PDF 如下：

$$p(x|z) = \mathcal{N}\left(x|Az, \sigma^2 I\right)$$

其中，为简单起见，我们假设 $\boldsymbol{\mu}=\mathbf{0}$(否则平均值将为 $Az+\boldsymbol{\mu}$)。到目前为止，我们已经可以非常熟悉地写出

$$p(z|x) = \mathcal{N}\left(z|\boldsymbol{\mu}_{z|x}, \Sigma_{z|x}\right) \tag{19.84}$$

且

$$p(x) = \mathcal{N}(x|\mathbf{0}, \Sigma_x) \tag{19.85}$$

其中(参见式(12.17)、式(12.10)和式(12.15)，第 12 章)

1078

$$\Sigma_{z|x} = \left(I + \frac{1}{\sigma^2}A^{\mathrm{T}}A\right)^{-1} \tag{19.86}$$

$$\mu_{z|x} = \frac{1}{\sigma^2}\Sigma_{z|x}A^{\mathrm{T}}x \tag{19.87}$$

$$\Sigma_x = \sigma^2 I + AA^{\mathrm{T}} \tag{19.88}$$

注意，若使用贝叶斯框架，则对于一组给定的观测值 x，对应的潜变量可以很自然地通过式(19.84)中的后验概率 $p(z|x)$ 得到。例如，可以选择相应的均值为

$$z = \frac{1}{\sigma^2}\Sigma_{z|x}A^{\mathrm{T}}x \tag{19.89}$$

使用矩阵求逆引理(习题 19.4)，可证明式(19.83)和式(19.89)是完全相同的，但是，现在它是我们贝叶斯假设的自然结果。

一种计算 A 的方法是将最大似然法应用于 $\prod_{n=1}^{N}p(x_n)$，关于 A 和 σ^2(以及 $\boldsymbol{\mu}$，如果 $\boldsymbol{\mu}\neq\mathbf{0}$)进行最大化。可以证明 A 的极大似然解可由如下公式给出(参见[175])

$$A_{\mathrm{ML}} = U_m \mathrm{diag}\left\{\lambda_1-\sigma^2, \cdots, \lambda_m-\sigma^2\right\}R$$

其中 U_m 是 $l\times m$ 的矩阵，它的列是对应 $\mathbf{x}$ 的样本协方差矩阵的 m 个最大特征值 λ_i，$i=1,2,\cdots,m$ 的特征向量，R 是任意正交矩阵($RR^{\mathrm{T}}=I$)。设置 $R=I$，A 的列即为经典 PCA 所计算的(缩放)主方向，如 19.3 节中讨论。在任何情况下，矩阵 A 的列都会张成标准 PCA 的

主子空间。注意，当 $\sigma^2 \to 0$ 时，PPCA 趋近于 PCA(习题 19.5)。另外，可以证明

$$\sigma_{\mathrm{ML}}^2 = \frac{1}{l-m}\sum_{i=m+1}^{l} \lambda_i \tag{19.90}$$

这里建立的与 PCA 之间的联系并不令人吃惊。一个很早就众所周知的结论是(如[5])，如果在因子分析模型中假设 $\Sigma_\epsilon = \sigma^2 I$，则在似然函数的平稳点处，矩阵 A 的列即为样本协方差矩阵的(缩放)特征向量。而且，如式(19.90)所示，σ^2 是丢弃的特征值的平均值。

另一种估计 A 和 σ^2 的方法是通过 EM 算法[154, 175]。这成为可能是因为我们可以得到 $p(\boldsymbol{z} \mid \boldsymbol{x})$ 的解析形式。给定一个观测变量和潜变量的集合 $(\boldsymbol{x}_n, \boldsymbol{z}_n)$，$n=1,2,\cdots,N$，完整的对数似然函数可表示为

$$\begin{aligned}\ln p(\mathcal{X}, \mathcal{Z}; A, \sigma^2) &= \sum_{n=1}^{N}\Big(\ln p(\boldsymbol{x}_n|z_n; A, \sigma^2) + \ln p(z_n)\Big)\\ &= -\sum_{n=1}^{N}\Big(\frac{l}{2}\ln(2\pi) - \frac{l}{2}\ln\beta + \frac{\beta}{2}\|\boldsymbol{x}_n - Az_n\|^2 + \\ &\quad \frac{m}{2}\ln(2\pi) + \frac{1}{2}z_n^{\mathrm{T}} z_n\Big)\end{aligned}$$ 1079

其形式与式(12.45)中给出的形式相同。我们使用了 $\beta = \frac{1}{\sigma^2}$。因此，遵循与式(12.45)相似的步骤并使用我们当前的符号重新表述式(12.46)~式(12.50)，E-步骤变为

- E-步骤：

$$\begin{aligned}\mathcal{Q}(A, \beta; A^{(j)}, \beta^{(j)}) = -\sum_{n=1}^{N}\Big(&-\frac{l}{2}\ln\beta + \frac{1}{2}\big\|\boldsymbol{\mu}_{z|x}^{(j)}(n)\big\|^2 + \frac{1}{2}\mathrm{trace}\Big\{\Sigma_{z|x}^{(j)}\Big\} + \\ &\frac{\beta}{2}\big\|\boldsymbol{x}_n - A\boldsymbol{\mu}_{z|x}^{(j)}(n)\big\|^2 + \frac{\beta}{2}\mathrm{trace}\Big\{A\Sigma_{z|x}^{(j)}A^{\mathrm{T}}\Big\}\Big) + C\end{aligned}$$

其中 C 是常数且

$$\boxed{\boldsymbol{\mu}_{z|x}^{(j)}(n) = \beta^{(j)}\Sigma_{z|x}^{(j)}A^{(j)\mathrm{T}}\boldsymbol{x}_n,\ \Sigma_{z|x}^{(j)} = \Big(I + \beta^{(j)}A^{(j)\mathrm{T}}A^{(j)}\Big)^{-1}}$$

- M-步骤，关于 β 和 A 取导数并令其等于零(习题 19.6)，我们得到

$$\boxed{A^{(j+1)} = \left(\sum_{n=1}^{N}\boldsymbol{x}_n\boldsymbol{\mu}_{z|x}^{(j)\mathrm{T}}(n)\right)\left(N\Sigma_{z|x}^{(j)} + \sum_{n=1}^{N}\boldsymbol{\mu}_{z|x}^{(j)}(n)\boldsymbol{\mu}_{z|x}^{(j)\mathrm{T}}(n)\right)^{-1}} \tag{19.91}$$

且

$$\boxed{\beta^{(j+1)} = \frac{Nl}{\sum_{n=1}^{N}\Big(\big\|\boldsymbol{x}_n - A^{(j+1)}\boldsymbol{\mu}_{z|x}^{(j)}(n)\big\|^2 + \mathrm{trace}\Big\{A^{(j+1)}\Sigma_{z|x}^{(j)}A^{(j+1)\mathrm{T}}\Big\}\Big)}} \tag{19.92}$$

观察到，采用 EM 算法后，不需要计算 Σ_x 的特征值/特征向量。即使只提取 m 个主分量，所必须付出的最小运算代价也达到 $\mathcal{O}(ml^2)$ 次操作。除此之外，还需要 $\mathcal{O}(Nl^2)$ 次操

作来计算 Σ_x。对于 EM 方法，我们不需要计算协方差矩阵，最需要的部分是矩阵向量的乘积，复杂度为 $\mathcal{O}(Nml)$。因此，对于 $m \ll l$ 的情况，较之经典 PCA，可以节省计算量。不过，请记住，这两种方法使用了不同的优化标准。PCA 保证最小均方误差，而 PPCA 通过 EM 算法来优化似然值。因此，对于错误重建很重要的应用，例如在压缩中，我们必须注意这一点，有关讨论可参见[175]。

求解 PPCA 的另一种方法是将 A 和 σ^2 看作随机变量，赋予它们适当的先验概率，并应用变分 EM 算法(见[24])。这有一个额外的优势，如果我们使用如下先验

1080

$$p(A|\boldsymbol{\alpha}) = \prod_{k=1}^{m}\left(\frac{\alpha_k}{2\pi}\right)^{l/2}\exp\left(-\frac{\alpha_k}{2}\boldsymbol{a}_k^{\mathrm{T}}\boldsymbol{a}_k\right)$$

对每列有不同精度 α_k，$k=1,2,\cdots,m$，则使用足够大的 m，我们就能实现对不必要的分量的剪枝，这在 13.5 节中讨论过。因此，这种方法可提供自动确定 m 的方法，感兴趣的读者除了参考前面给出的文献外，还可以从[47]中挖掘出有用的相关信息。

例 19.6 图 19.14 显示了一组数据，这些数据是通过二维高斯函数生成的，其均值为零，协方差矩阵为

$$\Sigma = \begin{bmatrix} 5.05 & -4.95 \\ -4.95 & 5.05 \end{bmatrix}$$

对应特征值/特征向量为

$$\lambda_1 = 0.05, \quad \boldsymbol{a}_1 = [1, 1]^{\mathrm{T}}$$

$$\lambda_2 = 5.00, \quad \boldsymbol{a}_2 = [-1, 1]^{\mathrm{T}}$$

观察到，数据主要分布在一条直线上。对 $m=1$，在这组数据上运行 EM PPCA 算法。得到的结果矩阵 A 现在变成一个向量

$$\boldsymbol{a} = [-1.71, 1.71]^{\mathrm{T}}$$

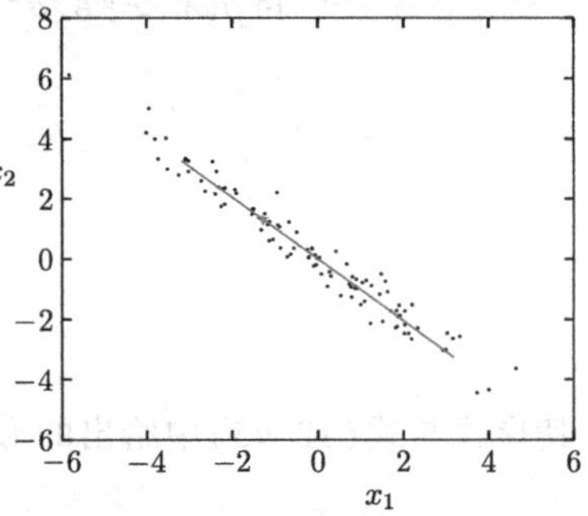

图 19.14 数据点分布在二维空间 $\mathbb{R}^2$ 中的一条直线(一维子空间)周围。使用 PPCA 并运行 EM 算法，完全恢复了子空间

且 $\beta=0.24$。注意，得到的向量 $\boldsymbol{a}$ 指向数据分布的线(子空间)的方向。

附注 19.6

- PPCA 中假定 Σ_ϵ 是特殊的对角结构。在 20 世纪 80 年代早期，人们还导出了更一般情况下的 EM 算法[156]。而且，如果将施加在潜变量上的高斯先验替换为另外一种先验分布，将会得到不同的算法。例如，如果使用非高斯先验，则会得到 ICA 版本的算法。事实上，采用不同的先验，还可以得到典型相关分析(CCA)和偏最小二乘(PLS)方法的概率版本，相关的参考文献已经在相应的章节中给出。也有研究使用稀疏提升先验，得到了所谓的*稀疏因子分析*(参见[8，24])。只要采用了先验概率，就可以像第 12 章和第 13 章中讨论的那样，或多或少地使用标准化方法来解决这个任务。

1081

- 除了考虑实值变量外，也有研究考虑扩展到类别型变量(参见[111])。文献[142]对各种概率降维技术提供了一个统一的视角。

19.8.3 混合因子分析：压缩感知的贝叶斯观点

让我们回到式(19.79)中所述的原始模型，并以一种更“流行”的方式来重新表述。矩阵 A 的维数为 $l\times m$，满足 $m<l$ 且 $\mathbf{z}\in\mathbb{R}^m$。现在让我们令 $m>l$，例如，A 的列可能由一个超完备字典的向量组成。因此，本节可视为 19.6 节对应的概率版本。可以通过对 $\mathbf{z}$ 施加

稀疏性来表达建模所需的低维特性，我们可以用相应的观测值重写模型如下([47])

$$\boldsymbol{x}_n = A(z_n \circ \boldsymbol{b}) + \boldsymbol{\epsilon}_n, \quad n = 1, 2, \cdots, N$$

其中 N 是训练点数，向量 $\boldsymbol{b} \in \mathbb{R}^m$ 具有元素 $b_i \in \{0, 1\}$，$i = 1, 2, \cdots, m$。$z_n \circ \boldsymbol{b}$ 是向量逐点乘积，即

$$z_n \circ \boldsymbol{b} = [z_n(1)b_1, z_n(2)b_2, \cdots, z_n(m)b_m]^{\mathrm{T}} \tag{19.93}$$

如果 $\|\boldsymbol{b}\|_0 \ll l$，则 $\boldsymbol{x}_n$ 可用 A 的列稀疏表示，其本征维数等于 $\|\boldsymbol{b}\|_0$。采用与之前相同的假设，即

$$p(\boldsymbol{\epsilon}) = \mathcal{N}(\boldsymbol{\epsilon}|\boldsymbol{0}, \beta^{-1}I_l), \quad p(z) = \mathcal{N}(z|\boldsymbol{0}, \alpha^{-1}I_m)$$

其中显式地将 l 和 m 引入符号表示，是为了提醒我们相关的维度。而且，为了通用性，我们假设矩阵 $\mathbf{z}$ 的元素对应与 1 不同的精度值。采用我们熟悉的标准方法(如式(12.15))，容易证明观测值 $\boldsymbol{x}_n$，$n = 1, 2, \cdots, N$ 来自如下分布

$$\mathbf{x} \sim \mathcal{N}(\boldsymbol{x}|\boldsymbol{0}, \Sigma_x) \tag{19.94}$$

$$\Sigma_x = \alpha^{-1}A\Lambda A^{\mathrm{T}} + \beta^{-1}I_l \tag{19.95}$$

其中

$$\Lambda = \operatorname{diag}\{b_1, \cdots, b_m\} \tag{19.96}$$ 1082

它可以确保在式(19.95)中，只有向量 $\boldsymbol{b}$ 的非零值所对应的矩阵 A 的列才对形成 $\boldsymbol{\Sigma}_x$ 有贡献。因此，我们可以将矩阵乘积重写为如下形式：

$$A\Lambda A^{\mathrm{T}} = \sum_{i=1}^{m} b_i \boldsymbol{a}_i \boldsymbol{a}_i^{\mathrm{T}}$$

因为只有 $\|\boldsymbol{b}\|_0 := k \ll l$ 的非零值项对和有贡献，这对应一个秩 $k<l$ 的矩阵，假若 A 的对应列线性无关。而且，假设 β^{-1} 很小，则可证明 $\boldsymbol{\Sigma}_x$ 的秩近似等于 k。

我们现在的目标是学习相关参数，即 A、β、α 和 Λ。这可以通过在标准贝叶斯设定中对 α、β 施加先验(通常是伽马 PDF)来实现，对于 A 的列有

$$p(\boldsymbol{a}_i) = \mathcal{N}\left(\boldsymbol{a}_i|0, \frac{1}{l}I_l\right), \quad i = 1, 2, \cdots, m$$

这保证了对每列都是单位期望范数。矩阵 $\boldsymbol{b}$ 的元素的先验选择服从伯努利分布(参见[47]了解更多细节)。

在对模型进行推广之前，我们首先看一下所采用模型的基本几何解释。回忆一下，由我们的统计学基础(参见 2.3.2 节)，一组联合高斯变量的大多数活动发生在一个(超)椭球内，其主轴由协方差矩阵的特征结构所决定。因此，假设 $\mathbf{x}$ 的值位于子空间/(超)平面附近，则得到的高斯模型(式(19.94)和式(19.95))足以对其建模，具体方法是调整 $\boldsymbol{\Sigma}_x$ 的元素(训练后)使得对应的高概率区域形成一个足够平坦的椭球体(具体图示见图 19.15)。

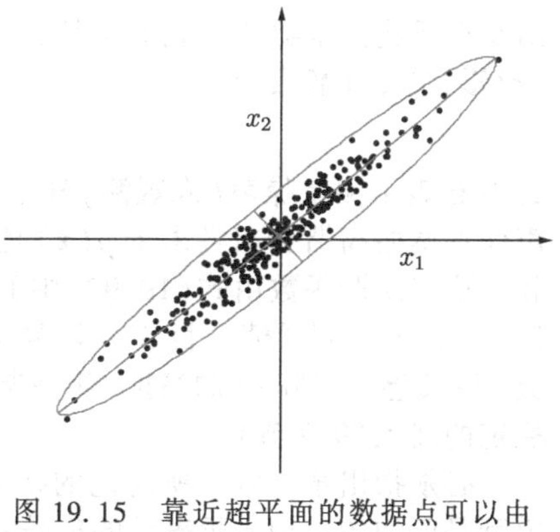

图 19.15　靠近超平面的数据点可以由一个高斯 PDF 进行充分建模，此高斯 PDF 的高概率区域对应一个足够平坦的(超)椭球

一旦我们建立了因子模型的几何解释，让我

们的想象力进一步自由发挥。是否可以扩展这种想法，对来自多个子空间的并集中的数据
1083 进行建模？对此挑战的一个合理回应是采用混合因子，每个因子对应一个子空间。但是，这还不够。已经证明(如[27])，一个紧凑的流形可以被有限个拓扑圆盘覆盖，它们的维数都等于流形的维数。将拓扑圆盘与定义了足够平坦的超椭球的主超平面相关联，我们可以通过足够多的因子建模沿流形发生的数据活动，每个椭球一个因子[47]。

混合因子分析(MSA)被定义为

$$p(\boldsymbol{x})=\sum_{j=1}^{J} P_j \mathcal{N}\left(\boldsymbol{x} | \boldsymbol{\mu}_j, \alpha_j^{-1} A_j \Lambda_j A_j^{\mathrm{T}}+\beta^{-1} I_l\right) \tag{19.97}$$

其中 $\sum_{j=1}^{J} P_j=1$，$\Lambda_j=\operatorname{diag}\{b_{j_1},\cdots,b_{j_m}\}$，$b_{j_i}\in\{0,1\}$，$i=1,2,\cdots,m$。对固定的 J 和预选的 Λ_j，式(19.97)中对第 j 个因子的展开已被人所知有一段时间了，在此场景下，通过施加适当的先验并采用像变分 EM(如[79])、EM([175])和最大似然法这样的技术，就可以在贝叶斯框架中实现未知参数的学习[180]。在最近对这个问题的处理中，每个 Λ_j，$j=1,2,\cdots,J$ 的维数以及因子的数量 J，都可以利用学习方法来学习。为此，需要应用非参先验(参见[40，47，94]以及 13.11 节)。随后可通过吉布斯抽样(第 14 章)或变分贝叶斯技术计算模型参数。注意，一般来说，不同的因子可能有不同的维度。

对于非线性流形学习，式(19.97)的几何解释如图 19.16 所示。数 J 是用来覆盖流形的平坦椭球的数目，$\boldsymbol{\mu}_j$ 是流形上的采样点，列 $A_j\Lambda_j$(近似)张成局部 k 维切子空间，噪声的方差 β^{-1} 取决于流形的曲率，权重 P_j 反映流形上各点相应的密度。该方法还用于矩阵补全(参见 19.10.1 节)，这是通过涉及的矩阵的一个低秩矩阵逼近([40])实现的。

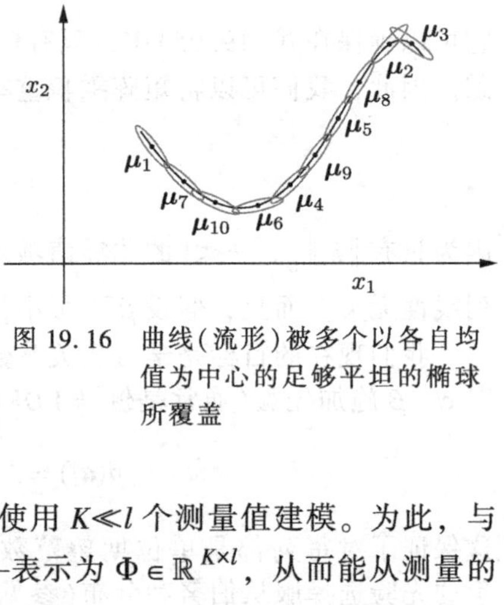

图 19.16　曲线(流形)被多个以各自均值为中心的足够平坦的椭球所覆盖

一旦通过贝叶斯推理对一组训练数据 $\boldsymbol{x}_n$，$n=1,2,\cdots,N$ 学习了模型，随后即可将其用于压缩感知，也就是说，为了计算属于环绕空间 $\mathbb{R}^l$ 但“存
1084 在”于学到的 k 维流形中的任何 $\boldsymbol{x}$，可通过式(19.97)使用 $K\ll l$ 个测量值建模。为此，与第 9 章所述完全类似，我们必须首先确定感知矩阵——表示为 $\Phi\in\mathbb{R}^{K\times l}$，从而能从测量的(投影)向量中恢复 $\boldsymbol{x}$

$$\boldsymbol{y}=\Phi\boldsymbol{x}+\boldsymbol{\eta}$$

其中 $\boldsymbol{\eta}$ 表示测量噪声(未观测)样本的向量，现在所需的是计算后验概率 $p(\boldsymbol{x}|\boldsymbol{y})$。假设噪声样本遵循高斯分布且由于 $p(\boldsymbol{x})$ 是高斯函数的和，容易看出，后验概率也是高斯函数的和，这些高斯函数由式(19.97)中的参数和噪声向量的协方差矩阵确定。因此，可以使用比 l 小得多的测量值数目 K 来恢复 $\boldsymbol{x}$。文献[47]进行了关于流形的维数 k、环绕空间的维数 l 以及感知矩阵 Φ 的高斯/亚高斯类型的理论分析，这种方法与 RIP 类似，从而保证了稳定的嵌入(9.9 节)。

必须指出第 9 章中所讨论的技术和本节有一个主要的区别。第 9 章中假设生成数据的模型是已知的，用 $\boldsymbol{s}$ 所表示的信号写作

$$\boldsymbol{s}=\Psi\boldsymbol{\theta}$$

其中 Ψ 是字典矩阵，$\boldsymbol{\theta}$ 是稀疏向量。也就是说，假设该信号位于一个由矩阵 Ψ 的某些列所张成的子空间中，为了重建信号向量，必须从子空间的并集中搜索它。相反，在本节

中，我们必须“学习”信号 $\boldsymbol{x}$ 所在的流形中。

19.9 非线性降维

迄今为止我们所讨论的所有技术都是围绕线性模型建立的，这些模型将观察到的变量和潜变量联系起来。在这一节中，我们将注意力转向它们的非线性版本。我们的目标是讨论目前流行的主要方向，但并不会深入探讨很多细节。感兴趣的读者可以从文中提供的参考文献中得到更深入的理解和相关的实现细节㊀。

19.9.1 核 PCA 方法

顾名思义，这是经典 PCA 的一个核化版本，在文献[161]中被首次引入。正如我们在第 11 章中所看到的，线性方法的任何核化版本背后的思想是将原来位于低维空间 $\mathbb{R}^l$ 中的变量映射到高维(可能是无限的)再生希尔伯特空间(RKHS)。这是通过采用一个隐式映射来实现的

$$\boldsymbol{x} \in \mathbb{R}^l \longmapsto \boldsymbol{\phi}(\boldsymbol{x}) \in \mathbb{H} \tag{19.98}$$ 1085

令 $\boldsymbol{x}_n$，$n=1,2,\cdots,n$ 为可用样本点，假设数据已中心化，在映射到 $\mathbb{H}$ 后，映射得到的像的样本协方差矩阵可表示为㊁

$$\hat{\Sigma} = \frac{1}{N}\sum_{n=1}^{N}\boldsymbol{\phi}(\boldsymbol{x}_n)\boldsymbol{\phi}(\boldsymbol{x}_n)^{\mathrm{T}} \tag{19.99}$$

我们的目标是对 $\hat{\Sigma}$ 执行特征分解，即

$$\hat{\Sigma}\boldsymbol{u} = \lambda\boldsymbol{u} \tag{19.100}$$

根据 $\hat{\Sigma}$ 的定义，可以证明向量 $\boldsymbol{u}$ 位于 $\operatorname{span}\{\boldsymbol{\phi}(\boldsymbol{x}_1),\boldsymbol{\phi}(\boldsymbol{x}_2),\cdots,\boldsymbol{\phi}(\boldsymbol{x}_N)\}$ 中。实际上

$$\lambda\boldsymbol{u} = \left(\frac{1}{N}\sum_{n=1}^{N}\boldsymbol{\phi}(\boldsymbol{x}_n)\boldsymbol{\phi}^{\mathrm{T}}(\boldsymbol{x}_n)\right)\boldsymbol{u} = \frac{1}{N}\sum_{n=1}^{N}\left(\boldsymbol{\phi}^{\mathrm{T}}(\boldsymbol{x}_n)\boldsymbol{u}\right)\boldsymbol{\phi}(\boldsymbol{x}_n)$$

对于 $\lambda \neq 0$，我们有

$$\boldsymbol{u} = \sum_{n=1}^{N} a_n \boldsymbol{\phi}(\boldsymbol{x}_n) \tag{19.101}$$

结合式(19.100)和式(19.101)，可证明(习题 19.7)此问题等价于对对应核矩阵执行一个特征分解(第 11 章)

$$\mathcal{K}\boldsymbol{a} = N\lambda\boldsymbol{a} \tag{19.102}$$

其中

$$\boldsymbol{a} := [a_1, a_2, \cdots, a_N]^{\mathrm{T}} \tag{19.103}$$

我们已经知道(11.5.1 节)，核矩阵的元素满足 $\mathcal{K}(i,j)=\kappa(\boldsymbol{x}_i,\boldsymbol{x}_j)$，其中 $\kappa(\cdot,\cdot)$ 表示所采用的核函数。因此，$\hat{\Sigma}$ 的第 k 个特征向量对应于式(19.102)中 $\mathcal{K}$ 的第 k 个(非零)特征值，它可被表示为

㊀ 本节大部分内容基于文献[174]。

㊁ 如果 $\mathbb{H}$ 是无限维的，则协方差矩阵的定义需要一个特殊解释，但这里我们不纠结于此。

$$\boldsymbol{u}_k = \sum_{n=1}^{N} a_{kn} \boldsymbol{\phi}(\boldsymbol{x}_n), \quad k=1,2,\cdots,p \tag{19.104}$$

其中 $\lambda_1 \geqslant \lambda_2 \geqslant \cdots \geqslant \lambda_p$ 表示相应的降序排列的特征值，λ_p 是最小的非零值，且 $\boldsymbol{a}_k^{\mathrm{T}} := [a_{k1},\cdots,a_{kN}]$是核矩阵的第 k 个特征向量。假定后者进行了归一化，使得$\langle \boldsymbol{u}_k, \boldsymbol{u}_k \rangle = 1$，$k=1,2,\cdots,p$，其中$\langle\cdot,\cdot\rangle$表示希尔伯特空间 $\mathbb{H}$ 中的内积。这相当于对相应的 $\boldsymbol{a}_k$ 施加了等价的归一化，可通过以下公式得出

1086

$$\begin{aligned} 1 = \langle \boldsymbol{u}_k, \boldsymbol{u}_k \rangle &= \left\langle \sum_{i=1}^{N} a_{ki} \boldsymbol{\phi}(\boldsymbol{x}_i), \sum_{j=1}^{N} a_{kj} \boldsymbol{\phi}(\boldsymbol{x}_j) \right\rangle \\ &= \sum_{i=1}^{N} \sum_{j=1}^{N} a_{ki} a_{kj} \mathcal{K}(i,j) \\ &= \boldsymbol{a}_k^{\mathrm{T}} \mathcal{K} \boldsymbol{a}_k = N \lambda_k \boldsymbol{a}_k^{\mathrm{T}} \boldsymbol{a}_k, \quad k=1,2,\cdots,p \end{aligned} \tag{19.105}$$

我们现在已准备好总结执行核 PCA 的基本步骤，即对应潜变量(核主成分)的计算。给定 $\boldsymbol{x}_n \in \mathbb{R}^l$，$n=1,2,\cdots,N$ 和一个核函数 $\kappa(\cdot,\cdot)$

- 计算 $N \times N$ 核矩阵，其元素 $\mathcal{K}(i,j) = \kappa(\boldsymbol{x}_i, \boldsymbol{x}_j)$。
- 计算 $\mathcal{K}$ 的 m 个主特征值/特征向量 λ_k 和 $\boldsymbol{a}_k$，$k=1,2,\cdots,m$(式(19.102))。
- 执行所需的归一化(式(19.105))。
- 给定一个特征向量 $\boldsymbol{x} \in \mathbb{R}^l$，通过计算它到每个主特征向量上的 m 个投影向量来得到它的低维表示

$$z_k := \langle \boldsymbol{\phi}(\boldsymbol{x}), \boldsymbol{u}_k \rangle = \sum_{n=1}^{N} a_{kn} \kappa(\boldsymbol{x}, \boldsymbol{x}_n), \ k=1,2,\cdots,m \tag{19.106}$$

式(19.106)中给出的操作对应输入空间中的一个非线性映射。注意，与线性 PCA 相比，主特征向量 $\boldsymbol{u}_k$，$k=1,2,\cdots,m$ 并不是显式计算的。我们所知道的只是沿着它们的(非线性)投影 z_k。但是，毕竟这才是我们最终感兴趣的。

附注 19.7

- 核 PCA 等价于在 RKHS 空间 $\mathbb{H}$ 中执行标准 PCA。可以证明，如对 PCA 所讨论的，与主特征向量相关的所有性质对于核 PCA 仍然有效。也就是说，1) 主特征向量方向最优地保留了大部分方差；2) 在 $\mathbb{H}$ 中，相对于其他任何的 m 个方向，用 m 个主特征向量近似一个向量(函数)的 MSE 最小；3) 特征向量上的投影不相关[161]。
- 回顾附注 19.1，多维标度(MDS)分析需要对格拉姆矩阵进行特征分解。由于核矩阵是相应 RKHS 中的格拉姆矩阵，核 PCA 可以看作 MDS 的一个核化版本，其中输入空间中的内积被格拉姆矩阵中的核操作所代替。
- 注意，核 PCA 方法没有考虑数据所在流形的显式内在结构。
- 文献[103]提出了核 PCA 的变体，它被称为核熵成分分析(ECA)，选择最大化雷尼熵的方向作为主方向。

19.9.2 基于图的方法

1. 拉普拉斯特征映射

该方法的出发点是假设数据集$\mathcal{X}$中的点位于一个光滑的流形 $\mathcal{M} \supset \mathcal{X}$ 上，其本征维数等

1087 于 $m<l$，并且它嵌入 $\mathbb{R}^l$ 空间中，即 $\mathcal{M} \subset \mathbb{R}^l$。维数 m 是用户给定的一个参数。与之相对，

这在核 PCA 中是不需要的，在那里 m 是主成分的个数，在实践中，我们确定主成分的个数使得 λ_m 和 λ_{m+1} 之间的间隙“很大”。

该方法的核心思想是计算数据的低维表示，从而使$\mathcal{X}\subset\mathcal{M}$ 中的局部邻域信息得到最佳保留。通过这种方法，我们试图得到一个反映流形几何结构的解。为了实现这一点，需要依次执行如下步骤。

步骤 1：构造一个图 $G=(V,E)$，其中 $V=\{v_n,\ n=1,2,\cdots,N\}$ 是一组顶点，$E=\{e_{ij}\}$ 为对应的连接顶点$(v_i,\ v_j)$，$i,j=1,2,\cdots,N$ 的边的集合(另见第 15 章)。图中的每个节点 v_n 对应于数据集$\mathcal{X}$ 中的点 $\boldsymbol{x}_n$。我们在两个顶点 v_i、v_j 之间插入边 e_{ij}，如果两个数据点 $\boldsymbol{x}_i$，$\boldsymbol{x}_j$ 在数据集合中彼此“接近”。根据所选方法，有两种量化“接近程度”的方法。顶点 v_i 和 v_j 有边连接，如果满足：

1) $\|\boldsymbol{x}_i-\boldsymbol{x}_j\|^2<\epsilon$，其中$\epsilon$是用户定义的参数，$\|\cdot\|$是空间 $\mathbb{R}^l$ 中的欧几里得范数。

2) $\boldsymbol{x}_j$ 是 $\boldsymbol{x}_i$ 的 k 近邻或 $\boldsymbol{x}_i$ 是 $\boldsymbol{x}_j$ 的 k 近邻，其中 k 是用户定义参数，并且邻居是根据空间 $\mathbb{R}^l$ 中的欧几里得距离选择。流形的光滑性说明了使用欧几里得距离的合理性，这一特性也允许在流形嵌入的空间中通过欧几里得距离来局部近似流形的测地线。后者是微分几何的一个已知结果。

对于那些不熟悉这类概念的人，可以想象一个嵌入三维空间的球体。如果有人被限制居住在球面上，从一个点到另一个点的最短路径是这两点之间的测地线。很明显，这不是一条直线，而是一条弧线。但是，如果这些点足够接近，它们的测地线距离可以通过在三维空间中计算的欧氏距离近似。

步骤 2：每个边 e_{ij} 具有权重 $W(i,j)$。未连接的节点之间的权重为零。权重 $W(i,j)$ 是用来度量两个节点 $\boldsymbol{x}_i$ 和 $\boldsymbol{x}_j$ 的“接近程度”的。权重的一种典型的选择是

$$W(i,j)=\begin{cases}\exp\left(-\frac{\|\boldsymbol{x}_i-\boldsymbol{x}_j\|^2}{\sigma^2}\right), & \text{若}v_i\text{和}v_j\text{是邻居}\\ 0, & \text{否则}\end{cases}$$

其中 σ^2 是用户自定义参数。我们得到了一个 $N\times N$ 的权重矩阵 W，其元素为 $W(i,\ j)$。注意 W 是对称的且稀疏的，因为实际中，它的许多元素都为零。

步骤 3：定义对角矩阵 D，其元素为 $D_{ij}=\sum_j W(i,\ j)$，$i=1,2,\cdots,N$，并且令矩阵 $L:=D-W$。后者称为图 $G=(V,E)$的拉普拉斯矩阵。执行广义特征分解

$$L\boldsymbol{u}=\lambda D\boldsymbol{u}$$ 1088

设 $0=\lambda_0\leqslant\lambda_1\leqslant\lambda_2\leqslant\cdots\leqslant\lambda_m$ 是最小的 $m+1$ 个特征值[⊖]。忽略对应 $\lambda_0=0$ 的特征向量 $\boldsymbol{u}_0$，并选择接下来 m 个特征向量 $\boldsymbol{u}_1,\boldsymbol{u}_2,\cdots,\boldsymbol{u}_m$，随后进行映射

$$\boldsymbol{x}_n\in\mathbb{R}^l\longmapsto \boldsymbol{z}_n\in\mathbb{R}^m,\quad n=1,2,\cdots,N$$

其中

$$\boldsymbol{z}_n^{\mathrm{T}}=[u_{1n},u_{2n},\cdots,u_{mn}],\quad n=1,2,\cdots,N \tag{19.107}$$

也就是说，$\boldsymbol{z}_n$ 包含前面 m 个特征向量的第 n 个分量。一般特征值分解算法的计算复杂度为 $O(N^3)$次运算。但是，对于稀疏矩阵，如拉普拉斯矩阵 L，可以利用更高效的方案，将其复杂度降低到 N 的次平方，如兰索斯算法[83]。

对步骤 3 中的结论，我们将给出 $m=1$ 情况下的证明。这种情况下的低维空间是实数

⊖ 对比 PCA 所使用的符号，这里的特征值是按升序编号的。这是因为，在此小节中，我们感兴趣的是确定最小值，因此这种符号表示更为方便。

轴。我们沿用文献[19]中采用的方案，目标是计算 $z_n \in \mathbb{R}$，$n=1,2,\cdots,N$，以便在映射到一维子空间之后，相互连接的顶点(即图中的邻居)仍然保持尽可能近的距离。在映射之后，用来满足邻近性的标准就是令

$$E_L=\sum_{i=1}^{N}\sum_{j=1}^{N}(z_i-z_j)^2 W(i,j) \tag{19.108}$$

最小化。可以看出，如果 $W(i,j)$ 的值很大(即 $\boldsymbol{x}_i$、$\boldsymbol{x}_j$ 在空间 $\mathbb{R}^l$ 中很接近)，则如果相应的 z_i、z_j 在空间$\mathbb{R}$中相距甚远，则会给代价函数带来很大的惩罚。而且，非邻居的点并不会影响最小化，因为它们之间的权重为零。对于更一般的情况，即当 $1<m<l$ 时，代价函数变为

$$E_L=\sum_{i=1}^{N}\sum_{j=1}^{N}||\boldsymbol{z}_i-\boldsymbol{z}_j||^2 W(i,j)$$

现在让我们重新计算式(19.108)。经过一些简单的代数运算之后，我们有

$$\begin{aligned}E_L&=\sum_i z_i^2\sum_j W(i,j)+\sum_j z_j^2\sum_i W(i,j)-2\sum_i\sum_j z_i z_j W(i,j)\\&=\sum_i z_i^2 D_{ii}+\sum_j z_j^2 D_{jj}-2\sum_i\sum_j z_i z_j W(I,j)\\&=2\boldsymbol{z}^{\mathrm{T}} L\boldsymbol{z}\end{aligned} \tag{19.109}$$

其中

1089 $$\boxed{L:=D-W:\ \text{图的拉普拉斯矩阵}} \tag{19.110}$$

且 $\boldsymbol{z}^{\mathrm{T}}=[z_1,z_2,\cdots,z_N]$。拉普拉斯矩阵 L 是对称半正定矩阵。半正定性可以很容易从式(19.109)中的定义看出，其中 E_L 始终是一个非负标量。注意，D_{ii} 的值越大，样本 $\boldsymbol{x}_i$ 就越“重要”。因为这意味着 $W(i,j)$，i，$j=1,2,\cdots,N$ 的值很大，在最小化过程中起主导作用。显然，E_L 的最小值对应的一个平凡的解 $z_i=0$，$i=1,2,\cdots,N$。为了避免这种情况，我们将解约束为预先指定的范数，在此情况下这很常见。因此，我们的问题转化为

$$\min_{\boldsymbol{z}}\quad \boldsymbol{z}^{\mathrm{T}} L\boldsymbol{z}$$

$$\text{满足}\quad \boldsymbol{z}^{\mathrm{T}} D\boldsymbol{z}=1$$

尽管我们可以直接处理这个任务，但我们将对其进行一些小的修改，以便可以直接使用更熟悉的工具。定义

$$\boldsymbol{y}=D^{1/2}\boldsymbol{z} \tag{19.111}$$

和

$$\tilde{L}=D^{-1/2}LD^{-1/2} \tag{19.112}$$

这被称为归一化图拉普拉斯矩阵。现在容易看出，我们的优化问题变成了

$$\min_{\boldsymbol{y}}\quad \boldsymbol{y}^{\mathrm{T}}\tilde{L}\boldsymbol{y} \tag{19.113}$$

$$\text{满足}\quad \boldsymbol{y}^{\mathrm{T}}\boldsymbol{y}=1 \tag{19.114}$$

利用拉格朗日乘子，并将拉格朗日函数的梯度置为零，可证明，解由下式给出

$$\tilde{L}\boldsymbol{y}=\lambda\boldsymbol{y} \tag{19.115}$$

换句话说，求解该问题等价于求解特征值–特征向量的问题。将式(19.115)代入式(19.113)中的代价函数，并考虑式(19.114)中的约束条件，可以得出最优向量 $\boldsymbol{y}$ 所对应的代价等于 λ。因此，该解是对应于最小特征值的特征向量。但是，$\tilde{L}$ 的最小特征值为零，它对应的特征向量对应一个平凡解。事实上，可以看出

$$\tilde{L}D^{1/2}\mathbf{1} = D^{-1/2}LD^{-1/2}D^{1/2}\mathbf{1} = D^{-1/2}(D-W)\mathbf{1} = \mathbf{0}$$

其中 $\mathbf{1}$ 是所有元素都等于 1 的向量。换句话说，$\boldsymbol{y}=D^{1/2}\mathbf{1}$ 是与零特征值相对应的特征向量，它得到一个平凡解 $z_i=1$，$i=1,2,\cdots,N$。也就是说，所有的点都映射到实线中的同一点上。为了排除这种不需要的解，回忆一下，$\tilde{L}$ 是半正定矩阵，因此，0 是其最小特征值。而且，如果假设图是连通的，即任何一对顶点都至少有一条路径(见第 15 章)连接，则 $D^{1/2}\mathbf{1}$ 是与零特征值 λ_0 相关联的唯一特征向量[19]。另外，由于 $\tilde{L}$ 是对称矩阵，我们知道(附录 A.2)它的特征向量彼此正交。随后我们施加了一个额外的约束，要求解与 1090
$D^{1/2}\mathbf{1}$ 正交。对解施加与最小(零)特征值对应的特征向量正交的约束，将会驱动它的解去到下一个最小(非零)特征值 λ_1 所对应的特征向量。值得注意的是，$\tilde{L}$ 的特征值分解等价于我们之前在步骤 3 中所提到的 $\tilde{L}$ 的广义特征分解。

对于更一般的 $m>1$ 的情况，我们必须计算特征值 $\lambda_1 \leqslant \cdots \leqslant \lambda_m$ 所对应的 m 个特征向量。事实上，在这种情况下，相应的约束会防止我们映射到维数小于 m 的子空间中。例如，我们不希望在一个三维空间中，将点投影到一个二维平面或一维直线上。关于更多细节，感兴趣的读者可以参考文献[19]。

2. 局部线性嵌入

与拉普拉斯特征映射方法一样，*局部线性嵌入*(LLE)假设数据点位于光滑的 m 维流形上，该流形嵌入空间 $\mathbb{R}^l$ 中且 $m<l$[155]。光滑性的前提假设允许我们进一步假设，如果有足够多的数据点并且对流形进行了“良好”采样，则距离比较近的点位于(或接近于)流形的一个“局部”线性分片上(另见 19.8.3 节中的相关注释)。该算法的一种最简单的形式可归纳为以下三个步骤。

步骤 1：对于每个点 $\boldsymbol{x}_n$，$n=1,2,\cdots,N$ 搜索它的最近邻。

步骤 2：计算权重 $W(n,j)$，$j=1,2,\cdots,N$(它们能从最近邻最佳重建每个数据点 $\boldsymbol{x}_n$)，以最小化如下的代价函数

$$\arg\min_{W}\ E_W = \sum_{n=1}^{N}\left\|\boldsymbol{x}_n - \sum_{j=1}^{N}W(n,j)\boldsymbol{x}_{n_j}\right\|^2 \tag{19.116}$$

其中 $\boldsymbol{x}_{nj}$ 表示第 n 个点的第 j 个邻居。1) 对非邻居点，权重约束为零，2) 权重矩阵的每一行的和为 1，即

$$\sum_{j=1}^{N}W(n,j)=1,\ n=1,2,\cdots,N \tag{19.117}$$

也就是说，所有邻居的权重之和必须等于 1。

步骤 3：一旦在前一步计算出权重后，就可以使用它们重构出数据点 $\boldsymbol{z}_n\in\mathbb{R}^m$，$n=1,2,\cdots,N$，从而关于未知点集合 $Z=\{\boldsymbol{z}_n,\ n=1,2,\cdots,N\}$ 最小化如下代价

$$\arg\min_{\boldsymbol{z}_n:\ n=1,\cdots,N}\ E_{\mathcal{Z}} = \sum_{n=1}^{N}\left\|\boldsymbol{z}_n - \sum_{j=1}^{N}W(n,j)\boldsymbol{z}_j\right\|^2 \tag{19.118}$$

上述最小化必须在两个约束条件下进行，以避免解的退化：1) 输出值是中心化的，即 $\sum_n z_n = \mathbf{0}$；2) 输出值具有单位协方差矩阵[159]。在步骤 1 中，搜索最近的点的方法与拉普
1091 拉斯特征映射中采用的方法相同。再次强调，只要在邻居点中的搜索是“局部的”，就可以使用欧氏距离，这是由于流形的光滑性。在步骤 2 中，利用光滑流形的局部线性特征，并应用最小二乘误差准则，可从邻居点线性预测出每个点。在式(19.117)给出的约束下最小化代价函数，可得到满足以下三个性质的解：

1) 旋转不变性

2) 缩放不变性

3) 平移不变性

前两个可以很容易地通过代价函数的形式来验证，而第三个是施加约束的结果。这意味着计算出的权重编码了每个邻域的内在特征信息且并不依赖于特定的点。

得到的权重 $W(i, j)$ 反映了数据背后的局部几何性质，并且由于我们的目标是在映射后保留局部信息，因此这些权重被用于重构子空间 $\mathbb{R}^m$ 中的每个点——用其邻居重构。正如[159]中很好地指出的，就好像我们用一把剪刀剪开了流形的小的线性分片，并将它们放在低维子空间中。

可以看出，对式(19.118)中未知点 z_n，$n=1,2,\cdots,N$ 的求解等价于

- 执行矩阵 $(I-W)^{\mathrm{T}}(I-W)$ 的特征分解。
- 丢弃对应于最小特征值的特征向量。
- 取对应于下一个(较小)特征值的特征向量。它们产生低维潜变量分数 z_n，$n=1,2,\cdots,N$。

再次强调，所引入的权重矩阵 W 是稀疏矩阵。若将其纳入考虑，该特征值的求解问题具有 N 的次二次的复杂度，因此可以很容易扩展到更大的数据集。步骤 2 的时间复杂度为 $O(Nk^3)$，这是因为需要求解包含 k 个未知数的线性方程组。该方法需要用户提供两个参数：最近邻数 k(或 ϵ)和维数 m，感兴趣的读者可以在文献[159]中找到更多关于 LLE 方法的信息。

3. 等距映射

与之前两种基于局部特性分析流形的几何结构的方法不同，等距映射(ISOMAP)算法采用的观点是，只有所有数据点对之间的测地线距离才能真实反映流形的结构。流形中点之间的欧几里得距离不能正确地表示它，这是因为测地线距离度量下的两个相距很远的点，用欧氏距离度量却可能很近(见图 19.17)。ISOMAP 方法基本上是多维标度(MDS)算法的一种变体，其中欧氏距离被流形上对应的测地线距离所代替。这种方法的实质是估计距离较远的点之间的测地线距离。为此，需要采用两个步骤。

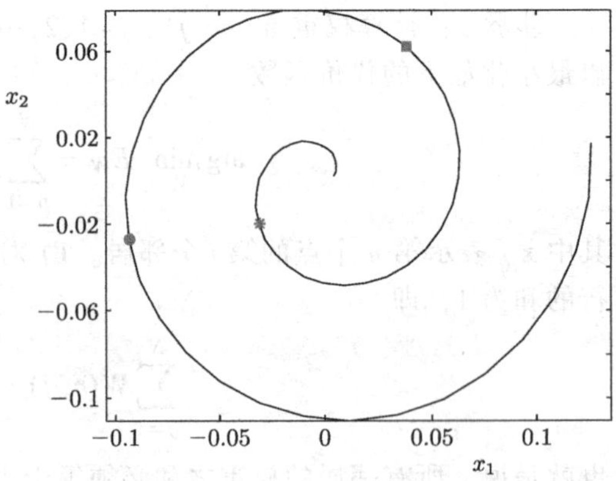

图 19.17　若用欧几里得距离来测量远近，则看起来“圆形”点比“方形”点更接近“星形”点。但是，若限制必须沿着螺旋线运动，使用测地线来衡量距离远近，那么离“星形”更近的点是“方形”点

步骤 1：对于每个点 x_n，$n=1,2,\cdots,N$，计算最近邻并构造图 $G=(V,E)$，其中顶点表示数据点，边用来连接最近邻(最近邻是用拉普拉斯特征映射方法中的两种方案之一进行计算的。参数 k 或 ϵ 是用户定义
1092 参数)。图中的边基于欧几里得距离指定权

重(对于最近邻来说，与对应的测地线距离很近似)。

步骤 2：沿着图中的最短路径，计算所有点对(i,j)，$i,j=1,2,\cdots,N$之间的测地线距离。关键假设是流形上任意两点之间的测地线可以通过沿着图$G=(V,E)$连接两点的最短路径来近似。为解决此问题，可以采用时间复杂度为$\mathcal{O}(N^2\ln N+N^2k)$的高效算法来求解(例如，迪杰斯特拉算法[59])。对于N较大的情况，复杂度可能会过高。

在估计了所有点对之间的测地线之后，可以采用 MDS 方法。因此，该问题相当于对相应的格拉姆矩阵进行特征分解，并选择m个主特征向量来表示相应的低维空间。使得在低维映射之后，低维子空间中点之间的欧氏距离与原始高维空间流形上对应的测地线距离相匹配。与 PCA 和 MDS 一样，m是通过有效特征值的个数来估计的。可以证明，ISOMAP 在重构这类非线性流形的本征维数时可以提供渐近$(N\rightarrow\infty)$保证[66，173]。

这三种基于图的方法都有一个共同的步骤就是计算图中的最近邻。该问题的复杂度为$\mathcal{O}(N^2)$，但是可以通过使用一种特殊类型的数据结构来达到更有效的搜索(如[23])。ISOMAP 与拉普拉斯特征映射以及 LLE 方法的显著区别在于，后两种方法依赖于稀疏矩阵的特征分解，而 ISOMAP 依赖于稠密格拉姆矩阵的特征分解。这为拉普拉斯特征映射和 LLE 技术带来了计算上的优势。而且，ISOMAP 中另一个需要计算的地方是最短路径。最后，值得注意的是，这三个基于图的技术在执行降维的同时在试图以某种方式揭示数据(近似)所处流形的几何性质。相反，核 PCA 并非如此，它和任何流形学习都无关。但是，1093
文献[88]中指出，基于图的技术可以看作核 PCA 的特例！如果使用依赖数据的核函数，即从编码邻域信息的图中推导出的核函数，来代替预定义的核函数，就可以达到这个效果。

本节的目的是介绍非线性降维领域的一些最基本的方向。除了先前提到的一些基本策略之外，也有文献提出了一些变体(如[21，70，163])。文献[150]和[118](*扩散映射*)实现了保持图$G=(V,E)$的连通性度量的低维嵌入策略。文献[30，101]保留流形中局部信息的想法被用来定义$\boldsymbol{z}=A^{\mathrm{T}}\boldsymbol{x}$形式的线性变换，并且关于$A$的元素进行优化。最近文献[121]考虑了用于降维的增量流形学习的问题。在[172，184]中介绍了*最大方差展开法*。它在满足保留图中邻居之间(局部)的距离和角度的约束下，最大化输出方差。已证明，与 ISOMAP 类似，必须计算格拉姆矩阵的最大特征向量，虽然可避免 ISOMAP 中所需要的估计测地线距离的计算步骤。文献[164]提出了一个被称为*图嵌入*的通用框架，它为理解和解释许多已知的(包括 PCA 和非线性 PCA)降维技术提供了统一的视角，同时也为开发新的降维技术提供了一个平台。关于该话题的更详细且更有见地的讨论，请参考[29]。对非线性降维技术的综述可参考[32，123]。

例 19.7 假定有一个分布在二维空间中，并由 30 个点组成的数据集，这些点来源于阿基米德螺线的采样(见图 19.18a)，其公式表述如下：

$$x_1=a\theta\cos\theta,\quad x_2=a\theta\sin\theta$$

数据集中的点对应于$\theta=0.5\pi,0.7\pi,0.9\pi,\cdots,2.05\pi$($\theta$用弧度表示)且$a=0.1$。出于展示目的以及为了跟踪“邻近”信息，我们使用了一个由 6 个符号组成的序列“x”“+”“★”“□”“◇”“○”，先用黑色表示，后使用红色表示，如此重复。

为了研究这种情况下(即当数据位于非线性流形上时)PCA 的性能，我们首先估计数据集的协方差矩阵并进行特征分解。最终得到的特征值为

$$\lambda_2=0.089,\quad \lambda_1=0.049$$

观察到，两个特征值的大小相差不大。因此，若相信来自 PCA 的“裁定”，那么可以得出数据的维度等于 2。而且，在将这些数据点沿着主成分(图 19.18b 中的直线)的方向进行投影(对应于λ_2)后，可以看出由于来自不同位置的点混合在一起，数据点的原始相邻信息丢失。

随后再进一步，采用拉普拉斯特征映射降维技术且 $\epsilon=0.2$，$\sigma=\sqrt{0.5}$。所得结果如
1094 图 19.18c 所示，图中从右到左看，拉普拉斯方法很好地将螺旋信息“展开”到了一维直线上。而且，点之间的相邻信息也被保留图中。黑色区域和红色区域按照正确的顺序紧挨着，并且，通过观察符号，可以看到原始是邻居的点被映射到一维直线上仍然是邻居。

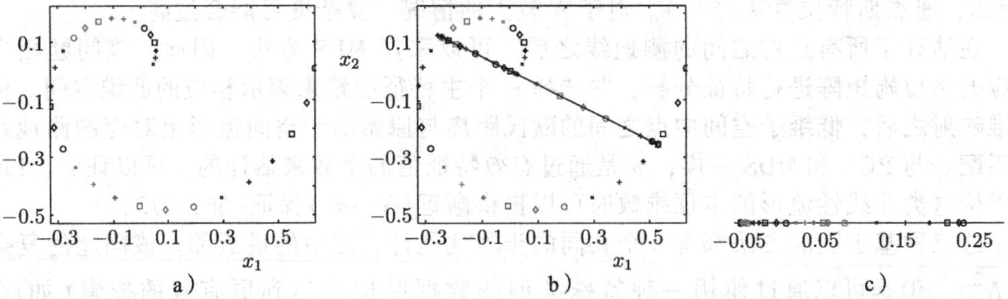

图 19.18　a) 二维空间中的阿基米德螺线的采样点。b) 前一个螺线以及由 PCA 得到的采样点在第一个主成分方向上的投影。容易看出，采样点的相邻信息在投影后丢失，螺线的不同部分的点在投影后重叠在一起不可区分。c) 用拉普拉斯方法得到的螺线的一维映射。在这种情况下，在非线性投影后，相邻信息被保留，且螺线可以被很好地展开到一维直线上

例 19.8 图 19.19 展示了一组来自三维螺线的样本，其参数为 $x_1=a\theta\cos\theta$，$x_2=a\theta\sin\theta$，是在 $\theta=0.5\pi,0.7\pi,0.9\pi,\cdots,2.05\pi$（$\theta$ 用弧度表示），$a=0.1$ 且 $x_3=-1,-0.8,-0.6,\cdots,1$ 下采样的。

出于展示目的以及为了追踪每个点的“身份”信息，当在维度 x_3 中移动时，我们交替使用了红色十字和圆点代表不同的螺线。而且，x_3 的每层中第一个、中间以及最后一个点分别使用黑色的“◇”“★”“□”来表示。基本上，同一平面上的所有点都位于一个二维螺线上。

图 19.20 显示了使用拉普拉斯降维法下该三维螺线的二维映射，其参数值 $\epsilon=0.35$，$\sigma=\sqrt{0.5}$。对比图 19.19 和图 19.20 可以看出，对应于 x_3 的同一层的所有点都映射在同一条线上，第一个点映射到第一个点，以此类推。也就是说，与例 19.7 的情况一样，拉普拉斯方法将三维螺线展开为二维曲面，并同时保留了邻居信息。

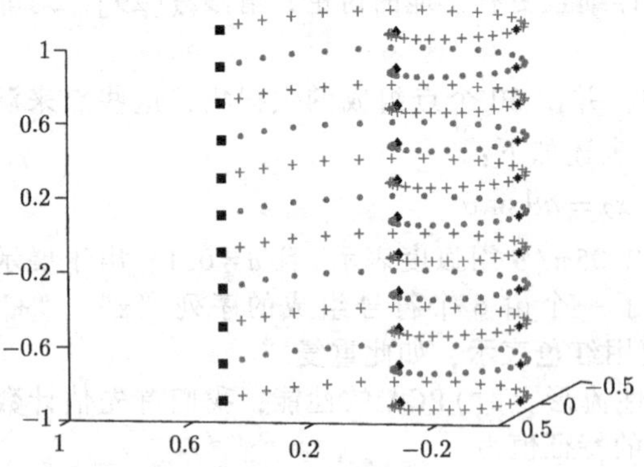

图 19.19　从三维螺线中提取的样本。我们可以将它看作一个又一个叠在一起的二维螺线。这里使用了不同的符号表示，以跟踪邻居信息

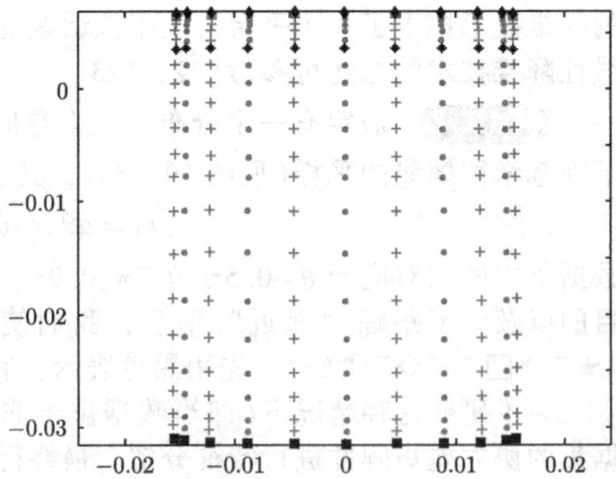

图 19.20　使用拉普拉斯特征映射方法对图 19.19 的螺线进行二维映射。将三维结构展开到二维空间，并保留了邻居信息

19.10　低秩矩阵分解：一种稀疏建模的方法

在之前我们已经从不同的角度讨论了低秩矩阵分解问题。本节我们将在特定的场景约束下重新考虑该问题：缺失项和存在离群值的场景。这样的焦点主要是由一些最新的应用场景决定的，特别是在大数据问题的框架中。为此，我们将引入稀疏提升论证方法并重新审视这个老问题。我们的目的是突出现有的主要方向和方法，不会深入探讨太多细节。

19.10.1　矩阵补全

为了概括第 9 章和第 10 章中的一些主要发现，让我们考虑一个信号向量 $\boldsymbol{s}\in\mathbb{R}^{l}$，其中 1095～1096
仅观察到它的 N 个分量，其余分量未知。这相当于通过一个感知矩阵来感知 $\boldsymbol{s}$，该矩阵的 N 行是从标准(规范)基 $\Phi=I$ 中均匀随机选取的，其中 I 是 $l\times l$ 的恒等矩阵。这里提出的问题是，是否有可能基于这 N 个分量精确恢复 $\boldsymbol{s}$。根据第 9 章提出的理论，我们知道，只要 $\boldsymbol{s}$ 在某个基或字典 Ψ 下是稀疏的，且与 $\Phi=I$ 的互相关性较低，并且 N 足够大，则如 9.9 节所指出，可以恢复 $\boldsymbol{s}$ 的所有分量。

受压缩感知理论进展的启发，文献[33]中提出了一个形式相似且对实际应用有显著影响的问题。给定一个 $l_1\times l_2$ 矩阵，假设矩阵中只有 $N\ll l_1l_2$ 个元素是已知的。我们使用一个通用矩阵 M 来表示，且不管它是如何形成的。例如，它可以对应于图像阵列。现在的问题是我们是否可精确恢复完整矩阵。这个问题被称为矩阵补全[33]。我们的答案是“是”，并且概率很高，尽管这可能会让人吃惊，但这种前提是 1) 矩阵具有良好的结构且符合某些特定假设；2) 它是低秩矩阵，具有秩 $r\ll l$，其中 $l=\min(l_1,l_2)$；3) N 足够大。直观上，这看起来是合理的，因为一个低秩矩阵可以使用数目远小于其总项数的参数(自由度)来完全描述，且可通过 SVD 来得出这些参数，即

$$M=\sum_{i=1}^{r}\sigma_i\boldsymbol{u}_i\boldsymbol{v}_i^{\mathrm{T}}=U\begin{bmatrix}\sigma_1 & & O\\ & \ddots & \\ O & & \sigma_r\end{bmatrix}V^{\mathrm{T}}\tag{19.119}$$

其中 r 是矩阵的秩，$\boldsymbol{u}_i\in\mathbb{R}^{l_1}$，$\boldsymbol{v}_i\in\mathbb{R}^{l_2}$，$i=1,2,\cdots,r$ 分别是左右规范正交奇异向量，张成了 M 的列和行空间，σ_i，$i=1,2,\cdots,r$ 是对应的奇异值，$U=[\boldsymbol{u}_1,\boldsymbol{u}_2,\cdots,\boldsymbol{u}_r]$，$V=[\boldsymbol{v}_1,\boldsymbol{v}_2,\cdots,\boldsymbol{v}_r]$。

令 $\boldsymbol{\sigma}_M$ 表示包含 M 的所有奇异值的向量，即 $\boldsymbol{\sigma}_M=[\sigma_1,\sigma_2,\cdots,\sigma_l]^{\mathrm{T}}$，且 $\operatorname{rank}(M):=\|\boldsymbol{\sigma}_M\|_0$。计数与式(19.119)中的奇异值和向量相关联的参数，结果表明秩 r 矩阵的自由度数等于 $d_M=r(l_1+l_2)-r^2$(习题 19.8)。当 r 很小时，d_M 比 l 小得多。

让我们用 Ω 来表示矩阵 M 中已知的 N 个元素的索引 (i,j)，$i=1,2,\cdots,l_1$，$j=1,2,\cdots,l_2$，这些元素来源于均匀随机抽样。采用与贯穿稀疏感知学习主干相似的原理，可基于以下的秩最小化问题来尝试恢复 M

$$\begin{aligned}&\min_{\hat{M}\in\mathbb{R}^{l_1\times l_2}} && \|\boldsymbol{\sigma}_{\hat{M}}\|_0\\ &\text{满足} && \hat{M}(i,j)=M(i,j),\quad (i,j)\in\Omega\end{aligned}\tag{19.120}$$

已证明，假设存在一个唯一的低秩矩阵，它的元素是特定的已知项，则式(19.120)中的任务会导致精确解[33]。但是，与稀疏向量情形相比，矩阵补全问题中矩阵的唯一性更为复杂。以下讨论对于式(19.120)中任务的唯一性起着至关重要的作用。

1）如果已知项的数目小于自由度的数目，即 $N<d_M$，则无论如何也无法恢复丢失项，
1097 因为会存在与 N 个已知项一致的无穷多个低秩矩阵。

2）即使 $N \geqslant d_M$，也不能保证唯一性。对 N 个元素在 Ω 中的索引有这样的要求：每列至少有一项，每行至少有一项。否则，即使是秩 1 矩阵 $M=\sigma_1 \boldsymbol{u}_1 \boldsymbol{v}_1^{\mathrm{T}}$ 也无法恢复。一个简单的例子可说明这一点。假设 M 是秩 1 矩阵，并且在第一列和最后一行中没有任何观测到的项。于是，由于对于这种情况 $M(i,j)=\sigma_1 u_{1i} v_{1j}$，显然关于 $\boldsymbol{v}_1$ 的第一个分量以及 $\boldsymbol{u}_1$ 的最后一个分量并没有什么可用的信息，因此，无论使用哪种方法都不可能恢复这些奇异向量分量。即矩阵无法补全。另一方面，如果 Ω 中的元素是随机选取的且 N 足够大，则我们可期望它满足上述要求，即每行和每列至少有一个观测到的项，且这种情况的概率很高。已经证明，该问题类似于概率论中著名的定理，即*优惠券收集问题*。据此，则至少需要 $N=C_0 l\ln l$ 个项，其中 C_0 是常数[134]。这是任何低秩矩阵精确补全的信息论的理论极限[35]。

3）即使满足了上述两点，也不能保证唯一性。事实上，并不是每一个低阶矩阵都易于精确补全，不管观测到的项的数量和位置如何。同样让我们通过一个例子来说明这一点，假设其中一个奇异向量是稀疏的。不失一般性，令第三个左奇异向量 $\boldsymbol{u}_3$ 是稀疏的且稀疏水平 $k=1$，并令其非零分量是第一个分量，也就是 $u_{31} \neq 0$。假设其余的 $\boldsymbol{u}_i$ 和所有 $\boldsymbol{v}_i$ 都是稠密的。让我们回到式(19.119)中的 SVD。可以看出矩阵 M 被写成 r 个 $l_1 \times l_2$ 的矩阵 $\sigma_i \boldsymbol{u}_i \boldsymbol{v}_i^{\mathrm{T}}$，$i=1,2,\cdots,r$ 的和。因此，在这个特定的情况下（其中 $\boldsymbol{u}_3$ 是稀疏度 $k=1$ 的向量），矩阵 $\sigma_3 \boldsymbol{u}_3 \boldsymbol{v}_3^{\mathrm{T}}$ 除了第一行外，其他地方都是零。换句话说，$\sigma_3 \boldsymbol{u}_3 \boldsymbol{v}_3^{\mathrm{T}}$ 给 M 的求解所带来的信息只集中在其第一行。我们也可以从另一个角度来看待这种方法，即除第一行外，从其他任何一行得到的 M 的元素都不能提供关于自由参数 σ_3、$\boldsymbol{u}_3$、$\boldsymbol{v}_3$ 的值的任何有用信息。因此，在这种情况下，除非具有关于奇异向量稀疏性的额外信息，否则第一行中丢失的项是不可恢复的，因为与该行相关的参数数量大于可用的数据数量。

直观地，当一个矩阵具有稠密奇异向量时，最好将其呈现为精确补全，因为在观测到的矩阵项中，每一项都携带所有 d_M 参数关联的信息，可用来完全描述它。为此，研究者建立了评价奇异向量适用性的若干条件。下面给出了最简单的一个[33]：

$$\|\boldsymbol{u}_i\|_\infty \leqslant \sqrt{\frac{\mu_B}{l_1}}, \quad \|\boldsymbol{v}_i\|_\infty \leqslant \sqrt{\frac{\mu_B}{l_2}}, \ i=1,\cdots,r \tag{19.121}$$

其中 μ_B 是一个绑定参数。实际上，μ_B 是矩阵 U（相对于标准基）的相干性的度量（类似地，也是 V 的）[⊖]，其定义如下：

1098
$$\mu(U) := \frac{l_1}{r} \max_{1 \leqslant i \leqslant l_1} \|P_U \boldsymbol{e}_i\|^2 \tag{19.122}$$

其中 P_U 定义了到子空间 U 的正交投影，$\boldsymbol{e}_i$ 是标准基的第 i 个向量。注意，当 U 是 SVD 的结果时，那么 $\|P_U \boldsymbol{e}_i\|^2=\|U^{\mathrm{T}} \boldsymbol{e}_i\|^2$。实质上，相干性就是这样一个指标，它量化了奇异向量与标准基 $\boldsymbol{e}_i$，$i=1,2,\cdots,l$ 相关的程度。μ_B 越小，奇异向量就很可能越“不尖”，对应的矩阵就更适合精确补全。实际上，简单起见，假设 M 是一个方阵，即 $l_1=l_2=l$，则如果奇异向量中的任何一个是稀疏的且这个稀疏向量只有一个非零分量，那么考虑到 $\boldsymbol{u}_i^{\mathrm{T}} \boldsymbol{u}_i = \boldsymbol{v}_i^{\mathrm{T}} \boldsymbol{v}_i = 1$，这个分量的绝对值将等于 1 且绑定参数将取得它最大可能值，即 $\mu_B=l$。另一方面，μ_B 可能的较小值是 1，当所有奇异向量的分量都具有相同的值（绝对值）时会就发生

⊖ 这与 9.6.1 节中讨论的互相干是不同的量。

这种情况。注意，在这种情况下，由于归一化，这个公共分量的大小为 $1/l$。一个矩阵相干性的更紧的界来源于更精心设计的非相干性质[33, 151]和强非相干性质[35]。在所有情况下，绑定参数越大，已知项就越多，这是保证唯一性所必需的。

19.10.3 节将基于一个实际应用的背景来讨论唯一性的各个方面。

在式(19.120)中提出的任务是一个 NP-难问题，所以它的实际应用受到局限。因此，借用第 9 章中的方法，ℓ_0(伪)范数被它的一个凸松弛版本所代替，即

$$\begin{aligned} \min_{\hat{M}\in\mathbb{R}^{l_1\times l_2}} \quad & \|\boldsymbol{\sigma}_{\hat{M}}\|_1 \\ \text{满足} \quad & \hat{M}(i,j)=M(i,j), \quad (i,j)\in\Omega \end{aligned} \tag{19.123}$$

其中 $\|\boldsymbol{\sigma}_{\hat{M}}\|_1$，即奇异值之和，被称为矩阵 $\hat{M}$ 的核范数，通常表示为 $\|\hat{M}\|_*$。文献[74]中提出核范数极小化可作为秩最小化的一种凸逼近且可转换为一个半定规划任务。

定理 19.1 令 M 是秩为 r 的 $l_1\times l_2$ 矩阵，r 是一个常数，远小于 $l=\min(l_1,l_2)$，服从式(19.121)。假设我们观测到的 M 的 N 个项的位置是随机均匀采样的。那么，存在一个正常数 C，使得如果

$$N\geqslant C\mu_B^4 l\ln^2 l \tag{19.124}$$

则 M 以至少 $1-l^{-3}$ 的概率是式(19.123)中任务的唯一解。

为了判断对应矩阵是否符合“低秩”标准，秩应该有多小可能存在歧义。更严格地说，如果 $r=\mathcal{O}(1)$，则称矩阵为低秩，这意味着 r 是一个不依赖 l 的常数(甚至不是对数关系)。对于更一般的秩是其他值的情形，矩阵补全也是可能的，其中采用了非相干性以及强非相干性[33, 35, 87, 151]，而不是式(19.121)中的轻度相干性，以获得类似的理论保证。对这些替代方案的详细介绍超出了本书的范围。事实上，定理 19.1 体现了矩阵补全问题的本质：核极小化以高概率无误差地恢复低秩矩阵 M 的所有元素。更重要的是， 1099
凸松弛问题所需的元素数目 N 只比信息论极限大一个对数因子，如前所述，该极限等于 $C_0 l\ln l$。而且，与压缩感知类似，存在噪声情况下的鲁棒矩阵补全也是可能的，只要将式(19.120)和式(19.123)中的要求 $\hat{M}(i,j)=M(i,j)$ 替换为 $|\hat{M}(i,j)-M(i,j)|_2\leqslant\epsilon$[34]。而且，矩阵补全的概念也被扩展到张量(如[77, 165])。

19.10.2 鲁棒 PCA

最近，矩阵补全理论的发展导致了另一个具有重要意义的问题的形成和解决。为此，引入符号 $\|M\|_1$，即矩阵的 ℓ_1 范数，并将其定义为所有元素的绝对值之和，即 $\|M\|_1=\sum_{i=1}^{l_1}\sum_{j=1}^{l_2}|M(i,j)|$。换句话说，它作用于矩阵，就好像这是一个很长的向量。

现在假设 M 表示为低秩矩阵 L 和稀疏矩阵 S 的和，即 $M=L+S$。考虑以下凸极小化问题[36, 43, 187, 193]，它通常称为主成分追踪(PCP)：

$$\min_{\hat{L},\hat{S}} \quad \|\boldsymbol{\sigma}_M\|_1+\lambda\|\hat{S}\|_1 \tag{19.125}$$

$$\text{满足} \quad \hat{L}+\hat{S}=M \tag{19.126}$$

其中 $\hat{L}$、$\hat{S}$ 均为 $l_1\times l_2$ 矩阵。可以证明，根据以下定理，求解式(19.125)和式(19.126)中的任务可同时恢复 L 和 S[36]。

定理 19.2 假如有如下条件，PCP 恢复 L 和 S 的概率至少为 $1-cl_1^{-10}$，其中 c 是一个常数：

1. S 的支撑集 Ω 均匀分布在所有基数为 N 的集合中。

2. S 的非零元的个数 k 相对较小，即 $k \leqslant \rho l_1 l_2$，其中 ρ 是足够小的正常数。

3. L 服从非相干性质。

4. 正则化参数 λ 是常数，值为 $\lambda = 1\ \sqrt{l_2}$。

5. $\operatorname{rank}(L) \leqslant C \dfrac{l_2}{\ln^2 l_1}$，其中 C 为常数。

换言之，基于两个未知矩阵 L 和 S(第一个为低秩矩阵，第二个为稀疏矩阵)之和的矩阵 M 的所有项，则 PCP 可以几乎为 1 的概率精确恢复 L 和 S。无论 S 的元素的个数为多少，只要 r 和 k 都足够小即可。

前一项任务的适用范围非常广泛。例如，可以采用 PCP 来找到 M 的低秩逼近。与标准 PCA(SVD)方法相反，PCP 是一种鲁棒的方法，它对离群点的存在并不敏感，因为它是利用 S 进行自然建模的。注意到离群点本来就是稀疏的，因此，上述任务被广泛地称为核范数最小化的鲁棒 PCA。(众所周知，更经典的 PCA 技术对离群值非常敏感，过去曾有人
1100 提出了许多替代方法来实现它的鲁棒性，如[98，109]。)

当将 PCP 用作鲁棒 PCA 的方法时，我们感兴趣的矩阵是 L，而 S 表示离群值。但是，PCP 可同时估计 L 和 S。正如我们将很快讨论的那样，当关注的焦点转向稀疏矩阵 S 本身时，PCP 会很好地适应另一类应用。

附注 19.8

- 正如 ℓ_1 极小化是稀疏建模中 ℓ_0 极小化的最紧的凸松弛一样，核范数极小化也是 NP-难秩极小化任务最紧的凸松弛。除了核范数外，研究者还提出了其他启发式方法，如对数行列式启发式方法[74]和最大范数方法[76]。
- 作为一种秩最小化方法，核范数是迹相关代价的一种推广，在控制领域经常用于半正定矩阵的秩最小化[133]。实际上，当矩阵是对称的且半正定时，M 的核范数是特征值之和，因此，它等于 M 的迹。例如，当秩最小化任务涉及协方差矩阵和半正定的特普利茨或汉克尔矩阵(参见[74])时，就会出现这样的问题。
- 矩阵补全(式(19.123))和 PCP(式(19.126))都可以表示为半定规划问题，并基于内点法求解。但是，当矩阵的规模变大时(例如，100×100)，这些方法在实践中将由于过高的计算负载和内存需求而无法求解。因此，人们对开发有效的方法来解决优化任务或相关近似任务的兴趣越来越大，这推动了大量的研究工作。如第 9 章所述，这些方法中的许多都围绕着迭代软阈值和硬阈值技术的思想。但是，在当前的低秩近似设置中，是对估计矩阵的奇异值进行阈值处理。因此，每次迭代中，在对其奇异值进行阈值化后，估计矩阵的秩往往较低。要么施加奇异值的阈值(例如在奇异值阈值(SVT)算法的情况下[31])，要么得到了式(19.123)和式(19.126)的正则化版本的解(参见[48，177])。而且，研究者还提出了受贪心方法(如 CoSaMP)所启发的算法(参见[124，183])。
- 即使定理 19.2 的一些约束条件被放宽，研究者也开发了保证精确矩阵恢复的改进版 PCP(参见[78])。某种意义上带矩阵补全的 PCP 和压缩感知的融合也是可能的，如果只有 M 的元素的一个子集可用或是只有压缩感知风格的矩阵线性测量值可用而非矩阵元素可用(如[183，188])。而且，还有人研究了处理噪声的 PCP 稳定版本(参见[199])。

19.10.3　矩阵补全和鲁棒 PCA 的应用

这些技术所涉及的应用不断增加，对它们更广泛的介绍已经超出了本书的范围。接下

来，我们将有选择地讨论一些关键应用，以揭示这些方法的潜力，同时帮助读者更好地理解基本概念。

1. 矩阵补全

矩阵补全问题出现的一种典型应用是协同过滤任务(如[167])，它对于建立一个成功的推荐系统是必不可少的。让我们考虑一组用户提供对他们喜欢的产品的评分。他们可以填写一个评分矩阵，其中每一行对应一个不同的用户，列对应产品。一个流行的例子是，产品是不同的电影。评分矩阵将不可避免地只是部分填充，这是因为并非所有客户都看过所有电影并提交了所有电影的评分。矩阵补全提供了一个对下述问题可能是肯定的答案：我们能预测用户给他们尚未看过的电影的打分吗？这就是一个推荐系统的任务，以推动用户去看可能是他们的偏好的电影。竞争著名的 Netflix 奖㊀的目标就是开发这样一个推荐系统。 1101

上述问题提供了一个很好的机会来建立我们对矩阵补全任务的直觉。首先，一个人对电影的偏好或品味通常由少数因素决定，例如性别、出现在电影中的演员、出生地等。因此，一个填满评分的矩阵可预期是低秩的。而且，每个用户都需要对至少一部电影打分，以便有希望填上他对所有电影的评分。对每部电影也是如此。此要求符合 19.10.1 节中关于唯一性的第二个假设，即每行和每列至少需要知道一个元素。最后，想象一个用户对电影的评分标准与其他用户使用的标准完全不同。例如，一个用户可以随机给出评分，或者根据电影片名的第一个字母来提供评分。这个特定用户的评分不能用建模其他用户评分的奇异向量来描述。因此，对于这种情况，矩阵的秩增加 1，并且该用户的偏好将由额外的一组左奇异向量和右奇异向量来描述。但是，对应的左奇异向量将包含单个非零分量，其位置对应此用户那行，而右奇异向量将包含其归一化为单位范数的评分。如前所述，这种情况符合关于矩阵补全问题唯一性中的第三点。除非特定用户的所有评分都已知，否则矩阵无法完全补全。

矩阵补全的其他应用包括系统识别[128]、运动结构恢复[46]、多任务学习[10]和传感器网络定位[136]。

2. 鲁棒 PCA/PCP

在协同过滤任务中，鲁棒 PCA 较之矩阵补全提供了一个额外的属性，这在实践中证明是非常关键的。用户甚至被允许篡改一些评分，而不会影响低秩矩阵估计。当评分过程涉及一个环境中的许多人，并未严格控制时，情况似乎就是这样，因为其中一些人偶尔可能以一种特别的甚至是恶意的方式来打分。

PCP 最早的应用之一是在视频监控系统中(如[36])，其背后的主要思想看起来很流行，可以扩展到许多计算机视觉应用中。例如，一部照相机记录一系列的帧，这些帧仅由一个静态背景和一个只有少数移动物体(如车辆或人)的前景组成。监控记录中的一个常见任务是从背景中提取前景，以便检测任何活动或者进行进一步处理，例如人脸识别。假设连续的帧按字典序转换为向量，然后作为矩阵 M 的列。即使图片背景可能会有轻微的变化，例如由于光照的变化，但相继的列预期是高度相关的。因此，背景对矩阵 M 的贡献可被建模为近似低秩矩阵 L。另一方面，前景中的物体可被认为是“异常”部分，且只对应于每个帧中的一小部分的像素，即 M 的每一列中的有限个元素。而且，由于前景物体的运动，这些异常的位置很可能从 M 的一列变化到下一列。因此，它们可以被建模为稀疏矩阵 S。 1102

接下来我们将上述讨论的思想应用于从购物中心的监视摄像机中获得的视频[129]，并利用一个专用的加速近端梯度算法来求解相应的 PCP 任务[130]，其结果如图 19.21 所

㊀ 参见 http://www.netflixprize.com/。

示。特别地，图中绘制了两个随机选择的帧，以及从矩阵 L 和 S 恢复的图像。

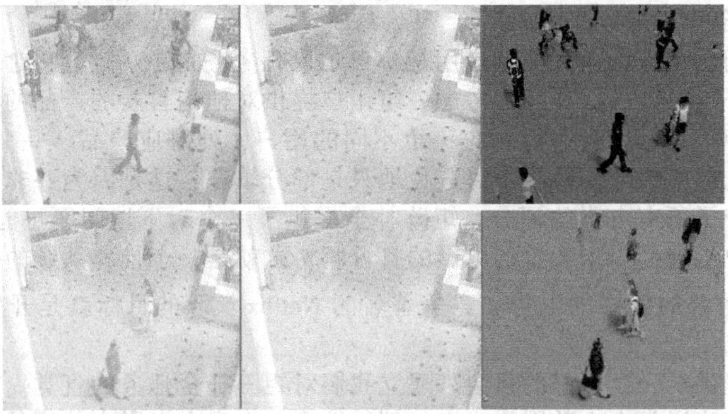

图 19.21　利用 PCP 算法实现图像的背景和前景分离

19.11　实例研究：fMRI 数据分析

在大脑中，涉及动作、感知、认知等的任务是通过同时激活一些所谓的*功能性脑网络*（FBN）来完成的，这些网络通过适当的交互以有效地执行任务。这类神经网络通常与低级的大脑功能有关，它们被定义为一些*隔离的*专门的大脑小区域，可能分布在整个大脑。对每个 FBN，涉及的隔离脑区域定义了空间图，刻画了特定的 FBN。而且，这些脑区域，解
1103 剖学上无论远近，都显示出强功能连通性，这表现为在这些区域的激活时间模式中很强的相干性。这种功能性脑网络的例子有视觉、感觉、听觉、静息状态、背侧注意以及执行控制网络[148]。

功能磁共振成像（fMRI）[131]是一种强大的无创性工具，用于检测大脑随时间的活动。最常见的一种方案是，它基于*血氧水平依赖*（BOLD）对比，即是检测大脑活动区域内含氧血的血流动力学的局部变化。这是通过利用氧饱和血红蛋白和去氧饱和血红蛋白的不同磁性来实现的。将检测到的 fMRI 信号记录在空间（三维）域和时间（一维）域。空间域用三维网格分割成边长 3～5mm 的单元立方体，称为*体素*。也就是说，一个完整的体扫描通常包含 64×64×48 个体素，在一到两秒钟内被获取[131]。依赖于充分的、可以有效补偿可能的时间延迟和其他伪影的后期处理[131]，我们可以相当准确地假设每次采集都是瞬时执行的。例如，对应一次扫描的共 l 个体素，它被收集到一个平坦的（行）一维向量 $\boldsymbol{x}_n \in \mathbb{R}^l$ 中。考虑 $n=1,2,\cdots,N$ 次连续的数据采集，全部数据被收集到一个数据矩阵 $X \in \mathbb{R}^{N\times l}$ 中。因此，X 中的每一列 $i=1,2,\cdots,l$ 表示对应第 i 个体素的数值随时间的变化。每行 $n=1,2,\cdots,N$ 对应在相应时刻 n 的所有 l 个体素上的激活模式。

记录的体素值是多个 FBN 的累积贡献的结果，其中每个 FBN 按照特定的时间模式被激活，这依赖于大脑所执行的任务。我们可根据如下的数据矩阵因子分解对此问题进行数学建模：

$$X = \sum_{j=1}^{m} \boldsymbol{a}_j \boldsymbol{z}_j^{\mathrm{T}} := AZ \tag{19.127}$$

其中 $\boldsymbol{z}_j \in \mathbb{R}^l$ 是潜变量的一个稀疏向量，它表示第 j 个 FBN 的空间图，其非零值仅存在于特定 FBN 相关联的大脑区域对应的位置上，$\boldsymbol{a}_j \in \mathbb{R}^N$ 表示各个 FBN 的激活时间过程。该模型

假设 m 个 FBN 已经被激活。为了更好地理解这个模型，以只激活一组大脑区域(一个 FBN)的极端情况为例。则矩阵 X 可以被写成

$$X=\boldsymbol{a}_1\boldsymbol{z}_1^{\mathrm{T}}:=\begin{bmatrix}a_1(1)\\a_1(2)\\\vdots\\a_1(N)\end{bmatrix}\underbrace{[\cdots,*,\cdots,*,\cdots,*,\cdots,]}_{l(\text{体素})},$$

其中 * 表示非零元素(FBN 中的活动体素)，点表示零元素。根据这个模型可以看出，X 的第 n 行中的所有非零元素都是由 $\boldsymbol{z}_1$ 的非零元素乘以相同值 $a_1(n)$，$n=1,2,\cdots,N$。如果现在有两个 FBN 处于活动状态，则数据矩阵的模型变为

$$X=\boldsymbol{a}_1\boldsymbol{z}_1^{\mathrm{T}}+\boldsymbol{a}_2\boldsymbol{z}_2^{\mathrm{T}}=[\boldsymbol{a}_1,\boldsymbol{a}_2]\begin{bmatrix}\boldsymbol{z}_1^{\mathrm{T}}\\\boldsymbol{z}_2^{\mathrm{T}}\end{bmatrix}$$

很显然，对于 m 个 FBN，可得到式(19.127)的结果。 1104

fMRI 分析的主要目标之一是检测、研究和刻画不同的 FBN，并将它们与特定的精神和身体活动联系起来。为了达到这一目的，受试(人)接受功能性核磁共振成像时，要经过精心设计的实验程序，以便尽可能地控制 FBN 的激活。

ICA 已经成功地用于 fMRI 中的矩阵分解，也就是说，用于估计前述的矩阵 A 和 Z。如果我们将 X 的每一列都认为是随机向量 $\mathbf{x}$ 的实现，那么 fMRI 的数据生成机制可以仿照经典 ICA 潜模型进行建模，即 $\mathbf{x}=A\mathbf{s}$，其中 $\mathbf{s}$ 的分量是统计独立的，A 是未知的混合矩阵。ICA 的目标是恢复分离矩阵 W 和 Z。矩阵 A 是从 W 获得的。在 fMRI 任务中应用 ICA 的合理性可通过如下论证来说明。矩阵 Z 中同一列的非零元对每个时刻 n 下 X 中单个元素的形成有贡献，且它们对应不同的 FBN。因此，可以假设它们对应两个统计独立的数据源。

由于 ICA 方法在 X 上的应用，我们希望得到的矩阵 Z 的每一行都可以与一个 FBN(即一个空间活动图)相关联。而且，A 的对应列可以表示为相应的时间激活模式。

接下来该方法将被应用于以下实验过程[61]：向受试者呈现一种视觉模式，在该模式中，在左右视觉端以 8Hz 的频率间歇性地显示一个每次黑白翻转的棋盘，每次持续 30 秒。这是功能磁共振成像中典型的块设计范式，包含三种不同的受试者暴露条件，即左边的棋盘(红色方块)，右边的棋盘(黑色方块)，以及没有视觉刺激(白色方块)。在整个实验过程中，受试者被要求集中注意力在中心的十字上(图 19.22)。有关扫描过程和数据预处理的更多详细信息，请参见[61]。它采用了 fMRI 工具箱(GIFT)[⊖]仿真工具中的分组 ICA。

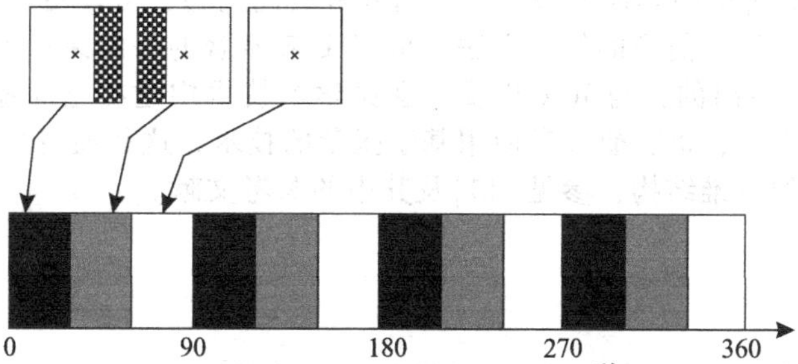

图 19.22　使用的 fMRI 实验过程

⊖ 可从 http://mialab.mrn.org/software/gift/获得。

1105 将 ICA 作用于获得的数据集[⊖]，可计算出前述矩阵 Z 和 A。理想情况下，Z 中至少有一些行可以构成真实 FBN 的空间图，而 A 的对应列应表示相应 FBN 的激活模式，这些 FBN 对应特定实验过程。

如图 19.23 所示，结果很好。特别是，图 19.23a 和 b 显示了两个不同的时间过程（A 的列）。对每个时间过程，我们只考虑关联的空间图的一部分（对应的 Z 行），它表示大脑切片所对应的体素。被激活的区域（红色）是与左侧（a）和右侧（b）视觉皮层相对应的区域，是大脑中负责处理视觉信息的区域。根据具体实验程序的特点，我们可以预期该部分被激活。更有趣的是，如图 19.23c 所示，由两个时间过程表示的两个激活模式很好地符合了两个不同条件，即将期盼放置在受试者关注点的左侧或右侧。

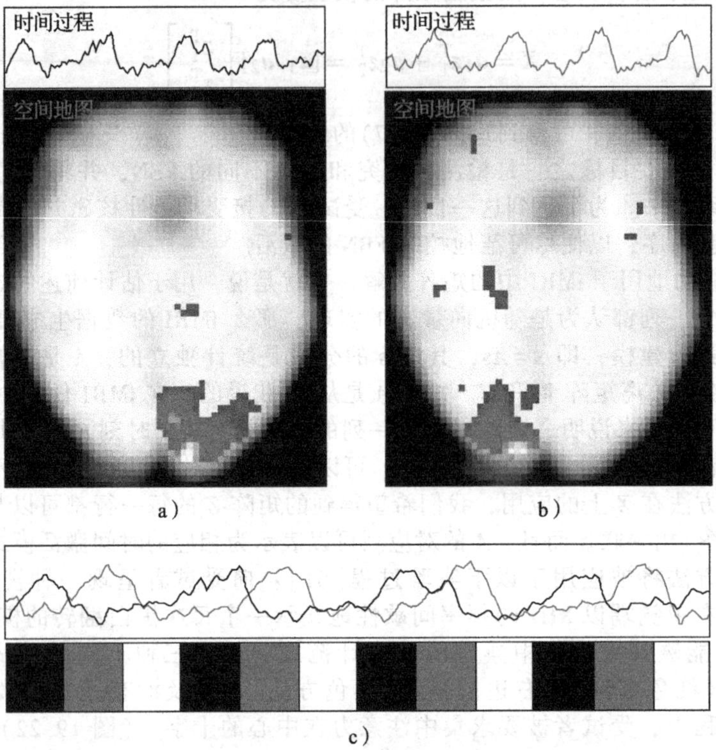

图 19.23　两个时间过程很符合 fMRI 的实验设置

除了 ICA，本章讨论的其他方法也可以用来解决此问题，可以更好地利用 X 的低秩性质。字典学习是一个很有前途的候选方法，可以带来显著的好结果（参见[11，116，140，181]）。如之前已经指出的，与 ICA 相反，字典学习技术构建在空间地图的稀疏性质上。
1106 除了矩阵分解技术之外，也有研究者使用基于张量的技术，这是通过相关低秩张量分解实现的，可利用大脑的三维结构，参见[45]及其中的参考文献。

习题

19.1　证明 PCA 中的第二主成分是对应第二大特征值的特征向量。

19.2　证明与 CCA 相关联的一对方向，它们最大化相应相关系数，并满足下面的一对关系，即

⊖　具体数据集以 GIFT 测试数据的方式提供。

$$\Sigma_{xy}\boldsymbol{u}_y=\lambda\Sigma_{xx}\boldsymbol{u}_x$$
$$\Sigma_{yx}\boldsymbol{u}_x=\lambda\Sigma_{yy}\boldsymbol{u}_y$$

19.3 给出验证 k-SVD 收敛性的说明。

19.4 证明式(19.83)和式(19.89)是相同的。

19.5 证明当 $\sigma_2 \to 0$ 时，ML PPCA 趋近于 PCA。

19.6 证明式(19.91)和式(19.92)。

19.7 证明式(19.102)。

19.8 证明秩 r 矩阵的自由度数等于 $r(l_1+l_2)-r^2$。

MATLAB 练习

19.9 本练习复现了例 19.1 的结果。可以从本书配套网站上下载人脸图片，并使用 MATLAB 函数 imread.m 逐个读入图片，并将它们作为列存储在矩阵 X 中。然后，计算并减去平均值，使得行为零均值。

一种直接计算特征向量(特征脸)的方法是使用 MATLAB 函数 svd.m 对矩阵 X 执行 SVD，即 $X=UDV^{\mathrm{T}}$。这样，特征脸就是 U 的列。但是因为 X 有太多的行，这需要大量的计算。或者，你可以按以下步骤进行。首先计算乘积 $A=X^{\mathrm{T}}X$，然后计算 A 的 SVD(使用 MATLAB 函数 SVD.m)，以便通过 $A=VD^2V^{\mathrm{T}}$ 计算 X 的右奇异向量。然后根据 $\boldsymbol{u}_i=X\boldsymbol{v}_i/\sigma_i$ 计算每个特征脸，其中 σ_i 是 SVD 的第 i 个奇异值。最后，随机选择一张脸，并使用前 5、30、100 和 600 个特征向量重建它。

19.10 选择一张人脸图像，使用除它之外的所有人脸图像来重新计算特征脸，如 MATLAB 练习 19.9。然后使用前 300 个和前 1000 个特征向量重建未参与特征脸计算的人脸图像。重建后的人脸是否接近真实的人脸?

19.11 从链接下载快速 ICA 的 MATLAB 软件包[㊀]，以便再现 19.5.5 节中描述的鸡尾酒会示例的结果。两种声音和音乐信号可以从本书配套网站下载，并使用 MATLAB 函数 wavread.m 来读取。生成一个随机混合矩阵 $A(3\times3)$ 并用它生成 3 个混合信号。其中每个混合信号都模拟了每个麦克风中接收到的信号。然后，应用 FastICA 估计源信号。使用 MATLAB 函数 wavplay.m 收听原始信号、混合信号和恢复信号。重复前面的步骤执行，使用 PCA 而不是 ICA 算法，并与前面的结果比较。 1107

19.12 本练习再现例 19.5 中基于词典学习的去噪方法。可以从本书配套网站上获得船的图像。而且，可以根据 19.6 节实现 k-SVD 算法，也可下载并使用配套网站上的实现[㊁]。

接下来的步骤是：首先，使用 MATLAB 函数 im2col.m 从图像中提取大小为 12×12 的所有可能的滑动分片，并将其作为列存储在矩阵 X 中。使用该矩阵，训练一个大小为(144×196)的超完备字典 Ψ，在 $T_0=5$ 的条件下，进行 100 次 k-SVD 迭代。对于第一次迭代，初始字典原子从零均值高斯分布中抽取，并将其归一化为单位范数。下一步，分别对每个图像分片去噪。特别地，假设 $\boldsymbol{y}_i$ 是在列向量中恢复的第 i 个分片，使用 OMP(10.2.1 节)来估计稀疏向量 $\boldsymbol{\theta}_i\in\mathbb{R}^{196}$，其中 $\|\boldsymbol{\theta}_i\|_0=5$ 使得 $\|\boldsymbol{y}_i-A\boldsymbol{\theta}_i\|$ 很小。于是，$\hat{\boldsymbol{y}}_i=\Psi\boldsymbol{\theta}_i$ 就是第 i 个去噪块。最后，对重叠的分片求平均值，形成完整的去噪图像。

19.13 从链接 http://perception.i2r.a-star.edu.sg/bk_model/bk_index.html 下载其中一个视频(它们以位图图像序列的形式提供)。

在 19.10.3 节中，使用了“购物中心”的位图图像序列。利用 MATLAB 函数 imread.m 逐个读取位图图像，然后使用 rgb2gray.m 将其从彩色转换为灰度，最后将其作为列存储在矩阵 X 中。从链接 http://perception.csl.illinois.edu/matrix-rank/sample_code.html 下载执行鲁棒 PCA 任务的算法的一个 MATLAB 实现。

“加速近端梯度”法以及伴随的 MATLAB 函数 proximal_gradient_rpca.m 是一个很好的、易用的选择。设置 $\lambda=0.01$。但请注意，根据所使用的视频，此正则化参数可能需要进行微调。

㊀ 参见 http://research.ics.aalto.fi/ica/fastica/。

㊁ 参见 http://www.cs.technion.ac.il/~elad/software/。

参考文献

[1] D. Achlioptas, F. McSherry, Fast computation of low rank approximations, in: Proceedings of the ACM STOC Conference, 2001, pp. 611–618.

[2] T. Adali, H. Li, M. Novey, J.F. Cardoso, Complex ICA using nonlinear functions, IEEE Trans. Signal Process. 56 (9) (2008) 4536–4544.

[3] T. Adali, M. Anderson, G.S. Fu, Diversity in independent component and vector analyses: identifiability, algorithms, and applications in medical imaging, IEEE Signal Process. Mag. 31 (3) (2014) 18–33.

[4] M. Aharon, M. Elad, A. Bruckstein, *k*-SVD: an algorithm for designing overcomplete dictionaries for sparse representation, IEEE Trans. Signal Process. 54 (11) (2006) 4311–4322.

[5] T.W. Anderson, Asymptotic theory for principal component analysis, Ann. Math. Stat. 34 (1963) 122–148.

1108 [6] T.W. Anderson, An Introduction to Multivariate Analysis, second ed., John Wiley, New York, 1984.

[7] M. Anderson, X.L. Li, T. Adali, Joint blind source separation with multivariate Gaussian model: algorithms and performance analysis, IEEE Trans. Signal Process. 60 (4) (2012) 2049–2055.

[8] C. Archambeau, F. Bach, Sparse probabilistic projections, in: D. Koller, D. Schuurmans, Y. Bengio, L. Bottou (Eds.), Neural Information Processing Systems, NIPS, Vancouver, Canada, 2008.

[9] J. Arenas-García, K.B. Petersen, G. Camps-Valls, L.K. Hansen, Kernel multivariate analysis framework for supervised subspace learning, IEEE Signal Process. Mag. 30 (4) (2013) 16–29.

[10] A. Argyriou, T. Evgeniou, M. Pontil, Multi-task feature learning, in: Advances in Neural Information Processing Systems, vol. 19, MIT Press, Cambridge, MA, 2007.

[11] V. Abolghasemi, S. Ferdowsi, S. Sanei, Fast and incoherent dictionary learning algorithms with application to fMRI, Signal Image Video Process. (2013), https://doi.org/10.1007/s11760-013-0429-2.

[12] G.I. Allen, Sparse and functional principal components analysis, arXiv preprint, arXiv:1309.2895, 2013.

[13] F.R. Bach, M.I. Jordan, Kernel independent component analysis, J. Mach. Learn. Res. 3 (2002) 1–48.

[14] F. Bach, R. Jenatton, J. Mairal, G. Obozinski, Structured sparsity through convex optimization, Stat. Sci. 27 (4) (2012) 450–468.

[15] F. Bach, M. Jordan, A Probabilistic Interpretation of Canonical Correlation Analysis, Technical Report 688, University of Berkeley, 2005.

[16] E. Barshan, A. Ghodsi, Z. Azimifar, M.Z. Jahromi, Supervised principal component analysis: visualization, classification and regression on subspaces and submanifolds, Pattern Recognit. 44 (2011) 1357–1371.

[17] H.B. Barlow, Unsupervised learning, Neural Comput. 1 (1989) 295–311.

[18] A.J. Bell, T.J. Sejnowski, An information maximization approach to blind separation and blind deconvolution, Neural Comput. 7 (1995) 1129–1159.

[19] M. Belkin, P. Niyogi, Laplacian eigenmaps for dimensionality reduction and data representation, Neural Comput. 15 (6) (2003) 1373–1396.

[20] E. Benetos, M. Kotti, C. Kotropoulos, Applying supervised classifiers based on non-negative matrix factorization to musical instrument classification, in: Proceedings IEEE International Conference on Multimedia and Expo, Toronto, Canada, 2006, pp. 2105–2108.

[21] Y. Bengio, J.-F. Paiement, P. Vincent, O. Delalleau, N. Le Roux, M. Quimet, Out of sample extensions for LLE, Isomap, MDS, eigenmaps and spectral clustering, in: S. Thrun, L. Saul, B. Schölkopf (Eds.), Advances in Neural Information Processing Systems Conference, MIT Press, Cambridge, MA, 2004.

[22] M. Berry, S. Dumais, G. O'Brie, Using linear algebra for intelligent information retrieval, SIAM Rev. 37 (1995) 573–595.

[23] A. Beygelzimer, S. Kakade, J. Langford, Cover trees for nearest neighbor, in: Proceedings of the 23rd International Conference on Machine Learning, Pittsburgh, PA, 2006.

[24] C.M. Bishop, Variational principal components, in: Proceedings 9th International Conference on Artificial Neural Networks, ICANN, vol. 1, 1999, pp. 509–514.

[25] L. Bolzano, R. Nowak, B. Recht, Online identification and tracking of subspaces from highly incomplete information, arXiv:1006.4046v2 [cs.IT], 12 July 2011.

[26] M. Borga, Canonical Correlation Analysis: a Tutorial, Technical Report, 2001, www.imt.liu.se/~magnus/cca/tutorial/tutorial.pdf.

[27] M. Brand, Charting a manifold, in: Advances in Neural Information Processing Systems, vol. 15, MIT Press, Cambridge, MA, 2003, pp. 985–992.

[28] J.-P. Brunet, P. Tamayo, T.R. Golub, J.P. Mesirov, Meta-genes and molecular pattern discovery using matrix factorization, Proc. Natl. Acad. Sci. 101 (2) (2004) 4164–4169.

[29] C.J.C. Burges, Geometric Methods for Feature Extraction and Dimensional Reduction: A Guided Tour, Technical Report MSR-TR-2004-55, Microsoft Research, 2004.

[30] D. Cai, X. He, Orthogonal locally preserving indexing, in: Proceedings 28th Annual International Conference on Research and Development in Information Retrieval, 2005.

[31] J.-F. Cai, E.J. Candès, Z. Shen, A singular value thresholding algorithm for matrix completion, SIAM J. Optim. 20 (4) (2010) 1956–1982.
[32] F. Camastra, Data dimensionality estimation methods: a survey, Pattern Recognit. 36 (2003) 2945–2954.
[33] E.J. Candès, B. Recht, Exact matrix completion via convex optimization, Found. Comput. Math. 9 (6) (2009) 717–772.
[34] E.J. Candès, P. Yaniv, Matrix completion with noise, Proc. IEEE 98 (6) (2010) 925–936.
[35] E.J. Candès, T. Tao, The power of convex relaxation: near-optimal matrix completion, IEEE Trans. Inf. Theory 56 (3) (2010) 2053–2080. 1109
[36] E.J. Candès, X. Li, Y. Ma, J. Wright, Robust principal component analysis, J. ACM 58 (3) (2011) 1–37.
[37] J.F. Cardoso, Infomax and maximum likelihood for blind source separation, IEEE Signal Process. Lett. 4 (1997) 112–114.
[38] J.-F. Cardoso, Blind signal separation: statistical principles, Proc. IEEE 9 (10) (1998) 2009–2025.
[39] J.-F. Cardoso, High-order contrasts for independent component analysis, Neural Comput. 11 (1) (1999) 157–192.
[40] L. Carin, R.G. Baraniuk, V. Cevher, D. Dunson, M.I. Jordan, G. Sapiro, M.B. Wakin, Learning low-dimensional signal models, IEEE Signal Process. Mag. 34 (2) (2011) 39–51.
[41] V. Casteli, A. Thomasian, C.-S. Li, CSVD: clustering and singular value decomposition for approximate similarity searches in high-dimensional space, IEEE Trans. Knowl. Data Eng. 15 (3) (2003) 671–685.
[42] V. Cevher, P. Indyk, L. Carin, R.G. Baraniuk, Sparse signal recovery and acquisition with graphical models, IEEE Signal Process. Mag. 27 (6) (2010) 92–103.
[43] V. Chandrasekaran, S. Sanghavi, P.A. Parrilo, A.S. Willsky, Rank-sparsity incoherence for matrix decomposition, SIAM J. Optim. 21 (2) (2011) 572–596.
[44] C. Chatfield, A.J. Collins, Introduction to Multivariate Analysis, Chapman Hall, London, 1980.
[45] C. Chatzichristos, E. Kofidis, M. Morante, S. Theodoridis, Blind fMRI source unmixing via higher-order tensor decompositions, J. Neurosci. Methods 315 (8) (2019) 17–47.
[46] P. Chen, D. Suter, Recovering the missing components in a large noisy low-rank matrix: application to SFM, IEEE Trans. Pattern Anal. Mach. Intell. 26 (8) (2004) 1051–1063.
[47] M. Chen, J. Silva, J. Paisley, C. Wang, D. Dunson, L. Carin, Compressive sensing on manifolds using nonparametric mixture of factor analysers: algorithms and performance bounds, IEEE Trans. Signal Process. 58 (12) (2010) 6140–6155.
[48] C. Chen, B. He, X. Yuan, Matrix completion via an alternating direction method, IMA J. Numer. Anal. 32 (2012) 227–245.
[49] J. Chen, Z.J. Towfic, A. Sayed, Dictionary learning over distributed models, IEEE Trans. Signal Process. 63 (4) (2015) 1001–1016.
[50] Y. Chi, Y.C. Eldar, R. Calderbank, PETRELS: subspace estimation and tracking from partial observations, in: IEEE International Conference on Acoustics, Speech and Signal Processing, ICASSP, 2012, pp. 3301–3304.
[51] S. Chouvardas, Y. Kopsinis, S. Theodoridis, An adaptive projected subgradient based algorithm for robust subspace tracking, in: Proc. International Conference on Acoustics Speech and Signal Processing, ICASSP, Florence, Italy, May 4–9, 2014.
[52] S. Chouvardas, Y. Kopsinis, S. Theodoridis, Robust subspace tracking with missing entries: the set-theoretic approach, IEEE Trans. Signal Process. 63 (19) (2015) 5060–5070.
[53] S. Chouvardas, Y. Kopsinis, S. Theodoridis, An online algorithm for distributed dictionary learning, in: Proceedings International Conference on Acoustics, Speech and Signal Processing, ICASSP, 2015, pp. 3292–3296.
[54] M. Chu, F. Diele, R. Plemmons, S. Ragni, Optimality, computation and interpretation of the nonnegative matrix factorization, available at http://www.wfu.edu/~plemmons, 2004.
[55] A. Cichoki, Unsupervised learning algorithms and latent variable models: PCA/SVD, CCA, ICA, NMF, in: R. Chelappa, S. Theodoridis (Eds.), E-Reference for Signal Processing, Academic Press, Boston, 2014.
[56] N.M. Correa, T. Adal, Y.-Q. Li, V.D. Calhoun, Canonical correlation analysis for group fusion and data inferences, IEEE Signal Process. Mag. 27 (4) (2010) 39–50.
[57] P. Comon, Independent component analysis: a new concept, Signal Process. 36 (1994) 287–314.
[58] P. Comon, C. Jutten, Handbook of Blind Source Separation: Independent Component Analysis and Applications, Academic Press, 2010.
[59] T.H. Cormen, C.E. Leiserson, R.L. Rivest, C. Stein, Introduction to Algorithms, second ed., MIT Press/McGraw-Hill, Cambridge, MA, 2001.
[60] T. Cox, M. Cox, Multidimensional Scaling, Chapman & Hall, London, 1994.
[61] V. Calhoun, T. Adali, G. Pearlson, J. Pekar, A method for making group inferences from functional MRI data using independent component analysis, Hum. Brain Mapp. 14 (3) (2001) 140–151.
[62] A. Daneshmand, Y. Sun, G. Scutari, F. Fracchinei, B.M. Sadler, Decentralized dictionary learning over time-varying digraphs, arXiv:1808.05933v1 [math.OC], 17 August 2018.
[63] S. Deerwester, S. Dumais, G. Furnas, T. Landauer, R. Harshman, Indexing by latent semantic analysis, J. Soc. Inf. Sci. 41 (1990) 391–407.
[64] W.R. Dillon, M. Goldstein, Multivariable Analysis Methods and Applications, John Wiley, New York, 1984.
[65] J.P. Dmochowski, P. Sajda, J. Dias, L.C. Parra, Correlated components of ongoing EEG point to emotionally laden attention—a possible marker of engagement? Front. Human Neurosci. 6 (2012), https://doi.org/10.3389/fnhum.2012.00112. 1110

[66] D.L. Donoho, C.E. Grimes, When Does ISOMAP Recover the Natural Parameterization of Families of Articulated Images? Technical Report 2002-27, Department of Statistics, Stanford University, 2002.
[67] D. Donoho, V. Stodden, When does nonnegative matrix factorization give a correct decomposition into parts? in: S. Thrun, L. Saul, B. Schölkopf (Eds.), Advances in Neural Information Processing Systems, MIT Press, Cambridge, MA, 2004.
[68] S.C. Douglas, S. Amari, Natural gradient adaptation, in: S. Haykin (Ed.), Unsupervised Adaptive Filtering, Part I: Blind Source Separation, John Wiley & Sons, New York, 2000, pp. 13–61.
[69] X. Doukopoulos, G.V. Moustakides, Fast and stable subspace tracking, IEEE Trans. Signal Process. 56 (4) (2008) 1452–1465.
[70] V. De Silva, J.B. Tenenbaum, Global versus local methods in nonlinear dimensionality reduction, in: S. Becker, S. Thrun, K. Obermayer (Eds.), Advances in Neural Information Processing Systems, vol. 15, MIT Press, Cambridge, MA, 2003, pp. 721–728.
[71] M. Elad, M. Aharon, Image denoising via sparse and redundant representations over learned dictionaries, IEEE Trans. Image Process. 15 (12) (2006) 3736–3745.
[72] M. Elad, Sparse and Redundant Representations: From Theory to Applications in Signal and Image Processing, Springer, New York, 2010.
[73] K. Engan, S.O. Aase, J.H.A. Husy, Multi-frame compression: theory and design, Signal Process. 80 (10) (2000) 2121–2140.
[74] M. Fazel, H. Hindi, S. Boyd, Rank minimization and applications in system theory, in: Proceedings American Control Conference, vol. 4, 2004, pp. 3273–3278.
[75] D.J. Field, What is the goal of sensory coding? Neural Comput. 6 (1994) 559–601.
[76] R. Foygel, N. Srebro, Concentration-based guarantees for low-rank matrix reconstruction, in: Proceedings, 24th Annual Conference on Learning Theory, COLT, 2011.
[77] S. Gandy, B. Recht, I. Yamada, Tensor completion and low-n-rank tensor recovery via convex optimization, Inverse Probl. 27 (2) (2011) 1–19.
[78] A. Ganesh, J. Wright, X. Li, E.J. Candès, Y. Ma, Dense error correction for low-rank matrices via principal component pursuit, in: Proceedings IEEE International Symposium on Information Theory, 2010, pp. 1513–1517.
[79] Z. Ghahramani, M. Beal, Variational inference for Bayesian mixture of factor analysers, in: Advances in Neural Information Processing Systems, vol. 12, MIT Press, Cambridge, MA, 2000, pp. 449–455.
[80] P. Giampouras, K. Themelis, A. Rontogiannis, K. Koutroumbas, Simultaneously sparse and low-rank abundance matrix estimation for hyperspectral image unmixing, IEEE Trans. Geosci. Remote Sens. 54 (8) (2016) 4775–4789.
[81] M. Girolami, Self-Organizing Neural Networks, Independent Component Analysis and Blind Source Separation, Springer-Verlag, New York, 1999.
[82] M. Girolami, A variational method for learning sparse and overcomplete representations, Neural Comput. 13 (2001) 2517–2532.
[83] G.H. Golub, C.F. Van Loan, Matrix Computations, Johns Hopkins Press, Baltimore, 1989.
[84] S. Gould, The Mismeasure of Man, second ed., Norton, New York, 1981.
[85] R. Gribonval, R. Jenatton, F. Bach, M. Kleinsteuber, M. Seibert, Sample complexity of dictionary learning and other matrix factorizations, IEEE Trans. Inf. Theory 61 (6) (2015) 3469–3486.
[86] R. Gribonval, R. Jenatton, F. Bach, Sparse and spurious: dictionary learning with noise and outliers, IEEE Trans. Inf. Theory 61 (11) (2015) 6298–6319.
[87] D. Gross, Recovering low-rank matrices from few coefficients in any basis, IEEE Trans. Inf. Theory 57 (3) (2011) 1548–1566.
[88] J. Ham, D.D. Lee, S. Mika, B. Schölkopf, A kernel view of the dimensionality reduction of manifolds, in: Proceedings of the 21st International Conference on Machine Learning, Banff, Canada, 2004, pp. 369–376.
[89] D.R. Hardoon, S. Szedmak, J. Shawe-Taylor, Canonical correlation analysis: an overview with application to learning methods, Neural Comput. 16 (2004) 2639–2664.
[90] D.R. Hardoon, J. Shawe-Taylor, Sparse canonical correlation analysis, Mach. Learn. 83 (3) (2011) 331–353.
[91] S. Haykin, Neural Networks: A Comprehensive Foundation, second ed., Prentice Hall, Upper Saddle River, NJ, 1999.
[92] J. He, L. Balzano, J. Lui, Online robust subspace tracking from partial information, arXiv preprint, arXiv:1109.3827, 2011.
[93] J. Hérault, C. Jouten, B. Ans, Détection de grandeurs primitive dans un message composite par une architecture de calcul neuroimimétique en apprentissage non supervisé, in: Actes du Xème colloque GRETSI, Nice, France, 1985,
1111 pp. 1017–1022.
[94] N. Hjort, C. Holmes, P. Muller, S. Walker, Bayesian Nonparametrics, Cambridge University Press, Cambridge, 2010.
[95] H. Hotelling, Analysis of a complex of statistical variables into principal components, J. Educ. Psychol. 24 (1933) 417–441.
[96] H. Hotelling, Relations between two sets of variates, Biometrika 28 (34) (1936) 321–377.
[97] P.J. Huber, Projection pursuit, Ann. Stat. 13 (2) (1985) 435–475.
[98] M. Hubert, P.J. Rousseeuw, K. Vanden Branden, ROBPCA: a new approach to robust principal component analysis, Technometrics 47 (1) (2005) 64–79.

[99] A. Hyvärinen, Fast and robust fixed-point algorithms for independent component analysis, IEEE Trans. Neural Netw. 10 (3) (1999) 626–634.

[100] A. Hyvärinen, J. Karhunen, E. Oja, Independent Component Analysis, John Wiley, New York, 2001.

[101] X. He, P. Niyogi, Locally preserving projections, in: Proceedings Advances in Neural Information Processing Systems Conference, 2003.

[102] B.G. Huang, M. Ramesh, T. Berg, Labeled Faces in the Wild: A Database for Studying Face Recognition in Unconstrained Environments, Technical Report, No. 07-49, University of Massachusetts, Amherst, 2007.

[103] R. Jenssen, Kernel entropy component analysis, IEEE Trans. Pattern Anal. Mach. Intell. 32 (5) (2010) 847–860.

[104] J.E. Jackson, A User's Guide to Principal Components, John Wiley, New York, 1991.

[105] I. Jolliffe, Principal Component Analysis, Springer-Verlag, New York, 1986.

[106] M.C. Jones, R. Sibson, What is projection pursuit? J. R. Stat. Soc. A 150 (1987) 1–36.

[107] C. Jutten, J. Herault, Blind separation of sources, Part I: an adaptive algorithm based on neuromimetic architecture, Signal Process. 24 (1991) 1–10.

[108] C. Jutten, Source separation: from dusk till dawn, in: Proceedings 2nd International Workshop on Independent Component Analysis and Blind Source Separation, ICA'2000, Helsinki, Finland, 2000, pp. 15–26.

[109] J. Karhunen, J. Joutsensalo, Generalizations of principal component analysis, optimization problems, and neural networks, Neural Netw. 8 (4) (1995) 549–562.

[110] J. Kettenring, Canonical analysis of several sets of variables, Biometrika 58 (3) (1971) 433–451.

[111] M.E. Khan, M. Marlin, G. Bouchard, K.P. Murphy, Variational bounds for mixed-data factor analysis, in: J.D. Lafferty, C.K.I. Williams, J. Shawe-Taylor, R.S. Zemel, A. Culotta (Eds.), Neural Information Processing Systems, NIPS, Vancouver, Canada, 2010.

[112] P. Kidmose, D. Looney, M. Ungstrup, M.L. Rank, D.P. Mandic, A study of evoked potentials from ear-EEG, IEEE Trans. Biomed. Eng. 60 (10) (2013) 2824–2830.

[113] A. Klami, S. Virtanen, S. Kaski, Bayesian canonical correlation analysis, J. Mach. Learn. Res. 14 (2013) 965–1003.

[114] O.W. Kwon, T.W. Lee, Phoneme recognition using the ICA-based feature extraction and transformation, Signal Process. 84 (6) (2004) 1005–1021.

[115] S.-Y. Kung, K.I. Diamantaras, J.-S. Taur, Adaptive principal component extraction (APEX) and applications, IEEE Trans. Signal Process. 42 (5) (1994) 1202–1217.

[116] Y. Kopsinis, H. Georgiou, S. Theodoridis, fMRI unmixing via properly adjusted dictionary learning, in: Proceedings of the 20th European Signal Processing Conference, EUSIPCO, 2012, pp. 61–65.

[117] P.L. Lai, C. Fyfe, Kernel and nonlinear canonical correlation analysis, Int. J. Neural Syst. 10 (5) (2000) 365–377.

[118] S. Lafon, A.B. Lee, Diffusion maps and coarse-graining: a unified framework for dimensionality reduction, graph partitioning and data set parameterization, IEEE Trans. Pattern Anal. Mach. Intell. 28 (9) (2006) 1393–1403.

[119] L.D. Lathauer, Signal Processing by Multilinear Algebra, PhD Thesis, Faculty of Engineering, K.U. Leuven, Belgium, 1997.

[120] T.W. Lee, Independent Component Analysis: Theory and Applications, Kluwer, Boston, MA, 1998.

[121] M.H.C. Law, A.K. Jain, Incremental nonlinear dimensionality reduction by manifold learning, IEEE Trans. Pattern Anal. Mach. Intell. 28 (3) (2006) 377–391.

[122] D.D. Lee, S. Seung, Learning the parts of objects by nonnegative matrix factorization, Nature 401 (1999) 788–791.

[123] J.A. Lee, M. Verleysen, Nonlinear Dimensionality Reduction, Springer, New York, 2007.

[124] K. Lee, Y. Bresler, ADMiRA: atomic decomposition for minimum rank approximation, IEEE Trans. Inf. Theory 56 (9) (2010) 4402–4416.

[125] S. Lesage, R. Gribonval, F. Bimbot, L. Benaroya, Learning unions of orthonormal bases with thresholded singular value decomposition, in: IEEE International Conference on Acoustics, Speech and Signal Processing, 2005.

[126] M.S. Lewicki, T.J. Sejnowski, Learning overcomplete representations, Neural Comput. 12 (2000) 337–365. 1112

[127] J. Liang, M. Zhang, X. Zeng, G. Yu, Distributed dictionary learning for sparse representation in sensor networks, IEEE Trans. Image Process. 23 (6) (2014) 2528–2541.

[128] Z. Liu, L. Vandenberghe, Interior-point method for nuclear norm approximation with application to system identification, SIAM J. Matrix Anal. Appl. 31 (3) (2010) 1235–1256.

[129] L. Li, W. Huang, I.-H. Gu, Q. Tian, Statistical modeling of complex backgrounds for foreground object detection, IEEE Trans. Image Process. 13 (11) (2004) 1459–1472.

[130] Z. Lin, A. Ganesh, J. Wright, L. Wu, M. Chen, Y. Ma, Fast convex optimization algorithms for exact recovery of a corrupted low-rank matrix, in: Intl. Workshop on Comp. Adv. in Multi-Sensor Adapt. Processing, Aruba, Dutch Antilles, 2009.

[131] M.A. Lindquist, The statistical analysis of fMRI data, Stat. Sci. 23 (4) (2008) 439–464.

[132] G. Mateos, G.B. Giannakis, Robust PCA as bilinear decomposition with outlier-sparsity regularization, IEEE Trans. Signal Process. 60 (2012) 5176–5190.

[133] M. Mesbahi, G.P. Papavassilopoulos, On the rank minimization problem over a positive semidefinite linear matrix inequality, IEEE Trans. Autom. Control 42 (2) (1997) 239–243.

[134] R. Motwani, P. Raghavan, Randomized Algorithms, Cambridge University Press, Cambridge, 1995.

[135] L. Mackey, Deflation methods for sparse PCA, in: D. Koller, D. Schuurmans, Y. Bengio, L. Bottou (Eds.), Advances in Neural Information Processing Systems, vol. 21, 2009, pp. 1017–1024.
[136] G. Mao, B. Fidan, B.D.O. Anderson, Wireless sensor network localization techniques, Comput. Netw. 51 (10) (2007) 2529–2553.
[137] M. Mardani, G. Mateos, G.B. Giannakis, Subspace learning and imputation for streaming big data matrices and tensors, arXiv preprint, arXiv:1404.4667, 2014.
[138] J. Mairal, M. Elad, G. Sapiro, Sparse representation for color image restoration, IEEE Trans. Image Process. 17 (1) (2008) 53–69.
[139] J. Mairal, F. Bach, J. Ponce, G. Sapiro, Online learning for matrix factorization and sparse coding, J. Mach. Learn. Res. 11 (2010).
[140] M. Morante, Y. Kopsinis, S. Theodoridis, Information assisted dictionary learning for fMRI data analysis, arXiv:1802.01334v2 [stat.ML], 11 May 2018.
[141] M. Novey, T. Adali, Complex ICA by negentropy maximization, IEEE Trans. Neural Netw. 19 (4) (2008) 596–609.
[142] M.A. Nicolaou, S. Zafeiriou, M. Pantic, A unified framework for probabilistic component analysis, in: European Conference Machine Learning and Principles and Practice of Knowledge Discovery in Databases, ECML/PKDD'14, Nancy, France, 2014.
[143] B.A. Olshausen, B.J. Field, Sparse coding with an overcomplete basis set: a strategy employed by v1, Vis. Res. 37 (1997) 3311–3325.
[144] P. Paatero, U. Tapper, R. Aalto, M. Kulmala, Matrix factorization methods for analysis diffusion battery data, J. Aerosol Sci. 22 (Supplement 1) (1991) 273–276.
[145] P. Paatero, U. Tapper, Positive matrix factor model with optimal utilization of error, Environmetrics 5 (1994) 111–126.
[146] K. Pearson, On lines and planes of closest fit to systems of points in space, Lond. Edinb. Dubl. Philos. Mag. J. Sci., Sixth Ser. 2 (1901) 559–572.
[147] A.T. Poulsen, S. Kamronn, L.C. Parra, L.K. Hansen, Bayesian correlated component analysis for inference of joint EEG activation, in: 4th International Workshop on Pattern Recognition in Neuroimaging, 2014.
[148] V. Perlbarg, G. Marrelec, Contribution of exploratory methods to the investigation of extended large-scale brain networks in functional MRI: methodologies, results, and challenges, Int. J. Biomed. Imaging 2008 (2008) 1–14.
[149] H. Raja, W. Bajwa, Cloud k-SVD: a collaborative dictionary learning algorithm for big distributed data, IEEE Trans. Signal Process. 64 (1) (2016) 173–188.
[150] H. Qui, E.R. Hancock, Clustering and embedding using commute times, IEEE Trans. Pattern Anal. Mach. Intell. 29 (11) (2007) 1873–1890.
[151] B. Recht, A simpler approach to matrix completion, J. Mach. Learn. Res. 12 (2011) 3413–3430.
[152] R. Rosipal, L.J. Trejo, Kernel partial least squares regression in reproducing kernel Hilbert spaces, J. Mach. Learn. Res. 2 (2001) 97–123.
[153] R. Rosipal, N. Krämer, Overview and recent advances in partial least squares, in: C. Saunders, M. Grobelnik, S. Gunn, J. Shawe-Taylor (Eds.), Subspace, Latent Structure and Feature Selection, Springer, New York, 2006.
1113 [154] S. Roweis, EM algorithms for PCA and SPCA, in: M.I. Jordan, M.J. Kearns, S.A. Solla (Eds.), Advances in Neural Information Processing Systems, vol. 10, MIT Press, Cambridge, MA, 1998, pp. 626–632.
[155] S.T. Roweis, L.K. Saul, Nonlinear dimensionality reduction by locally linear embedding, Science 290 (2000) 2323–2326.
[156] D.B. Rubin, D.T. Thayer, EM algorithm for ML factor analysis, Psychometrika 47 (1) (1982) 69–76.
[157] C.A. Rencher, Multivariate Statistical Inference and Applications, John Wiley & Sons, New York, 2008.
[158] S. Sanei, Adaptive Processing of Brain Signals, John Wiley, New York, 2013.
[159] L.K. Saul, S.T. Roweis, An introduction to locally linear embedding, http://www.cs.toronto.edu/~roweis/lle/papers/lleintro.pdf.
[160] N. Sebro, T. Jaakola, Weighted low-rank approximations, in: Proceedings of the ICML Conference, 2003, pp. 720–727.
[161] B. Schölkopf, A. Smola, K.R. Muller, Nonlinear component analysis as a kernel eigenvalue problem, Neural Comput. 10 (1998) 1299–1319.
[162] F. Seidel, C. Hage, M. Kleinsteuber, pROST: a smoothed ℓ_p-norm robust online subspace tracking method for background subtraction in video, in: Machine Vision and Applications, 2013, pp. 1–14.
[163] F. Sha, L.K. Saul, Analysis and extension of spectral methods for nonlinear dimensionality reduction, in: Proceedings of the 22nd International Conference on Machine Learning, Bonn, Germany, 2005.
[164] Y. Shuicheng, D. Xu, B. Zhang, H.-J. Zhang, Q. Yang, S. Lin, Graph embedding and extensions: a general framework for dimensionality reduction, IEEE Trans. Pattern Anal. Mach. Intell. 29 (1) (2007) 40–51.
[165] M. Signoretto, R. Van de Plas, B. De Moor, J.A.K. Suykens, Tensor versus matrix completion: a comparison with application to spectral data, IEEE Signal Process. Lett. 18 (7) (2011) 403–406.
[166] P. Smaragdis, J.C. Brown, Nonnegative matrix factorization for polyphonic music transcription, in: Proceedings IEEE Workshop on Applications of Signal Processing to Audio and Acoustics, 2003.
[167] X. Su, T.M. Khoshgoftaar, A survey of collaborative filtering techniques, Adv. Artif. Intell. 2009 (2009) 1–19.
[168] S. Sra, I.S. Dhillon, Non-negative Matrix Approximation: Algorithms and Applications, Technical Report TR-06-27, University of Texas at Austin, 2006.

[169] C. Spearman, The proof and measurement of association between two things, Am. J. Psychol. 100 (3–4) (1987) 441–471 (republished).
[170] G.W. Stewart, An updating algorithm for subspace tracking, IEEE Trans. Signal Process. 40 (6) (1992) 1535–1541.
[171] A. Szymkowiak-Have, M.A. Girolami, J. Larsen, Clustering via kernel decomposition, IEEE Trans. Neural Netw. 17 (1) (2006) 256–264.
[172] J. Sun, S. Boyd, L. Xiao, P. Diaconis, The fastest mixing Markov process on a graph and a connection to a maximum variance unfolding problem, SIAM Rev. 48 (4) (2006) 681–699.
[173] J.B. Tenenbaum, V. De Silva, J.C. Langford, A global geometric framework for dimensionality reduction, Science 290 (2000) 2319–2323.
[174] S. Theodoridis, K. Koutroumbas, Pattern Recognition, fourth ed., Academic Press, Boston, 2009.
[175] M.E. Tipping, C.M. Bishop, Probabilistic principal component analysis, J. R. Stat. Soc. B 21 (3) (1999) 611–622.
[176] M.E. Tipping, C.M. Bishop, Mixtures probabilistic principal component analysis, Neural Comput. 11 (2) (1999) 443–482.
[177] K.C. Toh, S. Yun, An accelerated proximal gradient algorithm for nuclear norm regularized linear least squares problems, Pac. J. Optim. 6 (2010) 615–640.
[178] J.A. Tropp, Literature survey: nonnegative matrix factorization, unpublished note, http://www.personal.umich.edu/~jtropp/, 2003.
[179] C.G. Tsinos, A.S. Lalos, K. Berberidis, Sparse subspace tracking techniques for adaptive blind channel identification in OFDM systems, in: IEEE International Conference on Acoustics, Speech and Signal Processing, ICASSP, 2012, pp. 3185–3188.
[180] N. Ueda, R. Nakano, Z. Ghahramani, G.E. Hinton, SMEM algorithm for mixture models, Neural Comput. 12 (9) (2000) 2109–2128.
[181] G. Varoquaux, A. Gramfort, F. Pedregosa, V. Michel, B. Thirion, Multi-subject dictionary learning to segment an atlas of brain spontaneous activity, in: Information Processing in Medical Imaging, Springer, Berlin/Heidelberg, 2011.
[182] H.T. Wai, T.H. Chang, A. Scaglione, A consensus-based decentralized algorithm for non-convex optimization with application to DL, in: Proceedings International Conference on Acoustics, Speech and Signal Processing, ICASSP, 2015, pp. 3546–3550.
[183] A.E. Waters, A.C. Sankaranarayanan, R.G. Baraniuk, SpaRCS: recovering low-rank and sparse matrices from compressive measurements, in: Advances in Neural Information Processing Systems, NIPS, Granada, Spain, 2011.
[184] K.Q. Weinberger, L.K. Saul, Unsupervised learning of image manifolds by semidefinite programming, in: Proceedings of the IEEE Conference on Computer Vision and Pattern Recognition, vol. 2, Washington, DC, USA, 2004, pp. 988–995. 1114
[185] J. Westerhuis, T. Kourti, J. MacGregor, Analysis of multiblock and hierarchical PCA and PLS models, J. Chemom. 12 (1998) 301–321.
[186] H. Wold, Nonlinear estimation by iterative least squares procedures, in: F. David (Ed.), Research Topics in Statistics, John Wiley, New York, 1966, pp. 411–444.
[187] J. Wright, Y. Peng, Y. Ma, A. Ganesh, S. Rao, Robust principal component analysis: exact recovery of corrupted low-rank matrices by convex optimization, in: Neural Information Processing Systems, NIPS, 2009.
[188] J. Wright, A. Ganesh, K. Min, Y. Ma, Compressive principal component pursuit, arXiv:1202.4596, 2012.
[189] D. Weenink, Canonical correlation analysis, in: Institute of Phonetic Sciences, University of Amsterdam, Proceedings, vol. 25, 2003, pp. 81–99.
[190] D.M. Witten, R. Tibshirani, T. Hastie, A penalized matrix decomposition, with applications to sparse principal components and canonical correlation analysis, Biostatistics 10 (3) (2009) 515–534.
[191] L. Wolf, T. Hassner, Y. Taigman, Effective unconstrained face recognition by combining multiple descriptors and learned background statistics, IEEE Trans. Pattern Anal. Mach. Intell. 33 (10) (2011) 1978–1990.
[192] W. Xu, X. Liu, Y. Gong, Document clustering based on nonnegative matrix factorization, in: Proceedings 26th Annual International ACM SIGIR Conference, ACM Press, New York, 2003, pp. 263–273.
[193] H. Xu, C. Caramanis, S. Sanghavi, Robust PCA via outlier pursuit, IEEE Trans. Inf. Theory 58 (5) (2012) 3047–3064.
[194] J. Ye, Generalized low rank approximation of matrices, in: Proceedings of the 21st International Conference on Machine Learning, Banff, Alberta, Canada, 2004, pp. 887–894.
[195] S.K. Yu, V. Yu, K.H.-P. Tresp, M. Wu, Supervised probabilistic principal component analysis, in: Proceedings International Conference on Knowledge Discovery and Data Mining, 2006.
[196] M. Yaghoobi, T. Blumensath, M.E. Davies, Dictionary learning for sparse approximations with the majorization method, IEEE Trans. Signal Process. 57 (6) (2009) 2178–2191.
[197] B. Yang, Projection approximation subspace tracking, IEEE Trans. Signal Process. 43 (1) (1995) 95–107.
[198] S. Zafeiriou, A. Tefas, I. Buciu, I. Pitas, Exploiting discriminant information in non-negative matrix factorization with application to frontal face verification, IEEE Trans. Neural Netw. 17 (3) (2006) 683–695.
[199] Z. Zhou, X. Li, J. Wright, E.J. Candès, Y. Ma, Stable principal component pursuit, in: Proceedings, IEEE International Symposium on Information Theory, 2010, pp. 1518–1522.
[200] H. Zou, T. Hastie, R. Tibshirani, Sparse principal component analysis, J. Comput. Graph. Stat. 15 (2) (2006) 265–286. 1115

索 引

索引中的页码为英文原书页码，与书中页边标注的页码一致。

A

B

D

G

H

M

N

O

P

Q

R

S

T

U

V

W

Y